现代采矿手册

（中册）

王运敏　主编

冶金工业出版社
北京

内容提要

本书分为上、中、下三册。上册包括：绪论、矿山地质及水文地质、矿山测量、矿山地面总体布置、矿山岩石力学、露天矿穿孔设备、爆破工程。中册包括：露天开采、地下开采。下册包括：露天地下联合开采、特殊条件矿床开采、矿井通风、矿山压气、矿山防排水、矿山清洁生产与环境保护、矿山地质灾害及治理、数字化矿山、采矿系统工程、矿山建设项目经济评价、矿山环境影响评价、职业病危害评价、安全评价。

本书全面、系统介绍了我国非煤固体矿产采矿技术、采矿方法与采矿设备，内容涉及与我国金属矿开采有关的所有专业，既有基础性的理论，又有前沿技术，是我国几十年广大矿业科技工作者采矿理论与技术的积累，具有较大的参考价值。

本书可供从事矿山的科研和设计、施工建设、矿山生产技术人员和各级管理人员使用；亦可供大专院校的师生参考。

图书在版编目(CIP)数据

现代采矿手册.中册/王运敏主编.—北京：冶金工业出版社，2012.1(2026.2重印)

ISBN 978-7-5024-5697-9

Ⅰ.①现… Ⅱ.①王… Ⅲ.①矿山开采—技术手册
Ⅳ.①TD8-62

中国版本图书馆CIP数据核字(2011)第207813号

现代采矿手册(中册)

出版发行 冶金工业出版社　**电　话** (010)64027926
地　址 北京市东城区嵩祝院北巷39号　**邮　编** 100009
网　址 www.mip1953.com　**电子信箱** service@mip1953.com

责任编辑 曾 媛　美术编辑 彭子赫　版式设计 孙跃红
责任校对 王贺兰　责任印制 禹 蕊
北京天恒嘉业印刷有限公司印刷
2012年1月第1版，2026年2月第2次印刷
889mm×1194mm；89印张；2809千字；1409页
定价 580.00 元

投稿电话 (010)64027932　投稿信箱 tougao@cnmip.com.cn
营销中心电话 (010)64044283
冶金工业出版社天猫旗舰店 yjgycbs.tmall.com
(本书如有印装质量问题，本社营销中心负责退换)

《现代采矿手册》(中册)
编撰人员

主　编　王运敏

副主编(以下按姓氏笔画排序)

王　斐　王方汉　王洪仁　王荣祥　甘德清　任贤锋　刘小力　刘保平　刘效良
李　山　李维健　杨志强　辛明印　汪　斌　宋福昌　宋嘉栋　张化远　张建华
张国建　陈战强　陈梅岭　邵　武　邵安林　林大泽　岳润芳　周建功　项宏海
赵　奎　赵广山　郝树华　胡　侠　修国林　郭金峰　顾士亮　秦洪元　徐志宏
翁占斌　姬志勇　黄海根　章　林　董金奎　程建忠　曾细龙　谭亚辉

编　委(以下按姓氏笔画排序)

刁　虎　于清军　万凯军　马志刚　马旭峰　马萃林　王　先　王　继　王二军
王广和　王长军　王玉成　王文杰　王文潇　王巨堂　王发芝　王任大　王任中
王付民　王正昌　王永生　王洪江　王春仁　王新民　王维勤　王虎臣　王靖文
王耀凯　牛忠育　毛权生　毛国胜　文孝廉　尹宝昌　邓　飞　卢敬标　叶海旺
田志云　田取珍　付永祥　付存利　付存禄　代永新　白复锌　冯雅丽　吉少清
吉学文　匡忠祥　曲文峰　吕国新　任效乾　邬长福　刘　杨　刘　翔　刘长坚
刘丰贵　刘为洲　刘成祥　刘海林　刘福春　刘喜富　刘景玉　闫红新　闫志强
闫满志　江大体　许文远　孙乐雨　孙世国　孙向远　孙利清　孙国权　孙建珍
孙殿兴　寿震宇　严积松　杜　明　李　明　李　真　李　跃　李大培　李山泉
李长权　李计良　李兴尚　李志超　李希平　李进生　李迎佳　李洪元　李家泉
李秀臣　李海洪　李爱峰　李爱国　李振宗　李雁翎　杨先翠　杨永生　杨夕辉
杨进林　杨裕官　吴晓兵　吴胡颂　吴鹏程　何顺斌　汪为平　张　进　张　峰
张夫华　张玉华　张永坤　张四维　张传信　张伍兴　张成舜　张英华　张步斌
张学平　张国胜　张树杰　张晶晶　张敬奇　陈子辉　陈士林　陈式立　陈柏林
陈宜华　陈佩富　陈德强　陈继军　范立军　范作鹏　林祖成　金书明　周　君
周　敏　周玉新　周庆忠　周志鸿　周希哲　庞计来　房定旺　赵亚军　赵克文
赵鸣展　赵继银　赵昱东　胡永泉　胡杏保　胡军尚　胡晨涛　胡福祥　查显明
柳小胜　南世卿　段祥宝　段蔚平　侯成桥　姜志功　姜德华　姚中亮　姚树江
袁士宏　袁梅芳　柴延森　徐　颖　徐志强　高忠明　高梦熊　郭　章　郭世伟
郭建文　郭宝安　唐鹏善　黄　文　黄志安　黄应盟　黄泉江　萧其林　曹作忠
常龙新　康　乐　梁江涛　寇子顺　彭　鹏　彭小刚　彭建谋　董学作　程素萍
傅海亭　傅玉滨　曾学敏　谢建斌　楼晓明　黎永杰　霍俊发　戴碧波

前　言

随着我国国民经济的快速增长，城市化、工业化进程的加快以及我国社会消费结构的变化，对资源的需求越来越大，拉动了我国矿业的快速发展。自1992年我国铁矿石产量突破2亿吨，历经10年盘整，2002年达到2.3亿吨，此后进入迅猛增长阶段，2010年达10.72亿吨，8年年平均复合增长率达21.2%；铁精粉价格一路攀升，2008年66%品位的铁精粉最高达到1610元/t，形成了量价齐升的格局；黑色金属矿采选业固定资产投资规模也大幅度攀升，从2004年的132亿元，到2010年的1066亿元，6年年平均复合增长率达41.6%。有色金属矿采选业的投资规模也一路高歌：2004年117亿元，2010年1009亿元，6年年平均复合增长率达43.2%，我们用了不到半个世纪的时间，跻身为世界第三矿业大国。

最近10年，我国金属矿开采技术和理论取得较大进展，许多采矿新技术、新工艺、新设备和新材料在矿山得到应用。在露天开采方面，开采工艺更加成熟，运输方式更加多样化、高效化，随着陡帮开采、采矿工艺连续化半连续化、可移式破碎站、陡坡铁路运输、振动给矿机转载站、汽车-提升机运输等技术的应用，无(低)废开采技术、矿山的数字化、智能化与无人采矿等先进技术的推广，矿山的生产效率明显提高。在地下开采方面，大孔径潜孔钻机、牙轮钻机和凿岩台车、铲运机和装载机、井下矿用汽车、装药机械和锚杆台车等辅助采矿机械获得推广应用，VCR采矿法、高分段崩落采矿法、自然崩落采矿法、水平和缓倾斜厚大矿体的房柱法等高效采矿方法和工艺相继诞生。充填采矿方法应用范围进一步扩大，各种充填采矿方法的变形方法也相继得到推广应用，生产效率明显提高。在采矿设备方面，目前在我国露天矿山的主体设备中，牙轮钻机孔径已达310~380mm，潜孔钻机孔径为150~200mm，装药车的载重10~25t，机械式单斗挖掘机铲斗容量达27~35m^3，液压挖掘机达10~15m^3，斗轮挖掘机的生产能力达3500~4000m^3/h，前端式装载机的铲斗容积达8~10m^3，重型卡车的载重能力达100~150t，电机车的黏着重量为1000~1500t，带式输送机的胶带宽度已达1800~2000mm，运量为2000~2500t/h，运距达15~20km，功率超过1600kW。在地下矿山的主体设备中，中深孔采矿钻机孔径为50~100mm，孔深达10~20m，装药器的容量为80~150kg，铲运机的铲斗容积达3~4m^3，轮胎式运矿车的载重达18~30t，井下电机车的黏着重量为14~30t。采矿装备的进步还使一些以前无法开采或难以开采的复杂难采矿体得到有效开采和利用。

冶金工业出版社于20世纪80~90年代出版的《采矿手册》曾经为我国采矿科学技

术进步作出杰出贡献，但其内容已经不能适应和满足目前我国矿山快速发展的实际需要。为了全面系统地总结我国近20年来在采矿方面取得的科学技术成就，更好地推广先进采矿科学技术和理念，推动我国采矿技术和设备的科研、设计、生产水平，促进采矿事业的进步，中钢集团马鞍山矿山研究院联合全国20多家高校科研单位和100多家矿山企业和设备制造厂家，共同组织编写了大型工具书——《现代采矿手册》。本书分为上、中、下三册。上册包括：绪论、矿山地质及水文地质、矿山测量、矿山地面总体布置、矿山岩石力学、露天矿穿孔设备、爆破工程。中册包括：露天开采、地下开采。下册包括：露天地下联合开采、特殊条件矿床开采、矿井通风、矿山压气、矿山防排水、矿山清洁生产与环境保护、矿山地质灾害及治理、数字化矿山、采矿系统工程、矿山建设项目评价、环境影响评价、职业病危害评价、安全评价。本书由中钢集团马鞍山矿山研究院王运敏教授担任主编。

本书在编写过程中，参阅了大量的国内外文献资料，部分采用了原《采矿手册》、《采矿设计手册》和《采矿工程师手册》的资料，在此谨向文献作者表示衷心感谢。

由于水平有限，书中不妥之处，恳请读者指正。

编 者

2010年3月

目　录

8 露天开采

8.1 概述

非煤固体矿产开采基本上可分为露天开采、地下开采、溶浸采矿和海洋采矿这4个部分。溶浸采矿已在一些矿山得到应用，但当前产品产量比重很低。海洋采矿技术与装备的研发虽然取得了重要进展，但还不能进行工业化生产。非煤固体矿产采用露天开采的比重最大，据2000年对世界预计投产的639座非燃料固体矿山的统计，露天开采产量占总产量的比重达60%以上，其中，铁矿占90%，铝土矿占98%，黄金矿占67%，有色金属矿占57%。

近年我国金属矿山露天开采的比重见表8-1。

表8-1 我国金属矿山露天开采比重 (%)

矿种	铁矿	重点铁矿	有色金属矿	铜矿	铝土矿	钼矿	稀有稀土矿	锡矿	金银矿	铅锌矿
比重	75	80	56	62	97	87	95	20	18	11

露天开采的优点为：

(1) 受开采空间限制较小，适用于大型机械设备，自动化作业，极大地提高开采强度和矿山生产能力。

(2) 劳动生产率高，地下开采的劳动生产率仅为露天开采的1/5～1/10。

(3) 作业成本低，一般为地下开采成本的30%～50%，有利于大规模开采低品位矿石。

(4) 矿石损失贫化小，损失率一般为3%～5%，废石混入率一般为5%～10%，提高了地下资源利用率。

(5) 对于高温易燃的矿种，露天开采比地下开采安全可靠。

(6) 基建时间短，约为地下开采的一半，因为金属矿山地下开采受工作条件和井巷掘进技术的限制。基建单位投资比地下开采低。

(7) 作业条件好，劳动强度小，安全和舒适程度相当高。

与地下开采相比，露天开采的主要缺点为：

(1) 在开采过程中，穿爆、采装、运输、卸载以及排土时粉尘较大，汽车运行时排入大气中的碳化氢多，排土场的有害成分流入江河湖泊和农田等，易造成污染和损坏环境。

(2) 占地多。露天矿坑和排土场占地面积大，且有产生地质灾害的可能。

(3) 气候条件如严寒和冰雪、酷热和暴雨等，对露天开采有一定的影响。

(4) 矿体合理的开采深度有限。

鉴于露天开采的优缺点，在选择开采方式时，应对露天开采和地下开采进行综合比较，并充分考虑露天开采在资源回收、劳动条件和生产能力可靠性等方面体现的优势。

露天开采的趋势是以提高经济效益为中心，实现产量规模化、设备大型化、管理信息化、作业智能化，以提高生产能力和降低开采成本。

露天采矿设备发展很快。牙轮钻机已成为露天矿普遍采用的钻孔设备。我国露天矿主要采用牙轮钻机，其次是潜孔钻机。

西方先进的矿业国家使用最广的牙轮钻机是美国产的60R、45R、61R钻机。潜孔钻机在西方国家的露天矿主要用于辅助作业。

牙轮钻机的发展主要体现在以下几个方面：

(1) 轴压和孔径不断加大。美国60R钻机的轴压达57～60t，德国的HBM-550钻机轴压达60～70t。轴压的加大提高了钻进速度。美国钻机的钻进速度在坚硬岩石中达 9～15m/h，中硬和软岩中达 15～30m/h。加大孔径是为了增加单位钻孔爆破量。露天矿最常用的孔径是 200mm、250mm、310mm 和 330mm，最大孔径达 445mm。钻进速度和孔径的加大使穿孔效率提高，单位矿岩的穿孔费用下降。

（2）改进钻头设计和钻齿材料，提高钻岩能力和钻头寿命。钻头形式经历了拖齿钻头、二轮钻头和三轮钻头的演变，钻岩硬度和钻进效率不断提高。现代钻机全用三轮钻头。钻齿材料有钢和碳化钨，前者用于软岩穿孔，后者用于所有硬岩穿孔。钻齿材料和加工技术的改进使钻头寿命不断增加。现代牙轮钻机的钻头寿命在坚硬岩石中可达 500～1000m，在中硬岩石中可达 1000～3000m。

（3）增加钻杆长度和改进除尘装置。增加钻杆长度以便适应高台阶开采，使用布袋脉冲除尘装置以便减少粉尘污染。

爆破技术的发展主要体现在炸药与爆破器材的不断改进上。炸药性能（如威力、装药密度和抗水性）不断提高。引爆器材的发展使爆破作业越来越安全可靠，并实现了机械化。

挖掘机的快速大型化始于 20 世纪 50 年代末，60 年代初 Marion Power Shovel 挖掘机公司制造出了两台 291M 型挖掘机，斗容达 19～26.8m^3，1982 年 P&H 的 M5700 型挖掘机问世，斗容为 45.9m^3。世界上最大的挖掘机是用于露天煤矿的剥离挖掘机 Marion6360，其斗容为 138rn^3，自重 14000t，驱动功率 37300kW。美国制造的挖掘机代表着世界先进技术水平。现代大型金属露天矿采装作业最常用的挖掘机斗容为 9～25m^3；用于大型露天煤矿的剥离挖掘机斗容更大。20 世纪 80 年代以来，挖掘机技术的进步主要集中在改进其驱动系统，增加提升和行走动力，改进前端结构，采用双驱动及模块化设计等方面。

我国在 20 世纪 70 年代中期开始生产 4～4.6m^3 的 WK-4 系列挖掘机；1985 年研制出 10～14m^3 挖掘机；1986 年与美国合作制造出 23m^3 挖掘机。由于国产大型挖掘机故障率高、效率低，一些大型露天矿为与大型汽车配套，从国外引进了 7m^3 以上的大型挖掘机。

露天矿运输方式主要有铁路运输、公路运输和间断-连续运输。铁路运输最适用于采场范围大、服务年限长、地表较平缓、运输距离长的大型露天矿，其单位运输费用低于其他运输方式。我国“十五”国家科技攻关课题陡坡铁路运输系统研究，分别在攀枝花和首钢水厂铁矿实验，已经成功地将铁路坡度由 30‰提高到 40‰。

由于爬坡能力小（陡坡铁路也只能达到 40‰～50‰）和转弯半径大，铁路运输灵活性低，致使开采延伸速度低，开采工作线布置和开采顺序的选择受到很大的限制。现代露天矿的铁路运输设备主要是 120～150t 电机车和 60～100t 的翻斗矿车（最大的达到 180t）。

20 世纪 80 年代以来，国外金属露天矿约 80% 的矿岩量由汽车运输完成。

矿用汽车有两种传动方式，即机械传动和电力传动（通称电动轮汽车）。20 世纪 80 年代前，载重 85t 以下的多用机械传动，85t 以上的几乎全部用电力传动。电动轮汽车由 70 年代初期的 90～108t 为主，中期的 136～154t 为主发展到以后的 200t 以上。机械传动矿用汽车的大型化是进入 80 年代以来矿用汽车的一个发展方向。据统计，到 1992 年，机械传动矿用汽车在不同载重级别中占的比例约为：118～136t 占 75%；154～177t 占 50%；200t 以上占 50%。

1999 年 3 月 Catpillar 公司推出了载重量为 326t，设计总重量为 558t，总功率 2537kW 的最新机械传动矿用汽车 CAT797。该车是汇集了全世界 30000 多台 Catpillar 矿用汽车的几十万小时运营经验的结晶。1999 年底，有 21 台投入使用；2000 年，CAT797 在北美推广；2001 年推广到全世界。

我国露天矿在 20 世纪 60 年代和 70 年代以 12～42t 汽车为主，大多从前苏联进口；70 年代末引进 100t 和 108t 电动轮汽车；80 年代引进 154t 电动轮汽车。国产 108t 电动轮汽车在 80 年代初投入使用，与美国合作制造的 154t 电动轮汽车于 1985 年通过鉴定。目前我国大多数露天矿仍以 20～42t 汽车为主，100t 以上的大型汽车只在几个大型露天矿有应用。

带式（胶带）输送机是现代露天矿采用的另一种运输设备。国外于 20 世纪 50 年代开始在一些露天矿得到应用，主要用于松软矿岩和表土运输。60 年代开始扩大到中硬岩运输。固定式、半固定式和可移动式破碎站的相继问世，大大扩大了胶带输送机的应用范围，它们与胶带输送机相配合，形成了间断-连续运输工艺。从 20 世纪 80 年代初开始，这一工艺得到较快的推广应用。美国、加拿大的一些大型露天矿纷纷改用

"汽车—可移动式破碎机—胶带输送机"运输系统,破碎机达到 1.5m×2.3m,带宽达到 2.4m。间断连续运输技术的发展主要集中在可移动式破碎机的性能提高和适应各种运输条件的胶带输送机的研制,如履带行走胶带机、可伸缩式胶带机、可移动式胶带机、可水平转弯胶带机和陡角度胶带机等。

陡帮开采在国外露天矿已广泛应用。在我国露天矿采用陡帮开采也取得了明显的效果。这一新工艺的优越性表现在:由于部分剥岩量的推迟,基建工程量和基建投资少,基建时间短;初期生产剥采比小,生产成本低;剥离洪峰出现较晚,最终边坡也因之暴露较晚,边坡的维护工作量及维护费用减少。因此,有条件的矿山应采用陡帮开采方法。

间断-连续开采工艺是在工作面用挖掘机装载矿石,经汽车运输和破碎机破碎后,用胶带输送机将矿石运出采场。这种工艺有利于发挥汽车和胶带机的优点,适合于深凹露天矿开采。自20世纪80年代开始,我国先后在大孤山、东鞍山等铁矿和德兴铜矿应用该开采工艺。1997年齐大山铁矿通过引进,建成了采场内可移动式矿岩破碎-胶带运输系统,标志着我国深凹露天矿开采工艺进入了世界先进水平。近些年来,随着计算机技术的迅速发展,矿业软件(如 Surpac、Micromine、Datamine、Dimine 等)在露天矿中的应用越来越广泛,这些软件的使用为采矿工作者在三维可视化模型的基础上进行辅助设计提供了一种可靠的依据。三维可视化模型的构建是地质资料集成和二次开发的最佳方法,它具有形象、直观、准确、动态、信息丰富等特点,它能改进对地质数据的理解和应用环境,提高信息的利用率和空间分析能力,为采矿工作者在三维空间中观察、分析地质现象以及空间分布提供了一种手段。同时,对三维实体模型的分析还可以进行储量计算、露天境界的优化、工程设计等工作,为生产计划编制和生产过程的控制提供可靠的依据。因此,为解决矿山地质工作中数据表达、分析与利用的难题,矿山三维可视化研究有着重要的现实意义和实用价值。

这些软件都适用于 Windows 95 和 Windows NT 及以上的平台,并提供了与其他数据库和相关软件接口的功能,使该系统的数据可被其他数据库管理系统和相关软件查询和编辑,能够实现各种工程和矿体的三维立体显示和成图,并根据地质统计学的原理和方法提供了进行矿体品位估值和储量计算的多种方法。同时还提供了矿山开采设计与境界优化等功能,加快了数字化矿山的建设。

总体来看,我国采矿技术已经接近或达到国际先进水平,差距主要在设备方面。缩小差距,一方面要通过"引进、消化、吸收、创新、提高"来发展我国的矿山设备和技术;另一方面,要加大科技投入,加强技术创新,努力创造具有自主知识产权的新设备、新产品,着力于自身创新能力的增强。充分利用后发优势,实现矿山行业跨越式发展。

8.2 露天开采境界的确定

确定露天开采境界就是要合理地确定露天开采深度、露天底部边界、最终边坡组成要素。

在露天矿境界设计中,需要控制的剥采比有经济合理剥采比、平均剥采比、境界剥采比及生产剥采比。剥采比的单位可用 t/t、m^3/m^3 或 m^3/t 表示。

(1) 经济合理剥采比(N_{jh}),是指露天开采在经济上最大允许的剥采比。它是一个理论上的极限值,是确定露天矿最终境界的重要经济指标的依据。

(2) 平均剥采比(N_p),是指露天开采境界内岩石总量与矿石总量之比值。

(3) 境界剥采比(N_j),是指露天开采境界每增加一个分层深度所引起岩石增量与矿石增量之比值。

(4) 生产剥采比(N_s),是指露天矿某一时期内所剥离的岩石量与所采出的矿石量之比值。按若干分期进行了均衡的生产剥采比,称为均衡生产剥采比,其值在某一均衡期内被认为是固定的。

8.2.1 确定露天开采境界的主要原则

确定露天开采境界的主要原则如下:

(1) 确定露天开采境界应以工业矿量为基础,远景储量一般只能作为长期发展规划参考。

(2) 圈定的露天开采境界要保证露天采场内采出的矿石有盈利,因此应用浮锥法圈定露天开采境界。

在不具备这种条件情况下,在规划与任务书(可行性研究、预可行性研究)阶段,也可按境界剥采比等于经济合理剥采比和以平均剥采比小于经济合理剥采比为约束条件,采用手工进行圈定。

(3) 要充分利用资源,尽可能把较多的矿石圈定在露天采矿场内,发挥露天开采的优越性。

(4) 所圈定的露天采矿场边坡应等于露天边坡稳定所允许的角度,以保证露天采场安全生产。

(5) 用浮锥法圈定露天开采境界范围较大,服务年限太长时,可采用分期开采,第一期境界的生产年限应大于偿还年限,但一期应为二期扩帮适当创造技术条件或考虑二期扩帮的可行性。扩帮过渡期间的生产剥采比,不应使矿山减产、亏损或出现剥离高峰。

(6) 下列情况,可适当扩大露天开采境界:

1) 按浮锥法圈定露天开采境界后,境界外余下的工业矿量不多,经济上不宜再采用地下开采。

2) 矿石和围岩稳固性差,水文地质条件复杂,水量大,矿石和围岩有自燃危险等,在安全上和技术上不适于用地下开采。

3) 围岩(包括表外矿、极贫矿等)可供综合利用者。

4) 采用地下法开采难以分采,贫化损失较严重的富矿,多品级矿床或多金属矿。

(7) 下列情况,可适当缩小露天开采境界:

1) 开采境界边缘附近有重要建筑物、构筑物、河流和铁路干线等需要保护,或难以迁移至露天采场影响范围之外。

2) 排弃场占用大量农田,征地困难。

3) 由于地形条件(如采场最终边坡上有较高的山头等)造成基建剥岩大和初期生产剥采比大。

4) 为避开严重影响边坡稳定的不稳定岩层。

(8) 对于特厚的剥采比很小的矿体,有时要根据勘探程度及服务年限确定露天开采境界,而不应该按境界剥采比确定开采境界。如硅石、白云石、石灰石及特厚巨大的铁矿床,主要是根据服务年限和勘探程度确定合理的开采深度。

(9) 境界剥采比不大于经济合理剥采比($N_j \leqslant N_{jh}$)。该原则的理论依据是,在开采境界内边界层矿石的露天开采费用不超过地下开采费用,使全矿床开采的总费用最低或总盈利最大。我国冶金、煤炭、化工等露天矿设计多按此原则确定开采境界。

$N_j \leqslant N_{jh}$原则的缺点是:对于某些不连续的矿床或上薄下厚的矿床按该原则确定境界时,其境界剥采比可能符合要求,但初期剥岩量及平均剥采比都将会超过允许值。对这类矿床,不能单独用$N_j \leqslant N_{jh}$原则确定开采境界,需要其他原则进行约束。

(10) 平均剥采比不大于经济合理剥采比($N_p \leqslant N_{jh}$)。该原则的依据是,用露天开采境界内全部储量的总费用不超过地下开采该部分储量的总费用,$N_p \leqslant N_{jh}$原则是一种算术平均的概念。它既未涉及整个矿床开采的总经济效果,更没有考虑露天开采过程中剥采比的变化。用此原则圈定的露天开采境界,较用$N_j \leqslant N_{jh}$原则所圈定的要大,露天开采境界过大,使矿床开采的总费用不能达到最小,并可能引起基建剥离量大、投资多、基建时间长;还可能使露天开采过程中某一时期的生产剥采比超过允许值,使企业处于亏损状态。对于某些贵重的有色、稀有金属矿床或中小型矿山,为了尽量采用露天开采以减少矿石的损失贫化,可以采用这一原则来确定境界,借此扩大露天开采矿量。

此外,该原则使露天开采的平均经济效果不低于地下开采,这也是露天开采的基本要求。故,$N_p \leqslant N_{jh}$原则常作为$N_j \leqslant N_{jh}$原则的约束。即对于某些覆盖层很厚或不连续的矿体,当用$N_j \leqslant N_{jh}$原则确定出境界后,还要核算境界内的平均剥采比,看它是否满足$N_p \leqslant N_{jh}$原则。

(11) 生产剥采比不大于经济合理剥采比($N_s \leqslant N_{jh}$)。该原则的依据是,露天矿任一生产时期按正常作业的工作帮坡角进行生产时,其生产成本不超过地下开采成本或允许成本。它反映了露天开采的生产剥采比的变化规律,用此原则圈定的露天开采境界,较$N_j \leqslant N_{jh}$原则圈定的要大,较$N_p \leqslant N_{jh}$原则圈定的要小,能较好地反映露天开采的生产剥采比的变化规律,保证各个开采时期的生产剥采比不超过允许值;但此原则有一些严重的缺点:1)没有考虑整个矿床开采的总经济效果,它只顾及矿床上部的露天开采而不管剩余部分的开采;2)对同一矿床,由于开拓方式和开采程序不同,最大生产剥采比出现的时间、地点、数值及其变化规律亦不相同,这对开采深度影响很大,也给开采境界的确定带来一定的困难。

8.2.2 经济合理剥采比的确定

8.2.2.1 确定经济合理剥采比的原则

确定经济合理剥采比的原则如下：

(1) 必须保证露天矿合理正常生产期间有盈利或不超过规定允许成本；

(2) 一般以矿山或企业(采、选)为独立经济核算单位；

(3) 考虑矿产资源的综合利用,对有经济价值的表外矿和其他有益组分,在计算中应考虑其利用价值；

(4) 经济指标的选取,必须符合规定；

(5) 计算参数的选取,要经过调查、研究分析,接近实际。

8.2.2.2 确定经济合理剥采比的方法

经济合理剥采比是露天开采设计的重要依据,其大小直接影响到露天开采和地下开采所占比例,以及矿产资源的利用程度。目前,关于经济合理剥采比的确定方法很多,但归纳起来,主要分为两类:一类是产品成本比较法,它是以露天开采和地下开采的经济效果作比较来计算,用以划分矿床露天开采和地下开采的界线;另一类是价格法,它是用露天开采成本和矿石价格作比较来计算,它用于矿床只宜露天开采的场合。前一类方法,又分为原矿成本比较法、精矿成本比较法及储量盈利比较法。

A 产品成本比较法

a 原矿成本比较法

以露天开采和地下开采单位矿石成本相等为计算基础,确定经济合理剥采比,即：

$$N_{jh} = \frac{c - a}{b} \tag{8-1}$$

式中 N_{jh}——经济合理剥采比,t/t 或 m^3/m^3；

c——地下开采单位矿石成本；

a——露天开采单位矿石的采矿费用(不包括剥离费用)；

b——露天开采单位废石的剥离费用。

注意,这里采用一致的成本、费用单位。

b 精矿成本比较法

以露天开采和地下开采 1t 精矿的成本相等为计算基础,确定经济合理剥采比,即：

$$N_{jh} = \frac{c_d - a_1}{b\,T_1} \tag{8-2}$$

$$C_d = (c + f_d)T_d \tag{8-3}$$

$$T_d = \frac{\beta_d}{[\alpha(1 - \rho_d) + \rho_d\alpha_d]\varepsilon_d} \tag{8-4}$$

$$a_1 = (a + f_1)T_1 \tag{8-5}$$

$$T_1 = \frac{\beta_1}{[\alpha(1 - \rho_1) + \rho_1\alpha_1]\varepsilon_1} \tag{8-6}$$

式中 c_d——地下开采单位精矿成本；

a_1——露天开采单位精矿的费用(不包括剥离费用)；

T_1, T_d——露天开采和地下开采单位精矿需要的原矿量；

f_1, f_d——露天开采和地下开采单位原矿的选矿加工费；

β_1, β_d——露天开采和地下开采的精矿品位；

α——原矿地质品位；

α_1, α_d——露天开采和地下开采混入的废石品位；

ρ_1, ρ_d——露天开采和地下开采的废石混入率,%；

$\varepsilon_1, \varepsilon_d$——露天开采和地下开采选矿回收率,%；

其他符号同前,采用一致的矿量、品位和成本、费用单位。

B　储量盈利比较法

以露天开采和地下开采动用单位可采储量获得的盈利相等为计算基础,确定经济合理剥采比。与产品比较法类似,可按单位可采储量原矿产品盈利或精矿产品盈利计算。

a　按原矿产品计算

$$N_{jh}=\frac{n_1'(B_1-a_1)-n_d'(B_d-a_d)}{b} \tag{8-7}$$

$$n_1'=\frac{n_1}{1-\rho_1} \tag{8-8}$$

$$n_d'=\frac{n_d}{1-\rho_d} \tag{8-9}$$

式中　B_1,B_d——露天开采和地下开采原矿销售价格;

n_1',n_d'——露天开采和地下开采视在回采率(视在回采率为设计范围内实际采出原矿与可采储量之比),%;

n_1,n_d——露天开采和地下开采实际回采率,%;

其他符号意义同前。

b　按精矿产品计算

$$N_{jh}=\frac{A_1-A_d}{b} \tag{8-10}$$

$$A_1=\frac{\alpha_1'\varepsilon_1}{\beta_1}P_1-n_1'(a+f_1) \tag{8-11}$$

$$A_d=\frac{\alpha_d'\varepsilon_d}{\beta_d}P_d-n_d'(c+f_d) \tag{8-12}$$

式中　A_1,A_d——露天开采和地下开采单位可采储量产出精矿获得的盈利;

α_1',α_d'——露天开采和地下开采采出矿石品位;

P_1,P_d——露天开采和地下开采矿石产出精矿的单位售价;

其他符号意义同前。

用储量盈利法确定多金属矿床的经济合理剥采比应按式(8-7)~式(8-9)或式(8-10)~式(8-12)分别计算出各种金属品种(或在考虑共伴生金属回收率前提下,折算成当量品位),用露天的地下开采的单位盈利累加后求得。

C　价格法(盈亏平衡法)

价格法适用于矿床采用单一露天开采的情况。是以动用单位可采储量产出矿产品的销售价格大于(等于)矿产品成本为基础计算的,以保证矿山不亏损。

a　按原矿产品计算

$$N_{jh}=\frac{n_1'(B_1-a_1)}{b} \tag{8-13}$$

b　按精矿产品计算

$$N_{jh}=\frac{n_1'A_1}{bT_1} \tag{8-14}$$

8.2.2.3　各种计算方法的评价和适用条件

各种计算方法的评价和适用条件如下:

(1) 原矿成本比较法。原矿成本法需要的基础数据较少,计算简单,应用方便,但没有考虑露天和地下开采在矿石损失和贫化的差别,采出矿石的数量和质量不同对企业经济效益的影响,也没有涉及矿石的价值,因而只有在两种开采方法的矿石损失率和贫化率相差不大,且地下开采成本低于产品售价时才采用。在金属矿山和化工原料矿山的建设前期应用较多,初步设计也有应用。

(2) 精矿成本比较法。精矿成本法考虑了两种开采方法因废石混入率不同而导致的采出矿石质量差别对企业经济效益的影响，但未考虑两种开采方法因矿石回采率不同，影响到矿产资源利用的差别。因而只有在两种开采方法的废石混入率相差较大，损失率接近，且精矿成本低于市场售价时使用。

(3) 盈利比较法。盈利比较法综合考虑了露天和地下两种开采方法对矿产资源的利用程度、产品的数量和质量等因素的差别。但使用该法时需要基础数据较多，计算繁琐，受产品价格影响。盈利比较法较全面地考虑了露天开采和地下开采之间技术经济因素的差别，对露采和地采均有盈利的富矿床，两种开采方法的回收率和废石混入率相差较大时，本方法比较适用。

(4) 价格法。价格法的特点是计算所得的经济剥采比与矿产品的销售价格紧密连在一起。比较适合某些价值较低的矿床，如石灰石矿、白云石矿、贫金属矿床等以及某些由于技术条件不宜用地下开采而只能用露天开采的矿床，如砂矿、含硫较高易自燃的矿床等。

8.2.2.4 经济合理剥采比成本指标的选取

计算经济合理剥采比采用的成本指标，一般以类似矿山的成本指标为基础。还要考虑其他影响成本的因素，主要有：(1)矿岩性质，水文地质条件；(2)开采深度和矿岩运输距离；(3)矿山规模，采用的开采工艺和设备类型；(4)原材料消耗指标，设备效率，生产管理水平；(5)费用的时间因素等。

上述因素在选取成本指标时，应根据矿床具体条件综合考虑，对一个露天矿，在其采剥成本中，一部分费用不随开采深度而变化，如穿孔、爆破、装载、排土费等，可参照类似矿山的成本指标选取；另一部分费用则随开采深度而变化，如运输费和排水费等。在采剥成本中运输费占比重较大。根据冶金矿山资料统计，运输费占矿石成本比例，汽车运输为24% ~30%，机车运输占24% ~33%(矿石成本不包括破碎费用)。

8.2.3 境界剥采比的计算方法

确定露天开采境界普遍采用 $N_j \leq N_{jh}$ 原则。

8.2.3.1 在地质横剖面图上计算境界剥采比

在每个地质横剖面图上，根据境界剥采比等于经济合理剥采比的原则初步确定露天开采深度。

矿石品位变化不大的矿床，其经济合理剥采比可采用全矿床的平均品位计算，各地质剖面的经济合理剥采比控制在同一数值内即可。矿石品位变化较大的矿床，则按各剖面不同的矿石品位分别计算各剖面的经济合理剥采比。

在用各地质横剖面图计算境界剥采比时，对与矿体走向不成正交的横剖面，需将设计的最终帮坡角换算成相应的伪倾角，以换算的伪倾角进行计算。

非正交横剖面的采场边帮伪倾角应进行修正。

对于走向长度大的倾斜、缓倾斜矿床，一般按地质横剖面图计算境界剥采比。其具体计算方法有面积比法和线段比法。

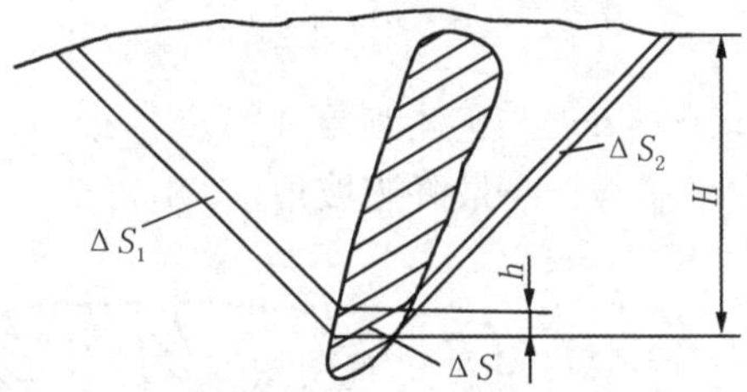

图 8-1 面积比法求境界剥采比

A 面积比法

面积比法求境界剥采比如图 8-1 所示，在地质横剖面图上作通过境界深度 H 和 $H-h$ 的水平线。通常取 h 等于阶段(台阶)高度。按照确定的露天矿底宽和顶、底盘边坡角，绘出开采境界线，量出矿石面积增量 ΔS 和岩石面积增量 ΔS_1、ΔS_2，计算境界剥采比：

$$N_j = \frac{\Delta S_1 + \Delta S_2}{\Delta S} \tag{8-15}$$

B 线比法

计算规整矿体面积时，为了简化计算，可用线(段)比法计算境界剥采比。

a 倾斜、急倾斜矿床的境界剥采比计算

走向长度大的倾斜、急倾斜矿体，一般在地质横剖面上，用线比法计算境界剥采比。

(1) 单一矿体的境界剥采比(N_j)计算。如图 8-2 所示，在地质横剖面图上，确定开采深度从 H 下降到 $H+h$(取 h 等于阶段高度或其整数倍)。通过 H 和 $H+h$ 分别作水平线交矿体于 EF 和 BC，连接 EB。

按照确定的露天采场底宽和顶、底盘帮坡角，确定底宽 BC，并作两帮的帮坡线 AB、CD，交地形于 A、D 点。

通过 A、D、E、F 点，作平行于 EB 的线段 AA'、DD'、FF'，则 N_j 为：

$$N_j = \frac{A'B + F'D'}{BC + CF'} \tag{8-16}$$

（2）主矿体有夹层和顶、底盘有小矿体时的境界剥采比计算。作图方法如图 8-3 所示，与单一矿体相同，境界剥采比计算式为：

$$N_j = \frac{A'G' + I'B + KQ + F'H' + J'Q'}{BK + QC + CF' + G'I' + J'H'} \tag{8-17}$$

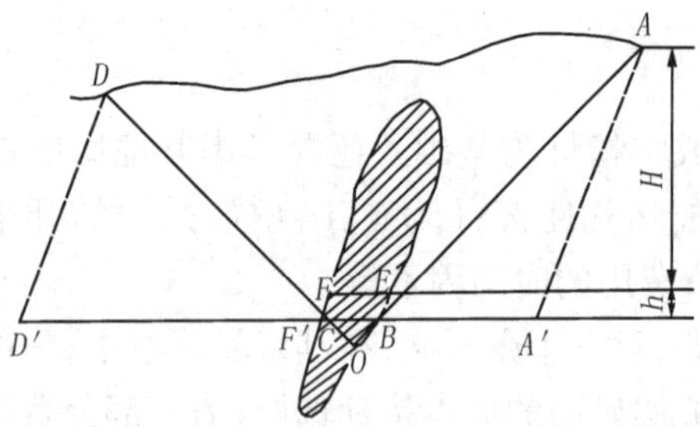

图 8-2　线比法求 N_j

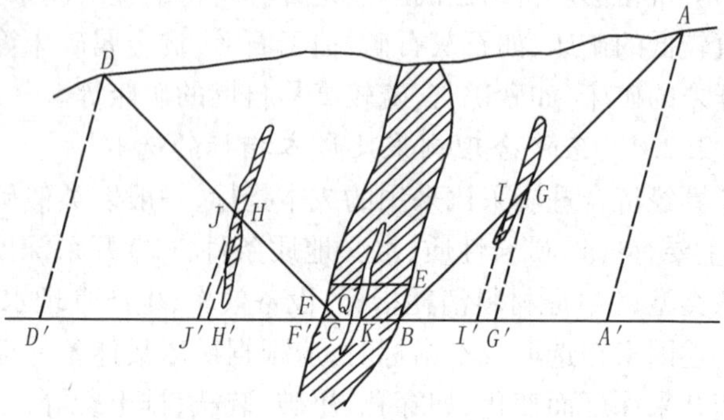

图 8-3　主矿体有夹层和顶、底盘有小矿体的线比法求 N_j'

（3）两个较大的矿体的境界剥采比计算。两个相距较远的大矿体Ⅰ矿体和Ⅱ矿体，用同一采场开采时，先以其中较厚大和埋藏较深的Ⅰ矿体为主，厚度较小的Ⅱ矿体为辅，用上述方法初步确定露天开采境界 $ABCD$，然后以同样的方法确定Ⅱ矿体剩余部分的开采境界，并计算其境界剥采比。全矿床最终开采境界为 $ABCG'H'IK$（图 8-4）。

Ⅱ矿体剩余部分矿体的境界剥采比 N_j' 为：

$$N_j' = \frac{G'H' + J'K'}{H'I + IJ'} \tag{8-18}$$

b　缓倾斜或近似水平矿体的境界剥采比计算

如图 8-5 所示，N_j 为：

$$N_j = \frac{AB}{BC} = \frac{H\sin(\alpha + \gamma)}{m\sin\gamma} \tag{8-19}$$

式中　α——矿体倾角，(°)；

　　　γ——最终边坡角，(°)。

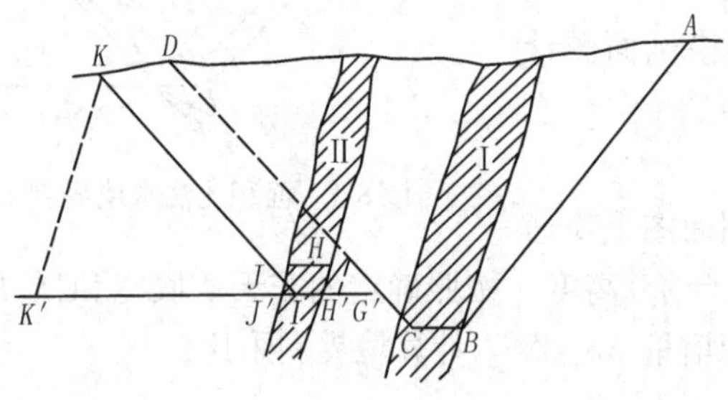

图 8-4　两个大矿体的线比法求 N_k'

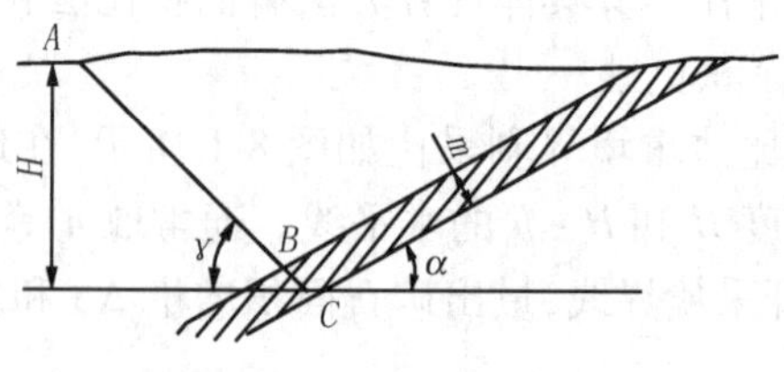

图 8-5　缓倾斜矿体求 N_j'

8.2.3.2　端帮境界剥采比计算

用地质横剖面图计算的境界剥采比，没有考虑到端帮矿岩量。而这部分矿岩量对露天开采的经济指标是有影响的。设计开采境界时，应考虑端帮剥采比。

端帮境界剥采比不能简单地用垂直径向剖面图计算，需用径向平面投影图才能正确确定。图 8-6 为一形状简单的端帮境界平面图，当在垂直径向剖面图上计算得境界剥采比为 2∶1 时，在径向平面投影图上计算为 8∶1。因此，用垂直径向剖面图确定境界剥采比后，必须用图 8-7 中纵坐标的径向平面剥采比值进行修正。要求径向平面剥采比等于 N_j。

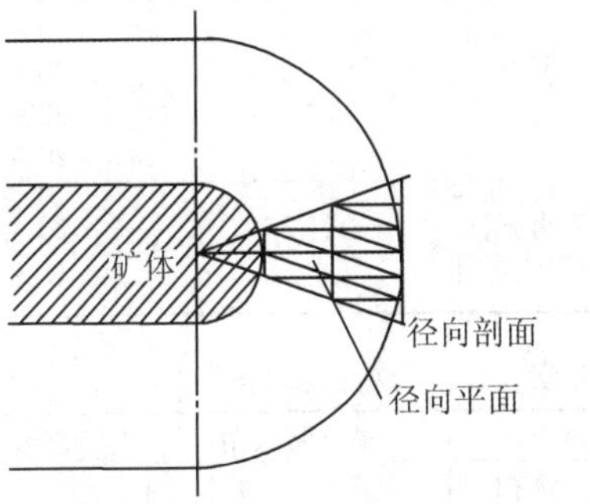

图 8-6 端帮径向平面投影

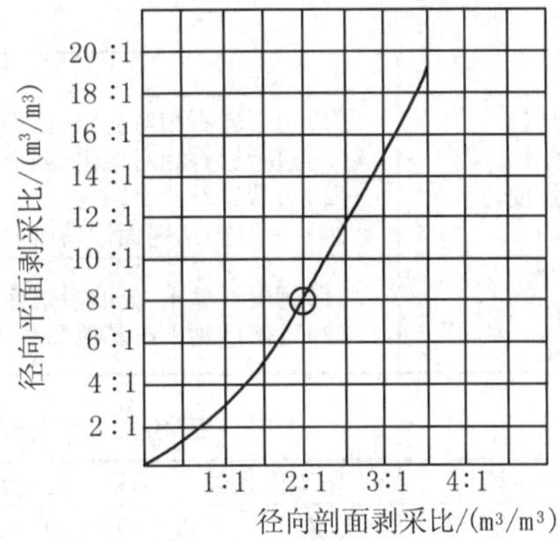

图 8-7 端帮径向平面剥采比和径向剖面剥采比关系曲线

用线比法计算的境界剥采比为体积剥采比，因此以重量计算的经济合理剥采比先要换算成体积剥采比。

8.2.4 圈定露天开采境界通常采用的方法

在露天开采方案初步拟定后进行圈定露天开采境界。

以较常见的倾斜、急倾斜、长宽比大于 4 的金属露天矿为例，说明开采境界的圈定。确定露天矿境界的步骤是：按 8.2.2 节确定经济合理剥采比后，选取露天采场最终边坡角→确定露天坑底宽度→初步选定露天矿开采深度→计算境界剥采比→与经济合理剥采比比较 $N_j \leqslant N_{jh}$→绘制露天坑底边界→绘制分层平面图→绘制终了平面图。

露天矿境界的优化一般是在境界圈定的过程中进行。对境界的不断调整实质上是典型的优化过程。

8.2.4.1 选取采场最终边坡角

露天采场最终边坡角是采场最下一个阶段（台阶）的坡底线和最上一个阶段的坡顶线构成的假想平面与水平面夹角，它对剥采比有很大的影响。随着开采深度的增加和边坡角的减小，所需要的剥离量也急剧增加，从经济效果考虑，希望边坡角尽可能大。但往往会导致严重的滑坡事故，严重妨碍生产。从安全角度来考虑，应减缓边坡角。应根据矿岩的物理力学性质、地质构造与水文地质条件，使选取的角度能保证边坡稳定。因此，综合考虑安全因素与经济因素，是合理选取边坡角的基本要求。

露天矿最终边坡角的选取原则为：

为了减少剥岩量，在保证生产安全和需要的前提下，最终边坡角应尽可能大些。

对于新建或没有边坡研究报告的矿山，如在编制可行性研究时，最终边坡角可参照类似矿山的实际资料选取，称之为工程类比法，同时，还要进行初步分析和简单的计算。

对于有足够的岩石力学试验结果，应利用边坡稳定性计算分析软件处理得出边坡角推荐值，再经过调整选用。大中型矿山及边坡地质条件复杂的矿山，在初步设计之前，应委托有关部门进行系统的边帮稳定性研究工作，并以该部门边坡稳定性研究报告及推荐的帮坡角值作为设计依据。如果边帮研究报告在初步设计完成之后提出，应在施工图设计中对其进行校核及修正。

按稳定性条件计算的最终边坡角见表 8-2。

我国部分露天矿最终边帮组成见表 8-3。

表 8-2 按稳定性条件计算的最终边坡角

岩性分类	岩 体 特 征	最终边坡角/(°)
硬岩（抗压强度大于 80MPa）	(1) 裂隙不发育，弱面显露不明显； (2) 裂隙不发育，弱面呈急倾斜（大于 60°）或缓倾斜（小于 15°）； (3) 裂隙不发育和中等发育，弱面倾角为（向采空区）35°～55°； (4) 裂隙不发育和中等发育，弱面倾角为（向采空区）20°～30°	55 40～45 30～45 20～30

续表 8-2

岩性分类	岩体特征	最终边坡角/(°)
不坚固的硬岩,中硬岩和致密岩石(抗压强度 8~80MPa)	(1)边帮岩石相对稳定,弱面显露不明显; (2)边帮岩石相对稳定,弱面倾角为(向采空区)35°~55°; (3)边帮岩石严重风化; (4)一组岩石,弱面倾角(向采空区)为20°~30°	40~45 30~40 30~35 20~30
软岩和松散土岩(抗压强度小于 8MPa)	(1)延展性黏土,无旧滑落面,岩层与弱面的接触带不明显; (2)延展性黏土或其他黏质土岩,弱面位于边坡的中部或下部	20~30 15~20

表 8-3 我国部分露天矿最终边帮组成

矿山名称	围岩种类		坚固性系数 f		最终阶段坡面角/(°)		平台宽度/m		最终帮坡角		台阶高度/m	运输方式
	上盘	下盘	上盘	下盘	上盘	下盘	安全	清扫	上盘	下盘		
大冶铁矿	闪长岩	大理岩	10~12	6~8	60~65	60~65	7~7.5	7~7.5	48°~52°30′	42°~45°	12	准轨电机车
南芬铁矿	石英片岩、混合岩	角闪岩	8~12	8~12	65	35~43	5	13	48°	38°	12	汽车-溜井
大孤山铁矿	石英片岩、千枚岩	混合岩	8~10	10~12	65	65	12.5	7.5~12.5	32°	32°	12	准轨电机车
大石河铁矿	斜长片麻岩	片麻岩、花岗岩	8~10	8~10	65	65	4	7	48°30′	30°~50°	12	准轨电机车
水厂铁矿	片麻岩	片麻岩	8~10	8~10	60	60	3~10.5	10.5~14	40°~45°	40°~45°	15	汽车
白银厂铜矿 1	凝灰岩	凝灰岩	5~7	5~7	54~65	47~59	并段 12	并段 5~8	32°~42°	45°~47°	12	汽车
金川镍矿	大理岩、橄榄岩	片麻岩、角闪岩	6~8	6~8	45	55			41°~44°	50°	12	上部机车、下部汽车
德兴铜矿	闪长斑岩、变质千枚岩	闪长斑岩、变质千枚岩	6~8	6~8	60	60			40°~42°	40°~42°	12	汽车-溜井
弓长岭独木采场	角闪岩、混合岩	角闪岩、混合岩	8~12	8~12	65	55	5	7	42°	30°~39°	12	汽车
石人沟铁矿	角闪片麻岩	角闪片麻岩	6~10	6~10	65	65	6~8	12~15	43°~45°	43°~45°	10	汽车
云浮硫铁矿	砂岩、千枚岩	砂岩、千枚岩			65	65	3	8	37°~47°	34°~42°	12	汽车
甘井子石灰石矿	石灰岩	石灰岩	6~8	6~8	70	40	7	9	40°	50°		窄轨机车
昆阳磷矿	砂岩	灰岩	3~7	3~7	60	60	7.1	7.5	45°	45°	矿 5,岩 10	汽车
海南铁矿	砂化透辉岩、角闪灰岩	硅化透辉岩、角闪灰岩	8~10	8~10	45~65	45~65	5~6	8~12	32°~42°	32°~42°	11~12	上部机车、下部汽车
大宝山矿	石灰岩、流纹斑岩	石灰岩、流纹斑岩	8~14、11~15	8~14、11~15	55~60	55~60	4~8	10.5~12	40°~43°	40°~43°	12	汽车
黑旺铁矿	石灰岩	泥质灰岩	5~6	3	57	64	4	6	47°30′	41°43′		

阶段(台阶)坡面角参考表 8-4 选取。

表 8-4 阶段(台阶)坡面角

岩石坚固性系数	15~20	8~14	3~7	1~2
台阶坡面角/(°)	75~85	70~75	60~65	45~60

8.2.4.2 确定露天矿采场底平面宽度

露天矿底平面宽度确定的原则是最小底宽应保证设备正常运行、安全作业要求。

当采用汽车开拓运输,并为回转调车时,如图 8-8 所示,露天采场最小底宽(m)为:

$$B_{rmin} = 2(R_{temin} + 0.5b_c + e) \tag{8-20}$$

以 R-190 型汽车为例,$B_{rmin}=25.6+6.7+1=34.3$m。

国外特大型露天矿采用220t 自卸汽车运矿时,其运输道路宽为35～38m。应该指出,对于最小底平面宽度要求,通常对长宽比大、急倾斜矿体的露天开采才具有意义。

当采用铁路运输时(图8-9),露天采场最小底宽为:

$$B_{\text{tmin}} = 2R_{\text{scmin}} + b_{\text{c}} + 3e \tag{8-21}$$

式中 B_{rmin}——汽车运输露天矿最小底宽,m;

B_{tmin}——铁路运输露天矿最小底宽,m;

R_{tcmin}——汽车最小转弯半径,m;

R_{scmin}——挖掘设备尾部回转半径,m;

b_{c}——运输设备最大宽度,m;

e——运输设备与挖掘设备、边坡坡面的安全距离,一般取0.5m。

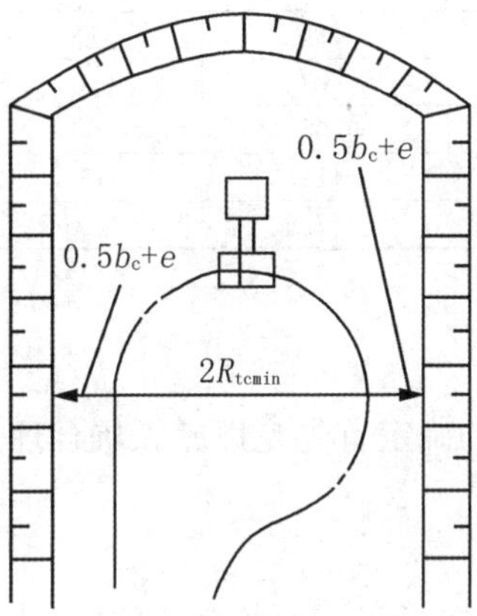

图8-8 公路运输露天采场最小宽度回转式调车

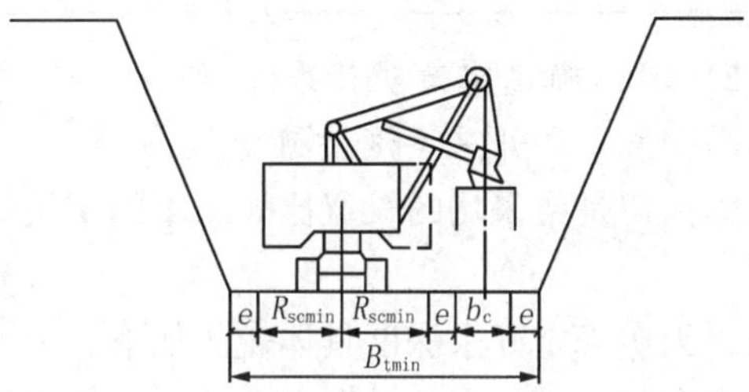

图8-9 铁路运输露天采场最小宽度

在确定露天开采境界时,若矿体厚度小于最小底宽,则底平面按最小底宽绘制;若矿体厚度比最小底宽大得不多,底平面可用矿体厚度为界;若矿体厚度远大于最小底宽时,常按最小底宽作图,并按下列因素确定露天矿底的位置:

(1) 使境界内的可采矿量最大而剥岩量最小;

(2) 使可采矿量最可靠,通常露天矿底宜置于矿体中间,以避免地质作用误差所造成的影响;

(3) 根据矿石品位分布,使采场的矿石质量最高;

(4) 根据矿岩的物理力学性质调整露天矿底的位置,使边坡稳固且穿爆方便,见表8-5。

表8-5 露天采场底部最小宽度

运输方式	转载设备	运输设备	最小底宽/m
铁路运输	$1m^3$ 以下挖掘机	窄轨机车(600mm 轨距)	10
	$1m^3$ 挖掘机	窄轨机车(762mm、900mm 轨距)	12
	$4m^3$ 挖掘机	准轨机车	16
	6～$12m^3$ 挖掘机	准轨机车(1435mm 轨距)	20
公路运输	$1m^3$ 挖掘机	7t 汽车	16
	$4m^3$ 挖掘机	10～32t 汽车	20
	6～$12m^3$ 挖掘机	100～154t 汽车	30

准轨铁路运输平台最小宽度见表8-6,窄轨铁路运输平台最小宽度见表8-7,汽车运输平台最小宽度见表8-8。

表8-6 准轨铁路运输平台最小宽度 (m)

线路平面情况	单 线	双 线	三 线
区间直线	7.5	12.5	17.5
区间曲线	8.0	13.0	18.0

表 8-7 窄轨铁路运输平台最小宽度

机车类型	车辆最大宽度/m	窄轨铁路运输平台最小宽度/m					
		单 线			双 线		
		600mm 轨距	762mm 轨距	900mm 轨距	600mm 轨距	762mm 轨距	900mm 轨距
电机车	2.4~2.8		6.0	6.1		10.5	10.5
	1.9~2.3		5.7	5.8		9.5	9.5
	1.4~1.8	5.3	5.5	5.6	8.5	8.5	8.5
	≤1.3	5.1			7.5		
蒸汽机车	2.4~2.8			9.0	9.2		
	1.9~2.3	5.2	5.5	5.7		8.5	8.7
	1.4~1.8				7.7	8.0	8.2
	≤1.3				7.2		

表 8-8 汽车运输平台最小宽度

车宽分类		一	二	三	四	五	六
车身计算宽度/m		2.5	3.0	3.5	5.0	6.0	7.0
载重量/t		7	20	32	68	100	154
运输平台宽度/m	单 线	8	9	10	12	15	18
	双 线	11.5	13	14.5	17.5	22.5	26

8.2.4.3 确定露天矿开采深度

A 长露天矿开采深度的确定

长露天矿是指采场的长宽比大于4 的矿坑。露天矿开采深度的确定首先是以露天坑合理开采深度为参照依据。

长露天矿确定开采深度具体做法如下:

首先在每张剖面图上根据已选定的最终边坡角和底部宽度,并选择底平面的合适位置,从一组深度方案中选定该剖面合适的开采深度。当矿体埋藏条件简单时,开采深度方案可适当少取;矿体形态复杂时开采深度方案应多取,特别应在厚度显著变化的深度上选取开采深度方案,考察境界剥采比的变化。当矿体剖面与矿体非正交时,用线段比法计算境界剥采比前,应对该剖面的伪倾角进行转换。

确定开采深度可在地质横剖面图上用方案分析法或图解法进行。

a 方案分析法的主要步骤

(1) 在横剖面图上确定若干个境界深度方案(图 8-10),通过各深度绘出各方案底所在水平线。

(2) 在横剖面图上确定各个深度方案的底宽及位置,并根据选取的最终边坡角,绘出顶底帮最终边坡线,当横剖面与边坡走向不垂直时,应对边坡角进行换算:

$$\tan\beta' = \cos\phi\tan\beta \tag{8-22}$$

式中 β'——非正交横剖面的边坡伪倾角,(°);

ϕ——非正交横剖面与正交横剖面在平面上的夹角,(°);

β——设计的露天采场边坡角,(°)。

(3) 计算各方案的境界剥采比,并将计算结果列于表 8-9。

表 8-9 各境界深度方案的境界剥采比

境界深度方案	H_1	H_2	H_3	H_4	H_5
境界剥采比 $N_j/(m^3/m^3)$	N_1	N_2	N_3	N_4	N_5

(4) 绘制境界剥采比、经济合理剥采比与开采深度的关系曲线 $N_j=f(H)$ 及 $N_{jh}=f(H)$,见图 8-11,两曲线交点相对应的横坐标 H_k 即为露天开采合理深度。

b 图解法

图解法是根据选择的确定境界的原则、经济合理剥采比及最终边坡角直接在横剖面图上确定露天开采合理深度。图 8-12 为按境界剥采比等于经济剥采比的原则,用图解法确定倾斜和缓倾斜矿体的合理开采深度的例子。其步骤为:

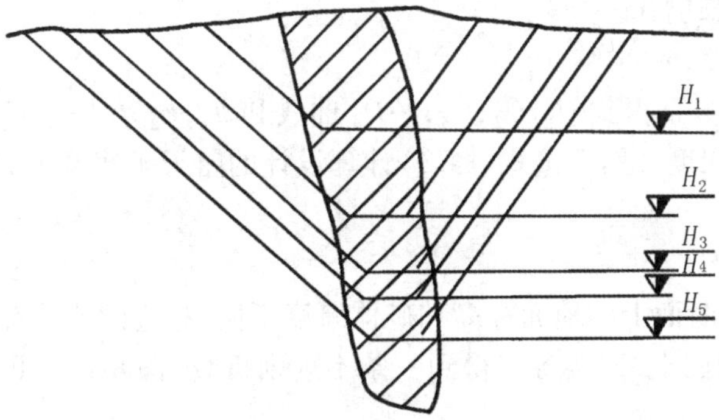

图 8-10 绘有若干个境界深度方案的横剖面

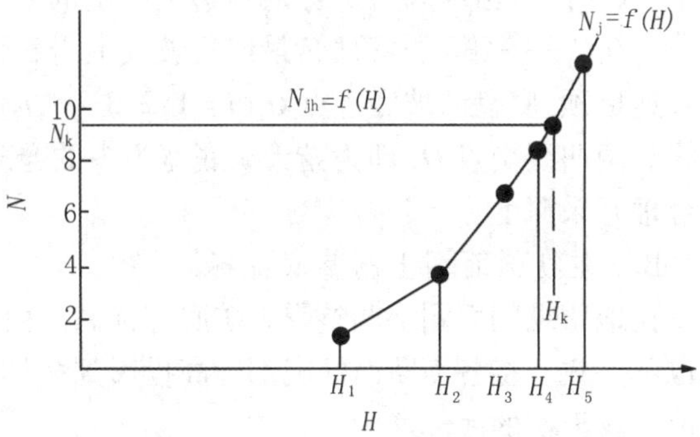

图 8-11 境界剥采比、经济合理剥采比与开采深度的关系

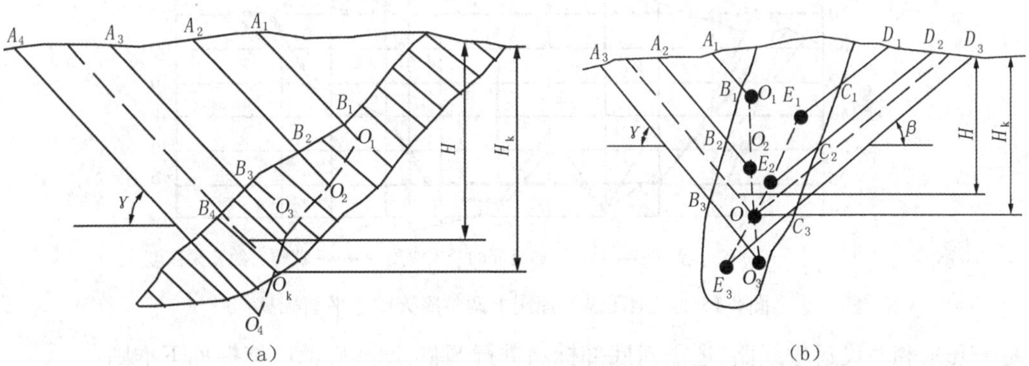

图 8-12 用图解法确定露天开采深度

(1) 在矿体顶盘地表取若干个方案的地表境界点,见图 8-12A_1、A_2、A_3、…。

(2) 通过 A_1、A_2、A_3、…诸地表境界点按最终边坡角作境界边坡线交顶盘矿岩接触线于 B_1、B_2、B_3、…。

(3) 延深 A_1B_1、A_2B_2、A_3B_3、…使

$$B_iO_i = A_iB_i/N_{jh} \tag{8-23}$$

式中 B_iO_i——第 i 境界方案要求的矿石线段长度,m;

A_iB_i——第 i 境界方案边坡线上的岩石线段长度,m;

i——境界方案,$i=1,2,3,\cdots,N$;

N_{jh}——经济剥采比,m^3/m^3。

由式(8-23)可求得 O_i 诸点,但第 n 点 O_i 必须落在矿体下盘。

(4) 连接 O_1、O_2、O_3、…诸点,使该曲线与矿体下盘矿岩接触线相交,其交点 O_k 即为露天底宽的合理开采深度。

(5) 按露天底宽为 B 确定设计开采深度:

$$H = H_k - B/(\cot\gamma + \cot\beta) \tag{8-24}$$

式中 H——露天矿设计深度,m;

H_k——底宽为零的露天开采合理深度,m;

B——露天矿设计的底宽,m;

γ——露天矿顶帮最终边坡角,(°);

β——露天矿底帮最终边坡角,(°)。

图 8-12(a)为用图解法确定急倾斜矿床断面图上合理开采深度的例子。根据选取的最终边坡角按图 8-12(b)确定境界方法步骤,首先绘出 $A_iB_iO_i$ 诸境界方案之最终边坡线。并按同样原理选取底盘地表境界方案 $D_iC_i(i=1,2,\cdots,n)$,延长 D_iC_i 至 E_i,则:

$$C_iE_i = D_iC_i/N_{jh} \tag{8-25}$$

式中 C_iE_i——第 i 境界方案底盘边坡线上的矿石线段长度,m;

D_iC_i——第 i 方案底盘最终边坡线上岩石线段长度,m。

连接顶、底盘的坡底各点 $O_i(i=1,2,3,\cdots,n)$ 及 E_i,分别得到 $O_1,O_2,O_3,\cdots O_n$ 曲线和 $E_1,E_2,E_3,\cdots,E_n$ 曲线。两曲线交点 O_k 即为露天矿底宽为零的合理开采深度。然后按式(8-23)计算设计的露天矿底宽为 B 的合理开采深度。

B 在纵剖面图上调整底部标高

在地质纵剖面图上调整露天矿底部标高。由于各横断面上的地面标高和矿体厚度不同,相应的开采深度也不一致。将各横断面的底部标高投影到矿体纵断面图上,连接各点得到一条不规则折线(图 8-13),即理论上露天矿的底部。

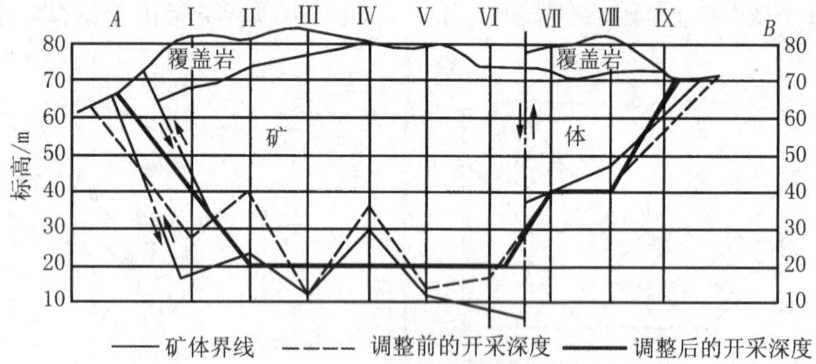

图 8-13 在地质纵断面图上调整露天矿底平面标高

为了便于开采和布设运输线路,还需对底部标高进行调整,调整底部应把握如下准则:

(1) 各断面之间高差调整时应保证满足运输道路的坡度和坡段长度要求;

(2) 各断面之间划入和划出境界的矿岩量基本平衡或矿石量大于岩石量;

(3) 底平面尽可能平整,调整为同一水平。过于复杂的矿体可调整成不同水平的连续梯段或留下废石孤岛;

(4) 尽可能多采出矿石量。

确定露天矿开采境界是一项经验性要求较高的工作。按理论步骤完成后还应对其进行细致的研究调整。

C 确定露天矿底部边界

根据设计底部宽度和开采深度确定露天矿底平面,并绘制底部边界(图 8-14)。

首先按调整后的底部标高准备好该水平分层的地质平面图。然后绘制底部平面图。将各横剖面、纵剖面和端帮该深度的底部点投影到地质平面上,连成闭合线(图 8-14虚线部分),形成露天坑底理论边界。然后将该理论的底部平面图修改成适宜设备作业的底部平面图(图 8-14 实线部分)。即底部边界尽量平直,转弯部位的曲率半径适宜设备的技术性能,底部长度符合运输线路的展线技术标准。

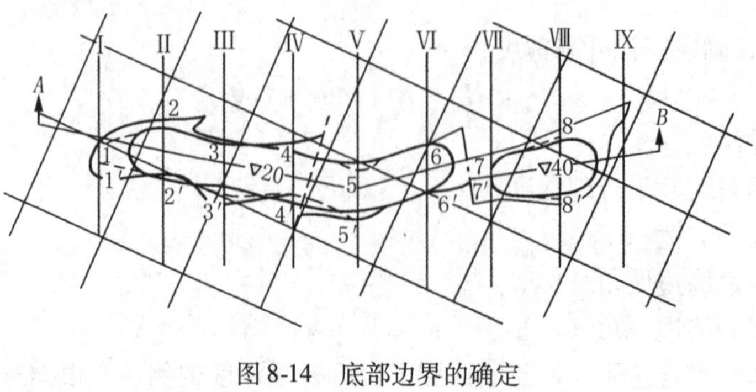

图 8-14 底部边界的确定

D 短露天矿开采深度和底边界

简单介绍一般的开采深度确定和底平面的确定。

短露天矿难以严格区分端部和两帮,短露天矿的"端部"剥离量所占比重较大。用长露天矿横断面法难

以恰当确定矿体境界剥采比,可按如下步骤确定:

(1) 选择几个可能的开采深度,绘制对应的开采底平面图。按平面图上的矿体形状,初步确定底平面边界,调整边界符合设备运行的技术要求。

(2) 在平面图上确定地表境界线。在可用的地质横剖面图上绘制出开采境界,并将地表的矿岩界线和地表境界线投影到平面图上。

(3) 对地质横剖面未能涉及的区段,在平面图上选择有代表的点,做垂直于底平面边界的辅助剖面(图8-15中Ⅰ、Ⅱ、Ⅲ…)。

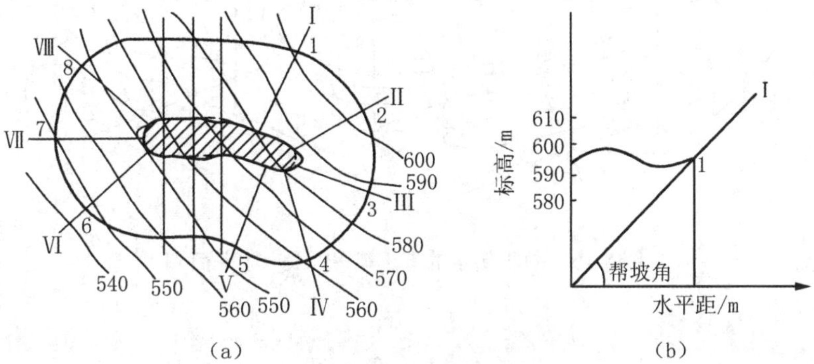

图8-15 短露天矿 N_j 计算

(a)平面图;(b)坡面水平距图

(4) 根据已知的开采深度和边帮坡面的水平投影距离确定各辅助剖面的地表境界点。

(5) 连接辅助平面上的境界点并与横断面确定的地表境界相连,形成地表境界。

(6) 在平面图上计算出境界内矿岩总面积和矿石面积。按式(8-6)计算境界剥采比:

$$N_{js} = \frac{S - S_0}{S_0} \tag{8-26}$$

式中 S——露天矿境界内矿岩水平投影总面积,m^2;

S_0——露天矿底和边帮上矿石水平投影总面积,m^2。

8.2.4.4 绘制露天矿开采终了平面图

A 初步确定露天矿境界

(1) 准备地形图,底部边界图。将露天矿底部边界投影到有等高线的地形图上,标注底标高并核准平面坐标位置,隐去底境界内地形线。

(2) 绘制各分层边界。根据各横断面图、纵断面图和端帮图,以选定的露天矿阶段高度为间隔,从露天矿底部边界向上依次将各阶段点投影到初步境界图上。

(3) 将同一水平点连线,绘制成各台阶坡底线构成的露天矿最终境界(图8-16),同样需隐去境界内地形线。显然,低于地表标高的台阶坡底线在平面图上是闭合的,局部高于地表标高的坡底线是敞开或断续的,断点处应与地形等高线相连。

B 形成露天矿开采终了平面图

(1) 根据选定的露天矿主要构成要素,如台阶高度、平台宽度、台阶坡面角以及开拓运输系统布设方案,在底平面图上定线,添加运输道路;绘制坡顶线和各种平台。

(2) 在两相邻阶段间按道路技术要求绘制连接坡道,生成露天矿终了平面图(图8-17)。

(3) 调整境界。用平均剥采比校核 $N_p \leqslant N_{jh}$,可依据金属种类分别把握尺度,贵金属或稀有矿物高价值小型矿山,为了尽量采用露天开采减少矿石的贫化损失,可能取高限值,大宗贱金属或工业矿物则取低限。如果差距较大,尚需从选定深度开始再进行调整。

工程实践中,如果对中间成果没有特殊要求并具备足够经验,绘制程序可简化为:将调整好的底部边界直接投影到露天矿终了平面图上→根据境界要素和道路参数定线,由下向上绘制坡底线、坡顶线、平台、道路等→形成露天矿终了平面图→校核(含循环调整)。

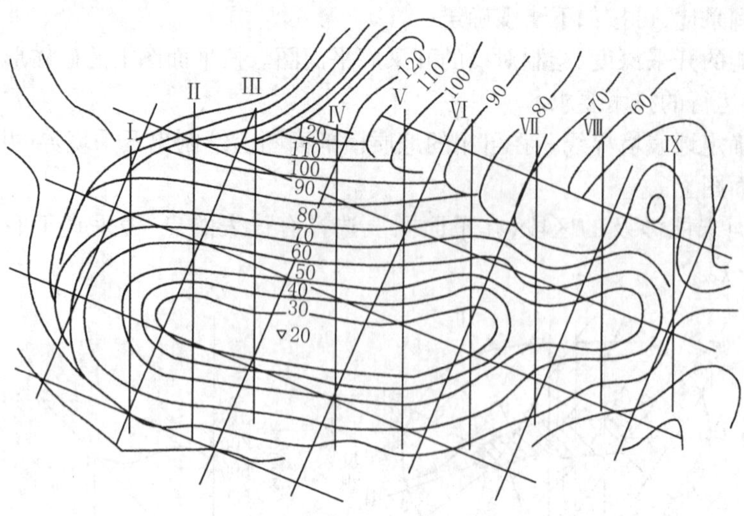

图 8-16 初步圈定的露天矿开采终了(平面)

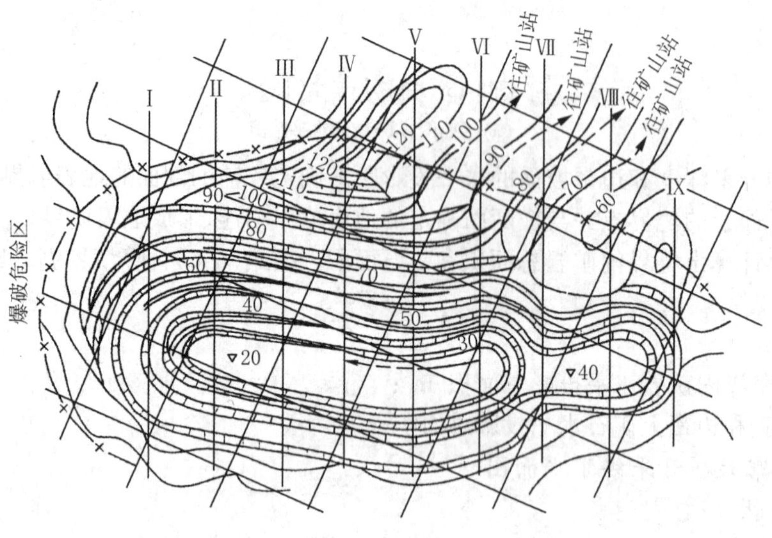

图 8-17 露天矿开采终了(平面)

8.2.5 最终境界设计的计算机优化方法

国内外用电子计算机优化露天矿开采境界的方法很多,主要包括浮动圆锥法、L-G 法(Lerchs-Grossmann)等优化方法以及利用三维可视化软件进行露天境界优化。

8.2.5.1 价值模型

在最终开采境界的计算机优化设计和开采计划优化中,首先需要建立矿床的经济块状模型,即价值模型。它是将矿床划分为单元块形成的离散模型,如图 8-18 所示,每一块的特征值表示假设将其采出并处理后能够带来的经济净价值。块的净价值是根据块中所含可利用矿物的品位、开采与处理中各道工序的成本及产品价格计算的。矿床所含矿物的种类不同,矿山企业经营体制和成本管理制度不同,计算净价值时,用到的参数就不同。对于一个以金属量为最终产品的采选冶联合企业,用于计算净价值的一般性参数列于表 8-10中。采选冶各阶段的管理费用一般分摊到每吨矿石或每吨岩石。由于许多管理工作覆盖整个企业,共用部分需分摊到每吨矿石或岩石;有的金属(如黄金)需要精冶,精冶一般是在企业外部进行的,所以只计算精冶厂的收费和粗冶产品运至精冶地点的运输费用。

表 8-10 中的经济参数种类繁多,为建立价值模型时使用方便。需要对各项成本进行分析归纳和单位换算,并标明归纳后每项成本的作用对象(矿或岩)。表 8-11 是根据表 8-10 中的成本参数归纳后的结果。

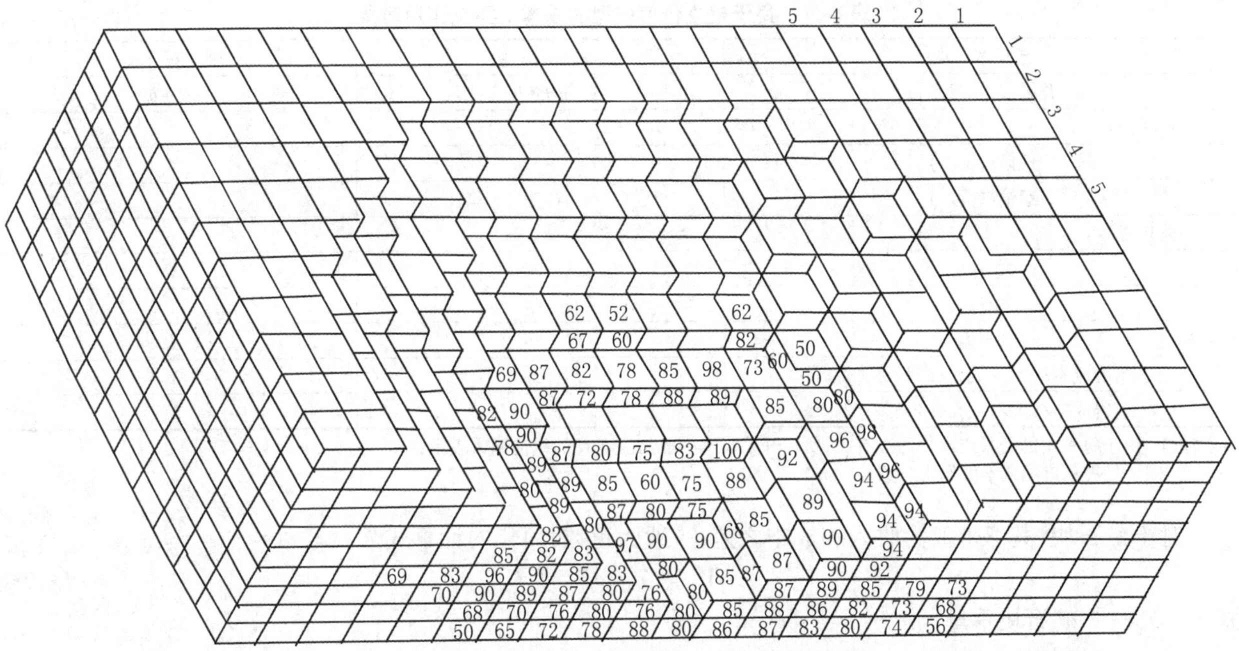

图 8-18 矿床三维价值模型示意图

表 8-10 计算金属矿床模块净价值的一般参数

矿物参数	数 值
可利用矿物地质品位/%或(g/t)	
采矿回采率/%	
选矿回收率/%	
粗冶回收率/%	
精冶回收率/%	
成本参数	
开采成本	
穿孔/(元/$t_{矿岩}$)	
爆破/(元/$t_{矿岩}$)	
装载/(元/$t_{矿岩}$)	
运输/(元/t或元/(t·km))	
排土/(元/$t_{岩石}$)	
排水/(元/$t_{矿石}$)	
与开采有关的管理费用/(元/$t_{矿石}$)	
选矿成本	
矿石二次装运/(元/$t_{矿石}$)	
选矿/(元/$t_{精矿}$)	
精矿运输/(元/$t_{矿石}$)	
与选矿有关的管理费用/(元/$t_{矿石}$或元/$t_{岩石}$)	
冶炼成本	
粗冶/(元/$t_{精矿}$)	
与粗冶有关的管理费用/(元/$t_{矿石}$或元/$t_{岩石}$)	
粗冶产品运输/(元/$t_{粗冶金属}$)	
精冶/(元/$t_{粗冶}$)	
销售成本/(元/$t_{粗冶金属}$)	
金属售价/(元/t或元/g)	

对于岩石块,只有成本没有收入,所以其净价值(NV_w)为负数。

$$NV_w = -T_wC_w \tag{8-27}$$

式中 T_w——岩石块重量;

C_w——表8-11中作用于岩石块的所有单位成本之和。

表 8-11 用于建立价值模型的成本归类及作用对象

成本项	岩石块	矿石块
开采成本/(元/t)	$aH+b$	$cH+b$
选矿成本:		
选矿/(元/t)		X
运输/(元/t)		X
管理成本:		
元/$t_{矿石}$		X
元/$t_{岩石}$	X	X
元/$t_{金属}$		X
精冶成本/(元/t 或元/g)最终产品		X
销售成本/(元/t 或元/g)最终产品		X

注:1. 由于每一块的开采成本与深度有关,所以开采成本一般用深度 H 的线性函数表示;
2. "X"表示该项成本的作用对象。

对于矿石块,其净价值为收入和成本之差,一般为正数,简化的计算式为:

$$NV_0 = T_0 pg\gamma - T_0 C_0 \tag{8-28}$$

式中 T_0——矿石块重量;

p,g,γ——分别为矿石块中矿物的售价、平均品位和综合回收率;

C_0——表 8-11 中所有作用于矿石并换算成吨矿成本的单位成本之和。

综上所述,可以看出矿床价值模型是地质、成本与市场信息的综合反映。

8.2.5.2 浮动圆锥法

浮动圆锥法是一种用系统模拟技术来解决露天矿开采境界的方法,它的基本出发点是将最简单的圆形露天矿近似地看成一个截头倒圆锥。它锥立在矿石方块之上,上部直通地表,圆锥的母线与水平线夹角等于露天矿的边帮角。由于组成露天矿边帮的岩性、节理、裂隙性质不同,故露天开采境界的帮坡角亦随之变化。所以露天矿实际上是由不同锥度的许多相互交错和重叠的可采圆锥体来模拟。圆锥体越密,越逼近真实的露天矿。

图 8-19(a)是一个二维价值模型的示意图,图中每一模块中的数值为模块的净价值。除地表的模块外,由于几何约束条件的存在,要开采某一模块,就必须采出以该模块为顶点、以最大允许帮坡角为锥面倾角的倒锥内的所有模块。以图 8-19(b)中第二行第四列上的模块(记为 $B_{2,4}$)为例,如果左右帮最大允许帮坡角均为 45°,且模块为正方形,则 $B_{2,4}$ 的开采只有当 $B_{1,3}$、$B_{1,4}$ 和 $B_{1,5}$ 全被采出后才能实现。因此,在确定是否开采某一模块时,首先要看该块的净价值是否是正值,若该块的净价值为负,那么最好不予开采,因为它的开采会减少境界的总值。但有时为了开采负块下面的正块,不得不将负块开采。另外,开采一个正块不一定能使境界的总价值增加,因为以该正块为顶点的倒锥中的负块很可能抵消正块的开采价值。因此,在考察是否开采某一块时,必须将倒锥的顶点置于该块的中心,以锥体的净价值(即落在锥体内包括顶点块的所有块的净价值之和)作为根据。这就是浮动圆锥法的基本原理。以图 8-19(a)为初始价值,浮动圆锥法的算法步骤如下:

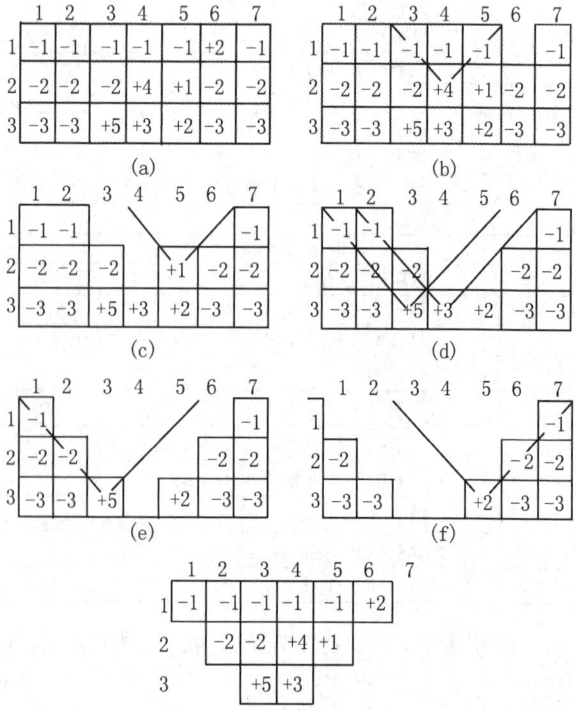

图 8-19 浮动圆锥法境界优化步骤

第一步:将位于地表的正模块 $B_{1,6}$ 采出。由于地表模块没有其他模块覆盖，不需使用倒锥。开采 $B_{1,6}$后，价值模型变为图 8-19(b)。

第二步：将倒锥的顶点从左至右依次置于第二层的正块上，找出落在锥内的模块并计算锥体价值。若锥体价值大于或等于零，则将锥体内的所有模块采出；否则，将倒锥的顶点“浮动”到下一正块。以 $B_{2,4}$为顶点的锥体价值为 +1，将锥体内的模块采去后，价值模型变为图 8-19(c)，以 $B_{2,5}$为顶点的锥体只包含 $B_{2,5}$一块，将其采出后，模型见图 8-19(d)。

第三步：逐层向下重复第二步，直至所有价值大于(或等于)零的锥体全部被采出。从图 8-19(d)可以看出，以 $B_{3,3}$为顶点的锥体价值为 -1，故不予采出。以 $B_{3,4}$为顶点的锥体价值为 0，采取后得图 8-19(e)。这时以 $B_{3,3}$为顶点的锥体价值变为 +2，开采后得到图 8-19(f)。虽然 $B_{3,5}$为正块，但其锥体价值为 -1，故不予采出。模型中不再存在正锥，计算结束。

将浮动圆锥法用于如图 8-19(a)所示的价值模型得到的最终开采境界，由上述过程中所有被采出的块组成(图 8-19(g))，若按照此境界进行开采，开采终了的采场现状如图 8-19(f)所示，境界总价值为 +6。若岩石与矿石比重相等，境界平均剥采比为 7∶5 = 1.4。虽然在这一简单算例中，应用浮动圆锥法确实得到总价值为最大的最终境界，但该方法是“准优化”算法，在某些情况下不能求出最佳境界，下面是两个反例。

(1) 反例一：遗漏盈利块集合。当倒锥的顶点位于某一正块时，锥体价值若为正数，是由于锥中正块的价值足以抵消锥中负块的价值的结果。换言之，负块得以开采是由于正块的“支持”。当顶点位于两个正块的锥体有重叠部分时，单独考察任一锥体时，锥体的价值可能为负；但当考察二锥的联合体时，联合体的总价值为正。结果，浮动圆锥法遗漏了本可带来盈利的块的集合。图 8-20 即为这种情形。根据浮动圆锥法，结论是最终境界只包括 $B_{1,2}$一个块，因为以 $B_{3,3}$、$B_{3,4}$和 $B_{3,5}$为顶点的锥体价值均为负数。但当考察三个锥体的联合体或以 $B_{3,4}$和 $B_{3,5}$为顶点的两个锥体的联合体时，联合体的价值为正数。所以，最佳开采境界应为粗黑线所圈定的块的集合，总开采价值为 +6。

(2) 反例二：开采非盈利块集合。顶点位于某正块的锥体值为正，可能是由于锥体内其他未被开采的正块的作用。如图 8-21 所示，在考察 $B_{2,2}$和 $B_{2,4}$时，两锥体均为负值，故不予开采。当倒锥体顶点移到 $B_{3,3}$时，锥体值为 +2。结果浮动圆锥法给出的境界为图 8-21(b)所示块的集合，境界总值为 +2。因此，浮动圆锥法使境界包容了本不应该采的、具有负值的模块集合(即 $B_{2,3}$和 $B_{3,3}$)。本例中的最优境界应是图 8-21(c)，其总价值为 +3。

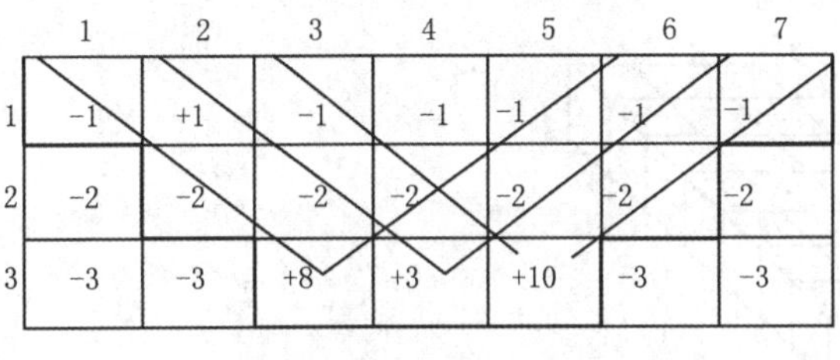

图 8-20 浮动圆锥法反例一

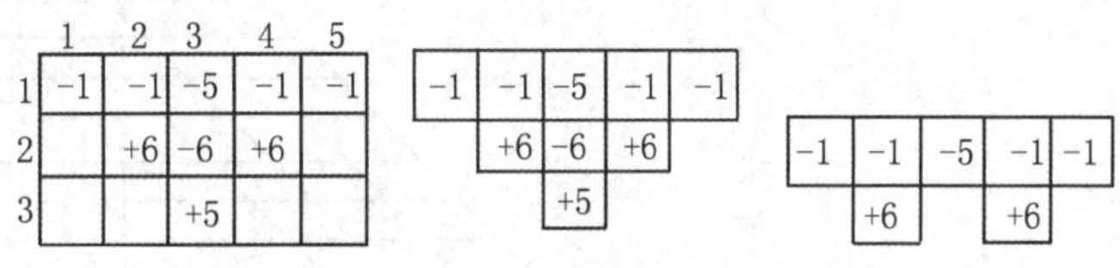

图 8-21 浮动圆锥法反例二

为了克服上述问题，一些学者对浮动圆锥法进行了改进，提出了 Lemieux 浮动圆锥法和 Dowd 浮动圆锥法。改进后的浮动圆锥法的基本思路是对锥体重叠部分进行某种处理，这里不予详细介绍，有兴趣的读者可参考相关文献。

以上对于浮动圆锥法的描述是在二维空间进行的。在三维空间，其基本方法和步骤与在二维空间相同，只是锥体变为三维锥体，确定落于锥体之内的模块转为复杂、费时。图 8-22(a)是一个三维倒锥体示意图，将这样一个倒锥体的顶点置于价值模型中的正块时，找出落于其内的所有块在算法上较为困难。一个便于计算机编程且较为节省计算时间的方法是“预制”一个足够大的“锥壳模板”。如图 8-22(b)所示，三维锥壳在 $x-y$ 面上的投影被离散化为与价值模型中模块的 x、y 方向上尺寸相等的二维网格，网格内的数字表示锥壳在网格中心的 x、y 坐标处距离顶点的垂直高度，这一高度不等于锥壳的真实高度，而是与真实高度最接近的台阶高度(台阶高度等于模型中的模块高度)的整数倍。模块的中心点与锥体的顶点相对应，其高度为 0；其余点的高度均为正整数。例如，图 8-22(b)中第 6 行第 9 列网格中的数字“4”表示锥壳在该点距顶点的高度为 4 个台阶。锥壳模板在编程中可用一个二维数组表示。

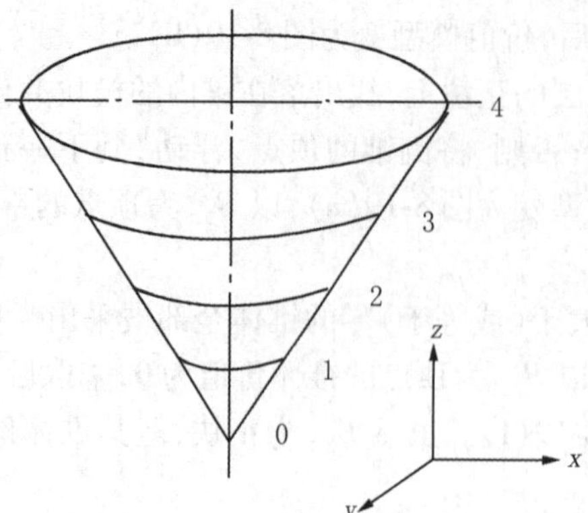

(a)

	1	2	3	4	5	6	7	8	9
1				4	4	4			
2		4	4	3	3	3	4	4	
3		4	3	2	2	2	3	4	
4	4	3	2	2	1	2	2	3	4
5	4	3	2	1	0	1	2	3	4
6	4	3	2	2	1	2	2	3	4
7		4	3	2	2	2	3	4	
8		4	4	3	3	3	4	4	
9				4	4	4			

(b)

图 8-22　三维倒锥体与锥壳模板

有了预制的锥壳模板，在应用浮动圆锥法时，将模板的中心网格置于模型中的正块 B_0 上，如果 B_0 上方某一模块 B_i 的台阶水平与 B_0 所在水平的高差大于或等于与 B_i 模块的 x、y 坐标相同的模板网格上的高度值，则模块 B_i 落在以 B_0 为顶点的倒锥体内；否则，落在倒锥体外。例如，在图 8-23 中，锥顶模块是第 i 水平的一个正块，上一个水平 $(i+1)$ 上标有 Y 的那一块落于锥体内，因为该块所对应模板网格上的高度值为 1，而两个水平的高度差也为 1；$i+1$ 水平上标有 N 的那一块落于锥体外，因为两水平的高度差小于这一块所对应的模板上的高度值。同理，$i+2$ 水平上标有 Y 的那一块落在锥体内，而标有 N 的那块落在锥体外。

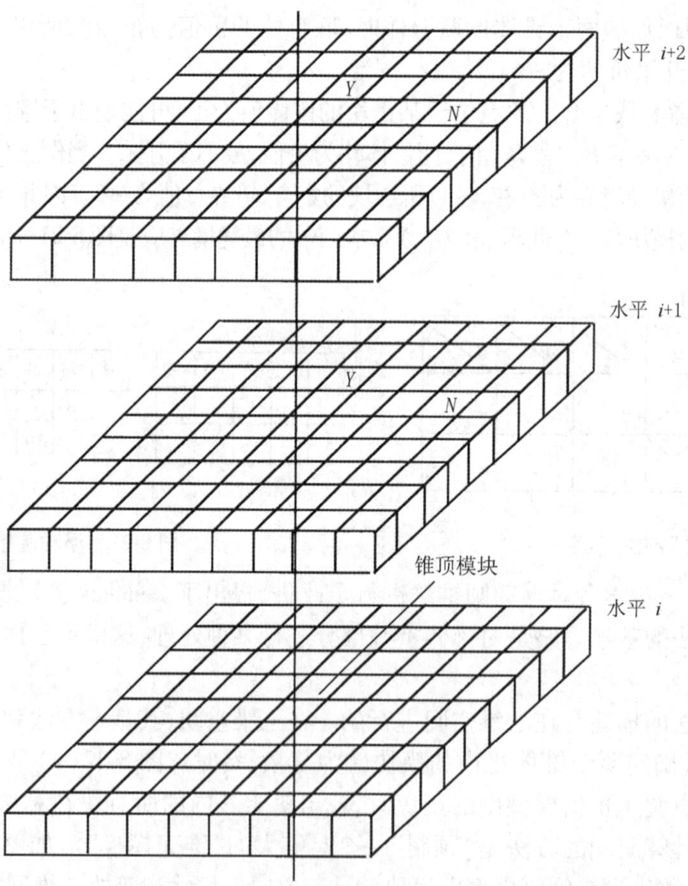

图 8-23　锥壳模板应用举例

应用锥壳模板不仅便于计算机编程，而且便于处理在不同方位具有不同帮坡角的情况。因为不论帮坡角如何变化，锥壳在模板某一网格上距顶点的准确垂直高度很容易用三角函数算出，求出准确高度后，将其用最接近的台阶高度的整数倍代替即可。

8.2.5.3 L-G 图论法

L-G 图论法(Lerchs-Grossmann 图论法)则是结合了图论法和动态规划法的一种最能真实反映露天矿实际的优化方法,只要给定价值模型,在任何情况下都可以求出总价值最大的最终开采境界。

A 基本概念

在图论法中,价值模型中的每一块用一节点表示,露天开采的几何约束用一组弧表示。弧是从一个节点指向另一节点的有向线。例如,图 8-24 说明要想开采 i 水平上的那一节点所代表的块,就必须先采出 $i+1$ 水平上那 5 个节点代表的 5 个块。为了便于理解,以下叙述在二维空间进行。

图论中的有向图由一组弧连接起来的一组节点组成。图用 G 表示,图中节点 i 用 x_i 表示。所有节点组成的集合称为节点集,记为 X,即 $X=\{x_i\}$;图中从 x_k 到 x_l 的弧用 a_{kl} 或(x_k,x_l)表示,所有弧的集合称为弧集,记为 A,即 $A=\{a_{ij}\}$;由节点集 X 和弧集 A 形成的图记为 $G(X,A)$。如果一个图 $G(Y,AY)$ 中的节点集 Y 和连接 Y 中节点的弧集 AY 分别是另一个图 $G(X,A)$ 中 X 和 A 的子集,那么 $G(Y,A_Y)$ 称为图 $G(X,A)$ 的一个子图。子图可能进一步分为更多的子图。

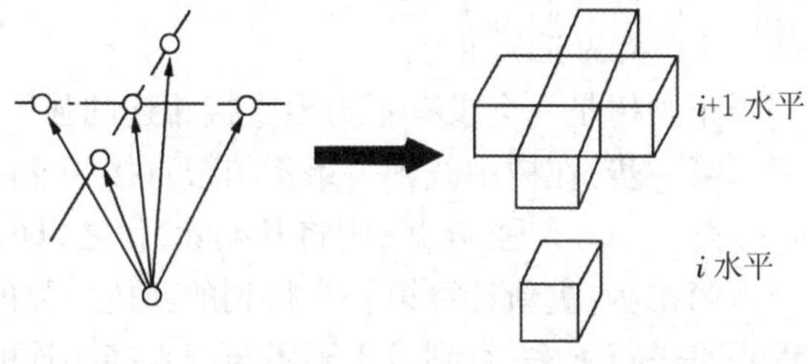

图 8-24 露天开采几何约束的图论表示

图 8-25(a)是由 6 个模块组成的价值模型,$x_i(i=1,2,\cdots,6)$ 表示第 i 块的位置,块中的数字为块的净价值。若模块为大小相等的正方体,最大允许帮坡角为 45°,那么该模型的图论表示如图 8-25(b)所示。图 8-25(c)和图 8-25(d)都是图 8-21(b)的子图。模型中模块的净价值在图中称为节点的权值。

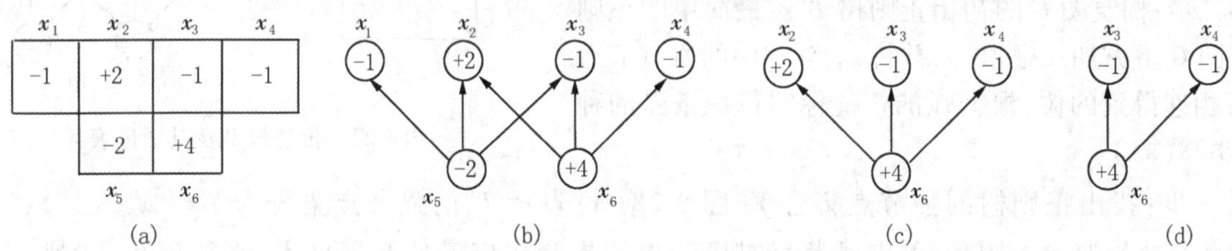

图 8-25 方块模型与图和子图

从露天开采的角度考虑,图 8-25(c)构成一个可行的开采境界,因为它满足几何约束条件,即从被开采节点出发引出的弧的末端的所有节点也属于被开采之列。子图 8-25(d)不能形成可行开采境界,因为它不满足几何约束条件。形成可行的开采境界的子图称为可行子图,也称为闭包。以闭包内的任一节点为始点的所有弧的终点节点也在闭包内。图 8-25(b)中,x_1、x_2、x_3 和 x_5 形成一个闭包;而 x_1、x_2、x_5 不能形成闭包,因为以 x_5 为始点的弧(x_5,x_3)的终点节点 x_3 不在闭包内。闭包内诸节点的权值之和称为闭包的权值。G 中权值最大的闭包称为 G 的最大闭包。求最佳开采境界实质上就是在价值模型所对应的图中求最大闭包。

树是一个没有闭合圈的图。图中存在闭合圈是指图中至少有一个这样的节点,从该节点出发经过一系列的弧(不计弧的方向)能够回到出发点。图 8-25(b)不是树,因为从 x_6 出发,经过弧(x_6,x_2)、(x_5,x_2)、(x_5,x_3)和(x_6,x_3)可回到 x_6,形成一个闭合圈。图 8-25(c)和图 8-25(d)都是树;根是树中的特殊节点,一棵树中只能有一个根。

如图 8-26 所示,树中方向指向根的弧,即从弧的终端沿弧的指向可以经过其他弧(其方向无关)追溯到树根的弧,称为 M 弧;树中方向背离根的弧,即从弧的终端追溯不到根的弧称为 P 弧。将树中的一个弧(x_i,x_j)删去,树变为两部分,不包含根的那部分称为树的一个分支。在原树中假想删去弧(x_i,x_j)得到的分支是由弧(x_i,x_j)支撑着,由弧(x_i,x_j)支撑的分支上诸节点的权值之和称为弧(x_i,x_j)的权值。如图 8-26 所示的树中,由弧(x_3,x_1)支撑的分支节点只有 x_1,故该弧的权值为 −1。由(x_8,x_5)支撑的分支节点有 x_2、x_5、x_6 和 x_9,该弧的权值为 +5。权值大于 0 的 P 弧称为强 P 弧,记为 SP;权值小于或等于零的 P 弧称为弱 P 弧,记为 WP;权值小于或等于零的 M 弧称为强 M 弧,记为 SM;权值大于零的 M 弧称为弱 M 弧,记为 WM。图 8-26 是

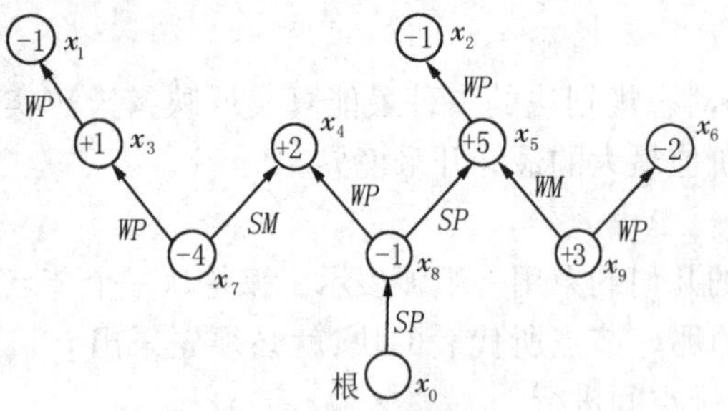

图 8-26　具有各种弧的树

一个具有全部四种弧的树。强 P 弧和强 M 弧总称为强弧，弱 P 弧和弱 M 弧总称为弱弧。强弧支撑的分支称为强分支，强分支上的节点称为强节点。从采矿的角度来看，强 P 弧支撑的分支（简称强 P 分支）上的节点符合开采顺序关系，而且总价值大于零，所以是开采的目标。虽然弱 M 分支的总价值大于零，但由于 M 弧指向树根，不符合开采顺序关系，故不能开采，由于弱 P 分支和强 M 分支的价值不为正，所以不是开采目标。

B　树的正则化

正则树是一个没有不与根直接相连的强弧的树。正则化步骤如下：

第一步：在树中找到一条不与根直接相连的强弧 (x_i,x_j)，若 (x_i,x_j) 是强 P 弧，则将其删除，代之以 (x_0,x_j)；若 (x_i,x_j) 是强 M 弧，则将其删除，代之以 (x_0,x_i)。

第二步：重新计算第一步得到的新树中弧的权值，标注弧的种类。以新树为基础，重复第一步。这一过程一直进行下去，直到找不到不与根直接相连的强弧为止。

C　图论法境界优化定理及算法

图论法境界优化定理为：若有向图 G 的正则树的强节点集合 Y 是 G 的闭包，则 Y 即为最大闭包。根据该理论的图论算法如下。

第一步：依据最大允许帮坡角的几何约束，将价值模型转化为有向图 G（图 8-27）。

第二步：构筑图 G 的初始正则树 T^0。最简单的正则树是在图 G 下方加一虚根 x_0，并将 x_0 与 G 中的所有节点用 P 弧相连得到的树，根据弧的权值标明每一条弧的种类（图 8-28（a））。

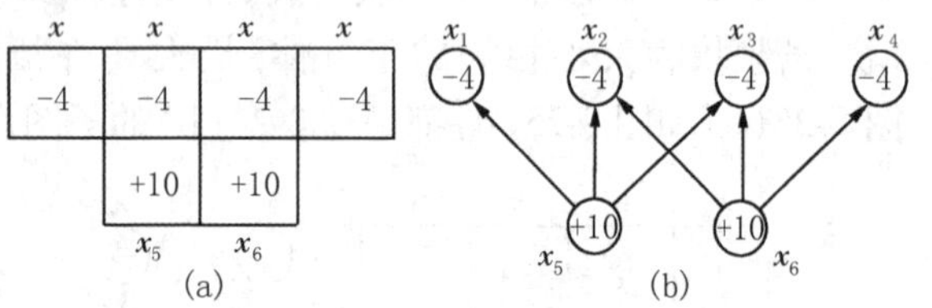

图 8-27　价值模型及其图论表述

第三步：找出正则树的强节点集合 Y（图 8-28（a）表示 T^0 的强节点集合为 $Y=\{x_5,x_6\}$），若 Y 是 G 的闭包，则 Y 为最大闭包，Y 中诸节点对应的块的集合构成最佳开采境界，算法停止；否则，执行下一步。

第四步：从 G 中找出这样的一条弧 (x_i,x_j)，即 x_i 在 Y 内、x_j 在 Y 外的弧，并找出树中包含 x_i 的强 P 分支的根点 x_r，x_r 是支撑强 P 分支的那条弧上属于分支的那个端点（由于是正则树，该弧的另一端点为树根 x_0）。然后将弧 (x_0,x_r) 删除，代之以弧 (x_i,x_j)，得一新树。重新标定新树中诸弧的种类。

第五步：如果经过第四步得到的树不是正则树（即存在不直接与根相连的强弧），应用前面所述的正则化步骤，将树转变为正则树。

第六步：如果新的正则树的强节点集合 Y 是图 G 的闭包，Y 即为最大闭包；否则，重复第四步和第五步，直到 Y 是 G 的闭包为止。

8.2.5.4　利用三维可视化软件进行露天矿最终境界设计

近些年来，随着计算机技术的迅速发展，矿业软件在露天矿中的应用越来越广泛，这些软件的使用为采矿工作者在三维可视化模型的基础上进行辅助设计提供了一种可靠的依据。三维可视化模型的构建是地质资料集成和二次开发的最佳方法，它具有形象、直观、准确、动态、信息丰富等特点，它能改进对地质数据的理解和应用环境，提高信息的利用率和空间分析能力，为采矿工作者在三维空间中观察、分析地质现象以及空间分布提供了一种手段。同时，对三维实体模型的分析还可以进行储量计算、露天境界的优化、工程设计等工作，为生产计划编制和生产过程的控制提供可靠的依据。因此，为解决矿山地质工作中数据表达、分析与利用的难题，矿山三维可视化研究有着重要的现实意义和实用价值。

采用三维可视化软件进行露天矿最终境界设计是指以某个三维矿业软件（如 Dimine、Surpac、Datamine、Mircomine 等）为工具，建立在三维可视化地质模型，对露天境界进行模拟和优化的。因此，要完成这一过程，

图 8-28 LG 图论法境界优化举例

(a)T^0;(b)T^1;(c)T^2;(d)T^3;(e)T^4;(f)T^5;(g)T^6

主要通过建立地质矿床资源模型,精确模拟矿区地形或开采现状,对矿床块段模型(即价值模型)进行品位推估,计算合理的优化经济参数,设置露天边坡参数,选择优化方法进行优化等过程来实现,具体过程是:

第一步:收集矿床地质钻孔开口坐标、钻孔测斜、样品品位、岩性、构造及其他地质工程(坑探工程和槽探工程)等信息,建立钻孔数据库(包含坑探工程和槽探工程);同时,收集地形图、剖面图、平面图等资料,经矢量化后建立图件矢量数据库。

第二步:将钻孔数据库和图件矢量数据库导入三维可视化软件系统中,建立地质矿床资源模型,包括地表实体模型、矿体实体模型、岩性实体模型、构造实体模型。

第三步:建立矿床品位块段模型,将矿体划分为若干一定尺寸的单元块,矿体边缘利用次分块技术进行拟合,然后根据地质统计学原理在计算实验变异函数基础上拟合出矿床理论变异函数,对矿体各单元块和次分块进行品位估值,进而可对矿床进行资源储量估算。

第四步:计算境界优化经济参数,根据工程地质条件和开采技术条件确定露天边坡控制参数。

第五步:按照三维可视化软件系统提供的优化模块进行优化运算,得到露天优化境界。

随着现代科学技术的发展,特别是计算机计算、优化算法技术、3D 技术的发展,矿业工程软件的广泛应用和成熟完善,能够为露天矿山开采提供快速、高效的露天境界优化方案,将不断革新现代采矿技术。有关矿山三维可视化数字技术详见本手册其他章。

8.3 露天矿生产规模及采剥进度计划

8.3.1 露天矿生产能力

8.3.1.1 生产能力确定的内容和方法

矿山生产(建设)规模一般是指设计确定的或者是生产矿山经有关部门确认的生产能力,而确定生产能力的过程一般是在可行条件下寻求经济合理的采矿生产能力的方案。

合理的采矿生产能力方案是在具体矿山和具体矿床条件、开拓运输方式、采矿方法、工艺流程和设备等条件下的生产能力。

露天矿生产能力指标有矿石生产能力和矿岩生产能力，两者通过生产剥采比联系起来：

$$A_a = A(1 + n)$$

式中 A_a——矿岩总生产能力，t/a；

A——矿石生产能力，t/a；

n——生产剥采比，t/t。

露天矿生产能力直接影响到矿山设备的选型和配备数量、劳动力及材料需求等，从而也关系到矿山的投资、生产成本及经济效益，因此，生产能力是露天开采的一个重要参数。必须详细论证，慎重确定。从近年露天矿发展趋势看，当储量达到一定规模时，开采技术条件（特别是设备）对露天矿生产能力的制约已大为减弱，当前生产能力的确定，应选择经济效益好的方案。综合考虑投资、生产成本、矿山服务年限、投资回收期、矿山就业人数以及资源的合理利用。

A　确定露天矿生产能力

确定露天矿生产能力包含以下内容：

(1) 按矿山开采技术条件计算/确定可能达到的矿石生产能力。按开采技术条件计算矿山矿石生产能力是确定矿山建设规模的前提条件，并通过编制采剥进度计划进行确认。

从技术上论证可能达到的矿山生产能力时，要以工业矿量为基础。与生产能力计算有关的各项参数、指标的选取，特别是新工艺、新设备的各种指标选取，应当稳妥可靠，留有余地，并且要预见到地质条件的可能变化，适当考虑地质储量差异系数。

由于矿床赋存条件上的原因，有时达到建设规模的时间很长，在这种情况下，应考虑由小到大、分期建设的必要性。每期的建设规模一般应考虑在投产后能在 1 ~ 3 年内达到建设规模的产量要求。但分期建设要有总体规划，尽量做到前后期衔接合理，并且在近期建设上，原则上不要为远期建设预花费很多投资。对于分期建设的矿山，还应确定各开采区的生产能力。

(2) 按经济因素论证矿山建设生产能力。一个建设项目的不同建设规模，其经济效益往往是不同的，要使确定的建设规模达到最佳经济效益，是确定矿山建设规模的一个基本原则。因此，从经济上研究建设的规模是否合理时，一般应在技术条件可能的基础上考虑几个不同建设规模的方案，分别计算其投资收益率，然后进行比选。

(3) 编制采剥进度计划。

(4) 当露天矿开采深度很大时，要对一定间隔的深度进行生产能力验证，间隔深度一般为 60 ~ 100m。

(5) 对改建或扩建矿山，尚需考虑已有系统（线路）的通过能力。

(6) 业主委托和市场调研及需求。

B　露天矿生产能力验证方法

露天矿生产能力一般采用下面方法进行验证：

通过开采技术条件计算、经济因素论证和相关因素的综合分析研究，对其初步确定的生产能力，还需进行验证，验证通过后即可确定为矿山生产能力。

验证方法如下：

(1) 按矿山工程或采场延深速度。

(2) 按新水平准备工程验证矿山延深速度，同时验证阶段（台阶）推进速度。

(3) 按矿山合理服务年限。

(4) 按采场运输可能的通过能力。

应该指出，矿山生产能力是由多种条件决定的，有时验证条件会成为确定条件。

8.3.1.2　按开采技术条件计算/确定可能达到的矿石生产能力

A　按可同时工作的采矿阶段上可能布置的挖掘机数确定生产能力

露天矿可能达到的生产能力为：

$$\begin{cases} A = NnQ \\ N = \dfrac{L}{L_0} \end{cases} \tag{8-29}$$

式中 A——露天矿矿石年产量，t/a；

N——一个采矿阶段可布置的挖掘机数。采用铁路运输的矿山，一个阶段工作挖掘机数一般不超过3台；

Q——挖掘机生产能力，t/a，见表8-12；

n——同时工作的采矿阶段数；

L——一个阶段的矿石工作线长度，m；

L_0——一台挖掘机占用的工作线长度，m。

表8-12 单斗电铲综合台年生产能力 (m^3/a)

铲斗容积/m^3	矿岩坚固性系数 f		
	<6	6 ~ 12	>12
1	120000 ~ 50000	100000 ~ 140000	80000 ~ 120000
2	250000 ~ 300000	220000 ~ 260000	200000 ~ 240000
4 ~ 4.6	600000 ~ 800000	500000 ~ 600000	450000 ~ 550000
7.6 ~ 8	1200000 ~ 1600000	1000000 ~ 1400000	900000 ~ 1200000
10	1800000 ~ 2500000	1500000 ~ 2000000	1200000 ~ 1800000
13	2600000 ~ 3300000	2200000 ~ 2800000	1800000 ~ 2400000

可同时进行采矿的阶段数(n)取决于矿体厚度、矿体倾角、工作帮坡角和工作面推进方向。而工作帮坡角大小取决于工作平台宽度。n 值可用以下几何关系计算。

工作面沿走向布置，采场由矿体上盘向下盘推进时，如图8-29所示。

$$n = \frac{M}{1 - \cot\gamma\tan\varphi} \cdot \frac{1}{B + h\cot\alpha} \tag{8-30}$$

采场由矿体下盘向上盘推进时如图8-30所示：

$$n = \frac{M}{1 + \cot\gamma\tan\varphi} \cdot \frac{1}{B + h\cot\alpha} \tag{8-31}$$

式中 M——矿体水平厚度，m；

B——工作平台宽度，m；

h——阶段高度，m；

φ——工作帮坡角，(°)；

γ——矿体倾角，(°)；

α——阶段坡面角，(°)。

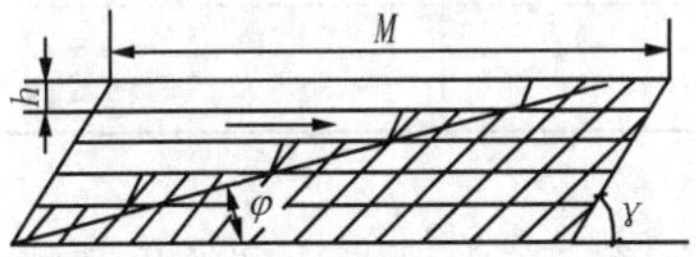

图8-29 采场由上盘向下盘推进

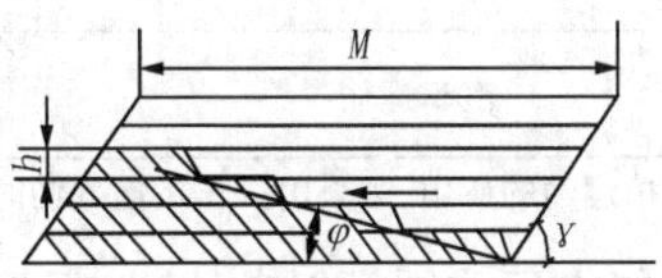

图8-30 采场由下盘向上盘推进

工作面垂直矿体走向布置时(图8-31)：

$$n = \frac{L_p - L_1}{B_1 + h\cot\alpha} \tag{8-32}$$

式中 L_p——采场内矿体走向平均长度，m；

L_1——初期工作平台长度，m；

B_1——工作平台长度，m。

沿走向推进时，上一阶段超前下阶段的最小距离(即工作面长度)，应根据采装运设备的布置、爆堆宽度以及在下阶段能形成一定备采矿量的要求确定。一般要求工作平台长度为200 ~ 250m。

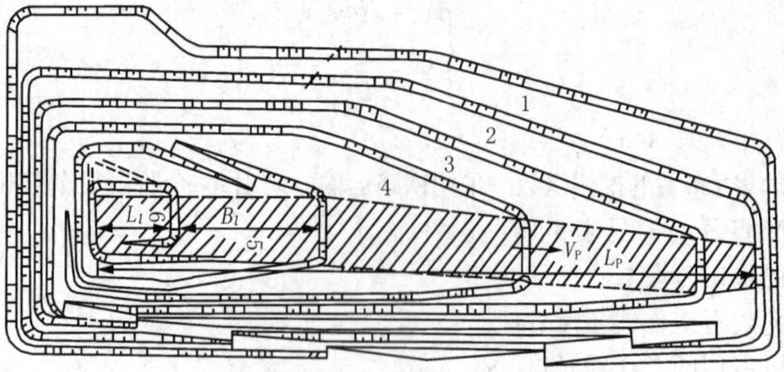

图 8-31 采场沿走向推进示意图

B 按矿山工程或采矿工程延深速度确定/验证可能达到的生产能力

矿山工程是指堑沟工程以及为保证下一水平掘沟所需扩帮的工程量。矿山工程延深速度是按已定阶段高完成一个新水平的准备时间。一般用每年下降米数来表示。

采矿场延深速度是指露天采矿场每年平均下降的深度,亦用每年下降米数来表示。

露天矿设计中,一般用矿山工程延深速度验证矿山可能达到的生产能力。

露天矿生产能力与延深速度的关系为:

$$A = \frac{PV\eta}{h(1 - e)} \tag{8-33}$$

式中 A——露天矿可能达到的年生产能力,t/a;

P——所选用的有代表性的水平分层矿量,t;

V——矿山工程(或采矿工程)延深速度,m/a;

h——阶段高度,m;

η——矿石回采率,%;

e——废石混入率,%。

矿山工程延深速度,一般通过编制新水平准备进度计划确定或参考类似矿山实际资料选取。根据我国当前露天矿装备和开采技术水平,设计推荐的矿山工程延深速度见表 8-13。

表 8-13 一般矿山工程延深速度

开拓运输方式		采场状态	一般延深速度/(m/a)
铁路运输	固定干线	山坡露天 深凹露天	8~12 6~10
	移动干线	山坡露天 深凹露天	— 6~10
汽车运输		山坡露天 深凹露天	14~22 12~18

注:铁路开拓运输的矿山,当采用汽车运输掘沟时,延深速度可适当提高。

开采近似水平或缓倾斜矿体时,根据工作帮水平最大推进速度确定矿山可能达到的生产能力,即:

$$A = v_s m_0 L_m \gamma \frac{\eta}{1 - e} \tag{8-34}$$

$$v_s = \frac{NQ}{L_a h} \tag{8-35}$$

式中 A——露天矿可能达到的年生产能力,t/a;

v_s——工作帮水平最大推进速度,m/a;

m_0——矿体垂直厚度,m;

L_m——采场内矿体长度,m;

L_a——采矿工作线总长度,m;

N——同时工作的采矿挖掘机数,台;

Q——挖掘机台年生产能力,t/a;

γ——矿石容重,t/m³;

η——矿石回采率,%;

e——废石混入率,%。

C 按新水平准备时间确定/验证矿山工程延深速度

新水平准备时间包括掘斜沟、段沟以及为下水平准备必须完成的扩帮量等所需的总时间,即:

$$t_a = t_1 + t_2 + t_3 = \frac{V_1 + V_2 + V_3}{cQ} \tag{8-36}$$

$$v = \frac{12h}{t_a} \tag{8-37}$$

式中 t_a——新水平准备的总时间,月;

t_1,t_2,t_3——分别为掘斜沟、开段沟、扩帮所需的时间,月;

V_1,V_2,V_3——分别为斜掘沟、开段沟、扩帮的工程量,m³;

v——矿山工程延深速度,m/a;

h——阶段高度,m;

c——挖掘机效率降低系数:汽车运输时,一般 c = 0.95 ~ 0.85;铁路运输时,一般 c = 0.8 ~ 0.6;

Q——挖掘机每月效率,m³。

新水平准备工程,由于工作空间限制,一般只布置一台挖掘机。新水平准备工程如图8-32所示。

有条件时,t_a 可通过编制新水平准备进度计划确定。编制新水平准备进度计划所需的资料有:

(1) 阶段水平分层地质平面图;

(2) 各阶段的矿岩量;

(3) 露天采场最终境界图;

(4) 采用的开拓运输方式,开采推进方向;

(5) 斜沟和开段沟的掘沟速度。

矿山工程延深速度可由新水平准备时间决定,对于水平或近似水平的露天矿一般不存在延深的问题,露天矿的生产能力决定于工作线水平推进速度。表8-14为我国部分露天矿山工程延深速度。

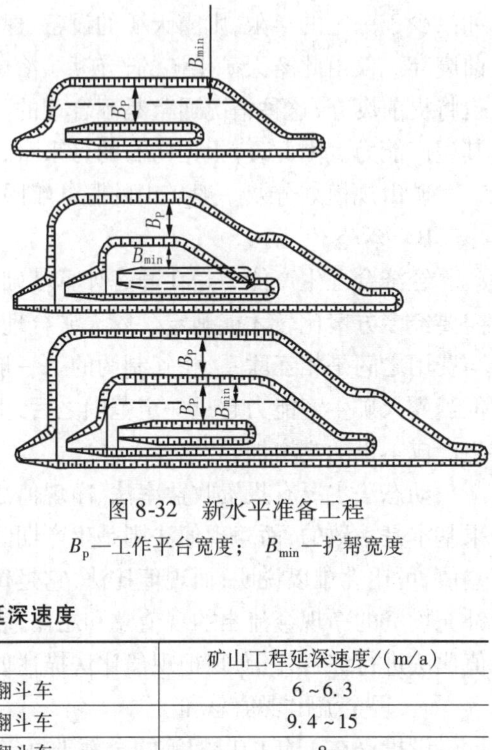

图8-32 新水平准备工程
B_p—工作平台宽度; B_{min}—扩帮宽度

表8-14 我国部分露天矿山工程延深速度

矿山名称	开 拓 方 式	矿山工程延深速度/(m/a)
大孤山铁矿	深凹露天矿,铁路移动干线运输,80t电机车,60t翻斗车	6 ~ 6.3
东鞍山铁矿	山坡露天矿,铁路固定干线运输,80t电机车,60t翻斗车	9.4 ~ 15
大冶铁矿东露天矿	深凹露天矿,铁路固定干线运输,80t电机车,60t翻斗车	8
南芬铁矿	山坡露天矿,平硐溜井运输开拓,25 ~ 40t汽车	12
杨家杖子松北矿	深凹露天矿10t汽车运输	12 ~ 15
金岭铁矿	深凹露天矿,斜坡提升,2.5m提升机,1.1m³矿车	8 ~ 12
白银露天矿	深凹露天矿27t汽车	12
铜山露天矿	深凹露天矿12 ~ 32t汽车	12.5
某铀矿	山坡露天矿公路开拓运输	9.6 ~ 12.1

8.3.1.3 按经济因素论证矿山的合理生产能力

按经济因素的实质是用经济效益好坏来确定经济合理的生产能力,是在按开采技术条件确定的可能达到的生产能力的基础上,分别计算其不同生产能力方案的投资收益率,通过综合技术经济分析比较后确定。

可分为静态法和动态优化法。

A 静态法

静态法一般是按矿山经济合理服务年限计算/验证生产能力。露天开采境界内矿石储量一定时,生产能力可按式(8-38)计算/验证:

$$A = \frac{R\varepsilon_k}{T(1-e)} \tag{8-38}$$

式中 A——矿山生产能力,t/a;

R——矿床可采储量(但需减去永久矿柱损失和地质构造、断层等原因引起的矿量损失),t;

ε_k——采矿回采率,%;

e——废石混入率,%;

T——矿山经济合理服务年限,年。

使用此法时需注意:

(1) 当矿体延深大大超过走向延长,或呈密集脉状产出时,计算结果常常偏大,此时需用其他方法加以验证。

(2) 矿床可采储量规模很大时,尚需根据市场需求、建设资金、开采技术、建设速度等条件对矿山生产能力加以验证。该法适用于矿山规划阶段。

考虑露天矿正常服务年限的基本因素是:露天矿的合理服务年限应与其主要设备的折旧时间相适应。如果少于一定的年限,则露天矿的设备、建筑物等固定资产,除采装运设备和部分可拆移的机器外,其余将提前废弃。仅由此露天矿供矿的选矿厂、冶炼厂,如果附近不能及时开发出新的能力相当的矿山接续供矿,则也将提前废弃,这种情况通常是不合理的。另外国家急需的矿源,为了满足急需,允许缩短服务年限,以加大其生产能力。因此,应根据矿石的可采量、国家需要、开采建设条件及技术经济的合理等因素综合考虑确定。

矿山规模划分及一般矿山的服务年限见表1-6。

B 动态优化法

经济合理生产能力是在静态计算基础上,根据上、下限生产能力求出其间经济效益最优的矿山规模,它需要经多方案比较才能确定。露天矿合理生产能力优化的目标必须权衡投资、费用等问题,而生产能力投资与费用之间是相互联系、相互制约的。一般而言能力大、单位投资少、总投资大、生产费用低;反之则相反。但当露天矿生产能力超过一定范围之后,由于主要设备升级,造成单位投资增大,设备折旧和维修费用增加,生产成本也随之增加。

动态法主要有投资收益率法、净现值法和现值比法。有人曾研究过认为投资收益率法与现值比法的结果基本是一致的,而净现值法则是生产期间净现金流入的现值总和与基建投资等净现金流出的现值总和之差值,可比性难以说明;而现值比法,它是每个方案生产期间净现金流入的现值总和与基建投资和生产期间补充投资的净现金流出的现值总和之比,表示投入产出的经济效果,因而更具有可比性。为此,提出采用现值比法进行综合评价,现把现值比法描述如下。

a 现金流出现值总和

设投资在 Y 年内以相等的金额于每年年末投入使用,当投资贴现率为 S 时,则现金流出的现值总和由式(8-39)表示:

$$P = \frac{k[(1+S)^{Y}]-1}{YS(1+S)^{Y-1}} \tag{8-39}$$

式中 P——现金流出的现值总和,万元;

S——投资贴现率,%;

Y——基建年限,年;

k——总投资额,万元。

如果投资在 Y 年内以不相等的金额于每年年末投放使用,则现金流出的现值总和可由式(8-40)表示:

$$P = K_1 + \frac{K_2}{(1+S)} + \frac{K_3}{(1+S)^2} + \cdots + \frac{K_t}{(1+S)^{T-1}} + \frac{K_{t_1}}{(1+S)^{T+t_1-1}} + \frac{K_{t_2}}{(1+S)^{T+t_2-1}} + \cdots + \frac{K_{t_t}}{(1+S)^{T+t_t-1}} \tag{8-40}$$

式中 K_1, K_2, K_t——基建期间第1、2、t年的投资，万元；

$K_{t_1}, K_{t_2}, K_{t_t}$——基建期间第1、2、$t$年的补充投资，万元；

t_1, t_2, t_t——生产期的第1、2、t年，年；

其他符号同上。

如果露天矿是分期开采的，其分期基建投资和分期生产补充投资要分别进行计算，其计算原理基本相同。

b 现金流入现值总和

当各年的净现金流量都是等额发生时，可按式(8-41)计算：

$$P' = M\frac{(1+S)^Y - 1}{S(1+S)^{Y+T-1}} \tag{8-41}$$

式中 P'——生产期Y年净现金流入的现值总和，万元；

M——年净现金流入量，万元/年；

T——露天矿基建时间，年；

Y——生产期时间，年；

其他符号同上。

当各年的净现金流量不等额发生时，则按式(8-42)计算：

$$P' = \sum_{t=1}^{Y} F_t \frac{1}{(1+S)^{t-1}} \tag{8-42}$$

式中 Y——包括基建时间和生产时间，年；

F_t——第t年的净现金流入量，万元，F_t与生产能力、矿石售价、开采成本、剥采比有关。

当露天矿分期开采时，并各期中净现金流量年年相等，期与期净现金流量不等，可按式(8-43)计算：

$$P' = M_1\frac{(1+S)^{t_1}-1}{S(1+S)^{T+t_1-1}} + M_2\frac{(1+S)^{t_2}-1}{S(1+S)^{T+t_1+t_2-1}} + \cdots + M_n\frac{(1+S)^{t_n}-1}{S(1+S)^{T+t_1+t_2+\cdots+t_n-1}}$$

$$M_i = A_{p_i}(Z - a - n_{s_i}b + c) \tag{8-43}$$

式中 t_i——露天矿第i期开采时间，年；

Z——矿石售价，元/t；

n_{s_i}——露天矿第i期的生产剥采比，t/t；

a——矿石生产成本，元/t；

A_{p_i}——露天矿i期生产能力，kt；

b——剥岩成本，元/t；

c——税金，元/t。

C 现值比计算

现值比算式的含义是现金流入现值总和与现金流出的现值总和之比，即：

$$E = P'/P \tag{8-44}$$

式中 E——现值比。

当$E<1$时，表明投资经济效果达不到要求，方案不可取；当$E=1$时，表明投资经济效果达最低要求；当$E>1$时，表明投资经济效益超过了最低要求。在确定露天矿生产能力多方案比较中，现值比最大的方案就是优化方案。

8.3.1.4 根据储量估算生产能力

可采矿石储量确定后，矿山寿命与生产能力负相关。用泰勒(H. K. Taylor)公式计算反映矿山的可采储量与矿山寿命及生产能力的关系如下：

$$L = 0.2\sqrt[4]{Q} \tag{8-45}$$

$$A = \frac{Q}{L} \tag{8-46}$$

式中 L——矿山寿命,年;

Q——境界内矿石储量,kt;

A——矿石年生产能力,kt/a。

根据美国采矿工程手册(SME Mining Engineering Handbook,1992)中的经验公式,最优生产能力推荐为:

$$T = \frac{4.88T_r^{0.75}}{D_{yr}} \tag{8-47}$$

式中 T——矿山最优生产能力,st/d(st,短吨;1st = 1.1023t);

T_r——证实(proven)和可能(probable)两级储量,st(短吨);

D_{yr}——年工作日。

若将式(8-45)代入式(8-46),两经验公式估算的最优生产能力基本相同,前者估算年生产能力略大于后者,矿山寿命则略短。事实上,储量、规模、寿命关联并综合匹配方能接近最优规模或合理经济规模。除了一些储量甚小或孤立埋藏的矿体以外,可采储量均可能变化,勘探程度不高的储量可按1/2考虑;此外,价格大小对其有影响。根据矿山储量估算生产能力可用于矿山规划阶段。

国内外部分露天矿用泰勒公式计算矿山生产能力与设计的生产能力对照,见表8-15。

表8-15 国内外部分露天矿用泰勒公式计算矿山生产能力与设计的生产能力对照

矿山名称(国家)	境界内矿量/kt	设计		泰勒公式计算	
		生产能力/(kt/a)	服务年限/a	生产能力/(kt/a)	服务年限/a
双峰铜矿(美国)	447000	13700		15360	30
卡罗尔铁矿(加拿大)	2000000	49000		47280	42
赖特山铁矿(加拿大)	1800000	44500		43690	43
纽曼山铁矿(澳大利亚)	1400000	40000		36180	39
大孤山铁矿(中国)	180000	6000	30	7760	24
齐大山铁矿(中国)	760000	32000	25	23400	33
大石河铁矿(中国)	10430	1000	12	920	12
南芬铁矿(中国)	340000	10000	35	12500	28

8.3.1.5 业主委托或市场需求

按ISO 9001质量管理体系认证标准,满足业主委托合同要求是确定矿山生产能力的依据,通过计算/验证/确认其生产能力。

对于一个在市场上独立经营且处于竞争的企业,其生产经营的主要目的是获得最大的经济效益。在确定矿山生产能力时,必须考虑其市场对产品的需求量和质量要求,即产销对路。对紧缺资源矿产品而言,市场空间大,但各个项目特点不同,竞争力差异必须导致企业的收益不同,即使市场近于饱和的矿产品,企业群体也是在竞争中不断地优胜劣汰。市场容量分析对市场空间有限的矿产品有一定作用。如资源充足,市场竞争激烈的某些建材、化工及我国有色金属优势资源矿产品,或者生产能力增减对市场容量影响明显的品种,应进行需求分析,在此基础上着重进行具体项目竞争能力的分析,确认项目优势所在,防止资源流失浪费或业内无序竞争打压国际市场价格,致使投资回报低于预期。

在规划矿山项目时,通常是根据经验提出不同生产规模的几种方案,对其进行比较分析,以确定经济效益最佳的生产能力。

这种方式是国际上露天矿开采规划研究较为普遍的做法。而且往往需要借助采矿软件进行,将生产能力作为约束条件,期望收益率下的*NPV*最大作为目标函数。

8.3.2 边界品位的确定

8.3.2.1 概述

在露天开采矿山设计与生产中,衡量其开采效果主要是经济收益和资源利用程度。影响经济收益的主要因素为产品价格、生产成本及矿石的平均品位。矿床开采边界品位的确定直接影响到矿石的平均品位,进而对开采的经济收益产生重要的影响,同时也决定着矿山资源的利用程度。

长期以来,国内采用最低工业指标,即边界品位和最小工业品位双指标来确定矿体界线及矿体平均品位。边界品位的制定采用类比法、统计法或图解法;工业品位的制定采用类比法、地质方案法或经济分析法。由于手工作业条件所限,一旦上述工业指标被确定,则矿床地质储量及平均品位均被确定,且在相当长的时间内不变甚至固定。

在我国多数矿山,仍然实行计划经济体制时期制定的矿石品位指标。它虽对我国采矿业的发展曾起到重要作用,但是随着我国市场经济体制的改革和产品售价与成本的变化,原有的工业指标越来越不能适应采矿工业的发展。

随着科技发展,计算机技术已被广泛应用于矿床地质模型建立、矿山开采设计和生产管理之中。矿产资源的回收处理工艺技术也有了较大的发展,除常规选矿工艺和火法冶炼工艺外,各种堆浸、溶浸工艺等湿法冶金技术也被广泛应用于国内外大量的矿山企业,从而最大限度地提高矿床开采收益及资源利用程度。因此,以往采用的人工双指标法圈定矿体后,矿床储量及品位一成不变的做法显然不能满足尽可能提高矿床开采收益和充分利用资源的要求。因而在充分利用计算机技术并综合考虑各种矿产资源处理工艺技术基础上,进行露天开采矿山设计和生产时,合理确定矿床开采边界品位直接影响到矿山经济效益和矿产资源回收利用程度。

下面介绍确定矿床开采边界品位的几种方法及步骤。

8.3.2.2 露天开采境界圈定时边界品位的确定

目前国内已引进了 Minetec、Datamine 等矿山开采设计软件,特别是 Minetec 软件,具有建立矿床地质模型、露天开采境界分析和优化、露天矿长短期进度计划编制等功能。

在用敏特克软件按地质统计学方法建立矿床地质模型后,按对矿山生产期预测的产品价格、生产成本、采、选、冶生产指标以及初估的边界品位,用软件进行露天境界初步圈定,按初步圈定境界可得出境界内平均剥采比。

国外在确定矿床开采边界品位时,均以开采的利润净值和贴现值最大为原则,而国内在考虑矿床开采经济收益的同时还需考虑在经济合理的前提下尽可能多地回收利用矿产资源以及矿床开采的社会效益。因此,国内一般按成本与收益平衡原则来确定矿床开采的边界品位。

A 对单一有用成分(金属)矿床

(1) 采选联合企业边界品位计算式为:

$$\alpha = \frac{c + b + n + x + q}{\delta \eta P_{\mathrm{j}}} \times 100\% \tag{8-48}$$

式中 α——开采边界品位,%;

c——采矿成本,元/$t_{原矿}$;

b——剥离成本,元/$t_{原矿}$;

n——平均剥采比,t/t;

x——选矿成本,元/$t_{原矿}$;

q——其他成本(行政管理财务费用等),元/$t_{原矿}$;

δ——采矿回采率,%;

η——选矿回收率,%;

P_{j}——精矿中所含每吨有用成分(金属)的价格,元/$t_{金属}$。

(2) 采选冶联企业边界品位计算式为:

$$\alpha = \frac{c + b + n + x + y + q}{\delta \eta \lambda P_{\mathrm{c}}} \times 100\% \tag{8-49}$$

式中 y——折算每吨原矿冶炼成本,元/$t_{原矿}$;

λ——冶炼回收率,%;

P_{c}——每吨有用成分(金属)价格,元/$t_{金属}$;

其他符号同式(8-48)。

B 多种有用成分(金属)矿床

对多种有用成分(金属)矿床,可以矿床中占主导地位或价值较高的某一成分为主,其余有用成分(金属)则根据其产品价格与主要有用成分产品价格的比例,并考虑各自的回收率基础上按1%的其他有用成分(金属)折算成相当于多少1%主要有用成分(金属)的系数。1%的主要成分与1%其他有用成分系数之和为当量系数。这时可用当量边界品位代替单一成分边界品位。以 *DLa* 为代号,代替式(8-48)和式(8-49)中的 α,则按式(8-48)和式(8-49)计算出的品位为当量边界品位。

在多种有用成分(金属)矿床中,由于考虑了其他有用成分(金属)的价值,相对于单一有用成分矿床,其主要有用成分(金属)的边界品位的关系大致可用前述当量系数计算,但需注意的是按当量边界品位圈定的开采境界及境界内矿量和平均品位,绝不等同于用按当量系数折算后的单一有用成分(金属)边界品位圈定的境界及境界内矿量和平均品位。因为按当量边界品位圈定的境界,可能由于其他有用成分(金属)的品位较高,而将低于按当量系数折算后的主要有用成分(金属)边界品位的矿石圈定进来的,因此两种指标圈定出来的境界内矿量和平均品位必然存在一定的差异。

按以上方法确定的矿床开采边界品位后,用其圈定的露天开采境界内的矿石量和平均地质品位,可以作为矿山总体规划及经济评价的初步依据。在矿山总体规划和经济评价的基础上,再用设计中经计算并考虑基建投入后确定的成本、采选指标、预测的生产期产品平均价格等再次进行较详细的矿床开采边界品位计算,并用计算出的边界品位重新调整露天开采境界及修正后继的产品产量及经济评价等指标。

按上述方法和步骤确定的矿床开采边界品位,充分反映了当前的技术经济条件,因而是比较合理的。

8.3.2.3 露采开采境界圈定后入选边界品位的确定

在以往的矿山设计和生产中,按最低工业指标圈定矿体后,矿(石)与非矿(岩石)的界限基本上恒定不变,矿山采、选均按此界限确定的矿量和平均品位组织生产。而按此界限划分出的“非矿”产物中,还有相当一部分具有利用价值或经一定方式的处理,可节省生产成本即增加收益的“非矿”被废弃至排土场中,这无论是从提高矿床开采收益或是充分利用矿产资源角度看均是不合理的。

为解决这一不合理现象,有的学者提出按“成本比较法”来确定露天开采境界内矿与非矿的界限,即确定合理的选矿入选边界品位。

露天开采境界圈定后,境界内除按前文计算的矿床开采边界品位圈定的矿石以外,还有相当一部分低于矿床开采边界品位但仍具有一定价值的含矿岩石。这部分“岩石”的去向无非两种:一是作为矿石进选厂(或堆浸场);二是作为废石进排土场。而无论作为矿石还是废石,其开采成本已经发生。入选与利用与否,关键在于其入选后产生的价值减去其从采场运至选厂的运输成本、选矿成本及其成本后的余值大小,以 R 代表物料入选余值,以 S 代表物料从采场至排土场的运输及排弃费用。将 R 与 S 进行比较,有下列3种问题:(1)$R \geqslant 0$,物料可入选;(2)$R<0$,且$|R| \leqslant S$,物料可入选;(3)$R<0$,且$|R|>S$,则物料入排土场。

根据以上分析可得出入选矿石的边界品位计算式:

$$\alpha_c = \frac{(d + x + y + q) - s}{\delta \eta \lambda P_c} \times 100\% \tag{8-50}$$

式中 α_c——入选边界品位,%;

d——物料从采场运至选厂的运输费用,元/t;

s——物料从采场至排土场的运输及排弃费用,元/t;

其他符号同前。

经试验表明矿石性质适合堆浸并能取得较好的选冶指标时,亦可用上述分析导出类似式(8-50)的入选(浸)边界品位计算式,在此就不再赘述。

几点说明如下:

(1) 在式(8-48)~式(8-50)中,因考虑矿石开采过程中的贫化对边界品位的确定影响较小,故式中未列入贫化指标,必要时亦可列出。

(2) 在用式(8-48)、式(8-49)初步确定矿床开采边界品位时,未考虑基建投入对成本的影响,但在矿山总体工艺及经济评价完成后,再次计算调整矿床开采边界品位时,所用成本指标应该采用考虑了基建投入的成本指标。

(3) 文中所述矿床开采边界品位的确定,主要针对露天开采境界设计阶段,因而未考虑长期规则各阶段贴现率对边界品位的影响。在长期规划和矿山实际生产期间,可根据当时的贴现率分别计算各生产时期合理的贴现利润最大的边界品位。

8.3.2.4 单指标评价法确定边界品位

国内矿山一直采用"双指标"边界品位,即"地质边界品位"和"最小工业品位",前者小于后者。品位高于最小工业品位的块段有工业开采价值,是开采加工的对象,称为表内矿;品位介于两者之间的块段称为表外矿;品位低于地质边界品位的块段为废石。国际上通用的是,"单指标"边界品位,只区分矿石与废石,没有表内矿和表外矿之分。单指标边界品位相当于双指标边界品位中的最低工业品位,但又不完全等同。实际上,边界品位的作用是在两种不同的情况下做出正确选择:即采还是不采;采出后是送往选厂还是送往排土场。由于在市场经济条件下,矿山企业的主要经营目的是获取利润,因此进行决策选择的基本准则是经济准则。即在两种选择中选取经济效益最好者。没有开采价值的块段不会为矿山企业带来盈利,或不予开采,或采出后作为废石进往排土场。当为了满足短期矿量需求将部分表外矿作为矿石送往选厂时,实质上是等于将单指标边界品位临时降低了。故在任何时候,只要将某一块段采出并送往选厂,该块段就是矿石,否则就是废石。本节讨论的是单指标边界品位的确定。

A 盈亏平衡品位计算

一个给定块段的品位越高,其开采价值就越大。只要块段中所含矿物的价值高于其开采与加工费用,将其作为矿石开采加工就可以使矿山企业的总盈利增加。使矿物的价值等于其开采加工费用的品位称为盈亏平衡品位。当对一个矿段的处理存在两种选择时,应对两种选择进行比较。取最有利者(盈利最大或亏损最小者)。使两种选择的经济效益相等的品位称为两种选择之间的盈亏平衡品位。实践中常将盈亏平衡品位作为边界品位来区分两种选择。

a 价值与成本计算

令 M_c 为 1t 矿石的开采与加工成本;M_v 为 1t 品位为 1 的矿石被加工成最终产品能够带来的经济收入。当最终产品为金属时,则:

$$M_c = C_m + C_p + C'_r \tag{8-51}$$

式中 C_m,C_p,C'_r——分别为 1t 原矿的采矿成本、选矿成本和冶炼成本。

C_m和 C_p 是按每吨原矿计算的,而冶炼成本一般按每吨精矿计算:

$$C_r' = \frac{gr_p}{g_p}C_r \tag{8-52}$$

式中 g——原矿品位;

r_p——选矿回收率;

g_p——精矿品位;

C_r——每吨精矿的冶炼成本。

故:

$$M_c = C_m + C_p + \frac{gr_p}{g_p}C_r \tag{8-53}$$

若金属的售价为 P_r,冶炼回收率为 r_r,M_v 可用式(8-54)计算:

$$M_v = r_p r_r P_r \tag{8-54}$$

当最终产品为精矿时,则:

$$M_c = C_m + C_p \tag{8-55}$$

$$M_v = \frac{r_p}{g_p}P_p \tag{8-56}$$

式中 P_p——每吨精矿售价。

b 可不采的已揭露块段的盈亏平衡品位

设某一块段已被揭露，这一块段可以采也可以不采。这时需要做的决策是采还是不采，这两种选择间的盈亏平衡品位应满足“开采盈利 = 不开采盈利”的条件。如果该块段作为矿石加以开采，则其盈利 = $g_c M_v - M_c$。如果该块段作为废石不予开采，则其盈利为零。所以有：

$$g_c M_v - M_c = 0 \tag{8-57}$$

当最终产品为金属时，由式(8-53)和式(8-54)得：

$$g_c = \frac{C_m + C_p}{r_p r_r P_r - \dfrac{r_p}{g_p} C_r} \tag{8-58}$$

当最终产品为精矿时，由式(8-55)和式(8-56)得：

$$g_c = \frac{C_m + C_p}{r_p P_p} g_p \tag{8-59}$$

因此，当被揭露块段的品位大于 g_c 时，应将其作为矿石开采，否则不予开采。

c 必采块段的盈亏平衡品位

如果某一块段必须被开采（如为了揭露其下面的矿石），那么对该块段的决策选择有：作为矿石开采后送往选厂或作为废石采出后送往排土场。这两种选择间的盈亏平衡品位应满足以下条件：

作为矿石处理时的盈利 = 作为废石处理的盈利

作为矿石处理时的盈利 = $g_c M_v - M_c$

作为废石处理时的盈利 = $-W_c$（即 1t 废石的排土成本）

即：

$$g_c M_v - M_c = -W_c \tag{8-60}$$

当最终产品为金属时：

$$g_c = \frac{C_m + C_p - W_c}{r_p r_r P_r - \dfrac{r_p}{g_p} C_r} \tag{8-61}$$

当最终产品为精矿时：

$$g_c = \frac{C_m + C_p - W_c}{r_p P_p} g_p \tag{8-62}$$

这样，当块段品位高于 g_c 时，将其作为矿石送往选厂要比作为废石送往排土场更为有利，值得注意的是，当块段的品位略高于 g_c 时，将其作为矿石并不能获得盈利，然而既然块段必须采出，将其作为矿石处理的亏损小于作为废石处理的成本，故仍然将其划为矿石。

d 分期扩帮盈亏平衡品位

采用分期开采时，从一个分期境界到下一个分期境界之间的区域称为分期扩帮区域。是否进行下一期扩帮，取决于开采分区扩帮区域是否能带来盈利。进行这一决策的盈亏平衡品位应满足“扩帮盈利 = 不扩帮盈利”条件，当分期扩帮区域内矿石的平均品位为 g_c，剥采比为 R 时，“扩帮盈利 = $g_c M_v - M_c - RW_c$”，“不扩帮盈利 = 0”，故：

$$g_c M_v - M_c - RW_c = 0 \tag{8-63}$$

当最终产品为金属时：

$$g_c = \frac{C_m + C_p + RW_c}{r_p r_r P_r - \dfrac{r_p}{g_p} C_r} \tag{8-64}$$

当最终产品为精矿时：

$$g_c = \frac{C_m + C_p + RW_c}{r_p P_r} g_p \tag{8-65}$$

因此,如果分期扩帮区域内矿石的平均品位高于 g_c,将其开采更为有利。必须注意的是,上面公式用到剥采比 R,这意味着在计算分期扩帮盈亏品位前,已经在该区域中进行了矿岩划分,而矿岩划分需要用到边界品位。如果决定开采分区扩帮区域,该区域变为必采区域,因此将该区域内每一块段进行矿岩划分的边界品位是必采块段盈亏平衡品位。需要强调的是,计算分期扩帮盈亏平衡品位的目的不是为了区分矿岩,而是为了决定是否开采整个分区扩帮区域。如果用必采块段盈亏平衡品位进行矿岩划分后得到的矿石的平均品位高于分期扩帮盈亏平衡品位,开采分期扩帮区域比不予开采更为有利。

在实际应用中,盈亏平衡法多用于时间短、矿量小、影响有限的局部区域局部地段。

B 最大现值法确定边界品位

以盈亏平衡品位作为边界品位进行矿岩划分时,只要开采与加工一个单元地段能带来盈利,就将其作为矿石开采。这样划分的结果是使总盈利达到最大。因此,盈亏平衡品位计算实质上是从静态经济观点进行经济评价的。由于资金的时间价值(即同样数额的盈利在当前和几年后具有不同的经济效益),国际上通用的是动态经济评价指标,即现值指标。所谓现值,就是将各年的金额用一给定的折现率折现到项目零点的和,即:

$$PV = \sum_{j=1}^{n} \frac{V_i}{(1+d)^i} \tag{8-66}$$

式中 PV——现值;

n——项目寿命,年;

V_i——从项目零点算起第 i 年末的金额;

d——折现率,若 $d = 10\%$,第 5 年末的金额为 100,当前为项目零点,则第 5 年的金额折现到当前为 $100/(1+0.1)^5 = 62$,即 5 年后的 100 元对现值的贡献相当于当前的 62 元。

在实际应用中,最大现值法多用于时间跨度大、涉及矿量多、影响面广的较大区域或地段。

确定边界品位的最大现值法就是以盈利的总现值最大为目标求每年应该采用的边界品位。由于这一方法是 Lane 在 1964 年首先发表的,故也称为 Lane 法。

a 定义

这里假设矿山企业是以金属为最终产品的联合企业,包括开采、选矿和冶炼三个阶段。

每一阶段具有自己的最大生产能力和单位生产成本。为叙述方便,定义以下符号:

M:采场最大生产能力。即每年能够采出的最大矿岩总量。

m:单位开采成本。它是开采单位物料(矿石或岩石)的成本,包括穿孔、爆破、采装、运输、取样化验等成本。

C:选厂最大生产能力,即选厂每年能够处理的矿石(原矿)量。

c:单位选矿成本,即选厂处理单位矿石(原矿)的成本,包括破碎、磨矿、浮选(磁选或其他流程)、取样化验等成本。

R:冶炼厂最大生产能力。为方便起见,冶炼厂的生产能力以每年能够生产的最终产品(金属)表示,并假设送入冶炼厂的精矿品位是常数。

r:单位冶炼成本,即生产单位金属的冶炼成本,包括冶炼、精炼(有的金属不需要精炼)、包装、运输、保险、销售等成本。

f:不变成本,即在一定的产量范围内与产量无关的成本,包括管理费用、道路和建筑物的维修费用、租金等,但不包括设备折旧。不变成本的单位是元/t。

s:最终产品单位售价。

y:综合回收率,即选矿回收率和冶炼回收率的乘积。

b 盈利及现值计算

设从现在起的某段时间增量内考虑开采的矿岩量为 Q_m,这一时间增量为一年或几个月,那么,发生的开采费用为 mQ_m,Q_m 的一部分为矿石,虽然在边界品位未知的情况下无法确定 Q_m 含有的矿石量,但可设 Q_m

中的矿石量为 Q_c，故选矿费用为 cQ_c。设 Q_c 吨矿石经选冶后得到的最终产品量为 Q_r，那么冶炼费用为 rQ_r。若开采 Q_m 并将矿石加工成最终产品的时间跨度为 T（即上面提到的时间增量），则不变费用为 fT（T 应该是开采时间、选矿时间和冶炼时间中最大者）。这样，开采 Q_m 的盈利 P 为：

$$P = (s - r)Q_r - cQ_c - mQ_m - fT \tag{8-67}$$

式(8-67)是计算盈利的基本公式，然后，企业决策目标不是总盈利最大而是现值最大。所以，需要构造以各开采 Q_m 可以带来的现值增量（即开采 Q_m 对总现值的贡献量）的表达式。

设折现率为 d，从当前时间算起一直到矿山开采结束的未来盈利，折现到当前的最大现值为 V，从开采完 Q_m（即时间 T）算起一直到矿山开采结束的未来盈利折现到 T 的最大现值为 W。那么有：

$$W + P = V(1 + d)^T$$

由于 d 很小（一般为 0.1 左右），$(1+d)^T$ 可用泰勒级数的一次项近似，即：

$$(1 + d)^T \approx 1 + Td$$

故上式可以写成：

$$W + P = V(1 + Td)$$

式中 $V-W$——开采 Q_m 产生的现值增量，记为 V_m，则有：

$$V_m = P - VTd$$

将式(8-67)代入上式，有

$$V_m = (s - r)Q_r - cQ_c - mQ_m - (f + Vd)T \tag{8-68}$$

式(8-68)是现值增量的基本表达式。求作用于 Q_m 的最佳边界品位，就是求使 V_m 最大的边界品位。由于 Q_m 是在当前时点考虑的下一个时间增量 T（如下一年）的开采量，那么将当前时点逐步（逐年）向后移，每开采一个 Q_m 对总现值的贡献值最大，意味着总现值最大。因此，V_m 最大与总现值最大是一致的。

c 受生产能力约束的最佳边界品位

企业生产由采、选、冶三个阶段组成，每一阶段有其自己的最大生产能力。当不同阶段成为整个生产过程的瓶颈，即其生产能力制约着整个企业的生产能力时，最佳边界品位也不同。

(1) 采场生产能力约束下的最佳边界品位。当采场的生产能力制约着整个企业的生产能力时，时间 T 是由开采时间决定的，即 $T = Q_m/M$。式(8-68)变为：

$$V_m = (s - r)Q_r - cQ_c - \left(m + \frac{f + Vd}{M}\right)Q_m \tag{8-69}$$

由于 Q_m 矿岩总量，不随边界品位变化。故使 V_m 最大的边界品位是使 $(s-r)Q_r - cQ_c$ 最大的边界品位。由于 $Q_r = gyQ_c$（g 为 Q_c 的平均品位），$(s-r)Q_r - cQ_c = [(s-r)gy - c]Q_c$。故对于 Q_m 中每一吨物料来说，只要其品位 g 能使 $(s-r)gy - c > 0$，就应将其作为矿石开采。所以，使 V_m 最大的边界品位 g_m 应满足：

$$g_m = \frac{c}{(s - r)y} \tag{8-70}$$

式中 g_m——采场生产能力约束下的最佳边界品位。

(2) 选厂生产能力约束下的最佳边界品位。当选厂生产能力制约着整个企业的生产能力时，时间 T 是由选矿时间决定的，即 $T = Q_c/C$。式(8-68)变为：

$$V_c = (s - r)Q_r - \left(c + \frac{f + Vd}{C}\right)Q_c - mQ_m \tag{8-71}$$

通过与上面同样的分析，使 V_c 最大的边界品位为：

$$g_c = \frac{c + \dfrac{f + Vd}{C}}{(s - r)y} \tag{8-72}$$

(3) 冶炼厂生产能力约束下的最佳边界品位。当冶炼厂生产能力制约着整个企业的生产能力时，时间 T 由冶炼时间给出，即 $T = Q_r/R$ 。式(8-68)变为：

$$V_r = \left(s - r - \frac{f + Vd}{R}\right)Q_r - cQ_c - mQ_m \tag{8-73}$$

使 V_r 最大的边界品位为：

$$g_r = \frac{c}{s - r - \frac{f + Vd}{R}y} \tag{8-74}$$

d 生产能力平衡条件下的边界品位

矿石量和金属产量是边界品位的函数。选定了边界品位，即可由品位的统计分布求出矿石量。与边界品位的关系曲线记为品位-矿量曲线。从品位分布也可求得矿石的平均品位（即高于边界品位的那部分物料的平均品位），进而求得矿石中的金属量。金属量与边界品位的关系曲线称为品位-金属量曲线。使矿岩总量与矿石量之比等于最大采、选能力之比的边界品位，是使采选生产能力平衡的边界品位，称为采选平衡边界品位，记为 g_{mc}。g_{mc}应满足下列条件：

$$\frac{Q_c}{Q_m} = \frac{C}{M} \tag{8-75}$$

也就是说，当采场与选厂均以最大生产能力满负荷运行时，在开采 Q_m 所需的时间里，选厂能够处理的矿石恰好是以 g_{mc}为边界品位得到的选矿量 Q_c。

同理，满足条件：

$$\frac{Q_r}{Q_m} = \frac{R}{M} \tag{8-76}$$

的边界品位称为采冶平衡边界品位，记为 g_{mr}满足条件：

$$\frac{Q_r}{Q_c} = \frac{R}{C} \tag{8-77}$$

的边界品位称为选冶平衡边界品位，记为 g_{cr}。

e 最佳边界品位

从上面的讨论中得到6个边界品位，即分别以采、选、冶中一个阶段的生产能力为约束的边界品位 g_m、g_c 和 g_r 以及使每两个阶段生产能力达到平衡的三个边界品位 g_{mc}、g_{mr}和 g_{cr}。最佳边界品位是这6个边界品位之一。

首先考虑只有采场和选厂的情形。当边界品位变化时，Q_c 与 Q_r 随之变化。因此，以采场生产能力为约束的现值增量 V_m 和以选厂生产能力为约束的现值增量 V_c 也随之变化。当边界品位较低时，$V_m > V_c$；随着边界品位的增加，两者逐渐靠近；当边界品位等于 g_{mc}时，$V_m = V_c$，之后 $V_m < V_c$。这一变化过程可用图8-33表示。当同时考虑采、选双重约束时，在任一边界品位处可获得的最大现值增量是 V_m 和 V_c 中的较小者，即图8-33中粗黑线所示的部分，最佳边界品位是粗黑线围成的区域的最高点处的边界品位，即 g_{mc}。

还可能出现图8-34和图8-35所示的两种情形。在图8-34所示的情形中，最佳边界品位为 g_m；在图8-35所示的情形中，最佳边界品位为 g_c。总结上述讨论，当同时考虑采场与选厂时，最佳边界品位 G_{mc} 可用式(8-78)求得：

$$\begin{cases} G_{mc} = g_m \Leftarrow g_{mc} \leqslant g_m \\ G_{mc} = g_c \Leftarrow g_{mc} \geqslant g_m \\ G_{mc} = g_{mc} \Leftarrow g_m < g_{mc} < g_m \end{cases} \tag{8-78}$$

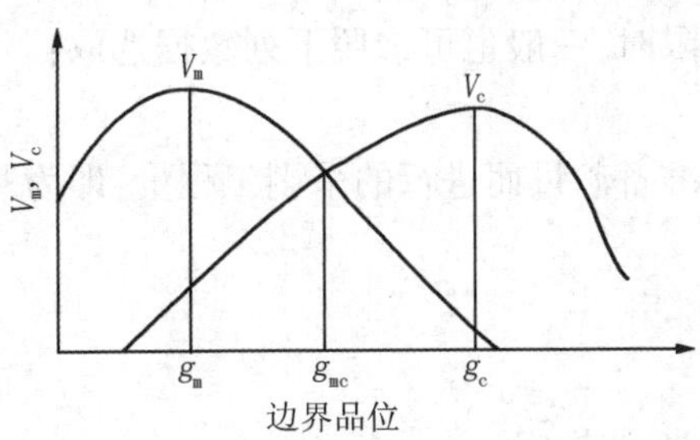

图8-33 V_m 和 V_c 随边界品位变化（情形Ⅰ）

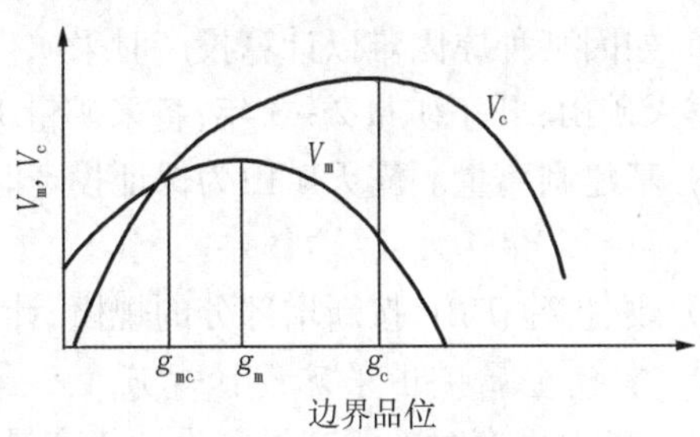

图8-34 V_m 和 V_c 随边界品位变化（情形Ⅱ）

用同样的分析可以得出同时考虑采场与冶炼厂的最佳边界品位 G_{mr}：

$$\begin{cases} G_{mr} = g_m \Leftarrow g_{mr} \leqslant g_m \\ G_{mr} = g_r \Leftarrow g_{mr} \geqslant g_r \\ G_{mr} = g_{mr} \Leftarrow g_m < g_{mr} < g_r \end{cases} \tag{8-79}$$

同时考虑选厂与冶炼厂时的最佳边界品位 G_{cr}：

$$\begin{cases} G_{cr} = g_r \Leftarrow g_{cr} \leqslant g_r \\ G_{cr} = g_c \Leftarrow g_{cr} \geqslant g_c \\ G_{cr} = g_{cr} \Leftarrow g_r < g_{cr} < g_c \end{cases} \tag{8-80}$$

当同时考虑采、选、冶三个阶段的约束时，在任一边界品位处，企业可能获得的最大现值增量为 V_m、V_c 和 V_r 中的最小者，如图 8-36 中粗黑线所示。因此，整体最佳边界品位 G 是图 8-36 中粗黑线的最高点所对应的边界品位。可以证明，最佳边界品位总是 G_{mc}、G_{mr} 与 G_{cr} 三者中的中间者，即

$$G = \text{middle value}(G_{mc}, G_{mr}, G_{cr}) \tag{8-81}$$

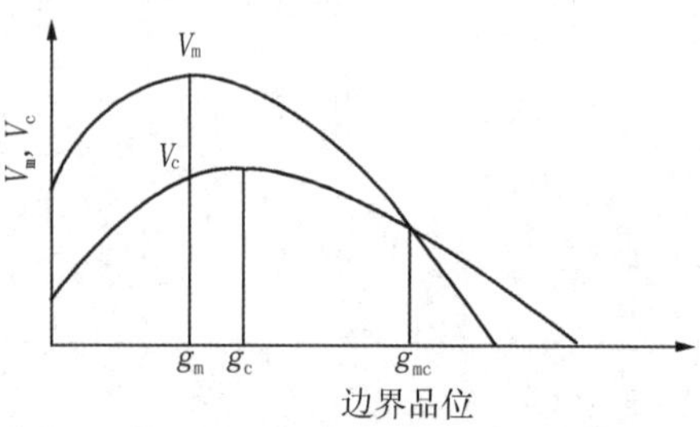

图 8-35　V_m 和 V_c 随边界品位变化（情形Ⅲ）

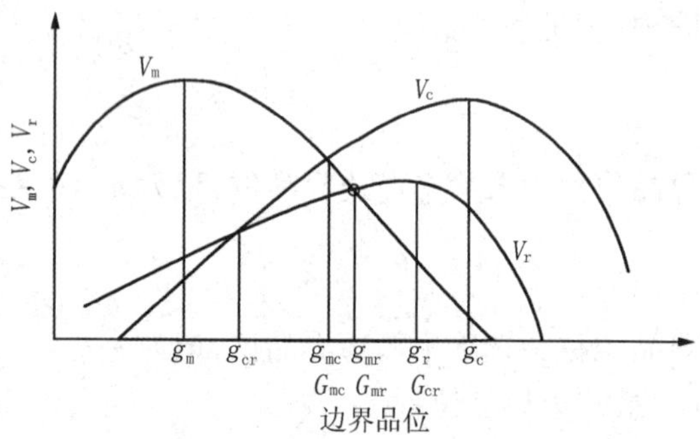

图 8-36　V_m、V_c 和 V_r 随边界品位变化

8.3.3　基建工程量的确定和投产标准

8.3.3.1　*矿山建设投产有关规定规范*

A　黑色冶金矿山采矿若干原则规定

（1）矿山建设的投产时间根据各个矿山的具体情况经计算确定。

（2）矿山建设的投产标准。主要工艺设备安装配套，经负荷联动试车合格构成生产线，形成生产能力（采矿应以投产第一年的回采矿量计算），能够生产出设计文件中规定的产品，生产准备工作能适应投产初期的需要，这时矿山才能投产。

（3）矿山建设投产的采矿生产准备矿量。

1）投产时的采矿生产准备矿量的分级及保有期限应根据各个矿山所采用的开采方法、开拓方法、采矿方法及生产准备矿量准备工程量的大小和难易程度等条件，具体研究并计算确定。

2）露天矿山投产时的采矿生产准备矿量保有期限按投产后第一年的生产规模计算。

3）如因某种原因难以计算投产时采矿生产准备矿量保有期限时，一般也可参照下列数据选取：

露天矿山：开拓矿量 2～3 年；备采矿量 1～3 个月。

4）基建剥离量。露天矿山为保证投产时应具备的采矿生产准备矿量而进行的采剥工程量，即为基建剥离量。

5）改、扩建矿山，按新增部分的规模，计算基建剥离量。

B　有色金属矿山采矿设计规范

（1）矿山投产时的年产量与设计年产量的比例，应符合表 8-16 的规定。

（2）露天矿生产储（准）备矿量保有期，见表 8-17。

表 8-16 投产时年产量的比例 (%)

矿山类别	一类矿山	二类矿山	三类矿山
铜钼镍矿山	>30	>50	>80
铅锌矿山	>30	30~50	50~100
脉锡矿山	>40	>60	>80
钨矿山	>35	>50	>80

注:二、三类矿山生产能力大的取大值,反之取小值。

表 8-17 有色金属露天矿生产储备矿量保有期 (a)

储备矿量级别		铜钼镍矿山	铅锌矿山	脉锡矿山	露天铝矿山
开拓矿量	竖(斜)井	>1	>1	>1	>1
	平硐				
备采矿量		>0.5	>0.3	>0.3	0.25~0.5

C 非金属矿工业手册规定

矿山建设的投产标准要根据各项目的具体情况而定,一般矿山建设项目的投产标准如下:

(1) 矿山正常生产所需的各种设施和系统(包括露天或地下开拓运输提升工程、防排水工程、通风工程、供电供水工程、机修设施等)已建成,并能进行正常安全生产;环保设施和安全工业卫生设施已按设计要求建成;必要的行政设施亦基本建成。

(2) 投产时的开拓和备采矿量达到规定标准。

(3) 投产后已有一定的盈利,即税后利润除了用于贷款偿还和贷款的利息外,应有一定的企业留利以用来发展生产、改善职工福利和发放奖金等的需要。

(4) 矿山基建投产的采矿储备矿量是保证矿山投产后持续稳定生产的需要。储备矿量的分级及保有期限应根据矿山的开采方法、开拓方法、储备矿量准备工程量的大小的难易程度等条件具体研究确定。

(5) 露天矿山基建投产的采矿储备矿量,一般分开拓矿量和备采矿量两级。一般露天矿基建投产的储备矿量保有时间如下:

开拓矿量:1~2 年;

备采矿量:3~6 个月;

山坡露天矿和公路开拓量取小值。

(6) 采矿基建工程量。采矿基建工程量要根据各矿山具体情况而定。

露天矿山的采矿基建工程量一般包括基建投产时所必需的开拓运输工程、剥离工程和防排水工程。为了尽量减少基建工程量,缩短矿山建设投产时间,在首采区的选择时特别注意选择在高级储量多、品位高、质量好、剥离较少的部位。

8.3.3.2 基建工程量和投产标准

A 露天矿基建工程量

保证露天矿以投产能力投产,并能进一步发展到设计生产能力的矿山工程,均属于矿山基建工程。下列工程属于露天矿山基建工程:

(1) 露天矿按形成投产能力投产之前所完成的全部矿山工程,包括疏干和排水工程,采场内外建设的开拓工程,以及为保证形成必要备采矿量所需剥离的岩石量和附带采出的矿石量。

(2) 从露天矿投产到达产期间内完成的主要开拓工程(矿体内外的出入沟、安装运输机箕斗或其他大倾角提升装置的堑沟、破碎机站构筑工程量、地下巷道、平硐溜井等)的矿山工程量。

(3) 通过技术经济论证,确认某些工程或剥离量用基建投资完成比列入矿山企业周转资金中完成其经济效益最佳时的工程量或剥岩量。

(4) 扩建的露天矿为增加产量在达产之前所必须完成的工程量,其中包括开拓工程量以及按上述新建矿山所确定工程量的原则所计算的剥岩量。

(5) 山坡露天转入深凹露天后,由于改变开拓运输系统所发生的矿山工程量。

注意:基建工程量所带出的矿石,在选矿厂未建成期间可暂时堆放,待投产后计入矿山年产量之中。

B 矿山建设投产标准

(1) 矿山建设的投产时间根据各个矿山的具体情况经计算确定。

(2) 露天矿投产的标准应以预测投产时所达到的矿石产量(季度)按售价计算总产值已能满足下一时期(季度)生产发展所需的采准及生产所需资金(包括流动资金利息)时,即达到投产标准。

(3) 矿山正常生产所必需的各种设施(包括主要采切井巷、开拓运输工程、堆排工程、矿石加工工程、通风和防水工程、供电供水工程、机修设施等)已经建成,环境保护及安全与工业卫生设施已按设计要求建成,必要的行政、生活福利设施亦基本建成,完成基建工程量,使投产的采矿生产准备矿量达到规定的标准而能保证投产后安全持续生产,按规定时间达到设计规模,这时矿山才算投产。

当矿山建设按季度计算的投产时间难以计算时,如果矿山已形成的综合生产能力达到了设计规模的下述比例也可以投产:

(1) 特大型、大型矿山 30% ~40%;

(2) 中、小型矿山 40% ~60%。

C 准备矿量

(1) 为使矿山在投产之后保证持续正常生产,必须在一些阶段上形成一定的准备矿量,在露天矿根据准备程度分为开拓矿量和备采矿量二级(图 8-37)。

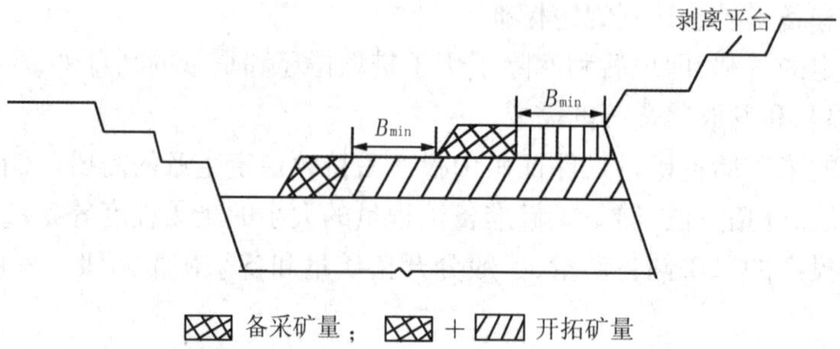

图 8-37 露天矿缓帮开采生产准备矿量划分

(2) 开拓矿量是指矿床的有用矿物储量的一部分。这部分储量由于剥掉覆盖岩石而被揭露,或由于天然埋藏条件而出露,为了开采这部分储量已掘好入车斜沟和段沟,并完成设计规定的矿山基建工程量。

开拓矿量按有用矿物块体的下列边界划定。上面是有用矿物已被揭露的表面,下面是已掘出入车斜沟或水平段沟所在水平,一个侧面由阶段暴露面限定,另一侧受矿体赋存界限或境界边坡限定。

(3) 备采矿量是开拓矿量的一部分,矿体上部及侧面已揭露,地质工作达到相应要求,具备正常回采条件,最小工作平台宽度以外的矿量。

(4) 露天矿的开拓矿量保有期应与所确定的矿山实际产量及采矿工程延深速度相适应。一般的保有期应按矿山下年度生产规模计算:

汽车运输:2 ~3 年;

铁路运输:2 ~3 年。

(5) 生产和设计的实践证明,开采坚硬岩石的露天矿,无论对矿石或岩石都必须规定有备采矿量,否则容易形成采剥比例失调。备采储量的保有期应按下一月份的计划产量计算:

汽车运输:1 ~3 个月;

铁路运输:1 ~3 个月。

采用陡帮开采的矿山,备采矿量保有期采用深度法计算,深度法备采矿量的含义是:工作帮(帮坡角 ϕ)自然延伸到允许的最小坑底时所包含的矿石量,工作帮坡角越大,备采矿量越多,反之越少。深度法备采矿量保有期必须与扩帮循环周期相适应,并留有一定余地。各工作台阶也需保有一定备采矿量,一般为挖掘机 20 ~40 天的挖掘量,如图 8-38 所示。

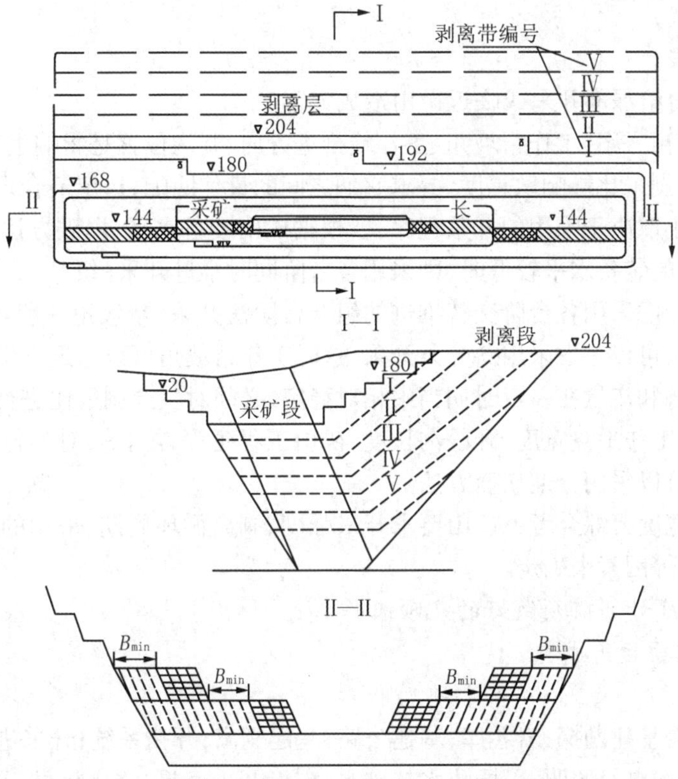

图 8-38 露天矿陡帮开采生产准备矿量划分

8.3.4 采剥进度计划的编制

8.3.4.1 编制采剥进度计划的目的和准则及注意事项

A 编制采剥(掘)进度计划的目的

采剥进度计划对矿山建设和均衡生产具有指导作用。编制采剥进度计划的目的是进一步验证和落实矿石生产能力,并确定均衡的生产剥采比和矿岩生产能力,以保证用户对矿石数量和质量的要求。对生产多品种矿石的矿山,如用户有特殊要求,应采取分采分运措施,落实各矿石品种的数量和质量。同时,在此基础上,确定矿山基建工程量及矿山投产和达产时间,确定穿孔和装载设备数量。一般以设计计算年的产量作为计算主要采装运设备数量以及材料、人员、生产成本等的依据。

B 基本准则及注意事项

编制露天矿采剥(掘)进度计划必须考虑下列基本准则及注意事项:

(1) 必须保证用户对矿石产量的要求。

(2) 生产剥采比要加以均衡,变化幅度不宜太大。

(3) 及时开拓准备新水平,上部台阶推进要与开拓延深速度协调。

(4) 有一定备用工作线,每台挖掘机应有合理的工作线长度。

(5) 主要采掘设备数量不允许有闲置或跳跃式变化。

(6) 保有合乎标准的备采储量。

(7) 分区或分期开采时,要保证工程和产量的衔接。

(8) 露天矿达到最大矿岩生产能力的稳定时间不应少于 7 ~ 10 年,矿石稳产时间不得少于矿山服务年限的三分之二。

(9) 要选择合理的矿床开采顺序。确定优先开采的区段以及矿山工程合理发展方向,特别要强调的原则是:

1) 尽可能缩短基建时间;

2) 尽可能缩短投产与达产时间;

3) 尽可能降低基建工程量,合理的确定初期生产剥采比;

4）尽可能缩短运输距离；

5）尽可能降低贫化损失；

6）采剥和排土作业不得给深部开采或临近矿山造成灾害。

（10）矿床赋存条件、开拓方案、工作帮坡角、工作线推进方向、开沟位置是影响生产剥采比的主要因素，要综合研究这些因素对生产剥采比影响敏感度，寻求它们之间的最佳匹配，选定最合理的生产剥采比。

（11）工作帮坡角的大小取决于采用的开采程序，要根据矿山装备水平、爆破方法和技术管理水平来选择台阶的开采程序。当矿山的装备水平较低时，则采用各台阶同时推进开采（缓帮），工作帮坡角10°～15°。当装备水平较高时，则可以考虑采用各台阶交替推进的组合台阶法开采，帮坡角一般可采用18°～24°；当装备水平达到国外先进水平时，可以考虑采用斜分条开采，这时工作帮坡角可以逼近于最终边坡角。

（12）为使露天矿的设备和产量在一定时期当中相对稳定，必须对生产剥采比进行均衡与调整。调整和均衡的方法主要可通过调整工作平盘宽度、开段沟长度、矿山工程延深方向等，对实行缓帮和组合台阶开采而服务年限较长的矿山，也可以采用分期均衡方法。

（13）组合台阶的推进宽度要综合考虑矿山要求开采强度、剥离循环周期、采用的开采工艺及设备技术规格以及运输道路技术条件等因素来确定。

8.3.4.2 编制采剥进度计划前须做好的几项工作

A 露天开采矿山工程项目组成

具体如下：

（1）基建采剥工程包括：基建勘探；岩芯库；基建公路；基建剥离；开拓系统；开采进度计划；排土场；采场内排土、排土场复垦；采场供配电及照明；采场防水与排水；露天开采境界；空压机站；采场压缩空气管网；原矿储矿堆场。

（2）破碎筛分包括：粗碎间及皮带廊；中碎间及皮带廊；细碎间及皮带廊；筛分间及皮带廊；转运站；破碎筛分系统循环水；破碎筛分系统收尘；破碎筛分系统办公室；破碎筛分场地总平面及竖向布置；破碎筛分场地综合管网；破碎筛分场地防洪；破碎筛分场地整平；成品装车仓；破碎筛分系统锅炉房。

（3）炸药加工、炸药库及地面站设施。

（4）辅助设施包括：采场维修间；汽车保养间；金工间；检修、铆焊间；汽车修理间；热处理、喷漆间；铸造间；锻造间；电修间；木模间；化验室；汽车库；消防车库；氧气电石库；备品备件库；金属材料库；总供应仓库；油库及加油站；洗车台；工业区总图及竖向布置；工业区综合管网；工业区锅炉房；工业区整平；工业区防范；工业区围墙大门。

（5）供电、电力、通信系统包括：计算站；矿区总降压变电所；水源线路；采场线路；工业区线路；破碎系统线路；电话站。

（6）供水及给排水包括：水源；水源管线；中间加压泵站；水净化；污水处理；高位水池。

（7）总图和运输包括：运矿公路；矿区外部公路；全矿总图及绿化；全矿综合管网；公用仓库；车库。

（8）行政服务包括：办公楼、食堂、招待所；锅炉房、浴室；俱乐部；矿区医院；宿舍；综合服务设施。

B 确定合理的开采顺序

编制进度计划之前，要认真研究并确定合理的开采顺序，包括首采地段的选择和新水平降深方式以及确定矿山工程推进方向。

选择开采顺序时，一般力求做到：

（1）矿山基建工程量和初期生产剥采比最小。

（2）投产快，达产时间短。

（3）矿石开采的损失率和废石混入率小。

（4）生产剥采比能比较均衡地发展。

a 首采地段的选择

首采地段应选择在矿体厚度较大、矿石品位高、覆盖层薄、基建剥离量小和开采技术条件好的部位，以减少基建工程量，缩短投产和达产时间，提高矿山初期经济效益。

例 1　某铁矿。矿体走向长约 3000m，含矿带平均厚度 400 ~ 800m。露天采矿场最高标高为 1998m，最低标高为 1380m，采场封闭圈标高为 1566m。采场内有南北两个孤立山头，标高分别为 1998m 和 1890m，中间为山谷。山头部分主要是剥离物。首先选择矿体比较厚大，矿量比较集中的北山头采场中部为首采地段。然后向北和向南山头逐步扩展。基建剥离量为 25100kt，基建时间为 2.5 年，基建开始后的第 7 年达产。与原设计从两个山头最高标高同时基建，同时下降的开采顺序比较，基建剥离量降低 42%，提前 7 年达产。

例 2　某铁矿。露天开采境界长约 4000m，采场最高标高 75m。设计选择 N20 线 ~ N30 线为基建和首采地段。此地段地面标高 20 ~ 30m，覆盖层较薄，矿体较厚，基建剥离后暴露的矿石量较多，并且原生矿埋藏较浅，有利于与氧化矿配矿。设计的基建工程量为 113600kt，初期生产剥采比小。与从采场最高部位下降的开采顺序比较，矿山基建工程量减少 60000kt，约降低 30%。

b　新水平降深方式选择

新水平的降深方式要结合开拓运输系统考虑。开采山坡露天矿时，一般根据矿体倾向和地形条件，按划分的阶段标高沿地形开段沟，沿矿体走向布置工作线，垂直走向单侧推进。

开采深凹露天矿时，选择降深方式比较复杂，特别是采场内有几个孤立矿体时，一般应通过技术经济比较来确定开沟位置。下面介绍我国露天矿常用的新水平降深方式。

(1) 沿矿体下盘固定境界降深，沿走向布置工作线，垂直走向单侧推进如图 8-39 所示。设计的运输干线设在下盘固定帮时，采用该降深方式。工作面由矿体下盘向上盘推进，矿石损失率和废石混入率大。

(2) 沿矿体下盘（或上盘）降深，沿走向布置双侧工作线，垂直走向双侧推进如图 8-40 所示。其优点是见矿快，有利于调节矿石产量。缺点是采场内运输干线常处于移动状态，影响运输能力。设置移动干线的地段，水平推进速度慢，采装设备效率低。采用铁路运输时，缺点更为突出。采用汽车运输时，由于汽车运输的灵活性，采用这种降深方式较为有利（如南芬铁矿）。

(3) 沿采场端帮降深，垂直走向单侧布置工作线，平行走向推向如图 8-41 所示。总出入沟位于采场端部，汽车运输时，采用这种降深方式有利。由于工作线垂直矿体走向布置，对矿石产量的调节潜力较大（如海南铁矿）。

(4) 采场内垂直矿体走向开沟，垂直降深，垂直走向双侧布置工作线，沿走向双侧推进（图 8-42）。该方式调节矿石产量的潜力较大，但采场内移动线路多。适用于汽车运输的矿山。

(5) 沿采场端部降深，多向布置工作线，扩展式多向推进如图 8-43 所示。

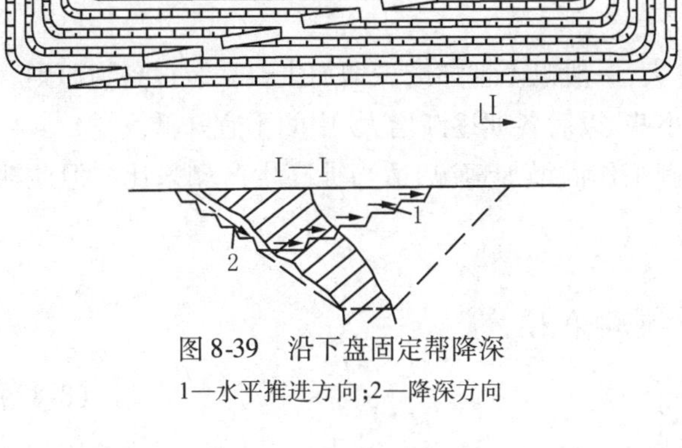

图 8-39　沿下盘固定帮降深

1—水平推进方向；2—降深方向

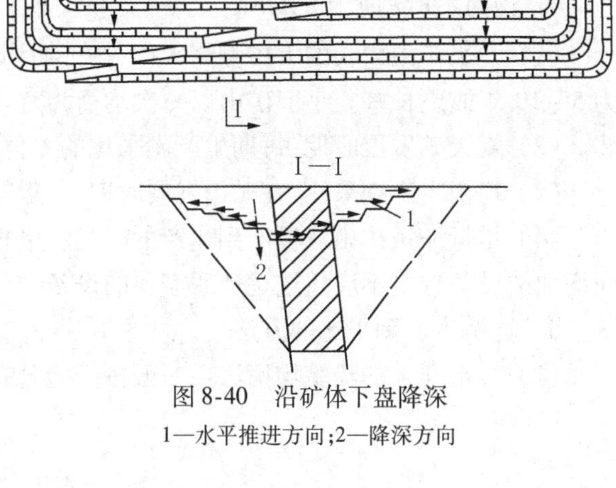

图 8-40　沿矿体下盘降深

1—水平推进方向；2—降深方向

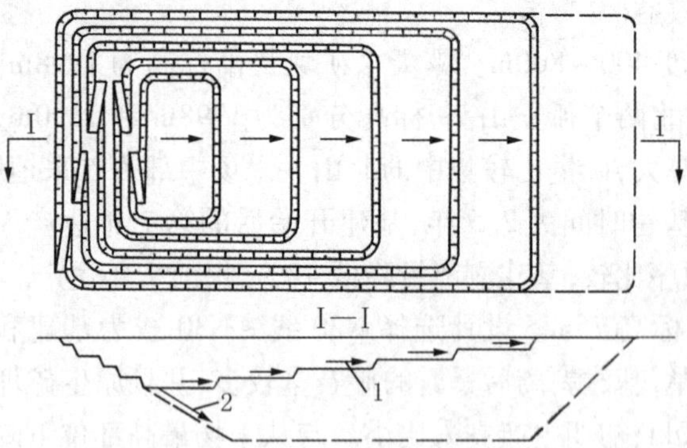

图8-41 沿采场端部降深
1—水平推进方向;2—降深方向

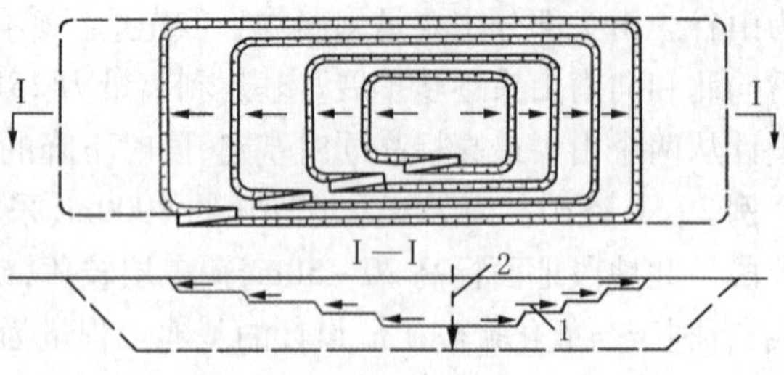

图8-42 垂直矿体走向降深
1—水平推进方向;2—降深方向

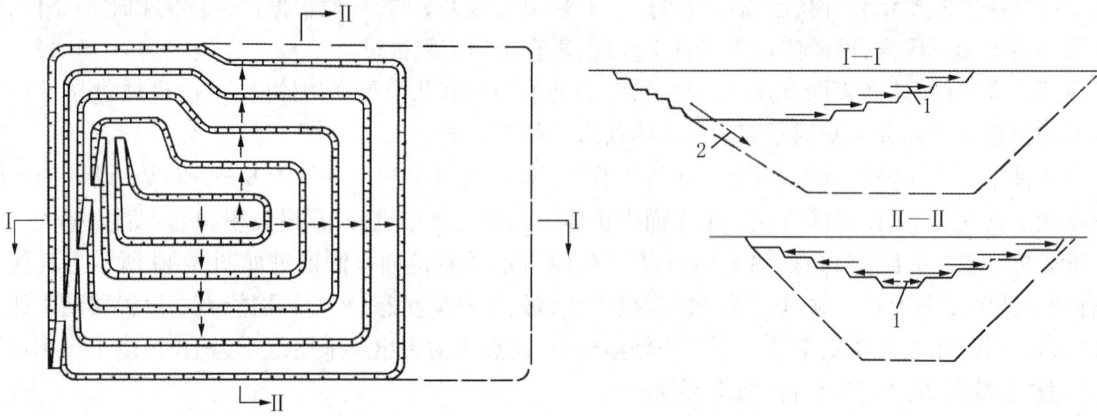

图8-43 沿采场端部降深
1—水平推进方向;2—降深方向

(6) 沿采场周界螺旋式降深,多方向布置工作线,非均衡推进如图8-44所示。该方式适用于采场近似圆形的露天矿,如弓长岭独木露天采场。

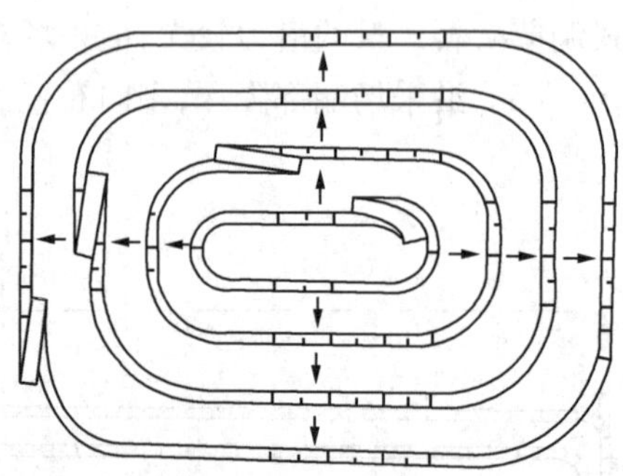

图8-44 螺旋式降深

C 均衡生产剥采比

生产剥采比是露天矿设计和生产的重要指标。在编制采剥进度计划前,应分析露天采矿场内各个开采时期的矿岩量分布情况,结合开采顺序的选择,对生产剥采比进行均衡,尽量避免过早地出现剥离洪峰,力求各期间的生产剥采比稳定发展。

a 均衡生产剥采比的原则

(1) 开采年限较长的大中型露天矿,按一期均衡在开采技术上有困难时,可分几期均衡。每期时间一般为5~10年或更长些。小型矿山以一次均衡为宜。

(2) 露天矿发展时期,每期生产剥采比的差值不宜过大,一般以不增加或少增加主要采装设备为原则。

(3) 均衡生产剥采比,在矿山发展时期,一般第一期小些,以后各期逐渐增大,中间不宜降低。

(4) 尽量缩短矿山从投产到达产的时间。可根据采剥工作面增加情况,适当提高生产剥采比。但此期间增加的设备数量不应超过达产后需要的设备数量。

b 均衡生产剥采比的方法

(1) 缓帮开采的经验均衡法。一般按经验公式计算生产剥采比:

$$n_s = \frac{\sum V}{\sum P} \tag{8-82}$$

式中　n_s——生产剥采比，t/t 或 m^3/m^3；

$\sum V$——最大几个分层的总剥离量；

$\sum P$——最大几个分层的总矿石量（分层数与同时工作的阶段数同）。

式(8-82)适用于缓帮开采（工作帮坡角 8°～15°）或生产剥采比均衡范围很小的矿山。

(2) 用陡帮开采法均衡生产剥采比。用陡帮开采法均衡生产剥采比的实质是：以不同工作帮坡角调整各开采时期的剥离量，以达到降低和均衡生产剥采比的目的。工作帮坡角可以在 16°～35°范围内调整。

陡帮开采法一般将采场分为剥岩区和采矿区。采矿区通常集中在采场下部，相邻阶段同时以宽工作平台进行采矿。剥岩区则在采场上部，采用陡工作帮作业，实行阶段轮流开采。在剥岩帮上，除了正在作业的阶段留较宽的工作平台外，其余暂不作业的阶段只留较窄的安全平台。

陡帮开采一般用于剥岩区的开采。陡帮开采有两种方式：一种是组合阶段式开采；另一种是倾斜条带式开采。

(3) 用分期开采均衡生产剥采比。对矿石储量大、矿体延深大、开采年限长的倾斜和急倾斜矿床，应考虑分期开采。分期开采的实质是以推迟剥离量的方式来均衡生产剥采比，降低初期生产剥采比和减少基建工程量，以提高矿山开采初期的经济效益。

分期开采按其过渡形式有缓帮过渡和陡帮过渡两种形式。

1) 分期开采缓帮过渡。分期开采缓帮过渡是指整个露天矿开采（包括一期、二期和过渡期开采）均采用缓工作帮开采，其剥离量（或生产剥采比）发展情况如图 8-45 所示。

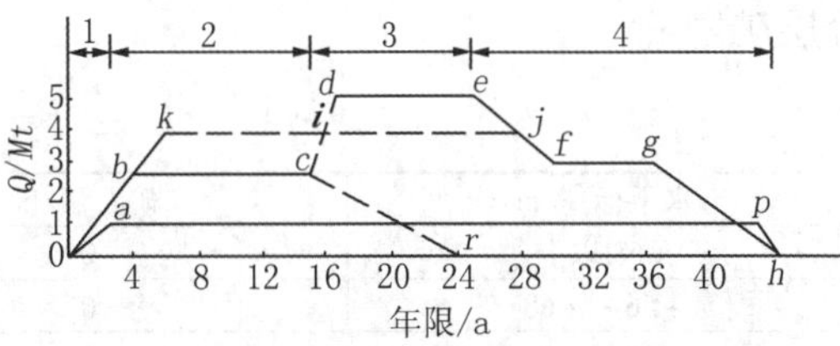

图 8-45　分期开采缓帮过渡剥离量发展情况

1—基建期；2—第一期；3—过渡期；4—第二期；0*bcdefgh*—分期过渡开采全部剥离量发展曲线；0*bcr*——一期剥离量发展曲线；*idej*——一期推迟的剥离量（即剥离洪峰期）；0*aph*—矿石量发展曲线

采用分期开采缓帮过渡时，一期开采达到了降低生产剥采比的效果。但过渡期较长，生产剥采比较大（即剥离洪峰期），生产工艺布置较复杂。这涉及一期境界临时非工作帮的帮坡角、一期开采年限、开始过渡时间的安排以及过渡时间长短等因素。这些因素直接影响过渡期的剥岩量和剥采比的增值以及过渡期采剥作业的难易程度。如果考虑不周，可能造成减产过渡，甚至停产过渡。

上述因素是互相联系的。但由于各矿山的矿体埋藏条件和开采技术条件不同，用数学分析法直接解决上述问题尚有一定困难。目前矿山设计中一般采用方案法解决，即结合具体条件和要求，结合矿床开拓运输方式和生产工艺系统，拟定几个可行的方案，进行综合技术经济比较后选定。

2) 分期开采陡帮过渡。分期开采陡帮过渡是指一期用缓工作帮开采，过渡期和二期使用陡工作帮开采。其特点是过渡期短，不会出现明显的剥离高峰，生产剥采比较均衡。根据经验，由一期缓工作帮开采过渡到陡工作帮开采，过渡期一般为 5～6 年。已采用分期开采（一期用缓工作帮开采）的露天矿，采用陡帮过渡较为有利。

8.3.4.3　编制采剥进度计划

A　编制采剥进度计划的方法和要求

(1) 编制采剥进度计划以采剥设备能力为计算单元。把每个工作水平上采剥设备配置和调动情况，以及矿山工程在采场内的发展情况（时间和空间）用图表表示出来。在任一时间内矿山工程的发展都要满足空间发展的要求。如挖掘机的布置要有合理的工作线长度；上下水平推进要有必要的合理的超前关系；储备矿量保有期要符合规定；工作面线路和采装运输设备要合理配置。

(2) 采装设备布置要合理，主要采剥设备不允许有闲置的现象。设备数量要根据采剥工作面增加情况和产量发展情况，逐年增加。大型设备调动不宜过于频繁。

(3) 要及时开拓新水平，上水平的推进要保证下水平的延深。

(4) 生产剥采比要稳定发展，避免跳跃式变化。

(5) 分期开采的矿山，应保证各期产量和采剥工程的衔接。

采剥进度计划编制的年限，根据各矿山的具体情况而定，一般至少应安排到计算年后 3～5 年。分层矿岩量变化大、开采技术条件复杂的矿山,安排的年限应更长些。

编制采剥进度计划时,要把各分层的年度矿岩采剥量和年末采剥进度线标在分层地质图上。上下水平的年末进度线要随时互相对照校核和修正,以保证上下水平的超前关系。

编制采剥进度计划应提交的设计文件有:进度计划图表;基建终了平面图;开采年末图;产量发展曲线;进度计划说明书等。

B 矿山(设计)采剥进度计划的编制

国内编制露天矿采剥进度计划多采用手工方法,其方法需要的基础资料主要有:

(1) 矿山现状图。图纸比例一般为1:1000或1:2000。

(2) 各阶段(台阶)分层平面图。图上有各阶段水平的地质界线和最终境界等。图纸比例一般为1:1000或1:2000。

(3) 分层矿岩量表。表中列出各阶段水平在最终境界内的矿石和岩石量及矿石质量。表8-18为某矿分层矿岩量。

表8-18 某矿分层矿岩量

水平标高/m	矿石量/kt	岩石量/kt	分层剥采比/(t/t)
+68 以上	0	27.4	
+56 ~ +68	0	107.3	
+44 ~ +56	0	264.3	
+32 ~ +44	0	626.3	
+20 ~ +32	4.5	510.7	113.49
+8 ~ +20	73.8	503.3	6.82
-4 ~ +8	204.4	151.7	0.74
-16 ~ -4	95.2	94	0.99
-28 ~ -16	16.9	41.1	2.43
合 计	394.8	2326.1	5.90

(4) 开拓运输系统和采场内运输方式。

(5) 开采顺序和开采构成要素。包括台阶高度、采掘带宽度、采区长度、最小工作平台宽度、运输道路要素等。

(6) 采剥设备及其效率。

(7) 台阶推进方式、采场延深方式、掘沟几何要素及新水平准备时间。

(8) 矿石的损失率、废石混入率、要求的入选矿石品位等。

(9) 设计的矿石年产量、均衡生产剥采比、基建时间、投产和达产标准及要求的时间。

编制采掘进度计划从第一年开始,逐年进行。主要工作是确定各水平在各年末的工作线位置、各年的矿岩采剥量和相应的挖掘机配置。一般步骤为:

第一步:在分层平面图上逐水平确定年末工作线位置。根据挖掘机的年生产能力,从露天矿上部第一个水平分层平面图开始,逐水平在图纸上画出年末工作线的位置,求出挖掘机在所涉及的台阶上的采剥量,并计算本年度的矿岩采剥量及矿石平均品位。然后检验所涉及各台阶水平的推进线位置与矿岩产量及矿石品位是否满足前述的各种约束条件。若不满足,则需要对年末推进线的位置做相应调整,重新计算,直到找到一个满足所有约束条件的可行方案。可以看出,某一年的年末工作线的最终位置往往需要多次调整才能得以确定。借助于计算机辅助设计软件,可以加速这一过程。

第二步:确定新水平投入生产的时间。露天矿在开采过程中上下两相邻水平应保持足够的超前关系,只有当上水平推进到一定宽度,使下水平暴露出足够的作业面积后,才能开始向下水平掘沟。在上水平采出这一面积所需的时间即为下水平滞后开采的时间。多水平同时开采时,应注意各工作水平上推进速度的互相协调。在生产过程中,有时在上水平的局部地段因运输条件或其他因素的制约,会影响下水平工作线的推进。一旦上水平条件允许,应迅速将下水平工作线推进到正常位置,以免影响整个矿山的开采顺序。实际上,若计划周密,生产组织得力,这种不正常情况是可以避免的,因为运输道路也是采掘进度计划编制时必须考虑的因素。

第三步:编制采掘进度计划表。从以上两步的结果可以得出各台阶水平的采剥量、挖掘机配置及挖掘机在各水平的起止作业时间。将这些数据绘制成采掘进度计划表。表 8-19 是依据表 8-18 中矿岩量编制的采剥进度计划表。

表 8-19 采剥进度计划 (kt)

水平标高/m	基建期				生产期							
	第一年		第二年		第一年		第二年		第三年		第四年	
	矿	岩	矿	岩	矿	岩	矿	岩	矿	岩	矿	岩
+68 ~ +80	0	27.4										
+56 ~ +68	0	107.3										
+44 ~ +56	0	264.3										
+32 ~ +44	0	238.7	0	287.6								
+20 ~ +32			0	250	4.5	260.7						
+8 ~ +20					71.1	20	0	266	2.7	217.3		
-4 ~ +8					24.4	0	100	0	80	48.7	0	103
-16 ~ -4									17.3	0	77.9	94
-28 ~ -16											16.9	41.1
合计	0	637.7	0	637.6	100	280.7	100	266	100	266	94.8	238.1
矿岩合计	1275.3				380.7		366		366		332.9	
剥采比/(t/t)					2.81		2.66		2.66		2.51	
挖掘机/台	2		2		1		1		1		1	

第四步:绘制露天矿采场年末综合平面图。采场年末综合平面图是以地表地形图和分层平面图为基础,将各水平年末推进线、运输线路等加入图中绘制而成的。图上有坐标网、勘探线、采场以外的地形和矿岩运输线路、已揭露的矿岩界线、年采各台阶水平的工作线位置、采场内运输线路等。该图一般每年绘制一张。从某一年末的采场综合平面图上可以清楚地看到该年末的采场现状。图 8-46 所示为某露天矿某年末的采场综合平面图。

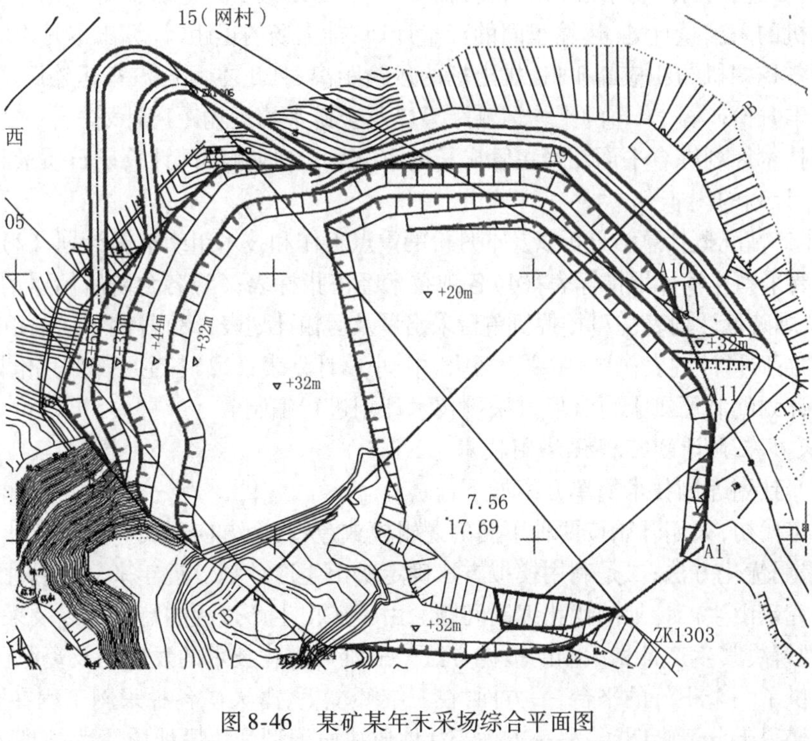

图 8-46 某矿某年末采场综合平面图

采剥进度计划表和采场年末综合平面图组成了露天矿采剥进度计划的编制成果,是露天矿生产的指导性文件。在实际生产中,由于品位储量估算和矿体圈定的误差、技术经济条件的变化以及不可预料情况的发生,常常需要定期或不定期地对原采剥进度计划加以修改。

C 矿山月采剥技术计划的编制

a 月采剥技术计划编制的基础资料和依据

(1) 地测部门提供1∶1000或1∶2000比例的上月末采场现状综合平面图及分层矿岩量。

(2) 计划部门编制的季度采剥技术计划及采剥技术计划综合平面图。

(3) 设备部门提供月份主要设备的大、中、小修计划。

(4) 技术部门提供采场管理、单体设计、爆破管理、溜井管理等措施计划。

(5) 现场实际生产情况的调查。预测采场内各分层矿岩储量,实测各挖掘机预计采出部位到相应卸矿口,排土场的运输距离。

b 月采剥技术计划的编制原则

(1) 根据季度生产经营计划,以季度计划为基础,月计划保季计划的原则。

(2) 保证矿石质量的平衡和合理的生产剥采比;坚持正规采剥。

(3) 保证采场内各台阶的最小工作平盘宽度,做好新水平开拓准备工作。

(4) 合理地调动设备,尽量减少设备移动。

c 月采剥技术计划编制的方法和程序

月采剥技术计划要在上月下旬开始编制。

(1) 根据季计划的安排和当前生产实际,总结分析上月的生产情况和存在问题,制订出本月的工作重点及措施计划。

(2) 同各有关部门共同确定本月份的主要生产计划指标、设备开动台数以及各项主要技术经济指标。

(3) 根据季度采剥技术计划的安排和采场的实际情况、在采场综合平面图上画出本月份采剥计划推进线,计算出矿、岩推进量;列出台阶储爆量、爆破量和采出量计划表。

(4) 编制各单台钻机的作业计划,根据季度采剥技术计划下达的本月份的爆破量,编制出本月份钻机的矿石、岩石总进尺计划;然后结合各钻机本月计划推进部位、钻机的技术状况和钻机的大、中、小修计划,安排各台钻机的矿石,岩石进尺计划,计算出各单台钻机矿石、岩石爆破量计划。

(5) 根据挖掘机的采出量计划、运输车间的产量计划、排土场的运距,计算出本月份的运输计划。

(6) 根据实测各挖掘机与相应卸矿口、排土场的运输距离,列出本月份汽车运输距离表,用加权平均计算方法分别计算出本月份矿石、岩石的平均运输距离以及全矿平均运输距离计划。

(7) 月份采剥技术计划综合平面图经主管矿长的审查后,交地测部门计算矿石质量和采场的技术条件。

d 月采剥技术计划的内容

(1)上月份的生产情况概括总结分析以及本月份的重点工作和技术组织措施计划;(2)月采剥技术计划综合平面图;(3)月主要采剥技术计划指标表;(4)各项技术经济指标表;(5)各台阶所储爆量、爆破量,采出量计划表;(6)钻机进尺、爆破量计划表;(7)挖掘机单台采出量及运输计划表;(8)月汽车运输距离表;(9)各排土场排土计划表;(10)矿石质量计划表;(11)主要设备大、中、小修计划表;(12)各主要车间用电计划表等。

生产矿山季度计划编制原则上可参照月采剥技术计划进行编制。

8.3.4.4 露天矿采剥计划可视化编制技术

三维可视化生产计划编制技术简单介绍如下:

自20世纪60年代初,人们开始按两种不同的逻辑模式,从两个方向开展矿山生产计划计算机编制系统的研究工作:一是采用优化方法;二是利用模拟方法确定矿山生产计划。近年来,人们试图用人工智能、优化方法和模拟法来研究矿山生产计划的优化编制问题。由于矿山生产过程的特殊性以及采剥计划编制的复杂性,迄今还没有找到解决其生产计划编制的最佳方法。三维可视化技术的发展以及资源评价体系的出现,为生产计划的编制提供了一个很好的平台,一方面,在三维环境下,露天矿各种采剥工程在空间上的分布以及其之间的空间关系变得十分清晰明了;另一方面,3D地质块段模型为块段地质属性,如品位、岩性等,提供了空间分布状态,这样在计划编制中可以方便地查询和利用这些信息。

A 计划编制基本原理

任务单元是计划编制的基本单元,它是由生产对象分解而成的。任务单元在三维环境下可以用一个空间点来表示。首先对任务单元进行分类,根据生产对象性质的不同,任务单元可以分为实体任务单元与抽象任务单元两种类型。

实体任务单元指实际采掘工程,如巷道、采场、各种硐室等,它们可以直接在三维环境中设计与显示,而抽象任务单元就是在生产过程中占有一定时间但不能在三维环境下直接显示的任务,如通风、支护等工序。

实体任务单元可以分为三种类型:固定断面,不规则轮廓和复杂实体,如采场,它们都可以用线来表示,固定横断面类型采用设计线和指定横断面生成实体;不规则轮廓类型由一闭合设计线和指定其投影方式生成实体;采场由两个或多个闭合线所夹的空间,所以它的设计线每组必须是两条或两条以上。

抽象任务单元在空间上与实体任务单元相对应,其属性包括任务单元完成速度或所需时间、单元任务的度量单位等。

每一个任务单元都带有很多的属性,如三维空间坐标、面积、长度、密度、体积、重量、开采量、品位等。这些属性有的是在设计中产生的,有的属性是在计划编制时进行指定的。这些属性是统计报表生成的基础,其中有的属性本身就是统计量,而有的属性是为分类统计而定义的。

在任务单元分解工作完成后,需要制定计划完成的顺序流程。根据流程将任务单元进行连接。不同的连接方案即代表不同的计划方案。根据任务单元完成的速率或周期,指定任务的起始执行日期便可以得到整个计划的安排时间。同时根据任务单元的属性,可以统计出相关指标随时间的变化规律。

B 系统结构与功能

系统逻辑上分为三部分:输入、处理与输出。所有的数据是保存在一个3D数据库中,而所有的操作都是建立在这个3D数据库平台之上的。其系统逻辑结构图如图8-47所示。

输入部分包括了3D可视化技术地质建模与开采设计技术。地质建模以地质钻孔数据为基础,建立地质体块段属性分析评价模型,研究地质体属性(如品位、岩性等)的空间分布模型。开采设计是在三维可视化设计环境基础上对空间点、线、面、体三维进行编辑,按设计要求实现工程的3D可视化设计,同时完成各种界线与实体的属性添加与编辑。

在处理部分,主要实现任务分解与任务排序功能。任务分解是根据工程属性、设备特点、施工组织形式及计划的详细程度等要求,将设计转变为三维空间的任务单元并形成相应的抽象任务单元。而任务排序就是定义各个任务点之间的相互顺序关系,并指定其相关的依赖性类型,如任务同时开始、任务同时完成等,同时可对各任务单元之间完成的顺序进行计划的调整与优化。

输出部分的主要功能是产生计划进度表、生成各种统计报表以及最后生成计划推进三维动画。

C 生产计划编制的关键技术

在生产计划编制过程中主要涉及的关键技术有:

(1) 三维可视化建模技术与设计。三维可视化建模技术与设计是生产计划编制的整个程序,它建立在一个完全三维的环境基础之上,其主要技术包括:地质数据库、地质体与工程结构实体模型、矿石品位块段模型及采掘工程设计图形环境等,如图8-48所示。

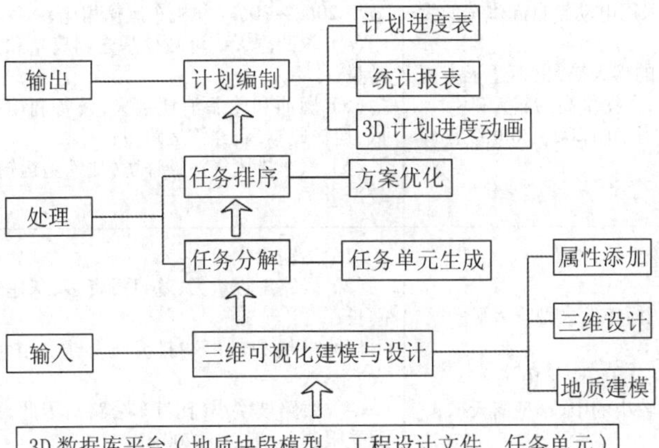

图8-47 系统逻辑结构

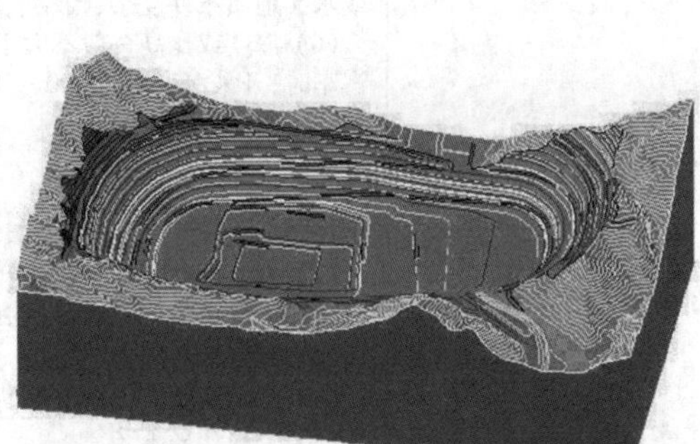

图8-48 某矿第21年末采场现状三维实体模型

(2) 任务分解与任务单元生成技术。根据计划编制的详细程度,把工程设计分解成任务单元,并为任务单元添加上相关的属性,如指定相关断面、定义完成速率或周期等。在任务分解过程中,任务单元的大小要能满足计划编制的要求,确定抽象任务单元与实体任务单元之间的空间依存关系。

(3) 自动搜索排序技术。在给定空间搜索规则的情况下,利用空间搜索技术,自动生成任务之间的联系及其依赖性。

(4) 多目标自动优化技术。根据所生成的任务单元、任务单元施工先后顺序的约束以及其他的约束条件,生成多个施工方案,然后根据多目标相似优序值法,选出最优方案。此优化技术的关键就在于如何自动生成多个施工方案。约束条件越多则产生的施工方案越少,这对于后面的方案优选更容易。

(5) 计划进度表生成技术。根据施工方案,产生与日期相对应的进度计划表,即甘特图。在初步计划工作完成后,根据工程量的平衡关系,对施工顺序进行调整与修改并更新计划数据库中的相应数据。

(6) 自定义统计报表技术。根据生产要求提供各种报表自定义技术,采用过滤和分组技术对各种统计量进行统计分析,并生成各种计划报表。

(7) 计划推进三维动画技术。此技术是用来演示计划推进过程。根据不同的日期间隔,演示计划随时间的推进过程,可以自定义起始与终止日期。

8.4 矿床开拓运输

8.4.1 开拓方式分类及选择

8.4.1.1 开拓方式分类

露天矿开拓的目的是要开辟从地面到各开采台阶的矿岩运输通道,以建立采矿场与选矿厂、排土场和工业场地的运输联系,及时准备出新的工作水平。露天矿开拓按运输方式可划分为:公路开拓运输、铁路开拓运输、联合开拓运输。联合开拓运输主要包括:(1)公路-铁路联合开拓运输;(2)公路(铁路)-破碎站-带式输送机联合开拓运输;(3)公路(铁路)-箕斗联合开拓运输;(4)公路(铁路)-平硐溜井联合开拓运输。

各种开拓运输方式的适用条件及主要特点见表8-20。

表8-20 各种开拓运输方式的适用条件及主要特点

开拓运输方式	适用条件	主要特点
公路开拓运输	(1) 各类地形及矿体产状; (2) 矿体薄、倾角缓,需要分采分运的矿床; (3) 用陡帮开采工艺; (4) 运距不长,一般在3km内,但对采用电动轮自卸汽车的大型露天矿,其合理运距可适当加大; (5) 不适于泥质、多水和全松散砂层的露天矿,也不适于多雨或水文地质条件复杂,且疏干效果不好,含泥量高的露天矿; (6) 深度或比高一般不大于150m。当采用200~300t级自卸汽车时,开采深度可达200~300m	(1) 线路坡度大,转弯半径小,因而线路工程量少、基建时间短、基建投资少; (2) 便于采用高、近分散排弃场; (3) 机动灵活,适应性强,可提高挖掘机效率20%~30%(与机车运输相比); (4) 深凹露天矿可减少基建剥离量和扩帮量; (5) 燃油和轮胎消耗量大,设备利用率低,运输成本高,经济运距短; (6) 汽车排废气污染环境(比铁路运输)较严重
铁路开拓运输	(1) 准轨铁路适用于地形和矿体产状简单的大型露天矿; (2) 山坡露天矿比高可达200m左右; (3) 露天坑长轴大于100m,年采剥总量大于2×10^7t; (4) 窄轨铁路适用于地形简单,比高较小的中、小型露天矿; (5) 常规开采工艺	(1) 运输量大; (2) 线路工程量大,基建投资多,基建时间长; (3) 采场和剥离物排弃场移道工作量大; (4) 线路坡度小(比汽车公路),因此,采深受限制,一般小于200m; (5) 经济合理的运距长,一般在4km以上

续表 8-20

开拓运输方式		适用条件	主要特点
联合开拓运输	公路-铁路联合开拓运输	(1) 走向长、宽度和垂深均较大的深凹露天矿。其浅部用铁路运输,深部用公路运输; (2) 上部露天地形复杂,比高较大,中部露天采场较宽广,地形允许布置准轨铁路线,深部露天采场尺寸较窄小且高差大的露天矿。其上部及深部用公路运输,中部用铁路运输; (3) 地表地形平缓、平面尺寸很大的大型深凹露天矿,如山坡部分比高在200m以内,可优先考虑用外部堑沟的公路-铁路联合运输	(1) 充分发挥公路运输和铁路运输各自的优点,如汽车公路爬坡能力大,机动灵活,铁路运量大等; (2) 除小型矿山直接转载外,多数矿山一般均设置转载站(或转载矿仓)
	公路-破碎站-胶带输送机联合开拓运输	(1) 矿岩运量大于3000kt,汽车运距大于3km,采深大于150m的露天矿; (2) 一般不适于开采深度小于100m的露天矿	(1) 生产能力大; (2) 能克服较大的地形高差; (3) 矿岩运输低于汽车运输的运费
	公路-斜坡箕斗提升联合开拓运输	(1) 适用于大、中型山坡和深凹露天矿; (2) 斜坡道坡度一般在30°以下; (3) 山坡露天矿不能用平硐溜井运输时才采用	(1) 斜坡道倾角大于胶带输送机的倾角; (2) 运距短,运输设备少; (3) 一次提升量大,设备维修方便; (4) 运输环节多,矿岩需经转载,要设置转载栈桥
	公路(或铁路)-平硐溜井联合开拓运输	(1) 比高较大的高山型矿床,一般要求比高大于80~120m,地形坡度小于30°; (2) 溜井一般只适用溜放矿石,只有当废石不能直接运往排弃场或不经济,且岩性较好时,才用溜井溜放岩石; (3) 一个溜井一般只适用于溜放一种矿石,多品级矿山应有专用溜井; (4) 矿石黏结性大,在溜井放矿中产生堵塞或矿石易碎,溜放中产生大量粉矿,严重降低矿石价值时,不宜用平硐-溜井运输; (5) 平硐溜井位置,只适用于布置在工程地质条件较好,岩层整体性好的坚固地段,避免布置于工程和水文地质复杂、有较大断裂破碎带地段	(1) 利用矿岩自重向下溜放,可减少运输设备和运输线路工程量; (2) 可缩短运距,使矿石生产成本低,经济效果好; (3) 溜井平硐基建工程量较大,施工工期较长

8.4.1.2 影响开拓方式的主要因素

影响开拓方式的主要因素如下:

(1) 矿体赋存的地质地形条件对开拓方式的影响。按矿体赋存条件可能有一种或几种不同的开拓方式和方案。赋存较浅、平面尺寸较大的矿体,可采用公路开拓运输或铁路开拓运输。对于赋存较深的矿体、开采深度较大的露天矿,可采用公路—带式输送机开拓运输或斜坡箕斗提升开拓。当矿体赋存较深、平面尺寸较大时,除能用公路—带式输送机联合开拓运输和斜坡箕斗提升开拓外,还可用铁路—公路联合开拓运输。矿体赋存条件复杂、分散、平面尺寸和高差不大的山坡露天矿或开采深度不大的凹陷露天矿,采用公路开拓运输更为适宜。矿体赋存在地形高差很大、坡陡的山峰,采用平硐溜井开拓被认为是技术上可行、经济上合理的开拓方式。

(2) 露天矿生产能力对开拓方式的影响。露天矿生产能力的大小,影响着采掘运输设备的选型,而运输设备类型的不同,开拓方式亦各异。如生产能力大的带式输送机运输与生产能力小的斜坡箕斗提升,其开拓方式是不同的。

(3) 基建工程量和基建期限对开拓方式和方案的要求。为减少基建工程量、缩短建设期限和减少基建投资,可靠近矿体布置移动坑线开拓,矿体倾角小时采用底帮固定坑线开拓,以及采用横向布置开段沟进行开拓。

(4) 矿石损失与贫化对开拓方式和方案的要求。矿石损失与贫化直接影响着矿产资源的利用程度和生产的经济效益。在选择开拓方式和方案时,要考虑有利于降低矿石损失与贫化,这对开采矿石价值高的矿体更为重要。开采有岩石夹层的矿体,采用汽车开拓运输和采场内采用汽车运输的部分联合开拓方案,有利于进行分采,以减少矿石损失与贫化。采用工作线由顶帮向底帮推进的固定坑线开拓和靠近矿体上盘的移动坑线开拓,均可减少矿岩接触带处的矿石损失与贫化。

(5) 地下开拓方式的利用。依矿体赋存条件,上部用露天开采,深部用地下开采。当先进行地下开采,后转露天开采时,若地下开拓系统能满足露天矿矿石生产能力要求,且经济合理,则可利用地下开拓系统运输露天矿采出的矿石。

影响开拓方式选择的因素很多,概括起来主要有自然地质条件、生产技术条件和经济因素。

8.4.1.3 选择开拓运输方式的一般原则

(1) 露天矿开拓方式与运输系统的布局要与全矿的总平面布置统筹安排,要有利于开采工艺设备效能的发挥,要能实现最合理的矿山工程发展顺序,要能体现最佳的经济效果。

(2) 露天矿开拓方式与运输系统要根据矿床地质地形条件、开采工艺技术条件和经济因素,通过技术经济综合分析比较,选择最佳方案。

1) 基建工程量少,施工方便;

2) 矿山基建时间短,早建成投产,早达产;

3) 技术先进可靠,工艺简单;

4) 投资省;

5) 经营费用低;

6) 不占良田,少占地。

(3) 矿区内地形复杂,坡度陡(大于30°),开采高差大于150m的山坡露天矿,应优先考虑采用平硐溜井开拓,采场内采用汽车运输。

(4) 地形及矿体形态复杂且运距不长(目前一般不超过3km)的矿山,可采用单一汽车运输。

(5) 矿区地形平缓(坡度小于25°),采场较长(一般大于1.4km),开采高差150m以内的大型山坡露天矿,亦可考虑采用铁路运输。

(6) 深凹的露天矿,开采高差小于200m时,可采用单一汽车运输;开采高差小于150m,采场长度大于1.5km,宽度大于0.5km时,仍可考虑采用铁路运输。

(7) 大中型深凹露天矿可以采用诸如汽车-铁路、汽车-箕斗、汽车-破碎-胶带等联合运输方式,在采用这种方式时,要及时迁移联合运输系统当中的转载站,以使汽车保持最佳工作条件,一般运距为0.6~0.8km,少数情况可达1.2~1.5km。

(8) 深凹露天矿各种运输形式的一般适用范围为:

单一汽车运输:深度小于150~200m;

单一铁路运输:深度小于150~180m;

汽车-铁路联合运输:深度大于150~200m;

汽车-胶带联合运输:深度大于60~80m;

汽车-箕斗提升机联合运输:深度大于150~180m。

(9) 各种联合运输形式的转载站(含破碎站)移设步距(垂高的一般变化范围)为:

汽车-铁路联合运输:40~90m;

汽车-胶带输送机联合运输:一般60~90m,有时可达120~150m;

汽车-箕斗提升机联合运输:2~4个开采水平。

(10) 生产矿山的开拓运输系统的改造设计应能保证,不论运输料流的改变、部分原有系统组成的废除和新组成部分的投产,均不能降低改造期间露天矿的生产能力。

(11) 对新建矿山的设计和现有矿山的改造,不论设计规定的开采分期时间长短,都要考虑以此分期的设计方案出发,研究到矿床开采终了时为止的露天矿运输系统的形成顺序。

(12) 运输线路系统布置线路要注意边坡稳定性的影响。

(13) 在平面尺寸有限而深度较大的中小型露天矿可以采用汽车-箕斗联合开拓运输方式。每台提升机必须有两座卸载栈桥,一座工作,另一座安装或拆除。箕斗的容积与采用的汽车载重量相协调。

8.4.1.4 开拓方式选择实例

A 行洛坑钨矿

行洛坑钨矿位于福建宁化县,矿区位于中等高度山区,地形陡峻,切割强烈,山坡坡度30°~40°,植物茂盛。矿床处于三面环山的低洼处，仅东南部地势逐渐降低，呈 V 形谷排泄地表水。矿区东有仙峰坳海拔高度为 980m，西部金龙山海拔高度为 950m，矿区最低海拔高度为 660m 左右，高差在 290m 以上。

矿床探明的地质储量 1113 亿吨或探明钨金属储量 300kt，赋存标高 816 ~ 300m。矿体长 636m，平均厚度为 158m，向下延伸到海拔 242 ~340m 处逐渐尖灭，平均延伸 297m。走向北东东，倾角 60° ~70°。矿山一期设计开采范围为 576m 水平以上所圈定的矿体，二期露采工程为标高 576 ~ 408m。露采一期境界为：上口水平投影东西长 730m，南北宽 570m，边坡最高标高 943m；坑底标高 576m，长 210m，宽 47m，最大垂高 367m。总出入沟口标高 672m。选矿厂位于露天采场的西北方向距二期采场境界 1690m。距露天采场公路里程约为 818km。厂址地处自东南向西北倾斜的山坡上，地势较开阔，场地最高处标高为 640m，最低处标高为 510m，场地地形平均坡度 15°。选厂受矿标高 +610m，低于境界总出入口 62m。选厂规模为 2500t/d。

根据矿床赋存情况及周围地形，选厂位置，选择的开拓运输方案有：汽车-1 号溜井-胶带开拓运输方案和汽车-2 号溜井-电机车开拓运输方案。

(1) 汽车-1 号溜井-胶带开拓运输方案。拟在开采境界内适中部位布置 1 号溜井，井底设粗碎站。矿石由汽车运至 1 号溜井，经振动给料机给入井底粗碎机，粗碎后矿石再由胶带($B=1000$)运至选厂矿仓。自卸汽车在境界内随溜井降段，一般在台阶上作水平运输，平均运距 250 m，计算年需 25t 自卸汽车 3 台。溜井口地面出口标高 +770m，井底标高 +531m，井长 239m；胶带运输斜巷长 2009m，坡度 2°15′15″(上坡)，措施井斜长 367m。

(2) 汽车-2 号溜井-电机车开拓运输方案。拟在境界偏北部位布置 2 号溜井，矿石由自卸汽车运至溜井口卸矿，溜井下设带控制闸门的双台板振动给矿机向矿车给矿，14t 电机车双机同步牵引 $10m^3$ 底侧卸矿车运往选厂，经卸载曲轨卸入粗碎原矿仓。电机车运距 2145m，其中硐内运距 1825m，硐外运距 320m。+720m 标高以上矿石下运，+720 ~ +648m 标高之间矿石一般为水平运输，+648m 标高以下矿石上运，平均运距 450m，计算年需 25t 自卸汽车 4 台。溜井口地面出口标高 +720m，井底标高 +616m，井长 104m。运输平硐长 2030m，坡度 0°10′10″(下坡)。措施井斜长 201m。

两种方案技术经济比较见表 8-21。

表 8-21 开拓运输方案比较

项目名称		开拓方案	
开拓运输方式		汽车-1 号溜井-胶带	汽车-2 号溜井-电机车
年运量/kt		1650	1650
汽车运输系统	汽车平均运距/km	0.25	0.45
井巷工程	掘进量/m^3	29700	27400
	支护量/m^3	3239	2297
	钢材量/t	74	44.4
胶带系统	胶带机长($B=1000$)/m	2010	
	装机功率/kW	250	
电机车运输系统	14t 电机车数量/辆		5(备用 1 台)
	38kg/m 钢轨长度/km		4.525
	$10m^3$ 底侧卸式矿车数量/辆		25(备用 7 辆)
	整流变电站数量/座		1
可比建设投资/万元		6494.27	6530.67
可比年经营费/(万元/a)		661.65	629.24
可比费用现值/万元		9519.75	9361.09
以汽车-2 号溜井-电机车方案为基数的费用现值比例		1.02	1

从表 8-21 中可见，两个开拓运输方案中，汽车-2 号溜井-电机车开拓运输方案的可比建设投资略高，但年经营费和费用现值均低于汽车-1 号溜井-胶带开拓运输方案。汽车-1 号溜井-胶带开拓运输方案中坑内粗

碎系统环节隐患多，溜井故障处理难度大。汽车-2号溜井-电机车开拓运输方案不设坑内粗碎系统，生产管理和维护更为简便。因此推荐汽车-2号溜井-电机车开拓运输方案。

B 南芬铁矿

南芬露天铁矿是我国特大型铁矿山，矿体由鞍山群含铁岩段的一、二、三层铁矿组成，南起黄柏峪26线，北止茶信沟-6线，地表出露全长为3400m，工业矿体总长为3000m，矿体走向北北西，倾向南西，倾角40°~50°

矿山目前处在二期境界向三期境界扩帮过渡的末期，扩帮过渡工程从1992年开始，分别在上盘、北山和下盘第10地质勘探线以北三个部位展开。经过十几年的扩帮过渡，已经剥离大量岩石，扩帮区的工作台阶标高大大降低。目前，上下盘扩帮区和正常采剥区已经基本衔接，仅北山尚需2~3年才能与主采场衔接。

南芬铁矿采场已降至封闭圈以下，目前，采场上盘最高工作台阶为310~298m，310m以上已靠帮。下盘最高工作台阶为298~286m，298m以上已靠帮。最低开沟水平为250~238m。矿山原设计规模为12500kt，目前矿山生产已经达到年产矿石13000kt，岩石量43000kt，总量达到56000kt。

矿山现有矿石开拓运输系统共有两套：一套为汽车-破碎-铁路联合开拓运输方式；另一套为汽车-倒装矿槽-铁路联合运输方式。汽车-破碎-铁路联合开拓运输系统建成于1999年。该系统设在三期最终境界北部总出入沟外，由于该系统为单胶带运输，一旦出现事故，检修时间较长，影响矿山生产。为了解决上述问题和减少矿石运距较远的问题，矿山建设了第二套矿石运输系统，即汽车-倒装矿槽-铁路联合开拓运输。该开拓运输方式在三期临时境界旁建一座倒装矿槽，采场内的矿石采用85t自卸汽车将矿石运至倒装矿槽内，经振动放矿机装入60t气动自翻矿车，每次可同时装两辆60t矿车，由电机车牵引9节矿车运至南芬选矿厂。该系统为矿石主要运输系统，原系统为备用系统。由于矿山加强了北山的下降速度，该倒装矿槽于2010年末废弃，将在新的地址重建倒装矿槽，设计倒装能力为15000kt。

矿山已经进入深凹露天开采，目前最低开采标高为238m。2016年末，矿山开沟标高为178m，矿石平均运距已达3.8km，超出汽车经济合理运距范围，矿山必须采用新的矿石运输工艺代替原有汽车-倒装矿槽-铁路联合运输方式。

根据矿山当前的开拓运输方式，矿山开采已经转入深凹露天开采，重车上坡，运距逐年增加，运输费用也逐渐增加，现有方式已经不能适应矿山发展，采用新的连续运输工艺势在必行。矿山由三期境界向四期扩帮过渡，上盘采用两个分条进行扩帮，每个分条的下降速度在40~50m/a；下盘采用一次完成扩帮，年下降速度在30~35m/a。上下盘同时扩帮，下降速度如此快，若在扩帮部位采用移动破碎机-胶带运输工艺，设备频繁移动，是不可行的。

根据上述情况，矿石运输考虑了两个方案的开拓运输方式：第一方案：汽车-溜井-地下破碎-斜井胶带运输方案；第二方案：汽车-移动破碎站-地面胶带运输方案。

(1) 第一方案：汽车-溜井-地下破碎-斜井胶带运输方案。采场内的矿石用汽车运至设在采场内的两条矿石溜井，经地下破碎站破碎后，用两段斜井皮带和两段地面皮带运至原有圆筒矿仓（仓上皮带标高307m），用电机车运往南芬选矿厂。

在采场内设2条直径为6m的矿石溜井，溜井间距为100m，溜井上口卸矿标高178m，每个溜井底部设1个破碎站，共2个破碎站（两个破碎硐室），破碎站地坪标高为-62m。在每个溜井下布置1台2400m×4500m重型板式给矿机，分别将0~1200mm粒度矿石给到2000mm×1500mm颚式破碎机，破碎后0~350mm的矿石落在-66m水平1号胶带运输机上。-66m水平1号胶带运输机用于连接2个破碎站，带宽为1400mm，带速$v=3.15$m/s，然后分别将矿石转入下盘-66~231m的2号斜井胶带机、231~307m的3号斜井胶带机、307m—地面固定4号胶带机和307m—圆筒仓上地面固定5号胶带机。分别在下盘北端地下231m标高处、北端地面307m和另一地面307m处设驱动站和转运站，最终将矿石输送到圆筒仓上。

在采场下盘北端（295B场地附近）设平硐-盲斜井，平硐口位于295B场地后面，平硐口标高为315m，平硐与斜井上部车场和提升机硐室连通，斜井底部车场标高为-62m，由长258m的大件运输平巷与-62m破碎站连通。该系统用于破碎站大件运输、人员上下班和排水井。该斜井可用作下期地下开采的通风井。

该方案优点为：生产工艺先进，技术可靠，生产管理简单，有圆筒仓和2条矿石溜井储矿，矿山可均衡生产。矿石运距短，系统建成后矿石运距在 1.5km 左右，运营费用低，年汽车运营费用仅 5175 万元，胶带输送机运营费用为 5535 万元，合计年运营费用 10710 万元。

缺点为：井巷工程量大，初期投资多。上述工程量必须在 2016 年末完成，确保 2017 年投产。

(2) 第二方案：汽车-移动破碎站-地面固定皮带。2024 年末，下盘 214m 以上固定帮形成，此时，在 214m 台阶设移动破碎站，随着固定帮逐渐形成，移动破碎机逐渐下移，最终移至 -23m 标高，卸矿标高为 -2m。采场内的矿石用汽车运至移动破碎站，经移动破碎机破碎后，通过采场内的临时皮带转载到下盘固定帮地面胶带上，经过下盘北端地下 214m 驱动转运站、地面 307m 和另一 307m 驱动转运站，共 3 个驱动转运站及 4 条皮带运至圆筒矿仓。

移动破碎机采用的是 KB 63-75 型旋回破碎机，处理能力为 4000t/h，给料口尺寸为 1600mm，可以满足 1400mm 以下粒度的矿石破碎需要。自带液压碎石锤和检修用服务起重机。可以通过专用的履带车将整座破碎机移动到需要作业的地方。

该方案优点为：机动灵活，可随采场下降移动破碎机，整机检修方便，设备基础施工量少，井巷工程量少。

缺点为：该设备价格昂贵，约合 1 亿元人民币。该方案必须在固定帮形成后才能建设使用，经采剥进度计划编制，本次设计在 2023 年建设，2024 年投入使用。矿山在 2023 年时矿石运距已达到 5.35km，汽车年运营费用已高达 18457 万元。按 85t 级运矿汽车已达到 43 台，比一方案多 8 台运矿汽车。即使该系统建成后，汽车年平均运距也在 2.5km，汽车年运营费用在 8625 万元，另加胶带机运营费用，合计年运营费用在 11220 ~ 12180 万元。

该方案设置在下盘固定帮上，边坡上的浮石容易打坏胶带运输机，可靠性较第一方案差。

(3) 矿石运输方案选择。通过对上述两个方案的论述及采用静态和动态技术经济比较后确定最优方案。两个方案的投资、运营费用及总费用现值比较结果见表 8-22。

表 8-22 两个方案的投资、运营费用及总费用现值比较

<table>
<tr><th colspan="2" rowspan="2">项目</th><th>第一方案</th><th>第二方案</th><th rowspan="2">差值</th><th rowspan="2">说明</th></tr>
<tr><th>溜井-斜井胶带</th><th>移动破碎-胶带</th></tr>
<tr><td colspan="2">(1) 投资/万元</td><td>40740</td><td>40348</td><td>392</td><td>第一方案和第二方案投资相近</td></tr>
<tr><td colspan="2">1) 井巷工程投资/万元</td><td>11236</td><td>1503</td><td>9733</td><td>第一方案井巷投资大</td></tr>
<tr><td colspan="2">2) 设备投资/万元</td><td>291275</td><td>38555</td><td>-9280</td><td>第二方案汽车、移动破碎机投资大</td></tr>
<tr><td colspan="2">① 总图设备投资/万元</td><td>21700</td><td>26660</td><td>-4960</td><td>第一方案比第二方案汽车少 8 台</td></tr>
<tr><td colspan="2">② 矿机电气设备投资/万元</td><td>7575</td><td>11895</td><td>-4320</td><td></td></tr>
<tr><td colspan="2">3) 建安工程投资/万元</td><td>229</td><td>290</td><td>-61</td><td></td></tr>
<tr><td colspan="2">(2) 运营费/万元</td><td>266877</td><td>320354</td><td>-53477</td><td>第一方案比第二方案运营费少 17%</td></tr>
<tr><td colspan="2">1) 汽车运输/万元</td><td>149592</td><td>278208</td><td>-128616</td><td>第一方案运距短，运费少</td></tr>
<tr><td colspan="2">2) 皮带运输/万元</td><td>117285</td><td>42146</td><td>75139</td><td>第一方案皮带提升高差大，-62m</td></tr>
<tr><td colspan="2">(3) 费用现值 $i=12\%$，$n=25$</td><td>115284</td><td>124454</td><td>-9170</td><td>第一方案比第二方案费用现值少 7.37%</td></tr>
<tr><td rowspan="3">说明</td><td>投资(按升幂排列)</td><td>2</td><td>1</td><td></td><td rowspan="3">按费用现值比较结果，第一方案优于第二方案</td></tr>
<tr><td>运营费用(按升幂排列)</td><td>1</td><td>2</td><td></td></tr>
<tr><td>费用现值(按升幂排列)</td><td>1</td><td>2</td><td></td></tr>
</table>

按投资比较第一方案比第二方案多投资 392 万元，但运营费用低 53477 万元，投资和运营费之和相差 53085 万元。第一方案汽车运营费用比第二方案少 128616 万元，但胶带运营费用多 75139 万元。按费用现值比较第一方案比第二方案少 9170 万元，差值少 7.37%，按现值比较第一方案优于第二方案。故选择第一方案——矿石运输采用溜井-破碎-斜井胶带运输方案。

8.4.2 公路开拓运输

公路开拓运输包括汽车(自卸汽车和汽车拖车)、前端式胶轮装载机、胶轮式铲运机等运输设备的开拓方式。

公路开拓运输中最常用的运输设备是自卸汽车，也叫汽车开拓运输。它是现代露天矿广为应用的一种开拓方式。该开拓方式除汽车运输本身具有的许多特点外，又可设多出入口进行分散运输和分散排土；便于采用移动坑线，有利于强化开采，提高露天矿生产能力；对开采地形复杂的矿山适应性更强。

8.4.2.1 公路开拓运输线路布置的要求

(1) 应满足开采工艺和矿山总平面布置的要求，既要保证露天矿各开采水平的矿岩都能畅通至已确定的矿岩卸载点（破碎站、储矿场、转载站、排弃场等），又要使各开采水平的运输线路在不同时期能与各辅助生产工艺（机汽修、仓库、油库、炸药库等）形成一个完整的运输体系。

(2) 线路的技术等级和参数，应符合相应的设计技术规定，保证行车安全，充分发挥汽车效率，满足运输能力的要求。

(3) 线路应布置在工程、水文地质条件好和较好的地段。固定、半固定线路一般只允许修筑挖方路基；仅对山坡开采的极个别条件恶劣而又无法回避的地段，才允许局部填方（一般不应大于路基宽的25%～33.3%），但其边坡一定要进行加固处理，保证边坡稳定。

(4) 露天矿的新水平准备和工作面的运输线路，不论缓帮或陡帮开采，尽可能采用移动线路，并布设在工作面推进较慢的区段和在矿岩接触面上盘附近；出线方向应与联络线路和固定线路同向，避免反向运输。

(5) 选择固定线路时，为提高行车效率，减少线路工程量和边坡扩帮量，对山坡露天矿，尽量采用树枝式布线；当需采用折返线时，应避免线路进入采场范围内。对深凹露天矿，大、中型矿山，应优先考虑采用"直进—折返—螺旋"混合线路；小型矿山，尽量采用"直进—螺旋"混合线路。

(6) 线路布置尽可能平直、减少弯道和回头曲线。对于深凹露天矿，要回避在高边坡部位布置线路弯道和回头曲线，并尽可能少在深部设置回头曲线。要正确选择深部布线方式和线路在坑底的起线点。

(7) 山坡露天矿的上山公路，通过露天采场内时，要充分考虑爆破对线路的影响，为保证运输畅通，应尽可能设置环形线路（如永平铜矿）；对深凹露天矿，当生产规模很大、技术条件许可、经济也合理时，可设置两个出口或双侧线路，以分散运输量，缩短矿岩运距。

(8) 深凹露天矿总出入沟口的位置和标高的确定，应考虑选厂、储矿场、排弃场、修理厂和仓库等的相对位置与标高，务求矿岩不反向运输，减少采场内外重车的上坡线路长度。

(9) 对多坑底、有"岩岛"的深凹的露天矿，应充分利用"岩岛"布线，以便最大限度减少露天矿边帮的扩帮量（如德兴铜矿、永平铜矿）。

8.4.2.2 汽车运输线路布置及技术参数

汽车运输线路布置及技术参数如下：

(1) 山坡露天矿的每个开采水平至少应有一条运矿岩支线进入，当运量较少或地形较复杂布线有困难时，也可每两个水平设一条进车线，另一水平可用移动线连通。

(2) 当深凹露天矿的采场长度大于1.5km时，一般宜布置双折返线，以缩短采场内水平运距。

(3) 当大型深凹露天矿的矿岩卸载点分别在上、下盘时，宜在上、下盘边帮上各布置一套运输线路。

(4) 螺旋固定坑线开拓系统一般适用于中小型短矿体的矿山，其同时开采台阶数不超过两个。

(5) 在深凹露天矿中，采用折返固定坑线时，线路应布置在开采推进的反方向，其两端回头曲线位置不宜超过两侧端帮中轴线，困难情况下也不宜超过两侧端帮。回头曲线位置宜选择在固定帮平台宽阔处或在封闭圈地表标高最低处的底部，以减少扩帮量，折返坑线的折返长度以进入3～4个水平为宜。

(6) 当采用组合台阶采剥工艺时，每一个组合中都须有一条为本组合台阶服务且与整个运输系统相连接的移动坑线，以保证该组合采剥工作正常持续进行，当组合台阶的台阶数超过4个时，由于线路延续很长，如需在每个组合高度内部布置折返线，其折返点最好能设在采用组合台阶采剥范围之外，如不允许则要加宽回头曲线线路宽度，以便分步移设折返点。

(7) 采用组合台阶或倾斜分条采剥工艺时，为使运输线路通过能力少受爆破和线路移设的影响，采场内部的移动线路的路面宽度要比固定线路路面加宽0.5～1倍。

(8)《露天采矿设计技术规定与定额》规定：矿山道路路面、路肩宽度见表8-23；常用自卸汽车适用年运量范围及采场内运输平台宽度见表8-24；矿山道路等级、最小圆曲线半径、最大纵坡坡度等特征见表8-25；回头曲线主要技术指标见表8-26。

表 8-23 矿山道路路面、路肩宽度

计算车宽/m		2.3	2.5	3.0	3.5	4.0	5.0	6.0	7.0
双车道路面宽度/m	一级	7.0	7.5	9.5	11.0	13.0	15.5	19.0	22.5
	二级	6.5	7.0	9.0	10.5	12.0	14.5	18.0	21.5
	三级	6.0	6.5	8.0	9.5	11.0	13.5	17.0	20.0
单车道路面宽度/m	一、二级	4.0	4.5	5.0	6.0	7.0	8.5	10.5	12.0
	三级	3.5	4.0	4.5	5.5	6.0	7.5	9.5	11.0
路肩宽度/m	挖方	0.5	0.5	0.5	0.75	1.0	1.0	1.0	1.0
	填方	1.0	1.0	1.25	1.5	1.75	2.0	2.5	2.5

注：1. 道路等级划分来自《厂矿道路设计规范》。
2. 生产线(除单向环形者外)和联络线一般按双车道设计，联络线在地形条件困难时可按单车道设计。
3. 当挖方路基外侧无堑壁，原地面横坡陡于25°或填方路基的填土高度大于1m时，路肩宽度应按车型大小增加0.25~1.0m。
4. 路肩宽未包括挡车堆或护栏的宽度。

表 8-24 常用自卸汽车适用年运量范围及采场内运输平台宽度

车宽类型		一	二	三	四	五	六	七	八
计算车宽/m		2.3	2.5	3.0	3.5	4.0	5.0	6.0	7.0
车 型		EQ340	QD351	BJ371	E540 SH380 35D	50B	W392	SF3100 W3101 120C	170C 常州154
载重/t		4.5	7	20	27~32	45	68	100~103	154
年运量/kt		450	450~1800	800~5000	1700~9000	2500~12000	4500~18000	7500~30000	大于30000
运输平台宽度/m	单线	7.5	8.0	9	10	11.5	13.5	15	17
	双线	10.5	11.5	13	14.6	16.5	19.5	22.5	26.5

表 8-25 矿山道路等级、最小圆曲线半径、最大纵坡坡度等特征

名 称		道路等级		
		一(生产干线)	二(生产干线、支线)	三(生产干线、支线、联络线、辅助线)
单向行走密度/(辆/h)		>85	85~25	<25
计算行走速度/(km/h)		40	30	20
最小圆曲线半径/m		45	25	15
最大纵坡坡度/%		7	8	9
道路视距：				
停车视距/m		40	30	20
会车视距/m		80	60	40
竖曲线最小半径和长度：				
半径/m		700	400	200
长度/m		35	25	20
缓和坡段最小长度：				
一般地形条件/m		100	100	80(干、支线),60(联、辅线)
地形条件困难/m		80	80	60(干、支线),50(联、辅线)
纵坡限制长度/m	坡度4%~5%	700	—	—
	坡度5%~6%	500	600	—
	坡度6%~7%	300	400	500
	坡度7%~8%	—	250(300)	350
	坡度8%~9%	—	150(170)	200
	坡度9%~11%	—	—	100(150)

表 8-26 回头曲线主要技术指标

名 称	露天矿山道路等级		
	一	二	三
计算行走速度/(km/h)	25	20	15
最小主曲线半径/m	20	15	15
超高横坡/%	6	6	6
超高缓和段高度/m	按厂矿道路设计规定采用		
停车视距/m	25	20	15

续表 8-26

名称			露天矿山道路等级		
			一	二	三
会车视距/m			50	40	30
最大纵坡/%			3.5	4	4.5
双车道路路面加宽值/m	汽车轴距加前悬/m	5	1.3	1.7	1.7
		6	1.8	2.4	2.4
		7	2.5/2.0	3.3/2.5	3.3/2.5
		8	2.5	3	3
		8.5	2.7	3.3	3.3

8.4.2.3 自卸汽车选择及道路养护设备

A 自卸汽车选择

影响矿山选择自卸汽车的因素很多，在矿山生产能力和境界确定之后，其主要因素是矿岩的年运量、运距及挖掘机的类型规格。

(1) 选择矿用自卸汽车车型时，应在与装载设备相协调基础上，至少选择两种载重吨位的车型作投资、车效、能耗、成本等技术经济比较，择优选取。一个矿区宜采用一种车型，最多也不宜超过两种车型。

(2) 自卸汽车车厢容积应与装载设备斗容相匹配，尽可能为装载设备斗容的整数倍，其合理匹配比例应按不同运距进行选择，见表 8-27。

表 8-27 汽车车厢容量与挖掘机的斗容比

运距/km	1	2	3
车厢与铲斗容积比	2~4	3~5	4~6

(3) 在计算开拓运输系统的生产能力时，(挖掘机、汽车、破碎机、运输机) 要考虑到整个系统中各工序不同设备的工作制度(年工作小时、作业率等)的相互制约，系统的生产能力都必须按瞬时(小时)生产能力进行校核和调整。

为了充分发挥汽车运输的经济效益，对于年运量大、运距短的矿山，一般应选择载重大的汽车设备，反之，应选择载重小的汽车设备。

此外，露天矿自卸汽车设备的选型，还应考虑汽车本身工作可靠、结构合理、技术先进、质量稳定、能耗低等条件，以及确保备品备件的供应。当有多种车型可供选择时，应技术技术经济比较，推荐最优车型。一个露天采场应尽可能选用同一型号的汽车。

B 道路养护设备

(1) 道路养护设备包括：推土机、压路机、平路机、前装机、洒水车、扫雪车、撒砂运石料汽车等。

(2) 道路养护维修工作制度，除洒水车、平路机可根据具体情况和需要确定工作班数外，其他设备均采用一班制。

8.4.2.4 回返坑线

根据矿床埋藏条件和露天矿空间参数等因素，汽车开拓运输坑线(即出入沟)的布置形式分为回返式、螺旋式以及联合式。此外，还有露天矿地下斜坡道开拓运输。

深凹露天矿回返坑线布置如图 8-49 所示，汽车在坑线上运行时，需经过一定曲率半径的回头曲线改变运行方向，才能到达相应的工作水平。

A 坑线位置

坑线位置受地形条件和工作线推进方向影响很大，并且直接影响着基建剥岩量、基建期限、基建投资、矿石损失贫化、总平面布置的合理性以及坑线在生产期间安全可靠程度。因此，在确定坑线位置时，应综合考虑上述因素。

按坑线在开采期间的固定性分为固定坑线和移动坑线。

(1) 山坡露天矿一般多采用固定坑线，坑线布置是随地形条件而变化的。图 8-50 为单侧山坡地形，坑线布置在采矿场境界外的端部，各工作水平用支线与干线建立运输联系。由于剥采工作是从采矿场的最高水平开始,故坑线需一次建成。随着开采水平的下降,运输距离逐渐缩短,汽车运输效率相应提高。

合理的坑线位置,应是线路工程量少,运输距离短,并具有良好的运输条件。但它们之间有时是相互矛盾的,在这种情况下选择坑线位置时,需对各布置方案进行技术经济比较后确定。在凹陷露天矿,固定坑线是布置在开采境界内的最终边帮上(图 8-50),一般多设在底帮,采掘工作线能较快地接近矿体。以减少基建剥岩量和基建投资,缩短基建时间。坑线设在顶帮时,必须剥离大量的上盘岩石才能到达矿体,使基建时间和基建投资增加。因此,在特殊情况下,如底帮岩石不稳固,为了减少矿岩接触带的矿石损失贫化时,才将坑线设在顶帮。凹陷露天矿的固定坑线,除向深部不断延伸外,不作任何移动。随着开采水平的下降,坑线不断展长,使运输距离增加,因之汽车运输效率降低。

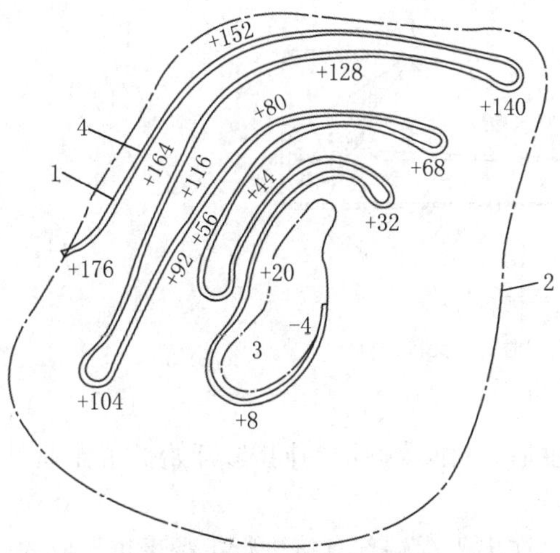

图 8-49 深凹露天矿回返坑线布置

1—出入沟;2—露天开采上部境界;3—露天底平面;4—连接平台

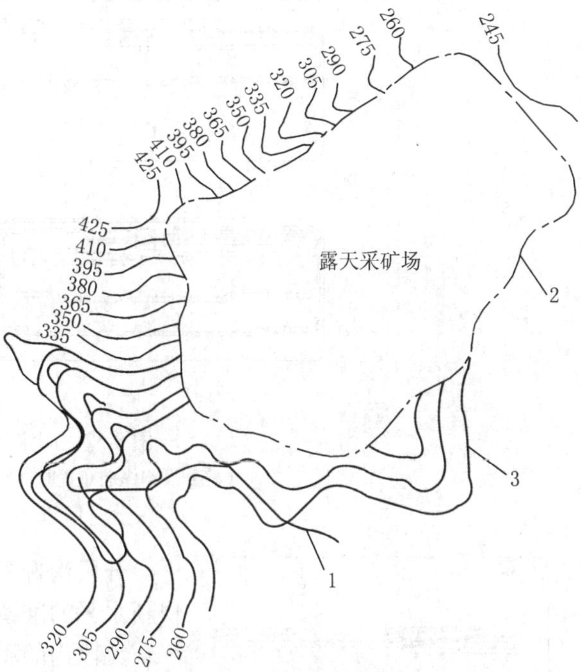

图 8-50 山坡露天矿回返坑线布置

1—公路;2—露天开采境界;3—地形等高线

(2) 为了减少基建剥岩量,缩短基建时间,加速露天矿的建设,早日投入生产。可采用移动坑线。出入沟布置在靠近矿体与围岩接触带的上盘或下盘,在开采过程中,出入沟随工作线的推进而移动,直至开采境界的最终边帮时才固定下来(图 8-51)。在山坡露天矿,由于地形条件的限制,或因山头部分的矿岩量不多设置固定坑线经济上不合理时,上部可采用移动坑线建立运输通路。当坑线位于工作线同侧时,由于下部水平的推进,将切断上部水平与坑线的运输联系,在这种情况下,工作帮上也可设置移动坑线。移动坑线路面差,轮胎消耗大。

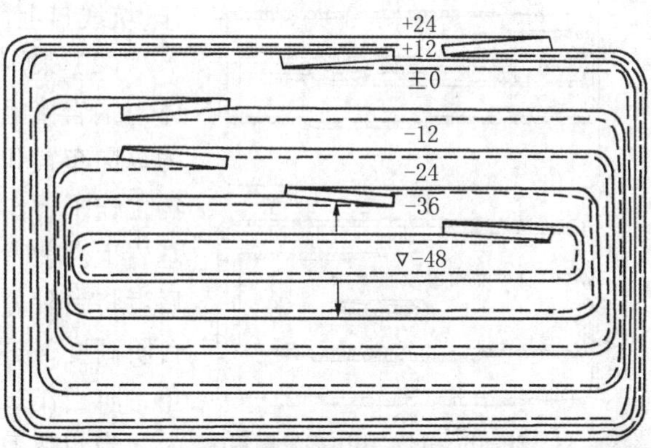

图 8-51 移动坑线布置

B 新水平的准备

这里只简要介绍新水平的准备及开拓沟道的形成,与开拓沟道密切相关的开段沟的布置对基建和生产的影响以及移动坑线随工作帮的推进对工作台阶开采的影响。新水平准备包括掘进出入沟、开段沟和为掘沟而在上水平所进行的扩帮工作。

(1) 采用固定坑线时,深凹露天矿的工程发展程序如图 8-52 所示。在露天矿最终边帮按所确定的沟道位置、方向和坡度,从上水平向下水平掘进出入沟,自出入沟的末端掘进开段沟,以建立开采台阶的初始工作线。根据露天矿建设期限和剥采工作的要求,开段沟可以纵向布置(图 8-52(a)),也可以横向布置(图 8-52(b)),或不设开段沟(图 8-52(c))。当开段沟纵向布置时,工作线推进方向为垂直走向推进;开段沟横向布置时,工作线沿走向推进。采用横向段沟时,掘沟工程量少,因而可缩短基建时间,减少基建投资,有利于加速新水平的准备。对于不规则的、产状变化大的矿体和倾斜、急倾斜多层矿体以及矿岩层理发育时,采用横向剥采工作线进行开采,可降低矿石的损失贫化和减少大块、根底。

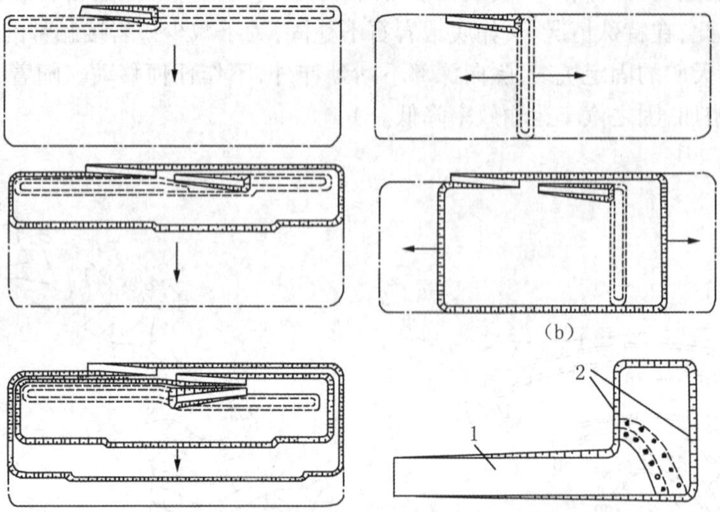

图 8-52 固定坑线矿山工程发展程序

(a)开段沟纵向布置时;(b)开段沟横向布置时;(c)无段沟时

1—出入沟;2—横向工作面

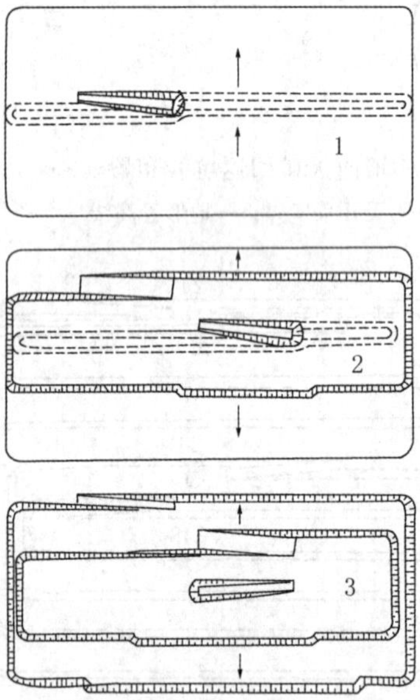

图 8-53 移动坑线的矿山工程发展程序

开段沟掘进到一定长度后,在继续掘沟的同时,开始扩帮作业,以加快新水平的准备工作。

无段沟的剥采工作线是在出入沟端部直接进行扩帮逐步形成的。

当扩帮工作线推进到使台阶坡底线距新水平出入沟沟顶边线不小于最小工作平盘宽度时,便可开始新水平的掘沟工作和随后的扩帮工作,坑线自上而下逐步形成。

(2)采用移动坑线时,矿山工程发展程序如图 8-53 所示。在靠近矿体与围岩接触带的上盘或下盘先后掘进出入沟和开段沟。开段沟也分为纵向布置和横向布置,或不设开段沟。同样,可使扩帮工作与部分掘沟工作平行作业向两侧推进。移动坑线可以在爆堆上修筑,也可以设在基岩上。前者修筑简单,它是汽车运输移动坑线广泛应用的一种方式;后者将台阶分割成上、下两个三角台阶。其高度是变化的,由零到一个台阶高度,先采掘上三角台阶,后采掘下三角台阶,运输坑线随上、下三角台阶工作线的推进而移动。

当两帮工作线推进到使台阶坡底线分别距新水平出入沟沟顶边线均不小于最小工作平盘宽度时,便可开始新水平的掘沟工作。

C 出入沟口

当排土场的位置分散和为了保证露天矿生产能力以及为使空、重车顺向运输时,在服务年限较长的露天矿,可采用多出入口。多出入口可使矿石和岩石的运输距离缩短,运输设备数量减少,运营费用降低。采用多出入口时,货流量分散,当一个出入口和坑线发生故障时,其他出入口的运输工作不致中断。

在确定出入沟口位置时,应尽可能使矿石和岩石综合的运输功小,所需运输设备和运营费用少;沟口应避开工程大的地形和工程地质条件差的部位;在凹陷露天矿沟口应设在地形标高较低部位,以减少重载汽车在露天矿场内上坡运行的距离，同时还要保证地面具有良好的运输条件。

D 回返坑线评价

由于汽车运输机动灵活，爬坡能力大，从一个水平至另一水平的沟道较短。因此，回返坑线能适应于开采地形复杂的山坡露天矿和采矿场长度不大的凹陷露天矿，可减少基建投资，缩短基建时间，有利于加速新水平准备。尤其采用移动坑线时，基建剥岩量比固定坑线还少。

采用移动坑线可在开采过程中进一步加深了解和掌握地质条件，以便合理地确定露天采场的最终边坡角和开采境界。

采用移动坑线时，确定坑线位置和工作线推进方向比较灵活。但是，在工作帮的基岩上设移动坑线时，将工作台阶分割上、下三角台阶，由于段高变化，穿孔和采装设备效率降低，单位炸药消耗量增加。

移动坑线是临时性道路，公路质量差，对汽车特别是轮胎的使用寿命以及运行速度均有影响。

采用回返坑线，汽车通过回头曲线时，为保证行车安全，需减速行驶，从而影响了汽车运输效率。故在设计中，根据露天矿场的平面尺寸，尽可能减少回头曲线数。

8.4.2.5 螺旋坑线

螺旋坑线是将运输沟道沿露天矿场四周边帮盘旋布置（图 8-54）。汽车在坑线上直进行驶，不需经常改变运行速度；螺旋坑线的转弯半径较大，司机的视线好，故线路通过能力大。

螺旋坑线矿山工程发展程序是沿采矿场最终边帮从上水平向下水平掘进出入沟，自出入沟末端沿边帮掘进开段沟，形成剥采工作线。以出入沟末端为固定点，使工作线呈扇形方式推进。当工作线推进到一定距离，不影响新水平的掘沟工作时，在连接平台的端部，再沿采矿场边帮向新水平掘进出入沟和开段沟，随后进行扩帮工作。

以下各水平均按此程序发展，最后在露天矿场四周形成螺旋坑线。螺旋坑线的工作线用扇形方式推进，是为及时进行新水平的掘沟工作创造条件。工作线推进速度在其全长上是不等的。工作线长度和推进方向也经常改变，从而使露天矿的生产组织管理工作复杂化。螺旋坑线在开采时，各开采水平之向相互影响较大，新水平准备时间较长，根据工程发展的特点同时开采的台阶数少，致使形成的露天矿生产能力较低。

综上所述缺点，单一螺旋坑线方式只有当露天矿场长度不大、同时开采的台阶数很少的露天矿可用该方法，或露天矿场上部用回返坑线，深部由于采矿场平面尺寸缩小而改为螺旋坑线。实际上，这就形成了回返-螺旋坑线联合布置。这种方法在使用汽车运输的露天矿中应用较广。

8.4.2.6 地下斜坡道汽车开拓运输

该开拓方法如图 8-55 所示，是在露天采场境界外设置地下斜坡道，并在相应标高处设有出入口通往各开采水平，汽车自采矿场经出入口、斜坡道至地表。出入口底板朝向采矿场倾斜 1°～3°，以防雨水进入地下运输道。

图 8-55(a) 为螺旋式斜坡道运输开拓，斜坡道在露天矿境界外绕四周边帮呈螺旋式向下延深；图 8-55(b) 为回返式斜坡道运输开拓，斜坡道设在露天边帮的外侧。

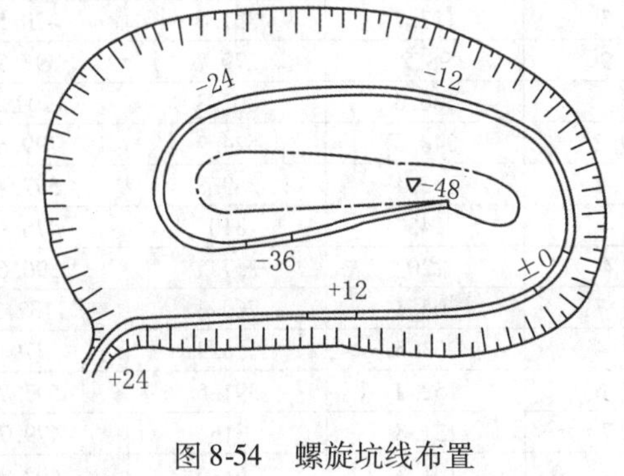

图 8-54 螺旋坑线布置

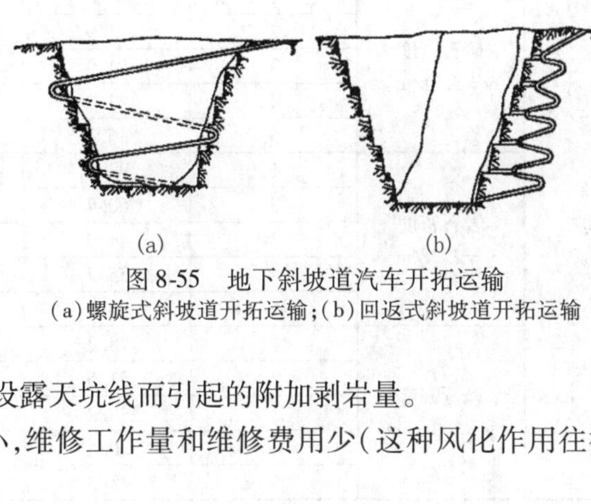

图 8-55 地下斜坡道汽车开拓运输

(a) 螺旋式斜坡道开拓运输；(b) 回返式斜坡道开拓运输

地下斜坡道汽车开拓运输方式优点有：

(1) 不在露天边帮上设置运输坑线，消除了因设露天坑线而引起的附加剥岩量。

(2) 地下斜坡道比露天沟道的岩石风化作用小，维修工作量和维修费用少（这种风化作用往往引起必要的大量维修）。

(3) 地下斜坡道不受气候条件的影响,还可避免因边坡的稳定性问题而影响运输工作。

(4) 可集中和强化采掘工作。

地下斜坡道汽车运输开拓的缺点是单位体积掘进费用比掘进露天沟道的费用高,但它可以从减少的那部分剥岩量而得到一定的弥补;斜坡道掘进速度比掘进露天沟道低。

8.4.2.7 公路开拓运输的合理深度及运距

随着露天矿开采深度的增加,运距加长,汽车运输综合效率下降,根据统计表明:露天矿每延深100m,汽车运输效率下降25% ~27%,表8-28 中列出不同运距和坑线纵坡的汽车运输综合效率的百分比,表中以1km 的运距的综合效率为100%作基准进行比较。

表8-28 汽车运输在不同条件下的综合效率 (%)

汽车载重/t	道路坡度/% 4				6				8			
	运输距离/km											
	0.5	1.0	2.0	3.0	0.5	1.0	2.0	3.0	0.5	1.0	2.0	3.0
27	128	100	69.0	49.6	127	100	66.7	48	129	100	66.7	45.6
40	126	100	64.5	49.3	120	100	62.07	44.8	129.6	100	62.0	46.2
75	121.25	100	69	52.0	119	100	68.04	50.25	116.7	100	64.4	47.2
108	121.00	100	69.40	52.63	119.66	100	66.89	51.03	121.27	100	66.79	51.49

从表8-28 中看出,在相同的纵坡条件下,运距从0.5km 增加到3km 时,平均每增加1km,汽车运输效率下降20% ~25%。在表8-29 中列出了国产5 种车型运距为1 ~5km 时汽车的台年生产能力。

不同运输条件下,自卸汽车的经济运距如图8-56 所示,从图8-56 可知,关于经济合理的开采深度,普通自卸汽车不大于120m;电动轮自卸汽车不大于250m。

表8-29 露天矿汽车生产能力 (kt/(台·a))

运行条件	矿岩种类	运距/km	汽车型号 QD-352	BJ-371	SH-380A	LN-392	SF-3100
重车下坡 空车上坡	矿石密度 $\gamma=3.3t/m^3$	1	117	265.4	417.8	862.7	1297.5
		2	79.3	179.3	280.3	588.3	894.8
		3	60	135.4	210.8	446.3	682.6
		4	48.2	108.8	168.9	359.4	551.8
		5	40.3	90.9	141.0	301	463.2
	岩石密度 $\gamma=2.7t/m^3$	1	95.7	238.6	341.8	795.6	1182.2
		2	64.8	166.9	229.3	561.3	844.7
		3	49	128.4	172.4	434.1	656.8
		4	39.4	104.3	138.2	353.9	537.5
		5	32.9	87.8	115.3	298.6	454.7
	岩石密度 $\gamma=2.3t/m^3$	1	81.5	222.7	291.2	744	1037.3
		2	55.2	155.8	195.3	525.8	740.2
		3	41.8	119.8	146.9	406.4	575.1
		4	33.6	97.3	117.7	331.4	470.5
		5	28	81.9	98.2	279.7	397.9
重车上坡 空车下坡	矿石密度 $\gamma=3.3t/m^3$	1	113	245.7	386.6	802.3	1209.3
		2	73.9	159.2	248.6	524.7	799.6
		3	54.9	117.7	183.1	389.8	597.4
		4	43.7	93.4	145	310	476.9
		5	36.3	76.4	120	257.5	396.6
	岩石密度 $\gamma=2.7t/m^3$	1	92.4	245.7	306.1	760.4	1132.3
		2	60.4	153.4	203.5	516.9	779
		3	44.9	115.6	152.4	391.5	593.7
		4	35.7	92.7	121.8	315	479.7
		5	29.7	77.4	101.5	263.6	402.3
	岩石密度 $\gamma=2.3t/m^3$	1	78.7	213.2	343.3	713.7	997.2
		2	51.5	143.6	229.7	485.4	685.5
		3	38.2	108.2	172.6	367.8	522.3
		4	30.4	86.8	138.2	296.2	421.8
		5	25.3	72.5	115.3	247.8	353.9

8.4.3 铁路开拓运输

8.4.3.1 铁路开拓运输坑线的布置形式

由于铁路运输比其他运输方式在线路的平面曲线及纵向坡度上要求严格，对矿山工程发展有一定制约，因此，铁路开拓系统无论从形式到内容都是最复杂的，其开拓线路布置的特征与矿床埋藏条件、地形条件等均有密切关系。

铁路开拓运输线路的布置形式主要有直进式、折返式和螺旋式三种，其基本形式及其相互组合的使用取决于地形、露天采矿场的平面尺寸、开采深度以及车辆正常运行所允许的纵剖面、平面线路要素。

直进式坑线运行条件最好，但只能用于开采深度浅、采场很长的露天矿。它多与折返坑线结合使用，即直进若干个台阶之后，坑线经折返站折返改变方向再继续直进。如此变换延深到采场底部，形成直进折返混合坑线，或称之为多水平折返坑线。

单水平的折返坑线是最基本的折返形式，在采场平面尺寸有限深度较大的矿山使用较广。

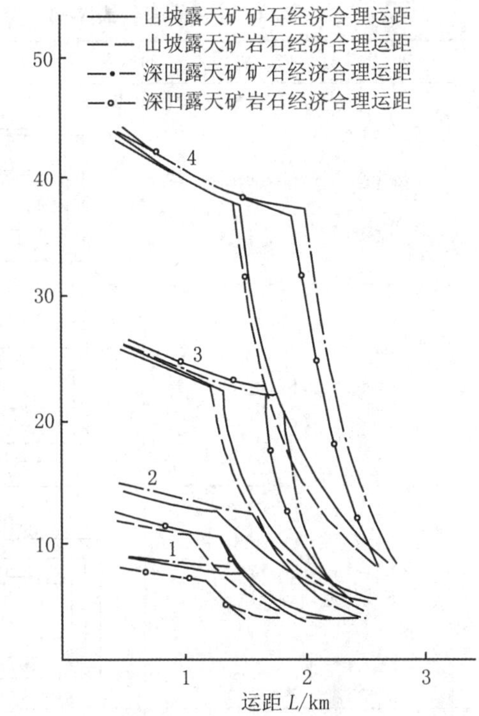

图 8-56 汽车经济运输距离曲线

1—BJ-371；2—SH-380A；3—LN-392；4—SF-3100

折返坑线需在折返地段设置折返站实现列车的换向与会让，其站形主要取决于矿山开采规模及所要求的通过能力。车站的平面尺寸和线路数日又直接与机车车辆类型、有效牵引参数、信联闭方式和工作平盘配线相关。其中通过能力较高的有双线燕尾式折返站和双线套袖式折返站，前者空重车进路有交叉，站长约 200 ~ 250m。后者空重列车为平行进路互不干扰，站场长达 440 ~ 550m，通过能力最高。

折返坑线由于折返站的设置增大了铁路线路长度，停车换向、会让，降低了运输效率，增加了运行周期，故应尽量减少折返次数。

折返站是折返坑线的组成部分，限于铁路展线长度的要求，在凹陷露天矿中只能沿采场的长轴方向布置在底帮或顶帮上。

螺旋坑线与公路运输螺旋坑线一样，沿采场四周的非工作帮设置，只有当采场形成最终边坡时才具备形成螺旋坑线条件，所以在多数情况下经常是在折返坑线基础上，将上部已形成最终边坡的几个台阶改造成螺旋坑线，其下部未到境界的台阶仍使用折返坑线，组成螺旋-折返坑线。

采取分期开采铁路开拓运输的大型露天矿，有条件应将分期开采与螺旋坑线结合考虑。螺旋坑线可以借助分期开采的临时固定帮形成。为保证向二期境界过渡扩帮时螺旋坑线的安全生产，可预留有一定的安全宽度，当新线通车后再拆除旧线，这与上述不分期开采条件相比，螺旋坑线形成的早，承担的运输最多，但需要移设。

铁路螺旋坑线比折返坑线的使用条件要严格，大型露天矿境界长和宽一般要大于 1.5km，坑线的形成与正常采剥和过渡扩帮工作相互制约。但其坑线通过能力可提高约 30%，坑线缩短约 16%，运输设备数量及运输费用也相应减少。

深凹露天矿铁路开拓运输坑线的布置形式见表 8-30。

图 8-57、图 8-58 为国内典型深凹露天矿准轨铁路开拓运输系统图。

山坡露天矿的地形、开采空间和技术条件不同于凹陷露天矿。坑线的布置形式受自然地形影响较为突出，坑线布置形式见表 8-31。

表 8-30 深凹露天矿铁路运输坑线几种主要布置形式

布线形式	图示	适用条件
单线折返双侧交替进车	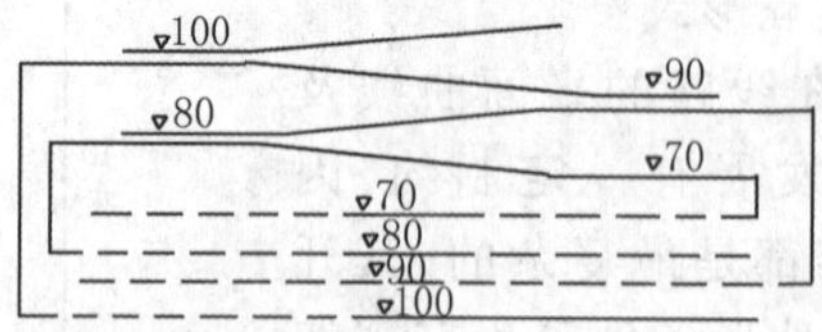	适于两侧端部有进车条件；每个阶段布置 1 台挖掘机作业；年采剥总量不超过 7000kt，否则设双干线
单线折返环行进车	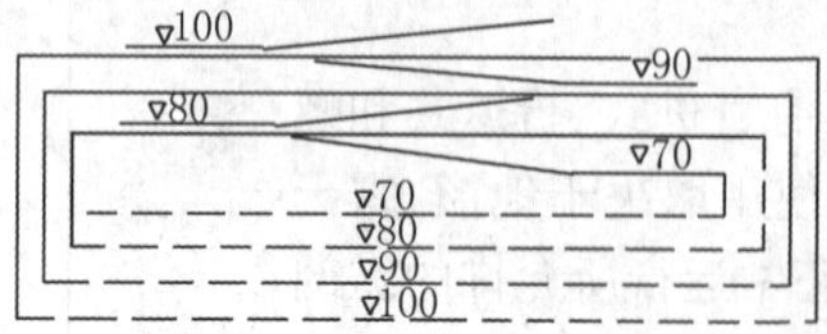	每个阶段挖掘机数量不小于 2 台时，尽量采用环形运输
双线折返环行燕尾式	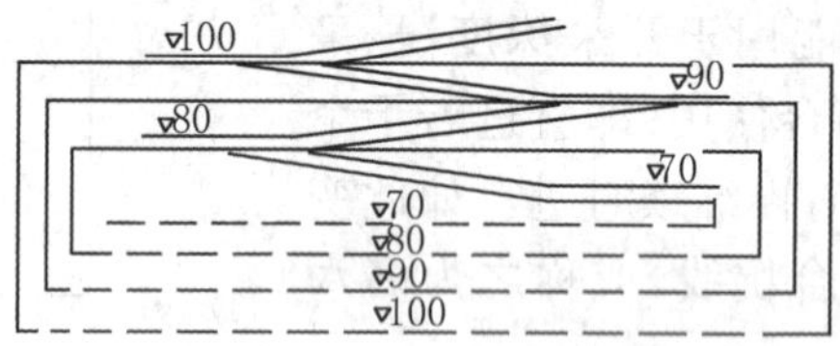	采场要长，尺寸大，各阶段可布置 2 台挖掘机；适于年运输量大于 7000kt 的露天矿
螺旋坑线	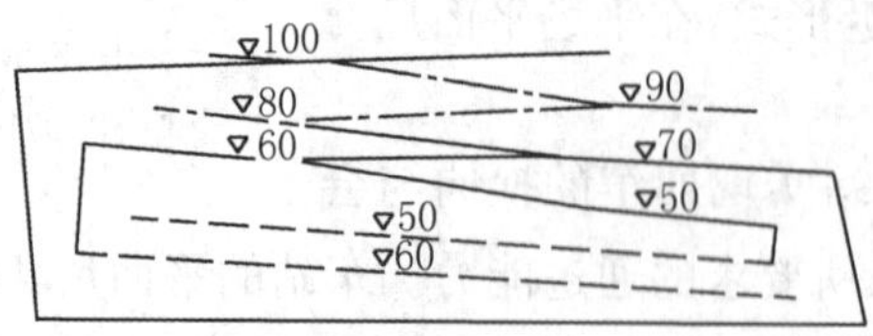	需二次改线 运输量大，开采年限长，当折返线不能完成运输量时，可过渡到螺旋坑线

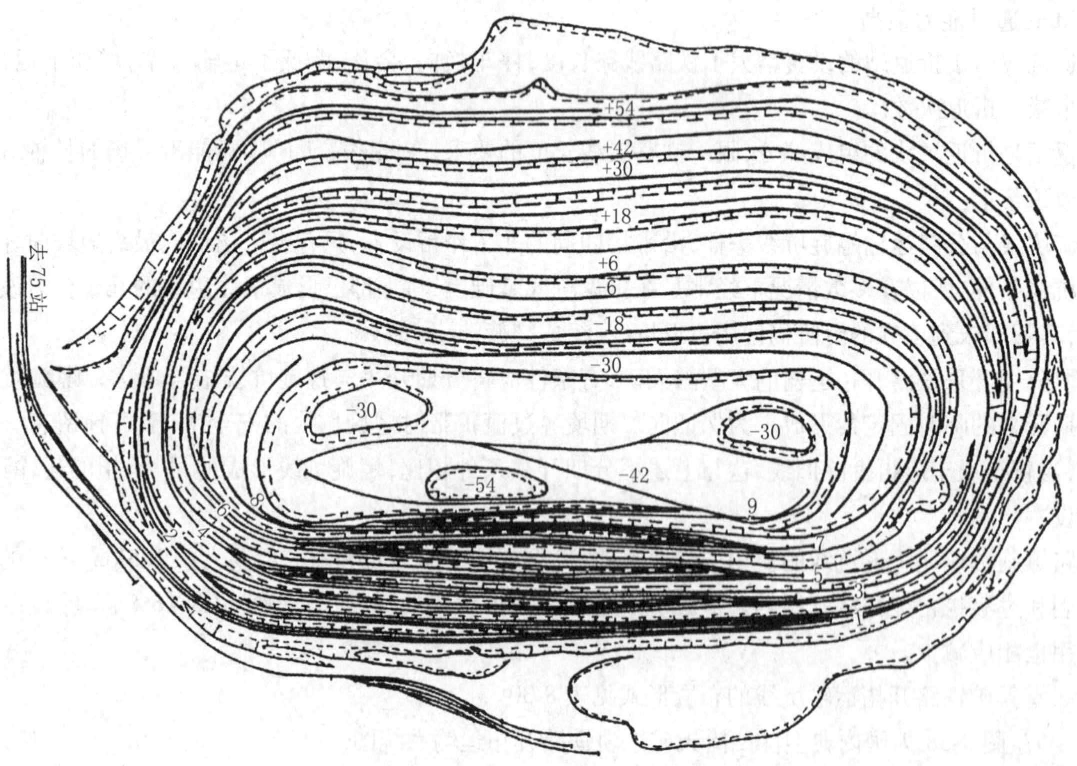

图 8-57 大孤山铁矿深部铁路开拓运输系统

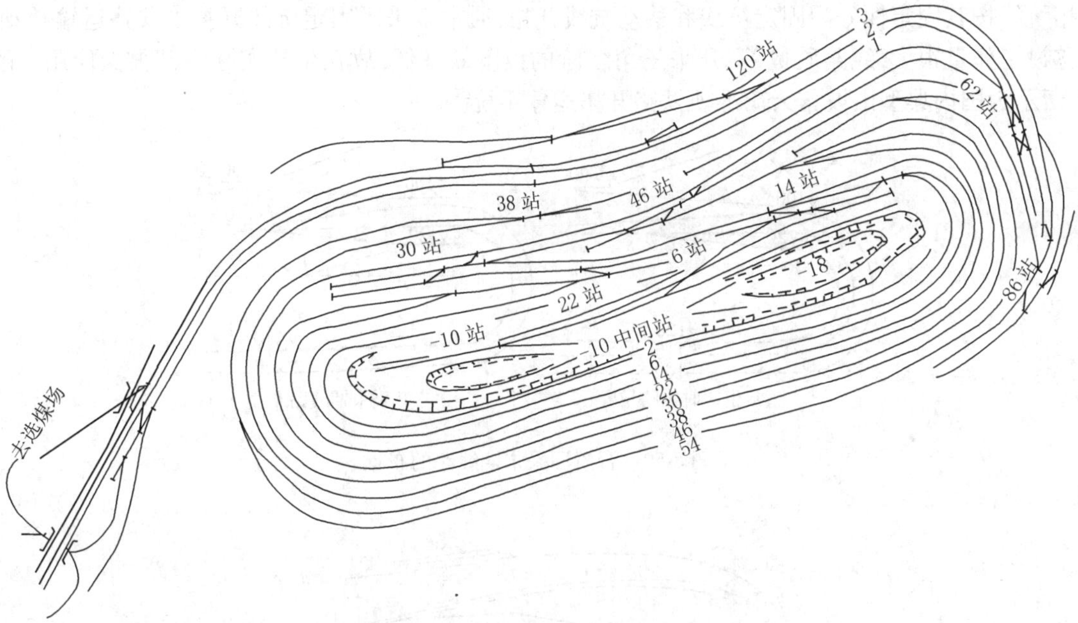

图 8-58　海州露天煤矿铁路开拓运输系统

表 8-31　山坡露天矿铁路运输开拓坑线几种主要布置形式

布线形式	图示	适用条件
单线折返双侧交替进车	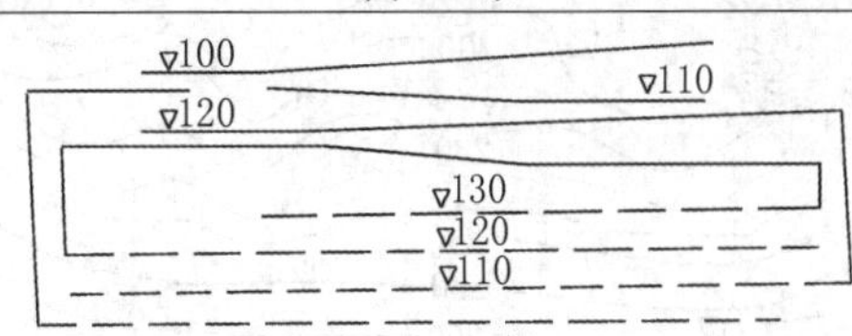	地形为孤立山峰；两侧地形有入车条件；每个台阶挖掘机少于两台，采剥总量为 3000～7000kt/a
单线折返单侧进车	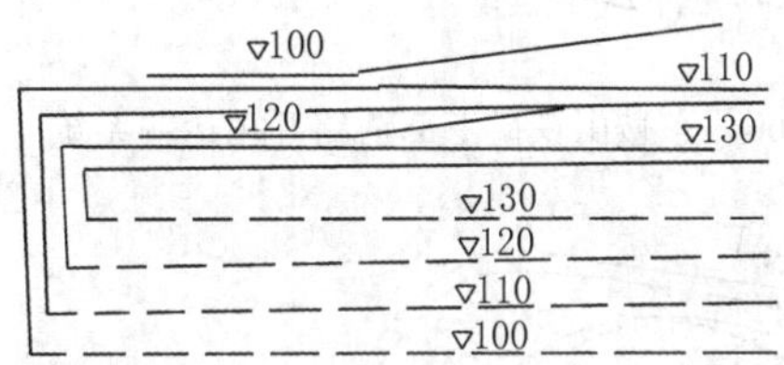	地形为孤立山峰；仅一侧地形有入车条件；每个阶段挖掘机以 1 台为宜，如果使用 2 台则另一台效率降低 10%～20%
单线折返环形进车	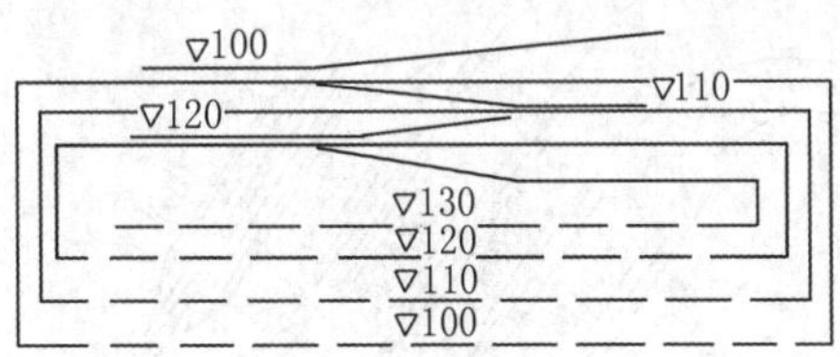	地形为孤立山峰；每个台阶挖掘机大于或等于两台，采场面积广，一般为 1.2km × 1.0km 以上
端部折返一侧进车	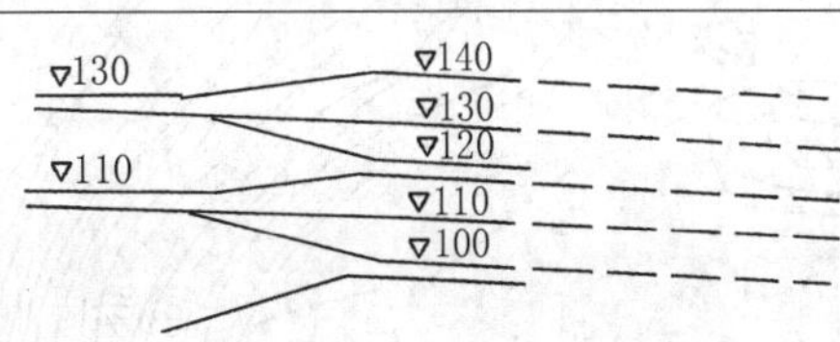	采场附近地形为单侧山坡；仅一侧地形有入车条件；每个台阶挖掘机只适于布置 1 台；如布置 2 台，则另一台效率显著降低

山坡露天矿具有单侧山坡和孤立山峰两种基本地形。单侧山坡时，为避免坑线的移动，多将坑线设在采场境界外的端部，以外部折返坑线连通各开采台阶和地面选矿厂，并利用地形高差采用多出口就近建立排土场，其坑线数目取决于矿岩运输量、流向及排土场的位置。当地处孤立山峰时，开拓坑线多布置在工作帮的背面一侧，以免采剥作业对坑线造成不安全与断路问题。坑线沿地形折返由端部绕到各个工作台阶。当曲线半径不能满足坑线的绕行要求时，则由相应水平折返站引出联络线（图 8-59 中的 *AB* 段），通过双壁路堑与工作面上的采掘线连通。

开拓坑线按其固定性分为固定坑线和移动坑线开拓，通常多采用固定坑线开拓。铁路运输移动坑线开拓线路移设工作量很大，线路质量差，开采三角台阶的设备效率低，故在生产实际中已很少使用。图 8-60、图 8-61 所示为国内典型山坡露天矿准轨铁路开拓运输系统。

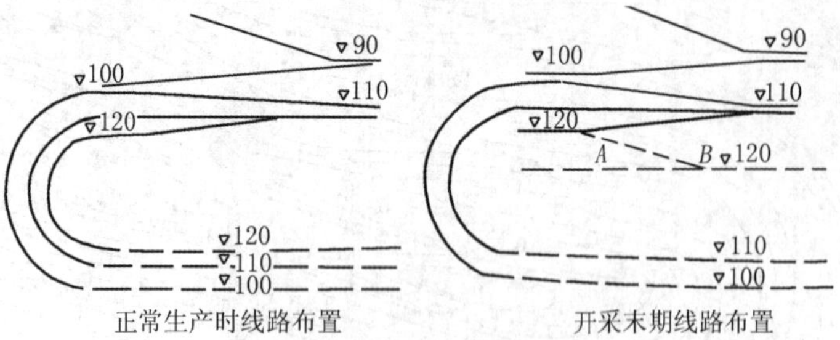

图 8-59 台阶回采末期线路的布置

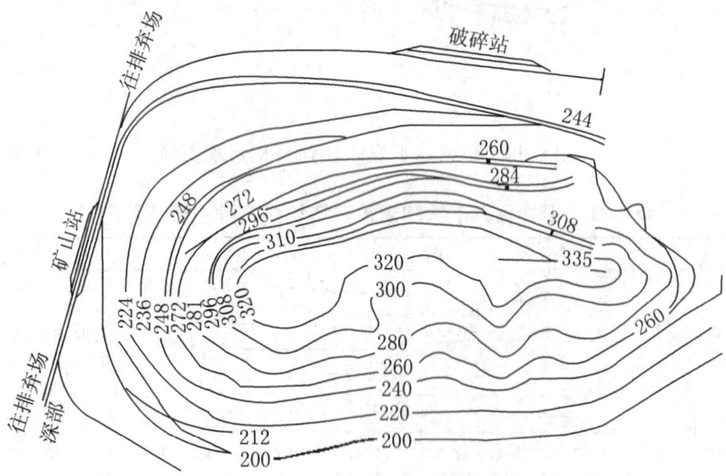

图 8-60 东鞍山铁矿上部铁路开拓运输系统

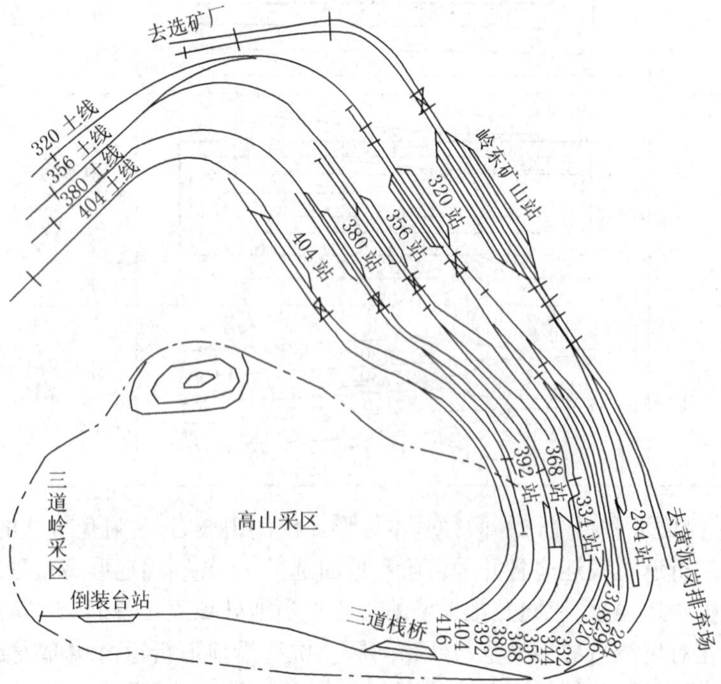

图 8-61 眼前山铁矿上部铁路开拓运输系统

8.4.3.2 陡坡铁路运输

年采剥量6000kt以上的露天矿山道路轨距一般采用1435mm的准轨，年采剥量小于2500kt的露天矿一般采用762mm的窄轨铁路，其他尚有轨距为900mm或600mm的窄轨铁路。

深凹露天矿的陡坡铁路运输科技成果已开始应用。在露天矿转入深部开采后，随着露天开采深度的增加，运输线路增长，运输成本急剧上升，已成为制约矿山可持续发展的“瓶颈”。攀枝花钢铁（集团）公司（攀钢）、马鞍山矿山研究院投入力量研究“陡坡铁路运输技术”，使铁路运输坡度从2% ~2.5%提高到4% ~4.5%，并实现了我国首台224t电机车的成功应用，为企业年创经济效益1.5亿元。

目前，我国采用铁路运输或铁路—公路等联合运输的大中型露天铁矿主要使用150t及以上牵引电机车，个别矿山应用80t、100t牵引电机车。电机车效率平均约为：150t以上，9000kt · km/（台 · a）；100t，5600 ~5800kt · km/（台 · a）；80t，4100 ~4300kt · km/（台 · a）。

我国150t以上准轨工矿电机车只能用于大型露天矿山运输业，每年只有2 ~3辆的补充需求量，有新建大型露天矿山开采项目，工矿电机车的需求才会大量增加。

目前我国一些大型露天矿山已进入深部开采阶段，大型工矿电机车具有牵引力大、技术性能可靠等独特优势。20世纪90年代新开发200t工矿电机车更适于矿山深部开采，其牵引力比150t车提高30%以上。新近推出的224t工矿电机车，其牵引力及性能更加优于150t机车。

下面为陡坡铁路运输实例。

攀钢朱家包包（朱家）铁矿采场主要由3座山头组成，封闭圈标高为1270m，现已转入深凹露天开采。

朱家铁矿设计采用铁路、公路联合运输方式开拓：采场1300m以上全部采用铁路运输，深部1285m以下布置两套运输系统，一套是铁路，一套是公路。公路从矿仓西部下坑，纵向坡度为8%，路面宽21m，可运行100t电动轮汽车。铁路运输系统为1258m铁路，从矿山站东北侧进入采场深部，1270m和1285m铁路也从矿山站东北侧进入采场深部，1267m封闭圈以下设置下盘固定帮折返线，纵向坡度为3%，共有1258m、1234m、1210m、1186m等4个折返台。深部铁路一直延伸到1162m，掘沟及扩帮形成铁路进线空间的矿岩均由汽车公路运往场外倒装矿仓转铁路运出；在1174m设置倒装台，1162m至露天坑底1054m之间的矿岩均用汽车将矿岩运至倒装台，然后用挖掘机装到列车上经铁路运出。

攀钢朱家铁矿在爆破松方上试验建设陡坡铁路技术可行性，已完成了150t单机运行牵引6 ~8个重矿车的工业试验，该线路已运输矿岩量十余万吨，从运行情况看，线路的沉降量、爬行量达到了国家铁路运行规范要求。试验结果表明，在松方上采用陡坡铁路运输是可行的，该试验为全采场内运用陡坡铁路提供了技术依据。

我国露天矿山铁路运输大多采用2.5% ~3%的缓坡铁路运输，在开采时每下降一个开采台阶即须铺设1200 ~1400m铁路线路。在空间不足的情况下，只有以增加折返次数来弥补，这样增加了运输距离和台阶宽度，使采场空间越来越小，丢失挂帮矿，缩短铁路运输服务年限，从而不得不用大量资金更新运输方式。国外先进矿山经验证明，加大铁路运输线路坡度既能缩短其距离，又能延伸铁路深度和延长服务年限，减少运输线路压矿，降低运输成本，可达到获得较大经济利益的目的。

通过对224t、180t电机车和150t电机车双机陡坡铁路运输的研究和不同条件下（坡度、牵引矿车数）的试验表明：

（1）224t电机车牵引12节KF-60型重矿车可在4% ~4.5%陡坡铁路上启动，上坡正常运行；

（2）150t电机车牵引6节KF-60型重矿车可在4% ~4.5%陡坡上启动（启动加速度为0.018 ~0.04m/s^2，距离100 ~200m）；而牵引8节以上时，必须在平路上启动（启动加速度0.12 ~0.17m/s^2，距离大于80m）；

（3）150t双机牵引12节KF-60型重载矿车可在平路上启动，在4% ~5%陡坡上正常运行。

朱家铁矿陡坡铁路试验的成功，对我国露天矿铁路的继续使用起到了促进作用，为目前使用铁路的露天矿提供了新的发展空间，如对鞍钢齐大山铁矿北采区、东鞍山及本钢歪头山铁矿等都有一定的借鉴作用。

8.4.4 联合开拓运输

汽车运输虽然具有机动灵活、爬坡能力大等优点，但受到合理运距的限制，而且随着开采深度的下降，运输效率降低、运营费增加,而且重车长距离上坡运输,使汽车的使用寿命缩短,故其适用的合理深度也受到限制。即使采用大型载重汽车,也还不能有效解决提高运输效率和降低运输成本的问题。铁路开拓运输及其生产工艺所固有的缺点,致使其合理的开采深度较小。为此,露天矿的生产实际上经常采用各种形式的联合开拓运输方式。主要联合开拓运输方式如下。

8.4.4.1 公路-铁路联合开拓运输

目前,随着矿山工程的逐步延深,单一铁路开拓运输在国内外金属露天矿使用的比例逐渐减少。对于采用铁路开拓运输的露天矿,转入深部开采时,大多改用公路-铁路联合运输,即采场上部保持铁路运输,采场下部采用公路运输,中间设置矿岩转载站。由于采场内运距在汽车合理运距之内,汽车的周转速度快、生产效率高,因此,采用公路-铁路联合开拓运输的经济效益比单一铁路开拓运输可提高 13% ~16%,挖掘机效率可提高 20% ~25%,从而提高了综合开采强度。公路与铁路联合开拓运输的形式见表 8-32。

表 8-32 公路与铁路联合开拓运输的形式

联合开拓运输的形式	适用条件	矿山实例
采场深部用公路,浅部用铁路	露天矿采矿场很深,深部水平汽车运距较远,浅部需用铁路运输接续或深部水平面积较小,铁路线延深困难,需改用汽车运输	大冶铁矿、凹山铁矿、萨尔拜铁矿
深部掘沟用公路,其余用铁路	铁路运输的矿山用汽车掘沟加快新水平准备的速度	大冶露天矿、白云鄂博铁矿
孤立山峰公路,下部用铁路	山坡露天矿孤立山峰铁路运输展线困难地段需要汽车运输	歪头山露天铁矿、水厂铁矿

公路-铁路联合开拓运输已在我国十多座大中型露天铁矿成熟应用。

采用公路-铁路联合开拓运输时,转载站是中间环节。转载站通常设在露天采场的短帮,转载量较大时可同时布置在端帮及非工作帮。转载站应随采矿场的延深而下移,若地面矿岩的运距较远时,矿山生产初期即可采用铁路-公路联合运输开拓,此时,第一个转载站应设在内部沟沟口附近,如图 8-62 所示。No. 1 转载站随着露天采矿场逐步延深,转载站逐步转移到 No. 2、No. 3 的位置,每个转载站服务 3 ~4 个台阶。

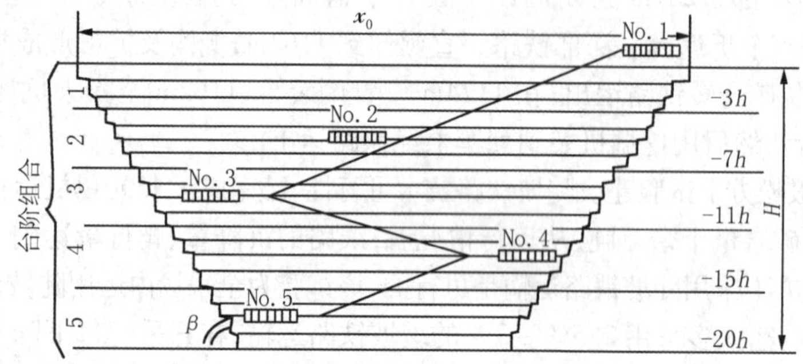

图 8-62 公路-铁路联合开拓运输转载站布置

公路-铁路联合开拓运输可以充分发挥两者的优点,取长补短。联合运输开拓与单一铁路或公路运输开拓相比有下列优缺点。

(1) 优点:

1) 在采场深部水平使用汽车运输,机动性、灵活性大,能加快掘沟速度,减少新水平准备时间,加大矿山生产能力,提高挖掘机效率改善矿石和矿岩分采效果。

2) 可以取消采场工作面上的铁路移动线,改善机车运行条件,提高铁路运输能力,免除复杂的移道工作和改善工作组织。

3) 在采场上部固定线使用铁路运输,缩短了汽车运距,降低了汽车运营费用,提高了汽车的生产能力和技术经济效果。

(2) 缺点:联合运输的缺点是同时存在两种运输方式,工艺较复杂并需安设转载设施。

下面介绍公路-铁路联合开拓运输实例。

大冶东露天采矿场深部设计矿石年产量为 2Mt,深部采用公路和铁路联合运输开拓,深部各水平的矿石用汽车运到标高为 48m 的转载站,然后用两台 $4m^3$ 挖掘机装入铁路车辆运往破碎站。岩石用汽车运到标高为零的岩石转载站,然后用两台 $4m^3$ 挖掘机装入铁路车辆运往排土场,年运量为 5Mt。其开拓系统如图 8-63 所示。

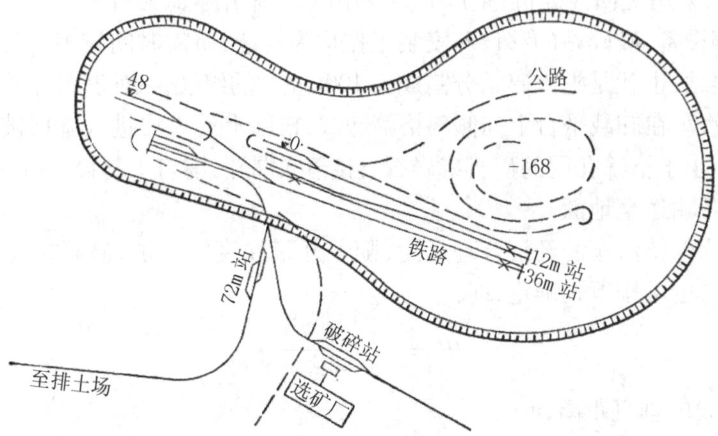

图 8-63 大冶东露天矿公路-铁路联合开拓运输方案

8.4.4.2 公路-破碎站-胶带输送机联合开拓运输

金属露天矿近年来发展了胶带输送机运输。据美国双峰露天铜矿对汽车运输和胶带输送机运输所作比较的结果(表 8-33),在深凹露天矿采用胶带输送机运输开拓是合理的,并成为大型露天矿开采的一种发展趋势。

在高差大的山坡露天矿,也可用公路-破碎站-胶带输送机联合运输开拓取代单一公路开拓运输。

爆破后的矿岩块度较大,采用胶带输送机运输时,矿石和岩石必须预先经破碎机破碎后,才能用胶带输送。

表 8-33 双峰露天铜矿汽车运输和胶带运输的比较

运输爬高/ft	汽车运费/美元		胶带运输运费/美元		备 注
	年运费	每吨运费	年运费	每吨运费	
100	1889000	0.0630	2252000	0.0751	汽车运输和胶带输送机运输的年运量均为30Mt,其中矿石10Mt、岩石20Mt;采用载重100t电动轮自卸汽车;重车在8%的坡道上上坡运行
200	2477000	0.0862	2489000	0.0830	
300	3128000	0.1043	2726000	0.0909	
400	3846000	0.1282	2963000	0.0988	
500	4619000	0.1540	3203000	0.1068	
600	5458000	0.1819	3440000	0.1147	

按破碎机的固定性和胶带输送机的布置方式以及生产工艺流程,露天矿常用的开拓运输系统可分为:公路-半固定破碎站-胶带输送机联合开拓运输、公路-半固定或固定破碎站-斜井胶带输送机联合开拓运输、移动式破碎站-胶带开拓运输。

A 公路-半固定破碎站-胶带输送机联合开拓运输

这种开拓方法如图 8-64 所示,破碎站和胶带运输机布置在露天矿场的非工作帮上。由于露天边坡角一般比胶带输送机允许的坡角大,故胶带输送机多为斜交边帮布置。矿石和岩石用自卸汽车运至破碎站,破碎后经板式给矿机转载给胶带输送机运至地面,再由地面胶带输送机或其他运输设备转运至卸载地点。

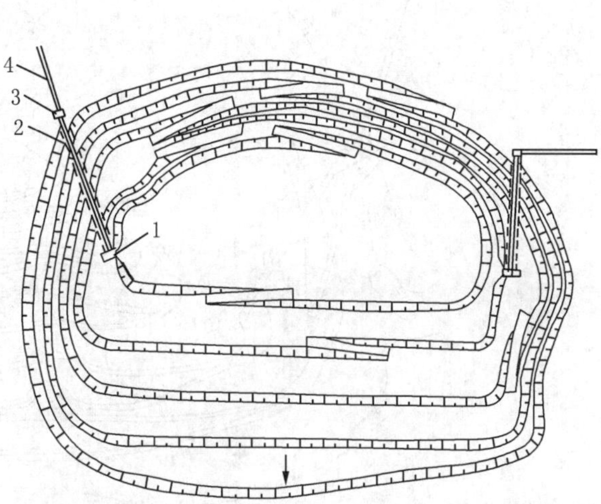

图 8-64 公路-半固定破碎站-胶带输送机联合开拓运输

1—破碎站;2—边帮胶带输送机;3—转载点;4—地面胶带输送机

破碎机的选型,应根据露天矿生产能力、破碎工作的难易以及破碎费用,在综合分析比较的基础上确定。在采矿场内常用的破碎设备有旋回破碎机和颚式破碎机。前者生产能力大,耗电量和经营费少,使用周期长(即两次修理间隔时间),但投资多,机体高大,移设和安装工作较为复杂。后者机体小,移设和安装工作相对于前者较为简单,但经营费高。在一般情况下,当生产能力超过1000t/h时,采用旋回破碎机;生产能力较小时,可采用颚式破碎机。

不论采用哪种破碎设备,破碎站的移设和安装工作均为复杂,所需时间较多。为解决这个问题,可采用组装形式的半固定破碎站,也就是把破碎站分割成为100t左右的组装件,使其易于拖动和拆装,每移设一次只需10~15天左右。汽车在卸载平台上向倾斜格筛卸载,格筛上的大块进入旋回破碎机,破碎的矿石或岩石经排料口进入漏斗。小于格筛孔网的矿石或岩石直接落入漏斗,漏口下部设有板式给矿机,向胶带输送机供料,经采矿场边帮胶带输送至地面。

在露天采矿场内,为保持汽车的经济合理运距,随着开采深度的增加,破碎站每隔3~5个台阶移设一次。其合理的移设步距,也可按下式确定,即:

$$H = \frac{C}{(c_1 - c_2)\gamma S} \tag{8-83}$$

式中 H——破碎站移设的垂直距离,m;

C——破碎站移设费用,元;

c_1,c_2——分别为汽车和胶带输送机折算的矿岩提升费用,元/(t·m):

$$c_1 = \frac{A_1 K}{1000\sin\alpha}, c_2 = \frac{A_2}{1000\sin\beta}$$

A_1,A_2——分别为汽车和胶带运输机矿岩运输费用,元/(t·km);

α,β——分别为汽车运输坑线和胶带运输机的坡角,(°);

K——汽车运输坑线展长系数;

γ——矿岩的平均容重,t/m³;

S——矿岩的平均水平截面积,m²,计算求得的移设垂直距离,按台阶高度的整数倍的小值确定之。

B 公路-半固定破碎站或固定破碎站-斜井胶带输送机联合开拓运输

公路-半固定破碎站-斜井胶带输送机联合开拓运输如图8-65所示,岩石和矿石胶带输送斜井分别布置在两端帮的境界外,破碎站布置在两端帮上。在采矿场内,用自卸汽车将矿石和岩石运至破碎站破碎,然后经斜井胶带输送机运往地面。

破碎系统如图8-66所示,汽车在卸载平台上向旋回破碎机卸载,将矿石或岩石破碎成粒度为350mm以下,进入排料仓,通过板式给矿机向斜井胶带输送机供料。此外,也可以在破碎机下部设置一段溜井,作贮矿

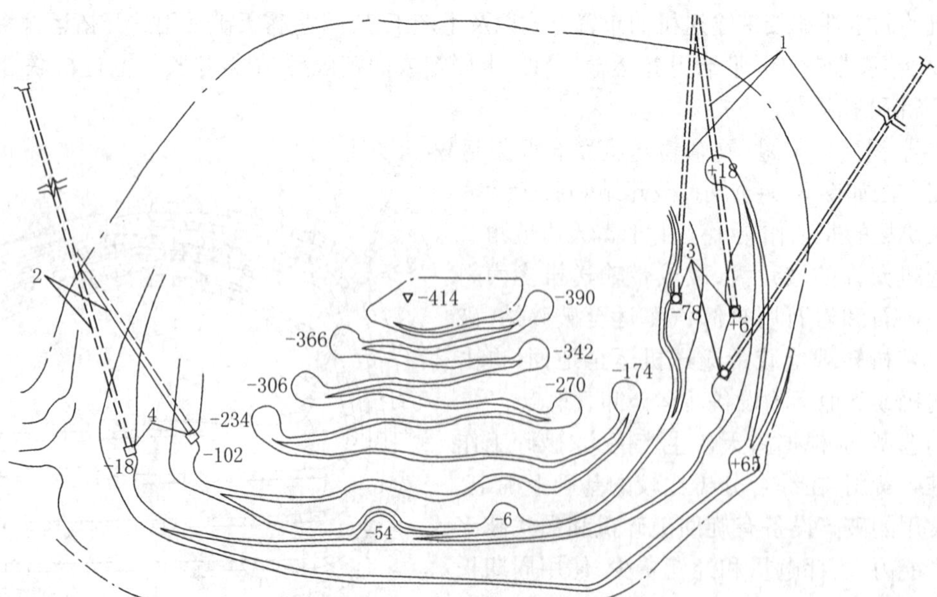

图8-65 公路-半固定破碎站-斜井胶带输送机联合开拓运输

1—岩石胶带输送斜井;2—矿石胶带输送斜井;3—岩石破碎站;4—矿石破碎站

仓用,破碎后的矿岩通过溜井经板式给矿机转载到斜井胶带输送机上。

破碎站还可以固定形式设在露天矿境界底部,矿石或岩石通过溜井溜放到地下破碎站破碎,然后经板式给矿机和斜井胶带运输机运往地面。这种布置方式,破碎站不需移设,生产环节简单,减少了因在边帮上设置破碎站而引起的附加扩帮量。但初期基建工程量较大,基建投资较多,基建时间较长。溜井易发生堵塞和跑矿事故,井下粉尘大影响作业人员的健康。

C 移动式破碎站-胶带输送机开拓运输

移动式破碎站-胶带输送机开拓运输是用挖掘机将矿石或岩石直接卸入设在采掘工作面的破碎机内,也可用前装机或汽车在搭设的卸载平台上向破碎机卸载,破碎后的矿岩用胶带输送机从工作面直接运出采矿场(图8-67)。

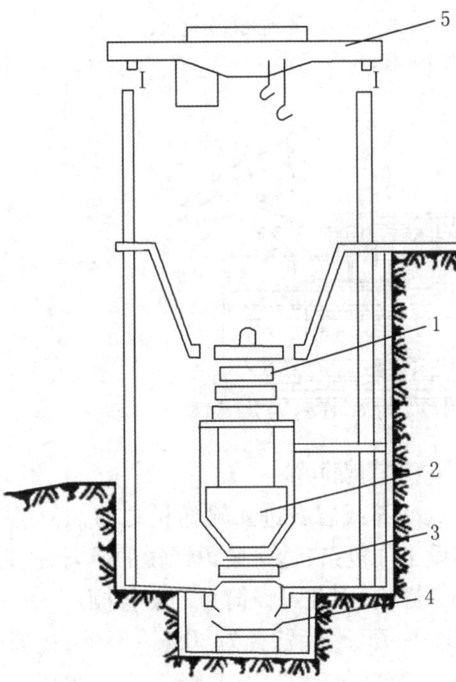

图8-66 某矿旋回破碎机破碎系统

1—旋回破碎机;2—排料仓;3—板式给矿机;4—胶带运输机;5—吊车

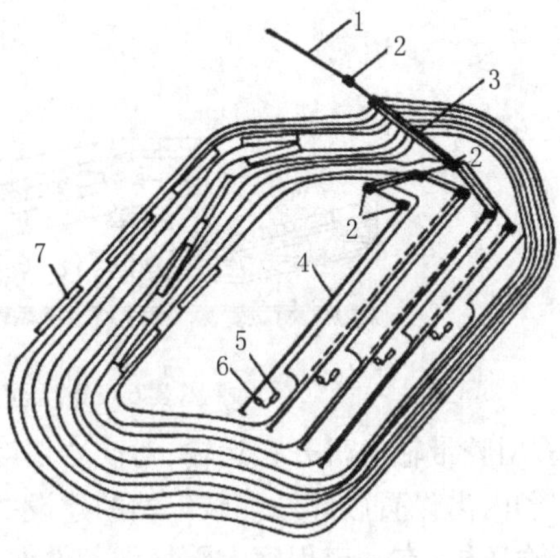

图8-67 移动式破碎机-胶带开拓运输

1—地面胶带运输机;2—转载点;3—边帮胶带运输机;4—工作面胶带运输机;5—移动式破碎机;6—桥式胶带运输机;7—出入沟

在开采过程中,破碎机随工作面的推进而移动。工作台阶上的胶带输送机也随工作线的推进而移设。

工作台阶上胶带输送机的布置方式,主要取决于工作线长度。当台阶工作线较长时,胶带输送机可平行台阶布置,破碎机与该胶带输送机之间设一条桥式胶带输送机(图8-68(a));当台阶工作线较短时,采用可回转的胶带输送机(图8-68(b))。移动式破碎机的走行机构可分为履带式和迈步式这两种,一般当破碎设备重量大于300t时,采用液压迈步式走行机构。图8-69为液压迈步式短头旋回移动式破碎机,这种破碎机高度较低,可用挖掘机直接给料,而不需其他给料设备。

D 公路-破碎站-胶带输送机开拓运输评价

公路-破碎站-胶带输送机开拓运输,胶带输送机运输能力大,据美国西雅里塔露天铜矿的一条运输岩石的胶带输送机,全长2.4km,带宽1840mm,胶带坡角13°,其输送能力达8000t/h;升坡能力大,可达16°~18°;运输距离缩短,为汽车运距的1/4~1/3,为铁路运距的1/10~1/5;基建工程量少;运输成本低,据资料介绍,采用汽车运输时,开采深度每增加10m运输成本就增加1.5倍,而用胶带输送机运输时仅增加5%~6%,因此可扩大开采范围,加大开采深度;由于连续运输,便于实现自动控制;采用汽车-半固定破碎站-胶带输送机开拓运输时,其劳动生产率比用单一汽车开拓运输时提高1~3倍,挖掘机效率提高25%~50%,使用的汽车台数可减少至25%~30%,露天矿年下降速度可达20~30m。

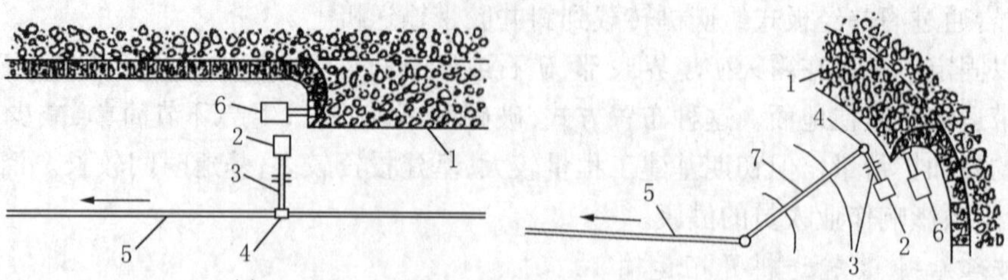

图 8-68 胶带运输机在工作台阶上的布置方式

(a)工作线较长时;(b)工作线较短时

1—爆堆;2—移动式破碎站;3—桥式胶带运输机;4—转载点;5—工作面胶带运输机;6—挖掘机;7—可回转的胶带运输机

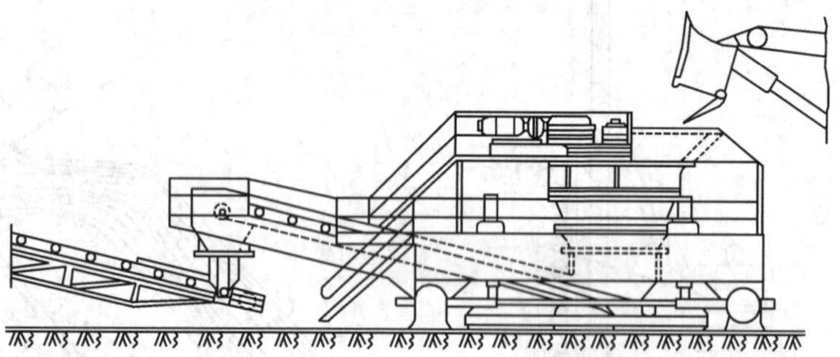

图 8-69 液压迈步式短头旋回移动式破碎机

但是,采用胶带输送机开拓运输,对矿岩块度有一定要求,矿石或岩石进入输送机之前,必须预先破碎,因而在采矿场内需设置破碎站。破碎站的建设费用较高,移设工作复杂;运送棱角锋锐的矿岩,胶带磨损大;敞露的胶带输送机,在一定程度上受气候条件如暴风、雨、雪等影响,因此可设简易的防护棚。

采用移动式破碎站时,基建费用为半固定式破碎站的 70% ~75%,经营费为 80% ~85%,挖掘机效率和劳动生产率均比半固定式破碎站高。

当露天开采深度不大时,用胶带输送机输送矿岩,因矿岩需用破碎机预先破碎,而用汽车运输时,则不需预先破碎可直接运出采矿场。表 8-34、表 8-35 分别为国内和国外胶带输送机应用实例。

表 8-34 国内胶带输送机应用实例

项目单位	昆阳磷矿		云浮硫铁矿			大孤山铁矿		石人沟铁矿排土场			
	1、2 采区	3、4 采区	1 号	2 号	3 号	岩石 1 号	矿石 2 号	1 号	2 号	3 号	4 号
运输物料	磷矿石		硫铁矿			废石		废石			
带式输送机长度/m	429	1260	447	470	538	519.2	1183.45	342	703.5	391.4	600
提升角度	-12°	-11°34′	-13°	-10°	-10°	0°~12°36′	0°~13°	12°~0°	2°11′~6°	5°12′	0
提升高度/m	-30	-132	-45	-58	-22	94	125.36	49.97	46.84	33.95	0
生产能力/(t/h)	600~900	540	750			1795	1323	930			
带宽/m	0.8	0.8	1.0	1.0	1.0	1.4	1.4	1.0	1.0	1.0	1.0
带速/(m/s)	2.5	2.0	2.0	2.0	2.0	2.0	2.0	2.5	2.5	2.5	2.5

注:表中的“-”值为重载下坡输送。

8.4.4.3 公路(铁路)-斜坡箕斗联合开拓运输

该开拓方法以箕斗为运输容器,由装载站、斜坡沟道、地面卸载站和提升机装置等 4 个基本部分组成。按照采场处于深凹或山坡的不同条件,相应采取重载箕斗提升或下放运行的不同方式。其采场内部需要汽车或铁路与之建立运输联系,形成以箕斗斜坡沟道为开拓中心环节,包括采场内部运输与转载、地面运输与转载等多环节的联合运输开拓系统,其中采场内部适用汽车运输最为广泛,由于在采场内和地表多次转载,转载站的移设和箕斗道的延深,使露天矿的生产能力受到限制;箕斗提升系统形成后,再扩大生产能力很困难。故目前使用斜坡箕斗提升开拓的矿山不多,今后也不会继续发展。

表 8-35 国外胶带输送机应用实例

企业(国家)	胶带输送机				采场内运输方式	破碎机		提升高度 /m
	总长 /m	带宽 /m	带速 /(m/s)	生产能力 /(t/h)		规格形式	进口/出口尺寸 /mm	
西雅里塔铜钼矿(美)		1800	4.2	8000	汽车运输			133
双峰铜矿(美)		1500	4.9	6600				330
巴比特铁矿(美)	610	1500		3500		旋回	1524/220	
巴特勒铁矿(美)	863	1372	2.54	4000		旋回	1524/152	
马克萨多铁矿(西班牙)		1200	5	1800				
萨马科铁矿(巴西)	360	1200		500				
库德雷穆克铁矿(印度)		1600		3500		旋回	1600/178	
南方采选公司(前苏联)	2600	2000	2.3	4500		旋回	1500/180	200
斯托依林公司(前苏联)	6375	2000	1.6	4000		旋回	1500/180	140
卡恰尔采选公司(前苏联)	1755	2000	3.15	4300		颚式	1500/180	100

A 布置原则和注意事项

(1) 采场内工作面运输,山坡露天矿可采用汽车或窄轨铁路运输,深凹大型露天矿多用汽车运输,深凹中小型露天矿多采用窄轨铁路与箕斗提升相配合。

(2) 山坡露天矿箕斗道一般应布置于露天采场爆破危险界线外。正对箕斗道下方不应布置任何建筑物,以防箕斗跑车造成事故。

(3) 深凹露天矿箕斗道一般沿采场固定边帮布置,箕斗道倾角原则上可按采场终了边帮角选取。箕斗道也可斜交露天边帮布置以减缓倾角。箕斗道的倾角一般不超过30°。

(4) 箕斗道位置应布置在采场非工作帮和端帮的固定边帮上,并尽量避免与公路、铁路线路的立体交叉。箕斗道的起点、终点位置应有较长的服务年限。

(5) 箕斗道的提升机房应与厂区公路相通。

(6) 箕斗卸载矿仓应直通破碎厂原矿仓。

B 布置形式

a 山坡露天矿

山坡露天采场内用汽车或窄轨运输时,箕斗道一般布置在采场外的一侧或两侧,每隔3个水平设一座矿岩转载栈桥,如上部水平矿量较少,则第一栈桥可以多负担一些水平层。

b 深凹露天矿

深凹露天矿浅部用铁路。深部用汽车运输时,则箕斗道布置于采场两个端帮最终边帮上,不横跨铁、公路。斜坡箕斗道的布置形式见表8-36。

表 8-36 斜坡箕斗道的布置形式

布置形式	图示	特点
山坡露天矿采场内为铁路运输	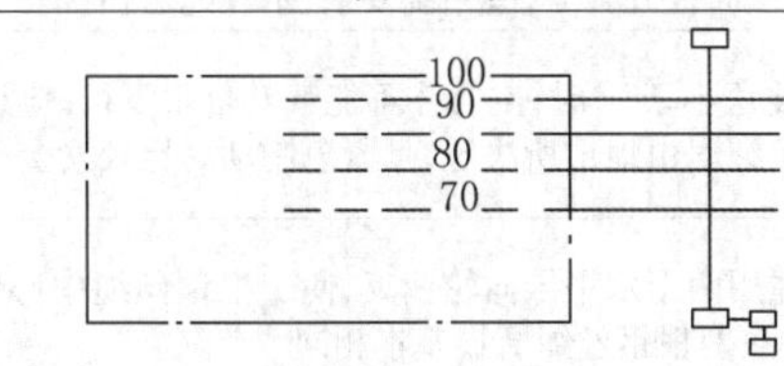	(1) 箕斗道布置在采矿场外一侧; (2) 每个工作水平设转载栈桥
山坡露天矿,采场内为汽车运输	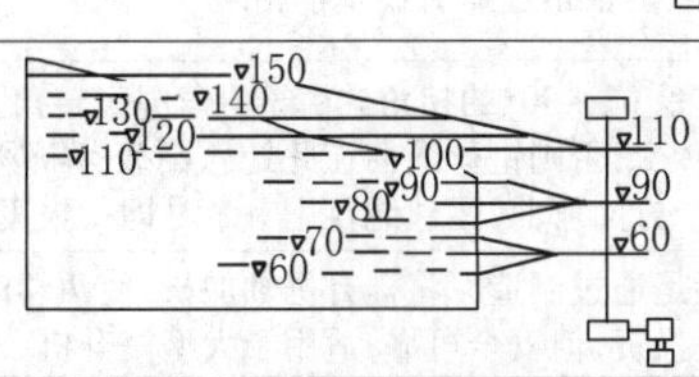	(1) 箕斗道布置在采矿场外一侧; (2) 约三个水平设一座转载栈桥; (3) 上部水平矿量少,第一个栈桥负担水平数可以多些
深凹露天矿,上部为铁路运输,下部工作面为汽车运输	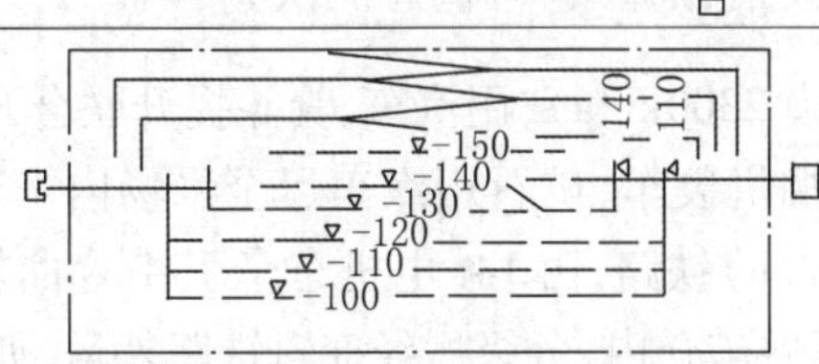	箕斗道最好布置在端部

山坡露天矿汽车—箕斗联合布置形式如图8-70所示。

深凹露天矿的汽车、铁路、箕斗联合运输布置形式如图8-71所示。

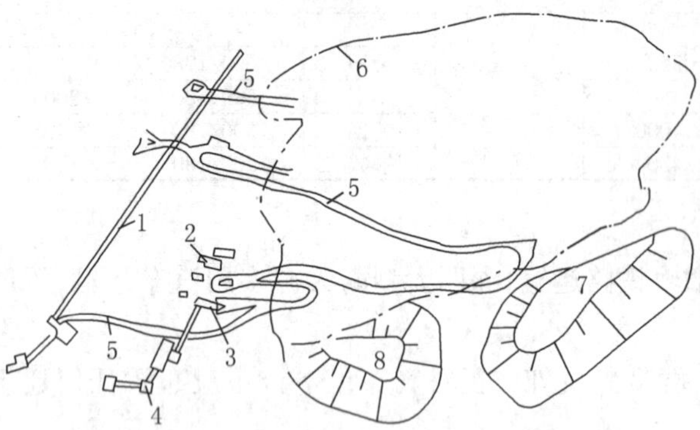

图8-70　湘乡水泥厂万罗山矿汽车、箕斗联合运输开拓系统（生产资料）

1—斜坡箕斗道；2—工业场地；3—粗破碎车间；4—转运站；5—公路；6—露天境界；7，8—排土场

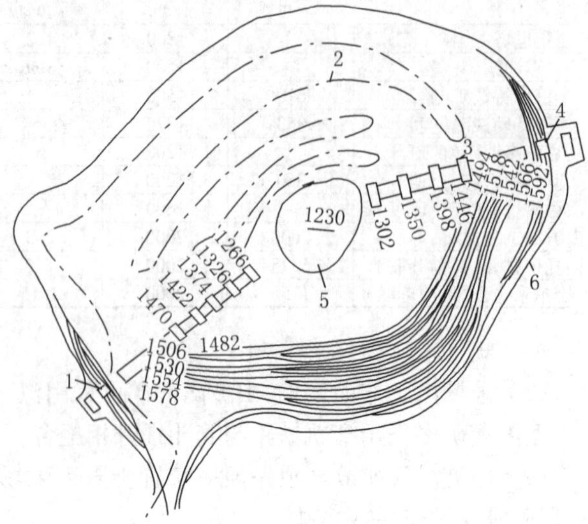

图8-71　白云鄂博铁矿东露天深部公路箕斗联合运输开拓系统（设计资料）

1—箕斗道；2—公路；3—箕斗栈桥；4—地面矿仓；5—露天矿底部；6—露天矿开采终了境界

该矿开拓系统为一比较典型的布置，深凹露天矿的浅部用准轨铁路运输开拓，线路呈之字形折返，布置于露天矿的南帮；深部用汽车运输开拓，公路干线布置于露天矿的北帮，为回返公路干线；两个斜坡箕斗道布置于露天采矿场的两端，避免了与铁路干线和公路干线相交。

斜坡箕斗布置形式按提升系统中提升机房与斜坡道的相对位置，又可分为顺向布置、反向布置和有尾绳布置。为使两箕斗提升中心线间距与两卷筒中心线间距相等，还有各种不同的布置形式。各种布置形式的优缺点及使用实例参见表8-37。部分露天矿斜坡箕斗提升的主要技术参数见表8-38。

表8-37　各种布置形式的优缺点及使用实例

序号	布置形式	优　缺　点	使用实例
1	顺向布置	提升机房在斜坡道延长线的上端，整个布置简单合理，钢丝绳运行阻力小，磨损少，是一种常用的布置形式	峨口铁矿
2	反向布置	反向布置是受地形限制的特殊布置，提升机被迫反向布置在卸矿仓端。需要多一倍钢丝绳，且通过转向轮组反向提升箕斗，故系统复杂，钢丝绳磨损快	大宝山铁矿 耀县水泥厂
3	有尾绳布置	当水平运输或斜坡角小于7°时，空箕斗不能赖其自重下行，应设尾绳装置。它虽然布置复杂，增多了钢丝绳，但纯属由地形所决定，且紧急制动时比较安全	永登水泥厂 大同水泥厂 大宝山铁矿
4	加导轮布置	将其中一根钢丝绳用两个水平导向轮偏离，使二根钢丝绳中心等同提升道两轨中心，由于钢丝绳偏角小于5°，故两根钢丝绳磨损基本相同	湘乡水泥厂
5	提升机 转角布置	提升机房与斜坡道呈0°~90°的拐角。由于钢丝绳经转角，故寿命短。转角处导向轮，切忌作平、竖两个方向的转变，否则钢丝绳会在此处急剧疲劳断丝。大宝山铁矿斜坡箕斗在同一部位同时作平、竖两个方向弯曲，钢丝绳仅用一个月即行报废	大宝山铁矿
6	加长提升机 轴的布置	加长提升机的布置是通过制造厂将提升机轴加长，使两卷筒中心适合两箕斗轨道中心。这种措施虽然增加设备投资，但安全可靠，适用于大型提升机	峨口铁矿

实例：大宝山铁矿（设计原矿规模2300kt/a），用汽车、箕斗提升联合开拓运输方式。

采场内用12t汽车运输，$4m^3$挖掘机装车，矿石用汽车运至采场内下部斜坡箕斗（斗容$18m^3$）下放至破碎厂破碎后，沿640m平硐窄轨（762mm）铁路，由14t电机车牵引$4m^3$曲轨侧卸矿车运至640m平硐西口的转运矿仓，经索道将矿石运至筛选厂贮矿仓内，分级后经准轨铁路外运，如图8-72所示。

表 8-38 部分斜坡箕斗提升主要技术参数

矿山名称	斜坡道		提升方式	提升量/(kt/a)	轨型/(kg/m)	提升物料		钢丝绳绳速/(m/s)	提升机型号
	斜长/m	倾角				品种	最大块度/mm		
大宝山铁矿	720	9°,13°27′	下放	2300		铁矿	1200	6.75	XKT2×3.5×1.7
峨口铁矿	390	33°30′	下放	4800		铁矿	1000	6.7	2JKX6×2.4
耀县水泥厂	436	10°20′,15°	下放	1200	38	石灰石	1000	5.6	2BM3000/1520
昆明水泥厂	838	5°7′,12°4′	下放	380	38	石灰石	600		2BM3000/1530
广西水泥厂	412	8°30′,13°30′	下放	750		石灰石	800	5.6	2BM3000/1520
湘乡水泥厂	504	18°,17°	下放	600	38	石灰石	800	5.64	2BM3000/1520
永登水泥厂	380	0°	水平	455	48	石灰石	800	3.7	2BM2000/1020
大同水泥厂	471	0°	水平			石灰石		4.8	双筒 2m
七宝山铁矿	128	21°,8°	下放	500		铁矿	400		双筒 1.6m

露天采场开采标高 1015～445m。采场内用 32t 和 12t 汽车,公路坡道 8%,最小曲线半径 15m,公路路面宽 9～10m。箕斗上口矿仓标高 835m,矿仓容量 80m^3,通过指状闸门装入斗容 18m^3 后卸式箕斗(载重 25t,电动机 560kW),下放至标高 684m 卸入破碎矿仓。箕斗设计能力 2300kt/a,斜坡道长 720m,坡度 9°～23°27′。

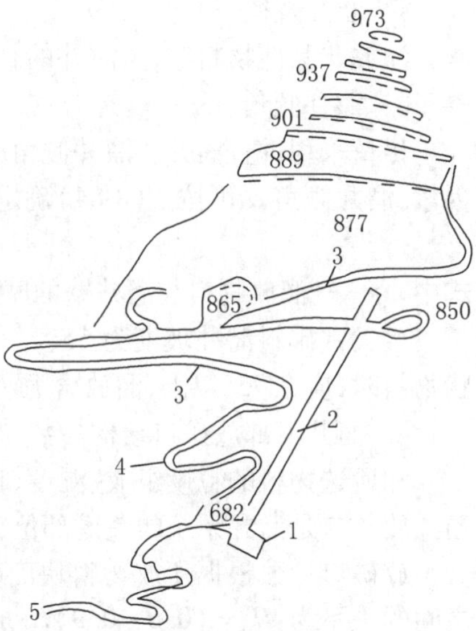

图 8-72 大宝山铁矿汽车箕斗联合开拓平面示意图(生产资料)
1—矿仓;2—箕斗道;3—公路;4—往排土场;5—往汽车保养场

8.4.4.4 公路(铁路)-平硐溜井联合开拓运输

公路(铁路)-平硐溜井联合开拓运输是将工作面的矿岩运至溜井口卸载,沿溜井自重溜放,装入平硐的运输设备,运至卸载点的一种联合开拓运输方式。

平硐溜井联合开拓运输方式主要应用于山坡露天矿。露天矿年生产规模从几十万吨到几百万吨,有的达到近千万吨。我国采用平硐溜井开拓运输的冶金、建材、化工露天矿较多。绝大多数露天矿的溜井系统用于溜放矿石。剥离的废石通常是直接采用运输设备由采矿场运至开采境界外的山坡排土场排弃,只有当采矿场附近无条件设置排土场时,或排土场与采矿场比高较大时,才采用溜井系统溜放废石。

A 平硐溜井位置的确定

溜井位置应布置在稳固的岩层中,避开大的断层破碎带,使溜井系统位于工程地质条件好的地段。平硐顶板至采场的最终底部应保持一定的安全厚度,不应小于 20m。

溜井的位置分采场内溜井和采场外溜井。采场内溜井的优点是:运输距离小,可减少汽车数量、基建投资、运输经营费用以及生产人员。如兰尖铁矿设计平硐溜井开拓时,采场内溜井比采场外溜井节省投资 578.7 万元,年经营费用节省 190 万元,生产人员减少 32 人。其缺点是平硐较长;溜井需随着开采水平的下降而降段,使管理工作复杂。采场外溜井没有降段问题,且对采场生产没有影响。其缺点是:采场至溜井的运输距离长,所需汽车数量多,投资、运输经营费用以及生产人员均有所增加,故当采场运距长时多采用铁路运输。采用大型电动轮汽车运输时,由于合理运距大,此时也可采用采场外溜井。

当岩石不需经溜井输送时,溜井的数目应根据露天矿矿石年生产能力和溜井的年生产能力决定;若岩石经溜井输送时,溜井数目分别按年剥岩量和矿石年生产能力决定。在一般情况下,岩石直接运往山上排土场排弃,只有山上不能设置排土场时才经溜井平硐运出。为减少溜井的掘进工程量,在有利的山坡地形条件下,上部采用明溜槽与下部溜井相接。采用多溜井开拓时,采场内溜井间距应保持 80～100m,使卸矿和溜井降段时互不影响。当采用多个溜井时,应注意工程之间的衔接,采场外多溜井开拓时,溜井采用横向布置,其位置应考虑运输方便,并能延长使用时间。我国应用平硐溜井开拓的主要参数见表 8-39。

表 8-39 我国部分露天矿平硐溜井开拓的主要参数

矿石名称	规模/(kt/a)	平硐		数量	溜井				溜井位置
		断面/m^2	长度/m		形状	规格/m	深度/m	倾角/(°)	
兰尖铁矿	6500	4.6×7.3	2616	5	圆形 矩形	$\phi5$ 4×3	447	90 55	采场外
南芬铁矿	7500	5×5.5	1680	2	矩形	3.8×2.4	332	45~50	采场内
齐大山铁矿	1900	5×6.7	308	1	方形	6×6	64	90	采场内
德兴铜矿	1500	10.0	991	3	圆形	$\phi5.7$	180	90	采场内
把关河石灰石矿	2500	16.6	789	2	圆形	$\phi4$ $\phi5$	352	90	采场外
西沟石灰石矿	1800	10.1	1146	2	圆形	$\phi6$	330	90	
永登石灰石矿	800	15.0	405	1	圆形	$\phi3.0$	140	90	
口泉石灰石矿	300	15.0	328	1	圆形	$\phi3.0$	90	90	
龙门山石灰石矿	3000			2	圆形	$\phi3.0$	90	110.9	采场内

B 溜井主要结构参数

溜井由井口、井筒、集矿部分(贮矿段)及放矿口装置等组成。

a 溜井直径

溜放非黏性物料时,主溜井的直径不小于4m;溜放黏结矿石时不少于6m。

b 溜井倾角

尽量采用垂直溜井。溜井倾角取决于物料的力学性质,黏结性,粒度组成、粉矿含量、含泥量及含水量等因素,溜井倾角 α 可按式(8-84)确定:

$$\alpha = \arctan f + (5° \sim 10°) \tag{8-84}$$

式中 f——溜放物料与溜井壁的摩擦系数,一般取0.5~1。

兰尖铁矿斜溜井坡度为55°。实践证明:在溜放块状物料时,贮满矿的斜溜井倾角为60°~70°;溜放粉状物料时,应在75°以上,溜放含泥、含粉并带一定黏性物料时,应设计为90°。

c 溜井下部放矿口结构参数

和所选物料的粒度组成、湿度、自然堆积角、黏结程度,以及运输方式及转载部件的额定生产能力有关。溜井放矿口是溜井系统的关键部位,其结构合理与否,对溜井的作业率、生产能力有极大影响。

放矿口参数根据所放物料块度确定,孔口尺寸如图8-73所示。孔口多为矩形,图中,高度 H_0 与宽度 B 之间的关系为:$H_0=(0.6\sim0.9)B$(m),放矿堆积角 β 应大于溜井倾角 α(即 $\beta>\alpha$);而 β 一般在60°~75°。或用公式:$\beta \geqslant 45° + \varphi/2$ 计算(φ 为物料的自然安息角);放矿口顶板倾角 β_1 应大于 β;放矿口有效高度 $H_0' \geqslant 3CL_{max}$(m);排放物料堆置角起始点至溜口底板起始点距离为 L_0。

根据兰尖铁矿实测,得出如图8-73所示曲线的关系。

溜井放矿口尺寸,如图8-74所示,按以下步骤确定:

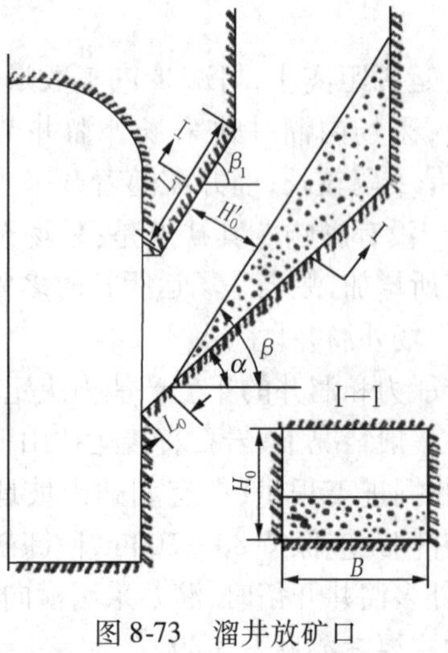

图 8-73 溜井放矿口

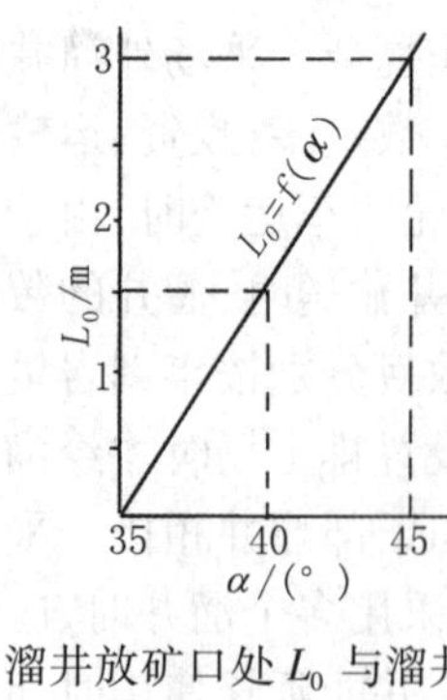

图 8-74 溜井放矿口处 L_0 与溜井倾角的关系

（1）按物料溜放确定放矿口底板坡度 α；

（2）按 $L_0=f(\alpha)$ 曲线确定 L_0；

（3）在 L_0 端点 O 上，放矿堆置角 β 作放矿口底板线；按放矿口有效高度 H'_0 和放矿口顶板倾角 β_1 作放矿口顶板线；至此放矿口全部结构即可确定。

如兰尖铁矿两条溜井的下部放矿口，分别采用横向和顺向装车，放矿结构按上述方法确定，并总结出以下经验：考虑了放矿堆置角的存在，相应增大放矿顶板倾角（均为75°）；增加放矿口设计断面，其横向装车为3.1m×3.1m，顺向装车为4.0m×3.1m，减少了放矿口斜颈长度，使矿石容易溜放；在放矿口上部扩大为贮矿仓，其断面为8m×8m，高度30m，使进入放矿口的矿石预先再次松散，有利于防止结拱堵塞；对横向装车型式的放矿口，加大了紧接板式给矿机的底板坡度，有利于减少溜放矿石的堵塞，提高作业率。

C 溜井降段方法

a 储矿爆破降段法

在投产初期，溜井降段一般用储矿爆破降段法。首先在溜井周围不影响卸矿道路的部位穿孔，并使溜井停止放矿，加速运矿将溜井贮满。然后在溜井卸矿通路补孔，爆破后，先挖掘井口矿石爆堆，露出井口后，溜井放出矿石，此时溜井恢复正常生产。

b 直接爆破降段法

溜井投入生产使用几年后，由于井壁磨损使溜井断面增大，井内贮存矿量增多。此时采用贮矿爆破降段法有一定困难，而多采用直接爆破降段法。该降段方法的核心问题是控制直接落井的矿岩块度，以防止大块堵塞溜井。措施是："钻密孔，多装药"。爆破孔网参数比正常条件爆破孔网参数减小60%左右，爆破药量比正常条件下增加40%～70%，为使溜井下部给矿设备，矿仓底部结构免受高速下降矿流的冲击，井内要有一定高度的贮矿"保护层"。一般降段15m高时，贮矿高度需35m。如果降段高度大，进入溜井矿量多，下部没有与外界相通的施工平巷和检查巷道等排气孔时，储矿高度应增加，否则可能造成跑矿事故。如兰家火山采场2号溜井堵塞区大爆破，一次降段64m，落井矿量30万吨，井内贮矿高度47m爆破时造成跑矿1500多吨。

直接爆破降段法在兰尖铁矿已使用30多次（贮矿爆破降段法仅用过两次），均未发生过降段爆破堵塞溜井问题，停产时间也短，仅3～5天。虽爆破费用增加一些，但省去铲装和运输费用，因而降段总费用降低，据兰尖铁矿统计仅为贮矿爆破降段法的1/3左右。此法可保持采场与溜井均衡生产，从而克服了贮矿爆破降段法影响10～20天生产的弊端，且为实现多台阶汽车水平卸矿提供了条件，每条溜井一般均可保持上、下台阶同时卸矿，下台阶实现汽车水平运输。减少运距，收到较好的经济效果。

D 溜井事故及预防措施

溜井常见的事故主要是堵塞、跑矿，冬天在井壁上、受料槽或放矿设备上形成挂料。挂料的主要原因有：矿石冻结，动力压实，大块卡住。

溜井堵塞的原因如下：溜井基建施工未达到设计要求，即未按设计尺寸开凿溜井，致使井口或溜井直径过小，而造成大块堵塞，如铜官山铜矿溜井直径为2m时经常堵塞，而直径扩到3m时就解决了堵塞问题；或给矿口尺寸不合要求，基建施工完成后，溜井中的构筑物如井圈、钢材等未全部拆除，因而影响正常生产造成溜井堵塞；溜井井筒穿过不稳定岩层，在生产中井壁造成片帮，落下大块而堵塞；当溜放含水或黏性物料，粉状较多时，产生沉降压力使之压实、结块、放矿时产生自然拱形，或者是矿山停产检修时，溜井内矿石过多，经过较长时间后压实结块，形成拱形的堵塞；对溜井日常管理不严格，不按照放矿规律放矿，也是形成溜井堵塞的原因之一。

处理溜井堵塞常用的方法是用爆破振动。药量由小到大，但以不破坏溜井设施为限。在堵塞高度较低时，用发射火箭弹、爆破弹等方法；当堵塞高度较高时，可用氢气球带炸药包升向上部，用爆炸的方法来解决堵塞问题。当以上方法均无效时，采用向溜井中注入高压水的方法消除堵塞。

溜井跑矿主要有干式和湿式两种。干式跑矿主要在处理粉碎和黏度大的矿石堵塞时，因自然平衡拱突然破坏，而造成大量矿石急剧落下，致使放矿闸门控制不住形成的跑矿，或者当溜井内贮矿过高，矿石干燥，放矿时产生巨大冲击力造成跑矿。湿式跑矿是由于溜井穿过渗水层，溜井贮矿段中的粉矿浸泡后，致使矿石内摩擦力降低。在放矿时易产生跑矿，在雨季溜井内容易积水，矿石中夹杂着泥浆，特别是在粉矿溜井内跑矿的可能性更大。

防止跑矿主要是以预防为主，多年来不少矿山取得很多经验。如南芬铁矿防止跑矿的经验是：主要掌握好矿石配矿比例，即粉矿、黏矿与块矿之比，一般为1:3或1:4；减少矿石在溜井中存在的时间；在雨季时，两个放矿口的储矿高度不一致，使雨水从储矿低的放矿口泄出；溜井一旦积水，暂不放矿，可向溜井卸入干燥矿石，把溜井水从检查巷道排出。

保证露天矿溜井连续安全作业的重要措施之一是溜井生产时期的操作制度、装载和放矿时间间隔。溜井中矿石数量等。溜井的生产制度与不同矿山地质条件和气候条件的生产特性有很大关系。为防止不合格大块落入溜井，在溜井口上可装设格筛。

防止溜井事故的主要做法是：在设计合理的基础上，精心施工，加强日常管理，在投产初期要防止不合格的大块和黏性粉矿入井，并适当地控制放矿储矿高度。溜井生产一段时间后，再按块矿和粉矿适当的比例卸入溜井内，此时储矿高度最好达井筒的三分之二以上，以免溜井过分受到冲击而片帮。

E 海南铁矿平硐溜井开拓实例

海南铁矿北一主矿体的前期开采是一个山坡露天矿，矿体出露最高标高为540m，附近地平标高125m，比高达400余米。该矿在开采400m以上水平时，曾经使用过平硐溜槽（井）一胶带输送机联合运输开拓系统近10年之久，其任务是将540~400m的矿石输送至标高145m铁路装车矿槽，然后用铁路运往八所港装船外运。各水平剥离的废石，则用窄轨铁路直接沿各水平层运至露天采矿场外的排土场就地堆置。

北一露天采场标高400m以上水平层的采剥工作面用窄轨铁路机车运输，有两个布置在采场内的平硐溜槽（井）系统连接400m水平，第一个系统采用溜槽，直井和平硐的混合形式（图8-75）。

溜槽上部标高为510m，下部为436m，坡度为52°~55°，槽底最小宽度为3m，直井部分标高436~412m，直径2.8m，直井下口为裤衩式，设有检查天井。整个溜槽系统选择在坚硬铁矿石之中，不支护。第二个系统采用直井（圆形结构）与平硐的组合形式，溜井直径2.5m，最高标高497m，溜井下口与平硐相连接。溜井通过的岩层：上部为$f=2\sim5$的绢云母片岩和透辉石透闪石灰岩，下部为$f=8\sim12$的铁矿石。

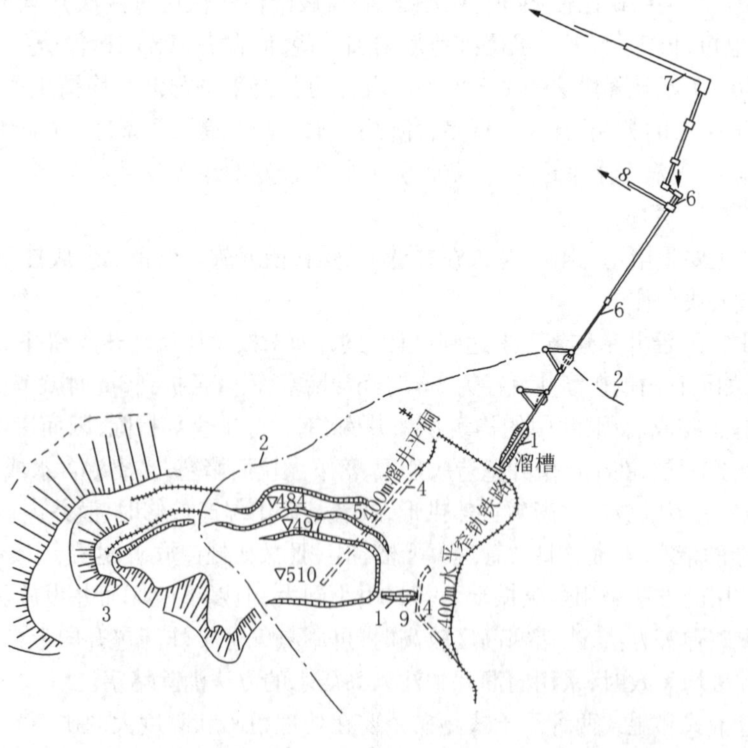

图8-75 海南铁矿平硐溜槽、平硐溜井和溜槽胶带输送机运输开拓系统（生产资料）

1—溜槽；2—露天采场境界线；3—排土场；4—平硐；5—溜井；6—胶带机；7—铁路装车矿槽；8—去粉矿堆场；9—溜槽系统中的直井

在该矿使用较好的是第一个系统。而第二个系统因溜井所通过的绢云母片岩和透辉石透闪石灰岩风化严重，虽用钢筋混凝土加固支护，但仍不理想。平硐溜槽结构如图8-76所示，平硐溜井结构如图8-77所示。

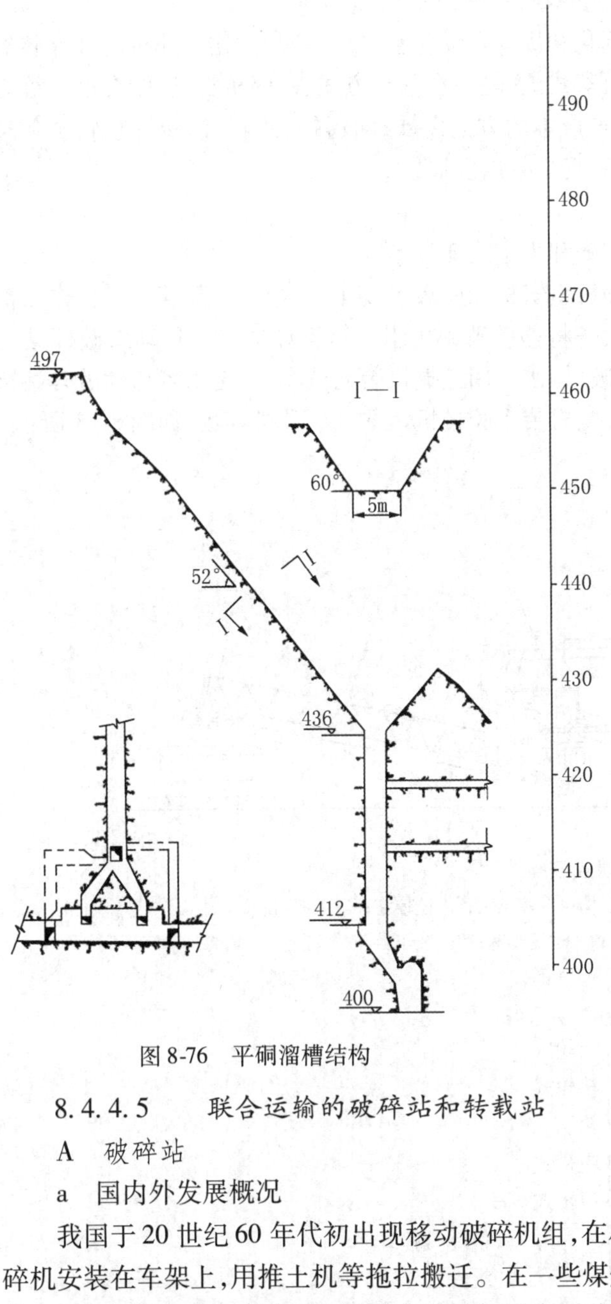

图8-76 平硐溜槽结构

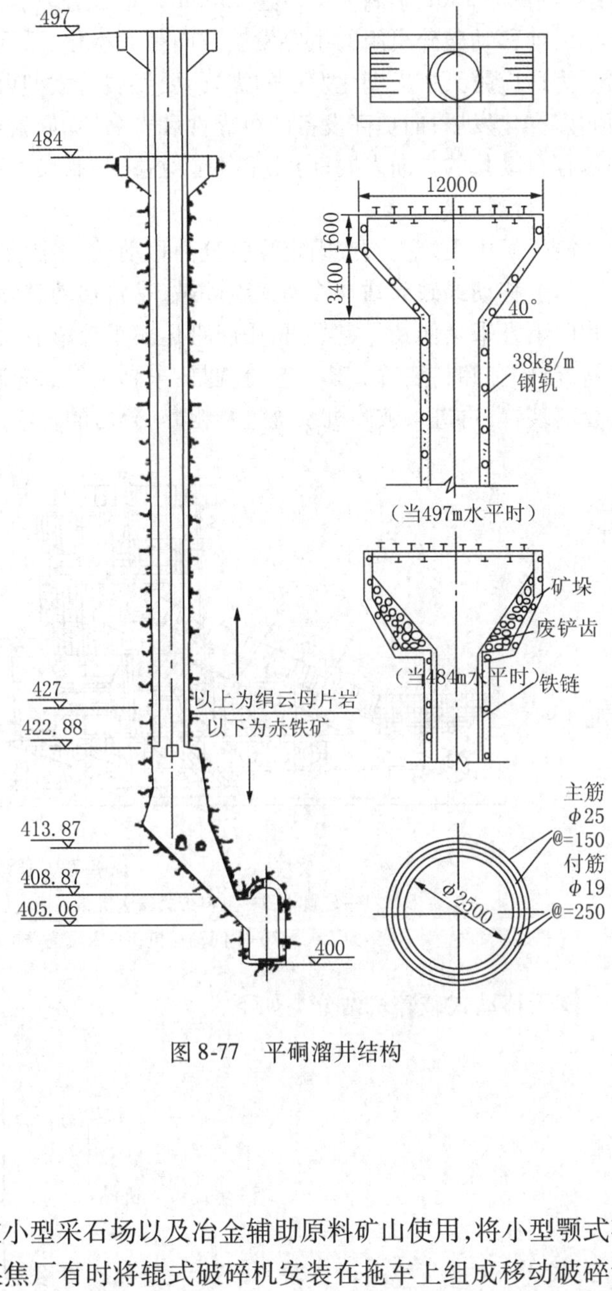

图8-77 平硐溜井结构

8.4.4.5 联合运输的破碎站和转载站

A 破碎站

a 国内外发展概况

我国于20世纪60年代初出现移动破碎机组，在小型采石场以及冶金辅助原料矿山使用，将小型颚式破碎机安装在车架上，用推土机等拖拉搬迁。在一些煤焦厂有时将辊式破碎机安装在拖车上组成移动破碎设备。至20世纪70年代初，沈阳矿山机械集团有限公司（原沈阳矿山机器厂，以下简称沈矿集团）和张家口（万金）矿机厂等为冀东、白马山和东鞍山等露天矿成功制造移动式破碎机组。1975年，沈矿集团研制成功大型液压旋回破碎机，用于南芬露天矿移动破碎站。20世纪80年代中期，又陆续完成1600和1850液压旋回破碎机设计制造工作，并于南芬铁矿投入生产。90年代以后，沈矿集团、衡阳有色冶金机械总厂和上海建设路桥机械设备有限公司（以下简称上海路桥）等都已试制成功大型移动破碎机组。

经济发达国家于20世纪50年代，在石灰石采场就已使用移动破碎机组。1956年，德国克虏伯公司制造了第一台大型移动破碎机组，用于霍佛石灰石矿（破碎机依靠其履带行走机构自身的动力沿工作面移动）。20世纪60年代，美国、前苏联和日本的移动破碎机产品已在矿山大量使用。美国Sierrita铜钼矿的Dutec系统，机组由三大可移动设备组成，使用1524mm×2260mm旋回破碎机，每小时处理矿岩能力达3600t；1982年美国Duval公司将移动破碎机-带式输送机组用于大型硬岩矿开采并获得成功。20世纪90年代以后，美国和德国等国家将技术更先进的大型破碎机用于硬岩矿的开采。移动搬迁使用特制履带车辆驮运，驮运速度约为700～800m/h，有些机组在水平地面的行速可达1600m/h。德国还制成大型双轴锤式破碎机组，重量为230t，给料块度可达1300mm，装机总功率为600kW，处理矿岩量为500t/h。

目前移动破碎机组的主要发展方向是大型化、系列化和提高自动化水平，进一步优化破碎机的破碎腔形状。为适应露天矿大型化发展的需要，要发展特大型可移式破碎机；在移动方式、破碎机类型、配套设备等方面向多样化发展；向提高设备的可靠性和寿命，降低生产成本的方向发展；向遥控、监测、诊断、控制，实现破碎过程自动化的方向发展；向注重环境效益，控制噪声和粉尘方向发展。

b 分类

露天矿山破碎机站按固定程度分为移动式、半固定式和固定式3种形式。

（1）移动式破碎站。移动式破碎站，是将移动破碎机组安放在露天采场工作水平上，随着采剥工作面推进和向下开采延伸到一定距离，用履带运输车等牵引设备将移动破碎机组进行整体迁移。移动式破碎站有给料、破碎和卸料装置。其工艺流程是：采剥工作面爆破后，矿岩用挖掘机装入汽车，运至采场移动破碎站卸入给料装置，再进入破碎机系统进行粗碎，碎后的合格矿、岩装入胶带机运往选厂和排弃场，如图8-78所示。

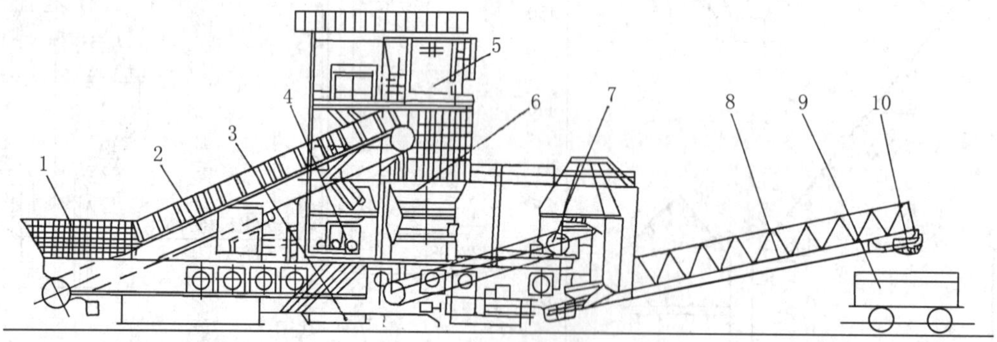

图8-78 移动式破碎站

1—装料斗；2—上料带式输送机；3—行走机构；4—液压站；5—监控室；6—破碎机；7—中间输送机；8—末端输送机；9—运输车辆；10—装车料斗

露天移动式破碎机站分类如下：

- 移动式破碎机站
  - 自行式
    - 液轮式
    - 轨轮式
    - 轮胎式
    - 履带式
    - 迈步式
  - 可移式
    - 半移动式
      - 整体可移式
      - 组件可移式
    - 半固定式

1）自行式移动破碎机。其本身具有行走机构，它在采掘工作面内工作，由装载设备（如挖掘机）直接给料，当采矿工作面向前推进时，它随着装载设备一起向前移动。破碎机的移设频率，取决于装载设备的推进速度。由于破碎机移动频繁，因而需要配置具有高度灵活性的带式输送机系统。

按行走方式分，自行式移动破碎机有液轮式、轨轮式、轮胎式、履带式、迈步式。在选用时应综合考虑矿山的地质条件、行走机构承受的负荷、行走的频繁性、道路坡度、开采工作面位置和开采进度等。

液轮自行式破碎机组的车轮支腿上均装有液压伸缩机构，每个轮子上都有各自的液压驱动马达。支腿能自动调节机组底盘到地面的距离，使机组保持水平状态。由于轮胎对地面的压力（0.4～0.9MPa）较大，所以只能用于地面承受压力允许的场所。

轨轮式适用于单向进路采矿和坡度小于3%的场合，其承载能力和运行不受气候条件的影响。这种破碎机移动角度受到限制,因而适应范围较小。

轮胎式移动破碎机组的搬迁移动需借助牵引车、拖拉机或推土机牵引;移动速度为8~16km/h,轮胎充气压力为0.5~0.6MPa。这种机组的载荷受其转伺机构和轮胎承载能力的限制,一般适用于小型破碎机组,其处理能力多在400t/h以下。这种机组结构简单,移动方便,投资较少,使用安全可靠。

履带式行走机构结构坚固,对地面不平度的适应性强,对地压力低(约为轮胎式的1/3),行走速度约达轮胎式的1/3,道路坡度可达10%。

迈步移动式破碎机组多采用液压机构拖动,类似迈步式索斗挖掘机的行走机构。通常这种自行式机组是借助三组各具有一垂直油缸和水平油缸的机构驱动行走盘而移动。其移动速度为70~90m/h,能爬10%的坡道。对地面压力为0.15~0.25MPa,适用于各种不同耐力的工作场所。这种机组运转时底盘直接与地面接触,不用行走机构支撑。且其步行机构用静液压驱动,移动速度较慢。与其他移动方式相比由于具有底盘低,稳定性好,质量轻,磨损小,维修量不大的优点,在移动式破碎机组中是较常用的一种形式。

2)移动式破碎机本身不能自行,需要为其配备专门的移动设备——履带运输车或轮胎运输车。运输车可行驶到破碎机下面,用液压装置将破碎机顶起,并将其移至新的地点。这种破碎机设备在采场内靠近采矿工作面水平的中心位置。它可以根据需要几月到几年移动一次,以便同采掘工作面保持一定的距离和高差。整体可移动式破碎机能将整个机组整体搬运,其移设工作可在48h内完成。可移动式破碎机将机组分成给料装置、破碎机和卸料装置3部分,也可拆卸成尺寸和重量更小的组件来搬运。拆卸和重新安装约需30天,每移设一次不超过3~5年。半固定式破碎机安装在一个钢制平台上,计划移设的间隔时间不少于10年。随着露天开采的延伸,将破碎机多次向下移设,直至露天开采终了。

3)移动式破碎机机组的构成。移动式破碎机机组一般由3个互相独立的部分组成,即破碎机、给料装置、卸料装置,另外还包括维修系统、运输车。这3部分各成独立系统,分别借助运输车移设。可移式破碎站一般只有设备和金属结构构件,没有混凝土及其基础工程。

破碎机是核心设备,它对机组的生产能力起决定作用。移动式破碎机采用的破碎机有颚式、旋回式、颚旋式、锤式、反击式和辊式等。选择破碎机时要综合考虑矿山生产能力、矿岩性质、要求的产品粒度等。一般破碎硬岩选用颚式破碎机和旋回式破碎机;破碎中硬矿岩多用旋回式、颚旋式、颚式、锤式和反击式;破碎软岩多用辊式破碎机。通常旋回式和颚旋式多用于可移式破碎机上,锤式、反击式、辊式多用于自行式破碎机上,因而生产能力较小,多用于石灰石矿和煤矿等非金属矿山。大型金属矿山大部分采用以旋回破碎机为主体的机组。

给料装置包括给料设备和受料设备。给料设备一般为重型板式给矿机、带式输送机、链式给矿机、圆盘给矿机等。就使用量而言,重型板式给矿机约占80%,带式输送机约占14%。受料设备一般为受料仓和漏斗。

卸料装置最常用的为带式输送机,约占74%;其次是板式输送机,约占24%。

维修系统主要包括起重设备和其他维修设备。

运输车一般为履带式,其生产国家主要有美国和德国。美国杜瓦尔公司制造世界上最大的履带运输车,其运载能力为1200t,柴油机功率为900kW。德国克虏伯公司制造的运输车运载能力为200~1200t,负载爬坡能力为20%。

(2)半固定式破碎站(系统)。半固定式破碎站通常由破碎机和胶带机的给矿设备组成。在两者之间还设有缓冲矿仓,高度约30m,破碎站安装在混凝土基础上。将机组移至新的位置时,需要将其拆解,由运输车分别运输各个独立部件,并在新的位置重新组装。一般移设时间不超过10年,移设工作约几周时间。半固定式破碎站安设于露天采场内的非工作帮平台上。主要优点是采场内汽车运距缩短一些(与固定式破碎站对比),增加了产量,提高了劳动生产率。主要缺点是:破碎站要随采场开采下降而移设,破碎站每隔若干年要移设一次,此系统建设周期长,工程量大,移设困难,需要专门配备履带运输车拖曳。

(3)固定式破碎站(系统)。固定式破碎站在露天矿整个服务年限内位置一直不动,它大多设在露天采场的边帮或地表,也有的设在露天采场的底部,在溜井硐室内安装破碎机。固定式破碎站是金属露天矿在20世纪80年代前主要采用的破碎站形式。固定式破碎站需要开凿井下破碎硐室及构筑大量的混凝土基础,并有一段胶带斜井工程,施工时间长,费用高,并且随着采场延深,汽车运距又不断加大,导致汽车运费增加。

B 联合运输的转载站

a 简述

转载站是联合运输系统中的一个组成部分,是生产工艺中一个重要环节,用以衔接两种不同的运输方式。在下列情况下需进行转载:

(1) 地面运输采用联合运输系统时,运输各环节所用设备不同,为保证相邻环节的运输设备均能正常连续运转,减少设备和相邻两个工序间的相互影响,在相邻运输设备的交接处,需进行转载。

(2) 为减少采选两个部门因生产不均匀、工作制度不同等因素对生产的影响,需进行转载。

(3) 原矿或产品向外运输时,为保证矿山、运输部门、用户间的彼此生产互不影响,也为了使矿内外不同运输方式能正常连续生产,在矿山向外转运处,设转运站进行转载。

我国在20世纪50~70年代建设的大、中型露天矿,上部和中部多采用铁路开拓运输,转入深部开采后多采用汽车运输;新建扩建的大、中型露天矿多采用汽车-胶带机联合开拓运输。因此,在采场内或采场外需设置矿石、废石转载站,将矿石或废石转载入矿车或胶带输送机上运往破碎厂、选矿厂或废石场。如马钢南山铁矿凹山采场、武钢大冶东露天采场、攀枝花朱家包包铁矿和兰尖铁矿、鞍钢齐大山铁矿、白银露天铜矿、本钢南芬铁矿、海南铁矿、首钢水厂铁矿和大石河铁矿等露天矿,都设置了矿石、岩石转载站。

转载站的整个转载工艺过程包括:卸载、储存和装载这3个环节。

转载站的主要设备包括装、卸矿岩的机械设备,储存矿石、岩石物料的构筑物(如矿仓和堆场)和场地。装、卸矿岩的机械设备有放矿机、给料机、单斗挖掘机、前装机、推土机等。转载中要解决的问题为:转载方式、转载能力和转载位置。构筑物有转载站台、装载矿仓、溜槽等。

b 转载站的形式及优缺点

我国常见的矿内联合运输转载形式及适用条件,见表8-40。具体设计时应将整个运输与转载视为一个系统,合理选择和解决各个环节的转载,并在此基础上对系统进行优化,以确定适用于该条件下的最佳运输系统与转载方式。

转载(运)站转载外运物料为散状精矿时,一般采用矿仓-抓斗方式;物料为打包精矿时,用堆栈房-叉车方式;物料为原矿且储存量大时,用堆场-挖掘机(或前端式装载机或专用装车机)方式;储存量不是很大时,用矿仓-闸门或给矿机方式。

转载站形式的选择与联合运输系统方式密切相关,简述如下:

(1) 汽车-胶带运输机联合运输的转载站。这种转载站采用破碎机,又称破碎站转载,是半连续开采工艺的主要组成部分,其主要优点是利用重力,机械化程度高,经营费用较低。主要缺点是设备笨重,基本上采用地面破碎厂的重型设备,转载平台尺寸较大,建构物工程量大、投资大。这类转载站适用于大型或特大型露天矿,一般包括筛分设施、破碎机、缓冲料仓和底部的给料设施、检修设备的大型起重机等以及供汽车卸载作业用的卸矿平台。使用这类转载站的矿山有德兴铜矿。

(2) 汽车-铁路联合运输的转载站。这类转载站按其转载方式可分为:站台直接转载、矿仓转载和地面倒装站的机械转载这3种形式。站台直接转载的优点是不需要转载设施,直接利用重力,由一种运输设备直接倒入另一种运输设备;但两种运输设备要互相等待,只适用于小型矿山。矿仓转载的主要优点是利用重力转载,不需要用机械设备对矿岩进行倒装,经营费用较低;但矿仓转载站的设施及矿仓尺寸,一般较庞大笨重,投资较大。机械转载的主要优点不仅是两种运输方式之间的衔接,而且倒装场起到调节储存和混合矿石品位的作用,转载站投资小,只设露天堆场,不需要建筑矿仓。其主要缺点是要配备专门进行矿岩倒装工作的挖掘机等设备,增加二次倒装费用,其经营费较高,限制了作为露天矿转载机械的使用,但在粉料堆场中使用较多。

(3) 胶带-铁路联合运输的转载站。适用于选厂或排弃场距露天采场较远,且有利地形可铺设铁路线路用列车运送矿岩的矿山。这类转载站,必须设置容量较大的中间储料仓,以保证在没有铁路列车装车外运时可容纳胶带运输机连续运送1.5~2h的卸载量。在料仓底部装备有若干台振动给料机或板式给料机,以便将矿岩装车外运。铁路线路的布置有单线和双线两种形式。选择哪种形式,主要取决于外运生产能力。

表 8-40 矿内联合运输转载形式及适用条件

运输系统		转载站型式	适用条件	实例
汽车-胶带机联合运输	破碎机转载	破碎机转载汽车-矿仓-给矿机-筛子-破碎机-带式输送机	(1) 露天采场用汽车运输，地面用带式输送机运输，且地形有较大高差可供布置给矿、粗碎设备； (2) 露天采场用汽车与带式输送机联合运输时，在集矿运输台阶与带式输送机交接处，设半固定式转载站或移动式转载站	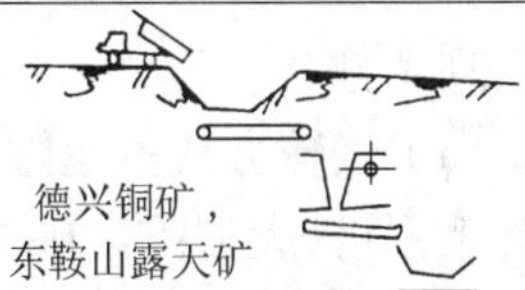 德兴铜矿，东鞍山露天矿
	矿仓转载	单纯转载汽车-矿仓-给矿机-带式输送机-筛分转载汽车-矿仓-给矿机-筛子-带式输送机		冀东石灰石矿
汽车-铁路联合运输	地面堆场转载（机械转载）	采场汽车-堆场-挖掘机（前装机、斗轮铲、抓斗等）-铁路车辆	(1) 山坡露天上部开采时，在铁路运输达到的最高点处，设堆场，最高点以上用汽车运输； (2) 凹形露天深部开采时，在铁路运输达到的最低点处，设堆场，最低点以下用汽车运输； (3) 老矿山附近新发现的小矿体开采时，小矿体用汽车运输，在与原矿山铁路运输交接处设堆场	弓长岭铁矿 
		地面汽车-堆场-推土机倒堆-挖掘机-铁路车辆	(1) 露采坑内用汽车运输，地面用铁路运输时； (2) 铁路线一侧有较长缓坡或平地，可供改建成堆场站台时； (3) 转载量很大，需多台挖掘机同时向列车装置时	大冶东露天矿 
	直接转载	溜井方式： 汽车-溜井-平硐车站-矿车	(1) 当采用平硐-溜井开拓系统时； (2) 采场与铁路运输线路间有很大高差，地形险峻，用其他运输方式较困难； (3) 岩层稳固坚硬，可保持溜井（明槽）稳定时； (4) 矿石黏结性不太大，不会在溜井内成拱、堵塞； (5) 地表水可有效防止流入溜井，不致造成跑矿； (6) 对矿石块度有要求时，可在溜井上部或下部设置破碎站； (7) 运量少，使用年限短	兰尖铁矿，宜春钽铌矿，南芬铁矿 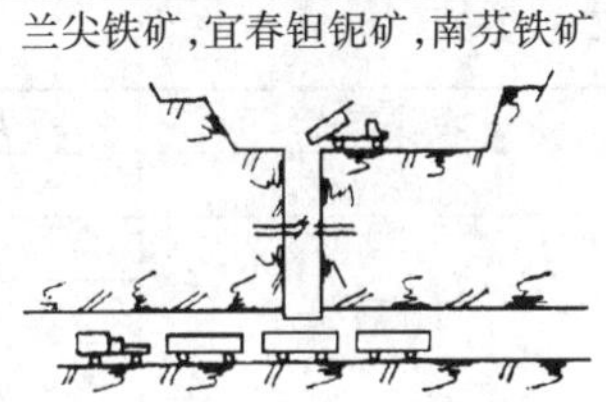
		明槽方式： 汽车-明槽-装车站-矿车		新康石棉矿，大冶铁矿初期
	地面高站台转载	直接方式：汽车-铁路车辆 间接方式： 汽车-高站台堆场-推土机向铁路车辆装车	(1) 用汽车运输，地面用铁路运输，且铁路车辆供应充分或矿山自备有足够车辆； (2) 转载矿石块度不宜大，以免卸载时矿石冲击车厢损坏车辆； (3) 铁路线一侧地形较高，可利用改建成高站台	 开阳磷矿
	矿仓转载	斜坡矿仓： 汽车-矿仓-铁路车辆	(1) 汽车运输与铁路运输间有较大高差可利用时； (2) 铁路一侧有陡坡地形可利用改建成斜坡矿仓时； (3) 转载量不是很大时，可用斜坡矿仓； (4) 要求投产快	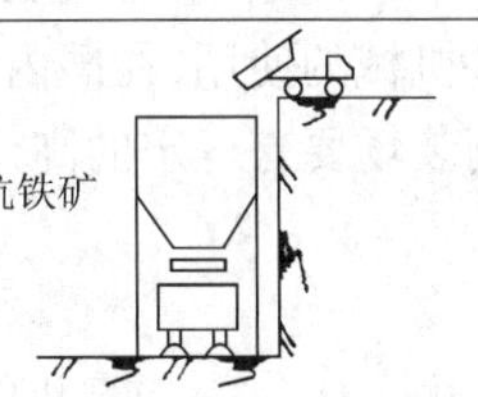 铁坑铁矿
		高架矿仓： 汽车-矿仓-板式给矿机-铁路车辆		
		汽车-矿仓-振动放矿机-铁路车辆		马钢南山铁矿，本钢南芬露天矿（10Mt/a）
汽车-斜坡箕斗联合运输	矿仓转载	汽车-箕斗-矿仓	(1) 露天采场用汽车与斜坡箕斗联合运输时； (2) 箕斗运输可以向上提升矿石，也可以向下运送矿石，视采场相对于地面运输的位置而定； (3) 箕斗对块度有一定要求	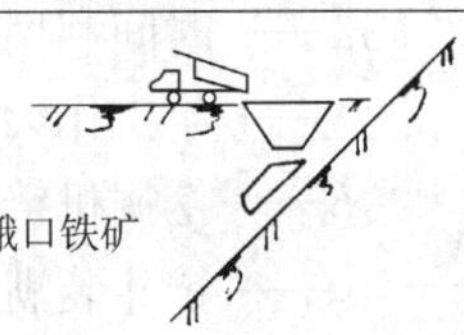 峨口铁矿
箕斗提升	矿仓转载	箕斗提升-矿仓-其他运输设备	(1) 选厂离井口较远，地形平坦，井口箕斗矿仓向矿车或汽车转载； (2) 选厂离井口较远，地形不平，井口箕斗矿仓兼作架空索道装载矿仓，向架空索道货车转载； (3) 井口条件允许时，选厂与井口合并建设，箕斗矿仓兼作选厂储矿仓，向破碎设备转载； (4) 箕斗提升至地面必须设置转载	武山铜矿 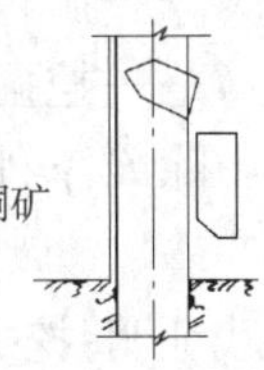

c 转载方式的选取

各种转载方式有其不同的适应条件，在工艺、能力、投资、占地和经营费上各有利弊，选择转载方式应考虑下列条件：

(1) 运输方式。运输方式对转载方式的选取起着很大的作用，如汽车(铁路)-胶带的联合运输非采用加工转载不可，大型露天矿 1000 ~ 1400mm 的块度就不能使用胶带运输；而汽车-铁路的联合运输，用机械转载或料仓转载都可。

(2) 转载量的大小。许多露天矿从山坡进入深凹开采后，随开采深度的增加，转载量不断增长，有些矿山生产后期的采剥总量都需经过转载。

(3) 转载设施的能力。料仓转载和破碎转载能力较大，机械转载次之，直接转载能力最小，选择的转载方式其转载能力应与运输量相适应。

(4) 设置转载设施的场地、空间允许条件。尤其在采场内设转载设施，往往受到采场空间和工程量的限制，如采用铁路尾随下降的汽车-铁路联合运输中，当采用机械倒装场转载受场地限制时，宜采用振动式给矿机的料仓转载为好。

(5) 矿、岩的特性。矿、岩特性包括块度、含水率、含泥率、硬度等，块度大相应的转载设施能力和设备就大，含泥率高的料仓转载中指状闸门就不太合适。

一些矿山使用的转载方式实例见表 8-41。

表 8-41 矿山转载方式实例

转载方式	联合运输方式	转载物料	使 用 矿 山
直接转载	汽车-铁路	矿	海南枫树下矿区，大冶铁矿初期孤立山头
机械转载	汽车-铁路	矿，岩	白云鄂博，大冶铁矿，海南铁矿
	窄轨-准轨	矿	海南上部水平
	铁路-汽车	矿	料场、堆场
料仓转载	汽车-箕斗	矿	大宝山铁矿
	汽车-铁路	矿，岩	兰尖铁矿，朱家包包铁矿，南芬铁矿，眼前山铁矿
加工(破碎)转载	汽车-破碎-胶带	矿，岩	大孤山铁矿，东鞍山铁矿
	铁路-破碎-胶带	岩	大孤山铁矿

d 转载能力的计算

(1)机械转载能力。转载的机械较多，金属露天矿的特点是块度大，矿、岩硬度系数也大，这就限制了较多机械的使用，在国内外采用较多的为不同斗容的挖掘机。使用挖掘机转载时需要一个必不可少的倒装场，倒装场要有一定的高差，形成卸、装两个平台。挖掘机的转载能力可按式(8-85)估算：

$$Q_{\mathrm{N}} = \frac{3600m\eta_1 NE\eta_2\gamma}{10000T} \tag{8-85}$$

式中 Q_{N}——挖掘机能力，kt/(台·a)；

m——一天工作小时数，h；

η_1——时间利用系数；

N——年工作天数，d；

E——挖掘机铲斗容积，m^3；

η_2——铲斗装满系数；

γ——矿、岩松散密度，t/m^3；

T——挖掘机每铲装载循环时间，s。

式中除 E、γ 外，其他系数都按一般的规定选取，变化不大，则式(8-85)简化为：

$$Q_{\mathrm{N}} = 37.6E\gamma \tag{8-86}$$

实践证明：挖掘机转载能力还受一些因素制约，如上段运输能力、卸车能力、线路通过能力和列车入换时间等。影响挖掘机能力的主要因素是等装时间，即上面等料、下面等车的时间。因此，加强生产管理与调度是提高转载能力,也是提高联合运输能力的措施之一。国内采用4~4.6m^3挖掘机转载较多,其设备年生产能力为2000~2500kt/台。

(2) 料仓转载能力。料仓转载能力主要决定于料仓下的闸门放矿能力或给矿机的给矿能力,并和料仓的容积等有关。

1) 给料设备能力。一般给料设备能力可按式(8-87)计算:

$$Q = 3600VBH\gamma\psi \tag{8-87}$$

式中 Q——给料(放料)设备小时能力,t/h;

V——给料速度,m/s;

B——给料口宽度,m;

H——料层厚度,m;

γ——物料(矿、岩)松散密度,t/m^3;

ψ——物料充满系数。

给料设备能力主要与其给料口的尺寸和给料速度有关。根据一些矿山实际资料和有关文献,几种类型的给料机能力见表8-42。

表8-42 几种给料设备能力

给料设备	给料机(槽)宽度/m	给料机(槽)长度/m	给料速度/(m/s)	台时产量/(t/(台·h))	年生产能力/(kt/a)	使用矿山
振动给料机	4.85	9.2	0.08	4932	5520	眼前山铁矿
板式给料机-1	2.1	11.49	0.12	2531	4320	齐大山铁矿
板式给料机-2	3.6	8.0	0.12	3306	6370	攀枝花矿业公司

料仓转载也受到上下两端运输的卸、装能力限制,若料仓容积较大,可起到一定的调节作用,料仓容积大小又与工程造价成正比,事实上不可能也没有必要把转载料仓容积增加过大,应有合理的限度。

2) 料仓容积。转载料仓以转载为主,储存为辅。首先考虑的是前后两种运输方式的能力要相匹配,不能相差悬殊。而料仓也应有一个基本容积,这个基本容积与运输设备有关。当联合运输中有铁路运输时,料仓容积宜为1~2列车的载重量;上端为汽车运输时,宜满足1~2h的汽车运量;有自然地形可利用而不增加较多工程造价,如半地下式料仓,容积可适当加大;溜井料仓能利用地势高差,容积可以更大些。

(3) 破碎转载能力。

1) 破碎设备。破碎转载能力主要决定于所选破碎机的能力和后段胶带运输能力,两者必须相匹配。露天矿的矿、岩块度大,多选用重型旋回破碎机。旋回破碎机有电耗少,处理量大、能连续破碎的优点。这种重型破碎机,加工能力很大,一台可达10000~15000kt/a,比机械转载能力大很多,一个大型露天矿,矿、岩各配一台能满足要求。

一些国内矿山旋回破碎机加工能力见表8-43。

表8-43 国内一些矿山旋回破碎机加工能力

生产矿山	设备规格	处理物料	矿岩坚固性系数f	生产能力/(t/h)	年加工量/(kt/a)
南芬铁矿	1500/3580	矿	12~16	4500	10000
南芬铁矿	1500/350	岩	12~14	5000	18000
大孤山铁矿	1200/180	矿	12~16	1217	6600
大孤山铁矿	1400/170	岩	10~14	3000	16600
东鞍山铁矿	1200	矿	12~18	1376	7500
弓长岭铁矿	1200	矿	12~18	1200~1320	6600~7000
水厂铁矿	1200	矿	8~12	1480	8000
大石河铁矿	1200	矿	8~12	1000	5500
歪头山铁矿	1200	矿	12~16	846	4600
齐大山铁矿	1350/180	矿	13~15	1300~1440	7000~8000
白云鄂博铁矿	1500/300	矿	中硬	3200	17000
攀枝花铁矿	1200	矿		1500~1800	8000~9500

由表8-43可见,南芬铁矿和大孤山铁矿的破碎设备基本相同,但破碎岩石比破碎矿石效率要高,其原因

是岩石硬度系数比矿石小，破碎矿石受矿石规模的限制，未充分发挥设备的负荷能力。

2）运输设备选型。采场运输设计中，汽车运输设备通常根据挖掘机能力来选型和配备数量，有合理的铲、车比（挖掘机∶汽车）关系，一般为1∶(3～5)为佳。一般按式(8-88)计算汽车的载重来选型：

$$q = \frac{Q(t_3 + t_4)}{60} \tag{8-88}$$

式中 q——汽车载重量，t；

Q——破碎机台时加工能力，t/a；

t_3——一次卸车的入换时间，可取1～2min；

t_4——一次卸车时间，1～1.5min。

求出q后选取与其相近载重量的有关生产厂家的汽车型号。

e 破碎站转载

当采用汽车或铁路-胶带联合运输时，矿岩需经过破碎，减小块度，才能转载，破碎转载需要破碎设备和占用一定的场地，它的转载能力较大。

(1) 破碎转载站分类。按转载矿岩物料种类分为矿石转载系统和废石转载系统。按破碎机固定程度分为固定式、半固定式和移动式三种。固定式破碎站服务时间长，半固定式破碎站服务时间一般为5～6年。

破碎站又称破碎转载平台，是半连续生产工艺中的一个重要组成部分，是矿石或岩石转载、汽车调车和布置破碎机的重要场地。合理确定破碎站的空间位置、平台平面尺寸和破碎站的移设步距，是合理确定露天矿的公路-破碎站-胶带机联合开拓运输系统，使其充分发挥矿山综合生产能力和降低矿石运营成本的重要途径。

为克服固定式破碎站转载建设周期长、移设安装工作量大、投资费用高、运输成本随着开采水平延深而逐渐增加的缺点，移动式破碎站在国内外正逐步得到推广应用。

(2) 转载站的布置。

1）转载站位置选择。转载站位置的合理选择关系到基建投资的大小、正常生产的方便与否、运输能力能否发挥、运输系统的布置是否合理以及运输费用的高低等。转载站位置选择的原则如下：

尽量节省汽车运输功，设法延伸铁路和胶带的运距，缩短汽车运距和爬高，使汽车运距控制在3km，爬高控制在150m以内，否则会急剧地影响汽车效率，增加运费。

不影响或少影响采场的推进和扩帮过渡，便于上下两段运输的衔接。

尽量利用地形和采空区及采场内的平台等位置设置转载站，以期节省工程量。

考虑每个转载站能服务较多水平，使用较长时间，做到经济合理。

转载站位置可在采场外，也可在采场内，根据采场的具体条件而定。深凹露天矿的转载站先宜设在采场境界外的边缘，随开采深度的下降而移至采场内；采场内的机械和料仓转载站宜设在固定帮或采空区。

在汽车-破碎-胶带联合运输中的初始加工转载站宜设在靠往流向一侧的境界外边缘，矿石破碎站为去选厂方向一侧；岩石破碎站为去排土场方向一侧。下延的加工转载站宜设在比较宽而固定的平台和不扩帮或少扩帮的采场两端帮位置。

2）破碎转载站移设步距。移设步距是指破碎站在露天采场内沿延深方向的垂直距离。破碎站移动步距的大小关系到基建投资和经营费，移设步距小，则采场内汽车运距缩短，节省矿岩的运费，但破碎站的移设费用增加。移动步距大，移动的次数就减小，基建投资可减少，但汽车运距增加，运费又增加。合理地确定破碎站的移设步距，可使采场内单位矿岩运费与移设费之和为最小，即达到最佳的经济效果。

确定移设步距的原则为：

① 合理安排露天矿开采境界范围内各开采阶段矿岩量的分布和各时期逐年采出的矿岩量与选择的胶带开拓运输系统的合理分配关系；

② 尽量减少和避免露天开采境界分期过渡与半连续开拓运输系统续建两者之间的干扰，合理安排露天开采境界的过渡与破碎转载站续建的衔接关系；

③ 全面分析计算半连续开拓运输系统中各项技术经济指标。在满足采场空间、有利于破碎转载站及胶带运输机安设的条件下，力求工程量和基建费用最低。

在设计中对“移设步距”的确定可采用“综合费用分析比较法”进行。一般根据经营费和基建投资两者的关系确定破碎站的移动时间和步距：

$$\sum_{2}^{n} \Delta A_2 + \Delta A_3 + \cdots + \Delta A_n \approx D \tag{8-89}$$

式中 ΔA_2——破碎站投产第二年与第一年汽车运输费之差，万元；

ΔA_3——破碎站投产第三年与第二年汽车运输费之差，万元；

ΔA_n——破碎站投产第 n 年与第 $(n-1)$ 年汽车运输费之差，万元；

n——投产后从第一年开始往后的第 n 年；

D——破碎站基建投资，万元。

当满足式(8-89)时，n 即为需要移动破碎站的最佳时间。移动的步距则为：

$$H = (n-1)v + h \tag{8-90}$$

式中 H——破碎站移动步距，m；

n——由式(8-89)得出的第 n 年；

v——采场下降速度，m/a；

h——采场段高，m。

所求出的 H 应取到开采段高的整数倍，考虑加一个 h 值，因破碎站建设需要时间，至少需要一年的时间，建破碎站需在生产延伸到其所处的水平时才能基建，到建成投产时，正常的生产已降到破碎站所处的水平以下，因此在开采进度计划中最好能将需要建站的位置提前剥离，为基建争取时间；基建也应准备充分，尽量缩短周期。大孤山铁矿就曾出现过因基建拖延而赶不上生产需要的情况。

破碎站的移动步距，据有关文献介绍，也有一个经验数值，一般为 6～8 个台阶，不宜超过 120m。

下面讨论移设步距与矿山过渡和采掘的关系。移设步距的确定取决于合理的经济效果，也受露天采矿场所能提供的空间部位的影响。移设步距的确定必须与矿山开采境界过渡和正常采掘关系相适应。破碎站的位置与开采境界过渡之间的关系，是指安设破碎站(或破碎机)的位置与露天采场边帮之间在露天采场空间位置上的相互关系。采用露天采矿斜沟式开拓所确定的破碎站，其位置与露天开采境界的过渡有密切的衔接关系。根据露天开采境界不同过渡方式，破碎站的移设步距及布置特点见表 8-44。

表 8-44 按不同的过渡方式确定移设步距的特点

布置地点		图例	过渡特点
固定或半固定式	破碎转载平台布置在固定帮上	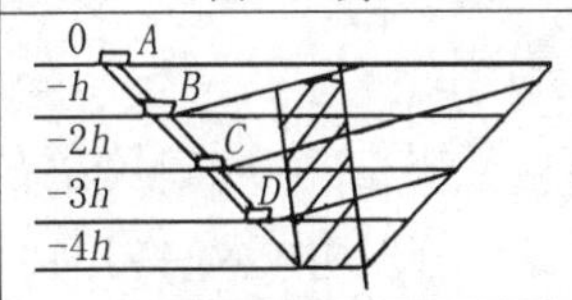	破碎机及胶带机安设在露天矿固定帮上。移设范围和步距可按关系式确定。移动路线为：AB →BC →CD…。要求布置破碎转载站和胶带一侧应加速扩帮，按确定的移设步距不断扩至采场最终开采境界。 优点：在露天矿开采期间内，“破碎-胶带机”处于固定位置，使用与维修方便。 缺点：采掘量大；剥采比不均衡；系统过渡时间长
	破碎转载平台布置在露天矿分期境界边帮上	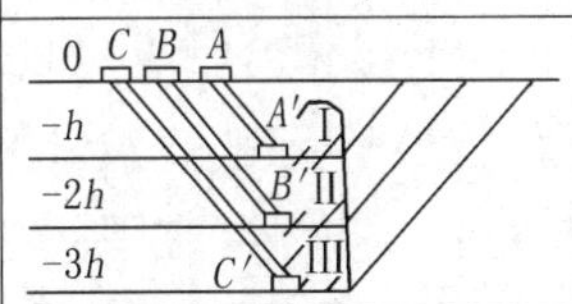	破碎机及胶带安设在分期境界上。在均衡生产剥采比条件下，其移设范围和步距常与各分期境界开采高度相适应。要求布置破碎转载站和胶带一侧的分期境界，应加速扩帮。其特点是：从Ⅰ→Ⅱ→Ⅲ…；移设步距为 AA′，BB′… 优点：移设步距与分期境界协调一致，移设采掘量减少，改造过渡时间可缩短 缺点：随分期境界过渡，破碎机、胶带机的建安费用增加，使用和维护复杂
	破碎转载平台布置在局部超前的固定帮上	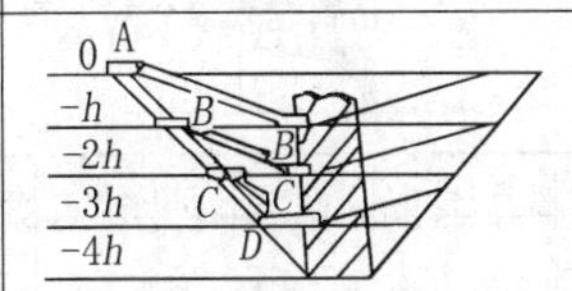	破碎机及胶带机安设在局部超前的边帮上，布置系统一侧靠帮，其余侧退后。主要克服固定帮采掘量大，分期扩帮，境界过渡复杂，破碎机、胶带机建安费用高的缺点。但在空间上，对采场推进要求更加严格
移动式	(移动式)破碎转载平台(场)布置在回采工作面上	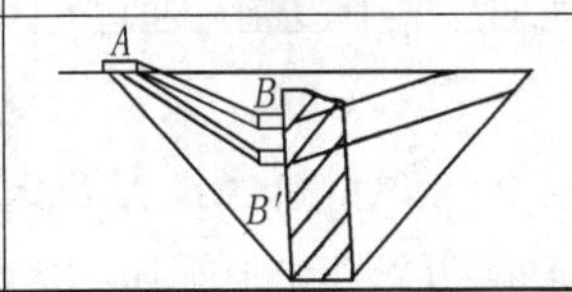	破碎机随工作面的延深，可自行向下移动。对境界过渡无特殊要求。临近开采工作间，移设方便，运营费用低。 美国西雅里塔(Sierrita)铜钼矿使用了可移式破碎机、可移式板式给料机、可移式胶带给料机的完整可移式破碎系统。克服了以往使用固定式破碎系统建设周期长、工程量大、移设困难、汽车运距长的缺点

(3) 破碎转载平台尺寸。破碎转载平台尺寸除取决于破碎机形式及结构外，主要取决于与破碎胶带输送机配套的运输车辆的配、调车及翻卸方式。目前，多采用自卸汽车和准轨铁路两种运输方式与之配套。

1）自卸汽车翻卸时破碎转载平台。自卸汽车与“破碎机-胶带运输机”之间配套是“半连续开拓运输系统工艺”中最优的配套形式。合理确定自卸汽车翻卸平台的调车方式、破碎转载平台的尺寸，可提高系统综合生产能力，减少露天矿山的剥岩量。自卸汽车在破碎转载平台上的调车方式，依所选用的破碎机形式以及在露天采矿场内坐落位置，分为回转式和通过式这两种车场平台。根据不同的进车方向、翻卸部位及调车方式，确定翻卸平台宽度。

2）铁路翻卸时破碎转载平台。铁路翻卸及调车方式与破碎站的布置形式和露天矿山铁路运输系统布线有关，其位置、标高应满足破碎站的移设步距。该站场的设置在满足线路竖向和平面技术条件的前提下，应力求减少翻卸站场入换、分流等调配时间，尽量减少破碎转载平台的宽度。由于翻卸站场要求空间范围大，故均设置在露天采场固定帮上。

3）转载高度。采场内的机械和料仓转载站，其转载高度一般为采场的一个段高，即12m或15m，上卸、下装平台标高即为采场的开采水平标高；若设在采场外，根据地形条件或要求可适当调整。加工转载站上部卸车平台应与开采水平标高一致，下部深入地下，由设备安装尺寸而定。

4）汽车卸车平台宽度。机械转载中，一般上部汽车只能一向卸车，而料仓和加工转载中，可以布置两向或三向卸车，汽车卸车平台的最小宽度按式(8-91)计算：

$$B = R + Z + b/2 + e \tag{8-91}$$

式中 B——卸车平台最小宽度，m；

R——汽车回转半径，m；

Z——汽车轴距，m；

b——汽车宽度，m；

e——安全值，可取1～2m。

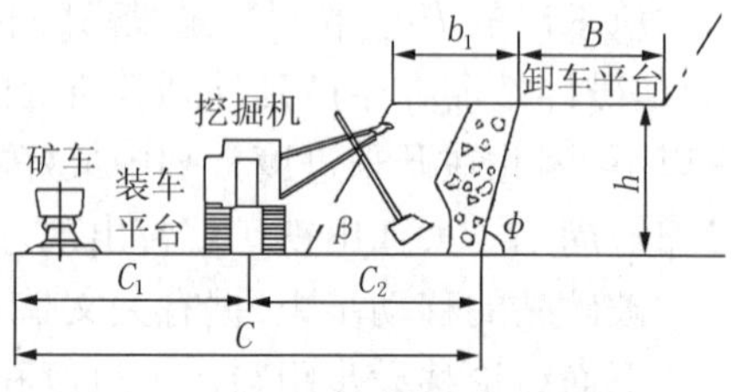

图8-79 机械转载站

5）装车平台宽。料仓转载中铁路的装车平台宽一般为5m；机械转载的铁路装车平台宽按式(8-92)计算(图8-79)：

$$C = C_1 + C_2 \tag{8-92}$$

式中 C——装车平台宽，m；

$$C_1 = 5 + b_2/2$$

b_2——挖掘机宽，m；

C_2——挖掘机最大挖掘半径，m。

6）装车线长度。铁路装车线长如图8-80所示，按式(8-93)计算：

$$L = L_1 + 2L_2 \tag{8-93}$$

式中 L——装车线长，m；

L_1——机械转载为料堆长度，料仓转载为料仓长度，m；

L_2——列车长度，m。

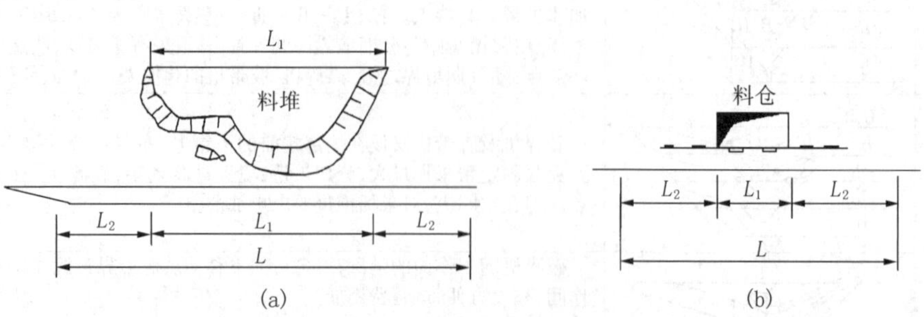

图8-80 铁路装车线长度

(a)机械转载铁路装车线；(b)料仓转载铁路装车线

7）装车线数量。料仓转载中，通常一个料仓配一个装车线即满足要求；机械转载场距相邻车站小于1km时，一台挖掘机配一条装车线，反之，应加一条等装线，停放空车待装。一个转载场配一台挖掘机，当转载量超过一台的能力且场地条件又允许时,可设两台挖掘机。

(4) 装车线布置。铁路装车线应根据地形条件和采场内允许的空间进行布置,两条工作装车线的布置有纵列式和横列式两种。

纵列式装车线适宜于山坡地形和采场内的固定帮;横列式装车线又分为中间式和双翼式这两种布置形式。中间式适宜于低凹地形和采空区;双翼式适宜于平坦地形。

料仓转载的铁路装车线有侧装式(图 8-81)和跨装式(图 8-82),在可能的条件下尽量采用正面装车,即给料机中轴线与装车线中心重合,这样装车较均匀满载,可减少偏载、砸帮、跑料等现象。为减少工程量,一般机车不过装料口,装车闸门的净空高度仅考虑矿车高度加铁路上部建设高,再加 0.5m 的安全值。

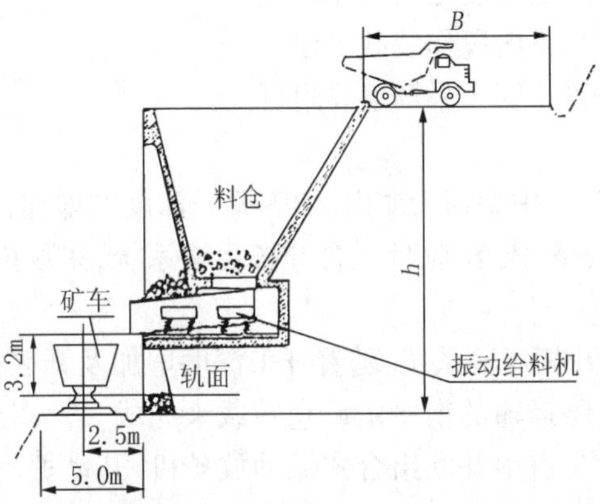

图 8-81 振动式给料机料仓转载站

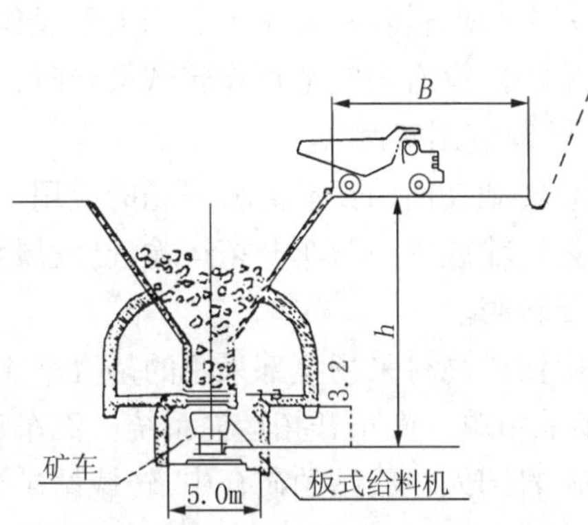

图 8-82 朱家包包矿半地下式料仓转载站

f 站台直接转载

(1) 汽车-铁路直接转载。汽车在倒装站台的上面向下面铁路车辆直接卸料(矿石或岩石),其优点是不需要其他机械设备倒装,转载简便可靠。但此方式的严重缺点是汽车之间要互相等待,影响和降低了运输效率和设备周转率,且在直接转载过程中,容易损坏车辆和出现漏撒物料于铁路上,增加清理物料的人力和设备,影响运输能力。站台直接转载一般只适用于转载量不大的小型露天矿。当汽车载重量大于 20t 时,不宜使用站台直接转载。

(2) 汽车-箕斗直接转载。用自卸汽车将矿岩物料直接向箕斗卸载,这种卸载方式无需设储存物料的箕斗矿仓,但汽车与箕斗要互相等待,影响了汽车和箕斗的生产能力,增加了汽车数量。

但是对于运量不大的矿山,或在特殊情况下也可采用,例如,当深凹露天矿开采至最后一两个水平,箕斗道不再延深时,可用此简易方式直接转载,一般设计不推荐此方式。大宝山铁矿的斜坡箕斗提升,原设计矿仓容量为 $80m^3$,来自露天采场的自卸汽车(载重 12 ~ 27t)将矿岩卸入矿仓,再通过矿仓下口的指状闸门,装入 $18m^3$ 后卸式箕斗(载重 25t),在生产中由于闸门失控,只好改用由汽车直接卸矿石入箕斗中。虽然此方式也可以使用,但其严重缺点是大块矿石易砸坏箕斗,影响箕斗提升能力。

(3) 转载站台位置选择。选择转载站台位置,应注意如下两个因素:

1) 应尽量减少自卸汽车运距,一般运距不超过 0.7 ~ 1.5km;

2) 转载站台应设置于靠近露天采场或场内采空区。

(4) 转载站台的形式。转载站台有单侧和双侧卸料转载两种形式。单侧卸料转载占用场地较少,但能力较小,而双侧卸料转载则占用场地较多,能力较大。

站台墙可采用浆砌砖、石结构或钢筋混凝土装配结构。站台帽和车挡宜采用钢筋混凝土结构。站台有关尺寸应根据所采用的自卸汽车或铁路车辆类型确定,并保证行车作业安全。

g 矿仓转载

矿仓转载是露天矿联合开拓运输的一种转载形式,料仓有斜坡式、高架式、半地下式和地下式等多种形式,料仓要有一定的容积,可起到转载和一定的储存双重作用,仓底必须配备有效的给料设备,如板式给矿机、振动给矿机和多种不同的闸门等。其优点是不需要转载机械设备,装卸速度比堆矿场挖掘机装矿要快,提高了运输车辆的周转率和装载站的生产能力，因此矿山广为采用。其缺点是基建投资大，施工时间长。如兰尖铁矿、南芬铁矿的溜井矿仓、朱家包包铁矿的半地下矿仓均使用板式给矿机。

h 机械转载

(1) 机械转载使用挖掘机、前装机等装载设备，将采场运来的矿石或废石进行二次倒装，装入运输车辆或胶带机，将矿石或废石分别运往选矿厂或排废场。

机械转载具有劳动条件好，设备效率高，技术上可靠，机动灵活，施工简单等优点，因此，机械转载的用途广泛，一般适用于转载储量大、储存周期较长的料场（料仓）。

(2) 机械转载布置。转载站如果布置在露天采矿场的已采空地平台，则可利用已有阶段高差的有利地形进行布置。如果场地宽度不够，可利用采场剥离物回填一定高度之后再作转载站。

采场内矿石、废石转载站，也可利用上阶段作卸矿平台，下阶段作装载平台。

当露天采场内没有采空地可作转载平台时，可将其布置于露天采场境界附近。

i 矿仓转载应用实例

(1) 矿仓转载在南山铁矿高村采场的应用。我国一些大中型露天矿山，随着开采深度的增加，原先采用单一铁矿开拓运输或单一汽车开拓运输，已发展到汽车-铁路、汽车-胶带联合开拓运输系统，采场内的矿石、岩石往往需要转载。

马钢南山铁矿高村采场上部采用的是汽车-铁路联合开拓运输系统，随着开采深度增加及开采规模的迅速扩大，采场采用单一汽车开拓运输系统。汽车运输与铁路运输的衔接由矿仓转载来完成。汽车从采场工作面运输的矿岩卸入转载站的矿仓中，转载站矿仓底板上装有串并联组合式振动放矿机，开动振动放矿机，对矿岩松散体强力振动，并借助矿岩的重力势能实现矿（岩）流平稳、连续及易控的强制放矿（岩）。把矿岩倒装到铁路运输的矿用自翻车中，然后由电机车将矿岩运至卸载地点。振动矿仓的技术参数见表 8-45。

表 8-45 转载站主要技术参数

序 号	名 称		参 数	
			前台板	后台板
1	矿岩合格块度/mm		≤1200	≤1200
2	生产能力/(t/h)		3900 ~ 4500	
3	几何参数	台板长/mm	5400	4600
4		台板宽/mm	5000	5000
5		台板安装角/(°)	15	35
6	埋没参数	埋没深/mm	1600	全埋
7		眉线高/mm	200	
8		眉线角/(°)	40	
9	动力参数	振动电机型号	ZDJ-15. 0-6	
10		电机额定功率/kW	15	
11		电机额定激振力/kN	100	
12		机械指数	1. 8	
13		频率/(r/s)	100. 5	
14		振幅(双)/mm	3 ~ 4	
15	卷扬机	型号	JM2-5	
16		额定拉力/kg	2000	
17		提升速度/(m/mm)	18. 5	
18		电机额定功率/kW	11	
19		质量/kg	600	

高村采场振动矿仓建在高村车站北东 600m 的坡地上，铁路轨面距料仓顶 16m。此振动放矿转载站设备由 16 个振动台板串并联组成，两个放矿口，对车一次可装满一节 60t 自翻车。翻车挡的设计尺寸符合 90t 级或 40t 级矿车的要求。转载物料为铁矿石，矿石最大块度为 1200mm，矿石松散系数为 1. 5，自然安息角为 35° ~ 39°，矿仓容积为 490m^3，约 1500t。装满一列车（8 节车厢）所需时间约 8min，转载站设计能力为 7000kt/a，一年工作 330 天，每天 2 班，一班 12h，如图 8-83 所示。

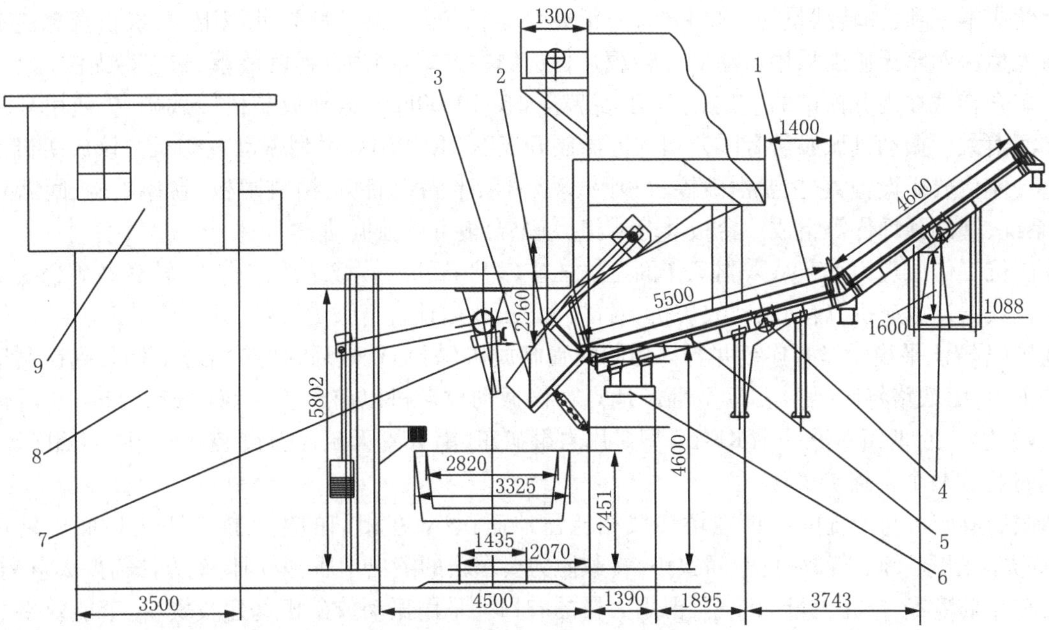

图 8-83 振动放矿机矿仓转载站布置

1—振动放矿机本体;2—半固定溜嘴;3—挡料闸板;4—振动电机;5—台板弹性密封体;
6—支架;7—矿石缓冲装置;8—电气控制系统;9—操作台

高村采场振动矿仓由振动放矿机、半固定溜嘴、挡料闸板、振动电机、台板弹性密封体、支架、缓冲装置、电气控制系统及操作室组成。

1) 振动放矿机。每台振动放矿机由前后板(振动台板)和后台板(破拱台)串联组成,其中前台板由四个台板并联,每个台板下安装一台振动电机。后台板也由四个台板并联,每个台板下安装一台振动电机。

工作时两套振动放矿机对准一个矿用自翻车,列车每移动一次装一节车。前后台板均可同时或单独启动,当放矿口堵塞或前后板无矿时启动后台板可进行破拱放矿。

2) 半固定溜嘴。放矿机设有半固定溜嘴,位于放矿机出料端,由钢结构连接成槽型框架,内衬耐磨材料,溜嘴后部与基础座通过销轴连接,形成铰链形式;溜嘴前部通过可伸缩支撑杆与基础连接;支撑杆内外套管间设有弹性缓冲垫,销轴穿过内外套管不同位置的孔,调节支撑杆的长度及溜嘴的角度,从而调节落料点的位置。

3) 挡料闸板。闸板臂后端通过销轴与矿洞壁上的基础座连接,形成铰链形式,作为闸板轴心。闸板上方矿仓壁上设有卷扬机,与闸板相连,使闸板绕轴心旋转,停机时,降至出料端半固定溜嘴内,防止跑矿,闸板为箱形结构,在大块矿石的冲击下不变形,不跑料。

4) 振动电机。放矿机激振源采用单台间断式振动电机,安装在台板下部,振动电机两端的偏心块旋转,产生离心惯性力,迫使台板振动,台板的振动轨迹为圆形。

5) 台板弹性密封体。弹性密封体上部设有同凸形缘,用于填充两台板之间的间隙,下部设有圆形凹槽,与预埋件上部的导套配合使用,起到限位减振和隔振的作用。

6) 支架。作为振动放矿机的基础部分,支撑台板及其附件分为纵向、横向凸形梁结构,有两个槽形体,槽口相对,中间用钢筋相连接,上部连接矩形平台,平台上设有一定间距的导套,导套上安装有弹性密封体;下部与现场预埋钢筋相连;从横梁上部浇注混凝土,使纵向、横向凸形梁与基础连为一体。

7) 矿石缓冲装置。为防止大块矿石对车厢的冲击,在每个出矿口的对应部位安装挡料的矿石缓冲装置。

8) 电气控制系统。该系统是放矿机运行的指挥中心,由配电柜和操作台两部分组成,操作人员可根据生产的需要,实现放矿系统的单台手动和联动控制。

9) 喷雾降尘装置。在矿仓上部安装有水管喷头,操作人员可通过视频显示来监控矿仓扬尘情况并及时处理。

振动矿仓转载与传统电铲转载相比优点为:占地面积小;运营成本只占电铲转载的 1/5;维修量小;工人劳动强度低;有利于环保;投资少。

就运营成本一项，如转载量为7000kt/a，一年最少可节省运营费400万元以上，一次投资也能节省几百万元。在大型深凹露天矿山采用振动矿仓转载是首选倒装方式（南山铁矿陈能革、朱末琳提供）。

（2）矿仓转载在南芬铁矿的应用。本钢南芬露天矿10000kt/a振动放矿机转载矿仓，使用马鞍山矿山研究院和河南太行振动机械股份有限公司共同研制开发的TKF46100大型振动放矿机。该放矿机是一种新型的机电一体化放矿设备，它主要由破拱台板、振动台板、半固定溜嘴、挡料闸板、卷扬机构、间断式振动电机、自控系统、基础预埋件等组成。台板共分4组，每个台板可单独振动。

该放矿机工作原理为汽车从采剥工作面运输的矿（岩）石卸入转载站的矿仓中，转载站矿仓底部上装有串并联组合式振动放矿机，启动振动放矿机，对矿（岩）石松散体进行强力振动，并部分借助矿（岩）石的重力势能实现矿（岩）流平稳、均匀、连续并容易控制的强制放矿（岩）石，然后，把矿（岩）石倒装到铁路运输的矿用自翻矿车中，由铁路将矿（岩）石运至翻卸地点。该振动放矿机以前台板4块（振动台板）和后台板4块（破拱台板）为一组，两组对准一个KF-60型矿用自翻矿车，南芬露天矿矿石倒装站所用共4组（计32块台板），可同时装载两个自翻矿车。

该型振动放矿机与传统的电铲准场转载相比占地面积小，在相同的生产能力下占地面积只有后者的17.5%，解决深凹露天矿下部采场空间狭小、转载能力要求大的突出矛盾，要用传统方法需要大量剥离岩帮，扩大露天矿开采境界，排弃大量的废石，占用大量的农田。采用振动放矿机基建投资少，节能效果好。根据初步估算，10Mt/a振动放矿机转载与同规模$4m^3$挖掘机堆场转载节省基建投资约1170万元，年节省经营费约1910万元，年耗电量节约2.14×10^6kW·h。该设备已经于2002年用于本溪钢铁公司南芬露天铁矿。

8.4.4.6 国内外部分露天矿开拓系统

国内外部分露天矿开拓系统见表8-46。

表8-46 国内外部分露天矿开拓系统

项目	矿山名称	开拓运输方式	主要运输设备	露天矿尺寸 /m×m	露天矿深度 /m	生产能力 /(kt/a)
国内	南芬铁矿	公路汽车-溜井，汽车-破碎倒装-铁路；排土汽车-破碎-胶带-排岩机（汽车）	85t、154t汽车	3300×1280，1550×40×70/178	527，712	12500，49420
	齐大山铁矿	公路-（铁路）溜井；半移动破碎机-胶带运输机	80t、100t机车、154t汽车	4500×(1700～1800)	555，648	12550，46200
	大孤山铁矿	公路-胶带运输机-铁路	80t、100t、150t机车，85t、100t汽车	1600×1050	489	6200
	白云鄂博铁矿	铁路机车-公路汽车	90t、150t机车，40t、70t、108t汽车			10800
	首钢水厂铁矿	公路汽车	77t、85t汽车	3600×(900～1100)	400	12000
	兰尖铁矿	铁路-公路	150t机车，20t、35t、40t汽车	1100×950，400×360	570（兰家火山），435（尖包包）	6500
	德兴铜矿	矿石：公路汽车溜井，汽车-破碎机-斜井胶带；废石：公路汽车	154t汽车，皮带输送机 $B=1.4$m	2400×2300	300，570	29700，63000
	永平铜矿	公路汽车	42t汽车	1700×600	400	3300
国外	智利 Escodida 铜矿主矿体	公路汽车-半移动破碎机-胶带运输机	218t、231t、380t汽车	3200×2200	465（750，最终）	70000～80000
	智利 Chuquicamata 铜矿	公路汽车-破碎机-胶带运输机	360t汽车	4500×3500	>1000	60000～80000
	智利 Collahuasi 铜矿	公路汽车-半移动破碎机-胶带运输机	231t、345t汽车		350	36000
	智利 Zaldivar 铜矿	公路汽车	231t汽车		200～300	150阴极铜（浸出）
	澳大利亚 Mt. Whaleback 铁矿	公路汽车	189t、219t、230t汽车	5000×1200 (2000)	>400	26000
	印度尼西亚 Grasberg 铜矿	公路汽车-坑内破碎机-胶带运输机	135～320t汽车	1600×1000	250～700	67750
	南非 Palabora 铜矿	公路架线式汽车		800	600～800	80kt/d，转地下30kt/d
	蒙古车 Oyu Tolgoi 铜金矿（可研）	公路汽车(1)，转地下(2)	350t汽车			3000(1)

8.4.5 新水平准备

新水平准备是露天矿延深和持续生产必须进行的开拓准备工作。它包括新水平的出入沟、开段沟和为下一个新水平准备掘进出入沟所需要的扩帮工程以及所必需的其他工程量。新水平准备的方法和工程量的大小与矿床的赋存条件、露天采矿场的形状、采用的开采程序、生产工艺系统、开拓方式以及使用的采、装、运设备类型有关。

新水平准备的条件随着采矿工程的下降而恶化,因此,倾斜矿床露天开采时新水平准备速度的快慢是限制露天矿生产能力的重要因素,在露天矿的设计和生产中,对新水平的准备必须予以高度的重视。

8.4.5.1 影响新水平延深速度的因素和新水平准备工程量

露天采场的走向长度和形状直接影响新水平延深方式,影响掘沟方法和露天矿生产能力,所用的采掘运输设备类型与掘沟速度及水平推进强度有密切关系。沟的位置影响着新水平的准备工程量和延深速度。

新水平延深的准备工作量,包括出入沟和开段沟的工程量以及新水平掘沟所需上一个水平最小宽度的扩帮量的总和,采用联合运输开拓时,新水平准备工程量还包括转载站的工程量。

A 出入沟工程量

a 双壁沟

$$V_1 = \frac{h^2}{i}\left(\frac{b_1}{2} + \frac{h}{3\tan\alpha}\right) + \frac{h}{\tan\alpha}\left(\frac{b_1}{2} + \frac{2h}{3\tan\alpha}\right) \tag{8-94}$$

式中 V_1——双壁出入沟工程量,m^3;

h——延深一个新水平的深度,一般为台阶高度,m;

i——出入沟平均坡度,%;

b_1——出入沟沟底宽度,m;

α——沟帮坡面角,(°)。

当纵向坡度小于4%时,端部沟量可忽略不计,即:

$$V_1 = \frac{h^2}{i}\left(\frac{b_1}{2} + \frac{h}{3\tan\alpha}\right) \tag{8-95}$$

b 单壁沟

$$V'_1 = \frac{\psi b_1^2}{2i}\left[h - \frac{\psi b_1}{3\tan\alpha}\left(1 - \frac{i}{\tan\alpha}\right)\right] \tag{8-96}$$

式中 V'_1——单壁出入沟工程量,m^3。

$$\psi = \frac{1}{\cot\beta - \cot\alpha} \tag{8-97}$$

式中 β——地形坡角,(°)。

当纵向坡度小于4%时,端部沟量也忽略不计,即:

$$V'_1 = \frac{\psi b_1^2}{2i}\left(h - \frac{\psi b_1}{3}\right) \tag{8-98}$$

B 开段沟工程量

a 双壁沟

$$V_2 = (b_2 + h\cot\alpha)hL \tag{8-99}$$

式中 b_2——开段沟底宽,m;

L——开段沟长度,m;

V_2——双壁开段沟工程量,m^3。

b 单壁沟

$$V'_2 = \frac{\psi b_2^2}{2}L \tag{8-100}$$

式中 V'_2——单壁开段沟工程量,m^3。

C 扩帮工程量

它主要取决于扩帮宽度和采剥程序，扩帮宽度（b_{3k}）应保证下一水平能正常掘进出入沟、开段沟和扩帮水平能正常进行采剥工作的最小宽度。扩帮工程量（V_3）为：

$$V_3 = b_{3k} L_{3k} h \tag{8-101}$$

式中 L_{3k}——所需扩帮长度，m；

b_{3k}——扩帮宽度，m；

h——台阶高度，m。

8.4.5.2 新水平准备时间和延深速度

新水平准备时间是指上一水平开始准备到下一水平开始准备，或下水平掘沟时间与上水平为掘沟进行扩帮所需时间之和。

延深速度通常采用露天矿每一年延深的垂直高度，用 h_y 表示，即

$$h_y = 12h/T_0 \tag{8-102}$$

式中 h——台阶高度，m；

T_0——新水平准备时间，月；

h_y——年延深的垂直高度，m。

新水平准备时间有多种确定方法，这里介绍一种公式计算方法，供参考，具体为：

$$T_0 = l_0\left(\frac{1}{v_0} + \frac{1}{v}\right) + \frac{V_1}{KQ}(1 + m) + \left(\frac{1}{v_0} - \frac{1}{v}\right)\left[L_p\left(1 - \frac{3}{K} - l_0\right)\right] \tag{8-103}$$

式中 l_0——掘沟挖掘机与扩帮挖掘机之间允许的最短距离，m；

v_0——扩帮速度，m/月；

v——开段沟掘进速度，m/月；

V_1——为保证下一水平的准备而在本水平的扩帮量，m^3；

K——本水平的扩帮工作面数；

Q——扩帮挖掘机的生产能力，m^3/月；

m——在一个水平上同时扩帮的挖掘机数，台；

L_p——本水平的开段沟长度，m；

T_0——新水平准备时间，月。

延深速度和推进速度，两者之间关系如下：

$$v_T = h_y(\cot\psi \pm \cot\beta) \tag{8-104}$$

式中 v_T——工作帮推进速度，m/a；

h_y——延深速度，m/a；

ψ——工作帮坡面角，(°)。

露天矿延深速度取决于设备类型，新水平准备方法和延深工作的组织状况。在我国目前条件下，铁路运输山坡露天矿延深最大可达 8～12m/a，而汽车运输延深速度最大可达 20～25m/a。在此考虑相邻工作台阶配合发展的限制条件：

$$v_{T_i} \geqslant v_{T_{i+1}} - (B_i - B_{i\min})/T \tag{8-105}$$

式中 v_{T_i}，$v_{T_{i+1}}$——第 i 台阶和第 $i+1$ 台阶的水平推进速度，m/a；

B_i——第 i 台阶工作平盘宽度，m；

$B_{i\min}$——最小工作平盘宽度，m；

T——新水平准备时间，月。

当工作平盘宽度相等时，则推进速度一致，即 $B_i = B_{i\min}$ 时，则 $v_{T_i} = v_{T_{i+1}}$。

每个工作帮的水平推进速度应满足下列条件：

$$nQ/hL \geqslant v_T \tag{8-106}$$

式中 Q——挖掘机效率,m^3/a;

h——台阶高度,m;

L——采场工作线总长度,m;

n——工作帮上所配置的电铲数,台;

v_t——工作台阶完成生产能力所必需的推进速度,m/a。

8.4.5.3 缩短新水平准备时间的途径

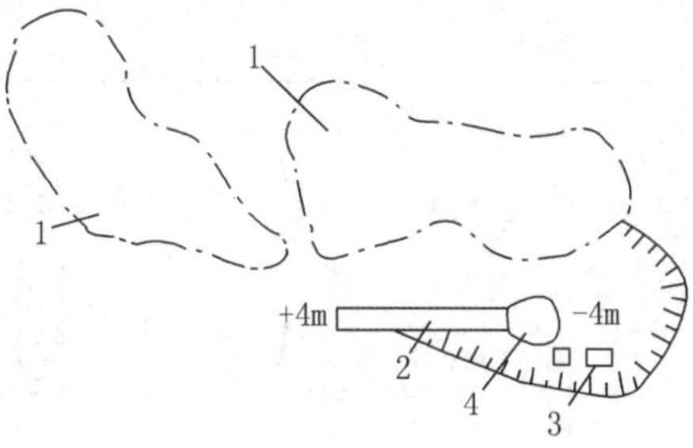

图 8-84 石录铜矿无段沟开拓

1—矿体;2—永久路堑;3—水池和泵房;4—基坑

除前述提高掘沟速度的掘沟方法外,还采用了横向采剥、纵向推进、短段沟或无段沟来加速新水平准备。如白银露天矿、铜绿山铜铁矿、金堆城钼矿等都采用横向采剥方法,铜山露天矿、石录铜矿采用无段沟来加速新水平准备工作。在出入沟终端建立开拓基坑,其平面尺寸约为 50m×50m,以保证投入第二台采装设备,如图 8-84 所示。无段沟开拓简化了扩帮工程,当工作平盘形成后,用多台挖掘机扇形工作线作业,发挥了汽车运输的灵活性,使新水平准备工作量由 $300000m^3$ 减少到 $100000m^3$ 以下,从而使准备新水平时间由一年减至半年。铜绿山铜铁矿在矿体上盘处开掘临时出入沟(15~20 天)和 40~50m 的短段沟后即可开始采矿,再逐步和固定坑线相连。这样既可降低矿石贫化损失,又可加速新水平准备。用此工艺掘沟一般只用 3 个月时间即可准备出一个新水平。

8.4.6 掘沟工程

新水平准备的及时与否,关键在于掘沟速度,这是我国许多矿山带有普遍性的问题。掘沟速度在很大程度上决定着露天开采强度,并因之而影响露天矿生产能力。因此,应正确地选择掘沟工艺即掘沟方法,合理地确定沟的主要参数,以提高掘沟设备效率,加快掘沟速度。

8.4.6.1 掘沟方法

掘沟工作与剥采工作比较起来,虽然生产工艺环节基本相同,但掘沟工作本身却有不同特点。其特点是在尽头区采掘,工作面狭窄,靠沟帮的钻孔夹制性大,采用铁路运输掘沟时装运设备效率低,尤其雨季沟内积水对掘沟影响更大。

在掘沟工作中,一种掘沟方法与另一种掘沟方法的主要区别,取决于所采用的运输和装载方式。

按运输方式不同,掘沟方法主要可分为以下几类:

(1) 汽车运输掘沟;

(2) 铁路运输掘沟;

(3) 联合运输掘沟;

(4) 无运输掘沟。

前三类掘沟方法常用于凹陷露天矿掘进梯形横断面的双壁沟,而无运输掘沟方法多用于沿山坡地形等高线掘进近于三角形横断面的单壁沟。在山坡也可用汽车运输掘进宽工作面单壁沟。

按挖掘机的装载方式不同,掘沟方法又分为:平装车全段高掘沟、上装车全段高掘沟和分层掘沟。

无运输掘沟法包括挖掘机倒堆掘沟和定向抛掷爆破掘沟。在坚硬岩石中,汽车运输掘沟工艺包括穿孔爆破、采装、运输、二次破碎,在有涌水的露天矿还需进行排水工作。而铁路运输掘沟除上述工艺外,还有拆铺线路工作。

掘沟的穿孔爆破工作是在断面狭窄的尽头处进行,为了提高掘沟速度,广泛应用多排孔微差挤压爆破(图 8-85)。其起爆顺序可分为:斜线微差起爆(图 8-85(a))、排间微差起爆(图 8-85(b))、行间微差起爆(图 8-85(c))。斜线微差起爆为纵向掏槽起爆。

在凹陷露天矿掘进双壁沟时,由于沟的断面较小,边孔爆破的夹制作用较大,为了按设计断面成沟,边孔的装药量比其他孔增加 15%~20%。靠非工作帮掘沟时,为保护边坡稳定性,应进行控制爆破。位于最终边帮平台部分的钻孔(图 8-86 中的 1),宜采用较小的孔网参数和孔径,钻孔不超深或少超深,适当减少钻孔的装药量;在沟帮坡面上加一行孔径小的垂直短孔(图 8-86 中的 2)或布置与沟帮坡面平行的钻孔。部分掘沟方法见表 8-47。

表 8-47　部分掘沟方法

<table>
<tr><th colspan="3">掘沟方法</th><th>图　示</th><th>沟底最小宽度/m</th></tr>
<tr><td rowspan="7">（1）全断面掘沟</td><td rowspan="3">1）汽车运输掘沟</td><td>①环形调车</td><td>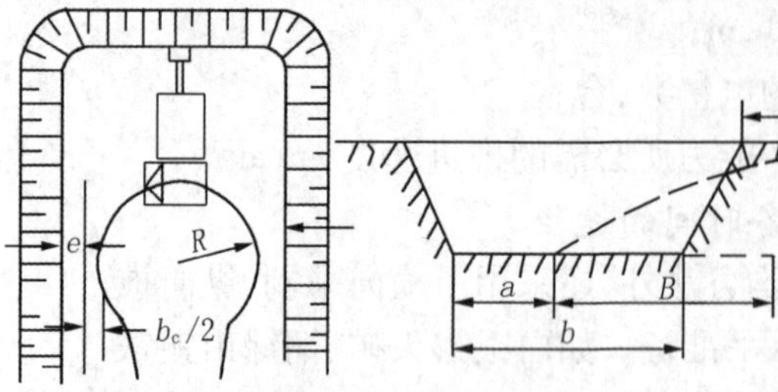
</td><td>$b=B+a-A$
$b_{min}=2(R_{min}+b_c/2+e)$
式中，B 为爆堆宽度；a 为道路宽度；A 为爆破带宽度；R_{min} 为汽车最小转弯半径；b_c 为汽车宽度；e 为安全间隙</td></tr>
<tr><td>②单折返调车</td><td>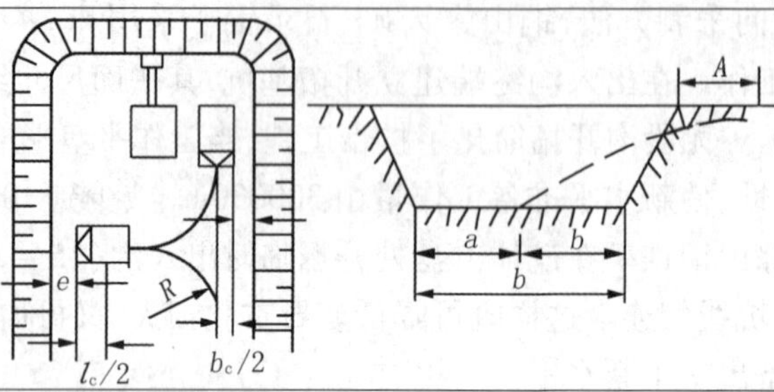
</td><td>$b_{min}=R_{min}+b_c/2+l_c/2+2e$
式中，l_c 为汽车长度</td></tr>
<tr><td>③双折返调车</td><td>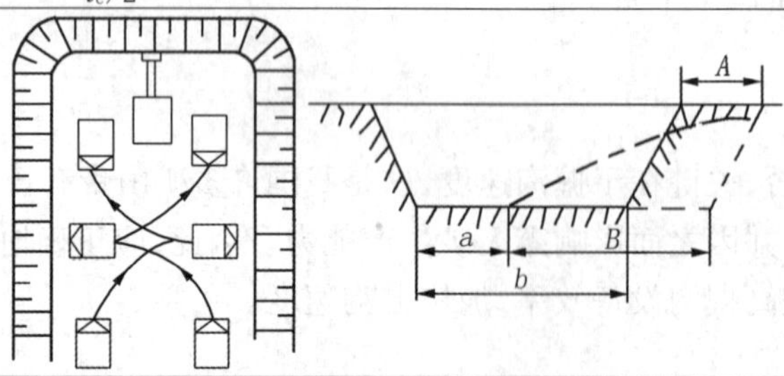
</td><td></td></tr>
<tr><td rowspan="2">2）铁路运输掘沟</td><td>① 平装车</td><td>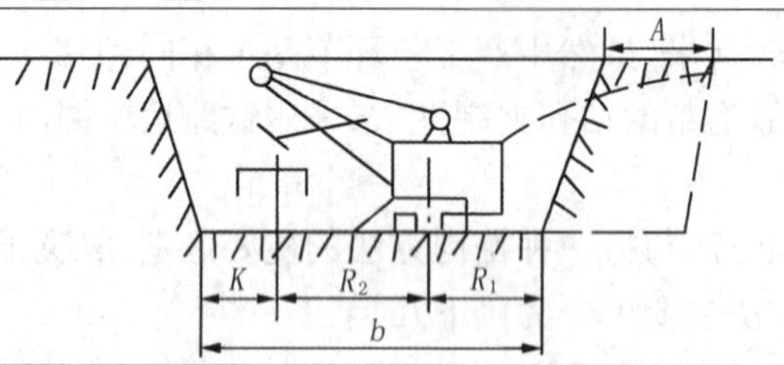
</td><td>$b_{min}=R_1+R_2+K$
式中，R_1 为站立水平挖掘半径；R_2 为卸载半径；K 为铁路线路中心至沟帮底线距离</td></tr>
<tr><td>② 上装车</td><td>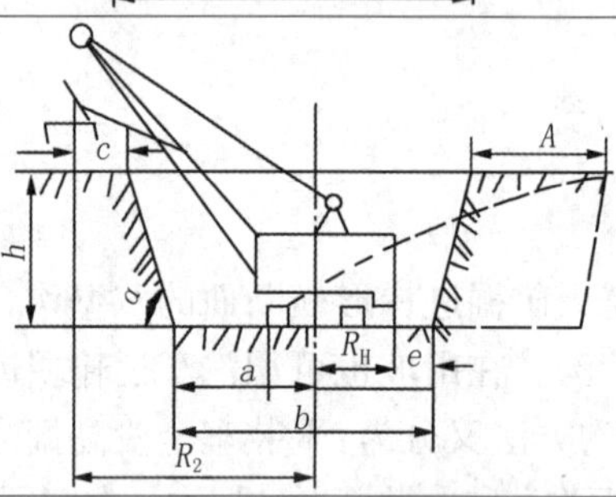
</td><td>$b_{min}=R_H+R_2-c-h\cot\alpha+e$
式中，R_H 为挖掘机回转半径；c 为线路中心至坡顶线距离；h 为台阶高度；α 为沟帮坡面角</td></tr>
<tr><td rowspan="2">3）无运输掘沟</td><td>① 长臂铲掘沟</td><td>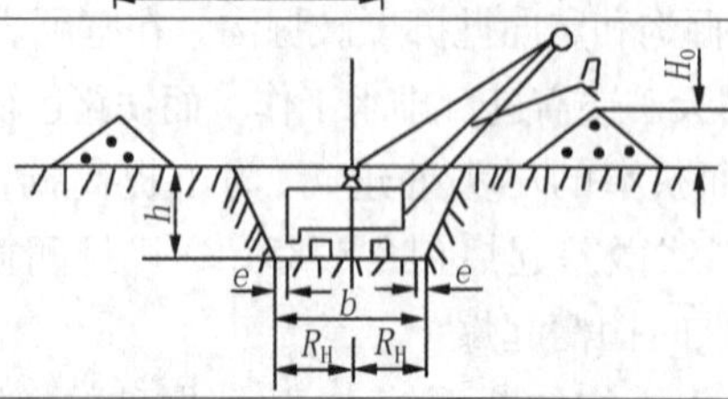
</td><td>$b_{min}=2(R_H+e)$</td></tr>
<tr><td>② 索斗铲掘沟</td><td>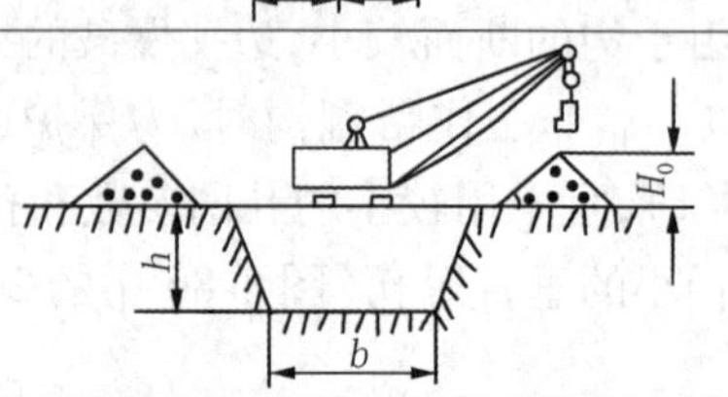
</td><td></td></tr>
</table>

续表 8-47

掘沟方法		图　示	沟底最小宽度/m
(2)分层掘沟	1)单侧分层上装车掘沟	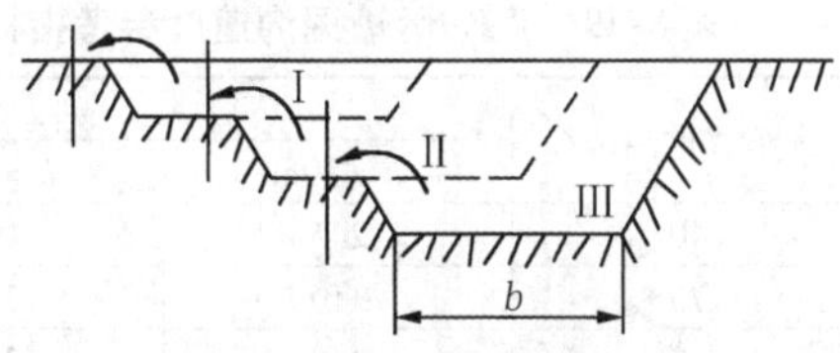	$b_{\min}=R_H+R_2-c-h\cot\alpha+e$ 式中,R_H 为挖掘机回转半径;c 为线路中心至坡顶线距离;h 为台阶高度;α 为沟帮坡面角
	2)交错分层上装车掘沟	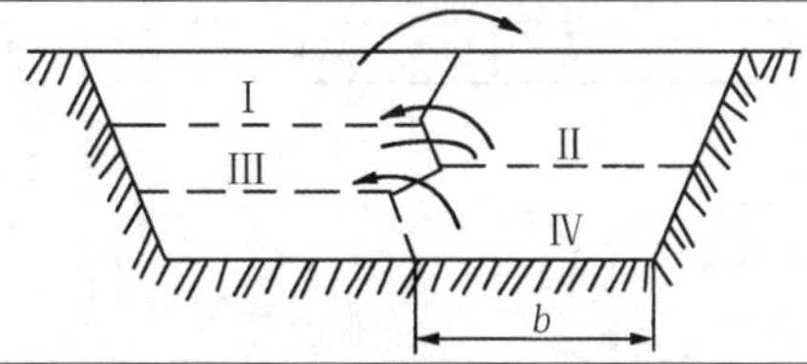	$b_{\min}=2R_H-2h_k\cot\alpha$
	3)上分层上装车,下分层为平装车掘沟	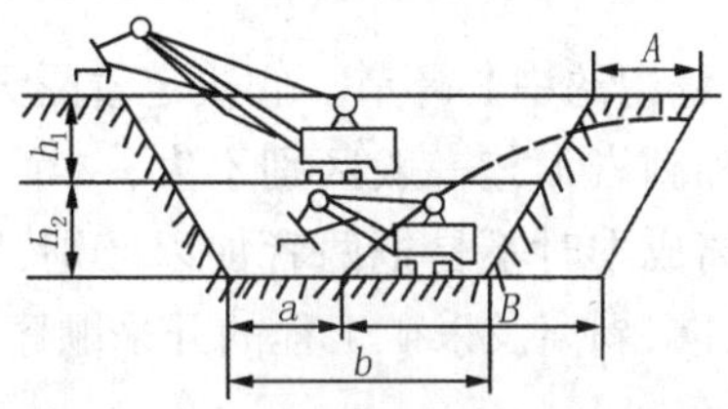	

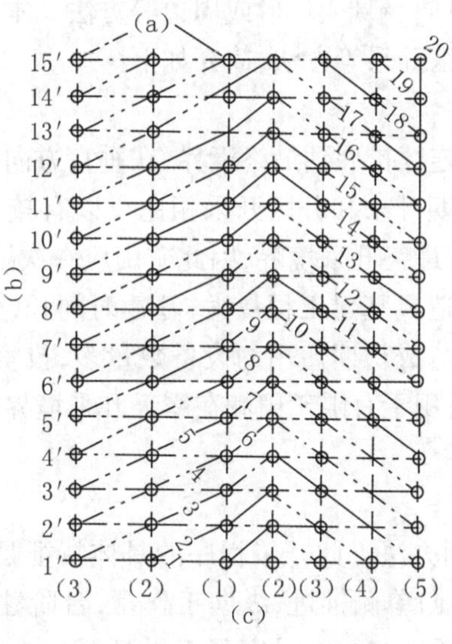

图 8-85　多排孔微差起爆顺序

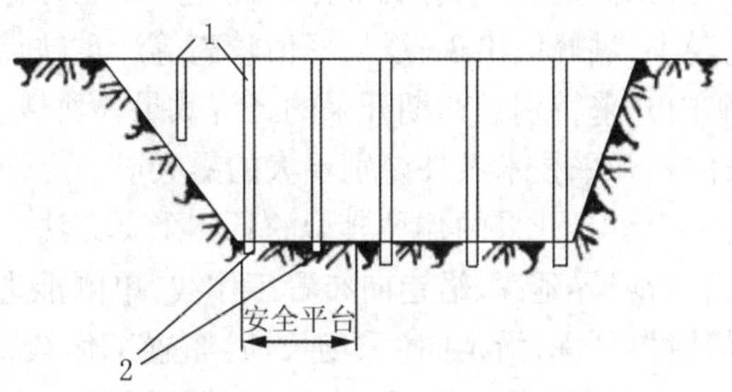

图 8-86　多钻孔在沟的横断面上的布置

1—钻孔;2—钻孔超深

8.4.6.2　我国部分露天矿掘沟方法及实际指标

我国部分露天矿掘沟方法及实际指标见表 8-48。

表 8-48　我国部分露天矿掘沟方法及实际指标

矿山名称	掘沟方法及装运工艺	岩石坚固性系数 f	沟底宽度/m	沟深/m	挖掘机效率/(km^3/(台·月))	掘沟速度/(m/月)	延深速度/(m/a)
大孤山铁矿	长臂铲上装车	10~12	35	12	60	60.78	6~6.3
南芬铁矿	汽车运输尽头式折返调车或环形调车	8~12	35	12	140~160	150~200	8~10
白银铜矿 1号采场	汽车运输、尽头式折返调车	5~7	30	12	50~63	100~150	10.10
眼前山铁矿	铁路运输、长臂铲上装车	8~12	27~33	12	66	254	12
大冶铁矿	汽车运输环形调车方式	8~12	37	12		308	16
昆阳磷矿	汽车运输、分层掘沟、单侧折返调车	6	12	10(5+5)	20	240	12
德兴铜矿	汽车运输、全断面平装车、折返调车	5~10	25~30	12		314	12

汽车运输掘沟速度参考指标,见表8-49。

表8-49 汽车运输掘沟速度参考指标

<table>
<tr><th rowspan="2">掘沟方法</th><th rowspan="2">斗容/m³</th><th rowspan="2">汽车载重吨位/t</th><th colspan="4">掘沟速度/(m/月)</th></tr>
<tr><th>h=10m</th><th>h=12m</th><th>h=15m</th><th>h=20m</th></tr>
<tr><td rowspan="2">尽头式折返调车
b=25~27m</td><td>4.6</td><td>40</td><td>245</td><td>190</td><td>150</td><td rowspan="2">130</td></tr>
<tr><td>8.0</td><td>75</td><td>310</td><td>240</td><td>200</td></tr>
<tr><td rowspan="2">环形调车
b=35m</td><td>4.6</td><td>40</td><td>300</td><td>240</td><td>180</td><td rowspan="2">130</td></tr>
<tr><td>8.0</td><td>75</td><td>350</td><td>290</td><td>220</td></tr>
</table>

8.5 采剥方法

8.5.1 露天矿采剥方法的分类

采剥方法是露天矿开采生产过程中的中心环节。它决定着露天矿的开采方式、技术装备、矿床开采强度和经济效益。在露天采矿中,采矿和剥岩工艺一般区别不大,一个工作台阶上的一台设备往往既可进行采矿,又可进行剥离。计算采矿或剥离成本时不易把两者加以区别,所以将采矿方法和剥岩方法统称采剥方法。它主要是研究露天开采中的采准、剥离及采矿工程的开采顺序以及它们之间的时间及空间的变化关系等问题。

采剥方法一般以工作线推进方法进行分类,可分为横向、纵向、扇形、环形或周边等方法。本节以另一种分类方法进行分类,分为全境界、分期境界、陡帮分期和分期分区开采等方法,简介如下。

8.5.1.1 全境界开采

全境界开采是指采剥工程按规定的开采台阶、沿水平方向连续扩展到最终境界,在垂直方向按开采全深范围逐层连续向下延深,直到最终开采深度为止。该方法与分期开采和分区开采相比可以有较大的生产能力。生产组织管理工作比较简单。但它要求在设计时一次确定最终开采境界,因此矿山应一次勘探清楚,勘探时间长,一次工作量大,对有利部位的优先开采选择性较差,造成基建工程量大,基建时间长,生产剥采比的调节余地较小,洪峰值出现较早,峰值较高等严重缺点,随之造成初期使用的设备数量多,投资大,生产费用高,影响矿山开采特别是初期开采的经济效果。所以,一般适用于有限矿田和在露天开采境界内各部位的矿体埋藏条件和开采技术条件差别不大的露天矿。

下面列出全境界开采的几种典型的具体采剥方法。

(1) 沿底帮境界延深、沿走向布置工作线、单侧推进的采剥方法。此开采程序的具体特征是:水平划分台阶,沿底帮境界延深,沿走向(采场长轴)布置工作线,垂直走向单侧推进,纵向工作帮,台阶独立作业(非组合台阶或相邻多台阶同时作业)。如果其他要素不变,只把延深方式由沿底帮境界延深改为沿矿体下盘延深,就变成另一种采剥方法。

(2) 沿矿体下盘延深、沿走向布置工作线、双侧推进的采剥方法。此开采程序的具体特征是:水平划分台阶,沿矿体下盘延深,沿走向双侧布置工作线,垂直走向双侧推进,纵向工作帮,台阶独立作业。

如果其他要素不变,把沿矿体下盘延深改为沿矿体上盘降深,或开始沿矿体下盘再转为沿底帮境界延深,开始沿矿体上盘再转为沿顶帮境界延深,又形成了新的采剥方法。

(3) 沿采场端部境界、垂直走向布置工作线、单侧沿走向推进采剥方法。此采剥方法具体特征是:水平划分台阶,沿采场端部境界延深,垂直走向布置工作线,平行走向单侧推进,纵向工作帮,台阶独立作业。

(4) 垂直走向布置工作线、沿采场底(或)顶帮延深、双侧沿走向推进采剥方法。此采剥方法的具体特征是:水平划分台阶,开段沟垂直走向,沿采场端部降深,双侧布置工作线,沿走向双侧平行推进,纵向工作帮,台阶独立作业。

(5) 沿端帮降深、多向工作线、多向推进采剥方法。此采剥方法的具体特征是:水平划分台阶,沿采场端部境界延深,多向布置工作线,扩展式多向推进,纵、横向工作帮,台阶独立作业。

(6) 沿周边境界布置工作线、螺旋式延深、工作线呈扇形或非均衡推进的采剥方法。此采剥方法的具体特征是:水平划分台阶,沿采场境界周边螺旋式延深,沿周边布置工作线,呈扇形或非均衡推进,台阶独立作业。

上述各种典型的采剥方法中,沿走向布置工作线平行推进的方法多应用于铁路运输,因为受露天矿采场几何尺寸限制,垂直走向的宽度往往无法满足布置铁路线路的要求。这种情况下,着重研究延深方式往往具有重要意义。沿矿体底帮境界或顶帮境界延深,开始就可以采用固定坑线,运输工作比较简单。但急倾斜矿体条件下延深位置距矿体较远,基建剥离工程量较大,使投产达产时间推迟,特别是沿顶帮境界延深的方式尤甚。沿矿体上盘或下盘延深,在采剥工程发展到最终境界位置以前,则必须采用移动坑线,运输线路的移设工程量大,组织管理工作比较复杂。但由于延深位置距矿体近,可以早出矿,缩短投产、达产时间和减少基建工程量。总之,延深位置可以紧靠矿体,也可以距矿体一定距离,延深方向和延深角可根据实际情况确定。

沿走向布置工作线,一般开段沟及新水平准备工程量比较大,降深速度低,这是目前影响铁路运输矿山生产能力的一个关键问题。另外,当矿体不是很厚时,采矿作业往往只能集中在1~2个台阶,在矿石品种较多、品位变化较大的时候,往往为多品种的均衡生产和质量的稳定造成困难。目前我国几个铁路运输的大型露天铁矿,如大孤山铁矿、大冶铁矿的东露天矿、白云鄂博铁矿都是采用沿走向一侧或双侧布置工作线,沿底帮境界或矿体上下盘延深纵向工作帮、台阶独立作业的采剥方法。

垂直走向布置工作线在我国各类露天矿中过去采用得比较少,北台铁矿的北台沟采场采用的是这种方式。有些采用汽车运输的露天矿在实际生产中基本上采用了垂直走向布置工作线的方式,如兰尖铁矿、杨家杖子钼矿的松北露天矿、白银厂露天铜矿的1号及2号露天采场。国外的露天矿采用这种方式则非常广泛。实践表明,当开采条件适宜,安排得当时,垂直走向布置工作线具有许多优点,较有利于选择优先开采部位,有利于减少基建工程量和加快矿山建设速度;同时采矿的台阶比较多,有利于采场配矿和质量中和,新水平准备工程量小,有利于提高延深速度和达到较大的开采规模,以及工作面绕行运距短等。因此对采用汽车运输的矿山,应着重研究这种垂直布置工作线的方式。前述的兰尖铁矿、松北露天矿、白银厂露天铜矿原设计都是采用沿走向布置工作线,在生产中根据矿山具体条件改为垂直走向布置工作线,取得较好的经济效益。

多向布置工作线较垂直布置工作线更加灵活,运用得当时,可以取得更好的效果,但这种方式由于延深和工作线布置的变化大,所以要求运输方式必须灵活,才能适应其多变的特点,因此这种方式都适应于采用汽车运输的露天矿。也可以说,工作线的多向布置,灵活推进,是采用汽车运输的一种必然结果。

8.5.1.2 分期开采

分期开采的目的是为了获得较好的经济效果,特别是初期的经济效益。可以考虑分期开采的条件是:

(1) 储量比较大,开采年限较长的露天矿。

(2) 矿床埋藏条件变化大,开采技术条件差别悬殊的矿山。可以先开采条件较好的地段,如矿体较厚,矿石质量较好,地形条件有利,覆盖层薄,剥采比小的地段等。

(3) 在某些待定条件下,如采场内有剥离量很大的高山,或有需要迁移的地表水体和重要交通线路、有需要搬迁的重要建筑物等。为了推迟它们的剥离、迁移、搬迁时间,可以采用分期开采。

(4) 有的矿山受勘探程度的影响,开始只能按已探明的工业储量确定开采境界进行生产。随着探明储量的加大,逐步扩大开采范围。

(5) 由于生产规模加大,原有采场不能适应生产能力的要求,需要扩大开采范围,这样在客观上也形成了分期开采。以上是从开采程序的角度,为改善经济效果而研究分期开采问题的,它的前提是已有了一个既定的开采境界。开采程序的各项要素,在分期开采中应按它们的特点和适用条件灵活运用。分期开采的详细内容见8.5.4节。

8.5.1.3 分区开采

分区开采是在已确定的合理开采境界内,在相同开采深度条件下在平面上划分若干小的开采区域,根据每个区域的开采条件和生产需要,按一定顺序分区开采,以改善露天开采的经济效果。与分期开采方式相比,这两种开采方式考虑问题的出发点和想要达到的目的都是相同的,优缺点也基本一样。不同的是分区开采是在平面上划分开采分区,分期开采是在深度上划分采区。图8-87是分区开采方式的平面和剖面示意图。

在图 8-87 中整个露天采矿场分三个区进行生产,其顺序为Ⅰ、Ⅱ、Ⅲ。Ⅰ区开采条件最好,Ⅱ区次之,Ⅲ区条件最差。

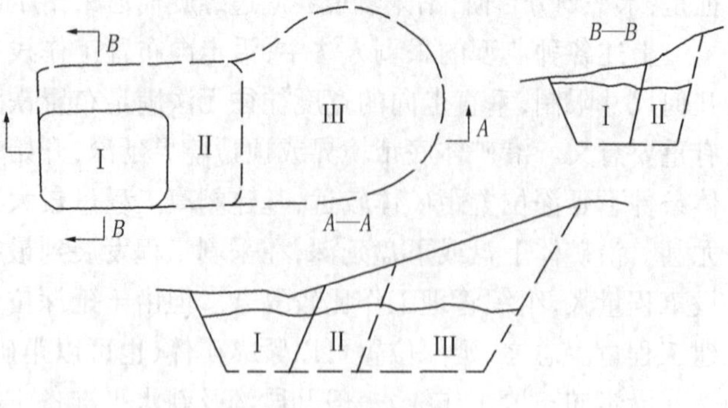

图 8-87 分区开采

图 8-88 是这种分区开采与不分区开采采剥量的发展曲线图。这两种开采方式的矿石发展曲线相同,*OABCDEFG* 是分区开采时的剥岩发展曲线,*OAHIJKLMG* 是不分区开采时的剥岩发展曲线。显而易见,分区开采比不分区开采效果要好得多。露天煤矿中较多采用分区开采,如伊敏河、平朔一号、准格尔旗黑岱沟等特大型露天矿。我国冶金露天矿中如金堆城铝矿和峨口铁矿也是采用分区开采方式。采用分区开采的矿山,各分区内部的采剥方法如延深方法、工作线布置及推进、工作帮形式等都需要根据具体条件确定。此外还应注意解决好各区生产的正常衔接。

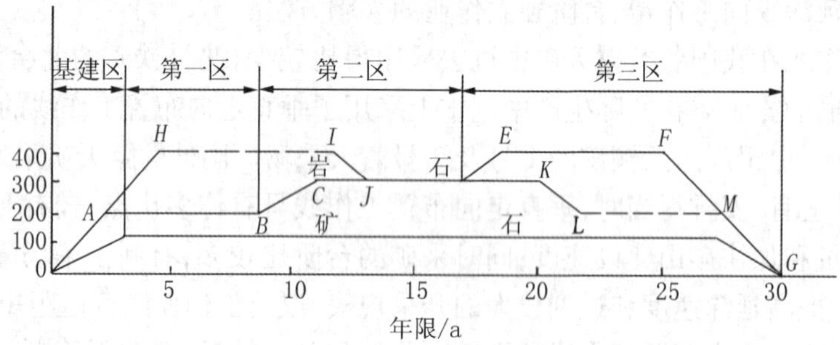

图 8-88 分区与不分区开采采剥量发展曲线

8.5.1.4 分期分区开采

分期分区开采指的是在总体上看是分期开采,但分期中又有分区,或总体上看是分区开采,但分区中又有分期,或既有分期开采的特征,又有分区开采的特征。因为我们所说的分期或分区,都是以一定的年限为基础的,所以采用分期分区开采的矿床,一般是在开采范围和储量较大,开采年限较长的矿山采用。它所要研究和解决的问题和前述分期开采、分区开采是相同的,不再重复。应指出,在整个露天矿生产期间,开采程序可能是变化的,为了达到较好的技术经济效果,可能在不同的开采时期采用不同的开采程序。不能认为某一开采程序一经确定就是一成不变的。当然,对一个生产矿山来说,开采程序的改变,不是一件轻而易举的事,要作充分的论证,谨慎从事。

8.5.1.5 实例

石人沟铁矿为露天开采的生产矿山。矿床为鞍山式沉积变质矿床,呈层状,似层状产出,长约 2800m,倾角 50°~70°。沿走向由南向北划分为三个区:即南区、中区和北区。矿山目前生产采用全境界开采,在北、中、南三区同时作业。台阶高 10m,沿矿体上盘延深,平行走向全长掘开段沟,沿走向双侧布置工作线,垂直走向向上下盘方向推进。

矿山采用挖掘机装车、自卸汽车运输、潜孔钻机穿孔。矿山共有 5 个外部排土场,目前只有 1 号及 4 号排土场尚有较大容积可以利用。改变采剥方法的问题是:征地困难,排土场容积不足,汽车运输条件随着采场延深和排土场排土标高上升而逐渐恶化。为解决这些问题,矿山除在地表采用胶带输送机运岩外,还改变原有采剥方法实现内排土。这样,既解决排土场容积不足,减少岩石运距,又降低了生产成本。

石人沟铁矿新的采剥方法紧围绕如何实现内部排土而提出的。现有采场地形北高南低。北区目前开采标高 180m,露天底标高 70m,长 500m。中、南区地面标高 80~110m,露天底标高均为零米,长约 2000m。根据采场走向长(2500m),开采深度(80~120m)浅的特点,客观上有可能选择一个适当地段,集中开采,迅速延深,以尽快达到露天底,形成作为内部排土场的采空区,实行内部排土。经技术经济比较,总体改造设计推荐的采剥方法为全境界开采,工作线垂直矿体走向布置,沿采场南部端帮延深,沿矿体走向从南向北推进,如图 8-89 所示。

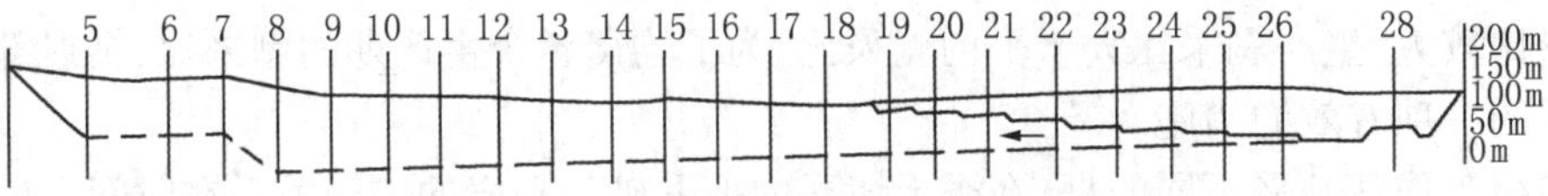

图 8-89 石人沟铁矿采场纵剖面

根据本矿具体条件实现内部排土,工作线必须垂直矿体走向布置、沿走向推进,采场内移动公路平行矿体走向布置。工作平台宽度一般为 70~110m,工作帮坡角为 7°~10°。

在采场形成内排以前,开始用汽车直接将岩石运往 1 号排土场;岩石破碎及胶带排土系统建成后,则用汽车将岩石运至地表岩石破碎站,岩石经破碎后由胶带输送机运至 4 号排土场。开始形成内部排土条件时采场开采状态如图 8-90 所示。

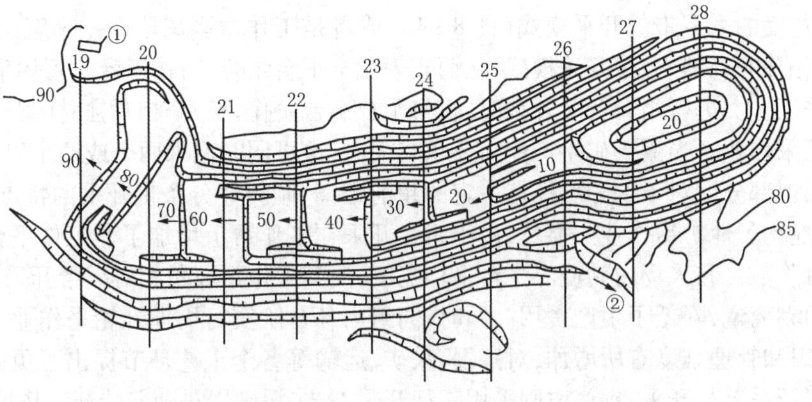

图 8-90 开始形成内排土时的采场平面

①—岩石破碎站;②—去 1 号排土场

当内排条件形成后,即可开始内排岩石,排土台阶高 20m。在标高 20m、40m、60m、80m 台阶设排土水平。在采场上下盘最终境界内设相应标高的运输平台。

采剥与排土发展的工作状态如图 8-91 所示。采场工作结束后,采场及内排土的状态如图 8-92 所示。

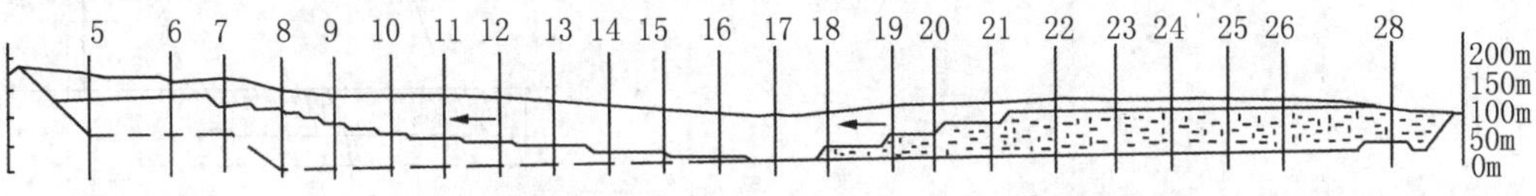

图 8-91 采剥与内排土发展的工作状态纵剖面

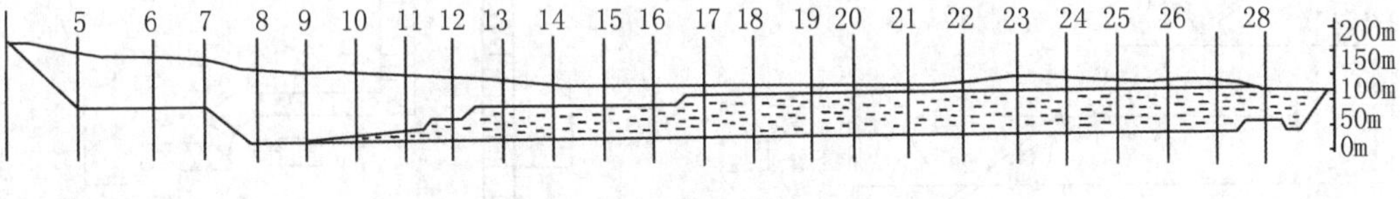

图 8-92 开采终了时采场纵剖面

上述开采程序,在技术上是可行的,经济效果显著,与外排土比较,除少占耕地,减少运输设备外,仅运输费用一项即可节约 1800 万元。

8.5.2 露天矿陡帮开采

陡帮开采在我国露天矿中现已广泛应用,并取得了明显的效果。陡帮开采优点为:由于部分剥岩量的推迟,使基建工程量和基建投资少,基建时间短;初期生产剥采比小,生产成本低,剥离洪峰出现较晚,最终边坡也因之暴露较晚,使边坡的维护工作量及维护费用减少。因此,有条件的矿山可采用陡帮开采方法。

8.5.2.1 陡帮开采的基本原理

陡帮开采是加陡露天矿剥岩工作帮所采用的工艺方法、技术措施和采剥程序的总称。它是针对深凹露天矿初期剥岩量比较大，生产剥采比大于平均剥采比，为了均衡整个生产期的剥采比，推迟部分剥岩量，节约基建投资而发展的一项有效的措施。

陡帮开采与缓工作帮开采不同的是，在露天境界内把采矿与剥岩的空间关系在时间上做了相应的调整。在保持相同采矿量的前提下，用加陡剥岩工作帮坡角的工艺方法把接近露天境界圈附近的部分岩石推迟到后期采出。它与分期开采的目的相同，而比分期开采更加有效、灵活。露天矿工作帮坡角的大小与台阶高度成正比，与工作平盘宽度成反比。缓帮开采是工作帮上每一个台阶均保持很宽的工作平盘台阶单独开采，其工作帮坡角较缓一般为8°~15°，缓帮开采工艺因受最小工作平盘限制，平盘宽度很难减小。而陡帮开采工艺打破了缓帮开采工艺在工作帮上各台阶须连续均匀地推进，各台阶之平台宽度均不得小于最小允许工作平盘宽度的开采模式，它是将工作帮上若干个相邻的台阶合成一组，由一个足够宽的工作平台和若干个暂时休采的宽度大大小于最小工作平盘宽度的临时非工作平台组成的组合台阶开采，一个分层一个分层往下开采，每层推进一定宽度的采掘带的开采模式（图8-93），或者是工作帮剥离段由一个宽工作平台和若干个较窄的非工作平台组成的倾斜竖分带开采模式，从而实现宽窄平台结合，工作平台与暂休采的临时非工作平台并存的不连续开采工艺。进行组合台阶开采时，将每个分组台阶作为一个相对独立的开采单元，同组内对各台阶实行周期性轮采作业。当露天矿生产能力要求较大时，也可同时回采两个或两个以上的分层，采用横向工作面，纵向推进，上部分层对下部分层保持一定的超前距离，倾斜竖分条带开采的特点是按一次推进宽度逐台阶、自上而下地均匀地扩帮作业。显然，由于组合开采在工作帮上增加了非工作平台的数量，减少了采场内同时工作的台阶数目和采场内到境界平台平均宽度，使其工作帮坡角相对缓帮开采大大提高，从而减少了露天开采前期的剥离量，降低了生产费用。同时，同组内各台阶实行周期性轮采作业，使设备移动较缓帮开采频繁，生产组织和管理难度有所增加，对穿爆、采矿、运输等各个工艺环节提出了更高的要求。而且，由于采矿段仍按缓帮开采工艺开采，剥离段则采用陡帮开采工艺，缓剥岩量随着陡帮工作坡角的增加而增大。

为了实施陡帮开采，加陡工作帮坡角，还可以采取以下一些技术措施：

（1）横向采掘。陡帮开采时实体采掘带宽度即爆破进尺比较大，其值从几十米到上百米，大大超过挖掘机一次可能采掘的宽度。为了充分利用采掘后作业空间进行调车和其他作业，挖掘机有时作横向采掘，如图8-94所示。此时挖掘机的采掘方向与采掘带垂直。

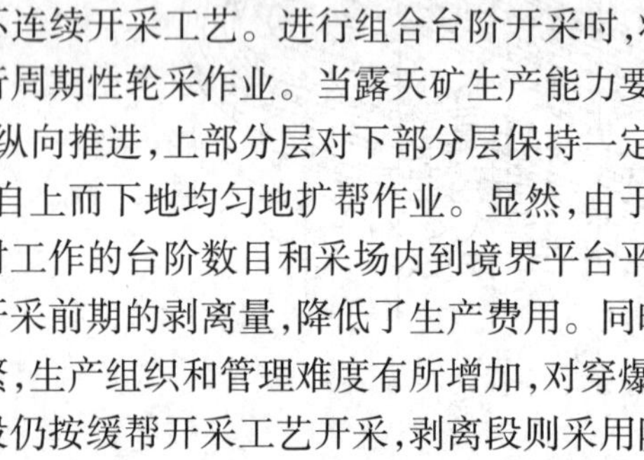

图8-93　组合台阶开采工作帮

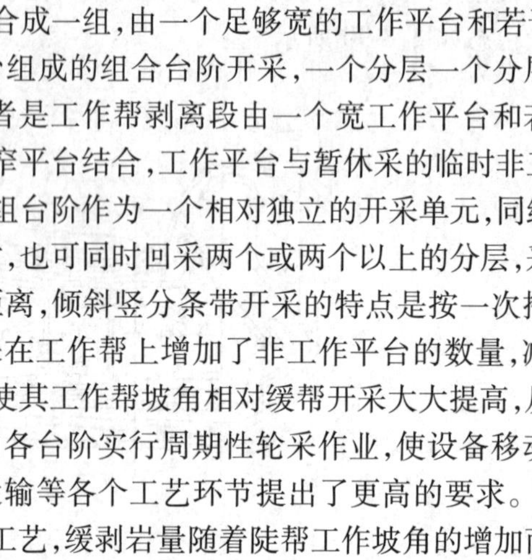

图8-94　挖掘机横向采剥

B—工作平盘宽度；B_S—爆破进尺；b—暂不作业平台宽度；h—台阶高度

（2）纵向爆破。缓帮开采时，一般实行横向爆破，爆堆在平盘中所占的宽度很大，因而增加了工作平盘宽度。为了减少工作平盘宽度，实行纵向爆破，爆堆亦纵向布置。根据弓长岭铁矿独木采场的经验，采用纵向爆破旁冲宽度在10~13m之间，如图8-95所示。

（3）采用深度法设置备采矿量。备采矿量的设置方法可以分为宽度法、长度法和深度法。当采用深度法设置备采矿量时，剥岩帮坡角越陡，备采矿量越大；采矿工作帮坡角越缓，备采矿量越大。这对陡帮开采极为有利。

8.5.2.2 陡工作帮的作业方式

根据工作帮上台阶的轮流方式,陡帮开采的作业方式可分为以下几种。

A 倾斜条带开采

该作业方式是把剥岩帮上所有台阶作为一个作业区,从上而下逐个台阶追尾式开采,对剥岩帮高度没有严格要求,一般说来,当工作帮构成要素相同时,倾斜条带开采的帮坡角比组合台阶的帮坡角陡,相对下部采矿区的安全性较组合台阶开采差,因而在应用中,需在剥岩帮下部设置较宽的截渣平台。如果采场长度较大时,采用分区扩帮可使剥岩区和采矿区错开,如图 8-96 所示,采用倾斜条带开采的矿山,在国外有加拿大卡西厄石棉矿,国内有大冶铁矿二期扩帮工程、桦子峪镁矿二期扩帮工程、弓长岭铁矿独木采区、济阳磷矿二采场、北台张家沟矿区和海南铁矿(设计)等工程。

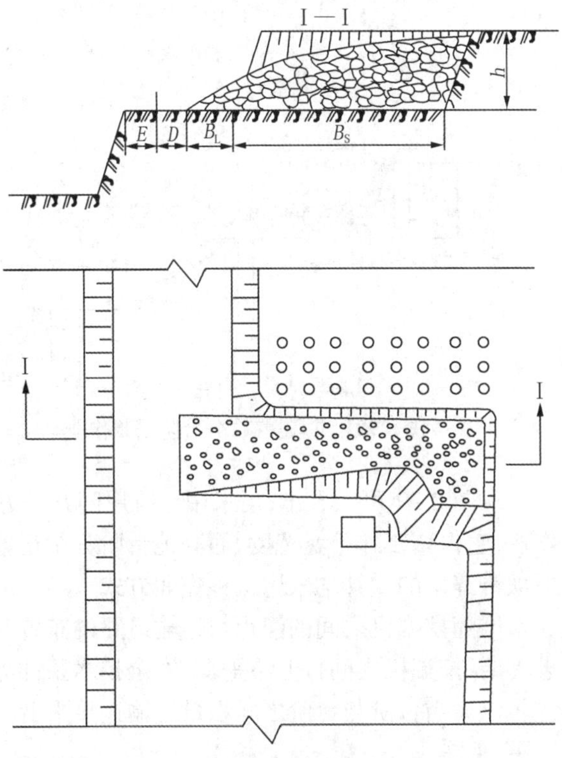

图 8-95 纵向爆破
B_L—爆堆旁冲宽度

B 组合台阶开采

组合台阶开采是把剥岩帮若干个台阶合为一组,作为一个独立的采剥单元(每组台阶数一般为 3 ~ 6 个),配备一组采装运设备,自上而下逐个台阶轮流开采。只有剥岩帮高差在 70 ~ 100m 以上时,才能形成两组或两组以上的组合台阶。与倾斜条带开采比较,组合台阶开采时设备调动的高差小(仅在本组台阶内调动);上组合台阶作业时,下组合台阶的较宽工作平台可以截住上组合台阶下滚的滚石,因而下部采矿区作业较安全,如图 8-97 所示,国外露天矿采用组合台阶开采多,如美国西雅里塔铜铝矿、碧玛铜矿、澳大利亚的惠尔巴克铁矿等,国内有大孤山铁矿和南芬铁矿等。

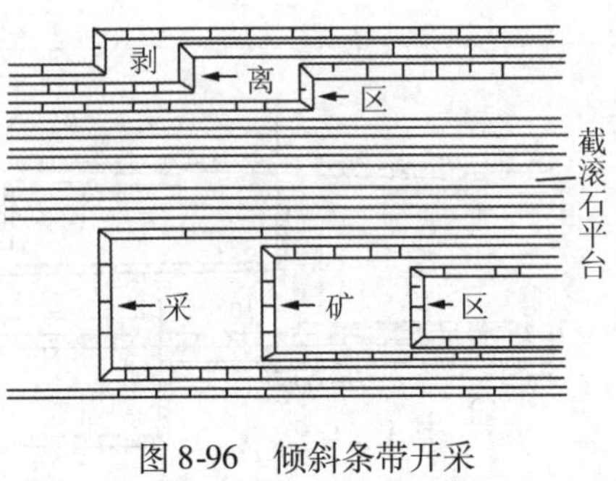

图 8-96 倾斜条带开采

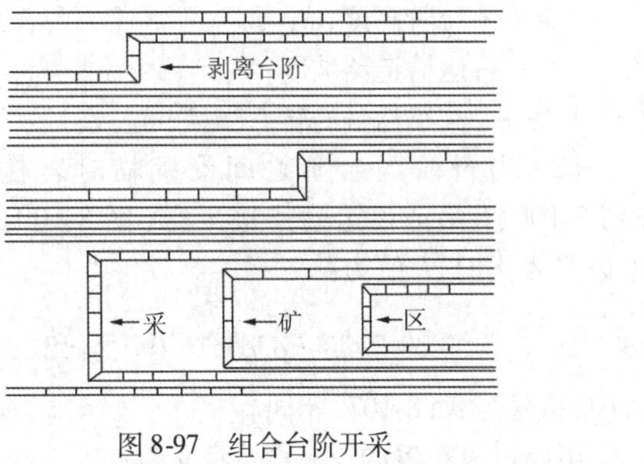

图 8-97 组合台阶开采

C 并段爆破、分台阶采装作业

在实际生产中,常常在最终边帮上每隔两个或三个台阶留一个安全平台,将安全平台之间的台阶合并为一个"高台阶",称为并段。并段爆破、分台阶采装作业的实质是工作台阶并段进行穿孔爆破,然后在爆堆上分台阶进行采装,它是靠增大高度和减少爆堆占用的宽度来加陡工作帮坡角的作业方式,如图 8-98 所示,此法在钻机的穿孔深度得到保证才能使用。

D 台阶尾随开采

台阶尾随开采就是一台挖掘机尾随另一台挖掘机向前推进,如图 8-99 所示,组内有若干台挖掘机同时作业。

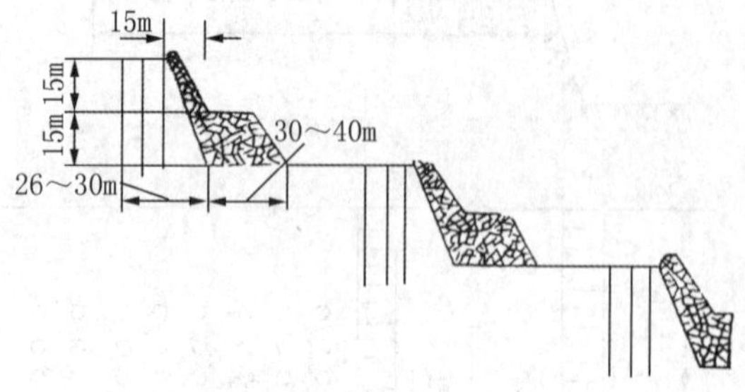

图 8-98 并段爆破，分台阶采装作业

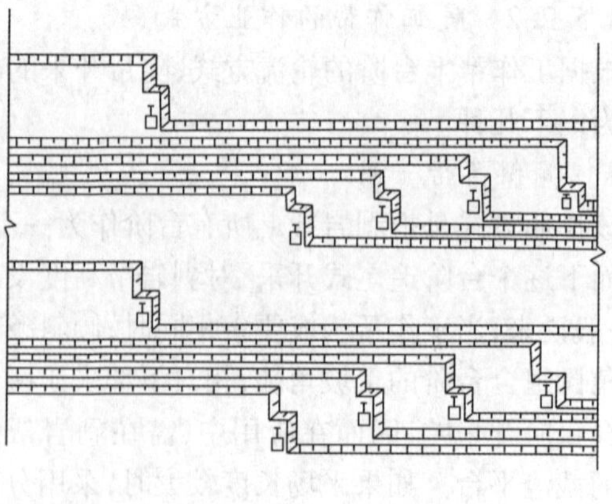
图 8-99 台阶(挖掘机)尾随开采

从图 8-99 可以看出，当采用台阶尾随开采方式时，在工作帮任何一个垂直剖面上，组内只有一个台阶在作业，它保留工作平盘宽度，而其他台阶只留运输平台，故可以加陡工作帮坡角，实现陡帮开采。高村铁矿和厂坝铅锌矿的设计均采用这种作业方式。

尾随挖掘机之间的间距与运输道路的布置、调车方式、爆堆宽度、一次爆破矿量及岩量的长度、道路的移设周期、挖掘机之间作业不平衡、安全技术条件等因素有关，可按以下两种情况确定。

(1) 当台阶与台阶之间不设运输连接平台(图 8-100(a))时，尾随挖掘机之间的间距 L 为：

$$L = \frac{tQ}{12T'B_Sh}K + \frac{100h}{i} + R \tag{8-107}$$

式中 L——尾随挖掘机之间的间距，m；

t——一次爆破量能满足挖掘机装载作业的时间，月，一般为 0.5 个月；

Q——挖掘机的生产能力，m^3/a；

B_S——剥岩带的平均宽度，m；

T'——剥岩周期，a；

K——尾随挖掘机之间的工作面推进和道路移设不均衡的影响系数，$K = 1.5 \sim 2.0$；

h——台阶高度，m；

i——运输道路坡度；

R——汽车运输的转弯半径，m。

(2) 当台阶与台阶之间设置临时岩柱状回转平台(图 8-100(b))或设运输连接平台(图 8-100(c))，作业区不设出入沟时，L 值为：

$$L = \frac{tQ}{12T'B_Sh}K + 2R + 1.5h \tag{8-108}$$

式中，符号与式(8-107)相同。

组内可以布置的挖掘机数目 n 为：

$$n = \frac{L'}{L} \tag{8-109}$$

式中 L'——露天矿的走向长度，m；

L——尾随挖掘机之间的间距，m，其值不应小于 100m；

n——挖掘机数目，台。

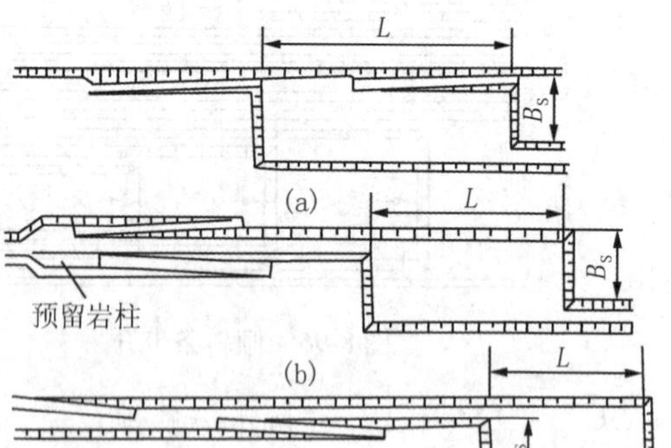

图 8-100 挖掘机作业区布置

(a)不设运输连接平台；(b)设临时岩柱状回转平台；(c)设置运输连接平台

台阶尾随开采方式利用规格小的采运设备也能加陡工作帮坡角，有一定的经济效益，这是它的主要优点，其主要缺点是每个台阶要求布置一台挖掘机，并且上下台阶互相尾随，它们之间容易互相干扰，降低挖掘机的生产能力，因而对提高陡帮开采的经济效益不利。

8.5.2.3 采剥工作线的布置形式

陡坡开采工作线的布置形式主要分为纵向布置、横向布置、扇形布置和环形布置。

陡帮开采时，露天矿分剥岩帮与采矿帮，它们相互独立、互不干扰，因而可以有自己独立的工作线布置形式。例如，剥岩帮的工作线可以纵向布置，而采矿帮的工作线可以横向布置，因而整个露天矿的工作线既有纵向布置，又有横向布置，属纵横向布置。因此，陡帮开采时根据剥岩帮和采矿帮相互的匹配关系，露天矿可能的工作线布置形式很多，见表8-50，根据国内外的使用情况，主要介绍以下几种采剥工作线布置形式。

表8-50 陡帮开采时的工作线布置形式

剥岩帮	纵 向	纵 向	横 向	横 向	环 形	扇 形	纵横向	纵 横
采矿帮	纵 向	横 向	纵 向	横 向	环 形	扇 形	纵 向	横 向
露天矿	纵 向	纵横向	横纵向	横 向	环 形	扇 形	纵横纵向	横纵横向

A 工作线纵横向布置形式

这是陡帮开采中使用最广泛的一种工作线布置形式，其实质是剥岩帮的工作线沿矿体走向布置，垂直矿体走向推进，而采矿帮的工作线却垂直矿体走向布置，沿矿体走向推进，如图8-101、图8-102所示。

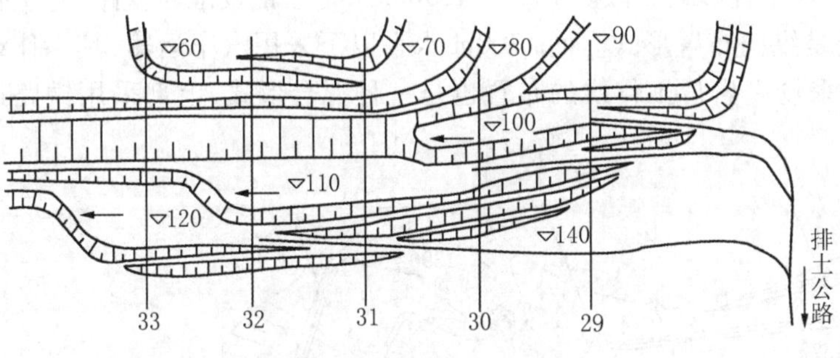

图8-101 剥岩帮工作线布置

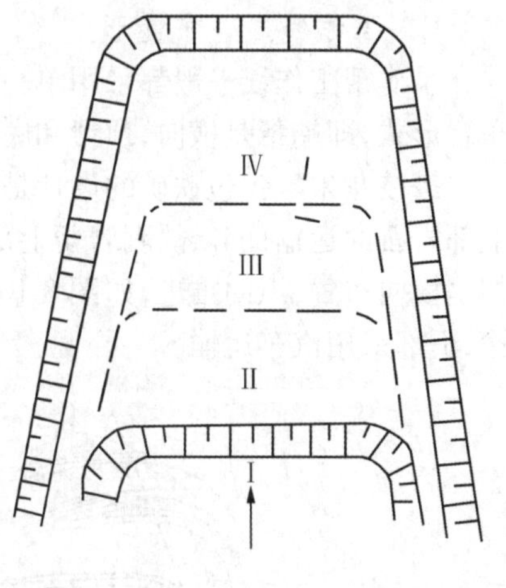

图8-102 采矿工作线布置

这种工作线布置形式的主要优点是：

(1) 剥岩帮工作线纵向布置，可以将矿体沿走向长度一次拉开，并揭露出来，使揭露的矿石面积最大，因而有利于增加露天矿的备采矿量。

(2) 采矿工作线横向布置有利于配矿和质量中和。因为露天矿的走向长度一般都比较大，当采矿工作线横向布置并且工作帮坡角相同时，可布置更多的采矿台阶，揭露出更多品级的矿石，因而有利于矿石配矿和质量中和。

(3) 剥岩帮与采矿帮互不干扰。当采用这种工作线布置时，只要保持一定的坑底宽度，而剥岩又能周期性地进行，这时坑底就能保持有足够的备采矿量。

(4) 剥岩工作线纵向布置，有利于实现分区作业，可以选择矿体厚度大，剥采比小，矿石质量好，开采技术条件优的地方实现优先开采，有利于提高陡帮开采的经济效益。

这种工作线布置形式主要适用于走向长度比较大的倾斜急倾斜层状和似层状矿体。

B 工作线纵向布置形式

露天矿采用这种工作线布置形式时，剥岩帮与采矿帮的工作线均纵向布置，横向推进可以实现分区分条带剥岩，实行优化开采；可以揭露较大的矿体面积，增加备采矿量等。此时采矿工作线亦纵向布置，横向爆破，所占的平盘宽度大，工作帮坡角缓，可能布置的采矿台阶少，备采矿量少，不利于进行配矿、矿石的质量中和以及缓帮采矿。

C 工作线横向布置形式

露天矿的剥岩和采矿工作线都横交矿体走向布置，沿矿体走向推进，此时工作帮坡角可达25°~35°或更大。

这种工作线布置形式有如下特点：

(1) 剥岩工作和采矿工作都在同一个工作帮上作业，不可能分成剥岩区和采矿区。

(2) 如果采剥工作线都是横向布置，并且帮坡角陡，则露天矿就没有备采矿量，或备采矿量很少，更难形成按深度法设置的备采矿量。

(3) 如果将两个工作帮的距离拉开，从而在采场底部形成所需要的备采矿量区，这时会出现顶、底帮，因而形成四个工作帮。工作线向四周发展，这是名副其实的环形工作线布置形式，或者端帮是横向，顶帮和底帮是纵向的工作线混合布置形式。

D 工作线环形布置形式

露天矿的剥岩帮和采矿帮的工作线都是环形布置，工作线由里向外发展。这时露天矿仍可分为剥岩区与采矿区，剥岩区的工作帮坡角陡，采矿区的工作帮坡角缓，剥岩和采矿帮都向同一个方向发展，即向露天矿四周发展。

采用这种工作线布置形式时，露天矿的备采矿量集中在坑底采矿区。在露天矿上部四周进行剥岩，在下部坑底采矿。上部工作帮坡角陡，下部工作帮坡角缓，上下同时作业，互不干扰。

E 工作线混合布置形式

采矿帮工作线一般都采用单一的布置形式，而剥岩帮工作线有时采用单一的布置形式，有时采用混合的布置形式，即端帮是横向，顶帮和底帮是纵向的工作线混合布置形式。

攀枝花朱家包包铁矿的设计是另一种混合布置形式。该矿1315~1390m水平已铺设准轨铁路，它负担上部岩石的运输任务，故剥岩帮上部工作线是纵向布置形式。而1300m水平以下采用汽车运输，其工作线却是横向布置，纵向推进，如图8-103所示，采场剥岩帮工作线的布置也是一种混合形式，上部采用铁路运输，下部采用汽车运输。

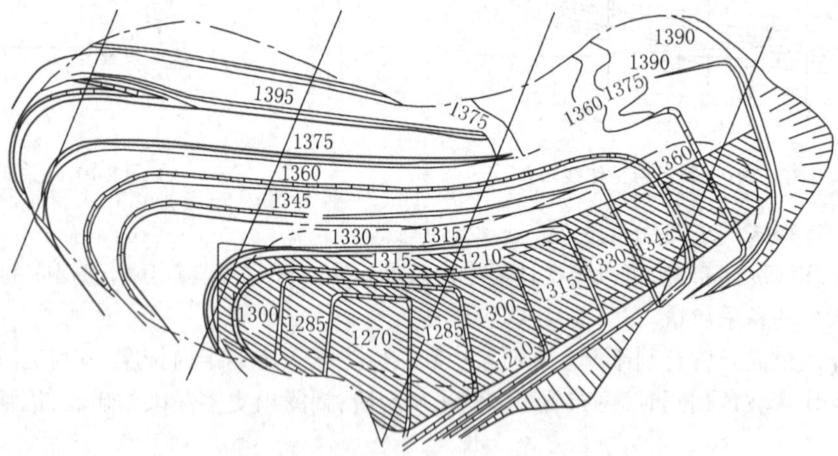

图8-103 朱家包包采场陡帮开采布置

F 工作帮及工作帮坡角

陡帮开采，其工作帮由三个部分组成，即工作台阶、运输道路及临时非工作台阶，如图8-104所示。

8.5.2.4 陡帮开采参数

A 陡帮参数

a 工作台阶

推进中的剥岩帮都有工作台阶。暂不推进的剥岩帮则没有工作台阶，恢复推进时就从最上一个台阶剥离一个岩石条带，即开辟新的工作台阶。工作台阶的平盘宽度由剥岩条带宽度 B_S 值和暂不工作平台宽度 b 值组成。

工作台阶最小工作平盘宽度取决于挖掘机和汽车作业所要求的空间，对于斗容 13m^3 挖掘机配载重 108t 汽车或更大型设备时，作业台阶最小平盘宽度不小于 46m。

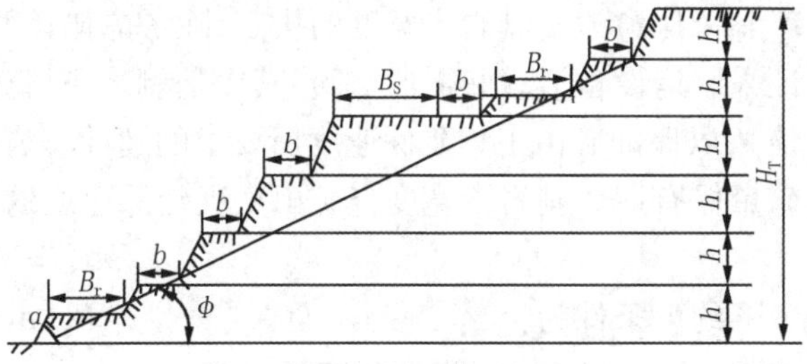

图 8-104 工作帮的组成

剥岩帮内同时工作的台阶数目与挖掘机的生产能力、剥岩帮高度、采区长度等因素有关，其值为：

$$n_y = \frac{T' v_y H_y L}{Q} \tag{8-110}$$

式中 n_y——同时工作的台阶数目，个；

v_y——剥岩工程的水平推进速度，m^3/a；

H_y——剥岩帮的高度，m；

L——采区长度，m；

Q——挖掘机周期生产能力，m^3/周期；

T'——剥岩周期，a。

当 n_y 为 1 时，表示台阶一次轮流开采方式；当 $n_y > 1$ 时，表示台阶分组轮流开采方式；当 $n_y = n$（剥岩帮上的台阶数目）时，表示台阶尾随开采方式。

b 运输道路

运输道路主要指运输干线，其宽度和数目影响工作帮坡角。运输道路的数目和开拓运输系统有关，只能根据具体情况而定。

c 临时非工作台阶宽度 b

由于剥岩帮上大多数台阶是暂不工作台阶，其所构成的帮坡对剥岩帮坡角影响较大。其宽度由两个条件决定：

(1) 本台阶爆破时，矿（岩）旁冲的下抛量在下台阶的安全平台应能全部截住。

(2) 兼作运输通道时，应满足运输通道宽度要求。在满足上述两个条件下，尽可能减少临时非工作平台宽度，以提高工作帮坡角。根据上述条件和经验，b 取 10 ~ 15m 为宜。

d 工作帮坡角

当剥岩帮上、工作台阶，运输道路及临时非工作台阶都存在时，其帮坡角称剥岩帮坡角，用 ϕ 表示；当剥岩帮上只有临时非工作台阶时，称临时非工作帮坡角。

$$\phi = \tan^{-1} \frac{nh}{B_S + n(b + h\cot\alpha)} \tag{8-111}$$

式中 h——台阶高度；

α——台阶坡面角；

n——工作帮上的台阶数目，个；

其余符号意义同前。

从式(8-111)得知，工作帮坡角的大小，决定于工作帮的台阶数（或工作帮高度）、工作平台宽度和安全平台宽度。缓帮开采时，由于剥岩帮工作台阶少，每个台阶都是较宽的工作平台，因而工作帮坡角缓。生产矿山由传统的缓帮开采改为陡帮开采，需有一个把缓工作帮状态（工作帮坡角 8° ~ 15°）改造成陡工作帮状态（工作帮坡角一般 20° ~ 35°）的过程。如海南铁矿设计中由缓帮改造成倾斜条带式陡帮开采需 5 年时间，南芬铁矿在陡帮开采试验中，改造成 4 个台阶为一组的组合台阶，花了 5 年时间。

e 剥岩带宽度

剥岩带宽度 B_S 的大小，直接影响着陡帮开采的经济效益。B_S 愈小，可均衡的生产剥采比愈小，反之，生产剥采比愈大。剥岩带宽度的决定,除考虑矿体倾角影响外,首先要满足剥岩最小工作平台宽度的要求,保证采装运设备活动必需的空间,其次是剥岩下降速度与矿山工程延深速度相适应(一般前者比后者大好几倍),以保证矿山工程延深速度所要求的超前剥岩宽度。一般情况下,要求剥岩周期等于或略小于坑底储备矿量保有期。剥岩带宽度与矿山工程延深速度的关系为:

$$B_S = v_h(\cot\phi \pm \cot\beta) \tag{8-112}$$

约束条件为:

$$B_S \geqslant B_{min} - b;\ t_1 \geqslant t_2$$

式中 v_h——矿山工程延深速度,m/a;

B_{min}——最小平台宽度,m;

t_1——坑底储备矿量保有期,a;

t_2——扩帮周期,a;

ϕ——工作帮坡角,(°);

β——矿体倾角,(°);

“+”——上盘;

“-”——下盘。

当剥岩量较大时,为了满足扩帮下降速度要求,应尽可能加大扩帮设备的规格。部分矿山的剥岩宽度和剥岩下降速度见表8-51、表8-52。

表8-51 部分矿山陡帮构成要素

矿山名称	台阶高度/m	最小工作平台宽度/m	临时非工作平台宽度/m	工作帮坡角/(°)	备注
大冶东露天采场	12	40~50	5~10		
桦子峪镁矿	10	39~60	12~20	32~33	台阶并段
弓长岭独木采场	12	30~80	15	20~28	
浏阳磷矿二采场	10	40~50	10	25~30	
海南铁矿	12	40	15	20~28	陡帮设计
南芬铁矿	12	60	7	16.2~22.6	工业试验
大孤山铁矿	12	50	20	19~22.2	铁路运输
太和铁矿	12	40	8	20~31	陡帮设计
西雅里塔铜矿	15	60	6~8	25~30	美国
卡西厄石棉矿	9.1~13.7	53~91	10~16	30	加拿大
博尔铜矿	15	50	10~20	20~30	

表8-52 部分矿山的剥岩宽度和剥岩下降速度

矿山名称		剥岩带宽度/m	剥岩量/kt	剥岩下降速度/(m/a)	剥岩周期/a	备注
大冶铁矿		40~220	60370	40	5	$4m^3$ 挖掘机
桦子峪镁矿	北帮	39~55	8460	18	5	$4m^3$ 挖掘机,27t 汽车
	南帮	0	2540	20	4	
弓长岭独木采场		30~80	840~2300	30~40	0.5~2.6	$4m^3$ 挖掘机,20~27t 汽车
浏阳磷矿二采场		30~60		30	3~4	剥岩 $4m^3$ 挖掘机,采矿 $1m^3$ 挖掘机
北台张家沟采区		100~160	6220	21	5	$1m^3$、$4m^3$ 挖掘机,15t 汽车
卡西厄石棉矿		75~130			2.6	7.6~8.4m^3 挖掘机

B 采区长度 L

陡帮开采时,露天矿一般是分区分条带剥岩,条带宽度即为剥岩带宽度 B_S。当剥岩帮高度、条带宽度及挖掘机规格一定时,采区长度越大,剥岩周期就越长,所需的备采矿量越大,坑底采矿取的尺寸也相应地加大,因而影响陡帮开采的经济效益。但 L 值越小,剥岩周期越短,采掘设备上下调动频繁,公路工程量大,也会降低陡帮开采的经济效益。

采区的合理长度主要是与挖掘机的规格有关，大挖掘机 L 值也大，小挖掘机 L 值也小。弓长岭独木采场用斗容 $4m^3$ 的挖掘机，采区长度为 350 ~400m。若采用斗容 $10m^3$ 以上的大挖掘机，采区长度可达 500 ~1000m。

C 采场坑底参数

陡帮开采时，备采矿量的准备是周期性的，每剥完一个岩石条带，坑底就增加一定的备采矿量，但在剥岩期间又采出一定的矿量，为了保证露天矿能持续生产，备采矿量的保有期限应等于或略大于剥岩周期，即：

$$t_1 \geqslant T' \tag{8-113}$$

式中 t_1——备采矿量保有期限，a；

T'——剥岩周期。

确定采场坑底尺寸，应符合如下原则：

(1) 当最小工作平盘宽度一定时，采场坑底尺寸直接影响陡帮开采的备采矿量。因此，所确定的采场坑底尺寸，应满足式(8-112)的要求。

(2) 坑底采矿区的水平面积是有限的，应保证挖掘机有足够的作业空间，否则其生产能力将受影响。坑底采矿区可以同时工作的挖掘机台数 n_y 为：

$$n_y = \frac{S_p}{S'_p}K_1K_2K_3 \tag{8-114}$$

式中 S_p——坑底采矿区的水平投影面积，m^2；

S'_p——每台挖掘机应有的作业面积，m^2；

K_1——考虑到台阶坡面投影面积的系数，取 0.85 ~0.93；

K_2——考虑到备用作业面积的系数，取 0.75 ~0.8；

K_3——作业面积的利用系数，取 0.7 ~0.9。

$$n_y = \frac{A}{Q} \tag{8-115}$$

式中 A——坑底采矿区的矿石产量，t/a；

Q——挖掘机生产能力，t/a。

8.5.2.5 运输开拓特点

陡帮开采多使用汽车运输。如果露天矿的开采深度较大，运输距离较长，可采用联合运输。最常见的是汽车—破碎机—带式输送机系统。

对于采用陡帮开采的凹陷露天矿，其运输开拓的一个特点是大量使用移动坑线，并且坑线穿过整个工作帮。有时露天矿上盘和下盘都设置移动坑线。我国浏阳磷矿山田湾采场和弓长岭铁矿独木采场采用上下盘移动坑线。由于采场大量使用移动坑线，所以采场公路的修筑、维护和保养的工作量很大。

陡帮开采时，露天矿分为两个区。剥岩区不断向外扩展，位置不断改变。工作帮坡角又陡，而且又大量使用移动坑线，线路的位置不断改变，还经常受到工作面爆破工艺的影响和干扰。坑底采矿区为正常作业区，从中采出的矿石不断通过剥岩区往外运输，这就形成了极其复杂的运输开拓系统。它既要保证该运输系统安全可靠和畅通无阻，又要保证运输合理，经济效益高。其解决办法有：

(1) 建立两套完整的独立的运输开拓系统。陡帮开采时，最好为上部剥岩区和下部采矿区建立两套完整的独立运输系统。它们各自独立，单独为各自的采区服务，但又用联络道将它们互相连接起来，即建立两套或多套既各自独立，又相互联系、相互补充的运输开拓系统，确保矿山运输畅通无阻。

(2) 在下盘建立一条安全可靠、畅通无阻的运输干线。当矿体倾角比较缓，下盘的剥岩量不大时，可以在下盘实行缓帮开采，此时工作平盘较宽，在此工作帮上建立一条通向选矿厂（或矿仓）和排土场的通道是完全可靠的，这就解决了坑底采矿区的运输和安全问题。南芬露天矿深部陡帮开采是在下盘布置了两条通向矿石破碎站的移动干线。浏阳磷矿山田湾采场利用该矿矿体倾角较缓、下盘剥岩量不大的特点，在下盘进行缓帮开采，并在工作帮上建立一条通向矿仓和排土场的运输干线。

(3) 其他措施。适当地分流，保持露天矿合理的货流方向，避免某个区间负荷过大。还可以用端环线将上下盘的干线连接起来。确保每个工作面有几个出口，从而保证露天矿的运输安全可靠和畅通无阻。

8.5.2.6 评价及适用条件

A 陡帮开采的优缺点

a 陡帮开采的主要优点

(1) 能有效地均衡生产剥采比，降低矿山前期生产剥采比值。缓帮开采的工作帮坡角为8°~12°，最大值不超过15°，生产剥采比是自然均衡的，可调整的幅度小，对矿山开采的前期效益很不利。陡帮开采的工作帮坡角可以在16°~35°(一般20°~35°)内调整，因而生产剥采比均衡的潜力大，这就有可能把生产期的生产剥采比均衡到接近平均剥采比，使矿山前期不必花大量资金用于超前剥离。例如大孤山铁矿，缓帮开采时，前15年生产剥采比为3.06~3.50t/t(后期为0.9t/t)，为平均剥采比的1.66~1.9倍；陡帮开采时，前期(1999年前)生产剥采比为2.4t/t(后期为1.4t/t)，为平均采剥比的1.3倍。因此，前15年可推迟剥离量约50000kt。

(2) 可推迟剥岩量和剥离洪峰期，提高矿山经济效益。帮开采通过加陡工作帮坡角，把大量岩石延缓剥离，平缓和推迟剥离洪峰出现时间，有利于提高矿山前期经济效益。南芬铁矿1986~1990年通过陡帮开采工业试验，5年内推迟剥岩量8320kt，平均年节约剥离费428万元。由于年平均少剥岩石约2000kt，在满足矿石产量的前提下，少购置154t电动轮汽车2台，节省约1000万元。

(3) 推迟最终边坡暴露时间，节省边坡维护费用。由于陡帮开采工作帮坡角较陡，最终边坡只有在开采最后几个条带时才逐渐暴露，因而出现时间晚，暴露时间短，有利于适当加大最终边坡角，减少境界剥岩量，减少边坡维护费用。根据大孤山铁矿资料，在开采境界内40个台阶中，与缓帮开采相比，陡帮开采(组合台阶)有33个台阶晚到最终境界。晚到境界的时间最长达9年，5年以上的占总台阶数的75%，由于最终边坡暴露时间短，可节省边坡维护费562万元，平均年节省16万元。

b 陡帮开采的缺点

(1) 采掘设备上下调动频繁，影响采掘设备的利用，降低其生产能力。

(2) 陡帮开采时露天矿一般都使用移动坑线。当一个剥岩条带采完以后，公路干线需要向前移动，修筑新的公路干线，公路的修筑和维护的工作量大，费用高。

(3) 采场辅助工程量大。陡帮开采时，采场内的供风管、供水管及供电线路移设次数增加，因而费用增加。

(4) 管理工作复杂。陡帮开采时，上下台阶之间的配合要协调，在编制年采剥进度计划时，每年的采剥量不但要数量平衡，而且要部位平衡，这种要求比缓帮开采要严格得多，所以陡帮开采对采剥进度计划的制订和实施，以及对采场的管理要求很严。

B 陡帮开采的适用条件

(1) 矿体埋藏深，储量大，开采时间长的露天矿。

(2) 矿床上部矿量少、下部矿量多的露天矿。

(3) 开采境界大、作业台阶多、矿体厚的露天矿。

(4) 矿体上层覆盖层厚，为了减少初期基建工程量的露天矿。

(5) 由于矿山开采的前期经济投入少，而需要初期少剥岩、提早出矿的露天矿。

8.5.2.7 陡帮开采的发展趋势

A 高台阶陡帮工艺

台阶高(h)作为陡帮开采的一个工作参数，增大该值将会提高工作帮坡角(α)，因此，在陡帮开采中采用高台阶开采的作业方式是不难理解的。但它有一个从破段到正常采剥、又从正常采剥到并段的非正常工序，而高陡帮开采则是应用大型穿孔、铲装设备实行单台阶作业的一种工序，开采工艺相对简单；由于形成高台阶作业，不但能简化工作台阶之间的运输线路，对同样宽度的平台而言，其开采矿量也相对充分。当然，该工艺的应用必须有与其相适应的开采技术条件。

该工艺的发展过程中最需要研究解决的是：相应穿孔、采装设备的研制和选用；高台阶工艺的生产安全；最优台阶高度的选择。

B 重力搬运

重力搬运的工作原理可简述为利用重力势能实行较大比高之间矿岩运输的生产工艺，其最大优点为：

简化了各工作平台之间、工作平台与非工作平台之间的运输线路，从而可压缩每个生产年的扩帮宽度，能较有效地推迟剥离高峰，降低前期生产剥采比，故同样具备陡帮开采工艺的功能；可减少运输设备的投资、降低年运输经营费用，并有利于矿山实现节能和减员增效的目的。比较典型的重力搬运方式为：溜井或明溜槽溜放；挖掘机、推土机或前装机（接力）倒运。

大倾角胶带输送机也属于利用重力势能实现运输的范畴。目前国内外凡有条件的矿山，特别是采场距选厂或采场距废石场比高大的矿山，都已得到比较广泛的应用。但该工艺带来的技术难题主要有：溜井的堵、跑矿问题；明溜槽内物料溜放规律的研究；倒运工艺时空关系及安全问题；大倾角输送带内矿岩的回流问题。

所以在重力搬运推广运用和发展的同时，解决这些实际问题，将对矿山的发展起到较大的促进作用。

8.5.2.8 实例

弓长岭铁矿独木采场位于弓长岭背斜的轴部，共有4层矿，矿体走向是NE40°~50°、倾向SE、倾角20°~45°，矿体走向长度约1400m，单层矿体厚度为20~130m，上盘为混合岩及云母石英片岩，下盘为石榴绢云母片岩。矿石$f=12\sim14$；岩石$f=8\sim12$。矿石主要是磁铁石英岩，还有少量的假象赤铁矿，总储量3.7亿吨。矿石品位为30%~35%，平均为32.99%。

独木采场设计矿石生产规模为1200kt/a，之前为缓帮开采，工作帮坡角为16°~18°，采场呈采剥失调状态。根据计算，采场欠剥离量达5390kt，因此被迫改为陡帮开采，剥岩条带宽度为30~80m，台阶高度为12m，最小工作平盘宽度为45m，临时非工作平台宽度为15m，工作帮坡角约20°，最大为28°，剥岩周期为2~31月，采用螺旋移动坑线剥岩，生产剥采比为1.9t/t，设计的平均剥采比为1.55t/t，矿岩生产能力为3600kt/a，表8-53为独木采场历年生产状况，独木采场自1974年4月改用陡帮开采以后，逐年达到矿石设计生产能力。

表8-53 独木采场历年生产状况

开采方式	年 度	矿石/kt	岩石/kt	矿岩总量/t	生产剥采比/(t/t)
缓帮开采	1973	543	3249	3792	6
	1974	571	3377	3948	5.9
	1975	760	3016	3776	3.97
	1976	600	1726	2326	2.88
	1977	460	1424	1994	3.10
	1978	555	1539	2064	2.77
	合 计	3489	14431	17820	4.11
陡帮开采	1979	1121	2462	3583	2.2
	1980	1332	2610	3942	1.96
	1981	1132	1741	2873	1.54
	1982	1285	2190	3475	1.72
	合 计	4870	9003	13873	1.85

8.5.3 生产剥采比

生产剥采比是露天矿生产过程中某一时段（或某一开采区域）内的岩石量与矿石量之比。剥采比一般是按工作帮坡计算的、采场下降一个台阶采出的岩石量与矿石量之比，即DHV_H/T_H。为了与下面将要提到的其他生产剥采比相区别，这里将图8-105的生产剥采比称为几何生产剥采比，记为n_{sh}。累积生产剥采比是指从开采开始到某一深度（或时间）累积采出的岩石量与矿石量之比，记为n_{SP}，如图8-106所示。采场延深到深度D时的累积生产剥采比为$n_{sy}=V_D/T_D$。

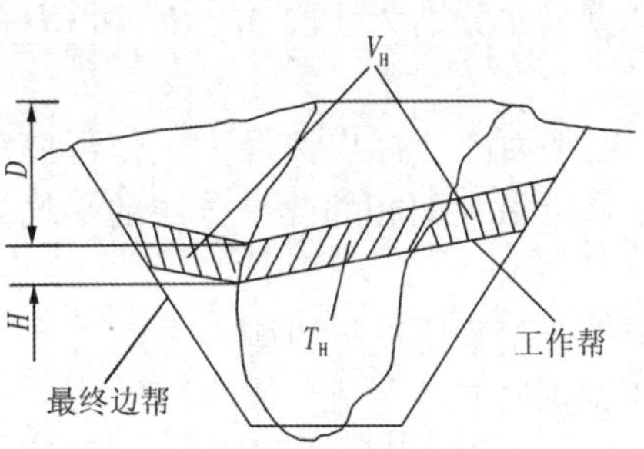

图8-105 几何生产剥采比

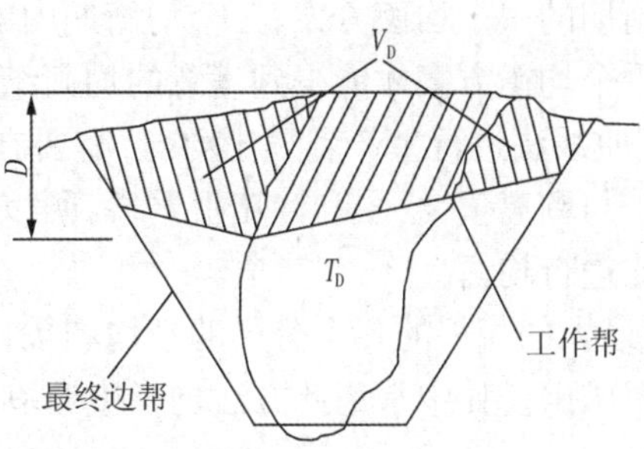

图8-106 累积生产剥采比

在编制采剥进度计划时，往往需考虑剥采比的逐年变化情况，并采取措施（如改变台阶的推进方向、调整工作面的布置方式、调整工作平盘宽度等），尽量避免剥采比的大幅度波动。因此，年生产剥采比是编制采剥进度计划时最常用的生产剥采比。顾名思义，年生产剥采比（n_{Ry}）是某一年内采出的岩石量（V_y）与矿石量（T_y）之比，即：$n_{Ry}=V_y/T_y$。

8.5.3.1 生产剥采比的调整和均衡

A 意义和原则

从设备管理（包括备品备件）和生产组织的角度，生产剥采比在生产过程中的波动越小越好。这样可以保持较稳定的设备数量、备品备件的库存量、机修设施的能力以及设备操作和维护人员队伍。因此，在生产计划中常进行所谓的剥采比调整，使其相对均衡，从而得到较稳定的生产剥采比。均衡生产剥采比应遵循以下原则：

（1）服务年限较长的露天矿可采用分期均衡生产剥采比，每期一般不要小于5年。

（2）生产剥采比的变化幅度不宜过大，变化幅度应考虑其他方面相应的变化，如工作面数目、排土场的建设、设备的购置、辅助设施的建设等。

（3）生产初期的生产剥采比应尽量取小，由小到大逐渐增加。

（4）两个或两个以上采场同时生产的露天矿，应互相搭配，搞好综合平衡，使生产稳步发展。

在初步设计或施工图设计阶段，作出矿山工程年末平面图时，为避免剥离出现高峰，往往通过调整工作边坡角，改变掘沟位置和工作线推进方向，调整各矿块或山头之间的剥采关系等方法，来实现生产剥采比的均衡。

B 均衡生产剥采比的方法

a 采用矿岩变化曲线 *PV* 图均衡生产剥采比

在生产实践中，常常将矿山生产寿命分为几个均衡期，在每个均衡期内将生产剥采比均衡为常数。*PV* 曲线可用于均衡生产剥采比。*PV* 曲线是矿山开采过程中累积采矿量和累计剥离量的关系曲线，如图8-107所示。*PV* 曲线上某点处的斜率即为开采至该点时的生产剥采比，*PV* 曲线斜率的变化反映了生产剥采比的变化。*PV* 曲线法均衡生产剥采比的一般步骤为：

第一步：在矿山开采发展程序确定后，基于最大工作帮坡角（即工作平盘仅保持最小工作平盘宽度）计算出采场延深至各水平的采矿量与剥离量。

第二步：以累计矿石量为横坐标、累计剥离量为纵坐标，绘出 *PV* 曲线。

第三步：依据 *PV* 曲线变化趋势并综合考虑其他有关因素，或依据剥采比优化结果，确定均衡期；

第四步：在 *PV* 曲线图上进行生产剥采比均衡。由于在生产实践中工作平盘宽度不能小于最小工作平盘宽度，实际的累计剥离量在任何时候都不能小于 *PV* 曲线上对应点的累计剥离量。所以，均衡后的 *PV* 曲线必须位于原 *PV* 曲线的上方。图8-107中折线 *ABCD* 是分三个均衡期的一个均衡方案，三个均衡期内的均衡生产剥采比分别为线段 *AB*、*BC* 和 *CD* 的斜率。往往需要比较若干个均衡方案才能得到满意的均衡结果。

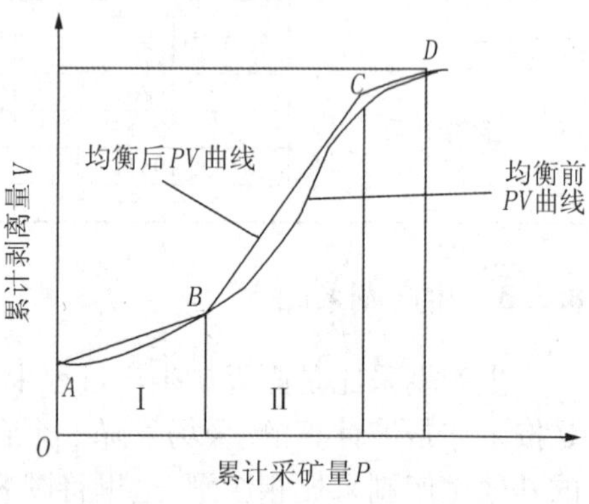

图8-107 *PV* 图上均衡生产剥采比

利用 *PV* 曲线法进行生产剥采比均衡，需要在各水平分层平面图上标出按最大工作帮坡角发展的推进线。计算采矿与剥离量，绘图和计算很繁琐，所以，在实践中常以最大的相邻几个分层的平均剥采比作为均衡生产剥采比进行均衡。

b 参照最大的相邻的几个分层的平均剥采比作为均衡生产剥采比进行均衡

金属露天矿山设计中常用此方法均衡生产剥采比，其计算式如下：

$$n_{js}=\frac{\sum V}{\sum P} \tag{8-116}$$

式中 n_{js}——均衡生产剥采比，m^3/m^3；

ΣV——最大几个相邻分层的剥离总量，m^3；

ΣP——最大几个相邻分层的总采矿量（分层数与同时工作水平数相同），m^3。

这是一个经验公式，简单实用。在工作帮坡角较缓的情况下（工作帮坡角小于15°），生产剥采比曲线很接近分层剥采比曲线，剥离洪峰出现较早，相邻最大几个分层的平均剥采比比较接近前期的生产剥采比，因此用这一方法求出的均衡生产剥采比来安排露天矿进度计划一般问题不大。但是如果工作帮坡角较大，生产剥采比高峰出现较晚，用这种方法计算的剥采比作为均衡生产剥采比对于前期生产则偏大了。工作帮坡角越陡，这种偏差越大，所以这一经验公式的使用是有条件的。

无论采用哪种方法确定均衡生产剥采比的数值，都是为编制采剥进度计划安排剥离量时提供依据或作为参考的。最终，生产剥采比要通过编制采剥进度计划加以验证与落实。也就是说，设计中要通过安排采剥进度计划具体均衡生产剥采比。但在编制进度计划前用某种方法事先计算对手工设计方式来说是必要的。

8.5.3.2 生产准备矿量

对于生产露天矿，为了在其开拓准备工程发生预期和未预期停顿的时候，仍能保持在一段时期内持续生产矿石；对于新建或扩建矿山，为了使其在投产后有能力如期达产，所以露天矿应具有相应的生产准备矿量，或称储备矿量，指已完成一定的开拓准备工程，能提供近期生产的储量。储备矿量随生产进行不断减少，又随开拓准备工程的进行而不断得到补充。让储备矿量保持一定的数量，是保证露天矿持续生产的有效方法。是否满足一定的储备矿量，也是用以衡量是否贯彻“采剥并举，剥离先行”方针的指标。对于基建矿山，其采剥工程的基建投资，是按投产或达产时保有的储备矿量所需的工程拨付的，因此储备矿量也是关系到基建投资的重要指标。

开拓矿量和备采矿量的划分见表8-54。

表8-54 生产准备（储备）矿量的划分

台阶开拓情况	图示
台阶开拓工程刚完成时情况，开拓矿量最多	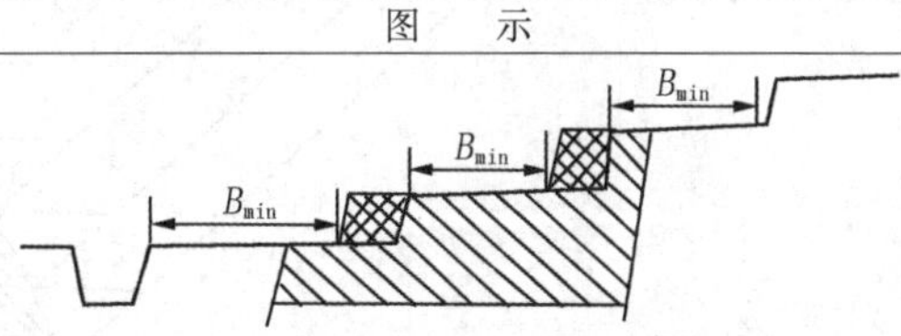
正常扩帮时情况，开拓矿量逐渐减少	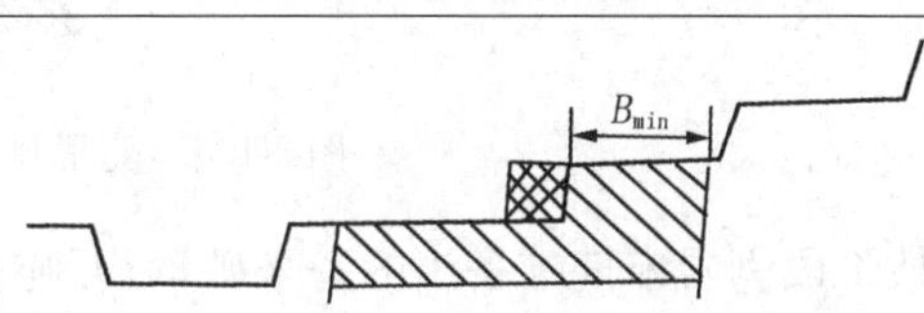
新台阶开拓工程将要完成时情况，开拓矿量最少	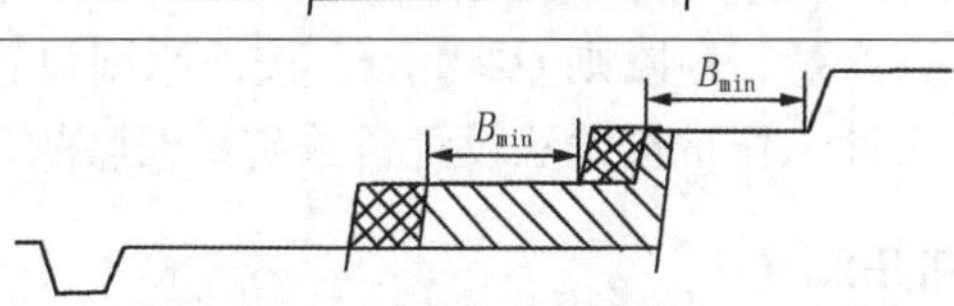

（1）开拓矿量是指开拓工程已完成，主要运输枢纽已形成，并已具备了进行采准工作的条件。如凹陷露天矿已完成了出入沟、用斜坡提升开拓的矿山，完成提升机道的延深工程，并形成了完整的运输系统的最下一个台阶底部标高以上的矿量。

（2）回采矿量是开拓矿量的一部分，在台阶上矿体的上面和侧面已被揭露出来，最小工作平台宽度以外的台阶矿量的总和。

储备矿量在生产中总是在变动的。随着露天矿开拓工程的发展，每开拓出一个水平，便增添一批开拓矿量；随着剥离的进展，原有的开拓矿量不断转化为回采矿量；而回采矿量又不断随采矿生产而消失。可见储备矿量是一个随时间变化的量。新的不断产生，旧的不断消失，其间总要保持一定的储备。为了保证持续稳产，储备矿量多一些好，但是过多的储备矿量意味着过早地进行开拓和剥离工作，积压了生产资金，不利于资金周转，因此应该有一个能满足持续生产的合理的储备矿量数值。这一指标用所定储备矿量可供露天矿按一定生产能力开采的年数或月数来表示，称为储备矿量保有期或储备矿量保有时间。回采矿量保有时间一般约为3～6月，开拓矿量保有时间则根据各矿情况确定。生产保有期矿量见表8-55。

表8-55 生产准备矿量保有期

工业部门	开拓矿量	备采矿量
黑色冶金矿山	2～3年	1～3个月

储备矿量是衡量剥采关系的重要指标之一。它不但有数量，而且也有空间概念，它间接规定了采矿台阶上面的剥离台阶的超前关系。但储备矿量只说明采矿台阶和紧接它上面的剥离台阶之间的超前关系，再往上工作帮上的台阶关系没有说明。所以生产剥采比和储备矿量虽然都是表示剥采关系的重要指标，但全面完整地表示剥离和采矿之间的时间关系和空间关系，用这两个指标还是不够的，还要用采剥进度计划来全面表示。

8.5.3.3 陡帮开采的储备矿量

对于陡帮开采的矿山，建议采用深度法计算备采矿量。陡帮开采不考虑开拓矿量，只考虑备采矿量。备采矿量的定义是露天矿工作帮自然延深到露天矿底部最小工作宽度时所包含的矿石量，即不需扩帮就能采出的矿石量(图8-108)。在图8-108中，顶、底帮第一阶段的岩石1剥离后，就准备出备采矿量1′，此时备采矿量最大。露天矿剥离顶、底帮第二阶段的岩石时，备采矿量1′不断被采出而不断减少，当第二阶段的岩石即将剥离完时，此时备采矿量最小；第二阶段的岩石剥离完了后，备采矿量又达到最大值，这是深度法备采矿量的变化规律。显然，为了保证露天矿的正常生产，第一阶段剥岩所准备的备采矿量1′的保有期，必须大于或等于第二阶段剥岩的时间，否则就会停产或减产，即第一阶段剥岩所准备的备采矿量要与第二阶段剥岩的周期及周期内平均年矿石产量相适应。同理，第二阶段剥岩所准备的备采矿量要与第三阶段剥岩的周期及周期内平均矿石产量相适应。

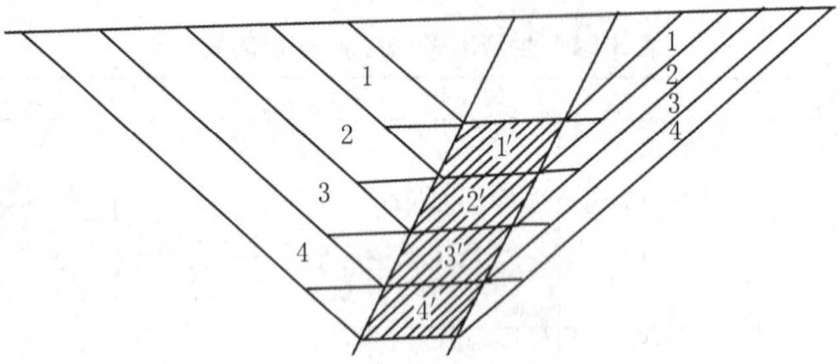

图8-108 陡帮开采备采矿量的变化

设 Q 为某阶段剥岩末期准备出的备采矿量，万吨；t 为下一阶段剥岩的周期，年；A 为下一阶段剥岩周期内平均年矿石产量，万吨；则 $Q \geqslant A \times t$。按该原则设置备采矿量，陡帮开采就不会停产、减产，保证生产顺利进行。国外设计工作常按此法设置备采矿量，其保有期为一年。

8.5.4 分期开采

露天矿分期开采是在矿山储量大、开采年限较长的条件下，选择矿石多、岩石少、开采条件较好的地段作为第一期开采，以较少的基建投资，较低的矿石成本生产，使矿山早日投产和达产，把大量岩石推迟到以后剥离。矿体上部覆盖层很厚的矿山，采用分期开采效果最好。根据分期开采的具体技术特征，可归纳为长分期开采和短分期开采这两种方式。

8.5.4.1 长分期开采

长分期开采的特点是在最终开采境界内分期的次数比较少，每个分期时间比较长、前后期衔接有一个比较长的过渡期。一般用于储量比较大，开采年限较长的露天矿。

图8-109为长分期开采横剖面示意图，它采用水平台阶、沿矿体上盘延深、沿走向布置工作线、垂直走向两侧推进、纵向工作帮、台阶独立作业。图8-109中 $ABCD$ 为第一期开采的临时境界，开采深度为 H_1；$EFGD$ 为最终开采境界，开采深度为 H_2；φ 为工作帮坡角，β 和 γ 为最终边坡角；$AHIJD$ 为由第一期开采向第二期开

采过渡时的第一期开采状态，开采深度为 H_0，AH 为当时形成的临时非工作帮；开采深度由 H_0 延深到 H_1（即由 IJ 延深到 BC），为由第一期转入下一期开采的过渡期。过渡结束时的工作状态为 CBK，过渡期的采剥量为 $AHIJCBKE$，第二期的生产工作从 CBK 开始向下按实际条件进行安排。显然，面积 $AHME$ 即为分期开采与全境界开采在开采深度延深到 H_0 时的缓剥岩量，这是分期开采的经济效果所在。由于推迟剥离的岩石量要在过渡期内剥除，这就造成过渡期的生产剥采比值加大，往往是整个露天矿生产期间的最高值，转入第二期生产后，剥采比则显著下降。全境界开采与分期过渡开采生产剥采比的发展变化趋势可以从图 8-110 中明显看出。

图 8-110 中，$ABCD$ 为矿石产量发展曲线，$AEFG$ 为第一期临时境界开采终了时的剥岩量发展曲线，$AEFHIJKD$ 为分期开采全过程剥岩量的发展曲线，$ALMNKD$ 为全境界开采时的剥岩量发展曲线，$EFPL$ 为分期开采与全境界开采相比较第一期缓剥的岩石量，这部分缓剥岩石量大约推迟了 10 年，需要在过渡时期内采出，即图中的 $HPMNJI$，这就形成了过渡时期的剥离洪峰。

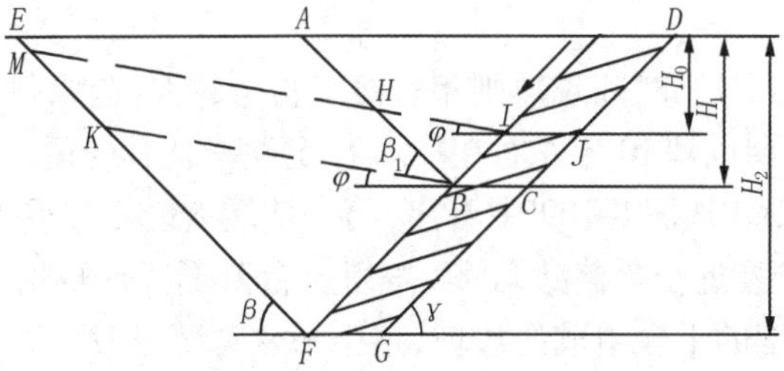

图 8-109　长分期开采横剖面示意图

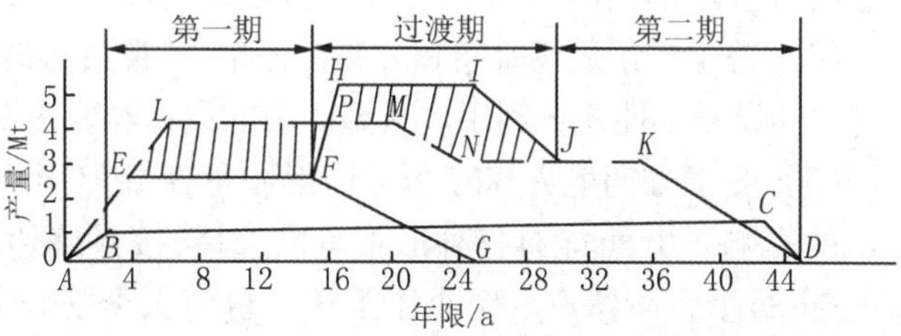

图 8-110　长分期开采与不分期开采采剥量发展曲线

从图 8-109 中还可以明显看出，为了保证露天矿持续生产，必须在第一期生产的中后期，即开采深度达到 H_1 以前就要开始过渡，不然若在 H_1 时才开始过渡，则只有剥除岩石 $ABKE$ 以后才能形成第二期的正常开采状态 CBK，造成矿石生产减少或停顿，即所谓停产过渡或减产过渡。一般情况下，这是不允许的。因此，所谓第一期境界只是一个实际不允许完全出现的假想境界。圈定这个境界的目的在于指导露天矿第一期和过渡期的生产。

可以看出，第一期临时开采境界的划定，决定于 H_0、H_1、φ、β 和过渡期时间的长短等。它们直接影响第一期中缓剥岩石量及生产剥采比的降低值和过渡期中剥岩量及生产剥采比增加值等，这些是决定分期过渡开采技术可能性和经济合理性的重要参数，必须妥善解决。上述各主要参数之间互相联系，可用数学分析的方法解决，但目前设计中一般是采用方案法。可以近似地确立下述关系式：

$$\begin{aligned} H_1 &= v_1 T_1 \\ H_0 &= v_1 T_0 \end{aligned} \tag{8-117}$$

式中　H_1——第一期临时境界的开采深度，m；

v_1——按产量要求的采矿延深速度，m/a；

T_1——第一期境界开采的总时间，a；

H_0——第一期正常生产（开始过渡时）的开采深度，m；

T_0——第一期正常生产时间。

过渡时期采矿的延深深度：

$$H_1 - H_0 = v_1 (T_1 - T_0)$$

过渡时期的剥离扩帮延深深度：

$$H_1 = v_2 (T_1 - T_0)$$

式中　v_2——扩帮下降速度，m/a。

为保证过渡完了时形成第二期的正常工作状态，应有：

$$\frac{H_1 - H_0}{v_1} = \frac{H_1}{v_2} \tag{8-118}$$

这是分期开采几个主要参数近似的基本关系式，式中，v_1 是产量要求的下降速度。当矿山规模确定后，是一个已知数，其他 H_1、H_0、v_2 均为未知数，使用时需要事先确定其中的两个值，每个未知数可以确定几个数值以求得第三个未知数，产生不同的方案，进行综合分析比较。如确定 T_0、V_2，可以求得不同的 H_1 值；确定 H_1、T_0，可以求得 v_2 值；确定 v_2、H_1，可以求得 H_0 值。

在实际工作中，确定上述几个未知参数进行试算以拟定方案。进行比较的时候，一般要注意以下几个问题。

(1) 关于第一期开采深度。从图 8-109 中可以看出，它实际上是包括了基建时期、第一期正常生产时期和扩帮过渡这三个时期的开采深度。为了保证第一期正常生产有一个相对稳定的时间以及避免过渡因时间短而造成生产剥采比过高，需要有足够的储量，以保证有必要的开采时间。也可结合考虑运输开拓方案的变更、采场范围内的河流、交通线路、重要建筑物等的改道或拆迁时间确定分期境界。

(2) 关于第一期正常生产开采深度 H_0，从图 8-109 中可以看出，在可能条件下，应尽量延长 T_0，加大 H_0。按经验，T_0 值一般应在 10 年左右才能有较明显的效果。

(3) 关于扩帮过渡延深速度 v_{by}。v_{by}必须大于 v_{cy}，有时需要成倍增加，需要采用大型的采运设备进行扩帮过渡，这样也有利于简化扩帮过渡的组织管理工作。

(4) 关于扩帮过渡时间和过渡工程量，扩帮过渡时间不能太短，时间越短则年过渡工程量越大，造成剥采比过大和设备不能充分利用。大型矿山的设计经验表明，过渡期也是 10 年左右在技术上、经济上比较合适。

(5) 关于分期境界临时非工作帮坡角 β_1 和工作帮坡角 φ。从图 8-109 中看出，第一期缓剥岩石量受 β_1 和 φ 的影响。β_1 可能有三种形式可供选择，按最终边坡角或接近于最终边坡角，按组合台阶形式形成的边坡角；按每个台阶留有一个小于工作平台但大于安全平台宽度的平台组成的边坡，这个平台宽度一般可等于新水平准备时的开段沟宽度，如 20m。第一种形式的临时非工作帮最陡，经济效果最显著，但是扩帮工作的难度最大；第二种形式的边坡角介于一、三两者之间；第三种形式的临时工作帮最缓，扩帮过渡较易，但是经济效果最差。在可能的条件下，应该尽量采取第一种形式。

过去，我国在某些金属露天矿的设计工作中，考虑长分期开采方案时主要采用纵向工作帮、台阶独立作业、非组合台阶的形式，如大孤山铁矿、南芬铁矿、北台铁矿等。

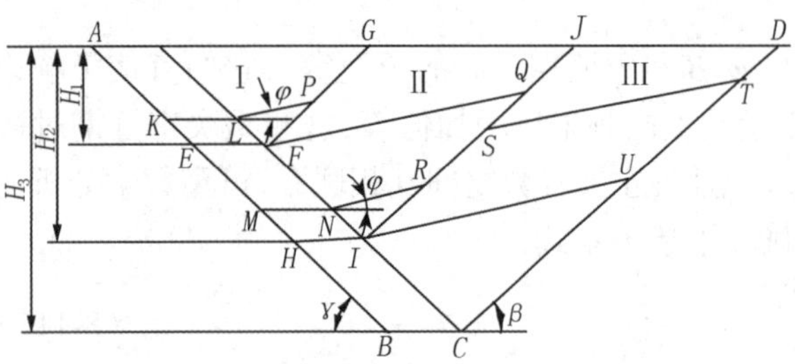

图 8-111　划分三期开采剖面图

图 8-111 是分三期开采的剖面示意图。图 8-111 中 ABCD 为最终开采境界。AEFG、EHIJ、HBCD 分别为第Ⅰ、Ⅱ、Ⅲ期的开采境界。第一期开采境界的工作帮发展到 KLPG 位置时，剥离工程开始往第二期开采境界扩帮过渡，生产剥采比加大。工作帮达到 EFQJ 位置后，过渡结束，工作帮在第二期开采境界内发展，生产剥采比逐步下降，为充分利用露天矿已有的设备生产能力，开始往第三期开采境界扩帮过渡，使生产剥采比保持相对稳定。工作帮发展到 MNRSTD 后，需增添设备加速扩帮，生产剥采比再次增大。工作帮达 HIUT 位置后，生产剥采比开始逐步下降，直至露天开采结束。由上可见，当开采境界分期数超过二期的情况下，实际上是处于连续过渡状态，即向某一期开采境界过渡结束的时候，就是向下一期开采境界过渡的开始。

8.5.4.2　短分期开采

短分期开采又称分倾斜条带的扩帮开采。与上述长分期开采比较，它的特点是分期的次数较多，每一期的开采时间短，每一期生产在水平方向的扩帮宽度和垂直方向的下延深度小。因此各期之间的衔接关系更加密切，为保证生产的正常衔接，一般要提前一期或两期进行剥岩。如图 8-112 和图 8-113 为两种不同埋藏条件的分倾斜条带扩帮开采的剖面示意图。以图 8-112 为例，全露天矿共分七期开采，在矿山基建时期，除完成面积 ABRS 的剥离以外，还应完成第 1 期剥离范围内的面积 SRCD 的剥离，其剥离深度为 H_0。然后进行第一期生产，其开采范围为 BEFC，在第一期开采进行的同时，进行第二期的部分扩帮剥岩，其范围为面积 DFGH，第一期开采和上述第二期的部分剥岩同时结束。然后转入第二期开采，其范围为 EJKG，与此同时进行第三期开采的部分剥岩，其范围为 HKLM，按此循环下去，直至整个采场开采结束。

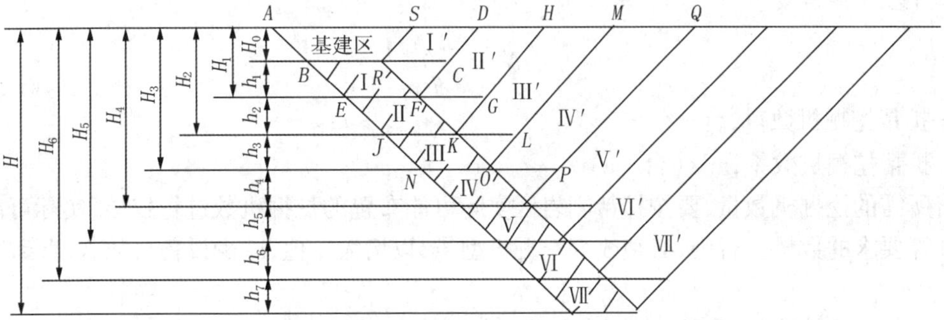

图 8-112 分倾斜条带的扩帮开采剖面之一

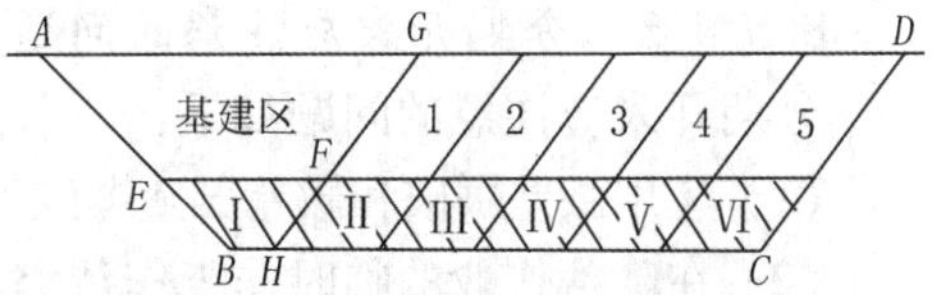

图 8-113 分倾斜条带的扩帮开采剖面之二

每一期开采时间的长短，应根据矿山的具体条件和每一时期的特定要求确定，各期时间的长短也不一定相等，不过时间不应过长，一般为 1 ~ 3 年。各期的采剥工程衔接都要通过具体编制采剥进度计划确定。设计工作中拟定分期方案时可以参考如下步骤进行近似计算。

A 分期时间和各期开采的矿石量

$$P_n = A_n T_n \tag{8-119}$$

式中 P_n——第 n 期开采的矿石量，m^3；

A_n——第 n 期开采时的年产矿石量，m^3/a；

T_n——第 n 期的开采年限，a。

B 各期开采的下降深度

$$h_n = \frac{P_n}{B_n L_n} \tag{8-120}$$

式中 h_n——第 n 期开采的下延深度，m；

B_n——第 n 期开采期间矿体平均宽度，m；

L_n——第 n 期开采期间矿体的平均长度，m；

P_n——第 n 期开采的矿石量，m^3。

C 各期的扩帮剥岩范围

根据各期的开采深度，确定各期的剥岩开采范围，如图 8-112 所示第Ⅱ期的扩帮剥岩界线为 KH，第三期的界限为 OM 等。

D 各期的扩帮剥岩量

$$Q'_n = B'_n L_n \left(H_n - \frac{1}{2} h_n\right) \tag{8-121}$$

式中 Q'_n——第 n 期的扩帮剥岩量，m^3；

B'_n——第 n 期的扩帮宽度，m；

H_n——第 n 期开采的总深度，m；

其余符号意义同前。

E 年扩帮剥岩量

采第 n 期矿石时，需近似完成 $n+1$ 期剥岩量，即：

$$A'_n = \frac{Q'_{n+1}}{T_n} \tag{8-122}$$

式中 A'_n——年扩帮剥岩量，m^3/a；

其余符号意义同前。

F 扩帮剥岩设备需要量

$$N_n = \frac{A'_n}{q} \tag{8-123}$$

式中 N_n——扩帮挖掘机数量，台；

q——扩帮挖掘机效率，$m^3/(台\cdot a)$。

扩帮剥岩所需的挖掘机数量，要按扩帮剥岩区实际可能布置的挖掘机数进行校核，实际可能布置的数量必须不小于计算要求的数量。否则，必须改变挖掘机型号，以增大 q 值，减少设备台数 N，直到满足上述条件为止。

从图 8-113 中还可以看出，采用分倾斜条带进行短分期开采时。只有倾斜条带间的边帮倾角比较陡，才能显示其较好的经济效果。

8.5.4.3 分期开采应注意的问题

分期开采应注意的问题如下：

(1) 应用微差爆破和微差压碴爆破等技术，以防止和减少扩帮爆破滚石对下部采矿地段的安全造成威胁。

(2) 在陡帮作业的临时非工作帮上，每隔一定高差留有接滚石的安全平台。

(3) 为了适应扩帮地段的作业条件和有较高的开采强度，扩帮作业应采用汽车运输。为了确保运输作业安全和下部正常采矿段连续生产，一般在扩帮作业区下部的临时非工作帮上不应有主要运输干线通过。

(4) 采用大型装运设备对分期开采的露天矿是必要的。可以减少同时扩帮的水平数，使生产组织工作简化。在下部正常采矿地段采用大型设备，可以减少装矿工作点，减少同时在上下两部分作业的干扰，有利于安全管理。

(5) 有充足的多种用途的辅助设备，如大型前装机等。一旦发生了对生产和安全有影响的情况，可以作到及时处理，尽快排除影响。

(6) 在境界内有几处边帮需要外扩时，为了确保运输系统的畅通，可以采用分区扩帮的方式。

8.5.4.4 实例

大冶铁矿东露天采场原设计尖山区段露天采场的底部标高为 -96m，狮子山区段为 -36m，后经生产勘探，下部矿体增大，故决定延深采场的底部标高。尖山区延深至 -168m，狮子山矿区延深至 -48m，如图 8-114所示。延深扩大部分有矿石 15460kt，岩石 104690kt，剥采比 6.77t/t，可延长服务年限 10 年。

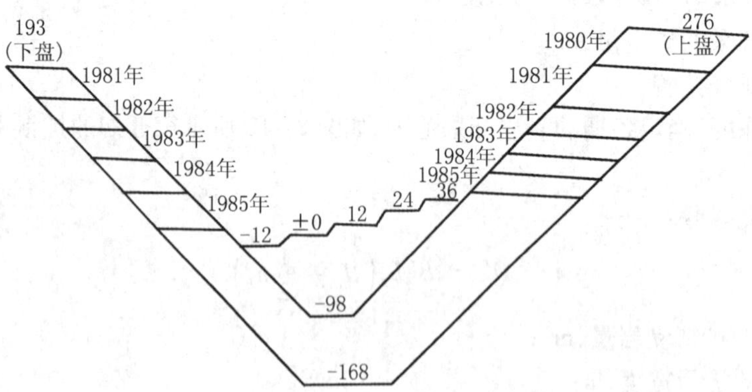

图 8-114 大冶铁矿东露天采场尖山区扩帮

矿山顶帮扩帮从 276m 开始，底帮从 193m 开始，扩帮年下延速度约 48m，顶帮和东端平均扩宽 140m，长 1810m，底帮扩宽 55m，长 750m，扩帮是在顶帮为 47°50′、底帮为 42° ~ 44°的终了边帮上进行的。

扩帮区段采用 9 台 ϕ200mm 潜孔钻，一台 KY-310 牙轮钻，一台 45R 牙轮钻及 10 台斗容 3 ~ 4m^3 挖掘机，采用汽车及电机车运输。广泛采用留碴挤压爆破和多段顺序起爆，以减少爆堆旁冲宽度及飞散的岩石。下部生产采场留有 30 ~ 45m 的安全平台，以拦截上部扩帮带滚落的岩石。

扩帮一次推到最终境界，挖掘机效率：装汽车为 1500kt/(台·a)，装翻斗车为 1100 ~ 1200kt/(台·a)。

矿山从1981年开始扩帮,至1985年12月已完成扩帮延深工程。

8.6 矿岩运输

运输在矿山企业中占有重要的地位,通过运输,使矿山企业内部的各个生产环节之间和企业的内部同外界连成一个有机整体,以保证矿山企业的正常生产。

露天开采的矿山,矿岩运输这个环节尤为重要,它直接影响矿山建设的速度和生产的完成,并涉及基建投资、生产成本、企业能耗等主要经济指标。以黑色冶金矿山统计资料为例;运输投资占矿山总投资40% ~60%,占矿石开采成本25% ~40%,占全矿总能耗40% ~60%,因此矿岩运输成为矿山企业管理工作关注的焦点。

我国矿山企业采用的地面运输方式可以划分为几个阶段,20世纪60年代中期以前,铁路运输占主导地位,在大型露天矿中采用准轨铁路运输,在中小型露天矿采用窄轨铁路运输。到60年代中期以后,随着我国汽车和石油工业的迅速发展,在黑色冶金,有色金属、化工、建材、核工业等系统的矿山中,采用汽车运输日益广泛。80年代初,带式输送机运输也已起步,采用铁路运输的大型露天矿山转入深部,随着开采深度的逐步加大而难以适应,在有效地发挥现有运输设施的潜力条件下,其中已有不少矿山改建为汽车-铁路联合运输,也有少数矿山改建为汽车-带式输送机联合运输,实现半连续运输。

从国外的发展趋势来看,露天矿的运输方式,主要有汽车运输、带式输送机运输、铁路运输及汽车-铁路、汽车(铁路)-带式输送机联合运输。国内常用的几种运输方式,其使用的矿山见表8-56。

表8-56 国内部分矿山的运输方式

运输方式	使用矿山企业名称
汽车运输	白银露天矿、云浮硫铁矿、姑山铁矿
准轨铁路运输	歪头山铁矿、海南铁矿
窄轨铁路运输	甘井子石灰石矿、应城石膏矿、玉泉岭铁矿
汽车-带式输送机联合运输	昆阳磷矿、某水泥石灰石矿
汽车-溜井平硐-带式输送机联合运输	永登水泥厂
汽车-溜井平硐-准轨铁路联合运输	南芬铁矿
汽车-溜井平硐-窄轨铁路联合运输	德兴铜矿
汽车-斜坡箕斗联合运输	新康石棉矿、峨口铁矿
汽车-架空索道-溜井平硐联合运输	把关河石灰石矿
汽车准轨铁路-联合运输	高村铁矿、大冶铁矿、金川镍矿、和尚桥铁矿
窄轨铁路-斜坡串车提升-汽车联合运输	蒙阴金刚石矿
架空索道运输	红透山铜矿、凡口铅锌矿
管道运输	东山硅砂矿、北海硅砂矿

矿岩运输方式的选择,一般应遵循下列原则:

(1) 满足矿山企业生产规模对运输能力的要求,并应考虑对近期建设与远景规划之间的衔接。

(2) 满足生产工艺的要求及矿石产品和物料特性(如块度、黏滞性等)对运输设施的要求。

(3) 基建投资与经营费用两者权衡。以达到投资少,基建期短,成本低,耗能小,维修简单,管理方便的最佳技术经济效益。

(4) 系统简单可靠,减少物料的装、卸、储、运和转载设施,并使各作业环节合理衔接,运输设备选型应立足于国内。

(5) 改扩建企业应合理利用与改造已有设施,以适应生产发展,提高综合经济效益。

(6) 节约土地,少占好地,尽可能与土地复垦结合,注意生态平衡。

(7) 矿岩运输线路及设施一般应布置在采矿爆破危险区和崩落区范围之外。

8.6.1 汽车运输

汽车运输的主要特点是具有较高的机动性、灵活性,爬坡能力大,转弯半径小,与准轨铁路运输相比则基建时间短,基建投资少,掘沟速度快,可缩短新水平的准备时间,提高装载设备生产能力,适应实施陡帮开采,横向开采,分期开采及分采、分装、分运作业,废石排弃工艺简单,生产效率高,堆置成本低等优点。其缺点是燃料和轮胎消耗大,运营费高,经济合理运距较短,在多雨季节土质工作面运输可靠性差。

汽车运输适用于地形或矿体产状较为复杂,矿点分散或考虑分期分区开采,生产年限不长,运输距离适应经济运距的露天矿。多数矿山企业与外界的联络,均修筑有道路,所以,企业的辅助运输,通常都采用具有机动灵活特性的汽车运输工具。

8.6.1.1 矿用自卸汽车选型

露天矿使用的自卸汽车一般有三种类型:后卸式汽车、底卸式汽车和自卸式汽车列车。矿用自卸汽车的选型应考虑矿山年运量、装载设备的斗容、运距及道路技术条件等因素。

(1) 自卸汽车载重等级相适应的矿山年运量范围参见表8-57。

表8-57 自卸汽车等级与相适应的矿山年运量

汽车载重吨级/t	7	15	20	32	45	60	100	150
矿山年运量/(kt/a)	<1500	700~4000	1200~6000	2500~12000	3500~18000	5500~25000	9000~45000	>35000

(2) 自卸汽车载重等级与挖掘机斗容相适应配比参见表8-58。

表8-58 自卸汽车等级与挖掘机斗容相适应配比

汽车载重量/t	7	15	20	32	45	60	100	150
挖掘机斗容/m^3	1	2.5	2.5	4	6	6	10	16
装车斗数/斗	4/5	3/4	4/5	4/5	4/5	5/6	5/6	5/6

注:表中分子值的物料松散密度为2.2t/m^3,分母值的物料松散密度为1.8t/m^3。

(3) 矿用自卸汽车的车厢强度应适应大块矿石冲砸。

(4) 矿山运输设备,一般立足选用国产,当有必要与可能时,方可选用进口自卸汽车。

(5) 在一个矿山中宜选用同一类型自卸汽车,便于生产管理与维修保养。

8.6.1.2 道路分类及等级

A 露天矿道路

(1) 生产干线:采场各工作平盘通往卸矿点或排土场的共用路段。

(2) 生产支线:由工作平盘或排土场与生产干线相连接的路段,以及由工作平盘不经干线直接到卸矿点或排土场的路段。

(3) 联络线:通往露天矿生产场所行驶自卸汽车的其他路段。

(4) 辅助线:通往辅助设施(爆炸材料库、水源地、变电站、机修厂、尾矿库等),且行驶一般载重(或自卸)汽车的路段。

B 道路技术等级

露天矿道路按其任务、性质、行车密度、使用年限和地形条件分为三个等级,见表8-59。

表8-59 露天矿道路等级

道路等级	年运量/kt	单向行车密度/(辆/h)	适用条件
一级道路	>12000	>85	大型露天矿要求通过能力很大的生产干线
二级道路	3500~12000	25~85	一般大型露天矿的生产干线; 大型露天矿生产干线为一级道路时的生产支线; 中型露天矿要求通过能力较大的生产干线
三级道路	<2500	<25	一般大型露天矿生产支线; 一般中、小型露天矿生产干线和支线; 各型露天矿山的联络线和辅助线

注:1. 露天矿各级道路适应的年运量系指该路段通过的矿岩总运量。
2. 单向行车密度系指单向行驶的总车辆数,不同车型不必换算。
3. 设计的年运量和行车密度,只要符合其中一项,即可采用与其相应的等级。
4. 对限期使用的生产干线和生产支线,可按三级道路考虑。
5. 当露天矿道路同时具有厂外道路性质时,应同时符合厂外道路相当等级的要求。

8.6.1.3 道路平面

A 行车道数量的确定

生产干线和支线除环形运输外，一般按双车道设计，联络线可设计为单车道，辅助线按一般载重汽车车宽的单车道设计。当单车道需双向行车时，应在适当的距离内设置错车道。错车道的尺寸见图 8-115，错车道应设在有利地点，并使司机能看到相邻两错车道间驶来的车辆。一般设在纵坡不大于 4% 的路段上，相邻两错车道之间的距离不大于 300m。

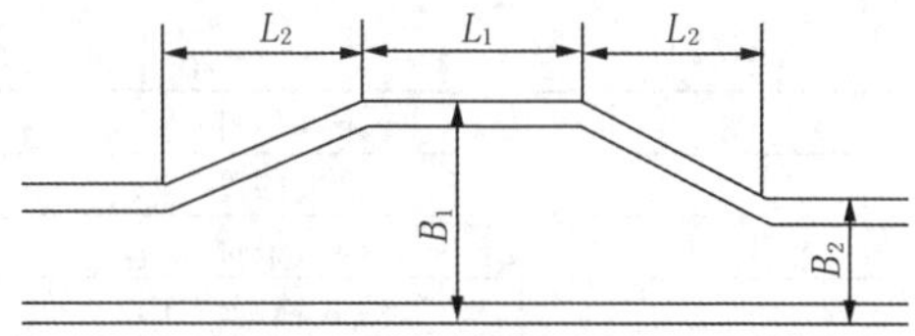

图 8-115 错车道

L_1—通行车辆中的最大车长加 5m；L_2—渐宽长度，不小于 10m；B_1—双车道路基宽度，m；B_2—单车道路基宽度，m

B 行车视距

行车视距包括停车视距和会车视距，各级道路的行车视距，一般是按潮湿泥泞道路条件确定，在平曲线外和纵断面上的最短视距规定见表 8-25。

在一般情况下，应满足会车视距的要求，在工程艰巨或受限制路段，可采用停车视距，但必须设置分道行驶设施或限速标志等措施。当平面视距不满足时，横净距内的障碍物，除对视线妨碍不大的稀疏树木或单个管线支架、电杆、灯柱等可保留外均应予以清除。

C 最小平曲线半径及超高值

露天矿各级道路，应尽量采用大于或等于表 8-25 所列不设超高的曲线半径。当受地形或其他条件限制时，可采用表中所列的最小曲线半径。

当遇到以下几种条件时，还应采取相应措施：

(1) 使用年限较短的道路，在地形复杂地段采用最小曲线半径仍有困难时，一、二级道路的最小曲线半径可适当减小，但分别不得小于二、三级道路的最小曲线半径，并相应降低车速；三级道路可按计算行车速度 15km/h、车型大小及实践经验适当减小最小半径，但不得小于汽车最小转弯半径的 1.3 倍(一～三类车)和 1.5 倍(四～六类车)。

(2) 采用四、五、六类车宽时，各级道路的最小曲线半径相应增加一个计算车宽。

(3) 为保证行车安全，在纵坡大于 7%，或限制坡长的尽头，不得采用最小曲线半径。

D 超高

当采用小于表 8-60 中不设超高的曲线半径时，应在曲线上设置超高。当行车速度限制在 15km/h 以内时，可不设超高。

表 8-60 超高横坡

计算行车速度/(km/h)	40	30	20
超高横坡/%	曲线半径/m		
2	250～100	150～55	100～25
3	100～85	55～50	
4	85～75	50～45	25～20
5	75～65	45～40	
6	65～55	40～25	20～15

E 曲线加宽

露天矿道路曲线半径小于或等于 200m 时，应在曲线内侧加宽路面。

F 回头曲线

由于矿山地形条件限制，需要迂回展现设置回头曲线。回头曲线对汽车运行十分不利，因此需设限速标志和外侧设挡车堆等安全设施。在干线上需接支线的回头曲线时，应尽可能采用非对称回头曲线；在长陡下坡后的回头曲线前应设缓和坡度，以改善行车条件。有关回头曲线的主要技术指标见表 8-26。

8.6.1.4 道路纵断面

A 纵坡

考虑到上坡运输的经济性，车辆下坡的安全性等因素，通常地势条件下可按表 8-61 选定道路坡度。

表 8-61 通常条件线路坡度

条 件	坡度选取范围/%
最大限度	8 ~ 15
通常最优	8
架线式辅助汽车	≤12

由于安全及道路排水的要求，对于较长的陡坡段应每隔 450 ~ 500m 设坡度不大于 2% 的缓坡段。

B 道路分岔处和采场移动坑线的最大纵坡

道路分岔处，一般情况岔线和主线的纵坡应保持同向并采用相同值。困难情况下，岔线和主线从分岔点开始，可采用不同值的同向坡度，其坡度差见表 8-62。当岔线和主线有不同坡向要求时，应在岔线上插入一段与主线坡向、坡度值相同的最短坡段，其长度应满足设置竖曲线的要求。

表 8-62 允许坡度差

道路分岔角/(°)	20 ~ 25	25 ~ 30	30 ~ 45	45
允许坡度差/%	1.0	1.5	2.0	2.5

采场移动坑线的最大纵坡，应根据开采工艺要求和尽量缩短坑线长度等因素考虑，一般不大于 12%。

C 坡长

各级道路的连续纵坡大于 5% 时，按表 8-63 所列的坡长限制设置缓和坡段，缓和坡段的坡度，不得大于 3%，长度不小于 80m。当条件限制时，三级道路的缓和坡段长度，可减至 60m 但这种缓和坡段不得连续采用。回头曲线一般不能作为缓和坡段考虑。

露天矿各级道路的纵坡长度不应小于缓和坡度的长度。

由不同纵坡（其值大于 5%）组成的连续坡段，其累计的换算坡长大于 800m 时，也应设置缓和坡段。换算坡长计算公式如下：

$$L_{换} = L_1 r_1 + L_2 r_2 + \cdots + L_n r_n \tag{8-124}$$

式中 $L_1, L_2, \cdots, L_n$——连续坡段中各个纵坡的坡长，m；

$r_1, r_2, \cdots, r_n$——相应各个纵坡的换算系数，见表 8-63。

8-63 纵坡坡长限制及换算系数

纵坡/%	5 ~ 6	6 ~ 7	7 ~ 8	8 ~ 9	9 ~ 10	10 ~ 11
坡长限制/m	800	500	350	200	150	140
换算系数	1.0	1.6	2.25	4.0	5.34	5.71

D 竖曲线

纵坡变更处的两相邻坡度的代数差大于 2% 时，应设置不小于表 8-64 的圆形竖曲线。

表 8-64 竖曲线最小半径

计算行车速度/(km/h)		40	30	20
竖曲线最小半径/m	凸形	1000	500	300
	凹形	500	400	300

注：1. 应尽量避免竖曲线与曲线超高缓和段重叠。
2. 竖曲线不得插入回头曲线，困难情况下，可在辅助曲线内设置。
3. 相邻两竖曲线可直接衔接。竖曲线长度一级不宜短于 20m、二级 15m、三级 10m。
4. 大中桥上，一般不宜设置竖曲线。如桥头设有竖曲线，其始终点宜在桥头 10m 以外，困难地段可减为 5m。

8.6.1.5 路基

路基需适应使用要求和沿线的自然条件，满足强度、稳定性和经济合理的要求，路基横断面各主要尺寸，主要根据路面宽度、路肩宽度及路基高度决定。

A 路面宽度

露天矿各级道路的路面宽度，可按表 8-23 选用。

B 路肩宽度

露天矿道路路肩宽度，可按表 8-23 选用。当挖方路基的单车道路肩宽度和双车道外侧无堑壁的路肩宽度,一般不小于1.0m。在工程艰巨地段,位于山坡内侧的石方路肩,其宽度可减小到0.5m;当填方路基的填土高度大于1.0m和挖方路基无堑壁外侧的原地形坡度陡于25°时,路肩宽度应视车型大小增加0.25~1.0m;当路肩上设置护墙或护堆时,路肩尚需按护墙或护堆尺寸要求另行加宽。

C 路基高度

路基高度的确定,应使路肩边缘不被地面积水淹没,同时考虑地下水、毛细水和冰冻的作用不致影响路基的强度和稳定性。

干燥地区,路基最小高度,一般高出地面0.3~0.5m;潮湿及排水困难地区,可按不同自然区确定路槽底面距长期地下水位的最小高度。一般为:砂性土0.8~1.4m;黏性土1.2~1.8m;粉性土1.4~2.0m。

如路基高度不符要求时,可采取降低水位,设置毛细水隔断层等措施。

各级生产道路的路基高度,还必须根据开采水平、出入沟坡度、开拓系统的形式和开采工艺要求等因素确定。

D 路基横断面

路基横断面的各项尺寸,除路基宽度按上述各表选用外,均应根据土质、水文和地形等条件,并考虑该地区气候特点进行设计。

(1) 路堤。当路堤基地的情况良好,其边坡的坡度可按表8-65选用。路堤横断面如图8-116所示。

表8-65 路堤边坡坡度

填料种类	边坡最大高度/m			边坡坡度		
	全部高度	上部高度	下部高度	全部坡度	上部坡度	下部坡度
一般性黏土	20	8	12		1∶1.5	1∶7.5
砾石土、粗砂、中砂	12			1∶1.5		
碎石土、卵石土	20	12	8		1∶1.5	1∶7.5
不易风化的石块	8 20			1∶1.3 1∶1.5		

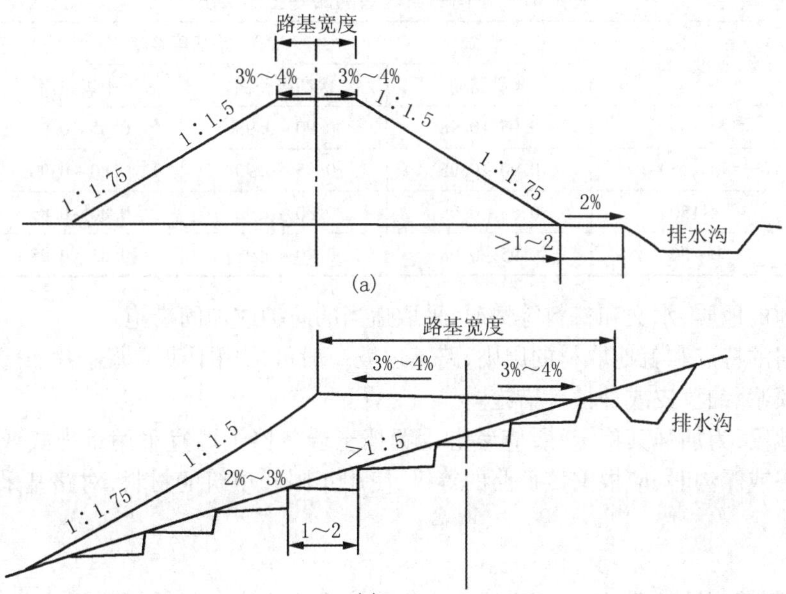

图8-116 路堤横断面
(a)平地路堤;(b)山坡路堤

(2) 路堑。路堑边坡的坡度,应根据当地自然条件、土石种类及其结构、边坡高度和施工方法等因素确定。当地质条件良好且土质均匀时,可参照表8-66采用。路堑横断面如图8-117所示。

表 8-66　路堑边坡坡度

土石种类		边坡最大高度/m	边坡坡度
一般性土		20	1:0.5～1:1.5
黄土及黄土类		20	1:0.1～1:1.25
碎石土和卵石（砾石土）	胶结和密实	20	1:0.5～1:1
	中　密	20	1:1～1:1.5
风化岩石			1:0.5～1:1.5
一般岩石		20	1:0.1～1:0.5
坚石			直立～1:0.1

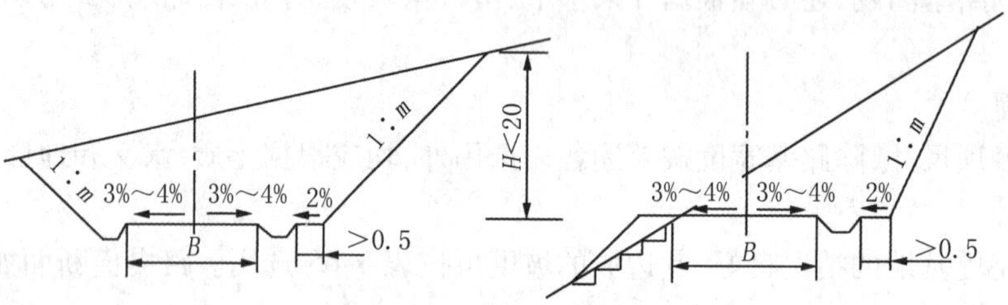

图 8-117　路堑横断面

各级生产道路必须在保证路基有足够密实度和稳定性的前提下选用路堤或路堑。当车型大时尽量少用或不用半填半挖路基。

路堑的挖方应堆弃在山坡的下侧。当路堑一侧无堑壁且外侧原地形坡度较陡时，宜将挖方堆弃在路肩外缘，作为路肩的加宽。

E　路基压实、防护和加固

路基应有足够的压实度。当路基修筑后即铺筑路面时，路基的压实度应符合表 8-67 的要求。

表 8-67　不同路面等级的路基土压实度

填挖类别	深度/cm	路基压实度			
		高级路面	次高级路面	中级路面	低级路面
填　方	0～80	0.95～0.98	0.90～0.98	0.85～0.95	0.80～0.90
	80～150	0.90～0.95	0.85～0.90	0.80～0.90	0.80～0.85
	>150	0.85～0.95	0.80～0.90	0.80～0.85	0.80～0.85
低填方、零填及挖方	0～30	0.95～0.98	0.90～0.98	0.85～0.95	0.80～0.90

路基应根据当地的地质、水文和材料等情况，采取适当的防护或加固措施。

考虑露天矿道路的特点和就地取材的原则，路基边坡一般可采用干砌或浆砌片石等加固措施。有条件时，也可采用抹面，喷浆、铺草皮或种植等措施。

地面横坡较陡地段，为加强其稳定性，应考虑设置挡土墙。挡土墙宜采用重力式或衡重式浆砌片石结构。当道路跨越峡谷或深沟时，应根据该道路的等级、使用年限和填筑的材料，对路基采取排水措施和冲刷防护工程。

F　路基排水

挖方、低填方及不填不挖的路基，均应设置边沟排水。土质边沟一般采用梯形或三角形，石质边沟采用矩形或三角形。梯形和矩形边沟的底部宽度一般为 40cm，沟深不宜小于 40cm，在分水岭处可减为 20cm。靠路基一侧边沟的边坡，梯形一般为 1:1.0～1:1.5，三角形为 1:2～1:3；外侧按土质，一般与挖方边坡相同。沟底纵坡不应小于 0.5%，在平坡路段可减小为 0.2%。

8.6.1.6　路面

露天矿山道路的质量直接影响自卸汽车部件的磨损、油耗、轮胎寿命、汽车行驶速度以及运输成本等。

尤其是行驶矿用重型自卸汽车的道路，对路面的要求更高，应具有足够的强度和良好的稳定性，其表面应平整、密实和粗糙度适当。

A 路面类型选择

矿山道路路面类型，应根据厂矿道路的性质、使用要求、矿山服务年限、矿岩运量及所在地区的自然地理条件、材料供应、施工装备等因素选择合理的道路路面类型。

(1) 路面分类。根据路面在车轮荷载作用下的工作特征和设计理论依据不同，路面可分为柔性路面和刚性路面两大类。

(2) 路面等级及面层类型。路面等级和面层类型参见表8-68。

(3) 路面等级选择。路面等级可根据道路等级、运量、使用年限等因素进行选择，在一个矿山企业内，所选定的路面面层类型不宜过多，参见表8-69。

表8-68 路面等级与面层类型

路面等级	面层类型	使用年限/a
高级路面	水泥混凝土、沥青混凝土、热拌沥青碎石混合料、整齐石块	10
次高级路面	冷拌沥青碎(砾)石，沥青碎(砾)石表面处治，半整齐石块	6
中级路面	沥青灰土表面处治，泥结，碎(砾)石干结，级配碎(砾)石，工业废渣及其他粒料，不整齐石块	5
低级路面	各种当地材料改善土	<3

表8-69 路面等级选择参考

道路条件			路面等级	
使用时间/年	类别	等级	载重量不大于35t	载重量大于35t
>10	生产干线	一、二	高级、次高级	高级、次高级
5~10	生产干线或支线	一、二、三	次高级、中级	次高级、中级
3~5	生产支线或联络线	二、三	次高级、中级	次高级、中级
<3	生产支线或临时线	三	中级、低级	中级

(4) 路拱形式。路拱有直线型和抛物线型两种，可根据路面种类、路面宽度等因素选用。露天矿道路一般采用直线型路拱，其中中间宜用圆弧连接；等级较低，宽度较窄的路面，一般采用抛物线型路拱。路拱坡度应有利于路面排水和行车，可根据面层类型和当地自然条件等选择，参见表8-70。路肩的横坡一般比路拱坡度大1%~2%。少雨地区比路拱坡度大0.5%或与路拱坡度相同。

表8-70 路拱坡度

路面面层类型	路拱坡度/%
水泥混凝土路面	1.0~1.5
沥青混凝土、热拌沥青碎石混合料	1.0~2.0
沥青贯入碎(砾)石、冷拌沥青碎(砾)石、沥青碎(砾)石表面处理，整齐石块，其他沥青路面	1.5~2.5
半整齐，不整齐石块路面	2.0~3.0
泥结、干结及级配碎(砾)石等各种粒料路面	2.5~3.5
各种改善土路面	3.0~4.0

注：降雨量大宜采用上限，降雨量小或积水和冰冻的路段上宜采用下限。

B 柔性路面

露天矿道路路面结构设计要遵循路基稳定，基层坚实、路面耐用的原则，将路基、垫层、底基层，基层、面层作为一个相互联系和制约的整体，充分发挥各结构层的作用。柔性路面其各种结构层的最小厚度，一般不小于表8-71所列数值。

表 8-71 柔性路面结构层最小厚度 (cm)

结构层名称		最小厚度	备注
沥青混凝土、热拌沥青碎面混合料	粗粒式	5.0	单层最小厚度,不包括联结层的组合厚度
	中粒式	4.0	
	细粒式	2.5	
冷拌沥青碎(砾)石,沥青贯人式		4.0	新路可增厚至15cm
沥青碎(砾)石表面处理		1.5	
天然砂砾,级配,泥结碎(砾)石,水结,干压碎石		6.0	
泥灰结碎(砾)石,级配(砾)石掺灰		8.0	
灰土类,工业废渣		8.0	
水泥稳定砂砾		8.0	
砂姜石、碎砖等嵌锁型结构		6.0	
块石、圆石或拳石		10.0	
铺砌片石,锥形块石,大块石基层		12.0	

C 刚性路面

刚性路面主要是指水泥混凝土路面。板的横断面形式分为等厚式、厚边式两类,一般采用等厚式,其最小板厚一般不小于18cm,水泥混凝土路面需设纵缝和横缝(分缩缝和胀缝),按强度计算,必要时应设置连接杆和传力杆,在板边加设纵向边缘钢筋。板厚可参见表8-72。

表 8-72 水泥混凝土路面参考厚度 (cm)

荷载等级	车轮载荷/N	荷载作用位置	土基回弹模量 E_0/MPa				
			100	80	60	40	25
汽车-15 级	50000	板　中	18	18	18.5	19	20
		板边、板角	21	21	23	24	25
汽车-20 级	65000	板　中	19	20	21	21.5	22
		板边、板角	24	25	26	27	28
汽车-30 级	100000	板　中	23	24	25	26	27
		板边、板角	29	30	31	33	35
汽车-40 级	135000	板　中	27	28	29	30	31
		板边、板角	34	35	36	38	40
汽车-55 级	185000	板　中	31.5	32.5	33	34	35
		板边、板角	39	40	42	44	46
汽车-110 级	375000	板　中	45	46	47	49	51
		板边、板角	57	58	60	63	67

8.6.1.7 汽车运输计算

A 计算参数

(1) 自卸汽车有效载重。影响自卸汽车有效载重的因素很多,如挖掘机斗容、铲斗装满系数,汽车车厢容积及有效利用程度等。

汽车有效载重量 G_x 可按式(8-125)计算:

$$G_x = \frac{NE\gamma K_H}{K_p} \tag{8-125}$$

式中 G_x——汽车有效载重量,t;

N——装载斗数,一般为3~6斗;

E——铲斗标准容积,m^3;

γ——矿岩体重,t/m^3;

K_H——铲斗装满系数;

K_p——矿岩松散系数。

根据上式计算的汽车有效载重量还应按松散矿岩堆积容积验算,汽车车厢的容积 V 可按式(8-126)计算:

$$V = \frac{G_x K_p}{\gamma} \leqslant V_x \tag{8-126}$$

式中 V——自卸汽车有效载重量为 G_x 时装载松散矿石的容积,m^3;

V_x——自卸汽车车厢有效容积,m^3。

(2) 平均运行速度。自卸汽车往返于装载点至卸载点之间的平均速度受汽车动力性能、制动条件、道路技术条件、路面种类及移动线所占道路比例、驾驶技术等因素影响外,一般情况下,上坡运行受动力特性限制,下坡运行受安全运行条件限制。

根据我国矿山的实际情况,矿用自卸汽车在固定线上往返的平均速度可按18~24km/h考虑。在采矿场和废石场移动线上的平均速度可按10~12km/h考虑。

(3) 时间利用系数。时间利用系数与挖掘机、汽车的完好状况及工作组织、气候因素有关,一般是按天工作班数的不同,采用不同的时间利用系数,如天工作班数为一班制时,系数为0.9;二班制时系数为0.85;三班制时系数为0.8。

(4) 运输不均衡系数。运输不均衡系数可根据矿山具体情况确定,一般取1.05~1.15,生产规模大,装运条件好取小值,反之取大值。

(5) 装车时间。挖掘机装自卸汽车的时间主要与挖掘机作业循环时间及装载斗数有关,一般挖掘机装载一斗的作业时间取35~45s,当斗容小、装载体重轻的矿石时取下限值,装载斗数参见表8-58。

(6) 卸车时间。汽车卸车时间主要取决于卸载物料的性质,正常情况下取1min,粘车严重时,可适当增加。

(7) 调头及停留时间。调头时间与汽车和挖掘机的相对位置及装载平台的布置形式,场地大小有关,一般取1min。停留时间取3~6min,包括待装、待卸及运行中的耽误时间,它随汽车类型和运距而变化。

(8) 出车率。出车率是指平均每班开动的汽车台数与在籍台数之比,影响汽车出车率的因素很多,如汽车检修能力,备品备件的供应情况,生产管理水平及不同的运行条件等。柴油驱动运矿汽车出车率为50%~70%;100t以上电动轮汽车出车率为70%~80%。

B 汽车数量计算

(1) 汽车台班运输能力。生产汽车台班运输能力 A,可按式(8-127)计算:

$$A = \frac{480G}{T} K_1 K_2 \tag{8-127}$$

式中 A——汽车台班运输能力,t/(台·班);

G——汽车额定载重量,t;

T——汽车往返一次周转时间,min,包括:t_1 装车时间,t_2 行走时间,t_3 卸车时间,t_4 掉头时间,t_5 停留时间;

K_1——时间利用系数;

K_2——载重利用系数。

(2) 汽车数量。自卸汽车数量 N 可按式(8-128)计算:

$$N = \frac{QK_3}{CHAK_4} \tag{8-128}$$

式中 N——自卸汽车数量,台;

Q——露天矿年运输量,t/a;

A——汽车台班运输能力,t/(台·班);

K_3——运输不均衡系数,一般取 1.05~1.15;

K_4——出车率;

H——年工作日,天;

C——每日工作班数,班。

当计算结果出现小数时,一般情况下,大于 0.3 可按一台设备考虑,小于 0.3 应分析情况,可采用提高工作效率,调整作业时间等办法解决。

(3) 矿用自卸汽车在籍设备数量估算。

在籍设备数量 N 的计算见式(8-129):

$$N = \frac{\Sigma G}{G} \tag{8-129}$$

式中 N——在籍设备数量,台(取整数);

ΣG——汽车总载重量,t;

G——所选用车型的额定载重量,t。

汽车总载重量的计算见式(8-130)。

$$\Sigma G = \frac{QK_3}{x} \tag{8-130}$$

式中 ΣG——汽车总载重量,t;

Q——年运输量,kt;

K_3——运输不均衡系数;

x——汽车效率,kt/(t·a)。

8.6.2 铁路运输

准轨铁路运输具有运量大,经济运距长,运营费低,生产可靠,设备供应充足,受气候影响不大等优点。在我国采用准轨铁路运输的矿山较为普遍,有一定管理经验。其缺点是要求采场尺寸大,线路工程量大,基建时间长,基建投资高,开采强度低,灵活性差,线路爬坡能力小,转弯半径大,线路维修及移设工程量大,劳动效率低等。

准轨铁路运输适用于地形平缓(25°以下),矿床埋藏浅,矿层厚度大,产状稳定简单,不要求分采配矿等条件。当具有上述条件的露天矿山,对运输量大,采场境界较长(一般大于 1.5km),比高较小,运距及矿山服务年限较长的大型露天矿,宜采用准轨铁路运输。

改、扩建矿山,当原有准轨铁路运输从山坡转入凹陷、露天矿底距地表高差小于 150m,采场境界长度大于 1.5m,宽度大于 0.5km,仍可合理利用,加以相应改造,适应生产发展需要。

其次,地下开采的矿山企业,当地面运输量较大,接轨条件和取送车方便,线路铺设较短,可考虑选用准轨铁路运输。窄轨铁路运输与准轨铁路运输比较,具有投资少、基建快、装备简单、占地少等优点。其缺点是运营费高,运输能力小、劳动效率低。因此,只适用于中、小型露天矿及地下开采矿山的地面运输。

8.6.2.1 铁路运输设备

铁路运输设备主要是指机车和车辆。运输设备的选择应根据矿山建设的具体情况而定。

A 机车

(1) 直流架线式电机车型号及主要技术性能。准轨直流架线式电机车型号及主要技术性能见表 8-73,窄轨直流架线式电机车型号及主要技术性能见表 8-74。

(2) 内燃机车型号及主要技术性能。准轨内燃机车型号及主要技术性能见表 8-75,窄轨内燃机车型号及主要技术性能见表 8-76。

表 8-73 准轨直流架线式电机车型号及主要技术性能

技术性能	型号		技术性能	型号	
	ZG100-1500	ZG150-1500		ZG100-1500	ZG150-1500
黏着重量/t	100^{+3}_{-1}	$150^{+4.5}_{-1.5}$	机车长时功率/kW	1240	1860
轴列式	Z_0-Z_0	Z_0-Z_0-Z_0	轮周小时牵引力/N	172000	256000
轴荷重/t	25 ±2%	25 ±0.5%	轮周长时牵引力/N	143000	214000
额定电压/V	$1500^{+20}_{-33}\%$	$1500^{+20}_{-33}\%$	运行速度 小时制/(km/h)	29.30	29.30
轴距:固定/全轴/mm	2600/10400	2600/15900	运行速度 长时制/(km/h)	31	31
最小通过曲线半径/m	60	80	最大运行速度/(km/h)	65	65
车轮直径/mm	1120	1120	牵引电动机型号	ZQ350-1	ZQ350-1
外形尺寸 全长/mm	14760	20260	牵引电动机功率/kW	350	350
外形尺寸 全宽/mm	3200	3200	牵引电动机台数/台	4	6
正弓收下时高度(距轨面)/mm	4780	4780	牵引电动机额定电压/V	1500	1500
正弓最小工作高度(距轨面)/mm	5100	5100	牵引电动机小时电流/A	250	250
正弓最大工作高度(距轨面)/mm	6500	6500	制动装置类型	EL-14(改进型)	EL-14(改进型)
旁弓收下时高度(距轨面)/mm	4000	4000	空压机型号	Z-1.8/8 型	Z-1.8/8 型
旁弓最小工作高度(距轨面)/mm	4045	4045	空压机能力(m^3/min)×台数	1.8×2	1.8×3
旁弓最大工作高度(距轨面)/mm	4600	4600	制动缸尺寸/mm	304.8	304.8
机车中心线至旁弓架线间距/mm	2600~3300	2600~3300	制动率/%	70.5	70.5
机车小时功率/kW	1400	2100	制造厂	湘潭电机厂	湘潭电机厂

表 8-74 窄轨直流架线式电机车型号及主要技术性能

技术性能	型号					
	ZL-14/550	ZL14 7 9 /550-1	XGC-14	ZL-20/750	ZL-40/750	ZL9 6 7 /550
黏着重量/t	14	14	14	20	40	9
轨距/mm	796 900	762 900	762 900	762 900	762 900	600 762
额定电压/V	550	550	550	750	750	550
轴荷重/t	7	7	7	10	10	4.5
固定轴距/mm	1800	2050	1900	3000	2000	1400
最小通过曲线半径/m	15	20	15	30	40	10
车轮直径/mm	760	840	800	840	840	680
外形尺寸 全长	5332	5450	4700	7500	12000	4900
外形尺寸 全宽	2135	2000	2100	2300	2500	1230
外形尺寸 全高(司机室高)	3002	3000	3000	3440(3200)	3720(3200)	3000
车钩高度/mm	380 490 600	380 490 600	320	600	600	430 320
正弓工作高度/mm	3550~4350	3550~4350	4200~5000	3750~4550	3750~4550	3600~4600
旁弓工作高度/mm	2500~2900	2900~3300	2500	3050~3600	3050~3600	
旁架线至车中心距/mm	1700~2150	1750~2200	1700	2100~2600	2250~2750	
机车小时功率/kW	104	156	92	220	440	60
机车小时牵引力/N	27200	32000	24000	40000	80000	19300
机车长时牵引力/N	9500	11000	10100	31700	63500	5400
机车小时制速度/(km/h)	12.9	15.8	14	18.6	18.9	10.5
机车长时制速度/(km/h)	18	23.2	21	19.3	19.7	14
机车构造速度/(km/h)	26	31	37	37	37.6	20
牵引电动机型号	ZQ-52	ZQ-78	ZQ-46B	ZQ-110	ZQ-110	ZQ-30-4
牵引电动机功率/kW	52	78	46	110	110	
单台电动机小时电流/A	105	154	95.5	161	161	
牵引电动机数量/台	2	2	2	2	4	2
制动装置	手、电、气	手、电、气	手、电、气	手、电、气	手、电、气	手、电、气
制动缸规格/mm	ϕ130	ϕ130×2	ϕ203.2	ϕ317.5×10	ϕ317.5×10	
机车有效制动率/%	63~83	70~90		64~91	71~92	
空压机型号及台数/台	仿捷 2 台	2	KWP-450×1	Z-1.8/8×1	Z-1.8/8×2	
空压机能力/(m^3/min)	0.4×2	0.4×2	0.45×1	1.85×1	1.85×2	
机车总风缸容积/m^3	0.2	0.2	0.22	0.747	1.1	
制造厂	常州工矿电机车厂	常州工矿电机车厂	大连电车工厂	常州工矿电机车厂	常州工矿电机车厂	常州工矿电机车厂

表 8-75 准轨内燃机车型号及主要技术性能

技术性能		型号										
		JM80Q	JMY380FX		JMY380FS		JMY380Ⅳ		JMY380Ⅵ		JMY600	
用途		调车	调车、小运转		调车、小运转		调车、小运转		调车、小运转		调车、小运转	
车轴排列		0-3-0	2-2		2-2		2-2		2-2		2-2	
传动方式		机械	液力		液力		液力		液力		液力	
构造速度/(km/h)		25	36	54	30	45	30	60	30	60	34	69
持续速度/(km/h)			9、13.5	9	13.5	6.8	13.2	6.6	13.2	8	17.3	
最小通过曲线半径/m		20	60		60		50		50		50	
轮周启动牵引力/N		27410					138000	69000	138000	69000	176590	87000
轮周持续牵引力/N					72710	48100	82000	43000	82000	43000	100000	4900
轴重/t		4.2	8	10	8.5	10	10		11.25		16	
机车运转整备质量/t		12.6	30		40		40		45		64	
外形尺寸	全长/mm	4480	11810		10200		11900		10507		12888	
	全宽/mm	1960	2510	2600	3260		3160		3160		3160	
	全高/mm	2188	3440		4450		4240		4530		4440	
转向架中心线间距/mm			6000		5000		5000		5000		5600	
固定轴距/全轴距/mm		900/1800	1800/6000		1800						2000	
车轮直径/mm			840		840		840		840		840	
柴油机	型号	4135AK-1	12V135Z		12V135Z		12V135Z		12V135Z		6200Z	
	额定功率/kW	54	280		280		280		280		442	
	燃料油消耗率/(g/(kW·h))		≤238								238	
	润滑油消耗率/(g/(kW·h))		≤3.4		3.4							
牵引发动机型号		12V180ZJ	12V135Z		12V135Z		12V135Z		12V135Z		6200Z 牵引电动机型号	
制动机形式		手、空气	空气		空气		空气		空气		空气	
燃料油装载量			490kg		490kg		800L		1200L		1500L	
润滑油装载量/kg												
储水量/kg			400		400							
储砂量/kg			150		150							
制动率/%			89.5		89.5							

技术性能		型号								
		JMD1000	东方红5		东方红5B		东方红5C		东风4	东风4B
用途			调车、小运转		调车、小运转		调车、小运转		货运	干线客货运
车轴排列		20-20	2-2		2-2		2-2		30-30	30-30
传动方式		电力	液力		液力		液力		电力	电力
构造速度/(km/h)		45	40	80	40	80	40	80	100	客运 120 货运 100
持续速度/(km/h)		9.94	8.5	17	7.5	15	7.5	15	21.6	客运 26.3 货运 21.9
最小通过曲线半径/m		100	100		90		90		145	145
轮周起动牵引力/N		250000	283800	155800	303600	191500	303600	191500	443500	客运 351000 货运 421000
轮周持续牵引力/N		176000	202000	100500	256260	128860	256260	128860	330500	客运 257000 货运 308000
轴重/t		21	21.5		23		23		23	23±3%
机车运转整备重量/t		84	86		92		92		138	138
外形尺寸	全长/mm	15470	14900		14900		14900		21100	21100
	全宽/mm	3100	3376		3376		3376		3309	3309
	全高/mm	4490	4643		4756		4756		4725	4755
转向架中心线间距/mm		8420	6900		6900		6900		12000	12000

续表 8-75

技术性能		型号					
		JMD1000	东方红 5	东方红 5B	东方红 5C	东风 4	东风 4B
固定轴距/全轴距/mm		2300/10720	2400/9300	2400/9300	2400/9300	1800/15600	1800/15600
车轮直径/mm		1050	1050	1050	1050	1050	1050
柴油机	型　号	12V180ZJ	12V180ZJ	12V180ZJ	12V180ZJ	16V240ZJB	16V240ZJB
	额定功率/kW	670	791	920	920	2429	2944(小时功率) 2429(装车功率)
	燃料油消耗率/(g/(kW·h))	≤238	224 +7	224 +7	224 +7	211 +7	211 +7
	润滑油消耗率/(g/(kW·h))		≤7	≤7	≤7	2	2
牵引发动机型号						TQFR-300	TQFR-300
牵引电动机型号		ZQDR-410				ZQDR-410	ZQDR-410
制动机形式		空气	JZ-7	JZ-7	JZ-7	JZ-7	JZ-7
燃料油装载量		2500L	3200kg	2300kg 或 3200kg	2300kg	7500kg	9000kg
润滑油装载量/kg			200	200	200	1200	1200
储水量/kg		500	125	425	425	1200	1200
储砂量/kg		800	600	600	600	800	800
制动率/%		59	79.4	77.3	77.3	61	61(常用制动) 78.5(非常用制动)

表 8-76　窄轨内燃机车型号及主要技术性能

技术性能		型号				
		JM20	JM40	JMY80	JM80	JM80Q
轨距/mm		600　762	600　762　900	762(900)	600　750　762　900　1000	600　750　762　900　1000
轴列式		0-2-0	0-2-0	0-2-0	0-3-0	0-3-0
整备重量/t		3	7	10	11	12.6
轴荷重/t		1.5	3.5	5	3.7	4.2
固定轴距/mm		850	1000	1100	900	900
转向架中心线间距/mm					1800	1800
车轮直径/mm		400	450	600	600	600
最小通过曲线半径/m		6	7	8	20	20
车钩高度/mm		210　320	210　320　390	320　390　600	320　600	720　600　760　850
车钩形式		插销链环式	插销链环式	插销链环式	插销、链钩	自动插销链钩
构造速度/(km/h)		12	19.3	20	25.61	25
轮周牵引力/N		7200(持续)	1800(持续)	28000	26640	27410
外形尺寸	全长/mm	2900	4000	5000	4380	4480
	全宽/mm	1100	1400	1600	1910　1948　2048	1950
	全高/mm	1800	2188	3000	2740	2188
柴油机	型号	2105-1	X2105J	X6105J	4135AK-1	4135AK-1
	额定功率/kW	15	29	59	74	54
	耗油率/(g/(kW·h))				238	238
传动形式		机械	机械	液力	机械	机械
驱动方式		链条	机械	万向轴		
制动装置		手		空气	手	手、空气
有效制动率/%					79	72
空压机型号						ZV-0.6/7
空压机台数×能力/(m^3/min)						1×0.6
总风缸容量/m^3						0.16
全车闸瓦总压力 ΣK/MPa					0.87	0.87
每块闸瓦压力 K/MPa					0.145	0.145
制造厂		长沙重型机器厂	长沙重型机器厂	长沙重型机器厂	常州工矿电机车厂	常州工矿电机车厂

续表 8-76

技术性能		JM80R	JM80RI	JMY380	JMY380 Ⅰ	JMY380 Ⅲ
轨距/mm		600 750 762 900 1000	600 750 762	762 900	762(900)	762(900)
轴列式		0-2-0	0-2-0	2-2	2-2	2-2
整备重量/t		10	8	24	24	24
轴荷重/t		5	4	6	6	6
固定轴距/mm		1200	1200	1600		
转向架中心线间距/mm				5000	5000	5000
车轮直径/mm		650 680	650 680	600	600	600(840)
最小通过曲线半径/m		10	10	60	60	60
车钩高度/mm		320 600	320 600	600	600	500
车钩形式		插销 链钩	插钩 链钩	直动 插销 链钩	自动链钩 插销	自动链钩 插销
构造速度/(km/h)		27.8 29.8	27.8 29.8	45	45	45
轮周牵引力/N		2210	1768		11800 4820(持续)	11800 4820(持续)
外形尺寸	全长/mm	3900	3770	10000	9740	10000
	全宽/mm	1790 2028	1790	2610	2350	2350
	全高/mm	2380	2360	3330	3320	3675
柴油机	型号	4135AK-1	4135AK-1	12V135Z	12V135Z	12V135Z
	额定功率/kW	74	74	280	280	
	耗油率/(g/kW·h)	238	238	238		
传动形式		机械	机械	液力	液力	液力
驱动方式		连杆	连杆	万向轴	万向轴	万向轴
制动装置		手、空气	手、空气	手、空气	空气	空气
有效制动率/%		68	68	76		
空压机型号		JN150	JN150	3W-1.6		
空压机台数×能力(m^3/min)		1×1	1×1.6			
总风缸容量/m^3		0.06	0.06	0.38		
全车闸瓦总压力 ΣK/MPa		0.821	0.821	1.824		
每块闸瓦压力 K/MPa		0.2052	0.2052	0.2052		
制造厂		常州工矿电机车厂	常州工矿电机车厂	常州工矿电机车厂	长沙重型机器厂	长沙重型机器厂

B 车辆

(1) 准轨自翻矿车型号及主要技术性能见表 8-77。

(2) 准轨底开门车型号及主要技术性能见表 8-78。

(3) 窄轨侧卸自翻车型号及主要技术性能见表 8-79。

(4) 窄轨底卸式矿车型号及主要技术性能见表 8-80。

(5) 窄轨曲轨侧卸式矿车型号及主要技术性能见表 8-81。

8.6.2.2 铁路线路技术条件

A 线路分类

(1) 固定线。矿山运输干线、站线以及使用年限在 3 年以上的其他线路属固定线。

(2) 半固定线。矿山的移动运输线,其移设周期或使用年限在 3 年以下,1 年以上的线路。

(3) 移动线。移设周期或使用年限等于或小于 1 年的线路,如采矿工作面的装车线、废石场的卸车线。

B 线路等级划分

矿山线路等级可按矿山重车方向的最大年运量划分，见表8-82。

表8-77 准轨自翻矿车型号及主要技术性能

技术性能		型号					
		KF-60-5A（KF-60-5B）	KF-60	KF-65	KF-70	KF_5-100	KF-100
形式		气动自翻车	气动自翻车	气动自翻车	气动自翻车	液压自翻车	气动自翻车
载重量/t			60	65	70	100	100
自重/t		33.4(32.5)	33.5	33	34	48	59
车厢容积/m^3		27	27	29	29	44	55
轴数/根		4	4	4	4	6	6
转向架形式		铸钢侧架式	铸钢侧架式	铸钢侧架式	铸钢侧架式	H、E型	塔接式三轴转向架
固定轴距/mm		1727	1727	1727	1800	1200×2	1300×2
两转向架中心距/mm		8680(8686)	8686	7700	7700	10200	11700
轴荷重/t		23.4(23.1)	22.3	23.3	24.5	24.83	26.5(26.8)
最小通过曲线半径/m		80	80	80	80	80	80
构造速度/(km/h)		50	80	80	80	80	80
外形尺寸	长/mm	13890(13070)	13064	12238	12106	15446	16878(18078)
	宽/mm	3340	3325	3300	3322	3288	3384
	高/mm	2491	2462	2661	2853	2944	3100(4511)
车厢尺寸	长/mm	11420	11628	10966	10850	13950	15642(内长15200)
	宽/mm	3340	3325	3300	3322	3930	3384(内宽3026)
车厢倾翻角/(°)		45	45	45	45	45	45
车厢倾翻气压/MPa		>0.5	0.5	0.5	0.5	10(油压)	0.55
车厢倾翻时间/s		约15	35	35	35	30	
车厢起翻后离轨面间隙/mm		约180	180	160	120	176	146
车厢起翻后最大高度/mm		3580	3580	3900	3920	4038	4282
车厢起翻后距线路中心/mm		2015	2015	2250	2240	2320	2525
制动机型号		GK	GK	GK	GK	GK	GK
制动缸尺寸/mm		254×356	254×356	254×356	254×356	254×356	254×356
制动闸瓦块数/块		8	8	8	8	16	16
制造厂		大连重型机器厂	哈尔滨车辆厂	哈尔滨车辆厂	哈尔滨车辆厂	哈尔滨车辆厂	大连重型机器厂

表8-78 准轨底开门车型号及主要技术性能

技术性能		型号					
		K60矿石车	K13石碴漏斗车	DK60-3矿石车	K70煤漏斗车	60矿石漏斗车	K16矿石漏斗车
载重量/t		60	60	60	73	60	95
自重/t		22.5	21.2	21.8	27	23	33.8
车厢容积/m^3		20.8	36	27.4	73	37.4	45
固定轴距/mm		1750	1750	1727	1750	1750	2640
两转向架中心距/mm		7900	8000	6600	10500	9200	8200
最小通过曲线半径/m		145		60	145	145	80
轴数/根		4	4	4	4	4	5
轴荷重/t		21		20.45		20.75	21.4
构造速度/(km/h)		100		80		100	100
外形尺寸	长/mm	11942	12046	10450	14738	13438	14000
	宽/mm	3116	3156	2896	3310	3180	3200
	高/mm	2657	3104	2950	2593	2952	3362
车厢尺寸	长/mm	7188		7000	12406	9100	12040
	宽/mm	2734		2600	3240	2888	2890
	高/mm	1460		1900	2430	1750	1600

续表 8-78

技术性能	型号					
	K60 矿石车	K13 石碴漏斗车	DK60-3 矿石车	K70 煤漏斗车	60 矿石漏斗车	K16 矿石漏斗车
车门有效开度/mm	600		500	2450	450	450
底开门机构形式	气动	气动或手动	手、气动	手、气动	气动	气动
制造厂	眉山车辆工厂	太原机车车辆厂	大连重型机械厂	齐齐哈尔车辆厂	株洲车辆厂	株洲车辆厂

表 8-79 窄轨侧卸自翻车型号及主要技术性能

技术性能		型号				
		A030507	SQF6.0-9	SQF6.0-7	SQF10-7	KF-20-1 （QF20）
车厢容积/m^3		3.5	6	6	10	11
载重/t		6	9	15	15	20
自重/t		3.1(3.0)	6.405	9.0	9.236	14
轨距/mm		762(750)	900	762	762	762,900
轴数/根		2	2	4	4	4
轴荷重/t		4.55(4.5)	7.5	6	6.1	8.5
轴距/mm		1300	1600	1100	1100	1300
轮径/mm		500	500	550	550	650
最小通过曲线半径/m			30	30	30	45
最大行车速度/(km/h)			20	30	30	35(直线)25(曲线)
车钩高度/mm		600	485	600	600	600
外形尺寸	长/mm	4280	4863	7030	8774	9720
	宽/mm	1769	2165	2000	2000	2430
	高/mm	1817	1670	1750	1910	2000(1990)
卸载气压/MPa			0.5	0.5	0.6	0.5
卸载耗气量/(m^3/车)			0.41	0.8	0.8	1.3
连接器形式		单环链	自动挂钩	自动挂钩	自动挂钩	自动挂钩
制动方式			气动	气动	气动	气动
制动缸尺寸/mm×mm×mm			471×242×202	471×242×202	471×242×202	203×305×202
每轴闸瓦数/个			2	2	2	2
车厢起翻后离轨面间隙/mm			约 235	约 100	约 100	约 180
车厢起翻后车帮边缘距/mm			2380	2650	2750	约 3000
线路中心(最大)			1100	1280	1400	约 1470(~1400)
倾翻角/(°)		40	45	45	45	45
倾翻特点		三支点式侧卸	气翻	气翻	气翻	气翻
倾翻时间/s			30	30	30	45(35)
制造厂		本溪重型汽车制造厂	鹤壁市矿山机械厂	鹤壁市矿山机械厂	鹤壁市矿山机械厂	大连重型机器厂（吉林市矿山机械厂）

表 8-80 窄轨底卸式矿车型号及主要技术性能

技术性能		型号				
		06162	YDC4-7	DS364	4 备 110-1	YDC6-7/9
容积/m^3		4	4	6	6	6
载重/t		8	10	10	15	15
自重/t		3.78	4.32	3.37	7.08	6.32,6.38
轨距/mm		762	762	900	900	762,900
轴距/mm		1500	1300	1700	2200	2500
轮径/mm		450	450	400	450	400
车厢尺寸	长/mm	3900	3415	4910	4392	4630
	宽/mm	1600	1600	1520	1772	1750
	高/mm	1010	1085	1120	955	1000
外形尺寸	全长/mm	4045	3900	5520	5500	5400
	全宽/mm	1600	1600	1520	2010	1750
	全高/mm	1550	1600	1600	1670	1650

续表 8-80

技术性能	型号				
	06162	YDC4-7	DS364	4 备 110-1	YDC6-$\frac{7}{9}$
由轨面至连接器中心线高度/mm	620	600	600	770	730
最小通过曲线半径/m		13			
卸载角度/(°)	45	50	50	45	50
连接器形式	单环链	单环链	单环链		单环链
制造厂	本溪重型汽车制造厂	鹤壁矿山机械厂（金马矿山机械厂）	本溪重型汽车制造厂	本溪重型汽车制造厂	鹤壁矿山机械厂

表 8-81　窄轨曲轨侧卸式矿车型号及主要技术性能

技术性能		型号								
		YCC0.7(6)	YFC0.7(6)	YCC1.2(6)	JC1.2-6	JC1.6(6)	JC1.6-7	JC1.6-6	YCC2-$\frac{6}{7}$	KC2.0(6)
车厢容积/m^3		0.7	0.7	1.2	1.2	1.6	1.6	1.6	2.0	2.0
载重/t		1.75	1.75	3.0	3.0	4.0	4.0	4.0	5.0	5.0
自重/t		0.75	0.71	1.0	1.03	1.45	1.5	1.35 1.37(张厂)	1.83 1.88	1.9
轨距/mm		500	600	600	600	600	762	600	600,762	600
轴距/mm		600	600	600	600	800	800	800	1000	1000
轮径/mm		300	300	300	300	350	350	350	300 400(鹤厂)	400
连接器高度/mm		320		320	320	320	320	320	320	320
外形尺寸	长/mm	1650	1650	1900	2100	2500	2500	2500	3000	3000
	宽/mm	980	980	1050	1050	1200	1200	1200	1250	1250
	高/mm	1050	1200	1200	1200	1300	1300	1300	1300	1300
最小通过曲线半径/m		6		6	6			8	10	10
连接器最大拉力/N		60000	60000	60000	60000	60000	60000	60000	60000	3000
卸载角度/(°)		40	40	40	45	45	45	45	40,42	45
连接器形式		单环链	单环链	单环链	单环链	单环链	单环链	单环链	单环链	单环链
制造厂		金马矿山机械厂 鹤壁矿山机械厂	张家港市机械厂	金马矿山机械厂 鹤壁矿山机械厂 张家港市机械厂	金马矿山机械厂	本溪重型汽车制造厂	本溪重型汽车制造厂	四川矿山机器厂 金马矿山机械厂 张家港市机械厂	金马矿山机械厂 鹤壁矿山机械厂	金马矿山机械厂

技术性能		型号								
		JC2.5-7	030507	JC4.0-7	JCL4.0-7	JCL4.0-9	KC4-7	YCC4-7(9)	YCC4-7(9)	KG-6
车厢容积/m^3		2.5	3.5	4.0	4.0	4.0	4.0	4.0	4.0	6.0
载重/t		6.0	6.0	10.0	10.0	10.0	10.0	10.0	10.0	16.0
自重/t		2.1	3.32,3.22	3.13	3.27	3.27	3.2	3.23,3.3	3.2,3.3	6.5
轨距/mm		762	762,750	762	762	900	762	762,900	762,900	762
轴距/mm		1100	1300	1300	1100	1300	1300	1300	1300	
轮径/mm		400	500	400	500	400	450	450	450	
连接器高度/mm		320	600	430	430	430	430	430	320	
外形尺寸	长/mm	3500	3440	4200	3600	4200	3900	3900	3900	5000
	宽/mm	1250	1760	1400	1800	1500	1400	1400	1400	1800
	高/mm	1300	1565	1600	1600	1600	1650	1650	1600	1700
最小通过曲线半径/m		11					13	13	13	
连接器最大拉力/N		60000	60000	60000	60000	60000	60000	60000	60000	
卸载角度/(°)		45	40	45	45	45	48	42	42	
连接器形式		单环链	单环链	单环链	单环链	单环链	单环链	单环链	单环链	单环链
制造厂		金马矿山机械厂	本溪重型汽车制造厂	本溪重型汽车制造厂	本溪重型汽车制造厂	本溪重型汽车制造厂	金马矿山机械厂	鹤壁矿山机械厂	金马矿山机械厂	武汉第二通用机械厂

表 8-82 线路等级划分

线路类别	线路等级	重车方向年运量	线路轨距/mm			
			1435	900	762	600
固定线或半固定线	Ⅰ	kt	≥6000	>2500	1500~2000	
	Ⅱ	kt	3000~6000	1500~2500	500~1500	300~500
	Ⅲ	kt	<3000	<1500	<50	<300
移动线		不分等级				

C 线路平面

线路曲线半径选定应结合矿山地形、线路使用期限，机车车辆轴距和运行速度等因素合理确定，尽可能采用大半径曲线。因小半径曲线要限制车速，增加周转时间，增加能量消耗，增加轮轨之间的磨耗，加大线路维修工作量等，使运营费增加。但矿山因地形限制，采用过大的曲线半径将增大基建工程量，因此，二者必须根据具体情况权衡。

a 准轨

(1) 各级线路允许最小曲线半径参见表 8-83。

表 8-83 矿山准轨线路最小曲线半径 (m)

线路名称及等级		机车车辆类型					
		一类		二类		三类	
		一般地段	困难地段	一般地段	困难地段	一般地段	困难地段
固定线	Ⅰ、Ⅱ	180	150	200	150	250	200
		150	120	180	150	200	180
半固定线	Ⅰ、Ⅱ、Ⅲ	150	120	180	150	200	180
		120	100	150	120	180	150
移动线	采场内	120	80(60)	120	100(80)	150	120
	向曲线外侧卸车的卸车线	200	150	200	150	250	200
	向曲线内侧卸车的卸车线	300	250	300	250	300	250

(2) 机车、车辆类型分类：

1) 一类为机车固定轴距小于等于 2.6m，全轴距小于 11m；矿车固定轴距 1.8m，全轴距小于 11m；

2) 二类为机车固定轴距小于等于 2.6m，全轴距小于 16m；矿车固定轴距 1.8m，全轴距小于 11m；

3) 三类为矿车固定轴距 1.2m×2，全轴距小于 13m。

(3) 改、扩建矿山利用旧有机车固定轴距大于 2.6m、小于 3m 时，可参照二类标准。

(4) 联络线和其他线按Ⅲ级半固定线的标准。特别困难地段最小曲线半径可考虑降至相应等级。

(5) 采场内环形移动线，在一次扩帮后即能加大曲线半径的，参见表 8-83 括号内数值，以低速通过。

b 窄轨

(1) 窄轨线路最小曲线半径不应小于表 8-84 的规定。

表 8-84 矿山窄轨线路最小曲线半径 (m)

固定轴距		≤2m		2.1~3.0m
轨 距		600mm	762mm、900mm	762mm、900mm
线路等级	Ⅰ		100	120
	Ⅱ	50	80	100
	Ⅲ	30	30	80

(2) 移动线和辅助线的最小曲线半径不应小于表 8-85 的规定。

表 8-85 窄轨移动线和辅助线路最小曲线半径 (m)

固定轴距			≤2m		2.1~3.0m
轨 距			600mm	762mm、900mm	762mm、900mm
线路等级	移动线	装车线	30	60	80
		向曲线外侧卸车线	30	60	80
		向曲线内侧卸车线	50	80	100
	辅 助 线		不小于固定轴距 10 倍	不小于固定轴距 20 倍	不小于固定轴距 20 倍

当线路在条件特别困难的地段，Ⅰ、Ⅱ级线可按表8-93降低一级；Ⅲ级线和移动线的初始路基，对600mm轨距线路的最小曲线半径不小于固定轴距的15倍，对760mm、900mm轨距线路的最小曲线半径不小于固定轴距的25倍。

D 线路纵断面

a 坡度

固定线路最大坡度不得超过表8-86的规定。

表8-86 固定线路最大坡度 (%)

牵引种类	准轨		窄轨	
	一般	困难	矿车有制动装置	矿车无制动装置
电力机车	上坡2.5	上坡3.0	3.0	1.5
	下坡3.5	下坡4.0		
内燃机车	3.0		3.0	1.5

对于准轨移动装卸线一般设在平道上，困难情况下，当机车不摘钩作业时，最大坡度不应大于1.5%，移动坑线斜坡装车线的最大坡度不应大于重车上坡方向的限制坡度值。但必须经重车上坡启动验算。

b 坡度折减

最大坡度应包括下列各种坡度折减值。

(1) 曲线折减。线路曲线地段坡度折减值可按表8-87进行计算。

表8-87 曲线坡度折减值 i_R

轨距/mm	曲线长度等于或大于列车长度时	曲线长度小于列车长度时	备注
1435	$i_R=\frac{700}{R}$	$i_R=\frac{12.2\Sigma\alpha}{L}$	R为曲线半径,m;L为该段线路设计坡段长,m。若坡段长度大于列车长度,L采用列车长度,当曲线范围内的坡段长度小于列车长度时,则L采用曲线范围内的坡段长度,m;$\Sigma\alpha$为位于坡段长度范围内的曲线转向角总和,(°)
900	$i_R=\frac{315}{R}$	$i_R=\frac{5.5\Sigma\alpha}{L}$	
762	$i_R=\frac{267}{R}$	$i_R=\frac{4.6\Sigma\alpha}{L}$	
600	$i_R=\frac{210}{R}$	$i_R=\frac{3.7\Sigma\alpha}{L}$	

(2) 隧道折减。

1) 准轨。凡电力机车牵引，位于长大坡道上，长度超过500m的隧道，其坡度不得大于限制坡度乘以隧道内线路最大坡度系数后所得数值；当位于曲线地段的隧道，应先进行隧道折减，再按曲线折减。

电力机车牵引的准轨线路隧道内线路最大坡度系数参见表8-88。

表8-88 准轨隧道内线路最大坡度系数

隧道长度/m	501~1000	1001~4000	>4000
系数	0.95	0.90	0.85

2)窄轨。隧道长度大于300m及其上坡进硐前，半个最大列车长度范围内的坡度不应大于最大坡度乘以隧道内线路最大坡度系数所得的数值。当位于曲线地段的隧道，应先进行隧道折减，再按曲线折减。窄轨线路隧道内线路最大坡度系数见表8-89。

表8-89 窄轨线路隧道内线路最大坡度系数

隧道长度/m	301~1000	>1000
系数	0.90	0.85

c 最小坡段长度

线路最小坡段长度不得小于表8-90的规定。

窄轨铁路纵断面坡段长度一般不应小于最大列车长度，在困难情况下，可减至最大列车长度的一半，但必须满足设置竖曲线的要求。

表 8-90 线路最小坡段长度

铁路等级	轨距 1435mm		轨距 600mm、762mm、900mm	
	一般/m	困 难	一般	困 难
Ⅰ、Ⅱ级线	200	大于一个列车长	一个列车长	1/2 个列车长
Ⅲ级线及移动线	140	大于 2/3 列车长，但不小于 80m	一个列车长	1/2 个列车长

d 竖曲线

线路纵断面两相邻坡段的坡度代数差不得大于重车方向的限制坡度，当两相邻坡段的坡度代数差大于表 8-91 的规定时，应按表列竖曲线半径设置圆曲线型竖曲线。

表 8-91 竖曲线半径

轨距/mm	铁路等级		需设置竖曲线的坡度代数差/%	竖曲线半径/m
1435	Ⅰ、Ⅱ线固定线路在一般情况下		>0.4	≥2000
	Ⅰ、Ⅱ线固定线路在困难条件下		>0.4	≥1000
	Ⅲ级固定线及半固定线		>0.4	≥1000
762、900	Ⅰ、Ⅱ级固定线	一般情况	≥0.6	≥2000
		困难条件	≥0.9	≥1000
	Ⅲ级固定线		≥0.9	≥1000
600	Ⅱ、Ⅲ级固定线		≥0.9	≥1000

当准轨线路采用三类车型时，竖曲线半径不小于 2000m；如果外矢量计算值小于 10mm 时，应加大竖曲线半径。

竖曲线应设在缓和曲线范围以外，不应侵入无渣桥面及明桥面。

窄轨线路的移动线可不设竖曲线。

8.6.2.3 轨道

轨道由钢轨、钢轨联结配件、轨枕、道床、防爬设备等组成。

A 钢轨

目前我国生产的标准钢轨有：60kg/m、50kg/m、45kg/m、43kg/m、38kg/m、24kg/m、18kg/m、15kg/m 等。

国产标准钢轨主要尺寸及重量见图 8-118 和表 8-92。

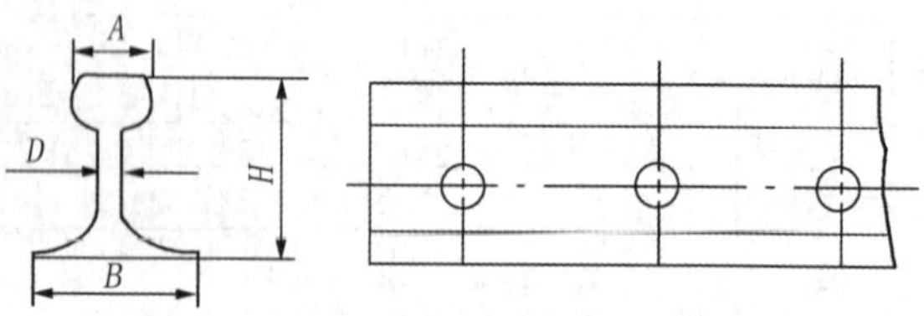

图 8-118 钢轨主要尺寸

表 8-92 国产标准钢轨主要尺寸及质量

钢轨类型 /(kg/m)	每米质量 /kg	断面尺寸/mm				钢轨扣除螺栓孔后每根质量/kg		标准长度 /m
		轨头宽 *A*	轨底宽 *B*	轨高 *H*	轨腰厚 *D*	轨长 12.5m	轨长 25.0m	
60	60.64	73	150	176	16.5	—	—	25
50	51.514	70	132	152	15.5	643.429	1287.354	12.5;25
45	45.11	67	126	145	14.5	563.410	1127.280	12.5;25
43	44.653	70	114	140	14.5	557.690	1115.853	12.5;25
38	38.733	68	114	134	13.0	483.739	967.902	12.5;25
24	24.95	50	90	107	10.9	—	—	7~12
18	18.06	40	80	90	10.0	—	—	7~12
15	14.72	37	76	91	7.0	—	—	6~12

注：摘自国家标准、铁路工程技术手册。

B 联结配件

轨道联结配件是由鱼尾板、螺栓、弹簧垫圈等组成的接头配件和由道钉、垫板、扣板、弹片、铁座等扣件组成的中间配件。

C 轨枕

轨枕按材质可分为木枕、钢筋混凝土枕、钢枕；按线路使用部分不同，可分为普通轨枕、岔枕、桥枕。

轨枕铺设数量是根据铁路等级、运量、钢轨类型确定，一般线路的轨枕铺设指标参见表8-93、表8-94。

表8-93 矿山准轨铁路轨道类型

铁路等级		Ⅰ	Ⅱ	Ⅲ	移动线
运量/(kt/a)		≥6000	6000~3000	<3000	不分级
钢轨类型/(kg/m)		≥50	50或43	43或38	≥43
轨枕	钢筋混凝土轨枕/(根/km)	1680	1520	1440	—
	木枕/(根/km)	1760~1680	1600	1440	1760
道床	非渗水土路基/cm	35	30	25	—
	岩石，渗水土路基/cm	30	25	20	

注：1. 联络线及站线，可按Ⅲ级线标准采用。
2. 双线的空车线，其轨型与重车运行线一致，轨枕根数应减少160~240根/km，但不得小于1440根/km。
3. 移动线不铺道渣，应用现场材料整平填实，厚度不小于15cm。
4. 道岔范围内的道床厚度，不小于其连接线路的道床厚度。
5. 曲线半径小于150m的曲线部分的轨枕应增加80根/km，但最多不得超过1760根/km。

表8-94 窄轨铁路轨道类型

轨距/mm	铁路等级	级别	机车、车辆轴重/t	钢轨类型/(kg/m)	轨枕类型	轨枕数量/(根/km)	道床厚度/cm	
							非渗水土路基	岩石、渗水土路基
600	Ⅱ，Ⅲ	正线	5~3	18~15	钢筋混凝土枕或Ⅰ、Ⅱ型木枕	1700~1600	20~15	15
		站线				1600~1500	15	15
762	Ⅰ	正线	10	24	钢筋混凝土枕或Ⅰ型木枕		25	20
		站线				1800	20	15
	Ⅱ	正线	10~7	24	钢筋混凝土枕或Ⅰ型木枕	1800~1700	25	20
		站线				1700~1600	20	15
	Ⅲ	正线	≤7	18	钢筋混凝土枕或Ⅱ型木枕	1600	20	15
		站线					15	15
900	Ⅰ	正线	≤10	>24	钢筋混凝土枕或Ⅰ、Ⅱ型木枕	1600/1800	25	20
		站线				1520/1700	20	15
	Ⅱ	正线	10~7	24	钢筋混凝土枕或Ⅱ型木枕	1800~1700	25	20
		站线				1700~1600	20	15
	Ⅲ	正线	≤7	24	钢筋混凝土枕或Ⅱ、Ⅲ型木枕	1600/1700	25~20	20~15
		站线		18		1500/1600	20~15	15

注：1. 除正线、移动线外的其他线均按其连接线的站线标准选用。
2. 移动线的轨道类型：钢轨按其邻接的正线标准选取，枕木数量应增加80~100根/km，不铺设道床，利用现场材料将路基填实整平。
3. 轨枕数量除大于24kg/m钢轨长度每节以12.5m计算外，其他钢轨长度均以10m计算。采用错接或铺设短于标准长度的钢轨，每千米轨枕数可按表酌量增加。

D 道岔

道岔种类有单开、对称、复式交分和交叉渡线等，常用道岔号数一般可参见表8-95。

表8-95 常用道岔号数

轨距/mm	道岔分类			
	单开道岔	对称道岔	复式交分道岔	交叉渡线
1435	7、8、9	5	9	7、8、9
900	6、7	4		6、7
762	4、6、8			6、8
600	4、6	3		4、6

E 道床

道床材料必须坚固，不易破碎风化，耐冻及排水性好，可用碎石、卵石、砂子等。道床厚度可参见表8-93、表8-94，道床顶面应低于轨枕面3cm，道床顶面宽度可采用轨枕长度加0.4m，曲线外侧加0.1m。

8.6.2.4 车站

车站是配线的分界点，是办理列车到发、会让、折返、解编、列检及其他有关技术业务的地方。为办理列车的各项技术业务，并保证所需要的通过能力及行车安全，铁路每隔一定距离须设置车站。

A 露天矿车站的分类

露天矿车站按其作业性质，可分为矿山站（矿石与剥离合并时）、剥离站、矿石站、卸矿站、工业场地车站、会让站等。

按列车通过车站是否改变方向分为通过式和尽头式（折返式）两种。尽头式车站视其运量大小、干线数目可布置成燕尾式或套袖式。

矿石站、剥离站、或矿山站系露天矿铁路运输中的主要作业车站。它们除了办理列车的到发作业外，通常还办理机车接备、检查、临修，车辆列检，好坏车甩挂、通勤列车、救援列车、工程列车接发等。矿石站、剥离站一般布置在采场、排土场附近车流较集中的地方。

卸矿站、工业场地车站主要办理列车接发作业，分别布置在选矿厂和工业场地附近。

会让站办理列车通过、会让作业，应考虑矿山开拓布局、通过能力和台阶高度等因素进行设置。

露天矿铁路车站主要类型参见表8-96。

表8-96 露天矿铁路车站参考形式

车站名称	站 型	说 明
折返式会让站	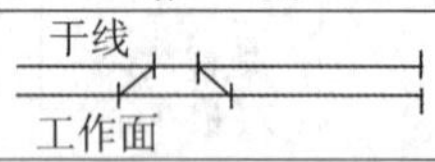	适用于环状折返式运输
直通式会让站	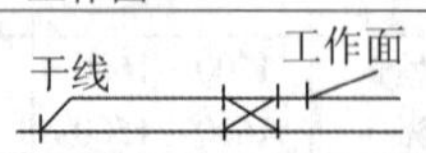	适用于双工作面地段，并需设有一定平行进路，才能满足能力要求时
燕尾式折返站	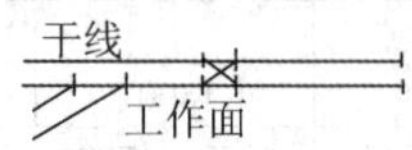	复线平面交叉燕尾式折返站
套袖式车站	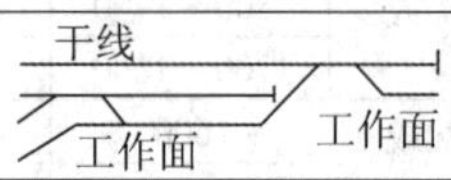	一般在燕尾式或混合式车站不能满足要求时使用

B 车站股道有效长度

车站股道有效长度是指股道内可以停留机车、车辆，且不妨碍邻线行车的长度。车站股道有效长度见示意图8-119，有效长度计算可参见表8-97。

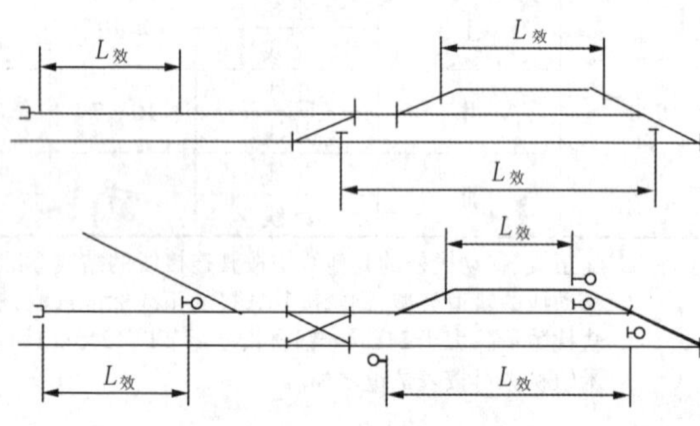

图8-119 股道有效长度

C 车站平面和纵断面

a 车站平面

车站一般应设在直线上。如特别困难必须设在曲线上时，其最小值不小于表8-83、表8-84、表8-98、表8-99的规定。

表8-97 车站线路股道有效长度 （m）

线路名称			标准轨距	窄 轨
正线、到发线			$L_{列}+25$	$L_{列}+(10\sim15)$
其他站线			根据实际需要确定	根据实际需要确定
牵出线		一般情况	$L_{列}+25$	$L_{列}+(10\sim15)$
		困难情况	$L_{机}+0.5L_{车列}+25$	$0.5[L_{列}+(10\sim15)]$
安全线			50	25
三角线尽头部分		列车转向	$2L_{机}+L_{列}$	$2L_{机}+5$
		机车转向	$2L_{机}+5$（或按实际需要确定）	
卸矿线	一个品种矿槽	单头进车	$2L_{机}-L_{矿}$	$2L_{机}-L_{矿}$
		双头进车	$2L_{列}+2L_{机}-L_{矿}$	$2L_{列}+L_{机}-L_{矿}$
	不同品种矿槽	单头进车	$2L_{机}+L_{矿}-L_{车}$	$2L_{机}+L_{矿}-L_{车}$
		双头进车	$2L_{列}+2L_{机}+L_{矿}-L_{车}$	$2L_{列}+2L_{机}+L_{矿}-L_{车}$

注：1. 有补机或双机牵引的正线、到发线和其他站线有效长应加上补机长度。冶金矿山规定在困难情况下，停车安全长度不得短于15m。

2. 表中符号：$L_{列}$ 为最长的运行列车长度（包括机车长度），m；$L_{车列}$ 为最长的运行列车长度减去机车长度，m；$L_{机}$ 为机车长度，m；$L_{矿}$ 为矿槽长度，m；$L_{车}$ 为车辆长度，m。

表 8-98 准轨车站及站线最小曲线半径 (m)

名称		一般	困难	特别困难
地面车站	有调车作业	直线	400	300
	无调车作业		250	200(180)
移动干线的会让站		300	180	150(120)
通往采场、排土场各水平会让站及采场内水平小站		直线	180	150(120)
牵出线	解体、编组成组车转线	直线	300(同向曲线) 200(同向曲线)	改建时,有一定根据,允许保留反向曲线
三角线		一类机车、车辆 100	一类机车、车辆 80	
		二类机车、车辆 120	二类机车、车辆 100	
		三类机车、车辆 150	三类机车、车辆 120	
有矿槽的装卸作业线		与车站相同的曲线上,但装卸作业地段及前后不短于一辆车的长度为直线		
道岔后连接曲线		应不小于邻接道岔的导曲线半径		

注:1. 括号内数值为一类机车、车辆类型的允许值;
2. 适用电机车牵引的路段。

表 8-99 窄轨车站最小曲线半径 (m)

轨距	固定轴距	有调车作业的车站	无调车作业的车站		牵出线	三角线	有矿槽的装卸线
			在采场外	在采场内			
600mm	≤2.0	80	60	40	60	30	与站场相同的曲线上,但装卸作业地段宜设在直线上
762mm	≤2.0	100	80	60	80	50	
900mm	2.1~3.0	150	100	80	100	60	

b 线间距

车站内直线地段两相邻线路中心线间的距离参见表 8-100 的规定。

表 8-100 站内直线地段相邻线路中心线间距 (m)

铁路名称		准轨		窄轨
		一般	最小	
正线与相邻线间,两相邻线间装有信号机时		5.3	5.0	$B+1.5$
牵出线与相邻线间		6.5	5.0	$B+2.0$
列检线与相邻线间(电机车)		7.5	6.5	
两线间设有正接触网支柱		5.3	5.3	$B+1.5$
次要站线		5.0	4.6	$B+1.2$
修理机车、车辆专用的线路间	待修车停放线与邻线间	5.2	5.2	$B+2.5$
	修理线与邻线间	7.0		
轨道衡线与机车房一侧相邻线间,根据轨道衡类型、机车房尺寸计算确定				

注:1. 窄轨次要站线与车辆停留线间;
2. 困难情况,且调车员不站在与其邻线间指挥调车时;
3. 表中 B 为设计选用的机车、车辆最大宽度。

c 准轨电机车避难线

为防止陡长坡道上失控的列车发生冲撞或颠覆,当线路坡度、长度超过规定的陡长坡度的长度时,应当根据线路具体情况和运行区段长度,通过计算确定在区间或车站内设置避难线。设置避难线的陡长坡道的长度规定见表 8-101。

表 8-101 避难线的陡长坡道的长度

坡度/%	>1.5	>2.0	>3.0
长度/km	>3.0	>2.5	>2.0

避难线的长度,可按陡长坡道条件下,失控的列车以机车构造速度为 65km/h 驶入避难线确定。陡长坡道前的车站,应考虑制动失灵的车辆甩挂和停放。

d 安全线

当岔线在区间或车站内与正线、到发线接轨时,均应设置安全线,当受地形条件限制或向车站方向为平道或上坡道时,可设脱轨器代替安全线。

但当岔线与站内到发线接轨，站内有平行进路及隔开道岔，并有连锁装置时，可不设安全线。

e 车站纵断面

车站站场及道岔区的坡度按表8-102的规定。机车、车辆库、轨道衡线及转盘前线路设置平道的最小距离参见表8-103的规定。

表8-102 铁路站场线路及道岔区的坡度 （%）

名称		坡度值	
		一般情况	困难情况
有配线车站站场	有摘挂作业	平坡	600mm 轨距：$i=0.4\sim0.5$ 762mm、900mm 轨距：$i\leqslant0.3$ 准轨铁路：$i\leqslant0.25$
	无摘挂作业		600mm 轨距：$i=0.6\sim0.8$ 762mm、900mm 轨距：$i\leqslant0.6$ 准轨铁路：$i\leqslant1.5$
	咽喉区	与车站坡度相同	窄轨无调车作业车站：$i\leqslant1.5$
			准轨：限制坡度，但应保证列车启动
	咽喉区外个别道岔		准轨：不大于限制坡度
无配线的分界点		窄轨：不大于限坡减0.4，准轨：限制坡度，但应保证列车启动	
牵出线	解体、编组	平坡或面向车场不大于有摘挂作业的站场坡度的下坡道	调车作业不繁忙时，可设在面向车场不大于有摘挂作业的站场坡度的上坡道上
	仅供列车或车组转		准轨铁路：$i\leqslant1.5$
三角线	曲线部分	窄轨：$i\leqslant2.0$ 准轨：$i\leqslant2.0$	
	尽端部分	窄轨：$i\leqslant0.5$ 并为面向车挡上坡 准轨：$i\leqslant0.5$	
装卸线		平坡	$i\leqslant0.25$

表8-103 机车车辆库、轨道衡线及转盘前线路设置平道的最小距离 （m）

机车车辆库前的线路	窄轨		不小于入库前最大机车长
	准轨		≥25
轨道衡两端	窄轨		两端至少一个过磅车长范围
	准轨	一般	两端各设不少于20
		大组车连续称重	两端各设不少于50
准轨铁路转盘边缘外的线路			≥25

站场一般以平坡为宜，如有坡度应为同坡，在困难条件下需变坡，竖曲线不宜与道岔重叠，如无法避免时，准轨竖曲线半径不可小于5000m，窄轨不小于2000m。

8.6.2.5 路基

A 路基分类

露天矿铁路路基按照线路的性质分为固定线、半固定线路基及移动线初始路基；按地质及填筑材料分为土质路基和石质路基；按地形及断面形式不同又分为路堤、路堑和半堤半堑，如图8-120，图8-121所示。路堤路堑边坡坡度 M 参见表8-104。

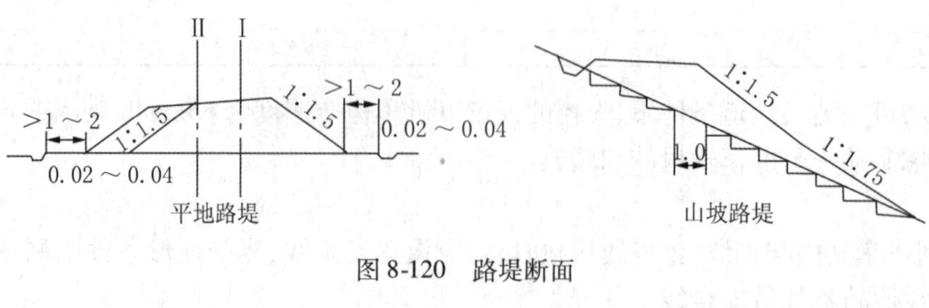

图8-120 路堤断面

表 8-104 路堤、路堑边坡坡度

	土壤种类	边坡的最大高度/m			准轨边坡坡度			窄轨边坡坡度		
		全部高度	上部高度	下部高度	全部坡度	上部坡度	下部坡度	全部坡度	上部坡度	下部坡度
路堤	一般性黏土	20	8	12		1∶1.5	1∶1.75		1∶1.5	1∶1.5
	砾石土、粗砂、中砂	12			1∶1.5			1∶1.5		
	细砂、粉砂	12	6	6		1∶1.75	1∶2		1∶1.5	1∶1.5
	碎石土、卵石土	20	12	8		1∶1.5	1∶1.75			
	不易风化的石块	8			1∶1.3			1∶1.3		
路堑	一般均质的黏土	20			1∶1 ~ 1∶1.5			1∶1 ~ 1∶1.5		
	中密以上的粗砂、中砂、砾砂	20			1∶1.5 ~ 1∶1.75			1∶1.5 ~ 1∶0.75		
	黄土 新黄土	20			1∶0.5 ~ 1∶1.25			1∶0.3 ~ 1∶0.75		
	黄土 老黄土	20			1∶0.3 ~ 1∶0.75			1∶0.75 ~ 1∶1.25		
	块石类、卵石胶结和密实	20			1∶0.5 ~ 1∶1			1∶0.5 ~ 1∶1		
	碎石类、砾石类中密	20			1∶1 ~ 1∶1.5			1∶1 ~ 1∶1.5		
	岩石	20			1∶0.1 ~ 1∶1			1∶0.1 ~ 1∶1		

当线路的路堑设置在砂类土、黄土、易风化的岩石和其他不良土质中，应设侧沟平台，其宽度视边坡高度和土壤性质而定，一般为 0.5 ~ 1.0m。如边坡低于 2m 或已适当加固时，可不设平台。

当线路路堤设置在地面横坡大于 1∶5 的地段，则原地面应挖成台阶，台阶的宽度不应小于 1.0m。

B 路基宽度

在固定线、区间直线地段单线路基面宽度见表 8-105、表 8-106。窄轨曲线路基加宽见表 8-107，当铁路为复线或多线时，按表 8-105 所列的标准及线路中心间距计算求得。如果铁路在曲线地段，则路基面外侧需要加宽。其加宽值与曲线半径有关，见表 8-108。

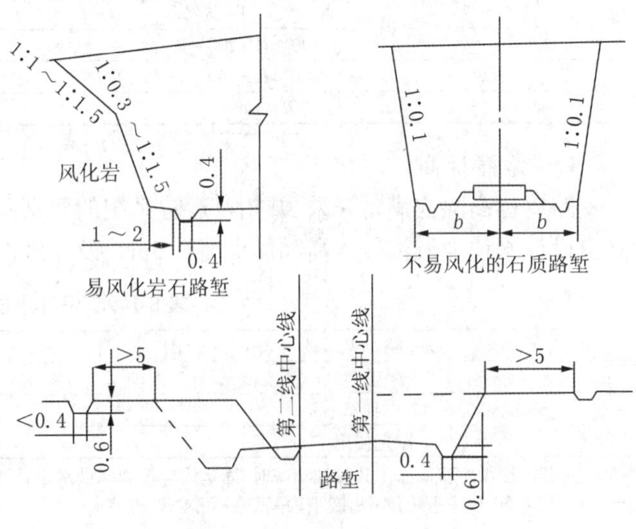

图 8-121 路堑断面

移动线初始路基宽度一般为 4.2m，其中由线路中心至卸车一侧路基边缘的距离为 1.7m。路堑线路中心至路堑边坡一侧的距离不应小于 3.5m，另一侧不应小于 2.8m。

移动线初始路基宽度可按下式计算：

$$B = C + L + A + D \tag{8-131}$$

式中 B——初始路基宽度，m；

C——卸车一侧轨枕顶端至路基边缘的宽度，不小于 0.1m；

L——0.5 轨枕长度，m；

A——0.5 机车、车辆最大宽度，m；

D——操作宽度，人工卸车 1.5m，自动卸车 0.8m。

表 8-105 准轨铁路单线直线段路基宽度 (m)

线路等级	普通土		岩石、碎石、卵石、砾石、粗、中砂	
	路 堑	路 堤	路 堑	路 堤
Ⅰ	5.6	5.8	5.1	5.3
Ⅱ	5.4	5.6	4.9	5.1
Ⅲ	5.2	5.2	4.7	4.7

表 8-106 窄轨铁路单线直线段路基宽度 (m)

铁路等级	道床厚度/m	600mm 轨距铁路		762mm 轨距铁路		900mm 轨距铁路	
		非渗水土	岩石、渗水土	非渗水土	岩石、渗水土	非渗水土	岩石、渗水土
Ⅰ、Ⅱ	0.25			3.9		4.1	
	0.20	3.3	3.2	3.7	3.5	3.9	3.7
	0.15	3.1	3.0		3.3		3.5
Ⅲ	0.25					4.0	
	0.20	3.2	3.0	3.6	3.4	3.8	3.6
	0.15	3.0	2.8	3.4	3.2	3.6	3.4

表 8-107 窄轨曲线路基加宽 (m)

曲线半径	路基外侧加宽	
	600mm 轨距铁路	762mm、900mm 轨距铁路
$R \leqslant 80$	0.20	0.20
$200 \geqslant R \geqslant 80$	0.10	0.20
$450 \geqslant R > 200$		0.10

表 8-108 曲线路基加宽 (m)

曲线半径	路基加宽
$300 \geqslant R > 200$	0.10
$200 \geqslant R > 150$	0.20
$R \leqslant 150$	0.30

C 路肩标高

路肩标高除应满足开采、开拓及运输系统的要求外，尚应考虑洪水或内涝水位的影响。路肩标高至少应高出设计水位加波浪侵袭高和涌水高 0.5m。设计水位的洪水频率标准见表 8-109。

表 8-109 设计水位的洪水频率标准

线路等级	准轨铁路	窄轨铁路
Ⅰ	1/50	1/50
Ⅲ	1/25	1/25
限期使用	1/10	1/10

注：若观测洪水位高于上述设计频率时，固定线应按观测洪水设计；当观测洪水频率Ⅰ级线大于 1/100 和Ⅲ级线超过 1/50 时，应按1/100 及 1/50 频率水位设计，限期使用铁路不考虑观测洪水。

D 路基排水

路基排水对路基稳定，保障铁路安全有十分重要的意义，必须引起重视。对危害路基的地表和地下水，均应设置拦截，引排水及降低水位的设施，即根据不同情况设置排水沟、侧沟、截水沟、排水槽、小桥涵洞、明渠、渗水沟、渗水井等。各排水设施用途见表 8-110。

表 8-110 各排水设施用途

排水设备名称			排水设备的用途
1	排水沟	纵向排水沟	为排除路堤上及路堤两侧流来的地面水而设
		横向排水沟	为排除被路堑穿越的而又不深的洼地水而设
		截水沟	堑顶截水沟用以排除自高地一侧流来的地面水
2	侧沟		当线路位于路堑中时，路基两侧应设侧沟，以排除路基面与边坡上流下来的地面水
3	排水槽		为排除道床与路基表面上流下来的地面水
4	桥涵建筑物	小桥、涵管、明渠	为在铁路、公路下渲泄地面水而设
		急流槽	在坡度大的排水沟中，为避免流速过大引起排水沟冲刷而设
5	渗水沟		为排干被地下水所饱和的站场或边坡，可设渗水沟
6	渗透井		排除站场、配水栓及轨道衡处的积水

8.6.2.6 列车质量的确定

A 列车质量确定的原则

(1) 合理的列车质量应使露天矿主要生产工艺环节的综合经济效益最佳。

(2) 保证列车在规定的制动距离内安全停车,并在列车上坡时能顺利启动。

(3) 为减少列车摘挂作业、加快设备周转,矿、岩或多品种矿物要分装、分运,列车组成应力求一致。

B 牵引列车质量的计算方法

山坡露天矿,先按空列车在上坡道上以计算速度(电力机车以小时速度)运行计算,然后再以重列车在车站、移动线启动和空列车在最大坡道上按启动条件进行验算,同时对重列车在最大坡道上进行制动验算。

深凹露天矿,先按重列车在最大坡道上以计算速度(电力机车以小时速度)运行计算,然后再以重列车在该坡道上作停车启动验算。若为电力机车牵引时,还需进行电动机的发热温升校验。

电机车、内燃机车在不同坡度上可以牵引的准轨列车质量和车辆数可参见表 8-111 ~ 表 8-115。

表 8-111 电机车在不同坡度上牵引的列车质量和车辆数

线路坡度/%			1.0	1.5	2.0	2.5	3.0	4.0
机车车辆	直流 100t 电机车牵引 60t 自翻车	牵引质量/t	1544	1085	769	619	513	374
		自翻车载重量 60t/辆的车辆数	16	11	8	6	5	4
		自翻车载重量 50t/辆的车辆数	18	13	9	7	6	4
	直流 150t 电机车牵引 60t 自翻车	牵引质量/t	2323	1620	1228	978	805	583
		自翻车载重量 60t/辆的车辆数	24	17	13	10	8	6
		自翻车载重量 50t/辆的车辆数	27	19	14	11	9	6
	直流 150t 电机车牵引 100t 自翻车	牵引质量/t	2402	1659	1251	993	816	587
		自翻车载重量 100t/辆的车辆数	16	11	8	6	5	3
		自翻车载重量 85t/辆的车辆数	17	12	9	7	6	4

表 8-112 内燃机车在不同坡度上的牵引质量 (t)

机车型号	挡位	基本阻力 /(N/t)	速度 /(km/h)	轮周牵引力 /N	坡度/%					
					0	0.5	1.0	1.5	2.0	2.5
A96A 型 15kW	Ⅰ	100	5.4	6920	66	33.5	32	25	20.4	
	Ⅱ	100	9.2	4066	48	24.5	17.7	13.6	10.9	
	Ⅲ	100	15.5	2419	21.5	13.5	9.5	7.0	5.4	
A96ZKB 型 29kW	Ⅰ	100	4.25	18000	173	113	83	65	53	
	Ⅱ	80	6.3	10500	124	73	52	39	31	
	Ⅲ	80	12.7	6000	68	40	37	20	15	
	Ⅳ	80	19.3	3500	36	21	13	9	6	
CZ-80 型 59kW 机车重 10.5/12	Ⅰ	100	6.06	23320/26640	223/254	145/166	106/121	83/95	67/77	
	Ⅱ	100	9.88	17050	160/159	103/102	76/73	58/56	46/45	
	Ⅲ	100	15.98	10550	95/94	60/58	41/41	32/30	25/23	
	Ⅳ	100	25.61	6560	55/54	33/32	22/21	16/14	11/10	
ZN-120 型 88kW	Ⅰ	90	5.3	41500	446	282	201		128	
	Ⅱ	90	10.9	20300	210	129	89		55	
	Ⅲ	90	14.9	14750	149	90	60.5		36	
	Ⅳ	90	29.9	7360	67	38	21.6		10.4	
KN-240-1 型 177kW 机车重:28/24	单循环圆液力机械传动	55	4	7200	777	490	355	276	224	
		66	6.93	55400	1080/1085	526/530	341/345	249/253	194/198	
		97	14.91	26200	496/500	234/238	147/151	103/107	79/81	
		112	19	21600	404/408	188/192	116/120	80/84	58.4/62.4	
		135	25.1	16900	310/314	141/145	84.6/88.6	56.5/60.5	39.6/43.6	
		161	32	12000	216/220	94/98	53.3/57.3	33/37	20.8/24.8	
		191	40	15000	216/220	94/98	53.3/57.3	33/37	20.8/24.8	
CZ-380 型 280kW	双循环圆液力机械传动	36	13.5	48200	947	461	300	219	170	138
		39	20	34500	668	323	207	150	115	92
		45	30	22600	430	203	127	90	67	52
		53	40	18000	334	155	96	66	45	36
		61	45	15300	284	130	79	53	38	27

表 8-113 重列车上坡定速运行的牵引质量 (t)

机车型号	矿车容积/m³	矿车质量/t		坡度/%					
		自重	载重	0	0.5	1.0	1.5	2.0	2.5
7t 电机车	0.75	0.63	1.87	149.3	93.5	67.1	51.6	41.6	34.4
	1.2	1.42	3	168	100.7	70.8	53.9	43.0	35.4
	2.0	1.25	5.3	192	109.1	74.9	56.3	44.6	36.5
10t 电机车	1.2	1.42	3	241.3	144.6	101.7	77.4	61.8	50.9
	2.0	1.25	5.3	275.7	156.7	107.6	80.9	64.1	52.5
	4.0	3.22	10	321.7	170.9	114.4	84.8	66.5	54.2
14t 电机车	2.0	1.25	5.3	388	220.5	151.5	113.9	90.2	73.9
	4.0	3.22	10	452.7	240.5	161	119.3	93.7	76.3
	6.0	8.83	12	543.2	264.6	171.7	125.3	97.4	78.9
20t 电机车	6.0	8.83	12	860	420	273.3	200	156	126.7
	11.0	13.9	20	1228.6	494.1	303.7	216.2	166	133.3
40t 电机车	11.0	13.9	20	2468.6	992.9	610.4	434.6	333.6	268.1

表 8-114 空列车上坡定速运行的牵引质量 (t)

机车型号	矿车容积/m³	坡度/%					
		0	0.5	1.0	1.5	2.0	2.5
7t 电机车	0.75	134.9	90.6	67.3	53.0	43.4	36.4
	1.2	148.4	96.6	70.7	55.2	44.8	37.4
	2.0	164.9	103.5	74.4	57.5	46.3	38.5
10t 电机车	1.2	185.0	120.0	87.5	68.0	55.0	45.7
	2.0	205.6	128.6	92.1	70.8	56.9	39.7
	4.0	231.3	138.5	97.2	73.9	58.9	48.5
14t 电机车	2.0	346.2	217.6	156.6	121.1	97.8	81.4
	4.0	389.5	234.3	165.3	126.3	101.3	83.8
	6.0	479.4	264.9	180.4	135.2	107.0	87.8
20t 电机车	6.0	600.0	330.4	224.2	167.4	132.1	107.9
	11.0	709.1	361.9	238.7	175.6	137.3	111.5
40t 电机车	11.0	1425.5	727.6	480.0	353.2	276.1	224.3

表 8-115 重列车在不同坡度上启动时牵引质量

机车类型	矿车容积/m³	车站及固定线上启动时牵引质量/t										移动线车站及线路上启动时牵引质量/t						
		0	2.5	3	4	5	6	8	10	12	15	0	2.5	4	5	10	12	15
7t 电机车	0.75	85.7	74.9	73.0	69.5	66.4	63.4	58.2	53.7	49.8	44.8	63.5	60.7	53.7	51.7	43.3	40.6	37.0
	1.2	93	80.5	78.4	74.4	70.8	67.6	61.6	56.6	57.3	46.8	67.5	60.3	56.6	54.4	45.2	42.3	38.5
	2.0	101.7	87.0	84.6	79.9	75.8	72.1	65.5	59.9	55.1	49.1	72.1	64.0	59.9	57.4	47.4	44.2	40.0
10t 电机车	1.2	133.7	115.8	112.7	107.0	101.8	97.0	88.6	81.5	75.3	67.4	97.7	87.3	82.0	78.8	65.5	61.3	55.7
	2.0	97.5	83.0	80.5	76.0	71.9	68.2	61.7	56.2	51.4	45.5	104.2	92.7	86.7	83.2	68.6	64.0	58.0
	4.0	161.4	136.2	132.0	124.3	117.4	111.2	100.4	91.4	83.8	74.2	112	98.7	92.0	88.0	72.0	66.9	60.4
14t 电机车	2.0	206.1	176.3	171.3	162.1	153.7	146.1	132.7	121.4	111.8	99.6	148.0	131.4	123.0	118.0	97.3	90.8	82.3
	4.0	227.4	191.9	186.0	175.2	165.5	156.7	141.6	128.9	118.1	104.6	158.8	140.0	130.6	124.9	102.1	95.0	85.8
	6.0	253.6	210.5	203.4	190.6	179.3	169.1	151.7	137.3	125.2	110.3	203.4	174.1	160.0	151.7	119.8	110.3	98.2
20t 电机车	6.0	410.8	341.3	330.0	309.4	291.1	274.7	246.7	223.5	204.0	180.0	330.0	282.7	260.0	240.7	195.4	180.0	160.6
	11.0	496.7	399.3	384.0	256.6	332.7	311.6	276.3	247.7	224.2	195.7	364.0	307.7	281.1	265.6	207.3	190.2	168.8
40t 电机车	11.0	993.5	798.5	768.0	713.2	665.4	623.3	552.5	495.4	448.4	391.5	728.3	615.3	562.2	534.3	414.7	380.4	337.6

8.6.2.7 列车运输计算

列车运行周期时间：

$$T = t_1 + t_2 + t_3 + t_4 \tag{8-132}$$

式中 T——列车运行周期时间，min；

t_1——挖掘机装车时间，min；

t_2——列车往返运行时间，min；

t_3——列车卸车时间，min；

t_4——列车运行周期中除 t_1、t_2、t_3 以外的其他时间，min。

（1）挖掘机装车时间 t_1：

$$t_1 = 60nq/Q_h \tag{8-133}$$

式中 n——机车牵引的矿车数，辆；

q——矿车装载量，m^3；

Q_h——挖掘机生产能力，m^3/h。

挖掘机装车时间可按表 8-116 选取。

表 8-116 挖掘机装车时间 (min)

挖掘机与矿车配合	装 矿	装 岩	挖掘机与矿车配合	装 矿	装 岩
$3m^3$ 挖掘机装 60t 自翻车	8	7	$2m^3$ 挖掘机装 10t 自翻车	2.0	2.0
$4m^3$ 挖掘机装 60t 自翻车	7	6	$1m^3$ 挖掘机装 10t 自翻车	4.5	4.0
$3m^3$ 挖掘机装 100t 自翻车	15	13	$1m^3$ 挖掘机装 6t 自翻车	3.0	2.5
$4m^3$ 挖掘机装 100t 自翻车	13	11	$1m^3$ 挖掘机装 $1.2m^3$ 矿车	1.5	1.5
$3m^3$ 挖掘机装 20t 自翻车	3.5	3	$0.5m^3$ 挖掘机装 $1.2m^3$ 矿车	2.5	2.5
$4m^3$ 挖掘机装 20t 自翻车	3.0	2.5	$0.2m^3$ 挖掘机装 $0.6m^3$ 矿车	3.0	3.0

（2）列车往返运行时间 t_2：

$$t_2 = 2 \times 60L/v_{CP} \tag{8-134}$$

式中 v_{CP}——列车平均运行速度，km/h，可视矿山条件按表 8-117 选用；

L——运输距离，m。

（3）列车卸车时间 t_3。一辆矿车的卸车时间见表 8-118。

表 8-117 列车平均运行速度 (km/h)

矿山线路条件	准 轨	窄 轨		
		900mm	762mm	600mm
固定线：区间长度大于 3km	25	17	16	13
区间长度 2～3km	20	16	15	13
区间长度 1～2km	17	15	14	12
区间长度小于 1km	15	13	12	10
半固定线	17	15	15	12
移动线：采场内	12	10	10	8
排土场内	10	8	8	8

表 8-118 一辆矿车卸车时间

矿车类型	卸车方式	时间/(min/车)
20t 自翻车	汽(油)压自卸	卸岩 1.0
60t 自翻车		卸矿 1.5
100t 自翻车		受破碎机限制 2.5
$6m^3$ 单侧自卸矿车	固定点气翻	0.6
$4～1.6m^3$ 矿车	曲轨卸车	按 0.83～1.4m/s 通过曲轨
$0.6～1.2m^3$ 矿车	人工卸车	1～1.5

（4）其他时间 t_4。其他时间包括列检、整备、等装、等信、等卸、临故等时间。影响其他时间的因素很多，其大小与运输系统、机车类型、配线方式、行车密度、运距长短、列检设施等有关。

$$t_4 = t_5 + t_6 \tag{8-135}$$

式中 t_5——列车在车站停车和入换时间，一般车站停车时间按每站 3～5min，入换时间按采场装车线 10～15min/次，排土场翻车线 10～20min/次计算；

t_6——列车检查时间，准轨为 10～15min/次；窄轨为 5min/次。计算时，应按列车每日周期次数及列车检查次数计算分摊至每一个周期的列检时间。

8.6.2.8 运输设备数量计算

运输设备数量计算见表 8-119。K_1、K_2、α、β 系数值见表 8-120。

表 8-119 运输设备数量计算

项目名称	符号	计算公式	备 注
年运量/(t/a 或 m^3/a)	M		
矿山年工作日/d	S		
日运量/(t/a 或 m^3/a)	Q	$Q = \frac{MK_1}{S}$	K_1 按表 8-120 选取
列车装载量/(t 或 m^3)	Q_n	$Q_n = nq$	
平均运距/km	L	装载中心至卸载中心加权平均运距 >0	
挖掘机装车时间/min	t_1		t_1 按表 8-116 选取
列车往返运行时间/min	t_2	$t_2 = \frac{120L}{v_{CP}}$	平均运行速度 v_{CP} 可按表 8-117 选取
卸车时间/min	t_3		t_3 可按表 8-118 选用
其他时间/min	t_4	$t_4 = t_5 + t_6$	
列车运行周期时间/min	T	$T = t_1 + t_2 + t_3 + t_4$	
列车周转次数/(次/d)	M	$M = \frac{1440K_2}{T}$	时间利用系数 K_2，可按表 8-120 选取
列车日生产能力/(t/(列·d)或 m^3/(列·d))	A	$A = nQ_n$	
工作列车数/台	N_1	$N_1 = \frac{Q}{A}$	
检修机车台数/台	N_2	$N_2 = N_1\alpha$	α 按表 8-120 选取
杂业机车台数/台	N_3		冶金矿山一般为 2～3 台
机车台数/台	M	$M = M_1 + M_2 + M_3$	
工作矿车数/辆	W_1	$W_1 = N_1 n$	n 列车组车车辆数
检修矿车数/辆	W_2	$W_2 = \beta W_1$	β 按表 8-120 选取
矿车辆数/辆	W_3	$W_3 = W_1 + W_2$	

表 8-120 K_1、K_2、α、β 系数

名 称			准 轨	窄 轨
运输不均衡系数 K_1		铁路运输	1.10～1.15	1.15～1.20
		联合运输		1.0～1.2
时间利用系数 K_2		三班制	0.85	0.75～0.80
		二班制		0.85
设备检修系数	机车 α	内燃机车	0.20	0.25
		电力机车	0.15	0.17
	自翻车 β	20～100t	0.15	0.15
		10t 及 10t 以下	无 10t 准轨矿车	0.2～0.25

设备检修系数 α、β 为考虑外委修理的因素。当设计矿山的机车、车辆部分修理外委时应按实际情况确定。机车、车辆检修系数 α、β 可按下式确定：

$$\alpha(\beta) = \frac{\text{定检台日} + \text{临故台日}}{\text{露天矿年工作日}}$$

定检台日数为平均每台机车一年中所需定检台日，它包括大、中、年修，月检，日检等修理台日。

临故台日为一年中定检以外的修理台日。

8.6.2.9 陡坡铁路运输

A 概述

铁路坡度 i_p 大于 3.5% 以上的称为陡坡，小于 3.5% 的一般称为缓坡。我国露天矿山铁路运输大多采用 2.5%～3.0% 的缓坡铁路运输，在开采时每下降一个开采台阶即须铺设 1200～1400m 铁路线路。在空间不足的情况下，只有以增加折返次数来弥补，这样增加了运输距离和台阶宽度，使采场空间越来越小，丢失挂帮矿，缩短铁路运输服务年限，从而不得不用大量资金更新运输方式。国外先进矿山经验证明，加大铁路运输线路坡度既能缩短其距离又能延深铁路运输深度和延长服务年限，减少运输线路压矿，降低运输成本，可达到获得较大经济利益的目的。

B 陡坡铁路运输优点

（1）能最大限度地利用铁路运输直接从工作面将矿岩运出，可以减少倒运，降低总成本（如俄罗斯的波尔塔瓦矿及北采露天矿，单一铁路运输量占总运量的65%以上）。

（2）当铁路运输坡度 i_p 从3.0%增大到6.0%后可推迟或减少总剥岩量的10%～15%，当 i_p 铁路坡度达6.5%～7.5%时可减少总剥岩量15%～25%。

（3）可使铁路运输延深到距地面350～400m深部，扩大了应用范围，有利加大运量，降低了能耗。

（4）缓坡铁路运输中，采场降深因受铁路坡度 i_p 的限制，被迫多次应用折返线，这样使铁路布线总长度大增，采用陡坡运输后，使采场布线简单，减少折返次数，少设铁路分界点以及为折返而设置的车站数，铁路牵出线、接触网、信号设施等总投资全部可以减少，也加快了基建速度（如前苏联列别金采选公司一条线改为陡坡运输节省总投资200万卢布）。

（5）缩短了运距，使工作面到选厂距离拉近，缩短了机车运行时间，从而提高了列车周转利用率和运输效率，有利快采、快运，相应也提高了采掘设备利用率，降低总成本（如前苏联列别金铁矿减少运距5km，每列列车提高生产能力492kt/a，前苏联科尔金露天矿运用陡坡铁路缩短了总运距33%）。

（6）当应用外部堑沟开拓方案时，陡坡比缓坡可使堑沟长度及其基建工程量减少，缩短基建周期及达产时间。

C 陡坡铁路技术特征（以前苏联矿山为例）

a 陡坡铁路修筑工艺

采用ЭКГ-5、ЭКГ-8和ЭШ-10/70挖掘机、汽车装运和倒堆来进行陡坡堑沟的建设，用УК-25铺道机铺道。

线路上部建筑的各项工作，分别用机器单独完成。架空线的建设工作由ЭЛК-300型吊车和ВК-3型挖沟机完成。架空线安装用АТВ和АЛ轨缆车。所有移动件的工作均用ОЛР-1А内燃牵引机车。

线路上部建筑用Р-65钢轨和新的木轨枕，采用双层道碴，每1km线路用2000根轨枕，弯道处每1km用2250根轨枕，碎石层厚25cm，碎石直径20～40mm，砂垫层厚不小于20cm。采用6孔鱼尾板，在每节钢轨中，有5个枕木上安装加强垫板和防爬器。在弯道区段，钢轨内侧安装护轨，外侧安装加强垫板。使用电车架线悬吊装置悬挂摩电线。在松土地段，安装СКУ-8型钢筋混凝土电杆，在硬土地段格栅形金属电杆安装在可移动的混凝土基础上。

b 陡坡铁路专用固定件

专用固定件包括中间固定件和对接件。中间固定件是将钢轨固定在轨枕上，对接件将钢轨与钢轨固定。

专用固定件包括垫板、道钉、小螺钉、小垫圈、制动垫板和绝缘垫板，联接板和其他零件，其在陡坡铁路上使用可以保证轨距长期不变；钢轨位置在高度和平面上容许调整；钢轨固定可靠，避免爬行；有弹性，保证线路最优的空间弹性和钢轨路基的可靠弹性联接；零件少，制造、维修使用方便、可靠又便宜。

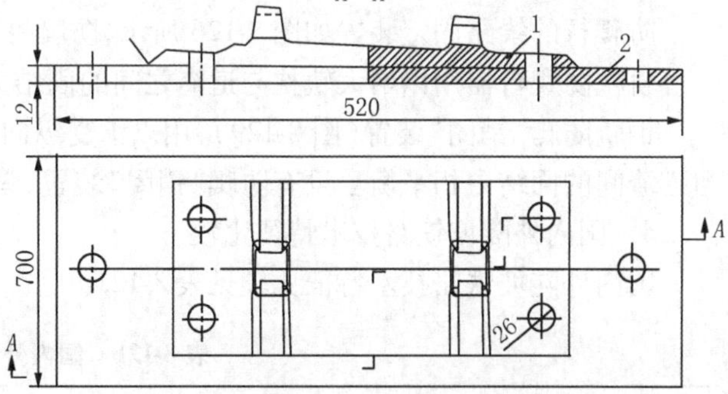

图8-122 КЛ-65型加强垫板

1—普通垫板；2—加强垫板

图8-122表示的是加强垫板，它是用两个刚性夹板将钢轨固定于木枕上，降低作用于钢轨的垂直力在枕木上的压力。

在大载重量列车通过小半径弯道时，为改善弯道段钢轨的工作条件，在钢轨内侧安装带专用垫板的护轨КЛ-65m，如图8-123所示，为减少小半径弯道区段钢轨松动，提高轨距的稳定性，安装金属防爬拉杆，如图8-124所示。

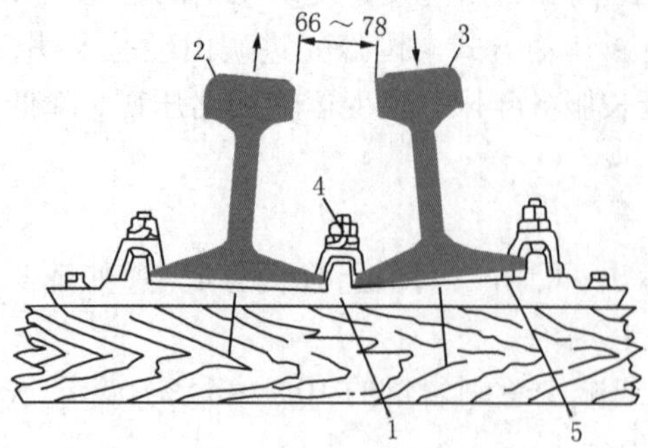

图 8-123 护轨组合垫板 КЛ-65m

1—护轨垫板；2—钢轨；3—护轨；4—防爬拉杆件；5—调节板

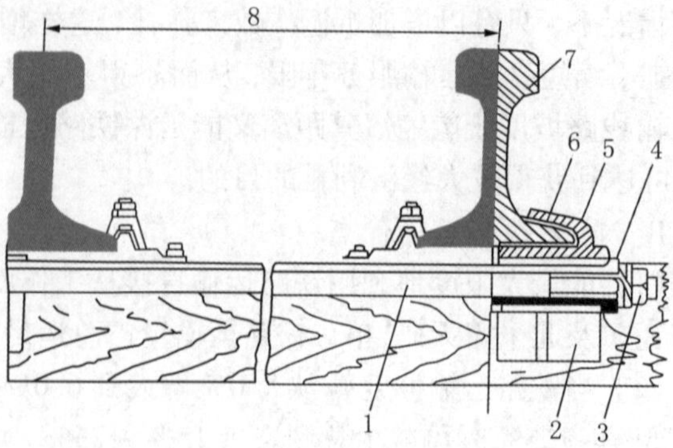

图 8-124 护轨组合垫板 КЛ-65m(金属轨枕)

1—金属杆；2—防爬锚；3—固定件；4—绝缘套筒；5—卡板；6—绝缘垫板；7—钢轨；8—轨距

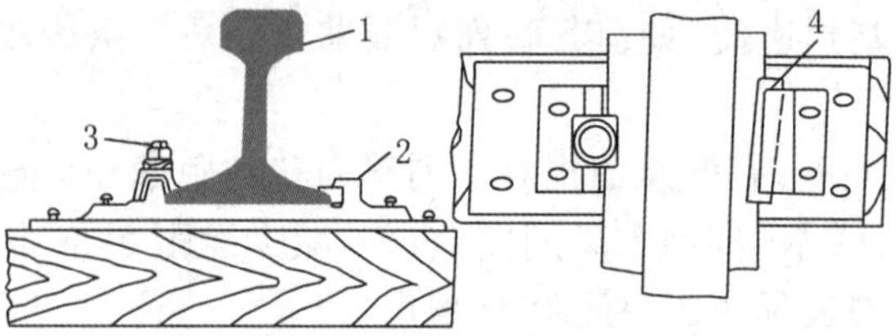

图 8-125 楔形固定装置

1—钢轨；2—垫板；3—固定件；4—楔子

金属轨枕通过轧制或压制成必要的形状，铺设的线路对沿道渣纵向和横向移动的承接阻力大，轨距可长期保持，对超应力和火、水的作用不敏感，服务时间长。

新型钢轨固定装置——楔形固定装置如图 8-125 所示，完全不用道钉、螺帽、螺栓。对于金属钢轨底座来说，这种装置可代替多零件的固定装置。

c 陡坡防爬行线路固定系统

坡度对爬行力影响很大，随着坡度的增加，爬行力增加越来越快。上坡运行时的爬行力比下坡运行时爬行力约大出 50%。

对于 4.0% 的坡度，每增加一节车厢，爬行力只增加约 0.018t，车辆节数对轨道爬行力影响很小。

爬行力随速度呈曲线上升，速度越大，增加得越快。

道渣厚度对爬行力基本上没有影响。

紧急制动比常规制动时的爬行力大；制动距离越小，爬行力增加的幅度越大。在 4.0% 坡度上列车紧急制动距离为 50m 时的爬行力比列车以速度为 20km/h 上坡运行时的爬行力要小。爬行力随防爬桩刚度增加而增加，呈曲线上升，虽然刚度很大时可以承担很大的爬行力，但是当防爬桩上承受很大的振动爬行力冲击荷载时，易于造成防爬桩的破坏，最常见的是松动、倾斜。刚度很小时的爬行力虽小，但此时又起不到防爬的效果。因此，要常用柔性可调节式防爬桩装置。

防爬行的线路固定装置如图 8-126 所示，防爬桩结构如图 8-127 所示。

轨枕防爬行器用以增大轨枕与道渣之间的固结力，如图 8-128 所示。

钢轨防爬“销闭”装置(图 8-129)，用以承受纵向力，并将其传递给轨枕和轨枕防爬器。使纵向力和钢轨与道渣间的固结力相平衡。没有防爬“销闭”装置，纵向力总是要超过钢轨的固结力，导致钢轨接点断裂。

d 国内外陡坡铁路技术特征比较

国内外陡坡铁路技术特征比较见表 8-121。

表 8-121 国内外陡坡铁路技术特征表

比 较 项 目	国 内 技 术	国 外 技 术
线路坡度/%	4.0～4.5	
供电方式/V	DC1500 ± 300	AC10000
运输设备/t	224	360t
	150 × 2	牵引车组
机车轴重/t	28	31.5
机车功率/kW	3200	6615
矿车数量/辆	12	10(1 辆配重)

续表 8-121

比 较 项 目	国 内 技 术	国 外 技 术
道床形式	单层	双层(碎石+砂)
道床厚度/mm	400	250+200
钢轨/(kg/m)	60	65
轨枕	混凝土枕	木枕、金属枕
轨枕数量/(根/km)	1840	2000
连接件	弹条Ⅰ型	专用
钢轨防爬器	穿销式	"销闭"装置
轨梯防爬器	可调节式防爬桩	轨枕防爬器

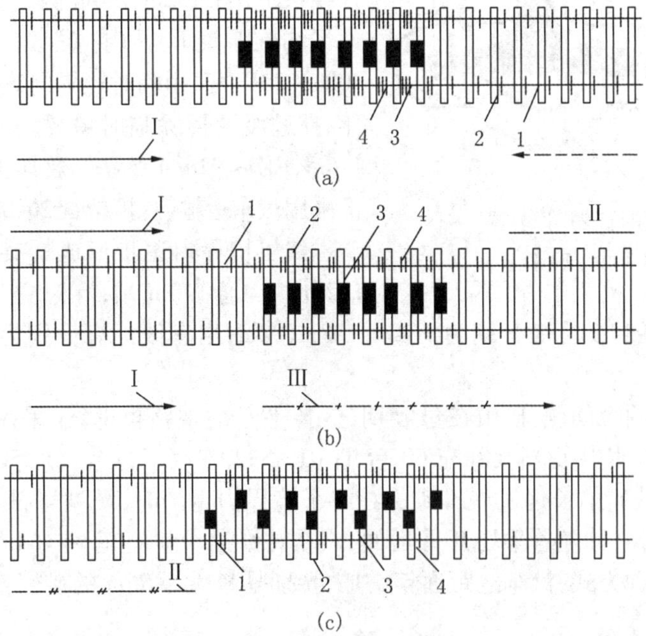

图 8-126 防爬行线路固定方式

(a)车头在列车尾部重车上坡;(b)车头在列车尾部重车下坡;(c)重车在曲线段上坡

1—钢轨;2—轨枕;3—轨枕防爬行器;4—钢轨防爬行器

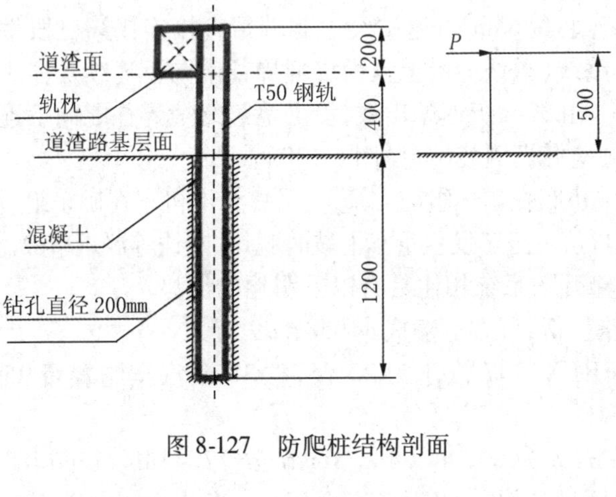

图 8-127 防爬桩结构剖面

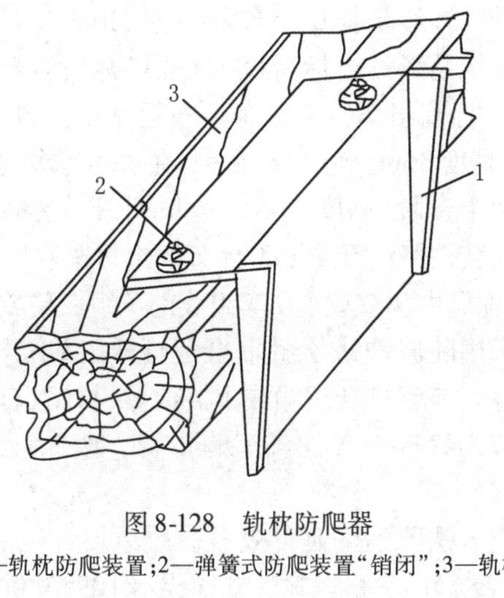

图 8-128 轨枕防爬器

1—轨枕防爬装置;2—弹簧式防爬装置"销闭";3—轨枕

D 应用实例

歪头山铁矿是本溪钢铁(集团)公司的主要铁矿石基地之一,是生产 30 余年矿山企业。目前,下盘

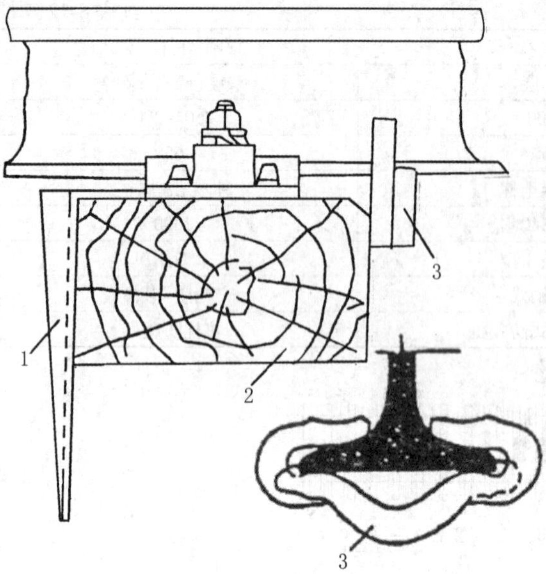

图 8-129 钢轨防爬行“销闭”装置
1—防爬器;2—轨枕;3—固定件

152m 以上台阶已靠帮,已形成 152m、140m 两个固定站场和 128m、116m 两个移动站场,现铁路生产水平有 140m、128m、116m 3 个,104m 水平汽车扩帮,92m 掘沟正在进行。现生产能力为 4000kt、采剥总量 18500kt,采用铁路—公路联合开拓运输。采用两期境界方案(临时境界和终了境界),临时境界从 152 ~ 8m 各台阶上盘均留有缓剥岩石,累计缓剥岩石 26100kt。临时境界的露天底标高为 8m,采用铁路—公路联合运输系统,上盘逐步形成由 152m、140m、128m、116m、104m、92m 站场及联络线组成的铁路折返线系统,除 152m、140m 两站场在终了境界内,其余 4 个站场均在临时境界内,铁路直接运输最低标高为 92m。2008 ~2013 年,由临时境界向终了境界扩帮过渡,过渡期 6 年,在过渡期拆除临时境界内上盘铁路折返系统(128m、116m、104m、92m 4 个站场及其各站场间的联络线 7km),全部采用汽车运输,总扩帮量 26109. 7kt。

终了境界内逐步形成螺旋跟踪倒装系统,具体是由 152m 站沟通 140m 站,穿过立交桥以螺旋线的形式联通三段倒装站场,各倒装站场卸矿标高分别为 164m、128m、88m,出车线标高分别为 146m、108m、68m,该系统机车进入最低标高为 68m。

矿山现主要存在以下两个问题:矿山在过渡期,拆掉上盘的铁路折返线,采用汽车扩帮,为保证生产能力,在 2006 ~2008 年 3 年内集中更新及补充 60 台 TEREX33207 汽车,需资金 15000 万元,集中投巨资购置设备,将严重影响歪头山铁矿的长远发展。矿山在终了境界内生产时,缓剥岩石及 92m 以下各台阶所有矿岩量全部用铁—汽联合运输,即随着采场开采延伸,汽车将矿岩分别运输到 164m、128m、88m 倒装站台,然后再用铁路运出采场。这种方式,汽车运距逐年增加,特别是 88 ~ -56m 的矿岩汽车运距相当大,直接影响采矿成本。

通过研究,采用陡坡铁路技术优化歪头山铁矿的运输开拓系统,既可减少投资,又大幅度增加铁路直运量,降低矿山运营费用,对矿山长远发展十分有利。由 140m 固定站出线,4. 0% 陡坡铁路线(双线)沿上盘最终境界往南连续向下延伸 3 个台阶(高度 36m),即一次下降至 104m 水平,在 104m 水平设置折返站。原设计第二段倒装场站平台标高 128m (受矿标高为 108m) 的位置不变。由 104m 折返站出线,沿上盘最终境界往北继续连续延伸 3 个台阶(高度 36m),一次下降至 68m 水平,在 68m 水平北部下盘建设折返站。原设计第三段倒装场站台标高 88m (受矿标高为 68m) 仍不变,上盘 68m 折返站经过北端帮直接连接第三段倒装场 68m 标高出车线。由 68m 折返站出线,4. 0% 陡坡铁路线(单线) 沿上盘最终境界往南向下连续延伸 3 个台阶(高度 36m) 至 32m 水平,在 32m 水平建设折返站。由 32m 折返站出线,沿上盘最终境界往北向下连续延伸两个台阶(高度 24m) 至 8m 水平,在 8 ~ -4m 形成挖掘机倒装站台(图 8-130)。

陡坡铁路运行采用 2 台 150t 电机车双机牵引,一台电机车在矿车组前方牵引,另一台电机车在矿车组后面推进,确保由 9 节载重矿车组成的车组在陡坡段上安全运行,不至于发生重车上坡时脱钩、断钩等严重事故。

采用陡坡铁路-公路联合运输开拓系统与原设计运输开拓系统相比具有以下明显的优势。

(1) 节省扩帮运输成本。改原设计汽车扩帮为铁路扩帮,节省运输成本 6587. 99 万元。

(2) 节省一次性汽车购置费。改原设计 60 台 TEREX3307 汽车为 22 台,省 38 台汽车购置费 9500 万元。

(3) 铁路运输延伸效益。改原设计铁路最低水平 68m 为 8m,将 68 ~ 8m 矿岩 77. 43Mt 汽车运量改为 154. 86Mt 铁路运输,节省成本 10995. 06 万元。改原设计 68m 以下矿岩全用汽车倒装为 8m 以下矿岩全用汽车倒装,8m 以下矿岩汽车运输运距缩短,而铁路运距增加。节省成本 1360. 50 万元。

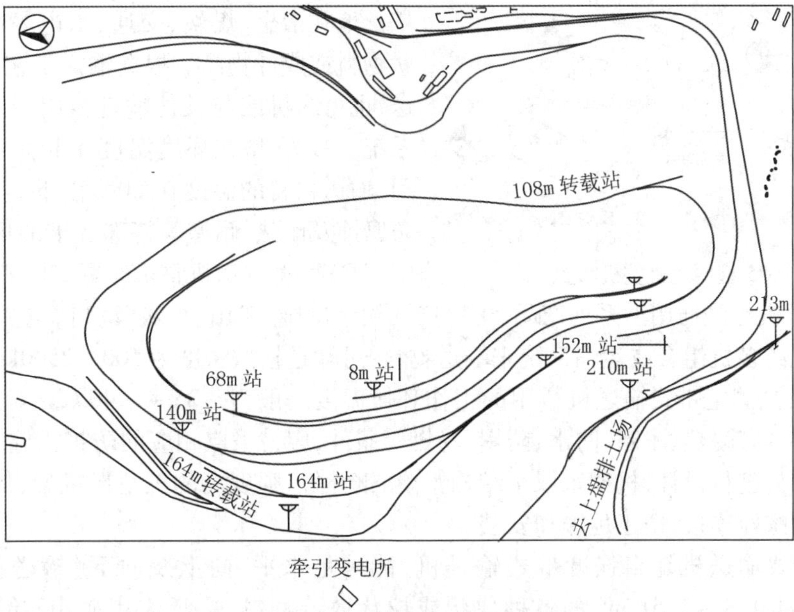

图 8-130 歪头山铁矿陡坡铁路开拓运输系统

(4) 节省建设费。取消原设计下盘环线(铁路复线),两处立交桥,节省建设费 1200 万元。

(5) 多采矿石 483.9kt,多剥岩石 377kt,节省成本 886.20 万元。

(6) 增加设备购置费。需增加 4 台 150t 电机车,增加设备费 1520 万元。

(7) 增加陡坡铁路建设费 2300 万元。

(8) 陡坡铁路运输方案总经济效益 26709.75 万元。

8.6.3 带式输送机运输

带式输送机分为普通型和特殊型两大类。特殊型中又分为钢绳芯带式输送机、钢绳牵引带式输送机、胶轮驱动带式输送机、直线摩擦驱动带式输送机和移置式带式输送机等多种类型。冶金矿山一般采用钢绳芯胶带输送机。

带式输送机与其他运输设备相比较,有其明显的优点,如输送能力大、操作简便、安全可靠、自动化程度高、设备的维护检修容易、节省人力和材料、运输费用较低等。另外爬坡能力大,缩短了运输距离、减少了基建工程量、缩短了基建周期、减少噪声和污染。

带式输送机与汽车或铁路运输配合,一般通过破碎转载站,形成一个联合运输系统,为采场至选厂、采场至排土场等输送矿石(岩石)服务。根据输送物料性质和当地气候条件,带式输送机全线选用敞开、半敞开、全密闭的类型或仅在驱动站上加盖等措施。但必须保证带式输送机的正常运转和物料输送的要求。

8.6.3.1 带式输送机的组成和布置

带式输送机是以输送带为牵引机构,同时又是承载机构,整个输送带支承在托辊组上,并绕过驱动滚筒和拉紧滚筒,利用摩擦力带动输送带以完成物料的运输,如图 8-131所示。

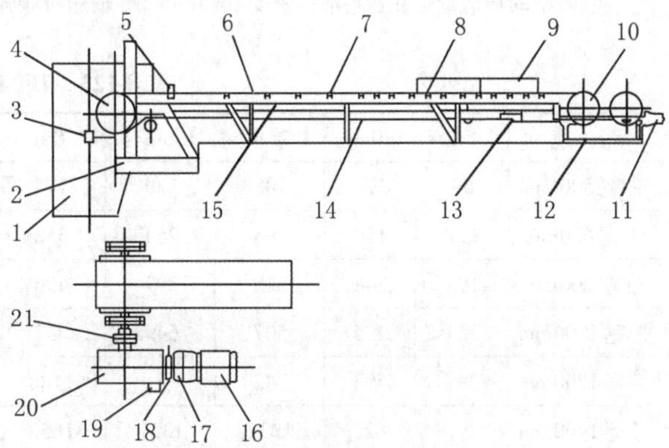

图 8-131 带式输送机结构

1—头部漏斗;2—机架;3—头部清扫器;4—传动辊筒;5—安全保护装置;6—输送带;7—承载托辊;8—缓冲托辊;9—导料槽;10—改向滚筒;11—螺旋拉紧装置;12—尾架;13—空段清扫器;14—回程托螺;15—中间架;16—电动机;17—液力偶合器;18—制动器;19—逆止器;20—减速器;21—联轴器

国产带式输送机主要有 TD75 型、DTⅡ型、DX 型等。TD75 型带式输送机是一般用途的带式输送机。由于输送量大,结构简单,维护方便,成本低,通用性强等优点而

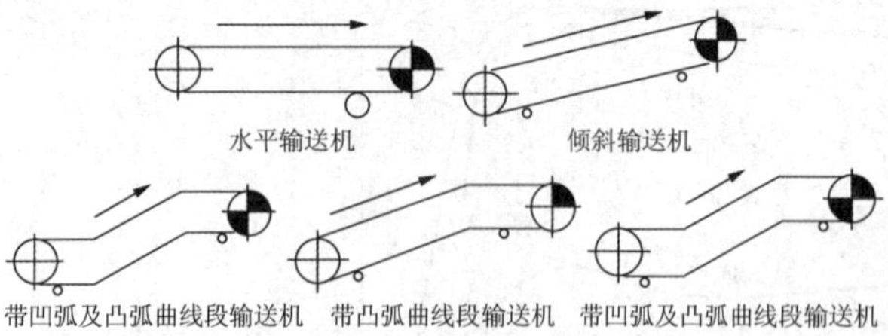

图 8-132 TD75 型输送机整机布置

广泛地在冶金、煤炭、交通、水电等部门中用来输送散状物料或成件物品。根据输送工艺的要求可以单机输送，也可多机或与其他输送机组成水平或倾斜的输送系统。TD75 型在环境温度 +40 ~ -10℃ 的范围内使用、输送物料的温度在 50℃ 以下。对于有防爆、防水、防腐蚀及耐热、耐寒等特殊要求的场合，应另行采取措施。TD75 型输送机整机布置如图 8-132 所示。

DTⅡ型带式输送机也是通用型系列产品，可以广泛用于冶金、矿山、煤炭、港口、电站、建材、化工、石油等各个行业。由单机或多机组合成运输系统来输送物料，可输送松散密度为 500 ~ 2500kg/m^3 的各种散状物料及成件物品。DTⅡ型固定带式输送机适用的工作环境温度一般为 -25 ~ +40℃。对于在特殊环境中工作的带式输送机如要具有耐热、耐寒、防水、防爆、易燃等条件，应另采取相应的防护措施。DTⅡ型固定式带式输送机均按部件系列进行设计，机架采取了结构紧凑、钢性好、强度高的三角形机架，机架部分、中间架和中间架支腿全部采用螺栓连接，便于运输和安装。

DX 型钢绳芯带式输送机是高强度带式输送机，能满足水平、向上及向下（输送机倾角小于 20° 的运输条件），输送容量 0.8 ~ 2.5t/m^3 的各种块状或粒状散装物料，广泛应用矿山、冶金、电力、化工、交通等部门的连续输送系统。采用钢绳芯胶带和多机传动方式，能满足长距离、大运量的要求，并具有设备牢靠、寿命长、运营费低、便于实现操作等优点，根据工作环境的不同，可配有制动器、逆止器及各种保护装置。

以上三种带式输送机主要技术性能见表 8-122 ~ 表 8-124。

表 8-122 TD75 型通用带式输送机技术参数

胶带宽度 /mm	功率范围 /kW	托辊形式带速 /(m/s)	槽形托辊								平行托辊					
			0.8	1.0	1.25	1.6	2.0	2.5	3.15	4.0	0.8	1.0	1.25	1.6	2.0	2.5
500	1.5 ~ 30	最大输送量 /(t/h)	78	97	122	156	191	232			41	52	66	84	103	125
650	1.5 ~ 40		131	164	206	264	323	391			67	88	110	142	174	211
800	2.2 ~ 75			218	348	445	546	661	824		118	147	184	236	289	350
1000	3 ~ 100			435	544	696	853	1033	1233			230	288	368	451	546
1200	4 ~ 185			655	819	1048	1284	1556	1858	2202		345	432	553	677	821
1400	4 ~ 185			891	1115	1427	1748	2118	2528	2996		469	588	753	922	1117

注：表中的输送量是在物料堆积密度 $\gamma = 1.0$t/m^3、输送机倾角 0° ~ 7°，物料堆积角为 30° 条件下制定的。

表 8-123 DTⅡ型带式输送机输送能力 (t/h)

带　速	0.8m/s	1.0m/s	1.25m/s	1.6m/s	2.0m/s	2.5m/s	3.15m/s	4m/s	(4.5m/s)	5.0m/s	(5.6m/s)	6.5m/s
带宽 500mm	69	87	108	139	174	217						
带宽 650mm	127	159	198	254	318	397						
带宽 800mm	198	248	310	397	496	620	781					
带宽 1000mm	324	4.5	507	649	811	1014	1278	1622				
带宽 1200mm		593	742	951	1188	1486	1872	2377	2674	2971		
带宽 1400mm		825	1032	1321	1652	2065	2602	3304	3718	4130		
带宽 1600mm					2186	2733	3444	4373	4920	5466	6122	
带宽 1800mm					2795	3494	4403	5591	6291	6989	7829	9083
带宽 2000mm					3470	4338	5466	6941	7808	8676	9717	11277
带宽 2200mm							6843	8690	9776	10863	12166	14120
带宽 2400mm							8289	10526	11842	13158	14737	17104

表 8-124 DX 型钢绳芯带式输送机技术参数

胶带宽度 /mm	胶带强度 GX /(kg/cm)	功率范围 /kW	托辊带速 /(m/s)	槽形托辊				
				2.0	2.5	3.15	4.0	5.0
800	650 ~ 4000	115 ~ 4 × 380	最大输送量 /(t/h)	550	688	865		
1000	800 ~ 4000	115 ~ 4 × 475		888	1110	1400		
1200	1000 ~ 4000	115 ~ 6 × 630		1300	1625	2050	2600	
1400	1250 ~ 4000	115 ~ 6 × 630		1800	2250	2830	3600	4500
1600	1600 ~ 4000	115 ~ 6 × 630		2380	2975	3850	4760	5950
1800	1600 ~ 4000	115 ~ 5 × 630		3070	3838	4840	6140	7675
2000	2000 ~ 4000	2 × 370 ~ 6 × 630		3840	4800	6050	7680	9600

注：表中最大输送量是按水平运输物料的堆积角 30°、托辊槽角 30°时计算的。

带式输送机可作水平输送、倾斜向上输送和倾斜向下输送，其布置原则如下：

(1) 带式输送机在纵断面上尽可能布置成直线形，应避免有过大的凸弧或深凹弧的布置形式，以利于正常运行。输送带通过凸弧段时，为限制其边缘的伸长率不超过许用值，规定通用带式输送机的凸弧段曲线半径 $R_1 \geq 18B$，mm(B 指胶带宽度)，而钢绳芯带式输送机的凸弧段曲线半径 $R_1 \geq (75 \sim 85)B$，mm。输送带通过凹弧段时，为防止输送带脱离托辊，要求输送带的自重必须大于凹弧段输送带张力的向上分力，设凹弧段起点或终点的张力为 S_1，每米输送带的重力为 q，则凹弧段曲线半径 $R_2 \geq S_i/q$。

(2) 驱动装置应尽量布置在卸载端，以利于减小输送带的最大张力值。而拉紧装置一般应布置在输送带的张力最小处。

(3) 双滚筒驱动时，为提高输送带寿命和不降低输送带与滚筒表面间的摩擦系数，不用 S 形布置。

(4) 多滚筒驱动的功率配比应采用等驱动功率单元法分配。输送带在驱动滚筒上的围包角应满足等驱动功率单元法的圆周力分配要求，并考虑布置的可能性。

DTⅡ型带式输送机整机布置如图 8-133 所示。

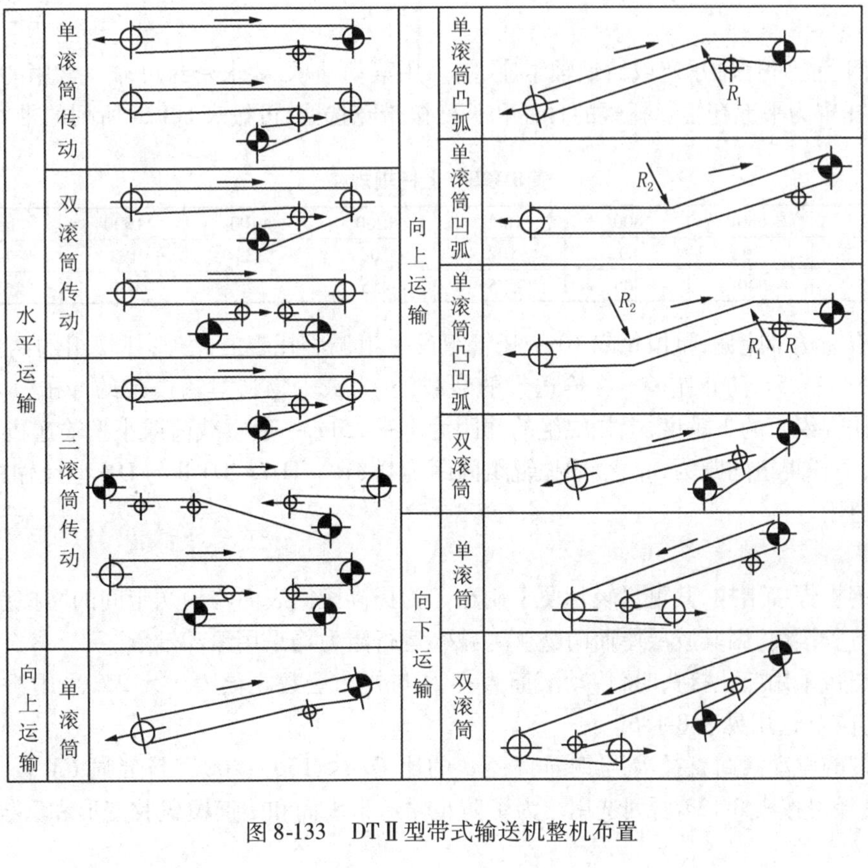

图 8-133 DTⅡ型带式输送机整机布置

8.6.3.2 带式输送机的主要部件

A 输送带

DTⅡ、TD75 型通用带式输送机的输送带有普通橡胶带和塑料带两种，普通橡胶带的带芯为数层挂胶帆布，每层的强度为560N/cm。带的两面均贴有覆盖胶。上胶厚3mm、4.5mm和6mm，按输送物料性质的不同来选用，下胶厚为1.5mm。而塑料输送带为整芯结构，它具有耐磨、耐腐蚀、成本低等优点。其厚度有4mm和5mm两种，强度为2.24N/cm和3.36N/cm。

DX 型钢绳芯输送带是用耐磨、耐冲击和耐老化橡胶作覆盖胶，用钢绳作带芯，其结构为7mm×7mm×3mm和7mm×7mm×7mm两种，左捻和右捻钢绳相间排列，以防止输送带在运行中跑偏和扭转。钢绳材料为高碳钢，为增加钢绳和橡胶的黏着力，钢丝应镀铜或镀锌。带芯胶是采用对钢绳有良好黏合性能的橡胶，以保证钢绳抽出强度。

普通橡胶带采用机械接头或硫化接头。机械接头采用卡子等零件联接，其强度相当于输送带本身强度的35%～40%，适用于要求检修时间短的场合。相应的安全系数 $m=10\sim12$。硫化接头的强度相当输送带本身强度的85%～90%。相应的安全系数为 $m=8\sim10$。

钢绳芯输送带的接头强度取决于钢绳从胶带中的抽出强度，所以接头的钢绳应有一定的搭接长度，以使接头处钢绳芯与橡胶的黏着力大于钢绳芯的破断拉力。常用的钢绳芯输送带的接头形式如图8-134所示。在接头处采用硫化器，用蒸汽加热、液压加压的方法来保证硫化的温度和压力。此外，接头中心必须对准，否则运行时将会跑偏。按钢绳直径的不同，接头长度为1.2～3m。

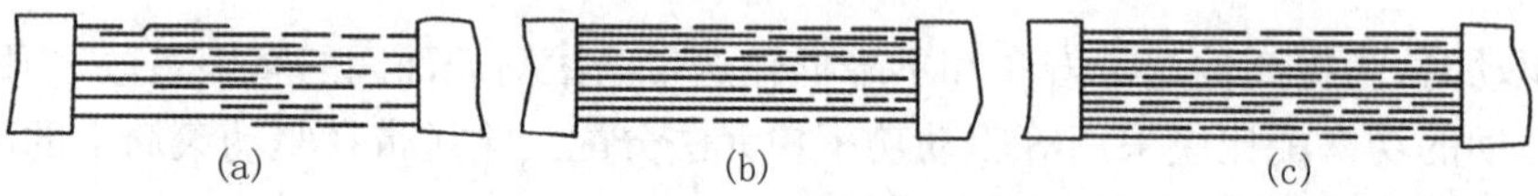

图8-134 钢绳芯输送带的接头形式

(a)三级错位搭接；(b)二对一搭接；(c)一对一搭接

B 托辊组

托辊用无缝钢管配冲压轴承座或铸铁轴承座，均采用滚动轴承，要求密封可靠。常用的三节式上托辊的槽角为30°，而下托辊为平形托辊。托辊的直径和长度按带宽选取，可按表8-125所列的带宽选取。

表8-125 上托辊规格

带宽 B/mm	600	650	800	1000	1200	1400	1600	1800	2000
托辊直径/mm	89	89	89	108	108	133	133	159	159
托辊长度/mm	190	240	305	375	455	525	600	675	750

为防止和克服输送带跑偏，重段每隔10个托辊组设一组调心托辊。此外，托辊组的两侧还可向输送带运动方向前倾2.5°～4.5°，防止跑偏。在输送带的装载处，为减少物料对输送带的冲击，应采用缓冲托辊。为限制输送带在托辊组间的下垂度，上托辊组的间距为1～1.5m，一般重载荷或小型输送机取小值。输送带张力大的取大值，下托辊组间距为3m，缓冲托辊组间距为0.4m。TD75、DTⅡ与DX型运输机在带宽 $B=1.2$ m以内的托辊组通用。

C 驱动滚筒

驱动滚筒为钢板焊接结构，其重量轻且便于制造。为提高滚筒表面与输送带间的摩擦系数，应采用胶面滚筒。推荐选用铸胶滚筒，因其胶层厚而耐磨。为减小运行阻力均采用滚动轴承。

通用橡胶输送带采用硫化接头时，传动滚筒直径 D 与帆布层数之比 $D/z\geqslant125$，采用机械接头时 $D/z\geqslant100$。驱动滚筒直径 D 选用见表8-126。

钢绳芯输送带的驱动滚筒直径 D 与钢绳直径 d 的比 $D/d\geqslant150\sim200$。当带强 GX 较大时，应取小值。DX型驱动滚筒直径可按表8-127所列选用。为了防止输送带表面和滚筒覆盖胶变形和磨损，滚筒表面的比压不宜大于 $100N/cm^2$。

表 8-126 TD75、DTⅡ通用型驱动滚筒直径选用

带宽 B/mm	500	650	800	1000	1200	1400
驱动滚筒直径 D/mm	500	500	500	630	630	800
		630	630	800	800	1000
			800	1000	1000	1250
					1250	1400

表 8-127 DX 型驱动滚筒直径选用

滚筒直径 D/mm	800	1000	1250	1400	1600
钢绳直径 d/mm	4.5	6.75	8.1	9.18	10.3
带强 GX/(kN/cm)	6.5 ~ 12.5	16 ~ 20	25	30 ~ 35	40

D 驱动装置

驱动装置是将电动机转矩传给输送带并使之连续运行的装置。它是由电动机、减速器、高速轴联轴器、低速轴联轴器、液压电磁制动器和盘形制动器等组成。驱动装置是根据带宽、带速、带强、驱动滚筒直径、电动机功率以及是否要求防爆等条件来选择。

对长距离大运量的输送机,为减小输送带的最大张力值,提高驱动装置的通用化和系列化应采用多滚筒驱动。此时,在高速轴应使用液力联轴器使各电机功率合理分配并降低启动时的动载荷。

对水平输送机一般不采用制动器,对倾角不大、运量小、停机后不产生逆转的向上输送机可采用单套制动器;对倾角大、运量大、停机后引起逆转的向上输送机应采用两套制动器,一套工作,一套备用。对长距离、大运量、大倾角的向下输送机应选用盘形制动器。此外还应有一套液压电磁制动器作为备用制动装置。

E 拉紧装置

拉紧装置用以使输送带有足够的初张力来保证摩擦传动,并限制输送带在托辊组之间的垂度,应尽量布置在输送带张力最小处或驱动滚筒的松边处。拉紧装置根据拉紧力、拉紧行程(TD75 型按机长的 1% 来计算,DX 型按机长的 0.2% ~0.3% 来计算)以及布置条件等来选择。TD75 型通用带式输送机的拉紧装置如图 8-135 所示。螺旋式适用于机长较短(小于 80m)、功率较小的输送机。小车重锤式适用于机长较长、功率较大的输送机,其结构简单可靠应优先选用。垂直重锤式适用于车式拉紧布置有困难的场合,它可利用空间位置来布置,其缺点是转向滚筒多,输送不易清扫,且清扫时易损坏输送带。

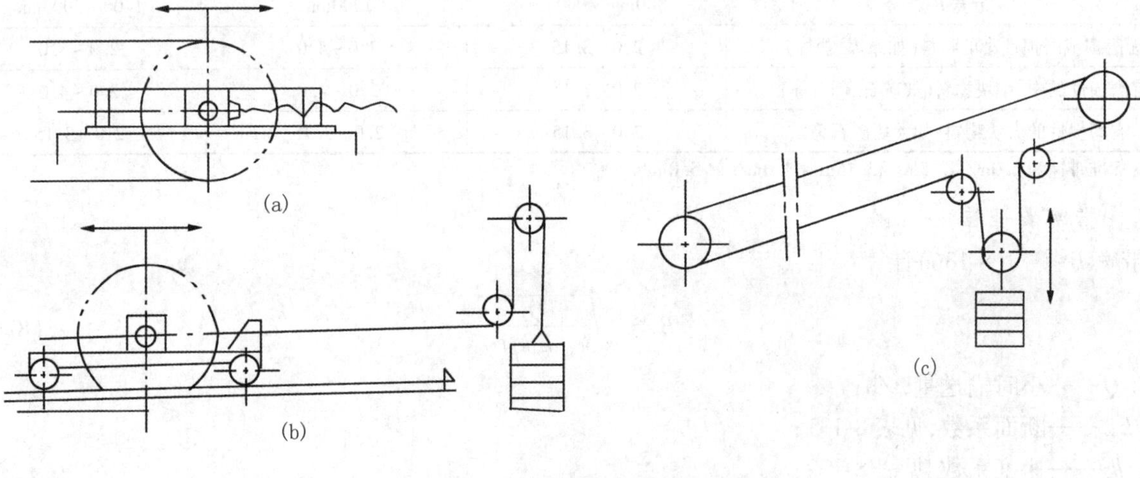

图 8-135 通用带式输送机的拉紧装置
(a)螺旋式;(b)小车重锤式;(c)垂直重锤式

DX 型钢绳芯带式输送机的拉紧装置的类型和性能见表 8-128。

表 8-128 拉紧装置的类型和性能

类型	拉紧力/kN	拉紧速度/(m/s)	拉紧行程/m	适用范围
绞车式自动拉紧	60～120 120～240 240～480 480～960	0.1	0～6 0～15	适于惯性力大,拉紧力大,并需控制拉紧力的大型水平输送机的向下输送机,其控制系统复杂
绞车式固定拉紧	120～240 240～480 480～960	0.03	0～6 0～13	适于水平输送机和小倾角向上输送机,其控制系统简单
重载车式	最大100	速度快	自定	适于带宽小于1.2m,倾角大于12°的向上输送机
重锤拉紧	最大60	速度快	自定	适于张力不大的向上输送机

8.6.3.3 基本参数选择及计算

A 原始数据

带式输送机的计算,应具有下列原始数据:(1)物料名称及输送量。(2)物料性质,包括:最大块度和粒度组成情况、松散容重 γ、动堆积角 $\rho_{动}$、温度、湿度、磨损性、黏性及其他性能。(3)输送距离,提升或下运高度、倾角等。(4)卸料方式和卸料装置形式、工作环境、工作制度等。

B 带速选择

带速与物料性质、块度、输送带宽度和输送机倾角有关,(1)较长的水平输送机可选择高带速;倾斜运输时倾角愈大,带速应愈低,下运时尤甚。(2)输送粉尘大的物料,带速应小于1m/s。(3)采用电动卸料时,带速不宜超过3.15m/s,物料块度大时宜取小值;(4)采用犁式卸料器时,带速不宜超过2m/s;(5)排土机卸料臂的带速一般取较大值,以利于减轻结构桁架重量。TD75型、DX系列带速值见表8-129、表8-130。

表 8-129 TD75 型带速值 (m/s)

带宽 B	500mm、650mm	800mm、1000mm	1200～1400mm
无磨损或磨损性小的物料(如原煤、盐等)	0.8～2.5	1.0～3.15	1.0～4.0
有磨损性的中、小块物料(如矿石、砾石等)	0.8～2.0	1.0～2.5	1.0～3.15
有磨损性的大块物料(如大块矿石等)	0.8～1.6	1.0～2.0	1.0～2.5

表 8-130 DX 系列带速值 (m/s)

带宽 B	800mm、1000mm	1200mm	1400～2000mm
无磨损或磨损性小的物料(如原煤、盐等)	2.0～3.15	2.0～4.0	2.0～5.0
有磨损性的中、小块物料(如矿石、砾石等)	2.0～3.15	2.0～4.0	2.0～4.0
有磨损性的大块物料(如大块矿石等)	2.0～3.15	2.0～3.15	2.0～3.15

注:标准带速为2.0m/s,2.5m/s,3.15m/s,4.0m/s和5.0m/s。

C 带宽的计算

带宽 B 按式(8-136)计算:

$$B = \sqrt{\frac{Q}{k_{断} k_v k_\beta v \gamma}} \tag{8-136}$$

式中 Q——小时输送量,t/h;

$k_{断}$——断面系数,见表8-131;

k_v——速度系数,见表8-132;

k_β——倾角系数,见表8-133;

γ——物料的松散容重。

断面系数 $k_{断}$ 与输送机槽角 $\alpha_{槽}$ 和物料的动堆积角 $\rho_{动}$ 有关。

表 8-131 断面系数 $k_{断}$

槽角 $\alpha_{槽}$/(°)		20					30					45				
动堆积角 $\rho_{动}$/(°)		15	20	25	30	35	15	20	25	30	35	15	20	25	30	35
B/mm	800 ~ 1000	270	300	340	380	415	335	360	400	435	470	400	420	450	480	505
	1200 ~ 1400	290	315	360	400	440	355	380	420	455	500	420	440	475	505	535
	≥1600	300	330	370	410	455	360	395	430	470	510	430	455	490	520	550

表 8-132 速度系数 k_v

v/(m/s)	≤1.0	≤1.6	≤2.5	≤3.2	≤4.5
k_v	1.05	1.0	0.95 ~ 0.98	0.90 ~ 0.94	0.84 ~ 0.88

注：当带速较小、$\rho_{动}$ 较大、块度较大时 k_v 取大值。

表 8-133 倾角系数 k_β

倾角 β/(°)	≤6	8	10	12	14	16	18	20	22	24	25
k_β	1.0	0.96	0.94	0.92	0.90	0.88	0.85	0.81	0.76	0.74	0.72

D 水平输送量 Q_0

TD75 型、DX 带式输送机的水平输送量 Q_0 列于表 8-134、表 8-135。该输送量是按物料在水平布置的输送带上所形成的动堆积角 $\rho_{动}$、带宽 B、带速 v 及槽角 $\alpha_{槽}$ 的条件得出的理论计算值。

表 8-134 TD75 型水平运输量 Q_0 (m³/h)

带速 v/(m/s)	带宽 B/mm					
	500	650	800	1000	1200	1400
0.8	78	131				
1.0	97	164	278	435	655	891
1.25	122	206	348	544	819	1115
1.60	156	264	445	695	1048	1427
2.0	191	323	546	853	1284	1748
2.5	232	391	661	1033	1556	2118
3.15			824	1233	1858	2528
4.0					2202	2996

表 8-135 DX 型水平运输量 Q_0 (m³/h)

带宽 B/mm	动堆积角/(°)	带速 v/(m/s)				
		2.0	2.5	3.15	4.0	5.0
800	25	504	630	794		
	30	554	693	870		
1000	25	814	1017	1281		
	30	893	1116	1406		
1200	25	1202	1503	1894	2405	
	30	1318	1647	2075	2635	
1400	25	1656	2070	2608	3312	4140
	30	1814	2268	2858	3629	4536
1600	25	2189	2736	3440	4378	5472
	30	2405	3006	3738	4810	6012
1800	25	2800	3501	4411	5600	7002
	30	3067	3834	4831	6134	7668
2000	25	3485	4356	5489	6970	8712
	30	3816	4770	6010	7632	9540

当输送机为倾斜输送时，输送量相应减少，倾角愈大，输送量越少。此时的计算输送量为：

$$Q = k_\beta Q_0 \tag{8-137}$$

式中 Q_0——水平输送量，t/h；

其余符号与式(8-136)相同。

E 功率简单计算

忽略次要因素，驱动滚筒轴功率 N_0 按式(8-138)计算：

$$N_0 = (k_1 L_h v + k_2 L_h Q \pm 0.00273QH) k_3 k_4 \tag{8-138}$$

式中 N_0——驱动滚筒轴功率,kW;

L_h——输送机水平投影长度,m;

H——输送垂直提升高度,上运取"+",下运取"-";

k_1——空载运行功率系数,TD75 型、DTⅡ型见表 8-136,DX 型见表 8-137;

k_2——物料水平运行功率系数,按表 8-138 选取;

k_3——附加功率系数,按表 8-139 选取;

k_4——卸料车功率系数,$k_4 = 1.11 \sim 1.16$,无卸料车时 $k_4 = 1$。

电动机功率 N(kW)为:

$$N = KN_0 \tag{8-139}$$

式中 K——功率系数,它与驱动类型、减速器效率和电压降系数等因素有关,对单机驱动 $K = 1.1 \sim 1.3$,多机驱动 $K = 1.25 \sim 1.4$。

表 8-136 TD75 型、DTⅡ型空载运行功率系数 k_1

工作条件及托辊阻力系数 ω	带宽/mm					
	500	650	800	1000	1200	1400
清洁干燥 $\omega = 0.02$	0.0067	0.0082	0.0110	0.0153	0.0212	0.0255
少量灰尘正常湿度 $\omega = 0.03$	0.0100	0.0124	0.0165	0.0229	0.0318	0.0383
大量灰尘湿度大 $\omega = 0.04$	0.0134	0.0165	0.0220	0.0306	0.0424	0.0510

表 8-137 DX 型空载运行功率系数 k_1

工作条件及托辊阻力系数 ω	带宽/mm						
	800	1000	1200	1400	1600	1800	2000
清洁干燥 $\omega = 0.02$	0.0206	0.0259	0.0319	0.0417	0.0469	0.0566	0.0621
少量灰尘正常湿度 $\omega = 0.025$	0.0258	0.0324	0.0399	0.0521	0.0586	0.0708	0.0776
大量灰尘湿度大 $\omega = 0.04$	0.0309	0.0389	0.0479	0.0626	0.0704	0.0849	0.0932

表 8-138 物料水平运行功率系数 k_2

托辊阻力系数 ω	0.02	0.025	0.03	0.04
k_2	5.45×10^{-5}	6.82×10^{-5}	8.17×10^{-5}	10.89×10^{-5}

表 8-139 附加功率系数 k_3

β/(°)	L_h/m					
	50	100	150	200	300	>300
0	1.60	1.55	1.50	1.40	1.30	1.20
6	1.25	1.25	1.20	1.20	1.15	1.15
12	1.20	1.20	1.15	1.15	1.14	1.14
30	1.15	1.15	1.13	1.13	1.10	1.10

应优先采用单筒和双筒驱动。驱动形式有两种,一种是鼠笼型电动机配液力联轴器,适用于正功率的中型带式输送机,其优点是电控简单,改善了启动特性,且多机驱动时能达到功率平衡;另一种是绕线型异步电动机,通过转子回路串电阻来改变机械特性以满足启动、制动及功率分配平衡的要求,适于各种类型的带式输送机。DX 型输送机是以这种形式为主。

F 单位电耗

带式输送机的单位电耗:

$$\alpha = \frac{N}{QLn_1 n_2} \tag{8-140}$$

式中 α——单位电耗,kW·h/(t·km);

n_1——电动机效率,$n_1 = 0.91 \sim 0.95$;

n_2——电力网络效率,$n_2 = 0.9 \sim 0.95$;

其他符号意义同前。

一般运量越大,运距越长,则单位电耗越小,上运倾角越大,则单位电耗也越大。

8.6.3.4 采用钢绳芯带式输送机实例

钢绳芯带式输送机使用实例见表8-140。

表8-140 钢绳芯带式输送机使用实例

项目名称	大孤山铁矿一期	大孤山铁矿一期	东鞍山铁矿（钢绳牵引）	昆阳磷矿	永登水泥厂大闸子石灰石矿1号	永登水泥厂大闸子石灰石矿2号
运输物料	铁矿石	岩石	废石	磷矿石	石灰石	石灰石
输送机长度/m	1183.45	519.2	860	574	2897.25	1967.48
输送机倾角	升高125.36m	升高94m	1°21′	-12°，-5°，+8°	0~1°8′45″	0°21′38″~1°39′40″
带宽/mm	1400	1400	1200	800	800	800
带速/(m/s)	2.0	2.0	2.5	2.5	2.5	2.5
动检量/(t/h)	1323	1795	1500	600~900	686	686
带强/(kN/cm)	G×40	G×40	G×30	G×10	G×12.5	G×12.5
驱动滚筒直径/mm	1640	1640		800	1000	1000
滚筒摩擦系数	0.3	0.3	0.35	0.3	0.35	0.35
托辊阻力系数	0.04	0.04	0.04	0.63	0.35	0.35
最大张力/kN	579	403	211.23	103.06	79.523	79.524
最小张力/kN			33.59		17.651	17.651
驱动方式	头部双滚筒三电机	头部双滚筒三电机	双滚筒双电机	单滚筒单电机	三滚筒三电机头尾	三滚筒三电机头部
电动机型号功率/kW	JRQ1510-3 475×3	JRQ1510-8 475×3	445+211	JS136-4 115	JS-114-4 115×3	JS-114-4 115×2
机架形式	固定式	固定式	固定式	固定式	固定式	固定式
拉紧方式	绞车式自动拉紧	绞车式自动拉紧	张力传感器与张紧重锤两套	液压拉紧	自动绞车拉紧	自动绞车拉紧

8.7 采场铲装设备

8.7.1 挖掘机的分类及其应用范围

8.7.1.1 挖掘机的分类

露天矿山适用的挖掘机种类很多，一般按其铲装方式、传动和动力装置、设备规格及用途不同进行分类。

按铲装方式不同，分为正铲、反铲、刨铲和拉铲（索斗铲）等机型。其中斗容小于$4m^3$的为小型；斗容$4\sim10m^3$为中型；大于$10m^3$为大型。

按传动装置不同，有机械传动式、液压传动式和混合传动式。

按动力装置不同可分为电力驱动式、内燃驱动式和复合驱动式。

按行走装置不同可分为履带、迈步机构、轮胎和轨道等形式。

单斗挖掘机的分类如下：

（1）按工作装置的结构形式
- 斗杆和动臂间为刚性部件联结
  - 正铲
  - 反铲
- 铲挖物料的铲斗数目
  - 单斗
  - 多斗
- 斗杆和动臂间为挠性部件联结
  - 刨铲（很少使用）
  - 拉铲（索斗铲）
  - 抓铲

（2）按传动装置
- 机械传动式（机械铲）
- 液压传动式（液压铲）

（3）按动力装置
- 电动机驱动（电铲）
- 柴油机驱动（柴油铲）
- 蒸汽机驱动（蒸汽铲）（很少使用）

（4）按行走装置
- 履带式
- 轮胎式
- 迈步式
- 轨轮式（很少使用）

8.7.1.2 各类挖掘机的特点及应用范围

图 8-136 正在进行工作的机械式单斗挖掘机(电铲)

常见的单斗正铲机械式履带行走的电动挖掘机(简称电铲)(图 8-136)优点很多,适宜露天矿山的高强度作业,广泛用于金属矿、非金属矿及煤炭露天矿的各种土质和软硬矿岩的铲装作业;也可用于水利、建筑和修路等工程的铲装、排土和倒堆作业,常见斗容为 4~35m^3。此外,其工作装置稍加改装后即可作为吊车使用。由于电铲具有显著的优越性,设计制造水平发展很快,国产最大斗容规格已达 55m^3,跻身于世界先进行列。

矿用挖掘机的主要类型及其主要用途见表 8-141。

表 8-141 矿用挖掘机的主要类型

类型		简图	应用范围
机械传动正铲单斗挖掘机	采矿型(标准动臂)	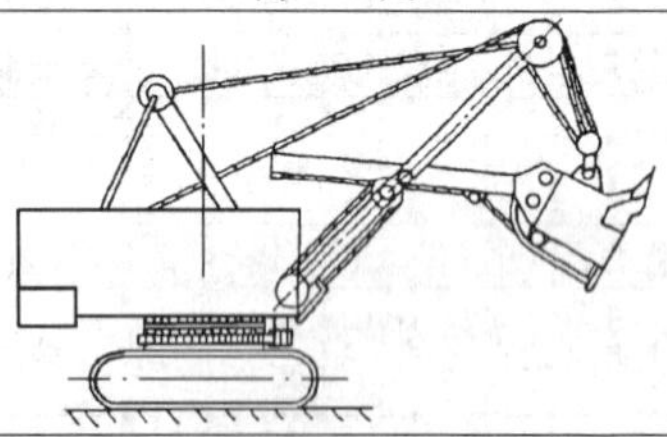	用于煤炭、金属和非金属露天矿铲装矿岩
	剥离型	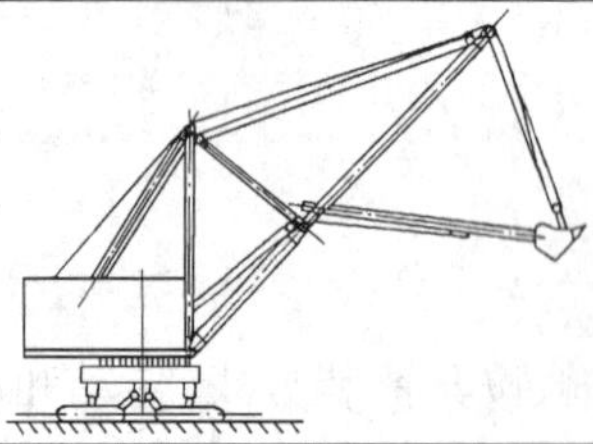	用于露天矿剥离表土(部分使用长臂铲)
矿用单斗液压挖掘机(多为正铲)		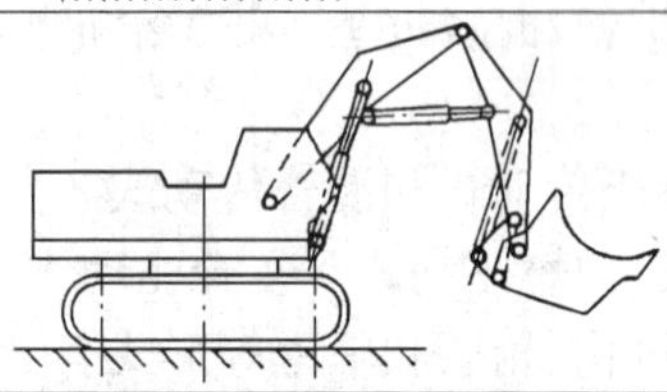	用于露天矿铲装矿岩(部分使用反铲)
矿用斗轮挖掘机		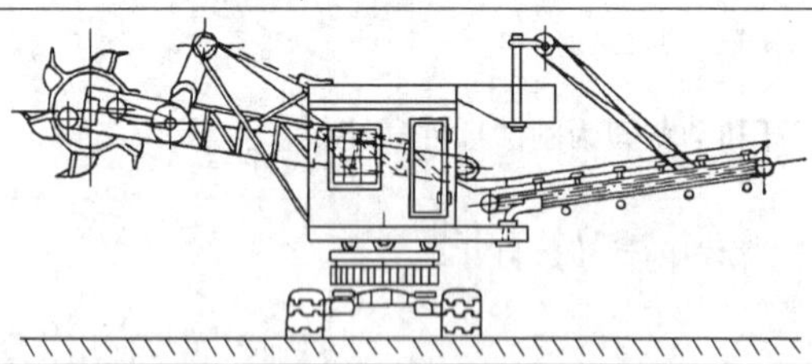	用于露天煤矿,与排土机、胶带运输机等连续运输设备配套进行表土剥离和开采
索斗挖掘机(拉萨)(多为步行式)		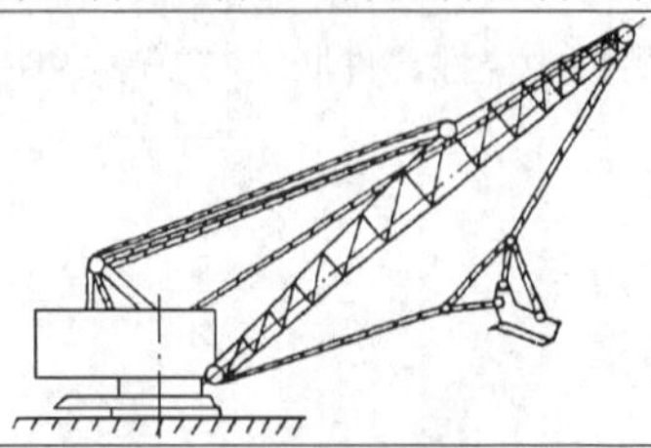	用于露天矿剥离表土、倒堆排土等,工作位置不经常移动
链斗挖掘机		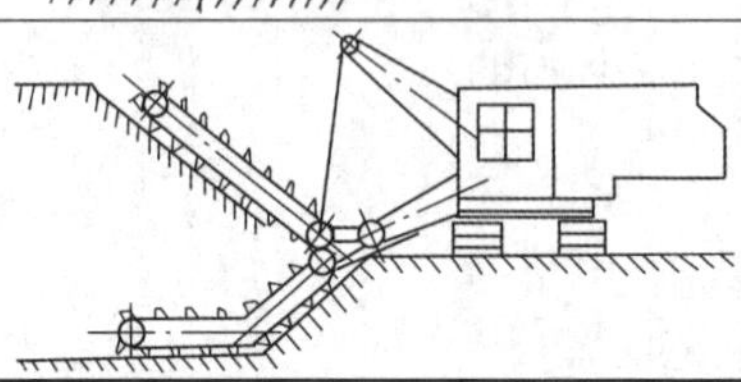	用于露天矿剥离表土、装载破碎后的散料

液压挖掘机(简称液压铲)(图 8-137)与同规格的电铲相比,重量轻 35% ~40%,动作灵活,行速较快;可以比较准确地控制铲斗的插入和撬动,在需要选别回采时具有下铲准确的优点。它比前端式装载机的生产能力高,并可用于前装机达不到的高阶段工作面。因此,近几十年来液压铲得到很大发展。但由于其液压系统比较复杂,矿山工作条件又比较恶劣,特别是液压系统元件寿命短,维修比较困难。因此,液压铲多数用于比较松软的煤矿、爆后采矿场和剥离表土作业;还可用于农田水利、工民建筑、港口及国防等工程。进入 21 世纪以来,液压铲已得到很大改进,各厂家已制成相当数量的液压铲,用于金属矿山生产,其中机重为 100 ~150t、斗容为 7 ~12m^3 的有 14 型;150 ~200t、10 ~17m^3 的有 8 型;280t、20m^3 左右的有 3 型;500t、30m^3 的有 2 型。虽然电铲仍将是大型露天矿山的主要装载设备,但液压铲由于其机重、购价和维修及运营费均可能减少 30% ~50%,占用资金少,技术更新快,预期将很快广泛应用于矿山。国内已在加速研制斗容为 18 ~25m^3 规格的大型矿用液压挖掘机。

图 8-137 正在进行铲装工作的液压挖掘机

斗轮挖掘机(图 8-138)是连续作业装载设备,近年来采用数量越来越多。它与单斗挖掘机相比,具有以下主要优点:

(1) 斗轮挖掘机连续进行挖掘和运输转载工作,生产效率较高。在同样功率的动力设备条件下,它的生产率比单斗挖掘机高 1.5 ~2.5 倍;

(2) 由于斗轮挖掘机以轮斗连续进行挖掘,机体所受载荷较小,工作条件得到改善。所以,在相同的生产率条件下,挖掘机的整体重量仅是单斗挖掘机的 50% ~60%。而且零件磨损减轻,延长了机器使用寿命;

(3) 斗轮挖掘机的动力消耗比单斗挖掘机少,如挖掘 1m^3 岩土消耗的功率,单斗挖掘机为 0.5 ~0.7kW,斗轮挖掘机为 0.3 ~0.5kW,可节约 25% ~30%。

但是,斗轮挖掘机的挖掘力较小,只适于挖掘土层和松软矿岩等物料。对于大块较多的矿岩料堆及工作条件比较复杂的作业现场,其适应性较差。此外斗轮挖掘机的选用还取决于矿床埋藏条件、地质条件以及气候条件等。目前,斗轮挖掘机主要用于露天煤矿、大型土方工程和某些矿山的剥离工作中。

索斗挖掘机(图 8-139)大多数为迈步式,常见斗容为 4 ~60m^3。由于索斗挖掘机的工作装置是以钢丝绳牵引铲斗反向铲装物料(也称拉铲),铲取力较小,因此主要用于煤矿和松软土层的挖掘。如疏通河道、修筑河堤、露天矿表层的剥离和倒堆作业等。此外,索斗挖掘机也可较容易地改装成起重吊车用来吊装重物及设备。

图 8-138 正在进行工作的斗轮挖掘机

图 8-139 正在进行工作的索斗铲(拉萨)

近 20 年来,我国露天矿使用最多的矿用挖掘机是 WK-4 型、WK-12 型、WD1200 型、WK-20 型和 P&H2300XP 型单斗机械式挖掘机(电铲)。太原重型机械集团和一重集团等制造厂,对机械式挖掘机进行了多项技术改进,使其主要性能达到了国外同类型产品的先进水平;近年的主要改进措施是:

(1) 由原来磁放大器励磁控制系统和可控硅励磁系统改为交流变频调速系统,使技术经济指标得到显著改善;

(2) 加强了斗杆和回转平台的强度和刚度;将提升机构的卷筒支架由原来的左右两个铸件合并成整体铸件;双脚支架由槽钢焊接结构改为无缝钢管焊接结构;

(3) 调整了机棚布置,增加了通风采暖设备,同时具有增压充氧功能;全机采用了集中润滑系统和维护、清扫及净化等辅助设施。

WK-12 型和 WD1200 型单斗挖掘机(电铲)是目前我国露天矿山使用较多的铲挖设备。其斗容有 $10m^3$、$12m^3$ 和 $15m^3$ 三种;当配置长臂工作装置时,其斗容为 $6\sim8m^3$。经露天矿长期生产考核,它与 80 ~ 120t 级矿用自卸汽车相匹配,生产率可达 3600t/h;平均日产量为 25kt,年产量可高达 8000kt;足以装备年产 10 ~ 15Mt 的露天矿山。近几年,机械式单斗正铲挖掘机还在向大型化发展,太重集团制造的 WK-35 型和 WK-55 型电铲,采用 PLC 现场总成分布式控制、AFE 整流回馈变频调速三级控制系统;可实现运行状态显示和故障自诊断;可自动进行物料称重和电能计量等数据化管理。它们与 250 ~ 320t 级矿用电动轮卡车配套,已能装备年产 20Mt 以上的露天矿山。

8.7.2 机械式单斗正铲挖掘机(电铲)

8.7.2.1 挖掘机的工作过程

国内外大多数露天矿山的采矿场,均选用机械式单斗正铲(电铲)作为剥离和出矿的主要铲装设备。与其配套的运输设备,可以是有轨车辆、无轨车辆或高强度长距离胶带输送机。正铲挖掘机主要由工作装置、回转装置和履带行走装置三部分组成。它的作业循环为:铲装、满斗提升和回转、卸载、空斗返回。正铲挖掘岩土的过程:当挖掘作业开始时,机器靠近工作面,铲斗的挖掘始点位于推压机构正下方的工作面底部,铲斗前面与工作面的交角为 45° ~ 50°。铲斗通过提升绳和推压机构的联合作用,使其作自下而上的轨迹为弧形曲线的强制运动,使斗刃在切入岩土的过程中,把一层岩土切削下来(图 8-140 和图 8-141)装满铲斗。

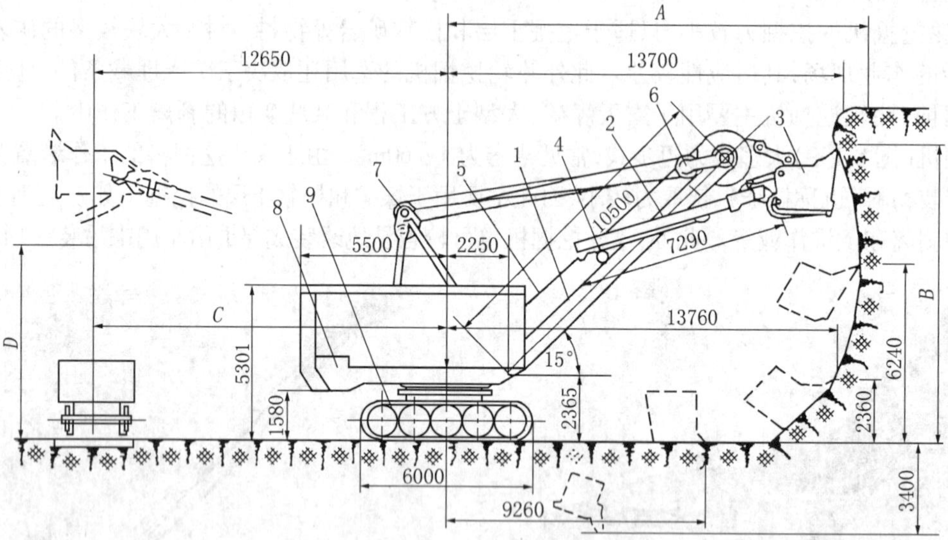

图 8-140 WK-4 型正铲挖掘机

1—大臂;2—斗杆;3—铲斗;4—齿条推压机构;5—提升钢丝绳;6—滑轮组;7—A 形架;8—回转平台;9—履带行走装置;
A—最大挖掘机半径 14400mm;B—最大挖掘高度 10100mm;C—最大卸载半径 12650mm;D—最大卸载高度 6300mm

正铲铲斗的运动轨迹是一条复杂的曲线,它决定于岩土的性质和状态、铲斗切削边的状态以及铲斗的提升和推压速度。在理想状态下,斗齿挖掘轨迹的开始段近乎水平面,而后,要求斗杆以较大的速度外伸和以较大的速度提升。随着铲斗的升举,推压速度下降,待斗齿处于与推压机构同一水平高度时,推压速度降为零。铲斗的提升钢丝绳拉力几乎保持一个定值。所以,斗齿运动中的后一大段轨迹是一条变曲率弧形曲线。

斗齿的切入深度由推压机构通过斗杆的伸缩和在竖直平面内的回转来调整。每完成一次挖掘作业,就挖取一层弧形断面岩土体。若岩土均匀时,各层弧形岩土体的曲线形状相似。其一次切削厚度为 0.1 ~ 0.8m。

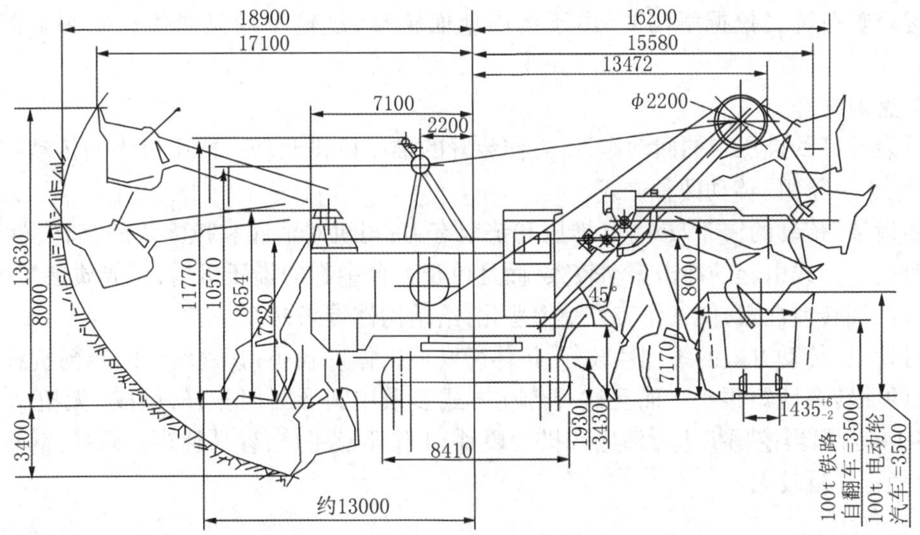

图 8-141 WK-12 型正铲挖掘机

在实际工作中，斗杆并不完全伸出，一般仅伸出全伸缩行程的2/3。这样，正铲每挖完一个工作面，机器前移的位移量等于斗杆伸缩全行程的0.5~0.75倍。

挖掘后的平台运转称为回转过程。回转角度决定于工作面的布置方式和运输车辆的待装位置，一般在180°以内。当回转角度大于180°时，往往沿同一个方向回转360°返回，这样可减少回转运动中的加速、减速时间，耗能较少。铲斗从挖掘终点位置转到卸载位置时，铲斗的提升运动和转台的回转运动是同时进行的，这就要求回转速度、推压速度和提升速度之间保持一定的合理关系；通常这种关系以机械回转45°时铲斗能从最低工作面（一般为推压轴高度的1/5）提升至平均卸载高度和半径作为计算的依据之一。

转台的回转时间占挖掘工作循环时间的一半以上。加大回转速度以减少回转时间，对提高生产率有很大的影响。然而，它又受到发动机功率及行走装置与地面间黏着力的限制。所以，其角加速度限制在0.06~0.7r/s^2，最大角速度限制在0.15~0.75r/s。

正铲的卸载与回转行程同时（或部分同时）进行。对车辆卸载时，卸载行程只限制在几十厘米以内，且卸载时的回转速度为正常回转速度。为保证对车辆卸载的准确性及防止碰坏车辆，运输车辆的容量应大于斗容量的3~4倍。铲斗的下降应在卸载完毕后迅速进行，其速度视实际工作尺寸而定，由制动器来控制降速。正铲挖掘机在工作过程中的位移次数和移动距离决定于斗杆伸缩行程和岩土状况。铲挖硬质岩土时，斗杆以较小外伸较为有利，否则挖掘力会变小而装不满铲斗，且机器移动频繁，反而增加非工作时间。一般机器位移一次需15~40s，为缩减这段时间，要求被铲挖成的地面尽可能平整。

正铲挖掘机的主要特点是：

（1）正铲挖掘时，大臂倾斜角度不变，斗杆和铲斗作转动和推压运动，形成复杂的运动轨迹，满足工作要求；

（2）由于大臂和斗杆的布置和联接的结构特点，使这种正铲挖掘机不适宜挖掘低于停机面以下的工作面，而适用于挖掘高出停机平面的工作面；

（3）因其有足够大的提升力和推压力，并且是推压提升联合运动，因此，它可用于各级岩土；特别适宜铲装爆后岩堆的散料。

8.7.2.2 机械式单斗挖掘机的型式选择

A 长臂铲的选择

在一般露天矿采场，当挖掘机与运输车辆在同一台阶的平面时，应选择工作装置为"标准臂"的挖掘机。当需要向停在上一台阶的运输车辆装载时，则应该选择长臂铲（图8-142）。对于某种选定的机型，由"标准臂"改装为长臂，其斗容应相应减小。

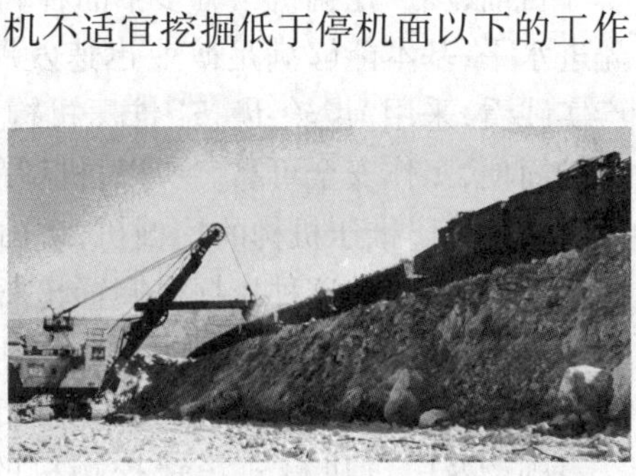

图 8-142 长臂铲正在向停在上个台阶地面的车辆装载

此外，当露天矿在坑底挖掘堑沟时，由于沟内地面狭窄，运输车辆只能停在堑沟上部，这时也应选择长臂铲。

B 工作装置的选择

挖掘机铲斗及斗杆的推压与抽回动作，由工作装置的推压机构驱动。推压机构的传动组合有"齿轮-齿条"传动和"钢丝绳-滑轮组"传动两种方式。

采用"齿轮-齿条"传动的铲斗及斗杆，推压和铲取有力；司机对清底和扒大块的"直觉性"较好；工作平稳可靠。但这种转动方式引起的冲击振动较大，而且位于大臂中部的推压机构，总成质量较大，挖掘机上部回转时形成很大的回转惯性矩，使工作装置受力恶化，给结构件带来损害。

"钢丝绳-滑轮组"传动方式的缓冲性较好，机体所受冲击振动较小；其钢丝绳的卷扬机置于挖掘机的回转平台上，形成的回转惯性矩很小。而且这种传动方式多采用圆形断面斗杆，组成"无扭结构"，受力良好（图8-143、图8-144）；但当挖掘机进行清底和扒大块时，工作不够平稳，容易翻斗。而且，钢丝绳的磨损比较严重，维修和更换工作量较大。

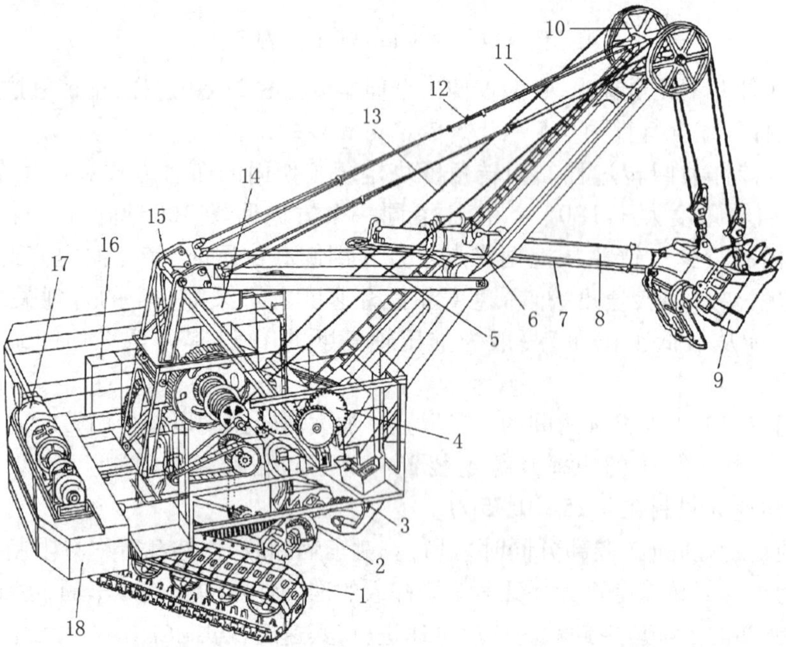

图8-143 采用"钢丝绳-滑轮组"推压方式的挖掘机结构

1—行走履带；2—驱动轴离合器；3—提升卷筒；4—推压机构；5—平衡滑轮；6—扶柄套；7—推压钢绳；8—斗杆；9—铲斗；10—提升滑轮；11—双梁动臂；12—动臂绷绳；13—提升钢绳；14—机棚；15—A形架；16—电气控制柜；17—变流机组；18—配重

C 挖掘机的总体结构和技术参数

目前，国产挖掘机已有多个品种和规格，其设计制造技术已达到世界先进水平，基本能够满足矿业迅速发展的需要。从我国露天矿多年的生产实践看，采用"齿轮-齿条"推压机构的挖掘机比较受欢迎，使用者操作维护简便，工作安全可靠。所以，机型品种较多，开拓创新较快。采用"钢丝绳-滑轮组"推压机构的挖掘机，矿山应用数量相对较少，甚至有的露天矿，将使用不久的这种挖掘机搁置起来。

图8-144 采用"钢丝绳-滑轮组"推压机构的挖掘机在工作

采用"齿轮-齿条"推压机构的挖掘机，其典型的总体布置如图8-145～图8-147所示。

国产及引进机械式正铲挖掘机的主要技术参数分别见表8-142～表8-144。

表8-142 常见国产机械式单斗挖掘机的主要技术参数

型号	WK-2	WD200A	FWK-4A	FWK-12	WK-4B	WK-10B	WD1200	WK-12	195B
铲斗容积/m³	2	2	4	12	4	10	12	12	12.9
理论生产率/(m³/h)	300	280	600	1550	570	1230	1290	1540	1400
最大挖掘半径/m	11.6	11.5	14.3	19.1	14.4	18.9	19.1	18.9	16.9
最大挖掘高度/m	9.5	9.0	10.1	13.9	10.1	13.6	13.5	13.6	12.7
最大挖掘深度/m	2.2	2.2	3.2	3.5	3.4	3.4	2.6	3.4	3.0
最大卸载半径/m	10.1	10.0	12.5	16.5	12.7	16.4	17.0	16.4	14.8
最大卸载高度/m	6.0	6.0	6.3	8.5	6.3	8.6	8.3	8.5	8.0
回转90°时工作循环时间/s	24	18	24	24	25	29	28	28	25
最大提升力/kN	265	300	450	1100	530	1029	1150	1029	1020
提升速度/(m/s)	0.62	0.54	0.87	1.1	0.88	1.0	1.08	1.0	1.1
最大推压力/kN	128	244	230	620	340	617	690	617	710
推压速度/(m/s)	0.51	0.42	0.45	0.65	0.53	0.65	0.69	0.65	0.70
大臂长度/m	9.0	8.6	10.5	13.5	10.5	13.0	15.3	13.0	12.7
接地比压/MPa	0.13	0.13	0.19	0.24	0.25	0.23	0.28	0.23	0.25
最大爬坡能力/(°)	15	17	12	13	12	13	20	13	16
行走速度/(m/s)	1.22	1.46	0.45	0.65	0.45	0.69	1.22	0.69	2.22
整机质量/t	84	79	212	480	190	440	465	485	334
主电动机功率/kW	150	155	250	2×750	250	750	760	2×800	448
主要制造厂家(公司)	杭州重型机械有限公司,抚顺挖掘机制造有限公司	杭州重型机械有限公司,江西采矿机械厂	抚顺矿机集团公司		太原重工有限公司,抚顺挖掘机制造有限公司	太原重工有限公司	抚顺挖掘机制造有限公司	太原重工有限公司	衡阳冶金机械厂,江西采矿机械厂
型号	P&H2300XP	P&H2800XP	WK-20	WK-27	WK-35	WK-55	WP-3(长)	WP-4(长)	WP-6(长)
铲斗容积/m³	16	23	20	27	35	55	3	4	6
理论生产率/(m³/h)	1800	3200	3000	3030	4080	6600	330	430	640
最大挖掘半径/m	20.7	23.7	21.2	23.4	24.0	23.85	17.9	24.9	24.3
最大挖掘高度/m	15.5	18.2	14.4	16.3	16.2	18.1	15.1	22.1	23.4
最大挖掘深度/m	3.5	4.0	5.5	4.6	4.5	1.93	3.35	2.9	3.6
最大卸载半径/m	18.0	20.6	18.7	21.0	20.9	20.4	16.42	23.35	21.2
最大卸载高度/m	10.3	11.3	9.1	9.9	9.4	10.06	11.4	18.3	17.7
回转90°时工作循环时间/s	28	28	30	32	30	30	33	33	33
最大提升力/kN	1580	2080	2028	2150	2150	2890	508	520	687
提升速度/(m/s)	1.0	0.95	0.96	1.23	1.6	1.58	0.88	1.39	1.12
最大推压力/kN	950	1300	1120	790	850	1127	220	240	392
推压速度/(m/s)	0.70	0.65	0.47	0.63	0.65	0.75	0.53	0.53	0.75
大臂长度/m	15.2	17.68	15.5	17.68	17.68	20.17	15.5	23.3	22.0
接地比压/MPa	0.29	0.29	0.25	0.30	0.30	0.36	0.24	0.23	0.25
最大爬坡能力/(°)	16	16	13	12	12	13	10	10	12
行走速度/(m/s)	1.45	1.43	1.08	1.73	1.08	1.6	0.45	0.82	0.69
整机质量/t	621	851	731	915	1035	1480	213	350	498
主电动机功率/kW	700	2×700	2×800	2×900	2×1000	2×1500	250	560	750
主要制造厂家(公司)	太原重工有限公司,第一重型机器厂		太原重工有限公司				太原重工有限公司,抚顺挖掘机制造有限公司		

表 8-143 常见国产机械式单斗正铲挖掘机的主要技术参数

型　号	WK-2（杭州）	WK-4B	WK-10B	WD1200（标准）	WK-12	195B	290B	295B	2300 XP	2800 XP	WK-20	WK-27	WK-35	WK-55
最大挖掘半径 A/mm	11500	14300	18900	19000	18900	17120	19940	20574	21080	23290	21200	23400	24000	23850
最大挖掘高度 C/mm	9500	10100	13630	13500	13630	13030	14460	14783	14330	16030	14400	16300	16200	18100
停机地面上最大挖掘半径 E/mm	8500	9260	13120	13000	13120	11810	13410	13487	15270	14990	15280	15100	15800	16900
最大卸载半径 F/mm	10000	12650	16350	17000	16350	14610	17220	17830	18690	20960	18700	21000	20900	20400
最大卸载高度 H/mm	57000	6300	8450	8300	8450	7670	8890	9296	8990	10160	9100	9900	9400	10060
挖掘深度 J/mm	1500	3200	3400	2600	3400	2740	1980	1905	3500	4000	5510	4550	4450	1930
大臂对停机平面的倾角 α/(°)	53	45	45	45	45	45	45	43	45	45	45	45	45	45
顶部滑轮上缘至停机平面的高度 K/mm		10750	13800	15000	13800	13030	16870	15834	15900	16840	16080	18240	18540	21720
顶部滑轮外缘至回转中心的距离 L/mm		10630	13500	14450	13500	13100	15850	15470	15270	15930	15450	17350	17300	19240
大臂支脚中心至回转中心的距离 M/mm	1800	2250	3080	2905	3080	3100	2870	2565	3350	3510	3360	3500	3510	3810
大臂支脚中心高度 N/mm	1600	2365	3430	3360	3430	3500	3580	3708	3990	4440	4000	4500	4750	6290
机棚尾部回转半径 O/mm	4560	5560	7350	6600	7350	7400	7010	7390	7920	8430	7950	8400	9950	9880
机棚宽度 P/mm	4000	5028	6600	6480	6600	7420	9060	10566	8530	8530	8550	8550	9400	10620
双脚支架顶部至停机平面高度 Q/mm	6170	7709	10570	11150	10570	10600	10400	11684	11250	12010	11260	12100	12450	14300
机棚顶至地面高度 S/mm		5248	7220	6330	7220	7300	8440	9347	7340	7840	7500	7950	8350	8820
司机水平视线至地面高度 T/mm		4200	7100	5860	7100	6320	7140	7722	7850	7800	7800	8420	9550	10100
配重箱底面至地面高度 U/mm	1400	1690	2160	2000	2160	2200	2590	2616	2240	2460	2230	2450	2700	24200
履带部分长度 V/mm	5100	6000	8400	8025	8400	8500	8800	1010	8710	10160	8720	10200	10800	11700
履带部分宽度 W/mm	4000	5200	7100	6740	7100	7200	8600	9150	7920	9040	8150	9040	9050	10490
底架下部至地面最小高度 Y/mm	370	350	510	450	510	550	580	603	640	710	620	700	1000	660

表 8-144 常见进口机械式单斗挖掘机的主要技术参数

国别	生产厂家	型　号	铲斗容积 /m³	动臂长度 /m	最大挖掘高度 /m	最大挖掘半径 /m	最大卸载高度 /m	最大卸载半径 /m	最大提升力 /kN	提升速度 /(m/s)	行走速度 /(km/h)	爬坡能力 /(°)	主电动机功率 /kW	整机质量 /t
美国	比赛路斯-伊利公司	195B	6～12.9	12.7	12.7	17	8	14.8	1020	67.1	2.22	16	448	334
		280B	6.1～16.8	15.3	13.34	19	8.3	16.5	1130	68.6	1.72	14	522	440
		295B	10～19.1	15.3	15.1	19.4	9.6	16.8	1440	53.6	1.45	19	597	545
		395B	26	17.1	17.7	23.3	11.6	19.9	2400	54	2.0	19	1500	839
	马里昂铲机公司	191M	9.2～15.3	12.2	16.7	21.6	10.8	18.4	934	68	1.76	16	597	438
		192M	11.5～19.4	15.5	16	21.5	10	18.7	1050	55	1.3	19	597	526
		201M	13.8	15.7	8.7	20.6	10.2	17.5	1400	55	1.28	19	746	578
		251M	15.3～26.8	15.85	21	24.3	11	21.7	1800	53	1.3	17	1250	670
		291M	19.0	16.5	21.03	23.98	14.78	23.2	1361	53	1.2	17	1500	947
	哈尼斯弗格公司	P&H1900	7.7	12.1	13.3	17.6	8.5	15.4	942	43.4	1.38	16.7	300～450	270
		P&H2100	11.5	13.4	13.3	18.3	8.5	16	1137	44.4	1.61	16.7	450～600	476
		P&H2300	12.2～15.2	15.2	15.5	20.7	10.3	18	1583	58.2	1.45	16.7	550～700	621
		P&H2800	19	15.5	16	23.6	10.2	21	2073	56.6	1.44	16.7	650～800	851
俄罗斯	乌拉尔重型机械厂	ЭКГ-6.3	6.3	16	17.8	19.8	11.4	17.9	500	65	0.65	12	320	357
		ЭКГ-8	6～8	12	9.5	17.4	8.4	15.5	700	60	0.8	12	520	370
		ЭКГ-12.5	12～16	18	16.9	22.5	11.7	19.9	1300	66	0.5	12	1250	660
		ЭКГ-20	20～25	17	18.0	24.0	12.0	21.0	1800	65	0.9	12	2500	1059

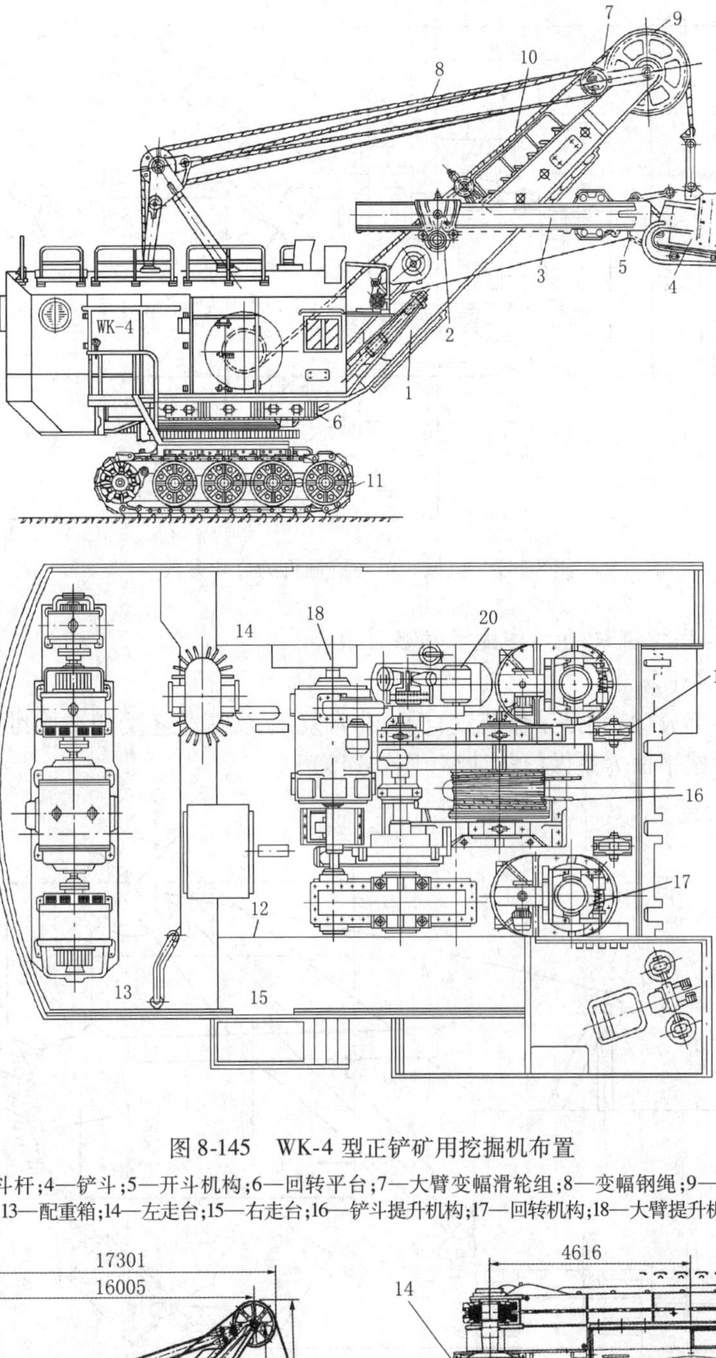

图 8-145 WK-4 型正铲矿用挖掘机布置

1—大臂;2—推压机构;3—斗杆;4—铲斗;5—开斗机构;6—回转平台;7—大臂变幅滑轮组;8—变幅钢绳;9—顶部提升滑轮;10—提升钢绳;11—履带行走装置;12—转台;13—配重箱;14—左走台;15—右走台;16—铲斗提升机构;17—回转机构;18—大臂提升机构;19—A 形架;20—空气压缩机

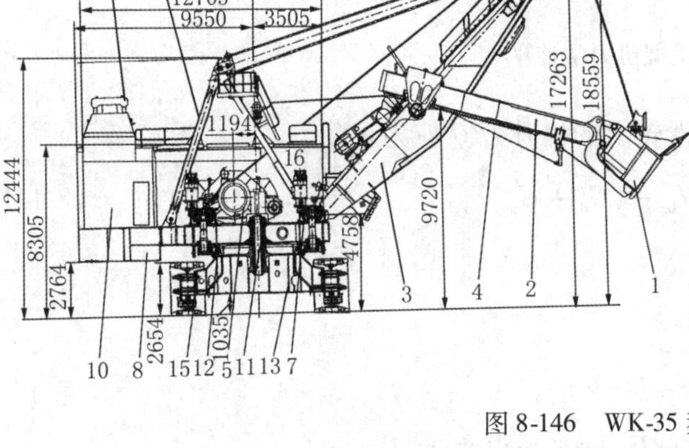

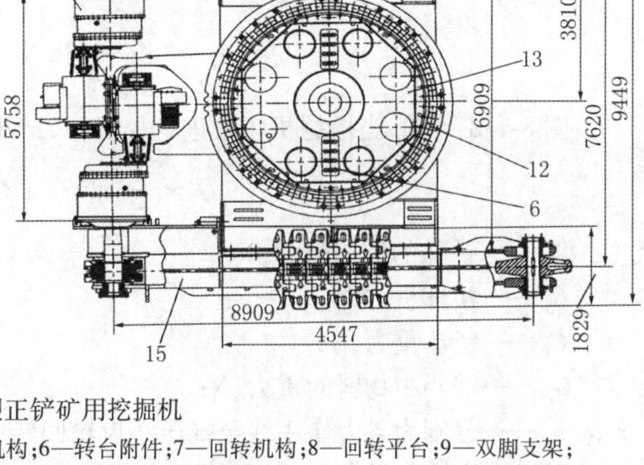

图 8-146 WK-35 型正铲矿用挖掘机

1—铲斗;2—斗杆;3—大臂与推压机构;4—开斗机构;5—提升机构;6—转台附件;7—回转机构;8—回转平台;9—双脚支架;10—机棚;11—中央枢轴装置;12—回转辊子;13—底架梁装置;14—行走装置;15—履带装置;16—司机室;17—通风除尘装置

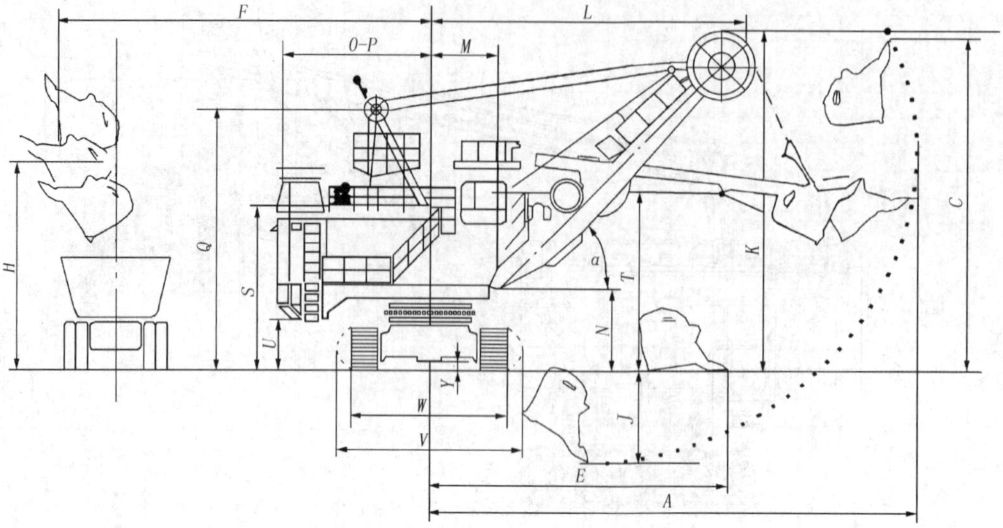

图 8-147 机械式单斗挖掘机的尺寸参数

8.7.2.3 机械式单斗挖掘机的主要技术参数计算

A 挖掘机的动力学计算

挖掘机在工作时，各部分(特别是工作装置)受力非常复杂，实际上各力组成多维力系，求解很繁琐。为了满足一般工程需要，常按平面力系做简化计算(图 8-148)。

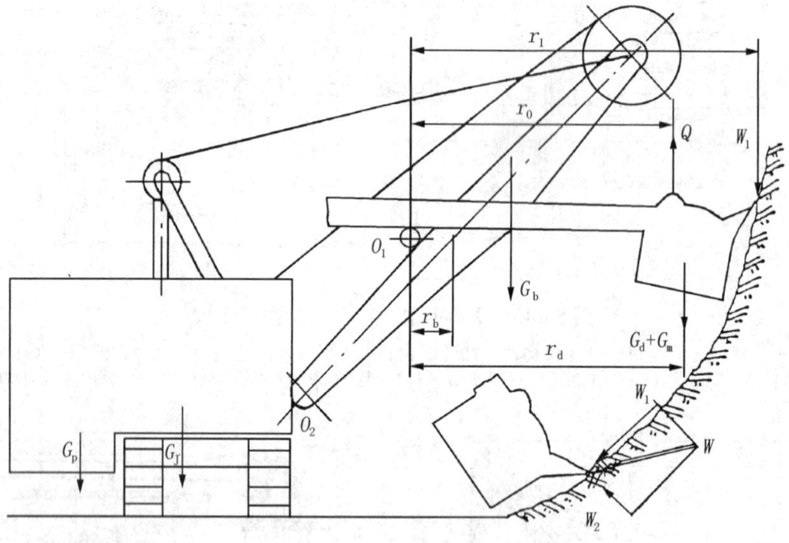

图 8-148 单斗挖掘机力学计算

由图 8-148 可知，当挖掘机正常进行挖掘时，铲斗滑轮上的提升力 Q 应为：

$$Q = \frac{1}{r_0}[W_1 r_1 + G_b r_b + (G_d + G_m) r_d] \tag{8-141}$$

式中 W_1——铲斗的铲取阻力，N；

G_b——斗杆重力，N；

G_d——铲斗重力，N；

G_m——铲斗中物料的重力，N；

r_0, r_1, r_b, r_d——分别为各力作用线至推压小齿轮回转中心 O_1 的水平距离，m。

挖掘机铲斗铲取阻力 W_1 的计算：

$$W_1 = \sigma_w b C_{max} \tag{8-142}$$

式中 σ_w——被挖掘物料的挖掘比阻力，kPa，其值见表8-145；

b——铲斗的铲取宽度，m；

C_{max}——最大铲取厚度，m。

表8-145 铲斗挖掘比阻力 σ_w 值 (kPa)

被挖掘物料特征	砂土、黏土、细小砾石	重质黏土、胶结的砾石	重质砾石、爆破不好的泥灰岩、页岩	爆破不好的（铜、铁等）矿（岩）石
单斗挖掘机	5~13	20~30	28~32	38~43
斗轮挖掘机	5~15	20~35	35~40	40~45

对于一般爆破后的矿岩，挖掘机铲斗的推压力 W_2 为：

$$W_2 = (0.35 \sim 0.6) W_1 \tag{8-143}$$

所以，挖掘总阻力 W 应为：

$$W = \sqrt{W_1^2 + W_2^2} \tag{8-144}$$

挖掘机提升机构功率 N_{ti} 应为：

$$N_{ti} = \frac{Q v_{ti}}{1020 \eta_{ti}} \tag{8-145}$$

式中 η_{ti}——提升机构的传动效率，一般取 $\eta_{ti}=0.8 \sim 0.9$；

v_{ti}——铲斗提升速度，m/s，一般取值见表8-146。

表8-146 铲斗容量与提升速度对照

铲斗容量/m^3	对应提升速度/(m/s)	铲斗容量/m^3	对应提升速度/(m/s)
1~2	0.6	10~15	1.3
3~4	0.7	>15	1.5
5~8	1.0		

挖掘机推压机构功率 N_{tu} 应为：

$$N_{tu} = \frac{T_1 v_{tu}}{1020 \eta_{tu}} \tag{8-146}$$

式中 T_1——主推压力，N，该力必须能克服推压阻力 W_2 和提升力 Q 在斗杆轴线方向的分力；

v_{tu}——推压速度，m/s，一般取 $v_{tu}=(0.45 \sim 0.72) v_{ti}$；

η_{tu}——推压机构的传动效率，一般 $\eta_{tu}=0.85 \sim 0.95$。

当已知提升功率 N_{ti} 和推压功率 N_{tu} 时，可按式（8-147）求出最大提升力 Q_{max}：

$$Q_{max} = \frac{Q(N_{ti} + N_{tu})}{N_{ti}} \tag{8-147}$$

当采用直流电动机拖动时，最大提升力 Q_{max} 可估算为：

$$Q_{max} = \frac{Q}{0.8} - \frac{Q}{0.7} \tag{8-148}$$

铲斗提升钢丝绳中的最大作用力 P_{max}：

$$P_{max} = \frac{Q_{max}}{a \eta_z} \tag{8-149}$$

式中 a——提升铲斗滑轮组的倍率；

η_z——滑轮组的效率，一般取0.9~0.95。

可根据 P_{max} 值选择钢丝绳。在中小型挖掘机上，钢丝绳的安全系数取 $K_{ax} \geqslant 4.2 \sim 4.5$；提升卷筒直径与钢丝绳直径之比为 $D_1/d_s = 25 \sim 27$。在大型挖掘机上，钢丝绳的安全系数取 $K_{ax} \geqslant 4.75 \sim 5$；提升卷筒直径与钢丝绳直径之比为 $D_1/d_s = 26 \sim 32$。

B 挖掘机生产能力计算

挖掘机台班生产能力 Q_c 用式(8-150)计算：

$$Q_c = \frac{3600qK_H T\eta}{tK_P} \tag{8-150}$$

式中 q——挖掘机的斗容，m^3；

t——挖掘机铲斗循环时间，s(表 8-147)；

K_H——挖掘机铲斗装满系数(表 8-148)；

K_P——矿岩在铲斗中的松散系数(表 8-148)；

T——挖掘机班工作时间，h；

η——班工作时间利用系数(表 8-149)。

表 8-147 挖掘机工作循环时间 t 推荐值 (s)

挖掘机斗容	挖掘机工作条件			
	易于挖掘	比较易于挖掘	难于挖掘	非常难于挖掘
$1.0m^3$	16	18	22	26
$2.0m^3$	18	20	24	27
$3.0 \sim 4.0m^3$	21	24	27	33
$6.0 \sim 8.0m^3$	24	26	30	35
$10.0 \sim 12.0m^3$	26	28	32	37
$15.0m^3$	28	30	34	39
$17.0m^3$	29	31	35	40

表 8-148 铲斗装满系数 K_H 和物料松散系数 K_P 值

被挖掘物料性质	相当硬度系数 f	装满系数 K_H	松散系数 K_P
易于挖掘：如砂土和小块砾石等	0 ~ 0.5	0.95 ~ 1.05	1.2 ~ 1.3
比较易于挖掘：如煤、砂质黏土及土夹小砾石等	6.0 ~ 10	0.90 ~ 0.95	1.30 ~ 1.35
难于挖掘：如坚硬的砂质岩、较轻矿岩和页岩等	10 ~ 12	0.80 ~ 0.90	1.4 ~ 1.5
非常难于挖掘：如一般铜矿、铁矿岩爆堆等	12 ~ 18	0.70 ~ 0.80	1.5 ~ 1.8

表 8-149 时间利用系数 η

效率高低	很 好	良 好	一 般	较不利	十分不利
每小时纯工作时间/min	55	50	45	40	35
时间利用系数 η/%	92	83	75	67	58

挖掘机台班生产能力受多种技术和组织因素影响，如矿岩性质、爆破质量、运输设备规格、其他辅助作业配合条件和操作技术水平等，其计算值也有几种表达指标。

C 矿山实际生产能力指标

挖掘机的生产能力与很多因素有关，其数值在生产过程中的变化幅度也很大。用以上计算式算出的数据，通常只是近似值。在实际生产中，当选用挖掘机时还常常依据大量的矿山生产统计数据。我国金属露天矿山推荐的挖掘机选型生产能力参考指标见表 8-150。

当挖掘机在特殊情况下作业时，它的生产效率比表 8-150 的推荐值还要低一些。在下列情况下可作特殊处理：

(1) 挖掘机在挖沟或采用选别开采作业时，一般取正面装车，工作条件劣于侧面装车，致使工作效率降低。

(2) 在矿山基建初期，由于技术熟练程度和管理水平比正常生产时期差一些，因此设备效率也得不到充分发挥。挖掘机在某些特殊条件下作业时，生产效率降低值分别见表 8-151 和表 8-152。

国外挖掘机的实际生产效率统计值列于表 8-153。

表 8-150 每台挖掘机生产能力推荐参考指标

铲斗容积/m^3	计量单位	矿岩坚固性系数 f		
		<6	8~12	12~20
1.0	m^3/班	160~180	130~160	100~130
	m^3/a	140000~170000	110000~150000	80000~120000
	kt/a	450~510	360~450	240~360
2.0	m^3/班	300~330	210~300	200~250
	m^3/a	260000~320000	230000~280000	190000~240000
	kt/a	840~960	600~840	570~720
3.0~4.0	m^3/班	600~800	530~680	470~580
	m^3/a	600000~760000	500000~650000	450000~550000
	kt/a	1800~2180	1500~1950	1250~1650
6.0	m^3/班	970~1015	840~880	680~790
	m^3/a	930000~1000000	800000~850000	650000~750000
	kt/a	2790~3000	2400~2550	1950~2250
8.0	m^3/班	1489~1667	1333~1489	1222~1333
	m^3/a	1340000~1500000	1200000~1340000	1100000~1200000
	kt/a	4000~4500	3600~4000	3300~3600
10.0	m^3/班	1856~2033	1700~1856	1556~1700
	m^3/a	1670000~1830000	1530000~1670000	1400000~1530000
	kt/a	5000~5500	4600~5000	4200~4600
12.0~15.0	m^3/班	2589~2967	2222~2589	2222~2411
	m^3/a	2330000~2670000	2000000~2330000	2000000~2170000
	kt/a	7000~8000	6000~7000	6000~6500

注:1. 表中数据按每年工作 300 天、每天 3 班、每班 8h 作业计算;
2. 均匀侧面装车,矿岩容重按 3t/m^3 计算;
3. 汽车运输或山坡露天矿采剥取表中上限值,铁路运输或深凹露天矿取表中下限值。

表 8-151 挖掘机挖沟作业(正面装车)生产指标参考值

铲斗容积/m^3	年台班数	电动机车运输/(m^3/a)	自卸卡车运输/(m^3/a)
1.0	700	105000	143500
2.0	700	294000	416000
4.0	700	366000	475000
8.0	700	500000	650000
10.0	700	800000	950000

表 8-152 挖掘机在特殊条件下作业效率降低参考值

挖掘机工作条件	运输方式	作业效率降低值/%
出入沟	机车运输	30
出入沟	汽车运输	10~15
开段沟	机车运输	20~30
开段沟	汽车运输	10~20
选别开采	机车运输	10~30
选别开采	汽车运输	5~10
基建剥离	机车运输	30
基建剥离	汽车运输	20
移动干线	机车运输	10
三角工作面装车	机车运输	10

表 8-153 国外挖掘机采剥作业的台年生产效率

挖掘机型号	挖掘机斗容/m^3	汽车实际载重量/t	最高台年生产率/(kt/a)
120B	3.6	85	2000
150B	4.6	85	3000
190B	6.1	100	4700
ЭКГ-4	4.6	75	4000
ЭКГ-8	8.0	75	10000

续表 8-153

挖掘机型号	挖掘机斗容/m^3	汽车实际载重量/t	最高台年生产率/(kt/a)
280B	9.2	160	10320
P&H2100BL	11.5	116	16790
P&H2100BL	11.5	162	16790
P&H2300	16.8	120	20110
P&H2300	16.8	150	20110

注:矿岩硬度系数$f=8\sim14$,距离为0.5~1.0km。

基本建设时期挖掘机逐年生产能力一般为:第一年为设计能力的70%,第二年为设计能力的85%,第三年可达到100%。

D 矿山生产所需挖掘机台数

矿山所需挖掘机台数N可按式(8-151)计算:

$$N=\frac{A}{Q_a} \tag{8-151}$$

式中 A——年采剥量,m^3/a;

Q_a——挖掘机台年效率,m^3/a。

Q_a值可通过计算或参考挖掘机实际台年生产能力选取,并需考虑效率降低因素。

露天矿生产配备的挖掘机台数一般不考虑备用数量。但不应少于2台。如果采矿和剥离作业的工作制度不同、设备型号以及生产效率相差较大时,可以分别计算采矿和剥离作业所需的挖掘机台数。此外,若矿山还有其他工程,如修路、整理道坡和边坡及倒堆等,还可考虑备有前装机、铲运机和推土机等辅助设备。

8.7.3 液压式单斗挖掘机(液压铲)

8.7.3.1 液压挖掘机的特点

单斗液压挖掘机是在机械传动式正铲挖掘机的基础上发展起来的高效率装载设备。它们都由工作装置、回转装置和运行(行走)装置三大部分组成,而且工作过程与机械式挖掘机也基本相同。两者的主要区别在于动力装置和工作装置传动不同。液压挖掘机是在动力装置与工作装置之间采用了容积式液压传动系统(即采用各种液压元件),直接控制各系统机构的运动状态,从而进行挖掘工作的。液压挖掘机分为全液压传动和非全液压传动两种。若其中有一个机构的动作采用机械传动,即称为非全液压传动。一般情况下,对于液压挖掘机,其工作装置及回转装置必须是液压传动,只有行走机构可为液压传动,也可为机械传动。

液压挖掘机的工作装置结构,有铰接式和伸缩臂式不同形式的大臂结构。回转装置也有全回转和非全回转之分。根据结构的不同,行走装置又可分为履带式、轮胎式、汽车式和悬挂式、自行式和拖式等。

露天矿生产,常采用$2m^3$以上的较大斗容的铰接大臂正铲液压挖掘机;它的主要结构组成如图8-149所示。只有小型矿山使用斗容为$1\sim1.6m^3$的反铲液压挖掘机(图8-150)。

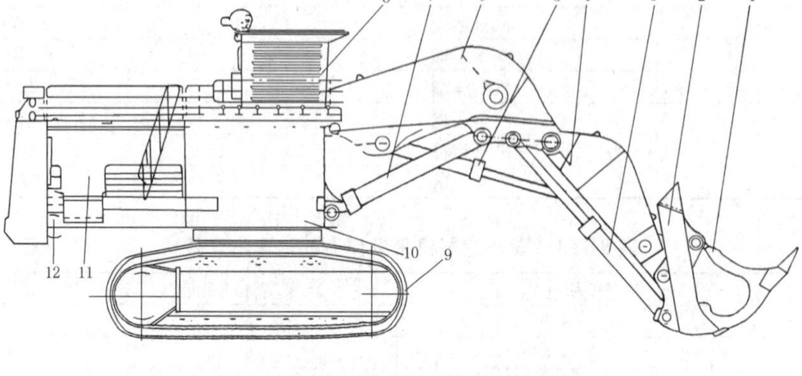

图8-149 单斗正铲液压挖掘机结构

1—铲斗;2—铲斗托架;3—转斗油缸;4—斗臂;5—斗臂油缸;6—大臂;7—大臂油缸;8—司机室;9—履带;10—回转台;11—机棚;12—配重

液压挖掘机具有以下优点：

(1) 重量轻。当执行系统传动相同功率时，液压传动装置比机械传动装置的尺寸小、结构紧凑、重量轻，其重量可减轻30%～40%；

(2) 能实现无级调速，调速范围大。它的最高与最低速度比可达1000∶1。采用柱塞式油马达，可获得稳定转速1r/min。在快速运行时，液压元件产生的运动惯性小，可实现高速反转；也容易实现变速传动；

(3) 传动平稳，工作可靠。液压系统中可设置各种安全阀、溢流阀，即使偶然出现过载或误操作的情况，也不会发生人身事故或损坏机器；

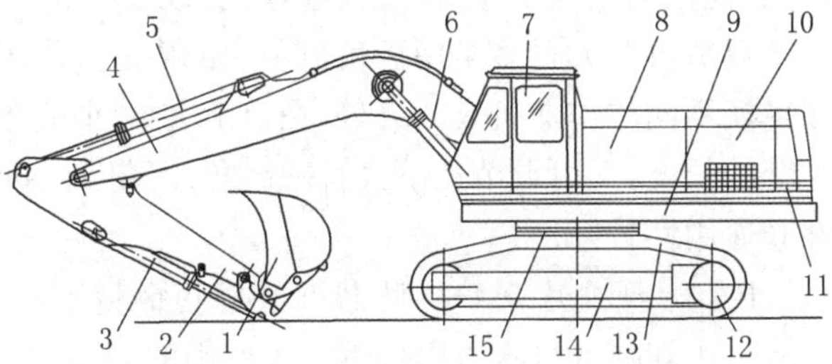

图8-150 单斗反铲液压挖掘机结构

1—铲斗；2—斗臂；3—转斗油缸；4—大臂；5—斗臂油缸；6—大臂油缸；7—司机室；8—机棚；9—回转平台；10—发动机；11—配重；12—履带轮；13—履带；14—履带架；15—回转盘

(4) 操作简单、灵活、省力，改善了司机的工作条件。而且，液压系统容易实现自动化操纵，可与电动、气动联合组成自动控制和遥控系统；

(5) 工作装置的形式可以变化。易于配置各种新型的工作装置，如组合型大臂、伸缩式大臂、底卸式装载铲斗等；另外，便于替换和调节工作装置，一般小型液压挖掘机可配有30～40种替换工作装置；

(6)维护检修简便。由于液压挖掘机不需要庞大而复杂的中间机械传动系统，简化了结构，易损件减少50%左右，故维护、检修工作大为简化；

(7) 液压元件易于实现标准化、系列化和通用化，便于组织专业化生产和大批量生产，可提高质量和降低成本。

液压挖掘机的主要缺点是：

(1) 液压元件的制造精度要求较高，装配和维修要求严格。液压系统出现故障，要确定事故发生的原因、排除故障或进行调整，技术要求较高；

(2) 工作油液的黏度受温度的影响较大。因而在高温和低温下工作均影响传动效率。另外，油液的泄漏，也会影响动作的平稳、传动精度和传动效率。

由于液压挖掘机可以配备各种不同的工作装置，所以应用范围较广，它进行各种形式的土方和石方铲挖工作。在露天采矿中，单斗液压挖掘机可用作表土的剥离、矿物的采掘和装载工作。此外，它广泛应用于建筑、铁路、公路、水利和军事等工程。由于它具有铲取挖掘力大、作业机动灵活、安全可靠和生产效率高等突出的优点，近年来已成为露天开采及其他土方和石方工程中主要的挖掘和装载设备之一。

总之，液压铲是一种性能和结构比较先进的新型机械，它的使用范围越来越广泛。随着我国液压技术的发展和液压元件制造质量的提高，大、中型液压铲也必将得到迅速发展。

8.7.3.2 液压挖掘机的选择

A 液压挖掘机的适应性

正铲液压挖掘机用于挖掘停机面以上的岩土，故以最大挖掘半径和最大挖掘高度为主要尺寸。它的工作面较大，挖掘工作要求铲斗有一定的转角。另外，在工作时受整机的稳定性影响较大，所以正铲挖掘机常用斗臂油缸进行挖掘。正铲铲斗采用斗底开启卸料方式，用油缸实现其开闭动作，这样可以增加卸载高度和节省卸载时间。正铲中，大臂参加运动，斗臂无推压运动，铲取物料堆厚度主要用转斗油缸来控制和调节。

反铲液压挖掘机的工作特点是：可用于挖掘停机面上或停机面以下的物料，或挖壕沟、基坑等。由于各油缸可以分别操纵和联合操纵，故挖掘动作显得更加灵活。铲斗挖掘轨迹的形成取决于对各油缸的操纵。当采用大臂油缸工作进行挖掘作业时(斗臂和铲斗油缸不工作)，就可以得到最大的挖掘半径和最大的挖掘行程，这就有利于在较大的工作面上工作。挖掘的高度和挖掘的深度决定于大臂的最大上倾角和下倾角，亦即决定于大臂油缸的行程。

用于矿山生产的液压挖掘机，其大臂的结构型式，主要有整体单节大臂和双节可调大臂两种；前者主要用于中型和大露天矿山，后者多用于小型矿山和建筑工程。

整体单节大臂的特点是：结构简单，制造容易，质量轻，有较大的大臂转角。铲取作业时，不会摆动，操作准确,挖掘的壁面干净,挖掘特性好,装载效率高。

双节可调大臂多半用于负荷不大的中、小型液压挖掘机上。按工况变化常需要改变上、下大臂间的夹角和更换不同的作业机具。另外,在上下大臂间可变的双铰接连接,可改变大臂的长度及弯度;这样,既可调节大臂的长度,又可调节上下大臂的夹角,可得到不同的工作参数,适应不同的工况要求,增大作业范围;互换性和通用性较好。

B 大型液压反铲在陡帮开采矿山的使用效果

由于陡帮开采法可以推迟露天矿山的剥离量,缩小生产剥采比,降低采矿成本,提高经济效益,近年来推广很快。而大型液压反铲在这种采矿方法中凸显出独特的优越性。采用液压反铲不但工作平台宽度要求小,陡帮更陡,而且移动灵活,有利于采场生产组织,以达到某一阶段效益的最大化。据现场统计,在陡帮开采中采用小松 PC-400 型液压反铲比普通电铲的工作帮坡角提高 3°~5°,设备调动时间反铲仅为电铲的 5%~6%。有利于采场运输坑线的筑路。大多数露天矿都采用汽车运输移动坑线开拓方式,其坑线位置和工作线推进方向比较灵活,但最大缺点是筑路生产效率低,而且坑线变化大。而采用液压反铲筑路,可以快速在爆堆上修筑坑线路面。对于台阶高度 12m,路面宽度 20m,坡度 8% 的出入沟修筑工程,PC-400 型反铲比 WK-4 电铲可提前 4~5 天完成,生产效率明显提高。另外液压铲还可用于山坡露天矿的路面施工,不仅爬坡能力强,而且机动性也好。实践证明,大型液压反铲用于陡帮开采还有以下几方面的优点:

(1) 有利于采场下台阶的疏干。采用露天坑下固定泵站开采的采场,在涌水量大的情况下,采场最下台阶是最困难的采剥地点,工作面出水快,处于水中作业的采剥设备及运输设备容易损坏,生产效率较低,而且安全管理工作难点多,采用反铲可以彻底改变这一不利局面。液压反铲在最下台阶作业时,可优先在采剥推进方向的起点开挖水坑,使用潜水泵由水坑向水仓排水。液压铲位于工作台阶之上采用下挖后退式开采,既保证有良好的采剥工作条件,可完成电铲难以完成的工作,又有利于采场的延伸与稳定生产能力,总体生产效率可以提高 35%~45%。

(2) 有利于降低矿石的损失与贫化。目前,露天矿正向着高台阶、大型设备的方向发展,生产效率显著提高,因为反铲具有灵活性、挖掘易操作性及对矿岩夹层工作面的分辨性等特点,对地质条件复杂的各种矿体可采用分采分堆的方式处理。对矿体上部覆盖的大量废石,可逐一进行清理,对倾斜矿体顶板覆盖的废石可逐一剥离,从而降低矿山贫化与损失,减少资源浪费,提高矿石质量,降低矿石生产成本。经过生产统计,矿山采用 PC-400 型反铲铲装作业,贫化率可由 6.5% 降到 4.2%,损失率由 5.9% 降到 4.5%。

(3) 有利于工作面的平整工作。目前,大多数露天采场均配备推土机整理工作面,保持采场台阶平整和运输道路畅通,穿孔、采装运设备能正常运作。液压反铲可以替代推土机,利用其自身的性能对工作面加以平整,灵活快捷,可减少推土设备,降低作业成本。特别在第四系表土较厚的矿山,工作面条件差,大型电铲设备易发生陷铲事故,采用液压反铲可通过在作业面前下方挖出松软层回填岩石,以改善工作面状况,提高开采工作面推进速度,降低各种材料消耗。

(4) 有利于安全生产。液压反铲与电铲相比,在安全管理上,前者优势明显。由于电铲拖带电缆,日晒雨淋,地面拖动,爆破飞石击撞,容易使电缆受损降低绝缘等级,造成高压触电事故。另外,在采掘工作面,电铲机体笨重,移动缓慢,对塌方、滚石反应迟钝,易造成设备被砸事故。而液压反铲比较轻便,动作迅速,对突发事故反应较快,利于安全管理和处理事故。

C 液压挖掘机的挖掘轨迹包络图(挖掘域)

液压挖掘机的工作尺寸,可根据它的结构形式及其结构尺寸,利用作图法求出挖掘轨迹的包络图(挖掘域),从而控制和确定挖掘机在任一正常位置的工作范围。为防止因塌坡而使机器倾翻,在包络图上还须注明停机点与坑壁的最小允许距离。另外,考虑到机器的稳定与工作的平衡,挖掘机不可能在任何位置都发挥最大的挖掘力。在一般情况下,挖掘包络图(挖掘域)的面积越大,挖掘机工作装置的结构越趋于合理;而且希望停机面以上的挖掘域最大化。这是鉴别液压挖掘机工作性能优劣的主要指标之一。

图 8-151~图 8-155 所示为几种液压挖掘机的典型包络图(挖掘域)。常见几种液压挖掘机包络图的比较如图 8-156 所示。

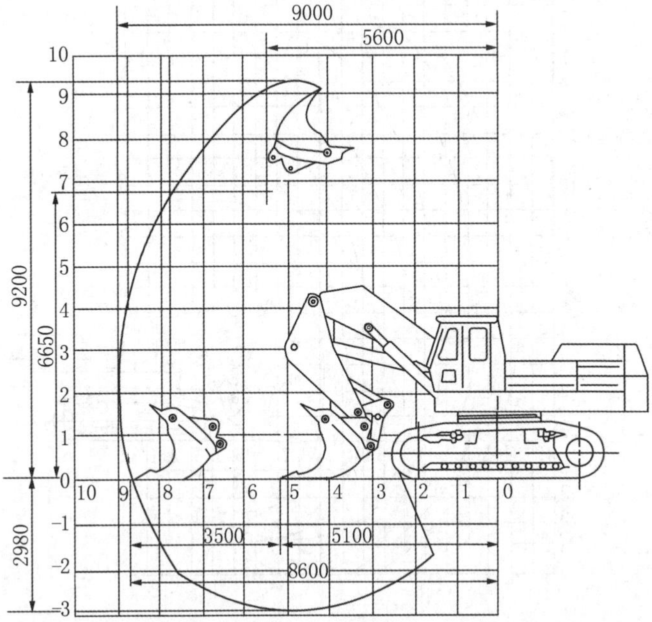

图 8-151 WY-250 型液压挖掘机的挖掘域

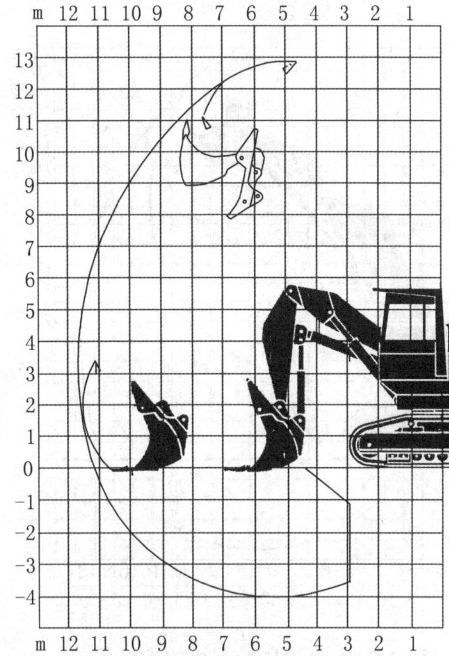

图 8-152 H121 型液压挖掘机(正铲)的挖掘域

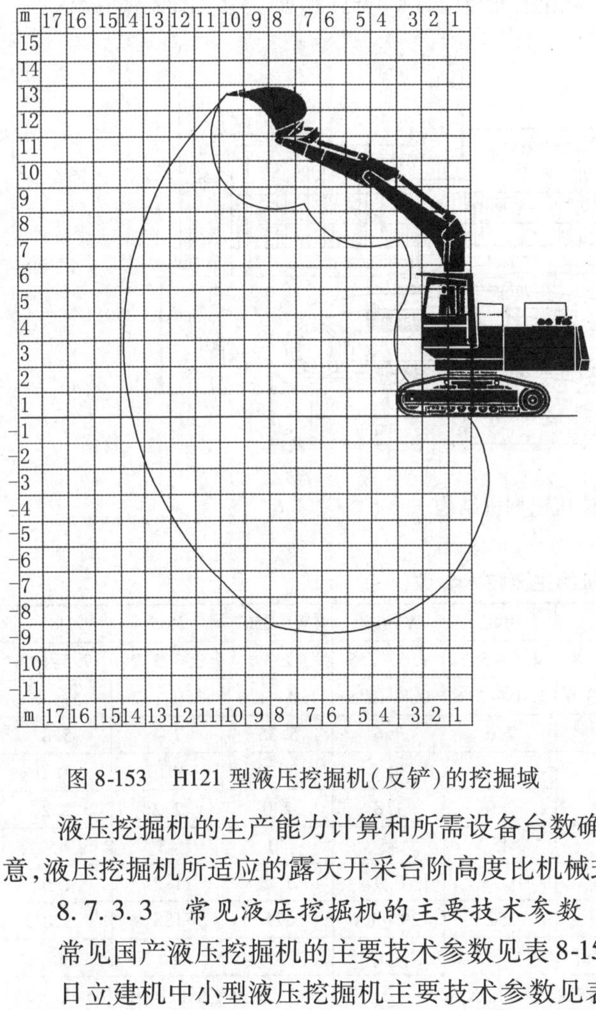

图 8-153 H121 型液压挖掘机(反铲)的挖掘域

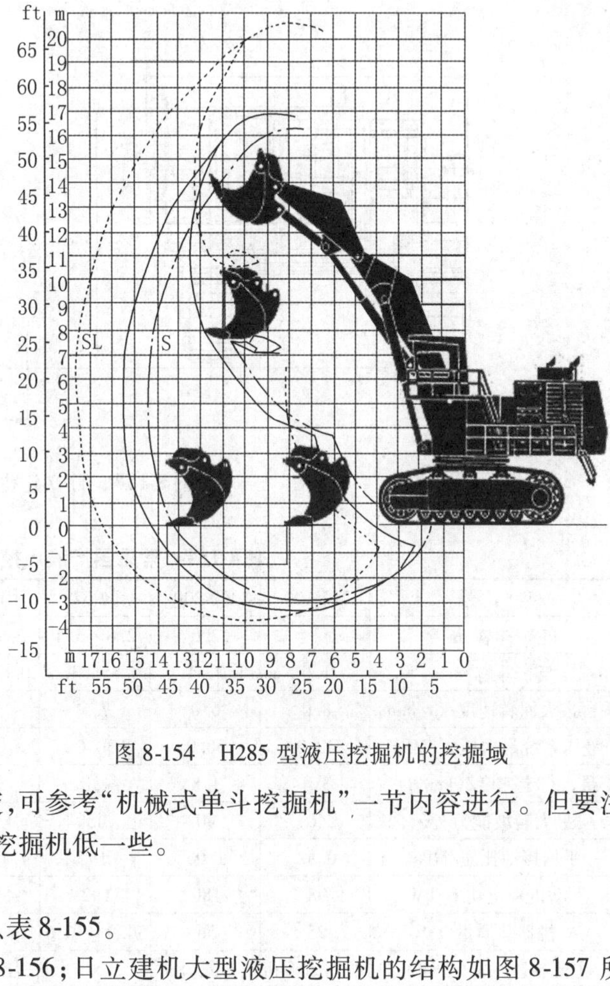

图 8-154 H285 型液压挖掘机的挖掘域

液压挖掘机的生产能力计算和所需设备台数确定,可参考“机械式单斗挖掘机”一节内容进行。但要注意,液压挖掘机所适应的露天开采台阶高度比机械式挖掘机低一些。

8.7.3.3 常见液压挖掘机的主要技术参数

常见国产液压挖掘机的主要技术参数见表 8-154、表 8-155。

日立建机中小型液压挖掘机主要技术参数见表 8-156;日立建机大型液压挖掘机的结构如图 8-157 所示,其主要技术参数见表 8-157。

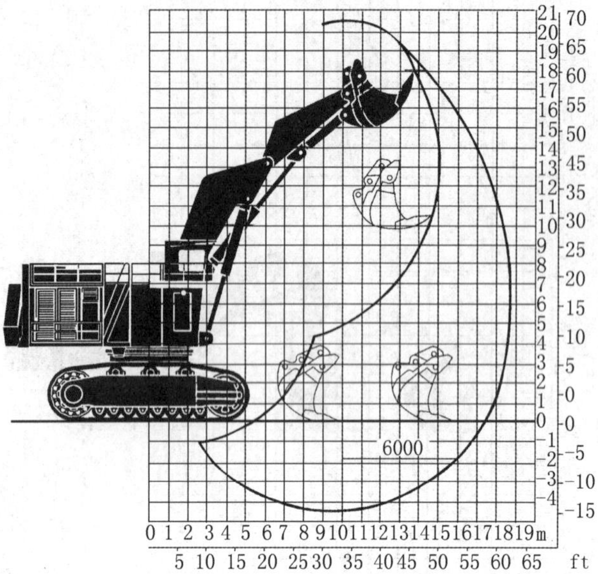

图 8-155　H485 型液压挖掘机的挖掘域

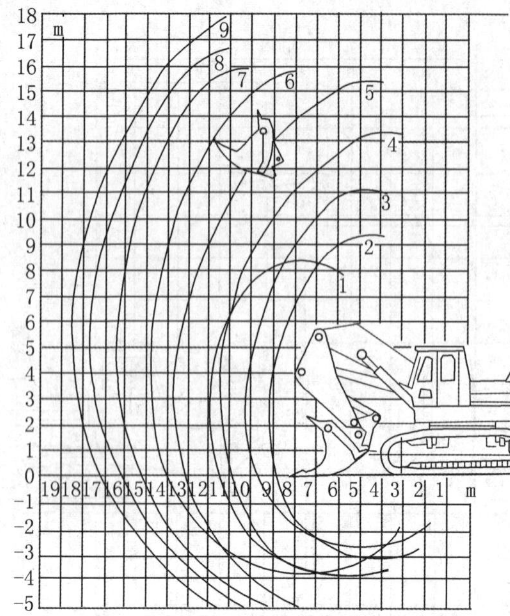

图 8-156　几种液压挖掘机包络图的比较

1—H121 型(7.5m^3);2—WY250 型(2.5m^3);3—H85 型(5.5m^3);4—EX1100 型(6.3m^3);5—EX1800 型(14m^3);6—CAT5230 型(17m^3);7—RH300 型(22m^3);8—ЭГ20 型(20m^3);9—H485 型(18m^3)

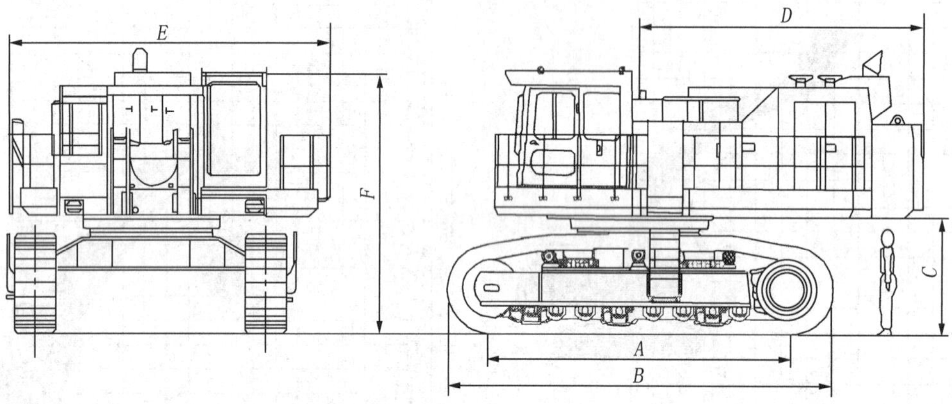

图 8-157　日立建机型液压挖掘机结构

表 8-154　常见国产液压挖掘机的主要技术参数(一)

型　号	W2-100	W2-200	R962	R972	R982	WY-160	WU-250	H55	H85
正铲斗容/m^3		2.0	2.8~3.4	3.1~3.8	4.3~5.1	1.6~2.5	2.5	3.3;2.7	7.5;4.2
反铲斗容/m^3	1.0	1.0~1.6	0.85~3.6	0.85~3.6	1.05~5.6	0.8~2.5	1.0~1.6	3.0;1.7	5;1.8
平台最大回转速度/(r/min)	8.0	6.0	7.5	7.5	7.6	7.6	5.35	7.4	5.8
液压系统最大压力/MPa	32.0	30.0	30.0	30.0	30.0	30.0	30.0	30.0	30.0
最大行走速度/(km/h)	3.4	1.8	1.8	2.0	2.0	1.8	2.0	2.2	2.2
最大爬坡能力/%	40	40	45	45	45	45	40	45	45
平均接地比压/MPa	0.52	1.06	0.75	0.75	0.75	0.9	1.2	1.2	1.6
发动机额定功率/kW	98	180	192	233	252	129~156	225	188	328
机器总质量/t	25	56	54.9~56.6	63~63.7	85.6~88.3	38~38.5	60	55	85
主要制造厂家(公司)	杭州重型机械有限公司		长江挖掘机股份有限公司				杭州重型机械有限公司		

表 8-155 常见国产液压挖掘机的主要技术参数(二)

型 号	WY40A	R942	H185	H121	WY902
铲斗容积/m^3	1.7	2.0	10~15	7.5	8.0
理论生产率/(m^3/h)	300	310	1800	1000	1200
最大挖掘深度/m	6.6	6~8	4	4.0	4.5
最大挖掘半径/m	10.7	11.5	13.4	11.5	11.5
最大卸载高度/m	6.8	6.3	10.1	8.1	8.5
回转速度/(r/min)	7.6	7.8	5.5	4.6	6.0
总功率/kW	149	125	788	352	382
作业循环时间/s	20~25	18~20	23~25	23~25	20~25
行走速度/(km/h)	2.5	2.6	2.35	2.2	1.8
最大爬坡能力/%	40	45	55	60	40
液压系统工作压力/MPa	30	29.1	31.0	31.0	30.1
机器总质量/t	40	45	180	110	90
外形尺寸(长×宽×高)/m×m×m	10.5×3.3×3.7	10.2×3.5×3.4	13.5×5.4×6.7	12.0×4.7×5.6	13.5×5.1×6.0
主要制造厂家(公司)	柳州工程机械公司	上海建机集团公司	太原重工有限公司		长沙挖掘机股份有限公司

表 8-156 日立建机中小型液压挖掘机的主要技术参数

型 号			ZAXIS230	ZAXIS240LC	ZAXIS270	ZAXIS330	ZAXIS360LC
整机工作质量/kg			23000	24300	27000	31000	32600
主机质量/kg			17500	18800	21100	23600	25200
铲斗容积(ISO 标准)/m^3			1.0	1.2	1.3	1.4	1.62
履带板宽度/mm			600	600	600	600	600
接地比压/MPa			0.50	0.48	0.55	0.63	0.61
回转速度/(r/min)			12.6	12.6	10.6	11.8	11.8
行走速度/(km/h)			5.5/3.4	5.5/3.4	4.9/2.9	5.5/3.8	5.5/3.8
爬坡能力/(°)			35(70%)	35(70%)	35	35	35(70%)
铲斗挖掘力(ISO 标准)/kN			170/180	170/180	182	218/237	218/237
斗杆挖掘力(ISO 标准)/kN			118/125	118/125	114	157/172	157/172
发动机	名 称		ISUZU CC-6BG1T	ISUZU CC-6BG1T	ISUZU CC-6BG1T	ISUZU AA-6HK1X	ISUZUAA-6HK1X
	型 式		增压直接喷射式				
	额定功率/kW	标准模式/(r/min)	118(2000)	118(2000)	125(2050)	177(1900)	1177(1900)
		H/P 模式/(r/min)	125(2100)	125(2100)	132(2150)	184(2000)	184(2000)
	行程总容积(总排量)/L		6.494	6.494	6.494	7.790	7.790
液压装置	液压泵型式		变量柱塞泵×2,齿轮泵×1				
	主安全阀调定压力/MPa		34.3	34.3	34.3	31.4	31.4
	回转液压马达形式		定量柱塞泵×3				
	行走液压马达型式		变量柱塞泵×2				
	停车制动器型式(回转、行走)		机械式				
油类容量	燃油箱容积/L		380	380	380	560	560
	液压油油箱容积/L		满箱 240	满箱 240	240	320	满箱 320
	发动机油更换量/L		25	25	25	36	36
最大挖掘半径 *A*/mm			10270	10270	10710	11100	11100
最大挖掘深度 *B*/mm			6950	6950	7230	7380	7380
最大垂直挖掘深度 *C*/mm			6020	6020	6110	6480	6480
最大挖掘高度 *D*/mm			9630	9630	9980	10230	10230
最大卸载高度 *E*/mm			6760	6760	7070	7130	7130
最小回转半径 *F*/mm			3870	3870	4140	4490	4490

表 8-157 日立建机大型液压挖掘机的主要技术参数

项目		EX1200-5C		EX1900-5		EX2500-5		EX3600-5		EX5500-5	
		反铲	正铲	反铲(BE)	正铲	反铲(BE)	正铲	反铲(BE)	正铲	反铲(BE)	正铲
工作质量/kg		108000	111000	186500	185900	239000	242000	348000	350000	518000	
铲斗容量(满斗)/m^3		5.0	6.5	12.0	11.0	15.0	15.0	22.0	21.0	29.0	27.0
发动机	型式	Hitachi		Hitachi		Cummins		Hitachi		Cummins	
	额定功率/kW	480/1650		(653/1650r/min)		720/1800		(979/1800r/min)		971/1800	
最大挖掘力/kN	斗杆	411	583	620	710	762	918	951	1200	1240	1570
	铲斗	457	589	671	660	832	843	1050	1130	1370	1570
回转速度/(r/min)		5.8		4.7		3.8(3.5)①		3.2		3.3	
行走速度/(km/h)	高	3.5		2.8		2.3		2.2		2.3	
	低	2.4		2.1		1.6[2.2(1.5)]①		1.7		1.6	
接地比压/MPa		1.36		1.78		1.72	1.74	1.80	1.81	2.30	
爬坡能力/(°)		35(70%)		30(60%)		30(60%)		30(60%)		30(60%)	
履带轮轴距 *A*/mm		5000		5780		6120		6660		7000	
下部行走体长度 *B*/mm		6410		7480		7870		8700		9350	
配重离地间隙 *C*/mm		1790		1995		2230		2540		3000	
后端回转半径 *D*/mm		4850		6010		6290		6780		7750	
后端长度 *D'*/mm		4740		5930		6190		6650		7450	
总宽度 *E*/mm		5430		6260		6350		9030		9850	
上部回转平台总宽度 *F'*/mm		5380		5890		6200		9030		9850	
驾驶室总高度 *F*/mm		4320(5410)②		6820		7040		7750		8500	
最小离地间隙 *H*/mm		990		795		800		905		1100	
轨距 *I*/mm		3900		4600		5000		5500		6000	
履带板宽度 *J*/mm		710		800		1000		1270		1400	
下部行走体宽度 *K*/mm		4610		5400		6000		6770		7400	
大臂长度/m		9.1		8.3		9.0		9.6		10.6	
斗杆长度/m		7.0		3.6		4.2		4.5		5.3	
最大挖掘半径/mm		15340	11400	15250	13430	17050	14060	18190	15220	20900	16600
最大挖掘深度/mm		9340	5240	8180	5920	8570	3720	8580	3910	9000	4550
最大垂直挖深/mm		7620		3860		5070		4060		5500	
最大切削高度/mm		13490	12350	14140	14610	16160	15010	17690	16300	20600	18900
最大卸载高度/mm		8920	8740	9060	10440	10360	10350	11590	10990	13000	13100
铲斗最大开启宽度/mm			1880		2100		2150		1950		2700

① 电动机驱动型(860kW)。② 正铲。

常见国外单斗液压挖掘机的主要技术参数见表 8-158。

表 8-158 常见国外单斗液压挖掘机的主要技术参数

项目	公司	德国奥科(ORENSTEIN-KOPPEL)公司				德国德马克(DEMAG)公司				美国凯宁公司(KOEHRING)
	型号	RH40C	RH75C	RH300	RH120C	H85	H121	H185	H241	1166E
铲斗容量/m^3	正铲	3.6~5.3	5.5~12.0	8.0~24	8.5~13.0	4.2~7.5	5.5~10.5	7.5~15	9.0~12	4.2~6.9
	反铲	1.8~5.0	4.5~9.0	7.5~31	5.0~13.0	2.0~5.4	2.0~10.5	7.0~15	5.0~21	4.0~6.0
最大挖掘高度/m		8.3	8.5	11.2	12.8	11.2	13	14.0	15.5	11.3
反铲最大挖掘深度/m		12.1	11.8	15.8	9.0~14	7.0~12.2	8.5~15	8.0	8.0~14.5	3.4(正铲)
正铲最大挖掘半径/m		17.0	17.4	28.4	12.8	10	11.8	13.4	14.5	10.5
最大卸载高度/m		11.6	12.0	24.2	10.5	6.5	8.0	10.1	11.2	8.5
最大满斗质量/t		13.3	30.0	85.0	32.5	18.7	26.2	37.5	52.5	17.2
最大挖掘力/kN	正铲	400	600	2000	900	400	470	700	910	308
	反铲	330	400	1000	750	210	500	620	850	250
机器工作质量/t		84.6~87.4	129.3~145.8	480	182	86.5	112	188	287	234
接地比压/MPa		0.9~1.2	1.2~1.5	2.2	1.45~1.70	0.8~1.0	0.9~1.1		1.0~1.3	0.9
液压系统工作压力/MPa		30.0	30.0	30.0	30.0	30.0	30.0	30.0	30.0	20.7~38.0

续表 8-158

项目		德国奥科(ORENSTEIN-KOPPEL)公司				德国德马克(DEMAG)公司				美国凯宁公司(KOEHRING)
项目	型号	RH40C	RH75C	RH300	RH120C	H85	H121	H185	H241	1166E
工作装置种类		正、反铲	正、反铲	正、反铲	正、反铲	正、反铲	正、反铲	正、反铲	正、反铲	正、反铲
行走速度/(km/h)		2.4	2.0	2.7	2.64	2.2	2.2	2.35	2.5	3.1
爬坡能力/%		70	70	70	70	60	60	55	60	70
履带接地长度/m		4.5	4.8	6.5	5.72		4.87	6.0	6.2	5.5
尾部回转半径/m		4.2	5.4	7.3	6.0	4.0	4.7	5.5	6.2	4.3
平台底部距地高度/m		1.6	1.8	2.7	2.31	1.7	1.8	1.7	2.7	1.6
履带板宽度/m		0.7~1.0	0.8~1.0	1.5	0.8~1.0	0.7~0.8	0.8~1.0	0.8	1.45	0.813
履带轨距/m		3.8	3.8	5.6	4.5	3.5	3.9	4.6	5.1	3.4
机器高度/m		3.9	5.6	7.1	6.26	4.0	5.6	6.7	6.8	3.9
机器长度/m		9.8	11.7	16.2		9.7	10.7	13.5	15.2	10.4
机器宽度/m		4.9	5.8	7.6	6.4	3.3	4.5	5.4	6.2	3.9
最小离地间隙/m		0.71	0.813	1.013	1.15	0.6	0.71	0.9	0.9	0.55
发动机	型号	BF12L413F	NTA-885-C	KTA2300C-1200	KTA28-C			KTA38C-1050		12V71N
发动机	台数/台	1	2	2	2	1	1	1	1	1
发动机	总功率/kW	300	522	1763	900	342	551	788	788	316
发动机	转速/(r/min)	2100	1950	1950	2100	2100	1000	1900	1900	2100
项目	公司	法国波克兰(POCLAIN)公司			法国利勃海尔(LIEBHERR)公司		美国哈尼斯菲格(P&H)公司		日本日立公司	
项目	型号	400	600	1000	R982LC R982HD	R991	1200	2200	UH30	UH80
铲斗容量/m³	正铲	3.4~5.5	5.5~7.5	7.0~15.3	4.3~5.1	5.2~12.3	8.3~13.3	16.3~30.6	3.7	8.4~12
铲斗容量/m³	反铲	2.2~3.7	2.5~4.7	5.0~10.0	1.1~5.6	2.7~11.5			3.0	
最大挖掘高度/m		11.4	12.9	13.8	10.5	11.0	13.7	18.1	11.3	13.7
反铲最大挖掘深度/m		8.6	4.1	4.1	10.0	9.0	2.9(正铲)	4.1(正铲)	10.7	5.4(正铲)
正铲最大挖掘半径/m		9.8	11.3	12.4	15.0	16.0	12	17.5	10.2	12.4
最大卸载高度/m		10.0	12.6	12.9	9.8	11.0	9.6	13.3	8.3	10.4
最大满斗质量/t		17.6	30.9	50.0	12.8	30.0	33.0	43.7	9.2	30.0
最大挖掘力/kN	正铲	44	605	820	415	550	630	2000		620
最大挖掘力/kN	反铲	305	365	523	310	590			380	
机器工作质量/t		78.7	107	190	67.5,84.6	163.6	177	463	73	157
接地比压/MPa		0.8~1.3	1.1~1.6	1.5~2.6	0.9~1.6	1.5	1.2~1.4	1.8~2.3	1.0	1.7
液压系统工作压力/MPa		40.0	40.0	40.0	30.0	28.0	28.2	30.0	23.0	25.0
工作装置种类		正、反铲	正、反铲	正、反铲	正、反铲	正、反铲	正铲	正铲	正、反铲	正铲
行走速度/(km/h)		2.9	2.7	1.8	1.8,2.4	2.1	1.0	1.6	2.0	2.5
爬坡能力/%		60	61	53	90	60	70	55	60	58
履带接地长度/m		4.4	4.9	5.0	4.6	6.2	6.1	7.5	4.4	5.3
尾部回转半径/m		4.5	4.5	5.6	3.8	6.0	5.6	7.4	4.3	5.8
平台底部距地高度/m		1.8	1.9	2.0	1.4,1.6	2.1	1.9	2.7	1.6	2.0
履带板宽度/m		0.44	0.49	0.5	0.5~0.7 0.5~0.6	0.8	0.864~1.0	1.22~1.52	0.7	0.8
履带轨距/m		4.5	4.5	5.6	3.7,3.8	4.5	4.6	6.6	3.3	4.2
机器高度/m		3.7	4.1	5.6	3.9,4.5	5.3	7.1	8.6	3.6	5.9
机器长度/m		13.8	15.7	17.9	7.8	12.6	12.9	18.3	10.5	13.4
机器宽度/m		4.3	5.0	5.3	3.9	5.5	5.6	7.8	3.2	5.3
最小离地间隙/m		0.67	0.82	0.65	0.62,0.815	0.763	0.853	1.1	0.67	0.79
发动机	型号	BF12L413F	F12L413	KT1500	NT855-C360	NYA855-C	KT-1150C-450	KT-2300-1200	E120	KY1150-C450
发动机	台数/台	1	2	2	1	2	2	2	1	2
发动机	总功率/kW	186	463	677	257	540	684	1787	300	600
发动机	转速/(r/min)	2150	2150	1950	2100	2100	1800	2000	2000	1800

续表 8-158

项目		小松 PC4000-6	卡特彼勒 5230B	日立 Zx3600	O&K RH170	小松 PC1800-6	卡特彼勒 5130B	德马克 H135S	卡特彼勒 5110B	四川邦立 CE1000－6
挖掘机工作质量/kg		370000	328100	350000	360000	180000	182000	134100	127000	100000
标准铲斗容量/m^3		17.9	16.5	21	16	11	11	9.5	8	6
铲斗容量范围/m^3		16.0～28	15.5～17.6	21～23	14.5～21		8.5～18.3		8.1～13.6	
工作范围	最大挖掘深度/m	2.80	3.80	3.91	2.53	3.22	3.20	8.00	2.84	7.66
	最大挖掘高度/m	17.30	15.20	16.30	14.00	14.42	13.40	14.00	11.27	11.54
	最大挖掘半径/m	5.60	5.50	5.05	5.12	4.85	4.30	13.00	11.50	12.41
	最大卸载高度/mm	11.90	10.40	11.00	10.00	9.64	9.10	10.00	10.30	7.83
	最大行驶速度/(km/h)	2.10	2.00	2.20	2.60	2.70	3.30	2.40	2.50	
尺寸	全长(运送)/m	14.10	13.95	15.85	13.51	13.23	13.68		14.26	15.73
	全高(运送)/m	9.00				8.18		6.23	5.31	4.88
	全宽(履带)/m	7.65	7.51	9.03	6.90	6.02	6.62	4.88	4.16	5.142
	履带长度/m	8.37	8.17	8.70	8.05	7.45	7.27	6.45	5.84	
	履带轨距/m	5.35	5.20	5.50	5.40	4.60	4.72	3.85	3.51	
	履带板宽度/mm	1200	1100	1270	1200	810	650	800	650	
发动机	厂家	Komatsu	Caterpillar	Isuzu	Cummins	Komatsu	Caterpillar	Cummins	Caterpillar	Cummins
	型号	SDA16V 16C	3516B EUI	S16R－Y1TAA1	KT38-C925×2	SAA6D 140E×2	3508B	VTA28-C-800	3456 ATTAC	KTA19－C
	功率/转速/(kW/(r/min))	1400/1800	1156/1750	1400/1800	1240/1800	676/1800	597/1750	597/1800	519/1750	393/2000
	活塞排量/L	60.2	69	65.4	37.7	15.24	34.5	28	15.24	18.9
液压系统	液压泵							GFC260-1008		通轴变量柱塞双泵
	最大油流量/L	2×1100	2×1200	2×1200	2×750	2×410	2×750	2×680	2×410	2×505
容量	燃油箱/L	6400	5330	7200	6300	2750	2600	1800	880	1312
	液压油箱/L	3800	3500	2100	900	850	1610	1410	810	1012

项目		四川邦立 CE900-6	卡特彼勒 385BL	卡特彼勒 385B	小松 PC750－7	日立 Zx800	四川邦立 CE(D) 550-6	四川邦立 CE(D) 460-5	四川邦立 CE420-6	四川邦立 CE400-6
挖掘机工作质量/kg		94000	83510	82900	76000	77700	58000	46000	42000	40000
标准铲斗容量/m^3		5.1					3.5	2.5	2	2
铲斗容量范围/m^3			3.5～6.0	1.9～5.8	4.5～5.1	3.6～4.4				
工作范围	最大挖掘深度/m	7.16	10.42	10.42	3.54	5.06	2.72	2.24	2.35	2.93
	最大挖掘高度/m	11.69	14.75	14.75	10.64	10.85	9.66	9.24	7.92	8.3
	最大挖掘半径/m	11.97	15.94	15.94	9.92	9.6	8.86	8.26	7.92	8.2
	最大卸载高度/mm	7.68	10.81	10.81	7.18	7.9	8.18	6.63	6.89	5.8
	最大行驶速度/(km/h)		4.5	4.5	4.2	4.3		4.2	4.1	
	最大挖掘力/kN	287	592	592			324	230	244	180
挖掘机工作质量/kg		94000	83510	82900	76000	77700	58000	46000	42000	40000
尺寸	全长(运送)/m	15.23	14.62	14.62	9.87	13.85	11964	11.634	11.17	11.285
	全高(运送)/m	4.88	3.8	3.8	5.64	4.9	4.112	3.275	3.5	3.654
	全宽(履带)/m	4.942	3.84	3.5	4.33	4.36	3.3	3.38	3.38	3.18
	履带长度/m		6.36	5.84	5.81	6.35				
	履带轨距/m		2.75	2.94			3.3	2.8	2.8	2.6
	履带板宽度/mm		750	750	650	650	660	536	536	520
发动机	厂家	Cummins	Caterpillar	Caterpillar	Komatsu	Isuzu	Cummins	Deutz	Cummins	Cummins
	型号	KTA19-C	3456 ATAAC	3456 ATAAC	SAA6D 140E-3	BB-6WGIT	M11-C	F8L413F	M11-C290	C8.3-C
	功率/转速/(kW/(r/min))	373/2000	382/1800	382/1800	338/1800	340/1800	246/2100	140/2000	216/2100	194/2000
	活塞排量/L	18.9	15.8	15.8	15.24	15.68	10.80	12.80	10.8	8.3
液压系统	液压泵	通轴变量柱塞双泵	变量双泵	变量双泵			通轴变量柱塞双泵	斜轴变量柱塞双泵	通轴变量柱塞双泵	
	最大油流量/L	2×485	2×490	2×490			2×400	2×250	2×321	2×264
容量	燃油箱/L	1312	1240	1240	880	901	726		510	520
	液压油箱/L	1012	810	810			628	650	425	300

8.7.4 斗轮挖掘机

8.7.4.1 斗轮挖掘机的分类与结构特点

A 斗轮挖掘机的分类

斗轮挖掘机是多斗挖掘机的典型机型,它是以多个铲斗在大臂端部转轮上作圆周运动而连续挖掘岩土的多斗挖掘机;主要用于以上挖方式进行的剥离和采矿作业、掘进堑沟、向排土场排卸岩石或向运输设备装载岩土。可在环境温度为 -40℃的情况下挖掘较软和中硬岩土或褐煤(中硬以上岩土需爆破预松动);可进行选别回采。斗轮挖掘机与单斗式挖掘机比较具有以下优点:挖掘效率高 1.5 ~2.5 倍,动力消耗节省 30% ~40%(斗轮挖掘机为 0.3 ~0.5kW/m^3,单斗挖掘机为 0.5 ~0.7kW/m^3),机器重量轻 30% ~50%。但它不适于挖掘坚硬矿岩,结构复杂,初期设备投资较大。

斗轮挖掘机一般按其用途不同、生产能力大小和卸料装置不同进行分类。

斗轮挖掘机按用途不同分为采矿型、建筑型和取料型。

按生产能力大小分为小型、中型、大型、特大型和巨型五类。各规格的技术指标见表 8-159。

表 8-159 斗轮挖掘机各规格的技术指标

规 格	生产能力/(m^3/h)	斗轮驱动功率/kW	总装功率/kW	机重/t
小型	600 ~1000	60 ~160	145 ~360	70 ~150
中型	1000 ~2500	160 ~500	360 ~3300	150 ~850
大型	2500 ~5000	500 ~1000	3300 ~4000	850 ~2200
特大型	5000 ~10000	1000 ~1900	4000 ~8500	2200 ~7500
巨型	10000 ~20000	1900 ~9200	8500 ~16500	7500 ~14000

斗轮挖掘机按卸料装置分为悬臂式和连接桥式;前者应用比较广泛。

B 斗轮挖掘机的基本结构和工作原理

斗轮挖掘机由工作装置、排料输送机、回转平台、行走装置、动力和控制系统组成(图 8-158、图 8-159)。工作装置由铲斗、斗轮、卸料板、斗轮臂架及受料带式输送机组成。铲斗有挖掘坚硬物料的封底结构和挖掘湿料的环链结构两种,斗容为 0.02 ~6.3 m^3。一般为 6 ~12 个,挖掘硬岩时为 16 ~18 个。斗轮直径为 2 ~21.6m,安装在臂架前端部由电动机或液压马达驱动,铲斗挖掘机的岩土从侧面或后端部卸到受料输送机上(图 8-160)。斗轮臂架的另一端铰接在回转平台上,自身平衡,内部设有受料带式输送机,由专用提升机或液压缸驱动升降。回转平台由支承装置、回转传动装置、平台和司机室组成。支承装置为滚珠或滚柱轴承,平台由立式电动机经减速器小齿轮与装在行走车架上的回转盘上大齿圈啮合驱动 360°全回转。行走装置主要为履带式,有双履带式或多履带式结构。多履带式采用三组三支点布置,用改变履带组的运行方向,以便实现转向。履带式行走速度为 0.3 ~0.5km/h,接地比压为 0.24MPa。小型斗轮掘沟机为轮胎式,斗轮堆取料机多采用轨轮式。

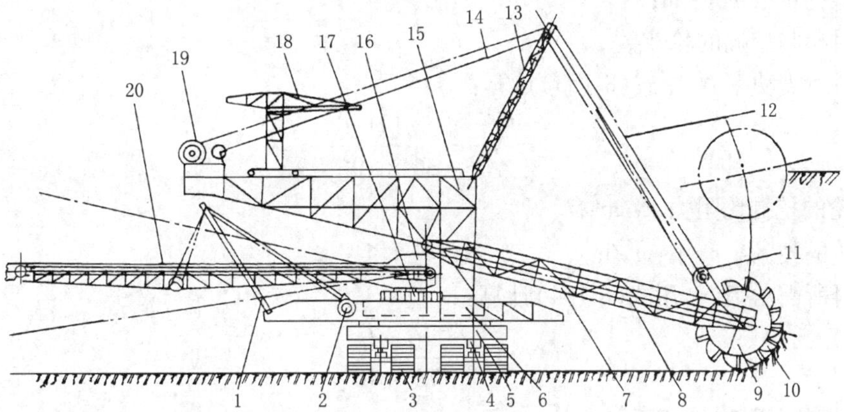

图 8-158 斗轮挖掘机结构

1,13—支架;2,19—提升机;3—履带装置;4—立柱;5—底架;6—平台;7—斗轮臂;8—受料带式输送机;9—斗轮体;10—铲斗;11—滑轮;12—钢丝绳;14—悬绳;15—钢架;16—料斗;17—回转装置;18—起重机;20—卸载带式输送机

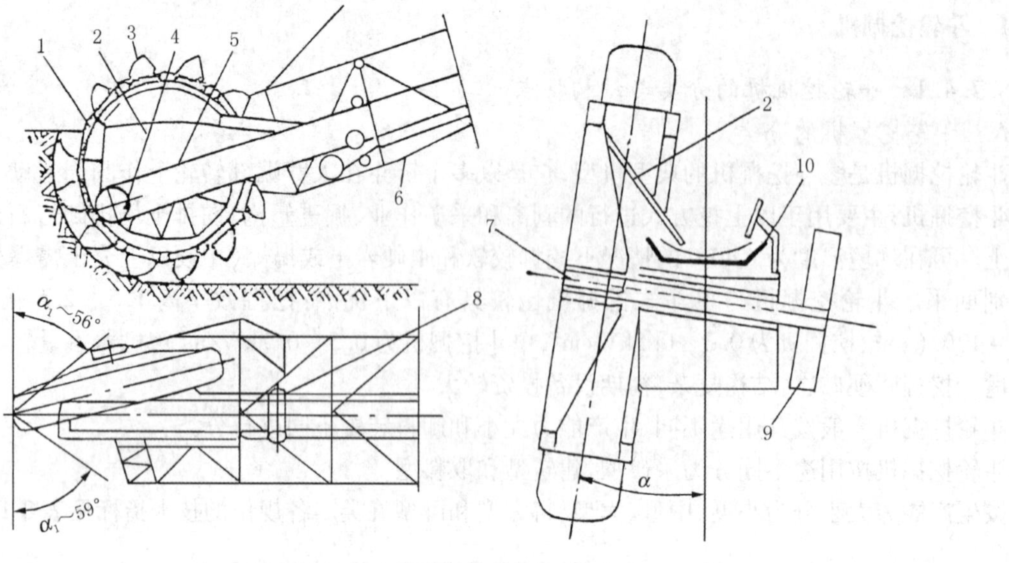

图 8-159 斗轮工作装置

1—斗轮；2—卸料板；3—铲斗；4—胶带输送机滚筒；5—输送胶带；6—斗轮臂；7—斗轮驱动轴；8—胶带托辊；9—传动装置；10—胶带托架

挖掘机工作时，斗轮转动，斗轮臂架沿水平方向运动，铲斗自下而上挖掘，并向前推进实现分层挖掘；装满岩土的铲斗转到上部，岩土靠自重或惯性力卸到受料胶带输送机上，经平台上的料斗落入卸料带式运输机上，从机尾卸下。挖掘方式分端部工作面、侧向工作面、半侧向工作面 3 种。铲料切片有垂直和水平两种，挖掘高度和深度一般为斗轮直径的 0.35 ~ 0.75 倍。切削片厚度一般为斗轮直径的 0.05 ~ 0.10 倍。

8.7.4.2 斗轮挖掘机的主要技术参数和生产能力计算

A 主要技术参数计算

斗轮挖掘机的挖掘阻力通常采用近似方法计算，斗轮的铲取厚度取平均值（为最大铲取厚度的 2/3），则平均挖掘阻力 P_w 可表示为：

$$P_w = \frac{2}{3}\sigma_w S_{max} bi \tag{8-152}$$

式中 σ_w——挖掘阻力，N/m^2；

S_{max}——轮斗的最大铲取厚度，m；

b——铲斗的铲取宽度，m；

i——同时参与挖掘的轮斗数。

斗轮挖掘物料所需功率 N_w 用式(8-153)计算：

$$N_w = \frac{\sigma_w Q_j}{36 \times 10^5} \tag{8-153}$$

式中 σ_w——斗轮的挖掘比阻力，N/m^2；

Q_j——斗轮的技术生产率，m^3/h。

斗轮提升物料所需功率 N_u 用式(8-154)计算：

$$N_u = \frac{Q_j \gamma d_L}{72 \times 10^5} \tag{8-154}$$

式中 γ——被挖掘物料的实体容重，N/m^3；

d_L——斗轮的直径，m。

驱动斗轮的总功率 N_z 用式(8-155)计算：

$$N_z = N_w + N_u = \frac{Q_j}{36 \times 10^5}(\sigma_w + 0.5\gamma d_L) \tag{8-155}$$

驱动斗轮的电动机功率 N_d 应为：

$$N_d = \frac{N_z}{\eta_d} \tag{8-156}$$

式中 N_d——斗轮机构的传动效率，一般取 0.75～0.8。

B 生产能力计算

斗轮挖掘机的生产率，是指在单位时间内从工作面上挖掘、装载到运输工具或排土场的岩土和矿岩的总体积（按实体体积计算）。

（1）斗轮挖掘机的技术生产率 Q_j 用式（8-157）计算：

$$Q_j = Q_L \frac{K_m K_w}{K_s} \tag{8-157}$$

式中 Q_L——斗轮挖掘机的理论生产率，m^3/h，按设计值计算；

K_m——铲斗装满系数，其值见表 8-160；

K_w——挖掘条件影响系数，其值见表 8-160；

K_s——物料的松散系数，其值见表 8-160。

表 8-160 斗轮挖掘机的计算系数

被挖掘物料性质	K_m	K_w	K_s
砂、砂土、小块砾石	1.0～1.05	1.0	1.20～1.30
煤、砂质黏土、砾石	0.95～1.0	0.95	1.30～1.40
坚硬砂质黏土层	0.90	0.80	1.40～1.50
坚硬黏土岩及页岩	0.85	0.70	1.50～1.60
一般爆破的铜、铁矿岩	0.80	0.65	1.60～1.80

（2）斗轮挖掘机的实际生产率 Q_s 用式（8-158）计算：

$$Q_s = Q_j K_L \tag{8-158}$$

式中 Q_j——斗轮挖掘机技术生产率，m^3/h；

K_L——斗轮挖掘机的利用系数。

该系数是考虑工作条件、现场组织工作的完善程度等因素的影响，一般取 $K_L = 0.70 \sim 0.85$。

斗轮挖掘机设备台数的确定方法可参照单斗挖掘机的计算方法。

8.7.4.3 斗轮堆取料机的特点

斗轮堆取料机是斗轮挖掘机的一个变型。它可以连续进行装、运、卸工作，是移送大宗散状物料的高效设备，广泛应用于矿山、储料场、焦化厂和港口等场所。

斗轮堆取料机的结构如图 8-160 所示。装载工作部分是旋转的斗轮上装有 8～18 个铲斗；斗中物料卸至斗轮臂 2 中间的受料带式输送机 3 上，到达回转平台 4 后，倒运到卸载带式输送机 10 上，到达卸载端后，由卸载装置 11 装于运输设备 12 上而运离工作面。

斗轮堆取料机按其上部结构与行走装置的相对运动可分为回转式和非回转式；按其行走装置可分为轨道式、轮胎式、履带式和迈步式，按斗轮向带式输送机的卸载方式可分为有格式、无格式和半无格式。

斗轮堆取料机的斗轮能挖掘松散物料、干黏土、褐煤和软岩等，可以连续工作，在同样功率下，生产率比单斗挖掘机高 1.5～2.5 倍，而且工作平稳，动载荷小，零部件磨损较小，设备使用寿命较长。取料半径 a 和卸料半径 b 长度可达数百米，一次即可将物料移送到很远处。如果使受料带式输送机和卸料带式输送机反向运行，还可将外来物料堆放于供斗轮挖掘的料堆上。斗轮堆取料机的挖掘能力较小，不能直接挖掘未经松动的矿岩、冻土或较湿的黏土等。

8.7.4.4 常见斗轮挖掘机（含堆取料机）的主要技术参数

常见斗轮挖掘机的主要技术参数见表 8-161。

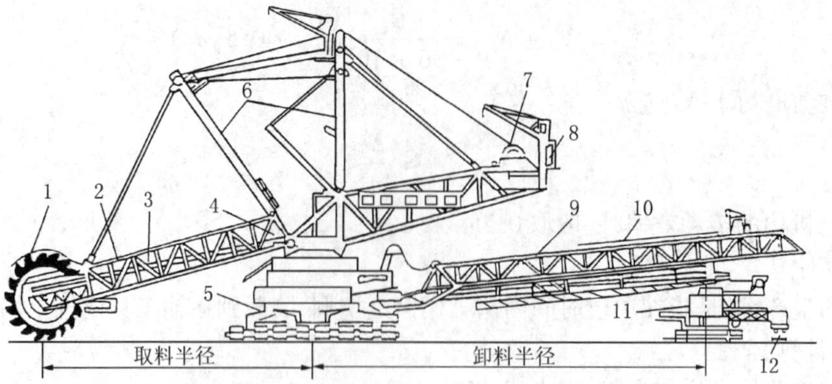

图 8-160 斗轮堆取料机的主要组成部分

1—斗轮;2—斗轮臂;3—受料带式输送机;4—回转平台;5—行走装置;6—吊架;7—提升机;
8—平衡重块;9—后臂;10—卸料带式输送机;11—卸载装置;12—运输设备

常见斗轮堆取料机的主要技术参数见表 8-162。

常见国外斗轮挖掘机的主要技术参数见表 8-163。

表 8-161 常见斗轮式挖掘机的主要技术参数

型 号	DZ45	W406	WUD $\frac{400}{700}$	C3100	WD $\frac{520}{0.9}$15
铲斗容积/m^3	0.1	0.13	0.2	0.8	0.52
铲斗个数/个	6	7	8	12	12
理论生产率/(m^3/h)	150 ~ 200	300 ~ 400	400 ~ 700	3100	1500 ~ 2000
斗轮转速/(r/min)	8	12	5 ~ 7.3	60 ~ 70	4.8 ~ 5.8
最大爬坡能力/(°)	6	10	10	6	6
最大挖掘半径/m	5.0	11.5	13.6	19.5	21.1
最大挖掘高度/m	4.0	5.2	10	15	13.6
最大挖掘深度/m	0.12	0.25	0.4	1.0	0.9
运输胶带宽度/mm	500	800	1000	1400	1200
运输胶带速度/(m/s)	2.5	2.6	2.5	4.8	4.0
行走速度/(km/h)	1.2	0.6	0.4	0.54	~0.4
平均接地比压/MPa	0.1	0.12	0.11	0.11	0.15
总功率/kW	68	120	340	1410	1225
整机质量/t	22	100	155	560	500
主要制造厂家(公司)	长沙重型机械有限公司	哈尔滨重型机器厂	杭州重型机械有限公司	太原重工有限公司	杭州重型机械有限公司

表 8-162 常见斗轮堆取料机的主要技术参数

型 号	DQLK $\frac{1250}{2000}$ · 30	DQL $\frac{1250}{1250}$ · 30	QL2000 · 35	QL800 · 30	QLK1500
堆取能力/(t/h)	$\frac{(取)1250}{(堆)2000}$	$\frac{(取)1250}{(堆)1250}$	(取)2000	(取)800	(取)1500
物料容重/(t/m^3)	2.2 ~ 3.2	0.85 ~ 1.0	0.85 ~ 1.0	2.2 ~ 3.2	2.2 ~ 3.2
料堆高度/m	(轨上)12 (轨下)2	(轨上)12 (轨下)2	(轨上)12 (轨下)2	11	23
斗轮直径/m	5.6	6	7	5.6	7
回转半径/m	30	30	35	30	35
回转角度/(°)	±100	±110	±110	±100	±100
行走速度/(m/min)	7.38/28.65	7/30	7/30	6	7
轨道中心距/m	7	6	7	6	7
胶带宽度/mm	1200	1200	1400	1000	1400
胶带速度/(m/s)	2.5	3.15	3.45	2.5	2.5
装机容量/kW	302	306	420	300	500
供电电压/V	6000	6000	6000	6000	6000
整机质量/t	350	330	400	250	350
主要制造厂家(公司)	大连重工有限公司				长沙重型机械有限公司

表 8-163 常见国外斗轮挖掘机的主要技术参数

型 号	S400	SH400	SH250	SH630	KRU150
斗轮直径/m	6.5	6.5	5.0	8.4	8.1
额定斗容/m^3	0.4	0.4	0.25	0.63	0.6
斗轮转速/(r/min)	60~80	57~75	50~78	57~82	35~65
理论生产率/(m^3/h)	1300	1500	1030	1800	1500
挖掘高度/m	11.1	11.1	7.8	15.1	8.5
挖掘半径/m	14.3	13~16	10.1	20~21	11.1
装机功率/kW	200	200	100	400	290
整机质量/t	195	190	95	325	160
主要制造厂家(公司)	德国 O&K 公司				德国 KPUPP 公司

8.7.5 索斗挖掘机

8.7.5.1 基本结构和工作原理

索斗挖掘机(又称拉铲)主要用来挖掘松散的或固结而不致密的松软土岩,在爆破质量较好,块度比较均匀的条件下也可挖掘中硬的矿岩。索斗挖掘机在露天采场中主要用作无运输倒堆,露天矿浅部的基建剥离工作和配合其他采掘设备进行采场深部矿物的开采。由于索斗挖掘机效率较高,国外大型土石方工程、水电工程、露天煤矿等广泛采用索斗挖掘机,而且不断向大型化发展。例如美国 B-E 公司生产的斗容为 168m^3 的大型索斗挖掘机,悬臂长 94.5m,年剥离生产效率可达 29Mm^3。

索斗挖掘机属于机械式结构型式,它是以钢丝绳悬吊铲斗抛入工作面,再把铲斗拉向机身而挖掘岩土的单斗挖掘机,主要用于无运输系统剥离作业中挖掘停机面以下表土或爆破的软岩,倒堆到采空区、露天矿边缘以外排土场及装入运输设备内。特别适用于露天铲运机和推土机不能作业的潮湿和泥泞地区及水下挖掘,并可堆筑高岩堆。其挖掘深度一般为悬臂长度的 0.5~0.6 倍。

如图 8-161 所示,索斗挖掘机(拉铲)由工作装置、回转平台、行走装置、传动和控制系统组成。工作装置由铲斗、悬臂、导向器、提升绳、牵引绳和悬臂悬挂绳组成。铲斗为平底无顶式,由绕过悬臂主滑轮的提升绳悬吊;悬臂为桁架结构,其下端铰接在回转平台上,上端用悬挂钢丝绳桅杆或直接牵挂到双立柱上,与水平面成 25°~35°角。

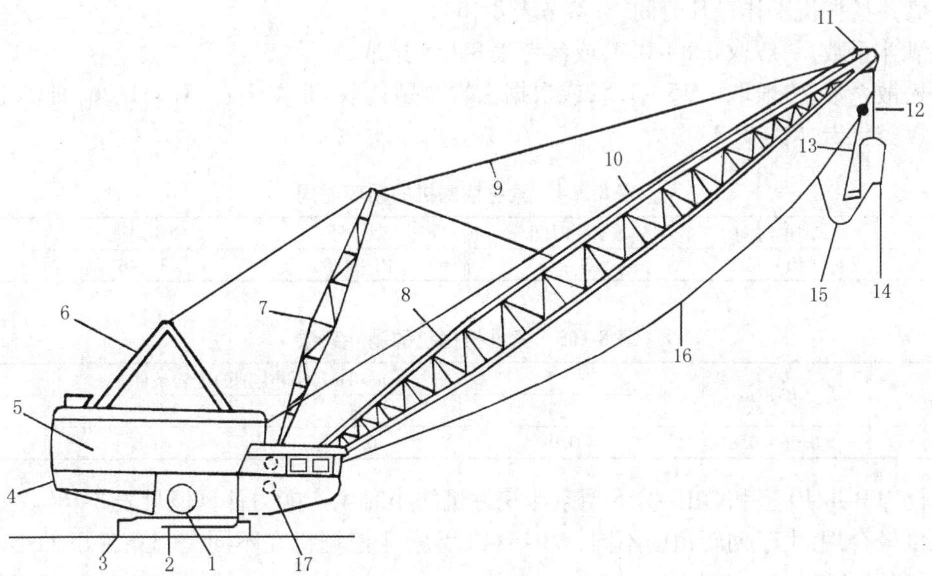

图 8-161 索斗挖掘机结构

1—迈步偏心轮;2—迈步履板;3—底座;4—回转架;5—机棚;6—A 形架;7—支臂;8—动臂;9—上绷绳;10—提升钢丝绳;11—天轮;12—提升链;13—卸载钢丝绳;14—铲斗;15—拖曳链;16—拖曳钢丝绳;17—引出管

行走装置分为履带式和迈步式两类。履带式行走速度小于1.6km/h，接地比压为76～138kPa，爬坡能力为12%；迈步式行走速度为0.16～0.22km/h，接地比压为70～130kPa，爬坡能力为8%。露天矿用索斗铲主要采用迈步式行走装置；其行走装置按工作原理分为偏心轮式和铰接式，用机械或液压装置驱动。偏心轮迈步机构对称布置在机体两侧，通过底座支承在地面上；驱动轮和偏心轮转动90°时，导架和履板下降接触地面，再转动90°时偏心轮支承在导向轮上，机体和底座上升，大部分重力经履板传给地面，小部分经底座一面边缘传给地面；机器向前移动半步，驱动轮再转动90°。机体和底座一边下降一边继续移动半步，直至接地为止，液压缸铰接迈步机构，用两组液压缸取代偏心轮，其垂直缸用于提升机体，倾斜缸用于移位，这种迈步机构移动平稳，动载荷小，应用比较广泛。

索斗挖掘机工作时，先放松提升绳和牵引绳，将铲斗抛入工作面，靠重力插入岩土中，拉动牵引绳使铲斗进行挖掘，切削厚度由提升绳控制，装满后制动牵引绳，用提升绳提起铲斗，随回转平台回转到卸载点，放松牵引绳，使铲斗卸载，然后回转到初始位置。迈步式索斗挖掘机的挖掘循环时间取决于台阶高度、卸载回转角度、矿岩硬度及形状等。每立方米斗容年生产能力达200～500km^{3}实方岩土。斗容范围为6～168m^3，悬臂长为36～125m，功率为400～1700kW，机重为67～13000t。世界上最大的索斗挖掘机为美国布赛路斯-伊利公司（Bucrus-Erie Co.）的4250-W型，斗容为168m^3，悬臂长为94.5m，总功率为14700kW，剥离台阶高度可达50m，年生产能力可达27～30Mm^3。最大长臂索斗挖掘机的悬臂长为121.5m，斗容为95.7 m^3，机重8900t，可挖掘工作面宽度达200m。近年来由于剥离型（长臂）正铲挖掘机的发展，在露天矿剥离作业中已逐步取代了索斗挖掘机。

8.7.5.2 设备选型及生产能力确定

索斗挖掘机按行走方式有迈步行走、履带行走、轮胎行走和轨道行走四种。迈步式使用较多。轨道行走式灵活性较差，很少采用。轮胎行走式机动灵活，行驶速度快，但对道路要求严格，设备本身稳定性较差，雨季作业困难。迈步式索斗挖掘机具有大直径底盘、工作中稳定性较好，允许使用长铲臂和大铲斗，故大型矿山常用迈步式索斗挖掘机。

A 索斗挖掘机小时生产能力计算

索斗挖掘机的小时生产能力Q_h用式（8-159）计算：

$$Q_h = \frac{3600}{t} V_K \frac{K_H}{K_P} \tag{8-159}$$

式中 V_K——索斗挖掘机铲斗容积，m^3；

t——索斗挖掘机工作循环时间，s，参考表8-164；

K_H——满斗系数，一般取0.8～0.9，或参考表8-165选取；

K_P——松散系数，一般取1.15～1.5，或根据土岩类别选取，Ⅱ类土岩，$K_P=1.26$；Ⅲ类土岩，$K_P=1.3$；Ⅳ类土岩，$K_P=1.33$。

表8-164 索斗挖掘机的循环时间 (s)

型 号	理论时间	实际时间	型 号	理论时间	实际时间
WB-4/40	40～50	63～73	ЭШ-4/55	43～46	52～55

表8-165 索斗挖掘机的满斗系数

阶段高度 h 及土岩类别	$h<1$m	$h>1$m（不同类别的土岩条件）			
		Ⅱ	Ⅲ	Ⅳ	Ⅴ～Ⅶ
满斗系数	0.66～0.85	0.9	0.94	0.8	0.76

矿山常见的WB-4/40型和ЭШ-4/55型索斗挖掘机的小时生产能力计算值见表8-166。

当阶段高度较合理，由于回转角度不同，WB-4/40型索斗挖掘机在不同工程条件下的小时生产能力可参考表8-167和表8-168。

B 索斗挖掘机台班生产能力计算

索斗挖掘机的台班生产能力Q_c用式（8-160）计算：

$$Q_c = Q_h T_c \tag{8-160}$$

式中 T_c——台班有效工作时间，h；

其他符号意义同上。

表 8-166 索斗挖掘机的小时生产能力 （m^3/h）

型 号	土岩类别	阶段高/m							
		0.5	1	2	4	6	8	10	12
WB-4/40	Ⅰ～Ⅱ	59.3	96.2	163	183.2	188	187.5	185.5	182
	Ⅲ	45	73	127.5	143.5	146.1	146.1	145	142.5
	Ⅵ～Ⅶ	40.3	65.1	87.8	99	100.9	100.9	100.9	99.5
	再倒堆	49.6	81	102.4	122	124.5	124.5	123.3	120.8
ЭШ-4/55	Ⅰ～Ⅱ	56	104.7	191	217	236	236	236	236
	Ⅲ	39.8	74.5	161.5	191	199	199	199	199
	Ⅵ～Ⅶ	37.2	69.8	100.7	119.3	124.5	124.5	124.5	124.5
	再倒堆	46.1	87.2	126	149	155.1	155.1	155.1	155.1

表 8-167 不同回转角的生产能力 （m^3/h）

索斗挖掘机型号	土岩条件	工作条件	回转角/(°)					
			70	90	110	130	150	180
WB-4/40	Ⅰ～Ⅳ	排弃场装车	243	236	228	220	212	200
			228	222	215	209	202	192
	软岩土（经过破碎）	排弃场装车	178	170	162	154	146	134
			162	151	149	142	135	125

表 8-168 回转角为 135°时向排弃场倒运矿岩的生产能力 （m^3/h）

设备型号	砂及砾岩	亚黏土	黏土	爆破的硬岩
ЭШ-4/40	252	249	239	161
ЭШ-14/75	910	900	850	640

C 索斗挖掘机台年生产能力计算

索斗挖掘机的台年生产能力 Q_a 用式(8-161)计算：

$$Q_a = Q_c T_a \tag{8-161}$$

式中 T_a——索斗挖掘机年有效工作班数（班）。

D 索斗挖掘机设备数量计算

矿山所需索斗挖掘机的台数 N 可按式(8-162)计算：

$$N = \frac{A}{Q_a} \tag{8-162}$$

式中 A——年采剥量，m^3/a；

Q_a——索斗挖掘机台年效率，m^3/a。

在一般情况下，每台索斗挖掘机配司机一人，副司机一人。若矿山采用连续工作制，还应配备轮休人员，每台索斗挖掘机共需 7 人。

8.7.5.3 常见索斗挖掘机的主要技术参数

常见索斗挖掘机的主要技术参数见表 8-169。

表 8-169 常见索斗挖掘机的主要技术参数

型 号	WD200A	WD-4/40	P&H828	P&H736	P&H852
铲斗容积/m^3	2	4	10	15	30
生产率/(m^3/h)	100～150	180～210	300～500	500～1000	1500～2000
牵引速度/(m/s)	1.01	1.26	1.12	1.20	1.25
铲斗提升速度/(m/s)	1.18	1.48	1.25	1.25	1.30
最大牵引力/t	25	35	90	150	250
最大提升力/t	25	25	60	90	210

续表 8-169

型　号	WD200A	WD-4/40	P&H828	P&H736	P&H852
大臂长度/m	15	40	55	70	90
大臂倾角/(°)	30～45	25～35	30	30	30
移动速度/(km/h)	1.46	0.47	0.51	0.55	0.55
最大爬坡能力/(°)	12	12	12	12	12
接地比压/MPa	0.13	0.10	0.10	0.10	0.10
整机质量/t	77.1	190	476	1730	2211
最大卸载半径 L/m	15.1	35	45	60	80
最大挖掘半径 M/m	17.4	45	50	65	85
最大卸载高度 N/m	7.9	19.4	30	50	70
主电动机功率/kW	155	425	2×471	2×700	2×1300
主要制造厂家(公司)	杭州重型机械有限公司	太原重工有限公司	美国 P&H 公司		

8.7.6 露天装载机

8.7.6.1 露天装载机的结构特点与适用条件

露天装载机,是指以铲斗在轮胎或履带自行式机体前端进行铲装和卸料的装载设备;在矿山又常称为前端式装载机(简称前装机)。露天矿使用的前装机多为轮胎行走式,与土石方工程中的轮胎式装载机结构相似;采用履带行走的装载机,因其机动灵活性差,在露天采场很少使用。

A 露天矿用轮式装载机的结构

露天矿使用的轮式装载机,其工作装置多为反转六连杆机构(图 8-162)和正转六连杆机构(图 8-163);斗容通常在 $5m^3$ 以上。斗容小于 $5m^3$ 的轮式装载机,只用于某些小型露天矿山。

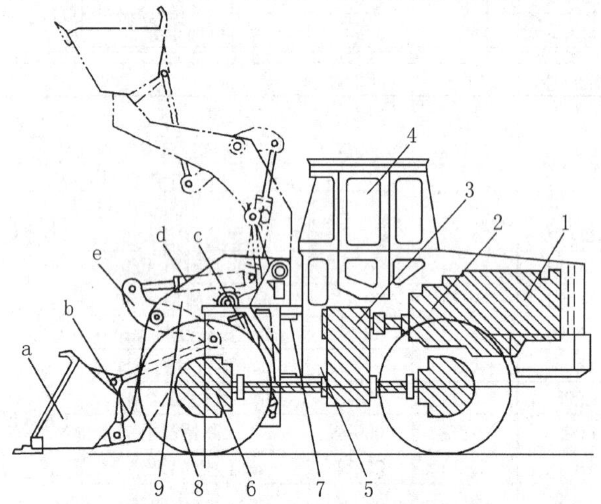

图 8-162 ZL 系列(反转六连杆)轮式装载机结构示意

1—柴油发动机;2—液力变矩器;3—行星变速箱;4—驾驶室;5—车架;6—前后桥;7—转向铰接装置;8—车轮;9—工作机构;a—铲斗;b—动臂;c—举升油缸;d—转斗油缸;e—转斗杆件

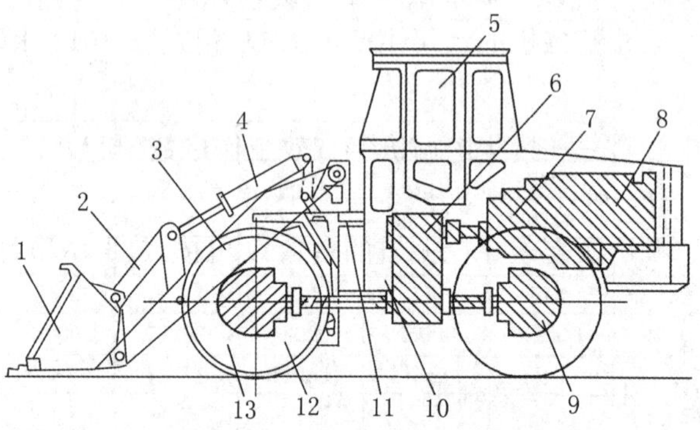

图 8-163 QJ 系列(正转六连杆)轮式装载机结构示意

1—铲斗;2—连杆;3—动臂;4—转斗油缸;5—驾驶室;6—变速箱;7—液力变矩器;8—发动机;9—后桥;10—车架;11—转向铰接装置;12—前桥;13—车轮

B 轮式装载机的优缺点

在条件适宜的露天矿,采用轮式转载机可凸显以下几方面的优越性:

(1) 轮胎式前装机行走速度快,工作循环时间短,装载效率高。据矿山标定资料介绍,斗容为 5～$8m^3$ 的前装机时速可达 35km/h 以上,比电铲快 30～90 倍,每个工作循环仅需 40～45s,平均台班生产能力可达 3500～4000t。平均劳动生产率可提高 50%～100%;

(2) 轮胎式前装机的自重较轻,相当于相同斗容挖掘机重量的 1/8～1/6,节省了大量钢材,制造成本仅是挖掘机的 1/4～1/3,价格比挖掘机便宜,可以减少矿山的生产设备投资,缩小固定资产比例;

(3) 轮胎式前装机爬坡能力强，机动灵活性较好，可在挖掘机不允许的斜坡工作面上进行装载作业，尤其是在缺少电力的新建矿山工地也能正常进行工作，从而可加快矿山开拓建设和缩短建设周期；

(4) 轮胎式前装机调度方便，一机多能，在采装作业中可有效地进行铲、装、运、推、排和堆集等多项作业；在中小型矿山可取代电铲和汽车；在新开工作面、狭窄工作面及条件较差的工作面上，也能自如地进行装载作业；而且在采场爆破后能够自己清理工作面，清理中即可装载，不需其他辅助设备；因此可降低矿山生产的综合费用。据国外统计资料介绍，欧美一些国家使用轮胎式装载机的装载作业成本可比挖掘机降低 20% ~30%；

(5) 轮胎式前装机的折旧年限仅为挖掘机的 1/4 ~1/8，工作 5 ~6 年即可更换新的比较先进的设备，便于矿山管理和维修工作；有利于设备的更新换代；

(6) 轮胎式前装机比挖掘机容易操纵，因而可缩短司机培训时间，同时一台装载机仅需一名司机操作，可节省人力、物力和财力。

但是，前装机与挖掘机相比，在生产中也有些缺点：

(1) 轮胎式前装机比挖掘机的挖掘能力小，当爆破质量不好、大块较多时，其工作效率将明显降低；对于黏性较强的物料需要松动之后方能进行铲装作业和其他辅助作业；

(2) 与挖掘机相比，前装机的工作机构尺寸较小；由于安全条件的限制，不宜在爆堆较高的工作面作业，采场台阶高度一般不得超过 12m；

(3) 前装机的轮胎磨损较快，使用寿命较短。近年来虽然已有加装保护链环或采用垫式履带板等措施，可以减轻轮胎磨损，但轮胎寿命也不过在 1500h 左右，轮胎费用在生产设备费用中所占比重仍然很大(约为 40% ~50%，甚至高达 60%)。

虽然前装机作为露天矿山主要生产设备时，有上述一些缺点和问题，但随着制造技术的飞速发展和不断地采取有效措施，这些缺点和问题正在迅速得到克服和解决。轮胎式前装机在世界各国都将得到广泛使用和推广；经济效益和社会效益也会逐步提高。

过去，在国外大型露天矿中，前装机主要是用于清理采场工作面、修筑和养护矿山道路等辅助作业，同时也用于清理边坡、混均矿石、填塞炮孔、清除积雪和排土等，基本上属于辅助设备。但随着前装机的设计和工艺技术水平的提高，近年来前装机在国外一些中小型金属露天矿山已逐渐成为主要装载设备，或同时兼作采装设备和辅助设备；我国的小型矿山采用的轮胎式前装机也越来越多(图 8-164、图 8-165)。

图 8-164 ZL 型(反转六连杆)前装机在工作

图 8-165 QJ 型(正转六连杆)前装机在工作

合理地采用大型前装机作为露天矿的装载设备，可以显著提高铲装作业生产效率和降低作业成本，国外采矿界对此都很重视。凡是采用挖掘机装载矿岩的中小型露天矿，现在都力求采用前装机。如在加拿大矿山，目前前装机使用量已达到 51%，斗容为 $8m^3$ 以下的挖掘机使用量下降了 15%。使用最广泛的是斗容为 $10 \sim 20m^3$ 的轮胎式装载机，它可代替斗容为 $6 \sim 15m^3$ 的挖掘机与载重量为 30 ~80t 的自卸汽车联合作业，其生产效率可提高 30% ~50%。目前世界各国露天矿所使用的装载设备，挖掘机和轮胎式前装机两者均各占 50%。

C 轮式装载机的适用范围

国内外多年的生产实践证明，轮式装载机适合进行下列几方面工作：(1)用于露天矿山开拓剥离、铁路筑基和修铺道路等工程建设中的装载、推排土、起重和牵引等多种作业；(2)在中小型露天矿山用来代替挖掘机和汽车作为矿山的主要采、装、运设备；可与汽车联合作业，也可向破碎站装运矿岩；(3)在某些大型露天矿，配合挖掘机在复杂条件下(如选别开采、工作面尽头、爆堆分散、挖掘堑沟等)进行采装工作及其他辅助作业；(4)可用于坡度较大的工作面进行采、装、运联合作业，完成难度较大的出矿工作。

常见的轮胎式、履带式两种前装机各有其特点。虽然履带式前装机的牵引力和铲取力较大，越野和爬坡等性能较好，但它速度低、不灵活，转移作业地点有时需要拖车；施工成本较高。因此，露天矿山很少采用履带式前装机，世界各国矿山使用最普遍的是轮胎式装载机，所以其生产数量较多，制作技术也发展很快，最大机型斗容已达40 m^3。

8.7.6.2 装载机的主要技术参数计算

A 工作阻力和最大插入能力

a 插入阻力

铲斗插入料堆时受到的料堆阻力称为插入阻力。插入阻力 P_c 可按式(8-163)计算：

$$P_c = 10KL_c^{1.25}B \tag{8-163}$$

式中 L_c——铲斗一次插入深度，cm；

B——铲斗最大铲取宽度，cm；

K——与物料性质、块度、堆高和铲斗形状有关的系数：

$$K = K_1K_2K_3K_4$$

K_1——物料块度和松散程度影响系数，取值见表8-170；

K_2——物料性质影响系数，取值见表8-171；

K_3——物料堆高影响系数，取值见表8-172；

K_4——铲斗形状影响系数，当斗宽小于1.5m时取 $K_4=1.3\sim1.8$，当斗宽大于1.5m时取 $K_4=1.1\sim1.3$。

表8-170 物料块度与松散程度影响系数

块度/mm	<100	100 ~ 300	300 ~ 400	400 ~ 500	不小于500
系数 $K_1$①	0.5 ~ 0.8	1.0	1.1	1.2	1.3

① 当物料松散性不好时，系数值应增大20% ~40%。

表8-171 物料性质影响系数

物料种类	坚硬岩石及锰铁矿石	一般铜铁矿石	细粒花岗岩	砂质页岩	石灰石	砂砾岩	泥质页岩	河砂	煤炭
密度/(t/m³)	4.2 ~ 4.5	3.2 ~ 3.8	2.7 ~ 2.8	2.6 ~ 2.7	2.5 ~ 2.6	2.3 ~ 2.5	2.3 ~ 2.4	1.7 ~ 1.8	1.2 ~ 1.3
系数 K_2	0.19 ~ 0.20	0.17 ~ 0.18	0.14 ~ 0.15	0.12 ~ 0.13	0.10 ~ 0.11	0.09 ~ 0.10	0.08 ~ 0.09	0.06 ~ 0.07	0.04 ~ 0.05

表8-172 物料堆高影响系数

堆高/m	0.4 ~ 0.5	0.6 ~ 0.7	0.8 ~ 0.9	1.1 ~ 1.3	≥1.4
系数 K_3	0.5 ~ 0.6	0.7 ~ 0.8	0.9 ~ 1.0	1.1	1.15

b 铲取阻力

当铲斗插入料堆一定深度、提起铲斗所受到的料堆阻力称为铲取阻力。铲取阻力 N_c 可按式(8-164)计算：

$$N_c = 2.2\tau BL_c \tag{8-164}$$

式中 τ——物料的单位剪切阻力，N/m^2，对一般松散矿岩可取 $\tau=30000\sim35000N/m^2$；

B——铲斗最大铲取宽度，m；

L_c——铲斗插入深度，m。

c 前装机的最大插入能力

当前装机以作业速度水平插入料堆时，所能达到的最大插入能力 P_{max} 可按式(8-165)计算：

$$P_{max} = \frac{3670N_{max}\eta_z}{V(1-\delta)} - G_n\omega_0 \tag{8-165}$$

式中 N_{max}——发动机的最大有效功率(扣除附件和液压泵所需功率),kW;

η_z——总传动率,一般取 $\eta_z=0.6\sim0.7$;

V——前装机的插入速度,km/h;

δ——行走滑转率,一般取 $\delta=0.18\sim0.20$;

G_n——前装机的黏着重力,N,一般取前装机空重力;

ω_0——前装机作业的综合阻力系数,一般可取 $\omega_0=0.10\sim0.15$。

B 柴油发动机功率和油泵流量的确定

a 发动机功率

前装机发动机功率 N 的确定一般需考虑联合铲装工况(铲斗既插入又提起的瞬间状态),可按式(8-166)计算:

$$N=\frac{P_q VK}{3670\eta_z}+\sum\frac{P_i Q_i}{61.2\eta_i} \tag{8-166}$$

式中 P_q——行走轮轴上的最大牵引力,N:

$$P_q=G_n\varphi$$

φ——前装机轮胎的黏着系数,一般取 $\varphi=0.6\sim0.7$;

V——铲斗插入时的前装机行速,km/h,一般取 $V=3\sim4$km/h;

P_i——联合铲装时参与工作的油泵的油压,MPa;

Q_i——参与工作的油泵的流量,L/min;

η_i——参与工作的油泵的效率,参照铭牌取值;

K——未计入阻力的影响系数,一般可取 $K=1.20\sim1.25$;

其他符号意义同前。

b 工作油泵流量

各工作系统油泵流量 Q 的计算:

$$Q=\frac{0.06nFL}{t\,\eta_r} \tag{8-167}$$

式中 n——同时工作的油缸个数;

F——油缸活塞的作用面积,cm^2;

L——活塞全行程,cm;

t——油缸的动作时间,s;

η_r——工作油泵的容积效率,一般取 $\eta_r=0.80\sim0.95$。

C 装载机铲斗容积的选择计算

根据所铲装的物料性质不同,装载机可配装不同容积或不同型式的铲斗。前装机的斗容计算,一般又可分为几何斗容和额定斗容两种标量。此外应注意,前装机的斗容及技术生产率计算与挖掘机不同。因为前装机一般只铲取松散物料,所以铲斗的换算体积应是松散体积,矿岩容重及矿岩量都按松散状态计算。而挖掘机可以直接铲挖实体物料(如土壤和软岩等),所以将斗容换算成实体物料体积,矿岩容重及矿岩量都按实体状态计算。

a 按前装机的额定载重量确定斗容

已知前装机的额定载重量和物料的松散容重,可按式(8-168)确定前装机应有的斗容 V_0:

$$V_0=\frac{G_m}{\gamma K} \tag{8-168}$$

式中 G_m——前装机的额定载重量,t;

γ——装载物料的松散容重,t/m^3;

K——铲斗装满系数。

根据露天矿山具体作业条件不同,铲斗装满系数的取值也不同,各国都有一些推荐值(表8-173~表8-175)。我国几个露天矿用ZL50型装载机装载硬度系数为 $f=5\sim8$ 的矿岩,实际标定的铲斗装满系数为:

(1) 铲装 1 ~ 3m^3 的大块岩石,每斗可装一块;

(2) 矿岩块度大于 300mm,装满系数为 0.6 ~ 1.05;

(3) 矿岩块度小于 300mm,装满系数为 0.8 ~ 1.2;

(4) 砂土、碎石、土夹石,装满系数为 1.0 ~ 1.3。

表 8-173 日本采石手册推荐的铲斗装满系数

矿岩状况	装载机只作装载	装载机作采装运
爆破较好的碎石	0.85 ~ 0.95	0.80 ~ 0.85
爆破中等的碎石	0.80 ~ 0.90	0.75 ~ 0.80
爆破不好的碎石	0.70 ~ 0.80	0.60 ~ 0.65

表 8-174 美国卡特彼勒推荐的铲斗装满系数

松散物料块度	装满系数	松散物料块度	装满系数
混合状态	0.95 ~ 1.0	19 ~ 150mm	0.90 ~ 0.95
最大为 3mm	0.95 ~ 1.0	>150mm	0.85 ~ 0.90
8 ~ 19mm	0.95	破碎不好的石料	0.75 ~ 0.78

表 8-175 我国装载机铲斗装满系数推荐值

铲装难易程度	物料名称及其状态	装满系数
比较容易装载	不需挖掘力而易于堆积于铲斗上的砂土	1.0 ~ 1.25
一般困难的装载	一般土、条件较好的黏土、较软砂土	0.75 ~ 1.0
比较困难的装载	硬黏质土,机械堆成的碎石,凝固砾质土	0.65 ~ 0.75
困难的装载	爆破堆放的石块、卵石、砾石	0.45 ~ 0.65

我国几个露天矿对铲斗装满系数的实际标定数据与国外有关推荐值基本相同,可以作为设计计算参考。

b 按前装机的实际生产能力确定斗容

已知矿山所要求达到的每班实际生产能力,前装机斗容 V_0 可按式(8-169)确定:

$$V_0 = \frac{Q_b T_1}{3600 T_b n K} \tag{8-169}$$

式中 Q_b——前装机每班所需完成的松散物料装载量,m^3/班;

T_1——前装机一次工作循环所需要的时间,s;

T_b——前装机每班工作时间,h;

n——前装机每班的时间利用系数,一般取 $n = 0.70 \sim 0.85$;

K——铲斗装满系数,取值参考表 8-173 ~ 表 8-175。

当设备规格确定之后,如果采用汽车配合作业,则按 2 ~ 4 铲斗装满一车来选择汽车的规格;当汽车运距较短时(小于 1.5km),按 2 斗装满一车计算,当运距较长时(大于 1.5km),按 3 ~ 4 斗装满一车计算比较合适。

c 前装机铲斗的容积计算

(1) 几何斗容。几何斗容应按不同铲斗形状和斗背是否装有挡板分别进行计算。

斗背上装有挡板(图 8-166)的铲斗,其几何斗容按式(8-170)计算:

$$V_j = SB - \frac{2}{3}a^2 b \tag{8-170}$$

式中 S——铲斗横断面面积,m^2;

B——铲斗内壁宽度,m;

a——挡板高度,m;

b——铲斗开口最大宽度,m。

斗背上不装挡板(图 8-167)的铲斗,其几何斗容 V_j 按式(8-171)计算:

$$V_j = SB \tag{8-171}$$

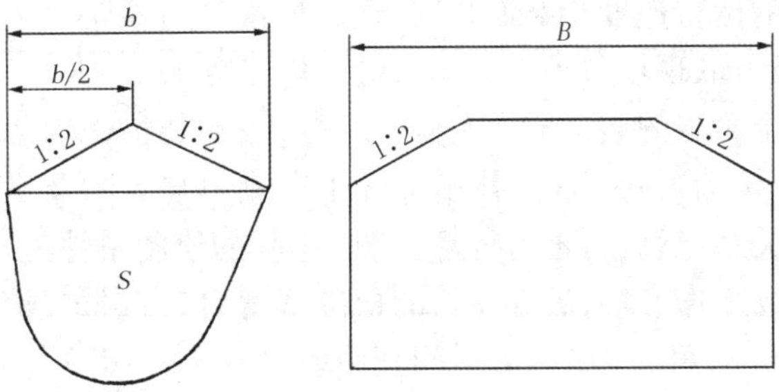

图 8-166 有挡板铲斗计算尺寸

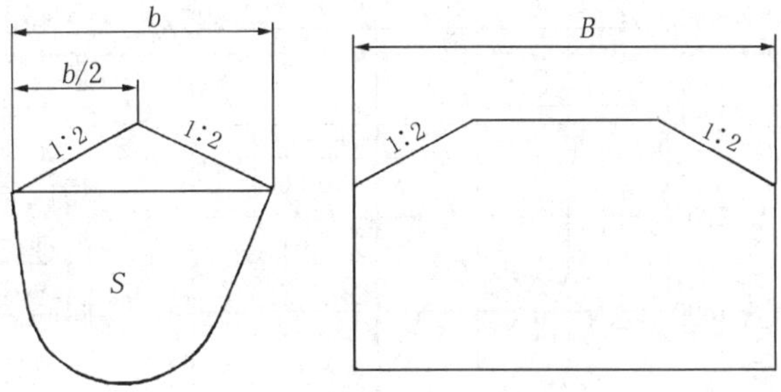

图 8-167 无挡板铲斗计算尺寸

(2) 额定斗容。额定斗容也称堆装斗容，也应按不同铲斗形状和斗背是否装有挡板分别进行计算。

斗背上装有挡板的铲斗，其额定斗容 V_e 用式(8-172)计算：

$$V_e = V_j + \frac{b^2B}{8} - \frac{b^2}{6}(a + c) \tag{8-172}$$

式中 c——物料的堆积高度，m。

背上不装挡板的铲斗，其额定斗容 V_e 用式(8-173)计算：

$$V_e = V_j + \frac{b^2B}{8} - \frac{b^3}{24} \tag{8-173}$$

D 生产能力计算

a 前装机只作装载时的生产能力

当前装机仅作为向运输车辆装载使用时，其生产能力 Q_s 可按式(8-174)计算：

$$Q_s = \frac{3600V_jKE}{T_1} \tag{8-174}$$

式中 V_j——铲斗的几何容积，m^3；

K——铲斗的装满系数；

E——短时作业时间利用系数，美国卡特彼勒资料推荐值为0.75，日本资料推荐值为0.75～0.85；

T_1——前装机一次作业循环时间，s：

$$T_1 = t_1 + t_2 + t_3 + t_4$$

t_1——铲斗装满时间，s，它包括铲斗向岩堆插入、翻转正位和动臂提升到运行位置所需要的全部时间；

t_2——重载前装机运行到卸载地点所需要的时间，s；

t_3——铲斗卸载时间，s，它包括举升重载铲斗、翻卸物料和空斗回位所需要的全部时间；

t_4——空载前装机返回装载工作原位所需要的时间，s。

b 前装机作装运卸时的生产能力

当工作面与卸载地点（如溜矿井等）距离较近时，前装机可以取代汽车、铲运机等，同时完成采、装、运三个环节的联合作业。这时的生产能力 Q_s 按式(8-175)计算：

$$Q_s = \frac{3600V_jKE}{T_2} \tag{8-175}$$

式中 T_2——前装机一次装运卸工作循环时间，s：

$$T_2 = t_1 + t_2 + t_3$$

t_1——铲斗装满时间，s；

t_2——重载前装机运行到卸载地点所需要的时间，s，$t_2 = L/V_1$；

t_3——空载前装机回程所需要的时间，s，$t_3 = L/V_2$；

L——前装机的运行距离，m；

V_1——重载前装机的平均行速，m/s；

V_2——空载前装机的平均行速，m/s。

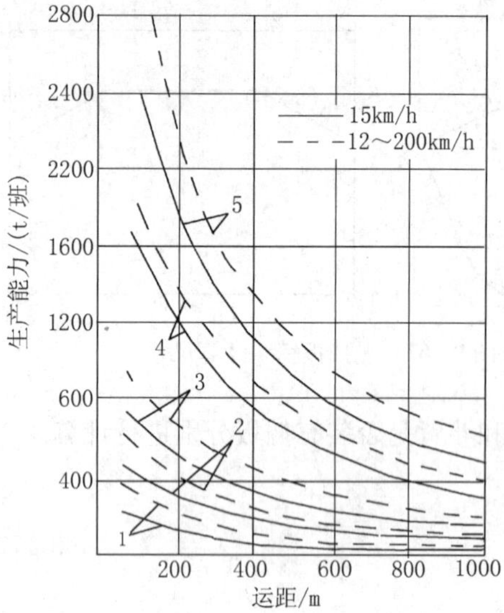

图 8-168 轮胎式装载机生产能力与运距及行速的关系

1—载重量 2t、斗容为 $1.25m^3$、功率 92kW；2—载重量 4t、斗容为 $2m^3$、功率 154kW；3—载重量 5t、斗容为 $3m^3$、功率 185kW；4—载重量 9.9t、斗容为 $5.9m^3$、功率 277kW；5—载重量 16t、斗容为 $9.6m^3$、功率 415kW

前装机的运行速度与路面状况、道路坡度和运输距离等因素有关，一般可取现场各种工况运行的平均速度 18km/h。

为了确定矿岩的装运成本及其他指标，当前装机作为装运卸设备时，可按图 8-168 首先找出实际生产能力与运距及平均行速之间的关系，然后再进行计算。图 8-168 的绘制条件是，普通露天矿采场工作环境，破碎矿岩的松散密度为 $2.5t/m^3$，铲斗装满系数为 0.8，每班工作 7h，时间利用系数为 0.8～0.9。

E 设备台数计算

a 按矿山设计生产能力计算台数

已知露天矿山设计生产能力，生产所需的前装机数量 N_b 可按式(8-176)计算：

$$N_b = \frac{A_n K_j}{Z m Q_b} \tag{8-176}$$

式中 A_n——矿山年剥离总量，t；

K_j——工作不均衡系数，一般取 $K_j = 1.10 \sim 1.20$；

m——前装机年工作天数；

Z——前装机日工作班数；

Q_b——前装机的班生产能力，t/班。

在一般情况下，前装机的生产能力可由前述有关公式计算选取，也可以根据推荐指标确定。目前多是把计算值与推荐值综合起来考虑，确定出较合理的数据。

b 前装机数量的确定

(1) 根据矿岩铲装工作量和其他作业条件，按上述公式计算结果(参考推荐指标)来确定生产中应有的前装机台数；

(2) 当前装机与挖掘机相配合作辅助装运卸设备时，应根据矿岩性质和作业条件选配前装机。其设备总台数应根据矿山产量及采场具体布置方案而定。一般是 2～3 台挖掘机配备一台前装机；

(3) 零散辅助作业所需要的前装机数量，可按实际工作时间而定；小于 4h，配备一台；大于 4h，每增加 5 个工作面，增加一台前装机。全矿选型最好统一，以便管理。

8.7.6.3 矿山常用轮式装载机的主要技术参数

我国已有许多制造厂可以生产轮式装载机，特别是中小型规格品种很多：柳州工程机械公司、厦门重工机械公司、徐州工程机械公司和沈阳山河工程机械厂等，可以制造较大型的轮式装载机。

常见国产 QJ 系列和 ZL 系列轮式装载机的主要技术参数见表 8-176。常见进口轮式装载机的主要技术参数见表 8-177。常见国外轮式装载机的主要技术参数见表 8-178。典型轮式装载机的外形尺寸及工作尺寸如图 8-169～图 8-174 所示。

表 8-176 常见国产轮胎式装载机的主要技术参数

型　号	ZL40B	ZL50B	ZL50C	ZL-50C-Ⅱ	ZL50F	ZL60D	WA420	ZLM60	ZL60E	WA470	ZL70	ZL90	QJ-5
额定斗容/m^3	2.0	3.1	2.7	3.0	3.0	3.3	3.5	3.5	3.3	3.9	4.0	4.5	5.0
额定载重量/t	4	5.5	5	5	5	6	6	6	6	7	7	9	10
最大卸载高度/mm	2890	2910	2980	3090	3090	3100	3000	3010	3060	3070	3310	3320	3600
卸载距离/mm	930	1150	1100	1250	1250	1240	1210	1150	1230		1440	1780	1600
最大牵引力/kN	108	119	118	135	135	120	175	172	170	188	245	285	288
最大爬坡能力/(°)	25	28	25	25	25	25	25	30	30	25	25	30	25
最小转弯半径/mm	5650	6450	6200	6250	6250	6440	5650	5960	6780	5820	7520	8330	7480
最高挡位行速/(km/h)	35	42	35	35	35	42	32	35	43	34	34	32	31
倒挡位速度/(km/h)	15	42	16	15	15	42	34	33	27	35	15	13	29
机器最大长度/mm	7010	7540	7680	7938	7938	8410	8320	8100	8100	8850	9000	9160	9360

续表 8-176

型　　号	ZL40B	ZL50B	ZL50C	ZL-50C-Ⅱ	ZL50F	ZL60D	WA420	ZLM60	ZL60E	WA470	ZL70	ZL90	QJ-5
机器最大宽度/mm	2720	2970	3000	3013	3013	3070	2820	2870	3100	3010	3300	3400	3660
机器行走高度/mm	3220	3320	3330	3363	3363	3560	3400	3550	3460	3490	3800	3900	3900
机器工作重量/t	13.5	17.1	16.2	16.2	16.5	20.1	18.4	19.5	20.3	21.7	27.1	36.1	37.1
轴距/mm	2840	3170	3105	3250	3250	3350	3300	3300	3350	3400	3650	3800	3600
轮距/mm	2050	2250	2250	2250	2250	2250	2200	2200	2250	2300	2500	3680	2670
发动机功率/kW	125	154	162	162	162	184	167	162	161	214	222	296	296
动臂举升时间/s	6.5	7.5	7.0	5.4	5.4	7.4	7.5	6.8	7.1	7.0	7.9	9.5	9.8
液力变矩系数	4.7	4.7	4.7	4.7	4.7	4.7	4.7	4.7	4.7	4.7	3.4	4.7	3.7
轮胎规格	20.5-25	24-25	23.5-25	23.5-25	23.5-25	24-25	24-25	24-25	26-25	26-25	29-29	29-29	29-29
主要制造厂家(公司)	徐州工程机械公司,成都工程机械厂,青州工程机械厂,山东工程机械厂,宜春工程机械厂		徐州工程机械公司,厦门重工机械公司,柳州工程机械公司,锦州工程机械厂,成都工程机械厂		厦门重工机械公司,柳州工程机械公司,郑州工程机械厂		徐州工程机械公司,厦门重工机械公司,柳州工程机械公司,常州工程机械厂,宣化工程机械厂			徐州工程机械公司,厦门重工机械公司,柳州工程机械公司,常州工程机械厂,沈阳矿山机器厂		柳州工程机械公司,沈阳矿山机器厂	

表 8-177　常见进口轮胎式装载机的主要技术参数

型　　号	966D	998	72-71	KLD100	992	475B	992C
额定斗容/m^3	3.1	4.2	4.9	5	7.6	7.6	10.3
额定载重量/t	5.5	8	10	8.8	13.6	13.6	18.4
最大卸载高度/mm	2690	3300	3500	3600	4000	4160	4170
卸载距离/mm	1416	1450	1500	1600	2210	1750	3300
最大牵引力/kN	170	271	316	284	391	401	662
最大爬坡能力/(°)	25	30	30	25	30	30	30
最小转弯半径/mm	6700	7300	8010	6750	8850	9040	9910
最高挡位行速/(km/h)	34	35	28	33	36	29	28
倒挡位速度/(km/h)	38	38	29	29	38	28	29
机器最大长度/mm	6378	8600	9200	9400	11400	11890	13080
机器最大宽度/mm	3090	3100	3480	3250	3650	3900	4750
机器行走高度/mm	3560	3500	4030	4000	4450	5020	5490
机器工作质量/t	19.9	31.2	35.1	36.1	54.2	55.1	86.1
轴距/mm	3350	3550	3970	3750	4300	4620	4830
轮距/mm	2210	2330	2670	2600	2930	2830	3360
发动机功率/kW	150	240	248	310	407	452	530
动臂举升时间/s	6.3	7.1	7.5	7.1	9.5	9.5	11.4
液力变矩系数	3.7	3.7	3.7	3.7	3.7	3.7	3.7
轮胎规格	24-25	29-29	29-29	29-29	37-35	37-35	37-35
主要制造厂家(公司)	美国卡特彼勒公司		美国特雷克斯公司	日本川崎公司	美国卡特彼勒公司	美国密执安公司	美国卡特彼勒公司

表 8-178　常见国外轮胎式装载机的主要技术参数

项　　目		沃尔沃 L150E	沃尔沃 L120E	川崎 85ZIV-2	卡特 966G	卡特 962GⅡ	卡特 950GⅡ	卡特 821C	小松 WA380-5	沃尔沃 L90E	利勃海尔 L544
工作质量/kg			19110	19940	22750	18601	17845	17192	16230	15160	15000
标准铲斗容量/m^3		3.1~12	3.0~9.5	3.1~3.6	3.3~4.0	2.7~3.6	2.7~3.5	2.68~3.06	2.7~4.0	2.3~7.0	2.8~6.0
轮胎规格		26.5-R25	23.5-R25	26.5-25-20PR	26.5-R25XHA	23.5-R25	23.5-R25 XHA(L_3)	23.5-25-12PR(L_2)	20.5-25-16PR(L_3)	20.5-R25	23.5-R25(L_2)
最大前进速度/(km/h)		37.3	35.1	34	37.3	37	37	37.8	31.5	37.1	38
最小转弯半径/mm		6445	5425	5665	6630	7016(铲外)			5620	5145	
尺寸	全长(运送)/mm	8640	8240	8090	8825	7990	7968	8050	8195	7470	7715
	全高(运送)/mm	3580	3350	3535	3550	3401	3401	3330	3315	3260	2355
	车身宽/mm	2950	2670	2930	2965	2892	2892	2700	2695	2490	2610
	轴距/mm	3550	3200	3300	3450	3350	3350	3200	3300	3000	3150
	离地间隙/mm	460	390	520	430	412	412	401	390	400	530
	卸载高度/mm	3000	2750	2945	3100	2917	2917	2970	2885	2820	2970
	卸载距离/mm	1220	1310	1150	1305	1195	1195	1110	1210	1060	990

续表 8-178

项 目		沃尔沃 L150E	沃尔沃 L120E	川崎 85ZIV-2	卡特 966G	卡特 962GⅡ	卡特 950GⅡ	卡特 821C	小松 WA380-5	沃尔沃 L90E	利勃海尔 L544
发动机	厂家	沃尔沃	沃尔沃	康明斯	卡特	卡特	CAT	CASE	小松	沃尔沃	利勃海尔
	型号	D108	D7D	M11-C	3306DITA	3126B	3126B	6TTAA-8304	SAA6D 114E-2	D6DLAE2	D9241TI-E
	功率/转速 /(kW/(r/min))	198/1600	164/1800	189/2000	175/2200	152/2200	136/2200	152/2000	151/2000	121/1900	121/2000
	活塞排量/L	9.6	7.1	10.82	10.46	7.20	7.2	8.3	8.27	5.7	6.64

项 目		川崎 70ZV	迪尔 624H	JCB 426ZX	日立 LX160-7	大宇 MEGA250-5	小松 WA430-5	沃尔沃 L110E	利勃海尔 L554	川崎 80ZIV-2	迪尔 644H
工作质量/kg		14330	13560	12650	16800	13800	18350	18110	17220	16330	17631
标准铲斗容量/m^3		2.5~3.1	2.3~2.7	1.8~2.7	3.2	2.4	3.1~4.6	2.7~9.5	3.1~3.6	2.7~3.1	2.7~3.3
轮胎规格		20.5-25-12PR(L_2)	20.5-25-12PR(L_3)	20.5-25(L_3)	23.5-25-16PR	20.5-25	23.5-R25-16PR	23.5-R25(L_3)	23.5-R25	23.5-25-16PR(L_3)	23.5-R25(L_2)
最大前进速度/(km/h)		37.8	39.5	38.5	34.5	37	33.2	36.2	38	35.5	35.4
最小转弯半径/mm		5215			6530	5166	5700	5730		5430	5500
尺寸	全长(运送)/mm	7600	7610	6990	8145	7500	8375	7850	8040	7865	8045
	全高(运送)/mm	3335	3300	3112	3240	3320	3380	3360	3355	3375	3400
	车身宽/mm	2585	2625	2403	2720		2820	2680	2610	2685	2875
	轴距/mm	3050	3030	3000	3250	3020	3350	3200	3150	3200	3200
	离地间隙/mm	405	406	375	470	430	460	440	530	460	461
	卸载高度/mm	2815	2858	2960	2830	2760	3125	2880	3145	2760	2945
	卸载距离/mm	1090	1038	946	1210	1160	1110	1110	1005	1220	1071
发动机	厂家	康明斯	迪尔	Perkins	Isuzu	Daewoo	小松	沃尔沃	利勃海尔	康明斯	迪尔
	型号	Q5B5.9	6068H	1006-TW	BB-6HK1T	D1146T	SAA6D 125E-3	D7DLBE2	D942TI-EA2	C-8.3-C	6081H
	功率/转速 /(kW/(r/min))	125/2400	128/2200	107.5/2200	143/2200	127/2200	162/2200	154/1700	137/2000	133/2200	134/2200
	活塞排量/L	5.89	6.80	5.99	7.79	8.07	11.04	7.1	6.64	8.27	8.1

项 目		卡特 980GLL	小松 WA500-3	沃尔沃 L180E	利勃海尔 L574	川崎 90ZIV-2	现代 HL770	卡特 972G	小松 WA470-3	小松 WA480-3	小松 WA470-5
工作质量/kg		29860	28220	26690	24420	21710	22500	24931	21920	24145	21600
标准铲斗容量/m^3		3.8~5.7	4.3~5.5	4.2~7.8	4.0~5.0	3.5~4.2	3.3~4.3	3.8~4.7	3.6~5.2	3.8~6.1	3.6~5.2
轮胎规格		29.5-R25	26.5-25-20PR	26.5-R25	26.5-R25	26.5-25-20PR	26.5-25-20PR	26.5-R25XHA	23.5-25-20PR	26.5-25-20PR	23.5-25-20PR
最大前进速度/(km/h)		37.4	33.0	37.2	38	31	36	37	31.5	34.3	33.1
最小转弯半径/mm			7390	7390(铲外)	6980(铲外)	5800		6263	5820	5900	5900
尺寸	全长(运送)/mm	9335	9055	8860	8695	8445	8395	9035	8690	9155	8815
	全高(运送)/mm	3753	3815	3590	3540	3535	3530	3550	3395	3500	3395
	车身宽/mm	3248	3090	2970	2930	2930		2965	2920	3010	2920
	轴距/mm	3700	3600	3550	3450	3400	3440	3450	3400	3450	3450
	离地间隙/mm	467	405	480	550	515	505	430	460	525	460
	卸载高度/mm	3374	3025	3080	3375	2940	3022	3290	3120	3205	3120
	卸载距离/mm	1469	1490	1290	1190	1320	1273	1280	1255	1410	1305
发动机	厂家	卡特	小松	沃尔沃	利勃海尔	康明斯	康明斯	卡特	小松	小松	小松
	型号	3406E EUI	SA6D 140E-3	D12CLCE2	D926TI-EA2	M11-C	M11-C	3306	SA6D125E	SAA6D 125E-3	SAA6D 125E-3
	功率(kW)/转速(r/min)	232/2000	235/2100	221	195/2000	191/2100	209/2100	196/2200	194/2200	202/2000	195/2000
	活塞排量/L	14.6	15.2	12	9.96	10.82	10.80	10.46	11.04	11.04	11.04

8.7.6.4 前装机的选型原则和配套关系

A 选型原则

(1) 选择前装机(轮胎式装载机)应以系列产品为主,并且尽量使设备型号一致,给矿山管理和维修工作提供方便,从而延长前装机的使用寿命和降低运营成本。

(2) 前装机作为露天矿主要采装设备时,应进行生产能力计算。要选择铲取力和功率较大、适应性较强

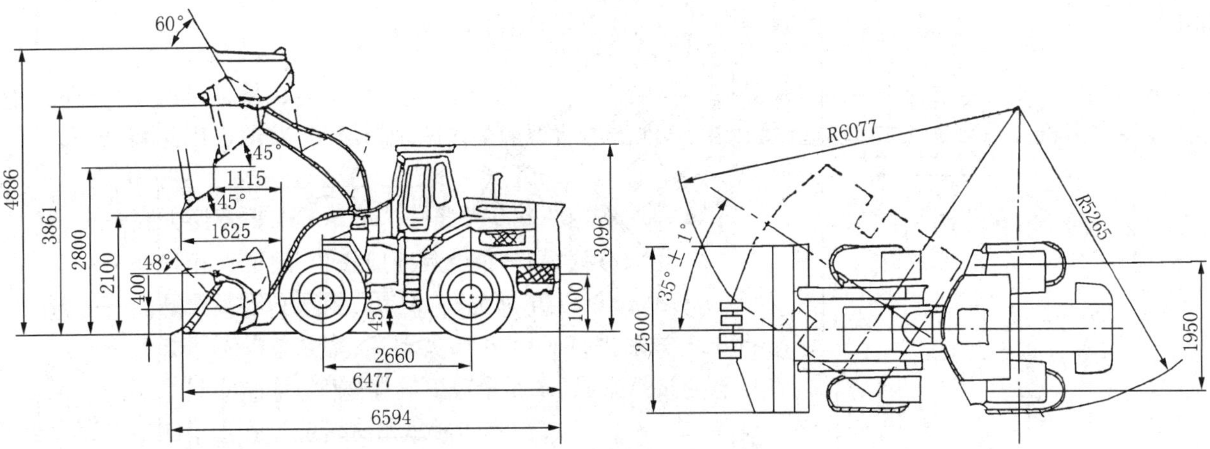

图 8-169 ZL40 型轮胎式前装机工作尺寸

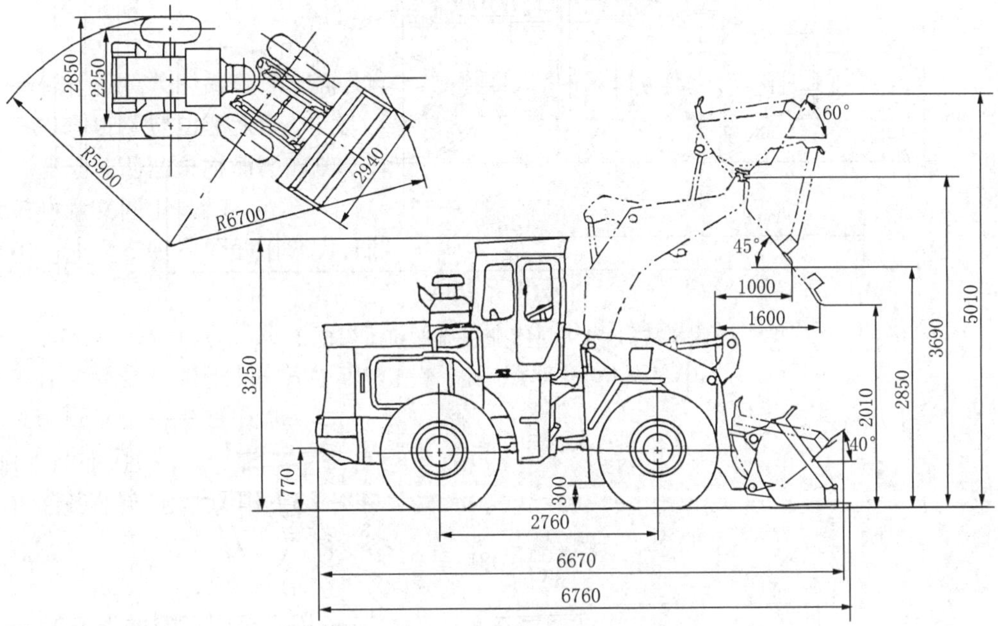

图 8-170 ZL50 型轮胎式前装机工作尺寸

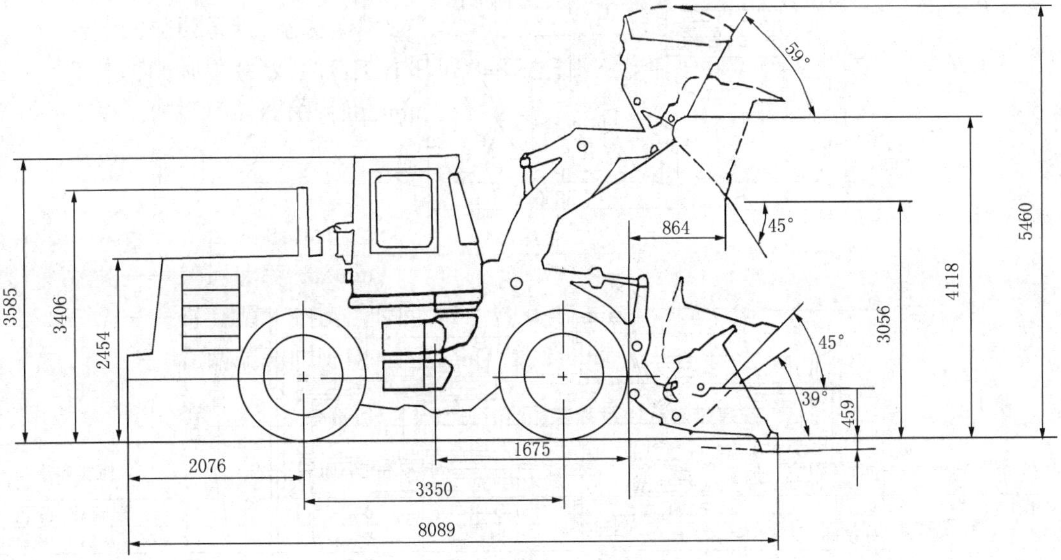

图 8-171 ZL60E 型轮胎式前装机工作尺寸

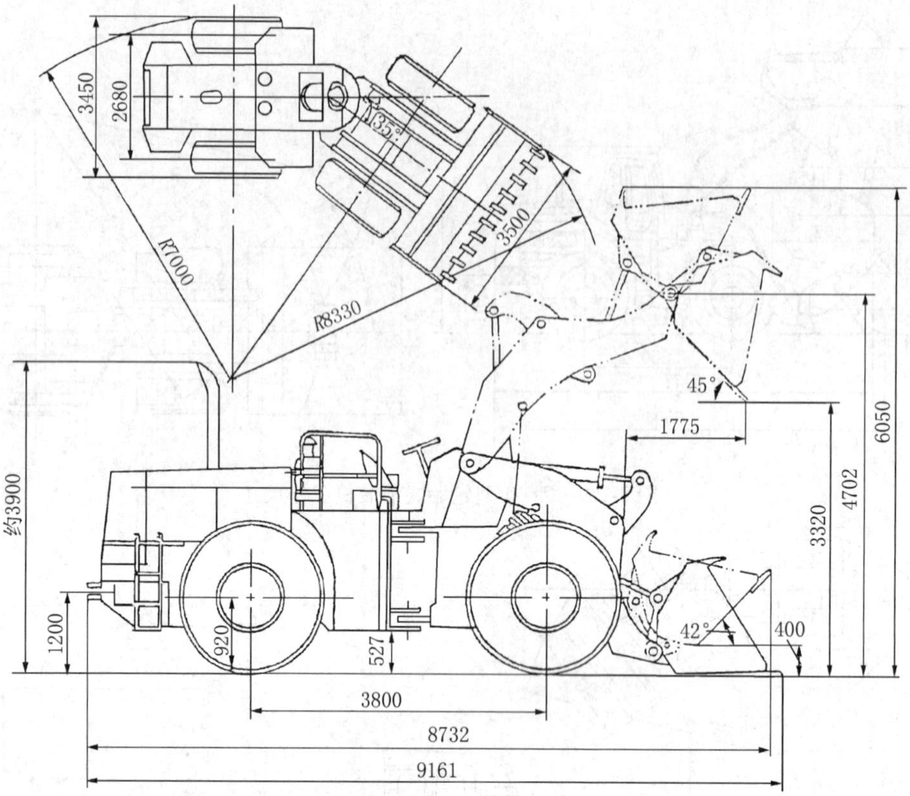

图 8-172 ZL90 型轮胎式前装机工作尺寸

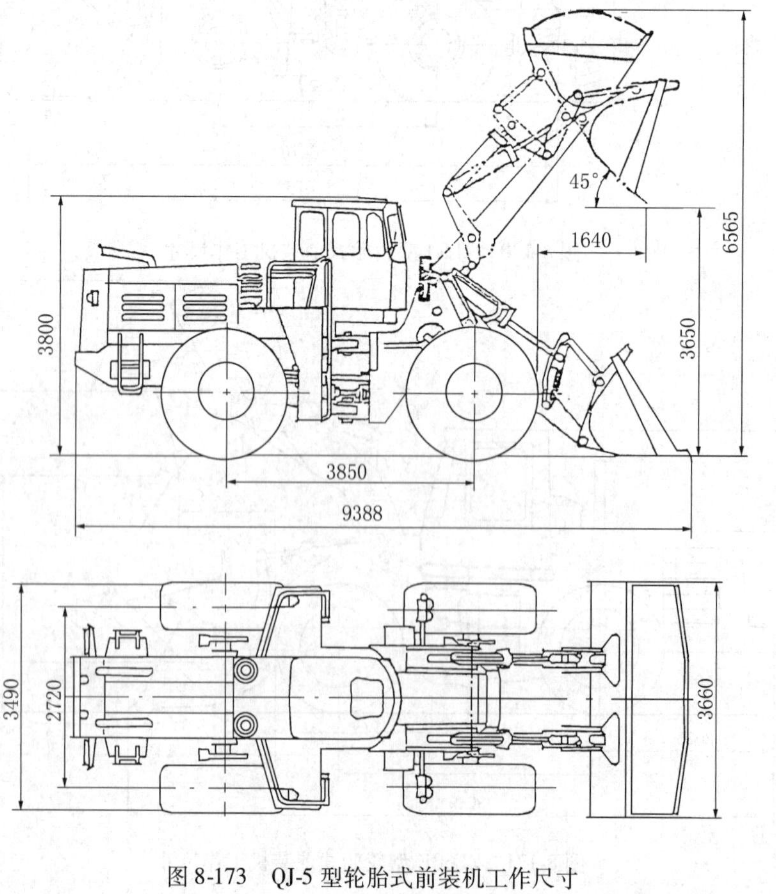

图 8-173 QJ-5 型轮胎式前装机工作尺寸

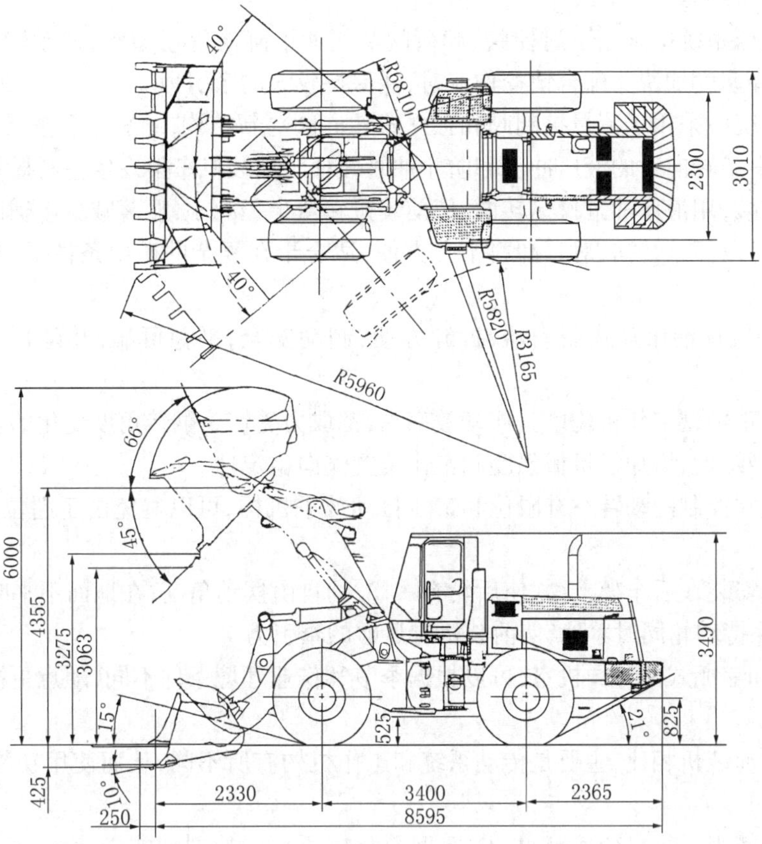

图 8-174 WA470-3 型轮胎式前装机工作尺寸

的装载机，并能与采用的汽车等运输设备相互配套。

(3) 前装机作为露天矿辅助设备时，不但要考虑额定载重量和牵引力等主要技术性能是否适应矿山生产复杂性的要求，而且还要考虑作业项目的零散性对装载机效率的影响。

(4) 前装机的选择，除应计算其生产能力外，还应根据所装物料的物理机械性质和工作环境进行铲取力、插入力、牵引力和发动机功率的校核计算；做到科学地、合理地选用矿山生产铲装设备。

B 前装机与挖掘机的配套关系

在国内外的大型露天矿山，前装机主要作为辅助设备使用。如爆堆的堆积、清理工作面、堵塞炮孔、修筑道路和排土倒堆等。其作用与推土机相似。当把前装机作为辅助设备时，其台数与挖掘机台数之比为(1～1.5)∶1，其斗容与挖掘机斗容之比为(0.8～1)∶1。

前装机具有机动灵活、重量轻、操作方便和造价较低等许多优点。所以在中小型矿山它已有可能逐渐成为主采设备，取代单斗挖掘机。

露天矿采用前装机的规格，随着矿山产量的增大，前装机斗容量也相应增大。生产实践证明，露天矿山所配用前装机的斗容大约与挖掘机斗容相等。所以，前装机斗容与矿山产量之间的关系相当于挖掘机斗容与矿山产量的关系。关于前装机台数的确定，目前普遍认为，如果完全用前装机代替挖掘机承担正规装载作业，其斗容及台数为采用相应单斗挖掘机的 1.3～1.5 倍比较合适。

近年来我国露天矿使用较多的国产前装机是 ZL-90 型与 QJ-5 型，其中 QJ-5 型前装机更适于露天矿作业，它的主要特点如下：

(1) 该机采用了带有双导轮综合式液力变矩器的液力-机械传动系统，传动效率高，可以无级调速，使前装机具有良好的铲取和牵引性能。当外载荷突然增大(如铲斗插入岩堆时)，传动系统能够自动增大牵引力，而同时降低转速。

(2) 采用了动力换挡副轴式变速箱，使前装机换挡操作比较轻便。变速箱挡位虽多(前后各三挡)，但零部件少,拆装方便,便于维修。

(3) 在工作装置液压系统中采用了遥控阀、卸荷阀及快速下降阀等新型阀,使动臂和转斗操作非常轻便,铲斗举升和空载下降速度加快。配合铲挖作业时,能保持较大的牵引力。

(4) 在转向液压系统中采用了流量控制阀和独立式转向阀等新结构,缩短了急速转向时间。可有效地利用发动机功率,并减少了转向时的液压冲击和防止油管破损时前装机车架发生左右摇晃。

(5) 前后车架为铰接,用液压油缸操纵转向,使前装机转弯半径减小,显著减少了辅助时间,增强了灵活性和纵向稳定性,并且可以停车转向,对车卸料十分方便,适合于在复杂的矿山条件下向25~32t级自卸汽车装载矿岩及其他物料。

(6) 采用了双管路气顶油钳盘式制动器,拆卸方便,制动安全,平稳可靠,并延长了摩擦衬片的使用寿命。

(7) 采用了双摇杆正传型工作机构。其连杆效率高,铲取力受铲斗翻转角度变化的影响较小;行车时司机视野好;动臂采用箱型结构,增加了机械强度和工作装置侧向稳定性。

(8) 采用了以压气阀控制的动臂举升限位和铲斗自动放平机构,可以避免由于超位产生的动作延缓时间和机件损坏。

(9) 后桥用副车架安装在后车架上,并使后轮有±12°的自由摆动角度;在地面不平时,一个后轮可以升高或下落564mm而仍保持四轮同时着地,使前装机有足够的牵引力。

(10) 备有封闭式和凉棚式两种司机室,可以根据季节和作业环境条件不同,随意更换配用;司机操作舒适安全。

ZL-90型与QJ-5型前装机相比,主要是传动系统和工作机构有所不同,从而使用功能也有差异,其主要特点如下:

(1) 该机传动系统使用了行星变速箱,与QJ-5型前装机所采用的副轴式变速箱相比,它是由数个齿轮分散传递动力,而且反力不是集中在机壳体的一个方向,外形尺寸可较小;液压换挡离合器安装在固定的机壳上,由活塞推动,油压容易控制。但其装置精密件较多,加工精度要求较高,装配工作较复杂,维修不便;传动系统速比不能随意变化,部件不宜通用化,也不便于组合设计。

(2) 传动系统采用了双涡轮变矩器,与QJ-5型前装机的双导轮综合式变矩器相比,它的变矩系数较大,但其效率较低。

(3) 采用了双摇杆反转型工作机构,与QJ-5型前装机的双摇杆正转型工作机构相比,它的结构简单,铰接点较少;但连杆效率较低,卸载时摇杆容易碰到汽车车厢。

由上述分析可知,两种前装机在结构上各有其优缺点,可根据矿山生产实际条件和运输车辆不同而分别选用。如果主要从矿山使用维修方便和批量生产比较容易来考虑,以QJ-5型前装机为优。我国的QJ系列和ZL系列前装机所采用的传动系统体现了两种不同的发展方向。前者与美国克拉克、万国、哈佛、艾姆科等公司的前装机传动系统类似;后者则与美国卡特彼勒、日本小松和川崎等公司的前装机传动系统相类似。这些型式的前装机在世界各国都已得到广泛应用。

8.7.6.5 前装机在露天矿的应用

A 前装机作为主要采装设备

当用前装机作为露天矿山的主要采装设备时,其效能和工况主要取决于与汽车的布置形式和采场工作面尺寸。

a 前装机与汽车配合作业方案布置形式

(1)前装机与汽车斜交。如图8-175(a)所示,汽车与工作面布置成30°~45°角,前装机与汽车相互斜交。当前装机向工作面前进和驶往汽车卸载时,都必须转向才能达到目的。这种布置方案在国外露天矿采用比较广泛;

(2) 前装机与汽车直交。如图8-175(b)所示,使待装汽车往返地平行于工作面前进和后退。这种方案的作业循环时间较长。主要适用于带刚性车架结构的轮胎式前装机或履带式前装机,以及工作面狭窄或前装机不可能转向的作业场所；

（3）前装机与汽车平行。如图 8-175(c)所示，前装机挖掘方向与汽车行驶方向平行，汽车可以布置在干线上。这种方案增加了前装机工作过程的运行距离，但却避免了汽车在不好的工作面上运行。有些矿山（黏土矿）的工作面条件恶劣，难于行车，多采用这种方案。

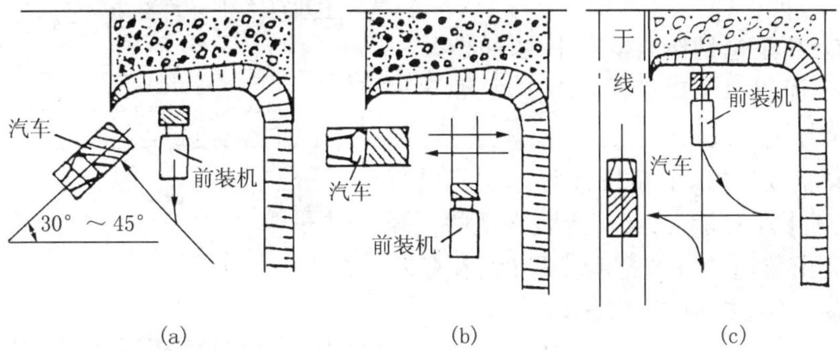

图 8-175 前装机与汽车配合作业时的装载工作布置

(a)前装机与汽车斜交；(b)前装机与汽车直交；(c)前装机与汽车平行

b 采场工作台阶尺寸

前装机的规格确定之后，要使采场工作台阶尺寸与使用设备相适应。据国外资料介绍，在各种露天矿山条件下，台阶高度为 2～20m 时可使用前装机。但考虑铲装安全问题，使用最广泛的台阶高度是 8～15m。

斗容为 3 m^3 的前装机向 10～15t 级汽车装载，工作台阶的宽度一般为 25～28m；斗容为 5m^3 的前装机向 25～30t 级汽车装载，工作台阶的宽度可为 30～35m。如果前装机与移动式破碎站和胶带机相配合，则应根据布置情况和前装机的最小转弯半径确定工作面宽度。

B 前装机作为装运卸设备

当前装机作为运装卸设备时，影响其生产效率的主要因素是运距和坡度。而运距与坡度参数的确定则应综合考虑矿山生产现场和许多具体条件。

a 合理运距的确定

用前装机代替挖掘机与汽车配合工作时，其合理运距的确定，目前各国所考虑的因素不尽相同，数据差别较大。如日本石灰石矿山的合理运距推荐值为 100～150m 为宜；俄罗斯矿山则认为，前装机的合理运距与矿山产量、前装机载重量及道路条件有关；当矿山年产量为 300～500kt 时，俄罗斯矿山确定的合理运距是 100～300m。美国一些公司认为，如果前装机的采装运一次工作循环时间不大于 3min 时，运距则是合理的（实际运距相当于 100～300m）。

据国外经验介绍，前装机的最大运距和合理运距与其斗容大小、装载量和矿山产量的关系见表 8-179。

表 8-179 前装机斗容与运距的关系

斗容/m^3	2.0	3.0	4.5	7.5	9.0
最大运距/m	120	150	170	250	300
合理运距/m	50	65	80	125	150

b 运输方案的布置

前装机作为装运卸设备时，可直接向溜矿井、移动式破碎站的受矿斗以及其他装载设备卸载；布置方案都应在合理运距范围内。工作面的具体布置如图 8-176 所示。

c 前装机作为辅助设备

由于前装机一机多能，它在现代大型露天矿的辅助作业中也得到了广泛应用。如爆岩的堆积、工作面及漏斗中不合格大块岩石的挑运、修建和维护道路、转移剥离的岩石、平整采矿场和排土场、给露天设备运送油料及备品备件等。此外，还可以用于掘沟工程作业。

前装机进行辅助作业的工作面布置方案，根据现场具体条件而定。当用前装机掘沟时，沟的坡度应小于20%，沟的宽度可以减小到6m（用挖掘机和汽车时的宽度一般为18～20m）。如果堑沟很深，可以分层掘进，一般每个分层厚度为3～6m。

由上述可知，前装机不论是作为生产中的主要设备，还可作为辅助设备，既可以单独完成装运卸工作，也可以与汽车配合使用。

国内外统计资料都表明，以前装机代替挖掘机进行正规装载作业，在技术上是可能的，经济上是合适的。今后我国在考虑露天矿山装运设备的配套问题时，在条件适宜的矿山，可采用前端式装载机作业方案。

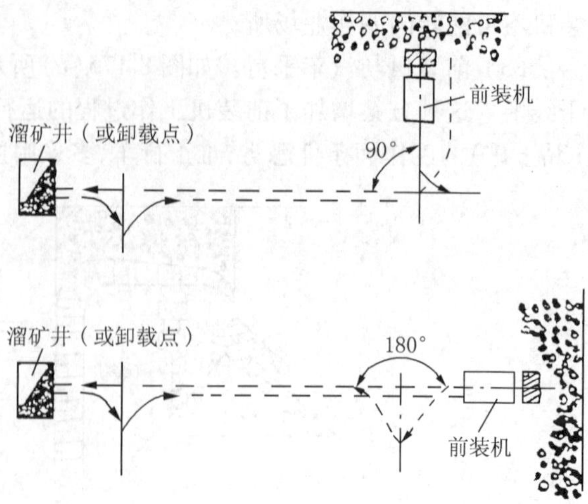

图8-176　前装机向溜矿井（或卸载地点）卸载时的工作布置

8.7.7　露天铲运机

露天矿山使用的铲运机与地下矿使用的铲运机是结构功能不同的两种设备。露天铲运机工作时，是通过机身腹部的铲斗进行剥料、装料、运输、卸料或撒布物料。对于接近表土和矿岩较软的矿床（如铝矾土矿等），可以直接使用铲运机进行采矿作业。在一般矿山作业中，铲运机也可用来剥离表土、平整地面、填筑路基和挖掘堑沟等。

8.7.7.1　铲运机的分类和适用条件

A　铲运机的分类及特点

露天铲运机的分类及特点见表8-180。

表8-180　露天铲运机的分类及特点

分　类	简　图	特　点
拖　式	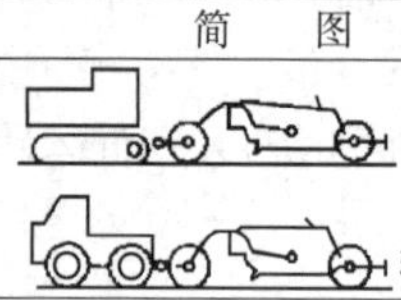 履带式 轮胎式	由履带或轮胎拖拉机牵引，履带拖拉机牵引的经济运距200～300m，轮胎拖拉机牵引的经济运距300～800m
半拖式	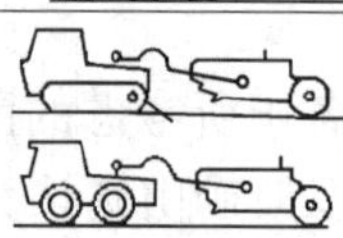 履带半拖式 轮胎半拖式	铲运机重力的一部分通过牵引装置传至牵引车，增加附着力，改善附着性能；转弯半径比拖式小，机动性高。但在牵引车上必须设置与铲斗牵引架相适应的牵引机构。经济运距500～1500m
自行式	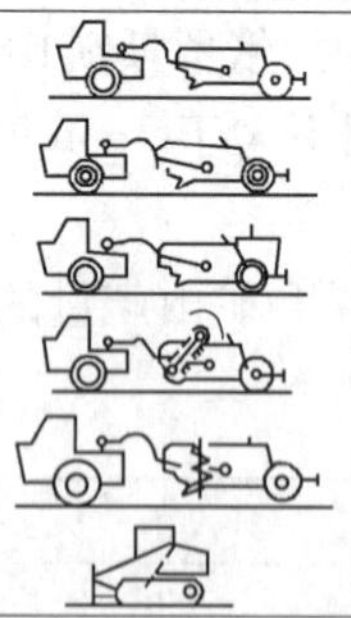 单发动机式 电动轮式 双发动机式 链板装斗式 螺旋装斗式 履带式铲运推土机	结构紧凑，机动性好，运输速度高，生产率比拖式和半拖式高一倍。适用于大量土方作业，经济运距1000～2000m。单发动机式，由于牵引力限制，作业时需助铲。电动轮式和双发动机式，加速性能好，牵引力大，爬坡性能强。链板装斗式和螺旋装斗式，作业时无需助铲（装土阻力可减少60%），但装土时间增加30%。履带式铲运推土机，接地比压低，附着性能及机动性能好，适用于狭窄地区作业，经济运距在500m以内
铲斗串联式	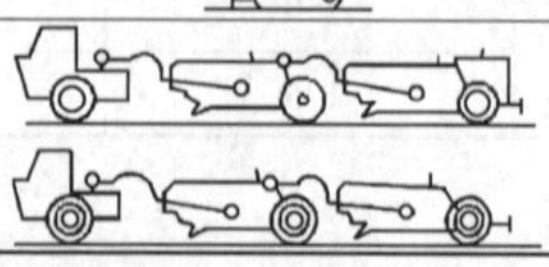 双发动机双铲斗串联式 单发动机双铲斗串联式	由两个或两个以上铲斗串联组成铲运机组，可由单个或两个发动机驱动，生产率高 经济运距1000～3000m

一般露天矿山，常选用自行式铲运机（图8-177）或拖式铲运机（图8-178）。铲运机依靠牵引力进行铲装作业，在一个作业循环中顺序完成铲、装、运、卸或铺撒物料工作。在整个工作过程中，自铲自装作业是铲运机最显著的特点。图8-179所示为正在铲装工作的铲运机。

自行式铲运机的牵引车与铲斗具有统一底盘，分开后不能独立运行。拖式铲运机一般由履带推土机牵引，运行速度低，总长度大而转向不灵活，多用于运输距离小于600～700m的铲运工作中。自行式铲运机运行速度高，适宜较长的运输距离，使用范围为600～2000m。

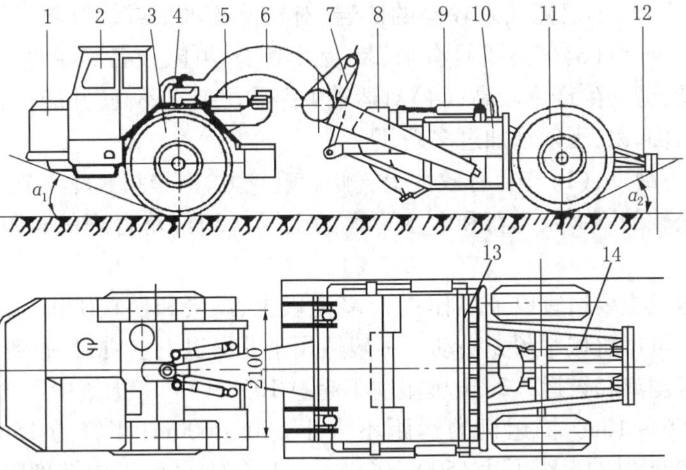

图 8-177 自行式铲运机结构

1—发动机;2—单轴牵引车;3—前轮;4—转向支架;5—转向液压缸;6—辕架;7—提升油缸;8—斗门;9—斗门油缸;10—铲斗;11—后轮;12—尾架;13—卸土板;14—卸土油缸;α_1—接近角;α_2—离去角

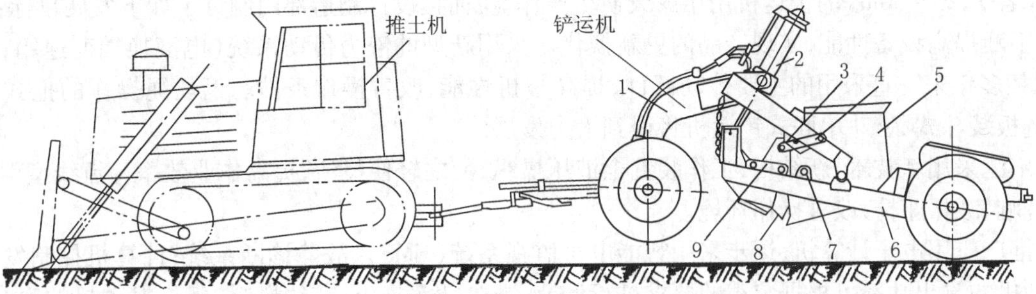

图 8-178 拖式铲运机结构

1—辕架;2—液压缸;3—侧板;4—铲斗连杆;5—铲斗;6—斗架;7—销轴;8—斗门;9—斗门连杆

露天采矿用的自行式铲运机有轮胎自行式和履带自行式两种。轮胎自行式铲运机合理运输距离较长,运行速度和生产效率较高,因此近年来在露天矿应用较广。履带自行式铲运机一般用于短距离和松软地面的小规模剥离作业中。轮胎自行式铲运机广泛地用于覆盖层的剥离作业,有时也用来给选矿厂装运矿岩。

串接动力式铲运机,有两轴和三轴两种。三轴串接动力式铲运机通常是一种大装载量的设备,适于在坡度适中的较好道路上作长距离铲运。两轴串接动力式铲运机主要用于极其恶劣的条件——坡度较陡、底板条件和路面较差等情况下的短途到中距离运送。它们在适宜条件下能自行装载。

图 8-179 正在进行铲装工作的自行式铲运机

在某些条件下,如露天矿坑较深而不规则,不能进行倒堆排土,这时若要装载和运输矿岩,适合这种条件的设备可有多种方案,其中铲运机的装载费用最低,在中短距离运送时,运输费用也比较适当。

在开采散装矿物又需连续运行时,通常选用普通的两轴自行式铲运机(单机式或串接动力式)。在大多数情况下,采用1~2台大小相称的履带式拖拉机进行推装,也可用松土机助推,均可达到最好效果和最低的费用。

B 铲运机的适用条件

在条件适宜的露天矿使用铲运机,主要有以下优点:(1)机动性好,可以开采分散的矿体,降低出矿贫化率;(2)铲运机以平铲法取料,不仅能开采较厚的矿岩,对较薄的水平或缓倾斜矿层均能适应。它能剔除缓倾斜夹层,可按品级分采分运;(3)铲运机具有采、装、运等综合功能,设备简单可靠,操作和维修简便。矿山条件适合时,生产成本低,劳动生产率较高;(4)对运输道路状况要求不高,并能在斜坡工作面上作业;(5)可以将剥离与复土造田结合起来,无须增加过多费用。

但使用铲运机有以下缺点:(1)作业有效性受气候影响较大,雨季和寒冷季节工作效率较低;(2)工作面有条件限制,只能铲挖松软的不夹杂砾石和含水不大的土岩;(3)经济合理的运距有限,不适合较大工作范围的长距离运行。

生产实践证明,铲运机主要适宜以下工作:(1)剥离表土、煤炭和松软矿床的采掘、排运,并可作复土回填工作,对较致密的土岩可用机械犁预先松动。一般适用于Ⅱ级以下土质,若遇到Ⅲ级、Ⅳ级土质时,应对其进行预先翻松,然后进行剥离和铲运;(2)土壤湿度不超过10%~15%,土壤中不含巨砾石的土方工程的铲、装、运工作;(3)斗容为6~10m^{3}铲运机的运距不大于500~600m;斗容为15m^{3}铲运机的运距不大于1000m;斗容大于15m^{3}铲运机的运距可达1500~2000m;(4)作业区的纵向坡度限制因牵引方式而不同,对于拖式铲运机:空载上坡不大于13°,下坡不大于22°;重载上坡不大于10°,下坡不大于15°。自行式铲运机:上坡不大于9°,下坡不大于15°。

由于铲运机在露天矿生产中凸显很多优点,它的应用日益广泛;设备逐渐大型化,特别是在国外露天矿山,已有斗容为20~30m^{3}的铲运机用于露天矿生产作业;而且设计制造部门制订了如下发展目标:

(1)不断提高设备性能,实现产品的更新换代。采用新型的液力传动系统(电液换挡变速箱,集中式驱动桥),代替多年来一直采用的主要传动部件,提高整机性能,改善操作条件。钢丝绳操作的拖式铲运机将被淘汰,链板装斗式、铲斗串联式铲运机将得到大力发展。

(2)广泛采用新技术、新结构,工作装置全液压操纵,使之轻便灵活,提高作业效率。流线型驾驶室内装有空调、音响、减振座椅,改善操作环境。

(3)推广应用电子计算机,逐步采用智能电子监视系统(EMS)、故障诊断系统;计算机控制发动机管理系统,发动机的输出功率可根据装载的要求进行调节,减少功率损失,节约燃料,延长发动机的寿命;采用微机处理机控制变矩器、变速箱。应用激光技术使铲运机平整地面精度更高。

8.7.7.2 铲运机的主要技术参数计算

A 铲斗容积

铲斗的几何容积V用式(8-177)计算:

$$V = BLH \tag{8-177}$$

式中 B——铲斗的宽度,m;

L——铲斗的长度,m;

H——铲斗的高度,m。

铲斗的堆装容积V_m为:

$$V_m = V + \frac{BL^2}{4}\tan\alpha \tag{8-178}$$

式中 α——岩土的自然坡度角,(°)。

选择铲斗宽度时应尽量使后轮轮距等于前轮轮距,这时铲斗宽度B为:

$$B = B_0 + 2\Delta \tag{8-179}$$

式中 B_0——牵引车行走机构宽度(左右两轮胎外侧面间距),m;

Δ——轮胎外侧面对铲斗侧壁外表之间间隙,取0.03~0.06m。

B 发动机功率

a 按满载运输工况确定发动机功率

铲装时除了利用自身发动机动力外,还借助辅机发动机动力的帮助;而运输工况全靠自身发动机的动力,为了提高生产率,要求满载时能以较高的车速行使,因此满载运输工况往往所需功率较大。

铲运机在水平地面上以满载最高速度行驶时所需功率N_e为:

$$N_e = \left(fG + \frac{K_w F V_T^2}{3.6^2}\right)\frac{v_T}{3600\eta_0} + N_p \tag{8-180}$$

式中 G——铲运机总重力，N；

f——滚动阻力系数，铲运机采用大型越野低压轮胎，考虑在经过碾压的干燥土路上高速行驶，取 f = 0.04；

K_w——流线型系数，N·s²/m⁴，一般为 0.6～0.7N·s²/m⁴；

F——迎风阻力面积，可近似取轮距乘车高之积，m²；

V_T——满载最高行驶速度，km/h，一般取 40～55km/h；

η_0——传动系统的总效率，液压式：0.65～0.7，机械式：0.80～0.85；

N_p——驱动辅助油泵（变矩器和变速箱油泵）所消耗的功率，kW。

b 校核在工作速度下能否发出足够的牵引力

在发动机功率已确定的情况下，铲运机发出的牵引力 P_k 为：

$$P_k = \frac{3600(N_c - N_p)\eta_0}{V_H} \tag{8-181}$$

式中 V_H——铲运机铲装时的理论车速，km/h，一般取 2.5～3.5km/h；

N_c——发动机额定功率，kW；

N_p——驱动辅助油泵所消耗的功率，kW；

其他符号意义同上。

一般牵引力应大于驱动轮的附着力，即：

$$P_k > R_A\varphi \tag{8-182}$$

式中 R_A——驱动轮上的垂直载荷，空载时 $R_A = (0.60 \sim 0.70)G$，满载时 $R_A = (0.50 \sim 0.56)G$，G 为载重量；

φ——附着系数（额定打滑率为 20% 左右），一般取 0.60～0.70。

C 生产能力及设备数量计算

a 台班生产能力

铲运机的台班生产能力 Q 用式(8-183)计算：

$$Q = 480\frac{V_m K_m K_1}{TK_s} \tag{8-183}$$

式中 V_m——铲运机的铲斗堆装容积，m³；

K_m——铲斗装满系数，它取决于岩土类别及铲取方式，见表 8-181；

K_s——岩土的松散系数，见表 8-181；

K_1——工作时间利用系数，两班工作时取 0.85，三班工作时取 0.7；

T——一个工作循环需要的时间，min。

$$T = \frac{L_1}{V_1} + \frac{L_2}{V_2} + \frac{L_3}{V_3} + \frac{L_4}{V_4} + t_1 + 2t_2 \tag{8-184}$$

式中 L_1, L_2, L_3, L_4——铲运路程，m；

V_1, V_2, V_3, V_4——铲运速度，m/min；

t_1——每一循环中换挡时间，min，约 0.17min；

t_2——在两端转向所耗时间（min），约 1min。

表 8-181 铲运机作业的装满系数及松散系数

土壤类别	岩土容重/(t/m³)	不同作业坡度的装满系数 K_m			松散系数 K_s
		-10%	0	+5%	
干砂、软碎岩	1.5～1.6	0.6	0.65	0.7	1.1～1.15
湿砂（湿度为 12%～15%）	1.6～1.7	0.75	0.9	0.9	1.15～1.2
砂土和黏性土（湿度 4%～6%）	1.6～1.8	1.2	1.1	—	1.2～1.4
干黏土、铝矾土	1.7～1.8	1.1	1.0	—	1.2～1.3

b 年生产能力

铲运机的年生产能力 Q_a 用式(8-185)计算:

$$Q_a = Qn \tag{8-185}$$

式中 Q——铲运机台班生产能力,m^3/(台·班);

n——年工作班数,班/a。

c 铲运机台数计算

所需铲运机台数 N 可用式(8-186)计算:

$$N = A/Q_a \tag{8-186}$$

式中 A——年物料装运量,m^3/a;

Q_a——铲运机台年生产能力,m^3/a。

8.7.7.3 常见露天铲运机的主要技术参数

常见国产露天铲运机的主要技术参数见表8-182、表8-183。

常见国外露天铲运机的主要技术参数见表8-184、表8-185。

表8-182 常见国产铲运机的主要技术参数

型号			CLA9 自行式	CTY-9A 拖式	CL-7 自行式	CL-7 拖式	CL-6 拖式	CTY2.5 拖式
发动机	型号		D6114ZGB	T160 推土机	6135k-12d	T140 推土机	T100 推土机	T100 推土机
	额定功率/kW		160	160	141.3	102.9	73.51	44
	额定转速/(r/min)		2200		2100			
铲斗	平装斗容/m^3		9	9	7	7	6	2.5
	堆装斗容/m^3		11	11	9	9	8	3.0
	切削宽度/mm		2700	2700	2700	2700	2600	1900
	切入深度/mm		300	300	300	300	300	150
	卸载方式		强制式	强制式	强制式	强制式	强制式	自由
	操纵方式		液压	液压	液压	液压	钢丝绳	液压
行走机构	车速/(km/h)	1挡 前进	0~7		6			
		2挡 前进	0~14.5		13			
		3挡 前进	0~25		28			
		4挡 前进	0~40		36			
	最小转弯半径/mm		7000		7000			
	最小离地间隙/mm		384	400	420	380	3500	300
	制动距离/m		<20		<15			
	制动气压/MPa		0.68~0.70		0.68~0.70			
车轮	前轮胎规格		23.5-25	23.5-25	23.5-25	21.00-24	14.00-20	9.00-20
	后轮胎规格		23.5-25	23.5-25	23.5-25	21.00-24	18.00-20	9.00-20
	轴距/mm		5920	5920	5920	5800	4840	3500
	前轮轮距/mm		2100	2100	2100	2100	1400	900
	后轮轮距/mm		2100	2100	2100	2100	1980	1650
外形尺寸	长/mm		10040	9510	10025	9400	8800	5600
	宽/mm		3380	3380	3292	3292	3100	2440
	高/mm		3050	2675	3000	2340	2540	2400
整机质量/t			17.7	11.9	17.3	8.5	7.3	2.1
主要制造厂家(公司)			郑州宇通重工有限公司					宣化工机集团公司

表 8-183 常见国产拖式铲运机的主要技术参数

型号		CYY-9	CYY-13	CYY-11	CYY-JN3	CYY-JN4	CYY-JN5	CYY（4JN）	CYY3T（3QX）	CTX9	CT-6
牵引车	型号	TY160	TY-220	T220	T100	T120	T160	T120	T120	液压拖动T220	T100
	功率/kW	120	162	162	55.1	55.8	73.5	58.8	58.8	150	75
铲斗	平装斗容/m^3	7	10	11	2.5	3.5	4.5	4	3	9	6
	堆装斗容/m^3	9	13	14	3	4	5	5.0	3.5	11.5	8
	切削宽度/mm	2700	2680	3000	1900	1990	2000	2225	1970	2800	2600
	切入深度/mm	300	300	300	150	130	130	110	110	300	300
	操纵方式	液压	液压	液压	液压	液压	液压	液压	液压	液压	钢丝绳
	卸载方式	强制式	强制式	强制式	自由	强制式	自由	自由	自由	强制式	强制式
行走机构	轴距/mm	5570	5920	5920	3500	3850	4500	3850	3500	5570	4840
	前轮轮距/mm	1400	2100	2100	900	1060	1200	1060	900	1400	1400
	后轮轮距/mm	2100	2140	2140	1650	1759	1900	1759	1750	2140	1980
	前轮胎规格	16.00-20	18.00-20	16.00-20	9.00-20	11.00-20	12.00-20	11.00-20	9.00-20	16.00-20	14.00-20
	后轮胎规格	18.00-20	20.00-20	18.00-20	9.00-20	7.00-20	14.00-20	7.00-20	9.00-20	18.00-20	18.00-24
外形尺寸	长/mm	9220	10000	10080	5600	5700	5800	6100	5748	9220	8800
	宽/mm	3132	3152	3400	2440	2640	2700	2790	2518	3252	3100
	高/mm	2900	3120	3415	2400	2500	2600	2550	2346	2660	2540
整机质量/t		8.86	11	14.37	2.66	2.7	3.6	3.21	2.5	9.6	7.5
主要制造厂家（公司）		山推工程机械公司		黄河工机集团有限公司	湖北雪龙集团铲运机制造厂			泗阳铲运机制造厂		沈阳矿山机器厂	

表 8-184 卡特彼勒公司生产的露天铲运机的主要技术参数

型号	牵引发动机		铲运机发动机		堆装斗容/m^3	额定载重量/kg	操作质量/kg	最大车速/(km/h)
	型号	3～8 挡净功率/kW	型号	2～4 挡净功率/kW				
621G(开斗式)	C15 ACERT	272	C9 ACERT	213	17	23950	56513	51.5
627 G(开斗式)	C15 ACERT	272	C9 ACERT	213	17	23950	62099	51.5
627 G(开斗式)	3406E	272	C9	185	17	23950	62099	51.5
631 G(开斗式)	3408E	362	C9	204	26	37285	45362	53.5
637 G(开斗式)	3408E	362	C9	204	26	37285	52047	54.9
651 E(开斗式)	3412E	451	3408E	298	33.6	47174	61126	50
657 E(开斗式)	3412E/3408	480	3408E	298	33.6	47174	116251	50
637 E(煤用)	3408E	365	3306	186	38	34020	51519	54.9
657 E(煤用)	3412E	451	3408	328	55	49395	72224	50.0
613C-Ⅱ(升运式)	3116	130	3408E	298	8.4	11975	15264	51.5
615-2(升运式)	3306	197	3412E	365	13	18507	25605	51.5
631 G(升运式)	C15 ACERE	246	3412E	365	17.5	24948	37435	51.5

表 8-185 雷诺兹公司生产的露天铲运机的主要技术参数

型号	堆装斗容/m^3	切削宽度/m	运输宽度/m	轮胎		装运质量/kg	要求牵引车的功率/kW
				规格	数量		
18CS14(多功能)	13.7	4.26	4.75	17.5×25	6	7727	298～335
18CM×12.5(多功能)	13.7	3.81	4.24	20.5R25	4	9545	298～335
17CS12(多功能)	12.9	3.65	4.14	20.5R25	4	8192	261～298
17CS12LGP(多功能)	12.9	3.65	4.14	66×43-25	2	8360	261～298
17C12(多功能)	12.9	3.65	4.14	20.5R25	4	7955	261～298
17C12LGP(多功能)	12.9	3.65	4.14	66×43-25	2	8136	261～298
16CS10(多功能)	12.2	3.05	3.48	17.5×25	4	7727	223.5～261
16C10LGP(多功能)	12.2	3.05	3.48	66×43-25	2	7907	223.5～261
15CS14(多功能)	11.4	4.26	4.75	17.5×25	6	6727	223.5～261
14C10LGP(多功能)	10.6	3.05	3.48	66×43-25	2	6364	186～223.5
14CS10(多功能)	10.6	3.05	3.48	17.5×25	4	6182	186～223.5
12C12(多功能)	9.1	3.65	4.14	17.5×25	4	6364	134～171
12C10(多功能)	9.1	3.05	3.48	17.5×25	4	5680	134～171

续表 8-185

型号	堆装斗容 /m³	切削宽度 /m	运输宽度 /m	轮胎		装运质量 /kg	要求牵引车的功率 /kW
				规格	数量		
10C7(多功能)	7.6	2.13	2.62	13.0×24	4	3636	112~149
8C7(多功能)	6.1	2.13	2.52	13.5×6.1	4	3090	89~112
6C6(多功能)	4.5	1.82	2.16	11L×16	4	1818	60~74.5
5C(CH)7(多功能)	3.8	2.13	2.67	11L×16	2	1273	45~74.5
17E10.5(强制式)	12.9	3.20	3.64	20.5×25	4	10727	261~298
14E10.5(强制式)	10.6	3.20	3.64	17.5×25	4	8636	186~233.5
12E10(强制式)	9.1	3.05	3.48	17.5×25	4	8545	134~171
15.5E14(强制式)	11.8	4.27	4.63	17.5×25	4	8182	186~223.5
12.5E12(强制式)	9.5	3.65	4.02	17.5×25	4	7045	149~186
5.5E7WB(强制式)	4.2	2.13	2.49	26×12-12	4	2668	45~74.5
LSE16(激光)	10.6	4.87	5.29	13.5×16.1	4	5273	186~223.5
LSE14(激光)	9.1	4.26	4.68	13.5×6.1	4	5000	134~171
LSE12(激光)	7.6	3.65	4.07	13.5×6.1	4	4727	119~149
LSE10(激光)	6.1	3.05	3.40	26×12-12	4	2864	60~89
LSE7(激光)	4.5	2.14	2.54	26×12-12	4	2273	45~74.5

8.8 露天采场破碎站

在大型金属矿山和部分建材矿山，由于所钻凿炮孔的孔深及孔距较大，致使爆破后的矿岩块度较大；块度大于1m的矿岩在爆破后岩堆中的比例为15%~20%；其中少数矿岩块度可达2~3m。这些大块矿岩不但影响装运设备的工作效率，还会严重磨损设备，甚至砸坏运输车辆。有些采用胶带输送机的连续出矿系统，对于矿岩块度则有更加严格的要求，否则，胶带输送机将无法工作。近年来，为了提高露天矿山生产效率，连续采矿开拓工艺迅速推广和发展，因而要求在露天采场配有相适应的破碎设备，构成露天破碎站。早期的大型露天矿山破碎站，一般都建在爆破界限以外的安全地带，多在采矿场外面。随着采矿工艺和矿山设备技术的发展，出现多种型式的破碎站，有些已设在露天矿边坡或采场工作面内，而且可以随同采场工作面一起转移，以保持较高的生产效率。近几年，移动破碎站的发展方向是大型化、系列化和提高自动化水平，进一步优化破碎机的破碎腔形状。为适应露天矿大型化发展的需要，要发展特大型可移式破碎站；在移动方式、破碎机类型、配套设备等方面向多样化发展；向提高设备的可靠性和使用寿命、降低生产成本的方向发展；向遥控、监测、诊断、控制等实现破碎过程自动化的方向发展；并注重环境效益，有效控制噪声和粉尘扩散污染。

8.8.1 露天破碎站的分类

露天矿山破碎站按固定设置模式不同可分为移动式、半固定式和固定式三种装备系统。

8.8.1.1 *移动式破碎站*

移动式破碎站，是将移动破碎机组安放在露天采场工作水平上，随着采剥工作面推进和向下开采延伸到一定距离，用履带运输车等牵引设备将移动破碎机组整体牵引移动；较小型的破碎站可以依靠本身匹配的驱动装置，自行转移工作地点。移动式破碎站有给料、破碎和卸料装置。其工艺流程是：采剥工作面爆破后，用挖掘机(或装载机)将矿岩装入汽车，运至采场移动破碎站卸入给料装置，矿岩进入破碎机系统被粗碎；碎后的合格矿岩装上胶带输送机运至指定地点(图8-180~图8-183)。

图8-180 正在现场工作的大型移动式破碎站

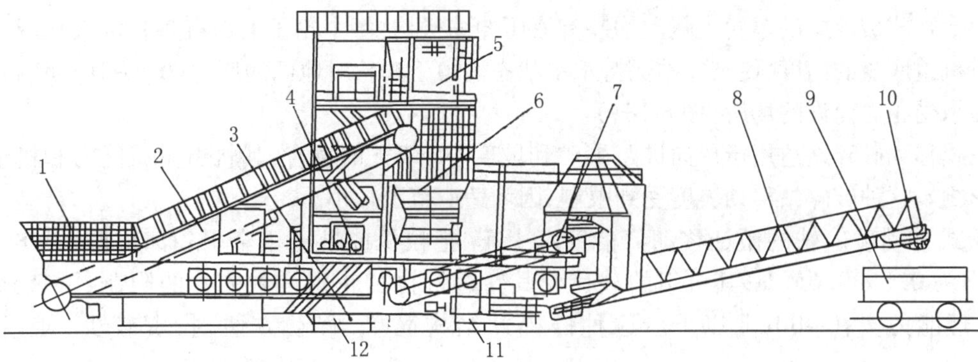

图 8-181 移动式破碎站结构

1—装料斗；2—上料带式输送机；3—行走机构；4—液压站；5—监控室；6—破碎机；7—中间输送机；8—末端输送机；9—运输车辆；10—装车料斗；11，12—液压支承装置

图 8-182 小型履带移动式破碎站

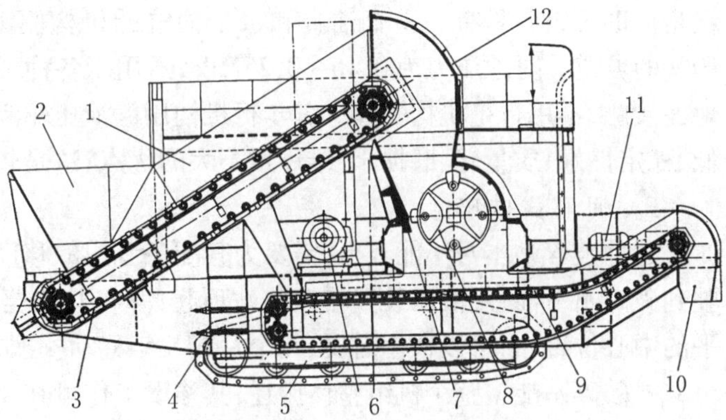

图 8-183 履带移动式破碎站结构

1—机棚；2—上料斗；3—上料输送机；4—行走履带；5—履带架；6—电动机；7—破碎机体；8—破碎机转子；9—下料输送机；10—卸料斗；11—电动机；12—防尘罩

常见移动式破碎站的分类如下：

- 常见移动式破碎站
  - 自行式
    - 液轮式
    - 轨轮式
    - 轮胎式
    - 履带式
    - 迈步式
  - 可移式
    - 半移动式
      - 整体可移式
      - 组件可移式
    - 半固定式

大型移动式破碎站一般由三个相互独立的部分组成，即破碎机、给料装置和卸料装置，另外还包括维修系统和运输车。破碎站三个部分各成独立系统，分别借助运输车移设。可移式破碎站一般只有设备与金属结构构件，没有混凝土及其基础工程。

A 自行式移动破碎站

破碎站本身具有行走机构，它在采掘工作面内工作，由装载设备（如挖掘机等）直接给料；当采矿工作面向前推进时，它随着装载设备一起向前移动。破碎站的移设频率，取决于装载设备的推进速度。由于破碎站移动频繁，因而需要装置具有高度灵活性的带式输送机系统，以便相随配套工作。

按行走方式分，自行式移动破碎机有液轮式、轨轮式、轮胎式、履带式、迈步式等几种。在选用时应综合考虑矿山的地质条件、行走机构承受的负荷、移动的频繁性、道路坡度、开采工作面位置和开采进度等因素。

(1) 液轮自行式破碎站的车轮支腿上均装有液压伸缩机构，每个轮子上都有各自的液压驱动马达。支腿能自动调节机组底盘的高度，使破碎站保持水平状态。由于车轮对地面的压力(0.4～0.9MPa)较大，所以只能用于地面承受压力允许的场所(图8-181)。

(2) 轨轮式移动破碎站适用于单向进路采矿和坡度小于3%的场合，其轨道承载能力和机组运行不受气候条件的影响。这种破碎站移动坡度受到限制，因而适应范围较小。

(3) 轮胎式移动破碎站的搬迁移动需借助牵引车、拖拉机或推土机牵引；移动速度为8～16km/h，轮胎充气压力为0.5～0.6MPa；其机组的载荷受其转运机构和轮胎承载能力的限制，一般适用于小型破碎站，其处理能力多在400t/h以下。这种破碎站结构简单，移动方便，投资较少，使用安全可靠(图8-180)。

(4) 履带式移动破碎站行走机构结构坚固、对地面不平度的适应性较强，对地压力小(约为轮胎式的1/3)，行走速度约为轮胎式的1/3，道路坡度可达10%(图8-182)。

(5) 迈步式移动破碎站多采用液压机构拖动，类似迈步式索斗挖掘机的行走机构。通常这种自行式机组是借助三组各具有一垂直油缸和水平油缸的机构驱动行走盘而移动。其移动速度为70～90m/h，能爬10%的坡道。对地压力为0.15～0.25MPa，适用于各种不同耐力的工作场所。这种机组运转时，底盘直接与地面接触，不用行走机构支撑。其步行机构用静液压驱动，移动速度较慢。与其他移动方式相比，具有底盘低、稳定性好、质量轻、磨损小、维修量不大的优点；这是较常用的一种移动式破碎站。

B 可移式破碎站

这种破碎站本身不能自行，需要为其配备专门的移动设备——履带运输车或轮胎运输车。运输车可行驶到破碎站下面，用液压装置将破碎站顶起，并将其移至新的地点。这种破碎站在采场内靠近采矿工作水平的中心位置；它可以根据需要，几个月或几年移动一次，以便同采掘工作面保持一定的距离和高差。整体可移式破碎站能将整个机组整体搬迁，其移设工作可在40～50h内完成。一般可移式破碎站将机组分成给料装置、破碎机和卸料装置三部分，也可拆卸成尺寸和重量更小的组件来搬运。拆卸和重新安装约需30天左右，每移设一次的使用期限不超过3～5年。

8.8.1.2 半固定式破碎站

半固定式破碎站通常由破碎机和胶带机的给矿设备组成。在两者之间还设有缓冲仓，高度约30m，破碎站安装在混凝土基础上或钢结构平台上。机组移设时，需将其拆解，由运输车分别运输各独立部件至新的位置重新组装。一般移设期限不超过10年，移设工作约几周时间。这种破碎站安设于露天采场内和非工作帮平台上，主要优点是使采场内汽车运距缩短(与固定式破碎站相比)，加快车辆周转，提高劳动生产率。随着露天开采的延伸，可将破碎站多次向下移设，直至露天开采终结。它的主要缺点是：破碎站要随采场开采下降而移设，每隔若干年要搬迁一次，设备系统建设周期长，工程量大，移设困难，需要专门配备履带式运输车拖曳(图8-184和图8-185)。

8.8.1.3 固定式破碎站

固定式破碎站在露天矿整个服务年限内位置一直不动，它大多设在露天采场的边帮或地表；也有的设在露天采场的底部，在溜井硐室内安装破碎站(图8-186和图8-187)。

固定式破碎站需要开凿设备硐室及构筑大量的混凝土基础，并有一段胶带斜井构筑工程，施工时间长、费用高，并且随着采场延深，汽车运距又不断加大，导致汽车运费增加。20世纪后期，多数金属露天矿山曾采用固定式破碎站；由于采矿工艺不断改进和矿山设备水平提高，近年来，移动式破碎站技术推广很快，采用固定式破碎站的露天矿越来越少。

破碎机是破碎站的核心设备，它对破碎站的生产能力和工作适应性起决定性作用。通常旋回式和颚式破碎机多用于可移动式破碎站，锤式、反击式、辊式破碎机多用于自行式破碎站。因为后者生产能力较小，多用于石灰石矿和煤矿等非金属矿山。大型金属矿山大部分采用以旋回破碎机为主体的破碎站。

给料装置包括给料设备和受料设备。给料设备一般为重型板式给矿机、带式输送机、链式给矿机、圆

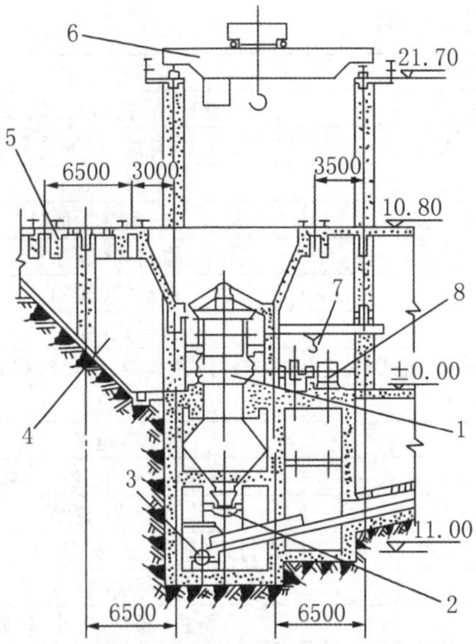

图 8-184 半固定式破碎站组成
1—旋回破碎机;2—给矿机;3—胶带输送机;4—矿仓;
5—卸载桥;6,7—单梁吊车;8—驱动电动机

图 8-185 正在现场工作的半固定式破碎站

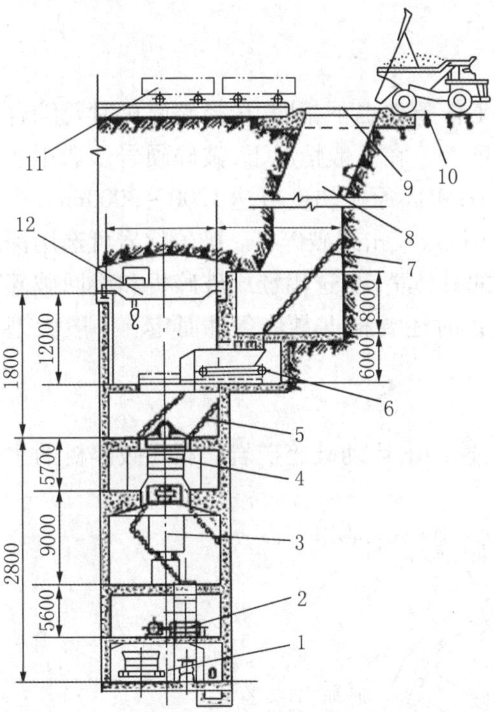

图 8-186 固定式破碎站组成
1—胶带输送机;2—转载给矿机;3—振动筛;
4—旋回破碎机;5,7—防冲索;6—板式给矿机;
8—溜矿井;9—格筛;10—矿用载重汽车;
11—矿用有轨车辆;12—单梁吊车

图 8-187 正在现场工作的固定式破碎站

盘给矿机等。板式给矿机应用最广,约占 80%,带式输送机约占 13% ~15%。受料设备一般为受料仓和漏斗。

输送和卸料装置最常用的是带式输送机、约占 73% ~75%;其次是板式输送机,约占 23% ~25%。

运输车一般为履带式,运载能力为 500 ~1500t,匹配柴油机的功率为 500 ~1500kW;负载爬坡能力可达 20%。维修系统主要包括起重设备和其他维修设备。

常见国外露天矿移动破碎站的类型与生产能力见表 8-186。

表 8-186 国外移动破碎站的类型与生产能力

公司名称	生产能力/(t/h)	破碎机类型	移动方式
阿泰克拉公司(法国)	1500 以内	颚式、反击式	自行式(轮胎),移动式
奥尔曼·贝克舒特公司(德国)	3000 以内	颚式、反击式、辊式	自行式(轮胎、履带),移动式
杜瓦尔技术公司(美国)	3600 以内	旋回	移动式
山鹰破碎机公司(美国)	3000 以内	颚式、反击式、锤式、辊式	自行式(轮胎)
海默磨机制造公司(美国)	1200 以内	颚式、反击式	自行式(轮胎)
依阿华公司(美国)	1000 以内	颚式、反击式	自行式(轮胎)
柯恩公司(芬兰)	1500 以内	颚式	自行式(轮胎)
克虏伯工业技术公司(德国)	6000 以上	颚式、反击式、锤式、辊式	自行式(履带、迈步),移动式
马拉松公司(美国)	3000	反击式	移动式
山州矿物企业(美国)	3600	旋回	移动式
奥伦斯坦·柯佩尔股份公司(德国)	5000 以上	旋回、反击式、锤式、辊式	自行式(履带、迈步),移动式
波尔蒂克开发部(美国)	3000	颚式、反击式	自行式(轮胎)
威泽许特公司(德国)	3000 以内	旋回、颚式、锤式	自行式(履带、迈步、轨轮),移动式
斯坦姆勒公司(美国)	3000 以内	锤式	自行式(履带)
斯蒂芬斯·艾当逊公司(美国)	2000 以上	旋回	自行式(履带、迈步、轨轮)
巴件·格林公司泰勒斯密矿物公司(美国)	3000 以内	颚式、反击式	自行式(轮胎)
泰特劳特工程公司(美国)	1200 以内	颚式、反击式	自行式(轮胎)
顿涅茨机器制造厂(俄罗斯)	1000	颚式	自行式
新克拉马托尔机器制造厂(俄罗斯)	5000	旋回	自行式

8.8.2 破碎机的分类和适用条件

露天矿破碎站可选用的破碎机,其种类规格很多,所适用的工作条件也不相同,选择破碎机时要综合考虑矿山采场的生产能力、矿岩性质、原矿块度和所要求的产品粒度等。在一般情况下,破碎硬岩多选用颚式破碎机和旋回破碎机;这两种类型的破碎机适宜的破碎比为 3 ~ 6,粗碎原矿块度可达 1200 ~ 3000mm,产品粒度在 400 ~ 350mm 以下。破碎中等硬度的矿岩可选用旋回破碎机或反击式破碎机。破碎软岩可选用锤式破碎机或辊式破碎机。根据我国多数金属露天矿山和建材矿山的具体情况,选用颚式破碎机和旋回破碎机较多。颚式破碎机和旋回破碎机又各有其优缺点,故在选择设备时还要根据具体条件而定。一般大型矿山,宜选用旋回破碎机;矿山规模较小时宜采用颚式破碎机。

8.8.2.1 颚式破碎机

颚式破碎机又称虎口破碎机,它靠可动颚板向固定颚板的迅速冲击运动破碎矿岩。颚式破碎机的主要结构部分如图 8-188、图 8-189 所示。

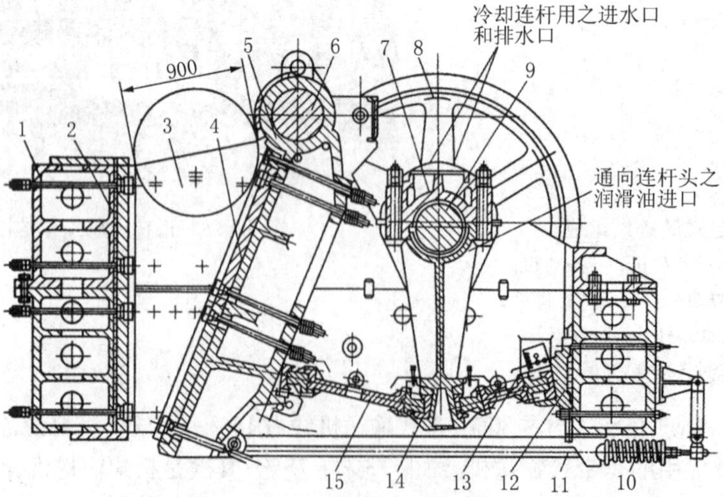

图 8-188 简摆颚式破碎机结构

1—机架;2,4—破碎板;3—侧面衬板;5—可动颚板;6—芯轴;7—连杆;8—飞轮;9—偏心轴;10—缓冲弹簧;11—拉杆;12—楔铁;13—后推力板;14—肘板座;15—前推力板

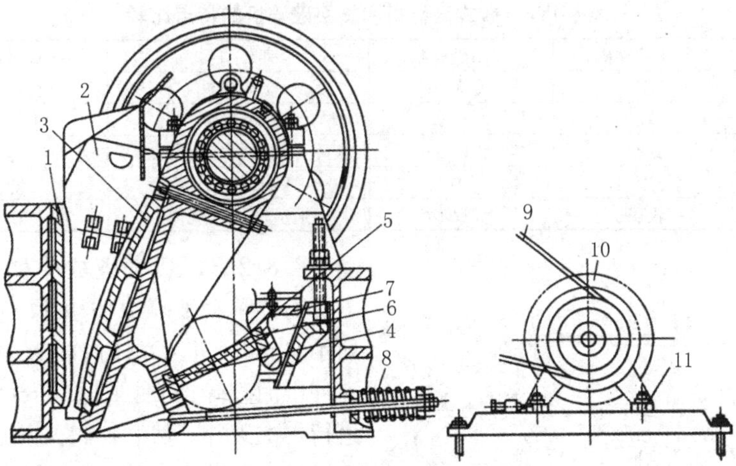

图 8-189 复摆颚式破碎机结构

1—固定颚板;2—边护板;3—破碎板;4,6—肘板座;5—推力板;7—楔铁;8—缓冲弹簧;9—三角皮带;10—电动机;11—导轨

颚式破碎机的主要优点是:结构简单,两颚衬板和肘板易于更换,便于操作和维修;动颚上部的作用力,随着与固定颚板的接近而增加,推力板形成的钝角越大(接近于180°),此力也越大。在动颚上部形成的最大力,使得较大的矿块先被破碎,因而对于破碎坚硬矿岩颇为有效。

颚式破碎机的缺点是:工作时振动大,必须把破碎机安装在固定的坚实基础上;破碎机前要设置给矿机,要求给矿机粒度均匀,以免破碎机被矿岩卡住;它适宜破碎块状矿岩,对条状或片状矿岩有时排出粒度过大。

颚式破碎机的尺寸是以给矿口的宽度和长度表示。破碎机的处理能力,可视其轴的转速(动颚摇动次数)和破碎比(调节排矿口)以及其他因素而定。

8.8.2.2 旋回破碎机

旋回破碎机的构造特点是:圆锥体转子(动锥)与缸筒形定子(定锥)形成越向下越小的环形破碎腔;动锥悬挂于搭在定锥上口的横梁上,当破碎机下部的偏心轴套旋转时,就使动锥偏心回旋而沿圆锥面破碎矿岩。一般旋回破碎机的结构如图 8-190 所示。

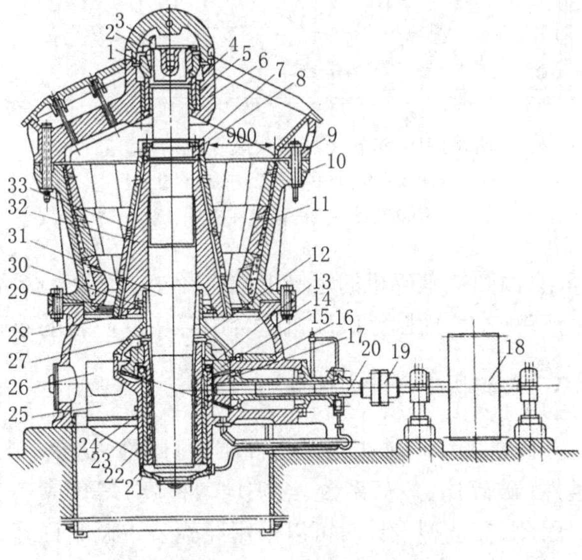

图 8-190 旋回破碎机结构

1—锥形压套;2—锥形螺帽;3—楔形键;4,23—衬套;5—锥形衬套;6—支承环;7—锁紧板;8—螺帽;9—横梁;10—固定锥(中部机架);11,33—衬板;12—挡油环;13—青铜止推圆盘;14—机座;15—大圆锥齿轮;16,26—护板;17—圆锥小齿轮;18—皮带轮;19—联轴节;20—传动轴;21—机架下盖;22—偏心轴套;24—中心套筒;25—筋板;27—压盖;28 ~ 30—密封套环;31—主轴;32—破碎锥

旋回破碎机进行破碎作业时,由于矿石和动锥工作面间的摩擦力,比偏心轴套和轴之间的摩擦力大得多,动锥会反向旋转。

旋回破碎机与颚式破碎机不同,由于可动锥是偏心回转,趋近定锥时破碎矿岩,工作是连续而均匀的;生产率较高,能耗较少,破岩适应性较好。

近年出现的液压旋回破碎机,其外形和结构与同规格的旋回破碎机相同,只是局部改变并增加一套液压装置,其作用是调节破碎机的排矿口,且可自动保护破碎机不致过载损坏。

综上所述,颚式破碎机和旋回破碎机各有其优缺点,在矿山被广泛选用;它们的特点见表 8-187。

表 8-187 颚式破碎机和旋回破碎机的特点比较

项目	颚式破碎机	旋回破碎机	项目	颚式破碎机	旋回破碎机
破碎机机体外形	小	大	受矿条件	需设置给矿机	可直接受矿
破碎机重量	轻	重	产品粒度	不均匀	较均匀
维护检修	方便	较困难	破碎片状条状矿石的效果	差	较好
基建投资	少	多	振动状况	强烈	一般
每吨矿石耗电量	较多	较少	适应的破碎规模	小	大

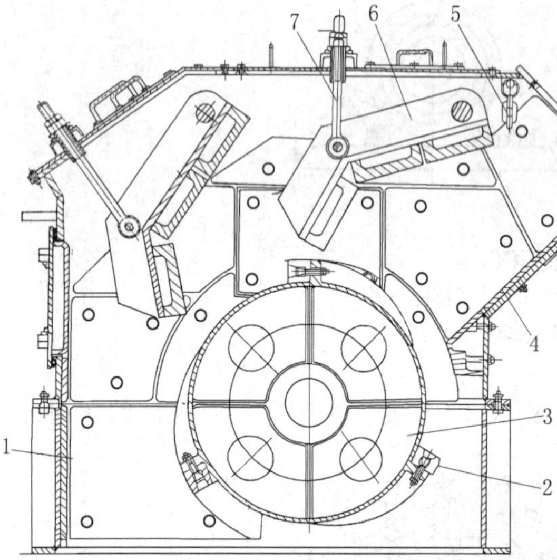

图 8-191 单转子反击式破碎机结构
1—机体；2—板锤；3—转子；4—给料斗；5—链幕；6—反击板；7—拉杆

8.8.2.3 反击式破碎机

有些移动破碎站，采用反击式破碎机。如图 8-191 所示，当物料进入壳体内的板锤作用区时，受到板锤高速冲击而破碎；同时被抛向安装在转子上方的反击板进行再次破碎。然后物料又从反击板弹回到板锤作用区被重新破碎。这个过程反复进行，直到物料被破碎至所需粒度而排出机外。反击式破碎机有单转子和双转子两种；其结构简单，使用和维修方便，破碎比较大，一般为 10 ~ 20，最高可达 50 ~ 60，因而简化了破碎流程。而且可进行选择性破碎工作，降低破碎成本，提高经济效益。这种破碎机适用于破碎中等硬度的脆性物料，如石灰石、白云岩、页岩、砂岩和煤炭等。此外，有些矿山移动破碎站采用圆锥破碎机、锤式破碎机和辊式破碎机。它们的外形结构如图 8-191 ~ 图 8-194所示。圆锥破碎机的外形结构与旋回破碎机的外形结构相似，但二者的动锥与定锥形成的破碎腔倾斜方向相反，即旋回破碎机定锥上端直径大，下端直径小；而圆锥破碎机的定锥上端直径小，下端直径大。所以，旋回破碎机更适宜破碎大块矿岩，排料块度和生产率较大；而圆锥破碎机适合中等块度矿岩的破碎，可获得较小的排料块度。

8.8.3 破碎机生产能力计算

破碎机的生产能力与矿岩性质（可碎性、比重、节理、粒度组成等）、破碎机的类型规格以及破碎机的运行条件（破碎比、负荷系数、给矿均匀程度）等因素有关。目前还没有把上述因素都包括进去的理论计算方法。因此，在选型设计时可以采用经验公式概略计算，并根据实际条件加以校正，或者参照类似矿山的生产实践来确定破碎机的生产能力。国内外使用的方法很多，这里仅介绍国内经常采用的计算方法。

8.8.3.1 颚式破碎机的参数计算

（1）颚式破碎机的生产能力 Q 用式(8-187)计算：

$$Q = \frac{60nLSdk\rho_0}{\tan\alpha} \tag{8-187}$$

式中 n——主轴转速，r/min；

L——排矿口长度，m；

S——动颚行程，m；

d——破碎矿岩的平均直径，m，$d=(2e+S)/2$；

e——排矿口宽度，m；

k——破碎矿岩的松散系数，通常可取 $k=0.25 \sim 0.7$，大型破碎机在破碎硬岩时，取小值；中小型破碎机在破碎较软岩石时，取大值；

ρ_0——矿岩的容重，t/ m^3；

α——颚式破碎机的啮角，(°)。

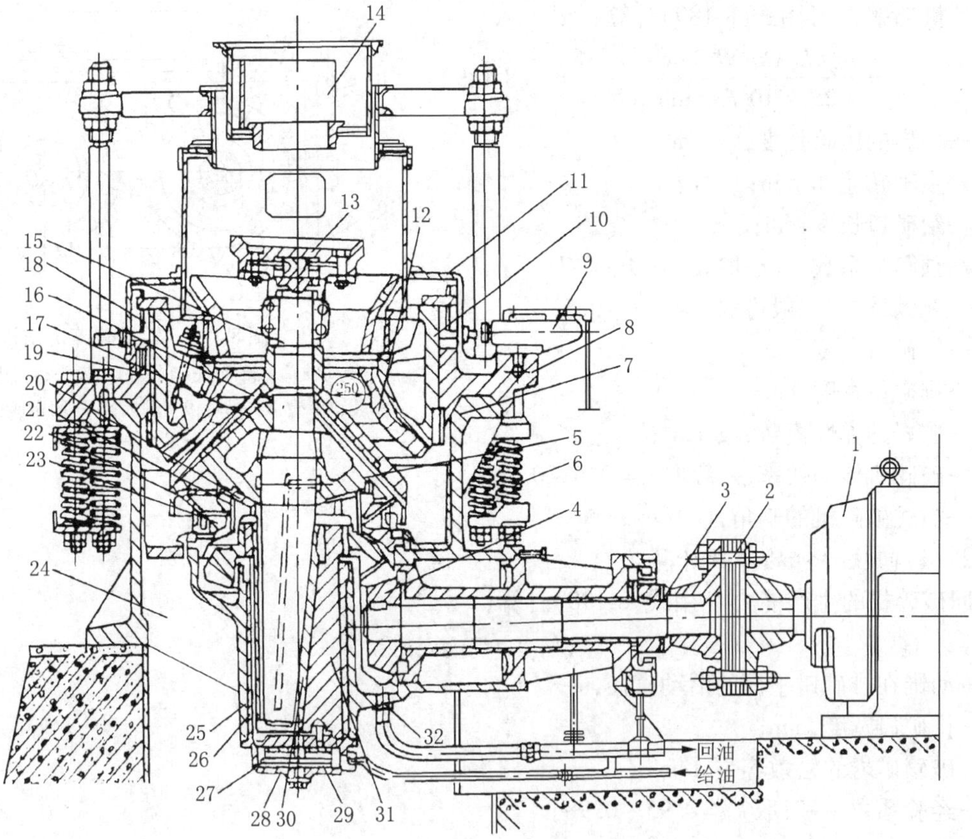

图 8-192 圆锥破碎机结构

1—电动机;2—联轴节;3—传动轴;4—小圆锥齿轮;5—油道;6—弹簧;7—机架;8—支承环;9—推动液压缸;10—调整环;11—防尘罩;12—衬板;13—给料盘;14—给料箱;15—主轴;16—锥体衬套;17—破碎锥体;18—锁紧螺母;19—活塞;20—球面轴瓦;21—球面轴承座;22—球面颈圈;23—大圆锥齿轮;24—筋板;25—中心套筒;26—衬套;27—止推轴承;28—机架下盘;29—进油孔;30—锥形衬套;31—偏心轴套;32—排油孔

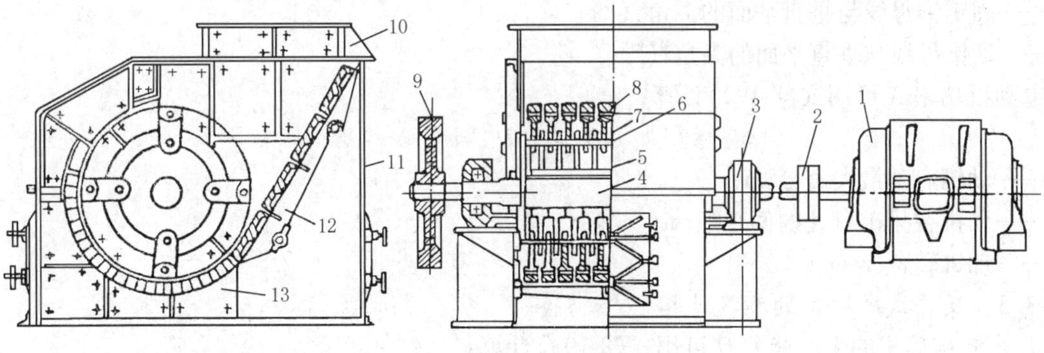

图 8-193 锤式破碎机结构

1—电动机;2—联轴器;3—轴承部;4—主轴;5—圆盘;6—销轴;7—轴套;8—锤子;9—飞轮;10—进料口;11—机壳;12—衬板体;13—筛板

(2) 主轴的合理转速 n 可由式(8-188)确定:

$$n = 665\sqrt{\sin\alpha/S} \tag{8-188}$$

或

$$n = 310 - 140B$$

式中 B——给矿口宽度,m;

S——动颚下端水平行程,cm;

α——颚式破碎机啮角,(°)。

(3) 电动机功率 N 可用式(8-189)计算：

$$N = \frac{\sigma_p^2 n L_0 \lambda k_1 (B^2 - e^2)}{25 \times 10^5 E\eta \tan\alpha} \tag{8-189}$$

式中 σ_p——矿岩的压碎强度，kg/cm^2；

n——主轴转速，r/min；

L_0——给矿口长度，cm；

λ——预筛分系数，一般取 $\lambda = 0.4 \sim 0.7$；

k_1——充满系数，一般可取 $k = 0.2 \sim 0.5$；

B——给矿口宽度，cm；

e——排矿口宽度，cm；

E——矿岩的弹性模数，kg/cm^2；

η——破碎机传动效率，一般取 $\eta = 0.6 \sim 0.75$；

α——颚式破碎机的啮角，(°)。

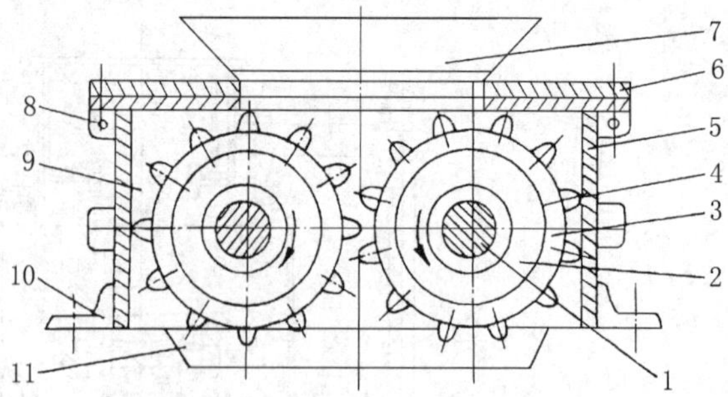

图 8-194 辊式破碎机结构

1—传动轴；2—辊筒；3—辊套；4—齿头；5—机体；6—机盖；7—装料溜槽；8—吊耳；9—侧板；10—固定座；11—排料溜槽

8.8.3.2 旋回破碎机的参数计算

(1) 旋回破碎机的生产能力 Q 用式(8-190)计算：

$$Q = D^{2.5} e\rho k_2 \tag{8-190}$$

式中 D——动锥在排矿口平面的活动直径，m；

e——排矿口宽度，mm；

ρ——破碎矿岩的松散容重，t/m^3；

k_2——经验系数，一般取 $k_2 = 0.95 \sim 0.98$。

(2) 动锥摆动次数 n 可由式(8-191)确定：

$$n = 665\sqrt{(\tan\alpha_1 + \tan\alpha_2)/S}$$

或

$$n = 175 - 150B \tag{8-191}$$

式中 S——动锥在排矿口处的行程，cm；

B——给矿口宽度，m；

α_1——固定锥母线与垂直平面的夹角，(°)；

α_2——动锥母线与垂直平面的夹角，(°)。

(3)电动机功率 N 可用式(8-192)计算：

$$N = 16D^{2.5} rn \tag{8-192}$$

式中 D——动锥底部最大直径，m；

r——动锥在排矿口处的偏心距，m；

n——动锥转速，r/min。

8.8.3.3 反击式破碎机的参数计算

(1) 反击式破碎机的生产能力 Q 可用式(8-193)计算：

$$Q = 3600 k\rho_0 L\delta V \tag{8-193}$$

式中 k——矿岩的松散系数，通常 $k = 0.2 \sim 0.7$；

ρ_0——矿岩的容重，t/m^3；

L——转子体的长度，m；

δ——反击板与板锤间的间隙，m；

V——转子的圆周速度，m/s。

(2)转子的合理圆周速度 V 可由式(8-194)确定：

$$V = 7.7\sqrt[3]{(\sigma_p/\rho_0 d)^2} \tag{8-194}$$

式中 σ_p——物料的抗压强度，kg/cm^2；

ρ_0——矿岩的容重,g/cm^3;

d——破碎矿岩的粒度,mm。

(3) 电动机功率 N 可用式(8-195)计算:

$$N = KQi^{1.2} \tag{8-195}$$

式中 K——计算系数,通常取 $K=0.025\sim0.03$;

Q——破碎机的生产率,t/h;

i——物料的破碎比。

此外,圆锥破碎机的参数计算可参照旋回破碎机进行。锤式破碎机的参数计算可参照反击式破碎机进行。

在矿山实际生产中,为了简化选型设计计算,通常是根据破碎机制造厂家给出的铭牌数据,参考已有矿山现役同类设备,用经验公式进行概算。

在初选破碎机时,颚式和旋回破碎机的生产能力 Q 可按式(8-196)计算:

$$Q = K_1K_2K_3Q_0 \tag{8-196}$$

式中 Q_0——标准条件下(指中硬岩石,松散密度为 $1.6t/m^3$)的生产能力,t/h;

K_1——矿岩可碎性系数(表 8-188);

K_2——矿岩相对容重修正系数,$K_2 = \frac{\rho}{1.6} \approx \frac{\rho_0}{2.7}$;

ρ——松散密度,t/m^3;

ρ_0——实体密度,t/m^3;

K_3——粒度修正系数(表 8-189)。

表 8-188 矿岩可碎性系数 K_1 值

矿石强度	抗压强度/MPa	坚固性系数 f	K_1
硬	160~200	16~20	0.9~0.95
中硬	80~160	8~16	1.0
软	<80	<8	1.1~1.2

表 8-189 粗碎设备的粒度修正系数 K_3 值

给矿最大粒度 D 和给矿口 B 宽度之比(D/B)	0.85	0.6	0.4
粒度修正系数 K_3	1.0	1.1	1.2

破碎机在标准条件下(中硬矿石、密度为 $1.6t/m^3$)的生产能力 Q_0,可按式(8-197)计算:

$$Q_0 = q_0e \tag{8-197}$$

式中 q_0——破碎机单位排矿口宽度的生产能力,t/(mm·h),见表 8-190 和表 8-191;

e——破碎机排矿口宽度,mm。

表 8-190 颚式破碎机 q_0 值

破碎机规格/(mm×mm)	250×400	400×600	600×900	900×1200	1200×1500	1500×2100
q_0	0.4	0.65	0.95~1.0	1.25~1.3	1.9	2.7

表 8-191 旋回式破碎机 q_0 值

破碎机规格	500/75	700/130	900/160	1200/180	1500/180	1500/300
q_0	2.5	3.0	4.5	6.0	10.5	13.5

在一般生产矿山,所需破碎机台数 n 可用式(8-198)确定:

$$n = \frac{Q_n}{Q} \tag{8-198}$$

式中 Q_n——破碎作业的设计矿岩量,t/h;

Q——破碎机的生产能力,t/h。

8.8.3.4 常见破碎机的主要技术参数

我国能够制造破碎机的厂家(公司)很多,产品种类规格齐全,质量可靠,基本可以满足各类矿山生产需要。

常见国产颚式破碎机的主要技术参数见表8-192。

常见国外颚式破碎机的主要技术参数见表8-193。

常见国产旋回破碎机的主要技术参数见表8-194。

常见国产圆锥破碎机的主要技术参数见表8-195。

常见国外旋回破碎机的主要技术参数见表8-196。

常见国产反击式破碎机的主要技术参数见表8-197。

常见国产锤式破碎机的主要技术参数见表8-198。

表8-192 常见国产颚式破碎机的主要技术参数

类型	型 号	进料口尺寸(长×宽)/mm×mm	最大进料粒度/mm	排料口调整范围/mm	处理能力/(m^3/h)	偏心轴转速/(r/min)	电动机功率/kW	质量(不包括电动机)/t	主要生产厂家
复摆	PE-150×250	150×250	125	10~40	0.6~3	300	5.5	0.81	中信重型机械公司;上海路桥建机公司;一重机械集团公司
	PE-250×400	250×400	210	20~60	3~13	300	15	2.8	
	PE-250×500 Ⅰ	250×500	210	20~80	5.7~31	300	18.5	3.25	
	PE-250×500 Ⅱ	250×500	210	20~80	5.7~31	300	18.5	3.36	
	PE-400×600	400×600	340	40~100	10~34	275	30	6.5	
	PE-430×600	430×600	400	90~140	35~60	275	37	6.5	
	PE-475×1050	475×1050	400	90~140	37.5~81	275	55	11.7	
	PE-500×750	500×750	425	50~100	20~52	275	55	10.3	
	PE-600×750	600×750	500	150~200	50~100	250	55	12	
	PE-600×900	600×900	500	65~160	30~75	250	55~75	15.5	
	PE-620×900	620×900	500	95~145	31~70	250	55~75	14.3	
	PE-670×900	670×900	520	195~245	66~83	250	55~75	14.8	
	PE-750×1060	750×1060	630	80~140	72~130	250	110	28	
	PE-800×1060	800×1060	640	100~200	85~143	250	110	30	
	PE-870×1060	870×1060	660	200~260	181~210	250	110	30.5	
	PE-900×1060	900×1060	685	230~290	100~250	250	110	31	
	PE-900×1200	900×1200	750	95~165	87~164	200	110	50	
	PE-1000×1200	1000×1200	850	195~265	197~214	200	110	51	
	PE-1200×1500	1200×1500	1020	150~300	250~500	180	160	100.9	
	PEF-150×250	150×250	125	10~40	0.8~2	300	5.5	1.07	
	PEF-250×350	250×350	160	10~50	1~3	300	7.5	2.8	
	PEF-250×400	250×400	200	20~80	4~10	300	17	3.0	
	PEF-400×600	400×600	320	40~100	10~40	250	30	6.5	
	PEF-600×900	600×900	480	60~200	30~100	250	80	18.5	
	PEF-900×1200	900×1200	750	100~200	80~160	225	110	48	
	PEF-1200×1500	1200×1500	850	150~250	100~180	180	180	118	
	PEF-1500×2100	1500×2100	1250	300~450	150~350	150	245	152	

续表 8-192

类型	型　号	进料口尺寸（长×宽）/mm×mm	最大进料粒度/mm	排料口调整范围/mm	处理能力/(m^3/h)	偏心轴转速/(r/min)	电动机功率/kW	质量(不包括电动机)/t	主要生产厂家
复摆细碎	PEX-100×160	100×160	80	7~21	2~8	330	7.5	0.9	中信重型机械公司；上海路桥建机公司；一重机械集团公司
	PEX-150×750	150×750	120	18~48	5~16	320	15	3.5	
	PEX-200×1000	200×1000	160	20~55	6.9~23.8	330	22	6.5	
	PEX-250×700	250×700	210	25~60	8~22	330	22	4.9	
	PEX-250×1000	250×1000	210	25~60	10~32	330	30~37	6.5	
	PEX-250×1200	250×1200	210	25~60	13~38	330	37	7.7	
	PEX-300×1300	300×1300	250	20~90	10~65	300	75	11	
	PEV-430×650	430×65	380	40~100	25~75	275	45	5.1	
	PEV-500×900	500×900	430	50~100	31~69	275	55	10	
	PEV-600×900	600×900	500	70~130	53~106	250	75	13	
	PEV-750×1060	750×1060	650	80~140	72~140	250	110	24.2	
简摆	PEJ-900×1200	900×1200	750	100~180	60~100	180	110	62	
	PEJ-1200×1500	1200×1500	850	130~180	70~100	135	180	128	
	PEJ-1500×2100	1500×2100	1250	170~220	200~250	100	260	220	
	PEJZ-500×800	500×800	400	60~120	10~40	300	80	22	
	PEJZ-1200×1500	1200×1500	850	170~280	90~180	250	155	110	
	PEJZ-1500×2100	1500×2100	1250	240~380	200~300	250	245	220	

表 8-193　常见国外颚式破碎机的主要技术参数

类型	型号	进料口尺寸		最大进料粒度（长×宽）/mm×mm	转速/(r/min)	电动机功率/kW	质量/kg	各种排矿口(开口侧)(mm)的生产能力/(m^3/h)										
		长/mm	宽/mm					25	30	40	50	80	100	120	150	220	250	280
简摆	5K	500	315	420×270	300	22	5500	10.5	12.5	17								
	6K	630	400	560×340	280	30	10800	13	15.5	21	26							
	8K	800	630	700×550	260	75	22500				34	54	67					
	10K	1000	800	900×700	240	90	41500					70	87	104	130			
	12K-9	1200	900	1100×800	220	110	58200						100	115	145	215		
	12K	1200	1000	1000×900	220	132	63200						100	115	145	215		
	15K	1500	1200	1400×1100	200	160	120000							140	175	255	290	325
	16K	1600	1300	1500×1200	200	160	143200							150	185	265	305	340
	18K	1800	1400	1700×1300	180	200	18500									285	325	365
复摆	3E	300	200	250×180	320	7.5	1700	3.5	4.5									
	4E	400	250	340×220	300	11	2800	5.5	6.5									
	5E	500	315	420×270	300	22	5300	8	11	15	21							
	6E	630	400	560×340	280	30	8500			19	25	40	46					
	8E	800	630	700×550	260	75	17500					46	58	72				
	10E	1000	800	900×700	240	90	31800						73	90	115			
	12E-9	1200	900	1100×800	220	110	46800							120	150	215		
	12E	1200	1000	1100×900	220	110	49700							120	150	215		
	15E	1500	1200	1400×1100	200	160	85000								200	300	350	
	18E	1800	1400	1700×1300	180	200	140000									330	380	440

注：该表所列主要是德国克虏伯公司的产品。

表 8-194 常见国产旋回破碎机的主要技术参数

类型	型号	给料口尺寸/mm	排料口尺寸/mm	最大给料尺寸/mm	排料口调整范围/mm	生产能力/(t/h)	破碎圆锥底部直径/mm	主电动机				润滑站规格/(L/min)	冷却水耗量/(m³/h)	主要生产厂家
								型号	功率/kW	转速/(r/min)	电压/V			
普通中型	PXZ700/100	700	100	580	100～130	310～400	1400	JR136-8	145	730	380	40	92	沈阳重型机械公司；一重机械集团公司；沈阳有色机械总厂
	PXZ900/130	900	130	750	130～160	625～800	1650	JR137-8	210	730	380	63	142	
	PXZ1200/160	1200	160	1000	170～190	1250～1480	2000	JR158-10	310	590	6000	125	230	
	PXZ1200/210	1200	210	1000	160～190	1560～1720	2000	JR158-10	310	590	6000	125	230	
	PXZ1400/170	1400	170	1200	210～230	1750～2060	2200	JR1510-10	400	590	6000	125	315	
	PXZ1400/220	1400	220	1200	170～200	2160～2370	2200	JR1510-10	400	590	6000	125	306	
	PXZ1600/180	1600	180	1350	210～230	2400～2800	2500	JR1512-8	570	730	6000	125	480	
	PXZ1600/230	1600	230	1350	180～210	2950～3200	2500	JR1512-8	570	730	6000	125	480	
	PXZ1850/220	1850	220	1450	220～250	4000～4550	2800	JR1512-6	780	970	6000	125	700	
	PXZ1850/270	1850	270	1450	220～250	4700～5000	2800	JR1512-6	780	970	6000	125	700	
	PXF5475	1372	152	1150	130～180	1740	1880	YR400-12/1180	400	490	6000	250	22.5	
	PXF5484	1372	203	1150	200～230	2500	2134	YR500-12/1180	500	490	6000	250	22.5	
	PXF6089	1524	178	1300	150～220	3000	2260	YR118/46-12	500	490	6000	400	23.52	
	PXF60110	1524	178	1300	150～220	4000	2794	YR500-12	355×2	490	6000	400	23.52	
	PXF7293	1829	178	1550	200～250	2620	2363	YR500-20/1730	500	295	6000	400	23.52	
普通轻型	PXQ0710	700	100	580	100～120	200～240	1200	JR128-10	130	585	380	40	3	
	PXQ0910	900	100	650	110～140	250～300	1200	JR136-8	145	730	380	40	3	
	PXQ0913	900	130	750	130～150	350～400	1400	JR128-8	155	730	380	40	3	
	PXQ1215	1200	150	1000	150～170	720～810	1650	JR137-8	210	735	380	63	6	
液压型	PXZ500/60	500	75	420	60～75	140～170	1200	JR128-10	130	590	380	63	3	
	PXZ700/100	700	130	580	100～130	310～400	1400	JR128-8	155	730	380	63	3	
	PXZ900/90	900	110	750	90	380～510	1650	JR137-8	210	730	380	63	3	
	PXZ900/130	900	160	750	130～160	625～770	1650	JR137-8	210	730	380	63	3	
	PXZ900/170	900	190	750	170～190	815～910	1650	JR137-8	210	730	380	63	3	
	PXZ1200/160	1200	190	1000	160～190	1250～1480	2000	JR158-10	310	590	6000	125	6	
	PXZ1200/210	1200	230	1000	210～230	1640～1800	2000	JR158-10	310	590	6000	125	6	
	PXZ1400/170	1400	200	1200	170～200	1750～2060	2200	JR1510-10	430	590	6000	125	6	

表 8-195 常见国产圆锥破碎机的主要技术参数

类型	型号	破碎锥直径/mm	给料口尺寸/mm	给料尺寸/mm	排料口调整范围/mm	主电动机功率/kW	偏心套转速/(r/min)	生产能力/(t/h)	质量/t	主要生产厂家
弹簧标准型	PYB-600/75	600	75	65	12～25	30	396	40	5.5	沈阳有色机械总厂
	PYB-900/135	900	135	110	15～50	55	330	50～90	9.6	
	PYB-1200/170	1200	170	145	20～50	110	300	110～168	24.6	
	PYB-1750/250	1750	250	215	25～60	155	245	280～480	50.5	
	PYB-2100/350	2100	350	300	30～60	280/210	202	500～800	71.2	
	PYB-2200/350	2200	350	300	30～60	280	220	500～1000	84	
弹簧中型	PYZ-900/70	900	70	60	8～20	55	330	20～65	9.6	
	PYZ-1200/115	1200	115	100	8～25	110	300	42～135	25	
	PYZ-1750/215	1750	215	180	10～30	155	245	175～320	51	
	PYZ-2200/275	2200	275	230	10～30	280	220	200～580	84	
弹簧短头型	PYD-600/40	600	40	35	3～13	30	396	12～23	5.5	
	PYD-900/50	900	50	40	3～13	55	330	15～50	9.7	
	PYD-1200/60	1200	60	50	3～15	110	300	18～105	25.3	
	PYD-1750/100	1750	100	85	5～15	155	245	75～230	50.5	
	PYD-2200/130	2200	130	100	5～15	280	220	125～350	85	

续表 8-195

类型	型号	破碎锥直径/mm	给料口尺寸/mm	给料尺寸/mm	排料口调整范围/mm	主电动机功率/kW	偏心套转速/(r/min)	生产能力/(t/h)	质量/t	主要生产厂家
液压标准型	PYY-BY0913	900	135	115	15~40	75	335	40~100	8.4	沈阳重型机械公司
	PYY-BY1219	1200	190	160	20~45	110	300	90~200	8.3	
	PYY-BY1628	1650	285	240	25~50	155	250	210~425	8.3	
	PYY-BY2235	2200	350	300	30~60	280	220	450~900	17.9	
液压中型	PYY-ZT0907	900	75	65	6~20	75	335	17~55	17.6	
	PYY-ZT1215	1200	150	130	9~25	110	300	45~120	17.5	
	PYY-ZT1623	1650	230	195	13~30	155	250	120~280	35.8	
	PYY-ZT2229	2200	290	230	15~35	280	220	250~580	35.7	
液压短头型	PYY-DT0906	900	60	50	4~12	75	335	15~50	35.6	
	PYY-DT1208	1200	80	70	5~13	110	300	40~100	74.5	
	PYY-DT1610	1650	100	85	7~14	155	250	100~200	73.7	
	PYY-DT2213	2200	130	110	8~15	280	220	200~380	73.4	

注:1. 生产能力以矿岩松散密度为 1.6t/m^3 计;

2. 机器质量不包括电动机。

表 8-196 常见国外旋回破碎机的主要技术参数

破碎机类型		破碎机外形尺寸(长×宽)/mm×mm	生产能力/(t/h)	给料粒度/mm	排料粒度/mm	最大功率/kW	转速/(r/min)	质量/t
美国 A-C 公司	50×109	1524×2768	3870~5940	1371	215~304	750	110	570
	60×89	1524×2260	2250~3240	1371	152~228	480	125	390
	54×74	1371×1879	1620~2295	1117	139~203	400	135	242
	48×74	1219×1879	1530~2430	1016	127~203	400	135	228
	42×65	1066×1651	747~1485	914	114~177	320	150	120
	36×55	914×1397	540~765	762	101~139	250	175	74
	30×55	762×1397	378~810	533	63~139	250	175	67
美国雷克斯诺德公司	60×102	1524×2590	4198~6480	1350	200~300	750	115	544
	60×102	1524×2590	4198~6480	1350	200~300	600	115	441
	60×90	1524×2286	2497~3600	1300	180~250	550	115	383
	54×80	1371×2032	2281~3393	1100	150~200	400	140	238
	54×75	1371×1905	2038~2605	1100	100~150	360	140	206
	48×75	1219×1905	1795~2484	1000	100~150	360	140	192
	42×70	1066×1778	936~1530	900	100~120	320	137	141
	42×70	1066×1778	936~1530	900	80~100	250	137	118
美国富勒公司	72	1828×2887	2340~3870	1500	152~279	550	135	441
	60	1524×2590	1935~3690	1300	127~279	400	135	360
	34	1371×2030	1125~2430	1200	101~254	320	125	270
	48	1219×1879	850~1890	1100	84~228	280	125	225
	42	1066×1651	607~1395	900	76~203	200	125	142
	36	914×1397	454~1098	800	63~177	200	115	126
	30	762×1397	310~819	600	52~152	160	115	90
德国克虏伯公司	KB87-170	2045×3850	2000~3000	810	89~120	315	145	124
	KB105-190	2475×4410	2200~3100	1050	100~120	400	134	185
	KB137-190	2385×4600	2200~3200	1370	120~150	600	134	210
	KB152-230	2700×5600	3000~3500	1520	120~150	600	125	365
	KB152-280	3190×6030	3500~4000	1520	150~200	900	125	575
	KB160-290	3225×6240	4500~6000	1600	150~220	1100	127	563
日本川崎重工	KG-09516	950×2380	800~1350	1260	115~180	270	150	120
	KG-10517	1050×2730	900~1670	1400	115~190	320	140	130
	KG-12518	1250×3060	1460~2210	1600	125~190	350	140	140
	KG-13519	1350×3360	1670~2600	1800	140~230	370	140	150
	KG-15022	1500×3750	2150~3670	2000	140~245	450	140	190
	KG-15027	1500×3870	3920~6000	2000	215~305	750	140	410

表 8-197 常见国产反击式破碎机的主要技术参数

类型	型号	给料粒度/mm	排料粒度/mm	生产能力/(m^3/h)	转子转速/(r/min)	电机型号	电机功率/kW	电机转速/(r/min)	整机质量/t	主要生产厂家
单转子	PF-54	<100	<20	10	960	Y160L-6	7.5	970	1.35	上海重型机械公司;沈阳重型机械公司
	PF-107	<250	<30	30	680	Y250M-6	37	970	5.54	
	PF-1210	<250	<50	80	475	JS126-8	95	740	15.25	
	PF-1416	<350	<50	100	545	JS130-8	155	740	35.5	
	PF-1614	<500	<60	200	456	JS130-8	155	740	35.7	
双转子	2PF-1212	<650	<20	150	565	JS130-6	155,130	970	58.1	
	2PF-1416	<750	<30	200	545	JS130-6	2×155	970	54.1	
	2PF-1820	<850	<50	300~350	438	JS138-6	2×280	970	83.1	
煤炭用	PF-M0705	<80	<30(占80%)	20	740	Y200C-4	30	1470	2.66	沈阳重型机械公司
	PF-M0807	<100	<40	25	650	Y180L-6	22	970	3.14	
	PF-M1007	<200	<30	30	670	Y250M-6	37	970	6.58	
	PF-M1415	<300	<25	300	740	JSQ158-8	380	740	13.2	
	2PF-S1212	<700	<20	150	480	JS137-8	210	740	54.1	

表 8-198 常见国产锤式破碎机的主要技术参数

类型	型号	给料粒度/mm	排料粒度/mm	生产能力/(t/h)	转子直径/mm	转子长度/mm	转子转速/(r/min)	主电动机				主要生产厂家
								型号	功率/kW	转速/(r/min)	电压/V	
矿岩用	PCK-1413	≤80	≤3	400	1430	1300	985	JS1410-6 JS158-6	520 550	985	3000 6000	沈阳重型机械公司;上海重型机械公司
	PCK-1416	≤80	≤3	400	1410	1608	985	Y500-6	560	985	6000	
	PCK-1413	≤80	≤3	200	1430	1300	735 740	JS158-8 JS1410-8	370 380	735 740	3000 6000	
	PCK-M1010	≤80	≤3	100~150	1000	1000	980 1000	JS-138-6 Y400-3-6	280	980 1000	3000 6000	
	PCK-M1212	≤80	≤3	150~200	1250	1250	740	JS148-8 JSQ158-8	310 320	735 740	3000 6000	
煤炭用	PCM-1316	<300	0~10	150~200	1300	1600	740 590 735	JS147-8 JS147-10 JS137-8	200 200 210	740 590 735	6000 3000 380	
	PCM-1818	<300	<40	500	1800	1800	590	JR1512-10	480	590	6000	
	PCM-1825	<300	<25	700~750	1800	2500	590	YR800-10/1430	800	590	6000/3000	
石灰石用	PC-S0604	<100	<35	12~15	600	400	1019	Y180L-4	22	1470	380	
	PC-S0806	≤120	≤15	20~25	800	600	980	Y280M-6	55	980	380	
	PC-S0806	≤120	≤12	18~24	800	600	1100	JO2-92-4	75	1470	380	
	PC-S0808	≤120	≤15	35~45	800	800	980	JO2-92-6	75	980	380	
	PC-S1212	≤200	≤20	100	1250	1250	735	JSQ-136-8	180	735	380	
	PC-S1414	≤250	≤20	170	1400	1400	740	JSQ1410-8	280	74	6000	
	PC-S1616	≤350	≤20	250	1600	1600	595	JSQ-1512-10	480	595	6000	

注:1. 对于煤用锤式破碎机,生产能力指被破碎物料抗压强度极限为12MPa、表面水分小于9%、松散密度为0.8~1t/m^3 时的生产能力;
2. 对于石灰石用锤式破碎机,生产能力指被破碎物料抗压强度极限为120MPa、表面水分小于2%、松散密度为1.6t/m^3 时的生产能力;
3. 转子直径指转子在工作状态时锤头端的运动轨迹。

8.8.4 移动破碎站的布置和移设

在露天矿采场,不论固定破碎站还是移动破碎站,其主要功能都是将爆后岩堆中的大块矿岩,按照要求的粒度破碎成小块,以利于矿用汽车、有轨车辆或胶带输送机向外运输,提高生产效率并避免大块矿岩对运输设备的损伤。为了克服固定破碎站转移建设周期长、移设安装工程量大、投资费用较高、矿岩运输成本随着开采延深而逐渐增加的缺点,近年来,各种类型的移动式破碎站在国内外露天矿山得到广泛应用。

在露天采场,破碎站机组上承装载设备(如挖掘机、装载机等),下接运输设备(如专用车辆和胶带输送机等),又是破碎矿岩的转载站,所以也称破碎转载站;它最适宜露天开采中的连续运输工艺和半连续运输工艺。

破碎转载站在露天矿采场占据一定场地，构成"转载平台"，以完成爆后矿岩的破碎、转载、调车和设备维修工作。破碎站的空间位置、平台尺寸和破碎站的移设步距，是合理确定露天矿山连续或半连续运输系统、并使其充分提高综合生产能力和降低矿岩运营成本的重要因素。

8.8.4.1 露天矿运输工艺特点

A 连续运输工艺

连续运输工艺系统构成模式为"装载机-移动式破碎站-移动式胶带机-固定式胶带机"。采剥工作面装矿设备（如挖掘机、前装机等）将矿岩运载到移动破碎站，经破碎后的矿岩转载至移动式胶带机，完成采场工作面内部运输；再将矿岩转载至固定在边坡的输送机，运至矿仓或生产矿山的下一个工艺环节（如选矿厂等）。

由"挖掘机-移动式破碎站-可移式胶带机-固定式胶带机"也可构成连续运输工艺，其设备布置状况如图8-195所示。所要求的破碎转载平台的相关尺寸如图8-196 所示。

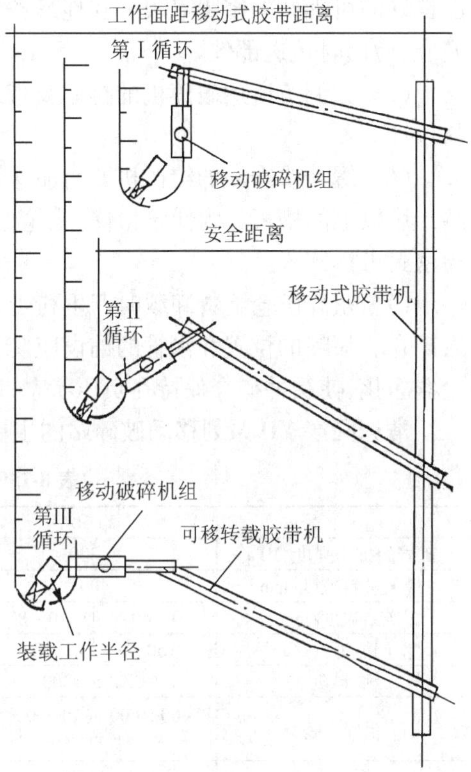

图 8-195 连续生产工艺布置

B 半连续运输工艺

半连续运输工艺也称"间断-连续运输"工艺。它的系统构成为"挖掘机-汽车-半固定式破碎站-固定式胶带机"。

挖掘机将矿岩装上汽车，由汽车完成露天采场内部的水平运输，将矿岩运至边坡的半固定式破碎站，经破碎转载至斜坡胶带输送机（此实属"汽车-胶带机联合运输"方案）。在此方案中，汽车运距短，提高了汽车的运输效率，并发挥了胶带机的优势。所以"汽车-胶带机联合运输"方案是目前各国采用较多的运输方案之一。

在间断-连续运输工艺中，半固定式破碎站是转载矿岩的关键环节，它可以随露天采场水平延伸而定期下移；但在设计时应考虑尽量减少破碎站的移动。因为，这种方案所采用的破碎转载站基本上是固定型式的，移动时技术问题较多，工作量较大。

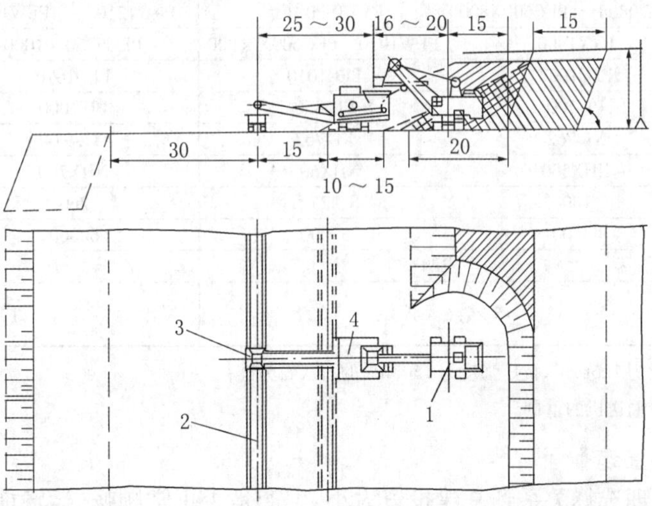

图 8-196 采矿工作面上电铲与移动破碎和胶带机联合作业

1—电铲；2—胶带输送机；3—漏斗；4—移动破碎站

8.8.4.2 破碎转载站的构建和位置选择

A 破碎站的构建要求

(1) 控制室应位于粗仓一侧上方，且有良好的视角，能看清各卸载口、矿仓内状况及碎石机工作情况，以便指挥车辆进、出卸载及进行翻卸作业；操作碎石机破碎矿仓内的大块物料和控制破碎机运转。

(2) 对不合格的大块矿岩，可在粗破碎矿仓顶装设碎石机进行破碎。

(3) 金属露天矿通常采用连续工作制，每日三班作业，为缩短停机时间，大都采用整体部件更换检修制。因而要求粗碎矿仓一侧留有足够的更换部件(如动锥、横梁、架体、机座、偏心套、伞齿轮、衬板等)堆放和检修的场地。

(4) 破碎机除由粗碎矿仓的控制室控制外，在破碎机室内应设置就地进行操纵的控制间。所设破碎机四周的检修平台应为可拆卸式。为防止破碎机作业时粉尘从堆体底部液压装置检修道逸出，需设置密封性能良好的可拆卸的密闭隔板。在地形条件允许时，破碎机室应设置大门直通外面，以加强通风、采光和便于安装、检修时运送部件。

(5) 为调节所用破碎机的排矿及带式输送机作业的均衡状况，应设置缓冲矿仓；缓冲矿仓内设有高、低料位计。

(6) 缓冲矿仓底的给矿机要与输送机相匹配。使用板式给料机时，其尾轮中心至溜槽外侧净距应能容纳 3 块以上的槽板。为便于检修、尾轮上方应设置起重梁。在板式给矿机前护罩一侧观察窗旁的操作室，应为密封可拆卸式。

(7) 粗碎矿仓上料卸载时产生粉尘，在各卸矿点应设置高压水喷嘴进行喷雾降尘，使物料通过水幕后落入矿仓。喷嘴的位置和水管的铺设应防止被卸下的物料砸坏。所产生的粉尘常用抽出式通风机和湿式吸尘器净化，使缓冲矿仓保持在负压状态，以获得较好的收尘效果。

常见国产 YD 系列移动破碎站的主要技术参数见表 8-199。

表 8-199 YD 系列移动破碎站的主要技术参数

<table>
<tr><td colspan="2">型 号</td><td colspan="2">YD50</td><td colspan="2">YD100</td><td colspan="2">YD150</td><td colspan="2">YD200</td></tr>
<tr><td colspan="2">矿岩的抗压强度/MPa</td><td colspan="2"><300</td><td colspan="2"><300</td><td colspan="2"><300</td><td colspan="2"><300</td></tr>
<tr><td colspan="2">最大进料粒度/mm</td><td colspan="2">400</td><td colspan="2">400</td><td colspan="2">480</td><td colspan="2">480</td></tr>
<tr><td colspan="2">产品粒度/mm</td><td>0～40</td><td>0～80</td><td>0～40</td><td>0～80</td><td>0～40</td><td>0～80</td><td>0～40</td><td>0～80</td></tr>
<tr><td colspan="2">生产能力/(t/h)</td><td>50</td><td>80</td><td>100</td><td>150</td><td>150</td><td>200</td><td>200</td><td>300</td></tr>
<tr><td colspan="2">喂料机</td><td colspan="2">CZT95×300</td><td colspan="2">CZT95×300</td><td colspan="2">CZT95×300</td><td colspan="2">CZT100×300</td></tr>
<tr><td colspan="2">粗碎设备</td><td colspan="2">PE400×600 或 PE500×600
颚式破碎机</td><td colspan="2">PE500×700
颚式破碎机</td><td colspan="2">PE600×750
颚式破碎机</td><td colspan="2">PE650×750
颚式破碎机</td></tr>
<tr><td colspan="2">振动筛</td><td colspan="2">3YA1530</td><td colspan="2">3YA1536</td><td colspan="2">3YA1536</td><td colspan="2">3YA1536</td></tr>
<tr><td rowspan="4">细碎设备</td><td>Ⅰ</td><td>PFB0808</td><td>PFB1007</td><td colspan="2">PFB1010</td><td>PFB1210</td><td>PFB1210</td><td colspan="2" rowspan="2"></td></tr>
<tr><td>Ⅱ</td><td>PFW0808</td><td>PEG600X800</td><td colspan="2">PYYT900/135</td><td>PFW1210</td><td>PFW1210</td></tr>
<tr><td>Ⅲ</td><td colspan="2">PYYT900</td><td>PFW1010</td><td>PEG600X×800</td><td colspan="2">PEGS750×1000</td><td colspan="2">PEGS750×1000</td></tr>
<tr><td>Ⅳ</td><td colspan="2">PFQ1007</td><td colspan="2">PFQ1010</td><td colspan="2">PFQ1010</td><td colspan="2">PFQ1010</td></tr>
<tr><td colspan="2">制砂设备</td><td colspan="2">PL-700</td><td colspan="2">PL-850</td><td colspan="2">PL-1000</td><td colspan="2">PL-1000</td></tr>
<tr><td colspan="2">湿法洗砂机</td><td colspan="2">XL-762</td><td colspan="2">XL-762</td><td colspan="2">XL-914</td><td colspan="2">XL-1118</td></tr>
<tr><td colspan="2">干法选粉机</td><td colspan="2">NHX500</td><td colspan="2">NHX600</td><td colspan="2">NHX700</td><td colspan="2">NHX700</td></tr>
<tr><td colspan="2">总装机功率/kW</td><td colspan="2">180</td><td colspan="2">225</td><td colspan="2">260</td><td colspan="2">350</td></tr>
<tr><td colspan="2">设备总质量/kg</td><td colspan="2">43000</td><td colspan="2">55000</td><td colspan="2">60000</td><td colspan="2">72000</td></tr>
<tr><td colspan="2">拖车数量</td><td colspan="4">一个或两个</td><td colspan="4">两 个</td></tr>
<tr><td colspan="2">拖车最大外形尺寸
(长×宽×高)/m×m×m</td><td colspan="4">15×2.5×4.3</td><td colspan="4">12.2×2.5×4.3</td></tr>
</table>

注：1. 生产能力是以松散容重为 1.6t/m^3、抗压强度为 150MPa 的石灰石为准；

2. 设备总重量不包括胶带输送机的重量。

B 破碎转载站的位置选择

破碎转载站位置的合理选择关系到基建投资大小、生产是否正常顺畅、运输能力能否发挥、运输系统的布置是否合理以及运输费用高低等，应慎重决策。一般情况下，选择破碎转载站应遵循以下原则：

(1) 尽量节省汽车运输耗能，设法延伸铁路车辆和胶带机的运距，缩短汽车运距和爬坡，使汽车运距控制在 3km 左右，爬高控制在 150m 以内，否则会显著影响汽车运输效率，使矿岩运费大量增加。

(2) 不影响或少影响采场的推进及扩帮过渡，便于上下两段运输工作的衔接顺畅。

(3) 尽量利用采场内的合适地形、采空区及采场内的空旷平台等位置设置破碎转载站，以利于施工并节省工程量。

(4) 应使每个破碎转载站能集运较多开采水平的矿岩,使用延续时间较长,而且便于向下个预定位置转移。破碎转载站的位置可在采场外,也可在采场内,根据采场的具体条件而定。在一般露天矿山,通常把破碎转载站设在露天采场的两端或非工作帮,这样对工作帮的推进影响较小。如果几个台阶共用一个破碎站,则应设在集运水平上。

破碎转载站所服务台阶数目的确定,主要应考虑两方面因素:其一是能使破碎站在同一水平上的工作时间最长,破碎站的移设次数和费用最少;其二是能尽量缩小矿岩在露天矿内部的运输距离,减少矿岩运费。生产实践证明,破碎站的移设间隔为 80 ~ 100m 比较合理。经验认为,深凹露天矿的破碎转载站宜先设在采场境界外的边缘,随开采深度的下降而移至采场内。

在"汽车-破碎-胶带联合运输"系统中的粗碎转载站,宜设在靠往流向一侧的境界外边缘,矿石破碎站为去选厂方向一侧;岩石破碎站为去排土场方向一侧。下延的破碎转载站宜设在比较宽而固定的平台和不扩帮(或少扩帮)的采场两端帮位置。

C 破碎转载站的移设步距确定

移设步距是指破碎站在露天采场内延深方向的迁移垂直距离。破碎站移设步距的大小关系基建投资和运营费用;移设步距小,则采场内汽车运距缩短,节省矿岩的运费,但破碎站的移设费用增加。移动步距大,移动的次数较少,基建投资可减少,但汽车运距增加,运费则增加。合理地确定破碎站的移设步距,可使采场内单位矿岩费用与移设费之和为最小,即达到最佳的经济效果。

一般情况下,确定移设步距应遵循以下原则:

(1) 合理分布露天矿开采境界范围内各开采阶段的矿岩量,使各时期逐年采出的矿岩量与选择的胶带输送机开拓运输系统相适应;

(2) 尽量减少和避免"开采境界分期过渡"与"半连续运输系统续建"两者之间的干扰,合理安排露天开采境界的过渡与破碎转载站续建的衔接关系;

(3) 全面分析半连续运输系统中各项技术经济指标。在满足采场空间、有利于破碎转载站及胶带运输机安设的条件下,力求工程量和基建费用最低。

确定"移设步距"可采用"综合费用分析比较法",即根据运营费和基建投资二者的关系确定破碎站的移动时间和步距,其表达式为:

$$\sum_{2}^{n} \Delta A_2 + \Delta A_3 + \cdots + \Delta A_n \approx D \tag{8-199}$$

式中 ΔA_2——破碎站投产第二年与第一年汽车运输费之差;

ΔA_3——破碎站投产第三年与第二年汽车运输费之差;

ΔA_n——破碎站投产第 n 年与第$(n-1)$年汽车运输费之差;

n——投产后从第一年开始往后的第 n 年;

D——破碎站基建投资。

当满足式(8-199)时,n 即为需要移动破碎站的最佳时间,移动的步距 H 则为:

$$H = (n - 1)v + h \tag{8-200}$$

式中 v——采场下降速度,m/a;

h——采场阶段高度,m。

所求出的 H 应取开采段高的整数倍。因破碎站建设需要较长时间,通常至少需要一年的时间,应考虑加一个 h 值。构建破碎站需在生产延伸到其所处的水平时才能开始基建,到建成投产时,正常的生产已降到破碎站所处的水平以下,因此在开采进度计划中最好能将需要建站的位置提前剥离,为基建争取时间;基建也应准备充分,尽量缩短周期,以免出现因基建拖延而赶不上生产需要的局面。

某些采用移动破碎站的露天矿山,对多次移设步距数据进行了统计分析,认为可用下面更简明的经验算式确定移动破碎站的合理移设步距 H:

$$H = 1.414\sqrt{\frac{iZ}{CF\rho k}} \tag{8-201}$$

式中 i——汽车道路坡度,%;

k——汽车道路展线系数,由矿山实际运输系统确定;

C——汽车运输单位里程费用,元/(t·km);

Z——破碎站移设总费用,元;

F——采场内爆后岩堆的平均面积,m^2;

ρ——矿岩平均容重,t/m^3。

在露天矿边帮设置破碎站时,边帮要进行扩帮;扩帮量不但与破碎转载站深度和面积有关,还与破碎站的长度与宽度之比有关。为了减少扩帮工作量,应使平行边帮的长度大一些,垂直边帮的宽度小些。国内外有些矿山用设在工作面的移动式破碎站取代汽车运输,这种方案与配有汽车的半连续运输系统相比,运输费用可节省20%,基建投资可节省30%。

关于破碎转载站的移动步距,国内外有关文献介绍的经验认为:一般取作6~8个台阶较好,但不宜超过120m。

D 破碎转载平台的尺寸确定

破碎转载平台尺寸除取决于破碎站形式及结构外,主要取决于破碎站胶带输送机配套运输车辆的调车及翻卸方式。目前,国内外露天矿山多采用自卸汽车和准轨铁路车辆转载两种运输方式与之配套。

自卸汽车与"破碎站-胶带运输机"配套,是"半连续开拓运输系统"工艺中最优化的配套形式。合理确定破碎转载平台的尺寸,可提高生产系统的综合生产能力,减少露天矿山的剥岩量和运输量。

当采用自卸汽车与破碎站配套时,其卸载平台的最小宽度 B 可用式(8-202)计算:

$$B + R + Z + b/2 + e \tag{8-202}$$

式中 R——汽车回转半径,m;

b——汽车宽度,m;

e——附加安全值,m,可取1~2m。

在一般情况下,露天矿山铁路运输系统布线,其位置、标高应满足破碎站的移设步距要求。站场的设置应满足线路竖向和平面技术条件,尽量减少破碎站转载平台的宽度。

E 采场内移动破碎站的移置

露天采场每向下延深一个阶段,移动破碎站需要向下移置一次;移置一次约需40~50h。移置前需要做好如下准备工作:

(1)沿移动式胶带机的轴线向下挖掘铺设胶带机的斜坡道,然后铺设机架和尾部滚筒。

(2)当下部阶段已形成可布置破碎站的空间时,即应着手调平三个柱脚区并进行测量。

(3)挖掘出布置板式给矿机尾部的沟槽及附加工作空间。

停机期间需完成如下工作:

(1)移走移动式胶带给料机、转载料槽及辅助设施,协调移后空间。

(2)移置胶带机的尾部滚筒,接长移动胶带机,延伸到主胶带机的位置。

(3)接通外部电源后,使给料胶带机从破碎机下面自行到新位置。

(4)用牵引车将移动式破碎站拖运到新位置,定位后重新接上电缆和仪表控制线路。当形成板式给矿机的翻卸坑后,全系统即可在新的位置上恢复正常工作。

8.9 露天矿道路施工和维护保养设备

8.9.1 推土机

8.9.1.1 现状与发展趋势

A 现状

a 国内现状

国内推土机已初步形成一定生产规模,技术水平有了长足的进步,形成了自己的独特产业结构,又由于制造成本低,售价低,不仅在国内市场占统治地位,并开始进入国际市场。河北宣化工程机械股份有限公司(以下简称河北宣工)在20世纪70年代就生产T140型推土机,80年代引进卡特彼勒公司的D6D制造技术,并开发了TY165系列推土机。进入90年代又引进了D7H型高架链轮推土机制造技术,为开发高架链轮推土机奠定了技术基础,并开发了SD8型高架链轮推土机,技术水平达到了卡特彼勒公司D7H型推土机的水平。最近开发的T140-2型推土机是T140型推土机的升级换代产品。工作质量16.5t,功率115kW,铲刀容量4.5m^3,机械传动,变速操纵与主离合器液压助力操纵设有联锁装置,只有主离合器处于分离状态时才能换挡变速;工作装置采用液压先导操纵,设有浮动和快速下降功能;配装六面体驾驶室,造型美观,密封好,噪声低,可调式座椅,操纵杆按人机工程学原理,布局合理,操作舒适,省力,减缓司机疲劳。

(1) 山东山推工程机械股份有限公司(以下简称山东山推)在20世纪70年代引进日本小松制作所D85型推土机制造技术的基础上,开发了D85A-18型推土机。近期开发的TY130B型推土机,工作质量14t,功率95.5kW,铲刀容量3.7m^3,液力机械传动,行星轮式动力换挡变速器,变速、换向和工作装置液压系统实现机电一体化,电子监控与自动报警。采用西门子的VDO智能显示报警系统和电子控制器,各仪表驱动信号及警示信号分别由传感器通过仪表单片机传输。

各传感器收到信息,通过仪表盘上的仪表、指示灯和蜂鸣器等以文字或声音的形式传给司机,使司机及时掌握推土机运行情况,及时处理故障。工作装置采用高强度耐磨耐冲击钢材制成,铲刀片采用高合金钢制成,可靠性好。底盘跨度小,结构紧凑,减振性能好,转弯半径小。

2003年,山东山推又开发了新型SD08型推土机,工作质量7.65t,功率59kW,铲刀容积2m^3。采用动力换挡变速箱,行走系统采用单手柄PPC阀控制。工作装置液压操纵,铲刀有上升、下降和上下倾斜四方位动作。开阔的六面体驾驶室采用减振安装,仪表盘布局合理,单手柄操纵行走的转向和变速,操纵简便、舒适、灵活。可调式座椅,以满足不同操作位置的需要。该机具有推土、挖掘、侧铲和填平等多种作业功能。

(2) 长沙三一重工股份有限公司开发的TQ230H型全液压推土机,工作质量25.5t,功率169kW。采用低转速、大扭矩发动机,经分动箱驱动行走液压泵、工作泵和补油泵,通过弹性支承减少振动和噪声;四轮一带选用Bexco公司、ITM公司产品,可靠性高,润滑密封履带使用寿命长;行走液压系统用电比例阀控制双泵和双马达,与发动机匹配采用MC控制器调节以实现PID控制,充分利用发动机功率;工作装置液压系统为开式回路,采用液压先导式操作系统;电气部分采用电控方式实现推土机行走,转向操纵,极限负荷调节,行驶纠偏的自动控制。造型美观的驾驶室,设有隔振、减噪和空调装置,全方位可调座椅,操纵手柄和脚踏板操纵力小,操作按钮伸手可及,视野开阔,改善了司机工作环境,减缓了司机疲劳。其推出的TQ230G型高原全液压推土机,工作质量25.3t,功率170kW。发动机带辅助装置,最低启动温度-45℃,适合海拔4000m试验规范要求。采用德国HOPPECKE低温大容量蓄电池,液压传动,微电脑控制,自适应性强。可带负荷转向,原地转变提高机动性、灵活性。冷却水箱内压力高于大气压,冷却水蒸发温度高,热效率高,减少水损失。

(3) 天津建筑机械厂新推出移山牌TYD200型推土机,工作质量19.6t,功率162kW。采用闭式载荷传感系统(CLSS)可根据负荷变化自动调整工作装置和行走系统的功率分配达到节能效果。静液压动力转向系统(HSS)和液压双功率流差速转向机构可使左右履带作反向运动,实现以机体为中心的原地转向,适应性强。操作系统采用先导控制阀(PPC)实现单手柄集中控制。模块化设计,结构布置合理,紧凑,拆装方便。悬挂式减振装置和强制换气密封驾驶室适于高原作业。电子监测控制系统实现自诊断。

(4) 徐州工程集团推出的DL210G型轮式推土机,质量17.5t,功率150kW。采用上柴C6121ZG柴油机,燃油消耗少,噪声低,排放低,可靠性高。采用液力机械传动,动力换挡变速箱,中美合资的美池公司驱动桥,变速箱具有强制换低挡、空挡启动保护及挡位锁定功能,后桥为中心摆动式,可减轻车辆颠簸,提高横向稳定性。前后车架铰接,上下铰销均采用双圆锥滚子轴承,承载能力大,行驶稳定性好。工作和转向液压系统采用双泵分合流技术,减少功率损失。工作装置为直铲封闭式结构,以加强整体强度和刚度,左右大臂箱形结构,可调节水平推杆和竖直支撑杆以改变铲刀倾角,保证铲刀在不同土质正常作业。它具有强度大、刚性好、耐磨性高、使用寿命长的特点。

(5) 上海彭浦机器厂与天津工程机械研究院联合完成“八五”攻关新产品——上海140型履带式推土

机，工作质量47t，功率306kW。采用重发KTA19-C型发动机，燃油供给系统装有美国康明斯PT泵，可提供最佳供油状态，行走机构四轮用浮动油封密封，履带液压张紧，整体密封，噪声小，寿命长。直角倾斜铲刀，刀片由合金钢制造，强度高，耐磨损，使用液压伺服助力机构，操纵省力；外形美观，驾驶室工作条件好，舒适性强，可靠性高，视野开阔。

纵观近期我国推出的新产品结构性能有了显著的提高，主要技术性能与国外产品相比差距不大，主要差距是可靠性略低，产品使用寿命短，产品规格少，系列不全，缺乏大型履带推土机；驾驶室密封性、舒适性、噪声、振动方面有待进一步改进；自动控制、监测和诊断功能较差，环保性、可维修性有待加强。

b 国外现状

20世纪50年代国外的推土机功率只有74kW，品种规格不全，发展不快。进入20世纪70年代出现了301.5kW推土机。近年来，随着建筑工程和露天矿规模扩大，土方工程量的增加，推土机特别是履带式推土机得到了迅速发展。新产品、新结构不断涌现，自动化水平不断提高。同时其作业性能、燃油经济性、可靠性、耐久性、维修性、操作性、安全性和环保性能也有很大进展。特别是微电子技术，如微型电脑、超大规模集成电路、传感器技术和信息技术的采用，使推土机向机电信一体化发展。以美国卡特彼勒公司、日本小松制作所和德国利勃海尔公司等制造商为代表，成为行业的领军者，占据了全球推土机行业的半壁江山。

（1）卡特彼勒公司1977年末推出522kW的D10型推土机后又推出574kW的D11N型推土机。之后又推出高架驱动链轮履带推土机，履带接地面积大，使单个链节所受冲击力减少50%；驱动轮高架所受负荷由行走装置摆架和枢轴吸收而不传给终传动系统，承载能力高，稳定性和灵活性强，履带及传动系统使用寿命长，维修方便。目前，从D4H到D11N形成L、H、N三大系列，并在此基础上发展了HⅡ系列和R系列推土机，如2001年推出D11R型推土机功率已达634kW。其模块化整机结构可降低推土机组装和维修时间的75%以上；液力机械传动效率高，通过能力强；集成化液压系统可最大限度地降低系统功率消耗，提高推土机作业率20%以上。D11R型推土机具备发动机液压电子喷油装置（HEUI）、先进的冷却系统（WMDCS）、可控转速风扇、差动转向机构、EMS电子操作系统、舒适驾驶室和较少的润滑点。其先进的机械、电子、液压控制技术、电子监控技术及GPS定位系统一直处于全球领先地位。

（2）日本小松制作所1975年推出456kW的D455A型推土机，1986年推出552kW的D475A-1型推土机，1995年推出566kW D475-2型推土机，后者采用半刚性履带行走装置，装有大容量推土铲、大型松土器及电子监测系统。最近小松美国公司又推出全球最大的推土机，功率为857.5kW的D575A-2型推土机，推土板容量68.8m^3，机重142t，生产能力大，生产效率高，其产品性能稳定可靠，采用国际通用标准，使全球推土机制造商更易于接近其制造技术。

（3）德国利勃海尔公司以其最先进的液压技术始终占据欧洲推土机销量的统治地位，其静液压推土机在全球领先。该公司具有30多年推土机开发经验，近期在PR732B型液压推土机技术基础上推出智能化PR734Litronic型静液压推土机，工作质量20.40～22.73t，功率147kW，铲刀容量4.1～5.86m^3；发动机为6缸直列直喷中冷柴油机，噪声低，油耗少，排放达欧洲Ⅱ号标准；行走和转向系统静液压传动，在每侧履带终传动减速器安有检测行走度传感器，信号及控制手柄信号都传给Litronic微处理器，通过电磁阀控制变量泵和变量马达，实现全方位监控行走功能，可提高“四轮一带”使用寿命30%。可带负荷转向具有高度灵活性。工作装置液压系统采用负荷传感器技术（Load-Sensing）。工作时根据外负荷大小，操纵阀的压差信号给变量泵以控制泵的排量，最大限度地减少液压系统的功率损失和系统发热，达到节省能耗的目的；驾驶室集坚固的结构、美观大方的造型和操作人性化为一体，单手柄操作，数字化仪表盘，可调悬浮式座椅，开阔的视野，良好的工作环境，减少司机的疲劳，提高了生产效率。行走台架减振悬挂，可有效吸收振动和冲击，而且重心低，行驶稳定性好。

B 发展趋势

（1）不断提升可靠性和使用寿命。随着推土机向大型化发展，生产能力越来越大，故障停机检修对配套机组损失也相应加大，因此提升推土机可靠性至关重要。从零件设计到实际应用，将采用优质钢材，先进的焊接和热处理工艺，严格的检验和试验以保证装配质量，使零部件能达到预期寿命，从而保证整机可靠性。

(2) 提高效率发展大型推土机适应特大型露天矿的需要。根据不同作业对象采用可更换的推土铲,增加单边切削力的动力直倾铲可铲掘浅埋的石块;增加装机功率及大容量U形铲对松散物料可提高作业效率。采用直喷、涡轮增压、中冷,以及有效利用排气能量的发动机可降低燃油消耗;用电子控制喷油量和喷油时间,使发动机运转处于最佳状态。采用先进的结构如双流传动差速转向装置,高架驱动履带及密封润滑履带,不仅延长使用寿命,而且提高传动效率。

(3) 应用微电子技术,实现机电信一体化。随着微电子技术的发展,全球已进入机电信一体化为核心的阶段。微电子机械系统(MEMS)是一种微观的"机械",其目标是把信息获取、处理和执行集成为一体化系统。信息化技术走向多媒体、网络化和智能化道路,这为推土机自动化技术发展创造了条件。如发动机实现工况控制,液动电子喷油系统;推土机工作机构的铲刀调平、复位、切土深度和负荷实现自动控制;履带打滑控制;电子监测和故障诊断等进一步改进性能和扩大应用。将使用户和制造商早期发现机械故障,减少停机损失,使推土机操纵更加灵活、轻便、准确,整机效率更高,功率发挥更充分。随着微电子技术向推土机渗透,实现智能化控制,遥控操作,按照外部条件变化自动选择最佳参数,实现无人化作业,不断拓展推土机应用领域。

(4) 实现模块化设计,提高维修性能。模块化设计可使每个部件单独拆装、单独试验,而且当机器任何部分损坏时可以立即更换,减少维修和停机时间。通常变速箱从机器后面拆装,转向离合器和制动器从两侧拆装,松开履带紧固螺栓,就可拆开可分式链轨节,即可卸开履带。可翻转式驾驶室装有电子监控、故障诊断系统,不仅安全,而且可方便维修。减少润滑点个数,减少各点加油次数,实现集中润滑,可节省维护保养时间。

(5) 改善操纵性、舒适性,增强环保性、安全性。从人机工程学出发,合理布置操纵杆位置,实现单杆操纵,减小操纵力和行程,多用按钮操纵。采用微机控制系统,实现操纵自动化。驾驶室舒适性是提高司机工作效率有效途径之一。采用空调、密封、隔音、防尘、有落物防护机构和防倾翻保护结构驾驶室,缓冲减振可调座椅,视野良好,仪表布置合理醒目。使用环保性能良好发动机,使排放性能逐步达到美洲标准,减少对环境的污染,提高人员、设备的安全性。

8.9.1.2 分类和用途

A 分类

推土机按行走机构可分为履带式推土机和轮胎式推土机,前者接地比压小,附着牵引性能好,牵引力大,具有更好的越野性能,在松软和坚硬的岩石及各种恶劣条件的场合均能适应工作,在露天矿山广泛应用;而后者接地比压较大,附着牵引性能好,行走速度快,调动灵活,但在潮湿松软的场地作业,容易轮胎打滑、陷车,在坚硬锐利的岩石场地作业,轮胎磨损快,因此,在露天矿山应用较少。

近年来履带式推土机由于功率不断增加,提高了铲掘能力,可进行矿岩剥离工作。为适应疏散硬土、冻土和剥离软矿岩的需要,大型履带式推土机后部装有松土器而成为松土机。松土机在露天矿应用也较广泛,如我国孝义铝矿使用了日本进口带有松土器的功率为306kW的D355-3型推土机松散岩体,取得了良好效果。

履带式推土机按接地比压及使用条件不同又可分为高比压($q>130\text{kPa}$)推土机,主要用于剥离工作;中比压($q=60\sim85\text{kPa}$)推土机,适用于一般性推土作业;低比压($q=30\text{kPa}$左右)推土机,适用于湿地和沼泽地作业。

按推土机铲刀形式不同,可分为直铲式铲刀和角铲式铲刀。前者与推土机底盘的纵向轴线构成直角,铲刀切削角可调,因其坚固性和制造的经济性较好为一般推土机所采用;后者除能调整切削角度外,还可在水平方向上回转一定角度,可实现侧向卸土,应用范围较广。

按推土铲刀安装方式不同可分为固定式和回转式推土机,前者推土铲刀垂直于底盘界线不变,只能向前推土,故称为直铲或正铲推土机;后者推土铲刀可在水平方向回转一个角度(通常可前后回转25°)以进行斜铲作业。推土铲刀还可在垂直平面内倾斜一个角度(一般为0°~9°)以进行侧铲作业,对于大、中型推土机都采用这种形式推土铲刀。凡能进行斜铲和侧铲作业的推土机又称为万能推土机。如果只能进行侧铲作业,而不能进行斜铲作业则称为可倾式直铲推土机。

按推土铲刀操纵方式不同分为钢丝绳操纵推土机和液压缸操纵推土机。前者提升铲刀时依靠后动力绞盘,通过钢丝绳来操纵,依靠铲刀自重实现下降或切入土壤,铲刀较笨重,逐渐被液压缸操纵推土机替代,但由于结构较简单,在生产中仍有使用。后者比较轻便,铲刀升降灵活,在液压油缸的作用下,可借助于底盘的重量强制切入硬土或冻土,而且使用寿命长,能有效地限制过载,已被广泛采用。

按机械传动方式不同可分为机械传动、液力机械传动和静液压传动。液力机械传动已逐渐替代机械传动,同时静液压传动也得到发展。

按柴油发动机功率大小推土机可分小型(75kW 以下)、中型(75 ~ 240kW)、大型(240kW 以上)。大型推土机向大功率发展,目前世界上最大推土机功率为857.5kW。

B 用途

推土机是矿山重要的辅助设备之一,是一种既能铲挖物料又能推运和排弃物料的工程机械,由于露天矿山采场和道路施工条件较差,多采用大中型履带式推土机,主要进行 50 ~ 100m 短距离推运物料作业。推土机在露天矿主要用作辅助生产设备,在矿山的应用为:(1)为钻机平整作业场地;(2)清理矿层顶底板岩土;(3)在挖掘机工作面推运矿岩,配合挖掘机工作;(4)修筑路基和道路维护;(5)作为牵引工具进行短距离拖运;(6)用于局部土方工程和排弃场平整。

推土机可与其他设备和设施配合开采黏土、泥灰岩等软质矿物或覆盖土的剥离。

南平水泥厂黏土矿采用推土机—转载漏斗—汽车工艺开采黏土。胜利水泥厂黏土矿是以推土机配合前端式装载机开采。当开采硬质土或遇有冻土层时,需用机械犁进行预先翻松。

推土机可把土壤堆集起来,用水枪把土壤冲至集土坑内,再用泥浆泵及泥浆管道送往排弃场。

8.9.1.3 基本原理和结构特征

推土机由工作装置和基础车构成,工作装置包括推土铲和松土器;基础车按行走方式的不同分为履带式和轮胎式,一般可用工业拖拉机改装,但目前已普遍为推土机生产专用基础车(牵引车)。

A 推土机的工作装置

推土机的工作装置为推土铲和松土器。

推土铲装在推土机的前端,是推土机的主要工作装置,它由铲刀和顶推架两部分组成。铲刀的主要工作部分是切削刃及与其连接在一起的曲面板。切削刃是直接切土的部分,应具有足够的强度、刚度和耐磨性。曲面板的作用在于积土和堆运。顶推架是推土铲的支撑件,在结构上应能保证推土铲实现各种作业位置。一般有两种类型,一种用于回转式推土铲的拱形刚架;另一种适用直线形固定式推土铲的直线形刚架。当推土机运输进入工况时推土铲被液压油缸提起;推土机进入作业工况时液压油缸降下推土铲,将铲刀置于地面,向前可以推土,向后可以平地。

履带推土机的推土铲有固定式和回转式两种安装形式。其中回转式铲刀,如图 8-197 所示,它可在水平面内转动一定角度($\alpha = 0° \sim 15°$),实现斜铲作业。如果将铲刀在垂直平面倾斜一定角度($\delta = 0° \sim 9°$),则可实现侧铲作业。这种带有回转式铲刀的推土机称为万能型推土机。

直铲推土机用固定式推土铲,如图 8-198 所示,它由铲刀、倾斜油缸、顶推梁等主要部件组成。顶推梁的后部铰接在底盘的通车架上,铲刀在提升油缸作用下可绕其铰接支点提升或下降。由铲刀、顶推梁、拉杆、

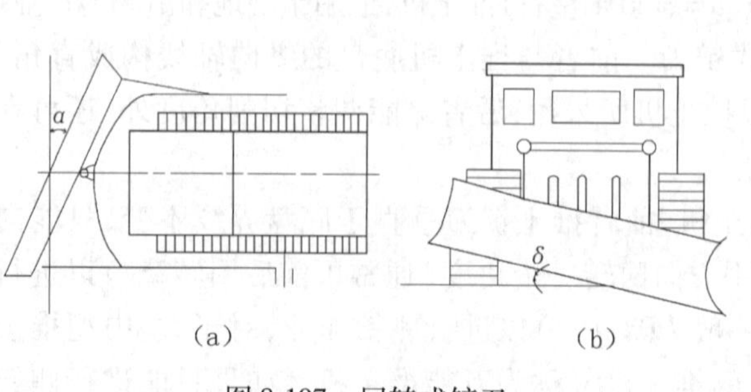

图 8-197 回转式铲刀

(a)铲刀平斜;(b)铲刀侧倾

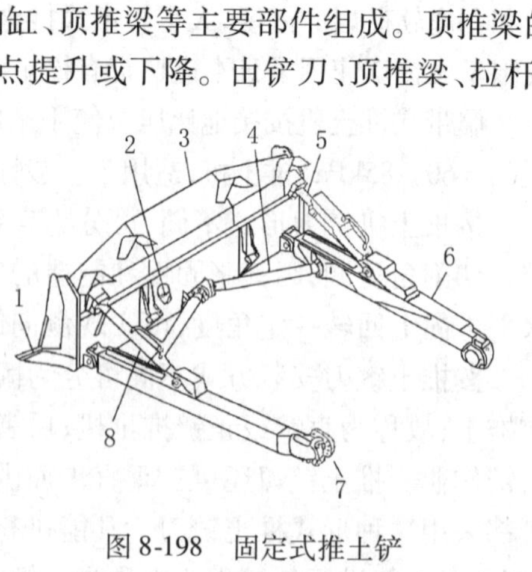

图 8-198 固定式推土铲

1—刀片;2—切削刃;3—铲刀;4—中央拉杆;5—倾斜油缸;6—顶推梁;7—框销;8—拉杆(斜撑杆)

倾斜油缸和中央拉杆等组成刚性构架，以承担推土作业的载荷。

通过改变倾斜油缸伸长或缩短的等量长度可以改变铲刀的刀片与地面的夹角（切削角）。固定式推土铲的重量轻，使用经济性好，坚固耐用，承载能力大，多用于承受重载作业的大型履带式推土机。

斜铲推土机用回转式推土铲的结构如图 8-199 所示，它由铲刀、顶推门架、推杆和斜撑杆等主要部分组成。回转式推土铲可根据施工需要，调整水平和垂直面内的倾斜角度。在铲刀水平斜置后可进行在推土机直线行驶状态下单侧排土、平整路面及路基和回填沟渠等作业。铲刀侧倾后可在横坡上进行推铲作业。

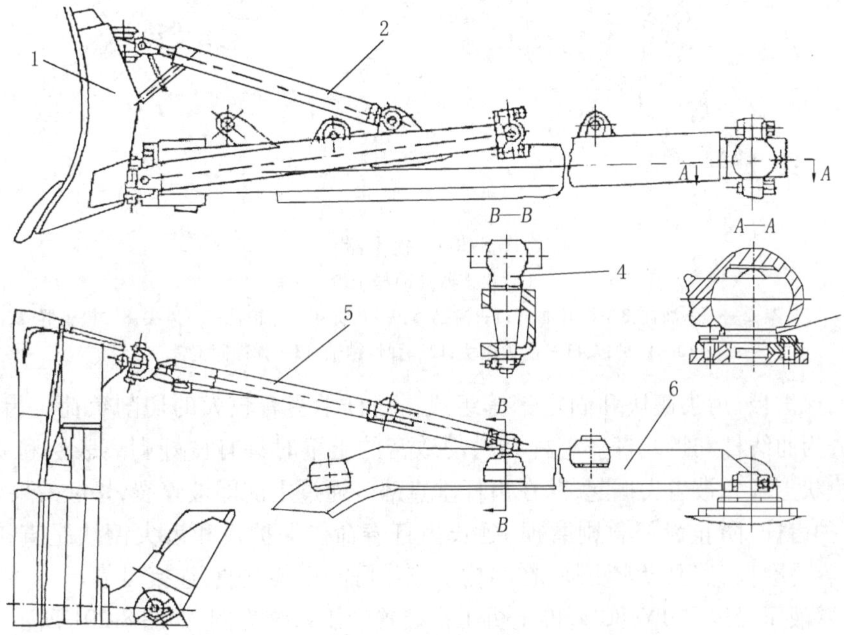

图 8-199 回转式推土铲

1—铲刀；2—斜撑杆；3—顶推门架支承；4—推杆球销；5—推杆；6—顶推门架

为防止铲刀由于升降或倾斜而引起各部件间运动干涉，铲刀与顶推门架前端为球铰连接，与推杆、斜撑杆之间也采用球铰或万向节连接。当一侧推杆铰接在顶推门架的后耳座上，而另一侧推杆铰接在顶推门架前耳座上时，铲刀呈斜铲状态；当一侧斜撑杆伸长，而另一侧斜撑杆缩短时，即可改变铲刀在垂直面内倾角，铲刀呈侧铲状态；调节左右斜撑杆的伸缩长度（保持其伸缩长度相等），可改变铲刀的切削刃。

顶推门架后端铰接在底盘的台车架的球形支承上，铲刀可绕其升降。

特大型推土机铲刀在宽度方向可以不是一个整体结构，多为相互铰接的三段，其两侧对中段可在水平面内转动一定角度，以便形成近似斜铲作业。

推土铲操纵方式分为机械操纵和液压操纵两种。前者提升铲刀时依靠后动力绞盘，通过钢丝绳来操纵，而依靠推土铲自重实现下降或切入土壤。因此铲刀操纵麻烦，而且笨重，在大中型推土机中很少应用。液压操纵比较轻便，铲刀升降灵活，在液压缸的作用下，可借助于基础牵引车的重量强制切入硬土或冻土，而且故障少，使用寿命长，具有能限制过载等性能，已广泛采用。

大中型履带式推土机的后部均悬有液压松土器。松土器按齿数多少可分为单齿松土器和多齿松土器（一般为 2 ~ 5 齿）。单齿松土器有较大铲挖能力，开挖力大，除疏松硬土、冻土外还可劈松具有风化、有裂缝或节理发达的岩层，或拔除树根，为推土机作业清除障碍。用重型单齿松土器劈松岩石的效率比钻孔爆破法高，为提高劈松岩石能力也可用推土机助推。多齿松土器铲挖力较小，主要用于预松薄层硬土和冻土层，以提高推土机的作业效率。

松土器的结构如图 8-200 所示，它由安装架、倾斜油缸、横梁、松土器臂及松土齿等部分构成。松土齿用销轴固定在横梁上的松土齿的齿套内，松土齿杆上有多个销孔，改变齿杆销孔的固定位置，就可改变松土齿杆的工作长度，调节松土器的作业深度。

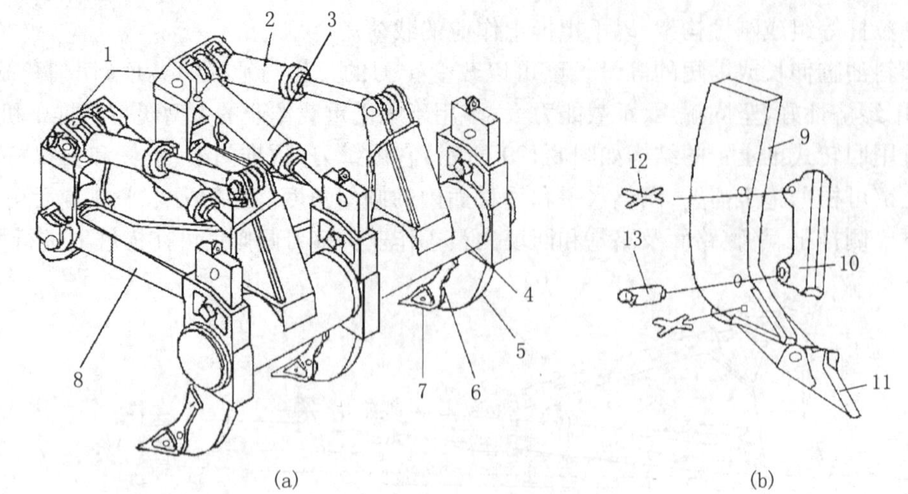

图 8-200 松土器

(a)松土器;(b)松土齿

1—安装架;2—倾斜油缸;3—提升油缸;4—横梁;5,9—齿杆;6—保护盖;7—齿尖;8—松土器臂;10—保护板;11—齿尖镶块;12—弹性销轴;13—弹性固定销

松土齿由齿杆、保护板、齿尖镶块和固定销等组成。齿杆承受着较大的切削负荷。齿杆有直杆和弯杆之分,其中弯杆又分为曲线杆和折线杆。直杆在松动致密的土壤时具有良好剥离表层和块状、板状岩层的功能;弯杆松土时块状土壤先被齿尖掘起,并在齿杆垂直部分通过之前即被碎裂,松散效果好。

保护板用来保护齿杆,防止齿杆急剧磨损,延长齿杆寿命。保护板和齿尖镶块是直接松土、裂土的零件,工作条件恶劣,容易磨损,需要经常更换,在结构上应尽可能拆装方便,连接可靠。

推土机工作装置液压操纵以 TY180 型推土机工作装置液压系统为例,如图 8-201 所示。它由液压泵、换向阀、溢流阀和液压缸等液压元件构成。采用 CB-F32C 型齿轮泵;松土器油缸换向阀和推土铲油缸换向阀组成双联滑阀,构成串联油路;控制推土铲和松土器的执行元件分别是两个双作用油缸; 在松土器油缸两腔油路中均设有过载阀,当油压超过规定值时过载阀开启,液压油流向油箱,从而避免因松土器过载而损坏液

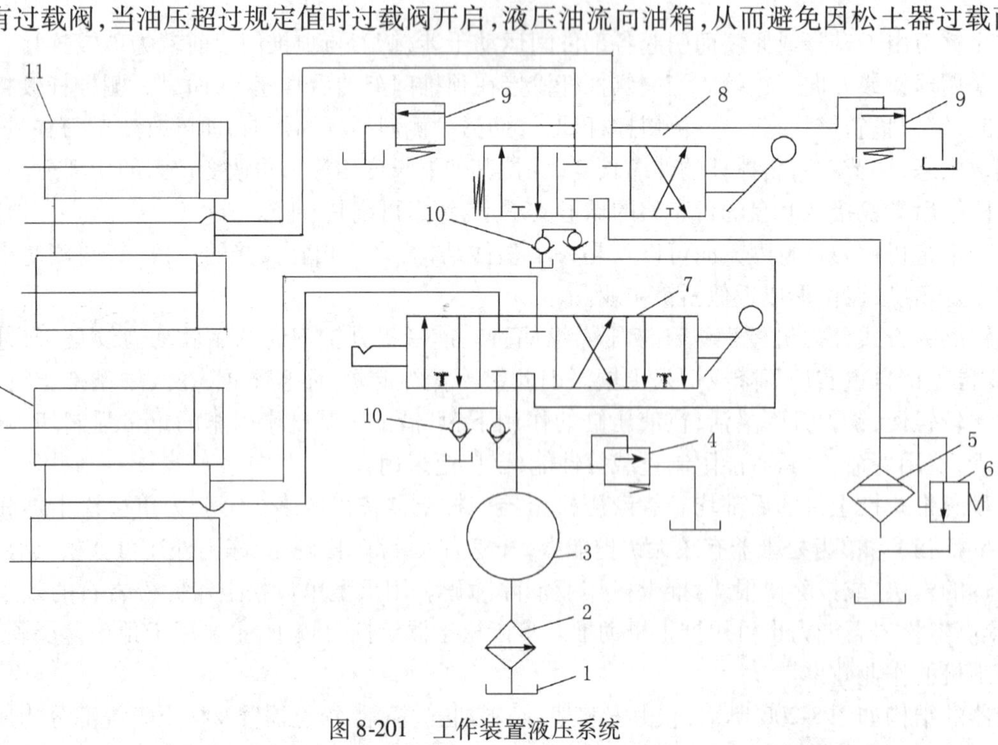

图 8-201 工作装置液压系统

1—油箱;2—粗滤油器;3—液压泵;4—溢流阀;5—精滤油器;6—安全阀;7—推土铲油缸换向阀;8—松土器油缸换向阀;9—过载阀;10—补油单向阀;11—松土器油缸;12—推土铲油缸

压系统中的元件。

换向阀上设有进油单向阀和补油单向阀，其中进油单向阀的作用是防止油液倒流。如当提升推土铲时发动机突然熄火，液压泵停止供油，此时进油单向阀使液压缸锁止，油液不会倒流，使推土铲保持在已提升的位置上，而不至于因重力作用突然下落造成事故；补油单向阀的作用是防止液压系统产生气穴现象，即推土铲下落时因重力作用会使液压缸进油腔产生真空，这时补油单向阀工作，油液自油箱进入液压缸，以防止气穴现象产生。

操纵推土铲的滑阀为四位五通阀，通过操纵手柄能够使推土铲完成上升、下降、中位（液压缸封闭）和浮动等动作。液压缸浮动的作用是当推土机平整场地作业时，铲刀能沿地面起伏而作上下浮动；松土器液压缸通过三位五通阀的控制，可以实现上升、下降和中位3种动作。换向阀通过阀芯在阀体内移动的位置不同而改变油路通断关系，分别控制推土铲和松土器的各种动作。在换向阀的一端设有回位弹簧和弹簧座，回位弹簧有一定预紧力，它使换向阀保持中位。该液压系统中各控制阀均装在封闭结构油箱中，以保持油液清洁，并在液压泵入口各回路上装有滤油器，防止异物进入系统中各元件。为使回油滤油器堵塞时不影响系统工作，在滤油器上并联一个安全阀，以使液压系统正常回油。

轮胎式推土机工作装置如图8-202所示。它由推土铲、连接支架、大臂、左右可调节水平推杆、竖直支撑杆、提升油缸和侧倾油缸等主要零部件构成。其中推土铲通过大臂和提升油缸与前车架铰接；通过左右水平推杆、竖直支撑杆、侧倾油缸与大臂固定连接，从而将各零件连接成一个有机整体，能实现推土铲的升降和左右倾斜两种功能。设计时工作装置结构要加强整体强度和刚度，耐磨铲刀一般选用能抗低温冷脆的特种耐磨材料以延长使用寿命，左右大臂多用箱形结构，重量轻、强度大、刚性好。可调节水平推杆和竖直支撑杆以改变铲刀倾角，保证推土铲在不同土质和场地能正常作业。

工作装置液压系统如图8-203所示。它由油箱、油泵、多路换向阀（分配阀）、推土铲升降油缸、倾斜油缸、管路和接头等元件组成。推土铲作业时，发动机带动油泵运转，从油箱吸油，通过多路换向操纵阀改变油液流动方向，以满足各种作业工况的要求。当驾驶室内的提升操纵杆和倾斜操纵杆均位于中位时，多路操纵阀的升降滑阀和侧倾滑阀均处于封闭位置，来自油泵的油液经多路阀直接流回油箱，这时为工作状态。

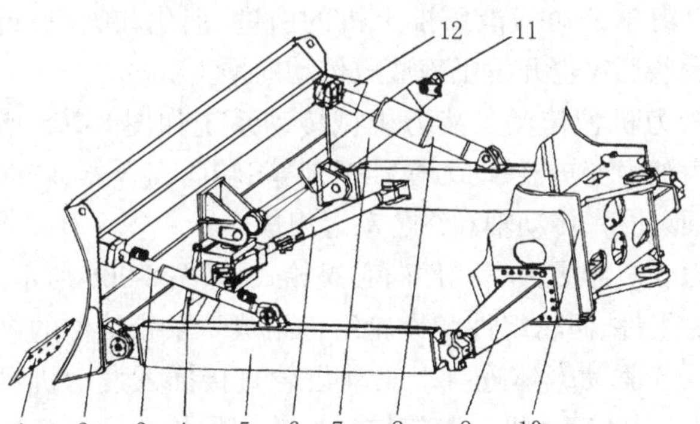

图8-202 轮胎式推土机工作装置

1—耐磨铲刀；2—推铲总成；3—竖直支撑杆；4—调节杆；5—大臂；6—水平推杆总成；7—提升油缸；8—侧倾油缸；9—推铲连接支架；10—前车架；11—前车架上安装提升油缸的销轴；12—侧倾油缸防尘保护罩

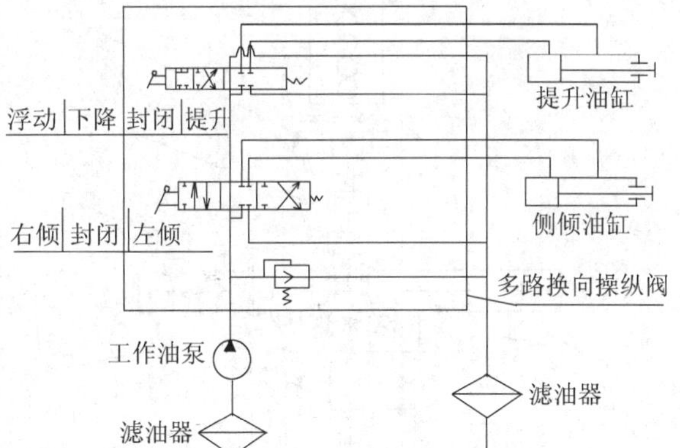

图8-203 工作装置液压系统

当操纵提升操纵杆处于提升（或下降）位置时，控制升降滑阀向右（左）移到工作位置，油泵压力油顶开单向阀，经多路阀油口进入提升油缸小腔（大腔），从而推动活塞杆往复运动，实现推土铲提升或下降。当提升操纵杆处于浮动位置时，升降滑阀处于操纵阀最左端，此时进油口腔与回油口腔相通，使提升油缸大小腔相通，并处于低压状态，这时油缸受工作装置的重量和地面作用力而处于自由浮动状况。同理，当操纵侧倾操纵杆到左(右)倾斜位置时,侧倾滑阀往左(右)移动,压力油顶开单向阀,经多路阀进油口进入侧倾油缸的大腔(小腔)推动活塞伸缩,从而实现推土铲在垂直于轮式推土机纵轴的平面内绕纵轴顺时针或逆时针旋转一定的角度,形成侧倾的角度,使推土铲完成侧倾的运动过程。最后压力油从侧倾油缸的小腔(大腔)经过多路换向阀的回油口流回油箱。

B 推土机的基础车——行走底盘

a 履带式行走底盘

履带式推土机结构如图 8-204 所示,由动力装置、传动系统、机架、行走装置及驾驶室等主要部分组成。

图 8-204 履带式推土机

(1) 动力装置。推土机工作在恶劣条件下,负荷重而且又经常突变,遭受冲击振动。因此要求柴油发动机有足够的强度和刚度,防振动冲击性能好。目前推土机多选用废气涡轮增压直喷式燃烧室的柴油机。如康明斯第三代 N 系列发动机,功率强劲、扭矩储备大、油耗低,高效涡轮增压,降低了燃油比油耗,排放良好,脉冲式排气管使废气能量充分利用,提高低负荷时效率。三通道中冷器,进气温度低,经济,可靠性高。恒油温(100~120℃)机油冷却器使部分负荷摩擦阻力小,消耗功率低。低油压、变流量机油泵,可保持油路压力,减少能耗。复合式机油冷却器,更换使用方便,滤清效率高,寿命长。飞轮输出端设有弹簧缓冲装置,可平稳传递动力以保护发动机。随着柴油机电喷技术、电控技术不断推广和普及,排放有害物质的减少,推土机的燃油消耗率更低,对环境污染更小,将出现经济性、动力性和环保性的推土机。

(2) 传动系统。推土机的传动系统主要有机械传动、液力机械传动和静液压传动系统三种形式。

1) 机械传动。早期中小型推土机采用机械传动主要由主离合器、机械换挡变速箱和驱动桥组成。自日本小松制作所引进的 D155 型、D85 型和 D65 型三种液力机械传动的推土机制造技术,国产化后定型为 TY320 型、TY220 型和 TY160 型推土机。目前功率大于 120kW 的履带推土机中绝大多数采用液力机械传动。随着静液压传动技术的发展,液压元件可靠性的提高,以及德国利勃海尔公司静液压推土机的引进、消化和吸收,近年我国有些厂家也开发了静液压传动的推土机。

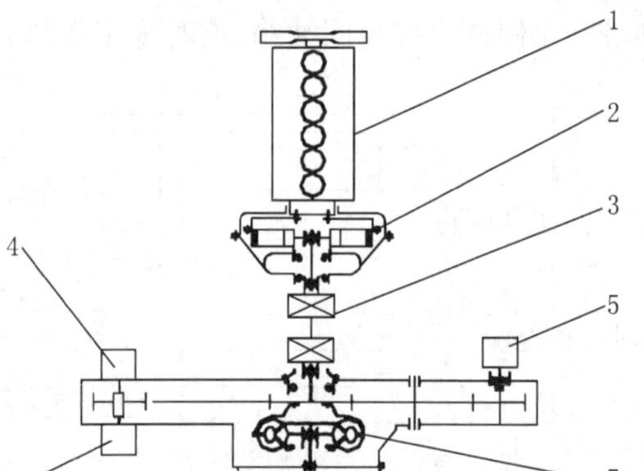

图 8-205 TY130B 型推土机液力机械传动系统

1—发动机;2—减振器;3—万向节;4—转向泵;5—液压泵;6—变速泵;7—变矩器;8—变速器;9—转向制动器;10—中央传动与转向离合器;11—终传动;12—链轮;13—履带

2)液力机械传动。液力机械传动系统如图 8-205 所示。它由液力变矩器、动力换挡变速箱、转向离合器、转向制动器、驱动桥、传动轴和终传动等组成。

液力变矩器多为三元件向心涡轮式,如图 8-206 所示。它由泵轮组件、涡轮组件和导轮组件组成。泵轮组件的泵轮由螺栓各驱动壳体连接。驱动齿轮直接插入发动机尺轮齿圈内,它随发动机一起旋转。导轮用螺栓和导轮毂连接,导轮毂通过花键和导轮座双用螺栓和变矩器壳连接,因而导轮是固定不动的。涡轮和涡轮毂连接在一起,再用花键和涡轮输出轴连接,涡轮输出轴通过花键和联轴节连接,再将动力传递给动力换挡变速箱。泵轮、涡轮和导轮自身装有许多叶片,称为叶栅,叶片由曲面构成。泵轮高速旋转时,泵轮叶栅中油液在离心力作用下沿叶片曲面向外流动,在叶栅出口处射向涡轮叶栅,然后沿涡轮叶片曲面作向心流动,又从涡轮叶栅出口射向导轮叶栅进口,穿过导轮叶栅又流回泵轮。泵轮、涡轮和导轮叶栅组成圆形空间,称为循环圆。在变矩器叶栅循环圆中的油液,一方面在循环圆中旋转,一方面又随泵轮和涡轮旋转,从而形成了复杂的螺旋运动,通过这种运动将能量从泵轮传递给涡轮。涡轮负荷是由推土机负荷决定的,推土机的负荷由工作装置的推土铲经一系列传动部件最后传递给变矩器涡轮。涡轮负荷小时,其旋转速度就快;负荷增大时,旋转速度就降低,直至涡轮的转速为零,成为涡轮的制动状态。这时,由泵轮叶栅射来的油液,以最大的冲击穿过涡轮叶栅冲向导轮,在不转的导轮叶栅中转换成压力,该压力反压向涡轮,增大了涡轮的扭矩,其增加的扭矩和涡轮旋转方向一致,此时涡轮输出扭矩最大。因此,涡轮随着负荷加大,转速逐渐降低,扭矩逐渐增加,这种无级变矩的性能与动力换挡变速箱相配合,使推土机获得了优异的牵引性能。

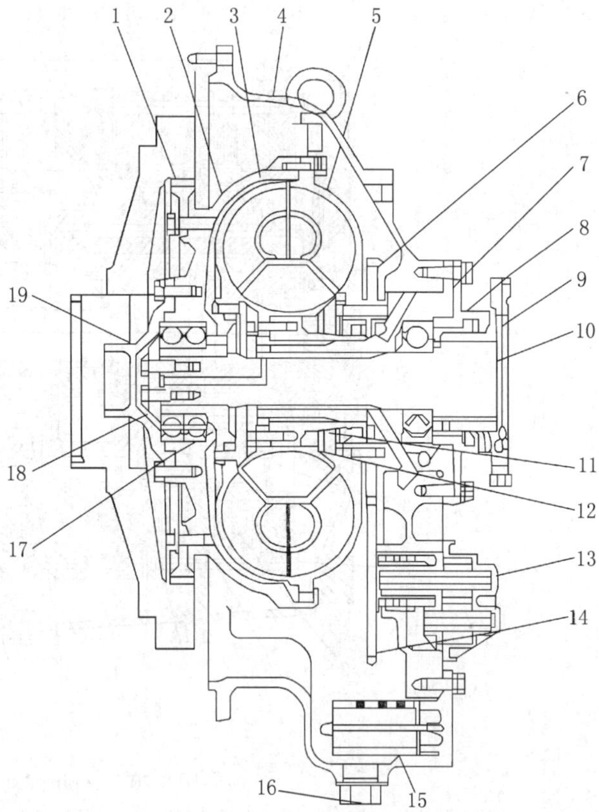

图 8-206 TY220 型推土机液力变矩器结构

1—驱动齿轮;2—驱动壳;3—涡轮;4—变矩器壳;5—泵轮;6,14—驱动齿轮;7—导轮轴;8—盖;9—联轴节;10—涡轮输出轴;11—导轮轴毂;12—导轮;13—油泵壳;15—粗滤器;16—放泄口;17—涡轮毂;18—压板;19—导向器

由于液力变矩器是靠液力工作的,油液在叶栅中流动时的冲击和摩擦要消耗能量,使油液温度升高,因此,液力变矩器的传动效率较低。目前,国内性能好的液力变矩器效率最高只有 88%。为提高变矩器的传动效率,就要掌握推土机的负荷,使涡轮有适当的转速,推土机有合适的速度。正由于变矩器工作时会发热及油液内泄,这就要及时给变矩器中补充油液及油液的冷却,形成循环供油系统。

动力换挡变速箱与液力变矩器配套,可以在不切断动力下换挡,分定轴传动的变速箱和行星传动变速箱,都采用液压控制的离合器、制动器进行换挡,操纵轻便、简单和换挡迅速。

定轴式动力换挡变速箱由固定轴线的传动轴、外啮合圆柱齿轮、换挡离合器和液压操纵控制系统等部分组成。具有换挡变稳、冲击小、保护传动零部件及发动机、结构简单、制造容易、成本低、便于采用通用离合器、操作维修方便等优点。但体积较大,不便于布置。

行星式动力换挡变速箱如图 8-207 所示,由单排或多排 2K-H 行星机构构成的齿轮传动机构,多排摩擦制动器、离合器构成的换挡的操纵元件,液压变速操纵油路构成的变速箱动力或自动换挡的液压系统三部分组成。利用液压操纵的摩擦离合器和制动器使这些行星排的齿轮传动机构换挡变速的行星式变速箱具有刚度大、齿间负荷小、传动比大、结构紧凑、操纵轻便的特点,但制造工艺要求高,维修不太方便。

驱动桥是将发动机的扭矩进一步增大,并改变扭矩方向,以便传递给履带的驱动轮。驱动桥由中央传动装置、转向离合器和制动器与最终传动装置等主要部分组成。

中央传动装置又称为主减速器,主要功能是改变传动方向、降低转速、增大扭矩。采用螺旋圆锥齿轮用来把纵向布置的变速箱旋转运动往左右两侧传递。为减小锥齿轮轴承受力,多采用零度螺旋圆锥齿轮和小螺旋角的螺旋圆锥齿轮。

变速箱的动力传入中央传动后,就从纵向传动变为横向传动,由横轴分别传给左、右两个转向离合器。转向离合器多采用多片摩擦式,分干式和湿式两种,而多用湿式摩擦离合器。其中摩擦片压紧靠弹簧,分离靠液压;而有的摩擦片压紧和分离全靠液压,这种离合器体积小,摩擦片耐磨,使用寿命长,但油温升高快,需另设冷却装置。前者是弹簧压紧、液压分离、常啮合、湿式摩擦片结构形式。它包括外鼓、内鼓、压盘、外

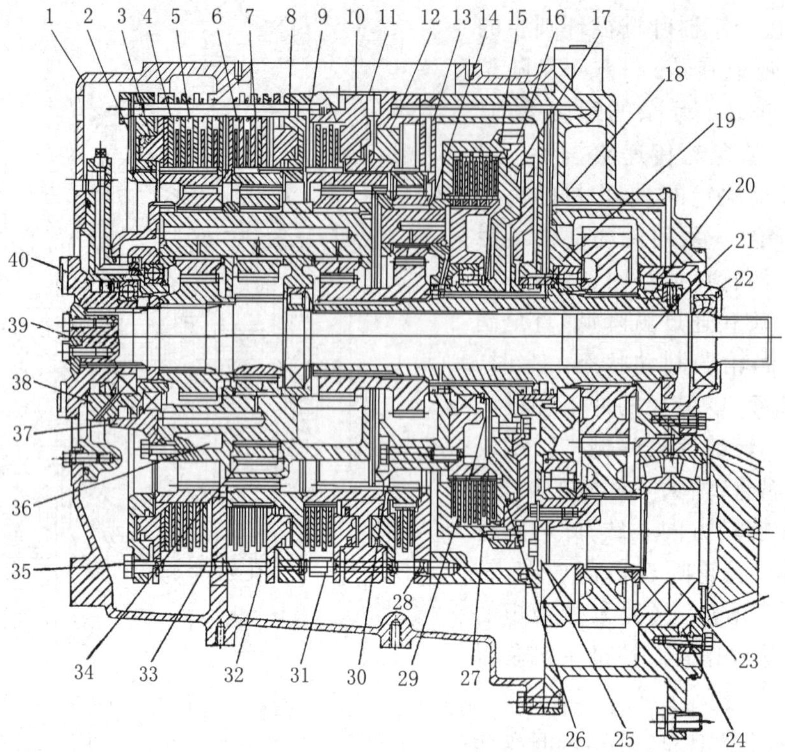

图 8-207 行星式动力换挡变速箱

1—变速箱壳;2—第 1 制动器的油缸;3—第 1 制动器的活塞;4—制动器压板;5—制动器摩擦片;6,13—隔板;7—第 1,2,3 行星排的行星齿轮轴;8—第 2 制动器的活塞;9—第 2 制动器的油缸;10—第 3、4 制动器的油缸;11—第 3 制动器的活塞;12—第 4 制动器的活塞;14—第 4 行星排的行星齿轮轴;15—离合器从动鼓;16—离合器油缸;17—快速排油阀;18—后桥箱壳;19—变速箱后隔板;20—变速箱输出轴;21—变速箱输入轴;22,23—轴承盖;24,37,38—轴承座;25,39—压板;26—离合器活塞;27—离合器主动鼓;28,31 ~ 33—松离弹簧;29—碟形弹簧;30,34—行星架;35—螺钉;36—行星齿轮轴;40—联轴节

摩擦片、内齿片、活塞、套筒(套筒与活塞连在一起)和支承弹簧等主要部分。弹簧支撑在内鼓上,弹簧的安装负荷推动活塞向右移动,带动压盘将摩擦片和齿片压紧在一起实现结合和传力,弹簧以足够的压力压紧摩擦片以传递力矩。

当推土机需要转向时,拉动左转向拉杆,使液压油充入油腔,压力油推动活塞,带动压盘向左移动,摩擦片和齿片松开,不再传递力矩,推土机左侧失去动力,在右履带的推动下向左转向。转向结束时,松开拉杆,液压油在活塞推动下回流,转向离合器重新接合传力,推土机恢复直线行驶。

推土机转向制动器多用液压助力、浮动湿式制动带式结构,以转向离合器从动鼓作为制动鼓,由安在制动鼓上的制动带、液压助力活塞、连杆和浮动杆等主要零件组成。由于浮动机械的性能优越,不论制动鼓是正转还是反转,制动时都很平稳,不会产生制动冲击。当制动带上的制动带衬片磨损后,制动带与制动鼓间的间隙增大,制动踏板行程增加,当行程超过踏板标准行程时制动变得不可靠。因此,要不断调整制动带的间隙。通常制动鼓与制动带的间隙以保持 0.3mm 为宜。这种转向制动器的操纵是以踏板杠杆机构进行操纵实现制动的。近来,也有采用液压助力操纵方式实现制动的。

终传动又称侧减速器,它是传动系统中最末一个部件,其作用是再一次降低转速,增大速比,以减轻终传动之前动力元件的负担。在结构上有圆柱齿轮式和行星齿轮式两种。前者结构简单,多用在中小型推土机上;后者传动速比大、体积小、结构紧凑,但结构复杂,多用在大型推土机上。

3)静液压传动。静液压传动系统是利用独立的泵、阀、马达及减速机构组成的闭式液压机械系统驱动左、右履带的机构。它是一种无级变速的系统,结构紧凑、机动灵活、操纵方便,能充分利用发动机的功率。它将液压电子控制技术应用到推土机上,改变传统推土机结构性能。其工作原理是在整个系统内充满油液,发动机驱动液压泵产生压力油,再经系统的供油管路驱动液压马达,由其输出轴带动驱动轮转动。液压马达可直接装在驱动轮上,但多数推土机液压马达通过减速器与驱动轮相连。如改变液压马达供油量就能改变它的转速，进而改变推土机的行驶速度；改变供油方向，液压马达反转，可使推土机倒退。

全液压推土机结构简单，效率高，转向时两条履带都由动力驱动，可实现坡道转向和转向时进行推土作业。若驱动履带的两个马达正反转时即可实现推土机原地转向，生产率高，简化操作，自动化水平高。

全液压推土机发动机与主液压泵的连接有两种形式：其一是柴油发动机通过弹性联轴节与主液压泵连接。这种连接方式具有结构简单、价格低的优点，但要求发动机转速高，从而噪声大。由于主液压泵以串联方式连接于发动机飞轮壳后面，所以发动机承受弯矩较大，而且主液压泵易产生漏油，因此应用不多。其二是发动机通过分动箱与主液压泵相连。虽然结构较为复杂，制造成本较高，但是能减少发动机飞轮壳所受弯矩，主液压泵产生挠度小，不易漏油，柴油机转速较低，噪声小，在液压推土机中应用较多。

由于底盘液压系统为高功率，正反向工作和制动的需要，多用闭式液压系统。由于斜盘式轴向柱塞泵能实现变量控制，可改变油液流动方向，通轴驱动补油泵，效率高，使用寿命长，以及斜盘式变量柱塞马达排量变化范围大，效率高，寿命长，因此，闭式液压系统中多用斜盘式变量柱塞泵及变量柱塞马达，内置式补油泵及必要的控制阀。

全液压推土机的布置，通常将发动机前置，驱动轮后置，使传动系统易于布置，履带传动效率高。发动机布置涉及到整机重心高度和重心纵向位置。要求发动机曲轴低于车架的大梁平面，发动机缸体端面与平衡梁中心线重合。

工作液压系统多用先导阀控制，为方便检测压力，多路阀常不放在油箱内。液压泵通过分动箱与发动机相连，液压马达与直齿轮传动的最终传动装置连接，结构简单，可靠，成本低。如与行星齿轮终传动相连，则布置容易，但其加工精度高，成本高，应用不多。

(3) 履带行走机构。行走机构由履带行走装置与悬架两部分组成，如图 8-208 所示，履带行走装置主要用来支承机体，张紧履带并驱动履带运动使推土机行驶。它由履带、驱动轮、引导轮和履带张紧装置、支重轮、托链轮等部分组成。

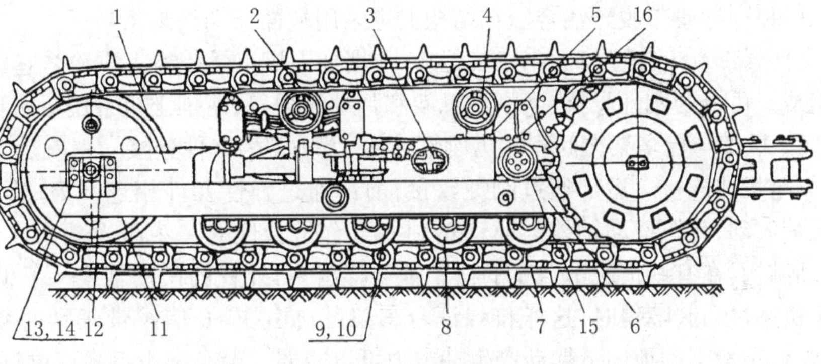

图 8-208 T_2-120A 型推土机履带行走装置

1—履带张紧装置；2—前托轮；3—窥视孔盖；4—后托轮；5,9,12,13—螺栓；6—履带架；7—履带板；8—双边支重轮；10,14—弹簧垫圈；11—导向轮；15—轴套；16—油嘴

1) 履带用来承受机体重量并传给地面，要保证充分发挥发动机牵引力。履带传递负荷大，常在泥土中工作，易于磨损，要求有足够的强度、刚度和耐磨性。按结构不同可分为整体式和组合式，目前，推土机广泛使用组合式履带。它由履带板、链轨节、衬套和销轴组成。为适应不同的作业要求，履带板有单齿型、双齿型、三齿型、岩石型、雪地用履带板、平滑型、湿地型和橡胶块等多种形式。单齿型履带板是推土机常用履带板，有一条较高履齿，能获得较大牵引力；双齿型、三齿型履带板有足够的刚度和强度，可防止履带板变曲，牵引力大，转向性能好，多用于坚硬场地作业；岩石型履带板的支承面上有横履齿(加强筋)，强度和刚度均高；雪地用履带板，为防止侧向滑动在两侧设有履齿；平滑型和橡胶块履带板，通常在公路上行驶；湿地型履带板，宽度大，接地面积大，断面有宽幅三角形或圆弧形，以改善推土机在潮湿土壤作业的牵引附着性能。履带板是直接与土岩接触最易磨损的部件，目前多在履带销与衬套间注入润滑油，轴端装有可靠的密封装置(润滑密封履带)，以减少磨损，提高使用寿命。为便于拆装履带，在履带中有一节为拼合式链轨节结构，

只要将该链轨节的连接螺栓卸开就可方便地拆下履带。

2）驱动轮。它把传动系统传来的扭矩传递给履带，从而驱动推土机行驶。驱动轮的齿数多用奇数，能使磨损均匀，延长使用寿命。

3）引导轮与张紧装置。引导轮用来引导履带正确绕转，并缓和行驶中受到的冲击。一般用钢板焊接制成，断面呈箱形，轮缘表面高频淬火（HRC52～60）以提高耐磨性。它依靠滑动轴承支承在引导轮轴上旋转，注入稀油润滑，为防止油液外泄，装有双金属环浮动密封。引导轮轴的两端装在支架上，并用锥形止动螺栓锁紧，以防止引导轮轴的轴向移动和转动。引导轮支架由两个用弹簧压紧导板固定在台车架上，因此，支架可在台车架上沿导轨前后移动，以防引导轮发生侧面倾斜，以免履带脱落。

张紧装置保证履带有一定紧度，减少履带运行中的跳动。张紧装置有机械调节式和液压调节式两种。前者又可分为曲柄式和滑块式两种，引导轮在曲柄上的叫曲柄式张紧机构，一般用在无台车架的推土机上；引导轮在滑块上的叫滑块式张紧机构，它是靠调节螺杆长度来实现引导轮的前后移动，一般用在有台车架半刚性悬架的推土机上。液压调节式张紧装置，通过黄油嘴往液压缸内注入黄油，使油缸增压推动活塞移动引导轮来调节履带张紧程度。从油缸中放出黄油就可放松履带。这种张紧装置由缓冲弹簧、调节油缸和活塞组成。当引导轮受到前方冲击载荷或因泥砂、石块锁入驱动轮齿沟时，用缓冲弹簧使引导轮可以有弹性行程，以防履带过载。液压调节式张紧装置，工作方便省力，在推土机上应用广泛。

4）支重轮。它能支承推土机重量，并传给履带，同时夹持履带，防止横向窜动，在转向时迫使履带在地面上滑移。它经常在泥土中工作、承受强烈的冲击，要求轮缘耐磨，密封可靠。支重轮结构有单边与双边之分。双边支重轮能够夹持履带，但滚动阻力较大，故每台推土机双边支重轮数少于单边支重轮。采用滑动轴承和滚动轴承，多用端面浮动油封进行密封。支重轮轮缘都要淬火，硬度达到HB355～440，以提高可靠性和使用寿命。

5）托链轮。位于引导轮与驱动轮之间，用来承托履带下垂，主要托住从驱动轮传出侧的履带松边，以及当啮合中履带拉紧时以引导履带脱开啮合。在结构上也采用端面浮动油封密封。

6）悬架。它是把履带行走装置与机体连接起来，并把推土机重量传给支重轮。它由台车架与相应的弹性或刚性连接件组成。可分为刚性悬架、半刚性悬架和弹性悬架，目前推土机常用后两种形式。

① 半刚性悬架。机架与台车架之间一端为刚性连接，另一端为弹性连接。也就是支重轮轴和履带架刚性连接，每个台车架与机体连接。后部通过刚性铰接，前部通过弹性元件相连。为保证驱动轮具有固定位置和减小支承点载荷波动，台车摆动轴线与驱动轮轴线重合是合理的。然而为减小推土机宽度，保持给定的地隙，简化终传动结构，在有些情况下台车的摆动轴要移出来，外置的摆动轴线一般低于驱动轮和引导轮轴心连线。当推土机越过凸起障碍时，这样将保证台车架可自由摆动，使履带张紧度减小。当越过凹坑时由于履带张度增加，台车架剧烈地向下摆动产生冲击力可以减弱。台车架由钢板或槽钢制作，台车架采用Π形槽钢，它的槽口向下；异型钢架由7～8mm钢板冲压而成，其高度为宽度1.5～2倍。摆动轴固定在推土机壳体上，而在台车架上安装滑动轴承，当转向时，在支承上作用着使轴承磨损和推开台车的弯矩，为承受此弯矩或限制对台车推力，需加大支承长度或加装专用的推力限制器。作为前支承的弹性元件，通常用横置的板弹簧，也可采用平衡梁结构的橡胶弹簧。在松软土壤上能保持接地压力均匀，附着性能好。

② 弹性悬架。它按支重轮和机体连接方式不同，可分为平衡支架式或独立式。前者支重轮按两个或多个构成一组，通过平衡臂与托架连接，然后托架与机体以铰链连接。这种弹性悬架可使一个支重轮相对另一个支重轮或相对机体在垂直平面内能相对位移，保证推土机高速行驶时，对机身有缓冲作用，并有较好的附着性能。但其沿接地表面长度方向上压力分布不均匀，在松软土壤中行驶阻力较大，在推土机作业时由于弹性元件振动，易引起铲刀切削深度变化，影响铲土面平整度。因此，目前绝大多数推土机均采用半刚性悬架。只是有一些高速推土机和轮胎式推土机采用弹性悬架，多用板弹簧、螺旋弹簧、扭转弹簧或橡胶块为弹性元件。

b 轮胎式行走底盘

轮式推土机是以轮胎式前装机的底盘为基础配以推土机的工作装置而开发的工程机械，如徐工集团利用G系列前装机底盘而研制成功的DL210G型轮胎推土机。对比本节不再重述。

8.9.1.4 主要技术参数计算

A 推土机使用质量与接地比压

推土机使用质量 G_s 是指推土机结构质量 G_j 加上司机质量及油、水、工具等使用时必需的附加质量。结构质量既要考虑降低原材料消耗,减少接地比压,提高通过性,又要考虑减小滚动阻力,提高牵引性能,宜选用较小的结构质量;同时为增加附着力,提高稳定性,希望结构质量尽可能大些。但是结构质量过大将使滚动阻力增加,而且将影响质量与功率的协调,因此,不希望结构质量过大。通常可用单位额定功率的推土机结构质量,即比质量 λ_g 来确定:

$$\lambda_g = \frac{G_j}{N_{eH}} \tag{8-203}$$

式中 N_{eH}——发动机的额定功率,kW。

履带式推土机 $\lambda_g = 1.15 \sim 1.5$kN/kW。机械传动推土机取高值;液力机械传动推土机取低值。轮胎式推土机 $\lambda_g = 0.82 \sim 1.09$kN/kW。随着优质钢材的应用与制造工艺水平的提高,λ_g 值有下降的趋势。

推土机的接地比压 q 是使用质量 G_s 与履带接地面积 F 之比,通常按式(8-204)计算:

$$q = \frac{G_s}{2 \times 10^3 Lb} \tag{8-204}$$

式中 L——履带接地长度,m;

b——履带板宽度,m。

通常履带式推土机接地比压为0.06MPa左右,湿地推土机一般在0.03MPa以下。轮胎式推土机接地比压可近似于轮胎的胎压。

B 推土机牵引力

a 水平牵引力 P_k

水平牵引力是指在牵引元件作用下产生的平行于地面并沿着行驶方向作用的总推力。对轮胎式推土机通常按下式计算:

$$P_k = \frac{M_k}{r_d} = \frac{M_{ez} i_m \eta_m}{r_d} \tag{8-205}$$

式中 M_k——驱动力矩,N·m;

M_{ez}——发动机在扣除辅助装置和功率输出轴消耗后的扭矩,N·m;

i_m——传动系总传动比(发动机至驱动轮);

η_m——传动系总效率;

r_d——驱动轮动力半径,m。

对机械传动履带式推土机计算如下:

$$P_k = \frac{M_{ez} i_m \eta_m \eta_q}{r_d} \tag{8-206}$$

式中 η_q——履带驱动段效率,通常 $\eta_q = 0.96 \sim 0.97$。

对液力机械传动的推土机,应将柴油机与液力变矩器视为复合动力装置。只要有变矩器和柴油机共同工作的输出特性,则驱动力矩的计算与机械传动基本相似。此时,计算的依据应是涡轮轴输出扭矩 M_z,驱动力矩 M_k 按式(8-207)计算:

$$M_k = M_z i_m \eta_{mq} \tag{8-207}$$

式中 M_z——涡轮轴输出扭矩,N·m;

i_m——机械传动部分总传动比(自变矩器输出轴至驱动轮);

η_{mq}——机械传动系和履带(或轮胎)段效率,对轮胎式推土机 $\eta_{mq} = \eta_m$,对履带式推土机 $\eta_{mq} = \eta_m \eta_q$。

则水平牵引力为:

$$P_k = \frac{M_z i_m \eta_{mq}}{r_d} \tag{8-208}$$

b 附着力 P_ϕ

附着力是指牵引元件滑转时的最大牵引力：

$$P_\phi = \phi G_\phi g \tag{8-209}$$

式中 G_ϕ——附着质量，N，履带式推土机为使用质量 G_s，轮胎式推土机是其驱动轮上的负荷；

ϕ——牵引元件全滑转时的附着系数。

在确定发动机功率与使用质量的匹配关系时，按最大生产率时的额定滑转率 δ_H 所对应的附着系数中 ϕ_H 为额定工况进行匹配。对履带式推土机 $\delta_H = 10\% \sim 15\%$；对轮胎式推土机 $\delta_H = 20\% \sim 30\%$，推土机额定有效牵引力 P_H 按下式计算：

$$P_H = \phi_H G_\phi g \tag{8-210}$$

c 顶推力 P_{kp}和比推力 q_{kp}

推土机顶推力是在铲刀切削刃上发挥出来的推土力，也是推土机的有效牵引力，相当于拖拉机的挂钩牵引力。可按下式计算：

$$P_{kp} = P_k - P_f \tag{8-211}$$

式中 P_f——推土机行走装置的滚动阻力，N。

比推力是单位切削刃宽的顶推力，其值大意味着推土机推土力大，适应性强，生产率高。q_{kp}可按下式计算：

$$q_{kp} = P_{kp}/B_g \tag{8-212}$$

式中 B_g——铲刀切削刃宽度，cm。

C 推土机行走速度

为有效利用发动机功率，机械传动推土机速度挡位通常为前进 4 挡后退 2 挡至前进 5 挡后退 4 挡之间；液力机械传动推土机多为前进 3 挡后退 3 挡。推土机行走速度包括铲土速度、运土速度、返回速度和倒行速度。通常 1～2 挡用做铲土速度，2～3 挡为运土速度，3 挡以上各挡为空车返回。具体数值选定如下。

机械传动推土机为获得最大的铲刀顶推力以保证高的生产率，往往选择较低的铲土速度，通常为 2.5～3km/h，运土速度为铲土速度的 2 倍。返回速度高些，半刚性悬架履带推土机为 7km/h 以下；弹性悬架履带推土机低于 15km/h；轮胎式推土机大于 10km/h。推土机倒挡速度比前进挡速度高 25%～40%。对于液力机械传动的推土机宜将上述各值提高 1～1.5km/h。

推土机理论行走速度 v_T 可按式(8-213)计算：

$$v_T = 0.377 \frac{n_{eH} r_k}{i} \tag{8-213}$$

式中 n_{eH}——柴油机额定转速，r/min；

r_k——驱动轮节圆半径，m；

i——总传动比。

由于履带或轮胎对地面滑转，其实际行走速度 v 可按式(8-214)计算：

$$v = (1-\delta) v_T \tag{8-214}$$

式中 δ——理论滑转率，履带式推土机 $\delta = 0.1 \sim 0.15$，轮胎式推土机 $\delta = 0.25 \sim 3$。

D 推土机铲刀升降速度

铲刀升降速度是铲刀切削刃沿地面垂直方向的平均升降速度，直接影响铲刀升降快慢，动作灵敏性和推土效率的高低。根据试验和经验，推土机铲刀提升速度为推土机第一挡速度的 0.5～0.8 倍。

E 发动机功率

发动机功率根据推土机传动系所需功率 N'_{eH}与油泵等附件消耗功率 N_y 之和得出。作业时传动系所需功率 N'_{eH}与使用质量 G_s 之间有一定比例关系，根据统计数据 $G_s/N'_{eH} = 1.360 \sim 1.605$kN/kW。机械传动推土机取下限,液力机械传动推土机取上限。如果已确定1挡所需额定牵引力 P_{kH} 和理论车速 v_{T1},则如下计算发动机的所需功率 N_{eH}:

对于机械传动推土机:

$$N_{eH}=\frac{P_{kH}v_{T1}}{1000\eta_{m1}\eta_q}+\sum N_y \tag{8-215}$$

式中 N_{eH}——发动机功率,kW;

η_{m1}——传动系统1挡机械效率;

η_q——履带驱动段效率;

$\sum N_y$——所有辅助装置所消耗的功率,kW。

对于液力机械传动推土机:

$$N_{eH}=\frac{P_{kH}v_{T1}}{1000\eta\eta_{m1}\eta_q}+\sum N_y \tag{8-216}$$

式中 η——液力变矩器效率。

F 轨距和最小转弯半径

推土机轨距 B 影响着转向性能和在坡道上行驶的稳定性。履带接地长度与轨距之比称为转向性能系数,通常选用 $L/B=1.2\sim1.5$。当 L 按推土机接地比压要求选定后,根据 L/B 值范围便可确定 B 值。

最小转弯半径 R_{min} 大小,直接影响推土机通过性,通常按式(8-217)计算:

$$R_{min}=\sqrt{(B/2+B_g/2)^2+(L/2+l)^2} \tag{8-217}$$

式中 B——履带轨距,cm;

B_g——铲刀切削刃宽度,cm;

L——履带接地长度,cm;

l——铲刀切削刃至履带接地中心的距离,cm。

G 驶入角、离去角、离地间隙

推土机的驶入角 φ 是指当其铲刀提升到极限位置时,从切削刃向推土机履带前缘所作的切线与地平面的夹角,其选择应考虑到铲刀的最大提升高度和推土机爬坡性能的要求。通常,固定式铲刀推土机 $\varphi=20°\sim25°$;回转式铲刀推土机 $\varphi=20°\sim30°$。

推土机的离去角 ε 是当松土器提升到极限位置,从松土齿的齿尖向推土机履带后缘所作的切线与地平面的夹角,通常 $\varepsilon\geqslant20°$。

最小离地间隙,通常选择280~450mm。

H 推土机生产率

推土机生产能力与施工组织、机械工作方式、操纵人员技术水平以及机械完好状态等诸多因素有关。因此,生产率计算只是一种参考数据,准确方法是现场生产经验与实测确定。

为对不同类型推土机进行比较评价,也为选型配套提供理论依据,常用每小时推运物料的体积作为生产率指标。

a 每铲最大推土量 V(推土机容量)

直铲作业过程中,每铲推运土石方物料的体积为推土机容量。计算时,将铲刀前堆集物料的体积视为一个三角形棱柱体,按几何体积近似计算:

$$V=\frac{B_g(H_g-h)^2k_m}{2\tan\varphi_0} \tag{8-218}$$

式中 B_g——铲刀宽度,m;

H_g——铲刀高度,m;

h——平均铲土深度,m;

φ_0——土的自然安息角,(°),按表8-200选取;

k_m——土的充盈系数，通常取0.5～1.2。

表8-200 土的自然安息角 φ_0 (°)

土的状态	碎 石	砾 石	砂 石	黏 土	轻亚黏土	种植土
干	35	40	25～30	45～50	40	40
湿	45	40	30～35	35～40	30	35
饱和	25	35	20～27	15～30	20	25

由于 V 和 B_g、H_g 有关，国外在试验的基础上常用以下经验公式：

$$V=0.86B_gH_g^2 \tag{8-219a}$$

或

$$V=B_gH_g^2 \tag{8-219b}$$

b 推土机小时作业生产率 Q_1

推土机小时作业生产率 Q_1 按式(8-220)计算：

$$Q_1=\frac{3600VK_1K_nK_y}{T} \tag{8-220}$$

式中 K_1——推土机作业时间利用系数，通常为0.85～0.90；

K_n——铲刀土量漏损系数，它取决于运土距离 L_2，通常为 $K_n=(1\sim0.005)L_2$；

K_y——坡度作业影响系数，按表8-201选取；

T——一个推土周期循环时间，s。

表8-201 坡度作业影响系数 K_y

坡度/%	上 坡			下 坡			
	0～5	5～10	10～15	0～5	5～10	10～15	15～20
K_y	1～0.67	0.67～0.50	0.50～0.40	1～1.33	1.33～1.94	1.94～2.25	2.25～2.68

$$T=\frac{L_1}{v_1}+\frac{L_2}{v_2}+\frac{L_1+L_2}{v_3}+2t_1+t_2+t_3 \tag{8-221}$$

式中 L_1——铲土距离，通常为6～10m；

L_2——运土距离，m；

v_1,v_2,v_3——分别为铲土、运土、返回速度，m/s；

t_1——推土机调头时间，可取10s；

t_2——换挡时间，换挡一次取4～5s，动力换挡变速箱可不计换挡时间；

t_3——铲刀下落时间，通常为1～2s。

c 推土机平整场地小时生产率

推土机平整场地小时生产率 Q_2 按式(8-222)计算：

$$Q_2=\frac{3600(B_g\sin\varphi-m)LK_L}{n\left(\frac{L}{v}+t_1\right)} \tag{8-222}$$

式中 B_g——铲刀宽度，m；

φ——铲刀水平面回转角，(°)；

m——相邻两次平整通道间重叠部分宽度，m；

L——平整地段长度，m；

K_L——时间利用系数，通常取0.85～0.90；

n——同一地段平整次数；

v——推土机平地运行速度，m/s；

t_1——推土机调头时间，可取10s。

实际使用生产率单位有多种形式，它们均可由前面的公式导出。表8-202给出履带式推土机功率和运距与台班生产率的关系。

表 8-202 推土机台班生产率 (m^3/(台·班))

运距		15m	30m	45m	60m	75m	100m
功率	88kW	410	270	210	150	128	75
	132kW	720	410	300	220	190	140
	198kW	850	560	390	300	240	170
	279kW	1300	830	600	480	380	240

8.9.1.5 主要厂家产品技术性能参数

A 国内产品

a SD22 型推土机

SD22 型推土机是山推公司的山推牌 TY220 型履带式推土机的升级换代产品，在保持原 TY220 型优良性能的基础上开发的新产品，如图 8-209 所示。采用康明斯第三代 N 系列的 NT855-C280(BCⅢ)型发动机，用高效增压器，增加了柴油发动机高效工作区。先进的润滑系统降低了发动机摩擦功率，延长了使用寿命。采用复合式机油滤清器，使滤清效率高，寿命长，使用方便，成本低。采用高强度材料和新结构缸体、缸盖，增加了发动机刚度。该发动机具有良好的动力性能，经济、可靠且耐久。

图 8-209 SD22 型推土机

单级、单相、三元件液力变矩器，与发动机匹配良好，效率高，专业厂生产，质量稳定，性能可靠。

行星齿轮式动力换挡变速箱，前进、后退各三挡，结构紧凑，传动效率高，结合平稳，操作轻便。

转向离合器用湿式、多片、弹簧压紧、常接合、液压分离式离合器。转向制动器用湿式、浮动式，离合器和制动器操纵采用了液压联动式，结构先进，操纵轻便。

终传动采用两级直齿轮减速，链轮毂与齿轮毂之间用渐开线花键连接，链轮采用镶齿块式结构，方便拆装与维修。

行走机构为平衡梁、八字梁、半刚性悬挂结构，每边 2 个托轮，6 个支重轮，具有良好的作业条件和稳定性。

液压系统采用先进的转向液压系统和转向阀，实现了转向制动系统的液压联动，使转向操纵简便轻巧，调整方便。新型结构油缸，密封件采用国际配套，使用寿命和可靠性高。关键部位软管引进国外产品，提高产品质量。工作装置液压系统压力 14MPa，液压助力操纵舒适省力。

采用德国 VDO 公司的传感器和仪表，对整机及工作状态进行监控，使推土机工作在最佳状态。舒适美观的驾驶室采用整体注塑仪表盘，使电气、仪表及空调布局合理；操纵按人机工程学原理布置，变速、转向、油门操纵集于司机左侧，软轴结构操纵舒适轻便；工作装置操纵集中布置在司机右侧，采用伺服操纵系统，轻便、灵活，可上下前后调整座椅以满足司机不同操作需要，减少疲劳。

多种工作装置可满足用户需要，其中半 U 形铲是目前国际推土机采用最多的工作装置，其结构及受力更加合理,铲刀强度高,容量 $7m^3$,比直形倾铲容量增加 $0.6m^3$,能提高推土机效率。

整体采用三维造型设计,使整机外型美观、和谐,具有鲜明的时代感。

b 山推 TY130B 型推土机

山推公司开发的山推 TY130B 型推土机,采用上海柴油机股份公司(以下简称上柴)D6114ZG4B 型发动机,增大功率和扭矩储备系数,额定功率95.5kW,改进空滤器及进排气系统,使空滤器过滤精度达到99.9%。改进安装方式,减小振动。结构紧凑,热效率高,比油耗低。

滚力机械传动采用 YJ355 单级、单相三元件液力变矩器,循环圆直径 355mm,变矩系数 $K_0=2.38$,效率 86.1%。推土机输出功率大小可适应外负荷变化,超速时发动机不熄火。

行星轮式动力换挡变速箱,前进、后退各三挡,速度切换通过液压控制阀实现,结构紧凑,换挡平稳,无需切断动力,减少换挡时间提高工作效率。

推土机的转向离合器为湿式、多片、碟簧压紧、常啮合结构,手动液压分离,并与转向制动器联动。转向制动器为湿式、浮动、带式结构,脚制动液压助力。终传动为二级直齿轮减速机构,减速比大,承载能力强。

进行变速、变矩的液压系统由变速泵、变速阀组成,用于推土机前进、后退、变速换挡,保证推土机换挡平稳省力;转向液压系统由转向泵和转向制动阀组成,用于转向和制动,保证转向灵活,可靠;工作装置液压系统由工作泵、控制阀和液压缸等主要部件组成,用于工作装置提升、下降和保持不动,保证作业效率。

中央传动为螺旋伞齿轮,将发动机的动力经变矩器、行星轮式动力换挡变速箱、传动轴、螺旋伞齿轮再经左右转向离合器传给终传动。

工作装置可配直倾铲、角铲,后端配有松土器。铲刀弧形板采用高强度、耐磨、耐冲击钢材,刀片采用高合金钢。操纵采用液压先导式,操纵手柄布置在司机侧面,单一操纵杆即可分别控制铲刀和松土器的动作,操纵方便灵活。

采用西门子 VDO 智能显示报警系统和电子控制器,实现机电一体化。各代表驱动信号及警示信号分别由传感器通过仪表、单片机传输,传输信号迅速准确。实现仪表自检、安全启动显示、变矩器油温监控、机油压力监控、燃油量显示、蓄电池容量显示、蓄电池充电监控空气过滤器滤芯监控、冷却水监控等功能。各传感器收到信息后,通过仪表盘上仪表、指示灯、蜂鸣器等以文字、声音传给司机及时了解推土机运行情况,及时处理发生的故障以防止大事故发生。

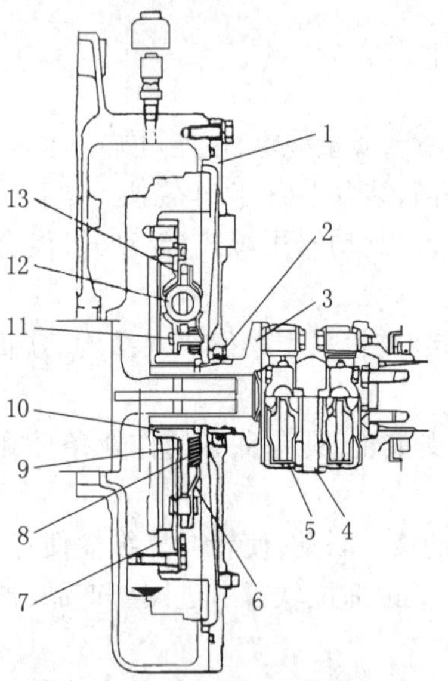

图 8-210 减振器结构

1—减振器壳体;2—骨架油封;3—联轴节;4—万向节;5—盖;6—连接板;7—过渡盘;8—碟形弹簧;9—摩擦片;10—轮毂;11—挡销;12—扭矩弹簧;13—驱动盘

底盘机架跨度小,结构紧凑,转弯半径小。采用碟形弹簧和扭矩弹簧组成减振器(图 8-210),减振性能好,自然吸收振动冲击防止万向节过载,保护发动机。

采用加高加大六面体结构驾驶室,增加窗户及内饰,使外形美观,视野开阔,通风效果好。驾驶室隔离缓冲材料的使用可显著降低噪声和减少振动。座椅可方便地进行上下前后调整,以满足司机不同操作姿势的需要。空调布置在仪表盘下面,可改善操作环境,提高工作效率。

c T140-2 型履带式推土机

T140-2 型推土机是宣化工程机械股份有限公司 T140-1 型推土机的升级换代产品。

上柴 D61142G5B 型发动机,具有体积小、燃油消耗量少、噪声小、质量轻、排放达到欧 I 标准的优点。

主离合器为常开式,湿式多片离合器,液压助力操纵。变速箱为空间三轴式常啮合斜齿轮传动,双杆机械操纵,结合套换挡的强制润滑,箱体内有 8 对常啮合齿轮,4 组结合轮用于结合套。具有传动平稳、重叠系数大、齿轮强度高、冲击和噪声小等特点。变速箱和主离合器操纵设有联锁装置,以保证在主离合器分离状态时才能进行换挡。

转向离合器是湿式多片、弹簧压紧、液压分离的常闭式结构。转向离合器的分离是靠液压油作用于活塞向车体外侧方向运动,压缩转向大小弹簧使压盘、外齿片和主动轮不再压紧而实现的。由转向离合器的结合分离,以实现向左右终传动传递或切断动力满足转向要求;制动器为湿式、浮动双向带式,用脚踏机械操纵。

中央传动为一对螺旋伞齿轮将动力分左右两部分通过转向离合器传给终传动。终传动用两级大变位直齿圆柱齿轮减速,齿轮强度高可承受较大扭矩。终传动内设有两组浮动油封,防止外部水、泥、砂进入壳体内及防止润滑油外泄。

机架左右梁、行走架的内外梁均为箱型结构,具有足够刚度,可承受推土机的冲击载荷,减少振动,增加稳定性。行走为半刚性悬挂结构,平衡梁两端都有橡胶减振支承,提高整机减振性能,减小对地面的冲击,行驶平稳,改善司机工作条件。台车架为"八"字梁,摆动式,行走架由凸扁钢焊成矩形截面,引导轮采用弹簧缓冲,液压缸涨紧式,每侧行走架装有单边支重轮4个,双边支重轮2个,引导轮、支重轮和托链轮两侧均装有浮动油封。

液压系统为开式系统,底盘液压系统由油箱、齿轮泵、转向操纵阀、助力阀、滤油器、散热器等主要部分组成。

工作液压系统采用先导操纵,由双联泵、进油单向阀、选择阀和先导操纵阀、提升油缸和侧倾油缸组成。液压泵从油箱吸油,泵出压力油进入组合式分配阀,其阀杆动作靠先导操纵压力油控制,阀杆中位时经分配阀压力油直接滚回油箱以减少功率损失和系统发热。阀杆处于左右工作位置时,压力油则进入油缸工作,油腔控制铲刀升降及侧倾,还可使铲刀处于浮动状态。在先导阀进油管路中装有选择阀,以便当发动机熄火时,能用铲刀油缸下腔压力油为动力推动分配阀动作,实现落铲功能。

操纵机构分为油门操纵、主离合器操纵、工作装置操纵、变速箱操纵和转向操纵,根据人机工程学原理布局合理。转向操纵采用软轴形式,结构简单,操纵舒适、省力,成本低;工作装置操纵采用液压先导操纵,操作轻便自如,有效减轻了司机劳动强度。

推土铲根据不同工况配直角铲、直倾铲和U形铲。在设计上液压油缸前置,铲刀升降油缸接近垂直安装,使铲刀入土力加大,在推土机移动物料时有卷取特性和较大挖掘力,并有浮动和快速下降功能。后工作装置可配置单齿和三齿松土器和工业绞盘。

驾驶室为六面体,造型优美,侧滑玻璃窗、刮雨器。可调座椅、空调、电风扇、抗滚翻保护,隔振、密封,噪声小,玻璃钢仪表盘,各操纵杆均符合人机工程学原理,便于司机操作,完成各种动作。操作省力、舒适,减少司机疲劳,有利于提高作业效率。

电气系统的监测报警系统,可监测推土机多种类型数据,供司机操作时参考和使用。三级报警,可靠性高,使用寿命长。

d 上海PD410Y-1型推土机

采用康明斯KTA19-C525C型四冲程涡轮增压柴油发动机,燃油供给系统装置有PT泵,可在任何工况下提供最佳供油状态,启动方式为24V、9kW电机启动。空气滤清器采用干式、水平放置式,并带有空气除尘器,能有效保证推土机在恶劣情况下工作。发动机具有性能先进、经济性好、油耗低、区域宽等优点。

液力变矩器为单级单相三元件形式。变速箱为手操纵液压换挡、强制润滑、行星齿轮、多片离合器,前进、后退各3挡。中央传动采用螺旋伞齿轮,飞溅润滑。常结合多片湿式转向离合器,靠弹簧力使离合器处于常结合状态,转向时通过手动液压操纵,通过油压分离;采用双端收紧式转向制动器,湿式带制动,液压助力操纵。强制润滑对包紧带进行冷却,以防制动衬片烧咬和过早磨损,从而提高了使用寿命。

最终传动采用单级正齿轮与单级行星齿轮双级传动机构,飞溅润滑。

行走机构的驱动链轮为镶块式,拆装方便,外侧有防护罩;每侧有7只(4只单边,3只双边)支重轮。另有引导轮和托轮,四轮均采用浮动油封。履带胀紧装置为黄油缸胀紧,调整方便。履带为润滑密封式,噪声小,能有效减小摩擦阻力,提高行走机构的使用寿命。工作装置为直倾斜铲,前板采用高强度钢制造,刀刃由特殊钢制造,强度高,耐磨,可适应恶劣条件。操纵中设有液压滑阀式、先导出操纵、负荷反馈的操纵阀,阀位有上升、封闭、下降和浮动，使操纵方便、省力。

驾驶室外形美观大方，装有防滚翻装置，安全可靠，舒适性好，操纵方便，视野广阔；油门、变速操纵机构为软轴结构，减少了连接件，使机构更为简单，操纵灵活、省力。

转向制动连锁作用的液压系统，采用新型转向控制阀，具有体积小、制造方便、操纵性能良好的特点。能使转向制动系统操纵进一步简化，使司机操纵更加方便、舒适，大大降低司机的疲劳，使其集中精力操作，能显著提高生产率。

e TY320C 型履带式推土机

图 8-211 TY320C 型履带式推土机

TY320C 型推土机是陕西新黄工机械有限责任公司 TY320 型推土机的改进换代产品。其外形如图 8-211 所示。采用康明斯 NT855-C360 型增压中冷立式四冲程发动机，可靠性高，使用寿命长，油耗低，带有涡轮增压，可在海拔 3000m 高原作业，无需任何调整也能保证额定输出功率不变。

传动装置的液力变矩器为单级、单相三元件形式，油冷却；动力换挡行星齿轮变速箱，多片离合器为液压结合，强制润滑方式，前进、后退各三挡。传动齿轮耐疲劳，使用寿命长；中央传动为螺旋伞齿轮，飞溅润滑；转向离合器为湿式多片、弹簧压紧、液压分离、手动控制；转向制动器为湿式、带式，附有油压助器的脚踏操作；终传动为直齿轮二级减速，飞溅润滑。

行走装置的台车架为半刚性悬挂，平衡浮动式，装配式单履齿履带，每侧装有 2 个托链轮、7 个支重轮、1 个驱动链轮和 1 个引导轮。

工作装置为前置直倾铲，后置三齿松土器。推土铲刀采用特殊耐磨钢，使用寿命长，液压操纵还采用了液压伺服机构，使操纵更加轻便灵活。

采用六面体防滚翻驾驶室，外形美观，视野宽阔，设置冷暖空调，防紫外线玻璃。底座采用了弹性减振装置，围板均设有吸音材料，加上内饰材料的密封效果，使室内噪声低。操纵装置设在司机两侧，轻便灵活，可调的座椅，更加符合人机工程学设计，并配装有机电一体化的三级报警电子监控系统。

f 移山牌 TYD200 型推土机

天津建筑机械厂生产的 TYD200 型推土机采用康明斯 NT855-C280 型第三代发动机，功率强劲、扭矩储备大、油耗低、排放良好。脉冲式排气管使废气能量充分利用，提高低负荷时效率。三通道中冷器进气温度低，经济性、可靠性高。恒油温机油冷却器，使部分负荷摩擦阻力小，消耗功率低。信号管控制低油压，变流量机油泵可保持油道压力，减少能耗。复合式机油冷却器，更换使用方便，滤清效率高，寿命长。飞轮输出端有弹簧缓冲装置，可平稳传递动力。

液力机械传动，采用单级单向三元件液力变矩器，行星齿轮式手动操纵，液压换挡，强制润滑的动力换挡变速箱。中央传动用螺旋伞齿轮，强制润滑。转向系统为差动行星齿轮式，液压马达驱动。手动操作，液压制动。转向制动器为湿式多片式，弹簧压紧，脚踏操作，液压控制。终传动为一级直齿轮，二级行星齿轮飞溅润滑。

行走装置为半刚性悬挂，平衡梁式，由装配式履带板、托链轮 2 个、支重轮 7 个（单边 5 个、双边 2 个）、牵引轮和驱动轮各 1 个组成。

液压系统采用旋转斜盘式变量泵，滑杆式操纵阀，先导阀操纵。用压力补偿阀对变量泵进行有效控制，系统流量随操作阀开度大小变化无流量损失，发热少。低负荷运转液压泵可降低对发动机的动力需求，控制精度高，不受外负载变化影响。负荷传感式液压系统能充分利用发动机功率，减少溢流量，最大限度节约能源。压力补偿阀根据负荷自行调节流量大小变化，只受节流口开度影响，不受负荷变化影响，即使负载变化，作业装置速度仍保持不变，可保证转向和推土同时进行。压力补偿阀自动对流量合理分配相互无干涉，复合动作流畅。转向回路装有优先阀，任何工况都能保证先向其分配流量，使转向供油充足，运动平衡，作业效率高。转向系统液压双功率流差速转向,用变量液压泵和转向液压马达驱动实现"差速又差力"的动力转向。当推土机转弯时,两侧履带都得到持续动力,进行不间断推土作业,减少工作循环时间。实现以机体为中心,原地转向,适应性强。

操纵系统采用先导控制阀(PPC)实现单手柄集中控制,动作轻缓,行程短,省力,减少司机疲劳。右操纵杆控制铲刀升降和左右倾斜;左操纵杆控制转向、前进、后退及换挡,左右操纵杆同时操作缩短周期,提高工效。闭式负荷传感系统(CLSS)可根据负荷变化自动调整工作装置与行走系统功率分配,能使推土机对控制做出精确响应,使推土铲的升降和倾斜同时进行。

驾驶室为全封闭驾驶室,视野开阔。空调、音响、悬挂式减振装置使司机操作舒适,不易疲劳。

电子故障检测系统和指示系统,实现故障自诊断,设备出现异常指示灯亮报警,及时发现故障征兆,减少大事故发生,既可降低维修费用,还可减少停机时间。

g TQ230H 型静液压履带式推土机

三一重工股份有限公司开发的 TQ230H 型推土机采用康明斯 NT855-C280(BCⅢ)型发动机。其输出端通过弹性板与分动箱相连,分动箱两端输出口分别与行走液压泵、工作液压泵和补油泵相连,通过弹性支承与车架相连,可减少振动,降低噪声。发动机扭矩大、油耗低,配有恒油温、变流量、低油压的润滑装置。推土机的两侧履带分别由变量柱塞泵与变量马达组成闭式回路驱动,使传动系统较液力机械传动大为简化。液压马达与履带终传动减速器相连。减速器为三级直齿圆柱齿轮传动减速,微电脑控制发动机转速使推土机行走速度和牵引力实现无级调节。另外由于工作装置和行走系统均为液压驱动,所以发动机输出功率可在工作装置和行走之间合理分配,且发动机不会有过热和过载的情况发生。微电脑控制使发动机始终在最佳转速范围内工作,不受急剧变化的外负荷影响,使发动机寿命能够延长,推土机牵引特性变得更加出色,整机工作性能更加完善。

行走液压系统采用电比例控制、双泵、双马达闭式系统。大排量电比例液压马达可减小传动比,降低马达转速,提高效率、最大牵引力和速度,并自带转速传感器,使用可靠,寿命长。液压系统与发动机匹配用 MC 控制器调节,可实现 PID 控制,能充分利用发动机功率;工作装置液压系统采用开式回路,所用齿轮泵结构简单、工作可靠,液压先导式操作系统,操纵省力、舒适。

电子控制系统实现推土机行走、转向操纵。采用 MC 微控制器集成度高,外围元件少,集各种控制功能于一体,系统响应速度快。油门位置信号检测采用 WSA90 型转角传感器;行驶手柄位置检测由 V8 控制手柄以电压信号直接输入给 MC,微控制器作为行驶转向控制信号;马达驱动所需信号均由 MC 微控器直接输出,无需另加放大器,行走马达转速的测量采用马达自带霍尔转速传感器检测。推土机工作参数和工作状态监控报警通过故障诊断程序确定故障类型,由声光元件及显示器实现三级报警并显示故障信息。而且可根据故障性质发出减负荷、制动、停车等指令对机器进行保护,使监测、监控系统实现智能化。控制系统软件编程实用简洁,硬件选择上考虑推土机恶劣工况,而提高部件保护等级,确保使用可靠。

驾驶室外形设计美观典雅,室内宽敞、明亮、视野开阔,配有冷暖空调,给司机提供了舒适安全的工作环境;全方位可调浮式座椅,操纵手柄和脚踏板操纵力小,每个操纵按钮伸手可及,使操纵更加方便、舒适。

履带行走装置台车架为八字梁摆动式,平衡梁悬挂结构。"四轮一带"选用意大利 Berco 公司的免维护产品,提高了免维修性,有润滑密封履带和密封干式履带供用户选择。整机造型美观,油漆色调协调、醒目、美观大方。

h DL210G 型轮式推土机

徐州工程机械厂推出的 DL210G 型轮式推土机是以装载机底盘为基础配以推土铲而开发的设备。它较履带式推土机行走速度快,工作效率高,具有更强的机动灵活性,移动方便。其结构如图 8-212 所示。采用上

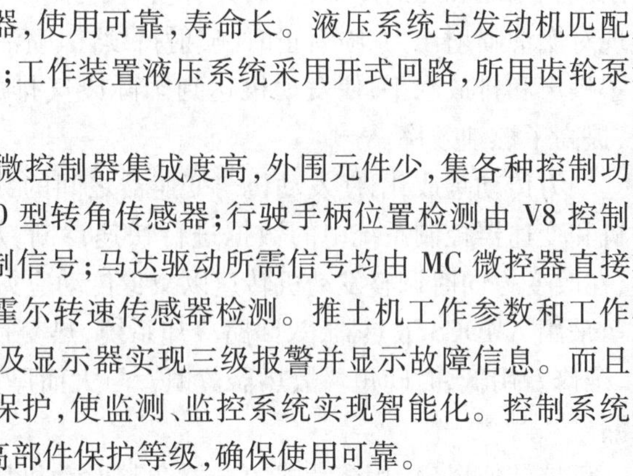

图 8-212 徐工 DL210G 型轮式推土机

1—推土工作装置;2—制动系统;3—液压系统;4—前车架;5—驾驶室;6—动力及传动系统;7—机罩;8—后车架

柴 C6121ZG 型直列六缸水冷直喷涡轮增压发动机，动力性能好，扭矩储备大，燃油、机油消耗低，经济性好，低噪声，低排放，加大风扇、水箱，散热良好，符合市场越来越高的环保要求。

采用 ZF 技术的 4WG200 型动力换挡变速箱，电控换挡，操作轻松简便。提供前进 4 挡、后退 3 挡，具有强制换低挡、空挡保护及挡位锁定功能。单级三元件变矩器，中美合资美池驱动桥，扭矩大，承载能力强，后桥为中心摆动式，摆动幅度大，减轻车辆颠簸，提高横向稳定性。前后桥负荷分配合理，能延长驱动桥和轮胎寿命。后传动轴无伸缩变化，传动均匀无附加轴向力，提高了变速箱、驱动桥和传动轴的可靠性。

前后车架均为焊接结构，布置合理、结构简明、减少结构件局部应力集中。局部为箱体结构，能承受冲击负荷。前后车架铰接，上下铰销均采用双圆锥滚子轴承，增大承载力，提高行驶稳定性。

液压系统（工作和转向）采用双泵分合流技术，减少液压功率损失，减轻司机工作强度。转向液压系统采用流量放大装置，并配液压限位以减轻机械冲击，有效保护转向油缸。完全封闭增压式油箱，提高泵吸油能力，降低噪声，并可有效防止油液污染。

制动系统具有停车制动和紧急制动“二合一”功能，设有两个气制动阀，均可实现停车制动，其中之一切断动力。当遇紧急情况加强制动效果，有低气压报警及启动保护功能。

工作装置为直铲封闭式结构，加强整体强度和刚度。推土铲刀用抗低温的耐磨材料，可延长寿命。左右大臂采用箱形结构，质量轻、强度大、刚性好，可调节水平推杆和竖直支撑杆以改变铲刀倾角，保证推土铲在不同工况下作业。

全封闭整体驾驶室，空间大、视野广，配有冷暖空调、可调座椅、防滚翻保护装置。

B 国外产品

a D10R 型履带式推土机

采用 CAT3412E 型发动机，额定功率 425kW，扭矩储备达到 30%，扩大了设备应用范围，增大了牵引力；采用涡轮增压和压后冷却技术，具有较大的排量/功率比。3212E 型发动机用液动电子喷油装置（HEUI）可实现对燃油喷射压力、喷射正时、喷射持续性、喷油量及燃油喷射形态的全面控制；改进了燃烧过程，从而降低了噪声和排放水平，使发动机达到国际废气排放标准，提高了发动机可靠性和可维修性，减少了燃油消耗，提高了燃油效率。

动力传动集成化，使发动机与变速器之间的数据相互交换并相互作用，使电子技术人员利用存储在发动机和变速器控制系统中的数据进行快速诊断，从而提高了故障诊断速度和维修的方便性。控制油门变换，在改变方向时调整发动机转速以减少传动应力，换挡平稳，零件使用寿命长。

采用 AMOCS 散热器，双回路冷却系统，热交换效率高，冷却效果好。标准模块式结构的芯子可单独更换，维修费用低，时间短。散热器黄铜管与大而厚的顶盖焊在一起，提高了管子的连接强度，减少了冷却液泄漏。

可控转速风扇（用多片式离合器调整发动机风扇转速）当发动机温度升高时，使风扇转速自动增加，在满足发动机冷却需要的条件下控制风扇保持较低转速，以提高发动机有效功率的利用，降低噪声，提高燃油经济性。

采用行星齿轮动力换挡变速器，具有前进 3 挡和后退 3 挡，油冷却式大直径离合器有效吸收换挡能量，使设备工作平稳，具有良好操作舒适性。采用 CATF37 摩擦材料的离合器，结合平稳，使用寿命长。变速器输出端采用螺旋伞齿轮传动，噪声低。变速器和终传动的分体式油箱，有助于防止油液交叉污染。

采用扭矩分配器，可提供并联双动力的传动系统。使发动机扭矩的 75% 通过变矩器传递，25% 直接通过传动轴传递，从而扩大了变矩器的动力范围。当动力直接传递到变速器时，因不产生有重大影响的动态扭矩，可获得较高的传动效率。

装有电子离合器/制动操纵系统（ECB），使设备具有良好的机动性，可实现原地转向。在转向系统中配有多片湿式转向离合器和一个减弱阻力的免调整湿式制动器，采用弹簧压紧，液压分离，制动器加大了流入润滑油量。位于司机左侧的手指控制器（FTC）可用单手操作，操纵力很小，控制设备转向、前进、后退及换挡操作。

履带行走装置采用高置驱动轮的三角形履带,可使驱动链轮和终传动主要传递扭矩,不承受行走和作业时所产生外部冲击和振动负荷,也减轻了泥砂对链轮的磨损和侵蚀作用,延长了使用寿命,降低维修费。采用管式结构履带行走架以承受较大弯矩和扭矩。支重轮和引导轮采用永久润滑,弹性安装在行走架上,可摆动行走架通过驱轴和销钉固定在平衡梁连接到推土机的机架上,有良好的减振和吸振效果。

b D155AX-3 型履带式推土机

日本小松生产的 D155AX-3 型推土机在全球首先采用静液压变速器(HMT),它由静液压变速和机械变速两部分组成,由前进、后退各 3 挡的动力换挡行星式变速箱、变量泵和变量马达构成的静液压变速装置以及将机械和液压动力合成的双排行星齿轮机构构成。发动机的动力通过机械和静液压两部分传递。当液压马达转速为零时,通过液压传递的功率为零,动力全部由机械方式传递,效率最高。由于发动机转速一定,在某一输出转速下传动效率高,而偏离此转速,传动效率逐渐降低,有一允许转速偏离范围。因此,机械传动部分仍需采用 3 挡变速器以保证整个车速范围都在一定传动效率内,它比液力机械变速器传动效率高,它不但具有变矩器的自动变速功能,而且高效变速范围比变矩器广,能使发动机保持在最大功率点工作,在较大的车速范围内充分吸收发动机功率。静液压机械式变速器控制系统,可对应负荷大小自动变速。

双流传动差速转向装置,解决了传统转向机构的"差速不差力"或"差力不差速"的问题,实现了既差速又差力,使转向时平均车速不降低,两侧履带始终传递力,较好地实现了动力转向;转向时传给行走装置的功率不降低;转向时推土效率高、速度快,左、右履带差速可无级控制,实现平稳又精确的方向控制。在松软土壤通过性能好,整地作业效率高。在坡地转向不会出现"逆转向"现象,提高了安全性。

c PR734Litronic 型静液压推土机

PR734Litronic 型静液压推土机是德国利勃海尔公司生产的。采用 LiebherrD926TI-E 型 6 缸直喷柴油机,维护点集中于发动机一侧,利于操作维修。油底壳深,约占整个发动机高 1/3,能爬坡45°。油耗少,噪声低,排放达到欧洲Ⅱ号标准,运转平稳,功率储备大。

行走系统和转向采用静液压传动,省去了繁琐的机械传动和复杂的操纵系统。每侧履带分别由一个双向电控变量泵和变量马达组成闭式回路驱动,通过分动箱直接驱动液压泵,进而驱动液压马达,再驱动终传动减速器;而且又在每侧履带终传动减速器装有检测履带行走速度的传感器,其拾取信号和驾驶员人为给予行走控制手柄的信号都传给 Litronic 微处理器,并通过伺服电磁阀再去控制变量泵、变量马达,最终达到全方位监控行走系统功能(直线行走、行走速度大小、转向和转向半径如何等)。优良的行走和转向性能,可减少行走系统零件的磨损,能提高四轮一带使用寿命 30% 以上,并能带负荷转向,具有高度灵活性。

工作装置采用 L 形推土臂,有较大的刚度,可保证推土架和铲刀间设定值的稳定性和精确性,还可保护倾斜液压缸、液压管路。推土铲可保证机器移动时具有优化的卷曲特性和较大的挖掘力,并根据不同工况配装角铲、U 形铲和半 U 形铲,具有浮动和快速下降功能。推土铲与推土架用快速拆装装置连接,更换方便。后工作装置配有单齿和三齿松土器和工作绞盘。

工作装置液压系统采用负荷传感器控制技术(Load-Sensing)。根据外负荷大小,通过压差信号来调节变量泵排量,从而最大限度地减少液压系统功率损失和系统发热,达到节能的要求。

底盘架结构具有缓冲减振功能,缓冲悬浮装置可降低司机和设备的冲击载荷;由前部平衡梁和后部左右分置的驱轴形成柔性可摆动的底盘,能提高推土机工作场地的适应性和通过能力;良好平稳的重心实现动力传递,重心低,增强防护性能,可减轻地面对底盘的冲击。

驾驶室设计实现了智能化、信息化及人机工程学原理的设计理念,集美观大方、坚固的结构和操作人性化于一体,具有 Rops 和 Fpos 功能,用手压泵可将驾驶室向后倾仰40°,可方便维修液压泵及管路系统。行走和转向驱动用单手柄控制;所有重要信息均显示于司机面前的数字化仪表盘上;可调悬浮式座椅便于司机观察松土器的工作情况;开阔的视野、较大的室内活动空间、冷暖空调、隔音、防噪,提高了操作的舒适性和安全性。

C 主要厂家产品技术性能参数

国内部分履带式推土机主要技术性能参数见表 8-203。山东山推生产的推土机主要技术性能参数见

表8-204。国外部分履带式推土机主要技术性能参数见表8-205。国内部分轮式推土机主要技术性能参数见表8-206。国外部分轮式推土机主要技术性能参数见表8-207。

表8-203 国内部分履带式推土机主要技术性能参数

型号		上海PD410Y-1	上海PD320Y-2	上海PD120	TY320C	TY220C
发动机	型号	康明斯 NTA19-C525C	康明斯NTA- 855C-C360	东风 6135K-2a	康明斯NTA 855-C360	康明斯 NT855
	额定功率/kW	306	239	88.2	235	169
	额定转速/(r/min)	2000	2000	1500	2000	2000
最大行驶速度/(km/h)	前进	12.2	11.5	10.34	11.5	11.8
	后退	14.8	13.5	8.91	13.5	14.3
最大功率/kW			637	118		221
外形尺寸/m	长	7.1	6.88	5.366	6.684	6.06
	宽	4.314	4.13	3.76	4.13	4.365
	高	3.9	3.64	3.01	3.725	3.457
最小离地间隙/mm		600	500	300	500	405
整机质量/kg		45362	35900	1600	37384	24300
履带中心距/mm		2260	2140	1800	2140	2000
履带板宽度/mm		610	560	500	560	560
履带接地长度/mm		3840	3150	2465	3150	2730
接地比压/kPa		109	94	63	106	79
铲刀宽度/mm		4314	4130	3760	4130	4365
铲刀垂直倾斜量/mm		1000	1000		1000	500
铲刀最大提升高度/mm		1620	1560	1020	1560	1290
铲刀切入深度/mm		749	560	360	560	535
推土铲最大容积/m^3					10.4	
松土器最大松土深度/mm		1350	842(单齿), 1250(三齿)		835(三齿)	665
制造厂家		上海 彭浦机械厂	上海 彭浦机械厂	上海 彭浦机械厂	陕西新黄工 机械有限公司	陕西新黄工 机械有限公司

型号		T140-2	TYD200	TQ230H	征山T200	红旗120	TY100	T120
发动机	型号	上柴6114 ZG5B	康明斯NT 855-C280	康明斯NT855 C-280	6135A2K	4146ATBT	$6130T_4$	$6134AK_2$
	额定功率/kW	115	162	169	147	90	73.5	99.2
	额定转速/(r/min)	1800	1950	1900	1800		1800	1500
最大行驶速度/(km/h)	前进	10.61	10.6	10	9.15	10.07	10.44	10.44
	后退	10.53	13.4	10	9.16		8.99	8.99
最大牵引力/kN		138.5	165	309	219.9	95.6	90	120
外形尺寸/m	长	4.763	5.27	5.8	5.89	4.4	6.9	6.5
	宽	3.297	3.426	3.725	4.155	2.472	3.8	3.76
	高	3.159	2.992	3.42	3.144	2.99	2.97	2.87
最小离地间隙/mm		400	400	410	400	387	386	300
整机质量/kg		16500	19600	25500	24500	12700	16000	14700
履带中心距/mm		1880	1880	2120	2000	1880	1880	1880
履带板宽度/mm		500	510	560	560	500	500	500
履带接地长度/mm		2570	2675	2840	2730	2515		2475
接地比压/kPa		65	65	78	70	52.4	65	59
铲刀宽度/mm		3762			4155	3810	3810	3760
铲刀垂直倾斜量/mm			870	735				
铲刀最大提升高度/mm		852	1103	1250	1200	800	800	1000
铲刀切入深度/mm		320	446	560	530	600	650	300
推土铲最大容积/m^3		4.5	4.42					
松土器最大松土深度/mm		550			650		550	800
制造厂家		宣化工程机械 股份公司	天津 建筑机械厂	长沙三一 重工股份公司	沈阳桥梁厂	鞍山强力、重工	长春 工程机械厂	四川 建筑机械厂

表 8-204 山东山推生产的推土机主要技术性能参数

型 号	SD42-3	SD32-5	SD32	SD23	SD22	SD22S （湿地型）	SD22R （环卫型）	SD22D （沙漠型）	SD22E （履带加长型）
长×宽×高 /mm×mm×mm （不含松土器）	9630×4320 ×4230（含）	6880×3955 ×3500	6880×4130 ×3725	5874×3725 ×3380	5750×3725 ×3395	6060×4365 ×3435	6290×4365 ×3435	6150×4360 ×3395	6000×3725 ×3395
使用质量/t （不含松土器）	49	36	37.2	24.6	23.4	25.7	26	25.8	24.6
功率（kW）/额定 转速（r/min）	310/2000	235/1900	235/2000	169/2000	162/1800	162/1800	162/1800	162/1800	162/1800
履带中心距/mm	2260	2100	2140	2000	2000	2250	2250	2000	2000
接地长度/mm		3210	3150	2840	2730	3480	3480	3050	3050
接地比压/MPa	0.123	0.101	0.105	0.078	0.077	0.041	0.041	0.070	0.072
前进各 挡速度 /（km/h）	F10：3.7 F20：6.8 F30：12.2	F10：3.7 F20：6.7 F30：11	0~3.6 0~6.6 0~11.5	0~3.8 0~6.8 0~11.8	0~3.6 0~6.5 0~11.2	0~3.6 0~6.5 0~11.2	0~3.6 0~6.5 0~11.2	0~3.6 0~6.5 0~11.2	0~3.6 0~6.5 0~11.2
后退各 挡速度 /（km/h）	R10：4.4 R20：8.2 R30：14.8	R10：5.0 R20：8.2 R30：13.9	0~4.4 0~7.8 0~13.5	0~4.9 0~8.5 0~14.3	0~4.3 0~7.7 0~13.2	0~4.3 0~7.7 0~13.2	0~4.3 0~7.7 0~13.2	0~4.3 0~7.7 0~13.2	0~4.3 0~7.7 0~13.2
铲土深度/mm	700	590	560	538	540	550	550	550	540
松土深度/mm	733	870	三 842，单 1250	三 666，单 695	三 666，单 695	—	—	—	三 666，单 695
铲刀提升高度/mm	1875	1250	1560	1210	1210	1330	1330	1420	1210
松土器提升高度 /mm	—	925	三 883，单 955	三 555，单 515	三 555，单 515	—	—	—	三 555，单 515
爬坡性能/（°）	30	30	30	30	30	30	30	30	30
铲土容量/m³	半 U16	半 U11.7	直 10 半 U11.7	直 7.8	半 U7.0，直 6.4 角 4.7，U7.5	直 6.8	直 12.0	直 6.8	直 6.4 角 4.7，U7.5
发动机型号	NTA	NTA855- C400	NTA855- C360	NT855- C280	NT855- C280BCⅢ	NT855- C280BCⅢ	NT855- C280BCⅢ	NT855- C280BCⅢ	NT855- C280BCⅢ
托轮个数（每边）/个	2	2	2	2	2	2	2	2	2
支重轮个数（每边）/个	7	6	7	7	6	8	8	7	7
履带板数（每边）/块	41	41	41	39	38	45	45	41	41
履带板宽度/mm	610	560	560	560、610、660	560	910	910	660	560
链轨节距/mm	260.35	228.6	228.6	216	216	216	216	216	216
铲刀形式	半 U	半 U	直、半 U、直	直、角、U	半 U、直、角、U	直	环卫铲	直	直、角、U
铲刀（长×高） /mm×mm	4320×1780	3955×1680	直 4130×1590 角 5000×1140 半 U4030×1720	直 3725×1395 U3860×1379 角 4365×1107	直 3725×1315 角 4365×1055 U3800×1343 半 U3725×1374	4365×1248	4365×1885	4365×1248	直 3725×1315
松土器形式	单齿	三齿	单齿三齿	单齿三齿	单齿三齿	—	—	—	单齿三齿

型 号	SD16	SD16L （超湿地型）	SD16TL （超湿地型）	SD16R （环卫型）	SD13	SD13S （湿地型）	SD11	SD08
长×宽×高 /mm×mm×mm （不含松土器）	5140×3388 ×3032	5262×4150 ×3074	5262×4150 ×3130	5262×4150× 3074	4492×3185 ×2950	4492×3510 ×3000	4202×2940 ×2920	3921×2553 ×2745
使用质量/t （不含松土器）	17	18.46	18.4	17.7	13.7	14	10.57	7.650
功率（kW）/额定 转速（r/min）	120/1850	120/1850	120/1850	120/1850	95.5/1900	95.5/1900	78/2350	59/2350
履带中心距/mm	1880	2300	2300	2300	1880	1880	1540	1450
接地长度/mm	2430	2935	2935	2935	2365	2365	2060	2185
接地比压/MPa	0.067	0.027	0.027	0.043	0.063	0.035	0.054	0.038
前进各挡速度 /（km/h）	0~3.29 0~5.82 0~9.63	0~3.29 0~5.82 0~9.63	2.67 3.76 5.41 7.62 11.13	0~3.29 0~5.82 0~9.63	0~3.2 0~59 0~9.8	0~3.2 0~59 0~9.8	0~2.4 0~4.4 0~7.6	0~2.53 0~4.55 0~7.57

续表 8-204

型　号	SD16	SD16L（超湿地型）	SD16TL（超湿地型）	SD16R（环卫型）	SD13	SD13S（湿地型）	SD11	SD08
后退各挡速度/(km/h)	0～4.28 0～7.59 0～12.53	0～4.28 0～7.59 0～12.53	3.48 4.90 7.05 9.92	0～4.28 0～7.59 0～12.53	0～3.9 0～7.1 0～11.9	0～3.9 0～7.1 0～11.9	0～3.0 0～5.5 0～9.4	0～2.76 0～4.96 0～8.26
铲土深度/mm	540	485	495	485	590	590	415	383
松土深度/mm	572	—	—	—	467	—	—	—
铲刀提升高度/mm	1095	1005	1005	1005	930	930	885	850
松土器提升高度/mm	592	—	—	—	559	—	—	—
爬坡性能/(°)	30	30	30	30	30	30	30	30
铲土容量/m^3	直 4.5 角 4.3	直倾铲 3.8	直倾铲 3.8	直倾铲 8.3	直倾铲 3.7 角铲 3.4	直倾铲 3.3	直倾铲 2.9	直 2.02
发动机型号	WD615T1-3A	WD615T1-3A	WD615T1-3A	WD615T1-3A	D6114ZG4B	D6114ZG4B	TD226B-6	TD226B-4
托轮个数(每边)/个	2	2	2	2	2	2	1	1
支重轮个数(每边)/个	6	7	7	7	6	6	5	6
履带板数(每边)/块	37	42	42	42	38	38	34	41
履带板宽度/mm	510	1100(950)	1100	660(1100)	460	700	460	460
链轨节距/mm	203	203	203	203	190	190	190	154.25
铲刀形式	角、直	直	直	直倾铲	直、角	直倾铲	直倾铲	直倾铲
铲刀(长×高)/mm×mm	角 3970×1040	4150×960	4150×960	直 4150×1578	直 3185×1090 角 3745×915	3510×970	2940×1011	2553×890
松土器形式	三齿	—	—	—	三齿	—	—	—

表 8-205　国外部分履带式推土机主要技术性能参数

型　号		D6D	D6H	D7G	D7M	D8K	D8H	D8L	D8N
发动机	型　号	CAT3204	CAT3204	CAT3306	CAT3306	CAT3420		CAT3408	CAT3408
	额定功率/kW	102.5	122.8	147.1	160	147.1	198.6	250	212
	额定转速/(r/min)	1900	1800	2000	2100	1330		1900	2100
最大行驶速度/(km/h)	前进	10.08		9.9		10.9	10.5		
	后退	12.9		11.9		13.5	13		
最大牵引力/kN									
外形尺寸/m	长	3.73		4.19		5.26	5.2		
	宽	3.2		3.66		4.04	2.7		
	高	3.06		3.35		3.48	2.44		
最小离地间隙/mm		310	376	347	406	434	510	456	532
整机质量/kg		14060	16990	20090	26800	31980	23600	36252	36007
履带中心距/mm		1880	1880	1980	1980	2130		2280	2080
履带板宽度/mm		457		510		560	560		
履带板接地长度/mm		2360	2630	2720	2895	3150		3220	3210
接地比压/kPa									
铲刀水平回转角/(°)		25		25		25			
铲刀垂直倾斜量/mm		810		720		1020			
铲刀最大提升高度/mm		910		1170		1400			
铲刀切入深度/mm		472		447		510			
推土铲最大容积/m^3			4.08		6.6				11
制造厂家		美国卡特彼勒	美国卡特彼勒	美国卡特彼勒	美国卡特彼勒	美国卡特彼勒	美国卡特彼勒	美国卡特彼勒	美国卡特彼勒

续表 8-205

型 号		D9N	D10N	D10R	D11N	D11R	D65P-6	D155A	D455	D575A-2
发动机	型 号	CAT3408	CAT3412	CAT3412	CAT3508	CAT3508	小松康明斯 NH220-C	小松 S6D 155-4	康明斯 V12TA	
	额定功率/kW	276	387.5	425	574.3	625	114	235.3	455.9	857.5
	额定转速/(r/min)	1900	1900		1800		1850	2000	2000	
最大行驶速度/(km/h)	前进	12.1	12.5		11.6	11.6	9	11.8	14.6	
	后退	14.9	15.6		14.1		11.4	13.7	14.4	
最大牵引力/kN							330	650	1400	
外形尺寸/m	长	8.58	9.48		10.39		5.585	6.94	11.79	
	宽		3.2		3.65		3.97	4.13	4.8	
	高	3.91	4.55		4.65		3.055	3.64	4.4	
最小离地间隙/mm		505	615	615	623		510	500	530	
整机质量/kg		46100	62800	65760	95350	97500	17790	33800	7600	42600
履带中心距/mm		2250	2550		2890		2050	2140	2650	
履带板宽度/mm		610	610		710		950	560	760	
履带板接地长度/mm		3470	3870	3885	3210		3140	3160	3910	
接地比压/kPa							25	77	94	
铲刀水平回转角/(°)										
铲刀垂直倾斜量/mm			940				450	1000	1100	
铲刀最大升高度/mm			1549				1190	1140	1730	
铲刀切入深度/mm			711				440	360	820	
推土铲最大容积/m^3		14.4	20.96	22	34.42	32.8				68.8
制造厂家		美国卡特彼勒	美国卡特彼勒	美国卡特彼勒	美国卡特彼勒	美国卡特彼勒	日本小松	日本小松	日本小松	日本小松

型 号		PR734 Litronic	82-20	82-30B	82-50	31	41-B	TD20E	TD25E
发动机	型 号	D926TI-E	6V-71T	8V-71T	12V-71T	RT1150C	VF1710-C	DVT800	DVT817-C
	额定功率/kW	147.1	132.4	180.1	272.1	312.5	385.3	154.4	227.9
	额定转速/(r/min)	2000	2100	2100	2100	2100	2100	2100	2100
最大行驶速度/(km/h)	前进	11	11.2	11.26	11.3	10.8	10.5	10.2	10.4
	后退		12.8	13.52	13.6	12.1	11.9	12	12.4
最大牵引力/kN			421.65	470.68	696.22		862.93	450	820
外形尺寸/m	长		3.940	4.724	5.182	5.588	5.842	5.9	6.68
	宽	2.489		2.603	2.870	3.302	3.378	3.5	4.03
	高		2.337	2.623	2.794	3.099	3.277	3.23	3.25
最小离地间隙/mm		500					584	460	499
整机质量/kg		22730	19099	25875	37211	49380	59300	22200	32200
履带中心距/mm							2540	1980	2130
履带板宽度/mm							815	559	559
履带板接地长度/mm							3650	2760	3150
接地比压/kPa		54	68	71.6	89		81	70	90
铲刀水平回转角/(°)			25						
铲刀垂直倾斜量/mm			505	470	508	1118	560	580	860
铲刀最大升高度/mm			1156	1346	1499	1515	1550	1210	1420
铲刀切入深度/mm			455	559	508	545	610	470	510
推土铲最大容积/m^3		5.86							
制造厂家		德国利勃海尔	美国德列斯	美国德列斯	美国德列斯	意大利菲亚特-亚里斯	意大利菲亚特-亚里斯	美国万国	美国万国

表 8-206 国内部分轮式推土机主要技术性能参数

型号		DL210G	TL180	TL180
发动机	型号	上柴 C6121G		
	功率/kW	150	139.7	139.7
	转速/(r/min)	2200		
行驶速度/(km/h)			47	49
铲刀尺寸/mm	宽度		3300	3190
	高度		1150	998
最大牵引力/kN		140	137.3	83.4
最大爬坡度/(°)		28		
最小转弯半径/mm		6525		
铲刀最大提升高度/mm		1000		
铲刀最大下降深度/mm		380		
铲刀最大倾斜量/mm		500		
车体转向角/(°)		±35		
后桥中心摆动角/(°)		±12		
总质量/kg		17500	17500	12680
外形尺寸/mm	长	7360		
	宽	3354		
	高	3460		
制造厂家		徐州工程集团公司	厦门工程机械厂	郑州工程机械厂

表 8-207 国外部分轮式推土机主要技术性能参数

型号		841	815	821	825	280ART	380ART	V220	WD140-1
发动机型号		CAT3306	CAT3306	CATD343	CATD343	CUMHT855-C	CUMVT1710	GMDD16V149T	NH220
额定功率/kW		125	125	221	221	246	386	1077	132
传动形式		液力机械	液力机械	液力机械	液力机械	动力换挡	动力换挡	电传动	液力机械
最高车速/(km/h)	前进	37.5	35.6	29.7	27.3	46.3	32.6	24.1	50
	后退	31.8	30	29.7	27.3	45.2	31.9	24.1	43
铲刀尺寸/mm	宽度	2650	3620	4020	4260	4050	4970	7900	3000
	高度	1630	860	1220	1020	1320	1650	2730	1150
倾斜角/(°)		25		23		7.5	6	11	
轮胎规格/mm		23.5~25		29~29.5		25~29.5	33.25~35	40.00~67	23.5~25
轮距/mm		2160	2230	2320	2490	2680	2680		2150
轴距/mm		3100	3100	3550	3550	3800	4670	6640	3460
空机质量/t		15.6	16.9	28.4	29	27.4	46.3	118	
工作质量/t		18.4	17.3	32.6	30	31.6	52.7	136	18
制造厂家		美国卡特彼勒	美国卡特彼勒	美国卡特彼勒	美国卡特彼勒	美国密西根	美国伟康	美国伟康	日本小松

8.9.1.6 推土机的选择

A 筑路养路设备选择原则

选择设备的原则是:在保障安全条件下,技术上先进、生产上实用、经济上合理以及操作舒适,使用可靠、易于维修和环保性能好。设备选型必须考虑以下因素:(1)使用性能:满足工艺要求,适应性好、操作方便、技术性能先进、生产效率高、便于与主体设备及相关设备配套;(2)经济性:是指设备使用时的经营费用,主要取决于燃油的经济消耗(单位功率的油耗量),维修保养费用,运营费用,综合经济效益好;(3)可靠性:在一定工作时间内,设备发生故障几率与故障的严重程度,设备及零部件的使用寿命,工作可靠,设备制动性能稳定;(4)可维修性:结构设计合理,零部件标准化、通用化程度高,互换性能好,便于拆装、检查、测试和维修;(5)安全和环保性能:人机关系协调,安全装置妥善,不发生或少发生漏油、漏水和漏气现象,不排放或少排放污染环境的有害气体。

采矿工业发展迅速,矿山规模越来越大,汽车运输的矿山越来越多。筑路养路机械设备发展很快,规格数量甚多。如何科学选择以及合理确定与主体设备的配套关系,充分发挥主体设备效能和提高矿山生产能力已成为设计制造和使用部门十分关注的问题。合理组织设计制造选型配套,将使这些设备投资少、效率高、适应性强、经营费用低，不但可以提高矿山生产效率，而且关系着矿山经济效益的提高。选择设备配套要综合考虑以下因素：

(1) 矿山规模、采剥总量。矿山开拓运输和道路的等级、道路的规格，工程量多少与施工进度，作业内容及作业工况等。

(2) 气象条件。最高气温、最低气温，雨季长短及雨量，降雪和积雪期以及风级和风向。

(3) 矿山地形地貌及采场标高。矿山周围物理环境、山脉及河流走向，主要干线类别及路线规格。

(4) 能源条件。设备所用能源种类、容量、能源供应渠道、能源供应的稳定性和可靠性，自备能源的自给能力。

露天矿养路所需设备种类规格和数量应视各露天矿具体情况，如矿山采剥总量、开采方式、汽车类型、道路长度、地质条件和自然条件等因素而定。黑色冶金露天矿山参考表 8-208 选配设备。

表 8-208 露天矿筑路养路选配设备

露天矿采剥总量/(kt/a)	小于 3000	3000 ~ 10000	10000 ~ 30000	大于 30000
矿用汽车吨级/t	小于 20	20 ~ 60	50 ~ 100	100 ~ 190
履带式推土机/kW	73.5 ~ 134	134 ~ 240	240 ~ 305	不小于 305
轮胎式推土机/kW	73.5 ~ 118	118 ~ 132	132 ~ 225	不小于 225
平路机/kW	100	132.3	132.3, 161.7	161.7, 235.2
压路机/t	振动式 10，静力式 12	振动式 10 ~ 14，静力式 12 ~ 15	振动式 14，静力式 12 ~ 15	振动式 19，静力式 >15
洒水车/m^3	4, 8	8, 10	10, 20, 30	20, 30 ~ 60, 60 ~ 100
前装机/m^3	3	3 ~ 5	5 ~ 8	大于 8
自卸汽车（运料用）/t	20	20 ~ 32	20 ~ 32	大于 32

注：1. 筑路养路设备数量与道路面积数量有关，一般情况下应由计算确定；
2. 推土机包括排土作业和配合装载设备作业的推土机。

B 推土机选择依据

(1) 土方量。根据矿山土方量的多少及规模大小进行选择。如矿山规模大，土方量多，而且又较为集中应选用大型推土机；土方量少，而且又分散应选中、小型推土机。如土壤条件允许，而且采场分散且距离又较远宜选用轮胎式推土机。

(2) 矿岩性质。推土机一般均适合一、二级土壤施工或三、四级土壤及矿岩经预松后施工。如土壤密实、坚硬或冬季冻土宜选用液力机械式重型推土机或带松土器推土机；如土壤潮湿宜选用宽履带推土机。

(3) 施工场地状况。在露天矿山修筑半挖半填的路堑、坡道时宜选用回转式斜铲作业推土机；在高海拔矿山作业时要选用功率储备大的高原性推土机；在寒冷地区作业要选择带电热启动的推土机；在危险地带作业宜用自动化程度高的遥控作业推土机。

(4) 作业要求。对于采场或排土场平整场地和铲推土壤、矿岩等作业多用直铲推土机；坡度不大的斜坡上修筑道路宜选用侧铲作业。工作场地纵向坡度小于 30°、横向坡度大于 25°，为提高机械化作业范围，最好选用多功能推土机。

(5) 经济因素。选择合适的推土机应在完成一定作业要求的条件下尽量选用价格低廉的推土机。

C 设备选型及生产能力

a 根据露天采场的特点选用不同的推土机

(1) 推土机按行走装置分有履带式和轮胎式两种。履带式推土机用于运距短，坡度较陡或湿地，它对道路要求较低，一般露天矿多采用这种推土机。轮胎式推土机推力小，机动灵活，一般用于松土、地面条件好、推运距离长等作业条件。

(2) 推土机按刀铲的形式分有固定刀铲式和回转刀铲式两种。经常在横坡上工作的宜选用推刀能单侧液压调整的推土机。

推土机配备有机械犁或不带机械犁。当土质较硬或冬季有冻结层时，应用带机械犁的推土机。

推土机的推运距离一般应在 80m 之内，上坡不大于 10%，否则推土机的效率将显著降低。

b 推土机生产能力

(1) 推移土岩时,班生产能力按式(8-223)计算:

$$Q=\frac{480q\eta}{TK_p} \tag{8-223}$$

$$q=\frac{BH^2}{2\tan\alpha}$$

式中 Q——推土机台班生产能力(实方),m^3;

T——作业循环所需时间的平均值,min;

η——时间利用系数,一般为0.7~0.75;

K_p——松散系数,见表8-209;

q——铲土板的容土量(松方),m^3;

B——铲土板的宽度,m;

H——铲土板前的土堆高度,m,为铲土板高度的0.7~1.0倍;

α——物料在松碎状态下的自然安息角,见表8-210。

表8-209 各种土壤的松散系数 K_p

土　壤	松散系数
砂质黏土,种植土,冲积沙土层,泥炭	1.09
黄土、轻盐土和碱土	1.18
黏土,压实的填筑土,含有碎石、卵石或工程垃圾的松散土,轻微胶结的砂层,中等密实的砂质黏土和黄土	1.22
坚硬重质黏土,板状黄土和黏土,松散风化的片岩,砂岩或软页岩,高岭土,干燥变硬的观音土,含有碎石、卵石(30%以下)中等密实的黏性土或黄土	1.28

表8-210 松散物料自然安息角 α

岩土名称	自然安息角/(°)			岩土名称	自然安息角/(°)		
	干	潮湿	湿		干	潮湿	湿
腐殖土	40	35	25	亚黏土	40~50	35~40	25~30
粗粒砂	30~35	32~40	25~27	肥黏土	40~45	35	15~20
中粒砂	28~30	35	25	砾石	35~40	35	30
细粒砂	25	30~35	15~20	无根泥岩	40	25	15

注:摘自《水泥矿山设计手册》。

(2) 作业循环所需时间 T 由式(8-224)确定:

$$T=t_1+t_2+2t_3 \tag{8-224}$$

式中 t_1——重载行驶时间,min, $t_1=(0.2\sim0.3)+0.06\dfrac{L}{v_1}$;

L——平均推运距离,m;

v_1——推土速度,与土壤的密实程度及路线坡度有关,一般在2.2~3.2km/h范围内;

t_2——推土机返回需要的时间,min,$t_2=0.06\dfrac{L}{v_2}$;

v_2——返回速度,取决于距离和坡度,当坡度较大或距离不足30m时,用二挡;当区间比较平缓,距离大于30m时,可用三挡;

t_3——换向停顿时间,一般在0.1~0.15min,当运距超过50m时,推土机以掉头返回为宜,此时 t_3 取0.5min。

c 推土机数量计算

推土机数量按式(8-225)计算:

$$N=\frac{V_c}{Q}K_1 \tag{8-225}$$

式中 N——推土机数量,台;

V_c——每班推岩量(实方),m^3;

Q——推土机台班生产能力(实方),m^3;

K_1——设备检修系数,取1.2~1.25。

为露天采场工作面平整、配合挖掘机作转堆、作牵引工具进行短距离拖运、残留矿石的集堆等工作时,采场推土机数量可按采场挖掘机和钻机总和的50%配备。挖掘机斗容与选用的推土机的关系如表8-211所示。

表8-211 挖掘机斗容与推土机功率的关系

挖掘机斗容/m^3	推土机功率/kW
1~2	75~90
4.0~4.6	135~165

d 推土机作业安全规定

(1) 推土机在倾斜工作面上作业时,允许的最大作业坡度应小于其技术性能所能达到的坡度。

(2) 推土机作业时,刮板不得超过平台边缘。推土机距离平台边缘小于5m时,必须低速运行。禁止推土机后退开向平台边缘。

(3) 推土机牵引车辆或其他设备时,应遵守下列规定:1)被牵引的车辆或设备,应有制动系统,并有人操纵;2)推土机的行走速度不得超过5km/h;3)下坡牵引车辆或设备时,禁止用缆绳牵引;4)指定专人指挥。

(4) 推土机发动时,严禁人员在机体下面工作,机体近旁不准有人逗留。推土机行走时,禁止人员站在推土机上或刮板架上。发动机运转且刮板抬起时,司机不得离开驾驶室。

(5) 推土机的检修、润滑和调整,应在平整的地面上进行。检查刮板时,应将其放稳在垫板上,并关闭发动机。禁止人员在提起的刮板上停留或进行检查。

8.9.1.7 维护和检修及故障排除

A 推土机的保养工作制度和内容

推土机的保养工作分为例行保养、一级保养和二级保养三种制度。例行保养每天进行一次,一级保养每个月进行一次,二级保养每2个月进行一次。

a 例行保养

它是指推土机在每班作业前后及行驶过程中,为及时发现隐患、保持良好的工作条件所进行的以清洁、紧固、调整、润滑和防腐为主的检查和预防性的保养措施。具体工作内容如下:(1)检查燃油箱的储油量,并按规定加足;(2)检查油底壳、喷油泵和调速器的机油面,并按规定加足;(3)检查发动机有无漏气、漏水和漏油等现象;(4)检查发动机及仪表的工作状况是否正常;(5)检查主离合器、变速箱和操纵机构是否机动灵活、平稳可靠;(6)检查转向离合器及制动器是否正确灵活、安全可靠;(7)检查液压系统各装置的工作是否正常;(8)检查各部位各装置的工作温升、振动及声音是否正常;(9)检查并紧固各部位的连接螺丝和键销等;(10)检查蓄电池的工作情况,并按规定及时充电;(11)检查并调整三角皮带的松紧程度;(12)清扫全机各部,清点工具及附件;(13)检查各部位的润滑情况,并按表8-212规定加足润滑油。

表8-212 推土机的润滑制度及润滑剂

润滑部位	润滑方式	润滑周期	所用润滑剂
冷却风扇轴承	注入	1个月	钙基润滑脂
发动机曲轴箱	注入	半个月	柴油机油
调速器	注入	1个月	HC-11号油
凸轮轴箱	注入	1个月	HC-11号油
主离合器衬套	注入	7天	钙基润滑脂
离合器曲轮轴	注入	7天	ZG-4润滑脂
离合器轴承座	注入	7天	ZG-4润滑脂
万向节十字体	注入、涂抹	半个月	ZG-4润滑脂

续表 8-212

润滑部位	润滑方式	润滑周期	所用润滑剂
中央传动箱及变速箱	注入	10 天	HQB-15 号油
转向凸轮	注入	每天	钙基润滑脂
最终传动箱	注入	10 天	HL-30 号油
行走后横轴座	注入	1 个月	钙基润滑脂
支重轮	注入、涂抹	10 天	车用机油或干油
拖链轮	注入、涂抹	半个月	钙基润滑脂
履带张紧装置	注入、涂抹	每天	ZG-4 润滑脂
导向轮	注入、涂抹	半个月	车用机油或干油
推土铲支承臂	注入、涂抹	半个月	ZG-4 润滑脂
油缸拉杆头	注入、涂抹	每天	ZG-4 润滑脂
油缸挂轴球关节	注入、涂抹	每天	ZG-4 润滑脂
控制箱	注入	7 天	HU-45 号油

b 一级保养

一级保养的主要任务是以清洗和紧固为主,并消除在运行过程中发现的故障和某些薄弱环节,作一些必要的调整。具体工作内容如下:(1)清洗机油和柴油滤清器,更换已破坏的滤芯;(2)清洗通气管内的滤芯,如已损坏,则须换新;(3)清洗空气滤清器,更换已经破损的滤芯,并换机油;(4)清洗油底壳,更换油底壳内的机油;(5)清洗冷却水散热器,并补焊漏损部位;(6)检查液压油箱及各齿轮箱的油量,并按规定加足;(7)检查液压系统的管路及全部接头,更换已损密封件;(8)检查和调整离合器,更换已损零件;(9)检查和调整推土装置,更换已严重磨损的销轴等零件。

c 二级保养

二级保养的主要任务是以检查和调整为主,对全机进行一次较为深入细致的检查和调整,使机器能在一个二保周期内保持有良好的运行性能。其具体内容如下:(1)完成一级保养的全部工作内容;(2)检查和清洗喷油泵及调速器,按规定加入润滑油;(3)检查水泵及冷却水系统,补焊漏损部位;(4)检查和修补机油散热器和冷却器;(5)检查和清洗机油、燃油系统管路及附件;(6)检查和调整缸套封水圈,更换已损坏的橡胶封水圈;(7)检查和调整气门间隙,已不符合要求时则更换;(8)清洁蓄电池,并检查电液的比重是否符合要求;(9)检查电气设备及线路有无烧坏或脱线,必要时更换;(10)检查并清除各齿轮箱内的脏污及积水,添足润滑油;(11)检查离合器和制动器的工作情况,并调整自由行程;(12)检查履带张紧装置,调整履带的松紧程度;(13)检查或更换驱动轮、导向轮、支重轮、托链轮及轴承和轴套;(14)检查和补焊铲土装置,更换损坏的刀片及螺钉等零件。

B 推土机的检修工作制度和内容

推土机的检修工作分为小修、中修和大修三种制度。小修工作每 6 个月进行一次,中修工作每 12 个月进行一次,大修工作每 36 个月进行一次。

a 小修

小修是指推土机发生一些零星故障时,为及时排除并恢复正常性能所进行的修理工作。这种修理工作通常无预定计划,根据推土机在工作中的具体技术状况,临时确定修理或更换项目。小修工作可与定期保养同时进行。其具体工作内容见一级保养和二级保养。

b 中修

中修(总成检修)是指推土机在大修理间隔中期,为消除各总成之间技术状况不平衡进行的一次有计划的平衡性修理,以保证推土机在整个大修理间隔期内具有良好的技术状况和正常的工作性能。其具体工作内容如下:(1)完成小修或定期保养的全部工作内容;(2)检查气阀的密封性和阀顶部的沉入量;(3)检查连杆螺栓的松紧以及曲轴、凸轮轴的轴向间隙;(4)检查缸套的失圆度和锥度,以及缸套与活塞的间隙;(5)检查活塞销铜套及曲轴瓦的间隙,更换磨损超限的零件;(6)清除缸盖、燃烧室、活塞顶部及缸套上的全部积炭;(7)检查喷油器和喷油泵,更换泵体内机油;(8)检查齿轮间隙,清洗齿轮箱,更换全部润滑油;(9)检查和清洗冷却系统和润滑系统，更换已损密封件；(10)检查离合器和制动器，并按规定调整工作间隙；(11)检查行走机构各部位，更换磨损超限或断裂的履带板；(12)检查蓄电池的电压及电液比重，按规定充电；(13)检查和清洗发动机的启动机，并加注新润滑脂；(14)检查和紧固全机各部位的连接螺栓。

c 大修

大修是指推土机在寿命期内，周期性的彻底检查和恢复整机性能的修理，使推土机基本上达到原有的动力性能、经济性能、安全可靠性能和良好的操作性能。其具体工作内容如下：(1)完成中修(总成修理)的全部工作内容；(2)全部解体推土机，彻底清洗所有零件，清除油污、积炭、水垢，并做好防锈工作，各润滑部位加足润滑油；(3)各类油管、水管、气管等管道应清洁畅通，并不能有任何泄漏及严重凹痕缺陷；(4)对有密封要求的零件或组合件，如气缸盖、缸体、散热器、气室等，应进行水压或气压实验；(5)对基础件及主要零部件应检查其几何尺寸和主要部位的表面形位公差，特别是配合基准面的平面度、壳孔轴线的同轴度、垂直度及各部位的线性距离等；(6)各部螺栓、螺母所用的垫圈、开口销、保险垫片及金属锁线等，均应按规定装配齐全，并无隐伤痕迹；(7)各油箱及容器必须彻底清洗，加油时必须有过滤器，装油完毕必须加盖；(8)必须将各种摩擦片及制动零件工作面的油污擦洗干净；(9)拆检和清洗蓄电池，检查各极板的固定情况，检查电液比重和单格电压，按规定进行充电；(10)彻底检查和测量全机电气设备及仪表的工作性能，修理或更换损坏和失灵的设备及仪表；(11)防锈喷漆，并进行全机性能试验。

在检修推土机的过程中，对拆卸的零部件需要进行技术鉴定，然后决定取舍。进行这一工作时，可参考表8-213推荐的技术标准。

表8-213 推土机易损零件的更换(报废)技术标准

零件名称	更换(报废)标准	使用寿命/月
气缸套	内孔圆度已超过0.1mm	6
	内孔锥度已超过0.3mm	
活塞销	锥度和圆度已超过0.05mm	6
活塞环	挠曲度已超过0.04mm	6
连杆	轴颈锥度和圆度已超过0.08mm	6
凸轮轴	弯曲度已超过0.1mm	12
各传动轴	弯曲度已超过0.2mm	12
变速箱齿轮	齿厚磨损已超过2mm	6
变速机	弯曲度已超过0.15mm	6
离合器摩擦片	平面挠曲度已超过0.6mm	3
离合器杠杆销轴	磨损已超过1mm	6
导向轮轴、支重轮轴、托轮轴	磨损已超过2mm	3
履带板	凸块高度磨损后已不足35mm	3
履带板销	配合间隙已大于1.0mm	2
液压油缸套筒	锥度和圆度已超过0.05mm	12
活塞杆	锥度和圆度已超过0.1mm	12

C 履带式推土机的常见故障及其排除

履带式推土机的常见故障及其排除方法见表8-214。

表8-214 履带式推土机的常见故障及其排除方法

故障	原因	排除及处理方法
推土机跑偏	(1)左右履带板和销轴磨损不均，张紧程度不同； (2)左右驱动轮牙齿严重磨损或磨损不均； (3)引导轮轴或车架大梁变形； (4)转向轮离合器打滑或操纵杆调整不当	(1)更换履带板和销轴，不要新旧混用； (2)修理或更换驱动轮； (3)校正或更换车架大梁； (4)调整或修理离合器及操纵杆
齿轮打坏，机身抖动	(1)铲刀吃土过深或一侧吃土，偏载太大； (2)大减速齿轮与驱动轮的连接螺栓松动； (3)齿轮箱严重缺油	(1)正确掌握操纵杆，扳动应缓和； (2)更换并紧固连接螺栓； (3)处理更换已损齿轮，加足润滑油

续表 8-214

故障	原因	排除及处理方法
履带脱轨	(1)履带太松,垂度过大; (2)导向转拐轴弯曲变形; (3)导向轮轴及轴承严重磨损; (4)张紧装置的缓冲弹簧过松或弹性变弱; (5)导向轮轴与车架大梁的固定螺栓松动; (6)驱动轮的轮齿严重磨损,节距增加	(1)调整履带松紧,使垂度不超过50mm; (2)修理或更换变形件; (3)更换磨损超限的轮轴及轴承; (4)调整弹簧压力或更换弹簧; (5)校正导向轮轴,紧固连接螺栓; (6)修理或更换驱动轮
液压系统油温过高	(1)油箱中油不足; (2)油箱滤清器太脏,滤油网堵塞; (3)分配器、滑阀上下弹簧座装反	(1)添加机油; (2)清洗滤清器; (3)重新装
油起泡沫并从油箱加油口盖的通气孔中溢出,液压系统有响声	(1)油箱油太多; (2)油箱中的油太少; (3)油路中吸入空气; (4)油箱加油口盖通气孔堵塞; (5)油泵自紧油封损坏	(1)放出过多的油; (2)添加机油至规定油面高度; (3)检查并拧紧从油箱到油泵的油管接头; (4)清洗通气孔及填料; (5)更换新油封
液压系统油耗增高	(1)油泵紧固螺栓松动; (2)油泵接合面处密封环损坏; (3)油泵主动齿轮自紧油封损坏,此时发动机曲轴箱机油增多; (4)分配器螺栓松动或垫片损坏; (5)分配器操作手柄球形杠杆密封环损坏; (6)分配器油管接头的密封圈损坏; (7)油缸活塞杆人字形密封环损坏; (8)油缸输油管密封环损坏; (9)油缸导向套密封环损坏	(1)拧紧螺栓; (2)更换密封环; (3)更换自紧油封; (4)拧紧螺栓或更换垫片; (5)更换密封环; (6)更换密封圈; (7)更换人字形密封环; (8)更换密封环; (9)更换密封环
推土铲不能提升或提升很慢	(1)油箱中油不足; (2)油泵未接通; (3)油温过低或过高(低于30℃或高于70℃); (4)油路中吸入空气; (5)分配器回油阀卡住或回油阀座配合面上粘有污物; (6)安全阀漏油或开启压力过低; (7)油泵卸压片密封环损坏使容积效率和压力下降; (8)油泵磨损过重,使容积效率和压力下降	(1)添加机油; (2)将油泵分离接合杠杆置于接合位置; (3)使油温处于正常; (4)检查并拧紧从油箱到油泵的油管接头; (5)用木棒轻轻敲打回油阀盖,如仍不能提升,则取出回油阀清洗干净,拆下回油管用清洁柴油冲洗阀座,重新装上回油阀并检查回油阀在导管内的活动情况; (6)检查并调整安全阀压力至10MPa; (7)更换密封环; (8)在油泵壳体和轴套间适当地加垫片或更换油泵
推土铲提升时有跳动现象	(1)油箱中油不足; (2)油温过高(超过70℃); (3)油路中有空气	(1)添加机油至规定油面高度; (2)冷却至30~40℃; (3)检查并拧紧从油箱至油泵的油管接头,升降数次,如不能消除,则需将油缸上腔软管接头松开,放出空气
推土铲不能保持提升位置	(1)油温过高(超过70℃); (2)油缸活塞密封环损坏; (3)分配器滑阀与壳体磨损	(1)冷却至30~40℃; (2)更换密封环; (3)更换分配器

D 轮胎式推土机的故障及其排除

轮胎式推土机的主要故障及其排除方法见表 8-215。

表 8-215 轮胎式推土机的故障及其排除方法

故障	原因	排除及处理方法
发动机不能正常启动	(1)燃油断绝或不足,喷油泵不上油; (2)松开放气螺塞后,无燃油流出; (3)松开放气螺塞后,有气泡出现	(1)检查燃油箱油位,不足则添; (2)清洗燃油管,检查燃油泵的功能; (3)放出液压系统中混入的空气

续表 8-215

故　障	原　因	排除及处理方法
发动机能够正常运转,但机器不能正常行驶工作	(1)手刹车闸把未松开; (2)换向或变速操纵杆未推上; (3)换速离合齿轮未合上; (4)变矩器和变速箱中的油位过低; (5)压力调节器的活塞卡在开口位置; (6)供油泵流量过小或损坏; (7)变速箱油槽中的粗滤油器堵塞; (8)缸体中柱塞卡在切断油路的位置; (9)离合器活塞环断裂和磨损量超限; (10)管接头松弛或吸油管损坏,油泵吸入空气	(1)松开手刹车闸把; (2)推上换向或变速操纵杆; (3)将操纵杆扳到所需挡位的极限位置; (4)加油至需要油位; (5)清洗活塞和阀体; (6)更换供油泵; (7)清洗粗滤油器和油槽; (8)更换复位弹簧,清洗柱塞和缸体; (9)更换损坏或失效的活塞环; (10)拧紧所有管接头或更换损坏的油管
机器只能单方向正常运行	(1)后退离合器摩擦片卡住; (2)后退离合器活塞卡住; (3)操作杆推拉不到位; (4)换向阀操作联动杆系安装不适当; (5)离合器内有泄漏	(1)检查和修理离合器摩擦片; (2)检查和修理离合器活塞; (3)将操作杆推拉到挡位的极限位置; (4)检查和处理操作杆系的故障; (5)检查阀弹簧和密封件
机器行驶操纵不灵或失效	(1)离合器摩擦片粘住,不能正常停车; (2)操纵杆件空行程间隙过大; (3)换向阀芯卡住; (4)操纵杆变形或断裂	(1)拆检离合器,更换摩擦片; (2)调整杆系,更换磨损超限的杆件; (3)拆检换向阀,更换失效零件; (4)修焊或更换操纵杆
变矩器和变速箱声音不正常	(1)传动齿轮磨损超限; (2)油泵零件磨损超限; (3)轴承磨损超限或损坏; (4)箱内混入被损零件的碎屑	(1)更换磨损的齿轮; (2)更换磨损的油泵零件; (3)更换磨损或损坏的轴承; (4)清洗变速箱并换新油
铲板不能正常升降	(1)油泵不上油或油压过低; (2)油箱油位过低; (3)液压系统密封不好; (4)阀孔关闭或溢流阀卡住; (5)大臂油缸工作不正常	(1)检查油泵工作状况,使之正常运转; (2)加油到规定油位; (3)检查或更换损坏的密封件及管件; (4)检查阀体并调整有关调节螺丝; (5)检查油封、活塞杆密封圈,并更换已损件
铲板不能正常倾摆	(1)液压工作系统油压过低; (2)转斗油缸工作不正常	(1)检查阀、管件及密封件; (2)检查油封、活塞杆密封圈及活塞杆,更换变形或损坏者
转向系统工作失灵	(1)泵的流量不足,使系统油压过低; (2)液压系统密封不好; (3)阀孔关闭或溢流阀柱塞卡滞; (4)转向油缸不能正常工作; (5)油箱油位过低	(1)检修油泵,使之正常运转; (2)检查或更换损坏的密封件及管件; (3)拆检阀体,清洗孔道,并作调整; (4)检查油封、活塞杆密封圈,并更换已损件; (5)加油到规定油位

8.9.2 压路机

8.9.2.1 国内外现状与发展趋势

A 现状

a 国内现状

我国于1940年在大连仿制出第一台以蒸汽为动力的自行式压路机,1952年上海厦门公路机械厂(洛阳建筑机械厂前身)试制成8t两轮内燃驱动的压路机,1953年天津第三机械厂(天津工程机械厂前身)试制成以蒸汽为动力的10t三轮压路机,初步有了压路机的制造业。到2003年末,历经50年的发展,从仿制、技术引进、消化吸收到自主研制开发,已形成以徐州工程机械厂(简称徐州工程)、一拖(洛建)工程、厦门三明、常林股份、江阴、柳工等为主的50多家压路机制造商和一些科研院所,形成了一个强大的科研设计和开发制造的完整体系。现已形成4~25t静压压路机、16~30t轮胎压路机和0.5~26t振动压路机三大系列。2003年生产各类型压路机11600多台,其中,静压压路机占20%,轮胎压路机占6%,振动压路机占74%(全液压驱动压路机占10%)。除了满足国内需要外,还出口国外,进入国际市场。

我国压路机经历了从机械传动到液压传动、由单一型号到形成系列化发展的不同阶段。从20世纪80年代以来,国内主要生产厂家引进世界先进压路机制造技术,如徐州工程引进瑞典戴纳帕克公司CA25型振动压路机制造技术；一拖（洛建）工程引进德国宝马公司的 BW217D、BW213D、BW141D 和 BW120AD 等型号的振动压路机技术。20 世纪 90 年代山东公路机械厂、湖南江麓、四川成工又先后引进日本 KAWASHAKL 公司，德国 CASE-VIBROMAX 公司，西班牙 LEBRERO 公司等先进技术。多年来，经过对引进机型的消化吸收，产品技术水平不断提高，可靠性增强，生产能力扩大，新产品不断推出，新结构不断涌现，自动化水平不断提高。

（1）徐州工程近年开发生产 YZC16 超重型串联式振动压路机，工作质量 16t，发动机功率为 118kW。采用全液压传动和全电液控制，前后轮双频、双幅振动，三级制动和三级减振，振动和洒水采用手动和制动双重控制，驾驶室操作舒适、安全。相继又开发了 YCC12 型串联式垂直振动压路机，工作质量12t，发动机功率 80kW，振动轮采用垂直激振机构，激振力大，压实路面质量好。最近又推出具有自主知识产权的 YZ18S 型沙漠王全液压振动压路机，经陕西省榆靖高速公路沙漠段试验表明，其压实效果优于以往同类型产品，现已批量生产。

（2）一拖（洛阳）工程新开发的 YZ25GD 超重型全液压振动压路机，工作质量25t，功率 158kW，采用美国 Sundstrand 公司 90 系列柱塞泵和法国 Poclain 公司双速、低速大扭矩液压马达，质量好、可靠性高；全轮驱动、铰接全液压转向，操作省力，压实效果好；行车制动用液压中位自锁；停车制动用机械断油刹车，安全可靠；方便独特的电控系统，最大限度保障了柴油机、液压系统参数监控。2002 年推出的 LSS214 型单钢轮振动压路机，工作质量14t，功率 95kW，机械传动系统采用模块化设计，柔性化传递动力，结构紧凑，可靠性高；液压振动，通过液压泵排量改变调节频率，设置液压系统保护功能，起振延时保护；流线型后机身，发动机罩呈弧线形，结构美观。相继推出的 LSD226H 型振动压路机，工作质量26t，功率 160kW，是超重型全液压、全轮驱动的单钢轮振动压路机，具有发动机动力强劲、功率储备系数大的优点。动力传动系统具有良好驱动性能和爬坡能力，单杆操纵，省力；液压振动系统实现变频调幅，具有快速起振和停振，有效降低机体发生共振的特点；制动系统的工作制动为液压中位闭锁停车，停车制动和紧急制动为无动力停车；发动机罩流线型设计，使整机造型美观；安全、舒适的驾驶室设有电子监控装置，保证压路机工作正常。该公司还开发了 LGU214 型静压压路机，工作质量24t，功率 90kW，最大线压力 1200 N/cm，是自行式静压三轮压路机，前部为从动轮，后部两个驱动轮。发动机具有良好冷启动性能，低油耗、低噪声和低排放，高可靠性特点；行走动力经主离合器、变速箱、传动轴传至驱动桥直接带动后轮使压路机行走；液压泵和空压机由发动机侧传动输出轴带动运转，分别向液压转向、工作制动和主离合器操纵提供动力，结构简单，操纵方便。驾驶室由薄钢板、骨架焊成，设有防翻保护和防落物保护装置，周围设有超大钢化玻璃门窗，宽敞明亮，并有冷暖两用空调，其冷源是自身配置的制冷系统，热源是利用发动机冷却水箱的循环水余热，能耗低；机身呈流线型，布局合理，造型美观。

（3）山推工程近期推出 SR20M 型振动压路机，工作质量20t，功率 128kW，单钢轮压路机。机械传动，液压振动，液压转向，具有最佳性价比；双频率、双振幅适用不同土层压实；动力换挡变速箱，集电、气、液于一体，操纵控制灵活、方便可靠；液压系统、激振系统的关键件全部选用进口著名品牌，工作可靠；手刹车和脚刹车两套制动，保证安全可靠；驾驶室宽阔，用优质橡胶减振，操作舒适。

（4）西安工程机械有限公司研制成功全液压、双驱动、双振幅、双振动频率自行式 YZ20 型振动压路机，工作质量20t，功率 160kW，静线压力 580 N/cm。该机行走、振动、转向、制动和发动机罩的启动均为液压驱动，液压件全套选配萨奥-桑斯川特产品；振动系统通过仪表盘上起振开关控制泵排量实现双振幅、双频率转换，振动轴承用 SKF 大游隙加强型轴承；全液压铰接转向操纵灵活、轻便，转弯半径小；行走系统双轮驱动，爬坡能力大，利用行走的补油泵和电磁阀控制行走制动、刹车制动和紧急制动，保证安全；整机弧形造型，油漆色调清晰、淡雅，外形美观大方。

（5）江苏常林股份公司与长安大学共同开发的 YZ18JT 型填石路基压路机，工作质量18t，功率 132kW 。上柴增压水冷柴油机油耗少、噪声低，性能可靠；机械式换挡变速箱，换挡平稳可靠；采用斯太尔技术生产单片螺旋弹簧离合器，操纵力小于 100N；振动轮为宽幅、宽频非定向振动及水平振动，能使粒径大小不同的碎石、砾石等被压材料达到共振状态，并在钢轮重力下相互移动填空孔隙，达到密实而提高路基强度，适用于矿山道路的压实作业。

(6) 近年来,轮胎压路机发展也很迅速。徐州工程在2000年推出XP260和XP300两种机型的压路机,相继又开发了PH200型和PH260型全液压传动的轮胎压路机,采用了自动集中充气系统和故障自动报警显示系统。一拖(洛建)工程于1998年推出YL25型轮胎压路机,1999年开发出YL16G型液压传动轮胎压路机。山东公路机械厂于2001年研制开发的YL25型轮胎压路机,工作质量16~25t,功率90kW。Perkins公司的发动机性能稳定可靠、油耗低、噪声小、清洁环保;全液压驱动,传动装置体积小,清洁环保,质量轻,运动惯量小,动态性能好,操纵方便;液压元件选用力士乐公司产品,性能可靠;充气系统能使轮胎气压根据密实度的要求,在行进中随时调节,从而改变轮胎接地比压,以达到最佳压实效果;可摆动的铰接车架,使转向灵活,转弯半径小,压弯时无漏压和过压;整机覆盖件用流线型玻璃钢制造,整体外观造型流畅;防倾翻全景驾驶室,视野开阔,配有除霜、隔音、减振装置及空调,使司机操作舒适、安全。

我国近期推出上述产品的结构性能有了很大的提高与进步,单纯从产品的配置、参数选择上和国外著名压路机制造商的产品相比,毫不逊色。但就大多数产品来说,与国外产品相比的主要差距是产品可靠性较差,产品使用寿命只有国外产品的1/2;虽然产品外观造型及油漆质量上有了进步,但在光泽上、耐候性等方面尚有待提高;驾驶室密封性、操纵舒适性、噪声、振动等方面有待改进完善;钢材品种及质量,橡胶密封不如国外。工艺薄弱、工艺装备精度低,设备配套性差;产品技术含量低,技术水平相对落后;产品品种少,同一类型产品规格系列不齐,产品规格跨度较大,用户选择余地小;产品升级换代较慢,新产品开发缺乏基础理论研究支持,基本停留在结构设计和应用技术方面,缺乏重大理论突破。

b 国外现状

在20世纪末,全世界生产各种类型压路机已超过6万台/年,主要制造商有德国宝马(Bomag)、瑞典戴纳帕克(Dynapac)、美国英格索兰(Ingersoll-Rand)和卡特彼勒(Caterpillar)四大公司,占领60%以上的国际市场。

(1) 宝马公司是国际上最大的压路机制造商,在我国设有独资企业,其生产的振动压路机占市场份额60%~80%。该公司的产品系列几乎包括了世界上所有压路机的品种规格,已生产13个系列,90多个型号。1999年总产量约为8500台。

(2) 戴纳帕克公司已生产40多个型号振动压路机,使用质量1.6~21t,压实宽度80~220cm。1999年产量3500台。在我国天津设有独资企业。

(3) 英格索兰公司在我国无锡设有全资企业,年生产能力已超过300台。该公司1999年压路机总产量约3800台。

(4) 卡特彼勒公司在中国徐州设有独资企业,主要生产11个型号的串联振动压路机,5个型号的自行式单轮振动压路机,5个型号的轮胎压路机及2个型号的组合式振动压路机。1999年总产量2500台。

(5) 此外,日本生产压路机的主要公司有酒井重工、川崎重工、渡边机械、明和制作和小松制作等公司,共生产140多个型号、使用质量为0.6~21t的振动压路机。

从20世纪80年代到现在,国外压路机技术已从一个产品成熟期发展到现代化产品,使产品综合技术水平跃上了一个新台阶。采用现代化的电子技术、微型计算机技术、传感器技术以及控制系统的集成化技术,压路机成为具有高技术含量、高附加值的现代化产品,并向智能化、机器人化方向发展。

静液压传动早在20世纪60年代就开始在压路机中获得应用。目前,在国外市场上已经几乎全部是静液压传动压路机。压路机的行走、振动、转向及制动系统已实现全液压传动,从而简化了传动与操纵系统的结构,传动平稳,操作有力,易于实现无级调速和自动控制,从整体上提高了压路机工作效率和压实质量,易实现各种运动形式转换,能满足复杂作业要求。

20世纪80年代以来,压路机采用人机工程学设计方法,体现"以人为本"的设计思想,注重机器与人的相互协调,以提高人机安全性、驾驶舒适性,方便于司机操作和保养,既改善了司机的工作条件,又提高了工作效率。宝马第三代压路机采用圆弧形驾驶室,使其活动空间增加了30%,方向盘高度和倾斜角度可调;选用舒适的高靠背座椅、圆弧形挡风玻璃和驾驶室四个外支承,可隔离噪声和振动,使室内噪声低于70dB(A);仪器和仪表设置合理，易于观察；发动机罩倾斜，给司机提供良好视野；设有防滚翻和落物保护装置，以保护司机安全。

压路机在压实过程中影响因素较少，易于实现智能化控制，使压路机可按照土壤性质的变化情况不断自动调整振动频率、振幅、碾压速度等参数，以适应被压实材料碾压要求，使压实作业始终在最优条件下进行。随机电脑进行机器工作过程监测，对机器技术状态进行诊断、故障分析及报警显示，以实现节省能源、简化操作程序、提高生产效率和作业质量、降低生产成本、提高机器的可靠性以及满足环保要求。

随着压实技术的发展，压路机新产品频频亮相。日本酒井公司、瑞典戴纳帕克公司等新推出的三轮铰接静压压路机均采用液压传动、铰接转向、全轮驱动。其前后轮直径和线压力相等，在弯道压实时前后轮搭接重合；液压传动为全轮驱动，提高了压路机在松软土壤和坡道上的通过能力，并能提高压实层表面平整度，机动性好，转向时能减少压轮对土壤搓起现象。三轮压路机稳定性好，适用于碎石路面和沥青混凝土路面的压实。

(6) 德国维特根(HAMM)公司和日本酒井(SAKI)公司推出的振荡压路机(水平振动压路机)，是由两根偏心轴作同向同步旋转，依靠偏心相对位置的调整，使压实滚轮产生接近平行于压实层的双向的挤压剪切力，因此其压实是靠剪切力、静压力、振动力的联合作用而形成的。实际振荡压实是一种振动与揉搓相结合的压实方法，因此振荡压路机较振动压路机压实速度快，地面振动小，压实地面平整性好，能源消耗少，适合于浅表层的压实，如压实沥青路面取得了众所公认的良好效果。

(7) 日本酒井公司开发的SD450型振动压路机，其前后滚轮中的两根平行的偏心轴，安装在相对的水平方向上，借助于齿轮进行同步反向旋转，使偏心轴水平方向作用相互抵消，仅产生垂直方向作用力，这有利于压实较厚土层，压实混凝土铺层厚度可达1～1.5m，生产率高。压实土壤时密实度达到108.5%。

(8) 宝马公司近来推出“智多星”振动压路机，可根据土质变化自动调节频率和振幅。当碾压低密实度土壤时，振动轮在垂直方向输出较大激振力，当其密实度增大时，垂直方向振幅相对减小，而在水平方向振幅加大，输出较大的激振力，实现在垂直或水平振动两个极限或其间任何状态下工作，取得了显著压实效果。

(9) 美国卡特彼勒公司、瑞典戴纳帕克公司等多家公司推出轮胎压路机，采用液压传动，驾驶室设有减振、隔振、空调和音响装置，提高了驾驶的舒适性；轮胎自动充气系统，使司机根据铺层状况和工艺要求，随时改变轮胎气压以提高压实效果和生产率；用机控、液控和电控提高操作性能；液压悬浮系统减轻了振动冲击；集中润滑系统、故障检测和报警装置，提高了机器可靠性。

(10) 日本酒井重工推出的组合式压路机，前轮是振动轮，而后面是多个轮胎。采用全轮驱动以提高牵引力，防止打滑。其压实原理既有轮胎压路机对压实土壤产生的揉搓作用，又有振动压路机压实深度大、压实效果好的优越性能，适用于压实沥青混凝土路面。

B 发展趋势

(1) 继续改进完善机械传动压路机系列，提高可靠性、舒适性。用高性能、低价位产品去争取用户，占领市场。

(2) 发展大吨位全液压双轮振动压路机，采用双轮驱动、双轮振动、铰接转向以增加牵引力，防止打滑。有利于提高压实路面平整度，减少沥青砼路面裂缝，密实度高，达到规定密实度所需压实遍数少，压实生产率高。

(3) 开发全液压轮胎压路机，选用力士乐、萨奥等著名品牌液压件公司的液压元件，采用自动集中充气系统和液压悬挂装置，以提高轮胎压路机的先进性与可靠性。

(4) 开发组合式压路机，前轮是振动轮，而后面是3个或4个驱动轮胎，振动轮也可以驱动以增加牵引力，防止打滑。既有轮胎对被压材料产生揉搓作用，又有振动压路机压实深度大、压实效果好的优点。

(5) 开发智能化压路机，应用微电子技术与信息技术，研究电子自动换挡变速控制系统。远程控制系统可实现无人驾驶压路机，对危险地区路面压实增加安全性，同时也延长了机器的使用寿命。

8.9.2.2 分类和用途

A 分类

压路机按压实方式不同分为静压压路机、振动压路机和轮胎压路机。

(1) 静压压路机主要是利用自身的质量，用光轮压实的设备。根据滚轮和轴数的不同可分为单轮单轴式、二轮二轴式、三轮二轴式、带辅助小直径滚轮的三轮二轴式和三轮三轴式等 5 种。由于静压压路机难以达到较高的压实度和压实深度，并且工作效率较低，所以在矿山使用越来越少。但其结构较简单，制造成本低，易于维修，在小型矿山和压实要求不高的场所，仍会在一定时期继续使用。

(2) 振动压路机作业时其振动轮产生的高频振动直接作用于被压实材料，使之产生接近自身固有频率的振动，松开被压物料相互嵌在一起的颗粒，从而降低了颗粒间移动阻力，使路料的流动性加大而互相靠近，被压实。其压实紧密度和压实深度大，压实效率高。

(3) 轮胎压路机反复通过被压层材料，使土壤变形逐渐减小，随着土壤强度的提高，轮胎径向变形逐渐加大，使轮胎接触面积减小，接触应力加大。在压实终了时轮胎与土壤的接触应力将为压路机首次通过时的1.5～2 倍。轮胎压路机比静压光轮压路机的优越性在于全应力作用时间长，使被压实材料有良好封闭性和揉搓作用，接触面积大，且应力分布均匀，有良好压实效果和较大压实深度。可调节轮胎压力，能完成所有压实工作，应用范围广。自行式轮胎压路机机动性好，便于运输和转移工地，为筑路、养路不可缺少的设备。

静压压路机和轮胎压路机按照行走方式不同又可分为拖式和自行式两种。

振动压路机可分为手扶式、拖式和自行式 3 种。拖式压路机一般由履带拖拉机牵引，具有质量大、爬坡能力强、生产效率高等特点；自行式压路机质量轻、机动灵活，但通过性能较差。自行式压路机按传动方式不同可分为机械传动、液力机械传动和静液压传动 3 种。液力机械传动和静液压传动的压路机启动、制动冲击小，压实效果较好。自行式压路机按驱动方式不同可分为后轮驱动和全轮驱动两种。全轮驱动压路机按滚轮表面形状和材质不同可分为钢制光轮式、钢制羊脚（凸块）式、轮胎式和组合式四种。羊脚压路机有较大的单位压力（包括羊脚挤压力），压实深度大而均匀，并能挤碎土块，可有效地压实土层下部；而在分层填土时，层与层间结合致密，有良好的压实效果和较高的生产率。组合式压路机是由钢制滚轮和轮胎组合成碾压滚轮，它兼有钢制滚轮压强大和轮胎弹性好的特点。压路机分类如图 8-213 所示。

- 压路机
  - 静压压路机
    - 拖式
      - 光轮拖式压路机
      - 羊脚拖式压路机
    - 自行式
      - 两轮光轮压路机
      - 三轮光轮压路机
  - 轮胎压路机
    - 拖式轮胎压路机
    - 自行式轮胎压路机
  - 振动压路机
    - 拖式
      - 光轮压路机
      - 羊脚压路机
    - 自行式
      - 整体车架振动压路机
      - 铰接车架振动压路机
    - 手扶式振动压路机
  - 振荡压路机
  - 组合式压路机

图 8-213 压路机分类

B 用途

压路机是以增加工作介质（土石填方及路面铺层混合料）密实度为主要目的的施工机械。它是道路与工程结构物基础、堤坝及路面铺装工程的主要土方机械，被广泛用于矿山道路修筑和养护及公路、铁路、机场跑道等工程的压实作业，能显著改善基础填方与路面结构层的强度、刚度和稳定性，使之具有承受一定载荷和抗浸蚀的能力。

8.9.2.3 基本原理和结构特征

A 静碾压路机

静碾压路机是利用自身质量对路面进行静压压实。可以采取在轮内添加充填物如水、油或砂石等以增加机重的办法，在一定范围内调整其单位直线压力。由于这种压路机的单位直线压力较小，压实深度较浅，并且压实不均匀,国外近来生产较少。近年,国外推出的新产品如日本酒井的R1型和R2型静碾压路机和戴纳帕克公司的CS12型和CS14型静碾压路机,工作质量9~12t,压实宽度2000mm左右。其结构特征是三轮铰接静碾压路机,液压传动,铰接转向,全轮驱动。前后轮具有相同的直径,相等的单位直线压力,在弯道压实时前后轮搭接重合,既有三轮压实的行驶稳定性,又有两轮压路机碾压面平整的特点,适用于压实碎石路面和沥青混凝土路面。

一拖(洛阳)建筑机械有限公司新推出LGU2124型静碾压路机为新型自行式静碾三轮压路机,最大工作质量24t,最大单位线压力1200N/cm。发动机为LRC6105型增压、水冷、六缸、四冲程直喷式柴油机,具有良好的冷启动性能,油耗少、噪声低、低污染排放和高的可靠性与耐久性。

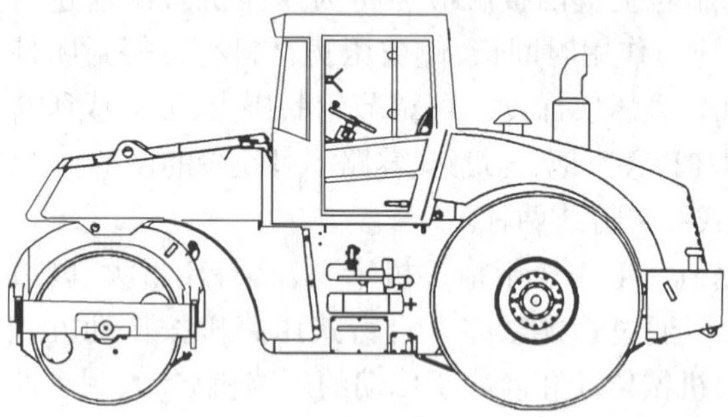

图8-214 LGU2124型静碾压路机

LGU2124型静碾压路机结构如图8-214所示。动力传动系统:发动机的动力经主离合器、变速箱、传动轴、停车制动器传给驱动桥,直接带动后驱动轮使压路机行走。发动机的侧传动输出轴带动空压机和液压泵,分别向工作制动器、主离合器操纵装置和液压转向系统提供动力,结构简单、操纵方便、可靠性高。

主离合器为干式常结合单片摩擦离合器,直接装在发动机飞轮上,用于切断发动机动力进行换挡、换向操作。其操纵机构为液控,压气增力驱动系统,使操纵轻便、灵活,动作可靠。

变速箱由变速机构、倒顺挡换向机构和排挡总成三部分组成。通过操纵倒顺手柄和变速手柄使压路机实现前进、后退的不同速度。三个行走速度:一速为工作速度;二速为兼工作和运输;三速只允许平直路面上行驶。

液压转向系统为液压伺服转向机构。发动机侧输出轴带动转向油泵供压力油进入液压转动方向盘,即带动转向器,从而控制设在机架前部的转向缸,实现转向。液压元件根据用户需要配置国产件或进口件。

制动系统设有工作制动的脚刹车和停车制动的手刹车两套刹车装置,提供安全的制动性能,并能实现无动力停车。停车制动器为带式制动器,装在驱动桥上,通过操纵刹车手柄实现制动;工作制动为钳盘式制动器,有两组,分别设在驱动桥两侧,由司机踩动制动踏板来控制。制动操纵装置通过气推液增力装置将踏板制动操纵转化为制动力,实现工作制动。

碾压轮共三个,后部两个驱动轮直接连在驱动桥上,前面一个从动轮,通过叉脚和框架连在前架上。碾压轮内作为压路机的加载仓,通过添加不同质量的干砂或碎石来调节压路机工作质量和前后轮的单位线压力。

洒水系统与刮泥板可防止沥青黏结碾轮,保持钢轮表面不粘上各种物质。由玻璃钢制成的水箱容积为500L,装在前车架上,仪表盘上洒水开关控制水泵将水通过滤网和过滤器后抽出,再将水经前后喷水管的喷头,间歇或连续洒在路面上。由于水的雾化效果好,从而提高水的利用率和洒水效果。

驾驶室由薄钢板和骨架焊接而成,具有防滚翻(Rops)和防落物保护(Fops)特点,直接固定在后车架上,备有超大钢化玻璃门窗,宽敞明亮。豪华座椅、刮水器、顶灯、风扇和操作杆件按人机工程学布置在司机易触及之处,简单明了,易于掌握,操作方便、舒适。冷暖两用空调,冷源是自身配置的制冷系统,热源是利用发动机冷却循环水的废热,能耗低,为司机提供良好的工作环境。

整机外形采用流线型设计,布局合理,造型美观;发动机和行走传动装置在机身内被封闭;洒水箱和操纵台设在机身前部;前轮为转向轮与机架通过枢轴连接;在后机身上发动机罩壳为整体式,玻璃钢结构;手动油泵布置在后机架右侧,用于开启发动机外壳,能使主要传动部件完全敞开,以方便维修与保养。

该机具有结构紧凑、功能齐全、压实效果好、均匀平整、影响深度大、生产效率高等优点。不仅用于压实各种土壤、砾石等路基,同时也适用于压实各种稳定土和沥青混凝土等路面工程。

B 轮胎压路机

轮胎压路机与静碾压路机相比其优越性在于被压实材料具有良好的封闭性和揉搓作用,能较好地完成各种压实作业。特别是自行式轮胎压路机机动灵活，速度快，便于运行和转移场地，在露天矿山道路修筑中是不可缺少的设备。

瑞典 DYNAPAC 公司生产 CP 系列轮胎压路机；德国 BOMAG 生产 BW 系列轮胎压路机；美国卡特彼勒公司生产 PS 系列轮胎压路机；日本 SAKAI 生产 TS 系列轮胎压路机。这些产品主要特点是除了具有高技术含量和稳定可靠性外，其外观造型、操作安全舒适和自动化方面都有突破。流线型大倾角的外形设计，机罩可借助空气弹簧打开，大大方便了维护与保养；驾驶室宽敞明亮，造型优美，室内噪声低；方向盘倾斜和高度可调，高靠背座椅，使司机操作舒适；采用机控、液控和电控操纵，自动化程度高，操纵更加方便；普遍采用液力传动和全液压传动，具有自动无级变速功能。液力变矩器传递的动力介质是油液，能吸收外作用力形成的振动和冲击，使压路机具有自适应性，当外载荷突然增大时，压路机能自动减速，而增大牵引力，克服外载荷变化；当外载荷减小时，又能自动减小牵引力，从而保证发动机和传动系统经常处于额定工况下工作，以延长其使用寿命。另外变矩器启动变速平稳，无冲击，可减小对路面剪切力，提高压实质量。

普遍采用轮胎自动集中充气系统、液压悬浮系统、集中润滑系统、故障监测与报警系统，充分体现轮胎压路机功能先进性和实用性。

（1）YL-25 型轮胎压路机是山东公路机械厂于 2001 年开发的超重型自行式轮胎压路机，其结构如图 8-215所示。采用整体式车架，静液压驱动，全液压转向；前轮采用机械摇摆式轮胎悬挂装置，实现压实、转向及摆动；后轮与车架刚性连接，由高速液压马达带动行星减速器直接驱动，减速器壳体与车身上固定悬挂装置相连。后轮有两个驱动马达，每只马达驱动两只轮胎实现行走压实。

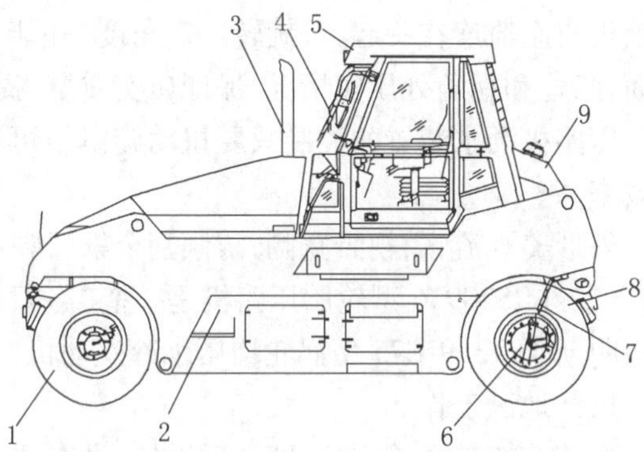

图 8-215 YL-25 型轮胎压路机

1—前轮总成；2—机身总成；3—发动机及附件；4—操纵及电气系统；5—驾驶室；6—液压驱动及转向系统；7—充气系统；8—后轮总成；9—洒水系统

选用国外 Perkins 公司 1006-6 型柴油发动机，转速 2200r/min，功率 90kW。该发动机性能稳定可靠，能耗低、噪声小、排放少、清洁环保。发动机采用中置式布置，使机器零件有较好的可触及性，检修维护方便、快捷。

传动系统：采用静液压驱动，全部液压件选自力士乐公司的名牌产品，液压系统如图 8-216 所示。行走速度控制由变量泵、变量液压马达共同完成，压路机有两个挡位，速度为 0～20km/h，能满足压实和更换场地的需要。

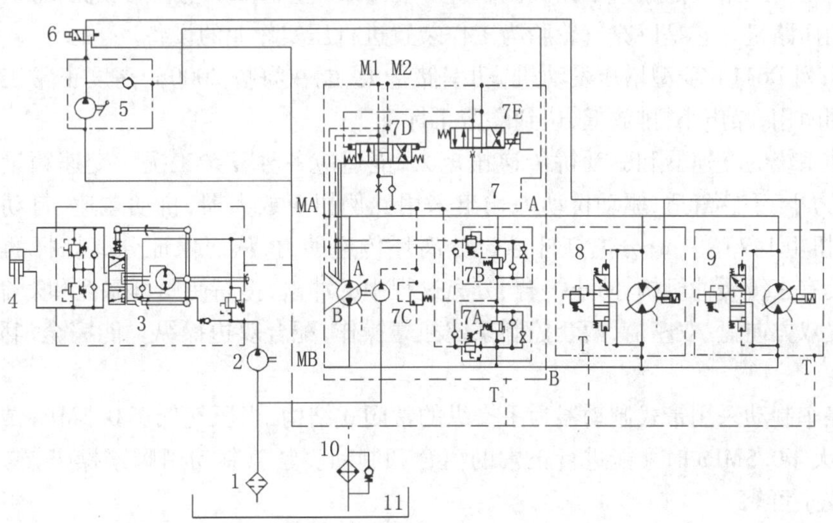

图 8-216 YL-25 型轮胎压路机液压系统原理

1—滤油器；2—转向泵；3—转向器；4—转向液压缸；5—手动泵；6—电磁换向阀；7—行走泵；8，9—行走马达；10—散热器；11—油箱

停车制动由液压制动器完成,制动器与液压马达、减速箱装为一体,使结构紧凑。当发动机工作时,制动器由电磁换向阀实现制动。

一旦压路机出现故障,用多功能阀、手动泵和电磁换向阀实现压路机拖车运行工况,这时将多功能阀、截止阀打开,制动器自动打开,压路机便可拖行。该传动系统体积小、质量轻、运动惯性小、动态性能好、功能齐全、操纵方便、工作可靠,易于实现自动化控制。

轮胎充气系统:压路机工作时根据被压实物料性质要随时调整轮胎气压,以满足压实工况要求。由发动机驱动空压机,压缩空气经卸荷阀进入贮气筒,贮气筒内压气压力由卸荷阀调定为0.6MPa。

压路机工作过程:根据道路密实度要求,通过手动换向阀及单向顺序阀对轮胎进行充气和排气,调整轮胎气压,改变轮胎接地比压以达到最佳压实效果。充气时转动换向阀,压气经单向阀进入轮胎充气,达到要求后,转动换向阀停止充气;当轮胎压力超过要求时转动换向阀至下位,轮胎内压气经顺序阀开启后进行排气,达到要求时停止排气。

操纵控制系统:方向盘可自由调整高度、角度,操纵手柄通过电气开关直接控制前进、后退、工作转场地和液压制动;渐进脚踏板通过控制行走液压泵的排量,使车速无级调节;同时方向盘、仪表盘、油门踏板、渐进踏板与座椅连在一起,可旋转一定角度,并能左右平移,便于司机一目了然操纵各开关观察各仪表,以及路面、路边和拐角处压实情况,保证压实质量,提高操作的舒适性。

压路机洒水装置的控制只要扭动旋钮便可以选择自动洒水间隔时间或连续洒水,而且洒水喷雾好,洒水效率高。

外形美观流畅,视野宽阔,防倾翻全景驾驶室,隔音,减振,使司机操作安全、舒适。

(2) LRS20916 型轮胎压路机是一拖(洛阳)建设机械有限公司新开发的压路机,最大工作质量 16t。采用康明斯 4BT3.9-C75 型涡轮增压水冷发动机,选用低温冷启动装置和专用防锈、防冻液,可以在沿海和高寒多风沙地区工作。

变速箱有三个前进挡、两个后退挡,设有惯性锁式同步器和倒挡开关,实现变速、换向一杆操纵,轻变灵活、冲击小、操作方便。

主离合器采用摩片弹簧式,能自动调整压紧力,作用力均匀,可自动补偿间隙。

洒水系统设有 500L 容量水箱,电控压力洒水,雾化良好,有好的洒水效果。

前轮采用摆架式浮动支承,垂直浮动量为 200mm,后轮伸出机架 90mm,碾压性能好。

人机工程学原理设计操作台,高强度工程塑料制造组合仪表盘,操作空间大,舒适性好。

(3) XP260 型轮胎压路机是徐州工程机械制造厂在 YL16 型、YL20 型轮胎压路机的基础上新开发的超重型自行式静作用压路机。它是以充气轮胎为工作装置进行压实作业的设备。

采用东风 C 系列 D6114ZG 型增压发动机,功率储备大,能在海拔 2000m 高度正常工作,有较强的适应性,结构紧凑,坚固耐用,噪声小,排放低,达到欧盟 I 标准。

该机机械传动系统的变速器和驱动桥传递扭矩大,能适应各种复杂工况。变速箱设有换挡同步器,换挡轻便柔和、操纵力小、手感舒适;驱动桥动力输出采用比例扭矩放大器,自动差速,自动调节扭矩;采用斯太尔离合器,传递扭矩 1475N·m;分离杠杆通过分离环传递动力,从而保证分离杠杆的同步性,使分离可靠、彻底;从动盘具有三级缓冲机构,防止接合、分离过程中的冲击,提高使用可靠性和寿命。

操作系统设置双方向盘、双座椅,两套控制系统独立操作,配合双边操纵。能完全消除对路边、弯道、拐角中的压实死角。

制动系统的停车制动采用带式制动器为手操纵的常闭式结构,当压气低于 0.5MPa 或无气时,制动器呈抱死状态;当气压大于0.5MPa 时才能进行正常的离合和制动。紧急制动用脚踏操纵,装有 4 个制动器(气制动),确保制动安全可靠。

洒水系统功能齐全,电动喷水、动力洒水、外部抽水、内部补水。当无外水源时,可用配重水源,随时往喷水箱中补水。通过增减配重、改变轮胎气压来调整压路机接地比压,以满足压实不同性质物料的要求。

为及时清除轮胎附着物,压路机设有刮泥装置,以保持轮胎表面清洁,提高路面质量。

轮胎压路机用作路面最终柔性压实，对提高路面使用寿命和路面平整度起着其他类型压路机不可替代的作用。它能进行除回填石料以外所有工况的压实作业，用于各种交通道路、露天矿山、机场、港口、码头等大型工程和高等级路面的压实作业。轮胎压路机具有广阔的发展前景。

C 振动压路机

振动压路机是在静作用压路机基础上加有激振源而构成的，工作时压路机对地面能同时产生静力和振动力作用。碾压轮沿被压实材料表面既做往复滚动，又以一定频率、振幅振动，可使路面的压实度和压实厚度增加以提高压实效果。

a 国外产品特征

(1) CS 系列和 CB 系列振动压路机。卡特彼勒公司生产的用于土壤压实的基础型 CS 系列振动压路机为全液压轮胎驱动，钢轮振动。采用 CAT 水冷发动机，纵置安装；压路机后部装有水冷却器、油冷却器和电瓶；液压油箱置于操纵台与发动机间；操纵台能整个地向前翻转；仪表箱和座椅连成一体，并能转180°；发动机输出动力经分动箱分别带动驱动液压泵、振动液压泵和转向液压泵。驱动方式有两种，一种是驱动液压泵带动前后驱动液压马达，而后驱动液压马达带动变速箱，并通过后桥将发动机动力传至两个轮胎，前驱动马达通过行星式轮边减速箱驱动振动轮；另一种是后驱动液压马达直接驱动后桥，继而驱动轮胎，前驱动马达采用低速大扭矩液压马达驱动振动轮。振动轮前后安装有软橡胶制作的刮泥板，既可保证轮胎清洁又不影响振动轮振动。振动轮采用振动箱结构，同吨位压路机，基础型安装两个振动箱，路面型安装一个振动箱，振动频率可无级调节。

CB 系列为卡特彼勒公司生产的路面型振动压路机，也是全液压传动、双钢轮驱动、双钢轮振动结构。CAT 水冷发动机横置安装；前后两个动力洒水系统相连，即使一个水泵损坏，仍可正常洒水，洒水系统可靠，质量好；宽大操纵台也能向前翻转，给维修、保养带来方便；仪表箱和座椅连成一体，能灵活翻转180°，便于司机监视压路机靠边作业；行车制动、工作制动和紧急制动三套制动装置确保安全可靠；振动轴旋转方向与压路机前进、后退时振动轮旋转方向自动保持一致的性能特点有利于提高压实质量；振动系统和洒水系统采用人工和自动控制两种操作方式；液压元件选用 Saur、Vickers 和 Commercial 等著名公司的名牌产品，不仅内在质量好，而且又保证了外观质量。

振动系统是振动压路机的核心部分，根据振动轮振幅的数量不同，有单振幅振动轮、双振幅振动轮和三振幅振动轮三种结构形式。

单振幅振动轮如图 8-217 所示，为多用于小型路面压路机的工作装置，结构简单、价格低廉。主要用途是道路维修和保养工作。

双振幅振动轮如图 8-218 所示，为大吨位基础型压路机和路面压路机的工作装置，结构较复杂，制造难度大。但由于通用化程度高使制造成本大为降低，又能满足压路机适用不同材料和不同厚度的铺层压实，应用较多。

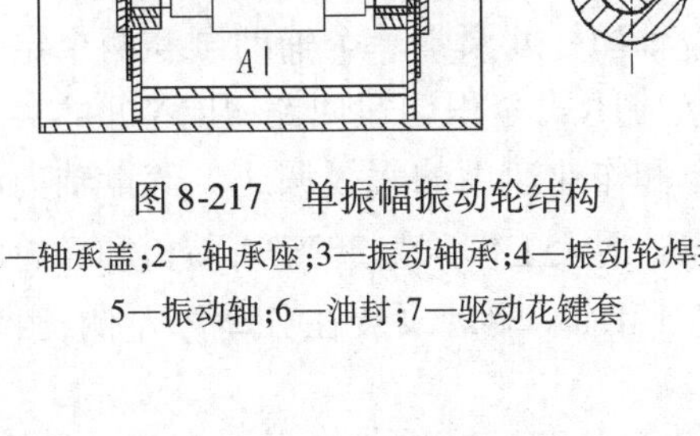

图 8-217 单振幅振动轮结构

1—轴承盖；2—轴承座；3—振动轴承；4—振动轮焊接；5—振动轴；6—油封；7—驱动花键套

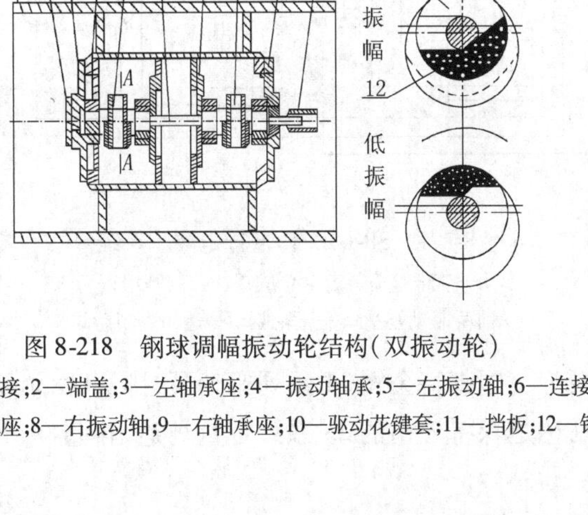

图 8-218 钢球调幅振动轮结构(双振动轮)

1—轮圈焊接；2—端盖；3—左轴承座；4—振动轴承；5—左振动轴；6—连接轴；7—内轴承座；8—右振动轴；9—右轴承座；10—驱动花键套；11—挡板；12—钢球

三振幅振动轮如图8-219所示,为中、大型路面压路机的工作装置。它能在振动马达与振动轴间采用传动轴传递动力,能延长振动马达的使用寿命;采用箱式内外振动轴结构形式,可以获得高、中、低三挡振幅。它适用全部铺层材料的面层压实作业和高质量的压实路面作业。

按调幅方式不同,振动系统可分为正反转钢球调幅振动轮和内外轴调幅振动轮两种结构形式。正反转钢球调幅振动轮如图8-220所示,与传统固定偏心块和活动偏心块正反转调幅基本相同。钢球相当于活动偏心块,依靠挡板的作用,当振动轴正反转时,钢球处于固定偏心块相叠加或相抵消位置,因而产生高、低两个振幅。当要调整高、低振幅的匹配时,只要减少或增加钢球数量就可以满足要求,这对于提高振动轮的通用化率和降低成本有利。

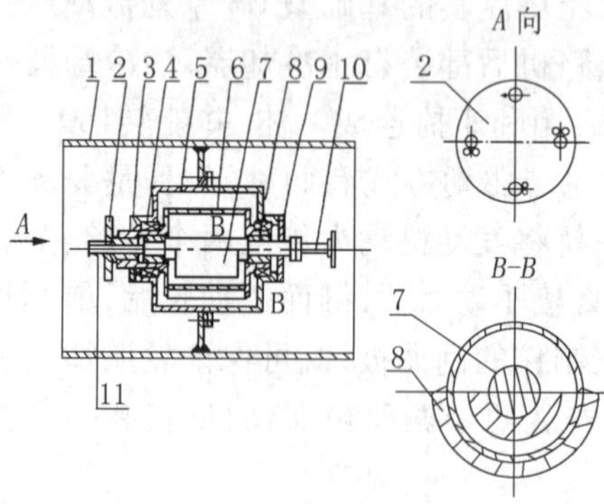

图8-219 单振动箱内外轴调幅振动轮结构(三振动轮)

1—轮圈焊接;2—调幅花键套;3,9—轴承盖;4—振动轴承;5—振动箱箱体;6—外振动轴;7—内振动轴;8—滑套;10—传动轴;11—弹簧

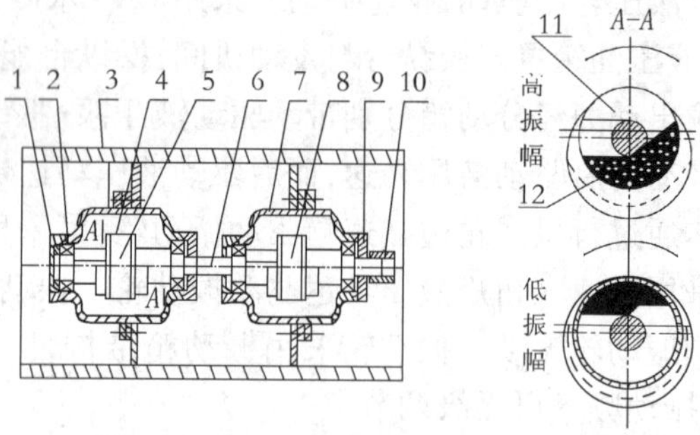

图8-220 双振动箱钢球调幅振动轮结构

1,9—轴承盖;2—振动轴承;3—轮圈焊接;4—左振动箱;5—左振动轴;6—联接轴;7—右振动箱;8—右振动轴;10—驱动花键套;11—挡板;12—钢球

内外轴调幅振动轮如图8-219所示,能实现三个振幅,而且当增加调幅花键套的齿数时,振幅的挡次可实现更多,可以满足路面压路机密实度和平整度要求。从而提高了压路机对不同工况的适应能力,扩大了适用范围。

由于发动机功率储备系数大,加之串联式振动压路机采用横直安装,从而使压路机外形尺寸小、转弯半径小、机动灵活、转场时移动方便。振动系统采用振动箱结构和钢球调幅装置能保证振动室内清洁,不仅是整机通用化程度高,而且提高了振动轴承的寿命。

整机设计时不追求大吨位、大激振力,注重各参数匹配合理,与国际上各制造商同级别振动压路机激振力、振幅等参数基本相同,而整机通用化程度高,降低制造成本。

带空调的驾驶室,设有安全保护架结构的防滚翻结构,提高安全性,隔音改善司机劳动条件,提高生产效率。

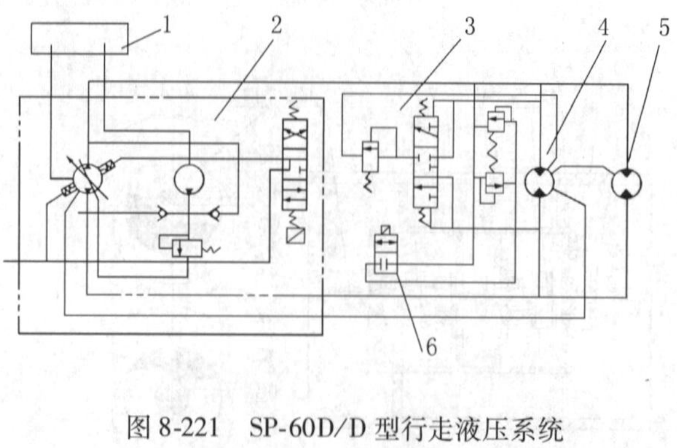

图8-221 SP-60D/D型行走液压系统

1—油箱;2—行走泵总成;3—控制阀组;4—前桥驱动马达;5—压轮驱动马达;6—制动阀

(2) SP-60D/D型振动压路机。美国英格索兰-兰德公司开发的SP-60D/D型振动压路机,采用美国通用汽车公司底特律GMbV-71型柴油发动机或用美国卡特彼勒公司D-320B型柴油发动机。该机为全液压驱动,其行走液压传动系统为变量泵、辅助泵-双定量马达并联回路,如图8-221所示。

由一个变量轴向柱塞泵带一个辅助泵和两个定量轴向柱塞马达组成闭式容积调速回路,压路机可实现前进、后退、停车和作业速度的无级调速。变量轴向液压泵为美国森特公司24系列驱动泵,排量118.6cm^3/r,转速2370 r/min,最大工作压力35MPa;前桥和压轮驱动马达是森特公司的23系列定量马达,排量89.1cm^3/r,调定压力35.1MPa。驱动泵装在分动箱左侧,由发动机经分动箱带动。后轮与前桥驱动马达为并联,两个马达由一个控制阀控制。变量泵调节装置由辅助泵通过三位四通电磁阀供油,辅助泵也同时向主泵油路供油。前桥驱动马达经二级变速箱、差速机构和轮边减速器驱动前轮胎;压轮驱动马达经行星减速器驱动压轮。前桥马达装有过载溢流阀实现安全保护和液压缓冲制动。二位二通电磁阀实现驱动轮制动,通过换向阀调整工作压力,该液压回路结构紧凑,泵的自吸性好,系统与空气接触机会少,传动平稳。双马达并联系统,变量泵的流量是按同时动作执行元件之和选取的,可以保证每一执行元件的进油量,流量分配随各执行元件上外负载的不同而变化,克服外负载的能力大。恒功率控制的轴向柱塞泵在调节范围内可充分利用发动机功率。液压传动不仅大大减轻了司机工作强度,而且提高了压路机性能,实现无级变速,同时换向轻便柔和。

传动装置结构简单,便于整机总体布置。全轮驱动,可增加牵引力,防止滚轮打滑,主动轮碾压时防止滚轮前面有堆挤物料现象,有利于提高压实路面平整度,减少沥青混凝土路面的裂缝。全液压铰接转向,操纵灵活轻便,转弯半径小,有较强的通过不平地段的越野能力,是露天矿山较好的压路机。

按人机工程学原理设计的驾驶室,注重机器与人相互协调,提高人机安全性与驾驶的舒适性,既方便司机的操作和技术保养,又改善了司机工作条件,提高了生产效率。驾驶室设计了翻车保护装置和落物保护装置以保护司机人身安全,驾驶室内有足够的人体活动空间和开阔的视野,并采取必要的密封、减振、降噪和控温措施。

(3) 智能压路机。智能压路机是德国宝马公司开发的新技术、新产品。它是在振动压路机实现全液压传动、全轮驱动、铰接转向和自动控制的基础上,运用现代高科技手段推动振动压路机向高度自动化和智能化发展的新成果。

它能根据被压实土壤的变化情况,不断调整自身各项参数,包括振动频率、振幅、碾压速度和遍数等的组合。自动适应外部或内部工作状态的变化,使压实作业发生在振动波足以使土壤引起共振时或发生在土壤内摩擦力最小及土壤液化最充分时的最佳压实效果下进行;另外将随机电脑用来进行工作过程监控、设备技术状态诊断、报警及故障显示及分析。该机的智能压实系统如图 8-222 所示,有 Variomatic 和 Variocontral 两种结构。前者用于控制两根水平安装的反向旋转双轴激振机构,它采集地面对钢轮反作用力信号经传感器传输至该系统的存储系统,再经运算处理传给带有行程传感器的油缸,纵横方向调节两根偏心轴的相对位置,随着被压实材料的密实度由松散变硬实,激振力方向由纵向振动变为横向振动,从最大振幅到最小振幅只需1s,对于由频繁变化的材料的铺层压实进行适应性的调节。后者用于控制一根轴上装有两组旋转的偏心块,在振动过程中,地面对钢滚轮的反作用力经传感器测量后传输给数据存储和处理系统,信号经运算后传给机构改变两种偏心块的相位角,从而达到自动调幅的目的,在整个压实过程中可使振动轮在垂直或水平振动两个极限或期间任何状态下工作。当碾压低密度材料时,振动轮在垂直方向输出最大激振力,当密实度增加时激振力输出相对于垂直方向有一夹角,使垂直方向有效振幅相对减少;在碾压高密度材料时,振幅的输出为水平方向。这种智能自动变幅压实系统能自动选择与被压实材料密实度状况相匹配的振幅,从而避免压实不足或过压现象,提高均匀压实度,避免粗骨料破碎,获得良好压实效果。

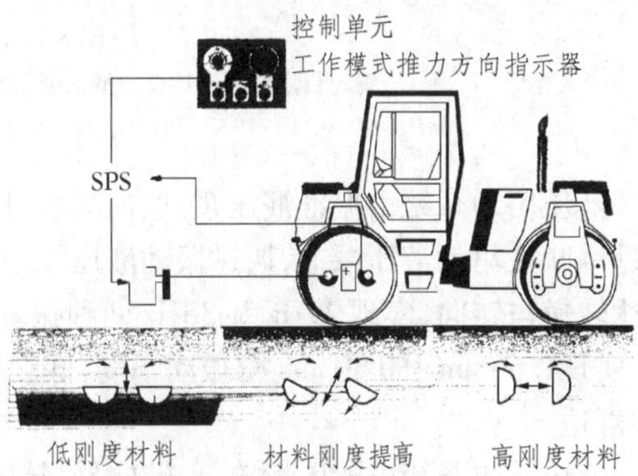

图 8-222 智能压实系统

b 国内产品特征

(1) YZ-18 型振动压路机。常林股份有限公司推出的 YZ-18 型全液压振动压路机,该机为全液压驱动、双频双幅铰接转向、三个独立制动系统、电液控制,具有较大的激振力和静线压力,压实效果好、生产率高、操纵简便、制动安全可靠。

它由发动机、全液压驱动、后桥、前后车架铰接、转向系统、制动系统和振动轮等主要部分组成。选用上柴厂 6135K-12 型柴油发动机。液压驱动系统由液压泵、液压马达、阀、油管等元件构成,如图 8-223 所示。

行走系统液压泵通过弹性传力盘直接与发动机飞轮连接，前钢轮由低速大扭矩液压马达直接驱动，后轮由液压马达通过传动轴、后桥主传动、轮边减速器驱动，两行走液压马达通过管路并联布置，由液压泵驱动，通过调速电磁阀改变两个液压马达的排量（大排量为小排量的两倍），实现前进、后退各三挡速度。利用液压泵的手动控制手柄实现各挡无级变速和前进、后退的切换，使整机机动性能好，爬坡能力强。液压油泵都设有"中位"启动自锁装置，避免了柴油机带载启动和发生自行危险。

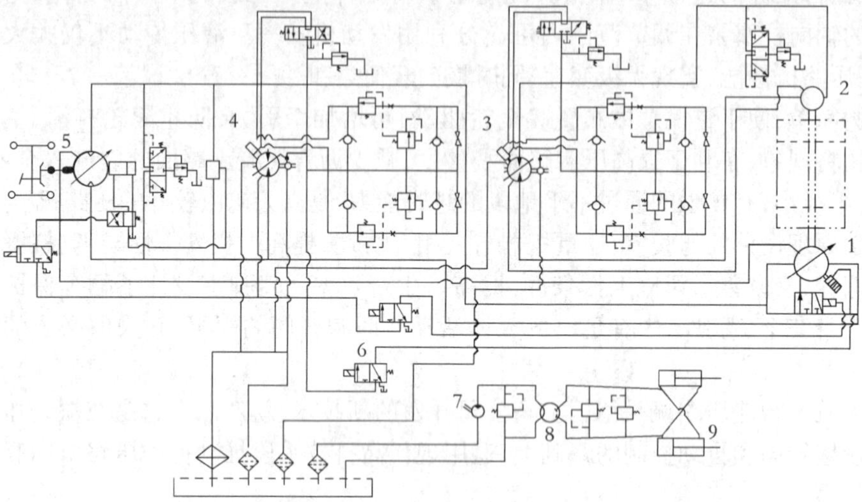

图 8-223 YZ-18 型压路机液压系统

1—钢轮行走液压马达；2—振动液压马达；3—振动液压泵；4—行走液压泵；5—后行走液压马达；6—制动阀；7—转向液压泵；8—液压转向器；9—转向液压油缸

液压振动系统由振动液压泵、振动马达、振动轮、活动偏心块和振动轴承等元件组成。振动液压泵通过花键串联在驱动液压泵上，通过振动液压泵上两个电磁阀交替作用来控制泵的液压油方向，从而调整振动马达转速与转向，实现 29Hz 和 35Hz 两种振动频率；通过液压马达的正反转，使大小偏心块离心力叠加、叠减，实现1.66mm 和0.91mm 双振动幅度，低频率时为大振幅，高频率时为小振幅。用电控方式操纵，轻松，简便、舒适。

液压转向系统由液压齿轮泵、转向器、转向液压缸等组成。转向泵通过花键与振动泵串接，液压泵输出压力油通过转向器控制转向液压缸动作，轻松实现左右转向。

制动系统由工作制动、停车制动和行车制动三个独立的制动装置构成，可根据不同情况分别或同时使用，以确保整机安全可靠。

操纵系统主要包括速度换挡控制、方向控制、振动控制、油门控制及电器元件控制等。除方向盘、转向操纵杆及油门操纵外，其余均采用电液控制，并且将各仪表、指示灯等集成在仪表盒内置于驾驶室前端，便于观看。停车制动操纵杆置于司机左手侧。将油门、行走、振动开关或操纵杆等布置在司机右手侧，司机操纵方便舒适。

振动轮为正反转调幅结构，且偏心腔内充满硅油，具有结构简单、可靠、变幅平稳的优点。

后驱动桥具有全浮式半轴，轮边减速性能可靠。

前后车架铰接，左右相对转动 ±29°，相对摆动 ±8°，转弯半径小，提高机器机动性。

（2）YZJ19A 型振动压路机。温州冶金机械厂生产的 YZJ19A 型压路机为全液压驱动、液压振动、全轮驱动、铰接车架的大型振动压路机。采用本厂生产的 6VE108G 型发动机，通过分动箱驱动转身液压泵、振动液压泵和行走液压泵。转向液压泵输出压力油通过方向阀使左、右油缸前进、后退达到转向；振动液压泵输出压力油驱动振动液压马达，带动振动机构，使振动轮实现两个方向振动与两个方向行驶相配合，振动频率在 25Hz 内无级调节；行走液压泵输出压力油驱动前后轮液压马达，使压路机前进、后退及无级变速。制动系统由液压制动、气压制动和停车制动三套独立系统组成。液压制动系统是当行走液压泵手柄处于中位时,使变量泵排量为零,行走液压马达逐步停止运转,实现液压制动,在平坦路面高速行驶时制动距离为3m;气压制动的停车采用排气制动,提出停车按钮或气压不足时可自行将机器刹住,保证停车安全。

铰接车架,转向角左右各40°,机器转弯半径小,具有较强的不平地段的越野能力。该压路机通过在南芬露天矿、马钢南山铁矿等矿山大量使用表明,具有夯实力大、经济效果好、生产效率高、操作轻便灵活、转弯半径小、行走速度快、爬坡能力强、结构紧凑、可靠性高的特点,是露天矿山大型汽车道路施工的理想设备。

(3) SR20M 型振动压路机。山推工程机械股份有限公司推出的 SR20M 超重型机械式振动压路机,作业时利用自身质量和激振力压实砾石、碎石、砂石混合料等,是露天矿山、道路等工业场地的压实设备。它采用机械传动,电控动力换挡变速箱;液压振动与转向;双频双幅;独特的气路控制,使制动、离合器操纵更加轻便灵活、安全可靠。

采用上柴厂 D6114ZGZB 型柴油机,具有结构紧凑、功率大、质量轻、耗油省、噪声低、排放指标好等特点,各项性能达到20世纪90年代末国际先进水平。柴油机为增压型,适用范围广泛,有一定功率储备,传动平稳、扭矩大、寿命长、可靠性高,便于发动机布置和维修。发动机增加-动力取出口,为振动、转向双联泵提供动力。曲轴中心与风扇中心重合,使压路机后部高度降低,后视野良好,流线型造型更加美观。

传动系统采用 ZF 技术动力换挡变速箱,具有变速、换向和手制动三项功能,挡位布置三前三倒,换向、变速和制动操纵,集电、液、气于一体,控制灵活、方便、可靠,极大地减轻了司机劳动强度。

全液压振动系统,双频率、双振幅,满足压实不同物料需要。电控操纵,确保振动系统操作简单,液压元件与国际配套,可靠性高。

铰接式全液压转向,转向器采用美国伊顿公司产品,配有 FK 组合阀,具有流量大、转向力小、过载保护及缓冲等特点。

制动系统有手刹车和脚刹车两套装置。独特的气路控制,使刹车、离合器操纵轻便灵活、安全可靠。

振动轮具有偏心质量大、激振力大、振动轮静线压力大的特点。振动室内设有独特的润滑装置,给振动轴承以良好的润滑。

宽敞的驾驶室和空调设备以及优质橡胶元件减振为司机提供了舒适的操作环境。

后机罩采用玻璃钢成形材料,流线型造型使整机美观大方。

装上凸块轮就成了 SR20MK 型凸块式振动压路机,拆装方便,扩大了应用范围,一机多用。

(4) YZC16 型振动压路机。徐工集团徐州工程机械厂开发的 YZC16 型串联式双钢轮振动压路机,采用全液压传动和全电液控制,具有前后轮两挡无级变速行走,前后轮双频双幅振动,三级制动,三级减振,振动和洒水采用手动和自动双重控制,压实速度恒定。

行走及制动液压系统用 Sauer 公司 90 系列液压元件组成闭式行走系统,通轴式手动变量泵在其对应的工作油口各装有一个多功能阀,具有对系统补油、压力反馈、高压释放、旁通拖引等功能。

振动液压系统的液压泵为两点式液压先导电磁控制变量柱塞泵,振动液压马达为定量柱塞马达。

液压系统的监控装置是在操纵台后壁集中了整个液压系统的测压接头和监控仪表。通过观察仪表读数就可知道系统滤清器是否已到了更换期。系统出现故障时,可测量相应部位的压力,便于判断和排除故障。

操纵控制系统,除方向盘和倒顺手把外,其余全部通过按钮或旋钮采用电液控制,如变速和制动只需轻轻一按,就可实现轻松驾驶。各种仪表灯具和故障报警装置齐全,而且还有多种互锁装置,便于及时发现和排除各种故障,防止机器带病作业。

具有三种操作方式的制动系统,内藏摩擦片式制动器靠弹簧制动、液压脱开。行车和作业采用静液压制动,能实现柔性停车;紧急制动无论换向手柄是否处于中位,只要按下制动按钮,在制动器起作用的同时,驱动泵斜盘自动回零位,使系统失去驱动力。既保护了制动器,又缩短了制动距离,行车安全得到保证。

驾驶室宽敞明亮、视野开阔、操作舒适、空调、隔音、防噪、可调式座椅,改善了司机工作条件。

(5) YZ16H 型振动压路机。三明重型机器有限公司开发的 YZ16H 型压路机是全液压、双驱动、双振幅、双振动频率的振动压路设备,用于对矿山、公路、港口及各种工业场地的砾石、碎石、砂石混合料、非黏性土壤进行高效的压实作业。

行走为闭式液压系统，由一个手动伺服控制双向变量柱塞泵、两个定量柱塞马达和一个电控双排量马达、各种阀类、管路等组成。变量柱塞马达通过调速阀可获得两种排量，使压路机有两挡行驶速度（Ⅰ挡0～5.9km/h，Ⅱ挡0～9 km/h）。通过改变驱动泵上手动伺服阀手柄摆角，压路机可在每挡速度范围内实现无线调速。前后轮驱动马达输出扭矩合理匹配，可调节轮胎和被压实材料的附着力，以防止Ⅰ挡速度时轮胎打滑。驱动液压泵带有电控制动阀，补油泵通过制动阀向制动器和手动伺服阀供油。当制动阀线圈失电时，制动器和手动伺服阀的供油被切断，制动器在弹簧力作用下起制动作用，使压路机处于停车制动状态；制动线圈通电时，补油泵通过制动阀向制动器和手动伺服阀供油，压力油推动弹簧松开制动器，驱动与制动互锁，对液压系统起保护作用。

手动伺服阀手柄回中位时，驱动泵斜盘回中，排量为零，驱动液压泵高低压油腔产生困油，液压自锁实现行车制动；当发动机熄火或自动线圈失电时，制动器断油，弹簧力制动，实现行车制动，使制动安全可靠。若系统出现故障造成行车制动失灵时，可按下紧急制动开关，使制动线圈失电，切断制动器供油实现紧急制动，驱动液压泵斜盘回中，有效保护了人机安全。

振动液压系统由电控双向变量柱塞泵和定量柱塞马达及阀类等组成闭式系统。通过调整振动泵上排量限制器可获两种排量得到两种振动频率。偏心轴上固定偏心块和活动偏心块，根据偏心轴转向不同，可获两种偏心距，实现两种振幅，根据施工要求选择。双频双幅可适应不同工况要求。

前后轮双驱动可提高振动轮分配质量（为工作质量的60%），有利于提高压实效果。

整机布置合理，驱动泵、振动泵、转向泵三泵串联，通过联轴器与发动机飞轮连接，位于整机后部。发动机罩可从后部向上翻开，维修方便。两个轮胎由独立的驱动马达与行星减速器直接驱动。驾驶室设有空调装置。液压系统各油路压力均可集中在机体后部测定，随机配有压力测试盒。各类液压元件采用国际著名公司产品，质量可靠，确保整机性能优越。

（6）YZ25GD型振动压路机。一拖（洛阳）工程建筑机械厂开发的YZ25GD型超重全液压振动压路机，为全液压、变频变幅、全轮驱动、铰接转向的超重型压实机械，可以碾压非黏性材料，如砾石、碎石以及砂石混合料，是矿山、公路等工业场地压实的大型设备。

驱动液压系统和振动液压系统采用美国Sundstrand公司的90系列柱塞泵，行走驱动泵和振动泵串联安装。采用法国Poclain公司的双速、低速大扭矩马达驱动振动轮，实现两挡速度行驶（Ⅰ挡为4.5km/h，Ⅱ挡为9 km/h），两种工况下发动机均以额定转速运转，行走驱动泵以满排量工作，各自功率匹配良好。通过推动手动变量泵手柄可实现每挡速度范围内无级变速和压路机前进和后退操作。

全轮驱动，在减少堆料现象的同时极大地提高了压实效果。由于振动轮为驱动轮，不但弱化了压实作业中发生堆料现象，减少压实路面产生裂缝，而且使振动轮静线压力得到充分发挥，使自行式振动压路机压实效果更接近于拖式压路机。

双频双幅可根据施工要求选择合适的参数以满足不同工况的需要，操作简单，维修方便。

全液压转向使主机操作简便省力、维修方便、转弯半径小、机动灵活。由于制动系统的行车制动为液压中位自锁和停车制动为机械断油刹车，联合作用的制动更为安全可靠。

方便独特的电控系统，针对压路机进气压力，液压系统的液压油进回油压力可以进行极限值示警，完善了自诊断系统，最大限度地保证了柴油机、液压系统的关键参数监控。为防止发动机带负荷启动，行走驱动液压泵上配置了先进的中位启动自锁装置。它利用了光电信号传感装置，只有当行走操纵手柄置于中位时，发动机启动装置电源才能接通。另外针对司机可能出现误操作，在电路系统中还设置了各种保护性继电器及大小振动开关互锁系统。

8.9.2.4 主要技术参数计算

由于静压压路机和振动压路机的碾压原理不同，其技术参数计算和选择要分别进行。

A 静压压路机主要参数

a 使用质量（按规定加油、水、配重、随机工具及司机在内的总质量）

(1) 光轮压路机。使用质量计算按式(8-226)计算：

$$G_s = (0.32 \sim 0.4)\frac{BD\sigma}{E_o} \tag{8-226}$$

式中 G_s——压路机使用质量，kg；

B——碾轮宽度，cm，一般取 $B \geqslant (1.0 \sim 1.2)D$；

D——碾轮直径，cm；

E_o——被压实材料变形模数，黏性土 $E_o = 20\text{MPa}$，非黏性土 $E_o = 10 \sim 15\text{MPa}$；

σ——土壤允许接触压力，MPa，一般取 $\sigma \leqslant (0.8 \sim 0.9)\sigma_p$；

σ_p——土料的极限强度，MPa，见表 8-216。

表 8-216 土料的极限强度 (MPa)

土料名称	弱黏结性土(砂土、砂黏土)	中黏结性土(壤土)	高黏结性土(重壤土)	强黏结性土(黏土)
平碾	0.3 ~ 0.6①	0.6 ~ 1.0①	1.0 ~ 1.5	1.5 ~ 1.8
轮胎碾	0.3 ~ 0.4	0.4 ~ 0.6	0.6 ~ 0.8	0.8 ~ 1.0

①当黏土含量为 8% ~ 15%，且颗粒级配最优时 σ_p 值适当降低。

(2) 羊脚(凸块)压路机。假设羊脚压路机作业时的使用质量是经过一排羊脚传至土层，其使用质量按下式计算：

$$G_s = \sigma F n \tag{8-227}$$

式中 σ——羊脚允许接触压力，MPa，一般取 $\sigma \leqslant (0.8 \sim 0.9)\sigma_p$，也可根据被压实土壤的类型按表 8-217 选取；

F——1 个羊脚的顶端面积，cm^2；

n——1 排羊脚的数目，个。

表 8-217 羊脚顶部土壤允许接触压力 (MPa)

土壤名称	轻壤土及部分中壤土，包括粉壤土	中壤土、部分重壤土及重粉质壤土	重壤土、重粉质壤土及黏土
羊脚顶部允许接触压力	0.7 ~ 1.5	1.5 ~ 4.0	3.0 ~ 6.0

羊脚压路机使用质量可用增减重物调节。实际工作中相邻排羊脚部分也参加工作，按上述公式计算时的允许单位压力值要比羊脚顶部允许单位压力实际值大，一般实际值为计算值的 1/3 ~ 2/3。

(3) 轮胎压路机。首先根据土料性质选择相适应轮胎内压力，再根据轮胎内压力、轮胎数量、轮胎尺寸等确定使用质量。通常压实黏性土料时，轮胎充气压力为 0.5 ~ 0.6 MPa，压实非黏性土料为 0.2 ~ 0.4 MPa(砂壤土 0.3 ~ 0.4 MPa、砂土 0.2 ~ 0.3 MPa)。根据已确定轮胎气压再按式(8-218)求出轮胎碾的接触压力：

$$\sigma_{max} = \frac{p_w}{1-\zeta} \tag{8-228}$$

式中 p_w——轮胎充气压力，MPa；

ζ——轮胎静止刚性系数，按表 8-218 选取；

σ_{max}——轮胎碾允许接触压力，MPa，一般 $\sigma_{max} \leqslant (0.8 \sim 0.9)\sigma_p$；

σ_p——碾压时土壤的极限强度，见表 8-216。

表 8-218 轮胎静止刚性系数

轮胎充气压力/MPa	0.1	0.2	0.3	0.4	0.5	0.6	0.7
轮胎静止刚性系数	0.6	0.5	0.4	0.3	0.25	0.20	0.15

轮胎压路机使用质量 G_s 按式(8-229)计算：

$$G_s = \alpha p_w F N / g \tag{8-229}$$

式中 α——轮胎外胎刚度影响系数，汽车轮胎 $\alpha=1.1\sim1.2$；

F——轮胎变形后与土接触面积，通过实测确定，或近似以胎宽为直径的正圆面积代入；

N——轮胎个数；

p_w——轮胎充气压力，MPa；

g——重力加速度。

b 压实厚度

压实厚度是指铺筑层压实以后的实际厚度。静压压路机压实厚度通常按表 8-219 确定。

表 8-219 静压压路机对路基和路面压实层厚度 (cm)

被压实材料	碎石、砾石	含黏结料的碎石、砾石	沥青混凝土
轻 型	8 ~ 12	7 ~ 8	4 ~ 5
中 型	10 ~ 14	8 ~ 9	5 ~ 6
重 型	12 ~ 20	10 ~ 12	6 ~ 8

静压光轮压路机压实非黏性土壤时适宜压实厚度：6 ~ 10t 压路机为 15 ~ 20cm；10 ~ 15t 压路机为 20 ~ 25cm；18 ~ 21t 压路机为 25cm 左右。

c 碾压速度

在确定铺层厚度上压路机传给土壤的能量与碾压遍数和碾压速度的比值成正比关系。较低的碾压速度使压路机传给铺层材料的能量大，使之有足够时间产生不可逆变形，更好地改变被压实材料的结构；过高压实速度难于获得要求的质量，并且会因压路机换向冲击力大，而引起被压材料剪切滑移。只有采用无级调速驱动机构的压路机，才有可能兼顾到压实质量和生产率。

静压压路机对道路路基压实作业时，初压阶段作业速度应选为 1.5 ~ 2km/h；复压和终压作业速度为2 ~ 4km/h；轮胎压路机作业速度为 3 ~ 6km/h。

d 碾压遍数

碾压遍数是指在相邻碾压轮迹有适当重叠量的情况下，依次将铺层全宽压完一遍，而在同一地点如此碾压的往返次数称为碾压遍数。

静压光轮压路机碾压遍数与使用质量有关，一般 8 ~ 10t 压路机压实土壤时以 8 ~ 12 遍为宜；12 ~ 21t 压路机压实非黏性土壤宜用 6 ~ 8 遍。

羊脚压路机的压实遍数 n 为：

$$n = K\frac{S}{Fm} \tag{8-230}$$

式中 S——羊脚压路机滚轮表面面积，cm^2；

m——羊脚总个数；

F——与土壤接触面积，cm^2；

K——羊脚分布不均匀系数，一般取 $K\approx1.3$。

对黏性较大的土壤应提高碾压遍数，如果超过计算遍数仍达不到规定要求时，则需提高羊脚压路机滚轮单位面积压力。

B 振动压路机主要参数

a 使用质量与线压力

使用质量是压路机按规定添加油、水、随机工具及司机等在内振动压路机的总质量。它决定了机械对土壤铺层所能施加的静压力大小。在其他参数不变的条件下，施加于地面的静态和动态压力几乎与压路机使用质量成正比，而振动压路机影响深度大致与振动轮质量成正比。在取得相同压实效果的前提下，振动压路机的使用质量仅为静压压路机的 1/5 ~ 1/3。

线压力是沿振动滚轮轴线单位长度对土壤所施加的静压力，对光轮振动压路机来说线压力大小与振动轮宽度和压路机轴荷分配有关。振动压路机的使用质量和线压力要根据被压实材料的性质、偏心块质量、振动轮质量和振动压路机总质量的比例关系及压实实践经验数据确定。露天矿山筑路、养路的材料多为开采过程中剥离的废岩(如石灰石、砂岩、粗粒花岗岩和玄武岩等),抗压强度较高,宜选用大吨位和大线压力的振动压路机。一般 10 ~ 15t 振动压路机压实 1 ~ 2m 岩石铺层,压实天然沉积砂时影响深度可达2.5 ~ 3m。大型拖式振动压路机静线压力可达 700N/cm,而自行式振动压路机线压力一般为 200 ~ 350N/cm。

b 压实厚度

振动压路机高振幅能将较大压实能量传递到所压土层的深部,但土层上部压实效果较小。低振幅在土层内产生较小压实厚度,但能将较大的压实能量传递给表层的土层。当厚层压实要求较高密实度时,在开始压实时采用大振幅,当材料密实度逐渐增大到钢轮开始起跳时要调低振幅就可反弹,而密实度可继续提高。通常振动压路机适宜的压实厚度按表 8-220 选取。

表 8-220 振动压路机适宜的压实厚度 (m)

设备类型	使用质量/t(括号内为振动轮分配质量)	路基				基础	次基础
		回填土	砂、砾石	粉土	黏土		
拖式振动压路机	6	0.75	0.6	0.45	0.25	0.3	0.4
	10	1.5	1	0.7	0.35	0.4	0.6
	15	2	1.5	1	0.5	—	0.8
	6(凸块压滚)	—	0.6	0.45	0.3	—	0.4
	10(凸块压滚)	—	1	0.7	0.4	—	0.6
轮胎驱动振动压路机	7(3)	—	0.4	0.3	0.15	0.25	0.3
	10(5)	0.75	0.5	0.4	0.2	0.3	0.4
	15(10)	1.5	1	0.7	0.35	0.4	0.6
	8(4)(凸块压滚)	—	0.4	0.3	0.2	—	0.3
	11(7)(凸块压滚)	—	0.6	0.4	0.3	—	0.4
	15(10)(凸块压滚)	—	1	0.7	0.4	—	0.6
两轮串联振动压路机	2	—	0.3	0.2	0.1	0.15	0.2
	7	—	0.4	0.3	0.15	0.25	0.3
	10	—	0.5	0.35	0.2	0.3	0.4
	13	—	0.6	0.45	0.25	0.35	0.45
	18(凸块滚轮)	—	0.9	0.7	0.4	—	0.6

c 压实速度和压实遍数

振动压路机由于铺层材料弹塑性较大,振动对压实效果影响不明显,压实速度可以高些,才能获得较高生产率。接近压实终了时,随着铺层材料密实度增强,振动对压实效果影响明显增强,宜采用较低的压实速度,进一步提高压实质量。

压实土壤和岩石填方时,振动压路机的压实速度范围为 3 ~ 6km/h,使用中型以上压路机(大于 5t)作振动压实时,一般用 4 ~ 6km/h;使用质量在 3 ~ 5t 的振动压路机压实速度为 2 ~ 4km/h;使用质量在 2t 以下振动压路机压实速度小于 3km/h。或按经验公式 $v = 0.2\omega$(km/h)确定,式中 ω 为振动频率,Hz。压实遍数必须与压实速度相匹配,在一定距离范围内随着压实速度的增加使振动撞击次数减少,要获得相同压实效果,势必增加压实遍数,否则压路机在一定长度的振动压实次数太少,将在路面表层形成波纹。而压实遍数过多将影响经济性。一般单轮振动压路机压实遍数取 6 ~ 8 次,双钢轮振动压路机取 4 ~ 6 次。

d 振动频率、振幅和激振力

振动频率是单位时间内滚轮冲击次数,振幅是滚轮轴处最大运动距离,激振力是惯性激振机构的偏心块产生的离心力。

为使振动轮能产生必需的振动加速度,振动频率有一个合理值。振动频率过小导致振动加速度过小,振动轮对被压实材料动态冲击力小,与静压压路机压实区别不大;振动频率过大使振动加速度过大,导致大质量块料在惯性力作用下沉降在铺筑层底部，而小质量粉料将浮在面层，从而产生分层离析现象，使筑路材料的极配比例失调，路面耐磨性变差。

一般来说振动压路机振幅愈大，压实效果愈好。但也有一个合理值，否则振幅过大，将导致机架振动加剧，不仅使机件早期损坏，引起司机疲劳，而且易发生过压实现象，使碾压过的面层疏松，骨料碾碎，从而降低压实质量。经验表明，振动压路机的频率、振幅的合理值应按表 8-221 选取。

表 8-221 振动压路机的振幅和振动频率

振动参数	压实路基	压实次基层	压实沥青混凝土路面
名义振幅/mm	1.4 ~ 2.0	0.8 ~ 2.0	0.4 ~ 0.8
工作频率/Hz	25 ~ 30	25 ~ 40	30 ~ 50

露天矿山道路多为需要较大压实力的材料，如岩石填方和干黏土等，压实宜采用大振幅压路机可取得较好的压实效果。

根据物理学原理，振动压路机最好的压实效果发生在振动波足以使土壤引起共振时，但由于土壤性能各处不同，应在试验的基础上找到一个合适的振动参数范围。一般激振力由式(8-231)计算：

$$F_o = 4\pi^2 m_d A_o f^2 \tag{8-231}$$

式中 F_o——激振力，N；

m_d——振动轮参振质量，kg；

A_o——振动轮名义振幅，m；

f——振动轮工作频率，Hz。

现代振动压路机都装有调幅与调频装置，通过调幅、调频调整激振力的大小，以适应不同材料和不同铺层厚度的碾压要求，从而获得最佳压实效果。

C 压路机生产率

(1) 各类压实机械的面积生产率可按式(8-232)计算：

$$Q_1 = \frac{60(b-c)LK_B}{\left(\frac{L}{v}+t\right)n} \tag{8-232}$$

式中 Q_1——压路机压实面积生产率，m^2/h；

b——一次碾压宽度，m；

c——相邻两碾压带的重叠宽度，一般选取 $c = 0.15 \sim 0.25$m；

v——压路机压实作业速度，m/min；

t——转弯掉头时间，min，对于拖式压路机选取 $t = 0.25 \sim 0.35$min；自行式压路机选取 $t = 0.07 \sim 0.08$min；

n——同一地段所需碾压遍数；

K_B——时间利用系数，一般 $K_B = 0.8 \sim 0.9$；

L——碾压地段长度，m。

(2) 土石填方的体积生产率与滚轮宽度、铺层厚度、工作效率和碾压遍数等参数有关。其计算公式如下：

$$Q_2 = \frac{BvH \times 1000}{n}\eta \tag{8-233}$$

式中 Q_2——压路机的体积生产率，m^3/h；

η——压实效率，如压路机每小时连续工作 50min，并用正常的重叠宽度进行碾压，$\eta = 0.75$；

B——滚轮宽度，m；

H——压实后的铺层厚度，m；

v——碾压速度，km/h。

8.9.2.5 主要厂家产品技术性能参数

主要厂家产品技术性能参数见表8-222～表8-226。

表8-222 国外部分轮胎压路机和静压羊脚压路机主要技术性能参数

生产厂家及产品型号	PROTEC RR20	BOMAG BW24R	DYNAPAC CP271	酒井重工				
				KR15B	KR30	TA7510	TS200	TS350
碾压轮类型	轮胎	轮胎	轮胎	轮胎	轮胎	轮胎	轮胎	轮胎
整机质量(最小)/kg	12500	13500	12400	8500	12000	1070	13500	16000
整机质量(最大)/kg	24000	24000	27000	15000	30000	2900	20000	35000
接地比压/kPa			301/672					
压实宽度/mm	1923	1986	2350	2090	2165	2056	2055	2430
前后轮重叠量/mm	67	50	42					
最小离地间隙/mm	270							
理论爬坡能力/%	40	39						
轴距/mm	3870	3465						
传动形式	静液压	静液压	液力机械	机械式	液力机械	机械式	静液压	静液压
前轮悬挂方式		液压悬浮		摆动	摆动	垂直移动	垂直移动	垂直移动
后轮悬挂方式		液压悬浮		固定	摆动	摆动	摆动	摆动
最小转弯半径/mm	4270							
发动机型号	康明斯	康明斯	康明斯					
发动机功率/kW	90	82	74	67.1	74.5	70.8	95.4	119.3
发动机转速/(r/min)				1950	2200	2000	2000	2000
行驶速度/(km/h)	0～8/0～20	0～5.8/0～12.8/0～25	0～23	5.7/24	8/25	3.3/23.6	18.5	15
羊脚轮滚筒容量/m^3								
羊脚轮滚筒个数/个								
羊脚轮滚筒尺寸(直径×长度)/mm×mm								
羊脚形状								
羊脚高度/mm								
往返一次碾压宽度/mm								

生产厂家及产品型号	Caterpillar		Komatsu WF22A_2	酒井重工	
	815	825B		FT1	FT2
碾压轮类型	羊脚轮	羊脚轮	羊脚轮	羊脚轮	羊脚轮
整机质量(最小)/kg	17400	29750	22500	6000	7500
整机质量(最大)/kg	18800	33450	26500		
接地比压/kPa	1784.8/1882.8	2186.8/2461.4	2451.6/2892.9	2260/4510	2820/6580
压实宽度/mm					
前后轮重叠量/mm					
最小离地间隙/mm					
理论爬坡能力/%					
轴距/mm					
传动形式					
前轮悬挂方式					
后轮悬挂方式					
最小转弯半径/mm					
发动机型号	CAT3306	CATD343	NTC-743C		
发动机功率/kW	128.2	226.6	171.5		
发动机转速/(r/min)	2200	2060	2000		
行驶速度/(km/h)	0～31	0～27.4	0～19.5		
羊脚轮滚筒容量/m^3	1.41	3.70	4	3.30	5
羊脚轮滚筒个数/个	4	4	4		
羊脚轮滚筒尺寸(直径×长度)/mm×mm	1030×970	1295×1130	1400×1050	1350×1500	1550×1550
羊脚形状	长方凸块	长方凸块	长方凸块	圆锥	圆锥
羊脚高度/mm	190	191	140	216	216
往返一次碾压宽度/mm	4320	4875	4600	3300	3300

表8-223 国内部分轮胎压路机和静压压路机主要技术性能参数

生产厂家及产品型号		洛阳建筑机械有限公司			徐州工程机械厂	上海工程机械厂		三明重型机器有限公司	邯郸建筑机械厂
		LGU2124	3Y10-12	3Y12-15	3YJ21-25	3Y10-12	3Y12-15	3Y12-15	2Y6-8
碾压轮类型		三轮静压	三轮静压	三轮静压	三轮静压	三轮静压	三轮静压	三轮碾压	二轮静压
整机质量/kg	最小	21000	10000	12000	21000	10000	12000	12000	6000
	最大	24000	12000	15000	25000	12000	15000	15000	8000
前后轮质量分配比/%		前轮40，后轮60			前轮30，后轮70				
碾压轮静线压力/(N/cm)		1200	632/745	754/943	1130/1340	637.4/767	767/961	797/924.7	254/378
压实宽度/mm		2300			2422				
前后轮重叠量/mm					100				
行驶速度/(km/h)		2.3/4.6/9.6	1.6/3.2/5.4	2.2/4.5/7.5	0～3.7/0～7.0	1.9/3.2/7.5	1.9/3.2/7.5	2.2/4.5/7.5	2/4
理论爬坡能力/%		20	20	20	20	20	20	20	20
最小转弯半径/mm		6780	7300	8350	7000	5900	5900	8350	6200
最小离地间隙/mm			315	315		320	320	395	285
轴距/mm			3330	3640		2800	2800	3640	
轮距/mm									
轮胎规格									
轮胎数量									
发动机	型号	LRC6105	2135	4135	ycb108G	4135K-2	4135K-2	4135C-1	3135K-1
	功率/kW	90	30	60	88				
	转速/(r/min)		1500	1500	2200	59.6	59.6	59.6	29.8
外形尺寸/mm	长	5724	4920	5275		4622	4643	5287	4440
	宽	2300	2155	2155		2116	2116	2215	1560
	高	3089	2115	2115		2722	2767	2255	2440

生产厂家及产品型号		徐州工程机械厂		德州工程机械厂	洛阳建筑机械有限公司	三一重工股份有限公司		
		XP260	YL-16	YL-20	YL25	YL25	YL30A	YL30
碾压轮类型		轮胎	轮胎	轮胎	轮胎	轮胎	轮胎	轮胎
整机质量/kg	最小	14500	9000	16000	16000	12000	14000	14000
	最大	26000	16000	20000	24000	25000	30000	30000
前后轮质量分配比/%		前轮30，后轮70	前轮44.5，后轮55.5	前轮45，后轮55		前轮52，后轮48	前轮48.3，后轮51.7	前轮43.3，后轮56.7
碾压轮静线压力/(N/cm)								
压实宽度/mm		2750	2000	2450	2790			
前后轮重叠量/mm		50	40	25	50			
行驶速度/(km/h)		4.7/9/19	3.1/5.78/12.1/23.5	3.1/5.7/12.1/23	3.5/7.8/13.2/23	0～7/0～18	0～7/0～18	0～7/0～18
理论爬坡能力/%		20	20	20		20	28	26
最小转弯半径/mm		9000	7500	8500	9000			
最小离地间隙/mm		290						
轴距/mm		3840	3470	3850	3630			
轮距/mm		490	440	440	490～510			
轮胎规格		光面 11.00～20	900-20 -12层		900-20 -14层	12.00-20 -16PR	12.00-20 -16PR	12.00-20 -16PR
轮胎数量		前5后6	前4后5	前5后6		前5后4	前4后4	前5后6
发动机	型号	DZ114 ZG10B	6135K-2	6135K-2	东风康明斯	4BT3.9-C	4BT3.9-C	4BT3.9-C
	功率/kW	115			100	110	110	110
	转速/(r/min)	2000				2200	2200	2200
外形尺寸/mm	长	4910	5106	5330				
	宽	2845	2054	2490				
	高	3380	2960	3350				

表 8-224 国外部分振动压路机主要技术性能参数

生产厂家及产品型号		戴纳派克											
		CA152D	CA262D	CA402D	CA512D	CA602D	CC322	CC422HF	CC522	CC522HF	CC322	CC622HF	CC722
整机质量/kg		9200	14000	15000	17000	19000	9000	11200	12500	12500	12800	13200	17885
前轮分配质量/kg		4058	6603	9415	10586	12780	4450	5540	6240	6240	6400	6518	8595
后轮分配质量/kg							4450	5660	6310	6310	6400	6682	9290
静线载荷/(N/cm)		264	304	433	487	588	259.7/265	323.4/330.3	313.6/317.5	313.6/317.5	373.3/373.3	299.9/302.8	399.8/427.3
工作速度/(km/h)		0~9(无级调速)	0~9	0~9	0~12	0~12	0~13	0~11	0~12	0~12	0~12	0~11	0~11
激振力/kN		109/114	119/246	146/300	238/300	231/317	46/112	74/116	70/138	74/116	74/144	77/138	102/215
振动频率/Hz		43/31	33	33	33/29	31/29	51	63/50	51	63/50	51	63/51	48
振幅/mm		0.8/1.7	0.8/1.7	0.8/1.7	1.1/1.8	1.1/1.8	0.3/0.7	0.3/0.7	0.3/0.7	0.3/0.6	0.3/0.6	0.2/0.6	0.4/0.7
振动轮直径/mm		1219	1523	1543	1563	1573	1120	1300	1400	1400	1300	1400	1527
振动轮宽度/mm		1676	2130	2130	2130	2130	1680	1680	1950	1950	1680	2130	2130
后轮直径/mm													
后轮宽度/mm													
行走速度/(km/h)		0~9(无级)	0~9	0~9	0~12	0~12	0~13	0~11	0~12	0~12	0~12	0~11	0~11
最小转弯半径/mm		2300/4000	3100/5400	3100/5400	3270/5400	3270/5400	2380/4620	3170/5380	3035/5515	3035/5515	3170/5380	3990/6120	5950/8080
轴距/m													
发动机功率/kW		74	112	93	129	142	56	93	93	93	93	93	93
发动机转速/(r/min)		2200	2200	2200	2200	2200	2800	2200	2200	2200	2200	2200	2200
外形尺寸/m	长	4.776	5.758	5.545	6.000	6.000	4.300	4.950	5.090	5.090	4.950	5.090	5.653
	宽	1.852	2.324	2.424	2.400	2.400	1.810	1.810	2.090	2.090	1.810	2.270	2.430
	高	2.853	2.974	2.952	2.960	2.960	2.920	2.970	3.040	3.040	2.970	3.040	3.470

生产厂家及产品型号		凯斯							宝马							
		SV208	SV210	SV212	SV216	DV201	DV202	DV204	BW 141AD	BW 160AD	BW 201AD	BW212	BW 212PD	BW 213D	BW 217D	BW 217PD
整机质量/kg		7140	8820	11085	14310	2500	2700	3500	6700	8930	10100	9010	10810	10700	18000	18400
前轮分配质量/kg						1250	1350	1750								
后轮分配质量/kg						1250	1350	1750								
静线载荷/(N/cm)		765/853	853/941	936/1259	1077/1477	207/284	198/271	235/309								
工作速度/(km/h)		4.7	4.7	6	5.7	7.5	7.5	7.5								
激振力/kN		130/145	145/160	206/277	237/325	20.8/28.5	23.8/32.5	29.4/40.3	84.33	123.55	156.9/225.5	200	231.4	231.4	243.1	300
振动频率/Hz		40/30	40/30	35/32	35/29	53/62	53/62	53/62	55	45	45	30	30	30	35	
振幅/mm		0.88/1.7	0.96/1.85	1.15/1.85	1.00/2.00	0.47	0.47	0.45								
振动轮直径/mm		1300	1300	1500	1500	740	740	746	1050	1000	1220	1500	1500	1500	1600	1700
振动轮宽度/mm		1700	1700	2200	2200	1000	1200	1300	1420	1670	2130	2100	2100	2100	2120	2100
后轮直径/mm									1050	1200	1220	23.1-26-8×2	23.1-26-8×22	3.1-26-8×22	3.1-26-8×22	3.1-26-8×2
后轮宽度/mm									1420	1670	2130	23.1-26-8×2	23.1-26-8×2	23.1-26-8×2	23.1-26-8×2	23.1-26-8×2
行走速度/(km/h)		11	11	14.5	14.5	13.6	13.6	10	0~11	0~9	0~9	0~18	0~7	0~10	0~13.4	0~11.5
最小转弯半径/mm		3090	3090	3050	3050	2480	2380	2530	5.29	7.37	6.45	6.83	6.65	7.10	6.76	6.74
轴距/m									2.63	2.9	3.10	3.00	3.00	3.10	3.10	3.10
发动机功率/kW		73.8	73.8	110	110	20	20	27.6	52.2	73.8	73.8	88.7	108.8	88.7	138.7	138.7
发动机转速/(r/min)																
外形尺寸/m	长	5.200	5.200	5.680	5.680	2.640	2.640	2.640	3.680	4.240	4.440	5.760	5.760	5.740	6.020	6.020
	宽	1.880	1.880	2.450	2.500	1.090	1.290	1.396	1.660	1.860	2.320	2.270	2.350	2.350	2.360	2.460
	高	2.900	2.900	3.030	3.030	2.680	2.680	2.680	2.140	2.170	2.190	2.150	2.150	2.300	2.520	2.520

续表 8-224

生产厂家及产品型号	宝马				英格索兰										
	BW219D-2	BW219DH-3	BW20R	BW24R	SD1750	SD150F	SD100D	SPF48	SP-600D	SPF-60	DS-84	DF-84	DD-65	DD-90	DA-50
整机质量/kg	18576	19220	12500/24040	13500/2400	18970	15000	10600	7400	18000	20000	20600	18700	7000	9100	10000
前轮分配质量/kg	11786		2959		12287	16									
后轮分配质量/kg	6790				6683										
静线载荷/(N/cm)	545				568										
工作速度/(km/h)	5.5	0~3.6	0~5.8	0~12.8	6.6										
激振力/kN	306/243	32/250			319/159	250/125	222.6/110.8	101.9	266.7	266.7	187.3	187.3	33.3/66.6	25.5/110.8	53.9/117.7
振动频率/Hz	29/35	28/35				26.5	30	30.8	25.4	25.4	30	30	50	30.8/41.7	40
振幅/mm	1.66/0.91				1.65/0.82										
振动轮直径/mm						1600	1500	1220	1520	1520	1680	1680	1050	1220	1270
振动轮宽度/mm				1986		2130	2130	1680	2540	2540	2130	2130	1520	1680	1910
后轮直径/mm						23.1-26-3×2	23.1-26-3×2		20.5-25-12×2	20.5-25-12×2	1680	1680	1050	1220	1270
后轮宽度/mm						23.1-26-3×2	23.1-26-3×2		20.5-25-12×2	20.5-25-12×2	2130	2130	1520	1680	1910
行走速度/(km/h)	7	0~14	0~22	0~25	13.2	0~8.7	0~10	0~6.9	0~10.3	0~11.6	0~5.6	0~5.6	0~10.8	0~11.4	0~10.9
最小转变半径/mm	4645				5555	5660	5100	5130	5940	5940	7210	7210	4450	5180	5690
轴距/m				3.465		3.28	3.28	3.05	3.68	3.68	5.50	5.50	2.36	3.20	3.46
发动机功率/kW	124.7	132	68	82	151	120	82.8	62.6	156.6	156.6	146.1	146.1	52.2	83.5	85.7
发动机转速/(r/min)	2500				2000										
外形尺寸/m 长						5.440	5.410	4.900	6.22	6.22	6.60	6.66	4.22	5.33	5.06
外形尺寸/m 宽						2.410	2.340	2.110	3.05	3.05	2.72	2.72	1.52	1.79	2.42
外形尺寸/m 高						2.360	2.340	2.340	2.54	2.54	2.67	2.67	2.20	2.21	2.31

生产厂家及产品型号	卡特彼勒										小松		酒井重工		
	CS-431B	CS531	CS563	CS583	CP433B	CP533	CP563	CB434	CB534	CB614	JV100A-1	JV100WA-1	TW-100	SV91TB	SV160DW
整机质量/kg	6312	9310	11500	15130	6697	11470	11950	6610	9600	11340	10000	11600	10000	12500	1600
前轮分配质量/kg															
后轮分配质量/kg															
静线载荷/(N/cm)	196	235	274	451	176.5	274	274	245	258	294					
工作速度/(km/h)	0~6	0~6.4	0~6.4	0~6.4	0~6	0~6.4	0~6.4	0~10.6	0~8	0~11.3		0~14.6	0~17	0~13	0~14.6
激振力/kN	87.7/112.4	113.6/226.8	159/226.8	106.6/226.8	99.3/127	113.6/226.8	159/226.8	36.6/57.9/73.3	38.9/85.9/115.6	55.6/93.4	30.4/196.1	69.6/255.5	49/98	147/245	205.1/245.1
振动频率/Hz	23.3/30	30	23.3/30	25.8	23.3/30	30	23.3/30	48	42	38	16.7/30	16.7/30	41.6	21.6/28.3	28.3
振幅/mm	1.27/1.62	0.89/1.7	0.89/1.7	0.81/1.73	1.27/1.62	0.76	0.76	0.38/0.61/0.76	0.35/0.80/1.05	0.38/0.66					
振动轮直径/mm	1220	1524	1524	1524	1220	1549	1549	1100	1300	1372	1520	1730	1300	1760	1700
振动轮宽度/mm	1680	2134	2134	2134	1680	2134	2134	1422	1700	1981	2130	2130	2150	2150	2550
后轮直径/mm															
后轮宽度/mm															
行走速度/(km/h)	0~13.3	0~12.8	0~12.8	0~12.8	0~13.2	0~12.8	0~12.8	0~10.6	0~8	0~11.3		0~14.6	0~17	0~13	0~14.6
最小转弯半径/mm	3050	3800	3800	3800	3050	3800	3800	3410	4165	5334	5100	5260	6300	6000	6000
轴距/m											2850	2990	3000	3000	3070
发动机功率/kW	76.5	108	108	108	76.5	108	108	60	92	115	100	100	64.1	99.1	123
发动机转速/(r/min)															
外形尺寸/mm 长	4864	5258	5258	5400	4864	5258	5258	4191	4940	5588	5200	5420	5170	6180	6000
外形尺寸/mm 宽	1905	2438	2438	2500	1905	2438	2438	1613	1850	2426	2330	2350	2350	2800	2850
外形尺寸/mm 高	3050	3073	2997	2997	3050	3073	2997	2337	2320	2540	2150	2150	2280	2180	2270

表 8-225 国内部分振动压路机主要技术性能参数

生产厂家及产品型号	徐工科技徐州工程机械厂					
	XS120	XS190	XD120	XD130	YZ18	YZ18S
工作质量/kg	12400	18900	12300	13000	18000	18000
前轮分配质量/kg	7200	12800	6100	6400	12000	10000
后轮分配质量/kg	5200	6100	6200	6600	6000	8000
静线载荷/(N/cm) 前轮	355	589	281	300	552	460
静线载荷/(N/cm) 后轮			285	309		
工作速度/(km/h)	0 ~ 12	0 ~ 12	0 ~ 10	0 ~ 10	0 ~ 10	0 ~ 10
理论爬坡能力/%		55	30	30	45	45
最小转弯半径/mm	5900	6320	6000	6110	6680(外)	6680(外)
最小离地间隙/mm			420	495	365	365
转向角/(°)			±23	±23	±30	±30
摇摆角/(°)			±12	±12	±9	±9
激振力/kN	280/190	385/260	140/70	150/80	328/220	328/220
振动频率/Hz	30/35	28/35	30 ~ 45	30 ~ 42	30/33	30/33
振幅/mm	1.80/0.90	1.80/0.78	0.80/0.40	0.75/0.39	1.80/1.00	1.80/1.00
振动轮直径/mm	1523	1600	1250	1400	1523	1523
振动轮宽度/mm	2130	2130	2130	2130	2130	2130
行走速度/(km/h)	0 ~ 12	0 ~ 12	0 ~ 10	0 ~ 10	0 ~ 10	0 ~ 10
发动机 型号		道依兹 BF6L913C	康明斯 B3.9-C	康明斯 B3.9-C	道依兹 BF6L913	道依兹 BF6L913
发动机 功率/kW	97	141	97	97	118	118
发动机 转速/(r/min)	2500	2500	2500	2500	2500	2500
外形尺寸/mm 长	5765	6259	6000	6000	5820	5820
外形尺寸/mm 宽	2350	2430	2270	2270	2380	2380
外形尺寸/mm 高	3240	3188	3430	3430	3100	3100

生产厂家及产品型号	洛阳建筑机械有限公司											
	YZ25GD	YZ45	YZJ10A	YZJ10B	YZJ-12	YZ-18	LSS214	LSD226H	XSM218A	XSM220A	XSM222	YZC16
工作质量/kg	25000	4500	10000	12000	12000	18000	14000	26000	18000	20000	22000	16000
前轮分配质量/kg	16000						7000	16000	8700	9500	10500	
后轮分配质量/kg	9000						7000	10000	9300	10500	11300	
静线载荷/(N/cm) 前轮	762	270	819	219	819	500	325	736	390	435	482	368
静线载荷/(N/cm) 后轮				1171(加载)		500						368
工作速度/(km/h)	0 ~ 4.5	1.9 ~ 4.0	2.6 ~ 5.3	2.6 ~ 5.3	2.6 ~ 5.3	5.5		3.2/4.3/5.3	2.86/5.30	2.54/4.97	2.63/5.30	0 ~ 10
理论爬坡能力/%	35	25	25	25	20	32	35	45	30	30	30	35
最小转弯半径/mm	7000	4000	5200	6000	5200	6000	7000		6500	6500	6500	4370
最小离地间隙/mm		290	355	310	355				385		385	
转向角/(°)								35	±32		±34	
摇摆角/(°)									±11		±11	
激振力/kN	400/300	74/45	172	200	172	295/244	270/160	420/340	330/190	340/200	390/220	200/180
振动频率/Hz	28/3	46.6	29.8	32	29.8	25/28	30/33	28/35	28	28	28	32/42
振幅/mm	1.8/0.9						1.7/0.8	2.0/1.0	2.00/1.00	2.10/1.10	2.0/1.0	1.41/0.74
振动轮直径/mm		950	1524		1524	1600			1523	1523	1523	1520
振动轮宽度/mm		1100	2100	2100	2100	2100			2178	2178	2178	2130
行走速度/(km/h)	0 ~ 9	8.5	16.2	16.2	16.2	9.5		9	9.7	10.51	8.6	
发动机 型号	6CT-8.3	485	4135	4135AK	4135	6135K-12C	D4114	康明斯 6CAT8.3	YC6108ZGB	D6114ZGZB	D6114ZG	
发动机 功率/kW	158	26	75	73.55	75	132	95	160	110	128	136	118
发动机 转速/(r/min)	2200	2000	1500	1500	1500	2100	2100	2200		2000	2000	2500
外形尺寸/mm 长		3350	5415	5415	5415	6520		6540	5976	5976	5976	6000
外形尺寸/mm 宽		1470	2440	2440	2440	2635		1600	2435	2435	2435	2320
外形尺寸/mm 高		1750	2500	2500	2590	2950		3048	3218	3107	3257	3270

续表 8-225

生产厂家及产品型号		三明重型机械有限公司			江阴柳工道路机械有限公司			
		YZ16H	YZJ8	YZJ12	YZ14JC-1	YZ16JC-1	YZ18JC	Y220JC
工作质量/kg		16000	7600	11600	14000	16000	18000	20000
前轮分配质量/kg		9600			7500	8500	9000	10000
后轮分配质量/kg		6400			6500	7500	9000	10000
静线载荷/(N/cm)	前轮		233.3	307.7	345	391	414	460
	后轮							
工作速度/(km/h)		0~9	0~10	5/7	2.4	2.4	2.3	2.3
理论爬坡能力/%		40	40	40				
最小转弯半径/mm		6000	5400	5900	3790	3790	3870	5400
最小离地间隙/mm			370	420				
转向角/(°)								
摇摆角/(°)								
激振力/kN		294/192	102/51	247/127	275/130	300/155	360/210	360/210
振动频率/Hz		28/32	30	28	30	30	30/34	30/34
振幅/mm		1.8/0.9	1.5/0.75	1.67/0.84	1.8/0.9	1.8/0.9	1.95/0.9	1.8/1.0
振动轮直径/mm		1560	1200	1550	1500	1500	1600	1575
振动轮宽度/mm		2130	1680	2130	2130	2130	2130	2130
行走速度/(km/h)		0~9	0~10	9	10.8	10.8	12.7	12
发动机	型号			F6L912				
	功率/kW	113	53	80	105	105	128	128
	转速/(r/min)	2500	2400	2400	2050	2050	2150	2150
外形尺寸/mm	长	5700	4750	5380	6167	6167	6150	6350
	宽	2450	1900	2400	2340	2340	2340	2340
	高	2990	2940	2200	3000	3000	3100	3100

生产厂家及产品型号		三一重工股份有限公司						
		YZC12A	YZ14C	YZ16C	YZ18C	YZ20	YZ14E	YZ18E
工作质量/kg		12500	13805	16200	18800	19800	13805	18800
前轮分配质量/kg		6200	8320	10100	12500	12600	8320	11600
后轮分配质量/kg		6300	5485	6100	6300	7200	5485	7200
静线载荷/(N/cm)	前轮	290/295	376	456	560	600	376	524
	后轮							
工作速度/(km/h)		0~7	0~7.75	0~6.5	0~8.6	0~7.2	0~7.75	0~8.6
理论爬坡能力/%					48			
最小转弯半径/mm			6050	6300	6300	6300	6050	
最小离地间隙/mm								
转向角/(°)					35			
摇摆角/(°)					15			
激振力/kN		160	245/139	296/208	380/260	430/260	245/139	380/260
振动频率/Hz		32~48	30/35	29/35	29/35	29/35	30/35	29/35
振幅/mm		0.75/0.37	1.72/0.72	1.9/0.9	1.9/0.95	1.9/0.95	1.72/0.72	1.9/0.95
振动轮直径/mm								
振动轮宽度/mm								
行走速度/(km/h)		0~13.5	0~11.5	0~10.5	0~12.5	0~10.2	0~11.5	0~12.5
发动机	型号				道依兹 BF6M1013			
	功率/kW	88	112	112	133	130	112	130
	转速/(r/min)	2300	2300	2300	2300	2300	2100	2200
外形尺寸/mm	长							
	宽							
	高							

续表 8-225

生产厂家及产品型号		三一重工股份有限公司			江麓工程机械有限公司				
		YZ18F	YZ18S	YZ26C	W1803PD	W1102	W1102D	W1102H	W1102HP
工作质量/kg		18100	17500 ~ 19000	25300	17700	10000	11100	12150	13350
前轮分配质量/kg		11000	10300 ~ 11800	15100	11800				
后轮分配质量/kg		7100	7200	10200	5900				
静线载荷/(N/cm)	前轮	497	475 ~ 544	700	546	243	480.4	346.9	
	后轮								
工作速度/(km/h)		0 ~ 8.6	0 ~ 8.6	0 ~ 8.6		0 ~ 12	0 ~ 6	0.65	0.6
理论爬坡能力/%					40	31	45	50	50
最小转弯半径/mm					5900	3700	3700	3700	3700
最小离地间隙/mm						530	530	530	530
转向角/(°)					35				
摇摆角/(°)					15				
激振力/kN		316/224	380/260	460/300	356	172	172/105	250/140	
振动频率/Hz		29/35	29/35	30/35	27	28	28/36	28/35	28
振幅/mm		1.8/0.9	1.9/0.95	1.8/0.9	2	1.6	1.6/0.9	1.9/0.6	
振动轮直径/mm						1500	1500	1500	1500
振动轮宽度/mm						2150	2150	2150	2150
行走速度/(km/h)		0 ~ 12.5	0 ~ 12.5	0 ~ 12.5	12.5	0 ~ 12	0 ~ 12	0 ~ 12.5	0 ~ 11
发动机	型号				道依兹 BL6F913	F6L912	F6L-912	F6L-913	F6L-913
	功率/kW	112	133	161	118	64	76	112	112
	转速/(r/min)	2300	2300	2300	2500	2500	2500	2300	2300
外形尺寸/mm	长					5470	5470	5650	5650
	宽					2300	2300	2300	2300
	高					3015	3015	3015	3015

生产厂家及产品型号		常林股份有限公司		温州冶金机械厂	中铁二十局工程机械厂		中联重科股份有限公司	
		YZ18	YZ18JT	YZJ19A	YZT10D	YZ20	YZC12	YZ16
工作质量/kg		18000	18000	19000	10000	20300	12500	16000
前轮分配质量/kg		11000	9100			12700	6300	7800
后轮分配质量/kg		7000				7600	6200	8200
静线载荷/(N/cm)	前轮	523	420		490	580	294/289	356
	后轮							
工作速度/(km/h)		0 ~ 7	2.52/6.2	7	2 ~ 4	0 ~ 5	0 ~ 6.5	0 ~ 7
理论爬坡能力/%			30	35		50		
最小转弯半径/mm		7000	6800	4000		6000	6450	6250
最小离地间隙/mm		400		421				
转向角/(°)			5			±30		
摇摆角/(°)								
激振力/kN		305/243	447	267	280	450/280	110/70	320/160
振动频率/Hz		29/35	30	25	24 ~ 29	27/45	37/45	29
振幅/mm		1.66/0.91	2.14		1.3	1.9/0.85	0.8/0.35	1.9/0.5
振动轮直径/mm		1600	1608	1524	1520	1600	1250	1560
振动轮宽度/mm		2120	2130	2100	2000	2150	2100	2150
行走速度/(km/h)		0 ~ 15	12.4	10.5		0 ~ 10	0 ~ 12.8	0 ~ 7
发动机	型号	上柴 6135K-12	上柴 D61142G6B	6VE108G		康明斯 6CT8.3		
	功率/kW	141	132	154.4	82	160	82.5	110
	转速/(r/min)	2100	2000	1875	1850	2500	2500	2500
外形尺寸/mm	长	6200	6150	6166	3174	6020	5620	5920
	宽	2120	2480	2930	2348	2390	2350	2400
	高	3250	3100	3390	1765	3150	3050	3100

续表 8-225

生产厂家及产品型号		中联重科股份有限公司 YZ18D	YZ20E	YZ25	上海工程机械有限公司 YZ12	邯郸建筑机械厂 YZ8	西安筑路机械公司 W1803D
工作质量/kg		18000	20000	2500	11600	8000	186000
前轮分配质量/kg		9000	12600	16000			11300
后轮分配质量/kg		9000	7400	9000			7300
静线载荷/(N/cm)	前轮	410	574	729	233	250	533
	后轮						
工作速度/(km/h)		0~7	0~5	0~4.1	2.8/5	4.5	0~11.5
理论爬坡能力/%					25	25	
最小转弯半径/mm		6250	6400	6400	5900	6200	5900
最小离地间隙/mm					355		200
转向角/(°)							
摇摆角/(°)							
激振力/kN		322/161	420/263	450/300	172	86/53	345/205
振动频率/Hz		29	28/25	27.5/31	28	40	28/35
振幅/mm		1.9/0.95	2.0/0.8	2.1/1.1	1.6	0.8/0.5	2.0/0.75
振动轮直径/mm		1560	1600	1600	1500	1200	1600
振动轮宽度/mm		2150	2150	2150	2150	1600	2100
行走速度/(km/h)		0~7	0~10	0~10.8	11.5	9	0~11.5
发动机	型号				4135AK-2	F4L912	
	功率/kW	125	141	141	74	48	132
	转速/(r/min)	2500	2500	2500	1500	2300	2300
外形尺寸/mm	长	5920	6200	6200	5557	4360	5775
	宽	2400	2400	2400	2300	1839	2250
	高	3100	3220	3220	3100	2880	3180

表 8-226 山特维克工程机械股份有限公司压路机主要技术性能参数

型　号		SR12/P	SR16/P	SR18	SR20M/P	SR20R	SR19P	SR20M-2/P	SR28MR	SR33YR	SR18M
工作质量/kg		12000	16000	18000	20000	20000	19000	20000	28000	33000	18000
前轮分配质量(前桥)/kg		7100	10000	11500	10000	11500	12000	10000	14000	16800	9000
后轮分配质量(后桥)/kg		4900	6000	6500	10000	8500	7000	10000	14000	16200	9000
全长/mm		5740	5710	5950	6125	7042	5980	6125	7930	8190	5900
全宽/mm		2225	2450	2425	2425	2768	2425	2425	3660	4000	2345
全高/mm		3130	2836	3120	3262	3098	3120	3262	3960	4154	3215
理论爬坡能力/%		40	40	45	30	40	45	30	100	100	30
振动轮宽/mm		2140	2140	2140	2140	2140	2140	2140			2140
振动轮直径/mm		1550	1550	1550	1550	1740	1740	1550			1550
振幅(高)/mm		1.67	1.8	1.8	2.0	1.8	1.6	2.0			2.0
振幅(低)/mm		0.84	0.76	0.95	1.0	0.8	0.8	1.0			1.0
振动频率/Hz		30	28/32	28/32	28/32	28/32	28/32	28/32			30
激振力/kN	高振幅时	255	317	340	355	340	340	355			335
	低振幅时	162	167	220	220	260	260	220			190
转弯半径/mm		5900	6000	6000	6100	6500	6160	6100	7250	7154	6100
轴距/mm		3090	2943	3050	3140	3340	3150	3140	3500	3600	3140
发动机型号		DEUTZTD 226B-4	6BT5.9	6BTA5.9-C132	上柴 D6114	上柴 D6114	6BTA5.9-C132	康明斯 6BTA5.9	上柴 C612 1ZG16	M11-C350	YC6108
额定功率/kW		80	113	132	128	158	132	128	187	261	110
燃油箱容量/L		340	310	320	440	320	330	440	440	470	415
行驶速度一挡/(km/h)		0~5	0~5.9	0~5.6	2.55	0~4.3	0~5.6	2.55	0~4.5	0~4.2	2.2
行驶速度二挡/(km/h)		0~7	0~9	0~7.1	5.03	0~12	0~7.1	5.03	0~6.8	0~7.8	4.3
行驶速度三挡/(km/h)		0~9		0~8.7			0~8.7	8.3	0~9.5		9.1
行驶速度四挡/(km/h)				0~13.5			0~13.5				
凸块数量		154						154	前轮 50，后轮 40	前轮 60，后轮 50	
凸块高度/mm		100						100			

8.9.2.6 压路机的选择

目前市场上压路机品牌、型号众多，其结构形式、规格参数及其技术性能不同，价格差别较大，产品质量参差不齐。这给用户选择增加了难度。为减少投资风险，获得较好效益，应结合矿山道路和养护施工需要进行合理选择。

A 根据土壤结构、性质及含水量进行选择

振动压路机与静压光轮压路机对具有一定黏结力的土壤其压实效果区别不大。对于黏结力差的粗粒土（砂、碎石、砾石）使用振动压路机效果好，适于选用轮胎驱动单钢轮振动压路机。双钢轮振动压路机适合压实沥青混凝土和干硬性混凝土道路。对于岩石填方要用大吨位的压路机，以便有足够能量使大石块产生位移。黏土层的黏聚力大，颗粒间有较大摩擦阻力，含水量也较高，压实时需较大作用力和足够作用时间才能有较好的压实效果，使用振动和静压凸块式压路机，其凸块滚轮对土壤兼有碾压、冲击、拌和及揉合作用，能使黏结土块得以破碎和压实。对于含有砂石、碎石和砾石的混合料宜选用重型振动压路机，方能使其大小颗粒相互掺和得好，获得更高密实度。轮胎压路机在压实过程中能与土壤同时变形，压力作用时间长，接触面积大，有一定揉合作用，压实效果好，适用于各种黏性土及非黏性土，如黏土、砂黏土、砂土和砂砾土。提高轮胎充气压力可改善道路表层压实质量。增大轮胎荷重可增加压实深度。

铺筑层土壤在适宜含水量时，才能获得良好的压实效果。如果土壤实际含水量较低，而又无条件补充水时，则需用重型振动压路机或超重型静压压路机；若实际含水量较高，高出适宜含水量3%以上，必须采取措施降低含水量，如用羊脚压路机翻晾。

B 根据填土层厚度选择

填土较厚的基础压实和路基压实宜选用单位面积压力较大的轮胎压路机、凸块压路机和大吨位振动压路机。当铺层厚度在0.5～2m，若选振动压路机，振动轮分配质量应在10t以上，以保证压实质量；对路面或表层压实宜选用静压三光轮压路机，自重大对路面具有“熨斗”效应，光滑平整，适合各种黏性、非黏性土壤最终压实，是矿山道路基础压实的良好设备。

C 根据施工顺序和效率选择

为提高施工质量和效率，当路基铺层后先用振动压路机压实以提高施工效率，因为振动压路机施工效率是静压压路机的2～3倍，特别在高寒地区，施工季节较短的更应优先考虑振动压路机，再用轮胎压路机中间压实，最后用静压光轮压路机最终光整压实。

D 根据企业的需求和设备性能选择

振动压路机无论在压实质量、压实厚度和压实生产率方面都优于静压压路机，同时机重轻（为同等压实效果的静压压路机的1/3以下）、适应性强（可在狭窄地点作业）和生产能力大，在经济条件允许下尽量优先选用。为了保持必要的技术储备，从压路机的结构性能方面选用现代化的压路机。全液压传动的压路机实现无级调速，使生产优化，行走与振动装置起步平稳，减少给土壤与机械本身的冲击振动，从而提高压实质量和机械使用寿命；全轮驱动的压路机克服从动轮在压实过程中产生弓坡与裂纹，从而提高压实质量和铺层的稳定性。全轮驱动使驱动力增大，提高坡道和松土里通过能力；铰接转向能减小转弯半径，使串联压路机在弯道压实时，前后轮迹重合，使三轮压路机和轮胎压路机在弯道压实时，前后搭接重合，减少被压材料被搓起的现象发生；在驾驶室内装置振动频率和振幅测试仪表及压实度计，使司机随时测定压实效率及压实遍数，从而提高作业效率和压实质量；实现系列化、标准化和通用化压路机便于维修和备件贮存，降低使用成本。

8.9.2.7 维护和检修及故障排除

A 压路机的安全使用要点

(1) 开动压路机前，必须注意机械前后、左右有无障碍和人员；确定设备各部无异常状况；运行安全可靠。

(2) 在压路机运行过程中，严禁进行修理或加油。需要在机底进行修理工作时，应事先将发动机熄火。除了用制动器制动外，还须用三角垫木垫住滚轮。

(3) 禁止用拖动压路机的方法启动发动机。也不能用压路机拖拉其他机械。

(4) 在改变压路机运行方向时,应待压路机停止后再拉动换向器操纵杆。严禁利用换向离合器作为压路机制动之用。

(5) 多台压路机同时工作时,其间距不得小于5m。在坡道上禁止纵队行驶,以防制动器失灵或溜坡而造成撞车事故。

(6) 在新筑路基上作业时,必须放慢压路机的速度,不得靠近路基边缘(一般在0.5m以上),并随时注意路基边缘发生的变化,以防塌陷发生翻机事故。

(7) 修筑山区道路时,必须由里侧向外侧碾压。碾压第二行时,需搭透已碾压前一行路基的半个宽度。碾压时离路基边缘保持1m以上的距离。

(8) 压路机加重时,在滚轮内可加干砂或水;但冬季应加干砂,如无条件,则应减少水量,并在每天工作完毕时,应将水放尽,以防冻裂滚轮。

(9) 压路机停放时,应停在平坦的地方,不准停放在土路边缘,斜坡或坑洼流水之处;如因特殊原因需要停放在坡路上时,应打好挡木桩,以防溜滑。

B 压路机日常检查和维护

(1) 检查燃油箱的油储存量,并按规定加足;

(2) 检查油底壳、喷油泵和调速器的机油面,并按规定加足;

(3) 检查发动机有无漏气、漏水和漏油等现象;

(4) 检查发动机及仪表的工作状况是否正常;

(5) 检查主离合器、变速箱和操纵机构是否机动灵活、平稳可靠;

(6) 检查转向离合器及制动器是否正确灵活、安全可靠;

(7) 检查液压系统各装置的工作是否正常;

(8) 检查各部位各装置的工作温升、振动及声音是否正常;

(9) 检查并紧固各部位的连接螺丝和键销等;

(10) 检查蓄电池的工作情况,并按规定及时充电;

(11) 检查并调整三角皮带的松紧程度;

(12) 清扫全机各部,清点工具及附件;

(13) 检查各部位的润滑情况,并按表8-227规定加足润滑油。

表8-227 压路机的润滑制度及润滑剂

润滑部位	润滑点数	润滑剂种类	润滑周期/d	备　注
转向油缸销子	1	冬季1号钙基润滑脂(ZG-1) 夏季2号钙基润滑脂(ZG-2)	8	GB491—87
主离合器踏脚	1		8	
制动器踏脚轴	2		8	
调频手轮托架	1		8	
主离合器拨叉轴	2		48	
主离合器输出轴轴承	1		48	
调频大斜齿轮轴承	1	夏季2号钙基润滑脂(ZG-2)	48	GB491—87
输出三角胶带张紧轮	1		8	
变速手柄连接杆	1	15号机油(HQ-15)	8	GB4443—84
链式联轴器	1		8	
调频齿轮组	1		48	
变速器	1	10号或15号机油(HQ-10,HQ-15)	48	
分动箱	1	22号透平油(HU-22)		
差速器	2			
转向机构	2	钙基润滑脂(ZG-2)	48	GB491—87
制动机构	2	制动器	8	GB488—86
链条张紧轮	1	钙基润滑脂(ZG-2)	48	GB443—86

C 压路机的检修制度和工作内容

压路机的检修工作可分为小修、中修和大修三种。小修工作6个月进行一次,中修工作12个月进行一次,大修工作36个月进行一次。

小修的主要工作内容包括:

(1) 清洗通气管内的滤芯,如已损坏,则须换新;

(2) 清洗空气滤清器,更换已经破损的滤芯,并换机油;

(3) 清洗油底壳,更换油底壳内的机油;

(4) 清洗冷却水散热器,并补焊漏损部位;

(5) 检查液压油箱及各齿轮箱的油量,并按规定加足;

(6) 检查液压系统的管路及全部接头,更换已损密封件;

(7) 检查和调整离合器,更换已损零件;

(8) 检查和清洗喷油泵及调速器,按规定加入润滑油。

中修的主要工作内容包括:

(1) 完成小修工作的全部内容;

(2) 检查水泵及冷却水系统,补焊漏损部位;

(3) 检查和修补机油散热器和冷却器;

(4) 检查和清洗机油、燃油系统管路及附件;

(5) 检查和调节缸套封水圈,更换已损坏的橡胶封水圈;

(6) 检查和调整气门间隙,已不符合要求时则更换;

(7) 清洁蓄电池,并检查电液的比重是否符合要求;

(8) 检查电气设备及线路有无烧坏或脱线,必要时更换;

(9) 检查连杆螺栓的松紧,以及曲轴、凸轮轴的轴向间隙;

(10) 检查缸套的失圆度和锥度,以及缸套与活塞的间隙;

(11) 检查活塞销铜套及曲轴瓦的间隙,更换磨损超限的零件;

(12) 清除缸盖、燃烧室、活塞顶部及缸套上的全部积炭。

大修的主要的工作内容包括:

(1) 完成中修工作的全部内容;

(2) 调整齿轮间隙,清洗齿轮箱,更换全部润滑油;

(3) 清洗冷却系统和润滑系统,更换已损密封件;

(4) 检修离合器和制动器,并按规定调整工作间隙;

(5) 检修行走机构各部位,更换磨损超限或断裂的履带板;

(6) 全部解体压路机,彻底清洗所有零件,清除油污、积炭、水垢,并做好防锈工作;各润滑部位加足润滑油;

(7) 各部螺栓、螺母所用的垫圈、开口销、保险垫片及金属锁线等,均应按规定装配齐全,并无隐伤痕迹;

(8) 各油箱及容器必须彻底清洗,加油必须有过滤器,装油完毕必须加盖;

(9) 必须将各种摩擦片及制动零件工作面的油污擦洗干净;

(10) 拆检和清洗蓄电池,检查各极板的固定情况,检查电液比重和单格电压,按规定充电;

(11) 彻底检查和测量电气设备及仪表的性能,修理或更换损坏的设备及仪表,然后进行全机功能试验,并防锈喷漆。

对于在检修过程中拆卸的零部件,可根据技术标准进行判定,然后决定弃留。

D 压路机的故障及其排除

压路机的主要故障及其排除方法见表8-228。

表 8-228 压路机的主要故障及其排除方法

故 障	原 因	排除或处理方法
发动机开启后车不能启动	(1)主离合器小伞齿轮损坏; (2)离合器片过热黏结; (3)分离杆变形或断裂; (4)离合器弹簧失效	(1)拆检或更换损坏的齿轮及轴; (2)拆检离合器,修复或更换磨损的摩擦片; (3)检查并修复或更换分离杆; (4)更换失效的弹簧
换向(离合器)操作失灵	(1)离合器拉杆(压爪)变形或损坏; (2)离合器片过热黏结; (3)调整螺钉松脱; (4)连杆系统空行程太大	(1)修复或更换拉杆(压爪); (2)修复或更换磨损的摩擦片; (3)紧固或更换螺钉; (4)调整连杆系统各铰销,使间隙适当
传动系统有不正常声响	(1)传动轴及杆件空行程太大; (2)传动轴万向节严重磨损; (3)侧传动小齿轮断齿; (4)半轴花键损坏	(1)调整传动轴及杆件铰销间隙,消除空行程; (2)更换万向节或铰销; (3)检查侧传动系统,修复或更换损坏的齿轮; (4)拆检半轴,更换已损件
前轮转向动作沉重	(1)转向臂变形或断裂; (2)转向立轴的轴承损坏; (3)方向轮轴的轴承损坏; (4)叉脚横销严重磨损	(1)修复或更换转向臂; (2)拆检立轴,更换损坏的轴承; (3)拆检轮轴,更换损坏的轴承; (4)拆检叉脚,更换磨损的轴销
变速箱有严重声响	(1)轴头小伞齿轮断齿; (2)轴承损坏或间隙过大; (3)第1、3轴之间的串接滚针轴承磨损; (4)有变速齿轮断齿	(1)修补或更换小伞齿轮; (2)调整轴承间隙,更换损坏的轴承; (3)拆检第1、3轴,更换已损坏的滚针及其附件; (4)拆检变速箱,修补或更换已损齿轮
机器能够后退,而不能前进	(1)后退离合器摩擦片卡住; (2)后退离合器活塞卡住; (3)操作杆推拉不到位	(1)检查和修理离合器摩擦片; (2)检查和修理离合器活塞; (3)将操作杆推拉到挡位的极限位置
全踏下油门踏板,而机器速度降低	(1)变矩器和变速箱中的油位过低; (2)变矩器的压力调节阀失灵; (3)气阀柱塞没有回到正常位置; (4)吸油口磁性过滤器堵塞; (5)变速箱的离合器内油压不足	(1)按照规定油位,加足油量; (2)检查或更换调节弹簧; (3)更换失效弹簧,清洗柱塞和缸体; (4)放掉减速箱的油,清洗过滤器; (5)检查或更换阀弹簧和密封件
液压系统油温过高	(1)油箱中油不足; (2)油箱中滤清器太脏,滤油网堵塞; (3)分配器、滑阀上下弹簧座装反	(1)添加机油; (2)清洗滤清器; (3)重新装配
油起泡沫并从油箱加油口盖的通气孔中溢出,液压系统有响声	(1)油箱油太多; (2)油箱中的油太少; (3)油路中吸入空气; (4)油箱加油口盖通气孔堵塞; (5)油泵自紧油封损坏	(1)放出过多的油; (2)添加机油至规定油面高度; (3)检查并拧紧从油箱到油泵的油管接头; (4)清洗通气孔及填料; (5)更换新油封
液压系统油耗增高	(1)油泵紧固螺栓松动; (2)油泵接合面处密封环损坏; (3)油泵主动齿轮自紧油封损坏,此时发动机曲轴箱机油增多; (4)分配器螺栓松动或垫片损坏; (5)分配器操作手柄球形杠杆密封环损坏; (6)分配器油管接头的密封圈损坏; (7)油缸活塞杆人字形密封环损坏; (8)油缸输油管密封及损坏; (9)油缸导向套密封环损坏	(1)拧紧螺栓; (2)更换密封环; (3)更换自紧油封; (4)拧紧螺栓或更换垫片; (5)更换密封环; (6)更换密封圈; (7)更换人字形密封环; (8)更换密封环; (9)更换密封环

8.9.3 平路机

8.9.3.1 现状与发展趋势

A 现状

a 国外现状

国外平路(地)机的制造商主要有卡特彼勒公司、德国鲍克玛(Boukema)公司、宝马公司、小松制作所、三菱（Mitsubishi）公司、加拿大冠军（Champion）公司等20多家，年产量1万多台，其中以80～200kW的产品销量最多。从技术发展来看，总体结构形式与20世纪80年代的产品变化不大，只是在原机型基础上不断改进完善，发展了激光、声纳和电子等自动调平装置、全轮驱动等，为扩大作业功能，可选择多种工作装置；改善了驾驶室，降低噪声，设置电子监控系统，提高了操作人员舒适性、安全性和方便性；近年又增设了微机控制的机电一体化系统，提高了自动化水平，降低能耗，并减少对环境污染，产品造型更加美观。

（1）卡特彼勒公司是全球最早开发、技术最强的平路机制造商，具有51.5～215kW的G系列、H系列等几十个品种，产品生产量大，畅销许多国家。

柴油发动机选用速度低、过载能力强、输出转矩大，如14G型平路机用CAT3306型发动机，排量与功率比值为0.069L/kW，转矩储备系数可达30%，额定转速1850 r/min，喷油压力高，精确计量和定时配合获得较高的燃油效率，确保冷启动性能，降低了排放，振动小，使用寿命长，牵引特性好，工作效率高。直接传动变速器效率高，动力换挡可在全负荷下、行走中换挡，并有点动功能，使机器微量移动，可对机器精确控制。工作装置的弓形梁略向前倾不会遮挡司机视线，刮刀用耐磨高碳钢制造，刀刃堆焊有硬合金，使用寿命长。三套制动系统，安全可靠。驾驶室四面透明的玻璃房便于司机操作驾驶，噪声低，一般低于79dB（A），仪表集中安在驾驶盘前方，燃油表、油温表位于正前方仪表盘上，操纵手柄、开关等装于转向柱上，便于操作，提高舒适性。

（2）德国鲍克玛公司5-125C型平路机，工作质量14.3t，功率125kW。它是液力传动，液压操纵，采用可变铰支点机构的重型平路机。可变铰支点的操纵机构使铲刀向左、向右摆出最大倾角达90°，能完成高坡作业，且刮刀切削角可调整，最大切削深度为工作面以下560mm；用前车架桥式弯管内储存柴油容量550L，后部分为副油箱50L；后车架U形管内储存液压油150L。在前端管状横梁内储存压气；前轴和后轴均能摆动，前轴摆幅±15°，后轴摆幅±30°，作业平整；变速由液力变矩器和串联多挡带载换挡、倒顺车变速器实现，使平路机随行驶阻力增加而增加牵引力。

（3）此外美德莱赛（DRESSER）公司生产B系列平路机，我国引进850B（142kW）、870B（154kW）。小松制作所生产GD系列平路机。

上述的制造商产品技术先进，结构合理，品种系列齐全，销售量占全球总产量近50%，产品可靠性高，平均故障间隔时间在600～700h，第一次大修期达10000h，个别高的近20000h。

b 国内现状

我国于20世纪60年代，通过测绘前苏联的67kW90（hp）Д-144型平路机而试制出我国第一台平路机，经过多年的研制开发，目前已能生产功率83～186kW、刮刀长度3355～4920mm的产品，技术水平相当于国外90年代的水平。主要制造厂家有天工机械中外建设发展股份有限公司、陕西新黄河工程机械集团有限责任公司、沈阳山河工程机械厂、山推工程机械股份有限公司、中外合资成都大华路面机械有限公司、吉林宝路机械设备经营公司、徐州工程、徐州华东机械、温州冶金机械厂和哈尔滨第一机器厂等。天津工程机械厂1977年开发了PY160型平路机，功率118kW，1985年引进德国O&K公司F系列5种机型产品技术，1987年引进美国卡特彼勒公司14G、16G等型号产品技术。在此技术基础上开发了PY250型平路机，工作质量24.8t。采用卡特彼勒公司的发动机、变速箱、后桥、主传动和主要液压元件，保留了16G型平地机的先进性。该机在德兴铜矿使用效果良好。目前已形成功率80kW、118kW、160kW和205kW系列产品，并根据用户要求可安装激光或声纳自动调平装置，已具备年产1000台的生产能力。

（1）温州冶金机械厂引进美国阿维林巴福特（Aveling Barford）公司的ASGO21型平路机散件，组装后的产品在水厂铁矿应用，维修路面平整、质量好，取得较好经济效益。目前，开发了PY220型平路机，已进行批量生产。

（2）陕西新黄工程机械有限责任公司的“黄工牌”平路机，如PY185型平路机采用上柴D6114型发动机、铰接车架、全液压转向、电子监控等先进技术，工作质量13.6t，功率136kW。PY160型平路机采用康明斯C8.3发动机，整体车架，箱形结构，整体刚性好，该产品适于高速公路、矿山道路等工程使用，平整度高，效果好。

（3）常林股份有限公司开发的PY165C-3型平路机，工作质量13.8t，功率123kW。采用上柴发动机，电液控制动力换挡变速箱,单手柄操作,具有前6挡后3挡位,牵引力大,工作效率高;全液压转向,转向角大,转弯半径小;工作装置用双刃刮刀,可延长使用寿命。工作液压系统的关键液压件,如油缸、多路阀和密封件采用国外配套件,以实现动作精确控制,可靠性高;终传动系统的后桥装有自动销紧脱开的No-SPIN差速器;行车制动用液压助力或后四轮轮边蹄式制动系统;车架前后铰接,上翻式护罩,维修保养方便;冷暖空调的驾驶室,窄立柱大玻璃,提供良好视野,可调节操作台,可调式减振座椅,使操作方便、舒适。

(4) 徐州工程机械科技股份有限公司开发的GQ250型全液压平路机采用静液压传动系统;行驶速度采用PLC、液压和传感器控制技术实现智能换挡,作业时根据外负荷变化自动换挡变速,充分利用发动机功率;转向带负荷传感器的液压系统机动灵活;箱形摆动式转向前桥,转向角可达±45°;浮动式平衡箱用齿轮传动替代传统链条传动,加上进口轴承和充分润滑,保证平衡箱能可靠地工作;工作装置(刮刀)采用可调型大滑槽双滑轨机构,刀片用高强度耐磨材料,双液压缸灵活控制刮刀铲土角;简单直观的监测显示系统,当发动机、液压和电气等系统发生故障时能自动蜂鸣报警;舒适宜人的驾驶操纵系统使司机操纵舒适;发动机罩整体向上翻转,便于维修。

近期又有多个企业生产平路机,产量逐年增加,除满足国内市场需求外,还打入国际市场。但是与国外先进产品相比尚有较大差距,主要在产品可靠性、品种、数量等方面。我国平路机故障间隔时间短,产品质量较差,可靠性低;系列不完整,品种不全;缺乏大功率的平路机;机电一体化只在少数产品实现,而多数产品仍然靠人力操作,翻车保护和落物保护装置,带空调、低噪声的驾驶室虽有应用,尚待完善改进;自动控制、故障诊断的自动化水平有待提升。

B 发展趋势

在完善现有品种、系列的基础上,发展大功率平路机以满足市场需求;不断提高产品质量;提高平路机故障间隔时间和第一次大修时间,提高市场竞争能力。随着平路机大型化发展,故障停机和检修对配套机组损失过大,提高产品可靠性是当务之急;开发机电一体化的平路机。应用微电子技术,研究电子自动控制调平装置,设置电子监控系统,故障显示报警与诊断等,不断提高平路机生产效率,按人机工程学原理设计驾驶室。增设翻车保护结构和落物保护机构,采用空调、密封、隔音、降噪的措施。合理布置操纵杆位置,减少操纵力和行程,逐步实现自动控制操纵。

8.9.3.2 分类和用途

A 分类

平路机按行走方式分为拖曳式和自行式两种。前者因其机动性较差,应用逐渐减少,目前主要使用自行式平路机。自行式平路机按操纵方式分为机械操纵和液压操纵,目前自行式平路机多用液压操纵。有些技术先进的平路机采用自动化控制系统来控制刮刀液压缸工作和用激光来控制工作平面,不仅提高工效,改善质量,减轻工人劳动强度,同时降低了作业成本。自行式平路机按轮胎数目不同可分为四轮(双轴)式和六轮(三轴)式,前者用于轻型平路机,后者用于大中型平路机;按车轮驱动情况不同分为后轮驱动和全轮驱动;按车轮转向情况不同分为前轮转向、全轮转向和铰接转向,后者有更小的转弯半径,增加了灵活性;按发动机功率、吨位和刮刀尺寸大小不同,分为轻型、中型和重型,见表8-229。

表8-229 平路机按刮刀长度、功率和机质量分类

类 型	拖式平路机	自行式平路机		
	刮刀长度/mm	刮刀长度/mm	功率/kW	整机质量/t
轻 型	1800 ~ 2000	3000	40.1 ~ 66.2	5 ~ 9
中 型	2000 ~ 3000	3000 ~ 3700	66.2 ~ 110	9 ~ 14
重 型	3000 ~ 4000	3700 ~ 4200	110 ~ 220.5	14 ~ 19

按行走系统不同区分平路机的方法是:总轴数×驱动轴数×转向轴数,如3×2×1含意为三轴、双轴驱动、前轮转向平地机;3×3×1为三轴、全轮驱动、前轮转向;3×3×3为三轴、全轮驱动、全轮转向;2×1×1为二轴、前轮驱动、后轮转向;2×2×2为二轴、全轮驱动、全轮转向。驱动轴数越多,在施工作业中产生附着牵引力越大;转向轴数越多,设备转弯半径越小,机动灵活性越大。上述五种以3×3×3性能最好。目前国

产大中型平路机以三轴六轮式居多,其特点是附着牵引性、平稳性和刮刀平土性能较好,生产效率较高。而二轴四轮式结构简单,价格低,但平土性能较差,均在轻型平路机中采用。

B 用途

平路机是在前后轮轴间安有刮刀,用以按各种坡度要求平整地面和摊铺物料的刮土运输机械,并可配有其他多种可换的工作装置进行土地平整和整形连续作业的平路设备。平路机的刮刀比推土机铲刀更加灵活。它能连续改变刮刀的平面角和倾斜角,使刮刀向一侧伸出进行连续铲土、运土、大面积平地、挖沟和刮边坡等施工作业。平路机其他可换工作装置主要有耙子、推土铲刀、延长刮刀、犁扬器和扫雪器等。由于平路机生产率高、刮削平坦、平整作业能力强,在露天矿山筑路、养路和采场平整作业中被广泛应用,在国外露天矿山配备平路机较为普遍,并取得良好效果。近年来,国内大型矿山使用平路机明显增加。

露天矿山平路机的用途是运输道路的修筑和养护,也可平整采场工作面和排土场,还可将其刮刀倾斜提起,清理露天矿边坡。在施工过程中利用刮刀进行土壤切削、刮送和整平工作。它可进行砂石或砾石路面的维修,路基、路面的整形,挖沟(开挖边沟和路槽),两侧取土,填筑不高于1m的路堤,修筑路基横断面,刮削路基里外斜坡,它还可完成材料推移、混合、回填和摊平作业。它是路面整形、路基刮削、路料排铺的有效设备。如配置上述各工作装置还可进行推土、疏松土壤、清理杂草和石块、扫雪等作业,扩大应用范围。因此,平路机是利用刮刀的一种多性能、作业精度高、用途广泛的道路施工设备。

8.9.3.3 基本原理和工作系统

平路机是一种装有铲土刮刀,配有其他多种辅助作业装置,进行土壤切削、刮运和整平等作业的土方工程机械。它的结构如图8-224所示,由发动机、机械和液力及液压传动系统、工作装置、电气与控制系统,以及底盘和行走装置等部分组成。

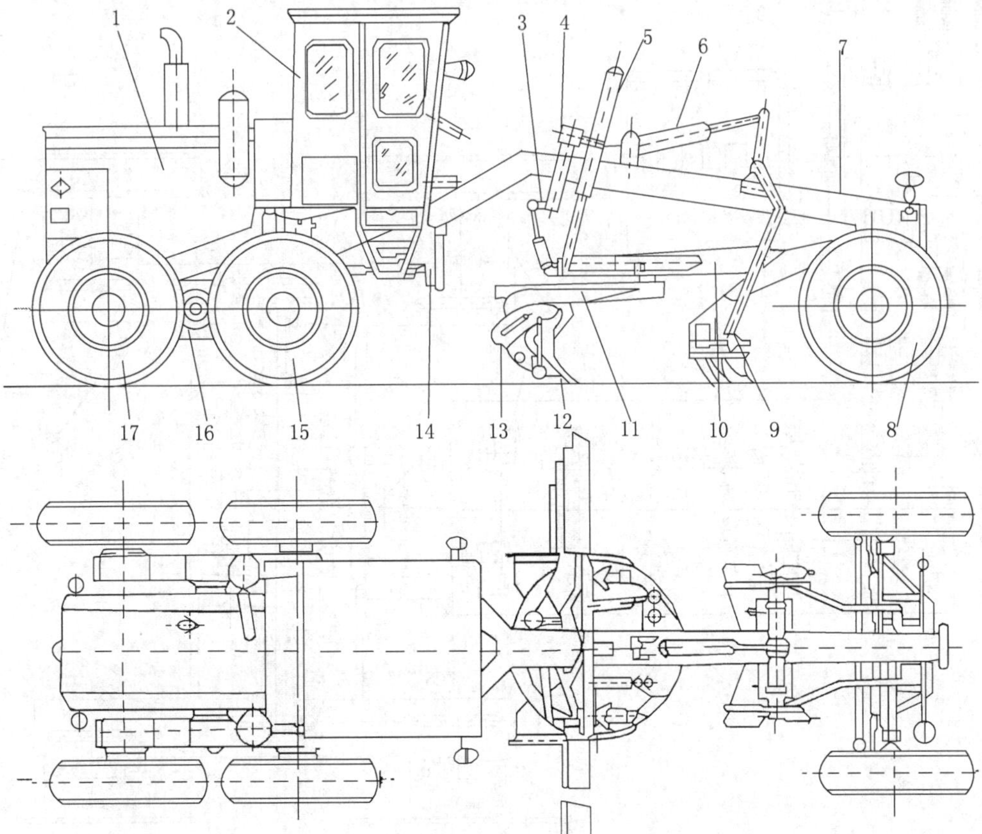

图8-224 平路机结构外形

1—发动机;2—驾驶室;3—牵引架引出油缸;4—摆架机构;5—升降油缸;6—松土器收放油缸;7—车架;8—前轮;9—松土器;10—牵引架;11—回转圈;12—刮刀;13—角位器;14—传动系统;15—中轮;16—平衡箱;17—后轮

A 动力系统

根据平路机的作业特点，选择速度低、过载能力强、输出扭矩大的柴油发动机。如CAT14G型平路机所用CAT3306型柴油机，排量与功率比值高(0.069L/kW)，功率储备大，寿命长；具有较高的转矩储备系数(达30%)，能适应载荷急剧变化而无需换挡，获得良好牵引特性，工作效率高；转速低(3306型柴油机额定转速仅为1850 r/min)，因而油耗少、噪声低；柴油机飞轮端朝向机器尾部，传动装置置于发动机后部，传动装置变速箱噪声远离驾驶室；高的燃油喷射压力，使燃油与空气充分混合，用高喷射压力与精确计量和定时配合获得高的燃油效率，降低了排放气量。高压缩比，确保可靠的冷启动性能。

B 传动系统

传动系统有机械传动、液力机械传动及前桥为液压机械传动、后桥为液力机械传动几种形式。纯机械传动的平路机上，发动机的动力经机械或动力换挡变速箱、机械式驱动桥(主传动、轮边减速器和平衡箱)传给驱动轮，如CAT16G、14G和天工PY250型平路机。传动效率高，据介绍比液力机械传动可提高效率15%。机械动力换挡变速箱可在全负荷下，在行走中换挡，并有点动功能，可对机器的动作精确控制，使机器可做微量移动，对精修作业和狭窄场地作业有利。配有安全锁可使平路机只有在空挡才能启动。挂挡后即使发动机已启动，安全锁未解除平路机也不能行走，以防止误动作，保证安全。由于平路机在失速状态下并不要求提供很大牵引力，即使刮刀遇到不可逾越的障碍，将此障碍移开并不是它的工况，因此，它可以采用没有变矩器的直接机械传动方式，以期提高传动效率。目前，卡特彼勒公司、小松制作所、加拿大Champion公司和我国天津建筑工程机械厂的产品都采用了机械传动方式，如图8-225所示。液力机械传动平路机，在变速

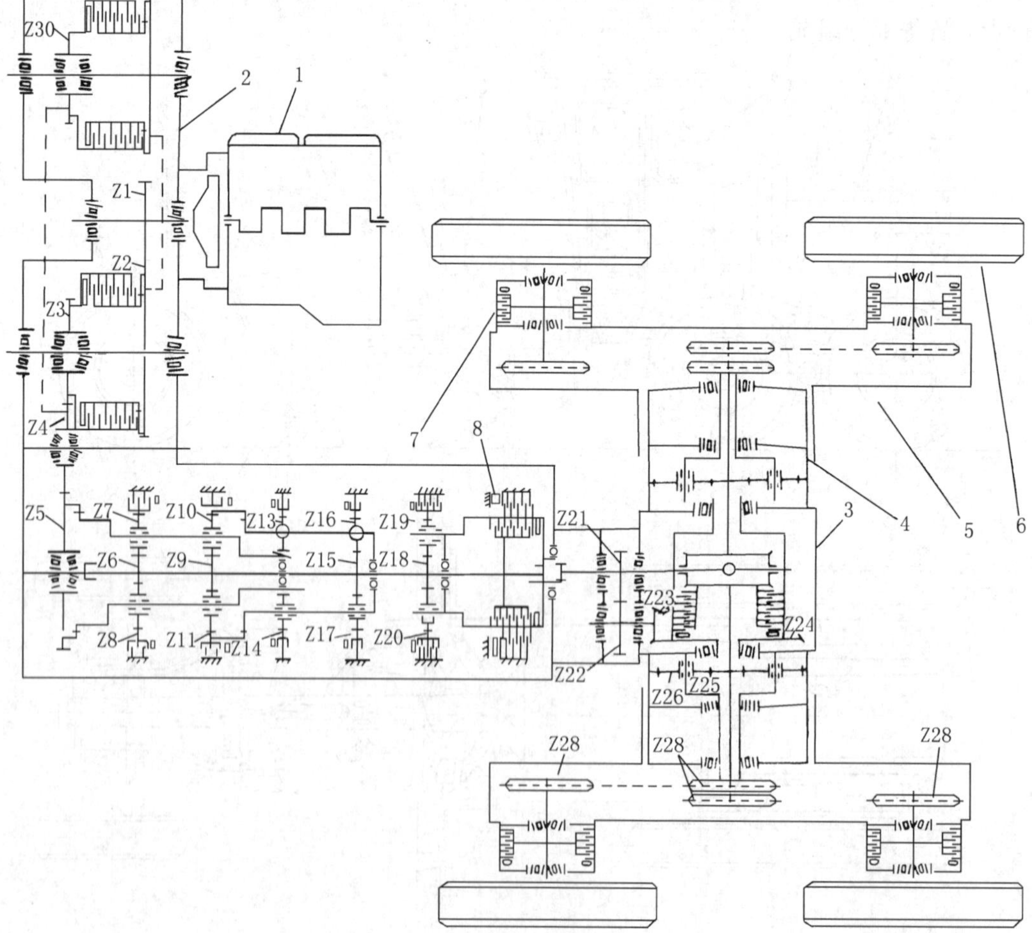

图8-225 PY250型平路机机械传动系统

1—发动机；2—变速箱；3—后桥传动；4—桥边行星减速传动；5—平衡箱；
6—后轮；7—行车制动；8—停车制动器

箱前装有液力变矩器,如推土机传动多用这种方式。目前,已有综合采用两种传动形式的平路机,如德国O&K-FAUN公司和中外建发展股份有限公司引进的F105A型、F155A型平路机,后桥为液力机械传动,前桥为液压机械传动。这种传动形式可以更好地实现前后轮同步,避免功率循环,减轻轮胎磨损,甚至可根据工况需要,实现脉动式超速驱动,更有效地发挥车轮的驱动作用。

C 工作装置

工作装置的结构如图8-226所示,主要由液压缸、牵引架、回转齿圈及其回转驱动装置、角位器和刮刀等组成,在作业过程中承受着巨大负荷,要求有足够强度和刚度。

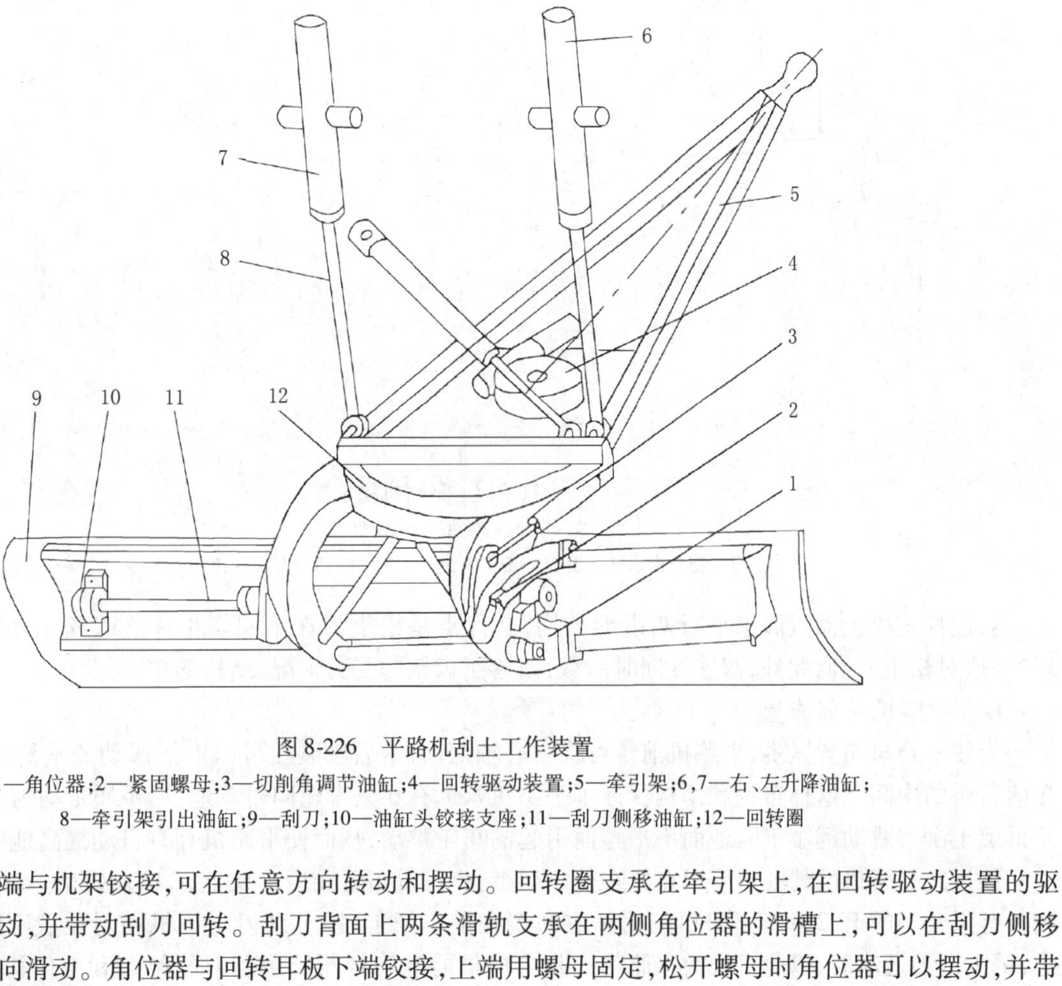

图8-226 平路机刮土工作装置

1—角位器;2—紧固螺母;3—切削角调节油缸;4—回转驱动装置;5—牵引架;6,7—右、左升降油缸;8—牵引架引出油缸;9—刮刀;10—油缸头铰接支座;11—刮刀侧移油缸;12—回转圈

牵引架的前端与机架铰接,可在任意方向转动和摆动。回转圈支承在牵引架上,在回转驱动装置的驱动下绕牵引架转动,并带动刮刀回转。刮刀背面上两条滑轨支承在两侧角位器的滑槽上,可以在刮刀侧移油缸的推动下侧向滑动。角位器与回转耳板下端铰接,上端用螺母固定,松开螺母时角位器可以摆动,并带动刮刀改变切削角(铲土角)。

刮土工作装置的操纵系统可以控制刮刀左侧提升与下降、刮刀右侧提升与下降、刮刀回转、刮刀随回转圈左移或右移、刮刀切削角的改变。不同类型平路机刮刀运动不尽相同,例如某些小型平路机为简化结构,没有角位器,切削角是不变的。

各种平路机的刮刀结构基本相似,包括刮刀身和刀片两部分。刀身为一块耐磨高碳钢板制成长方形的弧形曲面板,其下缘用螺栓装有采用特殊的耐磨、抗冲击、高碳合金钢制成的刀片。刀片为矩形,一般由2~3片组成,其切削刃上下旋转对称,当刀刃磨钝后可上下换边或左右对换使用,为了提高刮刀抗扭、抗弯刚度和强度,在刀身背面有加固横条。在某些平路机上,此加固横条是上下两条,作为供刮刀侧伸用的滑轨。

牵引架为箱形结构,是工作装置中主要受力构件,多用高强度钢制作。回转圈用锻钢制作,可承受高的应力负荷。

松土器用来疏松土壤或破碎路面及破裂岩石。松土器通常留有较多的松土齿安装孔。疏松较硬土壤时插入松土齿较少,以正常作业速度下驱动轮不打滑为限;疏松较软土壤时可插入较多的松土齿,此时则相当于耙土器。

松土器的结构形式如图8-227所示。按负荷程度分重型和轻型两种。重型松土器共有7个齿安装位置，一般作业只选装3~5个齿。轻型松土器可安装5个松土齿和9个耙土齿。

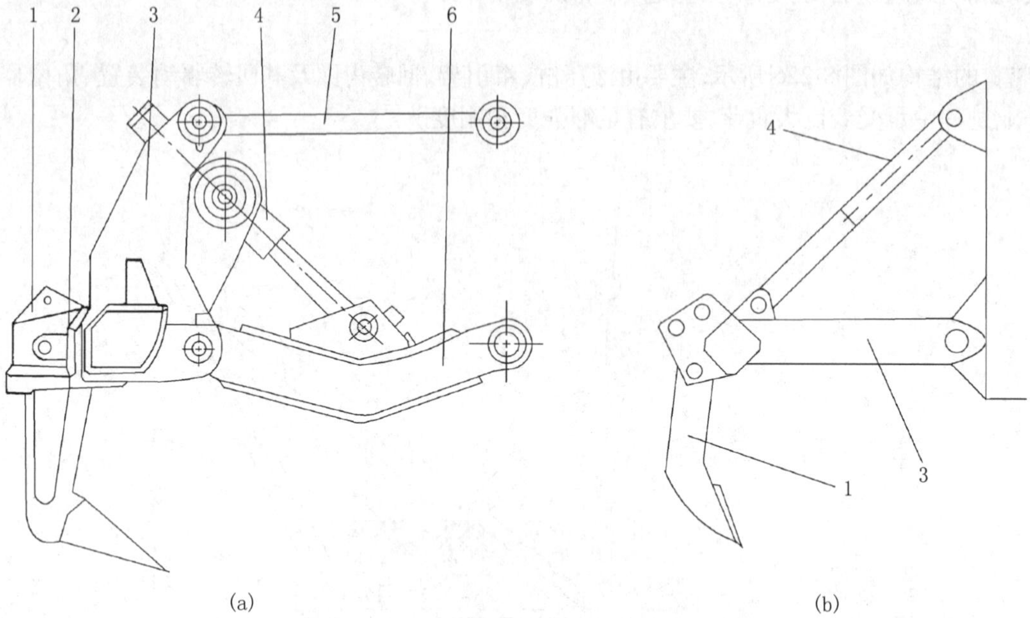

图8-227 平路机松土器

(a)重型；(b)轻型

1—耙土齿；2—齿套；3—松土齿；4—控制油缸；5—上连杆；6—下连杆

双连杆式松土器近似于平行四边形结构，其优点是松土齿在不同切土深度时松土角基本不变(40°~50°)，这对松土有利，此外，双连杆同时承载，改善了齿架的受力情况，结构简单。

D 平路机总体布置

为使平路机布置紧凑，平路机前桥可绕中心轴摆动，中后轴装在可以上下摆动的平衡箱上，铲土刮刀装在前后桥的中间。这样布置和结构保证了平路机永远有6只车轮同时着地，后桥质量均匀分布在中后轮上，使得铲土刮刀跳动远小于因地面不平整而引起的车轮跳动，从而使平路机具有自动提高地面平整度的能力。

铰接式平路机的驾驶室可以布置在前车架上，也可以布置在后车架上，CAT16G型平路机和中外建发展股份有限公司的PY250型平路机的驾驶室布置在前车架上，铲土刮刀与司机相对位置不随转向变化而变化，铲土刮刀运动时，以前机架为参照物，因此，司机能准确判断铲土刮刀的位置和工作状态，但因发动机、变速箱、制动器等操纵系统都跨越铰接点，总体布置较困难；另外司机随前机架偏摆，频繁转向，易引起疲劳，中外建发展股份有限公司的PY180型、PY160C型平路机驾驶室布置在后机架上，布局容易，可实现较大的铰接转向角，司机工作舒适。

E 液压系统

平路机液压系统分工作装置液压系统、转向液压系统和操纵液压系统。工作装置液压系统用来控制各种工作装置(刮刀、耙土器等)的各种动作；转向液压系统，多数采用全液压转身系统，用方向盘直接操纵转向器进行动力转向。工作装置液压系统有定量泵与变量泵系统；单泵操纵回路和双联泵操纵回路与转向液压系统组成复合式液压回路。以天津工程机械厂的PY250型平路机工作装置与转向液压系统为例简述如下。

PY250型平路机工作装置转向液压系统如图8-228所示。它采用轴向变量泵、Y形机能多路换向阀恒压回路控制各种作业动作。变量泵有2级工作压力，1级为14.8MPa，2级为24.5MPa，以满足作业要求。当发动机转速为2000 r/min时，变量泵输出流量11.4~250L。在多路换向阀每一联内均设有流量控制阀，从而实现稳定的移动速度。铲土刮刀左右两侧升降回路配有蓄能器，可以吸收刮刀接触到坚硬物体时产生的冲击力，对于粗糙而坚硬的场地作业十分重要。各回路均设有液压锁，以防止液压缸因漏油而产生沉降现象，使平路机保持刮刀正确位置十分必要。

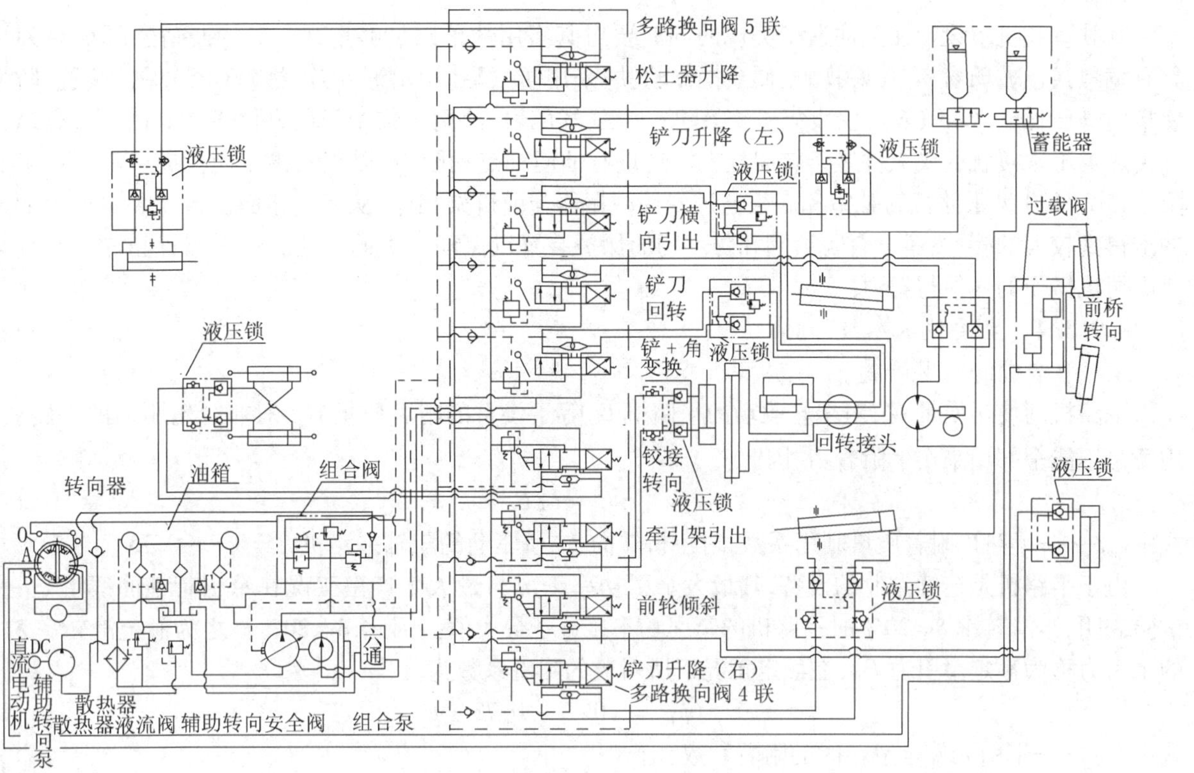

图 8-228 PY250 型平路机液压系统

工作装置液压系统和转向液压系统共用一个液压泵，这时该系统能保证转向液压系统获得优先供油。并在回转驱动装置中装有摩擦片，当铲刀受到较大冲击时能起过载保护作用，防止液压马达和铲刀过载。

工作装置除上述 PY250 型平路机采用液压操纵时，有的平路机还采用纯机械操纵或电液自动控制(以液压传动为基础，采用半自动或自动控制，包括激光信号自动控制等)。

F 车架

平路机车架结构有整体车架(又称刚性车架)，如中外建发展股份有限公司的 PY160B 型平路机；也有铰接式车架，如美国卡特彼勒公司 G 系列平路机，以及常林股份有限公司的 PY190A 型平路机等。

G 制动系统

平路机的制动系统一般包括 3 级制动，即行车制动系统、停车制动系统和紧急制动系统，如美国卡特彼勒公司的 G 系列平路机。行车制动系统位于 4 个后车轮的花键壳上，采用气推油的湿式多片制动器，全密封、免调整，用平衡箱内油液进行润滑和冷却；停车制动系统位于传动箱输出轴，系手操纵气动多片式制动器。平时它借助于弹簧力结合，机器行走时借助于气压松开。紧急制动系统，分别对左右平衡箱单独提供制动回路，两个储气罐分别向制动回路供气，当一侧回路失效时，另一侧回路使平路机还有一定制动能力。有的平路机如 PY160C 型只有行车制动系统和停车制动系统。而行车制动系统由压气机、制动阀、助力器和制动器组成。压气机将压气压入储气罐中，通过制动阀使压气推动助力器活塞，将主缸制动油压入制动器推动蹄片产生制动作用。三一重工股份有限公司的 PY190 型平路机的行车制动系统采用双回路液压制动系统，充液阀出油口分两路，其中一路控制平衡箱后两轮，另一路控制平衡箱前两轮。如其中一个回路失效，另一回路仍能正常工作。各回路专用蓄能器内储存的压力油可在系统出现故障时提供 6 次制动的容量。

行车制动液压系统与工作液压系统共用一个柱塞泵，安在变速箱取力口上。泵出压力油经充液阀进入蓄能器，充液阀使柱塞泵优先向蓄能器供油（充液时间不到6s）。踏下制动踏板，来自充液阀、蓄能器的压力油经制动阀使车轮制动；松开制动踏板，制动阀截断压力油，使制动缸与油箱接通，车轮停止制动。

H 驾驶室

驾驶室和机罩设计在关注造型美观的同时要对其实用性予以足够重视。卡特彼勒公司G系列平路机具有宽敞浅色玻璃窗，有良好视野，便于操作驾驶；采用防滚翻（ROPS）、防落物（FOPS）保护装置，防噪措施使室内噪声低于79dB(A)；仪表集中安装，燃油表、气压表、油温表位于正前方仪表盘立面上。操纵手柄中开关之类不常接触的操纵件装于转向柱上。还设有油门和点动踏板，以利司机方便操纵。三一重工股份有限公司PY190型平路机驾驶室和底板通过专用减振器与前机架相连，从而使路面及传动装置产生的振动和冲击得到较大的缓冲；还设有防滚翻和防落物的保护装置以保证司机的安全。仪表布置和操纵装置都充分考虑司机操作的方便与省力。

8.9.3.4 主要技术参数计算

A 平路机的使用质量

平路机的使用质量 G_s，对全轮驱动的平路机 G_s 等于设备的附着质量 G_ψ，对非全轮驱动的平路机，其使用质量不能全部用来产生附着力，因此：

$$G_\psi = \xi G_s \tag{8-234}$$

式中 ξ——平路机附着质量利用系数，对一桥转向、二桥驱动的三轴平路机，$\xi=0.7\sim0.75$。

由于平路机是连续作业的设备，其最大牵引功率工况与最大生产率工况在牵引特性曲线上是一致的。试验表明，当滑转率 $\delta=20\%$ 时平路机的牵引功率接近于最大值。因此，$\delta=20\%$ 称之为额定滑转率 δ_H，这时的牵引力称为额定牵引力 P_H，在额定工况下所对应的附着系数为：

$$\psi_H = (0.7 \sim 0.73)\psi \tag{8-235}$$

式中 ψ——牵引元件全滑转时的附着系数。

所以：

$$P_H = \psi_H \xi G_s = (0.7 \sim 0.73)\psi\xi G_s \tag{8-236}$$

为使平路机在额定牵引工况下作业，其使用质量按式(8-237)计算：

$$G_s = \frac{P_H}{(0.7 \sim 0.73)\psi\xi} \tag{8-237}$$

B 平路机牵引力

平路机作业工况中以构筑路堤的铲掘阻力最大。耙松硬土时的作业阻力也很大。完成这些工作，必须克服刮刀切削阻力、刮刀与土接触的水平摩擦阻力、刮刀前面土堆沿地面移动时的阻力和刮刀前面土堆沿刮刀表面纵向移动所造成的阻力。这些阻力之和就是平路机作业水平总阻力 P_x。在发动机额定工况作业时，P_x 作为发动机在Ⅰ挡作业时的额定有效牵引力 P_H。

(1) 刮刀切削阻力 P_Q 为：

$$P_Q = K_b L_1 h_{cp} \times 10^6 \tag{8-238}$$

式中 K_b——切削比阻力，MPa，见表8-230；

L_1——刮刀刃切土部分长度，m；

h_{cp}——平均切土厚度，m。

表8-230 各种土壤的切削比阻力 K_b （MPa）

土壤级别	土壤名称	K_b
Ⅰ	砂、砂质土、松散黏土	0.01～0.03
Ⅱ	黏质土、中细砂砾	0.03～0.06
Ⅲ	密实黏土、中等黏土、软泥碳	0.06～0.13
Ⅳ	具有卵石的黏土、中等坚实煤炭，含有杂质的石砾	0.13～0.25
Ⅴ	中等页岩、坚实黄土、软石膏	0.25～0.32

(2) 刮刀与土接触的水平摩擦阻力 $P_{\mu1}$ 为：

$$P_{\mu1} = \mu_1 P_2 \tag{8-239}$$

式中 μ_1——土与钢的摩擦系数,见表 8-231;

P_2——刮刀作业所受垂直阻力,N。

表 8-231 土与钢、土与土的摩擦系数 μ_1、μ_2

土的名称	μ_1	μ_2
砂对砂	0.8	0.35
中等黏土	1	0.5
重黏土	1.2	0.8

(3) 铲刀前土堆沿地面移动时的阻力 $P_{\mu2}$ 为：

$$p_{\mu2} = V_{\psi}\gamma\mu_2\sin\varphi' \tag{8-240}$$

式中 V_{ψ}——刮刀前面土堆容积,m^3,按式(8-241)计算：

$$V_{\psi} = L\frac{(H - h_{cp})^2}{2\tan\varphi_0} \tag{8-241}$$

L——刮刀长度,m;

H——刮刀高度,m;

h_{cp}——平均切土厚度,m;

φ_0——土堆自然安息角,(°);

φ'——刮刀水平面回转角,(°);

γ——土的容重,t/m^3。

(4) 刮刀前面土堆沿刮刀表面纵向移动所造成的阻力 $P_{\mu3}$ 为：

$$P_{\mu3} = V_{\psi}\gamma\mu_2\mu_1\cos\varphi' \tag{8-242}$$

平路机作业总阻力为 $P_x = P_Q + P_{\mu_1} + P_{\mu_2} + P_{\mu_3}$,则发动机额定工况的有效牵引力为 $P_H = P_Q + P_{\mu1} + P_{\mu2} + P_{\mu3}$,实际设计中最好通过试验来确定 P_H 值,或者按 $P_H = (0.70 \sim 0.73)\psi\xi G_s$ 确定。

C 平路机作业速度

充分利用发动机功率,提高平路机的经济效益,在选择速度挡位时既考虑复杂工况时对牵引力有较大变化的需要,又考虑一机多用,满足各配套装置所需不同的作业速度。对于液力机械传动的平路机,由于液力变矩器的无级变矩作用,挡位较少,而机械传动的平路机挡位较多,各挡速度值按经验如下确定：

Ⅰ挡:$v_1 = 3.2 \sim 5$km/h(精加工作业、铲掘作业);

Ⅱ挡:$v_2 = 6 \sim 7$km/h(普通路面刮削和粗加工作业);

Ⅲ挡:$v_3 = 8 \sim 10$km/h(除雪、摊平、搅拌等作业);

Ⅳ挡:$v_4 = 11 \sim 14$km/h(中短距离运输作业);

Ⅴ挡:$v_5 = 15 \sim 18$km/h(中短距离运输作业);

Ⅵ挡:$v_6 = 20 \sim 23$km/h(中长距离运输作业);

Ⅶ挡:$v_7 = 35 \sim 40$km/h(中长距离运输作业);

Ⅷ挡:$v_8 = 42 \sim 49$km/h(长距离运输作业)。

其后退速度通常为同挡位或略低于同挡位速度。

D 发动机功率

发动机最大功率 N_{emax} 为：

$$N_{emax} = \frac{(P_H + P_f)v_1}{3600\eta_m K_b} + N_{e\Sigma b} \tag{8-243}$$

或
$$N_{emax} = \frac{G_s[(0.70 \sim 0.73)\psi\xi + f]v_1}{3600\eta_m K_b} \tag{8-244}$$

式中 f——滚动阻力系数；

K_b——发动机功率输出系数，可由发动机适应性系数 K_M 确定，当 $K_M<1.15$ 时，$K_b=0.87$；当 $1.15<K_M<1.30$ 时，$K_b=0.94$；当 $K_M>1.30$ 时，$K_b=0.97$；

$N_{e\Sigma b}$——发动机附件所消耗功率；

η_m——传动系总效率。

为使发动机不因为超载而熄火，必须使车轮全滑转，即满足：

$$P_M > P_\psi + P_f > \psi\xi G_s + P_f \tag{8-245}$$

式中 P_M——当发动机在最大扭矩工况时车轮牵引力，N；

P_ψ——车轮附着力，N；

P_f——车轮滚动阻力，N；

ψ——驱动轮与路面附着系数。

对于液力机械传动平路机的最大功率，应为上述计算的 N_{emax} 值除以液力变矩器的最大效率 η_{max} 即可。

E 生产率

平路机生产率计算根据作业种类不同，有许多计算方法。下面按粗平整作业和精整作业进行计算。

a 粗平整作业生产率 Q_1

场地平整作业包括铲切、运移和修整等工作，可用每小时切出土壤体积表示生产率：

$$Q_1 = \frac{1000LAK_B}{2L\left(\frac{N_k}{v_1}+\frac{N_n}{v_2}+\frac{N_o}{v_3}\right)+t_{No}(N_k+N_n+N_o)} \tag{8-246}$$

式中 L——工作路段长度，m；

A——填土截面面积，m^2；

K_B——工作时间利用次数，通常为 0.85～0.90；

N_k——切土作业往返次数；

N_n——运土作业往返次数；

N_o——修正作业往返次数；

v_1——切土实际运行速度平均值，km/h；

v_2——运土实际运行速度平均值，km/h；

v_3——修整作业运行速度平均值，km/h；

t_{No}——平路机调头时间，h，取0.08～0.10h。

b 精整作业生产率 Q_2

精整作业时可按小时的平整面积表示平路机的生产率：

$$Q_2 = \frac{60L(B\cos\alpha - b)K_B}{n\left(\frac{L}{v}+t_{No}\right)} \tag{8-247}$$

式中 B——刮刀长度，m；

α——刮刀水平面调整角，(°)；

b——相邻两次平整重叠宽度，取 0.3～0.5m；

n——平整遍数，取 1～2；

v——平整作业实际运行速度的平均值，m/min。

8.9.3.5 主要厂家产品和技术性能参数

A 国外产品

a CAT G 系列平路机

CAT G 系列平路机柴油机与动力换挡变速器布置如图 8-229 所示。功率储备大，应力低，寿命长。发动机反应灵敏，能适应外载荷变化，有良好的牵引特性，工作效率高；低噪声、低振动、低油耗；高的燃油喷射压力，燃油与空气混合充分，精确计量和定时配给降低了排放，环保性能好。

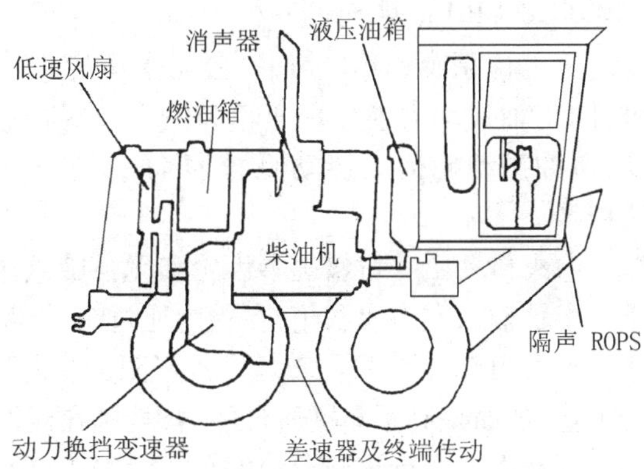

图 8-229 卡特彼勒公司平路机柴油机与动力换挡变速器布置

不带手动操纵离合器的直接机械传动，比液力机械传动效率高。机械动力换挡变速箱可在全负荷下行走中换挡，配有安全锁，只有在空挡时才能启动。

工作装置强度高、刚度大，以承受作业中急剧变化的外载荷。刮刀用耐磨高碳钢制作，可换面使用，耐磨性高，使用寿命长。工作液压系统采用比例优先、压力补偿液压系统，可允许两个或更多工作装置同时工作；各回路配有液压锁以防止液压缸沉降，保持刮刀正确作业角度。刮刀提升回路配有蓄能器，可顺收刮刀遇到坚硬物体时产生的冲击力。为防止水平冲击，可安装齿圈打滑离合器，这在经常遇到隐蔽物体时十分必要。

采用行车制动、停车制动和紧急制动 3 套系统，保证了作业安全。

驾驶室按人机工程学原理设计，宽敞的玻璃窗，使司机能在作业时观察到机器的部位较多，便于操作。驾驶室配有空调、隔音、防噪装置和防滚翻、防落物安全装置，改善了操作环境，提高舒适性。

b 德国 5-125C 型平路机

德国鲍克玛(Boukema)公司生产的 5-125C 型平路机为液力机械传动方式，由液力变矩器、动力换挡变速箱通过液压操纵离合器实现前进 6 挡、后退 3 挡动力换挡变速，使平路机随行驶阻力增加而自动增加牵引力。

采用可变铰支点的工作操纵机构，使铲土刮刀极限位置不受限制，向左、向右摆动的刮刀，最大倾角可达90°(正常切削角36°~90°)，可完成高坡的刮削作业。

用车架当油箱和储气罐，前车架为桥式弯管，管内储存燃油，容量 550L；后车架呈 U 形，左侧纵梁空心部分为液压油箱，容量 150L。前端管状横梁的空心部分储存压缩空气。

平路机的前轴和后轴都可摆动。除了使后桥因有平衡悬挂装置而能摆动外，前桥也可摆动，因此，作业时平整精度高。

c ASG021 型平路机

英国阿维林·巴尔费德(Aveiling Barford)公司生产的 ASG021 型平路机采用 GM6V－71N65 二冲程柴油发动机，体积小、质量轻、输出功率大、噪声小，结构紧凑，在任何复杂工况下不熄火。与变矩器匹配合理，工作状况良好。

液力变矩器，根据工作装置的阻力，自动调节平路机速度，缓和动载荷，从而提高传动装置和发动机的使用寿命。

动力换挡行星变速箱和双速分动箱，挡位多，可根据路面条件变化选择合适的运行速度，操作简单，灵敏可靠，在泥泞、陡坡的路面作业不脱挡、不打滑，动力性能好。

全能转向提供了操作灵活性，机架可与行驶路线偏斜，有效抵消了侧推力，即使在极重的负荷下，亦行走自如。前后轮独立转向使操作者随意选择最有效的作业姿势，行进灵活操纵避开障碍物。

刮刀架结构坚固，提升蓄能器可以吸收冲击振动载荷，提高工作装置寿命。液压操作轻便灵活，可根据作业情况，随时调整刮刀位置和角度。

制动系统可靠，备有安全制动器，对行车安全提供良好保障。

驾驶室结构坚固，安全可靠。操纵系统布局合理，视野良好。全部仪表、报警器均设在室内，观察方便。密封性好，隔热、防噪声，有空调，悬挂可调整座椅，使操作更加舒适。

d 850PHⅡ型平路机

美国德莱赛(DRESSER)公司生产的850PHⅡ型平路机采用KDC614T/505T型六缸四冲程水冷柴油机,固定轴式动力换挡变速箱和液力变矩器组成液力机械传动,可根据外载荷变化,自动调节平路机的速度,缓冲振动能提高传动系统寿命,变速箱结构简单,使用可靠,操纵简便,在不切断动力情况下自由换挡。

中央传动由一对螺旋伞齿轮和无自旋差速器组成,被动伞齿轮与无自旋差速器(NO-SPIN)连接,差速器通过半轴输入左右串联箱,在箱内通过链传动驱动四个驱动轮。当平路机直线行驶时,两侧动力输出各为整机动力50%。当机器转弯及外界阻力变化时,可自动将高速侧动力切断,使动力从附着力大的一侧传出给车轮,从而提高了车辆通过能力,特别在泥泞拐弯时更为重要。

制动系统由行车制动和停车制动组成,前者采用密闭液压摩擦片制动终传动的输出轴,摩擦片与终传动输出轴通过花键连接,被动片与终传动壳体连接,因是常开式,当制动时操纵踏板切断动力接通油压直接制动,制动安全可靠,磨损后不需调整,操纵简单,制动平稳。停车制动器装在终传动输入端,用电液控制,由蝶形弹簧和摩擦片组成,为常闭式,非制动时用油压克服弹力使动力输出,制动切断压力油由弹簧弹力使摩擦片结合实现制动。

平路机机身长,且作业装置居中,为提高作业和转向性能采用铰接车架,并在结合部位装有轴承实现铰接,用液压油缸操纵实现左右30°摆角,从而减小了转弯半径,提高转向灵活性。工作装置由铲土刮刀和松土器组成。刮刀可绕回转盘中心回转360°,刮刀作业为全液压控制,选用带负荷传感器的变量泵,每个控制阀可控制预先选定适合各种功能的最大流量,因此,用小容量油箱也可保证系统不过热,功率消耗少。并设有刮刀自动找平装置可使平整路面在半径100m范围内平整度为±30mm。

此外供用户选购附件有全轮驱动系统。设有独立液压系统用排量90mL变量泵带动液压马达以驱动前轮。前后松土器为选购件,可疏松坚硬表土、冻土和坚硬的路面。切土深度为317.5~470mm。

B 国内产品

a PY250型平路机

天津工程机械厂生产的PY250型平路机如图8-230所示,行走传动系统如图8-225所示。发动机先传入倒挡箱,其内有前进离合器和倒挡离合器,然后进入行星变速箱,该箱内有6个速度离合器。只有一个方向离合器和两个速度离合器,同时结合时,动力才能经变速箱输至后桥主传动。然后经差速器、半轴锥齿轮、半轴、终传动行星变速箱和平衡箱链轮输出。发动机为CAT3406型带增压器柴油机,因扭矩储备系数大,能满足沿海及高原地区地理位置变化,气压、气温差异条件要求。用CAT动力换挡变速箱能实现前进、后退各8挡速度,能满足平路机各工况作业需要。后驱动桥为二级传动装置,差速器带差速锁,差速锁为湿式多片式结构,由人工操纵,液压控制。终传动行星减速箱,齿圈固定,行星架输出端装有两个主动链轮。

制动系统由行车制动、停车制动和紧急制动组成。行车制动为后轮四轮轮边制动,制动气路为双回路制动气路,湿式摩擦片元件制动性能稳定,平稳性好,使用过程中磨损小、寿命长,无需调整与经常维护;停车制动位于行星变速箱输出端,也是湿式多片式结构,借助于制动气缸内弹簧制动,靠空气压力松开;紧急制动是在停车制动器失效后才能应用,但不允许替代停车制动而多次使用。

转向系统包括前轮转向和机架铰接转向。前轮转向通过液压缸推动前轮,实现前轮左右偏转角各为50°,方向盘位于活动操纵台上,前后可调,能满足司机坐着操纵的需要。机架铰接转向通过双向换气阀操纵转向油缸实现前后机器转向偏转角各为20°。

铲土刮刀作业装置操纵液压系统如图8-228所示,由于多路换向阀均设有流量控制阀能实现稳定的移动速度。刮刀升降油路中设有蓄能器,能缓冲刮刀遇到障碍物产生的冲击。回路中设有液压锁,能防止工作装置发生位置漂移,保证刮刀可靠定位。

驾驶室为可拆卸式低型防翻保护(ROPS)结构,四周设有玻璃窗,视野良好,安装冷热空调,隔热保温,密封性好,室内气压略高于室外气压,以防灰尘进入,可调高度及前后位置座椅等为司机创造了舒适的作业环境。

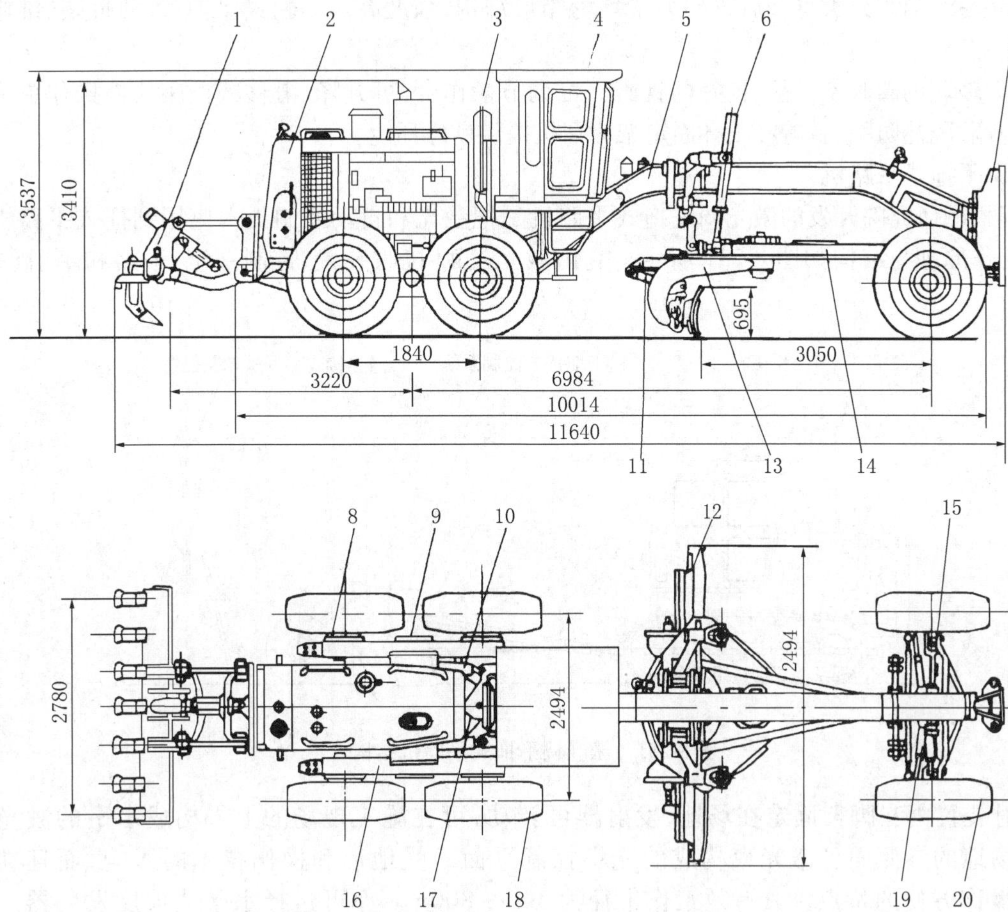

图 8-230 PY250 型平路机

1—松土器;2—发动机罩;3—液压油箱;4—司机室;5—前机架;6—铲刀升降缸;7—顶推块;8—停车制动器;9—左平衡箱;10—铰接缸;11—铲土角变换缸;12—铲刀;13—回转圈;14—牵引架;15—前桥;16—右平衡箱;17—后机架;18—驱动轮;19—转向缸;20—转向驱动轮

电子监控三级报警系统由故障报警器、故障警告灯和一个监测板组成。电子监控装置可使司机放心操作。各种照明灯、信号灯、指示灯、报警器和各种电器仪表设备齐全。

b PY165C-3 型平路机

常林股份有限公司生产的 PY165C-3 型平路机,采用高效环保的上柴 D6114ZG12a 型增压柴油机。电液控制动力换挡变速箱,单手柄操作,换挡时发动机不能启动,防止误操作,确保安全。前进 6 挡,后退 3 挡,牵引力大,行走速度快,工作效率高。

后桥装有自动锁紧脱开的 NO-SPIN 差速器,平衡箱内链传动用超强型双排滚子链,轮胎为 17. 5-125-14PR 宽基轮胎,具有良好通过性。

全液压转向系统,转向角大,转弯半径小,操纵方便。

行车制动系统为液压助力式后四轮轮边蹄式制动器。当进行制动时要切断发动机传递给变速箱的动力,制动稳定可靠。

铲土刮刀两侧特别设计边刃能进行挖沟和路面表层剥离,主刃、边刃均为双刃结构,当一侧刃口磨损时可更换方向用另一刃口以延长寿命。

工作液压系统的齿轮泵经分流阀向两个操纵阀供油,既保证了动作速度,又使系统能耗低。在工作装置提升、侧摆、车架铰接、前轮侧摆等四个回路上设置液压锁,以实现各机构动作的精确控制。关键液压件如油缸、多路阀、密封件采用国外配套件,可靠性高。

车架前后铰接，前车架大臂和后车架大梁均为箱形结构，强度高。上翻式保护罩，使拆装、维修和保养方便。

窄立柱、大玻璃的驾驶室，提供良好的视野。可调节操作台，可升降、滑移减振座椅使操作更为方便和舒适。冷暖空调、隔热防噪、音响和茶杯固定架为司机提供良好环境。

c 激光调平拖式平路机

天津工程机械研究院开发的激光调平拖式平路机是把激光和自动控制技术应用到拖式平路机的高技术产品。其工作原理与结构如图 8-231 所示。它由激光发射-接收装置、控制系统、平路和牵引（拖拉）机组成。

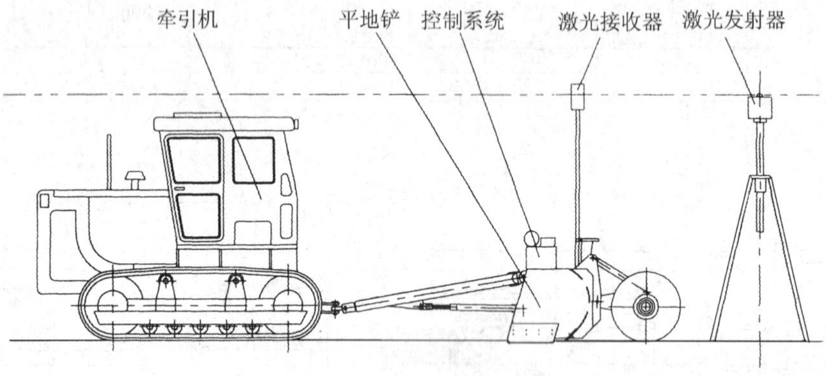

图 8-231 激光调平拖式平路机结构

激光发射装置由三脚架固定在场地，发射器可转动，可在施工现场的上方构成水平的激光控制平面作为平整场地的参照面。激光束构成的光学控制平面不受地形和操作技术的影响，而且具有范围大、精度高、操作方便的特点。其有效工作半径为 300～800m。亦可选择水平或坡度发射器。激光接收装置可安在平路机的桅杆上，接收激光信号并测出距标准高度的误差，能将信号传至控制系统。控制系统根据误差信号的大小，通过液压缸调整刮刀高度，即使地面凹凸不平也可保证刀口按设定的平面刮削。

刮刀结构独特，可方便地完成挖、填土方和平整工作。刮刀入土角度及形状的设计综合考虑切土、带土和摊铺功能。刮刀结构简单、坚固，刀片耐磨、寿命长，维修时间少；进口激光装置性能好、可靠性高。

使用激光系统测量工地，可由一人操作，并确定平均标高，估算填挖土方量。在调整好激光系统的定位高度后，操作人员只需注意前进路线，提高了工效，并以较快速度完成刮削作业。

激光系统精度高，使平地精度达到 ±（20～40）mm，比人工目测操作平整精度高得多，可以满足筑路工程、露天矿山、飞机场、农田等大型平整场地的精度要求。

激光调平平路机作业速度快、效率高、操作方便，降低了作业成本。目前国内刚开始使用，其发展前景广阔。

d PY200G 型平路机

徐工工程机械科技股份有限公司推出的 PY200G 型平路机如图 8-232 所示。采用上柴 D6114ZG31Ab 型康明斯柴油发动机，功率 147kW，全液压驱动、液力传动，电液控制 6WG180 型动力换挡变速箱；采用进口的带 NO-SPIN 防滑差速器的驱动桥，液压元件是力士乐公司的名牌产品，增加了使用寿命和可靠性；进口 HUS-CO 公司的五联等距阀锁、威格斯液压锁，质量好；铰接车架、配合前轮转向，最小转弯半径

图 8-232 PY200G 型平路机

7.8m，机动灵活，通过性好；单回路行车液压制动安全可靠；驾驶室具有全视野、低噪声、带音响，可调整角度的操纵台，使操作方便，可升降减振的司机座椅，提高操作舒适性，从而改善司机工作环境，有助于提高生产效率。

e　PY190 型平路机

沈矿集团沈阳山河工程机械厂生产的 PY190 型平路（地）机，主要性能特点是：发动机采用油耗低、噪声低的道依茨 F8141F 型风冷发动机，铰接车架，配合前轮转向，转弯半径小，机动灵活；全视野、豪华驾驶室，可调整角度的操纵台和升降座椅，驾驶更加舒适；液压铲土角度变换；采用液压泵驱动的双回路系统；电液控制变速箱，柔性换挡，冲击小，可靠性高；全液压行车制动，制动平稳安全可靠。

f　SG 系列平路机

山东山推工程机械股份有限公司生产的 SG16、SG18 和 SG20 型平路机，是自主开发设计的新产品，配用上柴 D6114ZG1B 型发动机，功率大，扭矩大，油耗低。该机采用以下先进技术：(1)液力电控变速箱传动；(2)工作装置为多路阀控制，短柄操作杆，可调式操作台，直观可靠的监控仪表；(3)带有闭式自锁无自转(NO-SPIN)防滑差速器，行星减速传动结构的驱动；(4)全液压单回路行车制动系统，安全可靠；(5)液压控制的铰接转向；(6)减振安装的宽敞高大明亮的驾驶室；(7)独特新颖的铲刀回转机构：外齿啮合回转齿圈，可实现铲刀 90°倾斜、360°回转；(8)大容量冷暖空调系统。

g　其他产品

中外合资成都大华路面机械有限公司生产 PY185 型、PY185A 型、PY185H 型、PY185G 型、PY190 型、PY190A 型、PY200TF 型、PY200XF 型、MG1217 型、MG1217A 型等中、重型系列铰接式平路机，还生产 CLT120 型、CLT90 型、CLT90A 型、CLT90B 型、CLT75 型等系列摊铺机，产品广泛应用于公路施工建设。

C　主要厂家产品技术性能参数

国内外部分平路机主要技术参数见表 8-232 ~ 表 8-234。

表 8-232　山东山推工程机械股份有限公司平路机主要技术参数

型　号	SG16	SG18	SG20
发动机型号	上柴 D6114ZG2A	上柴 D6114ZG-11Aa	上柴 D6121
额定功率(kW)/转速(r/min)	121/2000	132/2300	147/2200
各挡速度/(km/h)	前 1 挡:6.2、2 挡:9.4、3 挡:14.14 4 挡:21.2、5 挡:30.3、6 挡:42.3; 后 1 挡:6.2、2 挡:14.1、3 挡:30.3	前 1 挡:5.3、2 挡:8.3、3 挡:12.5 4 挡:19.2、5 挡:27.7、6 挡:45.0; 后 1 挡:5.3、2 挡:12.5、3 挡:27.7	前 1 挡:5.18、2 挡:9、3 挡:11.96 4 挡:20.78、5 挡:6.34、6 挡:45.8; 后 1 挡:5.18、2 挡:11.96、3 挡:26.34
最小转弯半径/mm	7800	7800	7800
铲刀尺寸/mm	3700/610	3965/610	4268/610
额定工作压力/MPa	16	16	16
工作质量/kg	14700	15100	15400
外形尺寸(长/宽/高)/mm	8580/2595/3330	8580/2595/3330	8685/2635/3250

表 8-233　国内部分平路机主要技术性能参数

生产厂家及产品型号	天津工程机械厂					
	PY160A	PY160B	PY160C	PY180	PY200	PY220
工作质量/kg	14700	14200	13650	15400	15400	19000
发动机功率/kW	119	118	136	147	147	162
铰接转角/(°)			25	25	25	25
最小回转半径/mm	7800	8200	7500	7800	7800	8500

续表 8-233

生产厂家及产品型号		天津工程机械厂					
		PY160A	PY160B	PY160C	PY180	PY200	PY220
最大牵引力/kN		78	80.8	73.5	79	115	108
最大行驶速度/(km/h)		35.1	35.1	35.1	39.6	36.1	39
刮刀	长度/mm	3705	3660	3660	3965	3965	4422
	高度/mm	555	610	650	650	650	688
	最大提升高度/mm	540	550		480		
	最大切土深度/mm	500	490		500		
	铲土角/(°)	40	40				
	侧倾角/(°)	90	90				
轮距/mm		2200					
前后桥轴距/mm		6000					
前轮转向角/(°)			50				
传动方式		液力机械	液力机械	液力机械	液力机械	液力机械	静液压
驱动方式				气顶油驱动	液压	液压	气顶油驱动
控制方式				液压	电液	电液	电液
轮胎规格		14.00-24	14.00-24				
驱动轮数							
外形尺寸/mm	长	8146	8146	8305	8700	8700	9230
	宽	2575	2575	2595	2595	2595	2800
	高	3258	3340	3310	3340	3340	3470

生产厂家及产品型号		天津工程机械厂			山东工程机械股份公司		常林股份有限公司	沈矿集团山河工程机械厂
		PY280	PY80/100	PY250	PY165C	PY200D	PY165C-3	PY190
工作质量/kg		25000	7500/8400	24850	13650	15650	13800	15100
发动机功率/kW		231	59/81	186	122	147	123	142
铰接转角/(°)		25		20				
最小回转半径/mm		8500	6050/6700	8600	7800	7800	7300	8100
最大牵引力/kN		129.36	37/42	156			75.7	42.5
最大行驶速度/(km/h)		39		42.1	35.1	45.8	48.51	
刮刀	长度/mm	4920	3048/3350	4210	3700	4000	3660	3960
	高度/mm	787	510/520	695	610	610		610
	最大提升高度/mm			450				540
	最大切土深度/mm		300/350	470			535	
	铲土角/(°)			40				90
	侧倾角/(°)			90				
轮距/mm			2494	2494				
前后桥轴距/mm				6984				
前轮转向角/(°)				50				58
传动方式		液力机械		液力机械			液力机械	液压
驱动方式		气顶油驱动					液压	液压
控制方式		电液					电液	全液压
轮胎规格				18.00-24			17.5-125-14PR	
驱动轮数								

续表 8-233

外形尺寸/mm	长	10590	6665/7170	10014	8580	8685		8680
	宽	3140	2340	3140	2595	2635		2590
	高	3650	2910	3537	3400	3250		3200
生产厂家及产品型号		徐州工程机械厂						
		GQ205	GR165	GR180	GR215	PY180G	PY200G	PY165K
工作质量/kg		15000	15000	15400	17000	15400	17000	15000
发动机功率/kW		153	125/170	132/180	160	140	147	125
铰接转角/(°)		25		25	25	25	25	25
最小回转半径/mm		7800	7800	7800	7800	7800	7800	7800
最大牵引力/kN		78.2	77	79	87	80	87	77
最大行驶速度/(km/h)		32	38	38.5	38.5	38.5	38.5	41
刮刀	长度/mm	3965	3965	3965	4270	3965	3965	3965
	高度/mm	610	610	610	610	610	610	610
	最大提升高度/mm	460						460
	最大切土深度/mm	500						500
	铲土角/(°)	28~70						28~70
	侧倾角/(°)	90						90
轮距/mm								
前后桥轴距/mm		6266						6266
前轮转向角/(°)		45						45
传动方式		静液压	液力机械	液力机械	液力机械	液力机械	液力机械	液力机械
驱动方式		液压	液压	液压	液压	液压	液压	
控制方式		电液	电控液	电控液	电控液	电控液	电控液	
轮胎规格								17.5-25RP12
驱动轮数								
外形尺寸/mm	长	9298	9242	9422	9422	9193	9193	9193
	宽	2645	2601	2601	2601	2601	2601	2601
	高	3430	3430	3430	3432	3280	3280	3280
生产厂家及产品型号		陕西新黄工机械有限公司		四海工程制造公司				三一重工股份有限公司
		PY160B	PY185	850C	850G	870B	870C	PY190
工作质量/kg		14200	13600	13700	13700	14700	14700	15500
发动机功率/kW		118	136	136	132	160	155	140
铰接转角/(°)			25	20	20	20	20	
最小回转半径/mm		8200	7800	7400	7400	7400	7400	7800
最大牵引力/kN		80.8	78.8	80		80	80	
最大行驶速度/(km/h)		30	36.5	41.7	42.87	44.99	42.08	42
刮刀	长度/mm	3660	3966	3658	3658	3658	3658	3970
	高度/mm	610	610	661	661	661	661	610
	最大提升高度/mm							
	最大切土深度/mm	490	500					
	铲土角/(°)	40	40					36~66
	侧倾角/(°)	90	90					90
轮距/mm								
前后桥轴距/mm								
前轮转向角/(°)								
传动方式			液力机械	液力机械	液力机械	液力机械	液力机械	
驱动方式		液压	液压	液压	液压	液压	液压	
控制方式			电控液	液压先导	液压先导	液压先导	液压先导	
轮胎规格								
驱动轮数								
外形尺寸/mm	长	8146	8337	8458	8458	8458	8458	8842
	宽	2527	2595	2438	2438	2438	2438	2595
	高	3340	3188	3124	3124	3124	3124	3298

表 8-234 国外部分平路机主要技术性能参数

生产厂家及产品型号		卡特彼勒			小松		
		12G	14G	16G	GD665A-1	GD605A1	G730B
工作质量/kg		13390	18370	24260	12880	13060	16100
发动机	型号		CAT3306	CAT3406	康明斯 NH220CI	康明斯 NH220CI	
	功率/kW	100.6	134.2	186.4	108	123	165
	转速/(r/min)		2000	2000	1800	1800	
最小转弯半径/mm			7900	8200			7800
轴距/mm			6450	6960	600	600	
铰接转角/(°)							22
最大牵引力/kN							9718
行驶速度/(km/h)		30~40	0~43.6	0~43.3	0~43.6	0~43.6	45.7
离地间隙/mm							
控制方式							电液
传动形式			液力机械	液力机械	液力机械	液力机械	液力机械
驱动方式			液压	液压			液压
刮刀	长度/mm		4270	4880	3710	4010	3658
	高度/mm		686	790	620	700	635
	最大提升高度/mm			419			
	最大切土深度/mm			470			
	铲土角/(°)						
	侧伸距离/mm		右 3070,左 2080	右 3370,左 2310	右 2100,左 2070	右 2395,左 2310	
轮胎规格			16.00-24-12PRG-2	18.00-25-12PRE-2	13.00-24-10PR	13.00-24-10PR	
外形尺寸/mm	长	8300	9220	9960	8270	8270	9119
	宽		2840	3100	2375	2375	2540
	高		2870	3070	3295	3295	3404

生产厂家及产品型号		鲍克玛	沃尔沃		凯斯	阿维林巴尔弗德	FAHN	
		5-125C	G740B	G746B	855	ASG021	F155A	F205
工作质量/kg		14300	16800	17400	18000	21000	13800	15700
发动机	型号					6V-71N65	F5L413FR	F6L413FR
	功率/kW	125	181	181	160	170	125	157
	转速/(r/min)	2200						
最小转弯半径/mm			7800	7800	7250	12190	7600	7800
轴距/mm		6430						
铰接转角/(°)			22	22	25			
最大牵引力/kN			10020	13422				
行驶速度/(km/h)		0~41	43.6	43.6		43.1	0~43	0~45
离地间隙/mm							550	630
控制方式			电液	电液	电液			
传动形式		液力机械	液力机械	液力机械	液力机械			
驱动方式		液压	液压	液压	液压			
刮刀	长度/mm	10520	3658	3658	4267	4267	3660	3965
	高度/mm		737	737	600	710	610	610
	最大提升高度/mm					335	480	480
	最大切土深度/mm	560				470	500	500
	铲土角/(°)	36~61					40	40
	侧伸距离/mm					2481	右 3100,左 2530	右 3270,左 2650
轮胎规格						20.5-25	15.5-25	17.5-25
外形尺寸/mm	长		9220	9220	8534	8572	9645	10242
	宽		2540	2540	4267	2727	2545	2595
	高		3404	3404	3340	3645	3273	3305

8.9.3.6 平路机的选择

根据矿山生产规模,筑路、养路工程量大小来选择,如矿山规模大且工程量多,宜选大型平路机,否则选中型或小型平路机。

铲土角的选择,通常平整作业为60°,当切削土壤、刮平凸缘、切削路边沟时选用较小切削角;当进行摊铺混合料的作业时选用较大切削角。

刮刀回转角选择，对于剥离、摊铺混合作业及硬土切削作业，回转角为30°~50°；进行最后一道刮平以及在松软土质作业时，回转角可取0°~30°。

8.9.3.7 使用和检修及故障排除

A 平路机的安全使用要点

(1) 对液压系统、燃油系统、制动系统和电气系统进行外观检查，断定是否完全可靠或有无漏油、漏水、漏电和漏气现象。

(2) 检查轮胎磨损情况和充气压力。

(3) 检查传动轴、万向节、轴承盖和轮盘固定螺栓是否紧定。

(4) 检查电瓶是否清洁、完好，接头是否紧定。

(5) 柴油机发动之后要注意观察油压表，如15~20s内仍无指标，应立即停机检查。

(6) 柴油机发动时还要仔细监听启动马达是否脱开，如小齿轮和柴油机大齿轮未脱开或声音异常，应立即停机处理。

(7) 如油压表指标正常，可中速运转5~10min进行暖机，当水温达到55℃后，方能起步行驶。

(8) 平路机行驶时，必须将刮土刀和松土器(或推土刀)提升到最高处，并将刮土刀斜放，刮土刀两端不得超出后轮外侧。

(9) 平路机由于车身长、轴距大、转弯半径较大，所以在调头和转弯时，应使用低速挡。在正常行驶时，须用前轮转向，只有在场地特别狭小时才允许使用后桥转向。

(10) 平路机自重大、制动距离较长，高速行驶时驾驶员要特别提高警惕，出现险情必须及早制动。

(11) 遇到土质坚硬需用松土器疏松时，应慢速逐渐下齿以免折断齿尖；不准使用松土器翻松石渣路面及高级路面，以免损坏机件或发生意外事故。在平整凹凸相差较大的地面时，必须先用推土机推平，然后再使用平路机平整。

(12) 工作中应随时注意各仪表的指示值是否正常，变矩器油温超过120℃，应立即停止工作，待温度降低后再继续工作。

(13) 平路机的命运主要掌握在司机手里。生产实践证明，机器的出勤率高低、轮胎等重要零部件的使用寿命，关键在于司机的操作水平。因此，司机必须具有机械、电气和内燃机等方面的基础技术知识，操作熟练，责任心强并富于创造性。开车之前，应注意几项准备工作：观察油压表、油温表、水温表、电流表和风压表的指标是否正常和完好；试验转向机和制动器的动作，性能是否正常、可靠；操作铲板起落和转板，试验液压操作系统及工作部分的动作是否正常；在通风良好的地方使柴油机以高速运转5min，加热废气净化催化剂；在摄氏零度以下的低温环境里，要使用低温柴油和低温机油；启动前要加入80~100℃的热水，同时注入80℃的机油；严禁用明火烘烤柴油机及油路管道；准备工作和运行过程中，要经常检查润滑部分的润滑情况，并按规定做好设备的润滑工作。

B 平路机的检修制度和工作内容

平路机的检修工作可以分为小修、中修和大修。小修工作6个月进行一次，中修工作12个月进行一次，大修工作30~36个月进行一次。

小修的主要工作内容包括：

(1) 清洗变矩器和变速箱并更换润滑油；

(2) 更换磨损严重的密封件，更换油缸活塞密封圈；

(3) 检查刹车片磨损情况，酌情更换；

(4) 清洗柴油机缸头积碳，调整喷油压力和轴瓦间隙，更换喷油嘴和活塞环；

(5) 修补电线破损处，检查测试保护装置是否良好；

(6) 补焊结构件出现的裂纹及损坏部位。

中修的主要工作内容包括：

(1) 完成小修工作的全部内容；

(2) 解体柴油机，检验气缸磨损程度，必要时更换，更换曲轴瓦和连杆瓦，研磨进排气阀，校验进排气阀弹簧，不符合要求的更换；

(3) 检验操纵控制系统的电器元件和电线电缆，必要时更换；

(4) 解体检查所有的摩擦离合器（包括制动闸），更换刚性密封环和失效的回位弹簧，更换摩擦片动片；

(5) 检查前后桥差速器，调整主、被动螺旋伞齿轮的啮合间隙，检查行星齿轮和半轴齿轮的磨损情况，酌情更换；

(6) 检查液压控制阀，更换密封件和弹簧，必要时研磨阀体和阀芯或更换总成。

大修的主要工作内容包括：

(1) 完成中修工作的全部内容；

(2) 更换磨损严重的气阀、气门导杆、气阀座、缸套、活塞和活塞杆销轴销套，校对喷油泵，更换油泵柱塞，检查曲轴、凸轮轴磨损情况，酌情处理；

(3) 解体检查液力变矩器，更换轴承和刚性密封环，修复泵轮、涡轮和导轮；

(4) 检查变速箱，更换刚性密封环、摩擦片、轴承和回位弹簧，检查齿轮和花键轴；

(5) 解体检查差速器和轮边减速器，更换骨架油封、齿轮和轴承；

(6) 清洗检查液压阀，更换油封和弹簧，解体检查铲板升降油缸和转板油缸，更换密封件，更换各连接处销轴和球形轴承，更换或焊接铲板；

(7) 解体检查加力器，更换油封和磨损严重的零件；

(8) 解体检查各油泵，更换油封，测试压力和流量，不符合要求的换装新泵；

(9) 检修前后车架铰接处，更换铰接销轴，修补铰接孔套；

(10) 检修紧固司机驾驶室及车架各部的螺栓及连接件；

(11) 喷漆、涂油作防锈处理并进行整机性能测试。

C 自行式平路机的主要故障及排除

自行式平路机的主要故障及其排除方法见表8-235。

表8-235 自行式平路机的主要故障及其排除方法

故障	原因	排除或处理方法
铲土刀动作不灵活	(1)铲刀提升油缸产生故障，不能提降铲刀； (2)铲刀变角机构产生故障，不能变换铲刀铲土角； (3)铲刀不能向两侧引出； (4)铲刀不能沿本身纵向倾斜	(1)检测油压是否正常，拆检油缸，更换密封圈等磨损件； (2)拆检变角油缸及三角块滑套，更换已损和变形件； (3)检查油缸及联结构件，更换已损零件； (4)拆检油缸，更换严重磨损的零件
松土器工作不正常	(1)耙体升降油缸产生故障； (2)球铰构件变形或损坏； (3)耙齿严重磨损	(1)检查油压，拆检油缸，更换已损件； (2)拆检球铰构件，更换变形或已损件； (3)在可调范围内将耙齿延长，如耙齿已属报废，则应换装新件
推土装置工作不正常	(1)连杆变形或损坏； (2)摇臂或轴承损坏； (3)套管销子变形或损坏； (4)铲板刀片严重磨损	(1)拆检或更换损坏的连杆； (2)检查轴承和摇臂，更换已损件； (3)拆检套管及销子，更换损坏的销子，校正变形的套管； (4)更换磨损的铲刃刀片及联结螺栓
铲刀架不能回转	(1)回转圈变形或损坏； (2)回转驱动油缸控制杆损坏； (3)油缸换向阀损坏； (4)驱动油缸产生故障	(1)检查回转圈及附件，修复变形部分； (2)更换或修复油缸控制杆； (3)拆检换向阀，更换严重磨损件； (4)拆检油缸，更换密封圈等磨损件
机器行驶操纵失灵	(1)离合摩擦片产生热黏结，操纵杆在“中位”，但不能停车； (2)操纵杆件空行程间隙过大； (3)换向阀芯卡住； (4)操纵杆变形或断裂	(1)拆检离合器，更换磨损的摩擦片，并更换已经脏污的工作油； (2)调整杆系，更换磨损超限的杆件； (3)拆检换向阀，更换失效的零件； (4)修复或更换损坏的杆件

续表 8-235

故　障	原　因	排除或处理方法
变矩器和变速箱温升过高	(1)变矩器和变速箱中的油量不足； (2)传动系统过载，发动机过热； (3)换向和变速离合器的油压过低，离合器打滑，磨损严重； (4)油泵损坏或吸油管漏气； (5)变矩器旁通安全阀损坏或阀只部分开放； (6)冷却器通安全阀堵塞或回油管不畅通； (7)离合器的主、从动摩擦片在结合位置自锁	(1)加足工作油至规定油位； (2)调整铲土刀位置减少负荷，并检查冷却系统是否有故障，提高冷却效率； (3)检查或更换阀弹簧和密封件，消除泄漏并调节至合适压力； (4)检查或修理油泵、吸油管及管接头； (5)检查球形阀的工作状况，更换已损弹簧； (6)检修或清洗冷却器及油管； (7)停机检修，更换损坏的摩擦片及有关联结附件

8.9.4 洒水车

8.9.4.1 现状与发展趋势

矿山道路养护中很重要的一项作业是洒水作业，洒水车是露天矿道路修筑和采场的重要辅助设备之一。国外露天矿山使用的洒水车主要由制造商生产，如美国卡特彼勒公司的 Cat769、Cat631 和 Cat641 等型号，容量为26.5 ~ 37.9m^3，前苏联克里沃罗格柴油汽车修理厂生产的洒水车型号为 AOП-35，容量 35m^3；另外是矿山根据自己的需要在汽车底盘基础上改制而成的洒水车，如美国纽曼山铁矿用75t汽车改装成45m^3 的洒水车。鹰山铁矿有 38m^3 洒水车可以喷射水、盐水和造纸废水等。国外大多数露天矿使用的洒水车容量为 23 ~ 60m^3。

我国第一台洒水车是在 1967 年由交通部第一公路工程局修配厂用 CA10B 型解放牌汽车改装而成。相继有北京市政汽车改装厂生产 SZQ 系列洒水车、交通部公路一公司施工机械厂生产 YGJ 系列洒水车、武汉新光综合机械厂生产 WG142 型洒水车、四平机械厂生产 SP440 型洒水车、常州冶金机械厂生产 CYS-30 型洒水车、本溪北方机械重汽有限责任公司生产 BZQ51020GSS(BQ392AS-60)型 60t 矿用洒水车、北京首钢重型汽车制造厂生产 SGA5650 型 32t 矿用洒水车、内蒙古北方重型汽车股份有限公司生产 3307W 型矿用洒水车、湘潭电机股份有限公司生产100t矿用洒水车和北京中环动力重型汽车有限公司生产 BJZ5360GSS 型工程洒水车。据不完全统计，到 1994 年全国 16 个省市自治区有 30 多家生产 79 种不同型号洒水车，水箱容量 2 ~ 10t(其中 5t 占 60%)。近年，已有多家汽车制造企业生产大型矿用洒水车，容量 32 ~ 100t，经露天矿山和公路施工等工程使用表明，近期生产的洒水车结构紧凑、功能齐全、工作可靠，使用维修方便。

8.9.4.2 分类和用途

A 分类

洒水车按洒水功能分为前喷式、后喷式和侧喷式洒水车；按喷水方式分为单洒水式和多功能洒水车；按水箱运载方式分为车载式和半挂式洒水车；按水箱容量大小分为小型、中型和大型洒水车。

B 用途

采装运主体设备作业时会产生大量粉尘，危害人员身体健康，影响作业设备的使用寿命，为改善劳动条件，延长施工设备的使用寿命要进行洒水、喷雾降尘，净化空气，改善作业条件，减少粉尘污染及磨损。露天矿山在炎热夏天作业现场用洒水车洒水喷雾降温。多功能洒水车还可进行生活用水和工程运水的运输、压力冲水以及参加消防工作。洒水车主要用于露天矿道路的洒水、冲刷、喷雾和降温等作业。

8.9.4.3 结构特征

国内露天矿山使用洒水车水箱容积有 4 ~ 60m^3。洒水车由采用不同类型的水泵以及阀和管路等组成。现将常用型号洒水车的结构特征叙述如下。

A CYS-30 型洒水车

常州冶金机械厂研制生产的 CYS-30 型矿山多用洒水车是原冶金工业部“六五”期间的重点科技攻关项目之一，是露天矿山使用的专用辅助车辆，具有道路洒水、喷雾降尘、消防灭火、矿石爆堆洒水和运输工业用水等多种功能。

(1) 道路洒水。在洒水车后部装有两只洒水喷头，喷头的结构为90°扇形鸭嘴状，具有覆盖面积大、喷洒效果好的特点。驾驶员通过控制发动机转速选择在不同路面上的洒水量和洒水宽度。洒水车水箱容量28m³,连续作业时间长,工作效率高;洒水宽度可达8~20m,能满足大中型露天矿山道路的洒水降尘及路面养护。

(2) 喷雾降尘。在水箱后上方有一排(10个)喷头,喷头的喷洒面为球体,上面设有若干小孔,喷雾高度可达7m,宽度可达10m,在洒水车经过区域内形成一个覆盖面空间很大的雾带区进行降尘和净化环境,既可单独喷雾,也可以与洒水作业同时进行。

(3) 消防灭火及处理爆堆。洒水车装有SP30型固定座式水炮,具有视野好、回转角大、射程远、流量大、操作安全方便可靠的特点。使用水炮时,开启水炮球阀,强有力的水柱即可喷向火区,同时也可处理矿石爆堆、冲刷积雪及路面,均有很好效果。

(4) 供水车。在洒水车水箱左侧有一个放水口(直径为106mm),在水箱前方还有一个直径为25mm的压力放水口,可完成正常供水或压力供水。

CYS-30型矿山多用洒水车的构造如图8-233所示。采用汽车底盘为基础,车架用低合金高强度钢板焊接成箱形结构断面,强度高、刚性好。发动机选用美国康明斯NTA-855-C360型柴油机,功率大、油耗低、性能可靠、维修保养方便。同时,也可根据用户需要选用柴油机配套。传动系统是由液力变矩器、三挡动力换挡变速箱和下坡减速器组成的液力传动机构。车上装有BS24型中置式车用双级离心泵。它的传动是以发动机为动力,通过谐和减速器装置→升速箱传动轴→升速箱→水泵传动轴,使水泵运转,实现吸入或输出液体(水)的功能。水泵的转速随发动机转速变化而相应改变,水泵转速=发动机转速×1.38(升速比)。

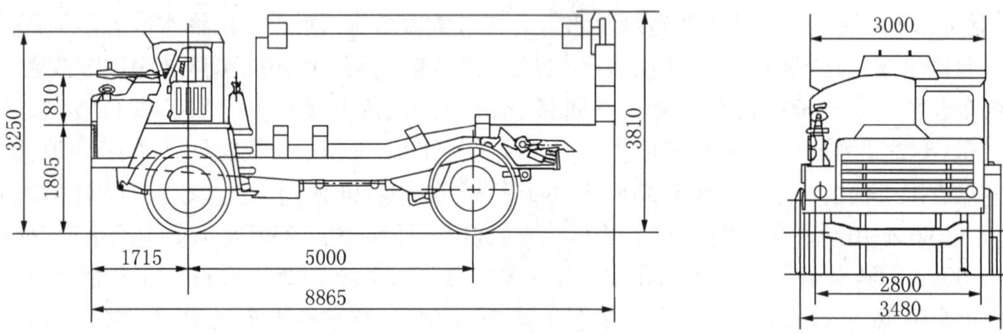

图8-233 CYS-30型矿山多用洒水车

车上水箱采用阶梯形框架式钢板焊接结构,如图8-234所示,箱体1的两侧面有栏杆2以保护维修人员的安全。沿水箱长度方向设置四块横隔板3将水箱隔成五个水仓,每个水仓的横截面内设有四根纵隔板立柱7,在立柱上焊有防波板,横隔板与防波板互有孔沟通。水箱顶部设有两个加水口4,人梯5为折叠式。上护架6可加强水箱强度。副梁9通过下托架8与箱体1连接。车架与水箱副梁9的连接通过连接吊架10用螺栓固定。该车功能部分的管路系统由水炮部分、回水部分、喷雾部分、洒水部分、放水部分和控制气路组成。管路系统在上下车过渡处均采用弹性连接,既便于拆装检修,又利于防振。为防止在寒冷地区冬季使用时水箱及管路内水冻结,将水路系统设计成内外双重水循环式结构。并且将放水阀门均装在最低水位处,车辆在停放或行驶中均可进行各种作业。各种作业的操纵分别通过设置在驾驶室内手动控制阀和各显示仪表实现。CYS-30型矿山多用洒水车具有外形美观、布局合理、性能可靠、使用维修方便的特点,是大中型露天矿山较好的洒水设备。在本钢南芬铁矿和包钢白云鄂博铁矿使用,效益显著。

B KS-15T型洒水车

温州冶金机械厂研制的KS-15T型矿用洒水车,其结构、功能与CYS-30型洒水车基本相同。用于露天矿山道路养护、洒水降温、防尘之用,还可以作为远距离送水、压力冲水及消防等用途。汽车底盘形式为三轴,6×4中后桥驱动,发动机为6135Q-2型柴油机,功率161.8kW。水箱容积15.1m³,用Q235-A钢板焊接而成,用横隔板将水箱隔成四个水仓。水箱壁厚6mm,用船用水仓防锈漆进行内部喷涂处理。八个箱框架底盘与箱体底面用加强板焊接。选用BS24型水泵,由汽车取力器传出的动力,经四根三角皮带驱动水泵运转。喷水装置包括压力式洒水装置和压力消防喷水装置,前者将两组可调型喷嘴安在水箱尾部两侧,一组固定型喷嘴安在水箱尾部正中,配管口径为50.8mm(2in)。后者装有50.8mm消防阀,配有50.8mm消防带

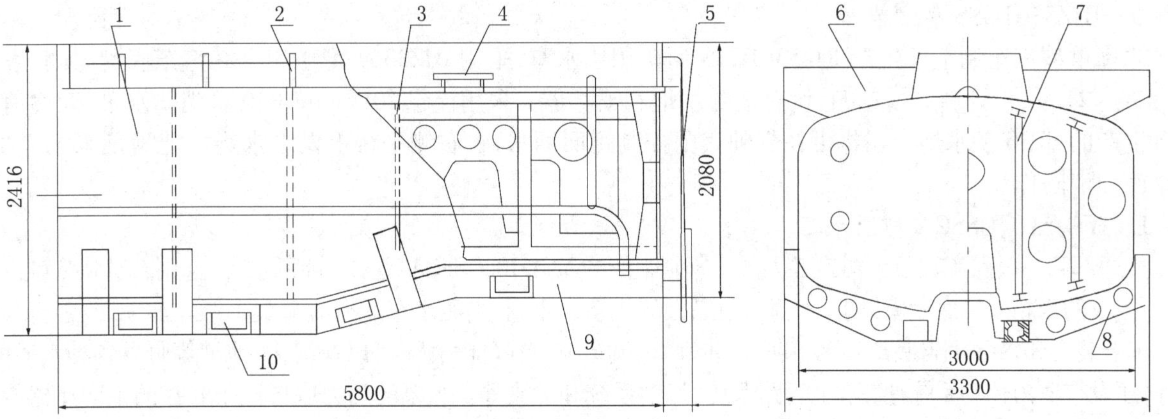

图 8-234 水箱结构

1—箱体;2—栏杆;3—横隔板;4—加水口;5—人梯;6—上护架;7—纵隔板立柱;8—下托架;9—副梁;10—连接吊架

和喷枪。进排水装置的配管口径:吸水管 101.6mm(4in)、压水管 76.2mm(3in)、供水管 50.8mm、充水管 50.8mm 和排空水管 25.4mm(1in)。安全阀用 50.8mm 接管安在 76.2mm 压水管道上。充水方式有两种:一种是装有 63.5mm(2.5in)消防阀,配有 63.5mm 消防带进水。另一种是从水箱顶部人孔充水。管路系统如图 8-235 所示。其操纵系统如图 8-236 所示,先将汽车离合器踏开,开启取力器的单挡开关,使取力器工作,由取力器通过皮带轮传动水泵。洒水作业时在驾驶室内用单挡开关开启电磁阀,控制管路中气缸操纵球阀由洒水喷头喷水;消防作业时人工开启 50.4mm 消防阀,经消防带,由喷枪喷水。为保护检修人员安全,在水箱顶面装有镀铬栏杆,水箱前端设有人梯,水箱底面两侧装有轮胎挡泥板。驾驶室内除装有汽车底盘仪表外还装有五只操纵开关分别控制取力器、三个喷头及室内的风扇。该洒水车结构合理,布置紧凑,工作可靠,便于操作和维护,已在露天矿山推广应用,基本满足国内大中型露天矿山要求,使用效果良好。

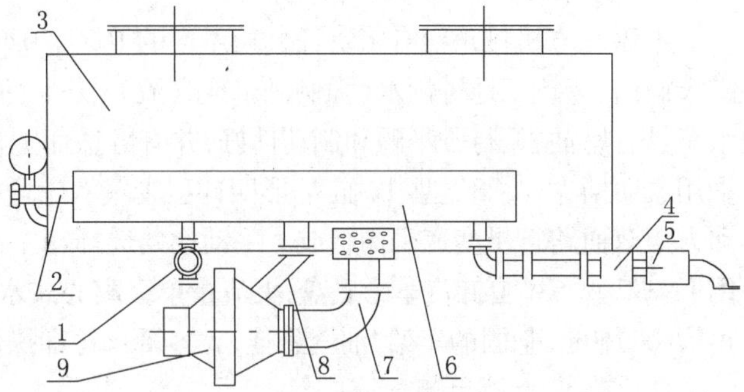

图 8-235 管路系统

1—消防阀;2—安全阀;3—水箱;4—气罐;5—球阀;6—供水总管;7—水泵进水管;8—水泵出水管;9—水泵

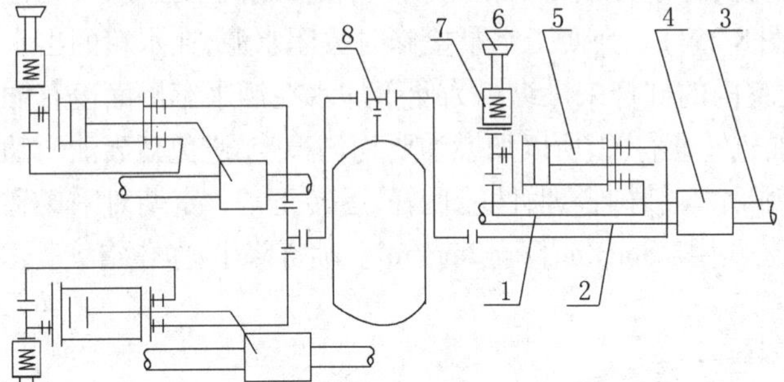

图 8-236 操纵系统

1—联通气管;2—进气管;3—水管路;4—球阀;5—气罐;6—单挡开关;7—电磁控制阀;8—操纵气路开关

C 3307W 型洒水车

内蒙古北方重型汽车股份有限公司开发生产的 30m³、40m³ 和 80m³ 3307W 型矿用洒水车采用可靠的 TERE×3307(45t)自卸汽车为底盘,配装先进的喷洒装置,具有多功能、高效、可靠的特点,多年来用于国内大型露天矿山,并出口蒙古国,取得良好效果。该厂近年对该车进行了改进和完善,主要内容如下:

(1) 重新设计了水泵安装支架,提高了水泵和液压马达之间安装精度和抗振性能。

(2) 新设计的水管路系统,使整个水路管路尽可能布置在水箱中,减少冬季冻裂的可能性。应用橡胶隔振技术,降低管路的泄漏。

(3) 新设计蝶阀及喷头组合一起的洒水喷头组件,由压气直接控制,增加了洒水宽度,减少控制元器件,降低了成本。

(4) 增加液压系统油过滤器和辅助安全阀,改善油液过滤精度,提高液压系统的可靠性。

改进后的 3307W 型矿用洒水车具有高洒、低洒、高压水炮、自流、自吸、消防及自清洗等功能,洒水宽度及洒水量调整方便、可靠,整车控制合理、简便,造型美观。

D BJZ5361GSS 型洒水车

北京重型汽车制造厂生产 BJZ5361GSS 型矿用洒水车，采用 BJZ3364 型矿用自卸汽车底盘，其贮水箱容积为 20 ~ 21m^3，设计新型增速箱，设有消防水炮和喷雾器。采用流量 20L/minCB20 型消防水泵，天津消防器材厂生产的 SP30 型水炮。司机可在驾驶室内控制路面洒水，在右侧平台上操纵水炮。能满足采场灭尘、冲刷路面和消防作业。

E YGJ510、GSSCA 型洒水车

交通部第一公路工程总公司施工机械厂研制生产的 YGJ510、GSSCA 型多功能洒水车，选用 CA141-2 型汽车底盘，焊接成的水箱装在底盘横梁上，水箱内用隔板隔成多个水仓，当洒水车运行时减缓了液体波动，改善行驶稳定性。车上装有 3ZX-8 型自吸离心泵，其叶片线性好，流道宽，自吸能力强，可以在河沟、池塘等野外各种水源取水。此外，还设有取力传动系统、换向阀、管路系统、气动系统和喷头等。水泵的动力取自汽车底盘的主变速器传给取力器，传动轴输出动力带动水泵运转，通过管路和喷头进行洒水作业。由于水箱容积为5.03m^3，适用于中小矿山和道路修筑洒水作业。该洒水车结构合理、功能多、操作维护方便，深受用户欢迎。

F BZQ51020GSS-60 型洒水车

本溪北方机械重汽有限责任公司生产的 BZQ51020GSS 型矿用洒水车，是多用途洒水车，它适合于大、中型露天矿山、建筑工地等洒水（强制洒水或自流）、降尘、消防、灭火、冲洗爆堆和输送工业用水等多种功能。该洒水车具有燃油省、行驶平顺和制动性好，并有舒适而宽畅的驾驶室，各种作业均采用电、气、液联合控制的优点。采用康明斯 VTA-28C 型、12 缸 V 形四冲程废气涡轮增压柴油机，阿里逊 DP8962 型变速箱由 TC860 液力变矩器和力矩双通路行星变速机构组成。手动换挡选择箱主控阀中电磁阀完成换挡，具有六个前进挡，一个倒挡。采用 LN392 型 68t 自卸汽车为底盘，大流量单级离心式水泵，高射程固定式水炮，射高（仰角为80°）30m，射程（仰角为30°）60m，坚固的车架，油气悬挂，大容量水箱和操作方便的集中系统。已在露天矿山使用，效果良好。

G 改装的矿用洒水车

广东大宝山矿采用贝拉斯 256B 型汽车改装成洒水车，如图 8-237 所示。水箱用4.5mm厚的 Q235-A 钢板焊接而成。横截面为腰鼓形，如图 8-238 所示，中间用 45 ×45 的角钢弯成支承架。为防止汽车在上坡或变速时水箱中水的波动，在水箱支承架上焊有隔板。水箱下部有 10 个支脚，用螺栓固定在汽车的大梁上。在汽车前保险杆和水箱后部各装有两个洒水喷嘴和 10 个喷雾嘴。选用 3BA-13 型离心式水泵，并固定在变速箱上的平台上。水泵的转动是借汽车柴油机为动力。将原取力器改成增速箱，使转速从 1380r/min 提高到水泵额定转速 2000r/min。洒水水泵的转动是靠增速器中拨叉齿轮离合器控制的。洒水车前后喷嘴分别或同时洒水是靠气动控制阀来控制，气动控制阀的动作靠安装在驾驶室内的手动三位四通阀来完成（图 8-239）。为便于水泵检修时关闭水源，在水箱的出水处装一个 Q41SA-16 的球形阀，阀门的开与关通过安在驾驶室内的杠杆来操纵。为便于加水在洒水车侧面设有加水口，通过快速接头与消防栓连接。由于水泵的转速与柴油机转速有关，所以加燃油要均匀稳定，避免猛轰油门动作，以防洒水量不均和水泵的早期损坏。生产实践表明：该洒水车结构合理，性能良好，运转正常。定期对采场和路面洒水使采场粉尘浓度由4.2mg/m^3降至0.1mg/m^3；采场公路由7.8mg/m^3降至2mg/m^3。喷雾降尘，净化空气。

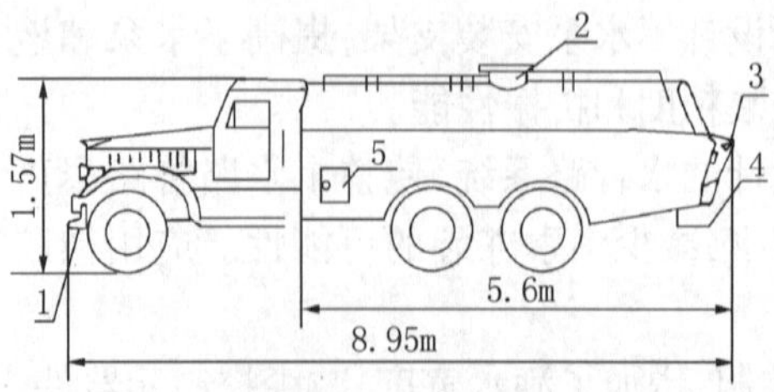

图 8-237 洒水车外形

1—前喷嘴；2—入口；3—10 个喷雾嘴；4—后洒水喷嘴；5—加水口门

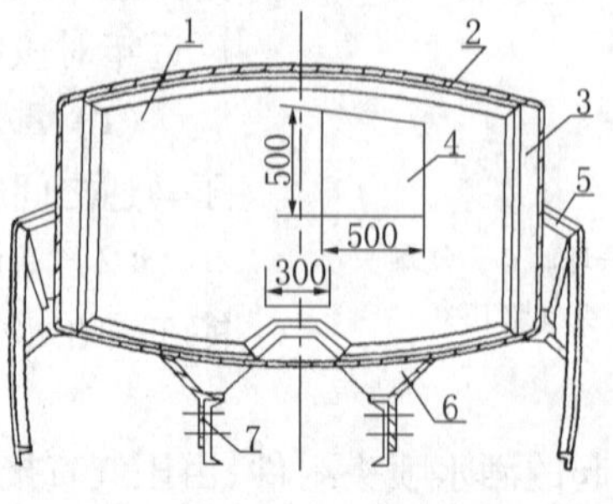

图 8-238 水箱横截面

1—隔板（δ = 4.5）；2—水箱体板；3—角钢骨架（45 ×45）；4—人孔；5—裙部架（25 ×25）；6—水箱支脚；7—汽车大梁

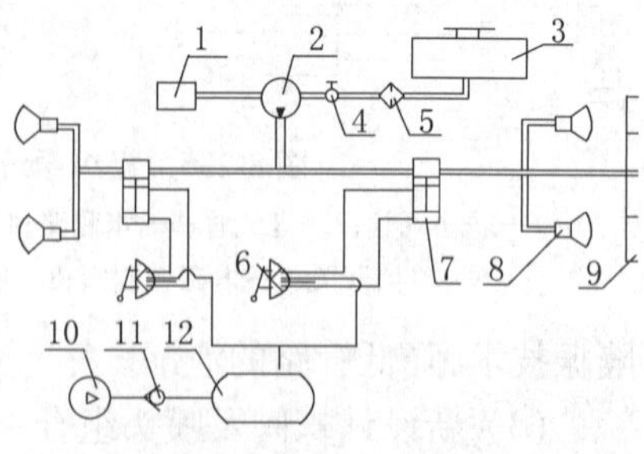

图 8-239 气动控制洒水系统

1—增速器；2—3BA-13 型水泵；3—水箱；4—球形阀；5—过滤器；6—手动三位四通阀；7—气动控制阀；8—洒水喷嘴；9—喷雾嘴；10—压缩机；11—单向阀；12—储气箱

8.9.4.4 主要厂家产品技术性能参数

国内洒水车主要技术参数见表8-236～表8-238。

武汉新光机械改装车有限公司(原武汉新光机械厂)是国家定点生产罐式改装车的专业厂,具有改装各种专用车辆的综合能力,其中“五环”牌洒水车是该厂主导产品之一。还生产WX5142GSSE东风153型、WX5102GSSE东风145型和WX5040GSSE型(东风小霸王)洒水车及多功能公路护栏清洗车等。

表8-236 国内部分洒水车主要技术性能参数

生产厂家及产品型号		本溪重汽制造公司	北京重型汽车制造厂	常州冶金机械厂	交通部公路一公司施工机械厂	
		BQ392AS-60	BJZ5361GSS	CYS-30	YGJ5101GSSCA	BP-60
底盘型号		LN392	BJZ3364	贝拉斯540A	CA141-2	EQ140J
外形尺寸/mm	长	9310		8480	6990	7000
	宽	4850		3480	2425	2410
	高	4675		3800	2383	2325
轴距/mm		4060		5000		
前轮距/mm		3660	2450	2800		
后轮距/mm		3300		2400		
设备质量:自质量/总质量/kg		46720/102320		23600/48600	4290/9500	5000/10800
水箱容量/m^3		60	20～21	28	5.03	5.8
最小转弯半径/m		10.5		11.8		
最小离地间隙/mm		530		475		
最高车速/(km/h)		73	34.9	55	5～10(工作速度)	
最大爬坡度/%		25	48			
水泵	型号	SP30		BS24	32X-8	BS30
	流量/(L/min)	1800	1202	1800	1000	
水炮	射高(仰角)/(°)	30		36		25
	射远/m	60	60～65	50		
前喷最大宽度:单喷/双喷/m		16～20	19.14～21.56	8～20	8	11/21
后洒最大宽度/m					12	21
喷水压力/kPa			100～1000	245～735.5	300～350	
洒水量/(L/m^2)		0.25～1			0.5～1.5	
吸水时间/s						

生产厂家及产品型号		交通部公路一公司施工机械厂			北京市政汽车改装厂		
		YGJ5102 GSSEQ	YGJ5130 GSSCA	YGJ5170 GSSJN	SZQ5091	SZQ 5130GSS	SZQ 5110GSS
底盘型号			CA4091C		CA1091S	EQ1032EJ	EQ1116H
外形尺寸/mm	长	6824	6815				
	宽	2410	2450				
	高	2415	2500				
轴距/mm							
前轮距/mm							
后轮距/mm							
设备质量:自质量/总质量/kg		/9755	/13455	/17730			
水箱容量/m^3		5	7.5	10	4.5	8	5.08
最小转弯半径/m							
最小离地间隙/mm							
最高车速/(km/h)		6～11(工作速度)	5～10(工作速度)	5～10(工作速度)	5～20(工作速度)	5～20(工作速度)	5～15(工作速度)
最大爬坡度/%							
水泵	型号						
	流量/(L/min)						
水炮	射高(仰角)/°						
	射远/m						
前喷最大宽度:单喷/双喷/m		8	8	6	17	17	17
后洒最大宽度/m		12	12	16	14	14	14
喷水压力/kPa		300	350	300	350	350	350
洒水量/(L/m^2)							
吸水时间/s			30		30	30	30

表 8-237 多功能洒水车技术性能参数

产品名称		“五环”牌绿化洒水车(东风 140 型)	“五环”牌绿化洒水车
型号		WX5091GSSE 型	WX5140GSSE 型(柴油康明斯发动机)
底盘型号(采用东风汽车公司二类底盘改装)		EQ1092F19DJ	东风 EQ1141G7DJ 二类底盘
底盘最大装载质量/t		5	8.2
最大总质量/kg		9700	14805
整车外形尺寸(长×宽×高)/mm×mm×mm		7575×2470×2580	8220×2465×2830
轴距/mm		3950	4500
轮距(前/后)/mm		1810/1800	1940/1860
结构(车载/半挂)		车载	车载
最小转弯直径/m		16.4	18
油耗/(L/km)		0.18	0.22
最高车速/(km/h)		80	90
驾驶室	人数/个	3	3
	形式	尖头	平头
发动机	生产厂家	广西玉柴机器股份有限公司	东风汽车公司
	型号规格	YC4E140-20 型	EQB180-20 型(柴油康明斯发动机)
	燃料类型	柴油	柴油
	额定功率(kW)/转速(r/min)	105/2800	(水冷直列六缸增压中冷直喷式柴油机)132(180hp)
	环保标准	欧Ⅱ级标准	欧Ⅱ级标准
功能		前冲、后洒、侧洒、自吸、消防、高喷枪(操作台安全护栏)喷雾 360°旋转上下移动,喷、洒、可调节(柱状大、中、小雨、雾状)。驾驶室内电磁阀控制操作,配有音乐器	前冲、后洒、侧洒、自吸、消防、高喷枪 2 支(罐前后各安装操作台安全护栏)喷雾 360°旋转上下移动,喷、洒、可调节(柱状大、中、小雨、雾状)。驾驶室内电磁阀控制操作,配有音乐器
用途		洒水车为大、中、小城市环卫、矿山公路养护、园林绿化专用车辆。可用于喷洒路面、绿化浇灌、农药喷洒、消毒,应急消防等多项用途	洒水车为大、中、小城市环卫、矿山公路养护、园林绿化专用车辆。可用于喷洒路面、绿化浇灌、应急消防等多项用途
洒水宽度	前冲/m	≥15	≥15
	后洒/m	≥15	≥15
	喷枪射程/m	≥40	≥40
	洒水密度	可调	可调
	洒/冲水压力/MPa	0.25~0.45	
	洒水量/(L/m^2)	0.2~0.5	1.2
	洒水行驶速度/(km/h)	15	15
	最高行驶速度/(km/h)	30	30
储水罐	容积/L	6500	10000(10t)
	罐体外观	油漆美观大方、布局合理	(矩形罐)油漆美观大方、布局合理
	罐防腐措施	水罐采取酸洗磷化(防腐、防锈)处理	水罐采取酸洗磷化(防腐、防锈)处理
	隔仓结构形式	全封闭留有人孔及水道	全封闭留有人孔及水道
	隔仓结构数量/个	3	3
	溢流装置形式	管式限高	管式限高
	人孔直径/数量/(mm/只)	400/1	400/1
	支架形式(整体/纵梁分置/独立支撑腿)	纵梁分置	纵梁分置
水泵	品牌	泰戈	泰戈
	型号规格	80QZF-60/90	80QZB(F)-60/90N
	生产厂家	杭州威龙泵业有限公司	杭州威龙泵业有限公司

续表 8-237

产品名称		“五环”牌绿化洒水车(东风 140 型)	“五环”牌绿化洒水车
水泵	水泵类型	清水/浊水	清水/浊水
	流量/(m^3/h)	60	60
	扬程/m	90	90
	输入轴转速/(r/min)	1480	1480
	轴功率/kW	22.5	22.5
	效率/%	65	65
	直吸高度/m	6.5	6.5
	直吸时间/(min/4m)	1.5	1.5
	进水直径/mm	80	80
特　点		“五环”牌多功能绿化洒水车系采用东风汽车公司二类底盘改装而成,除保持了原有车型的优良性能和技术参数外,同时本车改装后具有结构合理、性能优良、工作可靠、使用维修方便等特点	“五环”牌 WX5140GSSE 型绿化洒水车系采用东风汽车公司 EQ1141G7DJ 二类底盘改装而成,除保持了原有车型的优良性能和技术参数外,同时具有结构合理、性能优良、工作可靠、使用维修方便等特点

表 8-238　国内部分洒水车主要技术性能参数

型　号		CA141S50	CA15S50	QD145S55	EQ140KS100	BJ471	BJ374AS1	CYS30
驱动形式		4×2	4×2	4×2	4×2	4×2	4×2	4×2
水罐容量/m^3		4.88	4.8	5.65	10.85	16.3	20	28
自质量/t		5.1	5	4.85	7.65	13.7	14.6	23.610
总质量/t		9.98	9.8	10.05	18	30	34.6	51.610
洒水宽度/m		18	18	18	21	9~18	11~22	9~20
单嘴洒水宽度/m		11	11	10	11		11	
喷洒距离/km		8	8	8.5	16		4.87	
发动机功率/kW		99	85		99	175	184	265
水泵	形式	自制离心泵	BS17	自制离心泵	BS17		BS17	BS24
	流量/(L/min)	900	1000	900	1800	1000	1000	1800
	扬程/m	82	90	82	110	35	90	100
	轴功率/kW	21	22	21	23		37	
	吸水高度/m	8.5	6.5	8.5	8.5			
	进水口直径/mm	90	100	90	100	76	100	75
外形尺寸/mm	长	7505	6725	7530	10600		8475	8865
	宽	2476	2430	2450	2475	2909	2900	3480
	高	2395	2125	2210	2300	3175	3350	3810
生产厂家		北京市政工程机械公司	北京市政工程机械公司	北京市政工程机械公司	北京市政工程机械公司	北京重型汽车制造厂	北京重型汽车制造厂	常州冶金机械厂

8.9.4.5　洒水车的选择与计算

为矿山道路修筑和抑制粉尘,以及采场降尘降温,改善矿山工人的劳动条件,露天矿山均配备一定数量的洒水车。洒水车的容积、数量主要依据矿山道路路面、需要的洒水量(与洒水路面面积、路面结构、车辆密度、当地气候有关)、需洒水路面与水源地的距离远近、洒水车的洒水能力等因素进行选择:

$$N = KQ/Q_A\eta \tag{8-248}$$

式中 N——洒水车台数,台;

K——白班洒水量占每昼夜洒水量的比率,一般为 0.4~0.5;

Q——每昼夜需要洒水量,t,可按下式计算:

$$Q = Fq/1000 \tag{8-249}$$

F——洒水路面总面积,m^2;

q——每昼夜单位面积洒水量,kg/m^2,碎石、土路面取 $q=q'$;混凝土、沥青及条石路面取 $q=q'/3$;

q'——3 个最大蒸发量月份中每昼夜单位面积平均蒸发量,可向当地气象部门查询,我国多数地区为 3~7kg/m^2;

Q_A——洒水车台班洒水能力,可按下式计算:

$$Q_A = \frac{60Q_1T}{t_1 + t_2 + t_3 + t_4} \tag{8-250}$$

Q_1——洒水车实际载水量,t;

T——洒水车班纯工作时间,取6h;

t_1——上满一车水的时间,min,可按下式计算:

$$t_1 = \frac{Q_1}{60u_0s_0\gamma_0} \tag{8-251}$$

u_0——上水管内水流速度,m/s,当采用水泵供水时,u_0 值见表8-239;

s_0——上水管断面面积,m^2;

γ_0——水的密度,t/m^3;

t_2——洒水车班纯运行时间,min,可按式(8-252)计算:

$$t_2 = \frac{2L \times 60}{V} \tag{8-252}$$

L——洒水点至上水点的平均运距,km;

V——水车不洒水时的平均运行速度,km/h;

t_3——洒水车等装及其他影响时间,一般为5~10min;

t_4——洒水车洒水时间,min,可按式(8-253)计算:

$$t_4 = Q_1/q_1 \tag{8-253}$$

q_1——单位时间水车喷水量,t/min,当采用水泵洒水时,q_1=0.8~1.0t/min;采用自然压头喷水时,q_1=0.62~0.92t/min;

η——洒水车出车率,取0.65~0.8。

表8-239 u_0 值

水泵型号	功率/kW	流量/(m^3/h)	扬程/m	水管直径/mm	水流速度/(m/s)
10Sh-19A	20	320	13.7	250	1.78
6BA-12A	10	95~180	17.8~12.6	150~200	1.4~1.63

8.9.5 剥胎机

8.9.5.1 国内外现状与发展趋势

A 国内现状

随着露天矿山设备向大型化发展,要求设备的完好率和作业率越来越高,其设备维修保养工作量也越来越大,因此希望实现设备维修保养机械化,以减轻繁重的体力劳动,降低耗材及成本。目前,国内外矿山已开始重视设备的维修保养工作,并研制出多种维护机械设备,如矿山汽车用的剥胎机(又称轮胎拆装车)、检修车、加油车及其他辅助车等。从而,提高了维修机械化水平,保证设备正常运行,充分发挥大型设备效能,提高劳动生产率,降低生产成本,取得较好的效益。我国大型露天矿山采用汽车运输方式起步较晚。南芬露天矿、德兴铜矿、抚顺西露天煤矿、平塑露天煤矿等大型矿山从20世纪80年代开始使用154t、120t、108t大载重量汽车,由于轮胎尺寸大,质量加大,靠人力拆装轮胎非常困难,尽管使用叉车、吊车等设备配合作业,但拆装时间长,效率低,又不安全。德兴铜矿从美国引进电动轮汽车同时也引进了轮胎拆装车又称剥胎机,使用效果较好。南芬露天矿在引进大型电动轮汽车同时也引进了轮胎拆装车。

(1)洛阳矿山机械研究院开发了125B型轮胎拆装车,以前装机为底盘,安装了夹持装置,夹臂跨距1500~3600mm。最大举升质量8000kg,车辆行驶速度0~10km/h。适用轮胎规格18.00-25~40.00-57。基本满足自卸汽车轮胎拆装要求。

(2) 东北大学、马鞍山矿山研究院等单位共同研制的JTX-1型矿用汽车轮胎拆装车，由底盘、工作机构、大臂、液压系统等组成。夹持臂的间距1800～3600mm，举升质量4000kg，适用轮胎规格30.00-51～36.00-51。该车在南芬露天矿使用，经测定拆卸或安装一只轮胎需44s，可以满足大型电动轮汽车拆装轮胎要求。马鞍山矿山研究院相继又开发了CTC-5型轮胎拆装车，该车夹持卡具为平行四边形结构，在夹持不同规格轮胎时，由于负载端力臂大小与轮胎质量成反比，负载力矩变化范围小，提高了整机工作稳定性。

B 国外现状

随着露天矿自卸汽车载重量日益加大，其轮胎质量也在不断增加。如载重27t自卸汽车轮胎质量只有0.5t，而载重180t自卸汽车轮胎质量超过4.6t。在采场更换这样的轮胎将成为一项既复杂又费力的作业，且易发生事故。为此，国外开发出轮胎拆装车以满足汽车轮胎更换要求。

(1) 英国埃尼派克(Enerpac Ltd.)公司使用一种重10kg轻型Enerpac液压轮胎拆卸器，能快速拆卸和更换直径达1.25m的自卸汽车轮胎。它有一个拆卸钩，推拉力为100kN的液压油缸和可调定位螺杆油缸。以手摇泵为动力。其原理是先将拆卸器的钩置于轮辋胎边座的撬沟上，然后用定位螺杆使拆卸器顶紧轮辋。油缸通入压力油后，拆卸沟向下压轮缘，使这部分胎边脱离胎边座，这时提升锁圈、胎边座和挡圈，用较小的力就能拆下轮胎。英国曼斯机械设备公司开发的轮胎拆装车可装卸直径3.6m、重5.5t的重型轮胎。用夹紧装置抓紧轮胎后连续旋转而实现拆卸的，用于拆装轮辋、轮胎。

(2) 美国依阿华·莫尔德(Iowa Mold)工具公司生产的1833-1936型轮胎拆装车，是将Tirehand2551型轮胎拆装机械手安在克拉克公司的125B型前装机上，组成了移动式轮胎拆装车。能进行拆装载重量100～250t自卸汽车轮胎。美国芝加哥佩蒂伯恩(Pettibone)公司开发的Cary-Lift Super型轮胎拆装车，由前伸式夹持装置和138kW(185hp)柴油机驱动四轮车组成。最大承载能力：当夹持装置伸出时为4.31t(9500lb)，缩回时为6.8t(15000lb)。美国卡特彼勒公司生产的AM-25型轮胎拆装车采用叉车底盘，工作机构为平面连杆机构，由夹持架、夹持臂、横向转动装置和纵向转动装置构成。依靠夹持油缸的往复动作带动夹持臂在夹持架上作往复运动，使之完成夹持或松开轮胎的动作，以及由大臂的举升油缸实现举升动作来完成拆装轮胎、短途搬运轮胎和堆垛等作业。

(3) 日本石桥(Bridgestonc)轮胎公司开发的轮胎拆装机，拥有遥控操作台控制液压油缸，通过可调式拆装块，对锥面压圈和轮辋压圈施加均匀压力。所有抓钩、夹具和吊环等全部装配在装卸式机具上，以便用来提升轮胎和轮辋，完成拆装作业。

(4) 前苏联索科洛夫萨尔拜采选公司开发的轮胎拆装车，在5t轮式装载机底盘基础上安装轮胎拆装机械手(夹持卡具)，将夹持卡具固定在承重板上，承重板悬挂在拆装车的滑架上。同时承重板上还固定转动油缸和一块带有两个导板的转动板。夹持卡具装在悬臂梁上，在液压缸的作用下夹紧或松开轮胎。夹持卡具的跨距1260～2080mm，可供贝拉斯(БеΛА$_3$-540和БеΛА$_3$-548)型自卸汽车轮胎拆装。相继又开发了重型轮胎拆装车，结构与上述的基本相同，夹持卡具的跨距为1350～2700mm，可供БеΛА$_3$-549型自卸汽车轮胎拆装。生产使用表明，从汽车上卸下一个车轮或装上一个车轮，比人工拆装节省12min，且减少了人员，减轻了繁重劳动，又增加了安全性。

8.9.5.2 分类和用途

矿用汽车轮胎用的剥胎机，分为自行式剥胎机和固定式剥胎机。

剥胎机主要用于拆卸和安装大载重量自卸汽车的轮胎、搬运轮胎及堆垛等作业。

8.9.5.3 结构特征和技术参数

美国依阿华·莫尔德工具公司生产的1833-1936型轮胎拆装车由前装机底盘、机械手组成，或者将Tirehand2551型轮胎拆装机械手安在维修车间固定位置上，形成固定式轮胎拆装机。轮胎拆装机械手利用液压夹持卡具可轻易抓住轮胎卸下或安装大型轮胎。它的头部和夹臂座能连续回转360°，可以满足大型轮胎拆装要求。其主要参数为：适用轮胎规格18.00-25～40.00-57，夹臂跨度1500～3600mm，最大举升质量8t，纵向和横向转动360°，横向移动量203mm，行驶速度0～10 km/h，设备质量18t。该轮胎拆装机结构简单，性能可靠，移动灵活方便，能拆装载重量100～250t自卸汽车的轮胎。

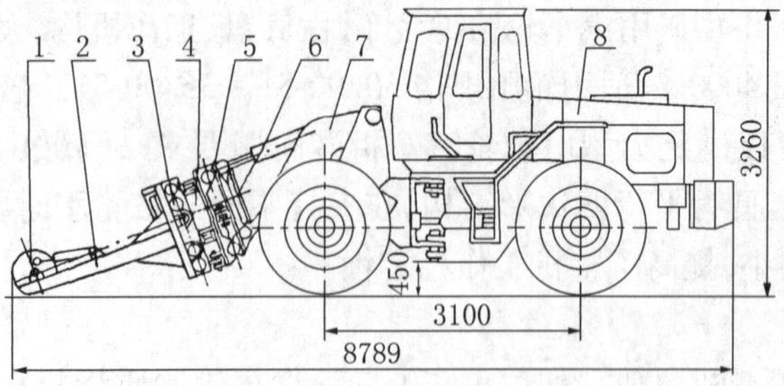

图 8-240 JTX-1 型拆装机

1—夹持盘;2—夹持臂;3—夹持架;4—横向转动装置;5—横向移动装置;6—液压系统;7—大臂;8—底盘

东北大学、中钢集团马鞍山矿山研究院、武进冶金机械厂、南芬铁矿等单位共同研制的 JTX-1 型露天矿用汽车轮胎拆装机,结构如图 8-240 所示,它由底盘、大臂、夹持盘、夹持臂、夹持架、横向转动装置、横向移动装置和液压系统等组成。以 50 型前装机为底盘,采用 6135Q-1 型发动机,液压换挡变速箱,全封闭驾驶室;工作机构由平面连杆机构和平面移动机构等组成,采用箱形结构及薄板加筋等焊接结构。车宽以前装机的宽度为准,夹持臂为平形移动并可调整。工作时夹持臂张开,不工作时收回至最小宽度。液压系统由底盘液压系统和工作机构液压系统组成。如图 8-241 所示,工作机构液压系统采用由电路开关操纵的电液阀控制,用电路控制软线代替液控油管穿过中央铰接处。为开式液压系统,系统压力为 15MPa。在夹持油缸的液压回路中,安装了一个安全阀。在翻转油缸、大臂油缸、夹持油缸等回路中各装一个液控单向阀以增加工作机构的运动平稳性。由底盘柴油机经变速箱驱动油泵产生压力油,来驱动小转缸、夹持缸、旋转缸、平移缸、翻转缸及动臂缸,使之完成夹持轮胎及夹持轮胎后的轴线转动、垂直面转动、横向移位、举升等各种功能。该车采用 50 型前装机为底盘,具有全封闭驾驶室,视野良好,夏有风扇,冬有暖风,改善了司机工作条件,越野性能好。工作机构多为焊件,制造简单费用低。铰接车架,转弯半径小,机动灵活。拆装轮胎时间短,工作效率高。其主要技术性能参数见表 8-240。

表 8-240 JTX-1 型轮胎拆装机主要技术性能参数

适用轮胎规格	夹持臂间距 /mm	夹持臂最大举升质量 /kg	夹持轮胎轴线转角 /(°)	夹持轮胎垂直面转角 /(°)	夹持轮胎横向移动距离 /mm
30.00-51 ~ 36.00-51	1800 ~ 3600	4000	±30	110	±300
适用轮胎规格	最大行驶速度 /(km/h)	最大爬坡能力 /(°)	发动机功率 /kW	外形尺寸(长×宽×高) /mm×mm×mm	整车质量 /t
30.00-51 ~ 36.00-51	34	30	154.4	8600×2800×3260	19

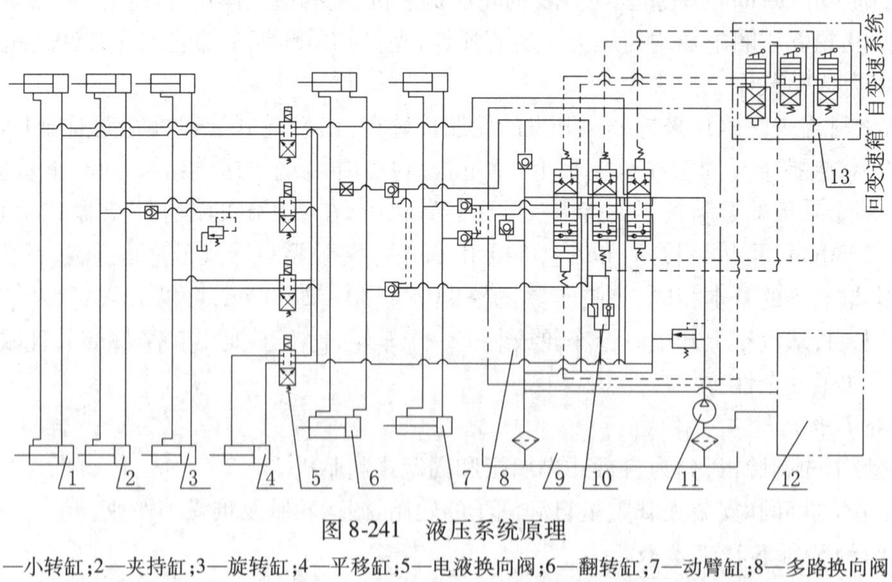

图 8-241 液压系统原理

1—小转缸;2—夹持缸;3—旋转缸;4—平移缸;5—电液换向阀;6—翻转缸;7—动臂缸;8—多路换向阀;9—油箱;10—过载阀;11—工作油泵;12—转向液压系统;13—先导阀

8.9.6 检修车

8.9.6.1 现状

随着露天矿机械设备的大型化,设备结构复杂,矿山工作条件恶劣,负荷大,磨损快。如挖掘机、电动轮汽车、钻机等大型设备,在现场经常需要维修,而且多为高位重体力作业,安全性差。为此,露天矿山不仅要建立设备修理厂(车间),还要配备有工程检修车,以便能及时进行现场维修,保证设备检修质量,使设备正常运转,提高矿山劳动生产率和经济效益。

A 国内现状

国内多数矿山还没有专用的检修车,对于挖掘机、电动轮汽车和钻机等大型设备进行检修时,临时调用汽车将检修设备工具和人员运往现场。拆装的吊车也是临时调用的,常因得不到及时维修而延长设备停工时间,甚至影响正常生产。马鞍山矿山研究院与太原钢铁公司联合研发 KJC-2 型矿山机械工程检修车,它是集机械设备状态监测、故障诊断、设备修理和维护为一体的专用车辆。采用 JN-1171022 型汽车底盘,装有设备检测仪表与修理用小型加工设备和工具以及升降台、起吊装置,该车已于 1995 年投入使用,效果良好。

(1) 北京冶金设备研究院研发的 KJ150 型工程检修车。采用 JN150 型黄河汽车底盘,装有起重吊、升降台、钳工工作台及小型维修用设备与工具。该车功能齐全,能综合修配,又可运送维修人员、备品备件及工具等,适用于露天矿设备检修。该车在歪头山矿使用表明,可进行一系列修复和零件修配加工,运转正常,安全可靠,缩短了检修周期,提高了设备效率,操作人员作业安全。

(2) 第二炮兵学院研发的工程机械野外修理车,是集机械设备检测、诊断和故障修理为一体的工程检修车。目前,国内露天矿检修车还在发展之中。

B 国外现状

国外露天矿山非常重视设备现场维修工作,普遍使用工程检修车。露天矿的检修车大多由汽车改装而成。如德国 O&K 公司的检修车采用汽车为底盘,其上装有检修工具,并带有机修间的一辆拖车。这样两辆底盘布置设备和工具就比较方便。前苏联用 КРАЭ-256Б 汽车底盘制造的 МРП 型自行式检修车,可供挖掘机和钻机等大型设备作业现场进行维护修理工作。有些矿山根据矿山的具体情况,如设备规格大小、数量多少、运输方式等,由机修厂自行制造检修车。根据行车方式不同有的用轨轮行走,但多数用汽车改装而成。车上装有液压吊、电焊和气焊设备、钳工台、电动机或液压扳手及砂轮机等设备。

8.9.6.2 分类和用途

检修车按作业场地不同分为露天检修车和地下检修车,本节简述露天检修车。

露天检修车又分为自行式和拖车式,自行式检修车以汽车为底盘能自己行走,拖车式检修车需另配牵引车将其牵引到作业现场进行检修工作。

检修车主要用于矿山设备的现场检测、诊断、修理等维护维修作业。

8.9.6.3 露天矿检修车组成及技术参数

以德国 O&K 公司开发的检修车为例,采用 Magirusteutz 公司的一辆汽车和一节拖车为底盘,汽车上是钳工修理间,拖车上为机修间,均设有独立的动力装置。钳工修理间内有钳工台、手动检修工具及可携式器具等;机修间安装简单切削床如小型车床、钻床、切削设备、气焊和电焊机及砂轮机等。车上装有空压机、单缸千斤顶(供压出履带销、拉出驱动轮用)。顶棚上设置起重1.5t的吊车,通过悬臂向后伸出车外。该车检修设备和工具齐全,能承担采场大型设备的修理维护工作,已在许多矿山使用,取得良好效果。

马鞍山矿山研究院和太原钢铁公司共同开发的 KJC-2 型检修车,其结构如图 8-242 所示。它由 JN1171022 型汽车底盘、SQ3A 型起重机、SJCQ-0.5-6 型升降台、YJ-10H 型液压绞盘、ZX-32 型钻铣床、3W-0.8/10型压气机、400A 电焊机、气焊气割设备、手动电缆卷筒、钳工工作台、测试工作台和液压系统等组成,并根据用户要求选配各种检测诊断仪器。该车所配电源、压气源和液压系统动力源均取自汽车发动机的动力,在汽车空挡时通过变速箱转轴传给取力装置的齿轮,并由传动轴驱动齿轮油泵工作。为保护设备和仪表设有机棚。

液压系统如图 8-243 所示,它包括起重机液压系统、液压绞盘系统和液压升降台系统三个部分。工作时由三位四通手动换向阀来控制,分三路通向各系统动作。当齿轮油泵工作后液压油从油箱经吸油滤油器、齿轮油泵进入三位四通手动换向阀,分三路通向各系统。当手动换向阀处于中间位置时向起重机系统七联阀供油,分别控制回转马达、起升马达、变幅油缸、伸缩油缸、前支腿油缸、后支腿油缸及支腿伸缩缸,以实现起重机回转、起升、变幅、升降及液压支腿动作,完成起吊任务。该系统中装有溢流阀起保护作用,油压调至 18~20MPa。在主油路上安装一溢流阀用于保护油路和液压元件。在支腿油缸上装有液压双向锁,防止液压缸下沉；在变幅、伸缩油路上装有平衡阀，以实现变幅、伸缩动作平稳可靠。当手动换向阀处于左部位置时，液压油进入电磁换向阀，从而控制液压升降台升降油缸实现升降台起升和降落。当手动换向阀处于右部位置时，液压油进入手动控制阀控制液压马达实现液压绞盘工作。另外液压系统还引出一组油路作为液压工具的动力源。其主要技术参数见表8-241。

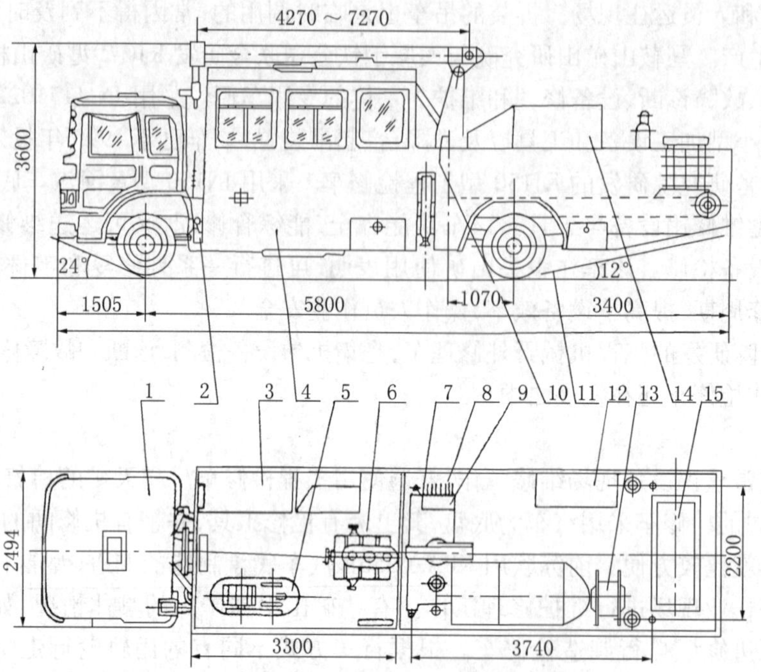

图8-242 KJC-2型检修车结构

1—汽车底盘；2—取力装置；3—钳工工作台；4—机棚；5—压气机；6—钻铣床；7—油门系统；8—操纵台；9—液压系统；10—起重机；11—底架；12—工作台；13—手动卷筒；14—电气系统；15—升降台

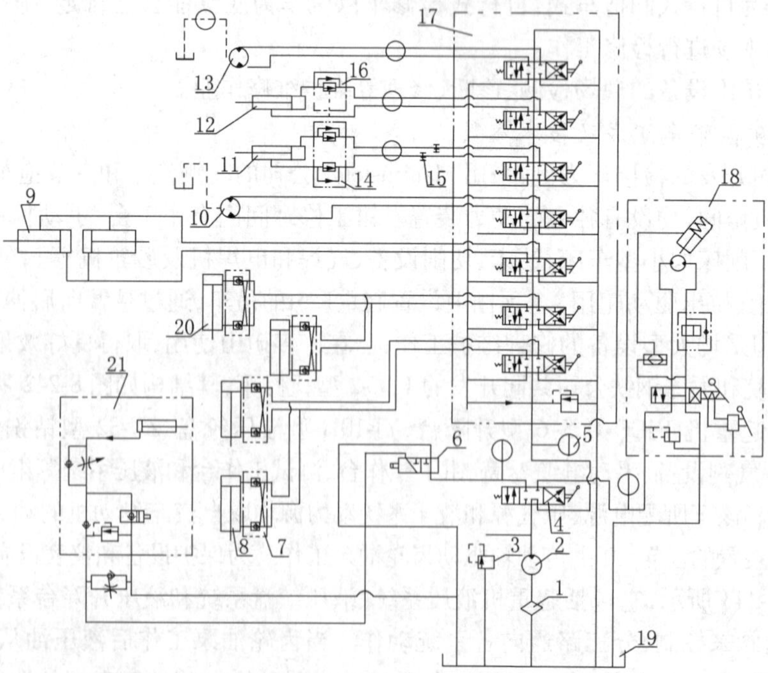

图8-243 液压系统

1—吸油滤油器；2—齿轮油泵；3—溢流阀；4—手动换向阀；5—压力表；6—电磁换向阀；7—双向液压锁；8—前支腿缸；9—支腿伸缩缸；10—回转马达；11—变幅油缸；12—伸缩油缸；13—起升马达；14—双向平衡阀；15—三通截止阀；16—平衡阀；17—七联阀；18—液压绞盘；19—液压油箱；20—后支腿缸；21—液压升降台

表 8-241 KJC-2 型检修车主要技术参数

汽车底盘型号	JN1171022	液压马达型号	YMY-70
发动机型号	$6130Q_4$	油泵额定工作压力/MPa	16
发动机额定功率/kW/轮数/(r/min)	154.5/2000	钢丝绳额定牵引力/kN	100
最小离地间隙/mm	265	高空作业升降台型号	SJCQ-0.5-6
最小转弯半径/m	不大于 11	功率/kW	1.5
最大载重量/kg	9000	额定载荷/kg	500
整机质量(乘 4 人)/kg	17490	垂直行程/mm	4800
机载起重机型号	SQ_3A 型直臂式	离地高度/mm	6800
最大起重力矩/(kg·m)	6600	台面尺寸(长×宽)/mm×mm	1880×850
最大工作半径/m	7	钻铣床型号	Z×32
最大起升高度/m	9	钻孔能力/mm	32
最大起升速度/(m/min)	9.6	攻牙能力/mm	M6
吊臂伸缩行程/m	3	平铣能力/mm	75
吊臂起升角度/(°)	-10 ~ +80	立铣能力/mm	20
吊臂回转角度	$2n\pi$(连续)	主轴转速(10 级)/(r/min)	95 ~ 1770
吊臂回转速度/((°)/min)	720	主轴行程/mm	150
液压绞盘型号	YJ-10H	轴心至机柱距离/mm	204
钢丝绳铰紧速度/(m/min)	7	工作台行程/mm	420

北京冶金设备研究院与歪头山铁矿开发的 KJ150 型工程维修车如图 8-244 所示，采用 JN150 型黄河牌汽车为底盘，在底盘上安装了吊机和设置一个小型维修间。在车上还有升降机、电焊机、气焊机、钳工工作台、小型机床和电、钳等工种的基本工具。吊机安在中部，使维修车有较好的稳定性；升降机安装在尾部，可三面接近被检修的设备，便于工作人员作业。砂轮机安在车厢外面，可减少砂轮机工作时粉尘对人体的危害。

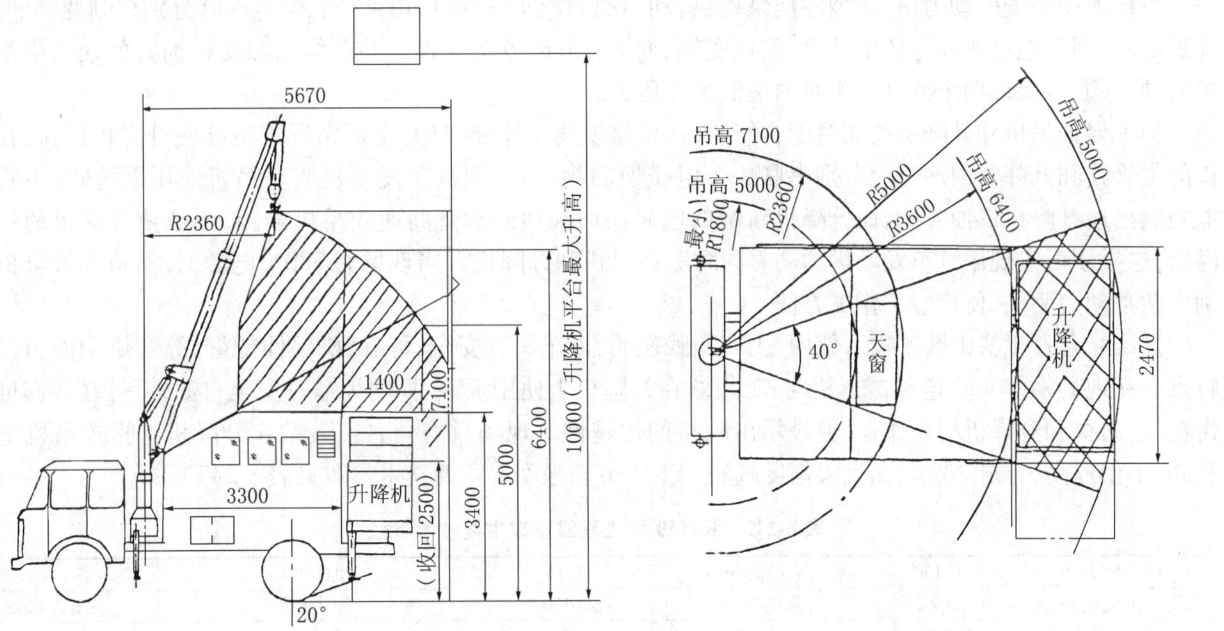

图 8-244 KJ150 型工作维修车

车厢内钳工工作台和机床分别布置在车厢两侧，车厢顶部有一天窗，可将更换的零部件从天窗口放入或取出。车厢壁有隔垫层保温，配有通风机、电暖气。车厢内座椅可同时乘坐 4 人，并与驾驶室配有通讯联络装置。

大中型露天矿采矿设备在检修过程中，不仅同时需要升降机与吊机，而且还需两者配合作业，很多被检修的设备部位还需升降机能贴近。根据这个要求，采用如图 8-244 所示的布置方案。正视图中虚线部分为吊机在维修间上部工作范围，其起吊最高点距地面为7.1m，升降机收回时距地面2.5m；双点划线部分为吊机与升降机配合作业范围，其配合作业点最高距地面6.4m，作业面宽度为1.4m。俯视图中，阴影面为吊机与升降机水平投影作业面，其夹角为40°时最大水平投影作业半径为5m，最小为3.6m。

该维修车的吊机和升降机均为液压驱动,如图8-245所示,其动力取自汽车底盘的柴油机,当汽车处于空挡位置时,通过变速箱常转轴传给取力齿轮,并由传动轴驱动油泵工作。当检修现场有380V电源时,吊机和升降机分别由两种动力驱动。不仅提高设备在野外作业能力,使检修工作更为方便,而且可使发动机减少磨损和节约燃油。升降机液压系统由电机、齿轮泵、支撑阀、单向限速阀和油缸等部件组成。单向限速阀控制升降机的升降速度,动力源为380V。液压回路中的压力由支撑阀调定。

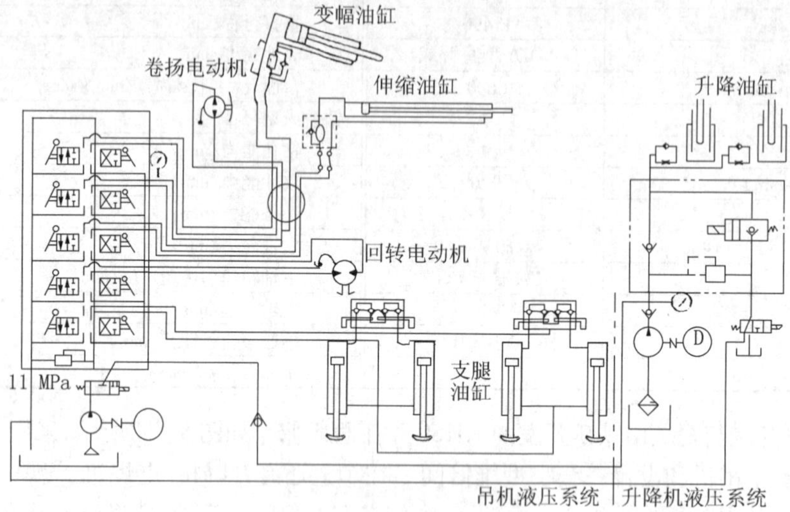

图8-245 液压系统原理

吊机液压系统的动力由T7型液压泵提供,动力源为汽车发动机,用4个三位六通阀分别控制变幅油缸、伸缩油缸、回转电动机和卷扬电动机,实现变幅、伸缩、回转、卷扬动作。并在伸缩和变幅油缸的油路中配有单向顺序阀,以保证两个油缸工作时的最低工作压力。

为了保证吊机和升降机能同时配合作业,在检修现场无外接380V电源情况下也能使升降机工作,在吊机的主管路和升降机回油管上分别串联一个电磁换向阀,当使用汽车发动机驱动吊机液压系统时,主管路电磁阀接通升降机供油管路,而升降机新增的电磁换向阀使回油管路通向吊机油箱,不致使升降机的油箱溢出,这样便可实现用汽车发动机的动力同时驱动吊机和升降机。当现场有380V电源时,吊机和升降机分别由两种动力驱动,使检修工作更方便。

该维修车在歪头山铁矿投入使用,生产实践表明,该车具有安全、可靠、机动性能好,综合修配能力强的特点。在现场检修4m³电铲减速机时,工人站在升降机上使用扳手、挥动大锤时安全自如,而且在装卸推压齿轮时,吊机和升降机配合作业,更显示出独特的优越性。现场只需一名工人站在升降机上指挥吊机配合装卸,不仅提高了工作效率,而且大幅度减轻了工人劳动强度。主要技术参数见表8-242。

表8-242 KJ150型工程维修车主要技术参数

汽车底盘型号	JN150	最大吊高/m	7.1	机床型号	H11-1A
吊机型号	YQZ-3	升降机型号	YSD-300-9	焊机型号	Z×7-400S
最大吊重/t	2.8	最大举升高度/m	10	额定乘坐人数/人	7
起吊力矩/(kN·m)	60	承载能力/kg	300	外形尺寸(长×宽×高)/m×m×m	9.6×2.5×3.4

该维修车功能齐全,集各类通用维修设备为一体,能进行多工种综合修配工作;适用于大中型矿山电铲、钻机、矿用汽车及推土机等设备维修保养;可完成部分中修、小修、日常维护和紧急检修任务,是露天矿山理想的维修配套设备之一。

第二炮兵学院研制的工程机械野外修理车由运载车、检测维修方舱、随车起重机、自备发电机组、检修诊断仪器、维修设备及常用工具等组成。维修车结构如图8-246所示。

运载车采用越野汽车底盘、斯太尔发动机、双排座驾驶室,可运送维修人员;检测维修方舱采用长度为4.5m的大板式方舱,并与运载车固联。舱内装有仪器柜、工具柜和钳工工作台等,同时可携带维修所用的配件,舱外设有工具箱等。随车起重机装在舱体与驾驶室间以保持行车的稳定性。起重机为三级折臂式结构,体积小,操作灵活方便。该修理车有两种供电方式:当维修现场有电源时,可外接电源供电;当现场无外接电源条件时,则由自配发电设备供电。发电设备由汽车发动机带动工作。自配发电机选用防沙涉水型无刷式同步发电机,采用舱底"悬吊"式安装方式,方舱内底板仍为水平底板。发电机功率24kW,是供各种检测设备的电源。故障检测设备有发动机综合检测仪和液压系统检测仪,前者能进行发动机主要性能解体检测、状态趋势分析及故障综合诊断;后者由超声波管外测压仪、便携式液压系统故障检测仪和液压检测仪表构成,用于液压系统故障检测与快速确定故障发生位置。

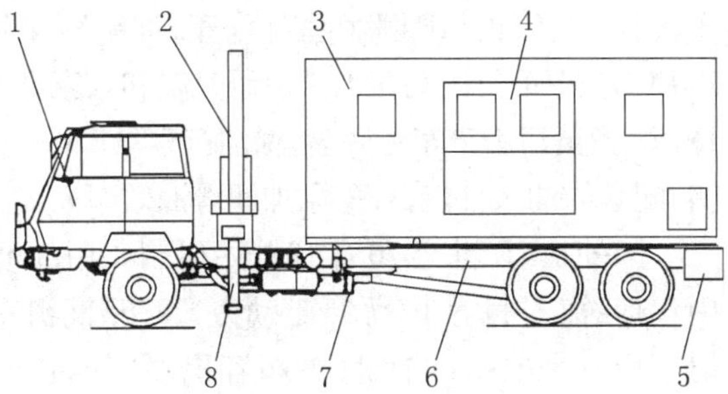

图 8-246 工程机械野外修理车
1—驾驶室;2—随车起重机;3—方舱;4—翻板;5—工具箱;6—车架;7—发电机组;8—支腿

维修设备主要有:(1)多功能液压工作站,可供压制液压胶管接头及过盈配合件现场快速拆装和修理,并进行液压系统元件试验;(2)油质快速分析仪、过滤装置及皮囊,进行油污染检测和过滤储油;(3)多功能电源,用于车辆启动和焊接的动力源;(4)便携式履带拆装机;(5)轮胎拆装、补胎、气源等设备;(6)气焊设备;(7)加工设备,包括钻床、砂轮机、切削机;(8)常用工具及装置,包括钳工具、电工具、木工工具、钳工工作台、台虎钳、专用夹具;(9)常用备件、材料和工作帐篷。

发动机不解体综合检测仪由传感器组(AVL油压外卡传感器、PCB振动传感器、上止点信号传感器、电压信号传感器和电源信号传感器)、信号调理系统、数据采集系统、PC-104嵌入式计算机单元、电源单元、显示输出单元及键盘输入单元组成。

便携式液压系统故障检测仪由阀块(溢流阀、安全阀、开关和附件)、传感器组(温度传感器、压力传感器和流量传感器)、放大滤波电路、模数转换电路、LED显示和标准接口组成,能进行双向检测,检测流量范围10~200L/min,压力范围0~32MPa。对复杂故障可将其接入被测的液压系统,通过测试仪上溢流阀系统加载并检测各种参数,从而分析故障类型,判定故障位置。虽然介入式检测较为复杂,但比较可靠。

超声波管测压仪是利用超声波在介质中传播速度、时间与压力变化的关系来测定。当对液压管路及液压油缸检测时,将超声波换能器紧紧贴于被测管外表面,这时超声波检测器向金属管发射超声波,经耦合进入管壁,穿透管壁后折射到油液中继发传播;当达到另一侧管壁时,一部分折射进入管壁并穿透管壁,另一部分从管壁内侧反射并穿透管壁被换能器接收。当系统中充满油液的压力或油温变化时,会使其在油液中传播时间变化。只要测出超声波在油液中传播变化量大小便可完成故障判定和测量。这种方法检测方便快捷,但对小管径硬管和软管检测精度不高。

8.9.7 加油车

8.9.7.1 现状

随着露天矿设备大型化、高效化程度不断提高,要求设备的完好率和作业率也越来越高。特别是移动不便的大型设备,如挖掘机、牙轮钻机及其他用油设备设施等,经常处于恶劣条件下工作,很容易造成零部件磨损。而磨损状态又直接受润滑条件影响。实践证明,如果在露天矿设备工作场地直接添加润滑油和燃油,并认真执行润滑制度,不仅能增加设备作业时间,提高生产能力,而且能大幅度减轻零部件磨损,延长使用寿命。

我国露天矿山除南芬铁矿等少数矿山引进国外润滑车外,大多数矿山应用各种形式的容器,如油箱、油槽、油桶等进行油料的储存和运送,造成油料污染和浪费,而且整个润滑手工操作,添加油料效率低,零件寿命短,维修量增加。为改善露天矿设备和工程施工机械的加油润滑状况,国内一些厂家和研究院所研发了一些加油润滑车。多用载重汽车底盘改装而成,将发动机排气管移到汽车的前部,车上装有油罐、油泵、输油管路、操作阀门、管路仪表,外接输油软管、灭火器和放电链子安全装置。如湖北汽车改装厂和丹东汽车改装厂生产的加油车,油罐容量4800L,底盘为CA-10型汽车,总重8290kg;天津锅炉厂生产的TJ441型加油车,油罐容量4500L,总重9450kg;南京晨光机械厂和北京重型电机厂生产的YJ-48A型加油车,油罐容量4800L,总重8450kg;丹东汽车改装厂生产的AD400Y型加油车,油罐容量4000L,总重8200kg;太原锅炉厂生产的黄河加油车,油罐容量10000L。中钢集团马鞍山矿山研究院和张家港市机械厂等单位共同研发的RCK-4型露天矿用润滑车,该车以JN151型黄河牌汽车为底盘,稀油箱容量3200L,干油箱容量180L,废油箱容量800L。该车在南芬露天矿使用表明,配套的油泵性能良好,添加润滑油效率高,油液污染小,可提高主体设备作业率0.6%~1.2%。

国外从20世纪70年代开始研制矿用加油车及专用的润滑车。如IMT公司生产的润滑车已系列化,其中包括:拖式润滑车(无行走动力)、小型润滑车、中型滑润车(开式和闭式)、大型润滑车(开式和闭式)。润滑车型号是根据运油量(油箱容积)划分的,根据机群的大小而使用不同型号润滑车。该车结构合理,性能优越,应用较多。

8.9.7.2 分类和用途

矿用加油车按作业场地不同分为露天加油车和地下加油车,本节简述露天加油车。

按功能加油车分为两种,即燃油车和润滑车。燃油车的功能单一,只运送燃油,但矿山燃油消耗量比较大,所以矿山多使用专用燃油车。润滑车主要是为采场设备,如牙轮钻机、挖掘机、汽车等设备提供加油润滑服务,还可用于运输、储存及油料掺和制成混合油。

8.9.7.3 结构特征及产品技术参数

IMT公司的小型润滑车,用于小机群工作场地的小修、大修和清洗工作,小型油车为开式,其上带有三个250L的润滑油箱,一个润滑脂箱,一个227L燃油箱。车上装有一个排气量为0.609m^3/min的空压机,一套油管卷绕轮组。使得操作简单、方便。其大型闭式润滑车上有10种不同规格的油箱,总装油量可达到14547L,可以迅速有效地完成大机群的所有维修保养项目。所有油箱布置在车上两侧。可在车内中间过道上完成加油工作。车上带有防爆照明系统。油管卷绕轮组可按用户要求侧置或后置。同时还附加几个不同规格的服务箱,可用于存放各种工具。包括空压机在内这些部件用钢板封闭起来,使得各部件及油液污染少,以提高各部件及整机寿命。

前苏联索科洛夫·萨尔拜采选公司用БелA_3-548型汽车改装的润滑车,由燃油箱、需加热的润滑油箱、内有软管卷筒的加热箱、设备分配间、平台、悬挂轴承、摩擦离合器的功率输出轴、发电机及经改造的底盘组成。为配置大量设备和大容量油箱对底盘进行改造,加长了底架和汽车轴距。润滑油箱有保温壁,冬季用汽车废气加热。当气候温度为-30℃时,利用装在油箱内的电加热器加热润滑油。加热箱用来密装缠有软管的卷筒,并预防低温时润滑油在管内冻结。加热箱有水套和防冻剂套,外面用绝热材料保温。套内防冻剂用电加热器加热。分配间是保温的加热室。分配间布置两根管子引来废气加热。润滑车的电源和电加热器由交流发电机组供电,发电机组由汽车柴油机经离合器输出轴传动,由司机在驾驶室内操纵发电。也可外接电源。该车功能齐全,既可添加燃油又可加注润滑油,车内主要部分均有加热保温措施,四季都能为设备添加黏度适宜的油液,安全可靠,性能优越,使用效果良好,为萨尔拜露天矿汽车减少了空行程,节约了燃油与轮胎消耗,而且多运输了数万吨矿岩,经济效益十分明显。

罗马尼亚布切奇CC113型润滑车可装燃油及润滑油,油箱总容量4500L,油箱有CC113-2和CC113-3两种。后者有三个容量相等的隔箱,可分别装三种不同油料,每隔箱均有进出油口,放油口布置在车厢后端,外形相同。装油方式有两种:直接从上部自流加入和通过配套的输油泵泵入。整个车厢后倾2°便于将油放净。该车配有输油泵,输油量15000kg/h;一根ϕ50mm×3500mm输油高压软管,装有流量表,测量范围5~300L/min,精度等级5%。发动机为SR211型水冷汽油机,功率104.4kW(140hp),变速箱有5个前进挡一个倒挡,最高速度80km/h。

南京晨光机械厂、北京重型电机厂生产的YJ48A型润滑车采用解放CA-10B型汽车为底盘,车上装有油箱、油泵和管路系统等输油设备,可装油料4800L。油箱是钢板焊成椭圆形断面容器,箱内焊有两道隔板框架以加强箱体刚性,中间两块能拆卸隔板用螺钉固定在框架上,以便进行油箱清洗。油箱下部有排污管和放油口。油箱有8个支座固定在底盘纵梁上。呼吸阀在油箱人孔盖上。当油箱上油和放油时自动打开,使油箱与大气相通,以调节油箱内外压力差。输油泵装在油箱前端右下部。发动机的动力经取力装置和传动轴传给输油泵。输油管路系统由安全阀、球阀、流量计、橡胶软管和油枪组成。其中金属管路全部为无缝钢管弯制焊接而成,在泵的前后管路上设有过滤器以防止油中杂质进入系统,提高元件的使用寿命。安全阀安在泵的排油管路和吸油管路间，以保证出油系统油压小于 0.35MPa。油枪由一个球阀与铝制出油管连接组成。使用时将油枪盖取下后连接在放油软管末端的接头上，将油枪的出油管插入待加容器中，当待加容器油满时，即可操纵其上油阀的手柄，能立刻截断油流。还配备有车载灭火器及放电链条安全装置。该车具有安全可靠、操作简单方便、机动灵活、减少油液及环境污染小等优点。

中钢集团马鞍山矿山研究院等单位研制的 RCK-4 型露天矿用润滑车采用 JN151 型黄河牌汽车底盘。在底盘上设有保温车厢，在车厢内装有供各风泵动力用风的空压机，作为空压机动力源的取力装置及液压系统，一台加注干油用的风动干油泵，6 台加注稀油的稀油泵，一台加注高黏度的稀油和回收废油用的隔膜泵，$8\times0.4\text{m}^3$ 的稀油箱，0.18m^3 干油箱，0.8m^3 的废油箱，以及能将各种油液送到润滑点而设置的能收放的油管卷筒等。其总体布置如图 8-247 所示。

保温车厢的四周和顶棚均设有夹层，以填充聚苯乙烯泡沫；底板用塑料整体发泡，车门密封。车厢内装有热冷风机，调节温度以保持油液可泵。取力装置是由装在汽车变速器左侧的取力器，通过操纵取力器的换挡手柄使齿轮挂挡，将汽车发动机动力取出驱动油泵。空压机站由 3W-1.6/10 型空压机、风包、油雾器、调压阀组成。气路系统有多处接风口，并用快速接头与相应的风动油泵相连。根据用风设备所需压力不同，使用减压阀调节风压。空压机用液压马达输出扭矩带动运转。其液压系统如图 8-248 所示，主要由油泵、油马达及各种阀类组成。取力器输出端通过十字轴万向节与油泵相连。油马达输出端和空压机输入端用联轴节相连。当取力器齿轮挂挡后，油泵运转，如果当转阀处于图 8-248 所示位置 1 时，液压油经 A→B→C→D，流回油箱，油马达不工作；当操纵转阀使转阀调到位置 2 时，高压油经 A 进入油马达，使油马达运转，带动空压机工作。该车设有 9 个油管卷筒，其结构如图 8-249 所示，油管组件通过管接头盘在卷筒架上，油管的另一端有自封加油枪。工作时，将油管向外拉，涡卷弹簧逐渐收紧；当停止拉油管时，由棘轮机构使卷筒停止转动，即可开始注油工作。当工作完毕将油管收回时，只需将油管向前拉一下，越过棘爪卡住棘轮位置，油管便自动收回。此外，FGB-35 型风动干油泵是购买沈阳润滑设备厂的定型产品；FXB-160 型风动稀油泵，是以压气为动力驱动柱塞泵往复运动。泵体的活塞往复运动均产生油压（又称为双作用式），基本能维持油压连续性。现已批量生产矿山润滑车供选用；FMB-3000 型风动隔膜泵以压气为动力源，输送高黏度油液。通过减压阀可对扬程和流量进行无级调节。该车技术先进，机动灵活，保温性能好，冬夏可用，加油迅速，提高了加油工效，可减少调车、装车和等待油料的时间，提高了主体设备的作业率，减少油料损失和对环境的污染，减轻了工人的繁重体力劳动。它也可作为一种较大的移动式机械化润滑站，扩大其应用范围。其主要技术参数见表 8-243。

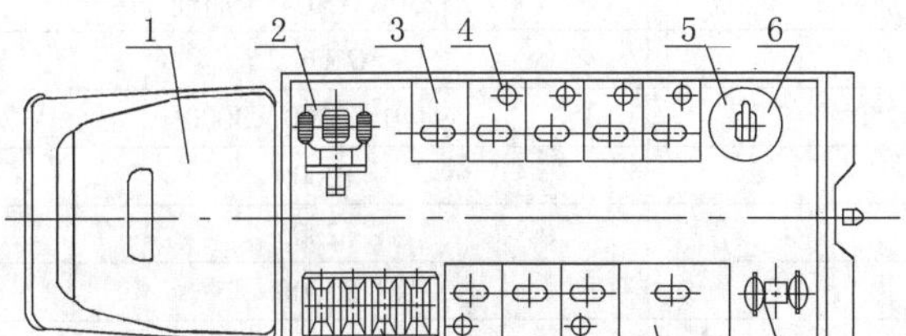

图 8-247 RCK-4 型露天矿用润滑车总体布置

1—汽车底盘；2—空压机；3—稀油箱；4—稀油泵；5—干油桶；6—干油泵；7—隔膜泵；8—废油箱；9—油管卷筒

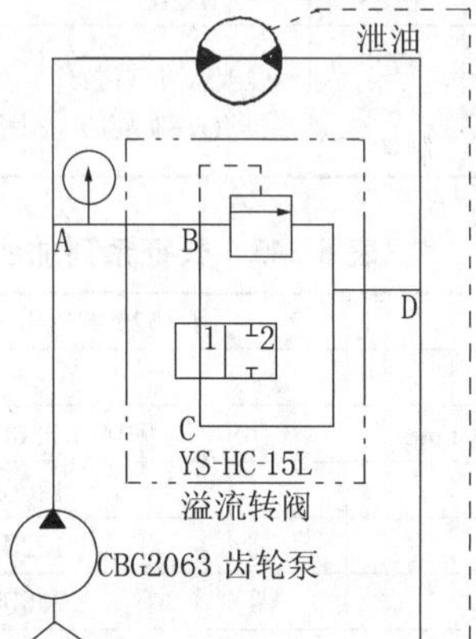

图 8-248 液压系统原理

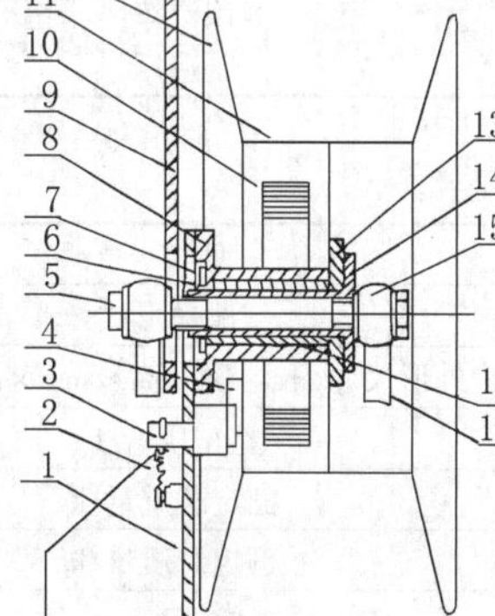

图 8-249 油管卷筒

1—支承架；2—弹簧；3—棘爪；4—棘轮；5—活络管接头；6—挡圈；7—轴承；8—卷管轴套；9—托管架；10—涡卷弹簧；11—卷管架；12—辐板；13—挡板；14—卷管轴；15—管接头；16—套筒；17—过渡管

表 8-243 RCK-4 型露天矿润滑车主要技术参数

稀油箱台数×容量(m^3)	干油箱容量/m^3	废油箱容量/m^3	空压机		底盘				风动稀油泵		风动干油泵		风动隔膜泵		外形尺寸/mm		
			型号	排气量/(m^3/min)	型号	载重/t	功率/kW	转速/(r/min)	型号	台数	型号	台数	型号	台数	长	宽	高
8×0.4	0.18	0.8	3W-1.6/10	1～1.5	JN151 型黄河汽车	8	134.2	2000	FXB-160	4	FGB-35	1	FMB-3000	1	7850	2540	3430

国产运油车、加油车主要技术性能参数见表 8-244。

河北长征汽车制造有限公司生产的长征系列加油车，采用捷克太脱拉底盘生产技术，具有三桥驱动、摆动半轴、独立悬挂、中央脊骨梁式车架等独特的结构，外形美观、视野宽阔、维修方便、行驶安全可靠。该车型越野性能、爬坡能力和平顺性能好，适用于矿山油田、市政部门使用。主要技术参数见表 8-245。

表 8-244 运油车、加油车主要技术性能参数

型号		SC4461JY 加油车	黄河 JY580 加油车	DD401 加油车	CG144RY 运油车(CG144JY 加油车)	WH144JY 加油车	CG815JY 加油车	东风 WX140RY 运油车	WH140RY 运油车	SC4560YY 运油车	黄河 XY512 运油车
类型		4×2	4×2	4×2	6×2		6×6	4×2		1×2	4×2
油罐容量/L		6500	8000	4600	10000(9600)	9400	15300	6300	6500	9000	12000
自质量/t		4.36	8.19	5.15	6.2(6.5)	5.8	13.43		4.715	5.4	8.79
总质量/t		9.56	14.83	8.58	13.3	13.3	27.2		9.715	13.1	17.85
轴荷分配/kg	前	2430	4190	2400	2600(2632)	2660	6340		2500	2585	5568
	后	7130	10640	6180	10700(10668)	10640	中、后 10430		7215	10515	12282
排油量/(L/min)		120	1800	500	(833)	800	833				
最大吸油高度/m		4	5	7	(5)	6	5				
全扬程/m		28	64	24	(25)	24	25				
管径/mm	出口	25	84	38	75	50	75		50		
	入口	50	105	65	75	70	75				
外形尺寸/mm	长	2875	7640	7200	8100(8150)	8200	9445		6800	8067	8000
	宽	2400	2400	2278	2430	2400	2500		2370	2400	2500
	高	2675	2860	2580	2666	2740	3175		2560	2635	
运载油类		轻质燃油	经本车过滤的燃油	汽油、煤油	轻质燃油	燃油	轻质燃油		燃油	轻质燃油	轻质燃油
发动机功率/kW		99	118	99	99	99	208		99	99	154
油耗/(L/km)		0.29	0.25	0.28	0.265	0.34	0.325		0.28	0.36	0.265
生产厂家		四川专用汽车制造厂	西安锅炉总厂一分厂	丹东汽车制造厂	晨光工业总公司汽车改装厂	武汉专用汽车厂	晨光工业总公司汽车改装厂	武汉新光机械改装车有限公司	武汉专用汽车厂	四川专用汽车厂	西安锅炉总厂一分厂

表 8-245 长征系列加油车主要技术参数

型号	CZ5250GJYSU375 加油车	CZ5250GJYSU455 加油车
驱动形式	6×6.2	6×6.2
外形尺寸(长×宽×高)/mm×mm×mm	9100×2500×3250	9440×2500×3000
整车质量/kg	12665	12600
额定载重量/kg	12205	12205
额定总质量/kg	25000	25000
轴距/mm	3700+1320	4500+1320
发动机形式及类别	直列六缸中冷增压水冷柴油机	直列六缸中冷增压水冷柴油机
发动机型号	WD615.50	WD615.50；C300 20
额定功率(kW)/转速(r/min)	206/2200	206/2200；221/2200
最大扭矩/(N·m)/转速(r/min)	1160/1300～1600	1160/1300～1600；1125/1200～1400
油耗/(L/km)	≤0.28	≤0.28；≤0.32
最高车速/(km/h)	89	88
最大爬坡能力/%	≥35	≥35

续表 8-245

型 号	CZ5250GJYSU375 加油车	CZ5250GJYSU455 加油车
最小离地间隙/mm	300	300
接近角/离去角/(°)	33/15	33/18
罐体外形尺寸(长×宽×高)/mm×mm×mm	6300×2300×1400	6500×23000×1320
罐体有效容积/m^3	18.52	15.5
轮胎	12.00-20,11.00-20	12.00-20,11.00-20
运输介质	柴油、汽油等轻质油	
生产厂家	河北长征汽车制造有限公司	

8.10 排土场

8.10.1 概述

我国现有重点大规模生产矿山90%以上是露天开采,一定规模的排土场2000座以上,每年剥离排放岩土量超过6亿吨,占地超过1800hm^2,为名副其实的废石排放第一大国。合理规划排土工程,科学管理排土场所,不仅是保证全面完成矿山生产任务必需的手段,而且对社会和生态平衡也有着十分重要的意义。然而,矿山工业的迅速发展与征地之间的矛盾,使得矿山排土技术强调运距短、少占土地,在露天开采境界外就近排土,从而导致多数单台阶作业、高台阶排土,使露天矿排土场所容纳的岩土量大而集中。一些高阶段堆置的排土场容量少则几百万立方米,多则几千万立方米以至上亿立方米,排土场堆置高度从原来50~60m上升到200~300m,个别达到400~500m。近30年来,先后发生大规模矿山排土场泥石流灾害的露天矿山有:海南铁矿、潘洛铁矿、泸沽铁矿、铁坑铁矿、云浮硫铁矿、永平铜矿、昆阳磷矿、东川矿务局、四川石棉矿、德兴铜矿和攀枝花兰尖铁矿等。江西永平铜矿西北部排土场两年内在0.3km^2的面积上排弃的土石方达160km^3,由于山坡陡(30°~40°)废石边坡高达160m,1978年6月份连续降雨23h,爆发了一场泥石流,导致干砌块石坝溃决,危害下游农田11.13hm^2(167亩),污染面积达53.33hm^2(800亩)。

前苏联、美国矿山排土场占地面积分别为矿山总占地面积的50%和56%,但其复垦率较高。如美国矿山占地的复垦率为80%,其中排土场的复垦率为52%。据我国冶金露天矿的调查,排土场占矿山总占地面积的39%~55%,为露天采场的2~3倍。黑色冶金矿山、铝土矿及建材矿山的露天开采产量比重占总产量的90%以上,化工矿山露天开采占70%左右,但排土工程仍然是露天矿生产的薄弱环节,排土场占用土地及其与环境保护的矛盾日趋突出,据统计,全国复垦率不到1%。

露天矿排土工作的特点:

(1) 排土台阶较高,由松散的剥离物组成,稳定性差,容易下沉或滑落。

(2) 排土犁和推土机等排土时,排土场线路移动频繁,线路(道路)质量的状态差。

(3) 对农业和生态环境影响显著。排土场占地面积大,一般为采场面积的2~3倍,有的土岩中含有有害元素,在某种程度上污染环境。

(4) 平地排土场初始路基修筑时间较长,如工程安排不当,影响排土能力接续。

(5) 季节性灾害影响比较明显,如雨季线路(道路)路基下沉,甚至滑坡,冬季冻车底等。

合理地选择排土场位置、改进排土工艺和提高排土工作效率,不仅关系着运输和排土的技术经济效果,而且还涉及占用农田和环境保护问题。

排土工程包括:选择排土场位置、排土工艺技术、排土场稳定性及其病害治理和排土场占用土地、环境污染及其复垦等主要内容。

露天矿排土技术与排土场治理方面的发展趋势表现在三个方面:(1)采用高效率的排土工艺,提高排土强度;(2)增加单位面积的排土容量,提高堆置高度,减少排土场占地;(3)排土场复垦,减少环境污染。排土运输工艺技术与采矿场的运输系统有密切联系,国外一些大型露天矿都采用大型高效率运输机械,实行科学化管理,排土运输也是面向设备大型化和排土连续化方向发展。

随着我国矿山事业的发展和采矿技术的进步，大型深凹露天矿将逐渐增多，排土新工艺、新技术和许多大型高效率的排土设备将能得到广泛使用，排土场的技术管理、排土场与环境工程将会得到改进与完善。

露天矿的剥离物一般包括腐殖表土、风化岩土、坚硬岩石以及混合岩土。有时也包括需要回收和不回收的表外矿、贫矿等。剥离物的排弃是露天矿生产工序的重要组成部分。排土场可能破坏当地的自然景色和生态平衡，污染周围环境。更重要的是剥离物排弃工作不落实或设计不合理，会直接影响矿山设计能力的完成，因此，必须做好排土场设计和生产管理维护。

排土场工作组织如图 8-250 所示。

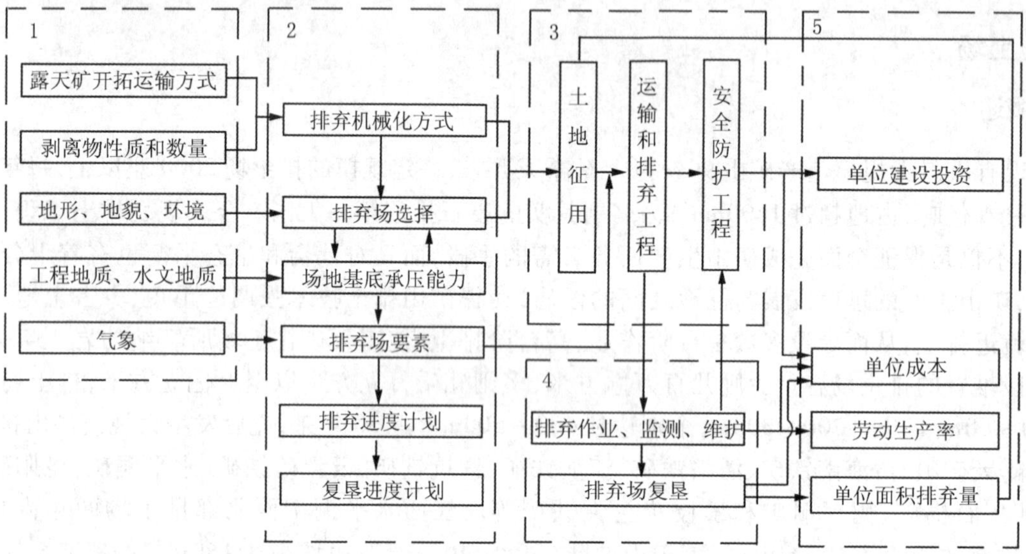

图 8-250 排土场工作组织

1—原始资料；2—规划设计；3—工程建设；4—排土作业；5—技术经济指标

排土场可根据多项特征分类，见表 8-246。

表 8-246 排土场分类

分类标志	排土场类型	特 征	适用条件
设置地点	内部排土场	在露天采场境界内，不另征用土地，岩土运距短	一般多用于开采缓倾斜矿床，多矿体矿山合理安排开采顺序时，可实现部分内部排弃
	外部排土场	在露天采场境界外，需占用大量土地，岩土运输距离比内部排土场远	用于无条件采用内部排土场的矿山场地
地形	平地排土场	在较平缓的地面修筑较低的初始路堤，然后交替排弃，逐步达到要求标高	适用于地形平缓的地区
	山地排土场	在山坡上修建初始路基，利用高差向坡下排弃	适用于地形起伏较大的地区
存在时间	临时排土场	地存物将被二次搬运	用于有综合利用价值的岩土，充填材料及复垦用表土、腐殖土的临时堆存，为减少近期运距而设置临时排土场
	永久排土场	堆存物不再搬运，改变原地形地貌，可适时复垦	排弃不再回收的岩土
分层（阶段）数量	单层（阶段）排土场	在同一场地单层排弃，有利于尽早复垦	通常用于地形高差大、采场同时工作阶段数较少、排土量不大及需要大面积填洼初充的排土场
	多层（阶段）排土场	在同一场地有两层以上同时排弃，能充分利用空间	用于采场同时工作阶段数较多、需充分利用排土场空间时
运输方式	铁路排土场	准轨或窄轨铁路运输，一般采用挖掘机、排土犁、推土机转排；岩土力学性质差和高阶段排土场，采用装载机或铲运机转排	用于铁路开拓的矿山或经铁路转运剥离物的矿山
	汽车排土场	汽车运输、推土机排弃，排土工艺较简单	用于汽车开拓或汽车辅助开拓的矿山
	胶带机排土场	胶带机运输，排土机转排	用于连续或半连续运输开拓的矿山或提高排土场的排弃标高的矿山
	水力排土场	水力剥离自流或压力管道输送排放	松散剥离物、水力开采的矿山
	人造山	卷扬机或架空索道运输	窄轨运输剥离物的小型露天矿或地下开采矿山

8.10.2 排土场选址的原则

排土场选址的原则如下：

(1) 保证排弃土岩时不致因滚石、滑坡、塌方等威胁采矿场、工业场地(厂区)、居民点、铁路、道路、输电网线和通讯干线、耕种区、水域、隧道涵洞、旅游景区、固定标志及永久性建筑等的安全。

(2) 排土场不宜设在汇水面积大、沟谷纵坡陡、出口又不易拦截的山谷中，也不宜设在工业厂房和其他构筑物及交通干线的上游方向，以避免发生泥石流和滑坡，危害生命财产，以及污染环境，必要时，采取有效控制措施。

(3) 排土场位置要符合相应的环保要求，排土场场址不应设在居民区或工业建筑主导风向的上风侧和生活水源的上游，以防止粉尘污染居民区。应防止排土场有害物质的流失，污染江河湖泊和农田，含有污染物的废石必须按照现行国家标准《一般工业固体废物储存、处置场污染控制标准》GB18599—2001 要求进行堆放、处置。

(4) 排土场应靠近采场，尽可能利用荒山、沟谷及贫瘠荒地，以不占或少占农田。就近排土减少运输距离，但要避免在远期开采境界内将来进行二次倒运废石，有必要在二期境界内设置临时排土场，一定要做技术经济方案比较后确定。

(5) 有条件的山坡露天矿，排土场的布置应根据地形条件，实行高土高排、低土低排、分散货流，尽可能避免上坡运输，减少运输功的消耗。

(6) 有采空区或塌陷区的矿山，在条件允许时应将其采空区或塌陷区开辟为内部排土场；一个采场内有两个不同标高底平面的矿山，应考虑采用内部排土场；露天矿山和分区分段开采的矿山，应合理安排采掘顺序，选择易采矿体先行强化开采，腾出采空区用作内部排土场。

(7) 选择排土场应充分勘察其基底岩层的工程地质和水文地质条件，不宜设在工程地质或水文地质条件不良的地带。如果必须在软弱基底上(如表土厚、河滩、水塘、沼泽地、尾矿库等)设置排土场时，必须事先采取适当的工程处理措施，以保证排土场基底的稳定性。依山而建的排土场，坡度大于 1∶5 且山坡有植被或第四系软弱层时，最终境界 100m 内的植被或第四系软弱层应全部清除，将地基削成阶梯状。

(8) 排土场的选择应考虑排弃物料的综合利用和二次回收的方便，如对于暂不利用的有用矿物或贫矿、氧化矿、优质建筑石材，应该分别堆置保存。

(9) 排土场的容量应能容纳矿山服务年限内所排弃的全部岩土。排土场地可为一个或多个，根据采场和剥离岩土的分布情况，可以实行分散或集中排土。在占地多、占用先后时间不一时，则宜一次规划，分期征用或租用。初期征用土地时，大型矿山不宜小于 10 年的容量，中型矿山不宜小于 7 年的容量，小型矿山不宜小于 5 年的容量。

(10) 提高土地的利用率，在不影响排土作业的前提下，尽早创造复垦条件。排土场的建设和排土规划应结合排土场结束或排土期间的复垦计划统一安排，排土场的复垦和防止环境污染是排土场选择和排土规划中的一个重要内容。

(11) 防止对环境的不良影响，尽可能保护自然景观。

8.10.3 排土场稳定性

8.10.3.1 排土场滑坡和变形类型

根据滑动面的位置和排土场的变形特征，排土场的滑坡和变形可分为 5 类(图 8-251)。

(1) 软弱地基底鼓引起滑坡，如图 8-251(a)所示。当排土场坐落在软弱地层上时，由于地基受排土场荷载压力而产生滑坡和底鼓，然后牵动排土场滑坡。这类牵引式滑坡在排土场破坏事例中经常出现。在矿山排土场重大滑坡事故中统计的 40 多例，因软弱地基引起的滑坡约占 1/3。地基为软弱层可分下列两种情况：一种是第四纪表土层和风化带，在山坡坡底和沟谷含冲积层及腐殖层较厚，受地表水的浸润作用，其承载能力下降，极易产生滑动；另一种是因人为活动而形成的软弱地层，如很多矿山的排土场坐落在尾矿池上或排土场的地基原来为小水库、水塘淤积层及稻田耕地等。

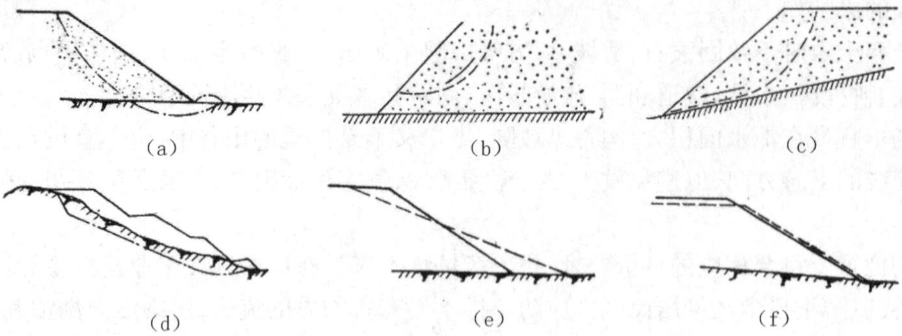

图 8-251 排土场滑坡和变形类型

歪头山铁矿下盘土场224m土线延伸铁路路基时，由于地基为松软的淤泥和沉积物，在路基压力作用下，产生底鼓3.5m高，路基水平位移达40m，造成10m宽、70~80m长的一段路基的下沉，地基下沉量达3m，而且几次填方堆置路基，连续出现了几次滑移，使得路基长期未能形成。

(2) 排土场内部滑坡和沿地基接触面滑坡，如图8-251(b)和(c)所示。排土场内部滑坡是指地基岩层稳固，由于物料的岩石力学性质，排土工艺及其他外界条件(如外载荷和雨水等)所导致的排土场失稳现象，其滑动剪出口出露在边坡的不同高度。对于坚硬、岩石块度较大的排土场，其压缩变形较小，当新排弃的岩石较破碎或含土量较大，并含有一定湿度时，则初期的边坡角较陡(38°~42°左右)，随着排土场高度的增加，继续压实和沉降，于是排土场内部出现了孔隙压力的不平衡和应力集中区，孔隙压力的出现降低了潜在滑动面上摩擦阻力，最终导致滑坡。在边坡下部的应力集中区产生位移变形或边坡鼓出，便牵动上部边坡下沉、开裂和滑移，最后形成抛物线形的边坡面，即上部陡、中部缓、下部更缓的稳定边坡，其边坡角(直线量度)通常为25°~32°。

排土场内部滑坡多数与物料的力学性质有关，特别是排土场受大气降雨和地表水的浸润作用，会严重恶化排土场的稳定状态。攀钢兰尖铁矿尖山排土场1510台阶于1979年12月产生排土场内部大滑坡。其原因是由于地基较陡(40°以上)，实行岩土分层排弃，形成软弱面，滑坡量达2Mm^3(300m×214m×30m)，又高(200m)又陡的边坡上滑落下来的岩石和表土冲垮了运输主平硐50m，开裂104m，造成停产半年。

沿地基接触面滑坡是指滑坡沿着地基上的软弱接触带(即滑动面)产生，多数是在倾斜地基条件下发生的，特别是堆置在倾角较陡的山坡上的排土场，当排土场与地基接触面之间的抗剪强度小于废石堆本身的抗剪强度时便会产生这种滑坡。这类滑坡的主要原因是在地基与物料接触面之间形成了软弱的潜在滑动面，如在矿山基建初期，大量的表土和风化岩土都排弃在排土场的下部形成了软弱层，若原地基上生长有树木和植被，腐殖土层较厚，被排土场覆盖后，植物腐烂，它和腐殖土一样都成了潜在的软弱带，当有地下水作用时，则会加剧排土场沿地基接触带的滑动。

永平铜矿南部排土场堆置的物料多半是基建剥离的表土和风化岩石(占60%~80%)，加上雨水的作用，使得排土场的力学性质大大降低。如在334m平台1980年6月雨后的第三天排土场突然下滑，速度很快，立即演变为泥石流冲出150~200m远，一直冲到对面的山坡上，覆盖了公路30多米，影响交通一个多月。1982年6月这个排土场的310m水平台阶又相继发生过三次小型滑坡(大多数发生在雨后)，滑坡区长100~200m，下沉5~10m。

(3) 排土场基底岩层滑坡，如图8-251(d)所示。软岩层基底上的排弃物的压力，将基底岩层稳定性破坏，引起基底岩层和上部排弃物滑坡。

(4) 排土台阶坡面变缓、泥石流，如图8-251(e)所示。这是因排土台阶受雨水冲刷而使坡面逐渐变缓，或者排弃物饱水而成泥石流。

(5) 排土段沉陷，如图8-251(f)所示。堆置的排土场在岩石自重作用下排土场逐渐产生压实和沉降，由于土岩中空气被挤出，空隙被逐渐充填，排土场由原来的三项介质逐渐变成二项介质体（岩石和水分），所以在排土场初期阶段的压实沉降速度大，随着时间的延长沉降速度将慢慢下降。

国内排土场滑坡资料统计分析见表8-247。

表8-247 排土场滑坡资料统计

矿山名称	滑坡位置	滑坡形式	滑坡量	原 因	危害
大石河铁矿	西排土场	1983年春，废石含泥量大，不透水，使地基小河床的水和雨水不能顺畅排泄	滑坡量较大	坡脚地基土层底鼓2~3m	
	东排土场	1983年雨季，段高70m岩土顺山坡向下滑出		地基坡陡18°，边坡角37°~39°，地基不厚的土层鼓起	
义马露天煤矿	440车站撒灰台	1974年铁矿干线被滑坡破坏，1973~1974年铁路变形，人行道切断	长540m，宽70m，420kt	软弱岩层的影响及水的作用	停产10天
齐大山铁矿	120m会让站路基，段高52m	路基下沉开裂，边坡腰折滑落(1982年)		段高52m，太高	影响土线生产
	二道沟筒子，段高52m	1983年5月，坡底线向外滑移10次，滑200多米远	长100m，$35000m^3$	地基沉积物3.5~4m厚，沟底渗水，地基土饱水后底鼓滑动	
大孤山铁矿		1969年，三天内土场两次滑坡，电铲倾倒，轨道悬空；在尾矿池上，废石坝路基不稳		地基为2m厚黏土，产生底鼓，地基尾砂受压底鼓	电铲不敢作业
东鞍山铁矿	93m土线，段高38m	排土时边坡下滑，坡底线移动30多米，有大的响声	长400m，宽20m，深17m	尾矿池渗水管在土线下通过，淤泥尾砂3~5m厚，产生底鼓	影响生产
	山南85m线，段高30m	1976年10月，电铲在作业时听到响声，边坡滑动，电铲倾倒90°	长110m，宽20m，深15m	软弱地基滑动，原是小水库，淤泥尾砂10m深，为尾砂底鼓	
	尾矿坝土场，段高35m	1977年5月台阶下滑，电铲倾倒3台	长80m，宽20m，深17m		
	山南85m线，段高30m	1981年2月滑坡	60m×18m×12m		
	尾矿坝土场，段高30m	1982年元月滑坡	50m×15m×20m	地基为1958年修的小水库，为尾砂和泥浆	
弓长岭铁矿	永久土场，段高60m	1979年列车刚开到，发现裂隙后列车开走，电铲来不及离开，随滑体下落40m，电铲未倒，坡底滑出几十米远	100kt，长50m，宽20m，落差40m	雨后山坡汇水渗到土场下部，下部岩土松软、风化	
歪头山铁矿	下盘224m土线，段高34m	作初始路堤时几次滑坡，水平位移大于下沉量(1984年)	长70~80m，宽10m，下沉3m，水平位移40m	地基为淤泥和土线堆积物，鼓起了3m高	随建随滑移，路基难以形成
南山铁矿		雨季排土线路基局部塌方	沉陷、局部滑坡	雨水冲刷，地基坡度大于30°，地基软弱（有水塘等）	
南芬露天矿	4号土场526m	1978年雨季，出现泥石流形式的滑坡	$75000m^3$，150m×50m×10m	雨水影响土场下部滑动，上部土场未受影响	生产正常
	5号土场542m	1978年雨季，出现泥石流形式的滑坡	$32000m^3$，80m×50m×8m	雨水影响土场下部滑动，上部土场未受影响	
兰尖铁矿	尖山土场1510台阶	土场内部滑坡，冲垮平硐50m，开裂104m(1979年12月)	$2000000m^3$，300m×214m×30m	岩石混排，造成软弱面，地形较陡(40°以上)	停产半年，损失222.7万元
	肖家湾土场1615台阶	1982年7月土场滑坡	$150000m^3$，37m×150m×15m	排弃的风化土形成软弱层，雨水渗透	
潘洛铁矿	大格土场	1971年6月雨季南部边坡一段滑坡	长20m，宽10m，下沉15m	排土场内部滑动	
		1972年雨季，南边坡下滑	沉陷15m	一台10t汽车进入边坡眉线引起的	
		1979年4月土场东南角滑坡(955m平台)	$76800m^3$	地表水渗流入土场	
		1983年11月雨后不久平台出现裂缝，到11点下滑，比较缓慢	$30000m^3$	坡脚地基鼓起	

续表 8-247

矿山名称	滑坡位置	滑坡形式	滑坡量	原因	危害
海南铁矿	6号土场	1973年8月,滑坡几十万立方米	长158m,宽48m,下沉15m	连续大雨之后	停产80多天
	8号土场	1978年9月大滑坡,造成电铲机车和车辆随滑体下沉	长200m,宽40~50m,下沉25m		
		1984年4月一次滑坡	长40~50m,宽7~8m,高10~15m		
	7号土场	1974年6月受台风影响,持续降雨,两处滑坡,铁轨悬空数十米	$300000m^3$	受雨水影响	
峨口铁矿	1900排土场	1974年7月雨季时,产生圆弧滑面滑坡,下滑部分形成台阶式错动	$70000 \sim 80000m^3$	地基为绿泥片岩遇水变软,产生受压滑动	
云浮硫铁矿	大台排土场420m	1975年10月发生一次规模最大的滑坡	$200000m^3$,长146m,宽15m	高台阶排土(100m)	掩埋一台推土机及其司机
	三水围土场 乌石岗土场 乱石岗土场	滑坡		内容不详	
永平铜矿	南部排土场334m	1980年6月雨后第三天排土场突然下滑,速度很快,泥石流冲出150~200m,一直冲到对面山上		滑坡原因:基建剥离的表土和风化岩石占60%~80%,加上雨水作用	堵塞灌溉水渠,淹没农田
	南部排土场310m	1981年5月土场下沉10m,边坡角变缓	长100~200m,宽100m,下沉10m		
	南部排土场310m	1981年8月暴雨后滑坡,下沉5m	长100m,宽20m	1983年雨季也产生过类似塌方	
	南部排土场310m	1982年6月雨后推土机下陷,1983年5月下了几天雨后,32t汽车后轮下陷(距边沿3m)	宽4m,深15~16m	1983年雨季也产生过类似塌方	
	西北土场394m	1978年出现泥石流,滑坡量$160000m^3$	$160000m^3$	从394m到200m一坡到底,岩土中表土占80%	
石录铜矿	3号土场东部	1981年3月雨季		堆置段高过大,坡脚被浸泡	
	2号土场东北部	1983年11月一个边坡滑动两次	$250000m^3$,$220m \times 33.5m \times 34.2m$	段高过大,一坡到底,含土量高,地基为黄土层并有沉淀泥浆挤出	
	2号土场东北部	1984年2月			
金堆城钼矿	公路路基填方	1979年3月在1216m公路路基滑坡$48000m^3$	$48000m^3$	路基下方是淤泥质亚黏土软弱夹层,加之地表水渗入	损失12.8万元
朱家包包铁矿	I土场	接近地表的最低一层土场内部滑坡(1978年4月)	$142000m^3$	基建剥离期大量砂质黏土和黏土、砂土排弃在土场下部,后期又盖上块石,地基为第四纪和第三纪黏性砂土及砂质黏土(昔格达层),遇水产生地鼓	电铲滑下去,未翻,损失4万元以上。四次滑坡因有人工监测预报,故未产生大的损失
		接近地表的最低一层土场内部滑坡(1979年10月)	$300000m^3$,$40000m^3$		
		1981年7月机车在卸土时发现裂缝和断轨,待电铲退出险区后,四节车厢随滑体下滑	$150000m^3$		
		1983年1月在同一地段滑坡	$22000m^3$		
		1983年3月13日	$235000m^3$		
		1983年3月19日	$238000m^3$		
		1983年10月7日	$25200m^3$		

8.10.3.2 排土场稳定性分析

A 影响排土场边坡稳定性的因素

影响排土场边坡稳定性的因素主要有:排弃岩石的性质、排土场基底工程地质条件、水文地质条件、气象条件、排弃高度及排土工艺等，其中尤其以排弃岩石的性质和排土场基底条件影响较大。

(1) 排弃岩石的性质。含黏土矿物的软岩、土砂吸水后成塑性状态，力学强度低，这种排弃物形成的排土场稳定性差。中硬或中硬以上岩石排弃物构成的排土场比较稳定。对于排弃物主要是软岩或土砂的矿山，为了解决排弃物稳定性差的问题，可以采取软岩和中硬以上岩石按一定比例混排的措施。

(2) 排土场基底的工程地质条件。基底倾斜或缓倾斜且为含水的土砂或软岩时，在其上排土后易发生滑坡。基底虽平缓但土层强度低，排土场也可能发生滑坡。由干燥的中硬、硬质岩石及其风化碎块构成的平缓基底上的排土场不易发生滑坡。基底及排弃物下部排水条件好时，摩擦系数较大，其上部排土段不易发生滑坡。因此，选择排土场位置必须考虑基底的工程地质条件。

(3) 水文地质、气象条件。地表水拦截不好渗入排土场或排弃物堵塞地表水的通道，可使排土场基底沼泽化或地下水位升高。水可使排弃物吸水软化，产生静水和渗流水压力，引起滑坡。大气降雨和冰雪融化也是影响排土场稳定性的不利因素。

(4) 排土工艺和排弃高度对排土场稳定性的影响。目前露天矿所使用的排土设备和工艺决定了排土台阶高一般为10~20m。

基底水文工程地质条件较差，排土台阶高为10m以下，坡面角可保持30°左右，其后随平台下沉和降雨的冲刷，坡面角稳定在20°~25°之间。沿倾斜或缓倾斜基底排弃、基底土质强度低、排弃高度较大时可产生整个排土场边坡滑动。

推土犁排土场往往出现沿上一次排土线移路前形成的坡面滑动。这是因移路铺垫道床时一部分道碴可能被撒在坡面上，形成一个较平滑的弱面所致。排土场边坡稳定问题中所考虑的岩石强度除排土场基底土层或岩层的强度外，还要考虑排弃物的强度。

B 排土场边坡稳定性分析基础性试验

a 排土场岩石块度分布规律试验

排土场岩石块度分布规律是排土场稳定性研究的一项基础内容。它不仅为排土场岩石的直剪、三轴剪、压缩及渗透等物理力学试验提供粒度组成级配数据，而且可依据块度分布规律分析排土场岩石强度参数的变化，并为研究其破坏模式提供依据。

排土场岩石块度分布规律取决于原岩岩性、生产爆破、排土设备及排土方式等。块度分布的形成是松散岩石自排土场坡顶排弃后经排土场坡面运动、自然分级的结果。

(1) 排土场岩石块度的测量方法。测量岩石块度的常用方法有：筛分法、块度直接量测法、摄影-图像分析法三种。一般采用三种方法，起到相互补充和验证的作用。

筛分法：筛分法是用一套孔径不同的筛子进行过筛分析，称量每一级的筛余量，计算出各级筛余量或各粒级组的百分含量。筛子的规格是标准化的，筛孔的国际标准是以100mm为基数，以$\sqrt[10]{10}=1.259$为级差。在实际使用中所选用的筛网孔径往往视岩石粒度组成的大小而选取。每个筛分样坑的尺寸视排土场取样部位最大岩块尺寸而定，一般取最大岩块的5倍左右。筛分法测得的岩石块度比较准确，故将筛分法测得的岩石块度作为“真值”，用于摄影法中修正图像“小化”现象。

块度直接量测法：岩石块度的直接量测主要是筛分法的一种配套手段，即当岩块的颗粒尺寸较大(大于200mm)时，大块岩石已不便于用筛子进行筛分，而直接对岩块尺寸进行量测。岩块量测是量取岩块三个互相垂直方向的最大线性尺寸a、b、c，然后计算粒径d及体积V：

$$d = \sqrt[3]{abc} \tag{8-254}$$

$$V = \frac{abc}{\lambda_L} \tag{8-255}$$

式中 λ_L——岩块线性尺寸换算系数，它等于岩块某个方向的最大线性尺寸与该方向上的平均线性尺寸之比。

摄影-图像分析法：摄影-图像分析法的基本原理就是对排土场边坡表面进行摄影，然后统计分析照片或底片上的岩块投影，从而求得排土场岩石的粒度组成。摄影照片的统计分析是从照片上岩块图像几何特征的平面分布求得岩块的体积分布。这一类方法在数学原理上属于积分几何学，在处理方法上采用的是蒙特卡洛法。常用的几种处理方法有：

1）数点法。数点法是将绘有均匀分布点子的透明纸铺在照片上，统计每一岩块上所包含的点子数 m，则每一岩块的块度尺寸 d 可由式(8-256)求得：

$$d = aK\sqrt{m} \tag{8-256}$$

式中 a——点间距；

K——修正系数。

将岩块周边内包含点子数 m 或块度尺寸 d 进行分组，某一粒径组岩块所含点数的小计和包含全部岩块总点数之比即为该组岩块的相对含量。

2）线段法。线段法是另一种积分几何学的蒙特卡洛法，其原理如下：

当所有颗粒比重相同时，排土场取样点内岩块总体积 V 等于各分组体积 V_i 之和：

$$V = \sum_{i=1}^{n} V_i \tag{8-257}$$

假设每一岩块都是由一些按相同方向排列的、有单位截面积 S_e 的棱柱体的组合，则每一组的体积可看做该组内所有岩块所包含的所有棱柱体的长度之和与 S_e 的乘积，即：

$$V_i = \sum^{i} L_{Si} S_e \tag{8-258}$$

则各组的相对含量(r_i)即可用棱柱体的长度之比表示：

$$r_i = \frac{V_i}{V} = \frac{\sum^{i} L_{Si} S_e}{\sum_{i=1}^{n} \sum^{i} L_{Si} S_e} = \frac{\sum^{i} L_{Si}}{\sum_{i=1}^{n} \sum^{i} L_{Si}} \tag{8-259}$$

具体步骤是：根据蒙特卡洛法的随机抽样原理，在照片上随机地布置若干条直线，这些直线被岩块的投影轮廓切割成若干线段，然后将所有这些线段按长度进行分组，并累计各组中所有线段长度之小计，则各组线段之小计与总的线段长度之比即是该组分的相对含量。

显然，一张照片上布置的直线愈多，则愈能充分利用该组照片所提供的信息。目前计算机处理摄影块度基本上都是运用上述两种方法。

(2) 岩石块度分布函数表达式。排土场岩石粒度组成沿排土场高度的变化可归结为岩石粒度组成分布函数参数随排土场高度的变化。为了块度分布规律的通用性，排土场高度因素用取样点距台阶坡顶高度与排土场台阶高度之比(h/H)表示。建立排土场岩石块度分布函数的目的是要将排土场各部位岩石的粒度组成及其变化用一个函数来表示，由该函数可求得排土场任一部位任一粒径的筛余量或任一粒径区间含量。

常用的分布函数有 Rosin-Ramuler 函数（简称 R-R 函数）、Gandin-Schuhmann 函数（简称 G-S 函数）和 Gibrat 函数三种。实际分析表明，Rosin-Ramuler 函数表示排土场岩石粒度组成较为符合实际：

$$y = 1 - \exp\left[\left(\frac{x}{d(h/H)}\right)^{n(h/H)}\right] \tag{8-260}$$

式中 $d(h/H)$，$n(h/H)$——分布参数，表达式实例见表 8-248；

y——筛余量或称为小于粒径 x 的累积含量；

x——粒径值。

式(8-260)不仅能求得排土场任一部位任一粒径岩石的筛下累积含量，而且可求得与散体岩石物理力学特性有关的各参数，如求小于 5mm 的细颗粒岩石沿排土场高度的分布，将 $x=5$ 代入式(8-260)即可求得：

$$y_{<5\text{mm}} = 1 - \exp\left[\left(\frac{5}{d(h/H)}\right)^{n(h/H)}\right] \tag{8-261}$$

b 排土场岩土物理力学性质试验

排土场地基软弱岩层及排土场散体的物理力学性质试验是排土场稳定性研究的基础，通过试验可以研究地基覆盖层和散体物料的物理、力学特性的变化规律及其对排土场稳定性的影响。

表 8-248 德兴铜矿粒度组成分布函数参数与排土场高度(h/H)拟合函数

剖面号	函 数	函 数 式	相关系数
1	$n(h/H)$	$n(h/H)=0.76+0.90(h/H)-1.00(h/H)^2+0.89(h/H)^3$	0.9713
	$d(h/H)$	$d(h/H)=31.1+243.6(h/H)-669.3(h/H)^2+716.6(h/H)^3$	0.9934
2	$n(h/H)$	$n(h/H)=0.49+2.18(h/H)-3.61(h/H)^2+1.99(h/H)^3$	0.9891
	$d(h/H)$	$d(h/H)=25.3-94.2(h/H)+395.3(h/H)^2+258.4(h/H)^3$	0.9885
3	$n(h/H)$	$n(h/H)=0.62+0.34(h/H)+0.73(h/H)^2+0.84(h/H)^3$	0.9755
	$d(h/H)$	$d(h/H)=22.9+436.2(h/H)-813.4(h/H)^2+757.1(h/H)^3$	0.9964
4	$n(h/H)$	$n(h/H)=0.62+0.96(h/H)-0.28(h/H)^2+0.05(h/H)^3$	0.9937
	$d(h/H)$	$d(h/H)=22.6+342.0(h/H)-507.8(h/H)^2+465.1(h/H)^3$	0.9959

(1)地基土物理力学性质实验室试验。试验内容包括:

1) 地基土物理性质的测定。地基岩层的承载能力主要取决于第四系土的工程性质、分布参数及物理力学性质。地基岩土的物理性质试验包括测定岩土的体重、密度、天然含水量、塑限、液限和粒度组成等。根据上述基本物理量可以计算出土的干容重、孔隙比、饱和度、塑性指数和液性指数等。

2) 地基土力学性质室内试验。在地基土层中,取未扰动的代表性试样(个别为扰动土样)进行力学强度测定。实验室力学性质试验包括:压缩、直剪及三轴剪切试验;测定地基土的压缩系数、压缩模量及抗剪强度等力学指标。

3) 现场地基土原位剪切试验。现场原位剪切试验试样未受扰动,能更好地反映地基土体的结构,如层理、裂隙、结构和颗粒分布的不均匀性,试验时的边界条件是实际的边界条件,获得参数的可靠性和工程代表性等方面与实验室比较,有明显的优点,试验结果能较客观地反映岩体强度的特征。

试验方法和仪器如图 8-252 所示。

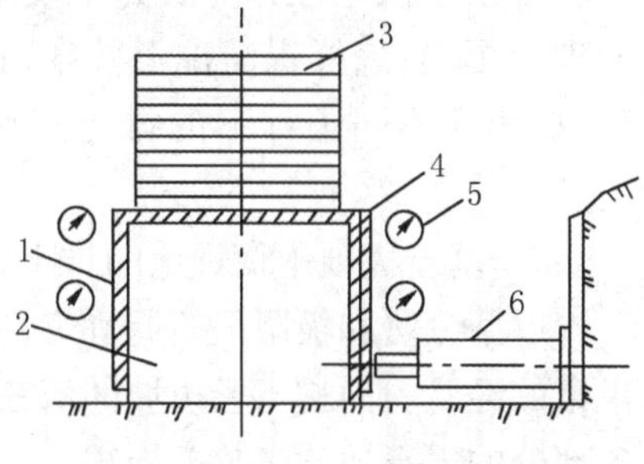

图 8-252 地基土原位剪切试验
1—剪切盒;2—开挖试体;3—法向荷载;4—垫板;5—位移测量仪表;6—千斤顶

(2) 排土场散体物料的物理力学性质试验。试验内容包括:

1) 散体的物理性质测定。为了得到符合实际的散体物理性质指标,并为室内散体力学性质实验提供基础资料,一般在实验室条件下直接测定取自排土场试样的含水量,采用试坑灌沙法进行散体容重测定,采用试坑注水法进行排土场渗透实验。

2) 散体物料的试样制备。排土场岩石块度分布规律研究了排弃不同岩性岩石的块度分布,岩石物理力学性质试验级配必须从中分类选取。

试验原始级配选取必须满足两条原则:一是考虑不利的情况,即必须选取细颗粒含量较多,含有表土、强风化岩石最多的剖面;二是考虑排土场岩石块度分布的变化趋势,以便找出力学特性随排土场高度的变化规律。

散体物理力学性质试验结果很大程度上取决于代表性试样的制备。制备试样首先要正确选择试料级配和超粒径的处理,室内试验仪器所允许的最大粒径为60mm。试样粒级的划分采用规程规定的6级。对超粒径的处理采用替代法,该方法保持细粒料含量不变,超粒径部分等质量代替,其试验结果比较符合实际。替代法分作两种:①以仪器允许最大粒级的一级或二级按比例等量代替;②以 P_5 以上至限制粒径等量代替,实验规程推荐后一种:

$$P_i = P_5 P_{0i}/(P_5 - Pd_{\max}) \tag{8-262}$$

式中 P_i——替代后某粒级组含量,%;

P_5——大于5mm粗粒径含量,%;

$Pd_{\max}$——超粒径含量,%;

P_{0i}——原级配某粒径级组含量,%。

在试验前,将试料烘干,按替代后的级配物料,制备试样。

3) 散体物料的直剪试验。采用高压电动直剪仪测定粒径为0~60mm范围内散体物料的抗剪强度指标。试验仪器及设备:大型高压电动直剪仪、WY-300型液压稳压器、量测系统、磅秤、拌料工具、滤纸、击实锤等。

4）散体物料的大型三轴剪切试验。处于复杂应力状态下的排土场松散体，按其本身的特性可视作非线性弹性体，三轴试验的试样是在一定围压下，逐渐受轴向压力作用而破坏的，它与排土场散体物料受力情况相似，是研究排土场稳定性的一种主要手段。可根据排土场物料构成的渗透性、受力状态等，分别进行不固结不排水剪（UU）、固结不排水剪（CU）和固结排水剪（CD）三种试验。散体三轴试验的 UU、CU 剪强度主要适用于在暴雨作用下，含黏土量较多的正在排土的台阶上部的浅层滑坡和坍塌；CD 剪所获得的总应力强度和有效应力强度分别适用于"近期生产台阶"和"早期结束的台阶"边坡的稳定性分析。

试验仪器及设备可采用简阳水电设备厂生产的 SZ30-2A 型大型三轴剪切仪，附属设备有真空饱和系统、孔隙压力量测系统、变形及应力量测系统等。

C 排土场稳定性分析评价方法

排土场边坡属非均质的松散介质体，其稳定性评价方法与通常的岩土边坡的稳定性分析方法比较，具有一定的特殊性，它主要受排土场的物料性质和块度分布规律控制，其分析评价方法有两个：基于常规的极限平衡原理的分析方法（量化模型）；基于蒙特卡罗的概率分析方法（概率模型）。

目前在边坡稳定性分析中应用较广的还是基于极限平衡原理分析法，根据各种边坡条件和力系的作用原理，提出了不同的计算公式，如 Bishop 法、Janbu 法、Sarma 法、余推力法及 Morgenstern-Price 法等。基于极限平衡原理分析法因其计算简便而广为采用，其安全系数的大小得到同行界的认同。传统的极限平衡分析将各种参数作为定值，没有考虑各个参数具有随机变量的特点。

基于可靠性分析法是将安全系数与边坡可靠性相联系，使边坡分析既安全又可靠。该方法近年发展较快，并在边坡、排土场稳定性分析中迅速得到应用。

排土场稳定性评价研究不仅用于评价排土场稳定性状况，而且用于研究在保证排土场稳定的条件下合理地提出：怎样提高排土效率，提高土地利用率，并且根据试验参数确定出合理的排土高度等工艺参数，提出在不同条件下的排土场临界高度，为矿山企业排土场安全生产运营提供设计依据，确保安全生产。

a 基于极限平衡理论的排土场稳定性评价方法

以条分法和极限平衡原理为基础的极限平衡分析法在岩土边坡稳定性分析中应用最早，并且也积累了丰富的经验。而排土场边坡的潜在滑面位置难以主观判定，特别是边坡各部位的岩石块度分布不一，使得各部分的岩石力学参数差异很大。因考虑条块间力的假定条件及破坏面形状的不同，极限平衡法形成了瑞典法、Bishop 法、Janbu 法、分析任意形状滑动面的 Sarma 法、余推力法和 Morgcnslcm-Parma 法。各计算方法假定条件的不同，决定了这些方法的计算精度及适用范围不同。

对于排土场来说，设边坡坡面线函数为 $g(x)$，滑动面函数为 $Z(x)$，对各条块的力系方程予以微分得到：

$$\begin{cases} \Sigma X = 0, \mathrm{d}T\cos\alpha - \mathrm{d}N\sin\alpha = 0 \\ \Sigma Y = 0, \mathrm{d}W = \mathrm{d}T\sin\alpha + \mathrm{d}N\cos\alpha \end{cases} \tag{8-263}$$

式中 T,N——分别为作用于条块滑面的切应力和法向应力；

W——条块自重。

根据摩尔-库仑公式：

$$\mathrm{d}T = \frac{1}{F}(C + \sigma_n \tan\varphi)\mathrm{d}l \tag{8-264}$$

解上述方程式可得平均安全系数表达式：

$$F_s \frac{\int_{x_1}^{x_2} C\sec^2\alpha \mathrm{d}X + \int_{x_1}^{x_2} \frac{\mathrm{d}W}{\mathrm{d}X}\tan\varphi \mathrm{d}X}{\int_{x_1}^{x_2} \frac{\mathrm{d}W}{\mathrm{d}X}\tan\varphi \mathrm{d}X} \tag{8-265}$$

因为，$\tan\alpha = Z'(x)$，$\sec^2\alpha = 1 + Z'^2(x)$，$\frac{\mathrm{d}W}{\mathrm{d}X} = \gamma[g(x) - Z(x)]$，$\gamma$ 为容重，则：

$$F_s = \frac{\int_{x_1}^{x_2} C[1 + Z'^2(x)]\mathrm{d}X + \int_{x_1}^{x_2} \gamma[g(x) - Z(x)]\tan\varphi \mathrm{d}X}{\int_{x_1}^{x_2} \gamma[g(x) - Z(x)Z'(x)]\mathrm{d}X}$$

式中 $Z'(x)$——滑动面函数的导数；

x_1, x_2——滑动面起止点积分坐标 。

由于排土场边坡岩石块度的自然分级结果，其不同高度的岩土力学指标(C,φ)与排土场相对高度的相关性(图 8-253)，可按实验数据拟合为：

$$\begin{cases} C = C_0 + \dfrac{b}{\dfrac{h}{H} + a} \\ \tan\varphi = \tan\varphi_0 + K\left(\dfrac{h}{H} - d\right)^2 \end{cases} \tag{8-266}$$

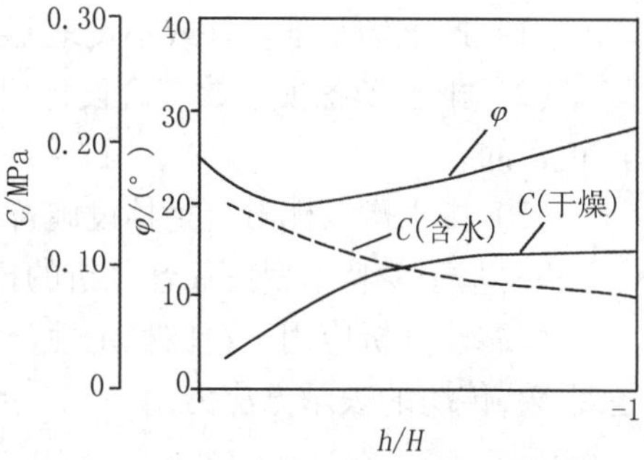

图 8-253 C、φ 与排土场高度的相关曲线

式中 C_0, φ_0——分别为坡顶岩土的黏结力和内摩擦角；

a, b, K, d——拟合参数，决定于分布曲线的特征；

$\dfrac{h}{H}$——取样点在排土场的相对高度。

对于以边坡角为坐标原点的坐标系，上述方程可改写成：

$$\begin{cases} C = C_0 + \dfrac{b}{H - \dfrac{Y}{H} + a} \\ \tan\varphi = \tan\varphi_0 + K\left(\dfrac{H - Y}{H} - d\right)^2 \end{cases} \tag{8-267}$$

最后将 C、φ 与 Y 的方程代入，得排土场边坡最小安全系数的计算式：

$$F_s = \frac{\int_{x_1}^{x_2}\left(C_0 + \dfrac{b}{H - \dfrac{Y}{H} + a}\right)[1 + Z'^2(x)]\mathrm{d}X}{\int_{x_1}^{x_2}\gamma[g(x) - Z(x)]Z'(x)\mathrm{d}X} + \frac{\int_{x_1}^{x_2}\gamma[g(x) - Z(x)]\left[\tan\varphi_0 + K\left(\dfrac{H - Y}{H} - d\right)^2\right]\mathrm{d}X}{\int_{x_1}^{x_2}\gamma[g(x) - Z(x)]Z'(x)\mathrm{d}X} \tag{8-268}$$

该方程式中，坡面函数 $g(x)$、分布参数 C、φ 等是已知的，未知的是滑动面函数 $Z(x)$。在计算中，先假定滑面函数 $Z(x)$的形式(一般形式可假定为平面、圆弧面等形式，较复杂的可取一元三次方程)，然后对上述方程按变分法、最优化方法中共轭梯度法、多元极值的下降法等方法求解。

根据《有色金属矿山排土场设计规范》(GB 50421—2007)，排土场边坡最小安全系数宜取 1.15 ~ 1.3，并应根据被保护对象的等级而定。当被保护对象为失事后使村镇或集中居民区遭受人员伤亡或者造成经济损失不大的次要建构筑物时，k 应取 1.2；当被保护对象为失事后损失轻微时，k 应取 1.15。

根据金属非金属矿山安全规程(GB 16423—2006)，依据排土场运行情况和余推力法计算的排土场边坡最小安全系数，排土场安全度分为危险级、病级和正常级三级。

有下列现象之一的为危险级：

(1) 在坡度大于 1:5 的地基上顺坡排土，或在软地基上排土，未采取安全措施，经常发生滑坡的；

(2) 易发生泥石流的山坡排土场，下游有采矿场、工业场地(厂区)、居民点、铁路、道路、输电网线和通讯干线、耕种区、水域、隧道涵洞、旅游景区、固定标志及永久性建筑等设施，未采取切实有效的防治措施的；

(3) 排土场存在重大危险源(如道路运输排土场未建安全车挡，铁路运输排土场铁路线顺坡和曲率半径小于规程最小值等)，极易发生车毁人亡事故的；

(4) 山坡汇水面积大而未修筑排水沟或排水沟被严重堵塞的；

(5) 经验算,用余推力法计算的安全系数小于1.0的。

有下列现象之一的为病级:

(1) 排土场地基条件不好,对排土场的安全影响不大的;

(2) 易发生泥石流的山坡排土场,下游有山地、沙漠或农田,未采取切实有效的防治措施的;

(3) 未按排土场作业管理要求的参数或规定进行施工的;

(4) 经验算,用余推力法计算的安全系数大于1.00而小于设计规范规定值的。

同时满足下列条件的为正常级:

(1) 排土场基础较好或不良地基经过有效处理的;

(2) 排土场各项参数符合设计要求和排土场作业管理要求,用余推力法计算的安全系数大于1.15,生产正常的;

(3) 排水沟及泥石流拦挡设施符合设计要求的。

b 基于蒙特卡罗可靠性分析的排土场稳定性评价方法

可靠性分析应用于边坡稳定性分析解决了传统极限平衡分析的不足。作为边坡稳定性判断依据的安全系数,传统的表示方法为:

$$F_s = \frac{\text{强度极限}}{\text{实际载荷}} \tag{8-269}$$

目前还在探讨以极限应变表示的判断方法。这种表示形式的不足在于:

(1) 所考虑的参数为定值,没有分析参数的随机变化特性,这是根本的缺点。

(2) 边坡安全系数的判据,根据经验确定,因而具有主观随意性。往往为保险起见,而取较大的安全系数。

边坡可靠性分析在于考虑分析参数的离散性,建立安全系数与可靠性的联系,从理论上建立了随机强度与可靠性之间的关系,定义了可靠性系数。在此基础上,对多种参数分布类型及稳定性分析公式根据安全系数定义形成了多种可靠性分析方法。目前边坡稳定可靠性分析方法有Monte-Carlo随机模拟法、Rosenbluth法、验算点法等,近来发展了随机有限元法。

目前的边坡可靠性分析方法各有特点,Monte-Carlo法适应性强,受问题条件限制小。其收敛性与极限状态方程、变量分布的非正态无关。对于适用于边坡破坏模式的各种极限平衡分析方法,只要已知状态变量的分布,均可求解,Monte-Carlo法被誉为精确方法,应用较为普遍,但其计算时间多,且对变量间的相关关系考虑粗糙;Rosenbluth法最为简便,但该法对随机变量的分布类型有限制,要求概率密度分布为对称性;验算点法理论严谨,计算速度仅为Monte-Carlo法的1%,但由于计算中非正态分布随机变量的当量正态化及状态方程的非线性化,可带来误差。

因此,在此仅介绍Monte-Carlo法。

(1) 基本公式。设边坡安全系数 F_s 为 k 个特征量 $x_1, x_2, \cdots, x_k$ 的函数:

$$F_s = g(x_1, x_2, \cdots, x_k) \tag{8-270}$$

并设 $x_1, x_2, \cdots, x_k$ 都是已知统计规律的随机变量,则 F_s 统计规律Monte-Carlo模拟方法如下:

产生一系列在[0,1]上均匀分布的伪随机数 $\mu_1, \mu_2, \mu_3, \cdots$;

将第二个[0,1]均匀分布的伪随机数 μ_1 经过变换得 x_1 的第一个伪随机数 x_{11};将第二个[0,1]上均匀分布的伪随机数 μ_2 经过变换得 x_2 的第一个伪随机数 x_{21};依此类推,将第 k 个[0,1]上均匀分布的伪随机数 μ_k 经过变换得 x_k 的第一个伪随机数 x_{k1},求得 F_s 的第一个值:

$$F_{s1} = g(x_{11}, x_{21}, \cdots, x_{k1}) \tag{8-271}$$

如此继续,将 $k+1$ 个[0,1]上均匀分布的伪随机数 μ_{k+1} 经过变换得 x_1 的第二个伪随机数 x_{21};将第 $2k$ 个[0,1]上均匀分布的伪随机数 μ_{2k} 经过变换得 x_k 的第二个伪随机数 x_{k2}。得 F_s 的第二个值:

$$F_{s2} = g(x_{21}, x_{22}, \cdots, x_{k2}) \tag{8-272}$$

模拟 N 次,得到 F_s 的 N 个值:

$$F, F_{s2}, \cdots, F_{sn}$$

这是 F_s 的一个大小为 N 的子样。给定一个 f_s 值（一般 $f_s=1$），F_{s1}、F_{s2}、…、F_{sn} 中有几个不超过 f_s，亦即有频率 $\frac{n}{N}$ 不超过 f_s。这就是 $P(F_s<f_s)$ 的近似值，即得到边坡小于 f_s 的破坏概率：

$$P_f=\frac{n}{N} \tag{8-273}$$

只要 N 足够大，即 $P(F_s<f_s)$ 与近似值 $\frac{n}{N}$ 之间的误差可以小于指定的误差容许上限。

由 F_s 的 N 次模拟值，可求得 F_s 的分布特征，即：

均值

$$\mu_{F_s}=\frac{1}{N}\sum_{i=1}^{n}F_{si} \tag{8-274}$$

标准差

$$\sigma_{F_s}^2=\frac{1}{N-1}\sum_{i=1}^{n}(Z_i=\mu_z)^2 \tag{8-275}$$

在 F_s 为正态分布的情况下，可得可靠指标：

$$\beta=\frac{\mu_{F_s}-f_s}{\sigma_{F_s}^2} \tag{8-276}$$

则边坡破坏概率为：

$$P_f=1-\phi(\beta) \tag{8-277}$$

式中 $\phi(\beta)$——标准正态分布函数。

(2) 破坏概率(n/N)的置信度与试验次数。用 Monte-Carlo 法进行的模拟试验为伯努利试验，设给定的置信度为 γ，则按二项概率的结果，$P_f(n/N)$ 的置信区间为：

$$\left[\frac{n}{N}-\mu(\gamma)\sqrt{\frac{\frac{n}{N}\left(1-\frac{n}{N}\right)}{N}},\frac{n}{N}+\mu(\gamma)\sqrt{\frac{\frac{n}{N}\left(1-\frac{n}{N}\right)}{N}}\right] \tag{8-278}$$

这里 $\mu(\gamma)$ 由标准正态表查得，γ 与 $\mu(\gamma)$ 的关系见表 8-249。

表 8-249 γ 与 $\mu(\gamma)$ 的关系

γ/%	90	95	99
$\mu(\gamma)$	1.645	1.96	2.576

由此可见，如果要将置信区间缩小 m 倍，即将 $\mu(\gamma)$ 缩小 m 倍，则 N 应提高到 m^2 倍。

为了研究试验次数与置信区间的关系，通过限制置信区间为破坏概率值的 1/2，求取了理论上需要的模拟试验次数，并分别计算了不同置信度的情况。计算结果显示，在破坏概率值大于 5% 时，需模拟的次数为 500 ~ 2000 次。

取置信区间 P_f 为 10% 时，N 为 5000 ~ 10000 次，在 P_f 为 0.01% 时最高的模拟次数要达到 100 多万次。

由于 Monte-Carlo 所需模拟次数较多，人们通过模拟方法的改进，对一些特定问题，形成了多种不同的减少模拟次数的方法。

(3) 破坏概率标准的确定。可靠性分析解决了定量分析不能考虑的边坡材料参数的不确定性和变化性。研究表明，定量安全系数与可靠性分析可接受的风险水平密切相关。目前，边坡工程中常用的破坏概率取 10^{-1} ~ 10^{-3} 之间，一些土建工程及城市市区边坡可能选取 0.01% 或者更低。对于这些暴露时间在十几年甚至几十年的边坡，这样的风险水平是必要的，排土场边坡不同于上述情况，由于排土场的连续推进，排土场边坡具有临时性，因此，对于排土场可能接受的滑坡风险可以比较高，但对于处于重要建筑物附近的排土场，则不允许有很高的破坏概率。

根据加拿大 Queensland-Geongella 矿排土场滑坡调查，排土场边坡破坏的平均百分比为 20%。秘鲁某矿边坡可靠性研究确定矿山主要运输线路和下部有矿山永久性设施的边坡，可接受的破坏概率 $P_f=0.3\%$，对于单个台阶，可接受的 $P_f=10\%$。

根据国内外有关资料，确定排土场可接受的破坏概率 $P_f=5\%$ 。可靠性分析，在给出了安全系数的同时，给出了破坏概率值。计算结果表明，满足安全系数条件的潜滑面，并不一定能满足破坏概率条件，反之亦然。但总的来说，大多数是一致的。这些一致与不一致正好符合可靠性分析的一般原则和规律。

8.10.4 排土场安全防护

8.10.4.1 安全卫生防护距离

（1）剥离物堆置整体稳定、排水良好、原地面坡度不大于24°的排土场，其设计最终坡度线与主要建、构筑物等的安全防护距离按下列要求确定：

1）当采取防护工程措施时，应根据所采取工程措施的不同由设计确定；

2）当未采取防护工程措施时，应按表8-250的规定确定。

表8-250 排土场最终坡底线与保护对象间的安全距离

序号	保护对象名称	安全距离
1	国家铁（公）路干线、航道、高压输电线路铁塔等重要设施	1.00～1.50H
2	矿山铁（道）路干线（不包括露天采矿场内部生产线路）	≥0.75H
3	露天采矿场开采终了境界线	根据边坡稳定状况及坡底线外地面坡度确定，但应大于或等于30m
4	矿山居住区、村镇、工业场地带	≥2.00H

注：1. 安全防护距离：航道由设计水位岸边线算起；铁路、公路、道路由其设施边缘算起；建、构筑物由其边缘算起；工业场地由其边缘或围墙算起。
2. 规模较大的（0.7万人口以上）矿山居住区、有建制的镇，应按表列数值适当加大。
3. 排土场采取分层堆置，各层间留有宽20～30m安全平台时，序号1、2可取表列距离的75%；零星建、构筑物及分散的个别农舍，可取表列序号4距离的75%；20～30m安全平台系指各台阶最终平台的宽度。
4. 序号1排土场坡底线外地面坡度不大于24°时，应根据需要设置防滚石危害的措施，并在滚石区加设醒目的安全警示标志。
5. 表中H为排土场设计最终堆置高度。

（2）剥离物堆置整体稳定性较差、排水不良且具有形成泥石流条件的排土场，严禁布置在有可能危及工业场地、村镇、居民区及交通干线的上游。具有上述情况的排土场，有特殊要求需要在其下方布置一般性建、构筑物而又无法满足安全距离要求时，必须采取可靠的安全防护工程措施，并征得有关部门同意后方可布置。

（3）排土场的设计等级应根据使用期内排土总容量、排土场的地形、排弃物堆置高度、场地地基强度和失事后的危害程度按表8-251的规定划分确定。

表8-251 排土场的设计等级

等级	单个排土场总量 V/m^3	堆置高度 H/m
一	$V\geqslant 1000\times10^4$	$H\geqslant150$
二	$500\times10^4\leqslant V<1000\times10^4$	$100\leqslant H<150$
三	$100\times10^4\leqslant V<500\times10^4$	$50\leqslant H<100$
四	$V<100\times10^4$	$H<50$

注：1. 剥离物堆置整体稳定较差，排水不良，且具备形成泥石流条件的排土场，其设计等级可提高一等。
2. 排土场失事将使下游居民区、工矿或交通干线遭受严重灾害者，其设计等级可提高一等。

（4）排土场周围必须设置完整的排水系统，排土场排洪设施设计频率对于大、中型矿山宜为1/25，对于小型矿山宜为1/15，设计流量应采用调查并结合地区经验公式或推理公式确定。排土场构筑物防洪级别根据排土场的等级及其在工程中的作用和重要性可按表8-252的规定划分确定。

表8-252 排土场防洪构筑物的级别

排土场等级	构筑物的级别		
	主要构筑物	次要构筑物	临时构筑物
一	1	3	4
二	2	3	4
三	3	4	4
四	4	4	—

注：1. 主要构筑物系指失事后使村镇、主要工业场地遭受严重灾害或主要交通干线运输中断的构筑物，如整治滑坡、泥石流的主体构筑物。
2. 次要构筑物系指失事后不致造成人员伤害或经济损失不大的构筑物，如护坡、谷坡、地表排水设施。
3. 临时构筑物系指防洪工程施工期使用的构筑物。

(5) 排土场与村镇、居住区及其他设施的卫生防护距离，应符合国家有关规定和标准要求。

(6) 排土场的排土作业区宜设夜间照明，照明灯塔与安全车挡距离宜为15～25m。

8.10.4.2 排土场堆置参数

排土场的主要堆置参数应包括堆置总高度与台阶高度、岩土自然安息角与边坡角、最小平台宽度、有效容积和占地面积等。

(1) 排土场在排土初期基底压实到最大的承载能力时，排土场的堆置高度可按式(8-279)计算：

$$H_1 = 10^{-4}\pi C\cot\varphi\left[\gamma\left(\cot\varphi + \frac{\pi\varphi}{180} - \frac{\pi}{2}\right)\right]^{-1} \tag{8-279}$$

式中 H_1——排土场的堆置高度，m；

C——基底岩土的黏结力，Pa；

φ——基底岩土的内摩擦角，(°)；

γ——排土场物料的容重，t/m^3。

在基底处于极限状态，失去承载能力，产生塑性变形和移动时，排土场的极限堆置高度可按式(8-280)计算：

$$H_2 = \frac{10^{-4}C\cot\varphi}{\gamma}\left[\tan^2\left(45° + \frac{\pi}{2}\right)e^{\pi\tan\varphi - 1}\right] \tag{8-280}$$

式中 H_2——排土场的极限堆置高度，m。

当无工程地质资料时，堆置的台阶高度可按表8-253确定。

(2) 剥离物堆置的自然安息角应根据其物理力学性质和含水量，按表8-254规定选取。多台阶排土场剥离物堆置的总边坡角应小于剥离物堆置自然安息角。

表8-253 剥离物堆置台阶高度 (m)

岩土类型	铁道运输					汽车运输	斜坡卷扬
	人工排土	推土机排土	推土犁排土	电铲排土	装载机排土	推土机推土	废石山
坚硬块石	40～60(30～40)	40～50(20～30)	20～30(15～20)	40～50(20～30)	≤200	≤200	<150
混合土石	30～40(20～30)	30～40(20～30)	15～20(10～15)	30～40(20～30)	≤100	≤100	<150
松散硬质黏土	15～20(12～15)	15～20(10～15)	10～15(10～12)	15～20(10～15)	15～30(15～20)	15～30(15～20)	70～80
松散软质黏土	12～15(10～12)	12～15(10～12)	10～15(8～10)	12～15(10～12)	12～15(10～12)	12～15(10～12)	50～60
砂质土	—	—	7～10	10～15	—	—	—

注：1. 括号内数值系工程地质及气象条件差时参考值。

2. 当采用窄轨铁路运输时，表列数值可略为提高。

3. 地基土壤(黏土类或淤泥类软土)含水量大，排土堆置后可能不稳定的排土场，初始台阶高度可适当减小。

4. 排土场地基(原地面)坡度平缓，剥离物为坚硬岩石或利用狭窄山沟、谷地堆置的排土场，可不受此表限制。

5. 剥离物运来时土石类别明显的，排土时可根据其不同的土石类别，分别采用各自不同的台阶高度。当基底稳定时台阶高度作如下估算：堆置坚硬岩石时宜为15～20m，堆置松软岩土时宜为10～20m。

6. 多台阶排土的总高度可经过验算确定，在相邻台阶之间应留安全平台，基底第一台阶的高度宜为10～25m。

表8-254 剥离物堆置安息角 (°)

类 别	自然安息角	平均安息角
砂质片岩(角砾、碎石)与砂黏土	25～42	35
砂岩(块石、碎石、角砾)	26～40	32
砂岩(砾石、碎石)	27～39	33
片岩(角砾、碎石)与砂黏土	36～43	38
页岩(片岩)	29～43	38
石灰岩(碎石)与砂黏土	27～45	34
花岗岩	35～40	37
钙质砂岩	—	34.5
致密石灰岩	32～36	35
片麻岩	—	34
云母片岩	—	30
各种块度的坚硬岩石	30～48	32～45

(3) 排土场工作平台最小宽度应根据剥离物的物理力学性质、上一台阶的高度、大块石滚动距离、运排设备的工作宽度、平台上最外运输线至眉线间的安全距离等确定,并应满足上下两相邻台阶互不影响的要求。

公路运输平台宽度(图 8-254),可按表 8-255 和式(8-281)计算确定:

$$A = 1.5 + 2(R + L) + C \tag{8-281}$$

式中 A——公路运输工作平台宽度,m;

R——汽车转弯半径,m;

L——汽车长度,m;

C——超前堆置宽度,m,可按表 8-255 选取。

铁路运输平台宽度(图 8-255)可按表 8-256 和式(8-282)计算确定:

表 8-255 超前堆置宽度取值

堆排方式	超前堆置宽度 C/m
推土机	视作业条件而定
装载机	不小于装载和卸载半径之和
电铲	不小于一次移道步距,宜取 18 ~ 24

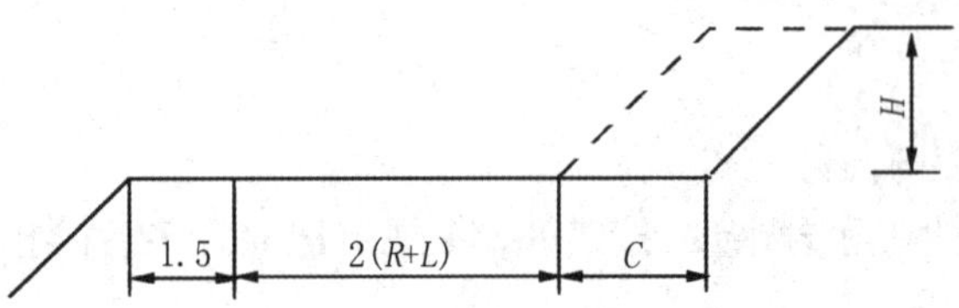

图 8-254 公路运输平台宽度

H—上下两平台间的高差,m

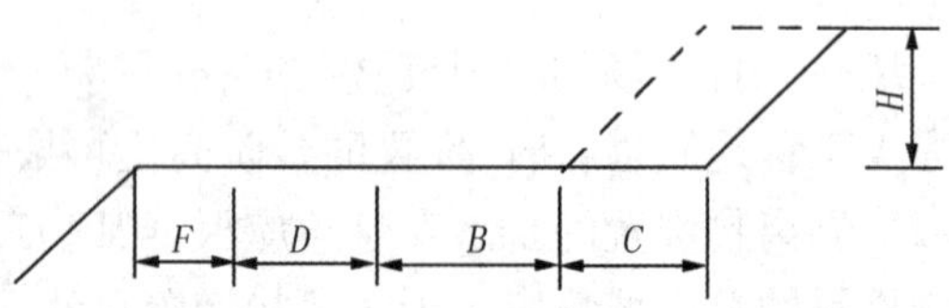

图 8-255 铁路运输平台宽度

$$A = F + D + B + C \tag{8-282}$$

式中 A——铁路运输工作平台宽度,m;

F——外侧线路中心至台阶边坡顶的最小距离,m,准轨 1.6 ~ 1.7m,窄轨 1.0 ~ 1.2m;

D——线间距,m;

B——上台阶坡脚线至线路中心的安全距离,m,宜大于大块石滚落距离加轨道架线式电杆至线路中心距离;

C——大块石滚落距离,m,见表 8-256。

排土场工作平台宽度可按表 8-257 确定。

表 8-256 大块石滚落距离 (m)

台阶高度	10	12	16	20	25	30	40
大块石滚落距离	15	16	18	20	22	24	27

表 8-257 工作平台宽度参考值 (m)

运排方式	段高		
	15	15 ~ 25	30 ~ 40
汽车推土机	40 ~ 55	45 ~ 60	50 ~ 65
窄轨推土机	20 ~ 25	25 ~ 30	30 ~ 40
准轨装载机	30 ~ 40	40 ~ 50	50 ~ 60
准轨电铲	40 ~ 50	45 ~ 55	50 ~ 60
准轨推土犁	30 ~ 35	35 ~ 40	40 ~ 45

(4) 多台阶排土场,各台阶最终平台宽度不应小于 5m。

(5) 排土场需要的有效容积按式(8-283)计算:

$$V = V_0 K \tag{8-283}$$

式中 V——有效容量,m^3;

V_0——剥离岩土的实方量,m^3;

K——剥离岩土经下沉后的松散系数。

各类剥离物的松散系数按表8-258选取。

(6) 排土场的用地面积,除应按有效容积结合实际地形和剥离物堆置要素计算用地外,尚应增加排水设施、稳定性措施等工程用地,且应适当增加堆场最外坡脚线至用地边界的防护距离。

表8-258 剥离物的松散系数

类 别	松散系数
砂	1.01~1.03
带夹石的黏土岩	1.10~1.20
砂质黏土	1.03~1.04
块度不大的岩石	1.20~1.30
黏土	1.04~1.07
大块岩石	1.25~1.35

8.10.4.3 排土场运行安全管理

(1) 排土场位置选定后,应进行专门的地质勘探工作。

(2) 内部排土场不应影响矿山正常开采和边坡稳定,排土场坡脚与开采作业点之间应有一定的安全距离。必要时应设置滚石或泥石流拦挡设施。

(3) 排土场进行排弃作业时,应圈定危险范围,并设立警戒标志,无关人员不应进入危险范围内。任何人均不应在排土场作业区或排土场危险区内从事捡矿石、捡石材和其他活动。未经设计或技术论证,任何单位不应在排土场内回采低品位矿石和石材。

(4) 高台阶排土场,应有专人负责观测和管理;发现危险征兆,应采取有效措施,及时处理。

(5) 在矿山建设过程中,修建道路和工业场地的废石,应选择适当地点集中排放,不应排弃在道路边和工业场地边,以避免形成泥石流。

(6) 铁路移动线路的卸车地段,应遵守下列规定:1)路基面向排土场内侧形成反坡;2)线路一般为直线,困难条件下,其最小曲线半径不小于表8-259的规定,并根据翻卸作业的安全要求设置外轨超高;3)线路尽头前的一个列车长度内,有不小于2.5‰~5‰的上升坡度;4)卸车线钢轨轨顶外侧至台阶坡顶线的距离,应不小于表8-260的规定;5)牵引网路符合GB50070的规定;网路始端,设电源开关,以便于先停电后移动网路;6)在独头卸载线端部,设置车挡;车挡有完好的拦挡指示和红色夜光警示牌;独头线的起点和终点,设置铁路障碍指示器。

表8-259 线路平曲线半径规定

<table>
<tr><td rowspan="3">卸车方向</td><td rowspan="3">准轨铁路</td><td colspan="3">窄轨铁路</td></tr>
<tr><td colspan="2">机车车辆固定轴距不大于2.0m</td><td rowspan="2">机车车辆固定轨距2.0~3.0m,轨距762mm、900mm</td></tr>
<tr><td>轨距600mm</td><td>轨距762mm、900mm</td></tr>
<tr><td>向曲线外侧/m</td><td>150</td><td>30</td><td>60</td><td>80</td></tr>
<tr><td>向曲线内侧/m</td><td>250</td><td>50</td><td>80</td><td>100</td></tr>
</table>

表8-260 轨顶外侧至台阶坡顶线的距离 (mm)

准 轨	窄 轨		
路基稳固	轨距900	轨距762	轨距600
750	450	430	370

(7) 道路运输的卸排作业,应遵守下列规定:

1) 汽车排土作业时,有专人指挥;非作业人员不应进入排土作业区,进入作业区内的工作人员、车辆、工程机械,应服从指挥人员的指挥。

2）排土场平台平整；排土线整体均衡推进，坡顶线呈直线形或弧形，排土工作面向坡顶线方向有2%～5%的反坡。

3）排土卸载平台边缘，有固定的挡车设施，其高度不小于轮胎直径的1/2，车挡顶宽和底宽分别不小于轮胎直径的1/4和3/4；设置移动车挡设施的，对不同类型移动车挡制定相应的安全作业要求，并按要求作业。

4）按规定顺序排弃土岩；在同一地段进行卸车和推土作业时，设备之间保持足够的安全距离。

5）卸土时，汽车垂直于排土工作线；汽车倒车速度小于5km/h，不应高速倒车，以免冲撞安全车挡。

6）在排土场边缘，推土机不应沿平行坡顶线方向推土。

7）排土安全车挡或反坡不符合规定、坡顶线内侧30m范围内有大面积裂缝（缝宽0.1～0.25m）或不正常下沉（0.1～0.2m）时，汽车不应进入该危险区作业，应查明原因及时处理，方可恢复排土作业。

8）排土场作业区内烟雾、粉尘、照明等因素导致驾驶员视距小于30m，或遇暴雨、大雪、大风等恶劣天气时，停止排土作业。

9）汽车进入排土场内应限速行驶，距排土工作面50～200m时速度低于16km/h，50m范围内低于8km/h；排土作业区设置一定数量的限速牌等安全标志牌。

10）排土作业区照明系统完好，照明角度符合要求，夜间无照明不应排土；灯塔与排土车挡距离d要求$d \geqslant$车辆视觉盲区距离+10m；排土作业区配备质量合格、适合相应载重汽车突发事故救援使用的钢丝绳（多于4根）、大卸扣（多于4个）等应急工具。

11）排土作业区，应配备指挥工作间和通讯工具。

（8）列车在卸车线上运行和卸载时，应遵守下列规定：

1）列车进入排土线后，由排土人员指挥列车运行。

2）机械排土线的列车运行速度，准轨不超过10km/h；窄轨不超过8km/h；接近路端时不超过5km/h。

3）运行中不应卸载（曲轨侧卸式和底卸式除外）。

4）卸车顺序从尾部向机车方向依次进行；必要时，机车以推送方式进入。

5）列车推送时，有调车员在前引导指挥。

6）列车在新移设的线路上首次运行时，不应牵引进入。

7）翻车时由两人操作，且操作人员不应位于卸载侧。

8）清扫自卸车宜采用机械化作业；人工清扫时应有安全措施。

9）卸车完毕，排土人员发出出车信号后，列车方可驶出排土线。

（9）采用排土机排土，应在设计中进行不均匀沉降计算，并提出反坡坡度。排土机排土时，排土机距眉线应留安全距离，安全距离应在设计中明确规定。

（10）排土犁推排作业，应遵守下列规定：

1）推排作业线上、排土犁犁板和支出机构上，不应站人。

2）排土犁推排岩土的行走速度，不超过5km/h。

（11）单斗挖掘机排土时，受土坑的坡面角不应大于60°，不应超挖卸车线路基。

（12）人工排土时，人员不应站在车架上卸载或在卸载侧处理黏车。

（13）排土机卸排作业，应遵守下列规定：

1）排土机在稳定的平盘上作业，外侧履带与台阶坡顶线之间保持一定的安全距离。

2）工作场地和行走道路的坡度，应符合排土机的技术要求。

3）排土机长距离行走时，受料臂、排料臂应与行走方向成一直线，并将其吊起、固定；配重小车靠近回转中心的前端，到位后用销子固定；上坡不应转弯。

（14）排土场防洪，应遵守下列规定：

1）山坡排土场周围，修筑可靠的截洪和排水设施拦截山坡汇水。

2）排土场内平台设置2%～5%的反坡，并在排土场平台上修筑排水沟，以拦截平台表面及坡面汇水。

3）当排土场范围内有出水点时，应在排土之前采取措施将水疏出；排土场底层排弃大块岩石，以便形成渗流通道。

4）汛期前，疏浚排土场内外截洪沟，详细检查排洪系统的安全情况，备足抗洪抢险所需物资，落实应急救援措施。

5）汛期及时了解和掌握水情和气象预报情况，并对排土场，下游泥石流拦挡坝，通讯、供电及照明线路进行巡视，发现问题应及时修复。

6）洪水过后，对坝体和排洪构筑物进行全面认真的检查与清理。

(15)排土场防震，应遵守下列规定：

1）处于地震烈度高于6度地区的排土场，应制订相应的防震和抗震的应急预案。

2）排土场泥石流拦挡坝，按现行抗震标准进行校核，低于现行标准时，进行加固处理。

3）地震后，对排土场及下游泥石流拦挡坝进行巡查和检测，及时修复和加固破坏部分，确保排土场及其设施的运行安全。

(16)排土场关闭，应遵守下列规定：

1）矿山企业在排土场服务年限结束时，整理排土场资料，编制排土场关闭报告。

2）排土场资料包括：排土场设计资料、排土场最终平面图、排土场工程地质与水文地质资料、排土场安全稳定性评价资料及排土场复垦规划资料等。

3）排土场关闭报告包括：结束时的排土场平面图、结束时的排土场安全稳定性评价报告、结束时的排土场周围状况及排土场复垦规划等。

4）排土场关闭前，由中介服务机构进行安全稳定性评价；不符合安全条件的，评价单位应提出治理措施；企业应按措施要求进行治理，并报省级以上安全生产监督管理部门审查。

5）排土场关闭后，安全管理工作由原企业负责；破产企业关闭后的排土场，由当地政府落实负责管理的单位或企业。

6）关闭后的排土场重新启用或改作他用时，应经过可行性设计论证，并报安全生产监督管理部门审查批准。

(17)排土场复垦，应遵守下列规定：

1）制定切实可行的复垦规划，达到最终境界的台阶先行复垦。

2）复垦规划包括场地的整平、表土的采集与铺垫、覆土厚度、适宜生长植物的选择等。

3）关闭后的排土场未完全复垦或未复垦的，矿山企业应留有足够的复垦资金。

(18)矿山企业应建立排土场监测系统，定期进行排土场监测。排土场发生滑坡时，应加强监测工作。发生泥石流的矿山，应建立泥石流观测站和专门的气象站。泥石流沟谷应定期进行剖面测量，统计泥沙淤积量，为排土场泥石流防治提供资料。

(19)排土参数检查，应遵守下列规定：

1）测量排土场台阶高度、排土线长度。

2）测量排土场的反坡坡度，每100m不少于2条剖面。

3）测量道路运输排土场安全车挡的底宽、顶宽和高度。

4）测量铁路运输排土场线路坡度和曲率半径。

5）测量排土机排土外侧履带与台阶坡顶线之间的距离，测量误差不大于10mm。

6）排土场出现不均匀沉降、裂缝时，应查明沉降量和裂缝的长度、宽度、走向等，并判断危害程度。

7）排土场地面出现隆起、裂缝时，应查明范围和隆起高度等，判断危害程度。

(20)根据《金属非金属矿山安全规程》(GB16423—2006)，排土场应由有资质条件的中介机构，每5年进行一次检测和稳定性分析。

8.10.4.4 排土场稳定性措施

A 排土场设计

(1) 排土场设计时应配备排土场安全监测人员和配套仪器设备。

(2) 排土场设计必须有可靠的截排水设施，防止水土流失，影响周边环境。山谷或山坡堆置的排土场，应在场外周边设置截水沟或排洪渠。当山坡或沟渠与排土场发生交叉时,必须设置相应排洪设施。

排土场上游洪水较小,可采用截水沟或排洪渠导排;排土场上游洪水较大,应在上游加修拦截上游洪水的挡水坝,或视其地形特征,沿山坡修排洪渠或在排土场底部修暗涵将其排出场外。挡水坝的安全超高不应小于1m;兼顾挡渣与防洪功能的拦渣坝,应有一定的拦泥库容。

(3)排土场分台阶排弃时,其平台应设计2%~3%的逆坡,使场内的地表水排至场外。

(4)应合理确定台阶排土高度和最终堆置高度,并应符合下列要求:

1)对结构松散、粒径小的土质边坡,两台阶高差宜为6~12m,宜设置宽度不小于1.5~2m的平台,对干旱、半干旱地区,两台阶高度可大些。

2)湿润、半湿润地区,两台阶高差可小些。

3)当混合的碎(砾)石土高度大于30m,或在8°以上的高烈度地震区,土坡高度大于12m时,应设置宽4m以上的宽平台。

4)当山坡地形上陡下缓时,宜从底部先行排弃,以确保剥离物的整体稳定,如图8-256所示。对软弱层基底,可采用低阶段超前的"盖被"式排弃顺序。

B 防治排土场滑坡工程措施

(1)排土场地基处理。对稳定性较差的土质山坡,宜将原山坡修成台阶状,以增加稳定性。对松软潮湿土宜在堆排土之前挖渗沟疏干基底,倾填块碎石作垫层,或预埋岩石挡墙(将坚硬岩石预先堆置在排土场内部的地基上,然后排土场形成后便成了预先埋设的抗滑挡墙,其堆置的位置和挡墙的几何尺寸要通过排土场稳定性分析计算,使之处在最可能的潜在滑面位置上(图8-257)。比较普通的护坡挡墙,采用预埋挡墙所需要的坚硬岩石量要少很多,是前者的1/6~1/10,这点在矿山基建剥离初期表土多坚硬岩石少的情况下,其技术经济效益特别显著),以利排水。

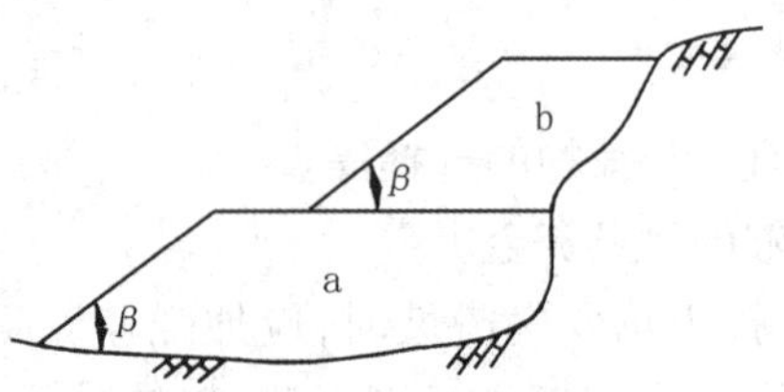

图8-256 排弃顺序

a—先期排弃;b—后期排弃

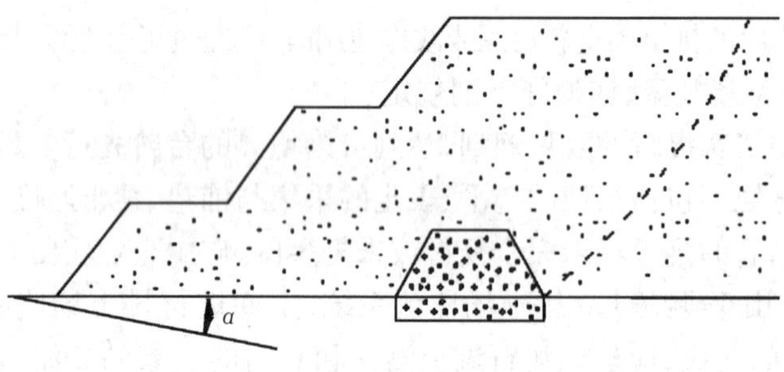

图8-257 预置岩石抗滑挡墙加固排土场

(2)调整排土顺序,将大块石堆置在底部以增加基底稳定性或把大块石堆在最低一个台阶。

(3)清除软弱层,底部排弃大块坚硬岩石,有条件时,在排土场坡脚处宜采用大块石填筑高5~10m的渗水层。

(4)采用适宜的坡脚防护,包括沿排土场外侧堆置路堤或干砌(或浆砌)拦石堤。

(5)有大量松散物质排放的陡坡场地,或具有丰富水源的排土场,必须采取坡脚防护或拦渣工程,防止水土流失。

坡脚防护及拦渣工程可采取以下措施:

1)当坡面砂石对山沟下方可能造成危害时,应设置一级或多级挡砂堤(或坝),即谷坊群坝,用地紧张时可采用坡脚挡渣墙。

2)当小规模泥石流对山沟下方可能造成危害时,应在沟谷的收口部位设置拦渣坝等拦蓄、排导、防治构筑物。

3)当滚石对山沟下方可能造成危害时,应设置拦石堤或沟渠,并应留有足够的安全距离。拦石堤可使用当地土(或干砌片石)筑成,可采用铁丝笼坝或竹笼坝形式,宜采用梯形,亦可采用较缓的内侧边坡,堤顶高出计算撞点的安全高度为1m。

4）当小规模滑坡对山沟下方可能造成危害时，应设置如重力式抗滑挡土墙、抗滑片石垛或抗滑桩等抗滑支挡构筑物。有关防护或拦渣措施见图8-258～图8-260。

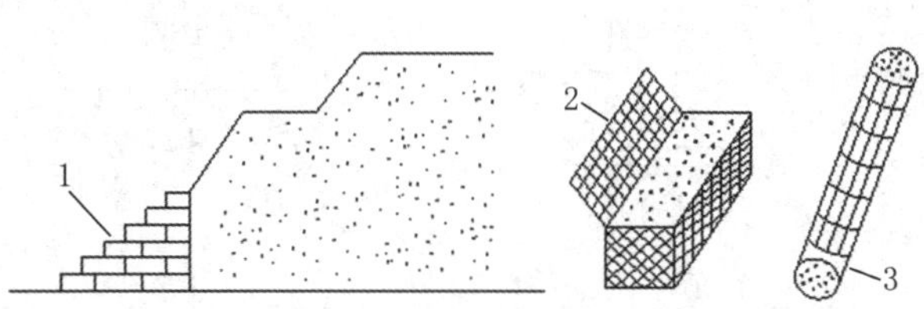

图8-258　不同形式的护坝挡墙
1—护挡墙；2—铁丝笼；3—竹笼

石笼坝：笼用毛竹或铁丝编织成长2～4m、直径0.5～2m的笼子，移至有坝地点，就地将石块填充于笼中，使之成一整体结构。既能透水，又能拦截泥石流。石笼坝属非永久性构筑物，一般竹笼使用2～3年，铁丝笼使用7～8年，以后铁丝笼虽失效，但整个坝体并不失效。谷坊群坝是多次挡导相结合的措施，当泥石流规模较大时，采取多处设坝，每次拦挡一部分，以达到扩大停淤的目的，使另一部分按导引的方向排泄。这样分次拦挡加速其停淤，最后完全阻挡住泥石流。有外部水源补充，泥石流活动的规模和频率较大时采用此法。

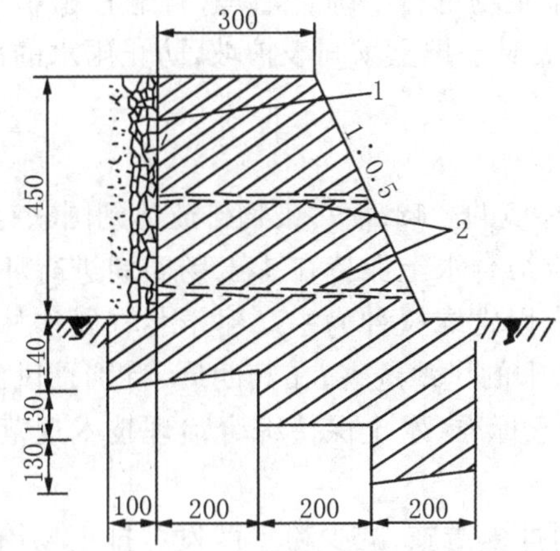

图8-259　云南可保露天矿皂角文昌宫排土场拦挡坝断面
1—卵石渗水孔；2—泄水孔

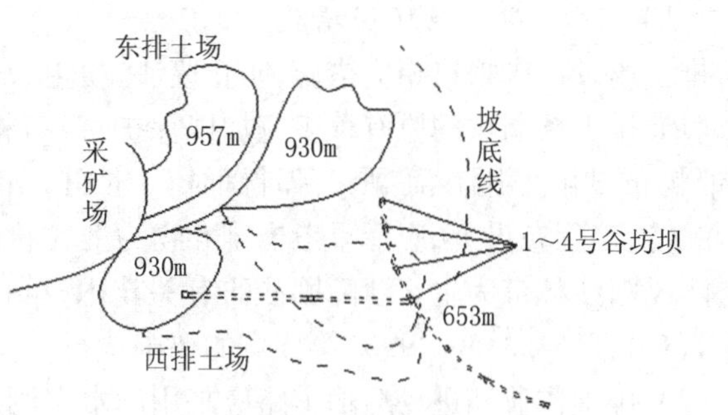

图8-260　潘洛铁矿大格排土场谷坊坝

(6)排土场内的地下水和滞留水，在排弃物透水性弱对稳定性不利情况下，应根据潜水量的大小，采用盲沟、透水管或涵洞形式将水引出场外（图8-261、图8-262）。

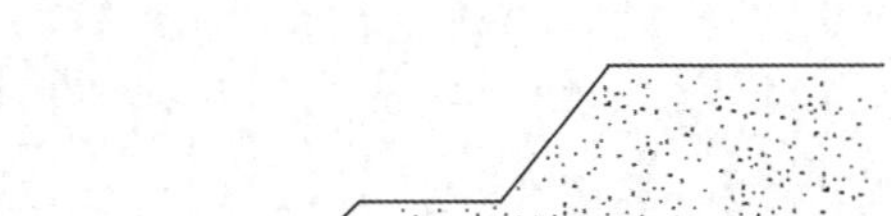
图8-261　排土场底部开挖排渗沟

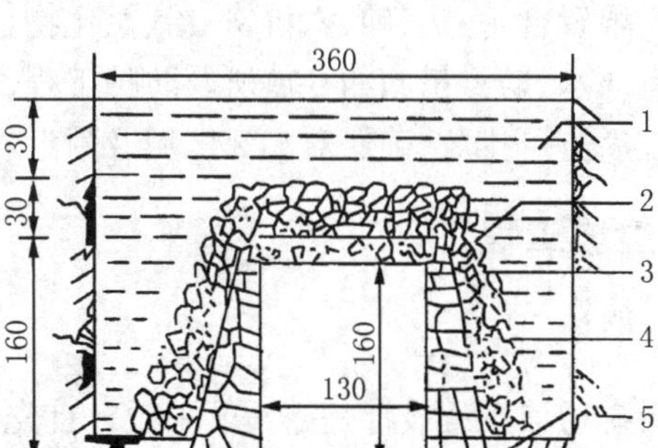

8-262　云南可保露天矿皂角文昌宫排土场总暗沟断面
1—回填土；2—卵石渗水层；3—带孔混凝土盖板；
4—料石沟帮；5—混凝土底板

C　防治排土场滑坡生物工程措施

(1) 对于坡比小于1∶1.5、土层较薄的土质或砂质坡面，可采取种草护坡。种草护坡应先将坡面进行整治，宜选用生长快的低矮匍信型草种。

(2) 对于坡比小于1∶2、土层较厚的土质或砂质坡面，在南方坡面上土层厚15cm以上的，北方坡面土层厚40cm以上的，可采用造林护坡。造林护坡应采用根深与根浅相结合的乔灌混交方式，同时宜选用适合当

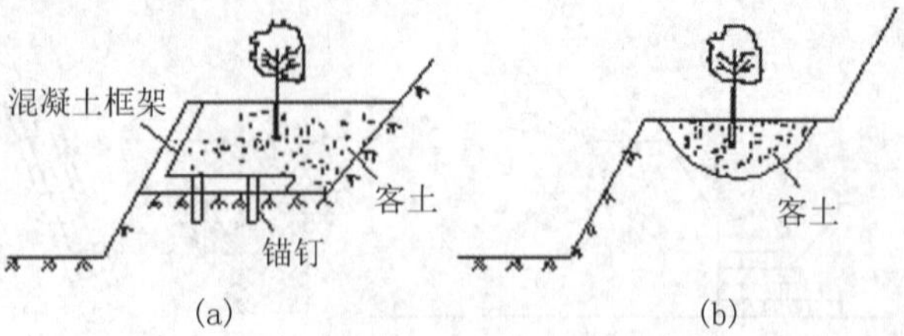

图 8-263 排土场边坡植树造林方法
(a)客土式;(b)挖坑式

地速生的乔灌木树种。坡面采用植树造林,宜带土栽植,如图 8-263 所示。

(3) 在路旁或景观要求较高的土质或砂土质坡面,可采用浆砌块石格构或钢筋混凝土结构,在坡面上做成网格状。网格内种植草皮。在已结束离工的排土场平台和斜坡上普遍进行植被(植树和种草),可以起到固坡的作用,并可防止雨水对排土场表面浸蚀和冲刷影响,尤其堆置的是表土和风化岩石时,这种植被的效果比较明显。植被的根系可以加固排土场表面的岩土,阻止雨水往内部渗透,植物本身也吸收大量的水分。

排土场植被要结合排土作业计划统一规划,首先因地制宜,确定适宜种植的植物种类,然后根据排土台阶的形成顺序,进行场地平整、播种或栽植,并有专人施肥、浇水和维护,以获得较高的成活率。

例如:江西永平铜矿排土场含表土及强风化岩石较多,排土场进行了综合治理,普遍种植了马尾松、小斑竹和芮草等植物,其复垦率已达 60%,收到良好效果。植被对于排土场固表护坡,防止雨水的冲蚀,以及绿化环境起到良好的作用。

8.10.4.5 排土场环保措施

排土场设计应采取相应措施,防止废渣、粉尘、水污染对环境的影响,使污染物排放达到国家有关规定。

(1) 排土场周边的原有植被应加以保护,没有植被时,应结合水土保持在排土场四周进行环行带状绿化;带状布设可采用乔灌混交,隔行种植。长江以南,绿化应以常绿树种为主。建于北方风沙林区的排土场,在防治工程布设上,应择重考虑排弃物为散粒状砂土所带来的风沙危害,在其四周,特别是风口上,应以营造防风固沙林带为主。沙障固沙的有关技术,可按现行国家标准《水土保持综合治理技术规范风沙治理技术》(GB/T16453.5—1996)第四章的要求执行。

(2) 排土作业和进场运输道路应采用洒水车洒水或其他抑尘措施,减少粉尘散发。排土场周围有工业场地或居民村时,宜增设喷水抑尘设施。在主导风向下风侧有居民村和基本农田保护区的,应结合绿化工程营造卫生防护林带。

(3) 矽尘矿山的排土场应有防止二次扬尘的设施,其排土场应布置在农田和水库主导风向的下风侧及远离要求空气清洁的场所。

(4) 堆置含汞、镉、砷、六价铬、铅、氰化物、有机磷、硫化物及其他毒性大的可溶性废渣的排土场,必须专门设置有防水、防渗措施的存放所及防护工程,必须制定事故处理措施,确保废水中的有害物质经处理达到排废标准后方可排放,确保对相邻区域及附近农田、水体不产生污染。

8.11 边坡工程

8.11.1 概述

露天矿边坡工程设计是露天开采设计首先面临的重要课题。

众所周知,露采设计首先要确定开采境界,就是要按照剥采比大小控制,确定合理开采深度、采场底平面周界及采场最终边坡角度。我国在 20 世纪 50 ~ 60 年代,露采设计初期,边坡工程设计在很大程度上是依据设计人员的工程经验采用类比法人为确定的。在随后的采矿实践中,人们发现,由于各矿山的地质环境不同,边坡岩体的力学特征差异,加上受采矿工艺的约束,原先的边坡设计往往不能实现边坡安全生产的最佳状态,即要么边坡设计过缓,虽然安全稳定,但开采剥岩量过大,采矿效益过低,极大降低企业的经济收益;要么边坡过陡,在开采过程中,不断发生边坡崩塌、滑坡等安全事故,影响正常生产,甚至造成生命财产损失,从而增大边坡清理、整治费用,乃至缩短矿山开采寿命。所以,我国从二十世纪七八十年代开始,特别是在"六五"、"七五"、"八五"期间,通过国家重点科研攻关,在国内许多大型露天矿山,相继开展了露天矿边坡工程研究,既为矿山生产提供了经济合理、安全可靠的开采条件,给企业带来巨大的经济效益,又推动了边坡工程科学技术的发展,并在我国各类露天矿山自觉地形成了边坡工程事前(在矿山设计的初始阶段,边坡形成之前)和边坡形成过程中(在矿山生产实践阶段)相结合的研究设计机制,从而提高了边坡工程研究设计水平。

8.11.1.1 露天矿边坡工程的主要特点

露天矿边坡工程的主要特点是:

(1) 由于矿体赋存空间的限制,构成露天矿边坡的岩体、结构、地下水条件以及原应力状态都具有明显的不可选择性。因而,露天矿边坡设计-生产-管理的系统优化,只能而且必须通过利用既定条件和改善可控因素来实现。

(2) 露天矿边坡是历经几十年的开采过程逐步形成的,具有工程构筑与使用同步、工程实践与认识同步的特点。由于露天矿边坡工程条件和评价模型的不确定性,使其在整个服务期间都承担不同程度的风险。为了消除或减少风险,需要跟踪监测边坡的工作状态,实时提供准确的反馈信息,促使边坡工程性能在动态变化过程中不断完善。

(3) 就形成过程而言,露天矿边坡是采矿工程的伴随工程,依附于采矿作业而存在,它的形态在很大程度上受采矿作业的制约;就运行系统而言,露天矿边坡是采矿系统的一个子系统,它的功能要服务于采矿工艺,又在很大程度上制约采矿生产。边坡与采矿工程的整体观是我们处理一切边坡工程问题的出发点。

(4) 随着大型采掘设备的发展,露天开采能力日益增加,最大限度地加大露天采场深度成为当今采矿工程的一个总趋势。20 世纪末,国外最大开采深度可达 600 ~ 900m。工程规模越来越大,工程环境越来越复杂,工作条件越来越恶劣。边坡工程所面临的新课题迫使工程设计与工程实施要与之相适应,特别需要加强边坡工程管理,包括投产前的决策和生产过程的控制。

(5) 露天矿边坡是矿山重大的安全性工程,作为工程,无论是总体设计还是局部工程处理,都必然是一个有约束的多方案对比和优化问题,必须且能够在安全的前提下,寻求经济收益最大化。这种优化具有明显的时间效应,必须克服由于时间的推移、工程条件的变化所造成的安全系数和可靠性的降低,进而依靠科学技术进步和认识能力的发展,不断提高优化水平。

8.11.1.2 露天矿边坡工程的发展状况

我国露天矿山经过几十年的开采,开采规模和能力不断扩大,边坡高度不断增高,边坡工程问题逐渐暴露出来。与此相应的边坡设计、施工和管理水平也得以全面发展和提高。

(1) 边坡研究是从借助于连续介质力学理论开始的,把边坡岩体视作连续介质对待。20 世纪 60 年代初,对边坡岩体的认识和描述产生了质的飞跃,明确提出岩体是在地质过程中形成的具有大量裂隙的地质体的概念,认识到裂隙对边坡稳定性的控制作用。此后发展成岩体结构的思想,开始从本质上揭示岩体结构对应力场、渗流场、震动场、重力场及它们复合作用的效应。而现代岩石力学理论认为,由于岩石和岩体结构及其赋存状态、赋存条件的复杂性和多变性,岩石力学既不能完全套用传统的连续介质理论,也不能完全依靠以节理、裂隙和结构面分析为特征的传统地质力学理论,而必须把边坡工程看成是一个系统,用系统论的方法来进行边坡工程的研究,用系统概念来表征“岩体”,可使岩体的“复杂性”得到全面的、科学的表述。从系统来讲,岩体的组成、结构、性能、赋存状态及边界条件构成其力学行为和工程功能的基础。边坡研究的目的是认识和控制边坡工程系统的力学行为和工程功能。

(2) 在岩体结构原理的发展中,自然地促进边坡岩体变形和破坏模式分析的发展,从继承土力学中的圆弧形破坏分析开始,逐步扩展到对各种结构形式控制的破坏模式的分析,包括简单平面剪切破坏、双滑面(块)平面剪切破坏、楔形体破坏、倾倒破坏、弯折或溃屈破坏、复合型破坏等,并相应地建立起力学-数学模型。

(3) 边坡工程研究分析方法已从传统的极限平衡方法发展到用更为复杂多样的力学模型来分析边坡工程问题,并且把力学、物理学、系统工程、现代数理科学、现代信息技术等的最新成果引入了边坡工程,而电子计算机的广泛应用为流变学、断裂力学、非连续介质力学、数值方法、灰色理论、人工智能、非线性理论等在边坡工程中的应用提供了可能。目前,在边坡工程研究领域,有限元、边界元及其混合模型、损伤力学和离散元法、DDA 法等方法均得到广泛的应用和发展。

(4) 建立和健全边坡监测系统成为矿山边坡的最基本的工程措施,成为研究边坡变形、破坏机理的最基本的实验方法。监测内容包括岩体位移、地下水压和爆破震动力。量测精度、数据处理速度以及专用仪器的商品化程度都有一定提高,并逐步发展起边坡变形和破坏的计算机遥控监测技术。

(5) 露天矿边坡的工程观念得以强化,促使边坡工程从静态评价转向动态分析,增强了边坡对矿山生产影响的预测能力;从单纯的安全保证转向系统优化,把边坡作为一个重大的经济因素纳入采矿设计和矿山经营计划;把边坡设计方案的经济指标和风险尺度作为边坡性能的评价参数,以求在安全可靠的前提下,实现利润最大化,从而开始了边坡工程的校验设计向优化设计的转化。

(6) 边坡工程管理现代化是当今世界露天矿边坡工程界奋起突进的研究课题。国内已开始把科学的管理方法和先进的计算机手段结合于边坡工程管理之中,迅速地从数据处理,数值计算职能转向管理职能,以边坡工程数据库的建立作为边坡工程现代化管理的开端,向着边坡工程管理信息系统、边坡工程决策支持系统和边坡工程专家系统迈进。

8.11.1.3 露天矿边坡工程的工作程序

露天矿边坡工程,无论是新建矿山边坡,还是扩建矿山边坡;无论是总体边坡设计,还是局部边坡处理,大体都要遵守这样三个工作程序,即工程勘察、工程设计和控制实施。就是说,在充分把握地质、工程地质与水文地质条件、边坡岩体特征及工程环境的基础上,进行边坡设计或单体工程设计,继后在开采过程中及相关工程在运行过程中,连续监测边坡工作状态,收集有关资料,验证设计,并将有关信息反馈到设计,控制边坡的性态,促使边坡工程设计不断达到最优状态。

在整个矿床开发过程中,每个阶段都伴随着相应的内容不同的边坡工作。

在矿床勘探阶段,在评价矿床储量的同时,应为开采条件作出初步论证,提出基本的地质构架、边坡岩体的结构模型、边坡体的组成以及矿区水文地质形成条件,为可行性研究提供可靠的依据。

在可行性研究阶段,边坡工作的主要任务是在地质勘探报告的基础上,进行边坡工程的规划,充分估计未来开采过程中可能出现的边坡问题,以及解决这些问题的相应措施。

在矿山设计阶段,边坡工作的中心是边坡设计,需进行详细的专门边坡工程地质水文地质测绘,必要时需布置一定数量的补充勘探工程,进行边坡岩体力学性质测定,以及其他有关影响因素的测定。针对若干可行边坡设计方案,进行稳定性评价和经济分析,为采矿设计推荐最佳边坡设计方案。

开采阶段边坡工作内容最为丰富,包括控制边坡形成、执行边坡设计、跟踪采矿延深、收集有关边坡地质资料、修正或充实原边坡设计依据,并为未来可能的改造设计准备新依据。建立边坡体位移、地下水压和爆破震动力的监测系统,执行实时的稳定性预报。根据已形成边坡的形状和工作状态,预测近几年的边坡稳定状况,以便矿山安全组织生产,针对具体边坡工程问题,采取适当的工程技术措施。

8.11.1.4 边坡工程发展前景展望

传统的边坡工程研究都是一种正向思维或确定性思维,它不可能将错综复杂的边坡工程问题的研究提高到一个全新的高度。

20 世纪 70 年代中后期发展起来的、基于实测位移反演岩体力学参数和初始应力场的位移反分析法是逆向思维在岩石力学研究中的一次成功应用,并且在边坡工程研究中也逐渐发展起来,它可以大大提高分析结果的可靠性。应该说,对于线性问题,反分析方法是成功的,而对于非线性问题,由于其具有加载途径性,反分析的解往往不具有唯一性,这也是反分析法今后需要解决的关键问题。

20 世纪 80 年代末伴随思维方法的变革而提出的"不确定性系统分析方法",为大型边坡工程分析和设计提供了正确的方法。这种方法也可以称为综合智能分析方法,它是在系统科学、计算机科学、非线性理论、人工智能技术、信息技术等得到快速发展的基础上建立起来的。

为促进不确定性系统分析方法的进一步发展,使之更完善、更实用,在边坡工程系统的研究中,还必须强调以下两方面的工作:

(1) 系统扎实的岩石力学基础资料的采集、调查、试验和研究工作。虽然岩石工程系统中存在大量不确定性因素,人们不可能把岩石工程系统的初始条件搞得完全清楚,但这并不是说可以减少或放松工程前期岩石力学基础资料的调查和试验工作。这些基础资料包括工程区域地应力状态,工程地质、水文地质条件,断层、节理、裂隙分布及状况,岩体结构和岩性分布状况,岩石和岩体的物理、力学性质等。为使基础资料的采集更全面和深入,同时采用高新技术手段,发展和采用新的探测和实验技术,如遥感技术、切层扫描技术、三维地震 CT 成像技术、高精度地应力测量技术、高温高压刚性伺服岩石试验系统和多功能高效率原位岩体测试系统等。只有把基础资料的采集工作做扎实,才能提高工程规划、决策的准确性,加快工程设计和施工的进度。

(2) 岩石工程施工和运行过程中的全方位、多手段的现场监测工作。除了采用多点位移计、倾斜仪、断面收敛测量、水准测量、经纬仪测量等常规的应力、位移监测手段外,还要大力发展 GPS、GIS 监测技术,声发射和微震监测技术,岩体能量聚集和破裂损伤探测技术等。丰富的监测资料将为"黑箱→灰箱→白箱"系统分析和研究系统的功能与特性提供必要的信息资料。随着信息技术的发展和应用,工程师们完全可以对工程过程监测的信息进行高效的理论分析和经验判断,将多元知识综合集成,并及时向工程执行系统反馈,进行工程决策,逐步优化设计和施工工艺。

8.11.2 边坡工程地质与水文地质

露天矿采场边坡是由矿体周边的岩体在采矿过程中逐渐形成的,因而,形成边坡岩体的地质属性(包括岩体和岩石的成分、结构、构造、岩体工程特征以及矿区地下水及其对边坡岩体的作用等)是影响边坡工程稳定性最基本的重要因素。在整个露天矿开采过程中,从边坡初始设计,到采矿形成边坡并随采场逐步加深,作为基础工作程序,必须开展边坡工程地质条件和水文地质特征研究,为评价边坡稳定性提供必要的基础依据。

分析露天矿采场边坡稳定性首先从确定构成边坡的岩(土)体材料特性开始,其中最主要的是掌握边坡的地质构造,因为坚硬岩质边坡往往是沿着地质历史过程中形成的构造不连续面发生破坏,而形成破坏的不连续面的方位、间距、长度及强度等特性决定了边坡的破坏模式;其次是要掌握构成边坡岩(土)体的力学性质,为边坡稳定性分析提供必要的计算参数。边坡地下水的存在,对边坡稳定性和露天矿开采有着重大的影响,因此边坡水文地质调查与评价是露天矿采场边坡稳定性分析的重要基础工作之一。

8.11.2.1 边坡工程地质

A 矿区工程地质资料

为分析露天矿采场边坡稳定性,首先应通过相应的工程地质工作取得可靠的边坡工程地质资料,查明矿区范围内的地层、构造以及各级、各类不连续面的空间展布、产状及其组合规律,以此为基础,为下一步分析确定边坡岩体结构类型及其相应的边坡破坏模式提供工程地质依据。

露天矿采场边坡工程地质勘察工作是一项专门性工程地质勘察工作,其工作方法和手段同一般性工程地质勘察,但也有其特殊要求。一般性工程地质勘察要求可参照相关文献相应内容进行,以下主要介绍露天矿采场边坡工程地质勘察工作要求。

a 工程地质测绘

(1) 测线测绘。在有相当大岩石露头的矿区,要系统地测绘,以便获得一个代表性的工程地质图。这可以通过横越测区布置测线来实现,测线间距 100 ~ 300m。在底图上定好测线位置,并在现场做好标记,地质人员沿着这些测线进行必要的观察,并测量观察的位置。测线间用内插法连接,并清晰地表示在成图上。在复杂地质地区,岩石类型界线和断层一定要进行实地追溯。

(2) 区段测绘。如果矿区天然露头小于 10% 左右,则采用区段测绘。在这种情况下,应当在底图上勾划出每一个可利用的露头,且要把全部地质观测结果描绘在这些露头略图内,最终成果是在其一系列"露头岛"上绘制出工程地质图。露头岛间的地质迹线须用内插法处理,但需在成图上将内插资料与确实证据区分开来。

为了获得露天矿边坡研究所必需的专门工程地质资料,应进行详细的测线测量或裂隙组测量。

1) 详细测线测绘。这种方法适合于露天矿台阶测绘或钻孔岩芯的编录。基本方法是沿着露天矿台阶拉卷尺,记录交于测线上的全部不连续面、岩石类型。详细测线测绘即为测线测绘的一种形式,不过,为了简要记录资料，避免产生遗漏，应制订专门的野外记录表格。详细线测量是目前Ⅳ级不连续面地质资料收集中最通用的方法，它简便、易行。详细线布设原则：应注意随机性和均匀性，尽量避免盲区；详细线测线长度一般应为20～30m，以获取足够的数据，满足统计分析的需要；详细线测量应在工程地质调查的基础上进行，这样可以根据矿区主干构造线方位，布设与其平行或垂直的测线，以获取各种性质不连续面的全方位数据资料。

2）裂隙组测绘。由于岩性界线和较大不连续面已描绘在工程地质图上，所以，裂隙组测绘提供的露天矿区代表性构造图要比详细测线测绘快。在预先选定的地点，记录占优势的裂隙组，表明裂隙的方位、间距、范围及其他细节。这种方法的观测效率是详细测线测绘的两倍。

b 工程地质调查

在露天矿边坡工程地质调查中应着重查明以下内容：露天矿台阶、露头和钻孔岩芯的直接测绘能够得到最可靠、最直观的地质资料，故为详细调查所优先选用。

（1）不连续面。

1）位置。较大不连续面直接填绘在图上，露头间须用内插法处理。

2）方位。不连续面相对于坡面的方位决定其能否成为潜在破坏面。

3）起伏度。所有地质不连续面均具有其固有的表面粗糙和起伏的特性。粗糙度和起伏度均能影响不连续面抗剪强度。

4）充填物和裂隙面强度。抗剪强度受充填物和裂隙面硬度控制，在野外测绘期间，充填物用名称和厚度来表征；较为复杂时，则须专门取样和试验。

5）地下水。地质不连续面，如果是张开的，便可能使地下水沿其流动；如果充填物有不透水的泥质矿物，则可能构成重要的隔水构造。倘若张开的充水裂隙冻结，或者隔水构造被导通，边坡稳定性可能发生根本性的变化。

（2）岩石类型。按照地质成因将岩石分成三大类：沉积岩（如砂岩）、变质岩（如片麻岩）、火成岩（如花岗岩）。根据岩石类型的定名可以预示岩体的软弱面，如层理、片理等，更进一步划分岩石类型主要是根据矿物组成、颗粒大小和结构。

（3）天然露头。天然岩石露头可提供最廉价的资料来源，一定要把露天矿区附近的天然露头首先绘录在地质图和野外记录表上。此外，地貌、小溪、泉等必须草绘成图。

（4）探槽。有的露天矿实际上没有天然露头，就要人工揭露。可以利用探矿工程中可能已被详细测绘过的探槽。为了从探槽中索取到最大量的资料，探槽应垂直于岩层、蚀变带或较大构造不连续面的走向。

（5）台阶。在露天矿开始采矿时，采掘工程提供最大可能的暴露面。台阶测绘在露天矿整个使用期间始终是最重要的，它可以采用详细测线测绘或裂隙组测量的方法来完成。

（6）勘探平硐。矿山平硐提供进入岩体的良好通道，从中可以获取有关构造、地下水流动和其他地质因素的宝贵资料。为了利用地下平硐的平面形状，地质测绘应当注重平硐的交汇处，因为这些地方为取得地质条件的三维展布资料提供了极难得的机会。测绘方法类似于台阶测绘所采用的方法。

（7）钻探岩芯。调查钻探岩芯是直接获取相应深度上构造资料的最经济、最有效的途径。

c 工程地质钻探

为查明地质构造所布设的钻孔，钻孔应与所要截交的构造面成30°～60°角倾斜，小于30°便不能为统计抽样穿透足够数量的构造。

为确定较大不连续面方位，可以采用金刚石钻探，但至少要用三个钻孔。这个方法只适用于探测较大的、连续的平面状断层。地表详细线测量所获不连续面数据，仅能代表地表数据及浅部的情况，不能反映深部不连续面分布规律及其特征。为了查明露天矿边坡深部不连续面的分布规律及特征，采用定向岩芯钻探可获取深部岩体不连续面数据。

d 地球物理勘探

如果勘察区内天然露头较少，给工程地质测绘带来困难，为查明构造裂隙发育状况，追踪地层界线，可采用大地电场法、岩芯声波测试等地球物理勘探法作为补充。

B 边坡工程地质分析

a 岩体不连续面参数统计分析

实践证明，边坡岩体不连续面的产状、规模、密度及其组合关系等，控制着边坡的稳定程度、破坏规模和破坏模式。对边坡岩体中不连续面参数进行实地测量与统计分析，以期获得不连续面特征参数及其组合分布规律，是边坡破坏模式分析的需要，也是边坡稳定性分析的基础。

（1）不连续面产状的等密度数值图分析。目前，在不连续面产状的分组方法中，最常用的有图解法和数值法。以下介绍了不连续面产状等密度图图解法。在对收集到的大量数据进行处理后，绘制出等密度数值图。在此基础上，确定出主要节理组的优势面产状、分布范围和发育程度。

节理极点图是根据节理法线的极点投影绘制的。图 8-264 是按节理面法线产状投影到投影网（吴氏网或施氏网）上的节理极点图。图上半径方位代表节理倾向，自正北（0°）顺时针转动 360°，半径长度可表示节理倾角，自圆心到圆周为 0°～90°。极点图的优点是编制简便，所表示的各个节理的产状比较准确，能明确反映节理发育的优势方位。不过所反映的节理优势方位也是定性的。为了更准确地反映其发育程度和优势方位，则采用等密图。

节理等密图是在节理极点图上编制的。如果极点图是在等面积网上制作的，则用密度计统计节理极点（图 8-265），如果极点图是在吴氏网上制作的，则用普洛宁网统计节理极点。在标有节理极点密度的透明纸上，用插入法勾绘出节理极点等值线，并将各等密度线区间的节理极点数换算成极点百分数，即成等密图（图 8-266）。等密图的绘制比较费工，但这种图能比较准确地反映出节理发育程度，即其优势方位，在节理研究中较常采用。

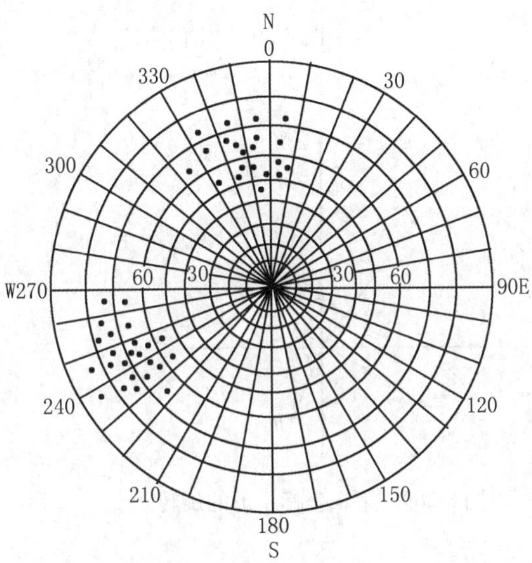

图 8-264 节理极点

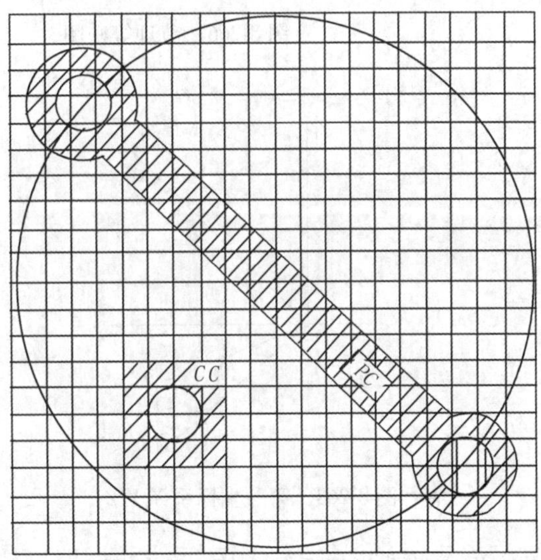

图 8-265 用边缘密度计（PC）及中心密度计（CC）统计节理极点

（2）岩芯定向不连续面参数数值解析。由现场定向岩芯测定出的不连续面参数（构造角 α、方位角 β）不能直接用于不连续面的统计分组，需要将这些参数转换成真实产状，然后再进行极点等密图的分组分析。这种转化方法有赤平投影图解法、仪器法以及数值解析法。下面着重叙述解析法的原理。

在已定向的岩芯段上，任一理想的不连续面可与岩芯相交成为椭圆面。定向岩芯及其上不连续面的几何关系如图 8-267 所示。图中各符号的意义如下。

OH 为岩芯轴线，指向钻进方向；P_1、P_2 为椭圆长轴的上、下两个端点；P'_1、P'_2 分别为 P_1、P_2 在 β 平面上的投影；P_3、P_4 为椭圆短轴的两个端点；Ω 为平面为包含椭圆短轴 P_3P_4 并与岩芯轴线 OH 垂直的圆形平面，圆心为 O；α 为 OH 与 OP_1 的夹角；β 为由基线与 Ω 平面的交点 C 起，沿 β 平面顺时针旋转至 P'_1 的圆周角。

首先设定地平面指北坐标系——第一坐标系 $X_1Y_1Z_1$(图 8-268)。

在此坐标系中,X_1OY_1 为地平面, X_1 轴的正方向指北,由 X_1 轴顺时针旋转 90°的方向为 Y_1 正方向,Z_1 轴的正方向垂直于地平面向上。OH_1 为 OH 在 X_1OY_1 上的投影,A 为岩芯轴线在水平面上投影的方位角;D 为岩芯轴线的倾斜角(图 8-268)。

在此坐标系中,仍取 O 点为原点,取 β 平面为 X_2OY_2 平面,其中 OX_2 为由原点至基准线与 β 平面交点 C 的射线,向外射出的方向为正。由 OX_2 顺时针旋转 90°的方向为 Y_2 轴的正向,Z_2 轴与 OH 重合(图 8-269)。

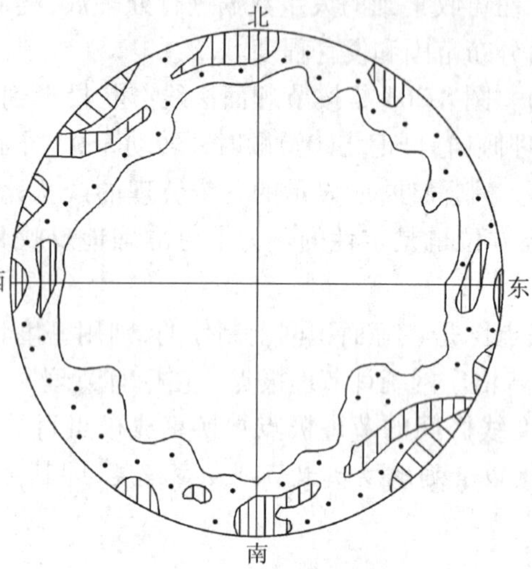

图 8-266 节理等密图

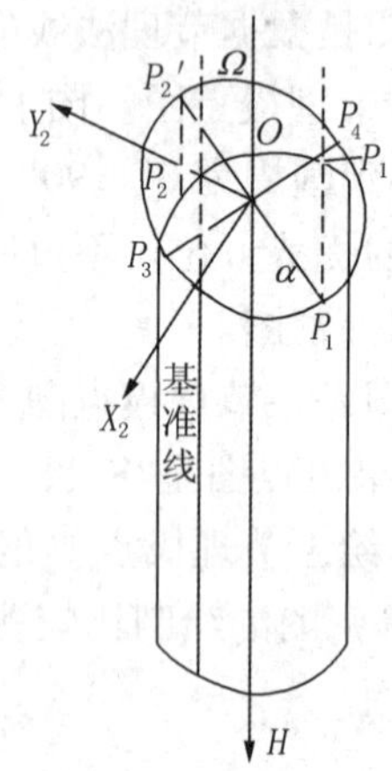

图 8-267 定向岩芯

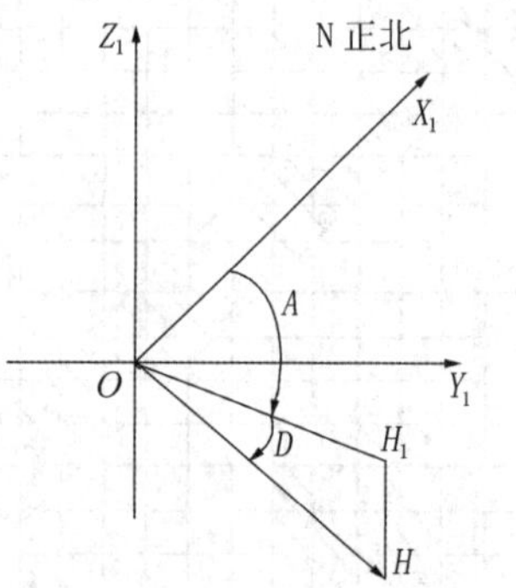

图 8-268 第一坐标系 $X_1Y_1Z_1$

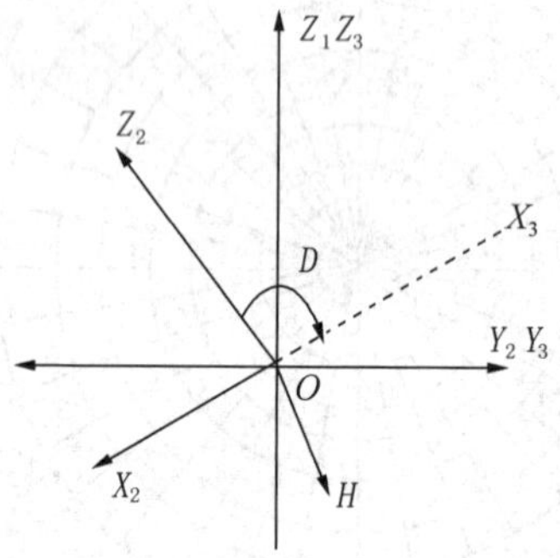

图 8-269 第二坐标系下的旋转

其次设定钻孔坐标系——第二坐标系 $X_2Y_2Z_2$。

设圆柱体岩芯半径为 r,椭圆面上三点 P_1、P_2 和 P_3 坐标为:

$$P_1\begin{cases}X_2(1) = r\cos\beta \\ Y_2(1) = r\sin\beta \\ Z_2(1) = -r\cot\beta\end{cases} \quad P_2\begin{cases}X_2(2) = r\cos(\beta - 180°) = -r\cos\beta \\ Y_2(2) = r\sin(\beta - 180°) = -r\sin\beta \\ Z_2(2) = r\cot\beta\end{cases} \quad P_3\begin{cases}X_2(3) = r\cos(\beta - 270°) = -r\sin\beta \\ Y_2(3) = r\sin(\beta - 270°) = r\cos\beta \\ Z_2(3) = 0\end{cases}$$

设椭圆平面方程为:

$$x_2 + aY_2 + bZ_2 + C = 0 \tag{8-284}$$

将 P_1、P_2 和 P_3 坐标分别代入式(8-284)解得平面方程为:

$$\cos\alpha\cos\beta X_2 + \cos\alpha\sin\beta Y_2 + \sin\alpha Z_2 = 0 \tag{8-285}$$

再次设定水平面坐标系——第三坐标系 $X_3Y_3Z_3$。

在此坐标系中,原点仍为 O 点,OY_3 和 OZ_3 分别与 OY_2 和 OZ_1 重合。在 X_3OY_3 平面上,由 OY_3 逆时针旋

转90°的方向为X_3轴的正方向(图8-269)。这样,第二坐标系与第三坐标系的关系可表达为:

$$X_2 = X_3\cos(90° - D) - Z_3\sin(90° - D) = X_3\sin D - Z_3\cos D$$

$$Y_2 = Y_3$$

$$Z_2 = Z_3\cos(90° - D) = Z_3\sin(90° - D) = Z_3\sin D + X_3\cos D$$

代入式(8-285),得平面在第三坐标系中的方程为:

$$(\cos\alpha\cos\beta\sin D + \sin\alpha\cos D)X_3 + \sin\beta\cos\alpha Y_3 + (\sin\alpha\sin D - \cos\alpha\cos\beta\cos D)Z_3 = 0 \quad (8\text{-}286)$$

令$Z_3=0$,得平面在X_3OY_3水平面中的走向线方程为:

$$(\cos\alpha\cos\beta\sin D + \sin\alpha\cos D)X_3 + \sin\beta\cos\alpha Y_3 = 0 \quad (8\text{-}287)$$

过坐标原点($X_3=0, Y_3=0$)作垂直走向线的直线,可得倾向线在X_3OY_3平面投影的方程:

$$\sin\beta\cos\alpha X_3 - (\cos\alpha\cos\beta\sin D + \sin\alpha\cos D)Y_3 = 0 \quad (8\text{-}288)$$

若以岩芯轴线在水平面的投影OX_3为假定基准,不连续面的倾斜角η为

$$\eta = \tan^{-1}\frac{\sin\beta\cos\alpha}{\cos\alpha\sin\beta\sin D + \sin\alpha\cos D} \quad (8\text{-}289)$$

在式(8-287)中,令$Y_3=1$,则有:

$$X_3 = \frac{\cos\alpha\cos\beta\sin D + \sin\alpha\cos D}{\sin\beta\cos\alpha} \quad (8\text{-}290)$$

再将X_3、Y_3代入式(8-286),可得不连续面上响应点的竖向坐标:

$$Z_3 = \frac{(\cos\alpha\cos\beta\sin D + \sin\alpha\cos D)^2 + \sin^2\beta\cos^2\alpha}{\sin\beta\cos\alpha(\cos\alpha\cos\beta\cos D - \sin\alpha\sin D)} \quad (8\text{-}291)$$

最后得出不连续面的真实产状。

在具体边坡稳定性研究中,根据上述解析法原理,编制相应的计算机程序,应用于钻孔岩芯真实产状的计算中。

(3) 不连续面性质指标统计。在不连续面调查中,除进行产状、空间分布调查外,对节理裂隙的性质指标也进行了详细调查,调查和统计示意结果见表8-261。

表8-261 调查和统计示意结果

计算分区号	主要岩组	组号	优势产状(倾向/倾角)/(°)	粗糙度	粗糙度系数	平均长度/m	平均间距/m	分离性	起伏度/(°)	充填物	
										类型	厚度/cm
1	斜长角闪岩(JBLX)磁铁石英岩(SHC)花岗闪长斑岩(rδπ)	1	203/89	稍粗糙	5~7	3~7	0.65	多为闭合	8~9		
		2	156/30	光滑稍粗糙	6~8	5~10	0.21	多为张开	2~3	泥质	0.1~0.5
		3	78.5/84	光滑稍粗糙	4~6	5~8	0.48	多为张开	10	碳酸盐	0.1~0.3
		4	37.5/84	光滑稍粗糙	7~8	10~15	0.88	闭合	3~5		
		5	18/68.5	粗糙	14~16	2~3	0.52	张开	10~15		
		6	347.5/80	稍粗糙	6~8	4~6	0.87	张开	6~7	碳酸盐	2~3
		7	225/79	光滑稍粗糙	5	1~3	1.24	闭合			

表8-261中所列各组节理裂隙的粗糙度、粗糙度系数、平均长度、分离性、充填物等,是直接根据现场实际调查结果确定的,而平均间距则是由详细线和钻孔测量所得到的节理裂隙数据经统计分组后,根据下式确定的:

$$S = L\cos\theta \quad (8\text{-}292)$$

式中 S——相邻两条同组节理之间的真实间距;

L——详细线、定向岩芯钻孔所测同组节理之间的测量间距;

θ——测线、钻孔方向线与所测节理面法线之间的夹角。

节理密度主要是通过钻孔测定节理裂隙数据确定的,示意结果见表8-262。

表 8-262 节理密度统计

钻孔号	1号孔	2号孔	3号孔	4号孔	5区不整合面以上
节理密度/(条/m)	10.04	14.72	20.55	11.29	9.5

b 岩体结构面分级

露天矿边坡所涉及的不连续面的类型有：断层、剪切带、不整合面、岩性界面、接触面、岩脉、节理、层面、劈理、片麻理、片理。各种岩体结构面可按以下原则进行分级。

Ⅰ级结构面：延伸长度大于1000m；

Ⅱ级结构面：延伸长度在100～1000m之间；

Ⅲ级结构面：延伸长度在10～100m之内的小断层以及数十米长的节理裂隙；

Ⅳ级结构面：延伸长度在10m之内。

c 工程地质分区

采矿场区的工程地质岩组特征、不连续面的空间分布和岩体结构类型具有很大差别，不同地段边坡几何要素也不相同，工程地质分区就是根据上述这些差异把采矿场区岩体工程地质条件一致或相近的区段概括为一种边坡稳定单元，以便对不同单元的稳定性分别进行分析和评价。

C 边坡岩体力学性质

如果不连续面延伸足够长，并处于危险方位，那么它们就成为岩体内的软弱面，在这种情况下，沿着这些软弱面的抗剪强度将控制着边坡的稳定性。反之，如果岩体中不存在软弱面，或者不连续面不处于危险方位，但岩石软弱，那么，岩石强度就可能成为边坡稳定性的控制因素。

最主要的因素是强度性质，特别是下列三种：不连续面的抗剪强度；完整岩石或物质的抗剪强度；为估计岩体抗压强度需要测定完整岩石或物质的抗压强度。

测定岩石力学性质的方法在其他相关规范和手册中都有详细叙述，在此仅讨论主要的试验内容及要求。

a 室内试验

岩体力学特性是影响露天矿边坡稳定性的重要因素之一，它受岩石性质、岩体的结构特征、应力状态等因素控制。室内试验岩样采自边坡的露头和钻孔岩芯，整个室内试验有抗压、抗拉、规则试块抗剪断、变形、岩石三轴、土三轴、不连续面直剪和土直剪等试验项目。

（1）直剪试验。岩体结构面的剪切强度是研究边坡工程的重要力学指标。由于边坡通常是沿着岩体的结构面发生剪切破坏，所以这些结构面的强度试验就成为研究边坡稳定性的重要内容。受岩性与地质构造的影响，岩体中形成的结构面不大相同，有的结构面是充填较厚或极薄的夹层泥的软弱结构面，有的结构面是刚性结构面。软弱结构面的直剪试验，按土工试验方法进行，例如混合岩夹层泥的剪切强度试验就属于这种类型。刚性结构面的直剪试验按岩石结构面的直剪试验方法进行，目的是求出它的峰值强度和摩擦强度，例如斜长角闪片麻岩、混合岩（不充填夹层泥）、石英砂岩、霏细斑岩、含榴斜长角闪岩中的结构面，按这种方法进行试验。结构面直剪试验适用于岩体中的各类结构面。

1）试件制备。

① 试件在采取、运输和制备过程中应防止扰动和失水；

② 试件宜采用边长不小于150mm的立方体或直径不小于150mm的圆柱体；

③ 结构面试件的结构面应位于试件的中部；

④ 根据需要试件可采用天然含水状态或饱和状态；

⑤ 每组试件不得少于5个。

2）主要仪器和设备应包括：锯石机、钢模具、试件养护设备、直剪试验仪、位移测表。剪切破坏标准应符合下列规定之一：

① 剪切载荷加不上或无法稳定；

② 剪切位移明显变大，在剪应力与剪切位移关系曲线上出现明显突变段；

③ 剪切位移增大，在剪应力与剪切位移曲线上未出现明显突变段，但总剪切位移已达到试件边长

的10%。

3）试验成果整理。

① 法向应力和剪应力按式(8-293)计算：

$$\sigma = \frac{P}{A}, \tau = \frac{Q}{A} \tag{8-293}$$

式中 σ——法向应力，MPa；

τ——剪应力，MPa；

P——法向载荷，N；

Q——剪切载荷，N；

A——有效剪切面积，mm^2。

② 绘制剪应力 τ 与剪切位移 u_s 及剪应力 τ 与法向位移 u_n 的关系曲线，确定各剪切段特征点的剪应力值。

③ 根据各剪切阶段特征点的剪应力和法向应力值，采用图解法或最小二乘法绘制剪应力 τ 与法向应力 σ 关系曲线，并确定相应的抗剪强度参数。

(2) 岩石三轴试验。岩石三轴压缩强度试验采用等侧向压力，适用于能制成圆柱体试件的各类岩石。

1）试件制备。①圆柱形试件直径应为承压板直径的0.98～1.00；②同一含水状态下，每组试验试件的数量不宜少于5个；③试件在采取、运输和制备过程中，应避免产生裂缝；④圆柱体直径宜为48～54mm，试件高度与直径之比宜为2.0～2.5；⑤试件含水状态可根据需要选择天然含水状态、烘干状态、饱和状态或其他含水状态。

2）主要仪器和设备包括：钻石机、锯石机、磨石机、车床、测量平台、三轴试验机等。

3）试验步骤。①侧压力可按等差级数或等比级数进行选择；②根据三轴试验机要求安装试件。试件应采用防油措施；③以每秒0.05MPa的加荷速度同时施加侧压力和轴向压力至预定压力值，并使侧压力在试验过程中始终保持为常数；④以每秒0.5～1.0MPa的加荷速度施加轴向荷载，直至试件完全破坏，记录破坏荷载；⑤对破坏后的试件进行描述。当有完整的破坏面时，应量测破坏面与最大主应力作用面之间的夹角。

4）试验成果整理。

① 按式(8-294)计算不同侧压条件下的轴向应力：

$$\sigma_1 = \frac{P}{A} \tag{8-294}$$

式中 σ_1——不同侧压条件下的轴向应力，MPa；

P——试件轴向破坏荷载，N；

A——试件截面积，mm^2。

② 根据计算的轴向应力 σ_1 及相应施加的侧压力值，在 τ-σ 坐标图上绘制摩尔应力圆，根据库仑-摩尔强度理论确定岩石三轴应力状态下的强度参数。

③ 三轴压缩强度试验记录应包括工程名称、取样位置、试件编号、试件描述、试件尺寸、各侧向压应力下各轴向破坏荷载。

一般说来，岩石三轴抗压强度随着侧压力的增高而增高，但由于岩石是非均质的，受层理、节理和裂缝等构造面的影响，所得试验结果存在着一定的分散性，应用最小二乘法进行数据处理。

(3) 规则试块抗剪断试验。规则试块抗剪断试验的目的是测定硬岩石的峰值强度。其方法如下：首先将岩样加工成5cm×5cm×5cm的试件，再把试件放在转模式的夹具中，借助于压力机，按预定的剪切面和剪切方向做剪断试验。选用不同的角度，每个角度作3块试样试验，试件剪切面上的正应力 σ 和切应力 τ 按式(8-295)计算：

$$\begin{cases} \sigma = \dfrac{P}{bh}(\cos\alpha + f\sin\alpha) \\ \tau = \dfrac{P}{bh}(\sin\alpha - f\cos\alpha) \end{cases} \tag{8-295}$$

式中 P——岩石剪断时的总破坏力；

f——摩擦系数；

b,h——剪切面的宽度和高度；

α——夹具剪切角。

（4）变形试验。岩石变形试验的试件均为长方体和圆柱体，测试手段采用电阻片和应变仪。为了保持岩石的原有性质和非均质性，采用一次连续加载至破坏的方式，记录全部变形数据，这种测试方法要求试件加工的精度较高，试件受载必须均匀，故试验开始时需反复几次调整应变仪和试件，否则会使试验失败。弹性模量和泊松比是这样来确定的，在应力-应变曲线上，从原点到50%的抗压强度处连线的斜率作为弹性模量，取50%抗压强度处的横向应变值和纵向应变值的比值为泊松比。

b　岩石原位试验

边坡稳定性主要影响因素是边坡岩体的几何形状及潜在破坏面的抗剪强度。破坏面可以是单一的不连续面，也可以是几组不连续面的组合。确定出可靠的抗剪强度值是边坡稳定性分析的重要部分，这是因为抗剪强度略有变化将会使边坡的安全高度或角度发生显著变化，因此选择适当的抗剪强度值不仅与试验数据有关，而且须根据工程地质背景进行调整。边坡岩体中软弱结构面的各类强度指标，均对应于各种破坏模式及状态。边坡破坏模式主要受岩体内的结构面和结构体强度所控制。因此，边坡研究中，岩石物理力学试验的目的主要是测定边坡岩体及软弱结构面的抗剪强度和岩体的变形特征。

边坡稳定性分析的可靠程度取决于所采用的基础参数的完整性和可靠性，其中稳定边坡工程岩体力学参数是最重要的。边坡岩体强度受结构面力学性质和岩体抗剪强度控制，故其与边坡体内各级各类结构面发育程度密切相关。因此边坡研究所需的力学参数要符合工程地质背景，才能提高稳定性评价的可靠程度。

基于上述，为较客观地反映岩体强度的真实状况，岩石力学试验，除开展常规的室内岩土力学试验外，根据实际可能的条件，应进行现场岩体原位剪切试验。

（1）试验方法与内容。

1）试验位置的选择。岩体强度指标依赖于工程地质体的构造特征，边坡体潜在的滑动破坏，严格地受岩体结构面及结构体强度控制，因此力学试验位置选择应充分考虑这一点。

现场原位试验主要针对不稳定工程地质区段而做，既要满足工程分析的要求，又要照顾一定的点和面。

2）试体开挖制备。要获得准确的岩体力学参数，试体的制备是一项极为重要的工作。试体制备必须满足下列要求：

① 试体开挖制备过程中，应使试体原来的天然状态不受任何破坏。

② 选择理想的剪切面，预想剪切面上方的试体应当避免有较大的节理和其他弱面，以便法向载荷和切向载荷有效地传递到预剪面上。

③ 开挖好的试体应立即浇灌成形，同时预留出预想剪切面缝隙。

3）试验设备。现场原位试验的设备由加荷设备、传压设备和量测元件组成。

4）试验方法。试验开始前，根据对千斤顶（或液压枕）作的率定曲线和试体剪切面面积，计算施加的荷载和压力表读数。检查各测表的工作状态，测读初始读数。

施加垂直荷载。

施加剪切荷载。

试验过程中，对加载设备和测表使用情况、试体发出的响声、掉块和裂缝开裂等现象，均应作详细描述和记录。

试验结束后，翻转试体，测量实际剪切面面积。详细记录剪切面的破坏情况、破坏方式、擦痕的分布、方向及长度。应描述岩体内局部被剪断的部位和大小、剪切面上碎屑物质的性质和分布。对结构面中的充填物，应详细记述其组成成分、性质、厚度等。测定剪切面的起伏差，绘制沿剪切方向断面高度的变化曲线。

（2）试验资料整理。

1）平推法试验按式（8-296）计算各法向载荷下的法向应力和剪应力：

$$\sigma = \frac{P}{A}, \tau = \frac{Q}{A} \tag{8-296}$$

式中 σ——法向应力,MPa;

τ——剪应力,MPa;

P——法向载荷,N;

Q——剪切载荷,N;

A——有效剪切面积,mm^2。

2) 斜推法试验按式(8-297)计算法向应力和剪切应力:

$$\sigma = \frac{P}{A} + \frac{Q}{A}\sin\alpha, \tau = \frac{Q}{A}\cos\alpha \tag{8-297}$$

式中 α——斜向载荷施力方向与剪切面之间的夹角。

3) 绘制各法向应力下的剪应力 τ 与剪切位移 u_s 及剪应力 τ 与法向位移 u_n 的关系曲线,根据关系曲线,确定各法向应力下的抗剪断峰值和抗剪峰值。

4) 根据各剪切阶段特征点的剪应力和法向应力值,采用图解法和最小二乘法绘制剪应力 τ 与法向应力 σ 关系曲线,并确定相应的抗剪强度参数。

由现场试验可知,由于设备加载方式及人们预先估计偏差,实际法向载荷与切向载荷作用线与实际剪切面有一偏角,因此在资料整理与分析时,要予以修正。

现场原位剪切试验同组岩种因试体内节理裂隙发育及风化情况不同而使获得的数据具有一定的差异,因此需要对试验数据进行统计分析。

(3) 试验结果分析。

1) 破坏现象分析。工程岩体的剪切强度充分反映了岩体构造特性、节理裂隙及充填物、风化程度等综合因素,但根据剪切面的破坏特征,结合工程地质背景则能客观地解释岩体力学性质的趋向性和离散性,在层面剪切中,其破坏面都是沿层面,且破坏面平整,但在抗剪断试验中,真正的平齐剪断面是较少的,主要是受软弱面控制,这与边坡破坏的本质是相符合的,岩体的软弱面是边坡破坏的条件。

现场原位试验指标比室内试验要低,究其原因主要是尺寸效应问题,因为室内试验是岩石强度,而原位试验的试体中则包含较多的不良地质现象,如节理裂隙等,因此其接近于现实工程岩体的强度,其指标用于边坡稳定性分析比试验室试验结果可靠,这也是原位试验的意义所在。

由于岩体的不均匀性,反映在试验数据上存在一定的离散性,为了综合评价其强度问题,则必须结合工程地质背景及相应的工程经验判断,予以取舍,方能得出较为合理的力学参数。

2) 影响试验成果的主要因素。影响试验成果的主要因素有试体(剪切面)尺寸的选定、剪切面起伏差、试体(剪切面)被扰动的程度、剪切面上垂直压应力分布、剪力施加速率等。

岩体是具有节理、裂隙、层面和断层等因素的地质体。为使现场剪切试验结果能反映其特性,试体尺寸应尽可能取大些。考虑到费用、工作量和设备等因素,试体不可能取得很大,应当选用合适的试体尺寸。一般认为,试体应具有一定数量的裂隙条数,或其边长大于裂隙平均间距的 5 ~ 20 倍。结合国际岩石力学建议方法和国内经验,规定如下:一般情况下,试体为 70cm × 70cm × 35cm;对完整坚硬的岩石,试体为 50cm × 50cm × 50cm。

岩石弱面或软弱岩石试体制备过程中,如受扰动,结构遭破坏,将严重影响到测定成果。为此,制备过程中应严格防止扰动试体,才能取得可信的试验结果。

试验过程中,除保持剪切面上垂直压应力为常量外,还应使其均匀分布在剪切面上,平推法的剪力作用线与剪切面间存在偏距,使剪切面上垂直压应力分布不均匀。这种不均匀性随着剪力的增大而增大,无疑将影响测定成果。为此,规定偏距应严格控制在剪切面边长的 5% 以内。

剪切试验的剪力施加速率有快速、时间控制和剪切位移控制三种方式。为使试验尽可能符合工程实际,以剪切位移控制法最为理想。国内经验表明,在剪应力与剪切位移呈线性变化关系(或屈服点)以前,时间控制法与剪切位移控制法得到一致的结果。此后,沿剪切面发展持续位移,按剪切位移就很难控制剪力施加速率。而采用时间控制就便于掌握,这在国内已广泛采用。控制时间的长短,根据试体性状确定。

8.11.2.2 边坡水文地质

边坡地下水是影响边坡稳定性的重要作用因素，因此，边坡水文地质工作是边坡稳定性研究的重要方面。

边坡水文地质工作的目的在于查明边坡地下水补给、径流与排泄条件，查明地下水在边坡中的赋存条件以及边坡含水层（构造）的导水和赋水性，评价地下水对边坡稳定性的影响以及采矿与地下水的相互影响。并通过相应水文地质测试查明有关水文地质参数，为进一步进行边坡渗流场分析提供依据。

A 边坡地下水类型及其特征

地下水的类型及其特征见表8-263。

表8-263 地下水的类型及其特征

类型		分布	水力特点	补给与分布区的关系	动态特征	含水层状态	水量	成因	图例
包气带水	孔隙水	松散层	无压	一致	随季节变化，一般为暂时性水	层状	水量不大且随季节性变化很大	基本上为渗入形成	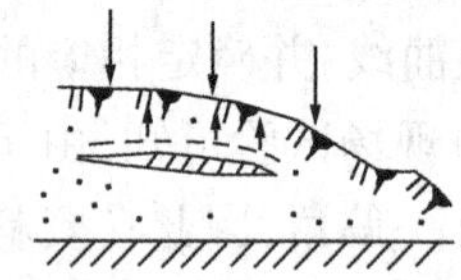
	裂隙水	裂隙黏土、基岩裂隙风化区				脉状或带状			
	岩溶水	可溶岩垂直渗入区				脉状或局部含水			
潜水	孔隙水	松散层	无压局部低压	一致	受气候因素变化影响明显	层状	受颗粒级配影响	渗入形成	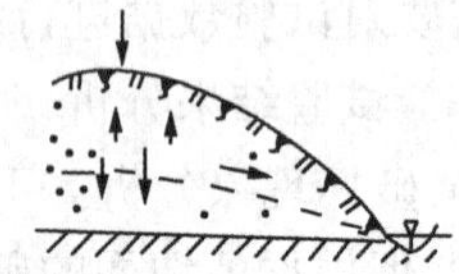
	构造裂隙水	基岩裂隙破碎带				带状层状	一般水量较小		
	岩溶水	碳酸盐溶蚀区				层状脉状	一般水量较大		
承压水	孔隙水	松散层	承压	不一致	受当地气候因素影响不明显	层状	受颗粒级配影响	渗入和构造形成	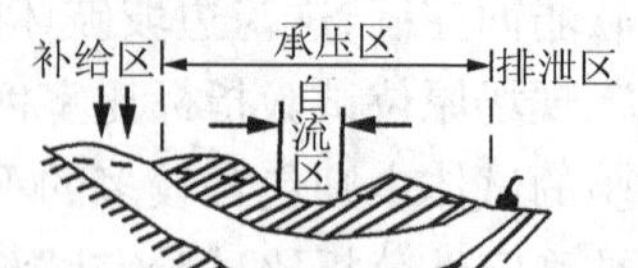
	构造裂隙水	基岩构造盆地、向斜、单斜、断裂				脉状带状	一般水量不大		
	岩溶水	向斜、单斜、岩溶层或构造盆地岩溶				层状	一般水量较大		

B 边坡地下水的补给、径流与排泄条件

矿山边坡中的地下水通常是指潜水面以下的水。地下水的补充称作补给，它的主要来源是大气降水；地下水的损失称作排泄，主要形式为泉和蒸发。为了评价露天矿采场边坡形成后的地下水状态，必须确定边坡地下水的补给、径流与排泄之间的水量均衡关系。

a 边坡地下水的补给

地下水补给来源对露天矿的开采条件影响很大，主要补给来源是：降雨和融雪的入渗；地表水体；岩石和土体中的孔隙水和裂隙水，边坡形成后，它们将向采场流动。

汇水区范围的地形、地貌条件，地表土质状况，以及区域的主要气候条件等都将影响补给条件，在确定某一特定地段的补给关系时，对水循环、区域水文地质条件和季节变化都应加以考虑。

b 边坡地下水的径流

影响地下水在边坡中径流的两个主要方面，一是不同岩性造成的渗透性差异；二是较大规模的地质构造，根据透水性的差异分为导水构造和隔水构造。

c 边坡地下水的排泄

边坡中的地下水会随着露天采场的开采向采坑排泄，是边坡地下水排泄的主要方式。

C 区域水文地质条件评价

在露天采矿场可行性研究阶段应当进行区域水文地质研究，通过研究定性确定：各种岩（土）体的分布及其相对水文地质特性；区域地质构造及其对地下水运动的影响；含水层和隔水层的分布及其相互关系；地形条件对边坡疏干、地表水排泄、补给及地下水径流的影响。

通过区域水文地质研究，可获得该区域的区域水文地质图，用来预测如下主要问题，也为下一步地下水渗流分析提供依据。

(1) 区域地下水动态对拟建露天采场边坡的影响，其中包括：

1) 在矿山周围可能出现的地表径流问题；

2) 周边可能直接补给采矿场的大型地表水体；

3) 主要岩石类型可能的相对渗透性；

4) 覆盖层及岩石风化程度对地下水的影响；

5) 较大的构造如断层和破碎带对地下水运动的影响；

6) 确定哪些岩层可能为含水层，地质构造能否成为含水层导水通道，使之成为采场边坡的补给来源；

7) 岩性、地质构造、地形条件的综合作用能否在采矿场形成自流条件。

(2) 拟建露天采场边坡对地下水系的影响。采取必要预防措施，防止采矿废水污染地表水及地下水。持续的矿山排水、开采和排土过程，可改变地表水及地下水流向，长期疏干地下水。区域水文地质条件评价主要以室内研究工作为主，并辅之以必要的现场踏勘和少量的现场试验工作。

通过区域地质图，可获得确定区域地下水性态的区域构造和主要的含水层类型。掌握大型结构面，如断层、岩脉及区域性节理，对地下水径流形式的确定十分重要。

通过区域地形条件，可分析确定地表水排泄条件特征，陡坡有利于地表径流，缓坡有利于含水层补给。地表的水文特征，如泉、落水洞等是判断地下水径流条件的重要标志。泉是相对透水层和相对不透水层的界限标志；小溪的消失和落水洞常与喀斯特灰岩有关。

除了对已有水文地质资料的研究外，为了补充和验证初步分析结果，必要时应进行现场踏勘。对现场有关岩石露头、地下水渗流区、泉、植被等情况予以验证和标绘。

利用已有勘探钻孔和地质钻孔获得的地下水静止水位，以及渗出线或泉线，可以绘制出地下水等水位线图，可以显示出等压力线的形状。

D 地下水对边坡稳定性的影响

露天矿的开挖造成地下水的流入，提高了水力梯度。我们把水头的垂向与横向变化形式称为地下水压力分布。边坡内流动形式以及由此产生的地下水压力分布主要取决于下列因素：

(1) 边坡的几何形状。

(2) 组成边坡材料的渗透性。

(3) 来自周围岩体的补给。

(4) 边坡内水的储存。

(5) 当地降水量、径流和渗入特性。

各向同性条件在露天矿是极少见的。在非均质和各向异性材料中，渗透性在空间上和方向上的变化将会影响地下水压力分布。

地下水对岩体稳定性的主要影响是由于水压力作用在节理面上，使之抗剪强度降低。边坡内潜在滑动面的抗剪强度根据岩石的抗剪强度和该面上地下水压力分布来估算。地下水压力引起强度降低，其降低值的确切计算方法将取决于所使用的稳定性分析方法。在评价地下水对稳定性的影响时，首先应当确定水压力对滑动面抗剪强度的影响。在考虑此点之后，应计算并在分析中考虑作用于张裂隙的水推力(与抗剪强度无关)。

层面方向引起各向异性渗透性对稳定性的影响，对于不同的渗透系数比，假定在各种情况下岩石不连续面强度值相同，稳定性变化是显著的。岩石边坡内相对不透水而又连续的断层的存在对流量和压力状态可能都有重大影响，这种低渗透性的断层作用往往伴随矿层一起出现，因此，其与露天矿边坡尤其相关。最简单、可能最不利的地质条件是断层构成边坡的潜在滑动面。在这种情况下，边坡稳定性主要受断层材料的软弱性质所影响，其次受不利的地下水条件所影响，即在断层后面可能有高水位。

裂隙的水力传导率对裂隙开度的变化非常敏感,裂隙的闭合程度取决于作用在其上的应力。对岩石边坡说来,特别重要的是坡脚区应力集中的影响,它将导致岩体渗透性降低,导致总的地下水条件比上部边坡区更不利。如果边坡内发生了剪切位移,由于裂隙面的法向扩张,渗透性可能增大。

临时性地下水条件可能对边坡稳定性产生重大影响。如果在某一时间对边坡的补给量大于排泄量,水压力的升高必然引起稳定性的降低。为了减小岩石边坡内的地下水压力,可以通过地表铺盖、引流等使补给量减至最小,也可以通过疏干增大排泄量。降雨补给可能引起近坡面的水压力暂时升高,可能严重地降低稳定性。在冬季,由于冰雪覆盖,限制了补给。然而春潮期间,特别由于积蓄在坡后的大量地表水,可预期有充足的补给。春潮期间边坡不稳定是很普遍的。在长期的降雨或冰雪融化之后,应该考虑到岩石边坡和覆盖层边坡发生突然不稳定的可能性。必要时,可使用快速反应的水压计,即需要很小水量的水压计,测定瞬时水力反应,在大量补给期间和以后的相当长时间内经常记录水压力,可以确定水压力的峰值。另一种方法,可以根据某些假定,例如边坡完全被饱和等,求出近似解。

在降低岩质边坡稳定性的过程中,地下水压力的主要作用是引起不连续面有效抗剪强度的降低。这种现象可用有效应力原理加以描述,这个原理对于理解地下水对岩质边坡稳定性的影响是极重要的,它同样适用于土体及其他可渗透物料。

解决采矿中地下水问题需要对现有的或拟定的边坡进行详细的局部研究。用于稳定性分析的最重要的地下水参数是边坡体内地下水压力分布。地下水压力可以通过两个途径取得:一是使用水压计直接测量压力;二是根据对岩体的水力性质进行渗流场分析确定压力。

实际上,除非在简单地质环境中或极理想的条件下,要对潜在的不稳定地带内大量的测点进行压力测量,确定其分布是极困难的。常用的方法是在有代表性的地点,应用水压计测量地下水压力,并在充分掌握地质条件,选定代表性岩层和土体的渗透性测定结果的基础上,进行分析研究,把实测压力和分析结果结合起来。地下水压力测量不仅为稳定性分析所需要,而且,也为监测季节变化、采矿活动和疏干引起的地下水条件的变化所需要。除一些简单的地质环境外,岩石边坡体内的水头随深度及在各点上均有显著变化。应该采用已知标高的水压计,通过测量地下水压力的办法确定水头。

E 水文地质测试

a 地下水流向的测定

地下水的流向可用三点法测定。沿等边三角形(或近似等边三角形)的顶点布置钻孔,以其水位高程编绘等水位线图,则地下水流向为垂直等水位线指向水位降低的方向。孔间距一般取 50 ~ 150m,钻孔布置如图 8-270 所示。

地下水流向的测定,还可以通过人工放射性同位素单井法来测定。其原理是用放射性示踪溶液标记井孔水柱,让井中的水流入含水层,然后用一个定向探测器测定钻孔各方向含水层中示踪剂的分布,在一个井中确定地下水流向。此测定可在用同位素单井法测定流速的井孔内完成。

b 地下水流速的测定

(1) 利用水力坡度,求地下水的流速。在等水位线图的地下水流向上,求出相邻两等水位间的水力坡度,然后利用式(8-298)计算地下水流速。

$$v = kI \tag{8-298}$$

式中 v——地下水的渗透速度,m/d;

k——渗透系数,m/d;

I——水力坡度。

(2) 利用指示剂或示踪剂,测定地下水的流速。利用指示剂或示踪剂在现场测定流速,被测量的钻孔要具有代表性,钻孔附近的地下水流为稳定流,呈层流运动。

确定地下水流动方向后,在上、下游设置投剂孔和观测孔来实测地下水流速。为了防止指示剂(示踪剂)绕过观测孔,可在其两侧 0.5 ~ 1.0m 各布置一辅助观测孔。投剂孔与观测孔的间距取决于岩石(土)的透水性。具体方法和孔位布置如图 8-271 所示。

根据试验观测资料绘制观测孔内指示剂随时间的变化曲线，并选指示剂浓度高峰值出现时间（或选用指示剂浓度中间值对应时间）来计算地下水流速：

$$u = l/t \tag{8-299}$$

式中 u——地下水实际流速（平均），m/h；

l——投剂孔与观测孔距离，m；

t——观测孔内浓度峰值出现所需时间，h。

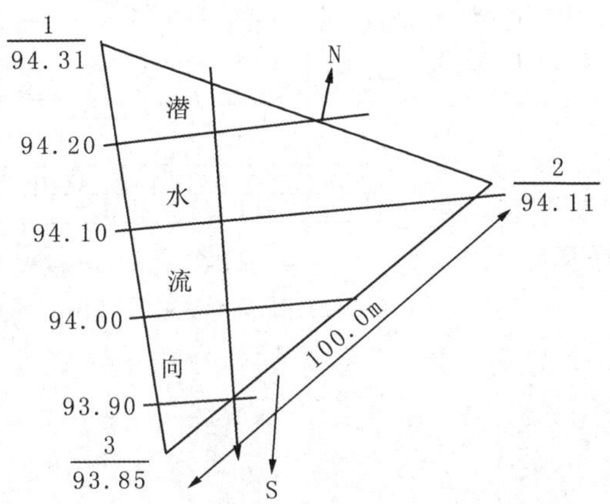

图 8-270 测定地下水流向的钻孔布置

$\frac{1}{94.31}$—$\frac{孔号}{水位标高}$；94.20—地下水位等值线

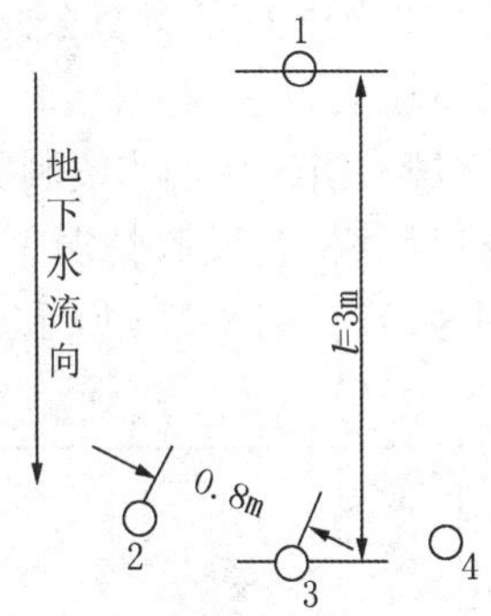

图 8-271 测定地下水流速的钻孔布置

1—投剂孔；2，4—辅助观测孔；3—主要观测孔

渗透速度 v 可按 $v = nu$ 换算得到，其中 n 为孔隙度。

地下水流速的测定，还可用人工放射性同位素单井稀释法在现场测定。根据示踪剂投剂孔内不同时间的浓度变化曲线，用式（8-300）计算可得到平均的实际流速 U（近似值）：

$$U = \frac{V}{st}\ln\left(\frac{C_0}{C}\right) \tag{8-300}$$

式中 C_0，C——分别为时间 $T=0$ 和 $T=t$ 时的浓度，μg/L；

t——观测时间，h；

s——水流通过隔绝段中心的垂向横截面面积，m^2；

V——隔绝段井孔水柱的体积，m^3。

c 抽水试验

抽水试验是确定含水层参数、了解水文地质条件的主要方法。其主要目的有：确定含水层及越流层的水文地质参数；通过测定井孔涌水量及其与降深之间的关系，分析确定含水层的富水程度、评价井孔的出水能力；为取水工程设计提供所需的水文地质数据；确定水位下降漏斗的形状、大小及其随时间的增长速度；直接评价水源地的可开采量；查明某些手段难以查明的水文地质条件。抽水试验方法和应用范围见表 8-264。

表 8-264 抽水试验方法和应用范围

试验方法	应用范围
钻孔或探井简易抽水	粗略估算弱透水层的渗透系数
不带观测孔抽水	初步测定含水层的渗透性系数
带观测孔抽水	较准确测定含水层的各种参数

因为现场条件限制，也常在探井、钻孔或民井中，用水桶或抽筒进行简易抽水试验。

抽水试验可根据具体条件，任选稳定流或非稳定流试验方法。单孔抽水试验采用稳定流抽水试验方法，多孔抽水、群孔干扰抽水和试验性开采抽水试验一般采用非稳定流抽水试验方法。在特殊条件下也可采用变流量（阶梯流量或连续降低抽水流量）抽水试验方法。抽水试验孔宜采用完整井（巨厚含水层可采用非完整井）。观测孔深应尽量与抽水孔一致。

抽水试验注意事项：为测定水文地质参数（渗透系数、给水度等）的抽水试验，应在单一含水层中进行，并应采取措施，避免其他含水层的干扰；试验地点和层位应有代表性，地质条件应与计算分析方法一致；单孔抽水试验时，宜在主孔过滤器外设置水位观测管，不设置观测管时，应顾及过滤器阻力的影响；承压水完整井抽水试验时，主孔降深不宜超过含水层顶板，超过顶板时，计算渗透系数应采用相应的公式；潜水完整井抽水试验时，主孔降深不宜过大，不得超过含水层厚度的三分之一；降落漏斗水平投影应近似圆形，对椭圆形漏斗宜同时在长轴方向和短轴方向上布置观测孔；对傍河抽水试验和有不透水边界的抽水实验，应选择适宜的公式计算；正规抽水试验宜三次降深，最大降深宜接近设计动水位；非完整井的抽水试验应采用相应的计算公式。

（1）抽水试验资料整理。

1）现场整理。当确认抽水资料无误后，应编制抽水试验有关曲线图表，指导并检查试验情况，为室内整理做好基础工作，具体内容如图 8-272 ~ 图 8-274 所示。

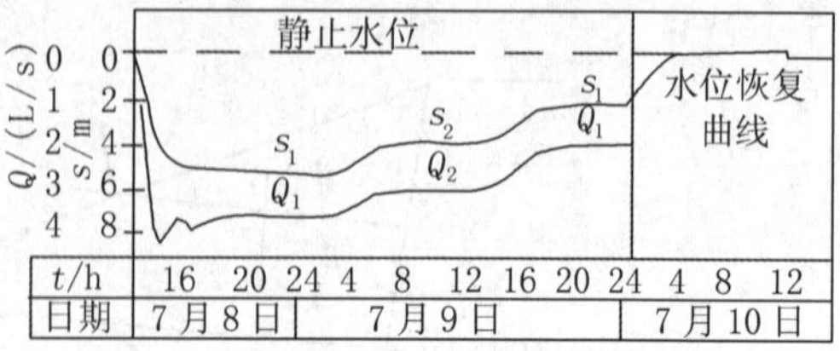

图 8-272 Q、s-t 过程曲线

（有观测孔时，应绘制主孔与观测孔水位下降历时曲线）

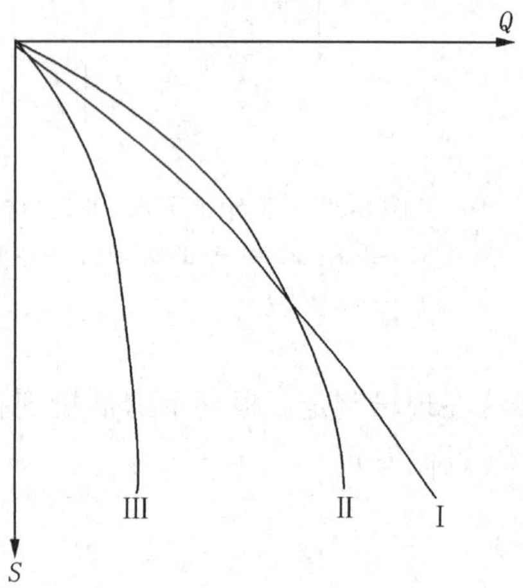

图 8-273 $Q=f(s)$ 曲线

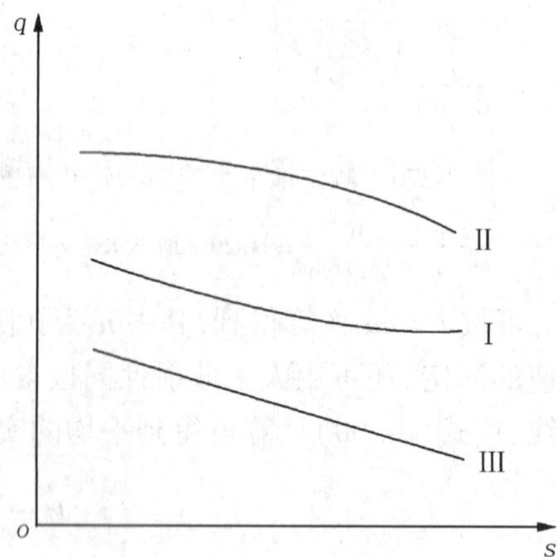

图 8-274 $q=f(s)$ 曲线

2）室内整理。抽水试验成果计算应包括影响半径 R 和渗透系数 k 值，并应根据水文地质条件和抽水情况选择计算方法。

3）绘制水文地质综合图表，内容包括：试验地段平面图；水位，流量与时间过程曲线图；$Q=f(s)$，$q=f(s)$ 曲线图；水位恢复曲线（过程）图；主孔、观测孔结构图。

4）计算岩土工程勘察所要求的水文地质参数。在选用计算公式时，应充分考虑适用条件。

（2）水文地质参数计算。

1）渗透系数 k：计算公式见表 8-265 ~ 表 8-267。A-α 曲线见图 8-275。

2）影响半径 R：根据计算公式确定影响半径，目前大多数只能给出近似值，常用公式见表 8-268。

表 8-265 渗透系统 k

图 形	计算公式	适用条件
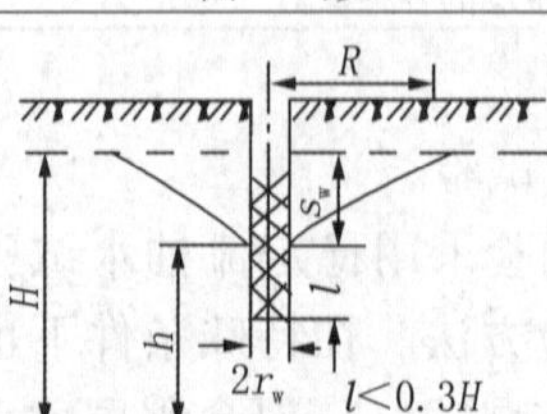	$k=\dfrac{0.73Q}{S\left[\dfrac{l+S_w}{\lg\dfrac{R}{r_w}}+\dfrac{l}{\lg\dfrac{0.66l}{r_w}}\right]}$	（1）过滤器安置在含水层上部； （2）$l<0.3H$； （3）含水层厚度极大

续表 8-265

图　形	计算公式	适用条件
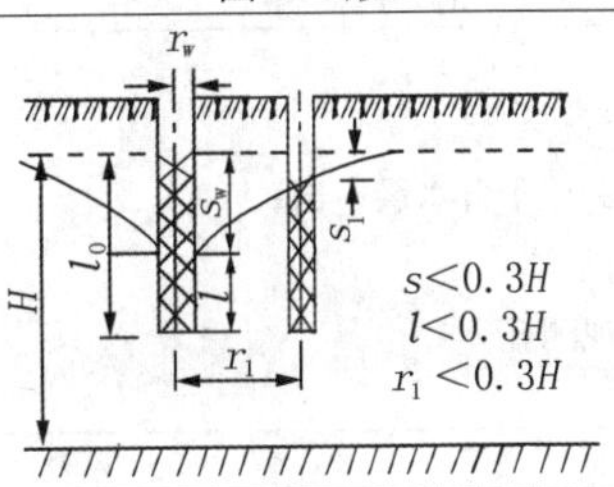	$k=\frac{0.16Q}{l'(S-S_1)}\left(2.3\lg\frac{1.6l'}{r_w}-\operatorname{arsinh}\frac{l'}{r_1}\right)$ 式中　$l=l_0-0.5(S+S_1)$	(1) 过滤器安置在含水层上部; (2) $l<0.3H$; (3) $S<0.3l_0$; (4) 一个观测孔 $r_1<0.3H$,含水层厚度极大
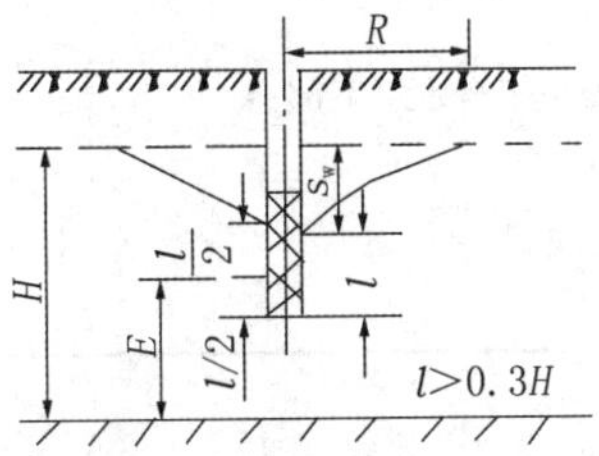	$k=\dfrac{0.73Q}{S_w\left[\dfrac{l+S_w}{\lg\frac{R}{r_w}}+\dfrac{2m}{\frac{1}{2\alpha}\left(2\lg\frac{4m}{r_w}-A\right)-\lg\frac{4m}{R}}\right]}$ 式中　m——抽水时过滤器(进水部分)长度的中点至含水层底的距离; A——取决于 $\alpha=l/m$,由图 8-275 确定	(1) 过滤器安置在含水层上部; (2) $l>0.3H$; (3) 单孔
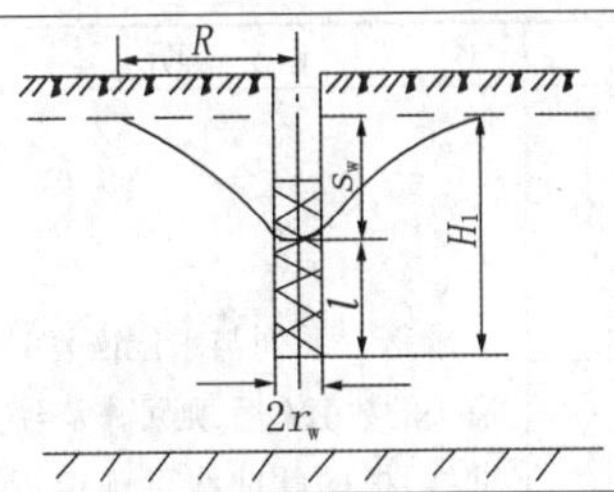	$k=\frac{0.366Q(\lg R-\lg r_w)}{H_1S_w}$ 式中　H_1——至过滤器底部的含水层深度	单孔
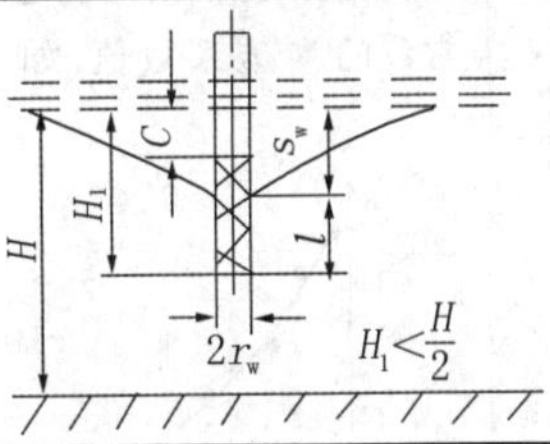	$k=\frac{0.366Q}{lS_w}\lg\frac{0.66l}{r_w}$	(1) 河床下抽水; (2) 过滤器安置在含水层上部或中部; (3) $c>\frac{l}{\ln\frac{l}{r_w}}$,一般 $c<2\sim3$m; (4) $H_1<0.5H$

表 8-266　潜水非完整井(淹没过滤器井壁进水)

图　形	计算公式	适用条件
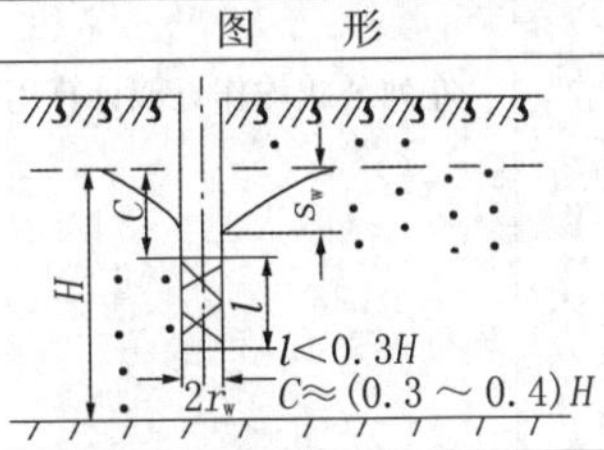	$k=\frac{0.366Q}{lS_w}\lg\frac{0.66l}{r_w}$	(1) 过滤器安置在含水层上部; (2) $l<0.3H$; (3) $C\approx(0.3\sim0.4)H$; (4)单孔
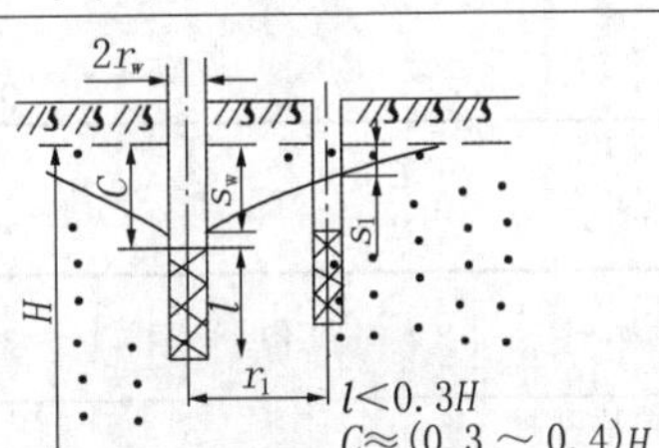	$k=\frac{0.16Q}{l(S_w-S_1)}\left(2.3\lg\frac{1.66l}{r_w}-\operatorname{arsinh}\frac{l}{2r_1}\right)$	(1) 过滤器安置在含水层上部; (2) $l<0.3H$; (3) $C\approx(0.3\sim0.4)H$; (4) 单孔
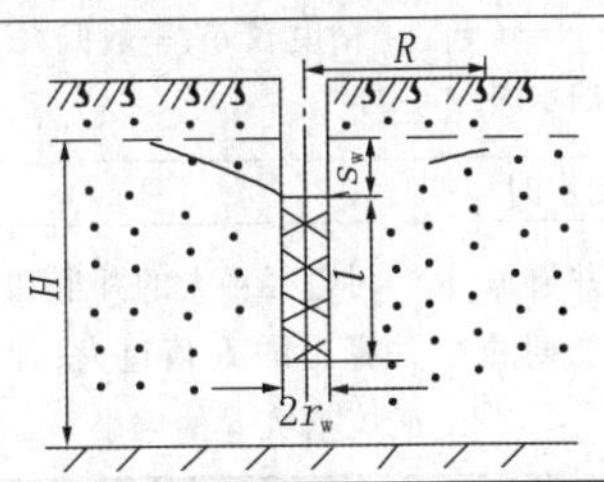	$k=\frac{0.366Q(\lg R-\lg r_w)}{(S_w+l)S}$	(1) 过滤器位于含水层中部; (2) 单孔

续表 8-266

图　　形	计算公式	适用条件
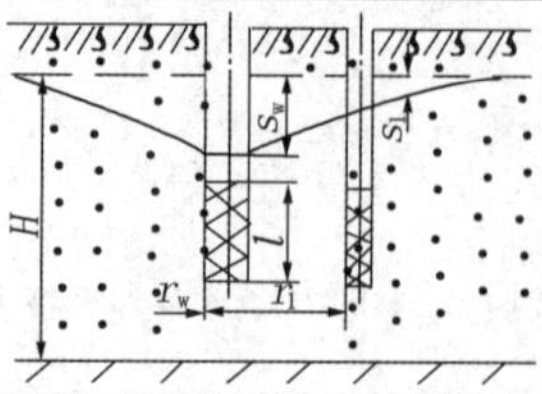	$k=\dfrac{0.366Q(\lg r_1-\lg r_w)}{(S_w-S_1)(S-S_1+l)}$	(1) 过滤器位于含水层中部； (2) 单孔； (3) 一个观测孔
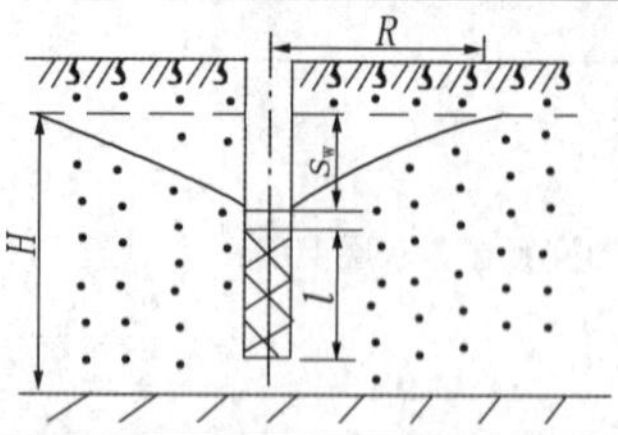	$k=\dfrac{0.73Q(\lg R-\lg r_w)}{S_w(H+l)}$	(1) 过滤器位于含水层下部； (2) 单孔

表 8-267　根据水位恢复速度计算渗透系数

图　　形	计算公式	适用条件	说　　明
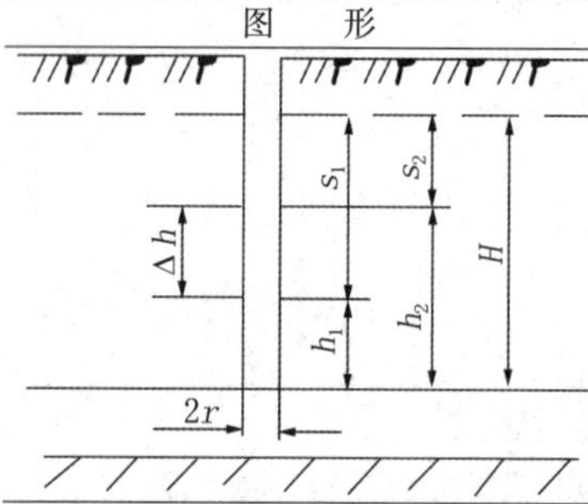	$k=\dfrac{1.57r_w(h_2-h_1)}{t(S_1+S_2)}$	(1) 承压水层； (2) 大口径平底井(或试坑)	求得一系列与水位恢复时间有关的数值 k 后，则可作 $k=f(t)$ 曲线，根据此曲线可确定近于常数的渗透系数值，如下图所示。 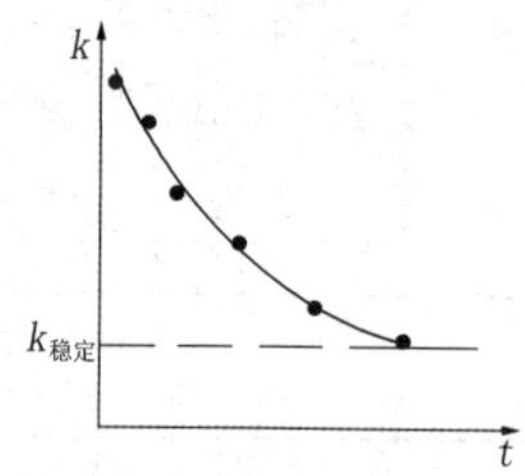 左列公式均作近似计算用
	$k=\dfrac{r_w(h_2-h_1)}{t(S_1+S_2)}$	(1) 承压水层； (2) 大口径半球状井底(试坑)	
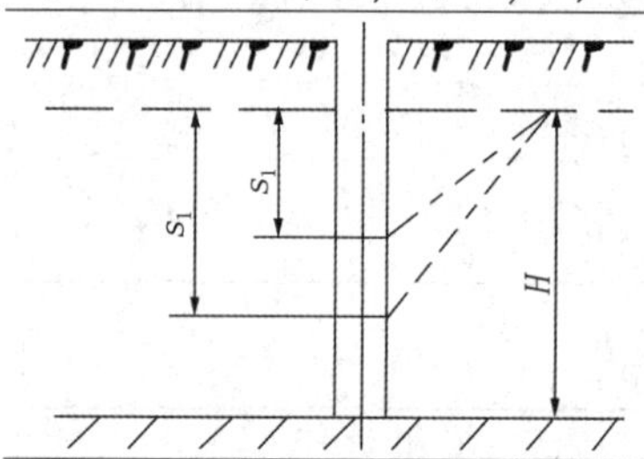	$k=\dfrac{3.5r_w^2}{(H+2r)t}\ln\dfrac{S_1}{S_2}$	潜水完整井	
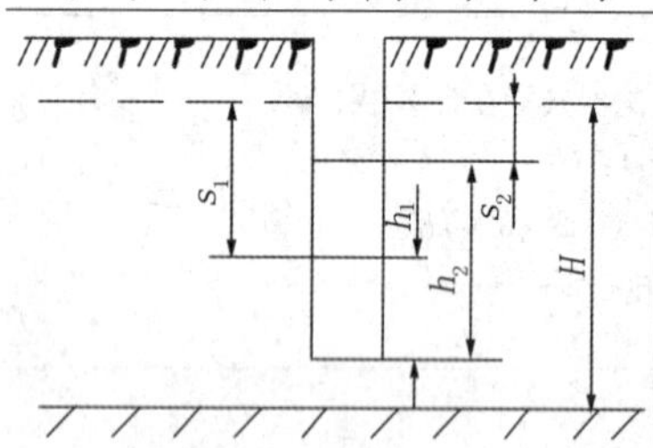	$k=\dfrac{\pi r_w}{4t}\ln\dfrac{H-h_1}{H-h_2}$	(1) 潜水非完整井； (2) 大口径井底进水井壁不进水	

表 8-268　影响半径(R)计算公式

计算公式		适用条件	备　　注
潜　　水	承压水		
$\lg R=\dfrac{s_w(2H-s_w)\lg r_1-s_1(2H-s_1)\lg r_w}{(s_w-s_1)(2H-s_w-s_1)}$	$\lg R=\dfrac{s_w\lg r_1-s_1\lg r_w}{s_w-s_1}$	有一个观测孔完整井抽水时	精度较差，一般偏大
$\lg R=\dfrac{1.366k(2H-s_w)s_w}{Q}+\lg r_w$	$\lg R=\dfrac{2.73kms_w}{Q}+\lg r_w$	无观测孔完整井抽水时	
$R=2d$		近地表水体单孔抽水时	
$R=2S\sqrt{HK}$		计算松散含水层井群或基坑矿山巷道抽水初期的 R 值	对直径很大的井群和单井算出的 R 值过大；计算矿坑基坑 R 值偏小

续表 8-268

计算公式		适用条件	备注
潜水	承压水		
	$R = 10S\sqrt{K}$	计算承压水抽水初期的 R 值	得出的 R 值为概略值
$R = \sqrt{\frac{K}{W}(H^2 - h_0^2)}$		计算池水沟和排水渠的影响宽度	要考虑大气降水补给潜水最强时期的 W 值为依据
$R = 1.73\sqrt{\frac{KHt}{\mu}}$		含水层没有补给时，确定排水渠的影响宽度	得出近似的影响宽度值
$R = H\sqrt{\frac{K}{2W}\left[1 - \exp\left(-\frac{6Wt}{\mu H}\right)\right]}$		含水层有大气降水补供时，确定排水渠的影响宽度	
	$R = a\sqrt{at}$ $a = 1.1 \sim 1.7$	确定承压含水层中狭长坑道的影响宽度	a 为系数，取决于抽水状态

3）上述参数计算结果的精度如何，取决于试验场地水文地质条件的概化，也取决于观测数据的精度。对于所求得的参数，应将其代入相应的公式，通过对比计算降深与实测降深的差值，分析所求得参数的精度及其可靠性和代表性，最终确定抽水试验场地的有代表意义的参数值。

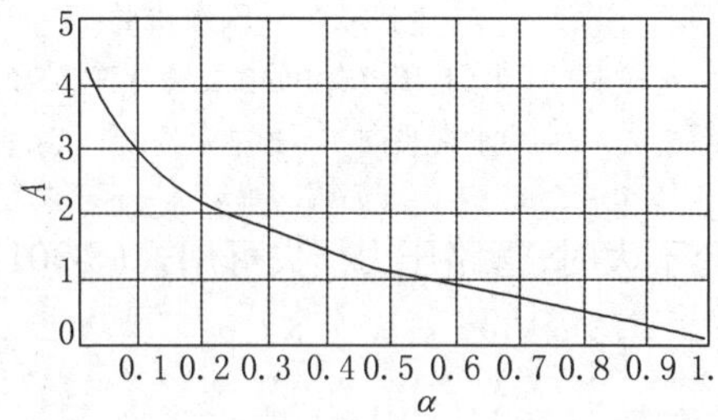

图 8-275 系数 A-α 曲线

d 压水试验

压水试验的目的，主要是为了探查天然岩（土）层的裂隙性和渗透性，获得单位吸水量等参数。

（1）压水试验的方法和类型。压水试验应随钻孔的加深自上而下采用分段压水法进行。试验段长度一般为 5m，同一试验段不应跨越透水性相差悬殊的几种岩层。钻进中，如果冲洗液突然消失或耗水量急剧增大，应停钻进行压力试验。

压水试验可按以下几种分类方法分类：

1）按试验段划分为分段压水试验、综合压水试验和全孔压水试验。

2）按压力点，又称流量-压力关系点，划分为一点压水试验、三点压水试验和多点压水试验。

3）按试验压力划分为低压压水试验和高压压水试验。

4）按加压的动力源划分为水柱压水法、自流式压水法和机械法压水试验，参见图 8-276 ~ 图 8-278。

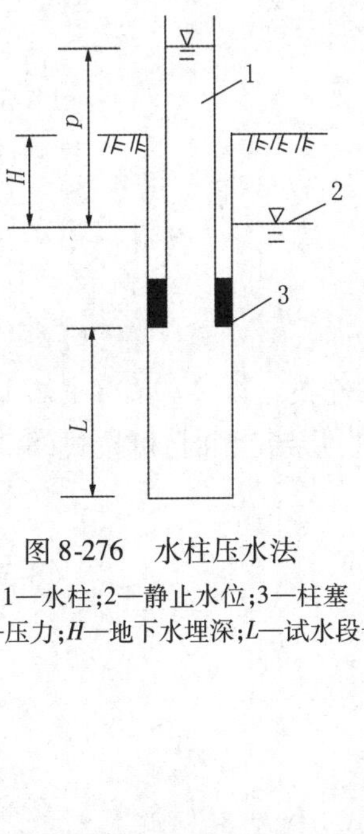

图 8-276 水柱压水法

1—水柱；2—静止水位；3—柱塞

p—压力；H—地下水埋深；L—试水段长

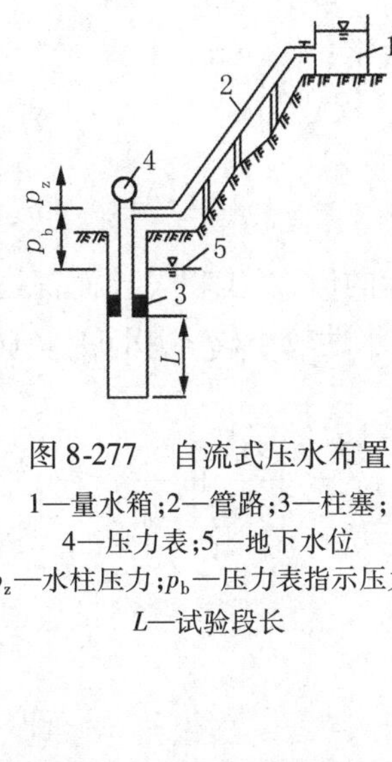

图 8-277 自流式压水布置

1—量水箱；2—管路；3—柱塞；

4—压力表；5—地下水位

p_z—水柱压力；p_b—压力表指示压力；

L—试验段长

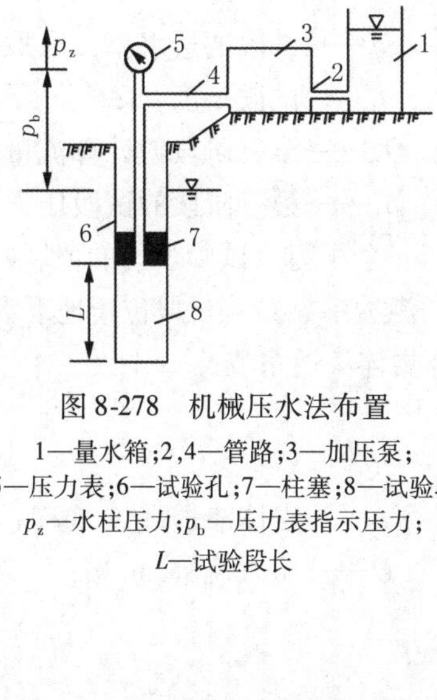

图 8-278 机械压水法布置

1—量水箱；2，4—管路；3—加压泵；

5—压力表；6—试验孔；7—柱塞；8—试验段

p_z—水柱压力；p_b—压力表指示压力；

L—试验段长

(2) 压水试验的主要参数。稳定流量，即压入耗水量 Q，就是在一定的地质条件下和某一个确定压力作用下，压入水量呈稳定状态的流量。

压力阶段和压力值：压水试验应分三级压力、五个阶段，即 $p_1-p_2-p_3-p_4(=p_2)-p_5(=p_1)$，$p_1<p_2<p_3$，$p_1$、$p_2$、$p_3$ 三级压力宜分别为0.3MPa、0.6MPa和1MPa。当试段埋深较浅时，宜适当降低试段压力。压水试验的总压力是指用于试段的实际平均压力。其单位习惯上以水柱高度m计算，即1m水柱压力=9.8kPa，近似于1N/cm^2。

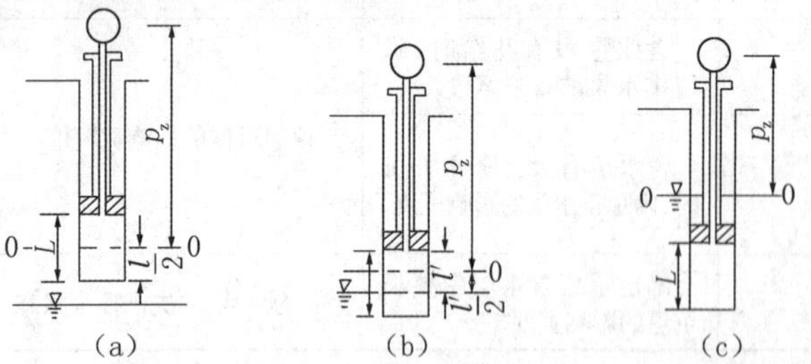

图8-279 压水试验

p_z—水柱压力(自压力表中心至压力计算零线的铅直距离)；

L—试验段长度；l'—地下水位以上试验段长度

压力计算零线(0—0)：自压力表中心至压力计算零线的铅直距离的水柱压力。因此应首先确定压力计算零线。压力计算零线(0—0)按以下三种情况确定：

1) 地下水位位于试段以下时，压力计算零线为通过试段中点的水平线(图8-279(a))。

2) 地下水位位于试段以内时，压力计算零线为通过地下水位以上试段中点的水平线(图8-279(b))。

3) 地下水位位于试段以上时，压力计算零线为地下水位线(图8-279(c))。

压力损耗值 p_s：当工作管内径一致，且内壁粗糙度变化不大时，管路压力损失可用式(8-301)计算：

$$P_s = \lambda \frac{L_p}{d}\frac{v^2}{2g} \tag{8-301}$$

式中 λ——摩阻系数，$\lambda=20\sim40$GPa/m；

L_p——工作管长度，m；

d——工作管内径，m；

v——管内流速，m/s；

g——重力加速度，$g=9.8\text{m/s}^2$。

当工作管内径不一致时，按《水利水电工程钻孔压水试验规程》SL31—2003，管路压力损失应根据实测资料确定。

试验段长度：试验段按规程规定一般为5m。含断层破碎带、裂隙密集带、岩溶洞穴等的孔段，应根据具体情况确定试段长度。相邻试段应互相衔接，可少量重叠，但不能漏段。残留岩芯可计入试段长度之内。

(3) 压水试验成果整理。透水率：当试段压力为1MPa时每米试段的压入水流量(L/min)。试段透水率采用第三阶段的压力值(p_3)和流量值(Q_3)按式(8-302)计算：

$$q = \frac{Q_3}{Lp_3} \tag{8-302}$$

式中 q——试段的透水率，Lu，取两位有效数字；

L——试段长度，m；

Q_3——第三阶段的计算流量，L/min；

p_3——第三阶段的试段压力，MPa。

一个压力点试验求出的值，往往低于实际的值，对工程设计而言是偏于不安全的。

渗透系数 k：当试段位于地下水位以下，透水性较小($q<10$Lu)、P-Q 曲线为 A(层流)型时，可按式(8-303)计算岩体渗透系数：

$$k = \frac{Q}{2\pi HL}\ln\frac{L}{r_0} \tag{8-303}$$

式中 k——岩体渗透系数，m/d；

Q——压入流量，m^3/d；

H——试验水头,m;

r_0——钻孔半径,m。

当试段位于地下水位以下,透水性较小,P-Q 曲线为 B 型(紊流)时,可用第一阶段的压力 p_1(换算成水头值,以 m 计)和流量 Q_1 代入式(8-303)近似地计算渗透系数。

(4) 透水率与岩石裂隙性的关系。透水率的单位为吕荣(Lu),是在 1MPa 压力时每米试段的压入水流量(L/m)。单位吸水量是在0.01MPa 压力时每米试段的压入水流量(L/m)。透水率与岩石裂隙系数见表 8-269。

表 8-269 单位吸水量与裂隙系数的关系

透水率/Lu	裂隙系数	岩体评价
<0.1	<0.2	最完整
0.1~1	0.2~0.4	完整
1~10	0.4~0.6	节理较发育
10~50	0.6~0.8	节理裂隙发育
>50	>0.8	破碎岩体

e 钻孔注水试验

注水试验是用人工抬高水头,向试坑或钻孔内注水,来测定松散岩土体渗透性能的一种原位测试方法。通过注水试验求得的渗透系数,反映了岩土的渗透性能,用来预测基坑排水、降低或疏排地下水的可能性,评价贮水工程地基边坡的渗漏的可能性,也是选择地基处理的主要参数。

钻孔注水试验通常用于因地下水位埋藏较深不便于进行抽水试验的情况。在干的透水岩(土)层,常使用注水试验获得渗透性资料。钻孔注水试验包括常水头法渗透试验和变水头法渗透试验,常水头法适用于砂、砾石、卵石等强透水地层。变水头法又可分为升水头法和降水头法。注水试验装置如图 8-280 所示。

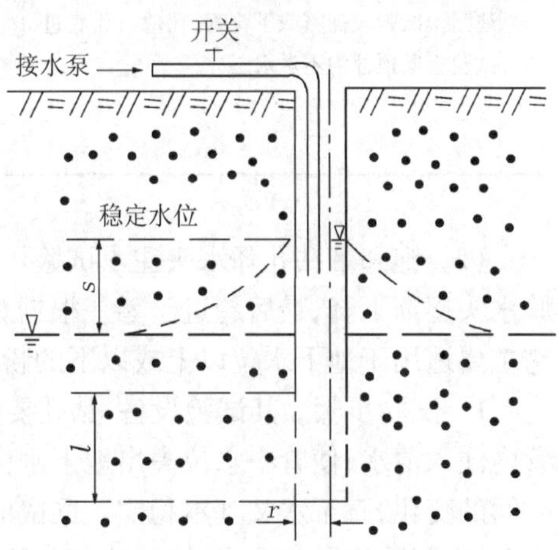

图 8-280 注水试验装置

(1)钻孔常水头注水试验。钻孔常水头注水试验是在钻孔内进行的,在试验工程中水头保持不变。根据试验的边界条件,分为孔底进水和孔壁与孔底同时进水两种。钻孔常水头注水试验适用于地下水位以下渗透性较强的地层。

1) 试验步骤。造孔与试段隔离:用钻机造孔,按预定深度下套管,如遇地下水位时,应采取清水钻进,孔底沉淀物厚度不得大于 5cm,同时要防止试验土层被扰动。钻至预定深度后,采用栓塞或者套管塞进行试段隔离,确保套管下部与孔壁之间不漏水,以保证试验的准确性。对孔底进水的试段,用套管塞进行隔离,对孔壁、孔底同时进水的试段,除采用栓塞隔离试段外,还要根据试验土层种类,决定是否下入护壁花管,以防孔壁坍塌;

2) 流量观测及结束标准:试段隔离以后,用带流量计的注水管或量桶向套管内注入清水,使管中水位高出地下水位一定高度(或至管口)并保持固定,测定试验水头值。保持试验水头不变,观测注入流量。开始按 1min、2min、2min、5min、5min,以后均按 5min 间隔记录一次流量,并绘制 Q-t 曲线。直到最终的测读流量与最后两个小时内的平均流量之差不大于 10% 时,即可结束试验。

3) 资料整理。假定试验土层是均质的。渗流为层流,根据常水头条件,由达西定律得出试验土层渗透系数计算公式:

$$k = \frac{Q}{FH} \tag{8-304}$$

式中 k——试验土层的渗透系数,cm/min;

Q——注入流量,cm^3/min;

H——试验水头,cm;

F——形状系数,cm,由钻孔和水流边界条件确定,按表 8-270 选用。

表 8-270 形状系数 F

试验条件	简图	形状系数值	备注
试段位于地下水位以下，钻孔套管下至孔底，孔底进水	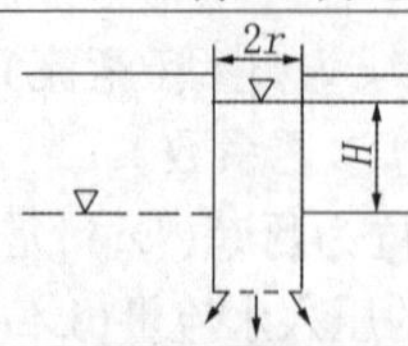	$F = 5.5r$	
试段位于地下水位以下，钻孔套管下至孔底，孔底进水，试验土层顶板为不透水层	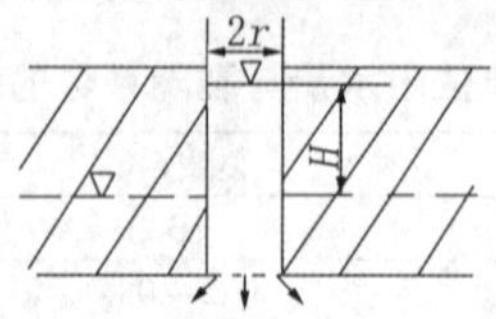	$F = 4r$	
试段位于地下水位以下，孔内不下套管或部分下套管，试验段裸露或下花管，孔壁与孔底进水	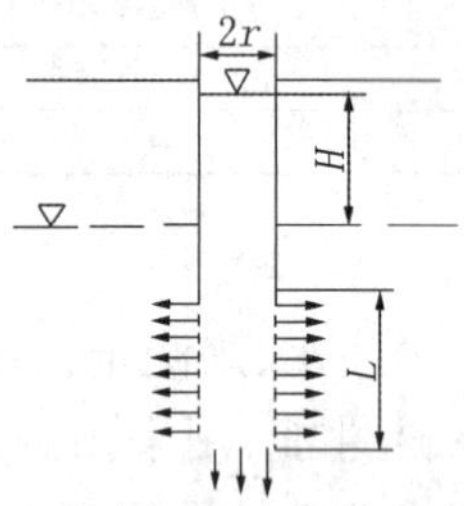	$F = \dfrac{2\pi L}{\ln \dfrac{mL}{r}}$	$\dfrac{mL}{r} > 10$ $m = \sqrt{k_h/k_v}$ 式中，k_h，k_v 分别为试验土层的水平、垂直渗透系数。 无资料时，m 值根据土层情况估计
试段位于地下水位以下，孔内不下套管或部分下套管，试验段裸露或下花管，孔壁与孔底进水，试验土层顶部为不透水层	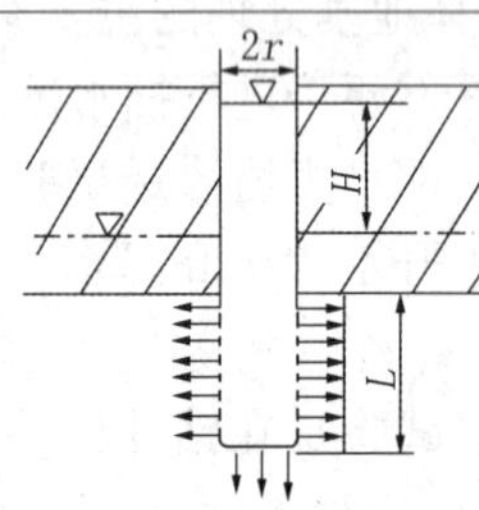	$F = \dfrac{2\pi L}{\ln \dfrac{mL}{r}}$	$\dfrac{2mL}{r} > 10$ $m = \sqrt{k_h/k_v}$ 式中，k_h，k_v 分别为试验土层的水平、垂直渗透系数。 无资料时，m 值根据土层情况估计

(2) 饱和带钻孔降水头注水试验。钻孔降水头与钻孔常水头注水试验的主要区别是，在试验过程中，试验水头逐渐下降，最后趋近于零。根据套管内试验水头下降速度与时间的关系，计算试验土层的渗透系数。它主要适用于地下水位以上或以下的粉土、砂土及渗透性不大的碎石土。

1) 试验步骤。其试验设备、钻孔要求与钻孔常水头方法相同。流量观测及结束标准：试段隔离后，向套管内注入清水，使管中水位高出地下水位一定高度（或至套管顶部）后，停止供水，开始记录管内水头高度随时间的变化，直至水文基本稳定。间隔时间按地层渗透性确定，一般按 1min、2min、2min、5min、5min，以后均按 5min 间隔记录一次，并绘制流量 $\ln H$ 与时间 t 的关系曲线。最后根据水头下降速度，一般可按 30 ~ 60min 间隔进行，对较强透水层，观测时间可适当缩短。在现场，采用半对数坐标纸绘制水头下降比与时间的关系曲线，当水与时间关系呈直线时说明试验正确，即可结束试验。

2) 资料整理。绘制水头比 H/H_0 与时间 t 的关系图（图 8-281）。

3) 确定滞后时间。滞后时间 T 是指孔中注满水后，出现初始水头 H_0 并以初始流量进行渗透，随时间水头 H 逐渐消散，当水头 H 消散为零时所需的时间，可用图解法或计算法确定。

图解法：在 $\ln(H/H_0)$-t 关系图上，最佳拟合直线与 1:0.37 横线相交点所对应的时间即为滞后时间（图 8-281）。

计算法：按式（8-305）计算：

$$T = \frac{t_1 - t_2}{\ln\left(\dfrac{H_1}{H_2}\right)} \tag{8-305}$$

式中 H_1——在时间 t_1 时的试验水头，cm；

H_2——在时间 t_2 时的试验水头，cm。

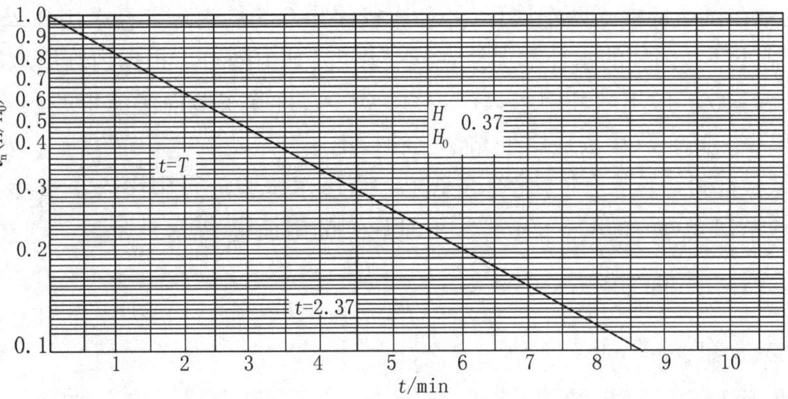

图 8-281 图解法

(3) 计算渗透系数。假定渗流符合达西定律，渗入土层的水等于钻孔套管内的水位下降后减少的水体积，由式(8-306)计算渗透系数：

$$k = \frac{A}{FT} \tag{8-306}$$

式中 A——注水管内径截面积，cm^2；

F——形状系数。

根据水工建筑部门的经验，在巨厚且水平分布宽的含水层中作常量注水试验时，可按式(8-307)和式(8-308)计算渗透系数 k：

当 $l/r \leqslant 4$ 时
$$k = \frac{0.08Q}{rs\sqrt{\frac{1}{2r}+\frac{1}{4}}} \tag{8-307}$$

当 $l/r > 4$ 时
$$k = \frac{0.366q}{ls}\lg\frac{2l}{r} \tag{8-308}$$

式中 l——试验段或过滤器长度，m；

Q——稳定注水量，m^3/d；

s——孔中水头高度，m；

r——钻孔或过滤器半径，m。

用式(8-307)和式(8-308)求得的 k 值比用抽水试验求得的 k 值一般小 15% ~20%。

若含水层具有双层结构，用两次试验可确定每层的渗透系数。一次单层试验得 k_1，另一次混合试验得 k_2，而 $k_l = k_1 l_1 + k_2 l_2$ 故 $k_2 = (k_l - k_1 l_1)/l_2$。

在不含水的干燥岩(土)层中注水时，如试验段高出地下水位很多，介质均匀，且 $50 < h/r < 200$，孔中水柱高 $h \leqslant 1$ 时，可按式(8-309)计算渗透系数 k 值。

$$k = 0.423\frac{Q}{h^2}\lg\frac{2l}{r} \tag{8-309}$$

式中 h——注水造成的水头高度，m；

其余符号意义同前。

由式(8-309)求得的 k 值，其相对误差小于 10%。

f 试坑注水(渗水)试验

试坑渗水试验是野外测定包气带非饱和岩(土)层渗透系数的简易方法。最常用的是试坑法、单环法和双环法，具体见表 8-270。

(1) 试验方法。试坑单环注水法：试坑单环注水法适用于地下水位埋深大于 5m 的砂土层、砂卵砾石层。

双环法：双环法系在试坑底嵌入两个铁环，外环直径采用0.5m，内环直径采用0.25m。试验时铁环内注水，用Mariotte瓶控制外环和内环的水柱都保持在同一高度（如10cm）。根据内环所取得的资料按上述方法确定岩（土）层的渗透系数。由于内环中水只产生垂向渗入，排除了侧向渗流带的误差，因此该法获得的成果精度比试坑法和单环法高。双环法适用于黏性土和粉土层。

（2）根据渗水试验资料计算岩（土）层渗透系数。当渗水试验进行到渗入水量趋于稳定时，可按式（8-310）较好地计算渗透系数k（cm/min）（已考虑了毛细压力的附加影响）：

$$k = \frac{Ql}{F(H_K + Z + l)} \tag{8-310}$$

式中 Q——稳定渗入水量，cm^3/min；

F——试坑（内环）渗水面积，cm^2；

Z——试坑（内环）中水层高度，cm；

H_K——毛细压力水头，cm；

l——试验结束时水的渗入深度，cm。

当渗水试验进行相当长时间后渗入量仍未达到稳定时，k按式（8-311）计算：

$$k = \frac{V_1}{Ft_1a_1}[a_1 + \ln(1 + a)] \tag{8-311}$$

$$a = \frac{\ln(1 + a_1) - \dfrac{t_1}{t_2}\ln\left(1 - \dfrac{a_1V_2}{V_1}\right)}{1 - \dfrac{t_1V_2}{t_2V_1}} \tag{8-312}$$

式中 V_1,V_2——分别为经过t_1和t_2时间的总渗入量，即总给水量，m^3；

t_1,t_2——累积时间，d；

F——试坑（内环）渗水面积，m^2；

a_1——代用系数，由试算法求得。

（3）试坑渗水试验成果资料整理。主要包括：试坑平面位置图、水文地质剖面和试验装置示意图、渗透速度历时曲线、渗透系数计算、原始记录表格等。

8.11.3 边坡结构与边坡破坏模式

矿山露天开采破坏了边坡岩体内部的初始应力平衡，边坡破坏是在次生应力场作用下应力重新平衡所引起的岩体大规模位移，这是人为因素，也就是后天因素。而边坡岩体结构类型是边坡体先天因素，其直接影响到岩体边坡的稳定性。边坡破坏的类型与边坡岩体结构密切相关，边坡滑坡要素示意图见图8-282、图8-283。

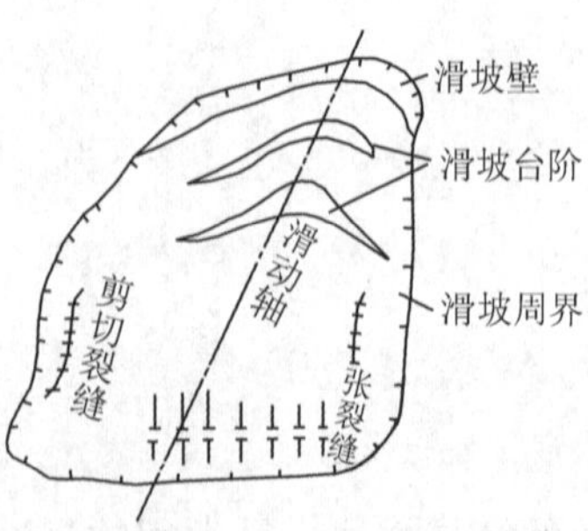

图8-282 滑坡要素（平面图）

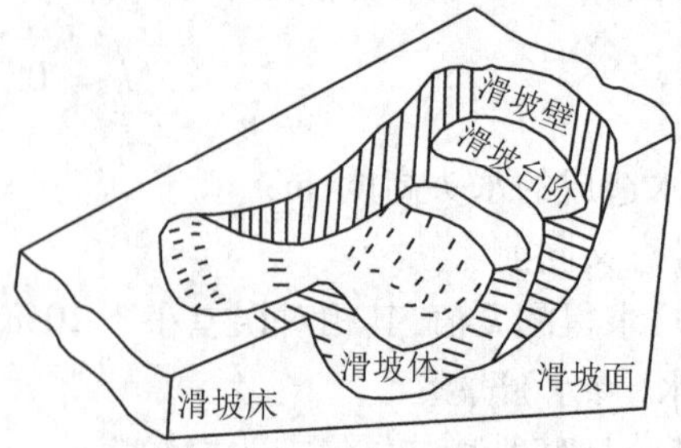

图8-283 滑坡要素（立体图）

8.11.3.1 边坡结构

大量的工程地质实践表明，边坡岩体的破坏大多数是沿着岩体中的软弱结构面发生的，也就是说，岩体在自重力和工程力作用下发生的破坏，主要是由于结构面切割构成的结构体沿结构面发生剪切位移或拉开或发生了整体的累积变形和破裂。因此，在对边坡工程岩体的稳定性进行分析评价时，首先必须对岩体的结构作出正确分析。岩体结构在自然界中所存在的类型是十分复杂的，对于边坡稳定问题而言，将岩体划分为如下四种基本类型：

(1)碎裂结构边坡。在碎裂结构边坡岩体中，结构面非常发育、密集，它们的方向随机散乱而不规则。岩石类型一般为断层构造岩带、劈理带、裂隙密集带。断裂结构面或原生节理、风化碎裂发育，岩体较破碎，在这类结构岩体中的边坡变形破坏、滑面和滑动线近似于折线形或似圆弧形(图8-284)。

(2) 散体结构边坡。该结构类型的边坡，其岩石类型一般为未胶结的断层破碎带、全风化带、松动岩体，由岩块、岩屑和泥质物组成。边坡稳定性差，易发生弧面滑动和沿其底面滑动，类似于土质边坡的性质，滑面和滑动线近似于弧形(图8-285)。

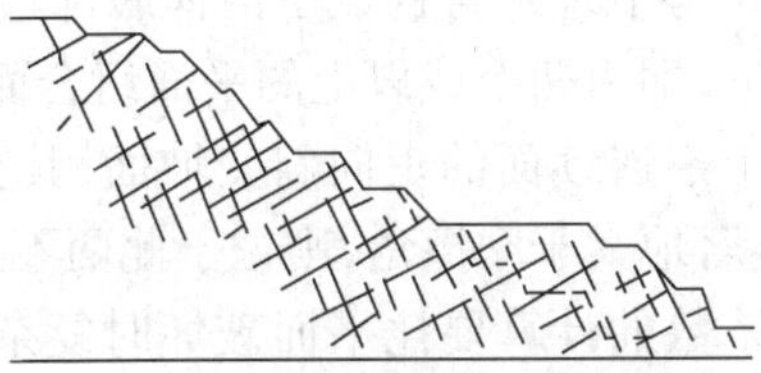

图8-284 碎裂结构边坡

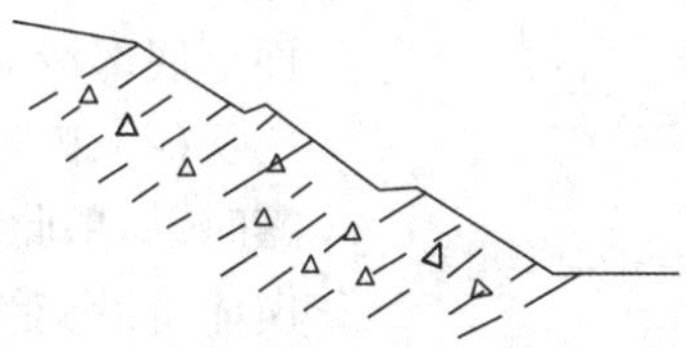

图8-285 散体结构边坡

(3) 层状结构边坡。层状结构边坡是由相互平行的一组结构面组成的，结构体为层状，以沉积岩最为典型。这些结构面的连续性都较强，并且往往因为有软弱夹层存在而导致边坡失稳破坏。层状结构边坡的变形破坏主要表现为顺层滑动，断面上的滑动线为直线形。这类边坡的稳定性主要取决于结构面的产状和抗剪强度(图8-286)。

(4) 块状结构边坡。块状结构边坡是由两组或三组以上不同产状的结构面组合而成的，结构体多为多面体。块状结构岩体中的结构面的成因类型有两种，一种是属于原生的，如火成岩中的原生节理，它们在岩体中分布比较均匀，有一定的连续性。另一种是构造节理，它们是在岩体受构造力作用发生变形破裂时形成的，因而系统性比较分明，连续性也有一定的组合规律。因此，在这类结构体岩体中，边坡的变形破坏也明显受到结构面控制，表现为由结构面和临空面围成的结构体沿某一个结构面滑动，或同时沿某两个甚至某三个结构面滑动，断面上的滑动线为直线形或折线形(图8-287)。

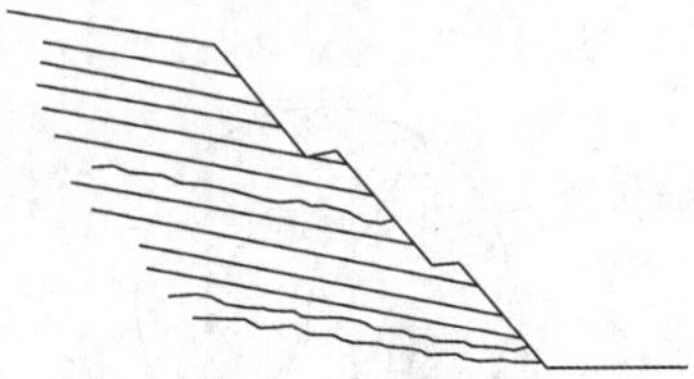

图8-286 层状结构边坡

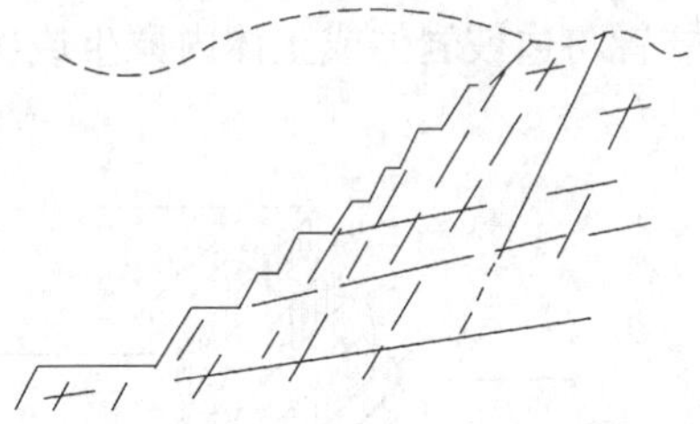

图8-287 块状结构边坡

8.11.3.2 *边坡破坏类型*

目前露天矿山主要边坡破坏类型主要有：

(1) 圆弧形滑动。当岩土非常软弱(如在土边坡中)或者岩体节理异常发育或已经破碎(如在废石堆中)，破坏也将由一个单一的不连续面来确定，但它是一个圆弧式的破坏面(图8-288)。

(2) 平面形滑动。发生平面破坏的条件为：地质不连续面(如层面)的走向平行于坡面，倾向露天坑，倾角大于摩擦角(图8-289)。

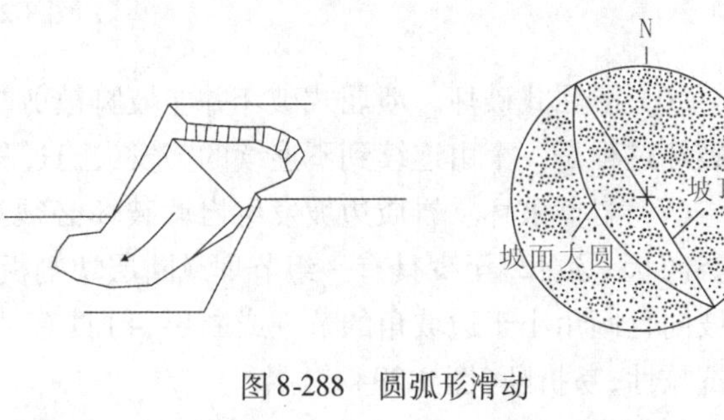

图8-288 圆弧形滑动

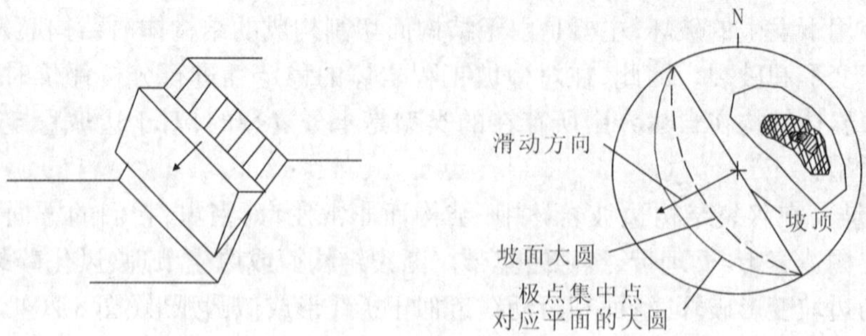

图 8-289 平面形滑动

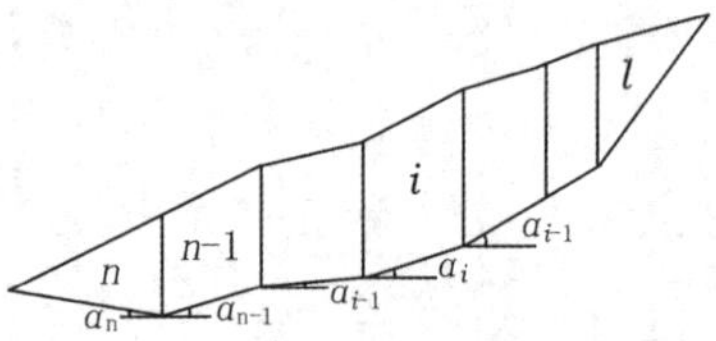

图 8-290 复合平面形滑动

(3) 复合平面形滑动。当边坡岩体内部发育了多组不连续面(如节理、断层或软弱夹层),某几组优势节理组合构成了滑体底部边界(滑面),从断面上底部滑面呈现出折线形,即由两个或以上的平面组合而成(图 8-290)。

(4) 楔形滑动。当两个不连续面的走向斜交坡面,其交线在坡面上出露时,如果此交线的倾角显著地大于摩擦角,则位于此两不连续面上的岩石楔体将沿交线下滑。安全系数的计算要比平面破坏时复杂得多,因为两个破坏面的底面积以及作用于此破坏面上的法向力都必须进行计算(图 8-291)。

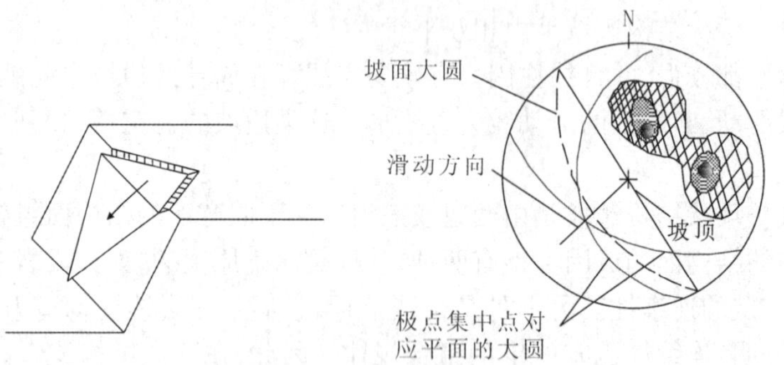

图 8-291 楔形滑动

(5) 倾倒破坏。倾倒破坏涉及岩柱或岩块绕某一固定基面转动,其与前面所述的边坡破坏模式不同,前述的几个破坏模式皆与边坡岩体或土体内原生或次生破裂面的滑动有关(图 8-292)。

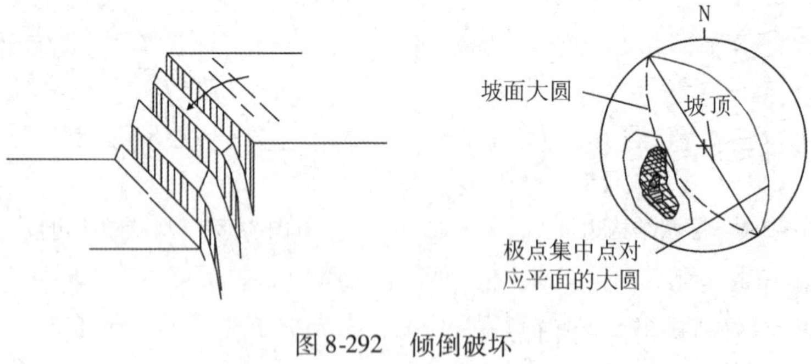

图 8-292 倾倒破坏

(6) 溃屈式破坏。溃屈式破坏并非坡脚被剪断,而是一种结构失稳模式,它多发生在顺层斜坡中,其变形破坏过程是一个由连续到不连续的突发失稳过程(图 8-293)。

(7) 岩劈破坏。岩质边坡发生岩劈破坏必须具有几个条件:1)边坡岩体为层状结构边坡,坡面产状与岩层产状一致;2)至少具有一组节理或断层切割板状岩层,使得板状岩层下端形成“犁状”;3)岩层内不存在顺坡向且倾角小于边坡角的节理或断层;4)具有一组几乎垂直边坡坡面的节理或断层,或岩层的岩块具有低抗拉性,易折断(图 8-294)。

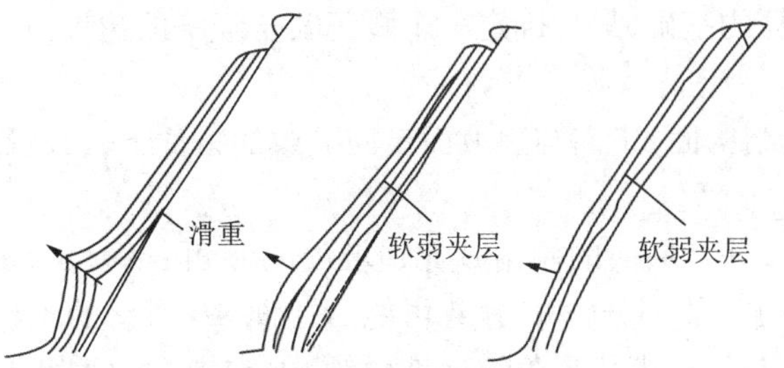

图 8-293 溃屈式破坏

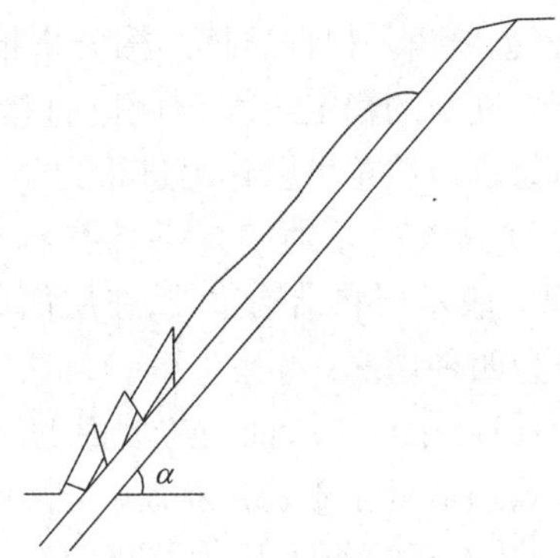

图 8-294 岩劈破坏

8.11.3.3 滑动方向的分析

边坡岩体结构分析的一个主要结果，是要求得边坡上可能不稳定结构体的边界、几何形态、规模大小以及它在边坡上的空间分布位置、作出其稳定性的初步判断等，并进一步确定可能不稳定结构体的体积、重量、滑动方向、倾角以及滑动面的面积等参数，供稳定分析计算。

对于层状结构边坡，由于结构比较简单，其几何形态参数并不难求出，对于被两组或两组以上的结构面切割的边坡，其可能不稳定结构体的几何参数则要通过作边坡岩体的实体比例投影的方法来确定。

层状结构边坡或其他的单滑动面边坡，它们在纯自重作用的情况下，沿滑动面的倾向方向的滑移势能最大，即自重力在滑动面的倾向方向上的滑动分力最大。因此，对于单滑面边坡，滑动面的倾向方向就是它的滑移方向。

边坡受两个相交的结构面切割时，构成的可能滑移体多数是楔形体。它们在自重力作用下的滑移方向，一般是由两个结构面的组合交线的倾斜方向控制，但也有例外。下面是根据结构面赤平极射投影图判断这类边坡的滑移方向的一般方法，图 8-295 为楔形滑移体滑动方向的分析。

在赤平极射投影图上，作出边坡面和两个结构面 J_1、J_2 的投影，绘出两结构面的倾向线 AO 和 BO，以及两结构面的组合交线 IO（图 8-295），则边坡的滑动方向有下列几种情况：

（1）当两结构面的组合交线 IO 位于它们的倾向线 AO 和 BO 之间时，IO 的倾斜方向，即为滑移体的滑动方向。这时，两结构面都是滑动面，如图 8-295(a) 所示。

（2）当两结构面的组合交线 IO 与某一结构面的倾向线重合时（如图 8-295(b) 所示，IO 与 J_2 结构面的倾向线 BO 重合），IO 的倾斜方向也代表滑移体的滑动方向。但这时结构面 J_2 为主要结构面，而结构面 J_1 为次要滑动面。

（3）若两结构面的组合交线 IO 位于它们的倾向线 AO 和 BO 的一边时，则位于三者中间的那条倾向线的倾斜方向为滑移体的滑动方向。如图 8-295(c) 所示，结构面 J_1 的倾向线 AO 为滑动方向。这时，滑移体为只沿结构面 J_1 滑动的单滑面滑移体，结构面 J_2 在这里只起侧向切割面的作用。

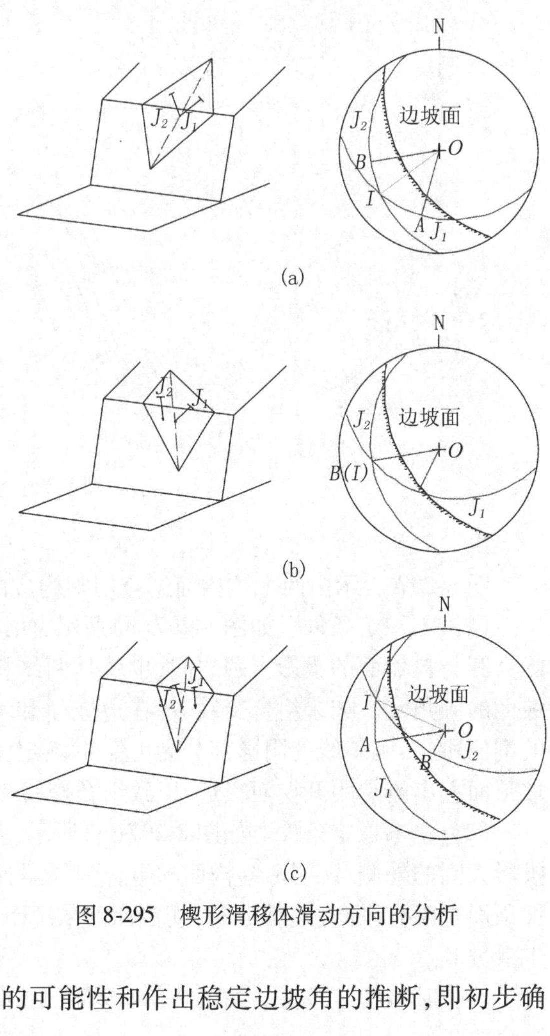

图 8-295 楔形滑移体滑动方向的分析

8.11.3.4 滑动可能性与稳定边坡角度初步判断

根据边坡岩体结构的分析，可以初步判断边坡产生滑动的可能性和作出稳定边坡角的推断，即初步确定一个稳定边坡角。根据岩体结构分析推断的稳定边坡角有两个作用：一是在边坡不高、地质条件比较简单的情况下，推断的稳定边坡角可以直接作为工程边坡设计的依据；二是在边坡较高、地质条件比较复杂时，推断的稳定边坡角可以作为进行力学分析计算的基础，最后确定一个真正安全经济的边坡角。

A 层状结构边坡的稳定条件分析

图8-296表示层状结构边坡，在层面（或其他结构面）走向与边坡面走向一致的条件下，边坡稳定条件的分析，可分为四种情况：

（1）不稳定条件。层面与边坡面的倾向相同，并且层面的倾角β比边坡面的倾角α缓（$\beta<\alpha$），如图8-296(a)所示，边坡处于不稳定状态。剖面图上划线条的部分ABC为有可能沿层面AB滑动的不稳定体。但在只有一个结构面的条件下，如图8-296(a)中的EF，虽然其倾角较边坡角缓，但它未在边坡面上出露而插入坡下。这时由于能产生一定的支撑，边坡岩体的稳定条件将获得不同程度的改进。

（2）基本稳定条件。如图8-296(b)所示，层面的倾角等于边坡角$\beta=\alpha$，沿层面不易出现滑动现象，边坡是基本稳定的。这种情况下的边坡角，就是从岩体结构分析的观点推断得到的稳定边坡角。

（3）稳定条件。如图8-296(c)所示，层面的倾角大于边坡角（$\beta>\alpha$），边坡处于更稳定状态。在这种情况下，边坡角可以提高到图上虚线AB的位置，使$\alpha=\beta$，才是比较经济合理的边坡角。

（4）最稳定条件。如图8-296(d)所示，当层面与边坡面的倾向相反，即层面倾向坡内时，不管层面的倾角陡或缓，对于滑动破坏而言，边坡都处于最稳定状态。但从变形观点来看，反倾向边坡也可能发生变形，只不过没有统一的滑动面。

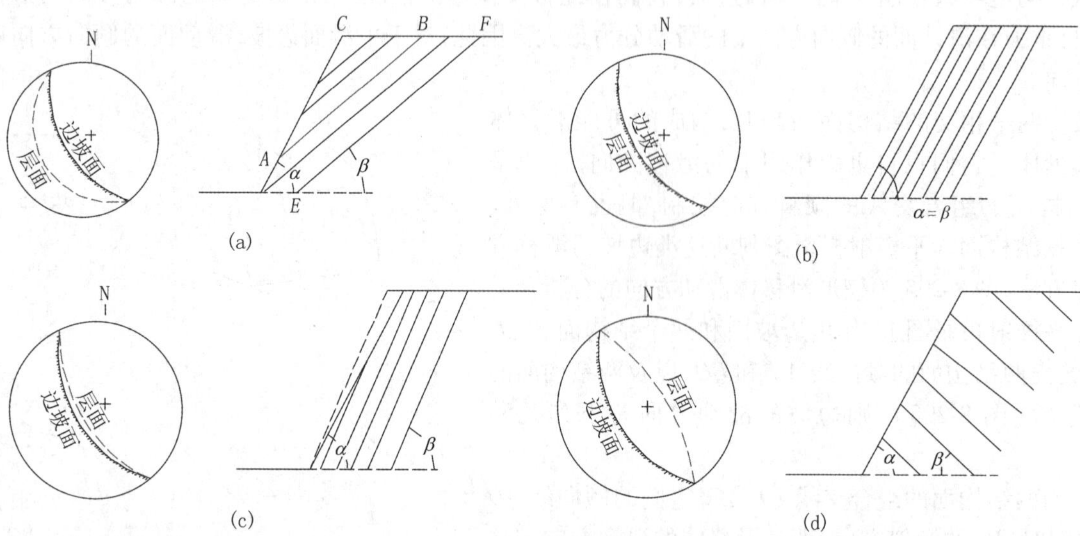

图8-296 层状结构边坡稳定性分析

B 双滑面边坡的稳定条件分析

图8-297表示由两个结构面组合切割构成的双滑面边坡的稳定条件的分析，可分为五种情况。

（1）不稳定条件。如图8-297(a)所示，两结构面J_1和J_2的投影大圆的交点I位于开挖边坡面S_c的投影大圆与自然面的投影大圆之间，也就是两结构面的组合交线的倾角比开挖边坡面的倾角缓，而比自然边坡面的倾角陡。如果组合交线IO在边坡面和坡顶面上都有出露时，边坡处于不稳定状态。如图8-297(a)的剖面所示，画斜线的阴影部分为可能不稳定体。但在某些结构面载荷条件下，例如结构面的组合交线在坡顶面上出露点距开挖面很远，以致组合交线未在开挖面上出露而插入坡下时，则属于较稳定条件。

（2）较不稳定条件。如图8-297(b)所示，两结构面J_1和J_2的投影大圆的交点I位于自然边坡面S_n的投影大圆的外侧，说明两结构面的组合交线虽然较开挖边坡面平缓，但它在坡顶面上没有出露点，因此，在坡顶面上没有纵向（边坡走向）切割面的情况下，边坡能处于稳定状态，如果存在纵向切割面，则边坡易于产生滑坡。

（3）基本稳定条件。如图8-297(c)所示，两结构面J_1和J_2的投影大圆的交点I位于开挖边坡面S_c的投影大圆上，说明两结构面的组合交线 IO 的倾角等于开挖边坡面的倾角，边坡处于基本稳定状态。这时的开挖边坡角就是根据岩体结构分析推断的稳定边坡角。

（4）稳定条件。如图 8-297（d）所示，两结构面 J_1 和 J_2 的投影大圆的交点 I 位于开挖边坡面 S_c 的投影大圆的内侧，因而两结构面组合交线 IO 的倾角比开挖边坡面的倾角陡，边坡处于更稳定状态。

（5）最稳定条件。如图 8-297（e）所示，两结构面 J_1 和 J_2 的投影大圆的交点 I 位于与开挖边坡面 S_c 的投影大圆相对的半圆内，说明两结构面的组合交线 IO 倾向坡内，边坡处于最稳定状态。

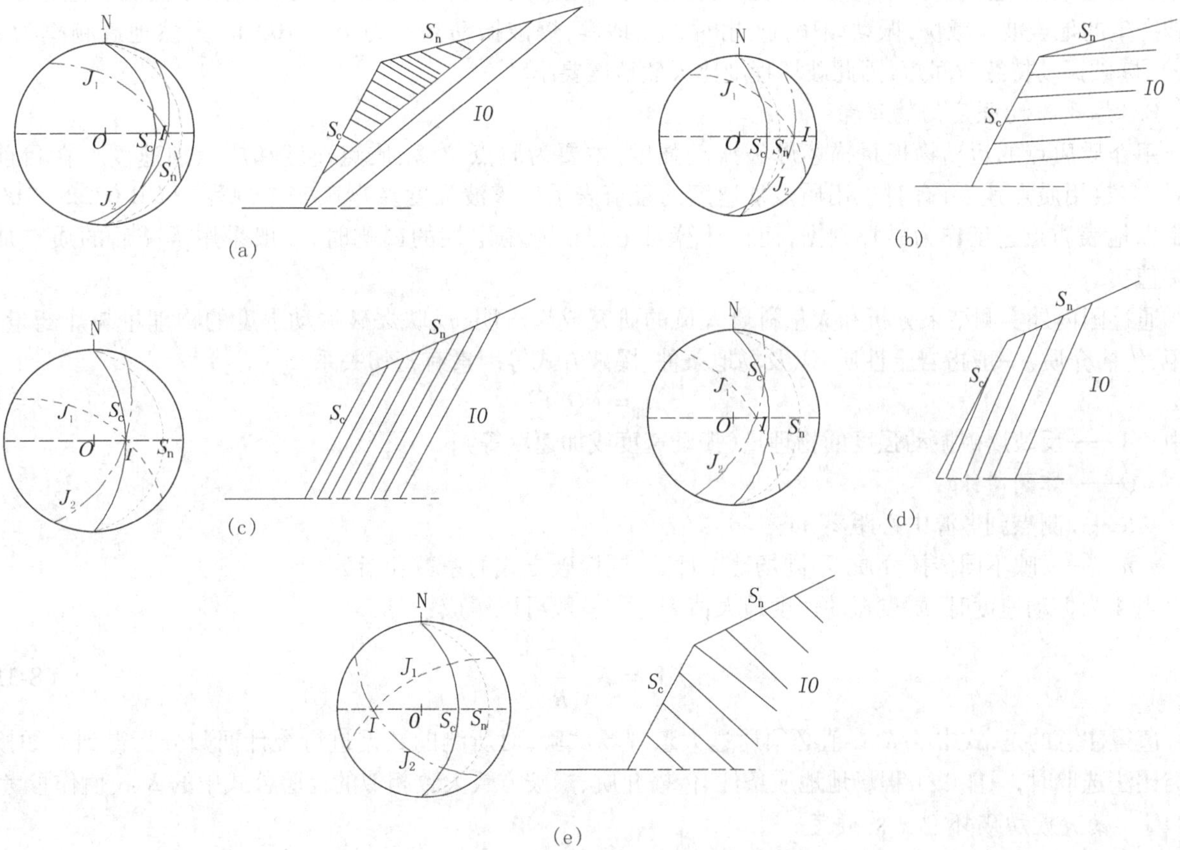

图 8-297 双滑面边坡的稳定条件分析

为了明显起见，图 8-297 表示的是两结构面的组合交线的倾向方位与边坡面的倾向方位一致的特殊情况。实际上，在结构面的组合交线的倾向方位与边坡面的倾向方位不同时，边坡稳定条件的分析判断也与图 8-297 完全相同。也就是说，在绘有结构面和边坡面的赤平极射投影图上，可以根据结构面投影大圆的交点的位置，作出边坡稳定状态的初步判断。这对于在多组结构面切割条件下，初步判断结构面的各种不同组合的稳定条件是十分方便的。

8.11.4 爆破振动测试

8.11.4.1 概述

爆破作业引起大地震动，波及建筑物基础和工程设施，影响建筑物及工程设施的安全。爆破时通过炸药能量的释放，使炮孔周围介质破碎，同时由于爆破应力波作用又使远处介质产生剪应力和拉应力，使介质产生裂隙；剩余的一部分能量以波的形式传播到地面，引起地面质点的振动，形成爆破地震效应，工程设施均受爆破地震效应的影响，在工程设施设计过程中应考虑爆破振动所产生的地震效应对其稳定性的影响。为了比较准确地计算爆破振动的影响程度，必须进行必要的爆破振动的测试或专门试验稳定爆破工程设计时需根据实际情况进行爆破地震强度的检算。

A 爆破地震波的基本特征

炸药在爆炸过程中,一部分能量转化为介质弹性振动能,这种弹性振动能以地震波的形式由爆破源向远处传播。地震波分为体波和面波,体波由纵波(P 波)和横波(S 波)组成。纵波是由爆破源向外传播的疏密波,质点的振动方向与波的传播方向一致,一般表现为周期短、振幅小;横波是由爆破源向外传播的剪切波,一般表现为周期长、振幅较大。体波在传播途中遇到地表、岩层层理和节理时会产生反射和折射。面波是沿介质表面或分界面传播的波,它分为勒夫波(L 波)和瑞利波(R 波)。勒夫波的特征是质点仅在水平横向作剪切型振动,它只有在半无限空间上至少覆有表面层时才会出现;瑞利波的质点作椭圆和逆进运动。爆破产生的地震波衰减快,振动频率高(相对天然地震,爆破振动频率为 10 ~ 100Hz,天然地震频率为 2 ~ 5Hz),爆破振动持续时间短,因此破坏程度比天然地震要小。

B 爆破振动强度的物理量

用介质质点的运动物理量描述爆破振动强度,主要为质点位移、质点速度和质点加速度。在目前工程界,多数用质点速度,有时也用质点加速度的幅值表示地震波强度,《爆破安全规程》(GB 6722—2003)规定以地表质点速度作为破坏判据,而在计算对工程设施稳定性的影响时,一般采用折减后的质点加速度幅值。

通过国内外实测结果分析和大量科研人员的研究成果表明,反映爆破振动强度的物理量与炸药量、爆心距、传播介质(一般指岩土性质)以及场地条件、爆破方式等因素有密切关系:

$$A = KQ^{m}R^{n} \tag{8-313}$$

式中 A——反映爆破振动强度的物理量(振动速度或加速度等);

Q——炸药量,kg;

R——测点到爆源中心距离,m;

K,m,n——反映不同传播介质、不同场地条件、不同爆破方式的系数和指数。

当 A 为振动速度时,质点振动速度最大值表达式一般可以写成:

$$V = K\left(\frac{Q^{\frac{1}{3}}}{R}\right)^{\alpha} \tag{8-314}$$

值得注意的是,式中的 K、α 值必须通过大量现场试验,对所测的数据进行统计回归分析得到。如按工程类比法选取时,只能以工程场地地质条件、传播介质、爆破方式大致相似的经验公式中的 K、α 值作参考。

C 爆破振动破坏判据的确定

为了保证建筑物、构筑物及工程设施的安全,需要将爆破振动强度控制在一临界值内,如超出此临界值就可能引起建筑物、工程设施或岩体破坏,这个临界值称为爆破振动破坏判据。由于建筑物、工程设施的多样性、复杂性以及地震波形的千变万化,要制订出一个统一的判据是不可能的。

针对我国的具体情况,在大量实测工作的基础上,1986 年颁布的《爆破安全规程》(GB 6722—1986)中规定了主要类型的建(构)筑物的破坏判据,2003 年颁布《爆破安全规程》(GB 13533—1992)又考虑了振动频率的影响,对破坏判据作了修正。在评价爆破振动对建(构)筑物的危害时还应考虑爆破振动持续时间的累计破坏作用,考虑振动频率与建(构)筑物固有频率之间的关系。

D 爆破振动测试的主要内容

一般来说,爆破振动测试主要包括两方面内容:一是研究爆破地震波在传播过程中的衰减规律,地质构造、地形条件及介质特性相对应的影响,地震波参数和爆破方式的关系;二是研究爆破振动对建(构)筑物的影响,以及响应特征和爆破方式、建(构)筑物结构特点的关系。

以上两方面测试内容对应的测试方法有相同和相似的方面,但对振动分析、数据处理的要求则不尽相同。

爆破振动测试的具体内容有:地表质点振动速度测试、地表质点振动加速度测试、地表质点振动位移测试、建(构)筑物反应谱测试;目前又发展了岩体介质反应谱测试,如岩体边坡反应谱测试。但工程上应用最多、最成熟的仍是振动加速度测试。

E 爆破振动测试的一般方法

目前在爆破振动测试中大多采用电测法。电测法是利用敏感元件在磁场中的相对运动产生与振动成一定比例关系的电信号，经过放大器和记录装置得到振动信号。

8.11.4.2 爆破振动测试系统

爆破振动测试系统通常由拾振器(传感器)、信号放大器、信号记录装置和分析处理软件等组成(图8-298)。

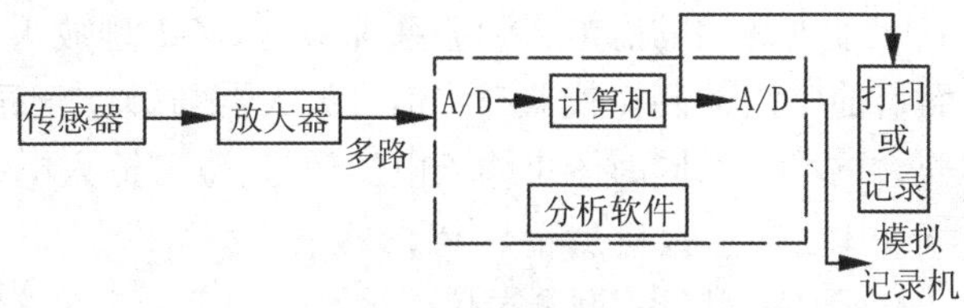

图8-298 爆破地震测试系统

爆破振动测试系统中的信号记录与处理过去常采用光线示波器和FM方式的磁带记录仪，随着计算机和微波处理技术的发展，现在大量采用数字处理技术开发研究了许多便携式测试仪，从而减轻了测试工作的劳动强度，大大缩短了测试信号传输电缆，减少了信号的干扰，提高了测试工作的可靠性和成功率。同时，由于使用了数字化记录仪，便于计算机进行数据处理和分析，从而加快了数据处理的速度，降低了处理误差。

A 爆破振动测试仪器

爆破振动测试仪器分为拾振器(传感器)、信号放大器、信号记录仪等。

a 拾振器(传感器)

按测试信号和转换方式，拾振器分为磁电式、压电式和应变式三类。

磁电式拾振器输出信号强，阻抗中等，传输线对信号影响较小，抗干扰能力强，可以用来测试振动位移、速度和加速度。

压电式拾振器主要测试振动加速度。因压电式振动加速度计输出阻抗高，信号进入放大器前必须进行电荷放大或阻抗变换，其系统频带宽，但抗干扰能力差，易受电磁场的影响，要求传输线和插件有较高绝缘电阻，以免影响系统阻抗。

应变式拾振器又称电阻应变仪，用于电阻式加速度计和位移计，频率可以从0Hz开始，低频阻抗低，使用长导线易受干扰。

b 磁电式拾振器(传感器)

爆破振动测试中常采用的磁电式传感器有CD型传感器、65型拾振器、701型拾振器。工作原理都是利用电磁感应把振动体的振动速度转变为感应电动势。CD型传感器性能指标见表8-271。

表8-271 CD型传感器技术性能指标

型号	CD-1	CD-2	CD-4	CD-7-C CD-7-S	CD-8-F	CD-21-C CD-21-S
灵敏度/(mV/(cm/s))	600	300	600	600	>20	200
频率范围/Hz	10~500	2~500	2~300	0.5~20	2~500	10~1000
最大可测位移/mm	±1	±1.5	±7.5	±6		±1
最大可测加速度/(m/s²)	50	100	100	<10		500(冲击)
测量方式	绝对	相对	相对	绝对	非接触	绝对
尺寸/(mm×mm)	ϕ45×160	ϕ50×100	ϕ65×170	70×70×1.13	ϕ20×55	ϕ41×90
应用范围	稳态	稳态	稳态	低频	转速	监视用

65型拾振器固有频率低，灵敏度高，可以测量低频率微振动。701型拾振器内部装有积分电路，分为701-S型和701-Z型，分别测量水平方向和垂直方向，具有体积小、质量轻的优点，便于携带。65型和701型拾振器的技术性能指标见表8-272。

表8-272 65型和701型拾振器技术性能指标

型号	65型	701型大位移	701型小位移	701型速度
灵敏度/(mV/(cm/s))	3700	1500	1650	1650
频率范围/Hz	2~50	2~500	1.0~100	1.0~2.0
最大可测位移/mm	±0.5	±6.0	±0.6	

c 振动信号放大器

由于振动信号传感器输出的电信号一般都很微弱，需要放大后才能输入到显示器和记录装置。一般振动信号放大器中还设置有微积分电路、滤波电路等，所以它不仅对信号有放大作用，还有对信号进行微积分和滤波的功能。

过去常用的磁电式测振系统中的 GZ-2 型放大器、701-5 型放大器可与光线示波器及磁带记录仪连接，而目前常用的测振仪器都将信号放大器与数字记录器作为一体机，省去了两者之间的连接电缆，缩小了体积，减少干扰，同时既可输入电压信号，也可输入电荷信号。

B 目前常用测振仪简介

a GZ 型、BZ 型测振仪

北京测振仪器厂生产的测振仪分为两个系列，即 GZ 型、BZ 型，GZ 型有 GZ-2B、GZ-4B、GZ-5B、GZ-6，BZ 型有 BZ-8701、BZ-9102、BZ-9508、BZ-530 等。

该厂新研究生产的 DD392 系列储存式测振仪，是一种由电池供电，便携式现场振动测量仪。由于采用了微处理技术，可进行 FFT(快速傅里叶变换)、绘图打印等工作。同时可将测试结果储存，通过串行口将数据传给计算机作进一步处理分析。

DD392 系列储存式测振仪目前有 DD392D 和 DD392W 两种型号。采用电压加速度传感器，可测量加速度 0 ~ 200cm/s^2，速度 0 ~ 200cm/s，位移 0 ~ 200μm，频率范围 3 ~ 5000Hz。自动量程变换，可自动选择合适的量程，对不同大小的信号进行测量。现场完成 FFT，与绘图仪连接打印波形和频谱。

b TOPBOX 爆破振动自记仪

TOPBOX 爆破振动自记仪是由成都拓普电子研究所 1996 年研制推出的一种适合于爆破现场对爆破地震波及各种瞬态、随机信号进行采集、记录和分析的一种微型记录仪。现场只需将自记仪与传感器连接在一起，直接固定在预定测点上，无须像光线示波器或磁带记录仪那样，因连接交流电源和传感器而带来烦琐的现场布线工作。待连接测点上的自记仪触发记录后即可取回，自记仪关闭电源后数据长期不丢失，可在现场或室内通过 RS-232 标准接口与笔记本电脑或台式计算机连接，对波形进行显示、打印、绘图以及通过各种用户专用或通用通道进行数据分析处理。

TOPBOX 爆破振动自记仪特点是：轻小、便携、自带传感器和电源，不需要现场布线，操作简便，可多台、多测点独立使用，同步或异步触发，自动完成数据采集和存储。该仪器还采用低功耗技术，具有高可靠的掉电保护功能，关闭电源后数据不丢失。

主要技术指标：

采样率：50Hz ~ 500kHz；

AD 分辨率：8Bit、10Bit、12Bit；

输入通道：2 道/台；

输入量程：±10mV ~ ±40V(中间分 12 个满量程挡)；

触发方式：超前或滞后触发、手动触发、上升或下降沿内触发、外触发；

内触发电平：即用被测信号本身作为触发源，按当前量程的 1/8 作为步长设置触发电平。

c DSVM 测振仪

DSVM 测振仪是由北京矿冶研究院研制生产的新一代测振系统，利用最新发展的电子技术和计算机技术，具有体积小、质量轻、灵敏度高、功能全、使用方便、自动化程度高、内存容量大、应用范围广等优点。为适应现场多次测试的需要，设计了带有掉电保护功能的可切换式数据存储体。一次测试完成后，用户可以通过开关进行切换，以进行下次测试。整个过程简单，最后将所存储的数据通过仪器自带的绘图仪打印波形和分析结果，或将数据带回处理，为用户提供极大方便。

DSVM 测振仪主要技术性能指标：

(1) 测量范围。

加速度：100m/s^2(使用磁电式传感器)；

位移：1.5mm(使用磁电式传感器)。

(2) 其他技术指标。

电压输入范围：0 ~ ±10V；

内存容量:2.66k/通道(最小),8k/通道(最大);

触发方式:自动内触发、通道外触发、手动触发、提前触发;

通信方式:RS-232C 串口;

输出方式:4 色波形打印机;

最高采样率:1 ~ 30kHz;

下限频率:9Hz;

系统误差:不大于 1.5%;

工作温度:-10 ~ 55℃;

测试通道:1 ~ 3 道;

分析软件功能:波形恢复、幅频及功率谱分析、倒频谱分析、相关分析。

d Geosonice SSU 系列测振仪

美国 Geosonice 公司研制生产的 SSU 系列测振仪,结构坚固,适用于各种气候条件。内置充电电池,充电后可用 30 天。自动触发,连续监测,键盘操作,菜单提示,使用三速传感器。目前主要有 SSU 微型测振仪、SSU 2000DK 型测振仪、SSU 3000LC 型测振仪等,技术性能指标见表 8-273。

表 8-273 SSU 系列测振仪技术性能指标

型　号	SSU 微型	SSU 2000DK 型	SSU 3000LC 型
触发水平/(mm/s)		0.5 ~ 32	0.25 ~ 127
频率范围/Hz	2 ~ 250	1 ~ 250	2 ~ 1000
分辨率/(mm/s)	0.25	0.25	0.06
记录时间/s	15	5,10,15	1 ~ 15
预触发数据/s		0.5,1,1.5	0.25 ~ 1.5
采样率/s		1000,500	-2000
内　存	20 波形	1 个全波或 20 个总波	
测试范围/(mm/s)	100	250	0 ~ 130
精　度	5	3	3

e MINI-SEIS 地震仪

美国怀特地震工业公司生产的便携式数字测振仪,有一个声通道和 3 个爆破振动通道,无需使用交流电,爆破后就可读出噪声值、3 个振动方向的速度峰值及其矢量和,同时可以读出各向量的主频率,并可输入计算机进行处理分析,其主要技术性能指标:

通道数:1 个声通道,3 个爆破振动通道分别测量地震波的三个向量;

采样速率:2048 点/(s·通道);

量程:64、127、255 三挡;

容量:最大 1024k,可存储 341 个 3 ~ 5s 的记录;

分辨率:0.03mm/s;

波特率:1200 ~ 38.4k;

记录长度:最大 12s。

解放军理工大学南京工程兵学院在秦山核电站、田湾核电站建设中应用,认为操作方便,性能稳定,数据准确可靠,分辨率高,很适合在工程中应用。

8.11.4.3 爆破振动测试过程中的若干技术问题

A 爆破振动测点布置

在爆破振动测试前,一般事先有完善的测试方案和监测点布置图。在制定测试方案和监测点布置时,应考虑以下问题:

(1) 测点布置个数。在保证精度下用尽可能少的测点来验证,归纳出一定的规律或提供计算数据,不要盲目追求多测点,但要保证一定数量的监测数据。

(2) 对每个测点的测试波形、振动幅值等参数事先要估算(按理论计算、经验公式或套用类似条件的测试结果)，按估算数据选择合适的仪器和量程。

(3) 如果测试目的是寻求某些参数随距离的变化规律，那么在布置测试点时要考虑测试数据在距离的对数坐标的分布特征，因为地震参数随距离按指数关系衰减。

(4) 当为寻求某一规律而反复试验时，要特别注意实验曲线变化比较剧烈的区域内加密布置测试点。

(5) 布点时应考虑布点位置的安全情况，传感器能否回收，必要时应采取一些保护措施。

(6) 详细调查布点处的情况，包括高程、地基、附近地物结构等，判断测试点获取的测试数据是正常数据还是"特殊数据"(指因高差、地基地物影响，不符合一般规律比较离散的数据)，是结构整体的反应还是个别部件的反应。

(7) 在进行野外观测，一般来说没有重复性，所以对于每一个数据都要尽可能多搜集整理与其有关的资料，以备分析波形、处理数据时查考。尤其是当波形出现特异性状(特大、特小或形状特殊)时，往往需要利用相关资料进行解释。

B 传感器的安装

传感器的安装有不同意见，有人建议用钢钎固地嵌入岩体中做传感器支座，也有人认为只需直接将传感器置于地表。根据美国 Dowding 博士的研究，一般的地表振动测试，因振动幅值不大，频率不很高，只需将传感器直接置于地表，周围用石膏黏附即可。在地下巷道内墙壁上测试强烈爆破振动时，需用钢钎嵌入岩体中，将传感器固定在钢钎上。而一般岩石表面尽可能直接安装传感器，不要通过钎杆安装传感器，它可能使振动波形失真。现在有些传感器有安装磁座，比较方便、可靠，您可在地表下埋入(胶结)一块小铁板，将传感器座直接吸附固定在铁板上。铁板较小，而且薄，对振动波形干扰不大。

C 测试原始记录

现在爆破振动记录表没有统一格式，记录中容易丢失一些重要信息，不便于后来查找或借用。一个完整的爆破振动测试报告应包括如下一些内容：

(1) 基本情况。时间、地点、测试单位、操作人员。

(2) 爆源情况。总装药量、分段数、分段炮孔数和药量、爆区范围、起爆方式。

(3) 测试场地情况。测点方位、离爆源距离、测点地形和地质条件、周围环境。

(4) 传感器安装情况。传感器安装方法、传感器型号、厂家、传感器灵敏度、频率范围、量程、线性度、编号。

(5) 记录仪情况。记录仪名称、型号、编号、触发方式、量程选择、采样频率、通道数及编号。

(6) 记录波形输出。振动波形应有时间标尺，标出最大振幅值和所处时刻。

(7) 描述爆破前后仪器和保护物有无损坏迹象。

(8) 附上仪器传感器标定审证书。

(9) 可按格式记录，见表 8-274。

表 8-274 爆破振动测试记录

时　间		测试人员	
地　点		测试单位	
总装药量/kg		最大段药量/kg	
分段数		爆区范围	
起爆方式		地形地质条件	
传感器安装方式		传感器型号及厂家	
记录仪名称		记录仪型号及厂家	
记录仪编号		触发方式	
采样频率		负延时	
通道号		频率范围/Hz	
传感器编号		距离/m	
测量方向		速度方向	
量程选择/V		最大峰值速度/(cm/s)	
灵敏度/(V/(cm/s))		主振频率/Hz	
线性度/%		最大合速度	

D 振动信号干扰

在爆破振动测试中,目前主要采用电测法,因此避免各种干扰对振动测试仪的影响十分重要,以保证测试结果的有效,减少测试误差。在爆破振动测试中主要是电、磁噪声干扰,通常有以下几种:

(1) 放电噪声。放电过程中产生宽频电磁波,与测试振动信号叠加,造成测试误差。雷电、工业、交通设备火花放电能产生放电噪声。

(2) 电气干扰。工频、高频和射频等大功率传输装置,以及脉冲发生器,电子开关等的连接线产生交变磁场形成噪声。

为减少电、磁干扰,保护测试仪器,常采用以下措施:

1) 采用屏蔽导线,并将屏蔽的一端接地;

2) 避开大型电气设备,尽量不使电缆与电气设备电源线平行;

3) 用滤波器抗干扰;

4) 如测振仪使用交流电时,应保证仪器接地。

8.11.4.4 爆破振动测试数据处理

A 爆破振动速度(加速度)计算

岩石介质的振动矢量是由相互垂直的三个方向的矢量和求得的。一般用垂直振动速度作为判据。在理论的推导上,由于爆破振速的大小与炸药量、距离、地形、爆破方法等有关,推导出的公式(经验公式)较多,目前使用较多的是由相似理论量纲分析的结果,给出按药量立方根比例推算的方法决定函数关系(萨道夫斯基提出的经验公式):

$$v = K\left(\frac{Q^m}{R}\right)^{\alpha} \tag{8-315}$$

式中 v——爆破产生的振动速度,cm/s;

K——介质系数;

α——衰减系数;

Q——最大一段装药量,kg;

R——测点与爆心的距离,m。

由于工程爆破的地质条件、装药设计等条件千变万化,式中的参数经常变化,特别是 K 与 α 系数的值要在具体的工程条件下确定。通常使用小药量试爆,测试数据 v、R、Q 值进行线性回归,计算得出 a_1、a_0 的数值:

即将式(8-315)变形得: $\ln v = \ln K + \alpha \ln(Q^m/R)$

令: $y = \ln v, a_0 = \ln K, a_1 = \alpha, x = \ln(Q^m/R)$

得: $y = a_0 + a_1 x$

求出 K、α 之值,然后根据设计的 Q、R 值计算出 v 值,同时应使 v 值在《爆破安全规程》(GB6722—86)规定的安全振速[v]范围内。

B 爆破振动速度衰减公式

根据大量的测试数据分析,振动速度衰减经验公式(8-315)能基本反映其衰减规律,其相关性和趋势性较好。但是公式中的各参数的经验选取方法需作适当调整。m 为药量指数。当药包尺寸或同段炮孔的分布范围与测点距离相比较小(比例尺寸不到1:10)时,可以认为同段爆破药包为点药包,取 $m = 1/3$;更近距离范围趋于1/2,当测点距离与同段药包分散相当时,取 $m = 1/2$。

K、α 值与爆区地形、地质条件和爆破自查报告都相关,但 K 值更依赖于爆破条件的变化,α 值主要取决于地形、地质条件的变化。爆破临空条件好,夹制作用小,K 值就小,反之,K 值大;地形平坦,岩体完整、坚硬,α 值趋小,反之破碎、软弱岩体,起伏地形,α 值趋大。K 取值范围大部分在50~1000之内,α 取值在1.3~3.0之间。在此我们也建议将近距离振动衰减规律和远距离衰减规律分开考虑,当比例距离 $R' = R/(Q^m) \leqslant 10$ 时,认为是近距离振动;当 $R' = R/(Q^m) > 10$ 时,认为是远距离。近距离振动 K 值较大,可达500以上,α

值较大,可取2.0~3.0;远距离爆破振动,衰减指数$K=130\sim500$,$\alpha=1.3\sim2.0$。

《爆破安全规程》(GB 6722—2003)中也对此给出了参考值,见表8-275。

表8-275 爆区不同岩性的K、α值

岩性	K	α
坚硬岩石	50~150	1.3~1.5
中硬岩石	150~250	1.5~1.8
软岩石	250~350	1.8~2.0

近来有学者研究认为,地形高差对爆破地震波传播及衰减规律有明显的影响,并认为正高差会使地震效应增大、而负高差却减小地震效应,因此对于地形高差比较明显的,考虑高差的影响因素,通常采用下式进行回归:

$$v = k\left(\frac{\sqrt[3]{Q}}{R}\right)^{\alpha}\left(\frac{R}{S}\right)^{\beta} \tag{8-316}$$

式中 β——高差影响指数,可据监测数据回归求得;

R/S——爆心至测点的斜距R与水平距S之比,即高差影响基本系数。

利用多元回归分析方法,求出k、α、β值即可确定爆破地震波的衰减经验公式。

C 安全振速及安全距离确定

a 安全振速

爆破地震引起介质质点产生的振动速度,作为衡量爆破地震效应强度的判据。不同的振速对巷道、建(构)筑物等造成不同程度的破坏。为此,我国制定的《爆破安全规程》(GB 6722—2003)规定了有关的安全振速(表8-276)以防止爆破振动引起的危害和损失。

表8-276 爆破振动安全允许振速标准 (cm/s)

序号	保护对象类别		振动频率		
			<10Hz	10~50Hz	50~100Hz
1	土窑洞、土坯房、毛石房屋		0.5~1.0	0.7~1.2	1.1~1.5
2	一般砖房、非抗震的大型砌块建筑物		2.0~2.5	2.3~2.8	2.7~3.0
3	钢筋混凝土结构房屋		3.0~4.0	3.5~4.5	4.2~5.0
4	一般古建筑与古迹		0.1~0.3	0.2~0.4	0.3~0.5
5	水工隧道		7~15		
6	交通隧道		10~20		
7	矿山巷道		15~30		
8	水电站及发电厂中心控制室设备		0.5		
9	新浇大体积混凝土	龄期:初凝~3d	2.0~3.0		
		龄期:3~7d	3.0~7.0		
		龄期:7~28d	7.0~12		

注:1. 选取建筑物安全允许振速时,应综合考虑建筑物的重要性、建筑质量、新旧程度、自振频率、地基条件等因素;省级以上(含省级)重点保持古建筑与古迹的安全允许振速,应经专家论证选取,并报相应文物管理部门批准;选取隧道、巷道安全允许振速时,应综合考虑构筑物的重要性、围岩状况、断面大小、深埋大小、爆源方向、地震振动频率等因素;非挡水新浇大体积混凝土的安全允许振速,可按本表给出的上限值选取。

2. 表列频率为主振频率,系指最大振幅所对应波的频率。

3. 频率范围可根据类似工程或现场实测波形选取。选取频率时亦可参考下列数据:硐室爆破小于20Hz;深孔爆破10~60Hz;浅孔爆破40~100Hz。

b 安全允许距离

爆破振动安全允许距离,可按式(8-317)计算:

$$R = \left(\frac{K}{v}\right)^{\frac{1}{\alpha}} \cdot Q^{\frac{1}{3}} \tag{8-317}$$

式中 R——爆破振动安全允许距离，m；

Q——炸药量，齐发爆破为总药量，延时爆破为最大一段药量，kg；

v——保护对象所在地质点振动安全允许速度，cm/s；

K,α——与爆破点至计算保护对象间的地形、地质条件有关的系数和衰减指数，可按表8-275选取，或通过现场试验确定。

群药包爆破，各药包 R_e 至保护目标的距离差值超过平均距离的10%时，用等效距离 R_e 和等效等药量 Q_e 分别代替 R 和 Q 值。R_e 和 Q_e 的计算采用加权平均值法。

对于条形药包，可将条形药包以1~1.5倍最小抵抗线长度分为多个集中药包，参照群药包爆破时的方法计算其等效距离和等效药量。

D 爆破振动反应谱

如上所述，虽然已将爆破地震的安全振速作为建(构)筑物是否破坏的判据，据以判断该建(构)筑物在一定的爆破情况下是否安全，但是，对于建筑结构可承受爆破地震荷载数值还无法确定。因为，安全振速不能确定爆炸振动对建(构)筑物产生的地震荷载(地震力)。

地震荷载与一般荷载不同，一般荷载与结构的动力特性无关，可以独立确定。而地震荷载不仅取决于地震烈度，即地震时受到的影响和破坏程度的大小，还与建筑物的动力特性等因素有密切关系，如结构的自振周期、阻尼等。目前，我国与世界上大多数国家对自然地震的抗震设计规范，采用了反应谱理论来确定地震荷载。

a 反应谱的概念

用一个阻尼谐和振动子(即单自由度体系)来模拟真实建筑物，然后考察此振动子承受地震引起的速度、加速度、位移特性。我们将实测到的地面加速度曲线作为确定反应谱的输入，对于某一个自振频率、阻尼的组合情况求出对于地面加速度的最大反应，这一最大反应就是反应谱曲线上的一个点。因此，反应谱的定义是单自由度体系对于给定的地面加速度考虑阻尼时的最大反应(加速度、速度、位移)与系统的自振频率(或周期)的关系曲线。

反应谱计算理论是根据地震时的实测记录，通过分析计算所绘制的加速度反应谱曲线为依据的。

b 反应谱分析在爆破地震中的应用

爆破振动波形可进行直观分析，为什么还要进行反应谱分析？振动强度的物理量中，如振幅的大小、振动持续的时间的长短等在所测波形中容易了解。然而，像频率的高低、分布情况、能量的大小等物理量，从波形图中不易得到。只有通过频谱分析才能获得振动各参量中的各频率成分和分布范围，得到主振幅的频率值。

爆破地震频谱分析很重要，它对各种结构物、地下工程等，在爆破作用下的动力分析，提供了不可缺少的振动参数。

c 频谱分析

地震波是质点作周期性振动的弹性波，波动可能是瞬态的、周期性的或随机性的。

分析地震的作用，所关心的是地震通过时质点产生的运动。谐振运动的基本运动方程为：

$$u = u_{max}\sin t \tag{8-318}$$

式中 u——在 t 时刻的质点位移；

u_{max}——位移幅值；

$\sin t$——角频率，$\sin t = 2\pi f$，f 为频率。

对式(8-318)求导，得到质点作谐振动的速度(v)和加速度(a)：

$$v = \frac{du}{dt} = \omega u_{max}\cos\omega t = \omega t_{max}\sin\left(\omega t + \frac{\pi}{2}\right)$$

$$a = \frac{d^2u}{dt^2} = -\omega^2 u_{max}\sin\omega t = \omega^2 u_{max}\sin(\omega t + \pi)$$

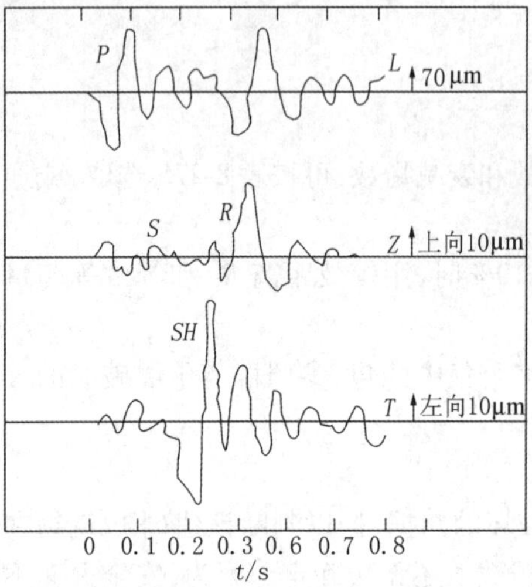

图 8-299 爆破地震测试记录

若只考虑最大值，则：

$$v_{max} = 2\pi f u_{max} = \frac{\alpha_{max}}{2\pi f} \tag{8-319}$$

$$\alpha_{max} = \omega^2 u_{max} = 4\pi^2 f^2 u_{max} = \omega v_{max} = 2\pi f v_{max} \tag{8-320}$$

实际上，地震波中质点的运动不是简单的谐振动，位移幅值和周期都不是固定常数，而是随时间变化。但上述各参量幅值间的关系，可用来分析地震波中质点的运动。

爆破产生的振动波中包含各种成分的波。图 8-299 所示为爆破地震测试记录。地震图中三条曲线分别记录了质点位置矢量在三个方向上（纵向 L，垂直方向 Z，横向 T）的分量。可以看出，最先记录下的是体波，尔后是表面波。各谐波分量中振幅最大的分量的频率为主频率。

求算主频率的方法是对波形进行傅里叶谱分析，因质点的振动波形是时间的函数，通过傅里叶变换把振动波形的振幅随时间变化的函数变换成振幅随频率变化的函数，即由时域变成频域。

$$x(\omega) = \int_0^T [x(t)\mathrm{e}^{-j\omega t}\mathrm{d}t] \tag{8-321}$$

式中 $x(t)$——爆破振动量（如位移、加速度等）的时间历程；

$x(\omega)$——$x(t)$的频谱；

ω——角频率；

$j = -1$ 是复数单位。

频谱分析是以傅里叶级数和傅里叶积分为基础。波形分析采用傅里叶积分的方法，是把时间域里的信号 $x(t)$ 变换为频率域里的函数 $x(\omega)$ 之间的关系，记录波形只在持续的时间 T 内，$x(t)$ 才存在傅里叶变换。

对有限长波形的傅里叶变换是一复数：

$$x(\omega) = R(\omega) + jI(\omega) \tag{8-322}$$

式中，实部：

$$R(\omega) = \int_0^T [x(\omega)\cos(\omega t)\mathrm{d}t] \tag{8-323}$$

虚部：

$$I(\omega) = \int_0^T [x(t)\sin(\omega t)\mathrm{d}t] \tag{8-324}$$

谱的幅值为：

$$|x(\omega)| = \sqrt{[R(\omega)]^2 + [I(\omega)]^2} \tag{8-325}$$

相位谱为：

$$\psi(\omega) = \arctan\frac{I(\omega)}{R(\omega)} \tag{8-326}$$

快速傅里叶变换（即 FFT 算法），是通过把整个数据序列分离成若干个较短的序列来计算离散傅里叶变换（DFT），以替代整个序列的 DFT。FFT 算法有多种计算结构形式，常用的柯立杜开法是使数列成 2P 的数据序列。FFT 法可达到较快的速度和较高的精度，达到实时分析的效果和替代繁杂的计算。因此用它编制成软件，在计算机上进行频谱分析。

8.11.4.5 爆破振动效应动静荷载折算

在考虑振动产生的振动惯性力时，一般将动折算成等效的静荷载参与计算。

在动静荷载折算中主要通过估算振动荷载系数来实现，下面介绍振动荷载系数 K_D 的估算。

简单的方法是根据垂向振动速度 v_c 按表 8-277 查得 K_D。

表 8-277 垂向振动速度差算

v_c/(m/s)	≤0.015	0.015~0.055	0.055~0.11	>0.11
K_D	2	3	5	8

也可按式(8-327)计算：

$$K_D = m + \ln(4 \times 10^{-5}\sigma/BT) \tag{8-327}$$

式中 T——爆破振动周期，s；

σ——岩石正应力；

m,B——岩石的动力特征系数，当 $K_D = 1 \sim 10$ 时，可取 $m = 1$；B 从表 8-278 中查取。

表 8-278 岩石动力特性参数差算

$\rho V_p/(\mathrm{kg}/(\mathrm{m}^2 \cdot \mathrm{s}))$	$>14 \times 10^6$	$(14 \sim 9) \times 10^6$	$<9 \times 10^6$
B	1	0.785	0.562

具体计算时，K_D值也可根据岩体的强度、工程重要性及质点振动速度等综合考虑取值。

8.11.4.6 爆破振动对矿山边坡稳定性影响的动力分析

从20世纪60年代以来，在爆破地震效应的研究中，抛弃应用预测爆破振动强度的经验公式和不足以表征建(构)筑物破坏特征烈度的工业标准，而代之以动力分析方法。前苏联、欧美以及国内均开展了边坡爆破动力稳定性研究。爆破振动对边坡稳定性影响大小与爆破振动产生的动荷载以及边坡岩土体承受动荷载的能力有关，动态分析计算十分复杂，在具体计算中常采用拟静力法来计算，即将动荷载转化为一水平指向采场的静荷载来计算。

爆破产生振动时，边坡岩体产生惯性力。计算时，将边坡岩体划分许多条块，滑体每个条块的惯性力作用于条块质量中心，指向采空区的径向加速度的最大值与对应条块质量的乘积，爆破振动施加给边坡的水平荷载 F，其计算如下：

$$F = \frac{ma_s}{K_D} = \frac{Wa_s}{K_D g} \tag{8-328}$$

式中 m——每一条块的质量；

W——每一条块的重量；

a_s——水平向振动加速度；

K_D——振动荷载系数；

g——重力加速度。

将 F 值的计算结果用于边坡稳定性计算过程中，使边坡稳定性计算结果充分体现了爆破振动对边坡稳定性的影响。

8.11.4.7 降低爆破振动对边坡影响的措施

根据振动测试结果分析及矿山爆破工程实践表明，采取合适的措施可以降低爆破振动对边坡的影响，以下措施可减轻爆破振动：

(1) 选择合适的炸药减轻爆破振动。爆破振动大小和所用炸药性能之间有某种相关关系，因此选择合适的炸药，就能在一定程度上减轻爆破振动，在矿山临近边坡爆破时尽可能选用低爆速、低威力的炸药。

(2) 改进起爆方法和控制段药量减轻爆破振动。在一定的爆破条件下，若使用的炸药种类与离爆源的距离一定，为了减小爆破振动的影响，必须减少药量，即总药量一定时，将这些炸药分散到数量适当的炮孔中，按适当的段差进行分段爆破，可以大幅度地减轻爆破振动。因此控制段药量和相邻段位的延时间隔是控制爆破振动减轻对边坡影响的最有效方法。

(3) 应用控制爆破技术。采用预裂爆破、缓冲爆破、减振孔爆破等控制爆破技术，尤以预裂爆破的减振效果最理想，因为预裂孔起爆后起爆附近的一排辅孔预裂孔形成一定宽度的预裂带，有效地阻隔了爆破地震波对边坡的影响，降低了地震效应和对边坡岩体的破坏作用。

(4) 爆破最大段药量控制。爆破地震引起岩石质点振动速度是影响边坡稳定性的重要参数。根据目前的研究成果和工程应用实例，在通常情况下，用边坡岩体的质点振动速度作为主要指标，同时考虑质点振动加速度，判断边坡是否破坏是简单有效的方法。根据允许振动速度、允许振动加速度值，利用实测得出的振动速度衰减公式，综合考虑确定不同距离处生产爆破时的最大段爆破药量，用以指导矿山安全生产。

8.11.5 地震危险性分析

8.11.5.1 基本概念

地震按成因来说可分为构造地震、火山地震以及陷落地震等几类;火山地震是由于火山爆发所形成的,陷落地震是由于地壳中空穴顶板陷落引起的,这两类地震发生很少,危害也不大,不是地震工程研究的主要对象。

构造地震按板块构造学说来说,是由于板块向下插至地幔时应力发生复杂变化,引起其本身及附近地幔和岩石层的脆性破裂而发生的地震,可分为浅层地震(震源深度小于70km)和中深层地震(震源深度小于700km);构造地震对露天矿边坡、工业设施、水源和尾矿坝的破坏,可能给矿山造成灾难性的后果。

对于矿山边坡工程,一般认为,地震触发滑坡与地震烈度有关。近年来,格拉斯等人证实,在距震中相当远的地方,低水平地面震动也曾导致滑坡,边坡破坏与震级有关。表8-279列出了地震触发滑坡的部分实例。

表8-279 地震触发的滑坡

地震名称	时间	震级	岩石滑坡			人工开挖或填筑边坡		
			岩石崩落——雪崩	塌落和岩块滑动	塌落和浅滑坡	开挖边坡破坏	人工填筑边坡液化引起滑坡	液化没引起填筑边坡滑坡
弗里尤利(意大利)	1976	6.5			M			
奥林匹克(华盛顿州)	1949	7.1			M			
朗比奇(加利福尼亚州)	1933	6.3			S			
福尔图纳—里奥皮尔(加利福尼亚州)	1975	8.7			S			
马那瓜(尼加拉瓜)	1972	6.2			S	S		S
博雪戈山(加利福尼亚州)	1968	6.4		S	S	S		S
圣费南多(加利福尼亚州)	1971	6.4		M	M	S	S	S
因安加瓦(加利福尼亚州)	1968	7.0	S	S	M		S	
赫帕吉湖(怀俄州)	1959	7.1	S		E	S		
圣胡安(阿根廷)	1977	7.4			M	S		
卡特马拉	1976	7.5		S	E	M		
秘 鲁	1970	7.7	S	S	E	M	S	S
霍克斯贝(新西兰)	1930	7.9		M	M	M	S	S
圣弗朗西斯利(加利福尼亚州)	1906	8.3	M	E	E	M	M	S
智 利	1960	8.4	S	M	M	M	S	S
阿拉斯加	1964	8.4	E		E	M	S	

注:E为大量滑坡,小型滑坡大于5000个,大型滑坡大于100个,滑坡区域大于1000km^2;M为中等数量滑坡,小型滑坡大于500~5000个,大型滑坡10~100个,滑坡区域大于100~1000km^2;S为少量滑坡,小型滑坡小于500个,大型滑坡小于10个,滑坡区域小于100km^2。

对矿山未来地震进行预防和矿山边坡抗震设计时,需要知道未来的地震活动性,它是引起矿山边坡滑坡灾害的外因。因而设计工程师在设计一项边坡工程时,希望具体了解此工程在其使用寿命内可能遭遇到的地震动强弱及其他特性,以便合理地进行设计。然而地震的发生和地震动的特性都不能精确地预测,必须在概率含意上推测工程可能受到的地震威胁或危险,这就是地震危险性分析。

8.11.5.2 基本原理

近一二十年来,地震危险性分析的研究和应用都取得了很大进展,使这一工作已成为联系地震学与地震工程学两者的重要纽带,使结构抗震安全性有了科学的概率含意。在这一二十年的发展历史中,地震危险性、危害性分析经历了两个阶段。在开始阶段中,它指的只是地震动本身,而且把地震危险性当作是一种确定性现象来处理,即认定某一地区今后可能发生的地震动加速度不致超过某一强度如0.2g,或同时再指定一个标准反应谱,再把这些地震动参数当作是确定的数值,进行工程结构抗震设计。这种方式的特点有二:一为其确定性观点,二为其所包含的主观判断因素较多。经近一二十年资料的积累,特别是地震发生的资料、地震动观测资料和强震震害资料,推动了地震危险性和危害性分析的研究,再加上结构静力和抗风设计已经过渡到以极限状态概率为安全度标准的概率设计阶段，从而也推动了地震危险性和危害性分析的发展与应用。后一阶段的特点在于它认为地震的发生与地震动特性都具有随机因素，必须用可靠性理论的方法去解决，因此，地震动的估计以及震害影响的估计，如房屋的损坏与倒塌、矿山工程设施的破坏、人身的伤亡与社会经济政治影响，均用一定的超越概率表示。

矿山边坡地震危险性分析，是根据矿山所在区域的地震地质特征、历史资料等，估计矿区未来遭受地震动强度超过给定值的概率，为矿山边坡地震危害性分析提供依据；这是近二十几年来才发展起来的估计工程抗震设计参数的新技术，目前，国内外广泛应用的地震危险性分析模型为断层-破裂震源模型，这是基于地震发生均匀分布的假定构造的。

A　断层-破裂震源模型

最先系统地进行地震危险性研究的是科内尔（Cornell，1968）。他假设一次地震的震源是点源，但是一个地震区或带的形状可以是点、线或面，并研究三种潜在震源区形状下地震烈度I和地震动A的危险性和结构危害性，由于一次地震的震源简化为点源，所以有时可以得到解析解。洪华生等（Kiureghian and Ang，1977）之后修改了关于点源的假定，考虑了有限长度的断层从震源初始破坏点开始裂，逐步向两端发展的有限面积面源，从而形成了地震危险性分析中的断层-破裂震源模型。该模型认为任何工程的地震危险性分析，其工作区都可划分出若干个潜在震源区，并假定：

（1）在各潜在震源区内地震发生在时间和空间上彼此独立；

（2）同一地点、同一时间发生两次以上（包括两次）地震的概率为零。

这样各潜在震源区内的地震发生为均匀的Poisson过程，工作区的年地震加速度超越概率$P(A>a)$，为：

$$P(A>a)_i = 1-\exp\{-\sum_{i=1}^{n}[P(A>a/E_i)V_i]\}\approx\sum_{i=1}^{n}P(A>a/E_i)V_i-\sum_{i=1}^{n}\int_{n_0}^{m_{ui}}P(A>a/E_i,M)f_i(m)\mathrm{d}mv_i \tag{8-329}$$

式中　$P(A>a)_i$——区内地震加速度A超越指定值a的年概率；

E_i——第i震源发生$M\geqslant M_0$的地震；

$P(A>a/E_i)$——第i震源发生$M\geqslant M_0$的地震加速度超过a的概率。

而T年内矿区地震加速度超过给定值a的概率$P(A>a)T$为：

$$P(A>a)T = l-[1-P(A>a)_i]T \tag{8-330}$$

在计算$P(A>a/E_i)$时还假定：

（1）地震的震焦在给定的潜在震源区内各个地方的发生机会相同；

（2）地震的断层破裂从震焦开始，沿潜在震源走向向震焦的两侧对称传播，破碎带的长度与震级有关，如式（8-331）所示：

$$l = \exp(AM-B) \tag{8-331}$$

式中　l——断层破裂长度；

A,B——回归系数；

M——地震震级。

（3）每个潜在震源的平均震源深度为一常数，并且都是已知的。

（4）场地的地震加速度是震级和场地到断层破裂线的最近距离的函数。同时，将各震源区分成3类，第Ⅰ类为断层走向、位置均已确定的震源；第Ⅱ类为断层走向已知，位置不确定的震源；第Ⅲ类为断层走向、位置均不确定的震源。

1）Ⅰ类震源区。Ⅰ类的断层走向、位置均已确定的震源，如图8-300所示，很大地震（如震级$M=8$左右）的潜在震源常属这一类型。

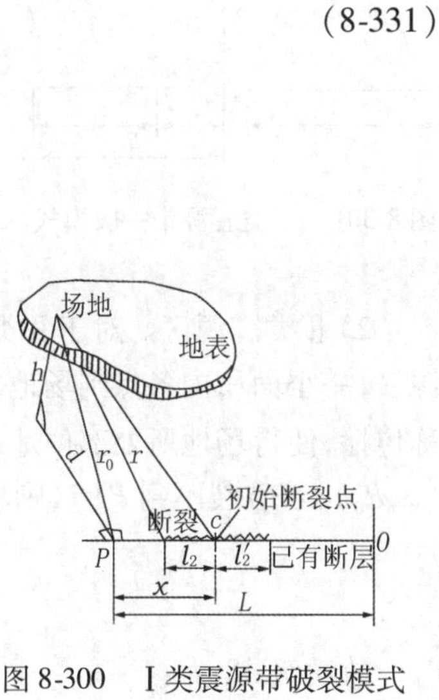

图8-300　Ⅰ类震源带破裂模式

对于一给定震级M和场地的地震动a，临界距离$R=\phi_2(a,M)$。对于给定的场地而言，任一震级为M的地震，若其最短距离r小于R，则场地的地

震动 A 可以超过 a,若其最短距离 $r>R$,则此地震将不对场地造成影响。与此临界距离 R 相应的临界 x 值为 X,即:

$$x=(R^2-R_0^2)^{\frac{1}{2}}+\frac{l}{2}=[\phi_2^2(a,M)-r_0^2]^{\frac{1}{2}}+\frac{l}{2} \tag{8-332}$$

$$l=\exp(a+bM) \tag{8-333}$$

式中,R 是实际 x 小于 X 的震级为 M 的地震,在场地处 A 就大于 a。本模型只考虑 x 是否小于 X,而不考虑小多少,所以并不对 A 超过 a 多少作估计,而只是估计是否超过 a 和超过的概率 $P(A>a|E_i,M)$。假设:

$$P(A>a|E_i)_0=\begin{cases}0 & \text{若} R<r_0\\ \dfrac{x}{l} & \text{若} X<L,R\geqslant r_0\\ 1 & \text{若} X\geqslant L,R>r_0\end{cases} \tag{8-334}$$

于是:

$$P(A>a|E_i)=\int_{M_0}^{M_{ui}}P(A>a|E_i)_0 f_1(m)\mathrm{d}m=\int_{M_1}^{M_2}\frac{x}{l}f_1(m)\mathrm{d}m+\int_{M_2}^{M_{ui}}f_i(m)\mathrm{d}m \tag{8-335}$$

式中 $P(A>a|E_i)_0$——第 i 震源区内震焦在 x 以内的概率;

M_1——M_0 和 M_1'的较大者,而 M_1'为相应于 $R=R_0$ 时的震级;$M_2'=\phi^{-1}(a,R_0)$;

M_2——$X=L$ 的震级,由下式求得:

$$\left\{[\phi^{-1}(a,M_2)]^2-R_0^2\right\}^{\frac{1}{2}}+\frac{1}{2}\exp(AM_2-B)=1 \tag{8-336}$$

M_2 的物理意义是潜在震源区带内断裂长度对应的震级,即该地由断裂长度推算所能出现的最大震级。但是当 $M_2>M_{ui}$时,则条件概率分布式如下:

$$P(A>a|E_i)=\int_{M_1}^{M_{ui}}\frac{x}{l}f_i(m)\mathrm{d}m \tag{8-337}$$

或者当 a 值很大,只有在全部已知断层长度 l 都破裂时才可能发生 $A>a$ 的情况。这时,条件概率分布为:

$$P(A>a|E_i)=\begin{cases}\displaystyle\int_{M_1}^{M_{ui}}\frac{x}{l}f_1(m)\mathrm{d}m & M_2<M_{ui}\\ 0 & M_1\geqslant M_{ui}\end{cases} \tag{8-338}$$

上面考虑的是一种特殊情况,即当已知断层是从垂足点 P 开始向场地的一侧延伸的。对于如图 8-301 所示的其他两种Ⅰ型地震源,可以先把它们分为 L_1 和 L_2 两种情况,然后计算两者条件概率之和或差来处理:

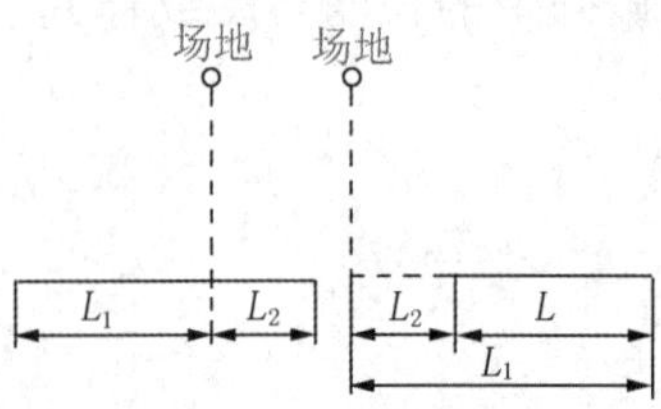

图 8-301 Ⅰ类震源带一般模式

$$P(A>a|E_{AC})=\frac{l_1}{l}P(A>a|E_{AB})+\frac{l_2}{l}P(A>a|E_{BC}) \tag{8-339}$$

$$P(A>a|E_{DE})=\frac{l_1}{l}P(A>a|E_{EF})+\frac{l_2}{l}P(A>a|E_{DF}) \tag{8-340}$$

2)Ⅱ类震源区。对于Ⅱ类震源区(图 8-302),可将面积为 A 的震源划分成若干个小的面积为 ΔA_i 的震源,每一小面积内各点到场地的震源距近似为常数。ΔA_i 发生震级为 M_i 的地震将在已知 X 方向上向两侧对称传播,使得场地所处部位地震动 $A>a$,若破裂超过垂足点 P,则场地至断层最短距离为 R_0;此时 $M_i=\phi^{-1}(a,R_0)$;若破裂不到 P 点,则场地至断层最短距离为:

$$R=\left[R_0^2+(b-\frac{l}{2})^2\right]^{\frac{1}{2}} \tag{8-341}$$

故震级 M_i 为:

$$M_{\phi}^{-1} = \phi^{-1}(a,R) = \phi^{-1}\left\{a,\left[R_0^2 + (b - \frac{l}{2})^2\right]^{\frac{1}{2}}\right\} \tag{8-342}$$

而 $P(A > a/E_i)$ 为：

$$P(A > a/E_i) = P(m > M_i) = \int_{n_0}^{M_{ui}} f_i(m)\,\mathrm{d}m \tag{8-343}$$

3) Ⅲ类震源区。对Ⅲ类震源区(图8-303)了解最少，一般只知道两点：即平均震源深度为 h，潜在震源面积为 A 及其与场地的相对位置。通常用于区内已知断层无明确主要方向，或不知有何主要断层，多见于较小的地震。

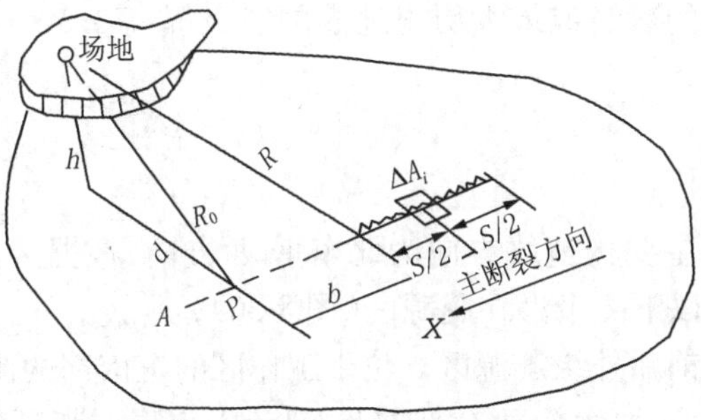

图 8-302 面源地震区定向破裂模式

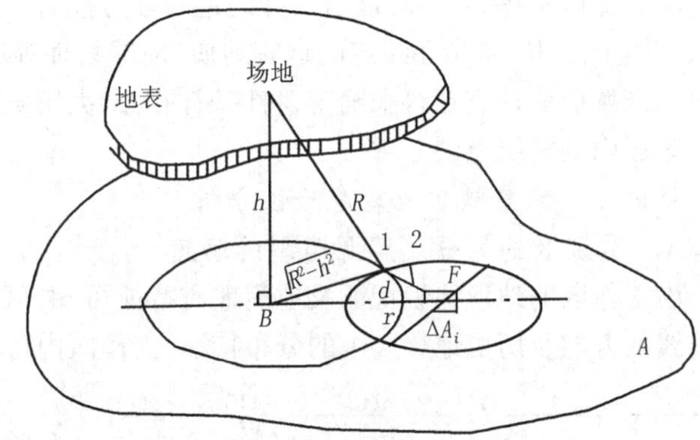

图 8-303 无定向面源地震区破裂模式

假定断裂初始点可以均匀概率发生于面积 A 内的任一点，断裂长度 l 可以取任意方向。后一假定表示断裂方向可以在 0°~180°内均匀分布。现在首先考虑图 8-303 中在水平向距场地为 d 处的一单元面积 ΔA_i 的点 F 发生一次震级为 M 的地震。场地断层的最短距离 $R=\phi_2(a,M)$，因此，只要断裂延伸至以垂足 B 为中心、以 $R=\sqrt{R^2-h^2}$ 为半径的圆周之内，则场地地震 A 大于 a。这时条件概率分布式为：

$$P(A > a/E_i) = \int_{M_1}^{M_2} \frac{2\gamma}{\pi} f_i(m)\,\mathrm{d}m + \int_{M_2}^{M_3} \frac{2\alpha}{\pi} f_i(m)\,\mathrm{d}m + \int_{M_3}^{M_{ui}} f_i(m)\,\mathrm{d}m \tag{8-344}$$

$$\gamma = \cos^{-1}\left(\frac{4h^2 + l^2 + 4d^2 - 4R^2}{4ld}\right) \tag{8-345}$$

$$\alpha = \sin^{-1}\left[\frac{(R^2 - h^2)^{\frac{1}{2}}}{d}\right] \tag{8-346}$$

式中 M_1——M_0、M_1'、M_1''中的较大者，M_1'为相当于 $R=h$ 时的震级，M_1''为相当于 $d=(R^2-h^2)^{\frac{1}{2}}+\frac{l}{2}$ 时的震级；

M_2——相当于 $d = (R^2 - h^2 + \frac{l^2}{4})^{\frac{1}{2}}$ 时的震级；

M_3——相当于 $d = (R^2 - h^2)^{\frac{1}{2}}$ 时的震级。

针对上述不同类型震源区及其条件概率 $P(A>a|E_i)$ 的估计，就可以按式(8-347)求得一年内场地地震 A 超越 a 的概率。

$$P_{1年}[A \geqslant a] \approx \sum_{1}^{n} \nu_i P[A \geqslant a \mid E_i] \tag{8-347}$$

再根据式(8-348)求得重现期 T_a：

$$T_a = \left(\sum_{1}^{n} \nu_i P[A \geqslant a \mid E_i]\right)^{-1} \tag{8-348}$$

B 模型参数的选择

在应用地震危险性模型时，有一些参数或关系需要事先确定，这些关系有的具有地区特性，有的则具有一般性。这些参数和关系包括下述几种：

(1) 物理关系。地震动 A 的衰减关系，$A(M,R,场地)$；断裂长度 l 与震级 M 的关系 $l(M)$。

(2) 地区地质。各潜在震源的位置和类型。

(3) 统计参数。震级频度关系中的参数 b 或 β，M_0，M_μ 和年平均发生率 ν。根据经验，对工程有意义的地震动 A 而言，M_0 在 3.5～4.5 中变化对所得的危险性估计无显著影响，因此 M_0 常取为 4 左右，甚至更大。重要问题在于在选用实测数据来确定震级频度关系中的常数时，和在应用此关系计算超过地震动 a 的危险性时，两者中采用的 M_0 要一致。

参数 ν 和 b 或 β 可以一同从震级频度关系的确定中得出，此关系的选择应小心，不同 ν 与 β 的多种可能组合均应加以考虑，它们对最后估计的危险性可能有重要影响。

震级上限 M_μ 是指在特定的地震地质、地球物理等环境条件下，区域内可能发生的最大地震的震级。一般根据区域历史地震资料来确定，将区域内的最大历史地震的震级或最大历史地震的震级提高 0.5 级作为相应区域内的震级上限。

8.11.5.3 某铁矿地震危险性分析

A 震源区的划分及震源类型的确定

由工作区的地形地貌特征及地震地质特征可知，区内的主要构造线方向为北东-南西方向，根据区内的构造线的方向及历史地震震中的分布特征，工作区内可分出以下4个潜在震源区（图8-304）。

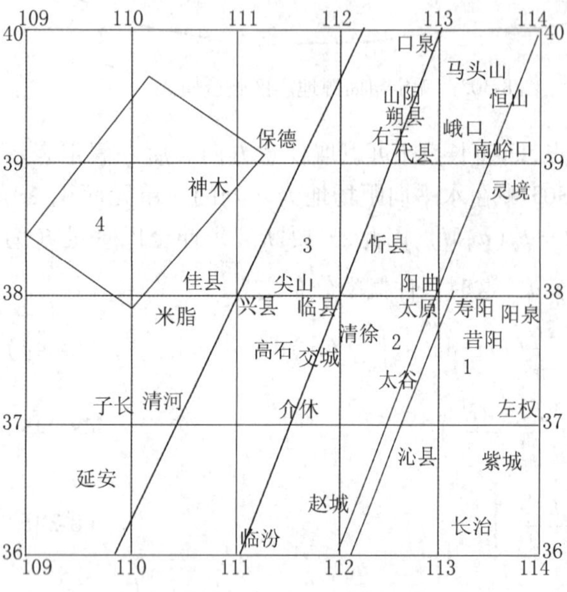

图8-304 某铁矿工作区震源区划

(1) 前弧外缘震源区。位于工作区的东南部的阳泉-长治之间，主要由山西东部祁吕-贺兰山字形前弧外缘山区的山间盆地构成，区内的活动构造为泽城-高平活动断裂带，区内共发生过4级以上的地震9次。

(2) 前弧核心震源区。位于工作区的东部，由祁吕-贺兰山字形前弧中的一系列断陷盆地和隆起带组成，为该山字形前弧的核心地带。该区为工作区内地震活动最为频繁，历史地震最为集中的地带，区内共发生过4级以上的地震40次，占全工作区的62.5%。由于区内地震主要受一系列北东向的活动构造所控制，故该区也为Ⅱ类震源区。

(3)前弧内缘震源区。该震源区位于工作区的中部，北起右至，南至浦县，主要由吕梁山脉构成，在大地构造位置上为祁吕-贺兰山字形前弧东翼的内缘地带。该区活动断裂稀少，历史地震也不多，且震中比较分散，由于区内震中的排列方向与前弧的延伸方向大致相同，故仍将其划为Ⅱ类震源区。

(4) 伊陕盾地震源区。该震源区位于工作区的西北部，在行政区划上为陕西东部。北起保德、南至榆林。在大地构造位置上位于祁吕-贺兰山字形构造的东部盾地内。该区为大面积的黄土覆盖区，区内仅发生过5次4级以上的地震。到目前为止，该区内仍未有活动构造被发现，故将其划为Ⅲ类震源区。

B 震源参数及相关关系式的确定

由前所述可知，用断层-破裂震源模型进行矿区地震危险性分析所需的参数及相关关系式如下：

(1) 各震源区的震级上限 M_μ 及对工程有影响的地震的震级下限 M_0。由于该工作区内的历史地震资料达1400余条，基本上能够反映该区域的地震水平，故取工作区内各震源区的最大历史地震作为相应震源区的震级上限 M_μ。

由于4级以下的地震对工程几乎没有影响，因此，取工作区内的 M_0 为4级。

(2) 各震源区的震级概率密度函数 $f_i(m)$。根据Richter震级法则，一个区域内的地震震级与其发生次数之间有以下关系：

$$\ln N(m) = \alpha - \beta m \tag{8-349}$$

式中 α,β——回归系数；

$N(m)$——震级大于或等于 M 的地震发生次数。

由此得出区域性地震的震级分布函数为：

$$F(m) = \frac{N(m_0) - N(m)}{N(m_0) - N(m_\mu)} = \frac{e^{\alpha-\beta m_0} - e^{\alpha-\beta m}}{e^{\alpha-\beta m_0} - e^{\alpha-\beta m_\mu}} = \frac{1 - e^{-\beta(m-m_0)}}{1 - e^{-\beta(m_\mu-m_0)}} \tag{8-350}$$

概率密度函数为：

$$f(m) = \frac{dF(m)}{dm} = \frac{\beta e^{-\beta(m-m_0)}}{1 - e^{-\beta(m_\mu-m_0)}} \tag{8-351}$$

将该地区地震资料目录按震源区分组，对各组资料进行整理得各震源区的震级-频数关系为：

1）前弧外缘震源区：

$\ln N(m) = 5.6667 - 0.8224m$，相关系数 $R = 0.9111$，离差 $\sigma = 0.1977$

2）前弧核心震源区：

$\ln N(m) = 7.1632 - 0.7810m$，相关系数 $R = 0.9111$，离差 $\sigma = 0.2854$

3）前弧内缘震源区：

$\ln N(m) = 6.6321 - 0.9612m$，相关系数 $R = 0.9770$，离差 $\sigma = 0.1780$

4）伊陕盾地震源区：

$\ln N(m) = 15.2492 - 2.7726m$，相关系数 $R = 1$，离差 $\sigma = 0$

从而各震源区的震级概率密度函数式为：

1）前弧外缘震源区：

$$f(m) = \frac{0.8224e^{-0.8224(m-4)}}{1 - e^{-2.4672}} \tag{8-352}$$

2）前弧核心震源区：

$$f(m) = \frac{0.7810e^{-0.7810(m-4)}}{1 - e^{-3.124}} \tag{8-353}$$

3）前弧内缘震源区：

$$f(m) = \frac{0.9612e^{-0.9612(m-4)}}{1 - e^{-1.4418}} \tag{8-354}$$

4）伊陕盾地震源区：

$$f(m) = \frac{2.7726e^{-2.7726(m-4)}}{1 - e^{-4.1589}} \tag{8-355}$$

（3）各震源区的震级在上限 M_μ 及下限 M_0 之间的地震的年平均发生率 V_i：

$$V_i = \frac{t_{ni} - t_{1i}}{n_i} \tag{8-356}$$

式中 t_{ni}——第 i 震源区内最后一次记录到的地震的发生时间；

t_{1i}——第 i 震源区内第一次记录到的地震的发生时间；

n_i——第 i 震源区内的震级在 M_0 及 M_μ 之间的历史地震总数。

各震源区的 V_i 值见表 8-280。

表 8-280 各震源区的震源参数

序号	震源名称	震源类型	V_i	α_i	β_i	M_μ	n_i
1	前弧外缘震源区	Ⅱ	0.0145	5.6667	0.8224	7	9
2	前弧核心震源区	Ⅱ	0.0271	7.1632	0.7810	8	40
3	前弧内缘震源区	Ⅱ	0.0167	6.6321	0.9612	5.5	11
4	伊陕盾地震源区	Ⅲ	0.0178	15.2492	2.7726	5.5	5

(4)工作区内的地震加速度衰减方程。地震加速度的衰减与地震波的传播途径有关,因而具有较强的区域性。目前想从地震波的传播理论来推导地震加速度衰减方程还不太现实,一般是通过当地的地震加速度记录或地震烈度资料,通过统计分析求得。

对该地震带的地震烈度资料,温春生已作了详细的统计分析,得出了带内地震加速度衰减公式:

$$a = \exp[2.387 + 0.844m - 0.8741\ln(r + 3)] \tag{8-357}$$

式中 a——地震加速度,cm/s^2;

m——地震震级;

r——震中距,km。

将此作为工作区内的地震加速度衰减方程。

(5) 工作区内的断层破裂长度与震级的相关关系式。一般来说,断层破裂长度与震级的相关关系由历史地震的震级和发展断层的破裂长度记录资料按式(8-358)拟合求得:

$$l = \exp(Am - B) \tag{8-358}$$

式中 l——断层破裂长度,km。

对山西地震带的断层破裂长度 l 与震级的相关关系有如下经验公式:

$$l = \exp(1.588m - 4.3262),相关系数 R = 0.93,离差 \sigma = 0.457 \tag{8-359}$$

和地震加速度衰减方程一样,我们直接将此作为工作区内的断层破裂长度与震级的相关关系式。

C 矿区地震危险性分析

依据表 8-280 中的震源参数即可求得各震源区引起矿区地震加速度超过给定值的年概率 $P(A > a|E_i)$、V_i 及矿区地震加速度超过给定的年概率,计算结果见表 8-281。

表 8-281 各震源区引起矿区地震加速度超过给定值的年概率值

区 号	地震加速度/(cm/s^2)														
	10	20	30	40	50	60	70	80	90	100	110	120	130	140	150
1	3.323	1.029	0.256	0.02	0	0	0	0	0	0	0	0	0	0	0
2	10.452	4.913	2.986	2.026	1.535	1.164	0.9	0.678	0.498	0.362	0.261	0.186	0.131	0.091	0.063
3	6	1.889	0.812	0.434	0.278	0.177	0.119	0.081	0.065	0.047	0.036	0.032	0.027	0.018	0.013
4	1.231	0.039	0	0	0	0	0	0	0	0	0	0	0	0	0
$\sum$	21.007	7.87	4.054	2.516	1.813	1.341	1.019	0.759	0.563	0.409	0.297	0.218	0.157	0.11	0.076

将矿区地震加速度年超越概率值代入可得矿区地震危险性的最终分析结果,见表 8-282 及图 8-305。

表 8-282 矿区地震危险性的断层-破裂震源模型分析结果

地震加速度/(cm/s^2)	时间/a									
	10	20	30	40	50	60	70	80	90	100
10	0.1913	0.346	0.4711	0.5723	0.6541	0.7202	0.7738	0.817	0.852	0.8803
20	0.076	0.1462	0.211	0.271	0.3263	0.3775	0.4248	0.4685	0.5089	0.5462
30	0.0398	0.078	0.1147	0.15	0.1838	0.2163	0.2475	0.2775	0.3062	0.3338
40	0.0249	0.0491	0.0728	0.0958	0.1183	0.1403	0.1617	0.1825	0.2028	0.2227
50	0.018	0.0356	0.053	0.07	0.0867	0.1032	0.1193	0.1351	0.1507	0.1659
60	0.0133	0.0265	0.0395	0.0523	0.0649	0.0774	0.0896	0.1018	0.1138	0.1256
70	0.0101	0.0202	0.0301	0.04	0.0497	0.0593	0.0689	0.0783	0.0877	0.0969
80	0.0076	0.0151	0.0225	0.0299	0.0372	0.0445	0.0517	0.0589	0.066	0.0731
90	0.0056	0.0112	0.0168	0.0223	0.0278	0.0332	0.0387	0.0441	0.0495	0.0548
100	0.0041	0.0081	0.0122	0.0162	0.0202	0.0242	0.0282	0.322	0.0361	0.0401
110	0.003	0.0059	0.0089	0.0118	0.0147	0.0176	0.0206	0.0235	0.0263	0.0292
120	0.0022	0.0044	0.0065	0.0087	0.0109	0.013	0.0152	0.0173	0.0195	0.0216
130	0.0016	0.0031	0.0047	0.0063	0.0078	0.0094	0.011	0.0125	0.0141	0.0156
140	0.0011	0.0022	0.0033	0.0044	0.0055	0.0066	0.0076	0.0087	0.0098	0.0109
150	0.0008	0.0015	0.0023	0.003	0.0038	0.0046	0.0053	0.0061	0.0068	0.0076

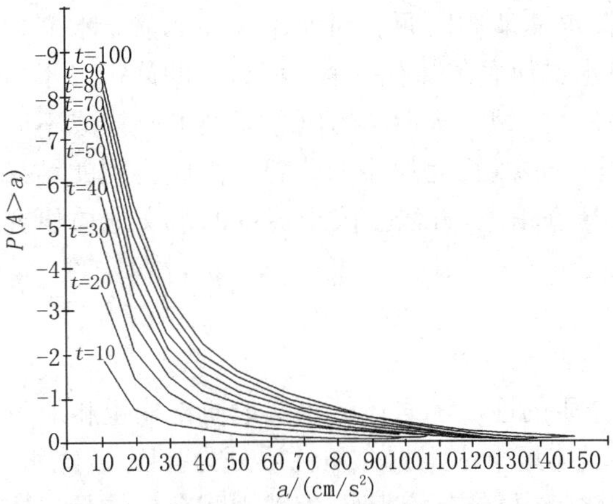

图 8-305 矿区地震危险性的断层-破裂震源模型分析结果

目前，对于露天矿边坡稳定性分析中如何使用矿区地震危险性分析结果尚无统一的标准，对可靠性分析方法，可根据矿山的设计服务年限，选取适当的 T 值下的地震加速度概率分布函数参加边坡稳定性计算，可知 T 年时的矿区地震加速度概率分布函数为：

$$F(a)_T = 1 - P(A > a) = 1 - \{1 - [1 - P(A > a)l]^T\}$$
$$= [1 - P(A > a)l]^T \tag{8-360}$$

式中 $F(a)_T$——T 年时的矿区地震加速度概率分布函数。

该铁矿的设计服务年限为 40 年，考虑到矿山尚处于筹建阶段，取 $T=50$ 年，此时矿区地震加速度的部分分布函数值及经验分布曲线见表 8-283 及图 8-306。

对于极限平衡法，可根据矿山的设计服务年限，选择适当的 T 值，再根据地震荷载的偶然性特征、矿山的规模、重要性等因素选择适当的允许超越概率值 P_0，用该概率下的地震加速度值作为矿区的设计地震加速度。由于该铁矿规模较大，试取 $P_0=0.5$，$T=50$，$P_0=0.5$ 时的地震加速度值为 69.81cm/s^2。

表 8-283 断层-破裂震源模型计算的 $T=50$ 年时的矿区地震加速度分布函数

地震加速度/(cm/s^2)	10	20	30	40	50	60	70	80
分布函数值	0.3459	0.6737	0.8162	0.8817	0.9133	0.9351	0.9503	0.9628
地震加速度/(cm/s^2)	90	100	110	120	130	140	150	
分布函数值	0.9722	0.9798	0.9853	0.9891	0.9922	0.9945	0.9962	

8.11.6 地下水渗流场分析

8.11.6.1 *岩质边坡渗流特征*

研究岩质边坡体中地下水运动规律的两个最基本的物质对象，其一是地下水，其二是介质。广义地说，能含水的岩体都可称为多孔介质，其中地下水以孔隙水形式存在的岩体称为孔隙介质，以裂隙水存在的岩体称为裂隙介质，而以裂隙-溶穴水形式存在的岩体称为裂隙-溶穴介质。从运动学的角度出发，水文地质学主要研究重力作用下地下水在多孔介质中的运动规律。介质的性质和类型是研究岩体各类模型的物质基础。岩体水文地质结构与岩体渗透介质类型之间既有联系又有区别，岩体渗透介质类型是岩体水文地质结构分类的重要依据之一，而岩体水文地质结构是准确认识各类介质透水性规律的基础。

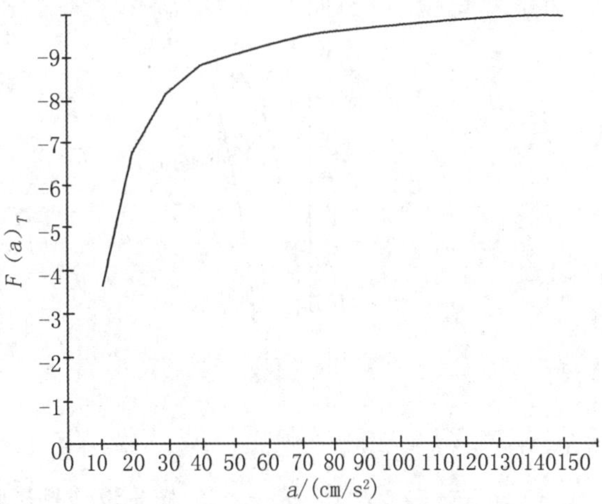

图 8-306 断层-破裂震源模型计算的 $T=50$ 年时的矿区地震加速度分布

从系统的观点分析和研究地下水问题是水文地质研究的一个重要方法和发展趋势。水文地质系统通常包括水文地质结构系统和地下水流系统两大部分。水文地质结构系统系指不同等级、不同形态、不同成因(建造)、经受不同改造作用，具有不同结构和水力学性质的水文地质综合体的空间组合，它构成了地下水的赋存空间，控制着地下水的储存和运移，是研究地下水流系统的基础。也是水文地质模型合理概化为物理模型，进而正确建立地下水流数学模型的前提。

建立模型的目的是为了定量评价、预测研究对象。模型是地质实体不失真的简化。研究对象不加简化，难以用数学描述，无法模拟计算；然而模型如果失真，也就不成其为实体的摹本。拟合和模拟是水文地质计算中最有效的手段之一，模拟必须通过模型来实现，模型是原型的抽象或复制。对原型的认识是构模的第一位重要工作，是构模成败的关键。因此，如果没有对岩体介质的性质、岩体的水文地质结构、地下水系统充分正确的认识,就不可能建立正确的模型,更谈不上模拟水文地质问题。因为建立一个独立水文地质单元的(系统的)数学模型,首要的问题是对单元的(系统的)水文地质条件有一个全面正确的认识。不全面、不正确的认识必然带来不全面不正确的概念模型。对于同一个原型,从不同的概念模型可以构成不同的数学模型。失实的概念模型,构成的数学模型,就不再是原型的抽象,而是原型的假象。由此得到的结果不是原型的仿真,而是原型的失真。因此,以认识原型为基础,从理论上、方法上改进传统的水文地质研究思路就显得格外的重要。

A 岩体水文地质结构模型

a 块状岩体水文地质结构

块状岩体由于其岩性较为单一,构造发育比较均匀,因此,介质的性质和岩体的水文地质结构也相对较为简单。以长江三峡水利枢纽工程矿区闪云斜长花岗岩为例:岩体地下水根据介质性质分为孔隙-裂隙水、裂隙水两种类型。孔隙-裂隙水主要赋存在结晶岩体的全、强风化带中,分布较普遍;裂隙水赋存在结晶岩体的弱风化带及以下岩体中,是岩体地下水的主体。

岩体的渗透性受地形地貌、风化卸荷、构造作用的影响,垂向上呈现明显的不均一性。地下水主要来源于大气降水,由于地表及浅部的全、强风化带岩体的渗透系数不大,加之矿区岩体植被条件差、地形较陡、排泄畅通,因此绝大部分降水转为地表径流,仅小部分降水入渗地下。地下水多以间歇泉的方式排出地表。另一部分地下水通过断层、裂隙及破碎岩脉向深处运移(图 8-307)。

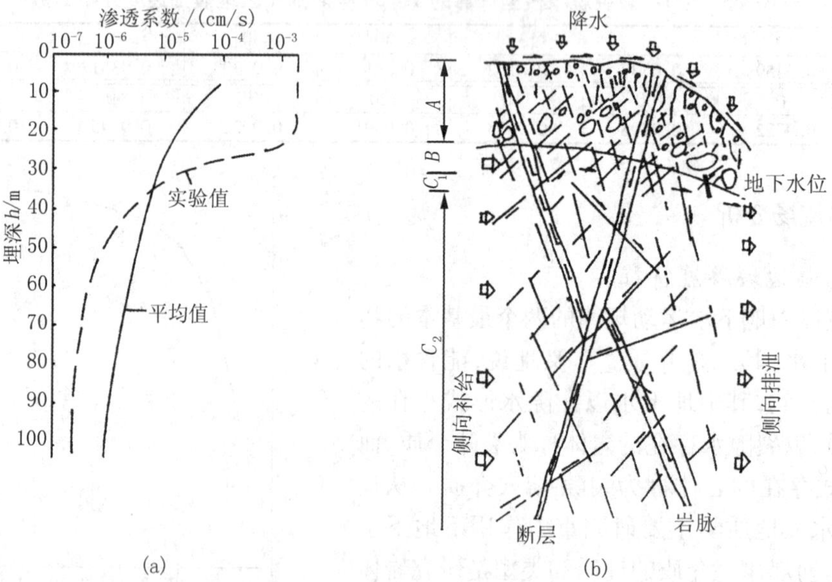

图 8-307 断层矿区边坡块状岩体水文地质结构

(a) 渗透系数随深度变化曲线;(b) 水文地质结构剖面

根据地下水类型和岩体渗透性的差异及渗流场特征,将透水岩体分为四个水文地质结构类型,其特征见表 8-284。

表 8-284 块状岩体水文地质结构特征

结构体代号	A	B	C	D
结构体类型	散体状结构	孔隙-裂隙网络结构	裂隙网络结构	脉状结构
主要分布部位	全、强风化带	弱风化带	微、新岩体	透水断层及岩脉
介质类型	孔隙(裂隙)介质	裂隙(孔隙)介质	裂隙介质	裂隙介质
渗透方向性	均质各向同性	非均质各向异性	非均质各向异性	均质各向异性
透水性大小	中等-严重	中等-较严重	微-极微	较严重-严重
富水性	差	好	差	中等
承压性	多数非饱和带	潜水	潜水为主,局部微承压	局部承压
渗流特征	垂直入渗	主要沿斜坡方向运动,少数向深部运动	向排泄基准面作斜向运动	沿走向或倾向方向运动、为渗流主干网络

(1) A——散体状结构。主要由全、强风化带岩体构成。分布于地表浅层，对降水渗入地下起分流、滞后和均匀化作用。

(2) B——孔隙-裂隙网络结构。主要由弱风化带岩体构成，处于地下水位变动带中，相对 C 类结构体而言，富水性较好，在岩体中起“调节水库”作用，也是地下水径流最活跃的部位。

(3) C——裂隙网络结构。位于微、新鲜岩带中，地下水运动受裂隙网络及其渗透性的控制，一般渗透性差，具压力传递性迅速，而疏排缓慢的特点。

(4) D——脉状结构。主要为部分断层、裂隙和破碎岩脉中的脉状含水体，分布较少，对地下水起“输水廊道”作用，构成渗流场的主干网络。

b 复杂岩体水文地质结构

以某个复杂矿区边坡为例。某矿区位于复杂的裂隙、岩溶水文地质区。矿区出露地层由老到新分别为二叠系茅口组灰岩、二叠系峨眉山玄武岩、二叠系宣威组碎屑沉积岩以及第四系松散堆积物(图 8-308)。根据矿区地质结构特征及不同介质岩体透水性的差异，岩体水文地质结构系统模型如图 8-309 所示。总体上，矿区岩体可分为阻水结构和透水结构两大类。其中阻水结构由分布于矿区谷肩顶部的宣威组(P_2x)碎屑沉积岩，玄武岩流组 $P_2\beta_{14}$、$P_2\beta_{13}$和 $P_2\beta_{11}$顶部的古风化壳，$P_2\beta_n$ 泥页岩层和志留纪(S)页岩层组成。其中宣威组(P_2x)的碎屑沉积岩和志留纪(S)页岩层，层厚稳定，在整个区域内连续分布，分别是顶部孔隙含水层和深部阳新灰岩含水层的相对隔水底板，是矿区乃至整个永盛盆地的相对抗水层，对地下水运动起着边界控制作用。

玄武岩裂隙结构和灰岩裂隙-溶穴结构是矿区最主要的透水结构。其透水性除整体上受阻水结构控制外，与岩体内结构面发育状况密切相关。根据结构面发育特征及其相互组合，将玄武岩裂隙结构又分为缓倾错动结构、裂隙结构和交汇结构三个次一级结构。然后依据次一级结构透水性特点又分为似裂隙结构、碎屑碎砾结构、单裂隙结构、网络裂隙结构、错裂交汇结构和错动带交汇结构六个更次一级的结构。各类岩体水文地质结构之间的关系如图 8-308 所示，而各类岩体水文地质结构的特征见表 8-285。据统计资料，矿区玄武岩层间、层内错动带结构面多表现为岩块岩屑型，即碎屑碎砾结构，是控制矿区岩体最重要的水文地质结构，对玄武岩透水性起控制作用。

表 8-285 溪洛渡水电站玄武岩水文地质结构特征

结构类型			结构模型	结构特征
玄武岩裂隙结构	缓倾错动结构	似裂隙结构	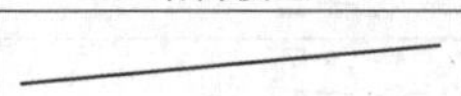	裂隙状层间层内错动带，即刚性结构面，包括熔结型结构面，结构面透水性表现为裂隙水的特点
		碎屑碎砾结构	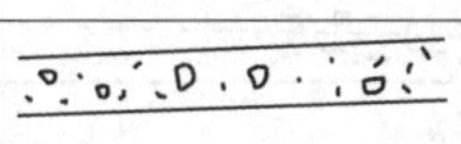	具有一定厚度的层间层内错动带，错动带内岩石破碎成碎屑、碎砾及岩粉，属岩块碎屑型或岩块碎砾型结构面。在整体上呈裂隙状或脉状透水性，而错动带内地下水具孔隙水的渗透特点
	裂隙结构	单裂隙结构	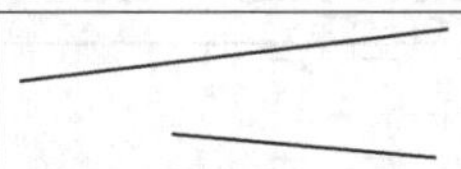	岩体裂隙发育稀少，呈脉状透水，裂隙可以是构造裂隙、卸荷裂隙或成岩裂隙。裂隙面为刚性结构面
		网络裂隙结构	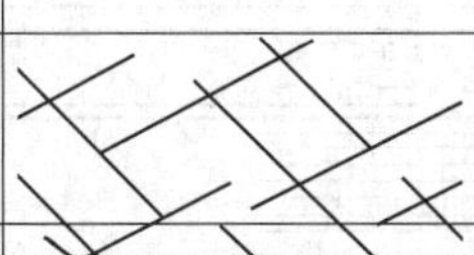	裂隙发育密集带岩体，各种裂隙相互交织成网络状，岩体透水性呈各向异性，主渗透性大小受开裂隙控制。如在卸荷带岩体透水性主要受卸荷开裂隙控制
	交汇结构	错裂交汇结构	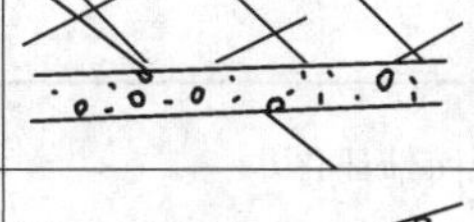	裂隙与错动带交汇形成的交汇带。矿区构造裂隙大多受层间层内错动带的限制，裂隙延伸长度有限；缓倾的错动带和陡倾的构造裂隙常呈正、倒“丁”字形交汇
		错动带交汇结构	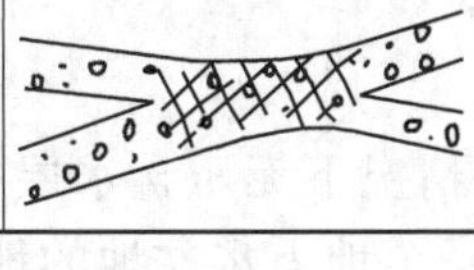	层间、层内错动带自身或彼此交汇形成的交汇带。这种交汇带岩体破碎，且破碎范围大，透水性好，但矿区分布少，主要出现在 $P_2\beta_5$ 以下的薄层岩流层中

灰岩裂隙-溶穴结构，据其透水性特点分为裂隙-溶穴结构和裂隙结构两类。其中坝址附近裂隙-溶穴结构岩体主要分布于灰岩顶板以下 0~100m 范围内，地下水以灰岩溶孔、溶隙和裂隙为导水空间。深部灰岩岩溶不发育或岩溶发育极其微弱，岩体透水性主要取决于灰岩中的裂隙构造，故属裂隙结构。

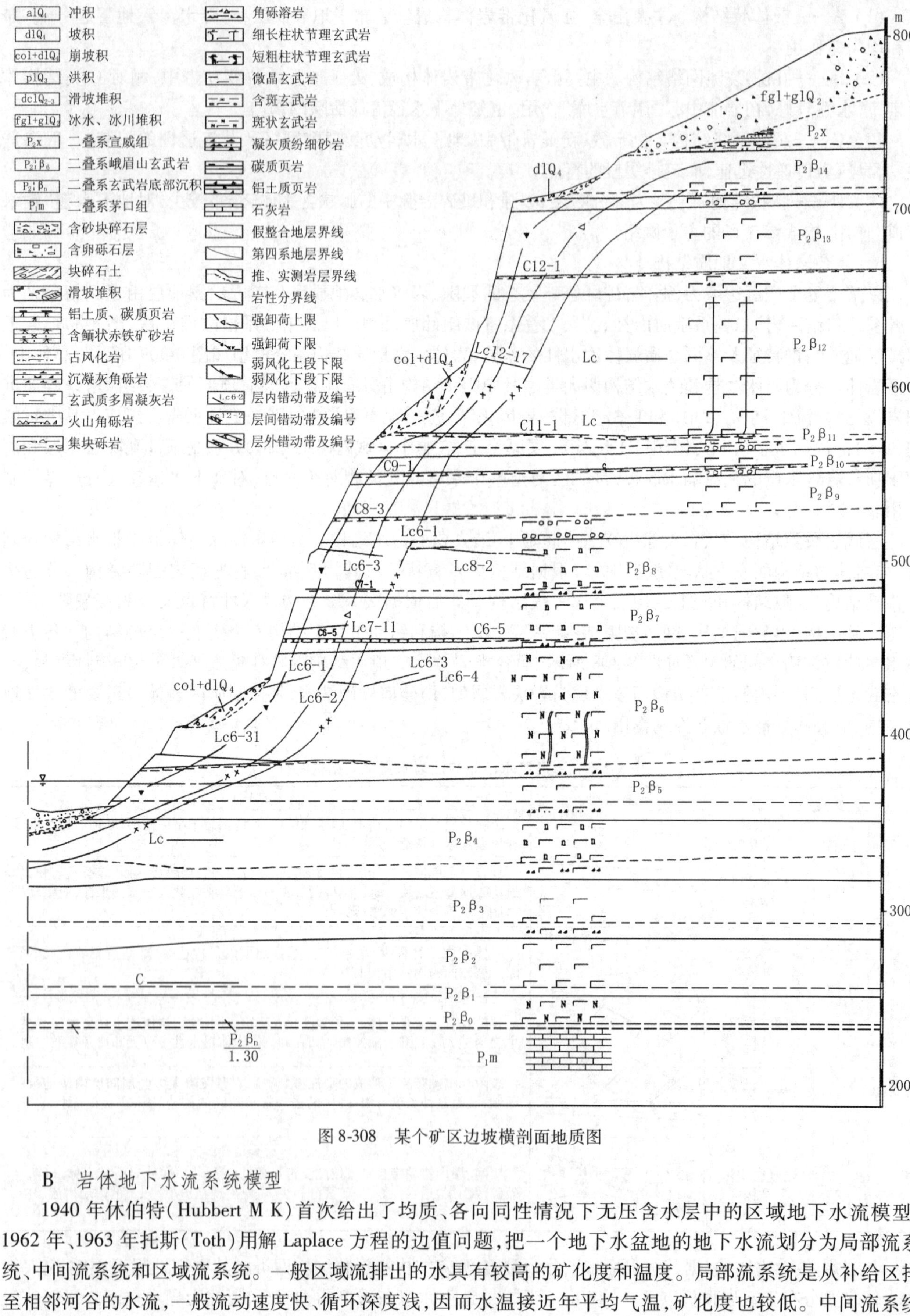

图 8-308 某个矿区边坡横剖面地质图

B 岩体地下水流系统模型

1940 年休伯特(Hubbert M K)首次给出了均质、各向同性情况下无压含水层中的区域地下水流模型。1962 年、1963 年托斯(Toth)用解 Laplace 方程的边值问题，把一个地下水盆地的地下水流划分为局部流系统、中间流系统和区域流系统。一般区域流排出的水具有较高的矿化度和温度。局部流系统是从补给区排至相邻河谷的水流，一般流动速度快、循环深度浅，因而水温接近年平均气温，矿化度也较低。中间流系统介于两者之间，它至少跨越一个以上的局部流。

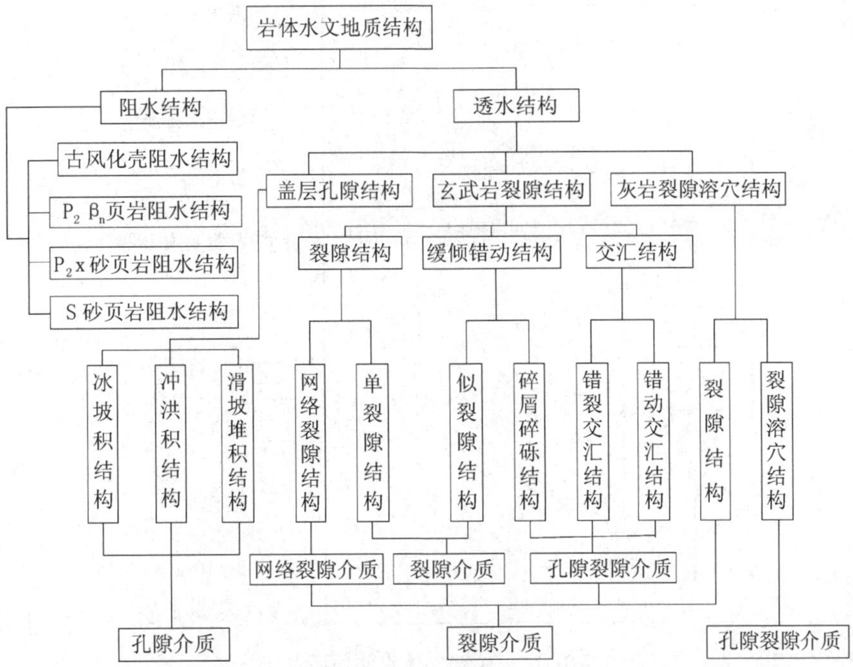

图 8-309 某矿区岩体水文地质结构系统模型范例

a 水文地质单元

从系统的观点分析和研究地下水问题是研究水文地质问题的一个重要方法。水文地质系统通常包括水文地质结构系统和地下水流系统两大部分。溪洛渡矿区位于复杂的裂隙、岩溶水文地质区，从水文地质结构系统分析入手，研究地下水流系统，对于深入、正确认识和评价矿区水文地质条件具有积极的作用。根据矿区水文地质结构系统与区域地下水流系统和局部地下水流系统建立的矿区岩体水文地质系统模型如图8-310所示。下面将在矿区水文地质结构系统模型的基础上，结合岩体渗透介质的特点，重点阐述矿区区域地下水流系统和局部地下水流系统的类型、范围以及补径排条件。

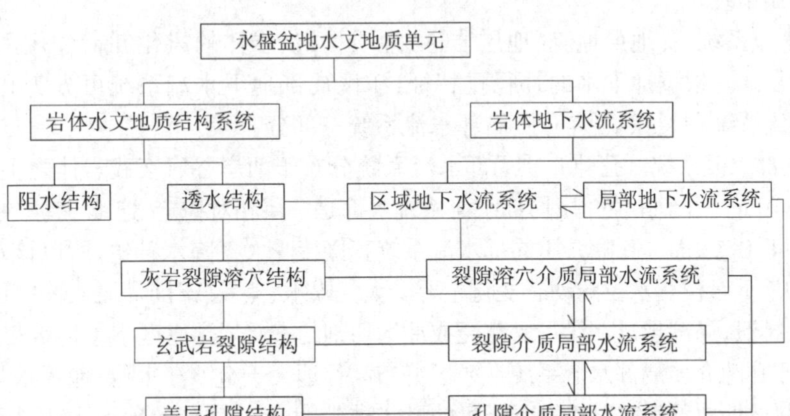

图 8-310 矿区岩体水文地质系统模型

雷波-永善菱形盆地内在次一级褶皱影响下又分为东北侧的马湖向斜盆地和南部的永盛向斜盆地，其间是竹叶坪背斜隆起。竹叶坪背斜隆起构筑成雷波-永善菱形盆地地表水和地下水的分水岭，将马湖向斜盆地和永盛向斜盆地分为构造上相对封闭、水文地质体系相对独立的两个次一级水文地质单元（图8-311）。由于竹叶坪隆起带阳新灰岩之下伏志留系相对隔水层分布位置均较高，天然状态下和水库正常蓄水后，两次一级水文地质单元之间无论是地表水，还是地下水均无直接水力联系。因此，矿区岩体地下水系统主要依赖于永盛盆地（水文地质单元）的水文地质条件。

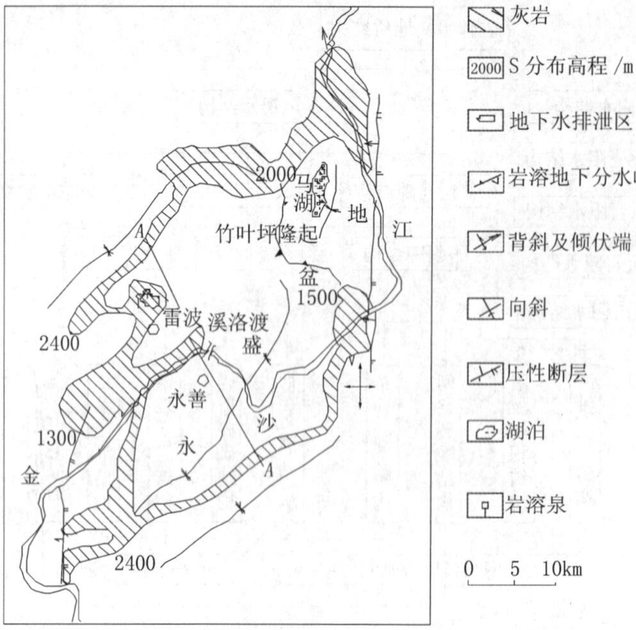

图 8-311 矿区岩体水文地质单元

永盛向斜盆地四周被背斜及叶竹坪隆起围限，永盛向斜的轴向北东。其中北西翼地层平缓，倾角 10°～15°，南东翼较陡，倾角 20°～35°。阳新灰岩在向斜轴部埋深于河床下 900m、高程 －500m 以下，谷肩以上埋深大于 1600m。矿区上游灰岩部分出露，下游埋藏于玄武岩之下。灰岩顶板在矿区河床下的高程为 220～300m。除盆地东侧黄龙滩发育一南北向规模不大的断层外，盆地内未见较大的断层切割。金沙江横贯永盛盆地，其切割深度大于 1000～1500m，是盆地最低侵蚀基准面和地下水、地表水的排泄区。盆地内陡峻的谷坡、狭窄的河道、向斜盆地状分布的透水岩体有利区域地下水流和局部地下水流系统发育。从现有的地质、水文地质勘探成果分析，矿区发育有两个既相互独立，又相互联系的地下水流系统，即区域地下水流系统和局部地下水流系统。

b 局部地下水流系统

矿区局部地下水流系统，受地形地貌、地层岩性、地质构造、岩体的风化卸荷作用和特定的水文地质结构影响，总体上较为复杂。根据地下水的补径排特征，矿区局部地下水流系统可分为孔隙介质局部水流系统、裂隙介质局部水流系统和裂隙-溶穴介质局部水流系统三部分。

(1) 孔隙介质局部水流系统。孔隙介质局部水流系统分布于两岸谷肩玄武岩体之上的孔隙介质之中，分布高程大多在 860～970m。由于孔隙介质局部水流系统下部是一层相对稳定、连续、厚度在 1.5～12.9m 的古风化壳，起隔水作用，即 $P_2\beta_{14}$ 顶面。孔隙介质局部水流系统直接接受大气降水补给，所以该水流系统具有相对固定的补给源和统一的地下水位。水位的动态变化主要受大气降水、蒸发、田间灌溉入渗等因素的影响。地下水总体上由山脊向河谷排泄，局部越过下伏古风化壳或冲沟切割的玄武岩出露区下渗补给玄武岩裂隙介质。

天然状态下，由于孔隙介质局部水流系统在矿区分布高程远大于金沙江水位，地下水与金沙江水无直接水力联系，所以在河谷斜坡处地下水多以接触下降泉的形式排泄，也有一部分的地下水透过遭风化卸荷作用破坏了的古风化层下渗补给河谷周边透水岩体，并通过其排向金沙江（图 8-311）。该水流系统地下水运动特征具有孔隙水的性质，水质特性表现为矿化度以 0.09～0.32g/L 居多，pH 值为 7.0～8.0，总碱度3.8～14.6 德国度，主要为 HCO_3-Ca-Mg 型水，少量 HCO_3-Ca 型水。

(2) 裂隙介质局部水流系统。裂隙介质局部水流系统分布于矿区玄武岩中，玄武岩成层发育，总体上透水性除河谷周边受风化卸荷作用影响的范围内（30～60m）较大外，其余均较微弱。尤其是 14 层成层状玄武岩垂直方向透水性远小于水平方向，加上分布于 $P_2\beta_{11}$、$P_2\beta_{13}$ 和 $P_2\beta_{14}$ 岩流层顶部的古风化层起着相对隔水作用，使裂隙介质中地下水垂向补给极其微弱。因此，玄武岩中地下水多以脉状水形式贮存，水量极小，补给来源主要来自地表冲沟玄武岩出露段降水入渗补给、孔隙介质局部水流少量下渗补给及谷边卸荷带临时侧向补给。沿层间层内错动带向河谷方向排泄,一般在裂隙介质中无统一地下水位。

值得指出的是,玄武岩在河谷周边 30 ~ 60m 范围内,由于卸荷风化作用,顺谷坡方向陡倾角裂隙发育,水平方向层间层内错动带风化强烈,岩体透水性明显增大,水交替作用活跃。在丰水季节,该带裂隙介质一方面得到大气降水的补给,另一方面得到顶部大量的河谷前缘孔隙介质地下水垂直入渗补给,在顺谷周边强透水带内形成临时性地下水位,其水力坡降大,水位稳定时间短。风化卸荷带进一步向岸坡内,裂隙介质成为该较强透水带岩体暂时的顺谷坡向相对隔水底板。而这个相对隔水底板并不完全隔水,其间发育有近平行的层间层内错动面。在临时性水动力作用下,较强透水带中地下水沿着层间层内错动面侧渗,由于临时性水动力作用时间不长,并且错动带本身透水性随侧向深度增大而减小,所以侧向水流水平循环深度有限。在平硐内都可以看到这种水流作用的痕迹,其深度一般在 100m 左右。当较强透水带临时性地下水位消退后,侧向渗入层间层内错动带的地下水,部分滞留在裂隙中,部分又倒排到较强透水带中。因此,沿着这些地下水来回流动的层间层内错动带,一般岩石及夹层受水流和风化作用较为明显。为此,把该带岩体称为地下水过路带。将两岸谷肩出现地下水位钻孔的水位出露高程投影到同一河谷横剖面上(图 8-312),其水头分布具有一定的规律性,即顺河谷周边对称分布,地下水出现的位置大致和地下水过路带相一致,说明该带地下水补给确实来自周边卸荷带较强透水岩体地下水临时性侧向补给。因为,过路带地下水若来自裂隙介质本身所含地下水,那么其分布不应是沿河谷周边呈带状,且应具有统一地下水位;如果是顺河谷周边较强透水岩体地下水侧向长期补给,则向山体内也应有连续地下水头分布,但实际情况并非如此,所以只能是来自侧向临时性的补给。

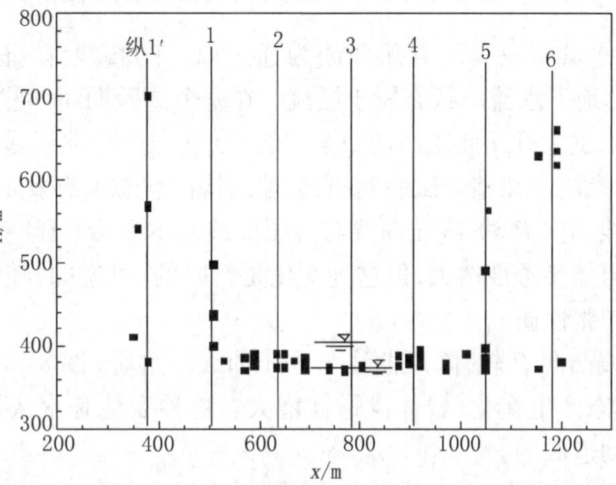

图 8-312 钻孔地下水位出露高程在河谷横剖面上的投影分布

(3)裂隙-溶穴介质局部水流系统。裂隙-溶穴介质局部水流系统位于矿区阳新灰岩地层中。根据地貌单元和地下水流特点,裂隙-溶穴介质局部水流系统分为两部分,即左岸豆沙溪沟一线表露灰岩裂隙-溶穴介质局部地下水流系统和右岸下伏灰岩裂隙-溶穴介质局部水流系统。

左岸豆沙溪沟一线表露灰岩裂隙-溶穴介质局部水流系统,地下水的补给主要来自于地表水和大气降水,向金沙江排泄。这部分地下水流,水交替作用强烈、周期短、水质类型以 HCO_3-Ca 为主,矿化度低。河谷一定深度范围内,地下水的各种物理、化学性质都以局部地下水流为主,区域地下水流反应微弱。

右岸下伏灰岩裂隙-溶穴介质局部地下水流系统,位于右岸金沙江近 90°转弯的折角岩体内,上部有玄武岩裂隙介质覆盖。由于灰岩层倾向下游,在河床中,Ⅷ勘线以下已埋入玄武岩下部,且灰岩与玄武岩接触面上有一层局部缺失、不连续的层相隔。正是因为这种特定的地形、地貌和地质条件,决定了这部分地下水流补给主要来自上游金沙江水,取直裁弯径直流向下游金沙江。由于该局部水流埋深大,水力坡降小,因此水交替作用相对缓慢。

c 裂隙岩体地下水动力模型

在实际工程勘探工作中,常常采用压水试验的方法探测岩体的透水性。常规压水试验段长一般取 5m,

按三级压力，五个阶段，即 $p_1 \to p_2 \to p_3 \to p_4(=p_2) \to p_5(=p_1)$，且有 $p_1=0.3\text{MPa}$，$p_2=0.6\text{MPa}$，$p_3=1\text{MPa}$。对于不同类型的介质和水文地质结构，裂隙岩体的地下水动力特征反映在压力 p 与流量 Q(L/min)曲线类型及曲线特点上有较大差异。综合分析各类岩体进行的常规压水试验成果，裂隙岩体地下水动力特征可归为五类形式（图 8-313）。

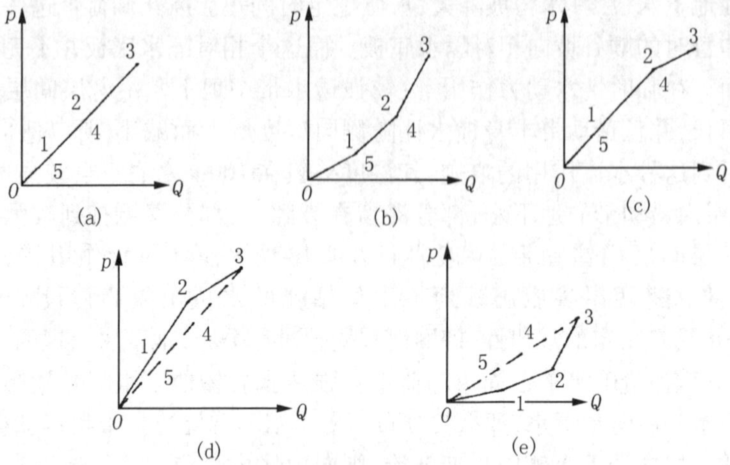

图 8-313 裂隙岩体地下水压力与流量曲线类型

(a)A 型（层流型）；(b)B 型（紊流型）；(c)C 型（扩张型）；(d)D 型（冲蚀型）；(e)E 型（充填型）

A 型（层流型）：常规压水试验获得的升压曲线为通过原点的直线，降压曲线与升压曲线基本上重合（图 8-313(a)）。裂隙岩体的地下水流动状态属于层流。在整个试验期间，裂隙结构面状态没有发生变化。

B 型（紊流型）：常规压水试验升压曲线凸向 Q 轴，降压曲线与升压曲线基本重合（图 8-313(b)）。裂隙岩体的地下水流动状态属于紊流。在整个试验期间，裂隙结构面状态没有发生变化。

C 型（扩张型）：升压曲线凸向 P 轴，降压曲线与升压曲线基本重合（图 8-313(c)）。在试验压力作用下裂隙结构面状态产生变化，岩体渗透性增大，但这种变化是暂时的、可逆的，随试验压力下降，裂隙结构面又恢复到原来状态，呈现弹性扩张性质。

D 型（冲蚀型）：升压曲线凸向 P 轴，降压曲线与升压曲线不重合（图 8-313(d)）。呈顺时针环状，在试验压力作用下裂隙结构面状态产生变化，岩体渗透性增大。这种变化是永久性的、不可逆的。多数是由于裂隙中的充填物被冲蚀、移动造成的。

E 型（充填型）：升压曲线凸向 Q 轴，降压曲线与升压曲线不重合（图 8-313(e)）。呈逆时针环状，试验阶段裂隙结构面状态产生变化，岩体渗透性减小。这种减小大多是由于裂隙被部分堵塞造成。试验时间不足也可能产生 E 型曲线。有人认为 E 型曲线是裂隙结构面处于半封闭、不连通状态，当被水充填后，流量即逐渐减小。

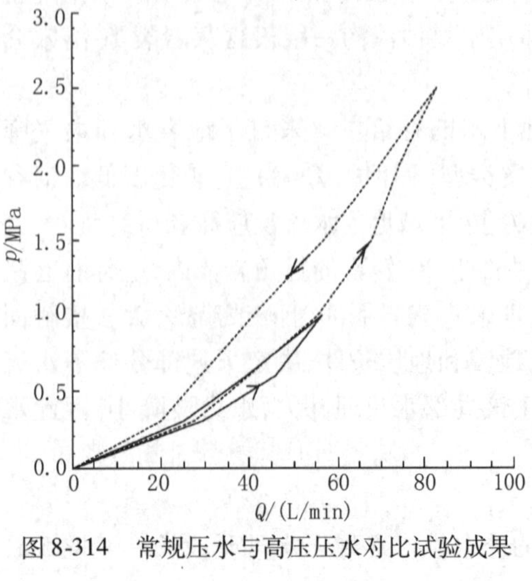

图 8-314 常规压水与高压压水对比试验成果

常规压水试验是一般工程勘探中采用的常规性方法。为了利用有限的资源，发挥最大的经济效益和社会效益，目前资源采矿工程规模愈来愈大，某些采矿工程边坡已接近或超过 500m。岩体裂隙结构面将承受巨大的水压力荷载作用。常规压水试验难以反映高水头作用下岩体裂隙结构面承受水压力与流量之间的关系。为此，在四川某矿区岩体个别钻孔中分别进行了常规压水试验和高压压水试验（图 8-314）。高压压水试验压水试验段长取 5m，按五级压力，九个阶段，即 $p_1 \to p_2 \to p_3 \to p_4 \to p_5 \to p_6(=p_4) \to p_7(=p_3) \to p_8(=p_2) \to p_9(=p_1)$，且有 $p_1=0.3\text{MPa}$，$p_2=0.6\text{MPa}$，$p_3=1\text{MPa}$，$p_4=1.5\text{MPa}$，$p_5=2.5\text{MPa}$。从常规压水试验和高压压水试验 p-Q 关系曲线图 8-314 反映出，常规压水试验与高压压水试验曲线类型完全一致，属于 E 型（充填型）曲线。

表明矿区岩体在承受2.5MPa压力水头作用下的透水性与常规压水试验下的变化没有本质区别。

求解裂隙介质地下水渗流场需要建立合适的渗流模型,目前的数学模型可分为以下几种:等效连续介质模型、双重介质模型、离散裂隙网络模型、耦合模型等。

C 等效连续介质模型

等效连续介质模型就是把岩块-裂隙系统等效成连续介质,用连续介质理论描述渗流方程。等效连续介质模型的优点是可以直接应用较成熟的孔隙介质渗流理论,操作性好。不足之处有:(1)适用范围经常受到限制,因为不是所有裂隙岩体均可等效为连续介质;(2)典型单元体的大小和等效水力参数较难确定;(3)把裂隙岩体等效为连续介质,不能很好地刻画裂隙的特殊导水作用。当研究区域存在REV且与研究区域尺度相比较小时,则可以采用等效连续介质模型来描述边坡裂隙介质中的地下水运动。

a 运动方程和连续性方程

设裂隙水流仍为Darcy流,连续性方程为:

$$-\left(\frac{\partial q_x}{\partial x}+\frac{\partial q_y}{q y}\right)M=\mu^*\frac{\partial H}{\partial t} \tag{8-361}$$

二维平面问题的运动方程为:

$$\frac{\partial}{\partial x}\left(K_{xx}M\frac{\partial H}{\partial x}+K_{xy}M\frac{\partial H}{\partial y}\right)+\frac{\partial}{\partial y}\left(K_{yx}M\frac{\partial H}{\partial x}+K_{yy}M\frac{\partial H}{\partial y}\right)=\mu^*\frac{\partial H}{\partial t} \tag{8-362}$$

式中 K——渗透系数;

M——含水层厚度。

类似地,三维情况的运动方程为:

$$\frac{\partial}{\partial x}\left(K_{xx}\frac{\partial H}{\partial x}+K_{xy}\frac{\partial H}{\partial y}+K_{xz}\frac{\partial H}{\partial z}\right)+\frac{\partial}{\partial y}\left(K_{yx}\frac{\partial H}{\partial x}+K_{yy}\frac{\partial H}{\partial y}+K_{yz}\frac{\partial H}{\partial z}\right)+\frac{\partial}{\partial z}\left(K_{zx}\frac{\partial H}{\partial x}+K_{zy}\frac{\partial H}{\partial y}+K_{zz}\frac{\partial H}{\partial z}\right)=\mu_s\frac{\partial H}{\partial t} \tag{8-363}$$

式中 μ_s——储水率。

b 柱坐标系下的运动方程

在地下水径流问题中,Theis公式只适合于均质各向同性的含水层。但在许多情况下,含水层是各向异性的,例如裂隙含水层,因此有必要介绍均质各向异性含水层中的径向流方程,即柱坐标系下的运动方程。

(1) 平面问题。

1) 轴向各向异性。假定在各向异性含水层中,有一完整井,且满足Theis假定。若取水平坐标轴方向与主渗透系数方向一致,则岩体地下水运动方程为:

$$\frac{\partial}{\partial x}\left(K_xM\frac{\partial H}{\partial x}\right)+\frac{\partial}{\partial y}\left(K_xM\frac{\partial H}{\partial y}\right)=\mu^*\frac{\partial H}{\partial t}\quad(t>0) \tag{8-364}$$

柱坐标表示地下水运动方程为:

$$\frac{\partial^2 H}{\partial r^2}+\frac{1}{r}\frac{\partial H}{\partial r}=\frac{\mu^*}{M}\frac{\partial H}{\partial t} \tag{8-365}$$

式中 M——含水层厚度;

μ^*——储水系数;

r——以井轴为圆心的径向距离。

2) 非轴向各向异性。岩体地下水运动方程为:

$$\frac{\partial^2 H}{\partial x''^2}+\frac{\partial^2 H}{\partial y''^2}=\frac{\mu^*}{M}\frac{\partial H}{\partial t} \tag{8-366}$$

在柱坐标下的运动方程为:

$$\frac{\partial^2 H}{\partial r^2}+\frac{1}{r}\frac{\partial H}{\partial r}=\frac{\mu^*}{M}\frac{\partial H}{\partial t} \tag{8-367}$$

(2)三维问题。岩体地下水运动方程为:

$$\frac{\partial^2 H}{\partial x''^2}+\frac{\partial^2 H}{\partial y''^2}+\frac{\partial^2 H}{\partial z''^2}=\mu_s\frac{\partial H}{\partial t} \tag{8-368}$$

用柱坐标表示方程(8-368)得:

$$\frac{\partial^2 s}{\partial r^2}+\frac{1}{r}\frac{\partial s}{\partial r}+\frac{\partial^2 s}{\partial z^2}=\mu_s\frac{\partial s}{\partial t} \tag{8-369}$$

应用柱坐标系下的岩体地下水运动方程可以较为方便地求解裂隙岩体含水层中的井流问题。

D 双重介质模型

对裂隙介质渗流研究而言,当典型单元体和研究区域相比足够小时,可采用连续介质渗流理论,即认为研究区域是由一系列典型单元体组成的连续介质体。例如对多孔介质而言,通过逐一研究单个小孔隙的结构来揭示其渗透特性是很困难的,而且也没有必要;可在多孔介质研究区域中取一典型单元体,它是包含在一个小体积内的大量小孔隙的集合体,它要比单个小孔隙大得多,但和所考虑的研究范围相比又足够小;典型单元体的渗透特性反映了众多小孔隙特性的统计平均规律。这样,多孔介质研究区域就可以看成由这种典型单元体组成的连续介质体,其渗透特性由典型单元体来宏观表示,而不是由每个小孔隙来直接表示。

对密集裂隙介质(如风化岩体)而言,其典型单元体要比多孔介质的典型单元体大,但仍然和所考虑的研究范围相比足够小。由于裂隙渗流具有明显的方向性,所以表示众多裂隙渗流特性统计规律的典型单元体也表现为渗透特性各向异性。这样,密集裂隙介质就可以看成由这些典型单元体组成的各向异性的等效连续介质,采用反映渗透特性各向异性的渗透系数张量(或渗透率张量)理论来进行渗流分析。和 Darcy 定律一样,渗透系数张量(或渗透率张量)理论包含有等效连续介质渗流的假定,即认为具有方向性的渗透流体充满整个渗流区域,而实际上渗流只在裂隙中定向流动,渗透流体并不连续。等效连续介质渗流的假定也是在渗流量等效的基础上作出的。

双重介质模型也是一种连续介质模型,该模型认为岩块孔隙系统(包括微裂隙)和裂隙系统连续地充满整个研究域,即把裂隙岩体看作是具有不同水力参数的两种连续介质的叠加体,两种连续介质中的渗流场均建立在 Darcy 定律的基础上,并依据两种介质间的水交换项来联立求解各自的渗流场。双重介质模型在一定程度上刻画出了优先流的现象,而且考虑了岩块与裂隙间客观存在的物质量交换,具有较好的拟真性;把裂隙网络等效为连续介质来研究,也具有较好的操作性。但有时裂隙网络不一定能等效为连续介质,因为其典型单元体不一定存在,或存在但太大,故该模型的适用范围受到了限制;同时,该模型中的物质交换系数难以确定,因而一定程度上影响着其拟真性。

a 双重介质渗流模型

狭义双重介质渗流模型假定裂隙导水,孔隙储水,两者在裂隙壁进行流体质量交换(满足质量平衡)。广义双重介质渗流模型认为连通大裂隙导水,广义岩块(被连通大裂隙切割的含孔隙和密集裂隙的岩体)储水,两者在连通大裂隙壁进行流体质量交换(满足质量平衡)。由于同时考虑裂隙和孔隙的渗透特性,因而较全面地反映了复杂介质中的渗流问题。但求解需进行迭代运算,比等效连续介质渗流模型和非连续介质水流模型都复杂。

多重介质渗流模型将裂隙和孔隙按规模和渗透性分为四级体系:一级真实裂隙网络、二级随机裂隙网络、三级等效连续介质体系、四级连续介质体系。各级体系之间进行流体质量交换(满足质量平衡)。这种模型全面地反映了复杂介质中的渗流问题,且各级体系的模拟生成和地质勘测、试验相结合,但求解难度很大。

将岩体中的裂隙和岩块分别考虑,如果忽略单个裂隙的形状、规模和空间位置对地下水运移的影响,认为含水层中孔隙和裂隙发育是均匀的,裂隙的分布是随机的,孔隙率和裂隙率在各处大致相等。双重连续介质模型假设裂隙介质为两个重叠的连续系统,裂隙网络系统和岩块系统。假定介质中的岩块和裂隙分布都是连续的,如果取一典型单元体,其孔隙(或微裂隙)率为 n_p,裂隙率为 n_f,则在研究区内任意一点存在两个物理量量值,二者可以不同,裂隙和岩块之间的水量交换与它们之间的水头差成正比,溶质交换量与二者之间的溶质浓度差成正比。

Bourdet(1980)讨论了裂隙和岩块的尺寸问题,定义了体积比、孔隙度、储容系数等(表 8-286)。把基质块体理想化为几种不同的典型形状,图 8-315 中列出了几种,如层状、球状、柱状和立方体基质块体。

表 8-286 双重介质有关参数

项 目	裂隙系统	基质系统	整体系统
体积比	$V_f=\dfrac{\text{裂隙系统体积}}{\text{整体体积}}$	$V_m=\dfrac{\text{基质系统体积}}{\text{整体体积}}$	$V_{f+m}=V_f+V_m=1$
孔隙度	$n_f=\dfrac{\text{裂隙系统孔隙体积}}{\text{裂隙系统总体体积}}$	$n_m=\dfrac{\text{基质系统孔隙体积}}{\text{基质系统总体体积}}$	$n=V_f n_f+V_m n_m$
储容系数	$(V_n c_t)_f=V_f n_f c_f$	$(V_n c_t)_m=V_m n_m c_m$	$(V_n c_t)_{f+m}=(nc_t)_{f+m}$

注:储容比:$\omega=(V_m c_t)_f/(V_m c_t)_{f+m}$。

基质块形状因子 α 表示如下:

$$\alpha=\frac{4n(n-2)}{L^2} \tag{8-370}$$

式中 n——基质块形状的维数;

L——其特征长度。

图 8-315 所示为几种典型基质块的形状因子 α 值在表 8-287 中。

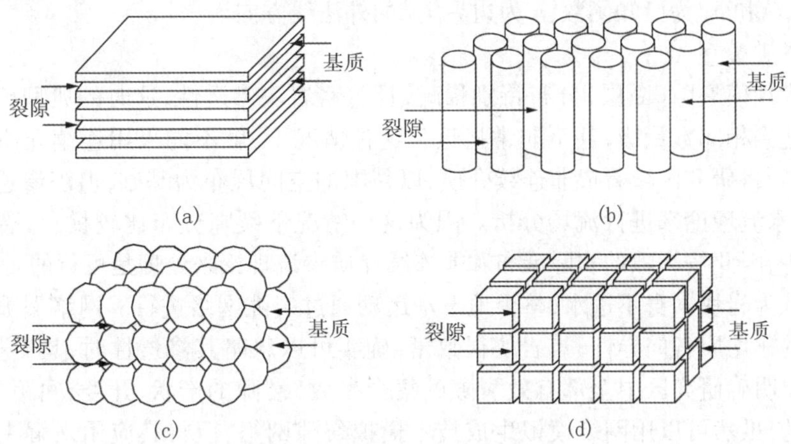

图 8-315 几种典型基质块形状

(a)层状;(b)圆柱;(c)圆球;(d)立方体

表 8-287 典型基质块的形状因子

基质块形状	维数 n	特征长度 L	形状因子 α
层状(厚度 h_1)	1	h_1	$12/h^2$
球状(半径 r_1)	3	$2r_1$	$15/r_1^2$
圆柱(半径 r_1)	3	$2r_1$	$15/r_1^2$
立方体(边长 a)	3	α	$15/\alpha^2$

根据实际问题的特点以及模拟时的要求,又可将双重介质模型分为:双孔隙度模型、双重渗透模型。

(1) 双孔隙度模型。在很多情况下,岩块的渗透率远远小于裂隙介质的渗透率,如以 K_1 表示裂隙介质的渗透系数,K_2 表示岩块的渗透系数,则有 $K_2<K_1$。这样,在模拟计算时可以认为 $K_2=0$,使得控制方程组中有两个孔隙度,但只有一个渗透系数,因而这种模型称作双孔隙度模型。溶质运移的双孔隙度模型假设岩块系统中仅存在分子弥散作用,而水流速度为零。

(2)双重渗透模型。如果岩体中岩块的渗透率 K_2 不能忽略,这样,岩块系统中不仅存在分子弥散作用,而且水流速度不为零,即为双重渗透模型。

b 双重裂隙介质模型

双重介质模型三维地下水运动的微分方程为:

$$\mu_s^a \frac{\partial H_a}{\partial t} + \mu_s^r r \int_0^t e^{-r(t-\tau)} \frac{\partial H_a}{\partial \tau} d\tau = \operatorname{div}(K^a \operatorname{grad} H_a) \tag{8-371}$$

式中 K^a——主干裂隙介质的渗透系数张量;

μ_s^a,μ_s^r——主干裂隙介质和分枝裂隙介质的储水率;

r——迁移系数,$r = \frac{c}{\mu_s^r}$;

c——比例常数;

t——时间。

对应双重介质主干裂隙地下水运动微分方程的定解条件为:

$H_a(x_i,t)|_{t=0} = \phi_0(x_i),(x_i) \in \Omega$,初始条件;

$H_a(x_i,t)|_{\Gamma_1} = \phi_1(x_i,t),(x_i) \in \Gamma_1, t>0$,第一类边界条件(Dirichlet 条件);

$K_{it}^a \frac{\partial H_a}{\partial x_j}\cos(n,x_i)|_{\Gamma_2} = q_0(x_i,t),(x_i) \in \Gamma_2, t>0$,第二类边界条件(Neumann 条件);

式中,$\phi_0(x_i)$,$\phi_1(x_i,t)$和 q_0 为已知函数;n 为边界 Γ_2 的外法线方向。

E 网络裂隙介质模型

如果岩体内的大规模裂隙(断层)分布特别稀疏,且忽略岩块渗透性,这时的典型单元体尺寸和所考虑的研究范围相比已达到相同数量级,甚至非常接近。这种情况下,就不能采用连续介质渗流或等效连续介质渗流的假定,而必须将研究区域看成非连续介质,以裂隙的空间展布为基础,追踪渗透流体沿各条裂隙的流动,按非连续介质水流理论来进行流场分析。因为这种情况下裂隙分布比较稀疏,裂隙数量相对密集裂隙介质来说显得很少,因此按裂隙的实际展布和非连续介质渗流理论来处理是可行的。

网络裂隙模型认为岩块本身不透水,整个地下水运动通过裂隙网络进行。网络裂隙介质模型能较好地描述裂隙岩体渗透的非均质各向异性;当岩块很致密,确实可以忽略其渗透性时,具有拟真性好、精度高的优点。但该模型需要明确研究区中全部有效裂隙的集合参数(裂隙的产状、开度、间距、迹长等),这在实际工程中是很难办到的,虽然可以用网络模拟生成技术模拟裂隙网络,但将其应用来解决实际工程问题还有待于进一步验证。

a 裂隙网络渗流的基本概念和理论

(1) 基本概念。

1) 岩体渗透率。岩体渗透率(Permeability)是表征岩体介质特征的函数,它描述了岩体介质的一种平均性质,表示岩体介质传导流体的能力。

对于单裂隙介质而言,其岩体裂隙的渗透率为:

$$k_f(\sigma) = \frac{b^2}{\lambda}\exp(-a\sigma) \tag{8-372}$$

式中 $k_f(\sigma)$——岩体(单裂隙介质)在应力为 σ 时的渗透率;

λ——与岩体裂隙粗糙度有关的参数,当裂隙平直光滑无充填物时,$\lambda=12$,否则,$\lambda<12$;

b——在初始应力时单裂隙隙宽。

对于裂隙系统而言,岩体的等效渗透率为:

$$k_f(\sigma_a) = \frac{b^2}{\lambda S}\exp(-a\sigma_a) \tag{8-373}$$

式中 S——岩体中裂隙的平均间距;

σ_a——岩体的等效法向压力。

2）渗透系数。渗透系数也称水力传导系数，是岩体介质特征和流体特性的函数，它描述了岩体介质和流体的一种平均性质。在岩体水流系统中，渗透系数可表征地下水流经空间内任一点上的介质的渗透性；也可表征某一区域内介质的平均渗透性；也可表征某一裂隙段上介质的渗透性。

对岩体裂隙介质而言，渗透系数可表示为：

$$K_f(\sigma) = k_f(\sigma)\left(\frac{\rho g}{\mu}\right) \tag{8-374}$$

式中 $K_f(\sigma)$——岩体在应力为 σ 时的渗透系数。

当同时考虑异常温度时，式(8-374)可写成：

$$K_f(\sigma,T) = k_f(\sigma)\left[\frac{\rho(T)g}{\mu(T)}\right] \tag{8-375}$$

式中 $K_f(\sigma,T)$——异常温压作用下岩体的渗透系数；

ρ,μ——流体的密度和动力黏滞系数；

g——重力加速度。

3）渗透网络。在岩体中随机分布的裂隙切割关系构成岩体中的裂隙网络，其中具有连通关系和水流流动的部分称为渗透网络。

4）岩体裂隙网络系统。岩体裂隙网络系统（Fractures network system）是指岩体系统内不同成因类型、不同力学性质、不同规模和不同方向的裂隙个体在空间上相互交叉，构成的网络状系统。裂隙网络系统的地下水渗透具有非均质性和各向异性以及定向性。

5）非连通裂隙网络。由于裂隙网络系统中阻水裂隙的存在，还有裂隙的切穿性差，引起裂隙中水流断续分布，这些互不连通的裂隙或存在阻水裂隙的网络称为非连通裂隙网络。

6）裂隙水偏流效应。由于裂隙网络系统中裂隙的隙宽大小差异，引起绝大部分水流集中在隙宽较大的少数裂隙内，这种现象田开铭教授通过室内试验得到了证实。Tsang（1987）把这一现象称为沟槽（Channeling）现象，并提出了沟槽流模型。

（2）裂隙网络渗流理论。裂隙岩体不同于完整岩石和土体，它不是由细小颗粒或散粒体组成的多孔介质，而是由随机分布的裂隙和被裂隙切割的岩块组成的不连续介质，裂隙岩体地下水流不同于多孔介质渗流。岩体中的裂隙构成裂隙网络，在连通的裂隙网络中，假定水流充满整个裂隙，裂隙内充填颗粒的粒间孔隙中也被水流充填，裂隙内的水流特征等同于孔隙介质中的渗流特征，这种地下水流称为裂隙网络渗流。裂隙网络渗流具有几个特点：

1）裂隙岩体中岩块的渗透性一般很微弱，裂隙才是岩体中的水流通道，岩体裂隙网络渗流具有定向性。

2）裂隙网络渗流仅是一种网络流。

3）裂隙网络渗流是在岩体裂隙中非均匀的面状流动，具有高度的非均匀性和各向异性，其对岩体所产生的渗流力是面力而不是体积力。

4）裂隙网络中的单一裂隙渗流服从立方定律。

5）岩体的渗透性大小取决于岩体中结构面的性质及岩块的岩性。

6）裂隙网络渗流受应力场影响明显。

7）复杂裂隙系统中渗流，在裂隙交叉处，具有“偏流效应”，即裂隙水流经大小不等裂隙交叉处时，水流偏向宽大裂隙一侧流动。

（3）裂隙网络的生成。

1）裂隙网络模拟分布的基本原理。野外岩体裂隙的分布状况是极其复杂的，但在统计意义上讲，岩体裂隙的分布特征服从一定的规律。因此我们可以通过野外天然露头、平硐、隧洞以及井下石门巷道等裂隙的统计分析，建立裂隙分布的概率模型，进而应用随机模拟的方法，在计算机上绘出反映该分布规律的裂隙网络。裂隙网络的计算机模拟恰好与现场实测统计相反，现场量测统计过程是根据岩体中裂隙发育状况来求得表征它们的各种几何参数的统计模型，这些几何参数包括：裂隙的组数，每组的产状、间距、迹线长度。

而计算机裂隙网络模拟过程是根据量测得到的几何参数分布规律，在计算机上应用 Monte Carlo 方法，按已知密度函数进行随机抽样，从而得到与实际分布函数相似或相对应的人工随机变量，进而可以推算出每一条裂隙的端点坐标，所有这些裂隙组合起来就构成了岩体裂隙网络图像。

2）岩体裂隙的分布规律。要想在计算机上得到与实际情况相对应的裂隙网络，首先应从实际工程统计得到有关裂隙分布规律。

裂隙长度的分布规律：Hudson 和 Priest 对有关裂隙长度的分布进行了大量的调查，为便于分析，引入了迹线长度、半迹线长度、删节半迹线长度等概念。由于天然露头、平硐、隧洞以及石门巷道等所能揭露的空间有限，我们只能测得迹线的一部分长度，通过对迹线、半迹线和删节迹线的关系研究并结合实际工程，Hudson 和 Priest 得到几种迹线长度的分布规律呈负指数分布、均匀分布和正态分布。一些学者认为裂隙长度满足幂律分布，即：

$$n(l,L) = d_c L^2 (a-1)\frac{l^{-a}}{l_{\min}^{-a+1}} \tag{8-376}$$

式中 $n(l,L)$——长度为 l 的裂隙的概率密度，且所有裂隙的中心在区域 $L\times L$ 范围内，研究区域尺度为 L，满足 $l_{\min} < L < l_{\max}$；

a——幂律指数，由实测数据对 $(n(l,L), l)$ 回归得到，其大小变化为 1 ~ 3；

d_c——研究域内裂隙的密度。

裂隙间距的分布规律：裂隙的间距是反映岩体完整性的重要参数，许多人进行了这方面的研究。就目前而言，尚没有统一的方法，大致可分为三种：一种是力学模型，一种是概率分布模型，另一种是分形几何模型。

力学模型认为裂隙的间距与岩层的厚度成正比且分布均匀，其理论基础是断裂力学，它认为裂隙断裂能和岩体中应变能是控制裂隙网络形成的主因。概率分布模型是基于对岩体裂隙间距大量统计分析得到的，国际上许多学者对裂隙间距进行了统计分析，大部分统计结果表明，裂隙间距分布多呈现对数分布或负指数分布。分形理论的出现引起了工程师的广大兴趣，近年来，分形概念也用于裂隙间距研究，分形几何一个重要特征是自相似，分维是定量描述分形的重要参数。Allegre C J 提到，宏观现象与微观机制有密切的关系，并应用重正化理论由细观推导宏观，从机制上得到了宏观现象。

此外，根据野外实测数据和室内统计表明，大量裂隙的隙宽满足对数正态分布，而对单个裂隙本身而言，满足指数分布。裂隙的产状（走向、倾向和倾角）则一般满足正态分布。

表 8-288 是某矿区裂隙的几何参数统计，其优势方向为 NE 和 NW 向。对各参数的几何分布分别进行拟合，部分参数的拟合结果见图 8-316。

表 8-288 某水电站矿区裂隙几何参数统计

几何参数		走向/(°)	倾向/(°)	倾角/(°)	迹长/m	间距/m	张开度/cm
均 值	E	42.70	132.00	56.20	64.00	20.00	3.60
	NW	290.00	200.00	78.00	64.00	100.00	6.20
标准差	NE	19.97	19.97	11.71	54.80	27.79	4.30
	NW	14.10	14.10	9.90	54.80	20.50	7.12
分布形式	NE	正 态	正 态	正 态	正 态	负指数	负指数
	NW	正 态	正 态	正 态	正 态	负指数	负指数

3）岩体裂隙网络的模拟。Monte-Carlo 模拟方法利用均匀随机数产生服从特定分布的随机变量，这一随机变量可以模拟自然岩体裂隙的产状、间距和迹长等，最后确定空间中特定的裂隙，从而得到一个完整的裂隙网络。满足某种分布的随机变量的求解可用反函数法，使某个变量的分布函数 $F(x)$ 等于 $[0,1]$ 之间的随机数 r，从而解出变量 x 即可 $(F^{-1}(r))$。

例如满足对数正态分布的随机变量求解变量的密度函数为：

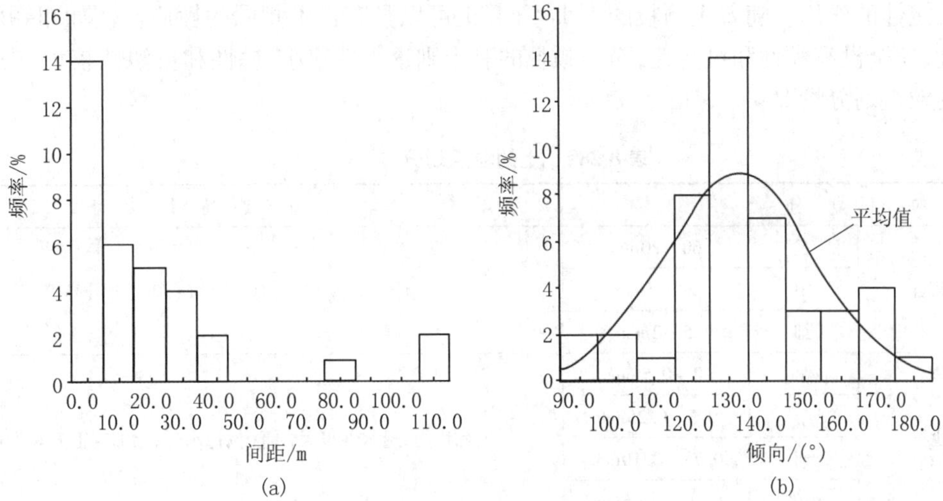

图 8-316 裂隙几何参数分布拟合

(a)间距(NE)频率直方图;(b)倾向(NE)分布拟合

$$f(b) = \frac{1}{\sqrt{2\pi}\sigma_b}\exp\left[-\frac{1}{2}\left(\frac{\ln b-\mu_b}{\sigma_b}\right)^2\right] \tag{8-377}$$

分布函数:

$$F(b) = \int_{-\infty}^{b}\frac{1}{\sqrt{2\pi}\sigma_b}\exp\left[-\frac{1}{2}\left(\frac{\ln b-\mu_b}{\sigma_b}\right)^2\right]db \tag{8-378}$$

令 $r=F(b)$,则 $b=F^{-1}(r)$ 即为所求得的随机变量。经过推导,得:

$$b = \exp\left[\mu_x+\sigma_x\left(\sum_{i=1}^{12}r_i-6\right)\right] \tag{8-379}$$

式中,$\mu_x = \ln\mu_b - \frac{1}{2}\sigma_x^2$;$\sigma_x^2 = \ln\left[1+\left(\frac{\sigma_b}{\mu_b}\right)^2\right]$,$r$ 为[0,1]之间随机数的第 i 个元素。

在生成裂隙网络时,裂隙倾角、长度、间距是随机变量,对于圆盘形裂隙,裂隙在模拟区的位置由裂隙的中点和半径确定,按照一定的分布规律,生成裂隙网络。

4)裂隙面连通率的计算模拟。事实上,对于多边形裂隙网络,三维裂隙网络中的裂隙面均为无限面,但实际岩体中的裂隙面的尺寸均有限,宏观上呈断续分布。为了使三维裂隙网络能反应实际情况,引入裂隙面连通率的概念,即认为无限延伸的裂隙面有一部分是非连通的,非连通部分裂隙宽度为0。例如,当裂隙面的连通率为70%,则表示其中30%面积的隙宽为0。裂隙面上不连通部分的位置用随机的方法确定,如某一裂隙面的连通率为 r_0,则当分析到该裂隙面上各单元时,调用产生随机数子程序,生成一个随机数 r,若 $r<r_0$,该单元为正常单元,其隙宽按给定值计算;若 $r>r_0$ 时,该单元为非连通单元,其隙宽 $b=0$。

b 裂隙网络水流的计算方法

裂隙网络渗流的求解是比较复杂的,根据所建立的不同模型,主要有以下几种求解方法:有限元法、图论法、线素法、张量法等。

F 土质边坡的渗流特征

对于土质边坡体来说,其渗流特征与边坡土体的性质密切相关,考虑土体性质的差异可将土质边坡分为砂性土边坡、黏性土边坡、土石混合边坡、软土边坡及黄土边坡,土质边坡的渗流计算中一般都将土体看成是多孔介质进行分析。

a 土体水文地质结构模型

(1)土体结构。土是由固体颗粒、水和气体三部分组成的三相体系。固体颗粒构成了土骨架,它对土的物理力学性质起决定性的作用。随着土颗粒的大小不同，土可以具有很不相同的性质。例如粗颗粒的砾石具有很大的透水性，完全没有黏性和可塑性；而细颗粒的黏土则透水性很小，黏性和可塑性较大，表 8-289 表示国内常用的土的粒组划分情况。

表 8-289　土的粒组划分

粒组划分				主要特征
粗粒土	砾石	粗	60 ~ 20mm	无黏性，易透水，有一定的毛细管上升高度
		中	20 ~ 5mm	
		细	5 ~ 2mm	
	砂粒	粗	2 ~ 0.5mm	无黏性土，透水性很大，不能保持水分；毛细管上升高度很小
		中	0.5 ~ 0.25mm	
		细	0.25 ~ 0.10mm	
		极细	0.10 ~ 0.05mm	
细粒土	粉粒		0.05 ~ 0.005mm	湿时有微黏性，透水性小，毛细管上升高度较大
	黏粒		<0.005mm	有黏性和可塑性，透水性极微，其性质随含水量具有较大变化
	胶粒		<0.002mm	

实际上，土常是各种大小不同颗粒的混合物，较笼统地说，以砾石和砂粒为主要组成的土称为粗粒土，也称无黏性土。以粉粒、黏粒和胶粒为主的土，称为细粒土，也称为黏性土。土的结构是指土颗粒本身的特点和颗粒间相互关系的综合特征，具体来说是指：

1）土颗粒本身的特点：土颗粒大小、形状和摩圆度及表面性质（粗糙度）等。

2）土颗粒之间的相互关系特点：粒间排列及其连接性质。

土的结构包括颗粒或粒团在空间的几何排列（即组构），及相邻颗粒或粒间的电作用力两方面的内容。通常，可以将沉积土的结构分为以下三种典型类型：

1）单粒结构。粗粒土的比表面积小，在沉积过程中，粒间作用力的影响与其重力相比可忽略，主要受重力作用，在重力作用下下沉时，一旦与已沉稳的土粒相接触，就滚落到平衡位置而形成这种单粒结构，如图 8-317 所示。单粒组构是砂、砾等粗颗粒土在沉积过程中形成的代表性结构。粗颗粒土沉积过程中土粒堆积过程缓慢，并且被反复推移，如海、湖岸边激浪的冲击推移作用，所沉积的砂层常呈紧密的单粒结构。砂粒浑圆光滑者排列将更紧密，孔隙小，孔隙率也小，土粒位置较稳定。具有单粒结构的碎石土和砂土，虽然孔隙比较小，但孔隙率大，透水性强，孔隙水很容易排出，在荷载作用下压密过程很快。

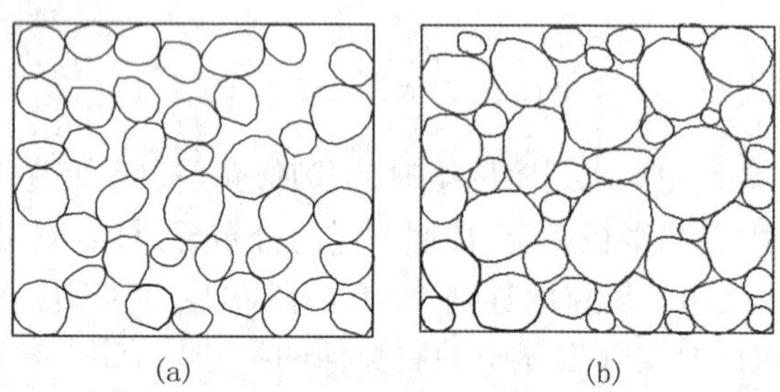

图 8-317　单粒结构
(a) 松散的单粒结构；(b) 密实的单粒结构

2）片架结构。当细颗粒在盐水中沉淀时，由于盐水中含有大量的阳离子，浓密的阳离子被吸附于颗粒表面，平衡了相当数量的表面负电位，使得颗粒得以相互靠近，因此斥力减小而引力增加。彼此容易结合在一起，这种情况下容易形成以颗粒角、边、面或边与边的搭接为主的排列形式，称为片架结构或絮凝结构，这种结构具有较大的孔隙，对扰动比较敏感，但性质比较均匀，各向同性。

3）片堆结构。当微细的颗粒在淡水中沉积时，因为淡水中离子浓度小，颗粒表面吸附的阳离子较少，存在着较高的未被平衡的负电位，因此颗粒间的结合水膜比较厚，粒间的作用力表现为净斥力，这种情况下沉积的颗粒常形成面对面的片状堆积，称为片堆结构或分散结构，这种结构颗粒的定向程度较高，密度较大，具有明显的各向异性。

土的天然结构是在其沉积和存在的整个历史过程中形成的。土因其组成、沉积环境和沉积年代不同而形成各色各样很复杂的结构，它们通常不是单一的结构，而是呈多种类型的综合结构。

（2）土质边坡的构造。土质边坡的构造土体的构造和它的结构特征一样，也是在它生成过程各有关因素作用下形成的，是指整个上层（土体）构成上的不均匀性特征的总和。整个土体构成上的不均匀性包括：层理、夹层、透镜体、结核、组成颗粒大小悬殊及裂隙发育程度与特征等。这种构成上的不均匀性是由于矿物成分及结构变化所造成的。而一般土体的构造在水平方向或竖直方向变化往往较大，其特征受成因控制。土体构造特征反映土体在力学性质和其他工程性质的各向异性或上体各部位的不均匀性，因此，要掌握其变化规律。例如，由砂土和黏性土组成的层状或互层构造土体的物理力学性质皆显示其各向异性特点；黄土边坡由于其垂直节理（裂隙）发育，强烈地降低其抗水稳定性和力学稳定性，特别在局部地段，沿裂隙极易产生坍方和滑坡现象。每种成因类型的土体，都具有其各自特有的构造。

1）对于碎石土边坡，粗石状构造和假斑状构造是最普遍的。

粗石状构造是由相互挤靠着的粗大碎屑形成骨架，外表很像“干砌石”一样，如图8-318所示。岩堆、泥石流上游堆积及山区河流上游的河床沉积物等常具有这种构造特征。这种构造的土体，一般具有很高的强度和很好的透水性（但还取决于粗大碎屑孔隙间充填物的性质和充填程度）。

假斑状构造是在较细颗粒组成的土体中，混杂着一些较粗或粗大碎屑，而粗大碎屑（颗粒）互不接触，不能形成骨架，如图8-319所示。例如，洪积扇中上部位和冰碛层等常具有这种特征。这种构造土体的工程性质，主要取决于其中细粒物质的成分（土类）、性质，特别是所处稠度状态（对于黏性土）或密实状态（对于砂土和粉土）。

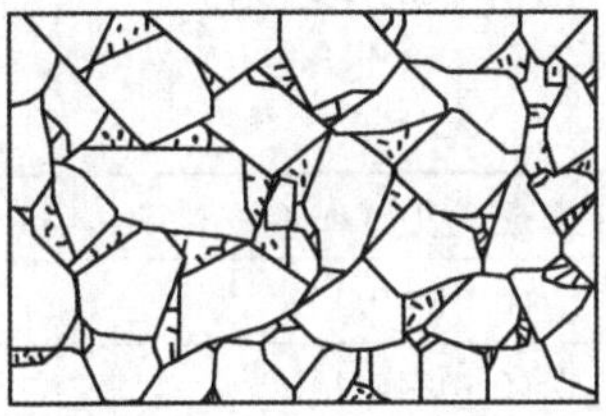

图8-318 粗石状构造

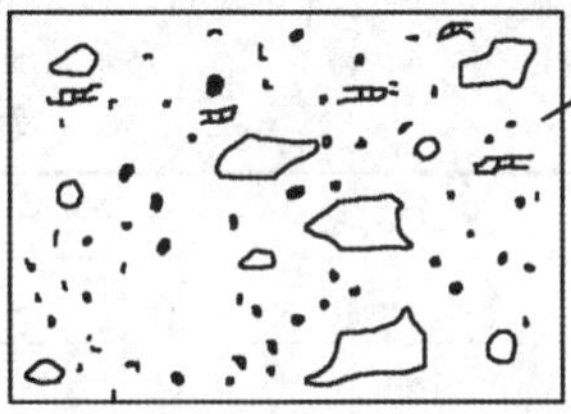

图8-319 冰积层的假斑状构造

2）对于砂土和砂质粉土边坡，各种不同形式的夹层、透镜体或交错层构造，较为普遍。在砂土和砂质粉土层中，常具有黏性土或淤泥质黏性土夹层和透镜体构造（图8-320），形成土体中的软弱面，而可能造成建筑物地基失稳或边坡土体产生滑动；其力学性质和透水性呈各向异性。冲积层（浸滩相）、河流三角洲沉积、浅海沉积及近冰川的冰水沉积层等，常具有这种构造特征。粒度较均匀的交错层构造，如风积砂等（图8-321），对其性质可看成是均质的，在静荷载作用下强度较高。

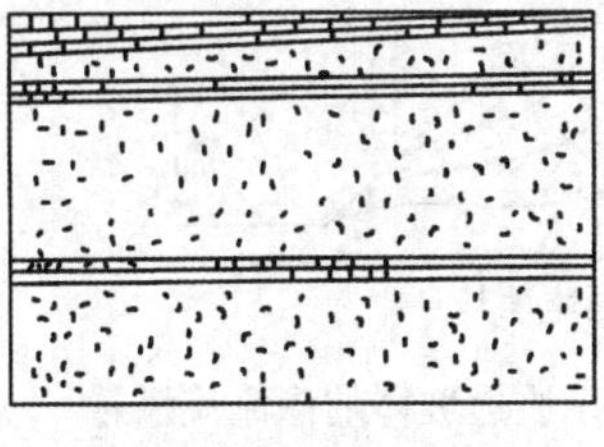

图8-320 浅海沉积砂夹黏性土层构造

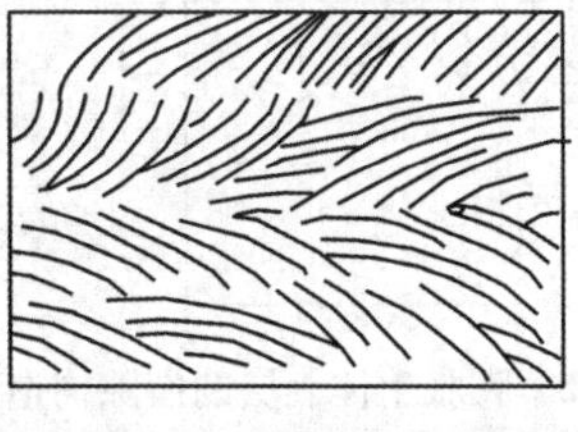

图8-321 风积砂的交错层构造

河流三角洲沉积的黏性土层中，常含有砂夹层或透镜体。对这类构造土体，除需注意其物理力学性质的各向异性特征外，其中的砂夹层对加速土体在荷载作用下的固结和强度增长是有利的。

显微层状构造是指厚层黏性土层中间夹数量极多的极薄层（厚度常仅1～2mm）砂，呈“千层饼”状的构造，为滨海相或三角洲相静水环境沉积者所具有。这类构造也使土体具有各向异性，有利于排水固结。

某些黏性土层中的裂隙、节理构造。例如，膨胀土的裂隙常在其近地表2～3m以浅范围呈网分布，上宽下窄直至消失，一般宽度常达2～5mm，内充填高岭石或伊利石等黏土矿物，浸水后软化。黏性土层的裂隙、节理构造,使土体丧失整体性,强度和稳定性剧烈降低(图 8-322)。

b 土体地下水流系统模型

土是固体颗粒的集合体,是一种碎散的多孔介质,其孔隙在空间上互相连通。当饱和土中的两点存在能量差时,水就在土的孔隙中从能量高的点向能量低的点流动,水在土体孔隙中流动的现象称为渗流;土具有被水等液体透过的性质,称为土的渗透性。

对于土质边坡来说,水在土体中的流动除了满足连续原理外,还必须满足液流的能量方程,按照能量方程,液流中一点的总水头 h,可用位置水头 z、压力水头$\frac{u}{\gamma_w}$和流速水头$\frac{v^2}{2g}$之和表示,即:

$$h = z + \frac{u}{\gamma_w} + \frac{v^2}{2g} \tag{8-380}$$

水在土中流动时,由于土体中的孔隙的形状和大小是极不规则的,同时土的孔隙通道很小且很曲折,渗流过程中黏滞阻力很大,在多数情形下,水在土中的流速十分缓慢,属于层流状态,满足达西渗透定律,即:

$$Q = vA = kiA \tag{8-381}$$

或

$$v = \frac{Q}{A} = ki \tag{8-382}$$

式中 v——断面平均渗透速度,mm/s 或 m/d;

k——反映土的渗透性能的比例系数,简称渗透系数。土的渗透系数见表 8-290。

表 8-290 土的渗透系数的范围

土的类型	渗透系数/(cm/s)
砾石、粗砂	$(0.01 \sim 0.1)a$
中砂	$(0.01 \sim 0.1)a$
细沙、粉砂	$(0.01 \sim 0.1)a$
粉土	$(0.01 \sim 0.1)a$
粉质黏土	$(0.01 \sim 0.1)a$
黏土	$(0.01 \sim 0.1)a$

在边坡工程中遇到的渗流问题,常常属于边界条件比较复杂的二维或三维问题,例如土质边坡体的渗流,其流线都是弯曲的(图 8-323)。

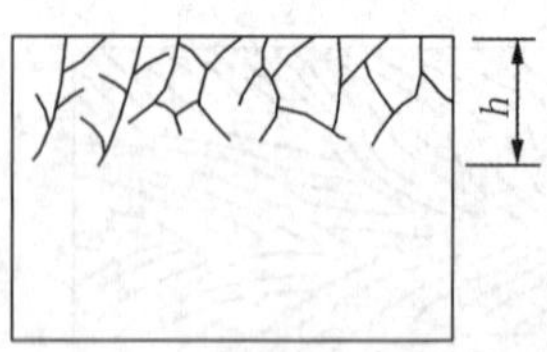

图 8-322 膨胀土体表层的裂隙构造

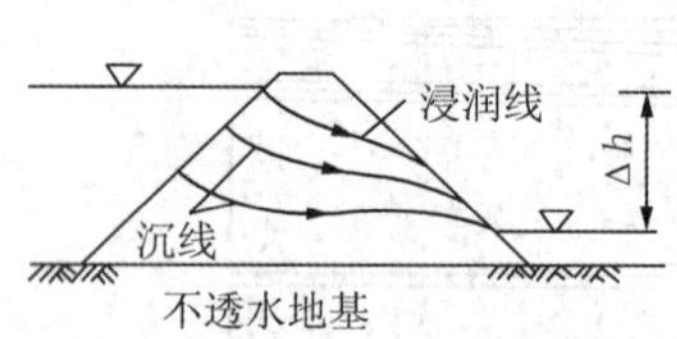

图 8-323 土质边坡体的渗流流线

在天然状态下,渗流场和应力场相互作用,相互影响,是一种耦合关系。地应力作用于土体的空隙结构,改变了地下水的运动,进而改变了渗透系数和渗透力。反之,地下水通过物理、化学和力学等的作用改变边坡的结构,从而给坡体施加静水压力和动水压力。资料表明,由于渗流冲刷破坏失事的边坡体高达40%,与渗流密切相关的滑坡破坏占 15% 左右。

土质边坡局部水流系统直接接受大气降水补给,所以该水流系统具有相对固定的补给源和统一的地下水位。水位的动态变化主要受大气降水、蒸发、田间灌溉入渗等因素的影响。地下水总体上由边坡上游边界向下游边界渗透。在分析地下水对土质边坡稳定性的影响方式和作用机理方面,通常假定土质边坡体具有均匀的渗流特性,或仅就地下水的统计影响规律进行分析,这对颗粒比较均匀的砂土和黏性土的分析是可行的，而对于工程中经常遇到的含碎石土质边坡，大量的现场地质调查结果表明，含碎石黏性土边坡和含黏性土碎块石边坡中地下水的流动通常具有管网状渗流特性，而且地下水的这种管网状渗流特性对松散土质边坡的稳定性具有关键作用。在含碎石黏性土边坡中，若土体的黏粒含量高，则形成管道排泄系统所需的时间就长，土体的渗透性也相对较低；反之则所需的时间短且渗透性高。另外，当边坡土体中碎砾石含量较大、粒径较大时更有利于地下水管道排泄系统的形成，土体渗透性也相对较高。

c 数学模型

将特定土质边坡渗流的基本方程式和定解条件结合起来就确定了边坡渗流的数学模型，渗流过程中的控制方程的定解条件有：

Dirichlet 边界条件（第一类边界条件）：

$$H(x,y,z,t) \mid s_1 = \phi(x,y,z,t) \tag{8-383}$$

Neumann 边界条件（第二类边界条件）：

$$K\frac{\partial H}{\partial n} \mid s_2 = q(x,y,z,t) \tag{8-384}$$

岩土体中的渗流基本方程式包括运动方程和连续方程，结合边坡实际的边界条件和初始条件，就可实现对边坡渗流场的求解。

运动方程：

$$\frac{1}{ng}\frac{\partial \boldsymbol{v}}{\partial t} \mid s_2 = -\operatorname{grad}h - \frac{\boldsymbol{v}}{k} \tag{8-385}$$

连续方程：

$$\frac{\partial v_x}{\partial x} + \frac{\partial v_y}{\partial y} + \frac{\partial v_z}{\partial z} = \rho g(\alpha + n\beta)\frac{\partial h}{\partial t} \tag{8-386}$$

饱和渗流具有自由面变动的非稳定流问题，考虑土体和水体的压缩性：

$$\frac{\partial}{\partial x}\left(k_x\frac{\partial h}{\partial x}\right) + \frac{\partial}{\partial y}\left(k_y\frac{\partial h}{\partial y}\right) + \frac{\partial}{\partial z}k_z\left(\frac{\partial h}{\partial z}\right) = S_k\frac{\partial h}{\partial z} \tag{8-387}$$

$$\frac{\partial}{\partial x}\left(k_x\frac{\partial h}{\partial x}\right) + \frac{\partial}{\partial y}\left(k_y\frac{\partial h}{\partial y}\right) + \frac{\partial}{\partial z}k_z\left(\frac{\partial h}{\partial z}\right) = 0 \tag{8-388}$$

由于渗流问题的复杂性，建立了多种边坡的渗流基本方程，并就具体边坡进行了渗流场的求解。如张有天、朱文彬等，考虑降雨对岩体边坡稳定性的影响，提出了降雨渗入岩体型隙是饱和/非饱和、非恒定渗流过程，建立的渗流控制方程为：

$$\frac{\partial}{\partial x_1}\left(k_x\frac{\partial h}{\partial x_1}\right) + \frac{\partial}{\partial y}\left(k_y\frac{\partial h}{\partial y_1}\right) + \frac{\partial s}{\partial t} = 0 \tag{8-389}$$

式中 x_1, y_1——裂隙面局部坐标，其中 y_1 为裂隙面倾向，由 y_1 顺时针转 90°得 x_1；

h——水力势；

s——饱和度；

t——孔隙压力的函数。

朱文彬等将边坡土体视为多孔介质，建立了土的饱和、非饱和非稳态流的二维数值模型：

$$\frac{\partial}{\partial x}\left(k_{w1}\frac{\partial h_w}{\partial x}\right) + \frac{\partial}{\partial x}\left(k_{w2}\frac{\partial h_w}{\partial x}\right) = m_z^u \rho_w g\frac{\partial h_w}{\partial h_t} \tag{8-390}$$

式中 k_{w1}, k_{w2}——各向异性土的主渗透系数，对于各向同性土有：$k_{w1} = k_{w2}$；

h_w——孔隙水压力水头；

m_z^u——相应于基质吸力变化 $d(u_a - u_w)$ 的水体积变化系数；

ρ_w——水的密度。

8.11.6.2 边坡渗流计算实例

实例概况 姑山矿露天采场由于开采境界的限制，北帮第四系内粉质黏土以上较高的上部潜水和赋存于砂砾卵石层内的承压水的困扰，使北帮边坡一直无法按设计的境界靠帮。北帮第四系下部尚约有 3Mt 铁矿石，为了在未来几年内采出该部分矿石，必须对北帮第四系边坡的地下水进行治理。姑山矿就治理地下水问题进行了多年的研究及试验，在东帮及东南帮进行过堵水防渗工程和放水疏干工程，东南帮的堵水防渗工程仅限于上部第四系潜水地层，而针对砂砾卵石层大面积揭露前的堵水防渗尚属首次。由于砂砾卵石层内承压水补给源丰富，分布范围广，完全疏干不现实。姑山矿拟在北帮第四系进行堵水防渗，选择堵水最佳位置及确保堵水防渗后第四系边坡稳定性，通过地下水渗流场的分析计算，得出姑山采场北帮第四系边坡内上部潜水和砂砾卵石层内承压水的渗流场分布。

A 工程场地水文地质特征

a 采场气象水文条件

场区内地表水系发育，沟渠纵横，常年积水，采场东临长江支流——青山河，矿坑边缘距青山河最近处不足 80m。姑山矿段河宽 200m，上游及下游均为 140m，历史最高洪水位 11.05m（1996 年 7 月 17 日）。根据 1977 ~ 1987 年统计资料得出的青山河月平均水位见表 8-291。

表 8-291 青山河月平均水位（查湾水位站）

月份	1	2	3	4	5	6	7	8	9	10	11	12	年平均
水位/m	1.87	2.01	3.14	4.05	4.75	5.93	7.44	6.89	6.45	5.70	4.19	2.71	4.72

b 边坡岩体富水性

根据以往当地工作经验，结合本次勘察工作，勘探深度范围内场区分布两层地下水：

（1）孔隙潜水，赋存于粉质黏土与粉细砂互层、中细砂层，彼此水力联系密切，具有统一的浸润面。

（2）承压水，赋存于砂砾卵石层、坡积层。

c 地下水补给、径流和排泄

场区地下水的主要补给来源为区域地下水径流、大气降水和地表水体，补给面积大，补给水量很丰富；青山河河水对互层中潜水有一定的补给，但由于河床底部淤泥质黏土的存在，与该层的水力联系不密切；采场附近，受采场疏干影响，第四系水位均低于河水位，河水补给潜水，其中，潜水受河水水位影响不明显，承压水水位不随河水升降而变化，两者水力联系不密切。地下水的排泄方式主要为地下水径流和矿坑降排水，少量以泉的形式排泄，蒸发量不大。场区地下水的径、排、补条件总体上复杂。场区内地下水流向由南南西向北北东流动，至矿山附近因受开采影响，地下水渗流场在附近发生局部变化，随着采场延深和疏干系统的加强，采场附近的地下水形成了以采场为中心的局部降落漏斗。

B 地下水渗流计算模型及方法

一般来说，露天采坑在边坡向下拓展、靠帮过程中，改变了边坡地下水的天然流态，必然会形成以采坑为中心的地下水降落漏斗。渗流计算的目的就在于求得渗流场内的渗流要素，为边坡结构参数的确定和边坡稳定性分析提供可靠依据。目前所广泛采用的渗流计算方法可分为流体力学解法和水力学解法两类，更广泛的概念还包括图解法、数值计算及各种试验法等。但理论的流体力学解法仅对少数简单的情况有效，在实际多介质复杂边界条件的渗流问题中，采用数值计算方法则更能符合和满足工程条件和需要。

a 计算模型的建立

综上所述，采场边坡地下水径流系统有两大特点，一是大气降水为地下水主要补给源，二是边坡地下水径流主要受构造裂隙控制。本次计算模型主要选取工程地质区内最有代表性的Ⅱ—Ⅱ剖面，它能代表本次研究区域内的工程地质及水文地质特征，防渗墙按规范规定应进入不透水基岩 1.0 ~ 2.0m，由于目前尚未专门针对北帮第四系砂砾卵石层下的基岩作专门的渗透系数测试，本研究对基岩的渗透系数取值参照以往资料，故本研究模型中防渗墙统一按进入基岩 5.0m 计算。待防渗墙施工设计时，应专门补充该处基岩渗透性测试，以最终决定防渗墙实际的入岩深度（地质模型如图 8-324 和图 8-325 所示）。

b 计算参数的确定

计算所采用的上游水头边界条件虽因地形、地貌及水文地质条件不同而有所变化，但一般来讲，均可处

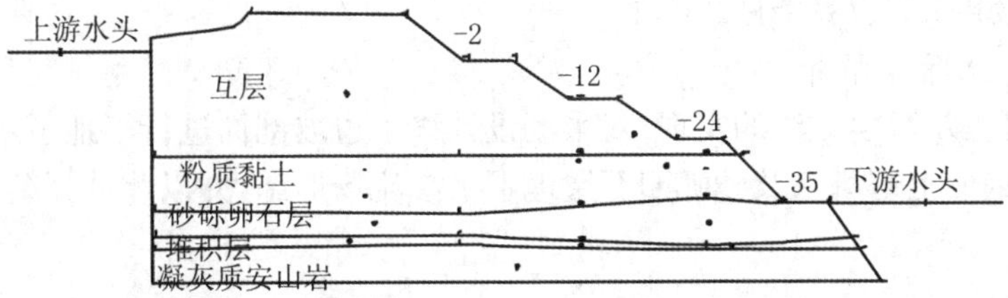

图 8-324 渗流分析计算地质模型(无防渗墙)

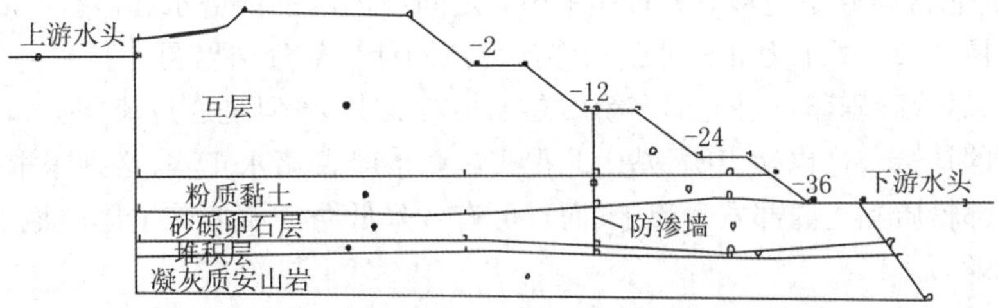

图 8-325 渗流分析计算地质模型(有防渗墙)

理为将采坑降落漏斗外边缘处的水头概化为定水头边界,其范围可定为采场边坡高度(从坑底算起)的0.5~2.5倍,本次计算选用2.5倍坡高。边坡表面接受强降雨补给,计算中对第四系上部潜水及砂砾卵石层内承压水水头皆来自本次补充勘探报告提供的钻孔水头值,见表8-292。

表 8-292 北帮第四系边坡渗透系数计算取值

岩土层名称		渗透系数/(m/d)
粉质黏土与粉细砂互层		0.35
中细砂		8.60
粉质黏土或黏土		0.004
砂砾卵石层	北帮东段	111.8
	北帮西段	76.1
坡积层		4.0
防渗帷幕		0.04
基岩		0.05

c 计算方法

研究表明,当裂隙相对比较密集,裂隙岩体中地下水在空间的运动变化基本上符合渗流的有关规律,即水文地质模型可假定为非均质各向异性的连续介质,这时稳定渗流的控制方程为:

$$\begin{cases} \dfrac{\partial}{\partial x}\left(k_x \dfrac{\partial H}{\partial x}\right) + \dfrac{\partial}{\partial z}\left(k_z \dfrac{\partial H}{\partial z}\right) + R = 0 \\ H(x,z) \mid_{\Gamma_1} = H_1, (x,z) \in \Gamma_1 \\ k_x \dfrac{\partial H}{\partial x}\cos(n,x) + k_z \dfrac{\partial H}{\partial z}\cos(n,z) \mid_{\Gamma_2} = q(x,z) \end{cases} \tag{8-391}$$

式中 H——水头函数;

k_x, k_z——x, z 方向的主渗透系数;

n——边界法线方向;

Γ_1, Γ_2——第一、二类边界;

R——源汇补给量(包括降雨入渗)。

由于渗流自由面事先不确定,确定其位置是渗流计算的主要内容。在渗流自由面上的水头压力等于大气压力,故在渗流自由面上应满足条件:

$$\begin{cases} H = Z \\ \dfrac{\partial H}{\partial n} = 0 \end{cases} \tag{8-392}$$

渗流自由面可视为第二类边界条件。

C 渗流计算结果分析与评价

根据地质模型的概化及数学方法的实现，对采场设计终了边坡剖面进行了地下水模拟，考虑强降雨补给条件，综合分析得出各剖面上部潜水及砂砾卵石层地下水渗流场形态，并以此计算结果为依据进行边坡稳定性分析计算。

a 单排防渗墙

单排防渗墙主要考虑如下几种情况：无防渗墙以及在 +10m 水平、-2m 平台、-13m 平台、-24m 平台各设置一排防渗墙后，北帮第四系边坡 -35m ~ +10m 之间坡体内上部潜水和砂砾卵石层承压水的渗流场分布情况，图 8-326 ~ 图 8-333 所示为Ⅱ—Ⅱ剖面渗流场流网计算部分结果图。

渗流场计算表明，尽管砂砾卵石层上部有粉质黏土相对隔水层，但是通过流网分布可见，承压水含水层对上部潜水存在一定的补给。这也就表明，姑山北帮实施防渗帷幕堵水工程，必须采取全墙形式，这样可有效防止砂砾卵石层上部粉质黏土内部发生流土，而且可有效降低防渗墙墙前土体内地下水浸润面。有关计算见表 8-293 ~ 表 8-298。

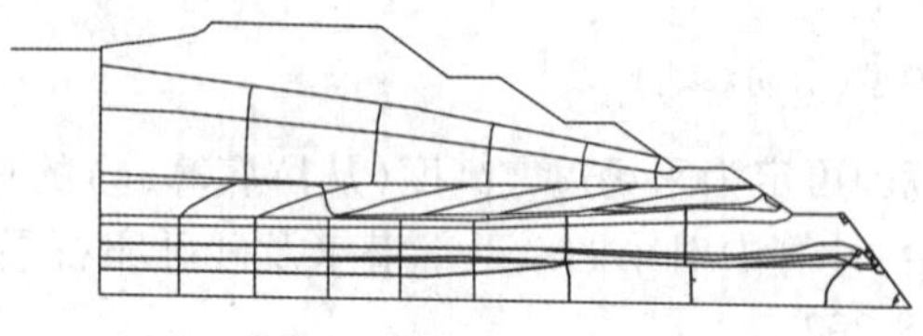

图 8-326 砂砾卵石层揭露后无防渗墙上部潜水渗流场分布

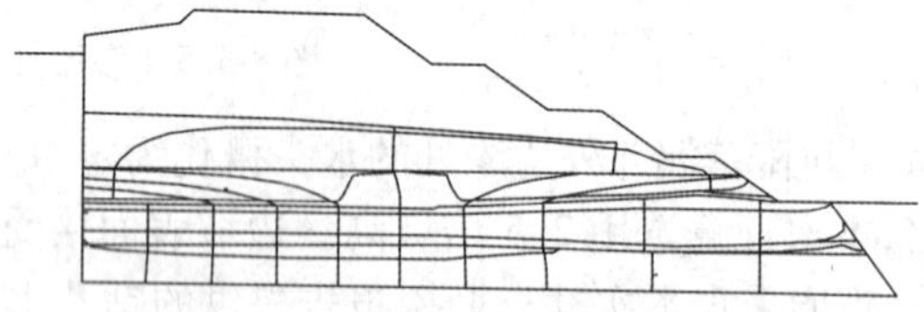

图 8-327 砂砾卵石层揭露后无防渗墙承压水渗流场分布

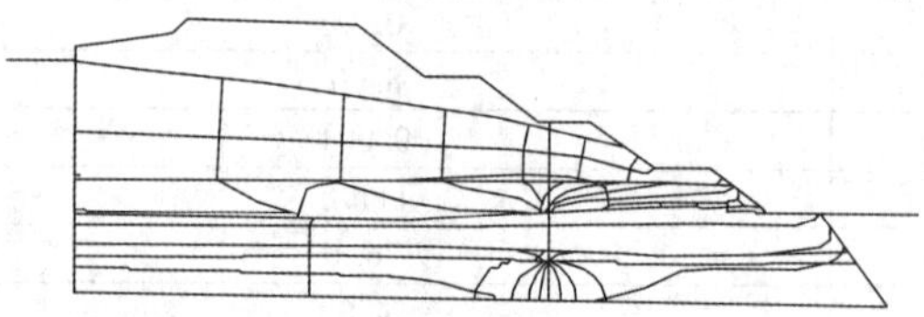

图 8-328 砂砾卵石层揭露后 -13m 防渗墙上部潜水渗流场分布

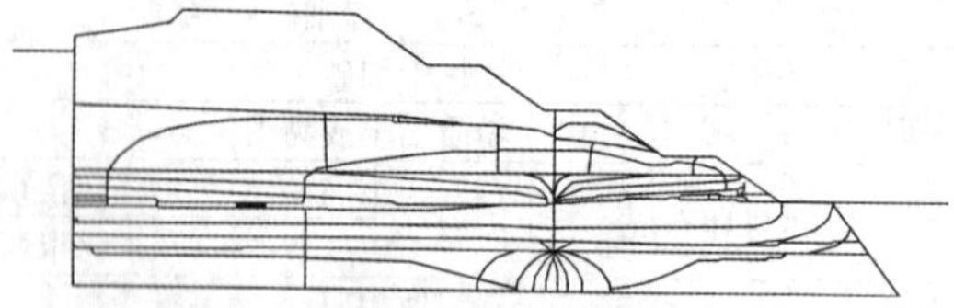

图 8-329 砂砾卵石层揭露后 -13m 防渗墙承压水渗流场分布

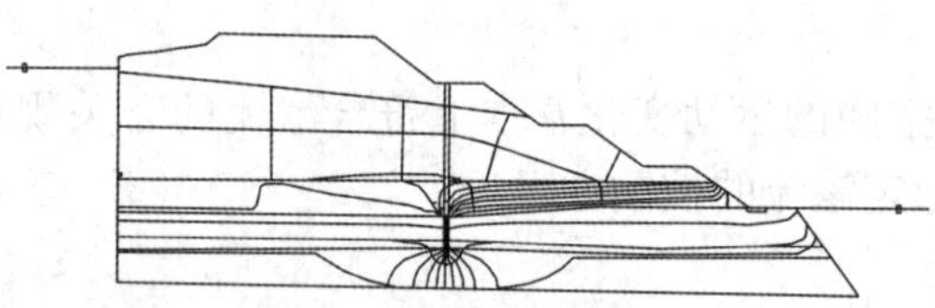

图 8-330 砂砾卵石层揭露后 -2m 防渗墙上部潜水渗流场分布

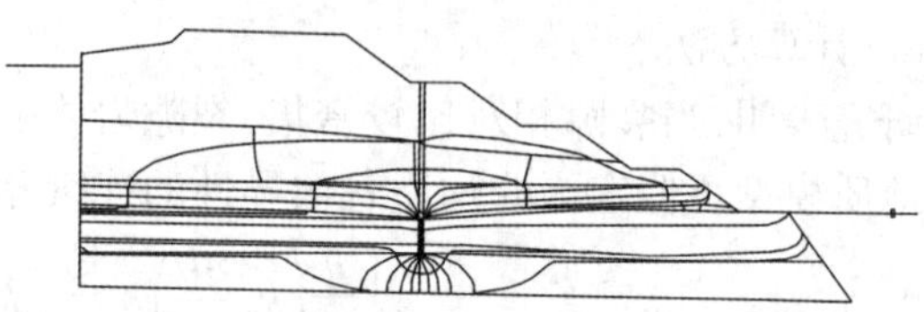

图 8-331 砂砾卵石层揭露后 -2m 防渗墙承压水渗流场分布

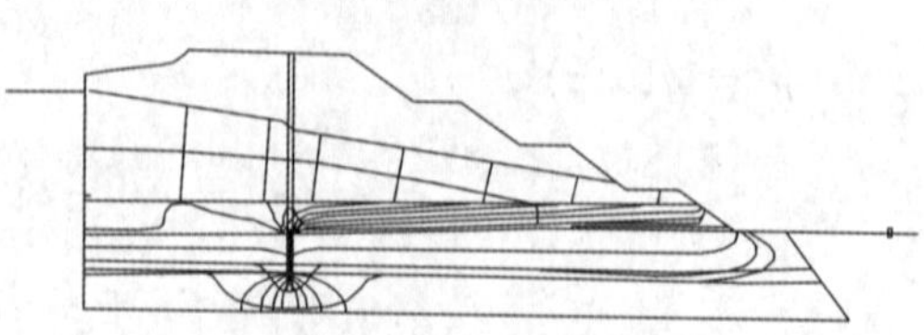

图 8-332 砂砾卵石层揭露后 +10m 防渗墙上部潜水渗流场分布

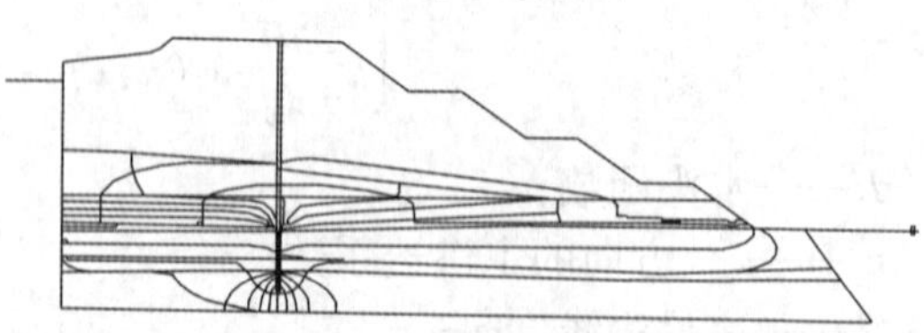

图 8-333 砂砾卵石层揭露后 +10m 防渗墙承压水渗流场分布

表 8-293 砂砾卵石层处防渗墙体内水力坡降计算值

防渗墙位置	防渗墙内水力坡降计算最大值	
	墙厚 0.3m	墙厚 1m
-2m 平台	60	16
-13m 平台	50	50
+10m 水平	55	20

表 8-294 砂砾卵石层内水力坡降计算值

防渗墙位置	砂砾卵石层内水力坡降计算值	
	墙厚 0.3m	墙厚 1m
-2m 平台	揭露处 0.04~0.05,局部 0.21~0.40;上游 0.05~0.06	揭露处 0.01~0.04;上游 0.02
-13m 平台	揭露处 0.01~0.04;上游 0.01~0.04	揭露处 0.01~0.04;上游 0.05~0.06
+10m 水平	揭露处 0.01~0.04;上游 0.05	揭露处 0.01;上游 0.02
无墙	揭露处 0.14~0.18;上游 0.21~0.23	

在单排防渗墙方案研究中,考虑了两种不同厚度墙体进行计算,目的是寻求防渗墙厚度对防渗墙墙体参数的影响。从表 8-293 可见,防渗墙墙体厚度越厚,防渗墙墙体内部水力坡降值越小,也更有利于防渗墙自身的稳定性。

从表 8-294 可见,不施工防渗墙而直接揭露砂砾卵石层,该层内水力坡降值皆大于其允许水力坡降值,这表明,在高承压水水头作用下,该层内部会发生管涌,最终会导致整个北帮边坡发生滑坡的严重后果。而实施防渗墙(防渗墙墙体渗透系数 $K \leqslant 5 \times 10^{-5}$m/s)堵水工程后,该层内部水力坡降明显减小。

通过计算发现,防渗墙前后最大水头差位于砂砾卵石层内,表 8-294 表明,随着墙厚度的增加,墙前后水头差也增加。这也表明,在防渗墙墙体渗透系数相同的情况下,墙越厚,堵水效果越好。

表 8-295 砂砾卵石层处防渗墙前后水头差计算值

防渗墙位置	防渗墙前后水头计算值	
	墙厚 0.3m	墙厚 1m
-2m 平台	29	32
-13m 平台	26	27
+10m 水平	28	32

表 8-296 砂砾卵石层处防渗墙体内水力坡降计算值

防渗墙位置	防渗墙内水力坡降计算最大值			
	上游墙		下游墙	
	墙厚 1m	墙厚 0.3m	墙厚 1m	墙厚 0.3m
-2m、-24m 平台	11	40	8	20
-2m、-13m 平台	15	35	8	25
-13m、-24m 平台	10	30	9	25
+10m、-24m 平台	11	36.6	8	24.9
+10m、-13m 平台	11	30	9	30
+10m、-2m 平台	11	30	9	25
+10m 水平双墙	10		10	

比较表 8-295 和表 8-296 可得出,在同样厚度同样渗透系数的防渗墙条件下,采用双排防渗墙可有效降低防渗墙墙体内部最大水力坡降值,即说明双层防渗墙更有利于防渗墙本身的渗透稳定性;而且墙体越厚墙体内水力坡降则越低,也越有利于防渗墙自身的抗渗透能力。

表 8-297 表明,双排防渗墙前后水头差明显低于单排防渗墙,即采用双防渗墙可使位于砂砾卵石层内的防渗墙墙体本身变形减小,可有效防止因高水头作用下,防渗墙墙体本身变形过大而造成防渗墙墙体开裂,

表 8-297 砂砾卵石层处防渗墙前后水头差计算值

防渗墙位置	防渗墙前后水头计算值			
	上游墙		下游墙	
	墙厚 1m	墙厚 0.3m	墙厚 1m	墙厚 0.3m
-2m、-24m 平台	19	18	14	12
-2m、-13m 平台	19	17	14	13
-13m、-24m 平台	18	17	15	13
+10m、-24m 平台	20	20	13	13
+10m、-13m 平台	19	17	16	13
+10m、-2m 平台	18	17	16	13
+10m 水平双墙	17		17	

降低了防渗效果，同时也可能产生在高水头作用下，墙体渗水量增加，而渗水量增加又会加剧防渗帷幕体的溶蚀，最终使防渗帷幕失效。

比较表8-297和表8-298可以看出，对于降低砂砾卵石层内水力坡降而言，采用单排防渗墙和双排防渗墙的效果一样，都能满足该层临界水力坡降的要求。

表8-298 砂砾卵石层内水力坡降计算值

防渗墙位置	砂砾卵石层内水力坡降计算值	
	墙厚0.3m	墙厚1m
+10m、-24m平台	揭露处0.01~0.02；上游0.03~0.04	揭露处0.01；上游0.01
+10m、-13m平台	揭露处0.02；上游0.03	揭露处0.01；上游0.01
+10m、-2m平台	揭露处0.01~0.02；上游0.03	揭露处0.01；上游0.02
-24m、-2m平台	揭露处0.01~0.02；上游0.03~0.04	揭露处0.01；上游0.02
-24m、-13m平台	揭露处0.01~0.02；上游0.04	揭露处0.01；上游0.02
-2m、-13m平台	揭露处0.01~0.02；上游0.03	揭露处0.01；上游0.02
+10m平台水平双墙		揭露处0.01；上游0.01

b 双排防渗墙

在-35m~+10m水平之间，考虑在两个不同台阶各设置一排防渗墙，考虑了如下几个子方案：+10m和-2m平台、+10m和-24m平台、+10m和-13m平台、-2m和-24m平台、-2m和-13m平台、-13m和-24m平台6种组合，对这6种组合防渗墙施工后，北帮第四系边坡内上部潜水和砂砾卵石层内承压水渗流场分布进行计算，这6种方案的流网分布如图8-334~图8-347所示。

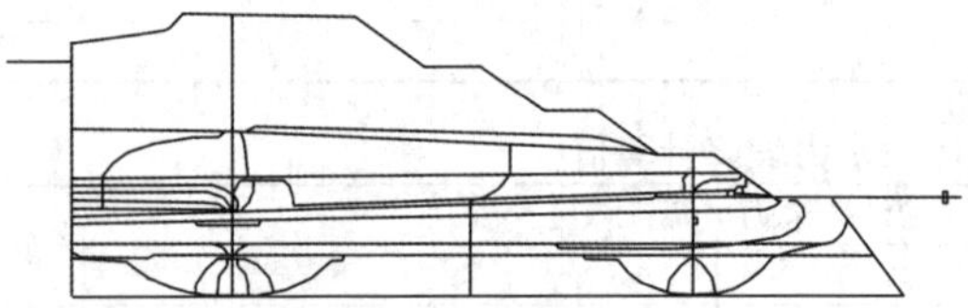

图8-334 砂砾卵石层揭露后+10m、-24m双防渗墙承压水渗流场分布

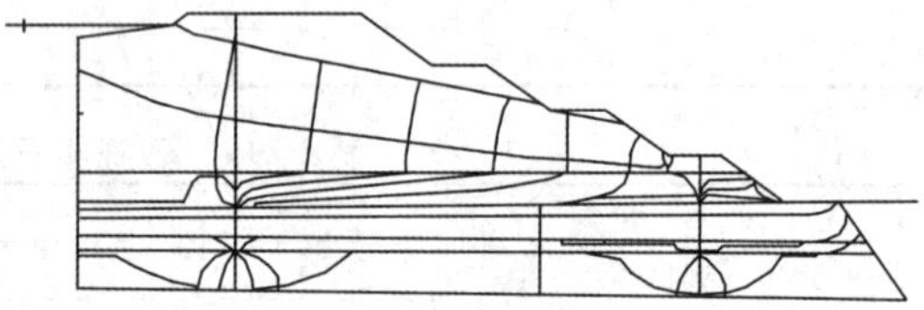

图8-335 砂砾卵石层揭露后+10m、-24m双防渗墙上部潜水渗流场分布

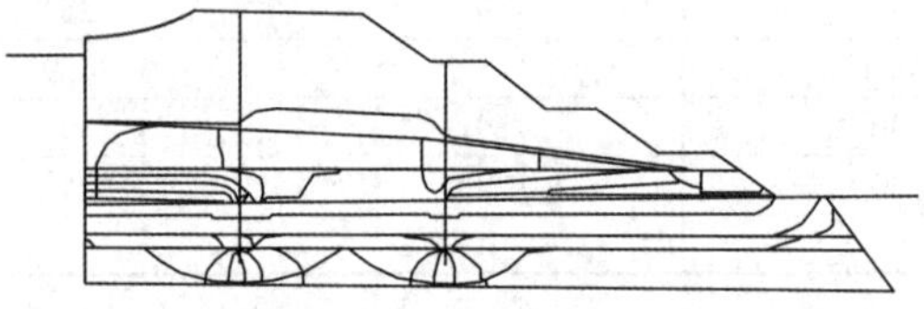

图8-336 砂砾卵石层揭露后+10m、-2m双防渗墙承压水渗流场分布

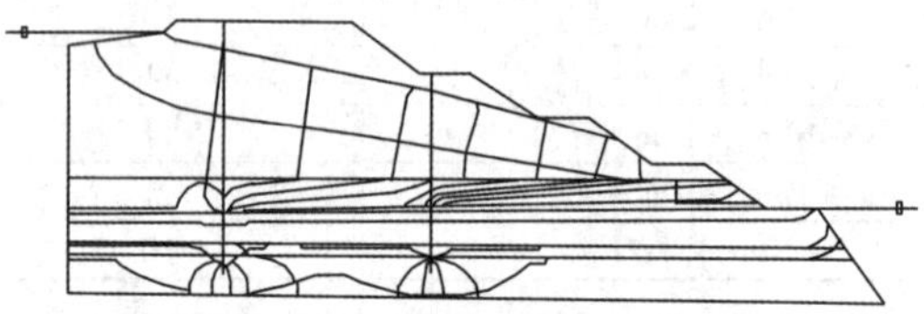

图8-337 砂砾卵石层揭露后+10m、-2m双防渗墙上部潜水渗流场分布

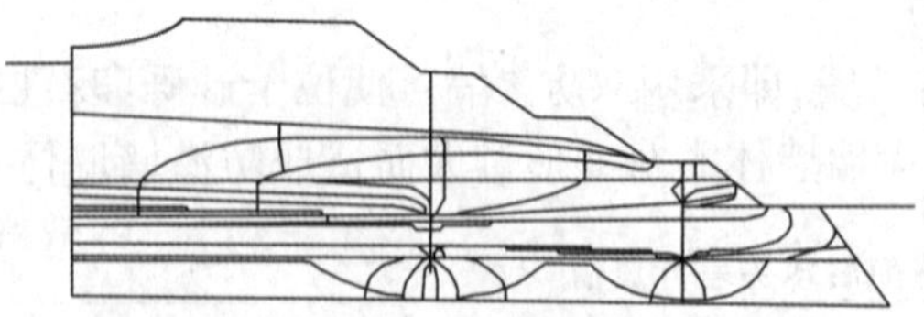

图8-338 砂砾卵石层揭露后-24m、-2m双防渗墙承压水渗流场分布

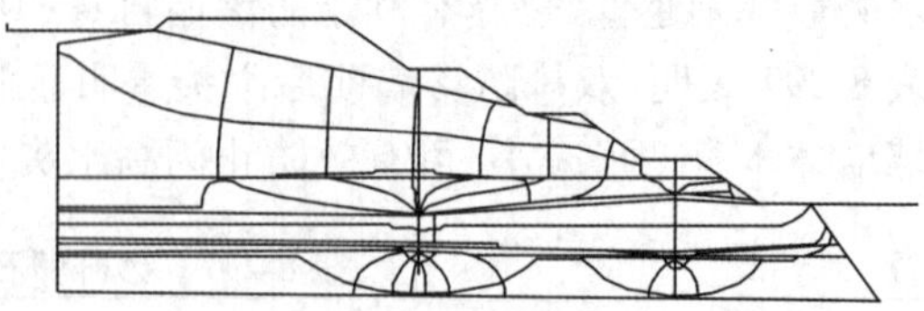

图8-339 砂砾卵石层揭露后-24m、-2m双防渗墙上部潜水渗流场分布

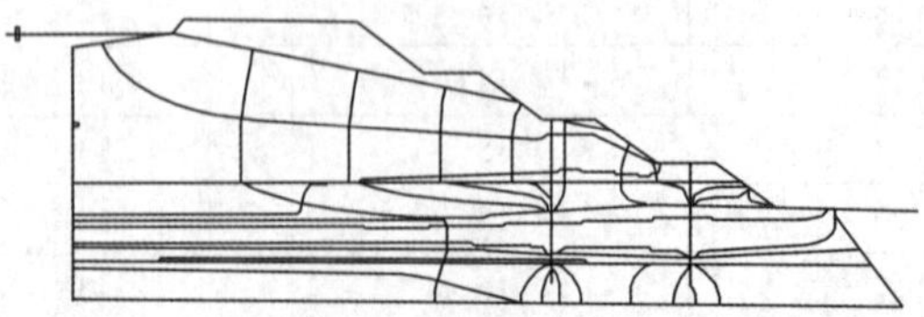

图8-340 砂砾卵石层揭露后-24m、-13m双防渗墙上部潜水渗流场分布

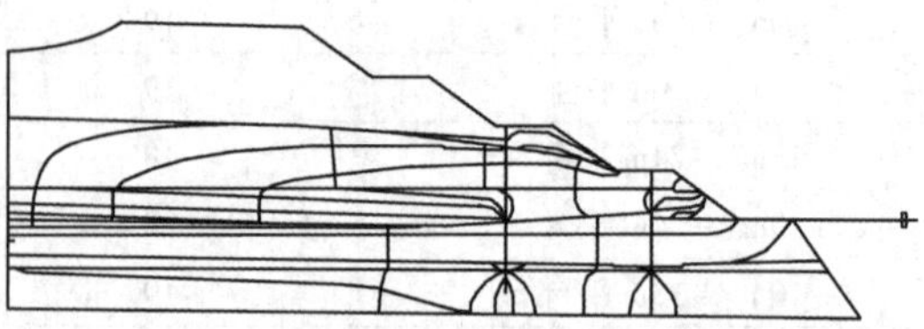

图8-341 砂砾卵石层揭露后-24m、-13m双防渗墙承压水渗流场分布

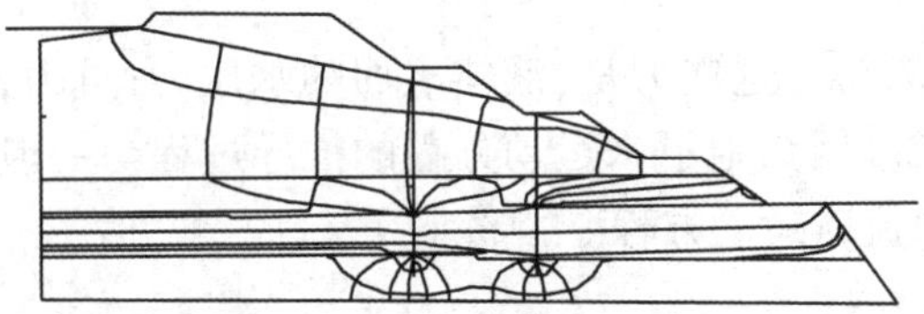

图 8-342 砂砾卵石层揭露后 -2m、-13m 双防渗墙上部潜水渗流场分布

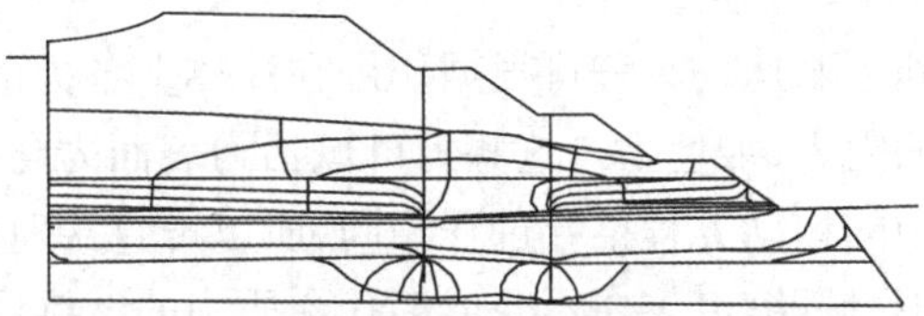

图 8-343 砂砾卵石层揭露后 -2m、-13m 双防渗墙承压水渗流场分布

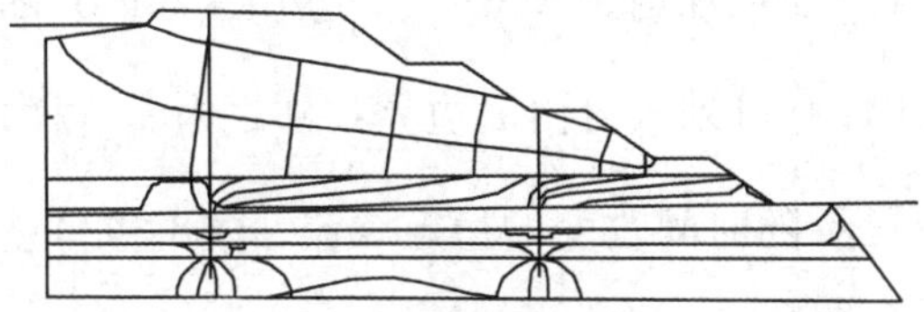

图 8-344 砂砾卵石层揭露后 +10m、-13m 双防渗墙上部潜水渗流场分布

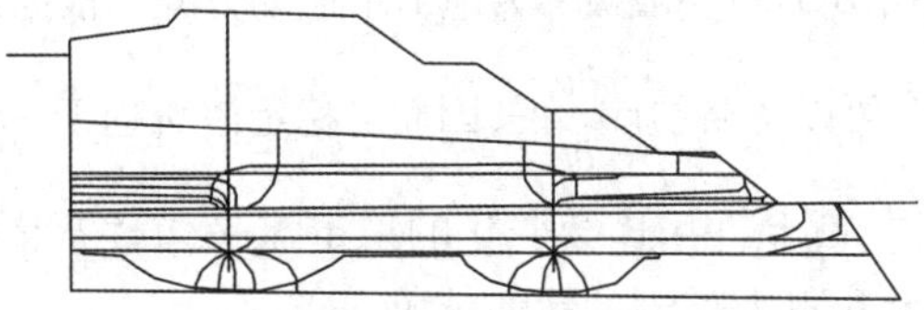

图 8-345 砂砾卵石层揭露后 +10m、-13m 双防渗墙承压水渗流场分布

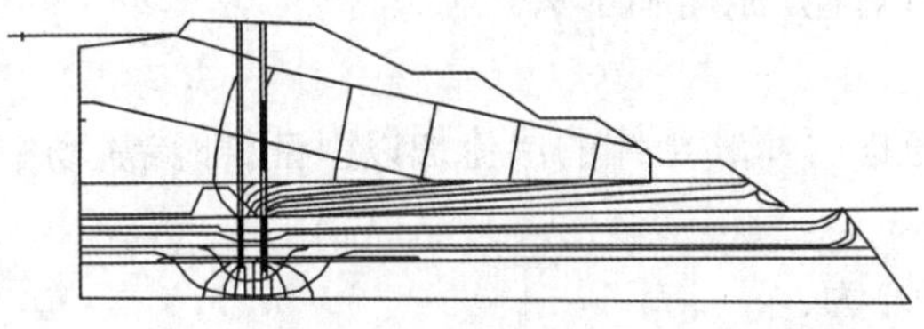

图 8-346 砂砾卵石层揭露后 +10m 双防渗墙(间距 5.0m)上部潜水渗流场分布

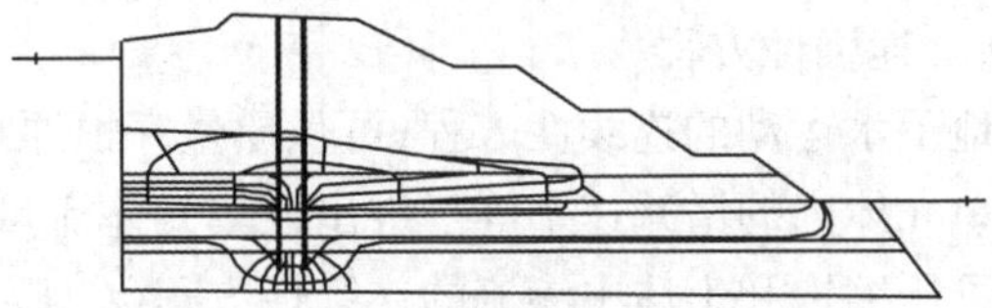

图 8-347 砂砾卵石层揭露后 +10m 双防渗墙(间距 5.0m)承压水渗流场分布

8.11.6.3 地下水渗流场模拟

近代计算技术的发展和计算机的应用为边坡渗流计算开辟了新的途径。各种复杂情况下的边坡渗流,都可以在高速数字计算机上模拟出来。根据一定的数学模型在数字计算机上用数值法模拟土坝渗流状态的过程称为数值模拟。实践证明,对于边坡渗流问题,数值模拟已基本上可以取代模拟试验。实际上利用数字计算机依靠数值法对边坡渗流问题进行一次计算,也就相当于进行了一次模型试验,而计算程序就相当于试验的模型。因此,数值模拟在边坡渗流计算中愈来愈占有重要的位置,也愈来愈得到人们的重视。

和其他方法相比较,数值模拟具有下述优越性:(1)模拟在通用数字计算机上进行,不像物理模拟那样需要复杂而专门的设备;(2)修改算法和修改模型都比较方便;(3)可以程序化,在对某种问题编出通用程序后,只要按程序要求整理数据,对不同问题均可直接上机计算。

地下水渗流对边坡稳定性的影响主要表现在:地下水在边坡中通过空隙、裂隙渗透形成孔隙水压力、裂隙水压力,存在于坡体之中,对坡体产生静、动水压力。静水压力常使岩土体重度减少(浮重度),从力学角度讲,它降低了岩土体的有效应力,从而减小了坡体的抗滑能力;而动水压力则通过渗透作用增加了坡体的下滑力,两者均使边坡稳定性降低。因此,任何赋存有地下水的边坡稳定性的研究都必须进行地下水渗流场的分析计算。

无论对静水压力还是动水压力的研究,都要求准确了解边坡体内的水压力分布。从工程角度讲,水压力的分布直接决定于边坡内地下水的水头分布。因而,边坡地下水渗流场分析的任务就是要确定坡体内的地下水水头分布。

A 渗流基本数学模型及参数

将特定边坡渗流的基本方程式和定解条件结合起来就确定了边坡渗流的数学模型。边坡渗流的几个常见的渗流微分方程的建立离不开能量守恒原理、质量守恒原理和牛顿运动定律。从它们的推导过程可知道一些假设的适用范围以及它们之间的相互关系。只有弄清上述原理和定律的物理意义,才能正确建立解决问题的数学模型。

a 运动方程

地下水运动方程可根据作用在液体上各力的平衡关系求得。这些力是：液体表面的水压力；重力；渗流受到的阻力；加速力。这些力可概括为表面力与体积力两类。因为地下水运动方程的推导过程与一般流体力学中的运动方程推导过程相同，所以可直接对比引用一般流体运动方程。

不可压缩流体在不变形多孔介质中的纳维-司托克斯方程：

$$\frac{1}{ng}\frac{\partial \nu}{\partial t} = -\nabla h - \frac{\nu}{k} \tag{8-393}$$

式(8-393)一般被称为地下水运动方程。根据试验，该式中右边的两项均为 $10^3 \mathrm{cm/s^2}$，左边项约为 $10^{-3} \mathrm{cm/s^2}$，是完全可以忽略不计$\frac{\partial \nu}{\partial t}$的，因而与稳定渗流趋于一致。其不稳定性则可列入自由面边界条件之内。这样，从理论上讲，就允许用连续变化的稳定流来代替不稳定流。如果是不随时间改变的稳定渗流，式(8-393)就简化为重力和阻力控制的达西流动，即：

$$\nu = -k\nabla h \tag{8-394}$$

运动方程式(8-394)中有两个未知数 ν 和 h，故仍需一个方程才能求解。该方程就是下面要介绍的连续性方程式。用这两个基本方程，结合边界和初始条件，就可以计算流速和水头。

b 连续性方程

地下水运动的连续性方程，可从质量守恒原理出发来考虑可压缩土体的渗流加以引证，即渗流场中水在某一单元体内的增减速率等于进出该单元体流量速率之差。

可压缩饱和土体中渗流的连续性方程(C. E. Jacob，1950)为：

$$-\left(\frac{\partial v_x}{\partial x} + \frac{\partial v_y}{\partial y} + \frac{\partial v_z}{\partial z}\right) = \rho g(\alpha + n\beta)\frac{\partial h}{\partial t} = 0 \tag{8-395}$$

考虑水和土全为不可压缩时，式(8-395)变为：

$$\frac{\partial v_x}{\partial x} + \frac{\partial v_y}{\partial y} + \frac{\partial v_z}{\partial z} = 0 \tag{8-396}$$

式(8-396)为不可压缩流体在刚体介质中流动的连续性方程，说明在任意点的单位流量或流速的净有改变率等于零。也就是说，单元体中水体质量的净有改变率是零。单元体在某一个方向的改变必须与其他方向相反符号的改变相平衡。

c 稳定渗流微分方程式与渗流系数

将达西定律

$$v_x = -k_x\frac{\partial h}{\partial x}, v_y = -k_y\frac{\partial h}{\partial y}, v_z = -k_z\frac{\partial h}{\partial z} \tag{8-397}$$

代入式(8-396)，则得稳定渗流的微分方程式：

$$\frac{\partial}{\partial x}\left(k_x\frac{\partial h}{\partial x}\right) + \frac{\partial}{\partial y}\left(k_y\frac{\partial h}{\partial y}\right) + \frac{\partial}{\partial z}\left(k_z\frac{\partial h}{\partial z}\right) = 0 \tag{8-398}$$

若为各向同性，即 $k_x = k_y = k_z$ 时，则式(8-398)变为拉普拉斯方程式：

$$\frac{\partial^2 h}{\partial x^2} + \frac{\partial^2 h}{\partial y^2} + \frac{\partial^2 h}{\partial z^2} = 0 \tag{8-399}$$

式(8-399)只含有一个未知数，结合边界条件就有定解。虽然式(8-397)是稳定渗流的微分方程，但对于不可压缩介质和流体的非稳定性，也可进行瞬时稳定场计算。

有时研究渗流问题常采用柱面坐标系。此时的流速分量为：

$$v_r = -k\frac{\partial h}{\partial r}, v_\theta = -k\frac{\partial h}{r\partial \theta}, v_z = -k\frac{\partial h}{\partial z} \tag{8-400}$$

拉普拉斯方程为：

$$\nabla^2 h = \frac{1}{r}\frac{\partial}{\partial r}\left(r\frac{\partial h}{\partial r}\right) + \frac{\partial^2 h}{r^2\partial\theta^2} + \frac{\partial^2 h}{\partial z^2} = 0 \tag{8-401}$$

通过求解拉氏方程得出一系列等势线或等水头线及其流网。对于均质土的单一流场来说，计算时不管渗透系数为何值均能求得相同的流网；但对于不同土层分布的流场来说，应用式(8-401)求解时就得考虑各土层的渗透系数，其值当没有确切试验资料时可参考表8-299。

表8-299 土及岩体的渗透系数

岩土类	k/(cm/s)	岩土类	k/(cm/s)
砂砾石	$5\times10^{-1}\sim10^{-2}$	黄土(砂质)	$10^{-3}\sim10^{-4}$
粗砾	$5\times10^{-1}\sim10^{-1}$	黄土(泥质)	$10^{-5}\sim10^{-6}$
砂质砾	$10^{-1}\sim10^{-2}$	黏壤土	$5\times10^{-4}\sim10^{-6}$
中粗砂	$5\times10^{-2}\sim10^{-2}$	粉质黏土	$10^{-5}\sim10^{-6}$
粉细砂	$5\times10^{-2}\sim10^{-3}$	淤泥黏土	$10^{-5}\sim10^{-6}$
砂壤土	$5\times10^{-3}\sim10^{-4}$	黏土	$10^{-6}\sim10^{-8}$
脉状混合岩	3.3×10^{-3}	砂岩	10^{-2}
脉状页岩	0.7×10^{-2}	泥岩	10^{-4}
片麻岩	$(1.2\sim1.9)\times10^{-3}$	鳞状片岩	$10^{-2}\sim10^{-4}$
花岗岩	0.6×10^{-3}	一个吕荣单位	$(1\sim2)\times10^{-5}$
褐煤岩	$1.7\times10^{-2}\sim2.39\times10^{-3}$	裂隙1mm,间距1m岩体	0.8×10^{-4}

d 非稳定渗流微分方程式与单位储存量

这里将考虑介质和水体的压缩性进行推导。将达西定律代入式(8-395)，可得：

$$\frac{\partial}{\partial x}\left(k_x\frac{\partial h}{\partial x}\right) + \frac{\partial}{\partial y}\left(k_y\frac{\partial h}{\partial y}\right) + \frac{\partial}{\partial z}\left(k_z\frac{\partial h}{\partial z}\right) = \rho^2 g(\alpha + n\beta)\frac{\partial h}{\partial t} = S_s\frac{\partial h}{\partial t} \tag{8-402}$$

式(8-402)就是考虑了压缩性的非稳定渗流微分方程式。它既适用于承压含水层，也适用于无压渗流，只是应用时需结合各自特有的初始和边界条件。当均质各向同性时，式(8-402)变为：

$$\frac{\partial^2 h}{\partial x^2} + \frac{\partial^2 h}{\partial y^2} + \frac{\partial^2 h}{\partial z^2} = \frac{S_s}{k}\frac{\partial h}{\partial t} \tag{8-403}$$

显然，当水和土不可压缩时，式(8-402)和式(8-403)就变为式(8-398)和式(8-399)。这说明，稳定渗流是非稳定渗流的特例。

一般情况下，水的压缩性$\beta=5\times10^{-6}\text{cm}^2/\text{N}$(空气约为$0.1\text{cm}^2/\text{N}$)。骨架颗粒的压缩性$\alpha=1\times10^{-6}\sim6\times10^{-6}\text{cm}^2/\text{N}$，远小于孔隙的压缩性。若只考虑骨架孔隙的压缩性时，单位储存量可表示为：

$$S_s = \rho g\alpha' = \frac{\rho g}{E_c} = \frac{a_v\rho g}{1+e} \tag{8-404}$$

可根据土体压缩试验的结果进行计算，式中$\rho g=\gamma$，γ为水的容重。

此外，还可通过野外抽水试验确定，即记录不稳定抽水试验过程，并按照台斯(Theis,1935)公式计算含水层的储存系数和渗透系数。

土力学中固结系数c_v表示为：

$$c_v = \frac{k(1+e)}{a_v\rho g} = \frac{k}{S_s} \tag{8-405}$$

则式(8-403)就可写成固结方程：

$$\frac{\partial^2 h}{\partial x^2} + \frac{\partial^2 h}{\partial y^2} + \frac{\partial^2 h}{\partial z^2} = \frac{1}{c_v}\frac{\partial h}{\partial t} \tag{8-406}$$

对于等厚度T的承压含水层非稳定渗流，则可按式(8-404)中的单位储存量S，改换成另一个无尺度系数，即：

$$\frac{\partial}{\partial x}\left(k_x\frac{\partial h}{\partial x}\right) + \frac{\partial}{\partial y}\left(k_y\frac{\partial h}{\partial y}\right) + \frac{\partial}{\partial z}\left(k_z\frac{\partial h}{\partial z}\right) = \frac{S}{T}\frac{\partial h}{\partial t} \tag{8-407}$$

式中，S称为储存系数(coefficient of storage)，它与S_s间的关系为：

$$S = S_s T = \rho g(\alpha + n\beta) T \tag{8-408}$$

储存系数 S，即含水层在单位水头（例如 1m）改变下从单位截面积的含水层垂直柱体（高度为含水层厚）中释放出来或取进去的水量，也就是此水量体积与整个厚度含水层体积的一个比值（小于 1 的无尺度系数）。而单位储存量 S，则可理解为在单位水头的变化下，在单位截面积的含水层柱整个高度上，平均每单位高度（例如 1m）所释放出来或取进去的水量；或者说是每单位高度的储存系数。

图 8-348 为承压和无压含水层的储存系数 S 的概念性示意图。对于有自由面的无压含水层图 8-348（b），S 就是单位截面积的饱和土柱从 Δh 部分（$\Delta h = 1$）所排出的水体积，它近似等于排水有效孔隙率或给水度 μ，其值见式（8-410）。对于承压含水层图 8-348（a），其中没有自由水面的降落，则是用假想测压管水面从 Δh 部分（$\Delta h = 1$）排出的水体积来代表含水层的储存系数。这是因为含水层抽水降压，导致骨架压缩和水的膨胀所放出来的水。

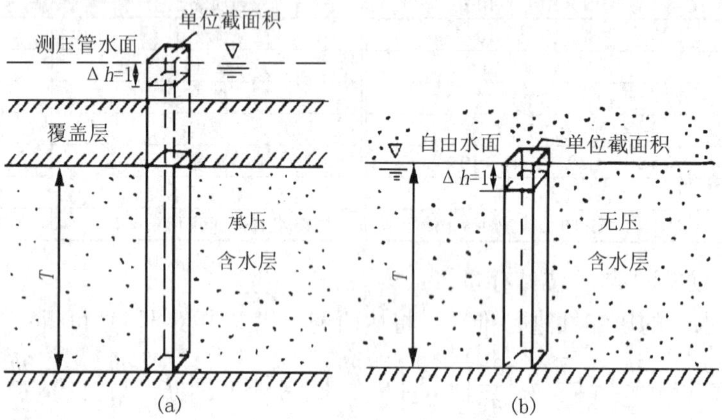

图 8-348 储存系数

根据储存系数 S 的定义，可认为含水量是无限的。如果含水层抽水，其底部某一个面积 A 上的水头下降为 Δh 时，则该面积上含水层释放出来的总水量体积应如图 8-349 所示。

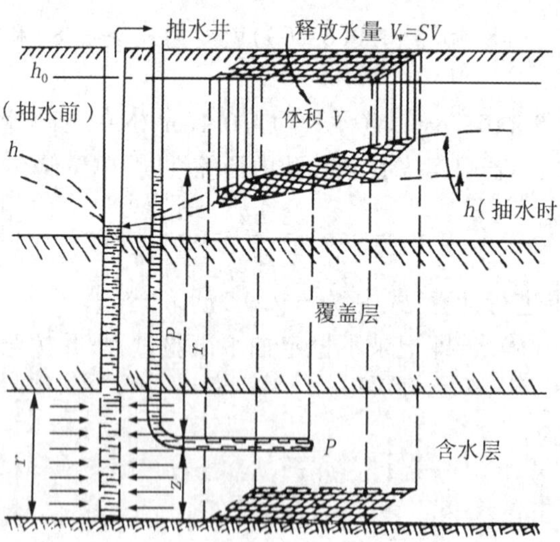

图 8-349 含水层抽水时所释放出来的水量

e 自由面变动渗流微分方程式和给水度

对于有自由面的非稳定渗流，如果考虑压缩性，自然仍受方程式（8-402）的支配，只是需要结合变动的自由边界条件来求解方程。但在一般情况下，自由面下降所引起的土体压缩或弹性释放水量，与自由面降距所排水量相比甚小，因此可以略去土体的压缩性，于是式（8-402）中的 $S_s = 0$，则式（8-402）变为：

$$\frac{\partial}{\partial x}\left(k_x \frac{\partial h}{\partial x}\right) + \frac{\partial}{\partial y}\left(k_y \frac{\partial h}{\partial y}\right) + \frac{\partial}{\partial z}\left(k_z \frac{\partial h}{\partial z}\right) = 0 \tag{8-409}$$

式(8-409)虽然与稳定渗流方程式完全相同,但结合自由面变动的边界条件所解得的水头 h 分布却是空间坐标与时间的函数,而不像稳定渗流方程式的解答那样,只是空间坐标的函数。

关于非稳定渗流变化中的自由面边界条件和初始条件,需要加上流量补给的自由面边界,即下降时补给水量于流场,上升时取水量于流场,因此必须知道土体的给水度 μ 或饱和不足度的参数值。若近似认为这两个参数值相同时,则根据国内外砂砾土和黏性土的试验资料,给水度经验公式为下面的指数方程:

$$\mu = 1.137n(0.0001175)^{0.6076+\lg k} \tag{8-410}$$

式中 n——孔隙率;

k——渗透系数,cm/s。

别申斯基(Бецинскuй,1960)根据砂砾石土料的试验资料分析得出简单的经验公式为:

$$\mu = 0.117\sqrt[7]{k} \tag{8-411}$$

式中的渗透系数 k 的单位为 m/d。

上两式用于砂砾时计算结果很接近,但后一式用于黏性土时比前式大很多(1 个数量级)。目前对于黏性土的给水度研究尚不完善。有些野外数据,由于土体裂隙的不均匀性,常大于室内试验值。

另一个求解自由面变动的非稳定渗流方程,与承压含水层的方程式(8-407)相类似,采用一个平均渗流水深 H 来代换承压含水层厚度 T,并以给水度 μ 代换储存系数 S。因此,式(8-407)变为:

$$\frac{\partial}{\partial x}\left(k_x\frac{\partial h}{\partial x}\right)+\frac{\partial}{\partial y}\left(k_y\frac{\partial h}{\partial y}\right)+\frac{\partial}{\partial z}\left(k_z\frac{\partial h}{\partial z}\right)=\frac{\mu}{H}\frac{\partial h}{\partial t} \tag{8-412}$$

当均质各向同性时,式(8-412)变为:

$$\frac{\partial^2 h}{\partial x^2}+\frac{\partial^2 h}{\partial y^2}+\frac{\partial^2 h}{\partial z^2}=\frac{\mu}{kH}\frac{\partial h}{\partial t} \tag{8-413}$$

f 缓变渗流的水平面渗流微分方程式

(1) 任意不透水层上的缓变渗流。渗透系统变化的无压非稳定缓变渗流基本微分方程式:

$$\left[\frac{\partial}{\partial x}\left(\frac{\partial h}{\partial x}\int_{h=H}^{h}k\mathrm{d}z\right)+\frac{\partial}{\partial y}\left(\frac{\partial h}{\partial y}\int_{h=H}^{h}k\mathrm{d}z\right)+(w-\varepsilon)\right]=\mu\frac{\partial h}{\partial t} \tag{8-414}$$

式(8-414)中的积分函数 $\int_{h=H}^{h}k\mathrm{d}z$ 是得不出解析解的,但可以根据天然实测的水文地质资料找出不透水层面上各点沿含水层深度 z 的函数积分曲线。现以 K 表之,称它为导水度或传导性,即:

$$K=\int_{h=H}^{h}k\mathrm{d}z \tag{8-415}$$

若为均质含水层,由式(8-415)可知,此导水度就等于渗透系数与渗流水深的乘积,即:

$$K = kH \tag{8-416}$$

对于厚度为 T 的承压含水层,则:

$$K = kT \tag{8-417}$$

若为不同土层组成的含水层,其分层厚度为 T_1、T_2、T_3、…时,则导水度应为:

$$K = k_1T_1 + k_2T_2 + k_3T_3 + \cdots \tag{8-418}$$

因此,式(8-414)就可写为:

$$\frac{\partial}{\partial x}\left(K\frac{\partial h}{\partial x}\right)+\frac{\partial}{\partial y}\left(K\frac{\partial h}{\partial y}\right)+(w-\varepsilon)=\mu\frac{\partial h}{\partial t} \tag{8-419}$$

由于 K 只是坐标 x、y 的函数,所以就可把非均质含水层转化成均质含水层($K=kH$)。这样,便于进行模拟试验或计算。具体做法为:按照式(8-415)给出不透水层面上各处 $z\sim K$ 的关系曲线,即沿含水层深度 z 积分得出的导水度 K,或以式(8-417)计算分层土的含水层各处导水度 K;然后选定转化均质层的渗透系数 k,就由式(8-416)确定了转化均质层中相应的地下水深 $H = K/k$ 。

当均质各向同性,即 k 为一常数时,式(8-419)就变为一般的布辛斯克(Boussinesq)方程式:

$$\frac{\partial}{\partial x}\left(H\frac{\partial h}{\partial x}\right)+\frac{\partial}{\partial y}\left(H\frac{\partial h}{\partial y}\right)+\frac{(w-\varepsilon)}{k}=\frac{\mu}{k}\frac{\partial h}{\partial t} \tag{8-420}$$

当稳定渗流时,式(8-419)变为:

$$\frac{\partial}{\partial x}\left(K\frac{\partial h}{\partial x}\right)+\frac{\partial}{\partial y}\left(K\frac{\partial h}{\partial y}\right)+(w-\varepsilon)=0 \tag{8-421}$$

(2) 水平不透水层上的缓变渗流。若含水层底面不透水层水平时,水头可从底面算起,与其渗流水深相等,即 $h=H$。此种情况下,以上各式更可简化为线性微分方程式。现以稳定渗流为例,不考虑入渗蒸发,并设 $k=k_x=k_y$,式(8-421)就变为:

$$\frac{\partial^2\left(\frac{kh^2}{2}\right)}{\partial x^2}+\frac{\partial^2\left(\frac{kh^2}{2}\right)}{\partial y^2}=0 \tag{8-422}$$

或

$$\frac{\partial^2 h^2}{\partial x^2}+\frac{\partial^2 h^2}{\partial y^2}=0 \tag{8-423}$$

式(8-423)为函数 $h^2=f(x,y)$ 的拉普拉斯方程,只要给出边界条件,就可求得地下水面 $h=h(x,y)$。

单宽流量:

$$q_x=v_x h=-kh\frac{\partial h}{\partial x}=-\frac{\partial}{\partial x}\left(\frac{kh^2}{2}\right) \qquad q_y=v_y h=-kh\frac{\partial h}{\partial y}=-\frac{\partial}{\partial y}\left(\frac{kh^2}{2}\right)$$

则由式(8-423)可得:

$$\frac{\partial q_x}{\partial x}+\frac{\partial q_y}{\partial y}=0 \tag{8-424}$$

这就说明,在水平面渗流中所研究的是流量势函数,而非流速热势函数。即拉普拉斯方程式中的势函数 ψ 为:

垂直平面渗流(或承压水平面渗流):

$$\psi=-kh(h\text{ 为水头}) \tag{8-425}$$

水平面无压渗流:

$$\psi=-\frac{kh^2}{2}(h\text{ 为水深}) \tag{8-426}$$

研究不同土层的水平面渗流,还可利用吉林斯基(гиринский)位势函数的概念,结合图解进行计算或模拟试验。在均质含水层时,吉林斯基位势就等于 $-\frac{kh^2}{2}$。

(3) 有越流补给的含水层中渗流(图 8-350)。在上下含水层之间夹有弱透水层时,隔开的上下含水层中水头压力不等(由于下面土含水层抽水或其他原因造成的)而发生穿经弱透水夹层的垂直渗漏。此时的渗流微分方程式,只要对比分析前面已得出的方程式就可求得。

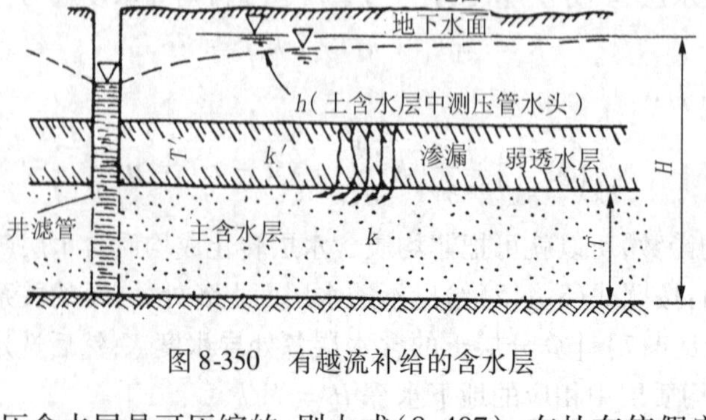

图 8-350 有越流补给的含水层

如果图 8-350 的下层承压含水层是可压缩的,则由式(8-407),在杜布依假定下 $\frac{\partial h}{\partial z}=0$,同时穿过弱透水层的渗漏补给也就相当于图 8-350 中的入渗蒸发（$w - \varepsilon$）。因此，可直接写出微分方程式：

$$\frac{\partial}{\partial x}\left(kT\frac{\partial h}{\partial x}\right) + \frac{\partial}{\partial y}\left(kT\frac{\partial h}{\partial y}\right) + k'\frac{\partial h'}{\partial z} = S\frac{\partial h}{\partial t} \tag{8-427}$$

式中，k'、h'为弱透水夹层的渗透系数和水头，其他为含水层的。含水层与弱透水夹层的交界面 $h = h'$。如设夹层上面的原有水头为 H、夹层厚度为 T'，则式(8-427)可写为：

$$\frac{\partial}{\partial x}\left(kT\frac{\partial h}{\partial x}\right) + \frac{\partial}{\partial y}\left(kT\frac{\partial h}{\partial y}\right) + \frac{k'(H-h)}{T'} = S\frac{\partial h}{\partial t} \tag{8-428}$$

用平均含水层厚度 T 表示时，则可写为：

$$\frac{\partial^2 h}{\partial x^2} + \frac{\partial^2 h}{\partial y^2} + a^2(H-h) = \frac{S}{kT}\frac{\partial h}{\partial t} \tag{8-429}$$

式中，$a = \sqrt{\dfrac{k'}{kTT'}}$，称为越流渗漏因数，它可确定面积上漏水的多少。

考虑弱透水夹层的压缩性时，对比关系可写为：

$$k'\frac{\partial^2 h}{\partial z^2} = S'\frac{\partial h'}{\partial t} \tag{8-430}$$

式中 S'——夹层的储存系数。

以上介绍的水平面渗流微分方程式，对于区域性地下水运动，为了简化问题，一般允许采用杜布依假定。水利工程和水文地质中的水库蓄后对附近地区的地下水位抬高、绕坝肩的渗流、大面积含水层的地下水开发利用、农田灌溉排水的布局、河流的侧渗、施工基坑的降水以及井点和群井的抽水等问题，均可近似地看成水平面渗流问题。另外，石油开采等实际问题也被看作是水平面承压渗流问题。至于大区内部靠近板桩、沟、井等的渗流虽然会发生急变区而不满足杜布依假定，但此局部失真的范围与大区相比很小，因此对大区渗流地下水面影响不大，一般误差不超过 0.5m。

g 定解条件

每一流动过程都是在限定的空间流场内发生的。沿这些流场边界起支配作用的条件称之为边界条件。研究（试验或计算）开始时流场内的整个流动状态或流动支配条件（如场的位势或水头分布）称之为初始条件。边界条件和初始条件统称为定解条件。定解条件通常是由野外观测资料或试验确定的，它们对流动过程起决定性作用。寻求一个函数（如水头）使它在满足微分方程的同时又满足定解条件的问题称为定解问题。定解条件和微分方程能用来描述流场而组成地下水流动图案（流网）的数学模型。求解稳定渗流方程时，只需列入边界条件。此时的定解问题常称为边值问题。求解非稳定渗流方程时，需要同时列入初始条件和全过程的边界条件。

边界条件，原则上可区分为流场的几何边界形状位置与边界上起支配作用的条件。从描述流动的数学模型来看，边界条件有下面三类：

(1) 第一类边界条件为边界上给定位势函数或水头分布，或称水头边界条件，是最常见的情况。考虑到与时间 t 有关系的非稳定渗流边界，必须在整个过程中标明边界条件的变化过程。此已知边界条件可写为：

$$h|_{\Gamma_1} = f_1(x,y,z,t) \tag{8-431}$$

例如，下列情况均属第一类边界条件，稳定渗流场中，淹没水中的渗流边界为等势面或等水头面，即 $h =$ 常数；土坝下游坡面的自由渗出段和自由面边界，其水平应与位置高度相等，即 $h^* = z$；排水沟管井孔为已知水头值等。

(2) 第二类边界条件为在边界上给出位势函数或水头的法向导数，或称流量边界条件。考虑到与时间 t 有关的边界时，此已知边界条件可写为：

$$\frac{\partial h}{\partial n}\Big|_{\Gamma_2} = -v_n/k = f_2(x,y,z,t) \tag{8-432}$$

考虑到各向异性时，还可写为：

$$k_x \frac{\partial h}{\partial x} l_x + k_y \frac{\partial h}{\partial y} l_y + k_z \frac{\partial h}{\partial z} l_z + q = 0 \tag{8-433}$$

式中 q——单位面积边界上穿过的流量,相当于 v_n;

l_x, l_y, l_z——外法线 n 与坐标间的方向余弦。

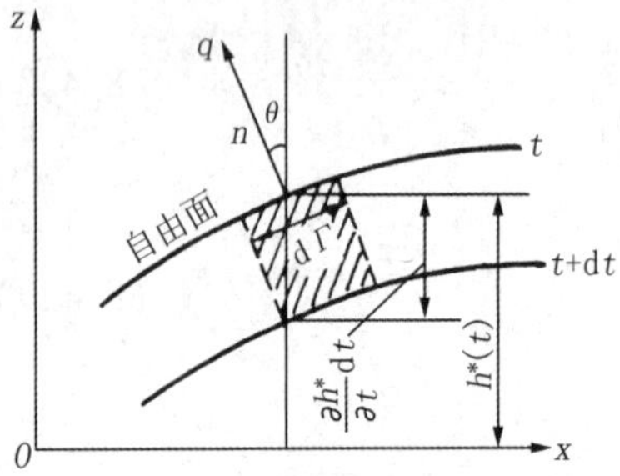

图 8-351 自由水面降落时的流量补给边界

在稳定渗流时,这些流量补给或出流边界上的流量 q = 常数或相应 $\frac{\partial h}{\partial n}$ = 常数,不透水层面和对称流面以及稳定渗流的自由面,均属此类边界条件。

非稳定渗流过程中,变动的自由面边界除应符合第一类边界条件外,还应满足第二类边界条件的流量补给关系。

$$h^* = z \tag{8-434}$$

图 8-351 为经过时间 Δt 自由面降落位置,其间的一块水体为 $q\mathrm{d}z\mathrm{d}t$ 。如果都采用外法向为正,则在自由面下降时可认为由边界流进的单宽流量为:

$$q = \mu \frac{\partial h^*}{\partial t} \cos\theta \tag{8-435}$$

考虑渗流自由面上有降雨入渗时,则式(8-435)变为:

$$q = \mu \frac{\partial h^*}{\partial t} \cos\theta - w \tag{8-436}$$

式中 h^*——自由面边界上的水头;

w——入渗量;

μ——自由面变动范围的给水度或排水有效孔隙率;

θ——自由面的法线与铅直线所成的角度。

(3) 第三类边界条件为混合边界条件,是指含水层边界的内外水头差和交换的流量之间保持一定的线性关系,即:

$$h + \alpha \frac{\partial h^*}{\partial n} = \beta \tag{8-437}$$

式中 α——正常数,它和 β 都是此类边界各点的已知数。

在解题时需以迭代法去满足水头 h 和 $\frac{\partial h^*}{\partial t}$ 间的已知关系。有时研究大区地下水流运动,含水层边界溢出水量受水位变化影响时,会碰到此类边界条件。河床面淤堵、井壁淤堵以及含水层中存在弱透水薄层的越流等也会存在此类边界条件。

以上三类条件在数学上依次称为狄里希列(Dirich - let)条件、诺依曼(Neumann)条件、福里哀(Fourier)条件。现以土坝渗流为例,见图 8-352,其边界条件为:1—2、4—5 是等水头面,$h = \frac{p}{\gamma} + z$ = 常数;3—4 是自由渗出段,$h = z$;6—7 是不透水层,是流面,$\frac{\partial h^*}{\partial n} = 0$,2—3 是自由面,在稳定渗流时是流面,$\frac{\partial h^*}{\partial n} = 0$,并因 $\frac{p}{\gamma} = 0$,故还得符合条件 $h^* = z$,而在非稳定渗流时,自由面不是流面,而是符合式(8-435)的流量补给边界。

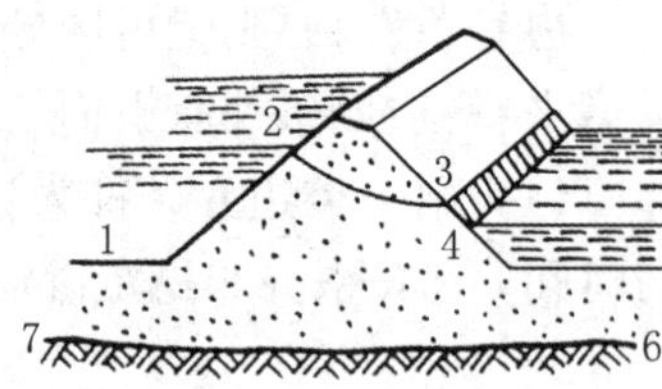

图 8-352 上坡边界条件

初始条件通常是第一类边界条件,即流场的水头分布。它在开始时刻 $t = 0$ 时,对整个流场起支配作用。所以在进行非稳定渗流计算或试验时,可先求得开始时刻稳定流场的水头分布,以作为已知初始条件(此开始时刻的流场通常是稳定渗流场);也可取任一时刻的渗流状态作为初始条件。只有在特殊情况下,初始条件才会是第二、三类边界条件。

h 数学模型的选用

我们把定解条件与渗流的基本方程式结合起来,讨论如何选用适宜的原始数学模型问题。应用的方程和边界条件不同,得出的解答也不同,甚至差别很大。到目前为止,作为数学模型被采用的支配方程类型,对于饱和渗流,具有自由面变动的非稳定流问题,则有布辛内斯克方程式、拉普拉斯方程式、扩散方程式、固结方程式等。这些方程式对自由面边界条件的处理各不相同,有作为流量补给的,有作为下降流速的,也有不作为任何补给条件的,所以计算结果相互差别很大。

(1) 几种数学模型的比较总结。布辛内斯克方程是将缓变渗流简化为水平面渗流的支配方程,适宜于研究大区地下水运动;用于计算土坡渗流,只能计算渗流自由面变化位置,而且还得考虑坝坡边界的简化处理问题,结果可靠性差。

拉普拉斯方程是逐时段求解瞬时稳定流场。结合自由面下降速度的计算,是求解非稳定渗流的一个最早的方法。计算结果表明,自由面下降速度与其他方程相比最慢;内部流场分布,靠近坝坡的孔隙水压力水头值最低。如果将自由面改为流量补给边界,则自由面下降速度略快,同时内部孔隙水压力消散也略转快。这种原因可能是把自由面作为下降流速边界处理时,计算所根据的是各时段的瞬时稳定流场所致;其次所取时段的降距常小于划分单元的高度,而用单元平均速度计算时也有导致自由面下降偏慢的趋势。因此不如把自由面作为流量边界处理为好,此时在有限元计算中能直接反映于计算公式作连续计算。

扩散方程是直接依赖于时间项计算的。自由面边界不作任何补给条件处理时,计算结果与其他方程相比,自由面下降最快;而内部流场分布,靠近边坡的孔隙水压力水头值最高,渗流坡降最大,但其消散速度也最快;在上游水位下降后的开始阶段显出急速地向边坡排水的趋势,对边坡稳定极为不利;经历长时间后,计算结果渐趋近于拉氏方程的流场分布。如果将自由面边界加上流量补给条件进行计算,自由面下降速度转慢,其值介于拉氏方程结合自由面下降速度和结合流量补给条件的两种处理方法的计算结果之间。由此可见,自由面边界条件是否合理,影响很大。由于扩散方程的推导基于杜布依假定,严格地说,该方程只适用于自由面变化不大、沿深度方向渗流坡降变化也不大的均质土坝情况。

固结方程的推导考虑了土体压缩性,能够适应黏土筑坝的各种固结情况。在自由面下降过程计算中,流场内部水头可能出现高于自由面以及流场内孔隙水压力水头的消散迟后于自由面边界的变化等现象都能合理地加以解释。至于完全固结的土坡,认为没有压缩性问题,则是方程的特例,即拉氏方程。经过几个实例计算与观测资料的互相验证,认为固结方程结合流量补给条件的自由面边界较为合理。兴建土坝,由于存在残留孔隙压力,水和气不易排出,以及气泡的增减和胀缩等,尤其是渗透性很小、含水量大的黏土坝,会使孔隙水的储量在库水位升降过程中或其他外力改变时也随之有所改变,而形成迟后现象的非稳定渗流过程,这对坝坡稳定性有较大的危害。这种随库水位升降改变孔隙水储量致使坝体或发生地基沉降或回弹的现象会持续若干年代。因此即使已建成多年的土坝,在核算坝坡稳定性时也应适当考虑这种因素的破坏作用。

因此,由以上四种基本方程的有限元法数值计算结果的比较可知,一般土坡和地基的非稳定渗流问题,可采用固结方程,也就是考虑土体压缩性的非稳定渗流微分方程式(8-412),加上流量补给条件的自由面边界式(8-435)及其相应定解条件计算流场分布,较为合理;固结完好不再压缩的土石坝($S_s=0$)非稳定渗流问题,则可采用拉氏方程(8-409)加上流量补给自由面边界条件式(8-435)计算渗流场。至于其他非稳定渗流数学模型,则可在一些与其相应的特殊情况下采用。70 年代提出的这一种较为合理的非稳定渗流数学模型就一直沿用至今,并解决了很多实际问题。现总结基本数学模型如下。

非稳定渗流基本方程:

$$\mathrm{div}(k\ \mathrm{grad}h) = S_s \frac{\partial h^*}{\partial t}$$

$$\text{边界条件}\begin{cases}\text{水头边界} & h|_{\Gamma_1} = h(x,y,z,t)\\ \text{流量边界} & k_n \dfrac{\partial h^*}{\partial n}|_{\Gamma_2} = -q(x,y,z,t)\end{cases} \tag{8-438}$$

$$\text{自由面边界条件}\begin{cases} h^{*} = z \\ q = \mu \dfrac{\partial h^{*}}{\partial t}\cos\theta \end{cases}$$

$$\text{初始条件} \quad h|_{t=0} = h(x,y,z,0)$$

稳定渗流是上式的特例，与时间无关，$\dfrac{\partial h^{*}}{\partial t} = 0$，没有初始条件。

（2）渗流参数的影响。有了正确的数学模型，还得有可信的渗流参数。渗透系数 k 已有较完善的方法取得。方程中的给水度 μ 是仅次于 k 的决定渗流自由面下降速度的主要因素。μ 愈大，自由面下降速度愈慢，同时对流场内部水头的消散也略有影响，会更不利于坝坡的稳定性。参数 S_s 是决定流场内部孔隙水力消散速度的主要因素，对自由面下降速度也略有影响。对 μ 与 S_s 取值的研究尚不完善，可参考其经验公式。在坝坡稳定计算中，所用 μ 值相差一个数量级，其安全系数会相差 0.1 左右。

（3）渗流场的耦合数学模型。由于计算机和数值计算技术的发展，在有限元法的基础上，研究渗流场结合应力场、温度场等的互相耦合计算的数学模型已渐被采用，这是因为渗透性和渗透力受温度和应力变化的影响显著，岩土应力随水力的、热力的荷载外力的变化而改变。因此开展此项研究的渐多，不仅是饱和渗流，也发展到非饱和渗流。这种数学模型就是渗流场的支配方程与应力场或温度场的支配方程耦合在一起求解。例如，把 Biot 固结理论与渗流微分方程耦合起来计算，求解土体应力、应变和位移及其孔隙压力消散的问题。

通过简单的应力-渗流耦合计算，则可把渗流场算得的各点水头或压力转换为渗透力，作为一种外力荷载叠加在应力场的各结点上。例如，渗流方程应用式（8-438），在有限元法中应用变分原理可求得解渗流场各结点水头 h 的代数方程组为：

$$[K]\{h\} + [S]\left\{\frac{\partial h}{\partial t}\right\} + [P]\left\{\frac{\partial h}{\partial t}\right\} = \{F\} \tag{8-439}$$

同样，对于土体变形，可根据土体固结理论求得各结点荷载与结点位移之间的关系，从而建立求各结点位移 δ 的代数方程组：

$$[K]\{\delta\} = \{R\} \tag{8-440}$$

式中 $[K]$——劲度矩阵；

$\{\delta\}$——结点位移列阵；

$\{R\}$——包括土体自重和渗透力的结点荷载列阵。

求出结点位移即可利用力学公式求得应变和应力，进而可确定各单元的主应力和主应力方向，便于分析结构物的稳定性。

上面两方程各取其边界条件和初始条件进行计算的步骤为：先计算方程组（8-440）在土体自重荷载条件下的初值 $\{\delta\}^{0}$，由土力学公式求出应力初值 $\{\sigma\}^{0}$；然后解方程组（8-439）的结点水头并求其渗透力，叠加到再解方程组（8-440）的各结点荷载中。如此，互相迭代求解各时段的应力场及渗流分布。应注意的是，在各时段的计算中要正确考虑自由面变动所引起的自重力和渗透力的改变以及各参数的改变。

i 饱和-非饱和渗流微分方程式

以上介绍的渗流方程仅适用于饱和渗流。实际上，不少边坡工程问题受非饱和渗流的影响。如降雨和淋洗水的下渗，河流、沟渠的清水或污水的渗漏以及农田灌溉排水和库水位变化中的土坝渗流等，都应考虑非饱和区的作用，因为孔隙水及负（吸）压力能加速渗流峰的运动，增大土坝的稳定性。

纽曼（Neuman，1973）结合有限元法的数值计算首先提出该问题的有限元解法及计算程序 UNSAT2。饱和-非饱和渗流基本方程介绍如下。

类似引导多孔介质中饱和渗流连续性方程的过程，根据质量守恒原理考虑渗流场中某一微分单元体的进出水量速率之差等于该单元体内的水量增减速率，或含水量的变化速率，可引导出连续性方程：

$$\frac{\partial}{\partial x}(\rho v_x) + \frac{\partial}{\partial y}(\rho v_y) + \frac{\partial}{\partial z}(\rho v_z) = -\frac{\partial}{\partial t}(\rho n S_w) \tag{8-441}$$

或写成张量形式的连续性方程：

$$-\frac{\partial}{\partial x_i}(\rho v_i) = \frac{\partial}{\partial t}(\rho v S_w) \tag{8-442}$$

式中 ρ——水的密度；

v_i——达西流速；

n——孔隙率；

S_w——饱和度，$0 \leqslant S_w \leqslant 1$，$nS_w = \theta$ 为含水量。

将表示各向异性的达西定律张量形式：

$$v_i = k_{ij}k_r \frac{\partial h}{\partial x_j} \tag{8-443}$$

代入连续性方程，可得：

$$\frac{\partial}{\partial x_i}\left(\rho k_{ij}k_r \frac{\partial h}{\partial x_j}\right) = -\frac{\partial}{\partial t}(\rho n S_w) \tag{8-444}$$

式中 k_r——相对于饱和渗透系数 k 的比值，是饱和度的函数 $k_r(S_w)$，$0 \leqslant k_r \leqslant 1$；

k_{ij}——饱和时的渗透系数张量；

h——测压管水头，$h = \frac{p}{\gamma} + z = h_p + z$。

因为水的压缩性很小，可认为 ρ 是常数，则展开式(8-444)可得：

$$\frac{\partial}{\partial x_i}\left(k_{ij}k_r \frac{\partial h}{\partial x_j}\right) = n\frac{\partial S_w}{\partial t} + S_w \frac{\partial n}{\partial h}\frac{\partial h}{\partial t} = n\frac{\partial S_w}{\partial t} + S_w S_s \frac{\partial h}{\partial t} \tag{8-445}$$

式中，单位储存量或储水率 S，在第四节已定义为 $S_s = \rho g(\alpha + n\beta)$，当水的压缩性 $\beta = 0$，土的压缩性 α 只表现在孔隙的变化时，则从有效应力与孔隙水压力之间的关系就可以水头表示为 $\alpha \frac{1}{\rho g}\frac{\partial n}{\partial h}$，即式(8-445)中的 $S_s = \frac{\partial n}{\partial h}$，其物理意义同前，为下降单位水头时从单位土体释放出来的水量。饱和土体 S_s 是一个常数；非饱和土体 $S_s = 0$，其储水量主要受含水量或饱和度控制，而非压缩性对其影响。甚至很多情况的饱和土体也常可设 $S_s = 0$。上式为水头 h 表示的饱和非饱和渗流支配方程，初始和边界条件与饱和渗流支配方程的一样。

在实际问题中，有时采用压力水头 $h_p = p/\gamma$ 与体积含水量 $\theta(=nS_w)$ 代换测压管水头 h 和饱和度 S_w，应用时较为方便。再定义容水度 $C = \frac{\partial \theta}{\partial h_p}$，式(8-445)可写为：

$$\frac{\partial}{\partial x_i}\left(k_r k_{ij}\frac{\partial h_p}{\partial x_j} + k_r k_{i3}\right) = \left(C = \frac{\theta}{n}S_s\right)\frac{\partial h_p}{\partial t} \tag{8-446}$$

在各向同性均质情况下，式(8-446)可写为：

$$\frac{\partial}{\partial x}\left(k_w \frac{\partial h_p}{\partial x}\right) + \frac{\partial}{\partial y}\left(k_w \frac{\partial h_p}{\partial y}\right) + \frac{\partial}{\partial z}\left(k_w \frac{\partial h_p}{\partial z}\right) + \frac{\partial h_w}{\partial z} = \left(C = \frac{\theta}{n}S_s\right)\frac{\partial h_p}{\partial t} \tag{8-447}$$

上式中的渗透系数 k_w 是含水量 θ 的函数，$k_w = kk_r$，k 是饱和时的渗透系数，k_r 是一个比数。

式(8-446)为研究饱和-非饱和渗流的支配方程，其初始条件只是坐标的函数，可写为：

$$h_p(x_i, 0) = h_p^0(x_i) \tag{8-448}$$

边界条件有标定压力水头和流量两类，可写为：

$$\left.\begin{aligned} &h_p = h_p(x_i, t) && (\text{边界 } \Gamma_1 \text{ 上}) \\ &k_r\left(k_{ij}\frac{\partial h_p}{\partial x_j} + k_{i3}\right)n_i = -v(x_i, t) && (\text{边界 } \Gamma_2 \text{ 上}) \end{aligned}\right\} \tag{8-449}$$

式中 h_p，v——标定的 x_i 及 t 的函数；

n_i——边界 Γ_2 上的单位外法向分量。

式中的参数 k、θ 和 h_p 之间的关系可用曲线插比;正压区容长度 $C=0$,只有在负压区存在 $C=\frac{\partial\theta}{\partial h_p}$。在求解过程中,可先假定场内的含水量分布及其相应的渗透系数,然后根据算出的 h_p 修正有关参数。计算的压力水头分布 $h_p=0$ 的连线就是自由面。

从两种数学模型的计算过程可知,考虑了非饱和区能更好地反映土中水分的运动情况,也揭示了非饱和区的毛管水运移情况;在计算方法上把饱和-非饱和区作为一整个流场研究,也就不需要进行自由面调整,自由面仅是负压区正压区的分界面,不再是像饱和渗流场计算时流场的一个边界,避免了饱和渗流计算中试找自由面和选取给水度 μ 补给自由面边界的麻烦,同时全场内剖分有限单元网格也无须丢点或增加结点,避免了单元剖分不当出现的"缺口"现象。因此饱和-非饱和渗流场的计算方法及程序有不少优点,值得推广。其缺点是:渗流参数较饱和参数程序为多,而且参数的精度较差;计算过程中由于容水度在正压区取零,负压区取非零值,所以正压区方程为椭圆形,而负压区转化为抛物线形方程,出现了求解过程中数值弥散和参数拟合不收敛的情况。

B 渗透参数确定方法

渗透参数(渗透系数张量、结构面当量渗透系数、渗透系数等)是研究地下水运动问题的非常重要的参数。大中型水利水电工程、矿山工程、核工程、交通工程的地基基础、边坡和硐室的安全和稳定性大多与地下水运动有关。众所周知,透水性主要取决于边坡体的渗透参数性,如何正确、有效地确定边坡体的渗透性参数一直是工程地质和水文地质研究人员关注的问题。

由于研究具体问题时采用的方法不同,如解析的方法、数值模拟的方法、室内和野外试验的方法、统计分析的方法等等,往往同一参数所反映的同一客观边坡体的质与量有所差异。因此,参数一般分原型参数、试验参数、模型参数以及统计参数等。

原型参数或称固有参数,是指用于描述客观岩体的固有性能的参数,如岩体介质渗透性参数:渗透系数、渗透系数张量、贮水系数、贮水率、裂隙隙宽、裂隙隙间距和密度等。这些参数从不同侧面反映了岩体的固有渗透特性。一般情况下客观岩体,尤其是野外地质体的固有参数无法确切地获得,而是通过某些间接的方法(如试验、统计、模拟等)近似确定。

试验参数是指采用室内或野外试验手段确定客观岩土体的参数。该参数与原型参数是有区别的,这种参数反映试验地段或试验样本的特性参数,它逼近原型参数的程度取决于试验的精度,试验人员的经验、素质以及依据试验仪器测量结果来计算参数的方法等。

统计参数是运用统计学手段获得的客观岩体的某些参数。如通过野外岩体露头裂隙的隙宽、隙间距等的测量,运用统计学方法,计算出平均隙宽、隙间距等,进而计算渗透系数张量。这种方法获得的参数是否接近原型参数,与测量精度、测量人员素质、选择地段的代表性以及计算方法等有关。

模型参数包括数学模型参数和物理模型参数。它是通过模型模拟获得岩土体的某种参数,在原型基础上概化建立数学(或物理)模型,采用数学的或物理的方法,将原型中相关的信息代入模型中反求参数。该方法获得的参数反映了在给定初始条件、边界条件下的区域原型参数。用模型参数进行系统预测效果比较好。模型参数接近原型参数的程度取决于模型是否反映实体及模拟方法的先进性。

研究与岩体地下水运动有关的工程问题和地下水溶质运移问题时,最重要的、也是最难获取的水文地质参数是岩体的渗透系数张量。它是一个各向异性的参数,可以用二秩张量表示。关于岩体渗透系数张量的确定方法,国内外许多学者做了大量工作,现归纳起来可分为四类:第一类是裂隙样本法,第二类是抽(排)水试验方法,第三类是压水试验的方法,第四类是数值反演的方法。

a 现场试验法

基于渗流的基本定律出发,考虑到现场试验的可行性,以某矿区边坡为例,提出了一种确定缓倾结构面渗透性参数的现场试验法。该边坡玄武岩中缓倾角的层间层内错动带极为发育,这些缓倾角的结构面对整个岩体地下水的运动起着控制作用。为了获取不同类型结构面透水性的定量参数,我们首先推导出确定缓倾结构面渗透性参数的计算公式,然后利用风钻对典型结构面单独成孔,作简易注水试验,求出结构面的透水性参数。研究成果表明,现场试验法不仅方法简单、花费少、易操作,而且计算结果可靠、实用性强。

(1) 基本原理。假定缓倾角结构面顺结构面方向无限延伸、结构面张开度相等(图 8-353)。在垂直于结构面方向上有一半径为无限小的井孔,当以定流量 Q 向孔内注水时,由 Dupuit 公式不难得到结构面内距井孔距离为 ρ 的任意一点 p 的降深 s 为:

$$s = \frac{-Q}{2\pi K_f b}\ln\frac{R}{\rho} \tag{8-450}$$

式中 b——结构面宽度;

K_f——顺结构面的渗透系数;

R——影响半径。

由于顺结构面方向延伸长度尺寸远远大于结构面垂向厚度,因此井孔可以近似地看成是薄板平面(结构面)上的一个源(或汇)点。

假定在岩体剖面露头(平硐壁)上顺结构面走向打一井孔,这时当裸井孔离结构面露头较近时,结构面露头边界对井孔水流状态产生的影响,可以用镜像法原理和叠加原理处理。同时必须考虑到圆柱状裸井并非是一个点,但可以将其看成无数个源点(或汇点)组成的平面源线(或汇线),用平面源线(或汇线)代替圆柱状裸井的作用。设流量沿源线 l 均匀分布,在源线上取一微小的源线段 $\Delta\eta_i$(图 8-354),视为源点,其流量为:

$$\Delta Q = \frac{Q}{Z_2 - Z_1}\Delta\eta_i \tag{8-451}$$

每个微小源线段在结构面内任一点 A 引起的降深:

$$s_i = \frac{-Q\Delta\eta_i}{2\pi b K_f(Z_2 - Z_1)}\ln\frac{R}{\rho_i} \tag{8-452}$$

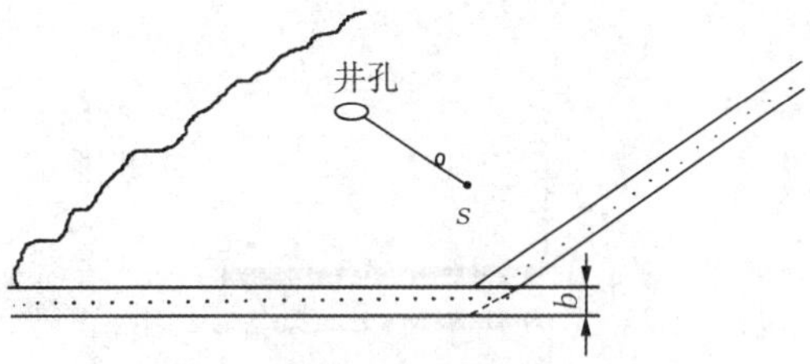

图 8-353 结构面上的小井孔

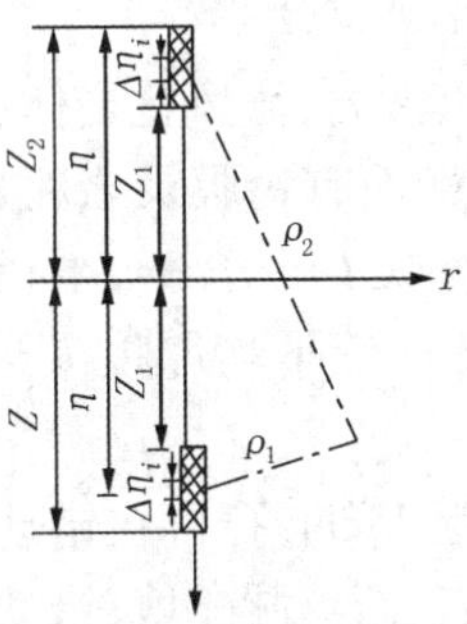

图 8-354 边界附近实源点映射

对于岩壁附近的源点(图 8-354),由边界的影响,在岩壁对称位置上映出一个等强度的虚汇点。结构面内任一点的降深应为实源点和虚汇点产生降深的叠加,即:

$$\begin{aligned} s_i &= \frac{-Q\Delta\eta_i}{2\pi K_f b(Z_2 - Z_1)}\ln\frac{R}{\rho_1} + \frac{Q\Delta\eta_i}{2\pi K_f b(Z_2 - Z_1)}\ln\frac{R}{\rho_2} \\ &= \left[\frac{Q\Delta\eta_i}{2\pi K_f b(Z_2 - Z_1)}\ln\frac{R}{\rho_2}\right] = \left[\frac{Q}{2\pi K_f b(Z_2 - Z_1)}\ln\frac{\rho_1}{\rho_2}\right]\Delta\eta_i \end{aligned} \tag{8-453}$$

式中 $\rho_1 = \sqrt{r^2 + (Z-\eta)^2}$,$\rho_2 = \sqrt{r^2 + (Z+\eta)^2}$;

Z_2, Z_1——源线端点坐标;

η——线段 $\Delta\eta_i$ 中点的坐标。

源线是由无数个这样的源点组成的,因此有:

$$\begin{aligned} s &= \frac{Q}{2\pi b K_f(Z_2 - Z_1)}\lim_{\substack{n\to\infty \\ \Delta\eta\to 0}}\sum_{i=1}^{n}\left(\ln\frac{\rho_1}{\rho_2}\right)\Delta\eta_i = \frac{Q}{2\pi b K_f(Z_2 - Z_1)}\int_{z_1}^{z}\ln\frac{\rho_1}{\rho_2}\mathrm{d}\eta \\ &= \frac{Q}{4\pi b K_f(Z_2 - Z_1)}\int_{z_1}^{z}\ln\frac{r^2 + (Z-\eta)^2}{r^2 + (Z+\eta)^2}\mathrm{d}\eta \end{aligned} \tag{8-454}$$

解得:

$$\begin{aligned} s = \frac{Q}{4\pi K_f b(Z_2 - Z_1)}\Bigg\{ & Z_1\ln\frac{r^2 + (Z+Z_1)^2}{r^2 + (Z-Z_1)^2} + Z\ln\frac{r^2 + (Z-Z_1)^2}{r^2 + (Z+Z_2)^2}\ln\frac{r^2 + (Z+Z_1)^2}{r^2 + (Z+Z_2)^2} - \\ & Z_2\ln\frac{r^2 + (Z+Z_{21})^2}{r^2 + (Z-Z_{21})^2} + 2r\left[\arctan\frac{Z_2 - Z}{r} - \arctan\frac{Z_2 + Z}{r} - \arctan\frac{Z_1 - Z}{r} + \arctan\frac{Z_1 + Z}{r}\right]\Bigg\} \end{aligned} \tag{8-455}$$

当 $r=r_w$,$s=s_w$,且 $Z_1=0$,$Z_2=l$,Z 取 l 时,有:

$$s_w=\frac{Q}{4\pi K_f bl}\left\{2l\ln\frac{r_w^2+l^2}{r_w^2+4l^2}+2r_w\left(2\arctan\frac{l}{r_w}-\arctan\frac{2l}{r_w}\right)\right\} \tag{8-456}$$

令 $\frac{l}{r_w}=a$,则:

$$s_w=\frac{Q}{2\pi K_f b}\left[\ln\frac{1+\alpha^2}{1+4\alpha^2}+\frac{1}{\alpha}(2\arctan\alpha-\arctan 2\alpha)\right] \tag{8-457}$$

即:

$$K_f=\frac{Q}{2\pi s_w b}\left[\ln\frac{1+\alpha^2}{1+4\alpha^2}+\frac{1}{\alpha}(2\arctan\alpha-\arctan 2\alpha)\right] \tag{8-458}$$

(2) 参数的确定。具体现场试验时,利用边坡平硐内玄武岩中现存的岩体声波测试孔。成孔的类型有两种(图 8-355),其一是平行于缓倾角的层间层内错动带的钻孔,其二是斜交错动带的钻孔。试验采用了如图 8-356 所示的装置,分别在 PD12 和 PD45 两平硐的四个点计三种类型层内错动带进行了试验。

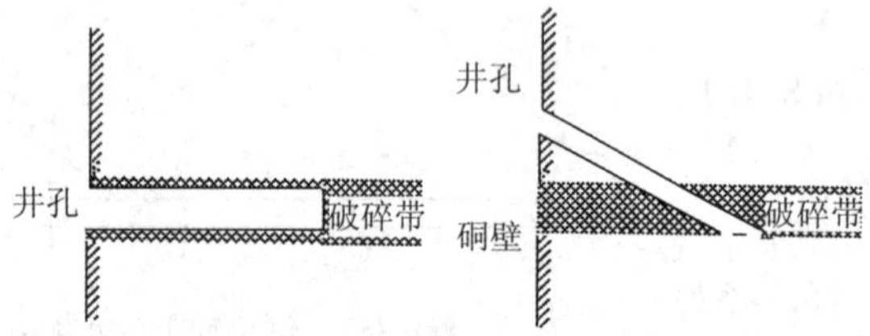

图 8-355 错动带成孔类型

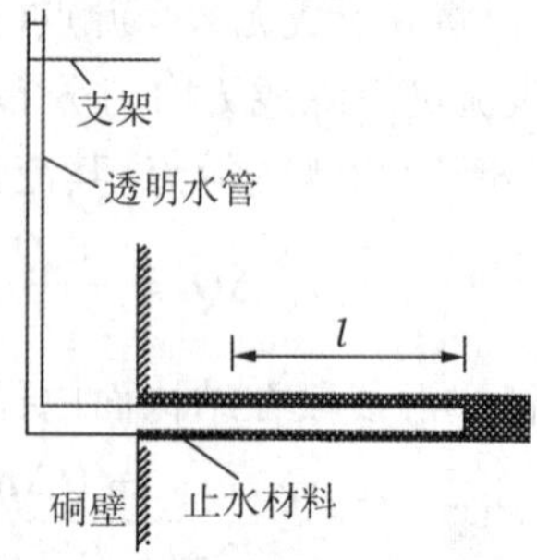

图 8-356 错动带注水试验装置

试验 1:位于 PD12 硐深 49m 处的下游硐壁,沿层内错动带 Lc_2 成孔。岩性为 $P_2\beta_2$ 玄武岩,微风化岩体。错动带为绿帘石、石英脉充填,错动带岩脉坚硬、完整性好,产状近水平。岩脉与围岩接触面有钙膜及岩粉,顺岩脉与围岩接触面透水,垂直结构面不透水,脉厚 2~3cm。透水类型属裂隙型。花管长 $l=1.23$m,半径 $r_w=2.25$cm,注水试验前先在孔内试验注水,使水位至孔口,并保持一昼夜,取层内错动带平均厚度 $b=2.5$cm,测得主孔稳定降深 $s_w=99$cm 时,对应的流量为 $Q=2.049\text{cm}^3/\text{min}$。

试验 2:位于 PD12 硐深 63~64m 处的下游硐壁,斜交层内错动带 Lc_3 打有 2 孔,孔距 35cm,孔口在错动带上部 10cm,以倾角 18°斜交错动带,岩性为 $P_2\beta_2$ 玄武岩,微风化岩体。错动带为绿帘石、石英脉充填,错动带岩脉坚硬、完整性好,向下游视倾角 5°。岩脉与围岩接触面有钙膜及岩粉。试验前两相邻的斜交错动带的孔内均有水自孔口溢出,而与两试验孔相距仅 20cm 的位于错动带下部的另外两孔却干燥无水,表明仅顺岩脉与围岩接触面透水,垂直于结构面不透水,脉厚 2~3cm,透水类型属裂隙型,孔深 113cm。该孔参数计算除可以采用前述原理外,还可先计算出有效孔径,然后用 Dupuit 公式计算。

试验 3:位于 PD45 硐下游支硐,岩性为 $P_2\beta_2$ 玄武岩、微风化。顺 Lc_2 层内错动带成孔。错动带宽 6~7cm,带内为石英、绿帘石条带,产状 N30°E/SE∠19°。在后期构造作用下,条带部分压碎成碎砾、碎屑,局部成粉状,碎砾 2~0.2cm 居多。错动带两侧有 2~5cm 的褐色破碎影响带。试验孔深 $l=119.0$cm,降深 $s_w=93.0$cm,孔半径 $r_w=2.25$cm,流量 $Q=3.3\text{cm}^3/\text{min}$,取 $b=6$cm。

试验 4:位于 PD45 硐下游支硐 108m 处,岩性为 $P_2\beta_2$ 玄武岩、微风化。顺 Lc_2 层内错动带成孔。错动带宽 20cm 左右,以破碎角砾岩为主,角砾棱角明显,粒径以小于 2cm 的砾石属多,约占 80%,岩屑充填于角砾间、挤压密实。错动带产状 N60°E/SE∠8°,与两侧围岩接触面上各有一层 0~1cm 灰白色细粒至黏土状的软岩。注水试验时顺错动带在距孔 50cm 范围内均有水溢出。试验孔深 $l=124.5$cm,降深 $r_w=100.0$cm,孔半径 $r_w=2.25$cm,流量 $Q=240.0\text{cm}^3/\text{min}$,取 $b=20$cm。

各试验求得的不同类型层内错动带渗透系数值如表 8-300 所示。对于同一试验不同试验点求得的参数有一定的差异。结构面现场试验,由于各试验点结构面类型不同,其试验的参数值有所不同。对于碎砾状的结构面，结构面具有一定的宽度，结构面内的碎粒砾岩密实破碎呈孔隙裂隙介质，试验结果其透水性最大；网络裂隙型结构面透水性次之；而裂隙型结构面透水性最小。这与结构面透水性的宏观判断结论是相一致的。同时，结构面现场试验确定的参数值与反分析法和水位恢复法求得的参数成果也较为一致。

表 8-300 结构面透水性试验计算参数

试验编号	位置	结构面编号	结构面类型	计算方法	渗透系数/(m/d)	渗透系数/(cm/s)
试验 1	PD12	Lc_2	裂隙型	结构面控制反演法	2.58×10^{-2}	2.99×10^{-5}
试验 2	PD12	Lc_3	裂隙型	结构面控制反演法	3.65×10^{-2}	4.23×10^{-5}
				观测孔裘布衣公式	4.49×10^{-2}	5.20×10^{-5}
				主孔裘布衣公式	7.57×10^{-2}	8.76×10^{-5}
试验 3	PD45	Lc_5	网络裂隙型	结构面控制反演法	1.84×10^{-2}	2.63×10^{-5}
试验 4	PD45	Lc_2	孔隙-裂隙型	结构面控制反演法	3.74×10^{-1}	4.32×10^{-4}
其他方法	404		玄武岩	水位恢复法	1.68×10^{-2}	1.95×10^{-5}
	左岸	Lc	错动带	反分析法	8.0×10^{-3}	9.26×10^{-6}
	右岸	Lc	错动带	反分析法	9.97×10^{-3}	1.15×10^{-6}

值得一提的是，参数计算公式是在假定结构面水平情况下推出的，估计当结构面倾角大于 15°~20°时，将会产生较大的计算误差；另外，结构面的厚度对参数计算结果也会产生影响，当结构面的厚度小于钻孔直径时，建议取二分之一结构面厚度作为井孔半径。

b 结构面控制反演法

岩体渗透参数(岩体渗透系数张量、结构面当量渗透系数、结构面渗透系数等)是研究岩体渗流问题的非常重要的参数。从渗流的基本运动方程出发，反求岩土体的渗透参数是工程控制论中一类典型的偏微分方程分布参数控制反问题，对于这类反问题常用数值法求解。

(1) 基本原理。根据研究渗流区域内若干已知坐标位置的水头观测值与计算值之误差，用最小二乘法建立目标函数：

$$E(K_j^i) = \sum_{n=1}^{NT}\sum_{k=1}^{M} w_{kn}\sqrt{(H_k^c(t_n) - H_k^o(t_n))^2} \tag{8-459}$$

式中 K_j^i——待求的系数，上标 i 表示根据岩体透水性划分的第 i 个子区，i = Ⅰ，Ⅱ，…，NK，NK 为分区总数；下标 j 表示第 i 个子区中第 j 个系数，$j=1,2,\cdots,MK$，MK 为某子区参数的总数；

w_{kn}——n 时刻、第 k 个水头观测点的权函数，且有 $\sum_{n=1}^{NT}\sum_{k=1}^{M} w_{kn} = 1.0$；

M——区域内观测点的总数；

NT——计算时段总数；

$H_k^c(t_n)$——n 时刻、区域内第 k 个观测点的计算水位值；

$H_k^o(t_n)$——n 时刻、区域内第 k 个观测点的观测水位值。

显然，我们的目的是欲求一组反映客观裂隙岩体渗流规律的参数 K_j^i(i = Ⅰ，Ⅱ，…，NK；$j=1,2,\cdots,MK$)，使目标函数 E 趋于零。

(2) 方法的应用。某工程的二期工程施工开挖的坝坡基基岩露头明显地反映出，岩体具有枝-干裂隙双重介质的特征。深槽部位孔号为 1x-I-6 的钻孔中详细记录了孔口涌水量、孔口水头随时间的变化过程(图 8-357)，涌水量试验自 2000 年 11 月 22 日 16 时 42 分开始至 11 月 25 日 13 时 27 分结束。已知该孔的地理坐标为(20012.8，48723.3)，孔口高程为 15.0m，孔深为 104.8m，对应坝坡段建基面高程为 10.0m。为了获得双重介质地下水运动参数，基于结构面控制反演法原理，将四组主干裂隙作为控水结构面，以流量为已知量，以水文地质条件为基础，以水位拟合为目标，反演双重介质地下水运动参数。

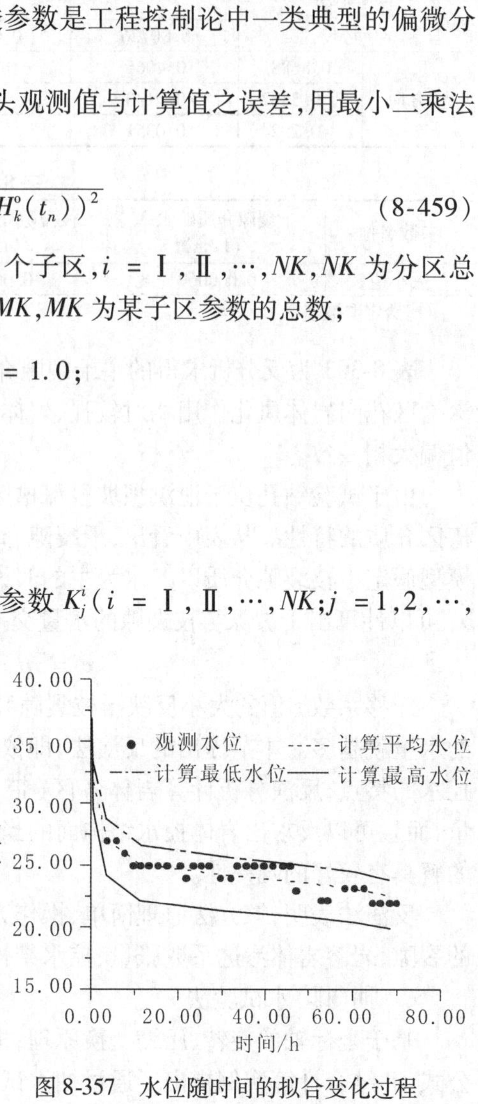

图 8-357 水位随时间的拟合变化过程

在总共 34 个观测时段中，间隔选择 6 个时刻的水头作为拟合水头，经参数反复调整，得计算水头与观测水头对比见表 8-301。试验钻孔在垂直方向上划分了 6 个剖分节点，各时刻 6 个节点水位的最大值、最小值和加权平均值随时间的变化过程如图 8-357 所示。同时，将所有观测水位值（共 34 个）作到拟合计算的时间-水位曲线坐标上（图 8-357）。从图中看出计算水位很好地反映了观测水位随时间的变化过程。

对应计算水头与观测水头拟合表 8-301，反演计算的双重介质地下水运动参数值见表 8-302 和表 8-303。

表 8-301 反演计算中的水头拟合

N 时段	时间/h	计算水头/m	观测水头/m	绝对误差/m	备 注
1	0.0833333	36.43			试验孔的平均涌水量为 48.36m³/d
2	0.5833333	31.71			
3	3.4633333	27.15	27.00	0.15	
4	11.428924	25.11	25.00	0.11	
5	29.460520	24.27	24.00	0.27	
6	49.180920	23.72	23.00	0.72	
7	62.512920	23.14	23.20	0.06	
8	69.628920	22.58	22.00	0.58	

表 8-302 反演计算的坝坡基各向异性岩体渗透主值及主方向

位 置		泄洪坝坡段深槽区			其他坝坡段区		
渗透主值 /(m/d)		K_1	K_2	K_3	K_1	K_2	K_3
		0.00726	0.02250	0.02976	0.00104	0.00321	0.00425
主方向	0.8688	0.4066	0.2820	0.8688	0.4066	0.2820	
	-0.3867	0.9130	-0.1260	-0.3867	0.9130	-0.1260	
	-0.2924	0.0351	0.9511	-0.2924	0.0351	0.9511	

表 8-303 反演计算的其他相关参数值

参数名称	干裂隙介质贮水率 /(L/m)	枝裂隙介质贮水率 /(L/m)	迁移系数 /(L/d)	围堰堤坝坡渗透系数① /(m/d)	堤坝坡帷幕渗透系数① /(m/d)
大小值	0.000069	0.00048	0.417	0.20	0.0864

① 给定参数值。

表 8-303 为反分析求得的主干裂隙介质渗透系数张量，在深槽区较其他坝坡段区大近一个量级，验证了深槽区花岗岩体风化作用相对较强、岩体完整性较差、透水性相对较好的特征，同时也与该区压水试验的 Lu 值偏大相一致。

由于试验钻孔位于泄洪坝坡段深槽区，因此表 8-303 所示反分析求得的贮水率主要反应泄洪坝坡段深槽区介质的特性。从表中看出，干裂隙介质贮水率 μ_s^a 较枝裂隙介质贮水率 μ_s^r 小近一个量级，符合双重介质模型假定中枝裂隙介质以贮水为主的假设。据表 8-268 所示反分析求得的迁移系数 r 和枝裂隙介质贮水率 μ_s^r 可以计算出干裂隙与枝裂隙的水量交换系数：

$$c = r\mu_s^r = 0.417 \times 0.00048 = 2.0 \times 10^{-4} \tag{8-460}$$

迁移系数 r 值的大小反映了枝裂隙和干裂隙发育情况及其连通程度，r 值越大，从枝裂隙向干裂隙运移的水量就越多。本节提出的反演法，即依据钻孔地下水的长观资料，考虑到岩体透水性的不均一性和结构面控水的特点，反演分析计算岩体各区（带）的渗透系数张量。该方法不仅可以反算出岩土体的渗透系数张量，而且可以反求出岩体控水结构面的当量渗透系数、渗透系数张量的主值和主方向，同时应用该方法计算的解具有较好的唯一性。

反演法表明，该方法原理简单、操作方便，且具有较好计算效果。有效地解决了确定水利水电工程复杂的裂隙、岩溶岩体渗透系数张量、控水结构面的当量渗透系数、渗透系数张量的主值和主方向问题。

c 抽（排）水试验法

基于坐标轴的旋转、压缩变换原理，推导出了有越流任意各向异性含水层中地下水三维井流问题的计算公式，并结合计算实例提出了通过抽水试验确定含水层任意各向异性渗透系数张量主值和主方向的计算方法。抽水试验法的最大缺点是需要较多的观测孔，且无法确定结构面渗透系数。

基于非稳定流抽水试验资料，一般无法直接求得渗透系数张量值，因为它包含了主渗透系数 K_1、K_2、K_3，主渗透方向(l_1,m_1,n_1)、(l_2,m_2,n_2)、(l_3,m_3,n_3)和μ_s、B 众多参数。下面介绍基于结构面控制反演法中的技术思路，采用图解和优化相结合的方法确定这些参数。

假定在抽水井附近有 3 口观测井（可包括抽水井本身），当在抽水井中进行非稳定流抽水试验后，根据每口井的降深 s 随时间 t 的变化资料，采用配线法（lg$s$-lg$t$）得到三条曲线每个配合点的坐标为：

$$[P]_i,\left[\frac{1}{u}\right]_i,[t]_i,[s]_i(i=1,2,3)$$

式中，i 为井点编号。由此得：

$$\overline{K_i}=\sqrt[3]{K_1K_2K_3}=\frac{Q}{4\pi[s]_iM}[P]_i \tag{8-461}$$

另外，由：

$$u=\frac{r^2\mu_s}{4t} \tag{8-462}$$

得

$$r_i^2=4[t]_i\frac{1}{\left[\frac{1}{u_i}\right]}(i=1,2,3) \tag{8-463}$$

而

$$r_i^2=X_i^2+Y_i^2=$$
$$\left(l_1\frac{x_i'}{\sqrt{K_1}}+l_2\frac{y_i'}{\sqrt{K_2}}+l_3\frac{z_i'}{\sqrt{K_3}}\right)^2+\left(m_1\frac{x_i'}{\sqrt{K_1}}+m_2\frac{y_i'}{\sqrt{K_2}}+m_3\frac{z_i'}{\sqrt{K_3}}\right)^2$$
$$=\frac{l_1^2x_i'^2}{K_1}+\frac{l_2^2y_i'^2}{K_2}+\frac{l_3^2z_i'^2}{K_3}+\frac{m_1^2x_i'^2}{K_1}+\frac{m_2^2y_i'^2}{K_2}+\frac{m_3^2z_i'^2}{K_3}+\frac{2l_1l_2x_i'y_i'}{\sqrt{K_1K_2}}+\frac{2l_1l_3x_i'z_i'}{\sqrt{K_1K_3}}+$$
$$\frac{2l_2l_3y_i'z_i'}{\sqrt{K_1K_3}}+\frac{2m_1m_2x_i'y_i'}{\sqrt{K_1K_2}}+\frac{2m_1m_3x_i'z_i'}{\sqrt{K_1K_3}}+\frac{2m_2m_3y_i'z_i'}{\sqrt{K_1K_3}}$$

令

$$\begin{cases}p_1^i=l_1^2x_i'^2+m_1^2x_i'^2\\p_2^i=l_2^2x_i'^2+m_2^2x_i'^2\\p_3^i=l_3^2x_i'^2+m_3^2x_i'^2\end{cases},\quad\begin{cases}q_1^i=2l_{12}x_i'y_i'+2m_1m_2x_i'y_i'\\q_2^i=2l_{13}x_i'z_i'+2m_1m_3x_i'z_i'\\q_3^i=2l_{23}y_i'z_i'+2m_2m_3y_i'z_i'\end{cases}$$

则

$$r_i^2=\frac{p_1^i}{K_1}+\frac{p_2^i}{K_2}+\frac{p_3^i}{K_3}+\frac{p_1^i}{\sqrt{K_1K_2}}+\frac{p_2^i}{\sqrt{K_1K_3}}+\frac{p_3^i}{\sqrt{K_2K_3}}$$

将式(8-463)中 $i=1$ 式与 $i=2$ 式相比，得

$$\frac{r_1^2}{r_2^2}=\frac{[t]_1\left[\frac{1}{u}\right]_1}{[t]_2\left[\frac{1}{u}\right]_2}$$

即

$$\frac{1}{K_1}\left\{p_1^1[t]_2\left[\frac{1}{u}\right]_2-p_1^2[t]_1\left[\frac{1}{u}\right]_1\right\}+\frac{1}{K_2}\left\{p_2^1[t]_2\left[\frac{1}{u}\right]_2-p_2^2[t]_1\left[\frac{1}{u}\right]_1\right\}+$$
$$\frac{1}{K_3}\left\{p_3^1[t]_2\left[\frac{1}{u}\right]_2-p_3^2[t]_1\left[\frac{1}{u}\right]_1\right\}+\frac{1}{\sqrt{K_1K_2}}\left\{q_1^1[t]_2\left[\frac{1}{u}\right]_2-q_2^2[t]_1\left[\frac{1}{u}\right]_1\right\}+$$

$$\frac{1}{\sqrt{K_1K_3}}\left\{q_1^2[t]_2\left[\frac{1}{u}\right]_2-q_2^2[t]_1\left[\frac{1}{u}\right]_1\right\}+\frac{1}{\sqrt{K_2K_3}}\left\{q_1^3[t]_2\left[\frac{1}{u}\right]_2-q_2^2[t]_1\left[\frac{1}{u}\right]_1\right\}=0 \tag{8-464}$$

令方程式(8-464)左边等于函数f,则有:

$$f(K_1,K_2,K_3)=f(K_{ej})=0,(j=1,2,\cdots,M)$$

令

$$E(K_{ej})=f^2(K_{ej})\geqslant 0$$

精确解 ($j=1,2,\cdots,M$)有:

$$E(K_{ej}^*)=\min E(K_{ej})=0 \tag{8-465}$$

对于目标函数E,可以采用单纯形最优化方法确定最优解(K_{ej})。其约束条件为:

$$K_{ej}\geqslant 0$$

$$\overline{K_i}=\sqrt[3]{K_1K_2K_3}$$

解得K_{ej}以后,可以由式(8-465)求得含水层的渗透系数张量K,而由矩阵运算很容易得到三个主渗透系数K_1、K_2、K_3和对应的主方向(l_1,m_1,n_1)、(l_2,m_2,n_2)、(l_3,m_3,n_3)。对于含水层的平均储水率由式(8-465)可求得:

$$\overline{\mu_s}=\frac{1}{7}\sum_{i=1}^{7}\frac{4[t]_i}{\left[\frac{1}{u}\right]_i r^2} \tag{8-466}$$

而含水层的储水系数为:

$$\mu=\overline{\mu_s}M \tag{8-467}$$

d 弥散参数的确定方法

用地下水溶质运移理论来解决实际问题,首先要获得水动力弥散系数等有关参数。由于存在尺度效应,通过实验室求得的参数与现场试验得到的参数会相差很大,这给地下水溶质运移的控制预测带来了很大的麻烦。目前对试验数据通常采用解析法来求得,而解析法通常是在很理想的条件下对溶质运移问题求解得到的,用来求解较复杂的地质条件下的水动力弥散参数,往往会有较大的误差。

对于地下水模型参数优化问题,人们通常采用非线性规划技术,如单纯形法、变尺度法、可变容差法等。对于多参数的非线性问题,这些方法并不很适合,而且容易陷入局部最优解的困境中,采用实码遗传算法优化反演地下水污染物运移参数以及地下水运动速度则可以避免上述问题。

(1) $erfc(x)$近似公式求参。余误差函数$erfc(x)$的反函数在数学上是很难用初等函数显式表达出来的,这给地下水运移问题的求参带来不便。虽然Matlab软件中的erfinv函数能很好解决此问题,但操作起来不便,并且在观测资料丰富时,不能充分利用资料;传统的求参方法不仅需要大量的观测资料,并且操作起来人为性大。因此非常有必要对$erfc(x)$近似公式进行探讨,力图找出一种用公式反求地下水运移参数的直接方法,以弥补传统方法的不足。

1) $erfc(x)$近似公式。$erfc(x)$公式可表示为:

$$erfc(x)\approx\begin{cases}1-\sqrt{1-\exp(-c^2x^2)} & (x\geqslant 0)\\ 1+\sqrt{1-\exp(-c^2x^2)} & (x<0)\end{cases}\quad (1<c<\sqrt{2},c\text{ 为 }x\text{ 的函数}) \tag{8-468}$$

为计算方便,在误差允许范围内,将c近似成常数,便可得$erfc(x)$近似公式:

$$erfc(x)\approx\begin{cases}1-\sqrt{1-\exp(-c^2x^2)} & (x\geqslant 0)\\ 1+\sqrt{1-\exp(-c^2x^2)} & (x<0)\end{cases}\quad (1<c<\sqrt{2},c\text{ 为常数}) \tag{8-469}$$

其中:

$$x^2\approx\frac{-\ln[2erfc(x)-erfc^2(x)]}{c^2} \tag{8-470}$$

式中,$erfc(x)\leqslant 1$,x取正号,否则取负,$1<c<\sqrt{2}$,且c为常数。

利用式(8-470)即可方便地求解参数。

2) c 值的确定。由式(8-470)易得:

$$c^2 \approx \frac{-\ln[2erfc(x) - erfc^2(x)]}{x^2} \quad (x \neq 0) \tag{8-471}$$

可以证明:

$$c^2(x) = c^2(-x) \tag{8-472}$$

因此只要求出 $x>0$(即 $erfc(x)<1.0$)的情况下 c 的取值即可。

通过将大量的数据(x,$erfc(x)$)代入式(8-458)进行 c 值试算,发现 c 在 $erfc(x)$ 小区间内变化不大,可近似成常数。因此可根据求参精度的要求以及考虑到计算的方便,利用式(8-461)进行合理地确定 $erfc(x)$ 区间以及各区间上的 c 值。在大量试算的基础上,根据实际求参的需要,提出一种确定 $erfc(x)$ 区间以及各区间上 c 值的方案,并对 $erfc(x)$ 近似公式在各区间上进行误差评价。从表 8-304 可看出,c 值确定方案精度有保证,并且 c 值分布有规律,便于记忆,可作为实际应用中的参考。

表 8-304　不同 $erfc(x)$ 区间的 c 值的确定及 $erfc(x)$ 误差评价

$erfc(x)$ 区间	0.005 ~ 0.0141	0.0141 ~ 0.0511	0.0511 ~ 0.1571	0.1571 ~ 0.3709	0.3709 ~ 1.0000
c 取值	1.09	1.10	1.11	1.12	1.13
最大相对误差/%	1.56	4.66	1.87	0.85	0.93

注:表中仅列出 $erfc(x)<1.0$ 的情况,对于 $erfc(x)>1.0$,应取 $erfc(x)$ 值为 $2-erfc(x)$ 后再查本表,表中每个区间不取左端点。由于 $erfc(x)<0.005$ 的观测资料在实际地下水求参问题中较少用,故表中未列出该情况下的 c 值。

(2) 地下水污染物运移参数遗传反演。对于各向同性的多孔介质,地下水污染物运移参数一般包括纵向弥散度和横向弥散度,然而地下水的运动速度往往也是未知的,一般解析方法只能对弥散度进行反演,而采用遗传算法不仅可以反演弥散度参数,而且可以反演地下水运动速度,即可以对地下水污染物运移系统进行反演。

1) 遗传反演原理。遗传算法(GA)是由 Holland JH 及其同事创立并由 Goldberg DE 发展完善起来的一种新型优化算法。与传统的非线性规划技术相比,遗传算法是一种直接的随机寻优方法,它无须优化问题具有连续性和可导性的限制。它是建立在种群遗传学和自然选择机理上的随机搜索和进化过程,模拟了自然选择和自然遗传过程中发生的繁殖、交配和变异现象,根据适者生存、优胜劣汰的自然法则,利用遗传因子(选择、交叉和变异)逐代产生群体,比较个体,如此循环,最终搜索到最优个体。

遗传算法利用概率论的随机摄动直接实现目标函数的优化而不需要求导,其算法主要过程有:编码、确定适应度函数、选择、交叉和变异。

① 编码。GA 的第一步就是将待优化参数进行编码,每一个参数均被表示成位串形式。目前常用的编码方法为二进制编码,这种编码对整数运算时精度较高,在实数运算中则会影响整个算法的精度。因而,对于地下水污染物运移参数反演问题,采用实数编码可以大大提高整个计算的精度和计算效率。

② 适应度函数。适应度函数能有效指导搜索沿着面向参数优化的方向进行,以逼近最佳参数组合,其选取是算法好坏的关键。选取原则应保证适应度非负,且朝着最小的方向发展。这里选取如下形式的适应度函数:

$$f(\theta_j) = \sum_{k=1}^{Num} [e_j(k)]^2 \tag{8-473}$$

式中　$e_j(k)$——反演结果的计算误差;

　　Num——计算样点的个数。

③ 选择算子。为了保证搜索到的最优个体不会因遗传操作而破坏,这里将父代种群中适应度最大的 10% 优良个体直接传递到子代中,成为子代个体。对父代中剩下的 90% 的个体,按各自的适应度函数从大到小排列。设各个体的相应序号为 r_i($i=1\sim0.9N$),则每个个体按如下数量选入匹配:

$$\text{int}\left(r_i / \sum_{i=1}^{0.9N} r_i 0.9 \times N + 0.5\right)$$

其中,int 为取整操作;N 为种群总数。

④ 交叉算子。基于实数编码的遗传算法,其交叉操作不同于二进制编码的操作,其交叉情况由一个仅取0、1的随机数确定。具体方法如下:如有两个父代 $a=(a_1,a_2,\cdots,a_n)$、$b=(b_1,b_2,\cdots,b_n)$,则交叉产生的两个子代为 $o=(o_1,o_2,\cdots,o_n)$、$p=(p_1,p_2,\cdots,p_n)$,其中

$$o_i=\begin{cases}a_i & 如随机数为0\\ b_i & 如随机数为1\end{cases},p_i=\begin{cases}b_i & 如随机数为0\\ a_i & 如随机数为1\end{cases}$$

交叉概率 P_c 控制交叉操作的频率,P_c 太小,搜索会停止不前,而 P_c 太大,高适应度解容易被破坏。因此 P_c 的选择非常重要。一般 $P_c=0.4\sim0.99$。将父代群体中获胜的个体两两交叉,随机产生一个小数 P_r [0,1],如果 $P_c<P_r$,则进行交叉操作;如果 $P_c>P_r$,则不发生交换,这一过程重复进行 $M/2-1$ 次,以保证群体的规模不变。

交叉操作一般有算术交叉和基于方向的交叉:

算术交叉定义为两个染色体的如下组合方式:

$$X'_1=\lambda X_1+(1-\lambda)X_2$$

$$X'_2=\lambda X_2+(1-\lambda)X_1$$

基于方向的交叉定义为:

$$X'_1=\lambda(X_1-X_2)+X_1$$

$$X'_2=\lambda(X_2-X_1)+X_2$$

以上 λ 为[0,1]之间的随机数。

算术交叉可以保证产生的后代位于两个父代染色体之间,而基于方向的交叉则可以有效地扩展搜索空间,这对遗传算法的初始迭代尤为重要,通常将两种方法结合使用。

⑤ 变异算子。这里采用了动态变异算子。它是为提高精度,增加细调能力而设计的。变异过程通过概率 P_m 来操作,$P_m=0.01\sim0.1$,若父代 X 中元素 x_k 被选出来作变异,则后代为 $X'=[x_1,x_2,\cdots,x'_k,\cdots,x_n]$。

其中 x'_k 是按如下两种可能得到的:

$$x'_k=x_k+\Delta(t,x_k^u-x_k)$$

或

$$x'_k=x_k-\Delta(t,x_k-x'_k)$$

式中,x_k^u,x'_k 分别对应变量 x_k 的上下界。

函数 $\Delta(t,y)$ 返回[0,y]中的一个值,使得 $\Delta(t,y)$ 随 t 增加而趋于0(t 是代数),函数的这个性质使得初始迭代时,搜索均匀分布在整个空间,而到后期则分布在局部范围内。

$\Delta(t,y)$ 按下式给出:

$$\Delta(t,y)=yr(1-t/T)^b \tag{8-474}$$

式中 r——[0,1]间的随机数;

T——最大代数;

b——确定不均匀度的参数。

变异过程体现了自然界的多样性,也可避免遗传算法的不成熟收敛。变异概率 P_m 是增大种群多样性的一个因素,P_m 太小,无法产生新解;P_m 太大又会破坏有用模式,而使解远离最优。可见,P_m 对遗传算法性能影响也很大。

2) 反演步骤。

① 编码:对反演参数进行实数编码。

② 产生初始群体:在各参数的取值范围内,随机产生一定数量的个体,构成初始“群体”,作为遗传开始的第一代。

③ 浓度输出计算:根据初始参数群体采用特征有限元数值计算方法得到与实测值相对应的浓度输出。

④ 适应度评价:按适应度函数计算个体的适应度。

⑤ 收敛判断:以群体中最大适应度与平均适应度之差小于 1×10^{-5} 作为判据来判断,并以最大进化代数

小于400作为辅助判断,满足条件则算法结束,否则继续运行。

⑥ 选择操作:按选择算子进行选择操作,选出0.1N个个体直接传递到子代中,其余个体放入匹配池中。

⑦ 交叉及变异操作:以自适应概率对匹配池中个体进行交叉及变异操作,完成后把这些个体送回子代,形成子代群体。

⑧ 返回③循环进行。

3)实例计算。以现场弥散试验为例,考虑潜水含水层中示踪剂弥散的情况。试验时示踪剂投放于主井,得到一观测井示踪剂浓度变化,该观测井距主井距离为8.0m。设投放示踪剂的主井为坐标系原点,无穷远处作为第一类边界条件,即在无穷远处示踪剂浓度为零。考虑研究区内一维稳定流动(沿 x 方向)二维水动力弥散(沿 x 和 y 方向)的情况,则示踪剂在地下水中运移的二维弥散的数学模型为:

$$\begin{cases}\dfrac{\partial C}{\partial t} = D_L \dfrac{\partial^2 C}{\partial x^2} + D_T \dfrac{\partial^2 C}{\partial y^2} - v\dfrac{\partial C}{\partial x} & (x,y) \in \Omega \quad t > 0 \\ C(x,y,t) = 0 & x,y \neq 0 \quad t = 0 \\ C(x,y,t) = 0 & x,y \to 0 \quad t \geqslant 0 \\ \int_{-\infty}^{+\infty}\int_{-\infty}^{+\infty} nC\mathrm{d}x\mathrm{d}y = m & (x,y) \in \Omega \quad t \geqslant 0 \end{cases} \tag{8-475}$$

式中 C——溶质浓度;

v——地下水实际流动速度;

m——瞬时投放的示踪剂的质量;

n——含水层介质的有效孔隙度;

D_L, D_T——x、y 方向上的水动力弥散系数,可以表示为弥散度与速度的表达式,$D_L = \alpha_L v$,$D_T = \alpha_T v$,α_L、α_T 分别为纵向弥散度和横向弥散度。

对上述定解问题采用特征有限元法进行求解。取研究区域大小为80m×80m,将整个区域剖分成800个三角形单元,441个节点,时间步长 $\mathrm{d}t = 1\mathrm{min}$。待求解参数包括纵向、横向弥散度和对流速度三个。反演时选取相应的观测时间点作为待拟合点,预先给定待反演参数的取值范围:

$$\alpha_L \in [0.0, 5.0], \alpha_T \in [0.0, 2.5], v \in [0.0, 1.0]$$

反演时,选取种群个数为40,交叉概率为0.6,变异概率为0.1,进化代数为400。当计算精度满足要求时,反演结果为:$\alpha_L = 0.62\mathrm{m}$,$\alpha_T = 0.27\mathrm{m}$,$v = 0.014\mathrm{m/min}$。各参数的计算值和标准线计算值接近,反演计算结果精度较高。表8-305列出了试验值与反演计算值及其误差,可以看出二者误差很小,因此,数值法求参精度是可靠的,特别是在边界条件复杂,待求参数多的情况下,比解析法更具有实际应用价值。

表8-305 反演值与试验值比较

时间/min	80	200	382	555	1528	1830	2180	2980	3400	4400
试验值	0.31	1.00	1.92	3.29	8.33	7.41	9.02	7.35	6.04	2.83
反演值	0.33	1.02	1.95	3.30	8.26	8.80	9.05	7.32	6.05	2.85
误差绝对值	0.02	0.02	0.03	0.01	0.07	1.39	0.03	0.03	0.01	0.02

遗传算法是一种独特的优化方法,它特别适用于多参数的非线性反演问题,因此可以用来对地下水污染物运移参数进行反演。从算例计算结果可以看出,遗传优化算法-数值离散不仅可以反演弥散系数,同时还可反演地下水流速度,而且反演结果精度令人信服。在反演过程中发现应用遗传算法反演参数时收敛速度较慢等缺点,这是以后应进一步研究的课题。

C 二维数值模拟法

a 有限差分法

差分法是求解微分方程的一种数值方法。它是将研究课题包含的区域用差分网格加以离散,用差分公式近似代替所研究课题微分方程中的导数(或称微商),从而得到差分方程。差分方程代表一代数方程组,以恰当方式求解后即可获得所研究课题的数值解。使用差分法时,需考虑以下三个问题:

(1) 如何选取差分网格,将微分方程离散成差分方程;

（2）差分方程的稳定性和收敛性怎样；

（3）如何解代数方程组。

建立微分公式前先要划分差分网格。以图 8-358 所示二维问题为例，在平面上作分别平行于轴的两组平行线：

$$\begin{cases} x_i = x_0 + ih \\ y_j = y_0 + jl \end{cases} \quad i、j 为整数 \tag{8-476}$$

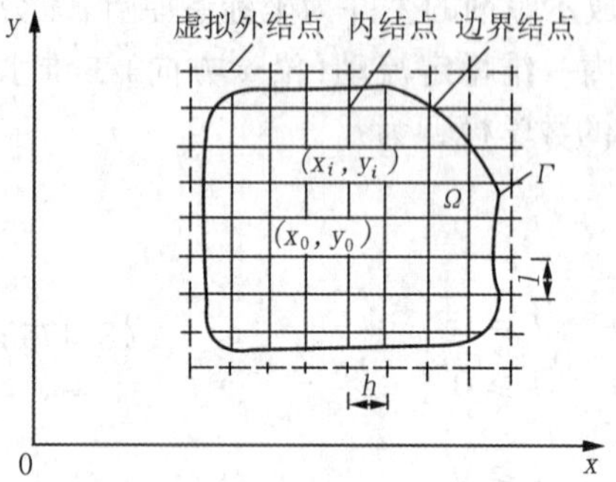

图 8-358 二维差分网格

其中，(x_0, y_0) 为 X-Y 平面上任意一点，它可在区域 Ω 内，也可在 Ω 外。h 为 x 方向步长，l 为 y 方向步长。这两组平行线的交点称为结点。这两组平行线在 Ω 内组成的网格称为差分网格，若 $l \neq h$ 称为矩形网格，$l = h$ 称为正方形网格。沿 x 和 y 方向距离均不超过一个步长的两结点称为相邻结点。位于边界 Γ 上的结点称为边界结点，位于 Ω 内结点称为内部结点，位于 Ω 和 Γ 以外的结点称为外部虚拟结点，如图 8-358 所示。除特殊情况外，我们一般只考虑位于内 Ω 或 Γ 上（简记为 $\Omega + \Gamma$）的结点，即内部和边界结点。内部结点的全体组成的网格区域记为 Ω_k，边界结点的全体组成的网格区域边界记为 Γ。结点 (x_i, y_i) 简记为 (i, j)，函数 f 在此点的值简记为 $f_{i,j}$。

导数的差分近似公式可从函数的 Taylor 级数展开式或函数的插值多项式等导出。因网格长度为有限长，差分近似公式前常加"有限"二字。以下为方便起见，有限差分近似公式简称为差分公式。在推导导数的差分公式时，我们同时列出差分公式的误差，但在实际使用这些公式时误差将略去。

以二元函数 $f(x, y)$ 为例，在点 (x, y) 附近，有如下 Taylor 级数展开式。

$$f(x, y_j) = f_{i,j} + \sum_{k=1}^{\infty} \frac{\partial^k f}{\partial x^k}(x - x_i)^k \tag{8-477}$$

式中，$\frac{\partial^k f}{\partial x^k}$ 为点 (x_i, y_j) 处对 x 的 k 阶偏导数。在式(8-477)中分别取 $x = x_i + h$，$x = x_i - h$ 得：

$$f_{i+l,j} = f_{i,j} + h\frac{\partial f}{\partial x} + \frac{h^2}{2!}\frac{\partial^2 f}{\partial x^2} + \frac{h^3}{3!}\frac{\partial^3 f}{\partial x^3} + \frac{h^4}{4!}\frac{\partial^4 f}{\partial x^4} + O(h^4) \tag{8-478}$$

$$f_{i+l,j} = f_{i,j} - h\frac{\partial f}{\partial x} + \frac{h^2}{2!}\frac{\partial^2 f}{\partial x^2} + \frac{h^3}{3!}\frac{\partial^3 f}{\partial x^3} + \frac{h^4}{4!}\frac{\partial^4 f}{\partial x^4} + O(h^4) \tag{8-479}$$

这里 $O(h^4)$ 为 h 的 4 阶微量。

分别可得：

$$\frac{\partial f}{\partial x} = \frac{1}{2h}(f_{i+1,j} - f_{i-1,j}) + O(h^2) \tag{8-480}$$

$$\frac{\partial^2 f}{\partial x^2} = \frac{1}{h^2}(f_{i+1,j} - f_{i-1,j}) + O(h^3) \tag{8-481}$$

由式(8-480)和式(8-481)，可得：

$$\frac{\partial^3 f}{\partial x^3} = \frac{\partial^2}{\partial x^2}\left(\frac{\partial f}{\partial x}\right)\frac{1}{2h^3}(f_{i+1,j} - 2f_{i-1,j} + 2f_{i+1,j} - f_{i-1,j}) + O(h^4) \tag{8-482}$$

$$\frac{\partial^4 f}{\partial x^4} = \frac{\partial^2 f}{\partial x^2}\left(\frac{\partial f}{\partial x^2}\right) = \frac{1}{h^4}(f_{i+1,j} - 4f_{i-1,j} + 6f_{i+1,j} - 4f_{i-1,j} + f_{i-1,j}) + O(h^5) \tag{8-483}$$

在 y 方向，类似可得：

$$\frac{\partial f}{\partial y} = \frac{1}{2l}(f_{i,j+1} - f_{i,j-1}) + O(l^2) \tag{8-484}$$

$$\frac{\partial^2 f}{\partial y^2} = \frac{1}{l^2}(f_{i,j+1} - 2f_{i,j-1}) + O(l^3) \tag{8-485}$$

$$\frac{\partial^3 f}{\partial y^3} = \frac{1}{2l^3}(f_{i,j+2} - 2f_{i,j+1} + 2f_{i,j-1} - f_{i,j-2}) + O(l^4) \tag{8-486}$$

对于混合偏导数，有：

$$\frac{\partial^2 f}{\partial x \partial y} = \frac{\partial}{\partial x}\left(\frac{\partial f}{\partial y}\right) = \frac{1}{4h^3}(f_{i+1,j+1} - 2f_{i+1,j-1} - f_{i-1,j+1} + f_{i-1,j-1}) + O(h^2 + l^2) \tag{8-487}$$

式(8-480)~式(8-487)右边的取值点对称于点(x_i, y_i)，故称为中心差分公式。由式(8-477)和(8-478)分别可得：

$$\frac{\partial f}{\partial x} = \frac{1}{h}(f_{i+1,j} - f_{i-1,j}) + O(h) \tag{8-488}$$

$$\frac{\partial f}{\partial x} = \frac{1}{h}(f_{i,j} - f_{i-1,j}) + O(h) \tag{8-489}$$

它们分别称为一阶导数的向前、向后差分公式。

实际问题的边界可能为图8-359所示不规则边界，此时对于边界附近结点(i,j)有：

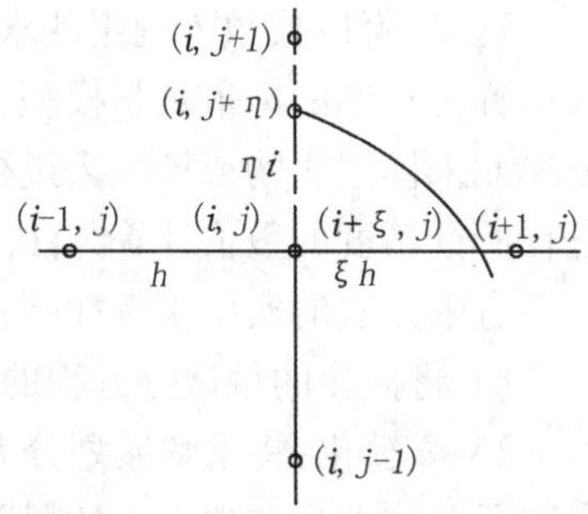

图8-359　不规则边界

$$\frac{\partial f}{\partial x} = \frac{1}{(1+\xi)h}(f_{i+\xi,j} - f_{i-1,j}) + O(h) \tag{8-490}$$

$$\frac{\partial^2 f}{\partial x^2} = \frac{1}{h^2}\frac{2}{\xi(1+\xi)}\left(f_{i+\xi,j} + \frac{2}{1+\xi}f_{i-1,j} - \frac{2}{\xi}f_{i,j}\right) + O(h^3) \tag{8-491}$$

$$\frac{\partial f}{\partial y} = \frac{1}{(1+\eta)l}(f_{i,j+\eta} - f_{i,j-1}) + O(l) \tag{8-492}$$

$$\frac{\partial^2 f}{\partial y^2} = l\frac{1}{h^2}\frac{2}{\eta(1+\eta)}\left(f_{i,j+n} + \frac{2}{1+\eta}f_{i,j-1} - \frac{2}{\eta}f_{i,j}\right) + O(l^3) \tag{8-493}$$

将以上差分公式代入基本偏微分方程得到的方程称为差分方程(或格式)。对每一结点使用差分方程可得代数方程组，求解后即可得问题的差分解。如果差分网格长度l和h趋近于零时，差分解趋近于原微分方程的解，则称差分方程是收敛的。又在计算过程中，由于进行四则运算将产生舍入误差，而且每一步计算的舍入误差都会影响以后的计算结果。如果这种影响或边界结点函数值的微小误差所带来的影响不会导致随着计算次数的增加而使计算结果有无限增大的偏差，则称差分方程是稳定的。

b　有限元法

(1) 有限元法的发展。有限元法是数值方法中应用最广的一种，它是在电子计算机的广泛应用和数值分析方法发展的基础上发展起来的。这个方法的思想在20世纪40年代就已形成，其完整提出是在1956年航空工程飞机结构的应力分析中。有限(单)元法(finite element method)这一名称是1960年Clough在其计算结构分析论文中首先提出的。该法很快就普及应用到整个固体力学领域。我国有限(单)元法的研究始于20世纪60年代初。当时，冯康教授等在分析刘家峡水坝的应力场时把传统的差分法和能量原理结合起来提出了一种以变分原理为基础的三角形剖分近似法，为偏微分方程求得了数值解，且在严密的数学基础上进行了其收敛性和稳定性证明及误差估计。这个方法也就是现在人们所熟知的有限元法，或称有限单元法(F. E. M.)。

1972年，南京水利科学研究所渗流组首先作了尝试，与黄河水利科学研究所、上海计算技术研究所合作研究了稳定渗流问题，计算结果与电阻网模拟试验结果极为一致。现在，对各类边坡二维、三维稳定渗流和非稳定渗流、饱和与非饱和渗流、非达西流及各向异性岩体裂隙渗流等都先后编制了一系列计算程序，并对单元数据的自动剖分、自由面的自动适应调整、各向异性张量的模拟、断层帷幕沟井的模拟和渗流量、降雨入渗的计算等均作了详细探讨，并已应用于许多大型水利水电工程中。

(2) 有限元法实施步骤。有限元法的实施虽然也类似于有限差分法，但其实施方法不同。有限差分法是直接从微分方程入手，以离散格式逐步近似逼近求方程中的导数；有限元法则相反，按照变分原理求泛函积分找其函数值，即把微分方程及其边界条件转变为一个泛函求极值的问题。有限元法是一种分块近似里兹(Ritz)法的应用,即首先把连续体或研究区域离散划分成有限个单元体,称为基本单元,单元的角度称为结点,再以连续的分片插值函数建立一个个的单元方程后,依靠各结点把单元与单元连接起来,集合为整体,形成代数方程组在计算机上求解,求解渗流场中水头函数 h 的方程,其形式一般为:

$$[K]\{h\} = \{f\} \tag{8-494}$$

式中 $[K]$——渗透矩阵;

$\{h\}$——列向量;

$\{f\}$——自由项列向量。

这样,就以代数方程组的求解代替了原来偏微分方程的求解。这种划分单元求得的代数方程或计算公式可称为解题的离散数学模型,而原始的偏微分方程可称为基本数学模型。因此,有限元法可概括为一种划分单元来模拟实物或场域去进行物理量分析上的近似,以计算机为工具在矩阵分析和近似计算的基础上去进行所欲精度的数值计算方法。

有限元法的实施步骤如下:

1)将概化的偏微分方程的定解问题化为相应的变分问题。

2)离散化:将求解域划分为具有一定几何形状的单元 $e_1,e_2,\cdots,e_n$ 进行单元编号并确定插值函数,对结点进行总体编号和单元上的局部编号,并给出结点局部编号与总体编号的对应关系。

3)单元分析:单元划分后,分别按单元分片插值,以单元结点水头函数值的插值函数来逼近变分泛函方程中的水头函数,得出单元上以结点水头值为未知量的代数方程组(单元有限元方程),从而导出单元渗透矩阵。

4)总体渗透矩阵合成:由单元渗透矩阵合成总体渗透矩阵,并以定解条件代入,从而得出整个求解区域上的总体有限元方程。该合成过程由结点局部编号与总体编号的关系来确定。

5)求解线性代数方程组,求解备结点的未知水头值。

6)结果分析及其他相应所需物理量的计算。下面就有限元法的原理分节介绍和讨论。

(3)三角形单元划分与插值函数。划分的单元一维问题是线单元;二维问题是多边形的面单元,常用的是三角形、矩形或四边形;三维问题是多面体的体积单元,常用的是四面体、五面体或六面体。相邻单元的共同连接点称为结点。在建立各单元的方程时,首先要假定一种插值函数式来近似地表达单元内任意点的未知变量分布。例如:渗流和热流场问题的未知量分别为水头和温度;弹塑性问题未知量为位移或应力;黏性问题未知量为位移和速度,等等。插值函数是有限元法的关键部分,它的几个待定参数分别代表其在结点上的值。有几个待定参数也就有几个自由度。此函数一般采用多项式。例如二维渗流问题,水头插值函数多项式为:

$$h(x,y) = a_1 + a_2x + a_3y + a_4x^2 + a_5xy + a_6y^2 + \cdots \tag{8-495}$$

显然,项数取得越多,越接近真值。式中的待定系数 a_1,a_2,可以通过单元结点上的待定参数所表达的多项式联立求解得到。

为了运算方便,较少采用高次多项式,而多采用线性插值函数。例如二维平面问题的三角形单元,则常取下面最简单的线性插值函数。

$$h(x,y) = a_1 + a_2x + a_3y \tag{8-496}$$

式中,3 个常数 a_1,a_2,a_3 可由 3 个结点 i,j,m 的坐标及其相应的结点水头 h_i,h_j,h_m(待定参数)来表示。即依次将结点水头 h_i,h_j,h_m 代入式(8-496),写出 3 个方程式,以求出这 3 个常数;再代回式(8-496),简化就可得出此典型单元内任意点的水头 $h(x,y)$ 为:

$$h = \frac{1}{2\Delta}[(a_i + b_ix + c_iy)h_i + (a_j + b_jx + c_jy)h_j + (a_m + b_mx + c_my)h_m] \tag{8-497}$$

为了不使面积出现负值,三个角点 i,j,m 的次序应按逆时针方向循环。

若令

$$N_i = (a_i + b_ix + c_iy)/2\Delta$$
$$N_i = (a_j + b_jx + c_jy)/2\Delta$$
$$N_m = (a_m + b_m + c_my)/2\Delta$$

则式(8-497)可写为矩阵形式：

$$\boldsymbol{h}=[N_i,N_j,N_m]\begin{Bmatrix}h_i\\h_j\\h_m\end{Bmatrix}=[N]\{h\}^{e} \tag{8-498}$$

式(8-498)中的 N 是插值函数的基函数，也称为形函数，只与单元的几何形状有关，是坐标的线性函数。如将它把单元内任意点的水头值与结点水头值联系起来，则其在有限元法中会起很重要的作用。很明显，如果以结点 i 的坐标值代入，可知 $N_i=(x_i,y_i)=1,N_i(x_j,y_j)=N_i(x_m,y_m)=0$ 或 $N_j(x_i,y_i)=N_m(x_i,y_i)=0$。写成通式，则为：

$$N_i(x_j,y_j)=\delta_{ij}=\begin{cases}1 & i=j\\0 & i\neq j\end{cases}$$

于是，代入式(8-497)就得到 $h(x_i,y_i)=h_i$。同样可得 $h(x_j,y_j)=h_j,h(x_m,y_m)=h_m$。由此说明了式(8-497)的内在联系。

应着重指出的是，由式(8-497)所确定的值是连续的，即在相邻单元之间的接触线上有共同的 h 值。这是因为：在建立式(8-497)时，先假定结点值为已知，相邻单元相交结点上的值必须相同；在推导时假定 h 值是线性分布的，则相邻两单元接触线上的 h 值分布将是同一条直线。因而说明了 h 值的连续性，满足了相容性条件。这样离散化了的各单元就会仍然保持着贴合，既不互相脱离也不互相侵入，仍是一个连续的整体。

再求式(8-497)对 x、y 的偏导数，可得：

$$\begin{Bmatrix}\dfrac{\partial h}{\partial x}\\\dfrac{\partial h}{\partial y}\end{Bmatrix}=\frac{1}{2\Delta}\begin{bmatrix}b_i & b_j & b_m\\c_i & c_j & c_m\end{bmatrix}\begin{Bmatrix}h_i\\h_j\\h_m\end{Bmatrix}$$

可见水力坡降值是一个与坐标无关的常数。一个单元只有一个常数的坡降，不同单元往往有不同的坡降，即它们在接触线上往往是不相等的，因而有关结点的线性插值函数的一阶导数是不连续的。

因此应特别指出，单元划分时应使研究的水头值在单元内部接近一个常数，在急变区域应划分小单元，变化缓慢区域可划分大的单元；而且单元边长不宜过于悬殊，邻边上也不能出现间断点。三角单元划分如图8-360所示。

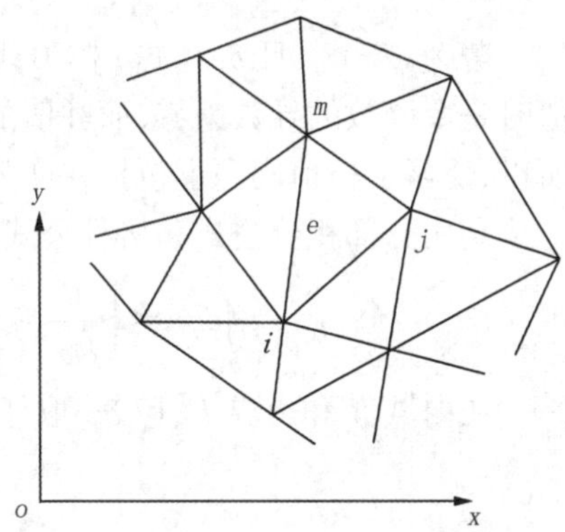

图8-360 三维三角形单元划分

(4) 变分原理。变分学是微积分学求函数极值问题的发展，它不是求函数的极小值，而是求泛函的极小值。泛函和函数不同，函数的自变量是简单变量，而泛函的自变量是函数，所以说泛函是函数的函数。

$$I[\varphi(x,y)]=\iint F(x,y,\varphi,\varphi_x,\varphi_y)\,\mathrm{d}x\mathrm{d}y \tag{8-499}$$

式中，φ 是 (x,y) 的函数，而 I 是 ϕ 的函数，故 I 为泛函。在物理力学领域中，泛函具有明确的物理意义。例如：固体在外力的作用下变形的总势能和在水头差下产生的流速所作的功都是泛函；功能和势能之差的时间积分也是泛函。

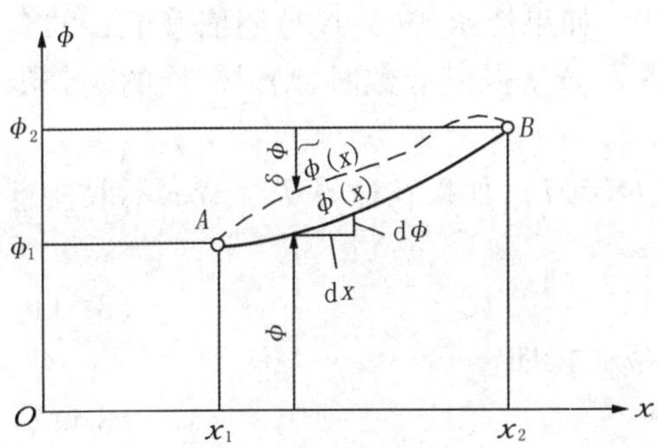

图8-361 变分示例

图8-361中连接 A、B 两点的弧线有很多，弧长是由原函数 $\varphi(x)$ 和变函数 $\varphi(x)$ 的选择来确定的，弧长就是泛函。$\psi(x)$ 的变化有两种不同的途径，一是改变 x 值，以微分增量 $\mathrm{d}x$ 来表示，于是：

$$\mathrm{d}\psi=\psi(x+\mathrm{d}x)-\psi(x) \tag{8-500}$$

另一种是不改变 x 值，只改变连接 A、B 两点的路线，例如实线 $\varphi(x)$ 变到虚线 $\varphi(x)$，由于形状的改变所引起的差值，以变分表示为：

$$\delta\varphi=\overline{\varphi}(x)-\varphi(x) \tag{8-501}$$

式中，$\bar{\varphi}$ 是 φ 领域函数。

这里顺便指出，在变分运算中，变分运算符号可与微分、积分的运算符号互换，即：

$$\mathrm{d}(\delta\varphi) = \delta(\mathrm{d}\varphi) \tag{8-502}$$

$$\delta\left(\int\varphi\mathrm{d}x\right) = \int\delta\varphi\mathrm{d}x \tag{8-503}$$

下面求泛函变分。若对式(8-499)的两边分别给予一个变分增量，则 F 的变函数：

$$\tilde{F} = \tilde{F}(x,y,\varphi+\delta\varphi,\varphi_x+\delta\varphi_x,\varphi_y+\delta\varphi_y) \tag{8-504}$$

按泰勒级数展开，得：

$$\tilde{F} = F(x,y,\varphi,\varphi_x,\varphi_y) + \frac{\partial F}{\partial\varphi}\delta\varphi + \frac{\partial F}{\partial\varphi_x}\delta\varphi_x + \frac{\partial F}{\partial\varphi_y}\delta\varphi_y + \cdots \tag{8-505}$$

略去上式的高次项，并由式(8-501)可得 F 的变分为：

$$\partial F = \tilde{F} - F = \frac{\partial F}{\partial\varphi}\delta\varphi + \frac{\partial F}{\partial\varphi_x}\delta\varphi_x + \frac{\partial F}{\partial\varphi_y}\delta\varphi_y \tag{8-506}$$

根据式(8-502)，式(8-506)可写为：

$$\partial F = \frac{\partial F}{\partial\varphi}\delta\varphi + \frac{\partial F}{\partial\varphi_x}\frac{\partial}{\partial x}(\delta\varphi) + \frac{\partial F}{\partial\varphi_y}\frac{\partial}{\partial y}(\delta\varphi)$$

利用式(8-503)和式(8-506)，则式(8-499)泛函 I 的变分为：

$$\delta I(\varphi) = \int\delta F\mathrm{d}x\mathrm{d}y = \iint\left[\frac{\partial F}{\partial\varphi}\delta\varphi + \frac{\partial F}{\partial\varphi_x}\frac{\partial}{\partial x}(\delta\varphi) + \frac{\partial F}{\partial\varphi_y}\frac{\partial}{\partial y}(\delta\varphi)\right]\mathrm{d}x\mathrm{d}y \tag{8-507}$$

若令 $\varphi=\varphi_0$，且 $\delta[I(\varphi_0)]=0$，则 $I(\varphi_0)$ 达到极值。此极值称为驻值，称为驻函数。微积分学讨论函数极值时是令函数的导数为零，而驻值的条件是泛函的变分为零。从而可知，驻值包括极值，是个更广泛的概念。所以，泛函求极值问题也包括在变分学中。

利用分部积分公式和格林公式对式(8-507)进行代换，并令 $\delta[I(\varphi_0)]=0$ 可得：

$$\int_\Gamma\delta\varphi = \left[\frac{\partial F}{\partial\varphi_x}\mathrm{d}y - \frac{\partial F}{\partial\varphi_y}\mathrm{d}x\right] + \int_\Omega\delta\varphi\left[\frac{\partial F}{\partial\varphi} - \frac{\partial}{\partial x}\left(\frac{\partial F}{\partial\varphi_x}\right) - \frac{\partial}{\partial y}\left(\frac{\partial F}{\partial\varphi_y}\right)\right]\mathrm{d}x\mathrm{d}y = 0 \tag{8-508}$$

在内域 R 和边界 Γ 上，$\delta\varphi$ 取任意值的条件下，要使上面两个积分之和恒为零，只能是：

$$\frac{\partial F}{\partial\varphi} - \frac{\partial}{\partial x}\frac{\partial F}{\partial\varphi_x} - \frac{\partial}{\partial y}\frac{\partial F}{\partial\varphi_y} = 0 \tag{8-509}$$

$$\left[\frac{\partial F}{\partial\varphi_x}\mathrm{d}y - \frac{\partial F}{\partial\varphi_y}\mathrm{d}x\right]_\Gamma = 0 \tag{8-510}$$

式(8-509)为与泛函式(8-499)相对应的使 φ 是极值函数的必要条件的微分方程，一般称为欧拉方程。如果 φ 能使泛函式(8-499)是一个极大或极小，此 φ 值就能满足式(8-509)。因此，任意一个泛函极值问题就相当于解一个微分方程问题。这种泛函求极值的方法就是变分法。如果泛函式(8-499)还依赖于 φ 的高阶导数，同样能得到相应的欧拉方程。又如：泛函包括几个独立函数 φ、ϕ 等及其导数时，则以同样的变分步骤将得到相应的几个微分方程的欧拉方程。

变分过程自然形成的边界条件，称为自然边界条件。再分析式(8-507)，如果在边界 Γ 上，$\delta\varphi$ 不取任意值，而取零值，则式(8-507)不成立，而给予另一种边界条件。

$$\delta\varphi\mid_\Gamma = 0 \tag{8-511}$$

这是约束边界条件，即在边界 Γ 上给出已知的函数值（水头或位移），即：

$$\varphi = \varphi_B \tag{8-512}$$

由此得出结论：若问题的泛函为已知，且给定允许函数（满足内域和边界条件），则可通过变分得到物理方程和边界条件的表达式。

为了弄清泛函的概念及其与欧拉方程的关系，我们举一个简单的例子：考虑连接 (a,y_0) 和 (b,y_1) 两点的所有可连续微分的平面曲线群，把曲线的长度定义为函数，即：

$$I(y) = \int_b^a \sqrt{1+(y')^2}\mathrm{d}x \tag{8-513}$$

这个泛函对所考虑的每一个函数 y 可给出相应的一个值。例如所考虑的特殊函数假定为抛物线方程 $y = Cx^2 + Dx$，其中 C 和 D 选为常数，使函数通过(a, y_0)和(b, y_1)两点，则泛函式(8-513)的特定值将是：

$$I(y) = \int_b^a \sqrt{1+(2Cx+1)^2}\mathrm{d}x \tag{8-514}$$

对于点(1,2)和点(2,6)，$I(y)\approx 4.1$。对于规定的其他曲线方程，泛函将有别的值。包括式(8-514)那样特殊情形在内的更一般化的泛函可写为：

$$I(y) = \int_b^a F(x,y,y')\mathrm{d}x \tag{8-515}$$

作为一个简单的变分问题的例子就是找一个使泛函式(8-513)成为极小值的函数 $y(x)$，也就是求连接已知两点的最短曲线。显然，这个解答是一条直线。下面就应用求极值函数的必要条件的欧拉方程式(8-513)来找此解答。

注意一维问题相应式(8-515)的欧拉方程，套用式(8-509)可知：

$$\frac{\partial F}{\partial y} - \frac{\partial F}{\partial x}\left(\frac{\partial F}{\partial y'}\right) = 0 \tag{8-516}$$

对这种情况：

$$F(x,y,y') = \sqrt{1+(y')^2}$$

$$\frac{\partial F}{\partial y} = 0$$

$$\frac{\partial F}{\partial y'} = \frac{y'}{\sqrt{1+(y')^2}} \tag{8-517}$$

式(8-517)代入欧拉方程式(8-516)，则得：

$$-\frac{\partial}{\partial x}\frac{y'}{\sqrt{1+(y')^2}} = 0 \tag{8-518}$$

积分一次：

$$\frac{y'}{\sqrt{1+(y')^2}} \quad 或 \quad (y')^2 = A^2(1+y')^2 \tag{8-519}$$

式中，A 为积分常数。解$(y')^2$，得：

$$(y')^2 = \frac{A^2}{1-A^2} = B^2 \text{ 或 } y' = B \tag{8-520}$$

再积分得：

$$y = Bx + C \tag{8-521}$$

式中，常数 B、C 是由边界条件 $y(a)=y_0$、$y(b)=y_1$ 来确定的。因而，所得到的问题的解是直线方程。

(5) 变分原理在渗流中的应用。渗流中的函数 ϕ 就是水头 h。下面考虑稳定渗流二维问题的泛函：

$$I(h) = \iint_\Omega \left[\frac{1}{2}k_x\left(\frac{\partial h}{\partial x}\right)^2 + \frac{1}{2}k_y\left(\frac{\partial h}{\partial y}\right)^2\right]\mathrm{d}x\mathrm{d}y = 0 \tag{8-522}$$

$$F = \frac{1}{2}\left[k_x\left(\frac{\partial h}{\partial x}\right)^2 + k_y\left(\frac{\partial h}{\partial y}\right)^2\right]$$

则

$$\frac{\partial F}{\partial(\partial h/\partial x)} = k_x\frac{\partial h}{\partial x}$$

$$\frac{\partial F}{\partial(\partial h/\partial y)} = k_y\frac{\partial h}{\partial y} \tag{8-523}$$

$$\frac{\partial F}{\partial h}=0$$

式中 k_x,k_y——分别为 x,y 方向的渗透系数；

$k_x\frac{\partial h}{\partial x}$, $k_y\frac{\partial h}{\partial y}$——分别为 x,y 方向的渗流速度；

$\frac{\partial h}{\partial x}$, $\frac{\partial h}{\partial y}$——分别为 x,y 方向的水力坡降，相当于作用力。

于是，速度乘坡降就相当于单位时间的功(即功率)，表示单位体积中能量的消失率。而式(8-522)的积分则正比于整个区域内能量的消失率。可见，渗流问题泛函与总能率相当。而 $\delta I=0$，即意味着参量损失为最小。根据最小功原理，此时的水头分布将为真实的解答。

将式(8-523)代入欧拉方程式(8-509)及其边界条件式(8-510)得：

$$\frac{\partial}{\partial x}\left(k_x\frac{\partial h}{\partial x}\right)+\frac{\partial h}{\partial y}\left(k_{yx}\frac{\partial h}{\partial y}\right)=0 \tag{8-524}$$

$$\left(k_x\frac{\partial h}{\partial x}\mathrm{d}y-k_y\frac{\partial h}{\partial y}\mathrm{d}x\right)_\Gamma=0 \tag{8-525}$$

式(8-524)就是二维稳定渗流的微分方程式，$k_x=k_y$ 时就是拉普拉斯方程 $\nabla^2h=0$。式(8-525)即其自然边界条件。因此式(8-525)就是边界上规定水头和稳定渗流问题的变分公式。

因为$\frac{\mathrm{d}x}{\mathrm{d}\Gamma}=\cos(n,y)=l,\frac{\mathrm{d}y}{\mathrm{d}\Gamma}=-\cos(n,x)=-l_x$，故式(8-525)除以 $\mathrm{d}\Gamma$ 后，可写为一般形式的边界条件：

$$k_x\frac{\partial h}{\partial x}l_x+k_y\frac{\partial h}{\partial y}l_y=k_n\frac{\partial h}{\partial n}=0 \tag{8-526}$$

式中 l_x,l_y——分别为 Γ 边界上外法线 n 与 x、y 轴的方向余弦。

式中两项分别为 x、y 方向的渗流速度对外法线方向所提供的单位流量，故此边界条件式说明穿经边界的流量为零。此边界相当于不透水层面。

更广泛的一种流量边界，即穿经边界 Γ 的单位流量为一常数 q；此时的相应泛函只需在原来的泛函式(8-499)中加上不为零的边界项 x、$y\int_\Gamma qh\mathrm{d}\Gamma$，即：

$$I(h)=\int_\Omega F(x,y,h,\mathrm{d}h/\mathrm{d}x,\mathrm{d}h/\mathrm{d}y)\mathrm{d}x-\int_\Gamma qh\mathrm{d}\Gamma \tag{8-527}$$

参照式(8-508)，$\delta I(\varphi)=0$，经过同样的推导，就得到与式(8-526)相似的流量边界条件：

$$k_x\frac{\partial h}{\partial x}l_x+k_y\frac{\partial h}{\partial y}l_y+q=0 \tag{8-528}$$

注意边界流量 q 是以外法线方向(蒸发)为正，如为内法向(入渗)则取负号。

一般由微分方程求它的相应泛函比较难，而由泛函找相应微分方程，由于泛函中的被积式降阶，就比较容易。

再考察一个有恒定流量出进或蒸发入渗项 $Q(x,y)$ 的大区地下水稳定渗流方程的例子：

$$\frac{\partial}{\partial x}\left(k_x\frac{\partial h}{\partial x}\right)+\frac{\partial}{\partial y}k_y\left(\frac{\partial h}{\partial y}\right)=Q(x,y) \tag{8-529}$$

它的泛函只需在上例泛函的被积式中增加一项 Qh，即泛函为：

$$I(\varphi)=\iint_\Omega\left[\frac{1}{2}k_x\left(\frac{\partial h}{\partial x}\right)^2+\frac{1}{2}k_y\left(\frac{\partial h}{\partial y}\right)^2+Qh\right]\mathrm{d}x\mathrm{d}y \tag{8-530}$$

此时$\frac{\partial F}{\partial h}=Q,\frac{\partial F}{\partial(\partial h/\partial x)}=\frac{\partial h}{\partial x},\frac{\partial F}{\partial(\partial h/\partial y)}=\frac{\partial h}{\partial y}$，代入欧拉方程式(8-509)，就得微分方程式(8-529)，若式(8-529)中的 $k_x=k_y$，则式(8-509)就变为波松(Poisson)方程 $\nabla^2h=q/k$。此式中的 Q 应该不是边界上的

流量，而是渗流场域内的蒸发量或抽水量，降雨或注水则取负号。

最后得到非稳定渗流方程的一般形式及其对应的泛函如下：

渗流微分方程：

$$\frac{\partial}{\partial x}\left(k_x \frac{\partial h}{\partial x}\right) + \frac{\partial}{\partial y}\left(k_y \frac{\partial h}{\partial y}\right) - Q = S_s \frac{\partial h}{\partial t} \tag{8-531}$$

泛函：

$$I(h) = \iint_{\Omega}\left[\frac{1}{2}k_x\left(\frac{\partial h}{\partial x}\right)^2 + \frac{1}{2}k_y\left(\frac{\partial h}{\partial y}\right)^2 + \left(Q + S_s \frac{\partial h}{\partial t}\right)h\right]\mathrm{d}x\mathrm{d}y - \int_{\Gamma} qh\mathrm{d}\Gamma \tag{8-532}$$

如果是稳定渗流，就令上式中的时间项为零；没有蒸发入渗 Q 时，就取消 Q 这一项；没有流量边界时，就取消泛函中的末项边界积分。式中的 S_s 为单位贮水量，自由面下降的速度为 $-S_s \frac{\partial h}{\partial t}$。

c 边界元法

边界元方法是一种古老而又新颖的方法，它是在 20 世纪 70 年代末随着电子计算机的发展才得以较快发展的一种求解偏微分方程的数值计算方法。其通过把求解域的边界剖分为若干个单元，并将由偏微分方程转化而来的积分方程的函数解简化为求解单元结点上的函数值，进而化为求解一组线性代数方程的一种方法。由于其本身产生于无限域及半无限域的流体力学和经典的数学力学中，产生于点源及其势场的函数理论，加上其求得的结果本身就是函数解，又仅需对计算边界剖分单元，所以，与 20 世纪 60 年代发展起来的有限元方法及其他各种古老的数值方法相比，其具有如下优点：可计算无限域及半无限域问题（因其本身产生于该类问题）；可解决所谓奇异性问题，如具排水孔渗流场问题（因其本身产生于点源及势场函数问题）；计算精度高（因其本身为函数解）；计算准备工作及单元划分大为减少（因其仅需对计算的边界划分单元）。边界元方法一般分为间接边界元法和直接边界元法，这里仅就二维问题简要叙述如下。

（1）间接边界元方法。以研究域 Ω 内的分布源函数或分布源偶极函数为未知量，并设在其边界上作用有分布源密度函数 $\sigma(y)$（设 y 为源点）时，则可由拉普拉斯（Laplace）方程的基本解求得域内由 $\sigma(y)$ 生成的水头及流速：

$$h(x) = \int_{\Gamma}\sigma(y)H(x,y)\mathrm{d}\Gamma(y) \tag{8-533}$$

$$V_x(x) = \int_{\Gamma} -\sigma(y)k\frac{\partial H(x,y)}{\partial n_i(x)}\mathrm{d}\Gamma(y) \tag{8-534}$$

式中 $H(x,y)$——渗流问题的基本解。

$$H(x,y) = \frac{1}{2\pi k}\ln\frac{1}{r(x,y)} \tag{8-535}$$

式中 k——渗透系数；

Γ——计算边界；

$r(x,y)$——(x,y)矿两点间的距离。

一般地，先由给定的边界条件求解分布源函数 $\sigma(y)$，并使其符合给定的边界条件。因为实际问题并不存在这个作用在边界上的分布源，故称之为虚源，相应地本法也就称为间接边界元方法。对于微分方程给定前边界条件，其积分方程为：

1）第一类边界条件。

$$\overline{h_n}(x) = \int_{\Gamma}\sigma(y)k\frac{\partial H(x,y)}{\partial n(x)}\mathrm{d}\Gamma(y) \tag{8-536}$$

式中 $\overline{h_n}(x)$——边界 T 给定已知水头值。

在式(8-536)中，仅有 $\sigma(y)$ 是未知的，因而可解。解得 $\sigma(y)$ 后，域内的渗流场即可按式(8-533)求解。不难证明，x 点由域内（或域外）趋近边界，边界上的水头为同一值，即边界两侧的水头是连续的。

2）第二类边界条件。

$$\overline{V_n}(x) = \int_{\Gamma} -\sigma(y)k\frac{\partial H(x,y)}{\partial n(x)}\mathrm{d}\Gamma(y) \tag{8-537}$$

式中 $\overline{V_n}(x)$——边界上给定的法向流速。

在式(8-537)中，虽然也可解，但因对基本解取了一次偏导数，当 $x=y$ 时，其奇异性比原来的函数高了一阶，不再有边界两侧水头函数连续的性质。对于这个问题的处理，嘉斯旺(Jaswan)已用单层位势理论给出了下列积分方程式：

$$V_n(x) = \pm\sigma(x)\int_{\Gamma} -k\frac{\partial H(x,y)}{\partial n(x)}\sigma(y)\mathrm{d}\Gamma(y) \tag{8-538}$$

式中 $\sigma(x)$——法向流速在边界处和间断点值，x 点在边界内侧取"－"号，在外侧用"＋"号。

将边界离散成 n 个单元，若 p 单元给定水头，式(8-536)可写成：

$$\overline{h_n}(p) = \sum_{i=1}^{n}\sigma(q)H(p,q) \tag{8-539}$$

式中

$$H(p,q) = \int_{q}H(p,q)\mathrm{d}\Gamma(y) \tag{8-540}$$

表示 q 单元对 p 单元的影响系数，即 q 单元上均布虚源对 p 单元中点水头的贡献。若 p 单元给定法向流速式(8-537)可写成

$$\overline{V_n}(p) = \sum_{i=1}^{n}\sigma(q)V(p,q) \tag{8-541}$$

式中

$$V(p,q) = \int_{\Gamma q} -k\frac{\partial H(p,q)}{\partial n(p)}\mathrm{d}\Gamma(y) \tag{8-542}$$

表示 q 单元上均布虚源对 p 单元中点法向流速的贡献(q 单元对 p 单元的影响系数)。

对于二维问题的影响系数的计算，设 y 为源点，x 为场点，则可导出下列各式：

$$H(p,q) = -\frac{1}{2\pi k}\psi_0 \tag{8-543}$$

$$V(p,q) = \frac{1}{2\pi}\left[-\psi_{0.\bar{1}} + \psi_{0.\bar{2}}\cos\alpha\right]$$

式中

$$\psi_0 = (\bar{x}_1+\alpha)\ln r_{\bar{2}} - (\bar{x}_1-\alpha)\ln r_{\bar{1}} + \bar{x}_2\left(\arctan\frac{\bar{x}_1+\alpha}{\bar{x}_2} - \arctan\frac{\bar{x}_1-\alpha}{\bar{x}_2}\right) \tag{8-544}$$

$$\psi_{0.\bar{1}} = \frac{\partial\psi_0}{\partial\bar{x}_1} = \ln\frac{r_2}{r_1} \tag{8-545}$$

$$\psi_{0.\bar{2}} = \frac{\partial\psi_0}{\partial\bar{x}_2} = \left(\arctan\frac{\bar{x}_1+\alpha}{\bar{x}_2} - \arctan\frac{\bar{x}_1-\alpha}{\bar{x}_2}\right) \tag{8-546}$$

ψ 为调和函数：

$$\psi(x,y) = \ln r(x,y) \tag{8-547}$$

当 $p=q$ 时，$r_1=r_2=\alpha$，$\bar{x}_2=0$，影响系数为：

$$H(p,q) = -\frac{\alpha\ln\alpha}{\pi k} \tag{8-548}$$

$$V(p,q) = -\frac{1}{2} \tag{8-549}$$

值得指出的是，以上各式的讨论均是基于以分布源函数为未知数的条件下进行的，实际中常还遇到以分布源偶极函数为未知函数的情形，限于篇幅，在此就不多述了。

求出了所有给定水头单元的影响系数 $H(p,g)$ 及给定法向流速单元的影响系数 $V(p,g)$ 之后，可得两组方程式：

$$[H]\{\sigma\} = \{\bar{h}\} \tag{8-550}$$

$$[V]\{\sigma\} = \{\bar{v}\} \tag{8-551}$$

综合成一个代数方程组为：

$$\begin{bmatrix} H \\ V \end{bmatrix}\{\sigma\} = \begin{Bmatrix} \bar{h} \\ \bar{V} \end{Bmatrix} \tag{8-552}$$

应用式(8-552)即可求得各单元上的均布虚源，进而可求得内部任意点的水头及流速。有时需对求得的解进行必要的修正。

(2) 直接边界元方法。该法是以边界上的实际物理量(h 及 v)为未知数的一种方法。其基本积分方程为：

$$h(y) = \int_{\Gamma} - [H(x,y)V_n(x) - h(x)V(x,y)]\mathrm{d}\Gamma(x) \tag{8-553}$$

式中，$H(x,y)$，$V(x,y)$ 均为影响系数，$H(x,y)$ 表达式前已述及，而：

$$V(x,y) = \frac{1}{2\pi}\frac{r_{li}n_i}{r} \tag{8-554}$$

式中 r_{li}——第 l 点与第 i 点间距离；

n_i——任一直线 i 点处的外法线方向。

若已知边界上的水头 $h(x)$ 及流速 $V_n(x)$，则问题可解。一般为了求解，应将 y 点由域内移到边界上，从而可导出下列积分方程式：

$$ch(y) = \int_{\Gamma}[H(x,y)V_n(x) - h(x)V(x,y)]\mathrm{d}\Gamma(x) \tag{8-555}$$

其中，$c = l$ 时，y 点在域内；$c = \frac{1}{2}$ 时，y 点在边界上，且 y 点光滑。

D 三维有限元模拟

前面几章介绍了二维渗流的有限元法求解过程，但实际存在的边坡渗流及水资源渗流等问题均较复杂，往往都属于三维空间渗流，属于二维或能简化为二维问题的并不多。如堤防渗流的问题，从纵横比例来说可以简化为二维渗流问题来考虑，但若堤后有沟塘、减压井等，则属三维空间问题。与二维渗流问题的有限元法类似，亦可从泛函变分法和迦辽金法来推导相应的三维有限元法公式，其基本单元为四面体元(图 8-362)，此外还有六面体元和长方体元，长方体元则为六面体元的特例，实际应用中广泛采用等参单元(如八节点六面体等参元、二十节点曲六面体等参元及五面体等参元等)。由于四面体元是三维问题的基本单元，本章仅就四面体元的三维空间非稳定渗流有限元法从变分法出发加以详细推导过程和相对应的矩阵元素计算公式；迦辽金法推导过程，亦将简述之。稳定渗流为非稳定渗流的一种特例。

a 基本方程式和有限元法计算公式

(1) 基本方程式。符合达西定律的非均质各向异性可压缩土体的三维空间非稳定渗流，其水头函数所满足的基本方程式为：

$$\frac{\partial}{\partial x}\left(k_x\frac{\partial}{\partial x}\right) + \frac{\partial}{\partial y}\left(k_y\frac{\partial}{\partial y}\right) + \frac{\partial}{\partial z}\left(k_z\frac{\partial h}{\partial z}\right) = S_s\frac{\partial h}{\partial t} \quad (\text{在 } \Omega \text{ 内}) \tag{8-556}$$

式中 $h = h(x,y,z,t)$——待求水头函数；

k_x,k_y,k_z——以 x、y、z 轴为主轴方向的渗透系数；

S_s——单位贮水量或贮存率；

Ω——渗透区域。

在不考虑土体压缩性或单位贮存率($S_s = 0$)时，上式变为 Laplace 方程形式的特殊情形：

$$\frac{\partial}{\partial x}\left(k_x\frac{\partial h}{\partial x}\right) + \frac{\partial}{\partial y}\left(k_y\frac{\partial h}{\partial y}\right) + \frac{\partial}{\partial z}\left(k_z\frac{\partial h}{\partial z}\right) = 0 \tag{8-557}$$

式(8-556)和式(8-557)所对应的定解条件为：

1）初始条件：$h|_{t=0}=h_0(x,y,z,0)$在Ω内，比如取库水位稳定时的水头分布。

2）边界条件：假设边界面$\Gamma=\Gamma_1+\Gamma_2+\Gamma_3$。其中，$\Gamma_1$为第一类边界，比如上、下游水位边界面和自由渗出面等已知水头边界；Γ_2为不透水边界面和潜流边界面等第二类边界（一直流量边界）；Γ_3为自由边界面，亦属第二类边界，但作为流量补给边界，其补给量随时间和位置而变化。

3）边界条件：

$$h|\Gamma_1 = h_1(x,y,z,t) \tag{8-558}$$

$$k_n\frac{\partial h}{\partial n}|\Gamma_2 = q \tag{8-559}$$

$$k_n\frac{\partial h}{\partial n}|\Gamma_3 = \mu\frac{\partial h}{\partial t} \tag{8-560}$$

式中 n——边界面外法向；

k_n——法向上的渗透系数；

q——过潜流面的已知单位面积流量，$q=0$为不透水边界，$q\neq0$为潜流边界；

μ——给水度。

自由面边界Γ_3还需满足：

$$h^* = z \tag{8-561}$$

（2）变分有限元法计算公式。根据变分原理，上述定解问题与下列泛函取极小值等价：

$$I(h) = \iiint_\Omega\left\{\frac{1}{2}\left[k_x\left(\frac{\partial h}{\partial x}\right)^2 + k_y\left(\frac{\partial h}{\partial y}\right)^2 + k_z\left(\frac{\partial h}{\partial z}\right)^2\right] + S_s h\frac{\partial h}{\partial t}\right\}\mathrm{d}x\mathrm{d}y\mathrm{d}z + \iint_{\Gamma_2} qhq\Gamma \tag{8-562}$$

最后求解的线性代数方程组为：

$$\left([K] + \frac{1}{\Delta t}[S] + \frac{1}{\Delta t}[P]\right)\{h\}_{t+\Delta t} - \left(\frac{1}{\Delta t}[S] + \frac{1}{\Delta t}[P]\right)\{h\}_t = \{F\} \tag{8-563}$$

自此可知，已知前一时刻t的结点水头分布，即可求出下一时刻$t+\Delta t$的空间水头分布。因此只要求得初始条件下的渗流场分布，即可计算库水位上升、下降等边界条件改变时的渗流场水头分布。

当式（8-563）中矩阵等于零时，则得不可压缩土体的非稳定渗流有限元法计算公式：

$$[K]\{h\}_{t+\Delta t} + \frac{1}{\Delta t}[P]\{h\}_{t+\Delta t} - \frac{1}{\Delta t}[P]\{h\}_t = \{F\} \tag{8-564}$$

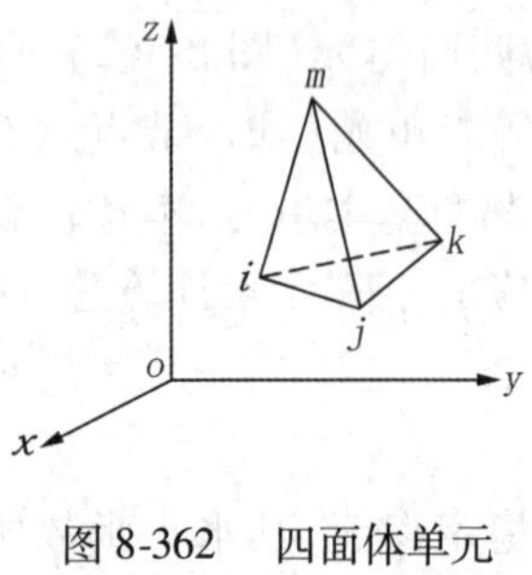

图 8-362 四面体单元

而当$[P]$亦为零时，式（8-564）则为三维空间稳定渗流有限元法的计算公式，即：

$$[K]\{h\} = \{F\} \tag{8-565}$$

（3）四面体单元计算公式。下面给出任一四面体单元的计算公式。

将渗流空间剖分为四面体单元，剖分后每个单元有4个结点，编号时每个四面体单元的4个顶点的标号i、j、k、m要按一定顺序排列，即在右手坐标系中，要使右手螺旋按一定的方向转动，此时四面体单元编号的顺序如图8-362所示。

设水头函数在四面体单元四顶点上的值分别为h_i、h_j、h_k、h_m，假定在四面体单元内任一点水头服从线性分布，且单元内渗透系数为常数。如此，以i、j、k、m为顶点的四面体单元的插值函数为：

$$h = a_1 + a_2x + a_3y + a_4z \tag{8-566}$$

式中 a_i——系数。

以四顶点的水头与坐标值代入式（8-566），有：

$$\begin{cases} h_i = a_1 + a_2x_i + a_3y_i + a_4z_i \\ h_j = a_1 + a_2x_j + a_3y_j + a_4z_j \\ h_k = a_1 + a_2x_k + a_3y_k + a_4z_k \\ h_m = a_1 + a_2x_m + a_3y_m + a_4z_m \end{cases}$$

式中，(x_i,y_i,z_i)、(x_j,y_j,z_j)、(x_k,y_k,z_k)、(x_m,y_m,z_m)分别为定点i、j、k、m的坐标。解上述方程组可得系数

a_1、a_2、a_3、a_4，将其代入式(8-566)，得任意单元 e 的水头表达式为：

$$h = \frac{1}{6V}[(a_i + b_i x + c_i y + d_i z)h_i + (a_j + b_j x + c_j y + d_j z)h_j + (a_k + b_k x + c_k y + d_k z)h_k + (a_m + b_m x + c_m y + d_m z)h_k] = N_i h_i + N_j h_j + N_k h_k + N_m h_m \tag{8-567}$$

这里 N_i、N_j、N_k、N_m 值的基函数，其本身为线性函数。不难验证，$\{N_i\}$ 满足基函数的特性要求。

具体计算上式时，V 为四面体单元体积。因此有：

$$V = \frac{1}{6}\begin{vmatrix} 1 & x_i & y_i & z_i \\ 1 & x_j & y_j & z_j \\ 1 & x_k & y_k & z_k \\ 1 & x_m & y_m & z_m \end{vmatrix}$$

$$a_i = \begin{vmatrix} x_j & y_j & z_j \\ x_k & y_k & z_k \\ x_m & y_m & z_m \end{vmatrix} \quad b_i = \begin{vmatrix} 1 & y_j & z_j \\ 1 & y_k & z_k \\ 1 & y_m & z_m \end{vmatrix}$$

$$c_i = \begin{vmatrix} 1 & x_j & z_j \\ 1 & x_k & z_k \\ 1 & x_m & z_m \end{vmatrix} \quad d_i = \begin{vmatrix} 1 & x_j & y_j \\ 1 & x_k & y_k \\ 1 & x_m & y_m \end{vmatrix}$$

其他系数 a_j、b_j、c_j、d_j、a_k、b_k、c_k、d_k、a_m、b_m、c_m、d_m 的表达式可由下列方式确定。如 a_j 的确定，应将 j 与行列式行标 k、i、m 按右手螺旋法则排列为(j、k、i、m)、(j、m、k、i)、(j、i、m、k) 三种之一，即：

$$a_j = \begin{vmatrix} x_k & y_k & z_k \\ x_i & y_i & z_i \\ x_m & y_m & z_m \end{vmatrix} = \begin{vmatrix} x_m & y_m & z_m \\ x_k & y_k & z_k \\ x_i & y_i & z_i \end{vmatrix} = \begin{vmatrix} x_i & y_i & z_i \\ x_m & y_m & z_m \\ x_k & y_k & z_k \end{vmatrix}$$

$$\left.\begin{aligned} N_i &= \frac{1}{6V}(a_i + b_i x + c_i y + d_i z) = \frac{1}{6V}\begin{vmatrix} 1 & x & y & z \\ 1 & x_j & y_j & z_j \\ 1 & x_k & y_k & z_k \\ 1 & x_m & y_m & z_m \end{vmatrix} \\ N_j &= \frac{1}{6V}(a_j + b_j x + c_j y + d_j z) = \frac{1}{6V}\begin{vmatrix} 1 & x & y & z \\ 1 & x_k & y_k & z_k \\ 1 & x_m & y_m & z_m \\ 1 & x_i & y_i & z_i \end{vmatrix} \\ N_k &= \frac{1}{6V}(a_k + b_k x + c_k y + d_k z) = \frac{1}{6V}\begin{vmatrix} 1 & x & y & z \\ 1 & x_m & y_m & z_m \\ 1 & x_i & y_i & z_i \\ 1 & x_j & y_j & z_j \end{vmatrix} \\ N_m &= \frac{1}{6V}(a_m + b_m x + c_m y + d_m z) = \frac{1}{6V}\begin{vmatrix} 1 & x & y & z \\ 1 & x_i & y_i & z_i \\ 1 & x_j & y_j & z_j \\ 1 & x_k & y_k & z_k \end{vmatrix} \end{aligned}\right\} \tag{8-568}$$

再求 N_i、N_j、N_k、N_m 对 x、y、z 的偏导数，有：

$$\left.\begin{aligned}\frac{\partial N_i}{\partial x}=\frac{b_i}{6V},\frac{\partial N_i}{\partial y}=\frac{c_i}{6V},\frac{\partial N_i}{\partial z}=\frac{d_i}{6V}\\\frac{\partial N_j}{\partial x}=\frac{b_j}{6V},\frac{\partial N_j}{\partial y}=\frac{c_j}{6V},\frac{\partial N_j}{\partial z}=\frac{d_j}{6V}\\\frac{\partial N_k}{\partial x}=\frac{b_k}{6V},\frac{\partial N_k}{\partial y}=\frac{c_k}{6V},\frac{\partial N_k}{\partial z}=\frac{d_k}{6V}\\\frac{\partial N_m}{\partial x}=\frac{b_m}{6V},\frac{\partial N_m}{\partial y}=\frac{c_m}{6V},\frac{\partial N_m}{\partial z}=\frac{d_m}{6V}\end{aligned}\right\}\tag{8-569}$$

推导得出：

$$\frac{\partial I_1^{\mathrm{e}}(h)}{\partial h_i}=\left[\frac{1}{36V^2}\iiint_{\Omega_e}\{b_ic_id_i\}\begin{bmatrix}k_x&&\\&k_y&\\&&k_z\end{bmatrix}\begin{Bmatrix}b_k\\c_k\\d_k\end{Bmatrix}\mathrm{d}x\mathrm{d}y\mathrm{d}z\right]\begin{Bmatrix}h_i\\h_j\\h_k\\h_m\end{Bmatrix}$$

$$=\frac{1}{36V^2}\left[\iiint_{\Omega_e}(k_xb_ib_k+k_yc_ic_k+k_zd_id_k)\mathrm{d}x\mathrm{d}y\mathrm{d}z\right]\begin{Bmatrix}h_i\\h_j\\h_k\\h_m\end{Bmatrix}$$

$$=\frac{1}{36V^2}(k_xb_ib_k+k_yc_ic_k+k_zd_id_k)\left[\iiint_{\Omega_e}\mathrm{d}x\mathrm{d}y\mathrm{d}z\right]\begin{Bmatrix}h_i\\h_j\\h_k\\h_m\end{Bmatrix}$$

由 $\iiint_{\Omega_e}\mathrm{d}x\mathrm{d}y\mathrm{d}z=V$，上式变为：

$$\frac{\partial I_1^{\mathrm{e}}(h)}{\partial h_i}=\frac{1}{36V}[(k_xb_ib_k+k_yc_ic_k+k_zd_id_k)]\begin{Bmatrix}h_i\\h_j\\h_k\\h_m\end{Bmatrix}$$

同理可得$\frac{\partial I_1^{\mathrm{e}}(h)}{\partial h_j}$、$\frac{\partial I_1^{\mathrm{e}}(h)}{\partial h_k}$、$\frac{\partial I_1^{\mathrm{e}}(h)}{\partial h_m}$的计算公式：

$$\begin{Bmatrix}\dfrac{\partial I_1^{\mathrm{e}}(h)}{\partial h_i}\\\dfrac{\partial I_1^{\mathrm{e}}(h)}{\partial h_j}\\\dfrac{\partial I_1^{\mathrm{e}}(h)}{\partial h_k}\\\dfrac{\partial I_1^{\mathrm{e}}(h)}{\partial h_m}\end{Bmatrix}=\begin{bmatrix}K_{ii}&K_{ij}&K_{ik}&K_{im}\\K_{ji}&K_{jj}&K_{jk}&K_{jm}\\K_{ki}&K_{kj}&K_{kk}&K_{km}\\K_{mi}&K_{mj}&K_{mk}&K_{mm}\end{bmatrix}\begin{Bmatrix}h_i\\h_j\\h_k\\h_m\end{Bmatrix}$$

式中，$K_{ij}=\frac{1}{36V}(k_xb_ib_j+k_yc_ic_j+k_zd_id_j)$，$i,j=i,j,k,m$

同样得出：

$$\left\{\frac{\partial I_2^{\mathrm{e}}}{\partial h_i}\right\}=[S]^{\mathrm{e}}\left\{\frac{\partial h_j}{\partial t}\right\}$$

$$S_{ij} = S_s \iiint_{\Omega_e} N_i N_j \mathrm{d}x\mathrm{d}y\mathrm{d}z$$

利用体积积分公式：

$$\frac{1}{V}\iiint_{\Omega_e} N_i^{\alpha} N_j^{\beta} N_k^{\gamma} N_m^{\theta} \mathrm{d}\Omega = \frac{3!\alpha!\beta!\gamma!\theta!}{(3+\alpha+\beta+\gamma+\theta)!}$$

则将 S_{ij} 表示为：

$$S_{ij} = \frac{S_s V \cdot 3!}{5!} S'_{ij} = \frac{S_s V}{20} S'_{ij}, S'_{ij} = \begin{cases} 2 & i = j \\ 1 & i \neq j \end{cases} \quad i,j = i,j,k,m$$

有：

$$\left\{\frac{\partial I_2^e}{\partial h_i}\right\} = \frac{S_s V}{20}\begin{bmatrix} 2 & 1 & 1 & 1 \\ 1 & 2 & 1 & 1 \\ 1 & 1 & 2 & 1 \\ 1 & 1 & 1 & 2 \end{bmatrix}$$

假定四面体单元的结点 i、j、m 属潜流边界面或流量补给边界面 Γ_2 上的结点，k 结点属内部渗流场，则此时 $N_k = 0, N_i + N_j + N_m = 1$ 显然结点 i、j、m 的面积坐标函数满足式：

$$\frac{1}{S}\iint_{s} N_i^{\alpha} N_j^{\beta} N_m^{\gamma} \mathrm{d}s = \frac{2!\alpha!\beta!\gamma!}{(2+\alpha+\beta+\gamma)!}$$

式中，S 为 $\triangle ijm$ 的面积，则有：

$$\begin{Bmatrix} \dfrac{\partial I_3^e}{\partial h_i} \\ \dfrac{\partial I_3^e}{\partial h_j} \\ \dfrac{\partial I_3^e}{\partial h_m} \end{Bmatrix} = [\boldsymbol{D}]^e \begin{Bmatrix} q_i \\ q_j \\ q_m \end{Bmatrix} \tag{8-570}$$

式中

$$D_{ij} = \begin{cases} S/6 & i = j \\ S/12 & i \neq j \end{cases} \quad i,j = 1,2,3$$

对自由面流量补给边界面，同样有：

$$\begin{Bmatrix} \dfrac{\partial I_3^e}{\partial h_i} \\ \dfrac{\partial I_3^e}{\partial h_j} \\ \dfrac{\partial I_3^e}{\partial h_m} \end{Bmatrix} = [\boldsymbol{P}]^e \begin{Bmatrix} \dfrac{\partial h_i^*}{\partial t} \\ \dfrac{\partial h_j^*}{\partial t} \\ \dfrac{\partial h_m^*}{\partial t} \end{Bmatrix}^e$$

将上述单元系数公式写为矩阵表达式，有：

$$[\boldsymbol{k}]^e = \begin{bmatrix} K_{ii} & K_{ij} & K_{im} & K_{ik} \\ K_{ji} & K_{jj} & K_{jm} & K_{jk} \\ K_{mi} & K_{mj} & K_{mm} & K_{mk} \\ K_{ki} & K_{kj} & K_{km} & K_{kk} \end{bmatrix}$$

其中

$$K_{ij} = \frac{1}{36V}(k_x b_i b_j + k_y c_i c_j + k_z d_i d_j) \qquad i,j = i,j,k,m$$

$$[\boldsymbol{D}]^{e}=\frac{S}{12}\begin{bmatrix}2&1&1&0\\1&2&1&0\\1&1&2&0\\0&0&0&0\end{bmatrix},\quad [\boldsymbol{P}]^{e}=\frac{\mu S}{12}\begin{bmatrix}2&1&1&0\\1&2&1&0\\1&1&2&0\\0&0&0&0\end{bmatrix},[\boldsymbol{S}]^{e}=\frac{S_{s}V}{20}\begin{bmatrix}2&1&1&1\\1&2&1&1\\1&1&2&1\\1&1&1&2\end{bmatrix}$$

对所有单元的泛函求得微分后叠加之,并应用为极小的条件计算,将常数项移到等号右端,得到如同式(8-570)的线性代数方程组。

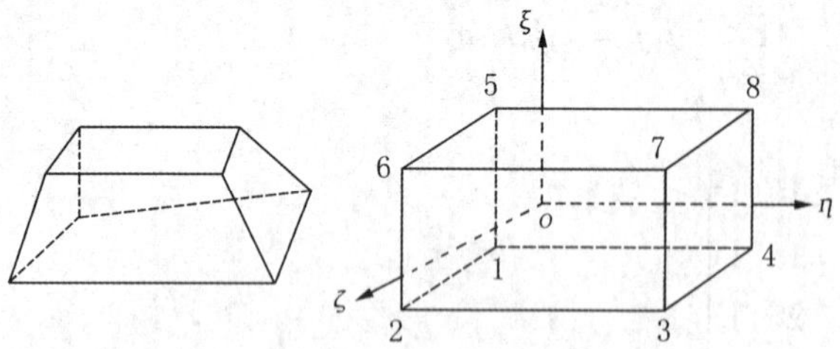

图 8-363 六面体八节点等参单元

(4) 等参单元计算式。三维空间建筑物及其边界轮廓复杂多样,常采用进度较高和适应性强的等参数单元。渗流三维计算中一般采用低阶和高阶的六面体和五面体等参数单元,视不同情况和部位选用,亦可选择介于两者之间的退化单元。

与平面等参单元类似,推广之,选取 2×2×2 的正方体标准单元建立局部坐标系,然后在其上构造基函数。

如图 8-363 所示,六面体八节点等参单元的基函数为:

$$N_i(\xi,\eta,\zeta)=\frac{1}{8}(1+\xi\xi_i)(1+\eta\eta_i)(1+\zeta\zeta_i)\quad i=1,2,\cdots,8 \tag{8-571}$$

如图 8-364 所示,曲面六面体二十节点单元的基函数为:

$$\left.\begin{aligned}
N_i(\xi,\eta,\zeta)&=\frac{1}{8}(1+\xi\xi_i)(1+\eta\eta_i)(1+\zeta\zeta_i)(\xi\xi_i+\eta\eta_i+\zeta\zeta_i-2)\quad i=1,2,\cdots,8\\
N_i(\xi,\eta,\zeta)&=\frac{1}{4}(1-\xi^2)(1+\eta\eta_i)(1+\zeta\zeta_i)\quad i=9,10,11,12\\
N_i(\xi,\eta,\zeta)&=\frac{1}{4}(1-\eta^2)(1+\zeta_i\zeta)(1+\xi_i\xi)\quad i=13,14,15,16\\
N_i(\xi,\eta,\zeta)&=\frac{1}{4}(1-\zeta^2)(1+\xi_i\xi)(1+\eta_i\eta)\quad i=17,18,19,20
\end{aligned}\right\} \tag{8-572}$$

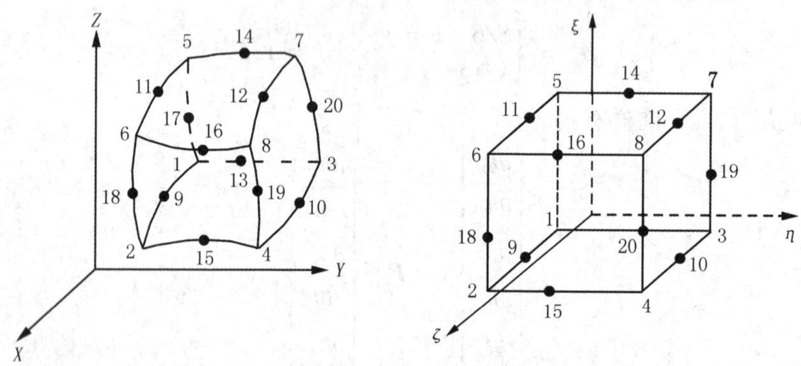

图 8-364 曲面六面体二十节点单元及局部坐标

如图 8-365 所示,五面体六节点单元的基函数为:

$$\left.\begin{aligned}
N_i(\xi,\eta,\zeta)&=\frac{1}{4}(\xi-\eta)(1+\zeta\zeta_i)\quad i=4\\
N_i(\xi,\eta,\zeta)&=\frac{1}{4}(1+\eta^2)(1+\zeta\zeta_i)\quad i=2,5\\
N_i(\xi,\eta,\zeta)&=\frac{1}{4}(1-\xi)(1+\zeta\zeta_i)\quad i=3,6
\end{aligned}\right\} \tag{8-573}$$

如图 8-366 所示,五面体十五节点单元的基函数为:

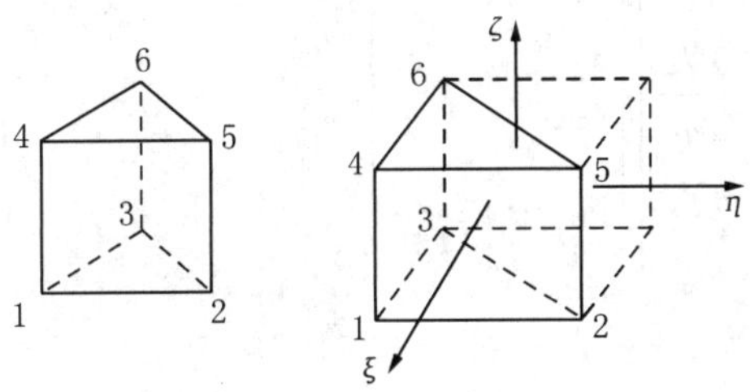

图 8-365 五面体六节点单元

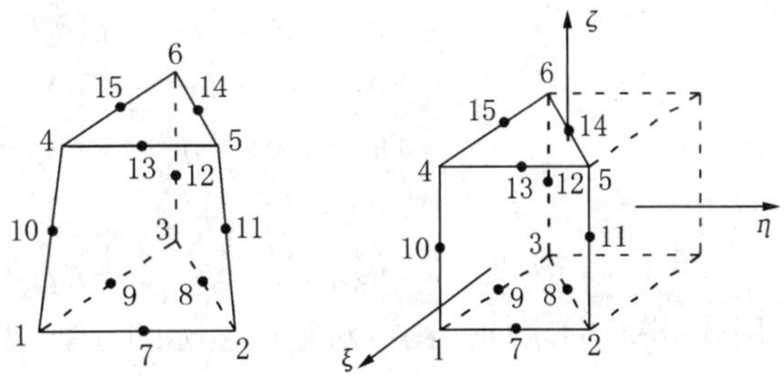

图 8-366 五面体十五节点单元

$$
\left.\begin{aligned}
N_i &= \frac{1}{4}(\xi-\eta)(\xi-\eta+\zeta_0-2)(1+\zeta_0) \quad i=1,4\\
N_i &= \frac{1}{4}(1+\eta)(\eta+\zeta_0-1)(1+\zeta_0) \quad i=2,5\\
N_i &= \frac{1}{4}(1-\xi)(-\zeta+\zeta_0-1)(1+\zeta_0) \quad i=3,6\\
N_i &= \frac{1}{2}(\xi-\eta)(1+\eta)(1+\zeta_0) \quad i=7,13\\
N_i &= \frac{1}{2}(\xi-\eta)(1+\eta)(1+\zeta_0) \quad i=8,14\\
N_i &= \frac{1}{2}(\xi-\eta)(1-\xi)(1+\zeta_0) \quad i=9,15\\
N_i &= \frac{1}{2}(\xi-\eta)(1-\xi^2) \quad i=10\\
N_i &= \frac{1}{2}(1+\eta)(1-\xi^2) \quad i=11\\
N_i &= \frac{1}{2}(1-\xi)(1-\xi^2) \quad i=12
\end{aligned}\right\} \tag{8-574}
$$

式(8-573)和式(8-574)中 ξ、η、ζ 是局部坐标，与整体坐标之间的变换式为：

$$
\left.\begin{aligned}
x &= \sum_{i=1}^{m} N_i(\xi、\eta、\zeta)x_i\\
y &= \sum_{i=1}^{m} N_i(\xi、\eta、\zeta)y_i\\
z &= \sum_{i=1}^{m} N_i(\xi、\eta、\zeta)z_i
\end{aligned}\right\} \tag{8-575}
$$

式中　m——单元节点数，六面体，$m=8$ 或 20，五面体，$m=6$ 或 15。

用复合函数求导方法，可得以上基函数的整体坐标的导数为：

$$
\begin{Bmatrix}\dfrac{\partial N_i}{\partial x}\\ \dfrac{\partial N_i}{\partial y}\\ \dfrac{\partial N_i}{\partial z}\end{Bmatrix} = [\boldsymbol{J}]^{-1}\begin{Bmatrix}\dfrac{\partial N_i}{\partial \xi}\\ \dfrac{\partial N_i}{\partial \eta}\\ \dfrac{\partial N_i}{\partial \zeta}\end{Bmatrix} \tag{8-576}
$$

其中，$\boldsymbol{J}$ 为雅可比矩阵，即：

$$J = \begin{vmatrix} \dfrac{\partial x}{\partial \xi} & \dfrac{\partial y}{\partial \xi} & \dfrac{\partial z}{\partial \xi} \\ \dfrac{\partial x}{\partial \eta} & \dfrac{\partial y}{\partial \eta} & \dfrac{\partial z}{\partial \eta} \\ \dfrac{\partial x}{\partial \zeta} & \dfrac{\partial y}{\partial \zeta} & \dfrac{\partial z}{\partial \zeta} \end{vmatrix} = \begin{bmatrix} \dfrac{\partial N_1}{\partial \xi} & \dfrac{\partial N_2}{\partial \xi} & \cdots & \dfrac{\partial N_m}{\partial \xi} \\ \dfrac{\partial N_1}{\partial \eta} & \dfrac{\partial N_2}{\partial \eta} & \cdots & \dfrac{\partial N_m}{\partial \eta} \\ \dfrac{\partial N_1}{\partial \zeta} & \dfrac{\partial N_2}{\partial \zeta} & \cdots & \dfrac{\partial N_m}{\partial \zeta} \end{bmatrix} \begin{Bmatrix} x_1 & y_1 & z_1 \\ x_2 & y_2 & z_2 \\ \vdots & \vdots & \vdots \\ x_m & y_m & z_m \end{Bmatrix}$$

利用式(8-576)求插值函数对整体坐标的导数,整理后得:

$$\begin{bmatrix} K_{11} & K_{12} & \cdots & K_{1m} \\ K_{21} & K_{22} & \cdots & K_{2m} \\ \vdots & \vdots & \vdots & \\ K_{m1} & K_{m2} & \cdots & K_{m3} \end{bmatrix} \begin{Bmatrix} h_1 \\ h_2 \\ \vdots \\ h_m \end{Bmatrix} = [\boldsymbol{K}]^{\mathrm{e}} \{\boldsymbol{H}\}^{\mathrm{e}} \tag{8-577}$$

其中

$$K_{ij} = \int_{-1}^{1}\int_{-1}^{1}\int_{-1}^{1} \left[k_x \frac{\partial N_i}{\partial x}\frac{\partial N_j}{\partial x} + k_y \frac{\partial N_i}{\partial y}\frac{\partial N_j}{\partial y} + k_y \frac{\partial N_i}{\partial z}\frac{\partial N_j}{\partial z} \right] | J | \,\mathrm{d}\xi \mathrm{d}\eta \mathrm{d}\zeta \tag{8-578}$$

利用高斯积分公式进行数值积分,则上式变为:

$$K_{ij} = \sum_{l=1}^{n}\sum_{m=1}^{n}\sum_{k=1}^{n} A_l A_m A_k \left(k_x \frac{\partial N_i}{\partial x}\frac{\partial N_j}{\partial x} + k_y \frac{\partial N_i}{\partial y}\frac{\partial N_j}{\partial y} + k_y \frac{\partial N_i}{\partial z}\frac{\partial N_j}{\partial z} \right) | J | \,\xi^l \eta^m \zeta^k \tag{8-579}$$

式中 A_l, A_m, A_k——加权系数;

ξ^l, η^m, ζ^k——积分点局部坐标;

n——积分点数。

同理,利用高斯积分公式进行数值积分,可求得相应的 S、P 和 D 矩阵。其中式(8-578)和式(8-579)中会遇到面积分,面积分式中 $\mathrm{d}\Gamma$ 表示 Ω_{e} 边界上的面积微元,对等参单元的局部坐标 $\xi\eta$ 而言,可用下式计算:

$$\mathrm{d}\Gamma = \sqrt{EG - F^2}\,\mathrm{d}\xi \mathrm{d}\eta \tag{8-580}$$

其中

$$E = \left(\frac{\partial x}{\partial \xi}\right)^2 + \left(\frac{\partial y}{\partial \xi}\right)^2 + \left(\frac{\partial z}{\partial \xi}\right)^2 = \left(\sum_{i=1}^{M_1} x_i^{\mathrm{e}} \frac{\partial N_i}{\partial \xi}\right)^2 + \left(\sum_{i=1}^{M_1} y_i^{\mathrm{e}} \frac{\partial N_i}{\partial \xi}\right)^2 + \left(\sum_{i=1}^{M_1} z_i^{\mathrm{e}} \frac{\partial N_i}{\partial \xi}\right)^2$$

$$G = \left(\frac{\partial x}{\partial \eta}\right)^2 + \left(\frac{\partial y}{\partial \eta}\right)^2 + \left(\frac{\partial z}{\partial \eta}\right)^2 \left(\sum_{i=1}^{M_1} x_i^{\mathrm{e}} \frac{\partial N_i}{\partial \eta}\right)^2 + \left(\sum_{i=1}^{M_1} y_i^{\mathrm{e}} \frac{\partial N_i}{\partial \eta}\right)^2 + \left(\sum_{i=1}^{M_1} z_i^{\mathrm{e}} \frac{\partial N_i}{\partial \eta}\right)^2$$

$$F = \frac{\partial x}{\partial \xi}\frac{\partial x}{\partial \eta} + \frac{\partial y}{\partial \eta}\frac{\partial y}{\partial \xi} + \frac{\partial z}{\partial \xi}\frac{\partial z}{\partial \eta} = \left(\sum_{i=1}^{M_1} x_i^{\mathrm{e}} \frac{\partial N_i}{\partial \xi}\right)\left(\sum_{i=1}^{M_1} x_i^{\mathrm{e}} \frac{\partial N_i}{\partial \eta}\right) + \left(\sum_{i=1}^{M_1} y_i^{\mathrm{e}} \frac{\partial N_i}{\partial \xi}\right)\left(\sum_{i=1}^{M_1} y_i^{\mathrm{e}} \frac{\partial N_i}{\partial \eta}\right) + \left(\sum_{i=1}^{M_1} z_i^{\mathrm{e}} \frac{\partial N_i}{\partial \xi}\right)\left(\sum_{i=1}^{M_1} z_i^{\mathrm{e}} \frac{\partial N_i}{\partial \eta}\right) \tag{8-581}$$

(5) 有限单元技术。空间渗流较之平面渗流,无论从工作量还是从复杂程度上来比,都相差甚大,因此用有限元法模拟时一些技术的运用将起到事半功倍的作用。这些技术对模拟其他场的有限元法亦可借鉴。

1) 渗流场的离散方法。三向空间渗流问题,其物理条件均较复杂,具有不规则的几何形状和非均质土层的各向异性介质,因此,虽然可以实现自动剖分单元和自动布置节点,但往往既麻烦又不经济。然而,由人工剖分逐个给出单元和节点信息,工作量很大,而且还要占用相当数量的内存容量。因此,采用半自动剖分方法形成离散网格是十分有利的。下面我们给出剖分单元的原则:

① 剖分断面。对于土坝三向空间渗流问题,一般是沿平行坝轴线或垂直坝轴线方向将渗流场剖分成有限个互不相交的曲面,如图 8-367 所示,此曲面称为剖分断面。在某些情况下,按水平方向剖分断面也是可取的。

② 对每一断面布置一定数目的三角形单元和四边形单元。单元数和节点数不受限制,但每个断面要相等,以保证相邻断面对应平面单元之间能形成一个五面体或六面体元,且该空间元互不相交。当相邻断面的形状相差很大而不便布置相同数目平面单元时,可设置虚单元补齐。对所划分单元的内部,必须保持相同的

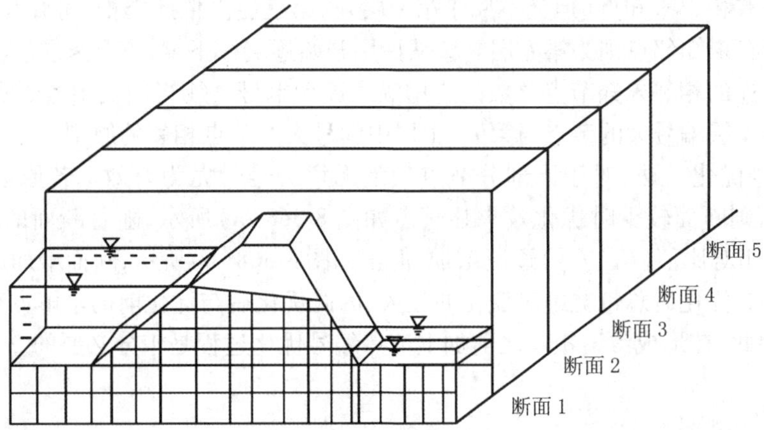

图 8-367 三维剖分断面

渗透系数，非均质层界面和建筑物轮廓以及流场边界面均须为所划分单元的一个侧面，不能穿越单元。

从理论上来说，剖分断面及其上节点愈多，可以提高计算精度，但会增加工作量和计算时间。因此，根据渗流概念合理布置，是能够以少量断面和节点得到足够精度的成果的。同时实际计算表明，开始时可布置数量较少的断面，然后根据计算情况的需要再适当增加断面和节点。

③ 每一断面的单元剖分可以采用平面渗流自动剖分单元方法，由人工给出少量数据，由计算程序自动形成断面单元、节点、边界及分区信息。与第四章平面二维渗流自动剖分方法有别的是，三维计算中若采用六面体计算单元，则自动剖分中最后单元为四边形；三维计算中人工分块时也必须保证相邻两断面间对应块的渗透系数相同，两块组成的空间六面体不能过于扭曲而致剖分后单元畸形。另外同样必须保证每个断面上块节点数目和块数相等，不足时亦可虚设块和节点予以补齐。这些虚拟块和点在渗流场计算中并不存在，因此其坐标和有关信息亦无任何意义。

④ 为了减少单元信息，规定节点编号的顺序为对一个断面上的节点连续编号后，紧接着对下一断面上的节点编号。这样，相邻断面间节点号均差一常数。如：每断面节点数为 nm（包括虚拟点），则第 l 断面上点号为 i 的节点，相应在 $l-1$ 断面上 i 点编号为 $i-nn$，而 $l+1$ 断面上 i 节点编号则为 $i+nn$。这样，整个渗流场单元体的信息均可由一个断面的三角形单元来确定。每个断面上单元号均从 1 开始，而不像节点号一样连续。断面上同种渗透系数的单元，应尽量连续编号，以便计算非均质场。

为了保证单元体互不相交，在填写信息时，应对每一单元节点从小到大或从大到小连续编号。在填写单元信息时，应注意的是，对于修改调整自由面出现丢点的情况，单元节点应从可能丢点的点号开始编，否则丢点时将会出现不合理的现象。

⑤ 大量研究表明，空间渗流问题宜采用等参单元。但相对而言，等参元渗透矩阵计算工程量大，四面体元则较小，且较灵活。实例计算表明：一般情况下采用八节点等参元可满足实用精度要求；对于渗流密集区（如沟、井、帷幕、出逸等处），设二次插值的等参元可保证模拟精度；为了适应复杂土层分类和边界轮廓，可采用六节点五面体元作为补充。实际计算中，这些元可用等参元计算公式直接进行等参元相应计算，亦可引用四面体元作基本元计算，先将六面体元剖分为两个五面体，五面体再剖分为 3 个四面体来计算，这两步均由计算机自动完成。因此，实际工程计算中一般只将渗流场剖分为五面体元和六面体元两种。

2）稀疏矩阵带宽优化方法。空间渗流计算规模主要决定于空间节点的多少和对节点编号的方法。节点编号不同直接影响到其形成的渗透矩阵中带宽的大小，从而关系到对计算速度和计算机内存容量的要求。对于复杂的空间渗流计算，优化节点带宽的方法一般很难在准备数据阶段时达到。从单元渗透矩阵组合成总体渗透矩阵的方法中可知，组成空间单元的节点号差值越大，渗透矩阵中带宽就越大。因此，带宽优化的目标就是使相邻节点点号差值达到最小。这一目标可以借助于图论中有关方法实现。这里介绍三维渗流计算中可采用的一种优化节点编号方法。其步骤如下：①对剖分网络中的未知水头节点分层处理，第一步选一个与相邻未知水头点相连总数最小的外节点 P_1 作为始点，即第一层；与 P_1 相连的所有相邻未知点记为第二层;与第二层相连的所有相邻未知点(但又不属于第一层)为第三层。依此类推,可知与第 $k-1$ 层相连而又不属于第 $k-2$ 层的所有未知邻点则为第 k 层。②从始层开始逐层往下编,直至末层。③对同一层中的未知节点编号时,按与其相连的相邻未知节点总数的递增顺序逐个编号。④当同层中若干点各相连相邻未知点数目相同时,则遵循第 k 层编号大的节点与第 $k-1$ 层中编号大的节点相邻的原则。

采用这种节点编号优化方法,对于原剖分节点杂乱无章编号时尤为有效。若原翻分编号按一定方向(如垂向或水平向)时,则断面较少时优化效果显著。如图 8-368(a)所示,随着断面的增加,优化后总带宽 $G_{后}$ 与优化前的 $G_{前}$ 的相对比值($G_{后}/G_{前}$)逐渐增加;但正如图 8-368(b)所示,断面增加后总未知点数即方程组系数阵总阶数亦增加,优化后总带宽绝对变化亦较大,因此优化后与优化前的求解方程组所需时间之比值($t_{后}/t_{前}$)减少许多。因此,在形成渗透矩阵之前加上节点编号优化过程是十分必要的。

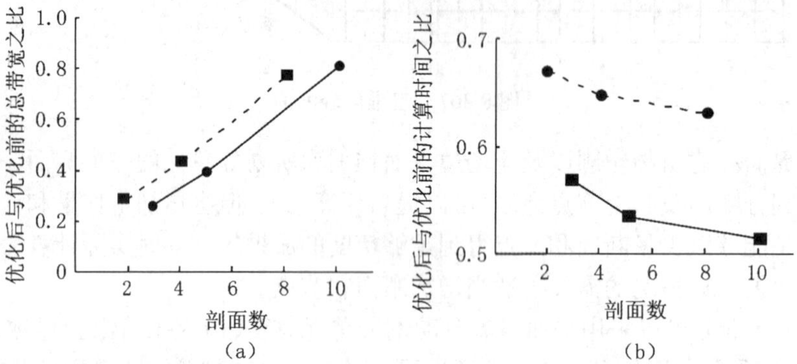

图 8-368 节点编号最优化前后带宽和计算时间比较

由于上述节点优化方法比较复杂,且编程中需占用相当多的内存,因此对节点不太多(20000 点以下)的一般空间渗流问题可不对整体剖分节点采用上述优化编号方法,而采用下述的近似最小带宽编号方法:①在数据准备过程中,对第一剖分断面节点尽量按横向或纵向连续编号。兼顾到无压渗流自由面调整的方向性,断面节点一般按纵向连续编号,编程计算中对断面上节点可按前述最优化方法重新进行内部排序编号并以此作为新的节点编号。②如图 8-369(a)所示,分别按平行于断面的顺序依次将每一断面上未知节点连续编号,记录相应内部节点编号信息及最大半带宽、总带宽信息。③如图 8-369(b)所示,分别按垂直断面的顺序从第一个断面上节点原始序号起,依次对每一断面上的相应节点编号,并记录相应内部节点信息及总带宽信息。④编程计算时自动按总带宽多少选择②、③两种编号方法中较好的方法。显然,方法②在断面数较多而断面上未知节点不多时接近优化方法,方法③在断面上布置节点较多而断面数不多时接近优化方法。采用这种节点编号法,程序设计简单。

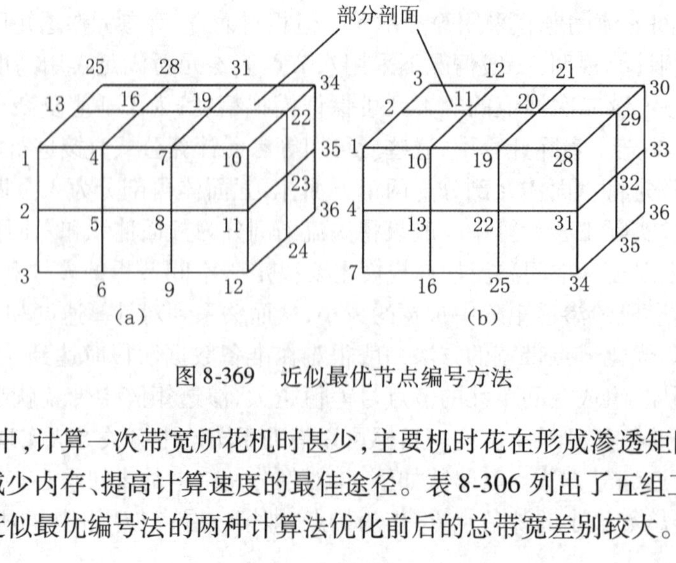

图 8-369 近似最优节点编号方法

三维空间渗流计算中,计算一次带宽所花机时甚少,主要机时花在形成渗透矩阵和求解线性代数方程组上。因此,缩小带宽是减少内存、提高计算速度的最佳途径。表 8-306 列出了五组工程实例节点编号优化前后的计算结果,可知按近似最优编号法的两种计算法优化前后的总带宽差别较大。

表 8-306 节点编号优化结果比较

项目	一		二		三		四		五	
	不优化	优化	不优化	优化	不优化	优化	不优化	优化	不优化	优化
未知节点数	135	135	567	567	425	425	93	93	5402	5402
最大半带宽	22	19	107	76	86	66	32	16	640	187
总带宽	2493	1947	41129	27602	17704	17497	2100	864	1272166	902061

3）线性代数方程组的分块求解方法。线性代数方程组的求解，仍采用改进平方根法。由于三维计算中剖分的节点数量很大，经常在8000个点以上，因此所形成的渗透矩阵需非常大的内存。根据渗透矩阵的对称正定性及稀疏性，采用一维变带宽压缩存储方式来存储渗透矩阵，则一般只存原矩阵满阵的一半左右。即使这样，所需存的矩阵元素一般也在百万个以上。在大型计算机上，可由相应的操作系统实现虚拟存储而解决大内存问题，但经常受多用户分时分容量的限制；而在微型计算机上运行时，内存限制也是经常遇到的一个问题。

4）自由面及渗出点的求解方法——虚点法。三维无压渗流问题的自由面位置是待定的，其上节点属同一流面，为零压面。自由面边界应同时满足式(8-559)和式(8-560)，其中非稳定渗流自由面还必须满足式(8-560)。目前饱和渗流中求解自由面的方法一般均为迭代法。一类是直接以条件为控制准则，试算出自由面位置，视其满足该条件的情况，不满足则调整自由面位置再迭代计算，直至满足为止。该类方法有移动网格法、压缩网格法、重剖网格法和虚点法等。其特点是方法简便实用，适应性强。另一类是以流量为零的边界条件为控制准则，每次迭代均设法使进出自由面的流量为零。该类方法有变单元渗透系数法、剩余流量法及其改进、变分不等式法和初流量法等。其特点是：将饱和渗流问题扩大到整个区域上，充分应用自由面流量为零这一条件，因而整个区域的剖分网格可保持不变，即所谓的固定网格。二维渗流自由面求解方法时提及自由面的变化区域一般较大。为适应之，传统的移动网格法和压缩网格法在迭代计算中采用将自由面以下一排或数排单元节点同时压缩或伸展。该法在有限元法引入渗流分析的早期应用较广，取得不少成功经验，但方法本身有一些遗憾之处：①当初始假定自由面位置与终结位置相差较大时，该法会造成网格单元过度变形而致畸形，影响计算精度；②当自由面穿过非均质层时，网格的移动和压缩往往会破坏介质分区界线而导致模拟结果与原体不符；③与其他物理场（如应力场、温度场和边坡稳定等）耦合时需用同一剖分网格计算渗流场和其他场，移动或压缩网格就不能使两场直接统一计算，而必须采用内插法才能统一两者，无疑加大了工作量。至于重剖网格法，则是借助于渗流计算前处理方法中的自动剖分方法，调整解出的自由面位置作为自动剖分子块的边界线重新进行一次剖分，避免了自由面附近单元的畸形。但该法所增加的工作量，对于二维渗流计算来说，尚能接受，而对复杂的三维渗流分析而言，则无法接受。因此，该法一般与移动网格迭代法同时使用。

8.11.7 边坡块体理论分析与应用

块体理论首先由石根华提出，1977 年他在《中国科学》上发表的“岩体稳定分析的赤平投影方法”，标志着块体理论雏形的形成。1985 年石根华与 Goodman R. E. 出版了《Block theory and its application to engineering》，标志着块体理论作为岩体工程分析的方法已趋于完善，随后该理论也应用到了边坡稳定性分析中。

8.11.7.1 边坡块体理论概述

岩体是在地质历史过程中被各种结构面切割形成的复杂块体，结构面控制着岩体边坡的变形和稳定性。岩体在自然情况下处于静力平衡状态，由结构面形成的岩石块体在边坡开挖过程中被切削并暴露于自由临空面（边坡面），从而失去原始静力平衡状态。这些块体的稳定性各异，其中有些块体是可移动的。在可移动的块体中，那些借助于作用面上的摩擦力还不能保持稳定的块体，为重点关注的关键块体。由于关键块体的失稳可导致岩体的整体失稳，因此它是保证边坡整体稳定的关键。找出由结构面和边坡面切削形成的关键块体，判断其在重力和外荷作用下的稳定性及稳定所需锚固力是边坡分析的核心，也是边坡设计和实施加固的依据。

块体理论是借助于拓扑学、集合论、几何学和矢量代数学建立的，其基本假设为：(1)结构面为平面并贯穿研究的岩体;(2)结构体为刚体,不考虑岩体的变形;(3)岩体破坏沿结构面产生剪切滑移。块体理论是以岩体完全被交错的结构面所切割为前提,适用于节理及块状岩体,其特点为:(1)块体理论完全是三维的;(2)块体理论的核心是寻找临空面上的关键块体,并分析其稳定性;(3)块体理论研究的对象是具有明显滑动面的空间岩体运动,着重考虑岩体结构面的抗剪强度;(4)与其他岩体结构分析方法一样,块体理论分析成果的可靠性取决于分析参数取值的准确程度,首先取决于结构面的力学参数的准确性,其次取决于结构面的产状要素的准确性。

块体理论应用在岩质边坡稳定性分析中,岩体中的地质结构面视为理想几何平面,便于利用空间解析几何分析岩体结构。但是,块体理论也有其不足之处:(1)岩体结构面的不平整性和起伏性影响到块体理论分析结果的准确性;(2)岩体结构面的贯通性也影响到块体理论分析结果的准确性;(3)岩体结构面的力学指标的准确性直接关系到块体理论分析结果的准确性;(4)目前边坡块体理论应用中以双结构面楔体结构分析为主,还具有很大的局限性。

8.11.7.2 边坡块体理论基本原理

A 基本假设

边坡块体理论是借助于拓扑学、集合论、几何学和矢量代数学建立的,其基本假设为:(1)结构面为平面并贯穿研究的岩体;(2)结构体为刚体,不考虑岩体的变形;(3)岩体破坏沿结构面产生剪切滑移。

B 关键块体理论

按照边坡块体理论基本假设,构成边坡的岩体被假设的结构面切割成理想的块体,这些块体可分为无限块体和有限块体两类。没有被结构面和边坡面切割成孤立的块体称为无限块体,这类块体本身不产生强度破坏,则不存在失稳问题。被岩体结构面和边坡面完全切割成孤立的块体称为有限块体,这类块体又包括不可动块体和可动块体两类。不可动块体又称倒楔块体,这类块体沿空间任何方向移动皆受阻于相邻块体,如果相邻块体不发生移动,这类块体不可能发生位移。可动块体即沿空间某一或若干方向移动而不被相邻块体所阻的块体,可动块体根据其结构稳定性又可分为稳定块体和关键块体两类。稳定块体在外力和自重力作用下,即使结构面的抗滑力为零,也不会发生移动。关键块体的稳定性取决于结构面的抗剪强度,这类块体的稳定性是岩质边坡稳定性分析的重点,因此被称作关键块体。

关键块体理论的基本方法就是首先通过几何分析,排除无限块体和不可动块体,初步判断块体稳定性。排除无限块体和不可动块体后,通过运动学分析可动块体的稳定性,排除稳定块体,找出关键块体。边坡体中找到关键块体,根据块体与相邻岩体接触面的力学性质,计算出关键块体的安全系数、剩余下滑力,从而确定加固工程。

关键块体理论仅通过几何分析和运动学分析找出关键块体,并对关键块体进行稳定性分析计算,忽略了关键岩体剪断情况下的边坡稳定性,具有很大的局限性。

C 关键抗剪岩体理论

按照边坡块体理论基本假设,构成边坡的岩体被假设的结构面切割成理想的块体作为分析对象,关键块体理论分析中排除相对稳定块体,找出关键块体。照关键块体理论分析出来的相对稳定块体只不过受阻于相邻岩体,并非不可能滑动。

相对稳定块体相邻的岩体中假设一组结构面,将边坡岩体进行再分割,运用关键块体理论找出新的关键块体。新的关键块体的稳定性分析计算中,相邻岩体中假设的一组结构面为岩体剪切面,该相邻岩体就是关键抗剪岩体。如图8-370(a)所示,结构面与边坡面切割出来的块体属于无限块体,再假设一组结构面与边坡相交,就如图8-370(d)所示,形成新的关键块体。

将假设关键抗剪块体去掉,那么原分析块体可以按照关键块体理论计算分析出下滑力大小和方向,即关键抗剪块体所受的大主应力。按照莫尔强度理论,岩石的破裂面与大主应力方向间的夹角为$45° - \phi/2$,那么关键抗剪岩体的假设剪切面与原分析块体下滑方向之间的夹角可取$45° - \phi/2$。关键抗剪岩体的内摩擦角ϕ可以通过岩石力学试验进行分析确定,从而可以计算分析出剪断岩体状态下分析块体的稳定性。

关键抗剪岩体理论在很大程度上弥补了关键块体理论分析的局限性,在岩质边坡稳定性分析中逐渐应

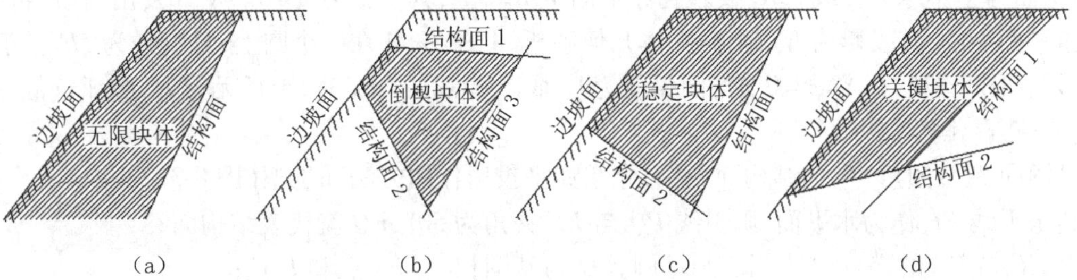

图 8-370 边坡块体结构

用起来。

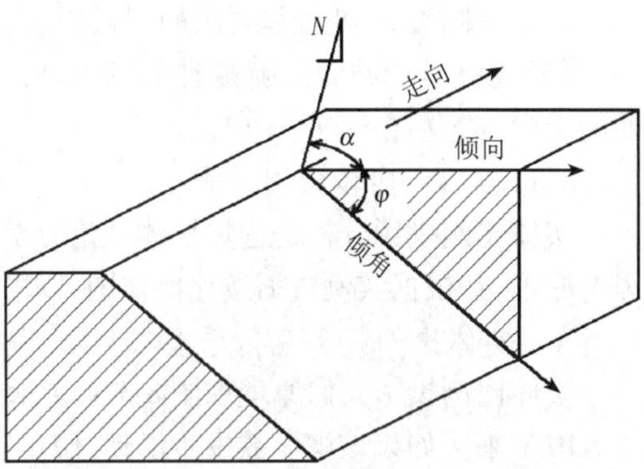

图 8-371 岩体结构面几何表示

8.11.7.3 岩体中的地质结构面

岩体结构面是岩体中各种地质界面，它包括物质分异面及不连续面。结构面是在地质发展的历史中，在岩体内形成的具有不同方向、不同规模、不同形态以及不同特性的面、缝、层、带状的地质界面。由于结构面在块体理论中控制着岩体边坡的变形和稳定性，所以结构面的统计、分析及表示就显得尤为重要了。

A 结构面几何表示

岩体结构面的几何表示即通过几何术语把结构面的产状要素表示出来，如图 8-371 所示。在工程地质中，结构面往往以倾向和倾角表示为 $\alpha\angle\varphi$。倾向(α)为以北方向为起点的顺时针转动角度，角度范围为 0°～360°；倾角(φ)为结构面所在平面与水平面夹角，角度范围为 0°～90°。当结构面水平时，其倾角为 0°，而其倾向就没有任何意义，可以为 0°～360°范围内的任何角度。

B 赤平投影基本原理

赤平投影是利用一个球体作投影工具，通过球心作一平面 $EAWC$，这个平面通过球体赤道(图 8-372)。从球体的一个极点 S 或 N(南极或北极)发出射线，射线与赤平面交点 M 即为投影。这种投影形式，称为赤平投影。赤平投影就是把物体放在球体的中心，将物体上各部分的位置投影于赤平面上，化立体为平面的一种投影。因目的不同，投影的发射点，有时自南极开始，只投影上半球的物体；有时自北极开始，只投影下半球的物体；有时自南、北两极开始，投影上、下两半球的物体。若以一极(例如南极)同时投影上、下两半球物体时，下半球的物体，有时可能要投影到球的赤平面之外(图 8-372 的 G 点)。从一极只投影相对半球物体时，投影均落于赤平面之内。

结构面的赤平投影方法如图 8-372(b)所示，结构面与球体相交于 $ABCD$，A、C 两点在赤平面上。从 S 发出

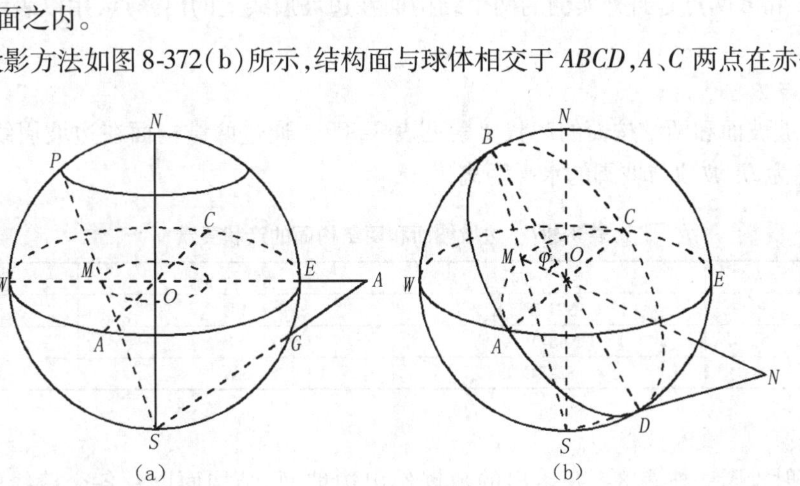

图 8-372 赤平投影原理

射线，将结构面与上半球的交线 ABC 投影到赤平面 $WAEC$ 上，其投影为 AMC。从 S 发出射线，将结构面上 D 点投影到赤平面上的，其投影为 N。根据立体几何解析，A、N、C、M 在一个圆上，且直径为 MN。于是，可以做出赤平投影图(图 8-372)。当 $\varphi=0°$时，圆弧变为基圆上一点；$\varphi=90°$时，半径无穷大，圆弧近似一条直径。

C 赤平投影作图方法

下面以倾向 32°、倾角 50°的结构面为例，介绍赤平投影作图方法和步骤(图 8-373)：

(1) 画水平线 EF 作为水平面，画斜线 PQ 与 EF 夹角为 50°，PQ 就代表结构面；

(2) 以 EF 与 PQ 的交点 O 为圆心画基圆，PQ 与基圆相交与 A 点和 B 点；

(3) 设基圆正上方为 N，正下方为 S，以 S 为极点，直线 SB 与基圆交于 D，直线 SA 延长线与基圆交于 C；

(4) 以 CD 为直径画大圆；

(5) 大圆弧 NDS 就是要求的圆弧，删去所有多余线条和点；

(6) 以 O 点为圆心，旋转图 8-373(b)，直到 DO 所指方位角为 32°；这时，图 8-373(b) 中 NS 就成了结构面的走向 $N'S'$(图 8-373(c))。

8.11.7.4 实体比例投影

实体比例投影分析是边坡块体理论分析中的图解分析方法。实体比例投影综合运用赤平投影和垂直投影的原理，并根据实例数据按比例作图，以求出边坡面、结构面以及组合交线之间的相对关系。

A 实体比例投影几何原理

实体比例投影几何原理如图 8-374 所示。结构面 $ANKMB$ 和 $CNLMD$ 两个组合起来，从边坡上切割出楔体 $KMLN$ 来。如果该楔体欲发生滑动，假定它沿着交棱线 MN 下滑。

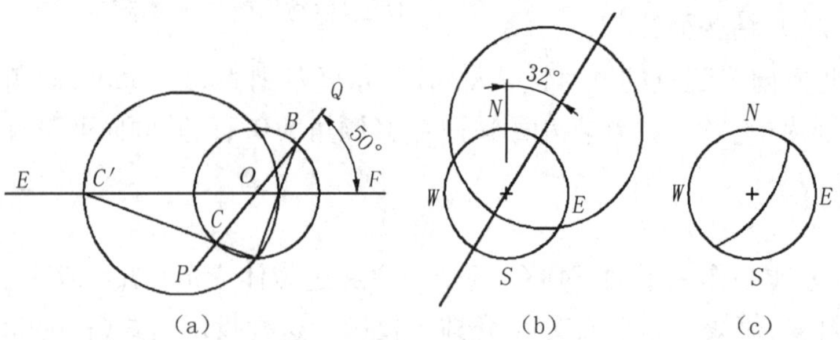

图 8-373 赤平投影作图

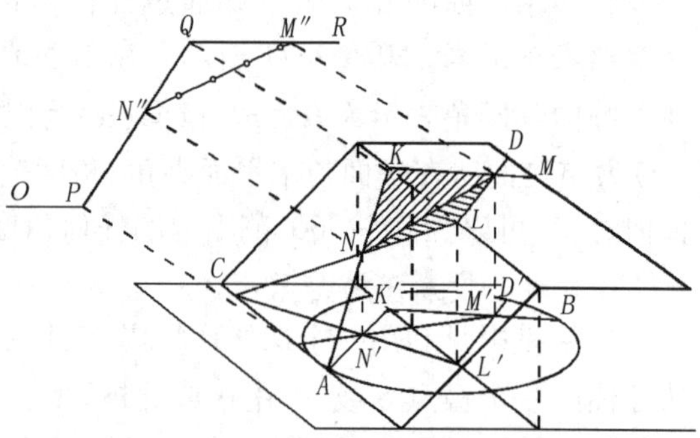

图 8-374 实体比例投影原理

在水平面上作楔体 $KMLN$ 及交棱线 MN 的垂直投影，得到不稳定岩体在水平面上的垂直投影 $K'M'L'N'$ 及 $M'N'$。$OPQR$ 是边坡沿 MN 方向的剖面，显然，$M''N''$为两结构面的交棱线在水平方向上的投影。

在立体图中，K 和 L 两点是野外实测的两个结构面在边坡眉线上的出露点，用以表示两组结构面的相对位置关系。

B 作图步骤与方法

假设的已知边坡坡面和两结构面的产状要素见表 8-307。通过两结构面在边坡眉线上的出露点得出实测间距 L，边坡高度为 H，坡顶与坡脚的水平距离为 M。

表 8-307 边坡坡面和两结构面的产状要素

结 构 面	走 向	倾 向	倾角/(°)
$A-A'$(边坡)	N21°E	SE	50
$B-B'$	N48°W	NE	78
$C-C'$	S22°E	SW	36

作图步骤如下：

(1) 用赤平极射投影法按表 8-308 给出的数据作出边坡面、结构面以及各交棱线的赤平极射投影图。$A_1A'_1$ 为边坡面的赤平极射投影；$B_1B'_1$ 和 $C_1C'_1$ 分别为两个结构面的赤平极射投影。

(2) 连接结构面之间以及结构面与边坡面之间的交棱线 O_1P_1、O_1N_1、O_1M_1。并对坡面和结构面进行填充,使其楔形体更明了地出现在图中。为方便下一步的投影,把整个图旋转至 $A_1A'_1$ 竖直,即最后成图。接着,通过赤平极射投影原理,反算出三条交线的产状要素,以便验证图解的正确性,见表 8-308。

表 8-308 交棱线产状要素

组合交线	倾向	倾角/(°)	备注
P_1O_1	SE	16	结构面与坡面交线
N_1O_1	SE	49	结构面与坡面交线
M_1O_1	SE	32	两结构面交线

(3) 以 m 为半径画圆,作为实体水平投影面。通过圆心画竖直线 $A_2A'_2$ 分圆为左右两部分,同时以圆心为中点,L 为长,画一竖直线 M_2N_2。因为左侧为坡顶而右侧为坡面,以其左侧作为结构面与坡顶面交棱线的投影,右侧为结构面与边坡面交棱线的投影。于是,分别过 M_2、N_2 作平行于 $C_1C'_1$、$B_1B'_1$ 的直线并延长交于点 P_2;过 M_2、N_2 作平行于 O_1M_1、O_1N_1 的直线并延长交于点 Q_2。得到的 P_2Q_2 就是实体水平投影图中两组合结构面的交棱线,与 M_2N_2 的交点为 O'_2(图 8-375(b))。其中,Q_2 可能相交在 $A_2A'_2$ 的左边,或者右边,也可能 O_1M_1 与 O_1N_1 平行。如果 O_1M_1 与 O_1N_1 平行,那么直接作一条过 P_2 且平行于 O_1M_1 的直线作为交线。

(4) 为了真实反映不稳定岩体在断面上的形态,选择两结构面交棱线 P_2Q_2 方向作剖面。由于该交棱线并不一定与边坡倾向垂直,于是需要将图 8-375 (b)旋转至 P_2Q_2 水平后再进行后面的垂直投影。

(5) 首先,平行于 $A_2A'_2$ 作圆的切线 D_2E_2,并延长 P_2Q_2 至切线 D_2E_2,交点为 P'_2;然后,分别把 P_2、O'_2、Q_2、P'_2 垂直向下投影至 P_3、O'_3、Q_3、P'_3。其中,O'_3、P'_3分别为边坡眉线和坡脚线在剖面上的交点,并满足 O'_3 与 P'_3的高差为边坡高度 H;P_3、Q_3 分别为两结构面交棱线在坡顶和坡面上的出露点。如果 Q_3 出现在 $O'_3P'_3$的延长线上,则两结构面交棱线在边坡面上将不会出露(图 8-375(c))。

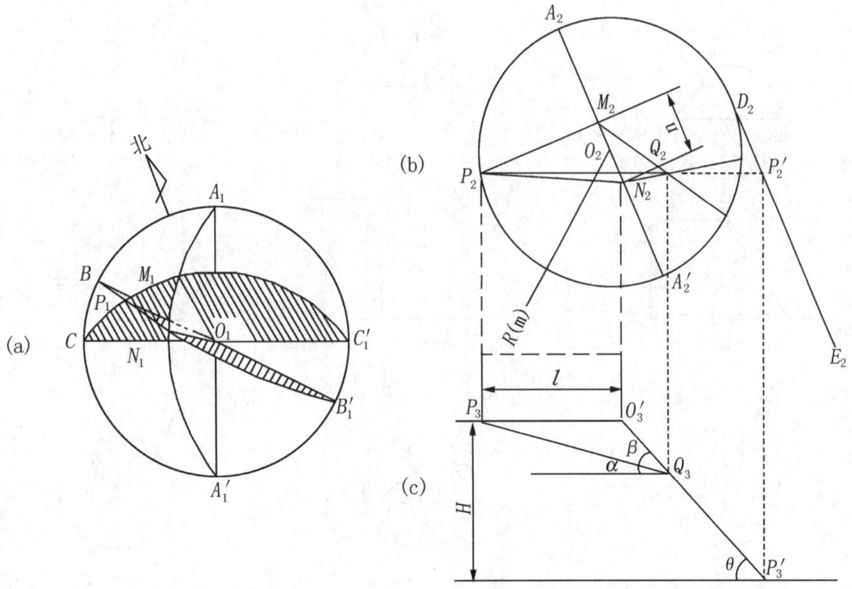

图 8-375 实体比例投影原理

(6) 量出 P_3Q_3 与水平面的夹角 α 为两结构面交棱线的真倾角,而 $O'_3P'_3$ 与水平面的夹角 β 为边坡面在组合结构面交线方向上的伪倾角。

C 实例分析

2003 年攀钢朱矿南帮边坡现场调查的断层、节理裂隙很多,产生的块体破坏也很多,选择其中最具代表性的 6 组作为分析对象。边坡块体实体比例投影的结构参数与结果见表 8-309。采用上述实体比例投影步骤与方法,得到这 6 组块体的实体比例投影图,如图 8-376 所示。

表 8-309 块体实体投影参数与结果

编　号	结构面	倾向/(°)	倾角/(°)	交线倾角/(°)	边坡高度/m	楔体长度/m	块体厚度/m
P_1	边坡面	306	50	35*	16	35	8.5*
	1	274	44				
	2	334	44				
P_2	边坡面	300	65	41*	20	47	8.5*
	1	248	47				
	2	326	49				
P_3	边坡面	313	53	49*	20	12	2.5*
	1	299	51				
	2	339	51				
P_4	边坡面	299	38	36*	12	17	1.3*
	1	287	39				
	2	351	44				
P_5	边坡面	299	43	37*	12	10	2.0*
	1	235	62				
	2	311	38				
P_6	边坡面	298	45	38*	10	10	1.6*
	1	262	41				
	2	307	39				

注:1. 块体长度为两组合结构面在边坡眉线上控制点的距离。

2. 表中带“*”的数值为实体投影所得出的结果,如“38”。

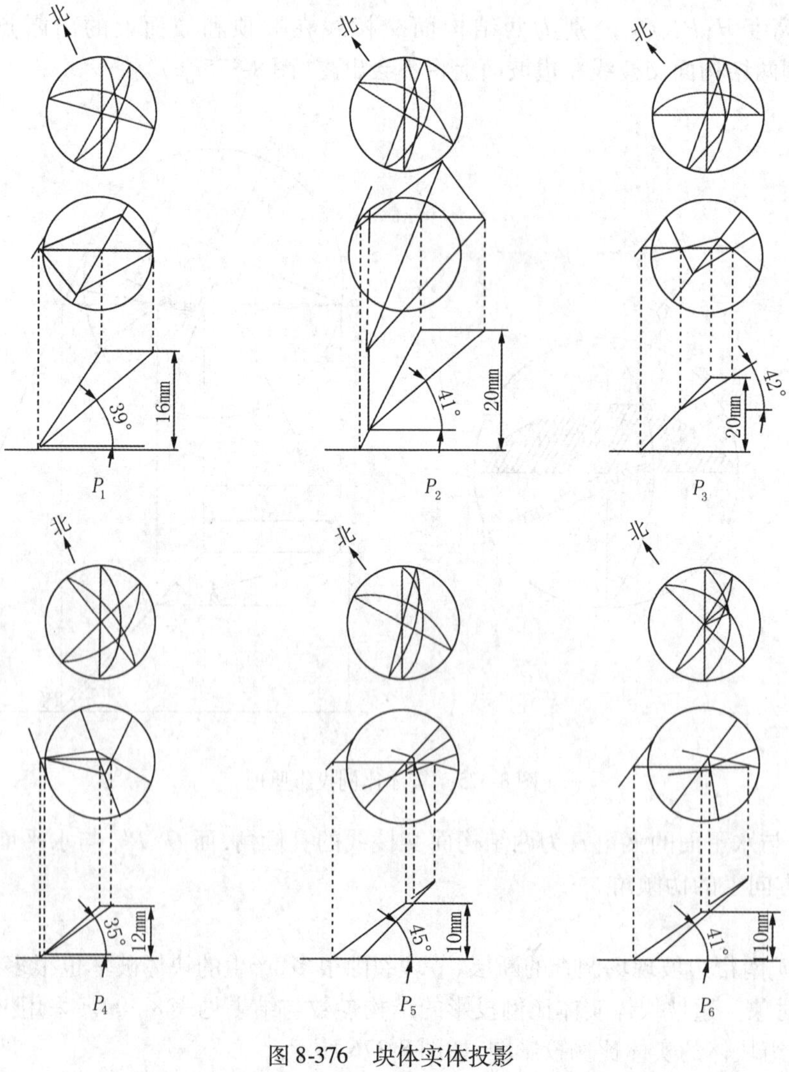

图 8-376 块体实体投影

根据图 8-376，这次分析 6 组块体的实体比例投影分析结果见表 8-310。表中的 6 组破坏体中，前 5 组都属单台阶破坏，P_6 属多台阶整体边坡破坏。对与整体边坡破坏的情况，则把整体边坡的坡面角和边坡倾向以及整体边坡的高度作为实体投影分析的结构参数。从图 8-376 可以看出，前 4 组块体可从坡面上顺层面滑出，而后面 2 组需要从边坡底部将岩体剪断才能滑出。

表 8-310 实体投影分析结果

编号	P_1	P_2	P_3	P_4	P_5	P_6
交线倾角/(°)	39	41	32	42	51	42
破坏模式	Ⅰ	Ⅰ	Ⅰ	Ⅱ	Ⅱ	Ⅱ
平台上的破坏宽度/m	7.5	10	4.5	2.7	1.1	16
滑体高度/m	16	16	12	12	10	110

注：Ⅰ为简单楔体破坏（交棱线在坡面出露）；Ⅱ为复杂楔体破坏（坡脚剪断岩体）。

8.11.7.5 块体三维稳定性分析

A 基本假设

块体三维稳定性分析原理和方法参考房定旺 1993 年提出的计算方法。其原理与剖面图计算边坡稳定性的余推力法相同，引入滑面物质的抗剪强度安全储备的概念。方法是将滑体上的各种受力，利用解析方法，在三维空间进行解析。下面作出基本假设：

(1) 假设滑体可分成几个标准的双滑面楔体。

(2) 各块楔体间的接触力为上下块的推力，推力的方向与上块楔体双滑面交线同向。

(3) 作用在各块楔体的各种力共点，即不考虑力矩的平衡问题。

(4) 视滑体为刚体，只进行临界状态下的力平衡分析。

(5) 通过迭代的方法，使各滑面的抗滑能力被调动的程度一致，即具有相同的强度储备系数。

B 计算公式的推导

a 计算组合结构面交线倾向、倾角

令两结构面产状分别为 $\alpha_a\angle\varphi_a$、$\alpha_b\angle\varphi_b$，其法向矢量分别为 $\boldsymbol{n}_a$、$\boldsymbol{n}_b$；令交线向下倾斜的水平指向作为交线倾向 α，其倾角为 φ，交线矢量为 $\boldsymbol{I}$ 。

则有：

$$n_a = (\sin\varphi_a\sin\alpha_a, \sin\varphi_a\cos\alpha_a, \cos\varphi_a)$$

$$n_b = (\sin\varphi_b\sin\alpha_b, \sin\varphi_b\cos\alpha_b, \cos\varphi_b)$$

$$I_{ab} = (\cos\varphi\sin\alpha, \cos\varphi\cos\alpha, -\sin\varphi)$$

根据正交性质，交线矢量垂直于双滑面法线所构成的平面，因而有：

$$I_i = \frac{\boldsymbol{n}_a \times \boldsymbol{n}_b}{\sqrt{1-\cos^2\theta_{ab}}} \tag{8-582}$$

其中，$\cos\theta_{ab} = \boldsymbol{n}_a \times \boldsymbol{n}_b = \sin\varphi_a\sin\varphi_b\cos(\alpha_a+\alpha_b) + \cos\varphi_a\cos\varphi_b$

将 n_a、n_b、I_i 分别代入式(8-582)，有：

$$\sqrt{1-\cos^2\theta_{ab}}(\cos\varphi\sin\alpha\cdot\hat{x} + \cos\varphi\cos\alpha\cdot\hat{y} - \sin\varphi\cdot\hat{z}) = \begin{vmatrix} \hat{x} & \hat{y} & \hat{z} \\ \sin\varphi_a\sin\alpha_a & \sin\varphi_a\cos\alpha_a & \cos\varphi_a \\ \sin\varphi_b\sin\alpha_b & \sin\varphi_b\cos\alpha_b & \cos\varphi_b \end{vmatrix} \tag{8-583}$$

解出上列方程，得：

$$\sin\varphi = \frac{\sin\varphi_a\sin\varphi_b\sin(\alpha_b-\alpha_a)}{\sqrt{1-\cos^2\theta_{ab}}} \tag{8-584}$$

$$\tan\alpha = \frac{\tan\varphi_a\cos\alpha_a - \tan\varphi_b\cos\alpha_b}{\tan\varphi_b\sin\alpha_b - \tan\varphi_a\sin\alpha_a} \tag{8-585}$$

从而求出交线倾向 α、倾角 φ。

b 计算楔体在一个台阶上的体积和抗滑面面积

首先，建立几何模型(图 8-377)。

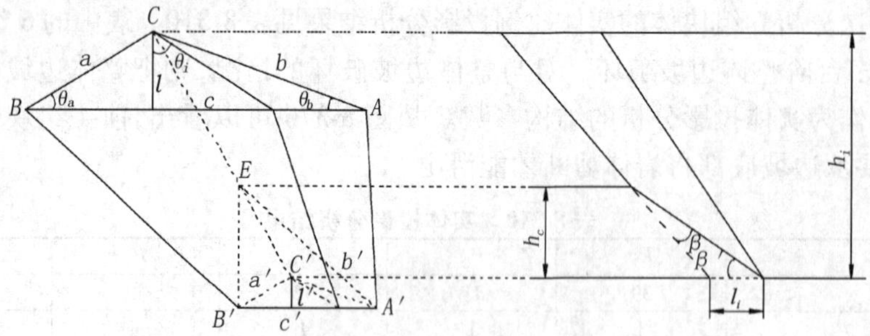

图 8-377 楔体三维几何模型

l—结构面交线的最高点至边坡眉线的垂直距离；l'—结构面交线与坡脚水平面交点至边脚线的垂直距离；h_i—结构面交线的最高点至滑出口的高度；c—结构面与边坡眉线交点的距离

$$\theta_a = |\alpha_a - \alpha_p|, \theta_b = |\alpha_b - \alpha_p|, \theta_j = |\alpha_j - \alpha_p|$$

$$l = \frac{c}{\cot\theta_a + \cot\theta_b} \tag{8-586}$$

$$l' = l + \frac{h_i}{\tan\varphi_p} + \frac{h_i\cos\theta_j}{\tan\varphi_j} \tag{8-587}$$

式中 α_a, α_b——结构面 a、结构面 b 倾向；

α_p, φ_p——边坡倾向、倾角；

φ_j——交线倾向、倾角。

如果计算出来 $l' \leqslant 0$，则说明有滑出口，滑体高度 h_i 就需要重新计算：

$$h_i' = h_i \frac{l}{l - l'} \quad a = \frac{l}{\sin\theta_a} \quad b = \frac{l}{\sin\theta_b} \quad S = \frac{1}{2}lc = \frac{c^2}{2(\cot\theta_a + \cot\theta_b)}$$

$$S_a = \frac{ah_i'}{2\sin\varphi_a} \tag{8-588}$$

$$S_b = \frac{bh_i'}{2\sin\varphi_b} \tag{8-589}$$

$$V = \frac{Sh_i'}{3} \tag{8-590}$$

式中 S——滑体顶面积；

S_a, S_b——滑面 a、b 面积；

V——滑体体积；

h_i'——有滑出口的滑体高度。

如果 $l' > 0$，说明没有滑出口，则以与主应力成 β 夹角方向为滑出方向，这样就产生一个剪出面 $A'B'E$。从而滑体体积要在前面计算的结果上减去三角体 $A'B'C'E$ 的体积，抗滑面的面积也要减去相应的一部分面积。具体计算公式及步骤如下：

$$a = \frac{l}{\sin\theta_a} \quad a' = \frac{l}{\sin\theta_a} \quad b = \frac{l}{\sin\theta_b} \quad b' = \frac{l'}{\sin\theta_b} \quad c' = c\frac{l'}{l}$$

$$S = \frac{1}{2}lc = \frac{c^2}{2(\cot\theta_a + \cot\theta_b)} \quad S' = \frac{1}{2}l'c' = \frac{c'^2}{2(\cot\theta_a + \cot\theta_b)}$$

$$S_a = \frac{(a + a')h_i}{2\sin\varphi_a} \tag{8-591}$$

$$S_b = \frac{(b + b')h_i}{2\sin\varphi_b} \tag{8-592}$$

$$V=\frac{(S+S'+\sqrt{SS'})h_i}{3} \tag{8-593}$$

根据几何关系,可以推出下面的公式:

$$\beta'=\varphi-\beta=\varphi+\frac{\phi}{2}+\frac{\pi}{4}$$

$$h_c=\frac{l_i}{\cot\beta-\cot\varphi}$$

$$S_a=\frac{(a+a')h_i}{2\sin\varphi_a}-\frac{a'h_{cj}}{2\sin\varphi_a} \tag{8-594}$$

$$S_b=\frac{(b+b')h_i}{2\sin\varphi_b}-\frac{b'h_{cj}}{2\sin\varphi_b} \tag{8-595}$$

$$S_c=\frac{c'h_c\cos\varphi\cos\theta}{2\cos\varphi_p\sin\beta'} \tag{8-596}$$

$$V=\frac{(S+S'+\sqrt{SS'})h_i}{3}-\frac{S'h_c}{3} \tag{8-597}$$

式中 S_c——滑体底部剪断岩体的面积;

h_c——滑体底部岩体剪断面的垂直高度;

c'——滑体剪出口的宽度。

c 平衡方程

(1) 首先,建立平衡方程坐标系为 l—m—n,三轴正交,符合右手定则。l 与双滑面交线平行,指向前方;n 正交于 l,指向下方;m 正交于 l 并在水平面上。各轴在数学坐标系中的单位矢量分别为:

$$l_i=(\cos\varphi_i\sin\alpha_i,\cos\varphi_i\cos\alpha_i,-\sin\varphi_i)$$

$$n_i=(-\sin\varphi_i\sin\alpha_i,-\sin\varphi_i\cos\alpha_i,-\cos\varphi_i)$$

$$m_i=(\cos\alpha_i,-\sin\alpha_i,0)$$

(2) 各力在 l—n—m 坐标系中的分解。

1) 重力 W:

$$W_{il}=W_i\sin\varphi_i$$

$$W_m=W_i\sin\varphi_i$$

$$W_{im}=0$$

2) 震动力 F:

$$F_{il}=F_i\sin\varphi_i=k_cW_i\cos\varphi_i$$

$$F_m=F_i\cos\varphi_i=k_cW_i\sin\varphi_i$$

$$F_{im}=0$$

式中 k_c——震动综合影响系数。

3) 上块楔体的剩余推力 P_{i-1}:

$$P_{i-1l}=P_{i-1}[\cos\varphi_{i-1}\cos\varphi_i\cos(\alpha_{i-1}-\alpha_i)+\sin\varphi_{i-1}\sin\varphi_i]$$

$$P_{i-1n}=P_{i-1}\cos\varphi_i\sin(\alpha_{i-1}-\alpha_i)$$

$$P_{i-1m}=P_{i-1}[-\cos\varphi_{i-1}\sin\varphi_i\cos(\alpha_{i-1}-\alpha_i)+\sin\varphi_{i-1}\cos\varphi_i]$$

4) 双滑面有效法向力 N_{iae}、N_{ibe}及水压力 U_{ia}、U_{ib}:

$$N_{ia}=N_{iae}+U_{ia}$$

$$N_{ib}=N_{ibe}+U_{ib}$$

$$N_{ial}=N_{ibl}=0$$

$$N_{ian}=-N_{ia}[\sin\varphi_{ta}\sin\varphi_i\cos(\alpha_{ia}-\alpha_i)+\cos\varphi_{ia}\cos\varphi_i]$$

$$N_{ibn} = -N_{ib}[\sin\varphi_{tb}\sin\varphi_i\cos(\alpha_{ib}-\alpha_i) + \cos\varphi_{ib}\cos\varphi_i]$$

$$N_{iam} = N_{ia}\sin\varphi_{ta}\sin(\alpha_{ia}-\alpha_i)$$

$$N_{ibm} = N_{ib}\sin\varphi_{tb}\sin(\alpha_{ib}-\alpha_i)$$

(3) 建立平衡方程。根据力平衡原理,建立平衡方程:

$$-R'_{ta} - R'_{ib} - P_i + W_{il} + F_{il} + P_{i-1l} = 0 \tag{8-598}$$

$$N_{ian} + N_{ibn} + W_{in} + F_{in} + P_{i-1n} = 0 \tag{8-599}$$

$$N_{iam} + N_{ibm} + W_{im} + F_{im} + P_{i-1m} = 0 \tag{8-600}$$

若令:

$$\cos\theta_{iam} = \sin\varphi_{ta}\sin(\alpha_{ia}-\alpha_i) \tag{8-601}$$

$$\cos\theta_{iam} = -\sin\varphi_{ta}\sin\varphi_i\cos(\alpha_{ia}-\alpha_i) - \cos\varphi_{ia}\cos\varphi_i \tag{8-602}$$

$$\cos\theta_{ibm} = \sin\varphi_{ib}\sin(\alpha_{ib}-\alpha_i) \tag{8-603}$$

$$\cos\theta_{iam} = -\sin\varphi_{ib}\sin\varphi_i\cos(\alpha_{ib}-\alpha_i) - \cos\varphi_{ib}\cos\varphi_i \tag{8-604}$$

将上述各力的投影式代入式(8-598)~式(8-600),得:

$$R'_{ia} + R'_{ib} + P_i = P_{i-1}[\cos\varphi_{i-1}\cos\varphi_i\cos(\alpha_{i-1}-\alpha_i) + \sin\varphi_{i-1}\sin\varphi_i] + W_i(\sin\varphi_i + k_c\cos\varphi_i) \tag{8-605}$$

$$N_{ia}\cos\theta_{iam} + N_{ib}\cos\theta_{ib}\cos\theta_{ibm} = -P_{i-1}\cos\varphi_{i-1}\sin(\alpha_{i-1}-\alpha_i) \tag{8-606}$$

$$N_{ia}\cos\theta_{ian} + N_{ib}\cos\theta_{ibn} - P_{i-1}[-\cos\varphi_{i-1}\sin\varphi_i\cos(\alpha_{i-1}-\alpha_i)\sin\varphi_{i-1}\cos\varphi_i] - W_i(\cos\varphi_i + k_c\sin\varphi_i) \tag{8-607}$$

令:

$$M_i = -P_{i-1}\cos\varphi_{i-1}\sin(\alpha_{i-1}-\alpha_i) \tag{8-608}$$

$$N_i = -P_{i-1}[-\cos\varphi_{i-1}\sin\varphi_i\cos(\alpha_{i-1}-\alpha_i) + \sin\varphi_{i-1}\cos\varphi_i] - W_i(\cos\varphi_i + k_c\sin\varphi_i) \tag{8-609}$$

则有:

$$N_{ia}\cos\theta_{iam} + N_{ib}\cos\theta_{ibm} = M_i \tag{8-610}$$

$$N_{ia}\cos\theta_{ian} + N_{ib}\cos\theta_{ibn} = N_i \tag{8-611}$$

联立求解得:

$$N_{ta} = \frac{N_I\cos\theta_{ibm} - M_i\cos\theta_{ibn}}{\cos\theta_{tan}\cos\theta_{ibm} - \cos\theta_{ibn}\cos\theta_{iam}} \tag{8-612}$$

$$N_{ib} = \frac{N_I\cos\theta_{iam} - M_i\cos\theta_{ian}}{\cos\theta_{tan}\cos\theta_{ibm} - \cos\theta_{ibn}\cos\theta_{iam}} \tag{8-613}$$

d 物理方程及安全系数

物理方程一般采用莫尔-库仑岩体破坏强度准则,为:

$$R_{ia} = N_{iae}\tan\phi_{ia} + C_{ta}S_{ia} \tag{8-614}$$

$$R_{ib} = N_{ibe}\tan\phi_{ib} + C_{ta}S_{ib} \tag{8-615}$$

对于未曾破坏的可能滑体,以上抗滑力将不一定全部被调动用来抵抗滑体的下滑,在平衡式(8-598)、式(8-605)中R'_{ia}与R'_{ib}是滑体处于平衡状态时的滑体抗剪力,它与实际的岩体破坏时的抗剪力R_{ia}、R_{ib}概念不同。它们之间是通过引入强度储备系数K来联系的,这个强度储备系数能够定量反映滑体的稳定状态,因而一般又称之为稳定系数,从工程的安全角度来讲,又称之为安全系数。因此有安全系数定义式为:

$$R'_{ia} = R_{ia}/K \tag{8-616}$$

$$R'_{ib} = R_{ib}/K \tag{8-617}$$

e 计算剩余推力

根据上面的公式,可以得出每一块滑体的剩余推力计算公式。

$$P_i = P_{i-1}[\cos\varphi_{i-1}\cos\varphi_i\cos(\alpha_{i-1}-\alpha_i) + \sin\varphi_{i-1}\sin\varphi_i] + W_i(\sin\varphi_i + k_c\cos\varphi_i) - \frac{(R_{ia} - r_{ib})}{K} \tag{8-618}$$

在有滑出口的情况下,最后一块滑体的剩余推力P_n为整个滑体的剩余推力P_y。

在没有滑出口的情况下,最后一块滑体沿楔体双滑面交线方向的剩余推力还应分解到岩体的剪断面上,并与岩体的抗剪强度进行平衡,最后计算得出的剩余推力P_y才是整个滑体的剩余推力。即:

$$N_v = P_n \sin\left(\frac{\pi}{4} - \frac{\phi_n}{2}\right) \tag{8-619}$$

$$R_v = N_v \tan\phi_n + C_n S_c \tag{8-620}$$

式中 N_v——P_n 在岩石剪出面法线方向的分量；

R_v——P_n 在剪出方向上的分量。

整个滑体的剩余推力 P_y 计算式如下：

$$P_y = P_n \cos\left(\frac{\pi}{4} - \frac{\phi_n}{2}\right) - \frac{R_v}{K} \tag{8-621}$$

f 稳定系数的计算过程

(1) 由式(8-582)~式(8-584)求出交线倾向 α_i、倾角 φ_i；

(2) 给 K 及 P_0 赋予初始值 1 和 0；

(3) 由式(8-586)、式(8-587)分别求出 l、l',同时判断有无滑出口以及滑出口位置；

(4) 根据上面的判断,然后根据具体情况求出滑体体积和抗滑面面积；

(5) 由式(8-601)~式(8-604)分别求出各块楔体的 θ_{tam}、θ_{ian}、θ_{ibm}、θ_{ibn} 值；

(6) 由式(8-608)~式(8-613)分别求出 M_i、N_i、N_{ia}、N_{ib}；

(7) 由式(8-614)~式(8-617)求出 R'_{ia}、R'_{ib}、R_{ia}、R_{ib}；

(8) 由式(8-618)求出 P_i；

(9) 重复(1)~(8),直至计算出最后一块的剩余推力 P_n；

(10) 根据第三步的判断结果,如果有滑出口,则 $P_y = P_n$,否则由式(8-619)~式(8-620)计算出 P_y；

(11) 比较 $|P_y| \leqslant 0.001$,否则增减 K,重复 1)~11),直至符合这一约束条件,此时的 K 即为滑体的稳定系数。

C 计算实例

这里介绍 2004 年“攀钢朱矿南帮边坡稳定性及滑坡综合治理研究”中方案七最终边坡的块体三维稳定性分析,分析步骤与方法如下。

a 组合楔体三维结构参数

攀钢朱矿南帮岩体边坡勘察到的断层超过 10 组,将边坡切割成很多楔形块体,如图 8-378 所示。计算时所需要的岩体结构面产状要素通过勘察和地表调查结果进行统计分析,块体结构参数从图 8-376 中量取,见表 8-309。

b 边坡岩体物理力学参数

边坡岩体物理力学参数见表 8-311。

表 8-311 岩体抗剪强度指标取值

岩 体	c/MPa		φ/(°)		ρ/(kg/m³)
	均值	均方差	均值	均方差	
铁矿石	0.55	0.15	38	2.5	4.02
ω_4(粗粒)	0.51	0.05	38	2.5	3.17
ω_{3+5}(细粒)	0.65	0.07	38	2.2	3.04
断层	0.02	0.002	22.7	2.3	
矿体节理面	0.11	0.01	28.5	2	
矿岩界面	0.20	0.01	30	2.1	
ω_4、ω_{3+5}界面	0.02	0.011	23.1	2.9	
ω_4 节理面	0.015	0.003	27	2	
ω_{3+5}节理面	0.015	0.003	27	2	
ω_5 流层面	0.17	0.01	20	2.3	

c 动力参数

攀枝花地区属于地震活动多发地区,其地震抗震设防烈度为 7°,设计基本地震加速度值为 0.10g,矿山服务年限 30 年,不能不考虑地震对高边坡稳定的影响。根据矿区地震危险性分析,对攀钢集团朱家包包铁

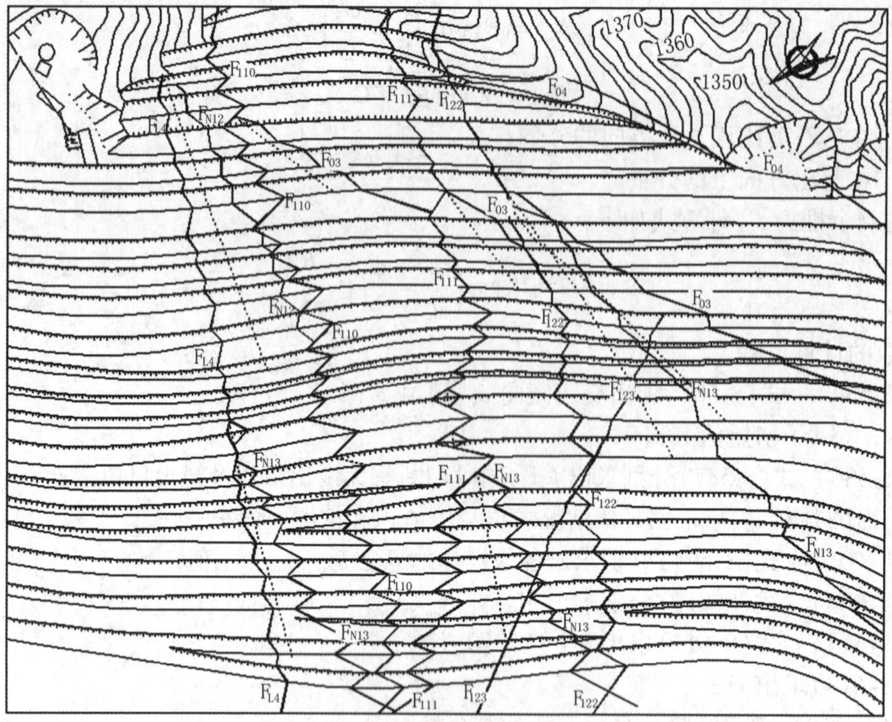

—采场最终边坡线　F03 —岩体结构面编号及在边坡面上的出露线　—岩体结构面交线

图 8-378　攀钢朱矿南帮终了边坡组合楔体垂直投影

矿而言，考虑该矿的服务年限及区域地震活动的特点，综合该地区的地震资料，取 50 年，允许超越概率 P_a 取 20%，最大地震加速度为 56.5cm/s²，在边坡稳定性分析计算中，取综合影响系数 $K_c = 0.04$。

伴随露天矿开采，生产爆破对边坡稳定性的影响是经常性的，为此进行了矿区爆破震动参数的测量，测试结果表明，爆破动力小于天然地震力，而且考虑到爆破与天然地震会同时发生的可能性极小，因此在计算整体边坡稳定性时，只需考虑天然地震力。但由于爆破震动加速度随爆心距的增加而衰减，爆破震动对近距离的坡脚影响最大，故在计算台阶边坡稳定性时取爆破震动影响系数为 5%。

d　计算结果

按照前面介绍的块体三维稳定性分析步骤与方法进行计算分析，攀钢朱矿南帮最终边坡块体三维稳定性分析结果见表 8-312。

表 8-312　攀钢朱矿南帮终了边坡组合楔体三维极限平衡稳定性计算参数与结果

位置	结构面 1		结构面 2		边坡产状	标高 /m	台阶高度 /m	宽度 /m	岩性 Py(t)	安全系数 1.2	剪出口性质
	名称	产状	名称	产状							
D ~ G	F110	262∠41	F03	320∠68	298∠55	1375	15	21.1	ω5	2.535	岩体剪出
					297∠55	1360	15	38.7		2.267	岩体剪出
					297∠55	1345	15	51.5		1.908	岩体剪出
					298∠55	1330	15	110.0		2.309	岩体剪出
E ~ G	FL4	225∠61	FN12	339∠66	298∠55	1375	15	25.5	ω5	>3	岩体剪出
					298∠55	1360	15	28.8		2.534	岩体剪出
					297∠55	1345	15	30.5		2.010	岩体剪出
					297∠55	1330	15	44.5		2.378	岩体剪出
					296∠55	1330	15	46.2		1.912	岩体剪出
					296∠55	1315	15	47.0		1.630	岩体剪出
					292∠55	1300	15	53.0		1.654	岩体剪出
					292∠55	1270	12	60.5		1.740	岩体剪出
E ~ G	FL4	225∠61	FN13	330∠50	293∠60	1242	22	11.8	ω5	1.417	弱面剪出
					293∠60	1220	10	14.4		2.073	岩体剪出

续表 8-312

位置	结构面1		结构面2		边坡产状	标高/m	台阶高度/m	宽度/m	岩性 Py(t)	安全系数 1.2	剪出口性质
	名称	产状	名称	产状							
E～G	FI4	225∠61	FN13	330∠50	299∠60	1210	10	20.5	ω5	2.202	岩体剪出
					298∠60	1200	18	24.2		1.206	岩体剪出
					303∠60	1182	17	30.1		1.302	岩体剪出
					302∠60	1165	15	32.0		1.377	岩体剪出
					305∠60	1150	15	50.5		1.721	岩体剪出
					307∠60	1135	15	54.7		1.476	岩体剪出
C～E	F111	245∠48	F03	332∠69	305∠55	1330	15	38.7	ω5	>3	岩体剪出
					305∠55	1315	15	49.2		2.422	岩体剪出
					304∠55	1300	15	54.0		1.892	岩体剪出
D～E	F111	270∠45	FN13	330∠50	298∠60	1248	22	16.0	ω4	1.355	弱面剪出
					298∠60	1226	16	18.4		1.236	弱面剪出
					298∠60	1210	15	45.7		1.567	岩体剪出
					300∠60	1195	17	52.3		1.213	岩体剪出
					300∠60	1178	13	54.0		1.275	岩体剪出
					298∠60	1165	13	64.2	Fe	1.291	岩体剪出
					299∠60	1152	7	67.6		1.487	岩体剪出
					301∠60	1145	10	95.5		1.644	岩体剪出
					296∠60	1135	15	106.2		1.247	岩体剪出
B～D	F122	208∠65	F03	322∠65	305∠55	1330	15	28.8	ω5	>3	岩体剪出
					304∠55	1315	15	42.5		>3	岩体剪出
					304∠55	1300	15	53.5		2.467	岩体剪出
					307∠55	1285	15	87.6		2.868	岩体剪出
B～D	F122	208∠65	FN13	340∠68	305∠55	1330	15	26.3	ω5	>3	岩体剪出
					304∠55	1315	15	27.8		2.339	岩体剪出
					304∠55	1300	15	27.3		1.852	岩体剪出
					309∠55	1285	15	37.6		1.939	岩体剪出
					309∠55	1270	5	45.7		1.943	岩体剪出
		248∠47			306∠60	1265	5	56.1		2.110	岩体剪出
					306∠60	1260	5	67.7		2.392	岩体剪出
					304∠60	1255	23	81.0		1.530	岩体剪出
					302∠60	1232	22	85.2		1.230	岩体剪出
					303∠60	1210	15	120.2	ω4	1.474	岩体剪出
					301∠60	1195	19	124.4		1.210	岩体剪出
					303∠60	1176	11	132.7		1.211	岩体剪出
					306∠60	1165	10	155.4		1.276	岩体剪出

8.11.8 边坡稳定性分析与计算

8.11.8.1 概述

滑坡是自然界中主要的地质灾害之一，给人类生命财产造成频繁而巨大的损失。随着露天开采的延深，如今采场所形成的高陡边坡规模是其他工程领域内所罕见的。由于露天采矿场地无选择性，特别是矿产资源日益减少的今日，露天矿边坡地质条件往往十分恶劣。国内外露天矿边坡破坏屡见不鲜。经过一个多世纪的努力，人们已逐渐认识了滑坡的规律，了解了边坡破坏机理并建立了一整套边坡稳定性分析方法。

众所周知，采矿生产以经济效益为中心，以少剥离多采矿为宗旨，露天矿边坡又是服务年限较短的非永久性边坡，各种因素主要是地质因素、自然因素、人为因素影响着采场边坡的稳定性。所有这些要求对露天采场边坡的工程地质、水文地质条件、岩体力学强度有充分的掌握（而恰恰由于经济原因，矿山对这方面投资远少于其他工程，如水电工程），对边坡稳定性分析方法要特别考究，尽量排除非精确因素。因此，矿山边坡工程师所承担的风险相对较大，他们必须利用有限的基础资料，作出对边坡稳定性最客观的评价，并且尽可能提高边坡角，为矿山减少成本，增加效益。

极限平衡法是边坡工程界在进行边坡稳定性评价时应用早、经验多较为成熟的方法，该法通常将滑体划分为若干个条块，即所谓的条分法，引入摩尔-库仑强度准则，并对条块间作用力方式作一些假定，使问题成为静定，根据条块的力或力矩的平衡，建立边坡安全系数表达式（有些是隐式）。极限平衡法原理简单、便于工程应用，特别是此法能给出边坡稳定性定量判定值，即安全系数直观、明了，因而广为工程界接受。对于滑动面确定的边坡，极限平衡法应用起来更方便，但在滑动面未知情况下，就需要搜索出最危险滑动面，即临界滑动面，求得对应的边坡最小安全系数。这一类方法工程界常用的有：瑞典法、Bishop 法、Janbu 法、Sarma 法、余推力法、Spencer-Price 法、美国陆军工程师团法等。极限平衡分析的各种主要方法见表 8-313。

表 8-313 极限平衡分析的各种主要方法

分析方法	静力平衡		对多余未知量的假定方式	破坏面形状
	力矩平衡	力平衡		
瑞典法	满足	部分满足	假定土条间作用力合力平行条块底面	圆弧
简化 Bishop 法	满足	部分满足	假定条块间作用力水平	圆弧
简化 Janbu 法	不满足	满足	假定条块间作用力合力水平	任意形状
Spencer 法	满足	满足	假定条块间作用力平衡	任意形状
Morgenstern-Price 法	满足	满足	假定条块间作用力倾角为各种可能的函数	任意形状
Sarma 法	满足	满足	假定条块间剪切强度与滑面同一程度发挥	任意形状
余推力法	不满足	满足	假定条块间作用力方向与滑面平行	任意形状
美国陆军工程师团法	不满足	满足	假定条块间作用力等于边坡平均坡度	任意形状
楔形体滑动	不满足	满足	假定推理方向	折线

早期极限平衡法多采用圆弧滑动面，如瑞典法、毕肖普法。对于散体结构的边坡，圆弧滑动面的假设接近实际滑坡现象。圆弧法计算安全系数不复杂，寻找最危险滑动面的工作量也不特别繁重。对于复杂介质，特别是岩体边坡，圆弧滑动面的假定显得过于理想化，不能完全真实地反映客观实际，有时甚至会得出错误的结论。20 世纪 60 年代中期以来，许多学者致力于任意形状滑动面的边坡稳定性计算方法的研究，如 Morgenstern-Price 法、Spencer 法、Janbu 法。20 世纪 70 年代 Sarma 发展了斜条块一般形状滑面的稳定性计算方法，受到一些国际边坡专家的推崇。在我国边坡工程界，广泛采用不平衡力传递法，并已积累了相当丰富的经验。国内很多研究单位的研究成果表明，滑动面是圆弧时，余推力法与国际岩土工程界公认的简化 Bisop 法计算结果非常接近，二者可以达到互为替换的地步。因此，对于一般形状的滑动面，余推力法不失为可信赖的实用计算方法。

8.11.8.2 边坡稳定性影响因素

影响边坡稳定性的因素非常多，主要可以分为以下几类：地质因素、自然因素和人为因素。

A 地质因素

（1）岩土的性质。影响边坡稳定性的岩土性质主要包括岩土的坚硬（密实）程度、抗风化和抗软化能力，岩石抗剪强度以及透水性能等。

（2）岩层的结构及构造。除岩性条件外，边坡体地质结构是边坡最重要的控制条件。根据边坡体的各种岩土层、结构面（层面、节理面、片理面、接触面、断层面、不整合面、老地面等）的产状及其与边坡面的关系，将边坡结构分为类均质结构、近水平层状结构、顺坡向结构面、顺倾层状结构、反倾层状结构、块状结构和碎裂结构，其中顺坡向结构面及顺倾层状结构对矿山边坡稳定性的影响最大，四川金顶（集团）峨眉水泥厂黄山石灰石矿区发生过多次顺层面滑坡；攀钢集团矿业公司朱家包包铁矿南帮滑坡顺断层面滑坡。

地质构造是影响边坡稳定性的重要因素之一，地质构造造成岩层褶曲和断裂、节理裂隙发育，为岩体滑动的产生创造了结构条件，也为地下水活动提供了通道，地下水软化潜在滑动带地层，降低其强度，从而影响了边坡的稳定性，太钢尖山铁矿边坡就主要受褶皱影响。从具体边坡讲，地质构造造成节理裂隙和小断层发育，为边坡滑动面和边坡周界提供了控制面，有的边坡滑动带就是沿着断层和错动带发育的。

（3）地下水条件。边坡的稳定性与地下水和地表水关系密切。绝大多数边坡滑坡或多或少有地下水的作用。地下水在边坡体中的分布也是很复杂的，有的成层分布，有的呈窝状分布，有的呈脉状分布。有隔水层存在才有地下水聚积，而边坡滑动带常常是隔水层，受水长期作用而软化，强度降低，这是边坡滑坡形成的必要条件。

地下水的另一作用是增大边坡体重力，在后缘裂隙中形成静水压力和边坡体中形成动水压力而增加下滑力，导致边坡的破坏。

B 自然因素

(1) 降雨。水对边坡稳定性的影响是众所周知的,降水是地下水的重要补给来源,降雨量大的地区较之干旱地区滑坡数量多,发生频繁,灾害严重。降水渗入边坡体并在潜在滑动带聚积,软化了滑动带岩土,增高了地下水位和滑动带土的孔隙水压力,减少其抗剪强度和阻滑力;滑体饱水增大滑体重力和下滑力;已开裂的边坡体裂隙中灌水还可以产生静水压力。许多滑坡发生在雨季和雨季之后,就表明了降雨的影响。

(2) 地震。地震使地壳不断隆升,河流下切强烈,山坡相对高度和陡度加大,稳定性降低。新构造的差异抬升,又使河流冲刷抬升较小的一岸,降低其稳定性。高烈度区地震的频繁发生,使边坡应力状态发生多次改变,岩体破碎,裂隙张开,地下水下渗,边坡滑面强度降低。除长期作用外,大的地震又大大增加了下滑力,使边坡体产生滑动。

(3) 河流冲刷。河流的下切和冲刷,既增加了边坡的高度,又削弱了坡脚的支撑力,改变了斜坡的应力状态,造成坡脚应力集中而容易破坏,由河岸坍塌而引起边坡体滑坡。在河流两岸,尤其是受冲刷一岸及其阶地后缘,分布着许多古老的和新生的滑坡,表明了河流冲刷是边坡稳定性的主要外动力因素之一。

C 人为因素

(1) 坡脚开挖。在矿山露天矿开采过程中,在开挖形成边坡而引起古老滑坡复活和新生滑坡的现象最为常见,它主要削弱了坡脚的支撑力、改变了坡体的应力状态和地下水的渗流场。对岩石顺层边坡,开挖切断或削弱了岩层原有的支撑力。对已有的古老滑坡,开挖主要是削弱了抗滑段的支撑力,边坡开挖不一定很高就能引起古老滑坡复活。

(2) 斜坡上堆载。斜坡上堆载,如填筑路堤和弃渣,主要是增加下滑力,在地下水发育的地段可能因填土而改变了地下水的渗流通道,造成地下水抬高,因此造成填堤沿老地面整体或局部滑动,更多的填土连同下伏土层沿边坡体中的软弱带一起滑动,有些露天矿山边坡在坡顶堆渣也容易形成滑坡现象。

(3) 采空塌陷。地下开采造成边坡体应力变化,此类情况引起滑坡者以陕西省韩城电厂滑坡最为典型,该处边坡岩层倾向河谷,煤矿采空塌陷引起边坡体向临空面滑动,致使位于阶地上的厂区建筑物严重变形。福建省马坑铁矿太保林一期西回风井后山边坡即因民采采空塌陷造成变形。

(4) 爆破振动。爆破振动引起露天矿边坡失稳滑动在工程活动中常见,它虽不如地震影响大,但对局部边坡的稳定性影响不可忽视,尤其是大药量爆破,不仅削弱了坡脚支撑力,而且破碎了边坡岩体,造成边坡体松弛,使地表水下渗软化带引起滑坡。

(5) 植被破坏。植被是边坡的保护层,其根系对表层土有加固作用,枝干和树叶减少降水下渗,增加蒸发作用,减少坡体地下水量,对边坡稳定是有利的。大量开挖破坏植被,不仅对环境保护不利,对边坡稳定也不利。许多高大边坡开挖后发生滑坡和坍塌,这是原因之一。

8.11.8.3 最危险滑动面优化与搜索

A 概述

边坡稳定性分析应包含下面两个步骤:

(1) 对边坡体内某一滑动面,分析其滑动与抗滑因素,确定出安全系数与其潜在滑动面的函数关系,计算出抗滑稳定安全系数。如果滑动面曲线为 $y(x)$,安全系数 F 与其潜在滑动面 $y(x)$ 的函数关系为:

$$F = F(y) = F(y(x)) \tag{8-622}$$

(2) 在所有潜在滑动面中,重复上述步骤,找到相应最小安全系数 F_s 的临界滑动面 $y_e(x)$,搜索临界滑动面具体化为寻找安全系数 F 与其潜在滑动面 $y(x)$ 的函数泛函的极值。即:

$$F = \min F(y) \tag{8-623}$$

岩土工程中边坡的几何形状各异,材料通常是非均质性,纯解析的变分原理很难进行极值计算。用最优化方法并通过数值方法求解,是一个比较现实可行的途径。

B 任意形状滑动面的模拟和目标函数的确定

临界滑动面的搜索就是对于一个具有 n 个自变量 $\mathbf{Z}^{\mathrm{T}}=(z_1,z_2,z_3,\cdots,z_n)$ 的目标函数 F,确定使 F 获得最小值 F_m 的自变量 $\mathbf{Z}^{\mathrm{T}}$。在边坡稳定分析中,这些自变量就是能唯一确定潜在滑动面的几何位置和形状参数。

滑动面的形状可以分成两类:一类是人为规定滑动面形状 $y(x)$,如圆弧形、圆弧-直线型、对数螺旋形等;另一类在搜索当中确定滑动面形状 $y(x)$。

对于均质的各向同性岩土层,边坡破坏模式只要为圆弧形破坏,滑动面近似为圆弧形滑动面,确定圆弧形滑动面的具体位置需要 3 个独立的参数(圆心坐标 x、y 和圆半径 r),设自变量向量 $\mathbf{Z}=(x,y,r)^{\mathrm{T}}$。

另一类滑动面形式可将滑动面曲线分为 m 段,离散成 A_1、A_2、…、A_m,A_{m+1} 个点(图 8-379),也就是将此 $m+1$ 个点用直线或光滑的曲线连起来,以近似模拟此曲线。此 $m+1$ 个坐标用 $Z_i(i=1,2,\cdots,m+1)$ 表示:

$$Z_i = \begin{Bmatrix} x_i \\ y_i \end{Bmatrix} \tag{8-624}$$

如果这种连接的模式确定,安全系数 F 即可表达成此 m 个点的坐标 x_1、y_1、x_2、y_2、…、x_{m+1}、y_{m+1} 的函数。

在进行最优化搜索过程中,如图 8-379 所示为 5 段 6 个点的分段线性滑动面,由于滑入口和滑出口与边坡表面相交,每个点只有一个自由度,内部的 A_2、…、A_m 和 B_2、…、B_m 各点都有两个自由度(x 向、y 向),这样对于一个 m 段的滑动面,其计算自由度数就为 $2(m+1)-2$。对于存在特殊的层面,如软弱夹层层面(图 8-380),该层面上点只能沿此面滑动,最终计算自由度为:

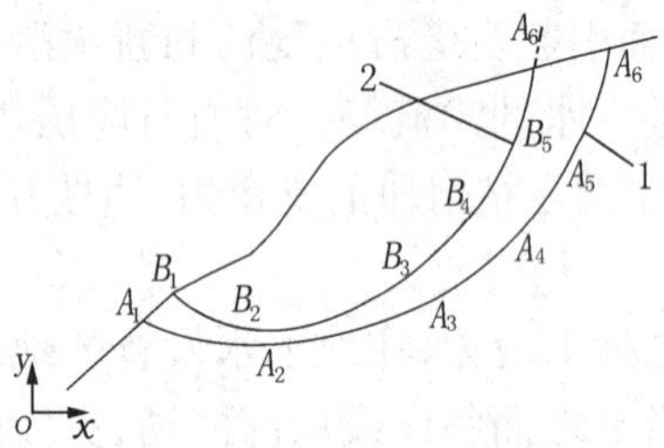

图 8-379 任意形状滑动面

1—初始滑动面;2—临界滑动面

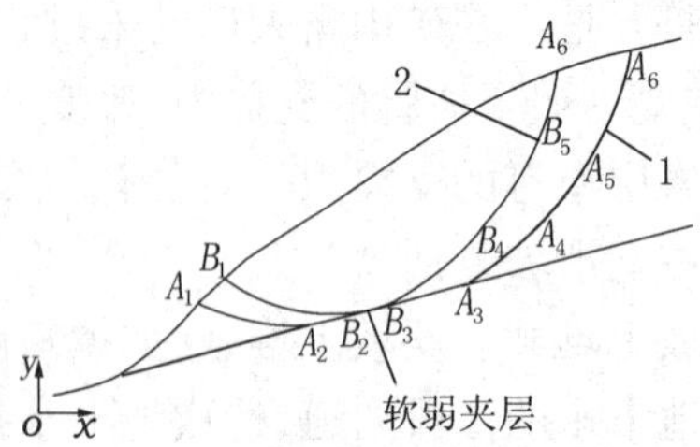

图 8-380 存在软弱夹层的任意滑动面

1—初始滑动面;2—临界滑动面

$$n = 2(m+1) - j \tag{8-625}$$

式中 j——约束数。

为搜索方便,人为限定搜索方向 β。对于任一滑动面的 Z_i 可以用相应于一个初始滑动面 Z 的相对坐标来代表:

$$Z_i^0 = \{x_i^0 y_i^0\} \tag{8-626}$$

$$Z_i = Z_i^0 + \Delta Z_i = Z_i^0 + z_i \begin{Bmatrix} \cos\beta_i \\ \sin\beta_i \end{Bmatrix} \tag{8-627}$$

式中,$i=1,2,\cdots,n$。其中 z_i 为第 i 个点沿 β_i 移动的距离。每一个顶点就可以只用一个变量 z_i 确定,$m+1$ 个顶点的滑动面自由度数为 $n=m+1$ 。

对于特殊的层面,其上顶点 β_i 的方向就可以定为该层面的方向。搜索最小安全系数的问题具体化为求下式中 F 的最小值问题。

$$F = F(\Delta Z_i, \Delta\delta_i) = F(z_1, z_2, \cdots, z_n, \Delta\delta_1, \Delta\delta_2, \cdots, \Delta\delta_n) \tag{8-628}$$

C 最危险滑动面优化及搜索方法

在边坡稳定性分析过程中,边坡实际产生的最危险滑动面通常并非为所假定的圆弧形、平面形或折线形等简单形状的平面或弧面,它受到很多因素影响,诸如边坡几何形状、边坡不连续面的产状和级别、岩体结构、岩性等控制。其破坏形态和位置都具有一定的不确定性,因此如何运用最优化方法来寻找最危险滑动面就成为一个重要课题,它也是近代边坡稳定性分析中十分活跃的一个领域。目前,已有许多十分成熟的计算方法。并相应地用各自的计算程序来确定圆弧的或非圆弧的临界滑动面,总的来看,最危险滑动面优化及搜索方法分为两类,分别为确定性分析方法和非数值分析方法。确定性分析方法又分为直接搜索法和解析法,直接搜索法通过构筑一定模式的子变量的目标函数,搜索最小值。枚举法、网格法是原始的直接搜索法,单形法、复形法、滑动场法和模式搜索法等则是效率较高的直接搜索法。解析法的基本思路是寻找目标函数相对于自变量的导数均为零的解,如负梯度法、DFP 法等。非数值分析方法的基本要点是在自变量空间中随机取值,最终找到最优解。其中最基本的方法为蒙特卡洛法。后来在最危险滑动面优化及搜索领域出现了神经网络、模拟退火、遗传算法、混沌优化、蚁群算法等新方法,也为边坡稳定性分析领域提供了新的手段。下面对常用的几种优化方法进行简单的介绍。

a 圆弧形滑动面搜索方法

(1) 枚举法。枚举法的基本思想是:根据一定的模式,比较不同的目标函数,经过筛选,最终找到最小值。这是最原始、简单的方法。

如图8-381所示,任一圆弧可用其圆心坐标(x_0,y_0)和半径r确定。其对应的安全系数F_s可表达为:

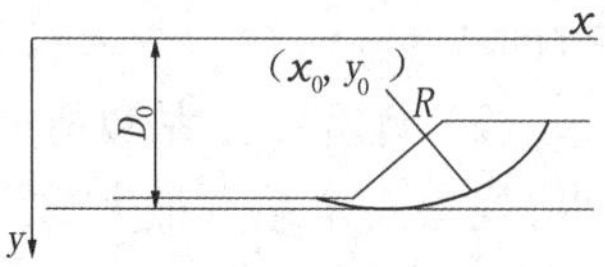

图8-381 圆弧滑动面

$$F_s = f(x_0,y_0,D_0) \tag{8-629}$$

式中,D_0为滑动面深度,即圆弧最低点的坐标,可知:

$$D_0 = x + y_0 \tag{8-630}$$

式(8-629)中包含三个自由度。采用枚举法,改变x_0,y_0和D_0的数值,逐一比较相应的安全系数,最终找到最小安全系数。在具体的计算中,先确定一个D_0,然后在圆心可能的位置划一个网格。设网格的中心坐标为x_k和y_k。在左、右方向,各确定N_x格,在上、下方向各确定N_y格,则共计有$(2N_x+1)\times(2N_y+1)$个网格点,分别以该网格点为圆心,以D_0为滑弧深度,计算对应安全系数,找到最小的安全系数。然后改变一个D_0值,重复相同的步骤。同样,D_0也是以一个中心值起算,在其上、下各确定N_d层,这样总计计算$(2N_x+1)\times(2N_y+1)\times(2N_d+1)$个圆弧。

(2) 三点定弧法。三点定弧法和枚举法的基本思想是一致的,只是目标函数选择不一样,它是在边坡面上任意选择两点,然后再在这两点之间选定一点作为滑弧上的第三点,从而便可确定一个滑面。

边坡可能产生滑坡的张裂面一般可以根据经验(后根据分析需要)给定范围,这个范围可以包含所有可能的滑坡张裂面;而滑坡的滑出口的范围也可以根据经验或需要给定,两点之间的第三点总是处于最浅滑面(张裂点与滑出口的连线,即为平面滑坡)和最深滑弧(与垂直张裂面相切的圆弧)之间,这样便可通过在此三个范围内有规律有秩序地变化上述三个点完成滑面的全局搜索,找出最小安全系数对应的滑弧。

基于上述思想,按下述步骤即可实现全局搜寻。

1) 确定滑面底部出口范围(可分段计算,也可凭经验预先判别最危险滑弧出口范围,以节约上机时间)。

2) 确定滑裂面范围。

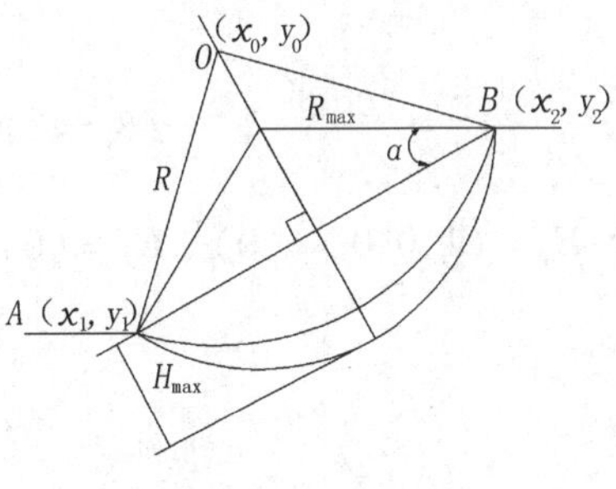

图8-382 三点定弧全局搜寻

3) 在上述两个范围内均匀给出若干滑出口和滑裂面位置,在两个区域内各任选一点作为一个组合。如图8-382中的A、B两点。

4) 计算最浅滑弧(平面型)和最深滑弧位置。

$$H_{max} = R_{min}(1-\sin\alpha) \tag{8-631}$$

$$\alpha = \arctan\frac{y_2-y_1}{x_2-x_1}$$

$$R_{min} = L/\cos\alpha \tag{8-632}$$

$$L = \frac{1}{2}[(x_1-x_2)^2+(y_1-y_2)] \tag{8-633}$$

5) 在$0\sim H_{max}$范围内均分若干段,依次取一滑弧深度H,计算对应的滑弧圆心坐标及半径。

$$R = 0.5(L^2/H+H) \tag{8-634}$$

$$x_0 = (x_1+x_2)/2-(R-H)\sin\alpha \tag{8-635}$$

$$y_0 = (y_1+y_2)/2-(R-H)\cos\alpha \tag{8-636}$$

一般在0~1范围均匀给出30~40条这样的滑弧,首先试算,比较出最危险滑弧的大概位置,然后再在初算的最危险滑弧附近进一步给出几条滑弧试算。这一步骤循环多次,直至两步试算的最小安全系数之差满足计算精度(一般取0.001)为止。

若边坡内存在较薄的软弱层,则在给出滑弧深度时以1mm为一个步距,以免产生局部优化。

6）移动滑出口位置和滑入口位置，重复步骤4）~6），最后得到最小安全系数及最大余推力所对应的滑弧参数（圆心坐标及半径）。

b 任意形状滑动面搜索方法

（1）单纯形加速法。单纯形加速法的基本思想是：首先计算出若干滑面对应的安全系数 $F_i(x)$，进行比较，从它们的大小关系判断出安全系数 $F(x)$ 的变化趋势，作为寻找下一次更小安全系数对应的破坏面的参考。安全系数 F 由 n 个坐标$(x_1,x_2,\cdots,x_n)$决定，则可以首先找出 $n+1$ 个滑面 $X_0,X_1,\cdots,X_n$，X_i 代表了一个滑面 $X_i=\{x_{i1},x_{i2},\cdots,x_{in}\}$，则寻优过程为：

1）计算安全系数值 $F_i=F(X_i)$ $(i=0,1,\cdots,n)$，比较 $n+1$ 个滑面对应的安全系数 $F_0,F_1,\cdots,F_n$ 的大小，找出安全系数最大的滑面 X_H 及最小的滑面 X_L，即：

$$\begin{cases} F_H = F(X_H) = \max F_i(i = 0,1,\cdots,n) \\ F_L = F(X_L) = \min F_i \end{cases} \tag{8-637}$$

以及除 H 滑面之外的安全系数最大滑面 X_G：

$$F_G = F(X_G) = \max F_i(i = 0,1,\cdots,n;i \neq H) \tag{8-638}$$

2）计算反射点，即可能安全系数更小的滑面 X_R，即：

$$X_R = \frac{2}{n}\left(\sum_{i=0}^{n} X_i - X_H\right) - X_H \tag{8-639}$$

3）若 $F_R=F(X_R)\geqslant F(X_G)$，则压缩步长，令：

$$X_S = (1-\lambda)X_H + \lambda X_R \tag{8-640}$$

式中，λ 为压缩因子，$0<\lambda<1$，$\lambda\neq 0.5$，计算 $F(X_S)$并转向5）。

4）若 $FR<FG$，则加大步长，令：

$$X_E = (1-\mu)X_H + \mu X_R \tag{8-641}$$

式中 μ——放大因子，$\mu<1$。

计算 $F_E=F(X_E)$，若 $F_E<F_R$，则 $X_S=X_E$，否则 $X_S=X_R$。

5）若 $F(X_S)<F(X_G)$，则用滑面 X_S 代替 X_H，并和其他 n 个滑面构成新的单纯形。若 $F(X_S)<F(X_G)$ 则进行单纯形收缩，令：

$$X_i = (X_i + X_L)/2 \quad (i = 0,1,\cdots,n) \tag{8-642}$$

6）继续上述过程，直至满足：

$$\left|\frac{F(X_H) - F(X_L)}{F(X_L)}\right| \leqslant \varepsilon \tag{8-643}$$

计算中，初始单纯形产生，可取一正数 h，令 $X_i=X_0+hE_i$，E_i 为单位向量，$\boldsymbol{E}_1=(1,0,0,\cdots,0)^{\mathrm{T}}$，$\boldsymbol{E}_2=(0,1,0,\cdots,0)^{\mathrm{T}}$，$\cdots$，$\boldsymbol{E}_n=(0,0,\cdots,1)^{\mathrm{T}}$。$h=0.5\sim2$。

根据上述原理编制的计算程序如图 8-383 所示。

（2）临界滑动场法。

1）边坡临界滑动场的推断与定义。临界滑动场方法的最基本核心思想是不直接找安全系数最小的滑动面（关键滑动面），而是找一定安全系数下剩余推力最大的滑动面。在边坡问题中剩余推力可看成滑体出口处的加固力，在一个设定安全系数下，需要加固力最大的滑体可理解为最危险滑体，其滑面为最危险滑面。在安全系数下，加固力为零的滑体达到极限平衡状态（而同时其他滑面上滑体需要负的加固力才能使之平衡），其滑面显然为临界滑动面，此时安全系数即为边坡最小安全系数。

求一定安全系数下剩余推力最大的危险滑面位置同样是个复杂的非线性优化问题，着重引出临界滑动场的定义。

设边坡安全系数为 F_s，边坡体所有土层强度指标按同一比例折算，对于边坡面上某一点，存在一条以此点为出口的滑面使其剩余推力 P_n 达到极大值，这个面称为该出口对应于安全系数 F_s 的优势滑动面。边坡面上众多出口的优势滑动面便构成一个场，这个场定义为优势滑动场（advantaged slip field，简称 ASF）。或

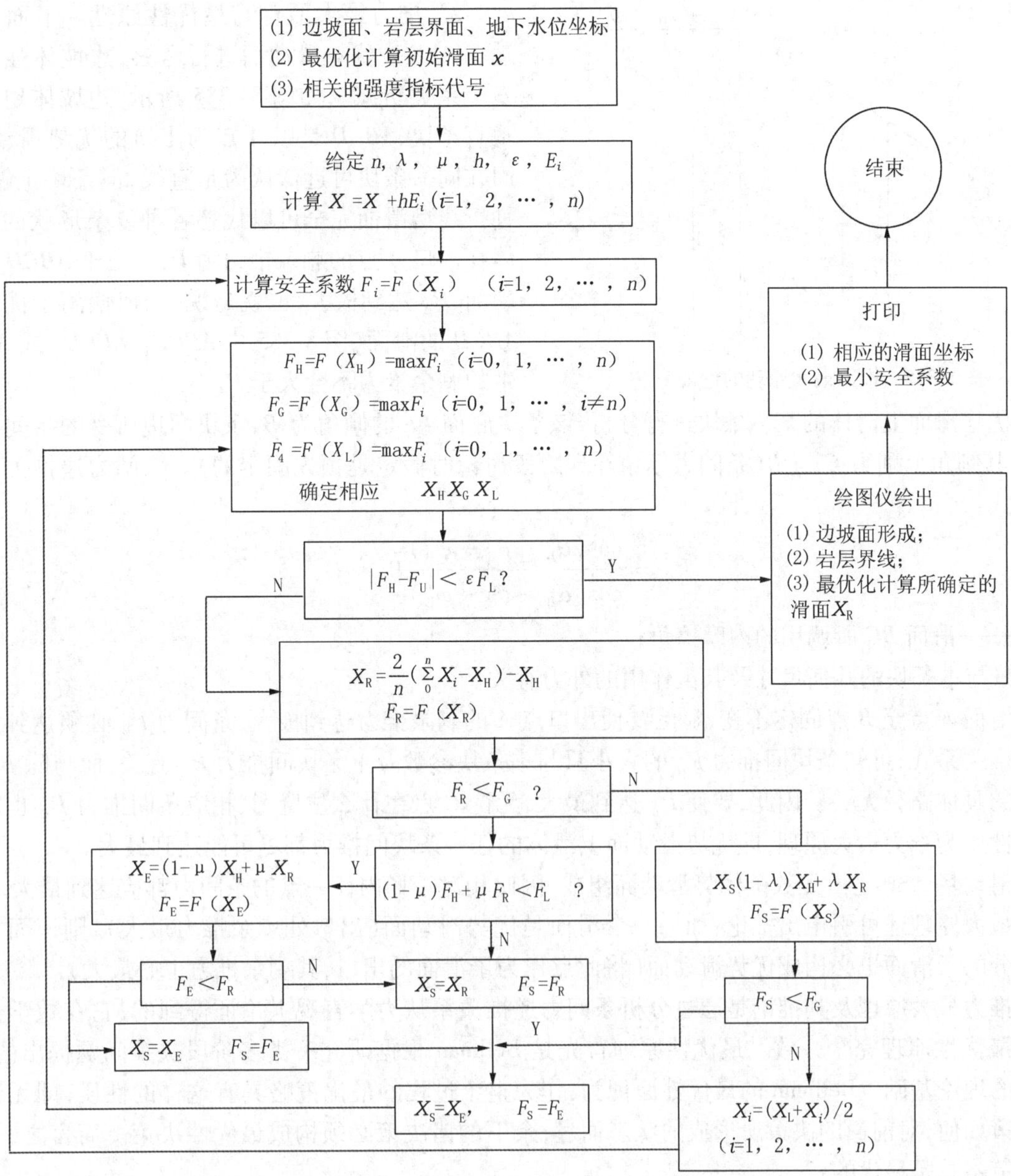

图 8-383 程序框图

者说，优势滑动场是一定安全系数意义下的一簇滑动面，这些滑面的剩余推力相对于其出口而言是极大的，以后就称之为极大剩余推力。

重新设定安全系数，优势滑动场位置及各出口极大剩余推力均会发生变化。如果某出口的极大剩余推力为负值，说明该出口实际安全系数高于安全系数；如果某出口的极大剩余推力为正值，则该出口实际安全系数低于设定安全系数。如果所有出口的极大剩余推力为正值，说明边坡整体实际安全系数大于设定安全系数；反之，边坡整体安全系数小于设定安全系数。总是存在这样的一个安全系数，某一个出口的极大剩余推力为零（该出口的优势滑动面达到极限平衡状态），而其他所有出口的极大剩余推力为负值，也就是说最大的极大剩余推力为零，这个安全系数便是边坡整体最小安全系数，极大剩余推力最大且为零的优势滑动面就是边坡临界滑动面，此时的危险滑动场定义为边坡临界滑动场（critical slip field，简称 CSF）。临界滑动场是包含有临界滑动面的优势滑动场，它的最大的极大剩余推力为零（或在工程意义上充分接近零）。DSF 或 CSF 示意图如图 8-384 所示。

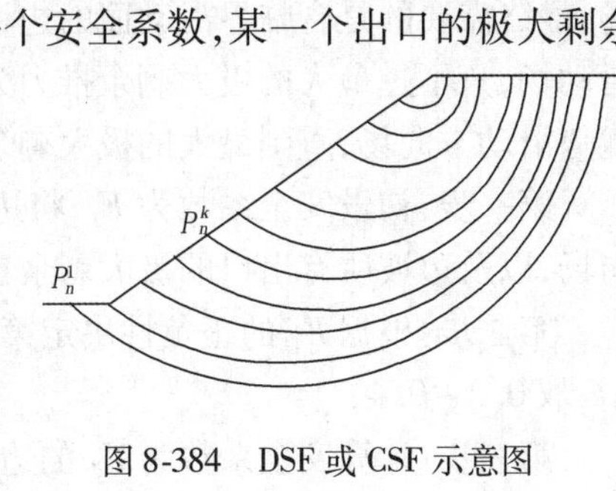

图 8-384 DSF 或 CSF 示意图

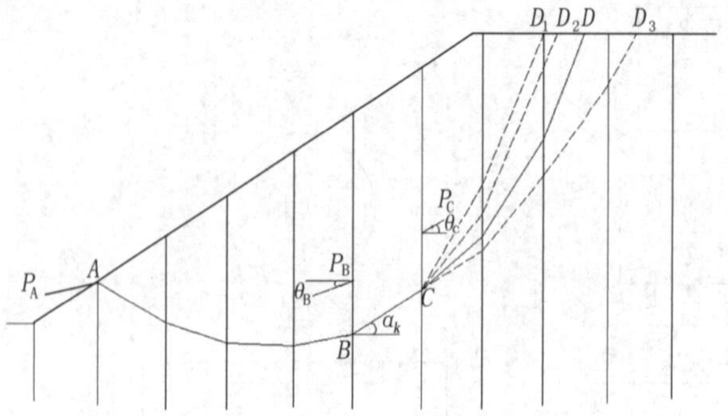

图 8-385 推力最大原理的论证

2）推力最大原理与最优性原理。下面对优势滑动场 ASF 中优势滑动面进行考察，边坡体强度按同一安全系数折减。如图 8-385 所示，边坡体划分成许多垂直条块，$ABCD$ 是以 A 点为出口的优势滑动面，滑动面在同一条块可近似认为是直线，但条块足够多时，这种折线型滑面完全可以代替各种复杂形状的滑面。滑体在出口 A 点的剩余推力为 P_A。由于 $ABCD$ 为优势滑动面，P_A 达到极大，也就是说，任何偏离于优势滑动面 $ABCD$ 的滑面（图 8-385 中 $ABCD_1$、$ABCD_2$ 或 $ABCD_3$）产生的剩余推力不会大于 P_A。

选取优势滑面上滑体的某一条块进行分析，该条块底面 B_C 的倾角为 B，条块两边所受的条间力分别为 P_C 和 P_B，其倾角分别为 C 与 B（条间力倾角在现阶段讨论时假定是预先固定的）。条间力递推关系可表示成下面形式：

$$P_B = \frac{\cos(\alpha_B - \theta_C - \varphi_B^m)}{\cos(\alpha_B - \theta_C - \varphi_B^m)} P_C + G \tag{8-644}$$

式中 φ_B^m——滑面 BC 所调用的内摩擦角；

G 只与本条块的几何尺寸及其上作用的外力有关。

假设滑面 A 点至 B 点固定不变，显然要使出口点 A 的剩余推力达到极大，条间力 P_B 必须达到最大。由条间力递推关系式，可知条块间推力 P_B 的大小只与本条块参数及上条块间推力 P_C 有关，而与除 BC 外滑面其他部分的具体路径无关。因此，要使 P_B 达到最大，无论 C 点在什么位置，其相应条间推力 P_C 也应达到最大。这一性质为推力最大原理，即优势滑动面上滑体的任一条块间推力都尽可能达到最大。

优势滑动场 ASF 是由无数个优势滑动面组成，因此相对于场内任一点的条间力都应达到最大。

推力最大原理还可引申出推论：如果一个滑面是优势滑动面（出口处剩余推力最大），则该面上任一点至坡顶部分的子滑面也必构成优势滑动面（将此点作为子滑面的出口，其剩余推力也必最大）。

上述推力最大原理及其推论是通过分析条间力递推关系从力学直观上论证得到的，它在数学上与动态规划中的最优性原理完全一致。最优性原理首先是 Bellman 根据研究一类多阶段决策问题提出的，它是动态规划法的理论基础。Bellman 的最优性原理为：作为整个过程的最优策略具有这样的性质，即无论过去的状态和决策如何，对前面的决策所形成的状态而言，余下的诸决策必须构成最优性决策。简言之，一个最优策略的子策略总是最优的。

可以将寻找优势滑动面的过程视为一个多阶段的决策过程，即将每个固定条块线当作一个阶段：在条块线上优势滑面可能经过的位置是该阶段的状态变量；具体决定优势滑面在一阶段一状态下的方向当作一个决策；各分析段决策的集合构成策略。优势滑动面的确定是个整体最优策略，即出口处剩余推力达到最大。对于边坡体内任一点，不管它至出口的最优路径如何，它向后至坡顶的路径必定是最优的，即该点处条间推力必须达到最大。

3）最小安全系数的确定。在实际计算时，除非特别需要，一般不要求得到某个安全系数下的优势滑动场，最终需要的是含临界滑动面的边坡临界滑动场 CSF 以及边坡最小安全系数。临界滑动场本身也是优势滑动场，只不过最大的极大剩余推力为零，因此需要试取几个安全系数，按前述步骤模拟出每个安全系数的优势滑动方向场，直到最大的极大剩余推力认为充分接近零。模拟 CSF 的具体步骤简述如下：

第一步：初设安全系数为 F_1，将边坡所有土层的强度按此系数折算，按前述步骤计算出边坡优势滑动方向场，以及边坡所有出口的极大剩余推力，将最大的极大剩余推力记为 E_1；

第二步：根据 E_1 的正负性决定第二次设定安全系数 F_2，如 E_1 为正，则 $F_2 = F_1 - \Delta F$；否则 $F_2 = F_1 + \Delta F$。ΔF 取 0.2 ~ 0.4；

第三步：计算安全系数为 F_2 的边坡优势滑动方向场，得最大的极大剩余推力 E_2；

第四步：按下面公式，估计 F_2 下一步修正的安全系数 F_3；

$$F_3 = F_1 + \frac{F_2 - F_1}{E_2 - E_1}(-E_1) \tag{8-645}$$

第五步：计算安全系数为 F_3 的边坡优势滑动方向场，得最大的极大剩余推力 E_3；

第六步：从 F_1 和 F_3 中选取与 F_3 最为接近者作为新一轮的 F_1（还有新一轮的 E_1），将 F_3、E_3 定为 F_2、E_2；

第七步：重复第四步至第六步，直到相邻两步的安全系数差小于误差即 $|F_1 - F_2| < \varepsilon$，$\varepsilon$ 视精度要求决定，对于一般工程问题可取 0.005 ~ 0.001；

第八步：从最后一步的优势滑动方向场（也称为临界滑动方向场）中追踪出边坡临界滑动场，各出口的极大剩余推力值标于 CSF 图上。最大的极大剩余推力（同时相对接近零）对应优势滑动面为边坡临界滑动面。

边坡整体安全系数（或通常意义上的边坡最小安全系数）可直接取最后的试算安全系数，也可按常规算法计算获得的临界滑动面的安全系数。在多数情况下，这两个安全系数值几乎相等，因此在模拟临界滑动场时用线性插值计算有关推力及滑动方向是完全可行的；在边坡介质分布极为复杂时，两者可能略有差别，但可通过增加条块并加密离散点以减少它们的差别，这时建议采用最后重算安全系数值作为最终分析结果，因为这个安全系数与取得的临界滑动面位置是匹配的。

（3）Powell 法。其法的基本算法如下。

第一步：给定初始点 z_0，并令：

$$\boldsymbol{S}^i = (0, 0, \cdots, 1, \cdots, 0)^{\mathrm{T}} \tag{8-646}$$

式右端的 1 处于第 i 位，$i = 1, 2, \cdots, n$。

第二步：相应迭代步 $i = 1$，进行一次一维搜索，第一步搜索方向 $p_i = s^i$，使

$$V(Z_{i-1} + a_i p_i) = \text{极小} \tag{8-647}$$

并令：

$$z_i = z_{i-1} + a_i p_i \tag{8-648}$$

然后令 $i = i + 1$，重复上述过程，直至 $i = n$ 为止。

第三步：取 $p_i = p_{i+1}$，$i = 1, 2, \cdots, n-1$，并令：

$$p_n = z_n - z_0 \tag{8-649}$$

通过这一步，增加 $z_n - z_0$，丢弃原来的坐标方向 p_1。

第四步：沿 $z_n - z_0$ 作一次一维搜索，求 a_n，使

$$V(z_n + a_n p_n) = \text{极小}$$

并令：

$$z_0 = z_n + a_n p_n \tag{8-650}$$

然后转向第二步。

第五步：重复进行上述运算 n 次，即沿 n 个互相共轭的方向都进行一维搜索，然后作如下判断：

$$\| a_n p_n \| < \varepsilon \tag{8-651}$$

如上述判据满足则结束计算，此时 z_0 即为所求极小点，否则转入第一步。

（4）牛顿法。

1）负梯度法。负梯度法的基本思想是对一个初始滑动面，寻找一个使安全系数减少速率最大的方向。数学上，就是 $\left(\frac{\partial F}{\partial z_1}, \frac{\partial F}{\partial z_2}, \cdots, \frac{\partial F}{\partial z_n}\right)^{\mathrm{T}}$ 这个向量。在这个方向上，进行一维搜索，找到这一方向安全系数的低谷点，完成这第一次迭代后，再在这个新的起点（即上述低谷点）重复这样的运算，直至收敛至极值点。

2）DFP 法。DFP 法为 Davidon Flefchen powell 法的简称。数学上的极值点是目标函数对各自变量的一次导数为零的点。也就是说，在极值点，安全系数对各滑动面上各点的一次导数为零，即均为零，同样要求二阶导数构成的海色（Hessian）矩阵正定。海色矩阵由下式定义：

$$
\boldsymbol{H}=\begin{bmatrix}
\dfrac{\partial F}{\partial z_1^2} & \dfrac{\partial^2 F}{\partial z_1\partial z_2} & \cdots & \dfrac{\partial^2 F}{\partial z_1\partial z_n}\\
 & \dfrac{\partial^2 F}{\partial z_2^2} & \cdots & \dfrac{\partial^2 F}{\partial z_1\partial z_n}\\
 & \text{对} & \ddots & \vdots\\
 & & \text{称} & \dfrac{\partial^2 F}{\partial z_n^2}
\end{bmatrix} \tag{8-652}
$$

DFP 法试图通过一系列迭代步骤使假定的海色矩阵的逆阵 $\boldsymbol{A}^0$ 逐渐过渡到其真值。每一次迭代的方向均按下式决定：

$$\boldsymbol{S}^v = -\boldsymbol{A}^v\boldsymbol{G}^v \tag{8-653}$$

在迭代步 $v+1$，通过下式确定 $\boldsymbol{A}^{v+1}$：

$$\boldsymbol{A}^{v+1} = \boldsymbol{A}^v + \boldsymbol{C}^v - \boldsymbol{D}^v \tag{8-654}$$

其中 $v=0,1,2,\cdots$，

$$\boldsymbol{C}^v = \frac{\Delta z_v \Delta z_v^{\mathrm{T}}}{\Delta z_v^{\mathrm{T}}\boldsymbol{Y}_v} \tag{8-655}$$

$$\boldsymbol{D}^v = \frac{\boldsymbol{A}^V\boldsymbol{Y}_v(\boldsymbol{A}^V\boldsymbol{Y}_v)^{\mathrm{T}}}{\boldsymbol{Y}_v^{\mathrm{T}}\boldsymbol{A}^V\boldsymbol{Y}_v} \tag{8-656}$$

$$\boldsymbol{Y}_v = \boldsymbol{G}^{v+1} - \boldsymbol{G}^v \tag{8-657}$$

$$\Delta z_v = z^{v+1} - z^v \tag{8-658}$$

DFP 法即是基于这一思路的一种效率较高的方法。DFP 法的基本思路是，通过迭代，使 $\boldsymbol{A}^0,\boldsymbol{A}^1,\cdots,\boldsymbol{A}^n$ 逼近极值点处海色阵的逆阵 $\boldsymbol{A}$。通常取 $\boldsymbol{A}_0$ 为单位矩阵。

（5）确定整体极值的随机搜索方法。

1）概述。随机搜索方法分为随机产生方法和随机修改方法，随机产生方法是随机地产生巨大数量的一系列潜在滑动面，通过计算，确定安全系数最小的滑动面为临界滑动面。随机修改策略是在已经搜索的最优解基础上再进行微小的随机修改，把新滑动面安全系数与原滑动面进行比较，一次搜索下去。

数学中的最优化理论研究的目标函数在其自变量空间是光滑连续的，同时要求在极值点附近，目标函数是自变量的二次函数。为了使最优化方法真正成为一个在边坡稳定分析中实用性强的工具，需作进一步的努力，有效地解决确定整体极值问题。在这方面一个十分简单又十分有效的思路是：设法确定一个靠近整体极值的初值，显然，初值离整体极值愈近，丢失整体极值的可能性越小。随机搜索的基本思想是应用随机数在研究域内构筑一系列自变量，比较其相应的目标函数，寻找最小的目标函数。这样，在进行常规的最优化计算以前，对自变量空间进行一次均匀的、高密度的扫描，把整体极值的大体位置确定下来，再将这个最小目标函数作为初值，进行最优化计算。

根据 Monte Carlo 法的原理，当随机搜索的次数趋于无穷大时，目标函数的最小值就是整体极值。因此，随机搜索本身也可以独立地成为一种计算最小安全系数的方法。本节介绍的把随机方法和确定性方法结合起来的途径，在数值计算效率能两个方面，均具有明显的优势。

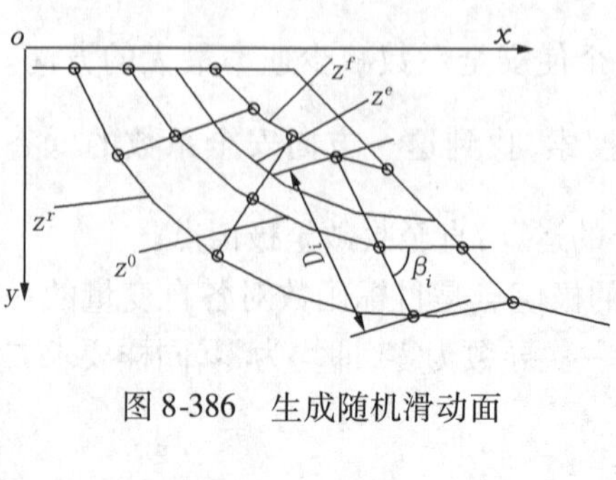

图 8-386 生成随机滑动面

2）最小安全系数的随机搜索。对于某一边坡，根据问题特点，确定一个搜索区域，如图 8-386 所示，其轴线用 Z^0 表示，其宽度为 D，半带宽为 $d_i=D_i/2$。这个搜索区域左右边界分别用两个滑裂面 z^e，z^f 来表示，即：

$$z_i^{\mathrm{e}} = z_i^0 - d_i\begin{Bmatrix}\cos\beta_i\\ \sin\beta_i\end{Bmatrix} \tag{8-659}$$

$$z_l^{\mathrm{f}} = z_i^0 + d_i\begin{Bmatrix}\cos\beta_i\\ \sin\beta_i\end{Bmatrix} \tag{8-660}$$

式中,$\boldsymbol{D}=(\boldsymbol{D}_1,\boldsymbol{D}_2,\cdots,\boldsymbol{D}_n)^{\mathrm{T}}$ 称为搜索区宽度。

在搜索区内,任意一个滑裂面可用下式表示:

$$z_i = z_i^0 + (0.5 - r_i)d_i\begin{Bmatrix}\cos\beta_i\\ \sin\beta_i\end{Bmatrix} \tag{8-661}$$

式中,$\boldsymbol{r}=(r_1,r_2,\cdots,r_n)^{\mathrm{T}}$ 为该滑裂面和各控制点相对于轴线距离的系数;$r_1,r_2,\cdots,r_n$ 为伪随机数,其值均在(0,1)之间。

随机搜索的步骤如下:

① 计算相应于滑裂面 z^1 的安全系数 F_0。

② 使用计算机产生 n 个随机数 r_1、r_2、…、r_n,应用式(8-601)确定一个滑裂面 z,计算其相应的安全系数 F_1;

③ 比较 F_1 和 F_0,如果 F_1 小于 F_0,则 F_0 和 Z^0 用 F_1 和 Z^1 更新,否则直接转入步骤④。

④ 重复步骤②和③,直到比较的次数足够大,获得的最小安全系数足够小,作为最优化法的初值足够好为止。

由于计算机产生的随机数具有很好的均匀性,可以认为搜索范围内的滑裂面空间的每个部分都机会均等地被扫描一遍。搜索次数越多,扫描密度越高,计算结果越佳。应用上述步骤,在求解某一边坡的具体问题时需要根据经验确定搜索区域和搜索次数。

随机搜索次数 N 就是通过随机方法生成滑裂面,要生成多少个即可保证至少有一个落在这个“保证区间”中。该保证区间的宽度 d_i 和搜索区间宽度 D_i 存在一个固定的关系:

$$m = \frac{d_1}{D_1} = \frac{d_2}{D_2} = \cdots = \frac{d_n}{D_n} \tag{8-662}$$

式中 m——置信系数($0 < m < 1$)。

那么,当随机数发生器为滑裂面第一个控制点按式(8-661)生成一个相对坐标时,该点落在保证区间中的概率为 m。在随机生成的 N 个滑裂面中至少有一次落在保证区间中的概率(成功率)为:

$$p = 1 - C_N^0(m^n)^0(1 - m^n)^N = 1 - (1 - m^n)^N \tag{8-663}$$

应用上述步骤,在求解某一边坡的具体问题时,需要根据经验确定一个搜索区域和一个相应次搜索区的置信系数 m。搜索区域划得越大,所算出的需随机搜索次数也越多。一般来说,根据经验是不难划定搜索区域并确定 m 值的。也许反复试算调整几次,才能找到较好的结果。因此,在实际应用时,也可以根据经验来确定搜索次数。

3)提高随机搜索效率的途径。在将这一套随机搜索的方法运用到实际解题中去以前,为了提高随机搜索效率,要解决两个问题。

第一,确定滑裂面的几何合理性问题,在随机生成的滑裂面中,应该删去那些几何形状明显不合理的滑裂面。这些形状不合理的滑裂面的存在不仅耗费许多无谓的计算时间,而且在计算这种滑裂面的安全系数时,还会带来数值分析收敛的麻烦。根据边坡稳定分析实际特点,对滑裂面和几何形状,作出如下限制:首先相邻两个控制点的 x 坐标值应满足:$x_{i+1} > x_i$;其次,相邻两个控制点所连的直线与 x 轴的夹角 α_i 应控制在一个合理的范围内,如:$-45° \leqslant \alpha_i \leqslant 80°$。

第二,应用简化方法提高随机搜索的效率,在自由度较多时,为使搜索达到一定保证率需要的随机搜索次数很多。因此有必要找到一个途径,将随机搜索使用的时间尽量减少。一个很有效的方法就是在随机搜索时采用简化方法计算安全系数。因为随机搜索的目的是确定一个初始滑裂面,过高的安全系数精度是没有必要的。

(6)非数值方法。

1)模拟退火法。1982年,Kirkpatric 等将热力学中的退火思想引入组合优化领域,提出了求解大规模组合优化问题的模拟退火法。算法的思想来源于模拟液体冷却而结晶时的物理状态。在金属热加工工艺中,退火是指将金属材料加热到某一高温状态,然后让其慢慢冷却下来这样一个金属热处理过程。从统计热力学的观点来说,随着温度的降低,物质的能量将逐渐趋近于一个较低的状态,并最终达到某种平衡。模拟退火法就是基于金属退火的机理而建立起来的一种全局最优化方法,它能够以随机搜索技术从概率的意义上找到目标函数的全局最小点。假设在一随机过程中，获得了一个相应某一随机变量的安全系数为 $F(z_{i+1})$；如果它与以往已经得到的最优解 $F(z_i)$ 的差值 $\Delta F = F(z_{i+1}) - F(z_i)$ 小于零，那么自然要用 $F(z_{i+1})$ 来代替 $F(z_i)$。但是如果 ΔF 大于等于零，则传统的随机搜索方法就要抛弃这一选择。在模拟退火法中，根据 Monte Carlo 法的 Metropolis 准则，还要做一次"抽签"试验，也就是要让计算机产生一个在(0,1)之间的随机数 r_i，将其与 $\exp[-F/T]$ 比较，那么，仍然要用 Z_{i+1} 来代替 Z_i，这一处理有利于跳过局部极限形成的陷阱，建议在计算中应采取下面做法：

① 在"退火"过程中，温度是逐渐缓慢减少的。初期 T 较大，用 Z_{i+1} 代替 Z_i 的可能性也较大。因此允许自变量在较大的范围内变动，以利于跳过陷阱，确定一个较好的方向。越到计算接近终止，这一代替的可能性越小。

② 只有在 ΔF 的绝对值足够少时，即 $F(z_{i+1})$ 与 $F(z_i)$ 十分接近时，$F(z_{i+1})$ 这个表面上欠优的安全系数才有可能入选。

③ 随机数 r_i 足够的小时 $F(z_{i+1})$ 才有可能入选。某种意义上说，这意味我们把一部分成功的希望寄托在"运气"上。

这里，关键的问题是 T 的数值在开始的时候取得很大，其变小的过程是十分缓慢。因此即使这一选择错了，以后仍然有机会纠正过来。在实际应用这一过程时，还采用了一种"记忆"功能。如果在某一温度计算步结束时，实践证明把搜索方向从 $F(z_i)$ 改为 $F(z_{i+1})$ 并没有带来更好的结果，我们还是要将原来被抛弃的 $F(z_i)$ 取回来，进入下一温度计算步。

根据上述原则，模拟退火法的计算步骤如下：

① 设置初始温度 T_0。这一温度应足够高，以防止计算落入局部极值的陷阱。同时，过高的初始温度可能降低搜索的效率。建议先进行一定数量(比如100次)的随机搜索，找到安全系数的最大值 F_{max} 和最小值 F_{min}，将初始温度设为：

$$T_0 = F_{max} \text{ 和 } F_{min}$$

将优化计算过程分成 m 段，第 k 温度段的温度按下式确定：

$$T_k = T_0(\alpha_T)^k \tag{8-664}$$

式中 T_k——第 k 步迭代时的温度；

α_T——温度冷却的阻尼系数，应在[0,1]区间内，通过试算确定。

② 对于一个具有 n 个自由度的自变量 z，产生 n 个随机数 $v = (v_1, v_2, \cdots, v_n)$，每个 v_i 都在(-1,1)区间，并将其换成方向导数，$u = (u_1, u_2, \cdots, u_n)$：

$$u_i = \frac{v_i}{\left(\sum_{i=1}^{n} v_i^2\right)^{1/2}}$$

为了减少自变量空间的粗糙度，我们还引入一个系数：

$$k_i = \frac{(z_I^+ - z_i^-)}{\max\{(z_1^+ - z_1^-), \cdots, (z_i^+ - z_i^-), \cdots, (z_n^+ - z_n^-)\}}, (i = 1, 2, \cdots, n) \tag{8-665}$$

式中，z^- 和 z^+ 分别代替第 i 个自变量在探索区域的最大值和最小值。这样，相应某一迭代步的自变量搜索为：

$$\Delta r_k = \Delta r_0(\alpha r)^{k-1} \tag{8-666}$$

式中 Δr_k——第 k 步的宽度，同样，要随着迭代的增加，逐步减少。

这样，自变量的增量为：

$$\Delta z_i = k_i \Delta r_k u_i d_i, i = 1, 2, \cdots, n \tag{8-667}$$

2) 遗传算法。遗传算法的基本思想是基于 Darwin 进化论和 Mendel 遗传说的，Darwin 进化论最重要的是适者生存原理，Mendel 遗传学说最重要的是基因遗传原理。遗传算法基于自然界优胜劣汰的生物进化机制，是一种自适应搜索技术，在特定的竞争环境中，依据这种规则，适应性强的个体生存下来的可能性大。近来，遗传算法作为一种很有应用潜力的优化方法备受关注，原因是它能有效地搜索一个复杂问题的整个定义域。

遗传算法是一个迭代操作过程,该迭代操作针对多个待求问题的候选解进行,这些候选解(目标函数)组成一个固定规模的群体。

候选解是模拟生物体的染色体,将待求问题编码而形成的。最初,候选解的群体是随机生成的,每一个染色体代表给定优化问题的一个可能的解。每一个候选解由一串基因组成,通常表示为一由"0"和"1"组成的二进制串。组成染色体的每一个基因(二进制子串)代表一个待优化的参数。整个二进制串由代表各个变量的基因子串集合而成。使用目标函数可计算一个染色体对应的目标函数值(安全系数),进而可以确定与每一个染色体相对应的适应值(安全系数的函数)。染色体通过迭代而进化。在每一个迭代步骤中,由多个染色体组成的群体称为一代。下一代群体中的每一个染色体由上一代群体的两个染色体相互结合(交叉操作)形成,也可以通过直接改变上一代群体中的某个染色体(变异操作)而形成。从父代和子代中选择某些适应值大的染色体而淘汰其他适应值小的染色体(选择操作),可以形成新一代的群体,而且,通过这种优胜劣汰机制,每一代群体中染色体(个体)的个数保持不变。染色体所对应的适应值决定了其生存与产生后代的能力。适应值最大(最小安全系数最小)的染色体,最有可能被选择并用于产生下一代染色体。这一迭代过程延缓下去,直到寻找到最优解或者达到某一个迭代终止的标准。

① 遗传算法的基本步骤。

第一步:选择操作。选择操作可以确定选用当代群体中哪些个体生成下一代群体中新的个体。选择操作的基本思想是将适应值超出平均水平的染色体以概率的方式挑选出来。

第二步:交叉操作。交叉操作用于确定父代的染色体怎样结合,形成子代的染色体。交叉操作针对于两个经选择操作选定的父代染色体,这两个父代染色体根据给定的交叉概率相互交换基因值(二进制数)。单点交叉是最基本的交叉操作,在这一操作中,随机选取二进制串上的交叉点,然后两个染色体在该点相互交换基因值。在双点交叉中,随机选取两个交叉点,然后两个染色体相互交换该点间的染色体部分。

第三步:编译操作。编译操作是按给定的概率,随机改变某个染色体中一个二进制位上的数值。

第四步:参数初始化。群体规模、交叉概率、变异概率的选取依不同的问题而异,通常需要做一些试验确定。

② 与传统方法的比较。

遗传算法的实现是对一个群体的多方位操作(该群体是由许多潜在解组成的),而不是仅对单一的解进行操作。这一并行性质决定了遗传算法全局优化的特点。

遗传算法使用适应值,而不使用适应函数的梯度或跟高次的微分及其他信息,所以使用于解决各种不同的优化问题,具有鲁棒性强的特点。

遗传算法属于非确定性算法,但是它不同于纯随机的算法。遗传算法将随机搜索与方向性搜索结合在一起,因此可以平衡优化搜索的两个相互矛盾的策略:搜寻最优解与全局搜索。爬山法是搜索最优解但忽视全局搜索的典型例子;而随机搜索是全局搜索的典型方法,但它忽略了可能存在最优解的局部空间。

正如其他优化算法一样,遗传算法也有局限性,主要缺点是要花费大量的计算时间。

8.11.8.4 边坡稳定性计算

A 圆弧形滑动

在碎裂、破裂状结构和散体结构的岩体中发生的滑坡通常与土质边坡的滑坡类似,基本呈圆弧形破坏。

圆弧形滑动的分析计算方法在土力学中讨论得比较详尽。岩石边坡的圆弧形滑动,同样采用土力学的理论和方法,同时考虑岩体的一些特征进行稳定性分析与计算,下面介绍几种分析与计算的方法。

a 瑞典圆弧滑动法

瑞典圆弧滑动法(简称瑞典法或费伦纽斯法)是条分法中最古老而又最简单的方法。除了假定滑架面是个圆柱面(剖面图上是个圆弧)外,还假定不考虑土条两侧的作用力,安全系数定义为每一土条在滑裂面上所能提供的抗滑力矩之和与外荷载及滑动土体在滑裂面上所产生的滑动力矩和之比。由于不考虑条间力的作用,严格地说,对每一土条力的平衡条件是不满足的,对土条本身的力矩平衡也不满足,仅能满足整个滑动土体的整体力矩平衡条件。由此产生的误差,一般使求出的安全系数偏低10% ~20%,这种误差随着滑裂面圆心角和孔隙压力的增大而增大。

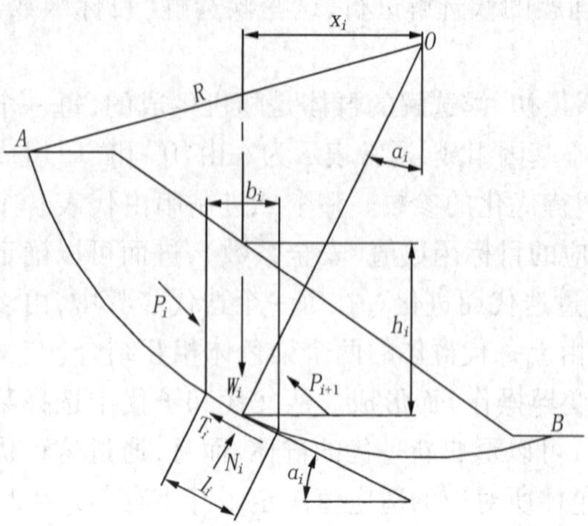

图 8-387 瑞典法计算

瑞典圆弧法的推导，一般教科书上均有叙述，它通常采用总应力法。但同样可用有效应力计算，按式(8-724)定义的安全系数来推导公式，为了考虑条间力的作用，并可认为假定每一土条两侧作用力的合力方向均和该土条底面平行，因而在进行土条底部法线方向力的平衡时，可以不予考虑。但是这个假定会使牛顿"作用力等于反作用力"的原理在两个土条之间得不到满足。

图 8-387 表示一均质土坡及其中任一土条 i 上的作用力。土条高为 h_i，宽为 b_i，W_i 为其本身的自重；P_i 及 P_{i+1} 为作用于土条两侧的条间力合力，其方向和土条底部平行；N_1 与 T_i 分别为作用于土条底总的法向反力和切向阻力；土条底部的坡角为 α_i，长为 l_i，R 则为滑裂面圆弧的半径。根据摩尔-库仑准则，滑裂面 AB 上的平均抗剪强度为：

$$\tau_f = C' + (\sigma - u)\tan\varphi' \tag{8-668}$$

式中 σ——法向总应力；

u——孔隙应力；

C'，φ'——有效抗剪强度指标。

如果整个滑裂面 AB 上的平均安全系数为 F_s，按照安全系数的定义(即抗滑力与滑动力的比值)：

$$F_s = \frac{\tau_f}{\tau} \tag{8-669}$$

土条底部的切向阻力 T_i 为：

$$T_i = \tau l_i = \frac{\tau_f}{F_s} l_i = \frac{C'_i l_i}{F_s} + (N_i - u_i l_i)\frac{\tan\varphi'}{F_s} \tag{8-670}$$

现取土条底部法线方向力的平衡，可得：

$$N_i = W_i \cos\alpha_i \tag{8-671}$$

同时，各土条对圆心的力矩和应当为零，即：

$$\sum W_i x_i - \sum T_i R = 0 \tag{8-672}$$

而 $x_i = R\sin\alpha_i$，并将式(8-670)、式(8-671)代入式(8-672)，得：

$$F_s = \frac{\sum [C'_i l_i + (W_i \cos\alpha_i - u_i l_i)\tan\varphi'_i]}{\sum W_i \sin\alpha_i} \tag{8-673}$$

式(8-673)和通常根据两个力矩和之比导出的公式完全相同。

当坝坡内部有地下水渗流作用时，滑动土体中存在渗透压力，必须考虑它对坝坡稳定性的影响。见图 8-388，在滑动坝体中任取一土条 i，如果将土和水一起作为脱离体来分析，土条重量 W_i 就等于 $b_i(\gamma h_{1i} + \gamma_m h_{2i})$，其中 γ 为土的湿容重，γ_m 为饱和容重；在土条两侧及底部都作用有渗透水压力。在稳定渗流情况下，土体通常均已固结，由附加荷重引起的孔隙应力均已消散，土条底部的孔隙应力也就是渗透水压力，可用流网确定。如果经过土条底部中点 M 的等势线与地下水面交于 N，则：

$$U_i = \gamma_w h_{wi} \tag{8-674}$$

式中 γ_w——水的容重；

h_{wi}——MN 的垂直距离。

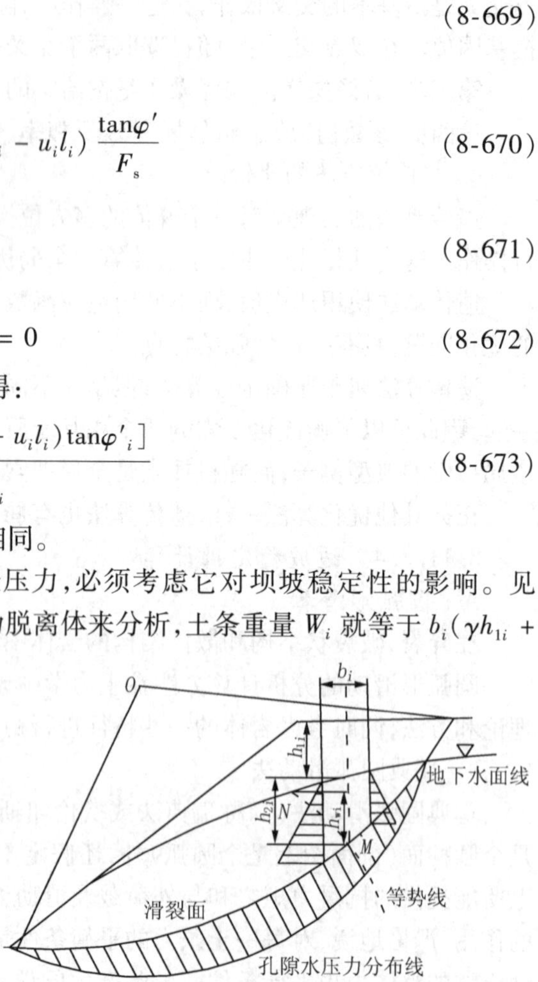

图 8-388 渗流对边坡稳定性的影响

若地下水面与滑裂面接近平行，或土条取得很薄，土条两侧的渗透水压力接近相等,可相互抵消。

将上述结果代入式(8-673),又因 $l_i = \dfrac{b_I}{\cos\alpha_i}$,得:

$$F_s = \frac{\sum C_i l_i + \sum b_i(\gamma h_{1i} + \gamma' h_{2i})\cos\alpha_i\tan\varphi_i}{\sum b_i(\gamma h_{1i} + \gamma_m h_{2i})\sin\alpha_i} \tag{8-675}$$

式中 γ'——土的浮容重;

c_i,φ_i——用固结排水剪指标。

可以看出,必须使分子中的 $\gamma' h_{2i} = \gamma_m h_{2i} - \gamma_w \dfrac{h_{wi}}{\cos^2\alpha_i}$,亦即 $h_{2i} = \dfrac{h_{wi}}{\cos^2\alpha_i}$ 才能求出与式(8-644)相同的 F,而这一点一般是不容易做到的。因此,替代容重法虽然是一个使用非常方便的简化方法,但有其一定的限制条件,如果在任何情况下均按此处理,有时会造成相当大误差,而且往往还是偏于不完全的。

必须指出,在稳定分析中,安全系数的定义通常有两种:一种是通过加大外力以达到极限平衡,这样的安全系数有超载系数的性质;另一种是降低材料的强度以达到极限平衡,求出的安全系数则是材料强度的储备系数。一般来说,这两种安全系数的概念不一样,求出的结果也是不一样的。费伦纽斯在推导瑞典圆弧滑动法的公式时,所做的假定是用附加外力使土坡达到极限平衡,而我们以上的推导采用了式(8-669)所定义的安全系数概念,很明显,它是属于强度储备系数性质的。两者求出的结果完全相同,是由于假定条间力合力方向与底面平行,当应力状态向极限平衡状态变化时,无论滑裂面上的剪阻力怎么变化,从力多边表得出的法向反力始终不变。因此,无论采用附加外力还是采用降低强度使土坡达到极限平衡,其结果是一样的。

另外,如果坝坡中存在比较高的孔隙应力时,使用式(8-673)可能会产生很大误差,这是由于在推求法向反力 N_i 时,将包含在竖向总应力中一个应该各向同样大小的孔隙应力分量,也分解到法线方向上去了,这样就使得土条底部的法向有效应力偏低。正确的法向有效应力的全力 N'_i 应当是:

$$N'_i = \left(\frac{W_i}{b_i} - u_i\right) l_i \cos^2\alpha_i = (W_i - u_i b_i)\cos\alpha_i$$

式(8-675)应改写成:

$$F_s = \frac{\sum [C'_i l_i + (W_i - u_i b_i)\cos\alpha_i \tan\varphi'_i]}{\sum W_i \sin\alpha_i} \tag{8-676}$$

这样造成的误差,有时可高达60%。

b Bishop 方法

毕肖普考虑了条间力的作用,并按照式(8-669)关于安全系数的定义,在1955年提出了一个安全系数计算公式(图8-389),E_i 及 X_i 分别表示法向及切向条间力,W_i 为土条自重,Q_i 为水平作用力;N_i、T_i 分别为土条底部的总法向力(包括有效法向力及孔隙应力)和切向力,其余符号见图。

根据每一土条垂直方向力的平衡条件有:

$$W_i + X_i - X_{i+1} - T_i\sin\alpha_i - N_i\cos\alpha_i = 0$$

或

$$N_i\cos\alpha_i = W_i + X_i - X_{i+1} - T_i\sin\alpha_i \tag{8-677}$$

按照安全系数的定义及摩尔-库仑准则,T_i 可用式(8-669)表示,代入式(8-677),求得土条底部总法向力为:

$$N_i = \left[W_i + (X_i - X_{i+1}) = \frac{C'_i l_i \sin\alpha_i}{F_s} + \frac{u_i b_i \tan\varphi'_i \sin\alpha_i}{F_s}\right]\frac{1}{m_{\alpha i}} \tag{8-678}$$

式中

$$m_{\alpha i} = \cos\alpha_i + \frac{\tan\varphi'_i \sin\alpha_i}{F_s} \tag{8-679}$$

在极限平衡时,各土条对圆心的力矩之和应当为零,此时条间力的作用将相互抵消。因此,得:

$$\sum W_i x_x - \sum T_i R + \sum Q_i e_i = 0 \tag{8-680}$$

将式(8-669)、式(8-678)代入式(8-679),且 $x_i = R\sin\alpha_i$,最后得到安全系数的公式为:

$$F_s = \frac{\sum \frac{1}{m_{\alpha i}}\{C'_i b_i + [W_i - u_i b^i + (X_i - X_{i+1})]\tan\varphi'_i\}}{\sum W_i \sin\alpha_i + \sum Q_i \frac{e_i}{R}} \tag{8-681}$$

式中,X_i 及 X_{i+1} 是未知的,为使问题得解,毕肖普又假定各土条之间的切向条间力均略去不计,也就是假定条间力的合力是水平的,这样式(8-681)可简化成:

$$F_s = \frac{\sum \frac{1}{m_{\alpha i}}\{C'_i b_i + (W_i - u_i b^i)\tan\varphi'_i\}}{\sum W_i \sin\alpha_i + \sum Q_i \frac{e_i}{R}} \tag{8-682}$$

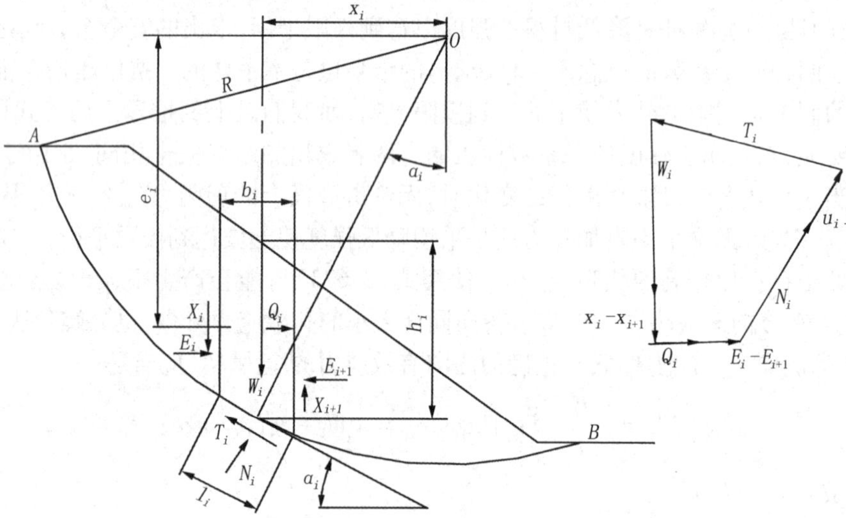

图 8-389 Bishop 法计算

这就是国内外使用相当普遍的简化毕肖普法。因为在 m_α 内也有 F_s 这个因子,所以在求 F_s 时要进行试算。在计算时,一般可先假定 $F_s = 1$,求出 m_α(或假定 $m_\alpha = 1$),再求 F_s,再用此 F_s 求出新的 m_α 及 F_s,如此反复迭代,直至假定的 F_s 和算出的 F_s 非常接近为止,根据经验,通常只要迭代 3 ~ 4 次就可满足精度要求,而且迭代通常总是收敛的。

必须指出:α_i 为负值的那些土条,要注意会不会使 m_α 趋近于零,如果是这样,则简化毕肖普法就不能用。这是由于既在计算中略去了 X_i 的影响,又要邻各土条维持极限平衡,在土条的 α_i 使 m_α 趋近于零时,N_i 就要趋近于无穷大,当 α_i 的绝大值更大时,土条底部的 T_i 将要求和滑动方向相同,这是与实际情况相矛盾的。根据某些学者的意见,当任一土条其 $m_\alpha \leqslant 0.2$ 时,就会使求出的 F_i 值产生较大的误差,此时就应考虑 X_i 的影响或采用别的计算方法。

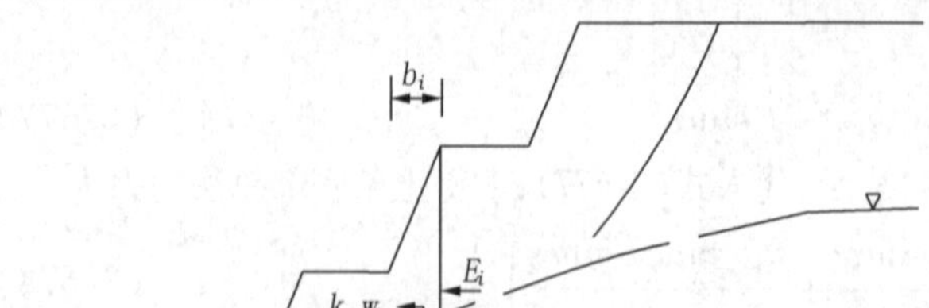

图 8-390 简化 Janbu 法滑体受力

c 简化 Janbu 方法

Janbu 法适用于任意形状的滑动面问题。如图 8-390 所示,取其中第 i 条块进行受力分析,作用在条块上的力有:

(1) 重力 W_i。

(2) 水平地震力 $K_c W_i$(K_c 为地震影响系数)。

(3) 条底部有效应力合力 N_i。

(4) 条底部水压力合力:

$$U_i = u_i b_i / \cos\alpha_i$$

式中 u_i——条底部水压力平均值;

b_i——条宽;

α_i——底部倾角。

(5) 条底部切向力 T_i:

$$T_i = N_i \tan\varphi_i / F_s + C_i l_i / F_s \tag{8-683}$$

式中 φ_i, C_i——条底内摩擦角和凝聚力;

l_i——条底长度;

F_s——边坡安全系数。

(6) 上条块推力 E_i。

(7) 下条块推力 E_{i+1}。

根据垂直及水平两方向静力平衡及推力边界条件求得简化 Janbu 法安全系数表达式:

$$F_s = \frac{\sum_1^n [C_i b_i + (W_i - u_i b_i)\tan\varphi_i] \dfrac{\sec^2\alpha_i}{1 + \tan\alpha_i \tan\varphi_i / F_s}}{\sum_1^n \{W_i \tan\alpha_i + K_c W_i\}} \tag{8-684}$$

式(8-684)中安全系数 F_s 为隐式,需迭代求解,通常用牛顿-拉夫逊法加速收敛。简化 Janbu 法忽略了垂直方向条块间作用力,减少了未知数。因此可不考虑力矩平衡,便使问题静定可解,同时此法低估了边坡抗滑能力,计算出的安全系数偏小。为此,Janbu 提出修正公式:

$$F'_s = f_0 F_s \tag{8-685}$$

式中 F_s——未修正安全系数;

F'_s——修正后安全系数;

f_0——形状修正系数(图 8-391)。

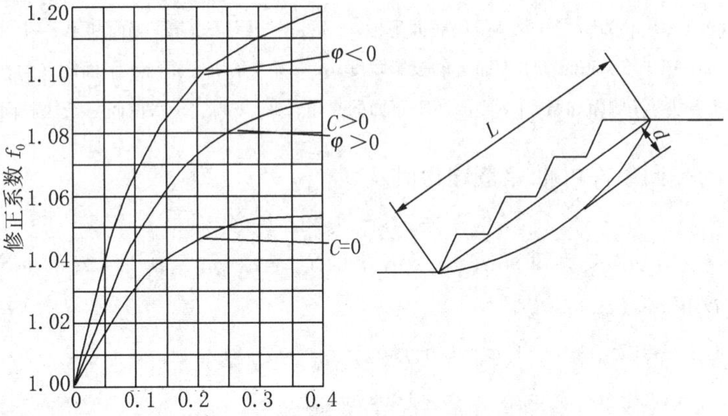

图 8-391 简化 Janbu 法修正系数

$$f_0 = 1 + K[d/L - 1.4(d/L)^2]$$

$$C' = 0, K = 0.31$$

$$C' > 0, \varphi > 0, K = 0.5$$

经多次应用,修正后的 Janbu 法安全系数仍偏低,应用时需慎重。

B 平面形滑动

当边坡岩体内结构面发育有众多不连续面存在时,边坡体易发生平面形破坏。沿一组结构面的破坏为单滑面形(图 8-391),沿几组优势结构面组合构成的破坏为复合滑面形(图 8-392)。

岩质边坡 Sarma 法:

岩质边坡的失稳大都是沿各种软弱结构发生的。滑体在滑动过程中侧向节理面也常常发生相对滑移,而且侧向(竖向)节理面并不总是垂直的,就像传统条分法那样。这时,应用传统条分法已不再适用,Sarma 博士针对节理岩体边坡失稳这一特点,提出并推导了适用这种特点的 Sarma 分析计算方法,这种方法具有以下三个特点:

(1) 可根据滑体的地质特性、结构面构造,对滑体进行按节理构造的斜分条及不等距分条,使各类块尽量模拟实际风化岩体;

(2) 可详尽地模拟侧面节理、断层造成的滑体强度特点;

(3) 滑体滑动时,不仅滑动面上的各种力达到了极限平衡,侧面也达到了极限平衡。

Sarma 法的分析原理与计算格式可参见式(8-685)及图 8-392。

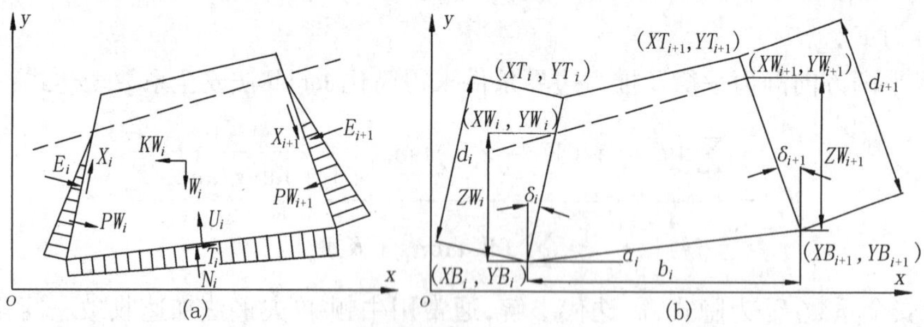

图 8-392 第 i 条块的受力情况及几何模型

(a)力学模型;(b)几何模型

W_i—第 i 条块重量;KW_i—由于地震水平加速度所产生的在第 i 条块重心的水平力;

PW_i, PW_{i+1}—作用在第 i 条块第 i 侧面和第 $i+1$ 侧面的水压力;

U_i—作用在第 i 条块底面的水压力;E_i, E_{i+1}—作用在第 i 条块第 i 侧面和第 $i+1$ 侧面的正压力;

X_i, X_{i+1}—作用在第 i 条块第 i 侧面和第 $i+1$ 侧的剪切力;N_i—作用在第 i 条块底面的正压力;

T_i—作用在第 i 条块底面的剪切力;(XT_i, YT_i),(XT_{i+1}, YT_{i+1})—第 i 条块顶面坐标;

(XB_i, YB_i),(XB_{i+1}, YB_{i+1})—第 i 条块底面坐标;d_i, d_{i+1}—第 i 条块第 i 侧面和第 $i+1$ 侧面长度;

b_i—第 i 条块底面在水平面上的投影宽度;α_i—第 i 条块底面与水平面的夹角;

δ_i, δ_{i+1}—第 i 条块第 i 侧面和第 $i+1$ 侧面与垂直面的夹角;ZW_i, ZW_{i+1}—水位面与条块底面之间的距离

由图并根据各块体的平衡条件可推导整理得到:

$$E_{i+1} = \alpha_i - p_i K + E_i e_i \tag{8-686}$$

式中

$$\alpha_i = Q_i[R_i\cos\varphi_{bi} + W_i\sin(\varphi_{bi} - \alpha_i) + S_{i+1}\sin(\varphi_{bi} - \delta_{i+1} - \alpha_i) + S_i\sin(\varphi_{bi} - \delta_i - \alpha_i)]$$

$$p_i = Q_i W_i\cos(\varphi_{bi} - \alpha_i)$$

$$e_i = Q_i[\cos(\varphi_{bi} - \alpha_i + \varphi_{si} + \delta_i)\sec\varphi_{si}]$$

$$Q_i = \sec(\varphi_{bi} - \alpha_i + \varphi_{si+1} - \delta_{i+1})\cos(\varphi_{si+1})$$

$$R_i = C_{bi}\sec\alpha_i - U_i\tan\varphi_{bi}$$

$$S_i = C_{si}d_i - PW_i\tan\varphi_{si}$$

$$S_{i+1} = C_{si+1}d_i - PW_{i+1}\tan\varphi_{si+1}$$

C_{bi}, φ_{bi}——第 i 条块底面抗剪强度指标;

$C_{si}, \varphi_{si}, C_{si+1}, \varphi_{si+1}$——第 i 条块第 i 侧面和第 $i+1$ 侧面抗剪强度指标。

$$E_i = \alpha_{i-1} - p_{i-1}K + E_{i-1}e_{i-1}$$

……

当 $i=1$ 时,$E_2 = \alpha_1 + p_1 K$;

当 $i=2$ 时，$E_3=\alpha_2+p_2K+E_2e_2\cdots\cdots$；

由边界限条件知 $E_{n+1}=0$。

所以水平地震加速度 K 可写成：

$$K=\frac{\alpha_n+\alpha_{n-1}e_n+\alpha_{n-2}e_{n-1}e_{n-2}+\cdots+\alpha_1e_{n-1}e_{n-2}\cdots e_2}{p_n+p_{n-1}e_n+p_{n-2}e_{n-1}e_{n-2}+\cdots+p_1e_{n-1}e_{n-2}\cdots e_2} \tag{8-687}$$

最初可假定安全系数 $F=1.0$，此时可得到极限平衡状态时水平地震加速度 K，若 $K\neq0$，则调整 F 值且每次都令：

$$C'_b=C_b/F_sC'_s=C_s/F,\tan\varphi'_b=\tan\varphi_b/F,\tan\varphi'_s=\tan\varphi_s/F_s$$

重新计算式(8-687)中各参数，再代入式(8-687)可得到一新的 K 值，如此反复迭代计算，直至 K 值为0，此时即为无地震力时的边坡安全系数。

8.11.8.5 余推力方法

图8-393表示任意分条 i 上的作用力系。

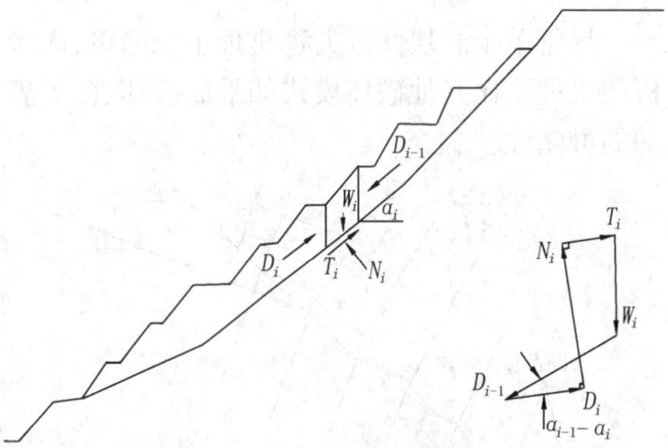

图8-393 非圆弧的任意曲面

条块界面的反力 D_i 可写为：

$$D_i=W_i\sin\alpha_i+K_cW_i\cos\alpha_i-\frac{1}{F_s}[C_iL_i+(W_i\cos\alpha_i-U_i-K_cW_i\sin\alpha_i)\tan\varphi_i]+D_{i-1}\varphi_i \tag{8-688}$$

式中 W_i——条块 i 的重量；

C_i,φ_i——各条块底面黏结力和内摩擦角；

L_i——条块 i 的底面长度；

U_i——条块水压力；

K_c——动荷载影响系数；

φ_i——力的传递系数，其值为：

$$\varphi_i=\cos(a_{i-1}-a_i)-\sin(a_{i-1}-a_i)\frac{\tan\varphi_i}{F_s} \tag{8-689}$$

式(8-688)可简写为递推方程：

$$D_i=D_i^0+D_{i-1}\varphi_i \tag{8-690}$$

其中，D_i^0 为不考虑条块界面反力时第 i 条块的净滑力，其值为：

$$D_i^0=W_i\sin a_i+K_cW_i\cos a_i-\frac{1}{F_s}[W_i\cos a_i-U_i-K_cW_i\sin a_i]\tan\varphi_i \tag{8-691}$$

对最后一条块，当坡面无外力时，应满足：

$$D_n=D_n^0+D_{n-1}\varphi_n=0 \tag{8-692}$$

计算时先设定一个 F_s 值，自上往下逐条计算 D_i 调整 F_s 值直到满足 $D_n=0$，此时的 F_s 便是所求。

A 倾倒破坏

在常规岩土边坡稳定性分析中，通常认为滑体是沿潜在滑面剪切破坏的。当边坡岩体受一定产状的不连续面切割成外倾的块体时，上部岩块有倾倒趋势或整个边坡呈转动型倾倒破坏。

a 倾倒破坏的力学机理

倾倒破坏发生的工程地质条件是边坡岩体中存在大致与边坡走向平行的相对密集的反倾不连续面，如层面、节理等。最简单的倾倒破坏模式是单个块体的倾倒，如图8-394所示，矩形块体当重心越过块体最低角点即支点以外时，块体便失去力矩平衡向下倾倒。

倾倒破坏与滑动破坏是可转换或共生的，出现哪种类型破坏取决于基底面倾角与摩擦角以及块体集合尺寸。

当基底面倾角大于摩擦角($\phi<\varphi$)，块体便出现滑动；当块体宽高比小于基底面斜率($b/h<\tan\phi$)，块体便产生倾倒；当上述两个条件都满足时，倾倒与滑动同时发生。图8-394表示了4个区：稳定区、滑动不倾倒区、倾倒不滑动区、滑动倾倒区。

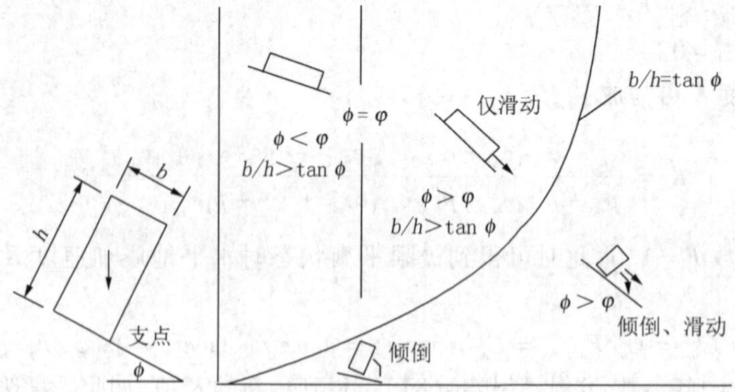

图 8-394 单个块体失稳形式

尽管单个岩块倾倒失稳机理十分简单，而多个岩块自然组合的岩体倾倒通常要复杂得多。倾倒破坏分析的机理要比其他破坏模式如平面破坏、楔形破坏要困难，因为前者要考虑相邻块体的作用力传递并计入转动的可能性。

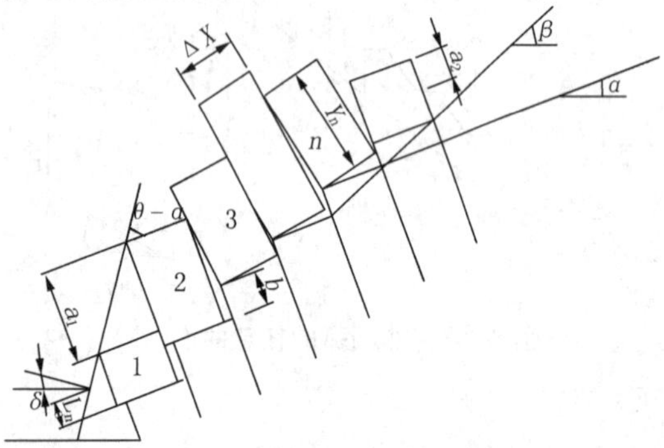

图 8-395 倾倒极限分析模型

b 倾倒破坏的计算方法

控制倾倒稳定性的是两组不连续面的产状及力学性质。自然岩体中节理有极大的随机性，同时有一定的统计规律，为使问题较易解决，从复杂不连续面组合中提炼出相对理想化的不连续面分布。假定反倾层面从坡脚到坡顶等间距分布，如图 8-395 所示，间距为 ΔX，横向节理面与层面垂直，倾角为 α。

岩体破坏面为台阶状平面，倾角为 β，破坏面以下是稳定基底，以上岩块不计中间横向节理而视为整体。另外设边坡角为 θ，坡顶面水平，层面倾角为 $90° - \alpha$。坡面岩块错落距 a_1，坡顶错落距 a_2，破坏面台阶错落距 b，根据几何关系得：

$$\begin{cases} a_1 = X\tan(\theta - \alpha) \\ a_2 = X\tan\alpha \\ b = X\tan(\beta - \alpha) \end{cases} \tag{8-693}$$

块体按照自下而上顺序编号，第 n 块高为 Y_n：

$$Y_n = \begin{cases} n(a_1 - b) & \text{位于边坡面} \\ Y_{n-1} - a_2 - b & \text{位于边坡顶} \end{cases} \tag{8-694}$$

这些块体依自身位置有 3 种可能稳定或破坏形式：

(1) 坡顶稳定块；

(2) 坡面倾倒块；

(3) 坡脚滑动块。

倾倒破坏从某一块先开始，依次对下块传递推力，到一定程度推力相当大，坡脚区即使不产生倾倒破坏也会产生滑动破坏。下面分析典型块体受力情况。

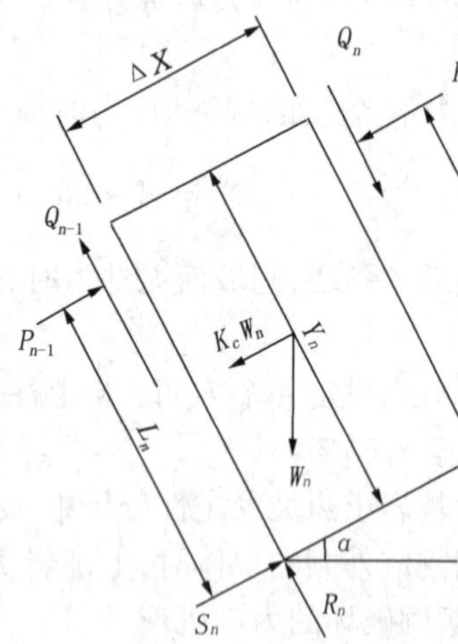

图 8-396 块体受力分析

P_n，Q_n—来自上块的作用力；P_{n-1}，Q_{n-1}—对下块的作用力；W_n—体宽；K_cW_n—地震力，假定与块底平行；R_n，S_n—底面反作用力；M_n，L_n—分别是 P_n，P_{n-1} 的力臂

取第 n 块进行受力分析，如图 8-396 所示。

最下块角点为支点。根据极限平衡理论：

$$\left.\begin{aligned} Q_n &= P_n\tan\phi \\ Q_{n-1} &= P_{n-1}\tan\phi \end{aligned}\right\} \tag{8-695}$$

根据几何关系：

$$M_n = \begin{cases} Y_n & \text{坡面块} \\ Y_n - a_2 & \text{坡顶块及坡眉线块} \end{cases} \tag{8-696}$$

$$L_n = \begin{cases} Y_n & \text{坡顶块} \\ Y_n - a_1 & \text{坡面及坡眉线块} \end{cases} \tag{8-697}$$

由块体力的平衡得：

$$R_n = W_n\cos\alpha + (P_n - P_{n-1})\tan\phi \tag{8-698}$$

$$S_n = W_n\sin\alpha + (P_n - P_{n-1} + K_c W_n)\tan\phi \tag{8-699}$$

由支点力矩平衡得：

$$P_{n-1}L_n = P_n(M_n - X\tan\phi) + W_n(Y_n\sin\alpha - X\cos\alpha) = K_c W_n Y_n/2 \tag{8-700}$$

当块体滑动时：

$$S_n = R_n\tan\phi \tag{8-701}$$

自上而下按传递法计算块体间作用力，假定 P_n 已计算，现计算 P_{n-1}。

块体滑动时 P_{n-1} 临界值：

$$P_{n-1}^{s} = P_n - \frac{W_n(\tan\phi\cos\alpha - \sin\alpha)}{1 - \tan^2\phi} \tag{8-702}$$

块体倾倒时 P_{n-1} 临界值：

$$P_{n-1}^{t} = \frac{P_n(M_n - X\tan\phi) + W_n(Y_n\sin\alpha - X\cos\alpha)/2 + K_c W_n Y_n/2}{L_n} \tag{8-703}$$

实际作用力为：

$$P_{n-1} = \max(P_{n-1}^{t}, P_{n-1}^{s}) \tag{8-704}$$

倾倒可能产生的前提是 $\phi > \alpha$，否则所有块体均已滑动。维持假定条块的平衡力 P_0、S_0 为虚设的，如果 $P_0 > 0$，边坡处于不稳定；如果 $P_0 < 0$，边坡稳定；如果 $P_0 \approx 0$，边坡处于极限平衡状态，将安全系数 F_s 调整，调整后为：

$$\overline{\phi} = \arctan(\phi/F_s) \tag{8-705}$$

重新计算直至 $P_0 \approx 0$，此时 F_s 即为边坡倾倒稳定性安全系数，P_0 亦相当于剩余推力。

B 岩劈破坏

岩劈破坏体分为上下两段。破坏体的上段是主滑体，是边坡破坏的主要动力来源，破坏机理为剪切滑动。因滑体的下端形若犁头，故称之为“滑犁”；破坏体的下段处于被动破坏，其破坏机理是因滑犁滑动而被挤劈撬开而后绕坡脚转动，这不同于双折线滑坡的下段，后者是在上段滑动的滑体推挤下被剪断后向下滑动。被挤劈撬开的翻转体为转动体，转动体绕坡脚转动的轴心岩体部分称为砥柱，如图 8-397 所示。

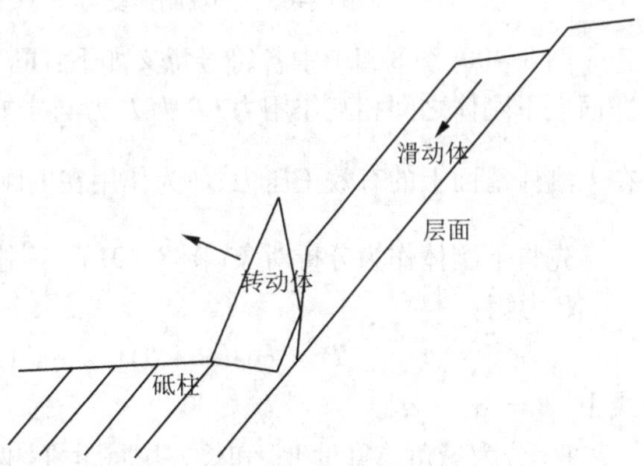

图 8-397 典型的岩劈破坏体

形成岩劈破坏的岩体基本结构为：岩体边坡内存在与坡面平行的软弱结构面，边坡角度大于软弱结构面的摩擦角，同时至少存在一组与边坡同向且倾角大于边坡角的节理（该结构面称为挤劈面），存在一组与边坡反向且基本垂直坡面的节理（该结构面称为转体的断裂面）。若边坡内存在与边坡同向且倾角小于边坡角的结构面，在这种情形下易形成纯剪滑动的双折线型滑坡。

a 几何模型

边坡岩劈破坏典型的岩体结构形式及几何要素如图 8-398、图 8-399 所示。

图中 L 为单段层面边坡长度，b 为岩层厚度，α_1 为岩层倾角，α_2 为自然山坡坡面或平台与岩层层面的夹角，α_3 为一组与岩层同向且陡于岩层倾角的节理（岩劈面）倾角。L_1 和 L_2 是岩劈面将岩层 L 分为两段的坡面长度。

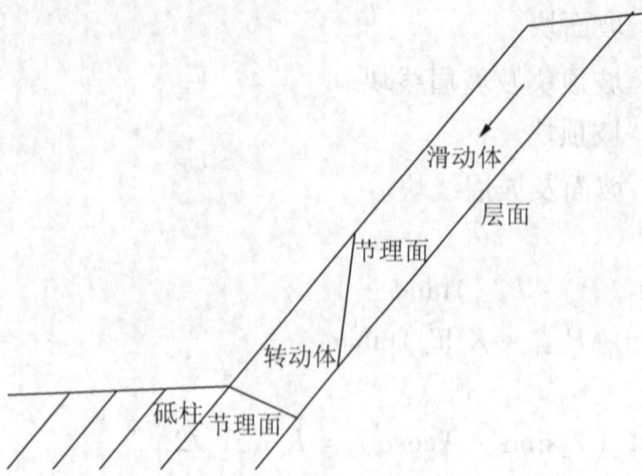

图 8-398 岩劈破坏模型

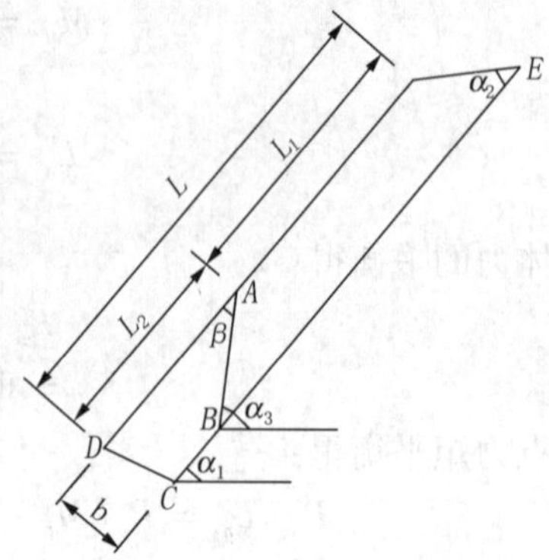

图 8-399 岩劈破坏几何模型

b 力学分析

由于岩石的变形量远远小于岩层层面错位、岩劈面错位以及岩块整体位移的量值,所以可以将岩块视为刚体。整个破坏体由上下两个刚体组成。图 8-400、图 8-401 分别是上下刚体的受力模型。

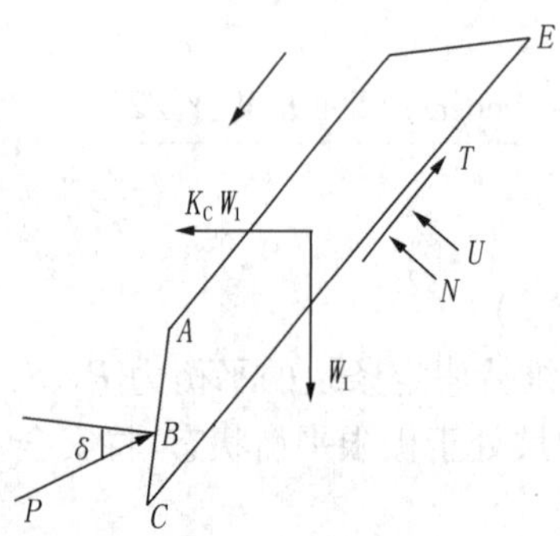

图 8-400 上块刚体受力

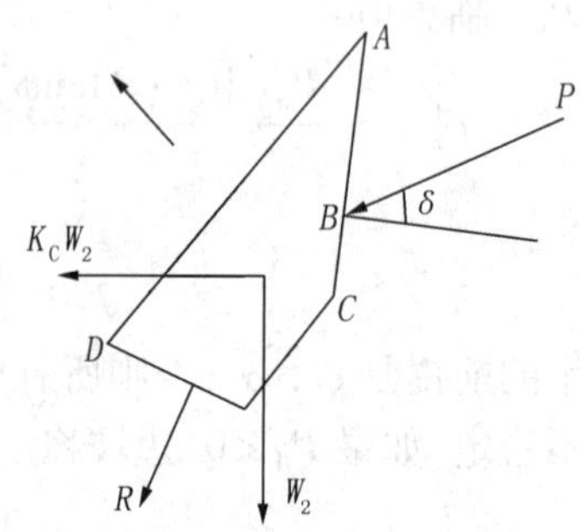

图 8-401 下块刚体受力

图 8-400、图 8-401 中各符号意义如下：W_1 为上刚体重量；W_2 为下刚体重量；K_c 为地震力系数；P 为岩劈面上下刚体之间相互作用力；δ 为 P 力与岩劈面法线夹角；T 为作用在上刚体滑面上的抗滑力；N 为作用在上刚体滑面上的有效正压力；U 为作用在上刚体滑面上的水压力；B 为 P 力作用点，$\dfrac{\overline{BC}}{\overline{AC}} = m$。

先将下刚体作为分析对象(图 8-401)，下刚体以 D 点为旋转点，各力矩为：

P 力矩：

$$\boldsymbol{P} = \cos(\beta+\delta)[L_2 - (1-m)b\tan\beta] - P\sin(\beta+\delta)(1-m)b \tag{8-706}$$

式中，$\beta = \alpha_3 - \alpha_1$。

W_2 分为三角块重量 W_2 和长方块重量 W'_2 两部分：

$$W_2 = \gamma b(L_2 - b\cot\beta)$$

$$W'_2 = 0.5\gamma b^2\cot\beta$$

W_2 力矩：$-0.5bW_2(\sin\alpha_1 + K_c\cos\alpha_1) - 0.5(L_2 - b\cot\beta)W_2(\cos\alpha_1 - K_c\sin\alpha_1)$

W'_2 力矩：$-\dfrac{1}{3}W'_2(\sin\alpha_1 + K_c\cos\alpha_1)b - W'_2(\cos\alpha_1 - K_c\sin\alpha_1)\left(L_2 - \dfrac{2}{3}b\cot\beta\right)$

R 力矩：$-\dfrac{1}{3}b^2\sigma_t$，σ_t 为节理的抗拉强度。由于节理的抗拉强度较小，可简单视 R 为零，R 力矩为零。

将上刚体作为分析对象(图 8-401)。有效正压力：

$$N = P\cos(\delta+\beta) + (0.5be_4 + L_1)be_1 - U \tag{8-707}$$

式中

$$e_1 = \gamma(\cos\alpha_1 - K_c\sin\alpha_1)$$

$$e_2 = \gamma(\sin\alpha_1 - K_c\cos\alpha_1)$$

$$e_3 = \cot\alpha_2 + \cot\beta$$

下滑力： $(0.5be_3 + L_1)be_2 - P\sin(\delta+\beta)$

抗剪强度： $T = c_1(L_1 + be_3) + N\tan\phi_1$

式中 c_1, ϕ_1——上刚体底滑面抗剪强度指标。

c 稳定性分析模型

Sarma(1979 年)在分析岩体滑坡时，不仅考虑了滑体内条块的非垂直条分，而且在解析安全系数时提出了滑面强度安全储备的概念，并假设了滑体底部主滑面与滑体内部非垂直条块间的接触面具有相同的安全储备。陈祖煜(1996)在分析逆倾岩层边坡倾倒稳定性时亦使用了安全储备概念，同时在建立倾倒岩块的力矩平衡方程时不考虑安全储备。上述方法代表了当前岩土工程界在分析边坡稳定性时最为流行的做法。依据这一方法，针对转体建立力矩平衡方程，求得未知力 P：

$$P = \frac{\left(\frac{1}{6}e_1\cot^2\beta - \frac{1}{3}e_2\cot\beta\right)b^3 + \frac{1}{2}(e_2 - e_1\cot\beta)b^2L_2 + \frac{1}{2}e_1bL_2^2 + \frac{1}{3}b^2\sigma_t}{\cos(\beta+\delta)[L_2 - (1-m)b\cot\beta] - \sin(\beta+\delta)(1-m)b} \tag{8-708}$$

由岩劈面上强度准则，得：

$$\delta = \phi'_2 + \arcsin\frac{c'_2 b\cos\phi'_2}{P\sin\beta}$$

式中 $c'_2 = c_2/F_s, \tan\phi'_2 = \dfrac{\tan\phi_2}{F_s}$；

c_2, ϕ_2——岩劈面抗剪强度指标；

F_s——安全系数。

由上刚体力平衡条件，得：

$$F_s = \frac{c_1(e_3b + L_1) + [P\cos(\delta+\beta) + e_1b(0.5e_3b + L_1) - U]\tan\phi_1}{e_2b(0.5e_3b + L_1) - P\sin(\delta+\beta)} \tag{8-709}$$

式(8-709)表明当 b、L_2 任意取值时，有可能为负值，亦是说明滑块向上滑动，显然这一结论与实际不相符合。如果下刚体的力矩平衡式(8-708)中也引入安全储备概念，即令：$F'_2 = \dfrac{致稳矩}{失稳矩}$，假设 $F'_s = F_s$，若不改动式(8-708)，则式(8-709)修改为：

$$F_s = \frac{c_1(e_3b + L_1) + \left[\dfrac{P\cos(\delta+\beta)}{F_s} + e_1b(0.5e_3b + L_1) - U\right]\tan\phi_1}{e_2b(0.5e_3b + L_1) - \dfrac{P\sin(\delta+\beta)}{F_s}} \tag{8-710}$$

再勘察上式，不难发现，若 P 值很大时，也就是说下刚体太长时，随着 L_2 的增大，P 力增大，F_s 反而下降了，这一现象与实际仍然不符。

从岩劈机理看，岩劈面上接触力 P 与上刚体滑面上抗剪强度具有相似的性质，即在破坏过程中都属于从动力，都是随着上刚体的下滑而逐渐被调用的，因而 $P\sin(\delta+\beta)$ 的分力宜放在式(8-709)或式(8-710)中的分子上。Hoek(1977 年，《岩石边坡工程》)在讨论岩石边坡施加锚杆后的安全系数时也曾有过类似的思想，提出锚固力位于分母中还是位于分子中，要看这个锚固力是主动的(预应力)还是被动的(普通锚杆)。所以式(8-709)应修改为：

$$F_s = \frac{c_1(e_3b + L_1) + [P\cos(\delta+\beta) + e_1b(0.5e_3b + L_1) - U]\tan\phi_1 + P\sin(\delta+\beta)}{e_2b(0.5e_3b + L_1)} \tag{8-711}$$

式(8-710)应修改为：

$$F_s = \frac{c_1(e_3b + L_1) + \left[\frac{P\cos(\delta+\beta)}{F_s} + e_1b(0.5e_3b + L_1) - U\right]\tan\phi_1 + \frac{P\sin(\delta+\beta)}{F_s}}{e_2b(0.5e_3b + L_1)} \tag{8-712}$$

d 最小安全系数寻优的约束条件

通观式(8-711)和式(8-712),两式都能作为最小安全系数寻优的目标函数,为了使得计算简化,采用式(8-711)作为目标函数,记为:

$$S = f(X) \tag{8-713}$$

式中,X 为 L_1、L_2、b、δ、P、m 统一表达的变矢量。

式(8-653)是一个有约束条件的非线性函数,其约束条件除了式(8-708)等外,还有如下约束条件。

(1) P 力作用点的约束条件。由式(8-708)、式(8-711)以及 $\delta = \phi'_s + \arcsin\frac{c'_s b\cos\phi'_s}{P\sin\beta}$ 组成的安全系数解析方程组,待定的未知数共有 P、L_2、m、F_s 四个,多于方程一个,因而需假设一个约束条件,这里假设 $m = 0 \sim 0.3$,当上刚体下滑开始时,$m = 0.3$,P 作用于岩劈面大约 1/3 处;当下刚体从上刚体开裂并开始掘起时,m 由 0.3 减小到 0,P 作用于岩劈面下拐点,即图 8-401 的 C 点。

(2) L_2 极小值的约束条件。如图 8-402 所示,当岩层厚度 b 一定,L_2 存在一个极小值,也就是说当 L_2 小于这一值后,无论 P 力有多大,都将不会使得下刚体翻倒,即不可能发生岩劈破坏。

$$\begin{cases} b' = (1-m)b \\ L'_{2\min} > b'\tan(\beta+\delta) \end{cases}$$

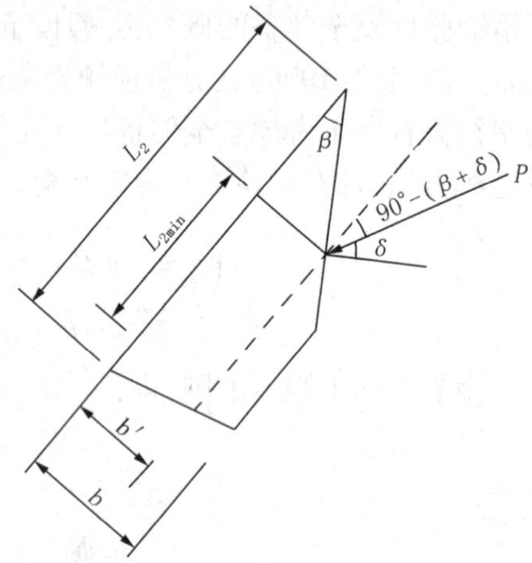

图 8-402 L_2 示意图

所以,$L_2 - (1-m)b[\tan(\beta+\delta) + \cot\beta] > 0$。

(3) β 角的约束条件。要使下刚体有可能被掘翻,还须使 P 力在垂直坡面方向上的分力指向坡外,即 $90° - (\beta+\delta) > 0$。

(4) δ 角的确定。由岩劈面上的强度准则(假定满足线性强度准则)建立岩劈面上的力平衡方程,经整理,得:$\delta = \phi'_2 + \arcsin[c'_2 b\cos\phi'_2/(P\sin\beta)]$。在实际分析时为了使得计算简化,假设 F'_s 有一个固定值(与 F_s 不等),即令 $F'_s = 1$,这就相当于不考虑岩劈面上软弱物质抗剪强度的储备。由于岩劈破坏体的厚度与滑体的长度相比要小很多,所以这种处理对安全储备系数影响不大。

当 $c_2 = 0$、$\delta = \phi_2$,上式与 β 角的约束条件共同给出了能够运用岩劈破坏公式进行运算的岩劈面倾角 α_3 的最大值,即 $\alpha_3 < 90° + \alpha_1 - \phi_2$。

(5)其他约束条件。其他约束条件有:$b > 0$、$L_1 > 0$、$L_2 > 0$、$\beta > 0$。

上述约束条件都是严格不等式,通过在左边减去一微小正数,可变为标准不等式。

e 算例

安徽省新桥硫铁矿矾山露天采矿场下盘边坡为高台阶(大于 80m)层面边坡,组成边坡的主要地层有泥盆系上统五通组(D_3^2W)和石炭系下统高丽山组(C_{1g}),为一套砂岩与页岩相间的岩组,层间软弱夹层发育,层面倾角 45°~50°(坡面与此相同)。直接组成边坡的岩层内发育两组节理,一组与边坡反向,基本垂直坡面,另一组与边坡同向,倾角 70°~80°。

在岩劈破坏中起决定作用的是层面或是岩层中的软弱夹层的抗剪强度,岩石中的节理强度对破坏亦起一定作用。一般说来,因岩层本身的岩石强度很高,不易剪断,对边坡的破坏并不起决定性的作用。又由于高丽山组与五通组的岩层层面、节理面的强度不易区分,力学参数采用了相同指标,所以岩体力学参数只取层面和节理两种抗剪强度参数,见表 8-314。

计算结果如图 8-403 所示。图中所示结果是在假设了 $U = 0$ 以及假设层面和节理随机分布而得出的,即假设充当滑面的层面和岩劈面的位置随机分布,不考虑层面与节理的实际位置,这样关键滑面和岩劈面可以

表 8-314 岩体力学参数取用值

岩石重度 γ /(kN/m^3)	层面强度		节理强度		动力系数 K_c
	c/kPa	ϕ/(°)	c/kPa	ϕ/(°)	
27	36.1	29.9	0	30	0.075

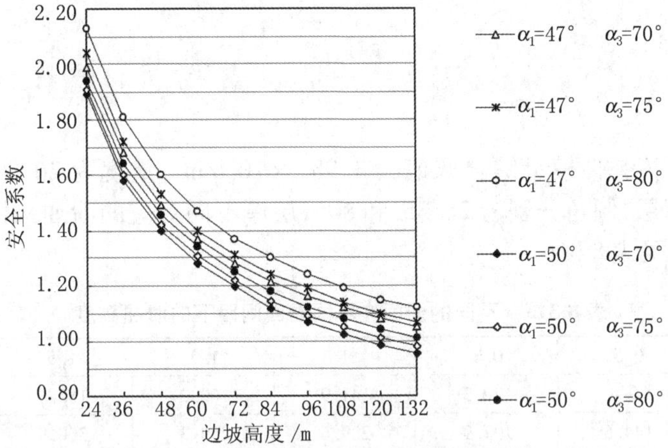

图 8-403 $m=3$ 时不同的边坡高度岩劈破坏的安全系数

利用优化方法进行优化获得，因此计算结果一般总比实际状态保守。

C 溃屈破坏

a 溃屈破坏原理

在顺层高边坡中，由于软弱夹层的存在，边坡表层软弱夹层以上岩体成为薄而长的板梁结构。这种结构破坏特点不是岩体剪切破坏而是变形失稳，亦即材料力学中的溃屈。应用能量原理可推出溃屈边坡的极限高度。

如图 8-404 所示的梁柱力学模型，根据能量原理，岩体在外力作用下做的功 ΔT 与其内部储存的变形能 Δu 相平衡，即 $\Delta T=\Delta u$。

将岩体理想化典型的梁柱结构，变形曲线假定为 $y=y(x)$。

P 为上段岩体对变形段梁柱的下滑力，q 为梁柱上单位长度的自重（取单宽考虑）。

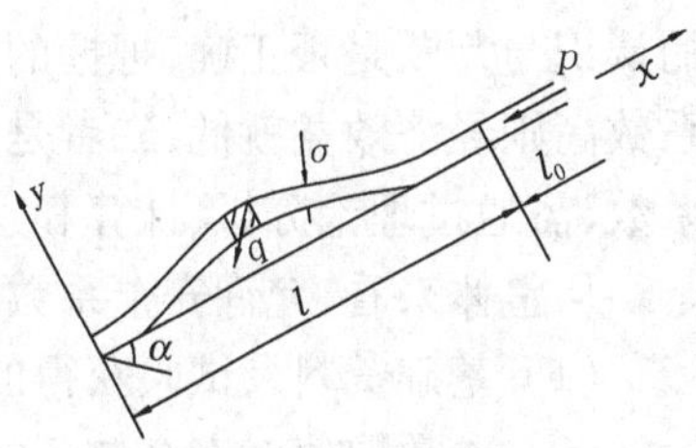

图 8-404 边坡溃屈破坏的力学模型

外力所做的功：

$$\Delta T=\frac{1}{2}\int_0^l p(y')^2\mathrm{d}x+\frac{1}{2}q\sin\alpha\int_0^l(1-x)(y')^2\mathrm{d}x \qquad (8\text{-}714)$$

梁内储存的变形能：

$$\Delta u=\frac{1}{2}\int_0^l EI(y'')^2\mathrm{d}x+\int_0^l qy\cos\alpha\mathrm{d}x \qquad (8\text{-}715)$$

因此：

$$\frac{1}{2}\int_0^l p(y')^2\mathrm{d}x+\frac{1}{2}q\sin\alpha\int_0^l(1-x)(y')^2\mathrm{d}x=\frac{1}{2}\int_0^l EI(y'')^2\mathrm{d}x+\int_0^l qy\cos\alpha\mathrm{d}x \qquad (8\text{-}716)$$

梁变形曲线取（据孙广忠）：

$$y=a\left(1-\cos\frac{2\pi x}{l}\right) \qquad (8\text{-}717)$$

比较合适，据此，上段岩体推力的临界值：

$$F_{\mathrm{cr}}=\frac{4\pi^2EI}{l^2}-\frac{1}{2}ql\sin\alpha \qquad (8\text{-}718)$$

P_{cr} 为零时，对应的 l 为所有溃屈边坡中最小的岩梁长度，进一步推导得溃屈平直边坡的极限高度 H_{cr}：

$$H_{cr} = \sin\alpha \sqrt[3]{\frac{2\pi^2 Eb^2}{3\gamma\sin\alpha}} \tag{8-719}$$

式中 α——岩层倾角亦即边坡倾角；

γ——岩体重度；

E——岩体弹性模量；

b——滑体厚度。

b 算例

船山石灰石矿围岩岩体弹性模量综合取值为 $4.989\times10^6 t/m^2$，重度为 $26.3kN/m^3$，考虑层面和节理两种弱面结构构成溃屈薄层，倾角分别为28°35′和80°，层厚不同对应的溃屈极限高度不同，将有关数值代入式(8-718)，计算结果见表8-315。

表8-315 不同的弱面在不同弱面间距下的溃屈高度 (m)

α	0.2	0.5	0.8	1	1.2	1.5	1.8	2
28°35′	48.5	89.4	122.3	141.9	160.2	185.9	209.9	225.3
80°	78.5	144.6	197.9	229.6	259.3	300.9	339.8	364.5

8.11.8.6 边坡允许安全系数

边坡安全系数是衡量边坡稳定性的最终定量指标，它与边坡稳定性研究各项工作内容的原理、方法、代表性、可靠性以及各项定量参数的取用、边坡的高陡程度和服务年限、工程的重要性等有关。

边坡稳定性的安全系数定义为沿滑动面的抗剪强度 τ_f 与实际产生的剪应力 τ 之比，亦即抗滑力与滑动力之比 $F_s=\tau_f/\tau$。其物理意义是比较明显的，它可以引申到其他以极限平衡理论为基础的稳定性分析中。显然，安全系数等于1，工程处于理想化的极限平衡状态。

允许安全系数是评价边坡稳定性的一个定量指标，对任何一项具体工程，人们对其抗滑因素及致滑因素的认识与判断是否正确，把握的程度如何，直接影响到允许安全系数及其可靠性。同时，工程要求允许安全系数高则经济效益就低，二者是成反比关系。如何确定一个既能保证工程安全，又在经济上合理的允许安全系数，需通过理论分析、计算和工程经验判断，同时要求满足相关规范要求。

从整体来看，允许安全系数的确定，取决于下列因素：

(1) 基础资料及试验获得的参数的可靠性。

(2) 参数取值对安全储备的考虑。

(3) 稳定性计算对工程模型的简化、处理造成的误差及其方向的估计。

(4) 工程的服务年限、重要性，考虑失事后的危害及损失。

(5) 经济承受能力以及法律法规的限制等。

根据《滑坡防治工程勘查规范》DZ/T 0218—2006，滑坡稳定状态按照表8-316确定。

表8-316 滑坡稳定状态划分

安全系数 F_s	$F_s<1.00$	$1.00\leqslant F_s<1.05$	$1.05\leqslant F_s<1.15$	$F_s\geqslant1.15$
滑坡稳定状态	不稳定	欠稳定	基本稳定	稳定

国内外边坡研究专家对露天矿边坡一般综合取用最小允许安全系数在 $F_s=1.15\sim1.50$ 之间，多数场合下取 $F_s=1.15\sim1.30$。

通常边坡安全系数的确定方法有以下两种。

A 评分估计法

该方法基于以下考虑：

(1) 对每项影响边坡稳定的因素所开展的工作的可靠程度进行评分。若某项影响因素的调查、勘察、试验研究、参数取用，据边坡工程研究人员经验判定认为恰如实际，则该影响因素对边坡总体安全系数的影响因子评分为 $F_i=1$；若认为偏于安全，即保守（也就是扩大了影响因素，实际上是一种工程安全储备),则评分为 $F_i<1$;若认为偏于危险(也就是考虑到某一因素有可能比确定值大),则评分为 $F_i>1$. 以补充工程安全储备。

(2) 影响边坡稳定的诸因素,具有相对的独立性,对于边坡失稳来说,不一定同时出现,但彼此多存在着相互影响,相互作用的效果,因此,它们对于边坡总体安全系数的综合效果不是简单的平均值,而认为是累乘的关系。这样对于大大偏于安全或大大偏于危险的影响因素能在安全系数中得到较敏感的反映。例如,超过稳定性计算中所考虑的水文地质参数很大的暴雨常发生滑坡,超过爆破参数取值很大的爆破震动所造成的滑坡,都说明,尽管其他影响因素的参数取值偏于安全,也可能造成滑坡。

(3) 评分估计法可以让设计生产部门概略地了解本次边坡研究中各项工作的研究程度。

采用该方法,对姑山铁矿采场边坡安全系数确定如下:

1) 边坡工程地质调查勘察与条件分析: $RF_1=1.1$ $QF_1=1.05$

2) 边坡水文地质条件分析与水文计算: $RF_2=1.05$ $QF_2=1.0$

3) 岩石力学试验与岩体力学参数工程取值: $RF_3=0.95$ $QF_3=0.9$

4) 破坏模式分析: $RF_4=1.1$ $QF_4=1.05$

5) 天然地震与爆破振动影响估计: $RF_5=0.95$ $QF_5=1.0$

6) 几何参数取用: $RF_6=1.0$ $QF_6=1.0$

7) 稳定性分析计算方法: $RF_7=0.9$ $QF_7=0.95$

8) 边坡高度和服务年限: $RF_8=1.05$ $QF_8=1.1$

9) 其他未定因素: $RF_9=1.1$ $QF_9=1.1$

对边坡总体安全系数的综合影响为:

$$RF = RF_1 \times RF_2 \times \cdots \times RF_9 = 1.19$$

$$QF = QF_1 \times QF_2 \times \cdots \times QF_9 = 1.14$$

上列各项 RF 为基岩安全系数,QF 为第四系安全系数。

B 工程类比法

目前国内外矿山边坡采用的安全系数见表 8-317。

按上述工程类比,姑山铁矿采场边坡安全系数确定:第四系边坡许用安全系数 $F_s=1.15$,岩石边坡许用安全系数为 $F_s=1.20$ 是比较合适的。

表 8-317 国内外矿山边坡许用安全系数表

矿 山	安全系数	矿 山	安全系数
英国、加拿大	1.3	鞍钢大孤山铁矿	1.15 ~ 1.25
美 国	1.20 ~ 1.30	本钢南芬铁矿(1986 年)	1.25
攀钢公司兰尖矿(1986 年)	1.15	江西德兴铜矿(1985 年)	1.25
武钢大冶铁矿(1978 年)	1.15 ~ 1.20	安徽新桥硫铁矿(1998 年)	1.18 ~ 1.2
海南铁矿(1980 年)	1.15 ~ 1.25	太钢尖山铁矿(1990 年)	1.15
广东云浮硫铁矿(1988 年)	1.15 ~ 1.20	太钢峨口铁矿(1996 年)	1.15
马钢南山铁矿(1987 年)	1.2	山东韩旺铁矿(1993 年)	1.25
西藏罗布莎铬矿(1987 年)	1.2	湖北铜录山矿(1989 年)	1.25 ~ 1.30

8.11.9 边坡可靠性分析

8.11.9.1 概述

在边坡工程中,随着对边坡结构应力、变形和稳定性分析方法的不断完善,这些分析中设计参数和边坡岩体性能等不确定性也逐渐暴露得更加明显,因而在进行工程设计和安全评价时,不仅要很好地了解各种分析、判断手段,而且要把握在进行这些分析过程中包含的各种不确定因素。Morgenstern 将岩土工程分析中包含的不确定因素分为管理因素、模型因素和参数因素三大类,而边坡可靠性分析主要是针对由于参数的变异性,导致边坡工程结构失效的概率。近二十几年来边坡可靠性分析方法成为结构和岩土工程师研究的重点课题,得到了快速发展。

边坡可靠性分析,就是在承认计算所用数据的真实性、破坏机理的合理性以及分析方法本身的适用性都具有一定程度不确定性的前提下,建立可靠性评价的随机模型,把其输入参数诸如潜在破坏面几何要素、岩土物理力学性质、地下水压分布、地震力以及其他附加荷载等均视作随机变量,并以一定的分布函数进行描述。因此,表明边坡状态的状态函数值以及状态的评价指标也为随机变量。也就是说,通过预测模型把有关假定、参数值、边界条件和初始条件的不确定性引申到预测结果的不确定性。借助于概率论和数理统计方法,便可以求得边坡的可靠度,即所设计边坡能在使用期内、在指定的工作条件下,肯定地达到预计状态的程度,或保证边坡稳定的概率。

A 功能函数及状态方程

可靠性分析方法与其他传统的稳定性分析一样,其关键步骤是寻找一个合适的数学模型,即以功能函数的形式定义边坡的状态方程,可用下式表示:

$$Z = g(X) = g(x_1, x_2, \cdots, x_n) \tag{8-720}$$

它把边坡工程系统划分出三个状态,即

$$\begin{cases} Z = g(X) > 0 \text{ 为安全状态} \\ Z = g(X) = 0 \text{ 为极限状态} \\ Z = g(X) < 0 \text{ 为破坏状态} \end{cases}$$

和两个区域,即安全域和破坏域。式中,X 为基本的随机向量。

如果工程问题比较简单,函数 Z 的形式则比较明确,且容易确定;对于复杂的边坡工程,需要进行精确求解,因为在安全系数计算模型中往往包含隐函数。

然而,不管函数 Z 多么复杂,其可靠性分析的原理是相同的,只要基本随机变量是不随时间变化的参数,那么其可靠度可由下式给出,即:

$$R = 1 - P_f = 1 - \int \cdots \int f_{x_1, x_2, \cdots, x_n}(x_1, x_2, \cdots, x_n)\,\mathrm{d}x_1 \mathrm{d}x_2 \cdots \mathrm{d}x_n \tag{8-721}$$

式中,$f_{x_1, x_2, \cdots, x_n}(x_1, x_2, \cdots, x_n)$ 为 n 个变量 x_i 的联合概率密度函数。显然,这里存在两个实际问题:第一,很难有充足的数据来确定 n 个基本变量的联合概率密度函数,也很难有充足的数据来保证边缘分布函数和协方差是可信的;第二,即使联合概率密度函数或式中的边缘密度函数是已知的,多重积分也难以实现。

对于边坡稳定性问题,是由相互独立的基本变量 R 和 S 组成的二维状态,即所谓极限状态的 $R-S$ 模型。

$$Z = g(R, S) = R - S = 0 \tag{8-722}$$

即把安全储备函数表达为抗滑力(R)和滑动力(S)的函数。

B 可靠性定义

对于边坡可靠性,一般性的定义指在规定的条件下和规定的时间内,完成预定功能的能力。这里我们引进可靠度概念,便于把可靠性作为边坡工程性能的数量化指标。按照可靠性理论的定义,可靠度就是在规定的条件下和规定的时间内,完成预定功能的概率。

应当明确,边坡可靠性分析方法是基于极限平衡原理建立状态方程,在定值安全系数方法基础上发展起来的。评价边坡可靠度仍是以随机变量安全系数直接作为统计样本,或是以安全储备刻画边坡状态。其根本性差别在于,它抛弃传统安全系数的因果对应的确定性观念,而承认一因多果的事实,通过安全系数或安全储备与基本变量 $x_i(1,2,3,\cdots,n)$ 的函数关系和它们呈现的统计规律求得可靠度。从定量化的意义上讲,亦可把可靠度定义为:在规定的条件作用下和规定的使用期限内,安全系数或安全储备大于或等于某一规定值($F \geqslant 1.0$ 或 $M_s \geqslant 0$)的概率,亦即边坡保持稳定的概率。

规定的作用条件,是指设计所预计的环境条件、指定的施工条件和正常使用条件。在规定的条件中,包括不可控因素,如边坡岩体的组成和结构、地震作用、特大暴雨等,以及可控因素,如边坡几何形状、人工加固、减震爆破等。

规定的使用期限，是指边坡工程的有效服务期。可靠度与时间有着密切的关系，没有时间概念就无所谓可靠度。规定的时间，通常是主体工程要求的、能在预计的可靠度指标下工作的时间。在可靠度计算中，是根据边坡的不同使用期限和重要程度，选定极端条件的再现期来估计其发生概率。因此，超过了规定的时间，就相当于超越了规定的条件。此外，就同一边坡而言，随着时间加长，可靠度自然降低。虽然不是超过了规定时间立即就不能使用，但其破坏概率必将逐渐加大，甚至超过原设计给定的允许值。而且，规定时间的可靠度是基于总体的平均估计，它不反映边坡可靠性的动态变化。

预定的功能，是以边坡工程性能指标安全性、实用性和时效性来表征的。这三个性能是相互依存的，没有安全性，就失去了使用价值；没有实用性，安全性也就没有实际意义；从使用角度来说，安全性和实用性都必须有时间坐标，即必须考虑时效性。如果实现了规定的性能指标，就叫做完成了预定功能，否则，就是丧失功能。完成功能和丧失功能都是以概率值度量的。一般在指定用途和服务期内设计边坡，其性能指标突出反映在安全性上，即以边坡来说不达到极限状态的概率来衡量。

C 可靠性尺度

在边坡工程中，可靠度有三种尺度：一是稳定概率，即可靠度或称可靠概率（P_s）。它是边坡能完成预定功能的概率。因为人们更关心破坏的可能性，所以稳定概率并不常用。二是破坏概率，即不可靠度或称不可靠概率（P_f）。它是边坡不能完成预定功能的概率，与稳定概率是互补的，即 $P_f=1-P_s$。因此，在实际工程中，一般是计算破坏概率，并提出破坏概率的限值。三是可靠指标，或称安全指标（β）。在边坡分析中，其值是边坡状态函数的平均值除以状态函数标准差的商，或是在 n 维状态空间中，n 维极限状态面至坐标原点的最短距离，并取 $\beta\geqslant1$。在标准正态空间，可靠指标 β 与破坏概率 P_f 有数值上的对应关系，在正态空间内，及服从 $N(\mu_x,\sigma_x^2)$，则破坏概率为：

$$P_f = 1-\phi\left(\frac{\mu_x}{\sigma_x}\right)=1-\phi(\beta) \tag{8-723}$$

D 干涉理论与破坏概率

研究抗滑力 R 和滑动力 S 两个连续随机变量所构成的联合事件的概率分布。依据联合分布的定义，有：

$$F(r,s) = P(R<r,S<s) = \int_0^r\int_0^s f(r,s)\,\mathrm{d}r\mathrm{d}s \tag{8-724}$$

因 R 和 S 都是非负值，故积分下限均取作“0”。$f(r,s)$ 为随机变量 R 和 S 的联合密度函数，若 R 和 S 相互独立，则：

$$f(r,s) = f(r)f(s) \tag{8-725}$$

概率元素：

$$f(r,s)\mathrm{d}r\mathrm{d}s = P(r<R\mathrm{d}r+\mathrm{d}r;s<S\mathrm{d}s+\mathrm{d}s) \tag{8-726}$$

$$F(+\infty,-\infty) = \int_0^\infty\int_0^\infty f(r)\,f(s)\,\mathrm{d}r\mathrm{d}s \tag{8-727}$$

将 $f(r)$，$f(s)$ 放在同一个图上后，在两分布线中形成重叠区如图 8-405 所示。现将重叠区放大，如图 8-406 所示。图中可见，尽管抗滑力 R 的均值线远大于滑动力 S 的均值线，但因两个随机变量的密度函数曲线有交叉，形成重叠部分即干涉区，在干涉区内，既有抗滑力大于滑动力的可能，也有滑动力大于抗滑力的可能。如果出现后一种情况，则边坡破坏，其破坏概率为：

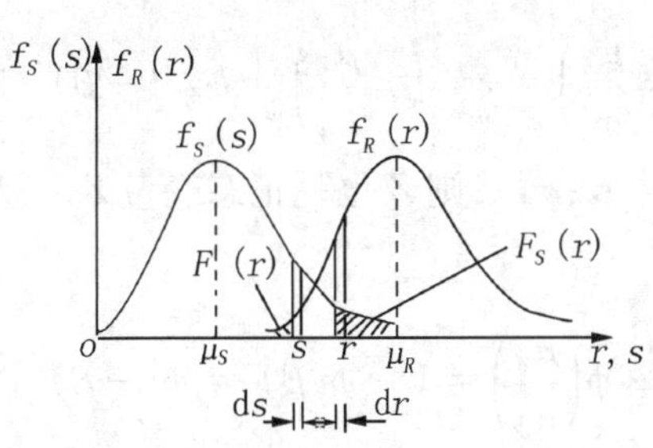

图 8-405 $f_S(s)$ 与 $f_R(r)$ 的干涉

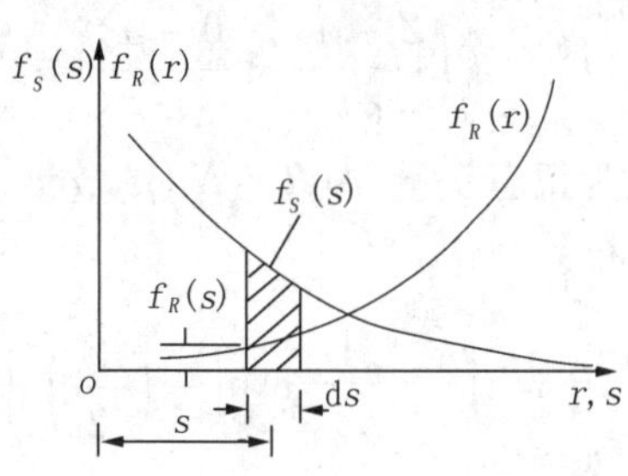

图 8-406 重叠区的放大

$$P_f = P(R < S) \tag{8-728}$$

相应的可靠度为：

$$P_s = P(R > S) \tag{8-729}$$

由于$(R<S)$和$(R>S)$是互逆事件，故$P_f=1-P_s$。若R与S相互独立，则：

$$P_f = \iint_{R<S} f(r,s)\,\mathrm{d}r\mathrm{d}s = \int_0^{\infty}\left[\int_0^{s} f(r,s)\,\mathrm{d}r\right]\mathrm{d}s = \int_0^{\infty}\left[\int_0^{s} f_R(r) f_S \mathrm{d}s\right]$$

$$= \int_0^{\infty} f_S(s)\left[\int_0^{s} f_R(r)\,\mathrm{d}r\right]\mathrm{d}s = \int_0^{\infty} f_S(s) F_R(s)\,\mathrm{d}s \tag{8-730}$$

式中，$F_R(s)=P(R<S)$。

破坏概率P_f的物理意义：对于每一个抗滑力R所有的可能值，当$r\leqslant R\leqslant r+\mathrm{d}r$时，滑动力$S$大于抗滑力$R$的概率；或者是对于每一个滑动力$S$所有的可能值，当$s\leqslant S\leqslant s+\mathrm{d}s$时，抗滑力$R$小于滑动力$S$的概率。

E 可靠指标与安全系数

一般，在边坡工程中，破坏概率可以分别由三个等价事件的概率来表示，即：

$$P_f = P[(R-S)<0] = P\left(\frac{R}{S}<1\right) = P\left(\ln\frac{R}{S}<0\right) \tag{8-731}$$

因此，可根据状态函数的两种不同定义分别讨论。

a 定义$Z=R-S$

这里Z的物理意义是安全储备，这样定义的状态函数是线性函数。因R和S都是随机变量，则Z也是随机变量。图8-407表示Z的分布：当$Z>0$，则安全；$Z<0$，则破坏。破坏概率$P_f=P(Z<0)$等于图中阴影部分的面积。由此可见，由原点O到均值μ_Z的直线距离，可以用标准差σ_Z来度量，即$\mu_Z=\beta\sigma_Z$，显然，β与P_f之间存在一一对应的关系，β愈小，P_f愈大；反之，β愈大，P_f愈小。因此，β和P_f一样，可以作为衡量边坡可靠性的一个指标，一般称为可靠指标。

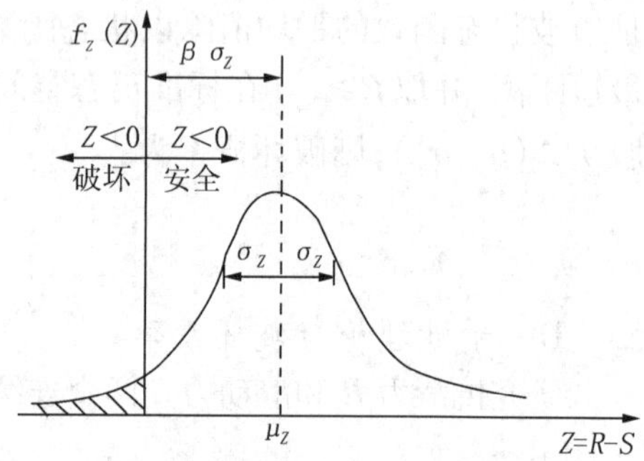

图8-407 $Z=R-S$的密度函数

可靠指标β是安全储备的均值与标准差之比，或安全储备的变异系数的倒数：

$$\beta = \frac{\mu_Z}{\sigma_Z} \tag{8-732}$$

式中，$\mu_Z=\mu_R-\mu_S$是安全储备均值；$\sigma_Z=\sqrt{\sigma_R^2+\sigma_S^2}$，安全储备标准概率对于某一确定的$f_S(Z)$来说，则有破坏概率：

$$P_f = P(Z<0) = F_s(0) = \int_{-\infty}^{0} f_S(Z)\,\mathrm{d}z \tag{8-733}$$

引入标准化变量，即令$\mu_{Z^*}=0$，$\sigma_{Z^*}=0$，则：

$$Z^* = \frac{Z-\mu_Z}{\sigma_Z} \tag{8-734}$$

这时：

$$P_f = P\left(\frac{Z-\mu_Z}{\sigma_Z} < \frac{0-\mu_Z}{\sigma_Z}\right) = P\left(Z^* < -\frac{\mu_Z}{\sigma_Z}\right) = F_{Z^*}\left(-\frac{\mu_Z}{\sigma_Z}\right) = F_{Z^*}(-\beta) \tag{8-735}$$

如果R和S为正态变量，即$R\sim N(\mu_R,\sigma_R)$和$S\sim N(\mu_S,\sigma_S)$，则Z也是正态变量$Z\sim N(\mu_S,\sigma_S)$，对Z的标准化正态分布：

$$P_f = \int_{-\infty}^{-\frac{\mu_Z}{\sigma_Z}} \frac{1}{\sqrt{2\pi}}\exp\left[-\left(\frac{Z^*}{2}\right)^2\right]\mathrm{d}z^* = 1-\phi\left(\frac{\mu_Z}{\sigma_Z}\right) = 1-\phi(\beta) = \phi(-\beta) \tag{8-736}$$

式中 $\phi(^*)$——标准化正态分布函数。

则：

$$\beta = \frac{\mu_Z}{\sigma_Z} = \frac{\mu_Z - \mu_S}{\sqrt{\sigma_R^2 + \sigma_S^2}} = \frac{\frac{\mu_R}{\mu_S} - 1}{\sqrt{\left(\frac{\mu_R}{\mu_S}\right)^2 \delta_R^2 + \delta_S^2}} = \frac{K_0 - 1}{\sqrt{K_0^2\delta_R^2 + \delta_S^2}} \tag{8-737}$$

式中　K_0——中值安全系数；

δ_R, δ_S——R 和 S 的变异系数。

根据可靠指标的定义，可有：

$$\mu_Z = \beta\sigma_Z \tag{8-738}$$

或

$$\mu_R = \mu_S + \beta\sqrt{K_0^2\delta_R^2 + \delta_S^2} \tag{8-739}$$

由此可得中值安全系数：

$$K_0 = \frac{\mu_R}{\mu_S} = \frac{1 + \beta\sqrt{\delta_R^2 + \delta_S^2 - \beta^2\delta_R^2\delta_S^2}}{1 - \beta^2\delta_R^2} \tag{8-740}$$

这表明，按上面定义的可靠指标 β，其对应的中值安全系数 F_0 可由上式计算。但使用时需注意，式中 δR 值必须较小（小于 0.25），否则不适用。

只要 μ_R 和 μ_S 一定，F_0 就随之而定。此时，如果 δ_R 和 δ_S 增大，β 必然减小；反之，如果 δ_R 和 δ_S 减小，β 必然增大。β 作为度量边坡可靠度的指标，它既与中值安全系数 K_0 有关，又与变异系数 δ_R 和 δ_S 有关。而中值安全系数 K_0 只依 μ_R 和 μ_S 的比值而定，与 β 随 δ_R 和 δ_S 无关。所以，不能仅仅以 K_0 来表示边坡的可靠度。

b　定义 $Z = R/S$

这里 Z 的物理意义是安全系数，但它是一个随机变量，这样定义的状态方程是非线性的。对于非线性函数，计算精确的破坏概率一般是很困难的。为了实用目的，可将非线性函数线性化，以求得可靠指标的近似值。

根据二阶矩法，只要求计算随机变量函数的均值和方差。可用泰勒级数展开求非线性函数的均值和方差，这是能满足实用要求的。

设 R 和 S 相互独立，则 $Z = g(R, S) = R/S$ 的均值和方差可按下式求得：

$$\mu_Z = \frac{\mu_R}{\mu_S}$$

$$\sigma_Z^2 = \frac{\sigma_R^2}{\mu_S^2} + \left(\frac{\sigma_S}{\mu_S^2}\right)^2 \mu_R^2$$

由此得变异系数：　$\delta_Z^2 \approx \delta_R^2 + \delta_S^2$

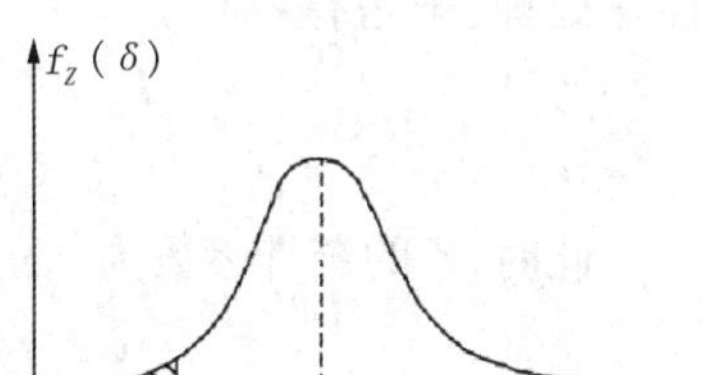

图 8-408　$Z = R/S$ 的密度函数

当 $f_Z(Z)$ 确定后，可求得 $P_f = F(1)$，如图 8-408 所示。由可靠性指标定义得：

$$\beta = \frac{\mu_Z - 1}{\sigma_Z} = \frac{1 - \frac{\mu_S}{\mu_R}}{\sqrt{\delta_R^2 + \delta_S^2}} = \frac{1 - \frac{1}{k_0}}{\sqrt{\delta_R^2 + \delta_S^2}} \tag{8-741}$$

也可写成：

$$\mu_R = \frac{\mu_S}{1 - \beta\sqrt{\delta_R^2 + \delta_S^2}} \tag{8-742}$$

由式(8-742)的中心安全系数：

$$k_0 = \frac{1}{\left(\frac{\mu_S}{\mu_R}\right)} = \frac{1}{1 - \beta\sqrt{\delta_R^2 + \delta_S^2}} \tag{8-743}$$

8.11.9.2 可靠性分析计算方法

A 一次二阶距法

在边坡可靠性计算中,当基本变量 $X_i(i=1,2,\cdots,n)$ 的概率密度未知,或者在概率密度函数复杂不易求其分布参数的积分时,可利用 Taylor 级数展开后忽略两次以上的项,只考虑它们的一阶原点矩(即均值)和二阶中心矩(即方差)这两个特征参数,近似地计算状态函数的均值和方差,求得可靠指标和破坏概率,故也称作一次二阶矩法。根据功能函数 Z 的线性化点的不同,该法又可分为均值一次二阶距法和改进一次二阶距法。

a 均值一次二阶距法

在边坡工程系统中常包含许多基本变量,这时,要根据这许多基本变量的分布来求函数 R 和 S 的分布,往往难于积分。当抗滑力 R 与滑动力 S 的概率密度未知,而只有足够的资料来确定他们的一阶矩和二阶矩(即均值、方差和协方差)时,可采用一次二阶矩方法求得可靠性指标。

如果有 n 个基本变量,则极限状态方程 $g(X)=0$ 是一个 n 维曲面,可称为极限状态面。图 8-409 示出三变量极限状态曲面。

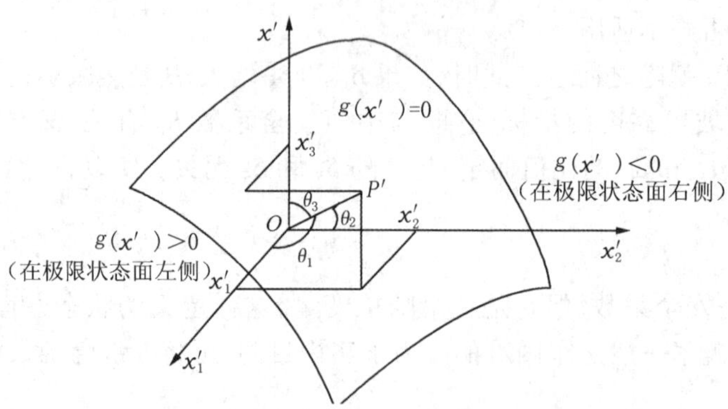

图 8-409 三维极限状态曲面

把极限状态函数 $g(X)$ 在均值点 $(X)=(x_1,x_2,\cdots,x_n)$ 附近用泰勒级数展开,忽略两次以上的项,并作线性化处理,于是有:

$$Z = g(\mu_{x_1},\mu_{x_2},\cdots,\mu_{x_n}) + \sum_{i=1}^{n}(X_i - \mu_{x_i})\left.\frac{\partial g}{\partial X_i}\right|_{\mu} \tag{8-744}$$

此时,Z 的统计参数为:

$$\left.\begin{aligned} \mu_Z &= g(\mu_{x_1},\mu_{x_2},\cdots,\mu_{x_n}) \\ \sigma_Z &= \sqrt{\sum_{i=1}^{n}\left[(X_i - \mu_{x_i})\left.\frac{\partial g}{\partial X_i}\right|_{\mu}\right]^2} \end{aligned}\right\} \tag{8-745}$$

由上式及可靠指标的定义,计算边坡可靠指标的公式为:

$$\beta = \frac{\mu_Z}{\sigma_Z} = \frac{g(\mu_{x_1},\mu_{x_2},\cdots,\mu_{x_n})}{\sqrt{\sum_{i=1}^{n}\left[(X_i - \mu_{x_i})\left.\frac{\partial g}{\partial X_i}\right|_{\mu}\right]^2}} \tag{8-746}$$

由上式,可按 $P_f=\phi(-\beta)$ 计算边坡的失效概率,并由此计算边坡的可靠度 $P_s=1-P_f$。

运用均值一次二阶距法进行边坡可靠性计算时,不必知道基本变量的真实概率分布,只需知道其统计参数:均值、标准差或变异系数,即可按上式计算出边坡的可靠指标 β 和失效概率 P_f。在运用均值一次二阶距法计算边坡可靠指标 β 和失效概率 P_f 时，若 β 值较小，即 P_f 值较大（$P_f \geqslant 10^{-3}$）时，P_f 值对基本变量联合概率分布类型很不敏感，由各种合理分布计算出的 P_f 值大致在同一个数量级内；若 β 值较大，即 P_f 值较小时，P_f 值对基本变量联合概率分布类型很敏感，此时，概率分布不同，计算出的 P_f 值可在几个数量级范围内变化。因此，在运用均值一次二阶距法进行边坡可靠性计算时，可靠指标 $\beta = 1.0 \sim 2.0$ 的结果精度高；当 $P_f \leqslant 10^{-5}$时，使用均值一次二阶距法必须正确估计基本变量的概率分布和联合分布类型。

当基本变量不服从正态分布或对数正态分布时，运用均值一次二阶距法计算边坡可靠度的结果与边坡的实际情况出入较大，这时一般不能直接采用均值一次二阶距法进行计算，对于非线性结构的功能函数运用均值一次二阶距法时，由于进行了线性化处理，所以误差较大，且这个误差是无法避免的。此外，运用均值一次二阶距法计算时，对同一个边坡的几种等价的极限状态方程可得出不同的可靠性结果，这将使设计人员无所适从。尽管均值一次二阶距法有这些缺点，但该法概念清楚，计算简单，便于实际应用，所以仍是目前常用的可靠度计算方法之一。

b 验算点法

验算点法是针对均值一次二阶距法的弱点而提出改进的方法。该方法是由拉克维茨（Rackwitz, R.）和菲斯勒（Fiessler, B.）提出，它经系统改进后作为结构安全度联合委员会（JCSS）的文件（结构统一标准规范的国际体系第一卷）附录推荐给土木工程界，也称为 JC 法。验算点法主要有两个特点：

（1）当功能函数 Z 为非线性时，不以通过均值点的超切平面作为线性近似，而以通过 $Z=0$ 上的某一点 $X^*(x_1^*, x_2^*, \cdots, x_n^*)$ 的超切平面作为线性近似，以避免均值一次二阶距法中的误差。

（2）当基本变量 x_i 具有分布类型的信息时，将 x_i 的分布在（$x_1^*, x_2^*, \cdots, x_n^*$）处以与正态分布等价的条件，变换为当量正态分布，这样可使所得的可靠指标 β 和失效概率 P_f 之间有一个明确的对应关系，从而在 β 中合理反映了分布类型的影响。

这个特定点（$x_1^*, x_2^*, \cdots, x_n^*$）称为验算点。

设功能函数 $Z = g(x_1, x_2, \cdots, x_n)$，按：

$$U = \frac{X_i - \mu_{x_i}}{\sigma_{x_i}} \tag{8-747}$$

将 X 空间变换到 U 空间，得：$Z = g(U_1, U_2, \cdots, U_n)$。

可靠指标 β 在几何上就是 U 空间内从原点 O 到极限状态 $Z=0$ 的最短距离。在超曲面 $Z=0$ 上，离原点 O 最近的点 $U^*(U_1^*, U_2^*, \cdots, U_n^*)$ 即为验算点。

这样很容易写出通过验算点 P^* 在超曲面 $Z=0$ 上的超切平面的方程式：

$$Z^* = g(u_1^*, u_2^8, \cdots, u_n^*) + \sum_{i=1}^{n}(U_i - u_i^*)\left.\frac{\partial g}{\partial U_i}\right|_{p^*} \tag{8-748}$$

而从原点 O 到该切平面的距离也就是可靠指标 β，因此：

$$\beta = \frac{-\sum_{i=1}^{n}\left.\frac{\partial g}{\partial U_i}\right|_{p^*} u_i^*}{\sqrt{\sum_{i=1}^{n}\left(\left.\frac{\partial g}{\partial U_i}\right|_{p^*}\right)^2}} \tag{8-749}$$

令

$$\alpha = \frac{-\left.\frac{\partial g}{\partial U_i}\right|_{p^*}}{\sqrt{\sum_{i=1}^{n}\left(\left.\frac{\partial g}{\partial U_i}\right|_{p^*}\right)^2}} \tag{8-750}$$

则

$$\beta = \sum_{i=1}^{n}\alpha_i u_i^* \tag{8-751}$$

且
$$\sum_{i=1}^{n}\alpha_i^2 = 1 \tag{8-752}$$

因此 α_i 就是 OP^* 的方向余弦,从而可得:

$$u_i^* = \alpha_i\beta \tag{8-753}$$

仍变换回 X 空间,可得:

$$x_i^* = \mu x_i + \alpha_i\beta\sigma x_i \tag{8-754}$$

由于:

$$\left.\frac{\partial g}{\partial U_i}\right|_{p^*} = \left.\frac{\partial g}{\partial X_i}\right|_{x^*}\sigma x_i$$

得:

$$\alpha_i = \frac{-\left.\dfrac{\partial g}{\partial X_i}\right|_{x^*}\sigma x_i}{\sqrt{\sum\limits_{i=1}^{n}\left(\left.\dfrac{\partial g}{\partial X_i}\right|_{x^*}\sigma x_i\right)^2}} \tag{8-755}$$

式(8-755)中包含的 x_i,α_i 及共 $2n+1$ 个未知数和标准差以及极限状态的条件为已知时,就可解上述联立方程式,确定验算点的位置和相应的 β 值。通常用迭代法计算。

迭代步骤如下:

(1) 选取破坏点坐标的初值,一般取 $X_i^*=\mu_{x_i}$;

(2) 计算 α_i^* 的值,其中包括计算 $\left(\dfrac{\partial g}{\partial X_i^*}\right)$;

(3) 得到 X_i^* 与 β 的关系式;

(4) 解得 β 值;

(5) 以该 β 值代入第 3 步所得的 X_i^* 式内,求出新的 X_i^*;

(6) 以这些新的 X_i^* 值重复进行第 2 ~4 步的计算,直至所得的 β 值与上一次的 β 值小于允许的误差,则计算结束,这次所求的 β 值即为所求的可靠性指标。

B 蒙特卡罗法

蒙特卡罗(Monte-Carlo)模拟法是依据统计抽样理论,利用计算机研究随机变量进而计算可靠性,是相对精确的数值计算方法。

该方法的基本步骤是,首先产生一系列均匀随机数,然后根据各随机变量所服从的随机分布规律随机抽样取得一组随机数,以这些随机数计算极限状态函数值。这样重复 N 次,作出安全系数或安全余量的分布图,统计出它们的均值以及 $F\leqslant1$ 或 $Z\leqslant0$ 的样本数,求得可靠度指标 β 和破坏概率 P_f。

在模拟评价边坡可靠度时,蒙特卡罗模拟法有以下优点:

(1) 受问题条件限制的影响小,其收敛性与极限状态函数的非线性、变量分布的非正态性无关。

(2) 对于适用于边坡破坏模式的任何极限平衡分析方法,只要知道状态变量的概率分布,均可求解,适用性强。

(3) 就可靠度计算而言,对于变异系数大于 30% 的情况,其他方法的计算结果可能与精确解相差甚远,然而蒙特卡罗模拟法却不受这个约束。

a 一般形式

对于边坡工程,根据边坡形态、边坡岩体结构、受力状态、破坏机理,可以建立如下状态函数:

$$Z = g(x_1,x_2,\cdots,x_n) \tag{8-756}$$

式中 $x_1,x_2,\cdots,x_n$——n 个具有一定分布、相互独立的随机变量。

我们把状态函数定义为安全系数,且随机地从诸随机变量 x_i 的集合中抽取同分布变量 $x'_1,x'_2,\cdots,x'_n$,则可由上式求得安全系数的一个样本 Z'。如此重复,直至达到预期精度的充足次数 N,便可得到 N

个相对独立的安全系数观测值 $Z_1, Z_2, \cdots, Z_n$。根据安全系数表征的极限状态 $Z=1.0$,可构造一个随机变量 Y:

$$Y = \begin{cases} 1, Z \leqslant 1 \\ 0, Z > 1 \end{cases}$$

设在 N 次试验中,出现 $Y=1.0$ 的次数为 M,则边坡破坏概率:

$$P_f = \frac{M}{N} \tag{8-757}$$

此式即为按蒙特卡罗模拟法计算破坏概率的公式。

显然,当 N 足够大时,由安全系数的统计样本 $Z_1, Z_2, \cdots, Z_n$,可以比较精确地估计安全系数的分布特征,其均值和标准差分别为:

$$\mu_Z = \frac{1}{N}\sum_{i=1}^{N} Z_i \tag{8-758}$$

$$\sigma_Z = \sqrt{\frac{1}{N-1}\sum_{i=1}^{N}(Z_i - \mu_Z)^2} \tag{8-759}$$

在标准正态空间,可得可靠性指标:

$$\beta = \frac{\mu_Z - 1}{\sigma_Z} \tag{8-760}$$

则边坡破坏概率:

$$P_f = 1 - \phi(\beta) \tag{8-761}$$

式中 $\phi(\beta)$——标准正态函数。

中心安全系数:

$$f_c = \frac{1}{N}\sum_{i=1} f_i$$

式中 f_i——第 i 次模拟计算的安全系数。

安全偏离度均值:

$$m_0 = \frac{1}{N}\sum_{i=1}(\mu - \mu_s)^2$$

式中 μ——中心安全系数;

μ_s——模拟量。

b 随机变量的抽样方法

使用蒙特卡洛方法必须解决从母体中抽取简单子样的问题。通常,把从已知分布的母体中产生的简单子样,称为由已知分布的随机抽样,简称为随机抽样。

(1)均匀分布随机数。从[0,1]区间上有均匀分布的母体中产生的简单子样称为随机数序列($r_1, r_2, \cdots, r_n$),而其中的每一个个体称为随机数,产生随机数的方法很多,如随机数表法、物理方法、数学方法等。在计算机上用数学方法产生随机数,是目前使用较广、发展较快的一种方法,它是利用数学递推公式来产生随机数,通常把这种随机数称为伪随机数。因为这种办法具有半经验的性质,所以得出的数只是近似地具备随机性质。

目前,广泛应用的一种产生伪随机数的方法是同余法。根据近世代数,用以产生在[0,1]上均匀分布的乘同余递推公式为:

$$x_i = \lambda x_{i-1} (\bmod M), i = 1,2,\cdots \tag{8-762}$$

式中,λ、M 和 x_0 都是预先选定的常数,该式的意义是以 M 除 x_{i-1} 后得到的余数记为 x_j。将该序列各数除以 M,则得:

$$x_i = x_i / M, i = 1,2,\cdots \tag{8-763}$$

此即为第 i 个均匀分布的随机数 r_i，如此得到随机数序列 $r_1, r_2, \cdots, r_n$，因为 x_i 是除数为 M 的除法中的余数，所以有 $0 \leqslant x \leqslant M$，故知 $0 \leqslant r \leqslant 1$。可知序列 $\{r_i\}$ 为在[0,1]上的均匀分布序列。

(2) 典型分布函数的随机数。

1) 服从正态分布的随机变量。正态分布 $N(\mu,\sigma^2)$ 的概率密度为：

$$f(x) = \frac{1}{\sqrt{2\pi}\sigma}\exp\left[-\frac{(x-\mu)^2}{2\sigma^2}\right]\sigma > 0, -\infty < x < \infty \tag{8-764}$$

对于这种非标准的正态分布，可用标准正态分布 $N(0,1)$ 的随机变量 X，经下列线性变换得到：

$$X = \mu + \sigma x' \tag{8-765}$$

式中 x'——标准正态分布的随机变量；

σ,μ——分别是所求非标准正态分布随机变量 X 的方差和均值。

变换法是 Box 和 Muller 提出的，取两个独立的伪随机数 u_1 和 u_2，利用二元函数变换得到：

$$x'_1 = (-2\ln u_1)^{1/2}\cos(2\pi u_2) \tag{8-766}$$

$$x'_2 = (-2\ln u_1)^{1/2}\sin(2\pi u_2) \tag{8-767}$$

则 x'_1 和 x'_2 是两个相互独立的标准正态分布的随机变量。从而得到正态分布 $N(\mu,\sigma^2)$ 的随机数。

$$x_1 = \mu + \sigma(-2\ln u_1)^{1/2}\cos(2\pi u_2) \tag{8-768}$$

$$x_2 = \mu + \sigma(-2\ln u_1)^{1/2}\sin(2\pi u_2) \tag{8-769}$$

极法。利用随机变量的中心极限定理近似产生随机数，已知在(0,1)均匀随机变量值的期望值 $E(R) = \frac{1}{2}$，方差 $D(R) = \frac{1}{12}$；故随机变量：

$$x_i = \left(\sum_{i=1} r_i - \frac{N}{2}\right)\Big/\sqrt{\frac{n}{12}} \tag{8-770}$$

渐近地有标准正态分布 $N(0,1)$。为了保证一定的精确度，上式中 M 应取足够大，一般约取 $M=10$ 即可，当取 $M=12$ 时，上式的形式最简单。

2) 对数正态分布的随机变量。对数正态分布 $LN(\mu,\sigma^2)$ 的密度函数为：

$$f(x) = \frac{1}{\sqrt{2\pi}\sigma}\exp\left[\frac{-(\ln x-\mu)^2}{\sigma^2}\right] \tag{8-771}$$

对数正态分布与正态分布之间有确定的变换关系，若随机变量 Y 服从均值 μ 和方差 σ^2 的正态分布，则 $X = e^Y$。

为具有对数正态分布的随机变量，其均值和方差为：

$$\mu_X = \exp\left(\mu + \frac{\sigma^2}{2}\right) \tag{8-772}$$

$$\sigma_x^2 = (\exp\sigma^2 - 1)\exp(2\mu + \sigma^2) \tag{8-773}$$

因而可用变换法产生两个服从标准正态分布的随机变量 y'_1 和 y'_2，且根据 $y = \mu + \sigma y'$ 可得：

$$\begin{cases} y_1 = \mu + (-2\sigma^2\ln u_1)^{1/2}\cos(2\pi u_2) \\ y_2 = \mu + (-2\sigma^2\ln u_1)^{1/2}\sin(2\pi u_2) \end{cases} \tag{8-774}$$

因此，相应可得到两个对数正态分布的抽样值 x_1 和 x_2：

$$\begin{cases} x_1 = \exp\{\mu + [-2\sigma^2\ln u_1]^{1/2}\cos(2\pi u_2)\} \\ x_2 = \exp\{\mu + [-2\sigma^2\ln u_1]^{1/2}\sin(2\pi u_2)\} \end{cases} \tag{8-775}$$

这里，对数正态分布 $\ln(\mu,\sigma^2)$ 中 μ 和 σ^2 是对应的正态分布的均值和方差，而不是对数正态分布的均值和方差。如果要产生给定对数正态分布均值 μ_x 和方差 σ_x^2 的抽样值，则可求解得：

$$\mu = \ln\frac{\mu_x}{\sqrt{1+\sigma_x^2}} \tag{8-776}$$

$$\sigma^2 = \ln(1 + \delta_x^2)$$

式中 δ_x——变异系数。

(3) 均匀分布的随机变量。

对于任意 $a<b$,在(a,b)上均匀分布概率密度函数为:

$$f(x) = \begin{cases} 0 & x \leqslant a \\ \dfrac{1}{b-a} & x \in (a,b) \\ 0 & x \geqslant b \end{cases} \tag{8-777}$$

$$X = a + (b - a)\mu \tag{8-778}$$

(4) 指数分布的随机变量。

指数分布的概率密度函数为:

$$f(x) = \begin{cases} \lambda \mathrm{e}^{-\lambda x} & x > 0 \\ 0 & x \leqslant b \end{cases} \tag{8-779}$$

由$f(x)$可得:

$$F(x) = {}_0\int^x \lambda \mathrm{e}^{-\lambda} \mathrm{d}x = 1 - \mathrm{e}^{-\lambda x} = \mu \tag{8-780}$$

$$\mathrm{x} = \frac{1}{\lambda}\ln(1 - \mu) \tag{8-781}$$

因为$1-\mu$与μ都是$[0,1]$上均匀分布随机数,故其简化式:

$$x = \frac{1}{\lambda}\ln\mu \tag{8-782}$$

式中 λ——指数分布的参数,其数值率是均值μ的倒数,即$\lambda = 1/\mu$。

在边坡工程中,多数随机变量不以0作下限,往往有一个起始η_0,因此需要一个简单的坐标变换,即$1/\lambda = \mu - \eta_0$,而在随机抽样过程中,需恢复原坐标,即:

$$x = \frac{1}{\lambda}\ln\mu + \eta \tag{8-783}$$

(5) 经验分布的随机变量。

当已知所有原始数据$x_1, x_2, \cdots, x_n$时,将它们按大小顺序排列,有:

$$X_1^* < X_2^* <, \cdots, < X_n^* \tag{8-784}$$

其对应经验分布函数值分别为$0, 1/(n-1), 2/(n-2), \cdots, (n-2)/(n-1)$,产生这样经验分布随机变量的反变换法为:产生伪随机数μ,并令$p = (n-1)\mu$,$i = \mathrm{int}(p) + 1$,则抽样值:

$$x = x_i^* + (p - i + 1)(x_{i+1}^*)(x_{i+1}^* - x_i^*) \tag{8-785}$$

显然,这种方法产生的随机变量的取值区间限于(x_i^*, x_n^*)内,若已知的是成组数据经验分布函数$G_n(x)$,即已知n个数据在k个相邻区间:

$$(a_0, a_1), (a_1, a_2), (a_2, a_3), \cdots, (a_{k-1}, a_k)$$

内的个数分别为$n_1, n_2, \cdots, n_k (n_1 + n_2 + \cdots + n_k = n)$,则产生经验分布随机变量的反变换法为产生伪随机数$\mu$,求非负整数$j(0 \leqslant j \leqslant k+1)$使

$$G_k(\alpha_j) \leqslant \mu \leqslant G_k(\alpha_{j+1})$$

按下式计算的数值:

$$x = \alpha_j + \frac{|\mu - G_k(\alpha_j)|(\alpha_{j+1} - \alpha_j)}{G_k(\alpha_{j+1}) - G_k(\alpha_j)} \tag{8-786}$$

即为所求随机变量抽样值。

c 模拟次数与误差估计

由于随机抽样试验是概率为 P 的伯努利试验，所以 P_f 的期望值为：$E[P_f]=E\left(\frac{M}{N}\right)=P$

P_f的方差为
$$V[P_f]=\frac{V(M)}{N}=\frac{p(1-p)}{N} \tag{8-787}$$

标准差为
$$\sigma_{pf}=\sqrt{\frac{P(1-P)}{N}} \tag{8-788}$$

实际计算中，可用 P_f作为 P 的估计值，则
$$\dot{\sigma}_{pf}=\sqrt{\frac{P_f(1-P_f)}{N}} \tag{8-789}$$

从式中可见，随机抽样计算结果的标准差 σ_{pf}与$\sqrt{N}$成反比，即若将标准降低一个数量级，则试验次数须增大 100 倍。

现确定随机抽样需要的试验次数，按中心极限定理，当 N 充分大时，有：
$$\frac{P_f-P}{\sigma_{pf}}\sim N(0,1) \tag{8-790}$$

因此，显著水平为 α 的置信区间为：
$$P\left(\frac{P_f-P}{\sigma_{pf}}\leqslant K_{\alpha/2}\right)=1-\alpha \tag{8-791}$$

式中 $K_{\alpha/2}$——$N(0,1)$的 $\alpha/2$ 分数位。

可将式(8-791)改写成：
$$\varepsilon=|P_f-P|\leqslant K_{\alpha/2}\sigma_{pf}=K_{\alpha/2}\sqrt{\frac{P(1-P)}{N}} \tag{8-792}$$

当 $\alpha=0.05$，即 $1-\alpha=95\%$时，$K_{\alpha/2}\approx2$，这时估计值 P_f 的绝对误差为：
$$|\varepsilon|=|P_f-P|\leqslant2\sqrt{\frac{P_f(1-P_f)}{N}} \tag{8-793}$$

相对误差为：
$$\varepsilon=\frac{|P_f-P|}{P_f}\leqslant\frac{2\sigma_{pf}}{P_f}=2\sqrt{\frac{1-P_f}{P_fN}} \tag{8-794}$$

试验次数：
$$N=\frac{K_{\alpha/2}^2P(1-P)}{\varepsilon^2} \tag{8-795}$$

在实际工作中，当 N 充分大时，可用 P_f 代替 P 作为估计值，并可计算不同的精度 ε 在置信度 $1-\alpha$ 下需要的模拟次数 N。

破坏概率和误差与试验次数之间的关系有以下变化规律：

(1) 当试验次数 $N<500$ 时，破坏概率和误差对试验次数较敏感，且误差的敏感性强于破坏概率敏感性，就是说，在此情况下计算会带来较大的误差。

(2) 当 $500<N<800$ 时，破坏概率和误差对试验次数的敏感性急速下降并趋于平稳。

(3) 当 $N>800$ 时，破坏概率和误差对试验次数的敏感性不强。

在本次研究中采用对偶抽样法，考虑到边坡工程评价及计算速度的需要，$N=800$ 次完全可以基本满足精度要求。

d 模拟步骤

蒙特卡罗模拟法计算的简要说明如下：

(1) 确定边坡可靠分析工程地质剖面,选择正确的破坏模式是蒙特卡罗模拟法的基础,只有地质剖面和破坏模式正确才能保证模拟结果的准确。

(2) 准确输入变量的概率分布和其分布参数,主要包括构成边坡岩体有关的强度参数、容重、动力系数、确定性系数等。

(3) 输入一组或几组边坡形态参数,使之叠加在分析剖面上。

(4) 用优化法寻找临界破坏面,即破坏概率 P_f 最大的滑动面。

(5) 根据步骤(2)所确定的各随机变量的分布类型和参数,随机抽取同分布的一组随机数 $x_1,x_2,\cdots,x_n$。

(6) 根据所建立的状态方程式,计算出一个安全系数值。

(7) 重复步骤(5)和(6),直至达到满足预期精度要求的试验次数 N,如此对一特定边坡分析剖面、特定边坡几何形态取得 N 个抽样值。

(8) 根据 N 个安全系数或安全储备值,估计并检验其概率分布 $G(Z)$,计算其均值和标准差,统计安全系数 $Z<1$ 的样本数。

(9) 判断破坏概率 P_f 是否满足设计要求,如果满足,则作为推荐方案;如果不满足预期要求,则返至步骤3,修改边坡形态或采取其他提高可靠性措施,重新分析计算。

C Rosenbluth 方法

Rosenbluth 方法又称统计矩的点估计方法,其基本原理是:当各种状态变量的概率分布为未知时,只要利用它们的均值和方差(通常点估计给出),就可以求得状态函数(稳定系数或安全储备)的一阶矩(均值)、二阶中心矩(方差)及三、四阶中心矩,从而可求得边坡的可靠性指标,且在状态函数的假定概率分布下求得破坏概率 P_f。

对于一般的边坡稳定性问题,根据边坡岩土体结构、破坏机理和受力状态,可以建立如下的状态函数:

$$Z = F(x_1,x_2,\cdots,x_n) \tag{8-796}$$

式中 $x_1,x_2,\cdots,x_n$——容重、黏聚力、摩擦系数、孔隙水压力、荷载强度、降雨强度等随机变量,它们具有一定的分布。

这里的稳定系数为状态函数,即:

$$Z = F(x_1,x_2,\cdots,x_n) = \frac{R(x_1,x_2,\cdots,x_n)}{S(x_1,x_2,\cdots,x_n)} \tag{8-797}$$

在状态变量 $x_i(i=1,2,\cdots,n)$ 的分布函数未知的情况下,无需考虑其变化形态,只在 (x_{min},x_{max}) 上分别对称地择其两个取值点,例如通常取均值 μ_{x_i} 的正负一个标准差 σ_{x_i},即:

$$x_{i_1} = \mu_{x_i} + \sigma_{x_i} \tag{8-798}$$

$$x_{i_2} = \mu_{x_i} - \sigma_{x_i} \tag{8-799}$$

对于 n 个状态变量,可有 $2n$ 个取值点,取值点的所有可能组合则有 2^n 个。在 2^n 个组合下,可根据状态方程求得 2^n 个状态函数 Z,即 2^n 个稳定系数。

如果 n 个状态变量相互独立,每一组合出现概率相等,则 Z 的均值估计式为:

$$\mu_z = \frac{1}{2^n}\sum_{j=1}^{2^n} Z_j \tag{8-800}$$

如果 n 个状态变量相关,且每一组合出现的概率不相等,则其概率值 P_j 的大小取决于变量间的相关系数 ρ,则:

$$P_j = \frac{1}{2^n}(1 + e_1e_2\rho_{1,2} + e_2e_3\rho_{2,3} + \cdots + e_{n-1}e_n\rho_{n-1,n}) \tag{8-801}$$

式中 $e_i(i=1,2,\cdots,n)$——当 x_i 取 x_{i_1} 时,$e_i=1$;当 x_i 取 x_{i_2} 时,$e_i=-l$;

$\rho_{i-l,i}$——状态变量 x_{i-1} 与 x_i 之间的相关系数。

所以 Z 的均值估计式为:

$$\mu_z = \sum_{j=1}^{2^n} P_j Z_j \tag{8-802}$$

根据中心矩与原点矩的估计,可以导出稳定系数的概率分布的四阶矩表达式,由此可以估计出它们概率分布的空间形态和位置。

a 一阶矩阵 M_1

随机变量 Z 的一阶矩也称均值,其定义为:

$$M_1 = E(Z) = \mu_Z = \int_{-\infty}^{+\infty} zf(z)\,\mathrm{d}z \tag{8-803}$$

其点估计为:

$$M_1 = E(Z) = \mu_Z = \sum_{j=1}^{2^n} P_j Z_j \tag{8-804}$$

b 二阶矩阵 M_2

随机变量 Z 的二阶为 Z 的方差 σ_z^2,其定义为:

$$M_2 = E(Z-\mu_Z)^2 = \int_{-\infty}^{+\infty} (z-\mu_Z)^2 f(z)\,\mathrm{d}z \tag{8-805}$$

其点估计为:

$$M_2 = E(Z-\mu_Z)^2 = \sigma_Z^2 = \sum_{j=1}^{2^n} P_j Z_j^2 - \mu_Z^2 \tag{8-806}$$

c 三阶矩阵 M_3

随机变量 Z 的三阶矩为:

$$M_3 = E(Z-\mu_Z)^3 = E(Z^3) - 3\mu_Z E(Z^2) - 2\mu_Z^3 \tag{8-807}$$

其点估计为:

$$M_3 = \sum_{j=1}^{2^n} P_j Z_j^3 - 3\mu_Z \sum_{j=1}^{2^n} P_j Z_j + 2\mu_Z^3 \tag{8-808}$$

d 四阶矩阵 M_4

随机变量 Z 的四阶矩为:

$$M_4 = E(Z-\mu_Z)^4 \tag{8-809}$$

其点估计为:

$$M_4 = \sum_{j=1}^{2^n} P_j Z_j^4 - 4\mu_Z M_3 - 6\mu_Z^2 M_2 - 4\mu_Z^4 \tag{8-810}$$

根据上述公式,求得状态函数 Z 的一阶矩 M_1、二阶矩 M_2、三阶矩 M_3、四阶矩 M_4,由此可得到以下反映 Z 分布形态的统计参数:

(1) 均值 μ。$\mu = M_1$ 反映 Z 的平均取值。

(2) 变异系数。$\delta \sqrt{M_2}/M_1$ 反映 Z 的离散程度。

(3) 偏态系数 α_1。$\alpha_1 = M_3/M_2^{3/2}$ 反映 Z 分布的对称性和偏倚方向。$\alpha_1 = 0$,对称;$\alpha_1 < 0$,负偏态;$\alpha_1 > 0$,正偏态。

(4) 峰度系数 α_2。$\alpha_2 = M_4/M_2^2$ 反映 Z 分布的突起程度。以正态分布为标准(峰度系数为3),$\alpha_2 > 3$ 比正态分布高而尖,$\alpha_2 < 3$ 比正态分布平坦。

(5) 求出状态函数的 μ_Z 和 σ_Z^2,如果状态函数服从正态或对数正态分布可计算出破坏概率。

$$\begin{cases} P_\mathrm{f} = 1 - \phi(\beta) \\ \phi(\beta) = \dfrac{1}{\sqrt{2\pi}} \displaystyle\int_{-\infty}^{\beta} \mathrm{e}^{\frac{x^2}{2}}\,\mathrm{d}x \end{cases} \tag{8-811}$$

D 遗传算法(GA)

在边坡工程的可靠性分析中,最关键的问题是确定最危险滑动面及其对应的最小安全系数。在搜索最危险滑动面圆心时,工程中最常用的方法有消元法中的二分法或坐标轮换法等。尽管这些方法在工程实践中得到了广泛的应用,然而,由于方法本身的局限性,很容易陷入局部极小值。例如,常常因搜索起点、步长及范围等的不同而得到不同的临界滑动面及其安全系数,所以往往令人无法判断出真正的最危险滑动面。而基于生物遗传原理的遗传算法用于搜索最危险滑动面及其对应的最小安全系数,却能克服传统方法容易陷入局部极小值的缺点,是一种全局优化算法。

a 遗传算法的基本原理

生物进化论认为生物的进化过程可以被看作是对种群操作的物理变化过程,这个过程包括复制、杂交、变异、竞争和选择。复制过程使得种群按指数速度扩张,复制完成对后代个体的遗传基因的传递;杂交是两个个体的部分基因互换而产生两个新个体;变异是遗传基因在传递过程中出现差错;竞争是在有限的生存空间对群体进行压缩;选择是在有限的生存空间竞争不可避免的结果:最后适者生存,劣者淘汰。基于 Derwin 的生物进化论和 Mendel 的遗传学论,遗传算法(GA)用数学方法模拟生物进化过程,将对问题的求解转化为对一群“染色体”(一般用二进制码串表示)的一系列操作。通过群体的进化,最后收敛到一个最适应环境的染色体上,从而求得问题的最优解。

对于一个给定的优化问题,设目标函数为:

$$F = f(x,y,z) \qquad x,y,z \in \Omega, F \in R \tag{8-812}$$

式中 x,y,z——自变量;

Ω——解空间;

F——解的优劣程度;

f——映射函数。

欲求(x^*,y^*,z^*),不妨先求解其最小值,即:

$$F = f(x^*,y^*,z^*) = \min_{x,y,z\in\Omega} f(x,y,z) \tag{8-813}$$

其基本求解步骤如下:

(1) 编码(coding)。用一定比特数的0,1二进制码对自变量x,y,z等进行编码形成基因码链,每一码链代表一个个体(样本),它表示寻优问题的一个解。

(2) 产生群体(population generation)。$t=0$时,随机产生n条基因码链组成一个初始群体,该群体代表寻优问题一些可能的组合。因其是随机产生,质量一般不会很好。GA的任务就是要从这一初始群体出发模拟进化过程,择优去劣,最后得出优秀的群体和个体,满足优化要求。

(3) 评价(evaluation)。按编码规则将群体中的每一个个体的基因码代入上式,考查其符合解的优劣程度,为种群进化中的选种提供依据。

(4) 选择(selection)。按一定概率从群体中选取M对个体,选择标准以F的优劣程度为准,将优选出的M对个体用以繁殖后代。这样对个体就体现了“优胜劣汰”的原则。即只有较优的个体采用机会繁殖后代,产生下一代群体。

(5) 杂交(crossover)。将随机选中的每对个体进行杂交。最简单的杂交方法是随机地选取一个截断点,将每对个体的个体基因码链在截断点切开,然后交换其尾部。杂交体现了生物遗传中信息交换的思想。

(6) 变异(mutation)。以一定概率从群体中随机选取若干个体,对选中的个体随机选取某一位使其变异,即1化为0,或0化为1。变异体现了生物遗传中偶然的基因突变现象。同自然界的生物遗传过程一样,变异的概率是很小的。

上述6个步骤完成后,得到新的群体重新进行评价、选种、杂交和变异,如此反复循环,使群体逐渐逼近最优解。遗传算法的搜索功能主要是由选择和杂交赋予的,变异算子则保证了遗传算法能搜索到问题空间的每一个点,从而得到全局最优解。

b 遗传算法的可靠指标计算

用遗传算法计算可靠指标β的最小值的过程如下：

(1) 整理模型。该模型为一个有约束的非线性规划模型，而GA一般对无约束的优化模型比较方便。同时为了使验算点落在失效边界上，可令第i个变量用其他$n-l$个变量表示，一般选择变异较大的那个变量，可得：

$$x_i = g^*(x_1,\cdots,x_{i-1},x_{i+1},\cdots,x_n) \tag{8-814}$$

由可靠指标的几何涵义可得可靠指标在标准正态空间的计算数学模型为：

$$\beta = \min\left\{\sum_{j=1}^{n} u_i^2\right\}^{1/2} \qquad g(u_1,u_2,\cdots,u_n) = 0 \tag{8-815}$$

所以其无约束优化模型即为：

$$\beta = \min(u_1^2 + u_2^2 + \cdots + u_{i-1}^2 + u_i^2(g^*) + u_{i+1}^2 + \cdots + u_n^2)^{1/2} \tag{8-816}$$

由于x^*为已知分布特征的随机变量，对可靠分析中碰到的正态分布、对数正态分布和极值I型分布可由以下公式随机产生：

正态分布

$$x_i = u + \sigma\sqrt{-2\cdot\ln\gamma_1}\sin(2\pi\gamma_2) \tag{8-817}$$

对数正态分布

$$\sigma_y = \sigma_{\ln x} = [\ln(1+\nu_x^2)]^{1/2} \tag{8-818}$$

$$m_y = \ln m_x - \sigma_{\ln x}^2/2 = \ln m_x/\sqrt{1+\nu_x^2} \tag{8-819}$$

$$x_i = e^{\nu_i} \tag{8-820}$$

极值I型分布 $x_i = m_{xi} - 0.5\sigma_x - 0.7797\sigma_x\ln(-\ln\gamma_i)$

式中 m_{xi}——变量的均值；

σ_x——变量的标准差；

ν_i——变异系数；

γ_1,γ_2——[0,1]上互相独立的均匀分布的随机数。

故若对γ_1随机产生，则可确定x_i及β。也可转化为如下无约束优化模型：

$$\beta = \min f(\gamma_1,\gamma_2,\cdots,\gamma_m) \tag{8-821}$$

(2) 确定编码的方式模型中有m个变量，在γ_1为[0,1]范围内，故可用一个10位的二进制串表示一个变量，这样在[0,1]可得到$1024m$个离散点，有m个变量，所以共需$10m$位二进制表示一个变量。然后由$1024m$个解组成的空间中寻找最优解。

(3) $t=0$时，随机产生包括100个染色体的初始群体。

(4) 对100个染色体进行解码，据β对其进行评价，若100个解中的最解延续10代保持不变，则转入第(9)步，否则转入第(5)步。

(5) 染色体的选种选择过程以种群规模大小(PN)为基础，每一次新的种群都选择一个染色体，且以每个染色体的适应度进行选择。定义基于序的价函数为：

$$\text{eval}(V_i) = a(1-a)^{i-1} \qquad (i = 1,2,\cdots,PN) \tag{8-822}$$

式中，a取为0.5。

对每个染色体V_i，计算累计概率q_i：

$$q_0 = 0 \tag{8-823}$$

$$q_i = \sum_{j=1}^{i}\text{eval}(V_j) \qquad (i = 1,2,\cdots,PN) \tag{8-824}$$

从区间$(0,q_{PN})$中产生随机数t，若$q_{i-l}<t\leqslant q_i$，则选择第i个染色体。

(6) 以概率0.6进行杂交，产生100个新染色体。

(7) 以概率为0.02从100个染色体中选取两条染色体进行变异操作。

(8) $t=t+l$时转入第(4)步。

(9) 得出最优解,计算终止,并由此得出β值。

8.11.9.3 设计可靠度的确定

边坡设计可靠度,是设计规范规定的或设计取用的作为设计依据的可靠度,它表示设计所预期达到的工程可靠度,或者从风险角度说,它表示设计所允许或可接受的风险水平。

风险是相对的,边坡工程可接受的风险水平是由破坏概率和破坏后果决定的,它反映决策者的风险态度,既要结合主观判定,又要考虑工程性质和重要程度,实际破坏的经验数据,以及所承担风险与可能得到的经济收益之间的权衡。因此说,边坡工程的可靠性并不是越高越好。然而,在不同工程条件下,确定设计可靠度并非是一件容易的事。目前任何一个国家的岩土工程专家或国际协会(如 ISSMEE 和 ISRM 等)都不采纳一般性建议,因为至今还没有一个统一的标准。

对于边坡工程可靠性设计,还是处于刚刚起步的阶段,更缺乏实际经验。这里仅对设计可靠度的确定原则、方法、借鉴的规范作一般性的建议。

A 确定设计可靠度的方法

国内外许多学者和专家都在探索如何选择最适宜的破坏概率或设计可靠指标问题。目前,一般采用类比法或校准法来确定可靠度。类比法是参照人们日常活动中所经历的各种风险,确定一个能为之接受的破坏概率或可靠指标。由于对风险水平的接受程度往往因人而异,所以用类比法确定设计可靠度难以为人们所公认。

校准法是通过对现行设计规范安全度的校核(反演计算),找出隐含于现有工程中相应的可靠指标值,经综合分析和调查,据以制定今后设计采用的目标可靠指标。这实质上是充分注意到了工程建设长年积累的实践经验,继承现行设计规范规定的设计可靠度水准,认为它从总体上来讲是合理的、可以接受的。

B 建筑结构设计可靠指标

可靠性方法在工程结构设计中,已进入了工程实用阶段,许多国家和国际组织已开始根据结构可靠性理论制订新的设计标准和规范。因为建筑工程和边坡工程略有相近之处,在边坡工程没有形成自己的设计规范情况下,亦可借以参考。

(1) 我国《建筑结构设计统一标准》是基于结构设计规范安全度的校核分析结果,同时综合考虑安全与经济等因素,根据建筑结构的安全等级(表 8-318),规定设计可靠指标β_K(表 8-319)。

表 8-318 建筑结构的安全等级

安全等级	破坏后果	建筑物类型
一级	很严重	重要建筑物
二级	严重	一般工业与民用建筑
三级	不严重	次要建筑物

表 8-319 结构构件承载能力极限状态的设计可靠指标β_K

破坏类型	安全等级		
	一级	二级	三级
延性破坏	3.7	3.2	2.7
脆性破坏	4.2	3.7	3.2

上述的β值是根据设计基准期$T=50$年规定的。而且,只对静力荷载下设计结构时适用。对于含有动力荷载的组合作用下,目标可靠指标一般比上述规定值小,一般在 1~2 之间。一般按表 8-320 选取与结构相同的安全等级,但允许对部分结构构件根据其重要程度及综合经济效果进行适当调整。

(2) 国际安全度联合委员会(JCSS)制订的《结构统一标准规范的国际系》第一卷"对各类结构和各种材料的共同统一规则"提出的建议年风险率见表 8-320。

表 8-320 国际标准建议的年风险率P_f

遭受危险平均人数	经济后果		
	不严重	严重	很严重
少(<0.1)	10^{-3}	10^{-4}	10^{-5}
中等	10^{-4}	10^{-5}	10^{-6}
多(>10)	10^{-5}	10^{-6}	10^{-7}

8.11.10 边坡应力场分析

8.11.10.1 概述

地应力是存在于地层中的未受工程扰动的天然应力,也称岩体初始应力或原岩应力。地应力的形成主要与地球各种动力作用有关,尤其是构造应力场和重力应力场为现今应力场的主要组成部分,而以水平方向的构造运动对地应力的形成影响最大。

岩体是一种复杂介质,它具有多裂隙性、分层性、力学性质上的非均匀性、应力-应变关系的非线性、流变性。在不同条件下岩体还具有脆性或塑性破坏,并往往呈现渐进破坏的特点。

处于岩体中的工程对象通常处于复杂边界条件以及复杂地质条件下,因此常规的分析方法往往难以适应。而随着计算机技术的飞速发展,用数值分析方法对边坡应力场研究已被广大工程技术人员所熟悉,并且使复杂条件下边坡应力场研究成为了可能。其优越性在于能考虑到介质复杂的物理力学属性,并可简便地处理复杂的边界条件,它既可以用于非均匀的弹性体,也可以用于弹塑性问题、流变问题、大变形和大位移等等岩体力学问题。有鉴于此,边坡应力场从以下三个方面进行分析:地应力分布规律与测量、岩石的弹塑性本构关系和边坡应力场有限元分析。

8.11.10.2 地应力分布规律与测量

岩石是地球表层的物质,在漫长的地质年代里,由于地质构造运动等原因使地壳物质产生了内应力效应,这种应力称为地应力。

形成地应力的因素极为复杂,要把这多种因素完全搞清楚无疑是十分困难的。但从岩体构成角度来看,工程涉及范围总是有限的,它属于区域性地应力。根据工程实测资料分析,在工程岩体中地应力主要来源是地质构造运动和岩体自重。它们主要以两种形式存在于岩体中,一部分是弹性能形式,其余则由于种种原因在岩石中处于自我平衡而以冻结的形式保存着。

研究岩体的应力状态目的在于正确认识边坡岩体的力学性能,阐明围岩的破坏机制,充分利用和发挥围岩的自承能力,使边坡工程设计更加合理安全和经济。

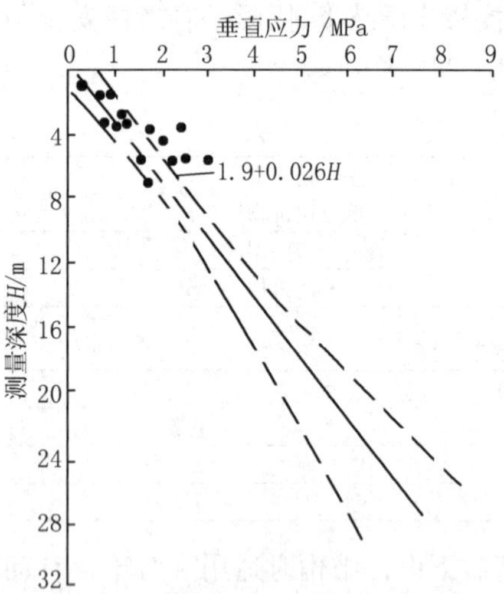

图 8-410 垂直应力随深度而增加

A 地应力的分布规律

根据岩土工程的需要,1951 年 N. Hast 在瑞典矿山中开始了地应力量测。现在这种研究已扩展到全球许多地区,并已取得了许多宝贵的资料。总结这些资料,可以看出地应力分布的若干规律,这对进一步研究地应力具有十分重要的指导意义,这些规律如下:

(1) 地壳中主应力为压应力,方向基本上是铅直和水平的。测量结果表明,一个主应力的方向并不总是铅直的,但与铅直方向的夹角小于 30°。故可认为一个主应力基本上是铅直的,另外两个主应力基本上是水平的。铅直应力的大小与上覆岩层的重量有关,铅直应力值可根据覆盖层的重量计算。

(2) 垂直应力随深度呈线性增长。图 8-410 是 G. Herget 的统计结果,他根据这些资料得出了垂直应力:

$$\sigma_z = (19 \pm 12.6) + (0.266 \pm 0.028)H \tag{8-825}$$

式中 H——测量深度。

(3) 水平应力分布比较复杂。水平应力分布具有五个特点:

1) 最大水平应力分量绝大多数大于垂直应力分量。根据国内外实测资料统计,$\frac{\sigma_H}{\sigma_z} > 0.5 \sim 5.5$,大部分在 0.8 ~ 1.2 之间,最大值有的达 30 或以上。

2) 地壳内第一主应力方向接近水平,它与水平面夹角多数小于 30°。

3) 水平应力另一特点是两个应力分量不相等,一大一小具有明显的方向性,一般最大水平应力 $\sigma_{H\max}$ 和

最小水平应力 $\sigma_{H\min}$ 相差1.4～3.3倍。

根据我国地应力测量资料，在地层500m以上的最大及最小水平主应力随深度(Z)变化规律如下：

$$\bar{\sigma}_{H\max} = (4.5 \pm 2.5) + 0.049Z \tag{8-826}$$

$$\bar{\sigma}_{H\min} = (1.5 \pm 1.0) + 0.030Z \tag{8-827}$$

我国平均水平主应力随深度的变化关系为：

$$\bar{\sigma}_{H} = \frac{\bar{\sigma}_{H\max} + \bar{\sigma}_{H\min}}{2} = 0.72 + 0.041Z \tag{8-828}$$

平均水平应力与垂直应力之比 K，在埋深100m以内的浅部，其值分布范围较宽，大约为1.5～5.0，埋深超过100m后，逐渐趋于集中，其范围为0.5～2.0。表8-321为世界一些地区水平应力与垂直应力的比值。

表8-321 世界一些地区的水平应力与垂直应力的比值

国家名称	不同 σ_H/σ_Z 频度分布			σ_H/σ_Z
	小于0.8	0.8～1.2	大于1.2	
中国	32	40	28	2.09
澳大利亚	0	22	78	2.95
加拿大	0	0	100	2.56
美国	18	41	41	3.29
挪威	17	17	66	5.56
瑞典	0	0	100	4.99
南非	41	24	35	2.5
前苏联	51	29	20	4.30
其他地区	37.5	37.5	25	1.96

根据水平应力所表现的各向异性，其与垂直应力之比值随深度而变化，依据我国埋深在500m以内地层的量测资料可得：

$$\frac{\sigma_{H\max}}{\sigma_V} = \frac{150}{Z} + 1.4 \tag{8-829}$$

$$\frac{\sigma_{H\min}}{\sigma_V} = \frac{128}{Z} + 0.5 \tag{8-830}$$

Hoek和Brown研究了世界各地116个现场应力测量数据，编制了平均水平应力与垂直应力之比 K 随深度的变化(图8-411)，根据我国的地应力测量资料绘制的 K 随深度的变化(图8-412)，两种规律基本一致。

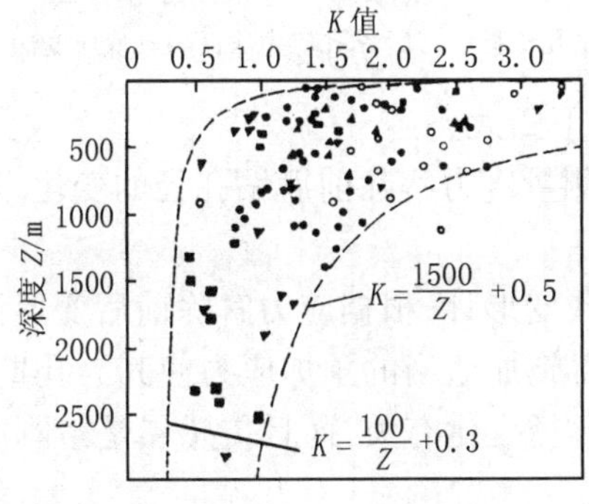

图8-411 平均水平应力与铅直应力之比(K)与地下深度 Z 的关系

(据Brown and Hoek)

资料来源地区：●—澳大利亚；▲—加拿大；▼—美国；■—南非；○—斯堪的那维亚

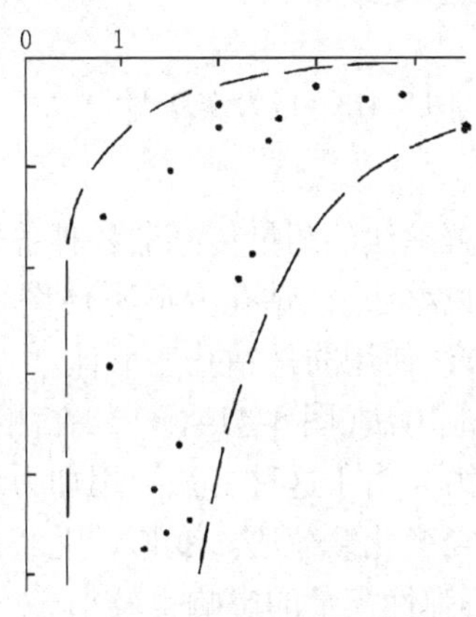

图8-412 平均水平应力与铅直应力之比值随深度的变化

(据我国地应力测量资料)

4）一个相当大的区域内，最大主应力方向是相对稳定的。

5）区域构造场常常决定局部点的主应力。

B　地应力测量方法

自20世纪70年代以来，地应力测量方法及仪器发展迅速，主要测量方法有应力恢复法、应力解除法、水压致裂法、波速测定法、光弹性应力测定法、X射线应力测定法及声发射测定法，本节主要介绍应力恢复法、应力解除法及水压致裂法。

a　应力恢复法

应用较早的一种应力测量方法是应力恢复法，此法是用平面千斤顶使已解除了应力的岩石恢复到初始应力状态。

具体作法是：在岩石上安设测微计（如钢弦、电阻应变计、千分表等）测得初始读数，然后用平切槽解除岩石中的应力，最后将扁平千斤顶插入切槽内并灌注水泥，待水泥固结后将千斤顶加压使测微计恢复到初始值为止（图8-413）。

这种方法的优点在于能直接测读应力，避免了使用岩石弹性模量E换算所带来的误差，而且方法简便。然而，由于在岩壁上开槽深度较浅，因此测出的是围岩爆破松动圈范围内的二次应力，数值偏低，且只能测已知主应力方向的应力大小。这种方法在已知主应力方向并了解围岩应力分布的情况下，量测矿柱或边坡的应力还是适用的。

有人发展了一种在钻孔中用应力恢复法测量应力的技术，这种方法虽然能测定一定深度的应力，但由于方法并不简便，因此应用也不广泛。

b　应力解除法

应力解除法又称为应变解除法或套芯法，这是目前应用最广的一种应力测量方法。此法是在岩石中先钻一孔，在钻孔中安设测量传感器并观测读数，然后在测孔外用同心套钻钻取岩芯，使岩芯脱离圈岩，岩芯因应力解除而产生弹性恢复。依据应力解除前后仪器所测得的应变差值即可算出应力值的大小和方向（图8-414）。

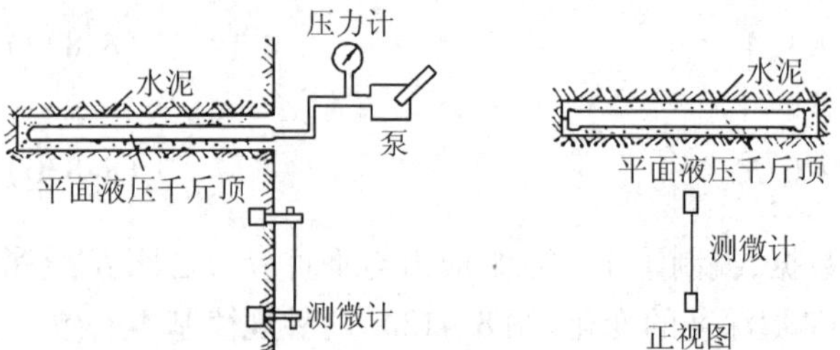

图8-413　应力恢复法

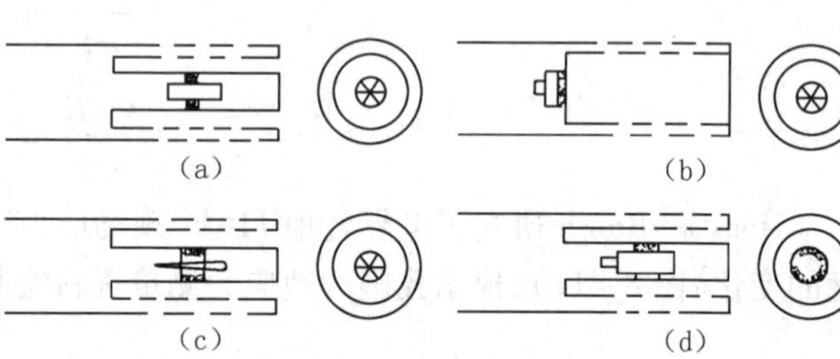

图8-414　应力解除法

(a)钻孔位移法；(b)钻孔应力法；(c)孔底应变法；(d)孔壁应变法

用于应力解除法的测量传感器各种各样，大致可分为以下四大类：

（1）钻孔位移法（或钻孔变形法）（图8-414(a)），通过测量应力解除前后钻孔径的变化，从而计算出岩石应力，这种方法使用的是钻孔变形计。

（2）钻孔应力法（图8-414(b)），在测孔内安设刚性钻孔变形计，根据应力解除前后变形计上压力变化来计算岩石应力。由于这种方法要用加力装置对测量传感器施加适当的预加应力使其与孔壁固定，所以也称之为钻孔孔径变化载荷法。变形计上载荷的变化与钻孔孔径变化有关，而且传感器是由刚度较大的材料所制成，受岩石弹性模量的影响也较小。

钻孔位移法和钻孔应力法都是通过测量与钻孔孔径变化有关的量来计算应力，只是所使用的传感器的刚度不同，所以从实质上讲，这两类测量方法也可统称为钻孔变形法。

（3）钻孔应变法（包括孔底应变法和孔壁应变法）（图8-414(c)），通过测量应力解除前后钻孔端部的应变变化而计算应力。这类仪器以南非E. R. Leeman的“门塞式”孔底应变计为代表，国内也有人使用类似的孔底应变计测量应力。

(4) 孔壁应变法(图 8-414(d)),通过测量应力解除前后钻孔孔壁表面应变变化来计算应力。这种传感器称为孔壁应变计。这种方法以葡萄牙的 M. Rocha 和南非的 E. R. I. Eernan 以及澳大利亚和瑞典等国所使用的孔壁应变计为代表。我国有关单位也进行该类设备研制,并在应力测量计算方面取得了一些新的成果。

下面介绍一种国内常用的应力测量设备——单孔全应力计(即三轴应变计)。这种量测技术最早是由 E. R Leeman 提出的。这种方法和以前的量测方法相比,它可以使用一个钻孔进行一组测量,取得足够的数据来决定一点的全应力状态。它和以前的方法相比,标志着量测技术上的重大改进:1976 年在澳大利亚召开的岩体应力量测会议及近年来岩石力学国际会议上应力解除法也主要是沿着这个方向发展的。

图 8-415 是原地质部地质力学研究所生产的 KX-81 型空芯包体式单孔全应力计,它主要由电缆、密封圈、环氧树脂筒,空腔及黏腔剂、固定销、柱塞导向杆及应变花组成。其中核心部分是环氧树脂筒中 12 个电阻应变片。它由 3 组应变花(每组应变花由 4 个应变片组成)沿环氧树脂圆周相隔 120°粘贴,如图 8-416 所示,然后再用环氧树脂浇注外层,使电阻应变片嵌在筒壁内。在应力计的顶部有一个补偿应变片。

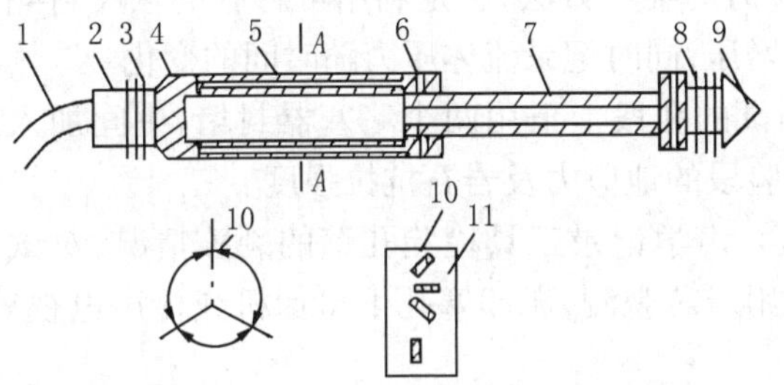

图 8-415 KX-81 型空芯包体三轴地应力计结构

1—电缆;2—定向销;3,8—密封圈;4—环氧树脂筒;5—空腔及黏腔剂;6—固定销;7—柱塞;9—导向杆;10—应变花

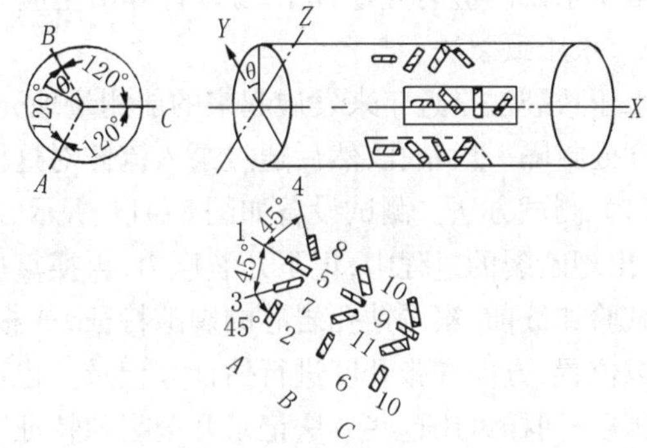

图 8-416 应变花位置分布

环氧树脂筒有一个足够大的内腔,用来装黏结剂,另有一个环氧树脂柱塞。使用时,将圆筒内腔装满黏结剂,当柱塞不断推进时,可不断使黏结剂经柱塞小孔流出,进入应力计和小孔壁直接的间隙里。

经过一定时间,黏结剂完全固化后,即可进行套芯解除,在解除过程中测出岩石弹性恢复的应变值。

假定岩石为线弹性,则应变与应力分量关系如下:

$$E\varepsilon_{\theta i} = (\sigma_y + \sigma_z)K_1 + 2(1-\mu^2)[(\sigma_x - \sigma_y)\cos 2\theta_i - 2\tau_{yz}\sin 2\theta_i]K_2 - \mu\sigma_x K_4 \cdots\cdots \quad (8\text{-}831)$$

$$E\varepsilon_{xi} = \sigma_x - \mu(\sigma_y + \sigma_z) \quad (8\text{-}832)$$

$$E\varepsilon_{\pm 45} = 0.5E(\varepsilon_{xi} + \varepsilon_{\theta i} \pm r_\theta x_i) \quad (8\text{-}833)$$

$$r_\theta x_i = \frac{4}{E}(1+\mu)(\tau_{zx}\cos\theta_i - \tau_{xy}\sin\theta_i)K_3$$

式中 $\varepsilon_{\theta i}$——环向应变;

ε_{xi}——轴向应变;

$E\varepsilon_{\pm 45}$——正负 45°斜向应变;

E,μ——岩石弹性模量和泊松比;

$\sigma_x,\sigma_y,\sigma_z,\tau_{xy},\tau_{yz},\tau_{zx}$——坐标系 $oxyz$ 中的应力分量;

K_1,K_2,K_3,K_4——校正系数,由岩石和应力计环氧树脂的 E、μ,安装小孔的直径,应变片在小孔中的位置等因素,根据计算确定,一般在 0.8~1.2 之间。

求出了 6 个应力分量即可求得一点的三维应力 σ_1、σ_2、σ_3 及其对应的方位角。

每次套芯解除时,因为有 12 个应变片,因此可以得到 12 个读数,为了更准确地估计量测精度,可用最小二乘法进行数据处理，以得到最可信赖的应力分量、主应力及误差估计。

解下列方程组可以得到应力分量的最小二乘法解答：

$$[A]\{\sigma\} = \{G\} \tag{8-834}$$

式中 $A=[a_{ij}]$——方程组系数。

$$a_{ij} = \sum_{k-1}^{n_1} C_{ik}C_{jk} + \sum_{k-1}^{n_2} d_{ik}d_{jk} + \sum_{k-1}^{n_3} J_{ik}J_{jk} + \sum_{k-1}^{n_4} J'_{ik}J'_{jk} \quad (i,j=1,2,3,4,5,6) \tag{8-835}$$

$$\{G\} = \{g_i\}$$

$$\{g_i\} = \sum_{k-1}^{n_1} S_{\theta k}C_{ik} + \sum_{k-1}^{n_2} S_{ak}d_{jk} + \sum_{k-1}^{n_3} S_{45k}J_{jk} \quad (i,j=1,2,3,4,5,6) \tag{8-836}$$

式中 $d_{ik},d_{jk},J_{ik},J_{jk},J'_{ik},J'_{jk}$——与钻孔的方位角、倾角，应力计中的应变花的角度有关的系数；

$S_{\theta k},S_{ak},S_{45k}$——测量读数；

n_1,n_2,n_3,n_4——相应的读数个数；

$\{\sigma\}$——相应的6个应力分量；且$\{\sigma\}=[\sigma_x,\sigma_y,\sigma_z,\tau_{xy},\tau_{yz},\tau_{zx}]^{\mathrm{T}}$。

由所求出的应力分量$\{\sigma\}$，可以计算出主应力的大小和方向，上述计算可以通过计算机编程进行。

c 水压致裂法

水压致裂法是近年来发展起来的能测量地壳深部应力的唯一方法，它是利用可膨胀的橡胶封隔器在已知深度处封隔一段钻孔，然后通过泵入流体对这段钻孔增压，同时记录流体压力随时间的变化。

(1) 测试方法。测试设备如图8-417所示，在要测试的孔段上下用两个堵塞器封堵，中间加入高压水液，在出现断裂的过程中，记下开裂压力，再换算成该试验段的地应力及岩石抗拉强度。

试验加液前，察看钻孔岩芯的裂隙特征，或根据光学、声学记录工具检验孔壁的裂隙情况，对试验段内的裂隙位置，方向和张开度进行估计和记录。也可以采用岩芯观测，压印塞孔下摄像机或传声电视等设备。在加压后，同样可用这些方法记录开裂裂隙特征。

在加压过程中，如图8-418所示，钻孔的切向和铅垂向的有效应力可能变成拉应力，当此拉应力达到钻孔岩体的破坏强度时，则钻孔将发生破裂。此时钻孔液压 p_b 即初始破裂压力或破坏压力，当注入液体的体

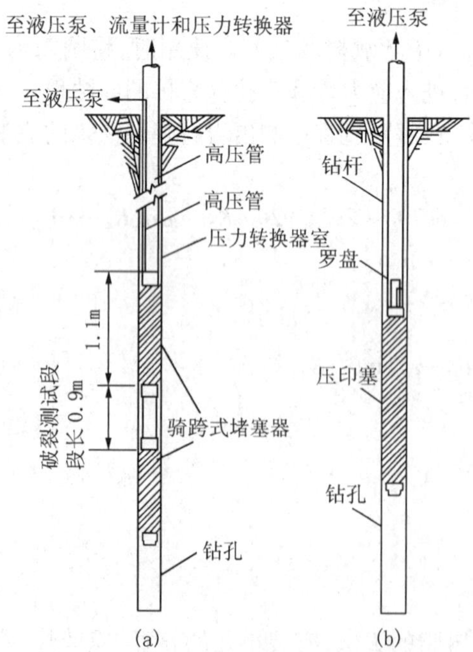

图8-417 测试设备
(a)水压致裂工具；(b)压印塞的图解说明

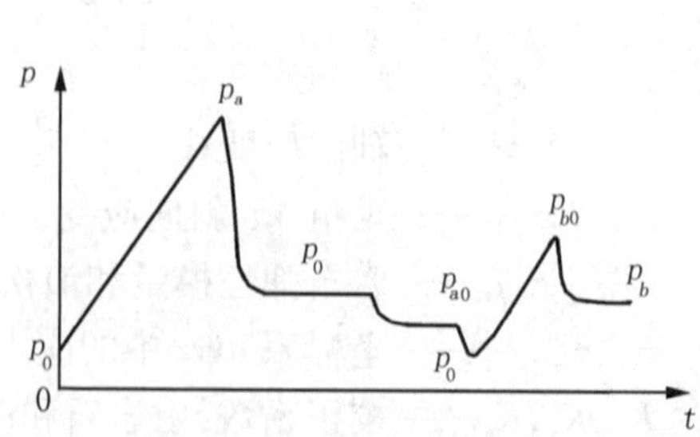

图8-418 压裂过程泵压变化及特征压力
p_b—初始开裂压力；p_a—稳定开裂压力；
p_{a0}—关闭压力；p_0—地下水压；p_{b0}—开启压力

积破裂长度扩展到大约3倍钻孔直径时，液体即停止注入，并关闭液压系统，形成"瞬时关闭"压力 p_{a0}，当液压进入岩体内连续地将岩体劈裂的液压称为稳定开裂压力 p_a，如果围岩渗透性大，该压力将逐渐衰减直到岩体内孔隙水压或地下水压力 p_0。

(2)基本原理。当孔壁出现铅直开裂时，先按水平方向的 σ_1、σ_2 分析出现的拉应力，再利用最大拉应力准则判断地应力及抗拉强度。

如图8-419所示，孔壁出现垂直裂缝时，两个水平主应力为 σ_1、σ_2，加液压 p_a，此时钻孔围岩内的应力为：

$$\sigma_r = \frac{1}{2}(\sigma_1 + \sigma_2)\left(1 - \frac{a^2}{r^2} + p_b\frac{a^2}{r^2} + \frac{1}{2}(\sigma_1 - \sigma_2)\left(1 - \frac{4a^2}{r^2} + \frac{3a^4}{r^4}\right)\cos2\theta \right. \tag{8-837}$$

$$\sigma_\theta = \frac{1}{2}(\sigma_1 + \sigma_2)\left(1 + \frac{a^2}{r^2} - p_b\frac{a^2}{r^2} - \frac{1}{2}(\sigma_1 - \sigma_2)\left(1 + \frac{3a^4}{r^4}\right)\cos2\theta \right. \tag{8-838}$$

在 $r = a$ 的孔壁处：

$$\sigma_r = p_b$$

$$\sigma_\theta = (\sigma_1 + \sigma_2) - p_b - 2(\sigma_1 - \sigma_2)\cos2\theta \tag{8-839}$$

当 $\sigma_\theta = 0$ 时，σ_θ 有最小值，即

$$\sigma_\theta = 3\sigma_2 - \sigma_1 - p_b \tag{8-840}$$

当孔壁发生破裂时，则

$$\sigma_\theta \approx T_0 \tag{8-841}$$

T_0 为岩体抗拉强度，此时成立的破裂条件为：

$$3\sigma_2 - \sigma_1 - p_b + T_0 = 0$$

即

$$\sigma_1 = 3\sigma_2 - p_b + T_0 \tag{8-842}$$

当孔隙内有孔隙水压力 p_0 时，式(8-842)可写为：

$$\sigma_1 = 3\sigma_2 - p_0 - p_b + T_0 \tag{8-843}$$

岩体开裂后，又重新加压，开启压力 p_{b0}，则式(8-843)可写为：

$$\sigma_1 = 3\sigma_2 - p_{b0} - p_0 \tag{8-844}$$

由式(8-843)、式(8-844)可得：

$$p_b - p_{b0} = T_0 \tag{8-845}$$

岩体内稳定开裂的应力条件，如图8-420所示。

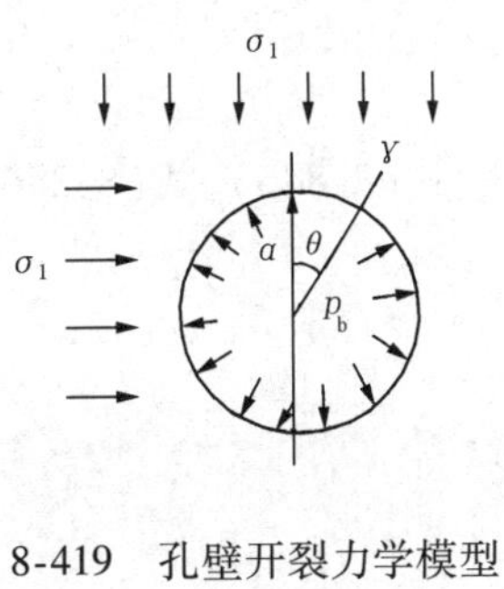

图8-419 孔壁开裂力学模型

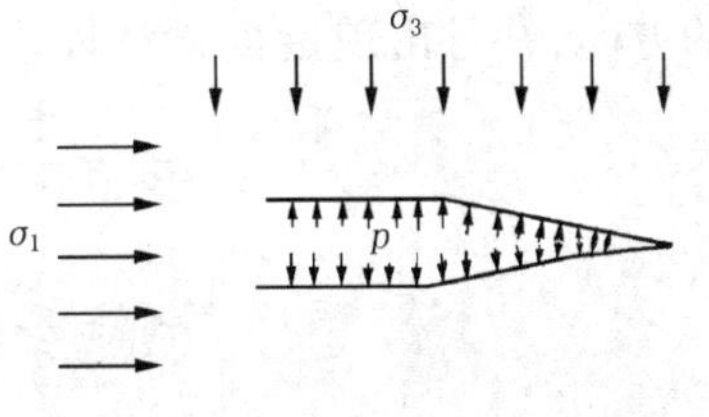

图8-420 岩体内稳定开裂力学模型

在液压作用下，如果裂纹由孔边开裂转入岩体的水平破裂，这是铅直方向为 σ_3 情况下出现的，其开裂条件不同于前面的条件，而应用裂隙断裂条件，对于裂隙内有 p_s 的液压情况，其裂隙扩展条件根据J. C. Jeager的推导，可得：

当 $\sigma_1 + 3\sigma_2 > 4p_s$ 时，

$$(\sigma_1 - \sigma_3)^2 - 8T_0(\sigma_1 + \sigma_3 - 2p_s) \tag{8-846}$$

当 $\sigma_1+3\sigma_3<4p_s$ 时,

$$\sigma_3 - p_s + T_0 = 0 \tag{8-847}$$

对于有孔隙压力情况下,常利用式(8-847),此时:

$$\sigma_3 = p_s - T_0 \tag{8-848}$$

当关闭泵时,此时岩石停止劈裂:

$$\sigma_3 = p_{s0} \tag{8-849}$$

p_{s0} 为关闭时的水泵压力,将式(8-849)代入式(8-848)可得:

$$T_0 = p_s - p_{s0} \tag{8-850}$$

这样,可利用式(8-847),通过稳定开裂压力 p_s 和关闭压力 p_{s0},求出岩体的平均抗拉强度。

利用式(8-847),可将式(8-846)简化,得:

$$\sigma_1 = \sigma_3 + 4T_0 \tag{8-851}$$

或

$$\sigma_1 = p_{s0} + 4T_0 \tag{8-852}$$

由上两式可求得最大主应力 σ_1。

大量实验资料说明,无论垂直地应力是 σ_1、σ_2 或 σ_3,钻孔壁的初始开裂都经常是铅直方向的,根据上面分析,当 $\sigma_z=\sigma_1$ 或 $\sigma_z=\sigma_2$ 时,其断裂面应是铅直的,然而当 $\sigma_z=\sigma_3$ 时,似而造成孔壁区水平应力顿时减小,使 σ_z 成为 σ_1 或 σ_2,但是在深入孔内的岩石区,则仍恢复原来应力状态,即裂缝由垂直转向水平,对于孔壁开裂和孔外岩石的开裂,其开裂的条件是不同的。

当孔壁出现铅直开裂时,可利用孔壁开裂的最大拉应力准则,并计算得两个水平主应力。当开裂延展到孔外岩石区时,则应利用 Griffith 准则来分析最小主应力,当出现水平裂缝时,此时最小水平地应力是水平方向的。可根据弹性理论及最大拉应力准则,计算最小主应力及最大主应力。当然 σ_2 难以得到。

(3) 计算方法、步骤。地应力计算的方法、步骤及公式如下:

1) 利用式(8-849)求得最小主应力。

$$\sigma_3 = p_{s0}$$

将求得的 σ_3 与自重应力 $\sigma_z=\gamma h$ 相比较,如果 $\sigma_3\approx\gamma h$,则 $\sigma_3=\sigma_2$;如果 $\sigma_3<\gamma h$,则 $\sigma_3=\sigma_0$;如果 $\sigma_3>\gamma h$,则不能确定,需要与求得的 σ_1、σ_2 比较,确定哪一个是 σ_Z。

2) 利用式(8-850)计算岩体抗拉强度。

$$T_0 = p_s - p_{s0}$$

3) 利用式(8-851)和式(8-852)计算最大主应力。

$$\sigma_1 = \sigma_3 + 4T_0$$

$$\sigma_1 = p_{s0} + 4T_0$$

4) 已知 σ_3 的方向,并且出现铅直裂缝时,则可利用式(8-842)、式(8-845)、式(8-846)来计算 σ_Z。

$$\sigma_2 = \frac{1}{3}(\sigma_1 + p_b - T_0)$$

$$\sigma_2 = \frac{1}{3}(\sigma_1 + p_b + p_0 - T_0)$$

$$\sigma_2 = \frac{1}{3}(\sigma_1 + p_{b0} - p_0)$$

5) 根据孔壁开裂的裂缝方向和三个主应力的属性,分析主应力的方向。

8.11.10.3 有限元分析常用本构模型

岩体力学中使用弹塑性理论是将岩体介质看做一种连续介质,因为传统弹塑性力学理论中的应力、应变等概念都是建立在连续介质模型基础之上的。岩体是一种杂质体,它由各种不同矿物组成,存在节理裂隙等不连续面和空隙,在细观上是不连续的。然而连续介质力学对岩体结构分析是成功的,因为从宏观角度来看，连续介质的概念抓住了岩体力学问题的主要方面。

A 非线性弹性模型(Duncan 模型)

材料的割线模量和切线模量可由实验资料确定。在岩土工程计算中使用得相当广泛的非弹性模型是Duncan 模型。在该模型中假设割线模量 E_s、v_s 是应变分量的双曲线形式。由三轴试验得出的 E_s、v_s 表达式为：

$$E_s = \frac{1}{\dfrac{1}{E_0} + \dfrac{\varepsilon_1}{(\sigma_1 - \sigma_3)_{\text{ult}}}} \tag{8-853}$$

$$v_s = v_0 - d\varepsilon_3 \tag{8-854}$$

式中 $\varepsilon_1, \varepsilon_3$——分别为轴向和径向应变；

$(\sigma_1 - \sigma_3)_{\text{ult}}$——应变 ε_1 趋向无限大时极限的主应力差值；

E_0, v_0——初始模量，它们随围压的变化，由实验给出，公式如下：

$$E_0 = Kp_a\left(\frac{\sigma_3}{p_a}\right)^n \tag{8-855}$$

$$v_0 = G - F\lg\left(\frac{\sigma_3}{p_a}\right) \tag{8-856}$$

式中 K, n, d, G, F——实测参数；

p_a——大气压，与围压 σ_3 的量纲相同。

$$E_t = E_0\left[\frac{R_{\text{f}}(1 - \sin\varphi)(\sigma_1 - \sigma_3)}{2c\cos\varphi + 2\sigma_3\sin\varphi}\right]^2 \tag{8-857}$$

$$v_t = \frac{G - F\lg\left(\dfrac{\sigma_3}{p_a}\right)}{(1 - A)^2} \tag{8-858}$$

式中 c, φ——材料的内聚力和摩擦角；

R_{f}——$(\sigma_1 - \sigma_3)_{\text{ult}}$ 与峰值强度 $(\sigma_1 - \sigma_3)_{\max}$ 之比，即破坏比；

$$A = \frac{(\sigma_1 - \sigma_3)d}{E_t}。$$

B Mohr-Coulomb 强度准则(摩尔-库仑强度准则)

岩土工程有限元分析计算中，Mohr-Coulomb 强度准则(摩尔-库仑强度准则)是应用很广泛的一种岩土体的本构模型，其常见的公式形式如下：

Coulomb 形式：

$$f = \tau - \sigma\tan\varphi - c = 0 \tag{8-859}$$

Mohr 形式：

$$f = (\sigma_1 - \sigma_3) - (\sigma_1 + \sigma_3)\sin\varphi - 2c\cos\varphi \tag{8-860}$$

在 3 个主应力相对大小未知的情况下，可将 Mohr 形式按式(8-861)做一般化处理：

$$f = \{(\sigma_1 - \sigma_2)^2 - [(\sigma_1 + \sigma_2)\sin\varphi + 2c\cdot\cos\varphi]^2\}\cdot\{(\sigma_2 - \sigma_3)^2 - [(\sigma_2 + \sigma_3)\sin\varphi + 2c\cdot\cos\varphi]^2\}\cdot \{(\sigma_1 - \sigma_3)^2 - [(\sigma_1 + \sigma_3)\sin\varphi + 2c\cdot\cos\varphi]^2\} \tag{8-861}$$

当 $\sigma_1 > \sigma_3 > \sigma_2$ 时，有：

$$(\sigma_1 - \sigma_2) = \pm[(\sigma_1 + \sigma_2)\sin\varphi + 2c\cdot\cos\varphi] \tag{8-862}$$

当 $\sigma_2 > \sigma_1 > \sigma_3$ 时，有：

$$(\sigma_2 - \sigma_3) = \pm[(\sigma_2 + \sigma_3)\sin\varphi + 2c\cdot\cos\varphi] \tag{8-863}$$

根据式(8-861)、式(8-862)、式(8-863)，可绘制出 Mohr-Coulomb 强度准则在主应力空间、在偏平面及在 $\sigma_2 = 0$ 的平面上的屈服或破坏曲线，如图 8-421 所示。

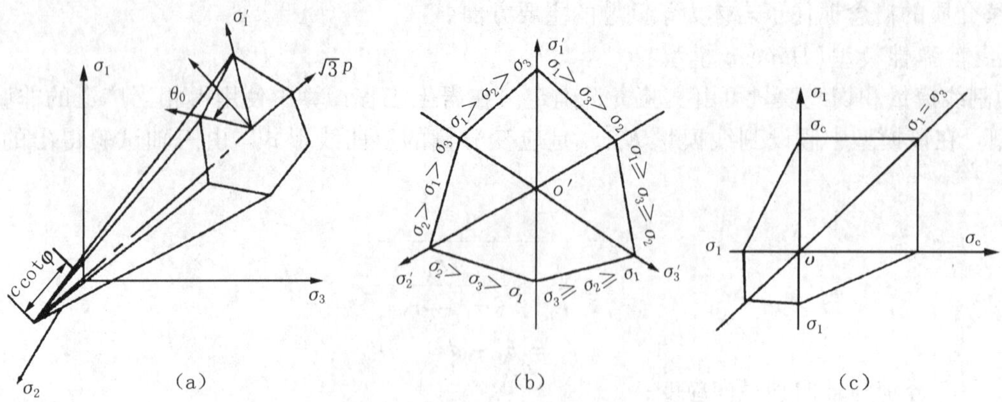

图 8-421 Mohr-Coulomb 强度准则的屈服曲面及屈服曲线

(a)主应力空间;(b)偏平面;(c)$\sigma_2=0$ 平面

图 8-421 表明:Mohr-Coulomb 强度准则是以空间对角线或静水压力线为对称轴的六角锥体,六个锥角三三相等;在偏平面上的屈服曲线为 6 个角三三相等的六边形;$\sigma_2=0$ 的平面与 Mohr-Coulomb 强度准则在主应力空间上的六角锥面的交线,它是一个不等边的六角形,6 条线分别代表 6 种不同的应力屈服条件。当 $\sigma_2\neq0$时,图 8-421 中的六边形沿 $\sigma_1=\sigma_2$ 直线向上平移和扩大,从而说明平均应力和 σ_2 对屈服破坏条件的影响。

Mohr-Coulomb 强度准则的优点与不足:Mohr-Coulomb 强度准则整体适用于塑性和脆性岩体的剪切破坏,它将岩体的受压、受拉、受剪应力状态与强度条件紧密地结合起来,不仅以简洁的判据判别岩体在某种应力状态下的破坏情况,并近似确定破坏面的方向,而且反映了岩体抗拉强度小于抗压强度这个特性,并能解释岩体三向拉伸破坏,而三向等压时不会破坏的现象。该本构模型简单,便于实际工程应用。

通过 Mohr-Coulomb 强度准则在主应力空间的表达形式可见,二维的 Mohr-Coulomb 强度准则仅是 $\sigma_1>\sigma_2>\sigma_3$ 的条件下的简化形式,它具有如下不足:

(1) 该强度准则认为,岩体极限破坏强度只与最大、最小主应力有关,而与中间主应力无关,这与实际情况不符,σ_2 尽管不如 σ_2 影响大,但确实存在。

(2) 该强度准则只能提供岩体破坏的强度条件,不能对岩体破坏机理以及破坏发展的过程进行描述。

(3) 该准则指出岩体的破坏角(剪破面与最大主应力 σ_1 之间的夹角)为 $\alpha=45°-\varphi/2$。对于大多数岩体在压缩条件下其破坏角与此结论近似,但在拉伸条件下,其破坏面一般与拉应力方向垂直,实质是张破裂,与压缩条件属于两种不同的破坏机理。也就是说该准则只适用于描述岩体在受压区的剪切破坏,而对受拉区的研究则不充分。

(4) 该准则不适于描述膨胀岩体和蠕变岩体强度特性。对发育多组结构面的破碎岩体,该准则得出的直线性强度与实际情况表示的抛物线形强度包线有较大的出入。综上所述,Mohr-Coulomb 强度准则不能反映中间主应力的影响、对低应力区、拉应力区和高应力区的岩体强度特性均不能做很好的解释,也不能反映岩体结构及结构面的影响,更不能描述岩体破坏时最大、最小主应力之间的非线性关系。

C Hoek-Brown 经验强度准则

针对 Mohr-Coulomb 强度准则存在的不足,许多学者以试验为手段,探求以经验强度准则作为研究岩体破坏特征的新途径。其中以 E. Hoek 和 E. T. Brown 提出的强度准则最为著名,国际上称之为 Hoek-Brown 准则(或统称为岩体经验强度准则)。狭义 Hoek-Brown 强度准则首先于 1980 年首次提出,其表达式如下:

$$\sigma_1 = \sigma_3 + \sqrt{m\sigma_c\sigma_3 + s\sigma_c^2} \tag{8-864}$$

式中 σ_1,σ_3——岩体破坏时的最大、最小主应力(压应力为正),MPa;

σ_c——岩体单轴抗压强度,MPa,可由单轴压力试验和点荷载试验测定;

m,s——经验参数,m 反映岩石的软硬程度,其取值范围在 0.0000001 ~ 25,对严重扰动岩体取 0.0000001,对完整的坚硬岩体取25;s 反映岩体破碎程度,其取值范围在0 ~1,对破碎岩体取0,完整岩体取1。

将 $\sigma_3=0$ 代入式(8-864),可得到岩体的单轴抗压强度 σ_{cmass} 为:

$$\sigma_{cmass} = \sqrt{s\sigma_c} \tag{8-865}$$

将 $\sigma_1=0$ 代入式(8-864),可得到岩体的单轴抗拉强度 σ_{tmass} 为:

$$\sigma_{tmass} = \frac{1}{2}\sigma_c(m - \sqrt{m^2+4s}) \tag{8-866}$$

狭义 Hoek-Brown 强度准则在 $\sigma_1 \sim \sigma_2$ 直角坐标系中的强度包络线如图 8-422 所示。

该强度准则忽略了结构面对岩体破坏的影响及其对岩体强度的控制作用,仅将岩体破坏划分为拉伸破坏和剪切破坏两种机制。基于狭义 Hoek-Brown 强度准则的破坏判据如下。

(1) 拉伸破坏判据。当 $\sigma_3 \leqslant \sigma_{tmass}$,且满足式(8-867)时,该点拉伸破坏,此时破坏角 $\beta=0$,张裂缝将在平行于最大主应力 σ_1 的方向发展。

$$\sigma_3 \leqslant \sigma_{tmass} = \frac{1}{2}\sigma_c(m - \sqrt{m^2+4s}) \tag{8-867}$$

(2)剪切破坏判据。当 $\sigma_3 > \sigma_{tmass}$ 且满足下式时,该点剪切破坏。

$$\sigma_1 \geqslant \sigma_3 + \sqrt{m\sigma_c\sigma_3 + s\sigma_c^2} \tag{8-868}$$

1992 年,E. Hoek 针对 1980 年提出的强度准则的不足,提出了称之为广义 Hoek-Brown 强度准则,并给出了各类岩体经验参数值,其表达式如下:

$$\sigma_1 = \sigma_3 + \sigma_c\left(m_b\frac{\sigma_3}{\sigma_c} + s\right)^a \tag{8-869}$$

式中 m_b——经验参数 m 的值;

s,a——与岩体特征有关的常数;

σ_c——岩块单轴抗压强度,MPa;

σ_1,σ_3——最大、最小主应力,MPa。

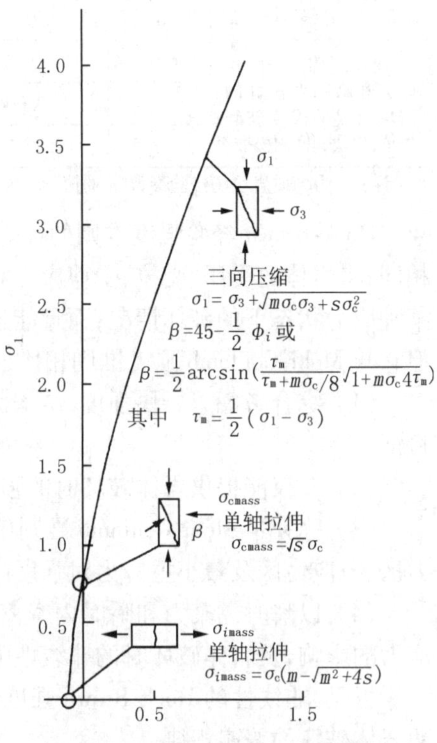

图 8-422 $\sigma_1 \sim \sigma_3$ 直角坐标系表示的 Hoek-Brown 强度包线

对于质量好的岩体,狭义 Hoek-Brown 强度准则较适合,可取 $\alpha=0.5$;对于质量较差的岩体,修正后的广义 Hoek-Brown 强度准则比较适合,具体参数 s、α 的取值可参见表 8-322。

表 8-322 广义 H-B 准则未挠动岩体 m_b/m_i、s、α 取值

广义 Hoek-Brown 经验强度准则 $\sigma_1=\sigma_3+\sigma_c\left(m_b\frac{\sigma_3}{\sigma_c}\right)^a$	岩体参数	岩体质量及结构面性状描述				
		岩体质量较好;结构面粗糙,未风化	岩体质量好;结构面粗糙,轻微风化,常为铁锈色	岩体质量一般;结构面光滑,中等风化或发生蚀变	结构面强风化,上有擦痕,被致密的矿物薄膜覆盖或角砾状岩屑充填	岩体质量较差;结构面强风化,上有擦痕,被黏土矿物薄膜覆盖或充填
块状岩体——由三组正交结构面切割成嵌固紧密、未受扰动的立方体状岩状	m_b/m_t	0.6	0.4	0.26	0.16	0.08
	s	0.19	0.062	0.015	0.003	0.0004
	α	0.5	0.5	0.5	0.5	0.5

续表 8-322

广义 Hoek-Brown 经验强度准则 $\sigma_1=\sigma_3+\sigma_c\left(m_b\frac{\sigma_3}{\sigma_c}\right)^a$	岩体参数	岩体质量及结构面性状描述				
		岩体质量较好;结构面粗糙,未风化	岩体质量好;结构面粗糙,轻微风化,常为铁锈色	岩体质量一般;结构面光滑,中等风化或发生蚀变	结构面强风化,上有擦痕,被致密的矿物薄膜覆盖或角砾状岩屑充填	岩体质量较差;结构面强风化,上有擦痕,被黏土矿物薄膜覆盖或充填
碎块状岩体——四组或四组以上结构面切割成嵌固紧密、部分扰动的角砾状岩块	m_b/m_t	0.4	0.29	0.16	0.11	0.07
	s	0.062	0.021	0.003	0.001	0.00
	α	0.5	0.5	0.5	0.5	0.5
块状、层状岩体——褶皱了或断裂了的岩体,受多组结构面切割而形成角砾状岩块	m_b/m_t	0.24	0.17	0.12	0.08	0.06
	s	0.012	0.004	0.001	0.00	0.00
	α	0.5	0.5	0.5	0.5	0.55
破碎岩体——由角砾岩和磨圆度较好的岩块组成的极度破碎岩体,岩块间嵌固松散	m_b/m_t	0.17	0.12	0.08	0.06	0.04
	s	0.004	0.001	0.00	0.00	0.00
	α	0.5	0.5	0.5	0.55	0.6

注:m_t 为均质岩块的经验参数 m 的值;m_b 为岩体经验参数 m 的值。

Hoek-Brown 经验强度准则的优点及适用的应力条件:Hoek-Brown 强度准则与 Mohr-Coulomb 强度准则相同,将岩体的受压、受拉、受剪应力状态与岩体强度条件紧密结合起来,不仅能以简洁的判据判别岩体在某种应力状态下的破坏情况,而且能近似确定破坏面的方向,整体适用于脆性岩体的剪切破坏和拉伸破坏。但它与 Mohr-Coulomb 强度准则相比,具有如下优点:

(1) 综合考虑了岩块强度、结构面强度、岩体结构等多种因素的影响,能更好地反映岩体的非线性破坏特征。

(2) 不仅能提供岩体破坏时的强度条件,而且能对岩体破坏机理进行描述。

(3) 弥补了 Mohr-Coulomb 准则中岩体不能承受拉应力,以及对低应力区不太适用的不足,能解释低应力区、拉应力区及最小主应力对强度的影响,因而更符合岩体的破坏特点。

(4) 以瞬时黏聚力和瞬时内摩擦角描述岩体的抗剪强度特性,很好地反映了岩体中或潜在破坏面上正应力的影响,及岩体破坏时的非线性强度。

可见,非线性的 Hoek-Brown 强度准则具有线性的 Mohr-Coulomb 强度理论无法比拟的优点,能更好地阐明岩体破坏的普遍规律。

另外,Hoek-Brown 强度准则认为,岩体极限破坏强度只与最大、最小主应力有关,而与中间主应力无关,这有时与实际情况不符,因而成为该强度准则的缺陷和不足。E. Hoek 在建立该准则之初,也注意到了这个问题。但他认为,从建立强度准则的第二个基本点出发,本着尽量简化强度准则的原则,忽略中间主应力对岩体破坏的影响是允许的,它是所建强度准则能够推广到节理岩体和各向异性岩体的先决条件。

岩体由脆性向塑性转变时的应力条件,实质上限定了 Hoek-Brown 经验强度准则的适用的应力条件。该准则仅适于描述低应力状态下岩体的脆性破坏,而对高应力并不适用。

因此,为明确反映应力状态对岩体破坏特征的影响,可将 Hoek-Brown 经验强度准则的含义扩展,并完整表述如下:

(1) 在低应力状态,岩体表现为脆性破坏特征,破坏时的极限应力满足狭义和广义 Hoek-Brown 经验强度准则。

(2) 在高应力状态,多数岩体发生由脆性向塑性的转变,性质转变时的应力关系为

$$\sigma_1 = \alpha\sigma_3 \tag{8-870}$$

式中 σ_1,σ_3——最大、最小主应力,MPa;

α——岩体性质转变系数,取决于岩体固有特性。

8.11.10.4 边坡应力场有限元分析

A 有限单元法概念

有限元法自20世纪50年代发展至今,已成为求解复杂的岩石力学及岩土工程问题的有力工具,并已为越来越多的工程科技人员所熟悉。在求解弹塑性、与时间相关性(如流变、动力、非稳态渗流等)以及多场耦合(如温度场、渗流场、应力场场耦合问题)等复杂的非线性问题中的效能,已使它成为在岩石力学领域中应用最广泛的数值分析手段。特别是近20余年来,在工程应用方面已有了较大的进展,并引起广大工程科技人员的兴趣。

a 有限元法基本方程

有限元法是通过变分原理(或加权余量法)和分区插值的离散化处理把基本支配方程转化为线性代数方程,把求解待解域内的连续场函数转化为求解有限个离散点(节点)处的场函数值。显然,这种离散化的处理是一种近似,因而只有当单元划分得充分小时,才能保证满意度求解精度。

由于单元充分小,在一个微小的单元内,未知场函数μ就可以采用十分简单的代数多项式近似地表述。通常可取如下的插值形式:

$$\mu = \sum_{i-1}^{m} N_i \mu_i$$

或

$$\{\mu\} = [N]\{\delta\}_e = [N_1, N_2, \cdots, N_m]\{\delta\}_e \tag{8-871}$$

式中 $[N] = [N_1, N_2, \cdots, N_m]$——插值函数或形函数;

$\{\delta\}_e = [\mu_1, \mu_2, \cdots, \mu_m]^{\mathrm{T}}$——单元节点处的函数值;

下标 m——单元的节点数目;

e——单元的序号。

有限元法即是以所有节点处的μ_i值作为基本未知量。

对于弹性力学问题,可通过最小势能原理或需功原理导出有限元法的基本方程。有限元法求解弹性力学问题通常以位移作为基本未知量。位移在直角坐标系中沿坐标轴x、y、z的分量分别表示为μ、v、ω,故单元位移模式这时可写为:

$$\{\mu\}_e = [\mu, v, \omega]_e^{\mathrm{T}} = [N_1 I, N_2 I, \cdots, N_m]\{\delta_e\} \tag{8-872}$$

式中 I——3×3阶单位矩阵;

N_i——单元的位移插值函数或形函数;

$\{\delta_e\}$——由单元各节点位移分量形成的矢量,即位移矢量。

利用弹性力学的几何方程及物理方程可导出单元的应变及应力表达式:

$$\{\delta_e\} = [B]\{\delta_e\} = [B_1, B_2, \cdots, B_m]\{\delta_e\} \tag{8-873}$$

$$\{\sigma_e\} = [D]\{\varepsilon_e\} = [D][B]\{\delta_e\} \tag{8-874}$$

应用最小势能原理或需功原理可以推导出单元刚度矩阵的表达式如下:

$$[k]_e = \int_V [B]^{\mathrm{T}}[D][B]\mathrm{d}V \tag{8-875}$$

面力及体力的等效节点力为:

$$\{Q\}_e = \int_V [N]^{\mathrm{T}}\{q\}\mathrm{d}V \tag{8-876}$$

$$\{P\}_e = \int_V [N]^{\mathrm{T}}\{p\}\mathrm{d}A \tag{8-877}$$

式中 $\{q\}$——分布的体力;

$\{p\}$——分布的面力,通常为坐标的已知函数。

当$\{q\}$及$\{p\}$均为常量,上式的积分则可简化。

b 常用单元及其特性

进行岩土工程有限元网格离散时,常用的剖分单元有三角形单元、四边形单元、四面体单元等,这些常用单元及其插值函数见表8-323。

表 8-323 常用单元及其插值函数

单　　元	插值函数
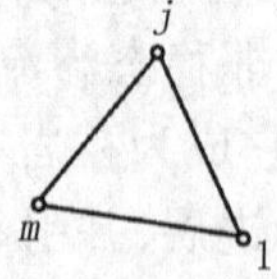	$N_i = \frac{1}{2\Delta}(a_i + b_i x + c_i y)$ $a_i = x_j y_m$ $b_i = y_i - y_k$ $c_i = x_k x_j$ 式中　Δ——三角形面积
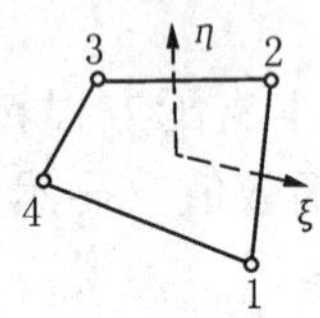	$N_i = \frac{1}{4}(1 + \xi_i \xi)(1 + \eta_i \eta)$ $u = \sum N_i u_i; v = \sum N_i v$ $x = \sum N_i x_i$ $y = \sum N_i y_i$
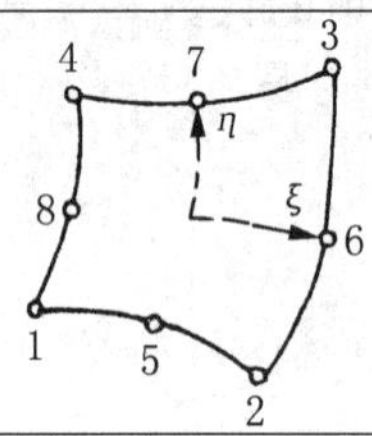	$N_i = \frac{1}{4}(1 + \xi\xi_i)(1 + \eta_i\eta)(\xi\xi_i + \eta_i\eta - 1)(i = 1 \sim 4)$ $N_i = \frac{1}{2}(1 - \xi^2)(1 + \eta\eta_i)(i = 5.7)$ $N_i = \frac{1}{2}(1 - \eta^2)(1 + \xi\xi_i)(i = 6.8)$
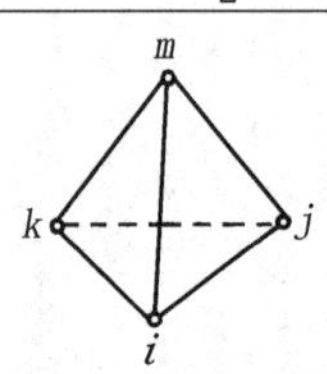	$N_i = \frac{1}{6V}(a_i + b_i x + c_i y + d_i z)$
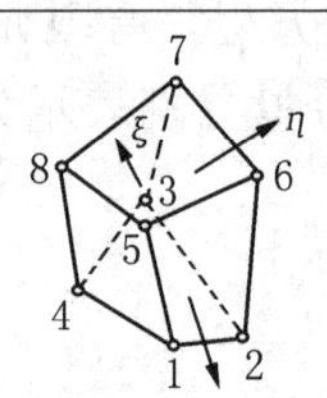	$N_i = \frac{1}{8}(1 + \xi\xi_i)(1 + \eta\eta_i)(1 + \zeta\zeta_i)(i = 1、2、\cdots、8)$
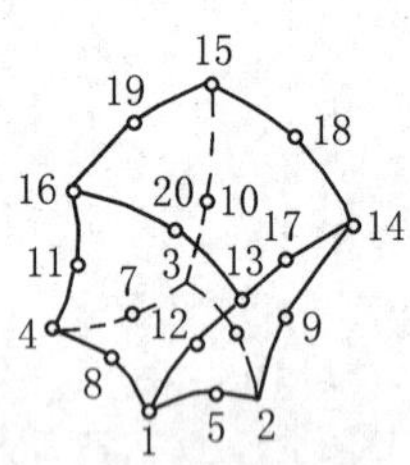	角节点 $N_i = \frac{1}{8}(1 + \xi\xi_i)(1 + \eta\eta_i)(1 + \zeta\zeta_i)(\xi\xi_i + \eta\eta_i + \zeta\zeta_i - 2)$ $\xi = 0$ 的边中点 $N_i = \frac{1}{4}(1 - \xi^2)(1 + \eta\eta_i)(1 + \zeta\zeta_i)$ $\eta = 0$ 的边中点 $N_i = \frac{1}{4}(1 - \eta^2)(1 + \xi\xi_i)(1 + \zeta\zeta_i)$ $\zeta = 0$ 的边中点 $N_i = \frac{1}{4}(1 - \zeta^2)(1 + \xi\xi_i)(1 + \eta\eta_i)$

c　边界条件的简化

岩土边坡、地下工程等岩土工程问题通常都涉及无限域或半无限域,处理此类问题通常是在有限的区域进行离散化。为了使这种离散化不会产生大的误差,必须取足够大的计算范围,并应使假定的外边界条件尽可能接近真实状态。

理论分析和计算实践表明,当进行岩土工程开挖而造成的开挖荷载释放,通常作用于岩体某一部位,对周围岩体的应力及位移有明显影响的范围大约是开挖轮廓尺寸的 2.5 ~3 倍,在此范围之外影响很小,可忽略其影响。

因此,为了保证有限元的计算进度,同时考虑到有限元离散误差和计算误差,计算范围应取不小于 3 ~4 倍,如图 8-423、图 8-424 所示。

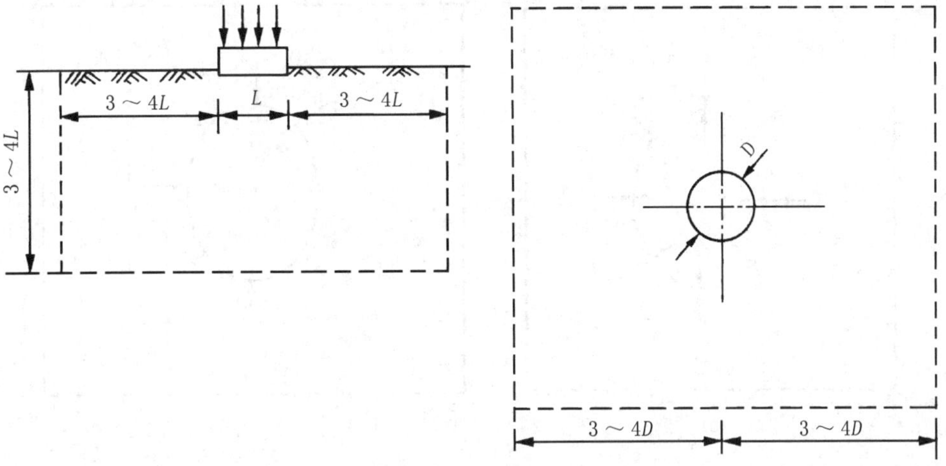

图 8-423　有限元离散化的计算范围

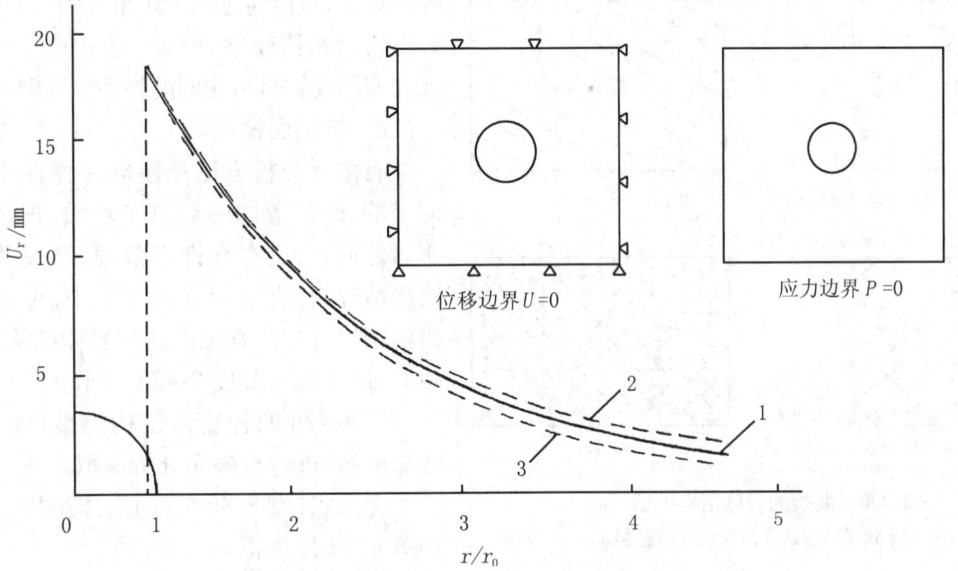

图 8-424　无限域问题有限元解的比较

上述条件下计算边界条件可取两种方式处理:(1)对于足够远的外边界处的位移为零;(2)假定外边界为受力边界(包括 $P=0$)。无论采取何种处理方式,都会存在一定的误差,我们称之为“边界效应”。

d　初始地应力场与释放荷载

自然状态的岩体在自重及地质作用下,处于一定的初始应力场状态。在结构荷载作用下,岩体内的应力为荷载产生的应力与初始地应力之和。因此,初始地应力的大小直接影响到计算结果。正确决定岩体的初始应力状态是有限元分析中的一个重要问题,至今未能得到妥善的解决。

由于初始地应力的存在,岩石的开挖将导致部分岩体卸载,从而使一定范围内的应力场发生变化。正确模拟这种开挖效果也是岩体力学问题的一个重要的特点。通常采用沿开挖面作用着与初始地应力等价的“开挖释放荷载”的方式来模拟,把由此所得的位移即作为由于工程开挖产生的岩体位移,由此所得的应力场同初始地应力场叠加即为开挖后的应力场。这种模拟开挖效果的方法如图 8-425 所示。“开挖释放荷载”是按照已知的初始应力场由等效原则来确定的。

对于已知的均匀初始地应力$\{\sigma_0\}$,由前面给出的体力等效节点力的公式可得到相应的等效节点力(令$\{q\}=-\{\sigma_0\}$)。对于考虑开挖的释放荷载,必须计算在开挖边界处各单元在开挖边界上各节点的等效节点力。

为了模拟开挖或支护的过程,在建模的时候就应把分步开挖和支护统筹考虑,模型离散化的时候即分清楚开挖单元和支护单元,通过有限元分析手段尽可能模拟出实际的开挖及支护的过程。对于每一步被开

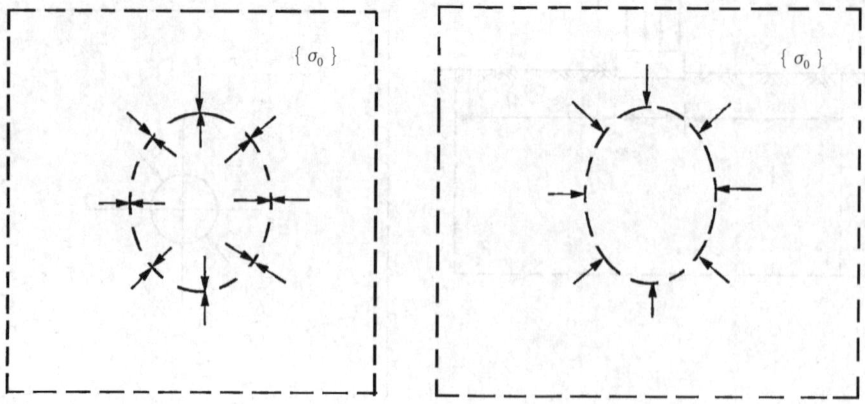

(a) (b)

图 8-425 开挖释放荷载

(a)开挖前;(b)开挖后

挖的单元,可以通过赋予该单元为“空单元”(即使其弹性模量 E 接近0),而对于支护单元,可以赋予该单元与实际支护材料相同的弹性参数即可。

e 结构面模拟

有限元分析方法是建立在弹性小变形理论基础上的,通常考虑的对象是均质、连续的介质。对于岩体而言,会存在许多节理、断裂及裂隙等不连续面情况,在有限元模拟过程中,可以采取特殊的措施予以考虑。常见的几种岩体结构特征(节理裂隙的分布状态)如图 8-426 所示。

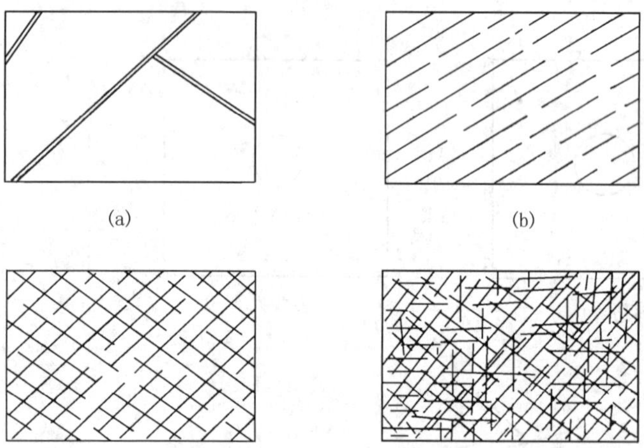

图 8-426 典型的岩体结构类型

(a)交叉状;(b)层状;(c)块状;(d)破裂状

图 8-426 四种岩体结构类型可分别采用如下特殊措施,进行有限元分析模拟:

交叉状(图 8-426a)的岩体结构,可以采取“节理单元”予以模拟。

层状(图 8-426b)的岩体结构,可通过建立横观各向同性的等效连续体来模拟,岩体中的层面特性由其法向及切向刚度来表达。

块状岩体结构(块体结构)(图 8-426c),可作为正交异性或各向异性的等效连续体来模拟。

破裂状岩体结构(图 8-426d),节理具有随机分布特性,可以通过折减岩体力学参数方法,按一般各向同性连续体考虑。

B 开挖及支护过程模拟

自然岩体处于一定的初始地应力状态,开挖将导致沿开挖线上的各点的应力释放,并导致相应的围岩变形及应力场的调整。正确模拟开挖效果是岩土工程有限元分析计算的重要特点,本节重点讨论如何正确模拟开挖及支护这个过程。

(1) 岩体开挖荷载的释放对于具有已知初始应力场的岩体开挖工程(如边坡、地下硐室等),沿预计开挖线上的各点初始应力$\{\sigma_0\}^i$为已知,在进行离散化的情况下,可假设沿开挖边界上两相邻节点之间的初始应力呈线性变化,如图 8-427 所示(在 $i \sim i+1 \sim i$ 之间均为线性分布)。则对于任一开挖边界点 i,开挖引起等效释放荷载(等效节点力)为:

$$
\begin{aligned}
p_x^i &= \frac{1}{6}\left[2\sigma_x^i(b_1+b_2)+\sigma_x^{i+1}b_2+\sigma_x^{i-1}b_1+2\tau_{xy}^i(a_1+a_2)+\tau_{xy}^{i+1}a_2+\tau_{xy}^{i-1}a_1\right] \\
p_y^i &= \frac{1}{6}\left[2\sigma_y^i(a_1+a_2)+\sigma_y^{i+1}a_2+\sigma_y^{i-1}a_1+2\tau_{xy}^i(b_1+b_2)+\tau_{xy}^{i+1}b_2+\tau_{xy}^{i-1}b_1\right]
\end{aligned}
\tag{8-878}
$$

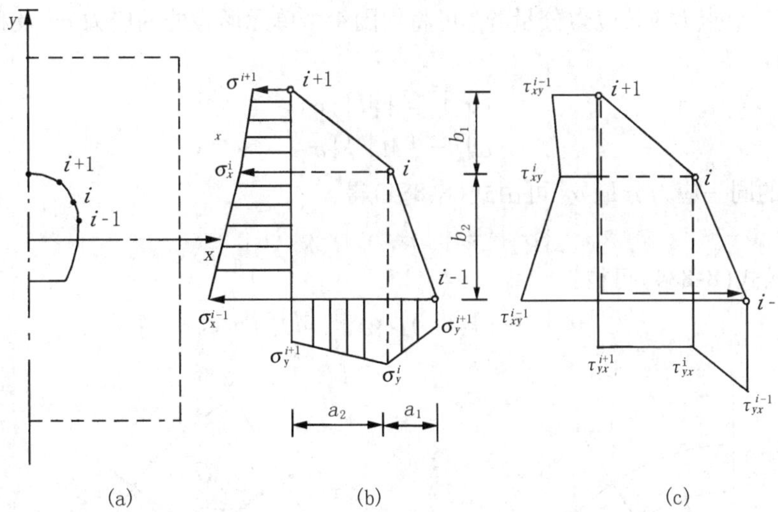

图 8-427 开挖边界线上应力及等效节点力计算

(a)硐型；(b)初始正应力等效荷载；(c)初始剪应力等效荷载

式中，i，$i-1$ 及 $i+1$ 为沿开挖边界上的有限元网格的节点号。

如果坐标 x，y 轴正沿主应力轴，则有 $\tau_{xy}=0$ 上式可简化为：

$$\begin{aligned} p_x^i &= \frac{1}{6}[2\sigma_x^i(b_1+b_2)+\sigma_x^{i+1}b_2+\sigma_x^{i-1}b_1] \\ p_y^i &= \frac{1}{6}[2\sigma_y^i(a_1+a_2)+\sigma_y^{i+1}a_2+\sigma_y^{i-1}a_1] \end{aligned} \tag{8-879}$$

若原始应力场为均匀应力场，即节点 i、$i-1$、$i+1$ 等各点应力相等，则式(8-878)及式(8-879)相应地简化为：

$$\begin{aligned} p_x^i &= \frac{1}{2}[\sigma_{xo}(b_1+b_2)+\tau_{xy}(a_1+a_2)] \\ p_y^i &= \frac{1}{2}[\sigma_{yo}(a_1+a_2)+\tau_{xy}(a_1+a_2)] \end{aligned} \tag{8-880}$$

如 x、y 轴同应力主轴重合，式(8-880)简化为：

$$\begin{aligned} p_x^i &= \frac{1}{2}[\sigma_{xo}(b_1+b_2)] \\ p_y^i &= \frac{1}{2}[\sigma_{yo}(a_1+a_2)] \end{aligned} \tag{8-881}$$

考虑到存在一个初始应力场 $\{\sigma_0\}$ 的情况，开挖后的实际应力场为初始应力场与开挖释放应力场之和。即

$$\{\sigma\}=\{\sigma_0\}+\{\sigma_e\}$$

开挖边界节点上的初始应力 $\{\sigma_0\}^i$ 可按下述方法确定：

1）对于已知均匀初始应力场，有 $\{\sigma\}^i=\{\sigma\}^{i-1}=\{\sigma\}^{i+1}=\{\sigma\}_0$。等效释放荷载可由式(8-870)~式(8-881)求得，这时 $\{\sigma\}_0$ 通常是给定的；

2）对于非均匀初始应力场，一般须先用有限元法计算初始应力场，然后把要开挖的区域内的各单元改变为"空单元"计算开挖结果。当有限元计算直接给出各单元节点应力时，则开挖边界上各节点应力也是已知的，直接利用式(8-868)~式(8-879)计算即可。当为了计算程序的简明，仅计算出各单元形心处的应力时，则开挖边界上节点应力可由该节点周围各单元应力插值求得，如图 8-428 所示为边界节点 i 及周围的单元，节点 i 处的应力可按如下插值函数确定：

$$\sigma=\alpha_1+\alpha_2x+\alpha_3y+\alpha_4xy \tag{8-882}$$

对开挖边界上任一节点 i 的某应力分量 σ_x^i，可将周围 4 个单元形心处的应力 σ_x 及相应的形心坐标代入式(8-882)，则有：

$$\{\sigma_x\} = [M]\{\alpha\}$$

$$\{\alpha\} = [M]^{-1}\{\sigma_x\} \tag{8-883}$$

开挖边界节点 i 的同一应力分量 σ_x^i 可由式(8-884)得：

$$\{\sigma_x^i\} = [1, x_i, y_i, x_i y_i]\{\alpha\} \tag{8-884}$$

把式(8-883)代入式(8-884)可得：

$$\{\sigma_x^i\} = [1, x_i, y_i, x_i y_i][M]^{-1}\{\sigma_x\} \tag{8-885}$$

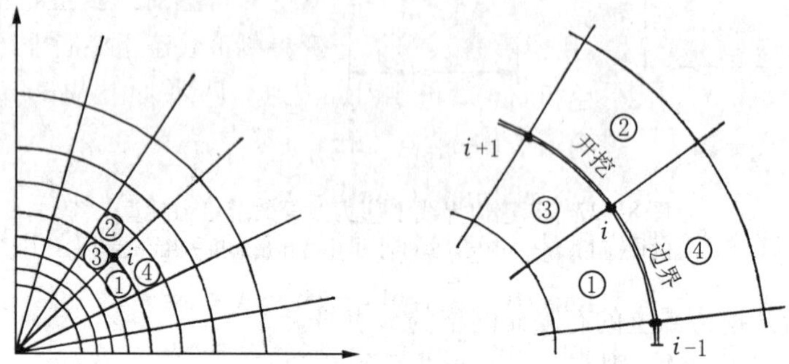

(a) (b)

图 8-428 节点 i 处应力的插值

(a)节点位置；(b)插值

由此可求得节点 i 处的应力 σ_x^i，对另外两个应力分量 σ_y^i，τ_{xy}^i 也可以同样方法求得。对全部开挖边界上各节点处的应力求得以后，即可由前面给出的式(8-818)求得开挖释放的等效节点力。

(2) 支护过程模拟。为了模拟支护施工过程，在确定离散化网格时，必须要考虑各步施工的情况，图 8-429、图 8-430 反映出来一个隧洞开挖支护的施工过程。每一步开挖，即把该部分的单元作为“空单元”(即令其刚度接近 0)。每一步支护衬砌施工，即把该部分的支护衬砌对应的单元重新赋予支护衬砌材料的参数。

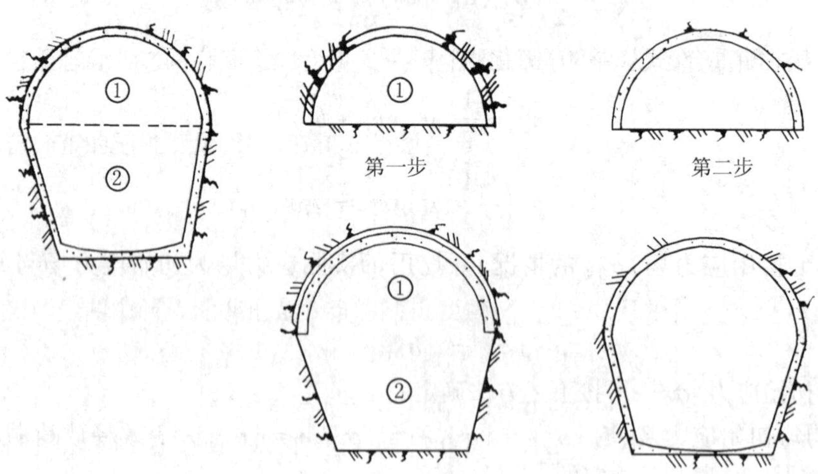

图 8-429 硐室断面及施工步骤

C 边坡岩体应力分布特征

国家“八五”攻关项目“太钢(集团)矿业公司峨口铁矿高陡边坡工程及计算机管理技术研究”中，运用上述有限元分析手段所得到的主要计算结果，以此例来说明有限元在岩土边坡工程中的应用情况(图 8-431 ~ 图 8-434)。

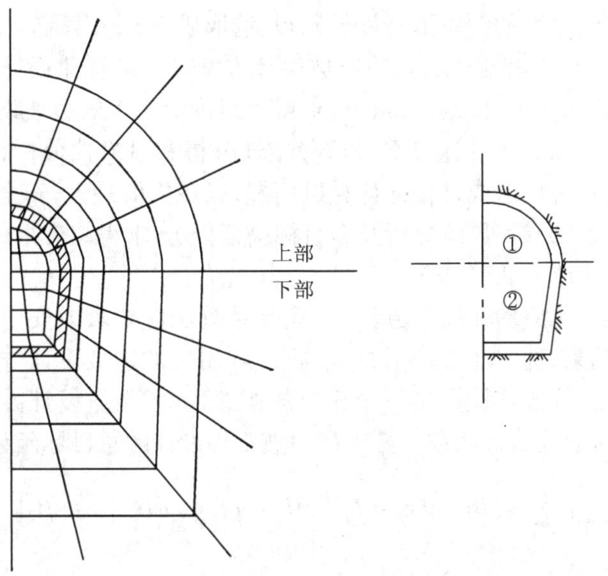

图 8-430　有限元网格与断面

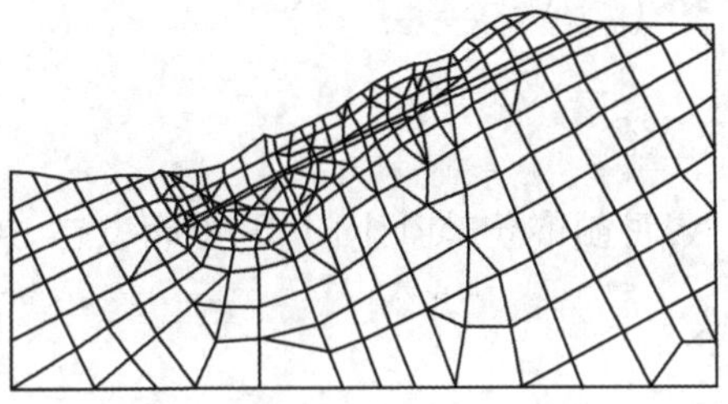

图 8-431　边坡开挖前的网格剖分

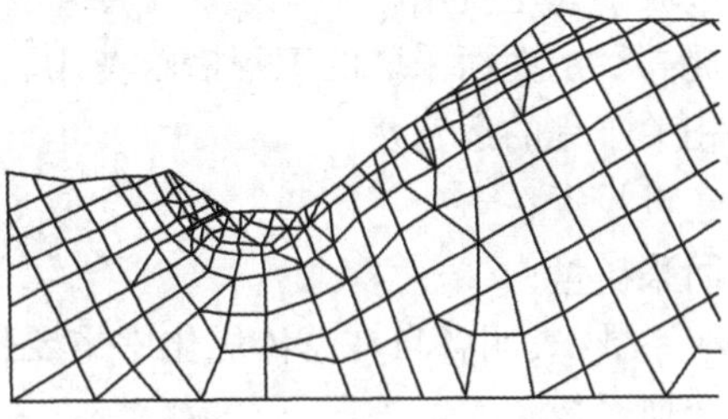

图 8-432　边坡开挖后的网格剖分

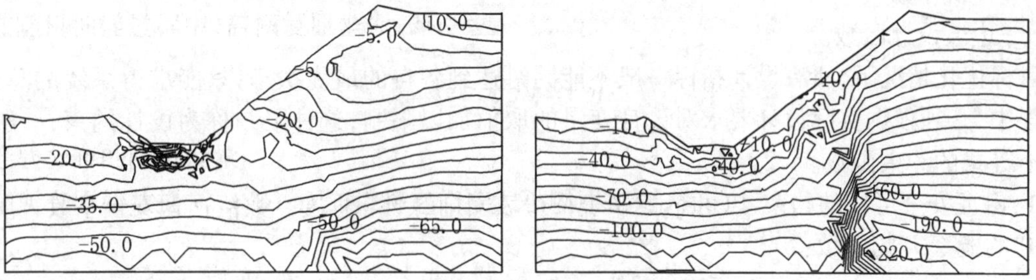

(a)　　　　　　　　　　(b)

图 8-433　边坡体内部应力等值线(0.1MPa)

(a)σ_x;(b)σ_y

8.11.11　露天矿边坡优化设计

露天矿边坡优化问题是一个系统优化问题。边坡设计是露天矿山系统工程中一个至关重要的决策过程，边坡设计的质量和水平即设计方案的优劣将在很大程度上及很长时期内影响矿山的安全和企业的效益。传统的设计方法实际上是一种校核设计，采用这种设计方法，可能获得满足设计要求的边坡几何参数，但不能保证设计是最优的。在近代科学整体化、交叉化和数学化的进程中，边坡优化设计方法得到了发展。

图 8-434　边坡体内部应力等值线(0.1MPa)

边坡优化设计方法是基于工程优化原理和系统工程概念建立的系统优化方法。在边坡岩体工程力学特性、采矿生产和工艺、边坡安全度的约束下,寻求、比较、选取矿石利用率最大、剥岩量最小、滑坡处理和补救工程费用及土地占用量最低、企业盈利最大的边坡设计方案。边坡优化设计的基本思想是:首先建立矿山矿化模型和边坡岩体模型,在一组可行边坡角下,求得一组价值最大的边坡设计方案,即初始优化边坡方案;在价值最大的前提下,对初始优化设计方案进行稳定性分析和可靠性分析,求得满足价值最大、安全可靠的边坡设计方案;然后,进行边坡形成过程的计算机模拟,以在价值最大、安全可靠基础上,满足采矿工艺过程的需要;最后进行边坡经济分析、风险分析及多目标决策分析,求得综合指标最佳的边坡设计方案。

8.11.11.1 边坡优化设计原理

边坡优化设计就是根据优化原理和优化方法,在满足系统功能要求即安全可靠的前提下,结合生产计划、技术经济和工程条件的约束,选取经济效益最大、资源利用好的边坡设计方案,最终使得几项主要设计指标达到综合优化的目的。工程优化设计是一个相对的概念,为了衡量设计方案的好坏,必须确立一个客观标准,这个标准称为评价函数或目标函数。露天矿边坡工程设计的总目标函数是:

$$\max\left\{\omega_1\beta_1\sum_{j=0}^{n}\left[\sum_{i=0}^{r}\alpha(B_{ij}-C_{ij}-I_{ij}-A_{ij}-a_{ij})-\alpha IN_j\right]+\omega_2\beta_2\left[\sum_{j=1}^{n}\sum_{i=1}^{r}O_{ij}\right]\right\} \tag{8-886}$$

式中 B——采矿收益;

C——开采成本;

I——边坡不稳定费用;

A——提高稳定性而采取的工程措施费用;

a——相关工程的运营费;

IN——建设投资;

O——回采矿量;

ω_1,ω_2——权系数,表明各自在总体优化中重要程度;

β_1,β_2——变换系数;

α——贴现系数;

n——评价年数;

r——边坡设计区数。

在多目标优化情况下,所有设计指标一般不能同时达到各自的最优状态,只能求得系统的总体优化,且在优化过程中,必须根据实际设计要求对设计变量的取值加以限制,这种限制称为设计约束,一般表示为设计变量的不等式的约束函数。

约束1:保证安全可靠的约束,以可靠度 R 表征边坡安全的可靠程度。数值上为安全系数 $F_S\leqslant1$ 或安全储备 $M_S\leqslant0$ 的概率 P 的补数:

$$R=1-P[F_S\leqslant1 \quad 或 \quad M_S\leqslant0]\geqslant R_c \tag{8-887}$$

式中 R_c——可靠度的限定值。

约束2:年矿石产量 OT 和剥采总量 ORT 的约束。这两项指标必须满足相应计划值 OT' 和 ORT',即:

$$OT\geqslant OT' 和 ORT\geqslant ORT' \tag{8-888}$$

以保证边坡形成时间、地点、破坏概率 P_f、经济受益的预测结果符合矿山实际。

约束3:矿石边界品位 G 的约束。开采品位 G' 应大于边界品位 G,即:

$$G\leqslant G' \tag{8-889}$$

边界品位决定开采境界即边坡位置和形状。

约束4:边坡角 α 的约束。边坡角 α 的变化区间 (α_1,α_2) 必须满足包容所有可能优化设计方案的条件,即:

$$\alpha_1\leqslant\alpha\leqslant\alpha_2 \tag{8-890}$$

约束5:采矿工艺条件的有关约束。主要包括开拓运输系统的布置、开采方式等。工程优化设计,关键是建立一个正确的数字模型和针对模型的数学性质选择合适的最优化方法。露天矿边坡工程是一个复杂系统,影响因素繁多,且多具不确定性。而系统本身与各子系统之间无明确的参数间的联系,不可能求得精确的解析解,只有根据整个系统的最优化目标分析,才能作出科学决策。因此,整个设计过程,在总体上,采用系统分析与系统模拟技术,在具体步骤上,采用数值计算优化方法。它的基本求解方式是级级筛选,步步逼近,最后通过多目标优化方法求得最佳方案。优化工程的逻辑思维如图 8-435 所示。

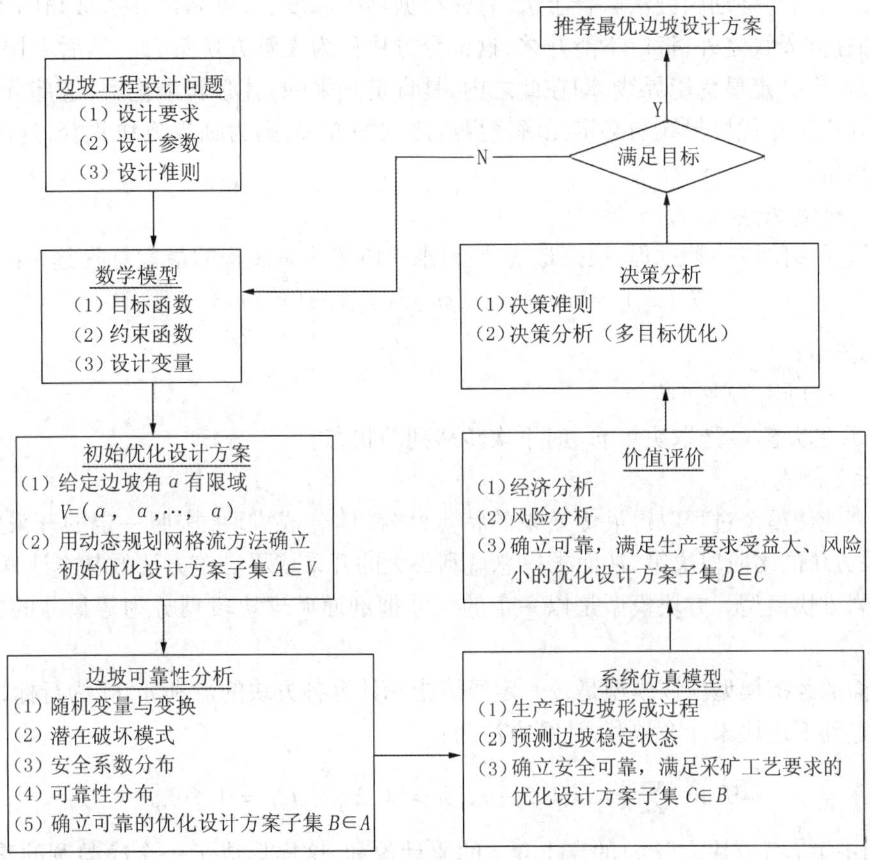

图 8-435 优化过程逻辑程序框图

8.11.11.2 初始边坡设计方案的优化

露天矿边坡方案的设计,直接影响矿山开采的安全与经济效益。边坡角加陡,可以大量减少剥岩量,加大露天矿的延深,降低采矿成本,提高矿山的经济效益。但边坡角设计过陡,虽然剥岩量减少,而边坡稳定性降低,边坡加固和滑坡治理费用却升高,从而又降低了矿山的经济效益。因此,露天矿边坡设计是一个动态的整体优化过程,它的目标函数就是在满足边坡岩体工程条件和采矿工艺的约束下,协调边坡和采矿工艺的关系,在实现安全生产的同时实现经济效益的最优化。因而,边坡初步优化是边坡设计中必不可少的主要一环。

初始优化边坡设计方案是通过优化露天开采境界圈定提供的。从价值理论出发,依据现有的实际资料,针对具体边坡工程地质特点和采矿要求,凭借设计经验,估计边坡变化的可能范围,以及边坡剖面形态与变化。对可能采用的边坡角(或称边坡设计方案)的全域求解各自价值最大的相应最优边坡位置,构成包容全部优化方案子集,保证以后的优化过程都建立在价值最大的基础之上。

开采境界是由露天采场的底面和坡面限定的可采空间的边界。它直接影响矿山生产能力、服务年限、开拓运输方式和企业的经济效益。确定开采境界的传统方法是:(1)按采装、运输设备的规格和操作要求确定露天矿底部宽度。(2)确定露天矿的最终边坡角,其大小必须满足边坡稳定和运输要求,通常根据类似矿山的实测资料或通过边坡稳定性计算求得。(3)根据上述某一原则确定露天开采境界,做出露天开采终了平面图。

目前已应用电子计算机来确定最优境界。较成熟的有移动圆锥法(浮动圆锥法),其次是动态规划法、图论法和投影法。

动态规划法主要圈定剖面境界，用剖面境界在给定的约束条件下达到经济上最优。移动圆锥法是模拟方法，能比较好地满足露天境界要求的几何约束和采矿工艺条件。用动态规划法和移动圆锥法有机结合，能够实现即符合采矿工艺要求，又有较多盈利的露天开采境界，并可以有效地减少工作量及缩短运算时间。

采用二维动态规划与移动圆锥法联合求解，首先根据勘探深度、边界品位和边坡角约束的下限，确定必定无解境界线，即在此界线之外，肯定不能开采，这部分方块称为无解方块集合。然后采用二维动态规划方法，在矿体中部确定出必定最优境界线，即在此之内，是肯定开采的，且必属最优解，这部分方块称为最优子集方块集合。而在必定最优境界线与必定无解境界线之间的方块，则为临界方块集合，这部分为优化对象，采用移动圆锥法求解。

A 二维动态规划方法

动态规划方法是多阶段决策过程，根据最优化原则，N 阶段决策过程的最大总收益为：

$$f_N(x^1) = \max_{m_i \in U}\{r(x^1,m_1) + f_{n-1}[g(x^1,m_1)]\} \tag{8-891}$$

式中 x——状态矢量；

U 是在状态 x^1 处可用的决策集；

$g(x^1,m_1)$ 表示在状态 x^1 选取决策 m_1 时下次转移到的状态。

该方程对 $N \leqslant 2$ 都成立。

利用动态规划能使整个过程取得最优效果的特点，将矿体分成方块，按照一定的开采顺序以及给定的边坡角，进行开采方块的多阶段决策，从而求得总盈利最大的开采境界。该方法的基本计算步骤如下：

(1) 建立矿岩方块模型。方块模型是以一定的尺寸把剖面矿岩块段划分为等尺寸的方块矩阵（I 行、J 列）；

(2) 建立剖面的经济模型。该模型是按一定经济指标计算各方块的盈利 m_{ij}（i 为行标，j 为列标）；

(3) 按列从上到下逐块累计净盈利，计算方法为：

$$M_{ij} = \sum_{k=1}^{i} (k = 1,2,\cdots,i, i = 1,2,\cdots,I, j = 1,\cdots,J) \tag{8-892}$$

式中，M_{ij}是第 j 列中第 i 行方块为 (i,j) 的自 1 至 i 的累计盈利，这样形成了一个净盈利的累计矩阵，并在这个矩阵中增加 0 行、0 列和 $J+1$ 列。

(4) 以上述净盈利累计矩阵为基础，从第 1 列至第 $J+1$ 列，每列从上到下计算开采境界的最大盈利，计算公式如下：

$$\begin{cases} P_{0j} = M_{0J} + \max(P_{0+k,j-1}) & k = 0,1 \\ P_{ij} = M_{ij} + \max(P_{i+k,j-1}) & k = -1,0,1; i \neq 1, i \neq I \\ P_{Ij} = M_{Ij} + \max(P_{I+k,i-1}) & k = -1,0 \end{cases} \tag{8-893}$$

将其最大值第一足标送入另一个 $\boldsymbol{P}[(I+1)\times(J+2)]$ 的矩阵的 (i,j) 单元中。计算结束后，在存足码的矩阵中从 $(0,J+1)$ 块起，按所存足码追踪，可得最优开采境界的轮廓线，最大盈利取自于计算过程形成 $\boldsymbol{P}[(I+1)\times(J+2)]$ 矩阵中的 $\boldsymbol{P}_{0,J+1}$。上式中的 $\boldsymbol{P}_{ij}$ 为当境界沿 (i,j) 矿块圈定时，采场最大累计净盈利值。

二维动态规划方法的计算框图如图 8-436 所示。

B 移动圆锥法

移动圆锥法（或称浮动圆锥法）属于模拟方法。其计算原则为：首先从矿床范围内选取经济有利块段，建立一个初始倒圆锥，以揭露矿体，由此初始位置，发展一系列的倒锥形移动增量，这些倒锥以矿石块段为原点，露天矿边坡角为边角，计算每个倒锥体内的经济值，若其值为正，则予以采出，否则不采。如此，逐步试探，把价值为正的倒锥都采出来，形成露天矿的合理境界。应用移动圆锥法圈定开采境界的具体计算步骤：

(1) 建立三维矿岩方块模型；

(2) 以三维矿岩方块模型为基础建立矿床的三维经济模型；

(3) 建立支托模型；

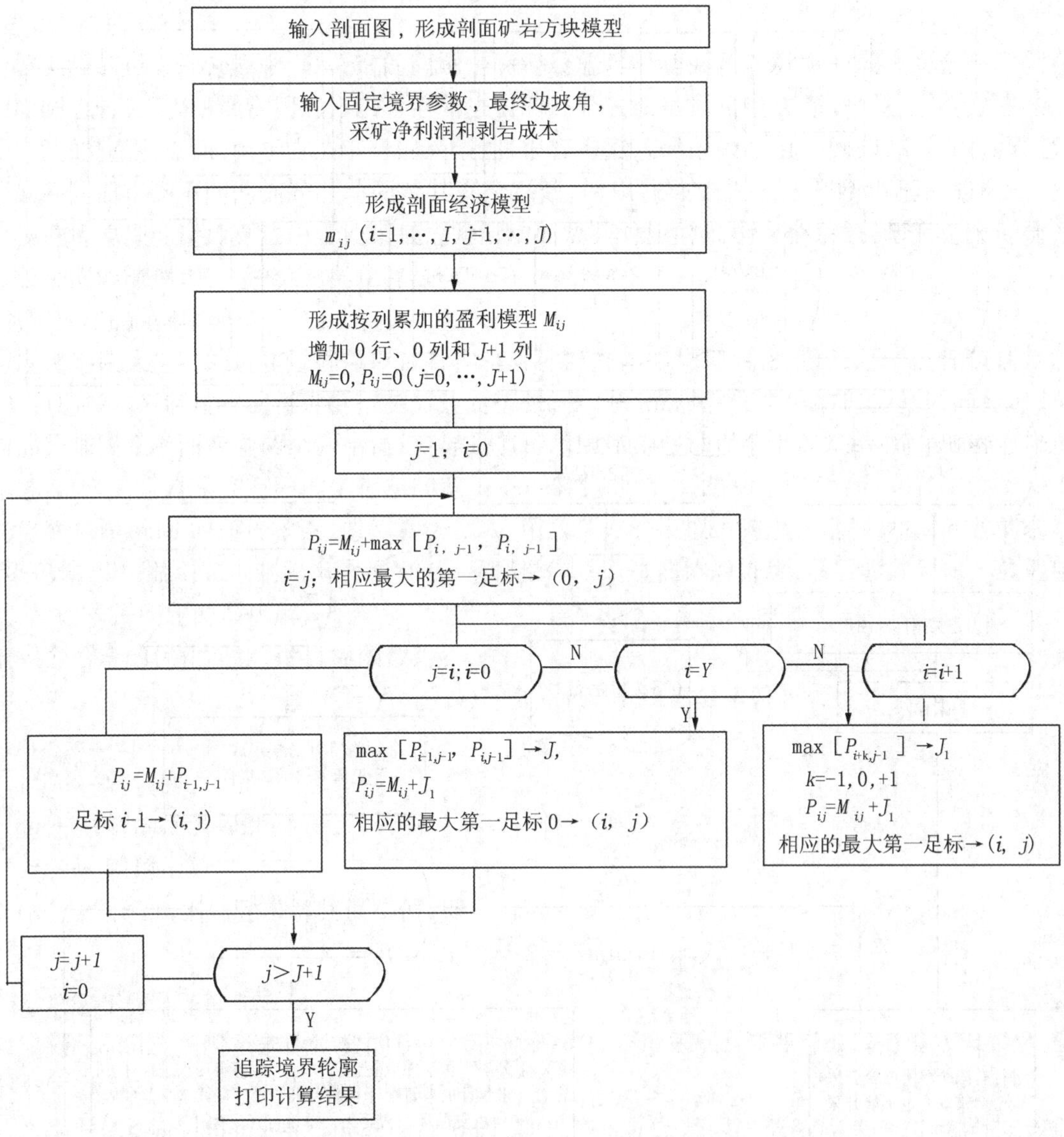

图 8-436　二维动态规划方法的计算框图

（4）建立矿床内正值方块集合；

（5）先用二维动态规划方法，圈定选定的剖面境界。其次根据剖面境界确定三维境界的初始锥（或初始坑），最后以这一初始坑为基础用移动圆锥法来圈定三维境界。移动圆锥法只考虑每个单锥的情况，当有利的单锥开采之后，原来不利的单锥可能变为有利，考察各个单锥的情况是否变为有利，使得矿床范围内所有有利的和由于其他单锥开采后变为有利的单锥均能开采，最后达到矿床范围内任何单锥均不可开采时，要考虑同一水平内 2～4 个有限单锥的联合开采，以尽量使露天境界向最优迫近。计算框图如图 8-437 所示。

边坡是在实现采矿的过程中逐渐形成的，在边坡设计研究阶段，只有利用数学仿真技术，在计算机上模拟采矿活动来体现边坡形成过程，这个过程的核心是采掘计划的实现，即通过选定合理的开拓运输方法、采矿方法和生产剥采比，调整适应的工作帮边坡角，进而采用盈利能力最强的长期计划，在计算机上逐渐“采矿”，形成边坡，并作多方案比较，以便在边坡设计工作中，选择既符合采矿工艺要求，又能使今后采矿过程中边坡状况始终获得采矿盈利最大和支出边坡维护费用最小，为经济分析和局部性修改提供必须条件。

边坡设计方案的优化，就是分析、比较、预测各边坡设计方案处在盈利最大状态下，最终边坡和工作帮边坡的工作状态。模拟过程如图 8-438 所示。

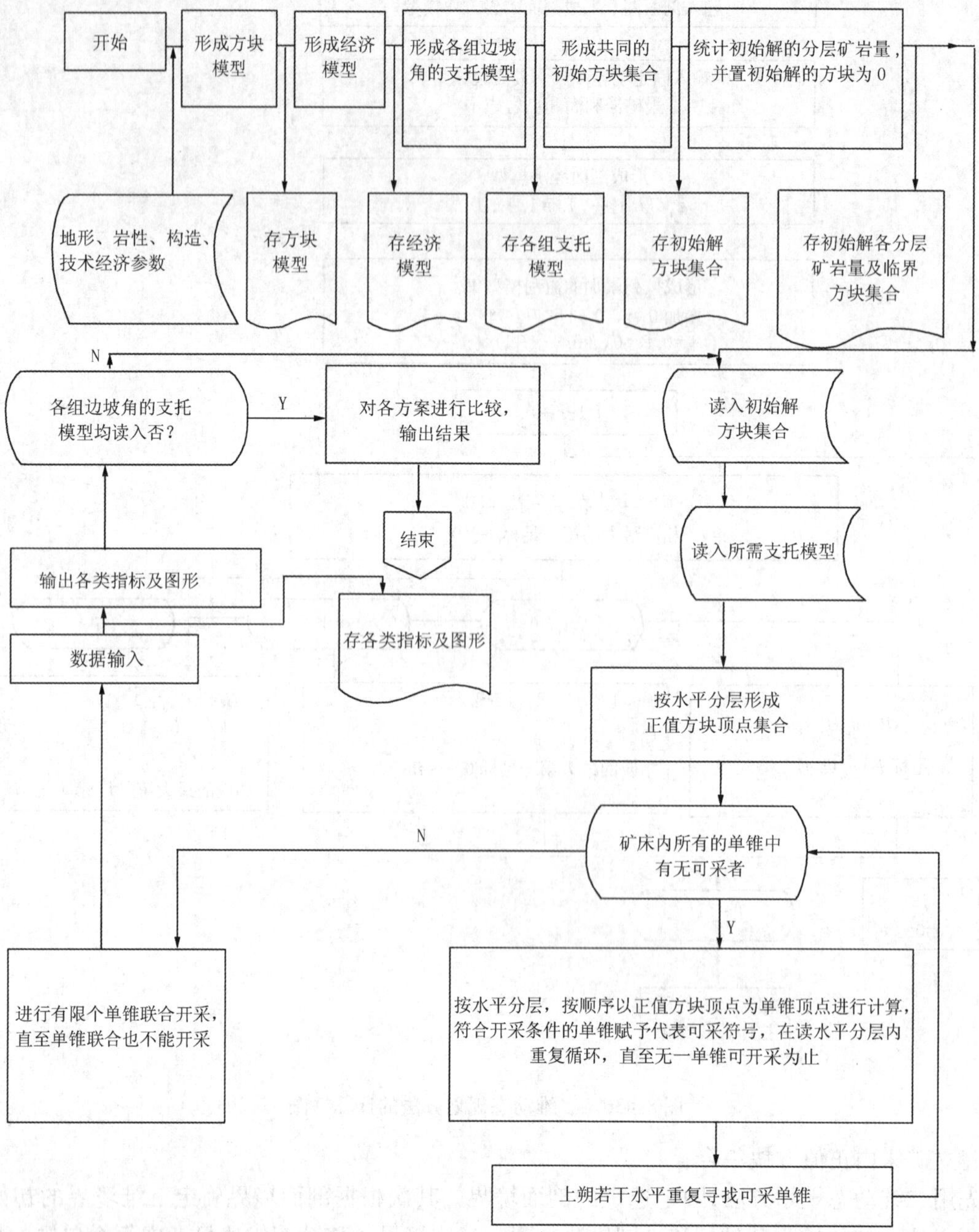

图8-437 移动圆锥法优化开采境界计算框图

边坡形成过程，也就是矿山开采过程，边坡系统优化中的采矿模拟实质上就是长期生产进度计划的编制问题，只是它所要求的约束条件没有实用的长期计划那么严格。国内外对生产进度计划编制的计算机方法进行了大量的技术研究，自20世纪60年代初计算机及运筹学引入采矿工程后，人们就从优化和模拟两个方向进行矿山生产计划计算机编制系统的研究工作。但优化法和模拟法编制矿山生产计划，通常是以方块模型为基础，带来了一定的局限性。如描述露天开采过程及采场现状的图形能力差，采场中的台阶推进位置只能以方块为最小步距等。而投影交域法是基于已有的采矿系统工程方法，又能很好应用当今的计算机技术，特别是硬件技术的迅速发展和CAD技术的高级图形处理功能。它是以AutoCAD为图形处理环境、数值计算内嵌于AutoCAD的一体化计算机方法，既能充分利用采矿工程人员的直觉和经验，并为其提供良好的支持环境，又能解决推进线的自动形成，准确计算矿岩量等一系列难题。

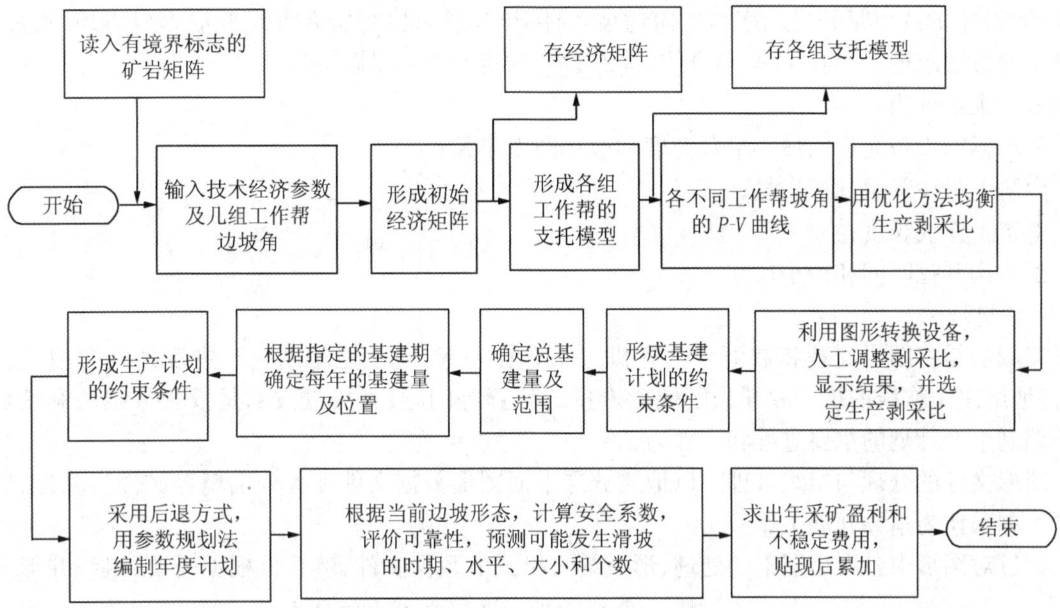

图 8-438 边坡形成过程模拟框图

8.11.11.3 边坡形成过程的仿真模拟

A 优化模拟法

优化模拟法采用参数规划的优化方法和人工模拟相结合。参数规划即是加入了参数的线形规划，目标是每年开采盈利最优，但有资源约束、几何约束和软约束等约束条件。当优化法不能很好地满足软约束条件时，就利用微机图形技术和人机对话功能来调整和修改结果，使结果更为理想。优化方法的数学模型建立过程如下：

令

$$X(i,j,k) = \begin{cases} 1 & \text{若方块}(i,j,k)\text{的现期开采} \\ 0 & \text{反之} \end{cases}$$

$P(i,j,k)$ = 方块(i,j,k)的净盈利

$S(i,j,k)$ = 方块(i,j,k)所需设备能力

$t(i,j,k)$ = 方块(i,j,k)的矿量（若方块是岩石方块，则 $t=0$，且不考虑品位），如果方块(i',j',k')在以块(i,j,k)为顶点的支托模型内，即是说方块(i',j',k')必须超前于方块(i,j,k)开采，记作：

$$X(i,j,k) < X(i',j',k')$$

并令 B 为现期开采全部方块集合，则可建立如下的规划模型：

$$Z = \max \sum P(i,j,k) \cdot X(i,j,k) \quad (i,j,k) \in B \tag{8-894}$$

满足如下约束：

设备能力约束 $\underline{S} \leqslant S(i,j,k)X(i,j,k) \leqslant \overline{S}$

矿石产量约束 $\underline{T} \leqslant T(i,j,k)X(i,j,k) \leqslant \overline{T}$

开采顺序约束（即几何约束） $X(i,j,k) < X(i',j',k')$

这是一个整数规划问题，由于变量很多，因而引入待定拉格朗日参数，将上述问题转换为如下参数线性规划问题：

$$Z = \max \sum [P(i,j,k) - \lambda_s S(i,j,k) - \lambda_t T(i,j,k)] X(i,j,k) \tag{8-895}$$

满足：$X(i,j,k) < X(i',j',k')$

式(8-895)中的约束是开采顺序的几何约束条件,该问题可以将所有方块变成多对方块,形成偶图,然后用网络流的方法求解。寻找 $\lambda(\lambda_s,\lambda_t)$ 使式(8-894)的资源约束得以满足。

其他软约束条件为:

(1) 采场运输设备允许的最小平台宽度和最小曲率半径;

(2) 台阶上最少剩余的矿岩量;

(3) 电铲工作线长度;

(4) 出入沟开挖时间和最小尺寸。

B 投影交域法

投影交域法是将图形处理和数值计算有机地结合在一起,科学地编制生产进度计划模拟边坡形成过程,能完善地解决工作线的推进和开采区域矿岩量的计算等问题,其关键技术是投影放线法和交域法。投影交域法编制生产计划的主要过程和步骤为:

(1) 图形文件的处理与组织管理。以地质分层平面图形数据文件和各分层境界文件为基础,以原设计方案的生产剥采比为指导开展工作。

首先通过对图形中各有用图素的处理,形成统一格式的数据文件,然后再根据需要,组织并形成必需的图形文件。图形文件主要分为:

1) 工作线文件,是生产计划的主要图形文件,工作线推进的原则是:不超过本水平境界线;考虑上水平推进线与本水平关系;以分层矿岩界线图为依据决定推进方向,用以控制开采的矿岩种类及其开采量。

2) 矿岩界线文件和境界线文件,主要起控制推进状态、指示矿体位置的功能。

3) 坐标网格、图签、指南针等,是供图形规范化的辅助图形文件。

(2) 应用动态图形编辑,采用投影放线法有方向性地确定和调整工作线位置,合理安排矿山的时空关系。系统工作线的推进有手工推进和自动推进两种方式。为了处理问题方便,假定最后经过处理形成的工作线是一条以境界线为限定的闭合曲线。这样,在手工推进输点形成工作线过程中,要求输入的开采区域是一条闭合曲线。用户可用 AutoCAD 中复线命令(Pline)通过数字化仪、鼠标或键盘根据当时开采现状输点来形成工作线的推进位置。

在自动推进形成工作线过程中,要求是以闭合曲线为基础来进行投影放线。用户可根据需要平行、局部平行、加强局部平行向外推进形成工作线的推进位置,从而进行产量、质量、品位的有效控制。

(3)采用交域法,利用各地质信息计算开采区域矿量,并最终绘制规范化的图表。由于开采区域矿岩面积的计算,排铲时用以控制采剥关系的重要指标二级矿量的计算等,都是通过计算地质平面图上某一范围内的各不同矿岩面积得到,这实质上是计算闭合域交集的面积,涉及多边形相交算法。交域法就是采用一对一方法计算出全部交集,然后求出交集的面积,计算时,割域表示为采矿计划范围,被割域表示为矿岩闭合界线,计算框图如图 8-439 所示。

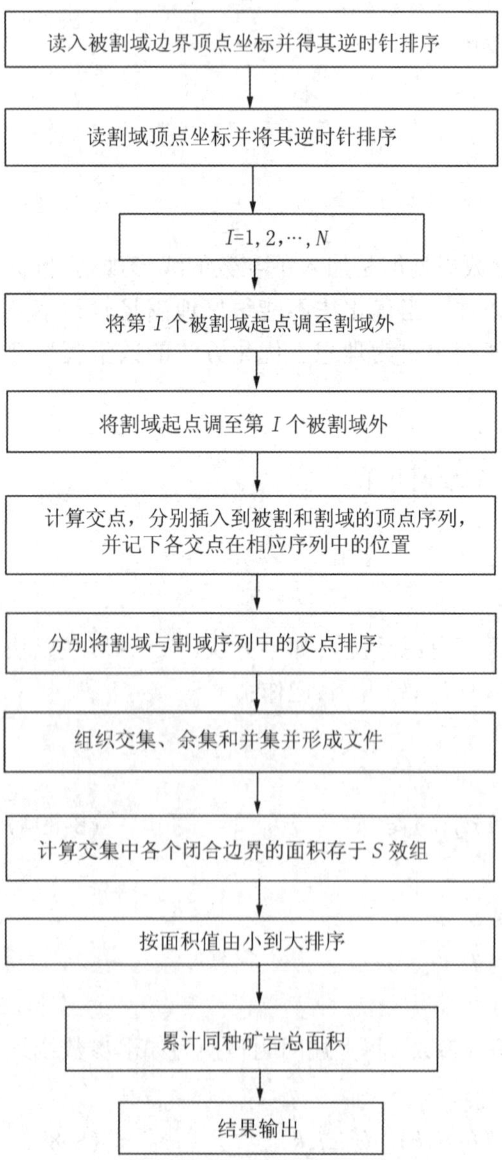

图 8-439 交域法计算程序框图

8.11.11.4 边坡设计方案的经济分析

边坡设计方案的经济分析是在各设计方案技术可行的基础上对其进行的一项经济效益的分析。根据各方案的技术条件和经济条件，运用经济学原理和定量分析的手段对各方案在一定时期内产生的经济效益进行预估。由于初始优化的各设计方案，在安全可靠的前提下确定了其自身条件下价值最大的边坡位置和边坡角。因而在技术可行的条件下，这些方案的经济效益的优劣便成为方案取舍的重要依据，也是决策部门选择方案提供了定量化的指标。这一概念反映了边坡设计方案经济分析的实质。

矿山企业诸环节的生产与经营活动构成了一个复杂的运行系统，而采矿作业又是该系统的一个重要的分支系统。单从经济分析的观点来看，可将其视作一经济系统，而边坡工程始终贯穿于该系统运行的全过程。该系统运行时，表征其运行状况的收益和成本为系统内部货币的流入量与流出量，这些量称为现金流量。组成现金流量的各要素包括产品的销售收入、生产成本、固定资产投资、不稳定费用、流动资金等项目，这是经济分析进行估算与分析的基础。在整个生产寿命期内对不同时刻的现金流量进行等值计算，从而得出各设计方案的预期收益及获利能力。这些结果为诸方案的比较选择和分析评价提供了定量化的决策依据。

应当指出，边坡设计方案的经济分析仅是对矿山的一个局部子系统的分析，这种分析不同于，更不能替代矿山企业大系统范围的经济分析。由于各方案的边坡要素不同，因而其经济效益也不尽相同，故对边坡设计方案所做的经济分析的研究重点是分析与预测未来采场可能发生的边坡破坏给矿山企业造成的直接和间接的经济损失。研究的目的是对各设计方案的经济效益进行分析比较，从而对设计方案作出合理的选择。

A 经济分析方法

边坡设计方案的经济分析是通过分析计算以预测其未来一定时期的经济收益状况，并且从这一观点出发对设计方案的优劣作出客观的评价。评价的原则是：获取最高的期望利润，这也是矿山企业乃至所有企业追求的目标之一。

边坡初始优化设计为经济分析提供了研究对象——边坡设计方案，不同边坡设计方案的总体边坡角、台阶边坡角、台阶构成要素、条件延伸深度、采场服务年限、台阶破坏概率及矿岩采剥量等都有所不同，这是边坡经济分析首先要考虑的几何条件。

矿山的整个生产期内，由于局部边坡破坏概率的存在，因而由局部边坡失稳而产生的补救工程费用始终伴随于采矿作业的全过程，这部分费用称为边坡的不稳定费用。而采矿和边坡形成过程的计算机模拟为经济分析提供了边坡局部失稳发生的时空依据，即某一时期、某一设计区、某一台阶边坡的靠帮长度及破坏概率，这样就确定了该特定时空采掘的矿岩量及台阶边坡的破坏量，进而可估算由此产生的不稳定费用及其他相关费用。边坡设计方案的经济分析就是以这样得到的现金流量为基础，计算各方案的投资收益率和净现值。投资收益率亦称内部收益率，收益率越高，表明企业的获利能力越强。而净现值则表明企业获取利润的多少，净现值小于零，说明企业得不到超额利润，反之则说明企业获得了超额利润。这两个指标是方案选优的重要决策依据之一。

由于边坡工程的实施贯穿和服务于矿山的整个生产期，因而边坡设计方案的经济分析离不开矿山主体的经济活动。矿山企业的经济活动以资金流的方式在生产寿命期内随时得到反映。同时，为维护生产正常进行的边坡工程，有关费用也以资金流出的方式随时得到反映。边坡设计方案的经济分析采用计算机模拟方法进行，其分析周期为矿山的生产寿命，以年为单位。按采矿进度计划的安排，逐年模拟实施采掘计划。与此同时，根据采掘计划提供的时空依据，按稳定可靠性分析得出的边坡破坏概率，计算出由边坡失稳而产生的补救工程的费用。然后，对发生的各项费用按给定的标准折现率折现，求得各备选方案的现金流量表。经济分析计算框图如图8-440所示。

B 建立费用收支模型

在对边坡设计方案进行评价时，经济收益始终是技术方案考虑的一个重要问题，技术方案的效果终将

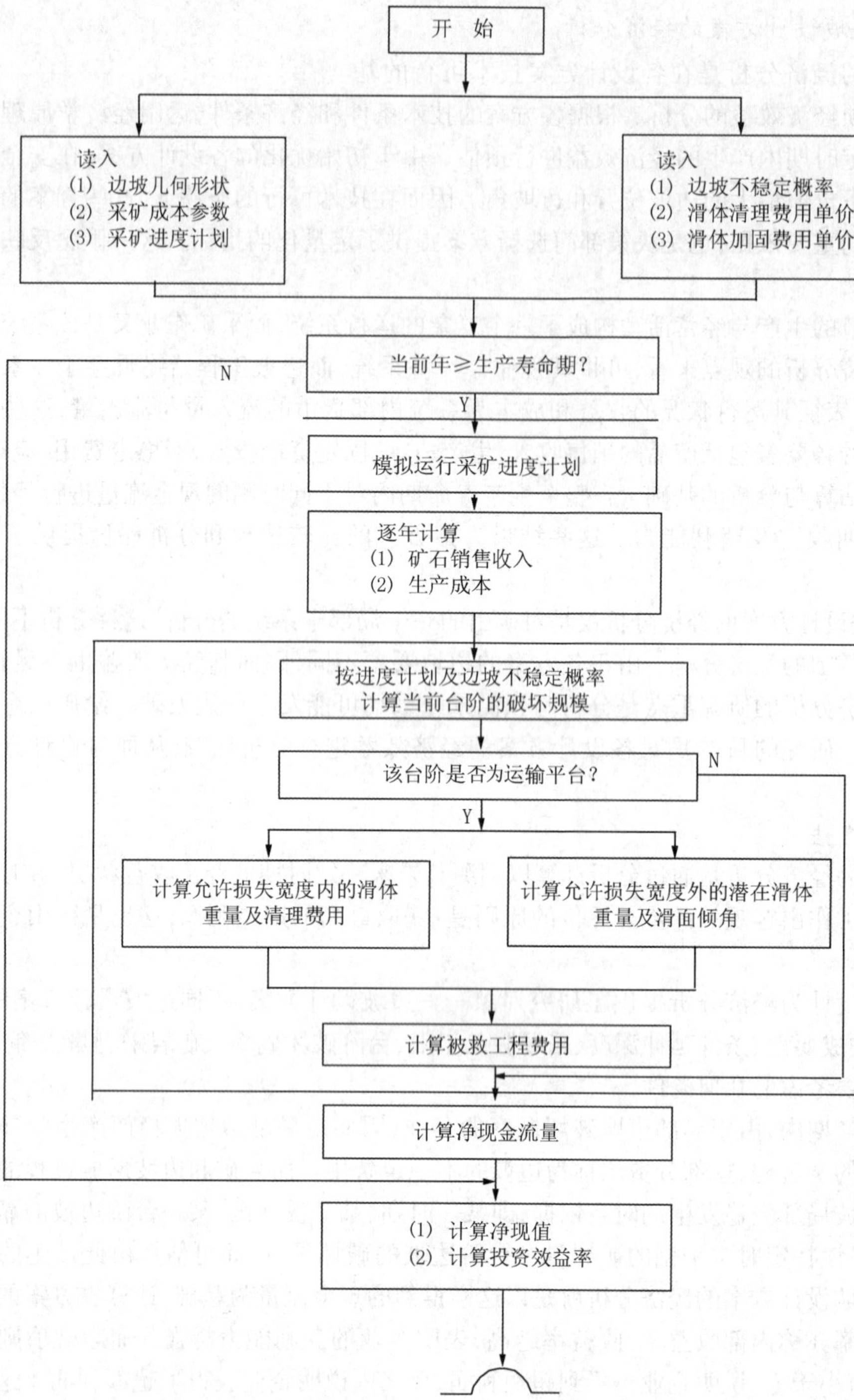

图 8-440 经济分析计算框图

由经济指标反映出来，并以此进行评价和比较。

边坡工程的经济活动一方面从属于矿山大系统的经济范畴，另一方面边坡工程的具体实施又制约了矿山大系统的生产活动。因而，边坡设计方案的经济活动也必须反映对矿山经济活动的制约作用。

反映技术方案优劣的经济评价指标最终由现金流量表体现出来，参与计算的重要参数为固定资产投资、生产成本、销售收入、计算周期、边坡不稳定费用（边坡工程治理费用）等基础数据。这些数据反映了实施边坡设计方案时费用的收入与支出情况。因此，首先要建立相应的费用收益模型与收支模型，以正确刻画矿山生产活动及实施边坡工程的资金收支状况。

a 收益模型

所谓的收益是指矿山寿命期内矿产品的销售收入、回收固定资产折余及回收流动资金等。

$$CI = PR \cdot OV + L + f_i \tag{8-896}$$

式中 CI——收益；

PR——矿石销售价格，元/t；

OV——矿石产量，t/a；

L——固定资产折余；

f_i——回收流动资金。

b 支出模型

支出模型由三部分组成：

(1) 基建投资及流动资金，这部分费用用 KB 表示

$$KB = k_1 + k_2 \tag{8-897}$$

式中 k_1,k_2——分别表示两种费用。

(2) 产品成本

$$C = OV \cdot (cb + cz + tc \cdot ot + oc + wif) + RV \cdot (cb + cz + tc \cdot rt) \tag{8-898}$$

式中 cb——穿爆成本，元/t；

cz——采装成本，元/t；

tc——吨公里费用，元/(t/km)；

ot——矿石运距；

oc——选矿成本，元/t；

wif——维简费；

rt——排土运距。

c 边坡不稳定费用

由边坡稳定可靠性分析及采矿进度计划的模拟，给出边坡发生破坏的时空依据，即边坡发生破坏的年份及破坏程度。而补救工程的费用支出模型则以资金方式表征其经济上的损益。

设 β 为台阶边坡角；α 为滑面倾角；W_i 为台阶平台损失 im 的宽度，$i \leqslant n$；W 为平台总宽；H 为台阶高度；$P(W > W_i)$ 为台阶损失宽度大于 W_i 时的破坏概率，简记为 P，如图 8-441 所示。

图中滑面与边坡面的交点 (x,y) 可用下式算出：

$$\begin{cases} X = [H - \alpha(WL + W)]/(\beta - \alpha) \\ y = x\beta \end{cases} \tag{8-899}$$

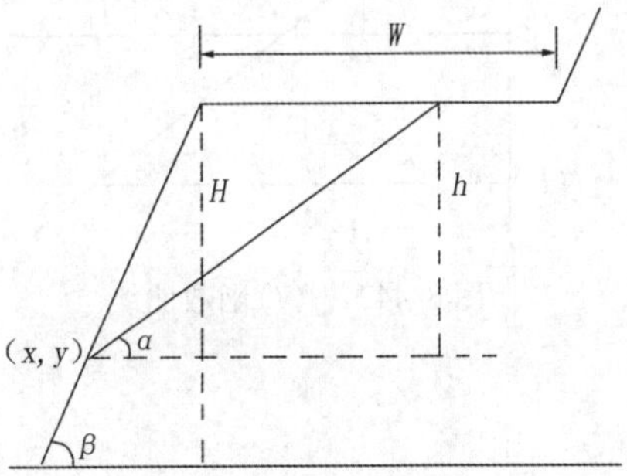

图 8-441 台阶边坡

其中 $WL = H/\beta$，其几何意义如图 8-441 所示。因而其小梯形的高度：$h = H - y$，损失宽度为 W_im 的损失面积：

$$S_i = hW_i/2$$

由边坡可靠性分析原理可知：

$$P(W > W_i) \leqslant P(W > W_i - 1) \text{ 当 } W_i \leqslant W \text{ 时}$$

亦即损失宽度越大，其发生破坏的概率就越小。由概率论的基本运算法则，可以求得该台阶边坡在剖面上的破坏量为：

$$S = \sum_{i=1}^{n} S_i [P(W > W_{i=1} - P(W > W_i))] \tag{8-900}$$

如量设该边坡所在设计区长度为 LO_j $(j = 1,2,\cdots,10)$，台阶破坏的处理费用单价 PC，则该台阶边坡由此而产生的费用损益为：

$$SB = PC \cdot LO_j \cdot S \quad j = 1,2,\cdots,10 \tag{8-901}$$

显然对 n 个设计区，边坡总损益为：

$$SB_s = \sum_{i=1}^{n} PC \cdot LO_j \cdot S \tag{8-902}$$

这部分费用通称为边坡不稳定费用。

由此，可得到总支出费用为：

$$C_{sum} = KB + C + SB_s \tag{8-903}$$

C 经济指标的计算

方案经济分析的目的是对各方案的累计收益现值和内部收益率进行评价和选择，而净现值反映了设计方案在生产寿命期内的累积收益，内部收益率反映了设计方案的投资获利能力。内部收益率越大，该方案获取超额利润的能力越大。但内部收益率并不能反映所获利润的具体数额。一般来说，投资数额越大，其获得的利润可能越多，但也会引起内部收益率的下降。因此，在对设计方案进行经济评价时，净现值和内部收益率是一对相互依存、互为补充的评价指标，缺一不可。

a 现金流量表的计算

上述构造了收益模型和费用支出模型，这是计算现金流量表的基础。计算现金流量表时，将收益作为现金流入量，支出作为现金流出量。现金流入包括销售收入、固定资产折余及回收流动资金。现金流出量包括固定资产投资、流动资金、产品成本、边坡不稳定费用。

b 净现值的计算

净现值是以选定的基准收益率为贴现率，将各年的现金流量折算到生产起始年的现值之和，也就是项目总收入与总支出的现值之差，计算式为：

$$NPV = \sum_{t=0}^{n} (CI_t - CO_t)/(1 + I)^n \tag{8-904}$$

式中 t——年份；

n——计算年限；

CI_t——第 t 年的现金流入量；

CO_t——第 t 年的现金流出量；

I——贴现率。

在进行多方案的经济评价时，净现值大者为好。

c 内部收益率的计算

内部收益率是能使计算期内各年净现金流量的现值累计等于零的折现率。即各年现金流入的现值合计等于各年现金流出的现值合计，由式(8-904)可知，如果标准折现率 I 取位不同，则净现值 NPV 也将随之变化，如果将 I 看作一变量，则式(8-904)可表示为：

$$f(I) = NPV \tag{8-905}$$

通常 $f(I)$ 是一单调递减函数(图 8-442)。

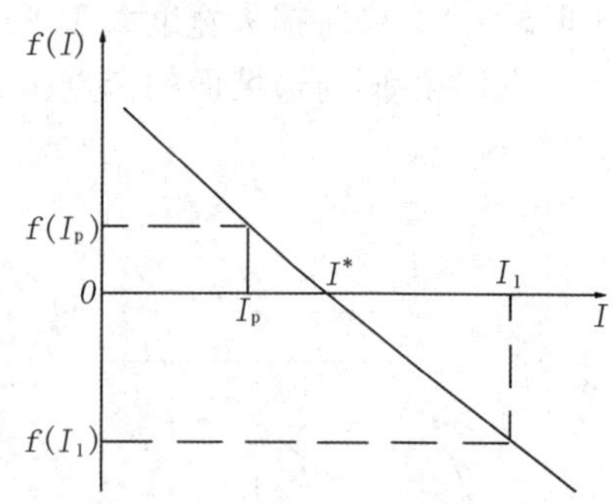

图 8-442 $f(I)$ 函数曲线

如图 8-442 所示，当 $f(I)$ 函数曲线与横轴交于 I^*，亦即 $NPV = 0$，此时，I^* 就被称为方案的内部收益率。I^* 可以通过求解下式得到：

$$\sum_{t=0}^{n} (CI - CO)\Big/ (1 + I)^n = 0$$

记为 $f(I) = 0$。

这是一分式多项式方程，不易直接求解。

通常，在计算机上用试凑内插法求解，具体做法如下：

(1) 分别假设初始收益率 I_1 及 I_2，使得满足 $f(I_1) > 0$，$f(I_2) < 0$。

(2) 在 I_1 及 I_2 之间一定存在 I^*，使得 $f(I^*) = 0$。

(3) 使用插值法求得 I^*，插值公式如下：

$$I^* = I_1 + \frac{|f(I_1)|(I_2 - I_1)}{|f(I_1)| + |f(I_2)|} \tag{8-906}$$

内部收益率反映了投资方案在整个项目寿命期内的平均资金盈余能力。如果用于多方案比较，显然也是收益率大者为好。

8.11.11.5 边坡设计的风险分析

A 边坡设计方案的敏感度分析

所谓敏感度分析，就是通过判定一个或多个因素的变化所导致的决策评价指标的变化幅度，确定有关因素对经济分析计算结果的敏感度，判断该因素的变化对实现预期目标的影响程度。

与边坡设计方案有关的一些参数，如矿石产量、剥岩量、矿产品销售价格、生产成本、补救工程费用等都有一定的不确定性。这些参数的变动对方案的各项经济指标会有一定的影响，因而这些参数被称为敏感因素。边坡工程只是整个采矿工程的一个组成部分，而研究由于销售价格、采剥总量、采矿成本等因素的变化对矿山企业的经济效果带来的影响，一般属于企业大系统的范畴。作为边坡设计方案的评价，最为敏感的因素是边坡的破坏所造成的损失。而设计总体边坡的破坏是不允许的，故可靠度取值通常较高，以保障总体边坡的安全可靠；但处于各种岩土工程技术条件下的台阶边坡局部发生破坏是完全可能的，在一定程度上可以说是难以避免的。因此，在敏感度分析中，应重点分析台阶边坡可靠度的变化而引起的经济损失。

根据可靠性理论计算的台阶边坡的破坏概率是一个随机变量，而按照台阶不稳定费用计算方法，不稳定费用直接与台阶的破坏概率有关，故不稳定费用是台阶边坡破坏概率的函数。因而在对边坡设计方案作敏感度分析时，确定台阶边坡的可靠度为敏感因素。将该因素作进一步恶化（或改善），然后考查由此因素的变化而引起的边坡补救治理工程的费用变化。其基准点是由边坡可靠性分析得到的各台阶边坡破坏概率，以该基准点为标准，确定边坡可靠度的变化范围和变动步长，由此计算出相应的边坡不稳定费用（补救治理工程费用），从而为设计方案的台阶边坡不稳定因素的风险评估提供依据。

实际计算时，可将各设计区各台阶的边坡可靠度的变化范围确定为基准点的上下50%处，其数学表达式如下。设第i设计区第j水平台阶边坡的基准可靠度为P_{ij}，则有：

$$\begin{cases} P_{ij}^- = P_{ij} \times (1 - 0.5) \\ P_{ij}^+ = P_{ij} \times (1 + 0.5) \end{cases} \tag{8-907}$$

式中 P_{ij}^-——基准点减小50%后的边坡可靠度；

P_{ij}^+——基准点增大50%后的边坡可靠度。

再取步长为0.1，则有：

$$P_{tij} = P_{ij} + 0.1t \qquad t = -5, -4, \cdots, 0, 1, \cdots, 4, 5$$

这里的P_{tij}便是对应于边坡不稳定费用的可靠度敏感值，当t从-5变动到$+5$时，边坡的可靠度以0.1的步长，从P_{-5ij}变动到P_{5ij}，亦即从$0.5P_{ij}$增大到$1.5P_{ij}$。对每一个P_{tij}，都可计算得到相应的边坡不稳定费用。

B 边坡风险分析

边坡设计方案的选优是一种投资决策行为。和其他所有的投资决策一样，边坡工程的投资也存在两种风险，一是技术风险，二是经济风险。通常投资方案引用的投资额、成本、产量、销售价格等基础数据大都参照定额指标及类比同类企业得到的。由于经济环境、技术发展等外部因素往往有难以预见的变化，致使这些基础数据失真，或者发生严重偏差。其后果便是投资方案的经济效果偏离期望值，给方案的评价和决策带来风险。

影响矿山企业未来收益的经济因素很多，但对边坡设计方案而言，决策者更重视的是与边坡工程直接相关费用的未来变化趋势。而其中最值得关注的显然是未来一段时期台阶边坡发生破坏时，其不稳定性费用的变化状况。

相对 8.11.11.4 节所述的经济分析而言，边坡风险分析是一种动态的经济分析，边坡不稳定费用在风险分析中称为损益费用，其与静态分析结果的差值称为风险值。而风险决策是在风险分析的基础上进行，风险决策根据决策者立场的不同，选用对应的决策原则去衡量方案的风险，作出最恰当的选择。通常差值越大，实际发生的方案损益值偏离期望值的可能性也就越大。所以决策者在这种原则下，倾向于选择损益值差值较小的方案，即以风险值较小的方案为好。

矿山的生产成本具有强烈的时效性和关联性，亦即生产成本随时间的推移有不断上升的趋势，并且上升的速率基本呈一致平稳的态势，可以用自回归预测模型进行预测模拟。

自回归预测模型为：

$$X_t - \mu = \psi_1(X_{t-1} - \mu) + \psi_2(X_{t-2} - \mu) + \cdots + \psi_p(X_{t-p} - \mu) + e_i \tag{8-908}$$

式中 ψ_1——最回归系数；

p——自回归模型的阶数；

μ——$X_1, X_2, \cdots, X_t$ 的平均值；

e_i——误差估计，$i = 1, 2, \cdots, t-1$；

X_t——实测数据。

自回归系数 ψ_1 用下列 p 阶线性方程组求解：

$$\begin{cases} r_1 = \psi_1 + \psi_2 r_1 + \psi_3 r_2 + \cdots + \psi_p r_{p-1} \\ r_2 = \psi_1 + \psi_2 + \psi_3 r_1 + \cdots + \psi_p r_{p-2} \\ \quad \vdots \qquad \vdots \qquad \vdots \\ r_k = \psi_1 r_{k-1} + \psi_2 r_{k-2} + \cdots + \psi_p r_{p-k} \\ \quad \vdots \qquad \vdots \qquad \vdots \\ r_p = \psi_1 r_{p-1} + \psi_2 r_{p-2} + \cdots + \psi_p \end{cases} \tag{8-909}$$

方程中，$r_k(k = 1, 2, \cdots, p)$ 称为组相关系数，计算公式为：

$$r_k = \frac{\sum_{t=1}^{n-k} (X_i - \mu)(X_{i+k} - \mu)}{\sum_{t=1}^{n-k} (X_i - \mu)^2} \tag{8-910}$$

预测模型的阶数 P，由偏自相关系数 $\hat{\psi}_k$ 的置信度确定，在数值上，$\hat{\psi}_k$ 可用 ψ_k 来替代，亦即 $\hat{\psi}_k = \psi_k$。由于序列 $X_1, X_2, \cdots, X_n$ 的所有自相关系数 $r_1, r_2, \cdots, r_n$ 服从正态分布，其均值为零，标准差为 $\frac{1}{\sqrt{n}}$，在 95% 的置信度下，其置信区间为 $\pm \frac{1.96}{\sqrt{n}}$，若有 $\hat{\psi}_1, \hat{\psi}_2, \cdots \hat{\psi}_p$ 落在置信区间外，则自回归模型的阶数取为 P。

对于 $t+1$ 期的取值，用式(8-911)进行预测：

$$X_{t+1} = \psi_1(X_t - \mu) + \psi_2(X_{t-1} - \mu) + \cdots + \psi_p(X_{t-p+1} - \mu) + \mu \tag{8-911}$$

通过对成本的动态预测，显示了在未来一定时期内，由成本变动给矿山企业带来的经济风险估计。而仅就边坡设计方案而言，生产成本上升风险带来的直接反应便是边坡不稳定费用的增加。通过风险分析，用风险值的大小进行边坡设计方案的选优，即以风险值较小的方案为好。

边坡设计方案选优的经济分析与风险分析的结果可能存在不一致，这实际上是不同目标下作出的不同结论，如何统一和协调这些目标，使之作出一个总体状态"最佳"的决策，是多目标决策要解决的问题。

8.11.11.6 边坡设计的多目标决策

在生产活动、经营活动或工程设计中经常需要判断一个决策正确与否，如果判断的依据只是一个指标，则只需要运用单目标决策的方法进行简单比较即可。然而，一般评判某个决策方法的优劣往往同时要考查多个目标，这种问题称为多目标决策问题。大型露天矿的边坡设计方案的选择就是这样一个多目标决策问题。

对于大型露天矿的边坡设计，一方面，虽然加陡边坡可以减少岩石剥离量，推迟剥离期，节省排土场的占地面积，降低基建投资及作业成本等。但另一方面，加陡边坡有可能会降低边坡的可靠性。如果要提高边坡可靠性，则应采取边坡稳固措施，如疏干排水，加固，减震爆破等，但这将会增大生产成本。再者，在边坡设计时，还要兼顾其他各种因素或评判指标，例如风险水平，环境问题，资源利用以及相关的国情国策等。

从本质上讲，露天矿的边坡设计过程实际上是一个决策过程，因为一个合理的边坡设计必须要同时考虑满足上述的多个目标。这些目标有的相互联系，有的相互制约，有的相互排斥，因而形成一种复杂的结构体系。往往，这种结构体系还是多层次的。同时，由于边坡设计可以对应于不同的边坡高度、边坡位置、边坡角以及其他的一些设计要素，因而又是多方案的。对于这种多层次多目标多方案的决策问题，人们仅凭直觉和经验很难作出科学合理的判断和选择。在这种情况下，多目标决策则是解决这类问题的一种极为有效的方法。

A 多目标决策模型

边坡设计方案的选择是一个典型的多方案多层次多指标的系统决策问题，其决策模型如图 8-443 所示。这是一个双层的多目标决策模型，第一层是分目标，第二层是子目标，其总目标则是评判方案优劣的依据。

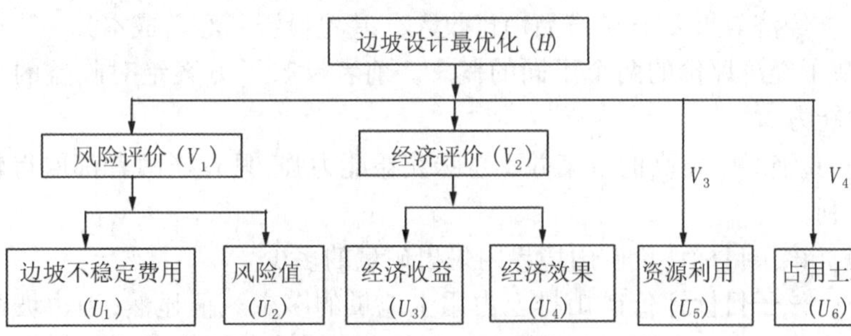

图 8-443 多目标决策模型

a 总目标(H)

这是边坡设计方案的评价指标，也是评判方案优劣的唯一依据。在决策模型中，总目标值记为 H，也称为总合意度。总合意度 H 最高者即该方案的综合指标最优，因而也是最优方案。

b 分目标(V)

多目标决策模型的第一层为分目标，共有 4 个：

(1)风险评价(V_1)。对于边坡工程，尤其对于台阶边坡，不可能，也没有必要保证绝对的可靠，通常都允许其可以在一定的范围内发生局部的破坏。尽管这具有一定的风险，但这种风险可能会得到较高的补偿，取得较好的收益。台阶边坡发生局部破坏或潜在破坏时，必然要采取相应的技术措施，以保证生产的正常进行，因而增加了不稳定费用的支出。如果矿山地质条件不太复杂，并且开采年限很短，那么这种支出的数额是可以预计的。但如果矿山地质条件复杂，开采年限长，对其边坡的设计，不仅要考虑系统内部的风险，还要考虑系统外部的风险。也就是说不仅要考虑由边坡破坏引起的静态的不稳定费用的支出，还要考虑相当长时期的动态的不稳定费用的支出。

(2) 经济评价(V_2)。它表征设计方案或投资项目对社会的贡献力和自身的生命力。边坡设计方案也是如此，反映其贡献力和生命力的重要指标是经济上的受益程度和获利能力的大小，综合目标即为经济受益的最大化。

(3) 资源利用(V_3)。矿产资源是不可再生资源，因此在研究边坡设计方案时，必须要尽可能地考虑对矿产资源进行充分的利用和开发。矿产资源的利用程度也是衡量边坡设计方案优劣的一个重要指标。

(4) 土地占用(V_4)。我国的人均土地占有量极为有限,切实保护有限的土地资源是我国的一项长期国策。因而在建设和开发矿山时,应尽量少占土地。

c 子目标(u)

多目标决策模型的第二层为子目标,这些子目标或是由分目标分解而来,或是直接源于分目标。

(1) 边坡不稳定费用(u_1)。边坡不稳定费用子目标由风险评价分目标分解得到,反映当边坡发生局部破坏时,为了保证生产正常进行,必须要采取补救工程而支付的费用,由经济分析结果作为输入。

(2) 不稳定费用风险值(u_2)。由风险评价分目标分解而来的另一个子目标是不稳定费用风险值。由于矿山生产年限还可持续很长一段时期,来自系统外的因素可能会导致不稳定费用的期望值偏离人们的预期,从而给边坡设计方案带来风险。这种风险也是值得关注的一个子目标。

(3) 经济收益(u_3)。

经济收益
$$u_3 = \sum_{i=1}^{n} (B_i - C_i - K_i)/(1 + i_0)' \tag{8-912}$$

式中 B_i——第 i 年的销售收入;

C_i——第 i 年的经营成本;

K_i——第 i 年的基建投资;

i_0——基准贴现率。

(4) 经济效果(u_4)。

$$经济效果\ u_4 = 矿产品销售收入/(基建投资 + 经营成本)$$

u_3 及 u_4 子目标反映了经济评价的两个不同的概念。前者反映了方案绝对收益的大小,后者反映了方案单位消耗获取收益的能力。

显然两者是有区别的,绝对收益高的方案并不意味获益能力强,只有当两者都取得较高值时,才能说明该方案在经济上较为有利。

(5) 资源利用(u_5)。该子目标评价矿山境界内采出矿量的多少。

(6) 土地占用(u_6)。该子目标评价矿山排土占用土地量的多少。很显然,当边坡角加陡时,岩石剥离量减少,随之占用的排土场地也相应减少,因而就有可能节省土地占用量。

综上所述,边坡设计方案的多目标决策模型有 1 个总目标,4 个分目标,最后分解成 6 个子目标。这些目标从总体上反映了边坡方案的设计水平。多目标决策的目的就是从决策模型出发,按照预期的目标,从众多的备选方案中选出"最满意"的,或者说总合意度最高的方案,作为方案选优的最终结果。

B 评价准则

在多目标决策模型的树状结构图中,最低一层的各个目标称为准则,因此,这一层也称为准则层。每个备选方案对于准则层的各准则,都有结果值与之一一对应。这些结果值给出各备选方案满足这些准则要求的程度,从而也表示了通过各准则渠道给决策主体所作的贡献。可以看出,这些结果值实际上是衡量和评判各备选方案优劣程度的原始依据。

在多目标决策中,备选方案对各子目标的贡献要用不同准则来衡量,而各准则的量纲并不相同。例如货币、重量、面积等。因此要从总体上评价各备选方案对全体目标的合意度,首先就必须要将用不同量纲表示的准则化为统一的数量标度,以便实现各准则指标的并合,这种标准化后的数量标度称为效用函数值,也称为分效用。分效用一方面体现了各备选方案在每一准则下对决策主体所作的贡献,另一方面也建立了各方案间的可比数量关系的基础,导出这些分效用值的函数就称为效用函数。

如果 O 称为某准则的一个结果,$U(O)$ 则为对应于该结果的分效用。当 O 是一结果变量时,$U(O)$ 就被称为结果变量 O 的效用函数。导出效用函数 $U(O)$ 可归结为这样的问题:即如何按照决策者或分析者决策问题的某种特定见解,找出变量 O 与 $U(O)$ 的函数关系,从而确定 N 个结果的分效用值。通常的做法是用一组(三个值)具有代表性的结果 O'、O''、O^*(其中 O',及 O''分别为最劣和最优结果,O^* 为决策者或分析者给出的满足无差关系的中间结果),按照效用函数的定义可知:$U(O') = 0$, $U(O'') =$

1, $U(O^*)=0.5$。

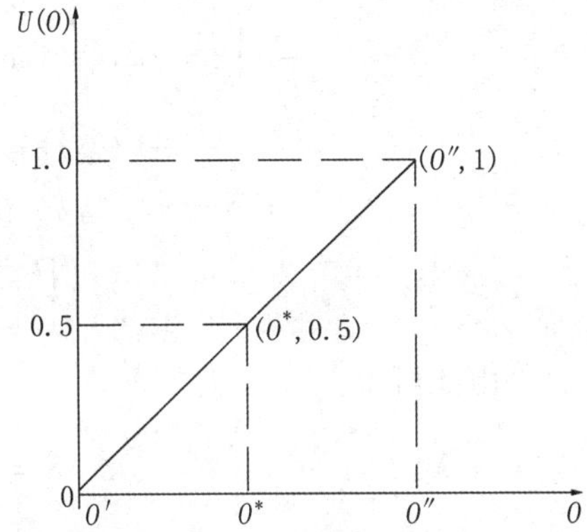

图8-444 目标函数的几何意义

其几何意义如图8-444所示。

将N个结果分别作变换进行归一化处理,变换公式为:

$$X=\frac{O-O'}{O''-O'} \tag{8-913}$$

经过这样的变换,对任一结果变量O,都有值X与其对应,并且$X\in[0,1]$。如用ε表示与满足无差关系的中间结果O^*对应的点X^*的坐标,则有:

$$\varepsilon=X^*=\frac{O-O'}{O''-O'} \tag{8-914}$$

对于一些特殊的效用值,例如0.25、0.5、0.75、1,求与此对应的结果值,由于效用值等于0.5的点所对应的结果值点ε(式(8-852))已知,因而可由此推导出效用值等于0.25,0.75两个点所对应的结果值$O_{0.25}$和$O_{0.75}$。实际上可将O轴(图8-444)划分出两个小区间$[O',O^*]$,$[O^*,O']$,按等比原理,应分别有以下两式:

$$\frac{O_{0.25}-O'}{O^*-O'}=\frac{O^*-O'}{O''-O'}$$

$$\frac{O_{0.75}-O'}{O''-O^*}=\frac{O^*-O'}{O''-O'}$$

整理后便得:

$$O_{0.25}=O'+(O^*-O')\frac{O^*-O'}{O''-O'}$$

$$O_{0.75}=O'+(O^*-O')\frac{O^*-O'}{O''-O'}$$

归一化处理,并注意到式(8-912),$O_{0.25}$和$O_{0.75}$对应的值$X_{0.25}$和$X_{0.75}$为:

$$X_{0.25}=0+(\varepsilon-0)\varepsilon=\varepsilon^2$$

$$X_{0.75}=\varepsilon+(1-\varepsilon)\varepsilon=2\varepsilon^2-\varepsilon^2$$

这即为对应于效用值0.25和0.75的结果值点$X_{0.25}$和$X_{0.75}$的表达式。

可以设想,如果将效用轴(即图8-881中的$u(o)$轴)再细分,那么采用上述类似的方法,同样可以求得相应的结果值点。实际应用时,常将$u(o)$轴对应的[0,1]区间等分成2^n个小区间。亦即用等差数列$\frac{1}{2n},\frac{2}{2n},\cdots,\frac{2n-1}{2n}$作为特殊效用值点,等分[0,1]区间(其实0.25、0.5、0.75和1就是当$n=2$时的特殊效用值点),将这2^n个特殊结果值点作为插值节点,就可用线性内插法求得所有结果值点的效用值。实际应用表明,当$n=6$时,有64个插值节点,所求得的效用值精度足以令人满意。与这2^{n-1}个效用值相对应的2^n段的小段长度依次为:

$$\Delta 1=\varepsilon^n$$

$$\Delta 2=\varepsilon^{n-1}(1-\varepsilon)$$

$$\vdots$$

$$\Delta 2n=(1-\varepsilon)^n$$

其一般项为:

$$\Delta i=\varepsilon^{n-t_i}(1-\varepsilon)^{ti}(i=1,2,\cdots,2n)$$

其中
$$\begin{cases} t_i=0 & i=1 \\ t_i=\sum_{r=1}^{S+1}\left(\left[\frac{i-2^{r-1}}{2^r}-1\right]+1\right)(2-r) & i\neq 1 \end{cases} \tag{8-915}$$

式中 $\left[\frac{i-2^{r-1}}{2^r}-1\right]$——高斯(Gauss)函数；

[ ]——取整符号；

S——正整数，由下面不等式解出：

$$\begin{cases} i-2^s-1 \geqslant 0 \\ i-2^{s+1}-1<0 \end{cases} \quad (i=2,3,\cdots,2^n)$$

由此可得：

$$S=\left[\frac{\ln(i-1)}{\ln 2}\right] \quad (i=2,3,\cdots,2^n) \tag{8-916}$$

从而这 2^n-1 个特殊效用值点及对应的结果值点可完全确定，并由式(8-917)给出：

$$X_i=\sum_{j=1}^{i}\Delta j=\sum_{j=1}^{i}\varepsilon^{n-t_j}(1-\varepsilon)^{t_j} \quad (i=1,2,\cdots,2^n) \tag{8-917}$$

对应的效用值为：

$$U(X_i)=\frac{i}{2^n}$$

通常取 $n=6$，则 $2^n=64$，可求得对应于 64 个特殊效用值的结果值点。对任一结果 O，用式(8-915)将其归一化，得到相应的结果值点 X，且有 $X\in[0,1]$，因此 X 必定落在某一区间 Δi 内，对应于 Δi 的两端点值为 X_{i-1}, X_i。其效用值分别为：

$$U(X_{i-1})=(i-1)\frac{1}{64}$$

$$U(X_i)=i\frac{1}{64}$$

因而对于任意 $X\in[X_{i-1},X_i]$，其效用值 $U(X)$ 可用如下插值公式计算：

$$U(X)=\left(X-\sum_{j=1}^{i-1}\Delta j\right)/64\left(\sum_{j=1}^{i}\Delta j-\sum_{j=1}^{i-1}\Delta j\right)+(i-1)/64=\left(X-\sum_{j=1}^{i-1}\Delta j\right)/64\cdot\Delta j+(i-1)/64 \tag{8-918}$$

再根据式(8-915)的对应关系，就可求得结果值点 O 的效用值。

C 效用并合

边坡设计方案的多目标决策模型在 6 个评判准则下有 6 个分效用值。这些分效用如何从整体上体现出方案对于决策主体的总效用？这就是所谓的分效用合成总效用的效用并合问题。

分效用并合成总效用是由下至上逐层进行的。一级并合是最低一层的并合，二级并合是第二层的并合。

a 一级开合

图 8-443 的模型中，最低一层有 6 个决策子目标，亦即有 6 个分效用。将这 6 个子目标分为 4 类——风险评价、经济评价、资源利用、土地占用。在一级并合中，要对前两类(即风险评价与经济评价)进行并合，而后两类属于二级并合。

(1) 第一类并合。u_1(不稳定费用)和 u_2(风险值)对决策主体的贡献是反向的，其效用值越小越好。并且两者对上一级风险评价(V_2)的贡献是独立的。即当其中一个增大或减小时并不影响另一个的分效用。因此对这一类的并合宜用加法法则：

$$V_1=(u_1 \oplus u_2)-a_1u_1+a_2u_2 \tag{8-919}$$

其中，符号⊕称为并合加，a_1 和 a_2 分别为 u_1 和 u_2 的权系数。上式体现了 u_1 和 u_2 的独立性，并且只有当 u_1 和 u_2 同时取最小时，V_1 的总体效用才最好。权系数 a_1 和 a_2 用于调节 u_1 和 u_2 在决策主体中的权重。

(2) 第二类并合。u_3(经济效益)和 u_4(经济效果)对 V_2(经济评价)有同等重要的利害关系，废一不可。如果两者中有一个的效用为 0，则 V_2 的总效用为 0。可以设想，对于一个工程项目，如果其经济收益较好，也就是说绝对收入较多，但其经济效果，或者说单位获利能力很差，则就意味着该工程投入产出比不佳，效益

低下,因而人们不可能去选择这样的投资项目,反之亦然。因此这类并合采用乘法法则:

$$V_2 = (u_3 \otimes u_4) = u_3 \cdot u_4 \tag{8-920}$$

其中符号⊗为并合乘。由式(8-920)可以看出,在这种并合中,u_3 或 u_4 中有一个为0,V_2 就为0,并且只有当 u_3 和 u_4 同时取得最高效用值时,V_2 才是最完美的。这种乘法并合法完整地体现了 V_2 的总体效用。

b　二级并合

二级并合是在模型的第二层进行。将 V_1、V_2、V_3(资源利用)、V_4(土地占用)这4个分目标归为一类进行并合。

先考虑 V_1 和 V_2 的并合。V_1 和 V_2 对决策主体的贡献是反向的,因而 V_1 取得最小,V_2 取得最大时,V_1 和 V_2 并合的总体效用最好,反之即为最差。这是典型的成本-效益模式,成本最低,效益最高,其总体效用方为最好。对这种模式可采用距离法则进行并合:

$$H_1(V_1, V_2) = 1 - \frac{1}{\sqrt{2}}\sqrt{(1 - V_1)^2 + (1 - V_2)^2} \tag{8-921}$$

再考虑 H_1、V_3、V_4 的并合。这三者彼此都不能替代,对总目标的总体效用的贡献是互相独立的,因此也是用加法法则进行并合:

$$H = (H_1 \oplus V_3 \oplus V_4) = \beta_1 H_1 + \beta_2 V_3 + \beta_3 V_4 \tag{8-922}$$

将式(8-919),式(8-920),式(8-921)分别代入上式,可得总合意度 H 的计算式:

$$H = \beta_1[1 - \frac{1}{\sqrt{2}}\sqrt{[1 - 0.5(u_1 + u_2)]^2 + (1 - u_3 u_4)^2}] + \beta_2 u_5 + \beta_3 \beta_6 \tag{8-923}$$

式中　$\beta_1, \beta_2, \beta_3$——权系数。

式(8-923)是边坡设计方案多目标决策计算总合意度 H 的一般形式,将其改写成如下形式,可以用来对边坡设计方案作多方面的比较和评判。

$$H = \rho_1[1 - \frac{1}{\sqrt{2}}\sqrt{[1 - 0.5(u_1 + u_2)]^2 + (1 - u_3 u_4)^2}]\rho_2(k_1 u_1 + k_2 u_6) \tag{8-924}$$

式中的权系数满足:$\rho_1 + \rho_2 = 1, k_1 + k_2 = 1$ 。

显然,当每对系数 ρ_1、ρ_2 和 k_1、k_2 变动时,可以得到不同的总效用值 H,而 ρ_1、ρ_2、k_1、k_2 的选择正是反映了决策者对各分目标或子目标的不同重视程度。

利用式(8-918),计算各方案的分效用值 $u_1, u_2, \cdots, u_6$,然后再应用式(8-924),便可得到各方案的合意度 H,以此作为方案选优的决策依据。显然,合意度 H 值最大的为"最满意"方案,最小者即为"最不满意"方案。程序框图如图8-445所示。

8.11.11.7　边坡优化设计案例

A　工程概况

太钢(集团)矿业公司峨口铁矿是太钢(集团)公司主要的铁矿石生产基地,由冶金部鞍山冶金设计研究院于1970年设计,1977年建成投产,1987年进行采选技术改造设计,设计生产规模年产矿石480万吨,服务年限46年,设计露天采场边坡最高标高2248m,采场底最低标高1528m,是我国突出的一座大型高边坡露天矿山。

峨口铁矿矿区地处高山区,地形陡峻,地貌西高东低,海拔最高2487m,采场地表最低标高1660m。矿床类型属复杂的鞍山式磁铁矿,呈层状,似层状或透镜状产出,矿体出露标高最高为2185m,上部直接出露于地表,最低标高1420m,一般覆盖不厚,矿体埋藏深度达500余米。矿层厚度最厚达300m,最薄仅18m,厚度变化大。已查明矿区地质储量31217.17万吨,其中B+C级表内储量24396.67万吨,储量丰富。矿床品位偏低,贫矿(FeP)21.09%,表外矿(FeC)12.82%。平均重度,贫矿(FeP)为3.3t/m³,表外矿(FeC)为3.18 t/m³,岩石为2.8t/m³。矿区地层主要为前震旦纪绿色变质片岩系。构造复杂,紧密褶皱十分发育,且有山羊坪正断层贯穿采场中部,对矿体有直接影响。

B　初始边坡设计方案优化

露天矿边坡设计是一个动态的整体优化过程。在实现最优化开采圈定境界的同时,必须紧密配合边坡

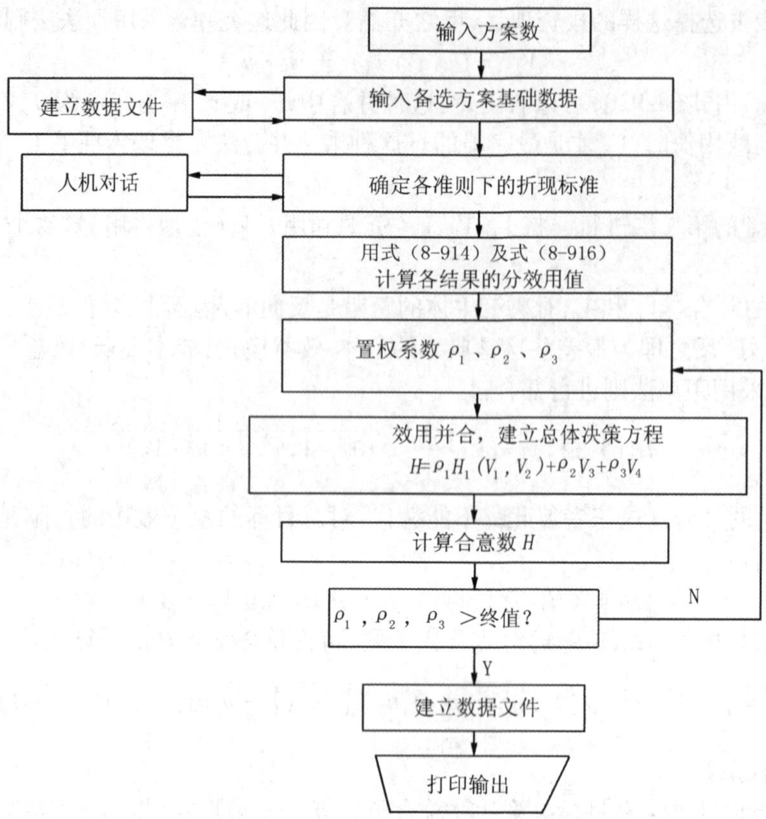

图 8-445 多目标决策的运行框图

设计方案的稳定性分析和受采矿工艺条件的制约,在此基础上,经过多次反复进行边坡稳定性试算和边坡构成要素的重新布局,最终初选出三个新的边坡设计方案,连同原设计方案一起进一步进行方案分析和比较。把原设计方案定为方案Ⅰ,则三个新的方案是:

方案Ⅱ在方案Ⅰ的基础上,采场北帮总体边坡角提高6°,其余东、南、西各帮总体坡角各提高3°,在采场南帮局部1840m水平边墟开设最宽达50m的宽平台,各坑底标高不变。

方案Ⅲ在方案Ⅰ的基础上,将原设计的东坑和西坑坑底各延深24m,即西坑由1720m水平延深为1696m水平,东坑由1528m水平延深至1504m水平,而中坑底维持1612m水平不变。方案Ⅳ 在方案Ⅲ的基础上,保持边坡形状及坑底标高不变,优化境界,调整坑底线。各边坡设计方案境界参数见表8-324。

各方案矿岩量剥采比情况见表8-325。

表 8-324 各方案边坡参数

项 目		原设计方案	Ⅱ方案	Ⅲ、Ⅳ方案
阶段高度/m		12	12	12
开段高度/m		24	24	24
总体边坡角/(°)	南 帮	42	45	45
	北 帮	36	42	42
台阶边坡角/(°)	南 帮	60	60	60
	北 帮	50	55	55
台阶坡面投影/(°)	南 帮	13.86	13.86	13.86
	北 帮	20.14	16.81	16.81
露天底标高/(°)	西 坑	1720	1720	1696
	中 坑	1612	1612	1612
	东 坑	1528	1528	1504
安全平台宽度/m		5.58～5.78	5	5
清扫(兼运输)平台宽度/m		20	15	15
备 注		在1840m水平留50m宽平台		

表 8-325 各方案矿岩量

项目单位		Ⅰ方案	Ⅱ方案	Ⅲ方案	Ⅳ方案
矿量/kt		201290	196000	197900	202720
岩量/kt		467350	412300	412730	433650
平均剥采比/(t/t)		2.322	2.104	2.086	2.139
与Ⅰ方案相比	多采矿/kt		-5290	-3380	1430
	少剥岩/kt		55050	54610	33710

从表 8-325 中可以看出,与原边坡设计方案Ⅰ相比,方案Ⅱ可少剥岩 55050kt,但也少采矿 5290 kt;方案Ⅲ虽可少剥岩 54610kt,但仍然少采矿 3330kt,仅有方案Ⅳ不但少剥岩 33710kt,尚可多采矿 1430kt。

为了更全面评价全部边坡设计方案,以期最终筛选出最佳方案,需要进行边坡稳定可靠性分析、经济分析、风险分析和多目标决策。

C 边坡形成过程模拟

本工程边坡形成过程采用投影交域法进行模拟,模拟采用的软约束条件为:

(1) 电铲台数:$4m^3$ 为 10 台;$8m^3$ 为 2 台;

(2) 电铲效率:$4m^3$ 电铲,采矿 1400kt/a,剥岩 1600kt/a;$8m^3$ 电铲,采矿 2600kt/a,剥岩 3000kt/a;最小工作平台宽度:40 ~ 50m;电铲最短工作线长度:200 ~ 300m;汽车最小转弯半径:15m;采矿方法:分区开采,东西区同时开采;生产能力:第一期为 4000kt/a;第二期 4800kt/a。

投影交域法软件系统调用接口程序处理了 44 张地质平面图、现状线图、等高线图及三个边坡设计方案的境界线图,成功地组织了编制生产计划所需的包括矿岩界线、开采境界线、开采现状线在内的水平分层平面图,并形成了对应的矿岩界线文件、分层境界线文件、现状线文件、等高线文件等,实现了三个边坡形成过程的计算机模拟。各方案矿岩量计算结果见表 8-326,经济分析所需要的基本数据如各区边坡到界时间、到界程度以及所采矿岩量等,均以内部文件传进。

从表 8-326 中可见,采用投影交域法编制的生产计划,计算出的矿岩量误差极小,精度高。从而实现了编制计划的自动化程序和计算矿岩量的高准确性。

表 8-326 各方案矿岩量计算结果

方 案	项 目	矿石量	岩石量	矿岩总量
Ⅰ	排铲量/kt	172367.4	321442.4	493809.8
	现状线开采量/kt	30338.8	76370.9	106709.7
	计算机算量/kt	202706.2	397813.3	600519.5
	境界图定量/kt	196000	412300	608300
	误差/%	-3.42	3.51	1.28
Ⅱ	排铲量/kt	174086.3	322489.7	496576.0
	现状线开采量/kt	30338.8	76370.9	106709.7
	计算机算量/kt	204425.1	398860.6	603285.7
	境界图定量/kt	197900.0	412730.0	610630.0
	误差/%	-3.30	3.36	1.20
Ⅲ	排铲量/kt	179989.6	342615.5	522605.1
	现状线开采量/kt	30338.8	76370.9	106709.7
	计算机算量/kt	210328.4	418986.4	629314.8
	境界图定量/kt	202720.0	433650.0	636370.0
	误差/%	-3.75	3.38	1.11

D 经济分析

a 经济指标

针对四个初始优化方案,边坡的经济分析得到的净现值及内部收益率结果见表 8-327。

表 8-327 经济指标计算结果

方案	净现值/万元	内部收益率
Ⅰ	-6458.4	0.083
Ⅱ	6775.9	0.134
Ⅲ	6841.3	0.135
Ⅳ	8748.3	0.147

从表 8-327 可见，无论是净现值还是内部收益率，都是以方案Ⅳ为最优，其他 3 个方案的排序依次为方案Ⅲ、方案Ⅱ、方案Ⅰ。

引起诸方案经济收益差异的主要原因是由于各方案总体边坡角及边坡位置的不同，致使各方案的矿石产量和岩石剥离量有较大差异，见表 8-328。

表 8-328 各方案采剥量及累计现金流量

方案	岩石剥离量/万元	比方案Ⅰ多剥岩/kt	矿石产量/kt	比方案Ⅰ多采矿石/kt	累计现金流/万元
Ⅰ	37634	—	177650	—	152614.9
Ⅱ	32144	-54900	172630	-5290	192996.4
Ⅲ	32249	-53850	174080	-3570	197789.2
Ⅳ	34262	-33720	179990	2340	195611.4

将表 8-327 和表 8-328 结合分析，方案Ⅰ累计现金流量最低是由于剥岩最多所致。方案Ⅲ与方案Ⅳ相比，方案Ⅲ比方案Ⅳ少剥岩 20130kt，因而累计现金流量多 2177.8 万元。不过单从累计现金流量分析只是一种静态评价指标，不能完全反映货币的时间价值。如方案Ⅳ比方案Ⅲ多剥的岩石，其中约有一半是在矿山生产的第 33～38 年间发生的，也就是说大量剥岩成本支出是在矿山开采末期发生的，考虑到货币的时间价值，这样的支出应有较大折扣。在一般情况下，这种不考虑资金时间因素的静态评价指标仅用于方案的初选阶段，而不作为最终评价方案经济效果的依据。事实上，经济分析中决定性的评价指标净现值和内部收益率均以方案Ⅳ优于方案Ⅲ，而且方案Ⅳ比方案Ⅲ尚可多采矿石 5910kt，不仅充分合理地利用国家矿石资源，同时尚使矿山寿命延长 1 年。

b 边坡不稳定费用

各方案边坡不稳定费用计算结果见表 8-329。

表 8-329 各方案边坡不稳定费用计算结果 （万元）

方案	清理费	加固费	合计
Ⅰ	160.4	403.3	563.7
Ⅱ	248.6	411.4	660.0
Ⅲ	265.5	399.1	664.6
Ⅳ	257.0	383.3	640.3

从表 8-329 中可见，不稳定费用以方案Ⅰ（原设计方案）支出最低，随着总体边坡角的加陡，境界的改变，方案Ⅱ、Ⅲ、Ⅳ的边坡不稳定费用有所增加，增加的幅度约 100 万元，（主要是清理费用的增加）。后三个方案以方案Ⅳ不稳定费用最少，但彼此差别极小，因此，边坡不稳定费用分析结果不会对方案的选择产生实质性影响。另外，由于各边坡方案在进入深部开采时，均需采取地下水疏干措施，根据计算，方案Ⅰ的起始疏干标高在 1700m 左右，方案Ⅱ、方案Ⅲ、方案Ⅳ始疏干标高约为 1648m，即分别在开采期大约第 26～32 年以后开始实施，为计算疏干费用，将来拟采用台阶水平孔疏干措施，粗算出疏干费用大致为方案Ⅰ168 万元，方案Ⅱ155 万元，方案Ⅲ171 万元，方案Ⅳ180 万元，相比之下，方案Ⅳ疏干费用最高，方案Ⅱ最低，但彼此相关幅度小，从而进一步证明了初始优化所提出的这三个边坡设计方案不但在技术上是可行的，在经济上也是合理的。

综合经济指标与不稳定费用分析，从经济分析角度来看，以方案Ⅳ最优，以下依次为方案Ⅲ、方案Ⅱ、方案Ⅰ。

E 边坡设计的风险分析

a 敏感性分析

在进行敏感度分析时，直接以台阶可靠性分析中求出的台阶破坏概率作为基准点，以此基准点为标准，确定边坡可靠度的变化范围和变动步长。根据边坡不稳定费用的破坏概率敏感值 P_{ijt} 的变化范围和步长，计算各相应边坡的不稳定费用，表 8-330 列出了 4 个方案由敏感因子变化引起的不稳定费用的计算结果。为了直观比较，将表 8-330 数据绘成图 8-446。

表 8-330 不稳定费用计算结果 （万元）

破坏概率变动值	−0.5	−0.4	−0.3	−0.2	−0.1	0	0.1	0.2	0.3	0.4	0.5
方案Ⅰ	281.8	338.2	394.6	451.0	507.4	563.8	420.1	676.5	752.9	789.2	845.7
方案Ⅱ	330.3	396.0	462.0	528.0	594.0	660.0	726.0	792.0	858.0	924.0	990.0
方案Ⅲ	332.3	398.8	465.2	531.7	598.1	664.6	731.0	797.5	863.9	930.4	996.9
方案Ⅳ	320.1	384.2	448.2	512.2	576.2	640.3	704.3	768.3	832.4	896.4	960.4

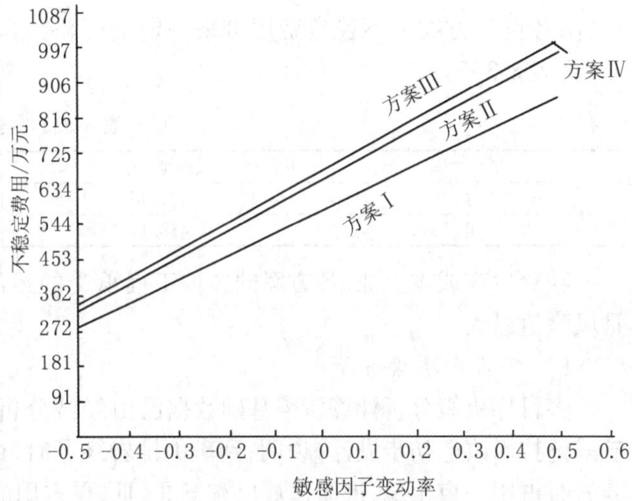

图 8-446 不稳定费用

从表 8-330 及图 8-446 可以看出，当敏感因素——边坡可靠度由大变小时，各方案的不稳定费用也同步增大，并且始终是方案Ⅲ的不稳定费用最高，方案Ⅱ次之，再次方案Ⅳ，费用最低的是方案Ⅰ。为了系统比较四个方案不稳定费用的变化规律，将上述离散数据进行线性拟合，用下式表示：

方案Ⅰ $y = 563.76x + 563.76$

方案Ⅱ $y = 660.06x + 660.06$

方案Ⅲ $y = 664.58x + 664.58$

方案Ⅳ $y = 640.27x + 640.27$

显然，方案Ⅲ的斜率最大，方案Ⅰ斜率最小。也就是说，如果敏感因素台阶边坡的可靠度减小时，方案Ⅲ承担的不稳定费用的增大要更快一些。但总体来看，差异并不大。当边坡破坏概率比实际的基准概率大 50% 时，不稳定费用最高的方案Ⅲ为 996.87 万元，最低的方案Ⅰ为 845.66 万元，两者仅相差 151.2 万元。究其原因，四个方案中，方案Ⅰ是原设计方案，其边坡可靠度相对要高些，其他三个方案的边坡都较方案Ⅰ要陡些（北帮提高 6°，南帮提高 3°）。因而基准破坏的不稳定费用就略高些，而当各方案的边坡可靠度随破坏概率变化时，相应不稳定费用也呈同步线性变化，故其变化趋势大致相同，各方案间的不稳定费用的差距不会随破坏概率的变动而发生显著变化。因此，在对各设计方案进行比较和选择时，台阶边坡破坏引起的损失不构成重要的决策依据。

b 风险分析

通过对未来成本的预测来进行风险分析，原始采矿成本的偏自相关系数采用 7 阶自回归模型对该矿今后 63 年采矿成本进行预测，预测结果见表 8-331。

表 8-331 平均成本预测

时间/a	1	2	3	4	5	6	7	8	9	10	11
预测值	8.50	8.71	6.40	6.55	7.25	7.97	8.22	8.21	7.07	9.97	10.19
时间/a	12	13	14	15	16	17	18	19	20	21	22
预测值	10.42	11.87	14.10	16.32	15.34	19.12	24.65	37.29	39.11	41.93	43.97
时间/a	23	24	25	26	27	28	29	30	31	32	33
预测值	48.85	51.70	52.87	55.08	57.25	61.01	62.47	63.79	63.88	65.05	66.13
时间/a	34	35	36	37	38	39	40	41	42	43	44
预测值	67.17	67.13	67.71	68.64	68.93	69.52	69.28	70.09	70.87	71.03	71.53
时间/a	45	46	47	48	49	50	51	52	53	54	55
预测值	72.25	72.48	73.06	73.77	73.87	73.86	73.86	84.72	75.75	76.53	77.36
时间/a	56	57	58	59	60	61	62	63			
预测值	77.34	78.02	78.79	75.81	79.25	78.84	79.54	80.18			

通过对成本的动态预测，显示了在未来一定时期内，由成本变动给矿山企业带来的经济风险估计，这种风险的直接反映便是边坡不稳定费用的增加，由动态经济分析得到的各方案不稳定费用见表 8-332。

表 8-332 各方案风险分析不稳定费用计算结果 （万元）

方案	清理费	加固费	不稳定费用合计
Ⅰ	261.23	693.93	955.16
Ⅱ	387.13	710.98	1098.11
Ⅲ	421.30	687.25	1108.55
Ⅳ	406.90	657.06	1063.96

上述结果和以静态经济分析中的不稳定费用相比，动态的要比静态的高70%左右。以方案Ⅲ为例，动态的为1108.55万元，静态的为664.6万元，相差443.95万元。这说明由于未来时期采矿成本的增加，给各设计方案的不稳定费用带来一定的经济风险，其风险值为不稳定费用的动态分析与静态分析之差，见表8-333。

表 8-333 各方案风险值

方案	风险值/万元	方案	风险值/万元
Ⅰ	391.46	Ⅲ	443.95
Ⅱ	438.11	Ⅳ	423.66

随着生产成本上涨，各方案的边坡工程承受的经济风险也在增大，上表说明，方案Ⅰ风险值最小，方案Ⅲ风险值最大。

F 多目标决策分析

多目标决策分析计算所需基础数据已由经济分析和风险分析提供，关于土地占用面积是根据《峨口铁矿采选技术改造初步设计》说明，到矿山排岩终了时，可复垦土地57.7hm^2（865亩），据此估算出每435kt废弃岩石占用一亩土地，进而估算出方案Ⅱ、Ⅲ、Ⅳ占用的可垦土地量，其基础数据见表8-334。

表 8-334 决策分析数据

方案	不稳定费用/万元	风险值/万元	经济受益/万元	经济效果	矿石资源利用/万元	土地占用/hm^2（亩）
Ⅰ	563.8	955.2	−6458.4	1.171	17765	57.7（865）
Ⅱ	660.1	1098.1	6775.9	1.219	17237	49.3（739）
Ⅲ	664.6	1108.6	6841.3	1.221	174.09	49.4（741）
Ⅳ	640.3	1064	8748.1	1.21	17999	52.5（787.6）

各方案的分效用值计算结果见表8-335。

表 8-335 各方案的分效用值系数

方案	不稳定费用	风险值	经济收益	经济效果	资源利用	土地占用
Ⅰ	0.83	0.81	0.02	0.34	0.56	0.21
Ⅱ	0.23	0.26	0.85	0.63	0.35	0.82
Ⅲ	0.20	0.22	0.853	0.64	0.42	0.81
Ⅳ	0.35	0.39	0.97	0.58	0.65	0.59

各方案合意度的计算结果见表8-336。

表 8-336 各方案合意度（H）

ρ_1 值	k 值	0.80	0.75	0.70	0.65	0.60	0.55	0.50
0.8	方案Ⅰ	0.11	0.14	0.16	0.19	0.22	0.24	0.27
	方案Ⅱ	0.19	0.21	0.23	0.25	0.27	0.28	0.30
	方案Ⅲ	0.21	0.23	0.25	0.27	0.29	0.31	0.33
	方案Ⅳ	0.27	0.29	0.31	0.34	0.36	0.39	0.41
0.7	方案Ⅰ	0.10	0.13	0.15	0.17	0.20	0.22	0.25
	方案Ⅱ	0.20	0.22	0.24	0.25	0.27	0.29	0.31
	方案Ⅲ	0.21	0.23	0.25	0.27	0.29	0.31	0.34
	方案Ⅳ	0.26	0.28	0.31	0.33	0.35	0.37	0.40
0.6	方案Ⅰ	0.09	0.11	0.14	0.16	0.18	0.20	0.22
	方案Ⅱ	0.20	0.22	0.24	0.26	0.28	0.30	0.32
	方案Ⅲ	0.21	0.24	0.26	0.28	0.30	0.32	0.34
	方案Ⅳ	0.25	0.27	0.30	0.32	0.34	0.36	0.38

续表 8-336

ρ_1 值	k 值	0.80	0.75	0.70	0.65	0.60	0.55	0.50
0.5	方案Ⅰ	0.08	0.10	0.12	0.14	0.16	0.18	0.20
	方案Ⅱ	0.21	0.23	0.25	0.27	0.29	0.31	0.33
	方案Ⅲ	0.22	0.24	0.26	0.28	0.30	0.33	0.35
	方案Ⅳ	0.25	0.27	0.29	0.31	0.33	0.34	0.36

将合意度计算结果绘制成图，如图 8-447 所示。

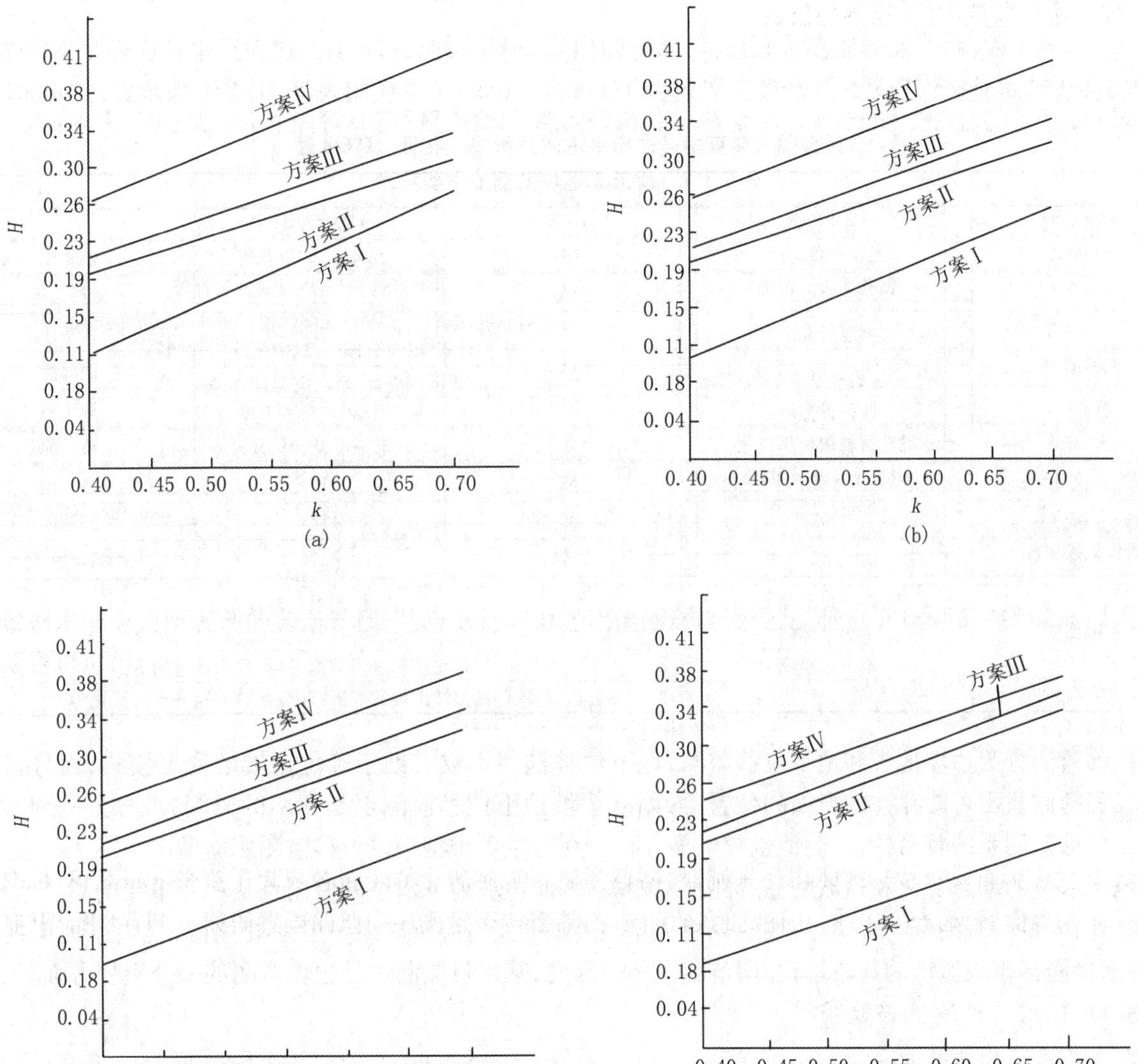

图 8-447 各方案合意度(H)比较

(a)$\rho_1=0.8$；(b)$\rho_1=0.7$；(c)$\rho_1=0.6$；(d)$\rho_1=0.5$

从上述分析可以得到如下结论：

(1) 方案的优劣顺序非常明确，方案Ⅳ的总合意度最高，方案Ⅲ其次，然后是方案Ⅱ和方案Ⅰ。无论决策者或分析者取怎样的权系数从不同的角度衡量，结论都是同样明确的：方案Ⅳ最优。

(2) 分析图表显示，方案Ⅰ的合意度明显小于其他三个方案的合意度，尤其是企业最重视三项硬指标；经济受益、经济效果、土地占用，方案Ⅰ都不如其他方案，仅是不稳定费用和风险值两项，方案Ⅰ稍有优势，而这两项指标并不占主导地位。因此，方案Ⅰ为最不可选方案。

(3) 如图 8-447 所示，随着权系数 ρ_1 趋小，方案Ⅱ、方案Ⅲ的合意度有向方案Ⅳ靠拢的趋势。但即使

$\rho_1=0.5$,图 8-447(d)显示方案Ⅳ仍然优于其他方案,由于 H_1 是最主要子目标的并合,为主要评价子项,ρ_1 即使取得再小,也不能小于 0.5,故方案Ⅳ总比方案Ⅱ、方案Ⅲ为优。

综上所述,通过多目标决策与分析表明,方案Ⅳ总合意度最高,优势明显,为整体最优,故为首选方案。该方案与原设计方案(方案Ⅰ)相比,突出的优点体现在,整体边坡角提高 3°~6°,可少到剥岩 33720kt,可多采矿石 2340kt,并且由于减少和推迟剥岩,使得经济效益在生产前期就得以体现,内部收益率提高 4%。采场延深 24m,可延长服务年限 1 年,并且由于剥岩量大幅度减少,使排弃废石土地占用量也相应减少。

8.11.12 边坡监测方法、仪器与仪表

8.11.12.1 边坡监测技术方法

露天矿边坡的监测技术可分为位移监测、岩体破裂监测、水的监测和巡检等四个主要类型(见表 8-337)。

表 8-337 露天矿边坡监测的主要技术

主要类型	业 类	主要监测技术
位移监测	光学仪器监测	经纬仪、水准仪等
	钻孔伸长计监测	并联式伸长计、串联式伸长计等
	倾斜监测	垂直钻孔倾斜仪、水平钻孔倾斜仪、Trivec Measuring Set、水平杆式倾斜仪、倾斜盘、溢流式水管倾斜仪等
	裂隙监测	单向测缝计、双向测缝计、测距计等
	收敛计监测	带式收敛计、丝式收敛计等
	脆性材料的位移监测	砂浆条带、玻璃、石膏等
	卫星定位系统监测	GPS
爆破振动量测和岩体破裂监测	爆破振动量测	测振仪等
	微震监测	滚筒式微震仪,磁带记录式微震仪等
	声发射监测	声发射仪
水的监测	降水量监测	雨强、雨量监测仪等
	地表水监测	水尺水位观测、流速仪、浮标法、堰测法等
	地下水监测	钻孔水位和水压监测、排水洞水量监测等
巡 检		对象包括边坡出现的变形、开裂、塌方、地表水的变化等

位移监测分为边坡地表和地下位移监测,地下位移监测不仅有助于确定边坡的变形模式,而且还可以帮助工程师们找出可能存在的滑面的位置等,因此边坡地下位移监测也是常用的监测方法之一。此外,相对而言位移监测系统较易建立,测值也较可靠,所以,在各主要类型中以位移监测用途最广。

地下水位的动态变化和边坡的稳定性直接相关,因此边坡地下水位的监测也是相当重要的。

此外,大量的观测资料表明,边坡的失稳大多发生在降水后,而矿山一般地处偏僻,受山区地形地貌影响,降水量同县市级城市的气象站记录有较大不同,因此,降水量监测也是边坡监测的一个重要方面。

8.11.12.2 边坡位移监测

A 边坡位移监测布置原则

(1) 可靠性原则。

(2) 多层次监测原则:即采用多种手段进行监测,以便互相补充和校核;其次必要时应考虑地表和地下相结合的立体监测系统。

(3) 优先监测关键部位的原则。

(4) 根据实际需要选择仪器种类、精度和量程的设计原则。

(5) 方便实用原则。

(6) 信息反馈高效的设计原则。

(7) 无干扰和少干扰的设计原则。

(8) 地质信息和仪器监测信息并重的设计原则。

(9) 有利于测点和仪器保护的设计原则。

(10) 经济合理的设计原则。

B 边坡位移监测系统设计注意问题

(1) 边坡位移应实行分级监测。露天矿边坡变形破坏有一个从早期变形阶段逐步发展到中、后期变形阶段,最后导致破坏的变化过程,在进行边坡位移监测设计时,必须选择与变形过程相适应的边坡监测方法和手段。根据边坡变形情况、边坡监测分为三级,即一级监测、二级监测和三级监测。一、二级监测是边坡早、中期变形的监测,目的是测定边坡的初始状态,较早发现不稳定区段,以便对不稳定边坡进一步观测、研究,为修改设计和治理边坡积累资料;三级监测则是边坡针对后期变形的监测,是对不稳定边坡的监测,目的是确定不稳定区的范围,研究边坡破坏模式及破坏过程,制定合理的处理方案,预测边坡破坏的发展趋势,防止意外滑坡。

不同级别的监测应采取不同的监测方法和设备。

(2) 掌握露天矿山的特点,有针对性地选择相应的监测方法和设备。露天矿边坡(包括排土场)变形具有变形量大、发展快和大变形范围(包括变形深度)大等特点,同时露天矿山的环境恶劣,受自然因素和人为因素的影响很大。所以进行边坡监测设计时,要考虑矿山不利的自然条件,选择实用的可靠的监测方法和设备。先进的设备和遥测手段固然可取,但实用性是第一位的。

(3) 根据我国国情,合理选用边坡监测设备。在满足露天矿边坡监测的各种基本要求条件下,应尽可能选择国产的监测仪器和设备,应从工程的实际条件出发,根据资金情况,合理选择监测仪器和设备。

C 提交成果

根据边坡观测结果可以绘制以下各图:

(1) 滑坡区断面图(绘出滑坡前后的边坡外形、岩层、构造、水文地质情况及滑动面露头等);

(2) 观测点移动向量图;

(3) 观测点移动速度图;

(4) 观测点移动速度随时间变化图;

(5) 观测点位移、降雨量随时间变化图;

(6) 滑坡区平面图;

(7) 观测资料分析:通过观测资料,可以分析滑动面的形状和位置,并分析滑坡的原因,预报滑坡时间等。

D 边坡位移监测仪器

常用的露天矿边坡位移监测仪器较多,见表8-338～表8-341。

表8-338 经纬仪型号及主要技术性能

<table>
<tr><th rowspan="2">规格型号</th><th rowspan="2">望远镜放大倍数</th><th rowspan="2">物镜有效孔径/mm</th><th colspan="2">一测回方向误差/(″)</th><th rowspan="2">最短视距/m</th><th rowspan="2">最小读数/(″)</th><th rowspan="2">参考价格/元</th><th rowspan="2">生产厂家</th></tr>
<tr><th>水平</th><th>垂直</th></tr>
<tr><td>DJ07 光学经纬仪</td><td>30;45</td><td>65</td><td>0.7</td><td>3</td><td></td><td></td><td>35000</td><td>北京光学仪器厂</td></tr>
<tr><td>DJ2 光学经纬仪</td><td>28</td><td>40</td><td>2</td><td>6</td><td>2</td><td>1</td><td>3000</td><td>北京光学仪器厂、上海第三光学仪器厂、西安光学测绘仪器厂</td></tr>
<tr><td>光学经纬仪 J2</td><td>30</td><td>42</td><td>2</td><td>4</td><td>2</td><td>1</td><td>2200</td><td>苏州第一光学仪器厂</td></tr>
<tr><td>激光经纬仪 J2-JD 型</td><td colspan="6">由 J2 型经纬仪之望远镜上装置 He－Ne 气体激光电源 20V</td><td>5500</td><td>苏州第一光学仪器厂</td></tr>
</table>

表8-339 水准仪型号及主要技术性能

<table>
<tr><th>规格型号</th><th>每公里往返测量偶然误差/mm</th><th>望远镜放大倍数/倍</th><th>物镜有效孔径/mm</th><th>最短视距/m</th><th>最小读值/(″)</th><th>参考价格/元</th><th>生产厂家</th></tr>
<tr><td>DS1 精密水准仪</td><td>1</td><td>40</td><td>50</td><td rowspan="2">3</td><td rowspan="3">0.05</td><td>3200</td><td rowspan="3">靖江测绘仪器厂,北京测绘仪器厂,福州环城光学仪器厂</td></tr>
<tr><td>DS1 精密水准仪</td><td>1</td><td>40</td><td>50</td><td>3500</td></tr>
<tr><td>DSZ3 自动安平水准仪</td><td>3</td><td>3</td><td>40</td><td>2</td><td>950</td></tr>
</table>

表 8-340 收敛计技术性能

名称	型号	测距/m	量测方向	精度/mm	系统误差/mm	使用条件	研制单位
铟钢丝收敛计	YSJ-2	>50	任意方向	±0.01	<0.05	适于大测距，选用铟钢以消除温度影响	水电部成都勘测设计院科研所
	数字显示	<50	任意方向	±0.05	>0.1		法国 TELEMA 公司(黄河水利委员会引进)
卷尺式收敛计	SY-C1 型	<20	任意方向	±0.05	>0.1	适用中等测距，当温度差变化大时，应进行温度校正	水电部第三工程局修造厂
	QJ-81 型	<50	水平方向	±0.02	>0.1		解放军 89002
	手枪式	<50	水平方向	±1.0	>0.1		煤炭科学研究院
	SWJ78 型	<30	水平方向	±0.02	>0.1		铁道科学院西南研究所
	SLJ-1	<30	任意方向	±0.05	>0.1		长春材料试验机厂
	SLJ-80	<15	任意方向				冶金部马鞍山矿山研究院
	MCH	<10	任意方向	±0.01	>0.1		瑞典(金川矿引进)
	MKⅡ	<50	任意角度	±0.05	>0.1		英国

表 8-341 常用的多点位移计

仪器型号		锚头、锚固形式	测读方法	规格/mm	测量深度/m	量程/mm	精度/mm	研制单位
杆式多点位移计	杆式多点位移计	砂浆锚固	刻度表	ϕ40 ~ 45	5	30	0.01	铁道科学研究院、铁道建筑研究所
	孔内多点位移计	砂浆锚固	刻度表	ϕ76	10	100	0.01	中国科学院武汉岩土研究所
	BM－1 机械多点位移计	压缩木与弹簧钢爪式	钢卷尺	ϕ60 ~ 120	75	10 ~ 200	0.05 ~ 0.1	北京钢铁学院(现北京科技大学)
	杆式两种位移计	锥形胀壳式	百分表	ϕ42 ~ 48	5	30	0.02	冶金部马鞍山矿山研究院
	CHY 传移式多点位移计	压缩木锚头	注射器作为传感器	ϕ40		30	0.005 ~ 0.02	中国科学院地质研究所
	DWJ－1 型深孔六点伸长计	金属结构体锚固器，砂浆锚固	百分表		10	60	0.01	冶金部马鞍山矿山研究院
	机械式八点钻孔伸长计	75 型支撑式锚固器	游标卡尺量测	ϕ96 ~ 130	20	60	0.01	中国人民解放军 89002 部队
弦式多点位移计	KDY-130 钻孔多点位移计	楔块式锚头	用弦式频率计读数	ϕ56、ϕ130	50	5	<0.005	长江水利水电科学研究院
	滑阻式八点位移计	涨壳式锚头、砂浆锚固	用电桥量测	ϕ96	50 ~ 100	10	0.001	水电部东北勘探设计院
	簧片电阻式八点位移计	砂浆锚固		ϕ76	50 ~ 100	15	0.01	昆明勘测设计院 水电部水利水电科学研究院
	电感式四点位移计	砂浆锚固	差动变压器式	ϕ40 ~ 45	3.5	5	0.001	水电部东北勘测设计院
	电感式多点位移计			ϕ56 ~ 60	50	20	0.005 ~ 0.001	水电部成都勘测设计院
	JDW-1 型位移遥测仪		遥测 1500m		50			湖北襄樊市襄樊无线电厂

E 主要监测仪器介绍

下面对主要的可能今后应用较广的仪器和监测系统进行介绍。

a 地表位移监测仪器

(1) 宾得测距仪 MD-20。日本旭精密有限公司出品的仪器，具有大屏幕数据显示(每排 16 个字符，能同时显示天顶距、水平角、平距、斜距、高差、高程、x 和 y 坐标)和人机对话的功能。该种仪器的测距精度达 ±(5mm + 5ppm)；精确测量模式和跟踪测量模式分别为 1mm 和 10mm；可以测出物体对地面的高度和测定两目标点之间的平距及高差，对于 1600m、2400m 和 3100m 距离，普通可以采用 1、3 和 9 块棱镜进行量测。

(2) 位移三维监测系统及所用的主要仪器。奥地利 GEODATA 公司推出的三维监测系统，所用的仪器是一种与同轴距离量测系统一体化的电子经纬仪。这种经纬仪通常用于三角测量、长导线，为了满足高精度水准量测的要求，该监测系统可以扩展为数字水准仪。该水准仪的一个重要特点是与 CCD 相机和图像信息处理机相连。仪器还需要使用棱镜靶，以求高精度。为进行大的横剖面量测还设计了双曲靶。它两面装有反射金属箔，可以用于直至约14cm距离的量测，该三维监测与国家测绘所用的方法或任何种类的大地量测十分接近。量测剖面内控制点的平均误差约为0.7～1.3mm，量测中点号、数据、时间、气象资料都从面板输入数据存储器。测角精度为0.3～0.5mm；测距精度为0.7～0.8mm。必要时，该系统还可采用数据传输方式进行远距离传输。

(3) TCA2003型全站仪。该仪器系瑞士莱卡公司的产品，其测距精度为1mm + 10^{-4}%，测角精度为0.5″，必要时，还具有自动监测的能力。

(4) GPS监测系统。基于高新技术的监测方法中比较成熟的是GPS位移监测系统。

GPS即全球定位系统，是Global Positining System的缩写，这种系统已经成为测量领域中的重要量测手段。我国已有不少采用GPS监测露天矿边坡的例子，1992年我国还发布了有关量测规范。

GPS以其精度高、速度快、全天候等优点，广泛应用于位移监测。在宏观上，中国建设了“中国地壳运动观测网络”，在中国大地上建设了一个连续观测的核心框架，已获得了3×10^{-9}量级精度的地壳运动数据，已经能够监测中国大陆地壳主要块体的运动。在微观上，中国已采用GPS技术，对单个滑坡体、单个矿区、单个建筑物等进行变形监测取得了一系列成果，积累了丰富的经验。

将GPS应用到边坡位移监测，不仅精度高、不受气候条件影响，而且可实现无人值守的自动化实时监测。目前应用GPS进行位移监测有两种模式。一种模式是只用几台GPS接收机，人工定期逐点采集数据；另一种模式就是每个监测点上都安置一台GPS接收机，实现全自动监测。这种模式的变形监测实例有隔河岩大坝自动监测系统等。第一种模式成本低，但不能做到实时监测。第二种模式可实时监测，但成本很高，尤其是当监测点很多时，造价十分昂贵，第一种模式显然不能满足实时监测的要求；第二种模式购置设备的费用太高，显然也不是理想的方法。

因此，还发展出了GPS一机多天线监测系统。该系统兼顾了上述两种模式的优点，克服了上述两种模式的缺点，是理想的位移监测系统。

一机多天线监测系统与常规GPS监测系统在硬件上的最大区别是，通过GPS多天线控制器，使得用一部GPS接收机互不干扰地接收到8个GPS天线传输来的信号，从而实现用一个天线代替一台高精度GPS接收机。一机多天线系统的数据处理软件已解决了天线在转换时的周跳问题，完全可以达到常规GPS监测的精度。监测网由1～2个基准站和8个监测点组成，在每个监测点上安置一个GPS天线。图8-448显示了

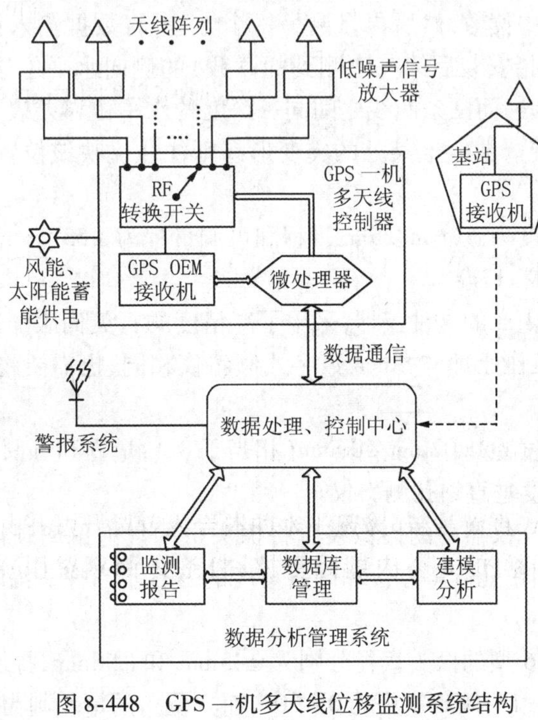

图8-448　GPS一机多天线位移监测系统结构

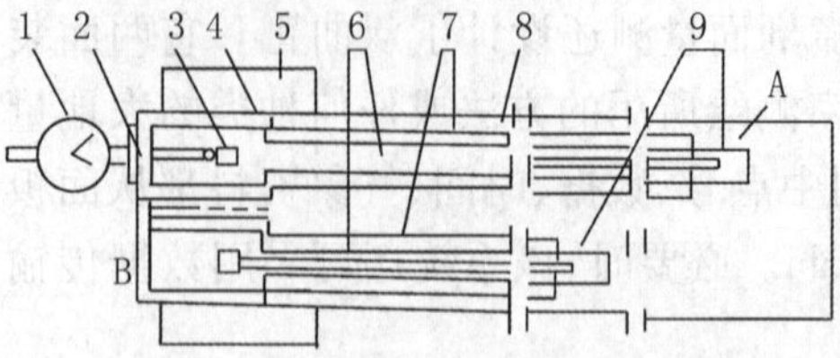

图 8-449 ME-1 型机械 4 点伸长计的结构
1—配测托的大量程百分表;2—测量面板;3—测头;4—测筒;5—岩体;6—位移传递杆;7—保护套;8—钻孔和固定砂浆;9—锚头

GPS 一机多天线形变监测系统的结构框图,它包括 6 个主要部分:数据处理中心、数据传输、GPS 多天线控制器、天线阵列、基准站、野外供电系统。

b 地下位移监测仪器

(1) 钻孔伸长计。钻孔伸长计是用钻孔埋设测点,以量测钻孔轴向方向上测点之间的相对距离变化的一种仪器。图 8-449 为 ME-1 型机械式 4 点伸长计的结构示意图,伸长计的测点(锚头)被砂浆固定于钻孔中的某点 A,而测量面板则安装被测岩体表面 B 点,则测头和测量面板之间的距离的相对变化,实际上等于 A、B 点之间的相对位移,利用钻孔伸长计,可对边坡的变形情况进行监测。

针对边坡变形特点,并考虑到安装和测读方便,钻孔伸长计的安装钻孔通常都接近水平,另外,因边坡范围大,故伸长计的长度也较长。伸长计可以在边坡(特别是陡坡)监测(尤其在边坡水平位移监测)方面发挥较大的作用。

(2) 倾斜仪。

1) 钻孔倾斜仪。对于边坡变形破坏的监测来说,钻孔倾斜仪不仅可以帮助工程掌握被监测对象的变形破坏情况,判断当前所处的稳定状态和预测今后发展趋势,而且还可以较精确地确定一层或多层滑动面的位置。

钻孔倾斜仪分为垂直钻孔倾斜仪和水平钻孔倾斜仪。

垂直钻孔倾斜仪可以用于因为存在着倾角不大的滑动面而造成的顺层滑坡的监测。主要有:Sinco 数字式倾斜仪、CX-01 型数字显示测斜仪、CX-45 和 CX-56 型高精度垂直钻孔测斜仪、Trivec Measuring Set、SISGEO 垂直钻孔倾斜仪。

① Sinco 数字式倾斜仪。

工作原理和量测方法:Sinco 数字式倾斜仪的测头是一种可以量测倾斜量的高精度的电子摆。测斜管是与这种倾斜仪配套的一种特制铝管或塑料管,其内壁具有四条开头完全相同、相互平行的纵向滑槽,它们按相隔 90°(方位均布,则头 Sinco 50302510 Inclinometer Probe-Metric)具有四个滑轮。量测时先将测斜管按规定方法装配好放入垂直钻孔中,并用砂浆加以固定。为了准确地确定测斜管的方位,先用测扭仪对测斜管进行量测。监测时,先把滑轮准确地放置在某个方位的两个相对的槽中,手持与测头相连的电缆,使之缓慢下滑。到指定位置后,从读数器中读数,然后再量测另一个方位,将数据输入计算机处理,则可以得到关于深度与侧斜管相对于初始读数(指安装后第一次测到的读数)的侧向水平位移之间的关系曲线。对于同一钻孔,不同日期可以测得不同曲线,而两条曲线之间同一深度的水平位移差表示经过这段时间(即两次量测日期差),钻孔各部位的变形情况。曲线上某处的突变形态则往往反映该位置存在着某条在量测期间已经发生剪切变形了的滑动面。

技术指标:灵敏度和估计精度为 ±6mm/25m;量程和可调量程为 ±53°。

② CX-01 型数字显示测斜仪。

工作原理和量测方法:我国生产的这种仪器,采用了高精度的石英伺服加速度计,当仪器在重力场中倾斜时其输出也将发生变化。其工作原理与 Sinco 数字式倾斜仪相同,也需要将滑轮放入相同的测斜管的滑槽中进行测数。

技术指标:灵敏度和估计精度为 0.02mm/500mm(相当于 8″),量程和可调量程为 0 ~ 53°。

③ CX-45 和 CX-56 型高精度垂直钻孔测斜仪。

工作原理和测量方法:安装于仪器中的摄像装置将探头中的气泡偏离顶点的情况反映在屏幕上,再由屏幕上气泡位置的变化可以得到钻孔倾斜方位和倾斜角度的变化。当探头沿着套管下滑时,就可取得不同深度在不同时刻的倾斜信息。

技术指标:CX-45 型和 CX-56 型的探头直径分别为 ϕ45mm 和 ϕ56mm,探头长度为 548mm,钻孔倾角和方位角的灵敏度分别为 ±10″和 ±1°,倾角量程为 0 ~ 10°,而方位角的量程则为 0 ~ 360°。

④ Trivec Measuring Set。仪器由瑞士苏黎世高工(ETH)研制而成的。其测头(Probe)共装有3个探头，其中高精度电子摆用于量测垂直钻孔在两个方位上的倾角,另一个探头则用于量测钻孔的轴向位移,第三个探头是温度探头,所用的塑料套筒是由多节等长的塑料管与多个相同的专用圆锥形卡头相间连接而成。相邻的两个作特殊设计的卡头相距1m,将按所需长度连接好的套管插入垂直钻孔中,用砂浆固定。量测时,通过与测头上端相接的操作杆将测头放入套管中,转动操作杆使测头本身“十”字凸部对准卡头的“十”字凹部,让它们顺利通过,等测头两端达到某两个卡头下端的合适部位后,再转动操作杆使测头两端的两个“十”字凸部分别对准这两个卡头的“十”字凸部,并用一定的力拉动操作杆,待测头两端(即两个“十”字凸部)分别被紧密卡在相应的两个卡头上,然后通过脚踏开关测读,再借助于计算机记录下在互成90°的两个方位上的钻孔倾角和该节(即卡头之间的距离)的相对距离变化量,并作数据处理和打印输出。

技术指标:测头的基础长度为1000mm。其中量测轴向长度变化的探头的灵敏度、精度和量程分别为0.001mm、±0.003mm和20mm(或10mm),而用于钻孔倾斜仪测量的探头的灵敏度、精度和量程则分别为±0.005mm/m(或1″)、±0.05mm/m(或10″)和±14.5°,温度探头的灵敏度为0.1℃。

⑤ SISGEO垂直钻孔倾斜仪。

工作原理和量测方法:意大利SISGEO公司制造,工作原理与Sinco仪器相同,只要将测头S242SV30 Vertical inclinometer Probe放入埋设好的测斜管,就可测读。先选点钻水平孔,埋设测斜管,再将测头(S242SH30 Horizontal Inclinometer Probe)放入,逐步量测。

技术指标:测头长度为750mm,直径为28mm;精度±4mm/30m,0.01% FS;量程为±30dg。当滑动面的倾角较陡,或不存在主要滑动面的边坡角较陡时,采用水平钻孔倾斜仪进行监测的效果很可能优于垂直钻孔倾斜仪的监测效果,但应用很少。

2) 水平杆式倾斜仪。水平杆式倾斜仪是一类可以用于边坡中接近水平的表面(如坡顶、运输道路和平台等部位)进行倾斜监测的重要仪器。由于这类仪器往往都是携带式的高精度仪器,所以可用一台仪器就可对边坡多处进行快速而高精度的水平监测,尽管携带式高精度监测仪器价格较贵,但其单位点的一次监测成本较低,比测点安装特别方便,所以可以选择这类仪器作为辅助监测手段,甚至可与巡检结合使用。以下介绍两种典型的水平杆式倾斜仪。

① BL1000A型Clinometer(倾斜仪)。BL1000A型Clinometer是一种用来量测物体近水平表面上的两个相距1m的测点之间的相对下沉量(对于杆体来说也是相对倾斜量)变化的携带式高精度仪器。

工作原理和量测方法:BL1000A型倾斜仪是以高精度电子摆作为测读元件,监测时可将位于仪器“一”字形杆体下面的三个测脚(仪器的一端有一个圆珠型测脚,另一端有两个圆珠型测脚,两端测脚相距1000mm)分别放入一个测座的圆锥孔和另一个测座的两槽中,稳定后就可以从液晶显示的窗口上读得该时的倾角,若地表发生变动,则在不同时刻进行的两次测试所取得的数据之差,表示该处两测座所代表的点在这段时段内所发生的相对倾角变化。

技术指标:该仪器的灵敏度和精度分别为(0.0025mm/m0.2″)和<±0.2%(满量程),其量程则为±50mm/m(±2.86°)。

② Qxy-1型T形倾斜仪。前述倾斜仪一次仅能测一个方向的倾角,但边坡工程监测有时也需要同时监测两个正交方位上的倾斜。因此中国科学院地质研究所工程地质力学开放研究实验室研制出该种仪器。

工作原理和量测方法:仪器结构上的主要特点是:长1000mm的主测杆和长500mm的副测杆在进行两个成正交的方位的倾斜监测(即两向监测)时被装配成T形。当然如果仅监测一个方位的倾斜(即单向监测),则可拆去副测杆,仅留呈“一”字形的主测杆进行量测。该仪器以中科院上海冶金研究所生产的圆形液体摆为测读元件。测座则根据作两向和单向倾斜量测时的几何约束条件进行专门设计,共设计了4种不同测座。为了保证现场安装的精度,通常需借助仪器来安装测座。仪器的测脚被放入相应测座,并使测读元件液体摆稳定后,就可从相应仪表中读得相应的数据。

技术指标:在量程上被分为两挡:粗挡量程为±90′(相当于3°),细挡量程为±10′。对于粗挡量程,主测杆方向上的倾斜量测精度达0.22%,而副杆方向则为0.17%;对于细挡量程,主测杆方向的量测精度达

0.15%；粗挡量程其灵敏度为6″，细挡量程的灵敏度可达0.6″。

8.11.12.3 地下水位和降水量监测

A 地下水位监测

a 地下水位监测的目的

地下水动态监测是边坡监测的重要内容，其监测目的如下：

（1）地下水位监测一个重要的内容就是确定边坡地下水的边界条件，为边坡渗流场分析提供依据，进而为分析边坡稳定性提供基础资料。

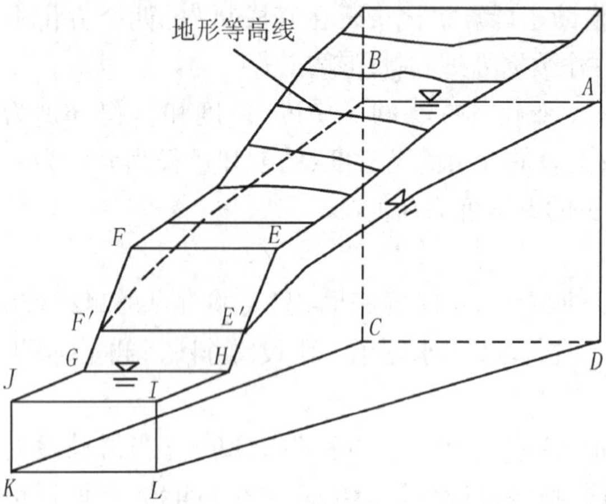

图8-450 矿山边坡水文地质边界条件

水文地质边界条件的正确确定，关系到矿山边坡地下水渗流数学模型是否符合实际水文地质情况，是边坡地下水渗流数值模拟的关键。截取矿山采场的一段边坡如图8-450所示，取*HGJI*为下游水头边界，*EFGH*为可能的溢出面边界，*ABF′E′*为自由面边界，*AE′HILD*、*BF′GJKC*、*IJKL*和*CKLD*为流量零边界，*ABCD*为上游水头边界。

对于上游水头边界*ABCD*的确定，如果地下水分水岭离采场较近，高程不大，可在分水岭处布置钻孔（如ZK1）观测地下水位，如图8-451所示，*A*（*B*）*D*（*C*）位于地下水分水岭（通常即为地表水的分水岭），为等势线所在位置，则*A*（*B*）*D*（*C*）上各点的地下水位均相等，为地下水分水岭标高。如果分水岭位置离采场较远，且高程较高，在分水岭位置布置钻孔观测地下水位，经济上不合理。矿山通常会进行生产探矿，或进行边坡工程勘察，这些工程钻孔一般离采场较近，不同高程的压力水头不同，即各点的地下水位不同。可利用这些工程钻孔分段进行地下水压力观测，如图8-451所示的钻孔ZK2中的地下水压力观测点ky1～ky6，观测点之间的各点地下水压力可插值确定，这样，上游水头边界*A′*（*B′*）*D′*（*C′*）可得以确定。

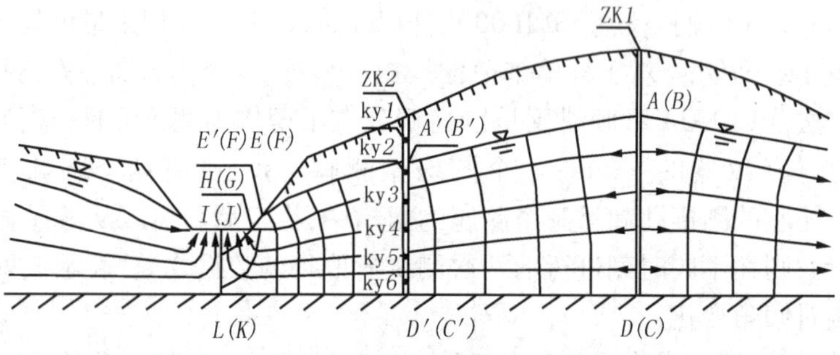

图8-451 矿山边坡水文地质边界条件剖面

（2）使用采场早期地下水压观测资料，预测采场向下延深过程中的地下水状态。

（3）检验疏干效果。采用钻孔水压计监测边坡可能破坏体内及可能破坏体后面的地下水头。

b 地下水位监测注意事项

（1）地下水位观测点，应以长期观测钻孔为主。

（2）当矿区内同时有几个含水层时，应分层观测水位。一个观测孔揭露几个含水层时，可分别设管、止水分层观测水位。

（3）地下水位监测点应布置在有代表性的剖面上，特别是在稳定条件不利的区段。包括：设计边坡最高、最陡处；岩性软弱或有不利方向的结构面；水文地质条件不利地段。

（4）剖面线数量以及每一剖面上水压计的个数取决于地下水对边坡稳定影响的重要性、水文地质结构的复杂程度、采矿场的规模。

(5) 随着采场延深,潜水位不断下降,有些水压计可能随之报废,要根据需要增补新的水压计,以跟踪监测。

c 观测孔分类及布设要求

(1) 采区边缘孔:布置在距开采边界50m的地段内。当露天开采阶段下降时,应充分利用露天台阶重新布孔,使观测孔不远离采区。当采区与不均匀含水层接触边界较长时,除剖面上的边缘孔外,尚应沿边界加密观测孔。加密的孔距,在岩溶含水层为50m,孔隙、裂隙含水层为100m。

(2) 中圈孔:孔位应设在勘探或设计所预测的疏干漏斗水力坡度发生转折地段。

(3) 外围孔:布设在补给边界和影响边界的附近,掌握降落漏斗发展方向及预测塌陷区的扩展范围。

(4) 安全监测孔:孔位可根据不稳定的补给区和起重要阻水作用的构造、岩脉、岩层等隔水边界的分布状况来确定。这些地段中的勘探评价孔,应保留1~2个钻孔作为长期观测孔。

d 观测孔设计及质量要求

(1) 口径:一般口径应大于91mm,终孔口径不得小于75mm。需安装自记水位计的钻孔,口径应大于110mm,若动水位埋藏大于50m时,口径要求大于150mm。

(2) 井壁结构:井壁地层为稳固基岩的观测孔,可采用裸露井壁;井壁地层为不稳定岩层或松散岩系时,必须安装套管和过滤器,过滤器的孔隙率应大于10%。

(3) 观测第四系以下含水层水位时,对第四系岩层需下护壁套管,严格止水,止水类型宜用水泥或黏土止水。

(4) 对观测孔孔口的固定测点、地面标高,均应作四级水准测量和坐标测量。

(5) 孔口需加盖、上锁或安装保护装置。

(6) 只有抽水单位涌水量大于0.1L/(s·m)、注水单位吸水量大于0.5L/(s·m)或注水水头抬高1m后,水位能在2h内完全恢复的钻孔才能作为长期观测点。

(7) 观测孔的孔深,必须低于疏干时该点的最大降深水位;靠近疏干钻孔泄水点(或坑内泄水点)的观测孔,其深度必须保证在泄水点的标高以下,透水性良好的岩溶、裂隙等漏水地段。

(8) 观测孔孔斜要求每100m大于2°,自记观测孔孔斜为1°。

e 水位观测要求

(1) 主要测点的观测工作,应与矿区长期观测网的其他项目同步进行,一般要求在同一天内施测完毕。

(2) 观测精度:水位埋深在50m以内,观测精度为±1cm。大于50m者,观测误差应小于±0.05%。

(3) 每年观测一次孔深的变化。

f 提交成果

(1) 地下水位变化曲线图;

(2) 矿区地下水等水位线图(每月一次,1:2000~1:5000);

(3) 疏干漏斗剖面图;

(4) 在矿床疏干稳定阶段,上述资料可改为每季提供一次。

B 降水量监测

a 站址选择

(1) 观测场地尽可能选在四周空旷、平坦而又不受局部地形、地物、气候条件影响的地方。

(2) 观测场地不应选在山顶、陡坡、低洼地、丛林旁、农田水利工程设施范围内以及高大建筑物旁等地方。

(3) 一般障碍物与观测地边缘的距离,至少不能小于障碍物本身高度的两倍。

(4) 当选址受客观条件限制达不到上述要求时,要求可酌量放宽,尽可能放在较开阔而风势较弱的地点,但也要满足如下的要求,当降水成倾斜时,周围物体不至于挡住雨水落入雨量器中,而障碍物上的雪又不至于掉入雨量器内。

(5) 观测场面积:若仅设一种雨量器时,面积为4m×4m;若同时安装雨量器及自记雨量计时,其面积为6m×4m。

b 降水量观测要求

(1) 一般只测记降雨、降雪、降雹的水量。

(2) 降水量记至0.1mm,不足0.05mm的降水不做记载,时间记录要求至分钟。

(3) 每日降水以8时为界,从本日8时至次日8时的降水量为本日的降水量。降雨之日,每天要检查一次,发现故障应尽快校核储水罐内的雨水量。

(4) 汇总每日总降雨量、降水日数、一日最大降水量,编制降水量直方图、日降水量统计表,并需提供有代表性的不同历时的暴雨过程曲线、降雨强度、暴雨频率等资料。

(5) 观测的具体要求,应按国家气象局现行的有关规程执行。

c 提交成果

(1) 原始资料:各项目观测资料要求按时间顺序分别装订成册,并注明观测仪具的名称、型号、规格及放置高度,以及观测处的地面标高。

(2) 绘制气象要素随时间变化关系曲线图。

(3) 编制降水量与地下水位变化关系曲线图。

C 地下水位和降水量监测仪器

主要地下水位监测仪器见表8-342。降水量监测可选用水文站普遍使用的JDZ05-1型翻斗式雨量计,见表8-342。

表8-342 地下水位和降雨量观测设备

名称	型号	主要技术性能	用途
轻型电测水位计	SW100-Ⅱ	测量深度:100m 电极尺寸:ϕ12mm 长:20mm	适用于钻孔、井长期观测水位之用
三用电导仪	DWS	测量范围:0~50℃ 最大误差:-0.2~+0.8℃ 仪器质量:2kg	可连续测量井(孔)中地下水的水位、水温、矿化度。宜于在环境温度-5~50℃应用
自记水位仪	红旗Ⅰ	自记日期:一个月 记录精度:±1.5cm 直径:ϕ70mm、ϕ50mm 井口直径:不小于ϕ89mm	适用于连续具频繁变化的(孔)水位观测或多孔抽水时观测孔水位的观测
钢弦式渗压计	VWP	测量范围:0~20m,30m,40m 分辨力:0.025% F.S 准确度:±0.5% F.S 线性度:<0.5% F.S 工作温度:-20~60℃	适用于钻孔长期观测水位
压阻式压力传感器	NYZ	量程:100、200、350、500、700、1000kPa 分辨率:不大于0.05%F.S 精度:不大于0.5%F.S 长期稳定性:小于(0.25~0.5)%F.S/a 环境温度:-20~+60℃	适用于钻孔观测水位
差阻式渗压计	NZP	量程:200kPa、400kPa、800kPa、1600kPa、2500kPa 灵敏度:1kPa/0.01%、2kPa/0.01%、4kPa/0.01%、8kPa/0.01%、12 kPa/0.01% 温度测量范围:0~+60℃ 温度测量精度:±0.5℃	适用于钻孔观测水位
振弦式渗压计	NVP	量程:200kPa、400kPa、600kPa、800kPa、1000kPa、2000kPa、3000kPa、3500kPa、5000kPa 分辨率:小于0.05%F.S 精度:不大于0.5%F.S 温度系数:不大于0.05%F.S/℃ 温度测量范围:0~+60℃ 温度测量精度:±0.5	适用于钻孔观测水位
翻斗式雨量计	JDZ05-1	降雨读数精度:0.5mm、1mm; 最大降雨强度:小于4mm/min; 传感器最大测量误差:小于0.3%	适用于矿区和水文站降雨观测

8.11.12.4 边坡监测系统

随着科学技术的进步,边坡监测自动化已成为现实,在此提供一套可实现边坡自动化监测的系统。

A 监测项目和测点布置

a 位移监测

位移监测包括地表位移和地下位移监测。地表位移的监测可以通过人工和自动化两种方式实现,人工监测方法即光学观测方法,包括三角网、视准线法、精密水准方法等。自动监测方法包括引张线方法、真空激光准直法、GPS 方法、全站仪等。地下位移监测可以通过水管式沉降仪、引张线水平位移计、测斜仪等方法来实现。

根据各种方法的实际应用效果、投入费用和运行维护费用,结合矿山边坡实际,地下位移可真正反映边坡的变形和实际滑动情况,因此系统中采取埋设固定式测斜仪来监测。

根据边坡的情况,可设多个垂直于边坡走向的位移观测断面,每个断面布置 2 个以上的测孔,每个孔内安装 3 支以上固定式测斜仪。钻孔至建基面下 1m。

固定式测斜仪采用 GN-1A 型电解液固定式测斜仪,其主要技术指标如下:

量程: ±20°;

测量精度(线性度): ±1.0;

分辨率:0.1% F.S;

相对湿度:小于 90%;

工作温度: -20 ~ +60℃;

b 地下水监测

根据边坡的情况,可设多个垂直于边坡走向的地下水观测断面,每个断面布置 2 个以上的测孔,每个孔内安装 3 支以上渗压计。

实现渗流监测自动化的仪器有压阻式、差阻式、电感式和钢弦式等几种类型。由于压阻式仪器的长期稳定性较差,损坏率高,难以长期应用于地下水监测;差阻式渗压计稳定性好,但是灵敏度低,尤其是在低水位监测的情况下不适用;电感式仪器稳定性差,故障率高,在国内许多工程中使用效果不好;钢弦式传感器可将测压管中水位变换为频率量远传,其灵敏度高,安装方便,长期稳定性好,温度影响小,已在国内外工程中大量使用,效果良好,故选用 VWP 型钢弦式渗压计,其技术指标为:

测量范围:0 ~ 20,30,40m

分辨力:0.025% F.S;

准确度: ±0.5% F.S;

线性度:小于 0.5% F.S;

工作温度: -20 ~ 60℃。

c 降雨量监测

对地下水位进行监测的同时,应对矿区降雨量进行监测。观测设备选用雨量计,有条件时可用遥测雨量计。选用水文站普遍使用的 JDZ05-1 型翻斗式雨量计,其技术指标如下:

盛雨口径: ϕ200mm;

分辨力: 0.5mm;

测量准确度:不大于 ±4%;

雨强范围: 0.01 ~ 4mm。

B 系统选型

根据矿山边坡的特点和自动监测系统的要求,同时考虑到今后系统扩展,自动监测系统采用 DG-2000 型智能分布式安全监测系统。DG 型分布式安全监测自动化系统是一个既先进、可靠,又经济、实用的自动化系统,完全满足边坡安全监测要求。

DG 型系统具有如下特点:

(1) 为了提高系统的可靠性等各项性能指标,已安装的 DG 型系统都在系统验收时严格检验测值准确度和系统可靠性,保证系统的高质量和实用性。

(2) 系统内的关键设备 MCU-1/2M 型测控装置取得了生产许可证,证号为:XK07-003-00005。

(3) 由于 DG 型系统从设计、生产、安装调试到运行都按实用化系统的高标准要求,这一系统的几十个用户都能以自动化系统采集数据作为安全运行依据和上报材料,取代了原有人工监测。

(4) DG 型系统是通用型、开放型系统,可接入国内外各种类型监测仪器,因此具有丰富的连接和调试经验,能保证准确采集和处理工程监测仪器的数据。

C 测控装置

测控装置是安全监测自动化系统的关键设备,是分布式数据采集网络的节点装置,它决定了系统的规模、功能和性能,DG-2000 型分布式安全监测系统中的测控装置为 MCU-1M 型或 MCU-2M 型测控装置,已取得国家质量技术监督局颁发的生产产品许可证。它由进口密封机箱、智能数据采集模块、电源模块、人工比测模块和防雷模块等组成,各功能模块布局合理、标志清楚、维修方便,还有温控加热除湿装置,完全满足自动化监测系统的要求。该装置用于系统中各种类型监测仪器(传感器)的数据测量、存储和传输,安装在监测仪器附近,适合于在恶劣的环境下长期使用,可靠性高,平均无故障时间大于 10000h。MCU-1M 型测控装置有 1 个智能控制数据采集模块,MCU-2M 型测控装置有 2 个智能控制数据采集模块,每个智能控制数据采集模块可接入的仪器类型和数量见表 8-343。

表 8-343 智能数据采集模块的种类、可接入的仪器类型和数量

序 号	名 称	型号	通道数	备 注
1	差阻式仪器采集模块	R16M	16	4/5 芯差阻式仪器或温度计
2	步进式仪器采集模块	S1/4M	1/4	步进电机式垂线坐标仪或引张线仪
3	钢弦式仪器采集模块	V8/16M	8/16	各类钢弦式仪器
4	电压式仪器采集模块	E16M	16	各类电压、电流量输出仪器
5	环境量仪器采集模块	H3M	11	浮子式仪器、雨量计和差阻式仪器
6	环境量仪器采集模块	FRV	11	浮子式仪器、雨量计和钢弦式仪器
7	气象站仪器采集模块	M7M	7	7 种气象站仪器,如风速、风向、气温、气压、雨量、蒸发、湿度等

D 数据采集软件

DG 型全监测自动化系统数据采集软件功能如图 8-452 所示。

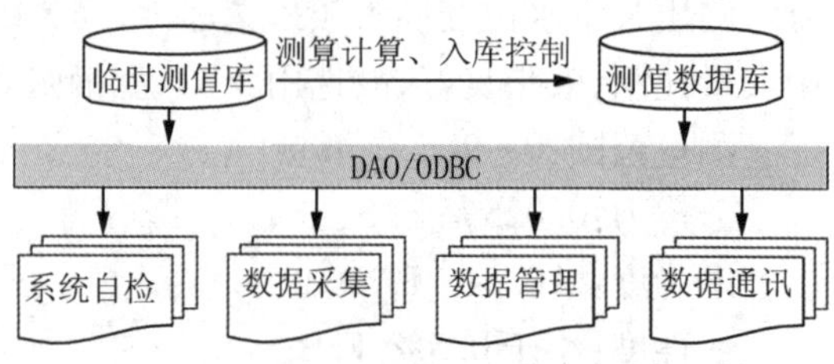

图 8-452 DG 型数据采集软件功能

采集软件功能模块主要包括:系统工具、数据采集、数据管理和数据通讯。下面分别加以说明。

(1) 系统自检功能。有系统自检、自诊断功能,能对系统各部位运行状态自检、自诊断,并实时打印自检、自诊断结果及运行中的异常情况,作为硬拷贝文档。

(2) 数据通讯功能。实现监控主机与各台测控装置(MCU)、监控主机与信息管理主机之间的双向数据通讯。通过通讯媒体与上级计算机连接,可实现远程数据传输和系统远程控制。

(3) 数据采集功能。数据采集软件具备两种运行方式,即:

1) 中央控制方式(应答式),由数据采集软件下达命令,网络节点上的所有测控装置(MCU)进行巡测或选测,测量完毕后将数据根据命令存储在监控主机中。

2) 自动控制方式(自报式),测控装置(MCU)按内部设定时间间隔自动进行测量,测量完毕后将数据存储,并根据命令将存储数据传送到监控主机中存储。

(4) 数据管理功能。将原始监测数据储存在监控主机的数据库中,可按要求对存储数据进行初步处理,供运行人员浏览和检查。具有完善的临时和历史测值的数据库管理功能。测值数据可显示、查寻、检索、绘制过程线、拷盘、打印等。

(5) 报警功能。对现场各种异常情况进行分析、归类,判断发生故障的原因,能以屏幕文字、字体颜色或声音方式发出报警信号。

(6) 数据采集软件能形象显示主坝的全貌,图形化显示监测数据,包括渗压管水位、浸润线等数据,显示实时数据及历史数据的趋势图,实时打印现场各种数据。

(7) 具有24h不间断运行的在线监控和分级管理功能。

(8) 对于人工采集的数据,提供了一个人机界面窗口,直接由键盘输入进库。

E 信息管理软件

安全监测信息管理软件用于对安全监测自动化系统采集的监测数据及其他有关安全的信息进行自动获取、存储、加工处理和输入输出,并且为数据分析软件提供完备的数据接口。本软件为运行人员提供了保存和处理安全信息的现代化手段,以便利用安全监测数据和各种安全信息对边坡性态作出分析判断,对安全监测资料进行整编分析,生成有关报表和图形,作好安全运行和管理工作。

F 通讯组网

DG2000系统支持多种通讯组网方式,包括电缆、光缆、GSM短信、超短波、微波、电话拨号、局域网等方式。光缆通讯具有通讯可靠、一次性投入大,实施性强,除非设备出现故障,一般不需要另外的支出;GSM短信通讯具有不受时间、空间限制的好处,不足之处是实时性较差(手机短信的滞后引起)、后期需要运行成本、受手机信号强弱影响,相对投入较低。

8.11.12.5 加固工程体应力监测

某些具有滑动危险和已经失稳的边坡须采取适当的支护措施,且在支护工程施工和运营时对支护结构进行监测。常用的支护结构有土、锚杆、预应力锚杆、抗滑桩、挡土墙等。

A 锚杆、土钉轴力的量测

锚杆、土钉轴力量测的目的在于了解锚杆实际工作状态,结合位移量测,修正锚杆、土钉的设计参数。量测锚杆传感器主要有差动电阻式锚杆测力计、钢弦式锚杆测力计和电阻应变片式锚杆测力计。

a 差动电阻式锚杆测力计

差动电阻式MS-5型锚杆测力计,应用于预应力锚栓、锚杆的张拉应力的测量和监测锚束的破断。锚杆测力计由测压钢筒及其四周均布四支DI-10型差动电阻式应变计组成,应变计组成全桥测量线路,由单根电缆线输出,电缆线从保护套筒内引出。

差动电阻式锚杆测力计的原理:当钢筒承受荷载产生轴的变形时,钢筒均布的四支差动电阻式应变计也与钢筒同步变形,应变计的电阻比变化与承受的荷载成正比;同时,环境温度变化所产生的热胀冷缩变形,也引起应变计电阻比发生变化。因此,要对观测值进行温度修正。

b 钢弦式锚杆测力计

钢弦式锚杆测力计主要有荷载盒式、锚杆式和锚栓式三种。荷载盒式测力计是由钢筒和布置在钢筒周边的3个或6个钢弦式应变计组成,用应变计来测读作用在荷载盒上的荷载,然后把各应变计的读数取平均值,以减少不均匀和偏心荷载的影响。锚杆式测力计则由带中心孔的受力盒与分离式钢弦传感器组成:中心孔可配$\phi10\sim\phi200$mm、15~4500kN任意量程的锚杆作应力监测,力由钢弦式传感器的频率输出来测定。

c 电阻应变片式锚杆测力计

电阻应变片式锚杆测力计是用一种高强度钢或不锈钢圆筒,沿周边粘贴8~16片高输出电阻应变片构成惠斯通全桥结构:当受荷载时,全桥输出阻值发生变化,用以测量其压缩或张拉的荷载。电阻应变片的上述布置可补偿温度影响和偏心加载。用作监测的每根锚杆或土钉一般布置3~5个测点,观测锚杆受力状态和加固效果,了解应力沿杆体的分布规律。土钉或锚杆安装应力计时应符合安装技术要求。应力计采用螺纹或对焊和杆体连接。需要对焊的应力计,应在冷却下进行对焊,应力计与锚杆保持同轴。应力计安装前须进行标定。非应力锚杆的应力监测根数不宜少于锚杆总数的5%,预应力锚杆的应力监测根数不宜少于锚杆总数的10%,且不少于3根。

预应力锚杆应力监测,其目的是为了分析锚杆的受力状态、锚固效果及预应力损失情况,因预应力的变化受到边坡变形和内在荷载变化的影响,通过监控锚固体系的预应力变化可以了解被加固边坡的变形与稳定状况。

B 预应力锚索监测

对预应力锚索应力监测，其目的是为了分析锚索的受力状态、锚固效果及预应力损失情况，因预应力的变化受到边坡变形和内在荷载变化的影响，通过监控锚固体系的预应力变化可以了解被加固边坡的变形与稳定状况。通常一个边坡工程长期监测的锚索数，不少于总数的5%。监测设备一般采用圆环形测力计（液压式或钢弦式）或电阻应变式压力传感器。

锚索测力计的安装是在锚杆施工前期工作中进行的，其安装全过程包括：测力计室内检定、现场安装、锚杆张拉、孔口保护和建立观测站等。锚索测力计的安装如图8-453所示。

C 抗滑桩监测

抗滑桩是承受侧向荷载用来处治滑坡的支撑结构物。它穿过滑体在滑床的一定深度处锚固，起抵抗滑坡推力的作用。

抗滑桩监测主要有两个内容：一是监测抗滑桩的加固效果和受力状态；二是监测抗滑桩正面边坡坡体的下滑力和背面边坡坡体的抗滑力。

监测抗滑桩的受力状态常采用钢筋计和混凝土应力计。常用的钢筋计有差动电阻式和钢弦式两种。

a 差动电阻式钢筋计

仪器由边接杆、钢套、差动电阻式感应组件及引出电缆组成，如图8-454（a）所示。感应组件内部结构与差动电阻式应变计（DI-10型）相同，用制紧螺钉与钢套紧固在一起。感应组件端部的引出电缆从钢套的出线孔引出，钢套两端各焊接一根连接杆，连接杆的直径大小形成钢筋计的尺寸系列。

钢筋计与受力钢筋对焊后连成整体，当钢筋受到轴向拉力时，钢套便产生拉伸变形，与钢筋紧固在一起的感应组件跟着拉伸，使电阻比产生变化，由此可求得轴向的应力变化。由于差动电阻式仪器的特性，还可兼测点的温度。

b 钢弦式钢筋计

钢弦式钢筋计由应变体、钢弦、磁芯、钢套和引出电缆等组成图8-454（b）。由于应变体和钢弦是同类材料，因此温度漂移极小，作为大体积混凝土或面板坝混凝土中使用，用线圈电阻或测温元件，即可测得温度。在高边坡或地下硐室内将数只钢筋计按要求串接后，可作锚杆测力计使用。

钢筋计应布置在受力最大、最复杂的主滑动面附近。

监测边坡下滑力及其分布可以在桩的正面和背面受力边界及桩的不同高度布置土压力计。

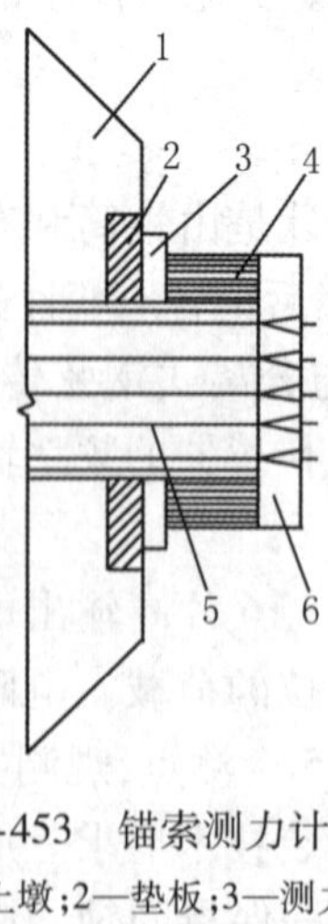

图8-453 锚索测力计安装

1—混凝土墩；2—垫板；3—测力计垫板；4—测力计；5—锚索；6—锚具

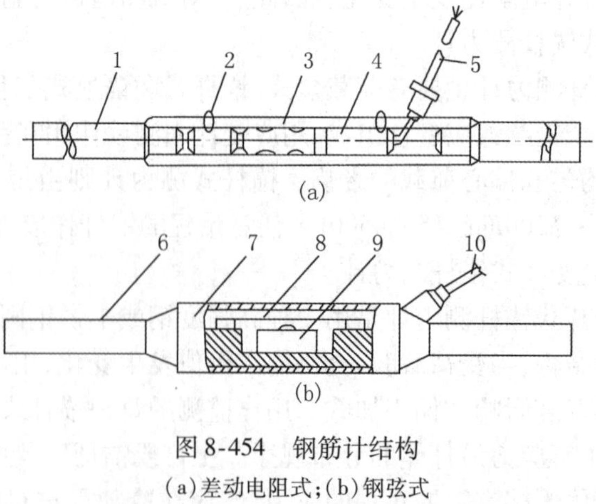

图8-454 钢筋计结构

（a）差动电阻式；（b）钢弦式

1—连接杆；2—制紧螺丝；3—钢套；4—传感组件；5—引出电缆；6—应变体；7—钢套；8—钢弦；9—磁芯；10—引出电缆

c 混凝土应力计

混凝土应力计埋设在混凝土水工建筑物或其他大体积的混凝土建筑物内，直接测量混凝土内部压应力，并可同时监测埋设点的温度。混凝土应力计由感应板组件和差动电阻式传感部件组成(图8-455)。感应板和面板之间有0.3mm的空腔，其中灌满传压的特种溶液。传感器部件与差动电阻式应变计的内部结构相同。压应力计形状扁平，受压板直径185mm，仪器厚度12mm，直径与厚度比为15∶1，这种形状的压应力计感受非应力应变的影响很小，外壳刚度很大，又套上橡胶套，这些都是为了使传感部件中的钢丝电阻值只随感应板的变形而变化，确保其压应力能准确地变换为电阻的变化量而不受干扰。

但这种结构不能承受拉力，只能受压。

混凝土应力计的工作原理是：传压液体将受压面板上感受的混凝土压应力传递到感应背板上，感应背板产生变形推动传感部件，差动电阻式感应组件把背板的挠性位移转换成钢丝电阻值差动变化；用测读仪表接收电阻比变化量和电阻值，就可计算出压应力和混凝土温度。

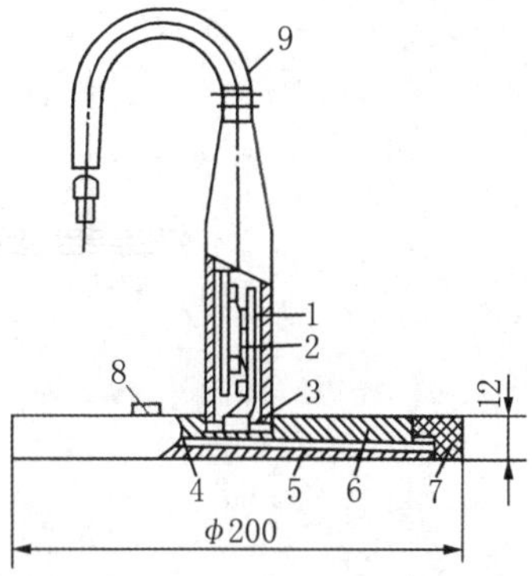

图8-455 混凝土应力计结构
1—传杆部件；2—电阻钢丝；3—中性油；4—传压液体；5—面板；6—背板；7—护圈；8—密封螺丝；9—引出电缆

D 挡土墙监测

挡土墙是支撑边坡土体，防止土体变形失稳的构造物。受土压力的作用，挡土墙破坏的主要表现形式是倾覆或墙体自身破坏。因此对挡土墙的监测，主要观测墙背土压力的变化以及挡土墙的位移。观测挡土墙的位移可以采用精密水准仪、经纬仪等。

挡土墙墙背土压力计埋设时首先在埋设位置按要求制备基面，用水泥砂浆或中细砂浆将基面垫平，放置土压力计，密贴定位后，周围用中细砂压实，回填土方。土压力计有立式、卧式和分离式三种结构形式(图8-456)。

竖式与卧式土压力计均没有连接管。以钢弦式土压力计为例，竖式土压力计如图8-457(a)所示，钢弦垂直于受压板的中心，一端固定在受压板上，另一端则固定在与受压板连成一体的刚性构架上。因此，当传感器受力后使钢弦松弛，频率降低。卧式土压力计如图8-457(b)所示，钢弦则平行于受压板，钢弦固定支架垂直于受压板。因此，受压板受力后使钢弦拉紧，频率增高。

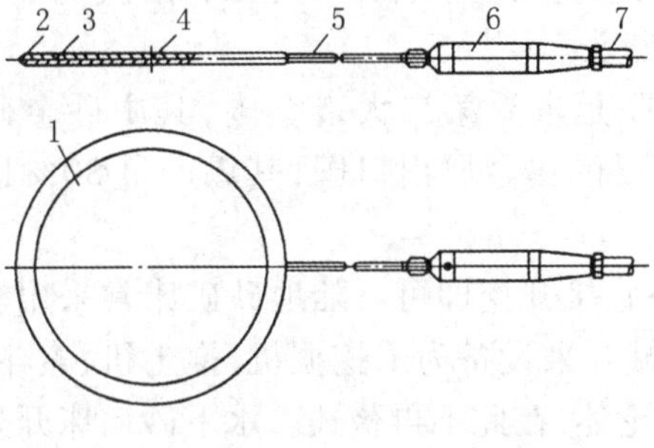

图8-456 钢弦式土压力计结构(埋入式)
1—膜盒；2—橡皮边；3—承压膜；4—油腔；5—连接管；6—传感器；7—屏蔽电缆

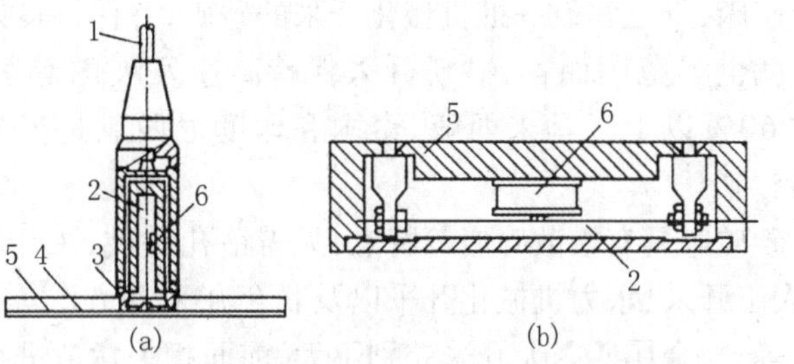

图8-457 钢弦式土压力计结构(边界式)
(a)竖式；(b)卧式
1—屏蔽电缆；2—钢弦；3—压力盒；4—油腔；5—承压膜；6—磁芯

土压力计按采用的传感器不同有钢弦式、差动电阻式、电阻应变片式、电感式和变磁阻式之分，其结构外形基本相同，只是传感器不同使内部结构有相应改变，如图8-458所示。电阻式土压力计，图8-458(a)为分离式，图8-458(b)为竖式。电阻应变片式土压力计则在其压力传感器的弹性膜片上粘贴圆形箔式电阻应变片(图8-459)，所以内部结构更为紧凑，压力传感器的外形尺寸较之其他原理的都要小。差动电阻式土压力计和电阻应片式土压力计都有充满液体的空腔，用以传递液体压力，所以也是二次膜结构。

它们的工作原理是：以分离式土压力计为例，当土压力作用于压力盒承压膜(一次膜)上，承压膜产生微小挠性变形，使油腔内液体受压，因液体不可压缩特性而产生液体压力，通过接管传到压力传感器的受压膜即二次膜上，或使钢弦式传感器的自振频率发生变化，或使差动电阻式传感器的电阻比和电阻值发生变化。对电阻应变片式传感器而言，则使四个桥臂的电阻发生变化。通过测读仪表，测出相应的变化值，经换算即可求得所测土压力值。

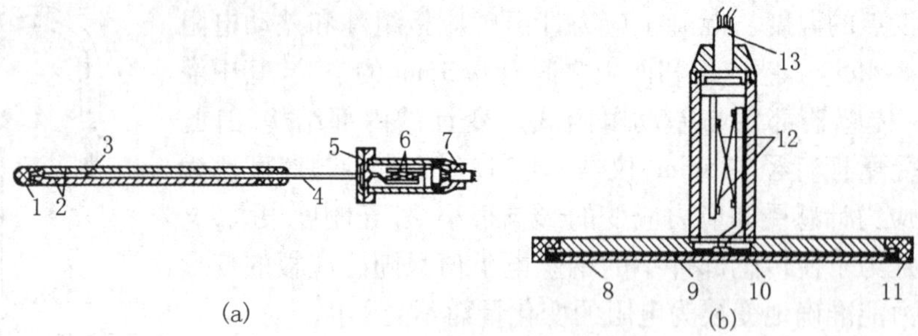

图 8-458 差动电阻式土压力计

(a) YUA 型土压力计结构简图;(b) YUB 型土压力计结构简图

1—护圈;2—压力盒体;3—传压油;4—传压管;5—二次膜;6—感应组件;7—引出电缆;

8—受压板;9—传压油;10—二次膜;11—护圈;12—敏感元件;13—引出电缆

钢弦式土压力计长期稳定性好,结构牢固,操作方便,容易实现自动化。特别采用二次膜分离结构,可提高灵敏度和刚度,减少埋设中"拱效应"和边界应力集中,因此在国内外得到广泛应用。

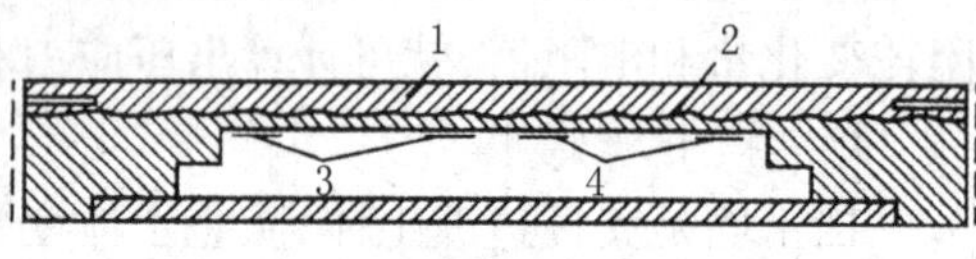

图 8-459 电阻应变片式土压力计

1—承压面;2—水银;3,4—电阻丝片

8.12 砂矿床开采

我国开采砂矿床的历史悠久。一千多年前,在广西、湖南、云南、广东、四川及山东等地开始了淘采锡矿、砂金和砂金刚石。19 世纪 60 年代,在黑龙江和吉林两省发现大规模砂金矿床,从而出现我国历史上开采黄金的极盛时期。1929 年广西平桂地区首先采用水枪-砂泵工艺开采锡矿,这是我国砂矿床开采史上的一大进步。20 世纪 50 年代,砂锡矿水力机械化开采得到迅速发展,其比例达到 90% 以上。20 世纪 50 年代末期,东北地区大力发展采砂船开采砂金矿。20 世纪 80 年代,内蒙古、新疆、青海等地区相继发现了丰富的砂金矿床,且已建设一批机械化开采的砂矿,并保持良好的发展势头。

就世界范围而言,砂矿开采保持高速发展的趋势。前苏联是世界第二大产金国,其中砂金矿开采量占 60% 以上。马来西亚、泰国和印度尼西亚是世界上最主要的锡金属出口国,其锡产量 80% 以上来自砂锡矿。

砂矿床具有松散碎屑等特点,无需钻孔爆破,采用机械设备直接开挖即可。陆地砂矿床常采用机械开采、人工开采、水力机械化开采以及联合开采等方法。其中,机械开采设备为采挖掘机、推土机、索斗铲、铲运机等,与金属矿露天开采差别不大,前面相关章节进行了详细论述,在此不再赘述。水下砂矿床开采常用机械开采(索斗铲采掘)和采砂船开采。砂矿床开采是采选(粗选)紧密结合的工艺系统,无论采用何种开采法,几乎均涉及在矿层采挖后先用湿式重选法进行粗选,然后送入精选厂进行精选。而水力机械化和采砂船法容易实现这一要求,是砂矿床开采的发展方向,尤其采砂船的技术进步可以推动浅海砂矿床乃至海底锰结核开采技术的发展。因此,砂矿床开采一节着重介绍水力机械化开采和采砂船开采。

8.12.1 砂矿床开采特点及采矿方法分类

砂矿床是含有自然金属或有用矿物碎屑的松散或胶结物聚集体的具有工业价值的矿床。

砂矿床的主要矿产有金、锡、金刚石、铂、钛铁和稀土矿物以及石英砂等。黄金历来是最重要的砂矿床矿产,全世界已探明的黄金总储量中,砂金储量约占 10% 以上,我国则为 45% 左右。锡石是锡的重要矿物,主要来自砂矿床,我国已探明的锡金属总储量中,砂锡矿储量约占 24%。全世界金刚石总产量中,90% 以上来自砂金刚石;而我国的金刚石全部采自砂矿。世界各国建筑工业需求的砂、卵石,主要采自砂矿,并为玻璃工业及铸造业提供丰富的砂料。

砂矿床具有分布面大、埋藏浅、矿层厚度小、品位低、矿层较松散等特点,其采矿方法主要以机械化为主,见表 8-344。

表 8-344 砂矿床开采方法分类

类别	开采方法分类	开采工艺
陆地砂矿床	水力机械化开采	水枪冲采-砂泵加压水力输送
		水枪冲采-自流水力输送
	机械开采	单斗挖掘机-汽车
		单斗挖掘机-窄轨铁道
		推土机-铲运机
		推土机-前装机-带式输送机
		推土机-带式输送机
		推土机-索斗铲-汽车
		推土机-索斗铲倒堆-单斗挖掘机-带式输送机
		推土机-单斗挖掘机-带式运输机
	人工开采	人工采挖-小型人工淘选设备
	联合开采	人工采挖-小型运输、洗选机械设备
		单斗挖掘机-水力运输
		推土机采掘-水力冲运
水下砂矿床	机械开采	陆上索斗铲采运倒堆-陆上运输
		陆上索斗铲挖掘-漂浮式选矿厂
	采砂船开采	链斗式采砂船
		抓斗式采砂船
		绞吸式采砂船
		轮斗吸扬式采砂船

8.12.2 砂矿床成因类型及其土岩分类

8.12.2.1 砂矿床成因类型

按砂矿床的成因分类，见表 8-345。

表 8-345 砂矿床成因类型

成因类型	分类	赋存的基本特点
残积	残积砂矿	由露出地面的矿体或含有有用矿物的岩石所风化的物料，聚集于原地上而逐渐形成残积覆盖层。其特征是带有黏土而未分级的棱角形物料，矿床中含石率一般较高，有用矿物分布在各层中
坡积	坡积砂矿	残积覆盖层由于剥蚀与重力作用的原因，逐渐沿山坡移动，在稍平缓的山坡上积聚而形成的坡积砂矿
洪积	洪积砂矿	是由间歇性急流，携带大量疏松堆积物，沉积在山麓、山沟、盆地及喀斯特的溶沟、漏斗中，主要特征是沉积的分选作用差，有用矿物分布不均匀
冲积	河床砂矿	由于水流作用，松散物料沉积在河床、浅滩、沙洲形成的砂矿床，特点是比重较大的矿物富集于沉积层下部
	河谷砂矿	在谷道底部及谷道附近形成的冲积层，矿层的分布具有规律性。标准的砂矿床剖面从上到下是底岩、矿层、小砾石层、冲积的淤泥和砂质黏土层、表面植物层，各厚度之和通常为 8～15m
	阶地砂矿	随着河流的冲蚀，河床加深，使早期形成的砂矿床残留在高出河流水面以上，最古老的阶地砂矿床可高出现代河床数十米至数百米以上。其特点是胶结较致密，矿体不连续，往往含黏土量高，品位分布不均
河滨砂矿		河滨砂矿平行于河岸，一般呈狭长条带状，沉积于河水高潮线和低潮线之间。矿床中的有用矿物是由河流从大陆搬运而来，或河岸附近岩石被河水浸蚀而破坏、由涌浪作用使它们在有利于沉积的地带富集而成
海滨砂矿		有用矿物由基岩风化而来，由浪涌、潮涌、冲刷等使之沉积在海湾沙滩经淘洗富集而成砂矿床。福建海南等海滨均有分布及开采

各类砂矿床的共同特点如下：

(1) 由于形成时期较晚，还来不及经历成岩作用，因此是较疏松的土岩，可直接用机械进行采掘，或利用压力水射流进行冲采和水力输送。

(2) 砂矿层离地面近或直接出露地表，矿层一般不厚，适合于露天开采。

(3) 砂矿床的品位一般较低，且分布不均匀，在生产过程中应加强生产勘探。

(4) 冲积砂矿一般地下涌水量大或直接位于地下潜水面以下，若要降低地下水位，不仅不经济，有时甚至不可能，所以只能从水下开采。

(5) 砂矿疏松沉积物中，不同程度地含有水分，在严寒地区会产生永久冻结或季节性冻结现象，土岩变得很坚硬和体积增大等。因此，冻结作用对开采砂矿床工艺提出一些特殊要求，例如冻结的预防及融解等。

(6)冲积砂矿床中的有用矿物,大部分富集在矿床的下部,特别是接近基岩的底部,矿层基岩接触界面通常是砂矿的最富层。而且有用矿物会渗入到基岩的裂隙中,其渗入深度视基岩性质而变化。因此,不同基岩的特点是选择开采方法必须考虑的重要因素之一。

8.12.2.2 *砂矿床土岩分类*

砂矿床土岩的物理力学性质,决定于土岩的颗粒组成及其成矿年代和环境,前者决定土岩的黏结性强弱,后者往往决定土岩的胶结致密程度。

土岩都是大小不等的颗粒集合体,土岩颗粒的粒度分类见表8-346。

(1)按土岩中黏土粒级含量分类。土岩的颗粒粒度是决定土岩各项物理力学性质的基本因素,而其中含黏土粒级(粒径小于0.005mm)量的多少又是决定性的因素,按此观点土岩的简化分类见表8-347。

表8-346 土岩颗粒分类

颗粒名称	粒级名称	颗粒大小/mm	颗粒名称	粒级名称	颗粒大小/mm
漂石(滚圆的)或块石(棱角的)	大	800	砂	大	2~1
	中	800~400		中	1~0.5
	小	400~200		小	0.5~0.25
卵石(滚圆的)或碎石(棱角的)	大	200~100	粉砂	粗粒粉砂	0.25~0.1
	中	100~60		粉砂	0.1~0.05
	小	60~40		细粒粉砂	0.05~0.01
细砾(滚圆的)或角砾(棱角的)	最大	40~20	黏土	淤泥质粉砂	0.01~0.005
	大	20~10		粗粒黏土	0.005~0.001
	中	10~4		细粒黏土	<0.001
	小	4~2			

表8-347 按土岩中黏土粒级含量的土岩分类

土岩名称	黏土粒级含量/%
黏土	>30
亚黏土	10~30
亚砂土	3~10
砂质土	砂粒级含量多于粉砂粒级含量,而且黏土粒级含量小于3
粉砂质土	粉砂粒级含量多于砂粒级含量,且黏土粒级含量小于3

(2)按土岩的可采性分类。砂矿开采的难易程度(包括采掘和运输)即可采性,能综合反映土岩的物理力学性质特点,所以按土岩的可采性分类得到广泛应用。按土岩的可采性分类的实质,是将生产实践的统计数据与专门的试验测定数据相结合进行分类的方法,因此要根据陆地上砂矿和水下砂矿的开采特点分别进行分类。总结我国砂矿开采的经验并参考国外数据,常用的陆上砂矿土岩分类见表8-348。水下砂矿土岩的分类见表8-349。

表8-348 陆上砂矿土岩分类

土岩类别	土岩特点	土岩的松散系数
Ⅰ	没有植物根的表土及泥炭;细砂、粉砂状;松散的砂质土;松散的湿黄土;非黏结性的石英、长石质矿砂;选矿厂尾砂堆积物;预先松散的干燥黏土	1.1~1.2
Ⅱ	大孔隙轻砂质黏土;有植物根或含少量砾石及碎石的表土层和泥炭;正常湿度(15%~20%)含小卵石或有碎石(小于10%)的砂-淤泥质土;胶结弱的砂质砾石土;软质亚黏土;一般黄土;含少量卵石或碎石的填方土;较紧密的中大粒砂	1.2~1.3
Ⅲ	油性中软黏土;重砂黏土;含有大量10~40mm的砾石土;致密黄土;含有砂和砾石的致密亚黏土;人工堆积的砂黏土	1.25~1.35
Ⅳ	含卵砾石(或碎石)30%的致密黄土硬质黏土;胶质的致密亚黏土;胶结弱的砾岩;含碎石的重砂黏土;含砾石、碎石及漂石的砾黏土	1.25~1.4
Ⅴ	黏性特强的黏土;黏土胶结紧密的氧化锰结核;胶结致密的小碎石;含块石的粗粒花岗岩、斑岩的强风化壳;含卵砾石40%的致密质黏土;冻结的Ⅰ~Ⅱ级土岩;含石率40%的砂质砾石土;弱胶结的黏土质粉砂岩	1.3~1.55

表 8-349 水下砂矿土岩分类

土岩类别	土 岩 性 质	贯击次数/(N63.5①)	选用采砂船类型的次序
Ⅰ	流动性淤泥;软塑淤泥;淤泥质土;松散的砂;软黏土;松软的亚黏土	0~4	吸,绞吸,链斗
Ⅱ	中等致密的砂;夹杂有砾石(不大于5%)的砂;中等致密的亚砂土;软塑的亚黏土	5~15	绞吸、轮斗吸,链斗
Ⅲ	中硬塑亚黏土;中硬黏土;中硬砂质土;含有卵石及大于50%占1%、少于10%的杂粒砂	15~30	链斗,轮斗吸,绞吸抓斗,铲斗
Ⅳ	紧密的杂粒砂(含砾石和卵石少于20%,粒径大于50cm占1%~3%);含卵石和砾石少于10%的亚黏土;硬质砂质土,含砾石和卵石小于10%的亚黏土	30~50	链斗,铲斗,抓斗,轮斗吸
Ⅴ	含砾石达30%~40%,粒径大于50cm占3%的砂砾石类土岩;紧密的砾石和卵石;超硬质砂质土;很硬的黏土;被黏土胶结的砾石、卵石、砂,泥质粗粒砂岩	大于50	链斗,铲斗,抓斗
Ⅵ	强风化的硬岩石;软岩石;冻结土岩;残积碎石		铲斗,链斗②

① N63.5作触探试验时,锤重63.5kg时的贯击次数。
② 在Ⅵ级土岩条件下,当采用链斗式采砂船开采时,对于硬岩石要预先用冲击法或爆破法破碎。

8.12.3 水力机械化开采

8.12.3.1 水力机械化开采的特点

水力机械化开采,通常是指用水枪产生的射流冲采土岩,形成浆体,再以加压或自流水力运输方法输往选厂或水力排土场。其基本特点是利用同一水流依次完成冲采、运输乃至洗选和尾矿排弃等工作,形成连续的生产工艺过程,是一种高效率的开采方法。

水力机械化开采的适用条件是:

(1) 土岩特性适合机械化开采,当土岩中100~200mm的大块石含量超过20%或50~100mm的小块石超过30%时,不宜采用单一的水力机械化开采。

(2) 有充足的经济水源和稳定电源。

(3) 人口密集和农业丰产区,不宜采用。

(4) 地区气候无冰冻期或冰冻期很短。

(5) 有建立水力排土场的合适场地。

水力机械化的优点:

(1) 工艺流程简单,生产工艺连续,机械化程度高。

(2) 设备构造简单,制造容易,价格低廉,维修量小。

(3) 劳动生产率高,开采成本低,回采率高。

(4) 投资少,基建期短(一般为两年左右)。

(5) 不受雨季限制,在多雨地区应用,能保证均衡生产。

水力机械化的缺点:

(1) 使用条件局限于能被中低压(0.5~2.0MPa)射流冲采的土岩。

(2) 水电消耗大,电耗通常为6~10kW·h/m^3,耗水量一般为5~8m^3/m^3。

(3) 在严寒地区年作业时间短(当气温在-10℃以下时生产困难)。

(4) 采用水力剥离时,土层结构全遭破坏,复垦质量差和复垦周期长。

(5) 从水力排土场泄出的液流含固量较高,容易污染附近水系和农渔业生产。

8.12.3.2 水力机械化开采的主要设备

水力机械化开采的主要设备有水枪、水泵、砂泵和管道。

A 水枪

水枪是形成高压水射流进行冲采的主要设备。它主要由枪筒、喷嘴、球形活动接头、水平旋转结构、上弯管、下弯管及稳流片组成,如图8-460所示。其中,枪筒和喷嘴是水枪的关键部件,直接影响着射流质量的好坏。

砂矿水力机械化开采,是采用大流量低压力的水射流进行冲采,水枪喷嘴出口压强一般为0.5~1.5MPa,个别达1.7~2.0MPa。

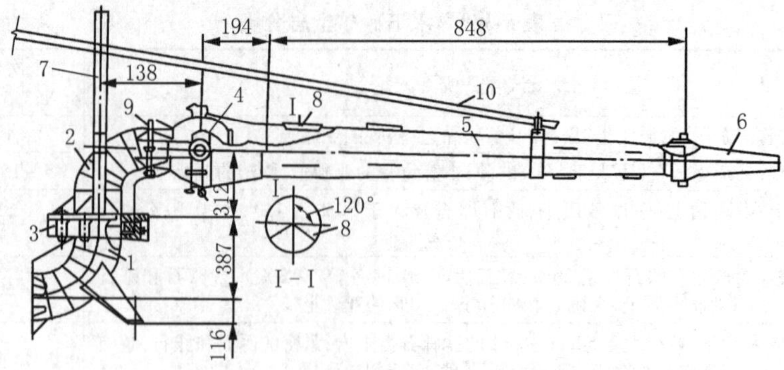

图 8-460 平桂-200 型水枪结构

1—上弯道;2—下弯道;3—水平活节;4—垂直活节;5—枪筒;6—喷嘴;
7—操纵杆托架;8—稳流叶片;9—法兰盘;10—人工操纵杆

按操作水枪的方式分为液压操作的水枪和人工杠杆操纵的水枪。我国大多采用人工杠杆操纵的水枪,即 SQ 型和平桂型水枪,其技术规格见表 8-350。这类水枪结构简单,但为了安全起见,不能靠近工作面作业,因而射流的能量利用率低。因此,国外着重研制远距离自动控制和自行式的大型水枪。

表 8-350 SQ 和平桂型水枪技术性能

技术性能		平桂-3 型	平桂-1 型	SQ-80	SQ-150	SQ-250
进水口直径/mm		150	100	80	150	250
喷嘴出口直径/mm		38/44/50	43	25/30/25	44.5	45 ~ 80
枪筒长度/mm		1200	1100	1458	2228	2290
水平转角/(°)		360	360	360	360	360
上仰角度/(°)		29.33	26	30	30	30
下俯角度/(°)		29.33	26	30	30	30
进口压力/MPa		0.68 ~ 1.47	0.49 ~ 0.98	0.49 ~ 0.98	0.87 ~ 1.47	0.87 ~ 1.47
出口压力/MPa		0.59 ~ 1.37	0.39 ~ 0.83	0.39 ~ 0.88	0.54 ~ 1.32	0.54 ~ 1.32
外形尺寸/mm	长	2239	1100	2081	2807	4800
	宽	350	770	360	398	500
	高	1200	1200	1200	1297	1500
总质量/kg		90	50 ~ 60	59	160	275

B 砂泵

砂泵是加压进行水力运输的主要设备。按结构原理,目前我国生产的砂泵分为离心式和往复式两类。离心式砂泵又分为卧式泵和立式泵两种。离心泵的特点是扬程较小,允许吸入的固体颗粒较大,一般适用于短距离管道运输。水枪开采的运输管道较短,故多采用离心式砂泵。

我国常用的离心式砂泵的类型有:

(1) 平桂型砂泵。它是卧式单面进浆的离心式砂泵。在砂矿开采中,常用的是平桂-123 型、平桂-150 型、平桂-200 型砂泵。主要优点是:叶轮片数少(3 片),允许通过固体粒径可达 100mm,对矿浆的适应性强,一般液固比为 3∶1 ~4∶1。缺点是效率低、耗电量大。

(2) PN 型砂泵。特点是效率高(56% ~65%),叶轮直径大,叶片数小,允许通过的固体粒径大,对矿浆的适应性强,能适应大规模砂矿开采的要求。

(3) PS 型砂泵。特点是结构紧凑,整个设备可以安装在滑橇式底座上,移动方便,对矿浆的适应性差,一般用于输排选矿厂的尾砂。

8.12.3.3 水枪射流的物理机械性质

A 水射流的结构特征

由水枪喷射出来的水流,是属于自由非淹没射流,如图 8-461 所示。该射流的结构特征,主要决定于水枪出口的压力以及水枪喷嘴的结构与其内表面的加工质量。射流的特征是：当水压大于 0.49MPa 时，射流一离开喷嘴即开始扩散（图 8-461（b））；从射流的横截面上看，按水质的紧密性可分为常速核心、水片带及水滴带（图 8-461 中的Ⅰ、Ⅱ、Ⅲ）；在射流长度方向，按其横截面结构可分为起始段、基本段及射滴段（图 8-461 中 A、B、C）。

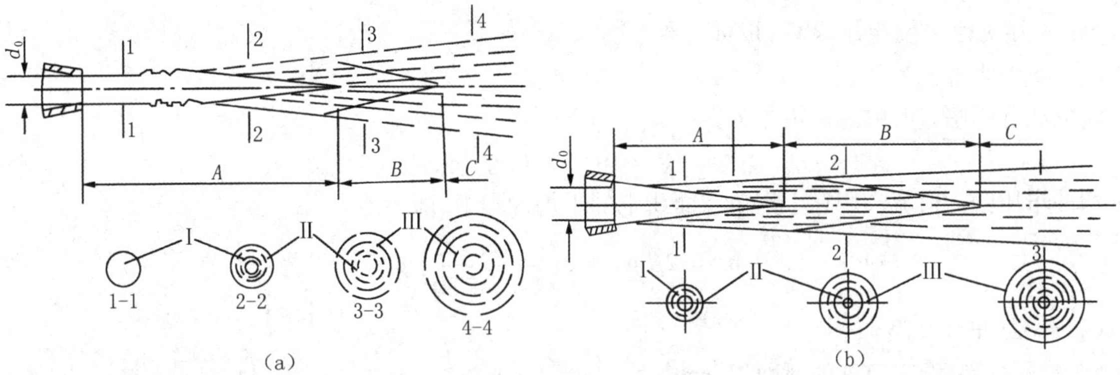

图 8-461 水枪射流结构

(a) $\rho_0 < 0.49$MPa；(b) $0.49 < \rho_0 < 2.94$MPa

A、B、C-沿射流长度划分的起始段、基本段及射滴段的长度；Ⅰ、Ⅱ、Ⅲ—在射流横断面结构的常速核、水片带及水滴带

（1）起始段。从喷嘴出口到常速核心结束的区段为起始段，其结构紧密，冲击力最大。起始段的长度可按下式计算：

$$L_H = (25.448p_0^3 + 55.1p_0 - 20.4)d_0 \tag{8-925}$$

式中 L_H——起始段长度，m；

p_0——工作压力，取值范围为 0.785 ~ 1.471MPa；

d_0——喷嘴直径，取值范围为 0.05 ~ 0.11m。

（2）基本段。从常速核心尖灭到全变为短节射流尖灭的区段为基本段。其紧密程度远不如起始段，射流全部变为大块水片状，充入少量空气，冲击压强度迅速降低，而且总冲击力随长度的增加逐渐降低。

（3）射滴段。从基本段结束至射流消失的区段为射滴段。该段已全部变为水滴，并大量充气，冲击强度最小。从冲采土岩的效率来看，起始段最好，基本段次之，射滴段最差，基本上失去了冲采土岩的能力。但起始段很短，很难用于冲采，主要用基本段冲采。

B 水枪的水力计算

喷嘴出口处的射流流速：

$$v_0 = \phi\sqrt{0.002p_0} \tag{8-926}$$

水枪流量：

$$Q_0 = v_0 S = \frac{\pi d_0^2}{4}\phi\sqrt{0.0002p_0} \tag{8-927}$$

机械加压时，压力水的单位能耗：

$$E = 2.77 \times 10^{-7}\frac{p_0}{K} \tag{8-928}$$

式中 v_0——喷嘴出口处的射流流速，m/s；

p_0——喷嘴出口处的压力，Pa；

ϕ——流速系数，$\phi = 0.92 \sim 0.96$；

S——喷嘴出口断面积，m^2；

d_0——喷嘴直径，m；

Q_0——水枪流量，m^3/s；

K——供水的总效率，一般取0.85；

E——压力水单位能耗，$kW \cdot h/m^3$。

C 射流的冲击力和压强

射流刚离开喷嘴口时的总冲击力为：

$$F_0 = 19.6 \times 10^3 S p_0 \gamma_0 \tag{8-929}$$

平均冲击压强为射流作用在土岩单位面积上的平均冲击力，即：

$$p_y = 2\beta p_0 = 2\left(\frac{m}{L/d_0 + 30}\right)^2 p_0 \tag{8-930}$$

式中 F_0——总冲击力，N；

S——水枪喷嘴出口处的断面积，mm^2；

p_0——喷嘴出口处射流的工作压头，MPa；

γ_0——水的密度，$1000kg/m^3$；

p_y——射流刚离开喷嘴时的冲击压强，Pa；

β——冲击压强降低系数；

m——与喷嘴工作压力 p_0 和射距 L 有关的系数（表8-351）；

d_0——喷嘴直径，mm。

表8-351 系数 *m* 值

喷嘴直径 d_0 /mm	射距 L /m	工作压力 p_0/MPa							
		0.392	0.441	0.490	0.539	0.588	0.637	0.686	0.735
50,57	1~10	38.2	40.0	41.7	44.8	47.8	52.8	56.8	62.5
62.5,75	11~20	34.4	36.4	38.2	41.7	44.8	47.8	52.5	56.5

8.12.3.4 开拓

水枪开采的开拓工作是指挖掘供安装设备的基坑或堑沟，开辟采矿工作面，建立供水、供电和水力运输等生产系统，主要有基坑开拓法、堑沟开拓法、平硐溜井开拓法。

A 基坑开拓法

在适当位置挖掘一个基坑，坑底标高应达到矿床的底板，设置砂泵和水枪，然后对矿床进行开采。这种方法一般是在矿床由下而上不具备采用自流运输方法运输矿浆时采用。

开挖基坑的方法是用推土机、前装机、反铲和水枪-砂泵挖掘。推土机和前装机只适于挖掘较浅的基坑；反铲是挖掘基坑的最理想设备，其主要优点是挖掘效率高、工艺简单、成本低和适用性强；水枪-砂泵法是采用移动式砂泵，砂泵首先位于地表，用水枪逐渐扩大与加深吸浆池，当吸浆池的深度等于砂泵的吸入深度（4~5m）时，下降一次砂泵，直到砂泵下降到设计深度为止，如图8-462所示。该法的优点是工艺简单，不需另购挖掘设备；它的缺点是砂泵下降工作较复杂。

B 堑沟开拓法

当矿区地形和矿床埋藏条件适合自流水力运输矿浆时，可采用堑沟开拓法，如图8-463所示。堑沟开拓是利用明沟掘进通达矿床，进而为矿浆的自流运输开拓出通道。堑沟的位置应根据地形和矿床赋存条件确定，尽可能使一个块段的绝大部分矿浆能自流进入运矿沟，并使掘进工程量尽可能小。堑沟的坡度可根据自流运矿所要求的坡度确定。

C 平硐溜井开拓法

对具有水力自流运输高差和储量大的封闭式或山坡砂矿床,因地形复杂,不能在地面布设运矿沟槽时,可用平硐溜井开拓,如图 8-464 所示,该法虽然基建工程量大,投资高,建设周期长,但经营费用较低,在合适的条件下应用可取得较好的经济效益,如云南锡业公司就广泛采用这种开拓方法。平硐应布置在基岩中,溜井多采用垂直天井,其位置应在矿量集中和底板最低处。

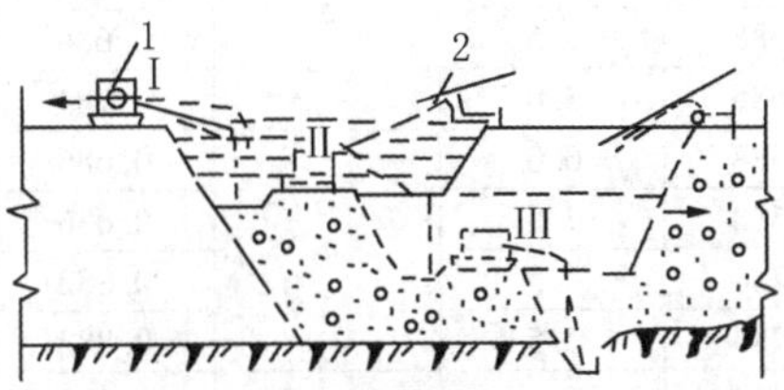

图 8-462 水枪-砂泵开挖基坑

1—砂泵;2—水枪;Ⅰ,Ⅱ,Ⅲ—砂泵位置顺序

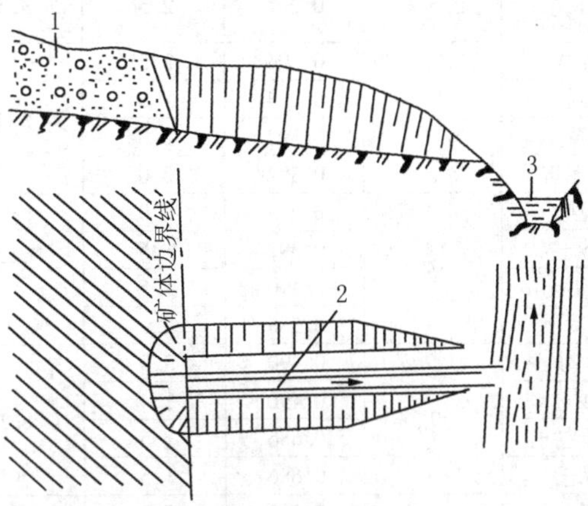

图 8-463 堑沟开拓法

1—砂矿体;2—自流水力运输堑沟;3—主运矿沟

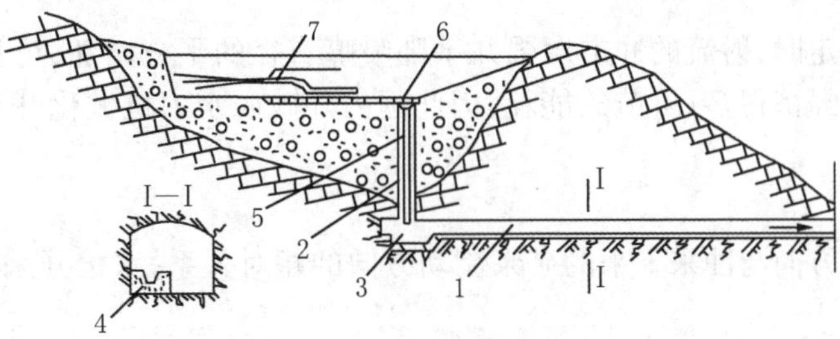

图 8-464 平硐溜井开拓

1—平硐;2—溜井;3—缓冲池;4—运矿沟;5—导浆管;6—格筛及漏斗;7—水枪

8.12.3.5 冲采

A 冲采原理

水射流破碎土岩的机理,与其他机械破碎土岩的机理是有区别的。因为射流作用于土岩体,不但有法向应力,还有射流沿横向流散时产生的切向应力,以及压力水注入土岩孔隙中产生的静压力(水楔作用)而引起的张应力;此外,还有水对土岩的湿润软化和对胶结质的溶解等作用。其中最重要的是射流冲击力所产生的法向应力。所以,以相同的射流能量与机械能量破碎土岩相比较,则射流破碎土岩的效率要高得多。射流对土岩的冲击作用,发生在射流射达土岩的瞬间以及紧接着的很短时间内,此时射流的动能转变为使土岩变形的功,当所产生的应力达到或刚超过土岩的强度时,土岩即开始破坏。

射流具有的能量与作用土岩时间的乘积,即是破碎土岩过程能耗的数量指标。要使冲采能耗达到最小,首先必须针对不同类别的土岩特性,确定射流射达土岩体时的合理冲击压强值;其次,在冲采过程中,必须合理控制射流冲击某一点的停留时间,即按一定速度均匀地移动水枪;此外,合理地利用土岩体自重崩塌作用,即应在台阶下部先行冲采掏槽。

B 冲采参数

冲采参数包括工作压力、单位耗水量和喷嘴直径,而工作压力、单位耗水量又是水力机械化的基本经济指标。依据土岩性质、工作压力、台阶高度和流运条件等,参考表 8-352 选取单位耗水量。

表 8-352 射流工作压头和单位耗水量

土岩类别	土岩名称	台阶高度/m								
		3~5			5~15			>15		
		单位耗水量/(m^3/m^3)	射流工作压头/MPa	工作面允许最小坡度/%	单位耗水量/(m^3/m^3)	射流工作压头/MPa	工作面允许最小坡度/%	单位耗水量/(m^3/m^3)	射流工作压头/MPa	工作面允许最小坡度/%
Ⅰ	预松的非黏结土岩细粒砂	5	0.294	2.5	4.5	0.392	3.5	3.5	0.490	4.5
Ⅱ	粉砂状	6	0.294	2.5	5.4	0.392	3.5	4	0.490	4.5
	轻砂状		0.294	1.5		0.392	2.5		0.490	3.0
	松散黄土		0.392	2.0		0.490	3.0		0.588	4.0
	风化泥炭		0.392	2.0		0.490	3.0		0.588	4.0
Ⅲ	中粒砂	7	0.294	3.0	6.3	0.392	4.0	5	0.490	5.0
	重砂土		0.392	1.5		0.490	2.5		0.588	3.0
	轻质黏土		0.490	1.5		0.588	2.5		0.686	3.0
	致密黄土		0.588	2.0		0.686	3.0		0.784	4.0
Ⅳ	大粒砂	9	0.490	5.0	8.1	0.588	6.0	7	0.686	7.0
	重砂土		0.490	1.4		0.588	2.5		0.686	3.0
	中及重黏土		0.686	1.5		0.784	2.5		0.882	3.0
	瘦黏土		0.686	1.5		0.784	2.5		0.882	3.0
Ⅴ	砂质砾石土	12	0.392	5.0	10.8	0.490	6.0	9	0.588	7.0
	半油性黏土		0.784	2.0		0.980	3.0		1.18	4.0
Ⅵ	砂质砾石	14	0.392	5.0	12.6	0.588	6.0	10	0.686	7.0
	半油性黏土		0.980	2.5		1.18	3.5		1.37	4.5

当工作压力和射距一定时，射流的冲击压强几乎随喷嘴直径的平方增加，可见用加大喷嘴直径提高冲击压强比增加工作压头要经济得多，可节约能耗，因此国内外砂矿水力机械化开采中广泛应用大喷嘴和低压头冲采。

C 冲采方法

根据水枪射流的喷射方向与冲采下来的矿浆流动方向的相对关系，水枪开采法可分为逆向、顺向和逆-顺向三种。

a 逆向冲采法

这是水枪开采普遍采用的方法(图 8-465(a))。水枪位于工作面台阶下平盘，水枪射流垂直工作面。首先在工作面最下部掏槽，使上部的土岩失去支撑而塌落，然后再冲采塌落下来的土岩，如此反复进行。射流形成的矿浆，逆射流方向流入矿浆池或运矿沟，然后借助自流或砂泵送往选矿厂。逆向冲采时，水枪垂直工作面，所以冲击力大，能量利用充分，冲采效率高，单位耗水量小。缺点是不能借助射流的力量把大颗粒物料冲离工作面。一般适用于矿床厚度大、土岩致密、矿浆易于流运的砂矿床。

b 顺向冲采法

水枪位于上平盘靠近工作面(图 8-465(b))，射流方向与矿浆的流动方向一致，可利用水枪射流推赶矿浆，并将大块砾石冲离工作面。缺点是由于水枪射流顺工作面，使水枪的有效冲击力大大减小，特别是台阶高度增大时，冲采面的坡面角小，射距增大，冲击力更小，冲采效率将明显下降，单位矿砂耗水量增大，也不能利用矿岩的重力崩落土岩。适用于矿床厚度 3~5m、土岩松散、胶结性差、含砾石较多难以流运的砂矿。

c 逆-顺向冲采法

它兼有逆向和顺向冲采法的优点(图 8-465(c))。先采用逆向冲采法对工作面进行冲采，然后再顺向冲采残留在工作面附近的土岩。此时，由于射流方向与矿浆流运方向一致，改善了矿浆流运条件，因而冲采效率高，单位砂矿耗水量小。

D 水枪生产能力及水枪数量的确定

a 水枪生产能力

$$Q_T = \frac{Q_0}{q} K_1 K_2 K_3 \tag{8-931}$$

式中 Q_T——水枪生产能力，m^3/h；

Q_0——水枪的水喷射流量，m^3/h；

q——冲采土岩的单位耗水量，m^3/m^3；

K_1——冲采方法的影响系数，按表 8-353 选取；

K_2——矿床底板特征影响系数，可按水枪清理残矿引起的耗水量增加系数选取，见表 8-354；

K_3——台阶高度影响系数，按表 8-355 选取。

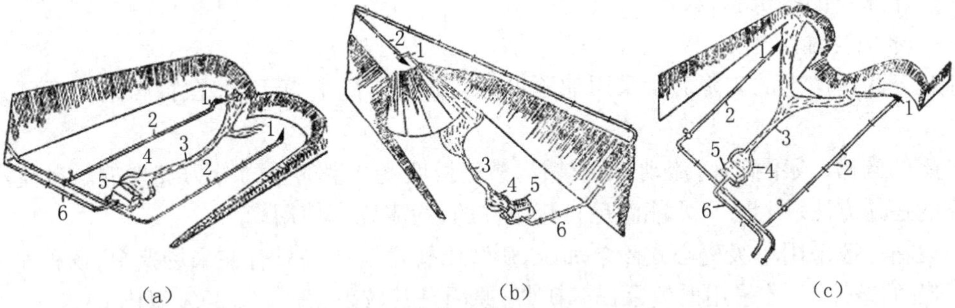

图 8-465 冲采方法

(a)逆向冲采；(b)顺向冲采；(c)逆-顺向冲采

1—水枪；2—供水管道；3—矿浆沟；4—吸浆池；5—砂泵站；6—水力运输管道

我国部分矿山的水枪冲采平均效率见表 8-356。

表 8-353 冲采方法影响系数选取

冲 采 方 法	逆 向 冲 采	顺 向 冲 采	
		水枪位于下平盘	水枪位于上平盘
影响系数 K_1	1	1.1	0.87

表 8-354 矿床底板影响系数

耗水量增加系数	1.0	1.1	1.2	1.3	1.4	1.5	1.6	1.7	1.8	1.9	2.0
矿床底板影响系数 K_2	1.0	0.9	0.85	0.77	0.71	0.67	0.63	0.58	0.55	0.52	0.50

表 8-355 台阶高度影响系数

台阶高度/m	<6	6 ~ 10	11 ~ 15	>15
台阶高度影响系数 K_3	0.80	0.95	1.0	1.11

表 8-356 水枪冲采效率

矿山名称	新路矿	水岩坝矿	白面山矿	新冠矿	黄茅山矿	老厂砂矿	卡房矿	八一锰矿	坂潭矿	南山矿	派潭矿	永汉矿	泰美矿
水枪效率 /(t/(台·h))	35.3	63.6	48	176	196	119	126	47.6	54.4	101.4	23.77	20.55	25.9

b 水枪数量的确定

在一个采场内同时工作的水枪台数：

$$N_1 = \frac{Vq}{Tn_1n_2Q_0K_4} \tag{8-932}$$

式中 N_1——同时工作的水枪台数，台；

V——采场的年产量，m^3/a；

q——冲采土岩耗水量，m^3/m^3；

n_1——年工作天数，d；

n_2——日工作班数；

T——班工作小时数，h；

Q_0——一台水枪的喷射水流量，m^3/h；

K_4——时间利用系数，一般取值0.66～0.75。

考虑到水枪移设及清理工作面的废石和残矿时不中断冲采工作，每个采场必须设有100%～200%的备用工作面，备用工作面上都安设水枪，故采场所需的水枪总数应为：

$$N_2 = (2 \sim 3)N_1 \tag{8-933}$$

式中 N_2——一个采场的水枪总数，台。

8.12.3.6 水力运输

水力机械化开采所产生的矿浆通常采用加压水力运输或自流水力运输，在特殊条件下可采用倒虹管水力运输。

矿浆沿敞露的沟槽（或不满管）流动，是依靠沟槽底板坡度产生的重力分力实现的。自流水力运输是最经济而又可靠的运输方法，因此，只要能满足自流条件的，均应优先使用。

加压水力运输一般采用单级离心式砂泵加压，矿浆由管道输送。只有在采场狭窄、扬程小（不超过20～30m）和矿量不多的条件下，才采用射流泵提升矿浆，原因是其效率太低（仅20%以内）。

（1）砂泵设备的选择计算。土岩性质、小时矿浆流量、运距和高程是选择砂泵设备的主要依据。

矿浆流量按下式计算：

$$Q_j = [Q_T(1-m)q/TK_1] + Q_w \tag{8-934}$$

式中 Q_T——日采矿量，m^3/d；

T——工作时间，h；

K_1——工作利用率，取0.75～0.80；

m——土岩孔隙率；

Q_w——考虑地下涌水及大气降水等的水量，m^3/h；

q——冲采土岩的单位耗水量，m^3/m^3；

Q_j——矿浆体流量，m^3/h。

总扬程按下式计算：

$$H = H_1\gamma_j + h_L + h_M + h_B + h_O \tag{8-935}$$

$$h_L = i_jL \tag{8-936}$$

式中 H——总扬程，m；

H_1——吸浆池液面至输浆管排出口间高差，m；

γ_j——矿浆密度，t/m^3；

h_L——输浆管内阻力损失，m；

i_j——输浆管单位长度内阻力损失；

h_M——输浆管内局部附加阻力损失，通常取$(0.05 \sim 0.15)h_L$；

h_B——吸浆管内阻力损失，取2～2.5m；

h_O——输浆管排出口剩余压头，取0.5～1m。

砂矿水力冲采中所形成的矿浆都是非均质浆体，目前计算单位长度阻力损失时均采用经验公式，而且不同的公式是按一定的实验条件得出的，从而决定了其特定的适用范围。

（2）砂泵选型及台数确定。根据总流量（Q_j）和总扬程（H），选取合适的砂泵型号。

首先，将砂泵的清水曲线参数（Q_0、H_0）换算成矿浆的流量（Q_{ji}）及扬程（H_{j1}），即：

$$Q_{j1} = Q_0\gamma_0/\gamma_j \tag{8-937}$$

$$H_{j1} = H_0\gamma_j\alpha/\gamma_0 \tag{8-938}$$

$$\alpha = 1 - 0.0005\frac{\gamma_j - \gamma_0}{\gamma_j}K_C \tag{8-939}$$

式中 Q_{j1}, Q_0——输送矿浆、清水的流量，m^3/s；

H_{j1}, H_0——输送矿浆、清水的扬程，m；

γ_j, γ_0——矿浆、清水体重，t/m^3；

K_C——砂泵结构系数，取1.5～1.8；

K——物料粒径大小影响系数，按表8-357选取。

表8-357 固粒粒径影响系数

粒径/mm	30～20	20～5	5～3	3～1	1～0.5	0.5～0.25	0.25～0.10	0.10～0.05
影响系数	1.8	1.7	1.5	1.2	0.75	0.40	0.10	0.07

然后根据矿浆总流量 Q_j 和单台砂泵的矿浆流量 Q_{ji}，选择砂泵型号和确定需要的砂泵台数；按水力输送所需要的总扬程 H 和单台砂泵的扬程 H_{j1} 来确定串联的级数，即：

$$n_1 = \frac{Q_j}{Q_{j1}} \tag{8-940}$$

$$n_2 = \frac{H}{H_{j1}} \tag{8-941}$$

式中 n_1——砂泵台数；

n_2——水泵串联级数。

(3) 砂泵站。砂矿床开采中，有移动式和固定式两种泵站。前者是随工作面的推进或向下延深而定期搬迁的泵站，为移动方便，泵房与基础均可采用木结构或钢结构雪橇式、履带式或迈步式大型移动式砂泵站。固定式泵站是位于采场境界以外与移动式泵站串联工作的增压站。由于吸入式泵站能调节砂浆流量与浓度，为移动泵站广泛采用。

8.12.3.7 供水

为保证水力机械化开采，必须向采场供应足够压头的水量，这是能否采用水力开采的先决条件之一。

A 水泵的选择

冲采所需水量按式(8-942)计算：

$$Q_0 = \frac{K_1 V_T q}{T} \tag{8-942}$$

供水设备应达到的扬程：

$$H_0 = \frac{p_0 + \Sigma h}{K_2} \tag{8-943}$$

式中 Q_0——水泵流量，m^3/h；

V_T——采场日冲采土岩量，m^3；

q——冲采土岩的单位耗水量，m^3/m^3；

K_1——储备系数，一般取1.2；

T——日工作时间，h；

H_0——水泵的扬程，Pa；

p_0——水枪出口应用的压力，Pa；

Σh——供水系统的各种压力损失之和，Pa；

K_2——扬程利用系数，机械加压供水时取值为1，自然压头供水时取值为0.75。

加压供水时，根据所需要的供水量及供水扬程在水泵产品系列中选择合适的水泵类型。当单台水泵的扬程或流量不能达到所需要的总扬程或总流量时，即应采取串联或并联来提高扬程或流量。

B 供水方式

按生产用水是否重复利用可分为单向供水与循环供水方式。为了节约水资源和减少对邻近水系的污染，均应尽可能采用循环供水方式。循环供水方式中，所需水量主要取自排土场或尾矿库的澄清水。取自水源的水量仅用于补充在循环使用过程中损失的水量，即：

$$Q_u \geqslant K_x Q_0 \tag{8-944}$$

式中 Q_u——循环所需供水量，m^3/h；

K_x——水的循环损失系数，通常取值0.2～0.25；

Q_0——生产用水，m^3/h。

水的循环损失量，包括冲采工作面、引水沟、排土场等方面的损失。雨季损失少，旱季损失大。为了减少水的损失量，必须加强技术组织管理。

C 供水管道的选择

矿山供水管道系统，实际上是由主干管、分支干管和工作面管道组成的串、并联系统，如图8-466所示，各段管道在生产中移设周期是不同的，所以各段管径应分别按流量予以计算。

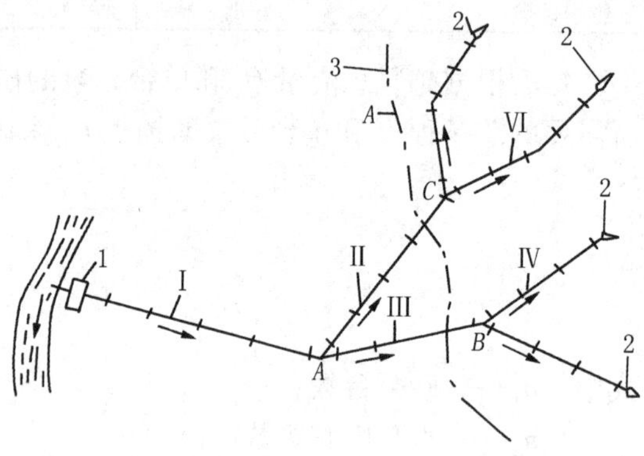

图8-466 加压供水管道系统

Ⅰ—主干管；Ⅱ，Ⅲ—分支干管；Ⅳ—工作面管道；1—水泵站；2—水枪；3—采场境界

供水管道中水流的平均速度，应按其长度大小而定，当供水管道长度大于1000m时，平均流速取值1.0～1.5m/s，当供水管道长度小于1000m时，平均流速取值2.0～3.0m/s。

供水管道壁厚应与管内水体的压力相适应，可按式(8-945)计算：

$$\delta = \frac{pDK}{2[\sigma]} + c \tag{8-945}$$

式中 δ——管道壁厚，m；

p——管内水体压力，一般取1.3倍水枪出口压力，Pa；

D——供水管径，m；

K——安全系数；

$[\sigma]$——许用压力，Pa；

c——考虑管道的缺陷和锈蚀的附加厚度，m，取0.5～1.0mm。

供水管道的阻力损失与钢管的直径及供水流量有关，当采用钢管供水时可采用下式计算：

$$i_0 = 9800 \times 0.00122 \frac{Q_0^2}{D^{5.312}} \tag{8-946}$$

式中 i_0——供水管道阻力损失，m/m；

Q_0——水流量，m^3/s；

D——管径，m。

8.12.3.8 水力排土场

水力排土场是排置水力剥离物的场所，是水力机械化开采矿山的一个重要的组成部分。

A 水力排土场位置选择与容积确定

在选择水力排土场时，应遵循以下原则：充分利用经济价值较小的谷地、沼泽地以及采空区，尽可能与改造和复垦农田相结合；充分利用山谷且谷口窄小的地形，没有或少有地质断层及溶洞；应避免在村庄、城镇、工厂、主要公路或铁路线上方；有利于回水条件，考虑污水处理问题。

所需水力排土场容积按下式计算：

$$V = KV_1 + V_2 \tag{8-947}$$

式中 V——所需水力排土场的容积，m^3；

V_1——需要向排土场堆放的表土体积，m^3；

K——排放物料的膨胀系数，按表8-358选取；

V_2——澄清池的容积，黏性土岩取$(5\sim6)Q_j$，砂质土岩取$(3\sim4)Q_j$；

Q_j——每天灌入排土场的泥浆量，m^3/d。

表 8-358 排放物料的膨胀系数

土岩名称	黏性很大的土岩	普通的塑性土	重亚黏土	中重亚黏土	轻亚黏土	中重亚砂土	亚砂土	粉砂	黏土质砂	砂
膨胀系数	2～1.5	1.5	1.5～1.45	1.45～1.2	1.2	1.15	1.15～1.05	1.1	1.1～1.05	1.0

B　水力排土场的组成与排灌方法

a　水力排土场的组成

水力排土场由挡土坝、澄清池、溢水井和泄洪道组成，如图 8-467 所示。

建设排土场的初期，用人工或机械筑初始坝，以后随着排弃土岩量的增加而逐次加高。加高坝的方法有干式筑坝与排灌筑坝两种方法。前者从外面用人工或机械取土来筑坝加高；后者则直接将排浆管沿坝轴线铺设，再从排浆管接出许多短管向内坡面排灌，利用排灌泥浆沉积的粗粒物料自然地加高坝，而坝顶轴线逐渐向内移动。溢水井大多采用钢筋混凝土圆形井，在四周相距一定的高度布有许多进水水孔，根据控制溢水层厚度要求关闭或开启进水孔；在服务期短及排土场深度小于 10m 时，可采用木质溢水井，泄水管从溢水井底部将水引出坝外。溢水井距挡土坝的距离不小于 10m。

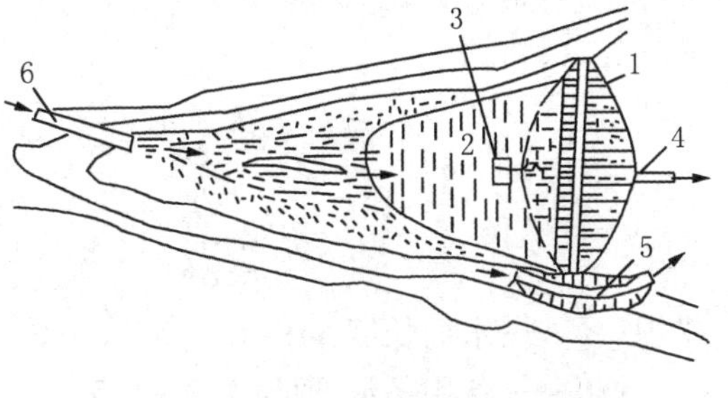

图 8-467　水力排水场组成示意（端部排灌式）

1—挡土坝；2—澄清池；3—溢水井；4—泄水管；5—泄洪道；6—排浆管

b　水力排灌方法

根据排浆管在排土场的布置特点，可分为端部排灌与环状排灌方法。

端部排灌法排浆管布置在某一位置排放泥浆，排灌是从管端部逐层进行，每层排灌完毕后，再向前加接管道。其主要优点是管路短，架设管道栈桥的工程量少，日常生产管理工作简单；突出的缺点是不能利用排灌的土岩来加筑挡土坝。

环状排灌法是泥浆管沿排土场土坝周边铺设，并用支托栈桥将泥浆管支托一定高度，自输浆管向排土场一侧接出泄浆短管，短管间距离为 8～10m，每个短管的截面积约为输浆管截面积的 20%，而同时泄浆短管数约为 7～8 个，以保证流向输浆管末端浆体小于每个短管泄放的量。该法的优点是能利用排放的土岩加高土坝，同时也因为泥浆分散排灌有利于固体物料的迅速沉降；但因环状排灌时布设管路长，生产管理较复杂，所以在生产中常用端部排灌与环状排灌联合方法，如图 8-468 所示。

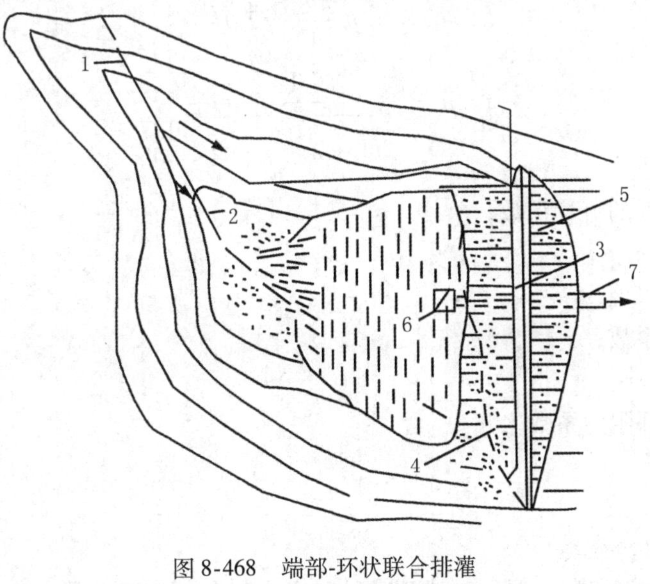

图 8-468　端部-环状联合排灌

1—输送泥浆主管道；2—端部排灌管道；3—环状排灌输浆管道；4—泄浆短管；5—土坝；6—泄水井；7—泄水管

C　水力排土场澄清池水面长度及溢流井流量的计算

砂矿床水力机械化开采中，都是采用连续作业的排土场。为了保证泄出水中含固量在300~500g/L以下，必要的澄清池水面长度和控制溢水井流量是最重要的两个参数。

a　澄清池水面长度

合理的澄清池水面长度（图8-469）按式（8-948）计算：

$$L = K\frac{v_c}{\omega}h \tag{8-948}$$

$$v_c = \frac{Q_j}{Bh} \tag{8-949}$$

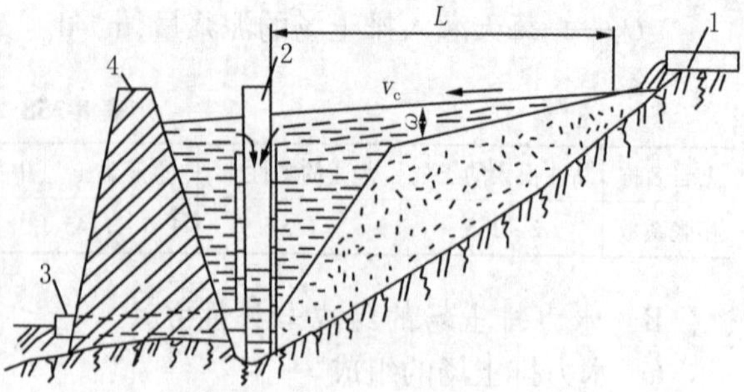

图8-469　澄清池水面长度
1—排浆管；2—溢水井；3—泄水管；4—挡土坝

式中　L——水面长度，m；

K——备用系数，取值1.2~1.5；

v_c——澄清池中泥浆流速，m/s；

ω——要求沉降在排土场的最小固粒的沉降速度，m/s；

h——控制的溢水层厚度，m，一般取值0.10~0.12m；

Q_j——排灌泥量流量，m^3/s；

B——澄清池水面起点与溢水井之间的流动宽度，m，通常取值30~50m。

实际生产中，L值变动在50~350m之间，溢水井距挡土坝距离不小于10m。

b　溢水井与泄水管道的流量

当采用钢筋混凝土溢水井时，其流量按式(8-950)计算：

$$Q_m = \mu S\sqrt{2gh} \tag{8-950}$$

式中　Q_m——溢流井流量，m^3/h；

μ——孔口流量系数，取值0.64；

S——孔口断面积，m^2；

h——溢流井外水面与孔口中心间的高差，m。

泄水管道的流量按式(8-951)计算：

$$Q_g = \mu\frac{\pi d^2}{4}\sqrt{2gH} \tag{8-951}$$

$$\mu = \frac{1}{\sqrt{1+\lambda_0\frac{L}{d}+\Sigma\xi}} \tag{8-952}$$

式中　μ——直接排入大气的流量系数；

d——泄水管直径，m；

H——泄水管中心水位，m；

λ_0——泄水管阻力系数；

L——泄水管长度，m；

$\Sigma\xi$——泄水管的局部阻力系数之和。

8.12.4　采砂船开采

8.12.4.1　采砂船及其分类

用于开采内陆砂矿床的采砂船，是一种漂浮式的从事水下砂矿床开采的采选联合设备。其整个开采过程包括采掘、从水底将矿砂提升到选矿设备，集中洗选回收重矿物以供进一步精选，以及将尾矿排弃到船后的采空区。采砂船主要由安装在平底船上的采掘设备、洗选设备、调船设备、尾矿排弃设备以及相应的供电、供水、通讯与仪表等辅助设备组成,形成连续生产工艺系统。

用于开采内陆砂矿床的采砂船,主要是根据采砂船的采掘设备系统的特点和调船方式,以及采掘深度与生产能力来进行分类的。

(1) 按采掘设备系统的不同分为:链斗式、吸扬式、铲斗式和抓斗式四大类:

(2) 除铲斗式采砂船外,按采砂船生产过程中调船设备可分为:桩柱式、钢绳式、混合式三种;

(3) 按采掘水下深度大小可分为:浅挖型(深度在6m以内)、中等挖掘型(深度6~18m)、深挖型(深度在35m以内)、超深挖型(深度大于35m);

(4) 对于链斗式砂船,按其斗容大小可分为:小型(斗容在100L以内)、中型(斗容150~250L)、大型(斗容250~600L)、特大型(斗容大于600L);

(5) 对于吸扬式采砂船,按其吸管前面是否安装松散土的设备以及设备类型可分为直吸式采砂船、绞刀切割吸扬式采砂船、轮斗切割吸扬式采砂船、水力松动吸扬式采砂船。

目前,世界上使用最多的采砂船是链斗式采砂船。现以桩柱式链斗采砂船为例介绍采砂船工作原理。

桩柱式链斗采砂船(图8-470)的挖掘装置是一条由许多挖斗组成的挖斗链2,工作时它被上导轮的主驱动14带动回转,当上导轮转动时,斗链由斗桥1上的托辊和下导轮3引导,以一定的速度围绕上下导轮及斗桥运转,挖斗在重力作用下插入矿岩,并将其挖掘上来。斗桥的上端固定在由两个轴承座支撑、并与上导轮同心的支撑轴上,因此斗桥连同斗链可以在垂直面上绕支撑轴上下摆动。斗桥的下端由钢绳通过提升斗桥滑轮组5悬吊在前桅杆9上,钢绳的另一端绕在起落斗桥的绞车上,斗桥的悬吊装置可以调整和保持斗桥在需要的挖深层位上挖掘土岩。在船的尾部有两个用以固定采砂船的桩柱22。

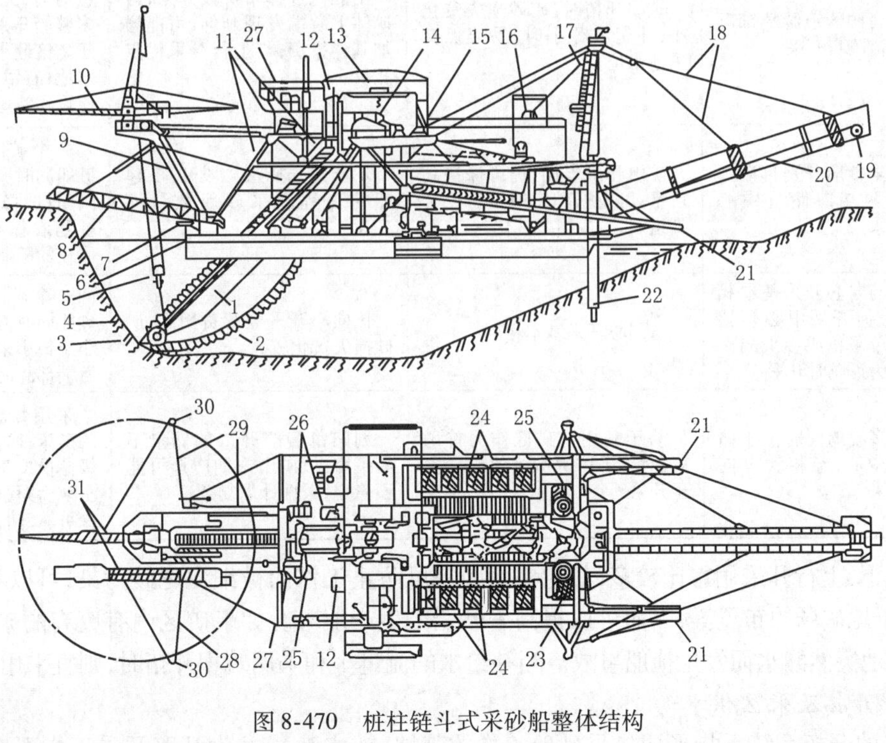

图8-470 桩柱链斗式采砂船整体结构

1—斗桥;2—挖斗链;3—下导轮;4—工作面;5—提升斗桥滑轮组;6—平底船;7—水枪;8—上岸桥;9—前桅杆;10—船首起重机;11—主桁架;12—电梯;13—桥式起重机;14—主驱动;15—桩柱绞车;16—带式输送机绞车;17—后桅杆;18—砾石带式输送机钢绳;19—带式输送机传动装置;20—砾石带式输送机;21—尾砂溜槽;22—桩柱;23—精选跳汰机;24—粗选跳汰机;25—左横移绞车;26—右横移绞车;27—斗桥提升绞车;28—左横移钢绳;29—右横移钢绳;30—岸上滑轮;31—横移钢绳固定点

船工作时,其中一个提起,称为非工作桩,另一个下放并插入尾砂堆中,称为工作桩。船工作时是以工作桩为圆心,在水面上作扇形的圆弧运动。因此,挖斗既有回绕上下导轮及斗桥的运动,又有以工作桩为中心的圆弧运动,是一种复合运动。挖斗挖掘的土岩随挖斗沿斗桥提升到上导轮处翻卸,并通过受矿漏斗卸入圆筒筛，进行冲洗、碎散和土岩筛分。筛上的砾石和杂物由砾石胶带机 20 排到船尾采空区。砾石胶带机是由传动装置 19 带动，并由砾石胶带机固定钢绳 18 悬吊在后桅杆 17 上。砾石胶带机可通过绞车 16 进行起落，调整高度。筛分下来的矿砂进入选别设备进行选矿，选别的细泥尾矿由尾砂溜槽 21 排弃到船后采空区。船的移动主要是靠两个桩柱 22 进行的，船移动前先将斗桥提升到水面以上，然后通过两个桩柱交替提升和下放，同时船配合进行往复回转，实现向前移动一个步距。

船挖掘时，先放下斗桥，然后开动横移绞车，使斗桥由工作面的一角转到另一角。挖掘一个分层后，斗桥再下放一个分层厚度，开动返程绞车，向另一角回转并挖掘下一个分层矿岩。如此反复，由地表一直挖到砂矿底板为止。

8.12.4.2 矿区开采顺序

当划定矿区和采区后，采砂船开采的起始位置及其推进方向，通常是按采砂船开采推进方向和顺序与河流方向或矿床底板倾斜方向的相对关系进行分类，可分为上行（逆河流或逆矿床底板倾斜方向）、下行（顺河流或顺矿床底板倾斜方向）及上行与下行联合推进开采三大类。

采砂船开采推进方向分类及其优缺点见表 8-359。

表 8-359 采砂船开采推进方向分类及其主要优缺点

开采推进方向分类		特　点	主要优点	主要缺点	使用条件
上行式开采		自矿体下游端部逆河流上行开采	使用条件好，有利于提高选矿回收率；易清底板，损失贫化小；洪水期易保证安全；管理简单，生产可靠；有利于尾砂排弃	不能先选择富矿段开采；当需要采用筑坝开拓时，损失贫化大；若矿体下游端发现延伸，可能增加基建投资	矿体下游端部封闭；矿体品位均匀，无需选择首采矿段；多艘船开采时，矿体宽度应大于 2 倍最小采幅
下行式开采		自矿体上游端部顺河流下行开采	筑坝开拓时，矿砂损失贫化小；补充水源小时，易于保持采池水位	不能先选择富矿段开采；若矿体上游端发现延伸，可能增加基建投资；与上行开采优点相反	矿体下游端部封闭；矿体品位均匀，无需选择首采矿段；多艘船开采时，矿体宽度应大于 2 倍最小采幅；严禁水直冲水池；有洪水威胁的矿体，船应设在特避区，不得停止挖掘
联合开采	向心开采	采砂船分别自矿体的两端向储量中心开采	矿山开采末期，仍可保持高产量；可根据矿床地质特点合理组织，减少损失贫化	不能先选择富矿段开采；建船的工程随采砂船数量而变化	一个矿区内有两艘以上采砂船同时开采；矿体下游端部封闭；选择基坑位置时，不受征租农林和移民以及产地所属权的限制
	向心返航开采	与向心开采基本相同，但开采中必须留下单采幅或多采幅矿段为返航时开采	与同心开采基本相同	比向心开采经营费用高；矿砂损失贫化较大	一个矿区内有两艘以上采砂船同时开采；矿体宽度不得小于最小采幅的 2 倍；矿体下游端部封闭
	相背开采	多艘船同时位于储量中心，经相反方向开采	易于利用富矿区作为首采区；对于矿体两端延伸矿量易于开采	划归每艘船开采的储量不易平衡，故矿山末期产量可能不稳定；采掘计划复杂	采用数艘采砂船同时开采的矿床；矿体两端没有封闭；B 级储量位于矿量中心；在征租土地、移民等方面无困难；勘探可靠，储量无大变化时

在一般情况下，上行开采用得比较多，其主要原因是可防止工作面被细泥尾砂污染，可以利用尾砂筑坝以提高水位，有利于尾矿场的布置等，因而可以提高采砂船的生产能力。如果矿区内有废弃的矿坑和空洞时，上行开采可避免采池突然漏水而发生拖船事故。当补给水的流量小和采用筑坝开拓时，则宜采用下行开采。

8.12.4.3 开拓及采区供水

采砂船开采的开拓系统系指形成供采砂船工作的基坑（或水池），并为开辟开采工作面准备出必要的空间，即保证船能自由调动，达到使采砂船能顺利地接近砂矿体并进行开采。

A 开拓方法的分类

根据砂矿床的赋存条件和所选用的采砂船的规格来确定开拓方法。采砂船开采的开拓方法有三大类：基坑开拓、筑坝开拓和联合开拓。基坑开拓：首先在矿体附近开掘一个基坑，采砂船在基坑内组建，然后充水，扩大基坑，并挖掘一条通往矿体的通道，然后进行开采。通道的最大坡度可达 6°～8°。筑坝开拓：当砂矿层的水下埋深小于根据采砂船吃水条件所规定的最小水下埋深，就不能采用基坑开拓法。为此，需要在河谷适当位置修筑拦水坝，以提高采区水位。联合开拓法:根据矿体赋存条件,取基坑与筑坝开拓两者的特点进行联合开拓。

B 基坑开拓法

a 基坑的位置和形式

基坑的位置将影响矿床的开采顺序。一般应将基坑布置在储量级别高、品位较高、剥离量少、供水供电条件好、少占农田以及不被洪水淹没的位置,以利于减少投资和提高矿山前期的经济效益。

基坑的形式有平地船坞、基坑和主副基坑船船坞三种。第一种是把船在平地上组建后下水的方法,可用于小型采砂船,因工艺复杂、占地面积大,现很少使用;第二种是把船在已挖好的基坑内组装后灌水漂浮的方法,此法在我国最常用;第三种是把平底船组成在副基坑内,待完工后用浮力移到主基坑的方法,因占地面积大、工艺复杂,在没有特殊的情况下尽可能不采用。

b 开拓基坑尺寸

基坑开拓时,基坑尺寸按式(8-953)计算:

$$L_k = 1.25\sqrt{(L_{ch} + l)^2 + B^2} \tag{8-953}$$

$$B_k = \sqrt{L_{ch}^2 + B^2} + 2e \tag{8-954}$$

$$H_k = 0.8h_{ch} + M + e_B \tag{8-955}$$

式中 L_k——基坑长度,m;

B_k——基坑宽度,m;

H_k——基坑水面以下深度,m;

L_{ch}——平底船长度,m;

l——尾砂溜槽长度,m;

B——平底船宽度,m;

e——安全间隙,m,一般取3~5;

h_{ch}——平底船吃水深度,m;

M——建船时的垫木高度,m,一般取1~1.2;

e_B——备用高度,m,一般取0.8~1.0。

c 采砂船出基坑方法

常用三种方法:直通式出坑法、调船出坑法和通道式出坑法。

第一种方法是在靠近矿体时采用的方法,必须满足最小采幅,逐步加大挖深,加深角一般在5°~14°,正常所需加深角6°~8°,如图8-471所示。

第二种方法是为出基坑中靠近矿体后准备调船的方法,此时,必须满足调船90°所需的最小采幅,如图8-472所示。

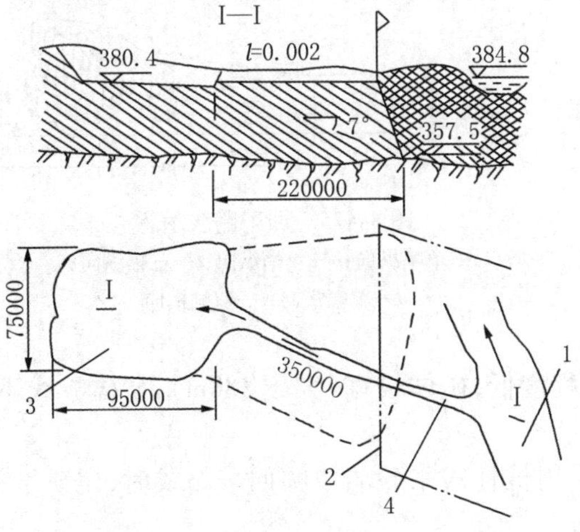

图8-471 采砂船直通式出坑法

1—河流;2—矿体界线;3—基坑;4—引水渠

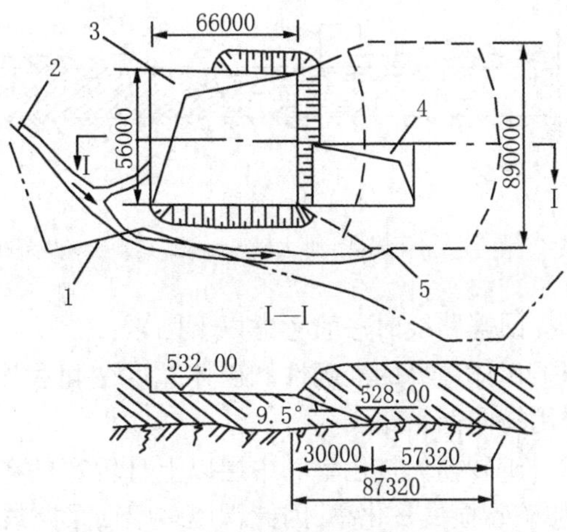

图8-472 采砂船调船式出坑法

1—矿体界线;2—引水渠;3—主基坑;4—副基坑;5—出坑界线

第三种方法是基坑离矿体较远时采用的方法，即先以通道形式出基坑，行到距矿体一定距离时加大挖深，靠近矿体的方法。出基坑中为了确保船体安全，通常用引水渠或筑坝形式向采池供水；但是当采池内水与外部水系形成通路时，水位差不得大于0.5m。采砂船出基坑后，对原来组建采砂船时占用的场地，应用推土机整平。

C 筑坝开拓

在砂矿床开采中，通常用表土筑坝；也有土石混合物坝或堆石坝。坝的参数可按下列原则来确定。坝的高度：取决于地形、坝体间距、采砂船类型以及矿层厚度，如图8-473所示。坝的高度按式(8-956)计算：

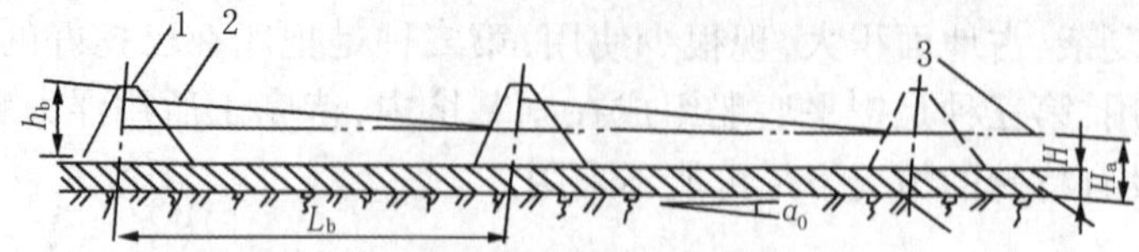

图8-473 坝与水位关系

1—坝；2—水位线；3—采砂船的安全水位线；4—矿层；5—底板界线

$$h_b = H_a - H + L_b \sin\alpha + h_y \tag{8-956}$$

式中 h_b——坝的高度，m；

H_a——采砂船的安全水位高度，m；

H——矿层厚度，m；

L_b——两坝中心线斜距，m；

α——矿体倾角，(°)；

h_y——考虑到采池波浪爬高及安全超高的备用高度，m，当水面面积大于20000m^{2}时取值1.2～1.5，反之则取值0.8～1.0。

坝的宽度：坝顶宽度与坝的高度有关，当坝高小于10m时，顶宽取2.5m；坝高10～20m时，顶宽取3.0m。

D 联合开拓

如阶段开拓法，亦称为独立水平开拓，在国内得到广泛应用。这种开拓方法的实质是：砂矿床上部用其他工程机械进行开采，如图8-474所示。

而采砂船只开采矿床的下部分，这就不需要筑坝提高水位，只需开挖初始基坑。如果上部是不含矿的表土，可用机械剥离到距潜水面0.5～1.0m时停止。如果上部冲积层含矿，则上部台阶、下部平盘的标高，可以根据采砂船允许的最大干帮高度确定。

8.12.4.4 采矿方法及开采基本参数

采砂船的采矿方法包括回采路线、回采方法和采场构成要素三个方面。

A 回采路线分类和使用条件

一般船采中，回采路线分为纵向(沿走向)、横向(垂直走向)和混合式三大类，如图8-475所示。

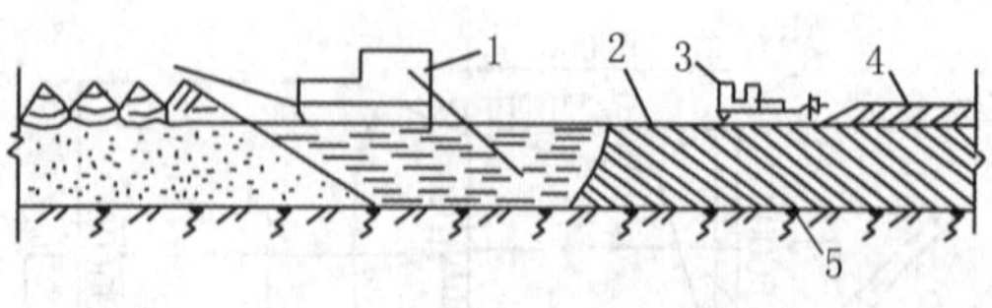

图8-474 阶段开拓

1—采砂船；2—矿体；3—推土机；4—表土层；5—底板界线

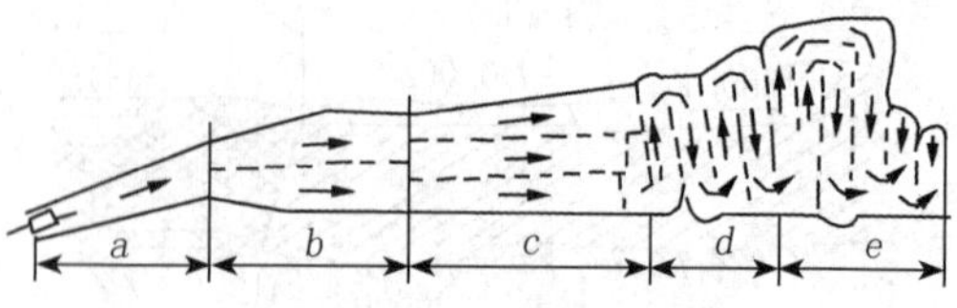

图8-475 回采路线示意

a—单幅纵向；b—双幅纵向；c—三幅纵向；d—单幅横向；e—双幅横向

选择回采路线时一般考虑以下因素：

(1) 矿体边界的准确性和矿体宽度变化程度。勘探程度低，矿体较宽(大于180m)，矿体界线不清时，一般采用横向回采路线。

(2) 矿砂损失贫化率。中层以上且较宽的矿体，当采用桩柱式采砂船单幅回采路线时，尾矿堆一般压矿，增加矿砂损失贫化率，因此常用多幅回采路线。

(3) 机剥排土场的位置和设备效率。

(4) 尽可能利用已有的交通运输等有利条件。

B　回采方法分类及使用条件

根据挖斗在工作面上运动轨迹、船的移动方式以及船与采场纵向轴线相对位置三个主要因素，对链斗式采砂船回采方法进行分类，主要回采方法的工艺特点如下：

(1) 掏槽法（图 8-476）。

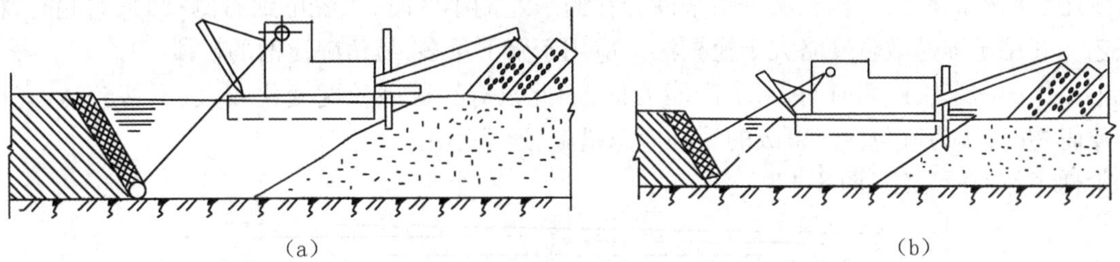

图 8-476　掏槽回采法

(a)单掏槽回采法；(b)双掏槽回采法

采砂船的斗桥放至底板，用掏槽的方式回采靠近底板一层矿砂。上部土岩靠自重崩落到底板后继续回采的工艺，为单掏槽回采法。

双掏槽回采法是根据矿砂自崩性把矿体分上下两个分层，先浅后深依次进行掏槽开采。

(2) 分层回采法（图 8-477）。

分层回采法的实质是将砂矿床全厚分成很多分层（刨片厚度或斗桥下放值），由浅到深逐层挖掘的回采方法。每个分层厚度视矿砂的易挖性取值 0.05～0.6m。由于此法对矿砂性质要求不严，在国内外广泛应用。

若采砂船位于采场正中央，即船的轴线与采场的纵向中心线近似重合的回采法，称为正工作面分层回采法（图 8-477(b)）。特点是开采中所形成的尾矿堆在采场中心线两边近似对称，适用于浅成砂矿床。当采砂船的纵轴线与采场的纵向中心线始终保持一定距离进行分层回采时，称为斜工作面分层回采法（图 8-477(c)），多用于中厚砂矿床开采中。

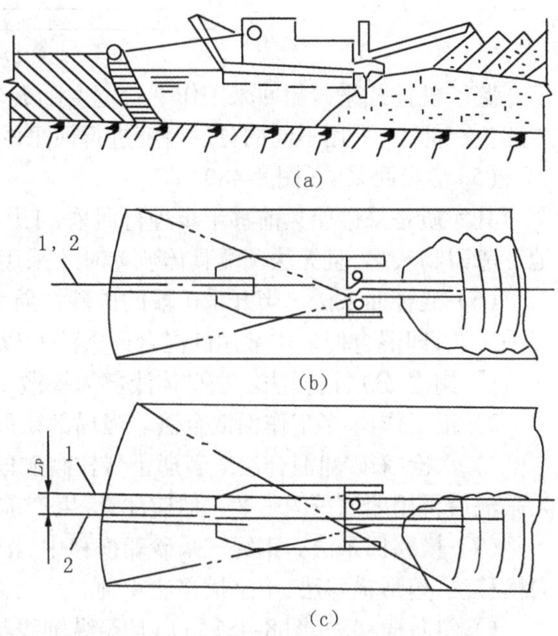

图 8-477　分层回采法

a)分层回采工艺；(b)正工作面回采法；(c)斜工作面分层回采法

1—采场的纵向中心线；2—采砂船的纵轴线

(3) 半工作面回采法（图 8-478）。

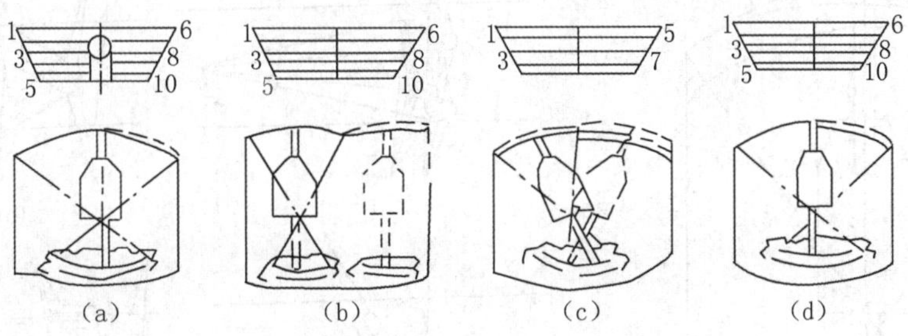

图 8-478　半工作面回采方法

(a)常规法；(b)调船法；(c)调艉法；(d)换桩法

半工作面回采法是将正常采幅分为两个（或三个）小采幅分别回采的工艺。根据开采技术条件，分为常规法、换桩法、调船法和调艉法等。

常规法是指利用正常的工作桩分别回采小采区的方法。其废石堆形成规律与正工作面回采方法相同。主要应用于巨砾石分布不均匀或寒冷地区早春尚未完全解冻矿段。

换桩法是将左右两个小采区分别用相应桩柱进行回采的工艺，其尾矿堆的抛散宽度大于常规法。因此尾矿堆堆积高度较低，应用于易角艉的矿段。

调船法的实质是在一个采幅中应用多幅回采的工艺。与常规和换桩法比较，采砂船回转角小，生产能力相应较高，尾矿堆积宽度大且分布均匀，堆积高度低。应用于矿体干帮较高或筛下量较多，易于角砾石带式输送机或尾砂溜槽的矿段。调艉法是指采砂船在回采左侧小区时，将艉甩到右侧；回采右侧时，把艉调到左侧的工艺。其尾矿堆抛散宽度略大于换桩法。应用于筛下量多，易角艉溜槽的矿段。

由于半工作面回采法停船时间长、生产能力低，因此只有在矿砂粒度变化较大、干帮较高、有可能触艉或有地下障碍物时，作为避免生产事故的一种应急措施，通常不用。

（4）阶梯工作面回采法（图 8-479）。

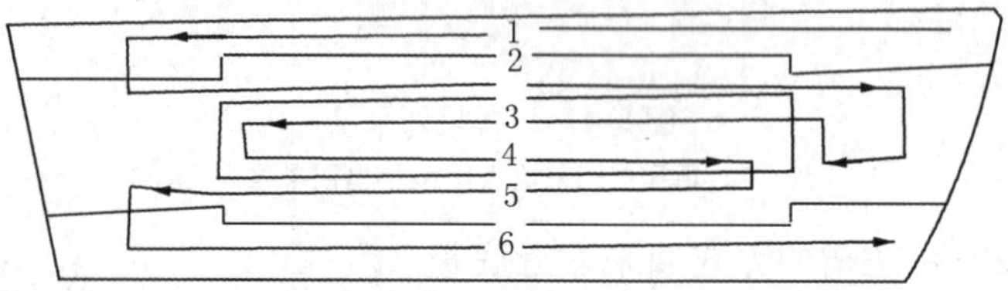

图 8-479 阶梯工作面回采法

鉴于桩柱式采砂船回采工作平台宽度随旋转角的增大而变窄的特点，为了保持最佳满斗系数，提高采砂船生产能力，采用不同的分层厚度进行回采的方法。一般角隅处的分层厚度是中部分层厚度的 1.5 倍。

（5）半步回采法（图 8-480）。

其实质是采砂船只前移半步进行回采，工作平台呈"半月牙形"。由于生产能力不平衡、效率低，一般在地下障碍物较多，且无法预测具体位置时才采用。

（6）混合回采法。当开采矿段的矿砂性质变化较大时，为了提高采砂船生产能力和安全，采用两种以上回采工艺，即混合回采。常用的混合回采法有以下 3 种：

1）掏槽-分层混合法。当矿体浅部为松散土岩、深部为砂砾石层时，则上部用掏槽法，下部采用分层法。

2）正工作面-半工作面混合法。当局部矿段有地下障碍物时常用此法。

3）水枪-采砂船混合法。若遇干帮较高矿段，采砂船开采不安全时，在船上安装水枪，冲采干帮，矿浆流入采池后再用船回采的工艺。但应注意，生产前必须验证尾矿堆积高度，以防触艉。

（7）横移回采法。钢绳式采砂船横移中，按照船纵轴线与采场纵向中心线的关系，分为平行横移法、斜向横移法、扇形横移法、十字横移法 4 种。

1）斜向横移法（图 8-481(a)）是船纵轴线与采场纵向中心线成一定角度（一般小于 10°）的工艺。由于生产能力高于平行横移法，且挖掘阻力小，不易脱链并能控制矿体界线，所以被广泛应用。

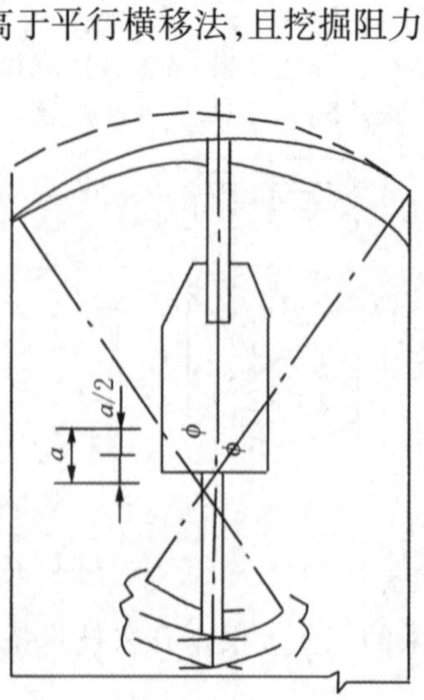

图 8-480 半步回采法

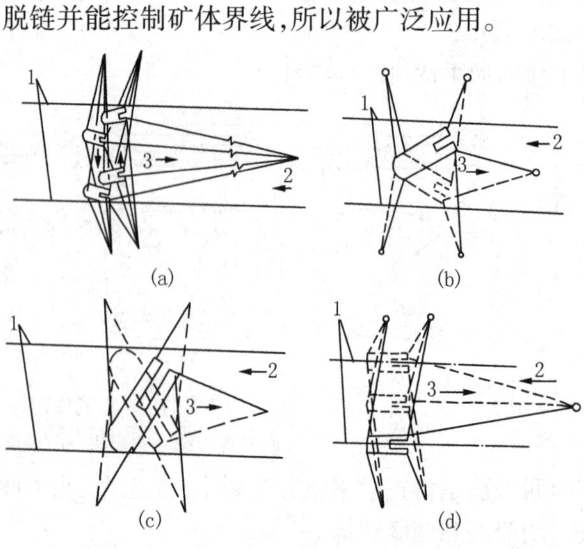

图 8-481 钢绳式采砂船回采方法

(a)斜向横移回采法；(b)扇形横移法；(c)十字横移法；(d)平行横移法

2）扇形横移法（图8-481（b））实质上是船艉基本不动，挖于桩柱式采砂船的回采方法。

3）十字横移法（图8-481（c））指采砂船中心位置近似不变的回采工艺。因为此法调船频繁，效率很低，在开采窄矿体中应用。

4）平行横移法（图8-481（d））是指船纵轴线和采场纵向中心线保持平行的回采工艺。由于它的缺点较多，国内应用较少。

(8) 三进一退回采法。艏绳式采砂船在回采角隅时生产效率低，一般为中部区域的1/3～1/4；为了提高效率，有时采用采场中间区域采完三帮（即进船三次），再把采砂船退到原位，集中回采角隅处矿砂的工艺。

(9) 桩柱-钢绳式联合回采法（图8-482）。为了解决钢绳式采砂船回采角隅生产效率低的矛盾，用桩柱式回采角隅的回采工艺。

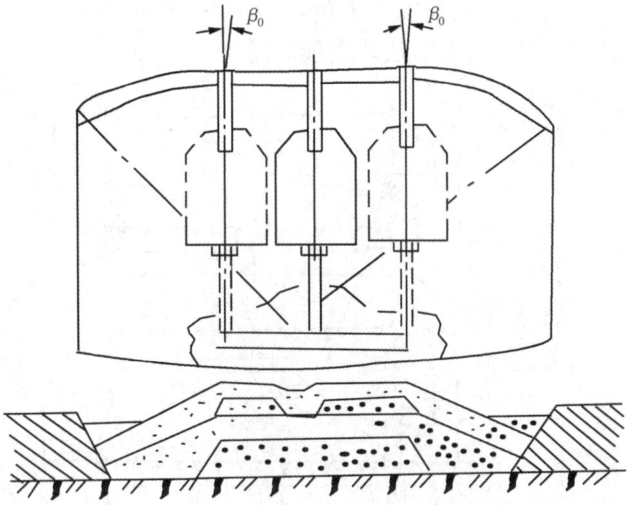

图8-482 桩柱-钢绳式联合回采法

8.12.4.5 *尾砂排弃方法*

采砂船开采的矿砂，经过洗选后的尾砂及砾石等杂物，需要及时排弃到船尾后的采空区内。目前，采砂船开采排弃尾砂的方式有：单层排弃法、双层排弃法及多层排弃法三大类（图8-483）。

(1) 尾砂-砾石双层排弃法（图8-483(a)）。矿砂经圆筒筛筛分后，筛下矿物经选矿工艺，由尾砂溜槽将尾砂排至艉部附近，筛上砾石经砾石带式输送机排于尾矿堆上部的排尾方法。所形成的废石堆层次是下部为砂和细砾，上部为粗砾，该排尾工艺简单，不易压矿，损失贫化小，在我国应用较广，但所形成的废石堆积较高且砾石在上，不利于复田或生态平衡。

(2) 砾石-尾砂双层排弃法（图8-483(b)）。筛上砾石经砾石溜槽排于艉部附近，筛下矿砂经选矿，尾砂

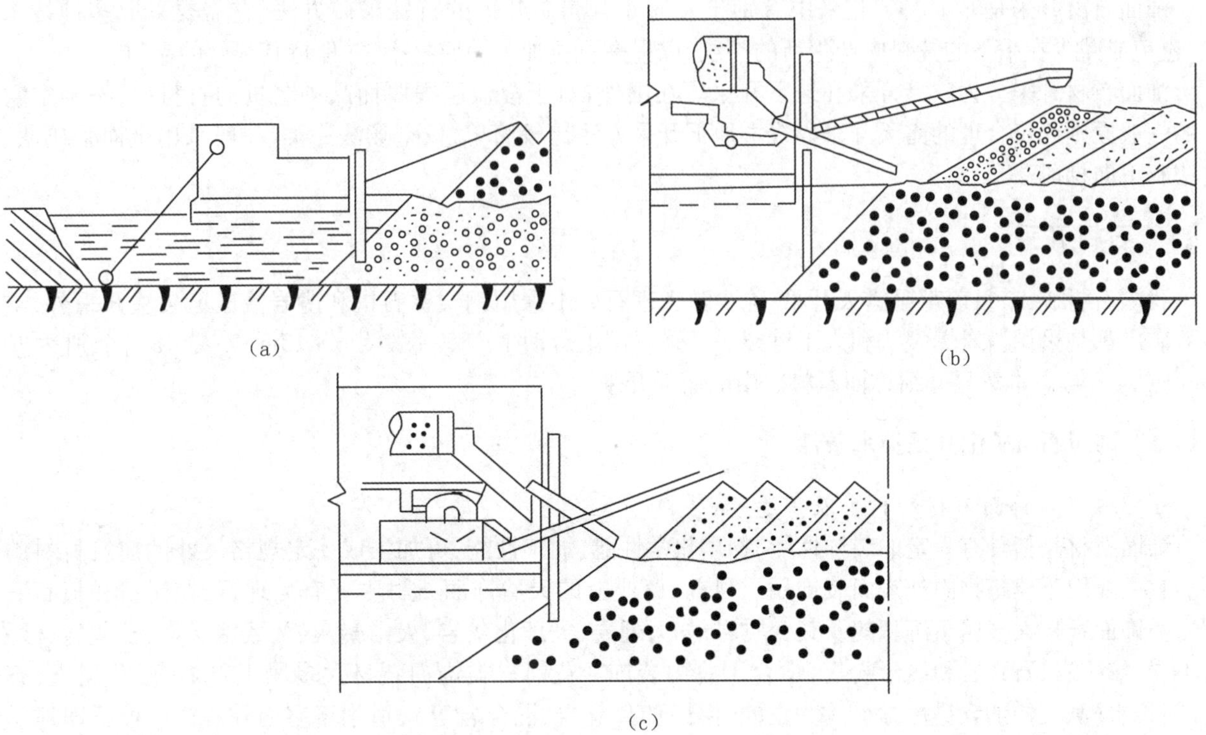
(a)

(b)

(c)

图8-483 采砂船尾砂（砾）排弃方法

(a)砂（下部）-砾石（上部）双层排弃法；(b)砾石（下部）-砂（上部）双层排弃法；

(c)砾石（下部）-砂（中间）-砾石（上部）多层排弃法

用砂泵输送到水力旋流器,经脱水排至砾石堆上部。该排弃方法虽然工艺复杂,易压矿,矿砂损失贫化大,但是形成的废石堆积高度比砂砾法低且平坦,有利于复垦和生态平衡。

(3) 砾石-尾砂-砾石多层排弃法(图8-483(c))。这种方法是筛下矿砂经选矿,除一小部分尾砂排到船艉附近外,绝大部分尾砂流入船上尾矿池,沉降的砂由斗轮提升机转载到砾石带式输送机上,与筛上砾石混合一并抛至采空区工艺。该法工艺复杂,所需设备多,可是不易压矿,采收率高,贫化小,废石堆高度接近原地标高,利于生态平衡,因此是一种有发展前途的排弃方法。

从回采方法考虑尾矿堆积形式,大体上可分为不压矿型、单侧压矿型及双侧压矿型三种,如图8-484所示。实践表明:挖深小于6m时不压矿;6~15m并采用斜工作面回采时出现单侧压矿;15~20m时出现两侧压矿。双层排弃方法使用最广泛。

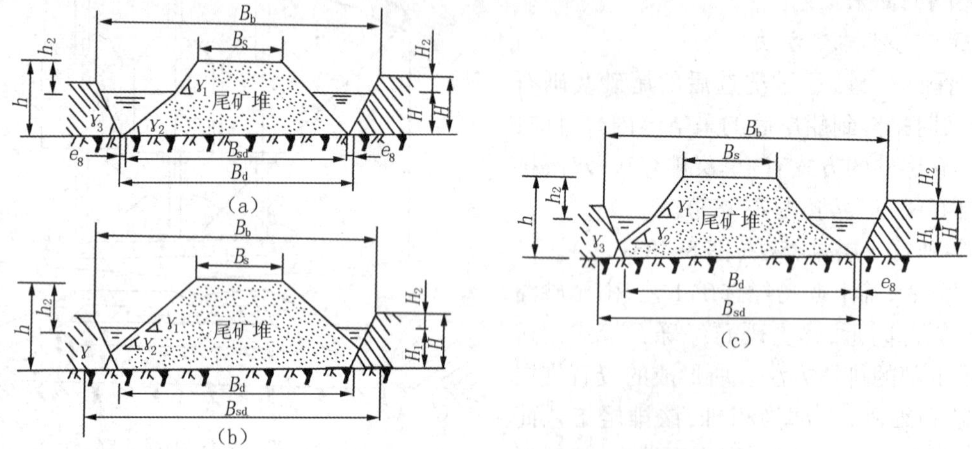

图8-484 桩柱链斗式采砂船排尾堆积类型

(a)不压矿;(b)双侧压矿(c)单侧压矿

饰面石材开采是非金属矿开采中有别于普通非金属矿开采的特殊采矿方法,它需要采取多种技术手段,避免或减少在采下的荒料中产生新的裂纹,以提高石材加工的成材率,并保持其很好的品质。

饰面石材开采分为露天开采和地下开采。在国外,对于覆盖层很厚而品种名贵的石材矿,按确定露天矿的一般原则确定合理的露天开采界线。地下开采方法比较简单,仅空场法一类,一般采用全面采矿法、房柱法和下向梯段法。

8.13 石材开采

我国石材矿山,目前都是露天开采,除少数大理石矿山采用钢索锯石机和凿岩液压劈裂法开采外,绝大多数矿山都是采用凿岩爆裂法和人工劈裂法开采。矿山劳动生产率一般为6~15m^3/(人·a),个别达20~30m^3/(人·a)。本章只介绍饰面石材矿山的露天开采。

8.13.1 饰面石材矿山开采技术条件

8.13.1.1 饰面石材的种类及用途

饰面石材是指具有一定的装饰性能、物理化学性能、加工性能,可加工成一定规格尺寸的建筑材料的岩石。它主要用于建筑物内外表面装饰用。目前,商业上的天然饰面石材主要有大理石、花岗石和板石。大理岩类饰面石材大多属于沉积的及其变质岩,如大理岩、大理化灰岩、火山凝灰岩、致密灰岩、石灰岩、砂岩、石英岩、蛇纹岩、石膏岩和白云岩等,适合于室内装饰。花岗岩类饰面石材大多属于岩浆面(花岗岩、辉长岩、闪长岩)和变质的含硅酸盐矿物为主的岩石(如片麻岩、混合岩等),适用于室内外装饰。板石即地质上的板岩,有碳质板岩、钙质板岩等,主要用于外墙面装饰和作屋顶板。

我国饰面石材资源很丰富,花色品种繁多。据不完全统计,在22个省市中已有近300个品种,大小矿点500多处,具有一定规模的矿山40多座。其中,仅踏勘过的132个矿点,大理石储量21多亿立方米,花岗石

3000多亿吨。这些矿点都埋藏浅,储量大,覆盖层薄,便于露天开采。

我国部分饰面石材产品的主要技术特征及生产厂家,见表8-360。

表8-360 我国部分饰面石材产品主要物理力学性能

产品名称	所属岩性	颜色	密度/(g/cm^3)	抗压强度/MPa	抗折强度/MPa	肖氏硬度	磨耗量/cm^3	生产厂家	产地
汉白玉	白云岩	乳白色	2.87	156.4	19.12	42.4	22.50	北京大理石厂	房山
雪花白	白云大理岩	乳白色	2.82	106.8	7.86	45.4	24.38	掖县大理石厂	掖县
苍白玉	白云岩	乳白色	2.88	136.1	12.28	50.9	24.96	大理大理石厂	大理
云花	大理岩	乳白色	2.72	78.0	29.08	44.6	17.94	大理大理石厂	大理
雪花	白云岩	乳白色	2.87	116.8	22.68	58.3	16.61	青岛大理石厂	青岛
金玉	蛇纹石化大理岩	淡绿色	2.80	128.5	29.97	59.2	14.81	北京大理石厂	昌平
莱阳绿	蛇纹石化碳酸岩	淡绿色	2.65	93.3	16.22	44.2	18.95	掖县大理石厂	掖县
丹东绿	蛇纹石化矽卡岩	淡绿色	2.71	100.8	30.45	47.9	24.50	沈阳大理石厂	丹东
杭灰	石灰岩	灰色	2.73	121.4	11.98	63.1	14.94	杭州大理石厂	杭州
云花	大理岩	深灰色	2.76	109.2	26.11	57.8	15.44	云浮石料厂	
奶油	大理岩	乳白色	2.74	123.0	18.9	59.6	16.30	丹东大理石厂	宜兴
铁岭红	大理岩	紫红色	2.75	82.2	23.3	53.4	20.02	沈阳大理石厂	铁岭
纹脂奶油	灰质白云大理岩	粉红色	2.76	99.3	18.73	65.9	7.14	沈阳大理石厂	金县
东北红	白云质石灰岩	肉红色	2.77	127.9	16.09	54.9	12.55	大连大理石厂	金县
红皖螺	石灰岩	紫红色	2.73	90.6	22.89	62.7	9.27	灵璧大理石厂	灵璧
白虎涧	黑云母花岗岩	粉红色	2.58	137.3	9.28	86.5	2.62	北京大理石厂	昌平
南口红	黑云母花岗岩	粉红色	2.50	235.3	20.37	89.7	1.32	北京大理石厂	昌平
田中石	花岗岩	灰白色	2.62	171.3	17.15	97.8	4.80	惠安石雕厂	惠安
古山红	黑云母花岗岩	暗红色	2.68	167.0	19.26	101.5	6.57	惠安石雕厂	惠安
袭石	黑云母花岗岩	浅红色	2.61	214.2	21.54	94.1	2.93	惠安石雕厂	惠安
峰白石	黑云母花岗岩	浅灰色	2.62	195.6	23.38	103.0	7.83	惠安石雕厂	惠安
笔山石	花岗岩	浅灰色	2.73	180.4	21.60	93.7	12.1	惠安石雕厂	惠安
花岗石	花岗岩	粉红色	2.58	119.2	8.90	89.5	6.88	南安石料厂	汕头
大黑白点	角闪花岗岩	灰白	2.62	103.6	16.26	87.4	7.53	厦门雕刻厂	同安
厦门白	花岗岩	灰白	2.61	169.8	17.12	91.2	0.31	厦门雕刻厂	厦门
泰安绿	花岗闪长岩	灰黑	2.82	217.6	28.82	98.5	3.40	济南花岗石厂	泰安
济南青	辉长岩	灰黑	3.07	262.2	37.48	79.8	10.37	济南花岗石厂	泰安
黄岗黑	橄榄辉长岩	灰黑	3.09	162.8	26.71	74.8	11.16	济南花岗石厂	泰安

8.13.1.2 荒料

荒料是指通过采石工艺获得的具有一定规格尺寸的块状岩石。用矿岩做饰面材料不仅要经久耐用,而且要求整个石材的外观具有美丽的色彩和图案,这种装饰美观的程度称为装饰性能。

石材的物理性能是指密度、孔隙率、裂纹、吸湿率和抗冻性,主要力学性能是指硬度、强度和耐磨度。硬度是指石材被其他更硬的物体刻划的耐受能力;强度是指石材抵抗外荷载破坏的能力;耐磨度是指石材由于磨耗而使之减少重量和体积的性能。石材的主要工艺性能是指可加工性和研磨性。可加工性是指石材经过刀具加工制成规定的形状和饰面的性能;研磨性是指三棱加工过程中刀具的磨耗程度。

荒料的品种以荒料的花色、特征及产地来命名。花岗岩荒料的每一品种按地区顺序编号。天然大理石按其所具有的相对稳定的颜色和花纹特点而定。

荒料的规格按用途划分,用于加工饰面板材的荒料,称为规格料。花岗岩和大理石规格尺寸见表8-361、表8-362。按用户要求加工的荒料,称为协议料。

表8-361 花岗石规格料的尺寸 (cm)

长 度	210	160	130	169	115	100	84
高 度	110	130	100	96	85	70	44
宽 度	95	77	60	46	40	40	32

表8-362 大理石规格料的尺寸 (cm)

长 度	90	95	98	115	130	195	140	165	160
高 度	48	68	68	85	98	98	130	115	130
宽 度	25	25	25	40	40	40	40	40	40

8.13.1.3 饰面石材装饰性与开采技术条件的要求

A 饰面石材装饰性能的要求

（1）饰面三棱的装饰性能表现为经加工后具有一定的颜色、花纹和光泽度，这些均与其物质成分、结构、构造有关。商业上根据饰面石材的颜色、花纹差异划分出不同品种和档次。一般较好的饰面石材经加工后，拼装在一个装饰面上显现出颜色纯正、花纹和谐、光泽度高。

（2）饰面石材中存在的某些金属硫化物、泥质物、有机物，由于它们易于风化，影响饰面石材的装饰性能和耐久性，因此含这些杂质较多的饰面石材一般不宜用于室外装饰。

饰面石材中的色斑、色线影响饰面石材的装饰性能，因此，在有关饰面石材荒料、板材的标准中对它们均有限制。饰面石材中的空洞对装饰性能很有影响。此外，碳酸盐饰面石材中的石英、燧石除可能影响装饰性能外，还对加工性能有影响。

B 荒料块度与荒料率的一般要求

（1）荒料块度的划分与要求。对于年产3000m^3以上饰面石材荒料的矿山，荒料块度一般可划分为Ⅰ类、Ⅱ类、Ⅲ类，它们的块度分别大于或等于3m^3、1m^3和0.5m^3。一般要求荒料的边长不小于0.5m，中档和一般档次饰面石材荒料的块度大于1m^3。

（2）荒料率的要求。饰面石材矿山的荒料率是指所获得的荒料体积与开采矿山矿体的总体积之比，通常以百分数表示。

一般要求中档饰面石材矿山的荒料率不小于20%，在其他技术经济条件相近的情况下，对于高档饰面石材矿山的板材率要求可适当降低，对一般档次的饰面石材板材率可相应提高。

（3）对矿山开采技术条件的要求。矿体可采厚度：不小于3m；夹石剔除厚度：不小于2m；

最低开采标高：一般要求不低于矿区当地的侵蚀基准面。

8.13.2 矿山规模及生产能力

8.13.2.1 矿山规模及服务年限

石材矿山按年产荒料量及服务年限，可分大、中、小三类，见表8-363。

表8-363 石材矿山规模

矿山规模	矿石工业储量/m^3	荒料量/(m^3/a)	服务年限/年	备注
大型	>60	>5000	>35	矿石工业储量按荒料率18%计算求得
中型	30~60	2000~5000	20~35	
小型	6~30	500~2000	15~20	

8.13.2.2 矿山生产能力

（1）荒料生产能力。荒料生产能力根据生产规模、技术装备和选择的开拓方案确定，然后验证其可能性，经方案比较确定其经济合理性。若最终产品是板材，则荒料生产能力按式(8-957)计算：

$$V=\frac{S(1+K)}{\eta_b} \tag{8-957}$$

式中 V——荒料生产能力，m^3/a；

S——年产板材量，m^2/a；

K——荒料吊装运输损失系数，一般为3%~5%；

η_b——板材率，m^2/m^3。

（2）矿山采剥生产能力。

$$A=\frac{S(1+K)(1+n_p)}{\eta_b} \tag{8-958}$$

式中 A——矿山采剥生产能力，m^3/a；

n_p——平均剥采比，m^3/m^3；

其余符号意义同前。

8.13.3 矿床开拓

8.13.3.1 开拓特点

石材矿山的开拓与其他矿产的露天矿类似，但有以下特点：

(1) 工作线布置方向的确定。石材矿山的工作线，通常沿矿体主节理裂隙系的走向方向布置，并垂直其走向方向由上盘向下盘推进，以提高荒料率。

(2) 工作面参数。

1) 台阶与分台阶高度。台阶高度主要取决于吊装起重设备的技术性能，见表8-364。为了减少开拓工作量，应尽量加大台阶高度。分台阶高度主要根据开采设备的技术性能、荒料最大规格等因素加以确定，见表8-365。如矿体水平裂隙比较发育，应充分研究裂隙的规律，根据裂隙分布状况划分分台阶。

表8-364 台阶高度

起重设备类型	W－1001/W－1002 型履带式起重机		轮胎式起重机		DD/DS 型桅杆式起重机	
	站立水平之下	站立水平之上	站立水平之下	站立水平之上	站立水平之下	站立水平之上
台阶高度/m	8～10	>10	4～6	>6	DD 型小于 10；DS 型小于 30	40～60

表8-365 分台阶高度

采石及凿岩设备名称	分台阶高度/m
普通钢索锯石机	2～6
金刚石钢索锯石机	5～10
圆盘式锯石机	0.3～1.0
链臂式锯石机	1～3
凿岩机	2～3

2) 分台阶坡面角。分台阶坡面角一般为90°，最终分台阶坡面角及台阶坡面角根据岩石稳定情况而定。

3) 条石宽度。确定条石宽度需要考虑的主要因素是开采设备的技术性能、荒料的最大规格和裂隙情况，一般为1～3m。

4) 工作面长度。工作面长度是指工作线上一个采掘区段的长度，主要取决于采石方法及其设备，见表8-366。

表8-366 工作面长度

采 石 方 法	工作面长度/m
人工开采	5～15
钢索锯石机采石	10～20
圆盘式或链臂式锯石机采石	100～200
火焰切割机采石	15～20
爆裂法采石	>10～20

5) 最小工作平台宽度。台阶最小工作平台宽度，根据起重、运输和采石的正常作业条件确定，一般为20～25m。

分台阶最小工作平台宽度，根据采石的正常作业条件确定，一般为5～8m。

部分矿山开采要素见表8-367。

表8-367 部分石材矿山开采要素

矿山名称	主要装备			坚固性系数 f	台阶高度/m	分台阶高度/m	台阶最小工作平台宽度/m	工作台阶坡面度/(°)	采准堑沟规格/m
	开 采	吊 装	运输						
赣榆县大理石矿	普通钢索锯石机 串珠式金刚石锯石机	桅杆起重机	汽车	8～12	42	3	20	90	
连县大理石矿	普通钢索锯石机	桅杆起重机	汽车		24～52	4	10	90	基坑：长10，宽10，深4
潼关大理石矿	普通钢索锯石机	履带起重机	汽车	12～13	6	2	20	90	长20，宽1.5，深2.5
黄石大理石矿	普通钢索锯石机	履带起重机	汽车	7～8	6	2	30	90	长20，宽1.5，深2.5
中惠公司花岗岩矿	液压滑架式凿岩机	轮胎起重机	汽车	16～18	5		12～15	90	
乳山花岗岩矿	滑架式凿岩机	履带起重机	汽车	15～18	8	4	16	90	

(3)工作帮组成及推进。采用大型起重机的矿山，通常采用组合分台阶作业的工作帮，如图8-485所示。将起重机站立水平上下若干个相邻开采分台阶人为划分为一组，并按长条石宽度分条自上而下依次进行采石作业。采出的荒料及废石，由起重机提升下放到装运水平，装入运输设备运出采场。

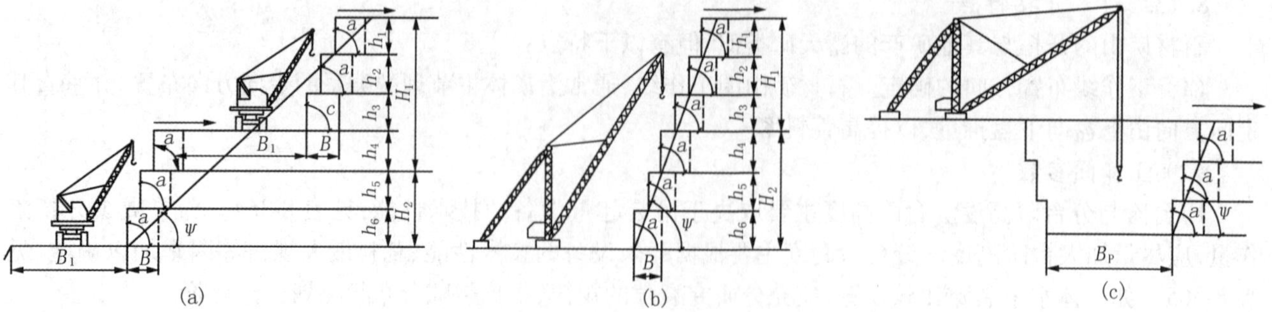

图8-485 组合分台阶构成

(a)多机下向布置；(b)单机下向布置；(c)单机上向布置

8.13.3.2 常用的开拓方式及其选择

石材矿山常用的开拓方式，有公路运输开拓、起重机开拓、斜坡提升台车运输开拓和联合开拓等，可根据矿床赋存条件、矿区地形地质条件、荒料规格和起重及运输设备类型等因素，通过技术经济综合分析后确定。

A 公路运输开拓

石材矿山采用该方式开拓适用于地形条件不复杂，易于修筑公路，开采深度不大，荒料规格较大，废石场比较分散的矿山。

汽车运输是石材矿山使用较多的开拓方式，具有机动灵活、适应性强、生产环节少、易于管理等优点。

B 起重机开拓

起重机开拓是在采场适当位置配置起重设备，采用无沟开拓。将其站立水平之上或之下一定范围内工作台阶采出的荒料和废石，起吊到装运水平装入运输容器运出。

常用的开拓起重设备，主要有桅杆式起重机和缆索起重机两种。前者适用于急倾斜矿体、开采深度大的矿山，其采场台阶高度主要决定于起重机的类型、规格及站立水平。后者适用于地形复杂、坡陡、比高大的矿山，其采场台阶高度主要取决于采石方法及设备。

C 斜坡提升台车运输开拓

斜坡提升台车运输开拓，适用于急倾斜矿体，比高较大，地形复杂不适用大型起重机和汽车运输开拓的矿山。其优点是开拓工程量较小，开拓时间较短；缺点是货载需要多次转载，增加生产环节和起重设备，生产管理复杂，荒料成本较高。

D 联合开拓

石材矿山常用的联合开拓方式，是汽车运输和桅杆式起重机联合。它适用于急倾斜矿体，覆盖层不厚，开采深度较大的矿山。

8.13.3.3 新水平的准备与采准堑沟掘进

A 新水平准备

石材矿山的新水平准备主要为掘进基坑，以形成初始工作面。

基坑通常位于起重机正前方的工作范围内，并尽量选择在非矿夹层或破碎带中掘进基坑。基坑的尺寸一般为10m×10m正方形，其高度等于分台阶高度。

位于非矿夹层或破碎带中的基坑，一般采用小直径炮孔控制法掘进。位于矿体中的基坑，采用与采石相同的方法掘进，以顺便采出荒料。

此外，对于通行汽车的水平，尚需掘进出入沟。出入沟的参数和定线同于其他露天矿，出入沟的掘进，位于境界内的同于基坑掘进法，位于境界外的可用普通的凿岩爆破法。

B 采准堑沟掘进

为开辟工作面，安装钢索锯石机的工作立柱，需在工作面两侧垂直工作线开掘采准堑沟，相邻工作面之间的采准堑沟可共用。堑沟长度及数量按回采矿量保有期计算确定，宽度一般为1.5～2m，深度应大于分台阶高度0.3～0.5m。采准堑沟的开掘方法有两种：凿岩控制爆破法和切割法。

a 凿岩控制爆破法

用控制爆破法可尽量减小对矿体的破坏。当矿山存在大开口的裂缝或沟时，可把它扩大成符合要求的采准堑沟，或利用它隔离爆破力。

花岗石凹陷采石场在开沟过程中能回收部分荒料。

倾斜堑沟也称为斜坡道，坡度一般为10°左右，最大约14°。竖向炮孔呈15°～20°的倾角，其凿岩深度不必与抬起炮孔相接，而是相距0.3～0.6m即停止，下部的抬起炮孔与斜坡道底板之间的夹角为2°～3°。

斜坡道建成后，需要开掘切割槽，形成荒料的开采工作面。切割槽的形成，可以采用密集钻孔法。

b 机械切割法

(1) V形锯切。如图8-486所示，根据工作面宽度，采用多用液压钻机在V形尖端钻出*AB*孔，超深约0.3m。之后在孔内放入装有导向压绳轮的导向切割立柱，配合外部普通钢索锯石机用的工作立柱，分别锯切出*ABCD*和*ABEF*垂面。在不断改变孔内压轮方向下，锯切出*ECB*平面。最后用慢速绞车或顶离法，取出V形体块石。

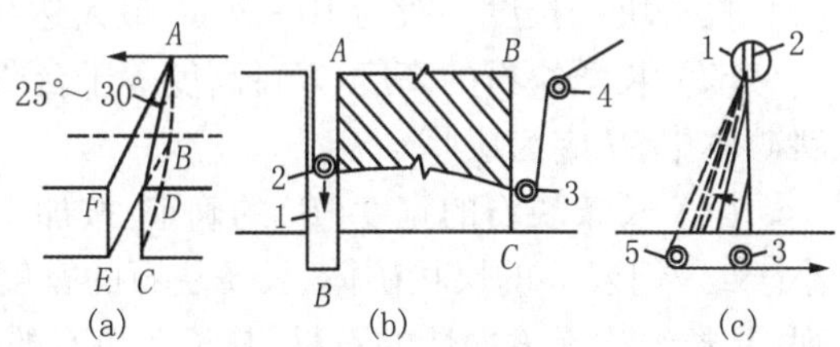

图8-486 V形锯切

(a)正面；(b)剖面；(c)放大

钻孔直径一般为200mm，孔内压轮直径小于钻孔直径，一般为180mm，以保证压轮能在孔内自由改变方向。

V形锯切的优点是只用三个锯切面，缺点是靠近V形锥角(25°～30°)工作立柱受限制，影响水平锯切最终给进速度。

(2) 矩形或截楔形锯切。如图8-487所示，根据工作面宽度，1)用多用液压钻机在*A*和*B*处各钻出一个孔(图8-487(a))；2)在分台阶坡脚处立一个孔外工作立柱*C*，引入钢绳，垂直向下锯切*AB*和*BC*两个面(图8-487(b))；3)将孔外工作主柱放倒，并撤去一个孔内立柱(图8-487(c))；4)进行横向水平的锯切(图8-487(*d*))；5)再将立柱*C*立起，锯切最后一个垂直面。最后，顶出矩形或截楔形体块石(图8-487(e))。

矩形堑沟宽1.2～1.5m；截楔形堑沟的外口宽1.5m左右，底宽1.0～1.2m。矩形或截楔形锯切的优点是工作面锯切时，工作立柱水平安装不受空间限制。缺点是多一个锯切面和需要增加一台工作立柱。

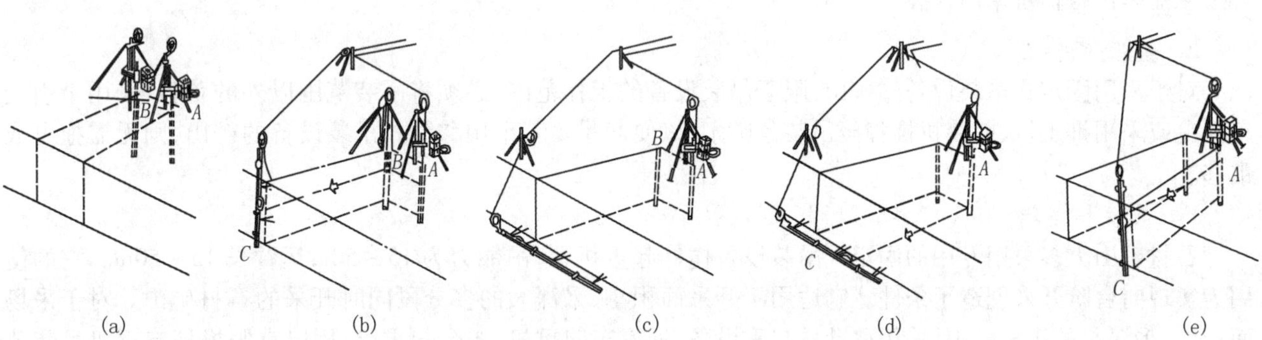

图8-487 矩形或截楔形锯切

(a)～(c)矩形；(d)，(e)截楔形

C 采准基坑的开掘

凹陷露天矿若采用多用钻机、切割立柱与钢索锯石机相配合的开采工艺，开采时无需安装工作立柱，因此不用开掘采准堑沟。但在新水平准备时需要开掘采准基坑，逐步扩大，形成工作线。基坑边长一般为10～15m，深度与分台阶高度相等。

开掘方法。先在拟开掘的基坑四角用多用液压钻机钻孔，直径为220mm，深度与分台阶高度相等，再用普通钢索锯石机配合导向切割立柱沿四边进行垂直切割，最后在基坑范围内用凿岩机钻水平孔，进行控制爆破。一般情况下，凿岩爆破分层进行，逐渐达到分台阶高度。

8.13.4 采石工序

饰面石材矿山的开采具有其特有的七个工序：分离、顶翻、切割、整形、拖曳和推移、吊装与运输、清渣。前四道工序组成了既相互独立又紧密联系的三个工艺环节：分离工艺、分割工序和整形工序。它们需要采用一系列特殊的设备与工具顺序完成。

A 分离

分离是指长条块石采用适当的采石方法，使之脱离原岩体的工序。这是采石工艺中最重要的工序。长条块石基本尺寸的确定方法：

(1) 长条块石的长度(L)。高度一般等于所定荒料最大宽度的整数倍，并适当考虑整形余量。

长条块石长度一般为10～20m，最大达50m，手工采场则较短，一般3～5m。

(2) 长条块石的高度(H)：高度等于台阶的高度。一般等于3～6m，少数达2m或更大。在水平或缓倾斜矿体中，H应为层厚。

(3) 长条块石的宽度(B)的确定：按加工设备可以加工的荒料最大块度等于长条块石的宽度；对于层厚小于或等于2m的层状矿体，长条块石的宽度等于加工设备可以加工的荒料长度或其宽度；对于那些花纹排列、晶粒结构无方向性的石材，其长条块石的三向尺寸可作调整。通常B值等于1～3m，少数达5～6m。

长条块石尺寸的确定和排列方向要十分注意节理裂隙的走向、产状及其间距，充分利用天然的节理裂隙、层理，据此调整其三向尺寸的大小。

B 顶翻

在实践生产中，由于长条块石一般高度大，宽度小，为了下一步工序切割方便，要将其翻转90°，平卧在工作平台上。若长条块石体积很小，可借助钢钎等工具人工将其撬拔、翻倒；体积大的采用液压顶石机或推移包将其顶翻；当长条块石的高宽相当时，可不必翻倒。

C 切割

即按所定的荒料尺寸，将长条块石分割成若干荒料坯。切割采用劈裂法和锯切法，前者适用于花岗石、大理石，后者目前仅用于大理石。切割时应切除细脉、色线、色斑等缺陷。

D 整形

整形是将荒料坯按国家验收标准或供需双方商定的荒料验收标准，将超过标准规定的凹凸部分，采用劈裂法或专用整形机予以切除。

E 拖曳或推移

对于采用固定式吊装设备的矿山，限于吊装设备的工作范围，必须将吊装范围以外的荒料，采用牵引绞车拖曳或采用推土机、前装机推移至吊装范围中，以便起吊。若采用移动式吊装设备的矿山，则无需拖曳或推移。

F 吊装和运输

石材矿山大多采用专用的固定式吊装设备桅杆起重机，起吊能力为15～50t，运臂长15～50m。它的使用为实现向台阶开采创造了条件。它适用于开采面积小、采深大的多分段同时开采的石材矿山。对于采场面积大、采深小的石材矿山，采用移动式起重设备，如汽车起重机、履带起重机，用以克服桅杆起重机吊装范围有限的缺陷，并可为多矿点服务。近年来，国内外一些条件适宜的矿山选用大功率、大斗容前端装载机铲装荒料，或两台前端装载机抬举荒料装入运输设备，运到目的地。使用前端装载机铲装荒料的优点在于简化采矿设备，用一种设备兼做清渣、推移和铲装荒料的工作，提高了设备的利用率。运输设备一般采用底盘较低的载重汽车，国外大部分矿山采用平板拖车。

G 清渣

把截取荒料后遗留在采场内工作平台上的碎石加以清除并运到废石场排弃或集中堆置，以备综合利用。

8.13.5 石材开采法

采石方法根据采石工艺的第一道工艺——分离，即长条块石脱离原岩体所形成的切缝的方法进行分类，见表8-368。

表8-368 饰面石材采石方法分类

类别	亚 类	采用的机具与设备	适 用 条 件
凿岩劈裂法	(1)人工劈裂法 1)单楔;2)双楔	各种形状的钢凿、钢楔、重量不等的锤子专用组合楔、重量不等的锤子	各种矿体产状，形状复杂，节理裂隙发育，硬度不同的任何岩石，小规模开采的花岗石、大理石矿山，花岗石矿山使用尤为广泛
	(2)液压劈裂法	凿岩设备、专门液压劈裂器	
凿岩爆裂法	(1)导爆索爆裂法	凿岩设备、不同规格的专用导爆索、雷管	任何矿体产状、形态，节理裂隙比较发育。但矿体尚完整，硬度不同的岩石。任何规模的花岗石、大理石矿山
	(2)黑火药爆裂法	凿岩设备、黑火药、雷管	
	(3)近人爆破法	凿岩设备、氧化锰+铝粉、点火头	任何矿体产状、形态，节理裂隙比较发育。但矿体尚完整，硬度不同的岩石。任何规模的花岗石、大理石矿山
	(4)静态爆裂法	凿岩设备、静态爆破剂	实际使用较少。我国在一些大理石矿做过试验或使用过，国外未见使用
	(5)其他爆裂法	各种特殊或改性的炸药	
机械锯切法	(1)绳锯法 1)钢丝绳锯切法 2)金刚石绳锯切法	采用专门的钢丝绳锯石机、金刚石绳锯石机及配套设备	矿体产状、形态简单，矿体完整性好，节理裂隙不发育，大规模开采的大理石矿山。近年来，金刚石绳锯石机正在花岗石中作切割试验
	(2)链锯法	各种型号的链臂式割岩机	矿体产状、形态简单，巨厚层缓倾斜或急倾斜矿床。抗压强度120~140MPa以下的无硅质集合体、大规模开采的大理石矿山
	(3)圆盘锯法	不同规格的锯片的圆盘式锯石机	锯切小砌块，抗压强度在100MPa以下的无硅质大理石矿山
射流切割法	(1)火焰切割法	专用的火焰切割机	适于开拓自由面或切割垂直面，石英含量大于40%的花岗石矿山，SiO_2 含量大于60%时，效率较高
	(2)高压水切割法	高压水柱	切割名贵品种的花岗石、大理石的垂直面，尚在试验中
联合切割法	几种采石方法联合使用		

8.13.5.1 石材凿岩劈裂法

用各种开头的钢楔或凿岩机钻孔，然后用钢楔或专用组合楔、液压劈裂器进行劈裂分离，适用于各种产状、形态复杂、节理裂隙发育的矿体，特别是小型花岗石、大理石矿山。

(1) 楔子分离。将若干钢楔按一定间距打入矿体裂隙或沿裂隙开凿的楔窝内，依次重复锤击钢楔，直至长条块石与矿体分离。适用于裂隙发育、生产规模较小的矿山，效率高，成本低，但分离面平整度较差。

(2) 钻眼楔子分离。在预定分离面上打一排孔，孔距一般为10~20cm，孔深一般比条石高度或宽度小10~30cm，将钢楔插入孔内，依次重复锤击，借钢楔的挤胀力形成分离面。

有的花岗石矿山采用连续钻孔法，各孔基本上相接。打孔的顺序是隔一孔钻凿一孔，然后放入钢钎，再在此两孔之间钻孔，孔深与条石高度一致。由于相邻孔难以全部相接或钻孔有一定偏斜不能直接形成分离面，往往需辅以打楔劈开。钢楔形状及规格见图8-488和表8-369。

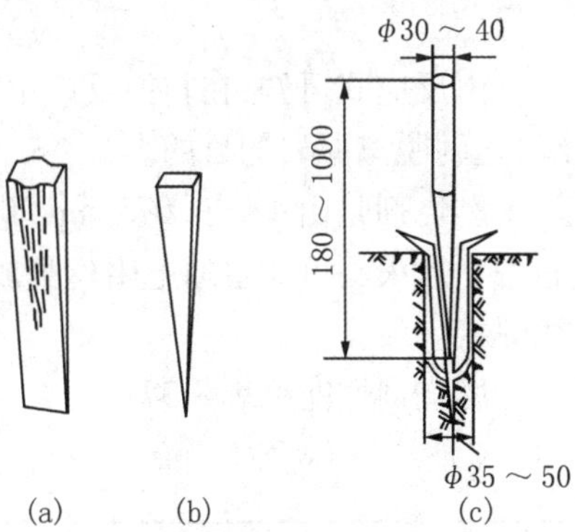

图8-488 钢楔的形状
(a)一字锥形;(b)正方锥形;(c)圆锥形

表8-369 钢楔规格

钢楔类型	长/mm	宽/mm	厚/mm
扁平楔	180~470	40~130	25~50
角锥楔	150~580		25~50
复合楔	180~1000	上端圆柱形直径为30~40，下端楔形	

(3)钻孔劈裂器分离。以劈裂器代替钢楔，不仅减轻了劳动强度，提高了生产效率，而且具有挤胀力大且均匀的优点。液压劈裂器技术性能见表8-370。均匀的挤胀力能使分离面各部分达到抗拉极限的时间趋

于一致，因此分离面较平整。

表 8-370 液压劈裂器技术性能

项 目		型 号			
		PLUOSPAK186	PLUOSPAK188	HS230	4/F210
发动机功率/kW	电动机	4	4	2.2	
	柴油机	5.2	5.2	3.0	4.5
	风动机	2.6	2.6	3.7	
工作压力/MPa		50	60	70	50
劈裂楔推力/kN		2250	2700	2300	5000
劈裂楔数量/个		6	6		4
要求最小孔径/mm		34	40	34	42
要求最小孔深/mm					
质量/kg		36	57		
厂 商		意大利 BENETI 公司	意大利 BENETI 公司	意大利 PELLEGRINI 公司	德国 PORSFELD 公司

劈裂分离法能较好地利用裂隙，工艺简单、投资少、成本低，但劳动强度大、劳动生产率较低，不适于大规模开采。

8.13.5.2 *石材凿岩爆裂法*

确定爆破参数要考虑矿体的结构、裂隙、岩石硬度等因素。根据爆破材料不同，目前使用的控制爆破方法主要有以下四种：

(1) 黑火药爆破。一般平行于矿体层理、裂隙方向布置水平炮孔，深度为条石宽度的0.5～0.6，孔距为1～1.5m。垂直炮孔的深度，一般为条石高度的0.6～0.8，孔距为0.8～1.2m。单位炸药消耗量可参考类似矿山确定，一般为100～150g/m^3。可采用分段装药等措施避免因爆力集中而产生裂纹。

(2) 燃烧剂爆破。燃烧剂爆破又称近人爆破法。燃烧剂即为铝热剂。利用金属氧化物和金属还原剂按一定比例混合，用电阻丝或点火头引爆，产生化学反应：

$$4Al + 3MnO_2 \rightarrow 2Al_2O_3 + 3Mn + 9.24 \times 10^5 J$$

由反应式可知，在转换反应过程中产生大量的热和膨胀气体，对炮孔壁产生瞬时推挤力，使岩石产生裂缝，达到脱离原岩的目的。

燃烧剂是由小于0.075mm(200目)的铝粉与小于0.075mm(200目)的二氧化锰按质量比3:7拌匀即可制备。点火头可用普通电阻丝截成若干段(要求电阻相等，接通电源点燃后其温度大于760℃)，然后与铜脚线焊接。

燃烧剂性能见表8-371。

表 8-371 燃烧剂性能

指标	爆速/(m/s)	爆热/(MJ/kg)	威力/(J/g)	火焰感度/mm	摩擦感度	冲击感度	发火温度/℃	压力/MPa
数量	密封状 11.24	3.96～4.42	31.2±4.1	上限25 下限35	0	0	760	200

燃料剂采用电起爆，交流直流均可。连线方式有串联、并联、串并联。电流强度要大于点火头的准爆电流强度。目前使用的金属燃烧剂、点火头均为工厂特制药包，直径32mm，密度为1.04g/cm^3。

炮孔装填与常规爆破略有不同，炮棍要特制。在钢棒端部装上铜头，铜头直径较钢棒直径大6mm左右，铜头的长度为15cm。为了便于装填时锤击，需配备数根不同长度的炮棍。充填物选用含水量小于15%的黄土。装药前先在孔底填3～5cm的黄土，再将药包装入，然后填入5～10cm黄土，用炮棍轻轻捣实，边充黄土边用大锤打击炮棍顶部，使黄土充填密实。

（3）导爆索爆裂法。爆破材料为导爆索，在钻孔内插入导爆索至孔底，孔中充以水或细砂。如爆力不足，可装2根或3根导爆索，或采用爆力较大的导爆索，也可适当减小孔距。从钻孔引出的导爆索在地面与导爆干索连接，常用的连接方法是搭接法。连接处必须用胶布或细绳捆绑结实，搭接长度不小于15cm，并应使干索与导爆索的传递方向一致，以保证起爆质量。

导爆索爆破的孔距为20～40cm，可经试验确定。孔深与条石高度、宽度基本一致。若条石另一面已是自由面，则孔底应距自由面10～20cm，以充分利用爆力。

（4）静态爆裂法。静态爆裂法是将静态爆破剂用水拌匀（即膨胀水泥和添加剂的混合物）充满炮孔。用塞子或其他材料堵塞，经12～24h内，产生膨胀力，将岩石胀裂。

根据不同的地区、不同季节温度的高低选用不同的静态爆破剂。一般膨胀剂的初期压力随温度增加，时间缩短，其压力增长快；而膨胀力又随水灰比增大而减小。

静态爆破剂拌水使用时，要在较短时间内完成，一次搅拌量应在10min内用完为宜。静态爆破剂的水灰比（重量比）一般为0.25～0.30，搅拌时避免与人体皮肤接触。

尽管静态爆破剂单位售价较低，但其用量较大，致使荒料成本较高。另外所需爆裂时间较长，影响矿山能力，所以不适合大规模开采的要求。

8.13.5.3 石材机械锯切

A 普通钢索锯石机锯切

锯石机的驱动装置带动无极钢丝绳（ϕ3.89mm，ϕ4.5mm）运行，在工作面夹带磨料（石英砂或普通砂）、水与大理石摩擦，起到切割作用。锯石机工作情况如图8-489所示。其锯切效率及材料消耗见表8-372。

表8-372 钢丝绳锯石机锯切效率及材料水压消耗

矿山名称	意大利		中国			推荐值
	COOPERATIA	NORBOR	掖县大理石矿	宜兴大理石矿	英德大理石矿	
岩石名称	卡拉拉白云岩	卡拉拉白云岩	白云质大理岩	石灰岩	石灰岩	大理石类岩石
抗压强度/MPa	112.9	112.9	78.2～81.7		80	<120
坚固性系数			$f=8\sim10$		$f=8\sim10$	$f=8\sim12$
锯切效率/(m^2/h)	1.0～1.5	2	1		1～2	1～1.5
钢丝绳消耗/(m/m^2)	17	20	1.2kg/m^2	5～6		7～10
耗水量/(m^3/m^2)	0.3～0.5		0.2	0.2		0.2～0.5
石英砂消耗/(kg/m^2)	68		60	54		60～70

普通钢索锯石机的适用条件是岩石坚固系数$f<12$以下、层厚在10m以上的急倾斜矿体，或水平与倾角较缓的薄层矿体。一般来说能适应裂隙发育程度不同的矿体，但如果溶洞发育，尤其是无充填物的溶洞和开口裂隙，锯切时砂水料会大量流失，对锯切极为不利。应具有较为经济的水和砂粒来源，而且只能在非冰冻期使用。使用钢索锯石机需要穿孔机、分离式千斤顶等专用配套设备。

普通钢索锯石机的优点是：灵活，可以做任何方向的锯切；一次锯切深度依据开采要求可达5m、10m甚至15m，可以有效地加大开采台阶尺寸；可以依据矿体裂隙的分布，使开采台阶尺寸合理，有利于提高荒料率；生产效率高，开采成本低。材料消耗主要是石英砂、钢索和滑轮等普通材料。由于设备结构简单，配件容易解决，是我国现阶段大理石开采比较适用的方法。

图8-489 普通钢索锯石机工作示意图

1—电动轮；2—绳轮；3—工作立桩；4—砂、水装置；5—导向立柱；6—张紧绳；7—导向滑轮；8—拉紧装置；9—重物；10—无级钢丝绳

B 金刚石串珠式钢索锯石机锯切

切割工具为多根细钢丝绞成的无级钢丝绳（ϕ4.5～5mm），钢丝绳上间隔固定镶嵌金刚石的圆柱状套管，简称金刚石串珠，串珠长5～7mm，直径为10mm，两串珠间有弹簧。无级钢丝绳由驱动装置带动进行切割，切割时需注水。金刚石串珠式钢索锯石工作情况如图8-490所示，其锯切效率及材料消耗见表8-373。

表8-373 金刚石串珠式钢索锯石机锯切效率及材料消耗

矿山名称	意大利					中国		推荐值
	菲格亚	比亚那代依	ESTRABA	OPGG1	STK	双峰	掖县	
岩石名称	卡拉拉白云岩	卡拉拉白云岩	石灰岩	石灰岩	石灰岩	石灰岩	大理石	大理石类岩石
抗压强度/MPa	112.9	112.9	78.2～81.7		80			小于120
设备功率/kW	25	30	30	30	22.5			30
线速度/(m/s)								30
锯切效率/(m^2/h)	4.7	4	3.4	4.3	3.3	2	3	3～6
金刚石绳消耗/(m/m^2)	0.047～0.07					0.082	0.006	0.05～0.08
耗水量/(m^3/m^2)	5～6							4～6

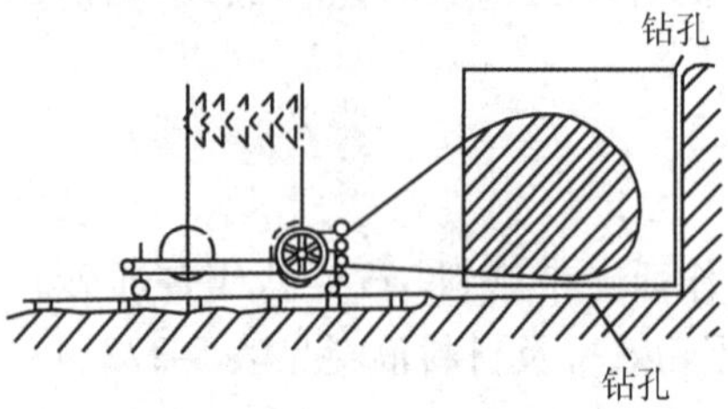

图8-490 金刚石串珠式钢索锯石机工作示意图

金刚石串珠锯的优点是：锯切效率高，串珠锯的锯索线速度比钢索锯高2～4倍，单位时间的锯切面积为钢索锯的4～7倍；锯切质量高，锯切面平整光滑，基本上不需要再整形即可加工；操作维护简单，辅助工作时间短，熟练的操作人员完成一次锯石机换位安装只需20～30min，同样的锯切面积，串珠锯的辅助时间比钢索锯减少1/3；适应性强且灵活，以它为主机，配合其他辅助设备，可进行开掘堑沟、分离、解体和整形等锯切，分离尺寸可以根据裂隙赋存状况进行灵活调整，可作水平、倾斜和垂直锯切；使用套索法，不会产生锯切弧度，可以不需要掘进堑沟实现无光开采；开采费用低，荒料率高，改善了劳动条件，是我国现阶段及今后重点推广普及的大理石开采设备。常用的辅助设备是液压钻机和导向切割立柱。

C 链臂式锯石机锯切

链臂式锯石机是从截煤机演变成石材锯切专用设备的，故其工作原理与截煤机相同。链臂式锯石机是依据配有可转90°的链臂，链臂外安装旋转链，其上装有形状不同的截齿，依靠直接切割岩石，达到锯切岩石的目的。它可锯切水平面与垂直面。链臂最长为4.5m，锯切深度为3.2～3.8m。工作状态时，机器在轨道上的行走方式有自移式和牵引式两种。截齿有碳化钨硬质合金和金刚石两种不同的刀具。适于锯切大理石，目前亦在花岗石中锯切试验，经锯切巨厚层状矿体，倾角$\alpha<15°$或$\alpha>80°$的矿体可以取得较好的效果。

切割效率高，是普通钢索锯石机的5倍。缺点是需在轨道上行走作业，不灵活；刀具厚，锯口宽约40mm，矿石损失大；能耗大；切割深度受锯臂长度限制。

链臂式锯石机的主要技术性能见表8-374。

表8-374 链臂式锯石机的技术性能

型号	ST30VH	ST50－VH	HSTKbo	ST15－V	HR－1300	DB－100	70RA	KQY－1
锯切深度/m		3.4	2.5	2	2		3.4	
链旋转线速度/(m/s)	16～65	0.4～1.1	0.4～2	0.4～2	0～1.54	0～25	0～0.71	
空载行走速度/(cm/min)	1～4	1.4～45	2.5～100	30	0～50		0～13	3.8
行走方式	齿板行走式	齿板行走式		牵引式	自移式	自移式	自移式	牵引式
主机功率/kW	22	45	50		30	60～75	60	25
切割压力/kN	49.5	80						
锯缝宽度/mm	42	42	42	42		40	38	
质量/kg	2400	5300	5000	1800	2400	5000	5000	
国别	德国	德国	德国	德国	法国	意大利	意大利	中国

D 圆盘式锯石机锯切

圆盘式锯切机是采用金刚石刀头或合金钢圆锯片直接锯切岩石的设备。它能垂直和水平锯切具有一定规格的荒料。荒料的规格大小取决于圆锯片的直径。但到目前为止，实际采用的锯片直径均小于1600mm，因此荒料的规格受到限制。

圆盘式锯石机适于锯切抗压强度小于150MPa，特别是60～100MPa的中硬及软质岩石，主要用于锯切小块铺路石和砌块，其效率比钢丝绳锯石机高4～5倍。

几种圆盘式锯石机见表8-375。

表8-375 圆盘式锯石机主要技术性能

设备型号	圆锯片直径/mm	给进速度/(m/min)	空载速度/(m/min)	最大深度/mm	功率/kW	轨距/m	锯切石块尺寸/(cm×cm×cm)	国家
TT－150	1200(垂直)/610(水平)	0～20	90	400(垂直)/250(水平)	112/135	700	40×25×25	意大利
CM－428	1300	0.8～1.2			112	1000		前苏联

8.13.5.4 射流切割法

射流切割法，目前在世界上所采用的生产工具仅有火焰切割机。另一种高压水枪，在石材工业中尚处于试验阶段。

A 火焰切割法

火焰切割法(图8-491)所采用的设备叫火焰切割机。其工作原理是：雾化的燃油点燃后，靠压缩空气喷射出高温(800～1600℃)和高速(1300m/s)火柱，切割二氧化硅含量在40%以上的火成岩，由于火成岩中的两种主要成分(石英和长石)的热膨胀率及受热后膨胀速度不同，根据膨胀率大和膨胀速度快的组分——石英先期崩裂而脱离原岩被射流冲走的原理，达到切割的目的。

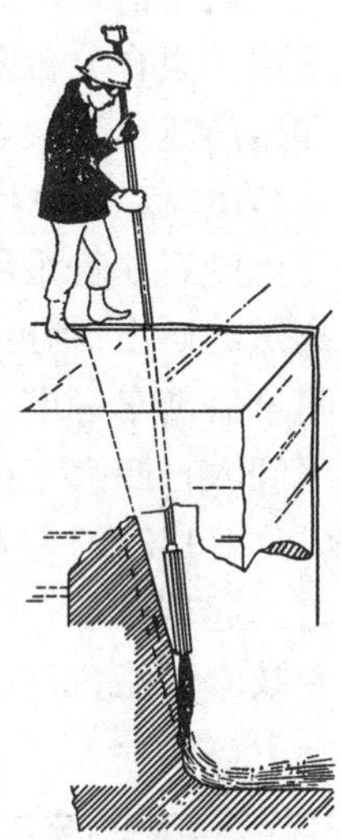

图8-491 火焰切割机工作状态

火焰切割机只适用于切割花岗石，且切割效率随石英含量的增加而提高。实践证明，石英含量低于40%时不适于采用火焰切割法。在我国，火焰切割法仅用于开创自由面及岩石夹制作用严重而不易采用其他开采方法的地段。在国外，常用于切割垂直面。

火焰切割法的特点是设备简单，操作方便、效率高，切割面平整光滑，无论原岩或荒料均不产生内伤，且不受季节影响。但其噪声大(120～130dB)，粉尘多(约0.2m^3/h)，燃油消耗量大，相对成本高。因此，一般仅用于切割采沟槽。

火焰切割机的技术经济指标见表8-376。

表8-376 火焰切割机的技术经济指标

指　标	岩石种类	使用机型	产地	切割速度/(m^2/h)	切缝宽度/mm	油耗量/(kg/h)	气耗量/(m^3/min)	单位成材/(元/m^3)
饶平花岗岩矿	黑云母二长花岗岩	FA－300	意大利	1.5～2.0	100～120	50～70	10	
南安石料厂	黑云母二长花岗岩	HQ－55	中国	1.5～1.8	100～150	50±	10	12

B 高压水切割法

高压水切割法，目前使用的设备是高压水枪。其工作原理是高压水柱直接冲采、切割岩石，水压达80～380MPa，射流出口速度为700～3100m/s。

在试验中，切割的形式有两种：其一是在已打好的排孔中，在其设定的裂开方向的孔壁切割深为20～25mm的切缝，然后采用楔裂、胀裂或爆裂的方法形成贯通排孔的裂缝；其二是为水柱直接切割岩体形成连续的切缝。

高压水柱切割非均质石材效果好，试验证明，切割花岗石、片麻状砂岩、石英斑岩，其实际切割速度为2m^2/h，切割混凝土达3.5m^2/h，而切割较匀质的大理石速度却不如传统切割法。

高压水切割法，其切割面更平整，也不产生内伤，但要求设备制造精度高、能耗大，这成为在石材工业中使用的障碍。

8.13.5.5 联合切割法

此法是由上述四种采石方法进行不同的组合。所有矿山都用联合法，即长条块石都是采用几种采石方法联合完成的。

8.13.6 吊装、运输及废石排弃

8.13.6.1 荒料的吊装及运输

荒料采用固定式或自行式起重机装入运输容器，运往矿山荒料堆场或用户。

荒料是集中荷载，单位体积和重量大，可达十多立方米，数十吨重，为了安全，应采用载重汽车或载重平板汽车运输。

8.13.6.2 废石的装运与排弃

A 清理方式

分段清理。分段清理是将各开采水平的废石，在本水平集堆和装运。这种清理方式适用于地形较缓，采场面积较大，比高小，直进沟开拓的矿山。其优点是各生产水平自成系统，互不干扰，便于管理。缺点是各水平均需设运输线路，增加基建投资和生产成本。我国的石材矿山，基本都采用这种清渣方式。

集中清理。集中清理是将各分台阶的废石，集中到其最低工作平台上进行集堆和装运。这种清理方式适用于组合分台阶开采或多台阶开采工作平盘宽度较小的矿山。其优点是运输线路较少，可减少基建投资和生产成本。缺点是生产管理复杂，设备和人员上下较困难。国外的石材矿山常用这种清渣方式。

B 装运和排弃

废石一般采用前装机装入自卸汽车，运往废石场排弃，质量好的运往综合利用车间利用。对于运输距离短的矿山，则可用前装机直接装运和排弃。废石块度较大时，可用起重机吊装。若废石分散，可用推土机集堆后装车运出。在采用起重机无沟开拓时，可用前装机将废石装入自卸容器，再用起重机起吊到装运水平卸入自卸汽车运出。石材矿山都设有废石场，一般采用推土机推排废石。

8.13.6.3 起重和运输设备

起重设备石材矿山常用的起重设备，有自行臂式起重机、桅杆式起重机和缆索起重机等三大类。其主要技术性能、特点及使用条件，见表8-377。

表8-377 石材矿山常用起重机的特点及使用条件

起重机类型		特　点	使用条件
自行臂式起重机	履带式	工作稳定性较好，爬坡能力大，对道路条件要求不高，行走速度快，装上挖掘机械，可作挖掘机使用	采场
	汽车式和轮胎式	灵活机动，行走速度快，对道路条件要求较高	道路较好的采场、站场
桅杆式起重机	斜撑固定式	结构简单、轻便，易于拆卸和安装，有较大的起吊高度和变幅。竖立必须建筑基础，移动位置费时费工	采场、堆场、站场
	缆索固定式	除与斜撑固定式外，必须依靠缆索来稳定桅杆的竖直	场地较大的堆场、采场、站场
缆索起重机	固定式和轨行式	结构简单，拆卸方便，起吊高度大，吊运速度快，承载高悬空中，不受地形限制，可作垂直和水平起吊和运输	地形起伏不平和高差大的矿山

运输设备。石材矿山采用载重汽车或载重平板汽车运输荒料，自卸汽车运输废石。

8.13.7 矿山实例

8.13.7.1 意大利CRODO花岗石矿

意大利CRODO花岗石矿开采如图8-492所示。

采区全部位于山坡上，其岩石为混合岩化片麻岩，采区走向长100～150m，倾向宽约170m，层理发育，层厚3.5～12m，倾角约35°。

该矿为一山坡露天采石厂，工作线垂直走向，沿走向推进，分两层开采。公路运输开拓，桅杆起重机吊装。公路由山下至±0m水平（假设标高），并经采场再至10m水平。采用从上至下分层，多台阶同时推进的方法。采石场生产量为500m^3/月，每周工作5d，每天工作9h，全矿共9人。

采石工艺为分离→沿层面滑至±0m或+10m水平→切割→整形→推移→吊装→运输。

（1）分离。采用凿岩爆破法，用单头滑架式凿岩机钻孔，炮孔与层面垂直，炮孔直径28～32mm，孔深等于层厚，孔距10～15cm用黑火药、电雷管爆裂。

长条块石的体积最大为(50～60)m×(5～6)m×12m，一般为(20～30)m×3m×(5～12)m。

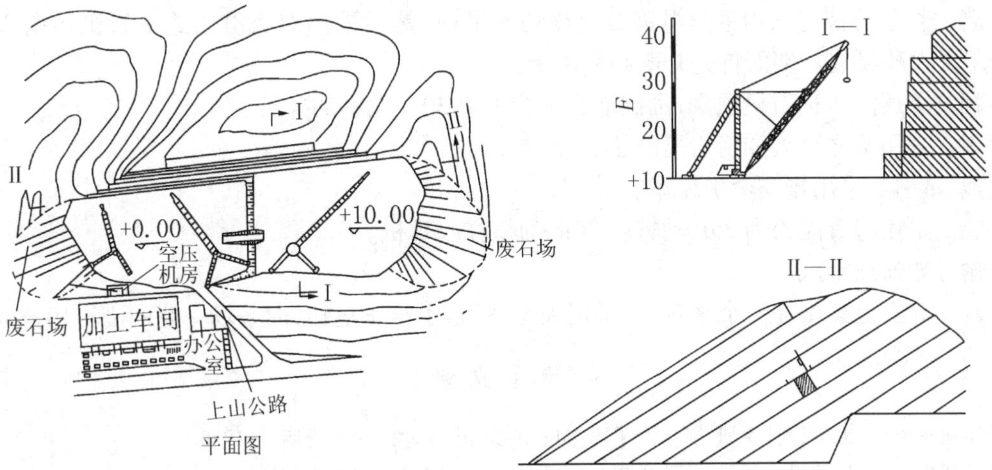

图 8-492 CRODO 花岗石矿开采

无规则装药，一般间隔 5 ~ 6 个炮孔装药，有时间隔 10 ~ 15 个炮孔装一个孔。在靠近端面处药量适当集中，这是因为要借助微小的爆力使长条块石沿层面滑下。

（2）切割。采用单头滑架式凿岩机钻孔，孔距 20 ~ 30cm，孔深为长条块石高度的 1/3 ~ 4/5，仍采用爆裂法。荒料规格 3 ~ 12m^3，小于 2m^3 的荒料均堆置在采场内，但其数量较少。

（3）整形。由于炮孔密集，片理又甚发育，因此裂开面平整。孔痕不予整平，个别凸出部分采用风铲铲平。

（4）推移。采用前装机或反铲。

（5）吊装。用桅杆起重机，最大起重能力 50t。

（6）运输。采用平板拖车或三轴荒料运输平板车。

（7）清渣。由于长条块石均滑落到 0m 或 10m 平台进行切割，因此，废渣全部集中在上述两个平台上。采用反铲清理，前装机集堆、铲装并运至采场一侧的废石场排弃。

8.13.7.2 广东英德大理石矿

广东英德大理石矿（图 8-493）为大理岩化灰岩。首采区矿体走向长 100m 左右，倾向宽 80m 左右，比高 30 ~ 70m，上部比较破碎，下部完整致密。采用公路运输开拓，桅杆起重机吊装。现为单台阶开采，从上至下多层开采，多台阶同时推进。

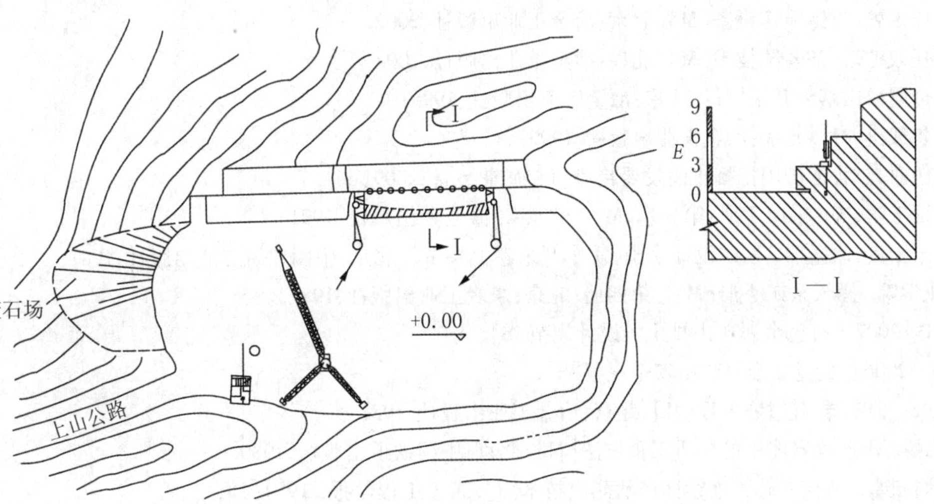

图 8-493 广东英德大理石矿

采石工艺分述如下：

(1) 分离。长条石首先采用钢丝绳锯石机锯切水平面,然后采用双头滑架式凿岩机钻凿垂直孔,孔距30cm左右,用黑火药爆裂。端面首先开凿超前沟槽。

(2) 顶翻。采用液压顶石机顶翻,翻倒前在平台上垫30m左右的碎石。

(3) 切割。采用凿岩劈裂和凿岩爆破法。

(4) 拖拽、牵引。采用慢支牵引绞车。

(5) 吊装。采用起重能力为25t、动臂长30m的桅杆起重机。

(6) 运输。普通载重汽车。

(7) 清渣。碎石也集中在一个平台上,采用人工清渣、手推车运输,向采场一侧的废石场排弃。

参考文献

[1] 采矿设计手册编委会. 采矿设计手册:矿床开采卷[M]. 北京:中国建筑工业出版社,1988.

[2] 采矿设计手册编委会. 采矿设计手册:井巷工程卷[M]. 北京:中国建筑工业出版社,1989.

[3] 于润沧. 采矿工程师手册[M]. 北京:冶金工业出版社,2009.

[4] 王运敏. 中国采矿设备手册[M]. 北京:科学技术出版社,2007.

[5]《采矿手册》编委会. 采矿手册:第3卷[M]. 北京:冶金工业出版社,1991.

[6] 2010年中国矿业科技大会论文集[C]//马鞍山:金属矿山杂志社,2010(8).

[7] 第八届全国采矿学术会议论文集[C]//马鞍山:金属矿山杂志社,2009(2).

[8] 蔡鸿起. 陡帮开采在我国冶金矿山的应用与展望[J]. 矿山技术,1992(2):12~17.

[9]《有色金属工程设计项目经理手册》编委会. 有色金属工程设计项目经理手册[M]. 北京:化学工业出版社,2003.

[10] 鞍山冶金设计研究院. 露天采矿设计技术规定与定额[M]. 鞍山:2003.

[11] 中国煤炭建设协会. 注册采矿/矿物工程师考核认定人员测试用:规程规范(采矿篇)[M]. 北京:2006.

[12] 李小平. 合理确定露天开采矿山的边界品位[J]. 金属矿山,2000(10).

[13] 孙志伟,鹿爱莉,张建华. 露天开采境界边界品位的合理确定[M]. 中国钼业,2006(12).

[14]《中国矿业年鉴》编辑部. 中国矿业年鉴[M]. 北京:地震出版社,2010.

[15] 王荣祥,任效乾. 矿山工程设备技术[M]. 北京:冶金工业出版社,2007.

[16] 王荣祥,任效乾. 矿山机电设备运用管理[M]. 北京:冶金工业出版社,2000.

[17] 王荣祥,任效乾. 露天采掘设备调试[M]. 北京:冶金工业出版社,1999.

[18]《采矿设计手册》编委会. 采矿设计手册:矿山机械卷 [M]. 中国建筑工业出版社,1989.

[19] 王荣祥,钟良俊. 露天矿设备选型配套计算[M]. 北京:冶金工业出版社,1998.

[20] 王荣祥,任效乾. 施工设备故障分析及其排除[M]. 北京:冶金工业出版社,1999.

[21] 王荣祥,任效乾. 流体输送设备[M]. 北京:冶金工业出版社,2002.

[22] 王荣祥,任效乾. 设备系统技术[M]. 北京:冶金工业出版社,2004.

[23] 焦玉书. 金属矿山露天开采[M]. 北京:冶金工业出版社,1995.

[24] 何正忠. 装载机[M]. 北京:冶金工业出版社,1999.

[25] 王荣祥,任效乾. 我国矿用挖掘机的发展趋势[J]. 矿业装备,2009(6).

[26] 李宝祥,祝玉学,等. 采矿手册:第3卷[M]. 北京:冶金工业出版社,1991.

[27] 甘作林,朱士良,谢振瑶. 采矿设计手册(矿床开采卷上)[M]. 北京:中国建筑工业出版社,1987.

[28] 中国矿业学院. 露天采矿手册[M]. 第四册. 北京:煤炭工业出版社,1987.

[29] GB 50421—2007 有色金属矿山排土场设计规范[S].

[30] GB16423—2006 金属非金属矿山安全规程[S].

[31] Hock E,Bray J W. 岩石边坡工程[M]. 北京:冶金工业出版社,1981.

[32] R E 古德曼. 不连续岩体中的地质工程方法[M]. 北京:中国铁道出版社,1980.

[33] 朱效熹、周叔举. 钻孔岩芯不连续面产状测定技术[J]. 岩土工程学报, 1984(1).

[34] 冶金工业部勘察研究总院、冶金工业部马鞍山矿山研究院. 宣钢近北庄铁矿深部开采边坡稳定性研究报告[R]. 马鞍山:中钢集团马鞍山矿山研究院有限公司,1992.

[35]《工程地质手册》编写委员会. 工程地质手册. 第3版[M]. 北京:中国建筑工业出版社, 1984.

[36] 汪旭光,徐天瑞,等.爆破安全规程 GB 6722—2003[M]. 北京:中国标准出版社,2003.
[37] 刘殿中,杨仕春. 工程爆破实用手册. 第2版[M]. 北京:冶金工业出版社,2004.
[38] 陈柏林矿山边坡爆破震动测试与分析[J]. 矿业快报, 2004(11).
[39] 王祥厚,李明勇. 爆破地震效应强度与爆破地震荷载的探讨[J]. 贵州工业大学学报:自然科学版,2000,29(2).
[40] 安顺波.现代矿山爆破新技术与现场安全操作实务全书[M]. 北京:中国矿业大学出版社,2005.
[41] 钱家欢.土力学[M].南京:河海大学出版社,1988.
[42] 毛昶熙,等.土坝非稳定渗流和坝坡稳定分析的优先单元法计算[G]//南京水利科学研究院研究报告汇编——水工渗流分册.南京:南京水利科学研究院:1966~1978.
[43] 毛昶熙,段祥宝.渗流计算分析与控制[M].北京:水利电力出版社,1990.
[44] 李定方,李祖贻,陈平.土坝三向渗流计算[J].水利水运科学研究,1980(3).
[45] 潘军利,王娜.块体理论在岩质边坡稳定性分析中的应用[J].山西建筑,2005(7).
[46]《采矿手册》编辑委员会.采矿手册.第6卷[M].北京:冶金工业出版社,1989.
[47] 孙广忠.岩体结构力学[M].北京:科学出版社,1988.
[48] 孙玉科,等.赤平极射投影在岩体工程地质力学中的应用[M].北京:科学出版社,1980.
[49] 钱辉,等.极射赤平投影中的数学方法[J].高校地质学报,1997.
[50] 吴鹏程,等.岩质边坡实体结构分析方法与应用[J].金属矿山,2005(S).
[51] 房定旺.组合楔体三维余推力稳定性分析[J].金属矿山,1993(3).
[52] 徐志英.岩石力学[M].北京:水利电力出版社,1993.
[53] 冶金部马鞍山矿山研究院.太原钢铁公司尖山铁矿露天矿边坡优化设计方法[R]. 马鞍山:中钢集团马鞍山矿山研究院有限公司,1990.
[54] 房定旺, 顾玉成.露天矿下盘板裂介质边坡的岩犁滑掘破坏机制与稳定性解析方法[J].金属矿山,1994(9).
[55] 钱家欢, 殷宗泽.土工原理与计算[M].北京:中国水利水电出版社,1996.
[56] 冶金部马鞍山矿山研究院.太钢(集团)矿业公司峨口铁矿高陡边坡及计算机管理技术研究[R]. 马鞍山:中钢集团马鞍山矿山研究院有限公司,1996.
[57] 冶金部马鞍山矿山研究院. 铜化集团公司新桥硫铁矿露天采场下盘高陡边坡稳定性研究[R].马鞍山:中钢集团马鞍山矿山研究院有限公司,1998.
[58] 马鞍山矿山研究院.船山石灰石矿露天采场西帮边坡及北帮台阶安全技术研究[R]. 马鞍山:中钢集团马鞍山矿山研究院有限公司, 2002.
[59] 姜德义, 朱合华, 杜云贵.边坡稳定性分析与滑坡防治[M].重庆:重庆大学出版社,2005.
[60] 陈祖煜.土质边坡稳定性分析——原理·方法·程序[M].北京:中国水利水电出版社,2003.
[61] 陈祖煜,汪小刚,等.岩质边坡稳定性分析——原理·方法·程序[M].北京:中国水利水电出版社,2005.
[62] 郑颖人,陈祖煜,等.边坡与滑坡工程治理[M].北京:人民交通出版社,2007.
[63] 朱大勇,钱七虎.严格极限平衡条分法框架下的边坡临界滑动场[J].土木工程学报,2000(10).
[64] 朱大勇,姜弘道.边坡临界滑动场方法与应用(Ⅱ)——数值模拟[J].水利水电科技进展,2000(8).
[65] 朱大勇,姜弘道.边坡临界滑动场方法与应用(Ⅲ)——工程应用[J].水利水电科技进展,2000(12).
[66] 陈祖煜,邵长明. 最优化方法在确定边坡最小安全系数方面的应用[J]. 岩土工程学报,1988,10(4).
[67] 陈祖煜,邵长明. 用最优化方法搜索最小安全系数的一个改进[C]//第二次全国力学与工程学术会议论文集.北京:知识出版社,1989:71~75.
[68] 陈祖煜. 用DEP法计算边坡稳定最小安全系数时导数的计算方法[C]//第三届全国岩石力学数值计算与模拟实验学术研讨会论文集.上海:同济大学出版社, 1990:797~803.
[69] 华东水利学院. 土工原理与计算[M]. 北京:水利出版社. 1980.
[70] 唐立山,谢云,尤矢勇,等. 非数值并行算法. 第一册[M]. 北京:科学出版社,1994.
[71] 肖专文,张奇志,梁力,等.遗传进化算法在边坡稳定性分析中的应用[J].岩土工程学报,1998(1):44~46.
[72] 闫中华. 均质土坝与非均质土坝稳定安全系数极值分布规律及电算程序简介[J].水利水电技术,1983(7).
[73] 张天宝. 四边形块方法和沉抗土坝的稳定分析——兼论复合土坡的最危险滑弧位置[J].水利学报, 1981.
[74] 邹广电. 边坡稳定分析条方法的一个全局优化算法[J].岩土工程学报, 2002,24(3):309~312.
[75] 周文通. 最优化方法在土坝稳定分析中的应用[J].土石坝工程,1984.

[76] 周维垣.高等岩石力学[M].北京：水利电力出版社.
[77] 蔡美峰.岩石力学与工程[M].北京:科学出版社,2002.
[78] 宋建波.岩体经验强度准则及其在地质工程中的应用[M].北京:地质出版社,2002.
[79] 孙玉科,古迅.赤平极射投影在岩体工程地质力学中的应用[M].北京:科学出版社,1980.
[80] 马鞍山矿山研究院,等."八五"攻关项目太钢(集团)矿业公司峨口铁矿高陡边坡工程及计算机管理技术研究[R].马鞍山:马鞍山矿山研究院,1995.
[81]《采矿手册》编辑委员会.采矿手册.第5卷[M].北京:冶金工业出版社,1989.

9 地下开采

9.1 矿山生产规模

9.1.1 概述

“九五”至“十一五”期间，我国非煤固体矿产资源开发有了很大进展。“十二五”规划还将新建、改(扩)建一大批矿山，矿山生产规模不断扩大，矿石产量不断增加。非煤固体矿产中，地下开采的矿石量约占其总产量的20%，以铁矿和有色金属矿为例介绍如下。

9.1.1.1　铁矿

2001年，我国铁矿资源保有储量为581亿吨，截止2008年年底已增至624亿吨。其中已开发利用的铁矿区1365处，查明资源储量290亿吨，已开发利用的矿区查明资源储量占全部铁矿查明资源储量的47.8%；未开发利用的铁矿区1502处，查明资源储量317亿吨，未开发利用的矿区查明资源储量占全部铁矿查明资源储量的52.2%，我国已探明铁矿资源开发利用程度不足50%。从我国未开发利用的铁矿资源储量的地区分布上看，中东部地区储量为176亿吨，占我国未开发利用铁矿资源储量的56%；西部地区储量为141亿吨，占我国未开发利用铁矿资源储量的44%。我国未开发利用的铁矿资源储量大部分分布在中东部地区。除上述在我国矿产资源储量通报统计范围之内的铁矿资源以外，近年来随着国内外市场铁矿石价格的大幅上涨，大量低品位铁矿资源进入可利用的范围。河北省超贫磁铁矿查明资源储量55.37亿吨，预测资源储量接近110亿吨，辽宁省超贫磁铁矿资源总量预计为107亿吨。我国铁矿山的数量大约4000个。

近10年我国矿业得到了快速发展，矿业投资规模不断扩大，2004～2009年我国黑色金属矿和有色金属矿投资规模平均增幅分别达44.9%和46.8%；2010年上半年，黑色和有色金属矿投资规模增幅与2009年同期相比也分别增加了14.1%和34.6%，见表9-1和图9-1。2003～2008年我国黑色和有色金属矿山新建、改(扩)建矿山的生产规模均有大幅度增加，见表9-2。目前，国内在建、拟建或刚建成的铁矿山生产规模见表9-3。

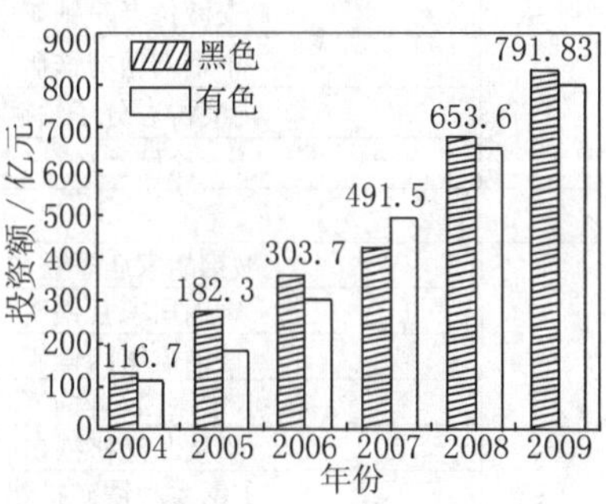

图9-1　黑色和有色金属矿矿山投资总规模

表9-1　2003～2010年上半年我国黑色和有色金属矿山投资总规模　(亿元)

矿　种	2003年	2004年	2005年	2006年	2007年	2008年	2009年	2010年1～6月
黑色金属矿山	15.35	131.4	278.1	356.9	428.0	679.0	841.4	414.9
有色金属矿山	27.32	116.7	182.3	303.7	491.5	653.6	791.8	400.8

表9-2　2003～2008年我国黑色和有色金属矿山新建、改(扩)建投资规模　(亿元)

矿　种	2003年				2004年				2005年			
	合计	新建	扩建	改建	合计	新建	扩建	改建	合计	新建	扩建	改建
黑色金属矿山	15.35	11.70	1.60	0.06	131.4	63.3	43.8	18.9	278.1	140.6	72.5	56.4
有色金属矿山	27.32	15.57	10.03	0.81	116.7	39.6	53.8	22.2	182.3	88.4	37.4	52.9

矿　种	2006年				2007年				2008年			
	合计	新建	扩建	改建	合计	新建	扩建	改建	合计	新建	扩建	改建
黑色金属矿山	356.9	179.1	109.1	62.6	428.0	186.0	125.3	108.7	679.0	341.6	178.0	138.9
有色金属矿山	303.7	153.2	68.9	72.9	491.5	228.4	124.2	128.4	653.6	322.0	160.8	158.3

表 9-3 国内新建、拟建或刚建成的铁矿山生产规模

矿山名称		矿石储量/Mt	铁品位/%	矿石类型及建设生产规模/(Mt/a)
地下矿	昆钢集团玉溪大红山铁矿	460	39.56	磁、赤铁矿/8
	昆钢大洪山铁矿	458	48.85	磁、赤铁矿/4
	唐钢石人沟地下铁矿	82.59	31.33	磁铁矿/2
	福建马坑铁矿	350	38.00	(铁钼)磁铁矿/5
	安徽龙桥铁矿	103.63	35.00	磁铁矿/2.5
	山东李官集铁矿	55	36.70	磁铁矿/1
	河南中加矿业	67.02	36.50	磁铁矿/3
	邯钢中官铁矿	99.60	42.30	磁铁矿/2
	青海肯德、东磁铁矿	103.24	35.80	磁铁矿/1.5
	湖南祁东铁矿	122.55	29.44	磁、赤铁矿/2.6
	安徽马鞭山铁矿	29		磁、赤铁矿/1
	通化塔东铁矿	230	25.38	磁、黄铁矿/5
	安徽李楼铁矿	273.80	34.17	镜、磁、赤铁矿/5
	安徽草楼铁矿	86	28.0	磁铁矿/3
	安徽重新集铁矿	160.40	28.91	磁铁矿/4.5
	马钢张庄铁矿	197.57	33.27	磁铁矿/5
	马钢罗河铁矿	500	35.15	磁铁、铜、钒多金属矿/5
	马钢白象山铁矿	145.65	39.43	磁铁矿/2
	霍邱周集、范桥、周油坊、李老庄、吴集铁矿			/10
	陕西大西沟铁矿(露天转地下)			/8
	山东苍山铁矿	79.16	32.63	磁、赤铁矿/2
	马鞍山尖山铁矿	40.92	29.49	磁、赤铁矿/2.5
	河南许昌铁矿	250	26.72	磁铁矿/2
	河北中关铁矿	99.60	45.41	磁铁矿/2
	首钢大石河杏山铁矿(露天转地下)			/3.2
	攀钢尖山采场(露天转地下)			/2
	安徽付老庄铁矿			/2
	中钢刘塘坊铁矿			/1.5
	内蒙古五分子铁矿			/1.5
	徐楼铁矿			/1
地下矿小计				99.80
露天矿	鞍钢胡家庙子铁矿	1113.70	30.46	磁、赤铁矿/10
	唐钢司家营铁矿	1702	30.01	磁、赤铁矿/7
	首钢孟家沟铁矿	176	25.90	磁铁矿/6
	攀钢白马铁矿	690.93	27.10	钒钛磁铁矿/6.5
	攀枝花红格铁矿	3107.90	21.98	钒钛磁铁矿/5
	重钢太和铁矿扩建	698.65	30.79	钒钛磁铁矿/3
	马钢高村铁矿	346	20.48	磁铁矿/7
	陕西大西沟铁矿	302.03	28.00	菱铁矿/8
	葫芦岛建昌铁矿	140	29.94	磁铁矿/2
	内蒙古黄岗铁矿	108	40.00	多金属矿/2
	内蒙古宁城铁矿	50	34.28	磁铁矿/1
	内蒙古书机沟铁矿	67.07	35.52	磁铁矿/1
	太钢袁家村铁矿	1252.47	31.31	磁、赤、褐、菱铁矿/22
	湖南老龙塘铁矿	1089.54	30.51	磁、赤铁矿/3
	辽宁小汪沟铁矿	49.22	30.0	磁铁矿/1
	湖南王家老屋铁矿	50	30.0	赤、磁铁矿/1
	山东东辛庄铁矿	24.099	28.3	磁铁矿/1
	马钢和尚桥铁矿	160.49	21.21	磁铁矿/5
	首钢马兰庄铁矿	180	33.21	磁铁矿/4
	本溪大台沟铁矿	3000	25.62	磁、赤铁矿/90
	包钢白云铁矿西区			/10
	新疆蒙库铁矿			/4
露天矿小计				199.50
合计(地下矿+露天矿)				299.30

注:部分矿山尚未列入。

2008 年我国铁矿石原矿产量为 82401.0 万吨,同比增长 20.7%,铁矿石自给率为 50%。

9.1.1.2 有色金属矿山

我国有色金属工业持续高速发展。1995 年 10 种有色金属产量为 496.6 万吨,2005 年为 1639.0 万吨,增长 230%。从 2002 年起,有色金属产量连续多年位居世界第一,同时我国也成为有色金属消费大国。

与此同时,为有色金属提供原料的有色金属采矿工业也得到发展,采矿能力从 1995 年的 11838 万吨提高到 2004 年的 17256 万吨,增长 45.8%;出矿量从 1995 年的 8459 万吨提高到 2005 年的 14963 万吨,增长 76.89%;6 种精矿的金属含量从 1995 年的 220.4 万吨提高到 2005 年的 480.1 万吨,增长 117.8%,见表 9-4。

表 9-4 1995~2005 年中国有色金属产量及矿山能力 (kt/a)

年 份	1995	1996	1997	1998	1999	2000	2001	2002	2003	2004	2005
10 种有色金属产量	4966	5230	5810	6164	6947	7838	8837	10120	12051	14306	16390
出矿能力	118380	116770	118150	120780	119580				159720	172560	
出矿量	84590	87530	94240	93000	95990	105060	102330	116100	126900	143570	149630
6 种精矿含量	2204	2446	2663	2557	2764	3281	3567	2599	3851	4450	4801

改革开放以来,有色金属矿山进入市场化运作,各个矿山纷纷根据实际情况选择适合自己企业的发展模式,拉开了矿业发展的新序幕。矿山生产规模不断扩大,产量、销售收入、利税、利润均大幅度增长。

A 矿山生产规模

截止到2006 年,我国有色金属矿山的数量大约为4000 个,生产能力在1Mt/a 以上的矿山仅23 个(表9-5),绝大多数为中小型矿山,其中小型矿山约占 90%。就矿石生产能力而言,大型矿山占有色金属矿山总生产能力的 50%。

表 9-5 有色金属矿山生产能力为 1Mt/a 及以上的矿山

矿山名称		所属公司	开采方式	生产规模/(Mt/a)	规模类型	备 注
地下矿	阿舍勒铜矿	阿舍勒铜业股份有限公司	地下	1.32	大型	2002 年基建,2004 年试生产
	凡口铅锌矿	中金岭南有色金属股份有限公司	地下	1.20	大型	
	铜绿山铜铁矿	大冶有色金属公司	露天、地下联合	1.20	大型	
	龙首镍矿	金川集团有限公司	地下	1.20	大型	
	安庆铜矿	铜陵有色金属(集团)公司	地下	1.15	大型	
	李家山铅锌矿	白银有色金属(集团)有限责任公司	地下	1.00	大型	
	丰山铜矿	大冶有色金属公司	地下	1.00	大型	
	武山铜矿	江西铜业集团公司	地下	1.00	大型	2000 年达产,2004 年扩产 5000t/d
	铜矿峪铜矿	中条山有色金属集团有限公司	地下	4.00	特大型	1999 年达产
	金川二矿区	金川集团有限公司	地下	3.00	特大型	2003 年突破 3Mt/a
	冬瓜山铜矿	铜陵有色金属(集团)公司	地下	3.00	特大型	2001 年基建,2004 年试生产
	紫金山铜矿	紫金矿业集团股份有限公司	地下	3.00	特大型	2004 年基建,2005 年投产
	大红山铜矿	云南铜业(集团)有限公司	地下	1.50	大型	1997 建成一期 2400t/d,2000 年建成 4800t/d
	铜坑锡矿	柳州华锡集团有限责任公司	地下	1.80	大型	
	易门狮凤山铜矿	云南铜业(集团)有限公司	地下	1.50	大型	
	锡铁山铅锌矿	西部矿业股份有限公司	地下	1.32	大型	2000 年突破 1Mt/a,扩建 1.32Mt/a,2004 年达产
地下矿小计				28.19		
露天矿	德兴铜矿	江西铜业集团公司	露天	30	特大型	
	金堆城钼矿	金堆城钼业公司	露天	8.5	大型	
	三道庄钼矿	洛阳栾川钼业集团有限公司	露天	4.5	大型	2002 年 5kt/d,2005 年 15kt/d,2006 年 30kt/d
	永平铜矿	江西铜业集团公司	露天	3	大型	
	孝义铝矿	中国铝业股份公司山西分公司	露天	2.15	大型	
	平果铝矿	平果铝业公司	露天	1.90	大型	
	拉拉铜矿	凉山矿业股份有限公司	露天	1.50	大型	2003 年完成 4.5kt/d 技改扩产
露天矿小计				51.55		
合计(地下矿+露天矿)				79.74		

注:部分矿山尚未列入。

1995~2005年间，有色金属大型矿山由“八五”期间的16座增加到了23座，新建了大红山、李家沟、阿舍勒、冬瓜山、紫金山等5座大型矿山；技改、扩建了武山、易门狮凤山、拉拉、锡铁山、三道庄、龙首等6座大型矿山；破产关闭、消失了小寺沟、桃林、篦子沟、厂坝等4座大型矿山；大型矿山在有色金属矿山中的产量比重明显提高。有色金属矿山通过改制重组和集团化运作，抗风险能力显著增强。

B 地下矿和露天矿开采矿量比重

有色金属矿产原料的供应主要还是来自露天开采和地下开采，其中有色金属地下开采矿山个数占绝大多数，露天矿山数量很少，但露天矿山生产能力大，其产出矿量略高于地下矿山（表9-6），如镍、汞、钨全部为地下开采，锑、锡、铅锌以地下开采为主，而铝、稀土和钼绝大多数为露天开采，铜则露天开采略高于地下开采。开采方式主要由资源赋存条件所决定，也与采矿技术有关。

表9-6 1995~2005年我国有色金属矿山露天、地下开采矿量比重 （%）

年 份	1995	1996	1997	1998	1999	2000	2001	2002	2003	2004	2005
露天矿	52.9	53.3	54.5	55.4	51.7	53.0	55.5	55.4	55.3	53.3	53.0
地下矿	47.1	46.7	45.5	44.6	48.3	47.0	44.5	44.6	44.7	46.7	47.0

“九五”以来，我国有色金属采矿领域继续针对矿山生产和建设中的主要技术问题开展了攻关研究，包括无废开采、高效连续开采、大直径深孔采矿、充填法采矿、复杂难采矿体开采、露天地下联合开采、深井采矿、溶浸及海洋采矿等，取得了丰硕成果。

这些成果，对提升矿山技术水平、增加矿山生产能力、扩大矿山生产规模、促进矿山发展和新矿开发起到了重要作用。

9.1.2 矿山生产规模的确定原则、一般规定及影响因素

9.1.2.1 矿山生产规模的确定原则

矿山生产规模一般是指设计确定或经有关部门确认的采矿生产能力，采用年产量表示，有色金属矿山有的采用日产量表示，统称为矿山生产规模。

矿山生产规模的确定一般应遵循下列原则：

(1) 在市场经济条件下，确定矿山生产规模的基本原则是对一定可采储量的投入得到最大的回报。同时要全面考虑市场需求、技术可能，使矿山生产规模、资源储量及矿山服务年限相匹配。

(2) 符合国家产业政策，又能有良好的社会效益。

(3) 由小到大，分期建设。实践证明，中小型矿山一般应一次建成，大型尤其是特大型矿山一般应在全面规划的基础上，可考虑由小到大，分期建设。分期确定各期生产能力，以达到集资容易、见效快的目的。

(4) 严格遵守合理的开采顺序。一般应遵守由上而下、贫富兼采、大小矿体兼顾的原则，要尽量避免违反正常开采顺序，采富丢贫、采近丢远的做法。

(5) 搞好综合利用，充分利用资源。例如，对于不同矿种的共生矿床，应在经济合理的基础上，同期或后期考虑开发利用。

(6) 对于资源储量丰富的矿床或低品位矿床，应根据市场状况尽量发挥规模效益。

(7) 以强化采场（盘区）生产能力为基础来确定矿山生产规模。

9.1.2.2 有色金属采矿设计的一般规定

有色金属采矿设计的一般规定如下：

(1) 采矿生产能力的确定，应符合下列规定：

1) 阶段生产能力应根据阶段上同时回采的矿块数和矿块的日生产能力确定。

2) 划分矿房、矿柱两步骤回采的矿山生产能力，应以一个阶段采矿房，一个阶段采矿柱为基础进行计算。特殊需要时，可增加回采阶段，但上、下相邻阶段的对应采场不得同时回采。当矿柱矿量比例小于20%时，可不计其生产能力。采用一步骤连续回采的矿山，应以一个阶段回采计算其生产能力。

3) 计算出的生产能力，应结合矿床勘探类型、勘探程度、开采技术条件和采矿工艺复杂程度等因素，综

合调整选定。达到设计生产能力的年限应大于设计服务年限的 2/3。

4）选定的生产能力，应以合理服务年限和矿山开采年下降速度验证。必要时，应以采掘进度计划表最终验证。

（2）各种采矿方法的矿块利用系数，宜符合表 9-7 的规定。

表 9-7　矿块利用系数

采　矿　方　法	矿块利用系数
分段空场法	0.3～0.6
房柱法、全面法	0.3～0.7
上向水平分层充填法	0.3～0.5
薄矿脉浅孔留矿法	0.25～0.5
有底柱分段崩落法、阶段崩落法、壁式崩落法、分层崩落法	0.25～0.35
点柱充填法	0.5～0.8
无底柱分段崩落法、下向充填法	≤0.8

注：当矿体产状规整、矿岩稳固、矿块矿量大、采准切割量小、阶段可布矿块数少或矿体分散、矿块间通风、运输干扰少以及单阶段回采时，应取大值。

（3）矿块生产能力应根据采场构成要素、凿岩方式、装备水平等，结合回采作业循环试算，并按表 9-8 选取。

表 9-8　矿块生产能力　（t/d）

采　矿　方　法	矿体厚度				备　注
	<0.8m	0.8～5m	5～15m	15～50m	
全面法	—	60～100			
留矿全面法	—	50～70			
房柱法	—	70～100	100～200		
分段空场法	—	—	120～220	140～250	
爆力动矿法	—	70～110	120～200		
阶段空场法	—			250～400	
浅孔留矿法	—	50～100	80～120		
极薄矿脉留矿法	40～80				
上向分层充填法	—	30～50	50～80	100～220	机械化盘区生产 300～500t/d
下向充填法	—	—	40～70	100～200	
削壁充填法	25～40				
阶段矿房（大直径深孔落矿）嗣后充填法	—			200～300	
壁式崩落法	—	60～120			
分层崩落法	—		40～60	50～80	
有底柱分段崩落法	—			200～300	
无底柱分段崩落法	—	—	—	180～360	
阶段强制崩落法	—	—	—	250～400	

（4）对价值高的富矿，应采用高回采率，适当控制贫化率的采矿方法。对价值低的贫矿，应采用低贫化率，适当控制损失率的采矿方法。

9.1.2.3　矿山生产能力的主要影响因素

影响矿山生产能力的因素很多，诸如矿产资源条件，所用开拓系统、采矿方法、装备水平，采用的出矿设备及效率，装备水平，基建和达产时间，技术和管理水平，市场因素，矿石价格，水电供应能力等。赴国外开矿，又受所在地的政策、法规、税费等的影响。本节就其主要影响因素：市场或业主需求、技术可行性和经济合理性，分述如下。

A　市场或业主需求

随着我国经济体制改革的深化和商品经济的日益发展，企业必须以销定产。在确定矿山生产能力时，无论资源规模大小，首先应考虑该种矿产品市场需求的有无和大小，尤其是对于资源比较丰富的矿产品，如某些建材、化工、有色金属中的钨、钼、锑、稀土等矿产品更须以销定产，以免造成矿山投产后产品大量滞销，达不到预期经济效益。为此必须进行市场需求预测，其内容包括供需情况调查、矿产品价格及其发展趋势等。市场需求包括国家需要、地方、业主需要和国外市场即出口的需要。

B 技术可行性

技术可行性是确定矿山生产能力的前提条件，是确定生产规模的基础。影响矿山生产能力的技术因素很多，主要有以下几点：

(1) 矿产资源条件。如矿床规模、赋存状态、矿床勘探程度及可靠性、矿产资源储量及矿石品位等。

(2) 开采技术条件。如开拓和运输等八大生产系统、基建工程量、采矿方法、开采顺序等，尤其是采用的出矿设备及其效率更为重要。

(3) 采用的新设备、新技术、新工艺及新材料。

(4) 安全生产条件。安全生产是我国企业生产的一个重要方针。矿山的安全生产更是关系到对职工生命安全负责，保护国家财产和保证生产建设正常进行的一个重大问题。早在 1982 年，国务院在《关于发布矿山安全条例和矿山安全监察条例的通知》中规定："凡是新建、改建、扩建的矿山，其劳动条件和安全卫生设施都必须符合《矿山安全条例》的规定，否则不准投产"。1992 年以中华人民共和国主席令第 65 号颁布《中华人民共和国矿山安全法》。1996 年国务院批准《中华人民共和国矿山安全法实施条例》，第七条规定：矿山建设工程的安全设施必须和主体工程同时设计、同时施工、同时投入生产和使用。第八条规定：矿山建设工程的设计文件，必须符合矿山安全规程和行业技术规范，并按照国家规定经管理矿山企业的主管部门批准；不符合矿山安全规程和行业技术规范的，不得批准。矿山建设工程安全设施的设计必须有劳动行政主管部门参加审查。矿山安全规程和行业技术规范，由国务院管理矿山企业的主管部门制定。因此，矿山设计必须重视安全生产，认真贯彻执行《中华人民共和国矿山安全法》及其他有关的安全规程规定，防止无知的无畏。

(5) 外部建设条件。如交通运输、电源、水源、地区经济条件等。

(6) 设备及材料供应条件。如大型生产设备及备品备件、主要材料、燃料(如轮胎、柴油、坑木等)供应的可能性和可靠性。

(7) 基建施工条件。包括复杂的井巷工程和大型基建剥离工程的施工技术和装备水平及人员素质等。如果基建施工力量不足，或技术水平低，造成基建和达产时间过长，则需适当缩小矿山建设规模或分期建设。

我国金属矿山与矿业发达国家的矿山相比，在类似开采条件下，除个别矿山外，生产能力普遍偏低，这是包括装备水平、技术管理水平及思维逻辑等因素的综合差距。从技术层面讲，需要提高机械化程度，而且设备要大型化；需要改善维修制度，提高设备的完好率、利用率；尽可能采用大规模采矿方法取代选别性采矿方法。

C 经济合理性

影响矿山生产能力的经济因素主要有：

(1) 建设资金来源是否充足及贷款条件是否优越。如果资金来源充足，贷款条件优惠，则有可能进行大规模建设；反之，如果资金有限，贷款条件苛刻，尽管市场需求和技术上可能，也只能根据资金条件确定矿山生产能力，有多少钱办多少事。

(2) 经济效益是否理想。同一个矿山，在技术可能的前提下，建设规模不同，其经济效益往往是不同的。如果预计的经济效益不理想，应采取加大矿山生产能力或缩小矿山生产能力并合理选择较富矿段优先开采，进行多方案比较，以取得较理想的经济效益。矿产品的生产成本和市场价格对经济效益有直接影响，所以应特别注意对生产成本和市场价格的预测和核定。

矿山生产能力的确定往往最终落实到矿山经济效益上。

(3) 设计的矿山服务年限与要求的经济合理服务年限有明显差别时，可视经济效益情况调整矿山生产能力。

9.1.3 矿山生产能力的计算方法及步骤

9.1.3.1 矿山生产能力的计算方法

矿山生产能力的计算方法，大体上包括两类：

(1) 按统计资料的扩大指标,对业主和市场需求的生产能力进行计算。扩大指标随着技术进步和工人素质及生产管理水平的提升也会不断发生变化,选用时必须注意分析研究客观实际与矿山的类比性。这种计算方法,主要用于编制矿山长远规划、矿产资源开发利用方案阶段估算确定矿山生产能力,也常用对已确定矿山生产能力的验证。

(2) 各设计单位普遍应用的矿块布置方法,即根据选定的采矿方法、出矿设备及其装备水平可能达到的矿块生产能力及其他需要配合的环节进行计算,必要时还应进行排产。矿块生产能力及其相关参数的选取,一般取自矿山实际所能达到的较好指标。

矿山生产能力一般应以单阶段为基础进行计算。因为多阶段生产,虽可在计算中加大生产能力,但基建工程量和投资增多,建设时间加长,维护费用增加,也加大了通风和矿柱回采的难度,也不能给矿山生产留有余地,不利于持续稳产。特殊情况下除外。

在设计计算中,对矿柱回采的生产能力,据目前实际也应适当降低。一般情况,当矿柱所占的矿量比例在40% ~50%以上或者采用分段空场采矿法嗣后充填或充填法回采时,矿柱回采的生产能力可取用相当于类似矿房回采时采矿方法的生产能力;当矿柱矿量所占储量比例介于30% ~40%时,其矿柱回采能力视实际设计矿山条件可适当降低;当矿柱矿量比例小于20%时,可以不予考虑矿柱回采的能力而给生产留有余地。

9.1.3.2 矿山生产能力的计算步骤

按各种采矿方法排产确定生产能力的步骤大致如下:

(1) 确定阶段高度,研究各阶段矿体赋存情况(结合剖面)及开采技术条件,确定地质影响系数。一个矿山地质条件的变化及其对探矿生产的影响是不可避免的,特别是成因条件复杂的矿山,无论是矿体形态、地质储量、矿石品位都会发生变化,相应要影响矿山生产能力,其影响程度往往随矿床成因类型和勘探程度而波动。为使确定的矿山生产能力能适应这种影响而拟定地质影响系数,可根据设计矿山的地质资料分析取用,一般为0.6 ~0.9。

(2) 选定回采顺序和矿块(采场)参数。

(3) 统计各阶段的可布矿块,计算有效矿块数量。可布矿块是指在阶段平面图上将两翼狭小的、变化大不稳定和不完整的,对确定生产能力有较大影响的构造带和需要设临时矿柱地段的矿体删除,在正常地段布置的矿块。在无底柱分段崩落法中有效矿块一般是用分段有效进路计算矿山生产能力。

有效矿块(进路)是考虑到在不规则的矿床条件下,使各矿块(进路)能基本上保持按标准矿块的储量比例均衡下降并考虑适当留有余地。有效矿块(进路)的数目可根据可布矿块(进路)的实际情况,也可用等厚度折算法求得。

(4) 计算可能的采矿方法比例。

(5) 确定和选取矿块生产能力及矿块利用系数,计算阶段产量,研究各阶段生产及下降情况。矿块利用系数是指在同一阶段上的回采矿块(包括出矿、凿岩爆破、支护等,不包括备用矿块)与有效矿块数之比,矿块利用系数见表9-7。

近些年,矿山采用无底柱分段崩落法时,矿块生产能力计算以进路为出矿单位,故采用进路利用系数,即出矿进路与有效进路的比值,一般为0.16 ~0.33。在厚度适中、矿石稳固、不需支护、水文地质条件简单且有可能对下一分段提前凿岩时,取大值,反之取小值。

在确定矿块生产能力时还要确定出矿设备利用系数。装运机出矿时,维修和作业条件好的取50%备用,中等的取100%,差的取150%;电耙出矿时,按安装容量的20%考虑。计算矿块生产能力,可根据不同的采矿方法及出矿设备选取不同的计算方法:对电耙出矿的矿块(除留矿法外),电耙的能力应以矿块的回采出矿周期的能力计算并选取其指标。对装运机出矿的矿块,一般以出矿设备的台年效率来选取。铲运机出矿的矿块,则应根据铲运机设备的能力及其与运距的关系,通过计算来确定和选取,铲运机的台年能力以每日工作两班进行计算。留矿法矿块的能力以回采凿岩和大量放矿时的综合能力来考虑,在当前国内条件下,凿岩与大量放矿采场比例通常按1:1计算。充填法与空场法矿块的生产能力则根据两个步骤中各自采用的采矿方法及其能力综合计算。

（6）调整阶段能力，编制逐年生产计划表和生产发展曲线图，平衡和确定矿山能力。

根据初步计算的回采阶段生产能力和地质阶段储量，结合设计中确定的开采贫化率和损失率，计算各阶段服务年限及整个矿山服务年限。取在整个矿山服务年限2/3范围内均能得到保证的平均生产能力作为矿山综合生产能力，如图9-2所示。

所确定的矿山生产能力还要按经济合理服务年限及开采下降速度等进行验证，通过后即为矿山生产规模。必要时，可通过编制采掘进度计划验证/确认。

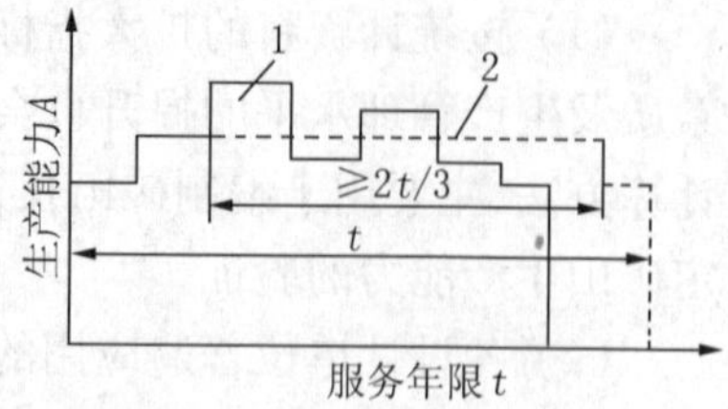

图9-2 生产能力平衡

1—回采阶段计算的生产能力；

2—综合平衡后最终确定的生产能力

9.1.4 矿山生产能力的确定

矿山生产能力的确定及其计算，一般按技术因素、经济因素和综合分析法（因素）进行计算，再经过验证确认，即技术先进可靠、经济效益好、满足市场（企业）要求或业主满意。

9.1.4.1 按技术因素确定的矿山生产能力

按技术因素确定及其计算方法，一般均采用矿块布置法，它取决于矿体规模、形态、产状、采用的开拓方式，尤其是采用的采矿方法和出矿设备及辅助配套系统，使矿山整体开采系统稳定达到所需的生产能力。

矿块布置法一般在编制可行性研究报告和初步设计（含方案设计）时采用。计算方法是以矿块（含矿房、矿柱）年出矿能力或平均日出矿能力，乘以年或日同时出矿的矿块数，再加上副产矿石量，即求得矿石生产规模。按不同的回（开）采方式，矿块布置法可按以下4种情况分别计算生产能力。

A 一步骤回采

一步骤回采可分两种情况：

（1）划分矿房、矿柱的矿块采用一步骤回采，如缓倾斜矿层壁式采矿法、厚矿体的有底柱采矿法，其矿山生产能力计算如下：

$$A = \frac{L}{l}K_4K_5A_k + A_f \tag{9-1}$$

式中 A——矿山生产能力，t/a；

A_k——矿块平均生产能力，t/a；

L——各阶段（或分段）水平矿体有效长度，m；

l——矿块平均长度，m；

K_4——矿体开采长度利用系数，一般 K_4 为0.7～0.9；

K_5——回采矿块利用系数，一般 K_5 为0.3～0.5；

A_f——采准、切割副产矿石量，t/a。

（2）矿块不划分矿房、矿柱，以采区（矿块）为单元按一定回采顺序进行连续回采，如无底柱分段崩落法。

无底柱分段崩落法的生产能力计算是以布置的进路条数和采用的出矿设备效率来计算的。计算步骤如下：

1）统计各分段可布进路数。在分段平面图上统计出各分段可布置进路数，并计算其平均长度。有效进路条数按式(9-2)计算：

$$N = \Sigma N_d + \frac{\Sigma l}{L} \tag{9-2}$$

式中 N——分段内有效进路条数；

ΣN_d——大于进路平均长度的可布进路条数；

Σl——小于进路平均长度的可布进路长度之和，m；

L——大于进路平均长度的进路平均长度，m。

2）矿块进路出矿设备条数的分配。目前，一些设计人员基本以进路条数来划分无底柱分段崩落法的矿块（表 9-9 和表 9-10）。

表 9-9 风动装运机出矿

类别	开采技术条件	进路条数
Ⅰ	(1)可提前打落矿的中深孔;(2) 进路不需要支护;(3)预计悬顶、大块少;(4)落矿步距大于 3m	3
Ⅱ	介于Ⅰ和Ⅱ之间	4
Ⅲ	(1)不能提前打落矿的中深孔;(2) 支护并回收支架;(3)落矿步距 2 ~3m;(4)矿岩开采技术条件较差	5

铲运机出矿时，在表 9-9 条数基础上需增加的进路条数估计值，见表 9-10。

表 9-10 铲运机出矿进路条数增加值

铲运机能达到的台年效率 /kt	每条进路一次落矿量/t								
	400	500	600	700	800	900	1000	1100	1200
50	0	0	0	0	0	0	0	0	0
100	1	1	0	0	0	0	0	0	0
150	2	1	1	1	0	0	0	0	0
200	2	2	1	1	1	1	0	0	0
250	2	2	2	1	1	1	1	1	0
300	2	2	2	2	1	1	1	1	1
350	3	2	2	2	2	1	1	1	1
400	3	3	2	2	2	2	1	1	1

3）同时回采的分段数。沿走向布置时，各分段之间的超前距离应不小于一个矿块或一台装运设备需要工作的长度，一般在 50 ~60m 以上。

垂直走向布置进路时，矿体厚度大于 50m 以上时，可考虑在垂直走向方向上两个分段同时作业；矿体厚度大于 80m 时，允许考虑有 3 个分段在垂直方向上同时回采，矿体厚度更大时，需研究分区开采的问题。

生产能力的计算，一般不超过两个分段同时回采为适合，分段生产能力按式(9-3)计算：

$$A_{分} = \frac{Nq}{N_c(1-Z)}E \tag{9-3}$$

式中 $A_{分}$——分段的生产能力，Mt/a；

N——有效进路条数；

E——地质影响系数；

q——出矿设备效率，Mt/a，见表 9-11 和表 9-12；

N_c——每个矿块的进路条数，见表 9-9 和表 9-10；

Z——副产矿石率，一般取 10% ~15%。

表 9-11 ZYQ-14 型装运机效率

类 别	设备作业条件	可选取的台年效率/t
Ⅰ	(1)需分采;(2) 运距大于 60m;(3)矿石体重较小;(4)多台设备使用同一条溜井	70000 ~90000
Ⅱ	介于Ⅰ和Ⅱ之间	>100000
Ⅲ	(1)基本不分采;(2)运距小于 60m;(3)矿石体重较大;(4)1 ~2 台设备共用一条溜井	100000 ~120000

表 9-12 铲运机出矿台年效率

铲斗容积/m³		0.75	1.5	2.0	2.3	3.1	3.8
载重/t		1.35	2.7	3.5	4.0	5.5	7.3
出矿台年效率 /(t/(台·a))	运距为 200m	40000	60000	80000	90000	120000	150000
	运距为 150m	50000	80000	100000	110000	140000	170000
	运距为 100m	60000	100000	120000	130000	160000	190000
	运距为 50m	70000	120000	140000	150000	180000	210000

注：设备出矿效率，应参考近年矿山实际指标。

4）平衡各分段、各阶段的生产能力。无底柱分段崩落法矿山生产能力的平衡和计算见9.1.3.2节。

B 两个步骤回采

两个步骤回采即矿房和矿柱分为两个步骤分别回采，如分段空场法、阶段空场法、房柱法、留矿法、留矿柱的全面法、爆力运矿嗣后充填法、充填法（进路式充填法除外）、有底柱分段崩落法等，其矿山生产能力计算如下：

$$A = (\frac{L_1}{l_1}A_1 + \frac{L_2}{l_2}A_2)K_4K_5 + A_f \tag{9-4}$$

式中 A_1，A_2——分别为矿房、矿柱回采平均生产能力，t/a；

L_1，L_2——分别为各阶段水平布置矿房、矿柱的有效长度，m；

l_1，l_2——分别为每个矿房、矿柱（指顶柱和间柱）平均长度，m。

C 盘区开采

盘区开采是将缓倾斜薄矿体、特厚矿体、分散的囊状矿体等划分成各自独立的盘区，每个盘区构成单独开采系统，其矿山生产能力计算如下：

$$A = \frac{L}{l_p}K_4(1 - K_6)A_p + A_f \tag{9-5}$$

式中 A_p——盘区平均生产能力，t/a；

K_6——盘区备用系数，一般取0.20；

l_p——盘区平均长度，m；

L——矿体有效长度，m；

K_4——矿体开采长度利用系数；

A_f——副产矿石量，t/a。

D 矿块布置法有关参数的确定

采用矿块布置法计算确定/验证矿山生产能力，关键在于合理选择有关计算参数。计算中一般参考类似矿山的生产实际指标，并结合具体矿床的特点分析研究确定。这些参数主要有：矿块生产能力、有效矿块数、回采矿块利用系数、矿体开采长度利用系数、副产矿石量。

（1）矿块生产能力的确定。矿块生产能力主要取决于所选用的采矿方法和机械化装备水平及组织管理水平，一般应根据同类矿山实际的矿块生产能力指标资料分析选用。近年来由于矿柱回采多数矿山采用高效率深孔崩落法，使矿柱的回采效率基本接近矿房生产水平，在这种情况下，矿房、矿柱可采用综合平均效率，按一步骤回采方式验算矿山生产能力。矿块生产能力可按表9-8分析研究选取。

盘区开采生产能力是根据采用的回采方法，以一个盘区内同时回采的工作面数量确定。如缓倾斜薄层矿体盘区开采，一个盘区不宜超过4个工作面，即每翼为1~2个长壁工作面回采。厚矿体采用分段崩落法时，一个阶段的回采分段为2~3个，不宜大于3个。采用阶段崩落法时，按单阶段回采考虑。

（2）有效矿块数的确定。根据选用的采矿方法，按标准矿块结构尺寸（当一步骤回采时，是指矿房或进路的结构尺寸；两步骤回采时，是指矿房和矿柱的结构尺寸），在矿体阶段平面图上（分段法在分段平面图上）可采储量的矿体范围内布置矿块。然后按阶段或分段统计矿块数，统计时应剔除阶段边角不完整的矿块和因地质构造影响暂时不能回采的矿块数。

产量验证时，则根据阶段或分段中有效矿块数，按矿区开拓、采准、切割、回采关系以及通风、运输的影响因素，确定同时开采的阶段或分段数，按年份统计阶段或分段同时开采的有效矿块个数。统计时应剔除前后上下重合不能同时回采的矿块。

开采阶段或分段个数的确定，直接关系到各阶段同时开采的有效矿块数，设计应遵循“采掘并举，掘进先行”的原则进行合理权衡后确定。

一般情况下，一步骤回采的缓倾斜薄矿体，采取两个阶段进行回采、准备、切割，一个阶段进行开拓；厚矿体采用无底柱分段崩落法，采取一个分段回采出矿，一个分段凿岩，一个分段采准切割，下阶段进行开拓；对于极厚矿体也可两个分段同时回采，但上分段应超前下阶段25~30m。两步骤回采时，一般是一个阶段回采矿房，一个阶段回采矿柱，一个阶段进行开拓准备。

(3) 回采矿块利用系数。回采矿块利用系数,是指生产中同时回采出矿的矿块数与同期开采有效矿块总数的比值。有效矿块包括回采、采准、切割矿块。回采矿块包括大量放矿、局部放矿、存窿、凿岩、二次爆破和维修的矿块。采准、切割矿块包括采准、切割及生产探矿的矿块。

回采矿块利用系数与矿床地质条件、采矿方法、采掘比及生产组织管理等因素有关。一般回采矿块利用系数 K_5 见表 9-7。

(4) 矿体开采长度利用系数。由于矿床勘探报告资料不可能完全反映地下资源情况,对于矿体产状、构造往往要经过生产探矿、采准切割才能摸清楚。即便是高级储量也允许有 10% ~30% 的误差。因此,在计算矿山生产能力时,不能满打满算,要考虑地质因素的影响。金属矿山矿体开采长度利用系数 K_4 为 0.7 ~ 0.9,当矿体产状比较稳定,构造比较简单或地质勘探程度较高者,K_4 值取上限,否则取下限。

(5) 副产矿石量。采准、切割副产矿石量的大小,与所采用的采矿方法、矿体产状等有关。一般按副产矿石率计算。设计推荐金属矿山副产矿石率如下:薄矿体副产矿石率占矿山年产量的 6% ~10%,厚和特厚矿体副产矿石率占矿山年产量的 10% ~15%。

9.1.4.2 按经济因素确定的矿山生产能力

按经济因素确定矿山生产能力的方法主要有 3 种。

A 最终产品计划需求量法

为了满足国家或某一地区或业主对黑色金属、有色金属、建材、化工等矿产品的需求,在设计任务中常常规定了最终产品需求量,因此设计需根据金属产品、化工制品、建材制品或合格品的需求量推算或验证矿山生产能力,计算公式如下:

$$A = \frac{A_m \beta (1 + K_7)}{C_c \varepsilon_j (1 + K_8)} \tag{9-6}$$

式中 A——矿山生产能力,t/a;

A_m——最终合格产品或制成品需要量,t/a;

β——最终合格产品或制成品的品位、有用元素或组分的含量,%;

C_c——采出矿石的品位,%;

ε_j——矿石加工时金属或有用元素总回收率,%;

K_7——备用系数,一般为 10% ~20%;

K_8——运输过程中的损失率,%。

此法适用于资源储量比较丰富,而提出的需求量相对较小的情况。

B 经济合理服务年限法

按经济合理服务年限确定或验证矿山生产能力,计算公式如下:

$$A = \frac{R\varepsilon_k}{T(1 - e)} \tag{9-7}$$

式中 A——矿山生产能力,t/a;

R——矿床可采储量(但需减去永久矿柱损失和地质构造、断层等原因引起的矿量损失),t;

ε_k——采矿回采率,%;

e——废石混入率,%;

T——矿山经济合理服务年限,a。

使用此法时需注意:(1)当矿体延深大大超过走向延长,或呈密集脉状产出时,计算结果常常偏大,此时需用其他方法加以验证。(2)矿床可采储量规模很大时,尚需根据市场需求、建设资金、开采技术、建设速度等条件对矿山生产能力加以验证。该法适用于矿山规划阶段。

C 折现现金流量法

对一个矿山或几个矿山生产能力方案进行比较时,通常使用折现现金流量法。

为了较全面地对矿山生产能力方案进行经济评价,选用的评价指标必须考虑各方案整个经济寿命期的现金收支情况和货币的时间价值。折现现金流量法就是把各个矿山生产能力方案,在整个寿命期内不同年份的现金流量通过动态分析,然后进行对比评价,来确定矿山经济合理的生产规模,该法的主要评价指标有:内部收益率、净现值、净现值率。此外还必须考虑贷款偿还期。

矿山生产能力方案是综合性方案,所以在方案比较时,必须进行全部因素,包括各方案相同因素和不同因素的综合比较。采用折现现金流量法对不同生产技术条件的矿山生产能力方案进行技术经济评价,是一个比较完善的方法。

9.1.4.3 综合分析法确定矿山生产能力

综合分析法确定矿山生产能力是指在确定矿山生产能力时,综合考虑所有的因素,包括各种技术因素、经济因素和非技术经济因素,在考虑分析过程中,处理好各种有利与不利因素之间的关系,从而求得最佳的矿山生产能力的一种方法。

综合分析法确定矿山生产能力的一般工作步骤如下:

(1) 检查落实资源储量规模、级别、图鉴、文字资料等是否符合勘探规范和设计要求。

(2) 按采矿工艺条件确定技术上可能的矿山最大生产能力。

(3) 按经济效益确定的矿山生产能力,应以对一定可采储量的投入得到最大回报的原则确定的经济效益最好的矿山最优生产能力。

(4) 按业主或市场需求量验证矿山生产能力,以避免产品滞销和过低的生产能力。

(5) 按矿山外部建设条件验证矿山生产能力,包括能源如电源、水源及交通运输等能否满足需要。

(6) 落实大型矿山设备、关键的备品配件、大宗材料燃料等供应的可能性和可靠性。

(7) 落实建设资金来源及贷款条件。

(8) 对各方案进行技术经济比较和评价。

(9) 综合分析比较,选出最优生产能力方案。

实践证明,在条件复杂的情况下,对矿山生产能力进行多方案比较时,用综合分析法确定矿山生产能力是比较完善的。当然,不是所有的矿山生产能力方案都必须经过详细的方案比较后才能正确地定案。

上述矿山生产能力初步确定后,还须进行验证,验证通过即为确定的矿山生产能力。

9.1.5 矿山生产能力的验证

9.1.5.1 按新水平开拓和采准速度验证

矿山生产能力验证首先要考虑新水平开拓和采准这两个工序与回采工序的衔接,充填对回采工序的保证。新水平开拓和采准与掘进的机械化程度、回采强度有直接关系,国内有的矿山由于掘进速度满足不了要求而造成所谓"采掘失调",这一点在验证矿山生产能力时必须给予重视。

当矿山生产能力初步确定后,便可根据阶段储量求出阶段服务时间,多阶段开采时以服务时间最短者为准。完成新阶段开拓和必须在该阶段内完成的采准工作的时间,应比阶段最短的服务时间提前半年。如在高度机械化程度下仍不能实现,则应调整矿山生产能力。

新水平提前准备时间要求按式(9-8)计算:

$$t = \frac{Q_{阶}\ \varepsilon_{k}E}{K_3(1-e)A_{阶}} \tag{9-8}$$

式中 t——新水平准备时间,a;

$Q_{阶}$——代表性阶段可采储量,t;

ε_k——矿石回采率,%;

E——地质影响系数,一般取0.6~0.9;

K_3——超前系数,一般取1.2~1.5;

e——废石混入率,%;

$A_{阶}$——回采阶段矿石年产量,t。

矿山生产能力验算,公式如下:

$$A = \frac{R_1 \varepsilon_k E}{tK_3(1-e)} \tag{9-9}$$

式中 A——矿山生产能力，t/a；

t——阶段开拓、采准所需总时间，即新水平准备时间，a；

K_3——阶段开拓、采准所需超前系数，一般取1.2～1.5。

式(9-9)中的t值取决于开拓、运输、通风、排水方式和采矿方法等。新阶段开拓采准工程量根据开拓系统布置图及采矿方法标准图计算求得，然后按井巷工程掘进速度和可能同时工作的掘进面安排进度计划。

9.1.5.2 按开采年下降速度验证

年下降速度是计算矿山生产能力的一项综合性指标，它与实际开采矿山的地质条件、开采条件、采矿方法、回采工艺、机械化程度、技术管理水平、操作人员的技术水平和素质均有十分密切的联系，是矿山综合水平的反映。因此，年下降速度的选用与矿山的可比性十分重要。一般情况下，它可用于编制长远规划或矿产资源开发利用方案时（粗略）计算矿山生产能力，在可行性研究或初步设计阶段可作为验证计算矿山生产能力的方法之一。

一般情况下，下降速度的计算，应按一个阶段回采时的平均年下降速度来验证，也要视是否考虑多阶段生产的实际情况。

矿山开采年下降速度法验证生产能力可分为垂直下降速度法和倾斜下降速度法。

A 垂直下降速度法

垂直下降速度法是根据矿山生产能力应与三级矿量和新阶段开拓准备速度相适应，确保回采、掘进、充填、采空区处理等作业协调的原则，参考类似矿山开采下降速度指标，简捷计算矿山生产能力。其计算式如下：

$$A = \frac{vS\delta\varepsilon_k}{1-e}K_1K_2E \tag{9-10}$$

式中 A——矿山生产能力，t/a；

v——矿山开采年下降速度，m/a，见表9-13；

S——矿体水平面积，m^2；

δ——矿石体重，t/m^3；

ε_k——矿石回采率，%；

e——废石混入率；

K_1——矿体倾角修正系数，当设计矿山与类比矿山的条件基本一致时，不需修正，当设计矿山矿体倾角大于类比矿山时，K_1取1.1～1.2，小于类比矿山时，取0.8～0.9；

K_2——矿体厚度修正系数，当设计矿山矿体厚度大于类比矿山时，K_2取0.7～0.9，小于类比矿山时，取1.1～1.2；

E——地质影响系数，一般取0.6～0.9。

表9-13 国内矿山各种采矿方法综合年下降速度

采矿方法	统计矿山数	下降速度/(m/a)							
		长小于600m或面积1000～2000m^2		长600～1000m或面积2000～6000m^2		长1000～1500m或面积6000～10000m^2		长大于1500m或面积10000～2000m^2以上	
		多阶段	小于3阶段	多阶段	小于3阶段	多阶段	小于3阶段	多阶段	小于3阶段
浅孔留矿法	15	35	15～25	21	6～15	—	—	—	—
极薄脉群留矿法	9	21.75	10～15	13	7～10	—	—	10	6～8
有底柱崩落法	8	45	25～40	30～40	15～25	30	10～20	20～30	6～20
充填法	7	—	6～8	10	6～9	15	5～7	—	4～5
无底柱崩落法	4	—	20～32	—	15～25	—	8～12	—	5～8
分段空场法	8	40	20～30	30～40	15～20	30	12～18	20.8	10～15
矿业手册	—	—	15～35	—	15～30	—	12～25	—	10～18

注：1. 矿石有自燃发火危险和水文地质条件复杂的矿山，相同条件下的下降速度应降低10%～15%。

2. 缓倾斜的薄矿体的下降速度按沿倾斜方向下降速度值统计资料计算。

3. 资料来源：《采矿设计手册·矿床开采卷》。

该法适用于较规则的单一矿体,但也要考虑多阶段生产的必要性。此法适用于矿山规划、编制矿产资源开发利用方案、项目建议书阶段估算矿山生产能力,在可行性研究和初步设计阶段可作为验证计算矿山生产能力的方法之一。

B 倾斜下降速度法

倾斜下降速度法实质与垂直下降速度法完全相同,只是下降速度指标不是按垂直下降计算,而是按倾斜下降计算。该法只适用于缓倾斜薄矿体和中厚矿体。计算公式如下:

$$A = \frac{v' R_1}{L} \cdot \frac{\varepsilon_k E}{1 - e} \tag{9-11}$$

式中 v'——倾斜下降速度,m/a;

R_1——阶段可采储量,t;

L——阶段斜长,m。

9.1.5.3 按合理服务年限验证

按矿山合理服务年限验证实质是对可采储量的经济合理年限的计算,是当前规定的一般要求。一个新建矿山生产规模是否真正经济合理,应通过可行性研究论证,进行技术经济比较综合确定。由于生产能力的影响因素很多,规定的服务年限不能单独使用,只作为对拟定规模的一般检验/验证。

经济合理服务年限检验矿山生产规模,一般采用式(9-12)计算:

$$A = \frac{Q \varepsilon_k}{T(1 - \beta)} \tag{9-12}$$

式中 A——矿山生产能力,t/a;

Q——总可采储量,t;

ε_k——矿石回采率,%;

T——矿山的合理服务年限,a,见表 9-14;

β——矿石贫化率,%。

表 9-14 一般矿山的服务年限

矿山规模类型	特大型	大 型	中 型	小 型
服务年限/a	>30	>25	>20	>10

《采矿工程师手册》(2009 年)一书推荐按矿山服务年限验证:矿山服务年限与投资回收期有直接关系,在正常情况下,应在可采储量消耗不超过一半时回收全部投资。

9.1.6 矿山年产量分配及基本要求

9.1.6.1 年产量分配注意的问题

除露天地下联合开采及大矿分期建设的产量分配需另行经济比较外,一般对如下几种矿山也要研究产量分配的问题:

(1) 某个矿山,在同一开采系统范围内有多条平行或不同类型、不同品位的矿脉。

(2) 同一矿区有多个矿山,且各自有独立的开采系统,又同时向同一选矿厂供矿的矿山。

(3) 矿床的勘探类型复杂、矿体分散、矿体大小及品位各异,而冶炼或加工厂对产品又有严格的品位或质量要求时。

(4) 多种元素矿床的综合开采。

9.1.6.2 年产量分配的基本要求

A 单一开拓系统的矿山

同一开拓系统范围内,上下盘平行矿脉同时开采时,要考虑开采时错动角的相互影响,必须不破坏矿体及其附近工程并保持按分配的产量均衡下降。一般情况下,在考虑满足需要与上述要求的同时,应首先开采那些易于开发和经济效益较显著的矿体。

B 多山头或多个开拓系统的矿山

多山头(开采系统)向同一选厂供矿的矿区,在平衡各山头矿量、品位时,必须注意如下事项:

(1) 要计算每一系统范围内的矿山生产规模、供矿品位、服务年限及其经济效益。

(2) 要研究各不同开拓系统范围内的矿床特点、勘探可靠程度和远景。

(3) 要对各系统的情况及经济性进行对比,综合研究,调整各区产量分配,最终确定各区生产规模和矿山总的生产规模。

(4) 综合平衡后的矿山总的生产规模要保持有 2/3 以上年限达到矿山设计生产规模。

C 复杂或多金属矿床

对矿床复杂多变或多种金属的矿床,研究矿床储量和开采技术条件是特别重要的。在这种情况下,选用不同边界品位以圈定矿体,综合研究其特定边界品位条件下的开采情况和经济效益。

总的来讲,对任何一种工业类型的矿床,在研究矿山产量分配时,除了考虑需要和经济因素外,需特别注意矿产资源的保护,即使对于那些暂不能开采有价值的比较贫的矿床,也需采用一定措施加以保护。

9.2 矿床开拓

9.2.1 概述

矿床开拓是为开采地下矿床,从地面向地下开掘一系列的井筒、硐室、巷道以通达矿体的地下工程总称。其目的在于形成运输、提升、通风、排水、供电、供水、输送压气以及采场充填等系统,以满足采矿工艺过程的需要。形成开拓系统的井巷主要有平硐、竖井、斜井、斜坡道、各类盲井、石门、马头门、主要运输平巷、主溜井、主充填井、主回风巷、风井、井底车场及各种主要硐室等。

矿床开拓系统是由地面向矿体开掘的各种井巷在空间位置上所形成的体系的总称。一个完善的开拓系统,必须能满足生产工艺以及开采矿石的数量和质量的要求,并且安全条件好、运输环节简单、通风阻力小、有利于环境保护、节能减排、不占或少占农田;在保证上述各项要求的前提下,应尽可能使各项工程布置紧凑,工程量小,以降低基建投资和减少基建时间。

地下矿开拓是地下开采矿山基本建设的主体工程。开拓系统一经建成,很难更改,即使进行局部改建,也需花费大量投资和时间,而且在改建时间内还可能影响生产。

9.2.1.1 开拓井巷分类

按照矿床开拓井巷所担负的任务,将其分为主要开拓井巷和辅助开拓井巷两大类,用于运输和提升矿石的井巷称为主要开拓井巷,用于开采时起到辅助作用的井巷称为辅助开拓井巷。这些开拓井巷工程不一定每个矿山开拓系统中都有,如采用充填法的矿山才有充填井巷。

开拓井巷分类见表 9-15。

表 9-15 开拓井巷分类

井巷分类	井 筒	水平巷道	硐 室
主要开拓井巷	(1) 竖井:箕斗井,罐笼井,混合井; (2) 斜井:箕斗斜井,矿车组(串车)斜井,胶带输送机斜井; (3) 主要溜井; (4) 主要斜坡道	(1) 主平硐; (2) 主要运输石门; (3) 井底车场; (4) 主要运输平巷	(1) 坑内破碎硐室; (2) 坑内卷扬机室; (3) 坑内卸载硐室; (4) 矿仓及转载硐室; (5) 主扇风机硐室
辅助开拓井巷	(1) 通风井; (2) 副井(罐笼井); (3) 充填井; (4) 专用排水井; (5) 专用安全出口; (6) 辅助斜坡道	(1) 非运矿巷道; (2) 通风巷道; (3) 充填巷道; (4) 排水疏干巷道; (5) 地压观测巷道等	(1) 水泵站及水仓; (2) 排泥站及附属设施; (3) 变电充电设施; (4) 电机车库; (5) 调度室; (6) 火药库; (7) 井下维修硐室; (8) 井下各种服务硐室; (9) 井下辅助风机硐室; (10) 井下无轨设备修理硐室等

9.2.1.2 *矿床开拓方法分类*

矿床开拓方法分类应力求简单、概念明确、使用方便，还要适应新工艺、新技术发展的需要。开拓方法又称开拓方式，目前，一般是以主要开拓井巷的名称来命名开拓方法，再根据主要开拓井巷的具体条件进行分类。

(1) 按主要开拓井巷种类不同可划分为：单一开拓法，也是采用一种主要井巷工程开拓的矿床；联(组)合开拓法，也是采用两种或两种以上主要井巷工程开拓的矿床。

(2) 按主要开拓井巷与矿床的相对位置不同可划分为：下盘开拓、侧翼开拓和上盘开拓。

(3) 按主要开拓井巷形式不同可划分为：竖(立)井开拓、斜坡道开拓、斜井开拓、平硐开拓和联合开拓。

(4) 按主要开拓井巷内所配置的提升运输设备不同可划分为：

1) 竖井开拓：箕斗井、罐笼井和混合井开拓；

2) 斜井开拓：带式输送机(胶带)斜井、矿车组斜井、箕斗斜井和台车斜井开拓；

3) 平硐开拓：有轨运输、无轨运输和带式输送机(胶带)运输开拓。

一个矿床开拓井巷内所配置的提升运输设备可以是一种或者几种。

矿床开拓分类见表9-16。

表9-16 矿床开拓分类

开拓方法		井巷形式	主要开拓井巷与矿床的相对位置
单一开拓法	竖井开拓法	竖 井	下盘，侧翼，上盘，穿过矿体
	无轨斜坡道开拓法	斜坡道	下盘，侧翼，上盘
	斜井开拓法	斜 井	下盘，侧翼，脉内
	平硐开拓法	平 硐	与矿体走向相交(下盘或上盘)，沿矿体走向
联合开拓法	平硐、斜井(盲斜井)联合开拓法	矿床上部用平硐开拓；平硐上、下部用斜井(盲斜井)联合开拓	下盘、侧翼、上盘平硐，下盘、侧翼斜井(盲斜井)
	平硐、竖井(盲竖井)联合开拓法	矿床上部用平硐开拓，平硐上下部用竖井(盲竖井)联合开拓	下盘、侧翼、上盘平硐，下盘、上盘、侧翼竖井(盲竖井)
	平硐、斜坡道联合开拓法	矿床上部用平硐开拓；平硐上、下部用斜坡道开拓	上盘、侧翼、上盘平硐，下盘、侧翼斜坡道
	斜井与盲斜井联合开拓法	矿床上部用斜井开拓，下部用盲斜井开拓	下盘、侧翼
	斜井盲竖井开拓法	矿床上部用斜井开拓，下部用盲竖井开拓	下盘、侧翼
	斜井斜坡道开拓法	矿床上部用斜井开拓，下部用斜坡道开拓	下盘、侧翼
	竖井盲斜井开拓法	矿床上部用竖井开拓，下部用盲斜井开拓	下盘、侧翼
	竖井盲竖井开拓法	矿床上部用竖井开拓，下部用盲竖井开拓	下盘、侧翼、上盘
	竖井斜坡道开拓法	矿床上部用竖井开拓，下部用斜坡道开拓	下盘、侧翼
	多种井巷联合开拓法	平硐、斜井、竖井、斜坡道等联合开拓	几种位置

典型开拓方案见表9-17。

表9-17 典型开拓方案

开拓方法		主要井巷形式	典型开拓方案	按矿石提升或运输设备划分典型开拓方案	矿 山 实 例
单一开拓法	竖井开拓	竖井	下盘竖井开拓 侧翼竖井开拓 上盘竖井开拓	箕斗井(单箕斗、双箕斗、多箕斗)	冬瓜山铜矿、铜绿山矿、草楼铁矿、白象山铁矿等
				罐笼井	吉林吉镍富家矿
				混合井(箕斗罐笼互为配重、箕斗罐笼独立提升)	尹格庄金矿、三山岛金矿一期、湖北鸡冠嘴金矿等
	斜坡道开拓	斜坡道	直线式斜坡道开拓 螺旋式斜坡道开拓 折返式斜坡道开拓	电动卡车	三山岛金矿二期
				柴油卡车	陕西煎茶岭金矿，河北蔡家营锌金矿
	斜井开拓	斜井	下盘斜井开拓 侧翼斜井开拓 脉内斜井开拓	矿车组(串车)	江苏吴县铜矿、玉泉岭铁矿、马甲脑铁矿
				箕斗/台车	江西金山金矿、吉林吉镍大岭矿
				胶带输送机	玉石洼矿
	平硐开拓	平硐	下盘平硐开拓 侧翼平硐开拓 上盘平硐开拓	有轨运输	铜矿峪矿一期工程、山西刁泉铜矿、桃冲铁矿
				汽车运输	小寺沟矿
				胶带输送机	

续表 9-17

<table>
<tr><th colspan="2">开拓方法</th><th>主要井巷形式</th><th>典型开拓方案</th><th>按矿石提升或运输设备划分典型开拓方案</th><th>矿山实例</th></tr>
<tr><td rowspan="9">联合开拓法</td><td>平硐与井筒联合开拓</td><td>平硐与井筒</td><td>—</td><td>平硐分别与竖井、斜井、盲竖井、盲斜井</td><td>铜矿峪矿一期、智利特尼恩特矿</td></tr>
<tr><td rowspan="4">明井与盲井联合开拓</td><td rowspan="4">明竖井或明斜井与盲竖井或盲斜井</td><td rowspan="4">—</td><td>明竖井与盲竖井开拓</td><td>云南会泽铅锌矿、铜绿山矿深部</td></tr>
<tr><td>明竖井与盲斜井开拓</td><td></td></tr>
<tr><td>明斜井与盲竖井开拓</td><td></td></tr>
<tr><td>明斜井与盲斜井开拓</td><td></td></tr>
<tr><td rowspan="3">井筒、斜井、平硐与斜坡道联合开拓</td><td rowspan="3">竖井、斜井、平硐与斜坡道</td><td rowspan="3">—</td><td>竖井与斜坡道联合开拓</td><td>金川二矿区、Ⅲ矿区、龙道矿、安庆铜矿、凡口铅锌矿、大红山铁矿等</td></tr>
<tr><td>斜井与斜坡道联合开拓</td><td>铜矿峪矿二期</td></tr>
<tr><td>平硐与斜坡道联合开拓</td><td></td></tr>
</table>

9.2.2 开采区的划分及工业场地选择

9.2.2.1 矿区与开采区

从矿山地质角度矿区的含义是指多个矿床(体)的集合地区。

矿区选择是指几个地区或某一地区的几个矿段，根据其矿产资源/储量、品种、质量、开采条件、运输、供电、供水及环保等综合因素，经分析比较后确定其开采对象及顺序。

当一个矿区由几个矿体组成时，可以分成两个以上地段开采，则每个地段构成一个开采区；或者是一个走向很长的矿体划分为几个开采区。

9.2.2.2 影响开采区划分的主要因素

影响开采区划分的主要因素有：(1)矿产资源/储量、质量及勘探程度；(2)矿床开采技术条件、矿体走向长度及个数；(3)可能达到的年产量；(4)运输、供电、供水等条件；(5)环境因素；(6)经济效果等。

9.2.2.3 开采区的划分

对开采区的含义各行业之间认识并不一致，冶金矿山一般是指构成矿山独立的开采系统并形成一定的开采规模。开采区的划分是确定矿区总体建设规模和总体开采及布置的基础，是矿区开发规划、持续发展的重要内容，在总体规划和设计中，要认真研究和选定。

一个矿区可划分成一个或几个开采区。在有几个开采区的矿区中，根据矿区总体开发规划可以同时进行建设，也可按建设条件优劣、产品需求及业主资金条件等，分期进行开发建设。

开采区一般是按照自然条件和开采技术条件等因素进行划分，主要考虑以下因素：

(1) 按留设矿柱或地形地物界线划分。当地表有河流、水塘等水体，铁路、城镇、文物及风景区时，为了避开不利条件，保护环境需留设保护(安)矿柱，应尽量利用其矿柱作为开采区界线，如西石门铁矿利用马河下留矿柱划分为中区和北区。

(2) 按勘探程度划分。当矿区范围很大，矿体多，或矿带走向很长，由于资金和建设力量等条件限制，分段、分期进行勘探、建设，根据先后提供的地质报告的范围，结合开采技术条件进行划分。

(3) 按矿床地质特征和资源多少划分。当矿体走向很长，资源储量很多时，可根据大的地质构造、无(贫)矿带等特征进行划分。

(4) 按埋藏深浅程度划分。若矿床勘探控制深度先后时间不同，或矿体上、下矿段储量及可开采的长度相差悬殊时，可按不同开采深度划分。

(5) 走向很长的矿体，一般以自然境界划分开采区。如庞家堡铁矿开采区长为1000～2000m，各采区布置斜井和回风井，构成各自独立的开拓通风系统。

(6) 按环境保护的要求划分开采区。如湘潭锰矿区黄峰寺划分东西两个开采区。

(7) 按矿石技术加工要求划分开采区。如矿体分赤铁矿段、磁铁矿段、贫矿段、富矿段；氧化矿段、原生矿段、硫化矿段等。若各矿段走向很长或储量较大，结合选矿工艺加工要求可各自划分为单独开采区。

(8) 当矿区有许多矿体时，开采区的划分须经综合技术经济比较确定。

(9) 开采区的划分还必须处理好其相邻关系，如浅部开采与深部开采、露天开采与地下开采、生产矿山与建设矿山的关系。

目前，开采区的划分主要采用方案法，人为因素较多，有待进一步完善。

9.2.2.4 采矿工业场地选择

采矿工业场地一般是指与主要井筒、平硐、斜坡道的出口相连，并布置相关的生产设施和辅助生产设施的场地。地表工业场地是保障矿山生产、生活必备的先决条件。

A 工业场地设施

采矿工业场地的设施因开拓系统不同而异，其设施主要包括：(1)矿(废)石提升竖井(包括箕斗井、混合井)井塔或井架和提升机房；(2)罐笼井井塔或井架和提升机房；(3)斜井提升卷扬机房和井口设施；(4)矿(废)石仓及转运设施(包括转运矿仓、皮带廊、卸矿站、电机车矿车有轨线路、运矿铁路等)；(5)斜坡道硐口设施；(6)总降压站；(7)地表空压机房；(8)井口维修车间(包括电机车矿车维修车间、无轨设备维修车间)，锻钎机房，地表材料库，木材加工车间；(9)井口空气预热设施；(10)地表制冷设施(对深井矿山，井口可能需要对入井空气进行降温，从而需要设置制冷设施)；(11)充填料制备站(包括尾砂仓、水泥仓、炉渣仓或集料仓、制备车间、污水处理池等)；(12)地表主扇风机房(压入式或抽出式)；(13)混凝土搅拌站；(14)采矿办公楼，坑口服务楼(含卫生所、矿灯发放室或充电室)，浴室，食堂，锅炉房等；(15)水净化站(包括生活水净化站、井下污水处理站)，高位水池；(16)废石场等。

B 工业场地的选择

采矿工业场地的选择既要考虑地表的地形，又要考虑井下开拓系统的布置、采矿方法、工程地质和水文地质的情况、环境影响以及与选矿厂之间的关系。工业场地的选择是对多因素综合考虑，选择最佳位置的结果。遵循的原则有：

(1) 根据矿山规模、产品方案及发展远景等进行场地选择工作。

(2) 工业场地总体布局应当合理紧凑，节约用地，尽量不占或少占农田和林地，对有可能扩大生产规模的企业要适当留有发展余地。

(3) 井口位置应考虑地表的土石方工程量少和坑内掘进工程量少，基建进度快。

(4) 工业场地的布置应考虑周围环境的影响，既要减少对周围居民生活的影响，构建和谐社会，体现以人为本，不拆或少拆房屋又要考虑少受居民的干扰。应让污风处于常年主导风向的下风向。特别在重要的风景区或森林公园，不能破坏当地的景观，应尽量使建设设施和当地景观协调一致。

(5) 必要时应选择两个以上工业场地方案进行综合比较，择优选定。

9.2.3 开拓方案的选择

9.2.3.1 矿床开拓的有关规定/要求

A 一般规定/要求

(1) 竖井、主斜坡道、斜井及主平硐的出口，均应布置在矿床开采最终错动范围之外，并符合地表建(构)筑物保护等级的保护带宽度的规定。当条件所限必须布置在最终错动范围以内时，应采取措施，一般是留保安矿柱。

(2) 井口或硐口的建(构)筑物，应不受地表塌落、滑坡、滚石、山洪暴发、泥石流及雪崩等的危害。

(3) 井口或硐口的位置应有足够面积的工业场地和施工场地。

(4) 井口或硐口标高应在历年最高洪水位1m以上。

(5) 每个矿井至少应有两个独立的直达地表的安全出口，安全出口的间距不得小于30m。主副井之间布置破碎系统时，两井之间距离不得小于50m。大型矿井、矿床地质条件复杂，走向长度超过1000m时，应在矿体端部的下盘增设安全出口。每个生产水平(阶段)都必须至少有两个便于行人的安全出口，并与通往地表的安全出口相通。井巷的分道口必须有路标，注明其所在地点及通往地表出口的方向。

(6) 一般情况下，主要井巷均应布置在矿体下盘以便长期使用，只有在下盘工程地质条件恶劣时，才考虑将主要井巷布置在上盘或侧翼。

(7) 主要井巷工程应尽量布置在稳固的岩层中,避免开凿在断层、破碎带、大的含水层中,更应避开流沙或岩溶发育的地层或含有泥水的采空区。竖井、斜井及长溜井等在施工前通常应打工程地质钻孔,并有工程地质剖面图,以便更好地确定井巷位置、方向及支护形式,并考虑其施工方法及具体措施。

(8) 井巷位置还应考虑地表和井下工程量少,施工方便,建设速度快,距破碎厂的总运输功小;又要不占或少占农田土地。

(9) 进风井井口位置应避开有害物质污染区,并应布置在常年主导风向的上风侧;回风井井口位置应远离居民区和生产区,并应选择在当地常年主导风向的下风侧。

(10) 确定矿山主要井巷断面时,除考虑生产能力、设备外形尺寸和必要的间隙外,还应考虑通风、排水、压气管路和供电线路等敷设要求。大型矿山更应预留有一定的管缆位置,以备矿山扩大生产时增加管缆。

(11) 矿床赋存复杂、废石量较大时,矿山可考虑用箕斗提升废石及矿石,以减轻罐笼提升量和简化运输系统。

(12) 位于地震区的矿山,应将矿井抗震列为设计的重要内容。矿山地区的基本烈度由地震部门提供,各项井巷设计应按有关抗震设计规范、规程等要求进行;特别对安全出口问题要慎重对待,在开拓方案选择上,如竖井与斜井在经济比较中相差不大时,应优先选择斜井方案。

(13) 为缩短矿井建设时间,设计应提出有效措施,使控制性的井巷工程(主要井巷)尽可能提前施工;对较长的井巷工程,一般应考虑增加措施性工程,以利加快建设速度。

B 《有色金属采矿设计规范》规定

(1) 竖井开拓。

1)符合下列条件之一者,宜采用竖井开拓,否则应做技术经济比较确定:矿山规模大于500t/d,矿体赋存于当地浸蚀基准面以下,深度大于300m,用下盘开拓的急倾斜或水平矿床,或用侧翼开拓的任意倾角矿床;矿体埋藏深度大于600m的矿山。

2) 当主井为箕斗井,并与选厂邻近时,应将箕斗卸载设施与选厂原矿仓相连,使矿石直接卸入仓内。

3) 矿山主提升竖井一次开凿深度的服务年限应大于12年,三类矿山不应小于规范规定的下限(10年)。

(2) 无轨斜坡道开拓。

1)采用无轨主斜坡道开拓,宜符合下列要求:开拓深度小于300m,生产能力为0.3~0.5Mt/a的矿山;可缩短矿山基建时间和提高综合经济效益。

2) 斜坡道的坡度。用于运输矿石时,应为10%~12%;用于运输设备材料时,应为15%~20%。

3) 斜坡道的弯道曲线半径。通行大型无轨设备的斜坡道干线,不应小于20m;通行大型无轨设备的阶段斜坡道,不应小于15m;通行中小型设备的斜坡道,不应小于10m。曲线段应按规定加宽和外侧超高。

4) 斜坡道长度每隔300~400m,宜设缓坡段。

5) 运矿主斜坡道应优先采用直线式布置,并宜设在开采岩移范围外。阶段间斜坡道宜采用折返式布置。

6) 运矿主斜坡道宜采用混凝土或冷拌沥青碎石路面,并应设横向截水沟。

7) 无轨运输巷道应按通过的无轨设备外形尺寸确定断面,设备与巷道支护之间的间隙不得小于0.6m,人行道宽度不得小于1.2m。

8) 无轨运输巷道宜为单车道,必要时可设会让站或绕行道,相关巷道岔口处应设线路闭锁信号。

(3) 斜井开拓。

1)符合下列条件之一者,宜采用有轨斜井开拓,否则应做技术经济比较确定。埋深小于200m的缓倾斜矿体,适于底盘开拓的矿山;矿体走向较长,埋深小于200m的急倾斜矿体,采用侧翼开拓的三类矿山。

2) 串车提升宜用于斜井倾角小于30°,矿体埋深小于200m的三类矿山。

3) 箕斗提升宜用于斜井倾角大于30°,生产能力为0.3~0.6Mt/a,且矿体埋深小于300m的矿山。

4) 带式输送机宜用于斜井倾角小于15°,矿体埋深小于300m的一类矿山。

5) 形态规整、倾角变化较小的缓倾斜薄矿体,宜采用脉内斜井开拓。井筒两侧应留8~10m宽的保安矿柱。

6）形态、产状变化较大的缓倾斜中厚以上矿体，宜采用脉外底盘斜井开拓，井筒与矿体的垂距应大于15m。

（4）平硐开拓。

1）当矿体或相当一部分矿体赋存在当地浸蚀基准面以上时，应优先采用平硐开拓。

2）采用平硐集中运输时，应优先采用溜井下放矿石。当生产规模小，溜井设施等工程量大、矿石有黏结性或岩层不适宜设置溜井时，可采用其他方式放矿。

3）当双轨运输主平硐较长且岩层不稳固时，如无其他条件制约，宜采用单轨双平硐开拓。

4）确定主平硐断面时，应满足通过坑内设备器材最大件的要求。

9.2.3.2 开拓方式的比较

矿床开拓是矿山建设的主要工程之一，开拓系统一旦建成很难改变。地下矿山基建时间一般为1～4年，开拓工程的投资占采矿系统总投资的40%～50%。开拓系统服务时间长达十几年至数十年，有的直到矿山闭坑。因此，在矿山设计、生产中要十分重视开拓方式的比较和选择。

矿床开拓首先要保障安全生产，满足矿山生产能力的要求，同时，应该使基建工程量小、基建时间短、投产达产快、工艺技术先进、系统可靠、管理集中方便，使矿山获得好的效益。

开拓方式的比较是开拓方案选择的前提，通过比较选定主要开拓井巷及辅助开拓井巷的类型、布置、具体位置、构成的系统，并计算出工程量、投资及进度。

A 开拓方式比较需要考虑的因素和内容

（1）地形地质条件、矿体赋存条件，如矿体的厚度、倾角、偏角、走向长度和埋藏深度等；（2）地质构造破坏程度，如断层、破裂带等；（3）矿岩的物理力学性质，如坚固性、稳固性等；（4）矿区水文地质条件，如地表水（河流、湖泊等）、地下水、溶洞的分布情况；（5）地表地形条件，如地面运输条件、地面工业场地布置、地面岩体崩落和错动范围，外部交通条件、农田分布情况等；（6）矿产资源/储量、矿石工业价值、矿床勘探程度及潜在矿产资源量等；（7）选用的采矿方法；（8）水、电供应等条件；（9）原有井巷工程存在状态；（10）选矿厂和尾矿库可能建设的地点；（11）国内外矿山装备水平及进展。

B 主要开拓井巷比较

开拓方式是由主要开拓井巷形式决定的，为了选择一种技术可行、经济合理的开拓方式，就必须了解各种主要开拓井巷的优缺点。下面就各种主要开拓井巷从掘进费用、掘进速度、投资、生产能力、提升运输成本等方面进行比较。

a 平硐与竖井比较

（1）平硐掘进费用低。平硐每米工程掘进费用比竖井低得多，且维护费用低。平硐内安装设施简单，不像竖井那样要设钢（木）梁、罐道、声光信号等设施，也不需要专设人行间以及相应的行人设施；在生产能力相等的情况下，每米平硐总费用（包括掘、砌和安装费用）还不到竖井的一半；采用平硐开拓时的基建工程量少；平硐没有像竖井那样需要复杂的井底车场以及复杂的辅助设施（如摇台或托台、上罐器等）；平硐口设置简单，不需要井架和卷扬机房；平硐不需要像竖井那么多的重型设备，所以投资费用低。

（2）平硐设施管理方便，施工条件好。平硐掘砌速度要比竖井快得多，尤其在掘进机械化水平进步较快的今天，如使用凿岩台车、大型装运设备等，极大地改善了掘进工作的施工条件和提升成巷速度，即使是大断面的平巷掘进，其速度也是竖井所不能比的（在同等条件下，平巷成巷速度是竖井建井速度的2～4倍）。因此，用平硐开拓的矿山，基建时间短，可以做到早投产，早见效。

（3）平硐排水费用低。平硐排水靠自流排出而竖井需要设专门的排水设施，大大地减少了矿井的排水费用，大水矿山尤为突出。

（4）平硐运输设备费用低。就ϕ2000双筒卷扬机价格来说，其费用为同等运输能力平硐设备的2～3倍。

（5）平硐运输经营费用低。在单位长度内平硐吨矿石的运输费用比竖井低得多，一般仅为提升费用的1/3。

（6）平硐通风容易，而且简单。平硐通风费用（按每吨矿石分摊的通风费用）比竖井开拓低。

(7) 平硐生产安全可靠,运输能力远远大于竖井的运输能力,且方便管理,不像竖井提升常有坠罐、矿车坠井等事故。

由于平硐开拓具有较为显著的优点,因此在条件允许的情况下,应尽量采用。许多矿山生产表明,宁可采用数千米长的平硐开拓,而不采用井筒的开拓方式。

b 竖井与斜井比较

(1) 基建工程量比较。同样深度,斜井比竖井长度多;但斜井开拓时,斜角倾角一般小于矿体最终移(错)动角,因此,斜井开拓比竖井开拓的石门长度短得多。当矿体为缓倾斜时,上述优点更为突出。斜井开拓的井底车场比竖井开拓的车场简单,工程量少且辅助设施也少。

(2) 在施工方面。竖井施工较斜井施工容易实现机械化,其施工设备和辅助设备设施比斜井多,技术管理水平要求高。斜井施工较简单,需要的设备和设施少,可洋可土。一般情况下,斜井掘进速度比竖井快。

(3) 在地压和工程支护方面。斜井承受的地压较大,尤其是在岩石不够稳固、服务年限较长或矿井较深的条件下,常因地压问题而采用竖井开拓,这时竖井采用圆形断面。在巷道和地压管理方面,竖井比斜井优越。

(4) 在提升方面。竖井提升速度快,提升能力大,提升费用低。斜井提升不具备这些优点,同时斜井提升钢绳磨损较大。

(5) 在井筒装备方面。斜井较简单,施工方便,造价较低。

(6) 在安全方面。竖井提升过程事故较少,而斜井事故较多,如矿车容易脱轨、脱钩而造成跑车事故。斜井设有安全人道,但一旦跑车,撞人等事故是不可避免的。

由于斜井在安全、提升能力和机械化水平等多方面的缺点,有时本来可以用斜井开拓方案的,也因此放弃斜井而采用竖井。

c 无轨斜坡道与井筒比较

无轨斜坡道与竖井、斜井相比,其突出的优点是斜坡道掘进时采用包括凿岩台车和铲运机在内的一整套无轨自行设备,效率很高,掘进速度也很快。一般开采浅部矿床时,两年左右的时间就可投产。一条单一斜坡道既可作主井出矿,又可作副井运送材料、人员等,只要配以通风系统就可形成生产系统。当开采较深矿体时,可另开掘竖井出矿,斜坡道改作为副井,通行各种无轨设备,并运送材料、人员。

斜坡道的缺点是巷道工程量大,比竖井掘进量多3~4倍。无轨设备投资大,维修技术复杂,采用内燃机动力无轨设备通风费用高。

d 无轨斜坡道与竖井开拓比较

(1) 斜坡道硐口位置比选择竖井位置容易,硐口位置受外界条件影响较小。

(2) 斜坡道施工方便,掘进速度快,设施少,安装工程量少。

(3) 在建设期间,能较方便地使用斜坡道进一步探明矿体,可以减少基建探矿时间,尽早地接近矿体以便及早准备阶段和采场,达到提前出矿、缩短基建时间的目的。

(4) 斜坡道有较大的灵活性,其布置受矿体形态变化影响较小。

(5) 斜坡道开拓不仅适用于深度不超过300m的矿山,而对于深度较深已有提升系统又向深部发展的矿山,其下部采用斜坡道开拓的主要优点是不需要再延深主、副井,不需新建破碎站,充分利用原有设施;而且,基建过程中与已有提升系统相互影响小,可以实现生产中不停产过渡。

C 辅助开拓井巷副井硐和风井硐的比较

a 副井硐

副井硐是副井和副平硐的简称,它是与主井、主平硐相对而言,也属于需保护等级范围之内。

副井和副平硐的配置在不同的开拓方案中,各有不同的配置方式。副井硐的具体位置,应在确定开拓方案时和主井硐的位置做统一考虑。副井硐位置确定的原则也和主井硐相同,所差异的只是副井硐与选矿厂关系不大,不受运矿因素的影响。副井硐与主井硐的关系,既可集中布置又可分散布置,如图9-3所示。

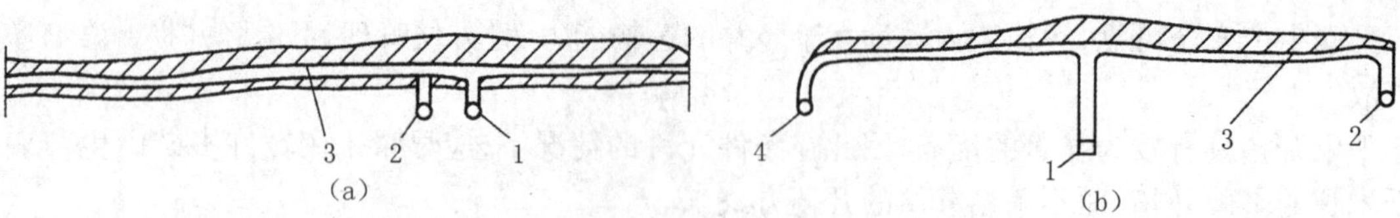

图9-3 主副井布置形式
(a)集中布置;(b)分散布置
1—主井;2—副井;3—平巷;4—风井

如地表地形和运输条件允许,副井应尽可能和主井靠近,两井之间保持不小于30m的安全防火间距,采用集中布置形式;如地表地形条件和运输条件不允许集中布置,则副井只能根据工业场地、运输线路和废石场位置等另外选点,两井筒间会相隔很远,采用分散布置形式。

图9-4所示为某铅锌矿用上盘竖井开拓时,主副井中央集中布置的实例。该主副井布置在矿体上盘的中央,相距45m,主井净直径4m,用3.1m^3的双箕斗提升矿石,副井净直径5.5m,供提升人员、设备、材料及废石用,副井与东西两侧的回风井回风,形成中央对角式通风系统。

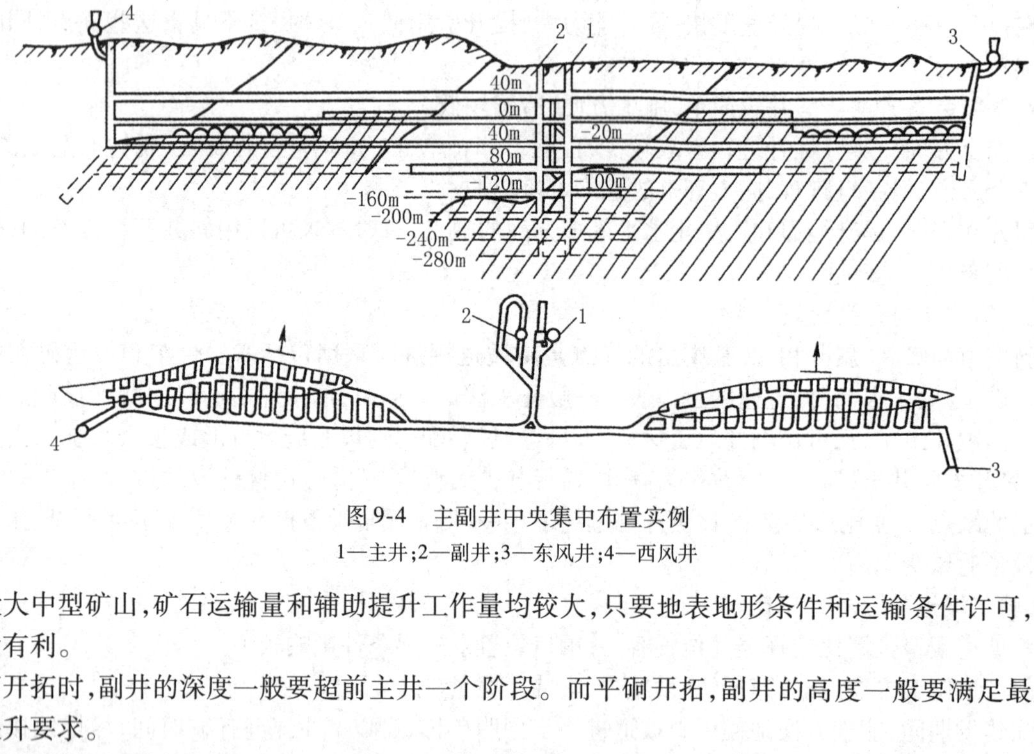

图9-4 主副井中央集中布置实例
1—主井;2—副井;3—东风井;4—西风井

一般大中型矿山,矿石运输量和辅助提升工作量均较大,只要地表地形条件和运输条件许可,以取集中布置更为有利。

井筒开拓时,副井的深度一般要超前主井一个阶段。而平硐开拓,副井的高度一般要满足最上面一个阶段的提升要求。

b 风井硐

风井硐是风井和通风平硐的简称,每个矿井都必须有进风井和回(出)风井。副井及用罐笼提升的主井均可作入风井。箕斗主井一般不得作进风井用,但可作回风井用。回风井一般不应考虑作正常生产时的辅助提升和主要行人通道。专用风井的数量与矿井采用的通风系统有关。采用全矿井统一的通风系统,至少要有两个供通风用的井硐;采用分区通风的矿井,则每个分区也至少要有两个供通风用的井硐。分区之间通风是互相独立的。

按进风井和回风井的位置关系,风井布置有中央并列式、中央对角式和侧翼对角式三种。

(1)中央并列式。中央并列式进风井和回风井采用集中式布置在矿体中央,如图9-5(a)所示。主井为箕斗井时,由主井回风;主井为罐笼井时,为减少漏风,最好由主井进风副井回风,此时人员若从副井进出会处于污风流中。

(2)中央对角式。中央对角式进风井位于矿体中央,两个回风井位于矿体的两端。图9-5(b)所示为主井为罐笼井时做进风井的布置。如果主井为箕斗井时则需另开副井进风,如图9-6所示。

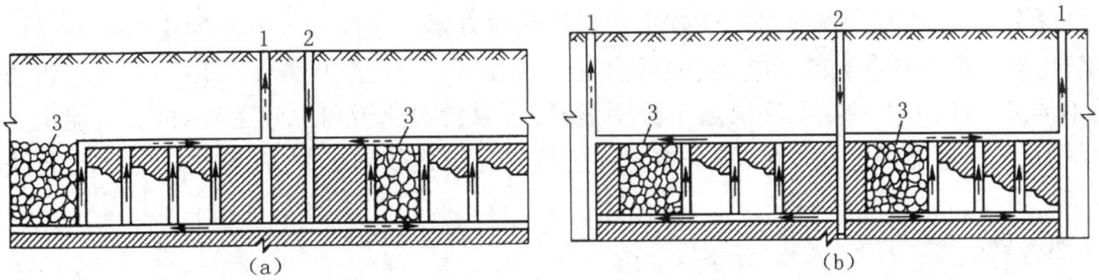

图 9-5 中央并列式与中央对角式布置

(a)中央并列式;(b)中央对角式

1—副井;2—主井;3—已采完矿块

(3) 侧翼对角式。侧翼对角式入风井布置在矿体的一端,回风井布置在矿体的另一端,如图 9-7 所示,由罐笼井入风。同样,如果用箕斗提升,还要另开副井进风。

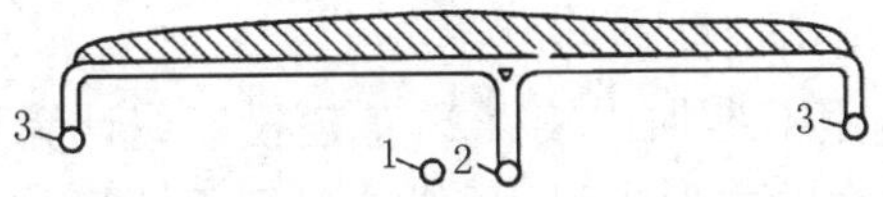

图 9-6 副井进风中央对角式布置平面

1—主井;2—进风副井;3—回风井

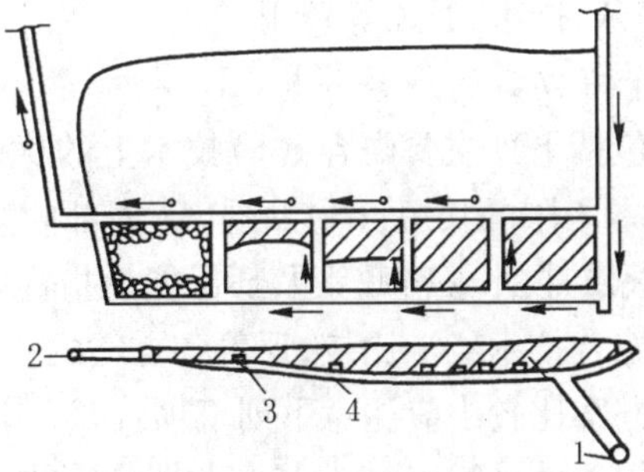

图 9-7 侧翼对角式布置

1—主井;2—副井;3—天井;4—沿脉平巷

9.2.3.3 开拓方案选择步骤及比较的内容

A 开拓方案选择的一般步骤

地下矿山开拓方案选择一方面与工业场地、矿山总平面布置、矿井提升、运输、通风和排水等系统密切相关;另一方面还应考虑矿床地质勘探程度,矿产资源/储量,矿山近期及远景发展规划,矿石产量、矿石流向,矿山基建投资及返本期限,矿区内外部运输线路的布置及修筑情况,选矿厂、排弃物(排土场)、尾矿堆场的位置以及矿山技术政策等对开拓方案选择都有一定的影响。

对于一个矿山,往往有几个技术上可行的而在经济上不易区分的开拓方案,必须采用综合分析比较方法,才能选出最优的开拓方案。综合分析法选择开拓方案的步骤如下:

(1) 开拓方案初选。在全面了解设计基础资料和对矿床开拓有关的问题进行深入调查研究的基础上,必要时还应到现场实地考察踏勘,根据国家技术经济政策和业主要求,充分考虑影响因素,提出在技术上可行的若干方案,对各个方案拟定出开拓运输系统、通风系统,确定主要开拓巷道类型、位置和断面尺寸,绘出开拓方案草图,从其中初选出 3 ~5 个可能列入初步分析比较的开拓方案。

在开拓方案初选阶段,既不要遗漏技术上可行的方案,又不能将有明显缺陷的方案列入比较。

(2) 开拓方案的初步分析比较。对初选出的开拓方案,进行技术、经济、建设时间等方面的初步分析比较,删去某些无突出优点和难于实现的开拓方案,从中选出 2 ~3 个在技术经济上难于区分的开拓方案,列为进行技术经济比较的开拓方案。

(3) 开拓方案的技术经济比较。对初步分析比较选出的 2 ~3 个开拓方案,进行详细的技术经济计算,进行全面的技术经济比较,并进行开拓方案的综合分析,从中选出最优的开拓方案。

B 开拓方案比较的内容

开拓方案的比较,常用类比法和方案比较法。但随着运筹学和系统工程学的发展以及计算机的广泛应用,国外从 20 世纪 70 年代起较多地采用经济数学模型进行矿井开拓设计的最优化选择。其他还有用多方案求解法、数学分析法、线性规划和图论等方法选择最优化方案。这些先进方法的优点是可以计算出大量的开拓开案，综合考虑多种参数的影响，从中得出最优的方案。在这里仅介绍常用的方案比较法。当工程不太复杂，不涉及厂址，方案的技术优缺点十分明显时，采取技术分析和主要工程对比，就能确定方案。如果通过这样的比较还不能确定方案时，则采取全面的技术经济比较确定方案，称之为方案比较法。其比较内容如下：

(1) 基建投资。

1) 井巷工程(包括井筒、平巷、溜井-破碎系统，大型硐室等)投资费用。

2) 地表建筑和构筑物(包括井架、矿仓、井口建筑和构筑物)的投资费用。

3) 设备(包括提升、运输、通风、排水、压气设备等)购置费用。

(2) 经营费。

1) 井巷开拓工程、地表建筑和构筑物的折旧与维修费。

2) 坑内与地表的运输费。包括设备折旧与维修费、动力费、辅助材料费及工资等。

3) 提升、排水、通风等费用。

C 开拓方案的综合分析

一般包括下列主要内容：(1)技术上的优缺点；(2)基建投资，特别是一次投资的多少；(3)经营费的高低；(4)返本年限的长短；(5)贴现率(内部收益率)的高低；(6)使用土地的好坏和多少；(7)基建时间的长短；(8)国家的技术经济政策及环保能耗指标等。

通过综合技术经济比较，评价各方案的主要优缺点，并得出结论性意见。

开拓方案比较中应注意下列事项：(1)一般相同项目和费用不参加比较；(2)基建投资应计算到具备投产和达产的条件；(3)基建费与经营费计算均考虑影响方案取舍的主要项目，一般项目可不计算和不参加方案比较。

9.2.3.4 开拓方案选择实例

A 白象山铁矿开拓方案选择简介

白象山铁矿床赋存在闪长岩与砂页岩接触带部位，矿体走向长1780m，倾向以4B线为界，4B以南南倾，倾角25°左右；4B以北北倾，倾角5°~25°，总体呈波状向北倾状；矿体赋存标高-200~-600m，平均厚度34.41m，最大可达121.72m。水平厚度最大在矿体西翼达300~400m，其他部分厚度变化在10~120m。设计规模原矿2Mt/a，控制性工程(主要提升及井下粗破碎)为2.5Mt/a。根据矿体赋存情况及建设条件，初选四个开拓方案：

(1) 方案一：主副井、选矿厂在龙尾冲方案。

采用主、副井开拓，主副井和选厂布置在龙尾冲的山坡上，工业场地靠近矿体(在-470m水平副井离矿体约660m)。

主井为箕斗井，净直径5.3m，井口标高约55m，井底-613m，井深668m，内配12m³双箕斗，选用JKM-3.5×6(Ⅲ)E多绳提升机，电机功率2240kW，主要用于提升矿石和废石，有轨运输阶段在-470m。-510m设矿石集中破碎站，破碎后的矿石、废石由设于-553m的装矿皮带道和计量斗装箕斗提升至地面。

副井净直径6.2m，采用5180mm×3000mm双层罐笼带平衡锤提升，选用JKMD-3.25×6(Ⅲ)E多绳提升机，电动机功率800kW。

此方案基建工程量少，基建时间相对较短。

(2) 方案二：主副井、选矿厂在泉水湾方案。

此方案主要是针对方案一征地可能困难提出的。采用主副井开拓，主副井和选矿厂布置在泉水湾的山坡上。和方案一相比，主副井远离矿体多460m左右，井下运距也多460m。此方案基建时间相对要长一些，人员上下班井下需多走460m。

(3) 方案三：副井在钟山，主井和选矿厂在龙尾冲方案。

采用主副井开拓，副井布置在钟山(青山河的西面)，主井和选矿厂在龙尾冲的山坡上。井下人员和材料均从钟山副井下到井下，机修可完全利用已有的设施。副井场地应增设变电所，为副井服务，地表布置空压机房。但在主井附近需设一条进风井(即方案一中的副井位置)，进风井内设梯子间，排水管、供水管、供电电缆从进风井走。

本方案基建工程量大，但利用了原来的一些设施，如原有的一些住宅和土地，可减少征地的数量。但副井石门巷道长，到矿体约1800m；巷道需要穿过F_2断层，F_2断层导水性强，周围岩石不好，给施工会带来一定的难度；但由于副井原来掘进时涌水就很大，因此井筒所处的条件是一个未知数。

(4) 方案四：钟山通地表的斜坡道，主井和选矿厂在龙尾冲方案。

采用主井和辅助斜坡道开拓，辅助斜坡道开口布置在钟山(青山河的西面)，主井和选矿厂在龙尾冲的山坡上。在钟山掘进斜坡道到－450m水平(即取代方案三中的副井和副井石门)，人员材料通过无轨设备运输到井下，从地表到井下－450m水平辅助斜坡道长约3300m。该方案减少了井筒装备、井塔及提升设施，无轨设备上下、材料运输非常方便，但斜坡道运输紧张。

4个方案的比较见表9-18。

表9-18 白象山铁矿开拓方案可比工程量和投资

序号	项目名称	方案一：主副井、选厂在龙尾冲方案	方案二：主副井、选厂在泉水湾方案	方案三：副井在钟山，主井和选厂在龙尾冲方案	方案四：钟山通地表的斜坡道，主井和选厂在龙尾冲方案
1	可比基建工程量/m^3	62343	79999	95394	105950
2	投资/万元	4630	5631	6646	6621
(1)	井巷工程/万元	3061	3801	4846	5483
(2)	坑内运输/万元	138	399	369	147
(3)	副井提升系统/万元	1431	1431	1431	
(4)	井下无轨运输设备/万元				990
3	优 点	工程量省；基建投资省；基建时间短		利用了矿山原有的一些地表设施； 可以较好地利用已有的机汽修设施	利用了矿山原有的一些地表设施； 可以较好地利用已有的机汽修设施； 无轨设备出入井下方便
4	缺 点		和方案一相比： 工程量大； 基建投资大； 基建时间长	基建工程量大； 基建时间长； 石门巷道要穿过F_2断层存在一定的风险	基建工程量大； 基建时间长； 斜坡道需要穿过F_2断层存在一定的风险

从表9-18比较的结果可看出，方案一投资省、优点多，经综合考虑确定采用方案一，即主副井、选矿厂在龙尾冲方案。

B 大岭镍矿开拓方案选择简介

吉林镍业公司大岭矿为该公司矿山之一，原为露天开采，采矿规模为400t/d。为了持续生产，露天结束后转入地下开采，采矿规模为500t/d。

本次开采主要对象是F_1断层1上矿体，走向北西40°，倾角约40°，矿体长180m，平均矿体厚度30～50m，1上矿体上盘为橄榄岩，下盘为黑云母片麻岩，均比较稳固。

初选后设计提出了4个开拓方案：

(1) 第1方案——原主、副斜井方案。利用该矿已有主、副斜井继续延深后作为地下开采的主、副井，主井用于提升矿石，副井用于运送人员、材料、废石，兼作进风井，并新开一条回风井。主斜井总斜长458m，其中一期225m，断面6.5m^2，地下矿石经主斜井提升至地表，由汽车转运至粗碎矿仓，废石经副斜井提升至地表。

(2)第2方案——新主斜井用单箕斗提升方案。该方案是在矿体北翼距选厂和粗碎矿仓约50m的地方开凿一条总长850m的主斜井，用作提升矿石，其中一期长550m。原有主、副斜井继续延深，分别作副井和回风井。地下矿石提升至地面后，由带式输送机转运到选厂粗碎矿仓。井筒断面与提升机等同第1方案。

(3)第3方案——新主斜井箕斗配平衡锤方案。该方案新主斜井位置及斜井、副斜井及回风井、坑内及地表运输方式等同第2方案。新主斜井断面增大到10.3m^2,箕斗配平衡锤,提升机电动机功率310kW。

(4)第4方案——竖井方案。该方案在矿体北翼18勘探线附近新建竖井,净直径5m,井深416m,其中一期266m,用于提升矿岩、运送人员及材料。原有副斜井延深作进风井,主斜井延深作回风井。地表矿岩运输均采用电机车,分别运往选厂和废石场。竖井提升机电动机功率为630kW。

大岭镍矿一采区开拓系统如图9-8所示。开拓方案优缺点见表9-19。

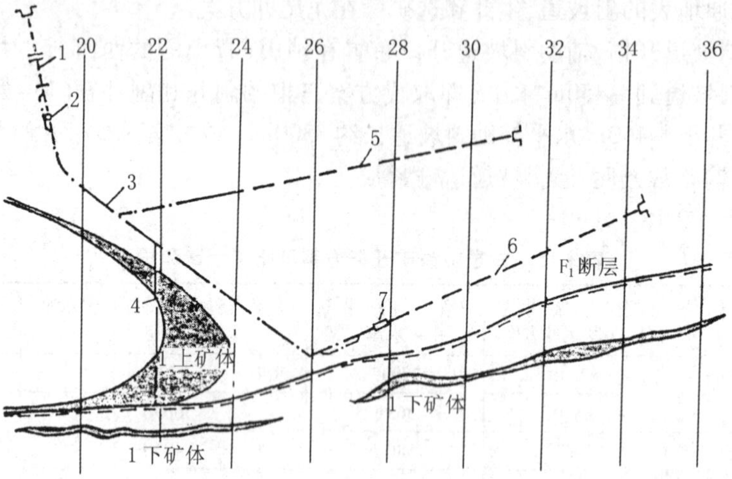

图9-8 大岭镍矿一采区开拓系统

1—主斜井;2—矿仓;3—沿脉运输巷道;4—穿脉巷道;5—风井;6—副斜井;7—副井吊桥硐室

表9-19 大岭镍矿开拓方案优缺点比较

方案	第1方案	第2方案	第3方案	第4方案
优点	(1)基建工程量少; (2)利用已有主、副斜井	(1)基建工程量少; (2)主井口靠近选厂粗碎仓,矿石运输简单	(1)主井提升卷扬机电机功率小; (2)主井口靠近选矿厂粗碎仓,矿石运输简单	提升矿岩及运送人员材料安全可靠
缺点	(1)主井口距露天矿边坡近,提升作业安全性差; (2)主井提升卷扬电机功率大	主井提升卷扬电机功率大	基建工程量多	(1)基建工程量多; (2)需要改造选厂粗碎矿仓

4个方案中,第4方案与第2、3方案相比,年经营费相差不多,与第1方案相比,尽管年经营费节省,但投资多,多投资与节省的经营费相比,投资返本期长达33年,经济上明显不合理。第4方案作为唯一的竖井方案,虽具有提升矿岩及运送人员与材料较为安全的优点,但该方案还需要改造选厂粗碎仓,基建期间将影响露天矿生产,技术上是不利的。因此,第4方案是不可取的。第1方案与第2方案在技术和经济上相差不多。第3方案与第1方案及第2方案相比,节省的经营费与多花的投资相比较,投资返本期分别为4.3年和5.7年,说明第3方案在经济上是优于第1、2方案的。从优缺点对比来看,第1、2方案较第3方案虽具有基建工程量少的优点,但第1方案因主斜井口靠近露天矿边坡,存在着提升作业安全性差的缺点。另外,第1、2方案还存在着主井断面小,提升不能采用节省能耗方式。这些使得第1、2方案在技术上都不及第3方案优越。经综合分析比较,第3方案在技术和经济上都是比较好的。因此,推荐采用第3开拓方案,即新斜井箕斗配平衡锤方案。

C 程潮铁矿西区开拓方案选择简介

程潮铁矿分东区和西区两区开采。第28~15勘探线为东区,第15~55勘探线为西区,西区长1200m。

西区赋存有Ⅲ、Ⅳ、Ⅴ、Ⅵ号矿体,其中Ⅲ、Ⅵ号矿体的储量比例较大。Ⅲ号矿体平均厚44m,Ⅵ号矿体平均厚76m,与铁矿石共生的还有硬石膏。

西区设计能力年产矿石2Mt。其中一期Ⅲ号矿体上部0.2Mt。一期投产后,二期续建Ⅵ号矿体,综合形成年产原矿 2Mt 的能力。

a 开拓方案简况

根据程潮铁矿西区矿体赋存情况及建设条件，经初步分析比较选出 2 个开拓方案即竖井和胶带输送机斜井方案进行技术经济比较评价。

(1) 第 1 方案——竖井开拓方案。

在西区栗岭建 1 号、2 号主提升井和副井，井口标高为 +90m。

1 号主井（箕斗井）净直径 5.5m，一期建井至 -640m 水平，井深 730m。二期延伸至 -850m 水平，最终延伸至 -950m 水平。坑内破碎硐室分别设在 -540m、-750m、-890m 三个水平。

1 号箕斗井一期担负矿石和废石提升任务，二期只提升矿石。井筒内设 $14m^3$ 底卸式单箕斗，选用 JKM4 × 6 型多绳提升机，电动机功率 3200kW。

2 号主井（箕斗井）净直径 6m，一次建井至 -850m，井深 940m，最终延伸至 -950m。破碎硐室设在 -750m 和 -890m 标高，井筒提升矿石及废石。井筒内设 $17m^3$ 底卸式单箕斗，选 JKM4.5 ×6 型多绳提升机，电动机功率 4300kW。

副井为椭圆形断面，长轴 $a=4m$，短轴 $b=3m$，一期掘至 -874m，最终深度 -944m，井筒内设 3 号和 6 号双层罐笼带平衡锤提升，提升机分别为 JKM2.8 ×4 型（电机功率 380kW）和 JKM3.25 ×4 型（电机功率 570kW）。

阶段平巷运输，采用 10t 电机车双机牵引 $6m^3$ 底卸式矿车运输。

(2) 第 2 方案——胶带输送机斜井开拓方案。

在西区西部布置斜井，井口标高 +60m，阶段平巷运输和副井提升设施均与竖井开拓方案相同。

斜井内安设宽 1200mm 钢绳芯胶带输送机运送一、二期全部矿石和废石。斜井断面 $18.1m^2$，分二期建设，一期掘进至 -570m 水平；二期至 -920m 水平（盲斜井）。上下二段斜井形成折返接力运输。斜井倾角 15°。上部斜井长 2396m，下部斜井长 1352m。破碎站设在 -540m 和 -890m。

为了加快斜井掘进，采用平行双巷斜井，即平行于胶带输送机主斜井一侧另开凿一条施工措施斜井，断面为 $10.6m^2$。

b 方案技术比较

(1) 竖井方案可分期建设；斜井方案需一次建成，因此一期运输能力偏大。

(2) 主斜井井筒长，在当时缺乏无轨配套施工设备的条件下，其施工技术比较困难；废石运输距离长，用常规有轨施工运输工具不适应，通风困难，掘进速度慢。

(3) 竖井开凿在花岗岩、石英长石斑岩和闪长斑岩中，岩石坚硬，有利于施工和生产。斜井建在花岗岩、石英长石斑岩中，中间有约 50 ~ 80m 地段通过大理岩和 F_{15} 断层带，水文和岩石破碎情况不明。

c 方案经济比较

(1) 基建投资。两方案的投资是按一、二期可比部分分别进行比较，相同部分不参与计算。主要投资项目包括：各方案的井筒、井底车场、石门、提升机、井塔、地面胶带运输和井口废石运输设施等。可比投资见表 9-20 和表 9-21。

表 9-20 程潮铁矿西区竖井开拓方案可比部分投资 (万元)

序 号	项目名称	一期	二期	合 计
1	竖井井筒小计	303.32	636.62	939.94
	1 号主井	303.32	137.53	
	2 号主井		499.09	
2	其他井巷小计	1166	1100	2266
	主井井底车场	981	870	
	主、副井石门	185	230	
3	井塔及提升机小计	454.92	559.96	1014.88
	1 号井提升系统	454.92		
	2 号井提升系统		559.96	

续表 9-20

序号	项目名称	一期	二期	合计
4	矿石地表胶带输送机小计	186.61	35.64	222.25
	1 号胶带系统	21.56		
	2 号胶带系统		35.64	
	3 号胶带系统	33.84		
	4 号胶带系统	131.21		
5	废石运输小计	16.7	9.2	25.9
	井口废石运输	9.1	4.6	
	干选废石运输	7.6	4.6	
6	合计	2127.55	2341.42	4468.97

表 9-21 程潮铁矿西区斜井开拓方案可比部分投资 （万元）

序号	项目名称	一期	二期	合计
1	斜井井筒小计	1089.98	568.06	1658.04
	主斜井（第一段直通地表）	1089.98		
	盲斜井（第二段）		568.06	
2	其他井巷小计	1368	1473	2841
	主斜井底车场	577	461	
	主斜井石门	96	186	
	副井石门	695	826	
3	提升系统小计	496	431.51	900.51
	主斜井钢芯胶带输送机	496		
	-570m 水平平巷钢芯胶带输送机		76.39	
	盲斜井钢芯胶带输送机		355.12	
4	矿石地表运输小计	117.6		117.6
	井口钢芯胶带输送机	56		
	地面通廊及矿仓	61.6		
5	废石运输小计	52.9	13.8	66.7
	井口废石运输（汽车）	16.7	9.2	
	干选废石（汽车）运输	36.2	4.6	
6	合计	3097.48	2684.37	5583.85

从表 9-20 和表 9-21 可知，斜井方案的建设投资比竖井方案高，尤其是斜井方案的初期投资较大，影响其经济效果。

（2）年经营费。年经营费按提升运输内容，并根据矿石年产量分阶段进行计算。两方案相同工艺所发生的相同费用不参与计算，只比较可比部分，见表 9-22 和表 9-23。

表 9-22 程潮铁矿西区竖井开拓方案逐年经营费

序号	项目名称	生产年度								
		6	7	8～13（每年）	14	15	16	17～26（每年）	27～36（每年）	36～37（每年）
0	矿石年产量/Mt	0.48	0.67	0.80	1.36	1.60	1.80	2	2	2
1	1 号竖井提升费/万元	65.58	82.75	95.13	104.43	104.43	104.43	104.43	110.03	110.03
2	2 号竖井提升费/万元				75.35	97.88	112.98	136.77	136.77	136.77
3	1 号胶带输送机运费/万元	8.4	10.97	12.72	12.72	12.72	12.72	12.72	12.72	12.72
4	2 号胶带输送机运费/万元				8.53	11.06	13.16	15.29	15.29	15.29
5	3 号胶带输送机运费/万元	7.1	8.7	9.8	13.98	16.43	18.17	19.82	19.82	19.82
6	4 号胶带输送机运费/万元	10.6	12.85	14.43	21.13	24.01	26.40	28.8	28.8	28.8
7	井口废石运输费/万元	1.1	1.44	1.72	2.92	3.44	3.87	4.3	4.3	4.3
8	干选废石运输费/万元	0.8	1.1	1.28	2.18	2.56	2.88	3.2	3.2	3.2
9	合计/万元	93.58	117.81	135.08	241.24	272.53	294.61	325.33	330.93	345.93

注：年产矿石 2Mt 时可采 32 年以上，32 年平均年经营费 305.42 万元，仅采Ⅲ矿体时，年产原矿 0.8Mt，17 年平均年经营费为 131.62 万元。

表 9-23 程潮铁矿西区胶带斜井开拓方案逐年经营费

序号	项目名称	生产年度						
		6	7	8～13(每年)	14	15	16	17～37(每年)
0	矿石年产量/Mt	0.48	0.67	0.80	1.36	1.60	1.80	2
1	+50～-570m 主斜井胶带输送机运费/万元	68.33	76.22	81.91	96.51	106.12	113.45	121.00
2	-570m 水平胶带输送机运费/万元				12.63		13.35	11.39
3	-570～-780m 盲斜井胶带输送机运费/万元				60.20	64.84	68.43	72.11
4	井口矿石胶带输送机运费/万元	10.33	11.19	11.79	14.35	15.45	16.37	17.28
5	井口废石胶带输送机运费/万元	5.1	7.1	8.5	14.4	17.00	19.2	21.30
6	干选废石胶带输送机运费/万元	3.85	5.36	6.4	10.88	12.80	14.4	16.20
7	合计/万元	87.61	99.87	108.60	208.97	229.58	245.70	262.08

注:年产原矿 2Mt 时,可采 32 年以上,32 年平均年经营费 219.59 万元;仅采Ⅲ矿体时,年产 0.8Mt 矿石,17 年平均年经营费 106.85 万元。

从表 9-22 和表 9-23 可知,竖井方案经营费比斜井方案高。

(3)静态超额投资还本期。计算基础:按设计规模为年产原矿 2Mt,用生产期间的平均年经营费计算还本期 $T_1=13$ 年;按矿山达产后正常生产的年经营费计算还本期 $T_2=13.3$ 年。

即从静态超额投资还本期来看,斜井方案不如竖井开拓方案好。

(4) 动态超额投资收益率。根据计算,斜井方案超额投资收益率仅为 2.25%,说明斜井方案不如竖井方案好。

d 开拓方案比较结果

根据经济分析,并综合考虑两方案的其他技术因素,比较结果见表 9-24。

表 9-24 程潮铁矿西区开拓方案综合比较

序 号	项目名称		斜井方案	竖井方案	竖井与斜井比较
1	可比投资/万元		5584	4469	-1115
2	可比年经营费/万元	正常生产年经营费	262.08	345.93	+83.85
		32 年平均年经营费	219.59	305.42	+85.83
3	可比定员/人		103	121	+18
4	占用田地/hm^2		4.77	2.95	-1.82
5	设备质量/t		1971	1501	-470
6	静态投资返本期/a		13	—	—
7	动态超额投资收益率/%		2.25		

资料来源:《采矿手册(第 4 卷)》。

e 结论

由于竖井方案基建工程量小,提升井可分期建设、投资省、建设速度快、占地少、搬迁户少等优点,设计推荐竖井开拓方案。

9.2.3.5 分期开拓问题

分期开拓是减少矿山初期投资、降低矿石生产成本和加快建设速度的一种措施。但是分期不当也会带来达产期延长、总投资现值增加、生产基建相互干扰等问题。

分期开拓可分为沿矿体走向分期和沿倾斜分期两种方式。分期开拓深度及范围必须经过技术经济比较后确定。

影响分期开拓深度或分区范围的技术因素:地质勘探程度,水文地质条件,矿体赋存条件及地质构造,矿石种类及质量,矿床开采技术条件,矿山建设规模、基建工程量与建设速度、投产时间,前期开拓的井巷工程和有关设施在后期利用的程度,矿床开采强度,矿山通风和排水运输系统的合理性。

最终,分期开拓深度或分区范围应通过综合经济比较确定。

9.2.4 竖井开拓

9.2.4.1 概述

竖井开拓适应性很强,适用于各种地质条件,更适用于赋存于地面以下、急倾斜或缓倾斜矿体及需特殊凿井法施工的矿井，其技术也较成熟，国内外矿山已广泛采用。由于竖井提升能力大，自动化程度高，故常用于大、中型矿山。

随着埋藏较深矿体的开采和工程地质、水文地质等复杂矿床的建设，采用竖井开拓的矿山将会增加。根据矿山设计及生产实践，矿床开采深度超过500~800m、年产量在0.5~0.8Mt以上时，应优先考虑竖井开拓。

竖井开拓的缺点是生产矿山井筒延深困难，安全性差。因此，为便于矿山达产后持续正常生产，基建时将井筒开掘到足够深度，使开拓矿量保有期达到8~15年，大型矿山取大值。

竖井是联系井上、井下的咽喉要道，一般是担负矿石、废石、人员、材料及设备的垂直提升任务，因此，竖井的提升系统十分重要。竖井提升系统如图9-9所示。

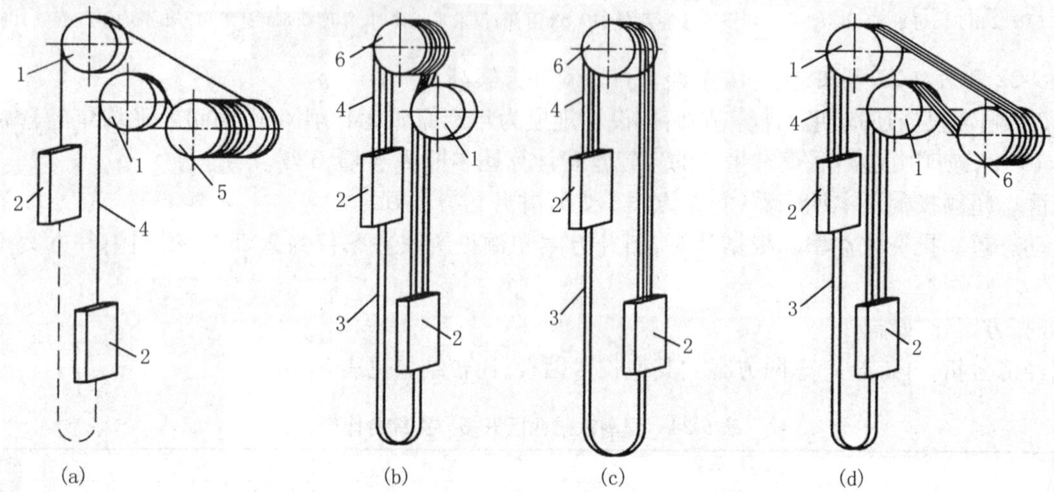

图9-9 竖井提升系统示意

(a)单绳缠绕；(b)塔式多绳摩擦；(c)塔式多绳摩擦(无导向轮)；(d)落地式多绳摩擦

1—天轮或导向轮；2—容器/配重；3—尾绳；4—首绳；5—主轴装置；6—摩擦轮

目前，竖井提升可以采用单绳缠绕式提升机，也可以采用多绳摩擦式提升机或布雷尔式提升机等。

在国内，一般单绳缠绕式提升机多用于深度小于400~600m的矿井；多绳摩擦式提升机多用于深度300~1400m的矿井。

多绳摩擦式提升机与单绳缠绕式提升机相比，具有适于深井重载提升、钢绳直径小、设备质量轻、投资省、耗电少、安全可靠等优点，因而在国内获得了广泛的应用。其缺点是基建时间长。当采用重平衡绳或加重的提升容器时，多绳摩擦式提升机也可用于深度小于300m的矿井。一般深度小于300m的矿井应优先考虑采用ϕ3m以下的单绳缠绕式提升机。一些国家的使用经验证明，为了保证提升钢丝绳的必要使用寿命，在提升钢丝绳任意断面处的应力波动值一般不应大于165N/mm^2。

多绳摩擦式提升有塔式和落地式两种，目前两种都应用普遍。二者相比，落地式多绳提升的主要优点如下：

(1) 建井架比建井塔占用井口时间短，井筒装备和提升机安装工程可同时施工，可以加快建设进度；

(2) 在工程地质不良和地震区，提升机房和井架的安全稳定性比井塔高。

其主要缺点是：占地面积大，对工业场地比较狭小的矿井不便采用。

在某些具体条件下，采用落地式还是采用塔式，应结合具体情况分析，并通过经济比较确定。

竖井开拓应注意的问题：

(1) 主、副井尽可能布置在矿体中间厚大部位的下盘，采用集中布置。在主、副井之间布置井下破碎系统时，主、副井间距不小于50m。

(2) 提升竖井作为安全出口时必须设有提升设备和梯子，梯子和梯子间平台等构件要有足够的强度并要考虑防锈蚀措施。梯子间的设置，必须符合《金属非金属矿山安全规程》的规定。

(3) 位于地震区的竖井，当井深超过300m时，每隔200m左右应在井筒附近设一休息室(硐)，并与梯子间平台相通。当设计地震烈度为 8 ~9 度时,处于表土段的井筒直至基岩内 5m,必须用双层钢筋混凝土作井颈;靠近井口的各种预留硐口(压气管硐、水管硐、通信硐)应尽量错开布置,避免在同一水平截面或竖直面内将井壁削弱过多,必要时井壁需进行加固。

(4) 井筒有淋水时,马头门以上 1 ~2m 处须设集水圈。

(5)深井地温随深度的增加而增高,必须采取降温措施,井筒断面应考虑制冷管道的敷设和增加备用管道的位置。

9.2.4.2 竖井开拓的布置方式

竖井开拓按井筒与矿体位置的不同分为下盘竖井开拓、侧翼竖井开拓、上盘竖井开拓和穿过矿体的竖井开拓,其中穿过矿体的竖井开拓很少采用。

A 下盘竖井开拓

在矿体下盘错动范围之外布置竖井,从竖井的阶段水平开马头门、车场、阶段平巷直至矿体。下盘竖井开拓对井筒保护有利,一般不需留有保安矿柱。

对于矿体走向长,特别是规模大的矿山,一般情况下,只要地表地形、工程地质条件及厂址允许,应首先考虑采用下盘竖井开拓,井筒布置在井下运输功最小或接近最小的部位,以获得较好的效益。

在竖井开拓中,下盘竖井开拓是应用最多的,更适合于埋藏较深的急倾斜矿体。

随着井深增加,石门长度加大,当矿体倾角变缓时,下部石门长度增加,开拓工程量加大。此时,对于大型矿山可考虑组合石门以减少工程量。

B 侧翼竖井开拓

在矿体侧翼错动带 20m 之外布置竖井。这种布置方式井下各阶段平巷和运输线路只能是单向的,掘进的巷道和运输线路均较长。

侧翼竖井开拓适用于下列情况:

(1) 上、下盘岩体工程地质条件差,不宜设置竖井,而侧翼工程地质条件较好;

(2) 上、下盘地表工业场地或井口布置受地形地貌限制,而侧翼有合适的工业场地;

(3) 选厂和尾矿设施等适宜布置在矿体侧翼,井下矿岩运输与地表矿岩运输流向一致;

(4) 矿体走向长度很短,掘进量小,运输费用低,或者矿体倾角缓,竖井布置在上盘、下盘的石门长度很大,掘进量大时。

C 上盘竖井开拓

在矿体上盘错动带 20m 之外布置竖井,从竖井再掘进阶段石门通达矿体。

当矿体的下盘或侧翼地面没有工业场地,没有建厂条件时,只好建在上盘;或者矿体的倾角近于垂直或水平,竖井布置在上盘对厂址和外部运输有利,而且,基建投资、安全条件和经营费等优于下盘竖井时,方可采用上盘竖井开拓。

上盘竖井与下盘和侧翼竖井开拓相比,其主要缺点是:初期石门长,因而基建工程量大,基建时间长、投资多,影响企业经济效益。若竖井穿过矿体,虽然克服上述缺点,但需留大量保安矿柱。

上盘竖井开拓很少使用。

竖井开拓布置方式见表 9-25。

表 9-25 竖井开拓布置方式

开拓方式	矿山(工程)名称	井巷形式	设计生产规模/(t/d)	采矿方法
下盘竖井开拓	安庆铜矿	主井、副井、斜坡道	3500	分段空场嗣后充填法, 大直径深孔阶段空场嗣后充填法
	三山岛金矿一期工程	混合井、斜坡道	1500	点柱式上向分层充填法
	武山铜矿深部工程	主井、副井、斜坡道	5000	分段空场嗣后充填法, 下向六角形进路胶结充填法
	大尹格庄金矿一期工程	混合井、辅助井	2000	
	吴县银铅锌矿	罐笼井	300	分段空场嗣后充填法, 浅孔留矿法

续表 9-25

开拓方式	矿山(工程)名称	井巷形式	设计生产规模/(t/d)	采矿方法
侧翼竖井开拓	金川Ⅲ矿区	主井、副井、辅助斜坡道	5000	自然崩落法
	白象山铁矿	主井、副井、辅助斜坡道	2Mt/a	点柱式上向分层充填法
	冬瓜山铜矿	主井、副井、辅助井等	10000	分段空场嗣后充填法, 大直径深孔阶段空场嗣后充填法
上盘竖井开拓	金川二矿区850工程	主井、副井、主斜坡道等	8000	机械化盘区下向进路 胶结充填法
	铜绿山铜铁矿二期 深部开采工程	主井、副井	2500	上向分层充填法,VCR法

9.2.4.3 竖井提升方式

竖井提升方式按提升容器分主要有罐笼、箕斗、或既有罐笼又有箕斗,其分别称为罐笼井、箕斗井和混合井。

A 罐笼井

罐笼井除提升矿石外,也可提升废石、升降人员、设备、材料,并作进风井。它具有多功能的特点。但这种提升容器也有提升能力小,矿车上、下罐笼复杂,劳动强度大,用人多和提升费用高等缺点,故大中型矿山多作为副井,小型矿山作为矿石提升井。对于具有黏结性、结块性,不适于用溜井放矿和箕斗提升的矿石或不宜于过分粉碎的矿石也可用罐笼提升。

作为主要提升井时,由于一井多用,在生产能力计算上要留有充分的余地,以确保矿山正常生产。作为副井提升时,现有生产矿山多用于提升废石,因而也造成副井提升任务的繁重和紧张。新建矿山作为副井提升时,可考虑不提废石,只作人员、设备、材料及进风井之用。

罐笼井根据提升量的大小,可用单罐和多罐等提升方式。产量小、多阶段提升矿石时,可用单罐。如用一台提升机提升双罐时,为了提高提升能力,以采用集中出矿单阶段提升为好。作为大中型矿山的副井,多采用单罐提升。

大型和特大型矿山,罐笼井不论作为主井还是副井提升,为了节约能源、降低成本、方便人员上下以及紧急提升,除设有大型罐笼外,还应设有小型的交通罐。

B 箕斗井

大型和特大型以及开采深度大的中型矿山,多采用箕斗提升矿石。箕斗提升能力大、效率高、成本低,但工程量大、投资高。箕斗除提升矿石外也可兼提废石。用箕斗提升废石可减轻副井提升的压力,并可简化副井上、下罐的设施。废石量很大的矿山,也可设专提废石的箕斗提升系统。箕斗井一般不得作进风井。

用箕斗提升矿石的矿山,箕斗井作为主井,而罐笼提升作为副井,用于提升人员、设备和材料。

用箕斗井提升矿石的矿山,其罐笼井(或斜坡道)可与箕斗井集中布置,也可以分散布置。集中布置时其主、副井的距离不应小于30m。

集中布置的优点:

(1) 工业场地集中,节省占地面积,简化地面和井下车场布置,减少地面土石方量、井下开拓工程量和投资,又便于生产管理;

(2) 有利于基建施工、竖井延深、粉矿回收和集中排水;

(3) 井下运输和排水方向一致,有利于巷道施工。

因此,只要厂址布置可能,应尽量采用集中布置。只有受厂址、地形、废石排放和副井石门太长等条件限制,不能集中布置时,才采用分散布置,如安庆铜矿采用分散布置。

C 混合井

混合井是指箕斗和罐笼两种提升容器同时布置在一个井筒中。按提升方式分主要有两种:

(1) 两套提升机分别提升箕斗、罐笼,并配有平衡锤的提升方式,多适用于大中型矿山;

(2) 一套提升机提升箕斗和罐笼,且互为配重的提升方式。

冶金矿山一般采用第一种提升方式,其优缺点如下:

(1) 优点。混合井共用一个井架(塔),工业场地占地面积小;混合井具有箕斗和罐笼提升的双重优点,它比主、副井分开布置开拓工程量少、投资省、粉矿回收方便、管理集中,在某些条件下混合井开拓可与胶带输送机斜井开拓相媲美。

(2) 缺点。箕斗在提升和卸矿的过程中有时撒矿,粉尘大又威胁井底车场作业人员的安全,并有砸坏井筒中的管道、电缆的可能;两套设备不同时检修时,对生产互有影响;竖井延伸影响生产。

20 世纪 50 ~ 60 年代,我国有些有色冶金矿山设计采用了混合井开拓,在生产中暴露出一些问题,其应用受到影响。

为了克服上述缺点,有的矿山采取以下措施:将两套提升设备,在井筒中自上而下全部隔开。当混合井采用多绳提升时,应及早研究处理好延伸井筒的措施。有条件时,竖井一次建成。

《金属非金属矿山安全规程》规定:混合井作进风井时必须采取有效的净化措施,保证风源质量。

9.2.4.4 竖井选择中的几个问题

A 竖井位置的选择

选择竖井位置时要综合考虑矿体产状、工程地质条件、地形、工业场地、地表破碎厂位置及内部、外部运输等因素,并注意下面几个问题:

(1) 主副井尽可能布置在矿体厚大部分的中央下盘,在考虑运输功最小的同时,必须注意外部运输流向,减少反向运输量,使内外部运输功最小。

(2) 主副井应尽量集中布置,注意不占或少占良田林地。井口标高应高出当地历史最高洪水位 1m 以上。在中央式主、副井之间布置破碎系统时,两井间距应不小于 50m。

(3) 井筒应避免压矿,并布置在错动区之外 20m;当有可能发生山洪、山坡滚石及岩崩等危险时,井口要远离上述危险区。

(4) 井筒要避免穿过流砂层、含水层和断层破碎带,若避不开时,设计上应采取措施。

(5) 竖井断面及提升能力的确定,应根据矿山远景资源储量及服务年限考虑采矿工艺和设备的发展,应留有应变的富余能力。

B 罐笼井和箕斗井的选择

根据生产矿山多年经验,当矿石年产量在 0.3Mt 以下,竖井深度在 250 ~ 300m 以内时,通常采用罐笼提升。

当矿石年产量超过 0.5Mt,井深大于 250 ~ 300m 时,通常采用箕斗提升。

当矿石年产量在 0.3 ~ 0.5Mt 时,应进行技术经济比较来选择采用何种提升井。

当开采深度较大、地质条件复杂和井筒施工困难时,为减少工程量,适当减少井筒数目,并能获得较好的经济效益时,可考虑采用混合井提升。

C 竖井作为安全出口时提升装备选择

这类竖井必须设有梯子间。梯子构件和梯子间平台构件等要有足够的强度并有防锈蚀措施,便于地表抢救人员和井下人员从梯子间出入或撤离。

规程规定:垂直深度超过 50m 的竖井作为人员出口时,必须用罐笼或电梯升降人员。

D 辅助提升井设施的选择

根据矿山生产实践,年产量 0.5 ~ 0.6Mt 以下的矿山一般可设一套辅助提升设施;年产量大于 1Mt 的矿山应设两套辅助提升系统;年产量在 0.5 ~ 1Mt 的矿山设 1 ~ 2 套辅助提升系统。

9.2.4.5 竖井设计有关规定/要求

A 一般规定

(1) 主副井之间布置破碎系统时,两井之间距离不得小于 50m。

(2) 井筒断面为圆形时,在一般情况下,净直径应按 0.5m 模数进级;当井筒直径大于 5.0m 或井深超过 600m 时,可按 0.1m 模数进级;矩形井筒应按 0.1m 模数进级。

(3) 圆形竖井设计,应标出竖井中心坐标、提升中心坐标以及井口标高,在竖井及马头门的平面图上应分别标出方位角。

(4) 箕斗井不得兼作进风井。混合井作进风井时,必须采取有效的净化措施,保证风源质量。

B 断面设计

(1) 断面设计应根据提升容器、井筒装备、安全间隙、竖井延深方式及通风等要求确定。

(2) 竖井提升容器之间以及提升容器与井壁或罐道梁之间的间隙,必须符合表9-26的规定。

表9-26 竖井安全间隙

(mm)

罐道和井梁布置		容器和容器之间	容器和井壁之间	容器和罐道梁之间	容器和井梁之间	备注
罐道布置在容器一侧		200	150	40	150	罐道和导向槽之间为20
罐道布置在容器两侧	木罐道	—	200	50	200	有卸载滑轮的容器,滑轮和罐道梁间隙增加25
	钢罐道	—	150	40	150	
罐道布置在容器正面	木罐道	200	200	50	200	
	钢罐道	200	150	40	150	
钢丝绳罐道		450	350	—	350	设防撞绳时,容器之间的最小间隙为200

(3) 专用风井的风速不得大于15m/s。兼作通风的竖井断面,应进行风速验算,其风速不得超过下列规定:专用物料提升井为12m/s;提升人员和物料的井筒及修筑中的井筒为8m/s。

C 井筒装备

(1) 木罐道宜采用材质致密、强度高的红松制成。当采用其他木材时,其顺纹、横纹的抗压强度不得低于东北红松,收缩率不得大于东北红松。

(2) 木罐道的截面可按表9-27选用。钢罐道结构上能满足要求时,可按经验选取。

表9-27 木罐道尺寸

(mm)

罐笼型号与配重	1号~3号罐笼(单、双层)	4号~5号罐笼(单、双层)	1号~5号罐笼平衡锤
罐道截面	180×160(150)	200×180	150×120

注:本表适用于罐道梁层间距不大于3m。

(3) 罐道接头位置应符合下列要求:

1)钢罐道或型钢组合罐道接头应在罐道梁上,接头间应留有2~3mm的伸缩间隙。木罐道接头位置宜设在梁上,当不在梁上时,木罐道应有补强措施。

2)同一提升容器的两根罐道接头,不得设在同一水平上,当两根罐道安装在同一根梁上时,两根罐道的接头也必须错开。

(4) 罐道梁设计应符合下列规定:

1)罐道梁的层间距:木罐道2~3m,金属罐道4~6.5m。

2)采用悬臂梁时,其梁的长度不宜超过600mm。

3)罐道梁的截面选择,应按现行的钢结构设计规范有关规定设计,罐道梁的挠度与跨度之比不大于1/400~1/500。

(5) 马头门(井筒与井底车场连接处)高度,应根据提升容器及上下材料长度确定,一、二类矿山为5m,三类矿山为3.5~4.5m。马头门长度应为5m。

(6)马头门处应设安全门、栅栏、信号硐空及双侧人行道,人行道宽度应为1.2m。

(7)对采用双层罐笼同时上下人员,并兼负下放长材料的马头门,应设双层平台及上下人员的梯子。马头门高度应根据上层平台站立人员允许高度确定。马头门宽度应满足井口机械化及人行道要求。

(8)双侧马头门在井筒旁边应设人行绕道,其宽度不应小于0.8m,高为2.0m。

(9)梯子间设计及管缆敷设应符合下列要求:

1)梯子间上下两层平台间距不大于6m,梯子坡度不大于80°,梯子宽度不小于0.4m,梯子蹬间距为0.3m。梯子上端应高出平台1m,梯子下端距井壁不应小于0.6m,上下两层梯子出口必须错开;梯子出口尺寸不应小于0.6m×0.7m。

2)梯子间与提升间、管子间、电缆间之间应设置安全格网。安全网材料可用玻璃钢、金属及木材。

3)梯子平台板必须防滑。

4)管道布置应便于安装、检修与更换。管缆安装安全间隙应符合安全规定。

(10) 罐道梁与井壁的联结,井筒正常段的钢梁与井壁之间可采用快硬水泥砂浆锚杆或树脂锚杆联结,锚杆直径应通过计算确定。托板可采用厚度为15~20mm的钢板,但对井筒内淋水大于6m^3/h或集中出水的地方,必须处理淋水,方许用锚杆方式联结。马头门的托罐梁、井底装矿点钢梁及楔形罐道梁等,必须插入井壁内(或预留梁窝内),插入深度不应小于支护厚度的2/3,且不得小于梁的高度。

(11) 竖井内所有金属部件、木质部件及各种连接件,均应进行防腐蚀处理。

D 井颈与井筒支护

(1) 井颈的厚度应根据井口附近的建筑物、构筑物、设备及其他荷载施加的垂直力和水平力,以及井颈围击产生的侧压力等计算确定。井颈应分为2~3梯段,上段厚1.0~1.5m,深3~6m,中段厚0.6~0.9m,下段厚0.4~0.7m。井塔基础与井颈分开时,井颈的厚度可为一段。

(2) 井塔基础直接作用于井颈上时,基础下的井颈可视为深埋单根管桩,按弹性桩基理论"m"法计算。

(3) 井颈的最小深度,应根据表土层厚度、井颈内各种装置及各种孔洞之间的最小距离要求确定。井颈壁座应进入稳定岩层中2~3m。

(4) 井颈为混凝土或钢筋混凝土整体结构,井颈上开孔边长大于1.5m时,必须对孔的四角及跨中的弯矩进行计算。当边长小于1.5m时,可不进行计算,应在孔的周围配以构造钢筋。

(5) 井筒宜采用整体浇注混凝土支护,当井筒涌水量小于6m^3/h时,可采用喷射混凝土支护。

(6)井筒支护厚度应根据围岩条件、井筒直径、支护材料等因素,通过理论计算与工程类比相结合的方法确定。井壁支护厚度宜采用等厚井壁,个别地段强度不足时,可采用配筋或打锚杆等方法补强。

E 盲竖井

(1) 天轮平台板可按等效均布荷载计算,平台梁宜采用工字钢或槽钢。天轮平台板可用花纹钢板或普通钢板,当用普通钢板时,其表面应采取防滑措施。

(2) 天轮梁设计应符合下列要求:

1)天轮梁埋入井壁深度应大于300mm;

2)梁的设计应按简支梁计算,其荷载应包括钢丝绳破断力、天轮总质量及天轮梁自重等;

3)天轮梁的挠度:天轮直径小于2.0m时,不得超过$L/600$;直径大于2.5m时,不得超过$L/750$;

4)天轮梁等金属构件,必须进行防腐蚀处理。

(3) 天轮硐室断面形状可为拱形或矩形,其平面尺寸应满足检修场地和人员进出通道的要求。硐室内应设起重梁或起吊锚环。

(4) 盲竖井头部应设置过卷设施及挡罐梁。盲竖井的最上一个阶段至天轮平台,应设置人行梯子。

(5) 上部挡罐梁位置,应使下放容器先落在井下挡罐梁上,而上升容器顶部还未碰到井上挡罐梁,其所受应力应为提升钢丝绳破断力之和。

(6) 上部楔形罐道的总长度和过卷高度相同,楔形罐道的斜度应为1/100,其材质宜为东北红松。楔形罐道梁应做强度计算,单绳提升荷载应按钢丝绳破断力;多绳提升时应按破断力的总和进行计算。

(7)多绳提升机硐室,应有与阶段平巷相通大件道,兼作安全出口。当硐室无设备通道时,可在提升机硐室与最近的马头门之间,设置电梯井,其断面规格应满足提升机或吊车最大不可拆卸件的运输要求。大件道至卷扬机硐室内应铺设轨道。

(8) 多绳提升机的提升层、导向轮层、罐道绳拉紧层或悬挂装置层之间,应设钢梯,梯子宽400mm,倾角宜为45°。梯子孔周围应设1.2m高的安全围栏。

(9) 多绳提升机硐室的上层楼板,应设置提升最大件的吊装孔,并留有400~500mm的安全间隙。吊装孔周围应设置1.2m高的活动栏杆。

(10) 单绳提升机绳道底板倾角应与卷筒下部钢绳出绳仰角相等。绳道内应设有人行道、台阶和扶手,台阶宽度不小于0.8m。绳道底板距下部钢丝绳不应小于0.5m,顶板距上部钢丝绳不应小于0.3m。绳道宽度应满足运送天轮的要求。

(11) 提升机硐室的布置应满足机械和电气设备安装、运转、检修以及电气设备通风的要求。

(12) 提升机硐室宜采用混凝土砌碹或喷锚网联合支护,大型提升机硐室的支护应进行计算。硐室内部建筑装修应力求经济、实用。

(13) 提升机硐室地面应高出邻近运输巷道轨面0.2m,并应向运输巷道方向做3%的下坡坡面。

(14) 提升机硐室通道应设置向外开启的铁栅栏门,在有火灾危险的矿井,还应设防火门。防火门全部敞开时,不得妨碍运输最大部件的通过。

(15) 与提升机配套的配电硐室,应靠近提升机硐室布置,配电硐室地面应高出提升机硐室地面0.1~0.2m。

9.2.4.6 竖井设计所需的资料及要求

A 设计所需的资料

(1) 1:500~1:2000比例的矿区地质地形图。

(2) 竖井工程地质勘察报告。

(3) 开拓系统纵投影图及采矿阶段平面图。

(4) 井口工业场地总平面图。

(5) 当地的气象资料。最大年降雨量、最高洪水位、冻结深度、最大风速及主导风向、最高(低)气温、地震烈度等。

(6) 井筒用途、服务年限、井筒提升高度以及该井筒是否延深等。

(7) 井筒内提升容器(罐笼、箕斗)、管缆的规格尺寸以及其数量和布置要求、井口机械基础布置(摇台、推车机、阻车器及箕斗装载设施等)。

(8) 井筒通过的最大风速、最大件和长材料的规格。

(9) 井颈内预留孔(洞)位置及规格、井架(塔)在最不利荷载作用下的支座反力及支座基础图(螺栓规格、数量及位置)。

(10) 井筒预埋件、其他设施(装载设施、粉矿回收设施等)。

(11) 当地材料供应情况及材料来源。

B 对工程地质、水文地质的勘察要求

a 一般要求

在井筒施工图设计之前,一般应打竖井工程钻,并按竖井工程钻任务书要求提交工程地质及水文地质勘察报告。

当具下列条件之一时,可考虑不打检查钻孔,但应提交工程地质勘察报告:(1)已有勘探资料查明竖井穿过岩层的工程地质和水文地质条件简单;(2) 井筒周围25m范围内已有钻孔,并有符合检查钻孔要求的工程地质和水文地质资料;(3) 矿区已有生产矿井,已取得了工程地质和水文地质资料及其变化规律。

b 钻孔的布置和技术要求

钻孔布置:

(1) 当水文地质条件简单、涌水量较小时,可以在井筒圆周范围内布置检查钻孔;

(2) 水文地质条件中等时,在距井筒中心10~25m范围内布置一个检查钻孔,当两个井筒相距较近不大于50m时,可在两井筒中间布置钻孔;

(3) 水文地质条件复杂时,检查钻孔数目及布置应根据具体条件确定;

(4) 专为探测溶洞或施工特殊需要的检查钻孔,可布置在井筒圆周范围内,但任何情况不得布置在井底车场巷道的上方。

水文地质条件分类见表9-28。

表 9-28 水文地质条件分类

编号	分类名称	钻孔单位涌水量 $q/(L/(s \cdot m))$	类型特征
1	简单类型	$q<0.1$	矿层位于地下水位以下,其含水层的充水空间不发育,涌水量小,且与地表无水力联系,或虽然含水层的充水空间发育,但距矿层较远,其间岩层结构致密,并有良好的隔水层,同时,断层的导水性微弱
2	中等类型	$0.1<q<1$	矿层顶、底板直接或附近有充水空间较发育、涌水量中等的含水层,虽有隔水层也不稳定,断层导水性弱,地表水与地下水无水力联系,当有水力联系时,对矿层开采无影响
3	复杂类型	$q>1$	矿层顶板或底板直接与充水空间发育、涌水量大的含水层接触,或虽不直接接触,但含水层位于未来巷道顶板裂隙带可能高度内,底板隔水层强度不足以抵抗含水层静水压力的破坏,地质构造复杂,断层导水、地下水与地表水有水力联系

检查钻孔技术要求:

(1) 竖井检查钻孔的终孔深度应大于井筒设计深度 3~5m,终孔直径应满足要求;

(2) 检查钻孔每钻进 20~30m 应测斜一次,测出该钻孔的倾角、方位角、钻孔的偏斜率,偏斜率应控制在 1.5% 以内;

(3) 应全孔取芯,其采取率在土层中和岩层中应不小于 75%,在砂层、破碎带、软弱夹层和溶洞充填物中不宜小于 60%,并应用物探测井法测定层位;

(4) 检查钻孔应做好简易水文观测工作,对各主要含水层(组)应分层进行抽水试验,每次抽水最后一次水位降低时,采取水质分析样,同时测定水温和气温;

(5) 钻进结束后,除施工过程中需要利用的钻孔外,均应用不低于 M100 水泥砂浆封堵严密,并设置永久性标志。

竖井工程地质勘探钻应提交的内容见表 9-29。

表 9-29 竖井工程地质勘探钻任务书

<table>
<tr><td>建设单位</td><td colspan="6"></td></tr>
<tr><td>工程名称</td><td colspan="6"></td></tr>
<tr><td>工程地点</td><td colspan="6">省(市、自治区) 县(市) 乡(区)</td></tr>
<tr><td>钻孔设计数目</td><td>个</td><td>钻孔设计位置</td><td>X =</td><td>Y =</td><td colspan="2">Z =</td></tr>
<tr><td rowspan="2">设计概况</td><td>竖井位置</td><td>竖井中心坐标</td><td>X =</td><td>Y =</td><td>井筒净直径/m</td><td></td></tr>
<tr><td>井口标高</td><td></td><td>井底标高</td><td>Z =</td><td>井筒深度/m</td><td></td></tr>
<tr><td>拟用的施工方法</td><td colspan="2"></td><td colspan="4">矿区已有的地质资料及存放地点</td></tr>
<tr><td>勘探技术要求</td><td colspan="6">(1) 工程地质钻孔终孔直径应不小于 91mm(采用金刚石钻机时可为 70mm)。松散岩层的抽水过滤器的直径不应小于 127mm。钻孔的终深应大于井深 3~5m。
(2) 工程地质钻孔全孔取芯,其采取率在砂层、破碎带软弱夹层及溶洞中不应小于 60%,在土层及岩层中不小于 75%,并用物探测井法测定各层的层位。
(3) 测定岩石质量指标 RQD 值。
(4) 钻孔每钻进 20m 须测斜一次,测出其倾角及方位角。钻孔偏斜率应控制在 1.5% 以内。
(5) 做好地质钻孔的简易水文观测工作,对主要含水层(组)应分层进行抽水试验,抽水试验中,水位降低一般不少于 3 次,稳定时间不得少于 8h,每次降距应尽量相等,条件困难时,每次降距应不少于 1m。每次抽水的最后一次水位降低时,应采取全分析及侵蚀性的水样,并测定水温及气温。
(6) 钻进结束后(除施工过程中还须利用的钻孔外)须用水泥砂浆严密封孔。封孔前须清除孔壁及孔底的岩粉,封孔后在地面设永久性标志。
(7) 工程钻的岩芯必须注意保存好</td></tr>
<tr><td>提交勘探
资料内容</td><td colspan="6">(1) 沿井筒中心线的完整地质剖面图及钻孔实测纵投影图。
(2) 开拓井筒时的水文地质条件,含水层(组)数量、埋藏条件,静水位及水头压力,含水性(涌水量、来源、渗透系数)和地表水的联系及水质分析。
(3) 井筒穿过岩(土)层及遇到的老窿、溶洞、断层、破碎带及岩层的节理裂隙发育程度的描述。
(4) 通过试验提出以下参数:
1) 砂层:颗粒成分、容重、密度、松散系数及内摩擦角(或自然安息角)。
2) 土层:厚度、容重、密度、湿度、孔隙比、内摩擦角、承载能力、内聚力。
3) 岩层:不同岩层的厚度、倾角、容重、抗压强度、内摩擦角、弹性模量、声波参数。
(5) 岩石质量指标:RQD 值及普氏岩石坚固性系数 f。
(6) 地层有害气体及热源情况。
(7) 提交的报告中须附钻孔按序编排的全部岩芯照片,并标注清楚每段岩芯的起、止标高</td></tr>
</table>

续表 9-29

<table>
<tr><td>对建井方案的意见（包括位置、支护形式、施工方法）</td><td colspan="2"></td><td>工程钻岩芯堆放地点</td><td></td></tr>
<tr><td>提交资料日期</td><td>年 月 日</td><td>要求提交资料份数及资料发送地址</td><td colspan="2">设计单位： 份，地址：
监理单位： 份，地址：
建设单位： 份，地址：
施工单位： 份，地址：</td></tr>
</table>

委托任务单位：（公章）

联系人：

联系电话： 手机：

传真：

网址：

提出任务单位：（公章）

设计负责人：（签字）

提出任务书人：（签字）

联系电话： 手机：

传真：

提出任务日期： 年 月 日

网址：

对于国外工程，应弄清楚工程所在国的下列相关资料：

（1）当地矿山生产和管理的相关规程、规范、操作手册等；

（2）该国矿山工程的主要特点、特殊技术要求等；

（3）当地材料来源及相关型材的型号规格、截面参数、单重、材质等。

9.2.4.7 竖井断面

A 竖井断面布置的原则

a 断面布置的一般规定

（1）作为安全出口的竖井，当设有一套罐笼提升系统时，必须设置梯子间；当设有两套在动力上互不依赖的罐笼提升系统时，可不设梯子间。梯子间的布置必须符合规定。

（2）井筒内提升容器与井壁或罐道梁之间的安全间隙必须符合表 9-30 的规定。

表 9-30 提升容器与井壁或罐道梁之间的间隙

井筒支护类型	罐道梁类别和罐道布置	需要留间隙的部分	最小间隙/mm	备 注
木 喷射混凝土	木质或金属罐道梁，罐道布置在提升容器的一侧或两侧	提升容器最突出部分和井壁的间距	200	提升容器正面（进出口端）装有罐道时，间隙可缩小到 150mm
混凝土 料石	金属罐道梁，罐道布置在提升容器的一侧或两侧	提升容器最突出部分和井壁的间距	150	
混凝土 料石	木质罐道梁，罐道布置在提升容器的一侧或两侧	提升容器最突出部分和井壁的间距	200	
混凝土 木、料石	两个提升容器之间不设罐道梁	两个提升容器最突出部分的间距	200	使用钢轨罐道
混凝土 木、料石	不固定罐道的金属梁或木质梁	提升容器和井梁的间距	200 木罐道； 150 钢罐道	
混凝土 木、料石	提升容器两边装有罐道	提升容器两侧除导向槽外，最突出部分与罐道梁的间距	50 木罐道； 40 钢罐道	提升容器上如装有突出的卸载滑轮时，滑轮和罐道梁之间隙增加 25mm
混凝土 料石	提升容器正面装有木质罐道	提升容器最突出部分和罐道梁的间距	50 木罐道； 50 钢罐道	

注：来源于《采矿设计手册·井巷工程卷》(1990)。

（3）提升容器的导向槽（器）与罐道之间的间隙应符合下列规定：钢轨罐道每侧不得超过 5mm；木罐道每侧不得超过 10mm；采用钢丝绳罐道时，导向器内直径应大于罐道钢绳直径 2～5mm。

（4）井筒最高允许风速不得超过下列规定：专用风井、风硐为 15m/s；专用物料提升井为 12m/s；提升人员和物料的井筒及修理中的井筒为 8m/s。

(5) 井筒布置应力求紧凑合理，净直径较小的井筒可以采用500mm的模数进级，矩形井筒及直径较大的圆形井筒一般采用100mm模数进级。

b 竖井断面布置应考虑的因素

(1) 圆形断面受力条件好，通风阻力小，适用于井筒服务年限大于10~15年的矿山；矩形断面受力条件差，但断面有效利用率高，可用木材和混凝土支护，多用于服务年限小的小型矿山。

(2) 提升容器的类型、数量、规格、罐道形式及其布置是决定井筒断面的主要因素。当为混合井或后期需延深的竖井断面应根据具体要求，考虑留有安装风筒或延深间的余地。

(3) 根据管缆的规格、数量及安装要求在断面边部设置管缆间和梯子间，以便充分利用断面。

B 竖井断面设计

a 断面设计方法与步骤

竖井断面的设计方法有图解法和解析法两种。

按罐道类型不同，其设计步骤如下：

(1) 刚性罐道的竖井断面。

1) 根据井筒的用途和提升容器，选择井筒装备类型、规格，确定井筒的布置形式；

2) 初步选定罐道、罐道梁型号、截面尺寸，按表9-26和表9-30的规定确定提升容器与井壁或罐道梁等之间的安全间隙；

3) 根据提升间、梯子间、管缆间的布置作出井筒断面布置图，确定井筒断面布置参数；

4) 用图解法或解析法求出井筒的近似直径，再按规定的井筒直径(边长)进级模数进级；

5) 按已确定的井筒断面验算罐道梁、罐道，按验算结果调整断面内的安全间隙及梯子间的断面尺寸；

6) 用允许风速校核井筒断面，作出井筒断面图。

(2) 钢丝绳罐道的竖井断面。

1) 根据井筒的用途、提升容器规格，选定钢丝绳罐道的根数和布置形式，确定井筒断面的布置形式；

2) 选择钢丝绳罐道的类型、直径，计算钢丝绳罐道的拉紧力；

3) 确定提升容器与井壁或梯子梁之间的安全间隙，布置提升间、梯子间，确定井筒断面布置的参数；

4) 用图解法或解析法求出井筒的近似直径，并按井筒直径模数进级；

5) 按允许风速校核井筒断面，作出井筒断面图。

b 罐笼井井筒断面设计

井筒各构件间平面尺寸根据图9-10分别计算如下：

(1) 罐道梁间水平中心间距：

$$L_1 = m_0 + 2(h - \Delta s) + \frac{1}{2}(b_1 + b_2) \quad (9\text{-}13)$$

$$L = m_0 + 2(h - \Delta s) + \frac{1}{2}(b_1 + b_3) \quad (9\text{-}14)$$

式中 L_1, L——两相邻罐道梁水平中心距离，mm；

m_0——提升容器要求的罐道之间的水平净间距，由罐笼型号确定，mm；

h——木质罐道的高度，mm；

Δs——连接处木罐道卡入钢罐梁的深度(或木罐道切口深度)，mm；

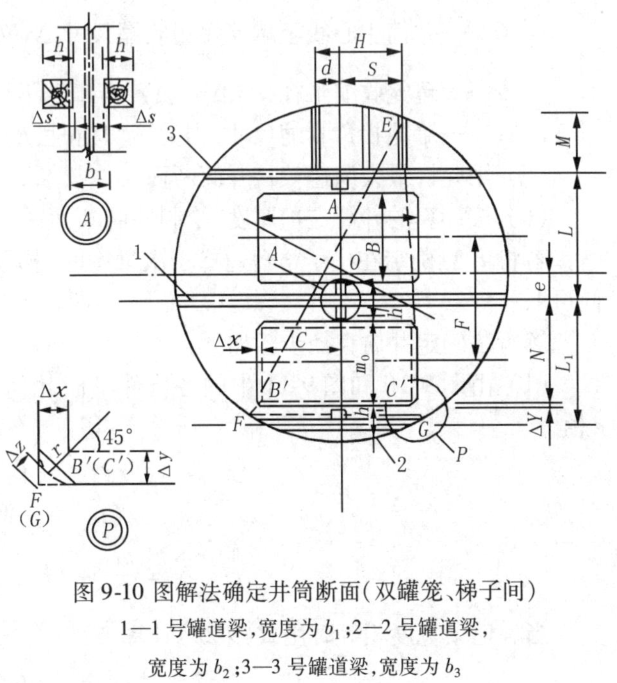

图9-10 图解法确定井筒断面(双罐笼、梯子间)

1—1号罐道梁，宽度为b_1；2—2号罐道梁，宽度为b_2；3—3号罐道梁，宽度为b_3

b_1, b_2, b_3——罐道梁的宽度，mm。

（2）梯子间尺寸计算：

$$M = 1200 + m + \frac{b_3}{2} \tag{9-15}$$

$$S = H - d \tag{9-16}$$

式中 M——梯子间短边梁中心线与井壁的交点至梯子主梁中心线间距，mm；

m——梯子间安全隔栏的厚度，mm；

b_3——梯子主梁或罐道梁的宽度，mm；

H——梯子间的两外边次梁中心线间距，即梯子间长度，取不小于1400mm；

S——梯子间短边次梁中心线至井筒中心线的距离，mm；

d——梯子间另一侧短边次梁中心线至井筒中心线的距离，考虑方便安装应不小于300mm。

图解法确定井筒直径步骤如下：

（1）按计算出的提升间、梯子间平面结构布置尺寸，采用1∶20或1∶50的比例尺绘制井筒构件（装备）布置图，如图9-10中L_1、L、M、S、d等，按M和S值交点确定E点。

（2）对于切角罐笼的拐角收缩尺寸为$\Delta x = \Delta y$，可求得B'和C'点。以B'和C'点为圆心，$r = \Delta x = \Delta y$为半径画圆得出罐笼最突出部分与井壁间的安全界限，再从B'和C'点沿角平分线向外量取$\Delta_2 + r$，则得出F或G点。

（3）连接E、F、G三点为$\triangle EFG$，作该三角形的外接圆，确定圆心O点，井筒半径$R = OE = OF = OG$可量得，并按井筒直径进级规定进级，量得e值，取为整数。

（4）验算并调整Δ_2、M值：

$$\Delta_2 = R - \sqrt{(N + e)^2 + C^2} - r \geqslant \text{表9-30的规定} \tag{9-17}$$

$$M = e + \sqrt{R^2 - S^2} - L \geqslant m + 1200 + \frac{b_3}{2} \tag{9-18}$$

式中 Δ_2——罐笼最突出部分与井壁之间的距离，mm；

R——井筒半径，mm；

N——罐道梁中心线至罐笼收缩尺寸Δy处的距离，mm，当罐笼不切角时，$\Delta y = 0$；

e——井筒中心O点至罐道梁（最近处）中心线的距离，一般取整数值，mm；

C——井筒中心线至罐笼短边收缩尺寸Δx处的距离，$C = \frac{A}{2} - \Delta x$，当罐笼不切角时，$\Delta x = 0$，mm；

r——罐笼收缩半径，$r = \Delta x = \Delta y$，当罐笼不切角时，$r = 0$，mm；

$\Delta x, \Delta y$——罐笼拐角收缩尺寸，当为不切角时，$\Delta x = \Delta y = 0$，罐笼拐角即为B'或C'点。

（5）用允许最大风速校核井筒断面。

（6）按计算的井筒支护厚度，绘制井筒断面图。

若将E点确定在梯子格短边梯子次梁中时，梯子间平台尺寸稍小，井筒断面可减小，这在管缆较少的井筒可取。

解析法确定井筒直径步骤如下：

（1）由图9-10和图9-11中的各构件平面几何关系，可列出下列方程式，并解联立方程求解出R和e值。

$$(e + N)^2 + C^2 = (R - \Delta_2 - r)^2 \tag{9-19}$$

$$(L - e + M)^2 + S^2 = R^2 \tag{9-20}$$

$$N = \frac{m_0}{2} + (h - \Delta s) + \frac{b_1}{2} + \frac{B}{2} - \Delta y \tag{9-21}$$

当罐道梁宽度相等时用式(9-22)计算N：

$$N = \frac{L_1}{2} + \frac{B}{2} - \Delta y \tag{9-22}$$

$$C = \frac{A}{2} - \Delta x \tag{9-23}$$

式中 A——罐笼的长度，mm；

B——罐笼的宽度，mm。

L_1、L、M、S 为已知数，代入式(9-19)和式(9-20)联立解出 R 和 e。调整井筒直径 D 符合进级模数要求和 e 值为整数。

(2) 根据确定的 R、e 值，按式(9-17)、式(9-18)校核 Δ_2、M，使之均符合规定。

(3) 按允许的最大风速校核井筒断面。

(4) 按比例和计算的井壁厚度绘制井筒断面图。

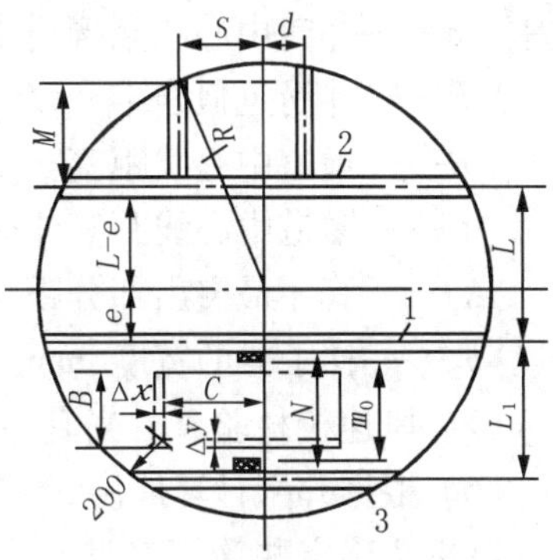

图 9-11 解析法确定井筒断面（双罐笼、梯子间）

1—1 号罐道梁，宽度为 b_1；

2—2 号罐道梁，宽度为 b_2；

3—3 号罐道梁，宽度为 b_3

当 M 值的梯子次梁改为距井筒中心为 d 的梁时，则用式(9-24)和式(9-19)联立解得 R 和 e，井筒断面较经济：

$$(L - e + M)^2 + d^2 = R^2 \tag{9-24}$$

当罐笼不切角时，$r = \Delta x = \Delta y = 0$，罐笼拐角即为 B' 或 C' 点。

c 双箕斗井井筒断面设计

双箕斗井井筒断面设计如图 9-12 所示。

井筒各构件平面尺寸按式(9-25)和式(9-26)计算：

$$L = m_0 + 2h + b_0 \tag{9-25}$$

$$x = \frac{1}{2}(L + A) \tag{9-26}$$

式中 L——箕斗两侧罐道梁中心线间的距离，mm；

m_0——箕斗两罐道间的间距，mm；

h——罐道的高度，mm；

b_0——同一根罐道梁双侧安装罐道时，两罐道底面的间距，等于罐道梁的宽度加上两个连接垫板的厚度，mm；

x——罐道梁中心线至箕斗外边缘的距离，mm；

A——箕斗的宽度，mm。

图解法确定井筒直径步骤如下：

(1) 按计算出的提升间、梯子间平面结构布置尺寸，用 1∶20 或 1∶50 的比例尺绘出井筒断面布置图，如图 9-12 所示。

(2) 确定 E、F、G 三点。根据梯子次梁的定位尺寸 M、S 和 d 确定 E 点，沿箕斗拐角 B' 或 C' 点角平分线向井壁方向量取 Δ_2，得 F 或 G 两点。

(3) 连接 E、F、G 三点成 $\triangle EFG$，作该三角形的外接圆得圆心 O 点，量得井筒半径（直径）近似值，再按井筒直径进级规定进级，量得井筒中心线至箕斗罐道中心线的距离 c，并取为整数。

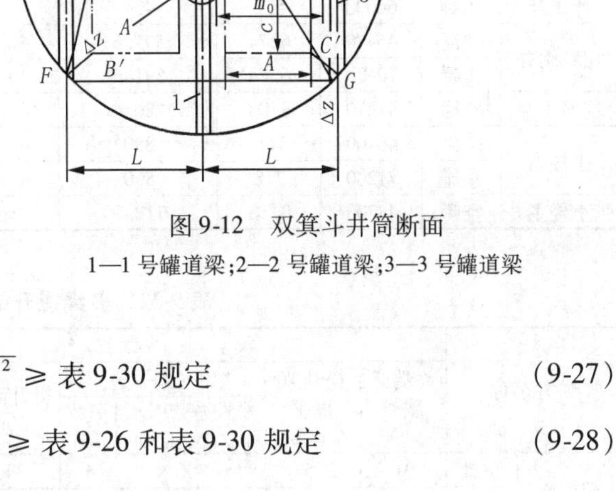

图 9-12 双箕斗井井筒断面

1—1 号罐道梁；2—2 号罐道梁；3—3 号罐道梁

(4) 验算并调整 M、Δ_1 和 Δ_2：

$$\Delta_2 = R - \sqrt{x^2 + (C + e)^2} \geqslant \text{表 9-30 规定} \tag{9-27}$$

$$\Delta_1 = \sqrt{R^2 - S^2} + e - M - B - \frac{b_2}{2} \geqslant \text{表 9-26 和表 9-30 规定} \tag{9-28}$$

$$M = \sqrt{R^2 - S^2} + e - \Delta_1 - B - \frac{b_2}{2} \geqslant m + 1200 + \frac{b_2}{2} \tag{9-29}$$

式中 e——井筒中心线至罐道中心线的距离,mm;

R——井筒近似净半径,$D=2R$,mm;

B——罐道中心线距箕斗一端的距离,mm;

C——罐道中心线距箕斗另一端的距离,mm;

Δ_1——箕斗最突出部分距梯子梁内边的安全距离,查表9-30确定;

b_2——梯子梁的宽度,mm。

(5) 风速校核验算。当箕斗井不进、出风时,不必进行验算。

(6) 根据井壁计算厚度,绘制井筒断面图。

解析法确定井筒直径步骤如下:由图9-12中各构件间的平面几何关系,建立联立方程式(9-30)和式(9-31),解得 R 和 e:

$$(M+\frac{b_2}{2}+\Delta_1+B-e)^2+S^2=R^2 \tag{9-30}$$

$$x^2+(C+e)^2=(R-\Delta_2)^2 \tag{9-31}$$

式中 Δ_2——箕斗最突出部分与井壁间的安全距离,查表9-30确定。

井筒半径 R 和 e 值求得后,其以后的设计计算与图解法的相同。

d 钢丝绳罐道井筒断面设计

钢丝绳罐道平面布置形式国内矿山常用的有对角式、三角式、四角式和单侧布置四种,如图9-13和表9-31~表9-33所示(资料来源于《采矿设计手册》)。它们的适用条件分别为:

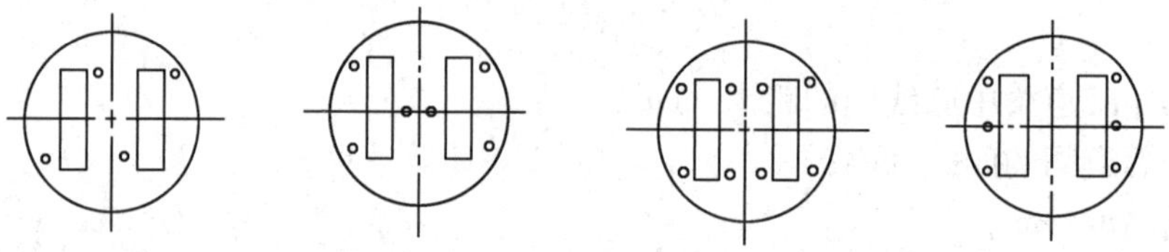

图9-13 钢丝绳罐道平面布置形式

(a)对角式布置;(b)三角式布置;(c)四角(对称)式布置;(d)单侧布置

表9-31 单绳提升钢丝绳罐道提升容器摆动实测结果

矿井名称		测试项目								
		提升终端荷载 Q /N	提升速度 V /(m/s)	钢丝绳罐道			实测最大平均摆动量 U_{max} /mm	最大平均扭转量 U_u /mm	扭转占摆动位移百分比(U_u/U_{max}) /%	实测容器最大扭转角度
				刚性系数 K_{min} /(N/m)	数目 /根	直径 d /mm				
南票四矿主井	空罐	47000	5.6	434	4	34	109	100	92	5°21′
	重罐	66000	5.6	434	4	34	140	128	91	6°40′
坨城副井	空罐	46470	6.74	591.6	4	34	102	96	94	4°26′
	重罐	70470	6.74	591.6	4	34	149	130	87	6°08′
坨城主井	空罐	47670	8.08	726.4	4	34	37	33	89	1°57′
张小楼副井	空罐	46700	7.8	850	4	34	43	30	70	2°02′
	重罐	71200	7.8	850	4	34	59	45	76	2°29′
张小楼主井	空罐	48700	8.18	712.7	4	34	66	57	86	3°26′

表9-32 多绳提升钢丝绳罐道容器摆动实测结果

矿井名称		测试项目								
		终端荷载 Q /kN	提升速度 V /(m/s)	钢丝绳罐道		提升高度 /m	容器角点最大平均位移 $\bar{U}$ /mm	容器角点最大位移量 U_{max} /mm	容器中心最大平行摆动量平均值 U' /mm	容器中心最大平行摆动量最大值 U'_{max} /mm
				刚性系数 K_{min} /(N/m)	根数 /根					
鹤岗南山副井	空罐	91	2.57	800	4	340	46	60	32	35
	空罐	91	6.0	800	4	340	48	56	35	40
	重罐	110	6.0	800	4	340	50	60	34	40

续表 9-32

矿井名称		测试项目								
		终端荷载 Q /kN	提升速度 V /(m/s)	钢丝绳罐道		提升高度 /m	容器角点最大平均位移 $\overline{U}$ /mm	容器角点最大位移量 U_{max} /mm	容器中心最大平行摆动量平均值 U' /mm	容器中心最大平行摆动量最大值 U'_{max} /mm
				刚性系数 K_{min} /(N/m)	根数 /根					
姚桥副井	空罐	78.8	7.8	610	4	390	71	81	48	56
姚桥主井	空罐	186.37	9.7	693	4	320	113	150	58	108
大屯孔庄副井	空罐	78.8	7.8	590	4	380	65	73	39	48
	重罐	97.5	7.8	590	4	380	73	95	39	56
大屯孔庄主井	空罐	134	6.5	634	4	360	72	86	32	46
台吉主井	空罐	155.9	3.74	700	4	700	57	78	26	34
	空罐	155.9	10.4	700	4	700	85	104	45	50
	重罐	181.15	10.4	700	4	700	86	98	41	46

表 9-33 我国部分矿井使用钢丝绳罐道情况

矿井名称		北票台吉主井	大隆主井	鹤岗南山副井	姚桥主井	姚桥副井	孔庄主井	孔庄副井	凤凰山混合井		丰山箕斗井	南票大窑沟矿
井筒深度/m		775/925	449/674	360	440	465	500	476	362/604	362/604	200/450	312/670
提升机		多绳 $\phi2.8\times4$	多绳 $\phi6$	多绳 $\phi2.25\times4$	多绳 $\phi2.8\times4$	多绳 $\phi1.85\times4$	多绳 $\phi1.85\times4$	多绳 $\phi1.85\times4$	多绳 $\phi2\times6$	多绳 $\phi1.75\times4$	多绳 $\phi2.25\times4$	单绳 $\phi3$
提升速度 /(m/s)		10.4	12.5	6	9.7	7.8	6.5	7.8	8	8	7.95	5.6
提升容器	容器形式	双箕斗	双箕斗	罐笼平衡锤	双箕斗	双罐笼	双箕斗	双罐笼	箕斗平衡锤	罐笼平衡锤	箕斗平衡锤	双罐笼
	自重力/kN	90	114	56	150	54	100	54	125	50	82	38
	载重力/kN	75	90	64	90	50	60	50	105	60	80	32
终端荷载/kN		165	204	120	240	104	160	104	230	110	162	70
罐道钢丝绳	规格	密封 $\phi38.5$	$\phi36.5\times19+1$	密封 $\phi38.5$ $6\times7-\phi34.5$	密封 $\phi40.5$	$6\times19-\phi40.5$	密封 $\phi40.5$	$\phi40.56\times19+1$	半密封 $\phi41$	半密封 $\phi41$	密封 $\phi35.5$	$6\times7-\phi32$
	布置方式	四角	四角	单侧四绳	四角	四角	四角	四角	四角	四角	四角	单侧四绳
	拉紧装置	重锤	重锤	重锤	重锤	重锤	重锤	重锤	重锤	重锤	重锤	井架弹簧拉杆
	拉紧力/kN	105	50	60.58					50~55	50~55	20	30~33
间隙/mm	容器之间	800	700	300	650	420	400	420		350	480	398
	容器与井壁之间								330	275(190)	350	380
防撞钢丝绳												$6\times7-\phi32$ $6\times19-\phi37$

(1) 对角式布置一般适用于浅井或提升终端荷载较小的单绳提升小型矿井。

(2) 三角式布置一般适用于提升终端荷载较小的中、小型矿井。

(3) 四角式布置是常用的布置形式,提升容器运行比较平稳,多用于深井和提升终端荷载较大的大、中型矿井。

(4) 单侧布置适用条件与四角式基本相同,由于增大两提升容器之间的距离,罐道钢丝绳之间空间大,便于运送大型设备。

钢丝绳罐道布置原则有:

(1) 罐道钢丝绳位置应尽量远离提升容器的回转中心,一般靠近提升容器两长边端部布置,可减少提升容器运行时产生的摆动量;

(2) 四角式布置钢丝绳受力较均匀,使用寿命长,运行平稳,应优先选用。

9.2.4.8 竖井井颈

A 井颈设计所需资料

所需资料除了包括 9.2.4.6 节介绍的内容外,还需以下资料:

(1) 井颈附近建筑物基础及运输线路平面布置图,建筑物的荷载及其分布;

(2) 建筑在井颈上的井架立架、井塔的基础平面布置图、荷载值及其分布;

(3) 托台、摇台的布置图;

(4) 有关风道、安全通道、水管、风管、防火门等的布置图。

B 井颈类型和井颈最小深度

a 井颈类型

由于井颈所处地形、地质条件的复杂性,用途也各有不同,因此形式也比较多,常见的可分为四种类型,如图9-14所示。

(1) 如图9-14(a)所示,适用于浅表土层,井架、井塔不落在井颈上。

(2) 如图9-14(b)所示,适于10~15m的中厚表土。

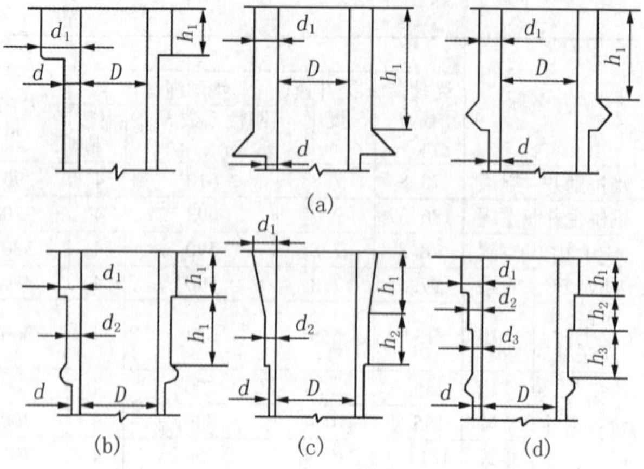

图9-14 井颈类型

d_1、d_2、d_3—井颈上、中、下段壁厚;d—井筒壁厚;

h_1、h_2、h_3—井颈上、中、下段高度

(3) 如图9-14(c)所示,适用于岩溶地区,地耐力很差,并有井塔、井架落在其上。

(4) 如图9-14(d)所示,适于深表土层,且有井架、井塔落在其上。

b 井颈最小深度

井颈的深度主要受表土层的深度控制,井颈的最小深度应该满足井颈中的设备、井架的支承托梁、风道、安全道等之间的最小距离的要求。图9-15所示为井颈最小深度。其计算式为:

$$H = h_1 + h_2 + h_3 + h_4 + h_5 \tag{9-32}$$

式中 H——井颈最小深度,m;

h_1——井架托梁底面至井颈顶面的距离,m;

h_2——井架托梁底面至风洞上部边缘的距离,一般应大于开洞的宽度,m;

h_3——风洞的高度,m;

h_4——风洞底面距壁座顶面的距离,m;

h_5——壁座高度,一般为1.5~2.5m。

9.2.4.9 盲竖井

不能直接通达地表的地下竖井称为盲竖井。单绳提升盲竖井如图9-16所示,多绳提升盲竖井如图9-17所示。

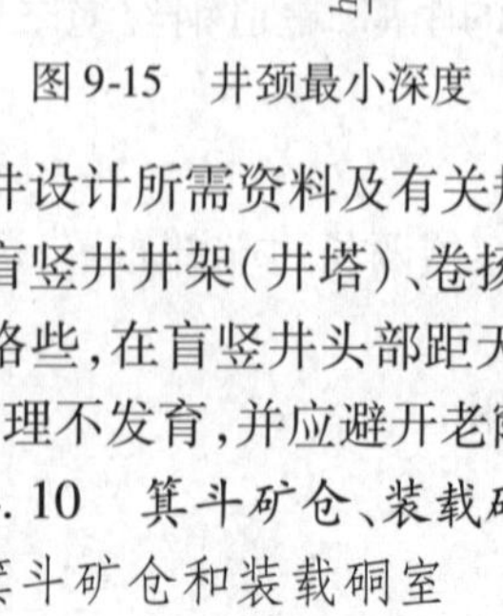

图9-15 井颈最小深度

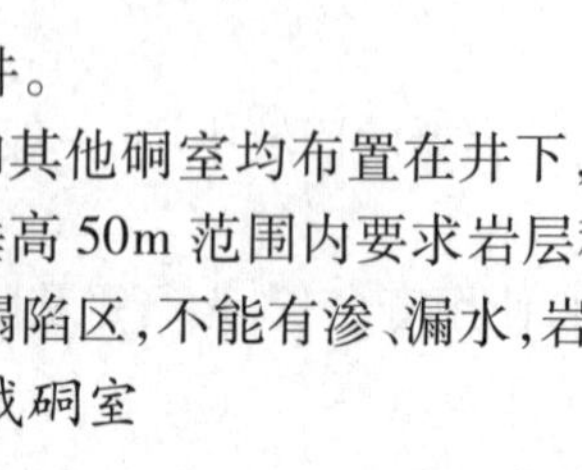

图9-16 单绳提升盲竖井

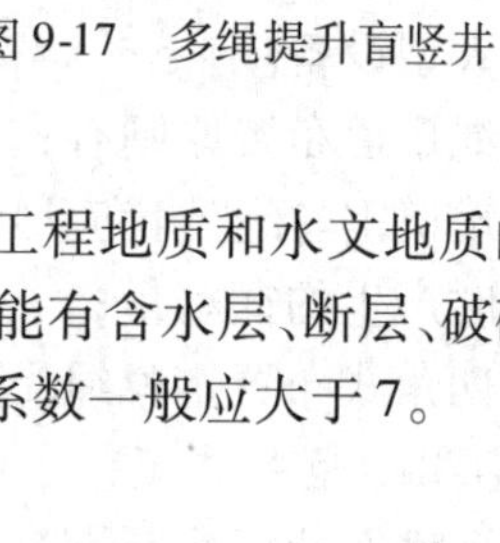

图9-17 多绳提升盲竖井

盲竖井设计所需资料及有关规定同竖井。

由于盲竖井井架(井塔)、卷扬机硐室和其他硐室均布置在井下,因此对工程地质和水文地质的要求比竖井要严格些,在盲竖井头部距天轮硐室垂高50m范围内要求岩层稳定,不能有含水层、断层、破碎带和溶洞,要求节理不发育,并应避开老窿和采矿塌陷区,不能有渗、漏水,岩石硬度系数一般应大于7。

9.2.4.10 箕斗矿仓、装载硐室和卸载硐室

A 箕斗矿仓和装载硐室

a 箕斗矿仓和装载硐室的一般规定

(1) 箕斗矿仓的有效容积一般按4h提升量计算,当高程受到限制时,其容积不得小于2h提升量。

(2) 当用箕斗提升两种品级以上矿物时,可分设不同品级的专用矿仓。

(3) 当设有两个以上矿仓时,为便于分别装矿,应在矿仓和受矿漏斗之间设置分料装置。

(4) 计量装载硐室的形式和尺寸应根据箕斗计量装载设备及安装、检修的要求而定。

(5) 计量装载硐室到卸载阶段应设有人行通道,当井筒内设有梯子间时,也可利用梯子间作为通道。混合井应在此处设停罐点。

(6) 箕斗装载系统构筑物所占垂直高度不应超过一个阶段。

(7) 矿仓与井筒之间应留有不小于8m的安全岩柱。

b 箕斗矿仓和计量装载硐室的布置

箕斗矿仓和计量装载硐室的布置及尺寸主要根据箕斗井提升设备及计量装载设备的布置方式、矿物品种、数量及装运要求、围岩稳定性等因素综合确定。按矿仓形式可分为倾斜矿仓和垂直矿仓两种布置形式,如图9-18和图9-19所示。

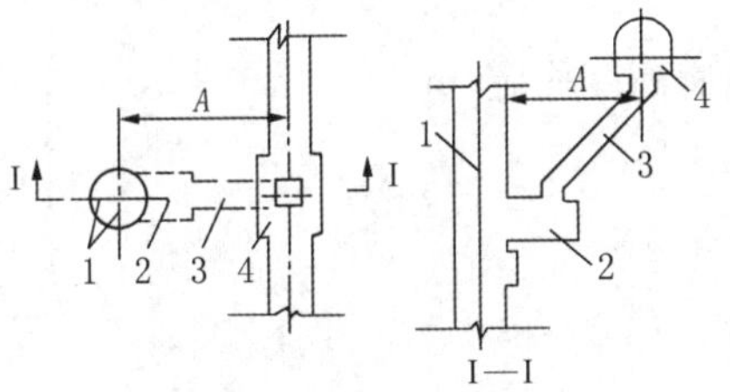

图9-18 倾斜矿仓布置形式

1—箕斗井中心线;2—计量装载硐室;3—矿仓;4—卸载硐室

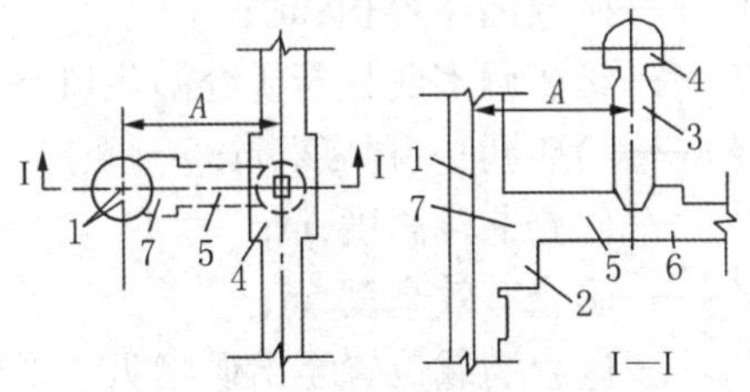

图9-19 垂直矿仓布置形式

1—箕斗井中心线;2—计量装载硐室;3—矿仓;4—卸载硐室;5—皮带道;6—给矿硐室;7—皮带机头轮硐室;A—箕斗井中心至矿仓中心距离

c 矿仓参数计算

(1) 倾斜矿仓容量、断面积及斜长的计算。图9-20所示为倾斜矿仓计算图,其计算式如下:

$$V = \frac{q_G t}{\gamma_s} \tag{9-33}$$

$$L = \frac{A - B + \dfrac{L_3}{2}}{\cos\alpha} \tag{9-34}$$

$$B = e + L_1 + L_2 \tag{9-35}$$

$$F_c = \frac{V}{L} \tag{9-36}$$

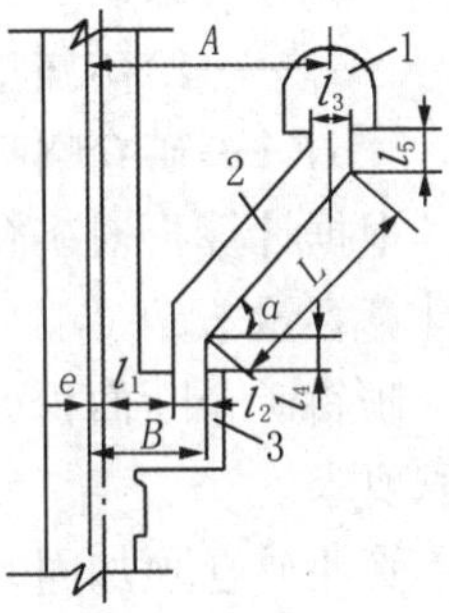

图9-20 倾斜矿仓计算

1—卸矿硐室;2—矿仓;3—装矿硐室

式中 V——矿仓有效容积,m^3;

q_G——箕斗小时提升量,t/h;

t——用于计算矿仓最小有效容积规定的提升时间,最小取2h;

γ_s——矿物松散体密度,t/m^3;

L——倾斜矿仓斜长,m;

A——箕斗井中心至卸矿口中心线距离,m;

B——矿仓下口外侧至箕斗井中心线的距离,m;

e——箕斗井中心线至箕斗提升中心线的距离,m;

L_1——箕斗提升中心线至矿仓下口内侧的距离,m,其长度由装载设备布置决定;

L_2——矿仓下口尺寸,m;

L_3——矿仓上口尺寸,m;

F_c——倾斜矿仓断面积,m^2。

(2)垂直矿仓容量、断面积及高度的计算。图9-21所示为垂直矿仓计算简图,其计算式如下:

$$F_s = \frac{V - V_1}{H_4} \tag{9-37}$$

$$V_1 = \frac{1}{3}\pi H_3\left[\left(\frac{D}{2}\right)^2 + \left(\frac{b_1}{2}\right)^2 + \frac{D}{2}\frac{b_1}{2}\right] \tag{9-38}$$

$$H_4 = H - (H_1 + H_2 + H_3 + H_5 + H_6 + H_7) \tag{9-39}$$

$$H_3 = \frac{D - b_1}{2}\tan\alpha_1 \tag{9-40}$$

$$H_6 = \frac{D - b_2}{2}\tan\alpha_2 \tag{9-41}$$

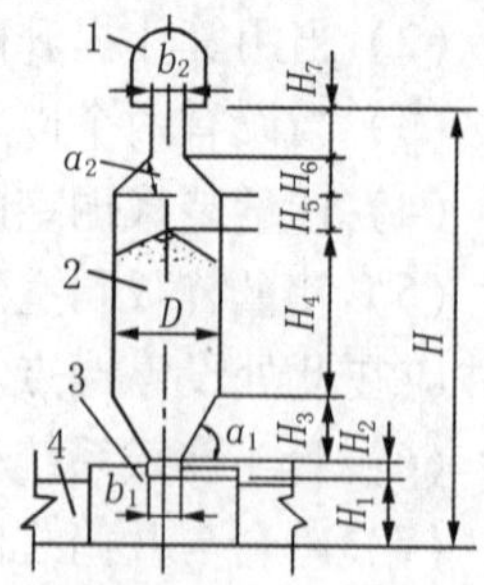

图 9-21 垂直矿仓计算

1—卸载硐室；2—矿仓；3—给矿硐室；4—皮带道

式中 F_s——垂直矿仓断面积，m^2；

V——矿仓有效容积，m^3；

V_1——矿仓漏斗容积，m^3；

H_1——给矿硐室底板至矿仓漏斗口高度，由设备布置和检修高度而定，m；

H_2——给矿漏斗口高度，m；

H_3——矿仓漏斗高度，m；

H_4——矿仓有效高度，m；

H_5——矿仓满载位置至给矿喇叭口下部高，m；

H_6——矿仓喇叭口高度，m；

H_7——矿仓锁口高度，取决于岩性、卸载方式及矿车型号，m；

H——卸矿硐室底板至给矿硐室底板高度，常为一个阶段高，m；

D——垂直矿仓净直径，m；

b_1——给矿溜口宽度，m；

b_2——卸矿坑宽度，取决于卸矿设备与卸矿方式，m；

α_1——给矿漏斗斜面与水平面夹角，一般不小于50°；

α_2——矿仓喇叭口与水平面夹角，一般 $\alpha_2 = 45°$。

根据计算再对矿仓直径及有效高度进行调整，最后确定净断面，设计中确定的矿仓有效容积通常略大于计算容量。

倾斜矿仓断面积可先初步确定矿仓有效容积和斜长，然后验算矿仓断面积，调整断面尺寸，以满足矿仓容积要求。

箕斗矿仓须加固，计量装载硐室须配筋。

B 箕斗卸载硐室的一般规定

(1) 当采用箕斗曲轨卸载时，其卸载水平在井口以下，需开凿曲轨卸载硐室和卸料仓。

(2) 当由于矿物品种分类的要求而需要矿仓分叉时，则在卸载硐室斜溜道与矿仓之间设置分料装置。

(3) 箕斗曲轨卸载硐室至卸矿仓下部的转载硐室应设人行通道。当箕斗井中设有梯子间时也可通过梯子间、绕道与转载硐室相连通，当为混合井时，此处应设有停罐点。

(4) 箕斗曲轨卸载硐室、卸矿仓、转载硐室的配置主要根据提升设备、提升能力、运输能力、卸载要求、装矿要求、围岩性质等因素综合考虑确定。力求全系统布置合理。卸矿仓的有效容积、断面与斜长的确定同倾斜矿仓。

(5) 曲轨卸载硐室的两侧、端部、分料硐室的四周均应设不小于0.8m 的人行道，并设有不低于1.0m 的栏杆。

图 9-22 所示为程潮铁矿箕斗装载硐室及矿仓布置图，图 9-23 所示为板石沟铁矿上青矿区箕斗曲轨卸载硐室布置图。

9.2.4.11 提升井的底部结构、水窝及粉矿回收

A 提升井的底部结构

底部结构主要是根据井筒用途、提升方式和设备、井筒装备、井底水窝排水及清理方式等因素，并结合井筒延深方法综合分析后确定。

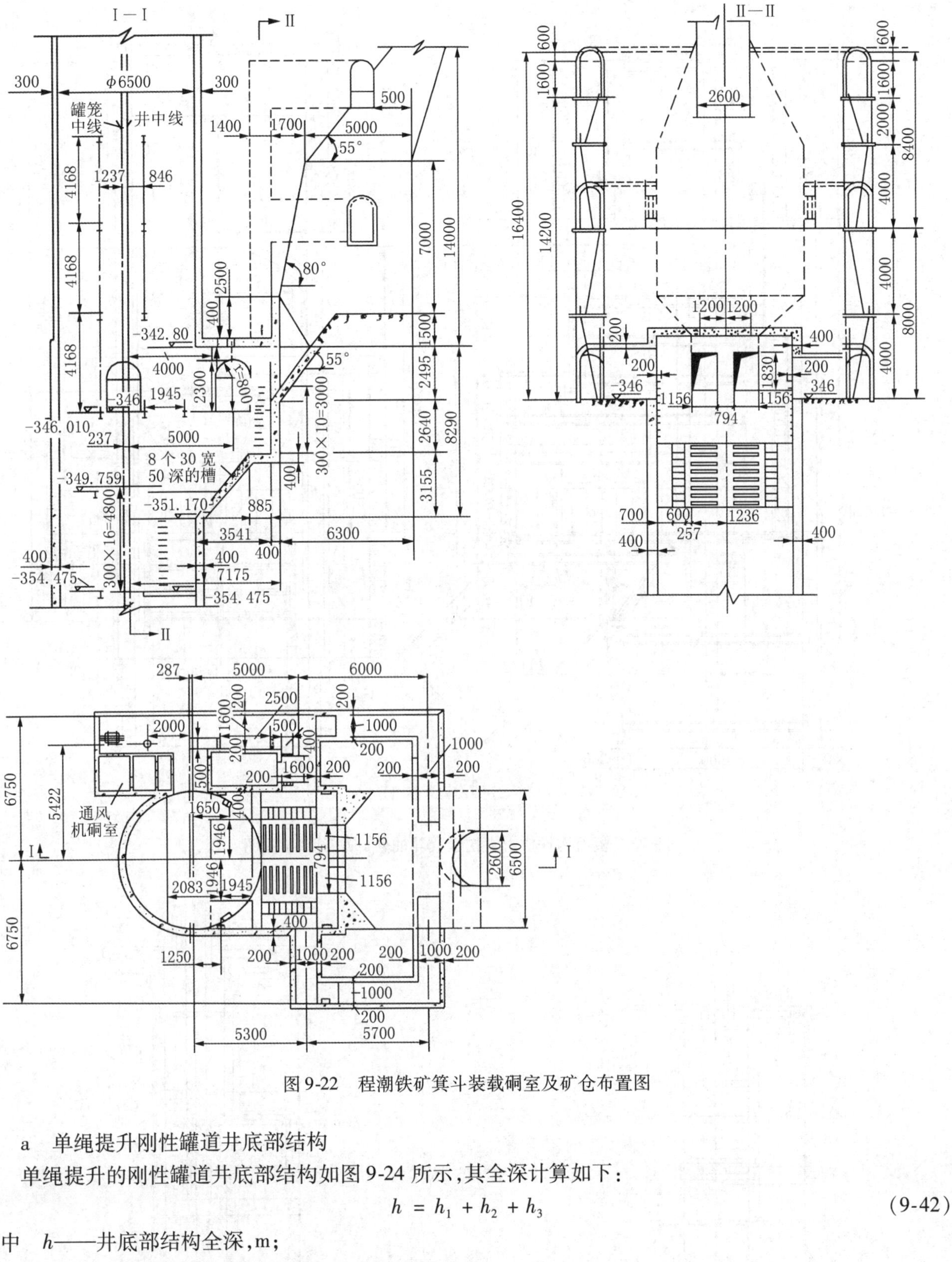

图 9-22 程潮铁矿箕斗装载硐室及矿仓布置图

a 单绳提升刚性罐道井底部结构

单绳提升的刚性罐道井底部结构如图 9-24 所示，其全深计算如下：

$$h = h_1 + h_2 + h_3 \tag{9-42}$$

式中 h——井底部结构全深，m；

h_1——最低水平轨面至托罐梁上垫木的高度，m；

h_2——托罐梁上垫木至防坠器制动绳拉紧装置固定梁的高度，m；

h_3——水窝深度，如不考虑延深，h_3 为 2 ~ 5m，如考虑延深，h_3 为 10 ~ 15m。

b 单绳提升钢丝绳罐道井底部结构

单绳提升钢丝绳罐道井底部结构如图 9-25 所示，其全深计算如下：

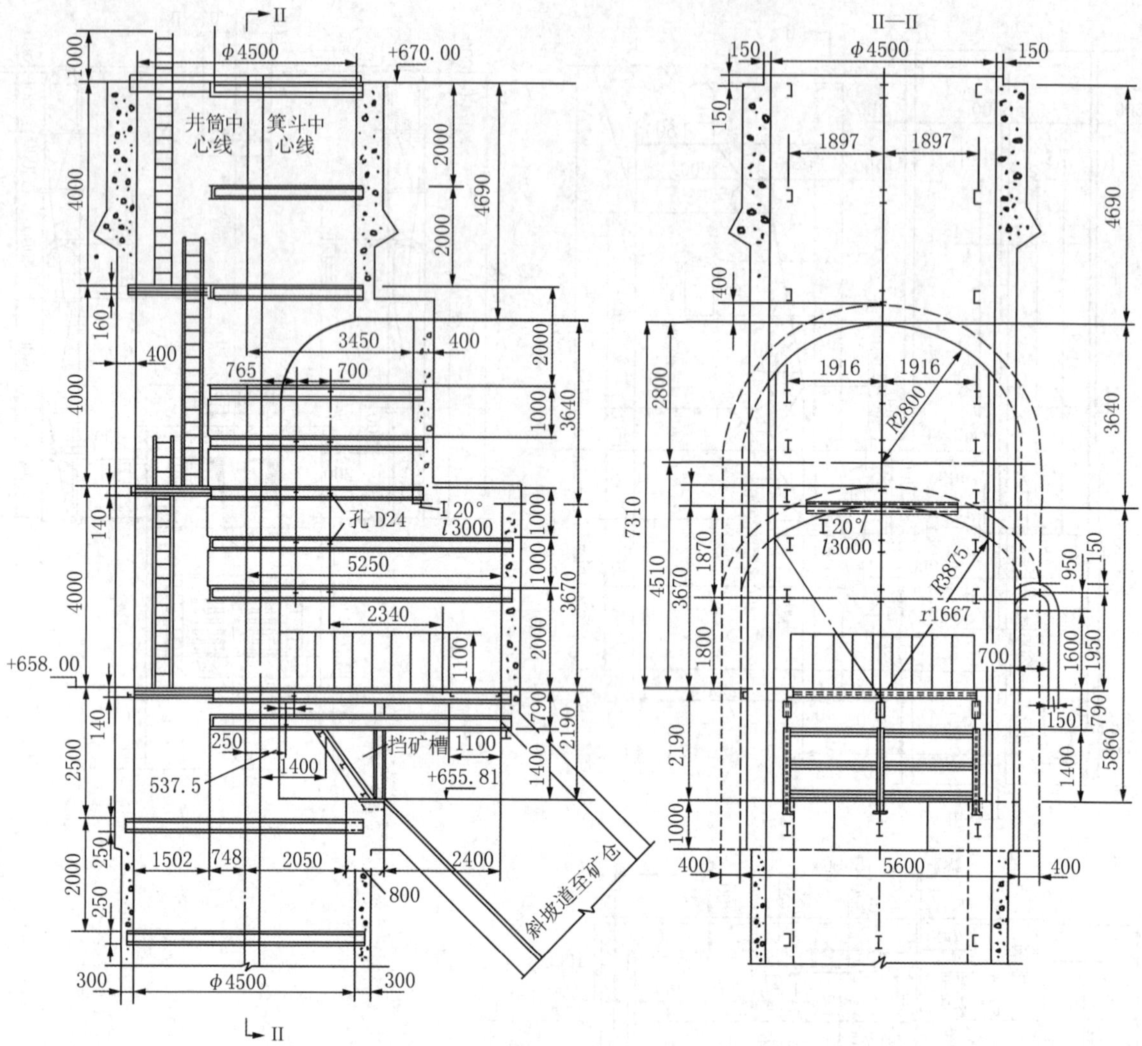

图 9-23 板石沟铁矿上青矿区箕斗曲轨卸载硐室布置图

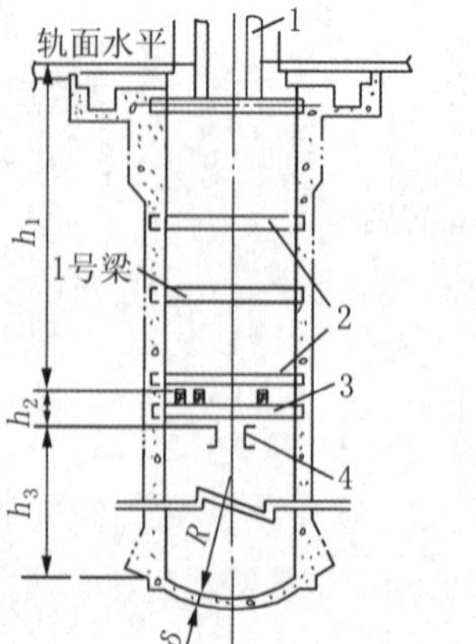

图 9-24 单绳提升刚性罐道井底部结构

1—框架结构；2—梯子平台梁；3—托罐梁；
4—钢罐道防坠器制动钢丝绳拉紧装置固定梁

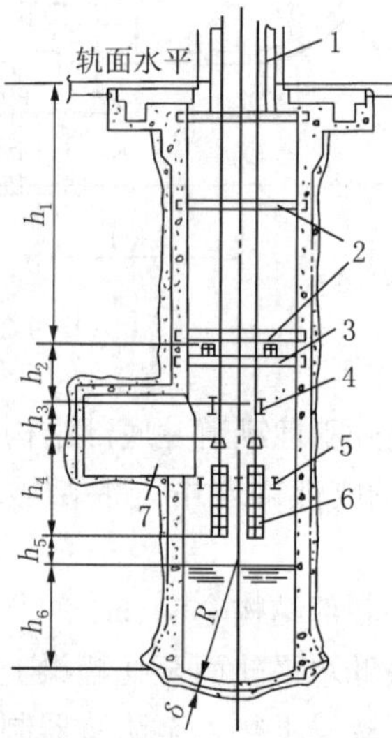

图 9-25 单绳提升钢丝绳罐道井底部结构

1—框架结构；2—梯子平台梁；3—托罐梁；4—钢丝绳罐道；
5—拉紧装置平台梁；6—钢绳罐道拉紧重锤；7—井底泵站

$$h = h_1 + h_2 + h_3 + h_4 + h_5 + h_6 \tag{9-43}$$

式中 h——井底部结构全深，m；

h_1——最低水平轨面至托罐梁上垫木的高度，m；

h_2——托罐梁上垫木至钢丝绳罐道定位梁高度，一般取1～2m；

h_3——钢丝绳罐道定位梁至罐道绳拉紧装置的高度，一般取2.5～3.0m，当为设在井架上的螺杆拉紧时，$h_3 = 0$；

h_4——钢丝绳重锤拉紧装置长度，m；

h_5——重锤底面至水窝水面的高度，一般取2.0～3.0m；

h_6——水窝深度，当不考虑延深时，$h_6 = 5$m，当考虑延深时，h_6 为10～15m。

c 多绳提升刚性罐道井底部结构

多绳提升刚性罐道井底部结构如图9-26所示，其全深计算如下：

$$h = h_1 + h_2 + h_3 + h_4 \tag{9-44}$$

式中 h——井底部结构全深，m；

h_1——最下水平轨面至防撞梁高度，一般为15～20m；

h_2——防撞梁至防扭结梁高度，一般取3～3.5m；

h_3——防扭结梁至尾绳最低点高度，一般取3～4.5m；

h_4——水窝深度，当设泄水巷排水，不考虑延深时，取5m，当考虑延深时，取10～15m，当为水泵排水，水窝深还需增加尾绳最低点至水面的高度2～3m。

d 多绳提升钢丝绳罐道井底部结构

多绳提升钢丝绳罐道井底部结构如图9-27所示，其全深计算如下：

$$h = h_1 + h_2 + h_3 + h_4 + h_5 + h_6 + h_7 + h_8 + h_9 \tag{9-45}$$

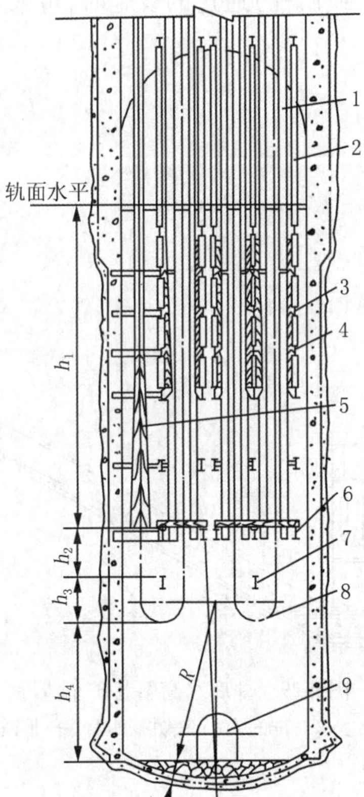

图9-26 多绳提升刚性罐道井底部结构

1—钢罐道；2—框架结构；3—罐道梁；4，5—楔形木罐道；6—防撞梁；7—防扭结梁；8—尾绳；9—泄水巷

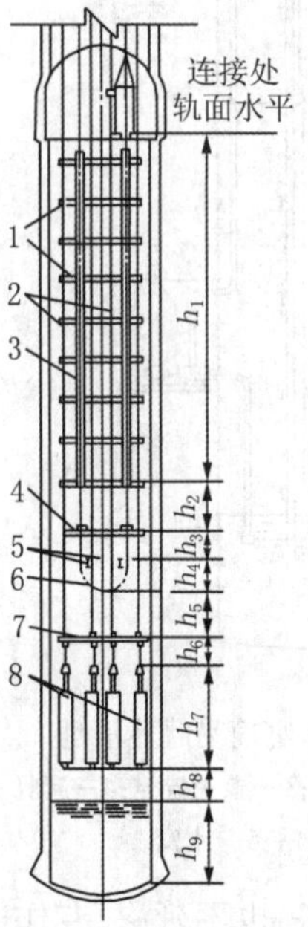

图9-27 多绳提升钢丝绳罐道井底部结构

1—罐道梁；2—钢丝绳罐道；3—楔形木罐道；4—防撞梁；5—防扭结梁；6—尾绳；7—罐道绳定位平台；8—拉紧重锤

式中 h——井底部结构全深,m;

h_1——最低水平轨面至楔形木罐道底座梁的高度,一般为 15~20m;

h_2——楔形木罐道底座梁至防撞梁高度,一般为 2.5~3.0m;

h_3——防撞梁至防扭结梁高度,一般为 3~3.5m;

h_4——防扭结梁至尾绳底高度,一般为 3~4.5m,当不设防扭结梁时,则为防扭结梁至平衡尾绳环点高度;

h_5——尾绳底至钢丝绳罐道定位梁高度,一般为 1.0~2.0m;

h_6——定位梁至拉紧装置的高度,一般为 2.5~3.0m;

h_7——拉紧重锤长度,m;

h_8——重锤底面至水面高度,一般为 2.0~3.0m,若为泄水巷排水时,$h_8=0$;

h_9——水窝深度,当不考虑井筒延深时,$h_9=5$m,当考虑井筒延深时,h_9 为 10~15m。

B 井底水窝

井底水窝应遵循下列原则:

(1) 井底水窝底部,为便于清理,一般用混凝土浇注成球面形。其球面高不大于井筒内径的 1/10,其球面半径一般为 7~10m。

(2) 井底水窝排水,一般采用水泵或潜水泵排水。水泵一般设在井底简易泵站内,当吸水高度小于 5m 时,可将水泵安放在马头门巷道内,当设有井底清理斜巷时,水泵也可安设在斜巷或附近的硐室中。在水窝较浅又不提升人员时,可自溢排水。

(3) 罐笼井一般不必设专门的水窝清理设施。在必须清理时,可利用简易罐笼(吊桶)清理,即将简易罐笼(或吊桶)悬吊在永久罐笼下面,用人工清理,如图 9-28 所示。

(4) 当井底设有重锤、检修平台和其他有阻碍简易罐笼(或吊桶)通过的设施时,可采用清理平巷或斜巷,也可利用电梯井兼作清理,分别如图 9-29 和图 9-30 所示。

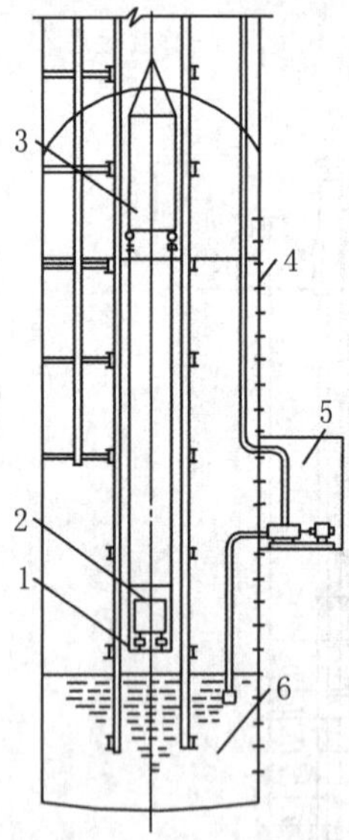

图 9-28 井底水窝简易罐笼清理

1—简易罐笼;2—矿车;3—永久罐笼;4—爬梯;5—井底泵站;6—水窝

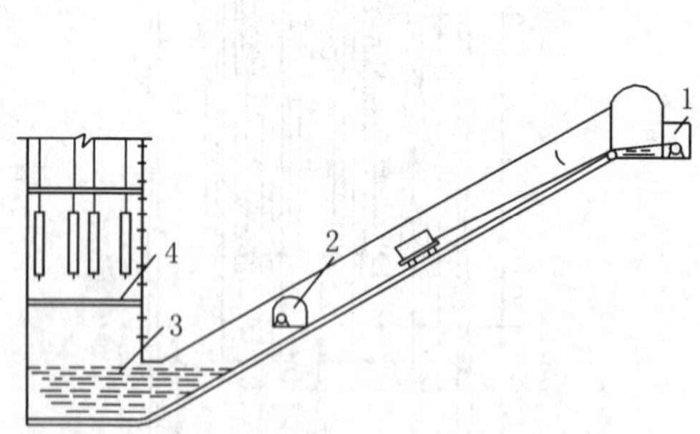

图 9-29 井底水窝斜巷矿车清理

1—绞车硐室;2—井底泵站;3—井底水窝;4—重锤检修平台

(5) 无提升设备,也不延深,专作通风(或设梯子间)的风井井底一般不设水窝,若需延深则应留 10~15m 的水窝。

C 粉矿回收

在箕斗提升或装、卸矿过程中,不可避免地要撒漏矿,造成井底粉矿堆积。撒矿量的大小一般与矿石块度、计量装载闸门、箕斗形式规格等因素有关。在金属矿山中，当采用翻转箕斗时，撒矿量为提升矿石量的10‰～30‰；当采用底卸式箕斗时，撒矿量为3‰～6‰。

粉矿回收的结构组成有：

(1) 粉矿漏斗仓安设在井底箕斗装载水平以下，直接承接由于箕斗在装、运、卸过程中撒落的粉矿。粉矿仓容量一般不小于正常提升7天的撒矿量。

混合井或有人行间的其他井筒，粉矿仓与提升间必须间隔开，成为单独的漏斗仓，通过闸门装进矿车。间隔栅板用钢材或木材制成，如图9-31所示。

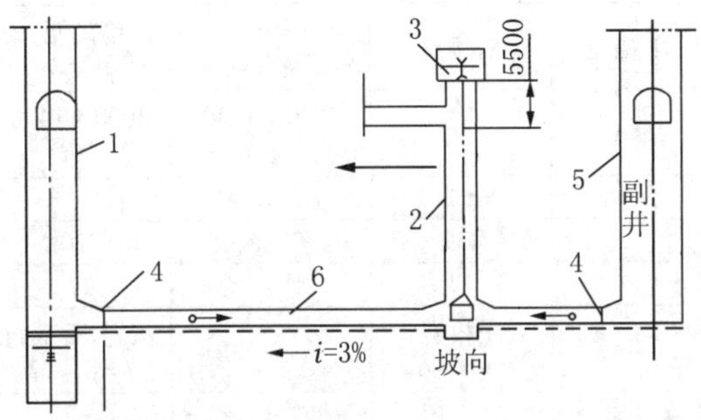

图9-30 井底水窝平巷和电梯井清理

1—主井；2—电梯井；3—电梯机房；4—栅栏门；5—副井；6—清理平巷

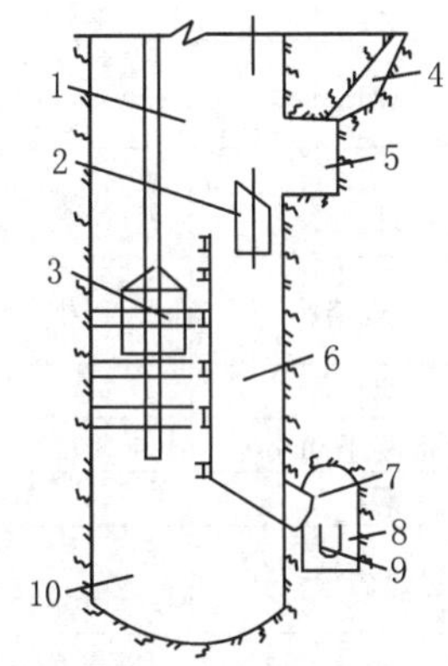

图9-31 粉矿漏斗仓结构

1—提升井；2—箕斗；3—罐笼；4—箕斗矿仓；5—计量装载硐室；6—粉矿仓；7—漏斗闸门；8—粉矿清理平巷；9—粉矿车；10—井底水窝

(2) 根据粉矿回收的不同方式，有时要增加一些辅助设施。如粉矿清理巷、沉淀池、井底水仓、井底泵站、通风机室及卷扬机室等。

9.2.4.12 竖井断面实例

部分矿山竖井断面如图9-32～图9-37和表9-34～表9-37所示。

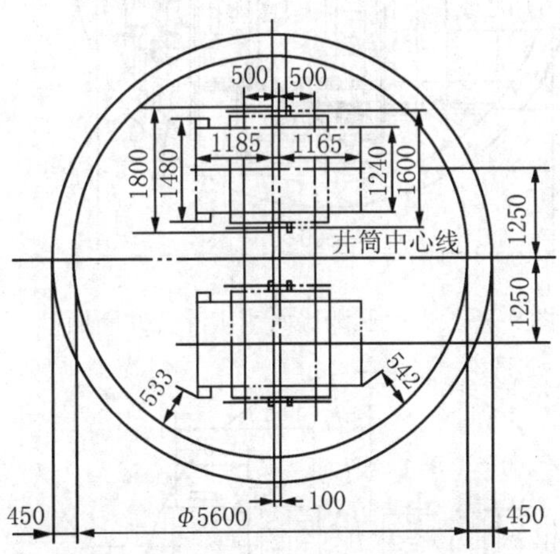

图9-32 金川24行主井断面

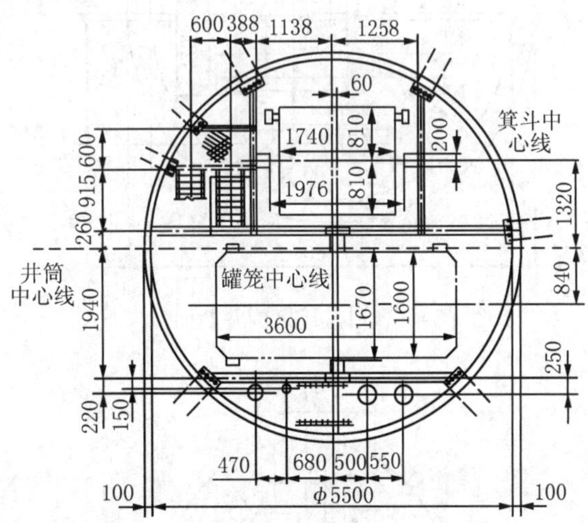

图9-33 黄岗梁铁矿混合井断面

表9-34 竖井井筒断面实例

矿井名称			香炉竖井	A矿竖井	B矿主井	狮山矿副井	C矿主井	中条山矿主井	D矿主井	E矿副井
井筒	边长或直径/m		3.3×1.7	3.256×3.0	D4	D4	D5	D5.5	D6	D6.5
	断面/m^2	净	5.61	9.15	12.56	12.56	19.63	23.76	28.3	33.18
		掘	6.12	9.77	16.62	16.62	24.63	31.17	35.3	40.72
	深度/m					180				252

续表 9-34

矿井名称			香夼竖井	A矿竖井	B矿主井	狮山矿副井	C矿主井	中条山矿主井	D矿主井	E矿副井
支护	木材规格	立柱/mm								
		框架/mm								
	混凝土	强度等级	喷射混凝土	喷射混凝土	C15		C15			
		壁厚/mm	50	50	300	300	300	400	350	350
罐道梁	材料		槽钢	槽钢	工字钢	槽钢	工字钢、槽钢	工字钢、槽钢	工字钢、槽钢	工字钢
	规格/mm		[20a	[27a	[20a	[27a,[14a	[20a,[20a	[30a,[30a	[20a,[20a	[30a
	间距/mm				4168	2000	2500	2000	4168	3126
罐道	材料		木材	木材	钢轨	木材	木材	木材	钢轨	钢轨
	规格/mm		150×140	200×180	38kg/m	200×180	180×150	箕斗 150×150 罐笼 200×200	38kg/m	38kg/m
提升设备	容器		双罐	单罐	双箕斗	单罐笼	双罐笼	单罐笼、双箕斗	单罐笼、单箕斗	双罐笼
	规格		1号	4号	2.1m³	5a	3号	4020×1440 2.1m³	4000×1476 16t	4500×1760
每100m材料消耗	木材/m³						12			
	混凝土/m³				405		439		720	
	钢材/t				36		17		27	
井筒穿过岩层					花岗闪长斑岩		千枚岩 $f=4\sim6$		灰岩、石灰石 $f=8\sim12$	
备注			吊挂螺栓 M20		井颈配筋	梯子平台间距 4m				梯子平台间距 3.126m

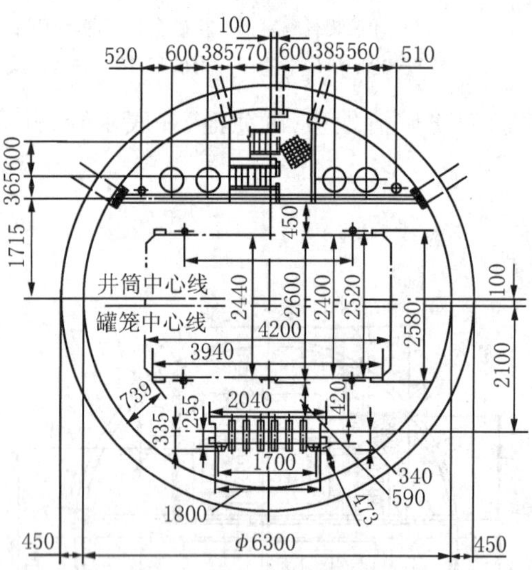

图 9-34 金川三矿区副井断面

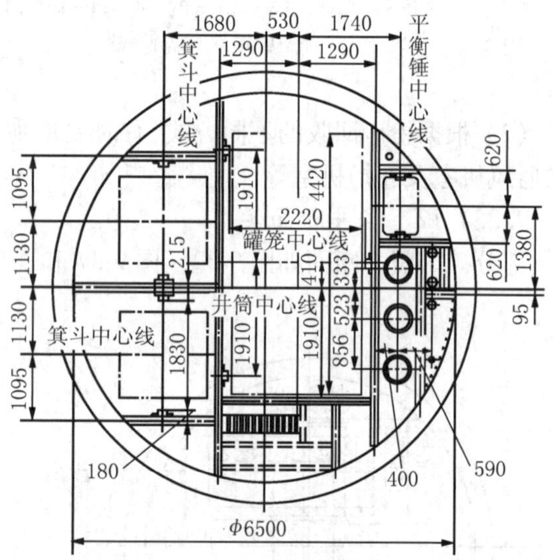

图 9-35 赞比亚谦比西铜矿混合井断面

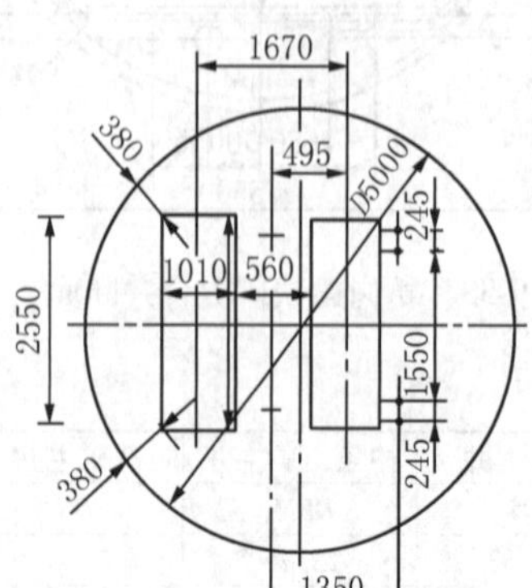

图 9-36 双层单车双罐笼井筒断面

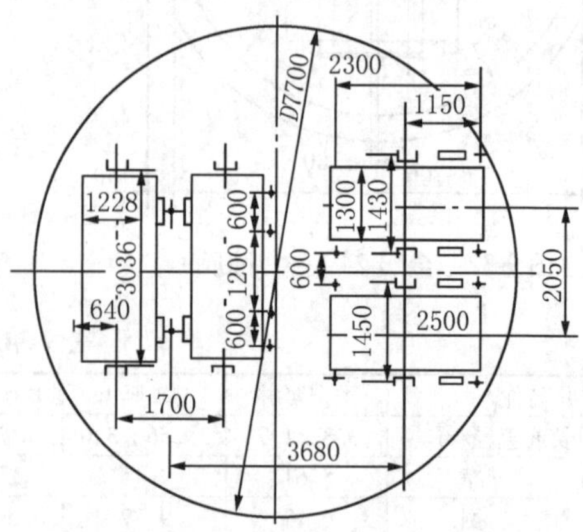

图 9-37 双箕斗三层双罐笼混合井筒断面

表 9-35 悬臂罐道梁井筒断面实例

矿井名称		平顶山七矿	铜川三矿	鹤壁三矿	鹤壁四矿
井筒直径 D/m		5.0	5.5	5.0	5.0
井筒深度 H/m		160	200	255	216
提升容器规格		4t 双箕斗	单层 1t 双车双罐笼	6t 箕斗	4t 双箕斗
罐道梁材料		工字钢	工字钢	钢筋混凝土	钢筋混凝土
罐道梁规格/mm	主梁	120b		120×300×5600	120×300×5600
	悬臂梁	120b	124b	150×350×850	150×350×850
罐道梁层间距/mm		4168	2630	4168	4168
钢轨罐道规格/(kg/m)		38	24	38	38

表 9-36 钢丝绳罐道井筒断面实例

矿井名称		淄博某矿三井	萍乡某矿盲井	南票某矿主井	开滦某矿混合井	英国串利克列哥 1 号井	南非克拉文 15 号井
井筒	净直径 D/m	3.8	4.5	5.0	7.7	7.02	6.08
	净断面/m^2	11.34	15.9	19.63	46.57	38.7	29.03
	掘进断面/m^2		22.06	24.63			
	深度 H/m	158	116	312	600	606	1061
支护	支护材料	砖,钢轨井圈加固	混凝土砖	料石			
	支护厚度/mm		400	300			
提升设备	容器	罐笼	罐笼	双罐笼	双罐笼,9t 双箕斗		罐笼
	规格	0.75t 单层单车	1.5t 单层单车	1t 双层单车	1.7t 三层单车,9t		双层
	提升速度/(m/s)	3.0	5.6	5.6	9.35	19	提人 15,提物料 17.5
终端荷载/kN		34	76	80	161	63.2	150
罐道绳规格/mm		6×7－ϕ24.5	6×19－ϕ40	6×7－ϕ32	ϕ40.5		ϕ44.5
防撞绳规格/mm			6×19－ϕ40	6×7－ϕ32			ϕ50.8
安全间隙/mm	容器与井壁之间	290	200	120			
	容器之间	200	280	460	箕斗 330,罐笼 400		
拉紧方式	井底拉紧	井底绳卡	重锤		重锤	重锤	杠杆重锤
	井架拉紧	井架螺杆	井架绳卡	井架弹簧螺杆			
拉紧力/kN	罐道绳		15	45		91.33	109
	防撞绳					60.9	116

9.2.4.13 竖井延深

竖井延深是生产矿井保持继续生产、开拓新阶段的关键工程。因此,可行性研究、初步设计阶段必须对竖井延深的可行方案加以考虑。

A 竖井延深的一般原则

(1) 竖井延深的可行方案必须是在确保矿井持续生产和施工安全的前提下,所需的辅助工程最小,设备最少,施工周期最短。

(2) 竖井延深通常需要在生产阶段以下几十米处布置一个延深辅助水平,然后向下开凿必要的巷道、措施井及辅助硐室,在掘砌井筒或刷砌反井时,用以提升运输废石、人员及材料,并布置通风、排水、压气等管线。

(3) 用梯子间延深竖井井筒时,应按提升绞车与卸矿方式对梯子间进行改装。改装的方式见表 9-37。

(4) 箕斗井延深,要有可靠的防止撒矿措施。

B 竖井延深工序

(1) 竖井延深准备工作有:开凿延深辅助巷道、硐室及提升间,开凿延深水平反井井底巷道;预留保护岩柱或构筑人工保护盘;安装延深施工设备及管线。

(2) 井筒掘砌工作包括:井筒掘进或反井掘进及刷大;井筒永久支护。

(3) 井筒安装包括:延深井筒安装;拆除保护岩柱或人工保护盘,砌壁;延深辅助巷道(马头门)的接井安装。

表 9-37 部分金属矿山钢丝绳罐道井筒断面实例

矿井名称			红透山铜矿混合井		梅山铁矿主井	凡口铅锌矿箕斗井	丰山铜矿箕斗井	凤凰山铜矿混合井		程潮铁矿罐笼井
提升容器	容器形式		2.1m^3 翻转箕斗	0.55m^3 双车单层罐笼	26t 单箕斗	5t 双箕斗	8t 单箕斗	10.5t 单箕斗	单罐笼	改装 3 号单罐笼
	导向器形式		铸铁衬套管	铸铁衬套管	铸铁衬套管	铸铁衬套管	铸铁衬套管	铸铁衬套管	铸铁衬套管	铸铁衬套管
	导向器寿命/d		30	10						
井筒	净直径 D/m		5.5	5.5	5.5	5.2	4.0	5.5	5.5	4.0
	深度 H/m		210、87	240、87	312、512	397、532	114、413	537	587	230/440
	用途		矿石	人员、材料、废石	矿石	矿石	矿石	矿石、废石	人员、材料、设备	紧急提升人员、材料
间距/mm	两容器之间	最突出部分	180	278						
	容器与井壁之间	正常段	150	200	300	约 300	350	280	280	300
		最小段	80	100				190	190	
提升设备	提升机型号		KJM2.25×4	KJM2.25×4	ϕ3×6（瑞典引进）	KJM2.25×4	KJM2.25×4	ϕ2×6（瑞典引进）	ϕ1.75×4（瑞典引进）	
	提升钢丝绳规格		三角股 ϕ21	三角股 ϕ21	三角股 ϕ32	三角股 ϕ22	三角股 ϕ22	三角股 ϕ22	三角股 ϕ22	6×19+1－ϕ23
	终端荷载/kN		128	93	480		162	230	110	40.5
罐道绳	钢丝绳规格		6×7－ϕ32	6×7－ϕ32	密封式 ϕ45	密封式 ϕ35.5	密封式 ϕ35.5	密封式 ϕ30	密封式 ϕ30	6×19－ϕ37
	拉紧装置	形式	重锤	重锤	重锤	重锤	重锤	重锤	重锤	重锤
		拉紧力/kN	35	35	58	43	20	50～55	50～55	30
刚性罐道	安装位置/m		井口 18，井底 18	井口 10，井底 10	井口 14，井底 14	井口 8.5，井底 5.2				
	布置方式		两侧	两侧	两侧	两侧	两侧	两侧	两侧	两侧
	材料		方钢	方钢	木材	钢轨	木材			

断面布置图例

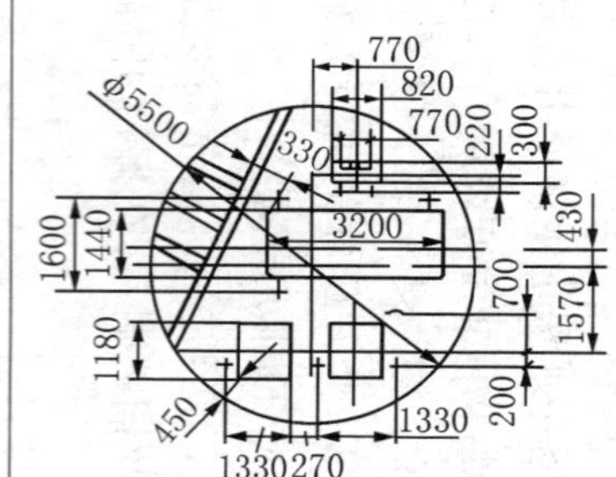

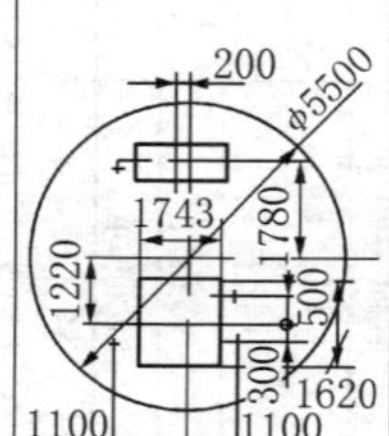

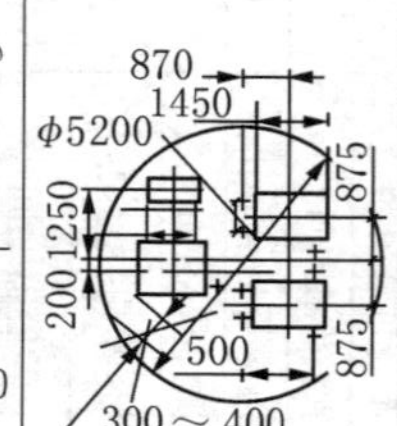

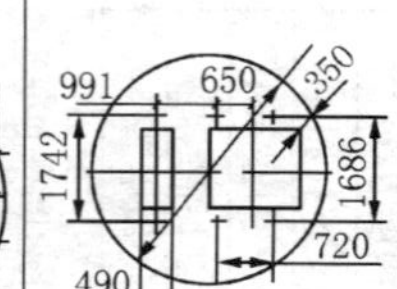

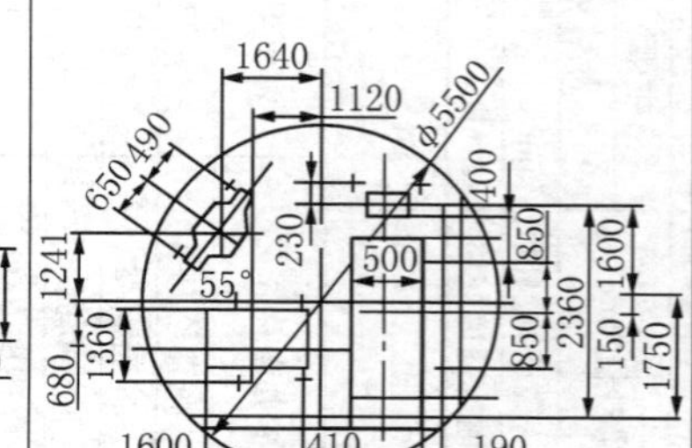

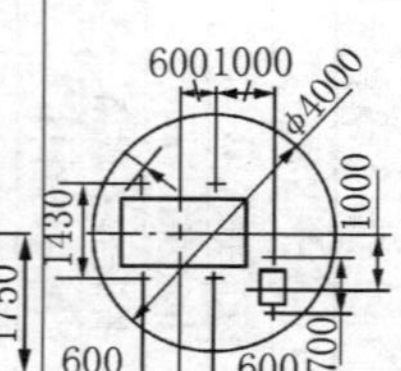

表 9-38 梯子间改装方式

提升绞车与卸矸台布置方式	改装部位	改装内容
提升绞车与卸矸台均在地面	因延深吊桶是在地面与延深工作面之间运行，因此，需把从地面到延深辅助水平之间的梯子间进行改装	拆除梯子间内的中间梁、梯子及各层平台，保留竖向隔板，把与永久提升间相邻的内侧用板子钉严。 卸矸台布置在生产水平或延深辅助水平时，从地面往下的各层梯子间平台可不拆除，仅需钻一个直径100～150mm的小孔，以便通过提升钢丝绳，但要拆除生产水平或延深辅助水平以上15～20m的梯子间
提升绞车在地面，卸矸台在生产水平或延深辅助水平	因延深吊桶是在生产水平或延深辅助水平的卸矸台至延深工作面之间运行，因此，只需把从生产水平或延深辅助水平以上15～20m的梯子间进行改装，作为安装卸矸台及溜槽的空间	
提升绞车与卸矸台均在生产水平或延深辅助水平	因延深吊桶是在生产水平或延深辅助水平的卸矸台至延深工作面之间运行，因此，只需把从生产水平或延深辅助水平以上15～20m的梯子间进行改装，作为安装卸矸台及溜槽的空间	

C 竖井延深方案

竖井延深方案见表9-39。

表 9-39 竖井延深方案

延深方案		图示	方案内容	优缺点	适用条件
自下向上延深	吊罐反井法延深井筒	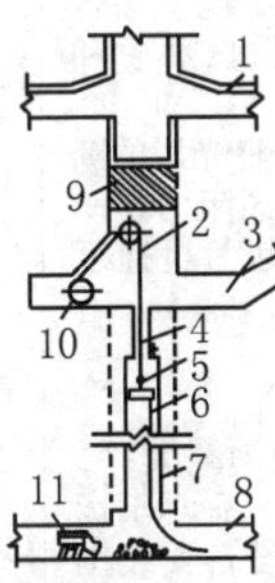 1—生产水平；2—提升钢丝绳；3—辅助水平；4—中心钻孔；5—吊罐；6—风水软管；7—反井；8—延深水平井底巷道；9—保护岩柱；10—提升绞车；11—装岩机	在开凿辅助水平及通往延深水平的反井井底巷道之后，先在延深井筒中央打钻孔，在辅助水平安装一台绞车，通过中心钻孔下放钢丝绳提升吊罐，利用吊罐作提升容器和凿岩平台，完成小断面反井掘进，然后由上向下进行井筒的刷大和永久支护	优点： (1) 机械化程度较高，减轻笨重体力劳动； (2) 工序简单，不进行临时支护，节省大量材料； (3) 可利用中心钻孔通风，通风条件较好； (4) 辅助工程量小，施工设备型号小，数量少； (5) 施工速度快，效率高，成本低。 缺点： (1) 钻孔偏斜不易控制，偏斜大时吊罐运行困难，延深段高因此受到限制； (2) 要有可靠的吊罐防过卷措施，由于反井不支护，要求岩石稳定性好； (3) 放炮母线及风水软管的损耗量较大	(1) 岩质比较坚硬稳定，$f>4$； (2) 井筒涌水量小于$5m^3/h$； (3) 反井高度小于150m； (4) 提升钻孔的偏斜不超出反井断面之外
	普通反井法延深井筒	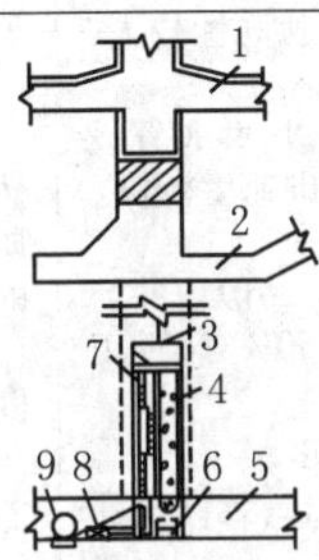 1—生产水平；2—辅助水平；3—反井工作面；4—矸石间；5—延深水平井底巷道；6—矿车；7—梯子间；8—局扇；9—提升绞车	由延深水平井底巷道自下向上掘一个小断面反井（用木框支护并兼作凿岩平台）与辅助水平贯通，再自上向下进行井筒的刷大和永久支护	优点： (1) 辅助工程量小； (2) 提升绞车型号小，工作面不用装岩和排水设备； (3) 施工方法简单，容易掌握。 缺点： (1) 劳动强度大，如上下爬梯子，架木框支护等； (2) 通风及提升材料困难； (3) 坑木消耗量大； (4) 施工速度慢，效率低	(1) 岩质松软破碎，需要进行临时支护的反井施工； (2) 反井高度一般不大于100m
	爬罐反井法延深井筒	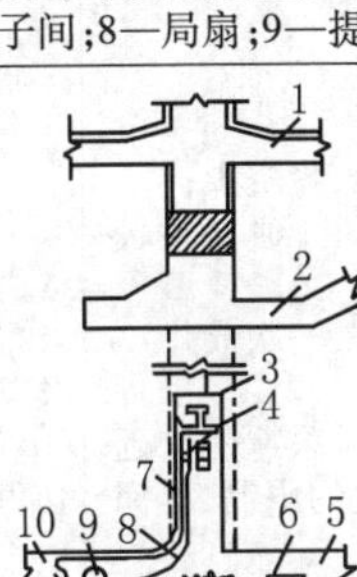 1—生产水平；2—辅助水平；3—反井工作面；4—爬罐；5—延深水平井底巷道；6—装岩机；7—导轨；8—压风软管；9—爬罐软管绞车；10—风水分配器	利用自身带有驱动装置的爬罐，沿着安装在延深水平的反井井帮的导轨自行升降，工人乘爬罐掘进小断面反井，与辅助水平贯通后，自上向下拆除导轨，并进行井筒刷大和永久支护	优点： (1) 不需要钻凿提升中心孔，反井掘进时不需要安装绞车和开凿辅助水平的上部硐室，准备工作量少； (2) 爬罐自身驱动，沿导轨运行，避免了吊罐的卡罐和过卷事故发生； (3) 适用于软岩层中。 缺点： (1) 设备投资高，安装工程量大； (2) 设备维修、检查工作复杂； (3) 通风条件不好； (4) 反井高度受风压限制，风动爬罐要求风压在0.6MPa以上，否则爬罐攀升困难	(1) 垂直反井和45°以上的反井； (2) 大于100m的高反井； (3) 需要支护的反井

续表 9-39

延深方案		图示	方案内容	优缺点	适用条件
自下向上延深	深孔爆破反井法延深井筒	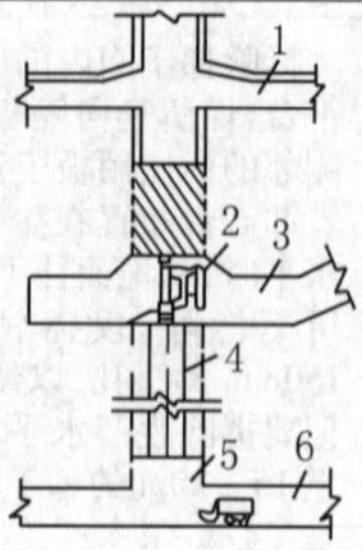 1—生产水平；2—深孔钻机； 3—辅助水平；4—炮孔； 5—爆落岩石预留空间； 6—延深水平井底巷道	在开凿辅助水平及通往延深水平的反井井底巷道之后，用深孔钻机按反井断面尺寸沿反井全高自上向下或自下向上钻凿一组平行炮孔，然后分段爆破，崩落的岩石自反井下部装出，再进行井筒刷大和永久支护	优点： （1）工人不进入工作面，作业安全，劳动强度低； （2）需用设备少，除钻机和装岩设备外，不需要其他设备； （3）施工速度较快，节省坑木，投资较少。 缺点： （1）反井掘进高度受钻孔偏斜限制； （2）掘高反井时成本高，钻孔偏斜大，难于控制	（1）反井高度在50m以内； （2）倾角45°～90°的反井； （3）掘进高反井时，也可下部用普通法或吊罐法，上部用深孔爆破法联合使用
自下向上延深	钻进法延深井筒	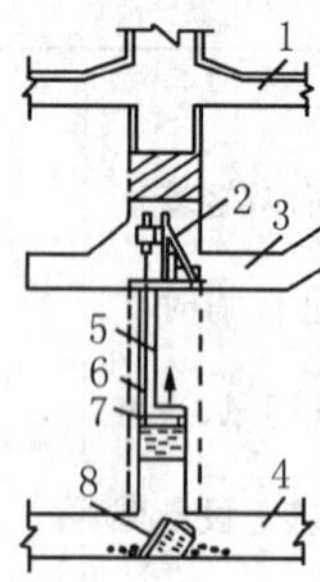 1—生产水平；2—钻井机；3—辅助水平；4—延深水平井底巷道； 5—导向孔；6—钻杆； 7—扩孔器；8—岩芯	在开凿辅助水平及通往延深水平的反井井底巷道之后，用特制的回转式钻机先在反井的全深自上向下或自下向上钻一个直径200～300m 的导向孔，再分次扩大至井筒所需直径。或不打导向孔，用全断面刀盘直接按井筒直径进行钻进，再进行永久支护	优点： （1）工人不进入井筒作业，操作条件好，安全； （2）钻机连续作业，实现了综合机械化，钻井时仅需司机、助手和2～3名装岩、运输工； （3）钻成的井筒为平整光滑的圆形断面，受力情况好，通风阻力小； （4）钻进速度快，一般月进速度150～300m，最高600m； （5）使用范围广。 缺点： （1）设备投资和动力消耗大； （2）设备庞大、笨重，不便于运搬和安装，钻机硐室和设备安装工作量大； （3）成本高，主要原因是扩孔刀具使用寿命短，刀具费用高，约占总钻进成本的60%	（1）垂直井和45°以上斜井； （2）可打小直径（1.2m）、中等直径（1.8～2.4m），也可打大直径，最大达6.5m； （3）能掘进高反井，一般以45～200m为宜，最高达600m； （4）能用于地压大、地温高、涌水大的地方
自上向下延深	利用辅助水平延深井筒	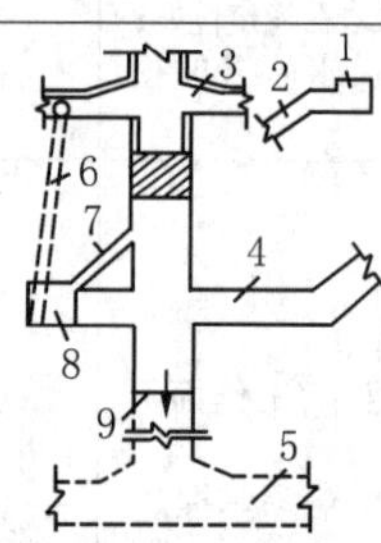 1—辅助提升绞车房；2—辅助提升井； 3—生产水平；4—辅助水平； 5—延深水平；6—风道；7—绳道； 8—凿井提升绞车房； 9—延深掘进工作面	由生产水平通过暗井到达延深井筒之下开拓延深辅助水平，在辅助水平上开凿为延深服务的巷道硐室，布置施工设备，并由此水平向下进行井筒的掘进和永久支护	优点： （1）延深工作本身独立性较大，对生产影响小； （2）井筒全断面掘进，并布置设备，与新凿井相似，掘砌速度较快。 缺点： （1）辅助工程量大，一般占井筒延深工程量的25%～50%，辅助工程施工时间长； （2）占用施工设备多； （3）总的延深时间长，延深速度不快，投资多，成本高	（1）适用于各种自然条件，不受岩石性质、涌水、瓦斯等条件的限制； （2）适用于各种深度，段高不受限制
自上向下延深	利用延深间或梯子间延深井筒	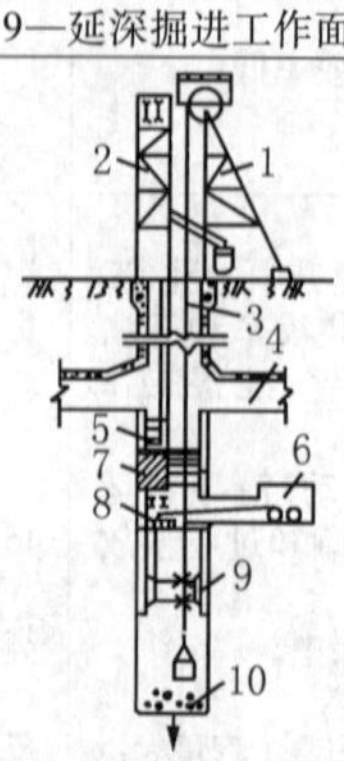 1—凿井井架；2—生产井架； 3—提升钢丝绳；4—生产水平； 5—井底水窝；6—稳车硐室； 7—保护岩柱；8—封口盘；9—吊盘； 10—延深掘进工作面	利用井筒内预留的专门延深间、梯子间或其他提升间改装的延深间，布置和吊挂延深主要施工设备，自上向下地延深井筒，矸石利用吊桶通过延深间提升到地面或井下的中间水平卸载	优点： （1）辅助工程量少，投资少； （2）管理比较集中，独立性较好，对生产影响较小； （3）可全断面掘进，一次成井。 缺点： （1）提升能力及延深速度受延深间断面及提升高度的限制，延深速度不高； （2）安装设备、构装保护设施及改装梯子间等，需要较长停产时间，对生产影响较大	井筒断面有专用的延深间或其他可以利用的富裕空间的延深井

续表 9-39

延深方案		图示	方案内容	优缺点	适用条件
自上向下延深	利用生产提升设备延深井筒	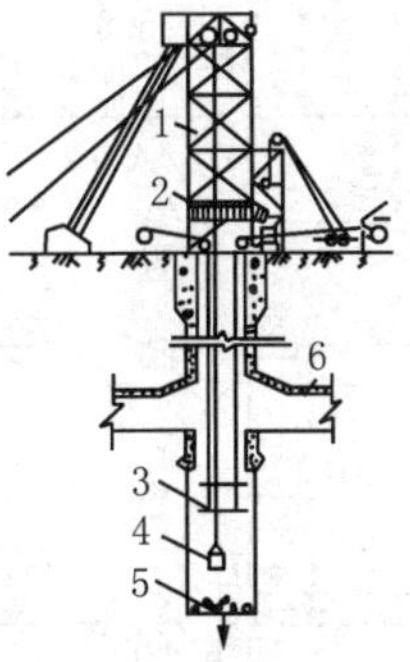 1—生产井架;2—卸矸台及溜槽;3—吊盘;4—吊桶;5—延深掘进工作面;6—生产水平	停止井筒的生产提升,改为延深井筒的提升,自上向下延深井筒,其施工方法与利用永久设备打井相似	优点: (1) 准备工作简单,时间短,投资少,可以设法利用生产永久绞车、井架和地面运输系统为井筒延深服务;可简化设备和管路布置; (2) 可以独立地进行施工,与生产互不干扰,可布置大型的施工设备; (3) 施工速度较快; (4) 可全断面掘进,一次成井。 缺点: 停止一个生产井筒的正常生产,可能打乱原有的生产秩序,影响全矿产量	全矿必须具有两个以上井口,且停止其中一个进行延深,能设法保证全矿井的产量
混合法延深		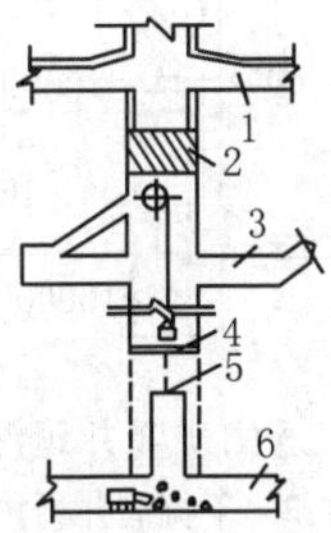 1—生产水平;2—保护岩柱;3—辅助水平;4—自上向下延深工作面;5—自下向上延深工作面;6—延深水平井底巷道	预先在一个或同时在几个生产水平向延深的井筒掘进石门或平巷,布置施工设备,然后同时自上向下和自下向上延深井筒	优缺点和适用条件,是组成该法的两个方案的综合	

竖井延深时的井底水窝改造及安全保护设施结构形式见表 9-40。

表 9-40 竖井延深安全保护设施结构形式

井底水窝之下设保护岩柱	井底水窝之下设人工保护盘	井底水窝之上设人工保护盘	井底水窝之中设人工保护盘
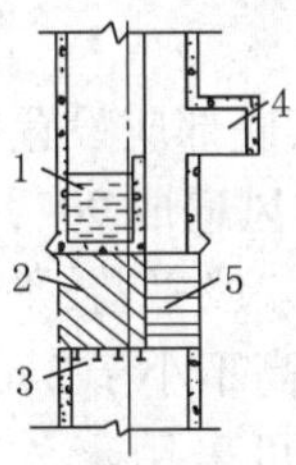 1—井底水窝;2—保护岩柱;3—护顶盘;4—水泵房;5—延深间	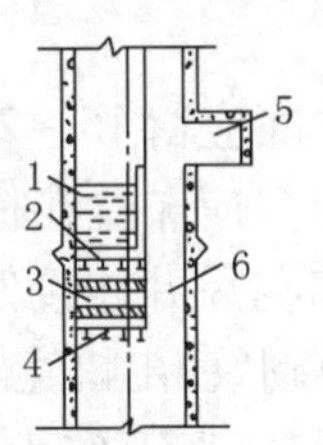 1—井底水窝;2,4—钢梁;3—水平式保护盘;5—水泵房;6—延深间	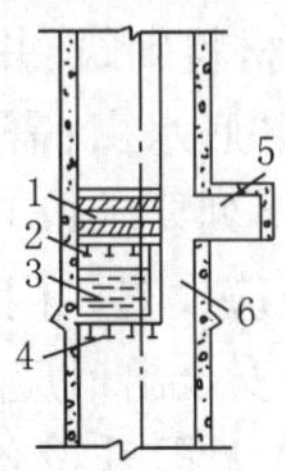 1—水平式人工保护盘;2,4—钢梁;3—井底水窝;5—水泵房;6—延深间	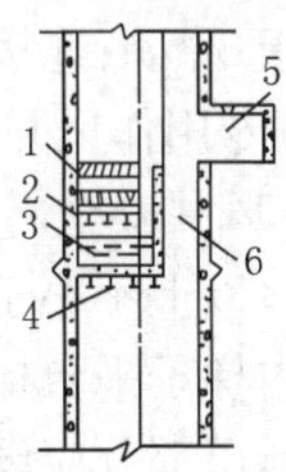 1—水平式人工保护盘;2,4—钢梁;3—井底水窝;5—水泵房;6—延深间

部分矿山竖井延深方案如图 9-38 和图 9-39 所示。

9.2.4.14 风井

每个矿山设置的风井数目与采用的通风系统及风井布置方式有关,每个通风系统至少要有一个进风井和一个出风井。进风井可以是罐笼井、矿车组提升斜井、斜坡道或主平硐,也可采用专用进风井。出风井一般为专用井筒。通风系统按进风井和回风井相对位置的不同布置形式,可分为对角式(对角单翼式与对角双翼式)、中央式(中央并列式、端部并列式和中央分列式)、混合式三种布置形式。

A 风井设计的一般原则及规定

(1)风井首先满足通风要求,并应遵守《金属非金属矿山安全规程》中的有关规定。

(2)主回风井一般不应用作正常生产时期的辅助提升井和主要人行通道。

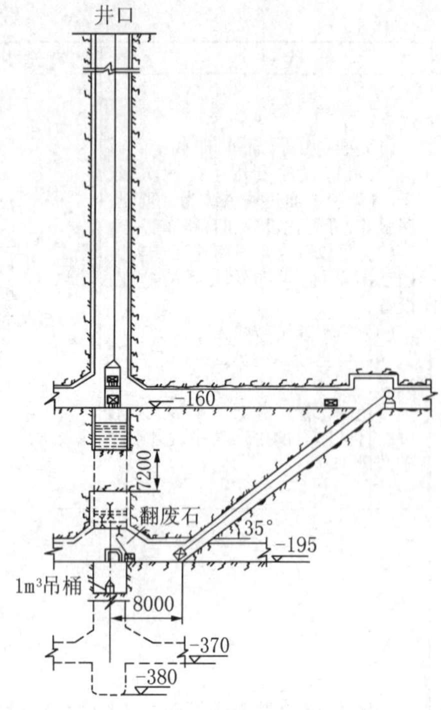

图9-38 杨家杖子岭前矿混合井延深方案

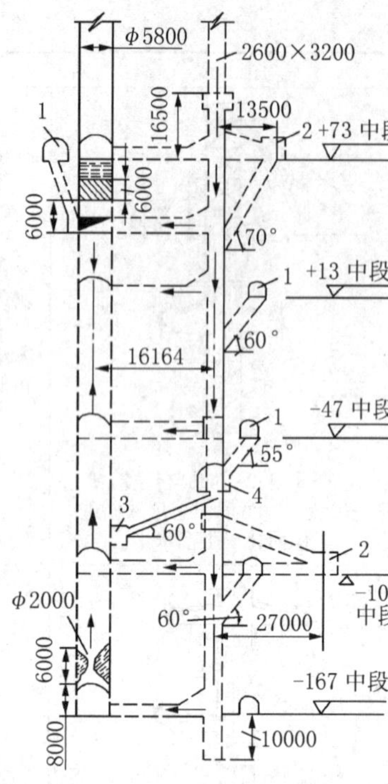

图9-39 红透山矿竖井延深系统

1—卸矿硐室;2—下掘溜井卷扬硐室;3—计量装载硐室;4—破碎硐室

(3)主回风井可作为矿井的安全出口,井深在300m以内时,应设封闭式梯子间;井深超过300m时,应增设紧急提升设施。

(4)装有扇风机的风井井口必须严格封闭。

(5)在有风道的情况下,为减少通风阻力,风道与风井连接处应做成圆弧形,其夹角应为40°~50°,风道应减少转角。

(6)风井井底与井底巷道连接时,应做成圆弧形,其曲线半径应为6~8m,圆心角为35°~45°,连接处长度不小于3.5m;连接处应用非燃烧材料砌筑,并应设栅栏门。

(7)专用作风井的井底可不留井底水窝;需延深的风井井底应留15~20m深水窝,其底部应设置壁座。

(8)风井安全出口设计应符合下列要求:1)风井的安全出口应布置在梯子间一侧,与风道成90°,并应位于风道口以上不小于2m处,风道内应设置风门。2)安全出口与风井连接处应有4~6m一段平巷,平巷标高与风井内梯子平台标高相适应。3)安全出口应用非燃烧材料砌筑,出口宽不小于1.2m,高不小于2m。通到地表的斜道部分应设人行踏步。4)无提升设备的主风井井口,当不作为安全出口时,可采用永久性密封井盖。

(9)通风机直接坐落在风井口上时,其风机基础梁可直接坐于井颈上,井口必须用钢筋混凝土板进行密封,并应对井颈进行计算。

(10)进风井(巷)井口位置必须布置在粉尘、有害和高温气体不能侵入的地方。进风井(巷)的风流含尘量不得超过0.5mg/m³。

(11)专用风井、风硐最高风速不得超过15m/s。

(12)进风井(巷)冬季空气温度,应高于2℃;低于2℃时,应有暖风设备。

(13)主要进风井(巷)的海拔高度在1000m以上时,应以海拔高度系数校正有关通风参数。

(14)进入矿井的空气不得受到有害物质的污染。放射性矿山出风井与进风井的间距,应大于300m。从矿井排出的污风,不得对矿区环境造成危害。

B 风井断面的确定

风井一般采用圆形断面,在确定风井断面时除应考虑风量及风速外,还应考虑获得最佳综合经济效果。

(1) 按矿井通风量及风速确定风井断面。主回风井通风有效断面(m^2)应不小于风井通过的风量(m^3/s)除以允许的最大风速(m/s)。

(2) 按风井基建、生产维修、主回风井主扇运行的总费用最低值选择最优风井断面。

选择最优风井断面计算如下:

$$x_M = x_T + x_V + x_D \tag{9-46}$$

式中 x_M——主回风井每米的总费用,元;

x_T——主回风井每米的基建费用,元;

x_V——在服务期限内的主回风井每米的维修费用,元;

x_D——主回风井每米的通风动力费用,元:

$$x_D = \frac{24 \times 365 \alpha p Q^3 T U_p}{102 S^3 \eta} \tag{9-47}$$

α——风井通风摩擦阻力系数;

p——风井断面周长,m;

Q——风井通过的风量,m^3/s;

T——风井服务年限,a;

U_P——每度电的费用,元;

η——通风的全效率,包括风机效率、电机效率、变压器效率、输电效率、扇风机的传动效率的乘积,一般取0.5~0.6。

计算出风井基建费、维修费及通风动力费后,在每米风井费用及风井断面的坐标图上画出曲线,把3条费用曲线叠加起来,得出总费用曲线,总费用曲线的最低点所对应的风井断面就是所求的最优经济断面。

C 风井结构

a 风道

风道是风井与地面扇风机连接的通道。一般为圆形断面。断面大小根据风机的规格型号而定。风道一般要用混凝土或钢筋混凝土砌筑,内表面用1:3或1:4水泥砂浆抹平。为减少通风阻力,风道与内井连接处应做成圆弧形,其夹角小于45°。风道应尽量减少转弯,当必须转弯时,转弯处应有一定的圆弧。

风道的平面布置及风道的长度,根据通风设备及所处地形决定。风道底板至地表的距离视表土层稳定程度而定。当表土层稳定时,地表至风道底板深度应大于5m。当表土层不稳定时,风道底板标高可适当提高。

b 风井的安全出口

安全出口是作为从风井上、下通达地面的人行道。安全出口与风井连接处应布置在梯子间一侧,与风道成垂直方向,并位于风道口以上不小于2m。为便于上、下人员及安装风门,安全出口与风井连接处应有4~6m一段平道。平道的标高应与风井内梯子间平台相适应。

安全出口应用耐火材料砌筑。安全出口的断面多为拱形和矩形,钢筋混凝土顶盖。为便于行人,安全出口宽不小于1.2m,高不小于2.0m。与井筒相连的平段上及地面出口处必须设三道风门。

当为抽出式出风井时,一道门向内开,两道门向外开;当为压入式进风井时,两道门内开,一道门外开。

人行斜道内设行人台阶。

c 风井井底连接

风井井底与巷道连接有单侧和双侧两种,连接形式可做成马头门形或直角圆弧形。只作通风用的风井,不设井底水窝,井筒淋水可顺井底水沟沿巷道流出。需延深的风井则留有10~15m深的水窝。

9.2.4.15 电梯井和设备井

为了方便各阶段、分段间的联系,如采用无底柱分段崩落法或有地下破碎站的矿山,当没有设置采区或采准斜坡道时,均可设置电梯井、设备井。如梅山铁矿等大中型矿山,应用电梯井上下人员和运送材料及小型设备,既方便又安全。

A 电梯井

电梯井应符合下列规定:

（1）采用矿用电梯。

（2）电梯井内应设梯子间及管缆间，梯子应与各阶（分）段相通。

（3）电梯井的提升机硐室必须有两个安全出口，硐室内不得漏水和渗水。

（4）电梯井提升机硐室内应设置起吊设施。

（5）电梯井内的金属部件应做防腐处理。

（6）电梯井井底应埋设固定缓冲器的钢板。

（7）电梯井井底积水应做导出处理。

电梯井有关细则：

（1）电梯井往往与设备井成对布置，相互备用。

（2）电梯井内设置梯子间，既便于管道敷设及维修，又可在电梯因事故停运时，人员从活盖门中撤至梯子间，属于必不可少的安全措施。

（3）井道设计应考虑有敷设供水管、压气管、电缆的位置，管子间的大小最小应能放置 ϕ250mm 压气管一根、ϕ150mm 供水管一根。

（4）电梯井井道宜采用滑动模板、整体浇灌混凝土施工，这样井道规整、进度快，且施工允许的正偏差不大于 50mm 容易得到保证。在围岩条件允许的情况下，也可采用锚喷支护。

（5）轿厢导轨梁的固定不采用预留梁窝，而采用锚杆固定，梁端要用水泥或树脂封闭。

（6）当无长材料运往采区时，各层站可采用平马头门，厅门等安装时后砌。

（7）所有导轨、导轨梁、平台梁、平台板之间一律采用螺栓连接。

（8）导轨梁多采用[20a，层间距一般为 2m。

（9）梯子、金属网规格有 2m、4m 两种，应与导轨梁层间距保持一致。

（10）最上一层梯子的位置一定要考虑机房平台的合理布置，同时应注意到每层马头门处进入梯子间的方便性。

（11）电梯井机房硐室在井道顶部，多为独头，开机后室温升高，因此除梯子间到顶以外，还应另设一斜巷，通至下水平，这样既保证有两个出口，又使室内风流贯通，可改善室内工作条件。

（12）机房内除 3 根机座梁由厂家提供外，其余各梁均按强度进行计算，室内不设起重梁，而设起吊锚杆或起吊环，平台板采用螺栓固定，便于拆卸，起吊更换机件。

（13）机房硐室中的开关柜，控制台位置距墙不小于 800mm。

（14）机电安装时，井上下应安设极限开关，以防过卷。

电梯井全貌如图 9-40 所示。圆形断面电梯井系统如图 9-41 所示。

湖北电梯厂是我国较早生产矿井电梯的厂家，截至 2008 年已有百余台矿井电梯在武钢、通钢、昆钢和鞍钢等矿山使用。近些年研制生产的 MP、MG 系列矿井电梯，其技术性能又有新的突破。

B 设备井

设备井有关细则：

（1）设备井断面大小应由设备的最大外形尺寸、梯子间和管线布置等要求确定；

（2）井内设置两根绳，在有梯子间时，应将绳布置在梯子间一侧，以防设备吊运时摆扭；

（3）设备井为多阶（分）段服务时，各阶（分）段均应设置联系信号，各阶段马头门设计应考虑设备大件进出方便；

（4）设备井提升或下放大件时，要有专用的提升吊架；

（5）提升机硐室，可设在井的最上部，也可放在井底马头门内；

（6）设备井往往与电梯井成对布置，互为备用，一般布置在主要运输水平的端部，靠近采区，一般为盲竖井；

（7）设备井尽量不支护或采用锚喷支护；

（8）可根据需要考虑进风或出风；

（9）设备井卷扬硐室布置如图 9-42 所示。

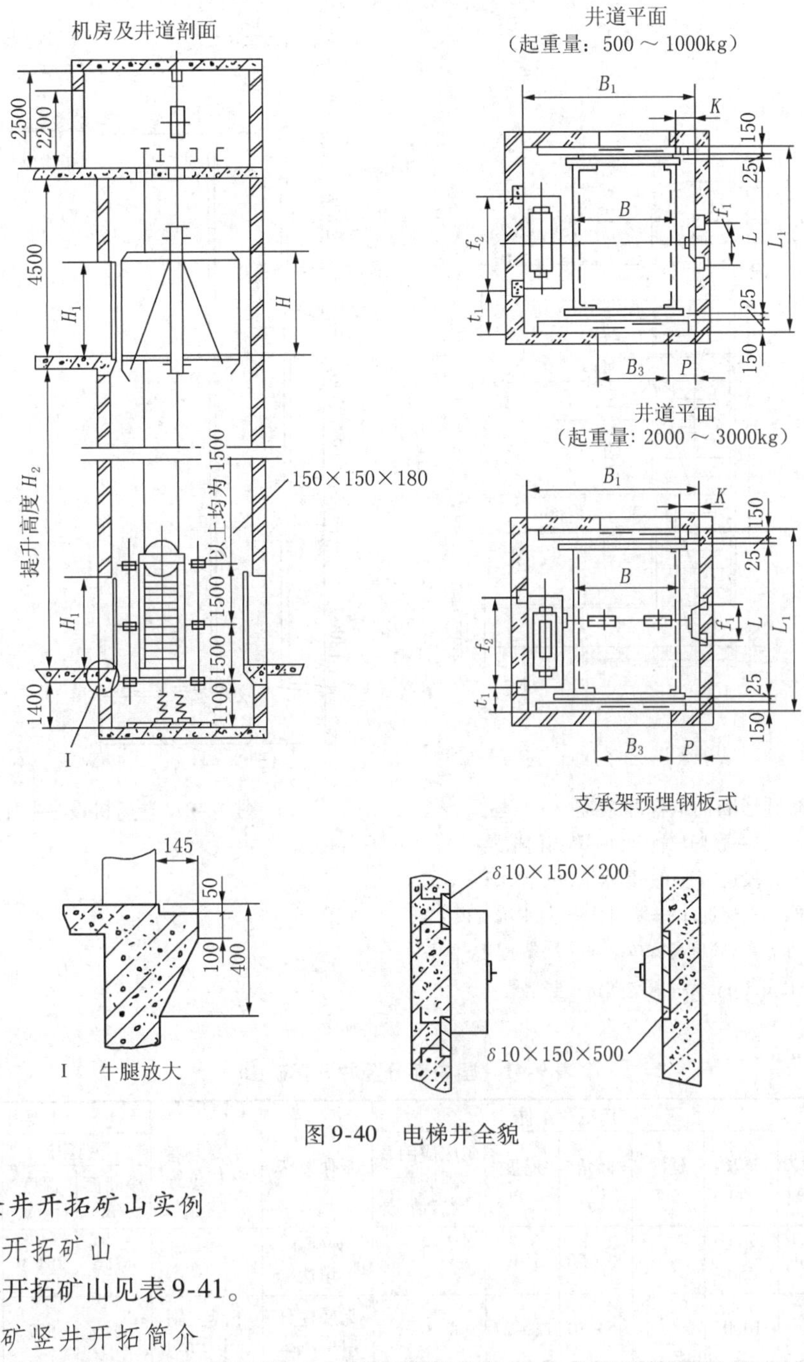

图9-40 电梯井全貌

9.2.4.16 竖井开拓矿山实例

A 国内竖井开拓矿山

国内部分竖井开拓矿山见表9-41。

B 冬瓜山铜矿竖井开拓简介

冬瓜山铜矿是一大型深井矿床，位于狮子山矿田深部。冬瓜山1号矿体为该井田的主矿体，其储量占总储量的98.8%。矿体呈似层状产出。矿体产状与地层一致，与背斜形态相吻合。矿体走向NE35°~40°。矿体两翼分别向北西、南东倾斜，中部斜角较缓，而西北及东南部较陡，最大倾角达30°~40°。矿体沿走向向北东侧伏，侧伏角一般10°左右。矿体赋存于-690~-1007m标高之间，其水平投影走向长1810m，最大宽度882m，最小宽度204m，矿体平均厚度34m，最小厚度1.13m，最大厚度100.67m，矿体直接顶板主要为大理岩，底板主要为粉砂岩和石英闪长岩，矿体主要为含铜磁铁矿、含铜蛇纹石和含铜矽卡岩。

设计推荐两种采矿方法，即大直径深孔阶段空场嗣后充填采矿法和扇形中深孔阶段空场嗣后充填采矿法。

经过详细的技术经济比较，设计采用竖井开拓，采用新老系统共用矿石提升主井，改造（老鸦岭）混合井为冬瓜山副井方案。其中老系统是指东、西狮子山、大团山等六个矿床的开拓系统，新系统是指冬瓜山矿床的开拓系统。

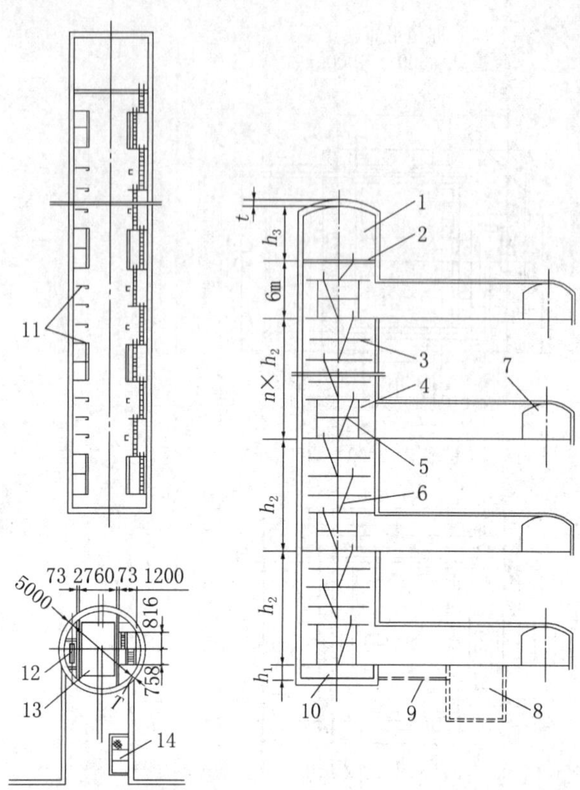

图 9-41　3t 圆形断面电梯井系统

1—机房硐室；2—机房平台；3—轿厢导轨梁；4—马头门框架；5—框架横梁；6—梯子；7—阶段运输巷；8—集水坑；9—泄水管；10—底坑；11—配重导轨梁；12—配重；13—轿厢；14—集水坑盖板

T—井道壁厚；t—硐室壁厚；h_1—底坑高度；h_2—1 个层站高度，一般为 8m、9m、10m、12m、15m，h_3—硐室高；n—层站数

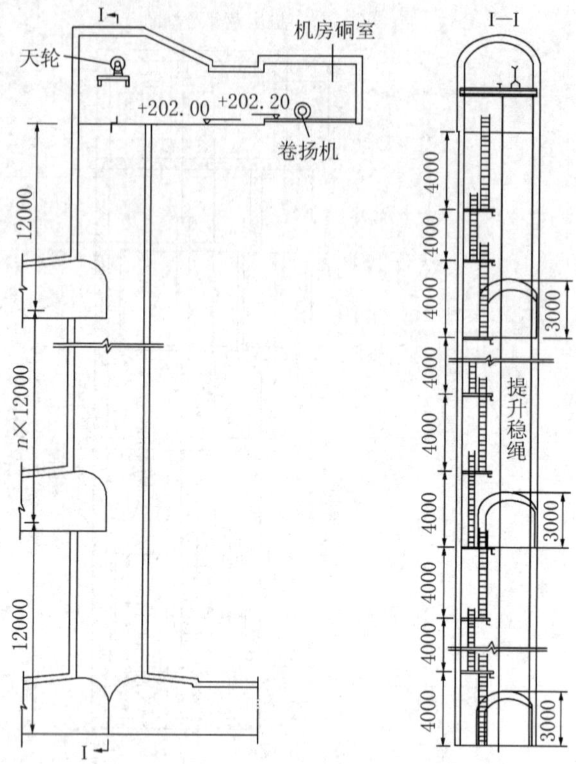

图 9-42　卷扬机设在井上部的设备井

表 9-41　国内部分竖井开拓矿山

序号	矿山名称	矿山生产能力 /(Mt/a)	矿床赋存条件					采矿方法	主要井巷开拓位置	主要井巷规格				备注
			延长 /m	延深 /m	倾角 /(°)	厚度 /m	矿床成因及顶底盘围岩情况			主竖井 净断面 /m	主竖井 深度 /m	副竖井 净断面 /m	副竖井 深度 /m	
1	柏坊铜矿	250t/d	130 ~ 250		20 ~ 50	5 ~ 9		胶结充填法		ϕ3.6	251.9			
2	丰山铜矿		1000		45 ~ 80	12 ~ 27		无底柱分段崩落法	下盘主副井开拓	ϕ4	507	ϕ5	520	
3	凤凰山铁矿		1600	450	25 ~ 55	1 ~ 62	上盘砂页岩，下盘闪长岩	阶段空场法	下盘主副井开拓	ϕ5				
4	建德铜矿	0.165	800		10 ~ 78	11.7	上盘白云岩	浅孔留矿法	端部下盘竖井开拓	ϕ4.6	270.3			
5	金川龙首矿（早期）	0.30	1500	600	70	20 ~ 60	上盘二辉橄榄岩，下盘二辉橄榄岩及大理岩	上向水平分层充填法，下向倾斜分层充填法	下盘侧翼竖井开拓	ϕ5.5	259.0			
6	金岭铁矿召口矿区	0.30	1100	312	30 ~ 45	11.84	接触交代型磁铁矿床	分段空场法	下盘主副井开拓	ϕ6.0	396.7	ϕ4	287	
7	锡矿山锑矿	0.30	2000 ~ 2500		10 ~ 30	2 ~ 4	赋存在长龙页岩及七里江灰岩中	房柱法	上盘竖井开拓	ϕ4.5	289	ϕ3.6	160	混合井

续表 9-41

序号	矿山名称	矿山生产能力/(Mt/a)	矿床赋存条件					采矿方法	主要井巷开拓位置	主要井巷规格				备注
			延长/m	延深/m	倾角/(°)	厚度/m	矿床成因及顶底盘围岩情况			主竖井		副竖井		
										净断面/m	深度/m	净断面/m	深度/m	
8	凡口铅锌矿	3000t/d	400 ~ 800	400 ~ 600	40 ~ 68	5 ~ 40		水平分层充填法	下盘竖井开拓	ϕ5.2	420	ϕ5.5	430	
9	华铜铜矿	0.36	60 ~ 250		50 ~ 70	5 ~ 20		分段空场法留矿法	下盘竖井开拓	5.88 × 3.78	381			
10	武山铜矿	1500t/d	500 ~ 1400		50 ~ 70	1 ~ 9		分层崩落法	下盘竖井开拓	ϕ4.0	245	ϕ5.5	276	
11	凤凰山铜矿	2000t/d	1800		80 ~ 90	3.7 ~ 80	接触交代矽卡岩型铜矿床	上向水平分层充填法	下盘竖井开拓	ϕ5.5	362			混合井
12	铜绿山铜矿	2000t/d	2000		55 ~ 75		接触交代矽卡岩型铜矿床	上向水平分层充填法	下盘竖井开拓	ϕ4.5	155	ϕ5	183	
13	尖林山铁矿	1	685			77 ~ 150	大冶接触交代矽卡岩型矿床	无底柱分段崩落法	下盘竖井开拓	ϕ5.5	197			混合井
14	桃林铅锌矿	3600t/d	3000	500 ~ 600	30 ~ 45	10 ~ 15		中深孔阶段强制崩落法	上盘主副井开拓	ϕ4.0	190	ϕ5.5	195	
15	程潮铁矿	1.50	300 ~ 1100		46	24 ~ 53	大冶接触交代矽卡岩型矿床	无底柱分段崩落法	下盘竖井开拓	ϕ6.5	440	ϕ4(西) ϕ3(东)		混合井
16	金山店铁矿	2	3500			23	大冶接触交代矽卡岩型矿床	无底柱分段崩落法	下盘主副井开拓	ϕ5	377	ϕ6	417	
17	弓长岭铁矿井下矿	2.2	4800		70 ~ 85	10 ~ 100	上盘绿泥石英片岩,下盘斜长角闪岩	无底柱分段崩落法	下盘主副井开拓	ϕ8	520	ϕ6	300	
18	梅山铁矿(一期)	2.5	1200			147	上盘高岭土化安山岩,下盘辉石闪长玢岩	无底柱分段崩落法	下盘主副井开拓	ϕ5.5	331	ϕ5.5	331	
19	小官庄铁矿	2.5	1200	400 ~ 1000	10 ~ 50	20 ~ 30	高温热液接触交代矽卡岩型含铜钴磁铁矿床	无底柱分段崩落法	下盘主副井开拓	ϕ4.7	720	ϕ6 ϕ6	635 760	
20	金川二矿区	2.56	2600	700	60 ~ 75	37 ~ 118	上盘为二辉橄榄岩,下盘为大理岩	上向分层胶结充填法,下向分层胶结充填法	下盘主副井开拓	东主井 ϕ4.5 西主井 ϕ5.0	529.8 683	西副井 ϕ5.8 东副井 ϕ5.6	661 659	
21	西石门铁矿	2.2	5100		<40	1.2 ~ 32	顶板为中奥陶纪灰岩,底板为闪长岩和灰岩,属接触交代矽卡岩型矿床	有、无底柱分段崩落法	上盘中央竖井开拓	ϕ5.0	277	ϕ5.5、ϕ6.0	266 280	

注:部分资料来源于《采矿设计手册》。

坑内运输采用主运输阶段有轨运输集中破碎方案，主运输阶段位于 -875m 水平。开拓系统纵投影如图 9-43所示。

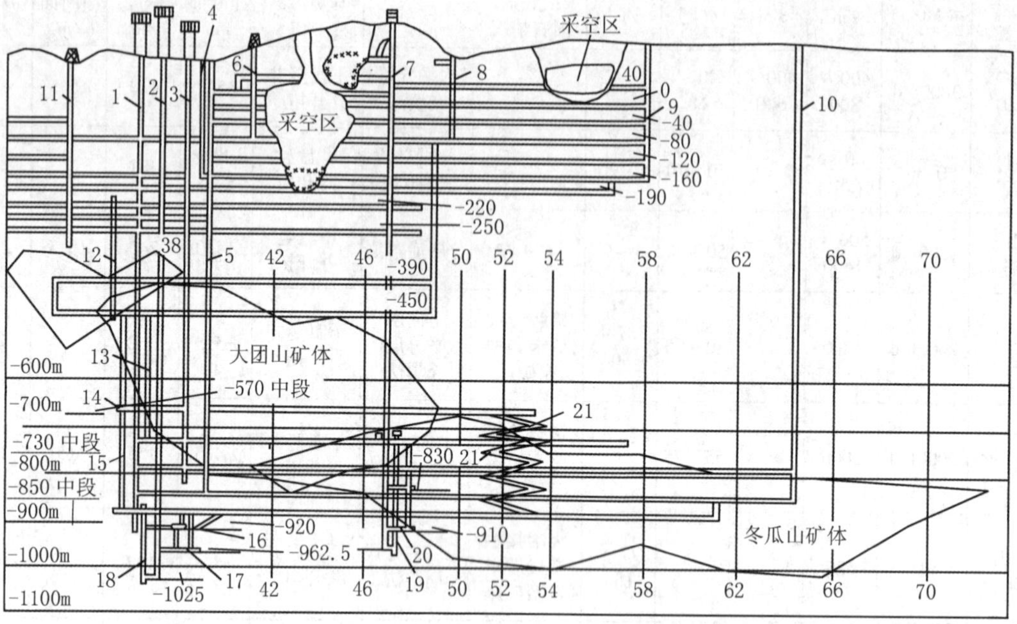

图 9-43　冬瓜山铜矿开拓系统纵投影

1—冬瓜山副井；2—冬瓜山主井；3—大团山副井；4—老西风井；5—冬瓜山进风井；6—狮子山主井；7—冬瓜山辅助井；8—东盲井；9—狮子山东风井；10—冬瓜山回风井；11—老鸦岭措施井；12—盲措施井；13—大团山废石溜井；14—大团山破碎站；15—大团山矿石溜井；16—破碎站；17—主井装矿皮带道；18—粉矿回收井；19—辅助井粉矿回收井；20—辅助井皮带道；21—斜坡道

主要井筒有：

(1) 冬瓜山主井。净直径 ϕ5.6m，井深 1120m(+95 ~ -1025m)，井筒内装配有一套 30t 双箕斗提升系统，担负冬瓜山 10000t/d、老系统 3000t/d 的矿石提升能力。

(2) 冬瓜山副井。改造并延深老鸦岭混合井作为冬瓜山副井，为一罐笼井。井深 1023m(+107 ~ -916m)，井筒净直径 ϕ6.5 ~ 6.7m。内配一套 5180mm × 3000mm 双层单罐笼带平衡锤提升系统，担负冬瓜山人员、材料、设备的提升任务。

(3) 冬瓜山辅助井。改造并延深冬瓜山探矿井作为辅助井，净直径为 ϕ4.0 ~ 4.5m，内配有一套载重量 11t 单箕斗（箕斗罐笼一体）带平衡锤提升系统，主要提升废石及作管缆井用。最大提升能力为 2300t/d。

(4) 风井。除利用冬瓜山副井作为进风井外，设置一条专用进风井，井筒净直径 ϕ6.9m，井深 972m(+97 ~ -875m)；设置一条专用回风井，井筒净直径 ϕ7m，井深 950m(+100 ~ -850m)。

(5) -875m 有轨主运输阶段。阶段运输采用环形运输形式，穿脉间距 100m，采用两台 20t 电机车牵引 10 辆 10m^3 底侧卸式矿车运输，将矿石运至破碎站。矿石破碎后通过主井提升到地表卸入矿仓。

(6) 斜坡道。没有设直通地表的斜坡道，但阶段之间有辅助斜坡道或采准斜坡道连通。

C　南非 Palabora 矿竖井开拓简介

南非 Palabora 矿位于南非的北部省 Phalaborwa 市，上部为露天开采，露天坑以下采用自然崩落法开采，设计矿石生产能力为 30000t/d。工程总投资为 23 亿兰特。工程从 1996 年 3 月开始建设，至 2003 年 11 月结束。

设计的自然崩落法垂高为 500m，172 个聚矿槽（即 344 个出矿口），铲运机出矿。矿石铲装后运到矿体北侧的 4 台颚式破碎机中，破碎后的块度小于 200mm，由 1350m 长的斜胶带送往位于矿体东翼的主井旁的两储矿仓中。之后通过主井中的30t箕斗提升至地表，再通过悬空式地表胶带送至选厂矿堆。

矿山共有4条井筒，分别为主井(生产井)、副井(服务井)、通风井和已有的探矿井。

(1) 主井。主井深1290m，内径7.4m，采用300mm厚的混凝土衬砌。竖井装备有4个箕斗，两两互为配重，提升机为两台直径6.2m的塔式Koepe提升机带联动电动机。每个箕斗由4根钢绳罐道和4根尾绳进行系统平衡。竖井只在底部有一个装载站。采用混凝土井塔，布置两台Koepe提升机，每个提升机的卷筒有4根首绳，导向轮直径为6.2m。

箕斗设计提升能力为32t，初始按30t作业。设计人员采用最新的设计理念，把铝和钢结合起来达到最优的强度，其每个箕斗自质量为22.4t。箕斗的提升速度为18m/s。

(2) 副井。副井深1272m，内径9.9m，采用300mm厚的混凝土衬砌。井筒内配置一个大的单层人员材料罐笼和一个单层Mary Anne罐笼，每个罐笼带有一个平衡锤。在提升设备特大件时采用一个特别设计的框架代替人员材料罐笼来提升。

Mary Anne罐笼及平衡锤、人员材料罐笼的平衡锤采用的是钢绳罐道。

副井混凝土井塔内装配有直径6.2m的人员材料提升机和Mary Anne罐笼提升机。前者有6根首绳和尾绳，其大小和尺寸与主井提升机的首尾绳的相同。后者有两根首绳和一根尾绳。

人员材料罐笼设计寿命为20年，对应140万次提升循环。它可以一次提升225人，最大提升质量为35t，其结构是由钢框架和铝板组成以减少质量。罐笼质量约为42t，尺寸为3.4m(宽)×9.1m(长)×7.9m(高)，这样设计的目的是在地表维修车间维修的所有地下设备都可以通过罐笼提升而不需拆卸。在罐笼中提升的最大件为Toro 501型铲运机，这就决定了罐笼的提升质量和尺寸，在提升时铲运机的铲斗要卸下。罐笼的平衡锤质量为59t。

Mary Anne罐笼提升能力为1.4t，一次可提升20人，自质量为2t，尺寸为1.625m(宽)×1.6m(长)×2.5m(高)，平衡锤质量为2.7t。

主副井系统图和井筒断面图分别如图9-44和图9-45所示。

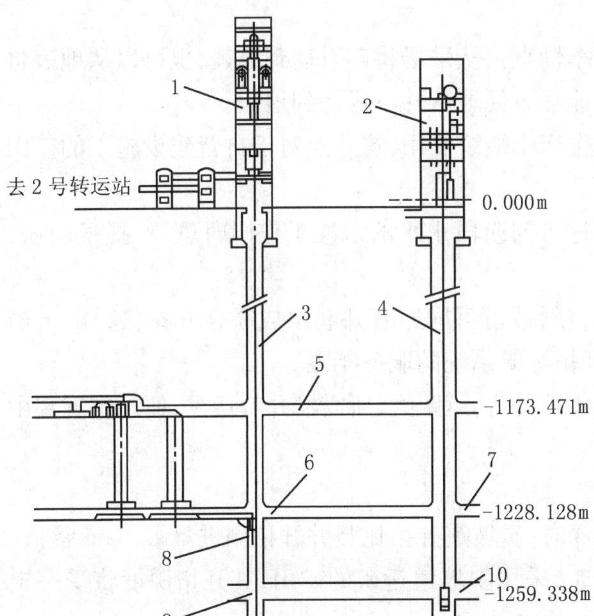

图9-44 主副井系统

1—主井井塔；2—副井井塔；3—主井；4—副井；
5—转运水平；6—装载水平；7—生产水平；
8—箕斗；9—换绳水平；10—水泵水平

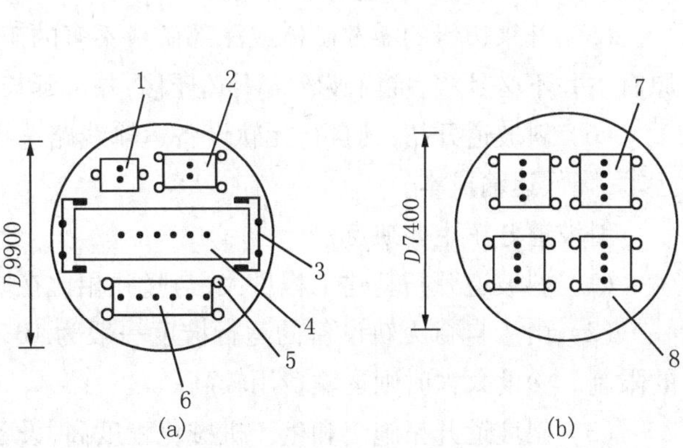

图9-45 井筒断面

(a)副井断面；(b)主井断面

1—Mary Anne平衡锤(1510mm×1200mm)；2—Mary Anne罐笼(2300mm×1300mm)；3，4—主罐笼(9100mm×3400mm)；5—罐道绳；6—主罐笼平衡锤(3500mm×1210mm)；7—箕斗(2160mm×1830mm)；8—首绳

9.2.5 斜坡道开拓

9.2.5.1 综述

随着无轨自行设备在地下矿山的广泛应用,为了运送矿岩及材料、人员上下及无轨设备出入井下,需要开掘联通地表与矿体的井巷工程——斜坡道,相应地出现了无轨运输的斜坡道开拓。

目前,无轨斜坡道开拓在国外得到了广泛的应用,特别是澳大利亚有2/3的地下矿山采用斜坡道开拓。近些年来,随着无轨设备技术的不断进步,性能得到大幅改善,斜坡道开拓又取得了一定的进展。如运矿设备大型化,2007年Atlas Copco推出60t地下卡车;开采深度变得更深,认为斜坡道开拓的极限深度为400m,但随着地下卡车和斜坡道掘进技术的发展,认为极限深度可以达到600m,而现在极限深度则可达1000m。又如随着大型化地下卡车的出现,斜坡道开拓的矿山产量已超过2Mt/a。斜坡道的坡度也可增大。斜坡道开拓方式的应用更加广泛。

无轨斜坡道按其布置和用途不同可分为主斜坡道和辅助斜坡道。

主斜坡道是运输矿石及联通地表与矿体的直接通道,是井下无轨自行设备进出地表的通道,一般与其他主要井巷构成联合开拓。直通地表不运输矿石,只作为辅助运输的斜坡道称辅助斜坡道,起副井作用。

辅助斜坡道有的是不通地表,往往与主斜坡道联通,它是阶(分)段之间的联络道,是凿岩、装药、支护、检修等无轨设备从主斜坡道进入工作面的通道,有的还可作为矿岩运搬、深部探矿、开拓之用。可以说,没有辅助斜坡道,无轨自行设备的机动性、灵活性及设备效能等优越性就不能充分发挥。所以,辅助斜坡道是使用无轨自行设备矿山生产中必不可少的。

斜坡道开拓主要优点:

(1) 无轨斜坡道开拓受地形、地表工业场地和岩层条件影响较小,地表无提升设备,地表相应地附属建(构)筑物简单,井口布置大为简化。

(2) 在斜坡道内既可用铲运机、矿用自卸汽车等运载车辆直接从采场将矿石运到地表,也可以从地表将设备、材料、人员运送至采场工作面,需要检修的无轨设备能够方便地从井下运行到地表。

(3) 基建施工斜坡道所用的无轨设备,可在矿山建成生产中继续使用,这一点对于自营建设施工的矿山更为经济实用。

(4) 当斜坡道掘进到一定深度并揭露矿体之后,其掘进可与阶段水平的采准工作同时进行,提早出矿,缩短矿山建设时间,加速资金周转。

(5) 开采边缘的零散矿体或深部矿量不多的矿体时,盲斜坡道可同原有井巷组成联合开拓,这样,上部原有主井不必延深,坑内破碎站不必迁移,并可延长原有开拓运矿系统的服务年限。

(6) 斜坡道开拓,其自行无轨设备运输线路选择布置比较灵活,运距大,所需溜井数量少,便于实现集中运输,降低运输成本。

斜坡道开拓主要缺点:

(1) 斜坡道开拓基建工程量大,与竖井相比在同等井深时,斜坡道开拓比竖井开拓掘进量多3~6倍。

(2) 由于自行无轨设备的运行坡度一般为10%~18%,采用斜坡道运矿的矿山,其开拓深度将受一定的限制。深度太大时则运输费用较高。

(3) 斜坡道开拓施工和生产机械化程度高,设备需要量大,设备价格昂贵,因此,一次性投资大。

(4) 设备维修量大,维修技术要求较高,如果设备效率发挥不够,其生产成本较高。

(5) 使用柴油为动力的无轨设备时,由于井下空气受到污染,需加大通风量,其通风费用增加。

9.2.5.2 斜坡道线路

A 斜坡道分类

按斜坡道与矿体相对位置、线路布置形式,斜坡道分类见表9-42。

表9-42 斜坡道分类

按与矿体相对位置	按线路布置形式
上盘斜坡道 下盘斜坡道 端部斜坡道 脉内斜坡道	直线式斜坡道 螺旋式斜坡道 折返式斜坡道

按斜坡道使用性质,其线路分类如下:

(1)生产干线。为各个开采阶段共同使用的路段,通常为主斜坡道。

(2) 生产支线。由生产干线与一个开采阶段(水平)连接的路段,或由一个开采阶段与作业点直接(不经过干线)连接的路段,又称分支斜坡道。

(3) 联络线。支线与支线相联络的路段,也称联络斜坡道。

(4) 辅助线。通往分散布置的设施(变电所、检修站)之间的路段。

将联通地表用于生产(运矿石)的斜坡道称为主斜坡道;运送人员、材料、设备的称为辅助斜坡道;二者兼用的称为混合斜坡道。我国目前所采用的斜坡道属于混合性质的或辅助性质的占多数,专门运矿石的斜坡道极少。

B 各种线路布置形式优缺点

a 直线式斜坡道

线路呈直线布置直达矿体,除倾角较小和不铺设轨道外其他与斜井基本相同。

优点:(1) 施工简单易行,工程量也省;(2) 无轨车辆运行速度快,司机能见距离大。

缺点:(1) 线路布置不太灵活;(2) 要求工程地质条件好,岩层稳固。

直线式斜坡道多用于矿体埋深浅,倾角缓或采用矿用自卸汽车运输的矿井。

b 螺旋式斜坡道

斜坡道一般呈圆柱螺旋线或圆锥螺旋线,视具体要求可布置成规则螺旋或不规则螺旋线状。不规则螺旋斜坡道的曲线半径和坡度在整个线路中是变化的。斜坡道每隔300~400m应设置一段缓坡段。

优点:(1)线路较短,比折返式斜坡道节省工程量20%~30%;(2) 与垂直竖(天)井配合施工时,出渣、通风较方便;(3) 布置灵活,与分段水平的开口位置一般较集中。

缺点:(1)施工技术要求高,如测量定向、外侧路面超高等,都增加施工难度;(2) 司机操作视距小,在弯道上运行,安全性差;(3)对车辆的差动器磨损大,内外侧轮胎多处在差速运行,轮胎磨损增加;(4) 路面要求高,道路维护工作量大。

螺旋式斜坡道可用于圆柱状矿体,其布置形式如图9-46(a)所示,由于施工和运行问题较多,应避免采用。

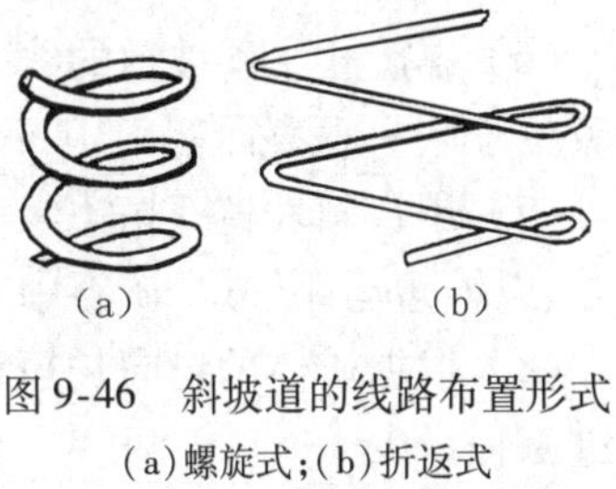

图9-46 斜坡道的线路布置形式
(a)螺旋式;(b)折返式

c 折返式斜坡道

折返式斜坡道是由直线段和曲线段组成的线路,直线段是倾斜的,用来改变高程;曲线段一般是水平或略有坡度,用来改变方向,便于无轨设备运行时转弯。

优点:(1)布置灵活,施工容易;(2) 司机能见距离比螺旋式长,行车方便,速度快;(3)线路布置便于与矿体保持固定距离。

缺点:(1)较螺旋式斜坡道工程量大,灵活性相对较差;(2)掘进施工时需有通风出渣的井巷相配合。

折返式斜坡道比较机动灵活,优点较多,矿山广泛采用,其线路布置形式如图9-46(b)所示。

凡口铅锌矿斜坡道布置如图9-47所示。

9.2.5.3 斜坡道设计与计算

A 设计注意的问题

(1) 线路设计应根据运输要求、行车密度、线路坡度等因素确定。斜坡道形式宜采用直线式或折返式,不宜采用螺旋式;斜坡道的曲线段、连接处及安设风门处,应设指示标志。

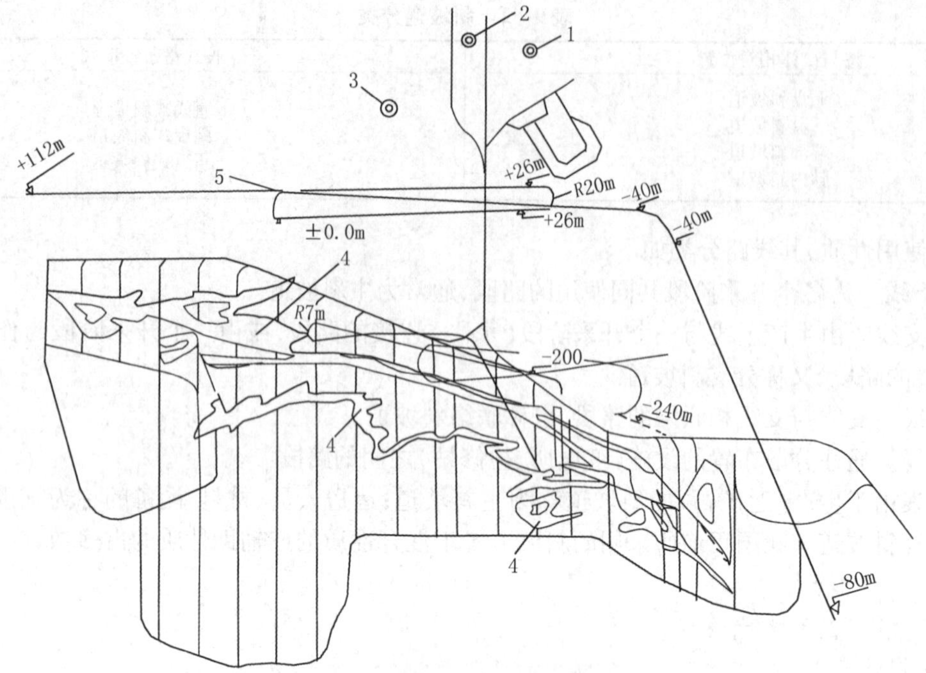

图 9-47 凡口铅锌矿斜坡道(从地表到 240m 水平)布置

1—副井;2—箕斗井;3—新副井;4—矿体;5—斜坡道

(2) 斜坡道的位置和出口,通常取决于地面工业场地的总体布置、选厂位置、矿体围岩工程地质条件、矿体倾角、错动范围等条件,并需进行多方案比较确定。

(3)斜坡道与采场分段或分层巷道联系,必须考虑回采工艺的方便。

(4) 折返式主斜坡道沿矿体走向布置时,应将联通矿体的阶段石门位置有意识地布置在靠近矿体中央部位,以减少运距。很少布置在矿体的侧翼,一般沿矿体走向布置。

(5) 直线式主斜坡道通常沿矿体走向在脉外布置,若矿体倾角变缓时,也可沿矿体倾斜方向采取脉内布置。

(6) 螺旋式主斜坡道的线路布置比较灵活,对通向矿体的阶段或石门,可把斜坡道设计成与阶段或石门大致位于同一垂直面上。

(7) 用盲斜坡道开拓边缘零星矿体或开拓深部矿体时,其盲斜坡道入口位置尽量靠近坑内破碎站卸矿溜井,以缩短运距,减少矿石中转运输。

(8) 根据矿体的走向长短和矿量情况,还需设计一些采准辅助斜坡道时,要考虑与主斜坡道联通方便,掘进工程量少。

(9) 单线行驶的斜坡道内,为保证行车安全,每隔 150 ~ 200m 设一错车道,并设有信号集闭装置。

(10) 无轨运输的斜坡道,必须设人行道或躲避硐室。行人的无轨运输水平巷道应设人行道。设人行道时,其有效净高应不小于 1.9m,有效宽度不小于 1.2m。设躲避硐室时,其间距在曲线段不超过 15m,在直线段不超过 30m。躲避硐室的尺寸:高度不小于1.9m,深度和宽度均不小于 1.0m。躲避硐室应设明显的标志。

B 斜坡道断面

斜坡道断面根据通过的无轨设备外形尺寸、设备运行速度和通过密度、斜坡道用途、支护形式、风水管和电线电缆布置方式、安全规程有关安全间隙的规定来确定。

无轨设备和人员经常通过的斜坡道应设人行道,人行道宽度不得小于 1.2m。斜坡道中无轨设备的边缘至墙壁(包括顶板)的最小距离为 600mm。

a 断面宽度

有人行道时,斜坡道的宽度 B 为:

$$B = A + a + b \tag{9-48}$$

式中 A——无轨设备的最大宽度,m;

a——人行道的宽度,m;

b——无轨设备至墙壁的最小距离,m。

注:拐弯处应加宽,并从内侧向外侧将底板逐渐提高,超高坡度为2% ~10%。

无人行道时,斜坡道的宽度 B 为:

$$B = A + 2b \tag{9-49}$$

b 断面高度

断面高度按式(9-50)计算:

$$H = C + e \tag{9-50}$$

式中 H——斜坡道断面的净高,m;

C——无轨设备的总高度,m;

e——运行设备外形与拱部(悬挂物)的最小间隙,m。

c 按经验法确定斜坡道断面

可以根据铲运机斗容与断面最优配合确定主斜坡道断面尺寸,见表9-43。

表9-43 铲运机运行的斜坡道断面

铲斗容积/m^3	设备宽度/m	设备高度/m	巷道宽度/m	巷道高度/m
0.76	1.20~1.88	1.14~1.90	2.8~3.5	2.5~2.8
1.50	1.85~1.88	1.52~1.58	±3.5	±2.8
1.65	1.50~1.88	1.40~1.68	±3.5	±2.8
2.30	1.53~2.20	1.60~1.80	3.5~3.8	±2.8
3.06	2.13~2.50	1.52~2.10	3.8~4.2	2.8~3.2
3.80	2.13~2.60	1.65~2.20	3.8~4.2	2.8~3.2
5.66	2.43~2.80	1.83~2.25	4.2~4.5	±3.2
8.50	3.05~3.28	1.91~2.29	±5.0	3.2~3.5

C 斜坡道坡度

斜坡道的坡度大小对矿山建设投资和生产经营费用影响很大,坡度的选择必须十分慎重。例如将斜坡道坡度从6°加大到9°时,斜坡道总长度将减少1/3,但是坡度增大后将使无轨车辆的车速减慢,发动机磨损加快,油耗增加,废气排出量增加,从而矿井通风量增加,致使矿山生产经营费用显著提高。如一辆4.5t矿用运矿汽车,垂高为100m,分别在10%和15%两种坡度上运行。运行4年时,采用15%坡度的斜坡道所节省的基建投资,几乎等于采用10%坡度的斜坡道上多花的经营费。

斜坡道坡度大小主要受其用途、矿岩运输量与服务年限、斜坡道总长度和掘进费用、无轨设备的作业成本和性能等因素影响。对于大中型矿山,由于运输量大,应适当降低坡度。对于小型矿山则可增大坡度。国内外应用无轨设备矿山的斜坡道坡度一般在10% ~20%。运矿的多为10% ~12%,运送材料设备时多为15% ~20%。

在《金属非金属矿山安全规程》(GB16423—2006)里对斜坡道的坡度没有作明确规定,因为斜坡道坡度是需要根据所采用的运输设备的爬坡能力和斜坡道的用途等来综合确定。根据实践经验,对柴油卡车运输矿石废石,坡度以不大于12%为宜;对电动卡车(以瑞典基律纳35t、50t电动卡车为依据)以15%以下为宜;对主要运输人员材料、不运输矿石的辅助斜坡道,应以17%以下为宜。《有色金属采矿设计规范》规定的斜坡道坡度见表9-44。

表9-44 有色金属矿山斜坡道坡度

斜坡道用途、类型	坡度/%
主斜坡道(运输矿岩的大型矿山,车辆行车密度大,运量大,运距长)	7~10
辅助斜坡道(运送人员、材料和设备)	10~20
联络斜坡道(阶段间或采准联络道)	15~25
其他斜坡道(带式输送机和无轨设备共用的斜巷)	20~27

一般情况下，两轮驱动的无轨设备斜坡道坡度不宜超过12%；四轮驱动的无轨设备斜坡道坡度不宜超过17%；静液压传动的柴油无轨设备斜坡道坡度不能大于30%。随着设备技术进步，坡度有加大趋势。

斜坡道弯道段的坡度应小于直线段的坡度，其坡度大小应根据转弯半径的大小和其他要求来考虑。转弯半径越小，弯道段的坡度也越小。当弯道半径为15m及以下时，其弯道段的坡度应在10%以下。

D 斜坡道弯道半径

斜坡道弯道半径，与无轨设备类型及技术规格、道路条件、行车速度及路面结构质量等密切相关。

根据国内外实践情况，大型无轨设备通行的主斜坡道弯道半径不小于20m，无轨设备通行的阶段间联络道或盘区斜坡道弯道半径不小于15m，小型无轨设备通行的联络斜坡道弯道半径大于10m。

对于平巷，弯道半径应大于8～10m。

为提高行车的稳定性，确保行驶安全，在斜坡道弯道外应采用单坡横断面加宽和超高措施。

E 斜坡道曲线段加宽

斜坡道曲线段处的加宽值，可按式(9-51)计算：

$$\Delta B = R_H - R_{BH} - d + k \tag{9-51}$$

式中 ΔB——路面曲线段的加宽值，m；

R_H——车轮转弯的外半径，m；

R_{BH}——车轮转弯的内半径，m；

d——无轨设备的宽度，m；

k——平曲线段巷道宽度增加值，取0.3～0.5m，运行频繁、行车速度快取大值，反之取小值。

曲线段加宽值一般取0.4～0.7m，国外某些国家资料中推荐为1.0m。

F 曲线超高

井下运输线路平曲线半径较小，应设置曲线超高段，超高横向坡度大小主要取决于行车速度、半径大小、路面潮湿状况等因素。斜坡道平曲线段的外侧超高，应使横向坡度控制在2%～10%，当运行速度大，弯道半径小，路面条件差时，取大值。

弯道超高及加宽部分与行车线路之间应设超高缓和段，一般可取4～6m。

G 斜坡道竖曲线

当斜坡道较短而变坡行驶速度较快时，由于离心力作用，车辆在变坡处产生颠簸，同时司机视距也受影响，因此应采用平滑竖曲线作为变坡点的连接曲线。

由于无轨自行设备在井下运行速度较地面低，且制动能力强，制动距离短，故斜坡道竖曲线可参考地面简易山区公路标准，竖曲线半径一般采用20～25m。

H 路基路面

地下无轨设备运行的路基路面好坏，直接影响车辆运行速度、设备的损坏程度及采矿出矿成本，必须引起足够的重视。

斜坡道的路基与路面，应根据其用途、服务年限、无轨设备运行速度和运量等综合考虑。一般情况下，斜坡道道路等级可按表9-45选取。

表9-45 斜坡道道路等级

斜坡道分类	行车速度/(km/h)	运量/(Mt/a)	道路等级	路面等级
主斜坡道	30	2.4～13	2	高级或次高级
	20	< 2.4	3	次高级或中级
辅助斜坡道	15～20	—	3	次高级或中级
	8～15	—	4	中级或低级
联络斜坡道	—	—	4	中级或低级

常见的路面结构：

(1) 碎石路面。碎石路面的优点是铺设方便，投资小；缺点是需要经常维护，路面易积水，路面平整差。

(2) 混凝土路面。混凝土路面的优点是路面平整，车辆运行平稳；缺点是投资大，路面损坏后维修不方便。

(3) 沥青路面。沥青路面有沥青碎石路面和沥青混凝土路面，前者适用于服务时间短和中等服务年限的巷道，后者长短都适合。

三山岛金矿电动卡车运输的主斜坡道采用碎石路面，车辆自重为30t，载重为35t，路面厚为300mm，采用上下两层。下层厚180mm，采用小于100mm的碎石作路基；上层用块度30mm以下的碎石作路面，厚120mm。各层用压路机压平压实。斜坡道一侧设混凝土水沟。

瑞典克里斯蒂伯格(Kristineberg)矿深部采用50t的电动卡车运输，斜坡道宽5.5m，高也为5.5m，路面为碎石路面，路面厚为400～500mm，底层采用掘进废石铺300mm厚，上层用粒径0～60mm的碎石铺100～200mm厚。各层用压路机压平压实。斜坡道两侧设简易水沟。

当斜坡道位于表土层或围岩条件较差时，路基软弱地段必须处理。

当路基条件好时，路面可不设基层或垫层，斜坡道路面面层可按表9-46选用。

表9-46 路面面层类型

路面等级	面层类型
高级路面	沥青混凝土、水泥混凝土、厂拌沥青碎石
次高级、中级路面	沥青贯入式碎、砾石，路拌沥青碎、砾石，沥青表面处治碎、砾石(泥结或配级)，不整齐石块，其他粒料
低级路面	粒料加固土，平整的底板

根据涌水量大小，在斜坡道应设置排水沟或顺水槽。

I 会车道

在长距离斜坡道施工时，每次爆破循环中都要进行装渣和临时卸载，矿用自卸汽车、铲运机等设备均需掉头，通常需要设置会车道或掉头处。这些巷道一旦建成后将作为永久性会(错)车道在矿山生产中长期使用。两会车道之间的距离一般为150～200m，会车道长度一般为15m，其断面应加宽，具体加宽尺寸应视无轨设备外形尺寸、井下错车时的安全间隙规定而确定。

J 斜坡道的安全要求

(1) 斜坡道须设错车道和信号闭锁装置。错车道的长度和宽度应视无轨设备外形尺寸、安全间隙规定而定。

(2)斜坡道断面还要符合下列规定：人行道宽度不应小于1.2m；无轨设备与支护之间的间隙不应小于0.6m；无轨设备顶部至巷道顶板的距离不应小于0.6m。

9.2.5.4 斜坡道开拓矿山实例

A 国内外部分矿山斜坡道开拓实例

国内一些金属矿山斜坡道开拓实例见表9-47；国内早期建设的金属矿山斜坡道开拓实例见表9-48；国外部分矿山斜坡道开拓实例见表9-49。

表9-47 国内一些金属矿山斜坡道开拓实例

序号	矿山名称	斜坡道名称	是否运输矿石	斜坡道形式	建设年份	标高/m	直线段坡度/%	弯道段坡度/%	转弯半径/m	斜坡道长度/m	路面形式厚度/mm	直线段断面尺寸宽×高/m×m	弯道段断面尺寸宽×高/m×m	主要设备型号
1	金川Ⅲ矿区	辅助斜坡道	否	直线+弯道	2004～2006	地表～1554	14.29	5	20	1337	混凝土厚200，局部配钢筋	4.5×3.85		

续表 9-47

序号	矿山名称	斜坡道名称	是否运输矿石	斜坡道形式	建设年份	标高/m	直线段坡度/%	弯道段坡度/%	转弯半径/m	斜坡道长度/m	路面形式厚度/mm	直线段断面尺寸宽×高/m×m	弯道段断面尺寸宽×高/m×m	主要设备型号
2	金川龙首矿	辅助斜坡道	否	直线+弯道		地表露天坑~1220								
3	安庆铜矿	主斜坡道		直线+弯道		地表50~-580	15	10	20	4643	混凝土厚200	4.2×3.4	4.9×3.533	
4	三山岛金矿	二期主斜坡道	是	直线+弯道	1995~1998	-240~-435	14	5	20	1877	碎石厚300	4.7×4.1		35t电动卡车
5	凡口铅锌矿	主斜坡道		直线+弯道		地表~	15				混凝土	4.2×3.8		
6	阿舍勒铜矿	辅助斜坡道	否	直线+弯道	2003~2004	870.5~700	12,15	5	20,15	1592	混凝土厚200	4.1×4.125	4.4×4.125	
7	铜矿峪铜矿	辅助斜坡道	否	直线	2004~2006	地表707.5~298	12.977			5008	混凝土厚200	4.3×3.6		
8	煎茶岭金矿	斜坡道	是	直线+弯道		地表945~840	12.5	10	20	2097		5.5×5.0		35t柴油卡车
9	蔡家营锌金矿	斜坡道	是	直线+弯道	2004~2005	地表~	14.28	5	30	835	碎石厚200	4.2×4.0	加宽0.5m	20t柴油卡车

资料来源:《采矿工程师手册》(2009)。

表 9-48 国内早期建设的金属矿山斜坡道开拓实例

序号	矿山名称		建设年份	斜坡道形式	斜坡道用途	坡度/%	曲线坡度/%	平曲线半径/m	竖曲线半径/m	曲线段加宽/m	曲线段超高/m	超高段缓坡长/m	斜坡道最大坡长/m	路面形式	断面/m×m	主要设备型号
1	小寺沟铜矿		1977	螺旋	运矿及设备运行	10~15	1~3	15~20					80	混凝土	4.2×3.2	LK-1 型及日本 8t 卡车
2	寿王坟铜矿		1980	折返	设备运行	14	3	15~20		1	0.35		126	自然基岩	5×4.3	LK-1 型及吉普车
3	凡口铅锌矿	4 号矿体	1977	螺旋	联络道	20		6~8					40	混凝土	2.8×2.6	Toro-100DH
		-160 盘区	1980	直线	联络道	25	0	12				40	32	混凝土	3.4×3	LF-4.1 型
		-200 盘区	1982	直线	联络道	25	3~5	6~12	15			9	30	混凝土	3.4×3	LF-4.1 型
		上部斜坡道		折返	通地表设备运行	15	0	15				10~20	580	混凝土	5.5×4	LF-4.1 型
4	大厂锡矿(铜坑)		1982	折返	通地表设备运行	17.5	2	15	100			10~20	587	混凝土	5×5.87	CT6000 LF-4.1 型及辅助车辆
					采区斜坡道	15										
5	柿竹园钨钼矿		1980	螺旋	通地表设备运行	15.8		10				10~20	100	混凝土	4×3.3	CT6000 型

续表 9-48

序号	矿山名称	建设年份	斜坡道形式	斜坡道用途	坡度/%	曲线坡度/%	平曲线半径/m	竖曲线半径/m	曲线段加宽/m	曲线段超高/m	超高段缓坡长/m	斜坡道最大坡长/m	路面形式	断面/m×m	主要设备型号
6	三山岛金矿	1986	折返	通地表设备运行	17	5	15~20	50	0.5	0.4	10	300	混凝土	4.5×4	ST-5 及辅助车辆
7	红透山铜矿	1979	折返	联络道	20~25							40	自然基岩 混凝土	3×3.8 4×3	Toro-100DH LK-1 型
8	篦子沟矿	1980	折返	联络道	20~25								混凝土	4.5×3	LK-1 型
9	金川二矿区 主斜坡道	1985设计	螺旋	通地表设备运行	10~14		30					870	沥青混凝土	19.8~23	全部无轨设备
	金川二矿区 西部采区	1984	螺旋	1300~1250联络道	16.1~19.4		6.5						碎石	4×3.5	LF-4.1 型铲运机
	金川二矿区 东部采区	1984	螺旋	1350~1300联络道	15~20								碎石	4×3.5	H127 凿岩台车
10	丰山铜矿			主斜坡道	14									2.8×2.8	LK-1 型
11	金厂峪金矿												碎石	2.8×2.8	EHST-1A 型
12	尖林山铁矿	1982	螺旋	通地表设备运行	7~14		10~20					141.9	200mm 混凝土	4×3	LK-1 2LD-40 型
13	符山铁矿			通地表设备运行	10		10						水泥路面	4.2×3.2	LK-1 型

注:1. 金川二矿区主斜坡从地表至935m 水平总长6143m;

2. 资料来源:《采矿设计手册》。

表 9-49 国外部分矿山斜坡道开拓实例

序号	国别	矿山名称	生产规模/(Mt/a)	矿体产状 长度/m	矿体产状 宽度/m	矿体产状 厚度/m	矿体产状 倾角/(°)	矿体产状 埋深/m	主斜坡道 长度/m	主斜坡道 坡度/(°)	主斜坡道 断面/m×m	卡车 型号	卡车 载重量/t	开拓深度/m
1	美国	波乌特奇铅锌矿	>0.3	1000	60	18	缓倾斜	120	520	6	5.2×3.65		10	54
2	美国	Bowers – Campbell 锌矿	0.2	210	30	40	90	120	1418	10%	4.2×4.8		10.5	142
3	美国	Black Plore 铜矿	0.072	1000		0.6~1.2	10~30		750			Eimco 980T	10	
4	美国	Brccker Hill 铅锌矿	0.645	160	240	1~6	40~50		4000	15	2.4×2.5	Eimco911	9	
5	加拿大	New Found Land 锌矿	0.525	1800		4.5	3~4			3%~17%	5.7×4.8			
6	加拿大	Alwin 铜矿	0.144			3.2	急	浅	464	15%		Eimco980	6	
7	加拿大	戈斯莱克 铜锌矿	0.1				35~90		1200	17%	5.5×3		20	201
8	加拿大	Pinchi 汞矿	0.27			12~36	65		369	9%	4.6×4.2		13	33
9	加拿大	加拿大钨矿	0.175	844		12	20	浅		22%			35	
10	加拿大	Levack West	1			30~4		2500		20%	4.8×4.2			
11	日本	园山铅锌矿	0.6			60	65		1200	21%				247
12	日本	饵钓铜铅锌矿	0.12	750	250	6	10	350	1820	17.6%	4.4×3.4		11.7 13.5	315
13	芬兰	Hamaslakll 铜矿	0.42	1000	100~200	25~50	急	浅	2800	1:8.5	5×4.1	Kcckams 420		327~396
14	芬兰	Virtasalmi 铜矿	0.278	500	2~3		急		上部2300, 下部1000	1:7 1:5		Kcckams 420		
15	芬兰	Vammala 铜矿	0.3	500	5~30		急	浅	上部1000, 下部800	1:50	20		25	

续表 9-49

序号	国别	矿山名称	生产规模 /(Mt/a)	矿体产状					主斜坡道			卡车		开拓深度 /m
				长度 /m	宽度 /m	厚度 /m	倾角 /(°)	埋深 /m	长度 /m	坡度 /(°)	断面 /m×m	型号	载重量 /t	
16	扎伊尔	Kamoto 铜矿	3.6	1500	3~20	12	25~90	<350		6	5×6.4	MTE	28	
17	法国	Peygncc 铝矿	4.3	3000	1000	8~15				10	4.5×4.2		12	
18	南非	O'okiep 铜公司	0.3						6800	25%	4.9×2.7	ST-5B 铲运机		
19	澳大利亚	Clever Land 锡铜矿	0.25			7.6	90			11%~15%	4.2×4.2		15 18	
20	澳大利亚	Gunpowder 铜矿	0.55						3000	1:9	4.25×4.25			3.31
21	澳大利亚	Agnew 镍铜矿	0.45			3.75	70			11%		CAT769	30	185
22	澳大利亚	Renisonbell 铜矿	0.8						2115	1:9	4.25×4.25			234

注:1. 开拓深度指垂深;
2. 资料来源:《采矿设计手册》。

B 三山岛金矿斜坡道开拓

三山岛金矿一期工程于1984年8月开工建设,至1989年8月建成投产。设计规模为1500t/d,是我国当时最大的现代化黄金矿山。一期工程采用下盘中央竖井、辅助斜坡道及两翼风井开拓系统,采用点柱式机械化水平分层充填采矿法,全液压无轨设备开采,提升设备采用箕斗罐笼互为平衡、直流拖动微机控制的多绳摩擦轮提升机的自动化提升系统。一期工程开采标高-70~-240m的矿体。一期工程的斜坡道全长约1800m,净断面为4.8m×3.5m(宽×高),坡度为17%,采用厚为150mm的碎石路面。

二期工程的设计规模仍同一期工程的规模,即矿石量为1500t/d,0.495Mt/a。

二期工程开采-240m以下的矿体,矿石储量为10811252t,品位3.94g/t,金含量42549.9kg。前期开采标高-240~-420m的矿体,矿石储量为6375180t,金含量23517.65kg。矿体走向长900m,倾角40°。采矿方法除采用点柱式充填法外,还增加了机械化上向分层尾砂充填法和机械化盘区上向水平分层进路式胶结充填法。采用两个中段同时生产,形成1500t/d的生产能力。

开拓方案经过多方案详细的技术经济比较,采用了主斜坡道开拓电动卡车运输方案,原竖井不再延深。主斜坡道从-240m延深至-435m,最大坡度14%,个别处达到16%,净断面为4.7m×4.1m(宽×高),全长1877m,加上-240m的水平巷道,合计共长2222m。引进了瑞典ABB公司和基律纳卡车公司合作生产的两台K635E电动卡车和2300m的专用架线。K635E电动卡车载重35t,供电电压690V。斜坡道中共设有5个错车道,两个牵引变电所,1个信号硐室和调度室。

矿石溜井布置在主斜坡道旁。采场的矿石由柴油卡车运至分段集中溜井,然后由电动卡车沿主斜坡道运至-240m主溜井,再由箕斗提升至地表。废石采用MT-413-3(载重11t)柴油卡车运输,通过主斜坡道和-285m分段巷道至主溜井,然后由箕斗提升至地表。

三山岛金矿主斜坡道平面布置如图9-48所示,主斜坡道断面图如图9-49所示。

C 陕西煎茶岭金矿斜坡道开拓

陕西煎茶岭金矿是由澳大利亚人设计并按照澳大利亚生产管理模式进行开采的矿山(部分图纸是由北京有色冶金设计研究总院转化的)。该矿建设于1997年,建设期约1年,至2006年已基本开采结束。

矿岩较稳固,倾角中等,为中厚矿体。矿体赋存在1100~780m标高,930m以上的矿体位于山坡内。

矿山设计年工作天数为280天,每天3班,每班作业8h,但井下实际为两班制,每班工作12h,工人轮休。矿石年生产规模为300kt(干料),即1072t/d。

设计采用斜坡道开拓,直线段坡度为1:8,即12.5%;弯道段曲率半径为20m,坡度为1:10,即10%。

设计可采储量为1458624t,含金品位为8.54g/t。

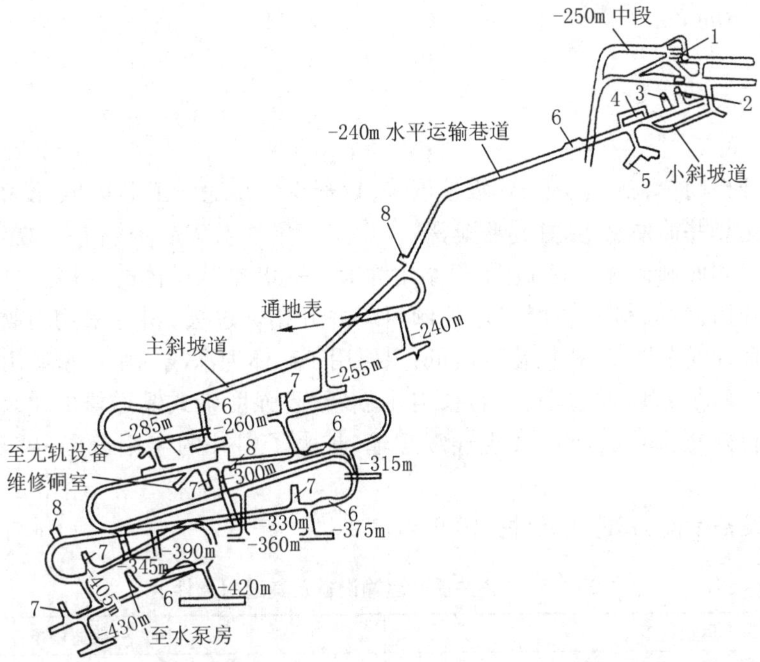

图 9-48　三山岛金矿主斜坡道平面布置

1—主井(混合井);2—电动卡车卸矿站及溜井;3—预留电动卡车卸矿站及溜井;4—信号硐室和调度室;5—电动卡车维修硐室;6—错车道;7—装矿站;8—牵引变电所

设置一条主斜坡道,是矿石、废石、人员、材料运输的唯一通道。主斜坡道净断面(宽×高)为5.5m×5m,开口标高为945m,初始主斜坡道开掘到相对标高840m,在900m、870m和840m设主阶段,基建期的斜坡道长度为2097m。在第五年时主斜坡道延深至780m,在810m和780m设主阶段。

第三年开始掘进上向斜坡道,930～990m标高,斜坡道净断面(宽×高)为4.8m×4.5m,在990m、960m、930m标高设主阶段。

矿石运输方式是:930m以下的各阶段矿、废石均由铲运机直接装入卡车中,由卡车经主斜道运至地表矿仓。930m及以上阶段的矿、废石由铲运机卸入溜井,在930m水平装入卡车,经主斜坡道运至地表矿仓。

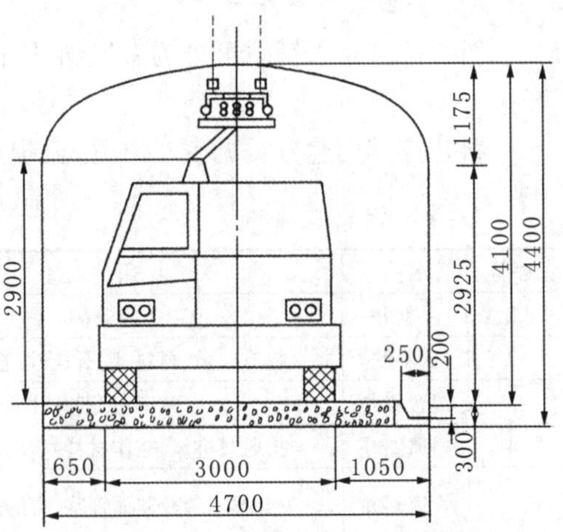

图 9-49　三山岛金矿电动卡车运输主斜坡道断面

另设一条净断面(宽×高)为3.5m×3.5m、坡度1:6的斜坡道作为安全出口。

阶段巷道净断面(宽×高)为4.8m×4.5m。采场联络道为4m×4m,最大坡度为20%。

采矿方法为上向分层充填法,每次回采4m高、充填4m高,空顶距1m,分段高30m。采场长70～80m,采场之间留5m宽的间柱。采用尾砂充填,每分层采用一层胶结料铺面。

采场作业采用1台科普柯生产的Boomer 282型双臂凿岩台车凿岩,2台ST-6C铲运机(斗容3.8m^3)出矿,1台MT439卡车(斗容22.3m^3,载重35t)运输。

主要掘进设备是:凿岩为Boomer 282台车1台,出渣为ST-6C铲运机1台,运输为MT439卡车1台。对小于4m×4m的巷道断面,掘进采用H104凿岩台车(小型台车)1台,ST-2C铲运机(斗容1.9m^3)1台,MT413卡车(斗容7.3m^3,载重11t)1台。

此外,还配备PY108型平路机1台,UT128型服务车1台,Rocmec型装药车1台,四轮驱动汽车5台。

矿山设备维修由阿特拉斯科普柯公司提供服务。在地表设有简易的维修车间。

矿山总通风量为160m³/s。

9.2.6 斜井开拓

9.2.6.1 概述

斜井开拓较竖井开拓简单,施工方便,建设速度快,投资少。在地面工业场地、设备设施、井上井下装备和井底车场等方面也比竖井简便易行,并易于延深。

斜井适用于缓倾斜和倾斜矿体,特别适用于倾角为15°~40°层状矿体的开拓。对于急倾斜侧翼倾覆的矿体可采用侧翼斜井开拓,急倾斜矿体可采用伪倾斜斜井开拓。过去,斜井采用有轨提升方式,提升能力小,经营费用高,提升系统安全性差,机械化程度低,主要用于矿体埋深浅的中小型矿山,而且小型矿山居多。

近些年来,随着装备的发展,通过消化引进,自主创新,高强度带式输送机的出现,其提升运输能力很大,可用于大中型矿山,效率高,成本低,实现连续运输,扩大了斜井的应用范围,出现了带式输送机斜井开拓。

按斜井提升运输设备不同,其适用条件见表9-50。

表9-50 斜井提升运输设备及其适用条件

提升运输设备	一般适用条件
矿车组斜井提升	斜井倾角:25°~30°
带式输送机斜井运输	斜井倾角:<18°
箕斗或台车斜井提升	斜井倾角:>30°

A 分类

斜井按其是否铺轨可分为有轨斜井开拓和无轨斜井开拓,后者安设带式输送机的称为带式输送机斜井开拓。

斜井按其用途分类见表9-51,按其提升方式分类见表9-52。

表9-51 按斜井用途分类

序号	名称	用 途	装 备	适用条件
1	主斜井	提升矿石	箕斗、矿车组或带式输送机	大、中、小型矿山
2	副斜井	提升人员、材料、废石;安设管路及电缆	矿车组、人车或材料车或架设乘人索道	大、中、小型矿山
3	混合斜井	具有主、副井性质	矿车组、人车或材料车	小型矿山
4	通风斜井	出风或进风,兼作材料井及人行安全井	设人行梯子,有的设提升设备运送材料	大、中型矿山
5	管道斜井	安装排水管及其他管路,有的兼作通风用	设有排水管线及其他管路和电缆,有时装设提升设备运输材料	涌水量较大的矿山
6	充填斜井	运送充填材料	设有充填管路及排水管	充填采矿法的矿山

表9-52 按斜井提升方式分类

序号	名 称	特 征	适用条件
1	矿车组斜井	以矿车组为提升设备的主、副井	中、小型矿山
2	箕斗斜井	箕斗提升矿石和废石	大、中型矿山
3	带式输送机斜井	装有普通、钢绳芯、钢绳牵引和尼龙不同型胶带输送机,运矿石、废石	大、中型矿山
4	台车斜井	台车提升矿石、废石和材料	斜井倾角大于30°以上小型矿山
5	人车斜井	用人车运送上、下井人员,兼作运送材料;井内安装各种管线	大、中型矿山
6	其他斜井	—	—

B 斜井的一般规定

(1)有人员上、下的斜井,当倾角小于30°,垂直深度超过90m和倾角大于30°,垂直深度超过50m时,在井内应设专用人车运送人员。

(2)斜井倾角的规定:箕斗、台车斜井宜大于30°;矿车组斜井或材料斜井不宜大于25°;吊桥斜井宜大于20°;胶带输送机斜井,向上输送物料时不应大于15°,向下输送物料时不应大于12°。

(3) 斜井人行道必须符合规定,具体见本节(4)人行道内容。

(4) 有轨运输的斜井,车道与人行道之间,宜设坚固的隔离设施,否则提升时人员不得通行。

(5) 矿车组斜井下部停车场,应设躲避硐室;上部及中部各停车场应设挡车器或挡车栏,挡车器或挡车栏必须经常关闭,通车时方可打开。

(6) 在带式输送机斜井内,带式输送机的一侧应平行敷设一条运送材料的运输线和一条检修人行道;带式输送机的最高点与斜井顶板的距离不得小于600mm;人行道的有效宽度及带式输送机斜井内各部位的安全间隙应符合《金属非金属矿山安全规程》之规定。

(7) 钢丝绳牵引的带式输送机斜井兼作运送人员时应遵守下列规定:

1)在上、下人员的20m区段内,胶带面到斜井顶板净高不小于1.4m,行驶区段内的净高不小于1.0m;利用下胶带乘人时,上、下胶带间的净高不小于1.0m。

2)上、下人员的地点必须设有平台和照明,下人平台长度不得小于5m,宽度不得小于0.8m,并有栏杆。在平台处不得有带式输送机的悬挂装置。下人地点应有明显的下人标志或信号。在人员下机前方2m处,必须设有能自动停车的安全装置。

(8) 斜井人员运送一般采用人车提升,也有采用架空车运送人员的斜井,蹬坐中心同井壁的距离不小于0.6m,踏蹬最低点离地一般为0.2m,乘车间距不小于5m。

(9) 斜井井位的选择与竖井相同。

(10) 斜井、斜坡道断面布置在满足工艺要求的同时,安全间隙应符合表9-53的规定。

表9-53 斜井安全间隙 (mm)

运输方式	设备之间	设备与支护之间
有轨运输	≥300	≥300
无轨运输	—	≥600
带式运输	≥400	≥600

(11) 如果在斜井还要运送大型设备,则断面大小除满足安全间隙的要求外,还应满足运送大型设备的空间要求。

(12) 对于通风斜井,其断面应满足风量的要求。

(13) 地震区斜井设计,地震烈度在8~9度时,斜井支护应采用钢筋混凝土结构;地震烈度在6~7度时,支护应为素混凝土结构。

(14) 采用砖、石料支护时,必须用不低于M75砂浆砌筑。

9.2.6.2 斜井开拓方式

斜井开拓方式通常按其与矿体位置的不同可分为下盘斜井开拓、脉内斜井开拓、侧翼斜井开拓和上盘斜井开拓。各种开拓方式的适用条件及优缺点见表9-54。

表9-54 斜井开拓方式的适用条件及优缺点

开拓方式	适用条件	优缺点	图示
下盘斜井开拓	(1) 厚度不大的倾斜矿体,矿体倾角一般在30°以下; (2) 井口应在岩层错动带以外20~30m,井筒与矿体倾斜平行或呈伪倾斜布置,井筒与矿体底板的垂距不小于15m	与脉内斜井比较: (1) 当矿石不稳固,下盘围岩稳固时,井筒掘进和维护费用小; (2) 有石门,开拓时间较长; (3) 井筒掘进费不能得到附产矿石的补偿;井筒不能同时作探矿巷道用	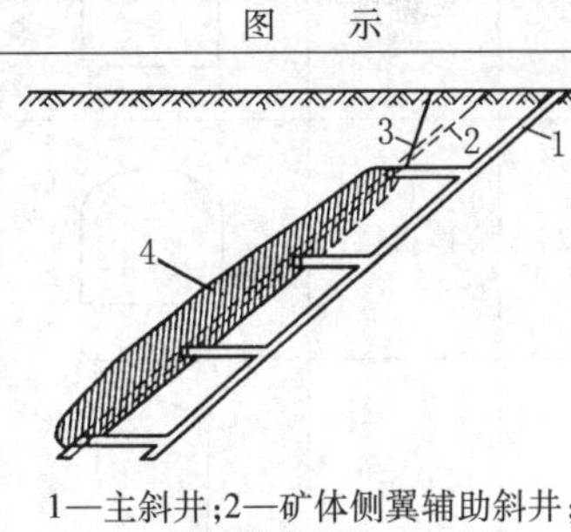 1—主斜井;2—矿体侧翼辅助斜井;3—岩层错动界线;4—矿体

续表 9-54

开拓方式	适用条件	优缺点	图示
脉内斜井开拓	（1）边采边探的小矿体； （2）矿体沿倾斜起伏不大，地质构造简单，没有大的褶皱、断裂、挤压破碎带、节理、裂缝等结构的破坏； （3）矿体厚度不大，矿石价值不高，矿石和围岩稳固； （4）井筒两侧应留有10～15m以上的矿柱	（1）无需开凿石门，开拓时间短，出矿块，节约投资； （2）掘进斜井时的附产矿石可补偿部分掘进费用，生产中可降低运输成本； （3）斜井本身可作探矿巷道； （4）斜井两侧需留保安矿柱；提升费用比竖井高15%左右； （5）由于金属矿山矿床赋存条件复杂，矿体厚薄变化大，井筒两侧需留有安全矿柱等问题，故应用较少，仅在下列情况下可考虑应用：1）矿体走向长，矿体厚度较薄，下盘岩体地质条件较坏，矿体稳定且矿石价值不高；2）矿山急需投产并需在脉内做补充勘探；3）由露天转入坑内开采时，从露天边坡上某一台阶掘进斜井，以节省工程量，加快投产	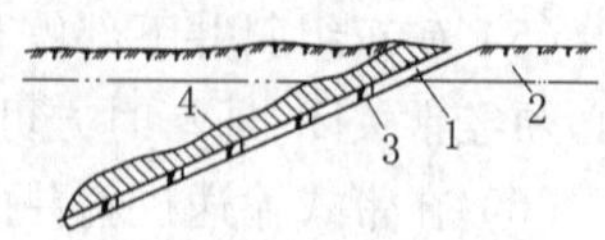 1—脉内斜井；2—表土层；3—阶段平巷；4—矿体
侧翼斜井开拓	（1）矿体走向较短，矿体端部侧覆在矿体下盘，布置井筒受地形、工程地质、水文地质或其他不利因素影响，不宜在下盘布置井筒； （2）选矿厂或外运矿矿仓在矿体的一侧	主斜井布置在地面破碎站或选矿厂一侧时，矿石运输功最小；其他基本同下盘斜井	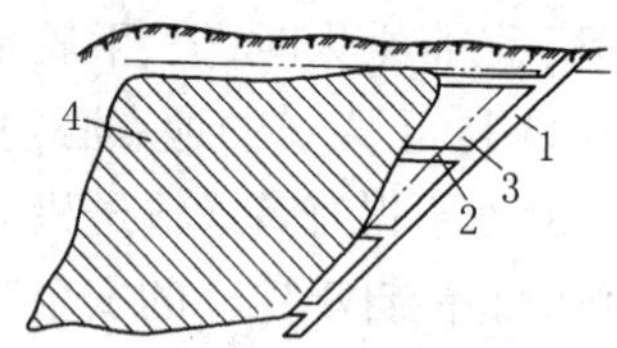 1—斜井；2—石门；3—矿体侧翼岩层错动线；4—矿体
上盘斜井开拓	井筒受地形、工程地质、水文地质或其他不利因素影响，不宜在下盘、侧翼布置井筒	需留保安矿柱，很少应用	

在开展斜井施工图设计之前，有的须打斜井工程钻，并提出工程地质和水文地质资料。对工程地质钻的要求如下：

（1）斜井工程地质钻钻孔沿斜井轴线方向布置，其孔数不得少于3个。

（2）当只有一条斜井时，钻孔应布置在距斜井中心线10～20m的平行线上。

（3）当距离不大于50m的两条平行斜井时，则钻孔应布置在两条斜井中间的平行线上。

（4）在工程地质较简单的矿山，距斜井轴线20m范围内已有勘察钻孔，可以作为设计参考，经过业主、施工、监理方商定可以不打或少打新的工程地质勘察钻孔。

9.2.6.3 斜井断面及其设施

A 断面形式

斜井断面形式及适用的岩层范围见表9-55。

表9-55 斜井断面形式及适用的岩层范围

序号	名称	图示	特点	适用的岩层范围
1	半圆拱		受力性能好，拱顶承受压力大，但断面利用率稍低，开拓费用高	围岩不够稳定，顶、侧压较大；服务年限较长的矿山
2	圆弧拱		介于半圆拱与三心拱之间	围岩中等稳定，地压较小；服务年限较长的矿山
3	三心拱		断面利用率较高，掘砌费用较半圆拱低，承受压力较差，当顶压大时，易在拱基及拱顶处开裂	围岩中等稳定，地压较小；服务年限较长的矿山

续表 9-55

序号	名称	图 示	特 点	适用的岩层范围
4	梯形	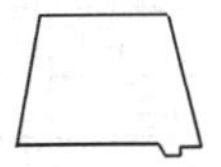	断面利用率高，施工简单，对不均匀地压适应性较好，但维修量较大	围岩稳定，地压较小；服务年限较短的矿山
5	圆形 椭圆形 马蹄形	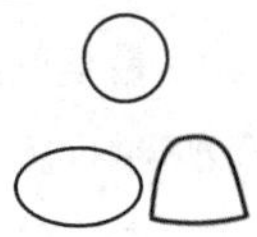	结构稳定，可承受多方来的压力，但断面利用率低，施工复杂，掘砌费用高	围岩不稳定，侧压和底压大的矿山

B 斜井内的线路布置

斜井内除设有运输设备系统外，按其用途的不同还设有运输线路、人行道、各种管路和供电线路等系统。

斜井内的运输线路应根据矿井服务年限，生产规模，提升设备选型及提升能力等因素选用不同线路布置和不同的轨枕、道床。

a 线路布置形式

双钩提升矿车组斜井线路布置见表 9-56，双箕斗提升斜井线路布置见表 9-57。

表 9-56 双钩提升矿车组斜井线路布置形式

序号	线路布置形式及简图	优 缺 点	适 用 条 件
1	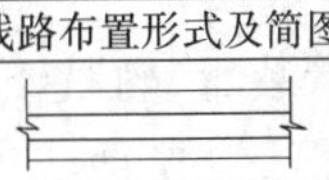	双轨线路，井筒中无道岔，车辆运行平稳可靠，使用寿命长；但工程量大，投资高	线路短，多水平生产，提升速度较高的井筒
2	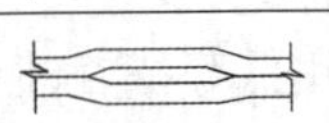	车辆运行可靠，工程量少；但钢丝绳、车轮及轨道磨损较大；特别是轨道磨损不均匀	线路长，单水平生产的井筒
3	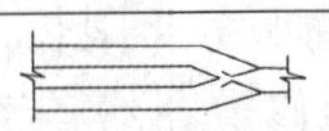	生产简单可靠，但钢轨消耗量大，钢丝绳与钢轨磨损大；井筒工程量较大	线路长，两个水平生产的井筒
4	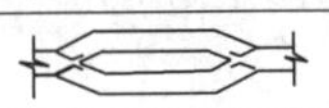	可缩小井断面，省工程量及材料消耗	小型斜井或临时工程中
5	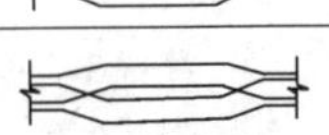	错车道不设道岔及岔心，车辆运行可靠，可减少井筒断面及工程量；但钢绳、车轮、轨道磨损较大	线路长，单水平生产的井筒
6	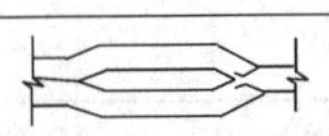	错车道不设道岔及岔心，车辆运行可靠，可减少井筒断面及工程量；但钢绳、车轮、轨道磨损较大	线路长，单水平生产的井筒

表 9-57 双箕斗提升斜井线路布置比较

序号	线路布置简图	优 缺 点	适用条件	使用的矿山
1	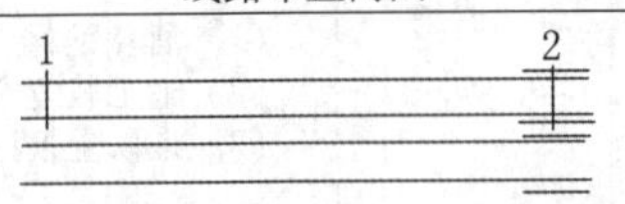	生产简单可靠，但钢轨消耗量大，工程量大，投资多	装载点多，提升速度高，线路长，围岩稳定	
2	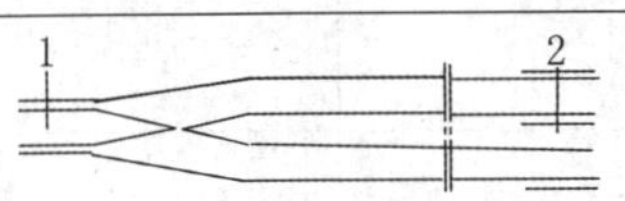	生产简单可靠，工程量较大，投资较多	一个装矿点，提升速度高，线路较短，围岩稳定	金岭铁矿
3	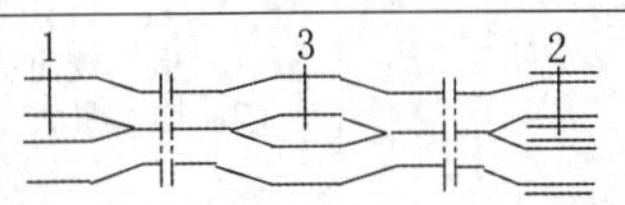	生产可靠，工程量较小，投资较少	线路较长，一个装矿点，围岩较稳定	
4	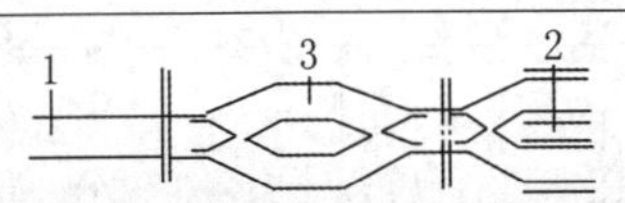	工程量小，投资少，生产可靠，但生产管理较复杂	装矿点多，线路较长，围岩较破碎	牟定铜矿

注：1—装矿处；2—卸矿处；3—中间错车道。

b 斜井错车道布置

(1) 错车道位置要求。当提升机卷筒为单层缠绳时，错车道设在提升行程的中心；如为多层缠绳且两卷筒缠绳圈数相同时，因下放的行程大于提升的行程，则错车道应设在提升行程中点略偏下的位置。在设计中错车道具体位置还应考虑设备的要求。

(2) 错车道长度。错车道直线长度不得小于或等于两组矿车组总长，最短也不应小于 10m。

具体计算方法如下（图 9-50）：

错车段向上长度 L_s 为：

$$L_s = L_1 + L_2 + 1000 \tag{9-52}$$

错车段向下长度 L_x 为：

$$L_x = L_1 + L_2 + 1000 + \Delta \tag{9-53}$$

式中 1000——富裕长度，mm；

Δ——空、重车钢丝绳因重力不同所引起的伸长之差，一般取 $\Delta = 120 \sim 140$mm。

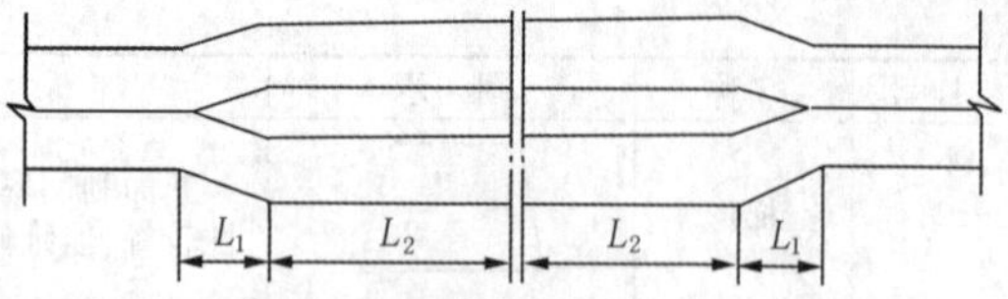

图 9-50 错车道长度计算

L_1—单轨变为双轨段；L_2—矿车组长度

（3）错车道处道岔。错车道处应铺设 1/6 或 1/7 对称道岔。

（4）错车道处井筒断面。错车道处井筒断面的变化要尽量成喇叭形，以利于通风。在一般情况下错车道处采用固定道床为宜。错车道曲线半径应大于 30m。

C 斜井道床

a 斜井道床形式的选用

斜井道床可分为石渣道床、整体道床和简易整体道床三种形式：

（1）石渣道床，又称道渣道床，施工简单，投资少。但是，它对线路质量的保证较差，维修工作量大。它只适用于提升量不大、提升速度在 3.5m/s、斜井倾角小于 10°的情况下。

根据《金属非金属矿山安全规程》规定，倾角大于 10°的斜井，应设置轨道防滑装置，轨枕下面的道渣厚度不得小于 50mm。

（2）整体道床。整体道床具有行车平稳，行车速度快，维修工作量小，经营费用低等特点；但它有要求施工质量高，基建工程量大，造价高等缺点。整体道床适用于斜井倾角大于 10°，井筒服务年限长，提升能力大的矿山；尤其在大中型矿井的主溜井放矿闸门硐室内的轨道，带式输送机斜井的检修道，服务年限超过 20 年的大、中型矿山的箕斗斜井内以及大、中型矿井马头门的铺轨均应采用整体道床。

整体道床、简易整体道床的类型和结构见表 9-58。

表 9-58 整体道床和简易整体道床的类型和结构

类型		图示	优缺点
预埋螺栓式		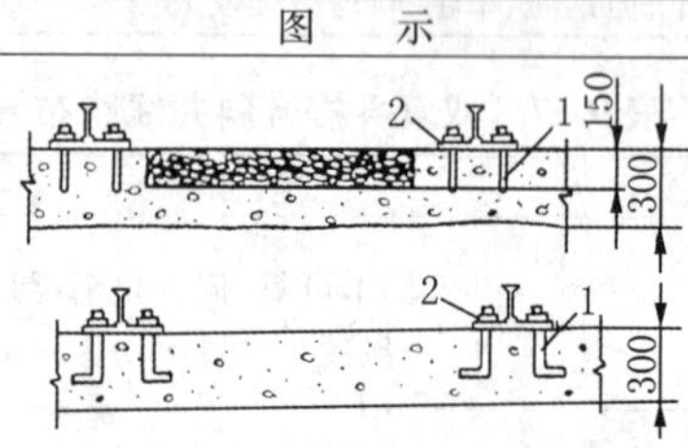 1—固定螺杆；2—压板	（1）消耗钢材少； （2）施工较复杂； （3）维修更换困难
预埋轨枕式	短木枕	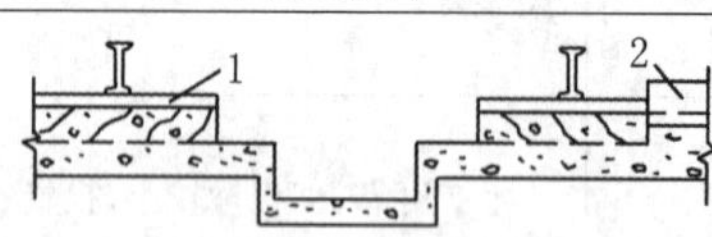 1—木轨枕；2—人行台阶	（1）施工较简单； （2）维修量大
	预埋钢筋混凝土短枕	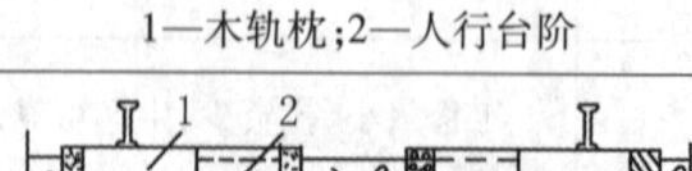 1—预制钢筋混凝土轨枕； 2—预制混凝土填块	（1）施工简单； （2）维修量小； （3）消耗钢材较多
	预埋钢筋混凝土长枕	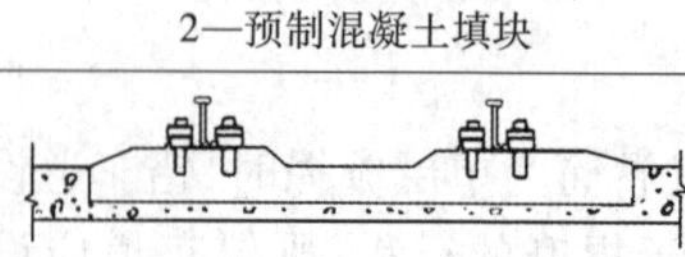	
简易式		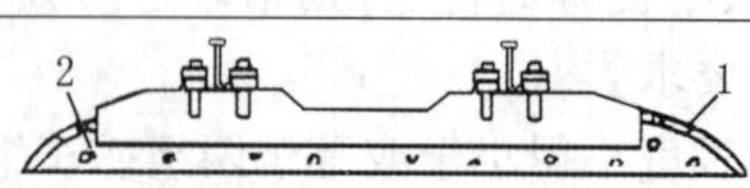 1—水泥砂浆；2—石渣	（1）施工简单； （2）维修简单

(3) 简易整体道床。这种道床是在石渣道床的基础上，浇上水泥砂浆使其整体固结化。

简易整体道床具有石渣道床和整体道床的特点，适用于倾角小于30°的斜井内。简易整体道床施工简单，维修、管理方便，投资省。

简易整体道床的铺设方法是：按一般的石渣道床铺设好以后，再用水泥砂浆浇入石渣表面上，用铁锹略加拍打和整平，使石渣缝隙里尽量多地充满砂浆，以便达到石渣与砂浆结合在一起的目的。

斜井道床类型及其适用范围见表9-59。

表9-59 斜井道床类型及适用范围

斜井提升类型	提升的对象	服务年限	提升量	道床类型				备注
				木轨枕石渣道床	混凝土轨枕石渣道床	整体道床	简易整体道床	
矿车组	人			可用	不可用	不可用	可用	保险装置 CRX 型斜井倾角小于10°
	人、矿石			可用	不可用	不可用	可用	
矿车组	人			不可用	不可用	可用	可用	保险装置斜井倾角大于10°
	人、矿石	长	大	不可用	不可用	可用	不可用	
	人、矿石	短	小	可用	可用	不可用	可用	
矿车组	矿石	长	大	不可用	不可用	可用	可用	斜井倾角大于10°
	矿石	短	小	可用	可用	不可用	可用	
箕斗	矿石	短	小	可用	可用	不可用	可用	斜井倾角大于10°
		长	大	不可用	不可用	可用	可用	
胶带输送机斜井内检修道	人			不可用	不可用	可用	可用	斜井倾角大于10°
	材料			可用	可用	可用	可用	

注：表中“不可用”表示技术上不能用和经济上不合理两层意思；在“整体道床”栏中的“不可用”是表示浪费，经济上不合理。

b 轨道防滑

由于斜井轨道有重力作用，促使轨道下滑，造成上部轨道接缝加大，下部轨道接缝缩小，导致轨道的连接螺栓被剪断。轨道下滑的后果，使局部线路或道岔变形，行车安全得不到保证。

轨道下滑的程度与斜井的倾角、提升的速度、道床的结构、线路的铺设质量、斜井底板岩石的性质和斜井井筒涌水大小等因素有着密切关系。

当斜井倾角大于15°时，对轨道应采取防滑措施，其方法有两种：一是固定钢轨法，二是固定轨枕法。

(1) 固定钢轨法。在斜井井筒的底板上每隔30~50m设一个混凝土地梁或在钢轨下面设混凝土柱。在梁、柱上预埋螺栓或连接件，将钢轨直接固定在它的上面。也可以采用将钢轨固定在型钢（工字钢或槽钢）上，型钢再同混凝土梁或混凝土柱相连接。有时还可采用打钢轨桩代替混凝土柱，用型钢梁与钢轨连接，钢轨桩与型钢梁固定在一起。

实践证明，固定钢轨法使用效果好，施工简单，更换方便，维修量小；但施工精度要求严格，消耗材料多。

(2) 固定轨枕法。这种方法又可分为两种，一是轨枕嵌入法，二是轨枕埋桩法。

1) 嵌入法。将整体道床每隔0.7m预留一个槽，槽的大小比轨枕大一些，把轨枕放入槽内后，再将砂浆灌入缝隙中，使轨枕与整体道床固结在一起。这种方法施工难度大，轨枕间距（700mm）不易保证。

嵌入法多用于钢筋混凝土预制轨枕。

2) 埋桩法。在斜井底板每隔10~15m，垂直底板打钢轨桩或浇灌混凝土桩。桩的深度根据斜井道床类型、岩石的稳定程度而异。如道床和斜井底板岩石稳定，则桩就浅；反之道床采用石渣或简易整体道床，且底板的岩层不太稳定，则桩柱要深，一般取桩深为0.5~1.0m。

铺轨时轨枕的下坡边一定要紧靠桩，相邻轨枕有时需设撑木。桩的顶面与轨枕顶面要求一样平或者可高出轨枕顶面20mm，但不准高出轨面。桩要求稳定牢固，不得有松动现象，严防轨枕下滑。此法施工工艺简单，但防滑效果欠佳。

固定轨枕法对防止钢轨下滑能起一定作用，但是因车辆在运行中产生振动，易使道钉松动，一旦管理跟不上，做不到经常有制度的维修，钢轨就可能有下滑现象发生。

常用防滑装置见表9-60。

表 9-60 斜井轨道防滑装置

固定方式		图 示	特征与要求	使用情况
固定钢轨法	型钢固定	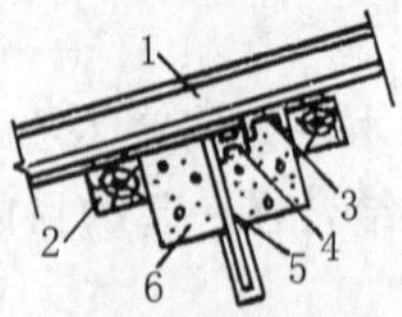 1—钢轨;2—轨枕;3—槽钢[16; 4—工字钢[12;5—圆钢 $\phi30$; 6—混凝土底梁	用型钢固定钢轨,每隔 30m 设一组	1t 标准矿车,矿车组斜井提升
	钩形板固定	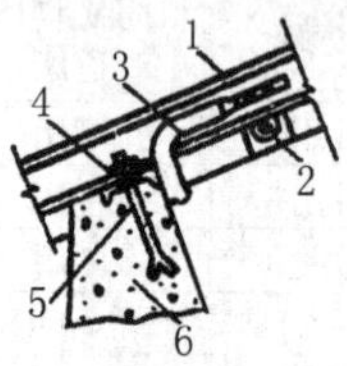 1—钢轨;2—轨枕;3—钩形板; 4—槽钢[14;5—螺栓 M32×500; 6—混凝土底梁	用钩形板固定钢轨,每隔 15～20m 设一组	维修、更换方便,防滑效果良好
	预埋螺栓固定	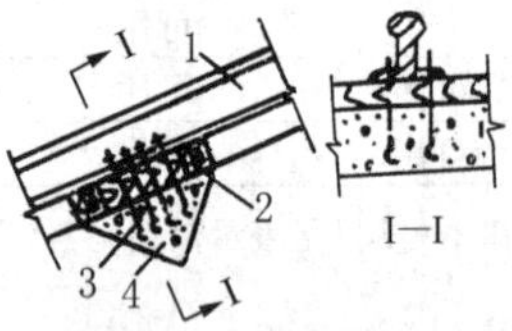 1—钢轨;2—轨枕;3—预埋螺栓; 4—混凝土底梁	用预埋螺栓固定钢轨,每隔 30m 设一组	防滑效果好,且钢轨与底梁间垫以枕木增加了弹性;但是螺栓易锈蚀,维修更换困难
固定轨枕法	轨枕桩	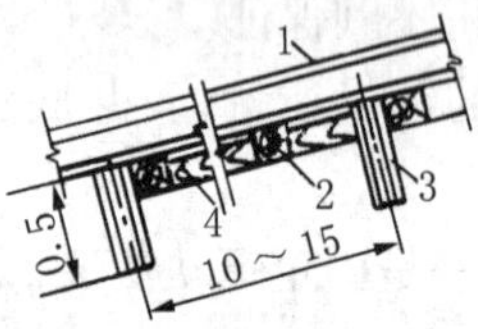 1—钢轨;2—轨枕;3—防滑桩; 4—撑木	每隔 10～15m 在轨枕两端向井筒底板各打一防滑桩(用型钢或圆钢都可)以阻止轨道下滑	有一定防滑作用,但由于车辆在运行中产生振动,使道钉松动,钢轨仍可下滑
	轨枕槽	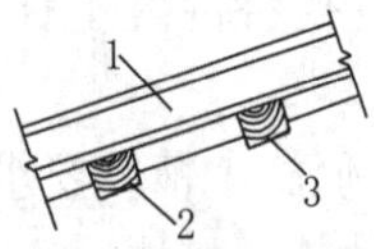 1—钢轨;2—轨枕;3—轨枕槽	轨枕放入井底板的槽内,槽深为80～100m,槽底垫道渣 50mm	

资料来源:《煤矿矿井采矿设计手册》。

D 人行道

a 斜井人行道有关规定

(1) 采用有轨运输时,人行道的宽度不应小于 1m。

(2) 人行道的垂直高度,不应小于 1.9m。

(3) 专为行人斜井的宽度不应小于 1.8m。

(4) 带式输送机斜井的人行道宽度不应小于 1.0m。

(5) 设有人车的斜井,在井口上部及下部应设乘车平台。平台长不应小于一组人车长的 1.5～2 倍,平台宽不得小于1m。

(6) 斜井倾角为10°～15°时,应设人行踏步;15°～30°时应设踏步及扶手;大于30°时,应设梯子及扶手。

(7) 运送物料的斜井兼作人行井时,车道与人行道之间应设安全隔离设施。

(8) 在带式输送机斜井内，带式输送机的一侧，应平行敷设一条运输轨道和一条检修人行道。当利用该运输道兼作辅助运输时，应在运输道和带式输送机之间加设隔离设施。

b 人行道台阶及扶手

人行道台阶(踏步)一般做成踏步形式，可以用混凝土浇筑而成，也可以用预制混凝土块、料石等制成。

台阶形式分单一式和组合式两种：

(1) 单一式。多用于水沟不在人行道侧，采用料石或预制混凝土块砌筑，也可用C10级混凝土直接浇筑。其特点是：稳定牢固、施工方便，但井筒断面利用率低。

(2) 组合式。多用于水沟设在人行道下面的情况。首先用混凝土预制成“]”形构件，砌筑而成后，它既是人行台阶又兼作水沟盖板。其特点是井筒布置紧凑，断面利用率高，掘砌工程量少。但施工工艺复杂，清理水沟不方便，不如单一式稳固。

关于人行台阶尺寸的计算，由于倾角度数不同，人行台阶的高度和宽度也有所不同，其计算方法为：

$$\frac{R}{T} = \tan\alpha \tag{9-54}$$

式中 R——台阶高度，mm；

T——台阶宽度，mm；

α——斜井倾角，(°)。

台阶长度 l 一般取600～700mm。

扶手设置要求见表9-61。

表9-61 扶手设置要求

斜井坡度/(°)	对台阶及扶手的要求
10～14	设防滑条及扶手，但人行道在中间时可不设扶手
15～30	设人行台阶及扶手
30～40	设人行台阶、扶手或者设梯道
>45	设专门梯子间或梯道

行人扶手一般用硬质塑料管、木材、钢管制成。扶手安设在人行道侧的井壁上。扶手中心线距井壁的距离为80～100mm，它与人行台阶顶面的距离为800～900mm。

扶手连接件有：将扁钢制成管卡，用螺栓拧紧后，将其焊接在井壁的预埋件上。预埋件间距根据扶手的强度和刚度的不同而异，一般取其间距为2～3m。

井壁的预埋件用圆钢 ϕ14～16mm，总长210mm，露头60mm。扶手管材外径一般取50mm左右。

台阶尺寸及其材料消耗量见表9-62。

表9-62 台阶尺寸及材料消耗量

图 示	斜井倾角 α/(°)	台阶高度 R/mm	台阶宽度 T/mm	台阶长度 l/mm	混凝土工程量/m³
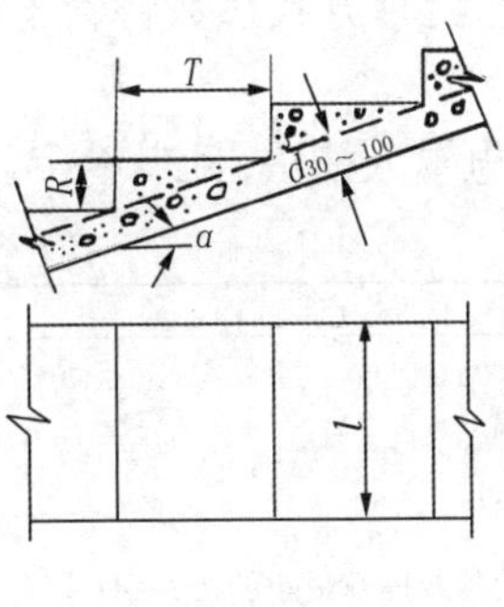	16	120	420	650	0.033
	17	120	390	630	0.030
	18	120	370	610	0.027
	19	130	380	640	0.032
	20	130	360	620	0.029
	21	140	365	650	0.033
	22	140	350	640	0.031
	23	150	355	660	0.035
	24	150	340	640	0.033
	25	150	320	620	0.030
	26	160	330	650	0.034
	27	160	315	640	0.032
	28	170	320	660	0.036
	29	170	300	640	0.033
	30	190	295	680	0.038

E 水沟

为了使斜井井筒内的涌水、清洗粉矿和冲洗井壁的污水疏导干净，防止积水冲刷道床，保持路面清洁，斜井内应设置排水沟。

(1)对服务年限长的斜井，且水量较大，必须设水沟，水沟应以混凝土砌筑并加盖板。对井筒服务年限较短，井筒底板岩石稳定坚硬，涌水量在 $5 \sim 10m^3/h$ 者，斜井内可不设正规水沟，沿井筒墙边挖顺水槽即可。对服务年限短，井筒底板岩石稳固，而且涌水量在 $5m^3/h$ 以下的斜井内，可设水槽。

(2)水沟一般设在人行道一侧，坡度与斜井坡度相同。水沟沟帮坡度取 1∶0.1 ~ 1∶0.25。

(3)斜井内除设纵向水沟外，在井筒内每隔 30 ~ 50m 应设一道横向水沟，其坡度不得小于 3‰。在含水层下方、阶段与斜井井筒连接处附近和胶带输送机斜井接头硐室的上方（硐室内有水沟时，应将横向水沟设在下方）均须设横向水沟，把斜井井筒内的水引到各阶段的水沟内。

(4)在箕斗斜井或胶带输送机斜井中，井底车场以上的斜井井筒内的流水，应尽量截入车场的水沟内，以减少井底水窝的排水量和清理工作量。水沟上铺盖板。

(5)对于斜井底板岩石较松软或砌筑质量较差的水沟，当水很大时将会冲刷沟底和沟帮，造成水流不畅甚至堵塞。因此对这种条件下的水沟不宜与人行道、管线重叠布置，以免给维修工作造成困难。

F 斜井内各种管路及电缆线的敷设

敷设应符合下列规定：

(1) 充填管道严禁敷设在主、副斜井内；

(2) 当管道及电缆都敷设在人行道同一侧时，电缆应设在管道上方，电缆不应直接挂在管子上，电缆与管子间距应在 300mm 以上；

(3) 当管道敷设在人行道侧，托管梁伸入人行道上部空间时，梁底离斜井底板的垂直高度不应小于 1.9m；

(4) 管子采用落地式敷设在人行道侧时，管子不应侵占人行道的有效宽度；

(5) 缆线悬吊点间距离不应大于 3m；

(6) 架空式托管梁间距及落地式管座间距不应大于 5m；

(7) 斜井内的照明线、动力电缆和信号线应分开敷设，照明灯距不应大于 30m；

(8) 管子放在人行道侧，以不妨碍行人安全为原则。

管子和电缆敷设方法有：

(1) 管子的敷设方式。管子的敷设方式和安装方法与平巷基本相同，可分为架空式和落地式两种。

1)架空式是将管子架设（或悬吊）在井壁上。安装方法是将管子放（或悬吊）在托管梁上，用 U 形卡固定。托管梁采用槽钢或工字钢。托管梁埋入井壁的深度一般取为 200 ~ 300mm。也可以按悬壁梁的计算公式求得托管梁的规格和埋入井壁的深度。

管子中心线到井壁的距离以安装、维修方便为依据。托管梁间距一般取 3 ~ 5m。

当管子敷设在人行道侧，托管梁伸入人行道上部空间时，梁底离斜井底板的垂直高度不得小于 1.8m。当管子放在非人行道侧时，托管梁底边离斜井底板的高度应比提升容器的高度多 500 ~ 600mm 为宜。

2)落地式是将管子直接放在斜井底板的管座上，管座间距同托管梁的间距。此种方式多数将管子放在非人行道侧，如果管子放在人行道侧，则管子不应侵占人行道的有效宽度。

(2) 电缆敷设方法。常用的敷设方法有两种，一种是电缆挂钩法，另一种是电缆入槽法，见表 9-63。

表 9-63 电缆敷设方法比较

形 式	图 示	优缺点
挂钩法	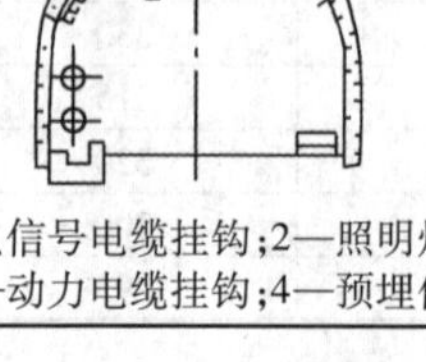 1—通信、信号电缆挂钩；2—照明灯挂钩；3—动力电缆挂钩；4—预埋件	(1) 安装简单方便； (2) 材料消耗少； (3) 适用无提升设备或提升量小的矿井中； (4) 对电缆的保护不利

续表 9-63

形 式	图 示	优缺点
入槽法	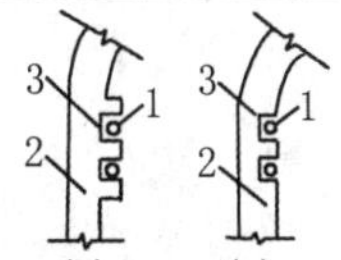 (a) (b) 1—电缆；2—井壁； 3—槽钢或预制槽形的混凝土块	(1) 对保护电缆有利； (2) 用槽钢时消耗钢材多，用预制混凝土块时施工较复杂； (3) 对于图(a)来说增加井筒断面，对图(b)来说降低井壁强度

9.2.6.4 斜井与各阶段的连接形式

斜井与各阶段车场连接形式有平车场、甩车道、吊桥三种。吊桥又分阶段吊桥、吊桥甩车道和高低吊桥三种。

(1) 平车场连接只适用于斜井最下一个阶段或地面的车场连接。

(2) 甩车道连接是一种既改变方向，又改变坡度的过渡车道。当串车下行时，经甩车道由斜变平进入车场，构成甩车场。

(3) 吊桥连接是指从斜井顶板出车的平车场，它有平车场的特点，但它又不是最下一个阶段的连接，而是通过能起落的吊桥连通斜井与中间阶段的连接。吊桥放落时，斜井下来的串车可以直接进入阶段车场。

斜井与中间阶段的连接形式、适用条件和优缺点见表 9-64。

表 9-64 斜井与中间阶段的连接形式、适用条件和优缺点

连接形式	图 示	优缺点	适用条件	操作方式
甩车道	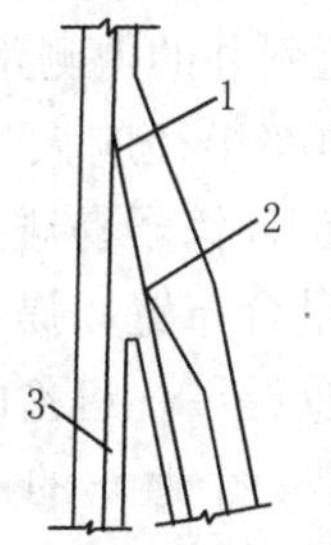 1—甩车道岔；2—分车道岔；3—斜井井筒	甩车时间短，操作劳动强度小，车场能自溜，提升能力大。 矿车易掉道，甩车道处易磨钢丝绳，施工复杂，开凿量大	倾角小于30°的大、中、小型矿山斜井提升；矿山应用多	扳道岔
阶段吊桥	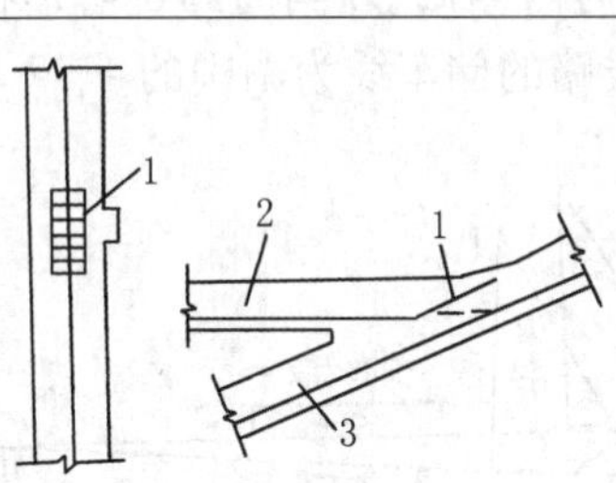 1—吊桥；2—阶段平巷；3—斜井井筒	矿车不易掉道，不磨钢丝绳，施工简单，开凿量小。 空车不能自溜，人工推车劳动强度大，调车时间长	倾角在20°～35°的小型矿山斜井提升	启动吊桥
高低差吊桥	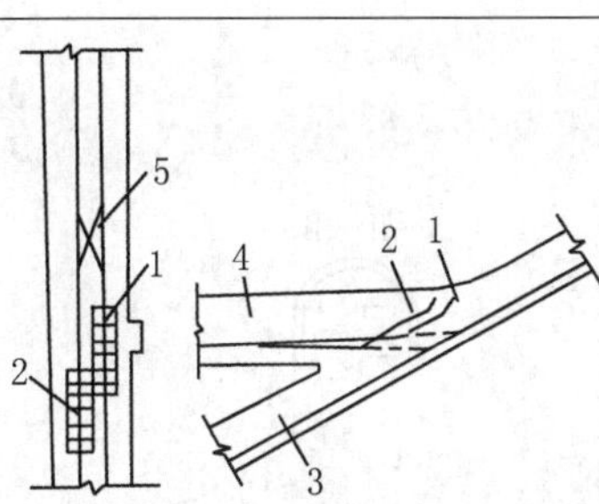 1—高道吊桥；2—低道吊桥；3—斜井井筒； 4—阶段平巷；5—渡线道岔	矿车不易掉道，不磨钢丝绳，空、重车能自溜，调车时间短，施工较简单，开凿量小。 需要在吊桥上方的斜井中设渡线道岔	倾角在20°～35°的中、小型矿山斜井提升	启动吊桥

续表 9-64

连接形式	图示	优缺点	适用条件	操作方式
吊桥式甩车道	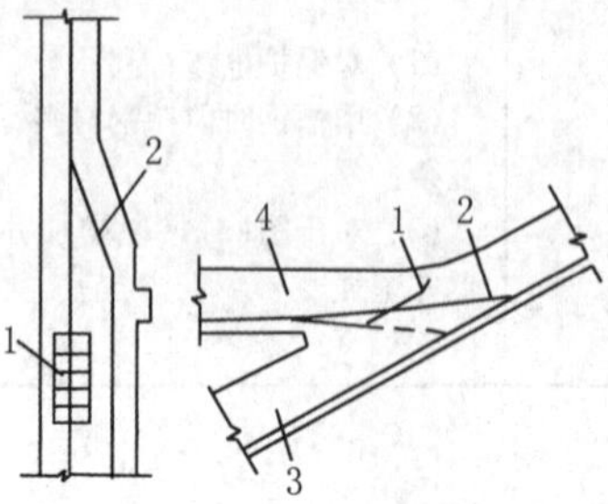 1—吊桥；2—甩车道；3—斜井井筒；4—阶段平巷	车场矿车能自溜，调车方便，开凿量小。施工较复杂	倾角在20°~35°的小型矿山斜井提升	扳道岔和启动吊桥

9.2.6.5　斜井与中间阶段的连接形式分述

斜井与中间各阶段水平的连接形式有甩车道、阶段吊桥、吊桥式甩车道和高低差吊桥（资料来源于《采矿设计手册》），分述如下。

A　第一种形式——甩车道

a　甩车道的参数及布置

甩车道是连接斜井分岔点与阶段平巷落平点的一段倾斜巷道。它与储车线组成斜井井底车场的一部分，适用于倾角小于25°的串车提升斜井。如图9-51所示，在斜井轨道中的10处，设甩车道岔 N_1 岔向甩车道。在位置9处，设分岔道岔 N_2，使甩车道由单轨变成双轨。靠近斜井的内侧路线为提升线路，外侧为甩车线路。甩车线路的竖曲线是由斜变平。对于主斜井，竖曲线的曲率半径应大于车辆轴距的15倍，一般为20~30m，并满足长材料通过的要求。竖曲线半径过小，矿车间的链环销子易碰撞跳出，使矿车脱轨；竖曲线半径过大，对矿车起钩和运行不利。一般情况下，平、竖曲线不宜重合布置。提升线路经竖曲线7—5段，甩车线路经竖曲线8—6段由斜变平。竖曲线的终点为起坡点，起坡点至 N_3 道岔的线路为储车线。在起坡点处设把钩房，供摘挂钩工人发送信号与各车场及绞车房联系，也是一个避车的安全硐室。当采用自溜坡度时，摘下的矿车离开斜井，顺坡沿储车线6—0′自溜到电机车挂钩处；待提升的矿车自电机车摘车处，向着斜井沿储车线0—5自溜到挂钩处。因此，储车巷道的底板成为内侧低、外侧高的台阶形横断面。储车线一般设在平曲线段，提升线路的储车线为图中的3—1段，甩车线路的储车线为图中的4—2段。平曲线的曲率半

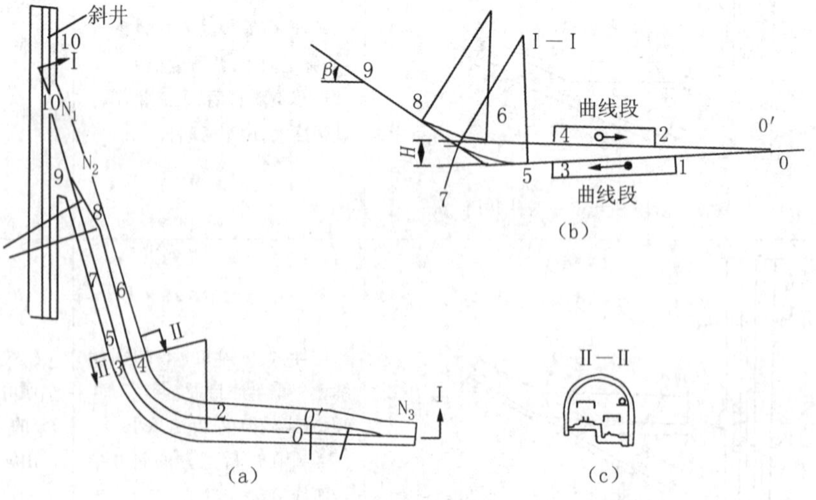

图9-51　斜井甩车道

(a)平面；(b)线路剖面（平曲线部分被展开）；(c)巷道断面

H—两起坡点的高差

径为车辆轴距的10倍,约为15~20m。当甩车道采用自动摘挂钩,甩车速度较大时,平曲线的曲线半径应大些。

(1) 提升牵引角。矿车上提时,钩头起提方向与钢绳牵引方向之间有一个夹角,称为提升牵引角(θ),它是影响矿车在甩车道上运行是否顺畅,甩车道是否好用的主要参数。提升牵引角可使矿车在行驶时产生横向倾覆力矩,从而有可能使矿车掉道或倾倒。当矿车通过竖曲线时,还有垂直方向上的分力,矿车更容易掉道。因此,尽量采用小角度的道岔,以便减小提升牵引角。一般不超过10°为宜,辅助提升井不超过15°~20°。

(2) 道岔型号的选择。道岔型号根据车场提升量的大小来选择,在设计和生产中可按表9-65选取。

表9-65 道岔选型

用 途	第一组道岔(甩车道岔)		第二组道岔(分车道岔)	
	最好采用	一般采用	最好采用	一般采用
主提升斜井	1/6	1/5	1/5	1/4
辅助提升斜井	1/5	1/4	1/4	1/3

两道岔间应插入缓和直线段,其长度不应小于所通过车辆的最大轴距。为保证车辆运行可靠,防止矿车外倾或掉道,应采取如下措施:

1) 为抵消或减弱横向力的作用,可将线路的内轨适当地抬高30mm左右。

2) 设置立滚,其位置如图9-52所示。一般情况下,立滚设在甩车道岔岔点附近,靠交岔点分岔巷道一侧的墙边,与轨道中心线相距为:

$$B = \frac{1}{2}B_0 + 300 \tag{9-55}$$

式中 B——立滚离轨道中心线的距离,mm;

B_0——矿车宽度,m。

(3) 平、竖曲线的关系及其半径的选取。甩车道的平曲线与竖曲线在空间的相互关系有3种,如图9-53所示。

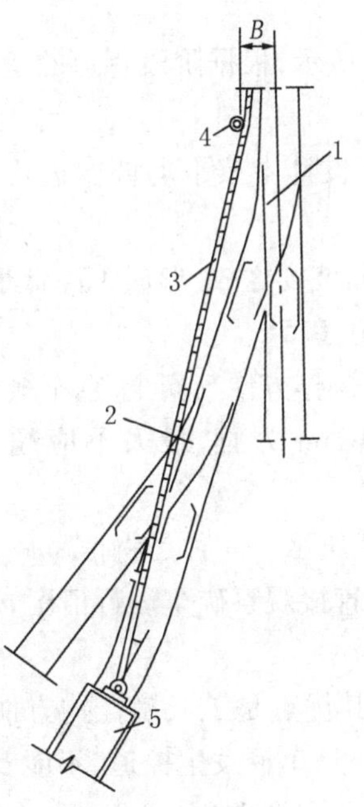

图9-52 提升牵引角

1—甩车道岔(第一组道岔);2—分车道岔(第二组道岔);3—提升钢丝绳;4—立滚;5—钩头车

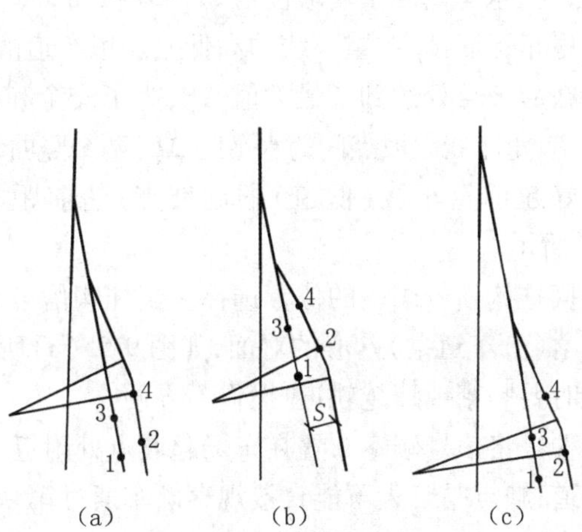

图9-53 平竖曲线关系

1—重车线竖曲线的下端点;2—空车线竖曲线的下端点;3—重车线竖曲线的上端点;4—空车线竖曲线的上端点

S—线路中心线距离

1）先平后竖线路布置。如图9-53(a)所示，斜面平曲线与两个道岔在同一斜面上，当平曲线终了以后，再设竖曲线变坡。这种线路布置的特点是：平、竖曲线分开，整个交岔点在同一个斜面上，线路布置设计比较简单，施工也较方便。但是，加长了斜面线路长度，掘砌工程量较大。由于后推了起坡点的位置，提升牵引角较大，对提升不利。

2）先竖后平线路布置。如图9-53(b)所示，空车线竖曲线起坡点与斜面平曲线上端相连，由于竖曲线位置上提，在交岔点内斜井井筒与甩车道不在一个斜面上，两者之间形成台阶。这种线路布置的特点是：起坡点靠近碹岔口，提升牵引角小，矿车运行顺畅。但使第二组道岔与平曲线之间的线路加长，同时使平面线路的中心距增大，造成交岔点与中间平巷的工程量增加。这种布置形式适用于斜井倾角不大（相应竖曲线长度较短），采用人行道在中间的主提升井的甩车场。

3）平、竖曲线重合的线路布置。如图9-53(c)所示，平、竖曲线可全部重合，也可以部分重合，还可以分为竖曲线超前或平曲线超前两种形式。为了减小提升牵引角，通常多采用竖曲线超前的形式。这种线路布置的特点是：提升牵引角较小，空、重车运行顺畅，线路布置紧凑，且便于操作。但是，由于平、竖曲线重合，线路布置设计复杂，施工质量要求高，如线路铺设质量不好，行车反而容易掉道。一般多采用先平后竖的线路布置。

4）平、竖曲线半径的选取。竖曲线半径的大小必须保证矿车通过时，两相邻车厢不致相撞，车厢上缘之间有一定的间隙（取100～200mm），便于摘挂钩，在运送长材料时能顺利通过。

平曲线半径的大小与车辆的轴距和列车的长度有关，平、竖曲线半径可按表9-66选取。

表9-66 平、竖曲线半径选取

曲线类别	使用条件	曲线半径/m
平曲线	一般斜井	12～15
	主提升斜井	15～20
竖曲线	一般斜井	20～25
	主提升斜井	25～30

（4）甩车场存车线的长度。甩车场存车线的长度L_{1-0}、L_{2-0}如图9-54所示，根据阶段巷道的运输方式来确定，当阶段巷道为电机车运输时，存车线的长度为1～1.5个列车长。

（5）空车线、重车线坡度的选取。空、重车线的坡度应以计算确定，在设计中按平均坡度进行计算。一般情况下，空、重车线的平均坡度取1.0%～1.8%，对小矿车可取±1°。

（6）甩车道底部空、重车线的高低差。甩车道的空、重车线由于相反的坡度之故，形成了高低道，高低道的标高差在起坡点处达到了最大值ΔH，为了安全和操作方便，ΔH不应超过0.5m。

（7）空、重车线起坡点间的水平距ΔL（两个竖曲线的终点间距）。为了操作方便与安全，空车线（高道）的起坡点最好超前重车线（低道）的起坡点，超前距离ΔL一般以0.8～1.5m为宜，最大不应超过2.0m，如图9-54所示。

（8）摘挂钩信号硐室的位置选择。摘挂钩信号硐室的位置，如图9-55所示。一种是将信号硐室布置在第二组道岔（分车道岔）岔心的对面，如图9-55(a)所示。其优点是工人可直接观察矿车运行情况；缺点是工人摘挂钩时要频繁地跨越轨道，操作不方便。

另一种是将信号硐室布置在车场起坡点处附近，如图9-55(b)所示。其优点是工人摘挂钩方便，无需往返跨越轨道；缺点是工人不能直接观察矿车通过第一组道岔的运行情况，一旦车辆发生掉道，不能及时发现。

一般多采用第一种布置方式。摘挂钩信号硐室的尺寸为：宽1.2～2.0m，高1.8～2.0m，长（深）1.5～1.8m。

（9）人行道位置及车场排水。甩车场人行道的位置基本上有4种形式，其优缺点和适用条件见表9-67。

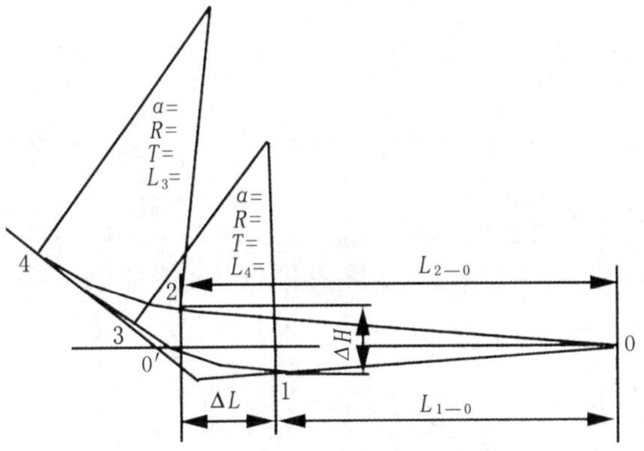

图 9-54 空、重车线立面布置

1,2—重车线、空车线竖曲线的下端(终)点;

3,4—重车线、空车线竖曲线的上端(起)点;

ΔL—两个竖曲线的终点间距;ΔH—高低道的标高差的最大值;

L_{1-0}、L_{2-0}—存车线的长度

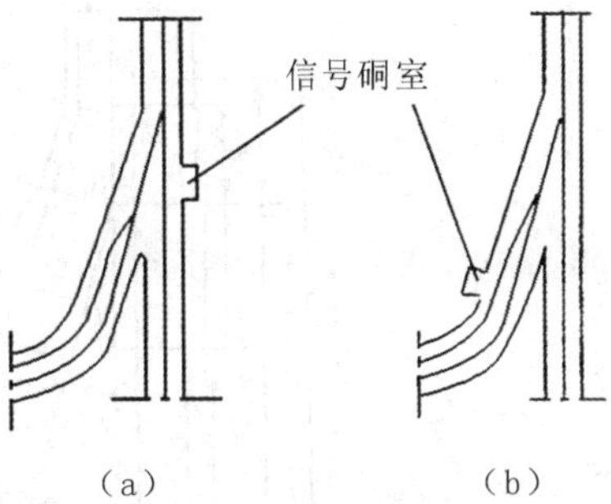

图 9-55 摘挂钩信号硐室位置

(a)信号硐室位于第二组道岔岔心对面的位置;

(b)信号硐室位于车场起坡点处

表 9-67 甩车场人行道位置比较

人行道位置	优 缺 点	适用条件
中间人行道	人行道设在空、重车线中间,摘挂钩灵活方便,交岔点跨度小,省工程量。因设有高低道,人行不方便,也不安全	适用于提升量大的斜井内,围岩条件较好
重车线(低道)侧人行道	人行道与水沟同侧,交岔点跨度小,工程量较省,施工方便。重车滑行掉道时不安全	提升量不大、围岩条件不好时采用
空车线(高道)侧人行道	人行道与水沟分别布置在两侧,交岔点的跨度较大,工程量大。甩车时行人受钢丝绳的威胁	提升量不大、围岩条件好时采用
双边人行道	人行安全,交岔点跨度大,工程量大,工人在人行道处摘挂钩来往行走不方便	围岩条件很好且又有特殊要求时采用

多采用中间人行道布置形式,或重车线(低道)一侧的人行道布置形式,尤其运输量大的矿山更是如此。

车场排水一般采用打泄水孔的方式,即在低道起坡点水沟的最低点处,通过甩车道交岔点的牛鼻子向斜井打一个泄水孔进行排水。

(10) 空、重车线中心线的间距。空、重车线中心线间距 S 如图 9-56所示,随着车场人行道位置和矿车宽度的不同而异,一般按表 9-68 取值。

表 9-68 空、重车线的中心线间距 S 取值

人行道位置	S 值/mm	
	600mm 轨距	900mm 轨距
设中间人行道	1700 ~ 1900	2100 ~ 2200
不设中间人行道	1300 ~ 1400	1600 ~ 1800

另外,S 值与 ΔH 值的大小有关,当 ΔH 值较大时,空、重车线之间需砌筑台阶供人员上、下使用,这样需要占用一定的宽度。为便于铺设线路和操作安全,空、重车线的中心线间距应适当加大。

b 甩车场(道)线路计算

甩车场是第一组道岔为起点至第三组道岔为终点,甩车场计算简图如图 9-56 所示。

甩车场线路主要包括,斜井线路 8—3 段、8—4 段;竖曲线 1—3 段、2-4 段;平面存(储)车线 1—0 段、2—0 段。

甩车场线路计算,主要是计算第一组道岔至阶段存车线道岔末端的全部平剖面尺寸。

(1)角度计算。甩车道为立体布置,均与平面尺寸、斜面尺寸和角度有密切关系。

为求出各部尺寸,必须首先求出平面、斜面、立面相互关系的各种角度,如图 9-57 所示。

第一组道岔(即为甩车道岔)伪倾角 γ_1:

$$\gamma_1 = \arcsin(\sin\alpha_0\cos\alpha) \tag{9-56}$$

式中 α_0——斜井倾角,(°);

α——道岔辙叉角,(°)。

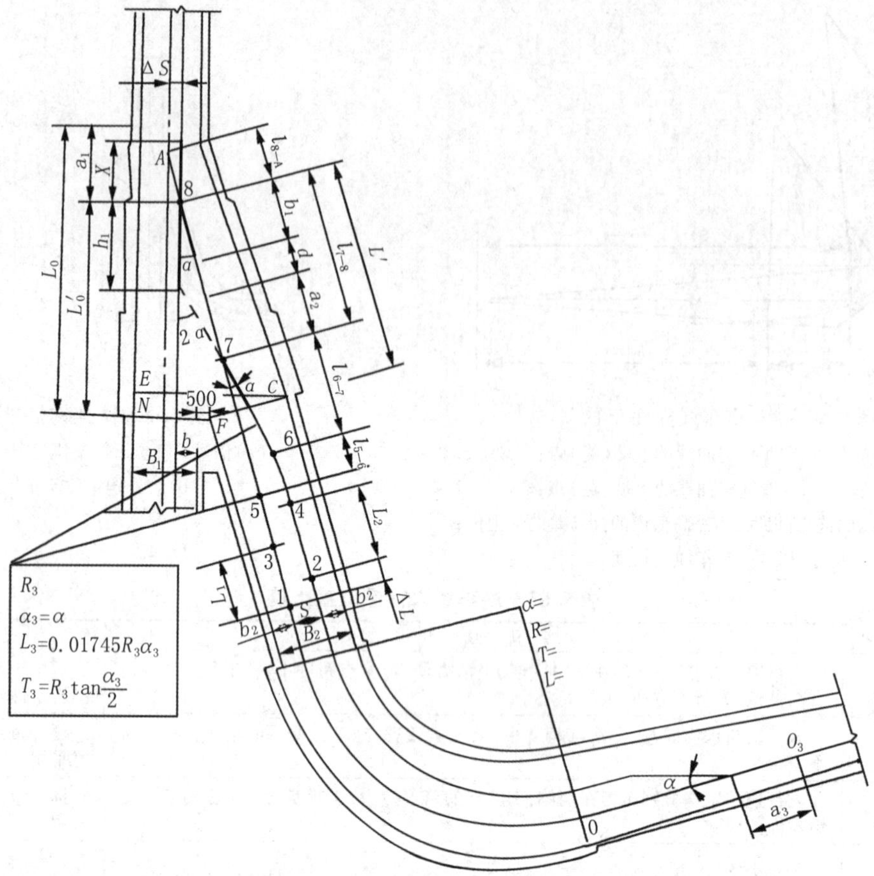

图 9-56 甩车场平面计算

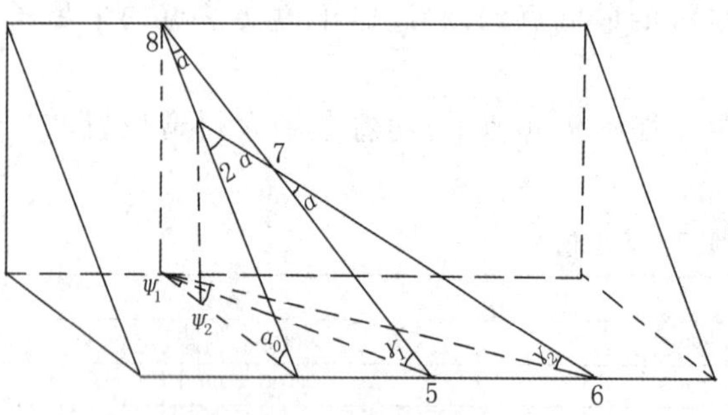

图 9-57 甩车道伪倾角计算

第二组道岔(即为分车道岔)伪倾角 γ_2:

$$\gamma_2 = \arcsin(\sin\alpha_0\cos2\alpha) \tag{9-57}$$

第一组道岔水平投影角 ψ_1:

$$\psi_1 = \arctan\left(\tan\alpha \frac{1}{\cos\alpha_0}\right) \tag{9-58}$$

第二组道岔水平投影角 ψ_2:

$$\psi_2 = \arctan\left(\tan2\alpha \frac{1}{\cos\alpha_0}\right) \tag{9-59}$$

(2)斜面线路连接尺寸。斜面线路连接尺寸如图 9-56 和图 9-58所示,其公式如下:

$$l_{8-A} = \frac{\Delta S}{\sin\alpha} \tag{9-60}$$

$$l_{7-8} = b_1 + d + \alpha_2 \tag{9-61}$$

$$l_{6-7} = S\cot\alpha \tag{9-62}$$

$$l_{5-6} = T_3 = R_3\tan\frac{\alpha_3}{2}(\text{图 9-56}) \tag{9-63}$$

l_{4-5} 为缓和线段长,一般大于矿车轴距,取 1.5 ~ 2.0m。

$$l_{3-4} = \frac{l_{0-0'}\sin\beta}{\sin(\gamma_1-\beta)} + \frac{l_{0-0'}\sin\beta}{\sin(\gamma_1+\beta)} + T_2 - T_1 \tag{9-64}$$

$$l_{2-4} = L_2 = 0.01745R_2\alpha_2 \tag{9-65}$$

$$l_{1-3} = L_1 = 0.01745R_1\alpha_1 \tag{9-66}$$

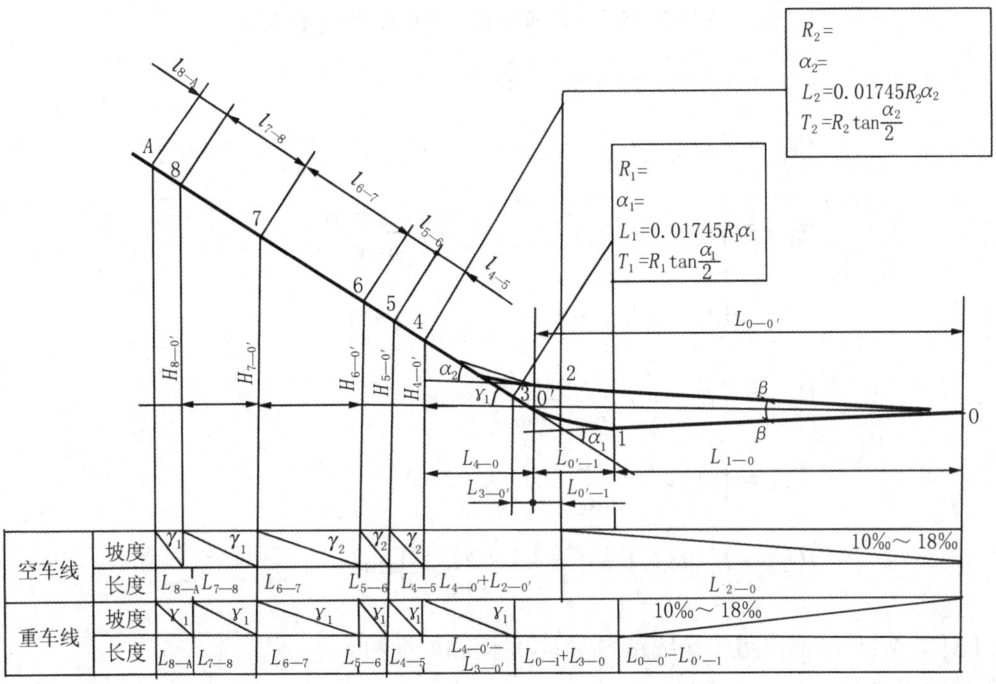

图 9-58 甩车道坡度

其中

$$\alpha_1=\gamma_1+\beta;\alpha_2=\gamma_1-\beta$$

$$l_{0-1}=\frac{L_{0-0'}\sin\gamma_1}{\sin(\gamma_1+\beta)}-T_1 \tag{9-67}$$

$$l_{0-2}=\frac{L_{0-0'}\sin\gamma_1}{\sin(\gamma_1-\beta)}-T_2 \tag{9-68}$$

式中 ΔS——斜井井筒中心与轨道中心线的距离，当两中心线重合时，$\Delta S=0$，m；

d——两组道岔间插入直线段长，不应小于所通过车辆的最大轴距，一般取 1.0～1.5m；

S——空、重车线（高、低道）路中心线间距，m；

β——甩车场空、重车自溜坡度，一般为 1.0%～1.8%。当自溜坡度为 1.0% 时，则 $\beta=0°34'22''$。

(3)线路水平投影尺寸。线路水平投影尺寸如图 9-58 所示，公式如下：

$$L_{8-A}=l_{8-A}\cos\gamma_1 \tag{9-69}$$

$$L_{7-8}=l_{7-8}\cos\gamma_1 \tag{9-70}$$

$$L_{6-7}=l_{6-7}\cos\gamma_1 \tag{9-71}$$

$$L_{5-6}=l_{5-6}\cos\gamma_1 \tag{9-72}$$

$$L_{4-5}=(1.5\sim2.0)\cos\gamma_1 \tag{9-73}$$

$$L_{4-0}=(T_2+\frac{L_{0-0'}\sin\beta}{\sin\alpha_2})\cos\gamma_1 \tag{9-74}$$

$$L_{3-0}=(T_1-\frac{L_{0-0'}\sin\beta}{\sin\alpha_1})\cos\gamma_1 \tag{9-75}$$

$$L_{0-2}=T_2\cos\beta-\frac{L_{0-0'}\sin\beta}{\sin\alpha_2}\cos\gamma_1 \tag{9-76}$$

$$L_{0-1}=T_1\cos\beta+\frac{L_{0-0'}\sin\beta}{\sin\alpha_1}\cos\gamma_1 \tag{9-77}$$

$$L_{1-0}=\left(\frac{L_{0-0'}\sin\gamma_1}{\sin\alpha_1}-T_1\right)\cos\beta \tag{9-78}$$

$$L_{0-0'}=(1\sim1.5)\text{ 列车长(对小矿车可取 15m)}$$

(4)垂直距离计算。垂直距离计算如图 9-58 所示，公式如下：

$$H_{8-0}=\left(l_{7-8}+l_{6-7}+l_{5-6}+l_{4-5}+T_2+\frac{L_{0-0'}\sin\beta}{\sin\alpha_2}\right)\sin\gamma_1 \tag{9-79}$$

$$H_{7-0}=\left(l_{6-7}+l_{5-6}+l_{4-5}+T_2+\frac{L_{0-0'}\sin\beta}{\sin\alpha_2}\right)\sin\gamma_1 \tag{9-80}$$

$$H_{6-0}=\left(l_{5-6}+l_{4-5}+T_2+\frac{L_{0-0'}\sin\beta}{\sin\alpha_2}\right)\sin\gamma_1 \tag{9-81}$$

$$H_{5-0}=\left(l_{5-4}+T_2+\frac{L_{0-0'}\sin\beta}{\sin\alpha_2}\right)\sin\gamma_1 \tag{9-82}$$

$$H_{4-0}=\left(T_2+\frac{L_{0-0'}\sin\beta}{\sin\alpha_2}\right)\sin\gamma_1 \tag{9-83}$$

$$H_{3-0}=L_{3-0}\tan\gamma_1=\left(T_2-\frac{L_{0-0'}\sin\beta}{\sin\alpha_2}\right)\sin\gamma_1 \tag{9-84}$$

根据以上计算结果，绘制出甩车场线路的斜面、平面和坡度图。

c 甩车道的交岔点

甩车道交岔点通常布置在与斜井同一倾角的斜面上，因此又称斜面交岔点。

斜面交岔点的设计原则与平面交岔点是相同的。根据已知的甩车场巷道和斜井井筒的断面尺寸，按着甩车场的线路计算数据，即可进行甩车道交岔点设计。

(1)交岔点的平面尺寸。交岔点的平面尺寸计算如图 9-56 所示，公式如下：

$$L_0'=\frac{b_1+500+\dfrac{b_2}{\cos\alpha}}{\tan\alpha}=\left(b_1+500+\frac{b_2}{\cos\alpha}\right)\cot\alpha \tag{9-85}$$

$$L_0=L_0'+a_1 \tag{9-86}$$

$$L'=\frac{b_1+500+\dfrac{b_2}{\cos\alpha}}{\sin\alpha}-b_2\tan\alpha \tag{9-87}$$

$$n=\frac{l_{7-8}\sin\alpha}{\sin2\alpha} \tag{9-88}$$

$$CE=B_2\cos\alpha+500+B_1 \tag{9-89}$$

$$EN=B_2\sin\alpha \tag{9-90}$$

$$NC=\sqrt{(EN)^2+(CE)^2} \tag{9-91}$$

斜墙起点：

$$x=\frac{CE-B_1}{i}+NE-L'_0 \tag{9-92}$$

在设计中一般取 x 值等于辙尖尖端至转辙中心的距离，或者 $x=a_1$。

斜墙斜率 i 根据道岔尺寸、斜墙起点至道岔岔心的距离 x 值的大小求得，一般 i 值为：0.2、0.25、0.3。

(2) 交岔点的断面。斜面交岔点断面尺寸的确定方法与平面交岔点的相同。

交岔点断面的宽度由井筒净跨 B_1、跨度 CE 和斜墙斜率 i 确定，如图 9-56 所示。它的高度根据断面形状、提升设备、管路布置和行人安全的要求而定。

交岔点通常采用半圆拱或三心拱断面。为减少工程量，墙高可随断面宽度的增大而适当降低。

在设计中要作出 $C—E$ 断面、斜墙起点断面和起坡点断面，如图 9-56 所示，并列出各个不同断面的尺寸表和有关参数。

d 甩车道线路计算实例

现将由13°~30°的斜井甩车道线路计算结果列于表9-69供设计和生产采用。表中使用条件及说明如下:(1)甩车道岔、分车道岔均为615-1/4-12;(2) 竖曲线半径 $R_1=R_2=15\text{m}$;(3) 自溜坡度为10‰,即 $\beta=34'22''$;(4)自溜距离 $L_{0-0'}=15\text{m}$;(5)斜井中心线与轨道中心线 ΔS,空、重车线之间中心距 S,均可根据实际情况确定,这对使用表9-69中的数据没有影响。

表9-69 甩车道线路计算实例

斜井倾角 α_0/(°)	13	14	15	16	17	18	19	20	21
甩车道岔辙叉角 α	14°15′	14°15′	14°15′	14°15′	14°15′	14°15′	14°15′	14°15′	14°15′
甩车道岔倾斜角 γ_1	12°35′45″	13°33′33″	14°31′36″	15°28′52″	16°27′46″	17°25′46″	18°23′39″	19°21′35″	20°19′29″
甩车道岔水平投影角 φ_1	14°36′32″	14°40′4″	14°43′52″	14°47′56″	14°52′22″	14°57′4″	15°2′6″	15°7′20″	15°13′6″
T_1/mm	1731	1875	1988	2115	2246	2376	2506	2636	2766
T_2/mm	1578	1701	1827	1946	2096	2223	2352	2482	2611
α_1	13°10′7″	14°7′55″	15°5′58″	16°3′14″	17°2′8″	18°0′7″	18°58′1″	19°55′57″	20°53′51″
α_2	12°1′23″	12°59′11″	13°57′14″	14°54′30″	15°53′24″	16°51′23″	17°49′17″	18°47′14″	19°45′7″
L_1/mm	3450	3714	3952	4196	4455	4714	4966	5248	5471
L_2/mm	3152	3382	3646	3913	4159	4418	4666	4918	5171
l_{4-5}/mm	2000	2000	2000	2000	2000	2000	2000	2000	2000
l_{7-8}/mm	8590	8590	8590	8590	8590	8590	8590	8590	8590
$L_{0'-1}$/mm	2374	2455	2545	2638	2737	2839	2943	3051	3160
$L_{0'-2}$/mm	875	1052	1225	1384	1571	1729	1887	2042	2205
$L_{0'-3}$/mm	1047	1209	1377	1516	1664	1804	1940	2072	2200
$L_{0'-4}$/mm	2242	2302	2370	2437	2535	2614	2697	2781	2865
L_{4-5}/mm	1952	1944	1936	1927	1918	1908	1898	1887	1877
L_{7-8}/mm	8383	8351	8315	8278	8238	8196	8151	8164	8055
$H_{3-0'}$/mm	234	291	357	420	492	566	645	728	815
$H_{4-0'}$/mm	501	555	614	675	749	821	897	977	1061
斜井倾角 α_0/(°)	22	23	24	25	26	27	28	29	30
甩车道岔辙叉角 α	14°15′	14°15′	14°15′	14°15′	14°15′	14°15′	14°15′	14°15′	14°15′
甩车道岔倾斜角 γ_1	21°17′22″	22°15′13″	23°12′3″	24°10′50″	25°8′36″	26°6′19″	27°4′0″	28°1′38″	28°59′14″
甩车道岔水平投影角 φ_1	15°19′6″	15°25′27″	15°32′10″	15°39′15″	15°46′42″	15°54′34″	16°2′51″	16°11′31″	16°20′39″
T_1/mm	2897	3028	3160	3292	3424	3557	3690	3823	3958
T_2/mm	2742	2872	3003	3135	3267	3399	3531	3664	3798
α_1	21°51′44″	22°49′35″	23°47′25″	24°25′12″	25°42′58″	26°40′41″	27°38′22″	28°36′0″	29°33′36″
α_2	20°43′0″	21°40′51″	22°38′41″	23°36′28″	24°34′14″	25°31′57″	26°29′38″	27°27′16″	28°24′52″
L_1/mm	5724	5976	6228	6480	6753	6984	7236	7488	7739
L_2/mm	5424	5676	5928	6181	6433	6604	6936	7188	7439
l_{4-5}/mm	2000	2000	2000	2000	2000	2000	2000	2000	2000
l_{7-8}/mm	8590	8590	8590	8590	8590	8590	8590	8590	8590
$L_{0'-1}$/mm	3272	3386	3501	3618	3737	3857	3978	4100	4224
$L_{0'-2}$/mm	2347	2497	2646	2793	2940	3086	3232	3377	3522
$L_{0'-3}$/mm	2324	2445	2553	2676	2787	2894	2998	3098	3196
$L_{0'-4}$/mm	2950	3034	3118	3201	3283	3364	3444	3522	3598
L_{4-5}/mm	1864	1851	1838	1830	1811	1796	1781	1766	1750
L_{7-8}/mm	8004	7950	7894	7836	7776	7714	7649	7583	7514
$H_{3-0'}$/mm	906	1000	1095	1202	1308	1418	1532	1648	1771
$H_{4-0'}$/mm	1149	1242	1338	1437	1541	1649	1760	1873	1993

e 甩车道实例

斜井中部甩车道形式见表9-70。

表 9-70　斜井中部甩车道形式

甩车形式	技术特征	选用要求	矿山实例
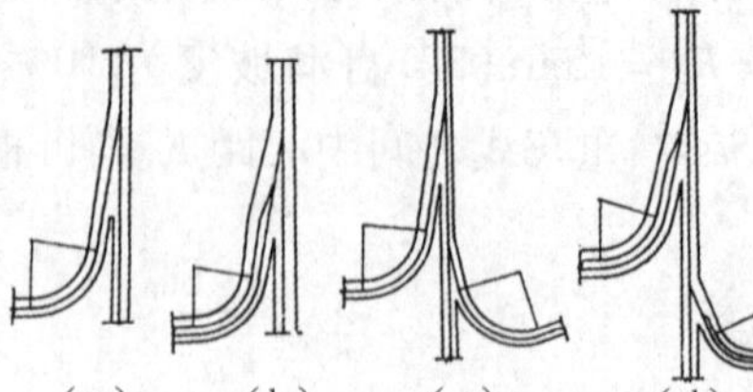 (a)　(b)　(c)　(d) 中部甩车道 (a)单向单轨甩车;(b)单向双轨甩车; (c)双向单轨甩车;(d)双向双轨甩车	线路与道岔均布置在与斜井成一定角度的伪倾斜面上,技术特征与上部甩车场相同	(1)可按用途和通过能力选用单向单轨、单向双轨、双向单轨或双向双轨甩车; (2)提升牵引角超过10°以上时矿车易掉道	田湖铁矿,湘东铁矿,白石潭铁矿,下垄钨矿,浦市磷矿,湘西金矿

我国部分矿山斜井甩车道基本技术特征见表 9-71。

表 9-71　我国部分矿山斜井甩车道基本技术特征

矿山名称	提升能力/(Mt/a)	斜井结构参数与技术条件				甩车道技术特征						备注
		斜长/m	倾角/(°)	轨距及轨型	提升容器及串车组辆数	提升牵引角/(°)	竖曲线半径/m	平曲线半径/m	第一道岔型号	第二道岔型号	甩车场内坡度/%	
田湖铁矿(主斜井)	0.05	358	30	轨距 600mm 15kg/m 钢轨	矿石 1.2m³ 矿车,废石 0.75m³ 矿车,每组串车 1~2 辆	<10	12	12	1/4 单开	1/4 单开	0.3~0.5	
车江铜矿(三盲斜井)	0.06	225	15	轨距 600mm 15kg/m 钢轨	0.55m³ 翻斗车,每组串车 3 辆	<10	15		1/4 单开	1/4 单开	1.0	使用较好
马家桥黏土矿(主斜井)	0.07	148	28~30	轨距 600mm 15kg/m 钢轨	0.6m³ 翻斗车,每组串车 3~4 辆	<10	10	15	1/4 单开	1/4 单开	0.3~1.1	
潞水铁矿(东斜井)	0.115	335	30	轨距 600mm 15kg/m 钢轨	1.2m³ 固定矿车,每组串车 2 辆	<10	15	12	1/5 单开	1/5 单开	1.0	
浦市磷矿(一采区斜井)	0.15	428	14	轨距 600mm 15kg/m 钢轨	0.75m³ 翻斗矿车,每组串车 5 辆	<10	15	12	1/5 单开	1/5 单开	1.0	甩车道伪倾角 17°,使用较好
綦江铁矿白石潭矿区(上部主斜井)	0.15	420	22~33	轨距 600mm 15kg/m 钢轨	0.75m³ 翻斗矿车,1.1m³ 固定矿车,每组串车 2 辆	<10	15		1/4 单开	1/4 单开	1.0	
王村铝土矿(主斜井)	0.3	556	18	轨距 600mm 15kg/m 钢轨	0.75m³ 翻斗矿车,每组串车 8 辆	<10	12	12~15	1/4 单开	1/4 单开	1.0	使用较好

B　第二种形式——阶段吊桥

阶段吊桥是斜井与中间各阶段巷道连接的另一种类型,是一种可以起落的吊挂式桥梁过车装置。吊桥放下时,斜井内的车辆沿吊桥过渡到阶段巷道内或阶段巷道内的车辆过渡到斜井内。吊桥吊起时,斜井内的车辆沿斜井上下运行。阶段吊桥适用于倾角为 20°~30°的矿车组斜井提升。

a　优缺点

阶段吊桥连接与甩车道连接相比,基建工程量少,线路简单;通过能力小,对于小规模矿山较适用,我国部分小型矿山在使用吊桥方面取得了一定的经验。

优点:(1)进出车方向与斜井轴线保持一致,减少车辆通过道岔时对钢丝绳的磨损;(2)矿车在阶段吊桥上运行安全可靠,杜绝矿车进入阶段时的掉道事故,提升效率较高,结构简单,制造容易,安装、操作及维护方便;(3)开掘工程量少,施工方便,斜井延深时,提升工作不受影响。

缺点:(1)车辆不易自溜;(2)增加通风阻力;(3)斜井倾角小时,车场与斜井间的岩柱维护困难。

当斜井倾角较大，围岩稳定，斜井需要延深的条件下，如果采用吊桥方式，应首先考虑阶段吊桥。

b　吊桥结构及组成

吊桥包括吊桥曲轨、轨枕、吊桥梁、重锤、钢丝绳、固定吊环、起吊吊环、定位卡、吊桥铺板和连接板等。实质上吊桥就是一段连接于基本轨上的，可以绕转动轴向上提和下放的一段整体轨道。

吊桥车场由吊桥硐室、信号硐室、吊桥、固定桥及车场道岔等组成，如图9-59所示。

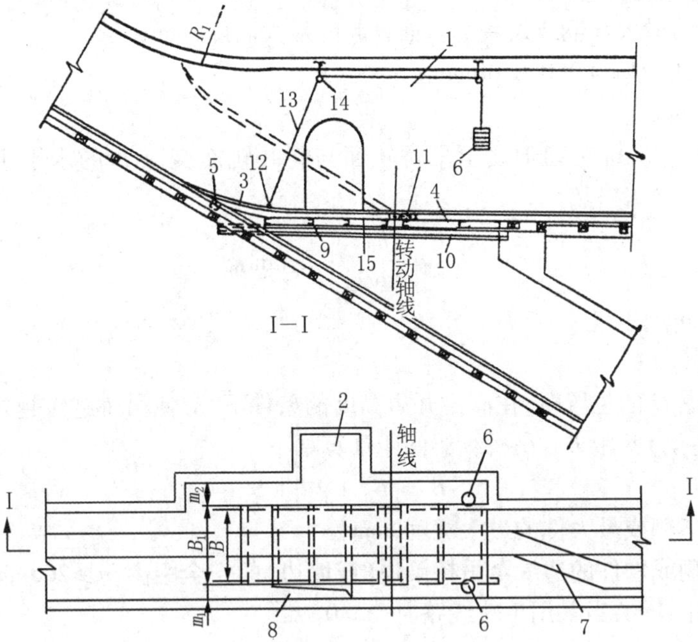

图9-59　阶段吊桥结构及其车场的组成

1—吊桥硐室；2—信号硐室；3—吊桥曲轨；4—固定桥；5—固定卡；6—重锤；7—车场道岔；8—人行道；9—吊桥轨枕；10—吊桥纵梁；11—连接板；12—起吊吊环；13—钢丝绳（一般选用$\phi \geqslant 12$mm的钢丝绳）；14—定滑轨（一般选用$\phi 100 \sim 150$mm）；15—吊桥铺板

c　吊桥的主要参数

阶段吊桥的主要参数如图9-60所示。

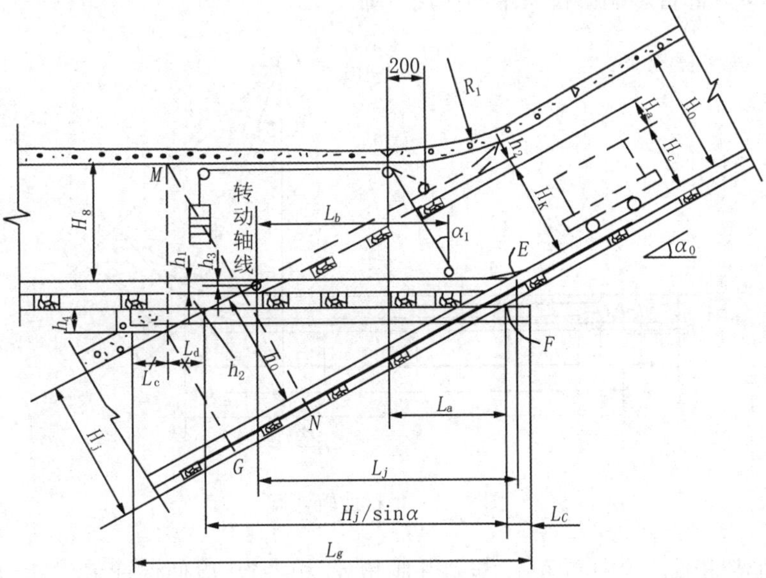

图9-60　吊桥参数计算

（1）吊桥高度 H_0(mm)。吊桥高度计算如下：

$$H_0 = H_K + h_1 + h_2 \tag{9-93}$$

$$H_K = H_c + H_a \tag{9-94}$$

式中 H_K——吊桥开启高度，mm；

h_1——吊桥钢轨高度，mm；

h_2——吊桥枕木高度，mm；

H_c——通过斜井的最大车辆或设备至轨面算起的最大高度，mm；

H_a——安全高度，取 H_a 为 300～500mm。

吊桥高度 $H_0 \geqslant 1800$mm。

(2)吊桥理论长度 L_j。吊桥转动轴线至吊桥轨面与斜井轨面交点 E 的水平距离 L_j，称为吊桥理论长度，为：

$$L_j = \frac{h_0}{\sin\alpha_0} - h_3\tan\alpha_0 \tag{9-95}$$

式中 h_0——吊桥高度，mm；

α_0——斜井倾角，(°)。

在确定转动轴中心点 O 的位置时，在满足开启高度的条件下，应使吊桥越短越好，以减轻吊桥质量。

（3）吊桥纵梁（即主梁）间距 B。吊桥纵梁间距计算如下：

$$B = B_0 + 2a + S \tag{9-96}$$

式中 B_0——通过吊桥车辆或最大件的最大宽度，mm；

a——通过的车辆或物件的边缘至吊桥梁边（或墙边）的安全距离，$a \geqslant 200$mm；

S——双轨中心距，mm，当采用单轨线路时，$S = 0$。

（4）吊桥宽度 B_1。吊桥宽度为：

$$B_1 = B + 2\delta \tag{9-97}$$

式中 δ——吊桥轨枕搭在吊桥纵梁上的长度，一般取 $\delta \geqslant 100$mm；

B——吊桥纵梁间距，mm。

d 吊桥结构设计

（1）吊桥曲轨计算。如图 9-61 所示，为了使矿车顺利而又平稳地通过吊桥，并减少冲击，吊桥与斜井轨道的搭接应采用曲线圆弧（即曲轨）形式，吊桥曲轨的曲线半径、轨尖尺寸的确定及其加工质量、尖轨弯曲弧长所对应的中心角等参数都将影响吊桥质量和使用寿命。

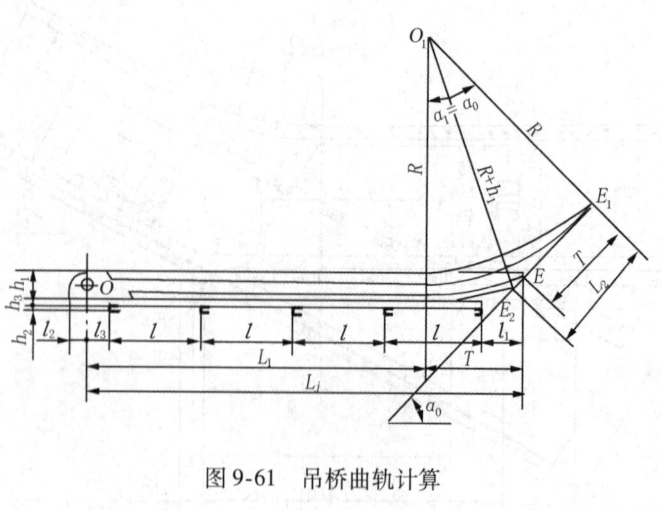

图 9-61 吊桥曲轨计算

一般情况下，尖轨弯曲弧长的中心角 α_1 与斜井倾角 α_0 相一致，以便保证 E_1 是以 O_1 点为圆心、以 R 为半径的弧、与斜井轨面相切的切点。

1)吊桥曲轨竖曲线半径 R：

$$R \geqslant \frac{L_B^2 - S_B^2}{8A} \tag{9-98}$$

式中 L_B——矿车或长材料的长度,mm;

S_B——矿车轴距,mm;

A——矿车的牵引高度或材料的装载高度,一般取矿车牵引点的高度为200mm。

式(9-98)若按矿车的几何尺寸计算,R 值偏小;若按所运长材料计算,则 A 值不能取矿车牵引点高度。由于阶段平巷下长材料较少,一般都按矿车几何尺寸计算 R 值,如需运长材料时,可将长材料放在短材料上面,其 R 值可按表 9-72 确定。

表 9-72 吊桥曲轨竖曲线半径 R 值

矿车容积/m^3	车长/m	竖曲线半径 R 值/m		
		通过矿车时	运输长材料的长度	
			为8m时	为10m时
0.5	1.5	2~3	6	8
0.55	1.29	2~3	6	8
0.7	1.7	3~4	6	8
0.75	1.954	3~4	6	8
1.2	2.47	4~5	6	8
人车	4.5	8~9	8	8

2)吊桥曲轨竖曲线起坡点至转动轴心 O 点距离 L_1(图 9-61):

$$L_1 = L_j - T \tag{9-99}$$

式中 L_j——吊桥理论长度,mm;

T——曲轨竖曲线切线长,mm。

3)吊桥曲轨轨尖的切线长度 L_2(图 9-61):

$$L_2 = \sqrt{(R + h_1)^2 - R^2} \tag{9-100}$$

式中 h_1——吊桥钢轨高度,mm;

R——吊桥曲轨竖曲线半径,mm。

4)吊桥钢轨在加工前下料长度 L_3(图 9-61):

$$L_3 = L_j + \frac{\pi R \alpha_1}{180°} + l_2 - T \tag{9-101}$$

式中 l_2——吊桥曲轨转动轴轴心点 O 至端部的长度,mm。

l_2 值可按表 9-73 选取。

表 9-73 吊桥曲轨与阶段平巷钢轨连接端部尺寸

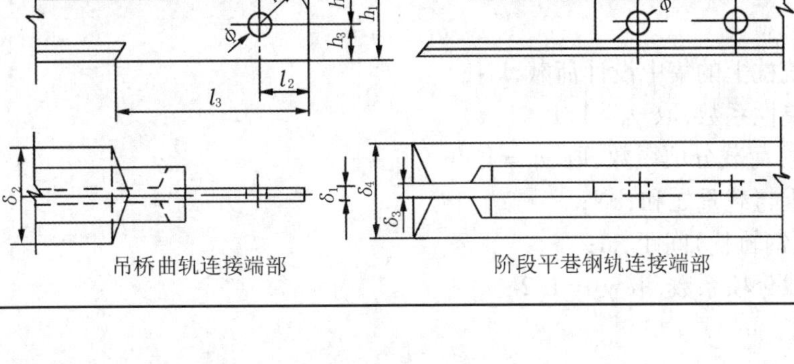

续表 9-73

轨型/(kg/m)	连接尺寸/mm															
	h_1	h_2	h_3	l_1	l_2	l_3	R	δ_1	δ_2	l_4	l_5	l_6	l_7	δ_3	δ_4	ϕ
11	80.5	45.5	35	88	38	168	40	7	32	80	90	50	100	9	66	17
15	91	52	39	98	42	189	40	7	37	91	100	56	100	9	76	19
18	90	51	39	97	42	187	40	10	40	90	99	56	100	12	80	19
24	107	61	46	115	50	222	40	10	51	107	117	48	100	12	92	21

注：因新型轻轨各部配件均不配套，所以表 9-73 ~ 表 9-75 暂用旧轨型。

表 9-74 钢轨连接板尺寸

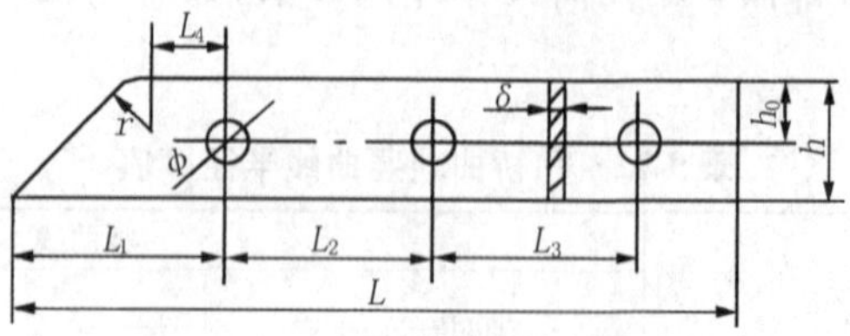

轨型/(kg/m)	连接尺寸/mm									
	L	L_1	L_2	L_3	L_4	h	h_0	ϕ	r	δ
11	340	120	90	100	30	45	22.5	17	20	10
15	375	135	100	100	36	46	23	19	22	10
18	375	132	100	100	35	38	19	19	22	12
24	400	160	100	100	46	58	29	21	25	14

（2）吊桥曲轨与阶段平巷钢轨的连接。连接方式多采用插入铰接形式，如图 9-62 所示。要求连接结构简单，牢固可靠，转动灵活，安装方便，拆卸容易，保证安全，运行平稳。

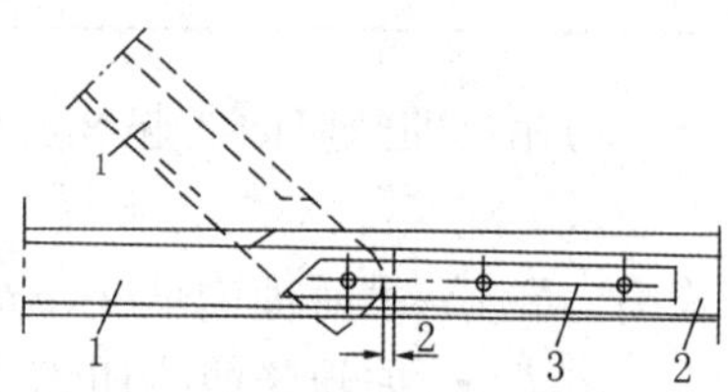

图 9-62 吊桥曲轨与阶段平巷钢轨插入铰接

1—吊桥曲轨（尺寸见表 9-73）；
2—阶段平巷钢轨（尺寸见表 9-73）；
3—连接板（尺寸见表 9-74）

（3）吊桥轨枕。吊桥轨枕一般选用槽钢，有时也采用轻型钢轨。轨枕长度即等于吊桥宽度。轨枕间距在确定首根和末根位置后，中间轨枕间距 l 可以均匀布置，l 为 500 ~ 700mm 为宜。

1）首根轨枕位置 l_1（图 9-61）：

$$l_1 = \frac{h_1 + h_2 + h_3}{\tan\alpha_0} \tag{9-102}$$

式中 h_1——吊桥钢轨高度，mm；

h_2——吊桥轨枕高度，mm；

h_3——吊桥轨下铺板厚度，一般选用木板 50mm 厚，或者用 5 ~ 6mm 厚的花纹钢板。

2）末根轨枕至转动轴轴心 O 点的距离 l_3，由图 9-61 可知：

$$l_3 = L_j - l_1 - (n+1)l \tag{9-103}$$

式中 n——吊桥中间轨枕数目。

3）吊桥轨枕（采用槽钢或钢轨）型号按如下步骤选择：先求集中设计荷载 P，当车辆轴距 S_b 不大于轨枕间距 l 时，则 P 值为：

$$P = \gamma_0\left[\frac{1}{4}\gamma_Q P_0\left(1 + \frac{l - S_b}{l}\right) + \gamma_G q_1\right] \tag{9-104}$$

$$q_1 = q_2 l$$

式中 P——作用于轨枕上的集中设计荷载，kN；

γ_0——结构重要性系数，取 $\gamma_0 = 1.1$；

γ_Q——可变（动）荷载分项系数，取 $\gamma_Q = 1.4$；

P_0——矿车自重与载重之和，kN；

l——枕木（或钢轨枕）间距，m；

γ_G——永久荷载分项系数，取 $\gamma_G = 1.2$；

q_1——在轨枕间距 l 内的钢轨重力,kN;

q_2——钢轨的线分布力,kN/m。

当车辆轴距 $S_b > 1$ 时:

$$P = \gamma_0\left(\frac{1}{4}\gamma_Q P_0 + \gamma_G q_1\right) \tag{9-105}$$

按式(9-106)求均布设计荷载 q:

$$q = \gamma_0 \gamma_G (q_3 + q_4) \tag{9-106}$$

$$q_4 = q_0 l$$

式中 q_3——轨枕的线分布力,kN/m;

q_4——铺板线分布力,kN/m;

q_0——铺板面分布力,kN/m²。

而后按式(9-107)求弯矩 M:

$$M = Pa + \frac{ql^2}{8} \tag{9-107}$$

$$a = \frac{l_0 - S_b}{2}$$

式中 a——设计荷载 P 作用点到轨枕支点距离,m;

l_0——轨枕的计算跨度,m。

最后求截面抵抗矩 W_x:

$$W_x = \frac{M}{\eta_x f} \tag{9-108}$$

式中 η_x——截面塑性发展系数,对称工字形或者箱形截面 $\eta_x = 1.05$,其他 $\eta_x = 1.0$;

f——钢材的抗弯设计强度,kPa。

(4) 定位卡。定位卡是焊在尖轨下面的一个部件,当吊桥下放时,它便卡在斜井轨道上,防止吊桥横向摆动,防止矿车通过吊桥时掉道;它还能保护轨尖不至于变形。定位卡尺寸见表9-75。

表9-75 定位卡尺寸

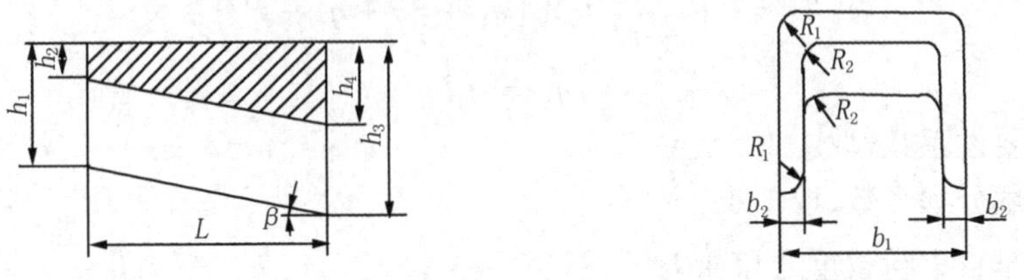

轨型/(kg/m)	尺寸/mm						
	L	h_1	h_2	b_1	b_2	R_1	R_2
11	60	42	10	55	10	10	7
15	60	50	10	61	10	10	7
18	60	55	10	68	12	10	7
24	60	55	10	80	12	10	13

注:图中 β 值应与斜井倾角相一致,h_3、h_4 值随着斜井倾角不同而不同,见表9-76。

表9-76 斜井倾角与 h_3、h_4 值

斜井倾角 α_0/(°)	吊桥钢轨规格/(kg/m)							
	11		15		18		24	
	h_3/mm	h_4/mm	h_3/mm	h_4/mm	h_3/mm	h_4/mm	h_3/mm	h_4/mm
20	57	27	65	27	69	27	69	27
21	58	28	66	28	70	28	70	28
22	59	29	67	29	71	29	71	29
23	60	30	68	30	72	30	72	30

续表 9-76

斜井倾角 α_0/(°)	吊桥钢轨规格/(kg/m)							
	11		15		18		24	
	h_3/mm	h_4/mm	h_3/mm	h_4/mm	h_3/mm	h_4/mm	h_3/mm	h_4/mm
24	60	30	68	30	72	30	72	30
25	61	31	69	31	73	31	73	31
26	62	32	70	32	74	32	74	32
27	63	33	71	33	75	33	75	33
28	63	33	71	33	75	33	75	33
29	64	34	72	34	76	34	76	34
30	65	35	73	35	76	35	77	35
31	66	36	74	36	77	36	78	36
32	66	36	74	36	77	36	78	36
33	67	37	75	37	78	37	79	37
34	68	38	76	38	79	38	80	38
35	69	39	77	39	80	39	81	39

定位卡可用整块铸钢加工,也可用3块厚钢板焊接而成,然后刨出所需要的斜度。

(5)吊桥梁。吊桥梁是承受吊桥重量,保证车辆行驶的主体构件。它的一端嵌固在三角岩柱上,另一端嵌固在斜井底板的梁窝里(图9-60)。吊桥梁一般多采用工字钢。

1)吊桥梁长度 L_g 为:

$$L_g = \frac{H_j}{\sin\alpha_0} + 2L_c + L_d \tag{9-109}$$

$$L_d = \frac{h_4}{\tan\alpha_0}$$

式中 H_j——斜井净高,mm;

α_0——斜井倾角,(°);

L_c——吊桥梁一端嵌固深度,一般取200~300mm;

h_4——三角岩柱高度,一般取 $h_4 = 500$mm。

2)吊桥梁型号选择。求设计荷载 q(按均布荷载考虑):

$$q = \gamma_0\left[\frac{\gamma_Q P_0}{2L_B} + \gamma_G\left(q_1 + \frac{q_2}{2l} + q_3 + P_2\right)\right] \tag{9-110}$$

$$q_3 = q_4 l$$

式中 γ_0——结构重要性系数,取1.1;

γ_Q——可变荷载分项系数,取1.4;

P_0——一辆矿车自重与载重之和,kN;

L_B——一辆矿车全长,m;

γ_G——永久荷载分项系数,取1.2;

q_1——钢轨线分布力,kN/m;

q_2——一根轨枕重力,kN;

l——吊桥轨枕间距,m;

q_3——铺板线分布力,kN/m;

q_4——铺板的面分布力,kN/m^2;

p_2——每米吊桥纵梁自重,kN/m。

求最大设计弯矩 M_x:

$$M_x = \frac{q l_0^2}{8} \tag{9-111}$$

式中 l_0——吊桥纵梁的计算跨度,m;

q——作用在吊桥梁上的设计均布荷载,kN/m。

若考虑同时产生扭矩时,可将最大设计弯矩 M_x 乘以 1.05 系数得出联合最大设计弯矩 M(近似值)。

求吊桥梁截面抵抗矩 W_{dx},并选择其型号:

$$W_{dx} = \frac{M}{\eta_x \eta_y f} \tag{9-112}$$

式中 f——钢材的抗弯设计强度,kPa;

η_x, η_y——截面塑性发展系数;对双轴对称工字形截面 $\eta_x = 1.05, \eta_y = 1.2$;对箱形截面 $\eta_x = \eta_y = 1.05$;对其他截面受动力荷载时取 $\eta_x = \eta_y = 1.0$;对梁的纯弯曲区段应分别取为 $0.5(1 + \eta_x)$ 和 $0.5(1 + \eta_y)$。

3)吊桥梁挠度验算。按式(9-113)验算:

$$\nu_{\max} = \frac{5ql_0^4}{384EI} \leqslant [\nu] \tag{9-113}$$

式中 q——作用在吊桥梁上的设计均布荷载,kN/m;

E——钢材的弹性模量,kPa;

I——型钢的惯性矩,m^4;

$[\nu]$——受弯构件的容许挠度,按 $[\nu] = \frac{l_0}{400}$ 考虑。

(6)起吊吊环和定滑轮的安设位置。起吊吊环安设在吊桥首根轨枕的中线上,这样可使吊桥放下时,该轨枕紧贴着斜井轨面(图 9-60)。

阶段平巷底板延长与斜井底板的交点 F 到定滑轮位置的水平距离 L_a,可用定位方法确定:当吊桥开启后,起吊吊环的垂线位置,往阶段平巷方向加 200mm,就是定滑轮的位置。这样可使吊桥启吊时越起越轻。

(7)吊桥的启动:

1)对吊桥启动的要求。吊桥启动要灵活,启动时间要短,一般不宜超过 20s;启动装置结构要简单,坚固耐用,占用巷道的空间要小;当采用手动重锤启动时,吊桥开启任何位置或角度都能自锁,以防吊桥启动时有自坠或自起现象;吊桥的启动力不应超过 400N,便于一个人操作;要求吊桥抬起时应抬得越高越轻便,而下放时越放越省力。

2)吊桥的启动方式。吊桥的启动方式有:手动、气动和电动三种,其中采用手动重锤启动的为最多。各种启动方式的比较及应用条件,见表 9-77。

表 9-77 吊桥启动方式比较

比较项目	启动方式				
	电动	气动	手动		
			人抬	葫芦	重锤
结构	复杂	复杂		简单	简单
设备	电动机、减速机	汽缸		手动葫芦	重锤
安装	复杂	复杂	简单	简单	简单
检修	坑内潮湿绝缘受影响,易烧坏电动机	汽缸活塞应防锈		容易	容易
使用	方便	方便	笨重	笨重、慢	轻便,启动力在 300~400N
启动时间/s	<10	<10	40~60	1200	10~20
投资	高	较高	低	较高	较低
经营费用	较高	高	低	低	低
动力	电力	压气	人工	人工	人工
应用条件	启动频繁,每班启动 40 次以上,要求巷道干燥	吊桥式甩车道及高低差吊桥应优先采用	临时吊桥或不经常启动的吊桥	一般不采用	除吊桥式甩车道及高低差吊桥外,应尽量采用
使用矿山	湘西钨矿、老宝滩铜矿、马田煤矿、福山铜矿	金岭铁矿、西郝庄铁矿、杨家庄铁矿	湘西钨矿三斜井及一暗井	湘西钨矿、西郝庄铁矿	西郝庄铁矿主、副井,湘西钨矿三斜井建设井

3)吊桥启动重锤重力 Q 的确定。吊桥启动重锤重力 Q 由式(9-114)确定：

$$Q = \frac{GL_j\gamma_0\gamma_G}{nL_b\cos\alpha_1} \tag{9-114}$$

$$\alpha_1 = \frac{\alpha_0}{2}$$

$$G = g_1 + g_2 + g_3 + g_4 \tag{9-115}$$

$$g_1 = 2\left(L_j + L + T - \frac{L_2}{2}\right)q_1 \tag{9-116}$$

$$g_2 = n_1q_2 \tag{9-117}$$

式中 G——吊桥自重,kN;

L_j——吊桥理论长度,m;

γ_0——结构重要性系数,对安全等级为一、二、三级的结构构件,分别取为 1.1,1.0 及 0.9,此式取 1.1;

γ_G——永久荷载分项系数,一般取 $\gamma_G = 1.2$;

n——重锤个数;

L_b——起吊点到吊桥转动轴中心点的水平距离(图 9-60),m;

α_1——起吊角,起吊钢丝绳与垂直地面线的夹角,(°);

α_0——斜井倾角,(°);

g_1——吊桥钢轨自重,kN;

g_2——吊桥轨枕总重,kN;

g_3——吊桥上铺板重,kN;

g_4——吊桥上其他零件重,kN;

L——吊桥曲轨弧长(图 9-61),m;

T——吊桥曲轨切线长度(图 9-61),m;

L_2——吊桥曲轨轨尖的切割长度(图 9-61),m;

q_1——吊桥钢轨线分布力,kN/m;

q_2——每根轨枕重,kN;

n_1——吊桥上轨枕根数;

重锤可用铸铁或混凝土块做成厚薄两种规格,每块质量为 15~25kg,便于调配。规格尺寸为:直径 250~300mm,厚度 30~60mm。

e 吊桥车场交岔点尺寸计算

(1)吊桥硐室宽度 B_2。吊桥硐室宽度 B_2 由式(9-118)确定(图 9-59):

$$B_2 = B_1 + m_1 + m_2 \tag{9-118}$$

式中 B_1——吊桥宽度,m;

m_1——人行道宽度,mm;

m_2——摘挂钩处平台宽度,mm。

(2) 交岔点处斜井从轨面至拱顶的净高 H。如图 9-60 所示,为了保证在过渡段(连接处)吊桥抬起后不触顶板,在吊桥尖轨处斜井从轨面算起的净高 H_0 必须满足下列条件:

$$H_0 > R(1 - \cos\alpha_0) + H_k + h_1 + h_2 \tag{9-119}$$

式中 R——吊桥曲轨竖曲线半径(图 9-61),mm;

H_k——吊桥开启高度,mm;

α_0——斜井倾角,(°);

h_1——吊桥上的钢轨高度,mm;

h_2——吊桥上的轨枕高度,mm。

(3) 交岔点圆弧半径 R_1。一般情况下，圆弧半径 R_1 取 5000mm 左右（图 9-60），但在下材料斜井中，为使长材料能从斜井顺利进入阶段运输平巷，圆弧半径 R_1 必须满足下列要求：

$$R_1 \geqslant \frac{L\sin\frac{\alpha_0}{2} - H_B - H_0}{2\left(1 - \cos\frac{\alpha_0}{2}\right)} \tag{9-120}$$

式中 L——通过材料的最大长度，mm；

α_0——斜井倾角，(°)；

H_B——阶段平巷从轨面算起的净高，mm；

H_0——斜井从轨面算起的净高，mm。

(4) 吊桥硐室的长度 L_g。吊桥硐室的长度 L_g 由式(9-121)确定（图 9-60）：

$$L_g = \frac{H_j}{\sin\alpha_0} + h_4\cot\alpha_0 \tag{9-121}$$

式中 H_j——斜井从底板算起的净高，mm；

h_4——三角岩柱（或三角混凝土柱）的高度，mm；

α_0——斜井倾角，(°)。

(5) 吊桥交岔点尺寸计算。吊桥交岔点尺寸计算如下（图 9-60）：

$$GN = (H_B + h_1 + h_2 + h_4)\sin\alpha_0 \tag{9-122}$$

$$MN = (H_B + h_1 + h_2 + h_4)\cos\alpha_0 + H_j \tag{9-123}$$

$$MG = \sqrt{MN^2 + GN^2} \tag{9-124}$$

式中，GN、MN、MG 表示两点间直线长度。

C 第三种形式——吊桥式甩车道

吊桥式甩车道是将阶段吊桥和甩车道结合起来，由吊桥提升重车，吊桥旁侧的甩车道下放空车，从而克服了甩车道的一些缺点，也解决了吊桥存在的长材料下井和车辆自溜等方面的困难。其特点是：重车运行走吊桥，空车由斜井一侧的甩车道进入阶段车场。空、重车都能自溜。然而，吊桥式甩车道在斜井与车场连接处开凿、轨道铺设、设备安装及生产管理等方面较单一的甩车道和阶段吊桥要复杂些，因此妨碍了它的广泛应用。

斜井吊桥式甩车道设计包括吊桥和甩车道两部分。吊桥式甩车道的设计与计算如图 9-63 所示。

a 吊桥式甩车道参数选择

一般采用 1/4、1/5、1/6 道岔。高道（甩车道）竖曲线半径按表 9-66 选取。吊桥竖曲线半径按表 9-72 选取。线路间距按表 9-78 选取。自溜坡度一般取 1.0%（34′22″）左右。

表 9-78 线路间距

矿车规格/m³	0.5	0.55	0.7	0.75
线路间距/mm	1300	1400	1400	1500

b 吊桥式甩车道设计

如图 9-63 所示，各参数计算如下：

$$l_{0-1} = a \tag{9-125}$$

$$l_{1-2} = S\cot\alpha = \frac{S}{\tan\alpha} \tag{9-126}$$

$$l_{2-3} = T = R\tan\frac{\alpha}{2} \tag{9-127}$$

$$l_{3-4} = d \geqslant S_B \tag{9-128}$$

高道竖曲线水平投影：

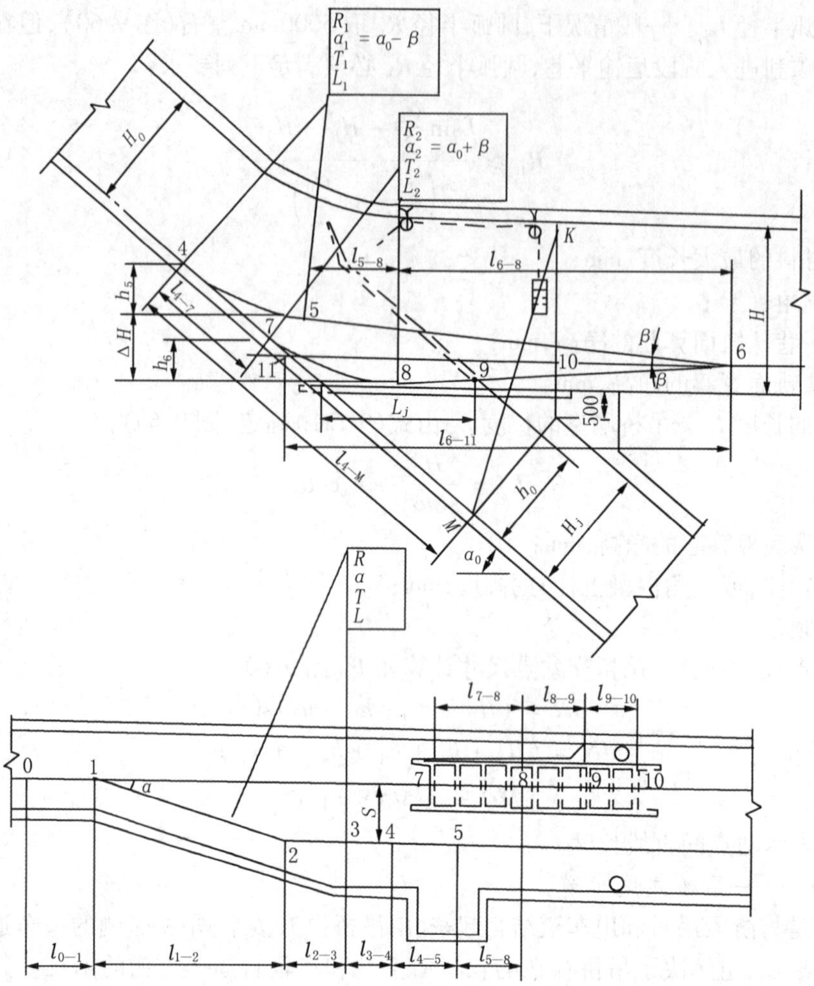

图 9-63　吊桥式甩车道

$$l_{4-5} = R_1(\sin\alpha_0 - \sin\beta) \tag{9-129}$$

吊桥竖曲线水平投影：

$$l_{7-8} = R_2(\sin\alpha_0 + \sin\beta) \tag{9-130}$$

高道竖曲线起点和终点高差：

$$h_5 = R_1(\cos\beta - \cos\alpha_0) \tag{9-131}$$

吊桥竖曲线起点和终点高差：

$$h_6 = R_2(\cos\beta - \cos\alpha_0) \tag{9-132}$$

高道起坡点和吊桥起坡点的高差：

$$\Delta H = (l_{5-8} + l_{6-8})\tan\beta + l_{6-8}\tan\beta \tag{9-133}$$

竖曲线起点间距 l_{4-7}（与吊桥道平行）：

$$l_{4-7} = \frac{h_5 + \Delta H - h_6}{\sin\alpha_0} \tag{9-134}$$

竖曲线终点间距 l_{5-8}（与吊桥道平行）：

$$l_{5-8} = l_{4-7}\cos\alpha_0 + l_{7-8} - l_{4-5} \tag{9-135}$$

存车线长度：

$$l_{8-9} = L_j - T_2 = \frac{h_0}{\sin\alpha_0} - h_3\tan\alpha_0 - R_2\tan\frac{\alpha_0}{2} \tag{9-136}$$

$$l_{9-10} = \left(h_1 + h_2 + 0.5 + \frac{H_0 - h_0}{\cos\alpha_0}\right)\cot\alpha_0 \tag{9-137}$$

$$l_{6-8} = \frac{\Delta H - l_{5-8}\tan\beta}{2\tan\beta} \tag{9-138}$$

式中 a——甩车道道岔尺寸,m;

α——甩车道道岔岔心角,(°);

S——吊桥处线路间距,m;

R——平曲线半径,一般取 15m;

d——插入直线长度,一般取 $d \geqslant 1$m;

S_B——通过甩车道车辆的轴距,m;

R_1——高道(甩车道)竖曲线半径,m;

R_2——低道(吊桥道)竖曲线半径,m;

α_0——斜井倾角,(°);

β——自溜坡度角,(°)。

c 交岔点尺寸计算

交岔点尺寸计算如下(图 9-63):

$$KM = \sqrt{(H + 500 + H_j\cos\alpha_0)^2 + (H_j\sin\alpha_0)^2} \tag{9-139}$$

$$l_{4-M} = T_1 + \frac{l_{6-11}\sin\beta}{\sin(\alpha_0 - \beta)} + \frac{l_{6-11}\sin\beta}{\sin(\alpha_0 + \beta)} + \frac{L_j + l_{9-10}}{\cos\alpha_0} - H_j\tan\alpha_0 \tag{9-140}$$

式中 H——阶段巷道净高,mm;

H_j——斜井高度,mm;

l_{6-11}——自溜坡度的长度,一般取 1.5 倍列车长,m。

D 第四种形式——高低差吊桥

高低差吊桥由两个互不相干的高吊桥(空车线)和低吊桥(重车线)组成。在斜井内设有渡线道岔,在车场内有信号房和带自溜坡线路,如图 9-64 所示。

高低差吊桥的参数可按吊桥式甩车道的参数选择原则确定。

9.2.6.6 矿车组斜井

矿车组(串车)斜井,按其用途可分为主斜井、副斜井和混合斜井。主斜井用于提升矿石;副斜井用于提升废石、运送设备材料、人员上下等,或兼作通风排水用;混合斜井兼作主井和副井之用。

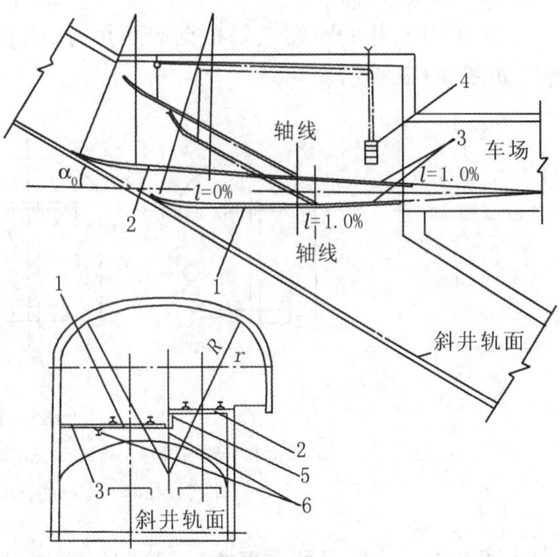

图 9-64 高低差吊桥

1—低吊桥;2—高吊桥;3—固定桥;4—重锤;5—垫块;6—纵梁

A 优缺点、适用条件及遵循的基本准则

a 优缺点

斜井与竖井相比,其优点是施工准备时间短,掘进简单易行,可土可洋,石门短,初期投资少,投产快,斜井延深也比较容易。

缺点是矿车组运行速度慢,提升能力小,斜井维护费用比竖井高;矿车在斜井或甩车道运行易脱轨掉道,安全事故较多;钢丝绳磨损严重;斜井铺轨、管线等比竖井长,排水管路阻力较竖井大。

b 适用条件

矿车组斜井适用于生产能力较小,提升量在 300kt/a 左右,埋藏深度不大的矿山或用于盘区提升。

c 遵循的基本准则

(1) 矿车组斜井倾角不宜超过 25°,一般用于倾斜、缓倾斜矿体的提升井或盘区提升上山;

(2) 当斜井坡度在 30°以下而垂直深度超过 90m,或斜井坡度在 30°以上且垂直深度超过 50m 时,按规程规定，应设专用人车运送人员，严禁人货混合提升；

（3）斜井井筒一般应取同一角度，不宜中途变坡；特殊情况下斜井下段倾角可适当大于上段倾角，其范围大约为2°~3°；

（4）斜井倾角为10°~15°时，应设人行踏步；倾角15°~30°时，应设踏步及扶手；倾角大于30°时，应设梯子和扶手；

（5）两斜井之间的距离应符合生产安全、施工方便和井口工业场地布置的需要，当斜井兼作风井时，应保证出风井的废风不进入风井；

（6）斜井中运输、通风、排水和压气管道及电缆布置等应符合《金属非金属矿山安全规程》的规定；

（7）应采用与井筒服务年限相适应的支护材料，在地震或严寒区，斜井应采用相应的防震、防寒措施；

（8）甩车道的提升牵引角一般不超过10°，主要提升斜井的平曲线半径可取15~20m，竖曲线半径可取20~30m；

（9）为便于布置人行道和管道，一般不采用双向甩车，特殊情况需要双向甩车时，甩车道岔口应错开8m以上；采用双钩提升时，斜井井筒一般应按双道布置；

（10）斜井井筒中一般应设纵向主水沟，井筒内每30~50m设一坡度不小于0.3%的横向水沟，将水流截至主水沟内；

（11）当斜井倾角大于20°~25°时，敷设轨道应考虑防滑措施；

（12）斜井井口为平车场时，应在井口车场设置阻车器，井筒内设置防跑车装置，下部车场应设躲避硐室；

（13）斜井进风时，井筒断面应按允许最大风速进行校验。

B 斜井断面

a 断面布置方式

矿车组斜井的断面主要根据矿车尺寸、人行道、水沟、管路等相互之间的关系进行布置，其布置方式有4种，如图9-65所示。

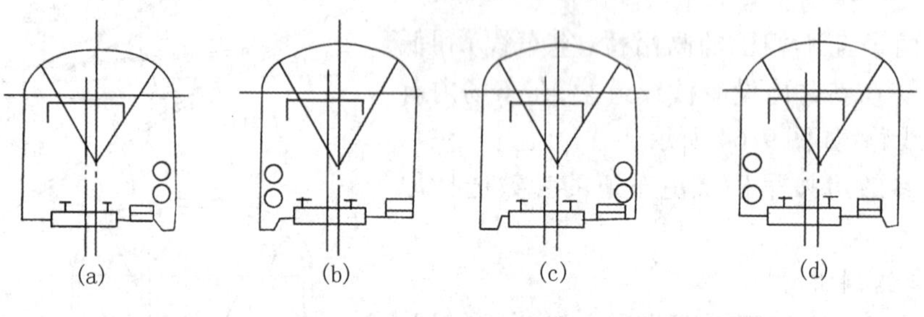

图9-65 矿车组斜井断面布置方式

(a)水沟和管路布置在人行道侧；(b)水沟和管路布置在非人行道侧；(c)管路设在人行道侧，水沟设在非人行道侧；(d)管路设在非人行道侧，水沟设在人行道侧

图9-65(a)所示的布置方式，管路远离提升设备，万一发生矿车掉道时，管路不易被砸坏，平时检修管路也方便。此种布置方式断面利用率高，布置紧凑。

图9-65(b)所示的布置方式，断面布置较紧凑，但检修管路时要跨越轨道，不方便。

图9-65(c)所示的布置方式，要加大人行道侧的宽度，增加斜井断面尺寸；但是，管路的维修较方便。

图9-65(d)所示的布置方式，由于管路靠近提升设备，一旦发生矿车掉道，管路容易被砸坏；且由于管路远离人行道，平时检修不方便。此种布置对行人很方便，但需加大非人行道侧的宽度，增加掘砌工程量。

通过以上比较可以看出：图9-65(a)、(b)所示布置紧凑，断面利用率高，掘砌工程量小；图9-65(c)、(d)所示布置松散，管路被砸坏的几率多而且检修不方便。在设计和生产中多采用图9-65(a)、(b)所示布置方式。

b 断面尺寸

斜井断面尺寸，应考虑提升的矿车及设备的外形尺寸、人行道的宽度、安全间隙、管道及电缆、水沟等因素确定，并满足通风要求。断面尺寸详见平硐断面。

C 矿车组斜井井口竖曲线

矿车组斜井井口竖曲线半径的选择可参照表9-66。单轨道变坡井口，平车场线路布置形式如图9-66所示。双轨道变坡井口，平车场线路布置形式如图9-67所示。

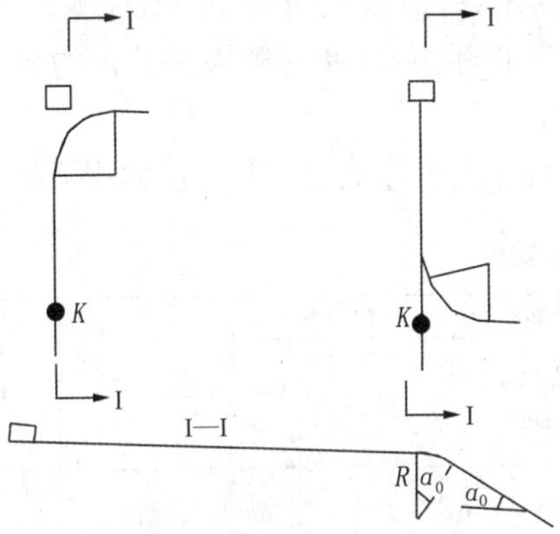

图9-66 单轨道变坡井口平车场布置形式

K—变坡点；R—井口竖曲线半径

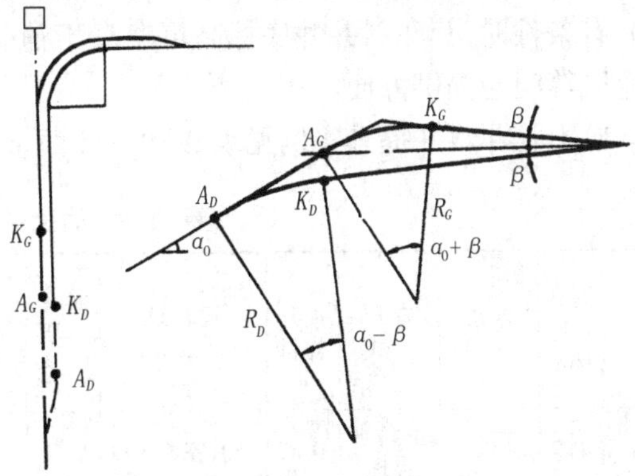

图9-67 双轨道变坡井口平车场布置形式

K_G—高道变坡点；K_D—低道变坡点；

R_G—高道竖曲线半径；R_D—低道竖曲线半径

D 矿车组

用于矿车组提升的矿车容积，一般为0.5~1.2m^3。当斜井倾角较大，采用矿车组提升方式时，应当考虑矿车在运行中的稳定性，此时以选用固定式矿车为宜。为在上、下部车场内调车方便以及运行安全，一组矿车的车数应尽可能与电机车牵引的车数成倍数关系。考虑到车场布置尺寸不宜过大和矿车运行的稳定性，一组矿车的车数不宜过多，一般为3~5辆。

斜井提升的车辆还必须根据矿车连接器和车底架的强度校核矿车组车数。必要时须挂带安全绳。原中国有色金属工业总公司标准《有色金属采矿设计规范》（YSJ019—92）试行中规定：串车提升用的矿车容积宜为0.5~0.75m^3，最大不超过2m^3。

9.2.6.7 箕斗斜井

A 优缺点、适用条件及遵循的基本准则

a 优缺点

箕斗斜井提升与矿车组斜井提升相比，优点是运行速度快、提升能力大、机械化和自动化程度高、稳定性好、作业安全。缺点是井下需设箕斗装载硐室和矿仓，地面需构筑卸载等设施。由于箕斗斜井功能比较单一，还需要另掘副井，以便提升废石、升降人员，上下材料设备以及敷设电缆及架设有关管路等。与竖井提升相比，箕斗斜井除了比矿车组斜井提升能力大之外，其他优缺点类同矿车组斜井。

b 适用条件

箕斗斜井适用于提升量为0.3~0.6Mt/a的矿井，斜井倾角一般大于25°~30°。国内使用箕斗斜井提升的矿山较少。

我国应用的斜井箕斗有前翻式、后卸式和底卸式三种。前翻式又称翻转式箕斗，结构简单、坚固、质量轻，适宜提升重载，地下矿应用较多；但卸载时动荷载大，有自重不平衡现象，卸载曲轨较长，在斜井倾角小时，装满系数低。前翻式箕斗适用于斜井倾角大的小型矿山。后卸式比前翻式箕斗适用范围广，动载荷小，卸载比较平稳，斜井倾角小时其装满系数大；但结构较复杂，卷扬道倾角过大时卸载困难。底卸式箕斗卸载容易，但结构复杂、自重大，底卸式箕斗在斜井中很少采用，仅在斜井倾角不大时选用。

c 遵循的基本准则

箕斗斜井一般作为矿山的主提升井，是生产的咽喉。对整个矿山的生产布置、开拓系统、井下提升运输系统和经济效益关系很大，也直接关系到工业场地、矿仓、粗碎车间及选厂或转运设施的合理布置。因此，在矿山设计和生产中，除考虑斜井的一般规定外，还需注意以下几点：

（1）箕斗斜井的倾角一般与矿体倾角相近，宜大于30°；

（2）箕斗斜井不能作为进风井，而且井口必须布置在进风井的下风向；

（3）斜井宜采用整体道床；

（4）为了防止断绳或错误操作造成设备设施损坏、影响井下排水，井底需设挡梁并加缓冲木；

（5）有条件时，箕斗斜井井底标高可略高于辅助井底或阶段平巷标高，以便为解决斜井内的排水、粉矿回收和通风等问题提供方便。

冶金矿山箕斗斜井提升实例见表9-79。江西金山金矿、吉林大岭镍矿等也采用箕斗斜井提升矿石。

表9-79 冶金矿山箕斗斜井提升实例

矿山名称	提升长度/m	倾角/(°)	提升方式	提升物料	提升量/(kt/a)	箕斗容积/m³	箕斗装载量/t	平衡锤质量/kg	卸载形式	钢丝绳		电动机		装矿方式	备注
										直径/mm	绳速/(m/s)	型号	功率/kW		
湘潭锰矿	455	32	单箕斗上提	锰矿	250，完成300	2.7		5000	后卸	24	5.6		380	计量漏斗	斜井
牟定铜矿2号井	706	11	单箕斗上提	铜矿	1500t/d，完成1956t/d	8.8	12		后卸	31	4	JRQ 157-8	320	1200×900装矿闸门	盲斜井
牟定铜矿1号井	832	14°44′	双箕斗上提	铜矿	1500t/d，完成1956t/d	8.8	12		后卸	31	4.5	JRQ1510-10	400	1200×900装矿闸门	斜井，单轨加中间错车道
湘西金矿	1129	27°30′	双箕斗上提	金矿	430，完成394	6	10.2		后卸	34	6	JR1512-8	570	气动扇形闸门	斜井，单轨加中间错车道
大厂铜坑锡矿	320	25	单箕斗上提	锡矿	1000t/d	4.5	7.2		底卸	31	3.4	JR158-8	380	计量漏斗	盲斜井
东风金矿	150	38	单箕斗上提	金矿	完成100t/d	0.76	1.2		前翻	15.5	1.2	JR82-8	28	手动	
衡东铅锌矿	210	35	单箕斗上提	铅锌矿	完成210t/d	1.4	1.4		前翻	18.5	2		55	溜槽	盲斜井

B 斜井断面

箕斗斜井断面布置主要以箕斗的外形尺寸，并满足各处的安全间隙为原则。断面一般采用拱形（三心拱、圆弧拱）。因为箕斗下方安有卸载凸轮，且伸出箱体之外，形成上窄下宽的外形，采用拱形断面可适当降低墙高，有效地利用断面。箕斗斜井服务年限较长，一般采用素混凝土整体浇灌，在围岩稳固的条件下可采用喷锚支护或不支护。箕斗斜井内敷设的供水管、压风管、通信和照明电缆等，数量少、直径小、对断面的布置影响不大。所以箕斗井的断面布置多采用人行道、水沟、管缆都设在同一侧。管路在下，电缆在上，上下间距不得小于300mm。箕斗外缘最突出部分与井壁的安全间隙或两提升容器之间的安全间隙都不小于300mm。

箕斗斜井断面实例如图9-68和图9-69所示。

双箕斗斜井一般铺设双道，具体布置见表9-57。对于只有一个阶段的箕斗斜井可采用单道布置，并在井筒中部设错车线。

C 箕斗斜井井口布置

斜井箕斗提升井口或斜坡道上（下）部布置是指卸载矿仓或装载矿仓、井架或导轮架及提升机房之间的相对配置关系。其配置形式较矿车组提升井口布置复杂，可根据开拓运输系统、地形条件及有关布置要求等因素确定。

（1）卸载矿仓设在井口。当条件允许时，可将卸载矿仓作为选矿厂的原矿仓。

（2）两种物料卸载矿仓同时设在井口。湘西金矿矿石仓和废石仓采用前后并列布置形式。通过安装在后仓（废石仓）的活动过桥“升起”和“降下”来控制箕斗卸载，将矿石和废石分别卸入前、后仓。

衡东铅锌矿单箕斗提升井口布置，采用电动翻板控制，将提升的矿石和废石分别卸入矿石仓和废石仓。

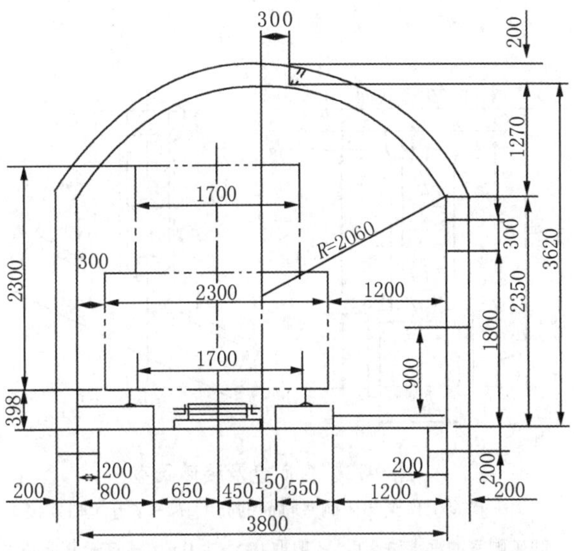

图 9-68 12t 后卸式箕斗单轨断面

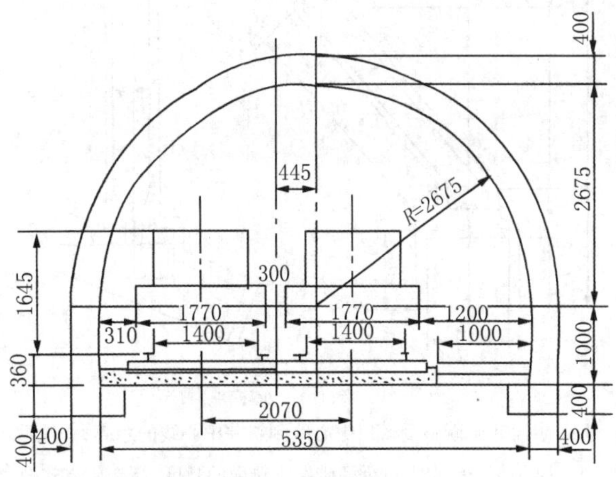

图 9-69 6t 双箕斗断面

D 箕斗斜井装矿硐室

a 阶段卸矿硐室、矿仓与斜井装矿硐室的布置形式

箕斗斜井装矿系统是由阶段卸矿硐室、矿仓和箕斗装矿硐室组合而成，在空间上可有多种布置形式，不同的矿仓有不同的布置形式。矿仓有直仓和斜仓之分，其形式选择又与阶段卸矿水平重车线和斜井井筒的相互关系有关，装矿硐室和卸矿硐室与矿仓的关系如图 9-70 所示。

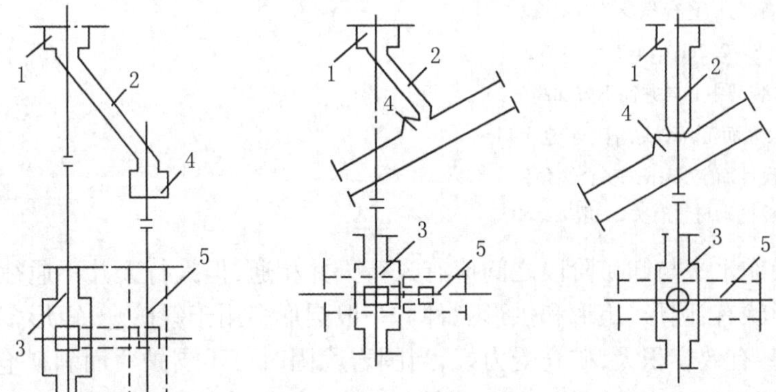

图 9-70 装、卸矿硐室与矿仓的关系

(a)，(b)斜矿仓；(c)直矿仓

1—卸矿硐室；2—矿仓；3—卸矿水平中心线；4—装矿硐室；5—斜井提升中心线

(1) 斜矿仓。当阶段卸矿硐室重车线与斜井提升中心线的水平投影线相平行时，如图 9-70(a)所示，应采用斜矿仓的布置形式；若两者是垂直或斜交时，也可采用斜矿仓进行连接，如图 9-71 所示。

矿仓斜长计算如下：

$$l_{11} = \frac{l_1 - \frac{1}{2}(l_3 - l_5)}{\cos\alpha} \tag{9-141}$$

(2) 直矿仓。当阶段卸矿硐室重车线与箕斗斜井提升中心线的水平投影垂直或斜交时，虽然可以采用斜矿仓，但是在岩石整体性好、围岩稳固较坚硬，而且矿仓高度有保证的条件下，应该优先考虑用直矿仓的连接形式，如图 9-72 所示。

b 矿仓

(1) 矿仓的有效最小容积为箕斗 1 ~2h 的正常提升量，或者不小于 2 列车卸矿量。

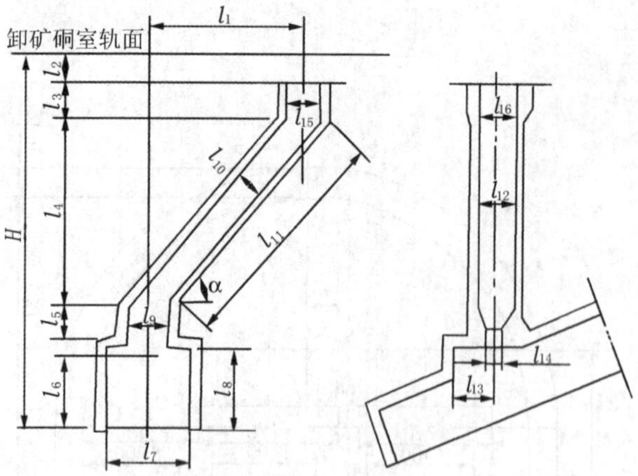

图 9-71 斜矿仓及装矿硐室

l_1—阶段卸矿硐室受矿口中心线到斜井中心线的距离，一般取 5 ~ 12m；l_2—矿仓上口至卸矿硐室轨面的高度，与卸矿方式及硐室结构有关，m；l_3—矿仓口连接卸矿硐室的垂直段高度，一般取 0.5 ~ 1.0m；l_4—矿仓的垂直高度（根据 l_1 和 α 角计算），m；l_5—矿仓下口连接装矿硐室的垂直高度，一般取 0.5 ~ 1.0m；l_6，l_7—斜井井筒的高和宽，一般情况下，装矿硐室宽即为井筒宽，m；l_8—装矿硐室的高（依装矿设备尺寸、箕斗规格及安装操作要求而定），m；l_9，l_{14}—矿仓下口的平面尺寸，根据矿石块度、装矿设备结构尺寸而定，m；l_{10}，l_{12}—矿仓的宽和高，与矿仓容积及矿石块度、性质有关，一般 $l_{10}=1.8 \sim 2.2$m，$l_{12}=2.5 \sim 3.0$m；l_{11}—矿仓斜长；l_{13}—自装载中心向井筒下方加高的水平距离，由装矿设备尺寸而定，m；l_{15}，l_{16}—矿仓上口尺寸，根据卸矿硐室设计而定，m；α—矿仓倾角，与矿石性质、块度及底板衬砌材料有关，一般 α≥60°

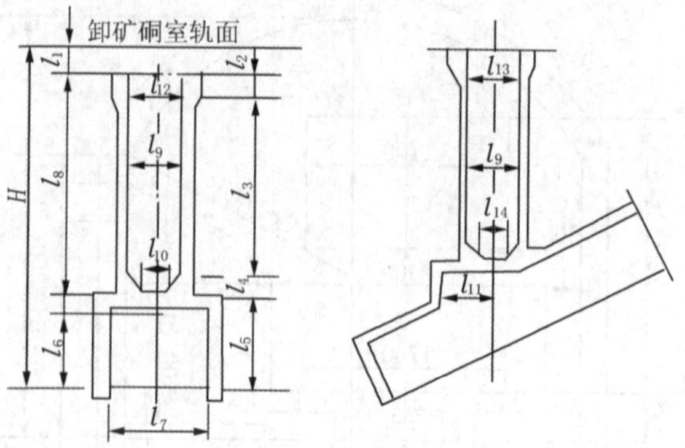

图 9-72 直矿仓及装矿硐室

l_1—矿仓上口至卸矿硐室轨面的高度；l_2—矿仓上口连接卸矿硐室的垂直段高度，一般取 0.5 ~ 1.0m；l_3—矿仓正常段的高度；l_4—矿仓下口连接装矿硐室的垂直高度，一般取 0.5 ~ 1.0m；l_5—装矿硐室高；l_6，l_7—斜井井筒的垂高和宽度；l_8—矿仓全高，$l_8=l_2+l_3+l_4$；l_9—矿仓的直径；l_{10}，l_{14}—矿仓下口的尺寸；l_{11}—自装载中心向井筒下方加高的水平距离；l_{12}，l_{13}—矿仓上口的尺寸

(2) 装矿硐室的操作水平与卸矿阶段之间应有人行天井相通，但人行天井不通往矿仓。

(3) 矿仓的断面形状有：圆形、矩形和拱形三种。一般圆形多用于斜矿仓，矩形多用于直矿仓。

圆形矿仓不易堵塞，有效容积大，矿仓受力好，当围岩稳固时可不支护。而斜矿仓其支护及施工均较困难，为了保护斜矿仓底并使矿流流动顺畅，在仓底铺设钢板、钢轨或锰钢板。尽量采用圆形断面的直矿仓。只有在卸矿硐室重车线与箕斗提升中心线的水平投影相平行，布置直矿仓有困难时，才采用拱形断面的斜矿仓。

(4) 矿仓仓壁一般采用 C15 ~ C20 级混凝土支护，厚度不小于 300mm，上下口和斜仓底板用 24 ~ 38kg/m 钢轨或不小于 50mm 厚的锰钢板加固。矿仓应尽量选择在围岩坚固的地段，除上下口支护并加固外，其余可不支护。

(5) 圆矿仓直径选择主要根据矿（岩）石性质、块度和生产能力而定，在保证矿仓容积的前提下，矿仓垂高一般取 15 ~ 25m。

(6) 斜矿仓的倾角与矿（岩）石性质（自然安息角、块度、湿度和含泥率等）、衬砌加固材料种类和装卸矿设备（振动放矿还是漏斗自重放矿等）有密切关系，一般其倾角取 60°以上为宜，采用振动装矿时倾角可适当减小。

c 装矿硐室

装矿硐室的结构尺寸主要根据箕斗和装矿设施的类型、配置及硐室自身结构要求确定。为设备安装方便，硐室顶部多做成平顶，并用钢梁加固；也可用混凝土或钢筋混凝土做成拱形，支护厚度一般为 300 ~ 400mm。硐室宽度一般和斜井宽度相同。有时为了操作和清理撒矿方便，可将原单侧人行道改成双侧人行道。装矿硐室前后3~5m范围内的斜井底板用C10级混凝土浇灌成100mm的垫层并抹平，以利清理撒矿。信号硐室设在装矿硐室上方斜井人行道侧3~6m处，以信号工能看清箕斗装矿情况及人员安全为原则。硐室规格：2m×2m×2m（长×宽×高）。如专设操作平台，则可将信号硐室与操作室合并，由装矿设施操作人员直接发信号更为方便准确；装矿硐室操作平台至斜井人行道需设爬梯或设人行斜通道，通道既是安全出口又是新鲜风流入口，通道高×宽为2m×1.5m，倾角为30°，内设混凝土踏步和扶手。装矿硐室应设有通风除尘设施，一般多采用喷雾洒水和收尘装置。矿仓底部、额墙、溜口结构及其加固方式与溜矿井的相同。采用箕斗提升时，当箕斗容积为2.5~4m^3时，一般采用没有计量漏斗的闸门装矿，箕斗容积在5m^3以上，或者斜井倾角小、箕斗较长、需移动箕斗才能装满时，可不设计量漏斗，采用闸门直接装矿。给矿闸门可采用扇形闸门、链球闸门和指状闸门，后两种多用于大块矿石。为了减少矿石对箕斗的冲砸，可在扇形闸门出口处加挂重型链条或链球。采用振动放矿机向箕斗给矿能较好地控制矿流速度，装载均匀，装满系数大，大块通过能力大，特别是矿石含泥、黏性大时，振动放矿机能较好地解决漏斗堵矿问题。

装矿硐室实例如图9-73所示。

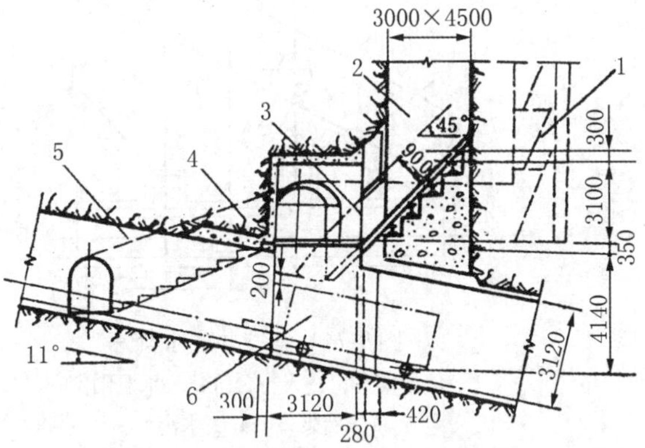

图9-73 牟定铜矿箕斗斜井闸门装矿硐室
1—人行天井；2—矿仓；3—装矿闸门；
4—人行通道；5—斜井；6—箕斗

d 人行天井

为通风、人员上下及管路、电缆连接方便，箕斗斜井装矿硐室和阶段卸矿水平之间需设人行管缆天井。它与矿仓平行布置，断面一般为1.6m×1.8m。设梯子间和管缆间，梯子梁用槽钢，层间距为3m。梯子尺寸、梯子宽度、角度、踏步间距、隔网尺寸和结构等与竖井梯子间相同。

当天井采用锚喷支护或不支护时，梯子梁可用短钢钎或钢筋（ϕ25~30mm）打入井壁加垫板固定。

E 井底排水和粉矿回收

a 一般规定

(1) 为了积存井筒涌水和粉矿，在斜井井底挡梁以下设井底水窝；

(2) 井底水泵房一般设在挡梁附近靠人行道侧，水泵硐室底板应高于该处井筒底板300~500mm；

(3) 挡梁距最下部装矿点的距离根据箕斗的大小、提升的速度而定；

(4) 井底水窝长度视井筒涌水量和撒矿量而定，一般从挡梁向下5~7m；

(5) 在条件许可时，应将井筒上部涌水截至上部阶段的水沟内，尽量减少井底排水量；

(6) 井底排水必须有备用水泵和独立电源；

(7) 在有条件时，可将辅助提升井筒延伸至箕斗斜井井底标高以下，主、副井相互贯通，以利箕斗斜井井底排水和粉矿回收。

b 其他规定

箕斗与装矿闸门的配置不当及其施工、安装的误差，操作不当，装矿过满等，都将致使矿石撒落。若岩层渗水，或采用尾砂、水砂充填采矿法，矿石中混入大量泥水、泥浆。这些泥水，经箕斗的装矿设施的缝隙入斜井，与撒落的矿石混合在一起，严重影响正常生产及清洁生产与环境。

泥水较大的斜井井筒，在斜井底应设排水、排泥设施，如大厂铜坑矿斜井井底采用水泵排水，压气罐排泥。湘西金矿粉矿回收是在斜井箕斗装矿点的轨道下部开掘一溜井，该溜井与斜井底板连接处的喇叭口尺寸应满足装矿时撒落的矿石能直接落入溜井。溜井下部装有手动放矿闸门，用0.7m^3翻斗矿车运走，效果较好。

要点：(1)井底涌水小时，水泵可直接用钢梁支撑并安装于水仓之上；涌水大时，水泵应安装在专门的基础上。

(2) 水仓需做两个，以便清理，水仓容量为斜井井筒4h的最大涌水量。

(3) 水泵硐室的大小根据水泵的数量、规格尺寸和布置形式而定。

(4) 当涌水量不大、粉矿不多时，可利用井底一段井筒作井底水窝，用隔墙将该段井筒隔开，轮换使用。粉矿清理后，直接装箕斗提出地表。这种方法较简单，但作业劳动强度大，如图 9-74 所示。

(5) 当涌水量不大，粉矿较多时，在井底设小水仓，水仓前设沉淀池，泥水先经沉淀池沉淀，然后清水流入小水仓，由水泵将水排出。两个沉淀池交替使用，减少了水仓的清理工作量，但水仓施工困难，水仓和沉淀池内的泥沙清理较难实行机械化，如图 9-75 所示。

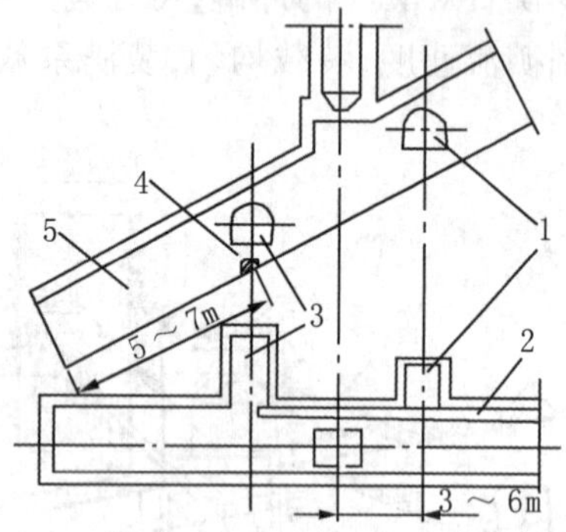

图 9-74　斜井井底水窝

1—信号硐室；2—人行台阶；3—水泵硐室；4—挡梁；5—井底水窝

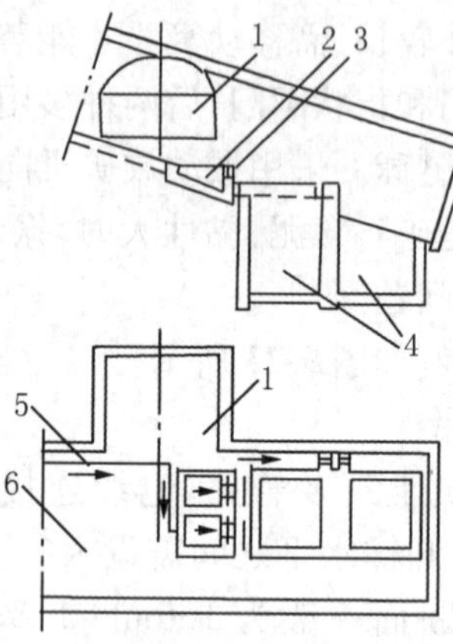

图 9-75　斜井底小水仓

1—水泵房；2—沉淀池；3—脱水隔帘；4—小水仓；5—水沟；6—斜井井筒

(6) 当斜井井筒涌水量很大，粉矿较少时，应专设水泵房和水仓，这和一般阶段的水泵房设计相同。

(7) 当有条件且工作量不大时，井底涌水和粉矿可设专用平巷通过泄水管和漏斗闸门排至阶段平巷，并入阶段排水和矿石运输系统。此法安全可靠，工艺简单，作业劳动强度低；但工作量较大，应通过方案比较选用。

(8) 当井筒涌水量很大，撒矿及粉矿较多时，应专设粉矿回收、清理斜巷和硐室，将井底涌水及粉矿排至阶段卸矿水平。此法的优点是清理粉矿不影响箕斗提升，清理工作可实现机械化；缺点是工程量大，施工复杂，如图 9-76 所示。

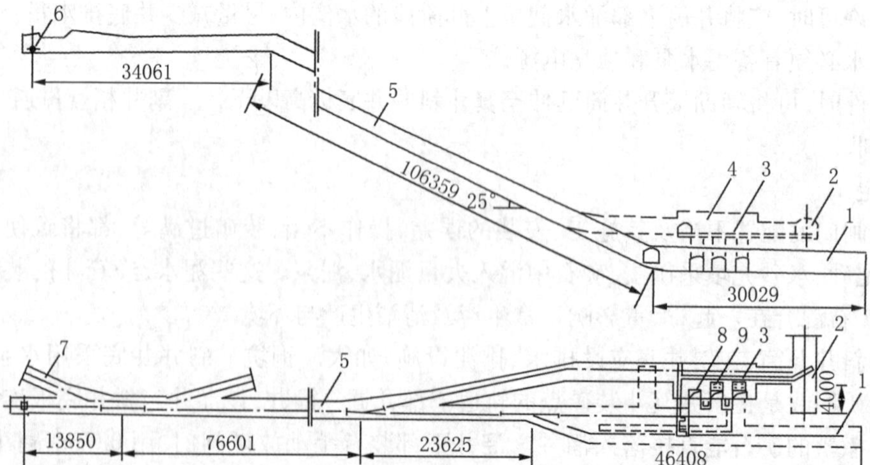

图 9-76　某矿斜井井底水泵硐室及粉矿回收斜坡道

1—水仓；2—斜井；3—引水沟；4—水泵硐室；5—斜坡道；6—绞车；7—阶段运输巷道；8—吸水井；9—水泵基础

c 井底挡梁

挡梁是为了防止司机误操作时，造成箕斗全速冲下，砸坏井底设施而设置的。箕斗冲击挡梁的冲撞力不考虑断绳和箕斗脱钩等事故荷载。

挡梁设于最下部的装矿硐室以下3～5m处。它一般用钢木结构，其型号根据斜井井筒宽度、箕斗质量、箕斗装载量和提升速度等因素，进行结构强度计算确定。钢梁两端插入斜井井壁，插入深度为300～500mm。缓冲方木用U形螺栓固定于钢梁上。螺栓一般用ϕ12mm～ϕ16mm圆钢制作，双螺母固定。

F 盲箕斗斜井卸矿硐室

卸矿台架基本轨角度一般同斜井井筒倾角一致。当斜井井筒倾角小，箕斗卸载后空箕斗复位有困难时，基本轨角度可大于斜井倾角，并在硐室下方用竖曲线与井筒正常铺轨相吻接，竖曲线半径一般取15～20m。卸矿硐室两侧均需留有人行道，并用扶手和栏杆同卸矿坑隔开。卸矿硐室与下部转运装矿硐室之间有人行天井相通。卸矿口前后均需增设一组地滚，卸矿硐室下方应设信号硐室，卸矿硐室内应设起吊钩或起吊梁。卸矿硐室应设喷雾除尘设施，并留有压气管、水管接头。

G 矿山实例

金山金矿二期工程设计范围为大坞和水泽坞矿段，开采范围为+25～-200m。矿体属缓倾斜，倾向长。设计生产规模为1200t/d。根据开采顺序的安排，前期开采-130m以上的矿体，以-80m为界，分为上下两个部分，上下各一个中段生产，上部中段生产能力为400t/d，下部中段为800t/d。全矿总的服务年限为16.4年。前期开采-130m以上的矿体服务年限为10.2年。

采用斜井开拓箕斗提升，阶段采用电机车运输。主斜井采用双箕斗提升矿石，提升能力1500t/d，倾角25°，斜井长960m。井下设两个装矿站，距井口约704m处和933m处。采用一套提升系统、双箕斗布置方案。主井井口矿仓采用地下矿仓平硐装矿的形式，平硐和地表运输线路连接。主斜井系统布置图和断面图分别如图9-77和图9-78所示。

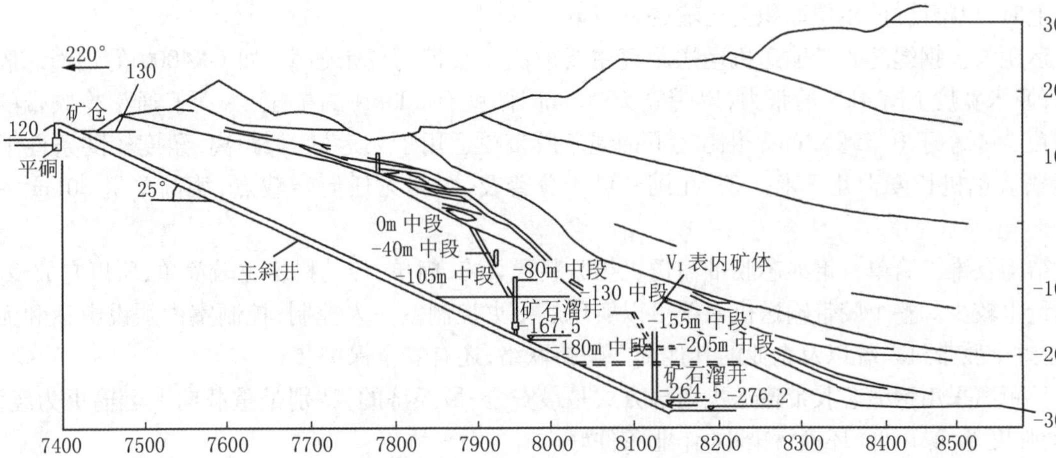

图9-77 金山金矿主斜井系统布置

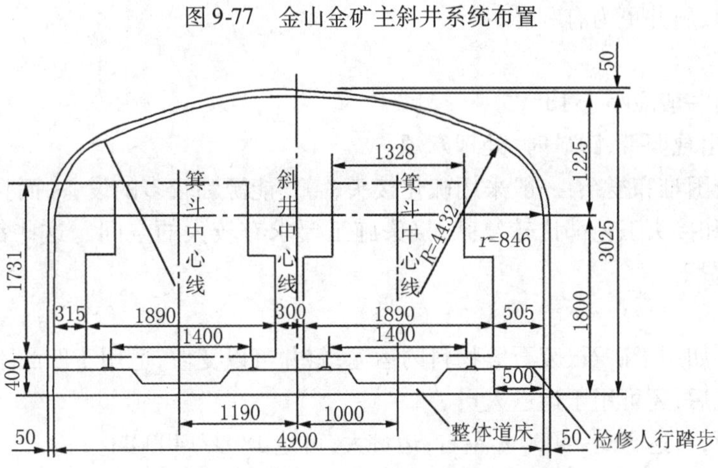

图9-78 金山金矿主斜井(双箕斗)断面

采用副斜井提升人员、材料和废石，提升废石能力为400t/d。井口标高118m，倾角20°，副井前期下掘到-130m阶段，斜井长725m，斜井净断面为3.7m×2.46m。副斜井连通25m、0m、-40m、-80m、-105m、-130m阶段，除-130m阶段不需吊桥外，其他阶段均设吊桥。今后-130m以下开采可延伸副井，也可从-130m阶段向下另掘接力盲斜井。

回风井布置在矿体的两翼，即西斜风井和东斜风井。

9.2.6.8 带式输送机斜井

近些年来，国内外矿山装备水平不断提升，通过消化引进，自主研发，自主创新，国内矿用带式(胶带)输送机生产制造水平也有了很大进展。带式输送机运送能力大，连续运输，自动化程度高，可以用于生产规模大的矿山。带式输送机不仅在露天矿广为应用，地下矿采用带式(胶带)输送机斜井开拓的矿井也越来越多。

输送机按胶带种类不同可分为钢绳芯胶带、钢丝绳牵引胶带、普通胶带和尼龙胶带。通过矿山多年生产实践，对于矿岩较硬的金属矿一般均采用高强度胶带——钢绳芯带式输送机，又称钢绳芯胶带输送机。今后，在条件适合的金属矿山，可将带式输送机斜井开拓作为可行的开拓方案加以论证。本节介绍钢绳芯带式输送机斜井。

A 优缺点、适用范围及遵循的基本准则

优点：

(1) 斜井采用带式输送机实现了运输的连续化。输送能力大，运行性能好，安全可靠，自动化程度高，设备维护检修相对容易，运输成本低，能耗低。

(2) 高强度胶带输送机可与汽车或轨道运输配合，形成一个联合运输系统。

(3) 钢绳芯胶带是单层式结构，它里面的钢丝绳很柔软，且沿纵向排列，横向没有大刚度的芯体，放置在槽形托滚上时，成槽性好，单层面积上运输的货载量大。

(4) 运距长。钢绳芯胶带输送机运送距离主要取决于胶带的抗张强度，如GX4000的钢绳芯胶带输送机，胶带每厘米宽度上有4kN的张力，以带宽2000mm计，就有800kN的抗拉力，而普通型橡胶带的芯布单层抗拉强度为不小于0.55kN/cm；相比之下钢绳芯胶带更适用于大运量、长距离、角度较陡条件下及坚硬矿石的运输。单机长度十几千米一条，在国外已十分普及，中间无任何转载点，德国单机60km一条已经出现。

(5) 结构及维护简单。钢绳芯胶带输送机拉紧装置紧凑、简单；传动机构也较简单，所以它故障频度低，维修工作量也较少。整个胶带输送机系统可以实现从中央控制室一人控制，控制室内须设电话和无线电通信设备，与整个胶带机系统以及企业的其他部门保持联络，还有安全保护装置。

(6) 长距离采用钢绳芯胶带输送机运输方式是最安全、最经济的，特别是重载向上运输更为经济可靠，而且，劳动强度低、噪声低、环境污染小、作业条件好。

(7) 作为安全出口，斜井更为有利。

缺点：

(1) 胶带斜井倾角一般应小于18°。

(2) 管理不善时，出现撕带、跑矿时，处理麻烦。

(3) 胶带接头比较困难和复杂：一般采用硫化接头，需要能源和较多的设备，而且笨重，硫化机几百千克到几吨不等，硫化接头和接头工艺都比较复杂；接头施工要求有较大的空间。这些都给现场处理接头时带来一定困难，比较费时费工。

适用范围：

(1) 适用范围广。如用于矿石、废石等物料的运输；斜井可以变坡，适用于凹凸不平的各种地形条件；增设有关装置和保护措施后，还可用于运送人员。

(2) 适用于长运距，可达300~4000m左右；运量大，可达180~14000kt/a。

(3) 钢绳芯胶带输送机是高强度胶带输送机的一种，它是由细钢丝绳作带芯外加覆盖胶而成。由于其具有强度大、使用寿命长等优点，矿山应优先采用。

（4）高强度胶带输送机适用于水平和倾斜运输，倾斜的角度依矿岩等物料性质不同和输送带表面形状不同而异，与普通型相比高强度胶带输送机适用于各种硬度的小块矿岩。各种矿岩物料所允许的输送机最大倾角见表9-80。

表 9-80 带式输送机的最大倾角

物料名称	0～120mm 矿石	0～60mm 矿石	40～80mm 油母页岩	干松泥土	0～25mm 焦炭	0～30mm 焦炭	0～350mm 焦炭
最大倾角/(°)	18	20	18	20	16	18	20

物料名称	块煤	原煤	谷物	水泥	块状干黏土	粉状干黏土	干矿	湿沙	盐	湿精矿	干精矿	筛分后石灰石
最大倾角/(°)	18	20	18	20	15～18	22	15	23	20	20	18	12

注：表中给出的最大倾角是物料向上运输时的倾角，向下运输时最大倾角要减小。

带式输送机斜井运输与竖井提升比较：

（1）带式输送机斜井运输优点：

1）在同样生产能力条件下，胶带输送机斜井断面较竖井断面小，斜井掘进及支护较竖井简单，掘进设备少，掘进效率高，石门短，投资省，造价低；

2）地表无高层井塔等构筑物，土建工程简单；

3）胶带输送机斜井可以同时提升矿石、废石，它具有连续运输的特点，实现自动化连续运输；

4）在工程地质相同情况下，斜井口的选择比竖井更具有灵活性，更适应地表总平面布置及外部运输的需要；

5）胶带输送机斜井延深比竖井简单容易，施工安全，速度快，成本低；

6）在地震区胶带输送机斜井既可作矿岩提升井，又可作人员的可靠安全出口。

（2）缺点：

1）胶带输送机斜井倾角受到一定的限制，一般应小于18°；

2）斜井井筒比竖井长，排水、供水管阻力增大，排水费比竖井排水费用高；

3）要求工程地质条件比竖井工程地质严格；

4）胶带输送机斜井维护费较竖井高。

遵循的基本准则：

（1）斜井的倾角与输送机的倾角一致。带式输送机的倾角依运送矿岩性质、块度、粒级组成及含泥水多少而定，一般为8°～15°。《有色金属采矿设计规范》规定：带式输送机宜用于斜井倾角小于15°，矿体埋深小于300m的一类矿山。

（2）带式输送机斜井内各种设施之间、设备与支护之间、设备与设备之间以及设备与设施之间的安全间隙，必须符合安全规程的规定。

（3）需设置井下破碎站。带式输送机适用于较小的矿岩块度，而采场的原矿块度大，需经粗碎后才能上带。一般矿山，每个破碎站的服务年限应在5～10年以上。

（4）输送带的最小宽度应不小于运送矿岩最大尺寸的2倍，再加宽200mm。

（5）带式输送机斜井不应兼作风井。特殊情况兼作风井时，井筒中的风速不得超过4m/s，并有可靠的降尘措施，保证粉尘浓度符合工业卫生标准。

（6）斜井中应装有专用的消防设施。

（7）在斜井内，带式输送机的一侧，应平行铺设一条运输轨道和一条检修人行道。当利用该运输道兼作辅助运输时，应在运输道与带式输送机之间设置坚固的隔墙。

B 斜井断面

a 断面形式

为便于维修带式输送机和其他设施，在井筒内要铺设检修道，以便运送设备、材料和人员；此外，在斜井内还应设人行道。此人行道平时作为检修人员使用，在特殊情况下作为井下人员安全出入口的通道。

根据带式输送机、检修道和人行道三者相互位置的不同，井筒断面布置形式有三种：

(1) 人行道设在中间。人行道设在带式输送机与检修道之间，人行道得到了充分的利用。对带式输送机的检查、保养、管理和维修既方便又安全，对轨道的检修、撒矿的清理和井壁粉尘的冲洗也比较方便。它的缺点是断面大，检修管路利用不上人行道的有利空间，给工作造成不便。在设计和生产中经常采用人行道设在中间的布置形式。

(2) 人行道在检修道一侧。这种形式对轨道的检修和管路维修有利，但对带式输送机的检查、保养、管理和维修非常不便，对清扫胶带撒下来的矿渣也不安全。在设计和生产中很少采用这种布置形式。

(3) 人行道在带式输送机一侧。乘坐人车的工作人员要跨越胶带进入人行道，这对设备的维修、更换零件不利，由于穿越胶带的爬梯不可能设得过多，因此增加了检修人员运送距离，而且也不安全。因为人行道远离检修道，所以检修轨道不方便。它的优点对清理撒矿较方便。这种布置形式在设计和生产中采用得不多。

b 断面尺寸

以人行道设在中间为例，钢绳芯带式输送机斜井断面尺寸见表9-81。

表9-81 钢绳芯带式输送机斜井断面尺寸确定

图示	序号	名称	符号	尺寸/mm
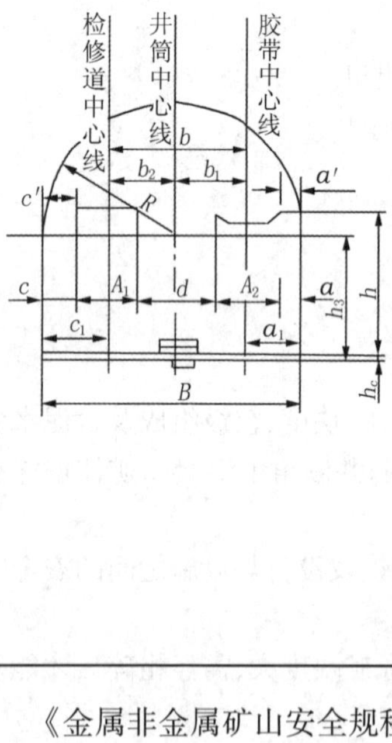	1	胶带支承架上缘到拱顶壁宽度	a'	≥500
	2	胶带支承外缘到井壁直墙宽度	a	≥600
	3	胶带中心与检修道中心的距离	b	$b=\frac{1}{2}(A_1+A_2)+d$
	4	有轨或无轨设备外缘与井壁间隙	c'	有轨 $c=c'\geqslant 400$
			c	无轨 $c=c'\geqslant 600$
	5	胶带中心线与井壁的间隙	a_1	$a_1=\frac{A_2}{2}+a$
	6	胶带中心线与井筒中心线间隙	b_1	$b_1=\frac{B}{2}-\left(a+\frac{A_2}{2}\right)$
	7	检修道中心线与井筒中心线距离	b_2	$b_2=\frac{B}{2}-\left(c+\frac{A_1}{2}\right)$
	8	检修道中心线与井壁的间距	c_1	$c_1=c+\frac{A_1}{2}$
	9	检修道的运输设备外形最大宽度	A_1	由设备定
	10	带式输送机支承架外形最大宽度	A_2	由设备定
	11	混凝土地面厚	h_c	≥100
	12	井筒断面净宽	B	$B=a_1+b+c_1$
	13	井筒墙高：按带式输送机与井壁的间隙计算	h_3	$h_3\geqslant h+h_c-\sqrt{R^2-\left(a'+\frac{A_2}{2}+b_1\right)^2}$
		井筒墙高：按检修道的设备与井壁的间隙计算		$h_3\geqslant h+h_c-\sqrt{R^2-\left(c'+\frac{A_1}{2}+b_2\right)^2}$

《金属非金属矿山安全规程》规定：在水平巷道和斜井中，运输设备之间以及有运输设备与支护之间的间隙，应不小于0.3m；带式输送机与其他设备突出部分之间的间隙，应不小于0.4m；无轨运输设备与支护之间的间隙，应不小于0.6m。检修道的运输设备与井壁之间的距离，有轨运输时取400mm，无轨运输时取600mm。带式输送机斜井人行道有效宽度不应小于1.0m。

另外，《化工矿山安全规程》、《建材矿山安全规程》、《煤矿安全规程》以及《煤炭工业设计规范》均有具体规定。

c 斜井断面布置实例

金属矿山采用钢绳芯带式输送机斜井断面布置实例如图9-79和图9-80所示。带宽1.0m和1.2m钢绳芯带式输送机斜井断面标准设计如图9-81所示。煤炭系统采用钢绳芯胶带输送机斜井布置见表9-82。

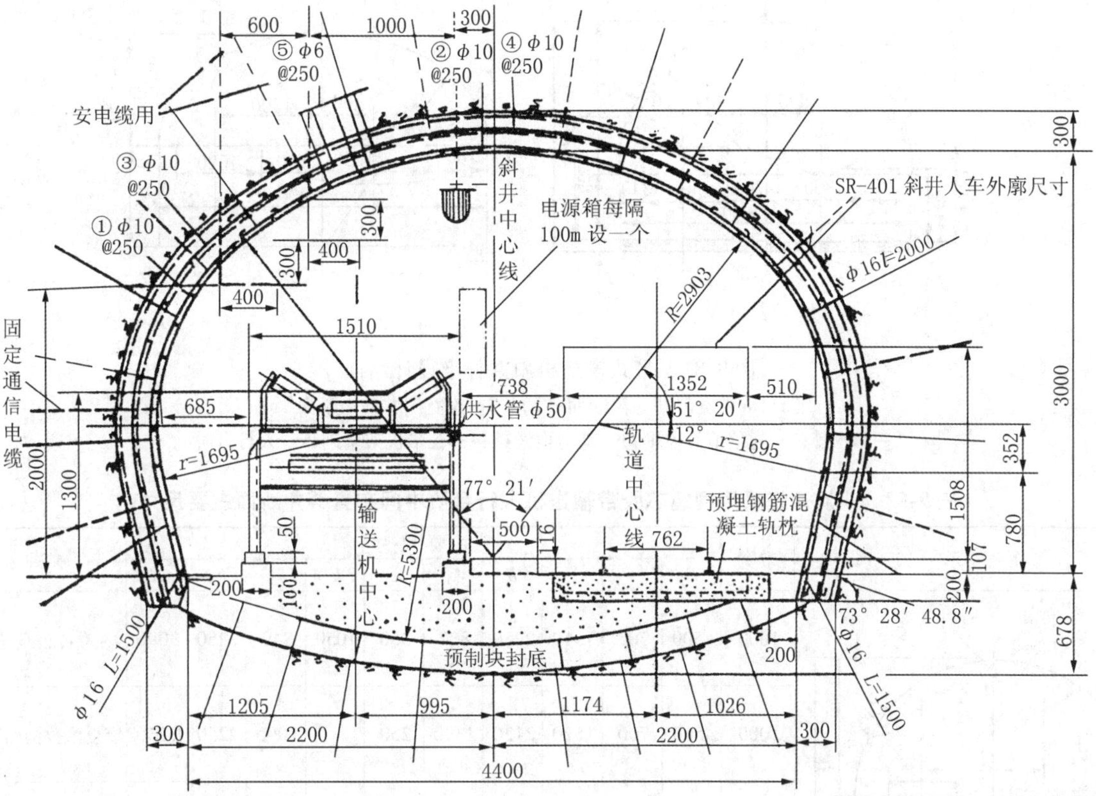

图 9-79 金川不良岩层斜井断面设计

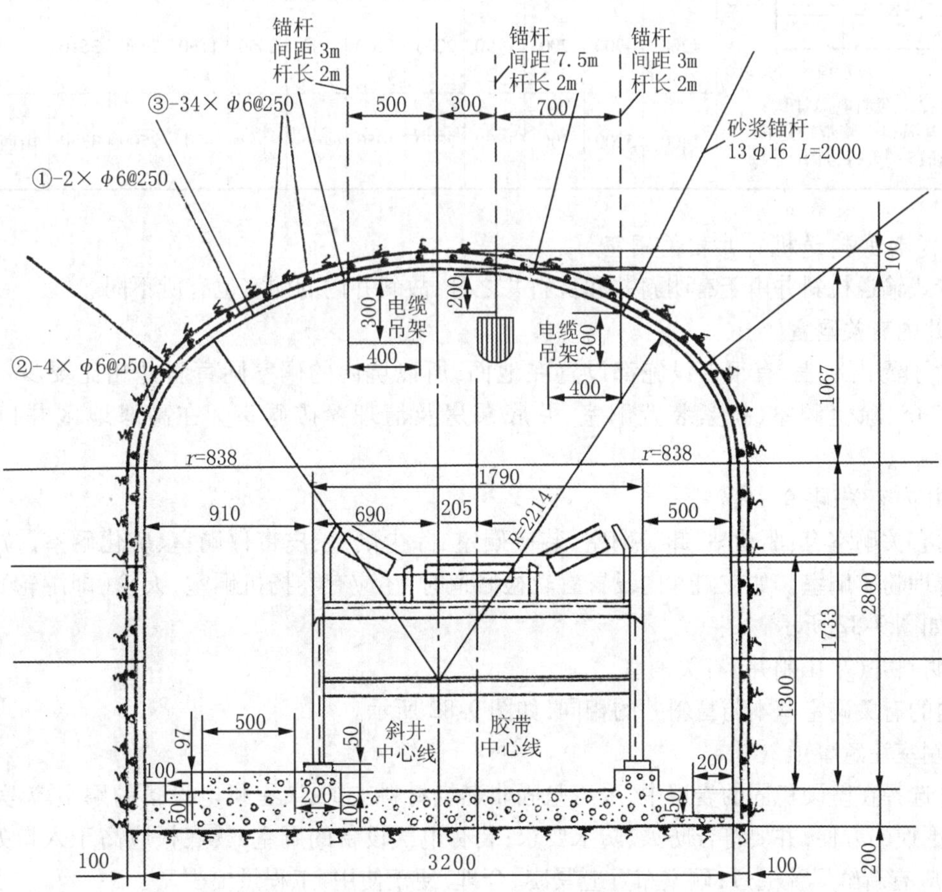

图 9-80 金川斜井正常段井筒断面

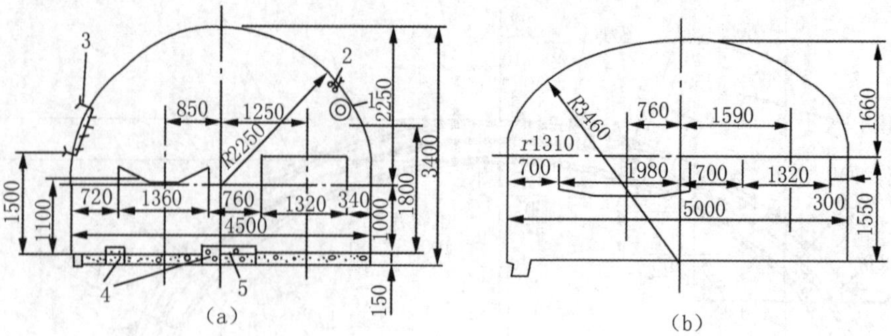

图 9-81　带式输送机斜井标准设计断面

(a)1m 带宽斜井井筒断面;(b)1.2m 带宽斜井井筒断面

1—洒水管;2—通信信号电缆;3—动力电缆架;4—胶带机架基础;5—人行台阶

表 9-82　煤炭系统采用钢绳芯胶带输送机人行台阶中间布置斜井断面主要尺寸　(mm)

图　示	带宽	主要尺寸										矿井名称
		B	a	A_2	b	A_1	c	h	h_1	h_0	H	
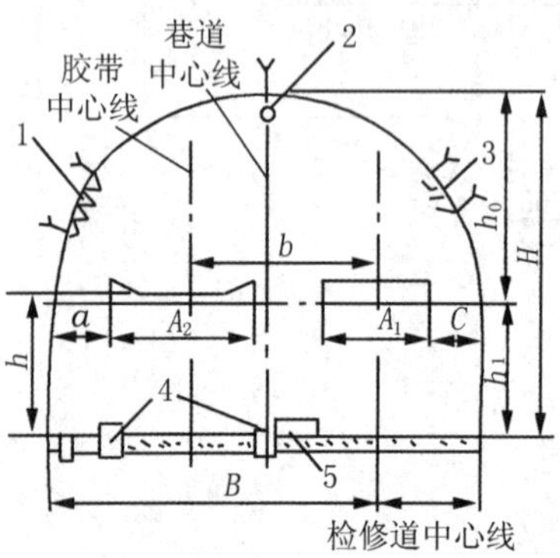 1—动力电缆;2—照明电缆挂钩;3—通信信号电缆;4—胶带输送机机架基础;5—人行台阶	1000	4500	705	1510	2250	880	350	1050	840	2250	3090	内蒙古公乌素三号井
	1000	4500	700	1520	2120	1340	250		1000	2250	3250	宁夏汝孜沟白芨沟矿井
	1200	4500	710	1690	2170	880	335	1050	1000	2250	3250	山西古交西曲矿井
	1200	4900	700	1790	2205	1200	500	1450	1160	2450	3610	河南新安矿井
	1400	5000	700	1890	2370	1050	460		850	2500	3350	山西大同燕子山矿井

C　钢绳芯带式输送机斜井相关硐室

钢绳芯带式输送机斜井由于有明斜井和盲斜井之分,故斜井内的硐室也有所不同。

a　明斜井内有关硐室

明斜井由于露出地表,有很多设施都设置在地面,所以坑内的硐室同盲斜井相比要少一些,主要有:装矿硐室及矿仓、除尘硐室、拉紧装置硐室、井底泵房及清理粉矿硐室。在高寒地区井口应设暖风道设施。

b　盲斜井内有关硐室

盲斜井内有关硐室有:驱动站、卸矿硐室、装矿硐室、除尘硐室、皮带秤硐室、硫化硐室、拉紧装置硐室、井底泵房及清理粉矿硐室。如在斜井内设置有轨检修道时,还应有卷扬机硐室、天轮(即游轮)硐室、配电硐室和绳道等,如图 9-82 所示。

c　下向明斜井(下山斜井)有关硐室

该斜井内的有关硐室基本与盲斜井的相同,如图 9-82 所示。

d　相关硐室注意事项

硐室尽量选择在坚硬稳固的岩层中,采用坚固非燃烧材料支护;装有机电设备的硐室应考虑设备安装、操作、检修和更换的方便,并要符合防火、防水要求;装有电气设备的硐室,其底板应高于入口处的巷道轨面 0.2m;硐室内应有新鲜风流通过;硐室布置应紧凑、合理,便于使用,工程量要少。

国内几条钢绳芯带式输送机斜井技术数据见表 9-83。

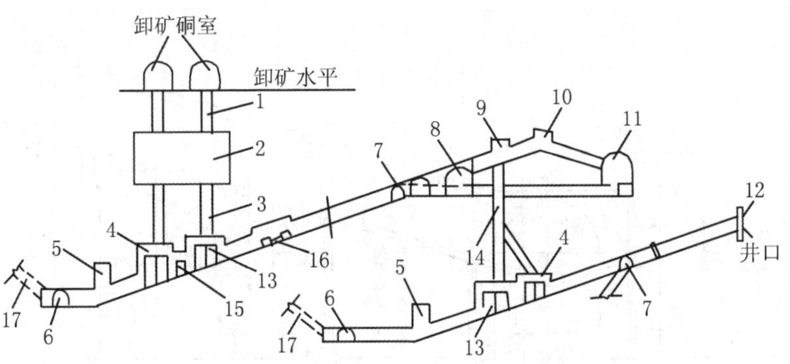

图 9-82 钢绳芯带式输送机斜井系统

1—原矿仓;2—破碎硐室;3—碎矿仓;4—装矿硐室;5—拉紧装置硐室;6—水泵房及清理粉矿硐室;7—联络巷道;8—驱动站;9—卸矿硐室;10—天轮硐室及绳道;11—卷扬机硐室;12—井口及硐门;13—装矿硐室平台;14—转载矿仓;15—除尘硐室;16—皮带秤硐室;17—通往阶段的联络斜巷

表 9-83 国内几条钢绳芯带式输送机斜井技术数据

矿山名称	卫东煤矿(主斜井)	凤凰山煤矿(主斜井)	昆明磷矿(露天)	攀枝花钢厂	大屯煤矿(东大巷)	茂名油页岩矿		山西铝厂龙门山石灰石矿
输送物料	煤	煤	磷矿石	铁矿石	煤	岩石	矿石	石灰石
全长/m	860	747	545	280	1000	1000	715	1127.072
倾角/(°)	+16	+16	-12	16°31′	0~12	0	16~0	0~-12
输送量/(t/h)	450	551	900	200	450	1000	470	1200
胶带宽/mm	1000	1200	800	650	1000	1000	800	1200
带速/(m/s)	1.68	2.13	2.5	1.38	1.93	2.48	1.8	
胶带强度/MPa	G200	G200	G100	G100	G100	G158.3	G125	
功率/kW	3×220	630	115	100	75×3	220+55	225	
机架形式	固定式	固定式	固定式	固定式	固定式	移动式	固定式	固定式
驱动方式	多电机双滚筒串联驱动	单电机刚性啮合双滚筒驱动	单电机单滚筒驱动		三电机双滚筒驱动	双电机双滚筒S型号驱动	双电机双滚筒驱动	
设计单位	陕西煤矿设计院	北京煤矿设计院	化工矿山设计院	重庆钢铁设计院	上海煤矿机械研究所	北京起重机械研究所		沈阳铝镁设计研究院

D 钢绳芯带式输送机斜井驱动站

钢绳芯胶带和普通胶带输送机斜井的驱动站是一样的,而且只有盲斜井或下向明斜井的驱动站设在地下。驱动站包括:驱动装置硐室、斜平台、机架、高压和低压配电硐室、操作硐室以及通往调车场的联络巷道等。

a 驱动装置硐室

驱动站内的硐室尺寸主要根据设备的外形尺寸、基础外缘到墙壁的安全间隙、设备的起吊高度,并考虑设备操作、维修方便等因素来确定。

驱动装置硐室内各项设备同墙壁之间应留出 0.5m 以上的通道,各项设备相互之间应留出 0.8m 以上的通道。设备检修、检查的间隙不得小于 0.7m,如果不需从两侧或后面进行检修的设备,可不留通道,但设备的最突出部分与支护之间的距离不应小于 0.3m。

硐室内应采用不燃性材料支护,不应有滴水现象。悬挂电缆的预埋件间距不应超过 3m。电话和信号电缆的预埋件应与动力电缆的预埋件分设在硐室的两侧。否则,相互之间应保持 0.3m 以上的距离。

起吊设备的高度确定后,吊车梁上缘距硐室拱顶之间的距离不得小于 0.5m。另外,硐室要留出足够的检修场地。

驱动装置硐室实例如图 9-83 所示。

b 驱动站内的斜平台和机架

斜平台主要为操作人员和检修人员观察带式输送机运行情况、检修设备和向托滚注油之用。另外,在有检修轨道的带式输送机斜井中,不但在斜平台上直接安装提升钢丝绳的托滚,而且还是卸矿硐室、天轮(游轮)硐室和驱动站水平的调车场之间相互联系、人员上下的主要通道。

斜平台的倾角一般同胶带的倾角一致。在斜平台的下面有机、电设备在运行,通常安放在钢柱或钢筋

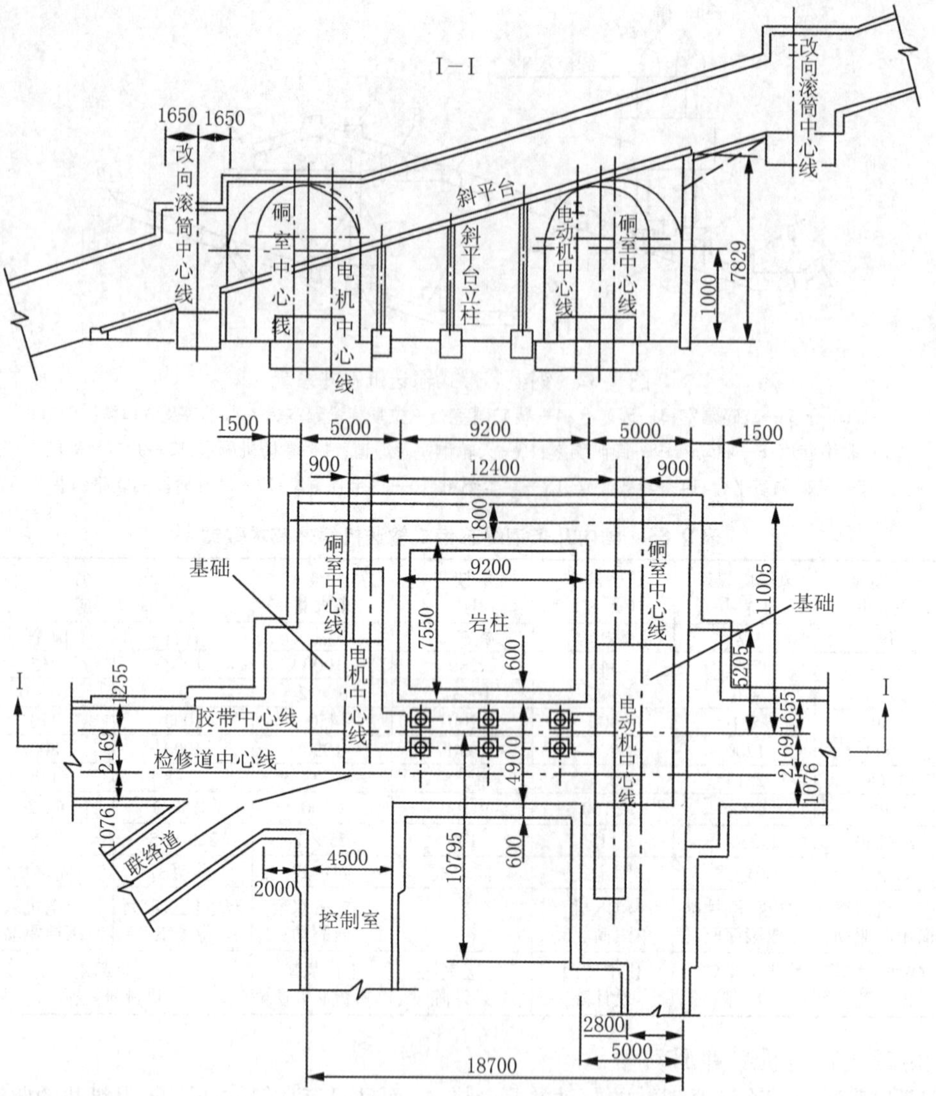

图 9-83　金川钢绳芯胶带输送机斜井驱动装置硐室

混凝土柱上。斜平台板一般用钢板为宜,因为机架、托滚与其固定较方便。斜平台上要有防滑设施,一般用花纹钢板铺设,上设栏杆和行人扶手。

驱动站内的斜平台上的带式输送机机架与斜井正常段的带式输送机机架基本相同,所不同的只是固定方式。斜井正常段的机架是固定在斜井底板上的混凝土基础上,而驱动站内的斜平台上的机架是固定在斜平台上,其固定方式用螺栓连接或焊接均可。

在一般情况下,机架同带式输送机是配套的,一起订货。但有时由于配套订货满足不了要求,特别是在引进设备时,为了节省投资,建设单位必须自行加工和制造。故斜平台设计必须同机架的制作密切配合。

斜平台的结构如图 9-84 所示。

c　配电硐室

配电硐室也称电气硐室,它分为低压配电硐室(也称控制硐室)和高压配电硐室。

配电硐室除了必须满足驱动装置硐室所要求的条件和规定外,配电硐室还必须满足如下几点要求:

(1) 配电硐室的位置尽量靠近驱动装置硐室。有时也可以把高压配电硐室放在驱动站调车场处。但是,低压配电硐室往往与操作硐室结合在一起,所以必须紧靠驱动装置硐室。

(2) 配电硐室的顶板和墙壁不得渗水,电缆沟也不应有积水。

(3) 配电硐室的地面应高出入口处的巷道轨面 0.2m。

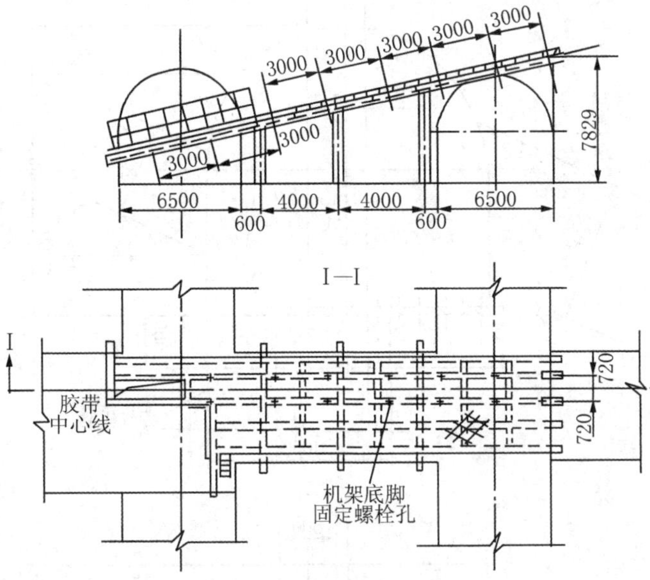

图 9-84 斜平台结构

(4) 硐室要用不燃性材料支护,在一般情况下多采用混凝土。硐室底板用混凝土抹面,其厚度为 0.1m。

(5) 配电硐室要有两个安全出(入)口,一般在硐室的两端各设一个出入口。在出入口装有向外开启的防火门。在防火门门扇内还应安装向外开启的小铁栅栏门(小门),平时只开小铁栅栏门。小铁栅栏门不得妨碍防火门的开闭。

(6) 配电硐室必须有新鲜风流进入,硐室内的气温不得超过 30℃。

(7) 硐室内有积水时,要设积水坑。积水坑要深于电缆沟并与排水沟相通。积水坑内的水用人工或小气泵随时排至水沟里流走。

E 钢绳芯带式输送机卸矿硐室

a 卸矿硐室的布置形式

卸矿硐室的布置一般都采用带式输送机头部卸矿方式,硐室布置形式有两种。一种是在驱动装置硐室的上方,于胶带的中心线上,向下掘凿一个矿仓。在矿仓的上口设置卸矿硐室,卸载机架直接坐落在矿仓口上,如图 9-85 所示。另一种布置形式,在驱动装置硐室内的驱动装置的头部直接向下掘进一个溜矿口(或矿仓),卸矿硐室与驱动装置硐室合而为一,这种布置形式工程量少,在煤矿系统用得较多,在岩石条件不好或要求矿仓储存量较大时不宜采用。

b 卸矿硐室尺寸的确定

卸矿硐室的尺寸大小根据卸载机架、矿仓尺寸大小和硐室的布置形式来确定。同时要充分考虑安装所需间隙、检修场地、电缆和管路从中穿过等因素。硐室尺寸的确定应留有充分的余地。

卸矿硐室内卸载机架的外缘距硐室墙壁的间隙要满足检修要求,一般不小于 0.5m。有人行道的一侧,卸载机架的外缘离硐室墙壁的宽度不得小于 1.0 ~ 1.2m。吊车梁的上缘距硐室拱顶不得小于 0.5m,吊车梁的安设高度由起吊高度的要求决定。如果有管路,提升钢丝绳通过时,上述各处的间隙要相应地增大。

F 钢绳芯带式输送机装矿硐室

装矿硐室位于破碎硐室下面的碎矿仓或者在接力斜井的转载矿仓的下口,如图 9-86 所示。装矿硐室内设有操作平台和安装给矿机(电振给矿机或板式给矿机)。给矿机的给矿方向与胶带输送机运行方向一致。运量小的带式输送机斜井设一台给矿机、一个装矿硐室。为了不影响持续生产,维修方便,特别是在运量大的斜井中,通常设两台给矿机、两个装矿硐室。

a 装矿硐室的布置形式

装矿硐室一般采用将带式输送机斜井井筒局部加高和加宽的形式。当装矿硐室较小,且位于坚固稳定的岩层中,可采用平顶形式;当位于稳定性较差的岩层中,特别是硐室跨度在 4m 以上时,则应采用拱形结构。

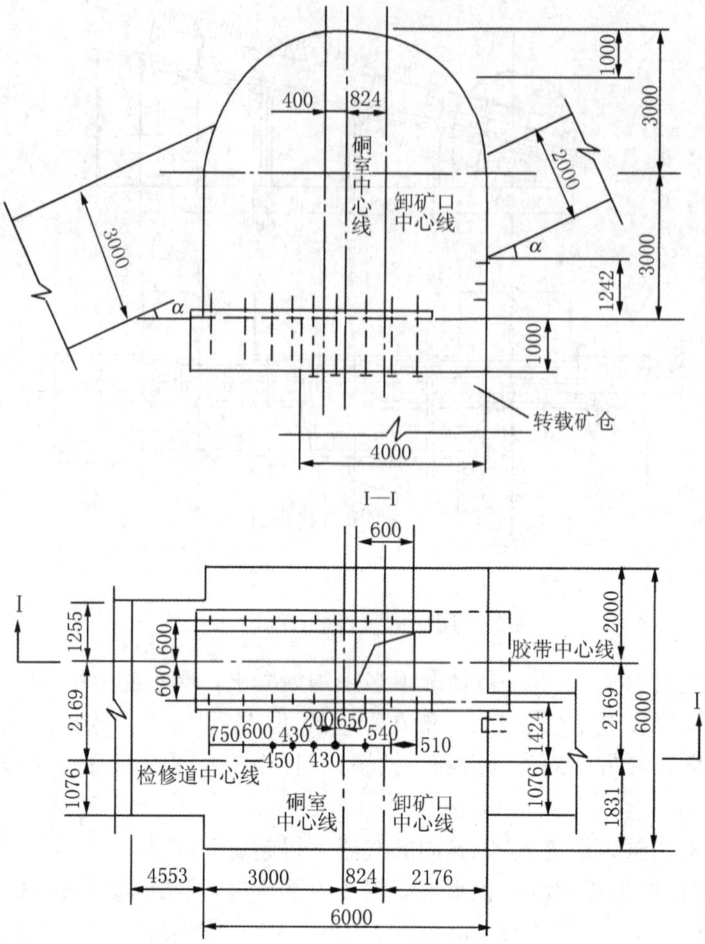

图 9-85 金川带式输送机斜井卸矿硐室

根据破碎硐室与带式输送机斜井的相对位置，装矿硐室的布置形式可分为四种：

（1）纵向布置（图 9-86（a））。此种形式虽对破碎硐室的位置选择受到一定的局限，但由于布置简单、结构合理、管理方便、工程量少，故在设计和生产中广泛采用。

（2）垂直或成斜角布置（图 9-86（b））。此时破碎硐室与胶带输送机斜井垂直或成斜交。碎矿仓是倾斜的，其倾角应大于 55°。

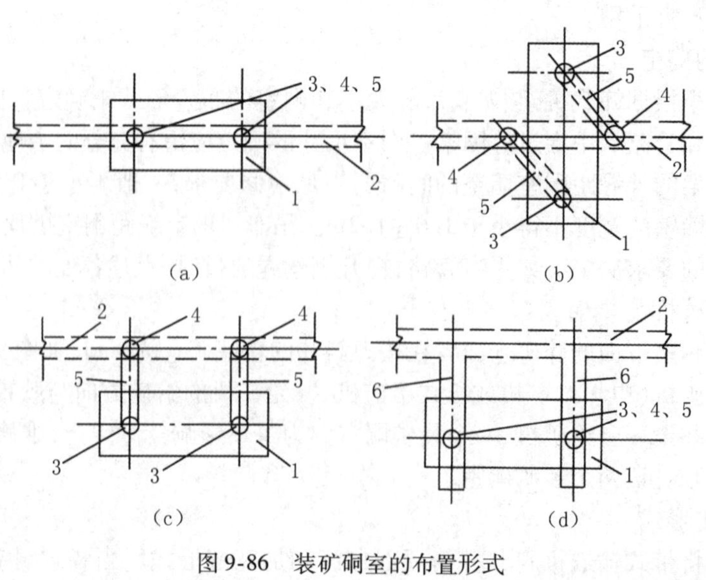

图 9-86 装矿硐室的布置形式

1—破碎硐室；2—带式输送机斜井；3—碎矿仓上口；4—碎矿仓下口；5—碎矿仓；6—转载皮带道

(3) 侧面布置(图9-86(c))。破碎硐室在带式输送机斜井一侧。碎矿仓是倾斜的,其倾角不得小于55°。

第(2)、(3)种布置,虽然结构简单,转运简便、灵活,但矿仓结构不合理,管理不方便,工程量大,实际很少采用。

(4) 侧面转载布置(图9-86(d))。破碎硐室在带式输送机斜井一侧,并距离斜井较远。用转载皮带将矿石运到斜井的带式输送机上。碎矿仓是垂直的,装矿硐室在碎矿仓下口与转载皮带道相连接,而与带式输送机斜井相连接的是转载硐室。这种布置形式可以将破碎硐室选择在坚固稳定的岩层内。矿仓的结构合理,施工既安全又方便。当遇有不良地质条件时,宜采用这种布置形式。由于这种布置结构复杂,多一套转运环节,加大了工程量。

b 装矿硐室尺寸确定

装矿硐室的高度根据操作平台、给矿机的垂直高度、提升检修设备的起吊高度和碎矿仓下口给矿闸门的安装尺寸等因素综合确定。

给矿设备活动部分的最高点与拱顶的间隙不得小于1m。吊车梁的上缘离拱顶的距离不小于0.5m。矿仓下口与硐室连接处,应满足结构上和设备安装上的要求,同时还要满足装矿工艺上的要求。

装矿硐室的宽度,一般比斜井正常段的宽度多一个人行道的宽度。因为在装矿点处,由于维修和生产管理人员经常巡视检查,必须在胶带输送机两边都留人行道。

另外,在装矿硐室内要装设除尘设备或者除尘管路要从中穿过;为确保人身安全,在操作平台上要设置栏杆;考虑人员上下平台,其两侧要设梯子。这些条件和因素,在确定硐室断面尺寸时应统一考虑。

c 装矿硐室的支护形式

装矿硐室一般采用平顶和拱形两种支护形式,如图9-87所示。

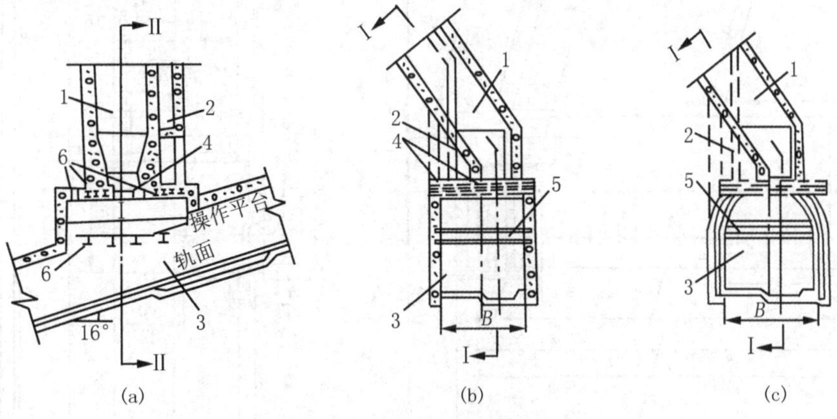

图9-87 装矿硐室支护形式

(a) I—I;(b) II—II 平顶;(c) III—III 拱顶

1—矿仓;2—矿仓检查孔的人行道;3—装矿硐室;4—矿仓口钢梁([20);

5—操作平台;6—预埋钢梁([20,间距500mm)

(1) 平顶支护形式。当矿仓容量较小,硐室围岩稳定,可采用平顶支护形式。用C15~C20级混凝土或钢筋混凝土砌筑,顶部预埋不小于[20号工字钢,间距500~600mm左右。

(2) 拱形支护形式。当矿仓容量较大,硐室围岩稳定性在中等以下时,宜采用拱形支护形式。一般采用钢筋混凝土结构,混凝土采用C20级,厚度一般为300~500mm。

G 拉紧装置硐室

除了钢丝绳牵引带式输送机斜井内有胶带拉紧装置硐室以外,还有钢丝绳拉紧装置硐室,而其他胶带输送机斜井都只有胶带拉紧装置硐室,所以带式输送机斜井内的胶带拉紧装置硐室基本是一样的。

a 胶带拉紧装置硐室的布置形式

胶带拉紧装置硐室的种类有:重锤拉紧式(也称重锤车式)拉紧硐室、重载车式拉紧硐室、自动绞车式拉紧硐室和固定绞车式拉紧硐室等四种。

重载车式拉紧硐室需延长一段斜井井筒,其断面与斜井相同,不需扩大或加高。重锤拉紧式拉紧硐室也要延长一段斜井井筒,但必须将这段井筒局部加宽和加高,如图9-88所示。

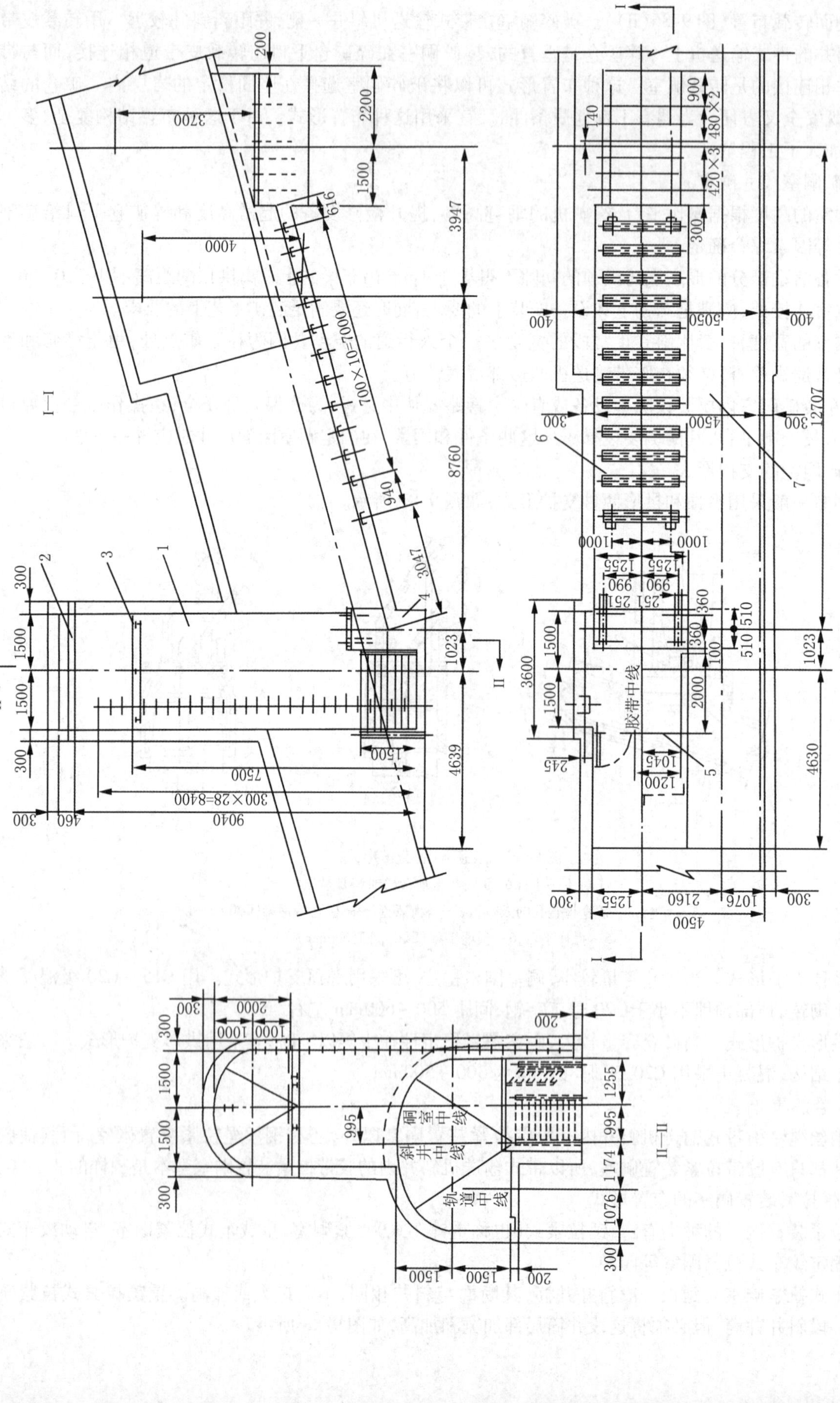

图9-88 重锤拉紧式拉紧硐室（金川二矿区）

1—重锤硐室；2—重锤硐室吊车梁；3—重锤硐室平台（换向天轮平台）；4—换向天轮基础；5—栅栏和栅栏门；6—预埋于拉紧小车底板的槽钢；7—斜井检修道

b 重锤拉紧式拉紧硐室尺寸确定

重锤拉紧式拉紧硐室包括拉紧小车硐室和重锤硐室。拉紧小车硐室头部与装矿硐室相连接,重锤硐室的尾部与井底泵房和粉矿回收硐室相通。

在有条件的情况下,重锤硐室的尾部与运输巷道直接贯通,这样可以不设井底泵房和粉矿回收硐室。水可以通过水沟引入矿区排水系统,粉矿可由沉淀池直接装入矿车。

拉紧小车硐室位于装矿硐室之后,断面比斜井要宽500~600mm。拉紧小车轨面要低于检修道底板约800mm。小车轨道的底板用C10级混凝土抹平,厚度为150~200mm。小车轨道的底板预埋型钢其间距为700mm,作为固定轨道用。

重锤硐室是将斜井井筒加宽,并向上加高,掘砌成一个方形的盲天井形状,断面一般取3m×3m;高度根据重锤行程和平台之上的起吊高度而定,一般取10m左右。换向天轮安装在硐室(盲天井)上部的平台上。平台一般采用钢结构(或木结构),其型号要根据换向天轮、维修人员总重来确定。在平台上方要预埋吊车梁或起吊环,供起吊换向天轮、安装平台和设备用。在硐室的墙壁上要设爬梯,供维修人员和经常向换向天轮注油的工人上、下。

重锤硐室中有悬吊的重锤,地上又有换向轮基础,对来往行人很不安全。为此在硐室地板上,将悬吊重锤覆盖区域内的四周用铁栅栏围起来,并安上小栅栏门,栅栏高1.2m。

H 井底排水及粉矿回收

为了排除带式输送机斜井井底的积水,清理井底沉积的粉矿,在斜井的底部设置水泵房和粉矿回收硐室。因为水和粉矿都在井底集中,所以水泵房和粉矿回收硐室必须结合在一起布置。

水泵房一般在沉淀池旁边,同粉矿回收硐室连接在一起。有时就在粉矿回收硐室一角安装一台水泵,留出检修和操作空间,不单独再设水泵房。吸水管头直接伸入到沉淀池旁边的吸水小井内,把井底积水排至指定地点。

水泵基础应高出地面,水泵上方应设起吊梁或起吊环(钩),在墙壁上要设固定排水管路的预埋件。

产生粉矿的原因很多:由破碎硐室或溜井及转载点流下来的矿浆水,在带式输送机运行过程中撒下来或溢流出来的粉矿,带式输送机因故脱槽的撒矿,装、卸矿硐室的掉矿,积水中的沉淀物。这些粉矿和杂物有的随着流水汇积到井底沉淀池中。

清理粉矿方式有四种:一是人工清理;二是人工加机械清理;三是几个沉淀池多次接力沉淀,最后采用机械化清理;四是排泥罐清理。

煤炭系统采用几种粉矿回收方式,见表9-84。

表9-84 煤矿系统粉矿回收清理方式

序号	矿井名称	胶带型号	能力/(kt/a)	井筒倾角	回收(清理)方式	图示	优缺点
1	河南义马耿村矿	钢丝绳胶带输送机 $B=1000$mm	1200	15°30′	另开清理斜巷,人工装矿车清理矿泥,通过清理斜巷上提至运输大巷水平	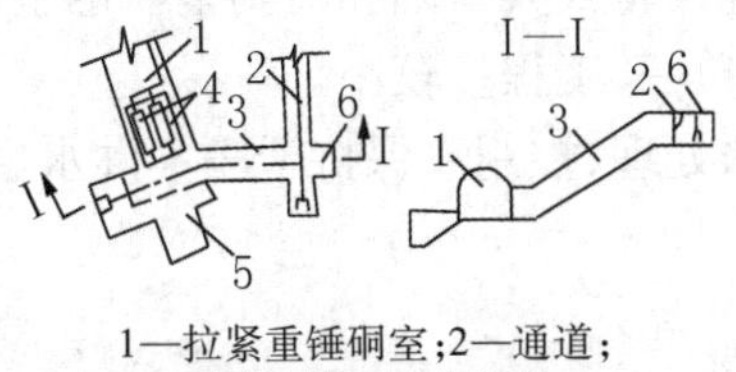 1—拉紧重锤硐室;2—通道;3—清理斜巷;4—沉淀池;5—水窝泵房;6—绞车房	优点:清理简单可靠;清理方便;缺点:劳动强度大;工程量较大
2	山西古交西曲矿	钢绳芯胶带输送机 $B=1200$mm		8°	人工将矿泥装入矿车,水溢流到清水池,由水窝泵房水泵排至中央泵房水仓	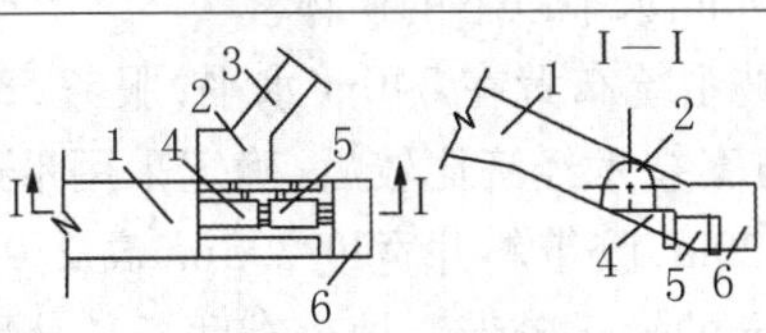 1—主斜井;2—水窝泵房;3—联络斜巷;4—1号沉淀池;5—2号沉淀池;6—水窝	优点:清理简单;工程量少;缺点:劳动强度大

续表 9-84

序号	矿井名称	胶带型号	能力/(kt/a)	井筒倾角	回收(清理)方式	图示	优缺点
3	淮南谢二矿	钢丝绳胶带输送机 $B=1000$mm	900	16°30′	泥水经过1号、2号立式沉淀眼轮换沉淀，矿从下部装车运走，水溢流至下部巷道沉淀仓做二次沉淀	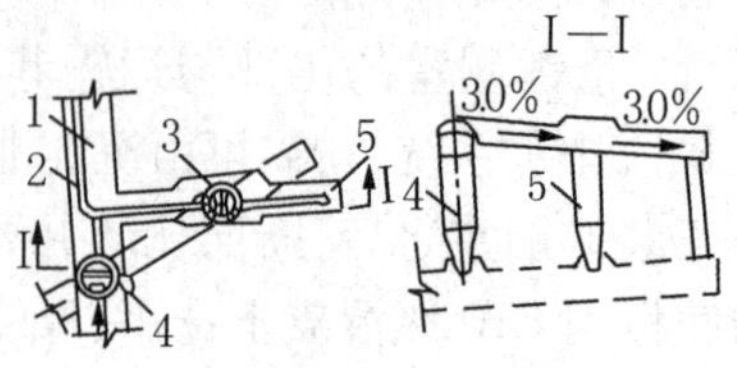 1—钢丝绳胶带暗斜井； 2—水沟；3—2号沉淀眼； 4—1号沉淀眼；5—风眼	优点：沉淀效果好，清理方便；设有绞车；装车方便，劳动强度不大； 缺点：工程量大，施工较困难
4	抚顺龙凤矿	钢丝绳胶带输送机 $B=1200$mm	1800	15°	泥水经过1号、2号沉淀池轮换沉淀。矿泥用链板输送机装车	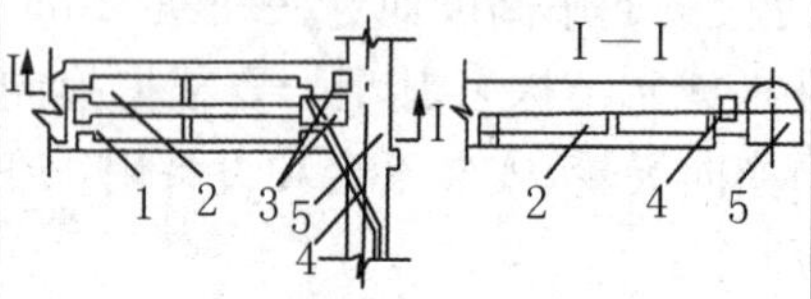 1—1号沉淀池；2—2号沉淀池； 3—3.5马力链板输送机；4—水沟； 5—钢丝绳胶带输送机暗斜井	优点：清理机械化；劳动强度小； 缺点：工程量较大；施工困难

I 其他硐室

a 除尘硐室

在产生粉尘的装、卸矿硐室处应设立安装除尘设备的除尘硐室。有两个装矿硐室而距离较近时可设一个除尘硐室共用。因卸矿硐室距离驱动站较近，可不另设除尘硐室，除尘设备可以安放在驱动站内的斜平台下面或其他空闲处。

除尘硐室的尺寸主要根据除尘设备布置形式、设备的外形尺寸和检修、操作的安全间隙来确定。

b 硫化硐室

胶带输送机应有硫化装置，明斜井的硫化装置设在地表，而盲斜井的设在坑内。它的作用是贴补胶带和连接胶带接头。

盲斜井的硫化硐室一般都设在驱动站（驱动装置硐室）附近。硐室内有硫化器、工作台和吊车系统。

硐室尺寸根据设备的外形尺寸和吊车系统的布置形式确定。硫化器本身用地很小，在斜井一侧扩一个小硐室即可，主要是吊车系统横跨胶带输送机，占用的面积大。工作台的两边应有700mm左右的操作间隙。吊车系统的高度应本着起吊物件时不碰撞带式输送机和影响生产为原则。

c 皮带秤硐室

皮带秤硐室采用加宽一段斜井井筒的形式。硐室位于上部装矿硐室15m左右处。

硐室内有皮带秤设备及其基础和控制室。硐室的尺寸主要根据设备的外形尺寸和控制室的要求确定。硐室设备简单，布置单一，工程量较小。

硐室需要做防水处理，控制室保持干净不淋水。一般采用混凝土支护。

J 矿山实例

a 铜矿峪铜矿

铜矿峪铜矿二期工程，采用双斜井开拓，即一条是带式输送机斜井，另一条是平行于带式输送机斜井的斜坡道，用于开拓690m水平以下的矿体。

二期工程的溜破系统布置在340m水平，服务530m、410m两个阶段，矿量约为129.6Mt，设计生产规模为6Mt/a。经过多方案技术经济比较后，确定采用带式输送机斜井、斜坡道和盲混合井开拓。胶带斜井坡度为12.99%，长约3120m，胶带斜井宽度3.5m、高2.9m，斜井中敷设有长3156m、宽1200mm的带式输送机，底部有一条长约55m的转运胶带。地表有两条长分别约为669m和227m的胶带，将矿石转运至选矿厂。斜坡道平行于胶带斜井，中心线相距30m，斜坡道的坡度沿斜井平均为12.99%，每隔150m设一条联络道，每300m设一个错车道。斜坡道在约2250m时，有一分支上行至554m水平（530m阶段的出矿水平），坡度为

15%。合计斜坡道总长约5000m。胶带斜井斜坡道系统布置如图9-89所示。

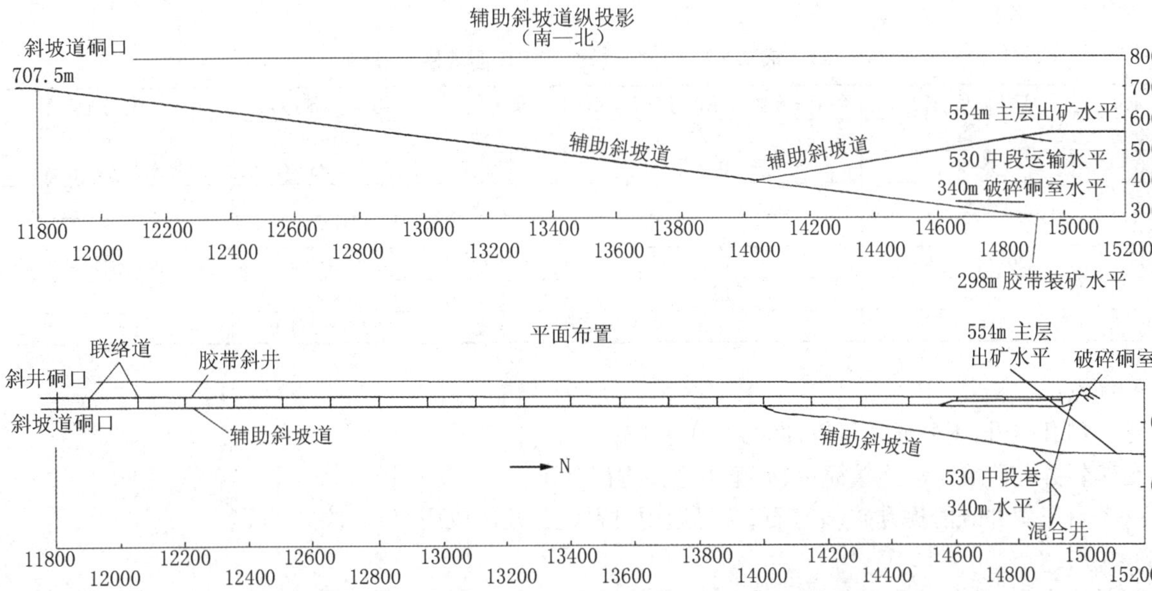

图9-89 铜矿峪铜矿二期工程胶带斜井斜坡道系统布置

矿石由带式输送机斜井运输，废石则由盲混合井提升至690m水平，然后由电机车牵引矿车运往箕斗井旁的废石仓，由箕斗井提升至地表。

b 美国亨德森钼矿

美国亨德森钼矿，原来采用的是平硐有轨运输。该矿位于美国卡罗拉多州的丹佛以西80km处，大陆分界的东面，海拔3170m。辉钼矿床的上部位于红山山峰以下1000多米，最低开采水平在1600m深，使得亨德森矿成为了世界上最深的崩落法矿山（采用自然崩落法）之一。矿床在平面上是椭圆形，两轴分别为670m和910m。矿石经2153m标高的破碎站破碎后，通过胶带输送到25km以外位于大陆分界的西面的选厂。第一段井下胶带长1.6km，第二段井下胶带长16.1km，第三段地表胶带长为6.4km。矿石生产规模为6Mt/a。

9.2.6.9 台车斜井

台车斜井与矿车组斜井基本相同，不同的是斜井与阶段水平连接方式不一样，台车运行轨道的轨距较宽。

斜井（坡）台车有单层单车式、单层双车式和双层单车式三种。其中以单层单车式应用最为广泛，后两种形式应用较少。台车规格见表9-85。

表9-85 斜井（坡）台车规格

名称		单车台车	单车台车	单车台车	单车台车	单车台车	台车	双车台车	双车台车	双车台车
台面尺寸	长/mm	2000	2000	3000	3000	1600	2000	2150	2000	2610
	宽/mm	2000	1500	2000	1700	1315	1100	1800	1130	2100
台面轨距/mm		900	600	600	600	600		600	600	600
倾角/(°)		45	30	23	21°30′	24	30	47	35°30′	32
轨距/mm		900	900	1435	1000	900	600	1000	1100	1300
轮径/mm		400	400	400	300	350	300	400	450	450
轴距/mm		1500	1500	1900	2000	1690	1300	2250	2400	2200
台面轨道中心间距/mm								1050	1250	1200
矿车类型				$0.55m^3$ 翻斗车 1t平板车	$0.6m^3$ 矿车	$0.6m^3$ 矿车			$0.75m^3$ 矿车	KF-0.75
一次装载矿车数/辆		1	1	1	1	1		2	2	2
台车质量/kg		2285	2285	1312	999	694	570	1460	2111	1802
资料来源		鞍山矿山设计院	鞍山矿山设计院	长沙有色设计院	南昌有色设计院	长沙有色设计院	南昌有色设计院	鞍山矿山设计院	长沙有色设计院	长沙有色设计院
使用地点					铜陵狮子山铜矿		福建潘田铁矿		湖南黄沙坪铅锌矿	湖南浏阳磷矿

台车斜井提升的辅助装置有定位阻车器和摇台。台车阻车器见表9-86。台车斜井与车场连接如图9-90所示。

表9-86 斜井(坡)台车阻车器规格

轨距/mm	使用倾角/(°)	台车驶至阻车爪前速度/(m/s)	操纵方式	阻车器质量/kg	使用地点
1300	32	0.2	手动	374.4	
1100	35°30′	0.2	手动	585	湖南黄沙坪铅锌矿
1435	23	0.2	手动	335.7	
900	35	0.2	手动	252.5	
900	20,22,34,36	0.2	手动	162.5	湖南湘东钨矿
1300	30	0.2	手动	450	
1435	14,20	0.2	手动	233.76,234.08	

(1) 优点:

1)台车斜井提升,斜井倾角可以加大到40°左右;

2)台车斜井与阶段车场连接简单,矿车可直接进出台车;

3)一条台车斜井既能提升矿(岩)石,又可运用材料设备及通风用。

(2) 缺点:

1)提升能力小,一次提升1~2个矿车;

2)需人工推车进出,劳动强度大;

3)多阶段作业时,只能采用单钩或台车配平衡锤的双钩提升;台车提两个矿车时,推进拉出矿车时间长;

4)采用双钩提升时,只适用于一个阶段作业,局限性很大;

5)台车本身框架宽,增加了斜井断面;

6)在井底要设置台车阻车器装置,井底车场较复杂。

(3)适用条件:台车斜井适用于斜井倾角30°~40°,提升量在200t/d以下的矿井,用于小矿山或作为盘区、采区的辅助提升。台车斜井在地下矿山应用较少。

9.2.6.10 人车斜井

在大、中型矿山,上、下班人员多又很集中,平时检修人员和管理人员等出入井也很频繁,为了减轻副井的压力,可专门设置人车斜井,或盘区开采需要也可设置人车斜井。人车斜井在运送人员之余兼作材料提升井,也可安放管路及电缆等。

A 人车斜井有关规定

(1) 坡度30°以下、垂直深度超过90m和坡度30°以上、垂直深度超过50m的斜井,应设专用人车运送人员。

(2) 专用人车应有顶棚,并装有可靠的断绳保险器。列车每节车厢的断绳保险器应相互连接,并能在断绳时同时起作用。断绳保险器既能自动,也能手动。运送人员的列车,必须有随车安全员。随车安全员必须坐在装有断绳保险器操纵杆的第一节车厢内。运送人员的专用列车的各节车厢之间除连接装置外,必须附挂保险链。连接装置和保险链,应经常检修并定期更换。

(3) 采用专用人车运送人员的斜井必须装设符合下列规定的声、光信号装置:每节车厢都能在行车途中向提升司机发出紧急停车信号;多水平运送时,各水平发出的信号要有区别,以便提升司机辨认;所有收发信号的地点,都要悬挂明显的信号牌。

(4) 斜井运输必须有专人负责管理。乘车人员必须听从随车安全员指挥,按指定地点上、下车,上车后必须关好车门,挂好车链。斜井运输时,禁止蹬钩;禁止人员在运输道上行走。

(5) 倾角大于10°的斜井,应设置轨道防滑装置,轨枕下面的道渣厚度不得小于50mm。

(6) 斜井运输的最高速度,不得超过下列规定。运输人员或用矿车运输物料:斜井长度不大于300m时,3.5m/s;斜井长度大于300m时,5m/s;车辆在甩车道运行速度不得大于1.5m/s;斜井运输人员的加速度或减速不得超过0.5m/s^2。

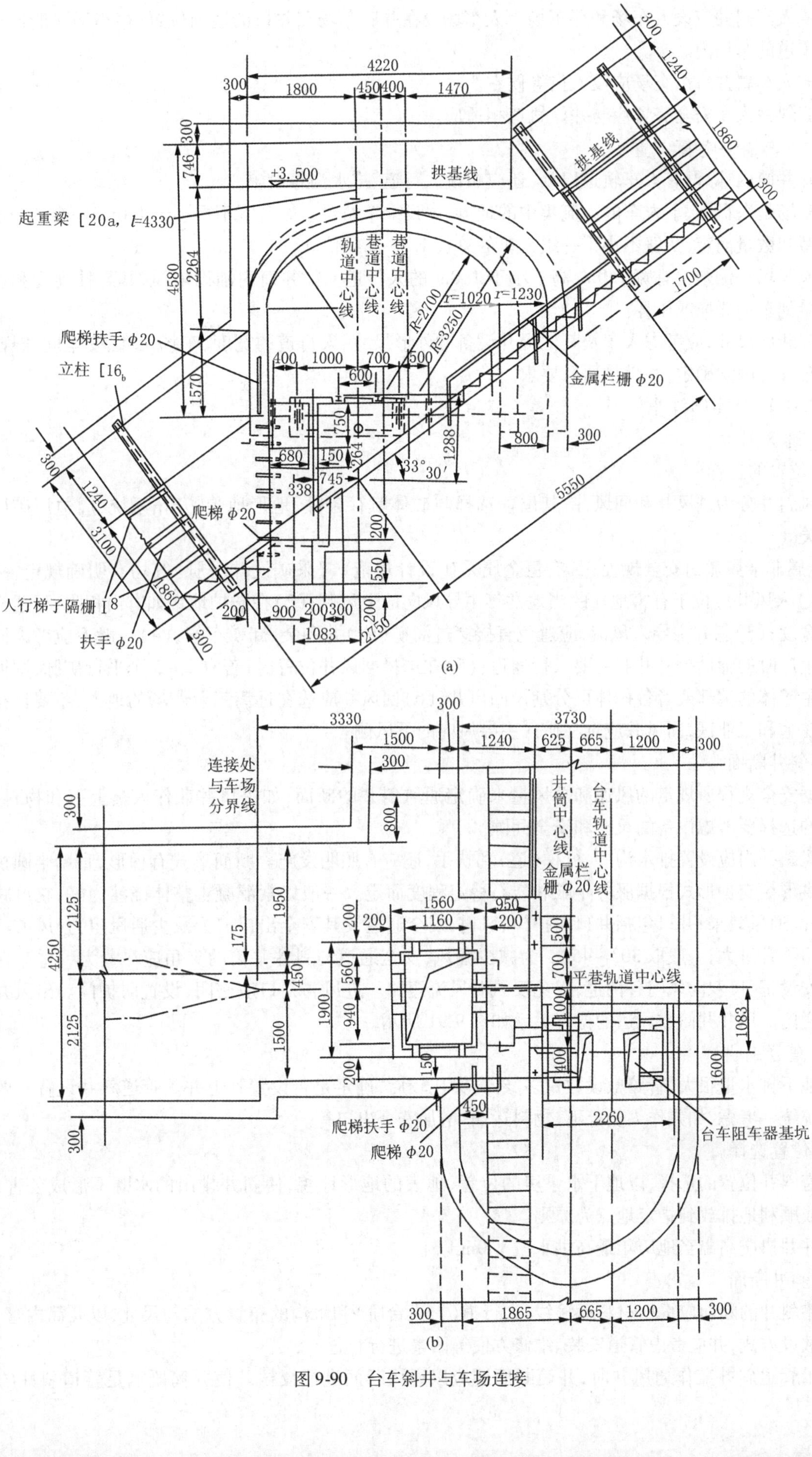

图 9-90　台车斜井与车场连接

(7) 人车斜井应设人车场和存车场。人车场设在井底车场和井口的适当位置；存车场一般选在地表或井下甩车道的车场内。

(8) 人车斜井每个车场应设人员等候室。

(9) 斜井人车安全装置应与井筒轨道相适应。

B 人车斜井井筒布置

斜井井筒内，除设有人车轨道以外，还应布设人行道、排水沟等设施。

人车场是人员上、下人车的人流集中的地方，要设乘车站台。站台宽不得小于1.0m，站台的长度应根据人车类型和数量而定，一般不小于一组人车的总长1.5~2.0倍。

在人车场一侧须留有宽1.0m、高不小于1.8m的人行道。如井筒内铺设电缆，其悬挂高度和位置应保证不致受到车辆碰撞或压坏。

斜井断面尺寸，应考虑人车及其他提升设备的外形尺寸、人行道的宽度、车场尺寸、安全间隙规定、管路及电缆布置等因素确定，并满足通风要求。

9.2.6.11 其他斜井

A 通风斜井

a 位置的选择

通风斜井分为进风井和回风井，其位置选择与矿体赋存条件、地形地貌、开拓系统、周边厂矿居民区等分布有关。

《金属非金属矿山安全规程》、《有色金属采矿设计规范》、《采矿设计手册》等均有明确规定，一般要求如下：(1)入风井应位于有害地点的当地常年主导风向的上风侧；(2)在防护地带如有山相隔，可适当减小防护地带宽度；(3)斜井主导入风流，应避免直接穿过溜矿（岩）井和装、卸矿车场；(4)一般不应考虑回风井作为正常生产时的辅助提升井和主要人行通道；(5)在选择回风井位置时，若有2~3个平行矿脉，则回风井应布置在主矿体的端部或者各矿体可分别设回风井；(6)回风井应选在远离工业广场的地方，不要让排放的污风污染住宅和工业区，回风井应选在矿区主导风向的下风侧。

b 斜井断面

根据安全规程所规定的风速和总风量来确定通风斜井的断面，如进风井兼作人员上下和物料井时，井筒断面的选择要考虑设备的尺寸和安全间隙。

通风斜井内应设置排水沟、人行梯（道）和扶手，还应有照明设施。断面形式有梯形、直墙半圆拱形和直墙三心拱形。支护形式根据服务年限和岩石稳定程度而定。一般以素混凝土整体浇灌为好，它可减少通风阻力，提高通风效果；井口包括井口防护门、风道、安全通道及其安全出口。为减少通风阻力，风道与斜井井筒的夹角不宜过大，一般取30°~45°。为减少漏风，安全通道与斜井井筒的夹角应尽量大一些。在安全通道内应安设正、反双向风门各两道，以免反风时风流短路。进风井井口应密闭，设置防护门。出风井井口应设置栅栏门。风井井筒与风道的位置关系如图9-91所示。

B 管道斜井

当地下排水量很大，管路敷设数量多，经方案比较后，确定是否设置管道井。管道斜井设置一般同相关开拓系统统一考虑，如兼作人员上下、物料运输、增加安全出口等。

a 位置选择

管道斜井位置的选择，以地下水泵房的位置、地表的地形地貌，使斜井排出的水既不形成公害，又能便于利用或顺利地排放到指定地点为原则。

斜井井口应高出当地历年最高洪水位1.0m以上。

b 斜井断面

管路斜井的断面应根据材料运输线、人行道（行人台阶）和水沟的布置方式与尺寸，以井筒内管子数量、布置和敷设方式，并应考虑管道安装、维修方便等因素进行布置。

如果管道斜井兼作通风井时，井筒断面还应以通风断面进行校核。使井筒既满足管道斜井的有关要

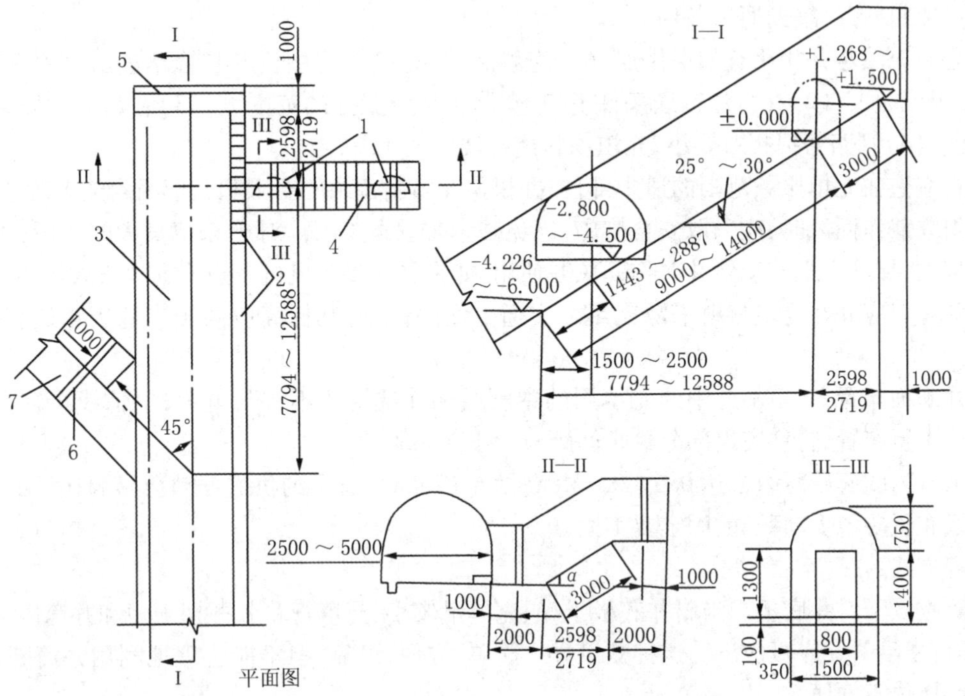

图 9-91 某矿通风斜井井口与风道布置

1—双向风门;2—行人台阶;3—斜井井筒;4—安全通道及安全出口;5—井口防护门;6—栅栏门;7—风道

求,又保证风量及风速的要求。

管道斜井断面布置如图 9-92 所示。

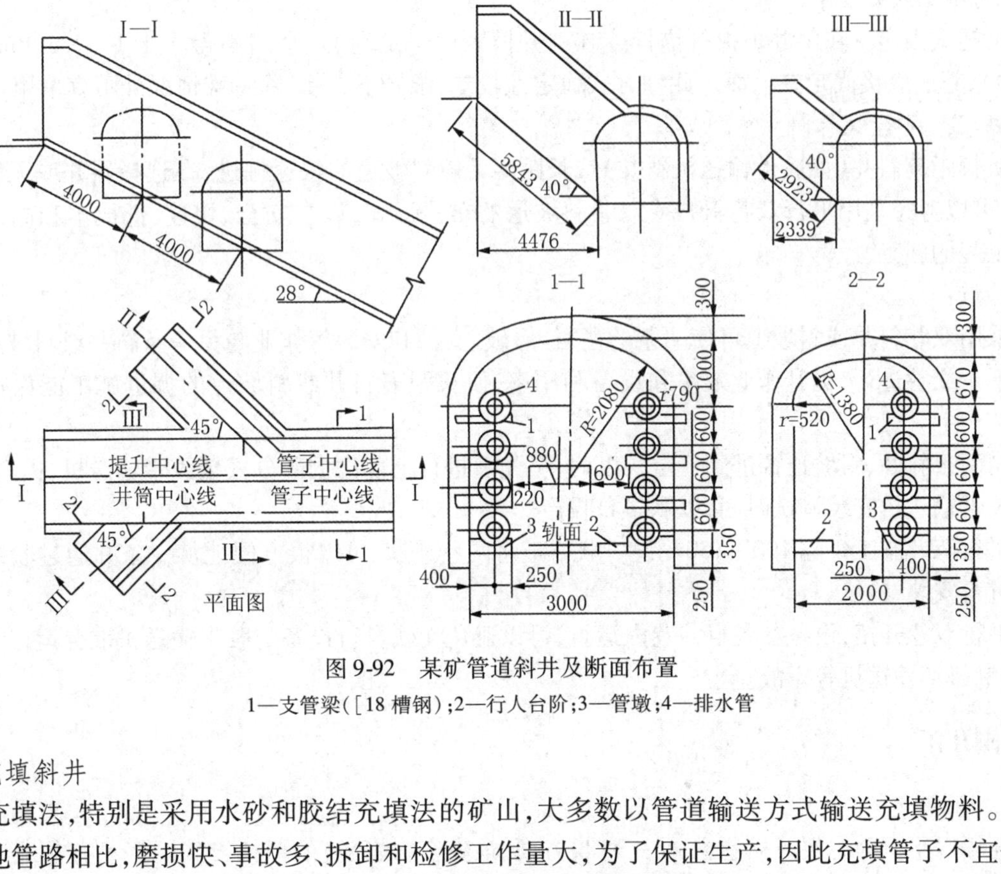

图 9-92 某矿管道斜井及断面布置

1—支管梁([18 槽钢);2—行人台阶;3—管墩;4—排水管

C 充填斜井

采用充填法,特别是采用水砂和胶结充填法的矿山,大多数以管道输送方式输送充填物料。由于充填管路同其他管路相比,磨损快、事故多、拆卸和检修工作量大,为了保证生产,因此充填管子不宜安放在主、副井内,而专门设一条用于充填工艺的充填井。充填井可以在基建时期作为措施井,也可以在生产时期作为安全出入口或材料井、辅助通风井用。

充填斜井与充填竖井相比有如下优点:(1)充填倍线(充填管路总长度与管路进出口垂直高差之比)比竖井的小,充填能力大;(2)在自流输送条件下,一套制备系统服务的范围大;(3)在斜井内安装、更换、维修管子比较方便;(4)管路磨损相对要小,充填物料离析现象也比较轻。

斜井位置应选在充填服务范围的适中部位,并根据充填制备站的要求和其他因素加以调整。

当充填斜井兼作回风时,应采取安全措施,以免维修时危害工人。对于充填量大的矿山,由于充填管路的维修工作量大,最好不把充填斜井兼作回风井使用,如果采取多台风机管道式通风方式可不在此限。

充填斜井井口应处在充填材料来源充足或交通方便的位置,其标高应高于当地历年最高洪水位 1.0m 以上。

充填斜井断面布置:充填斜井中的充填用的主管线和冲洗管线不宜与电缆、电信线布置在同一侧。若两条充填管子平行布置,管件突出部分最小间距应大于 0.3m。

由于充填管内的起始压力常达 0.6~0.7MPa(即 6~7atm),管子的机械振动会影响托梁的稳定性,因此斜井内的管线布置要稳妥,管子的固定要牢固。

管子固定方式:

(1) 直接敷设于斜井底板。当斜井底板干燥、充填量较小、充填管路服务期限短和井筒内无提升任务的条件下,管子可以沿斜井底板敷设。这种敷设方式简单、方便、可靠,但不能合理地利用井筒断面,对管路维修、定期翻管、换位不方便。

(2) 座墩或立柱架设。当充填量大、井筒服务年限长、充填管管内压力较大的情况下,充填管一般采用座墩或立柱架设。座墩或立柱可用不低于 C15 级混凝土浇筑。

(3) 悬臂梁架设。在斜井壁预埋型钢作为固定管子的托梁。托梁的埋置深度和型号应根据作用在其上的总设计荷载及位置,按悬臂梁的计算方式选取。此种方式不影响运输和行人,斜井断面利用率高,但材料消耗量大,对施工质量要求严格。

(4) 吊挂式固定。在斜井顶板打锚杆或在斜井横断面一定高度(垂高不得小于 1.6~1.8m)处架设横梁(即顶梁),管子直接固定在上面。此种方式稳定性较差,维修不方便,除特殊情况外不宜采用。

9.2.6.12 平行双巷斜井

为加快长距离斜井(如胶带输送机斜井)或长距离无轨斜坡道的快速掘进,在选择斜井或无轨斜坡道开拓方式时,可以考虑采用平行双巷斜井或双巷斜坡道的布置形式,以求安全、快速、低成本和高效率地进行矿山开拓工程的施工。

主要特点:

(1) 采用双巷斜井或斜坡道可使一条的凿岩、爆破、支护和安装等作业与另一条斜井或斜坡道的装岩出渣等作业平行交替进行,提升作业效率和设备利用率;使长距离斜井或斜坡道的掘进施工能保持良好的作业环境。

(2) 当两条斜井、斜坡道掘进到一定长度时,可先后进行上部已掘部分安装胶带输送机,提高运输能力,又可缩短胶带输送机安装调试时间,以利早日投产。

(3) 平行双巷施工每隔 100~150m 设一联络道将两巷连通,可以很方便地从一条井通过联络道对另一条井设备进行安装、检修。

(4) 平行双巷开拓,设备在各自井巷内运行,可以避免无轨自行设备与胶带输送机混合运行时的相互干扰,防止车辆碰坏输送机等事故。

9.2.7 平硐开拓

9.2.7.1 概述

平硐开拓以平硐为主要开拓巷道,是一种最方便、最安全、最经济的开拓方式。但只有在地形有利的条件下,即矿床赋存于山岭地区、在周围地平面以上,才能发挥其优点。

A 优点及适用条件

平硐与竖井、斜坡道和斜井开拓相比,主要优点:

(1) 矿石利用自重溜放,矿坑水自流流出,运矿成本很低,排水费用很少,节省能源。

(2) 出矿系统简单,设备少,投资省。

(3) 平硐施工简单易行,掘进设备少,速度快,缩短基建时间。采用阶段平硐开拓时,同时作业工作面多,优点更显突出。

(4) 生产运输安全可靠,管理方便。

(5) 潜在运输能力大,改、扩建方便,见效快。

(6) 废石排弃方便。在环保和地形允许的条件下,可通过平硐出口沿山坡等高线排弃废石,或通过废石溜井经平硐排至沟谷中。

平硐开拓适用于矿体赋存在地表以上,开采其全部或部分矿体。许多矿山实践表明,条件适合时采用平硐开拓均收到了良好的效果。目前,我国适合平硐开拓的新建矿山已经不多。

B 分类

(1) 按出矿系统不同可分为主平硐开拓、组合平硐开拓和阶段平硐开拓。

1)主平硐开拓。主平硐布置在矿床的最低水平,一般可配置 1 ~ 2 个辅助井筒,1 ~ 3 个主溜井,1 ~ 2 个出风平硐或风井。辅助井可以是明竖井、盲斜井或盲斜坡道。主平硐以上各阶段的矿石、废石通过主溜井下放到主平硐后运出。人员、设备和材料,由辅助井或无轨斜坡道送至上部各个阶段;也有在地面用有轨斜坡道或汽车联系各阶段平硐的。新鲜风流由主平硐进入,经辅助井筒或专用风井上升到各个阶段,污风由回风平硐或回风井排出,如图 9-93 所示。这种开拓方式使用较广泛。

2)组合平硐开拓。组合平硐开拓是两个或两个以上的平硐共用一个出矿平硐接续开拓一个矿床,如图 9-94所示。上部各阶段采出的矿石,通过 1 ~ 3 段溜井运转到下部的平硐运出;人员、设备和材料用 1 ~ 3 段辅助井筒提升到上部各个阶段。此方法的主要优点是各平硐和主溜井的长度小,可降低施工难度;辅助井筒、主溜井和平硐可随开采阶段的下降而逐步报废,从而降低井巷维护费。但是矿石需要经过多段转运,运输环节多、管理复杂、效率低;只适用于平行于山坡方向的矿脉成组出现,且脉组间距较大,各脉组赋存标高随山势而升降的特殊条件下。

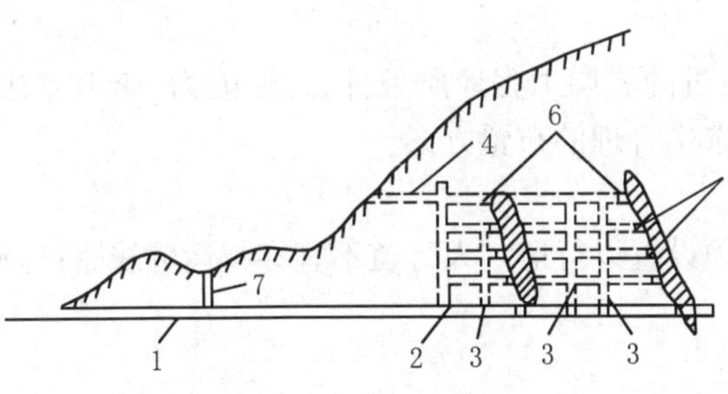

图 9-93 主平硐开拓

1—主平硐;2—辅助井;3—主溜井;4—回风平硐;5—运输平巷;6—回风平巷;7—措施井

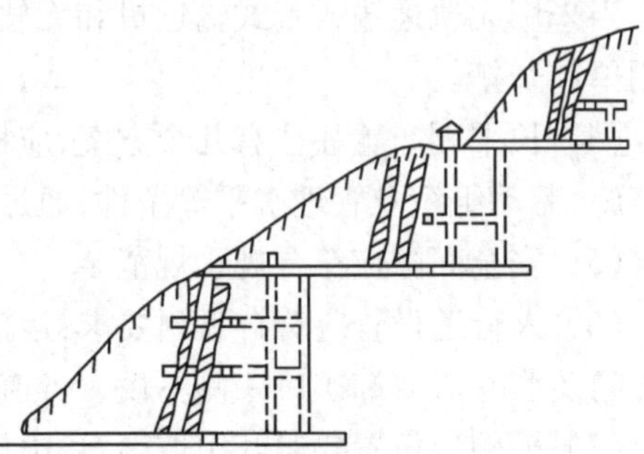

图 9-94 组合平硐开拓

3) 阶段平硐开拓。阶段平硐开拓是在每个阶段设置一个平硐直达地表出口,一般不设溜井和辅助井。适用于矿体距地表较近,平硐长度较短的矿体。

(2) 按主平硐与矿体的相对位置可分为下盘平硐开拓、上盘平硐开拓和侧翼平硐开拓。

1) 下盘平硐开拓。平硐和有关的辅助开拓井巷布置在下盘围岩中,各阶段采下的矿石通过主溜井下放至主平硐,可用电机车等运输设备运出硐外,人员材料由辅助井提升至上部阶段。为改善通风、人行、运出废石条件,上部阶段可设辅助平硐通达地表。下盘布置平硐,一般不受采空区岩层移动的影响,维护条件好,因此使用广泛。

2) 上盘平硐开拓。开拓井巷必须远离矿体,才能位于采空区岩层移动范围以外,开拓工程量大;若矿体延深到平硐水平以下,平硐本身也会受岩层移动的影响,保护条件差;有时需要留平硐保安矿柱。

3) 侧翼平硐开拓。平硐位于脉内或下盘围岩中,方向与矿体走向一致。这种开拓方法使得井下运输为单向运输,矿岩运输功大。若平硐位于下盘围岩中,平硐无探矿作用,且需要开拓通向矿体的平巷;若位于脉内,平硐可起探矿作用,且掘进时有副产矿石,但必须留平硐保安矿柱;若平硐以下还有矿量,平硐本身位于采空区岩层移动范围内,维护比较困难。

9.2.7.2 平硐开拓应遵循的原则

A 一般原则

(1) 当矿体赋存条件可利用平硐溜放运输时,应优先考虑采用平硐开拓。矿石采用溜井下放,人员上下和设备、材料运送可采用辅助平硐、竖井、斜坡道或斜井提升运输。

(2) 主平硐口的标高越低越好。为了尽量增加开拓矿量,主平硐口要低,但平硐口的标高必须高于当地历年最高洪水位 1m 以上。同时,平硐口标高往往受地面矿仓受矿口的标高所限制,它又必须与受矿口的标高相适应。

主平硐采用电机车直接运输矿石至选厂受矿仓时,硐口的标高应以 0.3% ~0.4% 的下坡到达受矿仓的受矿口标高。当采用矿用自卸汽车或带式输送机运输时,应根据地形和设备的允许运行坡度确定。当矿石直接外运,受矿仓的受矿口标高按装车高度等条件确定。当平硐口与选厂标高相差很大,矿石还需转运才能到达选厂,此时只按主平硐口自身合理的标高确定。

(3)主平硐采用单巷还是双巷与平硐的运输能力、通过的岩层稳固性、运输设备的规格及平硐长短有关。

采用有轨运输的中小型矿山,多用单轨运输,必要时可加错车道。大型矿山,特别是采用长平硐的特大型矿山,由于选用的运输设备大,因而主平硐的断面也大,如岩石稳固,节理、裂隙少,不通过大的构造带时,可采用单巷双轨平硐,否则应采用双巷单轨平硐。采用双巷单轨平硐时,当一条平硐发生事故而不能继续掘进时,另一条平硐仍可继续掘进,并可在合适的位置开凿联络巷道,以恢复发生事故平硐的施工,这对于长平硐施工是至关重要的,并且掘进时也有利于运输和通风,生产期间也便于管理。但双巷平硐的掘进量大,投资高,因此在选用时,要经过慎重的分析比较后,再作决定。

当采用无轨运输或带式输送机和无轨联合运输时,由于断面大,可考虑采用双巷开拓。小型矿山也可采用单巷开拓。

(4) 长平硐布置往往有几个方案,应根据地表地形、通过的岩层工程地质条件、运输能力、施工方法、通风措施、劳动组织及管理水平等条件,通过技术经济比较,选出合理的布置方案。

(5) 安全间隙应符合规程规范。

(6) 人行道设置应符合下列要求:运输巷道的一侧必须设置人行道。人行道不宜穿越运输线路;运输线路之间及溜井口或卸矿口一侧不设人行道。

(7) 平硐口位置要避开山坡滚石、山崩和雪崩等危害。

B 长平硐应注意的问题

长平硐是长距离平硐的简称,由于平硐开拓具有许多优点,我国矿山有的主平硐长达 3 ~5km,美国一钼矿主平硐长达 15.8km,采用平硐开拓仍是合理的。但要处理好下面问题,可以使平硐开拓的优点得以充分发挥。

(1) 长平硐是矿山基建时期的控制性工程。为了加快施工进度,缩短建设周期,必须减少长平硐的施工时间,因此,在地形适宜的地方开掘措施工程,如措施竖井、平硐或斜井等,以增加平硐同时施工的作业面数目。国内许多矿山在长平硐施工中采用多种措施井办法,显著加快了长平硐的施工进度。

(2) 采矿工业场地问题。采矿工业场地若建在长平硐口附近,则作业人员需从硐口进入,经副井提升后才到达作业面,从而增加了作业人员上下班时间,缩短了纯作业时间;而且,压气管路从硐口进入,由于距离长,增加了漏气量和压力损失,使作业面的压气量和压力减少和降低;井下的设备、材料等的运送时间也较长。这些因素对体现以人为本、提高劳动生产率均有不利的影响。因此,在条件允许的情况下,采矿工业场地可考虑布置在副井的井口附近,使上述问题得到改善。

(3) 平硐施工,特别是涌水量大的长平硐,尽可能避免下坡掘进。

C 平硐开拓矿山实例

我国采用平硐开拓矿山见表9-87。

表 9-87 平硐开拓矿山实例

矿山名称	矿床赋存要素				生产能力/(Mt/a)	主要开拓巷道位置	主平硐			溜井			辅助竖(斜)井			备注
	走向长/m	延深/m	倾角/(°)	厚度/m			条数	断面	长度/m	条数	断面	长度/m	条数	断面/m²	长度/m	
綦江白石潭铁矿	400~900	1100	33~36	0.7~2.97	0.105	下盘	1	宽×高:2.6m×2.75m	1039.4				斜井3条	4.93 5.34	420 453 400	上部斜井1条;中部斜井2条
綦江大罗坝铁矿	1000	600	18~22	2.0	0.255	脉内	1	双巷:3.78m×3.06m,单轨:2.54m×2.65m	208				斜井1条	5.64	621	
田湖铁矿赵家中矿区	200~1000	202	40	1.69	0.1	下盘							斜井1条	8.57	400	
庞家堡铁矿	8600	垂深350	25~35	Ⅰ层矿1.87	2.5	下盘				一区溜井 二区溜井 三区溜井 四区溜井 五区溜井	ϕ2~2.5m 2m×2m	270 270 270 三段 两段	一盲斜井 二盲斜井 三盲斜井 四盲斜井 五盲斜井		446 422 416 533	三段溜井
				Ⅱ层矿1.35		上盘	1	13.0m²	1860							
				Ⅲ层矿0.8		下盘	1	12.68m²	5100							
湘东清水铁矿	3400	800	25~75	1.51	0.2	侧翼	1	7.09m²	4256	1	1.8m×2m	62	1	5.06	150	主平硐与潞水矿共用
龙泉铅锌矿	350		0~42	4.0~43.59,平均16.54	0.132	下盘	1	5.58m² 9.89m²	394.32	1	ϕ2.5m	140				地面公路与各阶段硐口相通
柿竹园多金属矿	600~980	300左右	10~15	100~200,最厚300	0.99	下盘	1	12.02m² 14.73m²	2081.24	4	ϕ3m	两条110 两条178	斜坡道一条	11.22	1176	
务川汞矿	2700~4300	400	10~25 45~80	0.31~12.35	0.066	下盘	1	5.6m²	1010	3	ϕ2.5m	170 55 130				
锡铁山铅锌矿	850~1365	628	60~80	4~16	1	下盘	1	13.88m²	1050	2	7.07m²	160×2				地表公路通各阶段平硐
陕西银洞子银铅矿	550	727	30~45	4	0.1	下盘	1	5.6m²	418	1	7.06m²	120				地表公路通各阶段平硐
陕西银母寺铅锌矿	250~900	350	73~85	3	0.66	下盘	1	净5.11m² 掘6.11m²	391.9				1	12.57	222.7	
开阳磷矿	4600	1100	30~45	6~7	1	下盘	1	11.8m²	510	4	7.07m²	40 80 160 200	斜井4	4.3	208×4	

续表 9-87

矿山名称	矿床赋存要素				生产能力/(Mt/a)	主要开拓巷道位置	主平硐			溜井			辅助竖(斜)井			备注
	走向长/m	延深/m	倾角/(°)	厚度/m			条数	断面	长度/m	条数	断面	长度/m	条数	断面/m^2	长度/m	
湖北王集磷矿	4200		25 ~ 38	8	1.5		南区1条 中区1条	8.6m^2 8.6 ~ 9.0m^2	1200 1500	3 3	4.91m^2 4.91m^2	90 60 30 90 90 30				
金河磷矿	2300	500	8 ~ 23	6 ~ 10	0.5		1	8.55m^2	395	2	3.14m^2 4m^2	35 69				斜坡道
炭窑口硫铁矿	1770	500	56	6.64	0.5		1	8.2 ~ 12.5m^2	1460	3	4.80m^2	100				
741-1 矿	2100	300	60 ~ 70	1 ~ 2	0.08	下盘	1	4.77m^2	650				1	ϕ4m	209	
743-1 矿	500	250	65 ~ 80	1 ~ 1.5	0.03	沿走向下盘	1	6.05m^2	370				1	5.59	150	
松树脚锡矿	245 ~ 910	220 ~ 450	10 ~ 15	2 ~ 10	0.495	下盘	1	5.07 ~ 10.78m^2	2397	4	ϕ2.3m	175 ~ 200	2	ϕ4.1 ~ 4.6m	191 ~ 219m	
东川矿务局烂泥坪铜矿	1000 ~ 1500	1500 ~ 1944	15 ~ 18	2.4 ~ 4.1	0.264	下盘	1	2.65 ~ 2.8m^2	1440	6	ϕ2.3m	20 ~ 150	1	2.5m × 3.5m	197	
易门狮山铜矿	30 ~ 325	20 ~ 600	64 ~ 82	1 ~ 30.9	0.594	下盘	1	5.86 ~ 6.04m^2	1443(单条长)	1	ϕ2.5 ~ 3.5m	293	1	ϕ4.2m	260	
易门狮山分矿	680 ~ 900	600	25 ~ 60	18 ~ 22	0.693	下盘	1	5.31 ~ 11.81m^2	2089	2	ϕ2.0m	100 ~ 150	1	ϕ5.5m	250	

9.2.7.3 平硐设计所需的资料

平硐设计所需的资料如下：

(1) 工程地质和水文地质资料，参见 9.2.4.6 节内容。

(2) 平硐的服务年限、用途以及对通风、防火、环保等方面的要求。

(3) 平硐通过的运输设备类型、规格尺寸、坑内外运输的联系。

(4)平硐内的装备设施和管、缆的规格尺寸、数量及架设、检修要求。

(5)工业场地对平硐口的相对位置的要求。

(6)材料的供应与价格。

9.2.7.4 平硐断面及其设施

A 平硐断面形状及其适用条件

平硐(巷)断面形状有梯形、三心拱形、圆弧拱形、半圆拱形、马蹄形、圆形和椭圆形等，其适用条件见表 9-88。

表 9-88 平硐(巷)断面形状和适用条件

形 状	适 用 条 件
梯 形	用于围岩稳固，服务年限短，跨度小于 3 ~ 4m 的巷道
三心拱形	断面利用率较高，用于顶压较小、围岩坚固的开拓巷道
圆弧拱形	断面利用率高，用于顶压较小、无侧压或侧压小于顶压的平巷和硐室
半圆拱形	断面利用率低，用于顶压大、侧压小、无底鼓、服务年限长的巷道
马蹄形	多用于围岩松软、有膨胀性、顶压和侧压很大，且有一定底压的巷道
圆形、椭圆形	用于围岩松软、有膨胀性、四周压力均很大，其他形状不能抵抗周围压力的巷道

B 平硐断面宽度和高度

a 断面宽度的确定

平硐(巷)净宽度 B_0 及其高度，应根据运输设备及通过的大件尺寸，运输设备之间、运输设备与支护及管缆之间的安全间隙，人行道宽度，架线和管缆敷设及通风、施工等要求确定。

计算后的平硐(巷)净宽按50mm的倍数向上选取。

(1) 人行道的宽度。人行道宽度应符合表9-89的规定。

表9-89 人行道宽度 (mm)

运输方式或地点	电机车	无轨运输	带式输送机	人力运输	人车停车处的巷道两侧	矿车摘挂钩处巷道两侧
人行道宽度	≥800	≥1000	≥1000	≥700	≥1000	≥1000

(2) 平硐弯道的加宽。车辆在弯道上运行时,平硐(巷)宽度应加宽,加宽值应符合表9-90的规定。

表9-90 弯道加宽值 (mm)

运输方式	内侧加宽	外侧加宽	线路中心距加宽
电机车运输	100	200	200
人力运输	50	100	100

弯道加宽段应向直线段延伸,其长度应按下式计算:

$$L_1 \geqslant \frac{L + L_s}{2} \tag{9-142}$$

式中 L_1——延伸长度,mm;

L——车辆长度,mm;

L_s——轴距,mm。

(3) 线路中心距。线路中心距应保证两列对开列车最突出部分之间的间隙不小于300mm,并考虑设置渡线道岔的可能性。电机车、矿车的线路中心距见表9-91。

表9-91 线路中心距

运输设备		设备外形尺寸/mm			轨距/mm	中心距 s/mm
		长	宽	高		
井下矿用架线式电机车	1.5t	2420	920 1090 1220	1550	600 762 900	1250 1400 1550
	3t	2980	980 1150 1280	1550	600 762 900	1300 1450 1600
	6t	4500	1060 1230 1360	1600	600 762 900	1400 1550 1770
	10t	4800	1060 1230 1360	1600	600 762 900	1400 1550 1700
	14t	4900	1360	1600	600、762、900	1700
	20t	7390	1600	1700	762、900	1900
固定车厢式矿车	YGC0.5(6)	1200	850	1000	600	1150
	YGC0.7($\frac{6}{7}$)	1500	850	1050	600 762	1150
	YGC1.2($\frac{6}{7}$)	1900	1050	1200	600 762	1350
	YGC2.0($\frac{6}{7}$)	3000	1200	1200	600 762	1500
	YGC4.0	3700	1330	1550	762 900	1650
	YGC10.0	7200	1500	1550	762 900	1800
翻转车厢式矿车	YFC0.5	1500	850	1050	600	1150
	YFC0.7	1650	980	1050	600 762	1300
	YFC1.2				900	

续表 9-91

运输设备		设备外形尺寸/mm			轨距/mm	中心距 s/mm
		长	宽	高		
单侧曲轨侧卸式矿车	YCC0.7	1650	980	1050	600	1300
	YCC1.2	1900	1050	1200	600	1350
	YCC2.0	3000	1250	1300	600 762	1550
	YCC4.0	3900	1400	1650	762 900	1700
	YCC6.0	5000	1800	1700	762 900	2100
底卸式矿车	YDC4.0	3900	1600	1600	762	1900
	YDC6.0	5400	1750	1650	762 900	2050
	YDC10.0				900	

注：由电机车和矿车宽度决定的线路间距 s，取其中最大值。

b 平硐高度的确定

平硐（巷）高度应符合下列规定：

（1）当采用装配式支架时，平巷的高度应留有100mm的下沉量；

（2）采用架线式电机车运输的平巷高度，应满足滑触线悬挂高度的要求，滑触线悬挂高度（从轨面算起）必须符合下列规定：

1）运输平巷，电源电压低于500V时，悬挂高度不低于1.8m；电源电压高于500V时，悬挂高度不低于2m；

2）井下调车场、架线式电机车道与人行道交岔点，当电源电压低于500V时，架线高度不低于2m；当电源电压高于500V时，架线高度不低于2.2m；

3）从竖井的阶段马头门或斜井的井底到运送人员车场处的架线高度不低于2.2m；

4）电机车的受电弓子到巷道支护的安全间隙不应小于300mm；

（3）用蓄电池电机车或用其他有轨运输方式时，轨面至巷道顶板（支护）的高度不应小于1.9m；

（4）无轨运输时，车辆顶部至巷道顶板（支护）的距离不应小于0.6m；

（5）平巷高度应满足人行道的净高不小于1.8m的要求；

（6）拱形巷道的拱高，应根据岩石的稳固性，取巷道净宽的1/2、1/3或1/4；

（7）拱形巷道的墙高，应按架线高度、人行道高度、安全间隙等因素计算确定；

（8）平巷底板至轨面高度，经计算后应以10mm为模数取整。当采用钢筋混凝土轨枕时，平巷底板到轨面的高度可按表9-92选取。

表 9-92 平巷底板至轨面高度

轨型/(kg/m)	9	12	15	18	22、30、38
高度/mm	320(260)	320(270)	350	350	400

注：1. 括号内数字系人力运输的高度；

2. 9kg/m、12kg/m、15kg/m、22kg/m、30kg/m 为 YB(T)23—86《低合金钢轻轨》。

平硐高度按架线要求、管道架设要求、人行道要求以及通过大件的高度及安全间隙规定来确定：

（1）按架线要求计算墙高。

第一种情况：三心拱巷道时，如图9-95（a）所示。

当 $\frac{r-a+K}{r-b_1} \geqslant 0.55$ 时

$$h_1 = H - \sqrt{(r-b_1)^2 - (r-a+K)^2} \tag{9-143a}$$

当 $\frac{r-a+K}{r-b_1} < 0.55$ 时

$$h_1 = H - f_0 + R - \sqrt{(R-b_1)^2 - \left(\frac{B_0}{2} - a + K\right)^2} \tag{9-143b}$$

式中 r——三心拱的小半径,mm;

R——三心拱的大半径,mm;

a——非人行道一侧线路中心至墙的距离,mm;

K——电机车架线弓宽度之半,一般按 $2K=800\sim900$mm 计算;

h_1——从轨面算起巷道墙高,mm;

H——从轨面算起电机车的架线高度,mm;

f_0——拱矢高,mm;

b_1——运输设备与支护之间的安全间隙,mm;

B_0——巷道净宽,mm。

第二种情况:半圆拱巷道时,如图 9-95(b)所示,计算为:

$$h_1 = H - \sqrt{(R - b_1)^2 - \left(\frac{B_0}{2} - a + K\right)^2} \tag{9-144}$$

式中 R——圆弧拱半径,mm。

第三种情况:圆弧拱巷道时,计算为:

$$h_1 = H - f_0 + R - \sqrt{(R - b_1)^2 - \left(\frac{B_0}{2} - a + K\right)^2} \tag{9-145}$$

式中 R——圆弧拱半径,mm。

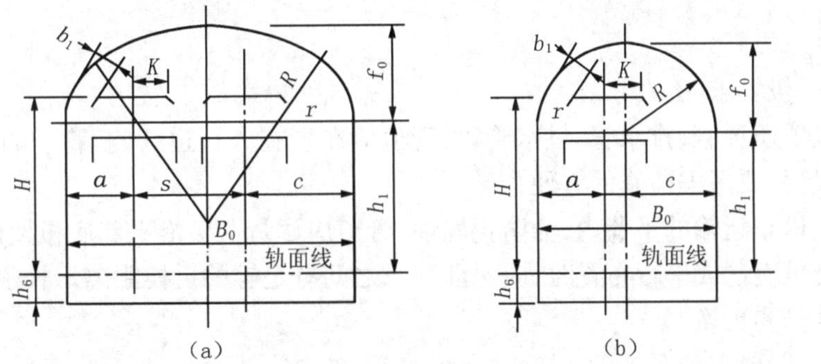

图 9-95 计算墙高(一)
(a)三心拱巷道;(b)半圆拱巷道

(2) 按管道架设要求决定墙高。若采用法兰盘时,管道法兰盘最下边应满足 1800mm 的人行道高度要求,架线电机车的架线弓子与管道的距离应满足安全间隙的要求:

第一种情况:三心拱巷道时,如图 9-96(a)所示,其计算如下:

$$h_1 = 1800 + h' - h_4 - \frac{D}{2} - \sqrt{\left(r - \frac{D}{2} - b'\right)^2 - \left(K + b_1 + \frac{D}{2} - c + r\right)^2} \tag{9-146}$$

式中 h'——管路占用的垂直距离,mm;

D——管道法兰盘直径,mm;

c——在人行道一侧的线路中心至墙的距离,mm;

b'——管道法兰盘与支护间间隙,当管道直径 d 在 150 ~ 250mm 时,可取 $b'=0$;当 $d\geqslant250$mm 时,可取 $b'=50$mm。

第二种情况:半圆拱巷道时,如图 9-96(b)所示,其计算如下:

$$h_1 = 1800 + h' - h_4 - \frac{D}{2} - \sqrt{\left(R - b' - \frac{D}{2}\right)^2 - \left(K + b_1 + \frac{D}{2} - c + r\right)^2} \tag{9-147}$$

式中符号同前。

第三种情况:圆弧拱巷道时,其计算如下:

$$h_1 = 1800 - h_4 + h' - \frac{D}{2} + R - f_0 - \sqrt{\left(R - b' - \frac{D}{2}\right)^2 - \left(\frac{B_0}{2} - c + K + b_1 + \frac{D}{2}\right)^2} \tag{9-148}$$

式中符号同前。

(3) 按人行道要求决定墙高。非架线式电机车运输，无管、缆架设的巷道，在人行道有效宽度内，其净高不应小于1800mm(从水沟盖板顶面算起)。

若有两种以上情况时，计算墙高应取其大值，并按10mm的倍数向上选取。

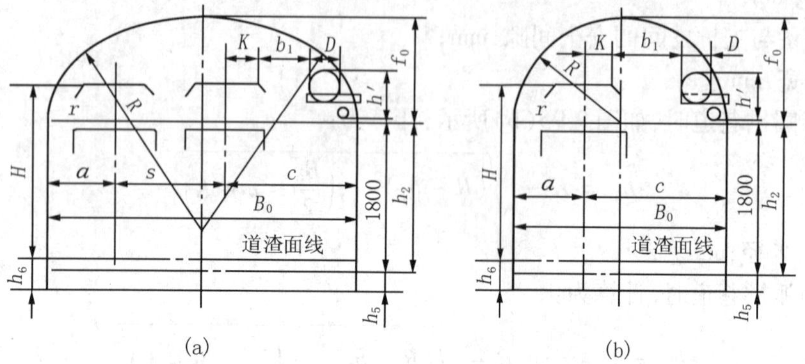

图9-96 计算墙高(二)

(a)三心拱巷道；(b)半圆拱巷道

C 管道、电缆布置

a 管道布置的一般要求

(1) 巷道内要设置压风管、排水管、供水管等，管道应布置在人行道一侧，管子的架设一般采用托架、管墩及锚杆吊挂等方式，并要考虑检修的方便；

(2) 在架线式电机车运输的平巷内，为防止腐蚀，管道应尽量避免沿平巷底板架设；

(3) 管道与管道呈交岔或平行布置时，应保证管子之间有足够的更换距离。管子架设在平巷顶部时，应不妨碍其他设备的维修和更换。

b 电缆布置的一般要求

(1) 巷道内要设置动力电缆、照明电缆和通风电缆等，人行道一侧最好不敷设动力电缆。

(2) 动力电缆和通信电缆一般不要敷设在巷道的同一侧。如必须设在同一侧时，应各自悬挂，且将动力电缆设置在通信、照明电缆的下面。

(3) 电缆与风水管路平行敷设时，电缆要悬挂在管路的下方，隔开300mm以上的距离，并应位于矿车倾翻轨迹弧线外侧的上方。

(4) 电缆坠落时，严禁落在轨道或运输设备上。

(5) 关于电缆与充填管、电机车架线、固定滑触线的横拉线和运输设备等的最小间距，应符合《金属非金属矿山安全规程》的规定，在保证安全生产的前提下选取。

(6) 在不连续支护的巷道内，为防止电缆被落石砸断，应采用木钩或帆布带悬挂，其强度应保证有落石的情况下，木钩或帆布带能被打断，而不致砸断电缆。

(7) 敷设电缆时，两悬挂点的间距应不大于3m，两根相邻电缆的上下距离不得小于50mm。

(8) 电缆到巷道顶板的距离一般不小于300mm，当有数根电缆时，一般不小于200mm。

D 平硐支护

在平硐(巷)支护形式选择中，应充分利用建筑材料抗压性能高的特点，因此平硐巷道上部多做成拱形。矿山实践证明，在坚硬、稳固、整体性好的岩层中，巷道围岩本身的自支撑力就可以维持巷道的稳定。

a 支护形式的选择

常用的支护形式有：锚喷支护、整体式支护(混凝土、钢筋混凝土、砌体)、钢筋混凝土支架及木支架。截面一般采用等厚或变厚，拱矢高为 $B_0/3$、$B_0/4$、$B_0/5$ 等几种形式。支护形式的选择应注意：

(1) 当岩层坚硬、稳固(岩石坚固系数 $f>6\sim8$)、整体性好、跨度小时，可考虑不予支护；

(2) 为了充分利用围岩本身抗压强度高的特点，建议开凿巷道时，尽量采用光面爆破施工方法，减少施工对围岩的破坏；

(3) 锚喷支护在目前井巷支护中，得到广泛应用，因此，优先采用锚喷支护，并与光面爆破配合使用，尽量不用或少用木材做支护材料；

(4) 由于地下工程地质条件的复杂性，所以支护结构的计算不能作为设计与施工的唯一依据。支护形式的选择应结合现场实际情况，通过工程类比等方法，综合考虑分析加以确定。

支护形式的选择可参考表 9-93。

表 9-93　支护形式选择

支护形式	服务年限/a	适用条件	不适用条件
不支护	不限	$f\geq6$，裂隙等级小于 3	易风化岩层
喷射混凝土	不限	$f\geq4$，裂隙等级等于或小于 4	大面积渗淋水或局部涌水，遇水膨胀的岩层，有较大腐蚀介质影响，与混凝土(或砂浆)不黏结的岩层，极不稳定岩层，大断层，破碎带
锚杆	不限	$f\geq4$，裂隙等级等于或小于 3	节理裂隙特别发育岩层及风化松软岩层(裂隙等级为 4)
锚喷	≥5	$f\geq2$，裂隙等级等于或小于 4	同喷射混凝土
钢筋混凝土支架	5～10	$f\geq4$，巷道宽度小于 3m	有动压、有膨胀性岩层
砌体	≥5	$f\leq4$，裂隙等级等于或小于 4	
钢筋混凝土	≥5	岩层松软、有动压、极不稳定岩层	

注：1. 裂隙等级见《冶金工业建设工程地质勘察技术规范》。

2. f 为岩石坚固性系数。

b　整体支护的选择

采用整体式支护时，其所用的材料有混凝土、钢筋混凝土、混凝土预制块及料石，矿山常用的平巷支护厚度见表 9-94、表 9-95。

表 9-94　混凝土、混凝土块、料石支护厚度

巷道净宽/mm	支护厚度/mm							
	$f=4\sim6$				$f=3$			
	混凝土	混凝土块	料石	墙基深	混凝土	混凝土块	料石	墙基深
3000	200	250	250	200	250	250	300	200
3500	250	300	300	200	300	300	350	250
4000	250	300	300	200	300	350	415	250
4500	300	350	350	250	350	350	415	250
5000	300	350	415	250	350	350		250
5500	300	350		250	350			250
>5500	350	350		250	400			300

注：1. 混凝土支护时，混凝土强度等级不低于 C15。

2. 料石支护时，其强度等级不低于 M300，其规格一般为 350mm × 200mm × 150mm 或 300mm × 250mm × 150mm，料石的砌缝宽为10～15mm。

3. 砌体砂浆一般采用水泥砂浆，其强度等级为 M50～M100。

4. 用混凝土块和料石支护时，壁后应充填 50mm 厚混凝土层，混凝土强度等级为 C10。

表 9-95　混凝土拱料石墙及砖砌支护厚度

巷道净宽/mm	支护厚度/mm							
	混凝土拱		料石墙		砖砌			
	$f=4\sim6$	$f=3$	$f=4\sim6$	$f=3$	$f=4\sim6$		$f=3$	
					拱	墙	拱	墙
3000	200	200	300	300	370	370	490	490
3500	230	230	350	350	490	490	615	615

续表 9-95

巷道净宽/mm	支护厚度/mm							
	混凝土拱		料石墙		砖		砌	
	$f=4\sim6$	$f=3$	$f=4\sim6$	$f=3$	$f=4\sim6$		$f=3$	
					拱	墙	拱	墙
4000	230	250	350	350	490	490	615	615
4500	250	270	350	415				
5000	270	300	415	465				
>5500	300	330	465	515				

注：1. 采用砖砌支护时，其支护厚度为 1.5*B*、2.0*B*、2.5*B*（*B* 为砖的长度）。
2. 砖的强度等级不得小于 M75，砖的规格为 240mm × 115mm × 53mm。
3. 采用砖砌支护时，壁后应充填 50mm 厚的混凝土，其强度等级为 C5 ~ C10。
4. 其他见表 9-94 之注。

当采用预制钢筋混凝土支架时，构件的混凝土强度等级应为 C20 ~ C30。受力钢筋可用Ⅱ、Ⅲ级钢筋。梁柱结合处应加防腐木垫板或橡胶垫板。支架间距宜为 0.3 ~ 1.2m，支架背面应铺设背板，背板与围岩间应用废石充填密实，各支架间应有横撑。

按原建工部建研所编制的支护表格选取：支护材料有混凝土和钢筋混凝土两种。采用混凝土时，其强度等级为 C15，采用钢筋混凝土时，其强度等级为 C20 ~ C25；计算荷载只包括地层均布垂直压力及结构自重，直接用荷载表示，不考虑侧压力。

E 水沟

a 水沟的一般规定

（1）水沟位置一般设在人行道一侧或空车线一侧。

（2）在下列情况下，水沟也可设在巷道的中间：在专用排水巷道中；在有仰拱的巷道中；铺设整体道床的巷道中。

（3）水沟的设置应尽量避免或少穿越线路。

（4）水沟坡度与平巷坡度相同，一般不小于 0.3%，巷道底板的横向排水坡度不小于 0.2%。

（5）隧道内的水沟坡度应与线路坡度一致。

（6）地表水（路堑水）不准流入平硐和隧道内。

（7）对于短、小隧道，路堑水量较小，含泥砂量少，修筑反向侧水沟土方量大时，路堑水也可流经隧道，但应验算水沟断面积大小，并在高端硐口处设置沉淀池。

（8）水沟中的最大水流速度，混凝土支护时为 5 ~ 10m/s；木支护时为 6.5m/s；不支护时为 3 ~ 4.5m/s。

（9）水沟中的最小水流速度应满足泥砂不沉淀的条件，且不应小于 0.5m/s。

（10）将水沟设在巷道一侧时，应注意下列问题：在支护巷道中的水沟，在靠边墙一侧应加宽基础 100mm，以便铺设水沟盖板，水沟的底板一般情况下高于结构基础面 50 ~ 100mm；在梯形和不规则断面形状的巷道中，水沟不应沿棚脚窝开凿，水沟一侧的掘进面距棚脚不应小于 300mm。

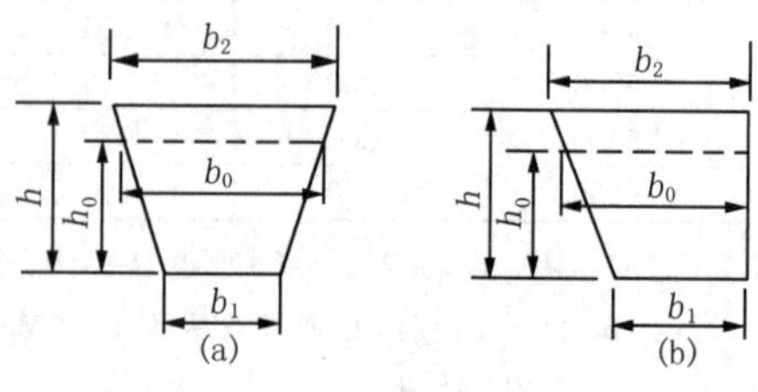

图 9-97 水沟断面形状

（11）水沟断面形状一般为等腰梯形、直角梯形和矩形，如图 9-97 所示。水沟侧帮坡度，当为混凝土或不支护时，一般为 1∶0.1 ~ 1∶0.25。

（12）平巷水沟盖板一般采用钢筋混凝土预制板，也有采用木制的，木制盖板厚度一般为 40mm 左右；钢筋混凝土盖板厚度为 50mm，宽为 600mm。

（13）井底车场、主要运输平巷水沟盖板与道渣面齐平，阶段运输平巷水沟盖板底面与巷道底板齐平。

（14）水沟充满度取 0.75。

（15）泄水孔每 3 ~ 6m 设一个，其尺寸为 40mm × 40mm。

b 水沟断面计算

（1）水沟的净断面积 S：

$$S = \frac{1}{2}(b_1 + b_2)h \tag{9-149}$$

式中 S——水沟的净断面积，m^2；

b_1——水沟净断面下宽，m；

b_2——水沟净断面上宽，m；

h——水沟净断面深度，m。

（2）水沟的有效断面积 S_0：

$$S_0 = 0.75S = \frac{0.75}{2}(b_1 + b_2)h = \frac{1}{2}(b_0 + b_1)h_0 \tag{9-150}$$

式中 b_0——水沟有效断面上宽，m；

h_0——水沟有效断面深度，m。

c 水沟断面及选用

（1）水沟断面形状类型有三种，如图9-98所示。

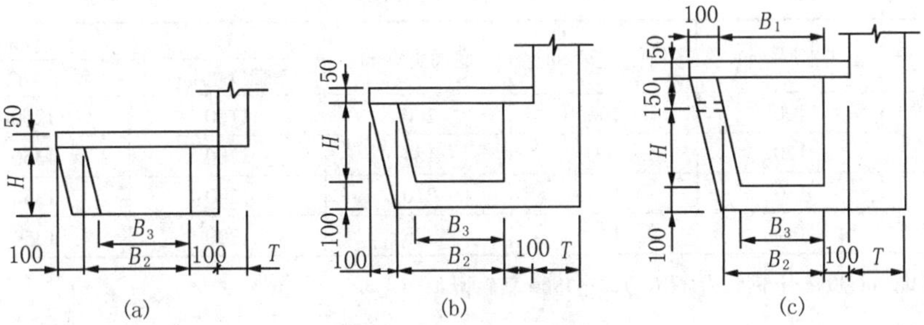

图9-98 水沟断面形状类型

(a) Ⅰ型；(b) Ⅱ型；(c) Ⅲ型

Ⅰ型、Ⅱ型水沟用于平硐、阶段运输平巷内。Ⅰ型水沟用于不支护及喷锚支护的平巷内；Ⅱ型水沟用于混凝土支护的平巷内；Ⅲ型水沟用于平硐、主要运输平巷及井底车场内。

（2）水沟断面按表9-96选用。

表9-96 水沟断面选用参考

水沟类型	最大排水量/(m^3/h)		水沟净尺寸/mm			水沟断面积/m^2		每米水沟混凝土量/m^3
	i=0.3%	i=0.5%	上宽	下宽	深度	净	掘	
Ⅰ	100	120	310	280	230	0.07	0.11	0.05
	150	180	330	280	280	0.09	0.14	0.06
	200	260	350	310	330	0.11	0.17	0.07
	300	340	400	360	380	0.14	0.22	0.08
Ⅱ	100	120	310	280	200	0.06	0.15	0.09
	150	180	330	280	250	0.08	0.18	0.10
	200	260	350	310	300	0.10	0.20	0.10
	300	340	400	360	350	0.13	0.26	0.13
Ⅲ	100	120	310	280	200	0.06	0.15	0.12
	150	180	330	280	250	0.08	0.18	0.13
	200	260	350	310	300	0.10	0.20	0.13
	300	340	400	360	350	0.13	0.26	0.16

（3）水沟盖板。水沟盖板采用钢筋混凝土预制板，其厚度不应小于50mm，宽度宜大于水沟上宽200mm，混凝土强度等级应为C20，钢筋保护层为20mm，水沟盖板的均布荷载按4kPa考虑。浇注盖板时要注意上下面，最好做以标志，为了方便翻起盖板，施工时要留扣手。

F 钢轨、轨枕及道床

a 钢轨

按两根钢轨工作面内侧距离（轨距 K）大小，轨道可分为窄轨和准轨两种。窄轨的轨距分为600mm、

762mm、900mm 三种；标准轨的轨距为 1435mm。按所铺设钢轨的规格不同，又分为轻轨和重轨。

地下矿山运输一般采用窄轨铁路，钢轨规格多为轻轨。当年产量为 2Mt 以上时，可采用重轨铺设。

钢轨断面呈工字形，重心在其高度中点，这种钢轨具有较高的抗弯曲断面系数，头部较肥大，以适应长期磨损；底部较宽，以增加承载面积。通常以钢轨单位长度的质量（kg/m）作为分级的标准。2006 年 8 月，中国生产的轻轨有 30kg/m、22kg/m、15kg/m、12kg/m、9kg/m 五种，重轨有 60kg/m、50kg/m、43kg/m、38kg/m 四种。

b 轨枕

（1）木轨枕。木轨枕弹性好、质量轻、制作简单、使用方便、有较好的绝缘性能；但使用年限短，容易磨损和腐朽。通常，窄轨铁路每公里铺设 1600 ~ 1700 根；标准轨距每公里铺设 1400 ~ 1700 根。

木轨枕用于 600mm、762mm 轨距，而且服务时间较短的巷道，一般为 3 ~ 5 年。

木轨枕规格尺寸见表 9-97，铺设 1km 轨道枕木消耗量见表 9-98。

表 9-97 木轨枕规格尺寸

轨型/(kg/m)	枕木厚/mm	顶面宽/mm	底面宽/mm	长度/mm		
				轨距 600mm	轨距 762mm	轨距 900mm
9	100	100	100	1100	1250	
12、15	120	100	188	1200	1350	
22	130	100	210	1200	1350	
30、38、43	140	135	225	1200	1350	

注：9kg/m、12kg/m、22kg/m、30kg/m 钢轨为 YB(T)23—1986 新轨型。

表 9-98 铺设 1km 轨道枕木消耗量

轨 型	>22kg/m						<18kg/m					
钢轨长度/m	8		7		6		8		7		6	
枕木间距标号	*A*	*B*	*A*	*B*	*A*	*B*	*A*	*B*	*A*	*B*	*A*	*B*
枕木间距/mm	680	780	640	760	584	740	560	720	675	750	610	730
一节钢轨中枕木数/根	11		10		9		12		10		9	
1km 轨道的枕木数/根	1375		1430		1503		1500		1430		1504	

注：表内 *A* 为钢轨接头处枕木间距，*B* 为钢轨中间的枕木间距。

（2）钢筋混凝土轨枕。钢筋混凝土轨枕坚固耐用，维护工作量小，节约木材。缺点是搬运和铺设不如木轨枕方便。由于钢筋混凝土轨枕优点突出，矿山已广为采用。

钢筋混凝土轨枕用于 900mm、762mm、600mm 矿山轨距中，分Ⅰ、Ⅱ两种枕型。制作时在穿过螺栓处留有椭圆孔，安装时钢轨用螺栓通过压板压紧在轨枕上。

钢筋混凝土轨枕见表 9-99。

表 9-99 每公里钢筋混凝土轨枕线路所需铺轨材料

型号	轨距/mm	机车车辆质量/t	钢轨/(kg/m)	枕距/mm	钢材		混凝土		
					钢号	kg	强度等级	kg	m^3
Ⅰ型	762①	10	18	700	Q235	3.93	C30		0.033
Ⅱ型	600①	3	11 ~ 15	700	Q235	1.57	C30		0.015
	600①	10	18	700	Q235	2.25	C30		0.021
	762①	10	18	700	Q235	3.88	C30		0.032
	900①	20	24	700	Q255	12.85	C30	68	
	900①	20	38	700	Q255	13.39	C30	68	
预应力	600②	≤10	15 ~ 18	700	45MnSiV 或 40Si2V	1.68	C40		0.0145

注：新型钢轨 YB(T)23—1986 可参考此表，按轨距、轨宽选取。
① 原煤炭工业部标准设计标 67-460(3)资料。
② 北京煤炭设计研究院设计资料，每根轨枕质量为 36.2kg。

每公里钢筋混凝土轨枕线路所需铺轨材料见表9-100。

表9-100 每公里钢筋混凝土轨枕线路所需铺轨材料(木垫板)

轨距/mm	600					762		
轨型/(kg/m)	9	12	15	22	30	12	15	22
项目	材料消耗量							
钢轨/(根/kg)	252/18144	252/24192	252/29676	252/44352	252/60480	252/24192	252/29676	252/44352
鱼尾板/(块/kg)	501.5	501.5	501.5/1394	501.5	501.5	501.5	501.5/1394	501.5
鱼尾螺栓带帽/(套/kg)	1010/87	1010/178	1010/185	1010/303	1010/634	1010/178	1010/185	1010/303
弹簧垫圈/(个/kg)	—	—	1040/21	1040/24	1040	—	1040/21	1040/24
道钉/(个/kg)	6120/361	6120/643	6120/1071	6120/1071	6120/1775	6120/643	6120/1071	6120/1071
木垫板/(块/m³)	3150/0.45	3150/0.45	3150/0.45	3150/0.45	3150/0.45	3150/0.45	3150/0.45	3150/0.45
枕木/(根/m²)	1545/40.04	1545/40.04	1545/40.04	1545/40.04	1545/40.04	1545/48.95	1545/48.95	1545/48.95
道渣/m³	227	227	227	227	227	257	257	257
轨距/mm	762			900				
轨型/(kg/m)	30	38	43	15	22	30	38	43
项目	材料消耗量							
钢轨/(根/kg)	252/60480	162/78434	162/90422	252/29676	252/44352	252/60480	162/78434	162/90422
鱼尾板/(块/kg)	501.5	322/5014	322/5014	501.5/1394	501.5	501.5	322/5014	322/5014
鱼尾螺栓带帽/(套/kg)	1010/634	970/631	975/631	1010/1854	1010/303	1010/634	970/631	970/631
弹簧垫圈/(个/kg)	1040	970/48.5	970/48.5	1040/21	1040/24	1040	970/48.5	970/48.5
道钉/(个/kg)	6120/1775	6141/2321	6141/2321	6120/1071	6120/1071	6120/1775	6464/2443	6464/2443
木垫板/(块/m³)	3150/0.45	3055/0.92	3055/0.92	3150/0.45	3150/0.45	3150/0.45	3216/0.97	3216/0.97
枕木/(根/m²)	1545/48.95	1535/54.5	1535/59.25	1545/60.26	1545/60.26	1545/60.26	1616/57.4	1616/62.38
道渣/m³	257	500	500	414	414	414	557	557

注:本表包括5%的材料消耗。

(3) 钢轨枕。钢轨枕使用年限长,但耗钢量大,噪声大,维护困难,矿井水pH值低时易腐蚀,在固定线路上很少采用,仅在移动线路或特殊线路上作为木轨枕的代用品。

c 道床

(1) 道渣道床。

1) 水平及倾角小于10°的永久性路基应铺以碎石或砾石道渣,轨枕下面的道渣厚度应不小于90mm,轨枕埋入道渣深度应不小于轨枕厚度的三分之二;

2) 碎石及卵石最大粒度为20~60mm,砾石为3~20mm;

3) 道渣坚固性系数f不小于5,即一般不易风化的坚硬岩石;

4) 路基上部宽度应超过轨枕50~100mm;

5) 道渣材料消耗量见表9-101。

表9-101 道渣消耗量 (m³/km)

轨型/(kg/m)	轨距600mm	轨距762(750)mm
9、12、15	260	275
18	275	290
22、30、38	285	315

注:9kg/m、12kg/m、22kg/m、30kg/m为YB(T)23—1986新轨型。

(2) 整体道床。整体道床具有车辆运行平稳，维修工作量小，经营费较低，服务年限长，能提高行车速度等优点。但施工质量要求严格，造价高。

应用条件：大中型矿山主溜井装矿闸门硐室内的轨道、钢绳胶带（含普通胶带）道、大中型矿山马头门处的轨道等，均可考虑采用整体道床。

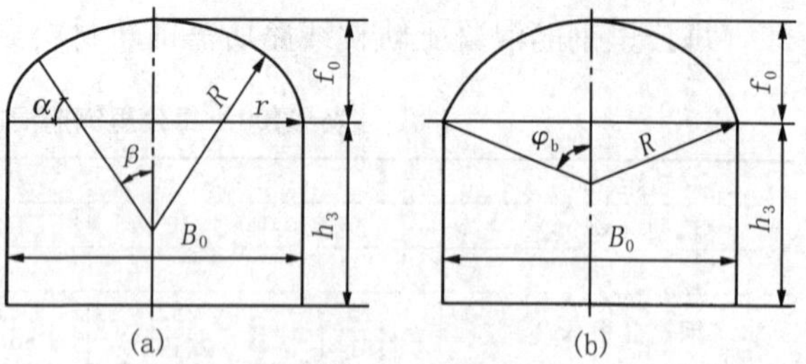

图 9-99 拱形断面

(a)三心拱断面；(b)圆弧拱断面

9.2.7.5 断面计算

A 拱形断面几何参数

拱形断面如图 9-99 所示，断面几何参数见表 9-102。

表 9-102 拱形断面几何参数

结构形式	项目		几何参数		
			$f_0=\frac{1}{3}B_0$	$f_0=\frac{1}{4}B_0$	$f_0=\frac{1}{5}B_0$
三心拱	α	弧度	0.982794	1.107149	1.190290
		角度	56°18′36″	63°26′06″	68°11′55″
	β	弧度	0.588003	0.463648	0.380506
		角度	33°41′24″	26°33′54″	21°48′05″
	R—大半径		$0.691898B_0$	$0.904509B_0$	$1.128887B_0$
	r—小半径		$0.260957B_0$	$0.172746B_0$	$0.128445B_0$
	f_0—拱高		$0.333333B_0$	$0.25B_0$	$0.2B_0$
	S—拱弧长		$1.326610B_0$	$1.221258B_0$	$1.164871B_0$
圆弧拱	φ_b	弧度	1.176005	0.927295	0.761013
		角度	67°22′48″	53°07′48″	43°36′10″
	R—半径		$0.541667B_0$	$0.625B_0$	$0.725B_0$
	f_0—拱高		$0.333333B_0$	$0.25B_0$	$0.2B_0$
	S—拱弧长		$1.274006B_0$	$1.159119B_0$	$1.103469B_0$

B 三心拱断面计算

三心拱断面如图 9-100 所示，断面计算见表 9-103。

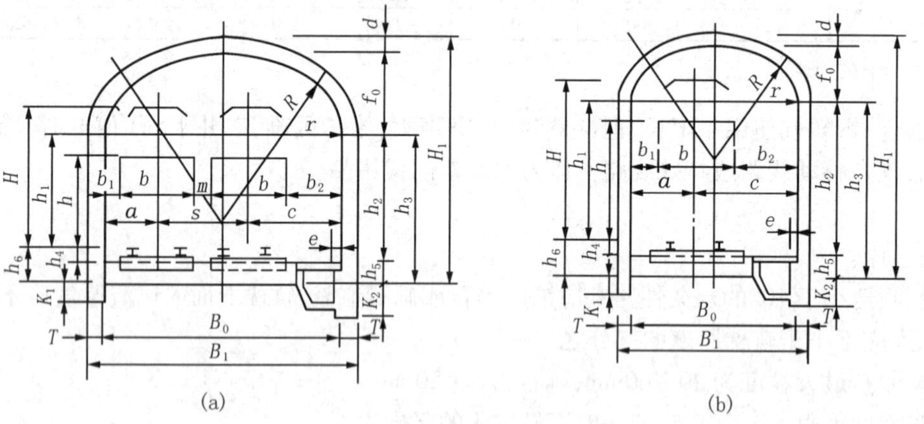

图 9-100 三心拱断面

(a)双轨巷道；(b)单轨巷道

表 9-103 三心拱断面计算

项目名称	符号或计算公式
从轨面算起电机车(矿车)高度/mm	h
从轨面算起巷道墙高/mm	h_1
从道渣面算起巷道墙高/mm	$h_2=h_1+h_4$
从底板算起巷道墙高/mm	$h_3=h_2+h_5$

续表 9-103

项 目 名 称			符号或计算公式
电机车架线高度/mm			H
三心拱拱矢高/mm			f_0
巷道掘进高度/mm			$H_1=h_3+f_0+d$
巷道净宽度/mm	单轨		$B_0=a+c=b_1+b+b_2$
	双轨		$B_0=a+s+c=b_1+2b+m+b_2$
巷道掘进宽度/mm	无充填		$B_1=B_0+2T$
	有充填		$B_1=B_0+2T+2\delta$
巷道净断面积/m²	$f_0=B_0/3$		$S_0=(h_2+0.263B_0)B_0$
	$f_0=B_0/4$		$S_0=(h_2+0.198B_0)B_0$
	$f_0=B_0/5$		$S_0=(h_2+0.159B_0)B_0$
拱部面积/m²	$f_0=B_0/3$	$d=T$	$S_d=(1.33B_0+1.57d)d$
		$d\neq T$	$S_d=0.26(3B_1d+2B_0T)$
	$f_0=B_0/4$	$d=T$	$S_d=(1.22B_0+1.57d)d$
		$d\neq T$	$S_d=0.198(4B_1d+2B_0T)$
边墙面积/m²	整体式		$S_T=2h_3T$
	喷射混凝土		$S_T=(h_3+0.1)T$
基础面积/m²			$S_G=(K_1+K_2)T+(K_2+h_5-0.05)e$
巷道掘进断面积/m²			$S_n=S_0+h_5B_0+S_d+S_T$
巷道净周长/m	$f_0=B_0/3$		$P=2.33B_0+2h_2$
	$f_0=B_0/4$		$P=2.22B_0+2h_2$
	$f_0=B_0/5$		$P=2.16B_0+2h_2$

注:1. 本表公式适用于巷道支护形式为混凝土、混凝土块、料石或砖砌的整体式支护结构。
2. 掘进断面积不包括充填量和基础量。
3. 混凝土块、料石、砖砌等支护时,壁后充填厚 $\delta=50$mm。
4. 喷射混凝土支护时,掘进断面积及拱部面积的计算公式同表中公式。

C 圆弧拱断面计算

圆弧拱断面如图 9-101 所示,断面计算见表 9-104。

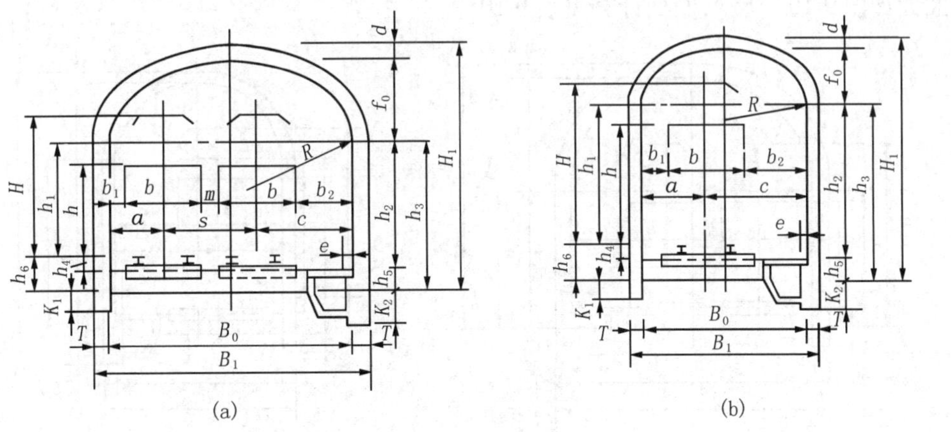

(a) (b)

图 9-101 圆弧拱断面
(a)双轨巷道;(b)单轨巷道

表 9-104 圆弧拱断面计算

项 目 名 称	符号或计算公式
从轨面算起电机车(矿车)高度/mm	h
从轨面算起巷道墙高/mm	h_1
从道渣面算起巷道墙高/mm	$h_2=h_1+h_4$
从底板算起巷道墙高/mm	$h_3=h_2+h_5$

续表 9-104

项　目　名　称			符号或计算公式
电机车架线高度/mm			H
圆弧拱高/mm			f_0
巷道掘进高度/mm			$H_1=h_3+f_0+d$
巷道净宽/mm	单轨		$B_0=a+c=b_1+b+b_2$
	双轨		$B_0=a+s+c=b_1+2b+m+b_2$
巷道掘进宽度	无充填		$B_1=B_0+2T$
	有充填		$B_1=B_0+2T+2\delta$
巷道净断面积/m²	$f_0=B_0/3$		$S_0=(h_2+0.241B_0)B_0$
	$f_0=B_0/4$		$S_0=(h_2+0.175B_0)B_0$
	$f_0=B_0/5$		$S_0=(h_2+0.138B_0)B_0$
拱部面积/m²	$f_0=B_0/3$	$d=T$	$S_d=(1.13B_0+1.30T)T$
		$d\neq T$	$S_d=(1.13B_0+1.30d)d$
	$f_0=B_0/4$	$d=T$	$S_d=(0.95B_0+1.20T)T$
		$d\neq T$	$S_d=(0.95B_0+1.20d)d$
	$f_0=B_0/5$	$d=T$	$S_d=(0.85B_0+1.15T)T$
		$d\neq T$	$S_d=(0.85B_0+1.15d)d$
边墙面积/m²	整体式		$S_T=2h_3T$
	喷射混凝土		$S_T=(h_3+0.1)T$
基础面积/m²			$S_G=(K_1+K_2)T+(K_2+h_5-0.05)e$
巷道掘进断面积/m²			$S_n=S_0+h_5B_0+S_d+S_T$
巷道净周长/m	$f_0=B_0/3$		$P=2.274B_0+2h_2$
	$f_0=B_0/4$		$P=2.159B_0+2h_2$
	$f_0=B_0/5$		$P=2.103B_0+2h_2$

注:1. 本表公式适用于巷道支护形式为混凝土、混凝土块、料石或砖砌的整体式支护结构。
2. 掘进断面积不包括充填量和基础量。
3. 混凝土块、料石、砖砌等支护时,壁后充填厚 $\delta=50$mm。
4. 喷射混凝土支护时,掘进断面积及拱部面积的计算公式同表中公式。

D　半圆拱断面计算

半圆拱断面如图 9-102 所示,断面计算见表 9-105。

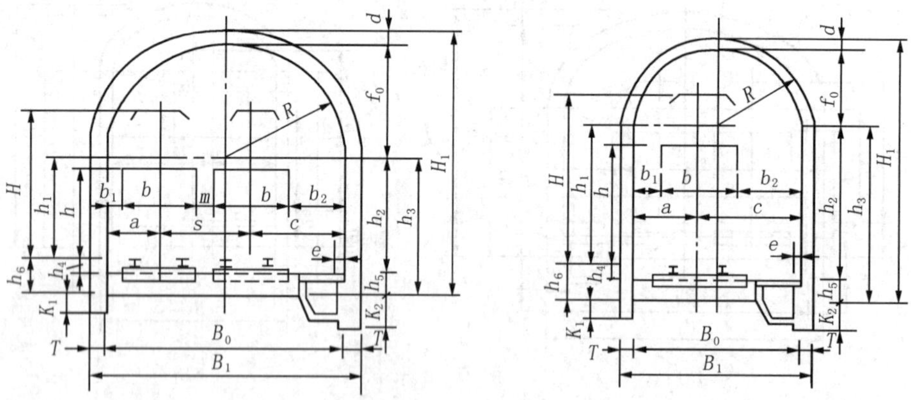

(a)　　(b)

图 9-102　圆弧拱断面

(a)双轨巷道;(b)单轨巷道

表 9-105　半圆拱断面计算

项　目　名　称	符号或计算公式
从轨面算起电机车(矿车)高度/mm	h
从轨面算起巷道墙高/mm	h_1
从道渣面算起巷道墙高/mm	$h_2=h_1+h_4$
从底板算起巷道墙高/mm	$h_3=h_2+h_5$
半圆拱矢高/mm	f_0
巷道掘进高度/mm	$H_1=h_3+f_0+d$

续表 9-105

项 目 名 称		符号或计算公式
巷道净宽/mm	单轨	$B_0 = a + c = b_1 + b + b_2$
	双轨	$B_0 = a + s + c = b_1 + 2b + m + b_2$
巷道掘进宽度/mm	无充填	$B_1 = B_0 + 2T$
	有充填	$B_1 = B_0 + 2T + 2\delta$
巷道净断面积/m^2		$S_0 = (h_2 + 0.393B_0)B_0$
拱部面积/m^2	$d = T$	$S_d = 1/2\pi(B_0 + T)T$
	$d \neq T$	$S_d = 1/4\pi(B_1 d + B_0 T)$
边墙面积/m^2	整体式	$S_T = 2h_3 T$
	喷射混凝土	$S_T = (h_3 + 0.1)T$
基础面积/m^2		$S_G = (K_1 + K_2)T + (K_2 + h_5 - 0.05)e$
巷道掘进断面积/m^2	$d = T$	$S_n = (h_3 + 0.393B_1)B_1$
	$d \neq T$	$S_n = [h_3 + 0.393(B_0 + 2d)]B_1$
巷道净周长/m		$P = 2.57B_0 + 2h_2$

注:1. 本表公式适用于巷道支护形式为混凝土、混凝土块、料石或砖砌的整体式支护结构。
2. 掘进断面积不包括充填量和基础量。
3. 混凝土块、料石、砖砌等支护时,壁后充填厚 $\delta = 50$mm。
4. 喷射混凝土支护时,掘进断面积及拱部面积的计算公式同表中公式。

E 梯形断面计算

梯形断面如图 9-103 所示,断面计算见表 9-106。

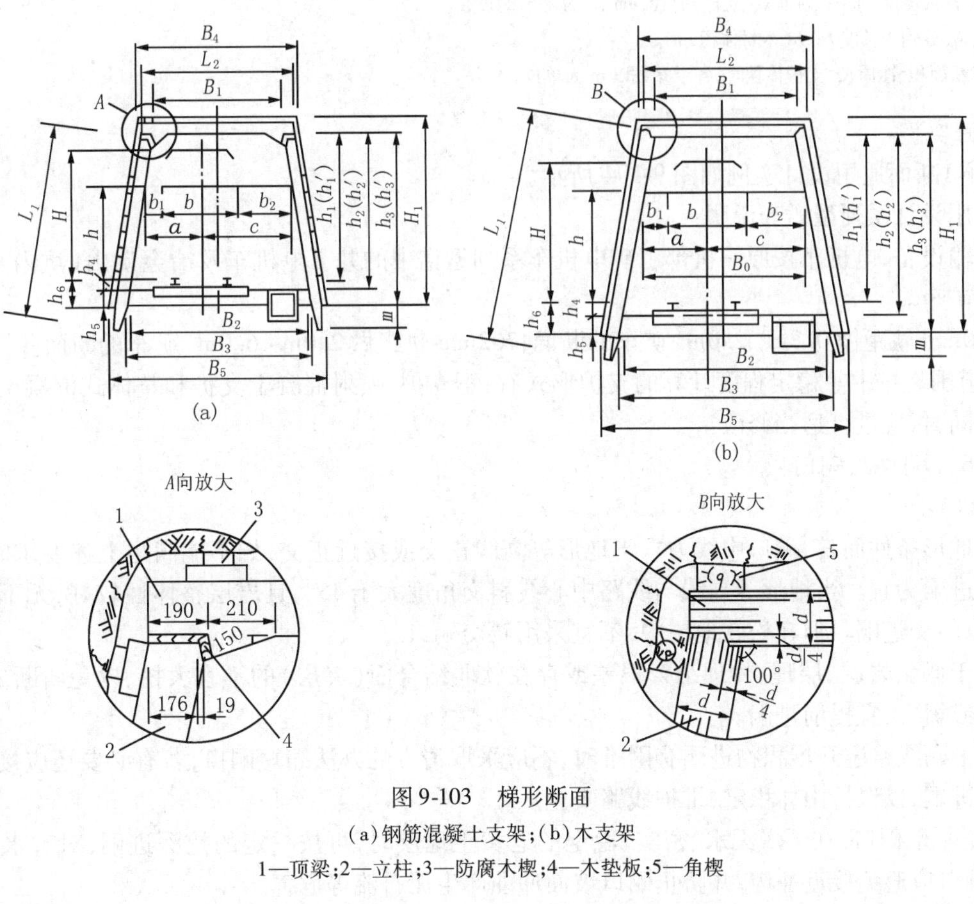

图 9-103 梯形断面

(a)钢筋混凝土支架;(b)木支架

1—顶梁;2—立柱;3—防腐木楔;4—木垫板;5—角楔

表 9-106 梯形断面计算

项目名称		符号或计算公式
从轨面算起电机车(矿车)高度/mm		h
从轨面算起巷道沉实后的净高度/mm		h_1
从轨面算起巷道沉实前的净高度/mm		$h_1' = h_1 + 100$
从道渣面算起巷道沉实后的净高度/mm		$h_2 = h_1 + h_4$
从道渣面算起巷道沉实前的净高度/mm		$h_2' = h_2 + 100$
从底板算起巷道沉实后的净高度/mm		$h_3 = h_2 + h_5$
从底板算起巷道沉实前的净高度/mm		$h_3' = h_3 + 100$
从底板算起巷道设计掘进高度/mm		$H_1 = h_3' + d + h_n$
支架立柱倾角/(°)		$\alpha = 80°$
支架立柱斜长/mm	木支架时	$L_1 = (h_3 + 250 + 0.5d)\sin\alpha$
	预制支架时	$L_1 = (h_3 + 250)/\sin\alpha$
在 h 高度处人行道宽度/mm		b_2
在 h 高度处非人行道一侧的安全间隙/mm		b_1
巷道的净宽度/mm	单轨	$B_0 = a + c = b_1 + b + b_2$
	双轨	$B_0 = a + s + c = b_1 + 2b + m + b_2$
	无运输设备	$B_0 = (B_1 + B_2)/2$
巷道顶梁处的净宽度/mm		$B_1 = B_0 - 2(h_1 - h)\cot\alpha$
巷道道渣面处的净宽度/mm		$B_2 = B_0 + 2(h + h_4)\cot\alpha$
巷道底板处的净宽度/mm		$B_3 = B_0 + 2(h + h_6)\cot\alpha$
顶梁长度/mm		$L_2 = B_1 + 2d$
巷道顶板的掘进宽度/mm		$B_4 = L_1 + 2d + 2h_n$
巷道底板掘进宽度/mm		$B_5 = B_3 + 2d + 2h_n$
巷道净断面积/m^2		$S_0 = (B_1 + B_2)h_2/2$
巷道掘进断面积/m^2		$S_h = (B_4 + B_5)H_1/2$
巷道净周长/m		$P = B_1 + B_2 + 2h_2/\sin\alpha$
每米巷道支护体积/m^3		$(2V_{L_1} + V_{L_2})(n+1)$

注:1. h_n 为背板厚度,mm;d 为顶梁(立柱)直径,mm;n 为每米支架数。

2. V_{L_1}、V_{L_2} 分别为长度 L_1、L_2 木材体积,m^3。

3. 计算断面积、净周长、支护体积时,各个参数以 m 为单位。

F 断面实例

平巷(硐)断面通用设计实例如图 9-104 所示。

断面通用设计系列型谱表说明:

(1) 运输设备,电机车按原一机部工矿电机车系列型谱中的井下电机车及冶金矿山(坑内)矿车系列型谱表所列的矿车。

(2) 600mm 轨距做 $0.7m^3$、$2.0m^3$ 矿车的断面;762mm 轨距做 $2.0m^3$、$6.0m^3$ 矿车的断面。

(3)巷道围岩按中等稳定程度计算的支护形式有:不支护、喷射混凝土支护和整体式混凝土支护。当与实际情况不同时,应进行适当修改。

9.2.7.6 硐口及硐门

A 硐口

(1) 从地形条件而言,硐口中线力求与地形等高线正交或接近正交,如不能满足上述要求时,要尽量以大角度斜交进硐为宜。当地形等高线与线路中心线斜交角度大于 45°,且岩层整体性较好,无不良地质现象时,可以采取斜交进硐。但在松软地层中,不宜采用斜交硐口。

(2) 对于倾斜岩层、层理、片理结合很差或存在软弱结合面(夹层)的不宜大挖,以免斩断岩脚过多,引起顺层滑动或坍方,宜提前进硐。

(3) 当平硐线路避开堆积物进硐有困难时,不应采取清方的办法缩短硐口,若有必要还应接长明硐或采取其他措施进硐,以保持山体稳定,维护线路安全。

(4)黄土平硐硐口,在干燥无水、密实、稳定的老黄土地层时,可按一定的挖深进硐,对有水或新黄土则不能大挖,硐口应避免接近冲沟,并防止硐口坡面冲蚀产生泥石流等危害。

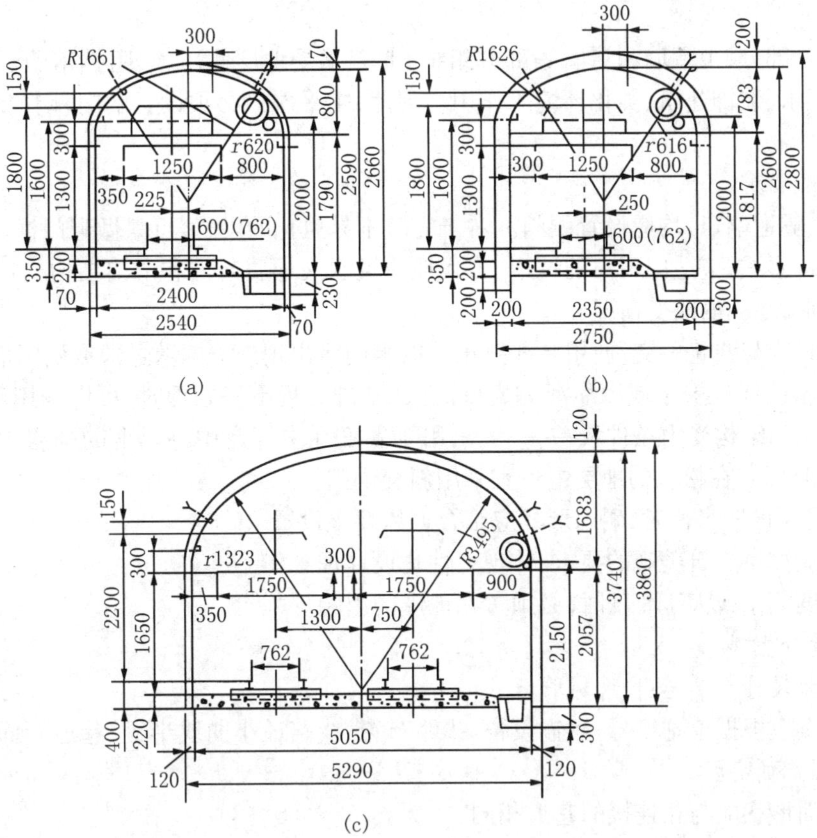

图 9-104 平巷(硐)断面通用设计实例

(a)$2m^3$ 矿车单轨阶段运输平巷(喷);(b)$2m^3$ 矿车单轨阶段运输平巷(混凝土);(c)$6m^3$ 矿车双轨主要运输平巷(喷)

(5) 傍山硐口当靠山一侧边坡较高时,常有坍方、落石、掉块的危害发生,威胁安全,宜早进硐或加接明硐。

(6)位于悬崖陡壁下的硐口,一般不宜切削原山坡,如坡面及崖壁稳定,则可贴壁进硐;如坡面有落石、掉块情况时,应酌情加接明硐或采取其他防护措施。

(7) 在漫坡地形选择硐口位置时,应考虑弃渣不占用农田,改土造田,并结合硐外填挖方情况、排水条件和有利快速施工等因素。

(8) 当线路沿沟引进时,硐口位置不应设于沟谷中心处。当沟底标高较高时,应设置硐口防排水工程,当水沟横跨硐口线路而过时,一般应设置桥涵排水,如下挖设置桥涵有困难时,可考虑延长平硐,接长明硐作渡槽引渡或改沟排除。

(9) 在桥涵紧密相连的情况下,应考虑硐口和桥台整体关系以及相互间施工影响。

(10) 硐口边坡、仰坡的开挖高度及坡度,应根据工程地质、水文地质条件确定。但最大开挖高度不大于15m,坡度不大于1:0.3。

(11) 平硐硐口处的支护需要加强。硐口支护加强段长度按式(9-151)计算,硐口支护范围如图9-105 所示。

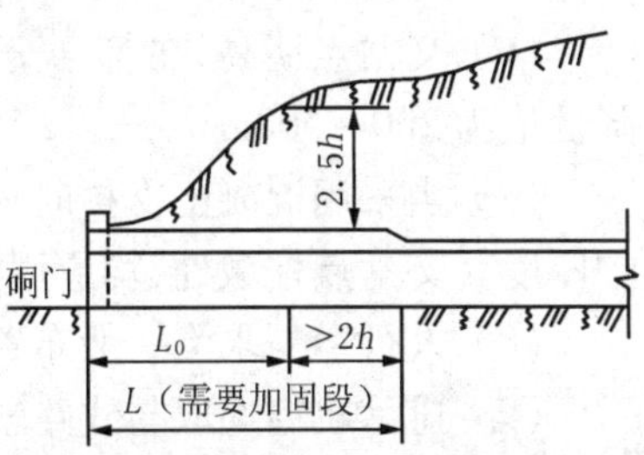

图 9-105 硐门支护范围

$$L = L_0 + 2h \tag{9-151}$$

式中 L——加强段长度,一般不小于5m;

L_0——硐口至平硐埋深为2.5倍冒落拱高度处的长度,m;

h——冒落拱高度,m。

硐口支护加强段应向围岩较好地质作适当延伸,一般延伸长度为3~5m。

不支护的平硐,应在硐口不小于5m长的地段内加设支护。

B 硐门

硐门是平硐的一部分，由端墙和翼墙等部分组成，起着承受地层侧压力、阻挡落石、加固硐口仰坡及路堑边坡、排泄仰坡汇水、装饰建筑、美化环境等作用。因此，主平硐口必须设置硐门，硐门宜与硐口中心线正交或接近正交。

硐门设置的一般要求：

(1) 一般平硐、隧道硐口，均应设置硐门。对于完整不易风化的硬岩，可只做硐门框。

(2) 硐门的结构形式，应适应硐口的地形、工程地质及水文地质条件和硐门结构构造要求，特别是要考虑到施工后硐口地形、地貌的改变情况。

(3) 当地形等高线与线路斜交，使用与线路正交的硐门将出现外侧硐壁过薄或硐门墙后露空，而靠山侧边，仰坡开挖过高，不能保证安全或因靠河侧岩壁陡峻，基础工程不好处理时，可以采用斜交平硐（隧道）门型。由于斜交硐口硐门结构受力条件较差，一般只用于硬度在中等及中等以上的围岩中，且其端墙与线路中心线交角不应小于45°，在松软的地层中不宜采用斜交硐门。

(4) 当因通风需要设置帘幕时，硐门形式应结合通风要求设置。

(5) 硐门设计应注意建筑美观的要求，体现人性化设计理念。

(6) 当地震烈度等于或大于8度时，必须考虑地震的影响。

9.2.7.7 平巷交岔点

A 交岔点平面尺寸应符合下列要求

(1) 平巷交岔点应根据道岔型号、运输设备、线路布置、线路最小曲线半径、巷道断面规格、巷道的外侧加宽、安全间隙等因素确定。

(2) 交岔点断面形状应与相连接的巷道相同。

(3) 交岔点弯道转弯半径应按下式确定：

$$R_{\min} = CL_B \tag{9-152}$$

式中 $R_{\min}$——线路允许最小曲线半径，m；

L_B——车辆轴距，m；

C——系数，当行车速度 $v \leqslant 1.5\text{m/s}$ 时，$C \geqslant 7$；$v > 1.5\text{m/s}$ 时，$C \geqslant 10$；$v \geqslant 3.5\text{m/s}$ 时，$C \geqslant 15$；线路弯道转角大于90°时，$C \geqslant 10$；对于带转向架的大型车辆（如梭车、底卸式矿车等）不得小于车辆技术文件的要求。

(4) 为了减少车轮对钢轨的冲击和磨损及保证线路有良好的运输条件，线路分岔、道岔与曲线线路连接时，应插入缓和直线段 d，其长度应大于通过车辆的轴距。

(5) 交岔点弯道外巷道断面应加宽。

(6) 交岔点墙高，在符合安全规程规定的各部位安全间隙的前提下，应随巷道宽度的增加而逐渐降低，降低值为200～500mm。

(7) 当采用混凝土支护时，其厚度宜按交岔点断面最宽处确定；当交岔点较长时，也可分段采用不同支护厚度。交岔点柱墩处，均应用混凝土或料石砌筑。

(8) 人行道与水沟一般布置在交岔点的同一侧，尽量不穿越或少穿越线路。

(9) 道岔轨型选取与线路轨型相同。道岔选用可参考表9-107，矿山生产体会，实际选用时要比表中道岔提升一级，以便行车平稳。

表9-107 道岔选用

电机车质量	矿车/m^3	轨距/mm		
		600	762	900
人推车	0.5、0.7	1/2、1/3		
≤3t	0.5、0.7、1.2	1/3、1/4	1/3、1/4	
6t、10t	1.2、2.0	1/4、1/3（对称）	1/4、1/3（对称）	
10t、4t	4.0、6.0、10	1/5、1/6	1/5、1/6	1/5、1/6

B 交岔点平面尺寸计算

交岔点平面尺寸计算图表如下。

(1)单线单开有转角，见图 9-106 和表 9-108。

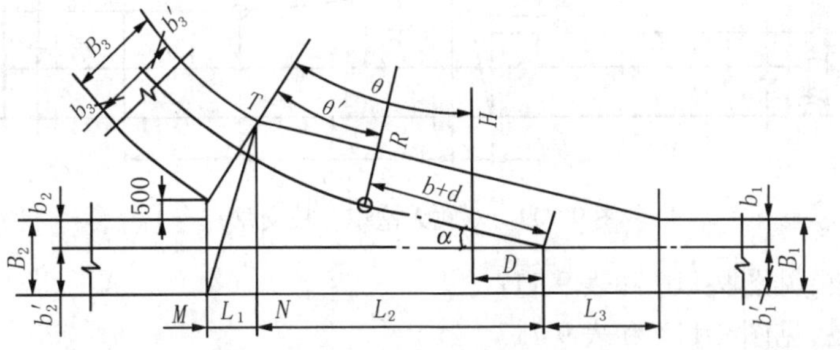

图 9-106 单线单开有转角交岔点

表 9-108 单线单开交岔点平面尺寸计算

$H = R\cos\alpha + (b+d)\sin\alpha$	$TN = B_3\cos\theta + 500 + B_2$
$D = (b+d)\cos\alpha - R\sin\alpha$	$NM = B_3\sin\theta = L_1$
$\theta = \cos^{-1}\dfrac{H - b_2 - 500}{R + b_3}$	$TM = \sqrt{TN^2 + NM^2}$ $L_2 = (R + b'_3)\sin\theta + D$
$\theta' = \theta - \alpha$	

(2) 单线单开无转角，见图 9-107 和表 9-109。

(3) 双轨铺岔单分枝，见图 9-108 和表 9-110。

表 9-109 单线单开无转角交岔点平面尺寸计算

$TN = B_1\cos\alpha + 500 + B$	$QP = TN - TQ - b$
$NM = B_1\sin\alpha = L_2$	$L_1 = QP/\tan\alpha$
$TM = \sqrt{TN^2 + NM^2}$	$TQ = b'_1/\cos\alpha$

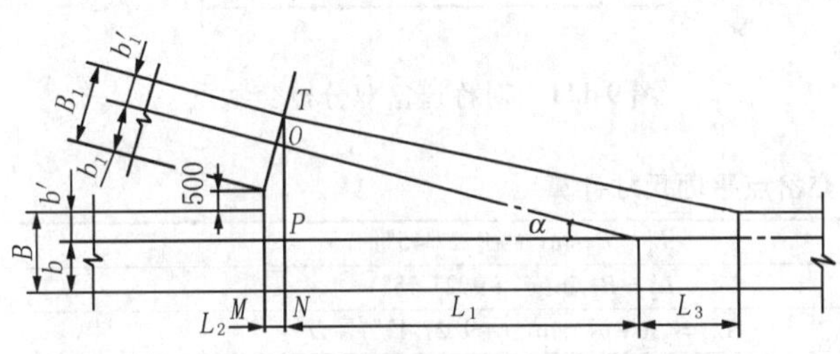

图 9-107 单线单开无转角交岔点

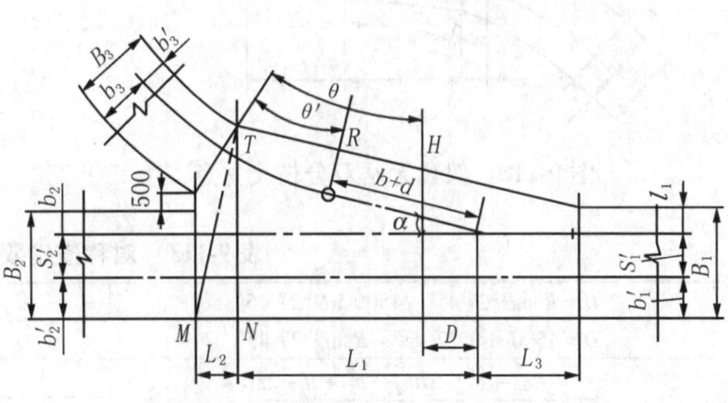

图 9-108 双轨铺岔单分枝交岔点

表 9-110 双轨铺岔单分枝交岔点平面尺寸计算

$H = R\cos\alpha + (b+d)\sin\alpha$	$TN = B_3\cos\theta + 500 + B_2$
$D = (b+d)\cos\alpha - R\sin\alpha$	$NM = B_3\sin\theta = L_2$
$\theta = \cos^{-1}\dfrac{H - b_2 - 500}{R + b_3}$	$TM = \sqrt{TN^2 + MN^2}$ $L_1 = (R + b'_3)\sin\theta + D$
$\theta' = \theta - \alpha$	

(4) 双轨无岔单分枝，见图 9-109 和表 9-111。

表 9-111 双轨无岔单分枝交岔点平面尺寸计算

$\theta = \cos^{-1}\dfrac{R + S - b_2 - 500}{R + b_3}$	$MN = B_3\sin\theta = L_2$ $TM = \sqrt{TN^2 + MN^2}$
$TN = B_3\cos\theta + 500 + B_2$	$L_1 = (R + b'_3)\sin\theta$

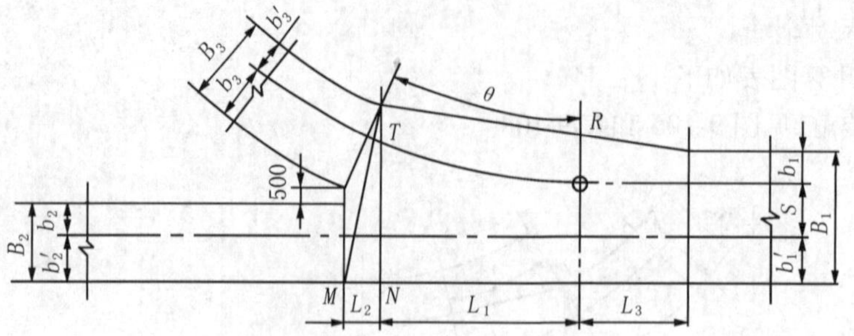

图 9-109 双轨无岔单分枝交岔点

（5）双轨无岔双分枝，见图 9-110 和表 9-112。

（6）对称道岔双分枝，见图 9-111 和表 9-113。

表 9-112 双轨无岔双分枝交岔点平面尺寸计算

$x=\dfrac{2Rb_3+b_3^2-2Rb_2-b_2^2+R+0.5S-250}{4R+2S-1000}$	$L_1'=B_2\sin\theta$
	$L_2'=B_3\sin\theta$
$\theta=\cos^{-1}\dfrac{R+0.5S-x}{R+b_2}$	$L_1=(R+b_2')\sin\theta$
	$L_2=(R+b_3')\sin\theta'$
$\theta'=\cos^{-1}\dfrac{R+0.5S-500+x}{R+b_3}$	$TN=\sqrt{(L_2'-L_1')^2+(B_2\cos\theta+500+B_3\cos\theta')^2}$

注：x 由以下公式导出：$(R+b_3)^2-(R+0.5S+x-500)^2=(R+b_2)^2-(R+0.5S-x)^2$。

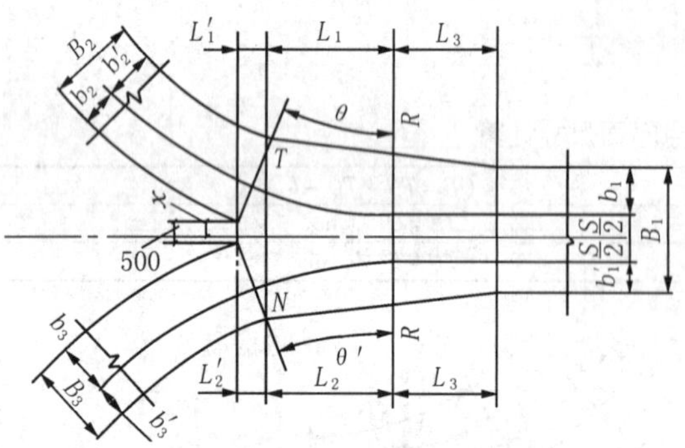

图 9-110 双轨无岔双分枝交岔点

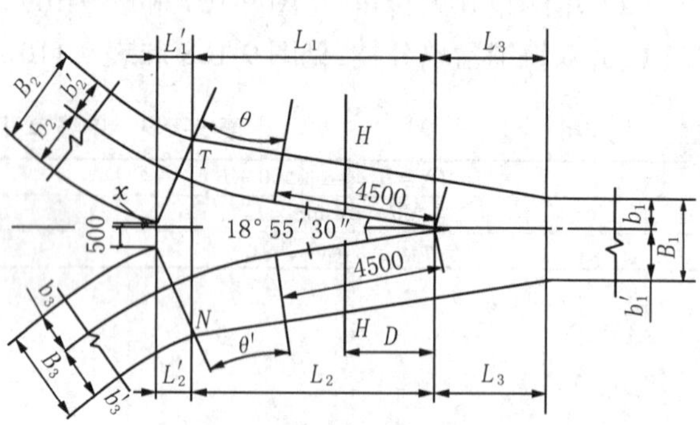

图 9-111 对称道岔双分枝交岔点

表 9-113 对称道岔双分枝交岔点平面尺寸计算

$H=R\cos9°27'45''+4500\sin9°27'45''$	$L_1'=B_2\sin(\theta+9°27'45'')$
$D=4500\cos9°27'45''-R\sin9°27'45''$	$L_2'=B_3\sin(\theta'+9°27'45'')$
$x=\dfrac{2Rb_3+b_3^2-2Rb_2-b_2^2+H-250}{4H-1000}$	$L_1=(R+b_2')\sin(\theta+9°27'45'')+D$
	$L_2=(R+b_3')\sin(\theta'+9°27'45'')+D$
$\theta=\cos^{-1}\dfrac{H-x}{R+b_2}-9°27'45''$	$TN=\sqrt{(L_1'-L_2')^2+[B_2\cos(\theta+9°27'45'')+B_3\cos(\theta'+9°27'45'')+500]^2}$
$\theta'=\cos^{-1}\dfrac{H+x-500}{R+b_3}-9°27'45''$	

注：x 由以下公式导出：$(R+b_2)^2-(H-x)^2=(R+b_3)^2-(H+x-500)^2$。

9.2.8 联合开拓

9.2.8.1 概述

由两种或两种以上主要井巷开拓一个矿床的开拓方式称为联合开拓。联合开拓与单一开拓方式，各有其适用条件和优缺点。但是，在某些条件下，采用单一开拓在技术上不可行，或经济上不合理，或矿床需分期建设或分区（段）开拓，以及改扩建时，需用两种或两种以上的主要开拓井巷共用，构成矿床统一的联合开拓系统才能正常生产。

联合开拓实际上是因地制宜地进行不同开拓方式的联合应用。联合开拓方案分类见表 9-17。

联合开拓主要用于下列情况：

(1) 受地形、矿体赋存条件及矿岩条件限制，需采用平硐与井筒或斜坡道联合开拓。

(2) 矿床的浅部和深部为分期勘探、分期开采的，利用原有的井巷延深，或不可行或不经济，需在深部开掘新的主要井巷，因此形成两段或两段以上不同井巷提运方式。

(3) 矿床上部和下部的空间位置、产状、矿产资源储量及生产能力有较大变化，上部和下部需采用不同的开拓方式。

(4) 改扩建矿山，除了要保留或改造原有主要井巷外，又要新开掘不同的主要井巷，并构成统一的开拓系统。

(5) 随着无轨设备或带式输送机在矿山推广应用，需增加相应的井巷工程。

9.2.8.2 联合开拓方案及实例

A 平硐与井筒联合开拓

根据主平硐与主要井筒的位置不同，平硐与井筒联合开拓有下面三种不同形式：

(1) 用竖井或斜井开拓的矿山，由于井口与矿仓标高不一致，需要开掘一段平硐与矿仓连接；

(2) 平硐下部的矿石用竖井、斜井提运矿石；

(3) 平硐上部的矿石有结块性、自燃性，或因矿石和围岩极不稳固，不宜用溜井放矿时，可用竖井、斜井等下放矿石。

上述三种条件适用平硐与井筒联合开拓。井筒可以是明井，也可以是盲井。

a 平硐与明竖井联合开拓实例

711 矿联合开拓实例　矿床赋存于二叠纪板状硅岩中，受地层、岩性、构造控矿。走向长 4km，宽 500m，埋藏深 710m。矿体形态以不规则扁柱状、透镜状为主，规模大小不一；厚度 0.7 ~ 64m，一般 20 ~ 25m；垂直连续高度最大 250m，倾角 65° ~ 70°。矿石稳固，围岩由稳固到不稳固，矿岩界限不明显。

矿床水文地质条件复杂，富含地下温热水。矿区为丘陵地形，海拔 129 ~ 439m，最低侵蚀基准面 180m。

沿含矿带走向分为四个井田，1 号井田是主要生产井田，设计生产能力 143t/d。为平硐与竖井（罐笼）联合开拓，主平硐位于侵蚀面以上，下部竖井开拓，主、副井对角布置在矿体端部上盘。平硐断面 2.4m × 2.6m ~ 3.3m × 2.8m（宽 × 高）。1 号主井直径 4.5m，井深 240m，木罐道，双罐笼单层提升，电动机功率 210kW。1 号副井直径 3.6m，井深 224m。竖井为混凝土和钢筋混凝土支护，平巷为混凝土、混凝土预制件、锚喷等支护。711 矿平硐与明竖井联合开拓系统如图 9-112 所示。

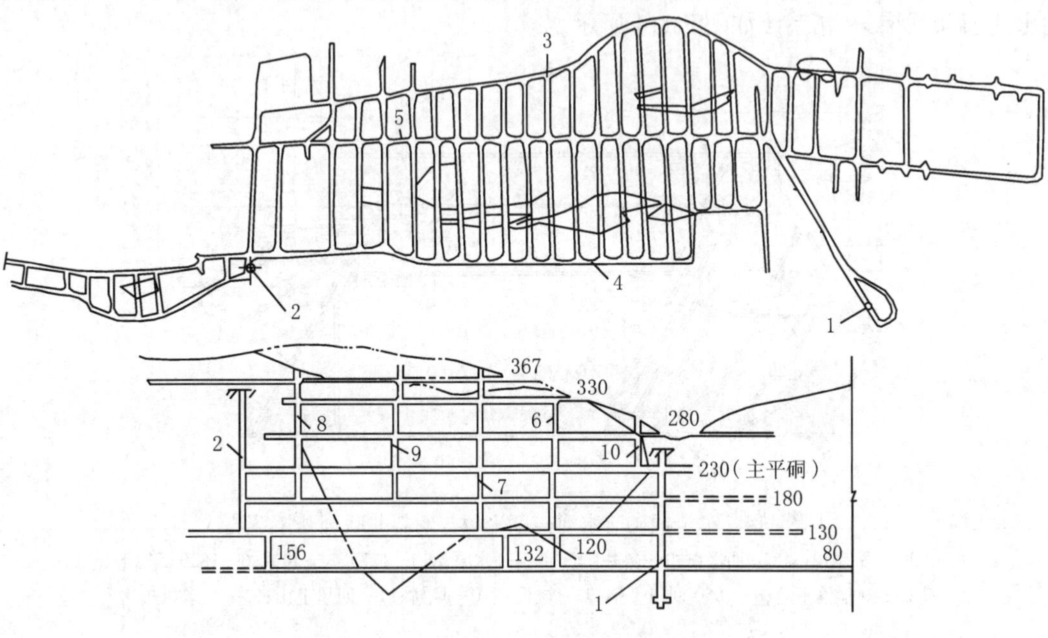

图 9-112　711 矿平硐与明竖井联合开拓系统

1—1 号主井；2—1 号副井；3—脉外运输巷道；4—回风巷道；5—脉内运输巷道；6—1 号充填井；7—5 号充填井；8—16 号充填井；9—25 号充填井；10—5 号通风井

b 平硐与盲竖井联合开拓实例

新冶铜矿联合开拓实例 新冶铜矿属矽卡岩类型铜钨多金属矿床，有520号、420号、320号三个矿体。520号为设计的主矿体，呈不规则脉状、透镜状，大部分埋藏于地下，矿体走向长800m，平均厚度10m，延深800m，倾角30°~80°，其他矿体位于520号矿体的下盘，走向、倾角、延深与520号矿体相似，但厚度较薄，约3m左右。

主矿体上盘为大理岩化厚层石灰岩，稳固性好；下盘为白云质石灰岩，致密、坚硬、节理发育、中等稳定。矿山规模500t/d，实际达647t/d。

矿区位于山岳地区，山坡较陡，海拔在130~783.9m，采用平硐盲竖井联合开拓。主平硐为370m水平，其上部各阶段的矿石用溜井放到370m水平，人员材料的升降采用盲井提升，卷扬机的直径为2m，井筒内装设有3号双罐笼。370m主平硐采用电机车运输，单轨巷道断面为5.2m^2，坡度为0.4%~0.6%，260m以下采用盲竖井开拓。新冶铜矿平硐与盲竖井联合开拓系统如图9-113所示。

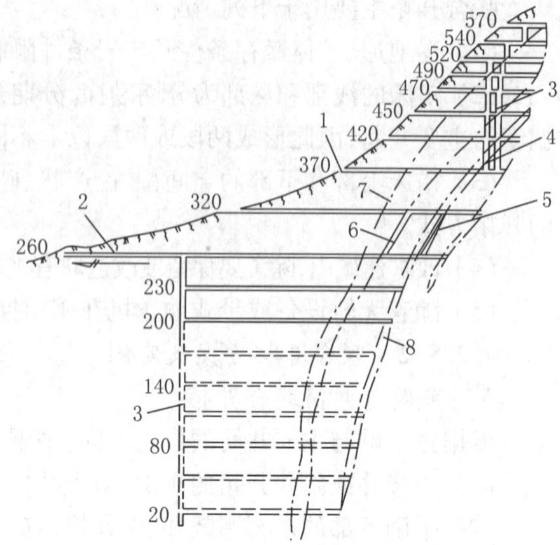

图9-113 新冶铜矿平硐与盲竖井联合开拓系统

1—370m平硐；2—260m平硐；3—盲竖井；4—辅助竖井；5—矿溜井；6—斜溜井；7—520号矿体；8—420号矿体

c 平硐与明斜井联合开拓实例

牟定铜矿联合开拓实例 牟定铜矿清水河区矿床为一内陆沉积含铜砂岩硫化矿床，其产状、特征、品位等见表9-114。

表9-114 牟定铜矿清水河矿区矿体特征

矿体编号	矿体产状	氧化率/%	走向长/m	厚度/m	矿体倾角/(°)	含铜品位/%	围 岩
Ⅱ$_1$	似层状透镜体	28.42	680	8	<30	1.56	上下盘为中粒长石，石英砂岩稳定
Ⅲ$_1$	似层状透镜体	54.47	595	2.3	<30	1.10	
Ⅳ$_1$	似层状透镜体	60~70	142	0.9	<30	1.11	

矿山采用平硐与明斜井联合开拓。采矿方法为全面法及分段崩落法。设计规模82.5kt/a。通风方式采用单翼抽出式通风系统，开拓系统如图9-114所示。

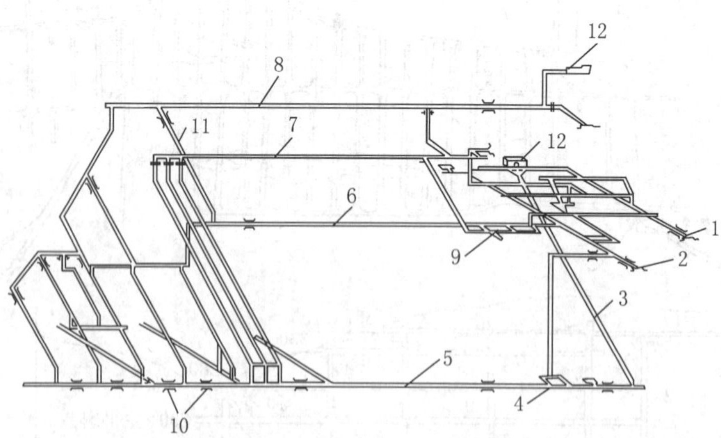

图9-114 牟定铜矿清水河矿区平硐与明斜井联合开拓系统

1—1820东平硐；2—1820西平硐；3—斜井(箕斗)；4—水泵站；5—1775运输巷道；6—1820运输巷道；7—1840运输平巷；8—1850回风平硐；9—炸药库；10—风桥；11—回风上山；12—主扇风机房

d 平硐与盲斜井联合开拓实例

庞家堡铁矿联合开拓实例 矿区矿体走向长12.5km，设计范围9.6km。根据矿体的构造情况，自然划分为5个采区(坑口)。由于矿体延深较大,以1080m平硐为界,分为上部及下部开拓系统。上部采完,下部系统为平硐与盲斜井联合开拓(图9-115)。全矿用1080m及850m水平平硐贯穿各采区。1080m平硐主要作为人员、材料、设备和废石的出入口;850m平硐主要作为矿石运输至选矿厂的运输通道。两平硐之间设有1号盲斜井与之贯通。该斜井作为副斜井用于提升人员、材料、设备及将废石提升到1080m水平,然后再运到排弃场。1号盲斜井长446m,倾角30°,上部断面为8.2m²,下部为5.8m²,混凝土支护。上部开拓用西部两个斜井延深到850m平硐作为入风井,两井相距300m,各阶段采用7~10t电机车牵引2~4m³矿车运输矿石。

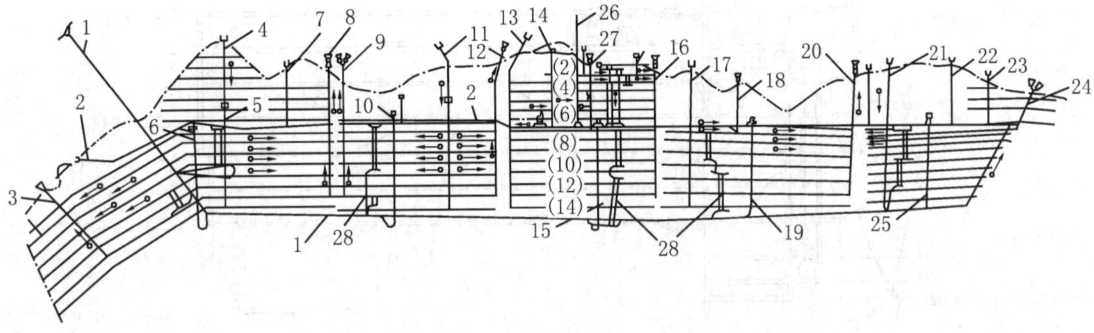

图9-115 庞家堡铁矿开拓通风系统

1—850平硐;2—1080平硐;3—一区西部回风井;4—西二斜井;5—一区入风井;6—一盲斜井;7—西一斜井;8—东部回风井;9—西部回风井;10—二盲斜井;11—东部入风井;12—东部回风井;13—三采区入风井;14—新一斜井;15—三盲斜井;16—三区回风井;17—四采区入风井;18—东一斜井;19—四盲斜井;20—回采区回风井;21—五区入风井;22—东三斜井;23—大斜井;24—回风井;25—盲斜井;26—上平硐;27—回风井;28—二区溜井

B 明井与盲井联合开拓

a 明竖井与盲竖井联合开拓

明竖井与盲竖井联合开拓主要适用于矿体走向长、厚度大、延伸较深的倾斜急倾斜矿体。由于深部开采第一期竖井施工延伸困难,或因石门过长而另凿一盲井与原竖井接力转载联运。

明竖井与盲竖井联合开拓,虽然可保证原有竖井在不停产的条件下进行施工,并可缩短石门长度,但仍存在下列缺点,选择时应做全面比较:

(1) 每一井筒需要装备一套提升设施,盲井提升设备须安装在井下,硐室工程量较大,造价高;

(2) 需要增加阶段矿石转载运输系统及其设施;

(3) 人员、设备及材料运输提升时间较长,转载提升不方便;

(4) 每套提升设施都要配备一套服务人员,故人员较多。

明竖井与盲竖井开拓矿山实例

实例 铜绿山铜铁矿联合开拓。铜铁矿深部开采工程是开采-365m阶段以下的矿体。设计矿石生产能力为2500t/d,采用VCR法和上向分层充填法采矿。原有系统为明竖井(主井、副井)开拓。主井提升矿石和废石,井筒净直径4.5m,井筒标高为+27~-500m,-425m水平布置破碎硐室,-452m水平为装矿皮带道,开拓系统服务-365m以上的矿体。副井井筒净直径5.5m,内配一个大罐笼和一个小罐笼共两套提升系统,矿石经主井提升到地表后,经皮带直接送往选矿中碎圆锥破碎机。深部开采采用延深副井、新掘盲竖井方案,服务-725m以上的矿体开采。新盲竖井布置在原主井附近,采用塔式布置,提升机房位于-365m阶段,破碎硐室位于-785m水平,皮带道位于-812m水平,在-425m以上新设矿石转运矿仓并延长原有皮带道,盲竖井将矿石提升到-425m水平,卸至转运矿仓中,转运矿仓位于-425m皮带道上,矿石经原皮带送至明主井计量硐室并提升至地表。铜绿山铜铁矿深部开采联合开拓系统如图9-116所示。

b 明竖井与斜井联合开拓

明竖井与斜井联合开拓方式,一般上部用通地表的竖井,而深部用盲斜井。其适用条件:

(1) 主要井筒开凿在下盘,矿床开采深度很大,且深部矿体变缓;

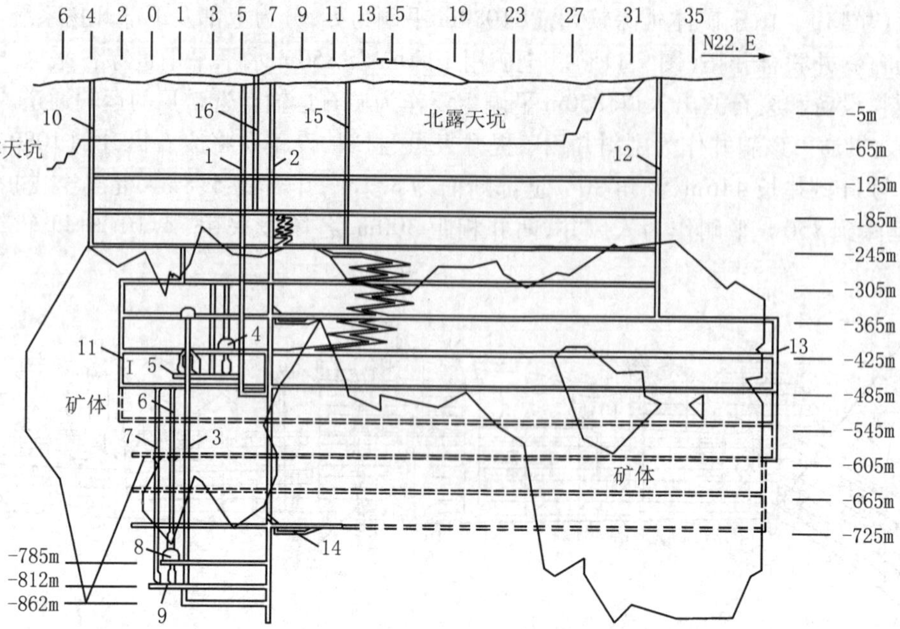

图 9-116 铜绿山铜铁矿深部开采联合开拓系统

1—主井;2—副井;3—盲主井;4— -425m 破碎硐室;5— -425m 皮带道;6—矿石溜井;
7—废石溜井;8— -785m 破碎硐室;9— -812m 皮带道;10—南风井;11—倒段南风井;
12—北风井;13—倒段北风井;14—水泵房;15—原管缆井;16—充填井

(2) 主要井筒开凿在上盘,而矿床的倾向方向在深部改变为反向倾斜;

(3) 矿床上部用侧翼井筒开拓,矿床深部侧翼倾斜变缓,开采深度较大;

(4) 竖井井筒部位的深部工程地质条件较坏,而靠近矿体的上、下盘工程地质条件较好。采用明竖井与盲斜井联合开拓法,其目的是尽量减少石门工程量及寻找良好的井巷工程部位,以便降低井巷造价及维护费。

明竖井与斜井联合开拓矿山实例

车江铜矿联合开拓实例 矿床赋存于第三系沉积岩系中,矿体产状一般较稳定,倾角 8°~20°,矿化带长达 7500m,宽 300~350m,最宽达 600m。品位一般含铜 1%~1.5%,最高 4%。围岩上盘为浅灰色细砂岩,下盘为红色粗细粒砂岩。

Ⅰ~Ⅸ号矿体划归一个采区开采,-5m 以上为竖井开拓,-5m 以下为盲斜井开拓,由上向下后退式开采,如图 9-117 所示。

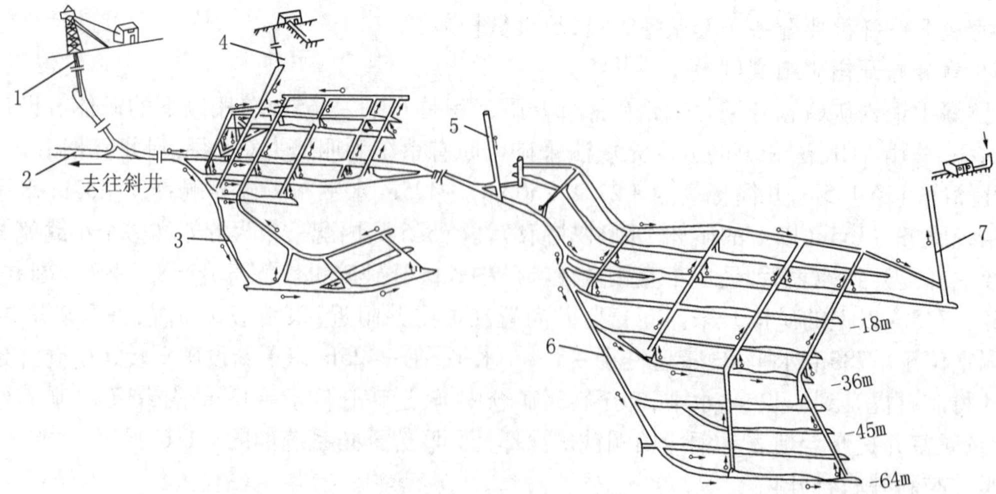

图 9-117 车江铜矿明竖井与盲斜井联合开拓系统

1—竖井;2—平巷;3—2 号盲斜井;4—2 号风井;5—3 号进风井;6—3 号盲斜井;7—4 号风井

采矿方法为房柱法，以不规则的自然矿柱和人工矿柱及金属锚杆支护护顶，全尾砂嗣后充填。年产矿石80kt，采矿贫化率20%，损失率5%。矿山通风采用对角式，矿体南北两端设抽风井，在Ⅰ、Ⅱ两矿体间无矿带处设进风井。

c 明斜井与盲竖井联合开拓

明斜井与盲竖井联合开拓是指地表用明斜井开拓，深部矿体用盲竖井开拓的联合开拓法。

适用条件：这种开拓法只在特殊条件下采用。矿床深部矿体变陡易于用竖井开拓而不易继续延伸通至地表的斜井；深部发现盲矿体而且倾角又陡，采用盲竖井开拓经济效益好；延深斜井可能遇到不良工程地质构造；斜井断面大，所受地应力作用较大。上述条件都可采用盲竖井进行深部矿床开拓。

d 明斜井与盲斜井联合开拓

明斜井与盲斜井联合开拓适用于倾角不大，原为斜井开拓而矿体倾向延伸较长的矿体。直接延伸通至地表的斜井往往在技术上遇到困难。例如：遇有溶洞区富含水层，工程地质条件极为不良；延伸斜井将影响上部斜井生产；延伸斜井长度太大，单绳提升矿车有困难；由于矿床勘探不足，深部又发现新的缓倾斜矿体。以上情况都可采用盲斜井进行深部开拓。

C 斜坡道与平硐、竖井和斜井联合开拓

随着新技术、新设备的发展，无轨设备在地下矿山的广泛使用，新建矿山及改、扩建矿山，采用斜坡道与平硐、竖井和斜井的联合开拓方案的矿山会增多，适用范围也将扩大。

适用条件：(1) 适用埋藏较深的大、中、小型矿山；(2)竖井用来提升矿石，斜坡道用于无轨设备出入，人员、材料运输；(3)大中型矿山井下无轨设备较多，为了设备出入，以提高机械作业效率和运输人员、材料等，斜坡道可直通地表；(4)对于某些深井矿山，其竖井井筒直径较大，提升能力有富余时，斜坡道可不必直通地表，只在阶段运输巷道之间设一条起联络作用的斜坡道；(5)当下部矿体变小、变缓，储量又不大，或为了开采边缘零星矿体，且延伸竖井在经济上不合理时，一些矿山采取上部为竖井下部为斜坡道的开拓方式。

斜坡道与平硐、竖井、斜井组合构成的联合开拓可大体分为三种类型。

a 斜坡道与平硐联合开拓

斜坡道与平硐联合开拓方式是矿床上部采用平硐开拓，平硐标高以下采用无轨斜坡道开拓。上部各阶段的矿石经溜井、平硐运出地表，平硐若为无轨运输，下部各阶段矿岩利用坑内卡车经斜坡道、平硐运出地表。当矿石具有结块性、自燃性、不便于用溜井运输，或者矿体与围岩极不稳固，不便于溜井施工时，上部各阶段矿石也可采用坑内卡车沿上部斜坡道下运，再经平硐运出地表。

实例 澳大利亚克利夫兰(Cleveland)锡矿联合开拓。该矿为硫化矿床，矿体走向长367m，平均厚度为7.6m，倾角80°～90°。矿石中锡的平均品位为0.92%，铜的平均品位为0.4%，上下盘围岩与矿石均十分稳固。

该矿采用平硐-斜坡道联合开拓，在1125m水平以上采用平硐开拓，主平硐设在1125m水平，主平硐断面为4.2m×4.2m。在1125m水平以下采用盲斜坡道开拓。矿石与废石均用坑内卡车经斜坡道运到主平硐，再从主平硐运出地表。盲斜坡道断面4.8m×4.8m，曲线段断面5.5m×4.8m。盲斜坡道曲率半径为16.7m。盲斜坡道路面用细粒碎石、重介质选矿的尾矿和少量黏土铺设。盲斜坡道的坡度在第7与第9段之间为11.1%。在第9分段以下增加到14.3%，以减少盲斜坡道长度。

矿山年生产矿石能力为25万吨。克利夫兰锡矿斜坡道与平硐联合开拓系统如图9-118所示，该系统采

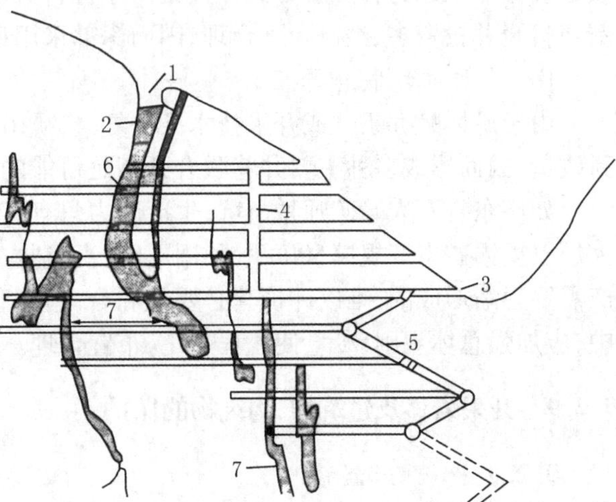

图9-118 克利夫兰锡矿斜坡道与平硐联合开拓系统

1—老露天坑；2—保安矿柱；3—1125m主平硐；4—主溜井；5—盲斜坡道；6—分段巷道；7—矿体

用折返式斜坡道。

b 斜坡道与竖井联合开拓

适用条件:(1) 适用埋藏较深的大、中、小型矿山;(2)竖井用于提升矿石,斜坡道用于辅助运输;(3)大中型矿山井下无轨设备较多,为了设备出入,以提高机械作业效率和运输人员、材料等,斜坡道可直通地表;(4)对于某些深井矿山,其竖井井筒直径较大,提升能力有富余时,斜坡道可不必通地表,只在阶段运输巷道之间掘进一条起联络作用的斜坡道;(5)当下部矿体变小、变缓,储量又不大,或为了开采边缘零星矿体,且延伸竖井在经济上不合理时,一些矿山采取上部为竖井下部为斜坡道的开拓方式。

目前,这种联合开拓方式在国内外矿山应用广泛,见表9-115。

表9-115 部分国内外采用斜坡道与竖井联合开拓的矿山

序号	矿山名称	生产规模/(t/d)	主要开拓井巷
1	金川二矿区二期工程	8000	西主井、副井、主斜坡道
2	金川龙道矿	4000	主井、副井、斜坡道
3	金川Ⅲ矿区	5000	主井、副井、斜坡道
4	凡口铅锌矿	4000	主井、副井(两条)、斜坡道
5	安庆铜矿	3500	主井、副井、斜坡道
6	三山岛金矿一期工程	1500	混合井、斜坡道
7	阿舍勒铜矿	4000	主井、副井、斜坡道
8	铜矿峪铜矿二期工程	6Mt/a	盲混合井、胶带斜井、斜坡道
9	武山铜矿深部工程	5000	主井、南副井、北副井、斜坡道
10	大红山铁矿	4Mt/a	胶带斜井、斜坡道、盲竖井
11	赞比亚谦比西铜矿	6500	混合井、斜坡道
12	瑞典基律纳铁矿	24.60Mt/a	主井(11条)、主斜坡道
13	澳大利亚 Northparkes 矿(第一中段)	4Mt/a	主井(1条)、斜坡道

c 斜坡道与明斜井、盲斜井联合开拓

(1) 斜坡道与明斜井联合开拓。这种开拓方法是指上部各阶段采用斜井开拓,用串车、箕斗提升或带式输送机运输,深部矿体或边缘矿体采用盲斜坡道开拓。深部各阶段和矿床边缘的矿石经斜坡道运到斜井井底破碎硐室,破碎后经斜井提升至地表。原为斜井开拓的有轨矿山进行无轨开采技术改造时,多数采用这种开拓形式。由于斜井提升环节多,管理不方便,这种开拓方法在逐步减少,或者正在被采用带式输送机运矿的斜井开拓所代替。

(2) 盲斜坡道与竖井联合开拓。这种开拓方式指矿床上部用竖井开拓,深部矿体和边缘矿体采用盲斜坡道开拓。采用这种开拓方式往往是由于深部和边缘矿体地质储量不多,或距原有井筒较远,延深竖井或新建盲竖井投资多,经济上不合理,因而深部采用盲斜坡道开拓。

D 多种井巷联合开拓

由于矿体赋存条件或开采技术条件复杂,矿山开采范围大,矿山开采技术及设备应用的需要,如矿山更新改造,因而形成多种主要井巷联合开拓是可能的。

如广东省石人嶂矿师粘山坑,生产能力只有125t/d,采用平硐、盲箕斗竖井、盲箕斗斜井联合开拓。广西大厂巴里锡矿生产规模500t/d,采用平硐、盲竖井、盲斜井联合开拓。这种开拓方式是在生产实践中,根据生产需要逐渐形成的,难以评价其必要性和合理性;但其管理复杂、用人多、提升成本高。在今后的矿山建设中,应加强总体规则,尽量使流程简化,布置合理。

9.2.9 开采岩移及建筑物、构筑物的保护

9.2.9.1 开采岩移

矿石采出以后,原岩应力平衡遭到破坏,使围岩发生变形、位移、开裂、冒落,甚至产生大面积移动。随着采空区不断扩大,岩移范围也相应扩大。当岩移范围扩大到地表时,地表将产生变形和移动,形成下沉盆地或塌陷坑。地表与岩体移动的形式和剧烈程度取决于岩体的力学性质、矿体埋藏条件和所用的采矿方法等。而岩体内的软弱结构面,如大的断裂构造对区域性的岩体稳定性起着控制作用。目前,国内外尚没有

适合于各种情况、各种条件的采后岩移及地表变形预计方法。因此，企图用简单的计算公式获得精确计算结果目前看来是不现实的。

为使新建矿山的地表工业场地、井筒等设施布置在不受开采影响的安全地带，必须进行开采后地表及岩体移动预计范围的圈定。本节以类比法为主，提供一些矿山有关错（移）动角的资料，作为矿山初步设计的参考。必须指出，这种类比法所依据的类比条件是很简单的，在选定了作为类比的类似矿山之后，还应进一步掌握和分析该矿的详细开采技术条件，最好能将该矿的岩石力学参数及构造特点与新设计的矿山相比较，再辅以其他经验公式的计算结果进行选取。

对于重点矿山和条件复杂、有特殊要求的矿山（如地表需保护），可在用类比法确定的初步设计基础上，进行岩石力学研究。根据所取得的岩石力学研究成果及采矿工艺条件，采用有限元或边界元等方法进行岩体稳定性分析。

对“三下”开采的矿山，设计中行之有效的措施是留保安矿柱或采用充填法开采。根据保护的要求可分别采用尾砂充填或胶结充填。充填法虽不能阻止岩体变形，但可不同程度地减缓岩移，从而达到保护地表的目的。应当指出，用充填法特别是胶结充填法开采急倾斜矿体时，当开采达一定深度后，开采的影响就不会波及地表或者其最大变形量不会超过被保护对象的允许值。因此，不管开采深度如何，一律由最终开采下界向地表划分移动范围的做法是不科学的。但这一“安全开采深度”的界限是很难确定的。对于新设计的充填法矿山，在缺少岩石力学和工程地质资料的情况下，为了保证将主要建筑物、构筑物布置在确系安全的范围，设计中仍可借用传统的“错动角”概念，以便确定采矿作业对地表的影响范围即保安区的范围；但其“错动角”应选取较大的值（与同类条件下用非充填法开采的移动角值相比），究竟大多少，应视矿体赋存条件、充填体的可压缩特性以及原岩应力的大小而定。

对于条件适合的非煤矿山、缓倾斜及倾斜沉积型矿床，上盘为页岩、砂页岩、灰岩等均质岩体，可采用概率积分法等方法计算地表变形和移动。

岩体移动主要参数的概念如图 9-119 所示。

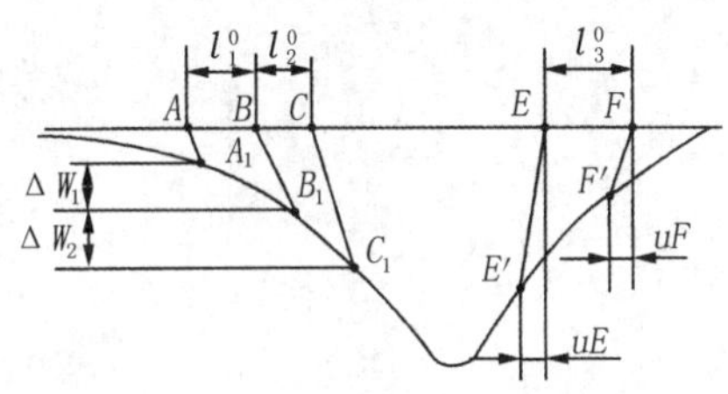

图 9-119 地表倾斜、曲率、水平移动、水平变形计算

(1) 非充分采动与充分采动在既定采深条件下，开采区段尺寸（走向和倾斜）较小，达不到采深的 0.9～2.2倍（取决于覆岩性质）或达不到 $2r$（r——主要影响半径）时，地表最终下沉，盆地剖面形状呈尖底的“碗形”，最大下沉值随采空区尺寸的增大而增大，这种开采规模称为非充分采动。当开采区段的尺寸增大到等于 $2r$ 或大于等于 0.9～2.2 倍采深时，地表最终最大下沉值达到极限值时的开采规模称为充分采动。充分采动时的最大下沉点不只是一个点而分布成一片，移动盆地形状为平底型的“盘形”盆地。

(2) 地表下沉（W）即地表移动全向量的垂直分量。

(3) 地表水平移动（u）即地表移动全向量的水平分量。

(4) 地表倾斜（i）为地表下沉盆地沿某一方向的坡度值，其平均值为两点间的下沉差 ΔW 除以两点间的水平间距 l_{AB}^0（mm/m），即：

$$i_{AB} = \frac{W_B - W_A}{l_{AB}^0} = \frac{\Delta W}{l_{AB}^0} \tag{9-153}$$

(5) 地表曲率（K）为下沉盆地剖面线的弯曲度，其平均值为相邻两线段倾斜差 Δi 除以两线段地表水平长度的平均值，即：

$$K_B = \frac{i_{BC} - i_{AB}}{0.5(BC + AB)} = \frac{\Delta i}{0.5(l_2^0 + l_1^0)} \times 10^{-3} \tag{9-154}$$

习惯规定，上凸为正、下凹为负，单位为 1/m。

(6) 地表水平变形（ε，mm/m）为移动盆地内，一线段两端点的水平移动差与该线段长度之比，其平均值为：

$$\varepsilon = \frac{u_E - u_F}{EF} = \frac{\Delta u}{l_2^0} \tag{9-155}$$

（7）临界变形值即无须维修就能保持建筑物及各种设施正常使用所允许的地表最大变形值。根据临界变形值可圈定地表移动盆地的危险变形区与非危险变形区。《煤矿测量试行规程》规定：对于一般砖石结构的建筑物，其临界变形值暂定为：$i=3\text{mm/m}$，$K=0.2\times10^{-3}1/\text{m}$，$\varepsilon=2\text{mm/m}$。

（8）错动角（移动角）β、γ、δ 即移动主断面上临界变形值的点和采空区边界的连线与水平线之间在采空区外侧的夹角。

（9）崩落角（陷落角）β'、γ'、δ'即采区上方地表最外侧的裂缝位置和采空区边界的连线与水平线之间在采空区外侧的夹角。

地表移动带（区）如图9-120所示。

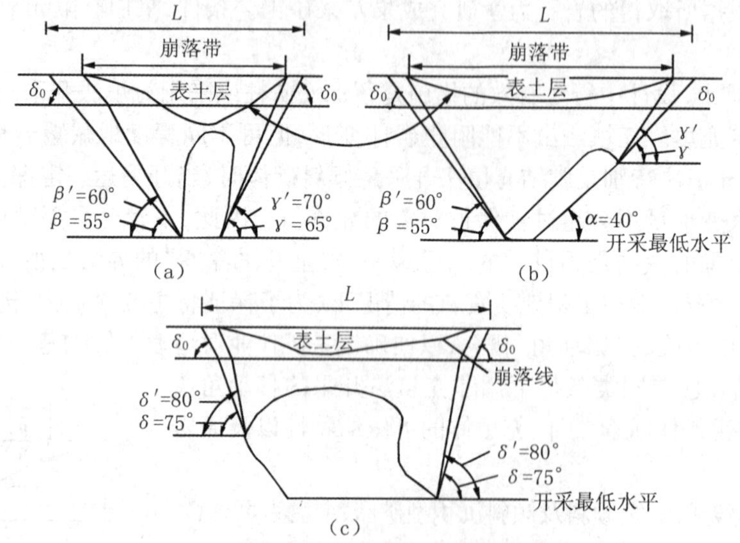

图9-120 地表移动带（区）

（a）垂直矿体走向剖面 $\alpha>\gamma$ 及 γ'情况；（b）垂直矿体走向剖面 $\alpha<\gamma$ 及 γ'情况；（c）沿矿体走向剖面

α—矿体倾角；β—上盘错动角；γ—下盘错动角；δ—走向端部错动角；δ_0—表土移（错）动角；

β'、γ'、δ'—分别为上盘、下盘及走向端部崩落角；L—地表错（移）动带（区）

9.2.9.2 建筑物、构筑物的保护

（1）需要保护的矿山建筑物和构筑物按其用途和引起变形的后果分为三个等级，见表9-116。

表9-116 地表建筑物和构筑物的保护等级

保护的主要目的	保护级别		
	Ⅰ	Ⅱ	Ⅲ
防止发生大量劳动者的伤亡	立井井筒、井架、提升设备、跨度大于20m的桥梁的桥台、大河河床、水库、附有泄水设备的堤堰、110kV及以上的高压输电线路	没有机械提升设备的通风井筒、斜井井筒、铁路干线的路基、中心车站的建筑物、跨度小于20m的桥梁的桥台、地方性的地下瓦斯管道	最主要的水道工程、天然水池、人造水池河床、经常流水的山谷、斜通风井筒和辅助井筒、公用的地方铁路
防止正常生产遭受严重的破坏	熔铁炉、马丁炉、铸铁车间、玻璃工厂的主要机组部分、炼焦化学工厂、洗煤厂、环状的地区发电厂与变电所、供应工业、企业用水的人造水池、炼焦炉并附有副产品的收集设备者、动力厂的锅炉房	地区的主要管道、水泵站滤水站、砖砌烟囱及钢筋混凝土烟囱、地方性的发电厂与变电所冷却塔、大型的机械厂、压力水柜、水塔、铁路机车库、火车站房及转辙器、中央控制站、锅炉房、炼焦炉但未附有副产收集设备者、矿山通风机房空气压缩机房、石油管道	架空索道的转弯支架及站台、没有机器装备的地下硐室、矿用电机车的车库、矿山中型机械厂
防止物质遭受严重的损失	特别重要的民用建筑物、大的具有全国意义的或精巧的建筑物、五层以上的公用房屋与住宅	3～4层的砖砌住房和公用房屋、医院与学校（均不论是几层的建筑）	大批的在带状基础上砌墙所建筑的一般和公用的1～2层的房屋，但医院和学校不在此限

注：此表摘自《地面建筑物及主要井巷保护暂行规程》，中国工业出版社，1965年9月。

（2）应将新建矿山的各类建筑物、构筑物布置在最终移动区之外。建筑物、构筑物的保护带宽度对Ⅰ级取20m，对Ⅱ级取15m，对Ⅲ级取10m。考虑到下列原因即用类比法确定移动角的误差、钻探后圈定矿体位置的误差、矿体空间形态的变化及深部矿体控制程度差等原因，在上述保护带基础上增加5°左右的误差值。

(3) 由于技术上和经济上的原因,矿山地面建筑物或构筑物必须布置在移动区内时,应留设保护矿柱,保护矿柱以内的矿体不予开采,或留待末期进行特殊开采。

(4) 对于改扩建矿山,由于继续开采而影响原有地面建筑物、构筑物的正常使用与安全时,一般情况下应予以拆迁,否则应按“三下”开采对待。

9.2.9.3 开采移动范围的圈定

A 圈定移动范围的一般规定

(1) 移动区应从开采矿体的最深部划起;

(2) 对未探清的矿体应根据可能延深的部位划起;

(3) 当矿体埋藏很深且分期开采时,需分期划出移动区;

(4) 当矿体轮廓复杂时,应从矿体突出部位划起;

(5) 对已进行工程地质及岩石力学研究的矿山,应尽可能地进行开采后岩体及地表稳定性的评价,分别用数值分析法(包括有限元或边界元分析)和类比的方法确定地表及岩体移动范围;

(6) 对未进行任何岩石力学研究的矿山,可参考同类矿山的观测资料确定其地表移动范围;

(7) 所圈定的移动区应分别标在总平面图、开拓系统平面图、剖面图以及各阶段平面图上。

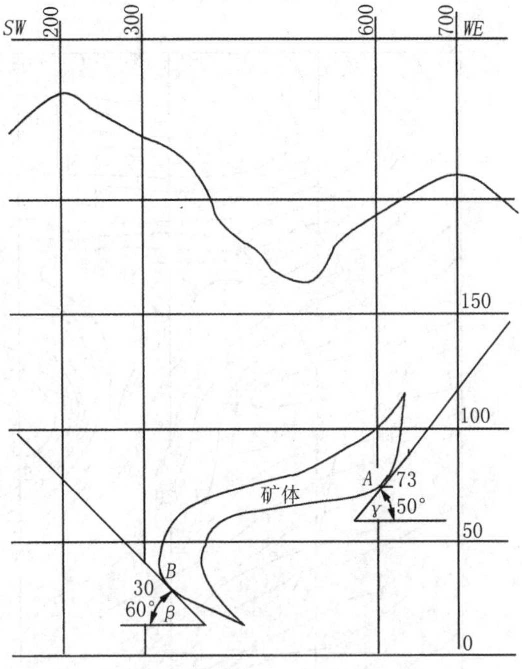

图 9-121 由矿体最深和突出部位圈定移动区

B 移动范围的圈定方法

直接在地表地形图上圈定地表移动区的方法如下:

(1) 利用地质剖面图确定影响地表移动的矿体最深部位(或突出点)的标高及平面位置,如图 9-121 所示。

(2) 分别将这些影响地表移动范围最深远或最突出点的平面位置投到地形图上并注明其标高,如图 9-122所示。

(3) 制作“$H\cot\gamma$”、“$H\cot\beta$”、“$H\cot\delta$”量尺即“特制的量尺”。H 是高程,γ、β、δ 分别为矿体下盘、上盘和侧翼的移动角。H 的变化范围应从矿体最深处标高到矿区地形最高的标高(在海平面以下时,标以负号)。

以上三步所用的比例尺必须相同。

(4) 分别用“$H\cot\gamma$”、“$H\cot\beta$”、“$H\cot\delta$”量尺在地形图上绘制移动区。将所求得的各点连成一闭合曲线,即为所要获得的地表移动区。

9.2.9.4 保安矿柱

由于技术上和经济上的原因,矿山地面建筑物或构筑物必须布置在移动区内时,如不宜把主要开拓井巷布置在岩体移动范围之外时,或者已投产的矿井,因在井筒附近发现新矿体、矿体向下延深使得井筒落入岩体移动范围之内时,为了保护井筒及其建(构)筑物,应留设保安矿柱,保安矿柱内的矿体不予开采,或留在矿井末期进行特殊开采。

保安矿柱是在井筒周围留下一部分暂不开采的矿体,其范围为按岩石移动角 β、γ、δ 用作图法圈定,其步骤如下:

(1) 在平面图上(图 9-123),过井筒中心作垂直矿层走向的剖面 Ⅰ—Ⅰ。在该剖面图上,从井筒两侧的受护范围边界起,自上而下按各岩层的移动角逐层画出其移动线,直到与矿层的顶、底板线相交,得 A、B、C、D 四点。则 A—B—D—C—A 即为在剖面 Ⅰ—Ⅰ 上的保安矿柱边界。在画岩体移动边界线时,对位于采空区下端的移动线用 β 角,上端的用 γ 角。

(2) 将点 A、B、C、D 投影到平面图的 Ⅰ—Ⅰ 线上,得 A'、B'、C'、D' 四点。设矿层形状规则,则过这四点分别作平行走向的四条线,便得到保安矿柱顶、底板沿走向的边界线在平面图上的投影。

(3) 在平面图上,过井筒中心和受保护范围边界线,作平行矿层走向的阶梯形剖面 Ⅱ—Ⅱ。在该剖面图

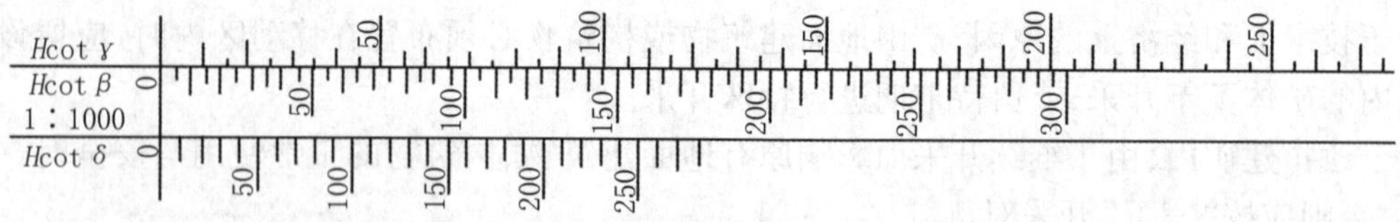

特制的量尺

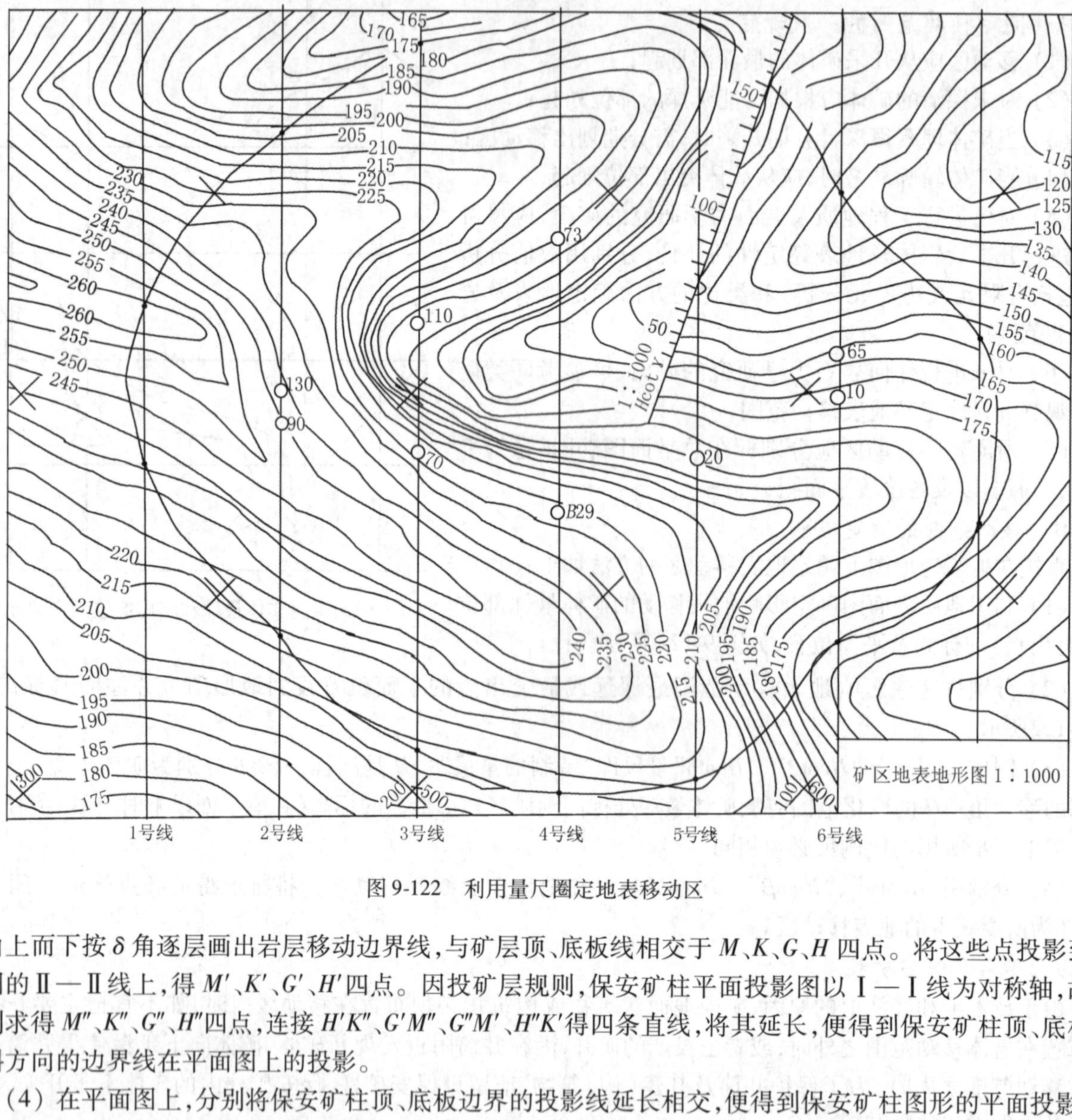

图 9-122　利用量尺圈定地表移动区

上由上而下按 δ 角逐层画出岩层移动边界线，与矿层顶、底板线相交于 M、K、G、H 四点。将这些点投影到平面图的Ⅱ—Ⅱ线上，得 M'、K'、G'、H'四点。因投矿层规则，保安矿柱平面投影图以Ⅰ—Ⅰ线为对称轴，故可分别求得 M''、K''、G''、H''四点，连接 $H'K''$、$G'M''$、$G''M'$、$H''K'$得四条直线，将其延长，便得到保安矿柱顶、底板沿倾斜方向的边界线在平面图上的投影。

（4）在平面图上，分别将保安矿柱顶、底板边界的投影线延长相交，便得到保安矿柱图形的平面投影图。

如果矿层或岩层形状不规则，应该多作剖面，求得足够多的点，把这些点连接起来，便可得到保安矿柱的边界线。

岩层移动角的大小与许多因素有关，主要是岩石性质、地质构造、矿体厚度、矿体倾角、开采深度、采矿方法等。对于已开采的矿山，可以通过实地观测求得。对于新设计的矿山，一般是应用类比法，参照类似条件下矿山的实际资料选取，并综合考虑本矿的具体条件，对所选取的值进行修正。

9.2.9.5　错动角和崩落角的确定

在新建矿山设计中，地表错（移）动角和崩（陷）落角一般采用工程类比法确定。可参考下面表中选用。

表土移动角和崩落角按表 9-117 选取；各种土壤自然安息角按表 9-118 选取；我国部分矿山移动角实测值见表 9-119；部分金属矿山地表移动与变形参数实测值见表 9-120；部分金属矿山设计采用的移动角见表 9-121；国内煤矿移动角见表 9-122。

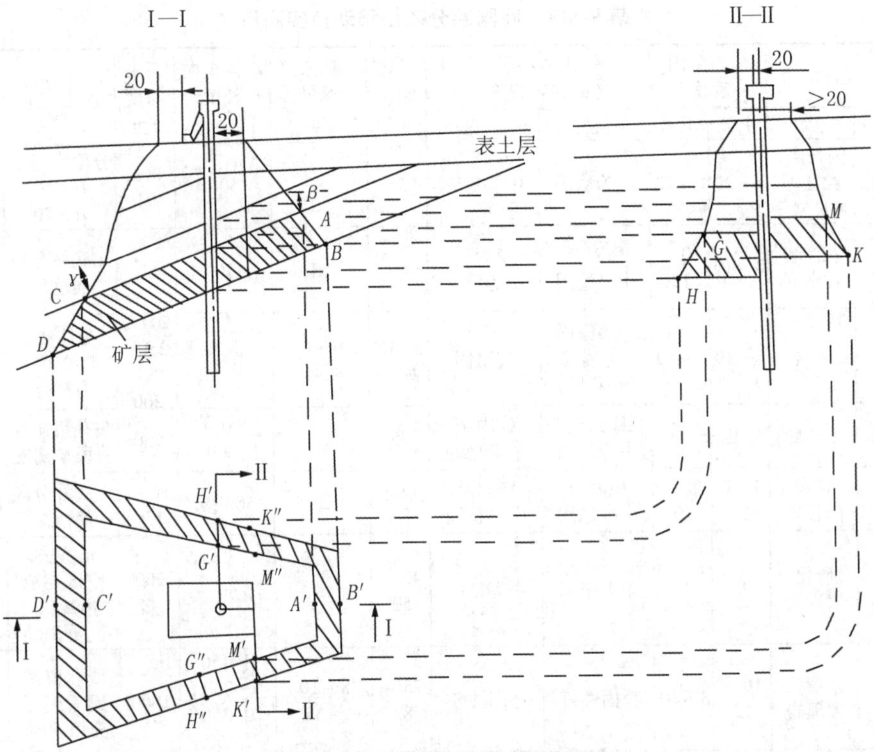

图 9-123 作图法设计保安矿柱

表 9-117 表土移动角和崩落角

表土特征	移动角和崩落角/(°)		
	β、β'	γ、γ'	δ、δ'
厚度在 10m 以内,干燥或天然湿度的表土	50	50	50
厚度在 10m 以上,干燥或天然湿度的表土	45	45	45
潮湿和湿润的表土	40	40	40
有塌落的表土或露天采场内已受滑动影响的表土	按表土自然安息角取 $\beta=\gamma=\delta$		

注:如基岩移动角数值小于表土错动角,则表土错动角应采用基岩移动角。

表 9-118 各种土壤自然安息角

土壤名称		自然安息角/(°)		
		自然湿度	湿和很湿的	十分湿的(达到饱和)
各种土壤	淤泥	40	25	—
	疏松黑土、植物土(耕土)	40	33	—
	致密植物土(耕土)	45	35	—
黏土质土壤	松软黏土质土壤、松软砂质黏土夹有淤泥和细粒有机物	40	27	20
	中等致密黏土质土壤和砂质黏土	40	30	25
	致密黏土质土壤和致密砂质黏土	45	30	25
	致密黏土、冰渍土	45	37	35
	石质底土的十分坚硬黏土质土壤,未受侵蚀的侏罗纪黏土	45	37	35
砂质土壤	夹杂有淤泥的细砂	40	25	20
	松散的纯细砂	40	27	22
	致密细砂	45	30	25
	松散中粒砂	37	33	25
	致密中粒砂	45	33	27
	致密大粒砂	45	33	27
	含砾石土壤	37	33	27
	致密中粒砾石	40	35	27
	致密大粒砾石	40	35	—
	胶结大粒砾石	40	37	—

表 9-119 我国部分矿山移动角实测值

序号	矿山名称	围岩名称		岩石坚固系数 f		构造特征（或稳定程度）		矿体倾角 /(°)	矿体水平厚度 /m	矿体走向长度 /m	开采深度 /m	采矿方法	移动角 /(°)		
		上盘	下盘	上盘	下盘	上盘	下盘						上盘 β	下盘 γ	走向 δ
1	金岭铁矿铁山区	大理岩，结晶灰岩	闪长岩，蚀变闪长岩	8~10	8~12	中等稳固	中等稳固	55	8	500	48~94	分段空场法 $H<50$ $H>50$	50 55	50 55	— —
2	程潮铁矿	闪长岩大理岩矽卡岩	花岗岩矽卡岩	8~10	10~12	稳固至中等稳固	稳固至中等稳固	46	53	1700	80	无底柱分段崩落法	68	68	—
3	锡矿山南矿	灰岩、页岩	灰岩	6~10	8~10	中等稳固走向端部，有断层	较稳固	东 15 西 20	4~6 4~6	1000	200~250，35~200	房柱法、少量矿柱13%	59 59	68 69	65 71
4	大吉山钨矿	石英脉	石英脉	8~12	8~12	稳固至中等稳固	稳固至中等稳固	75	3	800~1500	760	浅孔留矿柱阶段矿房法	60	68	74
5	冶山铁矿	白云岩	花岗闪长岩	10~12	8~10	稳固至中等稳固	稳固至中等稳固	45~80	20	500 多	80~130	无底柱分段崩落法	62	85	62
6	云锡马拉格4号矿体	矽化大理岩	矽化大理岩	8	8	中等稳固	中等稳固	40~50	10	60	200 多	充填法，空区充填40%，非充分采动	63	68	70~75
7	石嘴子铜矿	矽质大理岩	条带状大理岩	10~12	8~10	稳固性好	稳固性差	75~82	8~10~35	上 150~200 中 350 下 60	1000	浅孔留矿嗣后废石充填50%	浅部 80	浅部 80	浅部 80
8	小铁山铅锌矿	绿泥石片岩，绿泥石千枚岩	石英钠长斑岩	4~6	8~10	层理、节理发育		60~80	1~45 平均 5.5	600~1000	450~650	无底柱分段崩落	45	60	70
9	柏坊铜矿	条带状的石英粉，砂岩	钙质石英砂岩	3~7	6~8	破碎节理发育，受断层切割	胶结良好	10~30	2~30 平均 10	130~150	10~90	分层崩落法，下向充填法	43~45	51~55	50~53
10	易门铜矿狮山坑	白云岩	白云岩，板岩互层	6~8	4~6	节理发育，松散，易坍塌，局部较好	节理发育，松散，稳固性比上盘差	70	18~22	680~900	600	有底柱分段崩落法	35	55	55
11	弓长岭铁矿	花岗型混合岩	角闪岩	6~8	8~9	层理、节理发育	中等稳固	60~80	5~49	1600	450~500	无底柱分段崩落法，上部干式充填	75~80	60~80	—
12	湘潭锰矿	曾家塘	冰积层页岩	—	1~5	岩体完整	—	15	1.55	75	36	长壁崩落法	70	69	75
		石塘坳	冰积层页岩	—	1~5	有断层破坏	—	10	1.87	160	67	长壁崩落法	66	68	75
		颜家冲	冰积层页岩	—	1~5	三面有断层	—	42~60	2.13	250	42	长壁崩落法	37.5	53.8	75.8

注：易门狮山坑初期上盘有 -35°角的断层。

表 9-120 部分金属矿山地表移动与变形参数实测值

矿区名称	湘潭锰矿曾家塘区		湘潭锰矿石塘坳区	湘潭锰矿颜家冲区		弓长岭铁矿		锡矿山南矿中部岩移区		石嘴子铜矿	马拉格锡矿四采区
	沿倾斜剖面Ⅰ	沿倾斜剖面Ⅱ		走向剖面	倾斜剖面	倾斜剖面Ⅰ	倾斜剖面Ⅱ	上山	下山		
下沉系数 η	0.84	0.93	0.93	0.69	—	0.66	0.66	0.27	0.27	0.23	0.1
最大下沉值 W_{max}	1693	1762	1174	1472	1220	20130	16993	1601	1601	654	739
最大倾斜值 i_{max}	142.4	116	25	38	100	-700	370	+27	-25.8	—	—
最大曲率值 K_{max}	-110.9	-81.65	14	15.6	9.6	1380	280	1.06	-0.66	—	—
最大水平移动 u_{max}	-856.0	-964.0	587	980	900	3900	9000	445	440	1198	—
最大水平变形 ε_{max}	+65.4	-84.8	16.3	11	58	280	180	-8.2	+8.4	21.5	—
水平移动系数 b	0.51	0.55	0.5	0.74	—	0.20	0.49	0.30	0.30	1.83	—
月最大下沉量 v/mm	42.2	71.0	24	24	24	6.12	5.97	19	19	—	23

注：1. 上述矿山移动角是根据 $i=4\text{mm/m}$，$K=0.2\times10^{-3}\text{m}^{-1}$，$\varepsilon=2\text{mm/m}$ 圈定的。

2. 表中下沉系数未考虑倾角校正。

表 9-121 部分金属矿山设计采用的移动角

序号	矿山名称	围岩名称		岩石坚固系数 f		构造特征或稳定程度		矿体倾角/(°)	矿体水平厚度/m	矿体走向长度/m	开采深度/m	采矿方法	移动角/(°)		
		上盘	下盘	上盘	下盘	上盘	下盘						上盘 β	下盘 γ	走向 δ
1	安庆铜矿	大理岩	闪长岩角页岩	10~12	10~12	稳固	稳固	70	10~110，平均40~50	760	220~520	大直径深孔阶段空场嗣后尾砂充填	60	角闪岩55 闪长岩60	60
2	凤凰山铜矿	花岗闪长岩，辉绿岩	大理岩角砾状大理岩	12	12	稳固	中等稳固	60~80	平均厚17~36，最厚50~65	Ⅰ号450，Ⅱ号300	50~300	水平分层尾砂充填少量留矿法	55	60	70
3	三山岛金矿	黄铁绢英岩，花岗岩斑状黑云母，花岗岩碎裂岩	黄铁绢英岩，花岗岩	10~12	10~12	节理发育有一条纵向大断层和几条横向断层	较稳固	40	3~20，平均8约10	1000	20~600	点柱式机械化尾砂分层充填法	50（浅部）	40（矿体倾角）	50（浅部）
4	龙首矿	含辉石橄榄岩，二辉橄榄岩	二辉橄榄岩绿泥石，片岩，白云质大理岩，黑云母，片麻岩	6~8	4~6	较下盘稳定	节理发育有破碎带穿插，不稳定	60~80	富矿，10~70，约100	500	60~360	下向分层胶结充填，上向分层胶结充填法	55	50	60
5	红旗岭（7号矿体）	大理岩	黑云母片麻岩	10~12	8~10	节理发育	较稳定	75	15	500	190~470	下向胶结充填法	70	70	70
6	红旗岭（1号矿体）	橄榄岩	黑云母片麻岩	12	10	有断层切割	较稳定	40	30	200	110~450	点柱充填法	55	55	55
7	遂昌金矿	黑云斜长片麻岩	黑云斜长片麻岩	14~15	14~15	稳定	稳定	46~55	2.5~4.5	300~440	50~150	电耙留矿法	60	60	60
8	寿王坟铜矿	震旦纪石灰岩	花岗岩花岗斑岩	>8	>8	稳定	稳定	70~90	1~40，平均10	150~450	400	阶段矿房法分段空场法	75	75	75
9	新冶铜矿	结晶质石灰岩	白云质石灰岩	6~7	7~8	稳固	稳固	26~40	2~20	370	150~350	矿房：水平分层充填；法矿柱：分层崩落法	80	80	75
10	西石门铁矿	灰岩，大理岩	矽卡岩，闪长岩	8~10	8~12	局部不稳	稳固	0~40	10~100	5100	10~491	无、有底柱分段崩落法	60	60	70
11	马甲瑙铁矿	灰岩，二长岩	二长岩，矽卡岩	8~12	10~12	中等稳固	稳固	15~50	10~45	680	40~190	有底柱分段崩落法	60	65	70
12	桃冲铁矿	黄龙灰岩	栖霞灰岩	4~6	8~10	松软破碎	有溶洞	30~90	45~110	380~650	0~400	无底柱分段崩落法	55~60	60~65	70
13	漓渚铁矿东矿	石英砂页岩	角岩石灰岩	4~18	4~18	局部破碎	中等稳固	50~70	23~31	2200	0~220	无底柱分段崩落法	55	65	75
14	板石沟铁矿	黑云母角闪片岩，角闪片岩	黑云母角闪片岩，角闪片岩	4~14	4~14	较稳固	较稳固	65~85		1230	400~720	无底柱分段崩落法	65	60	65

续表 9-121

序号	矿山名称	围岩名称		岩石坚固系数 f		构造特征或稳定程度		矿体倾角/(°)	矿体水平厚度/m	矿体走向长度/m	开采深度/m	采矿方法	移动角/(°)		
		上盘	下盘	上盘	下盘	上盘	下盘						上盘 β	下盘 γ	走向 δ
15	小铁山铅锌矿	绿泥化片岩，绿泥石千枚岩	石英钠长斑岩	4~6	8~10	欠稳定	有一个层间侵入体，欠稳定	60~80	1~45，平均5.5	600~1000	450~650	无底柱分段崩落法	60	60	70
16	锡铁山铅锌矿	绿泥石片岩，石墨质片岩	大理岩	4~6	6~8	有三组横断层切断矿体	裂隙较发育	65~75	2~50，大部分为4~16	2000	580	无底柱分段崩落法	55	60	65
17	折腰山铜矿	流纹安英岩，凝灰岩	安山岩，安英岩	4~6	8~10	—	—	50~70	8~40，平均25	450~550 全矿1100	450	无底柱分段崩落法	55	60	65
18	铅硐山铅锌矿	薄层灰岩，夹千枚岩	生物灰岩	6~12	8~15	—	—	55~80	8~13	280~550	460	分段空场法留矿法	60	60	65
19	锦屏矿东山区	云母片岩，大理岩	云母片岩，大理岩	5~14	5~14	欠稳固	—	50~70	12~18	900	20~300	空场法		风化45，近地表60	—
20	锦屏矿西山区	云母片岩，大理岩	云母片岩，大理岩	5~14	5~14	欠稳固	—	30~85	4~23	1800	20~200	分层崩落法浅孔留矿法	—	风化45，基岩60	—
21	程潮铁矿(东区)	闪长岩，大理岩等	花岗岩，大理岩等	10~13	11~15	闪长岩稳定，大理岩不稳定到中等稳定	花岗岩稳定，矽卡岩稳定	46~47	50~60	1100	255~485	无底柱分段崩落法	60	65	—
22	湘潭锰矿	页岩	页岩，砂岩	4~6	7~8	稳定性差	较稳定	20~80	2~3	2100	150	水砂充填法	70	75	75
23	金山店铁矿	矽卡岩、角岩，砂页岩	石英二长岩，大理岩	4~6	10~12	矽卡岩不稳	石英二长岩稳固	57~89	3.6~25	2600	559	无底柱分段崩落法	初期50，后期55	初期60，后期65	初期60，后期65
24	余华寺铁矿	砂页岩、角岩，大理岩	石英闪长岩	10	11	大理岩稳定	稳固	57~60	5~30	400	500	无底柱分段崩落法	-300m以上，50~55	60	60
25	易门铜矿狮山坑	白云岩	白云岩，板岩互层	6~8	4~5	节理发育，松散，易坍塌，局部较好	节理发育，松散，稳固性比顶盘差	70	18~22	680~900	600	分段崩落法	55	55	60
26	大厂91号矿体	灰岩	灰岩	8~12	8~12			15	14.28	1030	330~580	大孔空场嗣后充填法	70	70	70
27	凡口铅锌矿	灰岩	灰岩	4~9	4~9			60~70	10~80	500~600	650	充填法	75	75	75~80

续表 9-121

序号	矿山名称	围岩名称		岩石坚固系数 f		构造特征或稳定程度		矿体倾角/(°)	矿体水平厚度/m	矿体走向长度/m	开采深度/m	采矿方法	移动角/(°)		
		上盘	下盘	上盘	下盘	上盘	下盘						上盘 β	下盘 γ	走向 δ
28	丰山铜矿（南缘矿体）	花岗岩	石灰岩	4～6	6～8	节理发育	节理发育	50～70	29.1	616	400	无底柱分段崩落法	55～60	55～60	70
29	黄沙坪铅锌矿	石灰岩	石灰岩	6～8	6～8			45～60	6.23～8	500～700	400	干式充填法	70	70	80
30	铜绿山铜矿	大理岩	闪长岩	8～10	10～12			60～80	4～100	300～500	700	充填法	65	65	65～70
31	平江铜矿	碎屑熔岩	蚀变花岗岩	7～13	7～9			65～85	3～20	1050	755	分段空场法	60	60	70
32	东乡铜矿	石英砂岩，粉砂岩	粉砂岩，砂质页岩	3～8	6～8	断层多	断层多	26～45～65	2～60	1200	480	充填法分段崩落法	55	65	70
33	狮子山铜矿	灰岩	闪长岩	11～20	11～20			30～80	4～17	80～300	400	空场法	65	65	75
34	武山铜矿北矿带	灰岩	石英岩	6～8	10			60	1.7～21.6	2200	300～600	分层崩落法	60	60	70

表 9-122 国内煤矿移动角

矿山名称	煤田特征		煤层开采厚度/m	煤层倾角/(°)	开采深度/m	采煤方法	基岩移动角/(°)			表土移动角/(°) $\beta=\gamma=\delta$
	成煤年代	上覆岩层					β	γ	δ	
开滦煤矿	古生代石炭二叠纪	以砂岩为主，其次为页岩、砂页岩，$f>5$	0.9～3.4		600	走向长壁陷落法	当 $\alpha<45$ 时，$\beta=70-0.6\alpha$；当 $\alpha>45$ 时，$\beta=90-\alpha$；当 $\alpha<65$ 时，$\gamma=70$；当 $\alpha>65$ 时，$\gamma=50$		70	40～45
峰峰矿务局	古生代石炭二叠纪	以砂岩和页岩为主，薄层灰岩多为煤层顶板	0.6～3.0	10～20	<300	走向长壁陷落法	$73-0.6\alpha$	73	73	58
抚顺矿务局	新生代第三纪	为厚层褐色及暗褐色致密状油页岩和厚层绿色页岩及泥灰岩	29～50	30	<540	倾斜长壁水砂充填法	$59-0.2\alpha$	$62\frac{1}{3}$	72	45
阜新矿务局	中生代上侏罗纪	多为页岩、砂质页岩、砂岩和砾岩，其中以砂页岩为主	1.3～2.4	<30	<400	走向长壁陷落法，水砂充填法和局部充填法	当 $\alpha<10$ 时，$\beta=78$；当 $\alpha<31$ 时，$\beta=89-1.1\alpha$	78	78	当表土含水较大时为42；当表土含水较少时为49
鸡西矿务局	中生代上侏罗纪	以砂岩和砂页岩为主	1.0～2.0	15～21	60～160	走向长壁陷落法	$78-0.7\alpha$	72	78	

续表 9-122

矿山名称	煤田特征		煤层开采厚度/m	煤层倾角/(°)	开采深度/m	采煤方法	基岩移动角/(°)			表土移动角/(°) $\beta=\gamma=\delta$
	成煤年代	上覆岩层					β	γ	δ	
阳泉矿务局	古生代石炭二叠纪	大部分为砂页岩、页岩和砂岩	1.1～6.0	6～10	<135	走向长壁陷落法和陷落法	当 $\alpha=0\sim10$ 时，$\beta=72$；当 $\alpha>10$ 时，$\beta=72-0.6\alpha$	72	72	45
平顶山矿务局	古生代石炭二叠纪	以砂岩、砂页岩和页岩为主	1.4～2.5	20	<200	走向长壁陷落法	$\beta=67-17\dfrac{h}{H_1}$ $\gamma=86-46\dfrac{h}{H_1}$ $\delta=74-11\dfrac{h}{H_1}$	不区分表土移动角		
淮南矿务局	古生代石炭二叠纪	以砂岩、砂页岩和页岩为主	1.8～4.2	20～84	<180	急倾斜煤层为水平分层竹笆或金属网假顶及掩护支架，倾斜煤层为走向长壁陷落法	当 $\alpha\leqslant40$ 时，$\beta=75-0.65\alpha$；当 $\alpha>40$ 时，$\beta=53-0.1\alpha$；急倾斜底板移动角当 $\alpha=56\sim76$ 时，$\beta=56$	75	75	51.5
枣庄矿务局	古生代石炭二叠纪	以砂岩和页岩为主，石灰岩占9%	1.0～1.7	4～26	<200	走向长壁陷落法	$80-\alpha$	74	74	55
南桐矿务局	古生代二叠纪	以砂页岩为主，煤系地层上覆盖着厚层石灰岩	0.9～3.4	15～80	73～270	走向长壁陷落法	$78-38\dfrac{\alpha M}{H}$	70	70	

注：1. H 为平均采深；H_1 为基岩层厚度；h 为表土层厚度；M 为煤层开采厚度；α 为煤层倾角。

2. 此表为唐山煤炭科学研究所提供。

9.2.10 相关开拓井巷

相关开拓井巷是指上述开拓井巷以外的开拓井巷，它与上述开拓井巷一起构成完整的矿床开拓系统，是矿床开拓系统中必不可少的部分。下面仅介绍几个主要的相关井巷：主溜井、地下破碎（系统）硐室及无轨设备维修硐室。

9.2.10.1 主溜井

A 溜井特点

溜井溜放矿（岩）石，通过能力大，简单方便，安全可靠，节省能源，费用低，并能储存矿石，因此，溜井在矿山中已被广泛应用。它与平硐、竖井、斜井、斜坡道等主要开拓井巷相配合，可以构成各种各样灵活有效的开拓方案。

溜井配合平硐进行开拓的平硐溜井方案最为经济有效，在我国地形条件允许的矿山使用相当普遍。也常用在箕斗竖井的旁侧溜井。溜井配合斜井、斜坡道进行开拓的矿山也不少。

一般情况下，除了不允许过粉碎及对块度有特殊要求的矿石外，只要矿岩工程地质及水文地质条件允许，出矿系统需要都可以采用溜井溜放矿岩。若矿岩黏结性强，含泥、含水量大，粉矿多时，则不利于使用溜井。矿山实践表明，只要溜井系统和结构合理，操作管理得当，对上述性质要求不十分严格的矿岩，仍可使用溜井放矿。

我国部分矿山使用溜井的简况见表 9-123。

B 溜井位置的选择

确定溜井位置时，应主要满足生产需要，服从于开拓系统整体布置合理性的要求，使矿井总运输功小，并注意有利于减少开拓工程量及基建投资，方便施工，加快建设速度，使综合经济效益最佳。对于担负生产能力较大的溜井位置，应通过认真的技术经济比较后确定。

表 9-123　我国部分矿山使用溜井的简况

矿山名称	溜井编号	投产年份	溜放矿岩性质及块度/m	担负放矿能力/(t/d)	溜井位置	井型	溜井特征				通过系数	溜井穿过岩层及稳固性	备注
							井高/m	断面/m	溜口	倾角/(°)			
金山店铁矿	1号主溜井	1979	块状、粉状、磁铁矿，黏性大，0.6	5000	下盘	b	155	ϕ2.5	单个底卸	90	4.17	石英二长岩，f=10～12，稳固，无地下水	放矿12500t，在井筒中不能储矿，否则易堵，用锰钢板加固储矿仓
盘古山钨矿	1、2号溜井	1号1974 2号1980	黑钨硫化矿石，一般黏结，0.35	各800	侧翼	b	300	2.7×1.8	裤衩双口	90	7.2	石英质砂岩、变质砂岩，f=10～12，稳固，地下水不大	放矿0.88～3.23Mt，磨损不大，放矿口及下部储矿喇叭口之上有时堵塞，次数不多
大吉山钨矿	中组2号溜井	1958	石英变质砂岩、闪长岩，不黏，0.4	1600	下盘	h	196	3×2.4	单侧单口	65～68	6	闪长岩，f=8～10，较稳固，水小	已放矿6.775Mt，斜溜道磨损严重，含泥多时，如几天不放矿，闸门附近容易堵塞
	南组3号溜井	1959	变质砂岩，0.4	1500～1600	上盘	h	230	3×2.4	单侧单口	68～70	6	变质砂岩，f=8～10，较稳固，水小	放矿7.904Mt，斜溜道磨损严重，含泥多时，如几天不放矿，闸门附近容易堵塞
篦子沟铜矿	1、2号矿溜井	1963	硫化矿石，较黏，0.6	各1600	下盘	b	238	ϕ2.3	单侧双口	90	3.8	黑色片岩、大理岩、方柱石黑云母片岩，f=8，较稳固，局部有小断层穿插，地下水不大	井筒局部扩大，下部放矿口有时堵塞，不频繁
	7号矿溜井	1980	硫化矿石，较黏，0.6	3000	下盘侧翼	a	121	ϕ2.6	单侧双口	90、60	4.3	黑色片岩、大理岩、方柱石黑云母片岩，f=8～10，井筒下盘片帮较多，无地下水	局部用24kg/m钢轨及混凝土加固，斜溜道井筒局部扩大，下部放矿口有时堵塞，不频繁，局部用钢轨及混凝土加固
石人嶂钨矿	2号溜井	1974	石英矿石，不黏，0.35	650	下盘	h	348	2.6×1.4	单侧单口	78～85	4	550以上变质岩，550以下花岗岩，f=8～12，较稳固，水不大	溜井上下部用钢筋混凝土加固
	3号溜井	1981	石英矿石，不黏，0.35	300	脉内	h	140	2.6×1.4		78～85	4	花岗岩，f=8～12，较稳固，水不大	
	梅坑1号溜井	1965	石英矿石，不黏，0.35	600	脉内	h	364	2.6×1.4		78～85	4	760以上变质岩，760以下花岗岩，f=8～12，较稳固，水不大	
弓长岭铁矿（地下矿）	主溜井	1977	磁铁石英岩，0.8～1	2950	下盘	b	204	ϕ6	单侧双口	90	6	钠长石片岩，f=8～10	放矿50Mt，井筒局部扩大，有时堵塞
	副溜井	1973	磁铁石英岩，0.8～1	4062	下盘	b	204	ϕ8	单侧双口	90	8	钠长石片岩，f=8～10	

续表 9-123

矿山名称	溜井编号	投产年份	溜放矿岩性质及块度/m	担负放矿能力/(t/d)	溜井位置	井型	溜井特征				通过系数	溜井穿过岩层及稳固性	备注
							井高/m	断面/m	溜口	倾角/(°)			
开阳磷矿,马路坪	1号溜井	1966	磷矿石,0.3	1500~1800	下盘	a	80	ϕ2.5	单侧双口	90	8.3	页岩,不稳固,水小,$f=4\sim7$	放矿1.74Mt,料石、混凝土加固,上下部钢轨加固,未发生大的堵塞
青菜冲	1号溜井	1970	磷矿石,0.3		上盘	b	200	ϕ3	单侧双口	90	10	白云岩、灰岩,稳固,水较大,$f=8\sim10$	放矿1.51Mt,料石、混凝土加固,上下部钢轨加固,1979年溜口下部堵塞,跑矿严重
	3号溜井	1984	磷矿石,0.3		下盘	a	80	ϕ2.5	单侧双口	90	8.3	页岩,不稳固,水小,$f=4\sim7$	磨损轻微,放矿1.23Mt,料石、混凝土加固,上下部钢筋加固,未堵塞,磨损轻微
瑶岗仙钨矿	50号102井	1955	氧化矿,黏结,0.4	750	脉内	h	249	2000×1800	振动放矿	78	4.5	石英砂岩,$f=12\sim16$,较稳固,局部有风化带,水不大	溜放11.20Mt,井壁受磨后光滑,断面略增大,放矿时间间隔长时,矿石结块堵塞,否则一般不堵
	35号19-溜矿井	1982	氧化矿,黏结,0.4	750	脉内	h	370	2000×1800		78	4.5	花岗岩	
西林铅锌矿	2系统箕斗井旁集矿溜井	1970	硫化矿,0.4	0.2Mt/a	下盘侧翼	d	210	2×2	单侧双口	90	5	花岗岩,$f=12\sim16$,稳固	用钢轨加固
新冶铜矿	本坑主溜井	1957	硫化矿石,微黏,0.5	600	下盘-矿体-上盘	b	150	ϕ2	单侧双口	90	4	白云质石灰岩,$f=8\sim12$,稳固,无水	放矿2.5Mt,下部局部扩大,有时堵塞
	本坑斜溜井	1972	硫化矿石,微黏,0.5	300	下盘	斜井	60	2×1.6		70	3.2	白云质石灰岩,$f=8\sim10$,稳固,无水	放矿0.3Mt,磨损不大
	大石主溜井	1964	硫化矿石,微黏,0.5	600	脉内	a	110	2×1.6		90	3.2	矽卡岩,$f=8\sim10$,较稳固,无水	放矿2.3Mt,中部扩大,有时堵塞
凤凰山铜矿	1号溜井	1982	硫化矿石,0.7	120	下盘	a	20	ϕ2.5	单侧	64°45′	3.6	大理岩,$f=8\sim12$,稳固,地下水不大	共放矿1.691Mt(包括备用溜井),斜溜道对侧磨损不严重,井筒局部扩大(不严重)
	2号溜井	1982	硫化矿石,0.7	备用	下盘	a	20	ϕ2.5		78°42′	3.6	大理岩,$f=8\sim12$	
	3号溜井	1982	硫化矿石,0.7	600~800	下盘	b	220	ϕ2.5		68°52′	3.6	大理岩,$f=8\sim12$	斜溜井与溜井连接处有时堵塞,不频繁
程潮铁矿	某溜井	1969	磁铁矿,较黏,0.6	1.2Mt/a	下盘	b	219	ϕ2.5	单侧单口	90	4.17	花岗岩,$f=10\sim13$,较稳固,局部有断层	已放矿10.44Mt,井筒直径已扩大了4~5m,斜溜道对侧磨损严重

续表 9-123

矿山名称	溜井编号	投产年份	溜放矿岩性质及块度/m	担负放矿能力/(t/d)	溜井位置	井型	溜井特征				通过系数	溜井穿过岩层及稳固性	备注
							井高/m	断面/m	溜口	倾角/(°)			
庞家堡铁矿	一区(1080~850)2条	1958	磁铁矿,黏性一般,0.45	2000	下盘	g(无储矿仓)	300	ϕ2.5	单侧双口	60	5.56	大白石英岩,紫色石英岩,底部页岩,$f=6\sim8$,稳固,水不大	放矿22Mt,局部磨损较严重,堵塞不频繁
庞家堡铁矿	三区(962~850)2条	1965	赤铁矿,黏性较小,0.45	1500	下盘	g(无储矿仓)	129	ϕ2.5	单侧双口	60	5.56	黏板岩,大白石英岩,紫色石英岩,$f=12\sim8$,稳固,水不大,局部有小断层穿插	放矿6.2Mt,磨损不严重,局部扩大,堵塞不频繁
云锡老厂	10号氧化矿,11号废石溜井	1963	黏结氧化矿,废石,0.45	200	侧翼脉外	b(下部带倾斜储矿仓)	200	1.5×1.5	单侧双口	10号上直下斜 11号直	3.3	大理岩,$f=3\sim10$,较稳固,局部裂隙有水	放矿0.792Mt,废石0.5Mt,局部扩大,采完停用,黏结氧化矿阻塞频繁(井脚放矿设计不合理)
云锡老厂	12号氧化矿、13号废石溜井	1960	黏结氧化矿,废石,0.45	300	下盘	b、c混合式(下部带倾斜储仓)	100	1.6×2.4(12号) 1.5×2(13号)	单侧双口	上直下斜	3.6~3.3	大理岩,$f=10$,较稳固,13号有少量水	放矿1.98Mt,废石10.03Mt,局部扩大,采完停用,很少堵塞,效率高
云锡老厂	30号氧化矿溜井	1964	黏结氧化矿,0.5	200	侧翼脉外	b、d混合式(下部倾斜储仓)	175	1.5×1.5	单侧双口	上直下斜	3	大理岩,$f=10$,较稳固,局部浸水	放矿0.924Mt,采完停用,很少阻塞,效率高
云锡老厂	70号氧化矿溜井	1979	较黏结氧化矿,0.45	250	下盘	b(下部倾斜储仓)	200	1.5×1.5	单侧单口	上直下斜	3.3	大理岩,$f=8$,较稳固,少量水	放矿0.757Mt,少量磨损,正在使用,黏结氧化矿、铅矿,有时堵塞,正在使用
云锡老厂	01号废石,02号氧化矿溜井	1965	废石,黏结氧化矿,0.5	500	脉外	b(下部倾斜储仓)	300	上部1.5×1.5,下部2×2	单侧双口	上直下斜	3~4	大理岩,$f=8\sim10$,较稳固	放矿3.465Mt,局部磨损扩大,从未阻塞,正在使用
云锡老厂	04号氧化矿溜井	1983	较黏结氧化矿,0.45	800	脉外	b(下部倾斜储仓)	300	上部1.5×1.5,下部1.8×1.8	单侧双口	上直下斜	3.3~4	大理岩、白云岩$f=8\sim10$,较稳固,水量少	放矿0.792Mt,少量磨损,阻塞极少,正在使用
西华山钨矿	3号溜井	1960	原生矿石,不黏,0.4	6300		a	216	ϕ2.3	单侧单口	90	5.75	花岗岩,$f=12\sim15$,稳固,水小	局部扩大,较少堵塞
西华山钨矿	6号溜井	1960	原生矿石,不黏,0.4	1150		b	239	ϕ2.3	单侧单口	73~81 约84	5.75	花岗岩,$f=12\sim15$,稳固,水小	磨损大,局部扩大,有时堵塞
西华山钨矿	7号溜井	1960	原生矿石,不黏,0.4	1300		b	289	ϕ2.3	单侧单口	88~81 约90	5.75	花岗岩,$f=12\sim15$,稳固,水小	局部扩大,较少堵塞

续表 9-123

矿山名称	溜井编号	投产年份	溜放矿岩性质及块度/m	担负放矿能力/(t/d)	溜井位置	井型	溜井特征				通过系数	溜井穿过岩层及稳固性	备注
							井高/m	断面/m	溜口	倾角/(°)			
东川因民面山矿	主溜井	1983	混合矿、硫化矿,不黏,0.5	2000	上盘,侧翼脉外	b	151	ϕ2.3	单侧双口	90	4.6	白云岩,$f=8\sim9$,中稳,有裂隙涌水,水量43~212m^3/h	放矿1.259Mt,磨损不大,未堵
大姚铜矿:氧化矿	1号氧化矿溜井	1976	氧化矿含泥,较黏,0.4×0.55	850	下盘	a	30	ϕ2.5~3	单侧单口	90	4.5	紫色泥岩,$f=5\sim8$,不十分稳固,局部小断层穿插,水不大	放矿1.4928Mt,井筒局部扩大,斜溜道与溜井连接处及储矿仓之上有时堵塞,不频繁,钢轨混凝土加固
硫化矿	硫化矿1号溜井	1979	浅色石英砂岩,不黏,0.4×0.55	1100	下盘	c	125	ϕ2.5~4	单侧单口	90	4.5	紫色砂岩,$f=6\sim8$,较稳,局部有小断层穿插,水大	放矿2.4355Mt,井筒局部扩大,斜溜道与溜井连接处及储矿仓之上有时堵塞,不频繁,钢轨混凝土加固
	硫化矿2号溜井	1979	浅色石英砂岩,不黏,0.4×0.55	1100	下盘	c	125	ϕ2.5~4	单侧单口	90	4.5	紫色砂岩,$f=6\sim8$,较稳定,局部有小断层穿插,水大	放矿2.4355Mt,井筒局部扩大,斜溜道与溜井连接处及储矿仓之上有时堵塞,不频繁,钢轨混凝土加固
湘东钨矿	脉外溜井	1984	含钨石英脉及花岗岩,不黏,0.3	180	下盘	斜	100	3×1.5	单侧单口	75	5	花岗岩,$f=10\sim12$,较稳固,局部有小断层,水不大	放矿0.109Mt,堵塞较少
红透山铜矿	红坑口主溜井	1963	含铜黄铁矿,0.5	1800	上盘侧翼	b	720	3×3~3.2×2.6,混用	单侧双口	90	6~5	黑云母片麻岩,$f=10\sim12$,较稳固,地下水不大	放矿12.0516Mt,磨损不严重,斜溜道与主溜井连接处经常堵塞
	红坑口废石溜井	1964	黑云母片麻岩,0.3~0.5	100	侧翼	a	780	2×2	单侧单口	90	6.7~4	黑云母片麻岩,$f=10\sim12$,稳固,有小断层穿插,无水	一般不堵,含尾砂时堵塞
易门铜矿狮子山	主溜井	1978	白云岩含矿,0.4	1800	下盘	b	293	上段2.5×2.5;下段ϕ3.5	单侧双口	90	5~7	青灰色白云岩,$f=8$,中等稳固	放矿3.6Mt,井筒局部扩大,下段钢轨加固

注:a为单段直溜井;b为设分段斜溜道单段直溜井;c为分段控制式直溜井;d为瀑布式直溜井;e为阶梯式直溜井;f为单段斜溜井;g为设分段斜溜道单段斜溜井;h为分段控制式斜溜井。

同时，应当尽量避开断层、破碎带、软弱岩层、溶洞、流沙层及涌水大的地段，选择在稳固性好、水文地质条件简单的岩层中。这一因素对溜井具体位置的确定往往具有决定性意义。

在生产实际中，要选择条件完全良好的岩层有时难以做到，许多矿山的溜井虽然布置在中稳或稳固岩层中，也常有小断层穿插或存在局部破碎的地段，溜井仍能正常生产。因此，对于存在局部不良地段而又无法避开的岩层，当溜井通过的矿岩量不大，可采取加固及其他措施，并在生产中注意管理，仍然可以布置溜井。

设置溜井时，还应注意对通风的影响。当溜井位置靠近通风系统的回风侧，或溜井相对集中时，有利于通风。当不得不把溜井设置在进风侧时，溜井距车场绕道口应保持足够距离（一般不应小于60 ~ 100m），并应有专用回风井及必要的通风防尘设施。

对于深度大的溜井及主要溜井，当工程及水文地质条件较复杂时，应布置工程地质钻或经巷道揭露清楚，以便正确确定位置及采取相应措施。

溜井位置比较灵活，它可以靠近主井，如箕斗竖井（斜井）、带式输送机斜井等的旁侧溜井，其位置随主井而定。当主井距矿体较远时，为减少阶段巷道长度，溜井往往靠近矿体。对于矿体来说，溜井位置常在下盘或侧翼，但必要时也可以在矿体的上盘（例如采用上盘开拓，或只有上盘岩石稳固时）、脉内（只有矿石稳固时），甚至从上盘穿过矿体到达下盘，例如厚度不大的倾斜矿体，这样布置可以减少阶段石门长度，在开采过程中溜井可以逐段废弃。溜井穿过矿体示意图如图9-124所示。

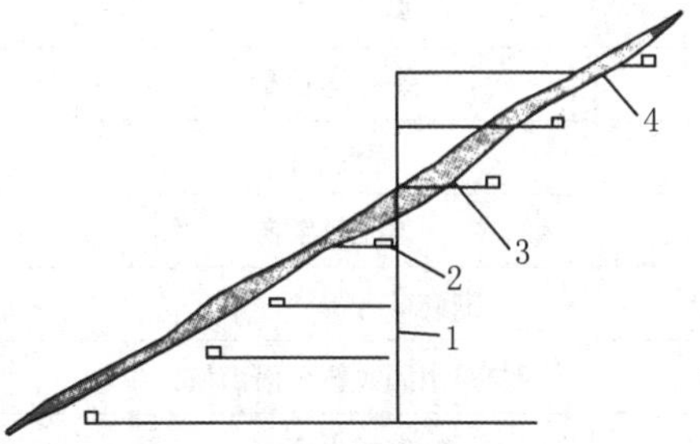

图9-124 溜井穿过矿体示意图
1—溜井；2—沿脉运输巷道；
3—穿脉运输巷道；4—矿体

C 溜井数量和生产能力

a 溜井数量

溜井数量取决于下列因素：

(1)溜井系统的生产能力。

(2)溜井系统生产期间的经济合理性。

(3)溜井检修、降段、堵塞及跑矿事故对生产的影响程度。

(4)矿石由于品种不同，对溜井数量的特殊要求。冶金矿山一般从检修方便、不影响生产出发，溜井可考虑为两个；而不少水泥原料矿山习惯上多设置单一溜井。

(5)矿体分布特点是影响溜井数量的重要因素。一般来说，矿区内矿体单一、长度适中，溜井数目可以减少；矿体多而分散，长度大，需要分区开采，溜井数量将会增多。

是否需要备用溜井，视不同情况而异。主井旁侧溜井，由于有破碎系统和计量装置，装备完善，一般均不设备用溜井。平硐开拓的溜井和分区出矿的区域溜井，一般也不设备用溜井。

b 溜井的生产能力

溜井的生产能力波动范围很大，它主要决定于溜口放矿设施的形式（闸门、振动放矿机、无轨转载等），又取决于上部卸矿阶段与下部装矿阶段装卸矿的能力。因此，它与运输、装卸矿设备的大小、类型、采场的出矿能力、车流密度以及溜井储矿量的多少、溜井的放矿速度有密切关系。一般情况下，溜口装矿闸门的放矿能力可按式(9-156)计算：

$$W = 3600\frac{\lambda\alpha F\gamma vn}{K} \tag{9-156}$$

式中 W——放矿能力，t/h；

λ——闸门完善程度系数，0.7 ~ 0.8；

F——闸门断面面积，m^2；

α——放出矿石流的收缩系数，0.5 ~ 0.7；

n——放矿效率系数，0.75 ~ 0.8；

v——矿流速度,0.2～0.4,m/s;

γ——矿石容重,t/m^3;

K——矿石松散系数,1.4～1.8。

国内矿山的实际情况表明,净直径 $\phi=2.3\sim2.5m$ 的溜井生产能力可达3000～6000t/d。

一般情况下,只要井筒断面、放矿设备及溜口尺寸等选择得当,而且上部和下部车场及运输设备合理配套,溜井放矿的通过能力是足够大的。

我国部分矿山主溜井的生产能力见表9-124。

表9-124 我国部分矿山主溜井的生产能力

矿山名称	溜井承担能力/(t/d)	备注
金山店铁矿	5000	主溜井
程潮铁矿	1.2Mt/a	主溜井
寿王坟铜矿	3000	主溜井
荆襄矿务局刘冲磷矿	2000	主溜井
东川因民铜矿面山坑	2000	主溜井
红透山铜矿	1800	主溜井
黄沙坪铅锌矿	2000	主溜井
易门狮子山铜矿	1800	主溜井
大姚铜矿氧化矿	设计1500,实际850	主溜井
会理锌矿	1000	主溜井
易门七步郎铜矿	750	主溜井
桃林铅锌矿	4000	3系统主溜井
岿美山钨矿	1000	主溜井
杨家杖子矿务局岭前矿	5500	主溜井

D 溜井类型及结构形式

a 溜井类型

露天溜井系统类型如图9-125所示,其适用条件及优缺点见表9-125和表9-126中的(a)和(b)。

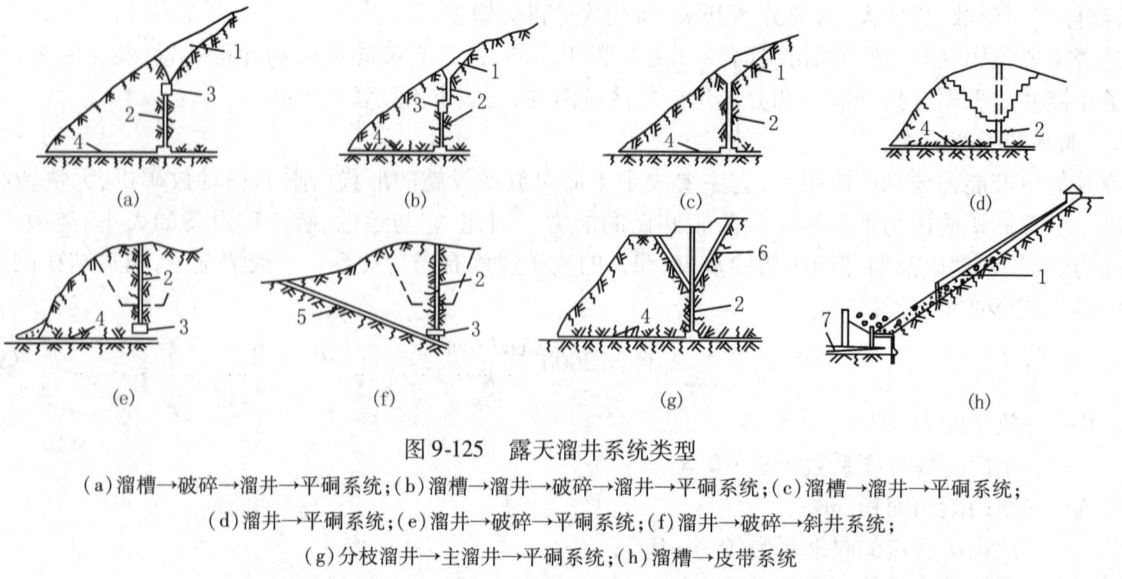

图9-125 露天溜井系统类型

(a)溜槽→破碎→溜井→平硐系统;(b)溜槽→溜井→破碎→溜井→平硐系统;(c)溜槽→溜井→平硐系统;(d)溜井→平硐系统;(e)溜井→破碎→平硐系统;(f)溜井→破碎→斜井系统;(g)分枝溜井→主溜井→平硐系统;(h)溜槽→皮带系统

1—溜槽;2—溜井;3—破碎;4—平硐;5—斜井;6—分枝溜井;7—皮带

表 9-125 露天溜井系统适用条件及优缺点

溜井系统类型	适用条件				优缺点			
	降雨量	矿山类型	运输方式	地形条件	矿石分级情况	生产可靠性	工程量	生产能力
图 9-125(a)	少	山坡露天矿	铁路	允许	能自然分级	较可靠	较小	较大
图 9-125(b)	少	山坡露天矿	铁路	允许	能自然分级	较可靠	较小	较大
图 9-125(c)	少	山坡露天矿	铁路	允许	能自然分级	较可靠	小	较大
图 9-125(d)	不限	山坡露天矿	铁路	允许	不分级	可靠	较大	较大
图 9-125(e)	不限	山坡露天矿	胶带	允许	不分级	可靠	大	大
图 9-125(f)	不限	深凹露天矿	胶带	允许	不分级	可靠	大	大

表 9-126 溜井类型、适用条件及效果

类型	简图	适用地形、地质条件	适用生产能力、开拓方式	磨损情况	堵塞情况	跑矿	施工	管理
溜槽溜井	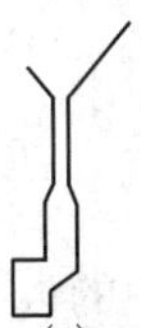 (a)	山坡较陡，且坡度在50°左右，围岩坚硬稳固，整体性好	大、中、小型露天矿均可采用，生产能力大，但要做好溜槽溜井的防洪排水措施	溜槽两帮及底板磨损较严重，溜井口受矿石冲击磨损严重	若粉矿较多且不连续放矿时，易在井筒及溜口处堵塞	防洪排水处理不当容易跑矿	方便	方便
溜槽斜溜井	 (b)	山坡较陡，在50°左右，斜溜井沿岩层开掘，此层岩石坚硬、稳固、整体性好	大、中、小型露天矿均可采用，当粉矿多、黏性大时不可采用。做好溜槽、井口防洪排水设施	溜槽两帮、底板磨损严重，溜井口受矿石冲击严重	当粉矿量大、黏性大时，容易在溜井储矿段发生堵塞	防洪排水处理不当容易跑矿	一般	一般
单阶段卸矿的斜溜井	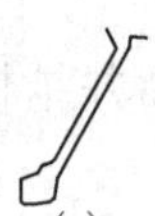 (c)	围岩坚固、稳定、整体性好的岩层，岩层倾角大于60°的地下矿	中、小型地下矿采用较多，当矿石中含粉矿较多，且黏性较大时，不宜采用斜溜井放矿	溜矿段底板及储矿段顶板磨损较严重	储矿段及放矿溜口处易发生堵塞	较多	较方便	一般
多阶段同时卸矿的斜溜井	 (d)	岩层坚硬、稳固、整体性好，且倾角大于60°	地下矿采用，特别是多阶段同时出矿的矿山，当矿石含粉矿多、黏性大时，不宜采用	溜井底板磨损较严重，分枝溜道对面的井壁受矿石冲击严重	储矿段及放矿溜口处容易发生堵塞	较少	复杂	较复杂
单阶段卸矿直溜井	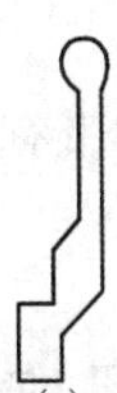 (e)	地形陡峭，急倾斜岩层，围岩坚硬、稳固、整体性好	露天矿及地下矿均可采用，生产能力较大	由于单水平卸矿、溜井口中心落矿，故对溜井冲击磨损较轻	在放矿溜口处有时发生堵塞	较少	方便	方便
分枝斜溜道多阶段卸矿直溜井	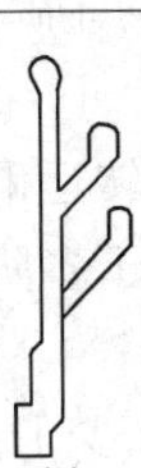 (f)	急倾斜厚岩层、围岩，坚硬、稳固、整体性好	大、中、小型地下矿均可采用，适用于多阶段同时生产的矿山，防止各阶段的水进入溜井	溜井上口及分枝斜溜道对面的井壁受矿石冲击、磨损严重	溜口处容易发生堵塞	较少	复杂	较方便

续表 9-126

类型	简图	适用地形、地质条件	适用生产能力、开拓方式	磨损情况	堵塞情况	跑矿	施工	管理
分段控制直溜井	 (g)	适用于坚硬、稳固、整体性好的急倾斜厚岩层的地段	大、中、小型地下矿山均可采用，适用于多阶段同时生产的矿山，也适用于单阶段生产的矿山	溜井转角处受矿石冲击、磨损严重	转角处和控制闸门处容易发生堵塞	一般	复杂	复杂
阶梯式直溜井	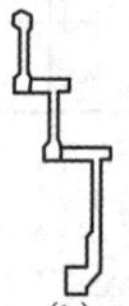 (h)	缓倾斜岩层，构造复杂时，可在局部地带布置短溜井，但围岩应较好	适用于大、中、小型地下矿，无论是单阶段生产或多阶段同时生产的矿山均可采用	这种形式可以形成中心落矿，减少对溜井的冲击、磨损，只有溜井上口 10m 左右受矿石冲击、磨损较严重	很少发生堵塞	很少	较方便	较复杂

地下矿溜井类型适用条件见表 9-126 中的(c) ~ (h)。

b 溜井的结构形式

按溜井外形特征及转运设施，将溜井结构形式分为五种：

(1) 溜槽溜井。一般是在露天采用溜槽溜井放矿，溜井有的采用垂直溜井，见表 9-126 中的(a)，有的采用斜溜井，见表 9-126 中的(b)。

这种形式的特点是可以充分利用山坡地形条件，尤其当山坡地形坡度为 50° ~ 55°时更为理想。开挖倒梯形断面的溜槽工程量小，施工及生产管理方便，维护费用低。有些矿山采用这种形式还可以减少平硐长度。

对于降水量较大的南方地区，由于溜槽汇水面积较大，必须在溜槽两侧和溜井口周围设置防洪排水设施。

根据北方一些矿山生产实践证明，冬季下雪结冻对溜槽放矿没有什么影响，因此溜槽溜井结构形式对北方较南方多雨区更为适用。

(2) 斜溜井。无论露天或地下开采的矿山均可采用斜溜井结构。露天矿的斜溜井多与溜槽相连，地下矿的斜溜井有单阶段卸矿和多阶段卸矿两种形式，见表 9-126 的(c)和(d)。

有的矿山由于岩层是急倾斜(倾角大于 55°)，且有一层坚硬、稳固、整体性好的岩层，将斜井沿此开凿，会收到较好的效果。也有的矿山为了缩短运输平巷距离，减少工程量而采用斜溜井结构形式。

斜溜井溜矿段倾角应大于矿石的自然安息角和矿石的粉矿堆积角。

对于溜放易碎矿石，采用斜溜井结构形式比采用直溜井结构形式好些。对于溜放黏结性矿石，最好不采用斜溜井结构形式。

(3) 单段直溜井。根据同时出矿的阶段数不同，地下矿单段直溜井可分为单阶段卸矿和带有分枝斜溜道的多阶段同时卸矿两种，见表 9-126 中的(e)和(f)。

这种结构形式的溜井，构造简单，使用可靠，管理方便，因而被国内许多矿山采用。

当溜井较深，为减少矿石的落差及减轻矿石对溜井底部结构的冲击，在溜井底部设储矿段，储存一定高度的矿石。单阶段卸矿可尽量在溜井中储满矿石，这样可以调节上、下阶段的运输不平衡，保证矿山连续正常生产。

(4) 分段控制直溜井。分段控制直溜井是将整个溜井分段设置闸门及在阶段水平设置转运硐室，以控制及转运矿石，并设阶段卸矿硐室。对于这种溜井，对同时卸矿的水平数没有严格要求，便于多阶段出矿。见表 9-126 中的(g)。

每一段溜井均可储矿，既便于调节生产，又降低了矿石降落的高度，减少了井壁磨损，减少了由于溜井高度过大，储矿量过多，矿石难以松动而压实结拱，产生堵塞的机会，当某一段溜井发生故障时，不致影响上、下段溜井的使用。因此,对于高度很大的深溜井,这是一种可取的形式。

这种形式主要用于多阶段出矿的阶段高度低的矿山。但由于增设了闸门及转运段,相应增加了产生堵塞的机会,为了减少堵塞,当分段高度允许时,可将每段溜井的下部断面扩大,设置结构及参数合理的储矿仓,当分段高度小时,可采用较大的溜井断面而不设储矿仓。

这种结构形式溜井闸门多,各卸矿硐室处易受上段放矿时引起的冲击波干扰,通风也较麻烦;转运段对面井壁磨损较大,应注意加固;维修工作量大,也增加了生产管理环节。

(5) 阶梯式直溜井。这种形式是将溜井分成几段,见表9-126中的(h)。各段的高度及所含阶段数可以不等,也可以按阶段高度设置,各段之间须用平巷(或斜巷)运输来转运矿石。每段溜井都可采用上述各种形式,实质上可视为其他溜井形式的组合,自身并不是一种独立的形式。对于岩层条件复杂的矿山,为了避开不利岩层而将溜井分为阶梯式,如凡口铅锌矿。

这种结构形式的缺点是工程量大,增加转运环节,使生产管理复杂。这种形式可用于缓倾斜矿体,或分散的多矿体,且各矿体在垂直方向相距较大,以减少运输巷道工程量。

上述溜井类型及结构形式,各有其适用条件和优缺点,矿山应根据具体地形条件、矿岩条件、开拓运输方式、溜井卸矿及放矿方式、运输设备及溜井服务年限等因素综合考虑确定。

我国矿山常用的溜井结构类型如图9-126~图9-128所示。

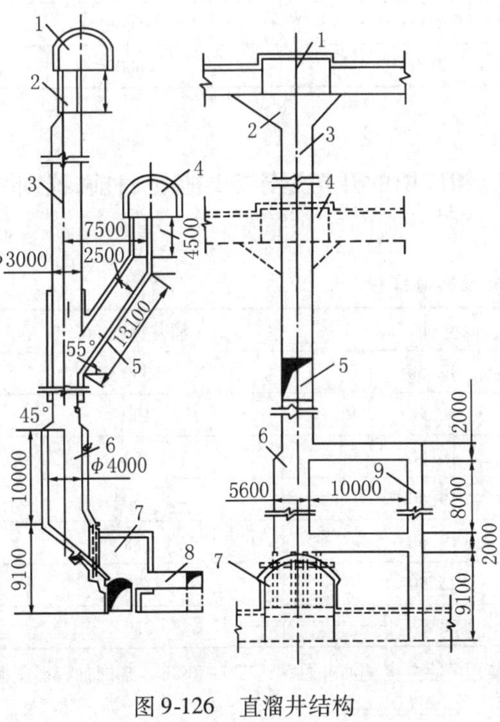

图 9-126 直溜井结构

1—上阶段卸矿硐室;2—卸矿坑;3—溜井;
4—下阶段卸矿硐室;5—斜溜道;6—储矿仓;
7—装矿硐室;8—安全通道;9—检查天井

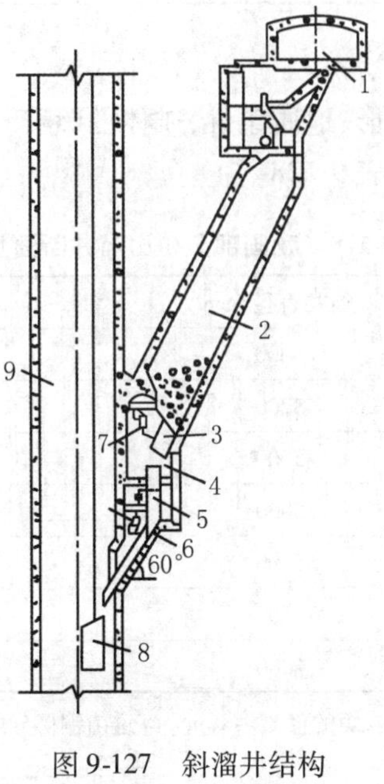

图 9-127 斜溜井结构

1—卸矿硐室;2—箕斗矿仓;
3—扇形闸门;4—计量硐室;
5—计量斗;6—计量斗闸门;
7—汽缸;8—箕斗;
9—箕斗竖井井筒

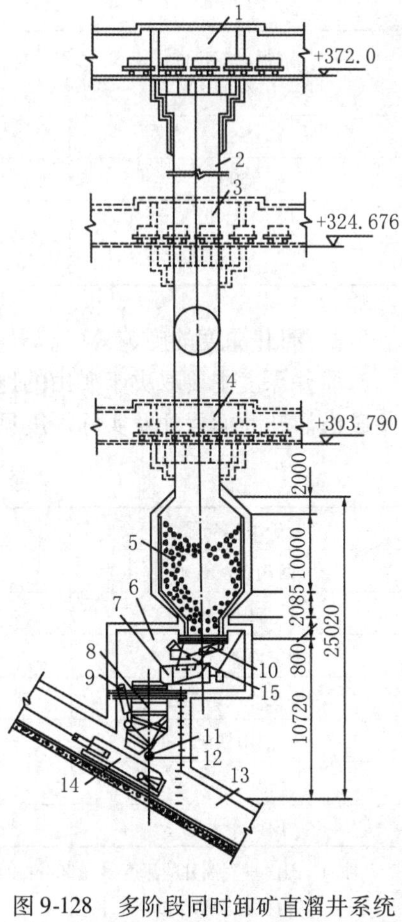

图 9-128 多阶段同时卸矿直溜井系统

1—上阶段卸矿硐室;2—溜井;
3,4—中间阶段卸矿硐室;
5—储矿仓;6—装矿硐室;
7—电振给矿机;8—计量装置;
9,10—汽缸;11—压磁元件;
12—Ⅰ36组合梁;13—斜井;
14—箕斗;15—溜口装置

溜井类型、适用条件及效果见表9-126。

E 溜井主要参数

a 溜井断面

溜井断面尺寸主要取决于所溜放矿石的最大块度、颗粒组成情况、湿度、内摩擦角、黏结力、外摩擦角、粉矿含量等因素。合理地确定溜井断面尺寸是保证溜井正常生产的关键。

溜井断面形状一般设计成圆形、矩形,也可以设计成方形或椭圆形。圆形断面受力情况好,施工方便。在断面相同的情况下,直溜井多设计成圆形断面,斜溜井多设计成矩形或拱形断面。

b 溜井直径(或溜井最小边长)的确定

溜井直径由下式确定:

$$d \geqslant k\delta_{\max} \tag{9-157}$$

式中 d——溜井直径(或最小边长),m;

k——溜井不同断面的矿(岩)石通过系数,$k=4\sim8$;

$\delta_{\max}$——矿(岩)石最大块度尺寸,m。

一般情况下,溜井直径应为矿石最大块度的4~8倍,且不小于2m。选取溜井直径(或最小边长)可参见表9-127。

表9-127 溜井直径(或最小边长)

溜放矿石块度/mm	非储矿段直径或最小边长度/mm	储矿段直径或最小边长度/mm	
		无黏性矿石	黏性较大矿石
350	2000	3000	≥5000
500	2500	3500	≥5000
750	3000	4000	≥5000
1200	4000	5000	≥6000

c 溜井深度的确定

溜井深度主要取决于矿山的地形、地质条件,矿体的赋存情况和矿山的开拓运输方式等。目前,我国一些矿山溜井断面尺寸及实际深度见表9-128。

表9-128 我国部分矿山溜井断面尺寸及实际深度

矿 山 名 称	溜井直径/mm	溜井断面/m^2	溜井深度/m
西沟石灰石矿	4000	12.60	330
符山铁矿	3200	8.04	190
把关河石灰石矿	5000	19.60	352
弓长岭铁矿二区	5000	19.60	330
黑山铁矿	5000	19.60	158
德兴铜矿	5700	25.50	180
南芬露天矿	6000	28.28	230

注:1. 国内垂直溜井的深度多在300m以内,短的仅15~20m。红透山铜矿分段使用的主井旁侧溜井总深达720~780m。瑶岗仙钨矿斜溜井深度达到370m。

2. 当溜井未储满矿石时,深度越大,冲击磨损也越大。当矿岩条件良好,矿石不黏结,溜井储满矿石,且结构及断面尺寸合理时,溜井长度可以很大。但溜井太深,施工困难,措施工程量大,管理不善则易产生堵塞,故应慎重选用。

3. 当矿石黏结性大时,如储矿高度小,矿石易受冲击夯实,储矿高度大,矿石又易受压实,必要时可不设闸门,矿石直落巷道底板,然后再用装载机装载。

d 溜井坡度的确定

溜井坡度主要取决于所溜放的矿石块度、矿石颗粒组成、粉矿含率、矿体的赋存条件、矿石及围岩的物理力学性质等。根据上述条件,可以适当地选择直溜井或斜溜井。

直溜井或斜溜井的适用条件及优缺点见表9-129。

表9-129 直溜井与斜溜井的适用条件及优缺点

项目			溜井坡度		
			直溜井	斜溜井	
			90°	60°	45°
溜井水平断面/%			100	115.5	141.4
开凿量/%			100	115.5	141.4
通过系数/%			100	97.5	83.9
溜井垂直压力/%			100	93	74
溜井垂直应力/%			100	80.5	52
自然分级			差	较好	好
自然调向			差	较好	好
施工难易程度			易	难	难
投资			较低	较高	较高
磨损	非储矿段	磨损部位	四周	底板和两侧	底板和两侧
		磨损严重部位及区间	冲击点	底板(随着深度增加磨损严重)	底板(随着深度增加磨损严重)
		磨损比较	较轻	较重	较重
	储矿段	溜口磨损严重部位	靠溜口侧	顶板	顶板
		磨损相对比较	磨损均匀	磨损较不均匀	磨损较不均匀
		粉矿堆积线以下	不磨损	不磨损	不磨损
加固	非储矿段	一般情况下	不加固	不加固	不加固
		冲击点	采用缓冲坑		
		底板		采用粉矿堆	采用粉矿堆
	储矿段	溜井井筒需要加固时	四周	顶板及两侧	顶板及两侧
		侧向溜口	额墙加固	额墙加固	额墙加固
		中心溜口	溜井底部		
		平溜口	溜井底部		
矿石在溜井中堵塞	夯实作用		大	较小	小
	堵塞类型		全拱	半拱	半拱
	坡度小于流动角时堵塞频率		低	高	高

溜井坡度可根据不同情况分别确定:

(1) 溜井储矿段坡度。溜井储矿段坡度应大于矿石的流动角β_0,矿石的流动角β_0见表9-130。

表9-130 矿石流动角β_0值

矿石名称	矿石黏结值	β_0/(°)
白云岩(含铜)	不 黏	65~70
石英岩(含钨)	不 黏	65~70
鲕状赤铁矿	不 黏	55~60
钒钛磁铁矿	不 黏	60
磁铁矿	不 黏	60~61
赤铁矿	黏矿较多	65~70
矽卡岩型磁铁矿(绿色)	黏矿多,含泥	≥80
矽卡岩型磁铁矿(黑色)	不 黏	65~70
石英岩	—	60~70
赤铁矿(富矿)	黏性较大	65~80

溜井储矿段坡度一般可按表9-131选取,也可按下式计算:

$$\alpha \geqslant 45° + \frac{\psi_0}{2} \tag{9-158}$$

式中 α——溜井储矿段坡度,(°);

ψ_0——矿石自然安息角,(°)。

(2) 溜井非储矿段的坡度。

$$\alpha \geqslant \tan^{-1}\mu + (5° \sim 10°) \tag{9-159}$$

式中 α——溜井非储矿段坡度,(°);

μ——矿石与溜井井壁间的摩擦系数,一般 $\mu = 0.7 \sim 1.0$。

一般情况下,溜井非储矿段坡度应大于55°,当溜井处在采矿场内时,为了便于溜井降段,溜井非储矿段坡度应取和溜井储矿段一致的坡度。

表 9-131 溜井储矿段坡度

溜放的矿石情况	溜井储矿段坡度/(°)
溜入块矿时	60 ~ 70
溜放含粉矿的混合矿时	65 ~ 80
溜放含泥、含粉矿的混合矿时	80 ~ 90

F 溜井磨损及加固

降低溜井磨损,延长溜井使用寿命,应采取如下措施:

(1) 溜井位置选择在坚硬、稳固、整体性好的岩层中,避免溜井穿过断层、破碎带及节理裂隙发育的岩层。

(2) 合理确定溜井断面尺寸,在保证溜井正常放矿的前提下,使溜井断面尺寸最小。因为断面过大,井壁的稳定性就差。

(3) 控制磨损速度。磨损速度的大小与溜井结构类型、卸矿高度、溜放矿石的硬度、块度有关;也与溜井穿过岩层的岩石硬度、溜井设计的断面尺寸、溜井的卸矿方式和储矿条件等因素有关。要尽量做到使溜井结构类型和断面尺寸合理,采用中心落矿和单阶段卸矿,不用或少用多阶段卸矿,尽量不用瀑布式溜井结构。在条件允许的情况下,应采用储矿措施,降低卸矿高度,不允许将溜井内的矿石放空。尽可能减少斜溜道长度,因斜溜道越长,溜井磨损越严重。在溜井井筒中尽量减少变坡点和转折点,并且应减少矿石倒运次数。

(4) 合理选择和确定溜井加固部位、加固材料和加固方法与结构。合理选择和确定溜井加固方案是保证溜井正常生产的关键。溜井加固的条件及要求见表 9-132。

表 9-132 溜井加固的条件及要求

<table>
<tr><th>储矿情况</th><th colspan="3">加固部位</th><th>加固条件</th><th>加固目的</th><th>加固类型</th><th>加固材料</th></tr>
<tr><td rowspan="13">非储矿段</td><td rowspan="7">垂直溜井</td><td rowspan="4">溜井井口</td><td>卸矿侧</td><td>一般情况要加固</td><td>保持井壁稳定性</td><td>刚性加固</td><td>混凝土或钢筋混凝土</td></tr>
<tr><td rowspan="2">卸矿方向两侧</td><td>当矿流宽度大于溜井直径时</td><td>防冲击</td><td>柔性加固</td><td>堆积粉矿</td></tr>
<tr><td>当矿流宽度小于溜井直径时</td><td>保持稳定</td><td>刚性加固</td><td>混凝土或钢筋混凝土</td></tr>
<tr><td>卸矿对侧</td><td>矿石流冲击不到井壁时</td><td>保持稳定</td><td>刚性加固</td><td>混凝土或钢筋混凝土</td></tr>
<tr><td rowspan="2">冲击点</td><td>冲击点处</td><td></td><td>防冲击</td><td>柔性加固</td><td>堆积粉矿</td></tr>
<tr><td>其他三面</td><td rowspan="4">当溜井穿过岩层稳定性较差,岩石硬度 $f<6$ 时</td><td>防冲击,防磨损,保持井壁稳定</td><td>刚性加固</td><td>钢轨、钢板</td></tr>
<tr><td colspan="2">井筒四周</td><td>防冲击,防磨损,保持井壁稳定</td><td>刚性加固</td><td>钢轨、钢板</td></tr>
<tr><td rowspan="2">溜槽</td><td colspan="2">底板</td><td>防冲击,防磨损,保持井壁稳定</td><td>刚性加固或柔性加固</td><td>钢轨、钢板</td></tr>
<tr><td colspan="2">两帮</td><td>防冲击,防磨损,保持井壁稳定</td><td>刚性加固或柔性加固</td><td>钢轨、钢板</td></tr>
<tr><td rowspan="4">斜溜井</td><td colspan="2">井口底板</td><td>一般需要加固</td><td>防冲击</td><td>柔性加固</td><td>堆积粉矿</td></tr>
<tr><td colspan="2">两帮</td><td rowspan="3">当溜井穿过岩层稳定性较差,岩石硬度 $f<6$ 时</td><td>防冲击,防磨损,保稳定</td><td>刚性加固</td><td>钢轨、钢板</td></tr>
<tr><td colspan="2">顶板</td><td>保稳定</td><td>刚性加固</td><td>钢筋混凝土</td></tr>
<tr><td colspan="2">底板</td><td>防冲击,防磨损,保稳定</td><td>柔性加固或刚性加固</td><td>钢轨、钢板</td></tr>
</table>

续表9-132

储矿情况	加固部位		加固条件	加固目的	加固类型	加固材料
储矿段	垂直溜井及斜溜井井筒		当溜井穿过岩石层稳定性较差,$f<6$时	防磨损,保井壁稳定性	刚性加固	钢轨、钢板、料石
	底板溜口	底板		防冲击,防磨损,保持稳定	刚性加固和柔性加固	采用钢筋混凝土和堆积粉矿
		溜口坡度为90°一侧的井壁		防冲击,防磨损,保持稳定	刚性加固	钢轨、钢板
		溜口坡度为0°一侧的井壁	当溜井穿过的岩层稳定性较差,岩石硬度$f<6$时	保持结构的稳定性	刚性加固	混凝土和钢筋混凝土
	侧向溜口	两侧及后壁		保持结构的稳定性	刚性加固	混凝土和钢筋混凝土
		额墙		防冲击,防磨损及承载	刚性加固	钢筋混凝土、钢轨、钢板
		底板	无粉矿处	防冲击,防磨损	刚性加固	钢轨、钢板

G　溜井的检查及安全设施

检查天井及检查巷道是为了察看溜井内的储矿高度,处理溜井堵塞及检修储矿仓和溜口等而设置的。但在实际生产中,检查巷道易被粉矿堵塞,不易起到应有的作用,有的还会增加矿石移动阻力及卸矿时的粉尘危害。当然,矿石黏结性大的矿山在溜井全高上设置了完善的检查井巷,起到了积极作用。因此,一般情况下,在设计溜井时,只要溜口结构和参数合理,不一定要设置检查井巷,对于黏结性大的矿石,可以设置尽量完善的检查井巷。

为了确保在溜井发生跑矿时,装矿硐室处的操作人员能安全撤走,应设置安全通道。安全通道应当尽量做到有单独出口,能通到不受跑矿威胁的相邻井巷中,当溜井井底车场采用环形布置时,安全通道可通到不设溜井的绕道中;当溜井井底车场用独头形式时,安全道出口可设在进车侧,距放矿闸门硐室边缘应大于15m。

溜井的安全设施:

(1) 溜井井口格筛应采用倾斜布置,当采用倾卸式矿车或翻车机卸矿时,其倾角可取为30°;采用翻斗车卸矿时,倾角可取15°~30°。格筛孔或条筛间距应按矿石最大块度尺寸确定,且不宜太小,并应留处理大块矿的操作空间。

(2) 矿山主溜井的装卸矿硐室,应设操作硐室或操作平台。操作硐室应有正压新鲜风流供应,并将污浊风流经通风系统排入回风巷。操作硐室设计应符合下列要求:操作硐室位置应便于观察装、卸矿情况;装矿操作硐室必须有两个安全出口,一个出口通装矿室,另一个出口经安全通道至运输平巷;安全通道出口应设在进车侧,距装矿硐室边缘20~30m,底板标高应高出运输平巷轨面0.3~0.5m;硐室应有良好照明。

(3) 当采用无轨运输时,在溜井或溜槽上口应设置挡车装置。挡车装置设计应符合下列要求:车挡应采用钢结构或钢筋混凝土结构,一类矿山宜采用可拆卸的钢结构形式;车挡高度应大于汽车轮胎直径的2/5;车挡最小长度应按汽车宽度、同时卸车的台数和其安全间隙确定。

(4) 溜井井口和溜槽口上部及两侧,应设防排水设施。

9.2.10.2　硐室

地下矿山硐室很多,用途不同,大小不一。总的来说,可将其分为生产性硐室和服务性硐室两大类。

A　生产性硐室

生产性硐室主要有:

(1) 地下破碎(系统)硐室及其通道。

(2) 提升机硐室。采用盲井开拓时,需要开掘提升机硐室。盲竖井提升机硐室包括提升机房、钢绳斜道、天轮硐室和配电硐室等。盲斜井提升机硐室包括提升机房、装矿硐室、驱动站等。

(3) 卸矿硐室。卸矿硐室不应布置在主要运输巷道和通风巷道中;除底卸式和底侧卸式矿车外,其他矿车卸矿口均应设置格筛,其两侧和卸矿方向对侧,应留有便于人行和处理大块矿石的平台,平台宽度应大于1m,卸矿口应设置高度1.2m的护栏;卸矿口应进行加固,卸矿口尺寸和形式应与卸矿方式相适应,并应满足中心落矿要求；曲轨卸矿硐室宜采用槽式卸矿口，卸矿槽长度须大于卸矿曲轨长度0.5m以上，曲轨外侧人行道宽度宜大于0.8m。

底卸式矿车卸矿硐室的高度应按起重高度要求确定；硐室宽度应满足卸矿槽宽度和两侧人行道宽度要求；矿槽挡墙、拖滚基础均应采用钢筋混凝土结构。

底侧卸式矿车卸矿硐室，除应符合底卸式矿车卸矿硐室的规定外，对底侧卸式曲轨还要增设支点，并应做强度计算。

单车翻车机硐室宜采用直筒式卸矿口，双车翻车机硐室宜采用矩形槽式卸矿口；翻车机基坑的操作平台应设爬梯，翻车机两侧应设护栏；翻车机硐室高度应满足翻车机起吊、搬运和安装的要求；翻车机驱动装置硐室净高应大于1.8m；翻车机两侧留人行道，其宽度不小于0.8m；有让车线时，翻车机与电机车之间的安全间隙应大于0.4m。

(4) 箕斗装载硐室。箕斗装载硐室包括矿仓和计量室两部分。矿仓容积一般按箕斗4h提升量计算，当高程受到限制时，也不得小于2h提升量。提升两种或两种以上品级的矿石时，应分设不同品级矿石的专用矿仓，且应在矿仓和受矿漏斗之间设分料装置，以便分别装矿。箕斗矿仓和计量装载硐室的布置及规格，主要根据箕斗提升设备和计量装载设备的布置方式，提升的矿石品种、数量和装运要求，围岩稳固性等因素确定。矿仓形式有垂直和倾斜式两种。垂直式矿仓容积大，可实现多品种分装分运。倾斜式的则相反；粉矿回收硐室，在箕斗提升和装矿卸矿过程中，不可避免地要撒落一些矿石。为回收撒落的矿石，需设置井底粉矿仓，容积应不小于7天提升矿石量的撒落量。根据粉矿回收方式，常常要增加一些辅助工程，如清理巷、沉淀池、井底泵站、通风机室、提升机室等。

(5) 水泵硐室。

(6) 水仓。

(7) 排泥硐室。排泥硐室分竖直式和倾角为30°~45°的倾斜式两种，也称井下泥库。按建造材料不同，分钢泥库和钢筋混凝土泥库。钢泥库一般为双库平行作业，上设喂泥仓，容积略大于钢泥库。钢筋混凝土泥库一般为单库作业，库壁厚度及配筋要求，按受力状态的有关公式计算。为减小排泥阻力和防止渗漏，内壁应衬8~12mm厚的钢板。

(8) 变(配)电硐室。井下设变电所，可分为中央变电所和采区变电所，通过变电所内的配电、降压和交流设备，把电力供给水泵房、电机车电源线、井底车场机械及矿井照明线路等。相应的硐室要求：

1) 中央变(配)电硐室的地面标高，应比其入口处巷道底板高出0.5m；与水泵硐室毗邻时，应高于水泵硐室地面0.3m。采区变电硐室应比其入口处的巷道底板高出0.5m；其他机电硐室的地面均应高出其入口处的巷道底板0.2m以上。

2) 硐室的地平面应向巷道等标高较低的方向倾斜，设0.2%~0.3%坡度。

3) 长度超过6m的变(配)电硐室，应在两端各设一个出口；当硐室长度大于30m时，应在中间增设一个出口。各出口处均应装设向外开启的铁栅栏门。有淹没、火灾、爆炸等危险的矿井，机电硐室都应设置防火门或防水门。

4) 变配电硐室装有带油的设备且不设集油坑时，应在硐室出口防火门处设置斜坡混凝土挡，其高度应高出硐室地面0.1m。

B 服务性硐室

服务性硐室主要有：

(1) 地下无轨设备维修硐室。地下无轨设备维修硐室用于铲运机、台车等无轨设备的检查、修理和保养，大中型地下矿山一般应设无轨设备中央维修硐室。

(2) 地下电机车库。地下电机车库用于存车、检查、清洗、注油、小修及蓄电池机车充电等。硐室布置分尽头式和环形式两种。架线式电机车库包括存车室和带检查坑的修理室。蓄电池电机车库包括整流室、充电室和带检查坑的修理室。

(3) 凿岩机修理室。凿岩机修理室用于凿岩机小修、检查、清洗、润滑油、收发、钎头修磨等。一般可利用旧巷道整修而成。

(4) 采矿设备井下备品库。工具和备品、备件消耗大的矿山，应在井下设立储存和发放的库房。库房内设工具架和工具框等。

(5) 井下医务室。硐室规格根据医疗器械的装备情况而定，总面积一般不小于 $30m^2$。

(6) 等候室和保健室。等候室和保健室是井下人员等候提升出井和休息的场所，设在井底车场靠近罐笼井处，面积根据井下人员和硐室凳子的摆布方式而定。

(7) 调度室。调度室是井下调度人员用来协调和检查井下工作，进行人力、工具、设备调配的硐室。室内装备有调度电话总机、光电显示运输讯号系统；矿山还应设有电视监控系统。布置形式有隔开式、不隔开式和联合式三种。

(8) 消防器材列车库。消防器材列车库用于保管和储存消防器材、建筑材料以及停放装满消防器材的列车。硐室布置方式有巷道加宽式和硐室式两种。

(9) 防水闸门硐室。为防止井下突然涌水淹没矿井或为中央水泵房而设置的密闭闸门及其硐室称为防水闸门硐室。水文地质条件复杂或有可能突然涌水的矿山必须设置。

(10) 防火门硐室。井下发生火灾时，为防止燃烧产物在井下随风扩散，应迅速将燃烧区与矿井总通风系统隔离，采取的办法是在进风井附近两侧巷道中设防火闸门硐室。按穿行的运输线路数目，防火门硐室有单轨的和双轨的两种。

(11) 风门硐室。在机械通风的矿井中，一般都需要设置一定数量的风门，以控制风路中的风流。对于大型风门，需要掘出安设风门的硐室。

(12) 井下爆破器材库及炸药发放硐室。

(13)躲避硐室。斜井串车提升时，为预防跑车而发生人身事故，应在斜井中部和下部停车场设躲避硐室。

(14) 坑内卫生间。为改善井下工作条件，减少坑内环境污染，在工人较集中的阶段设置坑内卫生间，可由旧巷道改造而成。

本节只讨论地下破碎（系统）硐室和无轨设备维修硐室。

C 地下破碎硐室

a 简介

矿山实践表明，采用地下破碎对提高采矿效率、减少采场二次爆破、降低矿石成本及改善作业条件等都十分有利。其缺点是井巷工程量大，建设破碎硐室施工期一般约 1 ~ 2 年，施工条件比较困难。设一台破碎机的井下开掘工程量约 1500 ~ $3000m^3$；二台破碎机的工程量约 3000 ~ $5000m^3$。而且，在破碎机上部需要长溜井（或储矿仓），在其下部需建破碎后的矿仓，工程量一般为 1000 ~ $2000m^3$，用以调节矿石运量，使其均衡生产。

地下开采矿山采用底卸式箕斗提升或带式输送机运送矿（岩）石时，为将矿（岩）石破碎至箕斗或带式输送机所要求的块度，需在地下设置破碎系统。

地下破碎系统主要包括破碎硐室及破碎机，配套硐室有给矿和卸矿硐室、计量硐室、上下部矿仓、大件道、除尘硐室、操作硐室、变电硐室以及人行通风天井及联络巷等。

据 20 世纪末统计，国内采用地下破碎系统的矿山有数十家，见表 9-133。目前，新建、待建的大中型矿山中，采用地下破碎的矿山很多，数量不断增加。

表 9-133 国内采用地下破碎系统的矿山

矿山名称	年产量/Mt	开拓方式	破碎机			给矿机规格/mm × mm	吊车				破碎硐室布置形式	给矿块度/mm	生产品种	投产时间/a	设计单位
			形式	规格/mm × mm	台数/台		形式	起重量/t	跨度/m	轨面标高/m					
凡口铅锌矿（一期）	1	中央式竖井	颚式	600 × 900	2	1200 × 6000	电动单轨吊车	10			双机侧向	500	1	1970	长沙有色冶金设计研究院
凡口铅锌矿（二期）	1	中央式竖井	颚式	600 × 900	2	1200 × 4500	电动桥式吊车	15	8.5	7.5	双机两端	500	1	1984	长沙有色冶金设计研究院

续表 9-133

矿山名称	年产量/Mt	开拓方式	破碎机			给矿机规格/mm×mm	吊车				破碎硐室布置形式	给矿块度/mm	生产品种	投产时间/a	设计单位
			形式	规格/mm×mm	台数/台		形式	起重量/t	跨度/m	轨面标高/m					
红透山铜矿(三期)	0.7	混合井	颚式	900×1200	1	1500×6000	电动桥式吊车	15	7.0	7.0	单机端部	650	1	1973	本矿
凤凰山铜矿	0.6	混合井	颚式	1050×1200	1	1200×4200	电动双钩桥式吊车	25	7.0	7.2	单机端部	500	3	1970	北京有色冶金设计研究总院
太钢峨口铁矿	3	平硐溜井	颚式	1500×2100	1	2400×12000	电动双钩桥式吊车	50/10	13.5	10.8	单机端部	1000	1		鞍山黑色冶金矿山设计研究院
程潮铁矿	1.5	混合井	颚式	900×1200	1	1500×4000	电动双钩桥式吊车	15/3	8.5	8.0	单机侧向	650	1	1970	长沙黑色冶金矿山设计研究院
弓长岭铁矿	0.9	混合井	颚式	900×1200	1	1500×6000	电动双钩桥式吊车	15/3	8.5	8.0	单机侧向	650	1	1975	鞍山矿山公司设计院
金川镍矿	0.4	分散式竖井	颚式	900×1200	1	1500×8000	电动双钩桥式吊车	15	7.0	7.0	单机端部	650	1		北京有色冶金设计研究总院
安徽某铜矿	1	混合井	颚式	900×1200	1		电动双钩桥式吊车	20	7.5	8.0	单机端部	650	1		铜陵冶金设计所
河南午阳铁矿	1.5	中央式竖井	颚式	900×1200	1	1500×4000	电动双钩桥式吊车	15/3	8.5	7.3	单机侧向	650	1		鞍山黑色冶金矿山设计研究院
南铭河铁矿	0.7	中央式竖井	颚式	900×1200	1	1800×2500DZ_{10}电振给矿机	电动双钩桥式吊车	15/3	9.0	8.3	单机端部	650	2		鞍山黑色冶金矿山设计研究院
白银铜矿(深部)	1	中央式竖井	颚式	900×1200	1	1200×5600	电动双钩桥式吊车	15/3	10.5	8.0	单机端部	650	1	1986	兰州有色冶金设计研究院
新桥铜矿	0.6	中央式竖井	颚式	900×1200	1						单机端部	650	1		南昌有色冶金设计研究院
尖林山铁矿	1	中央式竖井	颚式	900×1200	1		电动双钩桥式吊车	15/3	10.5	8.0	单机双侧	650	2		本矿
荆襄磷矿	0.6	中央式竖井	颚式	900×1200	1	1500×6000	电动双钩桥式吊车	15/3	9.0	7.5	单机端部	600	1	1978	本矿
金山店铁矿	2	中央式竖井	颚式	900×1200	2	1500×4000	电动双钩桥式吊车	15/3	10.5	8.0	双机侧向	650	1	1982	长沙黑色冶金矿山设计研究院
大厂锡矿	1.32	混合井	颚式	900×1200	2	1500×6000	电动双钩桥式吊车	15/3	9.5	7.5	双机两端	650	2	1979	长沙有色冶金设计研究院
西石门铁矿	2.2	中央式竖井	颚式	900×1200	2		电动双钩桥式吊车	15/3	9.0	8.0	双机两端	650	1		马鞍山钢铁设计研究院
峨眉水泥厂矿山	1	平硐溜井(槽)	颚式	1200×1500	1	2400×12000	电动双钩桥式吊车	20	10.0	10.81	单机端部	800	1	1970	原北京水泥设计院
张家洼铁矿	2.5	中央式竖井	颚式	1200×1500	2	1800×16000	电动双钩桥式吊车	30/5	10.5	9.4	双机两端	650			鞍山黑色冶金矿山设计研究院
南芬铁矿(南)	7.5	平硐溜井	颚式	1500×2100	1	2400×4000	电动双钩桥式吊车	50/10	14	10	单机侧向		1	1956	鞍山黑色冶金矿山设计研究院
南芬铁矿(北)	7.5	平硐溜井(槽)	颚式	1500×2100	2	2400×4000	电动双钩桥式吊车	50/10	14	10	双机侧向		1	1956	鞍山黑色冶金矿山设计研究院
小西林铅锌矿	0.4	竖井	颚式	600×900	1	1200×3600	猫头吊	10	6	6.1	单机端部	500	1	1966	沈阳有色冶金设计研究院
小官庄铁矿	2.5	中央式竖井	颚式	900×1200	2		电动双钩桥式吊车	15/3			双机两端				鞍山黑色冶金矿山设计研究院
梅山铁矿(一期)	2.5	分散式竖井	旋回式	ϕ900	1		电动双钩桥式吊车	50/10	8.5	7.7	单机侧向	650	1	1975	鞍山黑色冶金矿山设计研究院

续表 9-133

矿山名称	年产量/Mt	开拓方式	破碎机			给矿机规格/mm×mm	吊车				破碎硐室布置形式	给矿块度/mm	生产品种	投产时间/a	设计单位
			形式	规格/mm×mm	台数/台		形式	起重量/t	跨度/m	轨面标高/m					
江西水泥厂矿山	0.5	平硐溜槽	颚式	ϕ900	1	1500×8000	电动双钩桥式吊车	50/10	10.5	12.17	单机两端	750	1	1974	江南水泥设计院
北洺河铁矿	1.8	中央式竖井	颚式	ϕ900	1						单机双侧	650	1		鞍山黑色冶金矿山设计研究院
永登水泥厂矿山	1.2	平硐溜井	颚式	ϕ1200	1	2400×16000					单机端部		1		四川非金属矿山设计院
黄沙坪铅锌矿	0.5	盲竖井开拓	颚式	600×900	1	1200×6000	电动双钩桥式吊车	15/3	8.5	7.5	单机端部	500	1	1984	长沙有色冶金设计研究院
铜绿山铜矿	0.6	中央式竖井	颚式	900×1200	1	1500×6000	电动双钩桥式吊车	15/3	9.0	7.52	单机端部	650	1		长沙有色冶金设计研究院
丰山铜矿	1	中央式竖井	颚式	900×1200	1	1500×6000	电动双钩桥式吊车	15/3	9.0	7.52	单机双侧	500	1	1983	
金川镍矿(二期)	0.5	斜井	颚式	900×1200	2	1500×8000	电动双钩桥式吊车	15	7.0	7.0	双机两端	650	1		北京有色冶金设计研究总院
湖北大广山铁矿		中央式竖井	颚式	900×1200	1		电动双钩桥式吊车	15/3					1		长沙黑色冶金矿山设计研究院

b 地下破碎站的有关规定

地下破碎站的有关规定如下:

(1) 当采用箕斗提升或带式输送机运输,矿石块度不能满足要求,服务年限在 10 年以上且年产量大于 0.3Mt 时,应设置井下破碎站。

(2) 破碎站位置宜布置在靠近提升井筒的稳固岩层中,应有两个通道。其一为大件运输道。大件运输通道的一端应与大件提升井相连,另一端直接通往破碎硐室的检修场地。副井与破碎硐室之间应有人行道相通。

(3) 破碎站上部矿仓容积应大于 2 列车矿石量或 1h 破碎量,下部矿仓容积不应小于 4h 提升量。当规模大于 5000t/d 时,可为 2h 提升量。当采用斜井或平硐溜井开拓,破碎机下部用带式输送机直接运出地表时,可只设缓冲矿仓,其容积为 0.5~1h 运量。

(4) 井下破碎站,应有完善的通风除尘设施。破碎硐室需风量可按每小时换气 4~6 次计。污风应经净化处理或引入回风道。对产生粉尘的给、排矿口,应采取除尘措施,除尘净化设备应布置在回风道一侧。

(5) 年产量小于 1.5Mt 的矿山,应选用颚式破碎机;大于 2Mt 时,宜选用旋回式破碎机。

(6) 破碎机前应优先采用振动给矿机。当采用重型板式给矿机时,其链板宽度不应小于矿石最大块度的 2 倍加 200mm,并应与溜井宽度相适应。

(7) 对于单溜井单机破碎系统,破碎硐室应按端部给矿的形式配置,双溜井双机的破碎系统,应按两端分别向破碎机给矿形式配置。当一台破碎机需要破碎两种以上矿石时,应按单机两侧给矿的形式布置。当上部矿仓(溜井)的深度较大,泥水较多时,应在矿仓底部加设控制闸门。

(8) 破碎硐室的大小和通道宽度,应能满足设备安装、搬运和维护检修的要求。检修场地面积应满足备件存放和大修时拆卸部件堆放和操作的需要。

c 地下破碎系统的布置

(1)布置形式。地下破碎系统的布置,主要是解决主井(含混合井)、破碎机硐室、上下部矿仓(或溜井)、卸矿硐室以及皮带道、计量硐室等工程之间的相互关系。这种相互关系是由两个方向决定的:一个是地下破碎系统中各单项工程在水平方向上的相互位置关系;另一个是它的各单项工程在垂直方向上的相互位置关系。同时,也要考虑单项工程结构的合理性。地下破碎系统溜井数量见表 9-134。

表 9-134 地下破碎系统溜井数量

年产量/Mt	矿石性质		破碎机		溜井条数/条	备注
	黏性	品种	形式	台数		
0.5	不黏	1	颚式	1	1	一个溜矿系统，一个破碎系统
	黏	1	颚式	1	1	
1	不黏	1	颚式	1	2	两个溜矿系统，一个破碎系统或一个破碎机硐室设置两个独立的破碎系统
	黏	1~2	颚式	2	2	
1.5~2	不黏	1~2	颚式	2	2	
	黏	1~2	颚式	2	2	
>2	不黏	1~2	旋回式	1	1~2	两个溜矿系统，一个破碎系统
	黏	1~2	旋回式	1	2	

注：1. 年产量1~2Mt时，若采用旋回式破碎机为一台。

2. 当围岩条件好，破碎物料性质好时，年产2Mt以上的矿井也可采用一个溜矿系统。

布置形式按矿山开拓方法分为：中央竖井、混合井、分散式竖井、平硐溜井（斜井）的破碎系统四种。其优缺点及特征见表9-135。

表 9-135 地下破碎系统布置形式比较

布置形式	特征	优点	缺点	适用条件	矿山实例
中央竖井开拓	（1）破碎系统各单项工程均布置在主、副井之间；（2）大件道、人行通道均能分别与主、副井相通	（1）施工方便，设备运输、安装方便；（2）生产管理集中、较简单；（3）通风、除尘条件较好	主、副井之间距离不能过大	（1）主、副井之间距离为50~100m；（2）一般优先采用	凡口铅锌矿、金山店铁矿、尖林山铁矿、白银铜矿（深部）、西石门铁矿
混合井开拓	破碎系统各单项工程与混合井相通	生产管理比较集中	（1）施工较困难，设备运输不方便；（2）人行通道布置较困难，且工程量大，大件道只能与混合井相连通；（3）通风、除尘条件较差	（1）混合井开拓的矿山；（2）除尘通风系统复杂，工程量大，一般不采用	红透山铜矿、凤凰山铜矿、大厂锡矿
分散式竖井开拓	破碎系统各单项工程布置在主井附近		（1）生产管理分散，人员通行不方便；（2）施工较困难，设备运输不方便；（3）通风、除尘条件较差	（1）主、副井两翼开拓或相距较远的矿山；（2）一般少采用	梅山铁矿
平硐溜井（斜井）开拓	（1）破碎系统各单项工程布置在溜井附近的平硐或斜井的一侧；（2）破碎后的物料采用带式输送机运输	（1）生产环节少，管理方便；（2）布置紧凑、简单，工程量少，施工方便；（3）通风、除尘条件好	平硐或斜井的断面应按大件道要求校核，故断面较大	（1）平硐溜井开拓的矿山；（2）浅斜井（露天斜井）开拓的矿山；（3）采用较普遍	江西水泥厂矿山、永登水泥厂矿山、北京西智石灰石矿

（2）平面布置。

1）破碎系统的布置应靠近主井（含混合井），辅助硐室应分散布置在破碎机硐室周围。操作硐室、变电硐室应布置在入风侧通道一侧，除尘硐室应靠近回风道或大件道一侧；

2）大件道应从主井（含混合井）的提升间与破碎机硐室直接相通，并尽量采用直线布置形式；

3）布置时，应尽量使破碎机硐室、皮带道与副井相通，以利施工和生产，改善通风条件，确保有两个安全出入口。根据需要，专设一条电梯井，连接破碎系统各水平；

4）破碎机硐室的平面布置形式有：单机端部、单机侧向、双机两端、双机侧向、单机双侧五种，应优先选用单机端部或双机两端的平面布置形式；

5）破碎机硐室长轴与卸矿巷道中心线关系有互相垂直和平行两种形式，应优先采用相互垂直的形式，同时应满足破碎工艺的要求；

6）破碎机硐室与皮带道中心线的关系有互相垂直和平行两种形式。当设有一台破碎机时，应采用垂直布置形式；若为两台破碎机时，一般采用平行布置形式。

破碎机硐室平面布置的五种形式，其特征和优缺点见表9-136。

表9-136　破碎机硐室的平面布置形式

布置类型	简　图	特　征	优缺点	矿山实例
单机端部	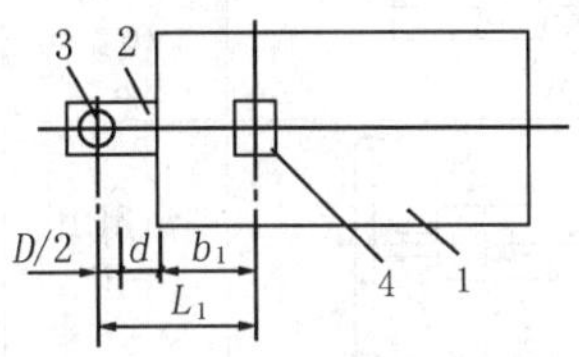	(1) 上部矿仓、给矿机与破碎机均沿硐室长轴方向呈一字形布置； (2) 溜矿井（或矿仓）均布置在硐室端墙一侧	(1) 布置紧凑，硐室跨度小，吊车活动范围大； (2) 施工方便，生产管理简单； (3) 工程量小，投资少，施工工期短； (4) 一般常采用	红透山铜矿、金川镍矿、江西水泥厂矿山
单机侧向	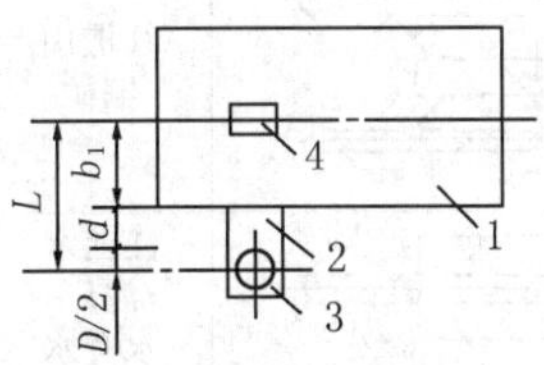	(1) 溜井（上部矿仓）布置在硐室长轴的一侧； (2) 给矿硐室与破碎机硐室垂直呈L形布置	(1) 给矿机安装、检修、起吊困难； (2) 工程量较大，工期较长，投资较多； (3) 拱脚受力大，结构较不合理； (4) 一般不采用	弓长岭铁矿、程潮铁矿、梅山铁矿、八台铁矿
双机两端	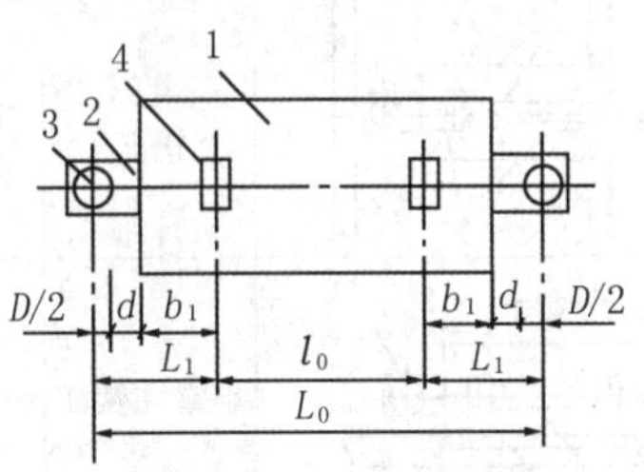	(1) 溜井（上部矿仓）、给矿机硐室布置在破碎机硐室两端墙的外侧； (2) 检修场地设在硐室中间； (3) 一个破碎机硐室、安装两套独立的破碎系统	(1) 结构合理，硐室跨度小，吊车活动范围大； (2) 工程量较小，施工方便，工期较短，投资较少； (3) 生产管理较方便； (4) 一般常采用	大厂锡矿、凡口铅锌矿、西石门铁矿
双机侧向	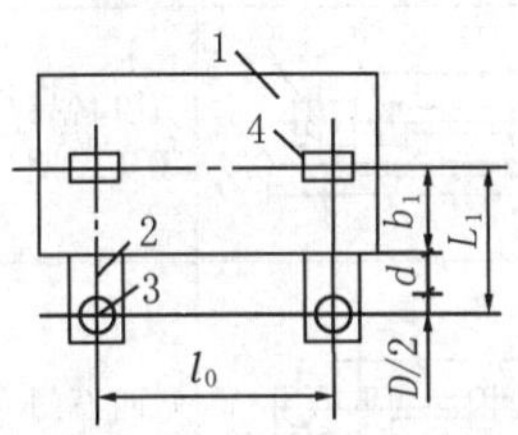	(1) 溜井（上部矿仓）、给矿机硐室布置破碎机硐室侧墙的同一侧； (2) 给矿方向与硐室长轴垂直； (3) 检修场地可设在两机中间或两端	(1) 给矿机安装、检修、起吊困难； (2) 工程量较大，施工较不方便，工期较长，投资较大； (3) 结构较不合理，拱脚受力大； (4) 一般不采用	金山店铁矿、南芬露天矿、凡口铅锌矿一期
单机双侧	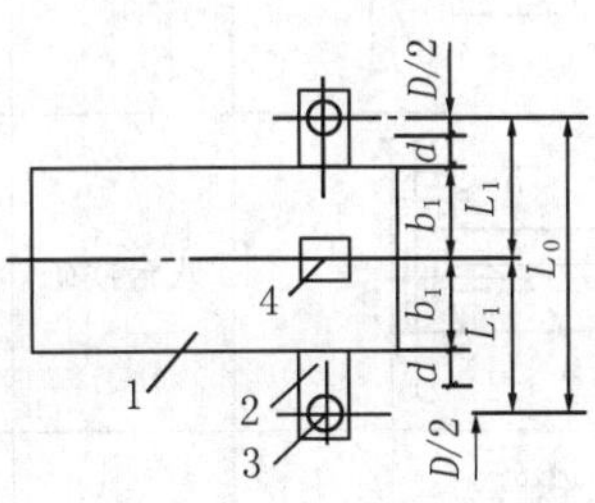	(1) 溜井（上部矿仓）、给矿机硐室布置在破碎机硐室的侧墙两侧； (2) 给矿方向与破碎机硐室长轴垂直，并均给向破碎机	(1) 缺点与单机侧向布置相同； (2) 当溜放物料黏性大，需备用一条溜井或溜放物料品种多时，可采用这种布置	丰山铜矿、尖林山铁矿、北洺河铁矿

注：1—破碎机硐室；2—给矿机硐室；3—上部矿仓；4—排矿口；D—上部矿仓（或溜井）直径，一般4～6m；d—额墙厚，一般0.6～1.0m；b_1—排矿口中心至破碎机硐室墙面距离，m；L_1—排矿口中心至上部矿仓（或溜井）中心的距离，m；L_0—两个上部矿仓的中心距离，m。

按破碎机硐室的平面布置形式与矿山的开拓方式组合起来，地下破碎系统的平面布置可有十六种形式，其特征和评价见表9-137。

表 9-137 地下破碎系统的平面布置形式

开拓方式	平面图上的相互关系			简 图	矿山实例	评 价
	破碎机硐室平面布置类型	破碎机硐室长轴线与主皮带道中心线的关系	破碎机硐室长轴线与卸矿巷道中心线的关系			
中央竖井	单机端部	平行	垂直	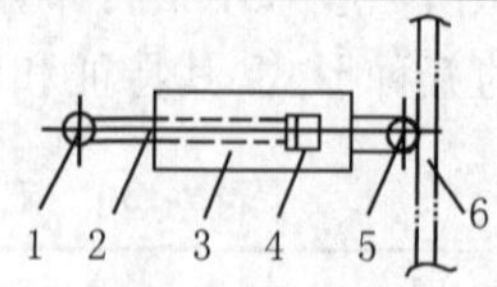	南洺河铁矿	布置简单，施工方便，结构合理
分散式竖井		平行	垂直	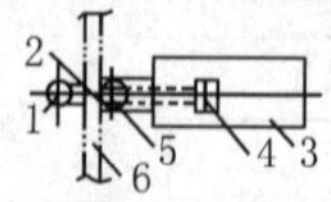	金川镍矿	布置简单，施工方便，结构合理
混合井		平行	垂直	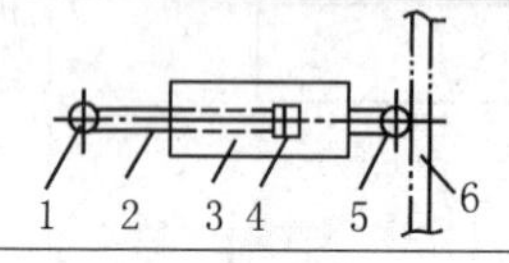	凤凰山铜矿	布置简单，施工方便，结构合理
混合井		垂直	平行	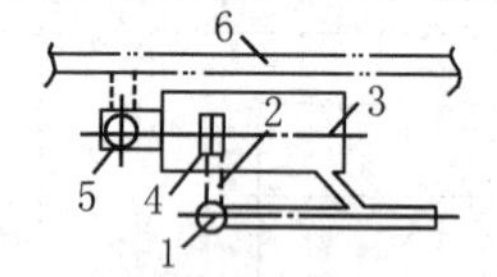	红透山铜矿	节省皮带道工程量及皮带设施；下部矿仓溜口冲击磨损较严重
平硐溜井		平行	垂直或平行	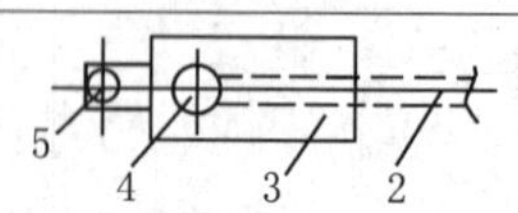	江西水泥厂 永登水泥厂	布置简单，硐室工程量大
混合井	双机两侧	平行	垂直	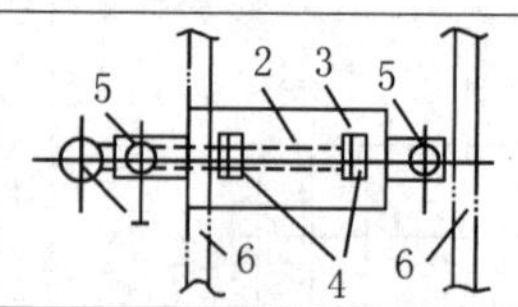	大厂锡矿	布置简单，施工方便，结构合理
中央竖井		与主皮带垂直，与辅助皮带平行	平行	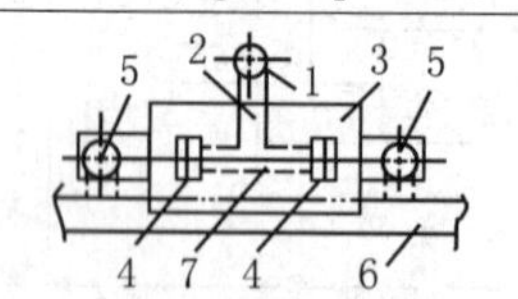	小官庄铁矿	需辅助皮带转运
中央竖井	双机两端	平行	平行	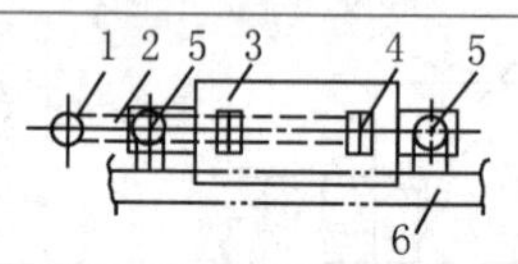	凡口铅锌矿（二期）	布置与大厂锡矿类同，更紧凑合理
中央竖井		垂直、平行	垂直	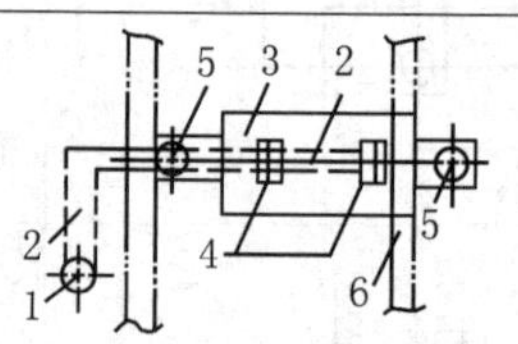	西石门铁矿	需设置辅助皮带转运
中央竖井	单机侧向	平行	垂直	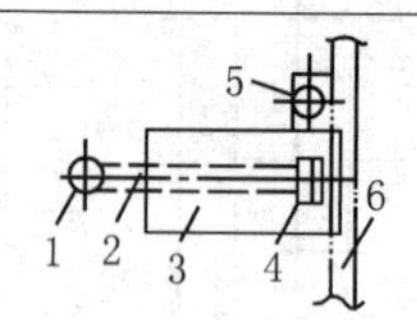	八台铁矿	硐室结构复杂，宜在坚固稳定围岩中建筑
混合井		垂直	平行	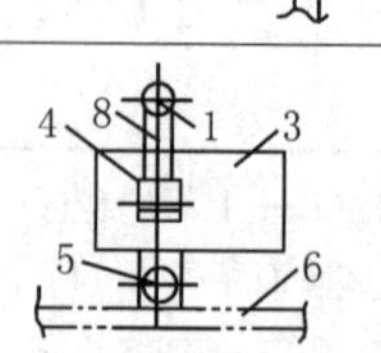	程潮铁矿 弓长岭铁矿	需设置辅助皮带转运，下部矿仓冲击磨损严重
分散式竖井		平行	平行	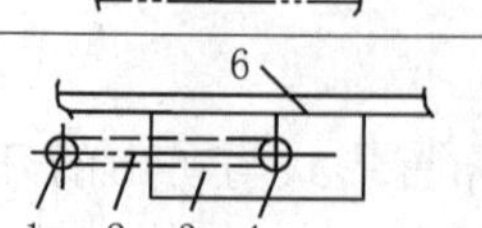	梅山铁矿	硐室结构复杂，无上部矿仓，破碎机直接受矿；一般不宜采用

续表 9-137

开拓方式	平面图上的相互关系			简　图	矿山实例	评　价
	破碎机硐室平面布置类型	破碎机硐室长轴线与主皮带道中心线的关系	破碎机硐室长轴线与卸矿巷道中心线的关系			
中央竖井	双机侧向	平行	平行	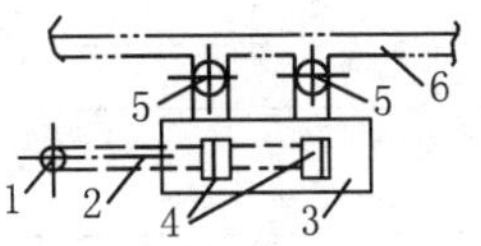	金山店铁矿	硐室工程量较大，检修场地分散
中央竖井	双机侧向	垂直	平行	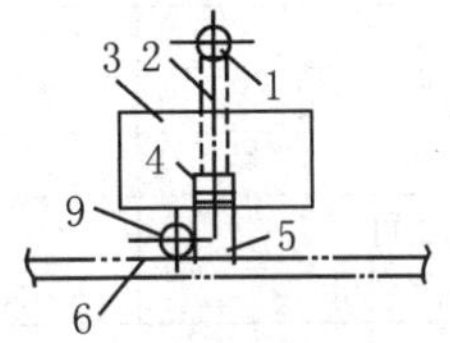	凡口铅锌矿（一期）	矿石分级，两台破碎机共用一个下部矿仓
中央竖井	单机双侧	平行	垂直	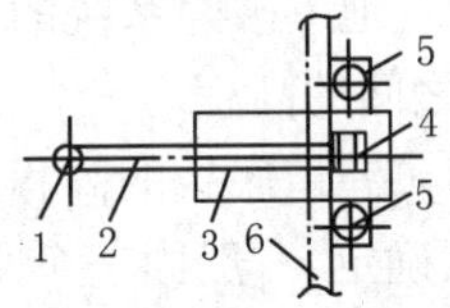	尖林山铁矿 丰山铜矿	一台破碎机破碎两种品种的物料或物料性质差时使用；结构复杂
中央竖井	单机双侧	平行	平行	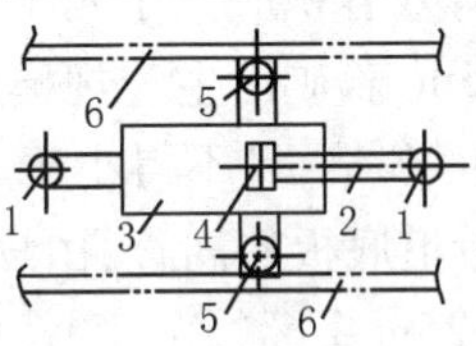	北洺河铁矿	一台破碎机破碎两种品种的物料或物料性质差时使用；结构复杂

注：1—主井（混合井）；2—主皮带道；3—破碎机硐室；4—破碎机排矿口；5—上部矿仓（溜井）；6—卸矿巷道；7—辅助皮带；8—下部矿仓；9—主溜井。

（3）地下破碎系统平面布置尺寸的确定。

1）破碎系统各单项工程之间的安全间距。破碎系统各单项工程之间的最小安全岩柱按表 9-138 选取。

2）破碎机排矿口中心至上部矿仓（或溜井）中心的距离见表 9-136 中简图，计算如下：

$$L_1 = b_1 + d + \frac{D}{2} \tag{9-160}$$

式中 L_1——排矿口中心至上部矿仓（或溜井）中心的距离，m；

b_1——排矿口中心至破碎机硐室端（侧）墙面的距离，m；

d——额墙厚度，由计算确定，一般在 0.6～1.0m 之间；

D——上部矿仓（或溜井）直径，一般取 4～6m。

3）排矿口中心至下部矿仓中心的距离。一般在确保破碎机基础安全条件下，应尽量缩短该距离。对于颚式破碎机，该距离一般大于下部矿仓的半径；对于旋回式破碎机，一般小于下部矿仓的半径。

4）当设有两个上部矿仓时，两个矿仓（或溜井）的中心距离。

单机两侧布置时：

$$L_0 = 2L_1 \tag{9-161}$$

双机侧向布置时：

$$L_0 = l_0 \tag{9-162}$$

双机两端布置时：

$$L_0 = 2L_1 + l_0 \tag{9-163}$$

式中 L_0——两个上部矿仓（或溜井）的中心距离，m；

l_0——两台破碎机排矿口中心距离，m；

其余符号同前。

5)上部矿仓(或溜井)中心至上部卸矿巷道轨道中心线的距离。该距离主要由卸矿方法及其结构形式确定,最小安全岩柱见表9-138。

表9-138 破碎系统各单项工程之间的最小安全岩柱

工程名称	最小岩柱/m		
	坚硬岩层	中等岩层	较软岩层
溜井与溜井之间	8	10	12
溜井与竖井之间	8	10	12
溜井与平巷之间	4	4~6	6~8
两个上部矿仓之间	8	10	12
两个下部矿仓之间	8	10	12
上、下部矿仓与竖井之间	8	10	12
破碎机硐室与竖井之间	8	10	12
破碎机硐室与上部巷道之间	5~8	6~8	8~10
破碎机硐室端墙与上部矿仓之间	加固0.8,衬砌1.5	加固1.0,衬砌2.0	加固1.2,衬砌2.5

(4) 破碎系统竖向布置。地下破碎系统的竖向布置,主要确定破碎机硐室、皮带道、卸矿巷道以及主井(或混合井)、粉矿回收巷道之间的高程。

1)破碎机硐室地面至卸矿巷道底板的高程:该高程主要由破碎机受矿口标高、给矿机硐室的高度、上部矿仓(或溜井)的高度等因素确定,一般为一个采矿阶段高度。

上部矿仓(或溜井)的有效容积应大于两个列车的运矿量,圆形矿仓的直径不小于4m,方形边长不小于5m,矿仓高度一般为10~15m;若矿山生产规模大,宜适当加大矿仓的高度和直径;若矿仓上部设有溜井,则其直径为矿石最大块度的4~8倍,且不得小于2m。

2)破碎硐室地面至皮带道底板的高程:由皮带给矿硐室高度、破碎机基础埋深、下部矿仓(成品矿仓)高度等因素确定,一般不小于25m。

3)皮带道底板至主井(或混合井)粉矿回收巷道底板的高程:当矿井需要延深时,粉矿回收巷道应尽量布置在阶段运输巷道标高上。

4)破碎系统的总高程(即破碎站所服务的最低运输阶段至装矿皮带道底板的高度):一般为满足最低一个阶段的卸矿要求和溜井储存矿量的要求,最好为采矿阶段高度的整数倍,即1~2个阶段高度。破碎硐室、装矿皮带道等主要工程应尽量布置在阶段水平,以利施工、设备运输和生产。

部分矿山地下破碎系统高程控制尺寸见表9-139。

表9-139 部分矿山地下破碎系统高程控制尺寸

矿山名称	卸矿阶段标高/m					阶段高度/m	单项工程标高/m			破碎系统总高度/m	阶段高度的倍数/倍
	一阶段	二阶段	三阶段	四阶段	五阶段		破碎机硐室地面	皮带道底板	粉矿清理巷道底板		
大厂锡矿			455			50	430	392	335	120	2.4
凡口铅锌矿(一期)	-40	-80	-120	-160	-200	40	-220	-247	-280	80	2.0
凡口铅锌矿(二期)	-160	-240	-280	-320	-360	40	-385	-415	-455	95	2.0
程潮铁矿	-200			-290		70	-309	-351	-360	70	1.0
南洺河铁矿	40	±0.00	-40	-80		40	-116.5	-144.2	-186.2	106.2	2.5
凤凰山铜矿			-40	-120		50	-156.66	-190	-230	110	2.2
梅山铁矿(一期)	-80	-140	-200			60	-209	-237			
小官庄铁矿	-300	-350	-400			50	-435.4	-469.0	-520	120	2.4
红透山铜矿(一期)	253	193	133			60	118.58	101.38	73.1	60	1.0
红透山铜矿(二期)	73	13	-47			60	-65.35	-86	-107	60	1.0
红透山铜矿(三期)		-47	-107	-167	-227	60	-244.22	-262.7	-284.78	60	1.0
金山店铁矿			-200			70	-250	-270	-310	110	1.6
西石门铁矿	120	80				40	58	-40	-2	82	2.0
尖林山铁矿	20	-50				70	-68	-74	-93	43	0.6
新桥铜矿			-230			50	-254.4	-280	-312	82	1.6

(5) 破碎硐室平面布置矿山实例。单机端部布置的破碎机硐室如图9-129所示;单机端部布置的破碎系统如图9-130所示;单机侧面布置的破碎机硐室如图9-131所示;单机侧面布置的破碎系统如图9-132所

示；双机两端布置的破碎机硐室如图9-133所示；双机两端布置的破碎系统如图9-134所示；双机侧向布置的破碎机硐室如图9-135所示；双机侧向布置的破碎系统如图9-136所示；单机双侧布置的破碎机硐室如图9-137所示；单机双侧布置的破碎系统如图9-138所示（尺寸单位为mm）。

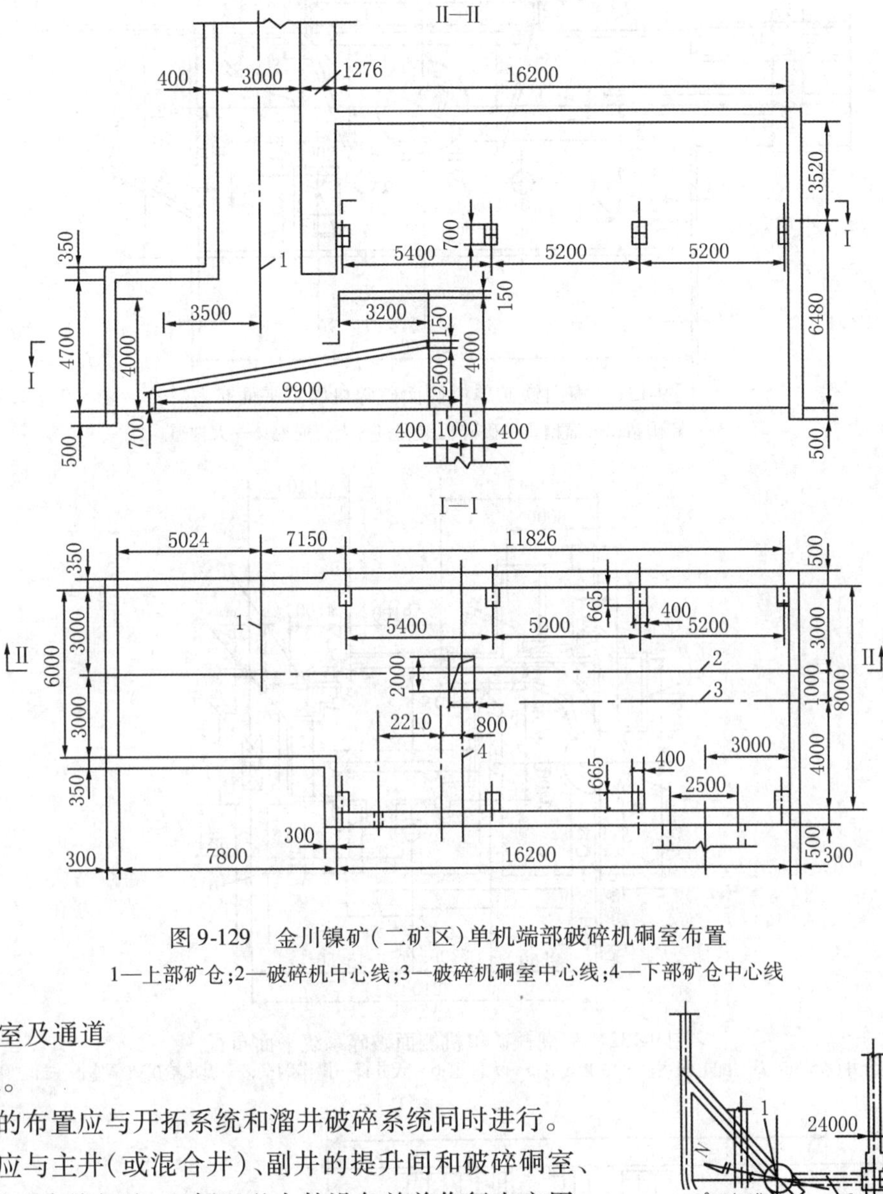

图9-129 金川镍矿（二矿区）单机端部破碎机硐室布置

1—上部矿仓；2—破碎机中心线；3—破碎机硐室中心线；4—下部矿仓中心线

d 辅助硐室及通道

(1)大件道。

1）大件道的布置应与开拓系统和溜井破碎系统同时进行。

2）大件道应与主井（或混合井）、副井的提升间和破碎硐室、皮带道的检修场地直接相连，以便运送大件设备并兼作行人之用。

3）大件道一般采用水平式布置，如图9-139所示。应尽量采用直线式，绕道式次之，折返式尽量不用。一般应在大件道中铺设轨道，轨面与地坪在一个平面上。

4）与主井相通的大件道，平时应予以密闭，仅在使用时打开，以增加通风防尘效果。

5）大件道与主井（或副井）连接处宜做成双面马头门和宽1m、高2m的绕道，以利于大件设备能顺利地进入大件道。

6）当大件道布置成绕道式时，其弯道的曲率半径必须满足最长件设备的通过。

7）大件道的断面尺寸应根据最大设备的尺寸、运输方式及便于施工等要求确定，一般可按表9-140选用。

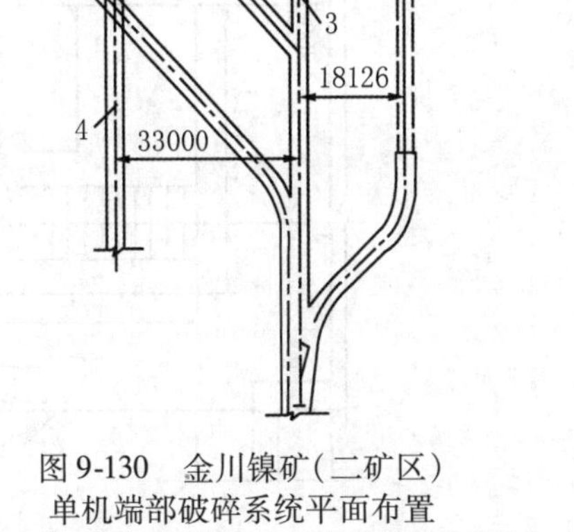

图9-130 金川镍矿（二矿区）单机端部破碎系统平面布置

1—东主井；2—卸矿硐室；3—重车线；4—粉矿回收斜巷；5—破碎机硐室；6—皮带道

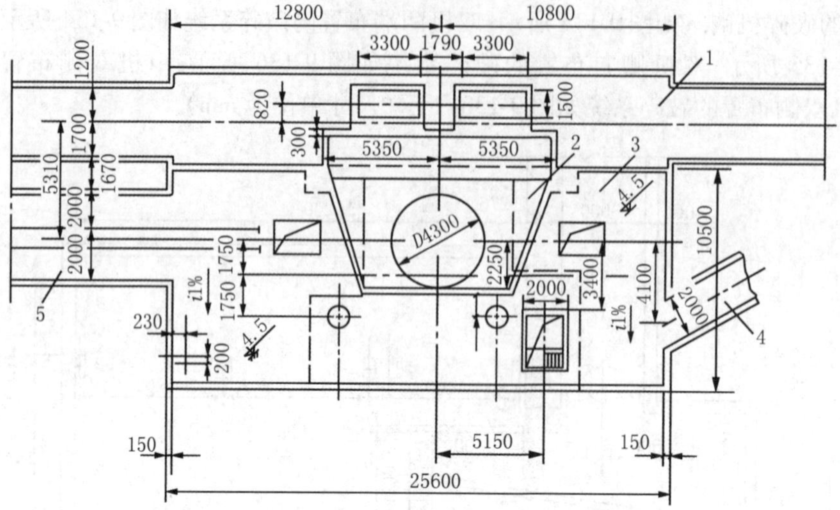

图 9-131 梅山铁矿单机侧面破碎机硐室平面布置

1—卸矿站；2—溜槽；3—破碎机硐室；4—人行通道；5—大件道

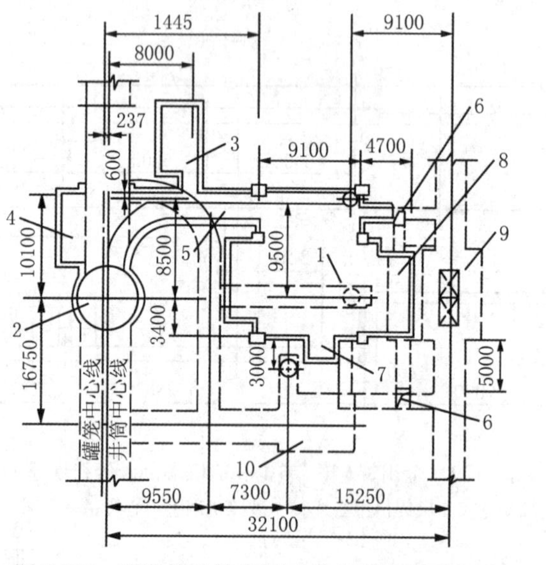

图 9-132 程潮铁矿单机侧面破碎系统平面布置

1—破碎机硐室；2—混合井(ϕ6.5m)；3—配电硐室；4—除尘硐室；5—大件道；6—天井；7—操作硐室；8—板式给矿机硐室；9—卸矿硐室；10—卸矿除尘硐室

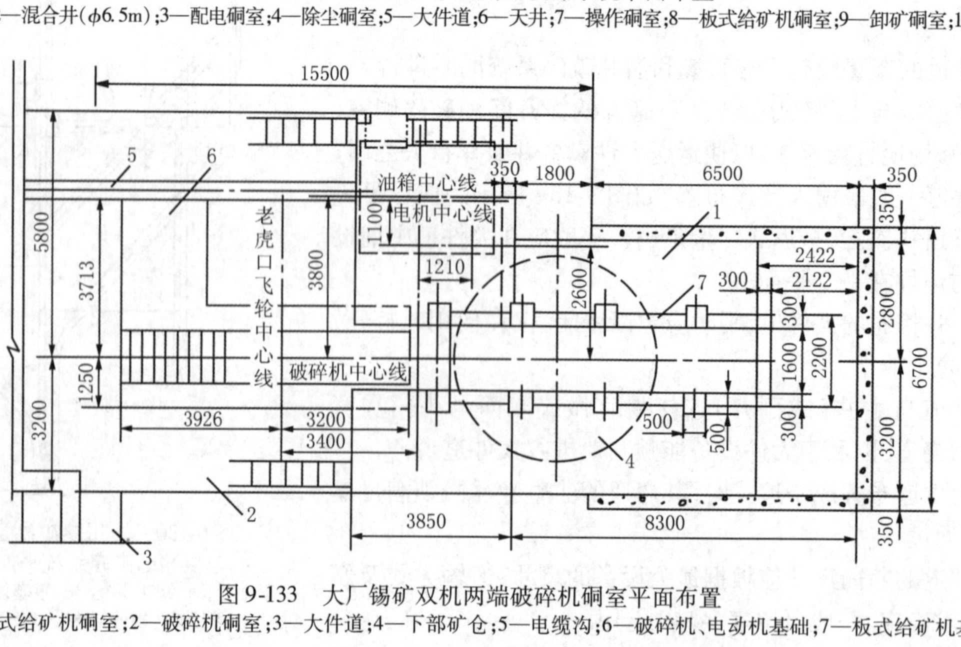

图 9-133 大厂锡矿双机两端破碎机硐室平面布置

1—板式给矿机硐室；2—破碎机硐室；3—大件道；4—下部矿仓；5—电缆沟；6—破碎机、电动机基础；7—板式给矿机基础

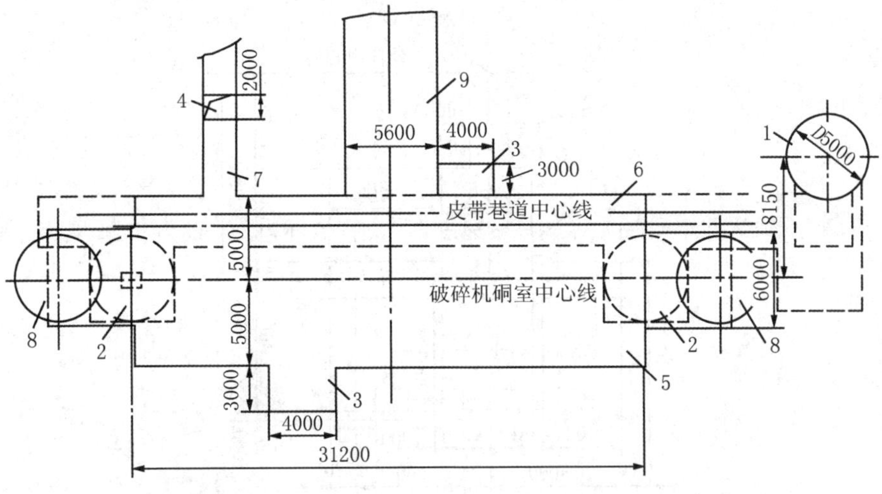

图 9-134 西石门铁矿双机两端破碎系统平面布置

1—主井；2—下部矿仓；3—操作硐室；4—人行天井；5—破碎机硐室；

6—皮带道；7—联络道；8—上部矿仓；9—大件道

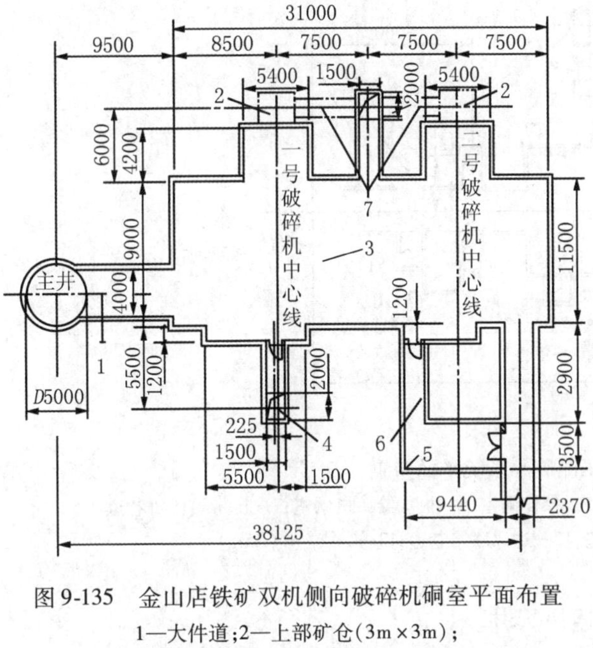

图 9-135 金山店铁矿双机侧向破碎机硐室平面布置

1—大件道；2—上部矿仓(3m×3m)；

3—破碎机硐室；4—人行天井；5—电磁站；

6—电缆道；7—检查道

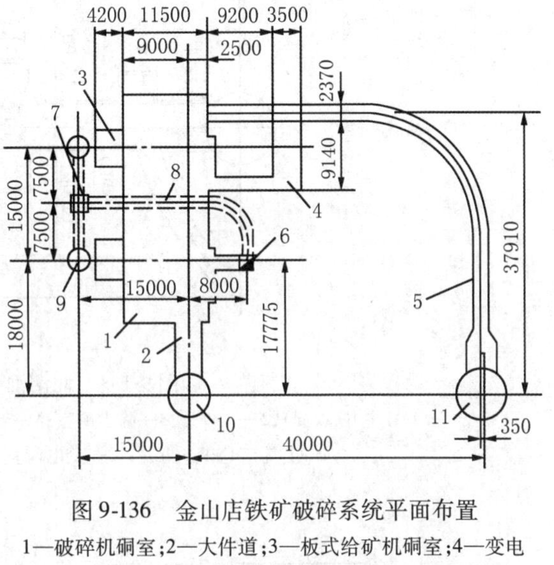

图 9-136 金山店铁矿破碎系统平面布置

1—破碎机硐室；2—大件道；3—板式给矿机硐室；4—变电硐室(电磁站)；5—联络道；6—联络天井；7—人行天井；

8—人行通道；9—检查天井；10—主井；11—副井

表 9-140 大件道断面尺寸

破碎机类型	大件道尺寸(宽×高)/mm×mm
颚式 600×900	3000×3000
颚式 900×1200	3500×3500
颚式 1200×1500	4000×4000
颚式 1500×2100	4500×4500
旋回式 900/150	4000×4000
旋回式 1200/150	5000×4000

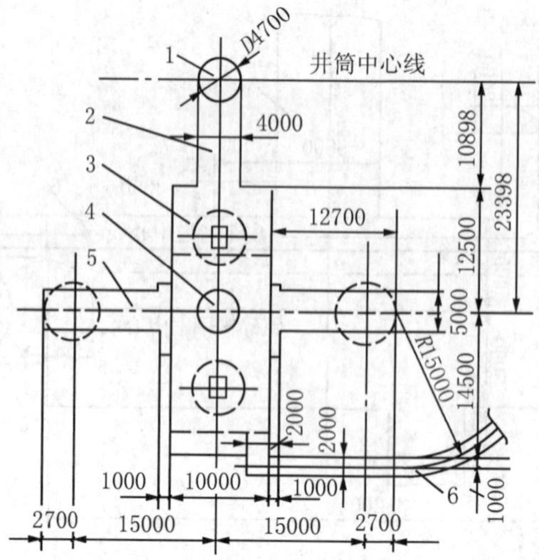

图9-137 单机双侧破碎机硐室平面布置

1—主井;2—大件道;3—破碎机硐室;4—破碎机;5—板式给矿机硐室(两个);6—联络巷道

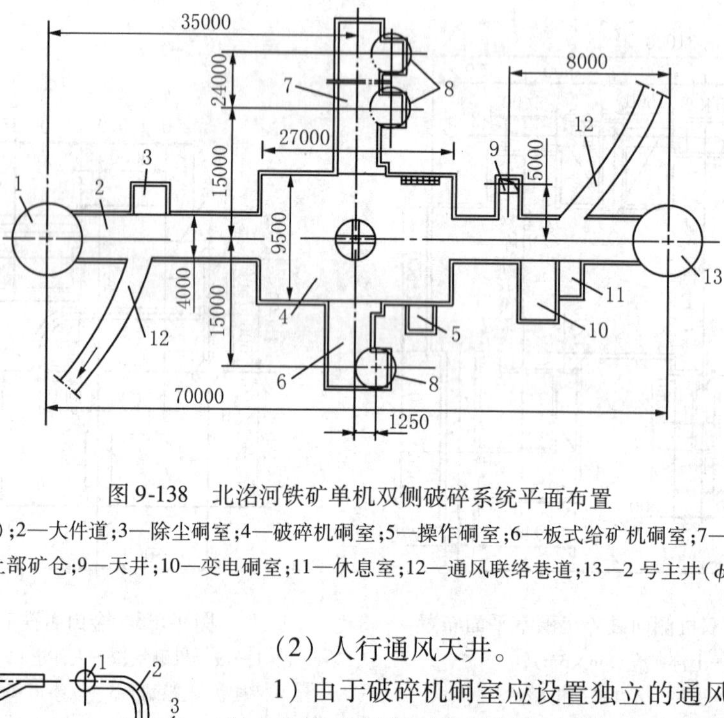

图9-138 北洺河铁矿单机双侧破碎系统平面布置

1—1号主井(ϕ5m);2—大件道;3—除尘硐室;4—破碎机硐室;5—操作硐室;6—板式给矿机硐室;7—皮带给矿机巷道;8—上部矿仓;9—天井;10—变电硐室;11—休息室;12—通风联络巷道;13—2号主井(ϕ5m)

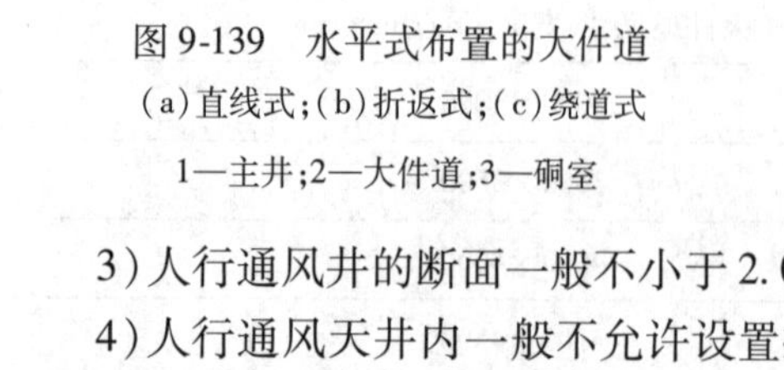

图9-139 水平式布置的大件道

(a)直线式;(b)折返式;(c)绕道式

1—主井;2—大件道;3—硐室

(2) 人行通风天井。

1) 由于破碎机硐室应设置独立的通风、除尘系统,最好从最上一个卸矿硐室至计量硐室专设一人行通风天井,其中,从破碎硐室上部溜井转载闸门硐室至计量硐室之间应设置梯子间,作为第二个人行安全出口;同时,还应安设通风、除尘管道并连接到下部各除尘点。转载闸门以上因无人行走,井内可不设管道。

2) 每个卸矿站及其他产尘点均应安设抽风机和除尘设施与天井(或管道)相连接。天井出口应与最上一个阶段的回风巷相连接。

3) 人行通风井的断面一般不小于2.0m×2.0m,梯子间层距不大于6.0m,梯子角度不大于80°。

4) 人行通风天井内一般不允许设置提升间,若必须设置时,其断面应加大至2.0m×3.0m,与各阶段相通的连接处,必须采取密闭措施。

5) 对于采用平硐溜井开拓系统的露天开采的破碎系统,其人行通风天井可以是垂直的、倾斜的或是水平的,均与地表就近相通,有良好的通风、除尘效果。当破碎硐室、皮带硐室已有两个安全出口时,通风天井可不兼作人行。

(3) 皮带道。

1)露天开采的地下破碎系统大都采用皮带机向料仓给矿;地下开采矿山的破碎系统如不采用矿仓直接向计量装置给矿时,也需采用皮带机向计量装置给矿。这两种情况均需设置皮带道。

2)皮带中心线应与计量装置或矿仓的受矿中心线一致;皮带道应尽量采用直线布置形式。当总体布置有困难时,可采用两条皮带转载的形式。

3)皮带道的断面尺寸应根据皮带机的规格及检修方式、人行等要求确定。

4)为清理撒矿及排水的方便,皮带道地坪应采用100mm厚的C15混凝土铺设,其纵向坡度(坡向井筒或硐口方向)不小于1%,横向坡度(坡向水沟)为3% ~5%。水沟应与井筒溢流管连接,将水排至井底,或将水直接排至平硐口外。

(4) 变电硐室。

1) 破碎机硐室用电负荷集中,故在破碎机硐室附近均需设置变电硐室,其规格与采区变电所相近。

2)破碎机硐室是一个集中产尘点,故变电硐室应布置在入风侧通道旁,并最好将硐室的另一端与破碎硐室连通,以形成通风回路。

(5)除尘硐室。

1)由于破碎机硐室粉尘量大,需专设除尘硐室。除尘硐室应布置在回风道或通风天井附近;因其噪声大且不易密闭,故不宜布置在破碎机硐室内;除尘硐室与回风道或回风天井之间应采用风墙密闭。

2)在其他较大的产尘点(如卸矿站、转载闸门、皮带道及计量硐室等处)均应设置除尘设施,可采用预埋风管和密闭的办法,利用抽风机产生的负压及湿式旋流器达到防尘及收尘的目的,设计中应考虑管路和设备的安装位置。

3)除尘硐室的尺寸主要依据设备的外形尺寸及布置方式,同时也应考虑设备的安装及检修的方便。

(6) 操作硐室。

1)为确保操作人员的安全和健康,在破碎机硐室内应设置独立的操作硐室,其位置可选在破碎机前面的入风侧,便于观察主要设备运转情况的地方。

2)操作硐室的规格(长×宽×高)一般为4.5m×3.0m×3.0m。

(7) 计量硐室。

1)计量硐室按给矿方式的不同,可分为皮带给矿与矿仓给矿,在矿仓给矿中又分为板式给矿机给矿和闸门给矿两种,目前多采用皮带机给矿的计量硐室。

2)计量装置在双箕斗提升时多采用裤衩式,在单箕斗提升时则采用仓式结构。

3)计量硐室处可搭建操作室,各种操作开关及闸阀应尽量设在室内。室内需加强通风。

D 地下无轨设备检修硐室

地下无轨设备已在矿山广泛应用,其使用范围不断扩大,数量不断增多。这些设备结构复杂,零部件多,液压传动,内燃发动机,自动化程度高,价格昂贵,设备“娇气”。因此,矿山需设无轨设备检修硐室,大型矿山及无轨设备多时,需设无轨设备中央维修硐室。

对设备进行定期维护和保养及小修,以保障安全运行,发挥设备产能,提升效率及降低成本。

(1) 设置原则。

1)地下无轨设备检修硐室应布置在坚硬、稳固的岩层中,并尽可能地利用已有的巷道。

2)根据矿山生产规模及设备台数,矿山通常都在各主要生产阶段设置一个或多个适当规模的检修硐室。

3)地下无轨设备检修硐室主要担负铲运机、钻车、凿岩机、井下汽车,以及其他辅助车辆的小修。

4)每个检修硐室都应设置一个储存备品、备件的小仓库,库内应有足够的备件。

5)为了配合地下无轨设备的检修,在检修硐室外还需设置地下油库。库内储存柴油、机油等,硐室应考虑防火、防爆,并应符合有关安全规范要求。

(2) 无轨设备检修硐室的一般要求。

1)一般矿山地下无轨设备检修硐室视设备数量多少可分为双巷式或单巷式。双巷式中一条用作检修巷,另一条为设备进出通道。检修巷内一般设置2~3个检修坑。单巷式工程量省,但设备进出不方便,一般设置1~2个检修坑。

2)检修硐室内应安装桥式起重机一台,用于设备拆、装时的起吊。同时,配备气焊机和电焊机,铲斗和车架的矫正和弯曲装置,拆、装外胎的机架,钳工工作台,风管,水管,电源插座等。

3)硐室须有两个以上的出入口,以便设备的进出和保证良好的通风。必须设置灭火器械。

4)硐室内应有足够的面积,并根据检修对象分成若干个工作区域,如清洗区、台车检修区、汽车、铲运机检修区等,以便于管理和设置专门的工具。

5)硐室内地面应用混凝土浇注,并压平抹光,以防止砂土污染零件。地面应设置排污水沟,以排除清洗时的污水、污油。

(3) 无轨设备中央维修硐室。

1)无轨化的大中型矿山,主要运输阶段应设中央维修硐室,其位置应设在井底车场附近主要巷道进出车方便、岩层稳固的地点。

2)中央维修硐室应有车辆检修室、液压件检修室、电器仪表检修室、备件库、油脂室、轮胎室、蓄电池室、燃油室和维修值班室等,并设车辆冲洗场地和停车场地。

3)车辆检修室应设检修坑,其数量可视井下车辆多少而定。检修坑的尺寸应根据车辆及机修要求设置。检修坑的底板必须用混凝土抹平并设0.3%的坡度。在最低端应设300mm深的集油坑。

4)车辆检修室的宽度应满足最大车辆在检修时,另一台车辆可以从另一侧通过,并应符合安全间隙要求。硐室高度应根据起吊设备最大件及起吊设施的要求规定。

5)车辆检修室应考虑压气、供水、供电等各种预埋管件的配置。

6)车辆检修室的进出口应设铁皮安全门及信号标志。

7)中央维修硐室底板应做混凝土地面。地面应高于出入口处阶段运输巷道路面300mm。

8)油脂室、燃油室的位置宜设在维修硐室的下风向部位,室内设集油槽、集油坑,并应设明显的严禁烟火标志及防火门。

9)中央维修硐室应设消防设施。

9.2.10.3 阶段高度

阶(中)段高度一般是指上下两个相邻阶段运输水平的垂直距离。阶段高度是地下开拓系统及采矿工艺的一个重要参数,它对开拓、采矿方法及开采成本等都有直接影响,阶段高度一经确定较难改变。因此,在矿山设计、生产中必须慎重考虑。目前,国内生产矿山阶段高度一般偏低。

近些年来,由于使用无轨自行设备,阶段高度的概念也发生了变化。有轨矿山矿石运输水平的垂直距离趋于加大,作为集中运输水平,甚至不存在有轨运输水平;而无轨开采增加的许多人行和材料运输巷道之间的垂直距离也被视为阶段高度。例如三山岛金矿一期工程,-250m水平是集中运输水平,服务上面的180m高,划分为两个区间同时回采,所以区间段高为90m,为开采方便,每45m处的巷道预先形成为通风水平,在二期工程中因采用电动卡车运输,所以不存在集中运输水平。阿舍勒铜矿的阶段溜井直接和破碎硐室相连,矿石破碎后由皮带送进主井旁的主溜井,也不存在传统的有轨运输水平。

事实上,尽管矿石可能是集中运输,但每隔一定的垂直范围作为运输材料、人员出入的巷道是需要的,因此阶段高度仍可定义为上下两个相邻运输水平的垂直运输,这里既可以认为是矿石运输,也可以认为是材料和人员运输。

阶段高度主要受地质因素、技术因素和经济因素影响,合理的阶段高度应当在满足地质因素和技术因素的前提下,达到总的经济效益最好。

A 阶段高度的主要影响因素

(1) 地质因素。矿床开采技术条件如矿体厚度和倾角,矿石和围岩稳固性,矿体底板平整程度,矿石品位，矿石粉碎程度，矿床的勘探类型及控制程度等，都将直接影响阶段高度的确定，如矿体倾角小、矿体形状复杂、分支多，阶段高度就应小。

(2) 技术因素。阶段高度与采矿方法和采矿设备、掘进设备及其工艺、矿体倾角、厚度等赋存条件密切相关。阶段高度必须与矿山装备水平相适应。若采用高阶段生产一般须设高溜井、高天井，如果矿山施工机械落后，则新水平的开拓采准耗时较长，高溜（天）井施工也更困难；反之，矿山施工机具先进、效率高，新水平开拓采准需时就短，掘进高溜井、高天井也就比较容易。此时，应采用高阶段，利于提高矿山的经济效益。

(3) 经济因素。合理的阶段高度应当是在满足地质因素和技术因素的前提下，达到最好的经济效益。阶段高度越大，运输水平初期的提升、排水等费用越高。溜井的服务年限也因阶段的增高而延长，从而增加年度的维修费。

(4) 阶段高度与采切工程量和开拓矿量密切相关。阶段高度增大，开拓工程量相对减少，采场保有的回采矿量增加，从而增大了采场能力，阶段服务年限增长，但初期基建投资加大。

B 阶段高度的确定方法

合理的阶段高度，应当在满足矿山地质因素、矿床开拓、采矿方法、采装运及天（溜）井掘进的设备和工艺等技术因素的条件下，使均摊于每吨采出矿石的与阶段高度有关的基建费和生产经营费之和为最小。

加大阶段高度，阶段可采矿量增加，增加阶段回采时间，为新水平的准备增加了时间。高阶段可以减少矿床开拓的阶段数目，降低开拓工程总量和投资，并利于生产和集中管理，又可改善回采的各项技术经济指标。

阶段高度也不能太大，否则会使采矿工艺发生困难，施工天（溜）井难度加大，会使掘井、提升、排水等费用相应增大。在一定程度上阶段高度的确定最核心的内容是矿山的经济效益。

由于阶段高度的影响因素多、计算工作量大，所以在实际设计工作中对阶段高度的确定，一般是采用工程类比法。有条件或必要时采用计算方法，对不同方案进行技术、经济比选确定。

a 类比法

国内部分矿山阶段高度和采矿方法见表 9-141，早期阶段高度见表 9-142。国外部分矿山阶段高度见表 9-143。

表 9-141 国内部分矿山阶段高度和采矿方法

矿山名称	矿山生产规模/(t/d)	采矿方法	阶段高度/m	分段高度/m	凿岩出矿设备	阶段运输方式
金川二矿区	8000	机械化盘区下向分层进路胶结充填法	150	20	凿岩台车，6m³ 铲运机	1000m 阶段 25t 柴油卡车；850m 阶段有轨运输
金川龙首矿	4000	下向六角形胶结充填法	60		2m³ 铲运机	有轨运输
铜绿山矿（二期）	2500	上向分层充填，VCR 法	60	15	2m³、3m³ 铲运机	有轨运输
铜绿山矿（三期）	2500	上向分层充填，分段空场嗣后充填	有轨 120，另设副中段		2m³、3m³ 铲运机	有轨运输
金山金矿	1200	房柱法	20～25		电耙	有轨运输
冬瓜山铜矿	10000	分段空场嗣后充填，大孔空场嗣后充填	每 60m 有一个无轨水平		Simba H1354；Simba 261；TORO-1400E	集中有轨运输
吴县银铅锌矿	300	分段空场嗣后充填	40		30kW 电耙	有轨运输
铜矿峪矿（一期）	4Mt/a	自然崩落法	120		90kW 电耙	有轨运输
三山岛金矿（一期）	1500	上向点柱分层充填法	有轨 180	15	凿岩台车，ST-3.5 和更大的，11t 卡车	集中有轨运输
三山岛金矿（二期）	1500	上向点柱分层充填、上向分层充填法		15	凿岩台车，ST-3.5 和更大的，11t 卡车	35t 电动卡车在斜坡道上装矿

续表 9-141

矿山名称	矿山生产规模/(t/d)	采矿方法	阶段高度/m	分段高度/m	凿岩出矿设备	阶段运输方式
安庆铜矿	3500	阶段（大孔）空场嗣后充填	有轨 120，另设副中段		Simba 261；ST-5C，ST-1010	有轨运输
金川Ⅲ矿区	5000	自然崩落法	100，有轨 200		LF-9.3 铲运机	有轨运输
阿舍勒铜矿	4000	分段空场嗣后充填，大孔空场嗣后充填	50	16～17	Simba 261，4m³ 铲运机	矿石直接进溜井一破碎硐室
蔡家营矿	600	留矿法嗣后充填，分段空场嗣后充填	45，由于采用无轨开采，实际上未有严格的阶段			MT-2000；20t 柴油卡车
煎茶岭金矿	1000	上向分层充填法	30		Boomer282；Boomer 104；ST-6C；ST-2C	MT439（35t）柴油卡车；MT413（11t）柴油卡车
梅山铁矿	4Mt/a	高分段无底柱分段崩落法	二期 90	20×15（间距×分段高）	Simba H1354；Simba H252；TORO-400E；TORO-1400E	有轨运输
金山店铁矿	3Mt/a	高分段无底柱分段崩落法	70	（12～14）×14（间距×分段高）		有轨运输
北洺河铁矿	1.8Mt/a	高分段无底柱分段崩落法	60	18×15（间距×分段高）	Simba H252；4m³ 铲运机	有轨运输

资料来源：《采矿工程师手册》（2009 年）。

表 9-142 我国部分矿山早期阶段高度

矿山名称		勘探类型	矿体倾角/(°)	矿体厚度/m	围岩性质	采矿方法	阶段高度/m
缓倾斜与倾斜矿体	瓦房子锰矿	Ⅲ	15～25	0.4	中等稳固	长壁式逆倾斜充填法	16～25
	金河磷矿		8～40	7～12（平均 8）	中等稳固，$f=10\sim12$	房柱法、底盘漏斗法	25～30
	庞家堡铁矿		25～35	1～3.5	顶板不稳固，$f=4\sim6$	长壁崩落法	25～30
	开阳磷矿		30～40	5～7	中等稳固，$f=6\sim8$	分段凿岩阶段矿房法	40
	潼关金矿		34～45	0.6	稳固，$f=12\sim14$	留矿法	25
	桃林银孔山矿床	Ⅲ	30～45	1.2～35（平均 10）	上盘不稳，$f=3\sim5$ 下盘稳固，$f=8\sim12$	阶段强制崩落法	40
	刘冲磷矿	Ⅲ	35～60	平均 4	中等稳固，$f=8\sim10$	房柱法、留矿法	40～50
	篦子沟铜矿	Ⅲ～Ⅳ	30～45	水平厚度 30～60	不稳固，$f=4\sim6$	有底柱分段崩落法	45
	凡口铅锌矿狮岭 6 号矿体	Ⅲ～Ⅳ	35～40	18～40	稳固，$f=8\sim10$	上向水平分层充填法	40
	符山铁矿四矿体	Ⅲ	30～50	30～50	中等稳固	无底柱分段崩落法	50
	黄沙坪铅锌矿	Ⅳ	45～70	1～30	中等稳固	上向水平分层充填法	36.2
	胡家峪铜矿	Ⅲ	35～50	1～15（平均 9）	中等稳固，$f=8\sim10$	有底柱分段崩落法	50
	程潮铁矿		46	平均 53	上盘稳固，接触带不稳固	无底柱分段崩落法	70
	杨家杖子岭前矿 04 号、06 号矿体	Ⅲ	40～55	>6	中等稳固，$f=7\sim8$	阶段崩落法、中深孔分段矿房法	35

续表 9-142

	矿山名称	勘探类型	矿体倾角/(°)	矿体厚度/m	围岩性质	采矿方法	阶段高度/m
急倾斜矿体	金州石棉矿	Ⅰ、Ⅱ	50~80	1.98	上盘不稳固，$f=5\sim7$	充填法	50
	湘东钨矿	Ⅲ	70~80	平均0.3~0.5	大部分中等稳固，其余不稳固	横撑支柱留矿法、上向分层充填法	25~50
	西华山钨矿		60~80	细矿脉	稳固，$f=12\sim14$	留矿法	40~50
	大水清金矿		70~80	0.3~0.6	稳固，$f=12\sim14$	削壁充填法	40
	冶山铁矿		60~80	10~20	稳固，$f=8\sim12$	无底柱分段崩落法	60
	因民铜矿	Ⅱ	55~75	5~8	中等稳固，$f=6\sim8$	有底柱分段崩落法、阶段矿房法	60
	弓长岭铁矿	Ⅰ	70~85	平均29	上、下盘为绿泥片岩，$f=3\sim4$	无底柱分段崩落法、阶段矿房法	40~60 60
	大庙铁矿(26号、24号矿体)	Ⅲ~Ⅳ	80~90	10~80	矿岩接触带不稳固	无底柱分段崩落法	60
	寿王坟铜矿		60~90	10~30	上、下盘稳固	阶段矿房法等	60
	凤凰山铜矿(1号、2号矿体)	Ⅳ	75~85	平均17.3~36.4	稳固	上向水平分层尾砂充填法	80~120(有中间水平)
	梅山铁矿	Ⅱ	80~90	平均134	中等稳固	无底柱分段崩落法	120(有中间水平)一期
	红透山铜矿红坑口	Ⅲ	65~85	平均10~30	$f=10\sim12$	上向分层充填法、留矿法	60
	板石沟铁矿	Ⅱ、Ⅲ	76	平均11.5	较稳固	无底柱分段崩落法	60
	大吉山钨矿	Ⅲ	65~80	平均0.4	稳固或中等稳固	留矿法、阶段矿房法	50
	招远金矿灵山5号脉	Ⅲ	45~70	平均4	上盘不稳固，下盘较稳固	下向水平分层胶结充填法	40

表 9-143 国外部分矿山早期阶段高度

	矿山名称	矿体倾角/(°)	矿体厚度/m	围岩性质	采矿方法	阶段高度/m
缓倾斜及倾斜矿体	苏里万铅锌矿(加)	10~40	平均24	稳固	爆力运搬阶段矿房法	45
	维根比尔格铁矿(德国)	24~38	0.9~1.8	稳固	房柱法	41~74
	威尔简多金属矿(英)	45	1~10		分段凿岩阶段矿房法	60
	布劳肯·希尔多金属矿(澳)	50	极厚	不稳固	上向水平分层水力充填法	30~57
	银仑山铅锌矿(美)	40~50	1~6		分段凿岩阶段矿房法、上向分层充填法	61
	穆富利拉铜矿(赞比亚)	40~60	12~18	上盘中等稳固，下盘不稳固	分段凿岩阶段矿房法	61~76
	巴鲁铜钴矿(赞比亚)	30~90	平均8		分段凿岩阶段矿房法	120
	麦拉弗尔多金属矿(加)	45~90	1.5~4.5	不稳固	上向分层尾砂充填法	45
	赞巴箕姆比铁矿(南非)	40~70	25~30		无底柱分段崩落法	106
	马尔姆贝格铁矿(瑞典)	30~90	平均25		无底柱分段崩落法	200(1974年以后)
急倾斜矿体	马德里格尔铜铅锌矿(秘鲁)	70	1~4		上向水平分层充填法	50~60
	谢班多旺镍矿(加)	急倾斜	3~7.5		上向水平分层充填法	60
	列克绍尔金矿(加)	75~82	4.2~4.9	不稳固	方框支架充填法	60,38(深部)
	博佐萤石矿(法)	80~85	小于2		留矿法	40
	普里斯卡铜锌矿(南非)	75~90	平均9.7		连续退采阶段空场法	58
	罗坎纳铜矿(赞比亚)	50~80	3~12		分段凿岩阶段矿房法	80
	基律纳铁矿(瑞典)	55~60	极厚		无底柱分段崩落法	100(320m以下)
	诺兰达铜矿(加)	80~90	极厚	稳固	分段凿岩阶段矿房法	76
	奥尔忠尼启则铁矿(俄)	60~65	35~60	$f=4\sim6$	分段崩落法	140~160(有中间水平)
	格兰古斯贝格铁矿(瑞典)	60~70	20~90	不稳固	分段崩落法、阶段自然崩落法	50(上部),100(下部)
	洛林铁矿(法)	70	45~75		阶段强制崩落法	92
	霍尔登矿(美)	68	24		分段凿岩阶段矿房法	106

b 计算法

阶段高度 H 可采用下面两种方法计算确定。

(1) 按年产量及回采进度计算阶段高度

对于埋藏要素稳定、形状规则的矿床,阶段高度可按式(9-164)计算:

$$H = \frac{A\sin\alpha(1-\rho)}{nFLM\gamma\eta} \tag{9-164}$$

式中 A——矿山年产量,t/a;

n——同时开采阶段数;

F——阶段中开采翼数;

α——矿体倾角,(°);

L——在阶段的一翼中沿走向回采的年进度,m;

M——矿体的真厚度,m;

γ——矿石密度,t/m^3;

η——矿石回采率,%;

ρ——矿石贫比率,%。

(2) 按阶段开拓和采准时间计算阶段高度

在矿山年产量一定的条件下,阶段中的矿产资源储量能保证下一阶段的开拓和采准,并对开采阶段的回采时间有必要的超前关系。依此来确定最小阶段高度 H_{min}:

$$H_{min} \geqslant \frac{Awt(1-\rho)}{S\gamma\eta} \tag{9-165}$$

式中 S——矿床的水平面积,m^2;

w——开拓和采准对回采的超前系数,一般取 1.2~1.5;

t——下一阶段开拓、采准所需的时间,a;

A——矿山年产量,t/a;

γ——矿石密度,t/m^3;

ρ——矿石贫化率,%;

η——矿石回采率,%。

c 方案法

首先初步设定几个阶段高度方案,然而分别计算,最后通过比较选出较佳阶段高度。

各方案计算内容如下:

(1) 计算不同阶段运输水平间距内的矿石量及开采损失。

(2) 计算不同阶段高度的服务年限。

(3) 计算不同阶段高度的总投资,包括固定投资和可变投资(非固定投资)。

(4) 根据服务年限及资金利率,计算不同阶段高度的年资金成本。

(5) 方案比选:资金成本最低者为较佳阶段高度。

9.2.10.4 阶段运输巷道

A 阶段运输水平

a 分类

阶段运输水平是构成阶段中的运输、通风、排水、供水、供气、供电、充填、行人及进入采场的通道等系统。是在阶段地质平面图上进行布置,其主要内容包括:矿体边界线、矿块或采区编号、阶段运输巷道、采准和探矿井巷及与其相关的竖井、斜坡道、斜井、井底车场、溜井、电梯井、设备井、通风井巷、充填井、装矿硐室和卸矿硐室、机电硐室、水泵房和水仓、变配电硐室、井下炸药库及主要安全构筑物等。

阶段运输水平按其运输形式可分为集中运输水平和本阶段运输水平两类。运输水平尤其是集中运输水平的选择是矿山总体设计及开拓方案中的一项重要内容,要认真研究选定。

(1)集中运输水平。集中运输水平又称主要运输水平或多阶段集中运输水平。它将上部几个阶段中的矿石集中到本阶段后提运。该水平直接与主井相通。

集中运输水平适用于大中型箕斗竖井、混合竖井或胶带输送机斜井以及主平硐开拓的矿山。其优点是：

1）运输水平集中，可减少车场开拓及石门、附属硐室等井巷工程量；

2）可集中运输矿石、废石、提升、排水等作业，生产管理简单；

3）可减少地下破碎站的设置与迁移，便于使用大型机械和提高机械化、自动化程度，降低成本；

4）阶段储量大时，增加了开拓水平层的开采年限。

缺点是：

1）必须设置主要矿溜井及溜井上、下部卸矿硐室及其设施，需增加一部分矿石溜放至集矿阶段的附加费；

2）阶段上部水平层的提升、排水费有时会增加；

3）初期主提升井基建工程量大，并需设置人员、材料提升电梯井（只限有轨运输时）。

布置时注意的问题：

1)集中运输水平以上的矿石储量保有期，开拓矿量期限不小于3~5年；

2)当采用无底柱分段崩落法、阶段崩落法以及采场出矿用无轨自行设备的分段空场法、阶段空场法、水平分层充填法时，都需通过集矿溜井将矿石下放至阶段集中运输水平，再用有轨或无轨设备将矿石运至井筒或地表；

3）采用电耙出矿的上述各采矿法，必须在辅助中段进行倒运和安装必要的倒运设施，否则采场溜井太长，工程量过大；

4）围岩条件较差、溜井施工困难的矿山，将影响主要阶段运输水平（包括组合阶段石门）的选择；

5）选择时要从经营和管理上考虑集中运输水平的基建工程量、投资及集中运输水平工程提前支付的资金年限和由于增加阶段而节约的井巷工程费等综合因素。

（2）本阶段运输水平。

本阶段运输水平又称分散运输水平。它是本阶段的矿石都在本阶段直接运送到井筒再提升至地表或经平硐再运至地表。我国传统的有轨运输开采多采用这种形式。

本阶段运输水平多用于罐笼提升或多阶段平硐开拓的中小型矿山。阶段矿石储量较大、生产时间较长的大型矿山，也可采用本阶段运输形式。

本阶段运输水平的优点是不需要掘进转运溜井，节省井筒初期工程量。其缺点是采用双罐笼提升及多阶段作业时，影响罐笼提升效率；当采用箕斗提升时，每个阶段均需掘进装卸硐室及各阶段井底车场，故阶段采用分散运输方式工程量较大、投资较多。

b　阶段运输水平布置应遵循的原则

（1）阶段运输巷道应布置在安全的地点。在其全部服务期限内，不会因岩石移动或采矿过程中的地压等影响而遭受破坏。例如在应用崩落法时，应将阶段运输巷道布置在下盘围岩中，并位于下阶段开采后的岩石移动范围之外。当矿体倾角 α 大于下盘岩石移动角 γ 时，如果上阶段的下盘运输巷道要保留到下一阶段采完，则该巷道与矿体边界的最小距离 L_{min} 为：

$$L_{min} = H\left(\frac{1}{\tan\gamma} - \frac{1}{\tan\alpha}\right) \tag{9-166}$$

式中　H——阶段高度；

γ——下盘岩石移动角；

α——矿体倾角。

计算得出 L_{min} 之后，还要综合考虑其他因素，最终确定阶段运输巷道的位置，一般可增加5m。当 $\alpha=\gamma$ 时，上式不适用。这时下一阶段的岩石移动对上一阶段巷道的位置不发生影响。

在我国石嘴子铜矿对岩石移动进行的观测报告中提出，布置在距矿体下盘5~6m的脉外巷道大多数在阶段生产结束（一个阶段回采2~3年）时，都已遭到不同程度的破坏，有些巷道在生产结束之前已破坏，不得不另掘运输巷道。由于该矿处于深部开采，阶段巷道的破坏程度随采深的增大而加重，有些巷道陷入下部采场的崩落范围而被切下去。这些资料可作为确定阶段运输巷道位置时的借鉴。

（2）满足运输要求。阶段运输巷道的主要用途之一是运输本阶段的或上部阶段的矿岩，因此，要根据运输量大小和矿量分布情况，确定合理的运输系统、巷道数目及巷道位置。

（3）掘进和维护费用小。巷道位置要避开不稳固岩层和地质构造带，布置在易于掘进和稳固的岩层中。

（4）一巷多用。布置阶段运输巷道时，做到一巷多用，使其发挥更大效益，要兼顾到探矿、通风、排水及充填等各方面的要求。

（5）涌水量大、含泥多的矿山，放矿溜井下部的装矿口应尽量布置在穿脉巷道内或将主溜井布置在围岩中，以减少主要运输巷道因泥浆等影响运输工作。

（6）阶段运输巷道应考虑矿井通风系统的需要，并需创造良好通风条件。如下盘运输巷道兼做下一阶段的回风巷道时，其巷道的位置应根据下部阶段、矿体开采后下盘岩石移动角的大小确定。

（7）按采矿方法、采场结构及布置、采场出矿能力等要求，进行阶段运输巷道布置。

（8）按运输设备的类型、技术规格、外形尺寸等考虑巷道断面。

（9）阶段运输量大时，可采用环形巷道布置；采用双机牵引时，可按尽头式运输巷道布置；阶段运输量小时，可采用沿脉错车道布置方式。

（10）运输线路纵坡一般按0.3%～0.5%重车下坡设计。涌水量大的矿山还应结合水沟的排水能力考虑坡度。

（11）采用穿脉装车时，靠阶段运输平巷最近的一个采场溜井距阶段运输平巷应大于一列车的长度，以免堵塞主运输巷道其他车辆的运行。

（12）布置运输巷道时，弯道曲线半径应大于通行设备轴距的7～10倍，并应考虑曲线段加宽巷道及外轨增高。

c　阶段运输巷道的布置形式

阶段运输巷道是连接井底车场和矿块的主要通道，它与矿块的采准平巷不同，它是为整个阶段的运输和通风等系统服务的。目前，其布置形式命名不统一。冶金矿山阶段运输巷道的布置形式和适用条件见表9-144。国内部分矿山阶段运输巷道布置形式见表9-145。

表9-144　冶金矿山阶段运输巷道的布置形式和适用条件

布置形式	图　示	适　用　条　件
沿脉单巷	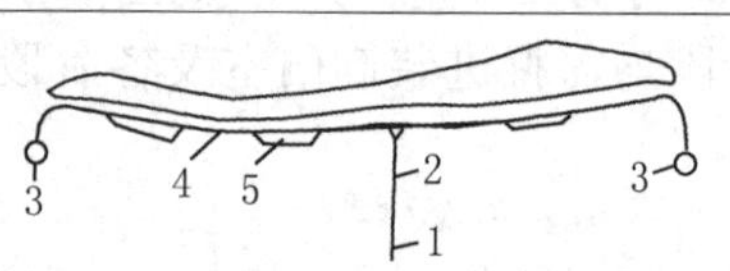	形式简单、工程量小、通过能力低。适用于薄及极薄矿体、产量小的阶段
沿脉双巷	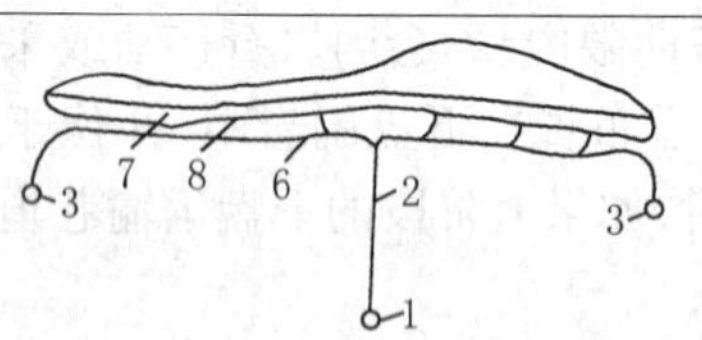	当布置沿脉单巷不能满足产量要求或工作不方便时，或者由于岩石不稳固不宜采用双轨单巷时，可布置沿脉双巷
沿脉加穿脉	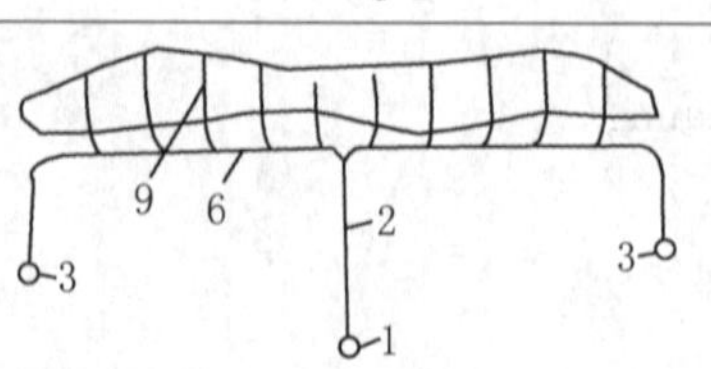	形式简单、灵活、适用性强。穿脉巷道可用于探矿，又可用于装车。通过能力较高。在厚及中厚矿体中广为应用
环形布置	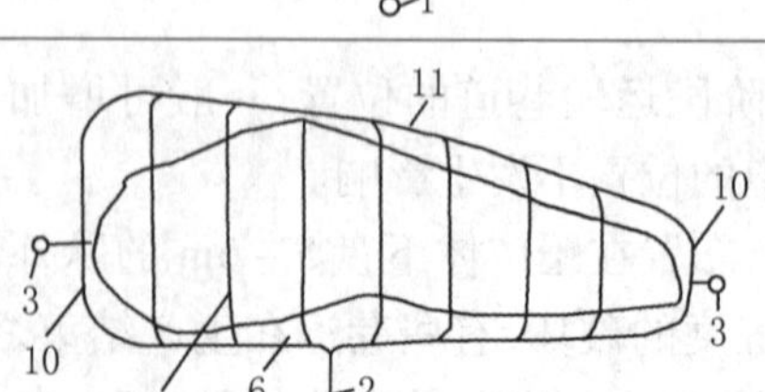	系统较复杂、工程量大、通过能力高。适用于厚及极厚、产量大的阶段

续表 9-144

布置形式	图示	适用条件
组合式布置	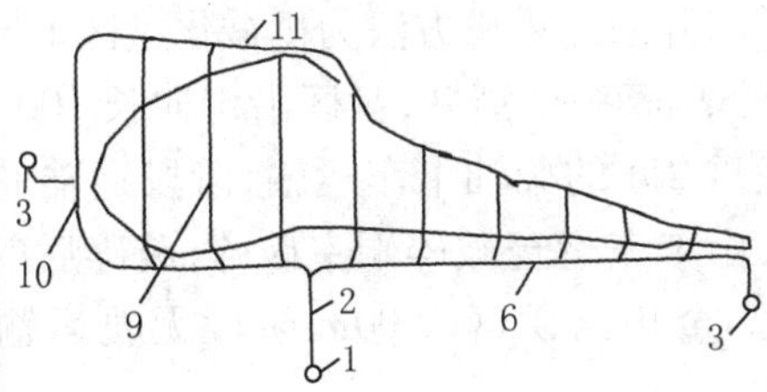	当矿体厚度在平面上变化较大,或矿体发生分枝、复合,或对若干个厚度不同的矿体进行开拓时,根据矿体或矿段厚度的变化,分别采用上述布置形式组合而成。在金属矿山应用很广

注:1—主井;2—石门;3—风井;4—沿脉单巷;5—会让站;6—下盘脉外巷道;7—脉内巷道;8—联络道;9—穿脉巷道;10—环形绕道;11—上盘脉外巷道。

表 9-145 国内部分矿山阶段运输巷道布置形式

矿山名称	矿床埋藏条件			生产能力/(Mt/a)	阶段运输巷道布置形式	采矿方法	运输方式	
	延长/m	倾角/(°)	厚度/m				机车重/t	矿车容积/m^3
梅山铁矿(一期)	1200	急倾斜	147	2.5	脉外环行	无底柱分段崩落法	20	6(侧卸)
程潮铁矿	1500	46	24~53	1.5	脉外环行	无底柱分段崩落法	10	2(固定)
凤凰山铜矿	700	60~90	3.7~20	0.6~1	尽头式	尾砂充填法	7	7(底卸)
桃林铅锌矿	2400	30~45	10~15	0.2	脉内、外环行	阶段崩落法	10	2(固定)
金川二矿区(一期)	1600	45~75	约 118	1	脉外环行	胶结充填法	14	4(侧卸)
金川龙首矿	900~1100	70	10~70	0.3~0.5	脉外环行	胶结充填法	7、10	0.6(固定)
焦家金矿	240~1200	40~63	1.48~3.52	0.165	底盘脉外布置	尾砂充填法	3	0.7(固定)
麻阳铜矿	2000	15	1.5	0.165	脉内尽头式	尾砂充填法	3	1.2(固定)
易门铜矿狮山坑	800~900	70~80	15~18	0.6	脉外平巷运输穿脉装矿	有底柱分段崩落法	7、10	1.6(侧卸)
西石门铁矿	5100	0~40	15.13	2.2	底盘脉外布置、环行	有、无底柱分段崩落法	14、10	4(侧卸)

d 阶段运输方式

阶段运输通常有三种运输方式:电机车矿车有轨运输、无轨卡车运输和胶带输送机运输。

(1) 电机车矿车有轨运输。电机车矿车有轨运输是国内应用最普通的方法。矿车的容积为 0.7~16m^3,目前中国恩菲工程技术有限公司已开发出容积 20m^3 的底侧卸矿车。

矿山实例 冬瓜山铜矿 -875m 水平为有轨运输阶段。阶段运输巷道布置采用环形运输形式,穿脉间距 100m,矿石通过采场溜井直接下放到此水平,上部大团山矿的矿石也下放到此水平。采用两台 20t 电机车牵引 10m^3 底侧卸式矿车运输,将矿石运至破碎站。矿石破碎后通过主井提升到地表,卸入矿仓,废石则通过辅助井提升到地表。冬瓜山铜矿 -875m 有轨运输水平布置如图 9-140 所示。

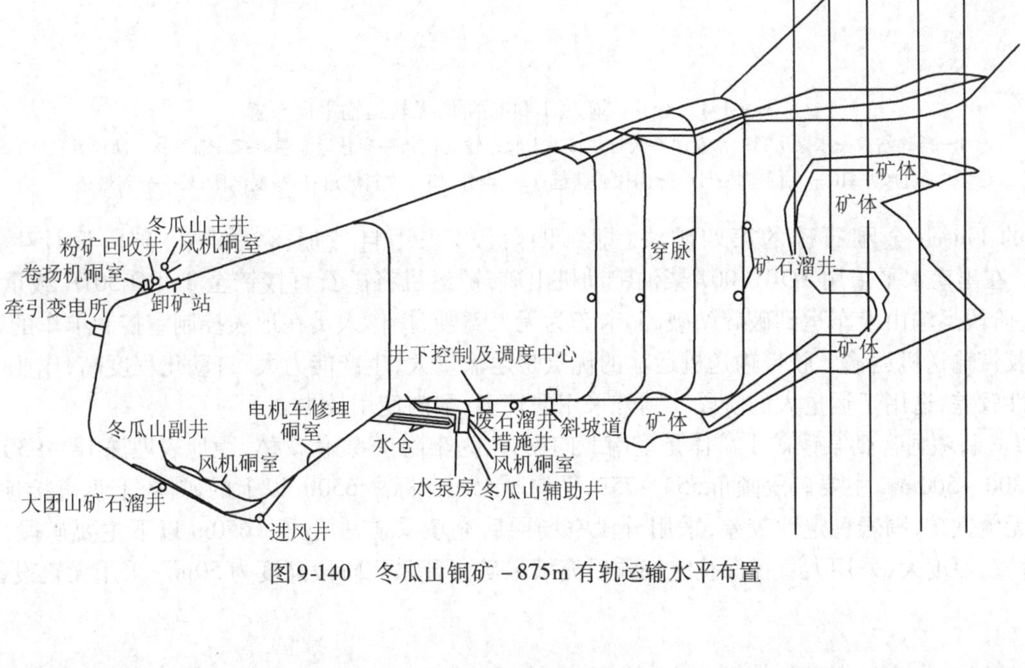

图 9-140 冬瓜山铜矿 -875m 有轨运输水平布置

（2）无轨卡车运输。无轨卡车运输在国外矿山应用较多，国内相对较少。它的优点是机动、灵活、卸矿硐室简单；缺点是无轨设备一般投资较大，柴油卡车污染严重，需要的通风量大，所需的巷道断面大。

矿山实例　金川二矿区1000m阶段服务150m高的矿床开采。采矿方法为机械化盘区下向分层进路式胶结充填法，分段高度为20m，溜井布置在分段巷道旁，每个盘区一个溜井，盘区沿走向长100m。设计矿石生产能力为8000～9000t/d，采用德国GHH公司生产的载重25t的柴油卡车运输，阶段运输巷道为环形布置，矿石通过溜井下放到1000m阶段，经振动放矿机装车，由卡车运至破碎硐室破碎，破碎后的矿石经四段胶带提升到西主井旁的矿仓，然后经西主井提升至地表。金川二矿区1000m阶段无轨运输平面布置如图9-141所示。

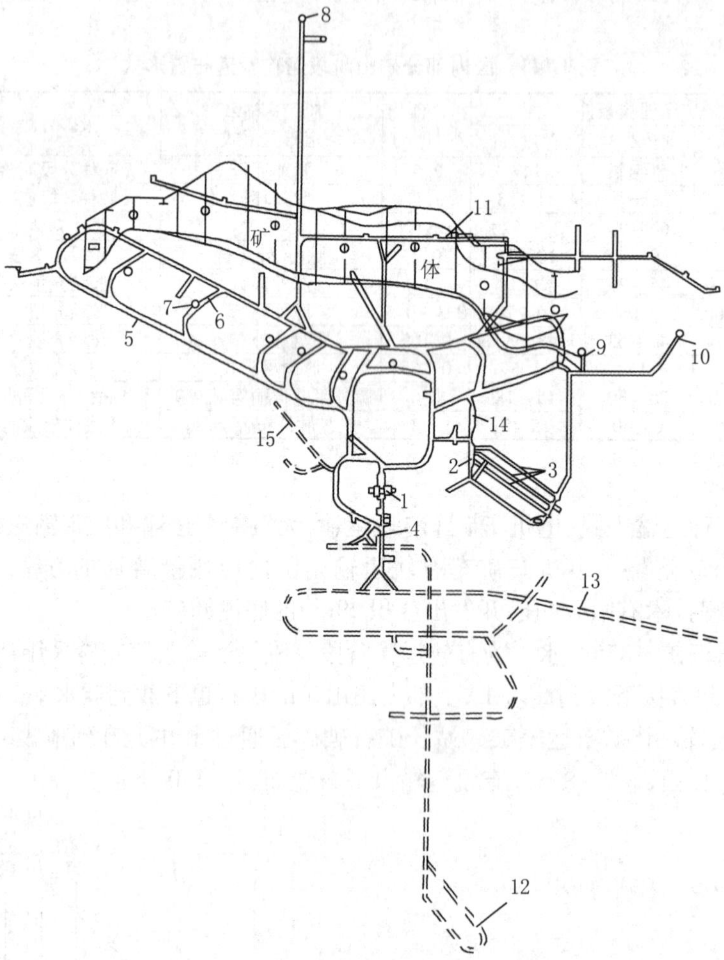

图9-141　金川二矿区1000m阶段无轨运输平面布置

1—破碎站；2—水泵房；3—水仓；4—人行井；5—沿脉运输巷道；6—穿脉运输巷道；7—溜井；8—回风井；9—进风井；10—人行盲井；11—脉内探矿巷道；12—副井；13—主斜坡道；14—变电所；15—分斜坡道

南非的Finsch金刚石矿的第四矿块（即第四阶段）采用自然崩落法开采，矿山设计生产能力为17000t/d。在出矿水平采用TORO 007柴油铲动机出矿，铲运机将矿石直接铲至TORO 50D（载重50t）的柴油卡车中，阶段运输由卡车运到破碎站破碎，卡车为无人驾驶，操作人员在地表控制室控制卡车的运行。

（3）胶带输送机运输。胶带输送机运输的优点是运输量大，生产能力大，自动化程度高，作业人员少；缺点是灵活性较差，适用于运量大的阶段。国外采用的较多，国内使用较少。

实例1　新疆阿舍勒某铜矿Ⅰ矿体是呈南北向展布，为半隐伏-隐伏矿体，距地表埋深18～930m，矿体中段走向长300～500m。主要矿段倾角55°～75°，平均厚45m。标高650m以上的矿体，上盘直接顶板为硫铁矿较薄或无硫铁矿，围岩稳定性较差，采用分段空场嗣后充填采矿法开采。650m以下主要矿段，由于倾角陡，近于垂直，厚度大，采用大直径深孔空场嗣后充填采矿法开采。阶段高度为50m。采用无轨设备开采，在矿体下盘布置阶段巷道和分段巷道。设计生产能力为4000t/d,分两个采区生产,上部为650m以上,下部为标高500~650m,其生产能力分别为1500t/d和2500t/d。在矿体的下盘中部布置一条矿石溜井,各阶段的矿石由铲运机或卡车运至溜井中,溜井下部即为破碎硐室,位于450m水平。破碎硐室的直接下方(也位于450水平)为胶带输送机,胶带输送机长约300m,矿石破碎后下放到胶带输送机上,由胶带输送到主井旁的矿仓,然后提升到地表。废石下到450m水平后经电机车矿车运至副井,由副井提升至地表。

实例2 南非的Palabora矿采用自然崩落法,在生产水平即出矿水平的北侧布置了4台破碎机,铲运机将矿石直接倒入破碎机中进行破碎,在每台破碎机之下有一个矿仓,矿石有效储存能力为750t。矿仓下部为胶带输送机,胶带机长1360m,宽1.6m,倾角为9°(节省竖井深度117m),主胶带运输能力为2400t/h。矿石通过胶带送至两个能力为6000t/d的主井矿仓中,最后通过生产井的4个32t箕斗提升到地表。

实例3 澳大利亚的Northparkes矿E26矿床是露天转地下的矿山,地下开采的采矿方法为自然崩落法。第一阶段高度约为400m,第二阶段高度约350m。无论是第一阶段还是第二阶段,均是采用和Palabora矿一样的运矿方法,即铲运机将矿石直接倒入破碎机中进行破碎,破碎后由胶带输送至箕斗井旁的矿仓,然后由箕斗提升至地表。第一阶段采用两台破碎机,而第二阶段则采用一台破碎机。开采第一阶段时矿山生产能力为4000kt/a,开采第二阶段时矿山生产能力为5000kt/a。

第二阶段所用的破碎机为Krupp BK160-210型颚式-旋回破碎机,可将$3m^3$的大块破碎成小于150mm的块度。破碎后的矿石通过振动放矿机直接供给到长1840m的胶带(称为C3)上,胶带斜井的坡度为1:6.4,将矿石送至转运点。一条长26m的转运胶带将矿石转向90°,转运到第二条主胶带(称为C7)上,第二条主胶带坡度为1:5.4,长1140m,将矿石提升至为第一阶段而设的矿仓及计量、提升系统中,矿石自动装入计量漏斗,然后进入18t箕斗,由落地式提升机提升至地表,提升高度为505m。

B 阶段平面图

a 阶段平面布置应注意的事项

(1)阶段运输巷道的布置与矿体赋存条件、采矿方法、采场布置和采准方法有密切关系;所选择的井巷布置形式必须与矿山生产能力相适应,应保证生产安全,使巷道工程量小、维护费用低。

(2)当采用有轨列车运输时,若需在平硐以及竖井、斜井的车场和石门中设置自动风门时,两风门间距不小于一列车的长度,并不小于启、闭风门时间内列车运行的距离。

(3)阶段运输平巷应布置在下阶段开采后的岩石移动界线之外。

(4)从每一阶段到上一阶段,至少要有两个以上的安全出口。这些出口位置必须标示在阶段平面图上。

b 阶段平面施工图内容

比例:1:2000或1:1000。

一般在阶段地质平面图上布置本阶段的各种井巷工程。设计图纸的基本内容如下:

(1) 坐标网及坐标值,指北标志;

(2) 矿体、岩层、地质构造界线及代号;

(3) 勘探工程及编号;

(4) 井巷工程及编号;

(5) 阶段运输、装矿、采准、通风、排水、充填等巷道及井底车场、水泵房等排水系统的平面布置及相互连接关系;

(6) 竖井或斜井、电梯井、设备材料井、泄水井、充填井、矿石和废石溜井、通风或人行天井、斜坡道等的上、下口坐标和标高,及其与阶段巷道的连接关系;

(7) 各种硐室的平面位置及其与阶段巷道的连接关系,风门、防水门、防火门等的位置;

(8) 采区(或盘区)、矿房及矿柱的划分;

(9) 轨道中心线或巷道中心线(无轨)的曲线参数及其交点和轨道转折点(中心线)的坐标、标高;

(10) 不同规格巷道断面、碹岔图;

(11) 坐标表;

(12) 工程量表(包括掘进、支护工程量);

(13) 材料表;

(14) 图例;

(15) 文字说明。

c 坐标计算

(1)坐标计算注意事项:

1) 平硐口、斜井口、竖井口、主溜井的中心点坐标通常是已知的或设计决定的,它是井巷坐标计算的基础点。在计算中要反复核实已知点坐标,以免发生错误,影响其他点的坐标计算。

2) 要注意计算线段所在的象限和方位角,并正确确定坐标增量的正、负值及线段方位。坐标增量的符号见表9-146。

表9-146 坐标增量的符号

直线方向		坐标增量符号	
方位角/(°)	象限名称	ΔX	ΔY
0~90	第Ⅰ象限(北偏东 NE)	+	+
90~180	第Ⅱ象限(南偏东 SE)	−	+
180~270	第Ⅲ象限(南偏西 SW)	−	−
270~360	第Ⅳ象限(北偏西 NW)	+	−

3) 在有轨巷道,按轨道中心线计算坐标及轨面标高;在无轨巷道则按巷道中心线计算坐标及巷道底板标高。

4)地表及井下要使用统一坐标系统。

5) 要按校核公式认真地校验,以免造成错误,影响工程建设。

6)坐标计算精度要求精确至小数点后三位;导线边长的水平投影和坐标增量要计算到 ±1mm 的精度;角度要计算至秒(±1″)。

7)为简明清晰,通常采用列表法计算坐标。坐标表格形式见表9-147。

表9-147 坐标表

点号	线长/m	坡度/%	方位角			坐标值/m			备注
			(°)	(′)	(″)	X	Y	Z	

注:1. 坐标值 X、Y、Z 以 m 为单位,取小数点后三位。

2. 阶段平面图的坐标表中"坡度"栏视具体情况可以去留,井底车场因必须附纵断面坡度图,坐标表中可以不必加"坡度"栏。

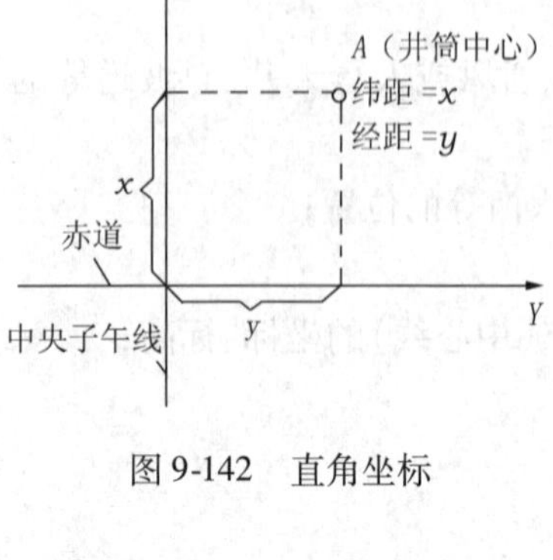

图9-142 直角坐标

8) 采用直角坐标表示。采用国家统一坐标网,以赤道作为直角坐标的 Y 轴,中央子午线当作 X 轴,如图9-142所示。

如:井筒中心 A 用纬距(纵坐标)X(即 A 点到赤道的长度)和经距(横坐标)Y(即 A 点到中央子午线的长度)确定。

地方小矿山如果没能与国家统一坐标网联网,也可以按矿区坐标网确定。但是,同一矿山所用的坐标系统必须一致。

凡根据图面选定或计算得出的井筒坐标,在最后确定之前必须在现场根据实际地形、地物进行核对,地形复杂的,要先进行草测,给出中心线。如发现地形、地物与图面有出入,应及时调整。

井筒中心坐标是井上、下施工图设计和闭合测量的基准点，经常依靠它反复核实其他测点位置，要求准确到±1mm 精度。

竖井普遍按井筒中线计算坐标位置。斜井和平硐一般按提升中线和井(硐)口轨面标高计算，这样既便于井上、下两端连接又可避免断面变化对中线位置发生影响。

为了表示井筒与井底车场及地面提升卸载方向，需要给出井筒方位角。

无提升设备的斜井或平硐方位角，是指通过井(硐)口坐标的经线北轴按顺时针旋转到井筒中线的夹角。

(2) 平面图常用的坐标计算。阶段平面图设计常用的坐标计算公式见表 9-148。

表 9-148 阶段平面图设计常用坐标计算公式

序号名称	图示	计算公式
已知两点坐标，求直线长及方向	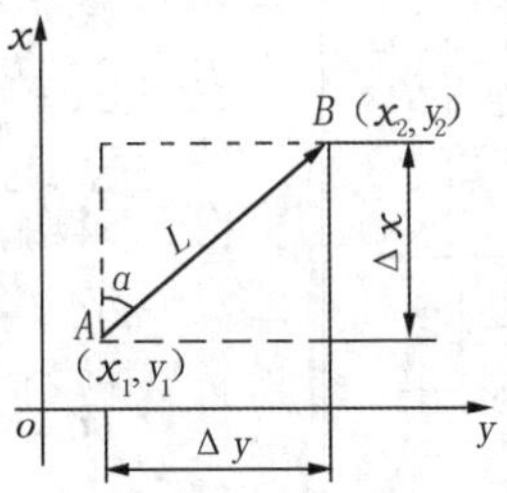	$\Delta x = x_2 - x_1$ $\Delta y = y_2 - y_1$ $\tan\alpha = \dfrac{\Delta y}{\Delta x}$ 象限角 $\alpha = \text{arc cot}\dfrac{\Delta y}{\Delta x}$ 直线长 $L = \sqrt{\Delta x^2 + \Delta y^2}$
已知直线上一点的坐标及方向，求另一点坐标	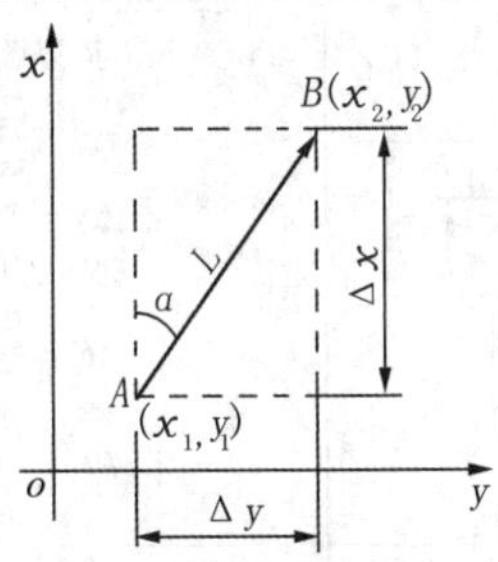	$\Delta x = L\cos\alpha$ $x_2 = x_1 \pm \Delta x$ $\Delta y = L\sin\alpha$ $y_2 = y_1 \pm \Delta y$
已知两直线两点的坐标及方向，求交点坐标	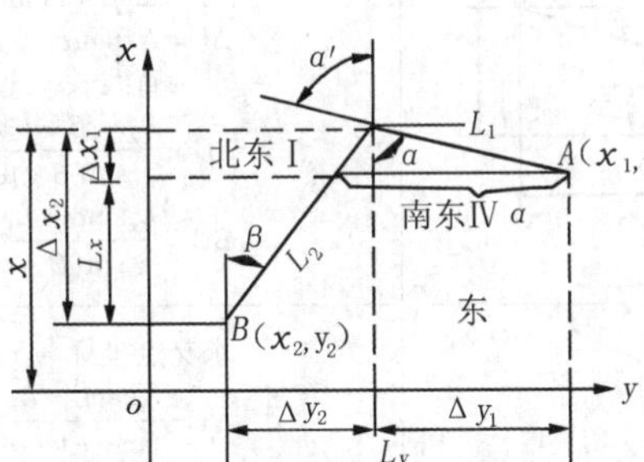	$\begin{cases}x_1 - x_2 = L_x \\ y_1 - y_2 = L_y\end{cases}$, $\begin{cases}x - x'_1 = \Delta x_1 \\ y - y'_1 = \Delta y_1\end{cases}$ $\begin{cases}x - x'_2 = \Delta x_2 \\ y - y'_1 = \Delta y_2\end{cases}$ $m_1 = \tan\alpha, m_2 = \tan\beta$ $\begin{cases}\Delta x_1 = \dfrac{m_2 L_x - L_y}{m_1 - m_2} \\ \Delta y_1 = m_1 \Delta x_1\end{cases}$, $\begin{cases}x = x_1 + \Delta x_1 \\ y = y_1 + \Delta y_1\end{cases}$ $\begin{cases}\Delta x_2 = \dfrac{m_1 L_x - L_y}{m_1 - m_2} \\ \Delta y_2 = m_2 \Delta x_2\end{cases}$, $\begin{cases}x = x_2 + \Delta x_2 \\ y = y_2 + \Delta y_2\end{cases}$ 上面两组公式可以相互验证两直线长 $L_1 = \dfrac{\Delta x_1}{\cos\alpha}$ $L_2 = \dfrac{\Delta x_2}{\cos\beta}$
求另一点坐标	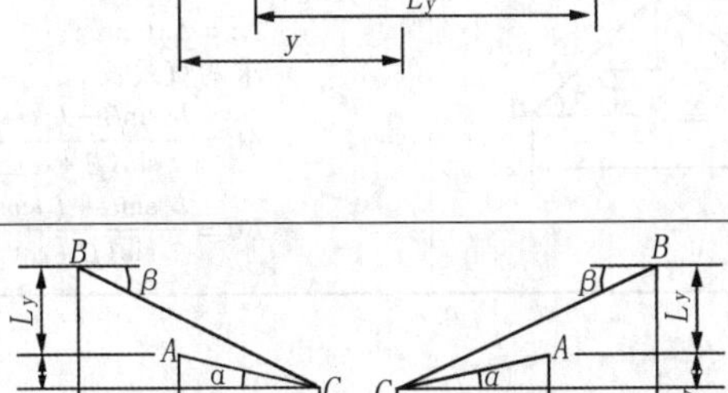	求交点坐标 $\Delta x = \dfrac{L_y - L_x\tan\beta}{\tan\beta - \tan\alpha}$ $\Delta y = \Delta x\tan\alpha$ 求两直线长 $AC = \dfrac{L_y\cos\beta - L_x\sin\beta}{\sin(\beta - \alpha)}$ $BC = \dfrac{L_y\cos\alpha - L_x\sin\alpha}{\sin(\beta - \alpha)}$

续表 9-148

序号名称	图示	计算公式
求另一点坐标	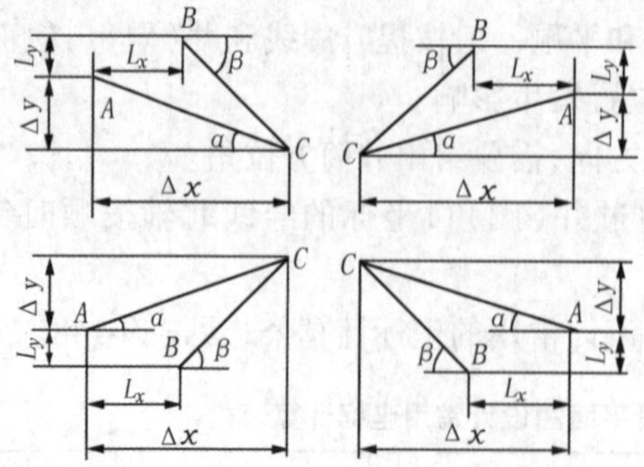	求交点坐标 $\Delta x=\dfrac{L_x\tan\beta+L_y}{\tan\beta-\tan\alpha}$ $\Delta y=\Delta x\tan\alpha$ 求两直线长 $AC=\dfrac{L_x\sin\beta+L_y\cos\beta}{\sin(\beta-\alpha)}$ $BC=\dfrac{L_x\sin\alpha+L_y\cos\alpha}{\sin(\beta-\alpha)}$
求另一点坐标	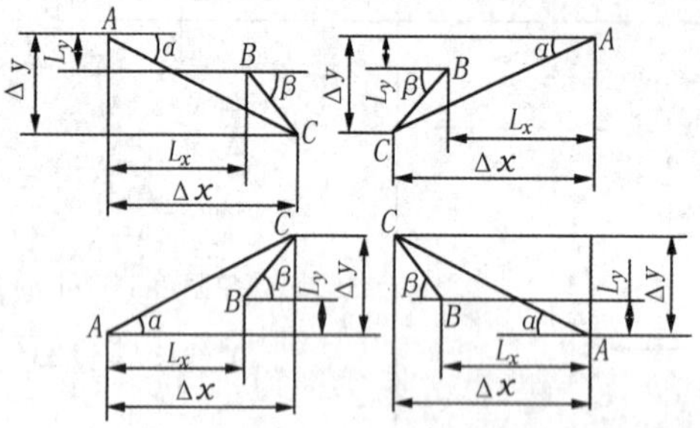	求交点坐标 $\Delta x=\dfrac{L_x\tan\beta-L_y}{\tan\beta-\tan\alpha}$ $\Delta y=\Delta x\tan\alpha$ 求两直线长 $AC=\dfrac{L_x\sin\beta-L_y\cos\beta}{\sin(\beta-\alpha)}$ $BC=\dfrac{L_x\sin\alpha-L_y\cos\alpha}{\sin(\beta-\alpha)}$
求另一点坐标	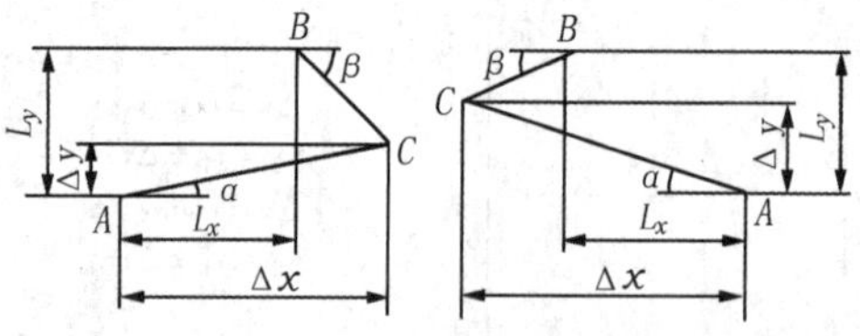	求交点坐标 $\Delta x=\dfrac{L_x\tan\beta+L_y}{\tan\beta+\tan\alpha}$ $\Delta y=\Delta x\tan\alpha$ 求两直线长 $AC=\dfrac{L_x\sin\beta+L_y\cos\beta}{\sin(\beta+\alpha)}$ $BC=\dfrac{L_y\cos\alpha-L_x\sin\alpha}{\sin(\beta-\alpha)}$
求另一点坐标	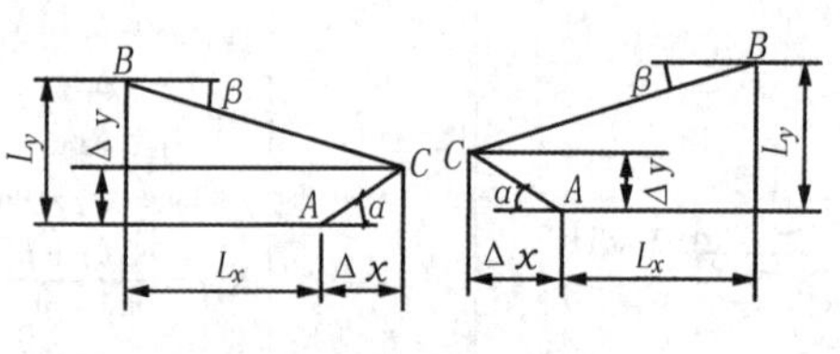	求交点坐标 $\Delta x=\dfrac{L_x-L_x\tan\beta}{\tan\beta+\tan\alpha}$ $\Delta y=\Delta x\tan\alpha$ 求两直线长 $AC=\dfrac{L_y\cos\beta-L_x\sin\beta}{\sin(\beta+\alpha)}$ $BC=\dfrac{L_x\sin\alpha+L_y\cos\beta}{\sin(\beta+\alpha)}$
求另一点坐标	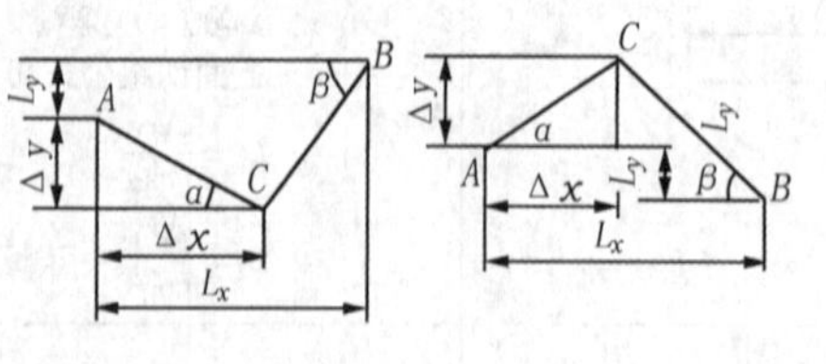	求交点坐标 $\Delta x=\dfrac{L_x\tan\beta-L_y}{\tan\beta+\tan\alpha}$ $\Delta y=\Delta x\tan\alpha$ 求两直线长 $AC=\dfrac{L_x\sin\beta-L_y\cos\beta}{\sin(\beta+\alpha)}$ $BC=\dfrac{L_x\sin\alpha+L_y\cos\alpha}{\sin(\beta+\alpha)}$

9.2.10.5 井底车场

A 井底车场的组成及基本形式

a 井底车场的组成

井底车场由若干连接和环绕井筒的巷道及辅助硐室等组成，它是地下提升和运输系统的枢纽站。

井底车场的储车线是容纳空、重车辆的专用线路。停放材料车、人车等的线路也属于储车线。

井底车场的行车线是调度空、重车辆的运行线路，其中包括供矿车出入罐笼的马头门线路。

井底车场还设有各种辅助线路，如水仓通道、清理井底斜巷、通向各硐室的专用线路。

在井底车场内的各种辅助硐室主要有水泵房、变电所、水仓、管子道、机车库、无轨设备检修室、充电硐室、调度室、等候室、推车机硐室、翻车机硐室及医务室等。

b 井底车场的基本形式

(1) 竖井井底车场。竖井井底车场按提升方式可分为罐笼井井底车场、箕斗井井底车场、箕斗-罐笼井联合井底车场及混合井井底车场；按车场与主要运输巷道的关系可分为环行式、折返式和尽头式车场。

1)环形式车场。通过能力大、机械化程度高，但开拓工程量大，适合于大、中型矿山及各种提升方式。

按环形车场与阶段主要运输巷道的关系又可分为卧式、斜式及立式三种基本类型。在立式车场中还有一种刀把式车场。

卧式车场是车场的轴线与主运输巷道平行，其特点是全部利用主要运输巷道作为车场的绕道，石门短。立式车场则是车场的轴线与主要运输巷道垂直，不能完全利用主要运输巷道作为车场绕道，石门较长，适合于井筒距主要运输巷道较远的条件。斜式车场则介于卧式与立式之间。

2)折返式车场。折返式车场简化了线路结构，加快了车辆周转，提高了车场的运输能力，机械化程度较高，可以实现车场联动化，减轻了作业人员的劳动强度，加快矿车进出罐笼速度，调车及编组也较方便；适合于罐笼或箕斗井提升的中、小型矿山采用。

3)尽头式车场。尽头式车场通过能力小，可用于罐笼提升的小型矿山。机械化程度低，劳动强度大，单侧马头门，空、重车上、下罐时间长，但掘进工程量少，提升能力不大的箕斗井车场也可采用。

也可采用混合式车场，如主井车场为折返式，副井为环行式，两者形成一个混合式车场。

竖井井底车场的基本形式见表 9-149，部分矿山的竖井井底车场形式见表 9-150。

表 9-149 竖井井底车场基本形式

类型		图示	结构特点	优缺点
环行式	立式	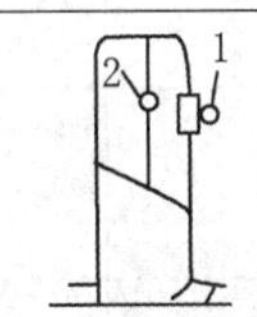	(1) 储车线与主要运输巷道垂直； (2) 主、副井距主要运输巷道较远	(1) 调车方便； (2)可两翼进车； (3) 弯道顶车； (4)工程量大
	卧式	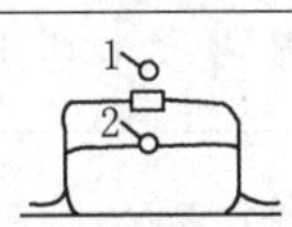	(1) 储车线与主要运输巷道平行； (2)主、副井距主要运输巷道较近	(1) 调车方便； (2)可两翼进车； (3)弯道顶车； (4)工程量大
	斜式	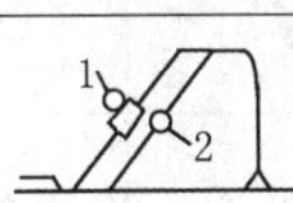	(1) 储车线与主要运输巷道斜交； (2) 主要运输巷道可部分用作行车线	(1) 利于调整储车线和出车方向； (2)弯道顶车； (3)工程量较小
折返式		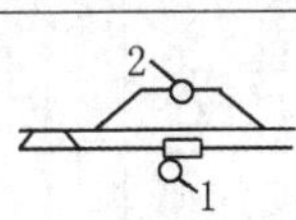	利用主要运输巷道作主井储车线和行车线	(1) 可两翼进车； (2)工程量小，弯道少
尽头式		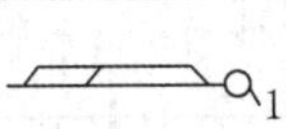	利用石门作主井储车线	(1) 调车方便； (2)工程量小； (3)通过能力小

注：1—主井；2—副井。

表 9-150 部分矿山竖井井底车场形式

矿山名称	车场形式	车场简图	提升方式	矿车形式/m^3	生产能力/(Mt/a)
云锡老厂矿	尽头式	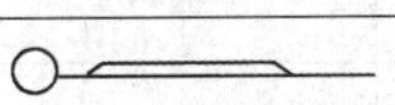	5 号单罐双层	1.2 侧卸	0.1
寿王坟铜矿	尽头式	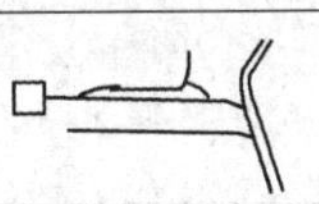	单罐		

续表 9-150

矿山名称	车场形式	车场简图	提升方式	矿车形式/m³	生产能力/(Mt/a)
铜绿山铜矿	尽头式	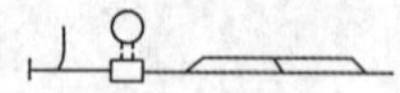	箕斗		0.6
西华山钨矿	尽头式		单罐		
云锡老厂矿	折返式	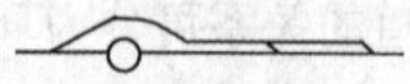	5号单罐双层		
松江铜矿	折返式	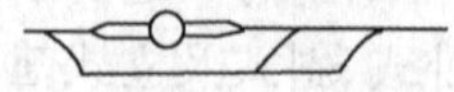	2号双罐双层	0.7,U形固定式	0.165
桓仁铅锌矿	折返式	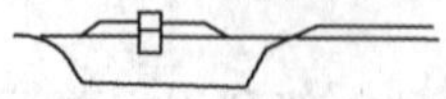	2号双罐	0.7,固定式	0.3
刘冲磷矿	尽头式	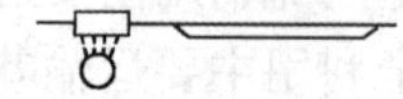	双箕斗	1.5	0.6
刘冲磷矿	折返式	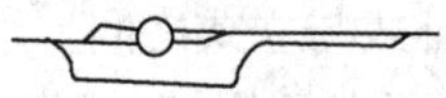	双罐笼	0.7t	
寿王坟铜矿	尽头式 折返式		双箕斗 单罐笼	2,固定式	0.5
金山店铁矿	多环形	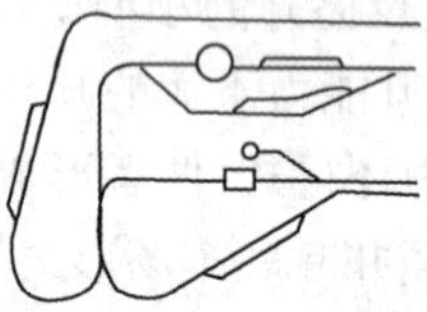	单箕斗 单车单罐双层	14.2,底卸式 6	2
桃林铅锌矿	双环形	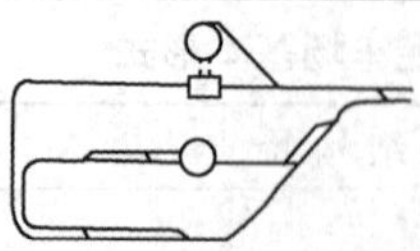	单箕斗 单罐笼	2.1 2,固定式	0.3
会理锌矿	环形式	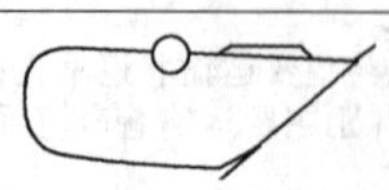	单罐笼	2,侧卸式	
黄沙坪铅锌矿	环形式	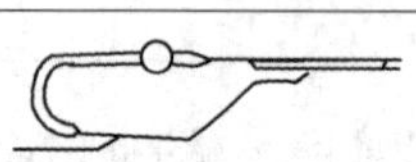	双罐笼	1.2,固定式	
杨家杖子矿	双环形	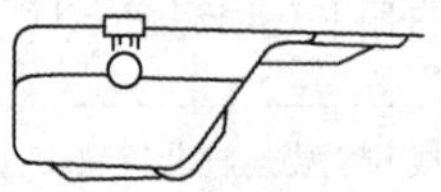	双箕斗 单罐笼	2,固定式	0.6
程潮铁矿	双环形	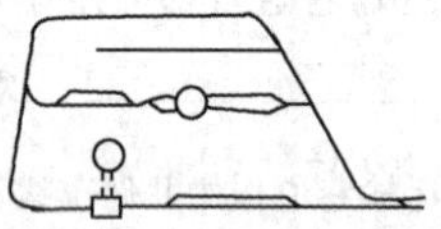	单箕斗 双罐双层	26t底卸式 2,固定式	1.5
梅山铁矿	环形式	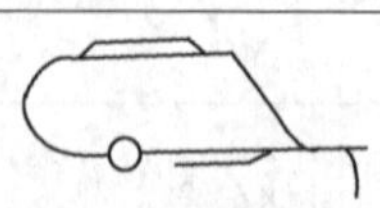	单罐双层	6,固定式	2.5
锦屏磷矿	环形式	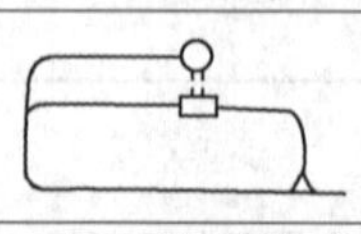	单箕斗 $2m^3$		0.5
东乡铜矿	双环形	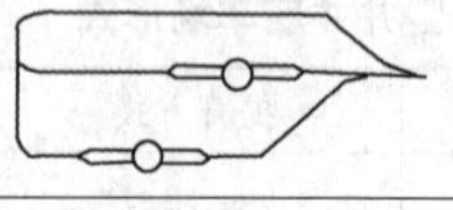	双罐笼 双罐双层	1.2,固定式	0.66
云锡老厂矿	多环形	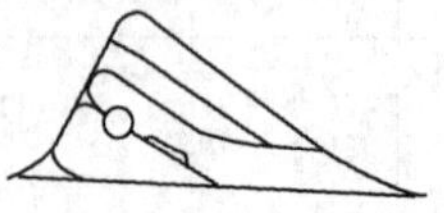	单罐单层 溜井	1.2,固定式	0.5

(2) 斜井井底车场。斜井井底车场按提升方式分为串车斜井井底车场、台车斜井井底车场、箕斗斜井井底车场、带式输送机斜井井底车场等。按用途又可分为主、副井分开设置的专用车场和联合设置的混合车场。采出的矿石和废石以及人员、设备、材料等在此运转或通过空、重车在此调度,井下的主要硐室也都设置在井底车场附近。

1)串车斜井井底车场。其特点是车场内的空、重车均经过甩车道进入斜井。车场包括:摘挂钩段、过渡段、连接段。值得提出的是,斜井甩车道虽然不包括在斜井井底车场之内,但甩车道平、竖曲线设计是否合理,将直接影响摘挂钩处的安全与矿车是否掉道的关键。台车斜井井底车场比较简单。

2) 箕斗斜井井底车场。箕斗斜井一般多作为运矿主井,其特点是阶段运输巷道不直接与斜井相连,矿石需经过卸矿硐室(翻车机、侧卸、底卸)及装矿闸门,才能将矿石装入箕斗,其井底车场与卸矿硐室相连,根据规模可采用折返式或环形式。

3) 带式输送机斜井井底车场。当用带式输送机运输时,通过转载漏斗即可将矿石直接卸在斜井主输送带上,这时不需要井底车场。但当采出的矿石用矿车运输时,则要设置井底车场进行转卸矿石及调车、编组。矿石需在卸矿硐室经翻车机或卸载曲轨卸矿,然后根据主输送带对矿石块度及均匀性的要求,或经矿仓直接向主输送带给矿,或经矿仓进入地下破碎硐室破碎,合格的矿石再经矿仓进入给矿机(板式或振动式等)给矿。井底车场与带式输送机斜井不直接相连,而是与卸矿硐室相连,形成一个调车编组回路。

按车场布置形式可分为环形式斜井井底车场和折返式斜井井底车场。环行式用于箕斗井提升或带式输送机提升,串车提升的斜井多用于折返式车场。

环行式斜井井底车场也分卧式和立式两类,其结构特点和优缺点与环行式竖井井底车场大致相同。

折返式斜井井底车场又分为直折返式和甩车式两类。直折返式车场的主井储车线多设于运输平巷内;甩车式车场的主井储车线一般设于井筒一侧。

金属矿山一般采用折返式车场。

串车斜井折返式车场如图 9-143 所示,空车线和重车线之间,借助调车支线调车,主井为双钩提升,利用阶段运输平巷作储车线;副井为单钩提升。这种井底车场,主井一次可提几个矿车,提升能力大,适宜中型矿山。

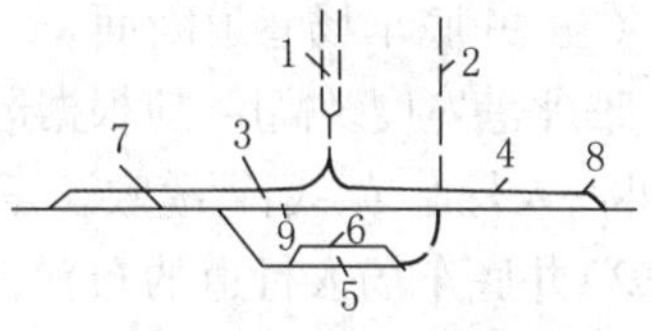

图 9-143 串车斜井折返式车场

1—主斜井;2—副斜井;3—主井重车线;4—主井空车线;5—副井重车线;6—副井空车线;7—调车支线;8—调度支线;9—绕道

箕斗斜井折返式车场和环形式车场,分别如图 9-144(a)和图 9-144(b)所示。胶带输送机斜井环形式井底车场如图 9-145 所示。

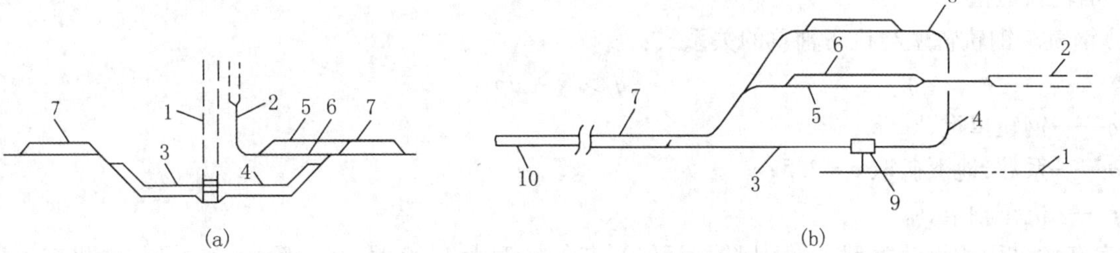

图 9-144 箕斗斜井折返式和环行式车场

(a) 箕斗斜井折返式车场;(b) 箕斗斜井环行式车场

1—主斜井(箕斗井);2—副斜井(串车井);3—主井重车线;4—主井空车线;5—副井重车线;6—副井空车线;7—调车支线;8—回车线;9—翻车机;10—石门

B 井底车场形式的选择

a 选择井底车场形式主要考虑的因素

(1) 矿井开拓方式。例如:井筒距运输大巷较近时可采用卧式车场;距离较远时可选择立式环行、刀把式或尽头式车场;地面出车方向受限制时可选用斜式车场。斜井环行车场一般适用于单一水平的箕斗或胶带运输机斜井开拓,甩车场适用于多水平的串车斜井开拓。

(2)矿井生产能力的大小直接影响提升井筒的数目、提升容器类型以及井底车场的调车方式等。

生产能力很小的矿井，一般只有一个提升井筒，并用罐笼作主副提升，井底车场的调车可以用自溜或其他调车设备，因此可采用尽头式或刀把式车场。

大型矿井往往采用箕斗提升矿石。当用侧卸式矿车运输时，常采用折返式车场；当用双机牵引底卸式矿车运输时，也可采用折返式运输系统。大型矿井辅助提升用的罐笼井井底车场，废石量不大时，可采用尽头式单面车场；运输量大时，可采用环行车场。

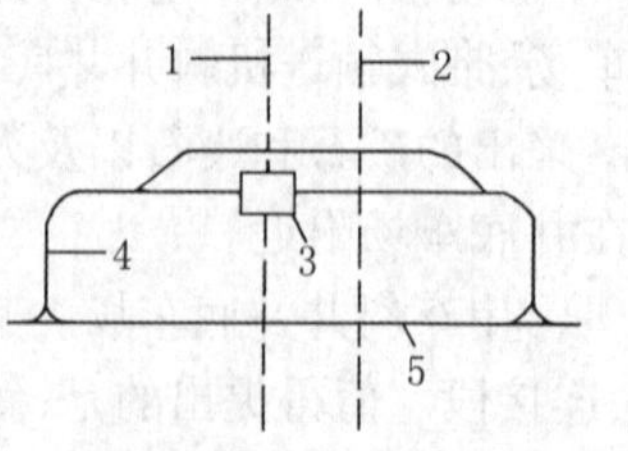

图 9-145 斜井环形式井底车场
1—主斜井；2—副斜井；3—储矿溜井；4—车场环形路线；5—平巷

(3) 主要运输平巷和井底车场的运输方式和调车方式。

(4)运输设备的类型和井口机械化、自动化程度。

(5) 主要硐室的位置。防水门、自动风门的布置要求。

(6) 井底车场所处位置的地质、水文情况及矿井涌水情况等。

b 金属矿山有关规定

(1) 井底车场形式，应根据矿山井筒类型、矿井生产能力、运输方式以及车场内主要硐室布置的要求等因素，经方案比较确定。

(2) 线路坡度。1)井底车场线路坡度应根据车场形式、矿车卸载方式、调车作业以及设备配置要求，经计算确定;2)井底车场标高应进行闭合计算。

(3) 井底车场巷道断面。

1)平巷宽度及高度，应根据运输设备及通过大件的尺寸，运输设备之间、运输设备与支护(或管缆)之间的安全间隙，人行道，架线，管缆敷设等要求确定。计算后的平巷宽度和高度以10mm为模数取整，并应进行风速校核。

2)井底车场人行道的布置，应符合下列要求：

① 主井空、重车线均应设置单侧人行道，同时考虑电机车进入的范围；

② 副井空、重车线应设置双侧人行道；

③ 材料车线及马头门线段，应设置双侧人行道；

④ 车场绕道及调车线应设置单侧人行道，但调车线需在两侧进行摘钩作业时，应设置双侧人行道；

⑤ 人车车场处应设双侧人行道。

C 井底车场轨道线路及弯道连接

a 钢轨及道岔

(1)钢轨。钢轨轨型与机车轴重的关系式：

$$q > 5 + ap \tag{9-167}$$

式中 q——钢轨单重，kg/m；

a——系数，地下矿取 $a = 2.5$；

p——机车轴重，t。

井底车场采用的钢轨类型，一般比阶段运输平巷的轨型大1~2号，矿山阶段运输量与电机车重量、矿车容积、轨距、轨型的关系见表9-151。

表 9-151 阶段运输量与电机车重量、矿车容积、轨距、轨型的关系

阶段运输量/(Mt/a)	电机车重量/t	矿车容积/m³	轨距/mm	轨型/(kg/m)
<0.08	1.5~3	0.5、0.7	600	9,12
0.08~0.15	1.5~7	1.7、1.2	600	12,15
0.15~0.30	3~7	0.7、2	600	15,22
0.30~0.60	6~10	1.2、2	600	22,30
0.60~1.00	10、14	2、4	600、762	22,30
1.00~2.00	10、14，双机	4、6	762、900	30,33,38
>2.00	14、20，双机	6、10	762、900	33~43

如果矿井产量小、服务时间短,钢轨可采用相同轨型。

(2) 道岔。根据轨距、轨型和允许通过机车、车辆的最小曲线半径来选用道岔,井底车场的道岔要比一般线路的道岔高 1~2 级。

b 弯道及其连接系统

(1)弯道的最小曲线半径。当车辆轴距在 1m 以下时,弯道的最小曲率半径除与固定轴距有关外,还与车架结构或底盘结构有关。如凤凰山铜矿采用 GV-7B 底卸式矿车,其固定轴距为 850mm,转向架间距为 2400mm,设计线路的最小曲率半径为 30~40m。

(2)道岔与曲线线路的连接。道岔与曲线线路连接的计算方法及线路平巷的连接方法见表 9-152。

表 9-152 道岔与曲线线路连接方法计算公式

序号名称	图 示	计 算 公 式
单向分岔点连接	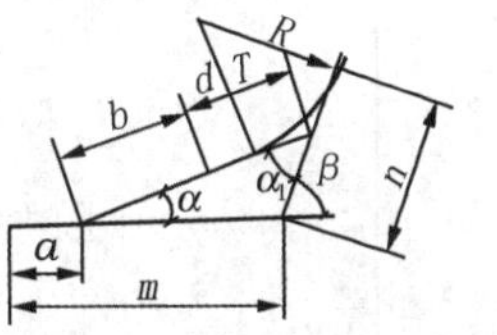	$\alpha_1=\beta-\alpha$ $T=R\tan\frac{\alpha_1}{2}$ $m=a+\frac{(b+d+T)\sin\alpha_1}{\sin\beta}$ $n=T+\frac{(b+d+T)\sin\alpha}{\sin\beta}$
双线单向连接	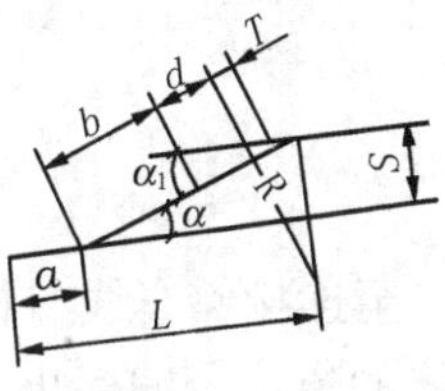	$\alpha=\alpha_1$ $T=R\tan\frac{\alpha}{2}$ $d=\frac{S}{\sin\alpha}-(b+T)$ $L=(a+T)+(b+d+T)\cos\alpha$
双线对称连接	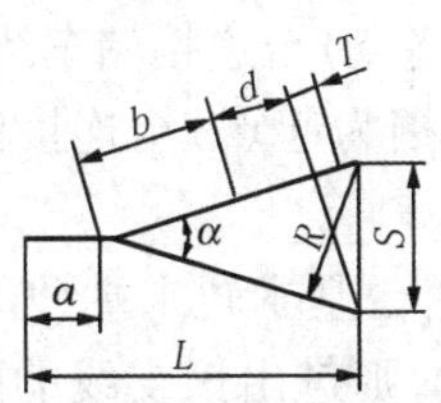	$T=R\tan\frac{\alpha}{4}$ $L=\alpha+\frac{S}{2\tan\frac{\alpha}{2}}+T$ $d=\frac{S}{2\sin\frac{\alpha}{2}}-(b+T)$
分岔平移连接	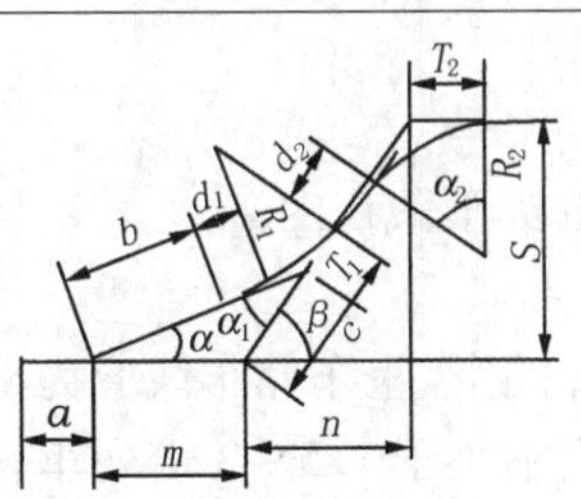	$m=\frac{(b+d_1+T_1)\sin\alpha_1}{\sin\beta}+\alpha$ $c=\frac{(m-a)\sin\alpha}{\sin\alpha_1}$ $d_2=\frac{S}{\sin\beta}-(c+T_1+T_2)\geqslant S_{轴}+2$ 鱼尾板 $n=(c+T_1+d_2+T_2)\cos\beta$
单向道岔与双弯道连接	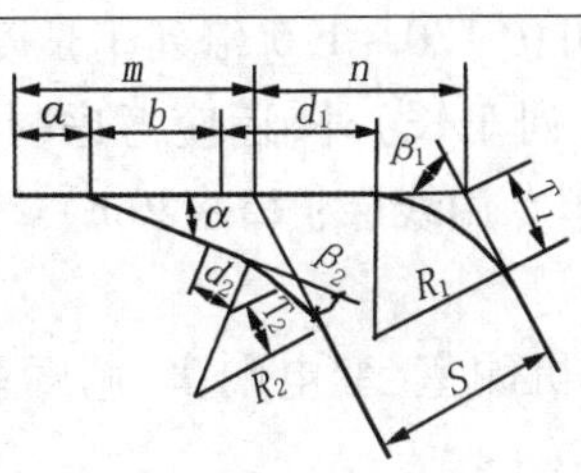	$\beta_1=\beta_2+\alpha$ $m=\frac{(b+d_2+T_2)\sin(\beta_1-\alpha)}{\sin\beta_1}$ $n=\frac{S}{\sin\beta_1}$ $d_1=\frac{(b+d_2+T_2)\sin\beta_2}{\sin\beta_1}-b-T_1$
线路平移的连接	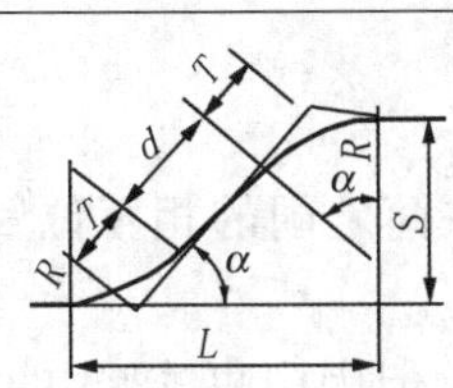	$d\geqslant S_{轴}+2$ 鱼尾板长 $L=2T+\sqrt{(2T+d)^2-S^2}$ $\alpha=\arctan\frac{S}{\sqrt{(2T+d)^2-S^2}}$

续表 9-152

序号名称	图示	计算公式
三角岔道连接	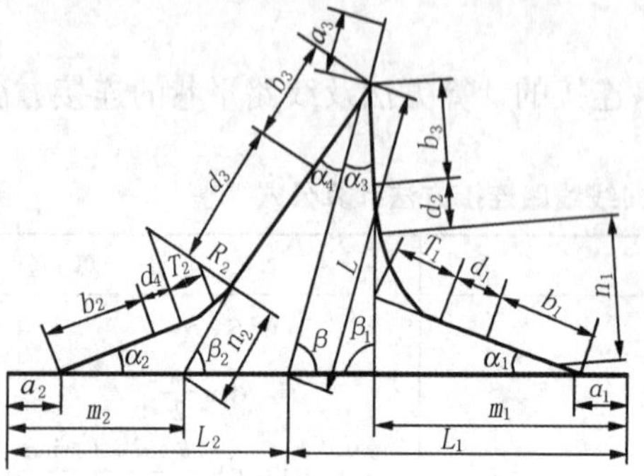	$\beta_1=180°-(\beta+\alpha_3)$ $\beta_2=\beta-\alpha_4$ $m_1=a_1+(b_1+d_1+T_1)\times\dfrac{\sin(\beta_1-\alpha_1)}{\sin\beta_1}$ $n_1=T_1+(b_1+d_1+T_1)\times\dfrac{\sin\alpha_1}{\sin\beta_1}$ $L_1=m_1+(n_1+d_2+b_2)\times\dfrac{\sin\alpha_3}{\sin\beta}$ $m_2=a_2+(b_2+d_4+T_2)\times\dfrac{\sin(\beta_2-\alpha_2)}{\sin\beta_2}$ $n_2=T_2+(b_2+d_4+T_2)\times\dfrac{\sin\alpha_2}{\sin\beta_2}$ $L=(n_1+d_2+b_3)\times\dfrac{\sin\beta_1}{\sin\beta}$ $d_3=(n_1+d_2+d_3)\times\dfrac{\sin\beta_1}{\sin\beta_2}-(n_2+b_3)$ $L_2=m_2+(n_2+d_3+b_3)\times\dfrac{\sin\alpha_4}{\sin\beta}$ $d_3>d$

D 井底车场的平面布置及坡度

a 储车线

(1)储车线范围。

1）竖井箕斗重车线：采用固定式矿车时，自翻车机进车口至连接储车线与行车线的道岔警冲标止；采用侧卸或底卸式矿车时，自卸载曲轨起点至连接储车线与行车线的道岔警冲标止。

2）竖井箕斗空车线：自翻车机的出车口（或卸载曲轨的终点）至连接储车线与行车线的道岔警冲标止。

3）罐笼井重车线：自阻车器的轮挡（复式阻车器以后轮挡为起点）至连接储车线与行车线的道岔警冲标止。

4）罐笼井空车线：自对称道岔岔首（双罐笼提升时）或摇台基本轨末端（单罐笼提升时）至连接储车线与行车线的道岔警冲标止；当空车线（包括材料线）为双线时，则进出该支线的两道岔警冲标之间的距离即储车线范围。

(2) 储车线的长度。

1）箕斗井重车线，应为1.5~2.0倍列车长度（包括电机车头在内）。

2）箕斗井空车线，采用与重车线相同的长度。

3）采用曲轨卸载或矿车不摘钩的翻笼卸载时，箕斗井的空、重车储车线应为1.1~1.2倍列车长度。

4）当采用罐笼兼作主副提升时，罐笼前储车线一般应不小于1.5~2倍列车长度，罐后不小于1.5倍列车长度。但矿井规模为年产矿石30万吨以下时，储车线可按1.0~1.5倍列车长度设计。

5）副井井底车场除考虑废石所需线路（1.0~1.5倍列车长）外，还应考虑材料、设备等临时占用的线路，其长度约为15~30m。用人车运送人员时，应设置人车专用线（约15~20m）。

6）调车线通常为一列车长度。

7）副井提升车场的线路，还需满足主要硐室（如推车机硐室、变电硐室、调度室及等候室等）、防水门及风门布置的要求。

8）斜井串车提升时，储车线长度为2~3钩串车长度。

b 井筒相互位置与储车线长度的关系

当井底车场范围内具有两个或两个以上的井筒时，各井筒之间的相互位置对储车线的技术布置影响极大。

有条件时可考虑用最经济的车场线路来确定井筒位置。但因中央式竖井井筒相互位置的确定较为复杂,涉及的因素较多,因此,金属矿山设计一般是先确定井筒位置,再布置井底车场。

c 井底车场硐室布置及人行道

(1)主井系统硐室。主井系统硐室有:推车机及翻车机硐室、卸载硐室、箕斗装载硐室及矿仓、清理井底撒矿硐室及水窝泵房等。

箕斗装载硐室应设在坚硬、稳定的岩层中,其他硐室则由线路布置所决定。

(2)副井系统硐室。副井系统硐室有:马头门、主排水泵房、水仓及清理水仓硐室、主变电所及等候室等。

水泵房与变电所应联合布置,一般布置在副井井筒与井底车场连接处附近。水仓入口设在空车线车场最低点处。

(3)其他硐室。其他硐室包括:调度室、医疗室、无轨设备检修硐室、电机车库及修理间、防火门硐室、防水门硐室、消防材料库、地下炸药库等。其位置应根据线路布置和各自的要求确定。

(4)人行道。

1)主井重车线:设单侧人行道,线路断面需考虑机车进入;

2)主井空车线:设单侧人行道,线路断面需考虑机车进入挂钩点附近;

3)副井进车线:作为上、下班通行要道时,需设双侧人行道,架线高度2.2m;

4)副井出车线:作主要通行要道时与进车线相同,不作主要通行要道时与主井重车线相同;

5)回车线:人车场设在回车线旁时,人员通行要道部分的回车线应设双侧人行道。

d 马头门的平面布置

(1)双罐笼设置有单式阻车器和摇台时马头门线路的布置。线路布置如图9-146所示。线路尺寸计算如下:

1)单式阻车器的轮挡至罐笼中心线的距离 S:

$$S = \frac{L_0}{2} + L_4 + L_3 + L_2 \tag{9-168}$$

式中 L_0——罐笼底板的长度,mm;

L_4——摇台活动轨的长度,mm;

L_3——摇台基本轨的长度,mm;

L_2——单式阻车器轮挡至摇台基本轨的距离,mm。

L_2、L_3 和 L_4 的长度根据摇台和阻车器的尺寸确定。单式阻车器的基础应尽量紧靠摇台的基础。

2)单式阻车器的轮挡至对称道岔连接系统末端的距离 b_4。为了便于安装阻车器及满足矿车的停放要求,b_4 须符合下列关系式:

$$b_4 > S_{b,\max} + \frac{D}{2} \tag{9-169a}$$

$$b_4 > L' \tag{9-169b}$$

式中 $S_{b,\max}$——矿车最大轴距;

D——车轮直径;

L'——阻车器轮挡至阻车器基本轨末端的长度。

一般选取:$b_4 > 2000$mm。

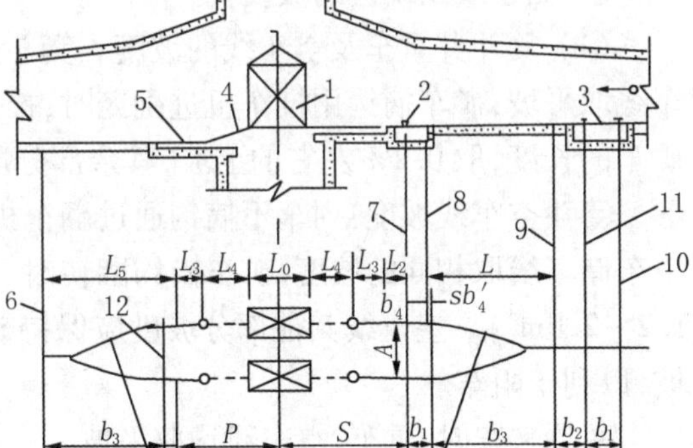

图9-146 马头门线路布置(一)

1—罐笼;2—单式阻车器;3—复式阻车器;4—摇台活动轨;5—摇台基本轨;6—对称道岔基本轨起点;7—单式阻车器轮挡;8—阻车器基本轨末端;9—对称道岔基本轨始端;10—复式阻车器前轮挡;11—复式阻车器后轮挡;12—对称道岔连接系统末端

3)对称道岔连接系统长度 b_3 计算方法参看表9-152。

4)复式阻车器前轮挡至对称道岔基本轨起点 b_2。此段距离要保证复式阻车器的基础与道岔在敷设时不相碰撞。一般选取 $b_2 = 1.5 \sim 2.0$m。

5)出车侧摇台基本轨末端至对称道岔连接系统末端的距离 b_5。此段距离要保证摇台的基础与道岔不相碰,并使矿车保持在直线段上。一般选取 $b_5 = 1.5 \sim 2.0$m。

当采用下方推车机进罐时，马头门线路尺寸的布置要考虑到推车机的安装和运行问题。

(2) 单罐笼设置有复式阻车器和摇台时马头门线路的布置。线路布置如图9-147所示。线路尺寸的计算和符号的意义与上小节相同。

(3) 单罐笼设置有复式阻车器和托台时马头门线路的布置。线路布置如图9-148所示。线路尺寸计算如下：

$$S = \frac{L_0}{2} + L_1 + L_2 \tag{9-170}$$

式中 S——复式阻车器前轮挡至罐笼中心之间的距离，mm；

L_1——托台基础外伸长度，mm；

L_2——复式阻车器前轮挡到托台外伸段末端间的距离，mm。

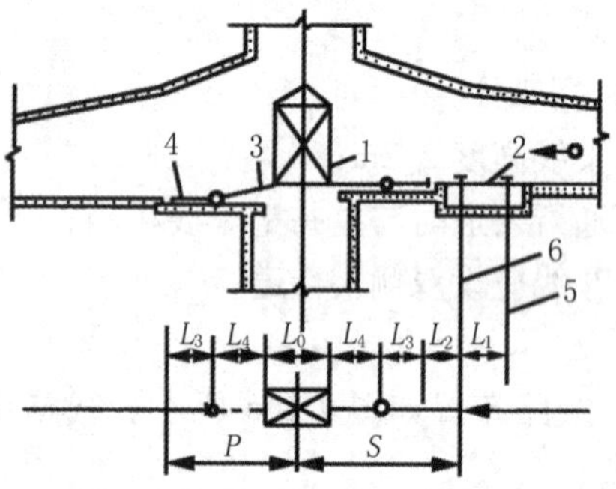

图9-147 马头门线路布置(二)

1—罐笼；2—复式阻车器；3—摇台活动轨；4—摇台基本轨；5—复式阻车器后轮挡；6—复式阻车器前轮挡

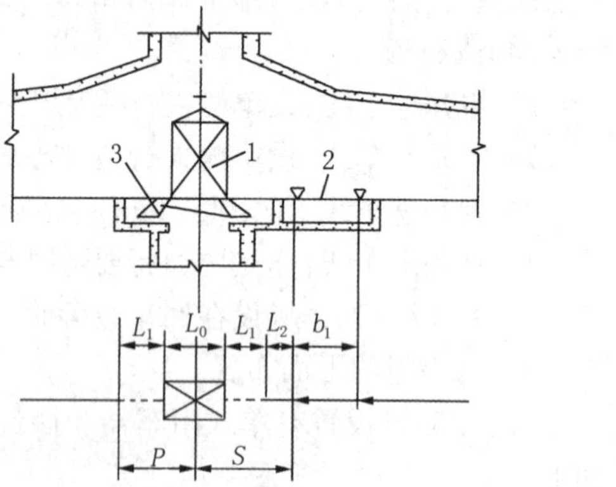

图9-148 马头门线路布置(三)

1—罐笼；2—复式阻车器；3—托台

e 储车线及绕道的坡度

(1) 箕斗井重车及空车线的坡度。箕斗井提升时，重列车一般不摘钩通过翻车机(或卸载点)，这时，重车线取平坡；矿车摘钩用推车机进翻笼时，推车机至翻笼区段可取0.2%～0.3%的坡度，在翻车机口约一个矿车的长度，取0.2%左右的上坡，其余部分取0.3%～0.5%的坡度(机车顶列车进翻笼时)。

箕斗空车线坡度：列车不摘钩通过翻车机(或卸载点)时，出翻笼后的坡度应考虑拉紧矿车的链环，可与空车储车线取相同的坡度；矿车摘钩翻转时，空车出翻笼后10～15m一段取1.5%～2%的坡度(矿车容积1.2～2.0m^3)。空车线其他部分坡度应保持矿车的自溜，一般可取0.6%～0.8%。空车线末端应有一段平坡，以利于阻车。

两翼来车时，重车、空车线均取平坡。

(2) 罐笼井重车及空车线的坡度。重车线：阶段车场重车线采用电机车调车时，取0.2%～0.4%的坡度；采用自溜车场时，启动段坡度 $i \geqslant (2.5\sim3)W_J$ (W_J 为重车运行时的静阻力系数，见表9-153)，其余取 $i \geqslant (1.8\sim2.5)W_J$。

表9-153 车辆(滚动轴承)运行静阻力系数

序 号	矿车容积/m^3	车辆静阻力系数 W_J/(kg/t)	
		空 车	重 车
1	0.5	9	7
2	0.7～1.0	8	6
3	1.2～1.5	7	5
4	2	6	4.5
5	4	5	4
6	10	4	3.5

空车线：空车线坡度主要与井筒连接部分处的空车线有关，连接部分处空车线采用自溜时，一般取

1.3% ~1.8% 的坡度(0.75m³ 矿车),这时,空车线其他部分坡度可取0.6% ~0.8% 。弯道处的坡度应加大0.1% ~0.2% 。

(3) 绕道(回车线)坡度。绕道的坡度主要同主、副井空、重车线的长度和坡度以及车场的形式有关。金属矿山采用0.75m³ 矿车和7t电机车时,空车爬上坡应控制在1% ~1.3%以内,否则应增加绕道的长度。10t电机车牵引空车时,绕道坡度可略增大,但应控制在1.5%左右。拉或顶重车爬上坡时,坡度一般不要超过0.6% ~0.7%。

E 井底车场形式实例及施工图

a 竖井井底车场布置实例

竖井井底车场布置实例见表9-154和图9-149 ~图9-153。

表9-154 竖井井底车场布置实例

序号	矿山名称	车场形式	设计能力/(Mt/a)		提升方式及提升设备						运输设备				车场工程量			车场优缺点
					主井			副井										
			主井	副井	净径/m	容器	提升机/m	净径/m	容器	提升机/m	电机车/t	矿车/m³	废石车/m³	列车组成/辆	长度/m	开凿量/m³	支护量/m³	
1	黄沙坪铅锌矿	环行	0.3		φ4.5	单层单车双罐	φ3.0双筒				10 2.5①	固1.2	翻0.75	9~10	130	3827	785	布置简单,通过能力大,曲线半径较小,出车侧坡度太大
2	龙首矿1520m车场	环行	0.5		φ5.5	5号双层双罐	φ4.0双筒				3,7	固2.0	翻0.6	10	925	43675	1280	推车机推2m³ 矿车,推车机行程坡度较大,车场能力大
3	铜绿山铜矿-125m车场	尽头环行	0.6		φ4.5	2×2.1m³箕斗	φ3.0	φ5.0	单层双车单罐	φ3.0	7	侧1.6	翻0.75	6~8		4691	893	曲线半径12m太小;副井自溜坡20‰较大,易冲出阻车段;主井尽头、副井环行适应性强
4	丰山铜矿-50m车场	尽头环行	1		φ4.0	4m³底卸单箕斗	φ2.25×4多绳	φ5.0	双层单车单罐	φ2.25×4多绳	10	侧2.5	翻0.7	6~8				井口机械化程度较高,生产能力大;副井自溜坡20‰坡度较大,易掉道
5	凤凰山铜矿-40m车场	折返尽头	0.6~1		φ5.5混合井	10.5t底卸单箕斗	φ2×6多绳		单层单车单罐	φ1.75×4多绳	7(双机)	底7	7梭式列车	6~8	384	7332		布置简单,通过能力大;尽头部分通风困难,生产中增加一联络道
6	桃林铅锌矿±0m车场	双环行	3000t/d		φ4.0	3.1m³双箕斗(翻转式)	φ4.0双筒	φ5.5	单层双车单罐	φ3双筒	7,10	固2	翻0.75	8~10		6610(未计硐室)	1354(未计硐室)	车场通过能力大;工程量大;副井调车场附近10m采用平坡或上坡,主井翻笼进口上坡2‰,效果较好
7	凡口铅锌矿	尽头环行	3000t/d	300t/d	φ5.5	6t底卸双箕斗	φ2.25×4多绳	φ5.2	单层双车单罐	φ2.25×4多绳	7	侧1.6	翻0.65	8~10		5019	826	原副井能力不够,在主井附近扩建一新副井作为废石提升井

续表 9-154

序号	矿山名称	车场形式	设计能力/(Mt/a)		提升方式及提升设备						运输设备				车场工程量			车场优缺点
					主井			副井										
			主井	副井	净径/m	容器	提升机/m	净径/m	容器	提升机/m	电机车/t	矿车/m³	废石车/m³	列车组成/辆	长度/m	开凿量/m³	支护量/m³	
8	程潮铁矿-80m车场	立式双环行	1.5		φ6.5混合井	2×4m³翻转箕斗	φ5双筒		双层单车单罐	φ5双筒	10	固2	翻0.7	8~10	415	4673	1300	车场通过能力大，工程量大；罐笼提升紧张
9	弓长岭铁矿-220m车场	双环行	2.2		φ8混合井	2×5m³翻转箕斗	φ5双筒	φ6	双层单车双罐	φ5双筒	10	侧2		6~8				一个推车机兼作调车、上罐，2m³矿车上罐使用较好
10	金山店铁矿-60m车场	立式双环行	2~4		φ5	14.2m³底卸单箕斗	φ4×4多绳	φ6	双层单车单罐	φ2.8×4多绳	20,7	侧7	翻0.75	10	1800			通过能力大，工程量大
11	尖林山铁矿-50m车场	双环行	1		φ5.5混合井	2×3.1m³翻转箕斗	φ4双筒		单层单罐	φ2.5双筒	10	侧1.6	翻0.75	16				车场过大，车场集水用泄水孔下放到水仓，效果好
12	武山铜矿	折返	2500t/d		φ4	4m³底卸单箕斗	φ2×4多绳	φ5.5	单层双罐	φ3双筒	7,3	侧1.6	翻0.75	16				车场岔口处用放水天井放水，解决了车场集水问题

注：本资料引自长沙黑色冶金矿山设计研究院《矿山设计报导》1977年第1期。

① 为蓄电池机车，未注明者为架线式电机车。

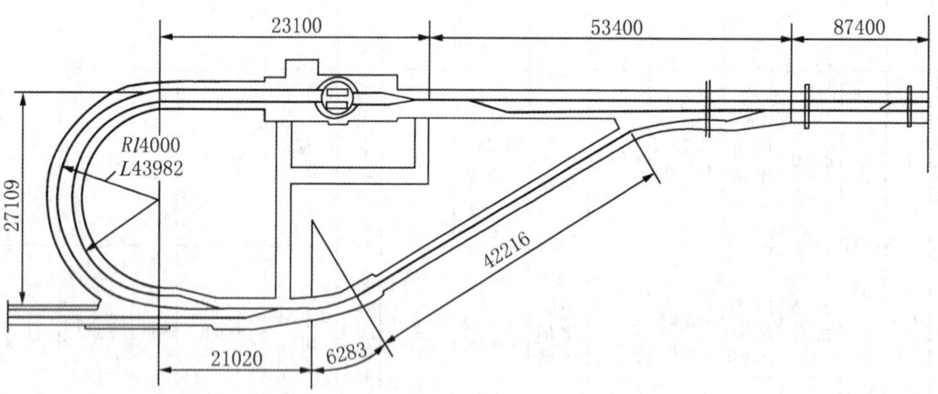

图 9-149 黄沙坪铅锌矿环行车场

b 竖井井底车场施工图基本内容

(1)井底车场平面图。

比例：1∶500或1∶400。

1)坐标网及坐标值，指北标志。

2)井巷工程及编号。

3)根据运输能力大小和主井、副井、主溜井位置及阶段运输巷道、石门的相互位置关系确定车场的形式（立式或卧式、环形或尽头式）。

4)在有坐标网的平面图上，布置车场运输线路，包括竖井或主溜井的空、重车线路及材料车、人车、矿石

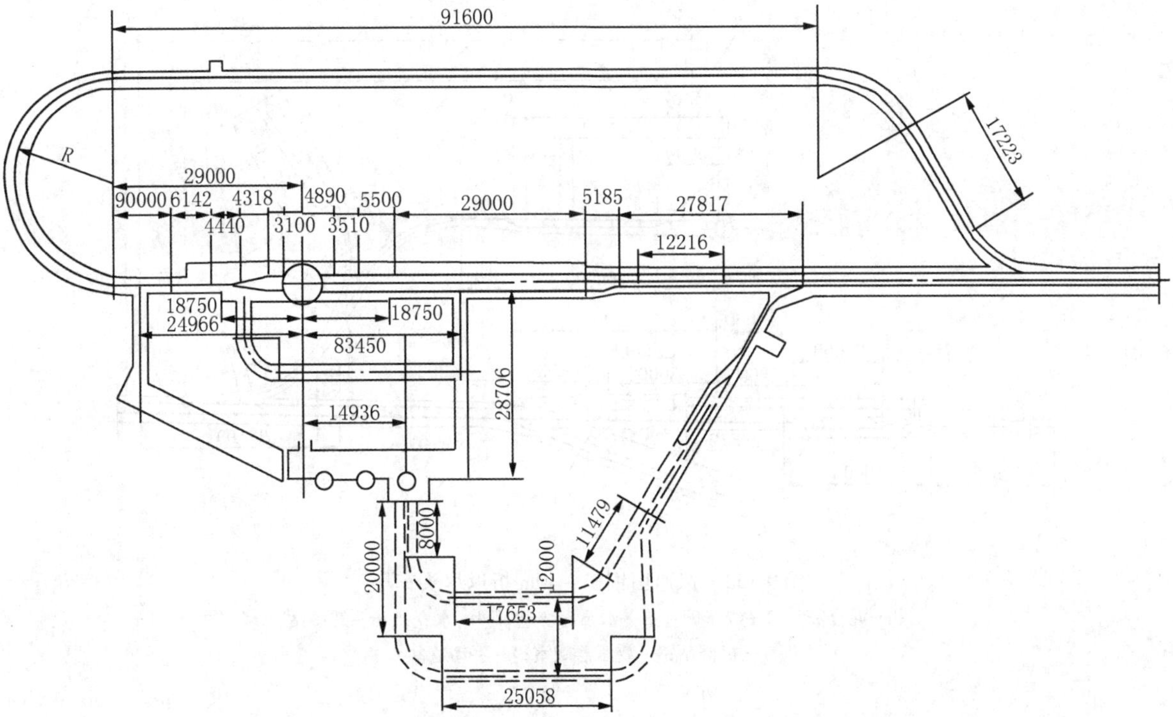

图 9-150 龙首矿 1520m 环行车场

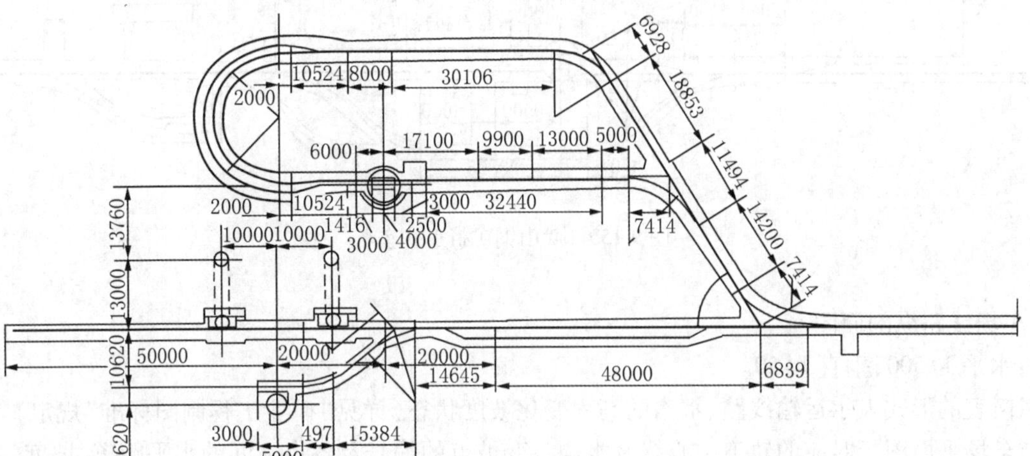

图 9-151 铜绿山铜矿 –125m 尽头环行车场

车、废石车、调车线等。

5）主井、副井、主溜井、车场巷道、各种硐室（调度室、讯号室、等候室、变电所、水泵房、沉淀池、水仓、排泥硐室、通风除尘硐室、机车库等）及防水门、风门、泄水井（孔）和泄水巷道、推车机、阻车器等的位置及相互连接关系，并标明车场起止界线。

6）各坐标点、变坡点、道岔岔心点之间的平面距离及坐标点、井筒中心（或提升中心）、溜井中心、泄水井中心的坐标值，轨道中心线的曲线参数及各种硐室的定位尺寸等。

7）坐标表。

8）工程量表。

9）材料表。

10）文字说明。

11）图例。

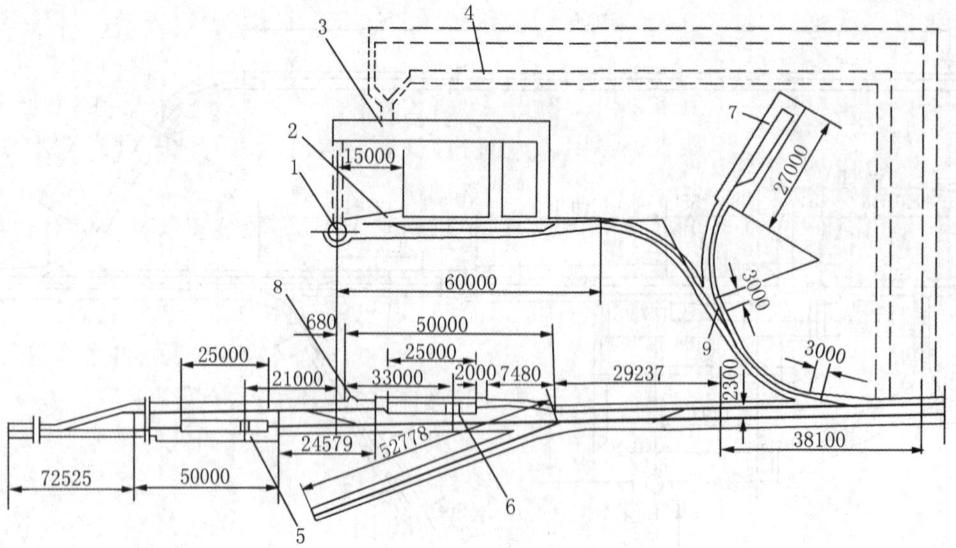

图 9-152 凤凰山铜矿 -40m 折返尽头车场

1—混合竖井;2—绞车硐室;3—水泵房变电所;4—水仓;5,6—卸矿站;

7—机修站;8—变压器硐室;9—手动道岔

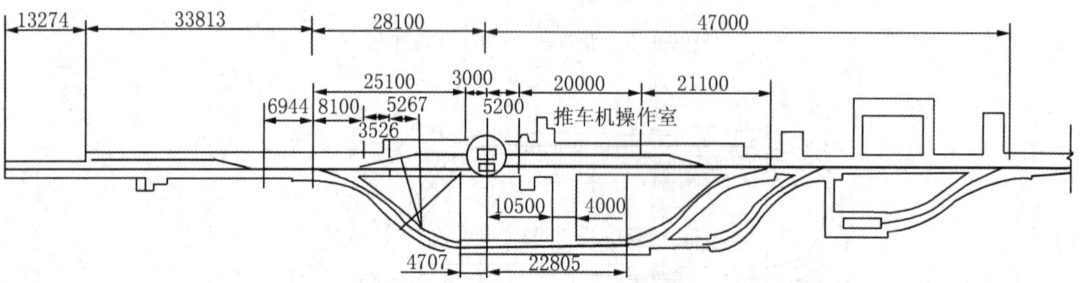

图 9-153 武山铜矿折返式车场

(2) 车场线路纵剖面图。

比例:水平 1∶500,垂直 1∶50。

1) 用横表的形式表示运输线路、水沟的高程变化坡度状态(详见"矿业工程制图标准"规定)。

2) 与车场平面图相对应的轨道中心线及水沟各变坡点的编号及各点之间的水平距离、坡度。

3) 主井、副井、主溜井等各段的纵剖面图应分别绘制。

(3) 车场巷道断面、碹岔、硐室等施工图。

c 斜井井底车场布置实例

斜井井底车场布置实例见表 9-155。

表 9-155 斜井井底车场布置实例

序号	矿山名称	车场形式	设计能力 /(t/a)	井筒结构参数与提升设施					车场主要参数				使用情况
				斜井倾角 /(°)	斜井斜长 /m	轨道型号 /(kg/m)	提升设备规格	运输设备	提升牵引角 /(°)	竖、平曲线半径 /m	甩车场内坡度 /%	车场储车线长度 /m	
1	马家桥黏土矿	甩车场	70000	28 ~ 30	148	15	ϕ2.5m 提升机	2.5t 蓄电池机车, 0.6m³ 翻斗车	<10	竖 10 平 15	+60m:1.1 +85m:0.3	+60m:30 +85m:14	斜井倾角大, 0.6m³ 矿车重心高、不稳定、装满系数小

续表 9-155

序号	矿山名称	车场形式	设计能力/(t/a)	井筒结构参数与提升设施					车场主要参数				使用情况
				斜井倾角/(°)	斜井斜长/m	轨道型号/(kg/m)	提升设备规格	运输设备	提升牵引角/(°)	竖、平曲线半径/m	甩车场内坡度/%	车场储车线长度/m	
2	湘潭锰矿红旗井	立井：卧式环行，副井：折返	250000	主井：32 副井：30	主井：442 副井：330	主井：18 副井：15	主井：ϕ3m 副井：ϕ2m	3、7、10t 电机车 0.55～0.6m³ 翻斗车	<10	15	空车 1.0 重车 1.5	空车 52 重车 51	副井角度大，矿车在甩车道有掉道现象，-30m 车场能力过大
3	田湖铁矿	甩车场	50000	30	358	15	ϕ1.2m 提升机	3t 电机车矿车：1.2m³，废石车：0.75m³	<10	12	0.3～0.5	20	斜井倾角偏大
4	浦市磷矿一采区 208m 井底车场	尽头式	150000	14	428	15	ϕ1.7m 双筒	7t 电机车，0.75m³ 翻斗车	<10	竖 15 平 12	1.0	60	车场与甩车道均好用
5	湘东铁矿潞水矿区	甩车场	115000	30	335	15	ϕ1.6m 单筒	3～7t 电机车，1.2m³ 矿车	<10	竖 15 平 30	重车 1.0 空车 1.5	自溜坡长 55	甩车道矿车掉道多，钢轨型号偏小
6	车江铜矿 303m 车场	甩车场	60000	15	225	15	ϕ1.6m 单筒	3t 电机车，0.55m³ 矿车	<10	竖 15	1.0	30	使用情况较好

d 斜井井底车场施工图基本内容

斜井分上、中、下部车场。上部车场有平车场和甩车式车场两种，甩车式车场与平车场相比，具有通过能力大、劳动强度小、安全性好等优点，比较多采用。上、中、下部车场施工图深度要求基本相同，仅以盲斜井车场为例，说明其施工图基本内容。

(1) 井底车场平面图。

1) 坐标网及坐标值，指北标志。

2) 井巷工程及编号。

3) 根据斜井与阶段平巷的相互位置关系选择合理的车场形式。

4) 在有坐标网的平面图上布置车场线路，包括空、重车线、材料车线、调车场以及各种硐室工程，标明车场与斜井甩车道、阶段平巷及各种硐室的连接关系和相关尺寸。

5) 计算和标注车场各点（岔心点、变坡点）的坐标、标高以及有关平面尺寸、道岔型号及轨道曲线参数。

6) 坐标表。

7) 工程量表。

8) 材料表。

9) 文字说明。

10) 图例。

(2) 车场线路纵剖面图见竖井井底车场施工图基本内容。

(3) 车场巷道断面图、硐室施工图、碹岔施工图等。

9.3 采矿方法

9.3.1 采矿方法分类

9.3.1.1 分类目的及要求

A 分类目的

采矿方法是指从矿块或采区（以下简称矿块）中采出矿石的方法，它包括采准、切割和回采工作。采准是按照矿块布置构成要素施工的井巷，为矿块回采解决行人、通风、运放矿岩、运送设备材料、通讯等问题。切割是为回采创造必要的自由面和落矿空间。采准切割工作完成后，进行大空间的凿岩、爆破、工作面装运、空区维护等回采工作，回采工作是采矿方法的核心，而采准和切割工作是为其创造条件。简言之，采矿方法就是从矿块中开采矿石所进行的采准、切割和回采工作的总称。

在采矿方法中，通常将完成落矿、矿石工作面装运及空区维护和地压管理主要作业的具体工艺及他们之间在时间与空间上的配合关系，称为回采方法。由于矿床赋存条件、开采技术条件、采用的工艺技术及设备不同，往往构成多个回采方法。

尽管矿山应用的采矿方法方案及其回采方法多种多样，经分析研究可以看出各种方法方案有各自的特点，但又存在着一定的联系、一定的共性。

为了便于认识，研究每种采矿方法方案的实质，掌握其内在的规律及共性，需对种类繁多的采矿方法、方案进行系统分类，以便更好地选择、应用及完善。

B 分类要求

(1)采矿方法分类应能反映出每类采矿方法的最主要特征，类别之间界限清楚。

(2)分类应简单明了，不宜繁琐庞杂。

(3)分类能反映每类方法的实质和共同的适用条件，作为研究、选用采矿方法的基础。

(4)采矿方法命名要科学、统一、标准，便于技术交流、沟通，相互借鉴。

(5)正在采用的方法必须列入，明显落后趋于淘汰的采矿方法应删去。

(6)体现科学技术进步及发展趋势。

9.3.1.2 分类依据及分类表

A 分类依据

多年来，国内外许多学者对采矿方法分类做了大量的研究及分类工作。他们分别以采空区存在状态、维护方法、地压管理方法、回采方法及方式、落矿方法、放(出)矿方式、炮孔深度大小、回采主要设备以及矿体赋存条件等为分类依据，先后提出20余种分类方法。

20世纪初，美国学者就以回采顺序和回采方法为主要分类依据进行了采矿方法分类。这个时期分类方法的主要缺点是：分类特征不明显、不统一，某些方法之间的界线不清，并有重复现象。随着科学技术的发展和采矿方法的进步，采矿方法分类也逐步在发展和完善。到20世纪后期，美国矿业局依据回采工作面维护原则，提出了自然支撑工作面采矿法、人工支撑工作面采矿法、崩落采矿法以及联合采矿法四大类的分类方法，使采矿方法分类前进了一步。20世纪50年代以后，前苏联许多采矿学者相继以回采过程中采空区的维护方法为依据，提出了各自的采矿方法分类，从而使采矿方法分类逐渐走向统一。进入20世纪70年代以后，采矿方法分类逐步以简单明了和实用的原则为基础，以回采过程中采空区存在的状态和维护方法为依据，删去了现在很少应用的采矿方法和概念不清的联合采矿法，划分为空场采矿法、崩落采矿法和充填采矿法三大类。如中国《金属矿床地下开采》(1979年)、美国《采矿工程师手册》(1973年)、前苏联《采矿手册》(1983年)、中国《采矿手册》(1988年)、《采矿设计手册》(1989年)、《中国冶金百科全书·采矿卷》(1999年)、《采矿工程师手册》(2009年)等书籍和手册中均将采矿方法划分为三大类。但对采矿方法的分组及典型方法(方案)的划分不尽相同，命名细则不一、名称叫法不一，使用、交流、沟通均不方便。

本手册力求总结上述成果，基本沿用2009年的《采矿工程师手册》和《采矿设计手册·矿床开采卷》以回采过程中空区的维护方法，即矿块回采的地压管理方法为依据进行分类，与国际上通常分为三大类相同。为了便于理解，将空场采矿法等同于自然支撑采矿法，崩落采矿法等同于无支撑采矿法，充填采矿法等同于人工支撑采矿法。

《采矿设计手册》(1989年)是在冶金工业部和中国有色金属工业总公司领导下，全国冶金系统设计院采矿业务建设网提议，由冶金工业部、中国有色金属工业总公司、化学工业部、国家建筑材料工业局、核工业部等五个部门组织三十一个设计研究单位，共约300余人，在总结国内外采矿技术和采矿设计工作经验的基础上编写的。曾走访国内五百余个厂矿、科研、教育及地质勘探等单位。其采矿方法分类有一定的基础及权威性。

多年的设计和矿山生产应用表明，这种分类方法依据更加明了、实用，能反映出同类采矿方法共同的基本特征、适用条件及技术经济效果,更便于交流、沟通。

本手册采矿方法分类的主要特点:

(1) 采矿方法类别间的差别主要是矿块回采时的地压管理方法不同,反映了不同方法之间的对应关系,便于比较及选择。

(2) 按照这种分类方法,既能准确反映出各类采矿方法的最主要的特征,又能明确划定各类采矿方法之间的界线,便于采矿方法的评价、选择与改进。

(3) 有利于不同采矿方法之间的相互借鉴与进展。

(4) 采矿方法分组中的分层、分段和阶段的不同能较好地反映出每类采矿方法对矿体倾角、矿体厚度、矿体形态、矿岩稳固情况的适应性;也反映出每类各组采矿方法的矿块生产能力、劳动效率、装备条件及其水平、矿石贫化率及损失率等指标的变化。

(5) 有利于采矿方法的正确命名和归类。

B 采矿方法分类表

采矿方法分为如下三大类:

(1) 空场采矿法。这类方法将矿块划分为矿房和矿柱,分两步回采,先回采矿房后回采矿柱。在回采矿房时所形成的采空区,利用矿柱支撑来控制地压,因此矿石和围岩均需稳固,是使用本类采矿方法的基本条件。在回采矿房时采场的临时留矿,主要是起到继续上采的工作台作用,而对维护采场只起临时辅助的支撑作用,当留矿放出后,仍靠矿柱维护采空区,因此留矿采矿法应划分本类。深孔留矿法命名不确切,实为阶段矿房法。

(2) 崩落采矿法。这类方法为一步回采,不分矿房、矿柱,随回采工作面的推进,有计划地强制或自然崩落顶板围岩,充填采空区以管理采场地压的采矿方法。

(3) 充填采矿法。这类方法在采矿中随回采工作面的推进,用充填料充填采空区。充填是该法回采过程中的必要工序,一类是分两步进行回采,第一步回采时,随回采工作面的推进充填采空区以防止围岩崩落及控制岩移;另一类是一步或连续回采,回采和充填交替进行。

上述三大类采矿方法,按工作面结构即分层、分段、阶段的形式特点划分为9个分组,其下再按落矿或出(放)矿方式、工作面推进方向,将各组再划分为主要方法(方案)。

采矿方法可分为三大类,9个分组,共49个常用的主要方法(方案),见表9-156。

据1971年对国内46个金属矿山地下采矿方法比重统计,空场法占59.2%、崩落法占33%、充填法及其他占7.8%。

经过几十年的发展,三大类采矿方法的比重发生了很大变化。如铁矿山采用崩落法开采的矿石产量约占其地下开采总量的85%,近年来,采用高分段无底柱崩落法、自然崩落法的矿山不断增加。充填法在地下开采矿山的应用也在不断增加,据1997年统计,我国有色金属地下矿山采用充填法的比重已达22.37%,2009年达30%以上。目前,黄金地下开采矿山,采用充填法的比重已达51%以上。

9.3.2 采矿方法发展趋势

9.3.2.1 无底柱分段崩落法

采用高分段大间距采矿,降低了采掘比,提高了作业安全性和采矿强度。如梅山铁矿、鲁中冶金矿业集团公司铁矿、大红山铁矿等,围绕以全面改善无底柱分段崩落法技术经济指标为中心,开展了"大间距集中化无底柱采矿新工艺"的攻关研究。

该项目的主要技术内容是研制国产高效地下中深孔气液联动凿岩设备,形成与大结构参数相匹配的集中化、高强度、大规模采矿技术和管理模式。集中化开采是一种新型采矿模式,保证了矿山的高效、低耗生产。梅山铁矿建成15m×20m高分段大间距集中化无底柱采矿系统,千吨采掘比由原来的2m/kt下降到1.43m/kt;采矿强度由原来的40t/(m^2·a)提高到62.67t/(m^2·a),采矿成本降低了16.14%,回采率达到84.93%,贫化率仅为11.52%,全员劳动生产率提高近1倍,获年经济效益1.2亿元。鲁中冶金矿业集团公司所辖的小官庄、张家洼和港里3个铁矿山开采的是我国典型的地下复杂铁矿床。采用新技术后,采掘比平均下降了30%以上,采矿成本下降了20.71元/t,创经济效益达4000万元/a;尤其是其配套开发的高效地下中深孔气液联动凿岩设备，性价比优于进口设备，很适合在国内推广。这项成果的成套技术可在我国大中型地下矿山，特别是矿体埋藏深、地压大、矿岩破碎、矿岩不稳固的矿山推广应用。

表 9-156 采矿方法分类（方案）

采矿方法类别	按回采地压管理方法	采矿方法分组	采矿方法名称	主要方法（方案）
空场采矿法	自然支撑采矿法	分层（单层）空场法	全面采矿法	（1）普通全面法 （2）留矿全面法 （3）台阶式全面法 （4）长壁式全面法
			房柱采矿法	（1）浅孔落矿房柱法 （2）中深孔落矿房柱法 （3）无轨设备回采房柱法
			留矿采矿法	（1）浅孔落矿留矿法 （2）薄矿脉留矿法 （3）极薄矿脉留矿法
		分段空场法	分段采矿法	（1）有底柱分段采矿法 （2）连续退采分段采矿法 （3）无底柱分段采矿法
			爆力运矿采矿法	爆力运矿分段采矿法
		阶段空场法	阶段矿房法	（1）垂直层落矿阶段矿房法 （2）水平层落矿阶段矿房法 （3）下向大直径深孔球状药包自下而上落矿的 VCR 法 （4）联合落矿阶段矿房法
崩落采矿法	无支撑采矿法	分层（单层）崩落法	单层崩落采矿法	（1）长壁崩落法 （2）短壁崩落法 （3）进路单层崩落法
			分层崩落采矿法	（1）壁式分层崩落法 （2）进路分层崩落法
		分段崩落法	无底柱分段崩落采矿法	（1）低分段无底柱崩落法 （2）高分段无底柱崩落法（大结构参数） （3）高端壁无底柱分段崩落法
			有底柱分段崩落采矿法	（1）垂直落矿有底柱分段崩落法 （2）水平层落矿有底柱分段崩落法 （3）联合落矿有底柱分段崩落法
		阶段崩落法	阶段强制崩落采矿法	（1）垂直层落矿强制崩落法 （2）水平层落矿强制崩落法 （3）联合落矿强制崩落法
			自然崩落采矿法（矿块崩落法）	（1）铲运机出矿自然崩落法 （2）电耙出矿自然崩落法 （3）格筛放矿自然崩落法
充填采矿法	人工支撑采矿法	分层（单层）充填法	按充填材料和输送不同，主要有胶结、水砂、干式充填法	（1）上向分层充填法 （2）下向分层充填法 （3）上向进路充填法 （4）下向进路充填法 （5）点柱充填法 （6）壁式充填法 （7）削壁充填法
		分段充填法		（1）分段充填法典型方案 （2）无底柱分段充填法
		阶段充填法（嗣后充填法）		（1）房柱采矿嗣后充填法 （2）留矿采矿嗣后充填法 （3）分段矿房（空场）嗣后充填法 （4）阶段矿房（空场）嗣后充填法 （5）VCR 嗣后充填法

注：1. 典型的 VCR（垂直球状药包倒退式采矿）法与阶段矿房法本质上相同。
2. 分段空场法与分段充填法的区分：对整个矿床开采而言，分段空场法的采空区一般是不进行充填的，也不会影响正常的采矿顺序。如果对其充填只是为了减少废石和尾砂在地表堆放对生态环境的影响，这样的采矿工艺就属于空场采矿，这时的充填只是作为处理空区的一种措施。相反，采空区不进行及时充填就无法继续采矿，充填工序是采矿工艺的有机组成部分，充填工作在一定程度上影响矿床整体的采矿顺序时，我们把这种方法称为分段充填法。
3. 阶段空场法与阶段充填法的区分，同分段空场法与分段充填法。
4. 所谓“大直径深孔采矿法”它不是某种采矿方法的专称，而是高效率大孔穿爆技术的某种概括。它既可用在充填法，也可用在空场法和崩落法中；既可用在阶段空场法，也可用在分段空场法。因此，不作独立的方法列入分类表中，应称方法中的方案。
5. 阶段充填法一般是以阶段进行一次充填的，因而称为嗣后充填。
6. 分段采矿法简称分段法。
7. 本分类是从工程设计和生产实用出发，不作学术争议的论据。

近来，虽然有梅山铁矿等几个矿山采用高分段、大间距结构参数的无底柱分段崩落法，但仍有相当数量的矿山采用低分段无底柱分段崩落法，存在着采切工程量较大、采矿效率较低、采矿成本较高的问题。初步匡算，条件适合的矿体推广高分段、大间距的无底柱分段崩落法，可使采矿成本降低20% ~25%，矿山经济效益也会大幅增加。

无底柱分段崩落法发展趋势：

(1) 设备无轨化、液压化、大型化。采用大型无轨自行设备，机动灵活，实现高度机械化，液压设备具有许多优点，是发展方向之一。采用大型采矿设备的目的是提高出矿强度，增加矿山产量，提高生产效率，降低生产成本。

(2) 研发低贫损的变形方案。无底柱分段崩落法主要缺点之一是矿石损失大、贫化大。为了降低矿石损失和贫化指标，今后应不断改进完善放矿方式及回采方案。

(3) 增大结构参数。随着无轨自行设备如凿岩台车、大型铲运机及其辅助设备、车辆的应用，原来的低分段的无底柱结构参数已显落后，应增大结构参数，由低分段无底柱分段崩落法（结构参数一般为10×10m，采切比约为8.6m/kt）向高分段无底柱崩落法发展，其分段高度为15 ~20m，进路间距为20m，采切比为2.2m/kt左右。大结构参数为大型采掘设备提供了用武之地。

(4) 实现遥控采矿。无底柱分段崩落法的作业环节主要是掘进回采进路、打扇形中深炮孔、装药爆破、铲装和运输，而且在相同的进路作业。由于这种方法的回采作业工序是重复进行的，矿块全部回采作业几乎均能实现标准化。这样，提高机械化及自动化程度，就容易实现遥控采矿。同时，使用的无轨设备不仅直接用于回采作业，还可用于其他多种辅助作业。

9.3.2.2 充填采矿法

20世纪初国内仅有少数矿山应用充填采矿法，主要集中在稀有和贵重金属及有色、黄金矿山，采矿效率低，成本高。随着充填工艺技术的发展，矿产品价格的走高，不仅有色、黄金矿山，就是一些开采技术条件复杂的铁矿、锰矿也开始采用充填采矿法或嗣后充填。

随着无轨设备采矿和充填工艺及管道输送充填料等技术的使用和发展，充填工艺实现了机械化、自动化，充填法的生产能力提高，矿石损失率和贫化率显著降低，采矿成本也降低。加上环保要求，使用土地的限制，胶结充填又可防止地表沉降，必将导致充填技术在我国矿山越来越广泛的应用。

目前，充填法已发展形成了高分层充填、分段充填和阶段充填系列化采矿工艺与技术。阶段和分段充填逐步向机械化、自动化充填工艺方向发展，其应用范围日益扩大。尤其是采场出完矿后整体一次充填的阶段空场法嗣后充填，因其具有阶段空场法的开采强度大、效率高、成本低的优点，又有充填法维护采空区安全性好、损失和贫化率低、适应性强的长处，正在受到重视。在废石胶结充填、全尾砂胶结充填、泵压输送充填、赤泥胶结充填等工艺与技术及其充填材料等方面的技术进步取得显著成效，有效解决了原有充填工艺效率低、成本高、劳动强度大、料浆输送浓度低和材料配合要求严格等关键技术问题，促进了充填采矿工艺的推广应用。

由于充填工艺技术的提高，充填采矿方法已不仅是用来开采不稳固矿体的可选方法，而且已是复杂难采矿体、深井开采、大水矿床、无废开采、防止地表陷落、提高矿石回采率及减少贫化的主要方法。

高效充填采矿法主要有：

(1) 高分层上向充填采矿法。盘区机械化上向分层充填采矿法是凡口矿的主要采矿方法。"十五"期间在国家科技攻关课题的支持下，结合深部矿床的开采技术条件，进一步研究采用了盘区机械化高分层上向凿岩充填采矿法。采场宽度8 ~10m，采场长为矿体厚度35m左右，分层高度4.5m。采用无轨采矿设备组成凿岩、运药、装药、撬毛、顶板管理、出矿、二次破碎和运料等一套完整的无轨机械化采矿作业流程。其中采用MONOMATIC HS105X型上向自动接杆台车凿岩、NT30/NBB 150井下装药车装药、BROCK PT50L型撬毛车处理采场顶板和边帮松石、LF-4.1型和ST-3.5型$3m^3$斗容铲运机出矿、PLUTON-17BPP1500 06型服务车进行采场顶板管理和各项辅助服务。实行集中凿岩、自拉槽采场一次爆破、强化出矿的集中作业。高分层充填采矿法通过分层微差一次性大爆破与全盘区大型无轨机械化配套高效作业，实现分层充填采矿法集中强化采矿。因此,在深部高地应力、高井温和倾斜中厚矿体条件下,保证了安全生产,实现标准盘区(3个采场)生产能力达到840t/d,取得矿石损失率为0.32%、贫化率为5.3%、大块(大于0.5m)产出率为1.29%的良好技术指标。

(2) 分段充填采矿法。大冶有色金属公司与长沙矿山研究院合作,进行分段碎石胶结充填采矿方法的试验研究,解决了丰山南缘矿带无底柱分段崩落法开采存在的采矿损失率和贫化率均达30%~40%等许多问题。通过扩大工业试验和采矿方法技术改造,将50m高的阶段划分成10m高的分段,发展为12.5m的分段。在分段内布置垂直矿体走向的采场,在分段采场内按采矿步距组织采、出、充作业循环,沿矿体走向不留矿柱连续回采,分段采场断面呈椭圆状多边形,其周边应力集中小,顶板上几乎不存在受拉破坏区,有利于采场稳定。采用自然级配的碎石胶结充填技术,充填料经水泥浆自淋混合,在采场不需脱水。台车凿岩,$2m^2$铲运机出矿和充填,TCY-2型推卸铲运机完成充填接顶作业,实现采矿、出矿和充填全盘无轨机械化作业,分段充填接顶平均接顶率大于85%,使丰山南缘矿体的采矿损失率和贫化率分别降低到14.13%和9.65%,并且有效地抑制了岩层移动、防止山体滑坡和地表水直灌井下,使南缘矿带采矿生产安全。

(3) 阶段空场嗣后充填采矿法。安庆铜矿试验成功阶段空场大直径落矿嗣后充填采矿法。采场垂直于矿体走向布置,长度为矿体的厚度,宽度为30m,矿房和矿柱各15m;采场的高度为105m(-385~-280m),分为两个凿岩中段,分别在-340m和-280m施工凿岩硐室,采用Simba-261钻机施工,孔径为165mm的下向大孔,采用VCR法和侧向爆破崩落矿石;出矿水平在-385m,由铲运机将采场的矿石铲运至出矿溜井。采场分两步骤回采,第一步骤先回采矿房,矿房采空后,采用分级尾砂进行胶结充填,待充填体形成稳定的强度后,再进行采场第二步骤即矿柱的回采。矿柱回采形成空场后,用分级尾砂对采空区进行水砂充填。这种采矿方法安全性好,人员不需暴露在采空区下作业,实现了全过程的机械化作业,具有采场生产能力大、采矿效率高、作业成本低、矿石损失贫化小等优点。采场综合生产能力达1039t/d,大量出矿效率为1441t/d,残矿回收出矿效率为625t/d,采矿损失率为2.56%,贫化率为0.83%,大块率为2.2%,采矿综合工班效率为67.44t/(工·班)。

高效充填采矿法的发展趋势:

(1) 充填采矿法已由过去传统的风动凿岩、电耙耙矿逐渐被液压凿岩、铲运机出矿所取代,正向设备无轨化、充填机械化、回采连续化、设备大型化方向发展,使其成为高效的采矿方法。

(2) 阶段空场及分段空场采矿嗣后充填在金属矿山具有广阔的应用前景。

(3) 必须看到,充填法尤其是胶结充填虽然具有控制地压、保护地表、保护环境、提高矿石采出品位及回采率等优点。但突出的问题是增加了矿石成本,仅充填费用就占矿石总成本的20%~40%,其中水泥约占充填费用的40%~50%。在市场经济条件下,由于充填法采矿成本高,往往决定新建矿山能否立项,老矿山能否生存的大问题,致使充填法的应用受到严重制约。因此,降低充填成本是今后能否扩大其应用范围的关键问题。

(4) 充填法今后发展趋势之一是研发采用廉价的充填料,如用胶凝材料代替水泥;改变采矿方法的结构,以尾砂充填取代胶结充填,如采用倾斜进路连续回采的充填方案等;全尾砂脱水工艺、采用膏体充填材料、输送设备国产化、充填制备站和输送管网的检测技术以及自动控制计算机网络等也是工艺发展的要点。

(5) 如何使充填工艺与矿床开采条件有效匹配,实现高效率、高产能、低成本,一直是充填采矿应用与研究的主要课题之一。金川集团公司针对"富、大、深、碎"的复杂矿岩条件,在四十多年的发展历程中坚持充填采矿技术路线,自1965年建成简易粗骨料混凝土充填搅拌站后,在完善矿山充填工艺技术、扩大生产能力等方面进行了大量试验研究,先后建成了9套高浓度细砂胶结自流充填系统,1套尾砂膏体泵送充填系统和2套尾砂胶结自流充填系统,年充填量达到$1500000m^3$,支撑着企业5Mt/a的采矿量。

9.3.2.3 复杂难采矿体的采矿方法

复杂难采矿体主要是指破碎矿体、形态产状复杂矿体、大水矿床、三下矿体、开采后遗留下来的残矿及矿柱。这类矿体开采技术条件复杂、采矿难度大、隐患多,往往因安全保障程度低和采矿效率及经济效益等问题而导致资源严重损失和浪费。

近些年来，通过产学研科技攻关，复杂难采矿体的开采取得了很大进展及一些科技成果。

云南鹤庆锰业集团小天井区欲开采一个探明储量为300kt的急倾斜破碎富锰矿体。该矿体厚度为0.36～9.03m，平均为4.11m。矿体的地质条件极为复杂，且矿体赋存于破碎带中，断层在矿体上、下盘交替出现，矿岩稳定性极差，为此开展了“急倾斜破碎富锰矿体开采地压控制技术研究”。课题针对急倾斜破碎富锰矿体开采中采场地压控制问题，提出了上向进路干式充填采矿法回采工艺，取得了预期的效果。实践证明了地压研究结果所揭示的采场地压活动规律与现场地压显现情况基本吻合，所采用的地压控制方法行之有效，获得了在确保安全生产的条件下矿房生产能力达40～60t/d、矿石损失率与贫化率均为6%～10%的采矿技术指标。

小官庄铁矿的采场巷道地压控制及维护问题一直困扰着矿山生产，而高应力软破岩采准巷道的变形控制尤其困难。为此开展了“高应力软破岩采场巷道变形机理及控制技术”课题研究。在摸清巷道围岩变形规律的基础上，采取以短进路、单进路为采掘单元，进行快速采准；集中凿岩和多次凿岩相结合，加强矿量升级；支护强度一次到位；适时补强支护和治水、防水等措施，收到了良好的控制效果，有效杜绝了巷道掘进过程中的垮冒现象；降低了巷道变形速度，延长了安全服务期；减弱了巷道地压显现；提高了采场回采率。

复杂难采矿体还有一些技术问题有待攻关解决，如松软破碎矿体、工程地质及环境复杂矿体的开采技术、民采和境外矿体开采问题、采用崩落法开采的坚硬顶板处理技术等。

9.3.2.4 深井矿体开采方法

随着矿产资源的不断开采，出露地表及浅部矿产资源的减少，有的生产矿山资源已逐渐枯竭，都迫使矿山转入深井开采。深井开采面临高地应力、高温和高井深等特殊的“三高”开采技术条件，使采矿作业遇到许多技术难题。

近些年来，通过科技攻关项目的开展，取得了许多成果，为矿山建设和生产提供了技术支撑。如研究了深部矿床和复杂多空区条件下的安全、高效采矿关键技术问题。该课题研究在以下几个方面取得了突破：

(1) 针对深部矿床开采条件，对卸荷开采技术进入了深入研究，并应用了盘区机械化水平高分层上向凿岩充填采矿方法，取得良好效果。

(2) 在硬岩矿山建立了一套多通道、全数字化的实时微震监测系统和深井地压、灾害综合预报模型，其定位精度达到5～8m。

(3) 深入进行了深井通风网络优化技术研究，开发了深部通风系统网络优化分析计算软件，建立了高温井下通风网络数字化模型。

(4) 应用探地雷达(GPR)和瑞雷波(Rayleigh Wave)探测技术解决了地下复杂空区分布及形态探测的技术难题。在此基础上，通过对矿石的流动规律和废石混入机制的多方案模拟研究，提出了贫化损失控制技术，优选出复杂多空区条件下的分段凿岩、连续崩矿联合回采方案；该课题研究以凡口铅锌矿和厂坝铅锌矿两个矿山为依托，通过科技攻关，解决了矿山生产建设中的技术难题，研究成果已成功地在矿山得到了应用，取得了显著的经济和社会效益。

“复杂难采深部铜矿床安全高效开采关键技术研究”根据冬瓜山深井高应力、高温缓倾斜矿床开采技术条件，提出了相适应的阶段空场嗣后充填采矿方法；通过采取暂留隔离矿柱、充填、支护、岩爆监测及高温热害控制等措施，实现高效安全开采。

9.3.2.5 自然崩落法

自然崩落法又称矿块崩落法，它是一种采矿成本最低，开采强度大，效率高，易于实现机械化、自动化的采矿方法。据资料介绍，如果自然崩落法的采矿成本设定为1.0，则分段崩落法的成本为2.66。

20世纪60年代以前，自然崩落法主要用于开采松软、破碎、不稳固的矿体。随着矿业科技进步、岩石力学的发展及无轨自行设备的使用，目前这种方法已用于坚硬的厚大矿体。

自然崩落法采矿成本很低，如铜矿峪铜矿为29元/t，对于开采厚大、低品位矿体具有较大优势。目前使用自然崩落法的国家很多，还有增加的趋势。

自然崩落法发展趋势：自然崩落法阶段高度越来越大，已由早期的100～150m提高到300～400m，甚至更大，从而进一步降低开采成本和减少开拓工程量；传统的电耙出矿和格筛放矿工艺已越来越少，将被铲运机出矿取而代之；越来越多的硬岩矿山采用自然崩落法，在这种情况下，尽管崩落后产生的块度较大，但可将放矿点间距加宽，采用大型设备，还有利于提高生产能力；应用诱导崩矿手段，提高矿体的可崩性；实现矿石运输自动化等。

9.3.2.6 不断改进和完善采矿工艺技术

随着采矿新技术、新工艺、新设备及材料的涌现和发展，一部分采矿方法相比之下存在安全性差、工艺技术落后、成本高、劳动强度大、效率低、对环境危害大等问题，应通过攻关加以解决和改善；同时，推广安全性好、经济效益好的工艺技术。今后，要加强采矿科技力量，不断改进和完善采矿工艺技术。

9.3.3 采矿方法的选择

采矿方法在矿山生产中十分重要，它直接关系到生产安全、生产能力、劳动效率、矿石损失率和贫化率、矿石成本、矿山经济效益及其他多项技术、经济指标的好坏。因此，在矿山设计中，应认真研究分析影响采矿方法的各种因素，以便选择出适合矿山具体条件的采矿方法（方案）。

为了便于采矿方法的选择，通常将矿床（体）按赋存要素进行分类：

（1）按矿床厚度，分为：

1）极薄矿脉，厚度在0.8m以下，回采时需要采掘围岩；

2）薄矿床，厚度为0.8～5m；

3）中厚矿床，厚度为5～15m；

4）厚矿床，厚度为15～50m；

5）极厚矿床，厚度在50m以上。

（2）按矿体倾角，分为：

1）水平矿床，矿体倾角0°～3°；

2）缓倾斜矿床，矿体倾角3°～30°；

3）倾斜矿床，矿体倾角30°～50°；

4）急倾斜矿床，矿体倾角大于50°。

（3）按矿床形态，分为：

1）层状矿床，多为沉积或变质沉积矿床。其特点是矿床赋存条件（厚度、倾角等）和有用矿物的组分较稳定、变化小。多见于黑色金属矿床和非金属矿床；

2）脉状矿床，矿床成因主要是热液、气化作用，使矿物充填于地层的裂隙中。其特点是矿床与围岩的接触处有蚀变现象，矿床赋存条件不是很稳定，有用成分的含量不均匀。有色金属、稀有金属及贵重金属矿床多属此类；

3）透镜状、囊状矿床，矿床主要是充填、接触交代、分离和气化作用形成的矿床。它的特点是矿体形状不规则，矿体和围岩的界限不明显。某些有色金属矿（如铜、铅、锌等）即属此类。

（4）按矿岩稳固程度允许的暴露面积，分为：

1）极不稳固矿床，顶板不允许暴露；

2）不稳固矿床，顶板允许暴露面积在$10m^2$以内，长时间暴露仍需支护；

3）中等稳固的矿床，顶板允许暴露面积$200m^2$以内；

4）稳固的矿床，顶板允许暴露面积在$500m^2$以内；

5）很稳固的矿床，顶板允许暴露面积$500～1000m^2$；

6）极稳固的矿床，顶板允许暴露面积在$1000m^2$以上。

9.3.3.1 影响采矿方法选择的因素

影响采矿方法选择的因素很多，如地质条件、开采技术条件、安全因素、设备因素、经济因素、环保要求、产品加工要求及政治因素等，有些因素是动态变化的。选择采矿方法主要考虑下面影响因素。

A 矿床地质及水文地质条件

矿床地质及水文地质条件对采矿方法的选择起控制作用，一般情况下，根据矿石和围岩的物理力学条件就可选出几种采矿方法。

（1）矿石和围岩的物理力学性质。矿石和围岩的稳固性是关键因素，它决定着采场地压管理、采矿方法的选择和采场构成要素及落矿方法，矿岩稳固性对采矿方法的影响参见表9-157。

表9-157 矿岩稳固性对采矿方法选择的影响

稳固性		较适应的采矿方法	不太适应的采矿方法
矿石	围岩		
稳固	稳固	空场法	崩落法
稳固	不稳固	崩落法、充填法	空场法
中等稳固或不稳固	稳固	分段法、阶段矿房法、阶段自然崩落法、嗣后充填法	
不稳固	不稳固	充填法、崩落法	空场法

（2）矿体倾角和厚度的影响。矿体倾角主要影响矿石在采场内的运搬方式方法。急倾斜矿体可利用矿石自重运搬；缓倾斜矿体可用电耙运搬；水平矿体可用无轨自行设备或有轨运输；倾角小于10°的矿体可用无轨设备运搬；倾斜矿体可考虑爆力运搬；对于矿体厚度较大时则可不受这些限制。

矿体厚度影响采矿方法和落矿方法的选择以及矿块的布置方式。极薄矿体的采矿方法要考虑分采或混采；单层崩落法一般要求矿体厚度不大于3m；分段崩落法要求矿体厚度大于6～8m；阶段崩落法要求矿体厚度大于15～20m。在落矿方法中，浅孔落矿一般用于厚度小于5m的矿体；中深孔落矿一般用于厚度大于5～8m的矿体；大直径深孔落矿一般用于厚度10m以上的矿体。

一般情况下，极薄和薄矿体，矿块沿走向布置。厚和极厚矿体，矿块垂直走向布置。

矿体倾角和厚度对采矿方法选择的影响参见表9-158。

表9-158 矿体倾角和厚度对采矿方法选择的影响

矿体厚度	水平矿体0°～3°	缓倾斜矿体3°～30°	倾斜矿体30°～50°	急倾斜矿体大于50°
极薄矿脉小于0.8m	壁式削壁充填法	壁式削壁充填法	上向倾斜削壁充填法	留矿法，上向分层削壁充填法
薄矿体0.8～5m	全面法，房柱法，壁式崩落法，壁式充填法等	全面法，房柱法，壁式崩落法，壁式充填法，进路充填法等	爆力运矿采矿法，分层崩落法、上向进路充填法，下向分层充填法等	分段法，留矿法，分层崩落法，上向分层（水平分层）进路充填法、分段充填法，留矿采矿嗣后充填法等
中厚矿体5～15m	房柱法，壁式充填法	房柱法，分段法，分层崩落法，上向、下向进路充填法，分段充填法，倾斜分层充填法	爆力运矿采矿法，分段法，分层、分段崩落法，分层、分段充填法等	分段法，留矿法，分层、分段崩落法，分层（上向分层、上向进路、下向分层）充填法，分段充填法，留矿采矿嗣后充填法等
厚矿体15～50m	分段法，阶段矿房法，分层崩落法，分段崩落法，阶段崩落法，分层充填法，嗣后充填法等	分段法，阶段矿房法，分层崩落法，分段崩落法，阶段崩落法，点柱充填法，嗣后充填法等	分段法，阶段矿房法，分段崩落法，分层崩落法，阶段崩落法，点柱充填法，上向分层充填法，嗣后充填法等	分段法，阶段矿房法，分层、分段崩落法，阶段崩落法，上向分层充填法，嗣后充填法等
极厚矿体大于50m	阶段矿房法，分段崩落法，阶段崩落法，阶段充填法等	阶段矿房法，分段崩落法，阶段崩落法，阶段充填法等	阶段矿房法，分段崩落法，阶段崩落法，阶段充填法等	阶段矿房法，分段崩落法，阶段崩落法，阶段充填法等

注：表中仅列出部分采矿方法。

（3）矿体形状和矿石与围岩的接触情况，影响采矿方法的落矿方式、矿石运搬方式和贫化损失指标。如接触面不明显，矿体形状不规则，起伏较大时，采用大直径深孔落矿，会引起较大的损失、贫化。底板起伏较大会影响使用无轨出矿设备和爆力运搬矿石，甚至采用留矿法的效果也很差。在极薄矿脉中，矿体的形状是否规整，接触界线是否明显，影响削壁充填采矿法的采用。

（4）矿石的品位及价值。开采品位较高的富矿和贵重、稀有金属时，往往要求采用回采率高、贫化率低的采矿方法如充填法，尽管这类采矿方法的成本比较高。但提高出矿品位和多回收各种金属所获得的经济效益会超过采矿成本的增加。反之，则应采用成本低、贫损高的崩落采矿法或空场法。

（5）如果矿物及品位在矿体中的分布比较均匀，一般不采用选别回采的采矿法，若矿体很大，不妨使用大量崩落法；相反，如果矿体的形态变化大，矿物及品位在矿体中的分布也不均匀。或者，矿体的边界不清楚，必须配合周密的取样、化验后才能定出矿体边界时，则用崩落采矿法往往不很成功，而要考虑采用能剔除夹石或分采的采矿方法。在缓倾斜矿体就可采用留规则或不规则矿柱、岩柱的房柱法、全面法等。

当在同一矿床中具有不同品位，且相差很悬殊的多个矿体时，可以采用不同的采矿方法，或采用先采富矿暂时保留贫矿的充填采矿法。

（6）矿体赋存深度。赋存深度超过500～600m或原岩应力很大时，地压增大，有可能产生冲击地压或岩爆现象，采用充填法和崩落法较为适宜。

（7）矿石和围岩的自燃性与结块性。矿石和围岩中含硫高（或硫、碳均高），有自燃或发火倾向时，应采用充填法，避免采用留矿法、阶段崩落法和大量崩落矿柱的采矿法。

（8）开采放射性矿石，一般采用通风条件较好的充填法。具有氧化结块性的矿石（含硫较高的矿石）应采用空场法或充填法，避免采用留矿法和大量崩落采矿法，以防止矿石结块，影响生产。

B 开采技术条件

（1）地表是否允许陷落。当矿体开采以后，在地表移动带范围内，如果有公路、铁路、河流、村镇、居民区、风景区、文化遗址等，或者地表是森林、农田、水利设施（包括水库、堤坝等），在选择采矿方法时就要优先考虑能保护地表的采矿方法，如充填法和用充填方法处理采空区的空场法等。

（2）加工部门对矿石质量的特殊要求。矿石的品位及品级是某些加工部门的特殊要求，如富矿石、耐火原料矿石。对品位、品级、有害成分有特殊要求，对矿石贫化率的要求比较严格，不能选取贫化率可能超过某些范围的采矿方法。

矿石的块度不仅关系到箕斗提升、矿车规格、破碎加工设备型号和经济效果，而且与采场凿岩爆破参数有密切关系，有时影响到采矿方法的选取。如规模很小的破碎或加工厂，不允许采用块度较大的大直径深孔落矿或中深孔落矿的采矿方法。

（3）有某种特殊危害的矿山。矿石中含硫高（或硫、碳均高），有结块自燃的或者有发火危险的煤系地层围岩，应优先采用充填法，避免采用留矿法、大量崩落法。

若开采含放射性元素的矿石，一般采用通风条件较好的采矿法。

C 安全因素

（1）以人为本，保证安全及人员的身体健康是选择采矿方法首先考虑的问题，影响矿山安全的因素很多，归结起来，主要是自然因素和技术因素。

自然因素包括：矿体的赋存和埋藏状况、围岩和矿体的性质、节理裂隙发育程度、地下水情况等。一般来讲，矿体埋藏较深，地压越大，巷道失稳及岩爆发生的可能性越大。围岩的岩性、稳定性直接决定着井巷的稳定性和生产安全。地下水蕴含丰富与否则决定着生产中水害严重程度的大小。

技术因素包括：采矿方法本身特征、采矿方法设计等问题。如金属矿山一般按矿体赋存条件采用崩落法、空场法或充填法开采，各种采矿法均需兼顾效益和安全，地压处理便成为其技术关键。崩落法，若完全崩通地表，空区得到填充，释放了压力，将有效缓解采区地压，避免突发性垮塌冲击和空气冲击灾害；空场法，若适当分隔和及时封堵空区，并留保安矿柱，按顺序回采，可大大减少灾害事故的发生；采用充填法的矿山若顺序控制适当，可消除空区隐患，但也可能存在应力转移和采矿工作面地压问题。充填料浆未干时，密闭墙失稳易发生突出等事故。大范围开采情况下，特别在下向分层充填法中，充填体以及松散充填层的稳定性也存在一定隐患。此外，较浅部的开采可能部分影响到地表，控制不当则构成地质灾害。

井巷支护作为控制因采矿引起地压问题的有效措施，在保障井下安全生产方面起着非常重要的作用。而支护方式依据矿体及围岩稳定性不同，有较大差异。针对不同地质条件，选择相应的支护方式，对避免顶板冒落、采场坍塌等灾害具有十分重要的意义。

(2) 采矿方法选择不当会产生与地压控制有关的严重的安全问题。如片帮、冒顶、放矿时形成自然结拱和大块卡斗，要处理这些事故，人员和设备就不可避免地暴露在不稳定的岩体下，而悬顶最终下落时又很容易产生空气冲击波。因此，任何可能产生安全问题的因素在采矿方法选择时都要预先考虑到。选择人员不在暴露面积大的采场内作业及用人最少的采矿方法。

(3) 提高采矿机械化程度，不仅可以提高劳动生产率，而且降低了工人的体力劳动强度和造成工伤的概率。如过去采用气腿式凿岩机和电耙出矿的采矿方法现在多数都改用了无轨设备。当然，采矿机械化程度的提高，特别是大量柴油设备的使用，也增加了新的问题。大量采用柴油设备的坑内矿山，必须采取特殊的环境控制措施，以便提供足够风量排出柴油机尾气，降低工作面温度。

(4) 地下矿开采空间小且具有封闭性特点，井下有毒、有害气体浓度，粉尘浓度和噪声水平都很高，选择采矿方法要注意这一点，同时还要采取有效的防治措施，保证井下人员的安全和健康。

(5) 有氡气释放的矿山，最好的办法是加大通风量将氡气的浓度稀释到可以接受的水平以下。氡子体容易黏附在柴油机排出的尾气颗粒上，用水降尘是最常用和最好的方法。用洗涤器和陶瓷过滤器可以有效控制柴油机尾气。在所有这些条件下，工作人员戴上防毒面具都是绝对必要的。

D 采掘设备

采矿方法选择在一定程度上是选择何种设备，已有的采掘设备水平往往决定了采矿方法，即设备决定工艺。随着矿山设备的不断发展更新，采矿方法也有了很大改变，与时俱进，新建矿山的采矿方法选择要将采掘设备的因素作为重要内容考虑，采用先进、实用的采掘设备。

E 经济因素

采矿方法选择将会影响除矿石价值以外的许多因素，正确与否直接影响着矿山盈利水平的高低。因此须进行综合经济比较来选择。其实质就是在追求投资的最好、最快回报和获得最好投资回报率之间找到最佳方法。

F 环境因素

首先要考虑的是地表是否允许崩落，除了崩落采矿法之外，多数地下采矿方法对地表环境影响相对较小。只要采矿方法选择适当，遵守合理的开采顺序，可以做到对地表的保护。

采用充填采矿法时，为防止料浆浓度低，造成对井下的严重污染，提倡采用高浓度(膏体)充填。矿山是产生废料最多的企业，有时为了减少固体废料占地和环境的污染，也直接影响采矿方法的选择。

G 采矿方法所要求的技术管理水平

采矿方法不同，要求的技术管理水平及操作者的素质也不一样，采用先进的工艺技术及设备，必须有较高的技术管理水平及操作者的技术素质。

H 采矿方法自身的因素影响

采矿方法因采场结构、采准方式、回采工艺技术及设备等不同，可以组成多个方案供选择。

(1) 采场结构：包括采准布置、构成要素、采场高度、分段(层)高度、矿房和矿柱间的尺寸和比例、回采顺序等。

(2) 采准方式：采用脉外采准还是脉内采准，采用无轨采准还是有轨采准。

(3) 回采工艺：回采工艺包括多项作业及其回采技术，对采矿方法的影响见表 9-159。

表 9-159 回采工艺对采矿方法的影响

回采工艺		影响因素
凿岩	设备	(1) 凿岩钻车；(2) 凿岩机、钻机；(3) 牙轮钻机
	孔径	(1) ϕ30 ~ 46mm 浅孔；(2) ϕ55 ~ 115mm 中深孔；(3) ϕ100 ~ 200mm 大孔
	炮孔排列	(1) 倾斜；(2) 扇形或环形；(3) 垂直
爆破	炸药	(1) 乳化炸药；(2) 普通铵油炸药；(3) 硝铵炸药；(4) 特制炸药
	包装	(1) 散状；(2) 药卷；(3) 特殊包装
	设备	(1) 装药车；(2) 装药器；(3) 人工
	起爆方式	(1) 人工点火；(2) 电气点火；(3) 其他
	落矿方式	(1) 水平落矿；(2) 垂直落矿；(3) 其他

续表 9-159

回采工艺		影响因素
出矿	设备	(1) 铲运机;(2)电耙;(3)装运机;(4)人工漏斗或电(气)动漏斗;(5)振动放矿机;(6)连续出矿机等
	结构	(1) 漏斗式;(2)堑沟式;(3)平底式
	运距	(1) 10~20m;(2)20~30m;(3)30~50m;(4)50~300m 等
支护	设备	(1) 人工安装;(2)锚杆安装台车;(3)喷浆机;(4)机械手
	形式	(1) 开缝式锚杆;(2)膨圈式锚杆;(3)长短锚杆联合等锚喷支护形式;(4)长锚索
	支护率	0~100%
通风	形式	(1) 利用主扇风流;(2)局扇加强;(3)多级机站
	设备	(1) 14kW;(2)28kW;(3)55kW;(4)75kW 等局扇
充填	充填材料	(1) 尾砂;(2)天然砂;(3)人工砂;(4)岩石(废石);(5)膏体等
	性质	(1) 无胶结干式;(2)水砂;(3)尾砂胶结;(4)人工胶结;(5)碎石胶结等
	充填料运搬	(1) 管道自溜;(2)电耙耙平;(3)铲运机运料等

上述影响采矿方法选择的各因素中,所起的作用不同,在某些特定条件下任何一条都可能成为选择的决定性因素。一般情况下,要全面分析评价,选择适合的采矿方法。

在市场经济条件下,对业主的要求要协调好。

总结以往建成投产的矿山,有的改变了采矿方法,分析其原因有的是设计不细、选择不当所致,也有的是下面因素影响:

(1) 设计所依据的地质资料不能正确反映矿体的开采特征,开采中矿体形态、矿石品位、矿岩的稳固性等均发生较大变化。

(2) 对采矿方法选择的全过程重视不够。采矿方法选择全过程包括:研究地质资料→选择采矿方法→基建施工→采矿方法试验→试生产→投产。在实际工作中往往忽视了这个过程,在投产之前,没有充分做好这些准备工作。

(3)某种先进的采矿工艺或设备的引进和采用,通过工业性试验,掌握它的工艺特点、适应范围、操作规律,以便获得较好效果。

(4) 技术进步带来采矿方法的更新换代。矿山建设初期,设计虽已采用较为先进的采矿工艺和设备,投产以后不久,由于国内外采矿技术的发展,采用某些新的采矿工艺或设备取代原有的工艺或设备,会为企业带来更好的经济效益。这种变化和取代是必要的、正常的,但在客观上也是造成采矿方法多变的原因之一。

9.3.3.2 *采矿方法选择必须遵循的准则*

(1) 保证生产安全及良好的作业条件是采矿方法选择的首要准则。同时,要认真贯彻执行国家、行业有关安全方面的规程、规范等法规。保证矿山能够安全地、持续地生产,井下设备、井巷及其他设施在使用中不遭破坏。采取有效措施防止火灾、水灾及泥水下灌,防止其他灾害事故的发生。当发生灾害时,应能安全、及时撤离作业区。

(2) 技术先进,工艺成熟,设备可靠。

(3) 矿块(采场)生产能力大、效率高、成本低。减少同时作业阶段或作业面数,以利于实现集中强化开采和生产管理。

(4) 采矿方法结构简单,采切工程量小。

(5) 矿石的回采率要高(如铁矿石不低于 80%),贫化率要低(如铁矿石不高于 20% 的废石混入率)。对有待分采、分运要求的矿种须考虑其可能性。

(6) 回采作业循环周期要短(凿岩、装药、爆破、出矿、充填、支护)。

(7) 采矿方法要有一定的灵活性,当条件发生变化时,有一定的适应性。

(8) 充分利用重力运搬,最大限度地利用自然支护,缩短崩下矿石在采场的滞留时间。

(9) 国家、行业对某些原料或金属量的损失率、废石混入率、贫化率等有特殊规定时,凡是不能满足规定要求的采矿方法,均不予考虑。

(10) 指标选取应留有余地。既要考虑技术进步及设备的发展,又要留有余地。

(11) 采用空场采矿法和充填采矿法回采矿房后,多数方案留下顶柱、底柱和间柱,应将矿柱开采和空区处理置于一个完整的采准系统和工艺过程中，并作为评价比较内容之一。

9.3.3.3 采矿方法选择的设计程序

多年来，一些专家学者提出了多种采矿方法的选择方法，目前虽然有不少优选采矿方法的计算机程序和专家系统，也有不少学者提出了各种采矿方法的数值优化选择方法，如灰色关联分析法、多目标决策密切值法、相似率价值工程法、模糊综合评判法、神经网络模糊优选法、多属性物元决策法等，但由于影响采矿方法选择因素的复杂性，这些优选算法的成熟程度能达到普遍实用水平的并不多，主要是智能化程度还满足不了广泛应用的要求，因此在实际工作中，仍然是在经验法则的基础上通过技术经济比较来选择采矿方法。

常用的具有可操作性的采矿方法的设计程序——选择步骤如下：

第一步，收集和掌握与选择有关的资料；第二步，采矿方法初选；第三步，技术比较；第四步，经济比较；第五步，综合分析比较。

一般情况下，经过第二步初选和第三步技术比较及第四步经济比较，便可选定适合的采矿方法。只有在必要时才进行第五步的综合分析比较。

A 收集并掌握采矿方法选择的有关资料

(1) 仔细研究地质资料。

仔细研究与采矿方法有关的资料，着重研究分析：

1)矿体的赋存特点。矿体的厚度、倾角及变化范围、规律，矿石和围岩接触面的形状、分界是否明显。

2)矿区岩石力学特征。矿区成矿前后的地质构造和分布规律；矿区岩石力学测定数据，包括各种岩石物理力学性质、抗压强度、弹性模量泊松比、最大主应力的方向和数值、岩石的可钻性和可爆性资料、矿岩可能允许暴露面积的大小；地质部门对未来矿坑稳固性的分析，建议的采矿方法等。

3) 各矿体的矿产资源储量和品位，金属含量的均匀程度及变化规律，不同品位和品级矿石分采的可能性，不同品级矿石的大致价值等。

4) 矿体的埋藏深度和矿区水文地质情况；含水层的分布规律和水力联系，对未来矿坑影响程度估计；建议的矿床疏干方案，相对隔水层的产状和分布规律等。

5) 矿区开采范围是否有需保护的河流、湖泊、村庄、铁路、公路等重要建(构)筑物。

6) 矿石及围岩中硫和碳的含量、矿石自然结块性、放射元素的含量及其分布规律等。

(2) 岩石力学资料及现场调研。

1) 矿岩物理力学性质和参数、节理片理特征、原岩应力数据等资料。

2) 现场踏勘矿区地形地貌，矿岩露头，矿区生态，环境状态，如地表水体、村庄、道路、农田、工业概况、可利用充填材料等。

3) 察看岩芯样品，核实与设计有关的钻孔岩芯资料；若有巷道，则进行观察、核实及统计有关资料。

(3) 掌握类似开采条件矿床的采矿方法实例及采矿设备。

1) 类似矿床条件矿山的采矿方法及主要技术经济指标。

2) 采掘设备及工艺，如掘进回采的凿岩、装药爆破、放矿运矿、支护、充填等工艺及设备情况。若应用进口设备时，对其厂家、设备型号、性能及价格等更应详细了解和分析。

3)国内外采矿工艺技术和设备及其发展趋势。

(4) 与选矿有关的资料。

1) 选矿厂对原矿块度、品级的要求。

2) 选矿回收率，估称选矿成本等资料。

3) 尾矿产率、粒级分析、尾砂(水)的有害成分及可能污染的有关资料等。

应该指出，上述的有关资料并不是每种采矿方法都需要的，应针对具体情况而定。

B 采矿方法初选

初选采矿方法，一般步骤如下：

(1) 依据收集和掌握的资料，对其进行分析研究，结合矿区现场踏勘，对矿岩的稳固程度、采场空间允许体积、暴露顶板最大面积及跨度等做出估计。采用数值分析等方法检验采场的尺寸和稳定性。

(2) 在矿体的横剖面图和纵投影图及阶段平面图上，按采矿方法设计要求的厚度、倾角范围进行统计，确定各种范围分布、比例，分别选择出采矿方法及采场构成要素。

(3) 根据采矿方法选择的影响因素和必须遵循的准则，按表9-157～表9-160的条件，并通过对决定条件及控制条件的分析研究，可初选出几个技术上可行的采矿方法。

(4) 按矿体倾角和厚度进行采矿方法组别(分层、分段、阶段)选择，而分组又与辅助条件有一定的对应关系，见表9-160、表9-161。

表9-160 根据矿岩稳固性、矿体厚度和倾角可能采用的采矿方法

矿体倾角	矿体厚度	矿岩稳固性			
		矿石稳固，围岩稳固	矿石稳固，围岩不稳固	矿石不稳固，围岩稳固	矿石不稳固，围岩不稳固
缓倾斜	薄和极薄	全面法，房柱法	单层崩落法，垂直分条充填法	垂直分条充填法，全面法，单层崩落法	垂直分条充填法，单层崩落法
	中厚	分段法，房柱法，全面法	分段法，分层崩落法，有底柱分段崩落法，分层充填法，锚杆房柱法	分段法，上向进路充填法，垂直分条充填法	有底柱分段崩落法，分层崩落法，充填法
	厚和极厚	阶段矿房法，分段、阶段崩落法，充填法	分段、阶段崩落法，充填法	上向进路充填法，分段崩落法，阶段崩落法，嗣后充填法	分段、阶段崩落法，分层崩落法，下向充填法，上向进路充填法
倾斜	薄和极薄	全面法，房柱法	垂直分条充填法，上向分层充填法单层崩落法	上向进路充填法，分段矿房法，分段崩落法，全面法	分层崩落法，上向进路充填法，下向分层充填法，分段崩落法
	中厚	分段法	分段崩落法，上向分层充填法	进路充填法，分段法，有底柱分段崩落法	有底柱分段崩落法，分层充填法，上向进路充填法，分段崩落法
	厚和极厚	阶段矿房法，分段法，嗣后充填法	分段、阶段崩落法，上向分层充填法	上向进路充填法，分段矿房法，分段、阶段崩落法，下向分层充填法，嗣后充填法	分层崩落法，上向进路充填法，下向分层充填法，分段、阶段崩落法
急倾斜	极薄	削壁充填法，留矿法	削壁充填法	上向进路充填法，下向分层充填法	下向分层充填法，上向进路充填法
	薄	留矿法，分段、阶段矿房法	上向分层充填法，分层崩落法，分段崩落法	上向进路充填法，分层崩落法，分段崩落法，分段矿房法	上向进路充填法，下向分层充填法，分层崩落法，分段崩落法
	中厚	分段法，阶段矿房法，分段崩落法	分段法，上向分层充填法，分段崩落法	上向进路充填法，下向分层充填法，分层崩落法，分段崩落法，分段矿房法，嗣后充填法	下向分层充填法，上向进路充填法，分层崩落法，分段、阶段崩落法
	厚和极厚	阶段矿房法，分段、阶段崩落法，嗣后充填法	分段法，分段、阶段崩落法，上向分层充填法	上向进路充填法，下向分层充填法，分层崩落法，分段、阶段崩落法，嗣后充填法	分段、阶段崩落法，下向分层充填法，上向进路充填法，分层崩落法

表9-161 采矿方法分组与某些回采工艺对应

回采工艺		分 层	分 段	阶 段
凿岩	孔径	$\phi30\sim46$mm	$\phi55\sim115$mm	$\phi100\sim200$mm
	炮孔布置	平行	扇形	平行、扇形
	设备	气腿式或台车	台(钻)车	台(钻)车
爆破	炸药	普通、乳化、铵油	普通、乳化、铵油	普通、乳化、特制、铵油
	包装形式	混装、小药卷	混装、药卷	混装、大药卷
出矿		小型电耙、小型铲运机、振动放矿机	中型铲运机、振动放矿装运机、中型电耙	大型铲运机、振动放矿机、大型电耙
支护		锚杆护顶	喷锚	喷锚、长锚索加固上、下盘
充填		多为管道式充填	管道式充填、无轨设备运干料充填	管道式充填、干式充填，或两者结合均可

这样，可以删去一批无关的采矿方法。

采矿方法选择，一般条件下空场法易于确定和否定，对崩落法和充填法则往往难于从技术上比较选定。

如某铜铁矿床,平均含铜1.73%,含铁32%,矿体走向长350m,倾角60°~70°,平均厚度50m,矿石中等稳固,围岩稳固性差,地表允许崩落。矿山要求生产能力500kt/a。

首先根据矿山地质条件和采矿技术条件来选择几种合适的采矿方法,见表9-162。

表9-162 采矿方法选择

序号	主要的地质及开采技术条件		较适合的采矿方法	排除的采矿方法
	名称	特征		
1	地表允许崩落的可能性	允许崩落	空场法、崩落法、充填法	
2	矿石的稳固性	中等稳固	充填法、崩落法、空场法	
3	围岩的稳固性	差	崩落法、充填法	空场法
4	倾角及厚度	倾角60°~70° 平均50m厚	上向分层充填法、VCR嗣后充填法、无底柱分段崩落法、阶段强制崩落法	其他充填法与崩落法
5	矿石的品位	含铜品位较高	上向分层充填法、VCR嗣后充填法、无底柱分段崩落法	阶段强制崩落法

根据以上初步分析,可初选出三种采矿方法(方案):(1)无底柱分段崩落法;(2)上向分层充填法;(3)矿房用上向分层充填法,矿柱用VCR嗣后充填法。

C 技术比较

对初选的采矿方法(方案)进行技术比较,比较内容:

(1)矿块生产能力;

(2)矿石贫化率;

(3)矿石损失率;

(4)千吨采切比及采准时间;

(5)矿块的工人劳动生产率;

(6)采出矿石直接成本;

(7)作业条件和安全程度;

(8)回采工艺的繁简程度;

(9)方法的灵活性及对开采条件变化的适应性;

(10)主要材料消耗,特别是木材、能源、水泥的消耗;

(11)方案的优缺点。

除了分析比较上述内容外,还要考虑与采矿方法有关的基建工程量和基建投资等因素。

在进行技术分析比较时,要针对不同矿山具体条件,分析哪些指标是主要的,哪些是次要的,这样才能选择适合具体开采条件的采矿方法,取得更好的效益。例如,对开采富矿和国家急需的稀缺矿石,应选取回采率高、贫化率低的采矿方法。特别是围岩含有有害成分或加工部门对矿石质量有特殊要求时,贫化指标将起主要作用;相反,矿石可选性好,而围岩中又含有品位,这时贫化率将不是关键指标。又如对开采储量大、品位低的矿床,矿石损失和贫化指标的重要性就相对降低了,而成本指标、生产能力、劳动生产率将占主导地位。

通过技术比较,一般情况下就可选定2~3个技术上可行、竞争力强的采矿方法(方案),再进行经济比较,为便于比较,几种采矿方法的相对直接成本比较可参考表9-163。

表9-163 硬岩地下采矿方法相对直接成本比较

采矿方法	相对直接成本
自然(矿块)崩落法	1.0
房柱采矿法	1.2
分段空场采矿法	1.3
分段崩落采矿法	1.5
VCR法	4.3
机械化水平分层充填采矿法(铲运机出矿)	4.5
留矿采矿法	6.7
普通分层充填采矿法(气腿凿岩、电耙出矿)	9.7

D 经济比较

经过技术比较,还不能对技术上可行、竞争力强的2~3个采矿方法方案进行取舍时,再进行经济比较,最后选定。

一般做法是对参与比较的方法(方案)分别做出详细的设计方案,计算出有关的技术、经济指标,从采矿计算到选矿,最终计算出经济效益有关指标。通过经济指标的比较,选定效益好的采矿方法(方案)。

经济比较方法往往涉及的因素多,一般情况下要求参加的专业人员也多,有地质、采矿、选矿、工程经济和技术经济等专业人员,要求计算出相关的经济指标,才能最终得出可比的经济效果指标,操作起来比较麻烦。有的指标可能受可变因素影响,会有误差,因此,需要有经验的工程技术设计人员参加。

通常,将技术比较和经济比较合并为一步进行。在市场经济条件下,经济因素往往更显重要,因此,将经济因素单列一个步骤。

E 综合分析比较

通过上述技术比较和经济比较及分析,便可选定采矿方法(方案)。只有在特殊情况下,才进行综合分析比较。例如采用不同矿体边界品位,将有不同的矿体形态和规模,不同的矿产资源储量,因此也就会有不同的采矿方法和不同的矿山生产规模,引起不同的建设投资和采掘设备等一系列问题。在这种情况下,才进行全面的综合分析比较。

采矿方法(方案)经济比较内容参考表9-164或表9-165。

表9-164 采矿方法(方案)经济比较(一)

序号	指标名称	采矿方法(方案)		
		方案1	方案2	方案3
1	工业矿量/kt			
2	矿石品位/%			
3	矿石回采率/%			
4	矿石贫化率/%			
5	采出矿石品位/%			
6	回采矿石量/kt			
7	生产能力/(kt/a)			
8	开采年限/a			
9	年产矿石金属量/(t/a)			
10	采切比/(m/kt和m^3/kt)			
11	选矿回收率/%			
12	采选总回收率/%			
13	精矿品位/%			
14	精矿产量/(kt/a)			
15	采矿成本/(元/t)			
16	选矿成本/(元/t)			
17	采选成本/(元/t)			
18	采选年总成本/万元			
19	企业年总产值/万元			
20	企业年利润/万元			

表9-165 采矿方法(方案)经济比较(二)

序号	指标名称	采矿方法(方案)		
		方案1	方案2	方案3
1	每日工业储量的采出矿量/t			
1.1	地质品位/%			
1.2	围岩中品位/%			
1.3	贫化率/%			
1.4	损失率/%			
1.5	出矿品位/%			
1.6	废石混入率/%			
1.7	每1t采出矿量中的工业矿量/t			
1.8	每1t采出矿量中的废石量/t			
2	每1t处理矿量的精矿产量/t			
2.1	选矿回收率/%			

续表 9-165

序号	指标名称	采矿方法(方案)		
		方案1	方案2	方案3
2.2	精矿品位/%			
2.3	精矿含金属数量/t			
3	每1t处理矿量精矿产品价值			
3.1	金属价格/(元/kg)			
3.2	精矿计价扣减品位/%			
3.3	计价金属量/kg			
3.4	精矿含金属价格系数/%			
3.5	每1t处理矿量精矿产品价值/元			
4	采选制造成本			
4.1	采矿制造成本/(元/t)			
4.2	选矿制造成本/(元/t)			
4.3	每1t采出处理矿量采选制造成本/元			
5	每1t工业储量的采选盈利能力/元			

9.3.3.4 采矿方法的优化

目前,通用的采矿方法的选择,要求工程技术人员有丰富的经验,就其本身而言,这种选择往往是经验成分多于科学性。

20世纪80年代开始将现代数字和计算机用于地下矿床采矿方法的选择中。

运用数学模型和计算机技术进行采矿方法的选择、采矿方法(方案)优选以及采矿方法结构和工艺参数优化。把提出的课题看作一个系统,选取整个优化目标,划分层次,考虑各种因素影响,搜索各种可能方案,用定量化的方法选出较优方案、结构参数和工艺参数等。

A 采矿方法选择的优化

(1) 模糊数学法。选择采矿方法的主要依据是众多的地质技术条件。但是,并没有定义明确的选择准则可以遵循,所以,采用模糊数学法处理。首先,初选一些采矿方法作为候选者,已知这些采矿方法所要求的地质技术条件;然后列出拟选择采矿方法的矿山的地质技术条件,计算并确定它们与候选采矿方法所要求的地质技术条件之间的模糊相似程度,选择条件最相近的那个采矿方法。

模糊数学还可用来预测采矿方法将取得的技术经济指标。首先,列出本矿山的地质技术条件,再收集一些采用同样采矿方法的其他矿山的地质技术条件,对它们进行模糊聚类,聚类时,与本矿山近似程度排序依次取较低的权值;然后,将各矿山用这种采矿方法取得的技术经济指标加权平均,得到本矿山采用这种采矿方法可能取得的技术经济指标。

(2) 专家系统法。采矿专家选择采矿方法时,通常先根据矿岩稳固性选择空场法、崩落法或充填法等采矿方法的大类别;然后根据矿体倾角及其他条件选择运输方式和采矿方法分组(或主要方法);再根据矿体厚度或分段高度选择浅孔、中深孔或深孔等不同的落矿方式。这个过程是一个明显的逻辑推理过程。把这种逻辑因果关系总结成规则,存放在计算机系统中,就建立了采矿方法选择的专家系统。使用时,输入所设计的矿山的地质技术条件,系统就会自动推理,选择出适用的采矿方法。

(3) 多目标决策法。选择采矿方法时,考虑采矿成本、采准切割量、矿石贫化率、矿石损失率、采场生产能力等多个因素。这些因素从不同侧面反映采矿方法的优劣,具有各自的计量单位。采用多目标决策法,将这些因素综合起来,从整体上评价几种采矿方法的可行方案,从中择优。

(4) 价值工程法。价值工程中,事物的价值用其功能与成本的比值来衡量。选择采矿方法时,将采场生产能力、回采率、贫化率等技术指标视作功能,支出的开采费用视作成本,比较各种采矿方法的功能/成本比,选择比值最大者作为应选的采矿方法。

B 采场结构参数的优化

采矿方法采场结构参数的优化包括选择确定矿块、矿房、矿柱合理尺寸和采准切割巷道合理布置及尺寸。常用的方法有CAD技术、岩石力计算方法和计算机模拟。采场设计优化方法的一般步骤如下:

（1）利用CAD技术，通过人机对话，设计选定采矿方法的结构参数，计算采切工程量及其有关技术经济指标；

（2）按设计的采矿方法参数进行采切和回采工作的计算机模拟运算，取得采矿方法的有关技术经济指标；

（3）利用岩石力学，如有限元、边界元等算法计算采矿方法结构参数的稳定性，作为安全可靠性的约束条件；

（4）按照选取的优化准则，建立数学模型，包括目标函数和约束条件，寻求较优的结构参数。

目前应用较多的是单项结构参数优化，如底部结构、矿柱尺寸、阶段和分段高度、回采进路间距等。

举例　阶段崩落采矿法底部结构优化。首先选定矿块放矿高度为60m，水平面积为51m×51m。以不同间距布置放矿口，进行计算机模拟放矿，得出不同布置时的矿石回采率、采出矿石量、贫化率、矿石质量指标。根据设计计算掘进工程量、工程费用、总费用和采出矿石价值等指标。输入有关岩石物理力学指标，通过岩石力学计算得出不同布置时底柱稳定性。以利润最大为准则进行优化计算，结果如图9-154所示。每排5个漏口，间距10.20m，利润最大，矿石回收率高于下限要求，底柱冒落概率低于10%，安全系数1.8，满足安全要求。

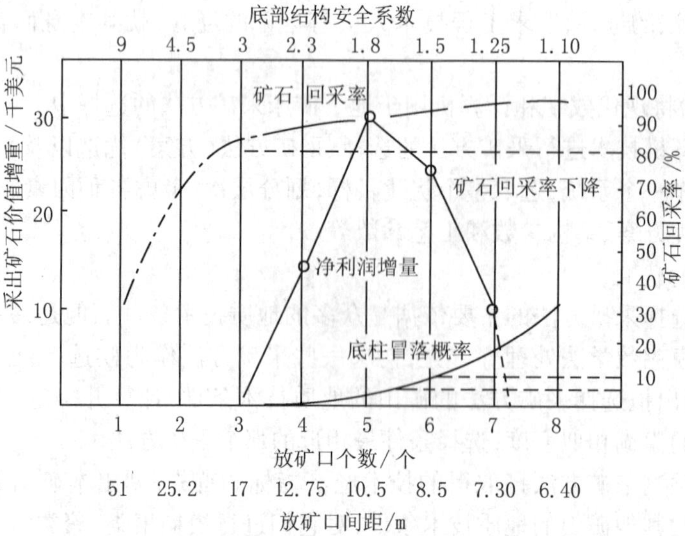

图9-154　底部结构优化计算结果

C　工艺参数优化

采矿方法工艺参数包括采准、切割和回采工作中的落矿、运矿及支护（包括充填）工艺参数，参数优化还常包括设备配套选择。计算机模拟优化某些采矿方法工艺的软件已有开发，如无底柱分段崩落采矿法等。单项工艺参数优化则已在实践中应用。根据问题的性质及要求，单项工艺参数优化可用经济或技术指标优化准则。特别当技术指标能直接表达经济效益时，用技术准则可使问题简化。如放矿时的矿石回采率、贫化率，爆破工作中的孔网参数、炸药消耗、回采强度等。

工艺参数优化的一般步骤是明确问题，确定优化项目各影响因素之间的关系，选取优化准则，建立和校验修正数学模型，求解问题。工艺参数优化常用于矿山生产中。下面介绍爆破孔网参数优化实例。

挪威一地下矿山阶段矿房法用深孔爆破落矿，铲运机出矿，井下破碎，以成本最低为准则，优化深孔爆破孔网参数。不同孔网参数的破碎质量不同，装运能力和装运成本也不同，并引起地下破碎成本和二次破碎费用的波动。建立孔网参数、矿石破碎度（以筛下矿石百分数为标准）、装运费用、破碎费用、二次破碎费用之间的数学模型。

以总成本最低为优化准则，运算结果见表9-166。由表可见，1.8m×2.2m左右的孔网参数总成本最低。

表 9-166 爆破孔网参数优化实例

孔网参数/m×m	炸药单耗/(kg/m³)	破碎块度/mm	爆破成本/(克朗/t)	装矿能力/(t/h)	装矿成本/(克朗/t)	运输能力/(t/h)	运输成本/(克朗/t)	破碎成本/(克朗/t)	二次破碎成本/(克朗/t)	总成本/(克朗/t)
1.5×1.8	0.85	227	8.90	347	1.05	92	2.72	1.56	0.11	14.35
1.6×1.9	0.76	288	7.90	324	1.18	90	2.77	1.63	0.21	13.69
1.7×2.0	0.68	360	7.07	204	1.32	89	2.82	1.71	0.36	13.28
1.8×2.2	0.58	489	6.07	279	1.55	86	2.90	1.83	0.77	13.11
1.9×2.3	0.53	595	5.50	264	1.73	85	2.95	1.91	1.26	13.35
2.0×2.4	0.48	718	5.01	250	1.92	83	3.00	2.00	2.02	13.95
2.1×2.5	0.44	859	4.58	237	2.13	82	3.05	2.10	3.16	15.02
2.2×2.6	0.40	1020	4.20	226	2.36	80	3.11	2.19	4.85	16.71
2.3×2.8	0.36	1293	3.73	211	2.73	79	3.18	2.34	8.77	20.76

上述各种优化方法中，能部分运用计算机处理采矿方法选择中的某些工作，是非常有益的。它们有的简化了常规选择中的某些繁杂的计算，有的使选择工作和比较工作中某些由经验判断，逐步富有科学性。由于采矿方法选择的影响因素很多，需要解决的问题又十分复杂，而它们之间的相互关联用某种数学模型又往往难于表征。整个采矿方法的优化还需进行完善。

由于矿床的多样性、开采条件的不确定性和各因素之间关系的复杂性，优化方法的数学模型还不可能完善地表征这些关系。因此，应将优化方法与实践经验和科学实验结果结合起来解决选择合理采矿方法的问题。

9.4 采矿准备与切割

9.4.1 采准切割工程划分及采准方法

9.4.1.1 采准切割工程划分

地下矿床开采分为开拓、采准、切割和回采四个步骤，各步骤间的关系是按编制的基建和采掘进度计划进行的。在矿山基建及生产初期，上述步骤是依次进行的。在矿山正常生产时期，一般是在不同阶（地）段同时进行的。为了保证矿山持续均衡地进行生产，避免产量下降或停产等现象，开拓应超前于采准，采准超前于切割，切割超前于回采，三者之间要保持一定的超前关系。

目前，地下矿山采准切割工程的划分，仍按原冶金部颁发的《关于改变有色金属矿山切割与采准工程划分标准通知》原则，结合不同采矿方法的特点进行划分。具体划分如下：

（1）采准工程。采准工程，即为获得采准矿量掘进采准井巷，将阶段划分成矿块（采场）作为回采的独立单元。

采准工程是在开拓矿量的基础上，按不同采矿方法工艺的要求，所掘进的各类井巷工程。如在采场（或矿块）底部所开掘的沿脉和穿脉运输巷道；运输横巷、通风平巷；采场人行、设备材料、充填料、凿岩、通风、矿岩等专用天井；采准斜坡道及联络道；为开采平行矿脉作准备工作的阶段运输横巷（不包括干线运输巷道）；耙矿巷道、格筛巷道、电耙硐室、放矿小井；通往采场和主要运输平巷的安全出口等联络道；采用空场法的分段沿脉巷道；崩落法的沿脉巷道、无底柱分段崩落法的分段联络道和进路等井巷掘进工程。

（2）切割工程。切割工程，即为获得备采矿量，为矿块回采开掘空间。

切割工程是在开拓及采准矿量的基础上按采矿方法所规定，在回采作业之前所必须完成的井巷工程。其中包括采场切割天井（或上山）、切割平巷、拉底巷道、切割堑沟；放矿漏斗的漏斗颈；深孔凿岩硐室；空场法的分段穿脉巷道；分层崩落的分层和穿脉巷道；分层崩落法的储矿巷道、储矿小井等井巷掘进工程。有的采矿方法还包括拉切割槽。为形成初始覆盖层而开掘的一次放顶工程。

各种采矿方法采准与切割工程划分，详见表 9-167。

表 9-167 各种采矿方法采准及切割工程划分

采矿方法	采矿方法示意
全面采矿法	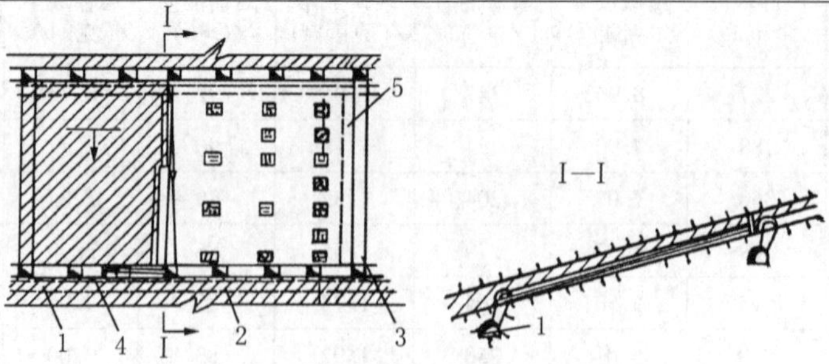 采准工程 1—阶段运输巷道;2—矿石溜井;3—天井(或上山); 切割工程 4—拉底平巷;5—切割上山
留矿全面采矿法	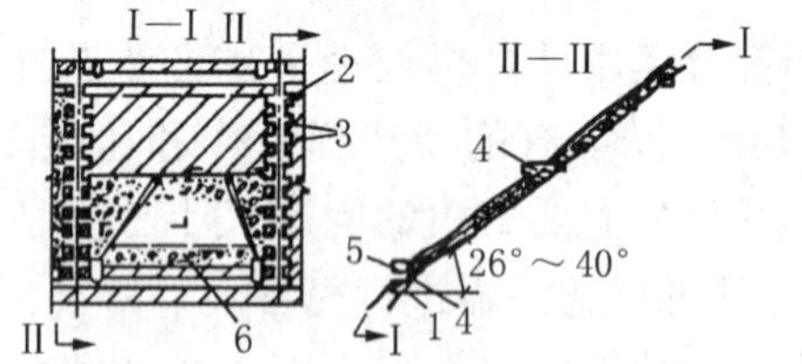 采准工程 1—运输平巷;2—天井;3—天井联络道;4—电耙硐室; 切割工程 6—切割层
留矿法	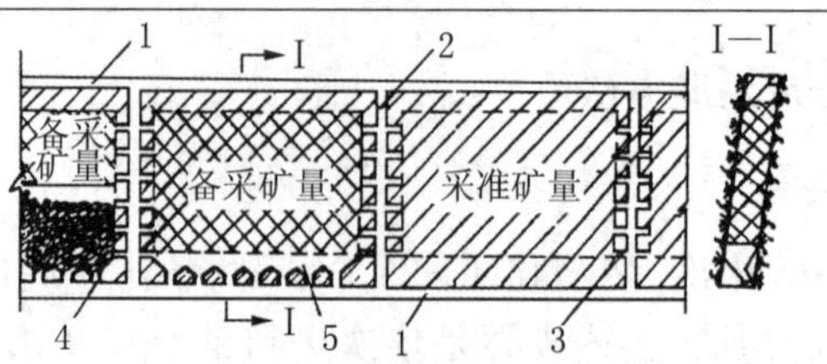 采准工程 1—阶段巷道;2—天井;3—天井联络道 切割工程 4—漏斗;5—切割层或切割巷道
房柱法	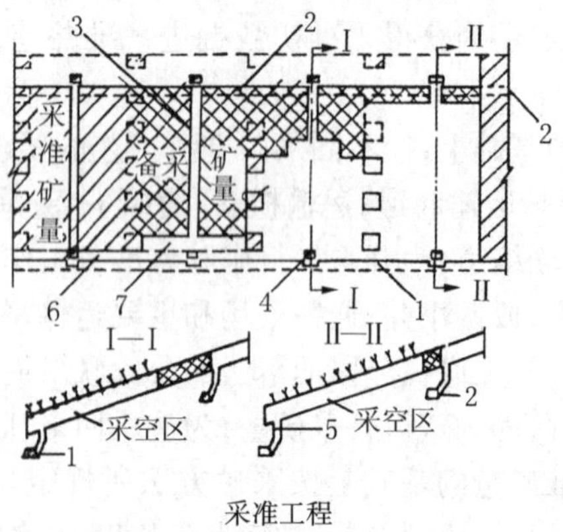 采准工程 1—底盘运输巷道;2—上部底盘运输巷道;3—天井(或上山);4—电耙硐室; 5—放矿井;6—联络道(采用无轨设备时,包括脉内斜坡道、矿溜井、通风平巷) 切割工程 7—切割层或切割巷道

续表 9-167

采矿方法	采矿方法示意
分段空场法	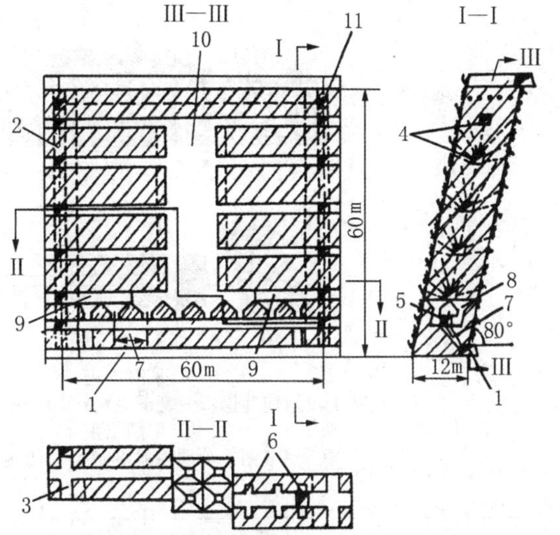 采准工程 1—底盘沿脉运输巷道；2—天井；3—分段联络道； 4—分段沿脉巷道；5—电耙巷道；6—电耙联络道；7—耙矿小井 切割工程 8—漏斗颈；9—拉底巷道；10—切割天井（切割槽）；11—顶柱凿岩硐室
阶段空场法	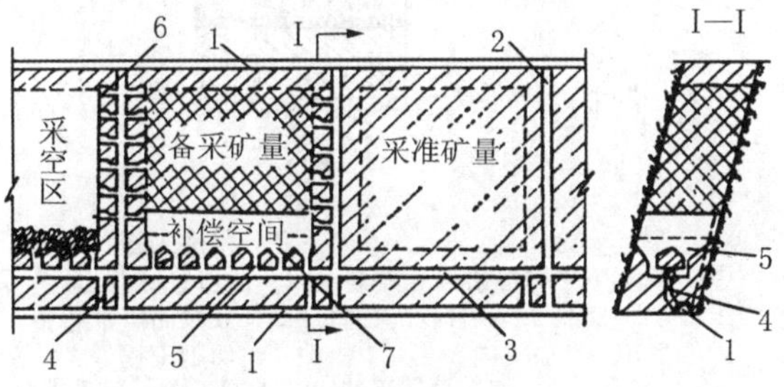 采准工程 1—阶段运输巷道；2—天井及联络道；3—电耙道； 4—放矿井（无轨采准有采准斜坡道及联络巷） 切割工程 5—漏斗；6—凿岩硐室；7—切割槽及补偿空间
长壁崩落法	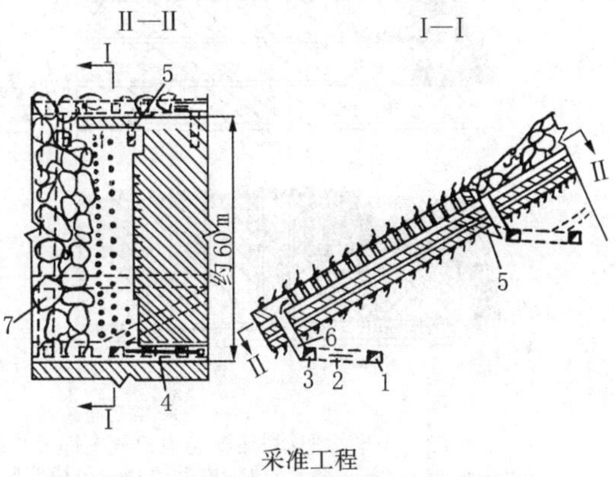 采准工程 1—阶段运输平巷；2—联络道；3—装矿平巷； 切割工程 4—切割平巷；5—安全出口（兼风巷）；6—溜子；7—切割天井

续表 9-167

采矿方法	采矿方法示意
分层崩落法（无储矿巷道）	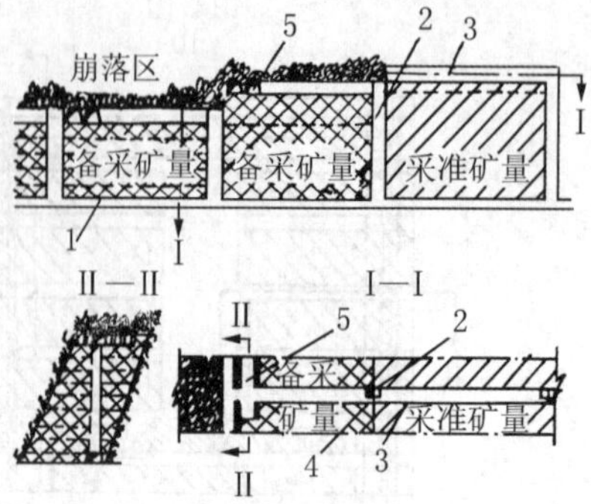 采准工程 1—沿脉阶段运输巷道；2—耙矿井（天井）；3—第一分层沿脉巷道 切割工程 4—第二分层沿脉巷道；5—切割穿脉
分层崩落法（有储矿巷道）	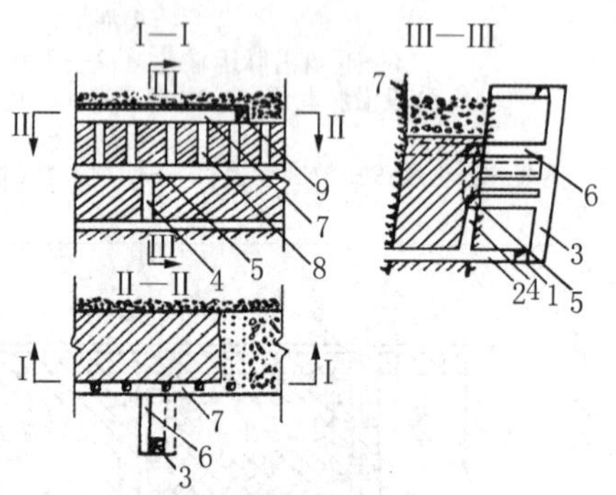 采准工程 1—阶段运输巷道；2—阶段穿脉巷道；3—采场脉外天井； 4—矿石溜井；5—分段储矿平巷；6—联络道； 切割工程 7—分层平巷；8—小溜子；9—回采进路（切割穿脉）
有底柱分段崩落法	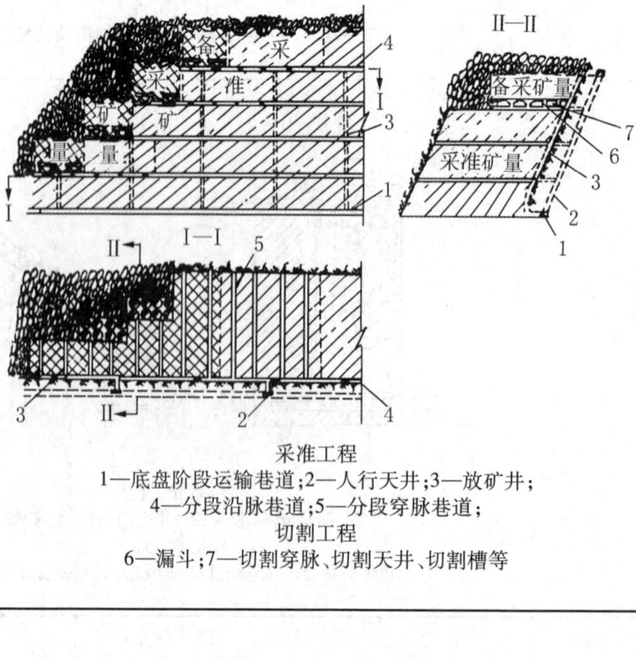 采准工程 1—底盘阶段运输巷道；2—人行天井；3—放矿井； 4—分段沿脉巷道；5—分段穿脉巷道； 切割工程 6—漏斗；7—切割穿脉、切割天井、切割槽等

续表 9-167

采矿方法	采矿方法示意
无底柱分段崩落法	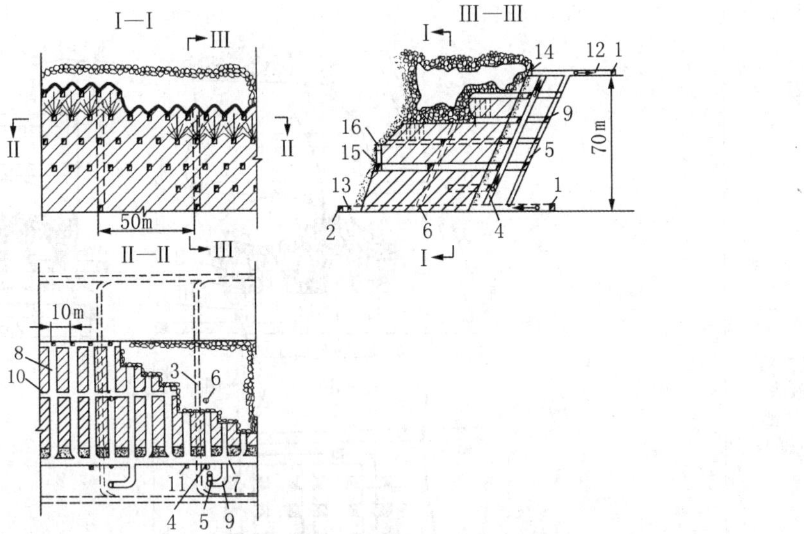 采准工程 1—下盘脉外阶段运输平巷(属开拓工程)；2—上盘沿脉运输平巷； 3—穿脉运输平巷；4—脉外矿石溜井；5—废石溜井； 6—脉内矿石溜井；7—脉外运输联络道；8—分段回采进路； 9—废石溜井联络道；10—脉内运输联络道；11—人行通风井； 12—下盘回风平巷；13—调节风门；14—风墙； 切割工程 15—切割平巷；16—切割天井
阶段强制崩落法（垂直层侧向挤压落矿方案）	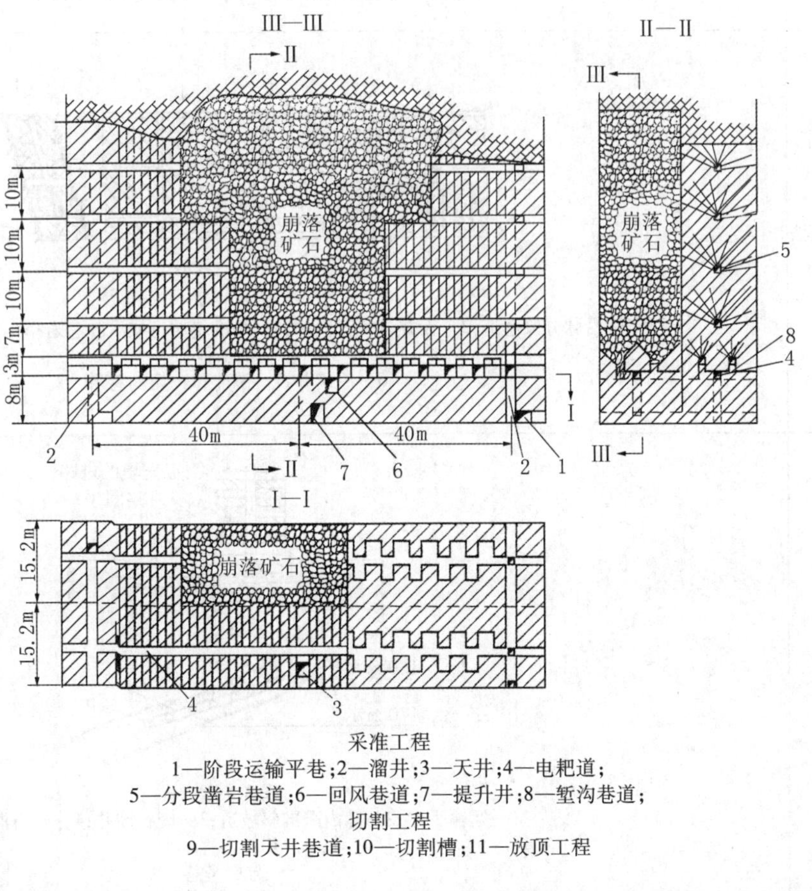 采准工程 1—阶段运输平巷；2—溜井；3—天井；4—电耙道； 5—分段凿岩巷道；6—回风巷道；7—提升井；8—堑沟巷道； 切割工程 9—切割天井巷道；10—切割槽；11—放顶工程

续表 9-167

<table>
<tr><th>采矿方法</th><th>采矿方法示意</th></tr>
<tr><td>阶段自然崩落法（电耙耙矿方案）</td><td>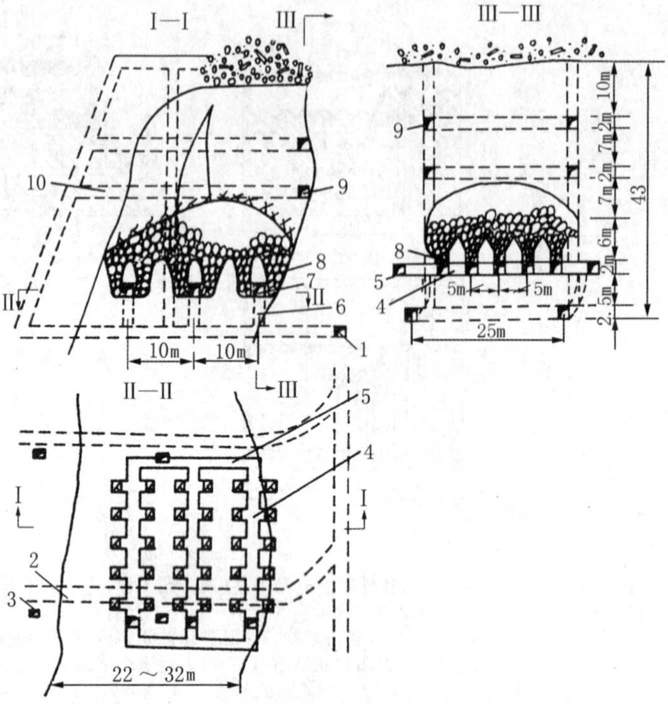
采准切割工程
1—沿脉运输巷道；2—穿脉运输巷道；3—天井；
4—电耙巷道；5—耙矿水平联络巷道；6—放矿溜井；
7—斗穿；8—斗颈；9—削弱巷道；10—观察巷道（拉底、割帮工程）</td></tr>
<tr><td>上向分层充填法</td><td>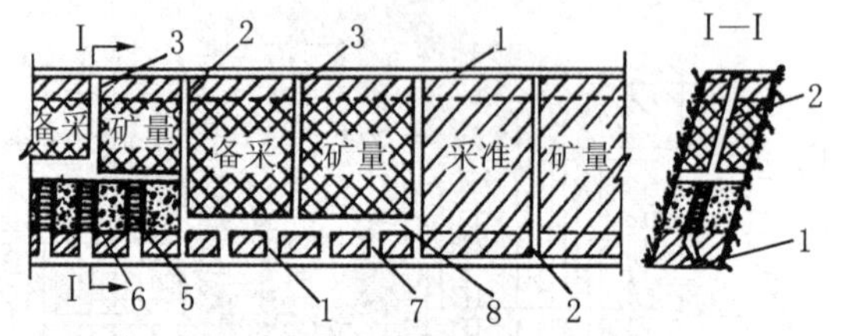
采准工程
1—沿脉分段巷道；2—天井；3—充填井；4—采准斜坡道或沿脉巷道；5—泄水井，顺路天井；
切割工程
6—放矿井；7—漏斗；8—切割巷道</td></tr>
<tr><td>下向分层充填法（脉内采准斜坡道）</td><td>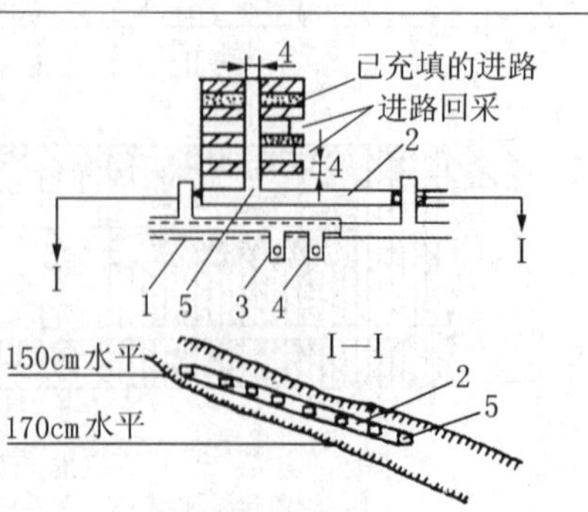
采准工程
1—运输平巷；2—脉内采准斜坡道；3—废石溜井；4—矿石溜井；
切割工程
5—分层平巷</td></tr>
</table>

续表 9-167

采矿方法	采矿方法示意
下向倾斜分层充填法	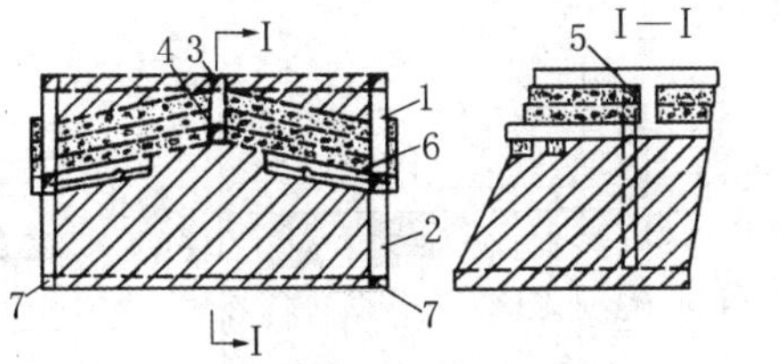 采准工程 1—人行天井；2—矿石溜井；3—穿脉充填道；4—第二层充填道； 5—充填井；6—分层道；7—穿脉运输巷道 切割工程 8—切割巷等
上向进路充填法	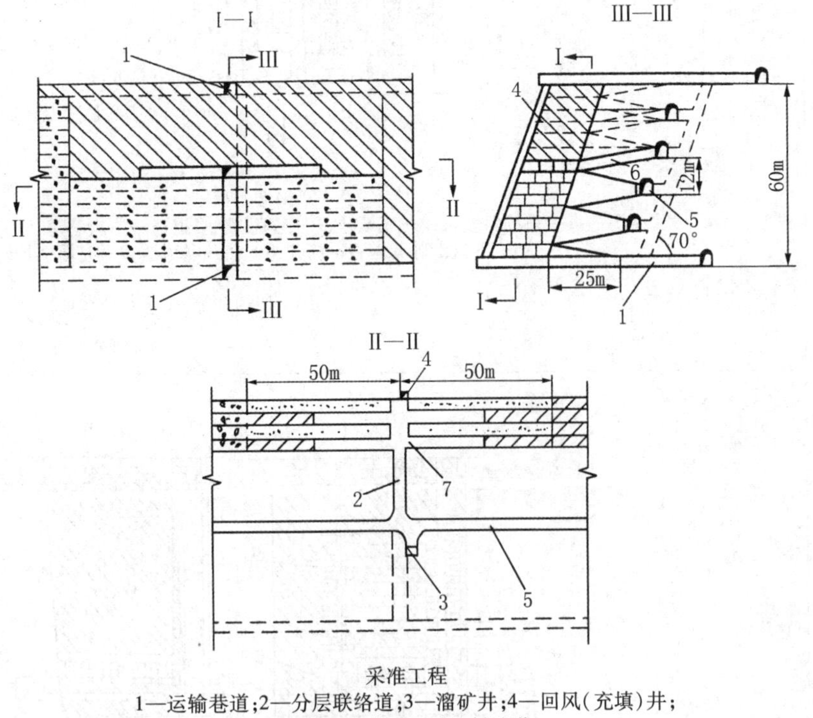 采准工程 1—运输巷道；2—分层联络道；3—溜矿井；4—回风（充填）井； 5—分段巷道；6—采准斜坡道； 切割工程 7—切割横巷等
分段空场嗣后充填法（脉外采准斜坡道）	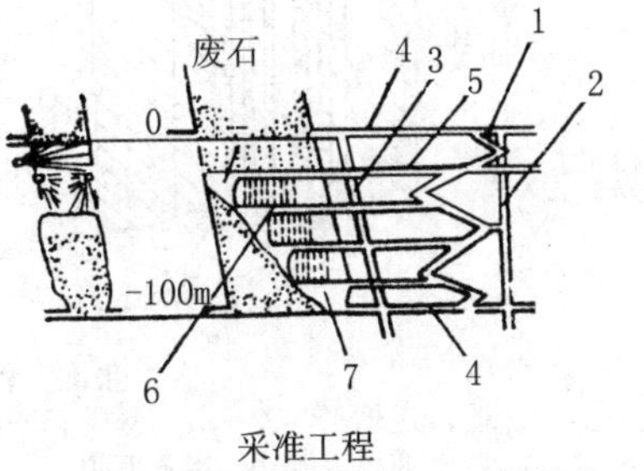 采准工程 1—采准斜坡道；2—充填井；3—矿石溜井； 4—阶段运输平巷；5—分段联络道； 切割工程 6—分段凿岩巷道；7—底部补偿空间

续表 9-167

采矿方法	采矿方法示意
分段充填法 （丰山铜矿）	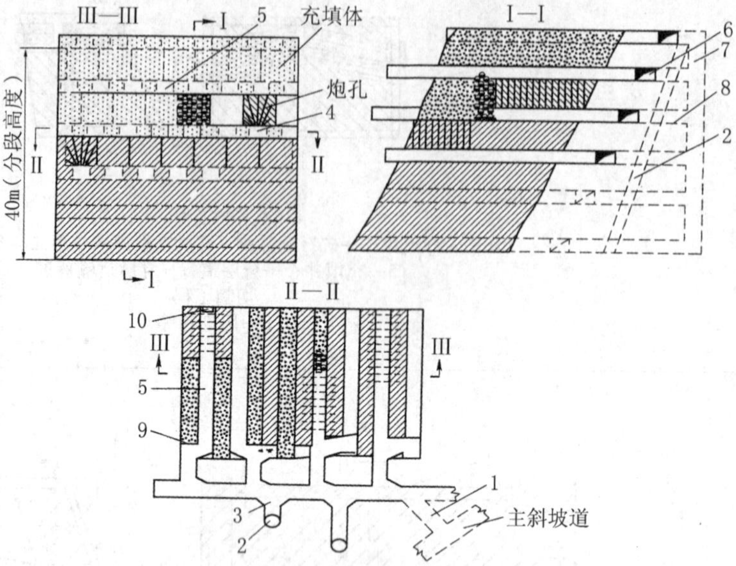 采准工程 1—采准斜坡道;2—充填井;3—充填井联络道;4—凿岩巷道;5—充填道; 6—下盘沿脉巷道;7—溜井;8—溜井联络道;9—充填体挡墙; 切割工程 10—切割井等
阶段空场 嗣后充填法 （红透山铜矿）	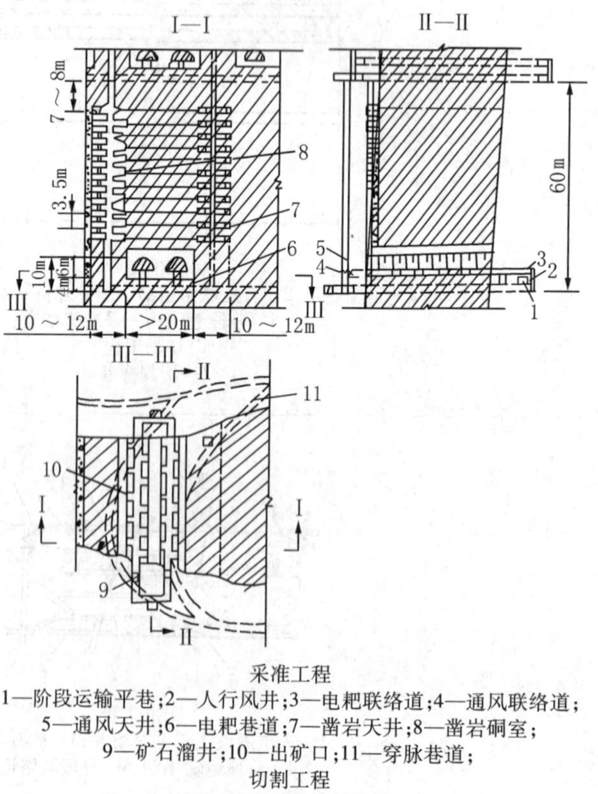 采准工程 1—阶段运输平巷;2—人行风井;3—电耙联络道;4—通风联络道; 5—通风天井;6—电耙巷道;7—凿岩天井;8—凿岩硐室; 9—矿石溜井;10—出矿口;11—穿脉巷道; 切割工程 12—拉底巷道及拉底层

续表 9-167

采矿方法	采矿方法示意
阶段空场嗣后充填法（大孔径一段凿岩一段出矿方案）	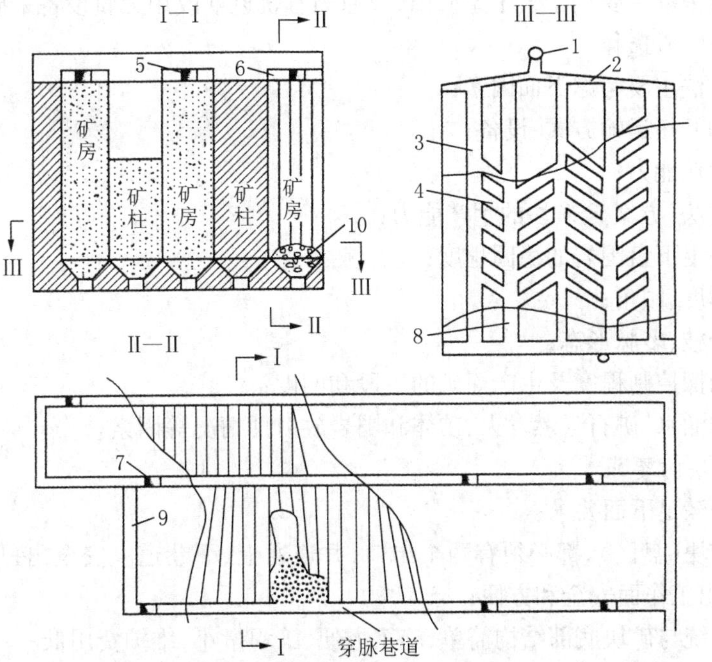 采准工程 1—矿石溜井；2—下盘沿脉平巷；3—出矿巷道；4—出矿进路；5—凿岩硐室联络道；6—凿岩硐室；7—通风联络道；8—回风道；9—回风井； 切割工程 10—切割小井及拉底层

注：1. 有的方法采切工程未全部列出；

2. 生产和设计证明，可根据矿山具体条件和特点调整采切工程的划分。

9.4.1.2 采准方法

A 采准方法的分类

阶段运输巷道属于开拓工程，对于环形运输巷道靠近矿体的又称近矿运输平巷，其布置与采准系统密切相关，与采准工程统一考虑，因此，通常又把近矿运输平巷划为主要采准巷道。

（1）按主要采准巷道与矿体的相对位置。采准方法可分为脉内采准、脉外采准和脉内脉外联合采准。

1）脉内采准。掘进巷道可以得到副产矿石，又起补充探矿作用，疏水效果也好。缺点是当矿石不稳固时，地压大，巷道维护工作量大。若矿体厚度薄且形态变化大时，巷道难以保持平直，给铺轨及运输带来不便。适用于矿山规模小，矿体控制程度差的矿山。

2）脉外采准。巷道维护相对简单，降低了维护费用；矿块顶底柱尺寸小，增加了矿房矿量，提高了矿块总的回采率；运输和通风条件好；开采有自燃性矿石时易于封闭火区。

3）联合采准。采用脉内脉外联合采准布置，利用其各自的优点。

一般情况下，薄矿体多采用脉内采准，厚矿体多采用脉外采准，厚大矿体或运输量较大的阶段采用脉内脉外联合采准，构成环形运输系统。

上述采准方法的工程及布置不限于近矿平巷和穿脉平巷工程，还包括矿块或盘区的天井、采准斜坡道等其他垂直或倾斜的井巷工程。

（2）按主要采准巷道通行的装运设备。采准方法分为无轨采准、有轨采准和无轨有轨联合采准。

1）无轨采准。系指采用无轨自行设备进行装运作业的采准方法，如采用铲运机、坑内自卸汽车、轮胎式装载机等。随着无轨自行设备在采场的广泛应用，今后采用无轨采准的矿山将越来越多。

2）有轨采准。系指采用轨道式装运设备、机车牵引或人推轨轮式矿车的采准方法，构成有轨装运系统。

这种系统在铲运机未推广时,曾广泛应用。目前,这种采准方法多用于中小矿山尤其是地方矿山。

3)无轨与有轨联合采准。系指采用无轨自行设备如铲运机出矿、有轨设备运矿的联合装运系统,构成联合采准。联合采准主要用于大中型矿山,或原为有轨近期改用无轨设备采矿的矿山。

B 采准方法的选择

选择采准方法主要考虑下面因素:

(1) 采用的开拓运输方式、设备;

(2) 阶段运输能力;

(3) 采矿方法(方案)、矿块的生产能力;

(4) 矿体和上下盘围岩的稳固程度;

(5) 矿体厚度、倾角;

(6) 矿体分枝、多脉形态;

(7) 矿床勘探控制程度及生产探矿的手段和网度;

(8) 矿床的涌水、矿石自燃发火、矿体和围岩放射性情况等因素。

C 采准方法的要求

采准方法应满足下面要求:

(1) 每个矿块(盘区),都必须有两个出口,并连通上、下巷道。安全出口的支护必须稳固牢靠,保证人员、设备材料进出工作面安全和方便;

(2) 采准系统与矿块底部结构简单、施工方便、工程量小,维护费用低;

(3) 保证矿石装运方便和相应的生产能力;

(4) 矿柱矿量少;

(5) 在整个回采过程中,具有良好的通风条件。当采准巷道兼作下阶段回风时,必须使其在使用年限内不受破坏;经常进行二次破碎作业地点,应有独立风流,防止污风串联;

(6) 能及时排出矿床中的涌水;

(7) 探采结合合理。

9.4.2 主要采准巷道及布置

9.4.2.1 阶段平巷

阶段平巷按阶段运输、通风、疏水及采矿方法的要求进行布置,通常与阶段运输平巷相结合。阶段平巷布置见 9.2.10.4 节阶段运输巷道内容。

9.4.2.2 采准天井

采准天井(上山)按用途分为人行天井、通风天井、矿石溜井、废石溜井、材料井、设备井等。天井布置一般应满足下面要求:

(1) 使用安全,与回采工作面联系方便;

(2) 通风条件良好;

(3) 开掘工程量小,维护费用低;

(4) 满足使用要求,如溜井应便于矿岩溜放,天井应便于人行、设备及材料的运入运出等;

(5) 与所用的采矿方法及回采方案相适应;

(6) 有利于探采结合。

采准天井的布置按天井与矿体的关系可分为脉内天井和脉外天井。天井布置如图 9-155 所示。

脉内天井,按其与回采空间的联系方式划分,一般又有四种,如图 9-156 所示。图中,(a)为天井在矿块间柱内,通过天井联络道与矿房连通;(b)为天井在矿块中央,随着回采工作面向上推进而逐渐消失,为了保持工作面与下部的阶段运输水平的联系通路,需另外架设板台或梯子;(c)、(d)为天井在矿块中央或两侧,它随着回采工作面向上推进而逐渐消失,在它原有空间位置上从采场废石充填料中或矿石中,用混凝土垛盘或横撑支柱逐渐地架设并形成一条人工顺路天井，借以保持工作面与下部阶段运输水平的联络。

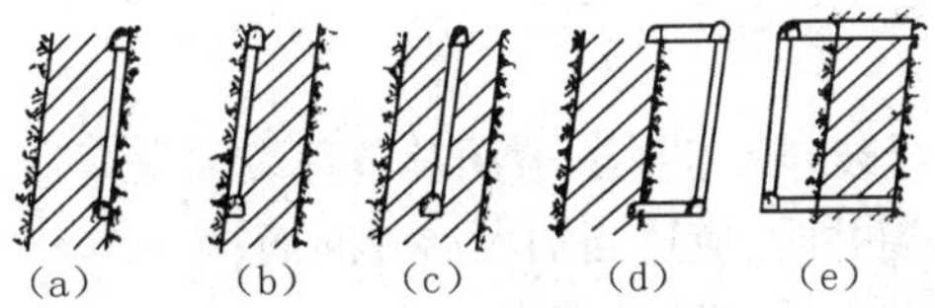

图 9-155 天井布置

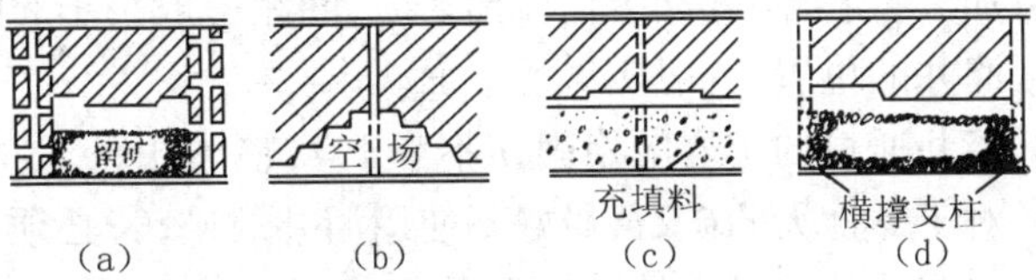

图 9-156 脉内天井与回采空间的联系方式

脉内天井布置形式如图 9-155(a)、(b)、(c)所示，脉外天井布置形式如图 9-155(d)、(e)所示。一般根据矿岩稳固条件和采矿方法选用。

设计布置天井时，尽量一井多用，以减少个数，断面大小及是否分格，视其用途而异。除专用天井不分格外，一般天井可视用途和要求分为 2～3 格。在分格天井中，用于人行和通风的为一格，其断面要按梯子布置的规程规定和风量大小来确定。

在金属矿山天井占基建井巷工程总量的 10%～15%，而在生产期间占掘进总量的 40%～45%。加快天井掘进速度，对保证基建矿山早日建成投产和生产矿山持续均衡生产，均有十分重要意义。

天井掘进可分为井内施工法和井外施工法。井内施工法目前广泛应用吊罐法，其次是普通法，爬罐法已很少应用。井外施工法是发展趋势，主要有深孔分段爆破掘进法和近几年发展较快的天井钻机钻进法。天井掘进方法及其适用范围见表 9-168。

表 9-168 天井掘进方法及其适用范围

施工方法	适用范围						特 点
	断面规格	形状	倾斜	高度	岩性	其他	
吊罐法	直径 1.5～2.6m	视吊罐工作台的形状而异，圆形、方形均可	垂直至 65°以上	30～100m，取决于超前孔的偏差	必要时可支护，某些软岩、硬岩均可	天井的上下都要有通道	(1) 高井作业不甚安全； (2) 导向孔有助于提高爆破效率，缩短工作面通风时间； (3) 效率较高，成本低； (4) 爬罐法在国内很少采用； (5) 吊罐分为直吊罐和斜吊罐
爬罐法	(2.0～2.3)×(2.0～2.3)m 或更大	方形、圆形	45°～90° 各种角度	45～200m，甚至更高	中硬或硬岩，能将导轨可靠地固定于井壁	天井上部不一定要有通道，可开凿盲天井	
深孔分段爆破掘进法	与爆破方法有关，一般不受限制	圆形、方形	取决于钻机性能，60°以上为宜	最高 50m，一般以 30～35m 为宜，取决于钻孔偏差	致密的中硬和硬岩		(1) 作业安全； (2) 如爆破方法得当，可增加循环进尺，取得高掘进效率； (3) 成本低； (4) 要有熟练的操作技术
天井钻机钻进法	直径 1.2～4.0m	圆形	60° 以上为宜	45～300m，最高可达 600m。取决于钻机性能和成本，以 200m 以内为宜	可用于抗压强度 350MPa 的硬岩	天井上部要有通道，否则上向开凿天井	(1) 作业安全；劳动条件好； (2) 井壁不因爆破而松裂，壁面光滑利于通风； (3) 掘进效率高；适应性强； (4) 成本较高，但有的已接近或低于爬罐掘进法； (5) 设备投资大，辅助工作量大

9.4.2.3 采区溜井

这里所讲的采区溜井是指在一个阶段之内，用来为一个矿块或一个盘区服务的矿石或废石溜井，属于采准工程。

采区溜井是否设置，数量多少都取决于所用的采矿方法，如各种分层、分段崩落法及充填法，一般均需设置采区溜井。

采区溜井的布置有脉外与脉内之分。一般多布置在下盘脉外，避免压矿，又利于维护。只有下盘岩石不稳固而矿体或上盘围岩稳固时，才布置在矿体中或上盘(脉外)。当矿体极厚时，为减少矿石运搬距离，或受铲运设备有效运距限制可采用脉内布置。

采区溜井的间距，取决于采矿方法和出矿设备，当采用铲运机出矿时，间距可达150～300m，大型柴油铲运机还可加大；当采用气动装运机出矿时，间距一般小于50m。

采区溜井的位置，一般应满足下面要求：

(1) 溜井通过的矿岩应稳固，f不小于7，整体性好，尽量避开破碎带、断层、溶洞及节理裂隙发育带；

(2) 对于黏性大的矿石，最好不使用溜井放矿，若必须采用溜井时，应适当加大溜井断面；

(3) 当溜放的矿石成品有块度要求时，为避免粉矿增多，溜井需采取储矿措施；

(4) 采区溜井应尽量布置在阶段穿脉巷道之中，以减少装卸矿石对运输的干扰和粉尘对空气的污染。

采区溜井应尽量采用垂直的，若必须采用倾斜溜井时，其溜矿段之倾角应大于矿岩的自然安息角，一般不小于60°。如设储矿段，则储矿段的倾角应大于或等于所溜放矿岩的粉尘堆积角，通常要大于65°，溜井的分枝斜溜道，由于不作储矿用，且长度不大，其溜道底板的倾角可在55°～60°。

由于采区生产能力有限，而溜井的溜放能力很大，一般采区溜井均不设备用。

采区溜井的断面形状有：圆形、方形和矩形。圆形断面具有稳固性好、受力均匀、断面利用率高、冲击磨损较小等优点，垂直溜井最好为圆形。倾斜溜井及分枝溜井，除上述三种形状外，拱形断面使用的也较多。

采区溜井的断面尺寸可按表9-169选取，储矿段和黏性较大的矿岩尺寸还应加大。掘进施工方法同采准天井见表9-168。

表9-169 采区溜井的断面尺寸

溜放矿石的最大块度/mm	溜井的通过系数 n	溜井的最小直径或最小边长($D=nl$)/mm
>800	4～5	≥3500
500～800	4～5	2500～3000
300～500	4～6	2000～2500
<300	4～7	1500～2000

9.4.2.4 无轨斜坡道采准

阶段运输水平与各分段水平、分层工作面之间的联系方式除了前面讲过的采准天井之外，另一种就是近些年广为采用的无轨斜坡道，使矿块构成无轨斜坡道采准系统。

无轨采准系统系指使用无轨自行设备如铲运机等进行出矿的矿块，在矿床开拓基础上，所掘进的一系列无轨采准工程。与采准天井相比，无轨自行设备运行及调配、设备和材料运送、人员上下进出等十分方便，作业条件也大为改善。缺点是增加了掘进工作量。使用无轨自行设备的矿山，尤其是大中型矿山，首先要考虑采用无轨斜坡道采准。

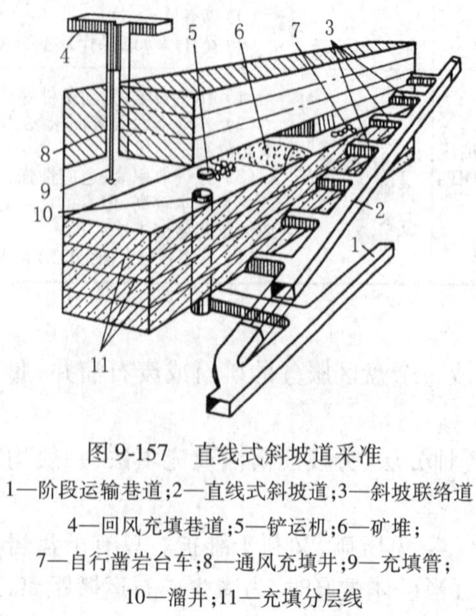

图9-157 直线式斜坡道采准

1—阶段运输巷道；2—直线式斜坡道；3—斜坡联络道；4—回风充填巷道；5—铲运机；6—矿堆；7—自行凿岩台车；8—通风充填井；9—充填管；10—溜井；11—充填分层线

采准斜坡道是为一个矿块或盘区服务的辅助斜坡道。

无轨斜坡道采准工程还包括阶段近矿平巷、分段平巷、分层平巷及其采场、溜井、天井与采准斜坡道之间的联络平巷等。

为整个阶段服务的辅助斜坡道属于开拓工程。

A 采准斜坡道的布置

a 按线路布置

按线路布置，斜坡道可分为直线(进)式、折返式和螺旋式三种形式。

直线式斜坡道线路为直线，在分段、分层标高通过联络道与回采工作面连通。除不敷设轨道和倾角较缓外，其断面与斜井基本相同，如图9-157所示。直线式斜坡道较多用于矿体走向长而阶段高度又较小的矿山。

直线式斜坡道优点：

(1) 工程量省，施工简单易行；

（2）无轨设备运行速度快，司机能见距离长。

直线式斜坡道缺点：

（1）布置不灵活；

（2）对线路的工程地质条件要求较严。

折返式斜坡道是经几次折返斜巷分别连通各分段、分层平巷，线路是由直线段和曲线段组成，直线段变高程，曲线段变方向，又便于设备转弯，其坡度变缓或近似水平，如图9-158所示。

折返式斜坡道优点：

（1）线路布置便于与矿体保持一定距离；

（2）较螺旋式易于施工；

（3）司机能见距离较长；

（4）运行速度较螺旋式大。

折返式斜坡道缺点：

（1）工程量较螺旋式斜坡道大；

（2）线路布置的灵活性较螺旋式差。

螺旋式斜坡道是采用螺旋线形式布置，如图9-159所示。

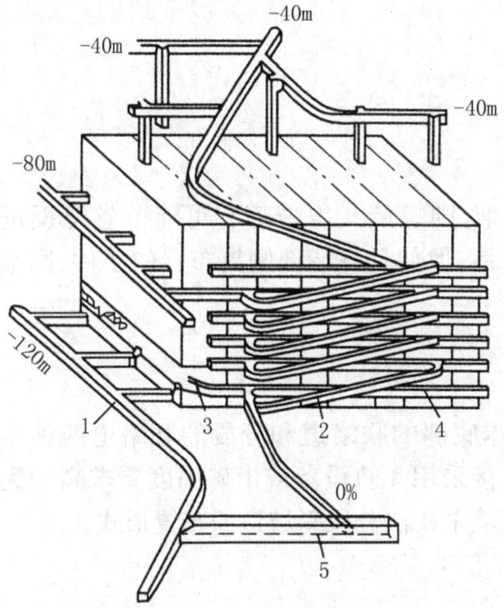

图9-158　折返式斜坡道采准

1—阶段运输平巷；2—采准斜坡道；3—联络平巷；4—分段平巷；5—机修硐室

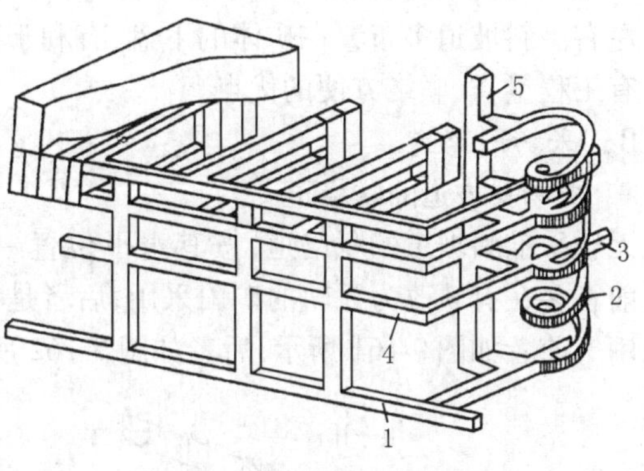

图9-159　螺旋式斜坡道采准

1—阶段运输巷道；2—螺旋式斜坡道；3—联络平巷；4—分段平巷；5—天井

螺旋式斜坡道的几何形状有圆柱螺旋线或圆锥螺旋线形，在设计、施工中，应根据矿体条件及采矿需要采用规则的或不规则的螺旋线状。螺旋式斜坡道每掘进一定长度，约150m应设有缓坡段，缓坡段长度可参考露天矿汽车运输线路的有关规定。不规则螺旋线斜坡道的曲率半径和坡度在整个线路中是变化的，施工比较麻烦。

螺旋式斜坡道优点：

（1）线路较短，工程量省；通常在相同高度条件下，较折返式斜坡道省掘进量20%～25%；

（2）与垂直井巷配合施工时，通风、出渣较方便；

（3）分段水平上的开口位置一般较集中；

（4）较其他形式的斜坡道布置灵活。

螺旋式斜坡道缺点：

（1）掘进施工要求高，如测量定向、外侧路面超高等，都增加了施工的困难；

（2）司机视距小，且经常在弯道上运行，行车安全性差；

（3）无轨车辆内外侧轮胎多处在差速运行，致使轮胎的磨损增加；

（4）道路维护工作量大，路面维护要求高。

b 按斜坡道与矿体的位置布置

按斜坡道与矿体的位置布置，斜坡道可分为下盘、上盘、端部和脉内四种形式。

下盘布置斜坡道优点是斜坡道距矿体较近，联络平巷短，一般不受岩移威胁，采准工程量又小，故矿山广为采用。更适于倾斜、急倾斜各种厚度的矿体。

上盘布置斜坡道仅适于下盘岩层不稳固而且走向长度大的急倾斜矿体。

端部布置斜坡道适于上、下盘均不稳固，走向不长，端部矿岩稳固的厚大矿体。

脉内斜坡道一般用于开采水平、近于水平及缓倾斜矿体，矿岩均稳固，也可将部分斜坡道线路布置在充填体上。这种布置与采矿方法和矿体倾角密切相关，图 9-160 是采用房柱采矿法在矿体内布置采准斜坡道。对于急倾斜矿体采用充填采矿方法时，斜坡道也可直接布置在充填体上。

采准斜坡道形式选择主要考虑下面几个因素：

（1）矿床的埋藏要素和形状；

（2）矿石和围岩的稳固程度；

（3）开拓巷道的位置和采矿方法；

（4）采准斜坡道的用途和使用年限；

（5）开掘工程量（本身的、辅助的及其联络工程）的大小；

（6）通风条件；

（7）采矿方法对斜坡道开口位置的要求等。

一般来说，折返式优点较多，使用较广，如能解决施工困难，则螺旋式斜坡道有可能节省总掘进量的 25% 左右。斜坡道多布置在矿体的下盘，有利于矿块之间的联系，但如具备端部侧翼布置的条件，则端部布置具有工程量省、联络方便的优点。

B 采场联络道

a 采场斜坡道的联络道

无轨采准斜坡道的联络道，按其水平位置一般划分为矿体底部的联络道和分段的联络道两种布置形式。前者多在有轨改为无轨的矿山采用，后者是在新建矿山直接采用无轨设备或出矿强度要求高的无轨采场采用。前者如图 9-161 所示，后者如图 9-162 所示，为胶结充填采矿法分段斜坡道的布置形式。

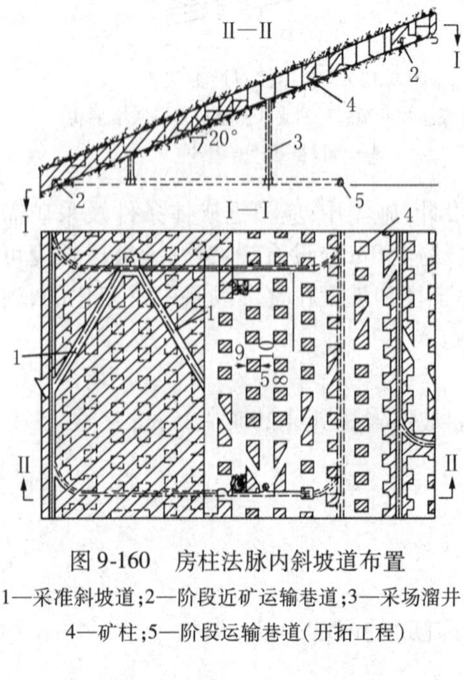

图 9-160 房柱法脉内斜坡道布置

1—采准斜坡道；2—阶段近矿运输巷道；3—采场溜井；4—矿柱；5—阶段运输巷道（开拓工程）

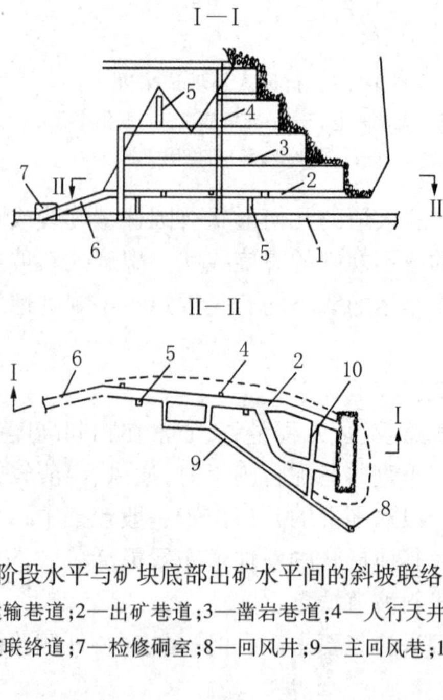

图 9-161 阶段水平与矿块底部出矿水平间的斜坡联络道布置形式

1—阶段运输巷道；2—出矿巷道；3—凿岩巷道；4—人行天井；5—溜井；6—采准斜坡联络道；7—检修硐室；8—回风井；9—主回风巷；10—回风横巷

b 采场联络平巷与阶段装矿巷道

在阶段和分段水平，各采场之间采用联络平巷贯通，联络平巷一般布置在矿体下盘脉外，并与矿体下盘的矿岩接触面保持一定距离，以利于通行、通风及巷道的维护。

阶段水平的装矿巷道直接与联络平巷相连，一般采用斜交或垂直布置，装矿巷道的最小长度为装矿设备铲装的长度、崩落的矿石占有底板的长度、装矿时设备必须前后活动最小距离的三者之和。一般条件下，装矿巷道长度视铲运机大小而定，可在 8 ~ 15m 范围内选取。

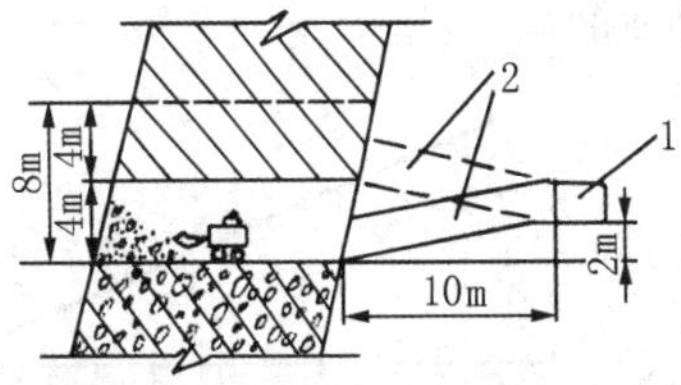

图 9-162 胶结充填采矿法分段斜坡联络道布置形式

1—分段联络平巷；2—采准斜坡联络道

C 分段平巷上下间距（高度）的选定

a 考虑的主要因素

(1) 分段回采后采场实际回采高度的控制和测量技术水平；

(2) 采场掘进及回采机械化程度；

(3) 矿体及围岩的稳固性；

(4) 井巷工程量的多少；

(5) 联络道上掘时，充填料浆和泥水的控制和管理水平。

b 通过工程量比较后选定

需进行分段平巷间距不同时各方案的工程量比较，这些工程主要有：

(1) 分段平巷工程；

(2) 斜坡道至分段平巷的联络道；

(3) 脉外采准时的分枝溜井量；

(4) 分段平巷至矿体的采场斜坡联络道及其回采扇形面积的工程量。

这些工程彼此间有相互制约的关系，分段平巷垂直间距（高度）大，平巷及联络道分枝、溜井工程可减少，但是分段平巷距矿体的水平距离将增长；采场联络道及其回采扇形面积也相应增加，示意如图 9-163 所示。

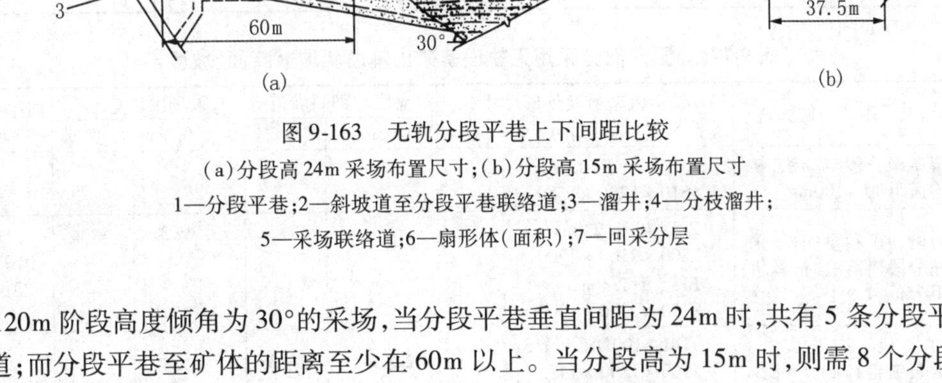

图 9-163 无轨分段平巷上下间距比较

(a) 分段高 24m 采场布置尺寸；(b) 分段高 15m 采场布置尺寸

1—分段平巷；2—斜坡道至分段平巷联络道；3—溜井；4—分枝溜井；

5—采场联络道；6—扇形体（面积）；7—回采分层

如一个 120m 阶段高度倾角为 30°的采场，当分段平巷垂直间距为 24m 时，共有 5 条分段平巷，5 个分枝溜井及联络道；而分段平巷至矿体的距离至少在 60m 以上。当分段高为 15m 时，则需 8 个分段平巷及其相关工程，而分段巷道至矿体水平距离仅为 37.5m，扇形面积将较前者变小。

现就分段高为 15m、18m、21m、…、45m（即 6、7、8、…、15 个回采分层）的分段高度比较，如图 9-164 所示（30°倾角的矿体）。

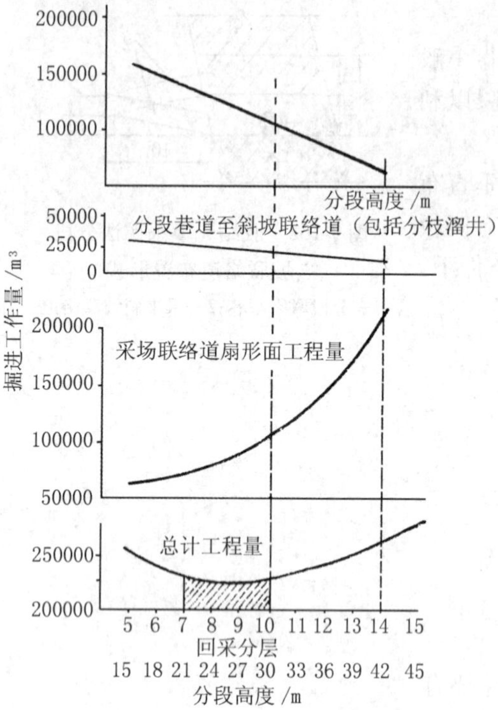

图 9-164 某矿无轨采准分段平巷间距（高度）、回采分层及采准掘进工程量关系

从图 9-164 工程量比较说明，分段高度以 7～10 个分层（即 20～30m）设置一个分段平巷较合适。如加拿大的 Strathcona 镍矿某些矿块的无轨分段平巷间距（高度）达 36m，可服务 12 个回采分层。三山岛金矿设计时，考虑到国内矿山无轨开采经验及技术管理水平，底盘扇形掘进量过大等因素，设计上采用 5 个回采分层设一分段平巷，分段间距（高度）为 15m。

D 采场溜井的布置

无轨采准时的采场溜井的形式与有轨采准时相同，只是由于无轨自行设备的经济运搬距离加大，采场溜井的间距随之变长，当一个盘区由 1～3 个采场组成时，溜井在沿矿体走向方向上的间距可达 150～300m。

E 无轨采准巷道的通风

对于采用柴油驱动的无轨自行设备运行的采准巷道，都必须进行通风计算。对于设备通过频繁的采准巷道，要开掘专用通风巷道来保证独立的新鲜风流和足够的风量、风速要求，必要时，可采用机械强制通风措施。

F 采准斜坡道线路参数

无轨采准斜坡道的计算可参考 9.2.5 节内容。

国内部分金属矿山辅助斜坡道形式及线路参数见表 9-170，辅助斜坡道断面及坡度见表 9-171。

表 9-170 部分金属矿山辅助斜坡道形式及线路参数

矿山名称	斜坡道名称	是否运输矿石	斜坡道形式	建设年份	标高 /m	直线段坡度 /%	弯道段坡度 /%	转弯半径 /m	斜坡道长度 /m	路面形式厚度 /mm	直线段段面尺寸（宽×高） /m×m	弯道段断面尺寸（宽×高） /m×m	主要设备
金川Ⅲ矿区	辅助斜坡道	否	直线＋弯道	2004～2006	地表～1554	14.29	5	20	1337	混凝土厚 200，局部配钢筋	4.5×3.85		铲运机等
金川龙首矿	辅助斜坡道	否	直线＋弯道		地表露天坑～1220								铲运机等
阿舍勒铜矿	辅助斜坡道	否	直线＋弯道	2003～2004	870.5～700	12,15	5	20,15	1592	混凝土厚 200	4.1×4.125	4.4×4.125	铲运机
铜矿峪铜矿	辅助斜坡道	否	直线	2004～2006	地表 707.5～298	12.977			5008	混凝土厚 200	4.3×3.6		铲运机
武山铜矿	辅助斜坡道	否	直线＋弯道										铲运机

表 9-171 国内部分采用无轨设备矿山辅助斜坡道断面、坡度

矿山名称	矿石类型及采用的采矿方法	铲运机型号及外形尺寸（长×宽×高）/mm×mm×mm	盘区辅助斜坡道		采场出矿巷道		曲率半径 /m	铺路材料
			断面/m×m	坡度/%	断面/m×m	坡度/%		
金厂峪金矿	采用留矿及分段空场法，铲运机平均运距 30～100m	EHST-1A 型 0.76m³ 5510×1220×1550			2.8×2.8			路面铺设碎石
尖林山铁矿	矿石为磁铁矿和菱铁矿，采用无底柱分段崩落法，铲运机平均运距 75m	ZLD-40 型 2.0m³ 7800×2100×1700 LK-1 型 2.0m³ 8750×2200×1800			3.2×3 4×3		出矿巷道 8	200mm 厚混凝土
凡口铅锌矿	矿石为黄铁铅锌矿，$f=8\sim12$，采用盘区机械化水平分层充填法和 VCR 法，铲运机平均运距 45m	TORO-100DH 型 1.3m³ 5500×1800×1425 LF-4.1 型 2.0m³ 6772×1684×1659 CT-1500 型 0.83m³ 5500×1240×1800	2.8×2 3.4×3.0	20～33 25	2.8×2.6	20		回采巷道为自然碎石路面

续表 9-171

矿山名称	矿石类型及采用的采矿方法	铲运机型号及外形尺寸（长×宽×高）/mm×mm×mm	盘区辅助斜坡道		采场出矿巷道		曲率半径/m	铺路材料
			断面/m×m	坡度/%	断面/m×m	坡度/%		
寿王坟铜矿	矿石以黄铜矿为主，$f=10\sim16$，采用高端壁无底柱分段崩落法，进路出矿的有底柱或无底柱空场法。铲运机平均运距 60m	LK-1 型 2.0m^3 8750×2200×1800 TORO-100DH 型 1.3m^3 5500×1800×1425	5×4	14	4.5×3 4×3	25	15	自然岩石路面
大厂矿务局铜坑锡矿	矿石以锡矿为主，采用无底柱分段崩落法和连续分条机械化胶结充填法，铲运机平均运距 50～100m	LF-4.1 型 2.0m^3 6772×1684×1659 CT-6000 型 3.80m^3 8810×2500×2000	12.16	15			10～15	自然岩石路面
篦子沟铜矿	细脉浸染似层状铜矿床，$f=8\sim12$，采用无底柱分段崩落法，铲运机平均运距 70m	LK-1 型 2.0m^3 8750×2200×1800	4×3	10～12	4×3.5		进路及联络道 5	水泥路面
丰山铜矿	矿石为含铜矽卡岩，$f=6\sim8$，采用无底柱分段崩落法，铲运机平均运距 65m	LK-1 型 2.0m^3 8750×2200×1800	3.2×4.2	14～17	4×3.2		回采巷道 6	

G 无轨采准实例

金川二矿区采用机械化下向进路充填法，为了提高生产能力，划分盘区进行开采，采用无轨设备回采，盘区间不留间柱，连续回采，阶段高度 100m 和 150m。

盘区采用上盘脉外采准系统，在矿体上盘布置采准斜坡道，采准分斜坡道与通地表的主斜坡道、阶段主运输道相连接。在距离矿体上盘 100m 左右处布置分段巷道，分段巷道与采准斜坡道通过分段联络道相连接。每分段高度 20m，服务 5 个分层，分层高 4m。分段巷道与矿体通过分层联络道相接，在分段巷道上盘布置盘区溜井，原则上每个盘区 1 条溜矿井，每个阶段布置一条废石井，溜井直径 2.5～3m，溜井均为钢模板壁后混凝土支护。充填回风系统布置在采场上部及矿体下盘，采场上部为穿脉道，矿体下盘为沿脉道，穿脉道通过预留的充填回风井与采场相通，沿脉道通过联络道与主回风井及钻孔相连接。

无轨设备采准斜坡道坡度不大于 1∶7，分层联络道重车上坡坡度不大于 1∶10，重车下坡坡度不大于 1∶7。采准巷道净断面（宽×高）为：分层联络道 4.6m×4.1m，分段巷道 4.3m×4.2m，采准斜坡道为 4m×4m，溜井联络道为 4.3m×4.1m，充填回风道 2.6m×2.8m。

其他主要采准巷道见采矿方法内容。

9.4.3 矿块底部结构

9.4.3.1 矿块底部结构类型

底部结构是采矿方法中重要组成部分，其掘进工程量约占采切工程总量的 50%，而且上水平井巷多，施工条件难度大。底部结构在很大程度上决定着采矿方法的生产能力、作业效率、矿石的损失与贫化指标及放矿工作的安全等。因此，在设计和生产中，正确选择底部结构十分重要。

矿块的底部结构一般是由受矿巷道、二次破碎巷道和放（出）矿巷道组成，用来接受崩落的矿石、进行二次破碎和将矿石放出装入运输水平如矿车中。

底部结构分类方法不一，主要有：按有无二次破碎水平、按受矿巷道形式（分漏斗式、堑沟式、平底式）、按运搬方法及设备（分重力、自行装运设备、电耙、振动放矿装置）等进行分类，可以组成多种结构形式。目前，应用的底部结构形式繁多，命名不一。

为了设计和生产选用方便，又考虑发展趋势，采用按运搬方法及设备将常用的矿块底部结构类型列于表 9-172。

表 9-172 常用的底部结构类型

序号	底部结构类型	底部结构特点		受矿巷道形式
		运搬设备与方式	二次破碎位置	
1	铲运机等自行设备出矿底部结构	铲(装)运机装、运、卸	装矿巷道	(1) 堑沟式; (2) 平底式
2	自重放矿漏斗装矿底部结构	矿石重力溜放一般为漏斗装车	(1) 无格筛; (2) 有格筛	漏斗式
3	电耙耙矿底部结构	电耙耙运	电耙道	(1) 漏斗式; (2) 堑沟式; (3) 平底式
4	振动放矿机装矿底部结构	振动放矿机 + 矿石重力溜放,闸门装车或其他运输方式	台面上、放矿口	(1) 漏斗式; (2) 堑沟式; (3) 平底式
5	装岩机等有轨设备装矿底部结构	如装岩机装矿,有轨矿车运输	装矿巷道	(1) 平底式; (2) 堑沟式
6	人工假底底部结构	上述底部结构可以做成人工假底的底部结构,其材料有混凝土、金属支架或木质结构等		

设计和生产中,选择底部结构的基本要求是在保证巷道稳定(能经受落矿和二次爆破的冲击及放矿时的地压变化)、作业安全、需要的放矿能力条件下(适应采矿方法和放矿特点要求),尽量降低底柱高度,采准工作量小,施工方便,经济效果好。

底部结构的发展趋势是继续简化结构,将多层合并为一层,扩大巷道断面,提高矿石的流动性,降低堵塞频率,提高放矿能力。高强度采矿方法推广采用大型出(放)矿设备或连续出矿的结构形式。

9.4.3.2 铲运机出矿矿块底部结构

A 铲运机出矿优缺点

铲运机出矿优点:

(1) 铲运机无需铺轨架线,可快速自行到作业面完成铲、装、运、卸作业;

(2) 底部结构简单;

(3) 运搬距离长,节省了溜井和漏斗等开凿及安装工作量;

(4) 生产能力大,效率高;

(5) 作业范围广,不仅适用于出矿和掘进出渣,还可用作道路平整、材料运搬等多种作业。

铲运机出矿缺点:

(1) 基建投资大,设备购置费高,要求的巷道规格大;

(2) 设备维修工作量大,费用高。维修费一般占装运费 20% ~40%;

(3) 轮胎消耗量大,费用高。轮胎消耗费用一般占装运费 10% ~30%;

(4) 柴油铲运机废气污染井下空气,需强制通风,增加了通风费用;电动铲运机运距受到限制。

B 矿块的底部结构构成

按铲运机作业地点不同,可分为三种放(出)矿方式。第一种是在阶段运输水平矿块的底部结构中,固定在一条或几条装矿巷道进行长时间的作业;第二种是在上水平分段各采场进路中作业,如无底柱分段崩落法的回采进路出矿;第三种是在采场内进行多点不固定的出矿作业,如全面法、房柱法、水平分层充填法等采场内的作业。上述三种不同的作业地点及其放(出)矿方式,相应的出矿结构也不同。本节介绍阶段运输水平矿块的底部结构,一般采用堑沟式或平底式。

铲运机出矿的矿块底部结构一般是由集矿堑沟、出矿巷道、装矿巷道(进路)、运输平巷等构成,并配置溜井,矿块底部结构如图 9-165 所示。铲运机从装矿巷道将矿石铲出后,卸入最近的溜井。

(1) 集矿堑沟为连接装矿进路与上部采场的受矿结构,且平行于出矿巷道。集矿堑沟在采场中的条数根据采场宽度确定,当采场宽度小于 20m 时,采用单堑沟;当采场宽度大于 20m 时,采用双堑沟,如图 9-165 ~ 图 9-167 所示。集矿堑沟的斜面倾角一般为 45° ~55°。

(2)出矿巷道。当采场垂直矿体走向布置时,该巷道为穿脉巷道,且位于间柱中,如图 9-165 所示。当采场沿矿体走向布置时，该巷道沿矿体走向布置于矿体下盘或上盘围岩中，如图 9-166 所示。

(3) 装矿进路是连接出矿巷道与集矿堑沟的巷道。该巷道的布置与采场尺寸、铲运机的外形尺寸，矿岩的稳固程度和运输巷道的布置有关。

装矿进路与出矿巷道的连接，可斜交，交角一般为45°～50°左右，如图 9-166 所示。

装矿进路间距一般为 10～15m。间距过小，不能保证出矿结构的稳定性；间距过大，进路间的三角矿堆损失过大。因此，装矿进路支护后可以采用采场底部总暴露面积不超过采场水平面积的 40% 为参考。

铲运机在直线位置上铲装效率高，机械磨损小。因此，该巷道长度应不小于设备长度、矿堆占用长度及装矿时设备前后活动要求的长度之和。

装矿进路布置形式与采场宽度有关，当采场宽度小于 12m 时，采用单堑沟单侧装矿进路的布置形式如图 9-166；当采场宽度为 12～20m 时，采用单堑沟双侧装矿进路的布置形式如图 9-165所示，一般两侧进路错开布置；当采场宽度大于 20m 时，采用双堑沟双侧装矿进路的布置形式如图 9-167 所示，两侧进路可对称布置，也可错开布置。

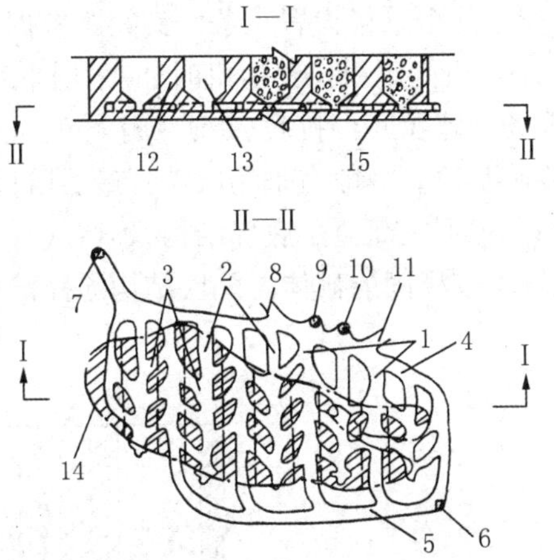

图 9-165 矿块底部结构中的出矿结构布置

1—出矿巷道；2—集矿堑沟；3—装矿进路；4—运输平巷；5—上盘平巷；6—回风天井；7—进风天井；8—通向上部的采区斜坡道；9—废石溜井；10—矿石溜井；11—通向下部的采区斜坡道；12—间柱；13—矿房；14—矿体界线；15—采下矿石

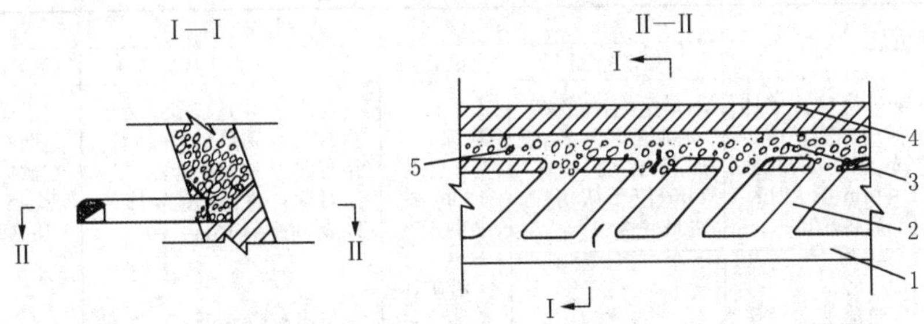

图 9-166 装矿进路与出矿巷道斜交布置

1—出矿巷道；2—装矿进路；3—集矿堑沟；4—矿体界线；5—采下矿石

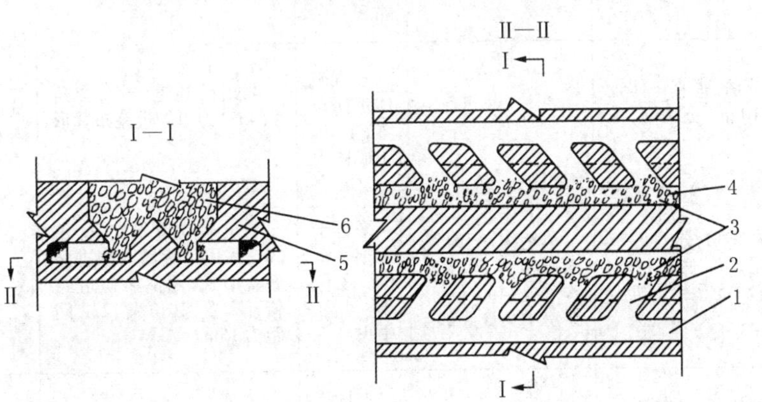

图 9-167 双堑沟双侧装矿进路布置

1—出矿巷道；2—装矿进路；3—集矿堑沟；4—采下矿石；5—间柱；6—矿房

(4) 运输平巷为与出矿巷道连接的巷道。当采场垂直矿体走向布置时，该巷道沿矿体走向布置于上、下盘围岩或矿体中；当采场沿矿体走向布置时，该巷道与出矿巷道合而为一。

(5) 出矿溜井可沿运输平巷或出矿巷道布置。当沿出矿巷道布置时，一个采场设置一条；当沿运输平巷布置时，几个采场设置一条。其间距根据铲运机经济合理单程运距确定。

（6）当使用遥控铲运机时，应采用平底底部结构，即形成平底宽槽，并将槽底水平降低至装矿巷道水平，按采场全宽拉底。拉底、装矿和运输三个水平层合并为一个。根据矿房宽度可在平底受矿槽一侧或两侧布置装矿巷道。一般在采场出矿到最后阶段，遥控铲运机从装矿进路进入采场空区中进行三角矿堆的装运。这种方式不仅简化了底部结构，不留底柱或底柱矿量很小，又可减少矿石损失。这种平底底部结构适用于矿、岩均较稳固的矿体。平底结构遥控铲运机出矿布置如图 9-168 所示。

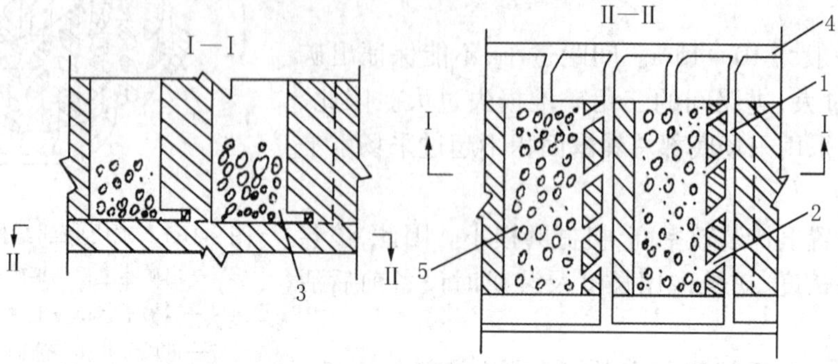

图 9-168 平底结构遥控铲运机出矿布置

1—出矿巷道；2—装矿进路；3—铲运机在空区装矿；4—脉外运输平巷；5—崩下矿石

铲运机在矿块底部结构中的出矿结构实例见表 9-173。

表 9-173 铲运机在矿块底部结构中的出矿结构实例

矿山名称	采矿方法	出矿结构				
		集矿堑沟	出矿巷道	装矿进路	运输平巷	出矿溜井
寿王坟铜矿	分段凿岩的阶段矿房法。矿体厚度大于 20m 时，矿房垂直矿体走向布置，矿房宽 35m，长 50m，间柱宽 15m，底柱厚 11 ~ 14m，采用 LK-1 和 TORO-100 型铲运机出矿	单堑沟，堑沟斜面倾角 50°，堑沟底部宽度 10 ~ 14m，位于矿房中央最底部	平行于集矿堑沟，且位于间柱中央	与出矿巷道斜交，交角为 50°，采用单堑沟双侧进路布置形式，两侧装矿进路对称布置，其长为 13 ~ 17m，间距为 15m	沿矿体走向布置在矿体下盘 15 ~ 17m 处	沿出矿巷道布置，每一采场一条，断面为 2.5m ×2.5m
金山店铁矿	平底结构的自然崩落法。沿矿体走向布置，矿房长度 80m，矿房宽度为矿体厚度。采用 LK-1 型铲运机出矿	无	沿矿体布置，且位于围岩中、上下盘围岩各布置一条	与出矿巷道直交，为双侧进路布置形式，两侧装矿进路对称布置，其间距为 10m	与出矿巷道合二为一	沿出矿巷道布置其间距为 80m，平均运距 40 ~ 50m
铜矿峪铜矿	有底柱阶段崩落法，垂直矿体走向布置，采场长 100m，宽 16m，采用铲运机出矿		垂直矿体走向布置，且位于矿体中	与出矿巷道斜交，交角为 45°，为单侧进路布置形式	沿矿体走向布置在矿体下盘围岩中	沿运输平巷布置
柿竹园多金属矿设计	分段凿岩的阶段矿房法，盘区布置，矿房长 64m，宽 20m，底柱 14m，分段高 22m，采用 ST-5 型铲运机出矿	单堑沟，堑沟斜面倾角为 50°，堑沟底宽 4m，位于矿房中央最底部	平行于集矿堑沟，且位于间柱中央	与出矿巷道斜交，交角 50°，采用单堑沟双侧进路布置形式，两侧装矿进路错开布置，其长为 12m，间距为 15m	与盘区平巷与出矿巷道直交，且位于盘区矿柱中	为矿山主溜井，沿盘区平巷布置，其间距为 150m，溜井规格为 ϕ3m（最大出矿块度为 750mm）
Pilot Knob（美国）	分段凿岩的阶段矿房法，盘区布置，矿房宽度大于 30m，间柱和盘区矿柱宽为 9m，采用 ST-5 型铲运机出矿	双堑沟，位于矿房最底部	平行于集矿堑沟，且位于间柱中央	与出矿巷道斜交，采用双堑沟双侧进路布置形式，其间距为 15m		

9.4.3.3 自重放矿漏斗装矿底部结构

A 无格筛自重放矿漏斗装车底部结构

这种底部结构是采下的矿石借助自重经放矿漏斗闸门装入矿车中，不合格大块在漏斗进行二次破碎。

它的优点是底部结构简单,无需搬运设备,借助矿石自身势能溜放,成本低,底柱矿量又少。不足之处是放矿能力较低,人工控制放矿时作业条件差,处理大块时易崩坏漏斗闸门,维护工作量大。主要适用于浅孔落矿的采场及矿体倾角在50°~55°以上,要求放矿能力不大的采场放矿。这种底部结构形式较多,常用的底部结构如图9-169和图9-170所示。

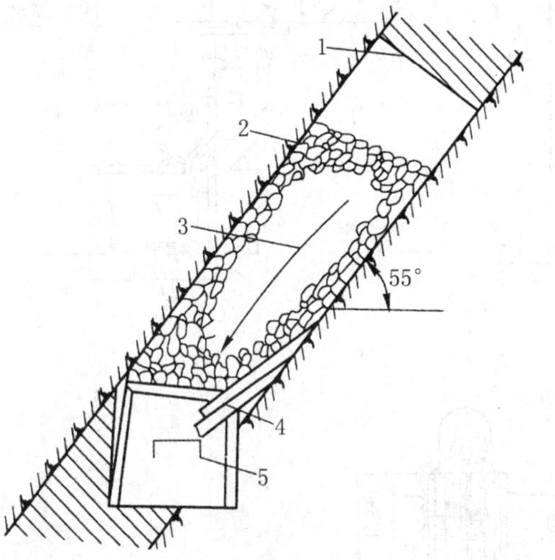

图9-169 矿石重力运搬闸门装车的底部结构

1—落矿工作面;2—爆下的矿石;3—矿石运搬方向;4—漏斗闸门;5—矿车

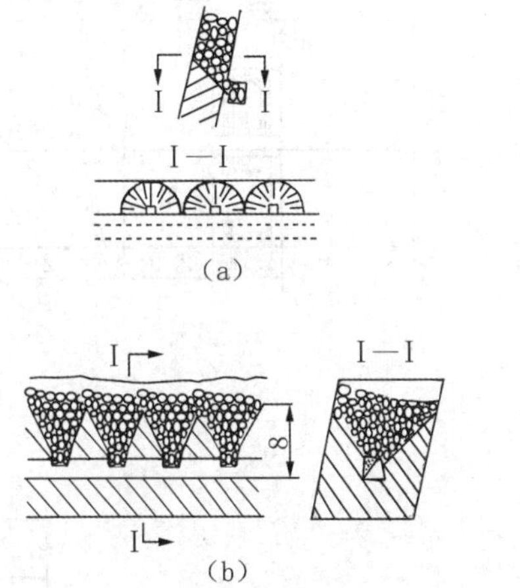

图9-170 无格筛漏斗自重放矿的底部结构

(a)脉外;(b)脉内

B 有格筛自重放矿漏斗装车底部结构

这种底部结构是采下的矿石借助自重经漏斗溜到二次破碎水平的格筛上,合格的块度经格筛溜下进入漏斗颈,再通过放矿闸门装车。不合格的大块矿石直接在筛面上进行二次破碎,也有的将大块移到格筛巷道(硐室)内破碎。在阶段运输水平与格筛水平之间设有人行天井,以便通行及通风。

格筛巷道有单侧和双侧两种布置形式。单侧布置格筛巷道底部结构如图9-171所示,一般采用平底受矿。单侧布置用于矿厚不大或矿石稳固性不十分好的矿体。反之,采用双侧布置,如图9-172所示。

漏斗中心距一般为5~7m,它决定于每个喇叭口的受矿面积。房式采矿法每个喇叭口的受矿面积为30~50m²,喇叭口斜面倾角为50°~55°;崩落采矿法的受矿面积为20~40m²,斜面倾角为60°~70°。喇叭口有圆形与方形两种。漏斗颈应大于矿石最大块度的2.5~3倍。格筛斜向二次破碎巷道有2°~3°坡度,从漏斗溜出的矿石堆不应超过格筛总面积的三分之二。

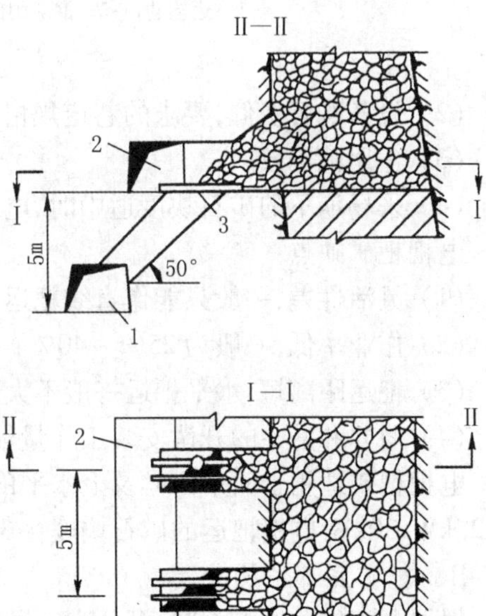

图9-171 单侧布置格筛巷道底部结构

1—运输巷道;2—格筛巷道;3—格筛

这种底部结构的底柱高度一般为12~14m,分上、下两部分,其中从运输水平到二次破碎水平为下底柱,高为6~8m;从二次破碎水平到拉底水平为上底柱,高为6m左右。

该底部结构的优点是放矿能力大,容易控制漏斗的放矿量。但由于采准工程量大,底柱矿量多,约占整个矿块矿量的20%~25%,放矿作业条件恶劣及降低了底柱的稳固性等严重缺点,矿山已很少应用。

9.4.3.4 电耙耙矿底部结构

A 电耙耙矿优缺点

电耙耙矿优点:

(1) 设备结构简单,坚固耐用,操作方便;经营费用低,易于维护,维修费用仅占出矿作业的8%左右;

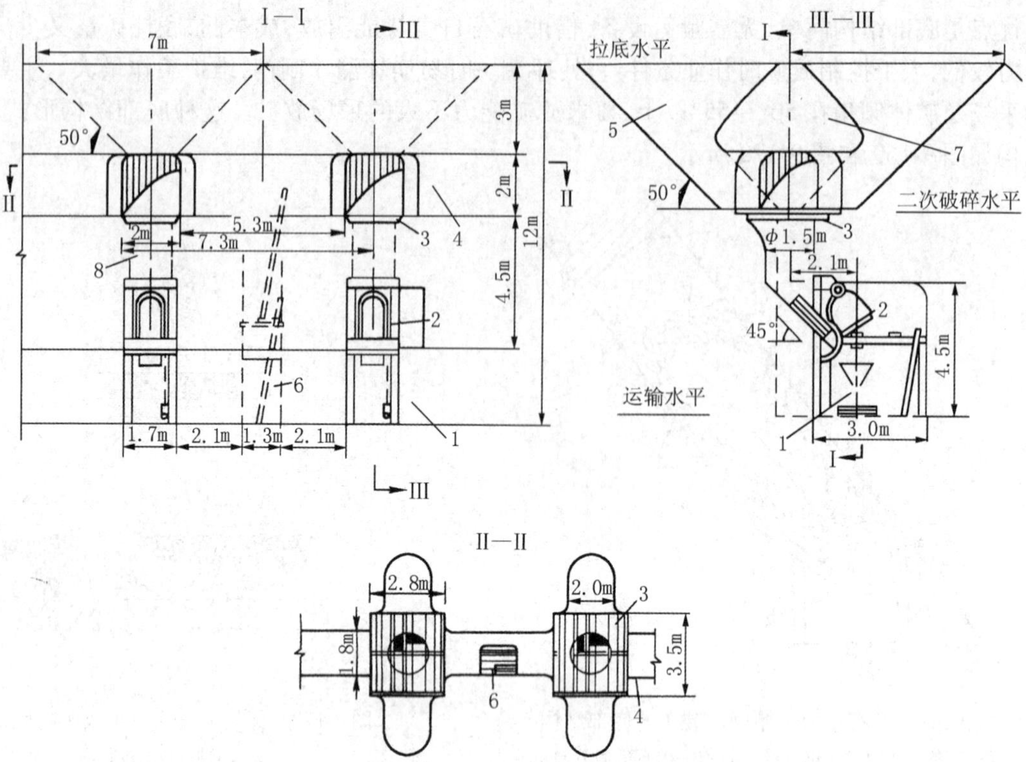

图 9-172　双侧布置格筛巷道底部结构

1—运输巷道；2—漏斗闸门；3—格筛；4—二次破碎水平的格筛巷道；5—受矿喇叭口；6—人行联络小井；7—桃形矿柱；8—漏斗颈

(2) 设备购置费低，要求的巷道规格小，基建投资少；

(3) 适用范围较广；

(4) 采场崩下的矿石块度适中时，电耙生产能力较高。

电耙耙矿缺点：

(1) 灵活性差，一般只能作直线耙运；

(2) 作业率低，一般为 25% ~40%；

(3) 耙运距离短，水平耙运一般不大于 40m，下坡耙运不大于 60m；

(4) 溜井和漏斗的开凿安装工作量较大。

电耙耙矿适用于回采出矿及上水平的掘进出渣，采场生产能力中等以下，矿石和围岩中等稳固以上为好，28kW、30kW 电耙耙运的矿石块度在 350mm 以下为宜。

B　耙矿底部结构分类

根据电耙作业地点不同，可分为三种耙运方式。第一种是在矿块(采场)底部耙运，即电耙设备置于采场底部结构中，长时间固定在一条集矿巷道耙矿，构成电耙耙矿底部结构，如有底柱分段崩落法、阶段崩落法及阶段矿房法等可采用的底部结构；第二种是电耙在采场回采进路中进行耙运，如分层崩落法、水平分层充填法等；第三种是电耙在采场内多点不固定的耙运矿石，如全面法、房柱法等。上述三种不同的耙运地点，其相应的结构形式不同。本节仅介绍矿块底部耙运的底部结构。

电耙耙矿底部结构同格筛底部结构相比，采切工作量小，作业条件相对较好；它同采用运输机相比，设备投资少，安装和移动方便且费用又少。在振动放矿机、铲运机未推广应用时，电耙耙矿底部结构在国内冶金矿山曾广泛使用。目前，在国内外部分矿山仍有使用。它的主要缺点是底部结构较复杂，上水平井巷掘进工作量大，施工困难，放矿能力不高，漏斗放矿计量困难。

电耙耙矿底部结构形式很多，命名多种多样，一般是按受矿部位的形状不同分为三种：漏斗放矿、堑沟放矿和平底受矿电耙耙矿底部结构。

a 漏斗放矿电耙耙矿底部结构

漏斗放矿电耙耙矿底部结构如图9-173所示。漏斗布置应当适应放矿过程中矿石移动的规律,以便减少放矿时矿石的损失及贫化。在保证底部结构稳固和便于施工的前提下,尽量采用较小的漏斗间距。布置足够数量的漏斗,分布要均匀,以便清除放矿过程中的死角和减少漏斗脊部矿石的损失。

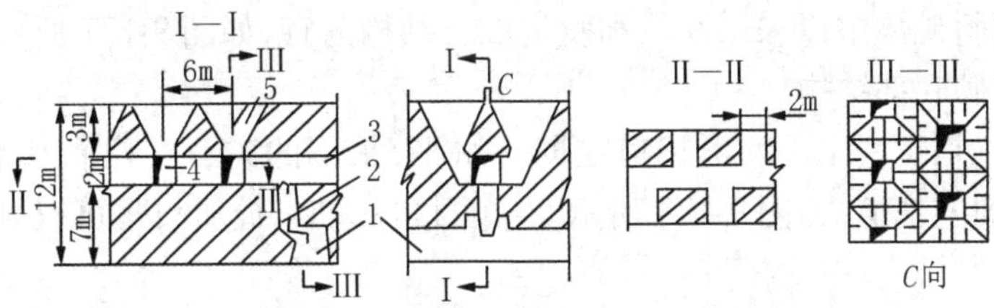

图9-173 漏斗放矿电耙耙矿底部结构

1—运输平巷;2—聚矿小井;3—电耙巷道;4—漏斗穿;5—漏斗

漏斗有单侧布置和双侧布置,视矿体倾角和厚度而定。在双侧布置漏斗中,又分对称布置(图9-174(a))和交错布置(图9-174(b))。

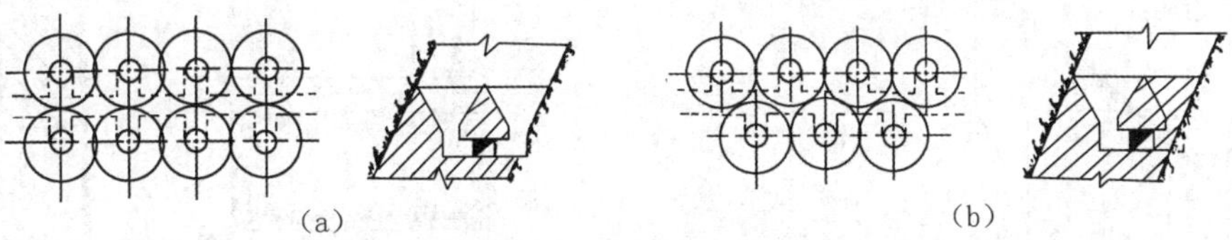

图9-174 漏斗双侧布置形式

(a) 对称布置;(b) 交错布置

当采用双侧漏斗时,交错漏斗与对称漏斗两种布置形式相比,交错漏斗分布比较均匀,存留在漏斗脊部上的矿石量少,对回收矿石有利,对底部结构的稳固性破坏较小,而且电耙道内矿堆堆积高度也较低,耙矿通行便利。但在采用木材或金属支架的电耙道内,不宜布置交错漏斗。因为电耙道内矿堆交错布置会使耙斗不能保持直线耙运,容易耙到支架,同时支架架设困难,稳固性也差。

b 堑沟放矿电耙耙矿底部结构

这种底部结构的受矿部分在沿电耙道方向是一条连续的堑沟,用放矿口与电耙道相连。堑沟放矿口可布置在电耙道的单侧(图9-175)或双侧(图9-176)。为了减少漏斗的堵塞事故,应尽量采用短颈堑沟结构(图9-175),即拉底巷道在电耙道顶板的侧上方或直接与电耙道在同一水平,但此时要求矿石稳固性好。

堑沟结构与漏斗结构比较有下列优点:

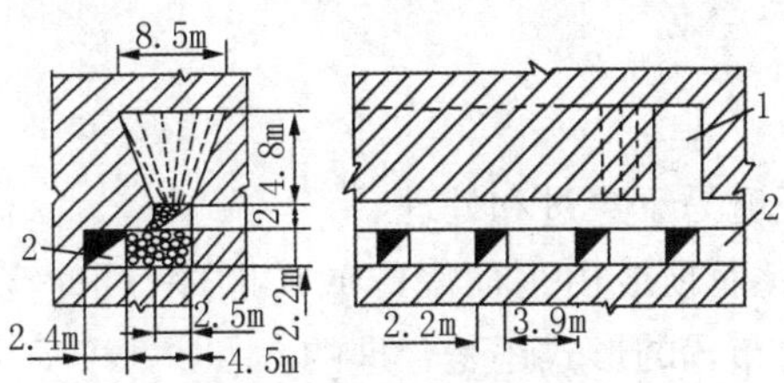

图9-175 短颈堑沟底部结构

1—切割槽;2—电耙巷道

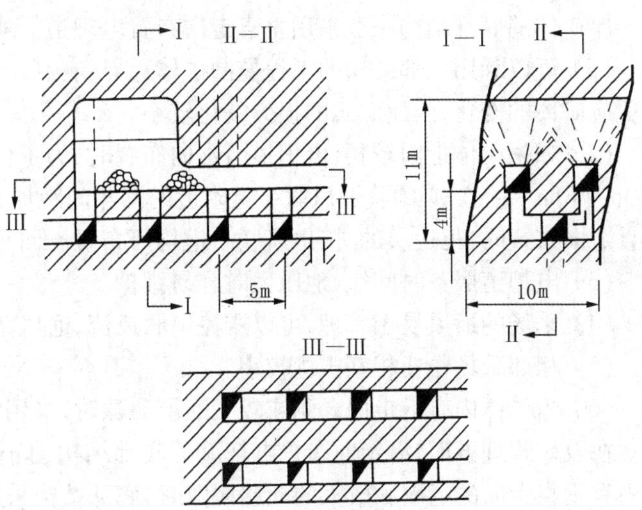

图9-176 V形堑沟受矿双侧对称电耙巷道底部结构

(1) 开凿堑沟同矿块拉底一次进行,简化了拉底工艺,将扩漏和落矿合为一道工序,提高了劳动生产率;

(2) 在堑沟巷道内凿岩,施工安全,易于保证施工质量;开凿堑沟可采用中深孔爆破,劳动生产率高;

(3) 放矿口大,减少堵塞,改善了安全条件,底柱矿量虽然较大,但由于形状规则,比较好回收。

在矿岩比较稳固的条件下,堑沟结构比漏斗结构好。当底部结构处于脉外采用堑沟结构时,必然使废石切割量大,因此在缓倾斜矿体中以采用漏斗和堑沟混合结构为宜,如图9-177所示。

c 平底受矿电耙耙矿底部结构

这种底部结构的特点是拉底水平和电耙道在同一水平,采下的矿石在拉底水平形成三角矿堆,上面的矿石借自重经放矿口溜到电耙道,如图9-178所示。矿石极稳固时,放矿口也可双侧布置。

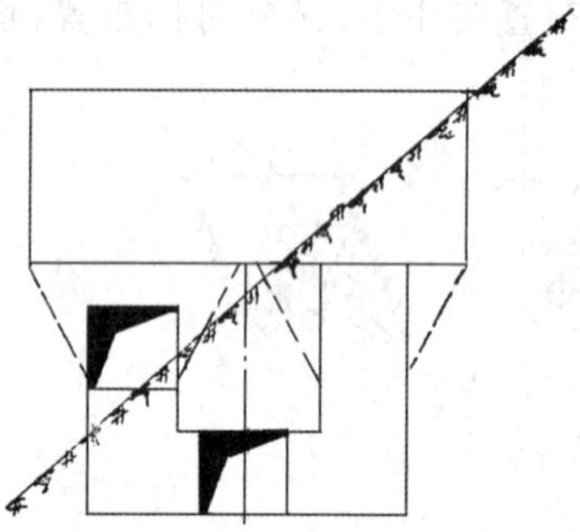

图9-177 漏斗和堑沟混合底部结构

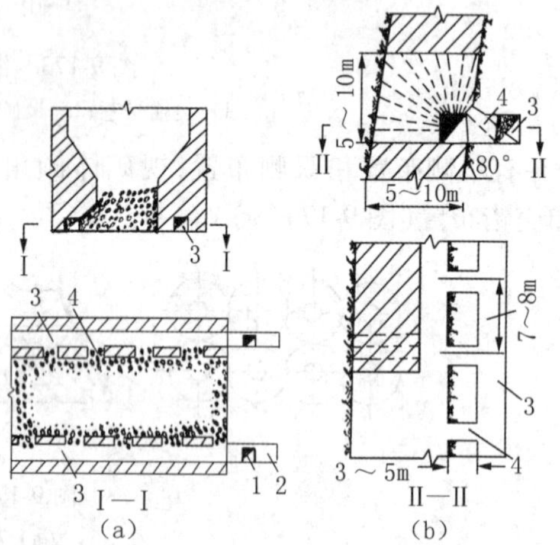

图9-178 平底受矿电耙耙矿底部结构

(a)两条电耙巷道;(b)一条电耙巷道

1—溜井;2—电耙绞车硐室;3—电耙巷道;4—放矿口

平底结构除具有堑沟结构的优点外,还进一步简化了底部结构,施工方便;采切工程量大幅度减少;开掘平底的工作面连续宽度大,并可用深孔和中深孔,拉底效率高,速度快;放矿口尺寸大,放矿的条件好,效率高;底柱矿量大为减少,利于提高矿块的矿石回采率。

平底结构的主要缺点是底柱稳固性差,平底中残留三角矿堆需在下阶段回收,且回采率低。

C 底部结构的布置

电耙底部结构的电耙道可以沿走向布置,也可以垂直走向布置,主要根据矿体厚度和倾角来选择。

厚矿体的底部结构一般采用垂直走向布置电耙道。实践证明,它具有以下优点:

(1) 可以利用底部结构的工程控制矿体边界,有利于探采结合。当矿体边界变化较大时,漏斗的布置易于适应矿体的变化,因此矿石的损失贫化较小。

(2) 如果矿体走向较长,电耙道沿走向布置时,为了保护各电耙道之间的通风联络巷道(一般沿走向每隔30~40m一条),必须将通风联络道附近的漏斗间距加大一倍左右,因而漏斗脊部损失矿量较大。而采用垂直走向布置时,耙运层的进、出风联络道均可布置于回采范围之外,有利于资源的回收。

(3) 电耙道服务时间短,地压大时容易维护。

(4) 采场的通风易于管理,可以避免串联风流,通风条件较好。

(5) 相邻采场作业相互干扰较小。

(6) 当矿体内有沿走向老硐或较大断层裂隙时,采用穿脉电耙道易于穿过和处理。

在放矿管理方面,沿走向布置电耙道的底部结构便于控制由底而顶或由顶而底的放矿顺序,同时当矿体中有垂直走向的老硐和较大的断层裂隙时,底部结构采用沿走向布置的形式还是合理的。

倾斜和缓倾斜厚矿体,除在脉内布置底部结构外,为了回采底盘的三角矿柱,还须根据阶段(分段)的高度、废石切割工程量的大小以及施工条件等因素,确定是在穿脉电耙道内布置脉外受矿漏斗,还是在底盘脉外布置一层和数层沿走向的底部结构。采用后一种方式时,底盘脉外电耙道在运矿和通风上均须自成系统,因而采准工程量较大。

中厚急倾斜矿体采用沿走向布置电耙道的底部结构,一般布置单侧漏斗,矿体较厚时布置双侧漏斗。当采用单侧漏斗时,电耙道可布置在脉内,也可布置在脉外,如图 9-179 所示。

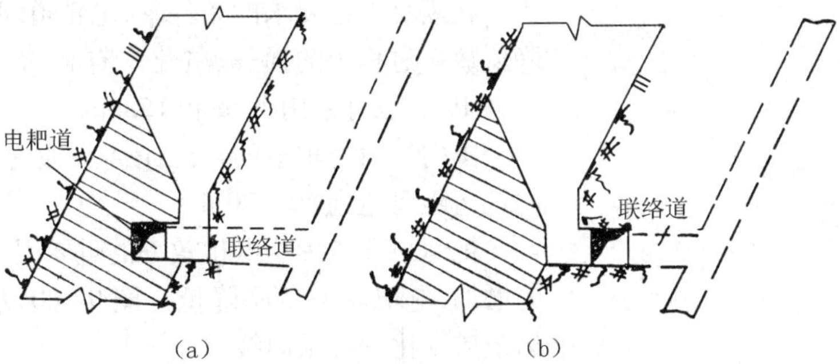

图 9-179 中厚急倾斜矿体电耙道位置

(a) 电耙道布置在脉内;(b) 电耙道布置在脉外

脉内电耙道虽然掘进费用较低,但存在下列缺点:

(1) 由于通风天井一般布置于脉外,为保护采场通风联络道,需加大联络道与电耙道相交处的漏斗间距,因而增大了矿石损失。

(2) 电耙底柱回采条件较差。

(3) 上下分段(阶段)相互制约,下分段(阶段)必须等上分段(阶段)出矿结束后才能进行回采。

因此,中厚倾斜矿体一般以布置脉外电耙道为宜。

中厚缓倾斜矿体的底部结构均位于底盘脉外,并切割一定量的废石。底部结构有沿矿体倾斜(垂直走向)和沿矿体走向两种布置形式,前者具有可避免串联风流,采场通风条件好;相邻采场作业相互干扰小;耙矿效率高等优点,但也存在耙矿和二次破碎作业安全性差,钢绳磨损快的缺点。当矿体倾角小于 25°时,一般选用沿倾斜布置底部结构的方案。

布置电耙道时一般还应注意以下几点:

(1) 为了充分放出最后一个漏斗的矿石,挂滑轮巷道的长度不应小于 5.5 ~6.0m。

(2) 电耙绞车硐室长度以 4m 左右为宜,这样可以改善安全操作条件和减少矿尘的危害。为了加大耙斗的装满系数,电耙绞车硐室底板一般应低于电耙道 0.3 ~0.5m。

(3) 电耙道与采场溜井交接处应适当加宽以利人行。

D 电耙耙矿底部结构参数

电耙耙矿底部结构参数包括:

(1) 受矿高度。受矿部分结构形式有漏斗式、堑沟式和平底式。国内矿山多数采用漏斗式结构,喇叭口受矿时受矿高度一般为 5 ~7m,采用堑沟式结构一般为 10 ~11m。

(2) 斗穿间距。一般为 5 ~7m,若太小将削弱底部结构。

(3) 受矿坡面角。采用崩落法时,一般为 60° ~70°。采用房式采矿法时,一般为 45° ~55°。

(4) 斗颈轴线与耙矿巷道中心线距离。该距离直接影响到桃形矿柱的稳固性、耙矿巷道内矿堆的高度及耙矿效率等,一般为 2.5 ~4.0m。该距离取决于下列因素:

1) 松散矿石的自然安息角。矿石自然安息角多为 38° ~45°,角度越大,该尺寸越小。

2) 所要求的矿堆宽度。矿堆宽度一般为电耙巷道宽度的 1/2 ~2/3,矿堆宽度越大,该尺寸越小。

3) 电耙巷道的规格。矿堆高度与电耙巷道规格成正比。为了保证底柱的稳固性,一般漏斗颈与漏斗斜面的交点应在电耙巷道顶板以上 1.5 ~2.0m。

(5) 电耙道间距与耙运距离。电耙道间距的大小,直接关系到底部结构的稳固性和回收矿石的效果。影响电耙道间距的主要因素有:

1）矿岩的稳固性。特别是采用中深孔凿岩的堑沟结构时，由于中深孔爆破对底部结构的稳固性影响较大，要求相邻两堑沟巷道间的矿柱宽度保持在4m以上；

2）底部结构的高度及漏斗和电耙道的相对位置。当底部结构高度一定，电耙道垂直走向布置并在穿脉巷道装车时，确定电耙道间距要注意到放矿溜井所需要的倾角。

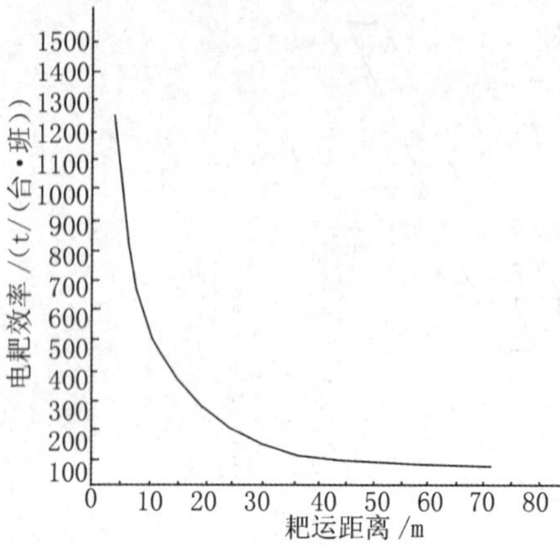

图9-180 电耙效率与耙运距离的关系曲线

在满足上述要求的条件下，电耙道间距应采用最小值，这对降低放矿过程中的损失、贫化是有利的。国内矿山的电耙道间距为10m，也有采用12m和15m的。

国内矿山电耙道的耙运距离一般为25～55m；倾斜电耙道的耙运距离达到60～70m。

耙运距离是影响电耙效率的重要因素之一。随着耙运距离的增加，电耙效率急剧降低。图9-180为28kW电耙效率随耙运距离变化的关系曲线。

耙运距离过长，则电耙道负担矿量增大，电耙耙矿效率降低，随之而来的是电耙道出矿周期增长。如果电耙道位于破碎矿岩中，巷道的维护工作量必然显著增大，甚至在出矿尚未结束时就发生倒塌而损失大量矿石，并使采场生产衔接发生危机。电耙道过长也给放矿工作带来困难。由于司机看不清矿堆，往往造成较远漏斗不能按均匀放矿要求出矿，影响放矿管理。但是，耙运距离过短也会出现采掘比增大，采准周期增长的问题。在极厚矿体中耙运距离的缩短，还必然导致脉内通风联络道数量的增加，为保护通风联络道而造成的矿石损失也随之增大。当矿岩破碎时，由于联络道数量的增加，溜井数势必增多，这样就使下分段矿石过早地遭到破坏，给回采工作造成更大的困难。因此，合理地确定耙运距离，是提高采场生产能力，减少矿石损失，降低采矿成本的重要环节。

（6）电耙道、斗穿和斗颈的规格。我国采场用的电耙绞车多为30～55kW，电耙巷道断面多为2m×2m。为了减少卡漏现象，有些矿山加大断面尺寸。漏斗颈的尺寸一般为允许最大矿石块度的2.5～3倍以上。漏斗结构如图9-181所示。

根据图9-182可以确定这一断面尺寸。随着耙矿的进行，矿石堆的坡度增大到45°时，应有一宽度不小于0.8m和高度不小于1.8m的人行通道，以此来确定斗穿前缘的正确位置。

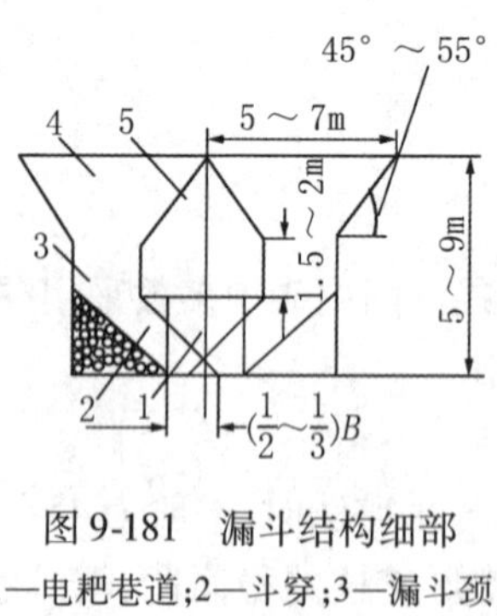

图9-181 漏斗结构细部

1—电耙巷道；2—斗穿；3—漏斗颈；4—漏斗；5—桃形矿柱

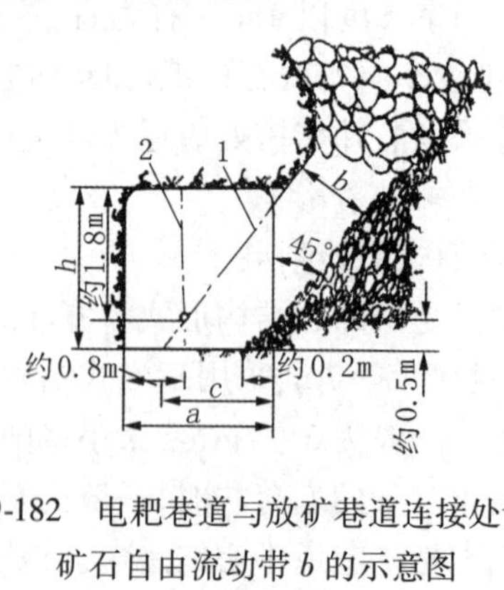

图9-182 电耙巷道与放矿巷道连接处计算矿石自由流动带 b 的示意图

1—耙运时矿石堆表面；2—必须的人行通道边界

矿石流动带尺寸按式(9-171)计算：

$$b = c\sin45° \tag{9-171}$$

$$c = h - 1.8 + a - 0.8 = a + h - 2.6 \tag{9-172}$$

式中 h——耙运巷道的高度，m；

a——电耙耙道宽度，m；

c——耙运巷道中矿石堆的宽度，m。

(7) 电耙巷道的长度。电耙巷道一般为水平布置,但必要时也可倾斜布置。电耙巷道的长度应与电耙的有效耙运距离相适应,并满足下列要求:

1) 电耙巷道应超过最后一个斗穿,其长度不小于5.5~6m;

2) 放矿溜井侧边至绞车的安全距离为2~3m;

3) 第一排漏斗颈至溜矿井的距离不小于4m;

4) 电耙的耙运距离一般为25~40m。

(8)底柱的高度。电耙巷道设在主要运输平巷上部3~6m处时,可在集矿溜井中储存一定数量的矿石,对运输有调节作用。有的为了减少底柱高度,将电耙道直接设在运输平巷的顶板标高处,电耙耙运的矿石经装矿口直接装入矿车而无须闸门装置。但这样的布置将会造成耙矿和运输工作的互相干扰。还有的将电耙道直接设在阶段水平,矿石耙入溜井后放到下阶段水平运出。

20世纪,我国采用有底部结构强制崩落采矿法的矿山,应用电耙耙矿的底部结构较多。

电耙耙矿底部结构的应用实例见表9-174。

表9-174 电耙耙矿矿块底部结构的应用实例

矿山名称	采矿方法及构成要素	出矿结构		
		漏斗(集矿堑沟)	电耙巷道	出矿溜井
因民铜矿	分段法,沿矿体走向布置,矿房长度42m,间柱宽度8m,分段高度14m,底柱厚度13m,顶柱厚度5m,采用电耙出矿	采用漏斗式单侧布置,其间距为6m,漏斗斜面倾角为50°,漏斗颈断面为2m×2m	沿矿体走向布置,一个采场设置一条,距阶段运输平巷顶板高4.5m,其断面为2m×2m	沿电耙道布置于采场一端,一条电耙道设置一条,其断面为ϕ2.5m
红透山铜矿	深孔阶段矿房法,嗣后胶结充填处理采空区,垂直矿体走向布置,采场宽度15~20m,间柱宽度10m,顶柱厚度7~8m,采用电耙出矿	采用堑沟式,沿电耙道呈双排连续的堑沟,堑沟斜面倾角50°,出矿口间距7m,错开布置,出矿口断面为2.2m×2.0m	垂直矿体走向布置,每一采场设置平行的两条。其间距为8~10m,电耙道距阶段运输平巷顶板高1.6m,电耙道断面为2.2m×2.2m	沿电耙道布置于下盘围岩中,每一电耙道设置一条,其断面为2m×2m
易门铜矿狮山坑	有底柱分段崩落法,垂直矿体走向布置,矿房宽度10~15m,分段高度13m,底柱厚度7m,采用28kW或30kW电耙出矿	采用漏斗式双侧对称布置,其间距为5m	垂直矿体走向布置,一个采场设置一条	沿电耙道布置于靠上盘的矿体中,一条电耙道设置一条
狮子山铜矿	有底柱阶段崩落法,垂直矿体走向布置,矿房宽度12~15m,间柱宽度8~10m,底柱厚度5~6m,采用28kW或30kW电耙出矿	采用漏斗式双侧错开布置,其间距为5~6m	垂直矿体走向布置在矿体中,一个采场设置一条,电耙道距阶段运输平巷顶板高度为2.5~3.0m,电耙道断面为2m×2m	沿电耙道布置于下盘围岩中,每一电耙道设置一条

部分矿山电耙耙矿底部结构参数见表9-175。

表9-175 部分矿山电耙耙矿矿块底部结构参数

项目名称		易门铜矿凤山分矿	篦子沟铜矿	胡家峪铜矿	铜陵松树山矿	大姚铜矿一坑
底部结构类型		普通漏斗电耙出矿	堑沟漏斗电耙出矿	堑沟漏斗电耙出矿	普通漏斗电耙出矿	普通漏斗电耙出矿
底部结构所在位置		矿体中	矿体中和下盘围岩中	下盘围岩中	下盘围岩中	下盘围岩中
底部结构高度(不计出矿小井)/m		6	10~12	7	5~7	7~8
电耙道	间距/m	10	15	10~15(水平梭形)	10	12~15
	耙矿距离/m	25~60	25~30	25~30	40	30~50
	电耙/kW	30	30~55	30	30	55
	巷道规格(宽×高)/m×m	2×1.8	2.4×2.5	2.5×2.5	2.5×2.2	2.3×2.3
	支护形式	木支护	喷锚网或钢筋混凝土	喷混凝土,素混凝土,钢筋混凝土	钢筋混凝土	喷锚网或钢筋混凝土
	电耙绞车硐室(长×宽)/m×m	2.8×3	2.8×2.8	2.8×2.8	2.8×2.8	3×3
漏斗	排列形式	对称	交错	单侧漏斗	交错	对称
	间距/m	5	6~7.5	5.5	5	6~7.5
	斗穿规格/m	2×1.8	2.4×2.5	2.5×2.5	2×2	2.1×2.1
	斗颈规格/m	1.8×1.8	2.4×2.4	2.5×2.5	1.6×1.6	2×2
	坡面角/(°)	50~60	50~60	60	55~60	55~60
出矿小井	高度/m	7~32	10~30	聚矿斜井	聚矿电耙道	5~6
	断面/m×m	2×1.8	2×2	2.5×2.5	2×2(指小井)	2×2
	支护形式	不支护	不支护	不支护	不支护	素混凝土支护

矿石价值高，效益好，为了充分回收资源应不留矿石作底柱，可采用混凝土或砌筑片石等建造人工假底的底部结构。

9.4.3.5 振动放矿机装矿底部结构

振动放矿机装矿底部结构特点是借助矿石自重落到运输平巷顶部，用振动放矿机在振动力作用下，经台面将矿石装入矿车或其他运载设施。通过对松散体的强力振动，并部分借助矿石重力势能，实现均匀、连续并容易控制的一种强制放矿方式，如图9-183所示。

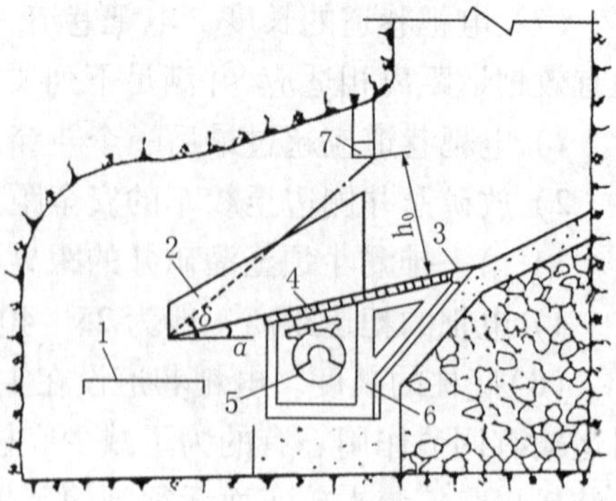

图9-183 振动放矿

1—矿车；2—振动槽台；3—振动台面；4—弹性元件（减振橡胶）；5—振动电动机；6—机架；7—眉线梁

δ—眉线角；α—台面倾角；h_0—眉线高度

A 振动放矿优缺点

振动放矿优点：

(1) 从间断的重力自溜放矿过渡到连续的强制放矿，使矿石的流动发生了质的变化，扩大了放矿口的流动带范围，从而有效地改善了放矿条件。

这是因为振动放矿较重力放矿可提高有效放矿高度，即喉部高度，如图9-184所示。重力放矿时，放矿喉部高度由于受到正面护檐与死矿堆坡面的限制而尺寸较小，一般只有0.7～1m，易被大块堵塞。振动放矿时，矿石在振动台面（安装角为5°～15°）上通过，放矿喉部高度即为正面护檐与振动台面间的垂直距离，其值为0.8～1.6m，矿石的通过能力显著增加，放矿口的堵塞大大减少，放矿口通过能力系数（放矿口尺寸与合格大块尺寸之比）从3降至1.3，从而增大了合格大块尺寸。如某矿山应用振动放矿后，合格大块尺寸由0.5m提高到0.8～1m；设有井下破碎站的矿山，合格大块尺寸甚至可提高到1～1.2m。振动放矿时，崩落矿石从振动台面的有效埋入深度接受振动能，改变了矿石在矿块中的运动特性，使原来重力放矿放不出来的死矿堆坡面角，从70°减小到60°左右，加大了矿石流动带，减少了放矿口周边残留的矿石损失。据介绍，振动放矿使每个放矿口负担的放矿面积比重力放矿可增加50%或更大。

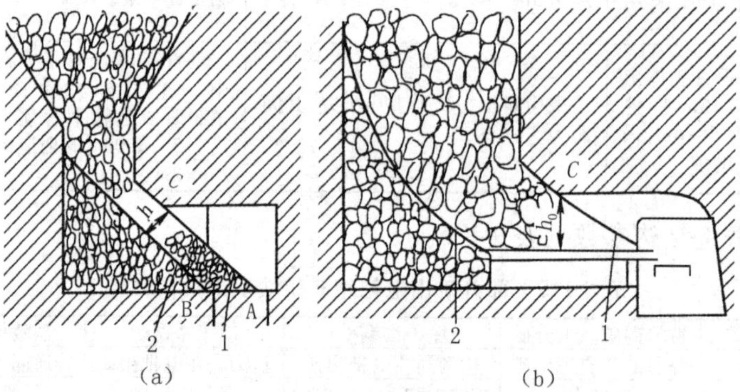

图9-184 喉部高度对比

(a)重力放矿；(b)振动放矿

1—矿石塌落坡面；2—死矿堆坡面

(2) 由于振动放矿口尺寸加大，大块卡口次数少，二次破碎工作量大幅度下降，从而提高了放矿强度和放矿工劳动生产率。

(3) 简化了矿块底部结构，底柱矿量与采切工作量减少，巷道维护费用降低。采用平底柱或斜底柱，则运输水平即为放矿水平，甚至是拉底水平。此外，由于放矿口负担的面积增大，使放矿口间距由原来的5～6m增大到9～14m。

(4) 使采区放矿、运搬和装载实现连续作业。

(5) 由于振动放矿的可控性，可实现放矿作业集中控制和强化回采，从而改善了作业的安全和劳动条件。

(6) 经济效果好。当放矿量较多时，振动放矿费用约是铁漏斗放矿的1/5。

振动放矿缺点：

(1) 振动放矿机装矿底部结构一次性投资较大，约是铁漏斗放矿闸门的5倍。

(2) 放矿机较笨重，安装麻烦，移动不方便。

（3）当后面没有连续运搬、运输设备配套时，设备利用率低。

（4）选型与安装不当时，影响出矿效率。

（5）放矿量要多，据测算每台中型振动放矿机放矿量达到 20kt 以上时，才能获得较好的经济效益。

振动放矿机的使用范围很广，不仅在矿块的底部结构中应用，在溜井、溜槽及矿仓的放矿中均可应用。

B 振动放矿机装矿底部结构形式

a 漏斗式底部结构

矿山用的振动放矿机机型很多，参数大小区间相差很大，构成的结构形式也不少。全面法、留矿法、房柱法、长壁法及有底柱采矿法的矿块采用漏斗式结构较多。漏斗布置视矿体厚度和矿岩稳固程度可采用单侧漏斗或双侧漏斗布置形式。双侧漏斗底部结构布置如图 9-185 所示。

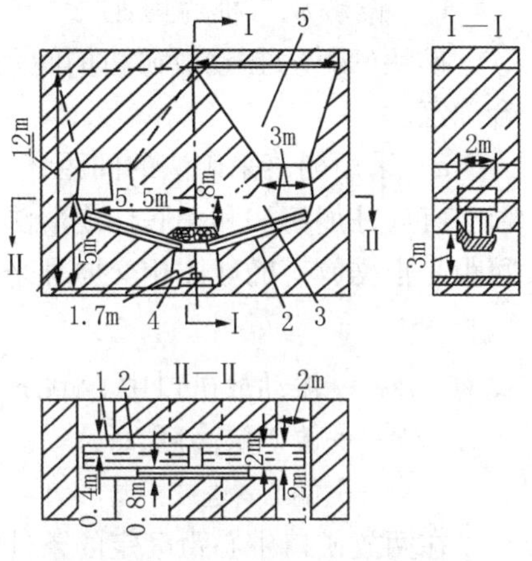

图 9-185 双侧漏斗底部结构布置

1—切割巷道；2—振动放矿机；3—装矿硐室；4—运输平巷；5—放矿漏斗

b 堑沟式底部结构

采用堑沟式底部结构的目的是为了使振动波有效地控制在传播范围内，以减少大块的堵塞、卡斗、悬拱，以保证矿石有较大的流通断面。通常垂直装矿巷道掘进振动放矿机硐室，然后挑漏斗井，开凿拉底巷道，在拉底巷道两帮打眼爆破，形成边坡角等于或稍小于振动放矿角的堑沟，主要有如下三种：

（1）单堑沟底部结构，如图 9-186 所示；

（2）倾斜安装硐室的双堑沟底部结构，如图 9-187 所示；

（3）水平安装硐室的双堑沟底部结构，如图 9-188 所示。

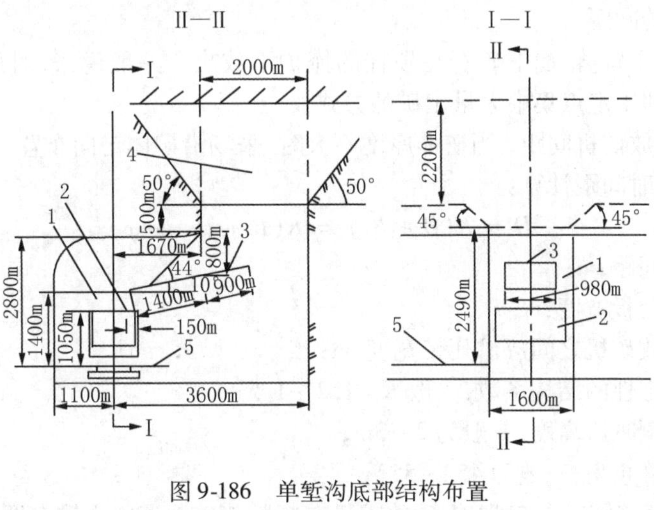

图 9-186 单堑沟底部结构布置

1—阶段运输平巷；2—矿车；3—振动放矿机；4—拉底巷道；5—运输平巷轨面

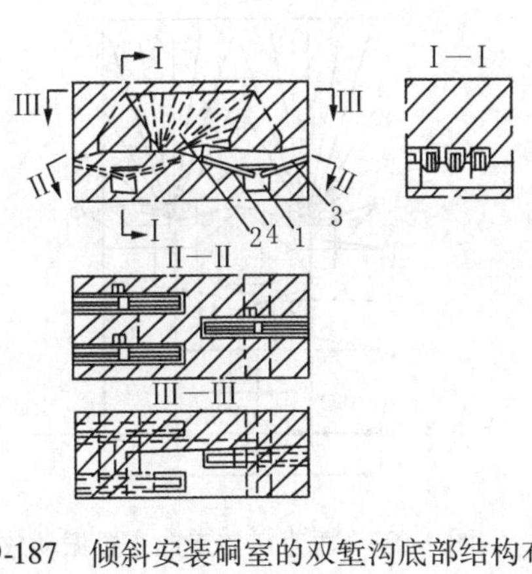

图 9-187 倾斜安装硐室的双堑沟底部结构布置

1—阶段运输平巷；2—堑沟；3—安装硐室；4—振动放矿机

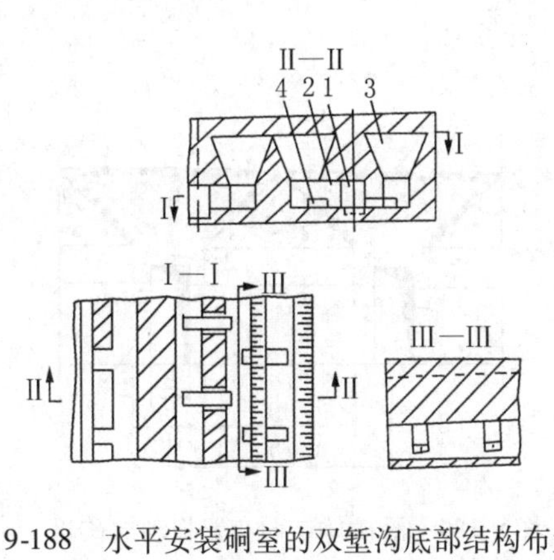

图 9-188 水平安装硐室的双堑沟底部结构布置

1—阶段运输平巷；2—安装硐室；3—堑沟；4—振动放矿机

c 人工砌筑底部结构

人工砌筑底部结构是用钢筋混凝土支护装矿巷道和振动放矿机硐室的一种底部结构形式。要求底部结构能承受上部松散矿石的压力和承受拉底时凿岩爆破以及二次破碎的冲击载荷。根据经验,底部载荷应在0.5~0.6MPa以上,通常采用双筋配置,壁厚400~600mm,C28混凝土配钢筋。

C 振动放矿机的间距

矿块(采场)振动放矿机的间距,根据采矿方法、采场放矿条件、采准布置及振动放矿有关参数等因素综合确定。

a 采用崩落采矿法的间距

有底柱崩落法和无底柱崩落法使用振动放矿机出矿时,不同于重力放矿的是,其中心距即振动放矿机间距是根据放矿椭球体相交原理来决定的。

$$D = 0.75h\sqrt{1-\varepsilon^2} \tag{9-173}$$

式中 D——振动放矿口中心距,m;

h——放矿层高度,m;

ε——偏心率。

在两放矿口中心距已定的条件下,斗穿长度也为定值。

$$L = 0.375h\sqrt{1-\varepsilon^2} - 0.5(B+\phi) \tag{9-174}$$

式中 L——斗穿长度,m;

B——运输巷道宽度,m;

ϕ——放矿口直径,m。

b 采用空场采矿法的间距

空场采矿法采场顶板不冒落,崩下矿石在顶柱的掩护下放出。一般说来,对放矿工艺没有等量、均匀、顺序控制要求,可以充分利用定点集中大量出矿的方式。

空场采矿法采场振动放矿机间距,当矿体厚度不大时,采场沿矿体走向布置,如图9-189所示。

采场沿矿体走向布置时间距计算:

$$D = K(B+B_1) = K(B+2h)\cot\varphi \tag{9-175}$$

式中 D——振动放矿机间距,m;

B——振动放矿机台板宽度,m;

B_1——两相邻振动放矿机之间放矿死带宽度,m;

K——考虑底柱稳定性的结构系数,一般$K=1.2\sim1.5$;

h——堑沟或漏斗喇叭口高度,一般为2~3m;

φ——振动放矿机静止角,一般为45°~55°。

对厚大矿体,采场垂直矿体走向布置,振动放矿机在穿脉装矿巷道中交错布置,如图9-190所示。

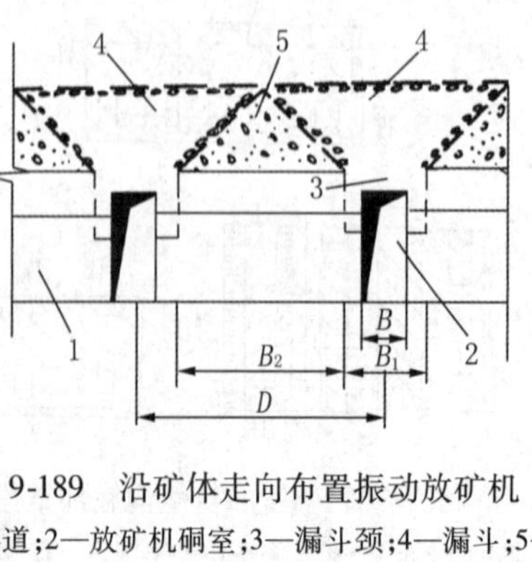

图9-189 沿矿体走向布置振动放矿机

1—阶段运输巷道;2—放矿机硐室;3—漏斗颈;4—漏斗;5—人工底柱

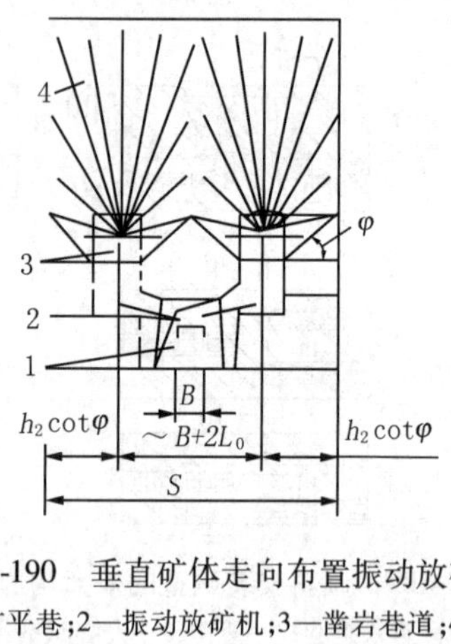

图9-190 垂直矿体走向布置振动放矿机

1—阶段装矿平巷;2—振动放矿机;3—凿岩巷道;4—回采炮孔

采场垂直矿体走向布置时间距计算：

$$S = K(B + 2L_0 + 2h_2\cot\varphi) \tag{9-176}$$

式中 S——穿脉装矿巷道间距，m；

B——装矿设备宽度，m；

h_2——凿岩巷道高度，m；

L_0——振动放矿机振台的水平长度，m。

c 采用留矿采矿法的间距

留矿采矿法的放矿工艺应保证工作面高度和局部放矿量的要求，也就是说，放矿过程要等量，均匀地放矿。矿山实践证明，可用式(9-177)计算振动放矿机间距，减少了采准、切割工作量，提高了采场纯矿石的回采率，降低了矿石贫化率。

$$D = B + \frac{2h_a}{\tan\varphi} \tag{9-177}$$

式中 D——振动放矿机间距，m；

B——振动放矿机台面宽度，m；

h_a——振动波在矿石中的有效作用范围，m，为达到相邻漏斗放矿时矿堆表面能够均匀下降，脊部残留矿石不多，一般取 $h_a = 5$m 左右为宜。

D 底部结构的经济比较

底部结构是采用漏斗闸门装车还是振动放矿机装车，在同等条件下，可通过一次投资和放矿经营费用进行比较，计算出经济效益好的底部结构形式。

振动放矿机一次投资较大，约是铁漏斗放矿的5倍，而铁漏斗的放矿费用约是振动放矿的5倍。因此，可通过计算得出哪种结构放矿方式经济，一般采用投资返本矿量来判断。

$$P = \frac{A - A_1}{B - B_1} \tag{9-178}$$

式中 P——投资返本矿量，t；

A——振动放矿机底部结构一次投资，元；

A_1——铁、木等漏斗闸门底部结构一次投资，元；

B——铁、木等漏斗闸门放矿费用，元/t；

B_1——振动放矿机底部结构放矿费用，元/t。

只要振动放矿机放矿量超过式(9-178)算出的投资返本矿量，就是经济合理的。

9.4.3.6 装岩机装矿底部结构

这种底部结构特点是采场的矿石借助自重落到矿块底部的阶段运输水平，用有轨装载设备如装岩机等进行装矿，运输车辆一般为轨轮式矿车。二次破碎在阶段运输水平的装矿巷道内进行。

装岩机装矿底部结构分为堑沟式(图9-191)和平底式(图9-192)。

装岩机装矿底部结构主要优点是简化了结构，采切工程量又少。采用的设备结构简单，耐用，价格低，装矿成本低，操作和维修简便，装岩机装矿效率较高，其他优点与振动放矿机出矿相似。

缺点是装矿和运输作业需用两套设备，辅助人员多；装岩机在轨道上作业，装矿宽度受限制，灵活性差，对矿石回收不利。这种底部结构多在小型矿山或个别矿块中应用。

为了使装岩机顺利装矿，装矿巷道的长度应大于下面三项长度之和：

(1) 由矿石自然安息角确定的矿堆所占长度，一般为2m；

(2) 装岩机放下铲斗时的长度，一般为2.12～3.27m；

(3) 装岩机铲装时需要的行走加速长度，一般为1.0～1.8m。

上述五种类型矿块的底部结构，当矿石价值高，为了充分回收矿产资源，以人工矿柱置换原生矿石矿柱，可以考虑采用人工砌筑底部结构。如采用混凝土、毛石混凝土、毛石砌体等代替矿石矿柱。对人工砌筑假底应进行承载能力计算。还要通过技术经济比较后选定。

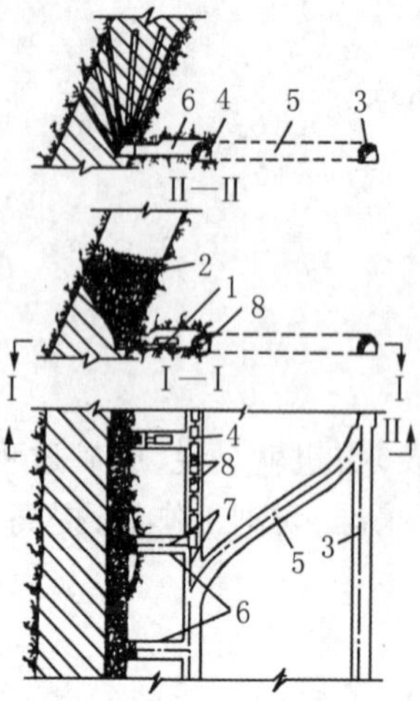

图 9-191 有轨装载机装矿堑沟式底部结构

1—装载机;2—崩落矿石;3—阶段运输平巷;4—装车运输平巷;5—绕道(每 100 ~ 200m 布置一条);6—装车横巷;7—轨道中心线;8—矿车

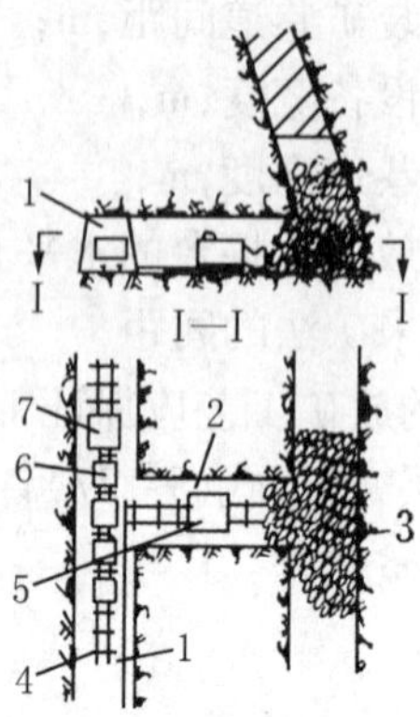

图 9-192 装岩机装矿平底式底部结构

1—脉外巷道;2—装矿巷道;3—采场矿石;4—轨道;5—装岩机;6—矿车;7—机车

9.4.4 采准与切割工程量的计算

9.4.4.1 基础资料及计算的内容

A 基础资料

计算采准与切割(简称采切)工程量一般所需的资料:

(1) 所选定的采矿方法及图纸,矿块及矿房矿柱构成要素,回采步骤;

(2) 采准、切割、矿房和矿柱回采时损失与贫化指标;

(3) 各项采切巷道位置及断面尺寸,掘进速度,主要掘进设备;

(4) 矿房、矿柱回采的生产能力及设备;

(5) 开拓、探矿等掘进工程量;

(6) 阶段平面布置图等。

B 计算内容

采切工程量计算内容包括:

(1) 计算矿房与矿柱出矿的比例;

(2) 计算回采与掘进出矿的比例;

(3) 计算采切比及采掘比;

(4) 计算废石产量及比例;

(5) 确定矿房、矿柱和巷道掘进的同时工作面数;

(6) 确定人员组成、设备配备和材料消耗等。

C 采切比与采掘比

采切比与采掘比是地下矿山掘进量与采矿量的比值,它反映矿山采矿与掘进的比例关系。常用的指标有千吨采切比(黑色冶金矿山)或万吨采切比及采掘比。

千吨采切比是每千吨矿块采出矿石总量所需掘进的采准、切割巷道的长度(m)或体积(m^3)。

采切比:

$$K_{采切} = \frac{\sum l_{采切}}{T_{采}} \times 1000(\mathrm{m/kt}) \tag{9-179}$$

$$K_{采切} = \frac{\sum V_{采切}}{T_{采}} \times 1000(\mathrm{m^3/kt}) \tag{9-180}$$

采准比:

$$K_{准} = \frac{\sum l_{准}}{T_{采}} \times 1000(\mathrm{m/kt}) \tag{9-181}$$

$$K_{准}=\frac{\sum V_{准}}{T_{采}}\times 1000(m^3/kt) \tag{9-182}$$

切割比：

$$K_{切}=\frac{\sum l_{切}}{T_{采}}\times 1000(m/kt) \tag{9-183}$$

$$K_{切}=\frac{\sum V_{切}}{T_{采}}\times 1000(m^3/kt) \tag{9-184}$$

式中 $l_{采切}$,$l_{准}$,$l_{切}$——分别为采切巷道、采准巷道和切割巷道的长度,m;

$V_{采切}$,$V_{准}$,$V_{切}$——分别为采切巷道、采准巷道和切割巷道的体积,m^3;

$T_{采}$——矿块采出矿石总量(包括采切副产矿石产量),t。

采出矿石总量等于采出的工业储量和混入其中的废石量之和。矿体在落矿和出矿及采场运搬过程中产生矿石损失和贫化是不可避免的,因此采出矿石中的工业储量小于采场报销的工业储量,采出矿石品位低于工业储量品位。

D 采切工程量计算应考虑的问题

采切工程量计算应考虑的问题包括:

(1) 若采用矿房、矿柱分步骤回采的采矿方法,或者同时使用几种采矿方法时,应该分别进行计算。

(2) 对采切工程量的计算结果,应进行修正。考虑修正的因素:如矿床勘探控制程度不同;因矿床构造复杂、断层较多,可能出现的未预计的工程量;施工中可能出现的部分废巷;因矿体走向、倾角、厚度的变化而引起巷道长度增加,如按矿层底板等高线量取的巷道长度要比实际掘进长度少 10% ~30%;同时,施工中必然出现超挖工作量等。

鉴于上述因素影响,设计计算所得采切工程量应乘以大于 1 的修正系数,一般为 1.15 ~1.3。矿体形态比较简单,勘探程度较高,矿岩稳固性较好,中厚以上矿体时取小值,反之取大值。

(3) 千吨采切比是用以确定矿块的采切工程量及对采矿方法进行比较的一项主要指标,要准确计算。

(4) 采掘比。采掘比与采切比不同,采掘比是每万吨或千吨采出矿石量所需掘进的井巷长度(m)或体积(m^3),这些井巷工程包括:生产探矿井巷、维简开拓工程、采准和切割井巷等工程的总和。采掘比的数值与矿体控制程度和连续性、矿体厚度、开拓方式、采矿方法等有关。利用该指标及矿石产量可匡算出矿山生产所需开凿的掘进量(m 或 m^3)。

9.4.4.2 采切工程量计算实例

A 基础资料

以标准矿块为例,采矿方法图见表 9-167 中的分段空场法。矿体倾角为 80°,水平厚度 12m,矿石体重 3.5t/m^3,岩石体重 2.5t/m^3,矿岩均稳固,围岩不含品位。

矿块沿走向布置,长 60m,其中矿房长 52m,房间矿柱 8m,矿房宽 12m,顶柱 6m。采用电耙耙矿漏斗放矿底部结构。阶段高度 60m,分段高度 10.5m,底柱高度 12m,漏斗间距 7m。自矿房中央向间柱进行回采。

回采矿房的矿石损失率为 5%,贫化率为 5%;回采矿柱的矿石损失率为 20%,贫化率为 15%。

矿山年生产能力为 660kt,年工作日 330d,每天三班,每班 8h。

B 正常生产时期采切工程量的计算

分段空场法采准切割工程量及出矿比例计算见表 9-176。

表 9-176 分段空场法矿块采准切割工程量及出矿比例计算

工作阶段及项目名称		巷道数目/个	巷道长度/m					巷道断面/m^2			体积/m^3			工业矿量/t	采出矿量/t	占矿块采出矿量比例/%	班产量分配/t
			矿石中		岩石中		合计	矿石中	岩石中	合计	矿石中	岩石中	总计				
			单长	总长	单长	总长	总长										
采准与切割	1. 采准工程																
	(1) 底盘沿脉运输巷道	1	60	60	60	60	60	2.75	2.75	5.5	165	165	330	577.5	990		
	(2) 天井	1	61	61			61	3.0		3.0	183		183	640.5	640.5		
	(3) 分段联络道	10	6.25	62.5			62.5	5.5		5.5	343.8		343.8	1203.1	1203.1		
	(4) 分段沿脉巷道	4	50	200			200	5.5		5.5	1100		1100	3850	3850		
	(5) 电耙巷道	1	52	52			52	6		6	312		312	1092	1092		

续表 9-176

工作阶段及项目名称		巷道数目/个	巷道长度/m					巷道断面/m²			体积/m³			工业矿量/t	采出矿量/t	占矿块采出矿量比例/%	班产量分配/t
			矿石中		岩石中		合计	矿石中	岩石中	合计	矿石中	岩石中	总计				
			单长	总长	单长	总长	总长										
采准与切割	(6) 电耙联络道	2	5.75	11.5			11.5	6		6	69		69	241.5	241.5		
	(7) 耙矿小井	2	7	14			14	3		3	42		42	147	147		
	小 计			401		60	461				2214.8	165	2379.8	7751.6	8164	5.5	36.7
	2. 切割工程																
	(8) 漏斗颈	16	5.5	88			88	2.25		2.25	198		198	693	693		
	(9) 拉底巷道	2	52	104			104	4.4		4.4	457.6		457.6	1601.6	1601.6		
	(10) 切割天井	1	39.8	39.8			39.8	3.0		3.0	119.4		119.4	417.9	417.9		
	(11) 顶柱凿岩硐室	2	10	20			20	2.75		2.75	55		55	192.5	192.5		
	小 计			251.8			251.8				830		830	2905	2905	1.95	13.0
	采切合计						712.8				3044.8		3209.8	10656.6	11069	7.45	49.7
回采	回采作业																
	(1) 矿房										25501		25501	89253.5	89253.5	60.07	400.7
	(2) 矿柱										14654.2		14654.2	51289.8	48272.8	32.48	216.6
	小 计										40155.2		40155.2	140543.3	137526.3	92.55	617.3
矿块总计							712.8				43200.0	165	43365.0	151199.9	148595	100	667

千吨采切比计算结果见表 9-177。

表 9-177 千吨采切比计算结果

指标名称		计算值		修正系数	修正后值		备 注
		用长度表示/(m/kt)	用体积表示/(m³/kt)		用长度表示/(m/kt)	用体积表示/(m³/kt)	
千吨采切比 $K_{采切}$		4.80	21.60	1.25	6.00	27.00	当用"万吨采切比"时，表中数值乘 10
其中	千吨采准比 $K_{准}$	3.10	16.01	1.25	3.88	20.01	
	千吨切割比 $K_{切}$	1.70	5.59	1.25	2.12	6.99	

我国部分矿山采准切割情况见表 9-178。

表 9-178 部分矿山采准切割

采矿方法	矿山名称	矿块尺寸/m			矿体产状		采切比		备 注
		长	宽	高	倾角/(°)	厚度/m	m/kt	m³/kt	
1. 空场采矿法									
全面采矿法	綦江铁矿	80～100	矿厚	斜长 50	13～25	1.47～2	15		
	通化铜矿	50	矿厚	50	30～50	条幅 1～1.2	17.5		
留矿全面法	彭县铜矿	40～60	矿厚	30	40～45	2.8	92.2		
房柱采矿法	锡矿山锑矿	盘区 35～60	矿厚	40～60	5～35	2～3	30～40		
	良山铁矿	11～15	矿厚	50～	15～25	15～25	7～11		
分段采矿法	开阳磷矿	盘区 200～	12.5	15～	20～40	3～8	18		
	胡家峪铜矿	50～60	矿厚	50	40～55	水平 5～6	20.3		
	大红山铜铁矿	采区 200	合采矿厚	分段 25～50	25	35	1.8	23.62	
	遂昌金矿	60	30	80 分段 9	70～85	水平 9～12.7	10.3		
阶段矿房法	哈密沙垄铁矿	78	矿厚	50	58～65	5.4	4.8		
	红透山铜矿	35～40	矿厚	60	72～83	2～12	6～8		
	寿王坟铜矿	50	矿厚	60	70～90	10～30	6.25		
	金岭铁矿	46～60	20～25	40～70	10～70	2～50		16.4	
2. 崩落采矿法									
壁式崩落法	明水浅井铝土矿	100～300	矿厚	斜长 50～60	5～10	0.8～2.7	10～20		
	王村东宝山铝土矿	200～300	矿厚	斜长 50～70	10～6	2.4	8～12.3		
	焦作黏土矿	200	矿厚	斜长 24～30	5～15	1.7～2.1	20～40		
有底柱分段崩落法	易门铜矿	30	25	50	75	30	25～30		
	胡家峪铜矿	25～30	10～15	50	30～60	6～7	21		采掘比
	西石门铁矿	40	15	14	13～15	2～30	18.75		

续表 9-178

采矿方法	矿山名称	矿块尺寸/m			矿体产状		采切比		备 注
		长	宽	高	倾角/(°)	厚度/m	m/kt	m^3/kt	
无底柱分段崩落法	梅山铁矿（高分段）	60	50	120	20～66	120～200	1.8～3		
	程潮铁矿	90	矿厚	70	46	40	5～6		
	大庙铁矿（低分段）	50	矿厚	60～70	80～90	10～15	4.5～5.3	51.5	
	大红山铁矿（试验矿块）	100	50	分段高 20	18	72.58		35.66	
	弓长岭地下铁矿	200	9～19	60	80	9～19	7.2		
阶段崩落法	小寺沟铜钼矿	20～30	10	39	70	130	12.7～22.7		
	桃林铅锌矿	20～30	矿厚	40	35～40	15～20	12～15		
	易门凤山铜矿		42	49	75～80			14.2 11.1	传统工艺 改进后工艺
	岭前矿	30	60	35	45	15	8～18		
自然崩落法	金山店铁矿（早期）	72	38	60～70	76	32	4.92		
3. 充填采矿法									
上向进路充填法	小铁山铅锌矿	100	矿厚	60	75	5.5		24	
壁式水砂充填法	湘潭锰矿	60～80	矿厚	40～60	47	1.8～2.5		30.4～37	
分层胶结充填法	龙首矿	60	矿厚	50	70	20～30	15.75		
点柱分层胶结充填法	三山岛金矿	100	矿厚	90	60	16		18	
分层胶结充填法	凡口铅锌矿	30～50	±8	40	70	46		52.3	
阶段空场嗣后充填法（大孔径深孔）	冬瓜山铜矿	盘区:180 采场:18		斜长 100	缓倾	34		80	
阶段空场嗣后充填法（大孔径深孔）	安庆铜矿	60	矿厚	60～120	70	40～50	小	小	
阶段空场嗣后充填法	凡口铅锌矿（早期）	70	8	80	60	40		46.8	
VCR 法	凡口铅锌矿（早期）	38	8	43	50～70	15～80		50	
VCR 法	金川二矿区（早期）	37	6	50	71～76	大	7.18		

其他计算参见手册相关部分内容。

C 基建矿山采切工程量的计算

新建矿山在设计中确定的基建工程，其采切工程量与正常生产时期不同，其采切工程量计算要点如下：

(1) 基建给的矿块必须是完整的，包括采准和切割工程，而且是尚未回采的矿块。

(2) 两步骤回采的矿块，矿柱虽然做了一定的采切工程，但不能形成生产能力或所需的采切矿量；特别是投产初期基本上是回采矿房，而间柱和顶底柱在这段期间不能算为采准或备采矿量。这也是基建时采切比要比正常生产时期采切比大的原因之一。

(3) 基建矿山给的基建采切工程量，应根据编制的采掘进度计划，对初期投产的实际矿块进行计算，并在说明书中加以具体阐明。此时的三级矿量标准可作为计算的验证之用。

(4) 基建给的采切工程量，不能用标准矿块来估算，包括采切工程量和计算的采准矿量、备采矿量。否则，就会有很大差别。例如：采用下向分层充填法或分层崩落法的矿山，若按达产矿块数计算所能获得的备采矿量很小，因为每一个分层的矿量有限，往往达不到规定标准。而采准矿量可能相当大，由于采场生产能力低，矿块数目却多，矿块矿量自然也多；采用高阶段的某些空场采矿法或充填采矿法回采时，其备采矿量和采准矿量可能相同，大大超过规定标准，因为每一个矿块的矿量都很大；采用高效率的分段崩落法回采时，回采强度大效率高，而采场矿量不大，致使采准矿量、备采矿量可能又不够规定标准。

9.5 空场采矿法

9.5.1 概述

9.5.1.1 适用条件和特点

空场采矿法的适用条件是矿石和围岩均需稳固，采空区在一定时间内，允许有较大的暴露面积。其特点是：

(1) 矿块一般分为矿房和矿柱，分两步骤回采。

(2) 在矿房回采过程中，形成的采空区暂不处理，依靠留下的矿柱和围岩本身的稳固性支撑顶板。

(3) 矿房采完后，允许采空场有一定的暴露时间，再处理矿柱和采空区。一般情况下，回采矿柱和处理采空区同时进行。为了改善矿柱的回采条件，也有对矿房充填后，再回收矿柱。

(4) 根据所采用的采矿方法和矿岩特性，决定空场内是否留有矿柱及其形式。

9.5.1.2 国内外应用情况和发展趋势

空场采矿法是我国金属矿山地下开采应用最早、最广泛，在技术上最成熟的采矿方法。据2003年统计资料，有色金属矿山使用此法的占46.1%，黄金矿山占65%，铁矿山占5.9%，(对18个重点矿山统计结果)，可见空场采矿法在我国地下矿山中占有重要位置。在世界其他国家金属矿山地下采矿法中，空场采矿法的应用也是非常广泛的，据不完全统计，国外使用空场采矿法出矿约占地下总出矿量的60%。如房柱法在法国约占73%，在美国约占29%；分段矿房法在英国约占83%，在赞比亚约占53%，在日本约占47%；留矿法在法国约占24%，在日本约占13%。

空场采矿法具有成本低、生产能力大、劳动效率高、采准时间短和较易达产等突出优点，因此获得了广泛的应用。其最大的缺点是留下的矿柱和采空区需第二步进行回采和处理，且进行该项工作难度较大。另外，随着开采深度的增加，地压将增大，这在深部开采时，该法会受到很大限制。

国内外空场采矿法发展的趋势：

(1) 采场结构参数将不断增大。由于喷锚(锚杆、锚索)技术、注浆技术以及岩石力学在采矿工程中应用技术不断的进步和完善，使得采场结构参数将更趋合理和不断增大，保证作业安全。

(2) 高度机械化、自动化的大型采矿设备的使用，以及结构简单的采矿方法方案将逐步替代生产能力低，积压资金的空场法，如留矿法。

(3) 对于厚大矿体，大孔径，下向深孔凿岩技术，柱状、球状药包落矿技术及适应此技术的采矿方法将会进一步发展。逐渐扩大全面法的应用范围。

(4) 连续采矿技术，在当今是方兴未艾，也是今后发展的方向。

(5) 与留矿法相结合用于倾角较陡的矿体，形成留矿全面法。

(6) 与崩落法相结合用于顶板欠稳固的矿体，形成长壁式全面法。

9.5.2 全面采矿法

9.5.2.1 方法特点

在阶段或盘区中，把矿体划分为矿块(也可不划分矿块)，工作面沿矿体走向或倾斜面推进，在回采过程中将矿体中的夹石或贫矿(有时也将矿石)留下，呈不规则的矿柱来维护采空区。这些矿柱一般作永久损失，不再进行回采，当开采薄的贵重金属矿体时，为了尽量回收资源，常用人工矿柱(如混凝土预制块垛、废石垛或木垛等)来替代矿柱。图9-193为全面法示意图。

9.5.2.2 适用条件

全面采矿法适用于矿石和顶板岩石中等稳固以上的水平和缓倾斜薄矿体，矿体厚小于3~4m最适宜。最大厚度一般在7m左右。当矿体的厚度小于3m时，整层回采；大于3m时，应分层回采。国内大部分矿山用来开采1.5~3.0m厚的矿体。矿体倾角一般在30°以下。顶板暴露面积可达200~500m^2。最大可达1000~2000m^2。开采技术条件见表9-179。

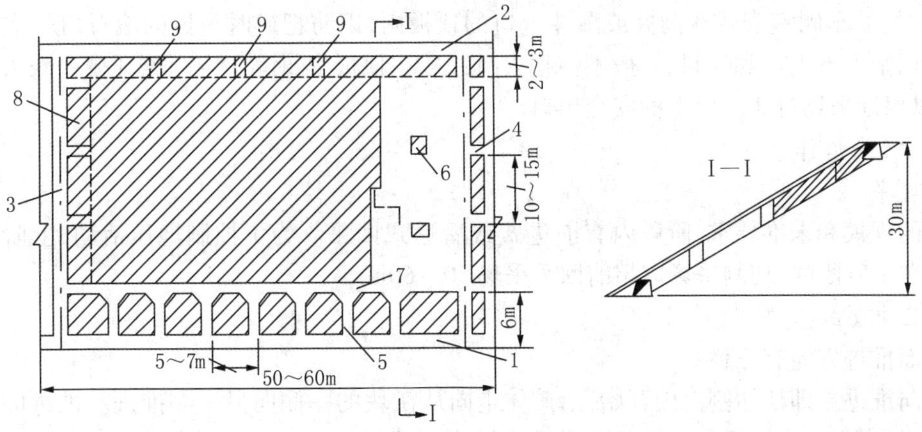

图 9-193 全面法示意图

1—运输平巷;2—回风平巷;3—上山;4—联络道;5—漏斗;6—不规则矿柱;
7—切割平巷;8—不连续间柱;9—安全联络道

表 9-179 部分全面采矿法矿山开采技术条件

矿山名称	矿体厚度/m	矿体倾角/(°)	矿石稳固性	顶板稳固性	底板稳固性
大罗坝矿区	0.9~3.0	18~22	赤铁矿 $f=5\sim8$	石英砂岩 $f=10\sim16$	碳质页岩 $f=2\sim3$
云锡松树脚锡矿	0.3~0.4	25~40	硫化矿 $f=10\sim12$,较稳固	大理岩 $f=8\sim10$,稳固	矽卡岩、大理岩 $f=12\sim14$,稳固
大厂巴里锡矿	2.5	<30	较稳固	灰岩、页岩 $f=9\sim15$,稳固	较稳固
通化铜矿	脉厚 0.1~0.3 1.4~2.0	20~29	$f=8\sim12$,稳固	闪长岩 $f=8\sim12$,稳固	闪长岩 $f=8\sim12$,稳固

全面采矿法是小型矿山经常采用的采矿方法。

9.5.2.3 矿块布置和构成要素

A 矿块布置

矿块一般沿走向布置,一个阶段内,一般沿走向划分成若干个矿块,当矿体的开采面积太大或顶板稳固性欠佳时,也可划分盘区开采。矿块留有顶柱、底柱和间柱(多数矿山不留间柱)。

B 构成要素

矿块长度一般为 50~60m,阶段高度受矿块斜长的限制,一般在 20~30m 之间,矿块斜长过去由于受耙运距离限制,一般为 40~60m,如今由于采用铲运机出矿,一般距离在 100m 以上。间柱宽多为 2.0~3.0m,个别 6~8m 或不留间柱。顶柱高 2~3m,底柱高 2~6m,空区内留下的不规则矿柱一般为 $\phi3\sim5$m 或 2m×2m~3m×3m。构成要素见表 9-180。

表 9-180 国内部分矿山全面采矿法构成要素

矿山名称	阶段高度/m	矿块长度/m	矿块斜长/m	顶柱高/m	底柱高/m	间柱宽/m	备 注
云锡松树脚矿	25~30	50~60	50~70	2~3	2~3	6~8	
大罗坝矿区		80~100	40~60	2	2	1.5~2.0	
通化铜矿	30	50	30~80	2	3	2	
秦岭金矿	22		60	2	5~6		
大厂巴里锡矿	20	50~60	40~50	2~3	3		

9.5.2.4 采准与切割

采准切割工作主要包括阶段运输巷道、天井,放矿溜井,人行联络道,电耙绞车硐室、切割上山、拉底平巷等。当矿体走向长度不大时,阶段运输平巷一般布置在脉内;当阶段出矿点较多时,一般布置在脉外。若布置在脉内,用漏斗和采场联系,漏斗距离一般为 5~10m,有时达 12~16m;若布置在脉外,则用放矿溜井和采场相联系,溜井的容积要大于一列车或 5 辆汽车的运载量。切割上山一般布置在矿块边界的一侧或中央,从阶段运输巷道自下而上掘至上部回风巷道,一方面做开始回采的自由面用,另一方面作通风用。切割平巷一般布置在矿块的下端部,放矿溜井或漏斗的上方,既作回采自由面用,也可作安设移动电耙绞车用。当采用固定绞车时,绞车硐室安置在溜井或漏斗上口的顶板内,以防耙矿时失控的滚石(矿)伤人。暂不出矿的放矿溜井可用来上下人员和运料,一般不另掘人行井。在顶板中每隔一定距离开掘一条人行联络道通至上部回风巷,以保证采场有2个以上的安全出口。

9.5.2.5 回采工作

A 回采顺序

根据矿山的规模和采准要求,阶段内有前进式或后退式回采。为了控制地压活动,上阶段应超前下阶段50~60m。在本阶段内,切割采场应超前回采采场50~60m。

B 回采工作面的推进方向

回采工作面推进方向有三种:

(1)沿走向推进。即从切割上山开始,沿矿体走向从矿块的一侧向另一侧推进。推进的工作面长度为矿块(或分段)的斜长。工作面一般呈直线型或阶梯型。阶梯长8~20m,阶梯间超前距离一般为3~5m。阶梯工作面可使凿岩和出矿平行进行,避免作业间相互干扰,有利于提高矿块生产能力。此推进形式一般适用于倾角小于30°的矿体。

(2)逆倾斜推进。即切割上山一般多布置在矿块的中央,在矿块的下端部布置切割平巷,从切割平巷开始自下而上逆矿体倾向推进。工作面宽度为矿块的长度,工作面形状一般呈直线形,也有呈梯段形。此推进形式一般适用于倾角大于30°的矿体。

(3)当矿体倾角大于30°,矿体顶板围岩稳固性不够稳固时,采用顺倾斜推进。此种推进切割上山一般多布置在矿块中央,工作面呈扇形状由上向下推进。

当矿体厚度较大时,如中厚矿体,一般采用分层开采。具体条件是:当矿体厚度小于3m时,全厚一次开采,当矿体厚度大于3m时,分层开采。

当矿块划分为区间时,若为上下分段区间,则采用自上而下的方式进行回采,若为左右区间,则由矿块的一侧向另一侧推进。区间内一般采用逆倾斜推进。

落矿:多采用浅孔落矿。孔径一般为36~44mm,孔深为1.2~2.0m,排距为0.5~1.0m,孔距0.6~1.2m,一次推进距离1.2~1.4m。爆破一般用电雷管直接引爆乳化炸药爆破。当需分段爆破时,用电雷管经非电导爆管引爆乳化炸药进行爆破。

出矿:在国内一般用电耙直接把矿石耙入溜井或漏斗出矿,也有用小型铲运机或装载机直接装入汽车或列车出矿。在国外,多用大型铲运机出矿。

采场支护形式有如下几种:

(1)矿柱支护。矿柱支护是矿山常用的一种,一般留不规则的矿柱。单一的矿柱为方形或圆形。规格为2m×2m~4m×4m或直径为3m或4m。

(2)石垛支护。矿石品位较高时一般采用石垛支护。石垛尺寸一般为4m×4m。

(3)矿柱和石垛联合支护。联合支护形式一般以矿柱为主,石垛为辅。石垛可用石块或混凝土预制块建造。形状多为四边形,也有六边形、八边形或圆形、椭圆形等,规格一般为4m×4m~5m×5m,支撑能力可达100~120t。

(4)锚杆支护:锚杆支护网度一般为1.5m×1.5m。锚杆长度一般为1.8~2m,锚杆孔直径若用砂浆锚杆多为22~25mm,若用管缝锚杆多为28~30mm。

9.5.2.6 技术经济指标及评价

全面采矿法的主要技术经济指标见表9-181。

表9-181 全面采矿法主要技术经济指标

矿山名称	矿块斜长 /m	矿块生产能力 /(t/d)	采掘比 /(m/kt)	损失率 /%	贫化率 /%	工作面工班效率 /(t/(工·班))	炸药消耗 /(kg/t)	雷管消耗 /(发/t)	木材消耗 /(m^3/t)
綦江铁矿大罗坝矿区	40~60	70	12.4~14.0	10	6~9	12	0.25	0.19	
云锡松树脚矿	50~70	50~90	12.4~14.0	14~20	8~17	3.5~7.0	0.47	0.32~0.67	0.004
大厂巴里锡矿	40~50	50~80	30	8~13	<15	10~13	0.51~0.63	0.41~0.56	0.005
彭县铜矿		30~40	23.9	19.23	7.20		0.51	0.83	0.00079

全面采矿法优点：采准工程量小，工艺简单，通风良好，能适用于矿体形状不规则及倾角变化大的矿体，灵活性大。

全面采矿法缺点：顶板暴露面积大，人在顶板下作业，安全性差；当采高大于3m时，检查顶板和维护顶板困难；生产能力小。

发展方向是：采用小型或大型无轨设备出矿，以提高生产能力。

9.5.2.7 矿山实例

A 巴里锡矿全面采矿法

巴里锡矿为锡石多金属硫化矿床，以层状、似层状产出，矿体厚度不大于2.5m，倾角小于35°，矿体走向长300～350m，矿石稳固或中等稳固，围岩为灰岩或硅质页岩，硬度系数$f=9\sim10$或$f=12\sim15$。使用如图9-194所示的沿走向全面采矿法，阶段高20m，阶段斜长40～50m，上部阶段矿柱宽1.5m，下部3m。回采过程中留不规则矿柱，规格为2m×2m～3m×3m，间距6～15m。

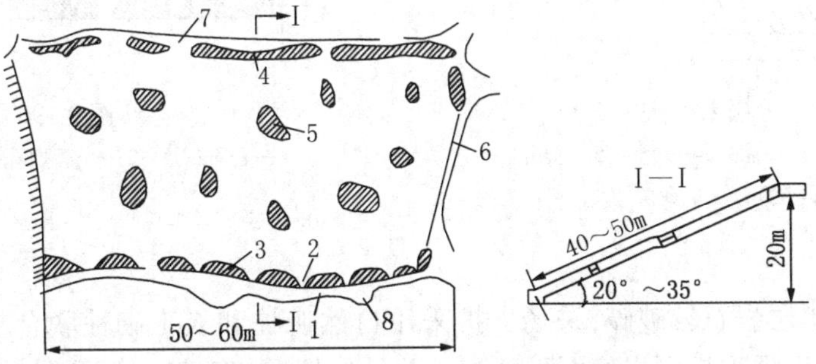

图9-194 巴里锡矿沿走向推进全面采矿法

1—阶段沿脉运输平巷；2—装矿口；3，4—阶段矿柱；5—采场矿柱；6—切割上山；7—回风口；8—电耙硐室

采切工程简单，阶段沿脉运输平巷1及切割上山6均利用原来的勘探工程。在阶段运输平巷的一侧开电耙硐室8。在预定位置开装矿口2，并逆矿体倾斜推进4～5m后形成喇叭口，用木料架设闸门即可进行回采。

回采工作分成两个阶梯进行，下阶梯超前1～2排炮孔，使用气腿凿岩机打梅花形炮孔，排距0.8～1m，孔距0.8～1.2m，炮孔直径为38～43mm，用导爆管起爆。采场运搬使用30kW电耙，安装导向滑轮后作拐弯耙矿。利用矿山总负压进行通风，效果良好。随着回采工作面的推进，每隔15m左右在上部阶段矿柱中打一个回风口7。

采场顶板除用矿柱支撑外，局部不稳地段用木垛支护。

B 分层全面法在开采缓倾斜富矿体中的应用

新疆哈密金矿210金矿床由破碎蚀变岩型和石英脉型两种类型的矿体组成。其中，3号矿体产于石英脉型金矿床中（该矿床分布于210层间破碎带上盘砂砾岩中），矿体受一组近南北向张性构造裂隙控制，走向与构造一致近南北向倾向西，倾角10°～20°，矿体形态呈脉状，长100m左右，厚度最大为1.08m，最小0.44m。平均厚度0.79m。围岩主要是砂砾岩，属致密坚硬岩石，稳固性较好，矿石层结构破碎，上下盘断裂发育稳固性较差。

a 采切工程布置与采场结构参数

沿矿体倾向掘进上山50～60m，将原有下部探矿巷道延伸至下山的位置对应贯通，做成短溜井或放矿溜子，通过它完成矿石的向外运输工作。由于矿体埋藏浅，在上山的顶端打一垂直通向地表的通风天井，高15m，断面规格1.6m×1.8m。该井可兼作辅助提升井用。采场沿倾向布置，长50m，宽20～30m，平均采高1.7m，工程布置及参数如图9-195所示。

b 回采工艺

以上山巷道作为开采空间和最初自由面向两边回采，先回采矿石层，爆破下的矿石由人工运至溜井，然后倒入矿车，经运输平巷提升到地表。然后回采废石部分。采下的废石，小部分作为人工矿柱用，其余运出至地表。

c 凿岩爆破

凿岩爆破用7655凿岩机，浅孔落矿，炮孔深度根据矿脉厚度而定，一般1.2~1.5m。矿脉较厚处取大值。矿石层采用光面爆破即为使上下盘壁少受破坏，其炮孔采用上下两排平行布置的光面炮孔，炮孔间距0.6m，排距0.5~0.8m。爆破废石层目的是形成一定的空间，便于人行及采矿。炮孔间距0.8~1.0m。炮孔布置如图9-196所示。

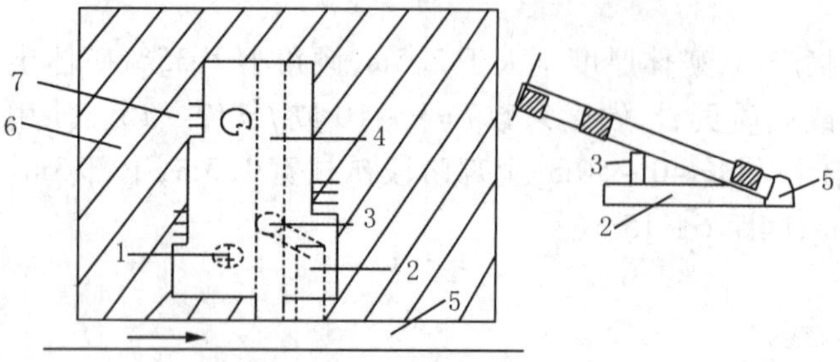

图9-195 分层采矿法

1—矿柱；2—探矿巷道；3—溜井；4—上山；5—斜井；6—矿石（层）；7—炮孔

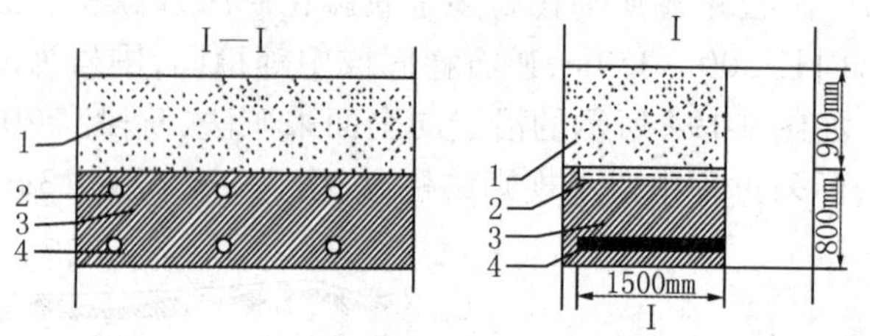

图9-196 炮孔布置

1—岩石（层）；2—光面炮孔；3—矿石（层）；4—普通炮孔

d 采场支护

由于矿体较缓且主矿层岩石较破碎，采场支护采用自然矿柱和人工砌柱联合支护，其中以人工砌柱支护为主，矿柱支护为辅。根据顶板围岩稳固程度和矿石品位情况，将矿脉较薄、品位一般的地段留设不规则矿柱以维护顶板，其余需留矿柱地段均用人工砌筑的混凝土废石柱代替，规格一般为ϕ2m或2m×3m。

C 金岭铁矿预切顶全面采矿法

山东金岭铁矿铁山分矿在利用预切顶全面法回采缓倾斜中厚矿体方面积累了一些成功的经验，使浅孔回采取得了低成本、高效率、高回采率且较为安全的经济效果。

铁山分矿辛庄矿矿体厚度0.5~20m，平均厚度7m。倾角20°~40°，呈似层状、透镜状产出。矿石以磁铁矿为主，比较坚硬；矿体上盘为奥陶系结晶灰岩，中等以上稳固，硬度系数$f=10\sim12$。下盘为燕山期闪长岩。矿岩松散系数均为1.5。

a 矿房结构参数

沿矿体走向布置矿房，矿房长度14m，宽度为矿体厚，垂直高度60m，分段高度27m，间柱4m和6m间隔布置，底部留有6m底柱，同时作为下一水平的顶柱。

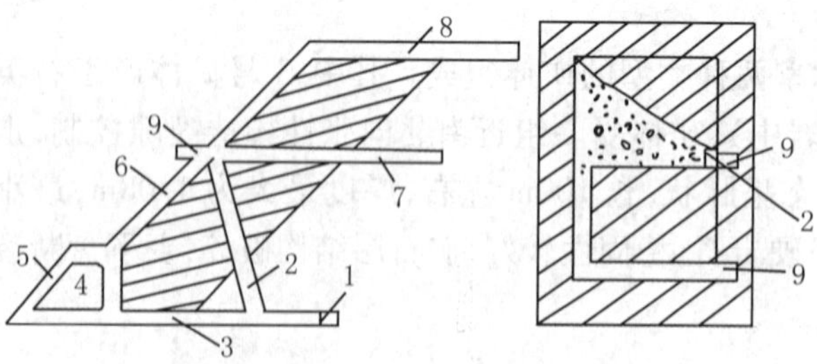

图9-197 采准布置

1—运输大巷；2—高溜井；3—穿脉巷道；4—短溜井；5—人行井；6—上山；7—人行联络平巷；8—上部回风巷道；9—电耙硐室

b 采准布置

采准布置如图9-197所示。从脉外运输大巷1向6m宽矿柱内掘一条穿脉巷道3，在穿脉巷道两侧分别布置矿石溜井和人行天井，两井在出矿水平贯通。人行平巷兼作电耙硐室。由溜井上口沿矿岩上盘界线掘通风切割上山到上部回风平巷。在上分段增设一条高溜井2及人行联络平巷7。

c 切顶及回采工作

以切割回风上山为自由面，在上盘沿脉巷道内打斜上向孔进行切顶，切顶高度2.5~3m。切顶工作完成后，从电耙硐室周围开始回采，呈扇形工作面展开，采用2DJ-55型电耙绞车，0.6m^3耙斗将矿石耙入溜井，通过溜井、振动放矿机矿石被放入1.1m^3矿车，然后运走。此系统生产能力达5500t/月。

通过在-280m水平304、305区的采矿实践，表明预切顶全面法在回采缓倾斜中厚矿体时具有贫化率低、采掘比小等许多优点。与该矿惯用的分段凿岩阶段出矿相比效果明显，具体指标见表9-182。

表 9-182 指标比较

名称	阶段出矿法	预切顶全面法
采出矿量/kt	305	186
采掘比/(m/kt)	9.5	5.2
贫化率/%	26	8
损失率/%	29	10
炸药单耗/(kg/t)	0.59	0.12
出矿效率/(t/月)	5500 ~ 6500	5000 ~ 5500

9.5.3 房柱采矿法

9.5.3.1 方法特点

使用房柱法的矿山，一般将矿体划分为矿块，在矿块内又划分矿房和矿柱。矿房、矿柱交替排列。房柱法实质上是全面法的变形方案，其主要特点之一是留规则矿柱。在回采矿房的同时，留下规则的矿柱以支撑采空区顶板。根据所采矿体厚度的不同，房柱法可分为整层回采和分层回采两种。按采用的装备不同，房柱法可分为浅孔落矿（普通）房柱法、中深孔落矿房柱法和无轨设备回采房柱法。

房柱法是国内外广泛使用的采矿法，在国内使用最多的是浅孔落矿，电耙出矿房柱法，其次是中深孔落矿，电耙出矿房柱法。随着自行采、装、运设备的发展在国内使用铲运机出矿的房柱法也逐渐多了起来。

9.5.3.2 适用条件

房柱采矿法适用于开采矿石、围岩中等稳固至稳固，薄至中厚的水平和缓倾斜矿体。一般用于开采矿体的倾角在20°以下，厚度在4m以下矿体。由于喷锚网技术的应用，扩大了房柱法的适用范围。在国内外也用来开采厚矿体，如贵州汞矿，用房柱法开采的矿体，最厚达26m，加拿大加佩斯铜矿开采矿体厚度达33.6m。房柱采矿法由于矿柱多不回收，矿石损失大，一般多用来开采价值不高和品位较低的矿石。

9.5.3.3 矿块布置和构成要素

A 矿块布置

矿块的布置主要受矿体赋存条件和采装运设备的影响，布置方式有沿走向、沿倾斜和沿伪倾斜三种。当矿体倾角平缓时，矿房和矿柱的布置，原则上不受矿体倾斜方向的限制，可根据地质构造和使用的设备等因素来确定。

对于缓倾斜矿体，若使用浅孔落矿，电耙出矿时，矿房和矿柱的长轴一般沿矿体倾斜方向布置，工作面沿逆倾斜或顺倾斜方向推进；若使用自行设备凿岩和出矿时，由于自行设备爬坡能力不大于12°，矿房和矿柱的长轴一般沿走向方向布置，工作面沿走向方向推进。这种布置可使矿房底板呈水平状态，有利于发挥设备效率。

划分盘区开采时，盘区内同时回采的采场数不应超过3个，采场的推进方向应与盘区推进方向一致，各工作面间的超前距离应为10 ~ 15m。

当矿体的倾角大于30°时，若用浅孔落矿，电耙出矿，为了降低矿房底板倾角，改善作业条件，矿房的长轴多采用沿伪倾斜方向布置，工作面沿伪倾斜方向推进；若使用自行设备凿岩和出矿时，其布置方式为沿走向布置，即矿房和矿柱的长轴沿走向方向布置，工作面沿走向方向推进。

B 构成要素

（1）阶段高度一般为30 ~ 50m。若用电耙出矿，阶段高度为15 ~ 25m者，不再划分段；阶段高度为30 ~ 50m者，一般划分2 ~ 3个分段。若用铲运机出矿，视具体情况可以不分段或少分段。

（2）矿块斜长，主要受出矿设备限制，当用电耙出矿时，一般为30 ~ 60m，当用自行设备出矿时，长度可达100m以上。

（3）矿房的宽度根据矿体的厚度和矿石及顶板岩石的稳固性而定，一般为8 ~ 12m，若采用锚网支护，宽度可达18 ~ 20m。

（4）矿柱分连续的和间断的两种。连续的主要用在矿石厚度较大，矿石和顶板岩石不太稳固的条件下，连续矿柱宽度一般为4 ~ 6m；间断矿柱一般用在矿体较薄，矿石和顶板岩石比较稳固的条件下，矿柱一般为圆形或方形。圆形为 $\phi3\sim7$m。方形多为 3m×3m~4m×4m。矿柱间距多为 5~8m，个别达 8~12m。

（5）顶柱宽度一般为 3~5m。

（6）底柱宽度为 3~7m。

浅孔房柱法构成要素见表 9-183。

表 9-183 浅孔房柱法构成要素

矿山名称	阶段高度/m	矿块斜长/m	采区长度/m	矿块宽度/m	矿房宽度/m	间柱宽度/m	顶柱宽度/m	底柱宽度/m
锡矿山锑矿	30~60	40~60		15~20	12~15	$\phi4\sim5$	3~6	3~6
湘西金矿	25	55~60	40~80		5	3×4		5~7
刘冲磷矿	50	分段 20~30	30~40		8~16	2~4	1~1.5	
新浦磷矿	44.5	66		42	14	2×1.5	2.0	4.6
白石潭铁矿	15~25	40~60		80~120	8~12	5~7×3~4	3.0	
黄山岭铅锌矿		60			12~15	$\phi3\sim5$	4.0	4.0

9.5.3.4 采准与切割

房柱法的采准与切割以图 9-198 浅孔落矿电耙出矿房柱法为例来予以说明。

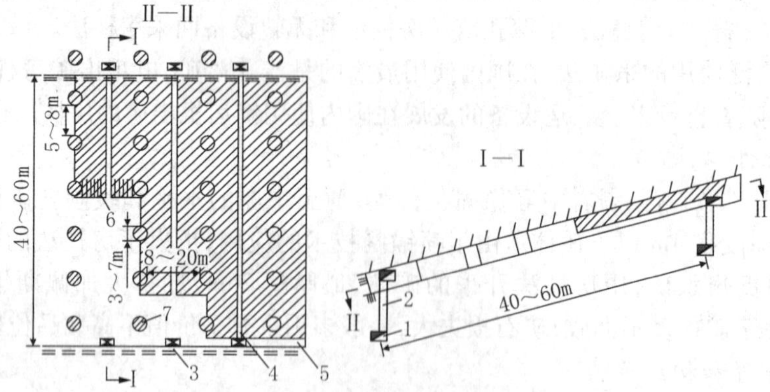

图 9-198 浅孔落矿电耙出矿房柱法

1—阶段运输平巷；2—矿石溜井；3—电耙绞车硐室；4—切割上山；5—切割平巷；6—炮孔；7—矿柱

在矿体底板岩石中掘进脉外平巷 1（生产能力小的采场，该平巷一般布置在脉内），在每个矿房的中心线处，自脉外运输平巷掘进矿石溜井 2，在矿房下部的矿柱中，掘进电耙绞车硐室 3，在溜井上部沿矿体走向掘进切割平巷 5，将切割平巷往矿体两侧扩展，形成拉底空间。沿矿房中心线，在矿体中，从矿石溜井紧贴矿体底板，掘进切割上山 4，该上山和上部回风巷相通，以供行人、通风和回采时作切割自由面用。

当用自行设备出矿时，由于轮胎式自行设备合理的爬坡能力为 8°~12°，因此，对于倾角大于 12°的矿体，矿房的长轴一般沿走向方向布置。各矿房通过斜坡道与下部的运输平巷和上部的回风巷相通，以供通风、运矿、行人和运送材料、设备之用。此斜坡道根据具体情况可沿伪倾斜从下部运输巷呈“直线”形和上部回风巷相连，也可呈“之”字形和回风巷相连。图 9-199 即是山东苍山铁矿用铲运机出矿斜坡道布置的实例。

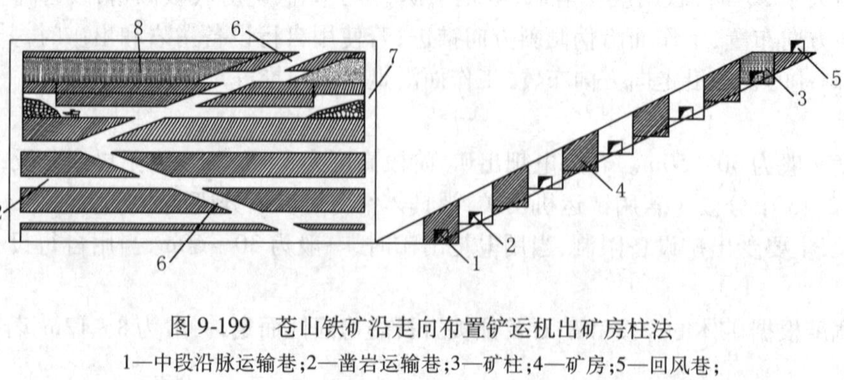

图 9-199 苍山铁矿沿走向布置铲运机出矿房柱法

1—中段沿脉运输巷；2—凿岩运输巷；3—矿柱；4—矿房；5—回风巷；6—采区斜坡道；7—回风上山；8—胶结充填体

当采用超前切割房柱法回采时，还要专门布置切顶上山，切顶平巷（供切顶拉槽用），切顶层的溜矿井以及人行通风井等。

9.5.3.5 回采

A 回采顺序

矿块的回采顺序在水平方向上一般是沿走向的一侧向另一侧推进,也有从中央向两侧推进,为了避免地压集中,不采用从两侧向中央推进。在倾斜方向上,既有沿倾斜从下往上逆倾斜推进(此称为上向回采),也有从上往下顺倾斜推进(此称为下向回采)。

B 落矿

落矿可分为浅孔落矿、中深孔落矿和深孔落矿三种。

a 浅孔落矿

浅孔落矿可分整层回采和分层回采两种。

(1) 浅孔整层回采。

整层回采主要用于回采矿体厚度小于2.5~3m的矿体。回采工作,一般由切割上山和切割平巷相交的位置开始,用浅孔进行拉开。工作面推进方向,视矿石和顶板岩石稳固情况而定:当顶板稳固而矿石不稳固时,一般逆倾斜推进;当顶板不稳固而矿石稳固时,一般顺倾斜推进。

(2)浅孔分层回采。

分层回采主要用于回采矿体厚度大于2.5~3m的矿体,个别达8~10m。一般的做法是沿矿体的厚度方向划分若干个分层(一般为2~3个),每个分层高约2m。以倒台阶或正台阶方式沿倾斜面上向或下向回采,如图9-200和图9-201所示。

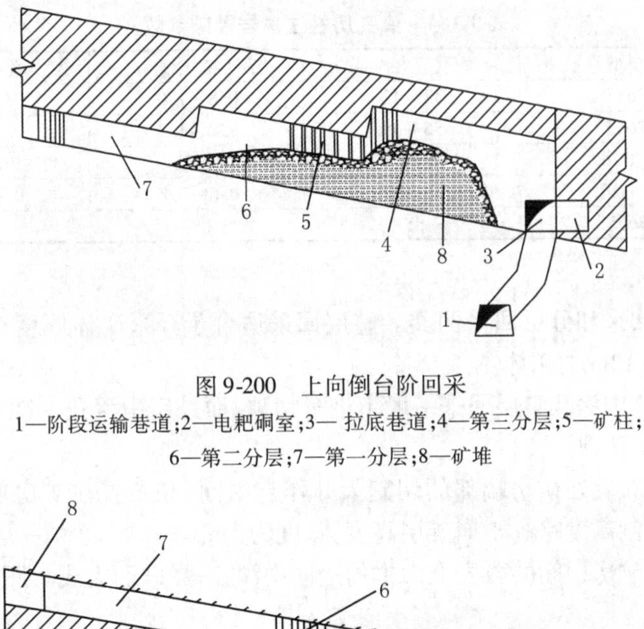

图9-200 上向倒台阶回采

1—阶段运输巷道;2—电耙硐室;3— 拉底巷道;4—第三分层;5—矿柱;6—第二分层;7—第一分层;8—矿堆

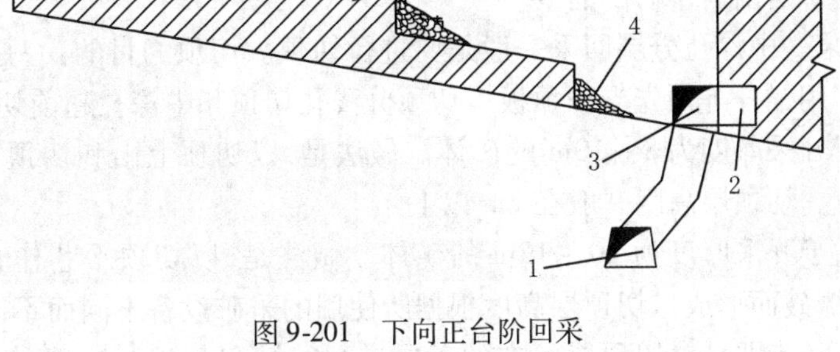

图9-201 下向正台阶回采

1—阶段运输巷道;2—电耙硐室;3—拉底巷道;4—第一分层;5—第二分层;6—矿柱;7—最上一分层;8—切顶凿岩上山

1）上向阶梯工作面（倒台阶）回采，主要用于矿石稳固而顶板不稳固矿体。如图 9-200 所示，上向阶梯工作面回采是先拉底，再挑顶采第二层、第三层直至顶板。当工作面推至预留矿柱（点柱）处时，一般采用多打孔少装药类似光面爆破的形式将矿柱掏出来，以保证矿柱少受损坏。采下的矿石，暂留一部分在采场内，以作为继续上采的工作台。紧靠顶板的一层矿石的回采，视顶板稳固程度而定，若顶板稳固，一般用 YSP-45 型凿岩机钻凿上向孔进行挑顶；若顶板不够稳固，一般用气腿式或柱式凿岩机钻凿水平孔进行压顶，最好采用光面爆破法压顶，以使顶板少受破坏，给回采作业创造安全条件。

2）下向阶梯工作面（正台阶）回采主要用于顶板稳固而矿石不稳固矿体。如图 9-201 所示，下向正台阶回采是先切顶后依次回采下面分层。上分层要超前下分层一定距离，最后再回采贴近矿体底板的一层。下向回采一般是用气腿式凿岩机钻凿水平孔进行落矿。

用普通设备（如气腿式凿岩机、电耙）回采时，由于上向阶梯回采比下向阶梯回采具有凿岩出矿容易、效率高、清扫底板容易、在高悬顶下作业时间短等优点，因此在国内得到广泛应用。但对于厚大矿体，若采用自行采装运配套设备回采时，下向正台阶回采将变成为优点。这种回采方法将在后面深孔回采法中叙述。

（3）浅孔落矿凿岩爆破参数。浅孔落矿凿岩机一般有两类，一类是打水平孔的气腿式凿岩机，如 YT-25、7655 凿岩机等。这类凿岩机主要用来拉底、切顶和压顶等；另一类是打上向孔的凿岩机，如 YSP-45 型凿岩机，这类凿岩机主要用来挑顶。

浅孔落矿的凿岩参数一般为：炮孔直径为 36～44mm；孔深 1.6～3.0m，个别达 3.0～5.0m（如用 YSP-45 型凿岩机时）；排距 0.8～1.2m；孔距 0.6～1.2m；崩矿量一般为 1.5～3.0t/m。浅孔房柱法凿岩爆破参数见表 9-184。

表 9-184　浅孔房柱法凿岩爆破参数

矿山名称	设备型号	炮孔直径/mm	最小抵抗线/m	孔间距/m	孔深/m
荆钟磷矿	7655	38～42	0.8～1.0		2.0～3.5
刘冲磷矿	7655	36～38	1.2～1.3		3.0
铜官山铜矿	YT-26	35	1.3	1.8～2.0	1.8～2.0
綦江铁矿	YT-25	36～42	0.6～0.8	0.6～1.0	1.5～3.0
新浦磷矿	7655	45	1.2	1.5	1.6～2.0

b　中深孔落矿

中深孔落矿分为整层回采和分层回采两类。整层回采适合于开采矿体厚度小于 6～8m 的矿体。分层回采适合于开采厚度为 8～12m 的矿体。

（1）中深孔整层回采。中深孔整层回采一般不进行切顶，而是用中深孔一次将矿体全厚采掉。落矿方法分为拉切割槽和回采落矿两项。

拉切割槽：一般是利用布置在矿房端部的切割天井作自由面，和布置在矿房底部的切割平巷中的上向中深孔进行爆破而形成，切割高度略高于崩矿层高度，宽度为 3m。

回采落矿：依靠布置在矿房中间的凿岩上山中的上向中深孔，爆破而完成。图 9-202 是中深孔整层回采示意图。

凿岩上山在矿房中间一般只布置一条，当矿房跨度超过 12m 达到 20m 左右时，则需在矿房内布置两条凿岩上山，以满足大跨度矿房凿岩落矿的需要。

（2）中深孔分层回采。中深孔分层回采一般是要进行切顶。切顶的目的：一是防止中深孔落矿时破坏顶板的稳定性；二是便于用锚杆等预先支护顶板。切顶分浅孔切顶和中深孔超前切顶两种。

浅孔切顶：一般用于开采厚度为 8～10m 的矿体。做法是，以切顶上山和切顶平巷做自由面，用气腿式凿岩机打孔，爆破而形成。切顶层高度一般在 2m 以上。

中深孔切顶：一般用于开采厚度为 10～12m 的矿体。做法是，以切顶平巷作自由面，在切顶上山中用 YGZ-90 型凿岩机打孔，爆破而形成。切顶层高度根据所使用的采矿设备不同而不同，一般在 3m 以上。

切顶层形成以后，下一步即是对切顶层下方的矿层进行拉槽和落矿。拉槽：依靠布置在矿房底板上的垂直于凿岩上山的切割横巷和切顶层的溜矿井进行。以该溜井作为自由面，以布置在切割横巷中的上向中

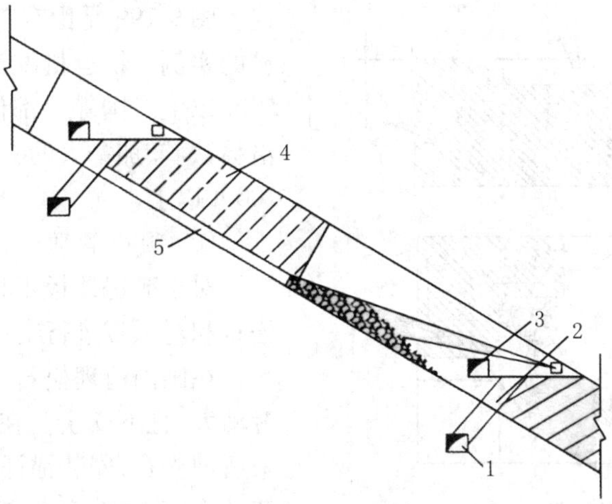

图 9-202 中深孔整层回采示意图

1—运输平巷;2—放矿小井;3—拉底切割平巷;4—中深孔;5—凿岩上山

深孔,装药爆破而形成。切割槽的高度略高于崩矿层高度,宽约3m。落矿:依靠布置在矿房底板上的凿岩上山中的上向中深孔,爆破而完成。

(3) 中深孔凿岩爆破参数。国内使用的凿岩机多为YGZ-90型及YGZ-80型凿岩机(配TJ-25型雪橇式台架)。凿岩爆破参数:孔径多为ϕ55~60mm,个别达70mm;孔深在20m以下;排距1.5~1.8m;孔底距1.8~2.0m;崩矿步距多为5~7m(约合3~4排)。采用药卷爆破,也有散药爆破。散药爆破多用国产BQ-100型装药器进行装药。

目前国外房柱法用的回采凿岩设备较多,一般都装在由液压控制的台车上。一辆台车上可装1~2台凿岩机。中深孔凿岩机的型号也较多,以阿特拉斯·科普柯公司为例,该公司生产的中深孔凿岩机计有5种。凿岩机从151~485kg,钻成的孔径从33mm到127mm,台班效率都在100m以上。

中深孔房柱法凿岩爆破参数见表9-185。

表 9-185 电耙出矿中深孔房柱法凿岩爆破参数

矿山名称	设备型号	设备台班效率/(m/(台·班))	同时爆破排数/排	炮孔布置	孔径/mm	孔深/m	最小抵抗线	炮孔距离/m	备注
良山铁矿	YG-80		4~8	上向扇形中深孔	ϕ65	4.5~9.0(<13.0)		排距1.5~1.8 孔底距1.8~2.0	
王集磷矿	YG-80(FIY-25B台架)	39	2~3	上向扇形中深孔	ϕ55~60	12~14	1.6~1.8	孔距1.6~1.65 排底距1.8	
牟定铜矿	YGZ-90(雪橇式台架)	33.7	崩矿步距5~7	上向扇形中深孔	ϕ55~60	8~14	1.2	孔底垂距1.4~1.8 少数2.0~2.1	
滥泥坪铜矿	YG-40		半排(5~7孔)	上向扇形中深孔	ϕ51	3~6	1.5		

c 深孔落矿

当矿体厚度大于10~12m时,可用深孔落矿方法回采矿石,即首先在矿房的顶板下面进行切顶,然后在矿房的一端开掘切割槽,形成下向正台阶的工作面。切顶层的高度根据所采用的落矿方法和设备高度而定,一般在3.8m以上,切顶空间下部的矿石采用下向深孔凿岩机凿岩,用铲运机、装载机、汽车等进行出矿,见图9-203深孔落矿示意图。

C 采场运搬

国内采场运搬大多数采用电耙,少数矿山采用无轨设备如铲运机和汽车等。

采用电耙出矿时,一般每个矿房设一条溜井,一段耙矿。电耙绞车型号一般为2DPJ-28.30型,配0.3m^3耙斗,也有不少矿山采用2DPJ-55型绞车,配0.6m^3耙斗。电耙台班效率一般为80~180t。绞车一般设备在切割平巷,联络平巷或专门硐室内。用铲运机和汽车运搬,由于受爬坡能力的限制,一般用斜坡道和矿房相

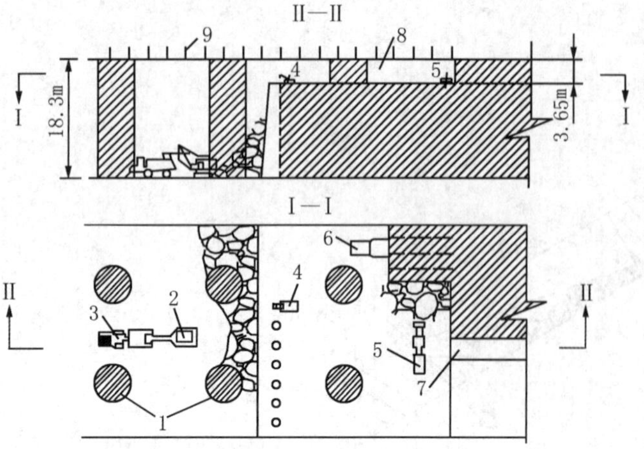

图 9-203 深孔落矿

1—矿柱；2—短臂电铲；3—卡车；4—履带式钻车；5—前端式装载机；6—轮胎式钻车；7—顶板切割巷道；8—切顶工作面；9—护顶锚杆

连。图 9-199 是山东苍山铁矿采用铲运机和汽车出矿的实例。铲运机配汽车出矿，其台班效率一般为 500t 以上。国外大都使用自行设备出矿，如法国的洛林铁矿、加拿大的 Gaspe 铜矿，其台班效率一般为 1000t 以上。

D 顶板管理

对于矿房顶板不稳固地段，爆破后要及时清理松石和对顶板进行支护。

在国内清理松石主要依靠工人撬棍进行，体力劳动大，且不安全。在国外广泛使用升降服务台车来清理松石，安装锚杆和检查顶板。其优点是：工人劳动强度小，效率高，安全。

目前，国内外大都使用锚杆支护，也有一些矿山使用锚索支护。常用的锚杆有：胀圈式金属锚杆、管缝式金属锚杆、树脂锚杆、楔缝式锚杆和砂浆水泥钢筋锚杆等。锚杆支护参数，因顶板岩石稳固程度而定。在国内锚杆网度一般为 1.0m×1.2m，1.2m×1.5m，1.8m×2.0m；锚杆长度一般为 1.8～2.0m。直径：砂浆水泥钢筋锚杆为 16～18mm，管缝式锚杆为 40～42mm；注浆的泥浆配比，灰砂比 1:(2～2.2)，水灰比 1:(0.4～0.45)(用 400 型硅酸水泥)。锚索的直径一般为 12～22mm，长度为 5～6m。

国外锚杆长度一般为 1.8～2.5m，直径为 18～24mm，锚杆网度 1.0m×1.0m～2.0m×2.0m。

E 矿柱尺寸

矿柱尺寸是房柱法设计中一个关键参数。矿柱尺寸不足，影响作业安全，甚至引起大面积冒顶，大量矿柱崩塌，给矿山造成灾难。矿柱尺寸过大，回采率低，造成资源的损失。当具有矿山岩石力学参数和原岩应力场实测资料时，最好的方法是采用有限元或边界元程序，如 FLAC-3D 等进行数值分析，确定采矿方法参数。如不具备这些条件，只好用传统的计算矿柱强度的方法进行设计。

对矿石价值很高或矿石品位很高时，经计算比较，可采用条形矿柱分两步骤回采，在矿房采完充填后再回采矿柱的做法。

9.5.3.6 技术经济指标及评价

房柱法主要技术经济指标见表 9-186。

表 9-186 国内外缓倾斜中厚矿体房柱法主要技术经济指标

矿山及采矿方法	采场生产能力/(t/d)	采矿工效/(t/(工·班))	凿岩台数/(t/(台·班))	贫化率/%	损失率/%	凿岩设备	运搬设备
王集磷矿深孔房柱法	200	9.33	107	7	22	YGZ80	电耙
良山铁矿预切顶中深孔房柱法	250	10.26	80	10～30	15	YGZ80	电耙
牟定铜矿预切顶中深孔房柱法	230	27.3	78.2	7	4.7	YGZ90	电耙
锡矿山锑矿浅孔房柱法	50～70	7～9	60～70	10～30	20～25	YT26	电耙
金山金矿胶结矿柱房柱法	50～60	5～6	50～60	15	12	7655	电耙
大庄子金矿胶结矿柱房柱法	60～80	7～8	60～70	8	9	7655	电耙
洛林矿区椰夫矿(法)	550				15	台车配旋转式钻机	蟹式装载机、EIMCO 铲运机
乌拉尔波克罗夫斯克矿(前苏联)	550	130	70	4～7	5	BA-100	铲运机
潘纳斯矿(希腊)	300	120	60	10	20	台车	铲运机

房柱采矿法在国内外是一种应用广泛的采矿法。在国内由于多用浅孔落矿、电耙出矿，矿块生产能力较低，一般约为 50～200t/d。劳动生产能力不高，工作面工人劳动率一般为 7～15t/(工·班)。

9.5.3.7 矿山实例

A 锡矿山锑矿浅孔落矿、电耙出矿房柱法

锡矿山锑矿为缓倾斜似层状矿体，赋存于硅化灰岩中，矿体厚度 2～3m，局部地段 4～5m，倾角 10°～

20°,矿石坚硬稳固,$f=10\sim18$。顶板为页岩节理较发育,稳固性较差,$f=3\sim5$;底板为灰岩,稳固,$f=10\sim18$。

矿山所使用的采矿方法为浅孔落矿、电耙出矿房柱法,如图9-204所示。矿体沿走向划分为采区,长度为80~100m,采区之间留3m宽的采区矿柱。采区由若干矿块组成,矿块沿矿体倾斜布置,矿块分为矿房与矿柱,矿房宽8~18m,矩形矿柱,规格为3m×4m,间距5m。阶段矿柱宽3m,矿房斜长40~60m。

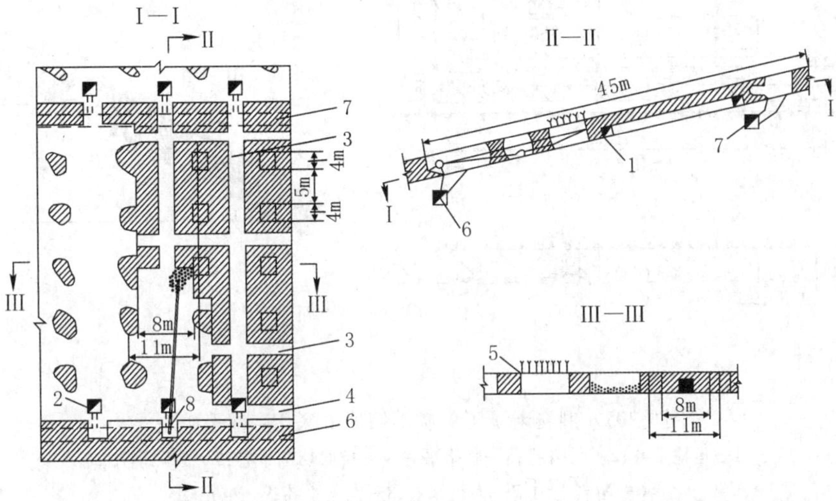

图9-204 锡矿山锑矿浅孔落矿、电耙出矿房柱法

1—联络平巷;2—放矿溜井;3—联络平巷;4—切割平巷;5—锚杆;6—运输巷道;7—回风巷道;8—电耙绞车硐室

矿房采用整层回采。首先,沿矿房下部边界拉开高为矿体厚的切割槽,并以矿房上山为第二自由面,用浅孔逆矿体倾向回采。相邻矿房可同时回采,但需互相保持15~25m的距离。用锚杆维护稳固性较差的页岩顶板,锚杆长2.3m,网度为1m×0.8m,每套锚杆支护面积为0.77m^2。为保证回采工作的安全,在较大断层及顶板不稳处留下矿柱支撑。

锡矿山锑矿的二、三矿层厚4~8m,采用锚杆护顶的分层回采方案。采矿方法的构成要素与整层回采方案基本一致,只是回采分为拉底和压顶两道工序。拉底以矿房下部的切割巷道和斜天井做自由面,逆倾斜推进,拉底层高度2.5m左右。整个采场拉底全部结束后,开始在留矿堆上用水平孔压顶,压顶分层高度一般为2m,揭露顶板时用锚杆护顶。压顶回采全部结束后,大量出矿。出矿仍采用30kW电耙。此时的采场生产能力约80t/d,回采率75%~80%,贫化率5%~10%,采切比5~15m/kt,万吨锚杆消耗量500~800根。

B 荆襄磷矿王集矿不切顶中深孔房柱法

荆襄磷矿王集矿开采矿石和围岩均稳固的缓倾斜矿体时采用不切顶中深孔房柱采矿法。如图9-205所示。

矿块沿矿体走向布置,阶段高30m,斜长50~60m,采区长100m,采区内布置矿块5个,矿房跨度15m,留规格为5m×6m~5m×8m的矩形矿柱。阶段矿柱宽3m,采区矿柱宽5m。

用FIY-25型台架配YG-80型凿岩机打上向扇形中深孔,孔深12~14m,孔径$\phi55\sim60$mm,台班效率为39m,最小抵抗线1.6~1.8m,炮孔密集系数1~1.13,装药器装药,每次爆破2~3排孔,每米炮孔崩矿量为4.21t。

使用2DPJ-55型电耙配0.6m^{3}耙斗沿矿体倾斜方向向下耙矿,台班效率为109t。作业人员不进入开采空间,作业安全,对于局部顶板不稳固的地方,采用锚杆加强支护。

C 良山铁矿预控顶电耙出矿中深孔房柱法

良山铁矿系一单层矿床。矿体厚度4~10m,倾角10°~30°。矿石硬度$f=12\sim14$,结构致密坚硬,一般稳固性较好。

矿体直接顶板为含铁磁铁石榴子石二云母石英片岩,$f=10\sim12$,致密坚硬、稳固。

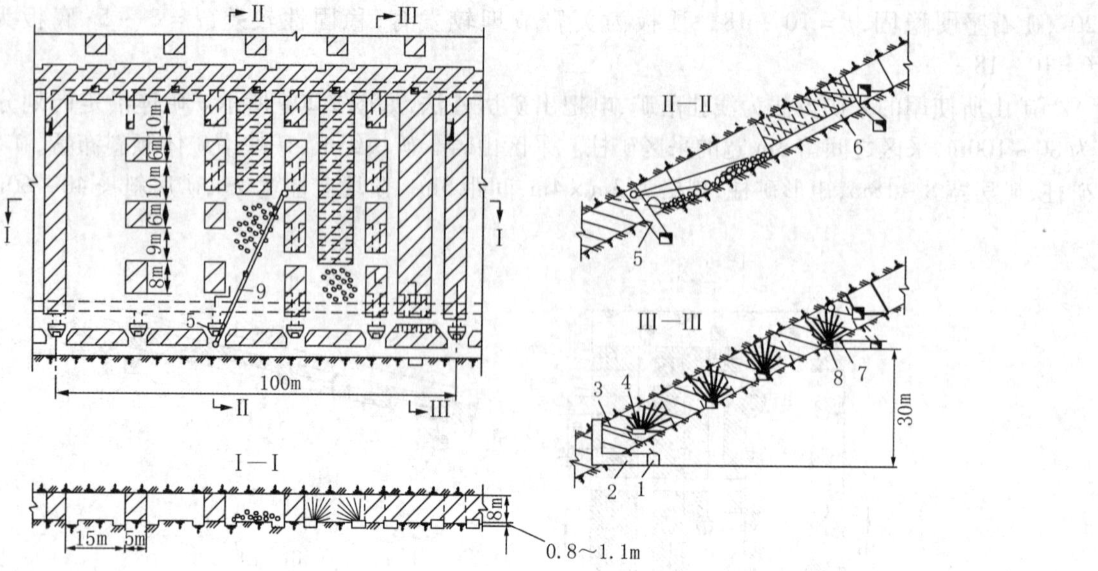

图 9-205 荆襄磷矿王集矿不切顶中深孔房柱采矿法

1—运输平巷；2—联络巷；3—联络平巷；4—拉底切割平巷；5—放矿小井；
6—凿岩上山；7—人行平巷；8—凿岩平巷；9—电耙

矿体直接底板为绿泥石英片岩与含黄铁矿二云母石英片岩，$f=6\sim8$，中稳。

预控顶电耙出矿中深孔房柱法是矿山采用的采矿方法之一。

（1）沿走向划分矿块。阶段高度 20～25m，矿块斜长 35～60m，矿房宽度 11～14m，矿房间留有间隔矿柱，尺寸为 3m×4.5m，间距 0.5～7.5m，阶段矿柱厚 3m。

（2）采准切割。采准平巷与阶段运输平巷一起布置在底盘围岩中，两巷平行，水平间距 30～40m。沿两巷每隔 90～110m 开凿联络巷道连通，构成环形运输。自采准平巷向阶段矿柱（在间柱相对部位）开掘人行提升井。采准平巷内的矿石溜井与切顶层矿石溜井联通；当矿房斜长大时，还自阶段运输平巷开凿采场中部矿石溜井。切顶层切割平巷位于切顶层下部，将矿房两侧的人行提升井联通。切顶层切割上山逆倾斜紧贴矿层顶板掘进并与上阶段贯通，以利行人、通风。中深孔层切割平巷布置在中深孔层下部，中深孔层凿岩上山逆倾斜低于矿层底板 0.8m 掘进。联络平巷是联通相邻采场的安全通道，一般沿走向布置在矿房上部靠近最上一个房间矿柱的位置；当矿房斜长大开掘有采场中部矿石溜井时，在该溜井一侧增掘一条联络平巷。

（3）回采工艺。

1）切顶。采用浅孔切顶，切顶层高 2m。使用 7655 型凿岩机打孔，炮孔直径为 38～40mm，孔深 1.6～1.8m，最小抵抗线 0.7～0.8m，采用导爆管-毫秒雷管起爆系统起爆。

2）拉槽。在中深孔层切割平巷内，用 YG-80 型凿岩机钻凿上向中深孔，待切顶结束后，以切顶层溜矿井 5 为自由面，采用分段同次起爆，一次形成切割立槽。

3）矿房落矿。采用 YG-80 型凿岩机在中深孔层凿岩上山内钻凿垂直上向扇形中深孔，孔深 4.5～9m，最深 13m，孔径 65mm，排距 1.5～1.8 m，孔底距 1.8～2.0m。每次爆破 4～8 排孔，采用双毫秒电雷管或双导爆管-毫秒电雷管带孔内单导爆索进行排间微差间隔起爆，间隔时间为 25～50ms。

4）采场运搬。切顶时用一台 30kW 双筒电耙绞车 349 配 $0.3m^3$ 耙斗耙矿。矿房回采时，由安装在提升井上口的电耙进行运搬。有采场中部矿石溜井时，在推进到位后，利用中部矿石溜井溜矿。

5）采场顶板管理。矿体顶板围岩因受构造破坏，片理、节理发育，随着切顶工作进行，应及时处理松石，并进行局部锚杆支护，即为锚杆局部预控顶。

D 苍山铁矿铲运机出矿房柱法

苍山铁矿矿体呈鞍状，有两层矿，形态简单，品位、厚度变化较小。背斜脊部的矿体一般倾角在 10°～

25°之间,平均厚度5~10m,分布于42线~52线之间。矿体顶板为黑云母长英变粒岩类岩石,由上而下,由坚硬变为极坚硬;底板角闪岩类岩石,属Ⅱ级极坚硬岩石。

采用沿走向布置的房柱法,竖直分条布置矿块,矿块长度100~150m,矿房宽10m,矿柱宽10m,先回采矿柱,充填强度符合要求后再回采矿房,工程布置如图9-199所示。

采用YT-27气腿式凿岩机,排距0.8~1.0m,采用乳化炸药。在凿岩运输巷中以切割槽为自由面分层凿岩,导爆管起爆。

爆破、通风、撬毛后,采用4m^{3}铲运机经采区斜坡道出矿,每次出1/3矿石,平场后作为后一分层的工作面,依次循环。等爆破回采结束后,再集中进行出矿。采场生产能力达400t/d以上。

9.5.4 留矿采矿法

9.5.4.1 方法特点

留矿采矿法是将矿块划分为矿房和矿柱,先采矿房,后采矿柱,在矿房中自下而上分层回采,每次采下的矿石靠自重放出三分之一左右,其余的暂留在矿房中作为继续上采的工作平台,待矿房回采作业结束后再全部放出。矿房回采结束后再回收矿柱和处理采空区。留矿采矿法如图9-206所示。

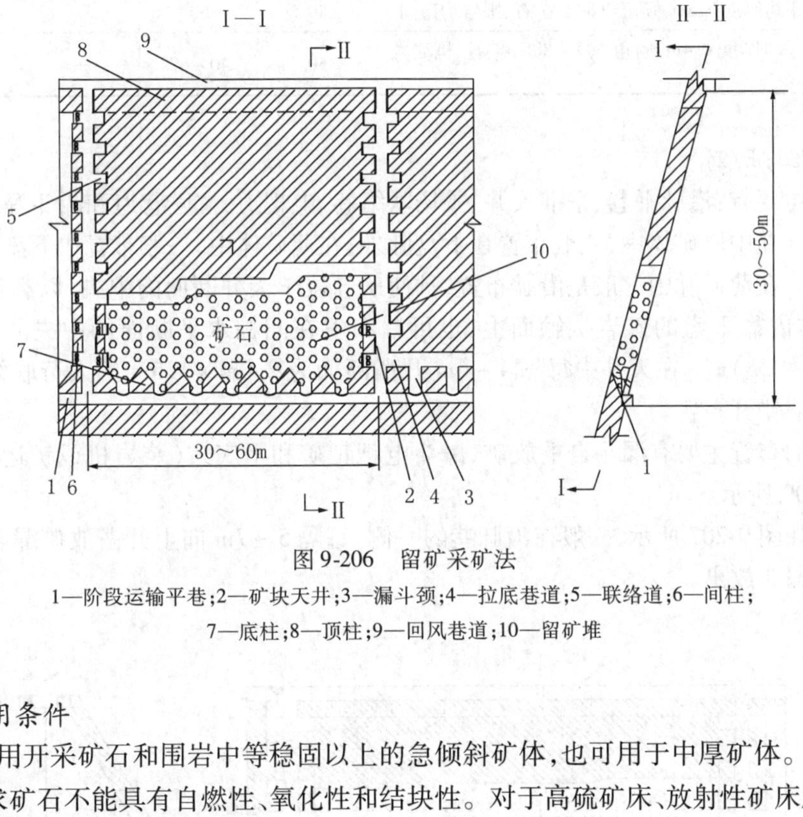

图9-206 留矿采矿法

1—阶段运输平巷;2—矿块天井;3—漏斗颈;4—拉底巷道;5—联络道;6—间柱;7—底柱;8—顶柱;9—回风巷道;10—留矿堆

9.5.4.2 适用条件

留矿采矿法适用开采矿石和围岩中等稳固以上的急倾斜矿体,也可用于中厚矿体。由于矿房中储存有大量矿石,因此要求矿石不能具有自燃性、氧化性和结块性。对于高硫矿床、放射性矿床应慎用。

9.5.4.3 矿块布置和构成要素

由于留矿法主要用于回采急倾斜薄矿体和中厚矿体,因此,采场一般沿走向布置。当矿体厚度大于10~12m时,垂直走向布置。

矿块构成要素主要取决于矿石和围岩的稳固情况,矿体的厚度及倾角等。

阶段高度:在薄矿脉中大多数采用40~50m,若倾角在60°以上,且矿石围岩稳固,也有采用50~60m的,若倾角在50°~60°,矿石和围岩稳固性较差,或矿体赋存要素不稳定,则采用30~40m;在中厚矿体中阶段高度一般为40~60m,若矿体赋存要素比较复杂,则采用35~40m,采场长度主要取决于矿石和围岩的稳固程度和矿体的厚度,一般为40~60m;矿房的宽度一般为矿体的厚度,对于厚度较大的矿体其宽度不大于12m。顶板暴露面积宜在500m^{2}以下。

间柱、顶柱和底柱。一般的对于薄矿脉，间柱宽 2 ~ 6m，顶柱厚 2 ~ 3m，底柱高 4 ~ 6m；对于中厚以上的矿体，间柱宽 8 ~ 12m，顶柱厚 3 ~ 6m，底柱高 8 ~ 10m。

在开采薄矿体时，由于矿房的宽度很小，可以不留间柱，只留顶柱和底柱。矿块之间依靠天井的横撑支柱隔开，也可在采场中用顺路天井来代替间柱中的阶段天井；在某些情况下，由于采用人工假底，或者上部平巷不需保留时，也可不留底柱和顶柱。此时，阶段间依靠假底隔开，假底可以对围岩起支撑作用。一些矿山采用的构成要素见表 9-187。

表 9-187 留矿采矿法构成要素

矿山名称	主要采矿技术条件	阶段高度/m	矿块长度/m	间柱宽度/m	底柱高度/m	顶柱厚度/m
金厂峪金矿	脉状矿床，平均厚度 6m，倾角 70°，矿石、围岩均稳固	40	40	8 ~ 10	6 ~ 13	3 ~ 4
松江铜矿	矽卡岩型矿床，平均厚度 2 ~ 6m，倾角约 70°，矿石、围岩均中等稳固	40	50	8	5 ~ 11	4 ~ 5
政和铅锌矿	矽卡岩型矿床，平均厚度 1.5 ~ 3m，倾角 62° ~ 69°，矿石中等稳固，围岩稳固 ~ 中等稳固	30	30	7.4	5	
焦家金矿	脉状矿体，平均厚度 1.5 ~ 3m，倾角 55° ~ 70°，矿石稳固性一般，围岩中等以上稳固	30	30			
石人嶂钨矿	石英脉，平均厚度 0.6m，倾角约 80°，矿石、围岩均稳固	40	50	—	2.5 ~ 3	2.8 ~ 3
大吉山钨矿	石英脉，平均厚度 0.4m，倾角 60° ~ 80°，矿石、围岩均稳固	50	40 ~ 60	—	0 ~ 3	3

9.5.4.4 采准与切割

采准切割工作主要有：沿脉平巷、采准天井、采场联络巷、电耙道、拉底巷道和漏斗等。

(1) 沿脉平巷。在中厚矿体中，一般布置在下盘脉外；在薄矿体中，一般布置在下盘脉内。

(2) 采准天井。在薄矿脉中一般是沿脉布置，且使矿脉位于天井断面的中央，以利于探矿；在中厚矿体中，一般布置在矿体内靠下盘的矿岩接触面上，也可以布置在间柱水平断面的中央。天井的规格一般为 (1.5 ~ 2.0)m × (2 ~ 2.5)m。在天井中每隔 4 ~ 6m 开凿断面为 2.0m × 1.5m 的人行联络巷通往采场，采场两端的人行联络巷应错开布置。

(3) 底部结构的布置主要有漏斗自重放矿、漏斗电耙耙矿和平底式（装岩机或铲运机）出矿三种类型，如图 9-207 ~ 图 9-209 所示。

漏斗自重放矿如图 9-207 所示，一般在沿脉巷的一侧，每隔 5 ~ 7m 向上开凿放矿漏斗，依靠矿石的自重将矿石直接从放矿漏斗放出。

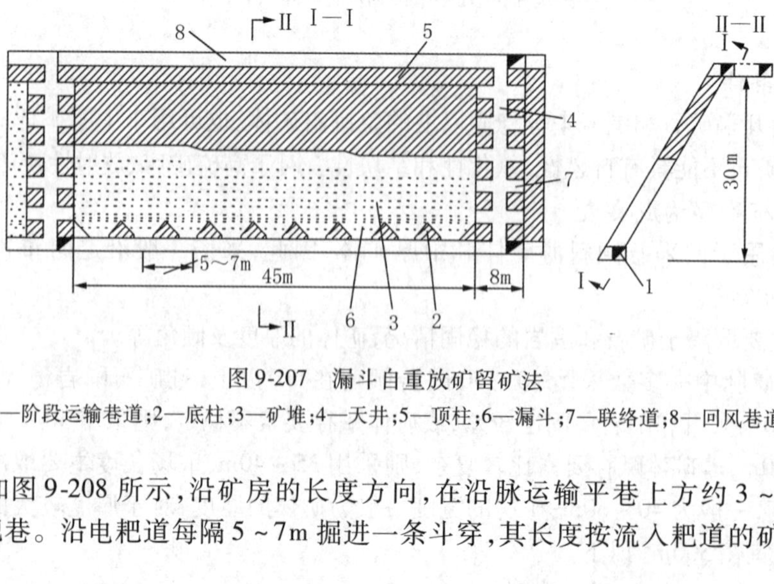

图 9-207 漏斗自重放矿留矿法

1—阶段运输巷道；2—底柱；3—矿堆；4—天井；5—顶柱；6—漏斗；7—联络道；8—回风巷道

漏斗电耙耙矿如图 9-208 所示，沿矿房的长度方向，在沿脉运输平巷上方约 3 ~ 4m 处，开凿规格为 2.0m × 2.0m 的电耙巷。沿电耙道每隔 5 ~ 7m 掘进一条斗穿，其长度按流入耙道的矿石约覆盖耙道宽度

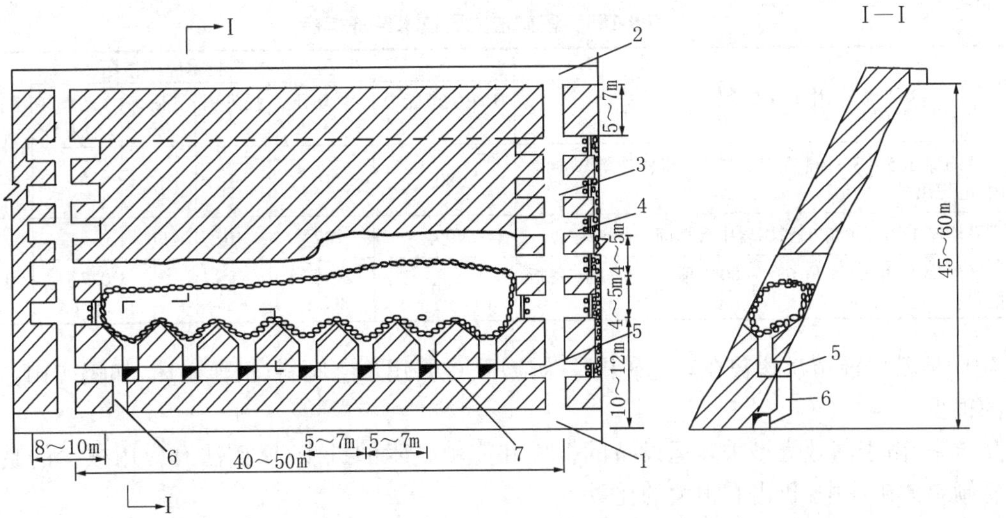

图9-208 漏斗电耙耙矿留矿法

1—运输平巷；2—回风平巷；3—天井；4—天井联络道；5—电耙巷道；6—溜矿井；7—漏斗

1/2~1/3为原则。通常取3.5~4m。在斗穿的端头向上开凿漏斗。漏斗规格一般为2m×2m~2.5m×2.5m。在电耙道端头布置电耙硐室，其规格为长3~4m，宽为2~4m，高为2m。在电耙道的下部有放矿溜井与运输巷道相连，其长度以能储存一列车以上的矿石为好，一般为3~4m。溜井断面为2m×2m，倾角不小于60°。

平底式出矿如图9-209所示，是平底式（装岩机或铲运机）出矿底部结构典型方案。其特点是：拉底平巷，出矿进路和运输平巷都处于同一水平。出矿进路直接与矿房和运输平巷相连。出矿进路之间的距离、出矿进路的长度和断面与采用的设备有关。

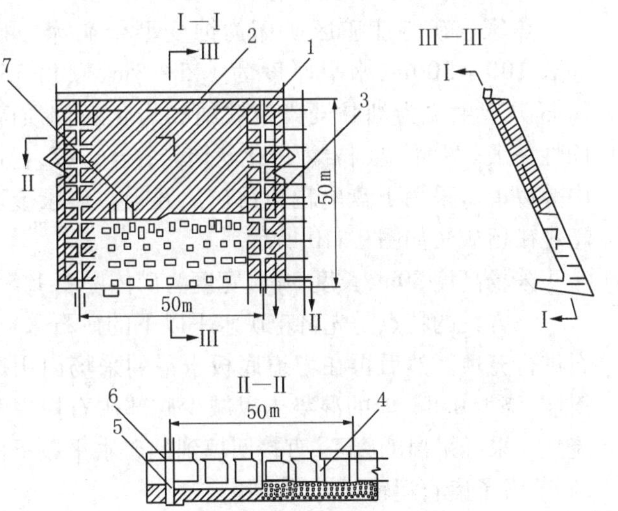

图9-209 平底式出矿留矿法

1—天井；2—回风巷道；3—联络道；4—出矿进路；5—拉底平巷；6—运输巷道；7—炮孔

切割主要是拉底和扩漏。拉底是在留底柱的矿块中，一般在漏斗颈的上部，沿矿房长轴方向开掘切割平巷，由切割平巷向外扩帮形成拉底空间。其空间高约2~2.5m，宽度与矿房一致；在平底柱中，拉底与上述的方法相同，不同的是，拉底水平和运输平巷处于同一水平；扩漏一般是从拉底空间向下扩大斗颈上部使其形成喇叭口，或者在斗颈上掘约2m后，在上掘的同时向四周扩帮以形成喇叭口和拉底空间。

9.5.4.5 回采

采用自下而上分层回采，在每一个分层中进行凿岩爆破，通风，局部放矿，平场，处理松石和破碎大块，在采用顺路天井的采场中，还包括架设顺路天井等作业。分层高度2~2.5m。回采工作面多呈倒台阶式布置。凿岩采用上向凿岩或水平凿岩。上向凿岩用YSP-45型凿岩机，炮孔排面一般前倾75°~85°，孔深4~5m；水平孔用YT-25或7655型凿岩机。水平孔上仰5°~8°，孔深2~3m。打上向孔时，台阶工作面的长度一般为10~15m。打水平孔时，一般为2~4m。放矿分局部放矿和大量放矿。局部放矿一般放出每次崩落矿石的30%左右，使矿房内暂留的矿石能够保持2~2.5m高的作业空间。局部放矿以后，应立即检查矿房顶板和上下盘，同时处理浮石和平整场地。当矿房回采至顶柱时，即进行大量放矿。回采过程中，对于顶板不够稳固的地段，采用锚网等进行加固。

9.5.4.6 技术经济指标及评价

留矿法主要技术经济指标见表9-188。

表 9-188 留矿法主要技术经济指标

矿山名称	开采技术条件	主要技术经济指标						
		矿块生产能力/(t/d)	采切比/(m/kt)	损失率/%	贫化率/%	炸药单耗/(kg/t)	雷管消耗/(发/t)	木材消耗/(m^3/t)
焦家金矿	平均厚1.5～3m,倾角55°～70°,围岩中等以上稳固,电耙出矿	80	16	3	5			
上宫金矿	平均厚1.5m,倾角65°,围岩中等稳固	90	32	10	17			
湘东钨矿	平均厚0.36m,倾角68°～80°,顶板较稳固,底板稳固	100	21.6～31.8	5.6	72.9	0.73～0.83	0.9～1.0	0.01

20世纪中期及以前留矿法曾在有色矿山广为应用,主要用于急倾斜、极薄矿床,如钨矿山。国外矿山应用留矿法的很少。

近十几年来,由于高效大型采装运设备的推广和充填技术的进步,留矿法有应用减少的趋势。但在小型的民采急倾斜薄矿体中,仍占有很大的比重。

留矿法的主要优点是:结构简单,管理方便,所用的设备比较简单,工艺不复杂,工人容易掌握。主要的缺点是:采场存留大量矿石,不但影响资金的周转,有时还造成矿石的损失和贫化加大;平场和处理松石,特别在矿体较厚的条件下,工作量大,且是人工进行,劳动强度大;人在暴露面的顶板下作业,安全条件差。研制适合于薄矿体和脉状矿体特点的采掘设备,特别是平场、处理松石和二次破碎设备,用小型装运设备或铲装设备来代替电耙出矿是留矿法发展的方向。

9.5.4.7 矿山实例

A 焦家金矿下盘电耙耙矿留矿法

焦家金矿寺庄矿区矿床为蚀变型金矿床。矿脉沿走向长100～300m,水平厚度为1.5～3m,倾角55°～70°。矿石类型主要为细脉浸染黄铁绢类岩化花岗质碎裂岩,稳固性一般。上下盘围岩为钾化花岗岩,$f=6\sim7$,稳固程度在中等以上。采用下盘电耙道留矿法开采。焦家金矿下盘电耙耙矿留矿法如图9-210所示。

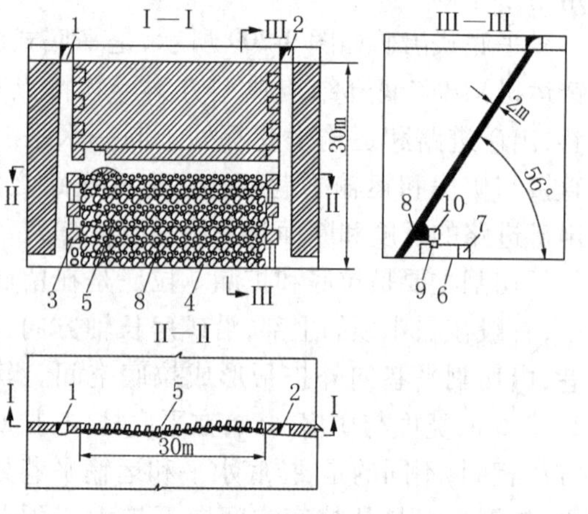

图9-210 焦家金矿下盘电耙耙矿留矿法

1—天井A;2—天井B;3—间柱;4—废石;5—矿石;6—出矿穿脉巷道;7—脉外运输巷道;8—混凝土斜坡;9—放矿漏斗;10—电耙道

采场高度30m,长度30m,宽度为矿体厚度1.5～3m。

该方案的特点是先将耙矿水平以下的矿石采空后,用废石进行充填。然后再在耙道底板水平的采场内用废石堆起斜坡,浇上0.5m厚的混凝土以减少底部矿石损失和粉矿的流失。采准采出的废石,直接回填到耙矿水平以下的采空区内,节省了废石运输提升的费用。

凿岩用YT-27型凿岩机,出矿采用15kW电耙,获得了较好的经济效益。

B 上宫金矿平底结构浅孔留矿法

上宫金矿矿体赋存在含金构造蚀变岩带内,组成矿带的岩石为含金蚀变岩、含金碎裂岩、含金角砾岩和含金泥砾岩,$f=8\sim11$,中等稳固。围岩$f=10\sim12$,中等稳固。矿体平均厚度为1.5m,倾角约65°,产状基本稳定。

采用平底结构浅孔留矿采矿方案。矿块沿走向长40m,垂高40m,宽为矿体厚度1.5m。具体布置如图9-211所示。

采准与切割为:沿走向布置一条距离矿体底盘5m的脉外运输巷道,沿脉外运输巷道每隔5m掘一条出矿进路,出矿进路穿透矿体,并将其外扩,使其成为沿脉的切割巷。矿块的两端头布置脉外天井,天井距离矿体底盘5m,在天井中每隔7m布置人行联络道,人员、材料、设备等由此联络道进入采场。

矿房回采时,根据顶、底板稳固情况酌情留规则或不规则矿柱。矿柱规格一般大于3m×3m。凿岩用

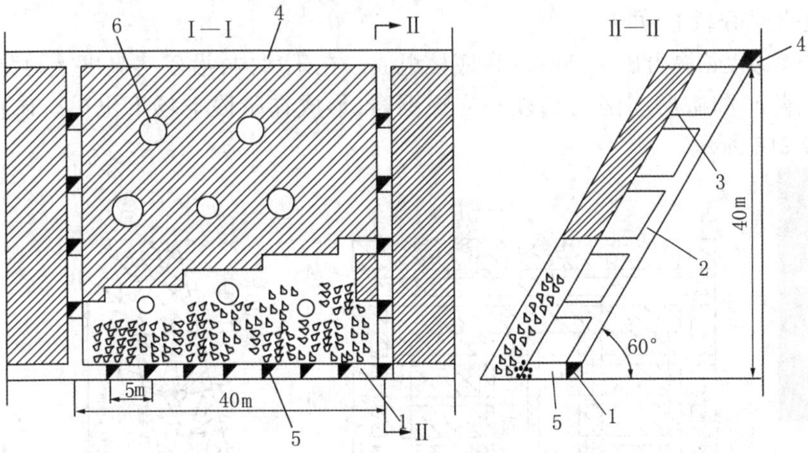

图 9-211 上宫金矿平底结构浅孔留矿采矿法
1—脉外运输巷;2—脉外天井;3—人行联络道;4—回风巷道;5—出矿进路;6—矿柱

YT-27 型凿岩机。在出矿进路内出矿。出矿能力 90t/d。

9.5.5 分段采矿法

9.5.5.1 分类及适用条件

分段采矿法分类方式较多。按凿岩和出矿水平可分为分段凿岩、阶段出矿和分段凿岩、分段出矿两种方式,将前者称为阶段出矿的分段法,后者称为分段出矿的分段法。

阶段出矿的分段采矿法依据矿体厚度,矿房布置分为沿走向布置和垂直走向布置。分段出矿的分段采矿法一般沿走向布置。

分段出矿方式根据底部结构又可分为:

(1) 有底部结构的分段采矿法,其中包括高分段崩矿和低分段崩矿。

(2) 无底部结构分段采矿法。

根据矿石、围岩稳固性、矿体倾角及厚度,又分为:

(1) 不留分段顶柱。

(2) 留分段顶柱。

对于留房间矿柱的方案,当矿房的回采一旦结束,立即回收一侧的间柱和上部的分段矿柱。对于不留房间矿柱方案,矿房从切槽开始,沿矿体走向连续后退回采至一定长度后,立即回采分段矿柱和处理采空区。

分段凿岩阶段出矿适用条件:

(1) 一般适用于矿石与围岩都稳固的矿体。

(2) 主要用于下盘倾角大于矿石自然安息角的中厚或厚矿体。

(3) 矿体较规则,层理、节理不发育,没有明显的破坏构造。

(4) 矿层无夹层,矿石品位较均匀。

(5) 在回采过程中不需要支护。

分段凿岩分段出矿适用条件:

(1) 开采稳固乃至稳固性稍差的矿岩。

(2) 急倾斜到倾斜的矿体。

国外不少分段空场法矿山预先采用了锚索支护顶板的办法,大大开拓了分段空场法在不稳定顶板条件下的使用范围。

采用底盘漏斗、抛掷爆破、电耙等方式,在缓倾斜矿体中也可采用分段采矿法。

分段采矿法同爆力运矿分段法统称分段空场法,这种方法在近几年应用的矿山已不多。

9.5.5.2 阶段出矿分段采矿法

在阶段内划分出矿块,矿块由矿房、间柱、顶底柱组成。在矿房内,沿矿房高度上再划分成若干个分段。利用各分段的凿岩巷落矿和矿房周围的矿柱来支撑围岩,形成在阶段空场下出矿。矿柱作为第二步骤回采。典型方案如图9-212所示。

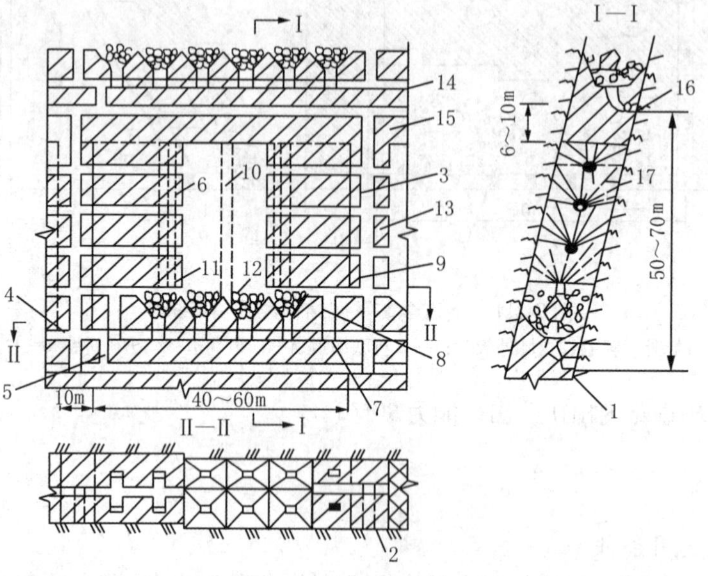

图9-212 阶段出矿分段采矿法

1—阶段平巷;2—横巷;3—通风人行天井;4—电耙道;5—矿石溜井;6—分段凿岩巷道;7—斗穿;8—斗颈;9—拉底平巷;10—切割天井;11—拉底空间;12—漏斗;13—间柱;14—底柱;15—顶柱;16—上阶段平巷;17—上向扇形深孔

A 矿块布置和构成要素

a 矿块的布置

当矿体的厚度小于15m时沿走向布置;当矿体厚度大于15m时垂直走向布置。

当矿体厚度50~60m时,在垂直走向布置矿房应留纵向矿柱,以使顶板暴露面积小于允许暴露面积。

b 构成要素

阶段高度:一般为40~70m,对矿岩极稳固,倾角大于55°的矿体,尺寸可以适当增大。

矿房的长度:沿走向布置一般为40~60m;垂直走向布置的矿房长度为矿体的水平厚度。

矿房的宽度:沿走向布置的其宽度等于矿体的厚度;垂直走向布置的其宽度一般为15~25m。

分段高度:其值取决于凿岩设备,浅孔时不大于6~7m,中深孔时8~14m,深孔时为15~20m,甚至达30m。

顶柱高度:一般为6~10m。

底柱高度:当用漏斗直接出矿时,一般为5~8m;用电耙漏斗出矿时,为8~13m;用平底或铲运机出矿时,为6~8m。

间柱:一般为6~10m。

漏斗间距:一般为5~7m;若用铲运机出矿,装矿进路间距一般为10~12m。

国内应用分段凿岩阶段出矿矿山的构成要素见表9-189。

表9-189 阶段出矿分段法矿山构成要素

矿山名称	采场布置	阶段高度/m	矿房长度/m	矿房宽度/m	分段高度/m	顶柱高度/m	底柱高度/m	间柱宽度/m
金岭铁矿	沿走向布置 垂直走向布置	40~70	40~60 矿体厚度	水平厚度 20~25	12~14 18~20	8 8~10	8	6 8~10
太白金矿	沿走向布置 垂直走向布置	50	矿体厚度	17	11	6	2.5	8
下告铁矿	垂直走向布置	60	矿体厚度	20	13	7~8	13~14	10~15
辉铜山铜矿	沿走向布置	60	37~50	矿体厚度	9~11	6~8	11~13.6	8

B 采准与切割

a 采准

若采用YGZ-90型等台架式凿岩机凿岩和电耙出矿时，采准工程有阶段运输平巷、分段凿岩巷、人行通风天井、电耙通道、溜井、斗穿及斗颈等。

若采用台车凿岩和铲运机出矿时，采准工程一般有阶段运输平巷、运矿巷、分段凿岩巷、装矿进路、阶段溜井以及与各个分段相连通的斜坡道等。

各工程具体的布置与矿房是沿走向布置还是垂直走向布置有关，是脉内还是脉外，要视具体情况而定。当矿房沿走向布置时，分段凿岩巷应布置在靠近矿体下盘的位置，以减少炮孔深度差，提高凿岩爆破质量；当矿房垂直走向布置时，分段凿岩巷应布置在矿房宽度的中心，以提高凿岩爆破质量。

采场溜井的倾角与高度应保障矿石自溜和储矿的要求；溜井的倾角应在60°以上，以防止溜井堵塞。

b 切割

切割工程包括切割横巷、切割天井及拉底巷等。切割横巷和天井是用来形成切割立槽；拉底巷是用来形成拉底。切割立槽的宽度一般不小于2.5m，最好在3m以上；拉底高度一般为2～2.5m。

(1) 切割立槽的位置及形成。切割立槽一般与矿房的长度方向垂直。其位置既可布置在矿房的中央，也可布置在矿房的端头。布置在中央，可从中央向两侧退采，回采工作面多，采矿强度大。当矿房沿走向布置时，若矿体的厚度及倾角变化较大，则不受上述的限制，应以降低矿石的损失和贫化原则来确定合理的位置。如矿体的厚度不一时，立槽应布置在厚大部位。

切割立槽的形成可分为浅孔法、垂直深孔法及水平深孔法：

1) 浅孔法。拉槽就是采用浅孔留矿采矿的拉开方式从下往上拉开以形成立槽。此法虽然能够保证切割立槽的规格和质量，但由于效率低，工作条件差，劳动强度大，已很少使用。

2) 垂直深孔拉槽法。如图9-213所示，在垂直于分段凿岩巷的方向上布置切割横巷2，在切割横巷中打上向中深孔或深孔，以切割天井1为自由面爆破后形成立槽。切割槽炮孔可以逐排爆破，多排分段同次爆破，在矿房宽度不太大的条件下，可分段将所有炮孔一次爆完。一次爆破排数根据爆破补偿空间是否足够来确定。此法是国内目前采用最多的拉槽法。

3) 水平深孔拉槽法。如图9-214所示，在拉槽部位的底部进行拉底，以切割天井为凿岩天井，打水平扇形中深孔或深孔，分次爆破后形成切割槽。其宽度为8～10m。这种拉槽法的优点，由于宽度较大，爆破时夹制性小，容易保证拉槽质量，用深孔落矿，效率也比较高。但由于在天井内进行凿岩和爆破，天井内的梯子和板台等经常遭到爆破的破坏，更换频繁，现在很少采用。

(2) 拉底方法。拉底分为浅孔法和深孔法两种：

1) 浅孔法。在超前回采工作面一排或两排漏斗的范围内，由拉底巷道开始用浅孔扩帮至矿体上、下盘，随即进行扩漏。扩漏可以从拉底水平由上向下进行，也可以从漏斗颈内由下向上进行。

2) 深孔法。深孔拉底法分为两种。一种是在用电耙出矿的情况下，在电耙道两侧，平行于电耙道分别开掘堑沟巷(即凿岩巷)在堑沟巷中打上向平行扇形中深孔。随后爆破而形成堑沟，进行拉底。此种拉底称为电耙道堑沟式拉底；另一种是在用铲运机或装运机出矿的情况下，在出矿水平开掘堑沟巷(即凿岩巷)，在堑沟巷中打平行上向扇形中深孔进行拉底。堑沟拉底法效率高、安全，是国内矿山使用较多的拉底方法。

C 回采

a 回采顺序

沿矿房长度方向从矿房中央向两翼后退式回采，也可从矿房的一端向另一端后退式回采。前者有两个采矿工作面，生产能力大。后者有一个采矿工作面，生产能力低。沿矿房高度，自上而下分段回采，采矿工作线呈正台阶形(即上一分段超前下一分段1～2排炮孔)，或直线形(即上下分段回采工作在同一垂线上)。多采用前者，因为后者离采空区较近，在爆破时，人员不慎易坠入空区。

b 落矿

在拉底、辟漏和切割槽完成后，即可以切割槽为爆破自由面进行落矿。落矿分为中深孔落矿和深孔落

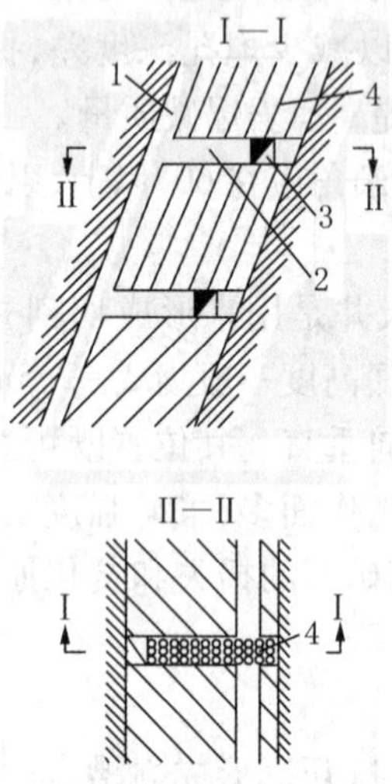

图 9-213 垂直平行中深孔拉槽法

1—切割天井;2—切割横巷;3—凿岩巷道;4—切割中深孔

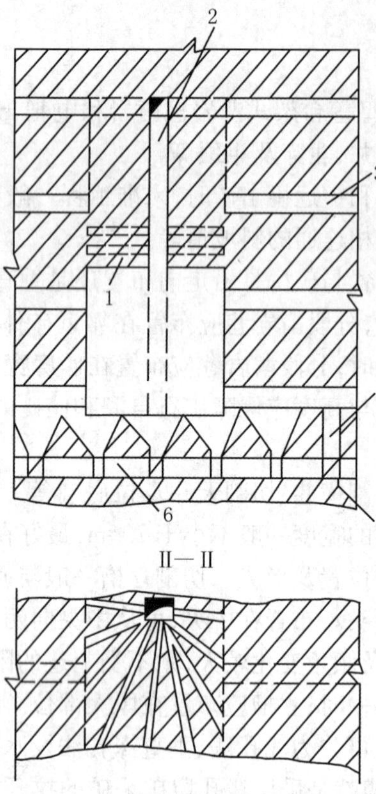

图 9-214 水平深孔拉槽法

1—中深孔或深孔;2—切割天井;3—分段凿岩巷道;4—斗颈;5—斗穿;6—电耙巷道

矿两种:中深孔落矿分段高度不大于 6~7m 的条件下,用 YSP-45 型钻机在分段凿岩巷中打上向平行孔进行落矿,孔径多为 ϕ40mn,排距 0.8~1.0m,孔底距 1.0~1.3m,凿岩每次爆 2~3 排。另一种中深孔落矿在分段高度为 8~14m 的条件下,用 YG-80、YGZ-90、BBC-120F 型凿岩机在分段凿岩巷道内打平行上向扇形中深孔进行落矿,孔径多为 ϕ60~70mm,排距多为 1.5~1.8m,孔底距多为 2~2.3m,多用 BQF-100 或 BQ-100 装药器装粒状或粉状炸药进行爆破。每次爆 2~4 排。深孔落矿,主要用在分段高度大于 15~18m 的高分段。如山东金岭铁矿,用 KQJ-100B 型潜孔钻机凿岩,孔径采用 ϕ100mm,孔深为 30~60m,排距 2.0~2.5m,用 BQF-100 型装药器装乳化铵油炸药进行爆破。每次分段爆破 1~4 排。

c 出矿

采用最多的是电耙出矿和铲运机出矿。电耙出矿时,采场内的矿石经漏斗、斗穿或堑沟斗穿进入耙道,由电耙耙入溜井放出;用铲运机出矿时,堑沟中的矿石流入到出矿进路内,由铲运机铲走运入溜井放出。

d 采场支护

在回采过程中,主要依靠采场的顶柱和间柱来支撑围岩,因此在确定顶柱和间柱的尺寸时,一定要考虑矿岩的稳固程度,空区暴露面积及时间等来确定。当上盘围岩不够稳固时,可采取超前预控顶措施予以加固。但很复杂,一般很少采用。

9.5.5.3 分段出矿分段采矿法

分段出矿分段法是将阶段划分为几个分段,每个分段又划分为矿房和矿柱。分段是独立的回采单元,各分段采下的矿石分别从各分段的出矿巷道运出。矿房回采时,分段矿柱支撑空区。待矿房回采结束后,及时回采本分段的矿柱并处理采空区。分段出矿分段法如图 9-215 所示。

A 矿体布置和构成要素

该法主要用于开采中厚矿体,采场大多沿走向布置。沿走向布置时,将阶段划分为若干个分段,沿走向又将分段划分为矿房与间柱。

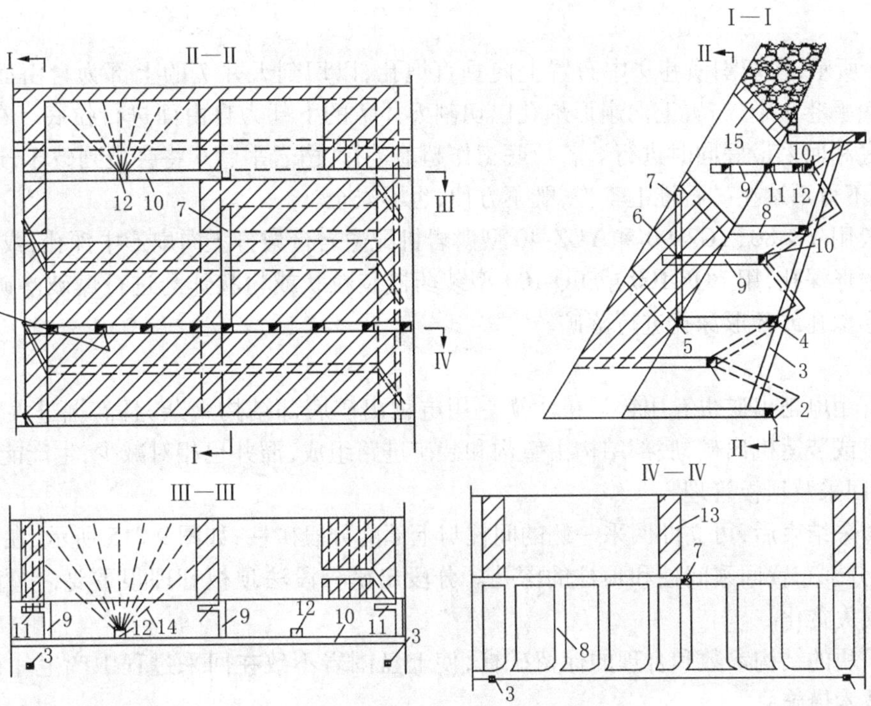

图 9-215 分段出矿分段法典型方案

1—阶段运输平巷;2—斜坡道;3—溜井;4—分段运输平巷;5—堑沟拉底平巷;6—凿岩平巷;7—切割天井;8—装矿平巷;9—切割横巷;10—矿柱回采平巷;11—间柱凿岩巷道;12—顶柱凿岩硐室;13—间柱;14—中深孔;15—斜顶柱

阶段高度:一般为 30 ~ 60m,开采缓倾斜矿体时,取小值。开采倾斜、急倾斜矿体时,取大值。

分段高度:一般为 10 ~ 25m,用中深孔时取小值,用深孔时取大值。

矿房沿走向长为 35 ~ 40m,间柱宽 5 ~ 6m。分段间留有斜顶柱(分段矿柱),其真厚度一般为 5 ~ 6m。

国内外采用分段出矿分段法矿山的构成要素见表 9-190。

表 9-190 国内外采用分段出矿分段法矿山的构成要素

矿山名称	出矿方法	阶段高度/m	分段高度/m	矿房宽/m	间柱宽/m	底柱高/m	顶柱高/m
杨家杖子钼矿	电耙出矿	35	12	连续回采	无间柱	顶底柱合一	5(斜高)
青城子铅锌矿	爆力运搬	30	15	32	4		
因民矿面山坑	电耙出矿,部分振动放矿机出矿	72	31.5	连续回采	无间柱	顶底柱合一	5.5
赞比亚某铜矿	铲运机出矿	40 ~ 60	15 ~ 20	30 ~ 40	6		5

B 采准与切割

20 世纪,国内大多采场采用电耙运搬,底部结构繁杂,采准工程量大。当今,国内已逐渐用铲运机出矿来代替电耙出矿,底部结构以及拉底工作比过去简单得多。现以铲运机出矿,堑沟拉底为例,来说明采准与切割的情况。图 9-215 是用铲运机出矿分段法典型方案,从下盘脉外运输平巷 1 中,每隔 100 ~ 120m 掘进溜井 3 并使其和各分段运输平巷 4 相通。在下盘掘进斜坡道 2,并使其分别与各分段的运输平巷 4 和矿柱回采平巷 10 相通,以便无轨设备上下车辆运送人员、设备和材料。从分段运输平巷 4 中,每隔 10 ~ 13m 掘进装矿平巷 8,连通靠近下盘的堑沟拉底平巷 5。在分段运输平巷 4 的上部掘进下盘矿柱回采平巷 10,并通过矿柱回采平巷 10 掘进切割巷 9 及凿岩平巷 6、间柱凿岩巷道 11 和顶柱凿岩硐室 12。在矿房的端头,从堑沟拉底平巷 5 到分段矿房的最高点掘进切割天井 7。

C 回采

a 回采顺序

回采以分段为单元进行。在垂直方向上沿阶段高度自上而下相互错开一定距离进行分段凿岩、爆破和出矿。在水平方向上,沿矿块长从一侧向另一侧推进,一般向溜井方向推进。

b 落矿

如图9-215所示,在切割横巷9中布置上向垂直炮孔,以切割天井7的上部为自由面爆破形成切割立槽。在堑沟拉底平巷5中,布置上向扇形炮孔以切割天井7的下部为自由面进行拉底。在凿岩平巷6中钻凿扇形孔。拉底和回采最好同时进行。若拉底工作超前进行,凿岩平巷6将会遭到破坏,这样在进行回采工作时,工作人员不得不站在矿石堆上工作,既不方便,也不安全。

在国内一般用YG-80、YGZ-90和YGZ-40型凿岩机配凿岩台架打上向扇形中深孔,或用KQJ-100B型潜孔钻机打上向扇形深孔,用BQF-100或BQ-100型装药器装粒状或粉状炸药进行爆破落矿。在国外主要用凿岩台车打扇形深孔或环形深孔进行落矿。

c 出矿

在国内既有用电耙出矿也有用铲运机出矿。用电耙出矿底部结构繁杂,且需掘进大量的溜井,弊端较多。若用铲运机或装运机出矿,底部结构由堑沟和装矿进路组成,溜井也相对减少,生产能力比电耙出矿大。

d 矿柱的回采及顶板管理

分段出矿回采结束后,可立即回采一侧的间柱与上部的分段矿柱;如图9-215所示,在间柱凿岩巷道,顶柱凿岩硐室内,分别布置回采间柱和顶柱的深孔。分段出矿分段法顶板管理很重要,它直接关系到作业的安全和矿石的损失贫化。

正确选择矿块的结构参数和合理的保留矿柱,使上盘围岩不致在回采过程中产生片帮或垮落,是顶板管理中的重要技术措施。

上盘围岩比较稳固时,可以采用15m以上的高分段和在分段中仅保留顶(底)柱的连续回采方案,随着矿房回采工作的推进,随后回收矿柱,但必须保持一定的距离,在这种条件下有时需要强制放顶。

如果上盘围岩不够稳固,常采用低分段矿房回采方案。分段高度为8~10m,矿块中留下5~6m宽的间柱和4~6m厚的顶柱。必要时,还可以用喷锚预先加固顶板。先采矿房,后采矿柱和间柱,并处理采空区。

9.5.5.4 技术经济指标及评价

分段采矿法的主要技术经济指标见表9-191。

表9-191 分段采矿法的主要技术经济指标

矿山名称	出矿方式	矿块生产能力/(t/d)	采切比/(m/kt)	损失率/%	贫化率/%	主要材料消耗		
						炸药/(kg/t)	雷管/(发/t)	导爆索/(m/t)
金岭铁矿	阶段出矿	低分段260 高分段400	6.3~7.5 2.4~5.5	6.5	13.5	0.594 0.587	0.198	0.251
辉铜山铜矿	阶段出矿	300~370	7.69	6.3	9.49	0.46		0.79
下告铁矿	阶段出矿	250~500	13	20	10	0.337	0.18	1.375
因民矿面山坑	分段出矿	180~240	12.4~14.5	14.55~15.15	15.46~16.46	0.51		
开阳磷矿	分段出矿	143	10.97	49.2	20.5	0.22	0.41~0.56	

分段凿岩阶段出矿分段法适用于矿石和围岩中等稳固以上的倾斜(45°以上)和急倾斜厚矿体。该法生产能力大,效率高,安全条件好。其缺点是大量的间柱和顶柱不易回收,损失矿量较大。各分段的掘进作业,由于难以采用自行设备出矿,劳动强度大,效率低。增大分段高度,采用无轨自行设备凿岩和出矿,是今后发展的趋势。

分段凿岩分段出矿法的主要优点是:由于分段回采,对矿石和围岩的稳固性以及矿体的倾角适应性较其他空场法强,使用范围广,灵活性大;该法通常在一个矿段内有2~3个分段同时进行回采,作业集中,回采强度大。国外使用铲运机运搬的矿山,矿块的平均生产能力可达20kt/月,便于使用无轨设备,有利于实现高度的机械化;工人在巷道中进行回采作业,安全条件好;保留的临时矿柱可以及时回收,劳动生产效率高,成本低。采准切割工程量大是该法的主要缺点。

9.5.5.5 矿山实例

A 太白金矿分段凿岩阶段出矿分段法

太白金矿八号矿体呈透镜状，中间厚约 60m，两端约 21～25m，平均厚度为 30m，矿体倾角 49°～90°，上缓下陡，矿体走向长 578m。矿石坚固系数 $f=10\sim12$，矿体中等稳固，裂隙发育中等。矿体分支复合现象普遍明显，夹石厚度不均。围岩主要为灰色粉砂质绢云母板岩及含铁白云质粉砂岩，近矿围岩为浅褐色钠长石板岩及含铁白云石胶结角砾岩，岩石的节理裂隙比较发育，围岩的稳定性较差。阶段高度 50m，矿房宽度 17m，间柱宽度 8m；顶柱为 6m；矿块垂直走向布置，长度为矿体厚度；分段高度为 11m；漏斗间距 6～7m。采准切割工程布置如图 9-216 所示，沿矿体的下盘和上盘分别布置脉外下盘运输巷道 1 和上盘运输巷道 2，在运输巷道的顶部垂直于矿体布置电耙巷道 10，一个矿房内设有两条耙道。此两条耙道分别布置于矿房的两侧。在运输巷道内设置装车平台，以供直接装车之用；矿房内每隔 11m 布置分段凿岩巷道 5，在间柱内布置人行、材料天井 13 和人行联络道 12，靠矿体下盘和中部布置切割天井 3，利用切割井进行浅孔拉槽。

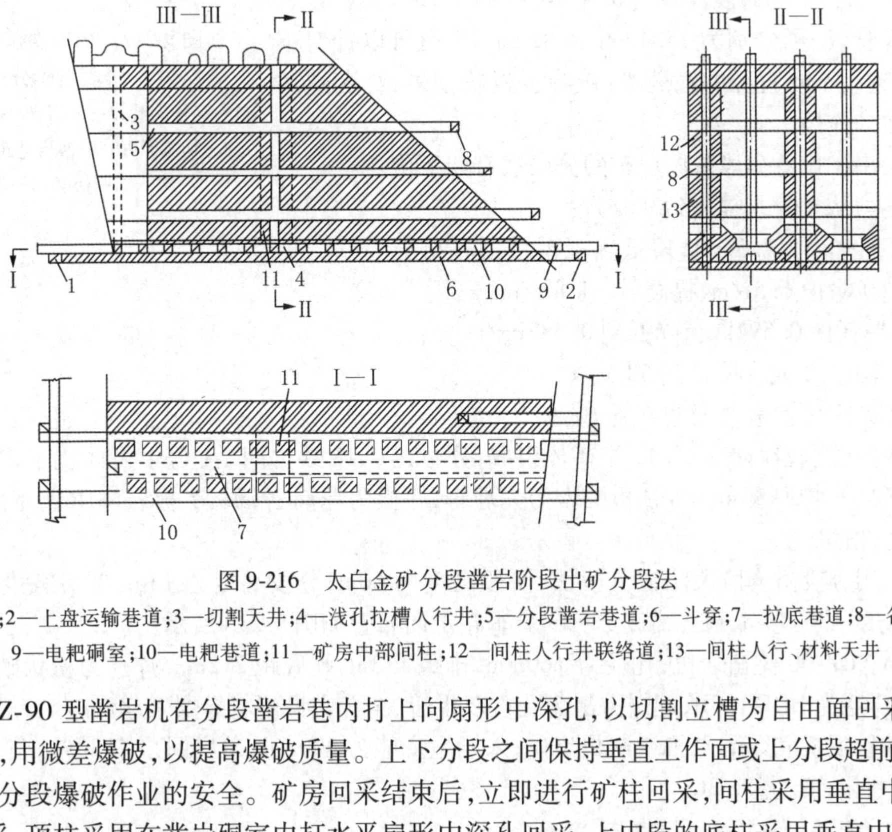

图 9-216 太白金矿分段凿岩阶段出矿分段法

1—下盘运输巷道；2—上盘运输巷道；3—切割天井；4—浅孔拉槽人行井；5—分段凿岩巷道；6—斗穿；7—拉底巷道；8—各分段上盘联络道
9—电耙硐室；10—电耙巷道；11—矿房中部间柱；12—间柱人行井联络道；13—间柱人行、材料天井

回采用 YGZ-90 型凿岩机在分段凿岩巷内打上向扇形中深孔，以切割立槽为自由面回采爆破。每次每层爆破 3～5 排，用微差爆破，以提高爆破质量。上下分段之间保持垂直工作面或上分段超前下分段 1～2 排炮孔，以保证上分段爆破作业的安全。矿房回采结束后，立即进行矿柱回采，间柱采用垂直中深孔凿岩侧向挤压爆破法回采，顶柱采用在凿岩硐室内打水平扇形中深孔回采，上中段的底柱采用垂直中深孔回采，所有的矿柱采用同时一次分段爆破，间柱超前。用 30kW 和 55kW 电耙出矿，矿块的生产能力达 300～400t/d。

本方案的特点是使用了平底受矿，双侧电耙道底部结构。不仅简化了底部结构，降低了底柱高度，同时也减少了采准工程量，提高了施工效率。

B 金岭铁矿高分段阶段出矿分段法

金岭铁矿矿体赋存形态差异较大，倾角为 10°～70°，厚度为 2～50m，形状有似层状，扁豆状，透镜状等。

矿床为接触交代矽卡岩型磁铁矿，矿石硬度 $f=8\sim10$，上盘为奥陶系灰岩，$f=8\sim10$，下盘为闪长岩，$f=10\sim12$。矿体厚在 10～15m 以上的中厚至厚的倾斜或急倾斜矿体采用分段凿岩阶段出矿。初期采用低分段阶段出矿回采，其构成要素为：

阶段高度为 40～70m，分段高度为 12～14m，矿房沿走向布置时，长为 40～60m，宽为矿体水平厚度，间柱为 6m，顶底柱为 8m；矿房垂直走向布置时，长为矿体水平厚度，宽为 20～25m，间柱宽为 8～10m，顶柱厚为 8～10m。

采用脉外下盘人行设备井，溜井和脉外下盘分段联络平巷布置形式。矿房底部采用堑沟式。

回采用 BBC-120F 型或 YGZ-90 型凿岩机在分段凿岩巷内打上向垂直中深孔，孔深一般为 4～18m，孔径

ϕ65mm。回采自上分段开始，呈梯形向下分段推进，上、下分段保持2排孔超前距，以保证上分段爆破作业的安全。崩落的矿石借自重落到矿房底部的堑沟内，采用WJD-0.75型电动铲运机出矿。

低分段阶段出矿缺点：分段高度小，水平分段多，采切工程量大约为7.5m/kt，准备时间长，每米中深孔崩矿量少，约4.5~6.5t/m。爆破效率低，吨矿凿岩成本高，以及生产能力低等。

针对上述缺点改用高分段阶段出矿法回采，即将原来的分段高度为12~14m改为18~20m，最大高达26m(图9-217)。

分段法采用高分段采准布置与低分段相同，不同之处：分段高度增加了，原来采用YGZ-90型凿岩机凿岩，现改用KQJ-100B型潜孔钻机凿岩，孔径由ϕ65mm扩大为100mm，孔深由18m扩大为30~60m，排距由1.5m扩大为2.0~2.5m，孔底距由1.8~2.2m扩大为2.5~3.0m，每米炮孔装药量由3.0kg/m增大为7.0~7.58kg/m；拉槽宽度由3m扩大为5~6m；装药设备选用BQF-100型装药器，该装药器有两种输药管，直径分别为25.4mm和32mm，从而可以针对不同的炮孔直径，选用不同直径的输药管，以减少返粉损失；炸药选用黏性粒状乳化铵油炸药。

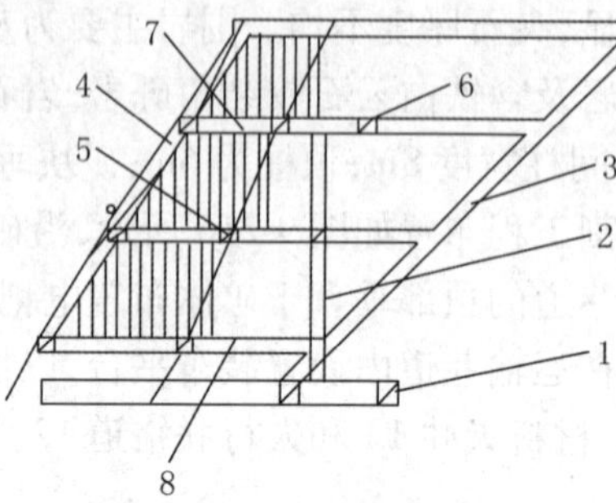

图9-217 金岭铁矿高分段凿岩阶段出矿分段法

1—运输大巷；2—矿石溜井；3—人行设备井；4—切割天井；5—凿岩巷道；6—脉外平巷；7—切割横巷；8—出矿进路

高分段阶段出矿比低分段阶段出矿的分段法有如下优点：

(1) 生产能力从8kt/月提高到9kt/月；

(2)采切比，由6.3~7.5m/kt降低到4.2~5.5m/kt；

(3) 每米崩矿量由6.5t/m，提高10到11t/m；

(4)炸药总单耗由0.594kg/t降低到0.587kg/t；

(5)采出成本由62元/t降低到58元/t。

C 下告铁矿分段凿岩阶段出矿分段法

下告铁矿床由矽卡岩所控制的16个矿体组成，分布在0~8线之间。1号主矿体位于矿床上部，呈似层状，倾角36°~63°，平均厚度40m。顶板围岩为大理岩，底板为花岗岩，顶、底板岩体质量为良好，局部中等，矿体及围岩稳定性良好。

采矿方法采用分段凿岩阶段出矿分段法，阶段高度为60m，分段高度为13m，矿房宽度20m，间柱宽度10~15m，底柱高度13~14m，顶柱高度7~8m。垂直走向布置如图9-218所示。

凿岩设备为YGZ-90型凿岩机，孔径为ϕ60mm，排距1.3m，孔底距2.2m。炸药为粉状硝铵炸药，雷管为半秒差雷管，装药器为BQF-100B，起爆方法为孔口双雷管、全孔敷设塑料导爆索起爆。

用2m^3柴油铲运机和3m^3柴油装载机出矿，采场生产能力500t/d，矿房回采率80%，贫化率10%，千吨采掘比13m/kt，每米崩矿量4.2t。

D 杨家杖子钼矿连续退采分段法

阶段高度为35m，将其划分为三个分段，分段高度约12m。分段中不留间柱，留临时顶柱，顶柱厚度决定于矿体厚度、倾角和矿石与围岩的稳固性，一般斜长为5m左右。连续退采分段法如图9-219所示。

在分段凿岩巷道中钻凿垂直扇形中深孔或深孔，侧向挤压爆破；有时采用前倾扇形中深孔或深孔，侧向自由爆破。为了减少矿石损失和有利于放矿，施工设计中要求分段凿岩巷道顶板的一角与矿体的底板接触面相接，布孔时保证边孔角达到55°。崩落矿石经堑沟放至电耙巷道后，用电耙耙运到溜井放出。

为了回采顶柱，每隔一定距离将电耙道刷帮扩大成凿岩硐室，从硐室中向顶柱打深孔，借助爆力将矿石抛至堑沟中放出。

顶柱的落矿步距为20m，控顶距为30~50m。

9.5.6 阶段矿房采矿法

9.5.6.1 特点

阶段矿房采矿法与分段采矿法基本类同，也是把矿块划分为矿房和矿柱。按落矿方法分又可分为水平

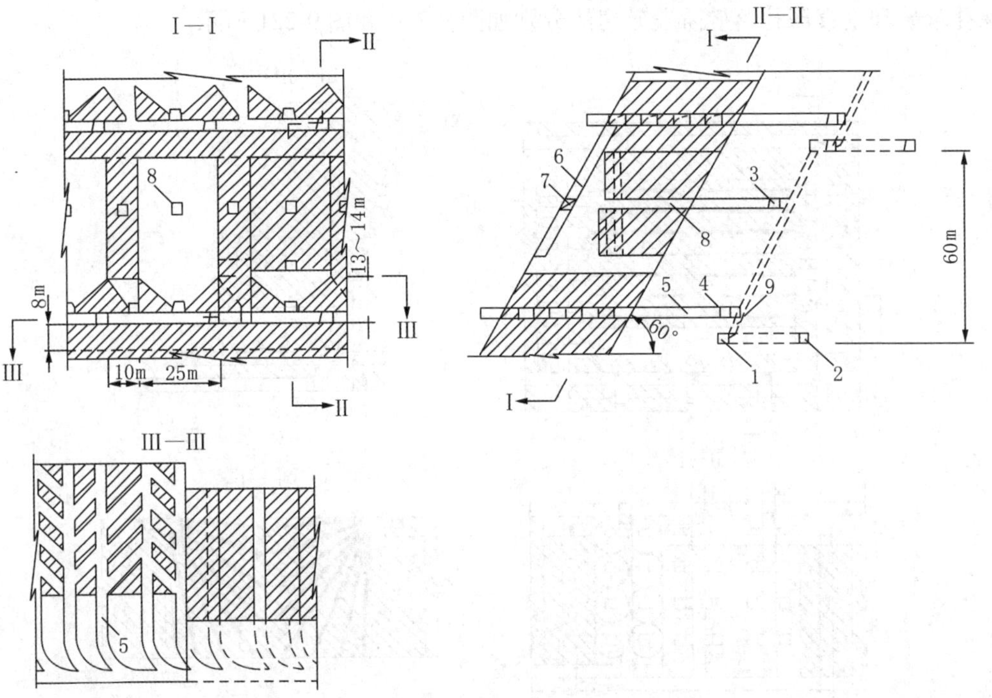

图 9-218 下告铁矿分段凿岩阶段出矿分段法

1—下盘有轨装矿运输道;2—下盘有轨运输道;3—分段凿岩联络巷道;4—分段出矿联络道;
5—出矿巷道;6—切割天井;7—切割巷道;8—凿岩巷道;9—溜井

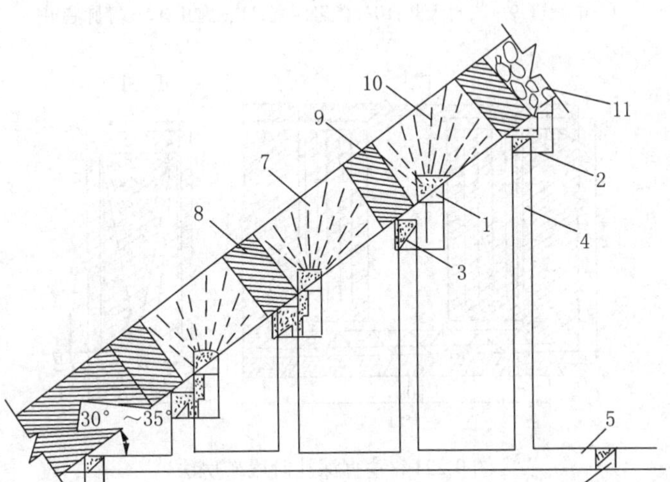

图 9-219 连续退采分段法

1—分段凿岩巷道;2—电耙巷道;3—凿岩硐室;4—放矿溜井;5—穿脉运输巷道;6—沿脉运输巷道;
7—矿房;8,9—顶柱;10—中深孔;11—崩落岩石

深孔阶段矿房法和垂直深孔阶段矿房法。水平深孔阶段矿房法,是在天井凿岩硐室中钻凿扇形深孔,向矿房底部空间崩矿;垂直深孔阶段矿房法,是在矿房的顶部向下钻凿深孔或在矿房底部向上钻凿深孔,在阶段全高上进行崩矿。阶段矿房法与分段采矿法不同之处是:阶段矿房法其矿房内没有分段平巷,不在分段平巷内凿岩或出矿,而把凿岩集中在凿岩天井或一个水平上进行。水平深孔阶段矿房法要求在矿房底部进行拉槽,形成拉底空间;垂直深孔阶段矿房法,除拉底外,还需要在矿房全高开切割槽。大直径下向垂直深孔凿岩和球状药包爆破采矿法(即 VCR 法)是阶段矿房法方案的一种。但在国内外矿山中,当采用 VCR 法回采时,大多数和嗣后充填相结合,因此,将其放在充填法中叙述。

水平深孔落矿和垂直深孔落矿阶段矿房法分别如图 9-220 和图 9-221 所示。

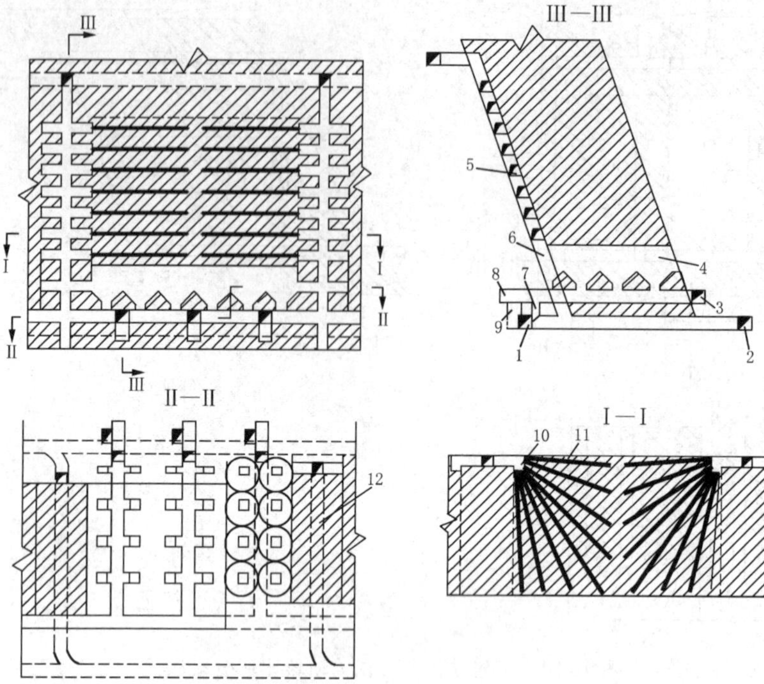

图 9-220 水平深孔阶段矿房法

1—下盘沿脉运输巷道;2—上盘沿脉运输巷道;3—回风巷道;4—拉底空间;5—凿岩联络平巷;6—凿岩天井;7—溜井;8—电耙道;9—人行天井;10—凿岩硐室;11—炮孔;12—穿脉巷道

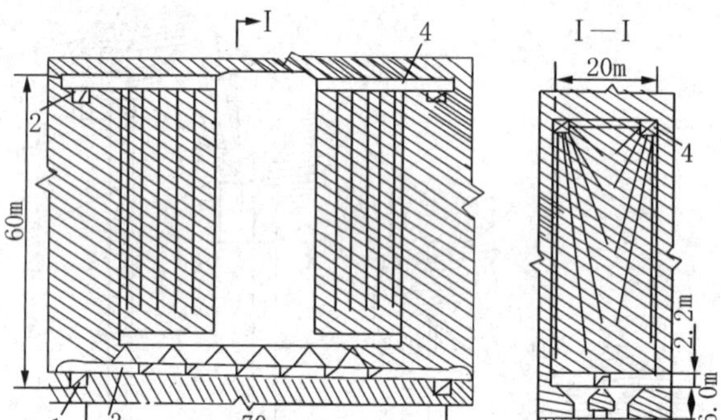

图 9-221 垂直深孔阶段矿房法

1—穿脉巷道;2—回风巷道;3—电耙巷道;4—凿岩巷道

9.5.6.2 适用条件

阶段矿房法主要适用于开采矿石和围岩均稳固的急倾斜厚矿体和任意倾角的极厚矿体。矿体的几何形状较规则,以防引起很大的矿石损失和贫化。由于采用深孔落矿,难以剔除夹石,因此,最好是用于矿石品位较低,价格不高,且不含有夹石的矿体。

部分矿山应用阶段矿房法的开采技术条件,列于表 9-192 中。

表 9-192 部分矿山应用阶段矿房法的开采技术条件

矿山名称	矿体厚度/m	矿体倾角/(°)	矿岩种类及条件	
			围 岩	矿 体
弓长岭铁矿	10 ~ 25	70 ~ 85	绿泥片岩 f = 3 ~ 4,不稳固	磁铁矿 f = 6 ~ 9
大吉山钨矿	矿脉为 0.3 ~ 0.6	70 ~ 85	砂板岩 f = 8 ~ 12,稳固	黑钨矿 f = 10 ~ 12,稳固
红透山铜矿	8 ~ 12	72 ~ 83	黑云母片麻岩 f = 12 ~ 18,稳固	黄铜矿 f = 8 ~ 10,稳固

9.5.6.3 矿块布置和构成要素

A 矿块布置

矿体厚度小于 20m 时，沿走向布置；矿体厚度大于 20m 时，垂直走向布置。

B 构成要素

阶段矿房法的矿块构成要素取决于矿岩的稳固性，地压的大小和使用的设备性能等。

矿房的允许暴露面积，对于各个矿山而言是不同的，在确定合理的矿块结构参数之前，应对矿岩的物理力学性质进行试验，提供参考数据。经矿山实践修改后，即可作为本矿山采用数据。完成此项工作，需要做很多工作，且要花费较长的时间，因此，在初步设计时，可用类比法选取参数。表 9-193 列出国内金属矿山阶段矿房法矿岩允许暴露面积，供参考。

表 9-193 国内金属矿山阶段矿房法矿岩允许暴露面积 （m^2）

岩体暴露位置	矿岩稳固程度		
	矿岩均稳固	矿石很稳固、岩石稳固	矿岩均很稳固
上盘岩石	1500 ~ 2000	2000 ~ 2500	2500 ~ 5000
矿石顶板	>800	800 ~ 1000	1500 ~ 1800

阶段高度一般为 50 ~ 60m，沿走向布置的矿房长度为 20 ~ 50m，宽为矿体的水平厚度；垂直走向布置的矿房宽度为 10 ~ 25m，长度为矿体的厚度；当矿体厚度特大时，其长度一般不大于 60m；间柱宽度 10 ~ 15m；顶柱厚度一般为 6 ~ 8m；底柱高度：当用漏斗直接出矿时，一般为 5 ~ 8m；用电耙漏斗结构出矿时，为 8 ~ 13m；用平底或铲运机出矿时为 6 ~ 8m。

部分矿山阶段矿房法的构成要素列于表 9-194 中。

表 9-194 部分矿山阶段矿房法构成要素

矿山名称	矿房布置形式	阶段高度/m	矿房长度/m	间柱宽度/m	顶底柱高度/m
弓长岭铁矿	沿走向布置	40 ~ 60	22	8	19
	垂直走向布置	40 ~ 60	14	8	19
大吉山钨矿	沿走向布置	50 ~ 58	20 ~ 45	10 ~ 14	12 ~ 17
	垂直走向布置	50 ~ 58	20 ~ 35	10 ~ 14	12 ~ 17
红透山铜矿	沿走向布置或垂直走向布置	60	34	10	11 ~ 18

9.5.6.4 采准与切割

A 水平深孔落矿阶段矿房法

a 采准工作

如图 9-220 所示，阶段运输巷道一般布置在脉外；厚矿体一般用间柱中的穿脉巷道 12 将上下盘沿脉运输巷道 2 和 1 贯通起来，以形成环形运输系统；在运输水平上部 4 ~ 6m 处设电耙巷道和专用回风巷道，以供出矿、二次破碎和改善通风条件；凿岩天井 6 布置在矿房的角上比布置在矿房中央好，这样，可以较好的控制矿房边界，防止残留炮孔，缩小矿房尺寸；在天井的垂向上每隔 6m 开掘凿岩联络平巷 5 和凿岩硐室 10。为保证凿岩硐室的稳固，上下相邻凿岩硐室的投影不应重合。

b 切割工作

主要开凿拉底空间和辟漏。若采用浅孔法拉底和辟漏，和留矿法相同。下面介绍一种常用的中深孔或深孔拉底方法。如图 9-222 所示，先在矿房一侧，用留矿法采出切割槽 1（切割槽的宽度不小于 3m）然后在凿岩巷道 3 中，钻上向扇形中深孔或扇形深孔以切割槽为自由面进行拉底爆破。

拉底空间的高度一般要大于一次崩矿层的厚度。随着扇形孔逐排爆破，超前向下辟漏以便矿石溜入电耙道，由电耙道耙入溜井运走。深孔拉底方法与浅孔拉底方法相比具有效率高、作业安全等优点，但对矿柱的破坏性较大。因此，在拉底时应注意将漏斗充满以防对漏斗产生破坏。

中深孔拉底对矿柱的影响较小，一般应用较多。

B 垂直深孔落矿阶段矿房法

a 采准工作。如图 9-221 所示，采准工作和水平深孔阶段矿房法基本相似，不同之处是垂直深孔阶段矿房法没有凿岩天井,其凿岩是依靠布置在矿房的上部或下部的凿岩巷道钻凿下向或上向扇形深孔来完成的。

图 9-221 所示为电耙出矿底部结构形式,也有装运机或铲运机出矿底部结构形式。随着铲运机出矿不断的发展和推广,国内使用铲运机出矿的矿山逐渐多了起来。

b 切割工作。切割工作包括开切割立槽和拉底两部分。开切割槽一般由切割天井和切割横巷来完成;拉底可用浅孔留矿法完成,也可用中深孔或深孔拉底法来完成,如图 9-222 所示。

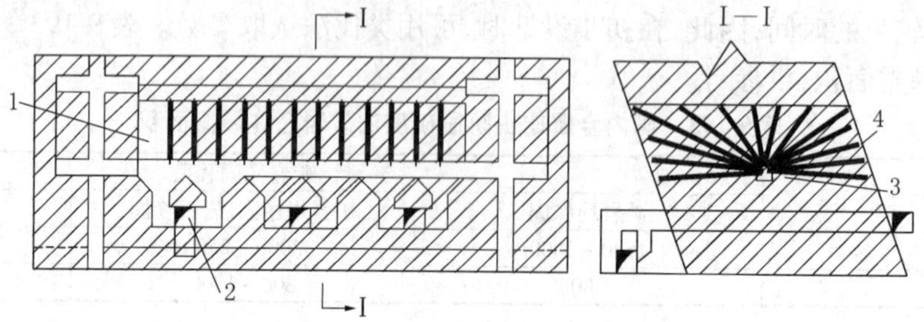

图 9-222 中深孔(深孔)拉底方法

1—切割槽;2—电耙巷道;3—凿岩巷道;4—扇形炮孔

9.5.6.5 回采

A 回采顺序

阶段矿房法是逐个阶段向下回采,沿走向均衡推进。先采矿房,后采矿柱。

矿房的回采顺序,因矿块的布置方式和矿房崩矿方式不同而不同。

(1) 沿矿体走向布置矿房,垂直分层崩矿时,可由一侧或两侧向切割槽方向进行深孔爆破;垂直走向布置矿房时,通常由上盘或自下盘(在顶板不稳固时)逐次进行深孔爆破。

(2) 当水平深孔崩矿时,则自下而上分层深孔爆破,分层高度一般取 3 ~5m。每次同时爆破的分层数量不等,初始往拉底层爆破时,分层数量应少些,最后一次崩矿时,一般包括兼收矿柱。

B 深孔凿岩与爆破

水平深孔落矿阶段矿房法,若使用中深孔落矿时,凿岩爆破工作一般在凿岩天井中的平台或吊盘上进行,国内大多数使用 YGZ-90 型等凿岩机,最小抵抗线为 1.5 ~2.0m;使用深孔落矿,凿岩爆破工作一般在凿岩天井中的凿岩硐室内进行,硐室直径为 3.5 ~4m,国内深孔凿岩一般使用 YQ-100 型钻机,最小抵抗线一般为 2.5 ~3.5m。

垂直深孔落矿阶段矿房法,一般在矿房顶部或在矿房底部凿岩巷道中向下或向上钻凿 ϕ110 ~130mm 的深孔。

深孔爆破,用装药器装粒状或粉状炸药爆破。大多采用电雷管引爆毫秒微差非电导爆管进行起爆。

第一次爆破,要考虑拉底空间和拉槽空间不大和要保护底柱的稳固性,一般先爆 1 ~2 排炮孔。以后逐渐增加排数分次爆破。分次爆破间隔时间不宜过长,以免炮孔变形造成装药困难。

C 出矿

国内一般采用电耙出矿,国外多采用装运机、铲运机或振动出矿机出矿。用铲运机或装运机出矿是发展趋势。

D 顶板管理

阶段矿房法在开采矿石稳固性欠佳或地质条件变化较大的矿体时,会出现地压增大的现象,轻者可造成大量炮孔被破坏报废,重者可造成大面积冒顶或错动。在此情况下需做好下列工作:

(1) 对矿柱进行应力、变形测定,掌握已回采空间的应力分布和变化,必要时编制出与采矿计划相应的地压动态图。

(2) 回采水平的采空区不应超过一个阶段高度,上阶段未经崩落或充填处理,不能进行阶段过渡。

9.5.6.6 技术经济指标及评价

阶段矿房法技术经济指标见表9-195。

表9-195 阶段矿房法技术经济指标

矿山名称	矿块生产能力/(t/d)	采切比/(m/kt)	损失率/%	贫化率/%	每米孔崩矿量/(t/m)	主要材料消耗			
						炸药/(kg/t)	雷管/(个/t)	导爆线/(m/t)	坑木/(m^3/kt)
弓长岭铁矿	250~300		24~32	9~11		0.45~0.70	0.4~0.6	1.2~1.5	13~24
大吉山钨矿	210~450	3.6~6.5	13~24	86.70	12~20	0.25~0.35	0.002~0.006	0.05~0.08	
红透山铜矿	300~400		20~25	18~20	15~16	0.26~0.49	0.42~0.8	0.5~1.7	0.00004~0.00035

阶段矿房法的主要优点是：采矿成本低，通风条件好；可以采用大型电耙、装运机、铲运机、振动出矿机等高效率出矿设备出矿，出矿效率高，矿房生产能力大；机械化程度高，工人劳动强度低，劳动生产率高。其主要缺点是：矿柱矿量所占的比重大，回采矿柱时损失贫化大，深孔不易控制边界，且不能分采和剔除夹石。

阶段矿房法，深孔凿岩是关键，过去，国内多用YQ-100型潜孔钻机凿岩，凿出的炮孔偏斜率较大，大块产出率高，因而采用此种采矿法的矿山多被用中深孔分段凿岩阶段出矿矿房法所代替。自从20世纪80年代大直径垂直深孔球形药包落矿阶段矿房法即VCR法被引用到国内后，凡口铅锌矿、金川矿均取得较好的效果，获得国内采矿界的好评。该法将是阶段矿房法发展方向之一。由于VCR法在国内都和充填法相结合使用。因此本法放在充填法内给予介绍。

9.5.6.7 矿山实例

河北铜矿矿体呈扁豆状，厚度10~30m，倾角60°~90°。矿石为磁铁矿黄铜矿，$f=8\sim12$，稳固。上盘为石灰岩，下盘为花岗岩，均稳固，$f=8\sim10$。

该矿部分矿段应用阶段矿房法开采如图9-223所示。矿房长50m，宽10~30m（等于矿体厚），间柱宽14~16m，阶段高60m，顶柱厚6~8m，底柱高12~16m。

人行天井设在间柱中，凿岩天井布置在矿房与间柱的交界线上。凿岩硐室高2~2.2m，直径为3.2~3.5m，与凿岩天井相通。每隔一定高度掘进联络道，连接人行天井和凿岩天井。实践证明，这种布置方式，可保证间柱不受矿房深孔爆破的破坏，稳定性好，爆破对人行天井的冲击破坏也较小。

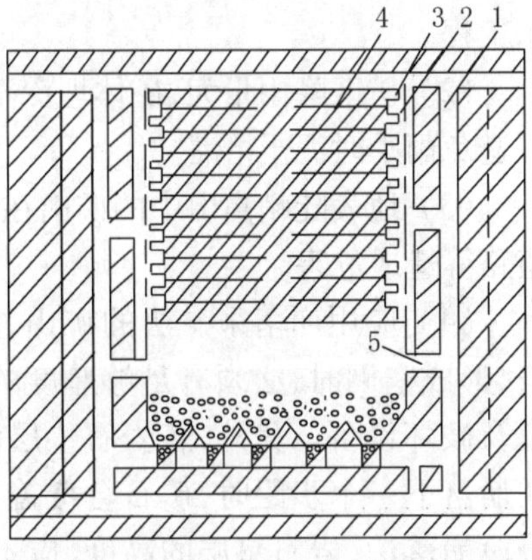

图9-223 河北铜矿水平深孔阶段矿房法
1—人行天井；2—凿岩天井；3—凿岩硐室；4—水平扇形深孔；5—联络道

应用YQ-100潜孔钻机凿水平扇形深孔，最小抵抗线为2~2.5m。一次破碎炸药消耗平均为0.26kg/t，凿岩效率为150~200t/（台·班）。由于矿石坚硬，水平深孔落矿大块率较高，二次破碎炸药消耗达0.64~0.7kg/t。

9.6 崩落采矿法

9.6.1 概述

崩落采矿法是以崩落围岩来实现地压管理的采矿法，即随着崩落矿石，有计划地强制或自然崩落围岩充填采空区，以控制和管理地压。崩落采矿法在回采过程中，不划分矿房和矿柱，而是按一定的回采顺序一步骤连续回采。

9.6.1.1 分类

按回采工作面垂直高度的不同可分为：(1)单层崩落法；(2)分层崩落法；(3)分段崩落法；(4)阶段强制崩落法；(5)自然崩落法。

单层崩落法、分层崩落法用浅孔落矿，一次崩矿量小，在矿石回采期间，工作空间需要支护，随着回采工作面的推进，崩落上面岩石用以充填采后空间。这两种方法的工艺过程较复杂，生产能力较低，但矿石损失贫化较小。分段崩落法、阶段强制崩落法多用中深孔或深孔落矿，一次崩矿量大，生产能力较高。但由于在覆盖岩石下放矿，矿石损失贫化较大。

9.6.1.2 适用条件

适用条件为：

(1) 允许地表崩落是使用崩落采矿法的首要条件。

(2) 要求矿体上部无较大的水体和流砂，若有，必须给予特殊处理。

(3) 矿石不结块，不自燃。

(4) 由于分段崩落法和阶段崩落法，矿石损失贫化较大，一般多用于开采中等价值以下的矿石和品位不高的矿石。

(5) 矿石稳固或中等稳固，上盘围岩不稳固(可自然冒落)的厚大矿体是使用该法最理想的条件。

9.6.1.3 塌陷区的管理

应用崩落采矿法的矿山，地表发生塌落是普遍现象。这种现象不仅破坏了环境也危及了地下采矿的安全，如向山硫铁矿、铜山铜矿、程潮铁矿、金山店铁矿、南京凤凰山铁矿等矿山都曾在20世纪60年代和70年代出现过地表水或泥石流从塌陷坑涌入到井下采场的事故，给矿山生产和人员设备造成极大地危害。因此，应用崩落法的矿山，在设计和生产时，就应给予高度重视，要采取妥善的防护措施，以确保生产的安全。根据经验，应采取如下的安全措施：

(1) 降雨量大和汇水区域大的矿山要在地表塌陷区外构筑防洪堤、防洪沟或地面排水站、溢洪硐等防排水工程。

(2) 矿区降雨量大，矿体埋深不大，表土黄泥层较厚时，除构筑地面排洪工程外，还应将表土预先剥除，以避免雨季时泥土下灌。

(3) 地表陡峭高山中的矿山在设计时，就应考虑围岩移动所引起的山崩和滑坡是否会对建筑物河流及道路等造成危害。

(4) 应用崩落采矿法的矿山，及时崩落围岩是崩落区管理的一项重要工作。当围岩崩落未通达地表，形成空硐时，必须有足够厚度的岩石垫层，以防采空区悬顶突然冒落所产生的冲击气浪，危及人身安全及破坏设备。另外，若岩石垫层的高度小于崩落层(段)的高度，对于无底柱分段崩落法而言，会形成在崩落下一个步距时，矿石会覆盖在岩石垫层的上部，从而造成了矿石的损失和贫化。因此对于无底柱分段崩落法，岩石垫层的高度，应不小于分段高度，一般应大于分段高度的两倍；对于有底柱分段崩落法和阶段崩落法，岩石垫层的高度应不小于崩落层的高度。因此，若采场顶板不能自行冒落时，要经常观测岩石垫层的厚度的变化，必要时，及时强制崩落围岩或回填塌落区，以避免给矿山造成危害和减少不必要的矿石损失和贫化。

(5) 严禁在崩落区上部采矿、严禁从塌落坑内进入地下或在塌陷坑内进入拣矿，以防发生人身事故。2008年，马钢桃冲铁矿就曾发生过农民在采空区上部采矿，采空区突然发生冒落造成重大人员伤亡事故，应引以为戒。

9.6.1.4 崩落采矿法发展趋势

崩落采矿法发展趋势为：

(1) 采矿设备趋于无轨化、液压化、大型化，提高生产能力。

(2) 厚大矿体采用阶段或分段崩落法应优化结构参数，降低损失贫化指标和掘进工作量。

(3) 扩大自然崩落法的应用范围，如加强岩石力学的研究，应用大型铲运机和计算机，较坚硬的大型矿体也可采用自然崩落法。

9.6.2 单层崩落采矿法

单层崩落采矿法的特点是将阶段间矿层划分成矿块，以矿体的全厚作为一个分层(单层)进行回采。回采时,工作面附近暴露的顶板需要人工支护,当工作面推进到一定距离后,除保留回采工作所需的空间外,有计划的回收支柱并崩落采空区顶板,用崩落顶板岩石充填采空区,借以控制顶板压力。

9.6.2.1 适用条件

适用条件为:

(1) 地表允许崩落。

(2) 顶板岩石不稳固,最好能自然崩落。

(3) 矿石稳固程度不限,最好稳固。

(4) 矿体厚度一般为0.8~3m,合适厚度为1.8~2.4m。倾角一般为25°~30°以下。

(5) 矿体顶板岩石中不含易燃物和瓦斯;矿体产状比较规整,断层少,且连续性好。

表9-196列出了国内部分应用单层崩落采矿法矿山的开采技术条件。

表9-196 国内部分应用单层崩落法矿山的开采技术条件

矿山名称	矿体赋存条件				围岩条件			
	矿体厚度/m	倾角/(°)	走向长度/m	矿石稳固性	上盘		下盘	
					岩石名称	稳固性	岩石名称	稳固性
湘东铁矿	1.6	35		不稳固	泥质灰岩、钙质页岩	不稳固	石英砂岩、砂质页岩	不稳固
湖田铝矿	2.18	30~80	1300	中稳	杂色黏土页岩	不稳固	黏土页岩	不稳固
王村铝土矿	2.5	13	2200	较稳固	铝土页岩	较稳固	石英砂岩	较稳固
白渔口黏土矿	2.16	8	500	不稳固	白云岩炭质黏土	不稳固	炭质黏土	不稳固
浦市磷矿	2.36	15		不稳固-中等稳固	泥质白云岩、白云质板岩、白云岩	不稳固-中等稳固	白云质板岩、白云岩	不稳固

9.6.2.2 主要方案

根据工作面形状和尺寸的不同,单层崩落法可分为长壁崩落法(简称长壁法)、短壁崩落法(简称短壁法)和进路式崩落法三种。

A 长壁式崩落法

由于工作面的长度或等于整个矿块的斜长,或等于整个矿块的宽度,所以称为长壁式崩落法按回采时推进方向不同,可分为沿矿体走向推进和沿矿体倾向推进两种回采方案。

(1) 沿矿体走向推进的回采方案,按其回采工作地形式可分为直线式(图9-224(a))和阶梯式(图9-224(b))两种。

1) 直线式工作面有利于顶板管理,但各工序不能平行作业,不利于提高生产能力。

2) 阶梯式工作面主要用于岩石较稳固的条件下,由于这种布置凿岩、支护、运搬三个工序可同时进行,干扰少,因此生产能力较大,但工作面下部超前部分的顶板暴露面积大,维护困难。

(2) 沿矿体倾斜方向推进的方案,常用的有两种:一种是电耙沿矿体倾斜向下耙矿方案,(图9-225(a));另一种是电耙沿矿体走向耙矿方案(图9-225(b))。

沿矿体倾斜方向推进方案,主要用于顶板较稳固,矿体倾角小于7°且宽度又很大的矿体。

1) 电耙沿矿体走向耙矿方案,优点是一次爆破的矿量大,凿岩、支护和运搬作业相互干扰少,采场生产能力较大,但漏井掘进量大是其主要缺点。

2) 电耙沿矿体倾斜下向耙矿方案,优点是多漏斗出矿,采场生产能力也较大。

B 短壁式崩落法

当矿层的顶板稳固性较差时,采用长壁工作面不易控制顶板地压。此时,在上下阶段巷道之间,沿矿层走向掘进分段巷道,用分段巷道划分工作面,将工作面缩小,形成短壁,以利于顶板管理。工作面长度小,多在25m以下,这样布置工作面的称为短壁式崩落法。

短壁式崩落法和长壁式崩落法的适用条件相同,由于壁短更适用顶板稳固性差,顶底板起伏变化大,以及暴露时间长会发生火灾的矿体。采切量大,作业条件差,效率低是该法主要缺点。

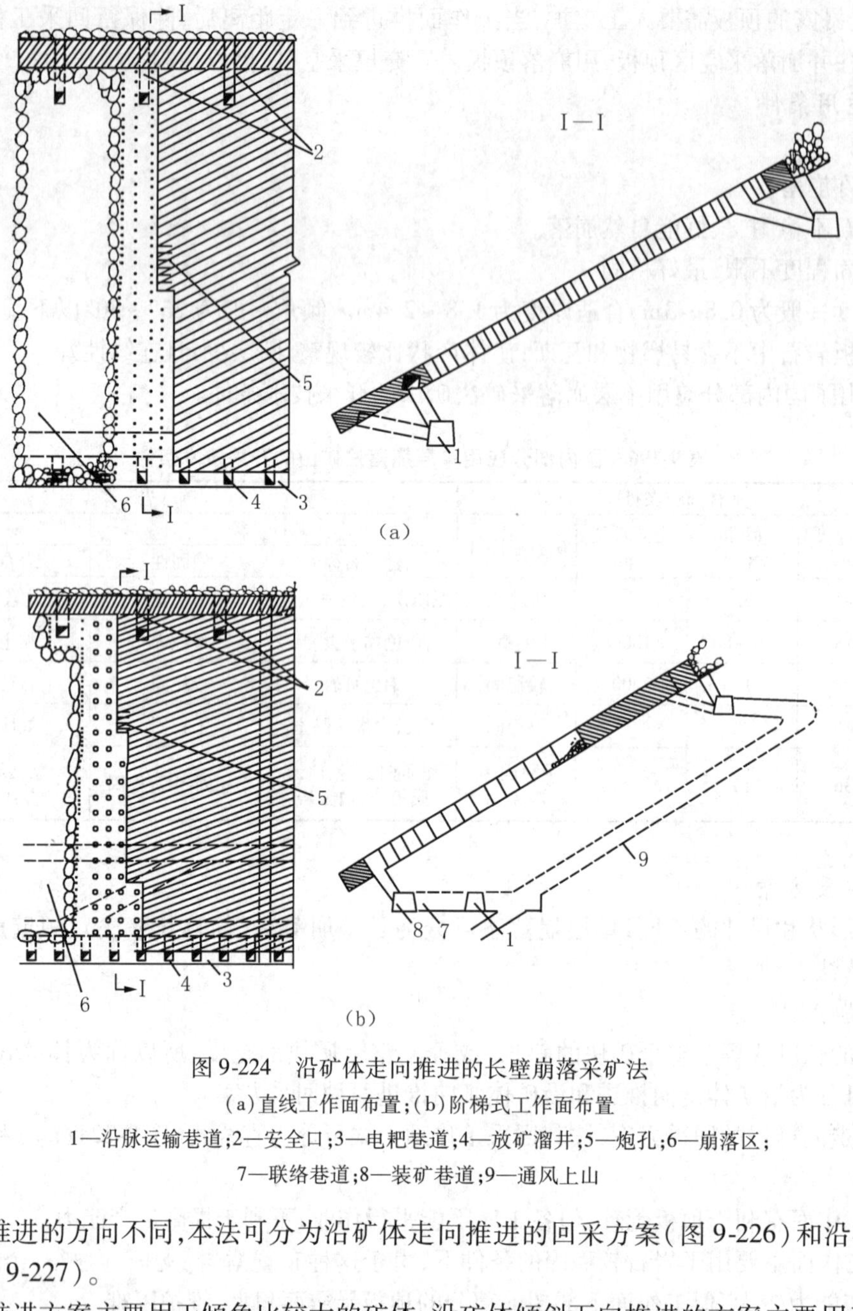

图 9-224 沿矿体走向推进的长壁崩落采矿法

(a)直线工作面布置;(b)阶梯式工作面布置

1—沿脉运输巷道;2—安全口;3—电耙巷道;4—放矿溜井;5—炮孔;6—崩落区;7—联络巷道;8—装矿巷道;9—通风上山

根据回采时推进的方向不同,本法可分为沿矿体走向推进的回采方案(图 9-226)和沿矿体倾斜下向推进的回采方案(图 9-227)。

沿矿体走向推进方案主要用于倾角比较大的矿体,沿矿体倾斜下向推进的方案主要用于倾角小于 7°的矿体。

C 进路式崩落法

如果矿层的顶板更差,用短壁工作面回采也不允许时,则可用进路式崩落法。其特点是将矿块用分段巷道划分成若干个小分段或用上山将矿块分成若干个条带。分成小分段者,从分段巷道开始以进路沿倾向推进的形式进行回采,如图 9-228(b)所示。分成条带者,从上山开始向两侧或一侧用进路式进行回采,如图 9-228(a)所示。

进路的窄宽视顶板岩石稳固性而定,当顶板岩石很坏时,进路宽度一般采用 2 ~2.5m,即窄进路。当顶板条件较好时,可将进路宽增加到 5 ~7m,即宽进路。顶板条件很差时,进路要用木材等进行支护。也可在靠近采区的一侧留临时矿柱,该矿柱在放顶前进行回收。一般一条进路回采完时再进行放顶。

9.6.2.3 矿块布置和构成要素

A 矿块布置

矿块一般采用沿走向布置。仅在矿体倾角小于 5° ~7°且宽度又很大时,采用垂直走向布置。

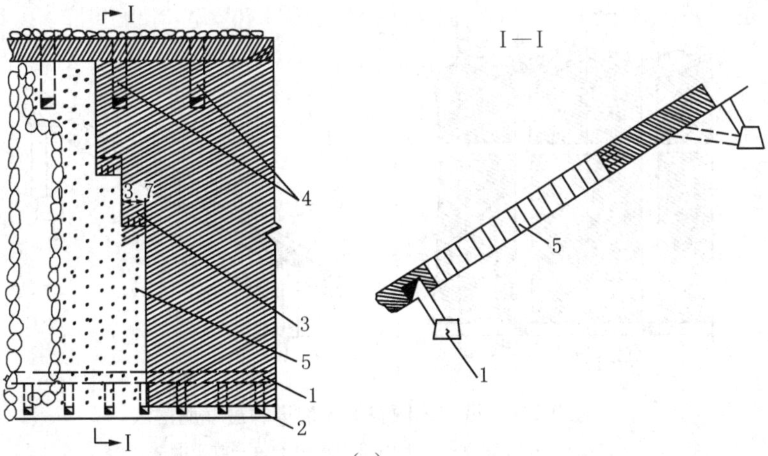

(a)

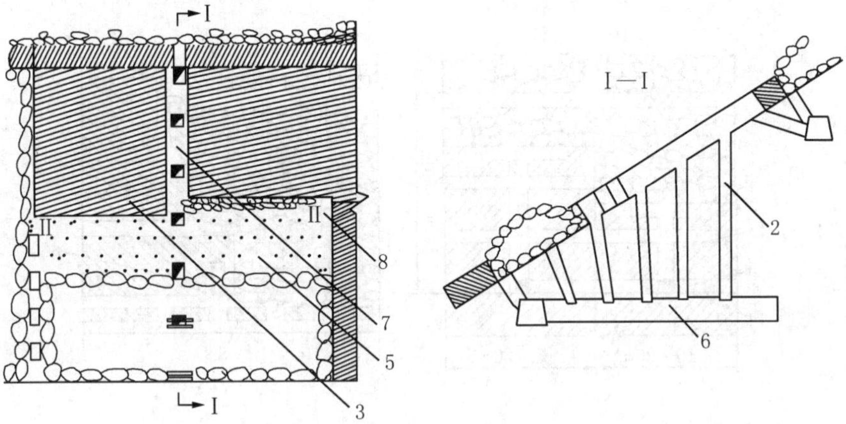

(b)

图 9-225　沿矿体倾斜上向推进的长壁崩落法

(a)沿矿体倾斜向下耙矿;(b)沿矿体走向耙矿

1—沿脉运输巷道;2—放矿溜井;3—炮孔;4—安全出口;5—木支柱;6—穿脉运输巷道;7—上山;8—电耙绞车

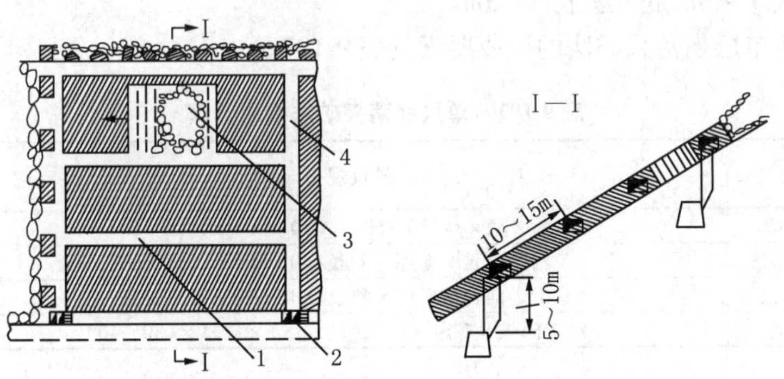

图 9-226　沿矿体走向推进的短壁崩落法

1—分段巷道;2—放矿溜井;3—崩落区;4—上山

B　构成要素

(1) 阶段高度与矿体倾角和采场运搬设备有关,一般为 10 ~ 30m。

(2) 矿块长度常根据较大的断层来划分,在一般情况下,长壁式单层崩落法为 100m 左右,短壁式和进路式单层崩落法分别是 50 ~ 60m 和 20 ~ 25m。

(3) 矿块的斜长由工作面出矿设备来确定,当用电耙出矿时,不大于 40 ~ 60m;当用铲运机,刮板机出矿时,斜长可达 100 ~ 150m。

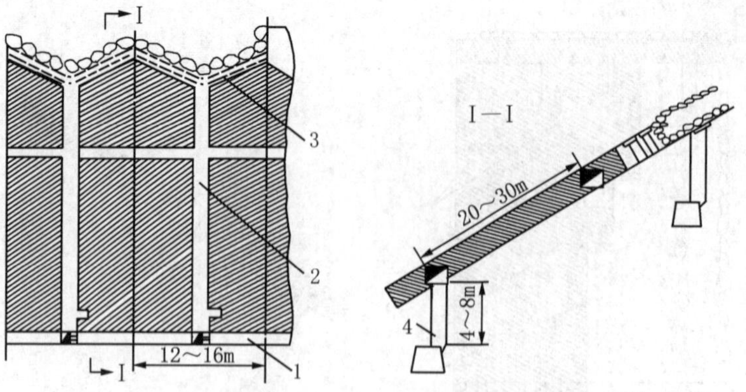

图 9-227 沿矿体倾斜下向推进的短壁崩落法

1—拉底巷道;2—上山;3—木棚子;4—放矿溜井

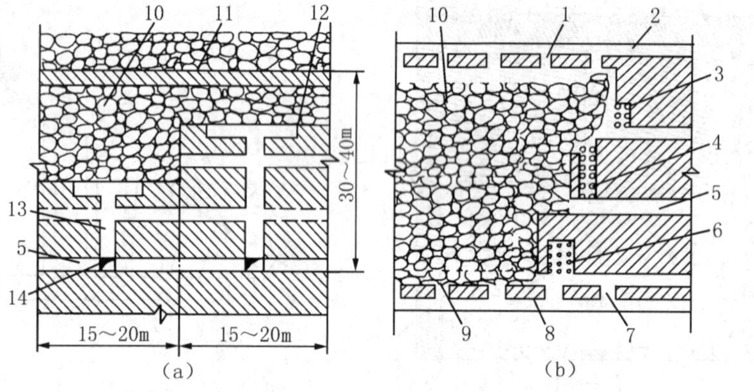

图 9-228 进路式崩落采矿法

(a)自上山向两侧回采进路;(b)自分段平巷回采进路

1—安全口;2—回风巷道;3—窄进路;4—临时矿柱;5—分段巷道;6—宽进路;7—矿溜子;8—运输巷道;9—隔板;10—崩落区;11—顶柱;12—工作面;13—上山;14—矿石溜井

(4) 顶柱斜长一般 3 ~5m,底柱斜长 3 ~5m。

我国部分矿山应用单层崩落采矿法的构成要素见表 9-197。

表 9-197 单层崩落采矿法构成要素

矿山名称	采矿方法	矿块规格/m	结构参数	
			顶柱高/m	底柱高/m
湘东铁矿	长壁式崩落法	长×宽×高(50 ~60) ×(10 ~50) ×(1.6 ~2)	2 ~3	3 ~4
湖田铝矿	分条壁式崩落法	沿走向长×矿厚×斜长(40 ~60) ×2.18 ×60	5 ~6	5 ~6
遵义团溪锰矿	短壁式崩落法	沿走向长×矿厚×斜长(50 ~60) ×矿厚×15	3(斜长)	
白渔口黏土矿	进路式崩落法	沿走向长×矿厚×斜长(11 ~18) ×矿厚×(30 ~40)	4(斜长)	4(斜长)

9.6.2.4 采准与切割

一般采用阶段式采准系统,盘区式采准系统采用得较少。

A 运输平巷

运输平巷分脉内和脉外两种布置方式。脉内布置又分为单巷和双巷两个方案(图 9-229);脉外布置也分为单巷和双巷两个方案(图 9-230)。

脉内平巷布置方案一般用在单层和厚度不太大的矿体,其特点是采准工程量小,但有矿石损失大,巷道维护困难,通风条件差等缺点。

脉内双巷布置方案主要用在单层和矿体较厚的条件下,其优点通风条件好,可以实现多阶段采矿。缺点是矿石损失量大。

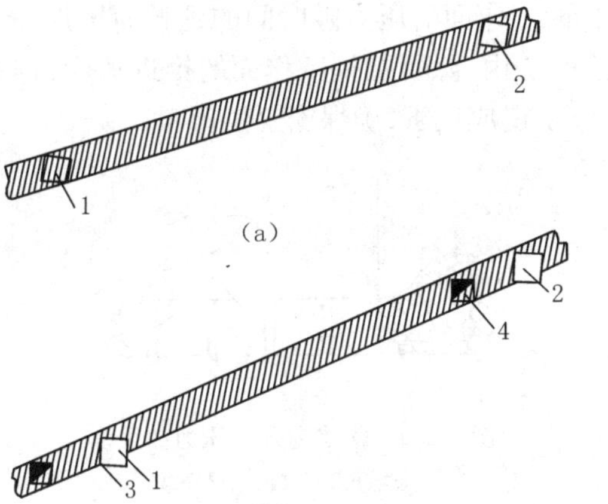

图 9-229 脉内采准布置

(a)脉内单巷道布置;(b)脉内双巷道布置

1—沿脉运输巷道;2—回风巷道;3—电耙硐室;4—运料巷道

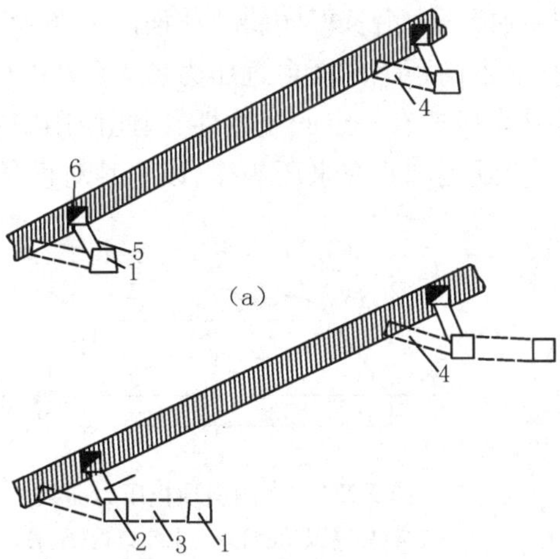

图 9-230 脉外采准布置

(a)脉外单巷道布置;(b)脉外双巷道布置

1—沿脉运输巷道;2—装矿巷道;3—联络巷道

4—安全出口;5—溜井;6—电耙道

脉外单巷布置方案主要用在矿体为多层,矿体产状不规则,矿石破碎,维护较困难的条件下,其优点和脉外双巷相比,采准量小,巷道维护量小,因此,在实际生产中,此方案采用较多。

脉外双巷布置方案,由于通风条件好,运输能力大,所以多在大型矿山采用。采准工程量大,且不带矿是其主要缺点。

B 切割上山(或平巷)

一般布置在矿块的一侧,并与放矿漏斗和回风巷相通,以供作为崩矿自由面,安装电耙绞车,运送材料和行人通风之用。一般一个矿块只布置一条上山,也有布置多条的。其规格视采场采运设备不同而不同,其宽度一般为 2.0 ~ 2.4m,高度一般为 2.0m 或等于矿体厚度。

C 放矿溜井

采场内若使用电耙沿矿体倾斜耙矿时,沿运输平巷每隔 5 ~ 6m,布置一条小溜井。若沿矿体走向耙矿时,每个采场布置一条小溜井。溜井要与切割平巷相通以供出矿。

D 安全出口

如图 9-230(b)所示,自矿块上阶段运输巷道中掘进安全出口,以供行人、通风和运送材料用。出口的间距一般为 10 ~ 12m,其规格为 2.0m × 1.8m。

9.6.2.5 回采

A 回采顺序

总的回采顺序是由上向下进行开采,在走向上一般是由矿体边界向主要巷道推进,以单翼或双翼后退式进行回采。上阶段或上分段回采工作面应超前下阶段或下分段工作面 50m 以上。仅在矿体走向长度大,又急于投产的矿段,可采用前进式回采顺序。

B 落矿

一般采用浅孔爆破。矿体厚度为 1.2m 以下,炮孔是呈三角形排列;矿体厚度为 2m 或 2m 以上时,炮孔呈之字形或梅花形排列。炮孔深度一般为 1.2 ~ 1.8m。最小抵抗线 0.6 ~ 1.0m,炮孔直径 38 ~ 46mm。孔间距 0.6 ~ 1m,边孔距顶底板 0.1 ~ 0.25m。对于软质黏土等硬度低的矿石可采用电钻打孔或风镐直接落矿。

C 采场运搬

矿石中硬以上时,多数矿山采用 14 ~ 30kW,容积为 0.2 ~ 0.3m^3 的耙斗运搬矿石。矿石硬度低体重小时,如黏土矿石,多用箱式耙斗运搬。对于轻而软也有用链板运输机经胶带转载机进行运搬的。

D 地压活动规律

根据龙烟铁矿在倾角 30°顶板不稳固的矿层中回采时,对顶板压力的试验和压力活动规律的观测得出如下认识：顶板压力沿长壁倾斜工作面的分布，其最大值集中于距顶柱2/3的地段（图9-231）。顶板压力在悬顶距内，沿走向距工作面愈远压力愈大（图9-232）。另外，工作面的压力随时间的延长而增加，有些矿山，如煤矿等其来压还有一定的规律性，因此使用壁式崩落法的矿山，除了加快工作面的推进速度，选择合理支护形式，还应观测和研究来压规律，以防其对设备和人身安全造成危害，确保安全生产。

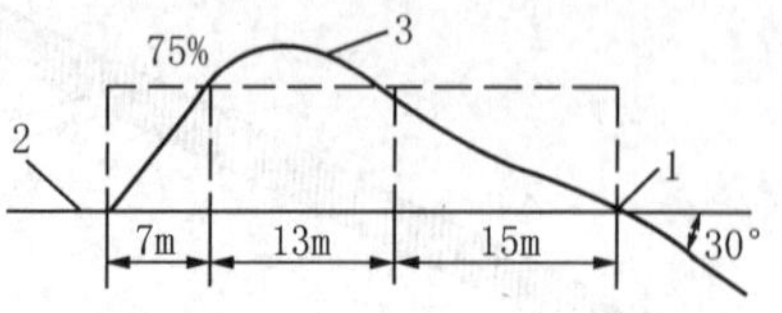

图9-231 沿倾斜顶板压力曲线
1—安全口处（或顶柱）；2—漏斗口处（或底柱）；
3—顶柱压力曲线

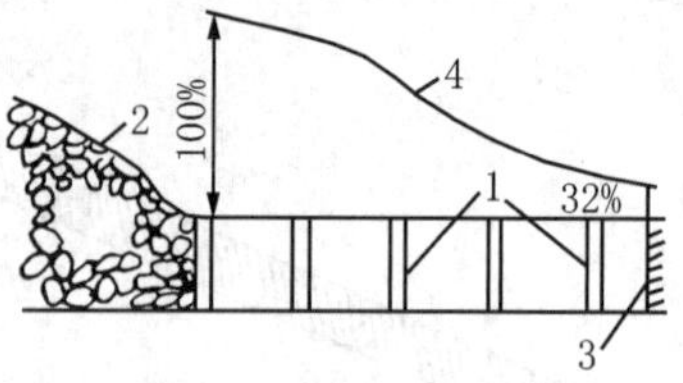

图9-232 沿走向顶板压力曲线
1—支柱（采场）；2—放顶区；3—掌子面；
4—顶板压力曲线

E 顶板管理

顶板管理是重要环节，一般采用木支护，其形式有带柱冒的单根支柱、不带柱冒的单根支柱、木垛等，也有用锚杆或锚索等进行支护的。木柱的直径为18～20cm，支柱排距一般为1～2m，柱距0.8～1m。为适应地压特征，要求支柱具有一定的刚性和可缩性，红松木最佳。

放顶：为了减小工作面的压力，保证回采工作安全正常的进行，并且也是为了处理采空区，在工作面推进一定距离后，将靠近崩落区的一部分支柱撤回，有计划地放落顶板岩石。

长壁工作面，放顶前工作面顶板沿走向暴露的宽度，称为悬顶距；每次放落顶板的宽度，称为放顶距；放顶后，长壁工作面上保留能正常工作的最小宽度称为控顶距。悬顶距为放顶距与控顶距之和。控顶距一般不小于2m，悬顶距的大小，由顶板岩石稳固程度而定，一般不大于6～8m。

放顶时，应将放顶界线上的不带冒的支柱加密，以增加其刚性，确保顶板能沿预定的放顶线折断。密集支柱的作用，一方面是切断顶板，另一方面是阻止冒落的岩石涌入工作面。

放顶界线上的密集支柱安设好后，即可用回柱绞车将放顶区内的支柱自下而上由远而近地撤除。在放顶时，要遵守下列规则：

（1）密集切顶支柱中每隔3～5m要留出0.8m宽的安全出口，以便回柱人员撤离。

（2）初次放顶距要大于正常放顶距，一般应大于正常放顶距的0.5～1.0倍，以确保初次放顶质量。

（3）工作面推进度，要按已确定好的放顶距及时进行放顶。为了以后回采工作的进行，需在靠近工作面处留1～1.5m宽的人行道。

（4）若撤柱后，顶板岩石不能及时崩落，则应在密集支柱处约0.5m处进行补孔，应强制崩落顶板。

（5）采用小矿块下向伪倾斜回采时，在整个矿块采完后一次放顶。放顶前，沿相邻未采矿壁架设一排密集支柱，以免相邻矿块回采时，冒落岩石滚入控顶区。

（6）放顶后及时封闭落顶区，并禁止人员入内。

9.6.2.6 技术经济指标和评价

单层崩落采矿法主要技术经济指标见表9-198。

表9-198 单层崩落法的主要技术经济指标

矿山名称	采矿方法	矿块生产能力/(t/d)	采切比/(m/kt)	采场工人工效/(t/(工·班))	矿石损失率/%	矿石贫化率/%	炸药消耗/(kg/t)	坑木消耗/(m^3/kt)
遵义锰矿	长壁法	90～120		4.45	10	8	0.3	10.0
湖田铝矿	分条壁式	76	21.1	2～4.03	29.9	13.3	0.312	18.9
遵义团溪锰矿	短壁	75～90	48	3～3.5	10	6.75	0.388	23.0
白渔口黏土矿	进路	60	45	2.5	33	3	0.2	9.0

单层崩落法是开采顶板岩石不稳固，厚度小于3m，倾角小于30°的层状矿体的有效采矿方法。长壁法

采准切割比较简单，矿石回采率高，贫化率小，同其他可用采矿法相比，生产能力大，劳动生产率高是其主要优点。其缺点是采准工作量大，长壁式一般在20m/kt以上，短壁在30～40m/kt以上；坑木消耗量大，支护工作强度大，顶板管理复杂，安全条件差，回采中的凿岩和支护等，难于实现机械化。

今后应进一步研究和掌握地压活动规律，改善顶板管理，木支护改用机械化的金属支护，如液压掩护支架等；长壁工作面落矿可视矿石软硬程度，改用凿岩爆破法，机械破碎法落矿，采场运搬可将耙斗串联起来耙矿或用链板运输机转载到胶带机上进行运搬，以提高采场生产能力。

9.6.2.7 *矿山实例*

A 王村铝土矿长壁崩落采矿法

该矿属化学胶体沉积成矿。东宝山矿区矿体走向长2200m，倾向延深1800m，埋藏深度在+110～210m，为层状矿床。水文地质条件简单。矿石为黏土矿。A矿层最大倾角16°，最小倾角9°，平均13°。矿体最大厚度5.6m，最小厚度1m，平均2.5m，$f=3\sim5$，较稳固。顶板为铝土页岩，$f=4$，较稳固。底板为石英砂岩，$f=5\sim6$，较稳固。

采用长壁崩落采矿法如图9-233所示。

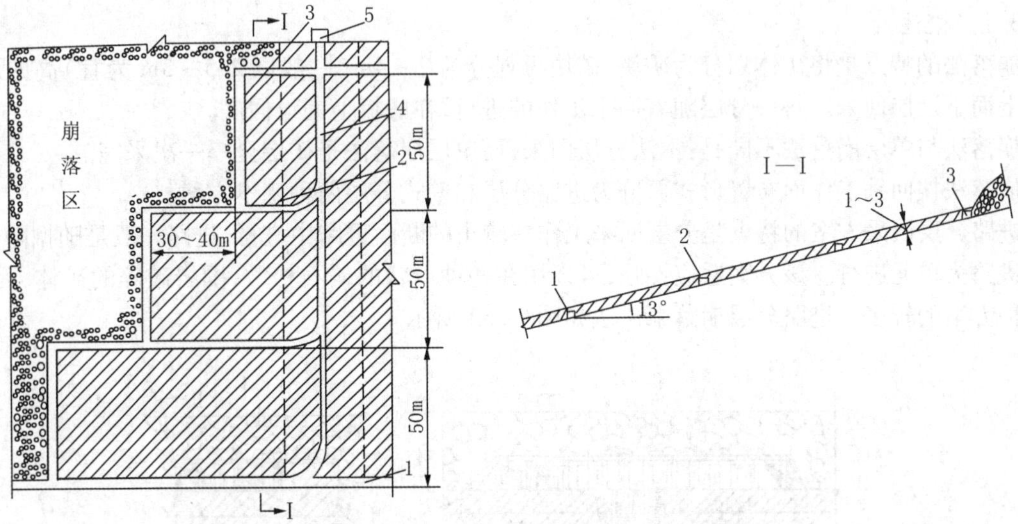

图9-233 王村铝土矿长壁崩落采矿法

1—阶段运输平巷(3.2m×2.5m)；2—分段运输平巷(3.2m×2.5m)；3—回风巷(安全道)(3.2m×2.5m)；4—轨道上山(轮子坡)(2.6m×2.3m)；5—绞车房(5m×5m)

矿块沿走向布置，阶段高度为30～60m，分段高度10～15m，矿块长400m，宽50m，高2.5m。经多年实践，确定斜长50m左右比较合适。

采用7655型凿岩机。工作面采用28～30kW电耙带1～3个耙斗耙矿。上下山用单绳绞车运搬。

回采顺序从上至下，从边界向上下山后退式回采。

采用直径200mm的圆木支护，放顶距为1.2m，控顶距为3.6m。放顶时用回柱绞车把密集支柱撤出，让顶板自行崩落。

矿块生产能力为150～200t/d，采切比为12.3m/kt，工作面工效为5.3t/(工·班)，损失率为17%，贫化率为5%，炸药消耗为0.19kg/t，坑木消耗为0.0087m^3/t。

B 白渔口黏土矿壁式拉底崩落采矿法

白渔口黏土矿矿床属于早二叠系沉积物，主要矿层为软质黏土和半软质黏土。矿体倾角为5°～20°，矿体厚薄不均，薄的1.5～3m，厚的5～6m，$f=1$，不稳固。矿体上部覆盖岩层为白云岩，$f=3$，稳固性较好。矿体直接顶板为30～40m厚的炭质泥岩，它与白云岩容易脱落，随着黏土的采出随之掉落。矿床下盘为含炭质及黏土的软岩土，接着下面是起伏频繁的灰岩。地质构造较复杂。

该矿原设计用进路后退采矿法开采，即从中段运输巷起向上山方向送一条进路，然后扩帮向下退采。该法通过多年生产实践，开采矿体厚1.5～3m的尚可，但开采矿体厚5～6m的则不可行。针对这一问题，矿山试验了壁式拉底崩落采矿法，并获得了成功。该法工作面长度一般不超过30m，属于短壁。具体做法是把厚度在4～5mm的矿体分成上、下两层，下层超前上层，使两层保持一定距离同时开采。下层采用金属摩擦支柱配铰接顶梁，构成下分层的整体支护，按2.3～2.6m的采高，一排一排地推进，每推进一排为1.2m，(相当于超前拉底)推进完一排，就将上分层采用爆破的方法把上分层的矿崩下来。故为壁式拉底崩落法。采用二段电耙出矿，采场用4.5kW的电耙，运输上山用7.5kW电耙，漏斗装车。采空区不做任何处理，让顶板自然缓慢下沉充填采空区。

该法具有如下优点：

(1) 在有支架保护的条件下作业，安全性好。

(2) 解决了该矿采场老顶一时下不来的缓倾斜中厚矿体分层开采的技术问题。

(3) 回采率高，贫化率低，工效高，各项主要指标都超过了原采矿方法的指标。

(4) 采场通风好，坑木消耗量少。坑木消耗为0.0046m^3/t。

9.6.3 分层崩落采矿法

9.6.3.1 概述

分层崩落法的特点是将矿体划分为矿块，矿块再划分为2～4m(一般以2.5～3m为宜)高的水平分层，一般为自上而下逐层回采。每一分层随着回采工作的进行，在底板上铺设假底。

分层崩落法与单层崩落法不同是：本法分层回采；而单层崩落法是矿层全厚一次采完。

分层崩落法按回采工作面布置形式可分为进路分层和壁式分层两种基本方案。

(1) 进路分层回采方案的特点是分层回采工作在较小的断面进路中进行，进路一般是随掘随支，铺底及放顶均以进路为单元进行。该方案适应性强，可以用在各种产状的矿石松散、围岩破碎的矿体，因此国内矿山采用这种方案的较多。进路分层崩落采矿法如图9-234所示。

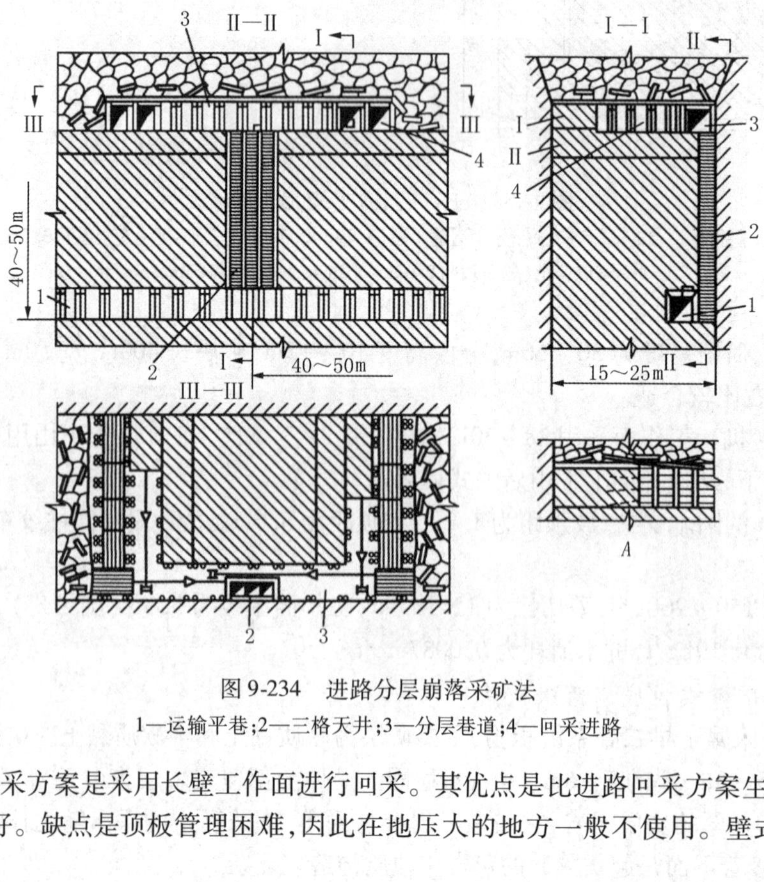

图9-234 进路分层崩落采矿法

1—运输平巷；2—三格天井；3—分层巷道；4—回采进路

(2) 壁式分层回采方案是采用长壁工作面进行回采。其优点是比进路回采方案生产能力大，工人劳动生产率高，通风条件好。缺点是顶板管理困难，因此在地压大的地方一般不使用。壁式分层崩落采矿法如图9-235所示。

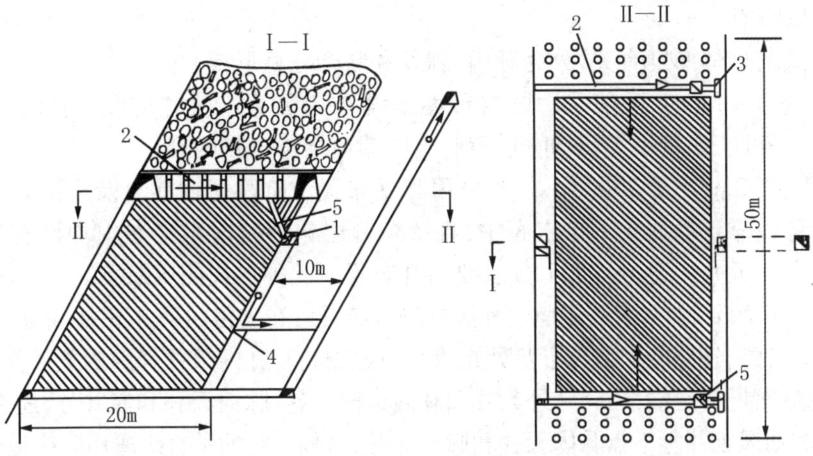

图 9-235 壁式分层崩落采矿法

1—储矿巷道;2—壁式工作面;3—电耙;4—风门;5—放矿溜井

9.6.3.2 适用条件

适用条件为:

(1) 地表允许崩落。

(2) 矿石稳固性不限,上盘岩石不稳固,下盘岩石稳固性不限。

(3) 矿石松软有黏结性,难以使用其他的方法。

(4) 对矿石贫化损失要求严。

(5) 矿石品位高,价值大。

(6) 不宜使用充填法或不易建立充填系统的矿山。

9.6.3.3 矿块布置

(1) 矿体厚度小于8m,且倾角大时,矿块沿走向布置。各个分层在矿体全厚上用分层平巷进行回采。

(2) 矿体厚度在8~30m时,矿块沿走向布置,回采进路垂直走向布置。

(3) 矿体厚度大于30m时,矿块垂直走向布置,回采进路沿走向布置,矿块长度等于矿体厚度。

9.6.3.4 构成要素

(1) 阶段高度视矿岩稳固性及矿体倾角大小而异,对于倾斜或缓倾斜矿体,不宜大于20~30m;对于急倾斜矿体,若采用脉内采准时,不宜大于30~40m;当采用脉外采准时,可达30~50m。

(2) 矿块的长度。当采用沿走向布置时,若单翼回采一般为20~30m;若双翼回采一般为40~60m;若采用无轨设备运矿时,矿块长度应与设备有效运距相适应;当采用垂直走向布置时,矿块长度等于矿体厚度。

(3) 分层高度与矿石稳固性及落矿方式有关,波动于2~4m,采用进路回采时,一般以2.5~3m为宜;采用壁式回采时,取2.2~2.5m为宜。

(4) 回采进路宽度取决于假顶结构、支护形式及分层高度,一般为1.8~3m;当采用无轨自行设备时,取决于设备运行所需的宽度。

国内部分矿山使用分层崩落法矿块构成要素见表9-199。

表 9-199 分层崩落法构成要素

矿山名称	采矿方法方案	矿块布置方式	矿块结构参数/m				假顶结构
			阶段高度	矿块长度	矿块宽度	分层高度	
镇沆金矿	进路分层分条回采分层崩落法	沿走向	40	40	8.43	2.5	柔性假顶
武山铜矿	进路回采	沿走向	40	50	12.8	2.7	钢筋混凝土假顶
云锡马拉格矿	进路回采	沿走向	25~30	50~150	6~20	2.25	柔性金属网假顶
云锡老厂胜利坑	进路回采	垂直走向	25	等于矿厚(20~30)	12.5	2.2~3.0	长地梁加金属网
苏州高岭土矿	进路回采	沿走向	33和40	30~40	矿体厚	3~3.5	竹笆

9.6.3.5 采准与切割

采准巷道布置方式与矿体厚度有关，分为脉内、脉外和联合三种形式。

（1）当矿体厚度为2～3m时，一般采用脉内布置，运输平巷及采准天井均设于脉内。用分层巷道一次回采矿体全厚。此时，采准工作量小，但对通风不利，脉内巷道维护也较困难。

（2）当矿体厚度大于3m，小于20m时，一般采用脉外布置。阶段运输巷道及采准天井均设于脉外，矿块放矿溜井一般设在脉内靠下盘处或下盘岩石中，且每个分层包括阶段水平在内均设有运输巷道，此运输巷道要和出矿溜井及人行天井相通。且上下分层要错开布置。此种形式使用最多。

（3）当矿体厚度大于20m时，一般采用脉内和脉外联合布置。在进路回采方案中，除了在矿体下盘布置脉外阶段运输巷和脉外天井外，还要在矿体靠下盘处布置脉内运输巷和脉内天井和脉内放矿溜井；在壁式回采方案中，除了在矿体下盘布置脉外运输平巷、脉外天井和脉内运输平巷、脉内天井和溜井外，还在矿体上盘矿岩交界处布置脉内沿脉巷和通风天井。下盘脉内天井和脉外天井，每隔一定的垂直距离用联络道相通，以利通风。

当设储备巷道时，是将几个分层划为一个分段，在分段水平于下盘矿岩交界处提前开掘一条分层平巷作为储矿巷道。且通过小溜井将上面几个分层的矿石放入到储矿平巷内，然后由电耙或装运机运走。

在进路式回采方案中，分层中的下盘沿脉巷或穿脉巷都可以作为切割巷；在壁式回采方案中，一般在矿块两翼的端部掘进切割巷，从两翼向中间后退式回采。

9.6.3.6 回采

A 落矿

一般采用凿岩爆破法落矿，对于松软矿石如高岭土等也可用风镐落矿。

孔深以不破坏假顶为原则，对于进路式回采方案，一般为1.5～1.8m；对于壁式回采方案，一般为1～1.5m。一次爆破长度，取决于顶板压力大小，可以为工作面全长，也可以分成数段进行。

B 出矿

工作面出矿主要是7.5～14kW电耙。在储矿平巷中出矿，一般用28～30kW电耙，也可用ZYQ-12G气动装运机或小型铲运机出矿。

C 支护

支护方式取决于假顶结构及其承载能力和连续性，以及地压大小。对于竹木假顶和金属网假顶一般都用木棚支护；对于长梁结构和木质假顶一般用木质柱支护，此时的木支柱直接支在长地梁下面，使地梁成为本分层的横顶梁；采用整体钢筋混凝土假顶或矿石较稳固时，一般采用带冒的立柱支护。棚间距或立柱间距视具体条件而定。一般在0.6～1.5m。

D 假顶铺设

假顶必须满足下列要求：有足够的承载能力和一定的连续性，允许工作面顶板有一定的暴露面积，以保证回采工作安全；有效隔离废石，防止矿石贫化；在首采分层的上部要有大于5～6m的废石垫层，以保护假顶免受大块岩石冒落而遭破坏。

（1）金属网假顶。金属网假顶一般用直径为2～3mm的旧钢丝或10～14号铁丝编成网目为3cm×3cm或4cm×4cm的金属网，将此金属网铺设在进路的纵向木地梁上。网片之间用铁丝绑扎使其连接成整体，即构成金属网假顶。进路间同一断面处一般铺设2～3根直径约为20～25cm，长约4～6m的木地梁，以增强假顶的整体性。这种假顶整体性好，强度大，有柔性，放顶时缓慢陷落，有利于回收坑木。

（2）竹木假顶。竹木假顶的铺设是沿长壁工作面每隔0.5～1.5m，或者在进路两侧埋放直径为20～25cm长为4～6m的木地梁。然后在上面横竖铺两层竹笆或钉一层3～5cm厚的木板而成。这种假顶木材消耗量大，整体性差，竹木受潮后，强度低，效果亦差。

（3）钢筋混凝土假顶。根据强度要求，钢筋可铺成单层或双层，混凝土厚度一般为20～30cm，钢筋直径为10～14mm，网度200mm×250mm～250mm×300mm，混凝土标号为150号。相邻进路在铺设时，钢筋要留有一定的搭接长度，以便连成整体。这种假顶整体性好，承载能力大，允许的暴露面积大，有利于提高循环进尺，且防火，防腐蚀。

(4) 其他,如整体软性假顶和自然假顶等。整体软性假顶主要是在第一分层用方框支柱拉开造顶空间,然后在方框地梁上铺设钢丝绳和原木等而形成;自然假顶主要用在顶板岩石具有黏结性,崩落吸水后,在地压作用下能够形成一个整体的矿体。

E 放顶及地压管理

放顶是分层崩落法中顶板管理的重要环节。一般情况下,放顶均以进路为单元进行,只有压力很大时,才在进路内采取边采边放顶。放顶多采用小药包崩断木支柱或棚腿式,也有采用绞车回收木柱式。放顶前已采完的进路底板或放顶区底板都必须铺上假底。

对于首采分层,当围岩采后不能自行崩落时,一般采用凿岩爆破法强制放顶,要使假顶之上的岩石垫层厚度不小于8m。

在实际生产中,根据地压的大小,进路采、留、放的条数一般有下列三种放顶方式:

(1) 进路采完后立即放顶。

(2) 回采进路和崩落区之间保留一条已采完的进路,另一条已采完的进路进行放顶。

(3) 回采进路和崩落区之间保留一条已采完的进路,另2~3条已采完的进路进行放顶。

9.6.3.7 技术经济指标和评价

国内部分矿山应用分层崩落法技术经济指标见表9-200。

表9-200 分层崩落法技术经济指标

矿山名称	矿块生产能力 /(t/d)	采切比 /(m/kt)	矿石损失率 /%	矿石贫化率 /%	采矿工劳动生产率 /(t/(工·班))	炸药单耗 /(kg/t)	坑木消耗 /(m^3/t)
镇沅金矿	66.12	6.33	5	7.89	27~80	0.46	0.012
武山铜矿	54	19.1	4.0	12.88	4.88	0.224	0.017
云锡马拉矿	90	30~35	1.7	7.7	5	0.3	0.012
云锡老厂胜利坑	50~60	25~30	2~10	3~19	4~4.5	0.17~0.27	0.02
本溪铀矿3号矿体	43.2	7.10	4.50	10.20	12.54		

分层崩落法的优点是布置方式及回采工艺灵活,矿石可以分采;采准切割简单,矿石回采率高,一般在90%以上(石膏矿除外);矿石贫化率低,一般在4%~5%左右。其缺点是工作面较难实现机械化作业,劳动强度大,效率低,矿块生产能力小,采场支护和造顶材料消耗大,木材消耗大,回采工作面通风条件差。

该法缺点较多,国内外应用的较少。

9.6.3.8 矿山实例

A 云南镇沅金矿进路回采分层崩落法

试验地段选择在SⅡ$_2$矿体1713阶段,该矿体上盘围岩为含泥碳质板岩、碎裂角粒岩,下盘围岩为含泥碳质板岩、变质石英杂砂岩和蚀变云煌岩。围岩节理、裂隙发育,稳定性差。含矿岩石为岩浆岩及浅变质岩,节理、裂隙较发育,稳定性中等。矿体形态不规整、变化大,属难采矿体。

过去一直采用进路回采分层崩落法,因生产能力低、矿石损失贫化高等缺点,因而进行了如图9-236所示的进路分层分条回采分层崩落法试验,并取得了成功,得到推广。

矿块沿矿体走向布置,阶段高40m,长40m,宽为矿体水平厚度8.43m,分层高2.5m。采准工程如图9-236所示。

回采:

(1) 假顶铺设及放顶。采用圆木结构的柔性假顶,假顶上面铺设竹笆、树枝等缓冲材料。假顶铺完后,采用爆破方式将采场顶板或上、下盘围岩崩落,使假顶上面形成不小于4~6m厚的岩石,以保假顶在回采过程中能均匀下降且不受破坏。

(2) 分层进路和回采分条的布置及回采推进方向。分层进路布置在下盘的脉内,回采分条垂直于分层进路,以分条为基本回采单元,以进路为自由面,从矿体下盘向上盘进行回采,如图9-237所示。分条宽度2.0m,高度2.5m(分层高度)。分条间回采从采场两端向中央连续推进,直到采场整个分层回采结束。

(3) 爆破。为了降低爆破对假顶和支架的破坏,炮孔采用三角形排列形式,并采取侧向排内同段排间微差的爆破方式进行爆破,结果效果良好。

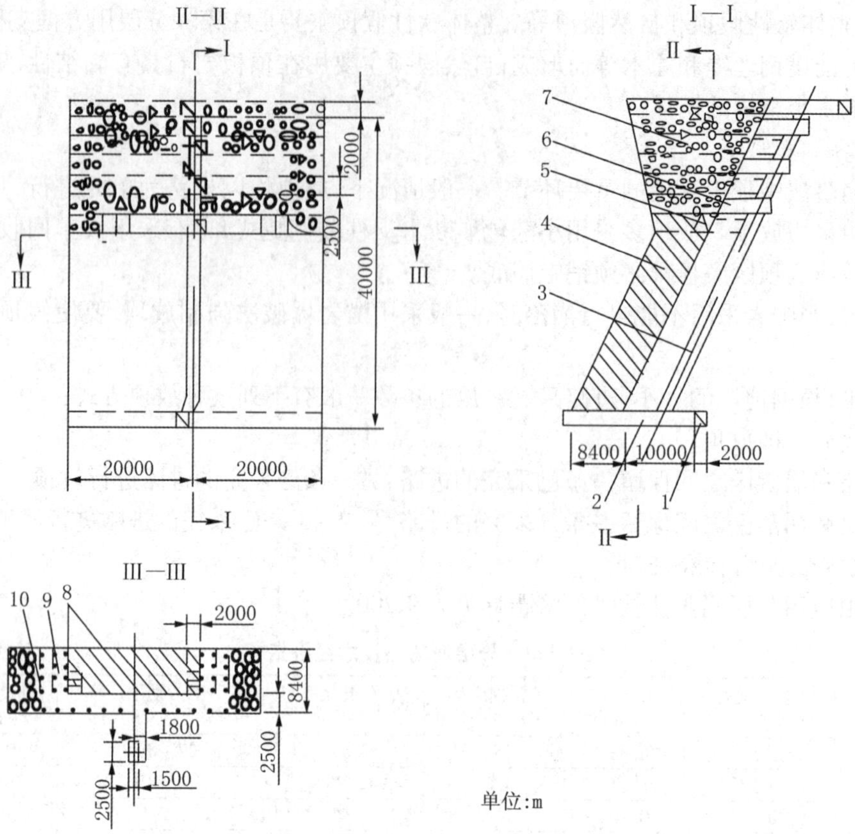

图 9-236 进路回采分层崩落法

1—阶段平巷;2—探矿穿脉;3—混合井;4—矿体;5—分层进路;6—采场联络道

7—采空区;8—炮孔;9—回采分条;10—木立柱

(4) 放顶步距。通过试验,确定采取“采三、留一、放二”的放顶步距,该步距既能满足分条回采的工艺要求,又能保证安全生产。

矿块生产能力66.12t/d,采准比6.33m/kt,矿石损失率5%,贫化率7.89%。炸药消耗0.46kg/t,坑木消耗0.012m^3/t。

B 鹤庆锰矿分层崩落法开采中厚矿体的实践

矿体为海相原生沉积矿床,呈层状,似层状产出。矿区地质构造复杂,断层、褶皱发育。矿体倾角变化大,平均厚度4m。上覆岩层为硅钙质薄层灰岩,节理裂隙发育,遇水易发生冒落。矿体底板为钙质灰岩和粉砂质泥岩,易风化,遇水松散。

a 采矿布置

如图9-238所示,放矿井布置在下盘围岩内,位于采场中部,分行人和放矿两隔间;为减少对矿井井壁的破坏,每两个回采分层掘一条联络平巷与放矿井贯通。

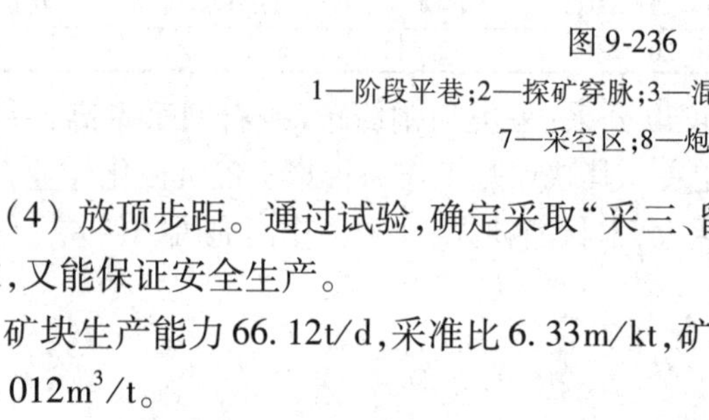

图 9-237 分条布置方式

1—分条;2—炮孔;3—矿体;4—进路

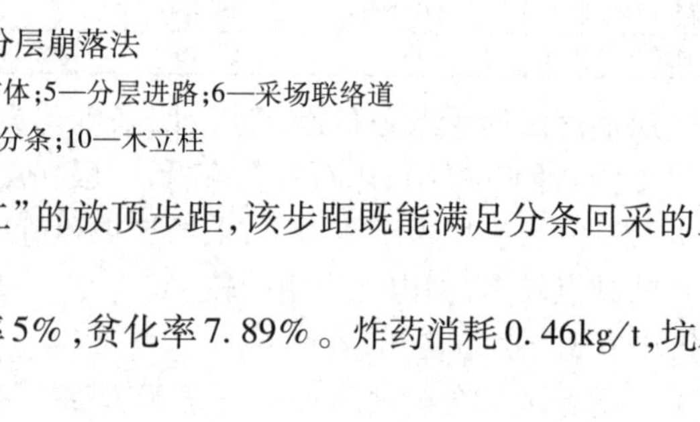

图 9-238 分层崩落法布置

1—放矿井;2—联络巷;3—二次倒矿口;4—回采进路

b 分层回采

首先在矿体下盘沿走向掘一条回采进路,随掘进随支木棚。进路掘到采场两端,倒退式回采矿体(回采进路垂直矿体),分层采完后放顶再回采下一分层。浅孔落矿,孔深不超过两架木棚的间距,一般为1.2m左右。

沿脉进路掘到两端后,应铺设金属网,方法是沿进路走向铺设3根坑木做底梁,底梁要交错布置,巷道中间一根,另外两根放在巷道两侧,坑木上再铺设金属网,金属网要搭接并用铁钉或铁丝固定。

放顶采用"采3放2"的放顶方法,即回采3条穿脉进路,崩掉两条进路木棚,顶板随即崩落。第1分层回采时,在顶板局部地方打放顶炮孔,务必保证第1分层放顶崩落的岩石充满采空区,崩落岩石厚度不少于4m。

采场运搬,进路内用自制的小矿车运矿,第1分层回采时,矿石需经两次倒运至放矿井。

c 经验

应用两个分层掘一条联络巷道,井筒破坏少,能保证下面分层回采时倒矿和行人的安全;回采进路内铺设三根坑木做底梁,上面固定网孔2~3cm的金属网,放顶后防止废石掉到下分层回采进路内,实验证明,工人在金属网假顶下面作业是安全的。该采矿方法,由于作业面狭窄,人工出矿,劳动强度大,出矿机械化是今后改进的方向。

9.6.4 无底柱分段崩落采矿法

9.6.4.1 概述

无底柱分段崩落采矿法是20世纪60年代初从国外引进的一种采矿法。这种采矿法自1965年在大庙铁矿试验成功后,由于它具有很多的优点,很快在我国金属、非金属矿山得到了推广。1975年高端壁无底柱分段崩落法试验成功,80年代以后,又对大间距无底柱分段崩落采矿法进行了研究,也取得了丰硕的成果。据统计,我国地下铁矿有80%以上都是无底柱分段崩落采矿法采出的,可见其在我国采矿方法中的重要性。

A 特点

无底柱分段崩落采矿法是将阶段划分为采区(矿块),采区内划分分段,在分段中的回采进路进行落矿、出矿作业;分段之间自上而下回采,进路之间按一定的回采顺序以步距崩矿的方式逐步向后退采,在覆盖岩层下放矿。

典型的无底柱分段崩落法如图9-239所示。

B 适用条件

除崩落法适用条件外,还应注意下列条件:

(1) 急倾斜厚矿体,或缓倾斜极厚矿体。由于分段之间的进路要呈菱形布置,上分段进路之间的部分矿石要在下一分段放出,如果矿体的厚度和倾角在垂直方向上不能保证3个以上的分段得到重合,则会造成矿石损失较大。

(2) 矿石稳固或中等稳固,以进路不需支护,爆破后炮孔不变形,眉线不破坏为好。

(3) 上盘岩石不稳固或中等稳固,最好能自然崩落。如果矿体上部已用露天开采,或其他方法开采,覆盖层已形成后,则围岩的稳固性不限;要求下盘岩石稳固。

(4) 矿石不太贵重,围岩含有品位、可选性好有利于使用本法。

我国无底柱分段崩落法矿山的开采技术条件见表9-201。

表9-201 我国无底柱分段崩落法部分矿山的开采技术条件

矿山名称	矿体赋存情况			围岩特征	
	厚度/m	倾角/(°)	矿石稳定性	顶盘岩石	底盘岩石
镜铁山铁矿	15~150	60~90	$f=12\sim16$,稳固	黑灰色千枚岩$f=5\sim8$,中等稳固	灰绿色千枚岩$f=6\sim10$,中等稳固
梅山铁矿	120~200	20~30	$f=9\sim15$,稳固	安山岩$f=4\sim6$,不稳固,中等稳固	闪长玢岩$f=6\sim8$,稳固
弓长岭铁矿	5~35	70~80	$f=10\sim11$,中等稳固	角闪岩$f=8\sim10$,中等稳固	角闪岩$f=10$,中等稳固
程潮铁矿	平均52.94	46	粉矿$f=4\sim5$,不稳固 块矿$f=7\sim10$,稳固	闪长岩、大理岩$f=10\sim12$,稳固	花岗岩、矽卡岩$f=10\sim15$,稳固
冶山铁矿	2~60	45~80	$f=8\sim10$,中等稳固	白云岩$f=10\sim12$,稳固	花岗闪长岩$f=10$,稳固
玉石洼铁矿	15~20	10~30	$f=7\sim15$,不稳固	灰岩,大理岩$f=6\sim14$,不稳固	蚀变闪长岩$f=3\sim14$,极不稳固
杨家坝铁矿	30	80	不稳固	透闪片岩,炭质板岩,不稳固	白云岩,中等稳固

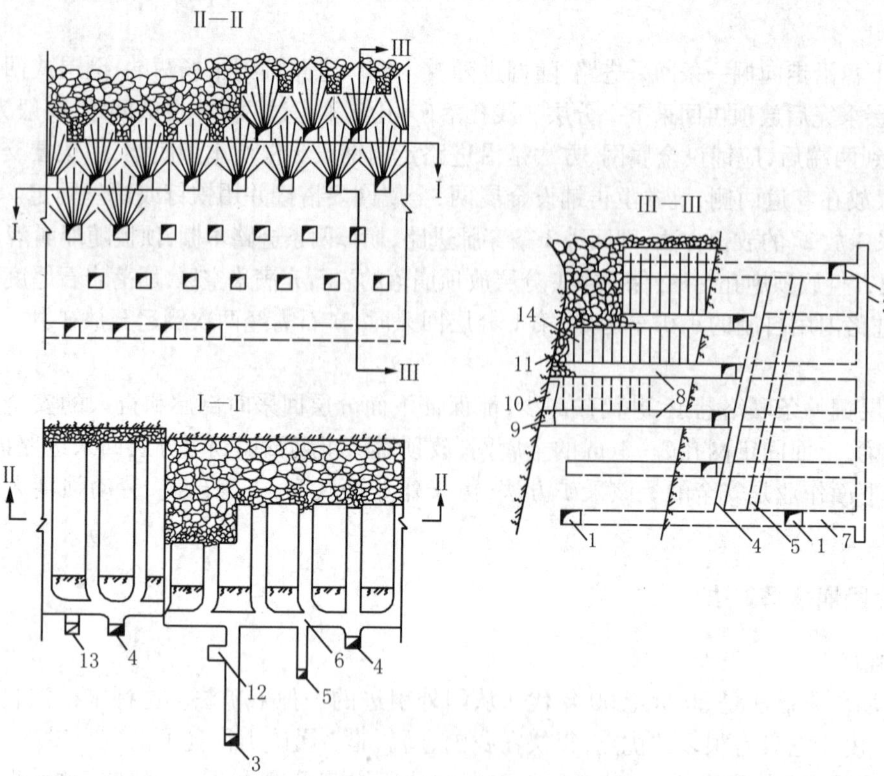

图 9-239 无底柱分段崩落法典型方案

1,2—上、下阶段运输平巷;3—设备井;4—溜井;5—通风井;6—分段运输联络道;7—设备井联络道;8—回采巷道
9—切割巷道;10—切割天井;11—切割槽;12—机修硐室;13—废石溜井;14—扇形炮孔

9.6.4.2 矿块布置和构成要素

矿块布置根据矿体厚度和出矿设备有效运距确定。一般以完成回采出矿全过程的配套设备可能承担的进路条数为准。当矿体厚度小于15~20m时,矿块沿走向布置。当矿体厚度大于15~20m时矿块垂直走向布置。

A 无底柱分段崩落法结构参数的理论基础

无底柱分段崩落法与阶段高度的制约关系不大,一般为50~120m。但分段高度、进路间距和崩矿步距这三个参数却是互相制约的,只有这三个参数匹配的合理,才能获得良好的矿石损失贫化指标。

无底柱分段崩落法结构参数的优劣问题,实质上就是崩落矿石的爆破堆积体和端部放矿椭球体(缺)吻合程度的问题。也就是说由分段高度、进路间距和崩矿步距爆破后所形成的堆积体与放出体吻合得好的参数即为合理的参数。基于此,便衍生了如下结构参数的沿革。

从模拟放矿所给出的单个放出体形态来看,如图9-240所示。放出椭球体的长半轴 a 大于短半轴 b,根据在程潮铁矿、梅山铁矿和河北铜矿所做的工业放出体试验结果,其$\frac{a}{b}$的比值约在2.5~3.5,这便是我国应用无底柱分段崩落法矿山,在早期的分段高度总是大于进路间距的原因。在当时由于受凿岩设备能力的影响,一般取分段高度等于或略大于进路间距。如大庙铁矿、镜铁山铁矿、梅山铁矿、符山铁矿等其结构参数约为(10~13)m(分段高)×(8~10)m(进路间距),崩矿步距多为1.5~2.5m,称为低分段无底柱分段崩落法,又称为小结构参数无底柱分段崩落法。其参数见表9-202。

表 9-202 无底柱分段崩落法矿山早期使用的低分段小结构参数

项目名称	沿走向布置	垂直走向布置	备 注
阶段高度/m	60~120	60~120	(1)用装运机或有轨装岩机出矿; (2)崩矿步距多为1.5~2.5m
分段高度/m	7~13	7~13	
矿块长度/m	60~80	40~60	
矿块宽度/m	<50	<50	
回采进路间距/m	8~10	8~10	

B 高端壁无底柱分段崩落采矿法

20 世纪 70 年代,我国开始使用 $2m^3$ 铲运机出矿。这种设备生产能力大,每次崩矿量仅约 600t 的小结构参数满足不了这种设备的要求。于是便寻求向大的结构参数发展。由于当时的放矿理论为:放出体的长轴大于其短轴。因此,以提高放矿高度亦即增加分段高度来满足出矿能力的要求。于是便出现了漓渚铁矿双巷菱形高端壁无底柱分段崩落采矿法和河北铜矿高端壁无底柱分段崩落采矿法。这一期间,高端壁即高分段无底柱崩落采矿法成为当时的主流。

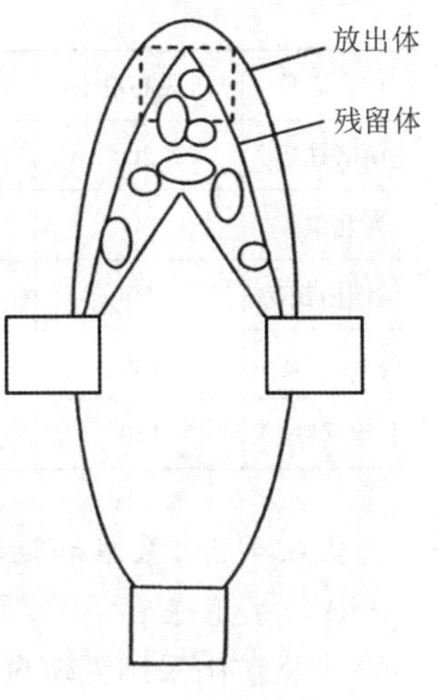

图 9-240 结构参数与放出体形态的关系

C 高分段无底柱分段崩落采矿法

高分段无底柱分段崩落采矿法,又称大结构参数无底柱分段崩落法。瑞典是使用无底柱分段崩落法最先进的国家,在 20 世纪 60 年代,基鲁纳铁矿结构参数分段高度×进路间距×崩矿步距为 10m×10m×1.5m。随着采矿设备能力的提高,到了 80 年代和 90 年代,其结构参数分别增加到 12m×16.5m×(1.8~2.5)m 和 27m×25m×3.5m;该国的另一铁矿马尔姆贝格特矿也将原来的 15m×15m 的结构参数增加为 20m×22.5m。这种变化一是向大结构参数发展;二是向大间距即进路间距大和分段高度大的结构参数发展。

对于高端壁结构参数的研究,我国在 20 世纪 70 年代就已经进行,并在漓渚铁矿、河北铜矿、镜铁山铁矿等进行工业试验且取得了成功;2000 年梅山铁矿进行了 15m×20m 的大间距结构参数的研究并进行了工业试验取得了成功,为我国无底柱分段崩落法在开采埋藏深、地压大、矿岩破碎不稳定矿体找出了一个可行的开采方案。

D 高分段和大间距结构参数分析

高分段结构参数是分段高度大于进路间距,向纵向方向发展,大间距结构参数是进路间距大于分段高度,向横向方向发展。

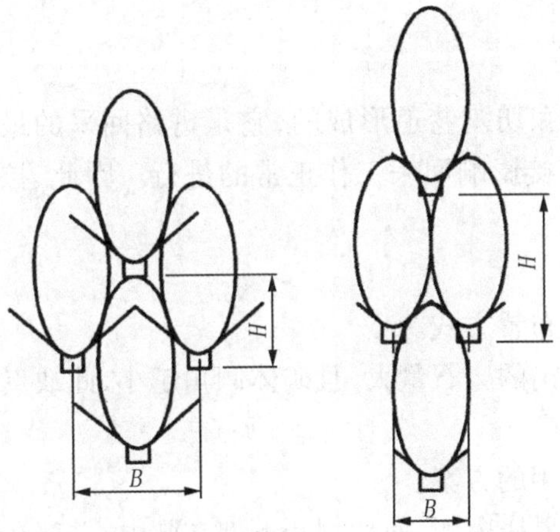

图 9-241 大参数的结构形式
(a)大间距结构形式;(b)高分段结构形式
B—进路间距;H—分段高度

两者均获得较好的经济指标这是自相矛盾的。这种矛盾,我国采矿学者用放出体空间排列理论给予解释。放出体空间排列理论认为,传统的放矿理论仅着重研究单个放出体形态,没有注意到各放出体之间的相互影响,将 4 条巷道放在放出体四边构成菱形布局,形成了放出体相互重叠,分段高度大于进路间距的格局,违背了纯矿石放出体相切的基本原则。

放出体空间排列理论跳出单个放出体框架,着重研究放出体之间空间排列问题,指出:在崩落矿石的爆破堆积体形态要尽可能地与放出体形态相吻合的原则下,结构参数优化问题,密实度最大者为优。有两种最优排列,一种为大间距结构,一种为高分段结构。如图 9-241(a)所示,当采用上下两个球体直接相切,左右两个球体被它们隔开并与之相切的布局时,进路间距明显大于分段高度,这种结构形式就是大间距结构形式。

如图 9-241(b)所示,当采用左右两个相邻的球体直接相切,上下两个球体被它们隔开并与之相切布置时,分段高度明显大于进路间距,这种结构形式就是高分段结构形式。

对于高分段结构参数和大间距结构参数还有一些说法。在当前最有效适用的方法是通过实验室物理模拟实验和现场工业试验来确定最为合适。

我国部分矿山无底柱分段崩落法大结构参数见表 9-203。

表 9-203 我国部分矿山无底柱分段崩落法大结构参数

矿山名称	阶段高度/m	分段高度/m	放矿分段高度/m	进路间距/m	放矿溜井间距/m	备 注
漓渚铁矿	50	10.14	24	10	50	双巷菱形高分段方案
河北铜矿	60	10～20	40	12.5	20～36	高端壁方案
镜铁山铁矿	60	20	20	15	60	高分段方案
梅山铁矿	120	15	15	20	120	大间距方案
北洺河铁矿	120	15	15	18		大间距方案

9.6.4.3 采准和切割

A 采准工程

大型矿山采用无轨自行设备，用斜坡道与各个分段相连，有些矿山还将斜坡道与地表直接相通，如云南大红山铁矿其斜坡道就直通地表。在20世纪70年代，国内主要采用ZYQ-14型装运机出矿，该设备机身较短，一般都采用设备井和各分段相连，为了便于上下人员，一些矿山设立了电梯井。

阶段沿脉运输平巷、天井、溜井、斜坡道等，一般布置在下盘围岩中，若下盘岩石不稳固，上盘岩石稳固，也可将其布置在上盘围岩中。

一般以一个溜井可服务的范围划分为一个矿块。溜井之间的距离由出矿设备的性能和进路的长短来确定。若使用电动铲运机或柴油铲运机时，间距一般为70～200m，若使用ZYQ-14型气动装运机时，间距一般不超过60m。回采时，如果放矿溜井有可能与崩落区相通，要在降段前将放矿溜井口封闭好，以防废石进入放矿溜井。

对于厚大矿体，回采进路一般呈垂直走向布置，进路的联络巷一般布置在矿体下盘的围岩中，以减少矿石损失，改善通风条件。上下相邻的分段，进路一般呈菱形布置。进路的规格与采用的凿岩设备和出矿设备有关，若用大中型铲运机出矿，一般为(4～5)m×(3.2～4.5)m；若用ZYQ-14型气动装运机或小型铲运机出矿，一般为(3～4)m×(3～3.2)m。

B 切割工程

切割工程包括切割井、切割巷和切割槽。切割槽是通过切割井和切割巷道形成的，它是进路回采的最初爆破补偿空间。若切割槽不能按设计拉开，如出现“悬顶”等将直接影响回采工作正常的进行。因此，拉槽工作必须切实可行，稳妥可靠，以保证切割质量。

a 切割槽位置

切割槽位置与矿体赋存条件有关，有脉外、脉内和矿体边界三种布置方式。

(1) 布置在脉外。这种布置矿石回采率高，但采准工作量大，采出的废石量大，且矿体倾角越小，此缺点越显严重，已很少使用。

(2) 布置在脉内。采准量小，采出废石量小，矿体倾角缓普遍采用的方案。

(3) 布置在矿体的边界。这种布置即是将切割巷布置在矿体边界线内侧，使切割井下部在脉内，上部在脉外，此方案的优点是工程量较小，少出废石，贫化率小。但在矿体倾角较小和矿体边界不规则的条件下，要出的废石量往往很大。如果矿岩接触带不稳固，施工比较困难，故此法适用于急倾斜、矿体边界规则和矿岩接触带稳固的矿体中。

b 拉槽方法

在生产中所使用过的拉槽方法主要有下列五种：

(1) 用切割平巷与切割井拉槽法。这种方法如图9-242所示，在进路开始回采的一端，向两侧掘进切割平巷，并在切割平巷和进路的交叉口处向上开掘切割井，利用切割井和切割平巷作自由面，拉开切割槽。该法比较可靠，但需掘进切割平巷和切割天井，作业比较困难。这种方法主要用在矿体边界或在较狭窄的矿段中单独进路的拉槽。

（2）联合拉槽法。这种方法如图9-243所示，用一条切割平巷将几条进路开始回采的一端连通起来，在切割平巷中向上开掘一条或两条切割井，利用切割井和切割平巷作自由面，拉开切割槽。该法可减少切割井的数量，但需在矿体边界比较规则的条件下才可以使用。由于拉槽孔排数太多，拉槽的质量不易保证。该法在梅山铁矿用得较多。

（3）天井拉槽法。这种拉槽法只有一条切割井，曾在大庙铁矿使用过，如图9-244所示。切割井形成后，在切割井两侧钻凿三排垂直扇形中深孔，用切割天井和回采进路作自由面拉开切割槽。此法主要用于矿岩不够稳固，切割平巷容易冒落的地方，虽然取消了切割平巷，但切割天井的数量却增加了。

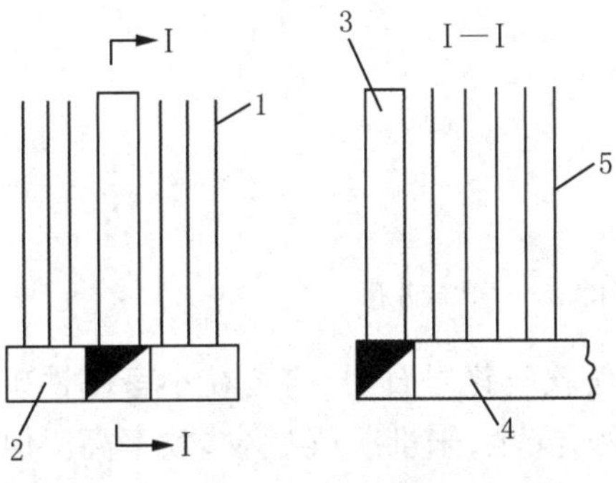

图9-242 切割平巷与切割天井拉槽法

1—切割炮孔；2—切割平巷；3—切割天井；4—回采进路；5—回采炮孔

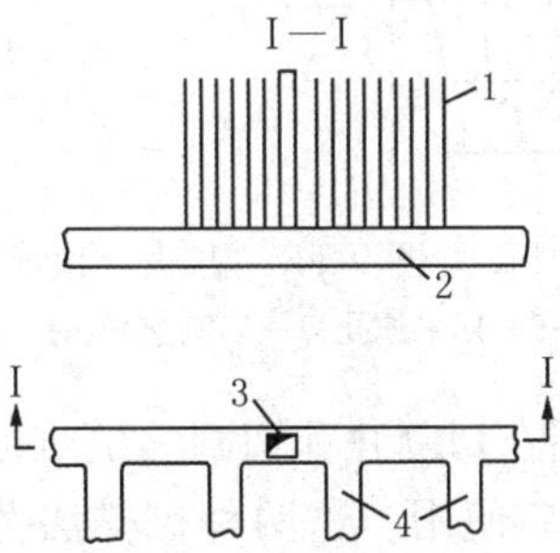

图9-243 联合拉槽法

1—切割炮孔；2—切割巷道；3—切割天井；4—回采进路

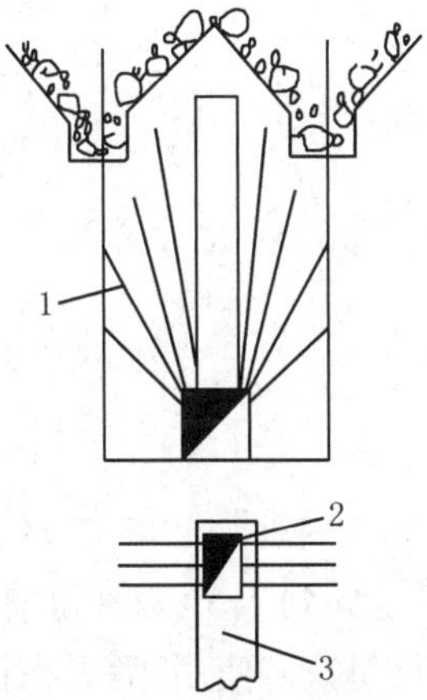

图9-244 天井拉槽法

1—切割炮孔；2—切割天井；3—回采进路

（4）有切割巷无切割井楔形拉槽法。如图9-245所示，此拉槽法是在进路中开始回采的一端开掘切割横巷，在切割横巷中以进路为自由面钻凿楔形中深孔爆破而成。

此法主要用在切割井难以形成的松软破碎矿岩中。

（5）无切割井、无切割巷的拉槽法。此法有两种：一种是逐排抬高炮孔拉槽法；另一种是扩大一次成井拉槽法。

逐排抬高炮孔拉槽法如图9-246所示。在进路开始回采的端头，以进路为自由面，用逐渐增大扇形孔前倾角的方法拉槽。

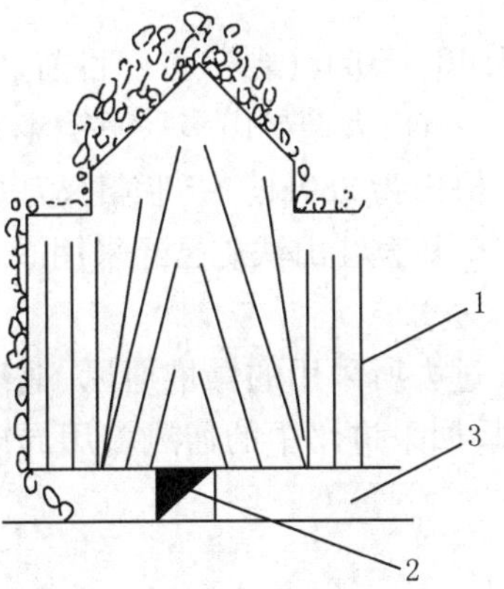

图9-245 无切割井楔形拉槽法

1—切割炮孔；2—回采进路；3—切割巷道

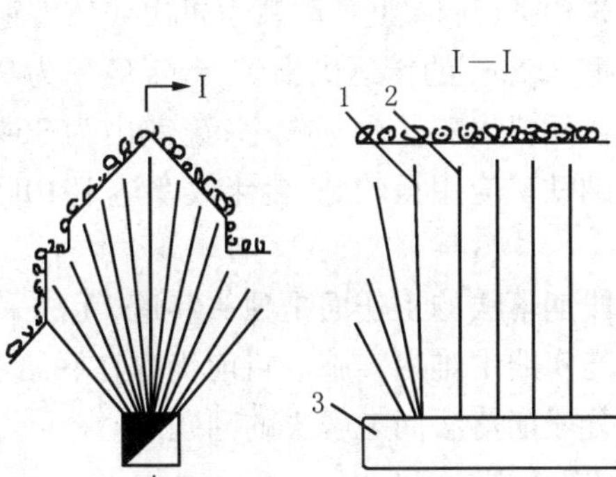

图9-246 逐排抬高炮孔拉槽法

1—切割炮孔；2—回采炮孔；3—回采进路

扩大一次成井拉槽法，如图9-247所示，在回采进路端头的两侧，各布置一个硐室，在两硐室与回采进路交汇处钻凿一次成井中深孔,然后再在两侧的硐室内各布置 2~3 排扇形炮孔,一次分段爆破,形成切割槽。

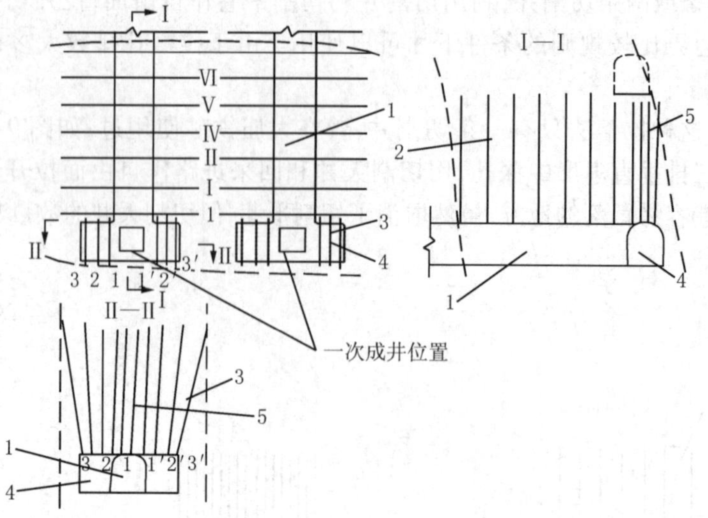

图 9-247 扩大一次成井拉槽法

1—回采进路;2—回采炮孔;3—切割炮孔;4—切割孔凿岩硐室;5—一次成井孔

第(4)、(5)两种拉槽法主要用在切割井和切割巷道难以形成的松软破碎岩石中,前者在小官庄铁矿和西石门铁矿使用,后者在杨家坝铁矿使用。这两种拉槽法劳动条件好,安全,采准工程量少,效率高。但对炮孔质量和爆破顺序要求严格。

9.6.4.4 回采

A 落矿

过去我国主要使用 CZZ-700 型胶轮自行台车装 BBC-120F 重型凿岩机凿岩,或用圆盘凿岩台架装 YG-80 或 YGZ-90 型钻机凿岩。炮孔呈扇形布置。孔径为 52~70mm,效率一般为 40~70km/(台·a)。每米崩矿量 5~6t/m,扇形孔的排距,一般为 1.4~1.8m,炮孔前倾角 80°~90°,边孔角一般为 45°~60°。

现在国内一些大型矿山大部分采用进口的液压凿岩机和凿岩台车,如镜铁山铁矿,梅山铁矿所用的 SimbaH252 台车配 COP1238 凿岩机就属于这种类型。该种凿岩设备凿出孔径可达 70~105mm。效率在梅山为 58.6km/(台·a);在镜铁山为 77.2km/(台·a)。

在国内,装药一般用 BQ-100 型装药器进行,炸药多为粒状或粉状的。梅山等大型矿山多用装药车装药。一般每次爆破 1~2 排扇形孔。不宜多爆,多爆会增大矿石损失。

B 出矿

过去国内采用 ZYQ-14 型气动装运机出矿较普遍,台年效率为 40~70kt/(台·a)。目前,中型矿山多采用铲斗为 $2m^3$ 和 $1.5m^3$ 的铲运机出矿,台年效率为 90~150kt/(台·a);大型矿山多采用铲斗为 $3.8m^3$ 柴油铲运机或电动铲运机出矿。台年效率;镜铁山为 364.4kt(电动);梅山为 380kt。铲斗容积为 $6.5m^3$ 的铲运机在瑞典基鲁纳铁矿应用得较好,台年效率达 1010kt,我国梅山铁矿和大红山铁矿已经采用。

C 通风

无底柱分段崩落法的工作面是独头巷道,无法采用贯穿风流,过去所采用的爆堆通风、地沟通风以及风筒通风等在生产实践中难以实施。目前仍靠在联络巷中进行通风,回采进路中的通风多用局扇进行。通风问题是无底柱分段崩落法尚未解决的问题。

9.6.4.5 覆盖层

A 覆盖层是无底柱分段崩落法采矿的必要条件

随着矿体开采下降,空场的悬高与跨度逐渐增大,顶板围岩地压增加,使回采条件恶化,到一定程度会垮顶冒落,产生巨大冲击波地震波,甚至造成停产和安全事故。一定厚度的覆盖岩层对上部围岩突然冒落起缓冲作用,保证作业安全和矿岩的稳固性。

无底柱分段崩落法只有在覆盖层条件下才能进行挤压爆破,在岩石重力下按椭球体放矿理论进行放矿,才能获得较好的爆破效果和回收指标。如果无覆盖层或厚度不够,爆破时在爆堆与未爆矿壁之间形成一条沟槽,废石混入矿堆,增大损失贫化指标。

坑内矿山采用三级矿量来衡量采矿与掘进的比例,以掘进来保证三级矿量。无底柱分段崩落法从矿量管理上,没有覆盖层就形不成挤压爆破和良好的放矿条件,不能进行正常回采工艺,故不能保证生产,不能满足三级矿量的要求。

对于高山高寒及与地表相通的矿体,覆盖层不形成,也不利于坑内防寒保温和不能有效地堵塞地表透口,使采场难以形成良好的通风系统。

不宜用黄土细砂作覆盖层,以防止泥水下灌。应将崩落区的黄土层剥离掉。覆盖岩层的岩石块度不能过小,以防止细粒岩石在放矿时通过大块矿石间隙渗下,造成过早贫化。

覆盖层的厚度与矿岩性质、进路间距、分段高度、回采和放矿方式及开采状况有关,国内矿山实践体会,无底柱分段崩落法覆盖层厚度不小于15~20m。

B 覆盖层的形成

覆盖层的形成方法有人工回填、自然冒落、强制崩落及暂留矿石层四种,主要是根据开采状况、围岩条件、地面废石情况、矿体倾角和厚度、矿体赋存状态等选择。

人工回填用于矿体出露开采面积大,围岩崩落满足不了要求,附近又有露天废石的矿山,又解决了露天矿的排土占地问题。

自然冒落用于顶板围岩不稳固或露天转入地下开采围岩易崩落的矿山,这是一种经济有效的方法,应尽量采用,往往也加之小量局部爆破处理围岩。

强制崩落用于顶板围岩较稳固的矿山。在矿山开采初期,对顶板围岩自然冒落规律尚未掌握,期望用自然冒落来形成覆盖层是不可靠的。在时间上,覆盖层厚度及其安全性都不允许。因此,在不能自然冒落的矿山,须采取强制崩落方法,使回采工作及早正常化。

采用强制崩落法形成覆盖层,有时工程量很大,时间长,投资多,而且放矿时贫化大。对于急倾斜矿体可以预留崩落的矿石作为覆盖层的过渡方法。待顶板围岩崩落后或开采结束时,再放出覆盖的矿石层。

形成覆盖层的方法分为以下四种:

(1) 由露天开采转为地下无底柱分段崩落法开采时,只要崩落边帮就可形成覆盖层,如冶山铁矿。

(2) 矿体上部采用空场法开采,下部改用无底柱分段崩落法开采。崩落上部矿柱,使围岩自然冒落,或用强制崩落,形成覆盖岩层,如弓长岭铁矿等。

(3) 用人工强制崩落顶板围岩,形成覆盖岩层,如梅山铁矿、程潮铁矿等。

(4) 依靠顶板和围岩的自然冒落形成覆盖层,如向山硫铁矿等。

C 围岩稳固的盲矿体覆盖层的形成方法

对于围岩稳固的盲矿体,需要人工强制崩落顶板来形成覆盖层,形成的方法有集中落顶和分散落顶两大类。

a 集中落顶

(1) 先回采后落顶。这种方法梅山铁矿曾经使用过。其方案如图9-248所示,就是在回采分段上部的硐室或平巷中,布置数排落顶扇形深孔,待下部回采形成足够的补偿空间时,将整个矿块落顶孔一次爆破,使矿块顶板崩落。

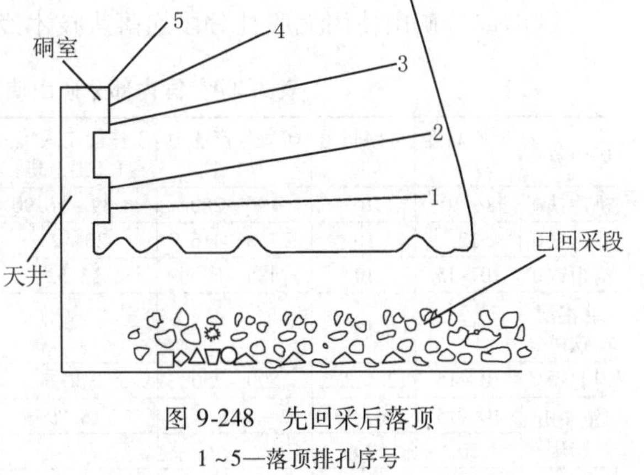

图9-248 先回采后落顶

1~5—落顶排孔序号

该法比较简单,不需专门开掘补偿空间,工程量小,不出废石,效果也比较好。其缺点:一般需要本矿块两个分段回采放矿后才能完成对垫层厚度的要求,因而时间较长,有时会影响矿山整个回采顺序。回采工作是在无覆盖岩的条件下进行的,不能形成挤压爆破,本分段矿石回收率只有35%左右。且空区的跨度和悬顶高都比较大,安全性较差。

(2) 先落顶后回采。这种方法是在欲落顶的岩石中,用和无底柱分段崩落法类似的方法预先将顶板崩落。若用深孔落顶时,仅凿岩巷道之间的距离放大些。大冶铁矿尖林山车间就是采用此法放顶。

该法的优点在于预先形成了安全垫层,为下部回采创造了有利条件,不影响下部开采和回采顺序,稳妥可靠。但由于需要做大量放顶工程,基建时间长,且需出大量的废石,成本高。

b 边回采边落顶

(1) 边回采边落顶。该法是在回采分段上部的一侧或两侧,在平行于回采进路的方向上,布置凿岩平巷,在凿岩平巷内布置垂直扇形深孔。见图9-249。回采与落矿的顺序,交替进行,回采超前于落顶,当各回采工作面形成一条直线并超过上部相应的1~2排落顶孔时,则进行深孔落顶爆破,以形成岩石垫层。待矿块回采完毕时,顶板的崩落也随之结束,该法曾在梅山铁矿使用。

该法的优点是顶板暴露面积小,时间短,安全性好;可使回采工作正常化,本分段的矿石回收率高,减少了落顶与回采工作互相干扰,易于保证整个矿山的回采顺序。其缺点是落顶是分次爆破,工作频繁,管理不便,对深孔的质量要求严格。

(2) 边落顶边回采。如图9-250所示,即在第一回采分段的进路内在钻凿回采炮孔的同时,按设定的尺寸间隔钻凿落顶炮孔,落顶可略超前回采,也可回采中孔与落顶深孔同时装药爆破(梅山铁矿部分地段曾用此种)。落顶超前距离不宜太大,一般为1~2排深孔为宜,太大易造成过挤压爆破效果不好。

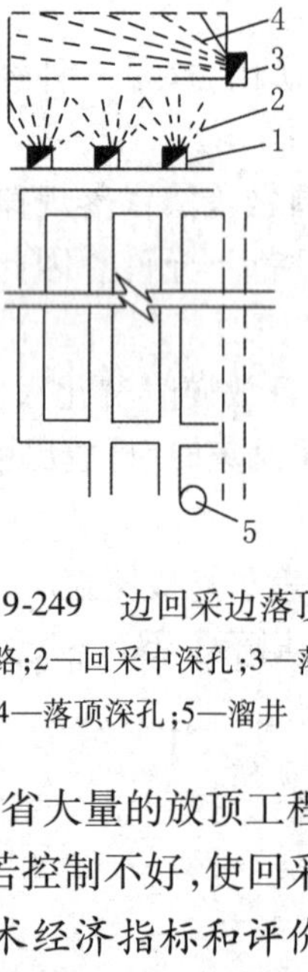

图9-249 边回采边落顶
1—回采进路;2—回采中深孔;3—落顶平巷;
4—落顶深孔;5—溜井

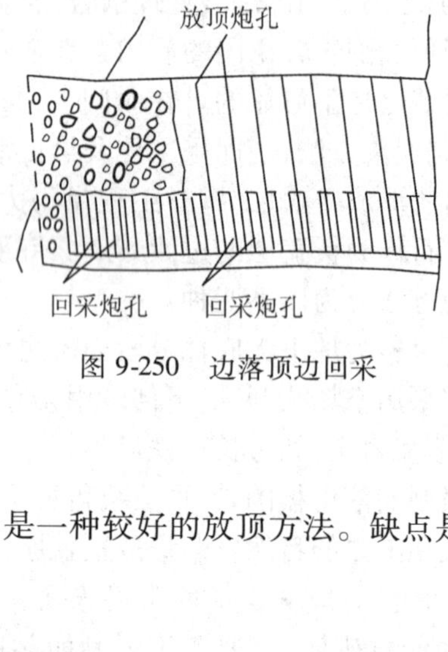

图9-250 边落顶边回采

该法由于能节省大量的放顶工程,少出废石,又安全,是一种较好的放顶方法。缺点是控制在一定高度的爆破不易掌握,若控制不好,使回采工作不能正常进行。

9.6.4.6 技术经济指标和评价

国内部分矿山使用无底柱分段崩落法技术经济指标见表9-204。

表9-204 国内部分矿山使用无底柱分段崩落法主要技术经济指标

矿山名称	分段高度/m	进路间距/m	矿块生产能力/(t/d)	工作面工人工效/(t/(工·班))	采切比/(m/kt)	每米崩矿量/(t/m)	损失率/%	贫化率/%	炸药单耗/(kg/t)	备注
桃冲铁矿	8~10	10	196~280	6.39~16.96	5.46~14.01	7.16	29.28	19.81	0.4~0.81	
冶山铁矿	12	10	277.8~416.7	20~23	7	6~7	11.1~23.4	18.3~24	0.39~0.44	
梅山铁矿	10~15	10	485~697	13.53	3~4	6~8	21	15~17	0.35	
北洺河铁矿	15	18			2.1	10	5.22(设计)	2.36(设计)	0.45	大间距方案
河北铜矿	10~15	12~12.5	500~750	30	9.6	11.5	15	15~20	0.55~0.74	高端壁方案
镜铁山铁矿	10~15	10~15	208	18.89	8.33	5.84	11.1	11.04	0.65	
	20	20			3.15	8.5	14.8	11.5	0.457	高分段方案
漓渚铁矿	10	10	200~250	10.8	6.05	4.45	29.82	16.92	0.41	
	24	10	375	11.31	6.3	5.06	16.5	13.63	0.38	高端壁方案

无底柱分段崩落法优点：

(1) 不留底柱，结构简单，可省去大量的底部结构工程和维护工作，避免回采底柱的损失和贫化。

(2) 回采工艺简单，采用大型无轨设备，实现高度机械化及自动化。

(3) 回采工作以进路为单位，掘进回采进路、钻凿深孔、出矿等工作可以在同一矿块上下分段不同的进路中同时进行，作业集中互不干扰，易于管理，具有较大的灵活性，并能较快地投入生产。

(4) 生产能力大，劳动效率高，开采成本低。

(5) 无底柱分段崩落法是最安全的采矿方法之一，所有的采矿活动均在断面不大的进路中完成，安全程度高。

(6) 在进路中以小步距后退式回采，有利于分采分运，剔除废石。

(7) 地压管理简单。

无底柱分段崩落法缺点：

(1) 在覆盖岩石下放矿，且每次崩落的矿石都是在多个废石接触面下放出，矿石贫化率大，要求放矿管理严格。

(2) 回采工作在独头巷道中进行，通风条件差。

无底柱分段崩落法发展趋势：

(1) 采矿设备趋于无轨化、液压化、大型化；

(2) 优化结构参数向大结构参数发展，以提高生产能力和劳动生产率。

9.6.4.7 结构参数的演变及矿山实例

20 世纪 70 年代，由于凿岩设备和出矿设备能力较低，使用的结构参数主要为 10m×10m。经研究，认为放出椭球体的长轴总是大于其短轴的，因而提出了高端壁无底柱分段崩落法方案，又先后在漓渚铁矿和河北铜矿做了工业试验，并取得了成功。到了 90 年代，由于采矿设备能力不断地提高，我国一些大型矿山，如梅山、镜铁山、大红山等铁矿相继采用了大结构参数开采，矿山的生产能力得以大幅度的提高，使我国无底柱分段崩落法提高到了一个新的水平。

A 梅山铁矿低分段无底柱分段崩落采矿法

a 地质概况

梅山铁矿为一大型盲矿体，埋深在 -34 ~ -542m 水平之间，距地表最浅处为 105.5m。矿体呈透镜状产出，长约 1370m，宽约 824m，平均厚度约 134m。矿体致密坚硬，$f=9\sim15$，矿体稳固，巷道一般不需支护，局部地段裂隙和溶洞较发育。含铁品位富矿 49.24%，贫矿 32.93%，含硫、磷较高。矿体上盘为安山岩，$f=2\sim11$。其中高岭土化强烈的安山岩遇水易风化崩解，稳固性差，其他属中等稳固，能自行崩落。下盘为辉石闪长玢岩 $f=8\sim9$，属中等稳固。

b 矿块布置及参数

该矿采用无底柱分段崩落法开采，如图 9-251 所示。运输阶段高度 120m，辅助阶段高度 60m。

由于矿体厚大，自 -100m 水平开始将矿体沿走向划分为东西两个采区，每个采区设有独立的运输、通风系统。在采区内再划分为矿块，以矿块为单元进行回采。矿块沿长轴方向 60m，垂直走向 50m。每个矿块布置放矿溜井和通风天井各一条。分段高 12m，进路间距 10m。进路垂直矿体长轴方向并在空间呈菱形交错布置。运输联络巷道沿矿体长轴方向布置，间距 50m。进路与联络道规格为 4.2m×3.2m。为解决采掘设备运送，在北区 -100 ~ -200m，开掘一条采区斜坡道，其直线坡道 15%，弯道坡度 0% ~2%，断面(宽×高) 4.5m×5m 和 3.5m×3.3m 曲线半径为 10m。

切割工作一般采用切割平巷和切割天井联合拉槽法或利用矿体构造裂缝进行。

c 回采

用 CZZ-700 型凿岩台车配 YGZ-90 型凿岩机打上向中深孔，孔径 58mm，边孔角 50°，排面倾角 90°，每排孔 11 ~12 个，孔总长 100 ~120m，排距 1.6 ~1.8m，孔底距 1.5m，每米崩矿量 5.4 ~6.0t。采用铵松蜡炸药爆破，用 FZY-100 型气动装药器装药，炮孔装药系数约为 85%，每次爆破一排，用导爆索和毫秒导爆管联合爆

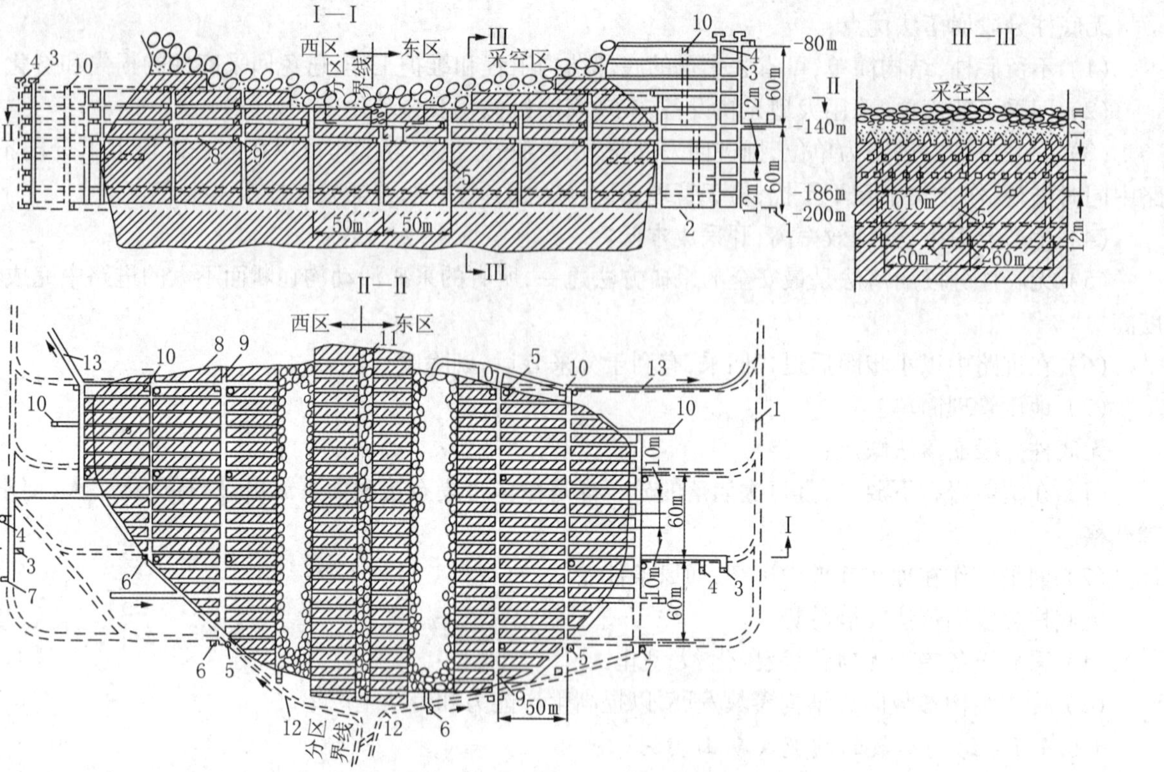

图 9-251 梅山铁矿无底柱分段崩落采矿法

1—沿脉运输巷道;2—运输横巷;3—电梯井;4—设备井;5—矿石溜井;6—人行风井;7—废石溜井;8—采矿巷道;9—联络道;10—回风天井;11—切割槽;12—进风巷道;13—回风巷道

破,每次崩矿量 720t 左右,一次炸药单耗 0.35kg/t。用 ZYQ-14 型气动装岩机或 $2m^3$ 的铲运机出矿。装运机出矿效率为 76 ~ 80kt/a,$2m^3$ 铲运机出矿效率为 118 ~ 133kt/a。

d 覆盖层的形成

该矿为一大型盲矿体,上覆岩石厚约 100m 以上,并在 -80m 分段以上有一层厚约 20m 的“铁冒”。为此,该矿在开采初期采用了强制崩落上盘岩石的措施,以形成 20m 左右厚的废石覆盖层。采用的方案既有“集中放顶”,又有“分散放顶”。

B 梅山铁矿高分段无底柱分段崩落采矿法

梅山铁矿使用的无底柱分段崩落采矿法,其结构参数曾为 15m×15m。从 2000 年起,开展了 15m×20m 高分段大间距无底柱分段崩落采矿法工业试验。2003 年,试验取得成功。目前,该结构参数已在全矿得到推广应用。

a 采矿设备的配套

采准掘进采用 ROCKET Boome281 型全液压掘进台车凿岩,配备 TORO-301D 型铲运机出渣,设备效率为 1800 ~ 2000m/(台·a),掘进断面大都为 4.5m(宽)×4m(高);回采凿岩采用 SimbaH252、SimbaH254、SimbaH354 型全液压采矿台车钻凿 ϕ78 ~ 110mm 中深孔,设备效率为 61 ~ 66km/(台·a);回采出矿以 TORO-400E、TORO-007、TORO-1400E 型铲运机为主,以 TORO-301D 铲运机为辅完成回采出矿工作,设备效率为 350 ~ 700kt/(台·a)。

b 崩矿步距

由试验得知,其崩矿步距控制在 3 ~ 3.5m 之间为好。其阶段平均矿石回采率为84.93%,岩石混入率为 13.37%,该指标比 15m×15m 的结构参数略有改善。

c 主要技术经济指标

与原来采用的 15m×15m 结构参数相比,千吨掘采比由 2m/kt 下降到 1.43 m/kt;采矿强度由 $40t/(m^2 \cdot a)$ 提高到 $62.67t/(m^2 \cdot a)$;采矿成本下降到 37.74 元/t,降低了 16.14%;全员劳动效率达到 2661t/(人·a)提高将近 1 倍。

C 北洺河铁矿高分段无底柱分段崩落法

a 概况

北洺河铁矿，主矿体长1620m，宽92～376m，厚度40～160m，平均厚度44.91m。双背斜构造，倾角6°～60°，平面图上矿体呈向南突出的新月形，横剖面上呈大小不等的透镜体，在纵剖面图上呈变化较大的蠕虫状，是典型的厚大矿体。现用高分段大结构参数无底柱分段崩落法开采。

b 结构参数

－50m首采（辅助）阶段和－110m阶段采用的结构参数为15m（高）×18m（宽）。对于下部厚大矿体将用20m×21m结构参数进行开采。现对15m×18m结构参数使用情况予以简介。

在设计该结构参数时，遵守下列三条规则：

（1）3分段回收根据矿体的铅垂厚度，按不少于3个分段回采的原则，确定主采矿段的分段高度。

（2）进路间距的取值原则，保证每一个分段最大限度地放出纯矿石，同时为下分段形成良好的矿岩接触面条件（因第一分层以放顶为主，又采用低贫化放矿，采场存留矿量较多之故）。

（3）底部回收进路与加密进路相结合，充分回收近底板部位矿量。

三原则具体内涵是：一是在第1分段未形成覆盖岩层的情况下是空场下放矿的，存留于采场中的矿量要到下面的第3分段才能够回采出来，因此要求主矿段的回采进路必须保证在这3个分段以上，以确保矿石的回收；二是要求每一条进路在放矿过程中，既要完整地回收所担负的脊部残留矿石，又不破坏相邻进路的脊部残留体；三是在矿体的底板，既不过量地开掘岩石，又能形成足够多的出矿网点，以减少矿石损失。

c 采准布置

采准布置如图9-252所示。由于顶板围岩比较破碎，可随着回采自然冒落，因此，首采分段布置在矿体之内，一方面用来采矿，一方面兼作放顶巷道。第3分段的进路布置在底板岩石之内，且加密进路条数，以减少矿石损失。

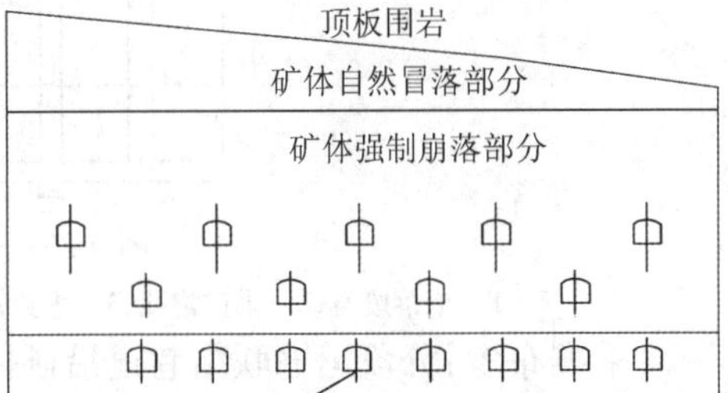

图9-252 15m×18m采准工程布置

d 凿岩爆破参数

凿岩用QZG80A型中高风压潜孔钻机进行，孔径为80mm，排距采用大小排相间式，大排在前，排距为2.0m，小排在后，排距为1.7m。第1分段边孔角取47°，第2分段边孔角取57°。两排同时爆破，即崩矿步距为3.7m。每米炮孔崩矿量约为10t/m，爆破效果良好，大块率在6%以下。

e 放矿

采用低贫化放矿。第1分段崩下的矿量大都存留在采场中，待到第3分段放出。

本采矿方案，减少了采准工程量，降低了采矿成本，缓解了地压对工程的破坏，为矿岩不稳固的矿山提供了一个很好的采矿方法方案。

D 镜铁山铁矿高分段无底柱分段崩落采矿法

a 地质概况

该矿由桦树沟和黑沟两个矿区组成，试验是在桦树沟区。该区为一沉积变质铁矿床，赋存于寒武奥陶纪含铁千枚岩中，整合于黑色与灰绿色千枚岩之间。该矿床由7个条带状矿体组成，在平面上呈N45°～65°W方向平行展布。矿区内的矿岩层皆呈紧密的等斜直立倒转的复式向斜褶皱，并被大逆断层斜切为东西两部分。东部为两个平行排列的向斜，即北面的Ⅰ、Ⅱ矿体和南面的Ⅲ、Ⅳ矿体；西部为一个向斜和一个单斜，即南面的Ⅵ、Ⅶ矿体和北面的Ⅴ号矿体。矿石品位为37.86%，密度为3.78t/m^3。单轴抗压强度：矿石为120～160MPa，千枚岩为50～100MPa。

试验矿块位于Ⅱ矿体西部14号～16号勘探线之间，走向N57°W，倾向SW，倾角65°～80°，矿厚平均52m。矿块长140m，高为20m，宽等于矿厚。整个矿块的矿石稳固性极好，但靠上盘部分稍差。上盘黑灰色千枚岩因距地表较近受风化影响，稳固性较差；下盘灰绿色千枚岩稳固性较好。

试验矿块的上部和东部矿块已用10m×10m的结构参数采完。因此，20m×20m结构参数并非是完整菱形结构，而是一个过渡段的结构。

b 结构参数与采准切割

试验采用结构参数为：分高度 20m，进路间距有 20m 和 15m 两种。放矿实验研究表明，分段高度为 20m，进路间距为 20m 或 15m 的情况下，合理的放矿步距在 5～6.5m，实际推荐的崩矿步距为 3.6m。

采矿方法的标准结构如图 9-253 所示。

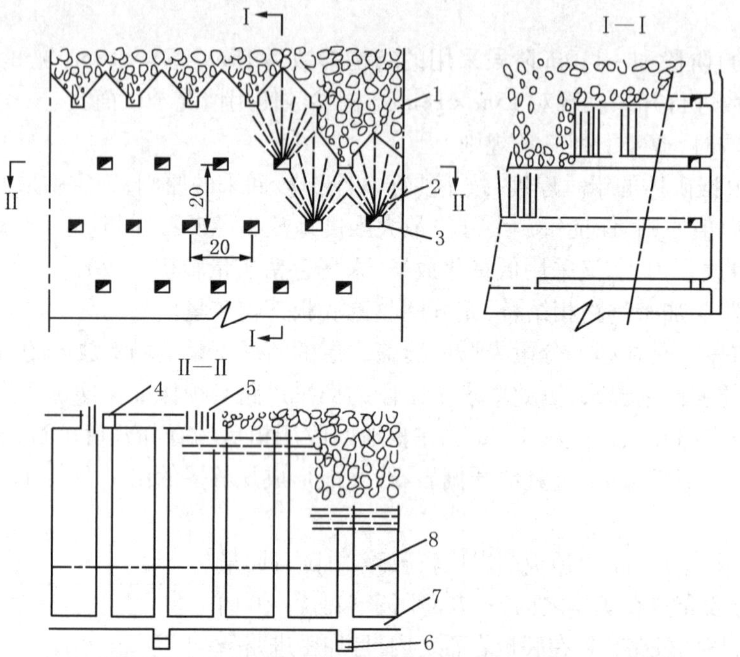

图 9-253 高分段无底柱分段崩落法 20m×20m 结构

1—崩落废石；2—采矿炮孔；3—进路；4—切割天井；5—切割炮孔；6—矿石溜井；7—运输联络巷道；8—矿体边界

采准布置：分段运输联络巷道沿矿体下盘边界布置；进路垂直矿体走向布置，并尽量呈菱形交错布置。进路与联络巷道的规格均为宽 4.5m，高 3.8m，断面为 15.62m^2。矿石溜井都布置在下盘围岩中，间距 40m。在Ⅱ矿体中部的下盘围岩中，布置有一条采区斜坡道，可直接与主斜坡道相通。

c 回采

凿岩采用 Simba H252 型台车和 COP1238 型液压凿岩机。炮孔直径 ϕ64mm，排距 1.8m，孔底距 1.6～2.2m，炮孔密集系数为 0.89～1.22，边孔角 50°，排面倾角 85°～90°。采矿台车的凿岩效率为3799.9m/(台·月)。

装药用国内研制的 DEY-220 型装药车进行。该装药车装药速度 1m/s。炸药为铵松蜡粉状炸药。炮孔装药系数 0.9 左右。用导爆索和导爆管起爆。每米炮孔崩矿量，20m 间距者为 9.2t/m，15m 间距者为 7.8 t/m，大块率分别为 8.8% 和 6.9%。

出矿用 EST-52 型电动铲运机进行，该机斗容为 3.8m^3，出矿效率为 20072t/(台·月)。

d 主要技术经济指标

主要技术经济指标见表 9-205。

表 9-205 20m 分段高度与 10m 分段高度主要技术经济对比指标

名 称	指 标	
	20m 分段高	10m 分段高
矿石回收率/%	85.23	88.99
矿石贫化率/%	11.15	11.04
掘采比/(m/kt)	3.15	8.33
采出矿石品位/%	32.1	33.80
采矿强度/(t/(a·m^2))	44.46	14.83
每排炮孔崩矿量/t	2075	700
每米炮孔崩矿量/(t/m)	8.5	5.84
炸药单耗/(kg/t)	0.457	0.65

从表 9-205 中可以看出，20m 分段高度的各项指标，除回采率外，都比 10m 分段高的有显著的改善。如

掘采比降低了1.3倍，采矿强度提高了1.5倍，每排炮孔崩矿量提高了近2倍。其中，仅仅采掘比一项每采一吨矿石可节约5元，可使采矿成本降低20%左右，可见其经济效益是相当显著的。同时，为充分发挥大型无轨采矿设备效率和提高矿山生产能力创造了良好的条件。

9.6.5 有底柱分段崩落采矿法

9.6.5.1 概述

将矿块划分为分段，每个分段设有底柱和专用的出矿巷道及凿岩巷道。矿块内不再分为矿房和矿柱，在水平方向上，按一定顺序，以一定的步骤连续回采，在垂直方向上，自上而下逐个分段依次回采，落矿用中深孔或深孔进行，在崩落围岩覆盖下放矿。

有底柱分段崩落法的方案多：按爆破方向分可分为水平层落矿方案、垂直层落矿方案和联合落矿方案；按爆破补偿空间分，可分为挤压爆破方案和自由空间爆破方案；按落矿方式分，可分为水平深孔有底柱分段崩落法与垂直深孔落矿有底柱分段崩落法；按放矿方式分，可分为底部放矿与端部放矿。

9.6.5.2 水平深孔落矿有底柱分段崩落法

A 概述

典型方案如图9-254所示。每个阶段可分为2~3个分段，每个分段下部都设有底部结构。出矿设备不同，底部结构也不同。过去多用电耙出矿，因而在底部结构中常设有电耙道、漏斗、斗穿、溜井或堑沟结构等工程。由于电耙出矿能力较低，当今开始用铲运机替代。此时的底部结构一般多由装矿巷道、运输联络巷及堑沟组成。不管采用哪种底部结构，在崩矿前都需在矿石层的下部进行拉底和开掘补偿空间。若矿石稳固性较差，或拉底面积较大时，可留临时矿柱，临时矿柱与上部矿石一起崩落。补偿空间开掘之后，一次爆破上面的水平深孔，形成20~30m高的崩落矿石层，并在覆岩下放矿。用电耙或铲运机出矿。

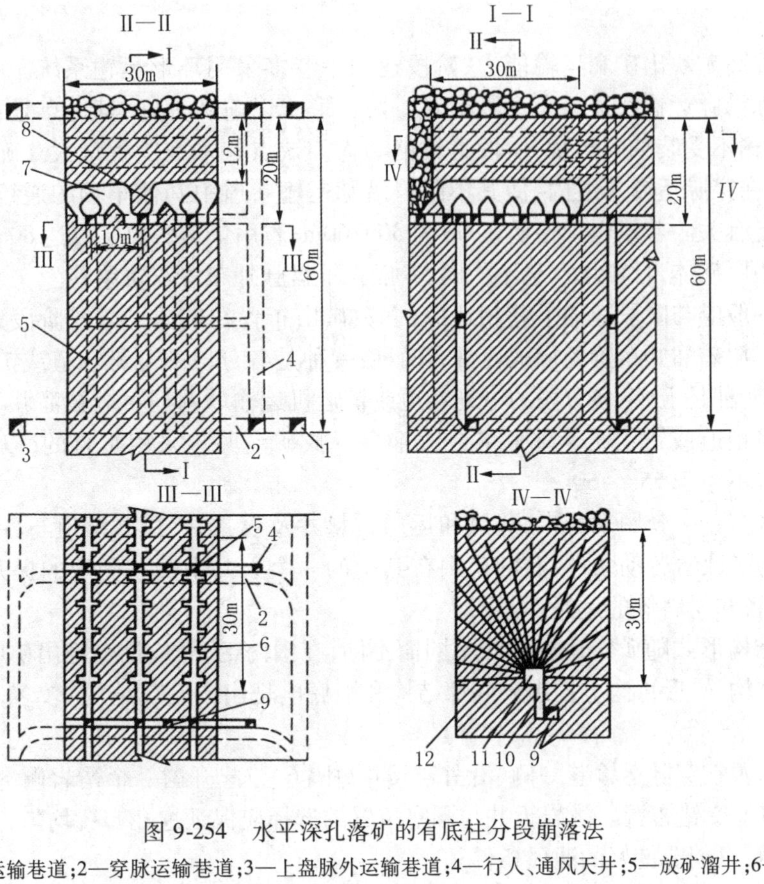

图9-254 水平深孔落矿的有底柱分段崩落法

1—下盘脉外运输巷道；2—穿脉运输巷道；3—上盘脉外运输巷道；4—行人、通风天井；5—放矿溜井；6—耙矿巷道；7—补偿空间；8—临时矿柱；9—凿岩天井；10—联络道；11—凿岩硐室；12—深孔

B　矿块布置

急倾斜和倾斜矿体，当厚度小于15~20m时，矿块一般沿走向布置；厚度大于15~20m时，矿块一般垂直走向布置。对于缓倾斜和倾斜中厚矿体，根据倾角大小，采场既可以沿走向布置，也可以沿倾向布置。

C　构成要素

阶段高度，主要取决于矿体倾角、厚度和形状规整程度，一般为40~60m。分段高度，对于急倾斜和缓倾斜厚大矿体，其高度一般为20~30m；对于倾斜中厚矿体，若沿走向脉外布置电耙道或铲运机运输联络巷时，一般为10~15m。矿块长度，采用电耙出矿时，一般为30~40m；采用铲运机出矿时，为80~100m。矿块宽一般为10~15m。底柱高度，底柱高度取决于矿石稳固性和受矿巷道形式。采用漏斗底部结构时，每个阶段上分段的底柱高度一般为5~7m。最下分段底柱因设有储矿的放矿溜井，底柱高度一般为11~13m，若采用铲运机出矿堑沟式结构时，底柱高度一般为12~15m。

我国应用有底柱分段崩落法的构成要素见表9-206。

表9-206　有底柱分段崩落法构成要素

矿山名称	阶段高度/m	分段高度/m	阶段底柱高度/m	分段底柱高度/m	电耙道		漏斗间距/m	耙运距离/m	放矿斗穿规格（宽×高）/m×m	斗颈规格（长×宽）/m×m
					间距/m	规格（宽×高）/m×m				
胡家峪铜矿	50	12~20	12	8~10	15	2.5×2.5	5	25~40	2.5×2.5	2.5×2.5
篦子沟铜矿	45	15~22.5	10~12	10~11	15	2.4×2.5	6	25~30	2.4×2.5	2.4×(2.0~2.4)
松树脚锡矿	25	—	11	—	12	2.0×2.0	6	30~35	1.8×1.8	1.8×1.8
金山店铁矿	50~60	25~30		5~6	10	2.0×2.0	5	30~40	2.0×1.8	2.0×2.0
黑山沟铁矿	50	17~23	7	5		2.2×2.5	6~8	30~45	2.2×2.0	2.0×2.0
因民铜矿大壁槽区	60	10	7~7.5	5~5.5	12	2.0×2.0	5	45~55	2.0×1.8~2.0	2.0×2.0
马庄铁矿	50	15~22	6~7	6~7	9~10	2.0×2.0	4.5~5	20~50	2.0×2.0	1.3×1.8

D　采准

厚大矿体为了提高矿块出矿和运输能力，阶段运输平巷多采用环形运输系统。在环形运输系统中，有穿脉运输平巷装车和沿脉运输巷道装车两种形式。两种形式以前者为好，其优点是：由于放矿溜井布置在穿脉运输巷道内，运输不受装载的干扰，阶段运输能力大。缺点是采准工程量大。确定穿脉运输巷道长度时，应使整个列车都在穿脉运输巷道内，使其不阻碍沿脉运输巷道中其他车辆的通行。穿脉运输巷道的间距与采用的出矿设备有关。若用电耙出矿，一般为30~60m；若用铲运机出矿可达80~100m。

当开采急倾斜中厚矿体，且矿块产量不大时，一般在下盘脉外布置双轨单巷。

出矿溜井布置一般应与阶段运输平巷相适应，多数矿山布置在矿体下盘或阶段穿脉巷中，特殊情况也可布置在矿体上盘。放矿溜井布置的形式通常有两种：一种是各分段的电耙巷道或铲运机运输联络巷都有独立的放矿溜井；另一种是上、下各分段的电耙巷道或铲运机运输联巷通过分枝溜井与矿块的主溜井相连。目前应用最多的是电耙道或铲运机运输联巷独立溜井。放矿溜井多采用垂直的，以便于施工和矿石的溜放。若用倾斜溜井应不小于55°~60°。

每个矿块或采区布置一套用来行人、通风和运送材料井及设备井，用联络道与各分段的电耙巷道或铲运机运输巷连通。为了改善劳动条件，有的矿山在其中的一个天井中安装固定的提升设备，并在联络道内铺设轨道，以利于设备和材料等的运搬。

各分段的底部结构形式随矿石运搬方法不同而不同，在国内，当今应用电耙出矿底部结构（其中又分漏斗式电耙出矿底部结构、V形堑沟电耙出矿底部结构和平底电耙出矿底部结构）较多，其次是装矿机出矿底部结构。

凿岩天井一般布置在穿脉运输巷一侧，沿凿岩天井每隔6~7m开凿一个凿岩硐室，硐室规格为3.6m×3.6m×3m，上下硐室呈交错布置。凿岩天井与硐室位置的选择应保证炮孔布置均匀，且位于矿岩较稳固处，并便于和上阶段贯通，以创造良好的通风条件。

E　切割

用电耙出矿的切割工程主要是开掘补偿空间和辟漏（或开掘堑沟）两项工作。用铲运机出矿的切割工

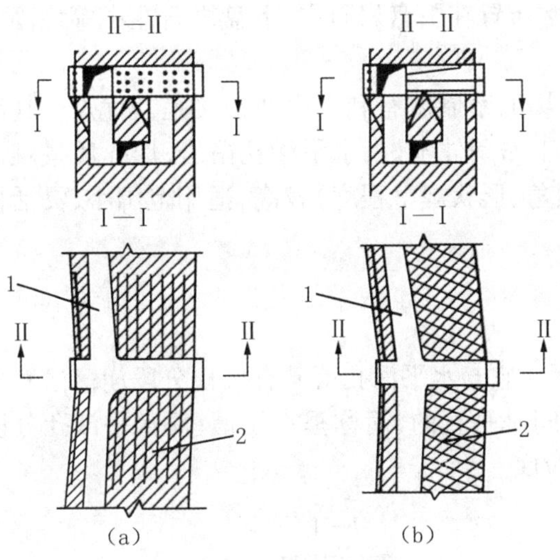

图 9-255 中深孔拉底炮孔布置方式
1—拉底巷道;2—中深孔

程就是用堑沟巷进行拉底。补偿空间对于水平深孔落矿的有底柱分段崩落法来说就是拉底。拉底的方法如图 9-255 所示。这种拉底方法通常是在拉底水平开掘横巷或平巷(统称为拉底巷道),在平巷或横巷内钻凿水平中深孔,最小抵抗线一般为 1.2 ~ 1.5m,每排布置 3 个炮孔,利用拉底平巷或横巷为自由面,每次爆破 3 ~ 5 排孔,形成拉底空间。

这种拉底方法主要用在比较稳固的矿体。拉底面积大时,也可以在拉底范围内留临时矿柱。此矿柱可与上部要回采矿石一齐爆破,这种拉底方法,主要用在比较稳固的矿石中。

对于不稳固的矿石,因不允许在崩矿前形成较大的水平补偿空间。一般是用拉底巷道的空间作为补偿空间。具体方法是在拉底水平上掘进成组的平巷和横巷,并在平巷和横巷间的矿柱中钻凿深孔。这些深孔与落矿深孔同次超前爆破,从而形成缓冲垫层的爆破补偿空间。

当采用自由空间爆破时,碎胀体积约为崩落前原体积的 30%。采用挤压爆破时,补偿比 K(又称补偿空间系数 K)一般取 12% ~20%。

辟漏斗的方法一般用中深孔爆破法,也可用浅孔爆破法。矿岩稳固时,辟漏斗可在回采爆破前进行,矿岩不稳固时,辟漏斗的中深孔应与回采落矿同次超前爆破。

F 回采

a 回采顺序

矿体总的回采顺序是自上而下进行;沿走向在阶段内有单翼后退式回采,双翼后退式回采,前进式回采和阶段内分成若干采区进行回采;对于相邻的平行矿体,一般是先采上盘矿体,后采下盘矿体。我国使用有底柱分段崩落法的矿山大多数采用单翼后退式回采,少数矿山采用双翼后退式回采,个别矿山采用沿走向划分成若干采区进行回采,前进式回采使用较少,因不利地压管理和通风。

b 落矿

落矿通常用水平扇形深孔进行。过去常用 YQ-100 型潜孔钻机钻凿,最小抵抗线一般为 3 ~ 3.5m,炮孔密集系数为 1 ~ 1.2,孔径为 105 ~ 110mm,孔深在本采矿方法中,一般不超过 25m。KQJ 系列潜孔钻机该系列钻机孔径为 80 ~ 120mm,孔深向下 30m,向上 60m,性能比 YQ-100 型潜孔钻机优越。若用中深孔时,一般用 YG-80 或 YGZ-90 型配 FJY-24 型圆环雪橇式台架凿岩。整个采场一般采用一次分段爆破。

c 放矿

有底柱分段崩落法矿山多用电耙出矿,用装运机或铲运机出矿的矿山尚属少数。无论是电耙出矿还是铲运机出矿,由于矿石是在覆盖岩石下放出的,为了降低矿石的损失和贫化,都要做好放矿管理。放矿管理包括确定放矿顺序、放矿制度以及编制放矿图表等。

d 通风

原则上宜采用压入式通风,以减少漏风。当采场风阻不大时,采用单一压入式通风即可;当采场风阻很大时,应采用以压入式为主的抽压混合式通风;若用电耙出矿,电耙水平层应作为通风的重点,应将电耙水平层的通风系统和全矿的总通风系统直接联系起来,使新鲜风流直接进入电耙水平层;通过电耙巷道的新鲜风流方向,必须与耙矿方向相反。风速应达到 0.5m/s 以上。凿岩井巷和硐室也应尽量有新鲜风流贯穿,使凿岩和装药的作业条件得到改善;若用铲运机出矿,由于出矿水平一般和铲运机运输联络巷处于同一水平,因此应将铲运机运输联络巷和全矿的总通风系统直接联系起来,使新鲜风流直接贯穿铲运机运输联络巷。

e 适用条件及优缺点

水平深孔落矿有底柱分段崩落法,用来开采矿石稳固,形状规整、急倾斜中厚以上的矿体较为合适。上盘岩石以具有自然冒落倾向的破碎岩体为好。由于采准工程常布置在下盘岩石中,下盘岩石在中等稳固以上为好。

该法采切工程量较小,每次爆破矿量较大,且不受相邻采场的牵制。有利于生产衔接是其优点。其缺点是水平落矿对电耙道的安全威胁大,在天井与硐室中凿岩,工作条件不好,水平深孔凿岩,炮孔质量难以控制,爆破下的矿石,大块较多;此外,要求矿体条件(厚度、倾角、形状规整程度)较高,适用范围小,灵活性较差。该法在我国应用不多。

9.6.5.3 垂直深孔落矿有底柱分段崩落法

A 概述

垂直深孔落矿有底柱分段崩落法典型方案如图 9-256 所示。它与水平深孔落矿有底柱分段崩落法基本相同,不同之处是本法采用垂直深孔或中深孔落矿,其补偿空间是垂直的,简称垂直拉槽;而水平深孔分段崩落法是采用水平深孔落矿,其补偿空间是水平的,简称水平拉底。

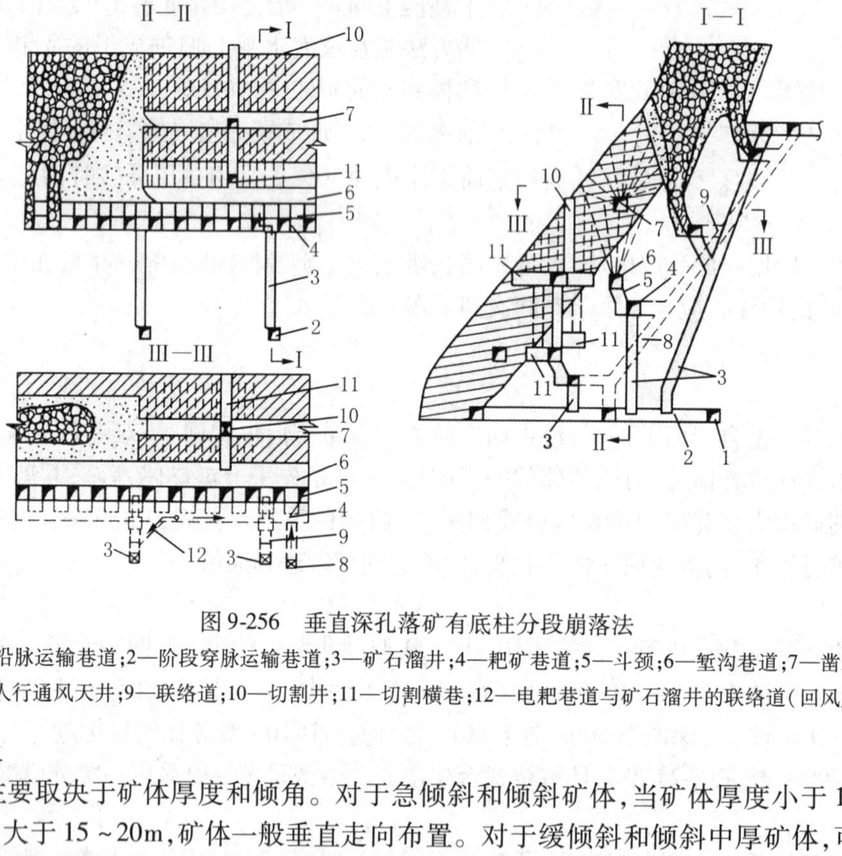

图 9-256 垂直深孔落矿有底柱分段崩落法

1—阶段沿脉运输巷道;2—阶段穿脉运输巷道;3—矿石溜井;4—耙矿巷道;5—斗颈;6—堑沟巷道;7—凿岩巷道;8—人行通风天井;9—联络道;10—切割井;11—切割横巷;12—电耙巷道与矿石溜井的联络道(回风用)

B 采场布置

采场的布置主要取决于矿体厚度和倾角。对于急倾斜和倾斜矿体,当矿体厚度小于 15 ~ 20m 时,矿块一般沿走向布置;大于 15 ~ 20m,矿体一般垂直走向布置。对于缓倾斜和倾斜中厚矿体,可沿走向布置,亦可沿倾向布置。

C 构成要素

阶段高度一般为 40 ~ 60m;分段高度一般为 20 ~ 30m;矿块长度:采用电耙出矿时,一般为 30 ~ 40m;采用铲运机出矿时,可为 80 ~ 100m,矿块宽度为 10 ~ 15m;底柱高度:若采用漏斗底部结构一般为 5 ~ 7m;若采用电耙溜井放矿底部结构时,一般为 11 ~ 13m;若采用铲运机出矿堑沟底部结构时,一般为 12 ~ 15m。

D 采准

为了提高矿块出矿和运输能力,阶段运输水平多采用环形运输系统。穿脉巷道间距:若用电耙出矿,一般为 30 ~ 60m;若用铲运机出矿,可达 80 ~ 100m。

图 9-256 是电耙出矿垂直深孔落矿有底柱分段崩落法典型方案。采准布置的特点是电耙道、溜井、人行通风井等采准工程全部布置在下盘脉外,单侧堑沟也布置在脉外。上两个分段采用倾角大于 60°的溜井及分枝溜井放矿,下两个分段采用独立的垂直溜井放矿。

每 2 ~ 3 个矿块布置一个人行通风天井,用联络道与各分段电耙道贯通,作为人行、通风、运送材料和敷设管线之用。每个矿块的高溜井都与上阶段脉外运输巷道相通，且以联络道与各段电耙道相连，作为各分段电耙道的回风井。

E 切割

切割工作包括拉底（开掘堑沟或扩漏斗）和开掘切割立槽的两项工作。扩漏斗的方法一般是用中深孔爆破法。边孔倾角应不小于55°。矿岩稳固时，扩漏斗可在回采爆破前进行。矿岩不稳固时，扩漏斗的中深孔应与回采落矿同次超前爆破。当矿岩稳固时，也可以用浅孔扩漏斗，但效率低。

开掘堑沟是在堑沟巷道内钻凿垂直上向中深孔与回采落矿同次分段爆破而成。堑沟炮孔爆破夹制性较大，常常把扇形两侧的炮孔适当加密。为了保护电耙道不受破坏，靠电耙道一侧边孔的倾角通常不小于55°，而远离电耙道一侧边孔的倾角可控制在20°左右，以降低堵塞高度和减少堵塞次数。

堑沟底部结构形式与漏斗底部结构形式相比，它有施工工艺简单，工作安全，效率高且容易保证质量等优点，所以使用比较普遍。但堑沟对底柱切割较大，以及堑沟爆破对底柱的破坏作用大，故对底柱的稳固性有一定的影响。

开掘切割立槽是为了给落矿和堑沟开掘提供自由面和补偿空间。根据切割井和切割巷道的相互位置不同，切割立槽的开掘方法可分为："人"字形拉槽法和"丁"字形拉槽法两种。

（1）"人"字形拉槽法，如图9-257所示。从堑沟按预定的切割槽轮廓，掘进两条方向各异的倾斜天井，两井组成一个倒"人"形。紧靠下盘的天井用作凿岩，另一条天井作为爆破的自由面和补偿空间。自凿岩天井钻凿平行于另一条天井的中深孔，爆破这些炮孔后便形成切割槽。这种切割方法具有工程量少，炮孔利用率高，废石切割量小等优点，但在斜井内凿岩，工作条件不好，工效也较低。该种拉槽法多用于中厚以上的倾斜矿体。

（2）"丁"字形拉槽法，如图9-258所示。掘进切割横巷和切割井，切割横巷与切割井组成一个倒"丁"形。自切割横巷钻凿平行于切割井的上向垂直平行中深孔，以切割井为自由面和补偿空间，爆破这些炮孔则形成切割立槽。切割巷道的断面通常取决于所使用的设备。长度取决于切割槽的范围。切割井位置取决于矿岩的稳定性、出矿条件、天井两侧炮孔排数等因素确定。该种拉槽法可用于各种厚度和各种倾角的矿体中，比前种方法凿岩条件好，操作方便，在实际工作中应用较多。

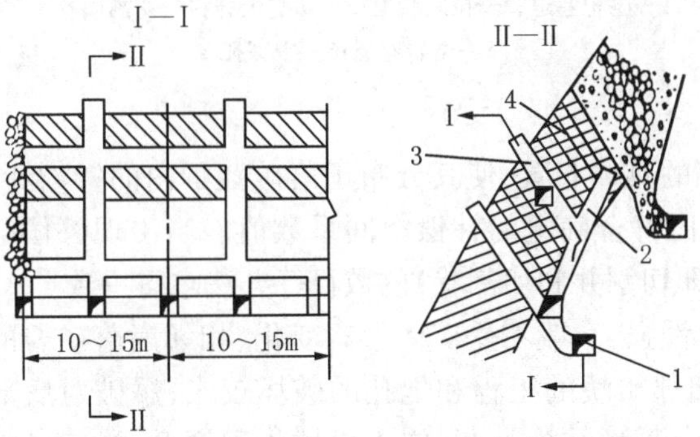

图9-257 "人"字形拉槽法

1—电耙巷；2—凿岩天井；3—切割天井；4—中深孔

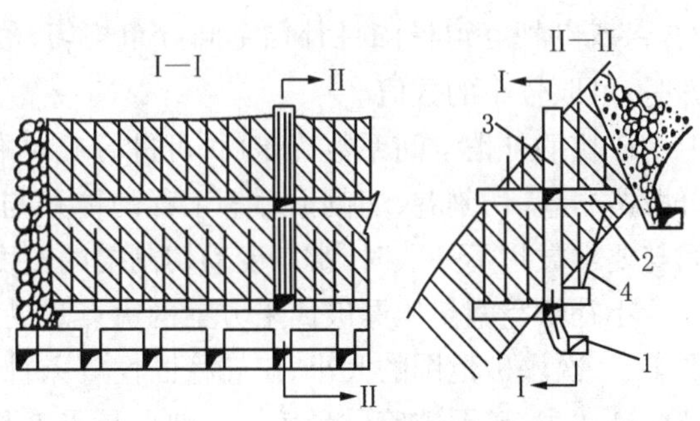

图9-258 "丁"字形拉槽法

1—电耙巷道；2—切割横巷；3—切割天井；4—中深孔

立槽的形成步骤有两种：第一种是形成立槽之后再进行回采爆破。优点是能直接观察切割槽的开挖质量，并能及时采取补救措施。缺点是对矿岩稳固性要求高，在实际中使用不多；第二种是形成立槽与回采落矿同次分段爆破。它的优缺点恰与第一种相反，因此对切割深孔凿岩爆破质量要求应更为严格。第二种在矿山实际中使用较多。

立槽应布置在爆破区段的适中位置，使补偿空间尽量分布均匀，如矿块采用垂直小补偿空间落矿时，若矿块较长，一般要增加立槽的数量，通常是沿矿块的长轴方向每隔10～12m左右布置一个垂直立槽；如果采用侧向挤压爆破方案，若矿体走向长度不是很长且厚度变化又不大，一般每个分段只需在第一个矿块布置立槽即可；此外，立槽一般应布置在矿体肥大或转折和稳固性较好的部位。

F 回采

a 回采顺序

矿体沿倾斜总的回采顺序是自上而下进行;沿走向在阶段内有单翼后退式回采,双翼后退式回采、前进式回采和阶段内分成若干采区进行回采;对相邻的平行矿体,一般先采上盘矿体,后采下盘矿体。

回采顺序要注意与通风系统相适应。回采顺序一般应与主风流方向相反,以获得较好的通风效果。

我国使用有底柱分段崩落法的矿山大多数采用单翼后退式回采,少数矿山采用双翼后退式回采,个别矿山采用沿走向划分成若干采区进行回采。前进式回采使用较少。

b 落矿

回采一般用中深孔或深孔落矿。中深孔常用 YGZ-80 型、YGZ-90 型凿岩机配 FZY-24 型圆环雪橇式台架钻凿;深孔常用 YQ-100 型(现已逐渐被 QEJ-100B 型或 KQJ-100 型等所代替)潜孔钻机钻凿。中深孔落矿方法使用广泛。中深孔的孔径为 55 ~75mm,孔深不大于 20m。排距一般为 1.2 ~2m,孔底距一般为排距的 1.2 ~1.3 倍;深孔的孔径为 100 ~ 110mm,孔深一般不大于 30m,排距 2.5 ~ 3.5m,孔底距一般为排距的 1.0 ~1.2倍。

爆破一般采用挤压爆破。按崩落矿石获得补偿空间的条件,可将其分为小补偿空间爆破和向崩落矿岩方向挤压爆破(又称"侧向挤压爆破")两种。

第一种:小补偿空间挤压爆破方案。如图 9-259 所示,崩落矿石所需要的补偿空间由崩落矿体中的凿岩巷或堑沟巷、切割井和切割巷所提供。补偿空间系数为 12% ~20%,常用的为 15% ~20%。若过大,不但增加了采准工程量,而且还会降低挤压爆破效果;若过小,容易出现过挤压甚至出现"呛炮"现象。在设计时,可参考下列情况选取补偿空间系数值:

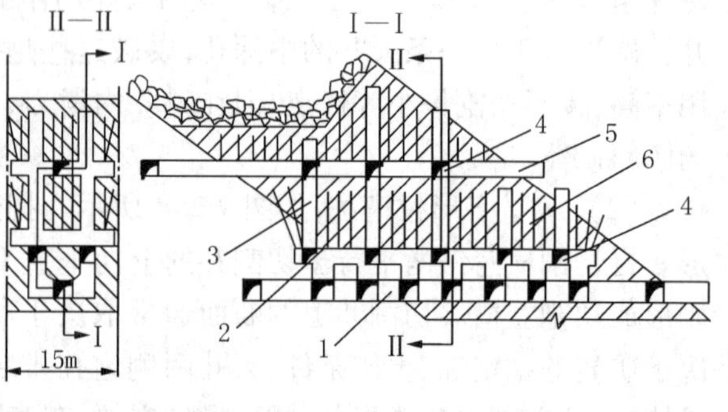

图 9-259 小补偿空间挤压爆破方案

1—电耙巷道;2—拉底巷道;3—切割天井;4—切割横巷;5—凿岩巷道;6—中深孔

(1) 矿石较坚硬和桃形矿柱稳固性差或补偿空间分布不均匀、落矿边界不整齐时,可取较大的值。

(2) 矿石破碎或有较大的构造破坏、相邻矿块都已崩落,或电耙巷道稳固且补偿空间分布均匀,落矿边界整齐时,可取较小的数值。

矿块的补偿空间系数确定后,可进行矿块采准切割工程的具体布置,使其分布于落矿范围内的堑沟巷、分段凿岩巷、切割巷、切割天井等工程的体积与落矿体积之比符合确定的补偿空间系数值。当出现补偿空间与要求数量不一致时,常以变动切割槽的宽度或切割槽(即切割井和切割巷)的数目等办法求得一致。

小补偿空间挤压爆破回采方案的优点是灵活性大,适应性强,一般不受矿体形态变化、相邻崩落矿岩的形态、一次爆破范围的大小、矿岩稳固性等条件的限制;对相邻矿块的工程和炮孔的破坏较小;爆破对底部结构破坏小;矿石破碎质量较好。缺点是采准切割工程量大;采场结构复杂,施工机械化程度低,施工条件差,落矿的边界不甚整齐。所以,小补偿空间挤压爆破一般在矿体形态复杂且矿石的稳固性差的情况下使用,或者与侧向挤压爆破结合时使用。

第二种:向崩落矿岩方向(侧向)挤压爆破方案。如图 9-260 所示,矿块的下部是用小补偿空间挤压爆破形成堑沟切割。上部为向相邻崩落矿岩挤压爆破。

实施向相邻崩落矿岩挤压爆破时,在爆破前,对前一次崩落的矿石需进行松动放矿,放矿量为 20% ~ 30%。其目的是将爆破后压实的矿石松散到正常状态,以便本次爆破时借助爆破冲击力挤压已松散的矿石来获得补偿空间。每次崩落厚度与矿体厚度、邻接崩落矿岩的厚度及其松散状态有关。通常一次崩矿厚度应小于矿体厚度和邻接崩落矿岩的厚度。

该方法不需要开掘专用的补偿空间,但由于邻接崩落矿岩的厚度及其松散状态对爆破矿石的厚度及破碎情况具有决定性的影响,所以本法不如小补偿空间挤压爆破灵活和适应性大。

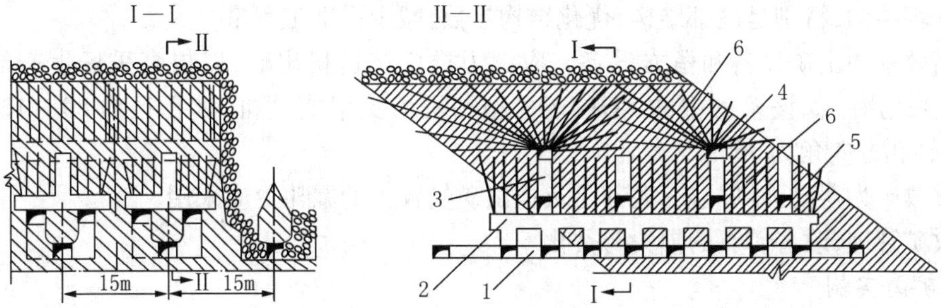

图 9-260 向崩落矿岩挤压爆破回采方案

1—电耙巷;2—拉底巷道;3—切割天井;4—凿岩巷;5—切割横巷;6—中深孔

c 出矿

我国应用垂直深孔落矿有底柱分段崩落法的矿山,过去大多使用电耙出矿,绞车功率多用30kW,耙斗容量为0.25~0.3m^3,耙运距离一般为30~50m;有的矿山使用55kW电耙绞车,耙斗容量为0.5m^3;现在使用铲运机出矿的矿山逐渐增多,使用铲斗容积为0.5~3.8m^{3}矿山居多,其运距可达80~100m。

有底柱分段崩落法矿石是在崩落围岩覆盖下放出的,因此,必须加强放矿管理,控制矿岩接触面状态及其在空间位置的变化,以求获得良好的矿石损失贫化指标。

9.6.5.4 技术经济指标和评价

我国有底柱分段崩落法技术经济指标见表9-207。

表9-207 有底柱分段分段崩落法主要技术经济指标

矿山名称	采场生产能力/(t/d)	采切比/(m/kt)	损失率/%	贫化率/%	主要材料消耗		
					炸药/(kg/t)	坑木/(m^3/t)	水泥/(kg/t)
胡家峪铜矿	400	21	14.3	13.7	0.834	0.00024	2.15
篦子沟铜矿	250	14	15.50	22.56	0.672	0.000125	2.365
松树脚锡矿	150~200	27~34.4	25	10~15	0.395	0.004	3.5
易门铜矿狮山坑	254	21.3	10.4	25.3	0.865	0.0014	
易门铜矿凤山坑	150~80	22	20~22	32.0	0.75	0.0305	
因民铜矿	160~170	22.9	18.2	22.6	0.506	0.001	

除了崩落法一般适用条件外,还应考虑下列条件:

(1)厚度大于5m的急倾斜矿体或任何倾角的厚和极厚矿体。

(2)矿体形态不复杂,含夹石量不多,不需分采。

(3)矿石在出矿过程中不结块不自燃。

有底柱分段崩落法优点:

(1)由于该法具有多种回采方案,可以用于开采各种不同条件的矿体,故使用灵活,适用范围广。

(2)生产能力大,安全可靠。

(3)若采用电耙出矿,设备简单,易于操作和维修。若采用铲运机出矿,底部结构可大大简化,且生产能力更大。

(4)矿块存窿矿石多,有利于矿山均衡生产。

(5)设有专用进、回风道,与其他崩落法相比,通风效果好。

有底柱分段崩落法缺点:

(1)矿块底部结构复杂,采准切割工程量大,施工机械化程度低,管理跟不上易造成采掘失调。

(2)采用电耙出矿,底柱巷道多,对底柱稳固性有影响,因此底部巷道维护工作量大。

(3)放矿管理比较复杂,若管理不好,会造成大量的矿石损失和贫化。一般矿石损失率为15%~20%,贫化率为20%~30%,较大。

有底柱分段崩落法改进途径及发展趋势:

(1)实施集中作业。

(2) 简化采场结构,特别是底部结构,优化结构参数,减少采准工程量。

(3) 采用高效率的出矿设备和凿岩设备。应大力推广铲运机出矿,以提高采场生产能力。用国产的KQJ系列潜孔钻机为好,如该系列中的KQJ-100B型钻机为支架式钻机,其孔径为80~120mm,孔深向下30m,向上60m,钻孔方向角为360°。

(4) 改自重放矿为振动强制放矿,尤其是负担出矿量较大的漏斗更应采用。

(5) 加强放矿管理,改善矿石的损失与贫化。

9.6.5.5 矿山实例

A 胡家峪铜矿的有底柱分段崩落法

a 地质概况

胡家峪铜矿矿床属高中温热液细脉浸染似层状铜矿床,矿区内地质构造复杂,断层、节理发育,断层多数与矿体走向斜交,对矿床开采有一定的影响。矿体倾角约30°~60°,厚度为6~70m,沿走向、倾向变化不大,区段不同略有差别。

矿石为含矿岩性矽化大理岩,中等硬度$f=8\sim12$,较稳固。上盘围岩为黑色片岩和钙质云母片岩,$f=4\sim6$,稳固性差。下盘围岩为矽化大理岩和厚层大理岩,$f=8\sim10$,坚固性与稳固性较好。

b 构成要素

阶段高50m,分段高12~20m,分段底柱高8~10m,采区宽等于矿体的厚度,一般为10~15m,采区长为25~30m。每个耙矿段都与通风井相通,风井之间的距离为60~90m。

c 采准与切割

阶段运输巷道沿矿体走向布置,每隔25~30m布置一条穿脉巷道,构成穿脉装车环形运输系统,在阶段水平以上进行分段采准。

在矿体厚大部分,电耙道垂直矿体走向布置,每个阶段划分为两个分段回采。分段上的每条电耙道都与上、下盘联络巷贯通,构成分段电耙层,上盘的联络道为进风道,下盘的联络道为回风道。上下分段的电耙道呈交错布置;在矿体较薄的地段,电耙道沿矿体走向布置,每个阶段一般分为3~4个分段回采,段高为13~15m,电耙道一般布置在脉外。

采用单堑沟布置时,斗间距5m,双堑沟布置时,漏斗呈交错布置,斗间距6m,斗穿长2.2m,断面2.5m×2.5m。

每个阶段的下盘运输巷与总回风井相通,并作为下一个阶段的回风巷道,从阶段水平至分段电耙层都设有专用的人行、通风、材料井,以使每个段电耙层形成独立的回风系统。

用堑沟进行中深孔拉底,用“丁”形或“井”字形中深孔拉槽。

d 回采

回采采用扇形中深孔落矿,炮孔直径65~72mm,孔深12~15m;切割槽孔最小抵抗线1.4~1.6m,孔底距0.6~1.2m;落矿孔最小抵抗线1.6~1.8m,孔底距1.8~2.2m。凿岩台效35~45m/台班。

落矿方案有侧向逐次挤压爆破方案和小补偿空间挤爆破方案两种。爆破补偿空间系数一般为12%~18%。

采用侧向逐次挤压爆破方案时,采场内部不划分矿房和矿柱用单步骤一次回采,为了获得本次爆破有足够的补偿空间,要求从相邻的崩落区放出本次崩矿量的1/3。落矿步距一般为10~16m。

采用小补偿空间挤压爆破时,一般以“丁”字形或“井”字形拉槽为补偿空间进行爆破。切割槽一般沿走向每隔10~12m布置一个,切割槽空间的容积一般为本次崩落矿石的12%~18%,即爆破补偿系数为12%~18%。出矿使用28~30kW电耙。

e 主要技术经济指标

2001年的主要技术经济指标为:采场生产能力400t/d;采掘比21m/kt;每米崩矿量5.33t/m;一次炸药单耗0.707kg/t;二次炸药单耗0.127kg/t;贫化率13.7%;损失率14.3%;出矿成本10.24元/t。

B 陕西黑木林铁矿的有底柱分段崩落采矿法

a 概况

黑木林铁矿矿床为热液交代矽卡岩型磁铁矿床。矿体最大厚度37m,最小厚度3m,平均15m,平均倾角

60°～85°，矿石稳固程度中等。上盘为蚀变闪长岩，不稳固。下盘为大理岩，稳固程度中等。

采用有底柱分段崩落法开采，当矿体水平厚度大于20m时，采用垂直走向布置。阶段高度60m，矿块长等于矿体厚度宽为14m，不留顶柱，底柱高9～12m，分段高30m，漏斗间距6～7m，电耙道间距14m，采矿方案具体布置如图9-261所示。

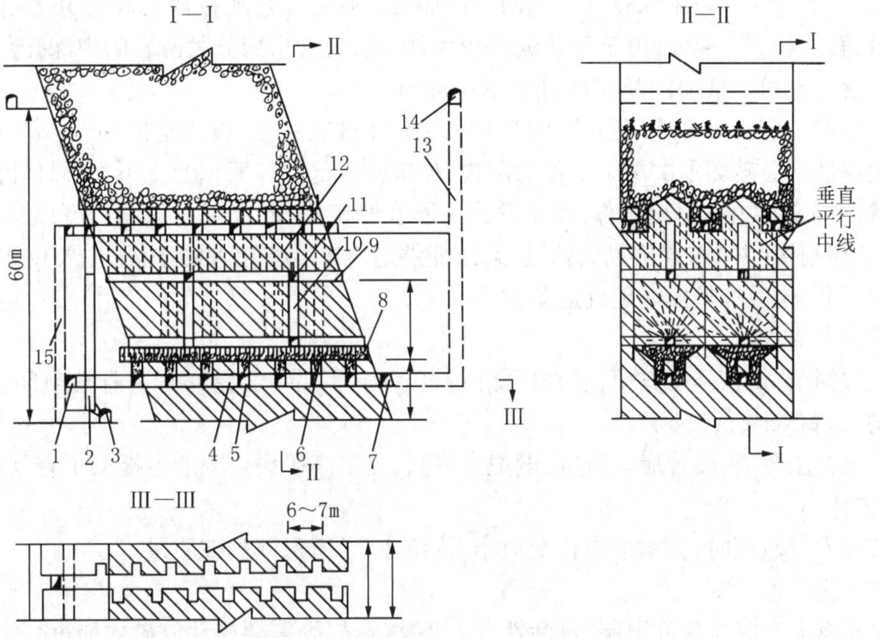

图9-261 黑木林铁矿垂直层落矿方案阶段强制崩落采矿法

1—进风联络道；2—矿石溜井；3—中段运输巷道；4—电耙巷道；5—斗穿；6—斗颈；7—回风联络道；8—堑沟；9—凿岩巷道；10—拉槽井（形成立槽）；11—拉槽横巷；12—中深孔；13—回风井；14—回风巷道；15—人行通风井

b 采准与切割

首先掘进电耙道，在电耙道两侧掘进斗穿、斗颈，贯通各斗颈形成堑沟道；由堑沟道上掘两条拉槽井，并由拉槽井掘进拉槽横巷及分段凿岩巷道。用垂直深孔拉槽。

c 回采

用YG-80型凿岩机打垂直扇形中深孔。采用小补偿空间一次挤压爆破，补偿系数为15%，用电耙出矿。

d 主要技术经济指标

矿块生产能力150～160t/d，工作面工人工效5～6t/（工·班），每米炮孔崩矿量6.5t/m，采切比9.5～16.73m/kt，损失率34.42%，贫化率20.49%，一次炸药单耗0.31～0.376kg/t，坑木0.0015m^3/t。

9.6.6 阶段强制崩落采矿法

9.6.6.1 概述

阶段强制崩落采矿法是在阶段全高划分一个或n个凿岩分段，采用中深孔、深孔或全高一次崩落矿石，一步骤回采，以阶段全高在崩落的覆盖层下进行大量的放矿。

A 适用条件

除崩落法一般适用条件外，尚适用下述条件：

（1）矿体厚度大于10～15m的急倾斜矿体或任何倾角的极厚矿体；

（2）对矿岩稳固性要求不严格。矿石以中等以上稳固为好，围岩以保证在开凿补偿空间时不会提前崩落而增加贫化为好；

（3）矿体形态最好是比较规整，否则贫化和损失大。若围岩有矿化现象时，是比较理想的条件。

B 主要方案

按回采爆破方向分为垂直层落矿方案、水平层落矿方案和联合落矿方案。

按补偿空间形成分为连续回采方案、补偿矿房方案。

按落矿方式分为深(中)孔落矿方案、浅孔落矿方案和联合落矿方案。

9.6.6.2 方案简述

A 垂直层落矿方案

采用垂直扇形、平行深孔或中深孔进行侧向挤压爆破。垂直层落矿按凿岩高度分为阶段凿岩和分段凿岩。阶段凿岩时,孔深达 30~40m,由于深孔偏斜较大,因此,通常采用分段凿岩的中深孔落矿。

有向松散体落矿或切割槽(井)落矿两种方案供选用:

(1) 向松散体挤压落矿方案适用条件:用来开采赋存条件较稳定、较规整的中厚以上矿体;对矿石稳固程度要求以上次爆破不会破坏本次落矿工程为前提;松散矿岩部位和面积变化不大,以保障挤压爆破效果。

(2) 切割槽(井)落矿方案适用条件:用来开采中厚及厚矿体,要求矿石稳固程度以掘切割槽(井)时不需支护为宜;由于切割槽(井)布置位置比较灵活,故能够适应厚度变化大的矿体,主要用于阶段开采的第一个矿块,为以后采用向松散体挤压爆破创造条件。

垂直层落矿方案优点:

(1) 结构比较简单,扩槽施工方便,若采用侧向挤压落矿不需专为落矿开凿补偿空间,其采切比可比切割槽(井)落矿方案降低 2%~5%。

(2) 便于采用挤压爆破,改善崩矿质量,电耙效率高,为提高矿块生产能力提供了有利条件;由于采用挤压爆破,对底柱破坏小。

(3) 矿石节理发育破碎时,比水平炮孔变形小,错位小,易于保证爆破质量。

垂直层落矿方案缺点:

(1) 侧向挤压落矿有时受条件限制,灵活性差。每次爆破后,需要松动放矿才能进行下一次爆破;

(2) 切割槽(井)落矿的切割、回采工程施工比较复杂、通风条件较差;

(3) 初期进行挤压落矿需开凿较大的空间,当矿石不稳固时,空间开凿和维护较困难。

垂直层落矿适用范围较广,如果同时使用上述两种挤压爆破方案,各方案的优点可以充分发挥,效果将更好。无轨采矿时,设计应选用这种方案。

垂直层落矿方案如图 9-261 所示。

B 水平层落矿方案

在矿块底部进行较大面积的水平拉底形成补偿空间,在天井凿岩硐室或巷道打水平炮孔进行落矿。水平层落矿可以弥补垂直层落矿方案的缺点。但爆破对底部结构破坏作用较大,大块产出率高,矿块生产周期较长。若矿石破碎时,补偿空间开凿较困难,安全性差,炮孔变形大,挤压爆破效果差。

水平层落矿方案如图 9-262 所示。

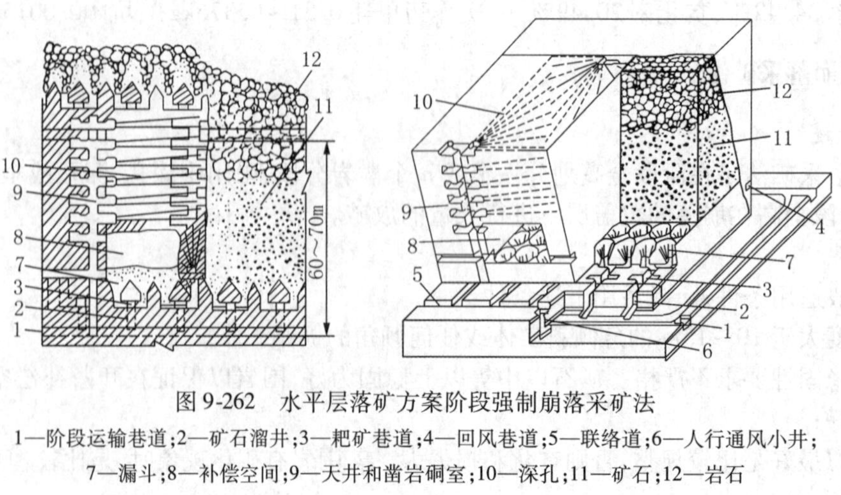

图 9-262 水平层落矿方案阶段强制崩落采矿法

1—阶段运输巷道;2—矿石溜井;3—耙矿巷道;4—回风巷道;5—联络道;6—人行通风小井;7—漏斗;8—补偿空间;9—天井和凿岩硐室;10—深孔;11—矿石;12—岩石

水平层落矿方案适用于矿石中等以上稳固,水平厚度一般大于 20m 的矿体。

C 联合方案

由两种以上落矿方法或阶段强制崩落法与其他方法联合组成的新方案。联合方案不涉及方案本质。目前,国内使用较多的有垂直层与水平层联合落矿方案;水平层与束状孔联合落矿方案;还有本方法与空场法组合的多种联合方案等。

联合方案适用范围广,对于矿床地质条件复杂多变时,比较机动灵活,因地生法,又能充分发挥各种回采设备的优点。

设有补偿空间方案可分为自由空间爆破和限制空间挤压爆破两种。自由空间爆破其补偿空间系数一般大于30%;限制空间挤压爆破其补偿空间系数小于30%;常用的补偿系数一般为15% ~20%。

设有补偿空间方案一般以矿块为单元进行回采,出矿时采用平面放矿方案,力求矿岩界面匀缓下降。

连续回采的阶段强制崩落法如图9-263所示。该方案可以沿阶段连续进行回采,不再划分矿房与矿柱,整个阶段的回采工艺是一样的,不存在用不同的方法回采矿房和矿柱问题。本方案一般都采用垂直深孔侧向挤压爆破落矿,不再开掘补偿空间。其采场下部一般都有底部结构,图9-263是设有电耙道出矿的底部结构,当今用无轨自行设备出矿的底部结构逐渐多了起来,在俄罗斯还有采用振动出矿机端部出矿方案。

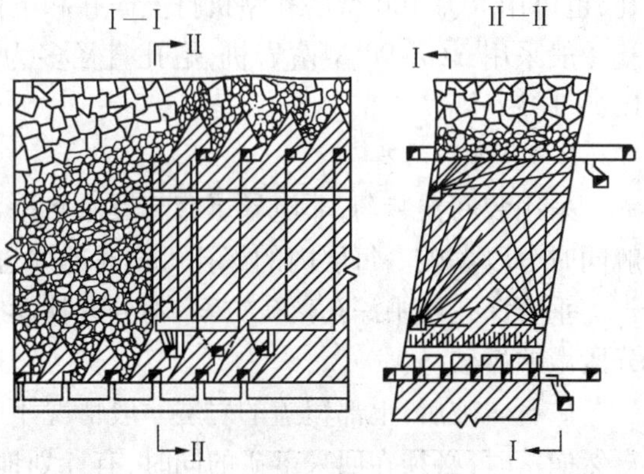

图9-263 连续回采的阶段强制崩落采矿法

9.6.6.3 构成要素

阶段高度一般为50m,矿体倾角较缓时为40 ~50m,矿体倾角较陡时为50 ~70m。

矿块水平尺寸根据矿体厚度不同有两种布置方式。一种是矿体厚度小于20 ~40m,矿块沿走向布置,矿块长度为20 ~60m,宽度等于矿体厚度;第二种是矿体厚度大于20 ~40m时,矿块垂直走向布置,其长度为25 ~50m,宽度为20 ~40m。

底柱的高度与采用的底柱形式,出矿设备和矿岩的稳固性有关,目前,一般选用电耙放矿、振动放矿机放矿和平底结构出矿。

我国部分矿山阶段强制崩落法见表9-208。

表9-208 阶段强制崩落法构成要素

矿山名称	回采方案	阶段高度/m	矿块宽度/m	矿块长度/m	分段高度/m	底柱高度/m	漏斗间距/m
小寺沟铜钼矿	垂直上向扇形深孔落矿方案	40 ~55	25	矿厚(130)	10 ~15	12	11.5(出矿斜巷间斜距)
德兴铜矿	垂直上向中深孔落矿方案	60	15.2	40		16	5 ~6
铜矿峪铜矿	垂直上向中深孔落矿方案	60	16	90 ~100	15	15	12(铲运机出矿)
会理镍矿	水平中深孔落矿方案	50	14 ~16	矿厚或20 ~32		12 ~14	5 ~6
桃林铅锌矿	水平扇形中深孔落矿方案	40	20	50	10	12	5

9.6.6.4 采准与切割

A 采切工程

阶段强制崩落法的采准切割工程布置与有底柱分段崩落法基本相同。阶段平巷一般采用环形运输系统,穿脉装车。穿脉平巷间距一般为30 ~50m。底盘脉外平巷除了作为本阶段运输平巷外,一般还兼作下一阶段的回风巷。一般要求上下阶段的穿脉要对应。

穿脉装车运输能力大,对于厚大矿体,大多采用。仅在急倾斜中厚矿体中,才采用沿脉平巷装车。

溜井一般采用垂直的,仅在倾角较缓的矿体有时才采用分枝溜井。人行井、通风井、材料井等采准天井,一般采用矿块式布置,较少采用盘区式布置。

切割工作包括切割平巷、切割天井及补偿空间和辟漏。

B 补偿空间和松散系数

设计一般采用挤压爆破:崩落矿石的补偿空间系数一般为15% ~20%。补偿系数过小,易造成过挤压而不能顺利放矿。在进行补偿系数计算时，凡在矿体崩落范围内的天井、巷道、硐室、切割空间等体积均应计算在补偿空间内。采用挤压爆破时，在下列条件下补偿系数适当选取偏大数值：矿石比较坚硬、底柱矿岩稳固性较差、在挤压方向上井巷空间分布较小、井巷空间分布不均匀。

小补偿空间爆破：崩落矿石的松散系数在1.3左右，补偿空间系数一般为20%~30%。

自由空间爆破：崩落矿石充分松散，要求有足够的补偿空间，补偿空间系数大于30%。

9.6.6.5 回采

A 凿岩

水平深孔一般采用YQ-100型或KQJ-100型潜孔钻机凿岩。炮孔直径多为100~110mm，最小抵抗线为3~3.5m，炮孔密集系数为1.1~1.25。孔深一般约为20m左右；垂直深孔一般用YQ-100型潜孔钻凿上向孔，也可用KQJ-100型潜孔钻机打上向孔和下向孔（上、下对打也可），其凿岩爆破参数同上。对于垂直中深孔一般采用YGZ-90型凿岩机，炮孔直径多为60~70mm，最小抵抗线多为1.4~1.6m，炮孔密集系数多为1.2~1.3。

B 爆破

采用装药器装药，非电导爆管起爆。水平深孔落矿方案，矿块内落矿的深孔和上阶段底柱中的炮孔一般同时分段爆破。每层内的深孔可同时起爆也可微差起爆。层与层之间用分段间隔依次起爆。

垂直深孔或中深孔落矿方案，不分有补偿空间或无补偿空间（即挤压爆破），一般以炮孔排为单元，进行分段微差爆破。

矿石爆破后，上部覆盖的岩层一般情况下可自然崩落，并随矿石的放出逐渐下降充填采空区。当不能自然崩落时，必须在回采落矿的同时，有计划地崩落围岩。为保证回采工作安全，在回采阶段上部应有20~40m厚的崩落岩石垫层。

C 出矿

国内使用电耙出矿较多，铲运机出矿具有矿块生产能力大，劳动生产率高等优点，但出矿费用较高。使用振动出矿机出矿费用最低，矿块生产能力和劳动生产力都较高，在阶段强制崩落法中是一种使用前景很好的出矿设备。

9.6.6.6 主要技术经济指标及评价

我国阶段强制崩落法主要技术经济指标见表9-209。

表9-209 阶段强制崩落法主要技术经济指标

矿山名称	矿块生产能力/(t/d)	采切比/(m/kt)	回采工人劳动生产率/(t/(工·班))	矿石损失率/%	矿石贫化率/%	炸药单耗/(kg/t)
小寺沟铜钼矿	1500(铲运机出矿)	12.7~22.7	28~45	15~20	25	0.85
德兴铜矿	350~450	17.4	8.61	18~29	18.4~36	0.43~0.52
铜矿峪铜矿	100	4.5	33	20	25	0.65
会理镍矿	150~250	21	17	18	21	0.66
桃林铅锌矿	315~360	14~17	27	27	32	0.54

阶段强制崩落法优点：同分段崩落法相比较，阶段强制崩落法具有采准工程量小、开采强度大、适合大型出矿设备、劳动生产率高、采矿成本低与作业安全等优点。

阶段强制崩落法缺点：使用条件不如分段崩落法灵活、生产技术与放矿管理要求严格，大块产出率高、矿石损失贫化较大。若采用强制崩落形成覆盖层时，工程量大，投资多；采用电耙出矿时，覆盖层厚度控制困难。

阶段强制崩落法是一种高效、安全、低成本采矿法。深孔落矿方案，特别是垂直深孔向松散矿岩挤压爆破方案，不但减少了采切工程量，而且也降低了大块的产出率，应积极推广应用。将电耙出矿改用铲机出矿或振动出矿机出矿是发展趋势。

9.6.6.7 矿山实例

A 四川会理镍矿水平中深孔阶段强制崩落法

a 概况

矿床为急倾斜层状矿体,走向长55m,延深280m,平均厚度5~15m,平均倾角70°,矿石硬度系数$f=8\sim10$,中等稳固。上盘为石灰岩,$f=10\sim12$,中等稳固;下盘为橄榄岩,$f=8\sim10$,中等稳固。断层附近和矿岩接触过渡带的矿岩,三角块状节理发育,稳固性下降。矿体上部氧化,覆盖岩层为第四纪堆积物,由于风化作用,裂隙和节理比较发育,另有不少未探明老窿,易于崩落。采用水平深孔阶段强制崩落法开采,如图9-264所示。

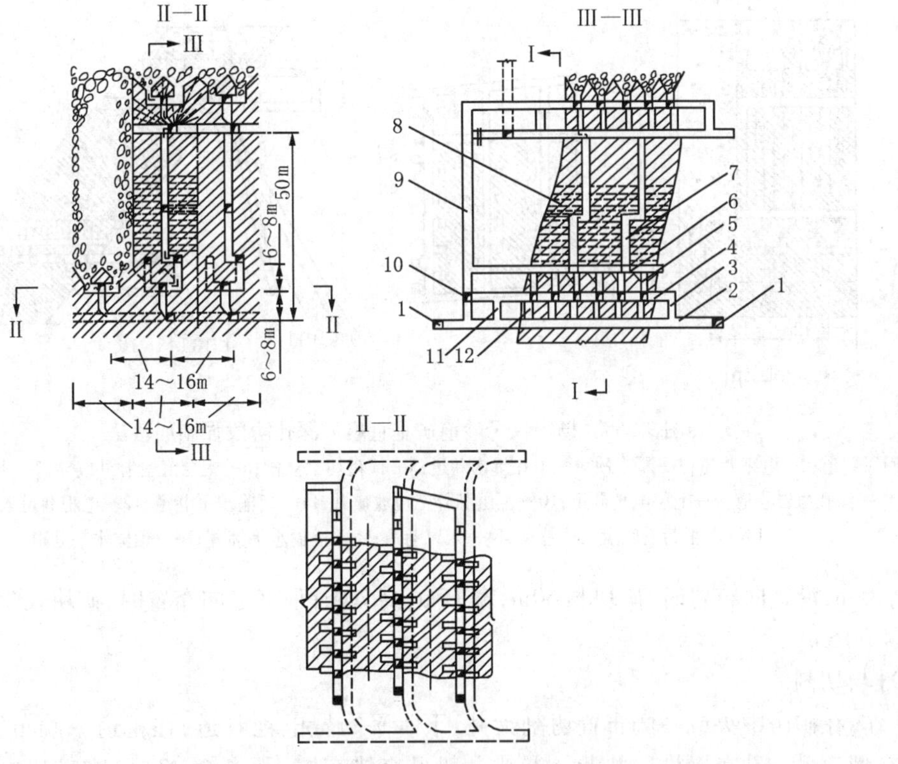

图9-264 会理镍矿水平中深孔阶段强制崩落法

1—脉外运输巷道;2—穿脉巷道;3—人行进风小井;4—二次破碎巷道;5—上部漏斗;6—拉底巷道;7—凿岩天井
8—水平中深孔;9—回风天井;10—回风联络道;11—安全出口;12—矿溜子

阶段高度50m,矿块沿走向布置时,长40~50m,宽14~16m,高50m;垂直走向布置时,长等于矿体的厚度,宽14~16m,高50m。底柱高12~6m,漏斗间距5~6m,电耙道间距14~16m。

b 采准切割

采准切割工作主要是掘进上、下盘脉外运输平巷及穿脉巷道,构成环形运输系统。从穿脉巷上掘人行进风小井、自溜漏斗。二次破碎巷道及拉底巷道底板距运输巷底板分别为6~8m和16m。上部漏斗为交错布置,斗颈沿电耙道方向连通,从拉底水平掘进1~2条凿岩天井。回风天井布置在上盘脉外。

c 回采

采用YG-40型凿岩机,在凿岩天井中凿水平中深孔。待炮孔全部凿完后,采用浅孔拉底扩漏,视拉底暴露面的大小,适当布置临时矿柱,该矿柱与采场同时爆破。视水平补偿空间的大小,采场分一次或二次爆破。

采场运搬有两种:一种是电耙运搬,另一种是让矿石由漏斗自溜放出。

顶板让其自然冒落。

d 通风

新鲜风流从下盘人行井风井进入,经二次破碎坑道进入各工作面。钻凿中深孔时,风流经凿岩天井到上一中段排出;放矿时,污风由回风联络道至上盘回风天井排出。一般2~3个采场布置一条回风井,构成井下分区并联通风网络。

B 杨家杖子岭前矿垂直深孔阶段强制崩落法

a 概况

该矿为矽卡岩型矿床。矿体产于石榴子石和透辉石矽卡岩中，矿体厚度 1 ~ 60m，平均 15m，倾角 30° ~ 65°，埋藏深度 800m，主要矿物是辉钼矿。矿体多为脉状矿体，走向长度上部为 1200m，下部为 500m，矿体中间有些横切断层，对矿体有一定的破坏作用，矿石为中等稳固，顶盘为石灰岩，比较稳固。底盘为页岩、不稳固。水文地质条件比较简单。地表允许陷落。采用垂直扇形深孔阶段强制崩落法开采，如图 9-265 所示。

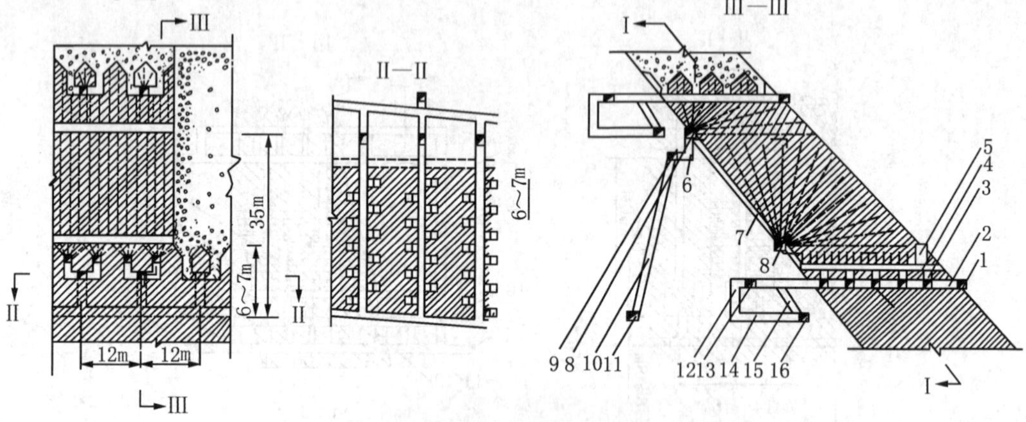

图 9-265 杨家杖子岭前矿垂直扇形深孔阶段强制崩落法

1—顶盘回风巷道；2—电耙巷道；3—漏斗颈；4—中孔堑沟巷道；5—顶盘切割立槽；6—上层底盘脉外漏斗；7—上下凿岩巷道联络井；8—深孔凿岩巷道；9—上层电耙巷道；10—上层脉外耙道放矿井；11—运输水平巷道；12—电耙巷道入风井、人井 13—电耙巷道底盘入风巷道；14—入风巷道；15—运输水平溜井；16—运输水平巷道

阶段高 35m，沿走向布置时，矿块长 60m，宽 15m，高 70m；垂直走向布置时，矿块长 30m，宽 60m，高 35m。耙道间距 14 ~ 16m。

b 采准与切割

采准工作：在矿房中央或一侧布置切割天井，下水平布置电耙巷道，在耙道一端布置放矿溜井、入风井和入风巷，在耙道另一端布置排风井巷。漏斗一般呈交错布置，距离 6 ~ 7m。在矿房中布置若干条凿岩巷道，深孔凿岩巷道规格为 3m × 3.2m，中深孔凿岩巷道规格为 2.5m × 2.5m。

切割工作：以切割天井为自由面，用浅孔留矿法按矿体垂直厚度拉开切割槽，作为崩矿自由面。

c 回采

在凿岩巷道上平行于切割槽布置若干排垂直扇形炮孔，炮孔打完后，根据情况一次或分次爆破，用 30 ~ 55kW 电耙出矿，通过耙矿溜井下放。

采用强制崩落或自然冒落放顶，为了降低矿石损失和贫化，要求按计划均衡放矿。

d 通风

新鲜风流由运输水平进入耙道入风井，经过耙道到回风巷、风井、总排风井，排出地表。

e 主要技术经济指标

矿块生产能力 300 ~ 400t/d，采切比 8 ~ 18m/kt，工作面工效 33 ~ 50t/(工 · 班)，每米炮孔崩矿量中孔 5 ~ 8t/m，深孔 10 ~ 15t/m，损失率 9.7% ~ 22.8%，贫化率 17% ~ 23%，炸药消耗量 0.65 ~ 0.508kg/t，导火索 0.0508m/t，坑木 0.00045m^3/t。

9.6.7 自然崩矿采矿法

9.6.7.1 概述

自然崩落法是借助矿岩体本身的不完整性（存有节理、裂隙、弱面、夹层等），在整个阶段矿石大面积拉底和割帮工程形成后，在自重和地压作用下，发生自然崩落，并破碎成块，从而实现落矿工艺。自然崩落的矿石，经出矿巷道放出，在阶段运输巷道装车运走。阶段自然崩落采矿法见图9-266。

自然崩落的过程如图9-267所示。在矿块下部拉底后，矿石失去了支撑，在重力和地压的作用下，首先在中间部分出现裂隙产生破坏，而后自然崩落下来。当矿石崩落到形成平衡拱时，便出现暂时稳定，矿石停止崩落。为了控制矿石崩落过程，须破坏拱的稳定性，使矿石继续自然崩落。经常采用沿垂直方向移动拱支撑点A、B的办法。为此，常在崩落边界四周开掘切割巷道，甚至在切割巷道内钻凿深孔等崩落诱导工程，以使该部分首先发生冒落，从而使平衡拱随之向上移动，同时又不超出设计边界。

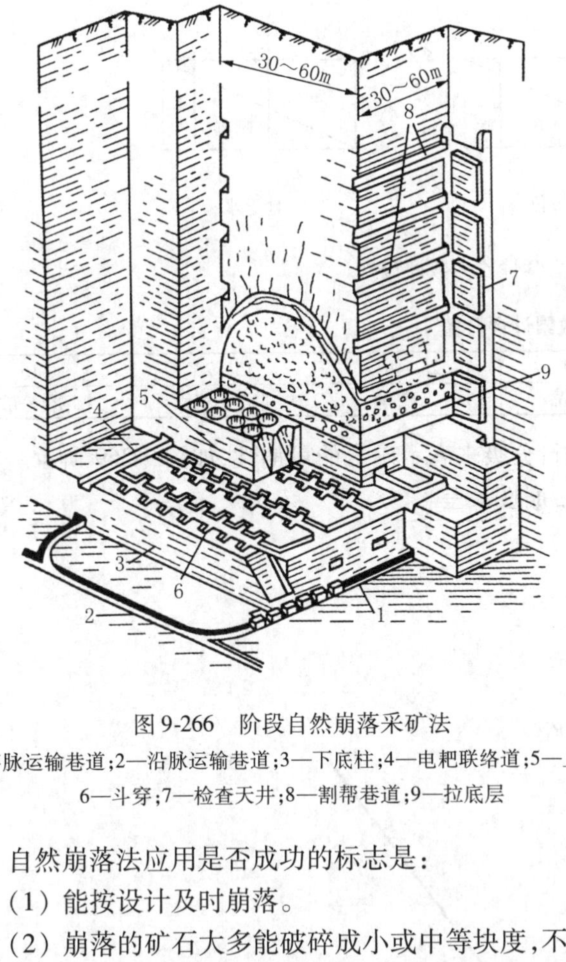

图9-266 阶段自然崩落采矿法

1—穿脉运输巷道；2—沿脉运输巷道；3—下底柱；4—电耙联络道；5—上底柱；6—斗穿；7—检查天井；8—割帮巷道；9—拉底层

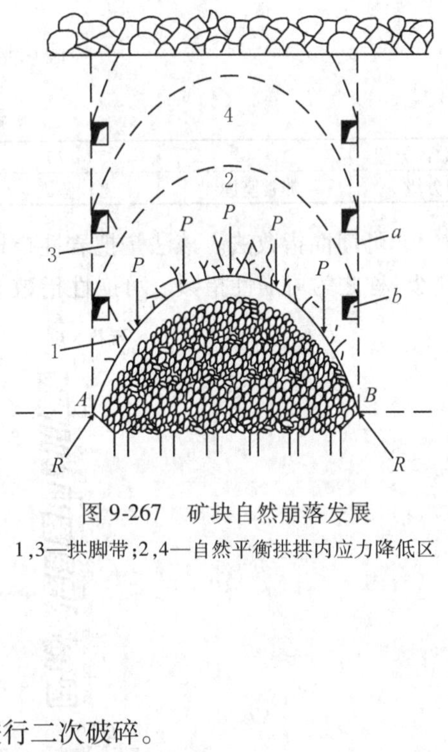

图9-267 矿块自然崩落发展

1,3—拱脚带；2,4—自然平衡拱拱内应力降低区

自然崩落法应用是否成功的标志是：

（1）能按设计及时崩落。

（2）崩落的矿石大多能破碎成小或中等块度，不需过多地进行二次破碎。

（3）采场下部的巷道不致因为地压过大而发生坍塌或维护费用过高。

拟采用本法的矿山应对矿石的可崩性进行确定，以求提高使用本采矿方法的可靠性。

矿石的可崩性主要取决于矿体的物理力学性质和原岩应力，特别是节理、裂隙、弱面、松软矿物、细脉夹层的分布和发育程度等。但到目前为止还不能用公式准确地表达原岩应力场、矿体物理力学性质与其自然崩落性之间的相关关系。在实际生产中通常是运用多种方法综合分析来确定矿石的可崩性。

常用的确定方法有下列几种：

（1）经验类比法。即在综合分析影响的矿石可崩性主要因素的基础上，通过与使用阶段自然崩落法的矿山进行类比和经验判断。对矿石的可崩性作出评价。该法在各评价法中占有重要地位。

（2）矿体物理力学性质参数评分法。该法是将岩体分级参数的6项指标，即RQD值（岩块10cm以上）、单轴抗压强度、平均与最大节理间距、节理（弱面）结构、构造方位、地下水等分别按照图9-268所示的方法分别进行评分，然后将6项评分值（由1到100）累计起来，按表9-210评分标准将岩体分级为6级。评分累计越小，自然崩落性越好。

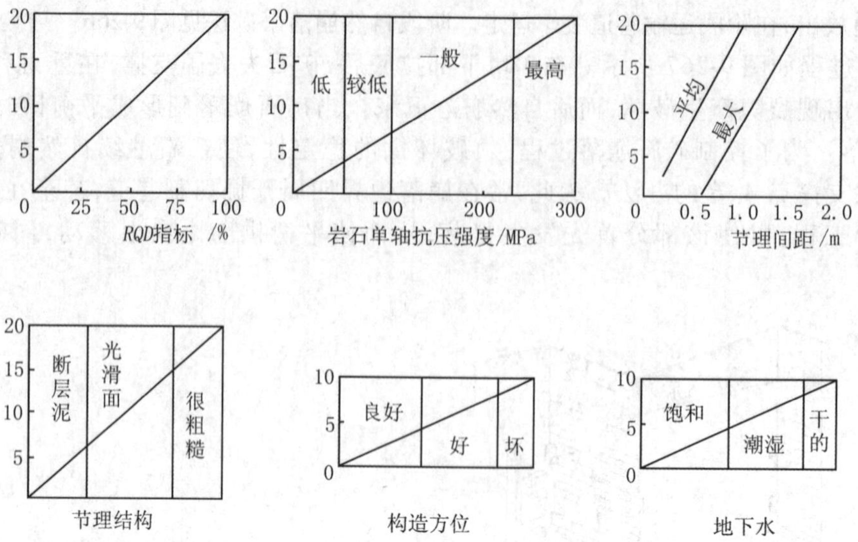

图 9-268 矿体物理力学性质参数评分

表 9-210 参数累计评分值

参数评分值	>70	50~70	40~50	25~40	15~25	<15
分级	非常坚固	比较坚固	中等坚固	不稳固	非常不稳固	碎裂松散

(3) 可崩性指数法。该法是把岩性指标 *RQD* 值进行分级来表示矿岩的可崩性，如图 9-269 所示。共分为 10 级，称之为可崩性指数。可崩性指数等于 10 时，可崩性最差。

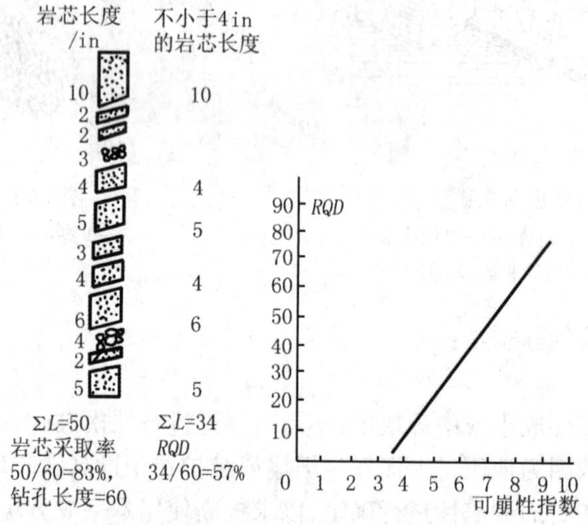

图 9-269 *RQD* 指标与矿石可崩性

还有根据 *RQD* 值对岩性分为五级进行描述的，见表 9-211。近年来，根据人工地震波在岩体中传播时的振幅衰减变化情况来判定矿石的可崩性质，已取得较大的发展。

表 9-211 岩性分级表

岩性指标 *RQD*	岩 性 分 级
0~25	极坏
25~50	坏
50~75	中等
75~90	好
90~100	极好

9.6.7.2 适用条件

适用条件为:

(1) 矿体厚大,应具有相当的水平面积和开采高度,以保证初始崩落和维护正常崩落所必须的条件,如拉底面积等。所以,适于开采急倾斜厚大矿体和极厚的倾斜矿体。

(2) 矿石的可崩性好。一般要求矿体不稳固,矿石节理、裂隙发育或中等发育,容易自然冒落,且冒落下来的矿石块度不大,便于放矿。

(3) 矿石品位分布均匀,夹石少。矿石无黏结性和自燃性。

(4) 矿体形状规整和围岩界限明显。

(5) 顶板围岩随着放矿能够自然崩落。崩落下来的围岩块度应比矿石大,以防增加贫化。

9.6.7.3 主要方案

自然崩落法可分为:矿块回采和连续回采两种方案。

(1) 矿块回采阶段自然崩落法。矿块回采阶段自然崩落法如图9-270所示。此法是将阶段划分成方形或长方形矿块,以矿块为单元进行回采。

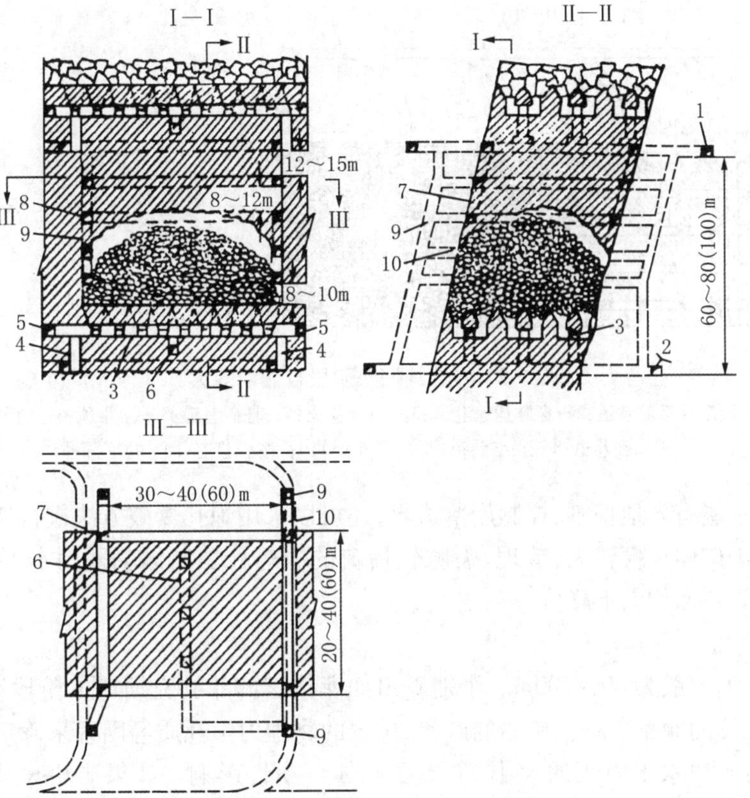

图9-270 矿块回采阶段自然崩落法

1,2—上、下阶段运输巷道;3—电耙巷道;4—矿石溜井;5—联络道;6—回风巷道
7—切帮天井;8—切帮平巷;9—观察天井;10—观察巷道

本方案适用于回采矿石软弱,节理、裂隙发育、崩落矿石块度小的矿体。采用本方案要实施控制放矿,使崩落矿岩接触面保持水平面均匀下降。

(2) 连续回采阶段自然崩落法。此法是将阶段划分为尺寸较大的分区,按分区进行回采。一般在分区的一端沿宽度方向掘进切割巷道,再沿长度方向拉底,拉底到一定面积后,矿石便开始崩落。随着拉底不断向前扩展,矿石自然崩落也随之向前推进,矿石顶板面逐渐形成一斜面,并以斜面形式推进(图9-271)。

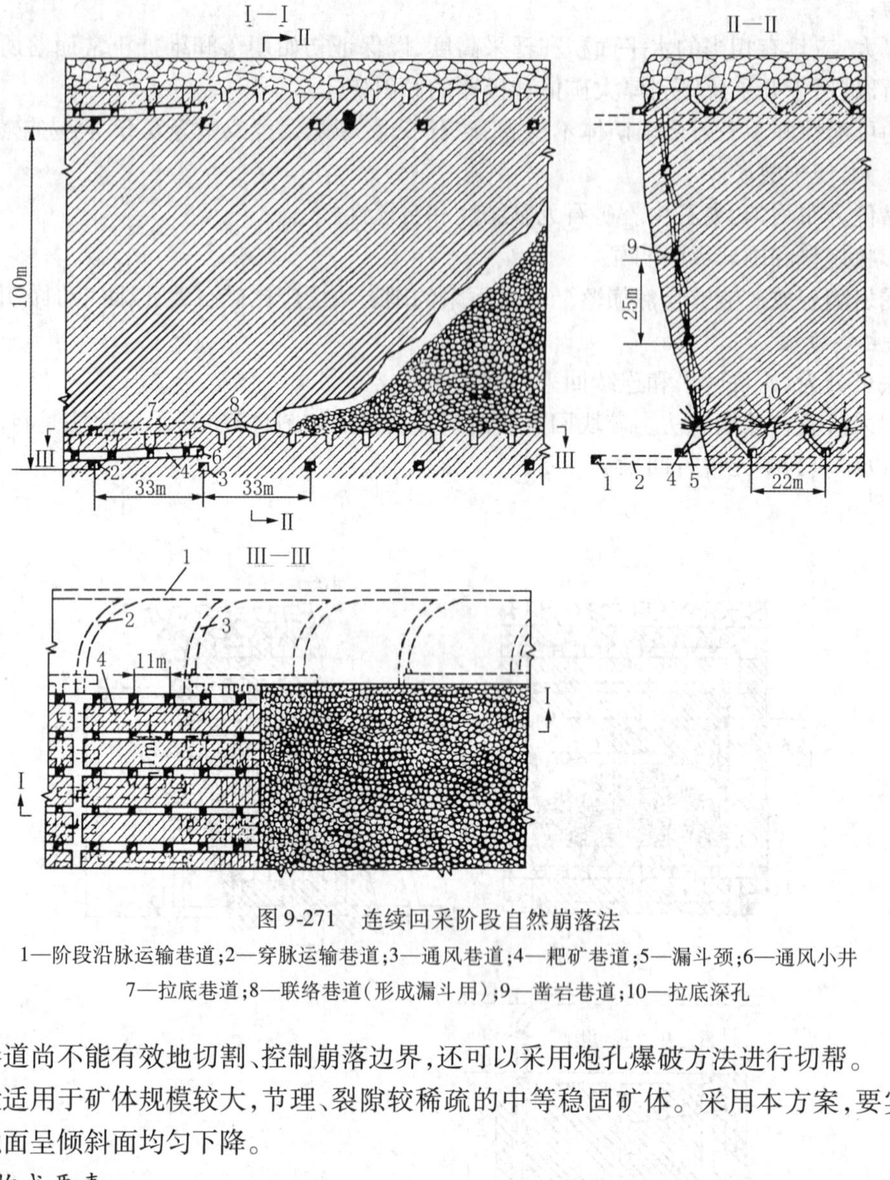

图9-271 连续回采阶段自然崩落法

1—阶段沿脉运输巷道;2—穿脉运输巷道;3—通风巷道;4—耙矿巷道;5—漏斗颈;6—通风小井
7—拉底巷道;8—联络巷道(形成漏斗用);9—凿岩巷道;10—拉底深孔

如果切割巷道尚不能有效地切割、控制崩落边界,还可以采用炮孔爆破方法进行切帮。

本方案一般适用于矿体规模较大,节理、裂隙较稀疏的中等稳固矿体。采用本方案,要实施控制放矿,使崩落矿岩接触面呈倾斜面均匀下降。

9.6.7.4 构成要素

阶段高度:阶段高度一般为60~200m。个别矿山如菲律宾的菲勒克斯矿的阶段高度达400m。阶段高度的大小,一般根据矿体的倾角、厚度、矿体的产状、矿岩的物理力学性质等因素来确定。

矿块的水平面积:矿块水平面积的大小,主要受矿体可崩性影响。如果矿块尺寸太小,则不能引起崩落;尺寸太大,会招致采区内的巷道所承受的地压增大而使其破坏。由于耙道长度的增加也会使开采速度降低,选择合理的矿块水平面积是相当重要的。在实际生产中,矿块的宽度一般为30~90m。最初设计的矿块一般略大。待对矿岩的可崩性有一定经验后,再行调整和优化。

底柱高度:底部结构形式较多,应根据矿岩稳固性、出矿设备和回采方式等确定。阶段自然崩落法的底柱高度,由于负担矿量较大,且矿岩的稳固性大多欠佳。因此,其高度比一般的采矿方法要高,有的高达20m以上。矿石的稳固性、出矿系统以及出矿巷道布置的形式、每个漏斗负担的矿量等都会影响底柱高度。

漏斗间距:影响漏斗间的因素有矿岩的稳固程度、崩落矿石块度的大小、每个漏斗负担矿量的多少以及采用的出矿方案和出矿设备等。

9.6.7.5 采准与切割

采切工程由阶段运输、底部结构、拉底、割帮与通风等工程组成。

A 阶段运输

应用阶段自然崩落法的矿山,由于生产能力大,一般采用脉外环形运输系统,穿脉装车。穿脉运输巷道的间距根据选定的出矿方式和出矿巷道的布置形式确定。

B 底部结构

底部结构与出矿方式有关,阶段自然崩落法采用的出矿方式有重力、溜井出矿、电耙出矿和铲运机出矿三种。

a 重力、溜井出矿

该种出矿的底结构如图 9-272 所示。具体布置为:从运输巷道 1 的两侧按 55°左右的倾角分别向上开凿出矿溜井 2,在每个溜井高约 12m 处,再开凿分枝溜井 3。且直通格筛巷道 4,格筛以上为放矿漏斗。这样一对出矿溜井可供 4 个放矿点使用。底柱高度一般约为 23m 左右。

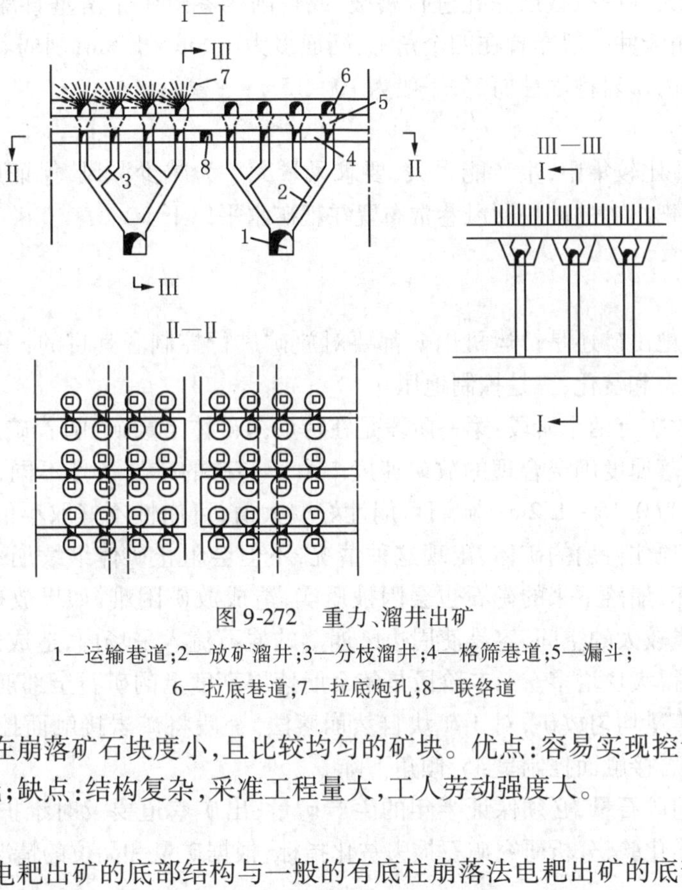

图 9-272 重力、溜井出矿

1—运输巷道;2—放矿溜井;3—分枝溜井;4—格筛巷道;5—漏斗;6—拉底巷道;7—拉底炮孔;8—联络道

此种底部结构多用在崩落矿石块度小,且比较均匀的矿块。优点:容易实现控制放矿,有利于降低矿石损失与贫化,出矿成本低;缺点:结构复杂,采准工程量大,工人劳动强度大。

b 电耙出矿

阶段自然崩落法用电耙出矿的底部结构与一般的有底柱崩落法电耙出矿的底部结构基本相同,都设有电耙道、漏斗、斗穿、溜井(若直接装车,溜井可不要)或堑沟等工程。不同之处是阶段自然崩落法阶段高度较高,每个漏斗所负担的矿量较大,需要有较大的漏斗间距。耙道和漏斗的支护要加强。

c 铲运机出矿

采用大型铲运机出矿,对崩落矿石块度适应性强,出矿效率高,易于实现控制放矿,是一种较好的出矿方式,但它要求巷道断面大,出矿口间距大,底部矿柱损失大是其主要缺点。

C 拉底与割帮

a 拉底

拉底水平一般布置在出矿水平以上,与出矿水平之间的距离主要取决于矿岩稳固性和选用的拉底方法,一般为 5 ~ 15m。拉底方法和一般有底柱拉底方法相同,既有浅孔拉底,也有深孔拉底。无论是浅孔拉底,还是深孔拉底,其高度大多在 3m 以上。拉底面积随矿岩的稳固性不同而不同,国外矿山采用的拉底面积为 30m × 30m ~ 120m × 120m,变化范围很大。

拉底速度要与崩落速度和产量相适应。拉底太快不利于自然崩落,太慢对出矿巷道不利,应保持均匀推进。

拉底一般从靠近已崩落矿块的一侧,或从矿体上盘开始,随着崩落线推进顺序爆破拉底炮孔。每次爆破步距约5m左右(2~3排孔)。拉底时,要注意拉底线不能与下部的出矿巷道平行,以免出矿巷道承受太大的应力而遭到破坏。为此,拉底推进线多沿对角线方向呈阶梯状推进,两相邻拉底巷道之间的超前距离一般控制在6~12m范围内。拉底时,一旦发现留有残柱,一定要及时处理,否则将会阻止矿石自然崩落,并对出矿巷道产生应力集中。

b 割帮

在矿山没有一定的生产经验以前,不能确定矿山的实际崩落特性。因此,在初始崩落时常采用一些割帮措施来促使崩落。

割帮就是利用边角天井、削弱天井和削弱巷道等从拉底水平起沿矿块的边界开掘,根据矿石可崩性大小,可在角边天井和削弱天井中打数层深孔进行爆破,或在削弱巷道中钻凿垂直深孔进行割帮爆破以促使矿块内的矿石崩落。边角天井一般布置在四个角上,断面多为1.8m×1.8m;削弱巷道一般与边角天井和削弱天井连通,其垂直距离由矿岩稳固性而定,一般为10~15m。

D 通风

阶段自然崩落法作业比较集中,生产能力大,要求风量大。为减少漏风,保证风质,一般设有专用进风巷道和回风巷道,采用电耙出矿的矿块回风巷常布置在耙矿水平以下。

9.6.7.6 回采

A 放矿

无论是格筛出矿、电耙出矿还是铲运机出矿都要对放矿进行控制。其目的:一是保证矿山能按计划均衡生产;二是降低矿石损失和贫化;三是控制地压。

阶段自然崩落法的放矿有两个阶段:第一阶段是在待崩落矿体下放矿,随着矿石崩落,放出崩落矿石的碎胀部分,根据矿石的崩落速度确定合理的放矿速度。由于各矿的矿岩条件不同,其合理的放矿速度也不同,一般每日的放矿速度为0.15~1.2m。矿石可崩性好取大值,可崩性不好取小值。如果放矿速度慢于崩落速度,崩落的矿石就会顶住待崩的矿体,出现这种情况,不但会阻止矿体继续崩落,也会对下部出矿巷道造成应力集中而遭受破坏,崩落下来的矿石也会因被压实,造成放矿困难;如果放矿速度过快,则会在待崩矿体与已崩矿石之间形成较大的空间,容易使周边已崩落的岩石流入采场内,造成过早贫化。另外,也会出现矿体过早突然崩落,使得大块增多。第二阶段是整个崩落层高度上的矿石全部崩落以后,在覆岩下放矿。覆岩下的放矿一般采取等量均匀放矿,对于矿块自然崩落法,一般将矿岩接触面控制呈水平下降。对于连续自然崩落法,一般将矿岩接触面控制呈45°倾角下降。

为了很好控制放矿的矿石量,必须保证半年的生产矿量;出矿巷道要及时维护,保证均匀放矿能力;及时按规定在各放矿点取样化验,分析研究矿石损失贫化指标,根据矿量和品位的情况,决定是否停止放矿。

B 支护

应用阶段自然崩落法的矿山,由于阶段高度较高,使得出矿巷道所负担的矿量很大,使用的时间也长,从而使得出矿巷道磨损严重,再加上频繁的二次爆破,出矿巷道往往破坏严重。因此,必须重视巷道的支护和维修。

支护的方法,应根据矿岩的稳固程度、受矿巷道所处的部位及受力状态等来选择。对于处于开采应力范围内的巷道,如穿脉运输巷、通风巷、出矿巷等,一般采用高标号混凝土支护,其厚度为300~450mm,有些矿山的电耙道底板还采用钢轨加固;对于巷道交岔口、斗穿、装矿巷道的眉线部位可采用锚杆、锚索、金属网喷射混凝土或钢梁等加强支护。在开采应力影响范围以外以及使用时间不长的巷道,一般采用锚喷支护即可。

9.6.7.7 主要优缺点及发展趋势

自然崩矿采矿法优点:

(1) 比较安全;

(2) 开采成本低,需要的人工较少,凿岩、爆破和支护工作量少;

(3) 生产集中,生产能力大,劳动生产率高;

(4) 通风条件好。

自然崩矿采矿法缺点:

(1) 矿块准备工作量大,时间长,且初期投资大;

(2) 管理水平要求高,如果控制放矿不好,将影响矿石损失贫化指标;

(3) 调节产量比较困难,一旦使用不成功,难以改变使用其他采矿方法;

(4) 若诱导崩落工作做得不好,会导致不能及时崩落,从而影响连续均衡生产。

自然崩矿采矿法评价:阶段自然崩落法早期仅用于开采松散破碎矿体,现已扩大应用于开采节理、裂隙发育的中等稳固矿体。该法是一种生产能力大、采矿成本最低的采矿法。世界上已有不少国家如美国、智利、南非等已经采用。20 世纪 60 年代初和 70 年代我国易门铜矿三家厂分矿、山东莱芜铁矿和金山店铁矿等矿山曾试用过矿块自然崩落法开采破碎矿体。20 世纪 80 年代,铜矿峪铜矿和程潮铁矿也曾用阶段自然崩落法开采中等稳固矿体,积累了不少的经验。但由于存在使用条件要求严格、采矿工艺不易掌握、管理复杂等问题,该法在我国目前还很少使用。该法生产成本低,对于矿石价值不高,矿石松软破碎的厚大矿体,应积极推广应用。

9.6.7.8 矿山实例——金山店铁矿矿块自然崩落采矿法

A 概况

矿床为岩浆期后接触交代矽卡岩型矿床。主矿体在平面上呈条带状展布,在剖面上则多呈似层状、透镜状或脉状,产于石英闪长岩与大理岩的接触带或其两侧,严格受侵入接触构造及断裂构造控制。矿体走向长 273m,倾角 48°~49°,平均 76°,厚度 0.5~130m,平均 32m,$f=7\sim10$,中等稳固到不稳固。矿体主要为磁铁矿,其中粉矿约占总储量的 30%,粉矿分布连续性较差,常呈囊状、鸡窝状,也有与块矿相互夹杂,多分布于矿体、中下部较肥大及富水性地段,呈疏松状,极不稳固。

矿体上盘为矽卡岩,$f=3\sim6$,不稳固。下盘为角页岩和大理岩,均属中等稳固。采用矿块自然崩落采矿法开采。见图 9-273。

矿块垂直走向布置,阶段高度 60~70m,矿块长 72m,宽 38m,高 60~70m,分段高 10m,出矿平巷间距 12m,漏斗间距 8m。

B 采准与切割

出矿水平采用穿脉布置出矿巷道,单侧分岔口出矿,拉底水平沿脉布置拉底巷道,穿脉布置切割巷道,切割巷道与分岔口漏斗中心对应。拉底水平以上各分层,为下盘辅助出矿水平,在错动界线外布置穿脉出矿巷道,间距 12m,出矿巷道端部设沿脉切割巷。

C 拉底

在拉底巷道中用 YG-80 型凿岩机钻凿中深孔,钻孔直径为 80mm,最小抵抗线为 2m,孔深 7~13m,崩矿步距 2m。拉底工作由下盘至上盘、由东向西呈 45°对角线推进。拉底高度 6~8m,一次拉底面积 48~72m^2。

D 放矿

放矿过程中包括崩落过程的放矿和大量放矿两个阶段。首先进行拉底后崩落过程的放矿,待矿石全部崩落松散后,再进行覆岩下的大量放矿。运搬设备为 C-30 型铲运机。

为了回收矿块自然崩落主出矿水平不能回收的矿体下盘"死三角"部分的矿石,在下盘采用辅助出矿的措施,即用无底柱分段崩落法回收这部分矿石。一般要求底盘辅助出矿先于主出矿水平出矿。

E 通风

采矿主出矿水平通风,风流经阶段运输平巷、穿脉、采区通风天井至主出矿水平各出矿巷道,污风经上盘回风巷、采区回风天井、上阶段回风巷,最后分别由东、西回风井排出。

9.6.8 崩落采矿法放矿

崩落采矿法是在崩落岩石覆盖下放矿(简称覆岩下放矿)与空场下放矿完全不同。

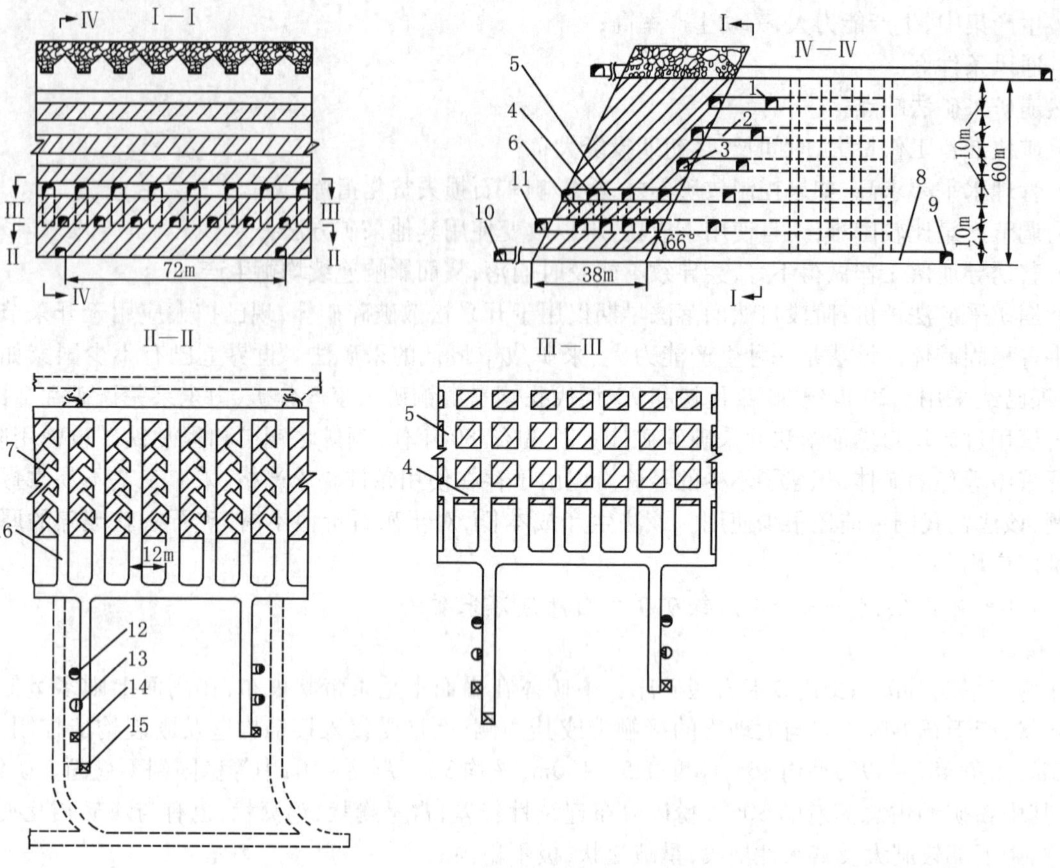

图9-273　金山店铁矿矿块自然崩落采矿法

1—下盘联络巷道；2—穿脉出矿巷道；3—沿脉切割巷道；4—沿脉拉底巷道；5—穿脉切割巷道；6—斗颈；7—单侧分岔出矿巷道；8—穿脉巷道；9—下盘阶段运输平巷；10—上盘阶段运输平巷；11—上盘回风巷道；12—矿石溜井；13—废石溜井；14—风井；15—设备井；16—出矿平巷

空场放矿残留在放矿口两侧的矿石堆角度约为35°~45°（即自然安息角），而覆岩下放矿残留在放矿口两侧的矿石堆角度约为70°（即放矿休止角，它是废石漏斗曲面与水平面的交角），覆岩下放矿残留的矿石远远大于空场放矿残留的矿石。

为了避免岩石大量混入，覆岩下放矿需进行严格的放矿管理。

覆岩下放矿过程中，随着崩落矿石的放出，松散的覆盖岩石也随着向下移动，废石将不断渗入到矿石中，若采场设计和放矿管理不符合矿岩移动规律，会造成大量矿石损失，大量贫化。

近几十年来，国内外学者对放矿理论、放矿工艺进行了大量研究，并取得了丰硕的成果。研究放矿理论的目的，一方面是根据所研究的矿岩移动规律指导设计，预计其损失贫化；另一方面是合理进行放矿设计和放矿管理。放矿前应根据放矿理论和实际情况，确定合理的放矿方法和放矿管理制度，这对降低矿石的损失和贫化具有重大的意义。

9.6.8.1 崩落矿岩移动基本规律

A 单放矿口放矿与放出椭球体理论

崩落采矿法矿石是在崩落围岩覆盖条件下放出的，由于崩落围岩与崩落矿石直接接触，若放矿工作管理不当，采场结构参数及底部结构参数设计不合理，会导致大量矿石损失和贫化，既损失了矿产资源，又恶化了各项技术经济指标，因此，研究崩落矿岩的移动规律即放矿理论是十分必要的。放矿理论有多种，目前仍以椭球体理论为主导。本手册就椭球体理论予以介绍。

a 放出体形态

实验证明，由平面底部单放矿口所放出的矿石，它在崩落矿岩体内原来所占的空间几何形态（此形态称为放出体),由于不受边界条件约束,它为一近似椭球体,统称为放出椭球体。如图9-274中的“1”所示。放出体中矿石放出后,周围崩落矿岩体产生松动(移动),松动部分称为松动体,其空间几何形态,也近似于椭球形,故称之为松动椭球体,如图9-274中的“4”所示。在放矿过程中,随着矿石的放出,废石呈凹状下降,称为放出漏斗。设放出体高度为H_f,高于H_f的水平层上的放出漏斗称为移动漏斗,如图9-274中的“3”所示;等于H_f的水平层上的放出漏斗称为降落漏斗,如图9-274中的“2”所示;小于H_f的水平层上的放出漏斗称为破裂漏斗,如图9-274中的“5”所示。

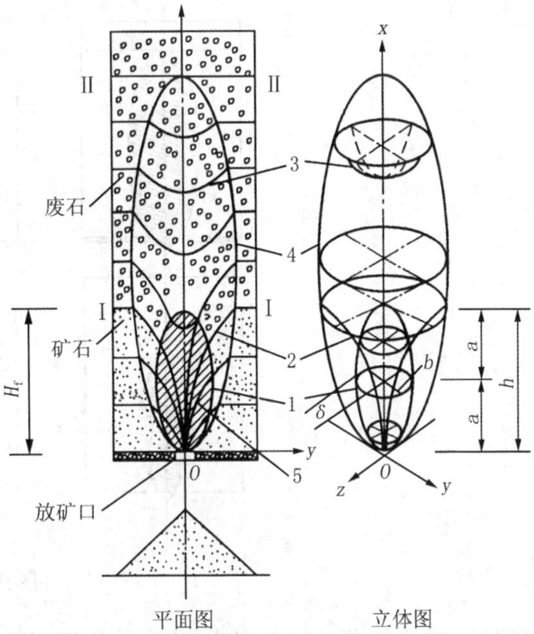

图9-274 放出椭球体、松动体及废石降落漏斗
1—放出椭球体;2—废石降落漏斗;3—移动漏斗;4—松动椭球体;5—破裂漏斗

b 放出体基本性质

(1) 放出体形态可看成为一个截头椭球体,计算时可略去截头部分的影响,其体积近似计算公式为:

$$Q_f = \frac{\pi}{6}H_f^3(1-\varepsilon^2) \tag{9-185}$$

式中 H_f——放出体高度;

ε——放出椭球体偏心率。

令a为放出椭球体长半轴($2a = H_f$),b为放出椭球体短半轴。

$$\varepsilon = \frac{\sqrt{a^2-b^2}}{a} \tag{9-186}$$

ε大小取决于崩落矿岩的松散性质与放出条件。矿岩流动性越好,ε越小,否则相反。ε值可由试验或类比法确定。

$1-\varepsilon^2$可写成指数型回归方程式:

$$1-\varepsilon^2 = KH_f^{-n} \tag{9-187}$$

则

$$\varepsilon = \sqrt{1-KH_f^{-n}} \tag{9-188}$$

由此可得出椭球体体积的又一表达式:

$$Q_f = \frac{\pi}{6}H_f^{3-n} \tag{9-189}$$

式中 K,n——实验常数。

松动椭球体体积也可用式(9-185)计算。根据实验,松动椭球体体积为放出椭球体体积11~16倍,即松动椭球体体积Q_s也可写成:$Q_s \approx (11\sim16)Q_f$。松动椭球体高为放出椭球体高的2.5倍。

(2) 过渡原理。放出体在被放出过程中,其表面仍保持近似椭球状,称为移动椭球体。随着放出矿石移动椭球体下移变小,放出体表面颗粒点随着矿石放出移向移动椭球体表面(这是由于松动带内矿石颗粒的运动速度不等所致,越靠近放矿口中轴线部位的颗粒,下降速度越快),最后同时到达放矿口被放出,如图9-275所示。这就是过渡原理。随着椭球体高度的增加,其宽度(短轴)也相应增大。

(3) 相关关系原理。移动椭球体表面上各颗粒点的高度相关系数(x/H)在移动椭球体的移动过程中保持不变。这就是相关关系原理。

$$\text{高度相关系数} = \frac{X_0}{H_0} = \frac{X_1}{H_1} = \frac{X_2}{H_2} = \cdots \tag{9-190}$$

式中 $X_0, X_1, X_2, \cdots$——分别为移动椭球体Q_0、Q_1、Q_2、…上相应过渡颗粒点的高度;

$H_0, H_1, H_2, \cdots$——分别为移动椭球体Q_0、Q_1、Q_2、…的高度。放出体放出过程如图9-275所示。

(4) 矿石贫化。截止放矿时,累计放出的矿石量与废石量所对应的椭球体高度已经超过崩落矿石层的

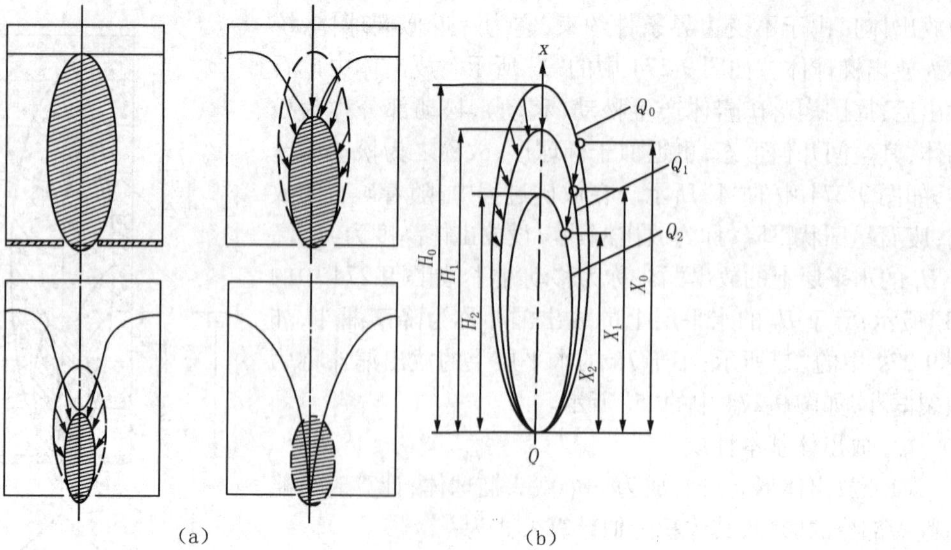

(a)　　　　　　　　　　(b)

图 9-275　放出体放出过程

高度而进入崩落的覆盖岩中,这个放出椭球体所圈入的废石量,就是使放出矿石量贫化所混入的总废石量。

B　多放矿口放矿

a　多放矿口放矿

令 b 是高度为崩落矿石层的放出椭球体的短半轴,L 是放矿口的间距,如图 9-276 所示。

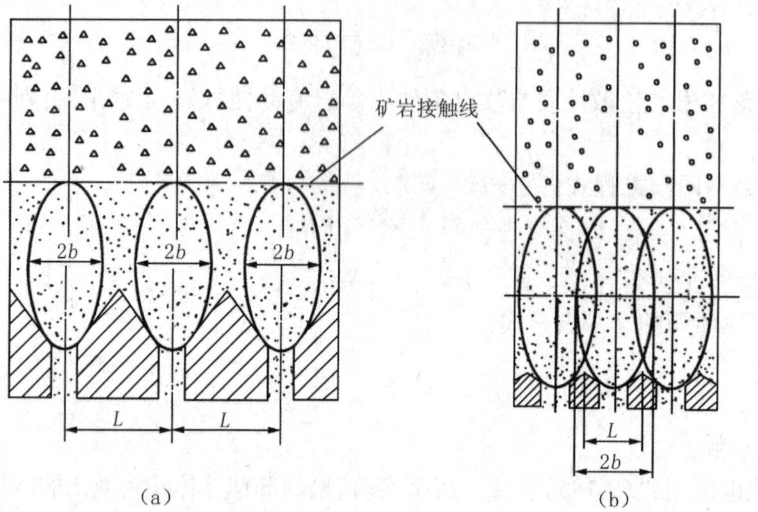

(a)　　　　　　　　　　(b)

图 9-276　多放矿口放矿

(1) 如图 9-276(a)所示,当 $b<\frac{L}{2}$时,各放矿口的纯矿石放出椭球体之间互不相关,其损失贫化规律与单一放矿口放矿规律相同。

(2) 如图 9-276(b)所示,当 $b>\frac{L}{2}$时,由于放矿口间距小,崩落矿石层相对很高,相邻放矿口的放出体呈现出相互交错关系,在这种情况下的矿岩接面在放矿过程中将出现如图 9-277 所示的情况。

在等量放矿的情况下,首先从 1 号放矿口放出矿石量 Q_1 后,矿岩接触面形成漏斗状凹进 L_1,再从相邻 2 号放矿口放出矿石量 Q_2,如果 1 号放矿口在此之前未进行放矿,则 2 号放矿口的上方也应形成与 L_1 相同的漏斗状凹进 L_2,可是实际上 2 号放矿口是在 1 号放矿口放矿完毕并已形成移动漏斗 L_1 后放出的,所以矿岩界面 cb 部分的移动产生叠加,使两放矿口间一段的矿岩界面呈平缓下降。依此类推可知,多放矿口放矿，若采取均匀放矿，在第一阶段可使矿岩接触面呈平缓（接近平面）下降。此阶段放出的矿石始终为纯矿石，如图 9-278 所示。

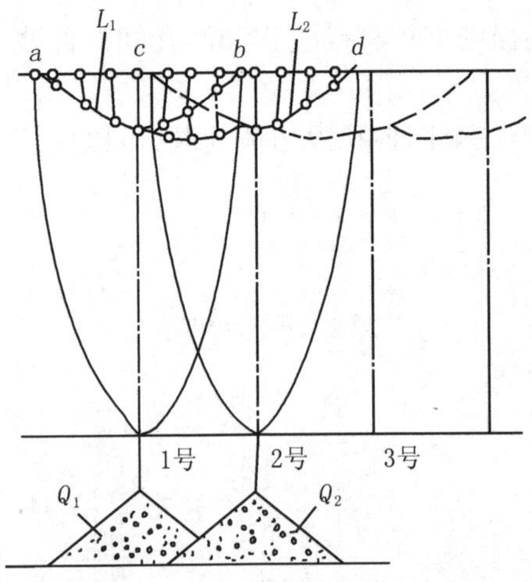

图 9-277　相邻放矿口放矿时矿岩界面的移动

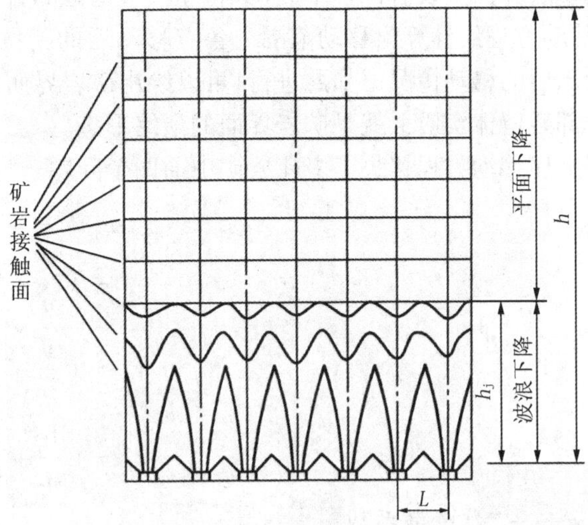

图 9-278　多放矿口均匀放矿时矿岩移动规律

h—崩落矿石层高；h_j—极限高度；L—放矿口间距

继续放矿则转入第二阶段，即是矿岩接触面下移到 h_j；后出现凸凹不平阶段，此阶段放矿可分为前、后两期：前期（初期）放矿，矿岩接触面呈弯曲波浪形（见图 9-278），所放出的矿石仍为纯矿石。纯矿石放出体的高度是所对应的矿石层极限高度。所谓极限高度，就是相邻放矿口彼此相切的放出椭球体的高度。因此，此时放出的纯矿石体积，就是相切的椭球体体积；第二阶段后期放出的矿石则是贫化了的矿石。

第二阶段放矿的特点是矿岩接触面呈弯曲波浪形下降，不需再均匀放矿。

分析研究矿石损失贫化过程可以看出，多漏孔放矿规律研究中有三个基本问题：矿岩界面移动过程，其中包括岩石混入过程；矿石残留体，即圈定出漏孔间矿石残留体的空间位置、形态和数量；矿石放出体，即从各漏孔放出的矿石在原采场矿石堆中所占的空间位置和形状。

b　数值模拟放矿

为了解决前两个问题，提出了颗粒点移动方程。设漏孔在坐标原点处，如图 9-279 所示。当从漏孔放出矿石 Q 时，颗粒点 $A_0(x_0,y_0,z_0)$ 移动到 $A(x,y,z)$ 处。根据放出体三个基本性质推导出颗粒点移动方程：

$$\left.\begin{aligned} x &= \left[\eta\left(1-\frac{Q_f}{Q_0}\right)\right]^{\frac{1}{3-n}} x_0 \\ y &= \left[\eta\left(1-\frac{Q_f}{Q_0}\right)\right]^{\frac{2-n}{6-2n}} y_0 \\ z &= \left[\eta\left(1-\frac{Q_f}{Q_0}\right)\right]^{\frac{2-n}{6-2n}} z_0 \end{aligned}\right\} \tag{9-191}$$

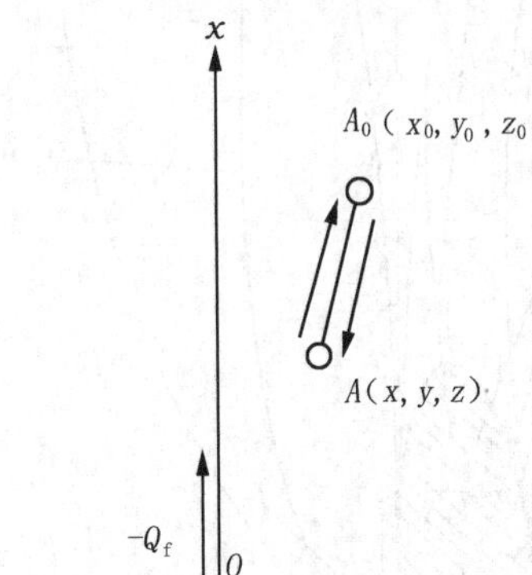

图 9-279　颗粒点的移动

式中　Q_f——放出矿石量，即放出椭球体积；

Q_0——计算点 A_0 的归零量（达孔量），即计算点移动到坐标原点（漏孔）时的放出量，$Q_0=\dfrac{\pi}{6}KH_0^{3-n}$，式中 H_0 用式（9-192）求算：

$$y_0^2+z_0^2 = KH_0^{-n}(H_0-x_0)x_0 \tag{9-192}$$

注：上述移动方程是按放出体为变偏心率的完整椭球体推导的。因此，根据移动连续性方程的检验，只有完整椭球体表面才有过渡关系，截头椭球体表面不符合连续移动要求。

在已知移动场内某点当次放矿前的原始位置 $A_0(x_0,y_0,z_0)$ 以及当次放出矿石量 Q_f 时，用上面方程组便可计算出移动后的位置 $A(x,y,z)$。既然能计算出一点，那么就可以计算出任意多个点的移动情况。

在矿岩界面上设有许多个点（如模型实验时摆布许多个标志颗粒一样），根据每个漏孔的各次放出矿石量，用移动方程组计算出移动范围内各点移动后的新位置，从而可以根据各点的新位置圈绘出矿岩界面在当次放出后的移动情况。如此进行，可以绘出矿岩界面在放矿过程中整个移动过程和漏孔间脊部残留体形态。脊部残留体实质上就是矿岩界面的最终形态。

用上述移动方程解决了多孔放矿中前两个问题。为了解决第三个即各孔放出体问题，可以使用逆移动方程：

$$\left.\begin{aligned} x_0 &= \left(\frac{1}{\eta} - \frac{Q_f}{Q}\right)^{\frac{1}{3-n}} x \\ y_0 &= \left(\frac{1}{\eta} + \frac{Q_f}{Q}\right)^{\frac{2-n}{6-2n}} y \\ z_0 &= \left(\frac{1}{\eta} + \frac{Q_f}{Q}\right)^{\frac{2-n}{6-2n}} z \end{aligned}\right\} \tag{9-193}$$

式中 η——二次松散系数；

n——偏心率实验常数。

用这个方程组可以根据移动后的位置求算出移动前的位置。从概念上讲，相当于漏孔放出矿量 Q 为负值，即将放出矿石 Q_f 再经原漏孔塞回去（图 9-279），使 $A(x,y,z)$ 点沿原路径再返回 $A_0(x_0,y_0,z_0)$ 点。图 9-280 是圈绘放出体的例子。从 1 号漏孔放矿时，放出体为 Q_1，其次从 2 号漏孔放出矿石 Q_2。当前放出体 Q_2 表面各点为 0、1、2、3、4、…、12，其中在移动带 Q_s 范围内的各点，并不是原来放矿前的位置，故可以用逆移动方程求得这些点的原位置（6′、5′、4′、…、1′、0′）。把这些点原位置连接起来便可得出放出体 Q'_2，Q'_2 就是原始放出体。

总结上面所述，用移动方程和逆移动方程可以进行数值模拟放矿，数值模拟放矿可以用来解决多孔放矿中的各种问题。

上面的研究是在无边界（或无限边界）条件下进行的，因此得出的一切结论与结果只有在无边界条件下，才是合适的、可用的。例如矿体倾角较小（小于 60°）的上盘破碎矿体，采用有底柱崩落法，此时的放矿就可以归属无边界条件下放矿。

具有边界条件的放矿可以分为两种：一种为简单边界条件；另一种为复杂边界条件。

简单边界条件下放矿的典型例子，是无底柱分段崩落法放矿，崩落矿岩是在端壁面条件下放出的。此时放出体形状根据实验为近似椭球缺。

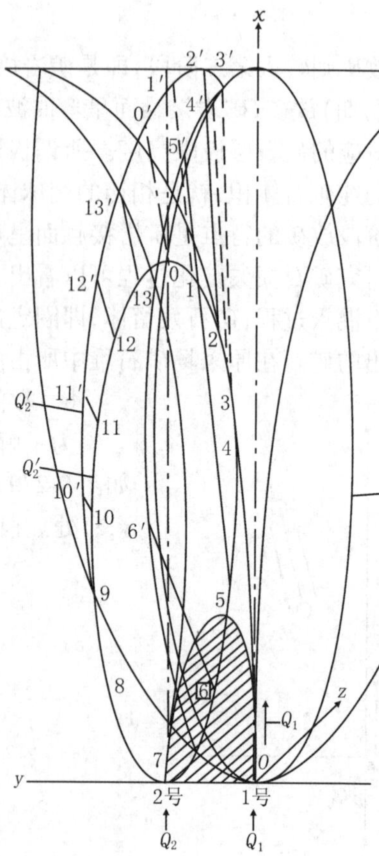

图 9-280　多孔放出时放出体圈绘方法

无边界条件下放矿时的放出体为一近似椭球体；简单边界条件下的放出体为如端部放矿为一近似椭球缺，仍是椭球体的一部分。复杂边界条件下放矿如图 9-281 所示，此时的放出体不再是椭球体或椭球缺。随放出体高度的不同，放出体的形状是各异的，从而难以建立起放出体通用的表达式，所以也就不能建立出移动方程。这是放矿理论研究的难点所在。此时可采用归零量（达孔量）的概念。根据实验建立各种情况下的归零量场，找出归零量等值点，便可画出放出体图形。再根据放出量等于颗粒点移动前后归零量差值的关系,求得颗粒点移动后的坐标值(x,y,z)。

利用归零量场的概念可能是解决复杂边界条件下放矿问题的一个途径。

上面简介了椭球体理论与应用。从应用角度看,衡量放矿理论的完整性一个重要标志,是能否做出崩落法放矿时矿石损失贫化预测。只有解决了矿石损失贫化预测问题,才能更好地选择与优化采矿方法、结构参数和放矿制度等。椭球体理论的一切理论内容,都是建立在放出体为椭球体或椭球体一部分的基础上,因此只用椭球体理论难以对复杂边界条件下放矿做出损失贫化预测。

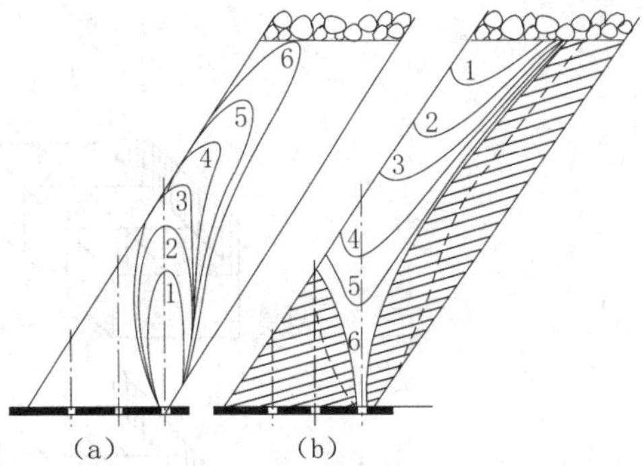

图 9-281 复杂边界条件下的放出体

(a)放出体的移动;(b)矿岩界面的移动

c 随机模拟放矿

随机模拟方法可以用来解决复杂边界条件下放矿的各种问题,诸如矿岩界面移动、各孔放出体和矿石残留体等,以及用来预测矿石损失贫化值,是一种比较有前景的方法。当前在研究数值模拟的同时,还应加重研究和推广使用这种方法。

该法首先将崩落矿岩堆划分成大小相等的方块,在上、下盘边界上方块有一半和一半以上的在矿石中就将该方块视为矿石;反之,视为岩石。按各方块坐标位置输入计算机。

其次按规定的顺序和放出量,从漏孔一块一块地放出,一直放到截止岩石混入率时关闭漏孔。

放出时有两种情况:一是不受采场边界影响的正常流动;二是受采场边界影响,矿岩移动产生异变。

在第一种情况下的矿岩移动模型如图 9-282 所示。当 N 层的一个方块下落后,出现一个空洞,该空洞将由其上面 $N+1$ 层的 9 个方块中某一方块所递补。9 块的移动下落概率不一样,中间大周围小,即 $\gamma>q>p$,同时由于下落一块递补空位为一必然事件,故 $\gamma+4q-4p=1$。当 $N+1$ 层下落一个方块后,再由 $N+2$ 层下落一块递补之,如此不断传递,一直到岩层的规定高度为止。完成一个方块的放出,接着再放出第二个方块,如此循环进行。

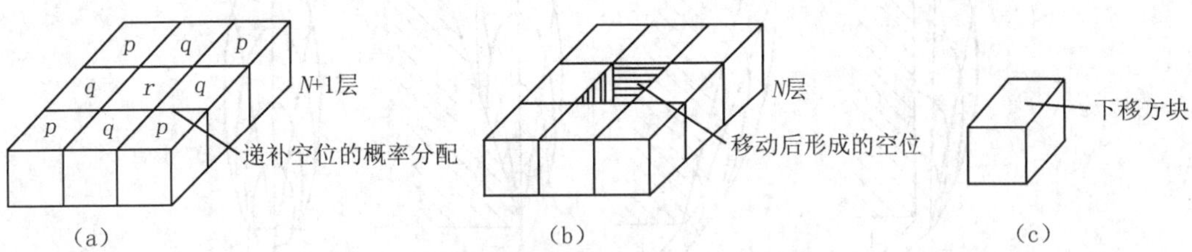

图 9-282 不受边界影响的矿岩块移动模型

每层每次的移动可以认为是独立随机事件,所以 9 块中的下移方块可以用孟德卡罗法确定。即首先按 γ、q、p 数值确定出每个方块所处的概率区域,其次用计算机产生随机数,根据产生的随机数值确定下移方块。

方块移动可能遇到的采场硬边界如下:图 9-283(a)为直壁边界;图 9-283(b)为移动方块处于两个直壁直角连接处;图 9-283(c)为上盘面改为折线后出现的情况。

实验证明移动概率分布,亦即 γ、q、p 之间的数值关系,应取决于矿石的流动(松散)性和放出条件,例如松散性较好的 γ 所占比值小些,反之大些。这个问题还有待进一步研究。

目前对有底柱崩落法与无底柱分段崩落法都编有模拟程序,模拟实验结果证明,该法是可用的,在选择与研究崩落采矿方法时可以用来预测放矿的损失贫化值。

C 端部放矿

实验证明,端部放矿的矿岩移动规律,基本上与平面底部单放矿口放矿相同。但端部放矿的放出体,由于受到放矿口上部未采矿壁的限制,使放出椭球体的流轴(中心轴)发生偏斜,放出椭球体也发育不完全,形成一个纵向不对称,横向对称的椭球缺,且不同的矿壁倾角,其放出体的形状也不相同,如图 9-284 所示。

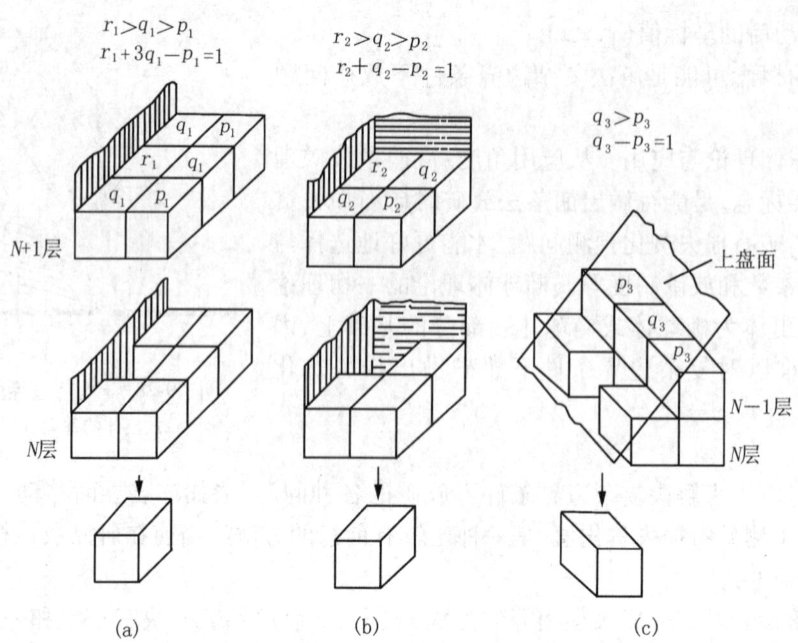

图 9-283 遇到采场边界时矿岩方块移动模型

在沿回采巷道方向的剖面上，当矿壁垂直时（图 9-284（a）），椭球体除截切外，椭球体流轴（长轴）还稍向前倾斜与矿壁面斜交成一个不大的角度；当矿壁前倾时（图 9-284（b）），椭球体除被矿壁截切外，还发生向前倾斜；当矿壁后倾时（图 9-284（c）），椭球体被截切部分逐渐减少。在与回采巷道垂直的剖面上放出椭球体的形状没有什么变化（图 9-284（d））。

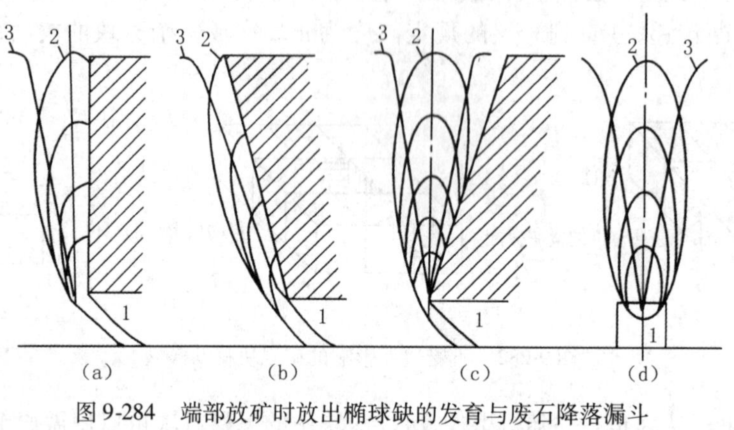

图 9-284 端部放矿时放出椭球缺的发育与废石降落漏斗

1—回采巷道；2—放出椭球缺；3—废石降落漏斗

a 椭球缺体积计算

椭球缺由正面废石体体积、侧上部废石体体积和崩落的大部分矿石体体积三部分体积组成（见图 9-285 的阴影部分）。由于放出条件和放出体形态十分复杂，计算只能是近似的。

椭球缺体积可用下式计算：

当轴偏角 $\theta\leqslant10°$ 时：

$$Q_f = \pi abc\left(\frac{2}{3}+\frac{a}{c}\tan\theta\right) \tag{9-194}$$

式中 Q_f——放出体体积；

a——长半轴，其值等于分段最高点到回采巷道顶板下 1m 处的一半；

b——横短半轴（垂直巷道中线方向）；

c——纵短半轴（回采巷道中线方向）；

θ——流轴与端壁夹角，称为轴偏角。

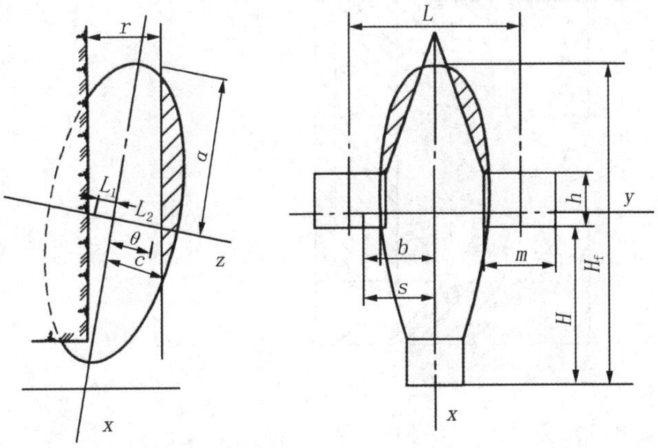

图 9-285 放出体形态

式中符号如图 9-285 所示。

当 $\theta > 10°$时,应用式(9-195)计算:

$$Q_f = \frac{2}{3}\pi abc + \pi abc\frac{L_1}{\sqrt{A_{ac}}}\left(1 - \frac{L_1^2}{3A_{ac}}\right) \tag{9-195}$$

放出椭球缺中正面与侧上部废石体体积分别计算为:

$$Q_{zf} = \frac{2}{3}\pi abc - \pi abc\frac{L_2}{\sqrt{A_{ac}}}\left(1 - \frac{L_2^2}{3A_{ac}}\right) \tag{9-196}$$

$$Q_{cf} = \frac{4}{3}\pi abc - \pi abc\frac{2S}{\sqrt{A_{ab}}}\left(1 - \frac{S^2}{3A_{ab}}\right) \tag{9-197}$$

放出矿石体体积:

$$Q_K = Q_f - Q_{zf} - Q_{cf} \tag{9-198}$$

式中 Q_{zf}——正面废石体体积;

Q_{cf}——侧上部废石体体积。

$$A_{ac} = a^2\tan^2\theta + c^2 \tag{9-199}$$

$$A_{ab} = a^2\tan^2\phi + b^2 \tag{9-200}$$

式中 ϕ——矿岩平均流动角的余角,15°~20°。

$$L_1 = a\tan\theta \tag{9-201}$$

$$L_2 = \frac{\gamma}{\cos\theta} - L_1 \approx \gamma - L_2 \tag{9-202}$$

式中 γ——放矿步距,等于崩矿步距与挤压爆破松散系数的乘积;

S——降落漏斗母线在水平轴(b方向上)所截得线段的长度,其值等于:

$$S = \frac{1}{2}(L - m) + (h + 1 - a)\tan\phi \tag{9-203}$$

式中 h——分段高;

L——回采巷道间距;

m——回采巷道宽。

通过上述计算,可预先计算出端部放矿理论上的矿石损失和贫化。

b 脊部损失和端部损失

在端部放矿的后期,随着放出的矿量不断地增加,废石漏斗也逐渐扩大,放出矿石品位也越来越低,当放出矿石品位达到截止放矿品位停止放矿时,堆积在放矿口两侧放出角以下的矿石放不出来,这种堆积在相邻两入矿口之间放不出来的矿堆,称为脊部损失,如图 9-286(a)所示。

在回采巷道正面,因受装运设备铲取深度限制和废石降落漏斗的隔绝,在该回采巷道内的正面还有一部分矿石放不出来,这部分矿石称为正面端部损失,简称端部损失,如图 9-286(b)所示。

无底柱分段崩落采矿法是端部放矿,其采切巷道的布置、结构参数以及回采工艺等对脊部损失、端部损失和贫化有直接关系。因此,要求采切巷道的布置、结构参数的选择能使崩落下来的矿堆尽可能地与放出体形态相吻合。

9.6.8.2 影响放矿效果的主要因素

影响放矿效果的主要因素有:

(1) 矿体的倾角、厚度以及与废石接触面的数目、面积等对矿石的损失和贫化有很大的影响。尤其是当倾角小于 70°时,下盘损失很大,如图 9-287 所示,这部分损失是永久损失。因此采取减少下盘损失的措施对

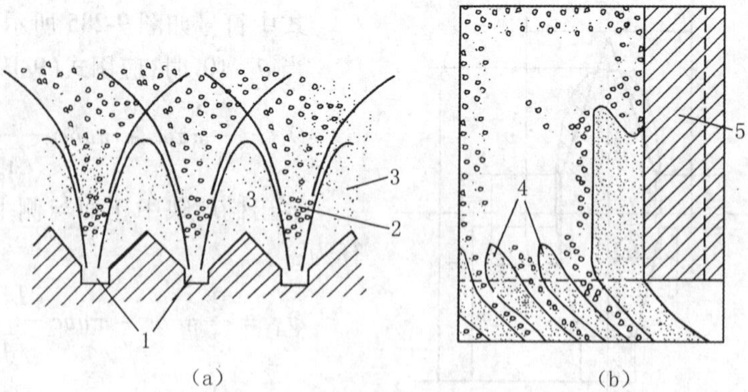

图 9-286 脊部损失和端部损失

(a)回采巷道两侧的脊部损失;(b)回采巷道正面的端部损失

1—回采巷道;2—废石降落漏斗;3—两侧脊部损失;4—正面端部损失;5—端壁

崩落法尤为重要。

贫化率的大小,与矿岩接触面的形状、面积及数量有关,接触面面积小、规则、数量少,对减少(放矿时)矿石损失贫化有利。

(2) 松散矿石的物理力学性质对放矿影响很大。当矿石干燥、松散、块度不大而均匀、无粉矿时,矿石流动性好,放矿损失和贫化最小。若块度组成中粉矿多,压实度大,有黏性或湿度大,则矿石流动性差。矿石流动性差时,放出椭球体长轴增长很快,短轴增长很慢,椭球体会形成瘦长的"管筒"状,此时,"管筒"周围的矿石放不出来,而位于"管筒"上部的废石会通过"管筒"穿过矿石层进入放矿口,引起贫化。

矿石的块度大,崩落围岩细碎,围岩也会很快穿过矿石层的缝隙而提前进入放矿口,从而增大了贫化和损失。因此,崩落采矿法对崩落矿石的块度和围岩的块度与其他采矿法相比,要求比较严格。

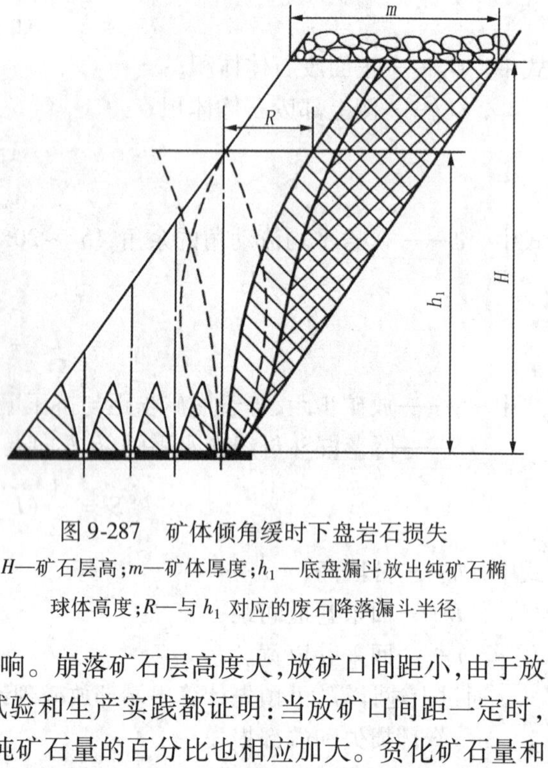

图 9-287 矿体倾角缓时下盘岩石损失

H—矿石层高;m—矿体厚度;h_1—底盘漏斗放出纯矿石椭球体高度;R—与 h_1 对应的废石降落漏斗半径

(3) 崩落矿石层高度及放矿口的间距对放矿有较大的影响。崩落矿石层高度大,放矿口间距小,由于放矿极限高度低、脊部损失小,对减少损失贫化有利。实验室试验和生产实践都证明:当放矿口间距一定时,纯矿石放出椭球体的体积随崩落矿石层的加高而变大,放出纯矿石量的百分比也相应加大。贫化矿石量和脊部损失矿石量与放矿口间距有关。为获得好的放矿指标,降低损失与贫化,特别是在崩落矿石层高度小时,在矿岩稳固性允许条件下,应尽量缩小放矿口间距。

(4) 放矿口尺寸的大小、结构与形状以及放矿制度与管理等都对放矿的损失贫化有影响。

9.6.8.3 无底柱分段崩落采矿法放矿

A 降低矿石损失贫化的措施

无底柱分段崩落采矿法矿石损失的形式有两种:一种是脊部损失和端部损失;另一种是下盘损失。

a 减少脊部损失和端部损失的措施

减少脊部损失和端部损失的措施包括:

(1) 合理地布置巷道。

1) 回采巷道的布置。回采巷道布置直接影响损失贫化指标。上下分段回采巷道应严格采用菱形交错布置,使每次崩落的矿石层与放出椭球体相符,以大幅度减少矿石损失,如图 9-288 和图 9-289 所示。

若按图 9-288 布置,即可将上分段回采巷道两侧脊部损失和上分段端部损失的一部分矿石在下分段放出，减少矿石的损失与贫化。

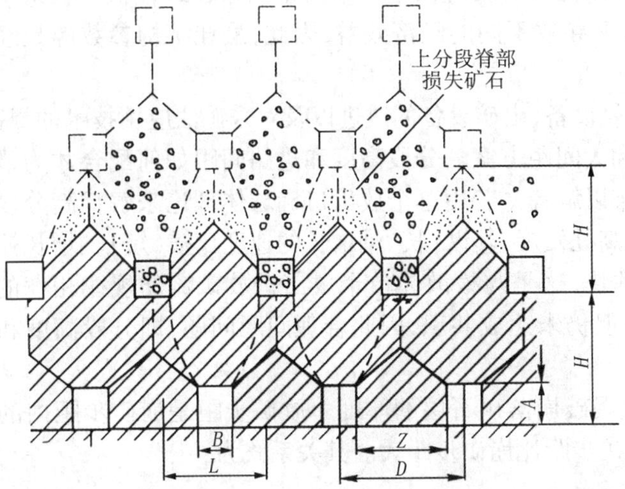

图 9-288 上下回采巷道菱形布置

H—分段高度；*D*—回采巷道中心间距；*L*—回采分条宽度；*B*—回采巷道宽度；*A*—回采巷道高度；*Z*—回采巷道间矿柱宽度

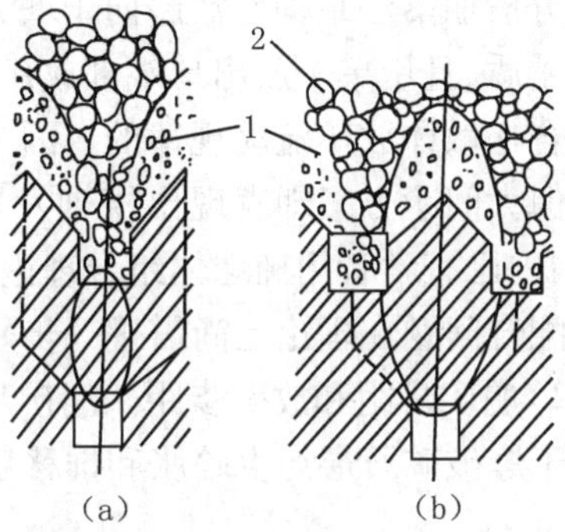

图 9-289 回采巷道布置方式与矿石回收关系

(a)正对布置；(b)交错布置

1—矿石；2—岩石

若上、下分段的回采巷道垂直布置，如图 9-289(a)所示，纯矿石放出体的高度很小，亦即纯矿石的回收率大大降低。根据大庙铁矿试验统计，在分段高度为 10m，进路间距为 10m 条件下，当上、下分段回采巷道垂直布置时，在贫化率为 15% 的情况下，回收率仅为 45%。

2）分段联络巷道的布置。当矿体厚度大回采巷道垂直走向布置时，分段运输联络巷道可布置在脉外，也可布置在脉内。布置在脉内，可以得到副产矿石，减少巷道的废石工作量，但在分段回采后期，由于联络巷回采落矿，致使风路被堵死，造成通风条件恶化。当联络巷回采至巷道交叉口时，一次必须爆破 4 ~5 排炮孔，由于过大的崩矿步距，必然使矿石损失增加，因此，一般都采用下盘脉外布置。但当回采倾角较缓的厚大的矿体时，若沿下盘开掘脉内联巷，除有下盘损失外，还有巷道交叉口处的损失。因此，为了减少下盘损失，可以使分段联络巷布置在上盘脉内，由下盘向上盘退采。上盘脉内分段联巷的上部是一个三角矿带，矿量少，巷道交叉口处的矿石损失也少，并可在下分段回收。但这种布置会使溜井和设备井距离矿体较远，不是特殊条件一般不用。

(2) 选择最佳的结构参数。无底柱分段崩落采矿法结构参数选择是否合理对矿石损失贫化有很大的影响。结构参数如图 9-290 所示，包括分段高度 H、回采巷道间距 B、崩矿步距 L、回采巷道断面尺寸(宽 $b\times$高 h)、崩矿端壁倾角 α、边壁倾角 β、铲装深度 e 等。

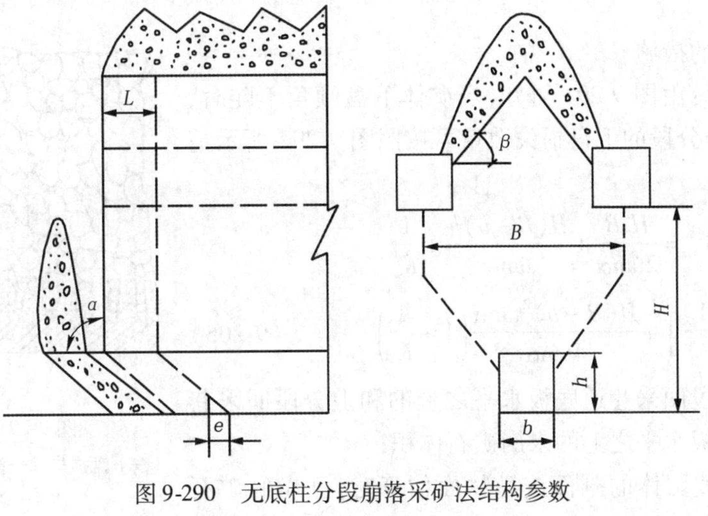

图 9-290 无底柱分段崩落采矿法结构参数

一般情况下,对矿石损失贫化影响较大的结构参数为 H、B 和 L,这三者是互有联系和互有制约的。最佳结构参数是指它们最佳的配合,也就是说任一参数不能离开另外两个参数而单独存在最佳值。在某个具体条件下,不同结构参数有不同的矿石损失贫化值,又导致不同的经济效益,因此,最佳结构参数应是经济效益最好的结构参数,也是最合理的结构参数。

1) 分段高度与进路间距。近些年来,由于凿岩设备、出矿设备的改进以及对采矿法应用技术的提高,无底柱分段崩落法结构参数趋向于增大,如高分段和大间距方案。分段高度和进路间距如何配合才为最佳出现了矛盾,且用单个放出口端部放矿椭球体理论难以解释。若用单个放出口椭球体理论来解释高分段方案是符合松散体放矿流动规律的。因为椭球体越往高处发展,其纵(长)轴增长的速度比横(短)轴增长速度越快。但大间距方案却表现出横轴发展速度比纵轴快,这是与松散体单个放出口放矿流动规律相悖的。对此,国内已有学者用椭球体组合理论来予以解释,但仍未达成共识,因此合理间距问题,即分段高度和分段间距配合问题在理论上尚需进一步研究。

2)崩矿步距和放矿步距。崩矿步距是指一次爆破崩落矿石层的厚度。放矿步距是崩矿步距内的矿石层由于爆破矿石层产生碎胀和推移后的厚度。放矿步距比崩矿步距大。其关系式为:

$$e = k\omega \tag{9-204}$$

式中 e——放矿步距;

k——矿石碎胀挤压推移系数,一般取 1.2 ~ 1.25;

ω——崩矿步距。

在无底柱分段崩落采矿法中,当分段高度、回采巷道间距及端壁倾角确定之后,唯一能起调整作用的参数就是放矿步距。依据放出椭球体的外形可以确定放矿步距的最大值与最小值。其最大值与放出椭球体短半轴相等。这就避免了正面废石混入造成的正面贫化,但残留在正面的端部损失和来自上部的贫化却增大了;其最小值等于放出椭球体的短半轴长度之半,这时,正面的端部损失减少了,但正面贫化和上部矿石的损失却增大了。因此放矿步距应介于上述最大值与最小值之间。

通常合理的放矿步距是通过实验室试验和现场试验来确定的。因为除了分段高度、回采巷道的间距和端壁倾角影响之外,还有爆破后矿石块度的组成、矿石含水多少、出矿设备铲取的深度等诸多因素对放矿步距都有影响,因此要通过全面考察后,再来确定合理的放矿步距和崩矿步距。

3) 端壁的倾角。无底柱分段崩落法采矿端壁面与水平面的夹角叫做端壁倾角。端壁倾角对放矿椭球体发育有直接影响。端壁前倾时,放出椭球体被端壁切去一大半,放出体积较小;端壁后倾时,放出椭球体被端壁切去一小部分,放出体体积大,端壁垂直时,放出体体积介于上述两者之间。

放出椭球体中心轴偏离端壁的角度叫轴偏角。轴偏角大小不同,放出椭球体被切去的部分亦不同。被切去的多少与轴偏角大小成反比。

试验证明,端壁倾角为90°时最佳,这一角度既利于施工,又利于保护眉线,也有利于降低矿石损失和贫化。

b 减少下盘损失的措施

下盘损失量的估算:由图 9-291 可知,当矿体下盘倾角不陡时,下盘损失量很大。每个分段的下盘损失数量可按照图 9-292 所示情况进行估算。

$$V = V_A + V_B + V_C = \frac{H^2 B}{2\tan\alpha} + \frac{H(B-b)h}{\tan\alpha} + \frac{1}{K_s}$$

$$\left[\frac{4H^2(B-b+1)}{3\tan\alpha}\right] + \frac{H(B-b)^2\tan\alpha}{4\tan\alpha}\left(1 - \frac{1}{K_s}\right) \tag{9-205}$$

式中 V_A,V_B——本分段回采巷道底板水平之上的和上分段回采巷道底板水平之上的未崩矿石体积;

V_C——脊部残留体的割面按抛物面估算时,已崩的矿石

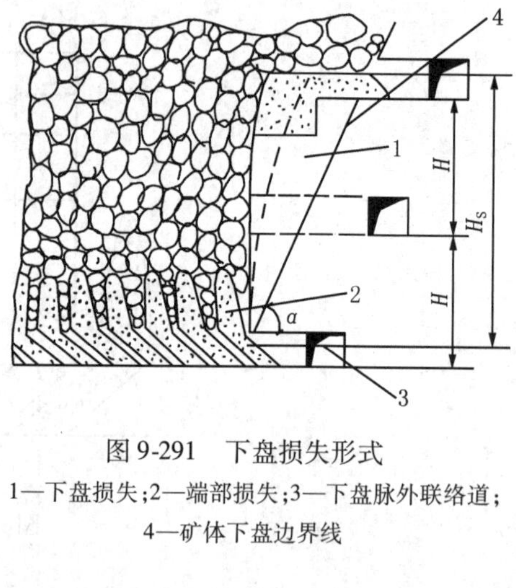

图 9-291 下盘损失形式

1—下盘损失;2—端部损失;3—下盘脉外联络道;4—矿体下盘边界线

体积；

K_s——矿石松散系数，可取 $K_s = 1.25 \sim 1.3$；

其他符号含义见图 9-292。

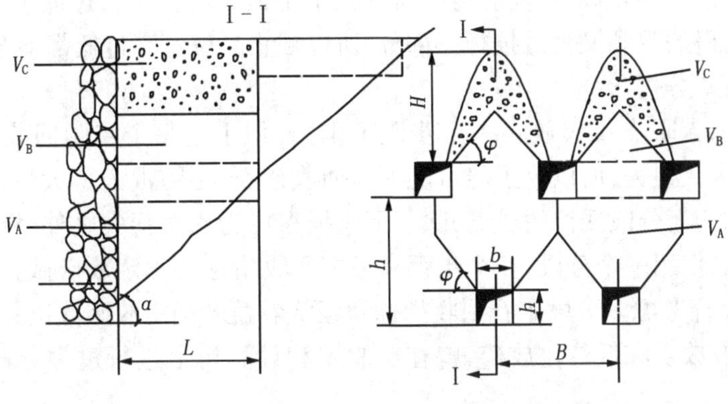

图 9-292　下盘损失估算方法

减少下盘损失的措施包括：

(1) 当回采巷道垂直矿体走向布置时，要将分段联络巷布置在下盘岩石中，使回采巷道也进入下盘岩石，并在下盘岩石中钻凿大边孔角炮孔，用大步距进行回采。由于要回采的矿石在此条件下是在岩石的上部，大边孔角可以少采下部岩石，减少贫化，且能回收上部的矿石；大步距是为了增大端部损失，多回收上部的矿石，在此情况下，端部损失的不是矿石，而是下部的岩石。

回采巷道进入下盘岩石后，每步距的矿石回收量随着开掘岩石高度的增大而减少，而岩石混入量却随着增加，所以一定存在经济上最佳的岩石开掘高度。最佳开掘高度可以作技术经济比较来确定。

(2) 沿走向布置回采巷道时，下盘损失情况如图 9-293 所示。为了减少下盘损失，应使回采巷道紧靠下盘。若是下盘倾角不够陡时，回采巷道一部分以至全部布置在岩石中，在经济上也是合适的。在沿脉布置回采巷道时，不管是单巷还是双巷，除了紧靠下盘布置之外，还要注意上、下分段回采巷要呈菱形布置，如图 9-294 所示。

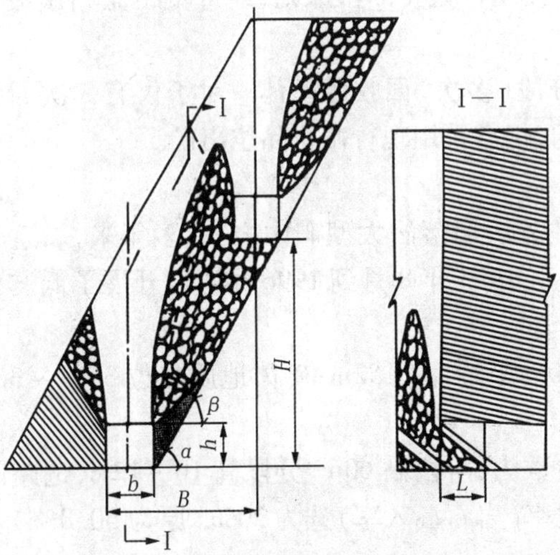

图 9-293　沿走向布置回采巷道时下盘矿石损失

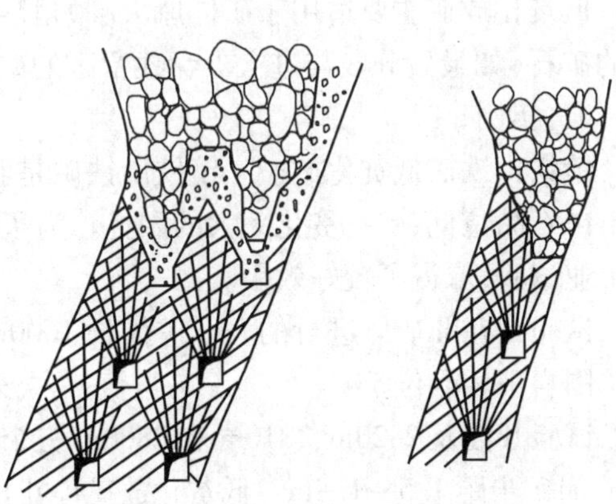

图 9-294　沿脉回采巷道菱形布置
(a) 双巷；(b) 单巷

B　低贫化放矿

无底柱分段崩落法矿石贫化大是该法主要缺点，国内矿山，其贫化率大多在 20% ~25%。经分析研究，已查明矿石贫化主要是由于现行截止品位放矿方式引起的。下面对现行放矿截止品位方式做一简要分析。

a 放矿截止品位

截止品位就是步距停止放矿时当次放出矿石品位。现行放矿方式用截止品位控制放矿，故简称截止品位放矿。截止品位一般是按每步距当次放出量收支平衡的原则，即盈利额最大原则确定的。截止品位高了，就是在有利可图的条件下停止放出，使获得的盈利额不是最大的；反之，过低了，最后放出的一部分矿石产生经济亏损，将使已获得的盈利又被亏损掉一部分，所以截止品位过高过低都不合适。

b 现行截止品位放矿分析

现行截止品位放矿的着眼点仅仅放在一个步距范围内，似乎把每个步距回收的矿石视为最后一次回收，若不回收，就变成了永久损失，所以为了尽可能多地回收矿石，不惜混入了大量岩石。事实上，无底柱分段崩落法是多分段回采的，上分段残留的矿石，除了下盘损失成为永久损失之外，脊部损失可以在以下各分段多次地予以回收。所以仅用一个分段、一个步距来考核回收指标的确定放矿截止品位是不合适的。应从整体（如全阶段）出发，综合考虑多分段矿石回收指标和经济效益来确定放矿截止品位是比较全面的。

对于现行的截止品位放矿和低贫化放矿，曾在实验室和计算机上进行过多分段放矿模拟对比实验，实验结果表明：

（1）多分段放矿，其分段矿石贫化率主要取决于截止品位，截止品位高的贫化率低；反之，截止品位低的贫化率高，并且各分段的贫化率变化不大。现行截止品位放矿与低贫化放矿的各分段矿石贫化率一直相差很大。

（2）分段矿石回收率初始以现行截止品位放矿的为高，低贫化放矿的为低；随着回采分段数增加，两方案在保持贫化率差值基本不变的条件下，矿石回收率逐渐接近；放到第5分段时矿石回收率基本相同。再往下分段放矿时，矿石回收率仍基本稳定。说明，在多分段放矿的条件下，矿石总回收率与放矿截止品位无关，这是采用低贫化放矿的重要依据。

c 低贫化放矿

低贫化放矿是比现行截止品位放矿贫化率低的各种截止品位放矿方案的总称。低贫化放矿也可以说明放矿截止品位高于现行截止品位的放矿。

低贫化放矿一般的做法是，选定某一很低的贫化率，如5%（目前大多数矿山截止出矿的贫化率一般为20%～25%）作为放矿截止贫化率，每分段、每条进路、每个步距都按此标准作为出矿停止点进行放矿，一直放到无需再按低贫化放矿要求的分段为止。最后一个分段仍按现行截止品位原则，即每步距盈利额最大原则来控制放矿。

低贫化放矿主要适用于矿体厚大、倾角陡、可以采用多分段（多次）回收的矿体。对于仅有一次回收机会的矿石（如最后分段与进入下盘残留区的矿石）是不适用的，仍需采用现行截止品位出矿。

d 实例

镜铁山铁矿低贫化放矿。镜铁山铁矿是我国使用无底柱分段崩落法大型矿山之一，多年来，一直受到输出矿石品位低、矿石贫化率大的困扰。为了解决这一问题，从1993年8月到1996年3月开展了低贫化放矿工业试验，取得了较好效果。

试验是在Ⅱ矿体进行的。Ⅱ矿体长1600m，倾角80°～90°，平均厚度52m；矿体地质品位35%～36%，近矿围岩平均品位5%。

试验共涉及2820m、2810m和2800m三个水平，其结构参数为：阶段高60m、分段高10～12m，进路间距10m，崩矿步距1.5～1.8m。低贫化放矿停止出矿时当次贫化率（岩石混入率）选为20%（原为50.8%）。试验结果如下：

（1）二采区低贫化放矿的累计矿石回收率达85.15%，超过了原截止品位放矿的（81.26%）近4个百分点。

（2）二采区低贫化放矿的采场贫化率一直保持在7%～8%左右，最后累计采场贫化率为7.64%，优于预期指标。

（3）采场出矿品位提高了1.97个百分点，在整个试验期Ⅱ矿体低贫率化放矿合计减少废石混入

196.1kt。因为少采岩石而获得的采矿和选矿总经济效益为2473.2万元。

e 存在的问题和应用前景

由现行截止品位放矿过渡到低贫化放矿所遇到的问题是：为了保持矿山年产量不变，需要有较宽松的三级矿量；另外，两种放矿制度同时存在，给生产管理带来了困难，也阻碍了低贫化放矿的推广和应用。

马钢桃冲铁矿在推广低贫化放矿过程中，采取逐步过渡的方式，即逐步降低贫化率（每个分段降低3%～5%）的方式来控制岩石混入取得显著效果。在矿石回收率基本不变的条件下，采出矿石品位由原来的30%提高到32%；矿石贫化率由原来的23%下降到20%。

无底柱分段崩落法在我国地下铁矿山的应用十分广泛，矿石贫化大的问题普遍存在，低贫化放矿能大量减少岩石混入，经济效益可观，因此，低贫化放矿具有广阔的应用前景。

C 放矿管理

无底柱分段崩落法放矿管理，主要做好下列五项工作。

（1）要标明每个崩矿步距的崩矿量和地质品位，并准确记录每个崩矿步距随着出矿量不同其相应出矿品位的数值，以供计算每个步距在出矿过程中矿石的回收率和贫化率，为停止出矿提供可靠的依据。

力求记录的矿量要准，试样的代表性要强，每个试样代表的矿量平均不超过80t。放矿初期一个试样代表矿量可以大些（100t左右），放矿后期的试样代表量必须小些，以便准确地控制出矿截止品位。

（2）根据观测的数据，绘制出矿石损失贫化及品位变化图。有了这个曲线图，可以根据放出的矿石量预测贫化值和放出矿石品位值，以及用来判别放矿是否正常，以便做出是否停止出矿。

（3）尽量扩大出矿范围。出矿范围的增大，即意味着放出体范围的增大。在回采巷道断面尺寸已定的条件下，若增大出矿范围，其途径有两个：一是增大装矿时的铲取深度，从而增大沿回采巷道方向上的矿石流动尺寸。如铲运机的铲取深度比装运机的大；又如振动出矿机的出矿深度更大，这些就是为适应这种要求而研制的。另一种方法是充分利用回采巷道的宽度，要沿全宽均匀出矿，以扩大垂直回采巷道方向上的矿石流动尺寸。

（4）在采取低贫化放矿时，要严格按照所要求的贫化率（或出矿品位）停止出矿，不得随意多出。

（5）以崩矿步距为单元，做出回收率记录图。记录图要记录每一步距的回收率，需要时配以文字说明。此图在回采下一分段时，将其重叠于下一分段之上，以供掌握上分段矿石残留的情况，以便在本分段予以回收。

9.6.8.4 有底柱崩落采矿法放矿

A 降低矿石损失贫化措施

a 矿石损失贫化的形式

在有底柱崩落法放矿中，矿石损失形式和无底柱分段崩落法相似，主要有两种：一种为底柱上的脊部残留；另一种为矿体倾角不够大时的下盘残留，如图9-295所示。由于矿体的倾角、厚度以及矿石层高度等的不同，脊部残留的一部分或大部分可在下分段或下阶段有再次回收的机会。而下盘残留却不可能。一般情况下没有再回收的机会，为永久损失。所以，有底柱崩落采矿法减少矿石损失主要是研究如何减少下盘损失，其次是如何回收脊部损失。

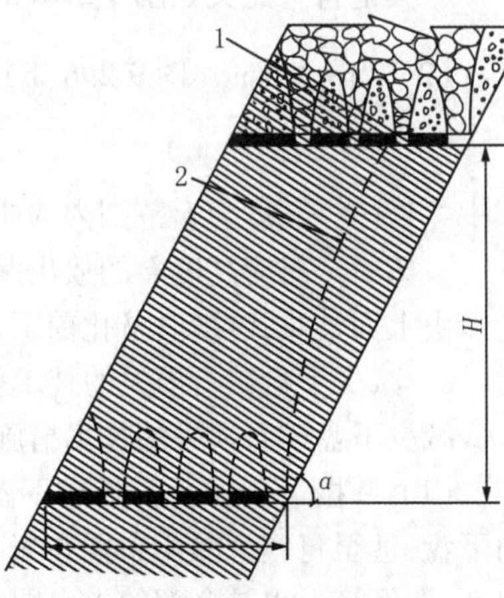

图9-295 有底柱崩落采矿法放矿时的矿石损失形式
1—脊部残留；2—下盘残留（损失）

当矿体倾角大于75°～80°时，无下盘损失。此时，矿石损失是以矿岩混杂的形式损失掉的。上部残留的矿石及新崩落的矿石随放矿下移，在下移的过程中上部的岩石不断混入，形成矿岩混杂层，当放矿末期，此混杂层达不到出矿品位要求时，则停止出矿。此时混杂层中的矿石则被损失掉了。

矿石的贫化主要是由上部覆盖岩石和周边岩石的混入引起的，减少岩石混入的措施是减少放矿过程中的矿岩接触面积与产生贫化次数。因此，加强放矿管理，严格按计划控制放矿，对降低矿石损失贫化是非常重要的。

b 下盘矿石残留量估算方法

下盘残留可以为两种情况，如图 9-296 所示。

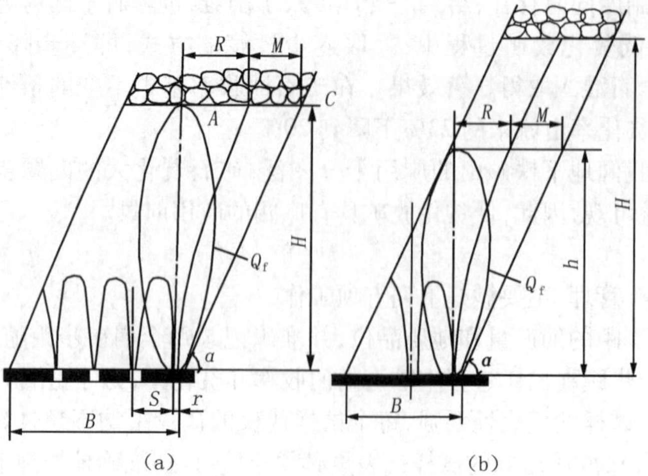

（a） （b）

图 9-296 下盘残留数量估算

（1）当$\frac{H}{B} \leqslant \tan\alpha$（图 9-296（a））时，下盘残留矿石量 V_1 为：

$$V_1 = \frac{HS}{2}\left(\frac{H}{\tan\alpha} + 2\gamma\right) - \frac{Q_f}{2} \tag{9-206}$$

式中 V_1——下盘残留矿量；

S——沿走向方向的漏孔间距；

Q_f——放出椭球体体积；

$Q_f = \frac{\pi K}{6}H^{3-n}$，$K$，$n$ 为实验常数；

其他符号意义如图 9-296（a）所示。

（2）当$\frac{H}{B} > \tan\alpha$（图 9-296（b））时，下盘残留矿石量 V_2 为：

$$V_2 = V_1' + (H - h)(B - R)S \tag{9-207}$$

式中 V_1'——高度为 h 范围内的矿石残留体积，计算法同 V_1；

R——对应高度 h 的放出漏斗半径，R 值可用放出漏斗方程计算。

由上面计算式可知，贫化前下盘残留量主要取决于矿体下盘倾角 α，矿体厚度 B 和矿层高度 H。

c 减少下盘矿石损失的技术措施

减少下盘矿石损失的技术措施包括：

（1）开掘下盘岩石。紧靠下盘的漏斗中心线尽量移向下盘，甚至将整个漏斗布置在岩石中。此时开掘一部分岩石，在经济上也是合理的。由图 9-297 看出，随着放出漏孔中心移向下盘，可以多回收很多矿石。但开掘单位工程多回收的矿石量却逐渐减少，因此要根据最大盈利额原则，结合具体条件确定合理的下盘漏斗开掘位置。

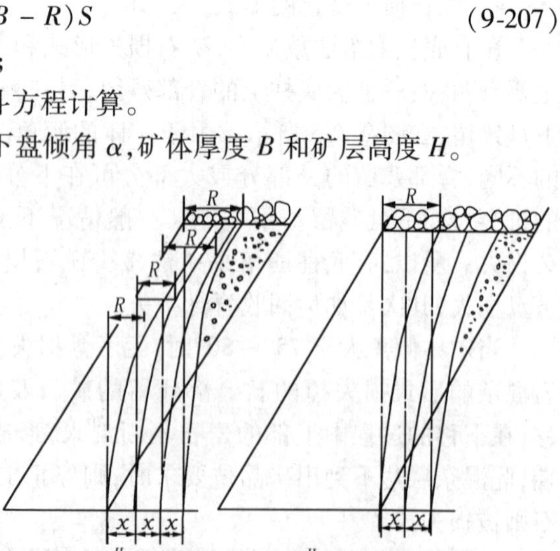

$\frac{H}{B} \leqslant \tan\alpha$ $\frac{H}{B} > \tan\alpha$

图 9-297 开掘下盘岩石方式

（2）在下盘岩石中布置放出漏斗。我国使用有底柱崩落法的矿山，在矿体倾角小于 65°时，基本上都布置下盘脉外电耙道，如图 9-298 所示。当矿体倾角 $\alpha < 45°$时，采

用密集式下盘漏斗；当矿体倾角 $\alpha=45°\sim65°$时，采用间隔式下盘漏斗。

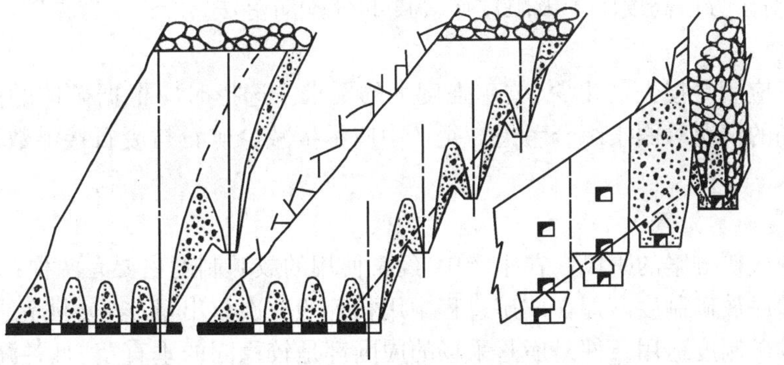

图 9-298 矿体倾角缓时下盘脉外漏斗布置形式

B 放矿管理

放矿管理主要包括选择放矿方案、确定放矿制度、编制放矿计划三项内容。

a 放矿方案

覆盖岩石下放矿的核心问题是在放矿过程中使矿石与废石接触面尽可能保持一定的形状均匀下降。在崩落采场放矿中，按接触面在放矿过程中下降的状态，可以分为以下三种放矿方案：

（1）水平放矿即均匀放矿。放矿过程中使矿岩接触面基本保持成平面下降。若是原矿石堆体的矿岩界面不成水平面，个别处存在高峰时，此时应当首先采用"削高峰"放矿，待成水平面后再均匀放出，保持水平面下降。

有底柱崩落法采用以矿块为开采单元放矿时，水平放矿最符合减少矿岩接触面的要求。因此应尽可能地选择水平放矿方案。

（2）倾斜放矿。随着矿石的放出，使矿岩接触面保持在角度不大于45°的斜面下降，如图 9-299 所示。

该种放矿基本特征是，将平面放矿时的侧面与顶面两个矿岩接触面变为一个倾斜界面。采用连续回采的崩落法方案时，这种放矿方式最为合适。

（3）依次全量放矿。即按一定顺序，将前一个漏斗所负担的矿量一次放完后，再放下一个漏斗的矿石，如图 9-300 所示。

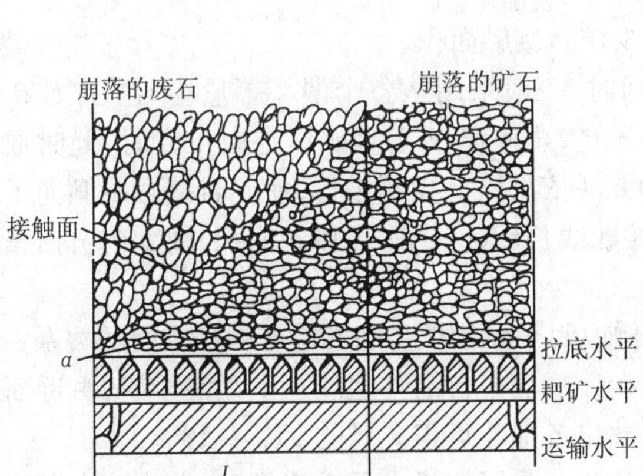

图 9-299 斜面放矿

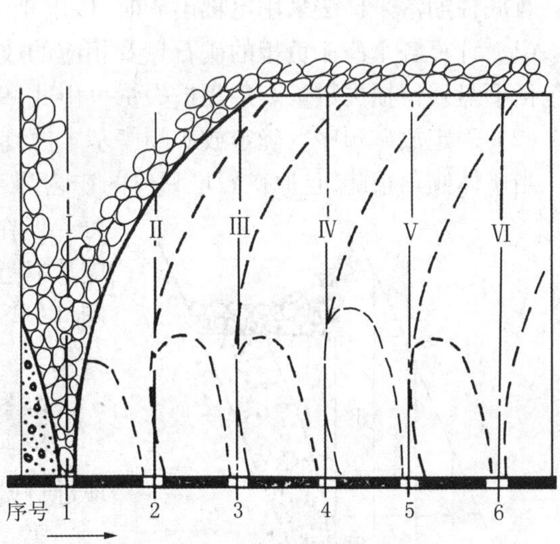

图 9-300 依次全量放矿

由图 9-300 可以看出，每个漏斗放矿结束之后，形成角度很大的矿岩接触面。这种放矿方式在放矿过程中除靠边壁一侧漏斗外，其余各漏斗都是至少在两个矿岩接触面（侧面和顶面）条件下放出的。同上述两个放矿方案相比,这种放矿方式的矿岩接触面积最大,因此它的损失贫化也大。

这种放矿方案,对于分段高度小于极限放矿高度的分段崩落法,由于各个放矿口基本上都可以单独自由出矿,还是可行的。

合理的放矿方案应满足损失贫化少、放矿强度大的要求。选择时应根据矿体的倾角、厚度以及崩落矿岩的块度和相邻采场的情况等因素综合考虑。生产中应尽量减少矿石与废石接触数目及面积,尽量降低侧边接触面的废石混入。

b 放矿制度

放矿制度是实现放矿方案的手段。在生产中,经常使用的放矿制度主要有两种:

(1) 等量均匀顺序放矿制度。即在放矿过程中用相等的一次放出量,多次顺序地从每个漏斗中逐渐把矿石放出来。这种放矿制度适用条件是崩落采场的周围都是较稳固的垂直壁,且各漏斗所负担的矿量基本相同。在这种条件下容易保证矿石与废石接触面水平下降到"放矿极限高度",从而获得较高的纯矿石回收率。

(2) 不等量均匀顺序放矿制度。这种放矿制度的目的也是为了保持矿石与废石接触面呈水平或倾斜下降。当矿体不陡时,电耙道垂直走向布置,则靠近矿体下盘的漏斗所负担的矿量要比靠近上盘的多,且靠近上、下盘处的矿石下降速度不一,靠近上盘的要快些,靠近下盘的则慢些。这样就不能使矿岩接触面保持水平或倾斜下降。因此,要求距下盘近的漏斗一次放矿量要大,靠上盘的漏斗一次放矿量要小,如此保持一定的比例,从下盘到上盘顺序放矿。

在生产中,这两种放矿制度往往是联合使用的。一般的做法为:先松动放矿,即放出各漏斗负担矿量的15% ~18%;接着是不等均匀顺序放矿,即削平矿堆的高峰,使采场顶部形成一个人为的水平接触面;然后进行等量顺序放矿,以保持矿岩界面水平下移,回收纯矿石;最后按依次全量放矿方式放出贫化矿石,各漏孔一直放到截止品位时为止。

c 编制放矿计划

放矿方案选定后,须编制放矿计划。放矿计划是执行放矿制度的措施,依靠它可以及时掌握矿石与废石接触面在放矿过程中的形状及其空间的位置,以便分析各个漏斗出现贫化的原因,指导放矿工作正常进行。编制放矿计划的基本原则是:在相邻漏斗存在相互影响的范围内,力求矿岩界面均匀下降,减少矿岩接触面积,从而降低矿石损失贫化。

有底柱崩落采矿法采用电耙出矿时,以电耙道与单位来编制放矿计划。

(1) 计算各个漏斗负担的矿石量及相应的放矿高度,编制放矿指标图表。靠下盘侧漏斗负担的矿石量不包括下盘残留损失数量。下盘损失量可由式(9-206)、式(9-207)估算。

(2) 确定放矿顺序。确定放矿顺序基本原则是力求减少矿岩接触面积。

当矿体倾角很陡,且原矿石堆积体的矿岩界面成水平面时,一般采用从各个漏斗等量均匀顺序放矿即可。但在矿体倾角不陡,电耙道又垂直矿体走向布置时,此时放矿应从靠近下盘侧的漏斗依次向上盘侧进行,使矿岩接触线倾向下盘侧,以求缩短矿岩接触线长度,减少矿岩接触面积,减少矿石损失和贫化。

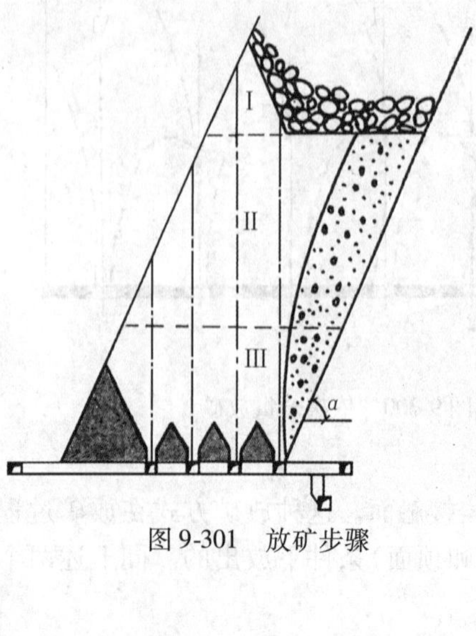

图9-301 放矿步骤

以图9-301为例说明平面放矿步骤和放矿顺序之间的关系:

第一步松散放矿。一般是自溜井起或从下盘漏斗起,由近而远地进行松动出矿。放出各漏斗负担矿量的15% ~18%。

第二步削高峰放矿。为了造成水平矿岩界面,先放矿岩界面处于高峰的漏斗。

第三步为使矿岩界面水平下移,从各漏斗进行轮流的均匀放矿。此阶段为放出纯矿石阶段。

第四步均匀放矿到正常出现贫化为止,此后各漏斗可按依次全量放矿方式进行放矿,直放到放矿截止品位时为止。最后封闭漏斗。

(3) 编制放矿计划图表。为了正确执行选用的放矿方案与放矿顺序,必须绘制放矿计划图表。在图表中,要根据放矿量计算,首先列出各个漏斗纯矿石回收量。然后确定每轮放矿后矿岩界面下降高度。放矿初期,由于邻接漏斗的相互影响较大,可使一次下降高度大些,取4~5m为宜。往后要小些,一般取3~4m。随着矿岩界面下移,邻接漏斗相互影响减弱,每个漏斗放出高度宜减,如2m,以便容易控制和调整。在放矿过程中要按原始记录与报表材料,将各个漏斗放出的矿石量用不同颜色的线条标注在指标图表上。在执行中,比计划下降慢的漏斗应先放或多放,下降快的则暂时停放或少放。过早出现贫化和矿石回收量不足的放矿口,要予以分析,找出原因。

目前多数矿山将放矿过程中的有关数据输入计算机中,用电子计算机掌握矿岩接触面的变化情况,指导放矿,快捷便利,是放矿管理发展的方向。

9.7 充填采矿法

在矿房或矿块中,随回采工作面的推进,逐步用充填料充填采空区,以进行地压管理、控制围岩崩落和地表移动,并在形成的充填体上或在其保护下进行回采的方法,称为充填采矿法。

我国充填采矿法的发展经历了四个阶段:第一阶段为20世纪50年代的干式充填,1955年我国干式充填采矿法在有色金属地下开采中占38.2%,但由于当时设备比较落后、技术水平较低,至1963年,有色矿山中充填采矿法的应用比例降至0.7%。第二阶段为20世纪60、70年代以分级尾砂、河砂、风砂、碎石等为骨料的水砂充填和胶结充填工艺。1960年湘潭锰矿为了防止矿坑内因火灾,采用了碎石水力充填技术,1965年锡矿山南矿为了控制采场大面积地压,使用了尾砂水力充填工艺,1968年凡口铅锌矿为了满足采矿工艺要求,首次采用分级尾砂和水泥胶结充填工艺。第三阶段为20世纪80年代发展起来的全尾砂高浓度胶结充填、高水速凝全尾砂固化胶结充填和块石胶结充填工艺。80年代末,凡口铅锌矿和金川有色金属公司开始试验全尾砂充填,同时高水速凝充填技术在煤矿开始应用,1988年大厂铜坑矿采用了块石胶结充填工艺。第四阶段为20世纪90年代发展起来的膏体泵送充填工艺。1997年金川有色金属公司二矿区建成了膏体泵送充填系统,1999年大冶有色金属公司也采用了膏体泵送充填技术。此后,各种新型充填工艺、新型胶结材料的成功应用,极大地推进了我国充填采矿技术的发展。

9.7.1 概述

充填采矿法一般是根据矿体赋存条件、矿岩稳固性的特点,按采场布置、构成要素、回采作业顺序及采矿工艺特点等进行划分的,即分为分层(单层)充填法、分段充填法、阶段充填法,其中阶段充填法和部分分段充填法又称嗣后充填法。

充填采矿法的优点:

(1) 适应矿体形态变化的能力强,灵活性大,矿石回采率高,贫化率低。

(2) 能够有效地维护顶板围岩,减缓围岩移动,保护地表。

(3) 对于极薄矿脉或多品种矿石的矿体,可进行选别回采。

(4) 采准工程量少。

(5) 能防止矿床的内因火灾,有利于深热矿井工作面降温。

充填采矿法的缺点:

(1) 多一充填工序,回采工艺相对复杂。

(2) 采矿成本较高。

(3) 回采循环时间长,生产能力相对降低。

充填采矿法的适用范围:

(1) 矿石和围岩破碎、稳固性较差、矿石价值高、品位较高的富矿体。

（2）稀有、贵重金属矿床。

（3）矿体形态变化较大，很不规则，分枝复合现象严重，含夹石多的矿床。

（4）地表有建筑物、铁路、公路、水体、农田、果园、风景区、村庄等需要保护，不允许陷落。

（5）露天地下联合开采，露天开采需要安全保证。

（6）有发热、自燃、火灾、放射性等危害的矿床。

（7）地压较大、赋存深度较深的矿体。

（8）矿体垂深很大，需在垂直方向上分数个区段同时开采的矿床。

（9）因某种原因，需从下而上回采的矿床。

总的来说，充填采矿法的适应范围很广，但它的种类很多，选择哪种充填法方案取决于矿体的稳固性和矿体产状及价值。

9.7.2 上向水平分层充填采矿法

上向水平分层充填采矿法一般将矿块划分为矿房和矿柱，第一步骤回采矿房，第二步骤回采矿柱。回采矿房时，自下而上水平分层进行，随工作面向上推进，逐层充填采空区，并留出继续上采的工作空间。充填体维护两帮围岩，并作为上采的工作平台。崩落的矿石落在充填体表面上，用机械方法将矿石运至溜井中。矿房回采到最上分层时，进行接顶充填。矿柱则在采完若干矿房或全阶段采完后再进行回采。回采矿房的充填方法，可用干式充填、水力充填或胶结充填。

上向水平分层充填采矿法是最主要的充填采矿法之一，其中以机械化上向水平分层充填法应用最为广泛。我国部分矿山采用此法的采场布置、构成要素和综合生产能力见表9-212。

表9-212 我国部分矿山上向水平分层充填法的采场布置、构成要素和综合生产能力

矿山名称	采场布置形式	采场构成要素/m			采场综合生产能力/(t/d)	回 采 设 备
		阶段高度	采场长度	采场宽度		
凡口铅锌矿	垂直走向布置	40	>15	8	327.3	全套大型无轨自行设备
康家湾矿区	沿走向布置	32	50	<15	133	WJD-1.5 型电动铲运机，7655 型和 YSP-45 型凿岩机，人工装药
红透山铜矿	沿走向布置	60	130～180	5～20	190	斗容为 $2m^3$ 铲运机，YSP-45 型凿岩机，人工装药
金厂沟梁金矿	沿走向布置	40	100～200	1.65	66.7	MATICH102 型液压凿岩车，CT-500 型电动铲运机，人工装药
金川龙首矿	垂直走向布置	30	40	5	100	LF-4.1 型铲运机，01-30 型或 YT-25 型凿岩机，人工装药
铜绿山铜矿	垂直走向布置	60	矿体厚度	7～8	50	ZYQ-14 型装运机，YSP-45 型凿岩机，人工装药
黄沙坪铅锌矿	沿走向布置	36	30～50	<15	31.5	ZDPJ-30 型电耙，YSP-45 型凿岩机，人工装药
焦家金矿	垂直走向布置	40	矿体厚度	18	26	电耙出矿，7655 型凿岩机，人工装药

注：1. 凡口铅锌矿为上下 2 个阶段连采，采场高度为 80m。

2. 红透山铜矿采场长度达 130～180m，分为 2 个区进行回采，表中所列采场生产能力为分区值。

9.7.2.1 适用条件

上向水平分层充填法除满足一般充填采矿法的适用条件外，主要用于：

（1）矿岩中等稳固以上矿体；当矿石不允许全厚度暴露时，宜采用进路式开采。

（2）急倾斜薄矿体，倾斜中厚以上矿体和缓倾斜极厚矿体。

（3）产状复杂和分枝复合的矿体，以及需要进行分采的矿体。

（4）矿岩中等以上稳固、矿石价值中等以下的倾斜厚矿体宜采用点柱充填法。

9.7.2.2 采场布置和构成要素

上向水平分层充填法采场布置形式主要是按矿体的厚度而定，矿体厚度小于 15～20m 时，沿走向布置，采场长度一般为 50m。当采用无轨自行设备进行回采时，长度一般为 100～300m，个别矿山达 760m。阶段高度根据矿体的倾角确定：倾斜矿体为 30～40m，急倾斜矿体为 50～60m，最高达 122m。沿矿体走向布置的采场如图 9-302 所示。

矿体厚度大于 15～20m 时，采场垂直走向布置，分为矿房和矿柱，两步骤回采。为充分发挥无轨自行设备的效率，由 3～5 个采场组成 1 个盘区。如我国凡口铅锌矿由 3 个采场组成 1 个盘区，矿房和矿柱的宽度均为 8m；红透山铜矿由 5 个采场组成 1 个盘区，矿房宽度均为 10m，矿柱宽度分别为 10m 和 6～7m。采场长度为矿体厚度，阶段高度为 40～122m。垂直矿体走向布置的采场如图 9-303 所示。

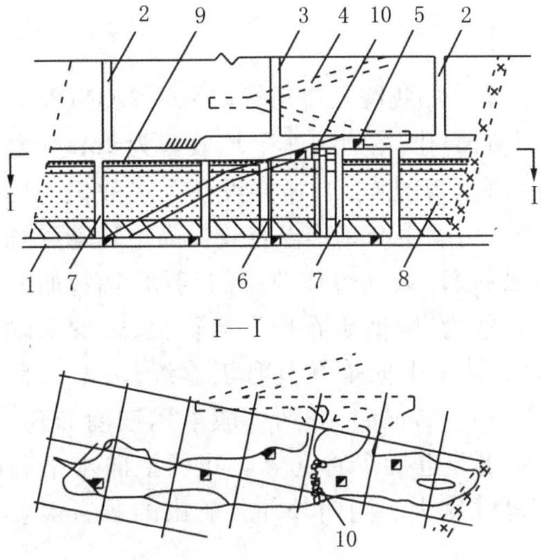

图 9-302 红透山铜矿沿走向布置的上向水平分层充填法

1—阶段运输巷道；2—通风井；3—设备材料提升井；4—斜坡道；5—分层联络道；6—溜矿井；7—行人滤水井；8—充填体；9—尾砂胶结垫层；10—充填挡墙

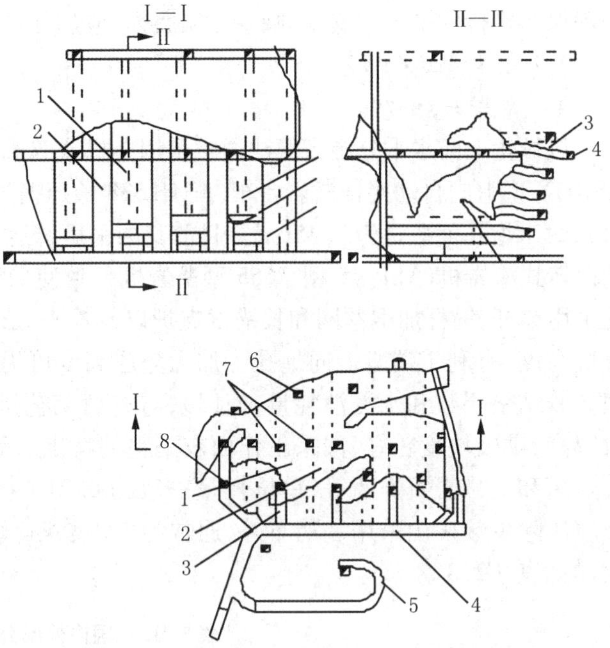

图 9-303 凡口铅锌矿垂直走向布置的上向水平分层充填法

1—矿房；2—间柱；3—分层联络道；4—分段巷道；5—斜坡道；6—充填井；7—脉内溜矿井；8—滤水井

上向水平分层充填法的采准工程主要包括人行通风天井、溜矿井、充填井、设备材料提升井或采准斜坡道、分段联络巷道、分段巷道、分层联络巷道等。传统的上向水平分层充填法受出矿设备限制，采场长度一般不大于 50m。因此，溜矿井设于采场中央，两端设人行通风天井。采用无轨自行设备开采时应设置斜坡道，以利于充分发挥无轨自行设备的效率。小型矿山或个别中型矿山仅出矿采用铲运机，凿岩、装药和顶板管理等工序均采用传统设备和人工，可考虑设置设备材料提升天井。关于溜矿井的间距和数量，需根据所采用的铲运机的最佳运距和溜矿井的最大通过量综合比较确定。

9.7.2.3 采准工程

溜矿井布置的位置有在采场充填体内和采场下盘较稳固的围岩中两种方式，选择时需进行详细的技术经济比较。采场内溜矿井具有运距短，铲运机效率高，出矿成本低的特点，通过量一般为 100kt 左右，但需大量的构筑材料，在回采过程中增加了架设溜矿井的工序，消耗一定的劳动量。对于面积大、阶段高的采场，通过溜矿井的矿石量太大，设于充填体的溜矿井通常在采场回采结束之前就被磨坏。因此，对于这类采场常采用脉外下盘溜矿井。

溜矿井直径必须大于矿石最大块度的 3 倍以上。采场内溜矿井主要有钢溜井、混凝土和钢筋混凝土现场浇灌或钢筋混凝土预制件构筑的溜矿井等形式。目前国内外矿山（如我国铜绿山铜矿和焦家金矿等）广泛采用钢溜井，它具有制作简单，安装方便、快速，架设效率高，不被矿石击坏，使用效果好等优点。钢溜井由3～4块弧形钢板用螺栓连接而成，材质一般为高强度耐磨锰钢板，厚度应根据所需通过的矿石量确定，溜井各段应采用不同厚度，一般为 6～14mm。

为充分发挥无轨自行设备的效率，进一步提高矿山劳动生产率，便于人员、材料和各类无轨自行设备直接进入各回采工作面，大、中型矿山采场一般都采用脉外下盘斜坡道采准系统。斜坡道的形式有折返式和螺旋式两种，前者倾斜升高部分是直线段，转弯部分一般为水平或缓坡，而后者整个线路上没有直线段。

采场或盘区斜坡道主要是作为各类无轨自行设备和辅助车辆进入回采工作面，脉外溜矿井一般布置在分段巷道或联络巷道附近，采场矿石运输一般不通过斜坡道或通过的路线很短。因此，斜坡道的坡度较大，一般为14% ~20%。采场斜坡道路面通常采用碎石铺设，当使用期较长或有淋水时，可铺设混凝土路面。为确保车辆行驶平稳和安全，减少轮胎磨损，应加强日常维护，保持良好的路面状况。

9.7.2.4 回采工艺

A 凿岩与爆破作业

机械化上向水平分层充填法通常采用单机或双机液压凿岩台车。如我国凡口铅锌矿采用MONOMATIC HS105X型上向自动接杆凿岩台车(配HL538液压凿岩机)钻凿上向炮孔，凿岩台车平均效率为96m/(台·班)，每米炮孔崩矿量为7.45t/m。目前我国采用铲运机出矿的充填采矿法矿山，凿岩设备大多数仍为传统的手持式凿岩机(YSP-45型、7655型凿岩机)，致使采场生产能力和劳动生产率难以有效提高。随着采场广泛采用锚杆、锚杆加钢丝网和长锚索支护以及检查处理顶板、安装锚杆、装药等作业用的辅助车辆，加大了分层高度，有利于钻凿上向炮孔。加大分层高度可提高采场生产能力，降低矿石损失与贫化，减少水砂充填体胶结垫层数和水泥消耗量，使回采与充填工艺进一步简化。钻凿上向炮孔具有工作线长，凿岩台车效率高，爆破块度较好，回采工作面较平整的特点。炮孔直径为38 ~50mm。炸药一般采用铵油炸药、乳胶炸药和2号岩石炸药等，单位耗量一般为0.21 ~0.25kg/t，采用非电导爆管起爆。我国上向水平分层充填法除少数矿山采用装药车外，通常为人工装药，效率低，劳动强度大。国内外部分矿山的凿岩爆破参数详见表9-213。

表9-213 国内外部分矿山的凿岩爆破参数

矿山名称	凿岩爆破参数				
	分层高度/m	炮孔深度/m	炮孔间距/m	炮孔直径/m	炮孔倾角/(°)
中国凡口铅锌矿	4.0	4.0 ~4.5	1.2 ~1.5	50	85 ~87
中国红透山铜矿	3.0	3.6	1.4 ~1.5	38	75 ~80
中国黄沙坪铅锌矿	2.0	2.0	0.8 ~1.2	38	80 ~85
中国金川龙首矿	2.0	2.0 ~2.5	1.4 ~1.6	40	水平孔
瑞典乌登铅锌矿	4.7	5.0	3.0	43	65
加拿大汤普森镍矿	3.6	4.0		35	65
加拿大莱瓦克镍矿	3.0	3.6	1.5	50	65
澳大利亚芒特·艾萨矿	3.7	4.4	1.36	48	65
澳大利亚科巴尔铜矿	4.5	5.4	1.5	51	65

B 采场出矿及其设备

机械化上向水平分层充填法采场通常采用铲运机出矿。当运输距离大于150 ~250m时，采用铲运机将矿石装入卡车再运出采场，如我国三山岛金矿。我国采用的铲运机斗容为0.38 ~6.1m^3，多数矿山为1.5 ~3.0m^3。由于柴油铲运机存在废气、噪声和温度高等问题，致使矿山通风风量和通风消耗的能源急速增长。电动铲运机在国内外充填法矿山的使用量逐年增加，其占有量约为25% ~30%。电动铲运机型号多，斗容为0.75 ~4.0m^3不等，电缆卷筒容量已达150m以上，基本上能满足充填法采场的出矿要求，且设备利用率提高20% ~60%，维修费用降低42%，作业环境得到较大改善，通风费用显著降低。但因拖带电缆，致使其机动性受到限制。

由于各矿山的采场尺寸、分层高度、一次爆破量、矿石块度、运距、设备维修和配件供应情况等不同，出矿效率相差甚大。国内外部分矿山铲运机的实际出矿效率见表9-214。

表 9-214 国内外部分矿山铲运机的实际出矿效率

矿山名称	铲运机型号与斗容		运输距离/m	出矿效率/(t/(台·班))
	型 号	斗容/m³		
中国凡口铅锌矿	ST-3 $\frac{1}{2}$	2.7	25 ~ 30	388
中国康家湾矿区	WJD-1.5	1.5	15 ~ 20	133
中国金川二矿区	EIMCO928	6.0	200	250 ~ 400
中国三山岛金矿	ST-3 $\frac{1}{2}$	2.7	< 150	161
加拿大莱瓦克镍矿	ST-4A	3.0	150 ~ 200	300
澳大利亚芒特·艾萨矿	ST-5	3.8	52	500
澳大利亚科巴尔铜矿	ST-5	3.8	76	680
瑞典乌登铅锌矿	ST-8	6.1	150 ~ 175	100t/h

C 采场顶板管理

为充分发挥无轨自行设备的效率，必须使采场（盘区）构成要素、采准布置和回采参数与之相适应，如加大采场尺寸，提高分层高度等。为确保人员和设备的安全，必须加强顶板管理并进行预防性支护。

采场支护通常采用锚杆、锚杆与钢丝网、长锚索与锚杆和长锚索与钢丝网联合支护。锚杆和锚索的直径、长度及网度，需根据采场地质条件确定。锚杆长度为 2.0 ~ 3.5m，直径为 16 ~ 20mm，布置网度为 1.2m × 1.5m 或 1.5m × 1.5m；长锚索直径一般为 15 ~ 25mm，布置网度为 3m × 3m 或 4m × 4m，有效长度为 3 ~ 5 个分层高度。国内外部分矿山上向水平分层充填法采场支护概况见表 9-215。

表 9-215 国内外部分矿山上向水平分层充填法采场支护概况

矿山名称	采场支护概况
中国凡口铅锌矿	采场顶板采用锚杆或锚杆与钢丝网联合支护，锚杆直径为 25 ~ 38mm，锚杆网度为 1.4m × 1.5m，钢丝网网度为 25mm × 25mm
中国凤凰山铜矿	采场采用长锚索与锚杆联合支护，长锚索采用直径为 15 ~ 25mm 钢丝绳，孔径为 60 ~ 70mm；孔深为 8 ~ 10m，网度为 4m × 4m；锚杆为胀管式和管缝式，孔径为 35mm；孔深为 2m，锚杆网度为 1.5m × 1.5m
中国铜绿山铜矿	采场采用长锚索与锚杆联合支护，长锚索直径为 24.5mm，长度为服务 3 ~ 4 个分层高度，网度为 4m × 4m；锚杆为管缝式，直径为 45 ~ 46mm，长度为 1.6 ~ 1.8m，网度为 0.9m × 0.9m
中国云锡老厂锡矿	采场采用长锚索与锚杆联合支护，长锚索直径为 22.5mm，长度为 12 ~ 15m 锚固 3 ~ 4 个分层高度；锚杆直径为 33mm，长度为 1.5 ~ 1.9m
澳大利亚芒特·艾萨矿	采场采用锚杆与钢丝网或长锚索与锚杆联合支护，锚杆直径为 16 ~ 19.5mm，长度为 2.3 ~ 3.0m，网度为 1.2m × 1.2m ~ 2.4m × 2.4m 不等，钢丝网网度为 102mm × 102mm，长锚索由 7 股 7mm 高拉力钢丝组成，长为 18m，锚索孔直径为 50mm，孔距为 2.4m，呈菱形布置，孔内灌注加有膨胀剂的波特兰水泥，每根锚索的负荷能力为 50t
加拿大汤普森镍矿	采场采用锚杆与钢丝网联合支护，锚杆呈棋盘式布置，间距 1.0m，锚杆长度为 2.4m，钢丝网网度为 102mm × 102mm
加拿大斯特拉思科纳矿	采场采用锚杆与钢丝网联合支护，锚杆长度为 1.8m，直径为 19.5m，钢丝网网度为 102mm × 102mm

9.7.2.5 充填工作

采场充填采用的充填料有分级尾砂（或天然砂、棒磨砂）胶结、高水速凝全尾砂胶结、废石、炉渣和戈壁骨料胶结等。按回采方式的不同有如下几种充填方式：

（1）采用一步骤回采时，通常采用分级尾砂充填，如我国红透山铜矿。为降低损失率和贫化率及利于铲运机作业，在每分层尾砂充填面上铺设厚度 0.4 ~ 0.5m 的胶结垫层，灰砂比一般为 1:5。

（2）采用两步骤回采时，矿房一般用尾砂胶结充填，于矿房和矿柱之间构筑混凝土或尾砂胶结隔离墙，并在非胶结的充填面上铺设胶结垫层，如我国黄沙坪铅锌矿和铜绿山铜矿等。部分矿山上向水平分层充填法采用的充填材料见表 9-216。

表 9-216 部分矿山上向水平分层充填法采用的充填材料

矿山名称	回采方式	充填材料	灰砂比或水泥量/(kg/m³)	
			充填体	胶结垫层
凡口铅锌矿	两步骤回采	分级尾砂或棒磨砂胶结	1:8	1:5
康家湾矿区	两步骤回采	分级尾砂胶结	1:(10~15)	1:5
红透山铜矿	一步骤回采	尾砂		180~200
	两步骤回采	尾砂胶结	180~200	180~200
黄沙坪铅锌矿	两步骤回采	废石		150 号混凝土
	一步骤间隔回采	废石或分级尾砂		150 号混凝土或 1:5 尾砂浆
铜绿山铜矿	两步骤回采	分级尾砂或炉渣		1:8
金川龙首矿	两步骤回采	戈壁骨料胶结	1:10	1:10

目前采用上向水平分层充填法的矿山开采深度多数较大，充填料从制备站至各充填采场通过钻孔和管道自流输送，料浆浓度为70%~78%。采场内充填管道通常采用轻便的增强聚乙烯管。为确保充填质量和充填面平整，采场内充填管线上每10m左右应设一个下料点，以减少料浆离析。此外，充填过程中的引流水和洗管水应排到采场之外。

采场充填脱水采用渗透脱水方式，脱水构筑物有滤水井和滤水塔两种。滤水井形式有井框式、钢筒和混凝土浇灌等；滤水塔用金属网或钢筋焊成圆筒，也可用荆条编织。滤水井和滤水塔外包多层滤水材料，滤水塔下端用塑料管与人行排水井或滤水井连通。

9.7.3 下向分层充填采矿法

下向分层充填采矿法是20世纪50年代末试验成功的采矿方法，它是指在一个阶段内自上而下分层回采、分层充填，以巷道掘进的方式在分层胶结充填体为人工假顶的保护下进行作业的回采方法。该采矿方法的使用成功，为降低坑木消耗、实现开采无轨化、提高采场生产能力和劳动生产率创造了条件。

金川二矿区是我国采用下向分层胶结充填采矿法规模最大，机械化程度、采场生产能力和劳动生产率最高的矿山，它采用盘区留矿柱，分两步骤回采的机械化盘区下向胶结充填采矿法，同时配备 $6m^3$ 铲运机、全液压双机凿岩台车等大型设备，使盘区生产能力提高到800~1000t/d，达到世界先进水平。

9.7.3.1 适用条件

下向分层充填采矿法除满足充填采矿法的一般适用条件外，它主要用于：

(1) 矿石和围岩均不稳固至极不稳固或地压很大，矿石价值高、品位较高的有色、稀有和贵重金属矿床。

(2) 其他采矿法难以回采的充填采矿法分为两步骤回采的矿柱。

9.7.3.2 采场布置和构成要素

下向分层充填采矿法采场布置主要是根据矿体的厚度确定，一般不受矿体形态变化的限制。当矿体厚度小于20m时，采场沿矿体走向布置；矿体厚度大于20m时，应根据矿区岩石力学实测资料，采场垂直或斜交矿体布置，以利于进路稳定和作业安全。采场长度应根据出矿设备确定，沿矿体走向布置时，电耙出矿一般为50m，铲运机出矿一般为100m；垂直矿体走向布置时，一般划分为盘区，盘区长度为50~100m，宽度为矿体厚度。进路布置形式有单侧进路和双侧进路两种。矿体厚度大于8m时，上、下分层进路应相互垂直布置，在下分层进路回采时，使上分层进路充填体不至于全部暴露，而暴露的部分如同一横梁架在进路之上，使之处于稳固的状态，如我国金川二矿区、武山铜矿等。阶段高度为30~60m，分段高度为10~15m(服务3~5个分层)。电耙出矿分层高度为2.0~3.5m，铲运机出矿为3.0~5.0m。电耙出矿进路宽度为2.5~4.0m，铲运机出矿为4.0~5.0m。国内外部分矿山的采场布置和构成要素见表9-217。采准布置如图9-304所示。

表 9-217 国内外部分矿山的采场布置和构成要素表

项 目	矿 山 名 称					
	金川龙首矿	金川二矿区	武山铜矿	柏坊铜矿	格伦德铅锌矿	拉梅尔斯贝格铅锌矿
矿体长度/m	1300	1600	1600		数百米	500
矿体厚度/m	15 ~ 110	98	16.8	16	>2	15 ~ 30
矿体倾角/(°)	70 ~ 80	60 ~ 75	56 ~ 64	20 ~ 70	急倾斜	40
采场布置形式	垂直走向	垂直走向	沿走向	沿走向	沿走向	垂直走向
采场长度/m	50	100	100	53	150 ~ 250	矿体厚度
阶段高度/m	60	50	40	30	60 ~ 90	
分段高度/m	12	12	10		9.9	15
分层高度/m	2.5	4	3.3	2.5 ~ 3.0	3.3	3
进路断面/m × m	5 × (3 ~ 6)①	4 × 5	3.3 × 3.0	(2.5 ~ 3) × (3.5 ~ 4)	3.3 × 3.0	3.0 × 3.3

①六角形进路,高为5m,顶底宽为3m,腰宽为6m。

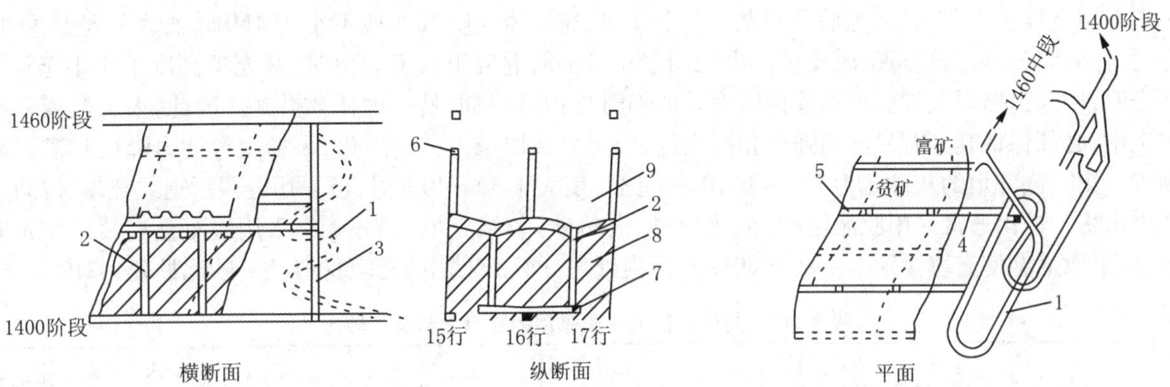

图 9-304 金川龙首矿下向分层充填采矿法采准布置

1—斜坡道;2—脉内溜矿井;3—脉外废石井;4—分层联络巷道;5—分层巷道;6—充填巷道;7—耙矿道;8—矿体;9—充填体

9.7.3.3 采准工程

按出矿设备的不同,采准工程可采用斜坡道和天井两种布置形式。

采场用铲运机出矿时,采用脉外斜坡道采准系统。采准工程包括斜坡道、分段联络巷道、分段巷道、分层联络巷道、溜矿井、通风充填井等,如我国金川二矿区、金川龙首矿等。

采场用电耙出矿时,采用脉内或脉外天井采准系统。采准工程包括人行通风天井(兼作设备井,天井下部可作溜矿井)、充填井、充填巷道、分层巷道和电耙硐室等,人行通风天井和充填井应随回采分层下移,其上部在充填时应预留,以保持其原有功能。

9.7.3.4 回采工艺

采场或盘区回采顺序是自上而下的,以水平进路(铲运机出矿)或倾斜进路(电耙出矿)分层回采,倾斜进路的倾角为6° ~ 12°。进路沿矿体走向布置时,一般从上盘至下盘逐条或间隔回采;进路垂直矿体走向布置时,从盘区两端向中央间隔回采,以利于提高无轨自行设备的效率和盘区生产能力。

大、中型矿山一般采用单机或双机液压凿岩台车,炮孔直径为38 ~ 40mm,孔深为2.5 ~ 4m。小型矿山一般采用气腿式凿岩机凿岩,炮孔深度一般为1.5 ~ 1.8m。为使矿岩和充填体受爆破的破坏较小,保持其自身的支承能力,形成较规整的断面形状,应采用光面爆破。爆破用铵松蜡或铵油炸药,非电导爆管起爆,单位炸药消耗量为0.3 ~ 0.35kg/t。采场进路通风一般为局扇压入式通风方式,所需风量按排除爆破炮烟和出矿设备柴油发动机功率计算。采场出矿一般采用斗容为2.0 ~ 6.0m³ 铲运机,我国小型矿山通常采用7.5 ~ 14kW 电耙。国内部分矿山采场回采主要技术经济指标见表 9-218。

表 9-218 国内外部分矿山的采场回采主要技术经济指标

指标名称	矿山名称				
	金川二矿区	金川龙首矿	武山铜矿北矿带	黄沙坪铅锌矿	灵山金矿
采场(或盘区)生产能力/(t/d)	640	378	123	50	70
H127 双臂凿岩台车效率/(t/(台·班))	250~400		气腿式凿岩机	气腿式凿岩机	气腿式凿岩机
水星 14 双臂凿岩台车效率/(t/(台·班))		126			
6.1m^3 铲运机出矿效率/(t/(台·班))	250~400				
2.0m^3 铲运机出矿效率/(t/(台·班))		126			
0.76m^3 电动铲运机出矿效率/(t/h)			25		
电耙出矿效率/(t/(台·班))				30~40	35~40
炸药单位消耗量/(kg/t)	0.3~0.35	0.33		0.17	0.48
矿石损失率/%	4.20	5.17	4.57	5	6.80
矿石贫化率/%	3.15	6.17	6.84	3~5	4.13

9.7.3.5 充填工作

下向分层充填采矿法要求充填体具有较高的强度,使之形成稳固的人工顶板,以确保作业人员和设备的安全;同时在进路回采过程中,一般要求不再进行支护。进路充填分 1~3 次进行,多数矿山分两次充填。第一次充填高度为 1~2m(人工假顶),灰砂比为 1:4,充填体强度 R28 应不小于 4MPa,如达不到上述值时,下分层进路回采一般需进行临时支护。当采用 150 号钢筋混凝土人工假顶时,其充填高度不应小于 0.4m。实践表明,回采进路因人工假顶不够稳固而采取临时支护,这只能是一种补救措施。因此,人工假顶在设计和施工中,必须保证其具有足够的强度和稳定性,以免导致回采工艺复杂化、采场生产能力降低和矿石成本增高等。第二次充填的灰砂比为 1:6~1:10。进路长度大于 30~40m 时,可采用分段后退式充填,以防止砂浆产生离析。矿山通常采用脱泥尾砂(或棒磨砂、天然砂)胶结充填,部分矿山采用混凝土充填。在充填过程中,应采取措施使充填接顶率不低于 80%。国内外部分矿山采用的充填材料及灰砂比见表 9-219。

表 9-219 国内外部分矿山采用的充填材料及灰砂比

矿山名称	充填材料			惰性材料粒径/mm	灰砂比		矿浆浓度/%	人工假顶强度/MPa	进路临时支护情况
	惰性材料		胶凝材料		第 1 次	第 2 次			
	第 1 次	第 2 次							
金川二矿区	棒磨砂	棒磨砂	425 号水泥	-3	1:4	1:(6~8)	75~78	4.5~5.0	不支护
金川龙首矿	戈壁骨料		425 号水泥	-25	1:4			2.6~4.6	
武山铜矿	碎石、河砂	河砂	水泥		1:4	非胶结			木支护
北矿带	尾砂		高水固化材料	全尾砂	1:(2.1~2.5)				
黄沙坪铅锌矿	碎石、河砂	尾砂	水泥		1:2.7:7.5	非胶结			木支护
柏坊铜矿	碎石、河砂		水泥		1:3:6				木支护
加彭贝里铅锌矿	脱泥尾砂	脱泥尾砂	水泥	+0.044	1:4	1:10			不支护
拉梅尔斯贝格铅锌矿	破碎骨料		水泥	-70				15~20	不支护
深泽多金属矿	脱泥尾砂	脱泥尾砂	水泥		1:4	1:10			局部木支护

注:金川二矿区分三次充填,第三次充填高度为 0.5m,以利于提高接顶率,其灰砂比与第二次相同。

进路回采结束后,应及时进行充填。在充填之前,需做好如下的准备工作:

(1) 在进路顶板中央架设充填管,并尽量靠近顶板,以利充填接顶。

(2) 为防止充填引流水和洗管水进入被充填的进路内,在充填滤水挡墙外侧安装放水三通阀或在充填完后切断充填管。

(3) 进路底板铺 300mm 厚的碎矿石垫层,以防止下分层回采对人工假顶的破坏。

(4) 矿石垫层上铺塑料薄膜和钢筋网,钢筋直径为 10~19mm,网格为 300~400mm。

(5) 在进路口构筑充填滤水挡墙,挡墙可用炉渣(粉煤灰)空心砖或木材构筑,空心砖挡墙可节省大量木材,施工方便,劳动效率高,墙体坚固,且具有一定的滤水性,还可利用炉渣和粉煤灰等工业废料,经济效益和社会效益显著。

9.7.4 嗣后充填采矿法

嗣后充填采矿法是指矿房和矿柱回采后,嗣后一次充填采空区的采矿方法。它包括分段充填法(或称分段空场嗣后充填法)、阶段空场嗣后充填法、VCR嗣后充填法、房柱采矿嗣后充填法和留矿采矿嗣后充填法。

阶段空场嗣后充填大直径深孔落矿方案宜用于矿岩稳固,空场回采并需及时充填的中厚以上规整矿体。

嗣后充填采矿法具有空场采矿法的采场生产能力大、劳动生产率高、矿石损失贫化低、能保护地表等特点,在国内外矿山得到较为广泛的应用,经济效益和社会效益显著。国内外部分矿山采用该方法的基本情况详见表9-220,分段空场嗣后充填法示意如图9-305所示。

表9-220 国内外部分矿山嗣后充填采矿法的有关参数、充填材料及其配比

矿山名称	采矿方法/方案	采场布置方式	采场构成要素/m				充填材料	灰砂比 水泥用量/(kg/m³)	备注
			长度	矿房	矿柱	阶段高			
安庆铜矿	大直径深孔嗣后充填法	垂直矿体走向	30~50	12~15	15	60~120	分级尾砂胶结	1:4,1:8,1:10,1:12	阶段空场嗣后充填法
铜绿山铜矿	阶段深孔嗣后充填法	“品”字形布置	36~42	8~9	8~9	60	分级尾砂炉渣胶结	1:5,1:7	阶段空场嗣后充填法
凡口铅锌矿	VCR嗣后充填法	垂直矿体走向	矿体厚	8~10	8~10	40	分级尾砂胶结	1:8	
红透山铜矿	阶段空场嗣后充填法	垂直矿体走向	矿体厚	20	12	60	尾砂胶结	250	
澳大利亚芒特·艾萨矿	分段空场嗣后充填法	按网格划分	40	40	40	80~240	块石胶结	0.9:1.8:39.3:68	水泥:磨细炉渣:分级尾砂:块石
澳大利亚恩特普莱斯矿	分段空场嗣后充填法	按网格划分	25	25	25	150	膏状充填	3:6:91	水泥:磨细炉渣:脱泥尾砂
加拿大洛克比矿	阶段深孔嗣后充填法	垂直矿体走向	12~37	11	11	45~61	分级尾砂胶结	1:12	矿柱为非胶结尾砂充填
芬兰凯雷蒂多金属矿	房柱采矿嗣后充填法	垂直矿体走向	50~100	8	8		砾石分级尾砂胶结	1:10	先采矿柱后采矿房

9.7.4.1 充填材料

嗣后充填采矿法第一步骤回采的采场充填采用的充填材料主要为分级尾砂或棒磨砂胶结料、膏状充填料和块石胶结料,第二步骤回采的采场一般采用非胶结的尾砂和碎石,但在其底部应先充填高度不小于5m的高强度分级尾砂胶结隔离层,其灰砂比一般为1:4~1:5;当采场采用网格或“品”字形布置时,一、二步骤的采场用胶结料充填,第三步骤采场用非胶结料充填,如芒特·艾萨矿(1100号矿体)、铜绿山铜矿等。矿房胶结充填体应具有足够的强度和站立高度,以确保矿柱回采安全和回采过程中不因充填体坍落而造成过大的矿石损失和贫化。充填体强度应根据充填体高度和矿柱回采方法确定。

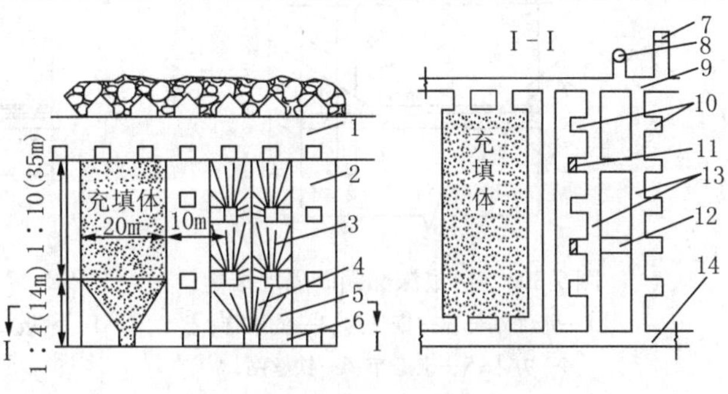

图9-305 白银深部铜矿分段空场嗣后充填法示意

1—顶柱;2—间柱;3—矿房;4—堑沟;5—底柱;6—出矿进路;7—人员材料井;8—溜矿井;9—下盘沿脉巷道;10—凿岩硐室;11—切割井;12—联络巷;13—分段凿岩巷道;14—上盘沿脉巷道

目前我国嗣后充填采矿法充填采用的充填材料以分级尾砂胶结料为主,块石胶结仅在极少数矿山采用,前者水泥用量大,充填成本高。因此,在有条件的矿山采用块石胶结充填是提高充填体强度、降低水泥用量和充填成本的途径之一。

澳大利亚芒特·艾萨矿业有限公司于1992~1997年对块石胶结充填的浇筑机理在试验室和现场进行了5a的试验研究,取得了一批成果,现已应用于生产。这些成果是:

(1)在充填天井顶部设置一种流槽装置,使块石和砂浆混合后进入采场充填;

(2)布置中央垂直充填天井,使进入采场中充填料的水平抛掷减至最小,以达到减少离析的目的;

(3)充填体表面在充填过程中,因撞击而具有水平轨迹的颗粒将顺着充填表面往下运行,直至全部动能被充填体表面的颗粒层所吸收。总的动能和速率为诸多因素的函数,而主要的因素是颗粒粒径的分布,较大的颗粒趋于运行更远。因此,充填体表面的撞击是导致离析的原因之一。矿山于1994年将块石胶结料中最大块石粒径从300mm降至75mm。

9.7.4.2 采场充填

采场充填之前,需将采场(充填高度内)与外界相通的所有井巷用隔墙进行密闭,密闭工程应符合以下要求:

(1) 隔墙必须构筑在矿岩稳固和承受充填体压力最小的地方;

(2) 隔墙应有足够的强度,并有一隔墙安装排水(或滤水)设施;

(3) 对有泄漏的裂隙,应采取喷射或抹砂浆等防漏措施。

隔墙分为两类,Ⅰ类是滤水隔墙,即隔墙具有滤水功能;Ⅱ类为不滤水隔墙,即隔墙无滤水功能。两类隔墙均设有排水管,并与采场内的滤水管连通。Ⅰ类隔墙采用木框架、钢筋网和土工布,木框架、木条和土工布,钢丝绳、钢筋网和土工布等构筑。采用这类隔墙的矿山有安庆铜矿和白银深部铜矿等,隔墙的构筑形式如图9-306和图9-307所示。Ⅱ类隔墙通常用红砖或混凝土预制块构筑,如铜绿山铜矿等,少数矿山采用混凝土或钢筋混凝土现场浇筑。

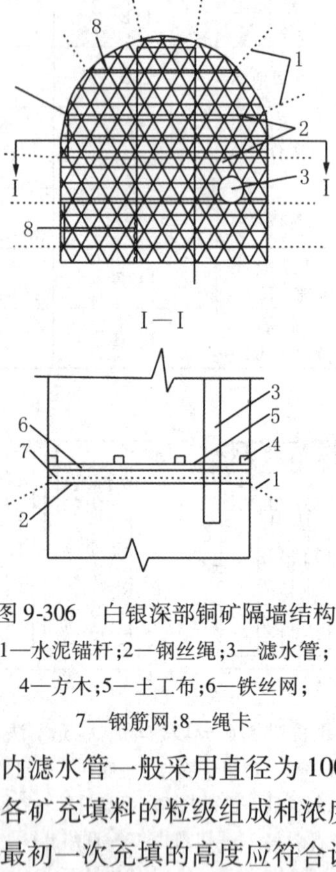

图9-306 白银深部铜矿隔墙结构

1—水泥锚杆;2—钢丝绳;3—滤水管;4—方木;5—土工布;6—铁丝网;7—钢筋网;8—绳卡

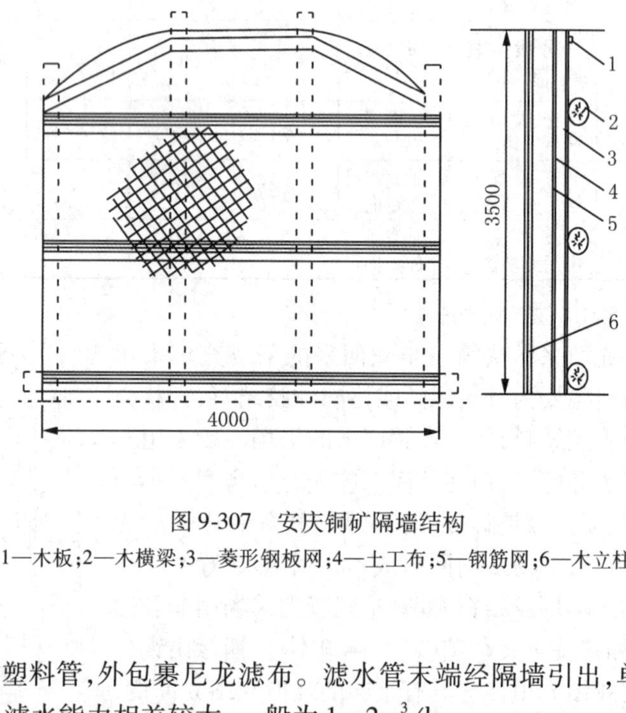

图9-307 安庆铜矿隔墙结构

1—木板;2—木横梁;3—菱形钢板网;4—土工布;5—钢筋网;6—木立柱

采场内滤水管一般采用直径为100mm的塑料管,外包裹尼龙滤布。滤水管末端经隔墙引出,单管的滤水能力因各矿充填料的粒级组成和浓度不同,滤水能力相差较大,一般为1~2m^3/h。

采场最初一次充填的高度应符合设计的规定值,但不得大于6m;对于Ⅰ类隔墙,由于能承受的压力较小,在隔墙高度范围内分3~4次充填,一次充填高度为1.5m左右,每次充填间隔16~24h,使已充填的料浆初凝。隔墙破坏的情况时有发生,其原因是设计强度不够和漏筑导致管流形成,因此,应引起设计和生产矿山的重视,并在充填过程中加强对密闭工程的检查。

为满足顶底柱回采,底柱上一般充填高度为5~6m的高强度砂浆,其灰砂比为1:(4~8)。

9.8 充填材料与充填系统

随着科学技术的日新月异,以及国家可持续发展战略对环境问题的日益重视,矿山所用的充填材料已从传统的山砂、河砂、海砂、棒磨砂、细石等自然或人工砂石向粉煤灰、尾砂、炉渣等工业废料过渡。通过矿山与各研究部门的合作努力,用工业废料作充填材料的技术应用也日渐成熟,因此无污染、低成本的无废开采是未来采矿技术的发展方向。

不同的充填工艺应用的充填材料组分不同,比例也有差别。图9-308所示为几种国内外常用充填工艺

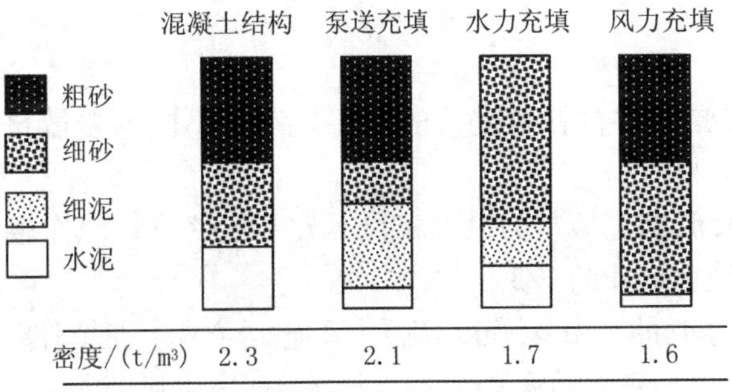

图 9-308 几种不同充填工艺的充填材料组成

的充填材料组成。

不同矿山或同一矿山的不同充填采矿法对充填体的强度要求差别很大，从而对材料质量指标的要求也就不同。选择充填材料应遵循技术可行、经济合理的原则。最好将矿山废渣加工成符合质量指标的充填料。若需外购，应就近取材，以减少运输费用。

常用的充填材料分为三类：充填骨料——在充填过程中和充填体内材料的物理化学性质基本不发生变化，作为充填的骨料；胶凝材料——在充填的条件下，材料本身的物理化学性质发生变化，使充填骨料凝结成具有一定强度的整体；改性材料——加入充填料中用以改变其质量指标，例如提高流动性和强度、加速或延缓凝固时间等。常用的充填材料见表 9-221。

表 9-221 常用的充填材料

类别	充填骨料	胶凝材料	改性材料
名称	废石、卵石、碎石、河砂、戈壁骨料、黏土、重介质尾砂、全粒细尾砂、分级尾砂、水淬炉渣、山砂、人造砂等	水泥、磨细的高炉矿渣、磨细的炼铜炉渣、磨细的烧黏土、生石灰、熟石灰、石膏、粉煤灰、磁黄铁矿、硫化矿物等	水、絮凝剂、速凝剂、缓凝剂、减水剂、早强剂等。

9.8.1 充填材料

9.8.1.1 充填骨料

A 充填骨料的化学成分

某些充填骨料的主要化学成分见表 9-222。一般而论，SiO_2、Al_2O_3、Fe_2O_3 的单盐或由其组成的复合矿物具有化学稳定性。充填骨料中 MgO 或 CaO 含量一般较少，但应注意，有的矿山尾砂中 MgO 的含量较高，可能影响胶结充填体的强度。若含有害成分硫、磷、碳等，应注意在充填体发挥作用的期限内，避免极大地降低充填体的强度和严重危害井下劳动条件及环境。粒径 5mm 以上的碎石或卵石称粗骨料，粒径 5mm 以下的砂称细骨料。

表 9-222 某些充填骨料的主要化学成分 （%）

材料	金川风沙	凡口尾砂	铜官山尾砂	红透山泥砂	锡矿山尾砂	页岩	砂岩	石灰岩	花岗岩
SiO_2	71.70	29.63	39.22	56.00	86.00	58.90	78.64	14.00	70.18
Al_2O_3	11.7	5.70	4.97	4.59	7.33	15.63	4.77	1.75	14.47
Fe_2O_3	2.07	14.25	—	20.11	1.00	4.07	1.08	0.77	1.57
MgO	0.98	—	3.82	0.13	1.10	2.47	1.17	4.49	0.88
CaO	3.39	15.28	15.14	1.79	3.20	3.15	5.51	40.60	1.99
CO_2	—	—	—	—	—	2.67	5.03	35.58	—
Na_2O	—	—	—	—	—	1.32	0.45	0.62	3.48
K_2O	—	—	—	—	—	3.28	1.32	0.58	1.11
FeO	—	—	18.56	—	—	2.48	1.30	—	1.76
S	—	11.44	2.55	4.56	0.5	—	—	—	—

B 孔隙率

充填工作所用的充填骨料大多是自然或经过加工的松散材料，而不是原地岩体。为方便充填料量的计算，除非特别指出，孔隙率的计算公式如下：

$$p = \frac{\gamma_B - \gamma_D}{\gamma_B} \tag{9-208}$$

式中 p——孔隙率；

γ_B——表观密度，t/m^3；

γ_D——堆积密度，t/m^3。

孔隙率与粒级组成和颗粒间的排列方式有关。等直径密实圆球（内部不含封闭的孔隙）呈立方体排列时有最大的孔隙率，$p=0.4765$；呈菱面体排列时有最小的孔隙率，$p=0.2595$。混合粒级的密实圆球的孔隙

率最小可达到 $p=0.039$。

C 粒级组成

充填骨料的粒级组成取决于材料来源和为满足运输需要而对材料所进行的加工。对于不同的松散材料，有表征其粒级组成的不同方法。

管道输送时，水砂充填料的最大粒径不大于管径的1/4，胶结充填料的最大粒径不大于管径的1/5；车辆输送时，块石不大于车厢平面最小尺寸的1/3，不大于溜口最小尺寸的1/3。

最小粒径在水力充填中主要由脱水构筑物而定，它影响充填料的利用率、强度、流失量和输送方式。充填骨料因充填工艺要求而需剔除部分细粒级的工艺称为脱泥。分级脱泥所获得的筛上产品，当其累计产率达到95%时的粒级称为分级界限（即 d_5）。例如，某矿尾砂分级所获得的粗尾砂，其+0.03mm的粒级达到95%，则称其分级界限为0.03mm，惰性充填材料的最小粒径和分级界限见表9-223。混凝土用砂按其细度模数分为4类，见表9-224。

表9-223 最小粒径和分级界限

充填方式	充填材料	输送设备	脱水方式	最小粒径/mm	分级界限/mm
干式充填采空区	废石	矿车	不脱水	0①	按强度要求
		汽车			
干式分层充填	机械搅拌的混凝土	矿车	不脱水	0	0.05~1
		汽车			
大体积充填中与砂浆混合的块石	破碎块石	皮带	不脱水	25	25
		汽车			
水砂充填	河砂	DN100~150管道	稻草袋	0	0.1
水砂充填	山砂	ϕ178管道	秫稭廉	1	5
水力充填	尾砂水泥浆	DN63~150管道	纤维织物	0	0.02~0.03

①指含微量的最细粒级，在该分级工艺中难以剔除。

表9-224 砂的细度模数分类（JGJ52—92）

类 别	粗 砂	中 砂	细 砂	特 细 砂
细度模数 μ_f	3.7~3.1	3.0~2.3	2.2~1.6	1.5~0.7，通过0.16m筛量不大于30%

颗粒均匀度系数 C_u，用以表征松散材料的颗粒组成的均匀程度，式（9-209）。

$$C_u = \frac{d_{60}}{d_{10}} \tag{9-209}$$

式中 d_{60}——60%的松散材料能够通过的筛孔直径，mm；

d_{10}——10%的松散材料能够通过的筛孔直径，mm。

C_u 值愈大，表示粒级组成愈不均匀，愈有利于小颗粒进入大颗粒之间的空隙而形成较密实的充填体，一般要求 $C_u \geq 5$。

9.8.1.2 胶凝材料

A 水泥

水泥是一种磨细的水硬性胶凝材料，加入适量水后成为塑性浆体，能在空气中硬化，也能在水中硬化。当与砂、石等松散材料拌和后，能牢固地将它们黏结在一起，形成具有一定强度的整体。水泥按用途可分为普通水泥、专用水泥和特种水泥。充填工作常采用普通水泥，它由硅酸盐水泥熟料与不同掺入量的混合材料配制而成，有以下6种（GB175—2007）：

（1）硅酸盐水泥：凡由硅酸盐水泥熟料、0~5%石灰石或粒化高炉矿渣、适量石膏磨细制成的水硬性胶凝材料，称为硅酸盐水泥。它有两种类型，不掺混合材料的称Ⅰ型硅酸盐水泥；掺入不超过水泥质量5%石灰石或粒化高炉矿渣的称Ⅱ型硅酸盐水泥。我国生产的硅酸盐水泥分六种标号，即：42.5、42.5R（R为早强型，下同）、52.5、52.5R、62.5及62.5R。

（2）普通硅酸盐水泥：用硅酸盐水泥熟料加少量混合材料与适量石膏磨细而成的最常用的硅酸盐水泥，代号P·O。普通硅酸盐水泥中活性混合材料掺加量大于5%且小于等于20%，其中允许用不超过水泥质量8%的非活性混合材料或不超过水泥质量5%的窑灰代替。我国生产的普通硅酸盐水泥有42.5、42.5R、52.5和52.5R四个等级。

(3) 矿渣硅酸盐水泥:由硅酸盐水泥熟料加粒化高炉矿渣及适量石膏磨细而成,简称矿渣水泥。矿渣水泥中矿渣掺加量大于20%且小于等于70%,分为A型和B型。A型矿渣掺量大于20%且小于等于50%,代号P·S·A;B型矿渣掺量大于50%且小于等于70%,代号P·S·B。允许用石灰石、窑灰、粉煤灰和火山灰质混合材料中任一种材料代替部分矿渣,数量不得超过水泥质量的8%,但水泥中高炉矿渣含量不得低于20%。矿渣水泥的密度较小、水化热较低、耐蚀性较好,但泌水率高,早期强度低。矿渣水泥主要有32.5、32.5R、42.5、42.5R、52.5和52.5R六个等级。

(4) 火山灰质硅酸盐水泥:由硅酸盐水泥熟料加入火山灰质混合材料及适量石膏磨细而成,简称火山灰水泥,代号P·P。我国标准中规定,这种水泥中的火山灰质混合材料的掺加量按质量计为大于20%且小于等于40%,主要有32.5、32.5R、42.5、42.5R、52.5和52.5R六个等级,其性质与矿渣水泥相近。

(5) 粉煤灰硅酸盐水泥:由硅酸盐水泥熟料、粉煤灰和适量石膏磨细而成,简称粉煤灰水泥,代号P·F。粉煤灰水泥中的粉煤灰掺量按质量计为20%~40%。粉煤灰水泥的性质与火山灰水泥相近,但需水量比火山灰水泥少,和易性和抗硫酸盐侵蚀性较好,适合用于大体积混凝土,如三峡大坝主要使用的就是粉煤灰水泥。主要有32.5、32.5R、42.5、42.5R、52.5和52.5R六个等级。

(6) 复合硅酸盐水泥:简称复合水泥,由硅酸盐水泥熟料和两种或两种以上规定的混合材料(指有技术条件和标准的混合材料),加入适量石膏磨细制成。复合水泥中混合材料掺加量按质量百分计大于20%且小于50%。允许用不超过8%的窑灰代替部分混合材料。掺矿渣时混合材料量不得与矿渣硅酸盐水泥重复。主要有32.5、32.5R、42.5、42.5R、52.5和52.5R六个等级。

普通水泥的密度3~3.15t/m^3,堆积密度(例如在叶轮给料机或螺旋给料机内)为1.0t/m^3,紧密密度为1.3~1.6t/m^3。计算水泥仓仓容时取1.3t/m^3,计算水泥仓载荷时取1.6t/m^3。水泥储存时间过长会降低其活性,储存3个月活性降低8%~20%,储存6个月活性降低14%~29%,储存一年活性降低18%~39%。普通水泥的质量标准见表9-225。

表9-225 普通水泥的质量标准

项目			硅酸盐水泥		普通硅酸盐水泥		矿渣硅酸盐水泥、火山灰质硅酸盐水泥、粉煤灰硅酸盐水泥、复合硅酸盐水泥	
物理性质	细度(选择性指标)		比表面积大于300m^2/kg				80μm方孔筛筛余不得超过10%或45μm方孔筛筛余不得超过30%	
	凝结时间		初凝不得早于45min,终凝不得迟于6.5h		初凝不得早于45min,终凝不得迟于10h			
	安定性		用沸煮法检验必须合格					
	强度	标号	龄期/d					
			3	28	3	28	3	28
	抗压强度/MPa	32.5	—	—	—	—	10.0	32.5
		32.5R	—	—	—	—	15.0	32.5
		42.5	17.0	42.5	17.0	42.5	15.0	42.5
		42.5R	22.0	42.5	22.0	42.5	19.0	42.5
		52.5	23.0	52.5	23.0	52.5	21.0	52.5
		52.5R	27.0	52.5	27.0	52.5	23.0	52.5
		62.5	28.0	62.5	—	—	—	—
		62.5R	32.0	62.5	—	—	—	—
	抗折强度/MPa	32.5	—	—	—	—	2.5	5.5
		32.5R	—	—	—	—	3.5	5.5
		42.5	3.5	6.5	3.5	6.5	3.5	6.5
		42.5R	4.0	6.5	4.0	6.5	4.0	6.5
		52.5	4.0	7.0	4.0	7.0	4.0	7.0
		52.5R	5.0	7.0	5.0	7.0	4.5	7.0
		62.5	5.0	8.0	—	—	—	—
		62.5R	5.5	8.0	—	—	—	—

续表 9-225

<table>
<tr><td colspan="2">项　目</td><td>硅酸盐水泥</td><td>普通硅酸盐水泥</td><td>矿渣硅酸盐水泥、火山灰质硅酸盐水泥、粉煤灰硅酸盐水泥、复合硅酸盐水泥</td></tr>
<tr><td rowspan="4">化学性质</td><td>烧失量</td><td>≤3.0%</td><td>≤5.0%</td><td>—</td></tr>
<tr><td>氧化镁</td><td colspan="2">水泥中氧化镁的含量（质量分数）小于等于5.0%，如果水泥压蒸试验合格，则允许放宽至6.0%</td><td>水泥中氧化镁的含量（质量分数）小于等于6.0%，如果水泥中氧化镁的含量（质量分数）大于6.0%时，需进行水泥压蒸安定性试验并合格，P·S·B无要求</td></tr>
<tr><td>三氧化硫</td><td colspan="3">除矿渣硅酸盐水泥不得超过4.0%外，其余水泥不得超过3.5%</td></tr>
<tr><td>氯离子</td><td colspan="3">水泥中氯离子含量不大于0.06%</td></tr>
</table>

B　高水速凝固结材料

高水速凝固结材料（以下简称高水材料）是一种新型水硬性胶凝材料，其最大优点是能在很小的体积固液比（10% ~15%）时，在5 ~30min内凝结、硬化，最终形成一种有一定强度的高含水固体。高水材料由甲料和乙料等量配合而成。甲料由特种水泥熟料、缓凝剂、悬浮剂等组成。其中缓凝剂能使甲料与水制成的料浆有较长时间的可泵性，悬浮剂能提高甲料的固体颗粒在料浆中的分散性和悬浮性，避免沉淀泌水现象。乙料由石膏、石灰、悬浮剂、速凝剂等组成。石膏采用不溶性的天然硬石膏，一般要求含结晶水小于5%。石灰易于从空气中吸收水分，应采用新制石灰，CaO含量大于75%。悬浮剂由膨润土、赤泥、粉煤灰等组成，从而使乙料与水混合后料浆有较好的可泵性。

高水材料与2.5倍的水制成料浆能迅速凝固的关键是其水化过程中生成了含大量结晶水的钙矾石和含有吸附水的硅酸凝胶和铝酸凝胶。甲料中的无水硫铝酸钙与乙料中的石膏发生水化反应生成钙矾石，而要大量生成钙矾石，还必须有乙料中石灰的参与。β型硅酸二钙水化时生成水化硅酸钙凝胶，并产出氢氧化钙凝胶，与无水硫铝酸钙水化过程中生成的 $Al_2O_3 \cdot 3H_2O$ 等反应也能生成钙矾石。

钙矾石生成的过程中，大量吸收料浆中的水分变成结晶水。针枝状的钙矾石晶体伸入硅酸凝胶和铝酸凝胶中，使晶粒逐渐长大，最后形成钙矾石骨架结构，呈固体状态，具有一定强度。欲达到应有的强度，石灰的用量较为重要，若熟料质量较好，可用较少的石灰，反之则宜用较多的石灰。甲料和乙料等量配合的原则是：熟料∶（石灰＋石膏）＝1∶1。由于甲料和乙料是分别制浆和输送的，为防止早凝宜在充填点之前才将两种料浆混合。均匀混合也是达到应有强度的一个重要条件。高水材料的质量指标见表9-226。

表 9-226　高水材料的质量指标

<table>
<tr><td colspan="2">生　产　厂　家</td><td>长铝水泥厂</td><td>英国 Fosroc 公司</td><td>国内其他水泥厂</td></tr>
<tr><td colspan="2">水灰比</td><td>2.5∶1</td><td>2.5∶1</td><td>2.5∶1</td></tr>
<tr><td colspan="2">可泵时间/h</td><td>≥24</td><td>≥24</td><td>≥24</td></tr>
<tr><td colspan="2">初凝时间/min</td><td><15</td><td><20</td><td>15 ~30</td></tr>
<tr><td rowspan="4">抗压强度/MPa</td><td>2h</td><td>≥2.0</td><td>1.2 ~1.5</td><td>0.82 ~2.14</td></tr>
<tr><td>24h</td><td>≥4.5</td><td>3.5 ~3.7</td><td>1.37 ~4.43</td></tr>
<tr><td>72h</td><td>≥5.0</td><td>—</td><td>1.52 ~5.0</td></tr>
<tr><td>最　终</td><td>≥5.5</td><td>4.3 ~5.0</td><td>1.62 ~5.0</td></tr>
</table>

高水材料用于金属矿胶结充填，与普通水泥相比，吸水量大、早期强度高，但也具有水化体积膨胀、重结晶性、后期强度较低和稳定性差等特性，使用时需注意。

C 全水胶固材料

为克服高水材料双管输送的缺点，西北矿冶研究院开发了单料、单管输送的全水胶固材料，主要用于金属矿的全尾砂胶结充填，但不能单独使用。当水灰比为 0.7 ~ 1.5 时，能将料浆固化，其初凝时间不早于 30min，终凝时间不少于 2h。

全水胶固材料的化学成分如下：CaO(30% ~70%)，SiO_2(10% ~30%)，SO_3(8% ~25%)，Al_2O_3(10% ~25%)。主要矿物为石膏、铝酸一钙、铝酸三钙、二铝酸一钙、硅酸三钙、硅酸二钙等。主要水化产物为钙矾石、氢氧化钙凝胶、水化硅酸钙凝胶和铝酸凝胶等。

全水胶固材料的密度为 3 ~ 3.2t/m^3，堆积密度为 0.95 ~ 1.1t/m^3，细度为 0.08mm 方孔筛筛余 10% 左右，比表面积为 250 ~ 290m^2/kg。

全水胶固材料固化料浆的水灰比约为 1.5。而为满足输送要求，尾砂浆用水量可能大大超过此数，多余的水将以吸附水和自由水的形式存在，并有泌水现象和采场排水问题。料浆的沉缩率见表 9-227。

表 9-227 全水胶固材料的料浆的沉缩率

灰砂比	1:5	1:5	1:5	1:8	1:8	1:8	1:10	1:10	1:10
质量浓度/%	60	65	70	60	65	70	60	65	70
沉缩率/%	10.5	6.2	4.9	11.1	10.1	7.2	12.7	11.6	6.5

全水胶固充填体在井下暴露后的风化深度在 1 个月内为 6mm，3 个月内为 13mm。当充填体的服务期限为 3 ~ 5 个月时，这种充填体是稳定的。

D 工业废渣活性材料

为节省胶凝材料的费用，广泛采用各种具有潜在胶凝活性的工业废渣材料，如粉煤灰、高炉矿渣、炼铜反射炉渣、熟石灰等，就近采购并散装运到充填站，在站内进行加工，磨细至一定细度，将其添加入充填料中，在水化反应环境里可表现出胶凝活性，可替代部分水泥。

a 粉煤灰

粉煤灰分为烧煤的火力发电厂的锅炉炉灰和烟道收尘的飞灰两种。前者经磨细后一般采用水力排至灰库，后者收集在灰仓内，采运相当方便。按煤种可分为 F 类和 C 类，前者由无烟煤或烟煤煅烧收集，后者由褐煤或次烟煤煅烧收集，其氧化钙含量一般大于 10%。将粉煤灰用于充填，不但可以减少胶凝材料的费用，而且对环境保护也有重大意义。粉煤灰的化学成分因煤的品种和成分而异。一般而论，粉煤灰中 SiO_2 的含量为 40% ~60%，Al_2O_3 的含量为 20% ~30%，Fe_2O_3 的含量为 5% ~10%。上述三种成分达到 70% 以上，粉煤灰才可能具有潜在胶凝活性。根据 GB1596—2005 将粉煤灰分为三级，见表 9-228。

表 9-228 拌制混凝土和砂浆用粉煤灰技术要求

项 目			技术要求		
			Ⅰ级	Ⅱ级	Ⅲ级
细度(45mm 方孔筛筛余)	%	F 类粉煤灰	≤12.0	≤25.0	≤45.0
		C 类粉煤灰			
需水量比	%	F 类粉煤灰	≤95.0	≤105.0	≤115.0
		C 类粉煤灰			
烧失量	%	F 类粉煤灰	≤5.0	≤8.0	≤15.0
		C 类粉煤灰			
含水量	%	F 类粉煤灰	≤1.0		
		C 类粉煤灰			
三氧化硫	%	F 类粉煤灰	≤3.0		
		C 类粉煤灰			
游离氧化钙	%	F 类粉煤灰	≤1.0		
		C 类粉煤灰	≤4.0		
安定性(雷氏夹沸煮后增加距离)	mm	C 类粉煤灰	≤5.0		

粉煤灰的主要技术指标为细度、颗粒形状、密度、堆积密度、需水量和活性等。

粉煤灰的细度与其捕集方法及分级方法有关。通常以通过 0.045mm 方孔筛的筛余量或比表面积来表示粉煤灰的细度。一般而论,粉煤灰的颗粒愈细,其潜在活性愈大。普通原状粉煤灰的比表面积约为200~300m^2/kg,磨细的粉煤灰的比表面积为300~700m^2/kg。

粉煤灰的密度为1.8~2.6t/m^3,堆积密度为600~1000kg/m^3,紧密密度为1000~1400kg/m^3。

粉煤灰的需水量主要取决于其细度、颗粒形状、颗粒表面状态。一般常以粉煤灰的需水量与硅酸盐水泥需水量之比来评价此项指标。粉煤灰的潜在活性是以其火山灰活性指标来表示的,即以掺粉煤灰的试验砂浆平均强度与标准砂浆平均强度的比来求得的。粉煤灰的火山灰反应生成物与水泥的水化产物基本相同。粉煤灰的这种反应在常温下进行得很慢,但随着龄期增长,粉煤灰的火山灰反应及粉煤灰与水化产物的结合反应同时进行,因此掺加粉煤灰的充填料的后期强度较大。

b 矿渣

磨细的炼铁高炉矿渣已广泛用于制造矿渣水泥。我国大中型钢铁厂的高炉矿渣已基本作为水泥工业原料。矿山欲用矿渣作胶凝材料,可用矿渣或炼钢渣、炼铜反射炉渣等。矿渣的磨细程度、掺入量等应通过试验确定。矿渣分酸性矿渣和碱性矿渣,矿渣的碱度愈高,活性愈大。矿渣的胶凝性能用四元碱度 Mo、二元碱度(活性率)Ma 和质量系数 K 来表征。$Mo>1$ 属碱性,$Mo\leqslant1$ 时属酸性。对于用于胶结充填的矿渣,至少应达到:$Mo\geqslant0.65$,$Ma=0.17\sim0.25$,$K>1.6$,并可加入4%~6%的水泥、石膏或石灰作活化剂。

9.8.1.3 改性材料

A 絮凝剂

可使液体中分散的细粒固体形成絮凝物的高分子聚合物称为絮凝剂。细尾砂和全尾砂用于充填对减少尾砂库的占地以及废渣的利用有十分重要的意义,而其中的关键技术之一是细粒级快速沉淀和脱水。絮凝剂为加速沉淀发挥了重要作用。

尾矿浆中有些颗粒吸附阳离子而带正电,有些颗粒吸附阴离子而带负电。同一种颗粒在同一种矿浆中总是吸附着相同电荷的离子,因此颗粒之间就产生斥力,阻碍小颗粒相互接近,不能合并成大颗粒而无法沉降。使用絮凝剂制成带有不同电荷的胶体溶液,中和矿浆中颗粒上的电荷,减弱颗粒间的斥力,使小颗粒凝聚成大颗粒而下沉。早期的絮凝剂为无机盐,现代的絮凝剂都是水溶性的长链高分子聚合物。根据矿浆中颗粒电荷的不同,可选用阳离子型、阴离子型或中性的絮凝剂。

为使粉状或乳化油状的絮凝剂分散成为胶体并均匀溶解于矿浆中,必须在加入絮凝剂的同时对矿浆进行搅拌。搅拌也增加了固体颗粒相互碰撞而絮凝成团的机会。因此,使用絮凝剂的效果如何,除了正确选用合适的絮凝剂外,还与矿浆中固体颗粒碰撞的频率和碰撞的效率有关,也是确定合理的搅拌参数和搅拌筒的结构形式。

B 外加剂

将混凝土外加剂用于充填料是充填工艺进步的一个标志,也是今后的发展方向。在高水材料、全水胶固材料、高浓度尾砂输送、混凝土输送和膏体输送中均已使用了外加剂,包括高性能减水剂(早强型、标准型、缓凝型)、高效减水剂(标准型、缓凝型)、普通减水剂(早强型、标准型、缓凝型)、引气减水剂、泵送剂、早强剂、缓凝剂、引气剂共8类外加剂。在充填料的制备中使用外加剂应符合混凝土外加剂的国家标准(GB8076—2008),在选择外加剂的类型和用量时,应参照该标准进行满足充填材料和充填工艺要求的对比试验。

a 减水剂

在混凝土坍落度基本相同的条件下,能减少拌和用水量的外加剂称减水剂。在充填料中添加减水剂适用于高浓度充填料的管道输送,可明显改善高浓度充填料的液化性能,即管道输送能力,减少输送过程中的离析和阻力。

减水剂多数为表面活性剂,吸附于水泥颗粒表面使颗粒带电。颗粒间由于带相同电荷而相互排斥,加速水泥颗粒分散,从而释放颗粒间多余的水,达到减水目的。另外,加入减水剂,在水泥表面形成吸附膜,影响水泥水化速度,使水泥晶体生长更完善,网络结构更为密实,从而提高水泥的强度及密实性。在混凝土中掺入水泥质量的0.5%~1.5%的高效减水剂,能减水15%~25%,提高强度20%~50%。在保持水灰比不变的条件下，能使混凝土的坍落度增加50～100mm。

b 早强剂

早强剂是能加速水泥水化和硬化，促进混凝土早期强度增长的外加剂，可缩短混凝土养护龄期，加快施工进度，提高模板和场地周转率。早强剂分无机盐类、有机物类和复合早强剂三大类。

c 缓凝剂

缓凝剂是可在较长时间内保持混凝土工作性，延缓混凝土凝结和硬化时间并对其后期强度无不良影响的外加剂。缓凝剂的种类较多，可分为有机和无机两大类。主要有：

(1) 糖类及碳水化合物，如淀粉、纤维素的衍生物等；

(2) 羟基羧酸，如柠檬酸、酒石酸、葡萄糖酸以及其盐类；

(3) 可溶硼酸盐和磷酸盐等。

9.8.2 充填系统及充填料制备和输送

充填采矿法的矿山，充填系统包括采集、加工、储存和制备充填材料，并向采空区输送和堆放，使充填材料脱水和处理污水等的设备、设施、井巷工程和构筑物。按充填材料将充填系统分成干式充填系统、水砂充填系统和胶结充填系统。其中干式充填系统作业环节多，充填能力低，粉尘大，充填体不够致密，除小型矿山或处理采空区外一般很少使用，因此本节不再赘述。

设计充填系统的充填能力时，应充分考虑矿山生产环节多的特点和各环节间的不均衡性，在充填能力方面要留有余地，使采出矿石和充填采空区保持平衡，从而提升矿山的经济效益和生产能力。

9.8.2.1 水砂充填系统

我国金属矿山用非胶结尾砂、河砂或棒磨砂充填矿房或间柱，如铜绿山铜矿、凤凰山铜矿、红透山铜矿、凡口铅锌矿、黄沙坪铅锌矿和三山岛金矿等。其特点是用管道水力输送比较粗的松散充填料。水砂充填系统一般由砂的采集、砂仓、注砂室、充填管道、工作面脱水构筑物、沉淀和排泥设施，以及信息、控制、管理等设施组成，如图9-309所示。

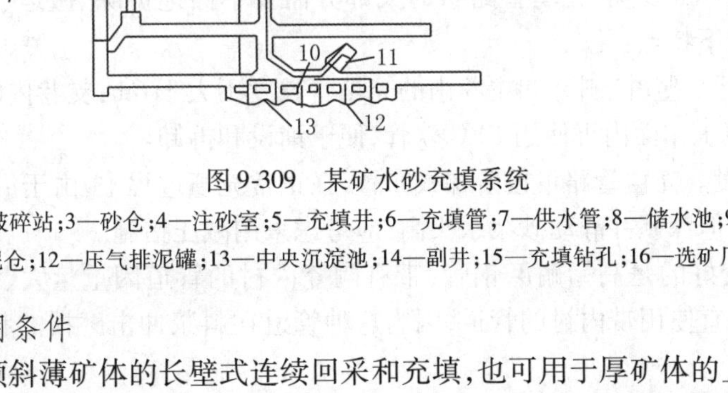

图9-309 某矿水砂充填系统

1—采石场；2—充填料破碎站；3—砂仓；4—注砂室；5—充填井；6—充填管；7—供水管；8—储水池；9—排水管；10—水泵房；11—密闭泥仓；12—压气排泥罐；13—中央沉淀池；14—副井；15—充填钻孔；16—选矿厂；17—主井

A 水砂充填的适用条件

水砂充填适用于缓倾斜薄矿体的长壁式连续回采和充填，也可用于厚矿体的上向分层分条回采。其最佳使用条件是矿体为层状，厚度为1.5～2.5m，倾角小于20°，顶底板稳固而矿石较松软，例如层状的铝土矿、锰矿、磷矿、煤矿等。

水砂充填的优点是充填能力大，当采用内径为178mm的注砂管时，充填能力可达$100m^3/h$以上，且系统工艺简单，投资小。水砂充填除可限制围岩移动外，还可用于防火、隔热、密闭等。当矿山附近有河砂资源时，充填成本相当低。水砂充填体当采用木立柱（或废钢绳）、金属网、滤水布组成脱水构筑物作围护结构时，其自立高度可达4m。水砂充填最大缺点是输送浆体的质量浓度低，用水量较大，水与砂的充填体的体积比为1.5~4，泥水流失，污染井下环境，需增大矿山的供水能力、排水能力及主要巷道水沟横断面积，清仓排泥工作量大。

B 制备站及结构

制备站主要由砂仓和注砂室构成，有圆形和矩形两类，依容量、运砂设备和出砂口数目而定。当矿山的水砂充填日平均量 $Q_d \leqslant 400m^3/d$ 时，可采用直径为10m的圆形砂仓，其有效容积应约等于1.5倍 Q_d，可用矿车、汽车或胶带输送机运入砂料，如图9-310所示。注砂室上接砂仓，下接充填管道，相当于砂浆制备室，主要作业是使砂水混合均匀，并剔除不合格大块等。注砂室的基本形式有混合沟式和给料机式两种，前者不耗用动力，无运转部件，维护简单，而后者控制砂量较为准确。

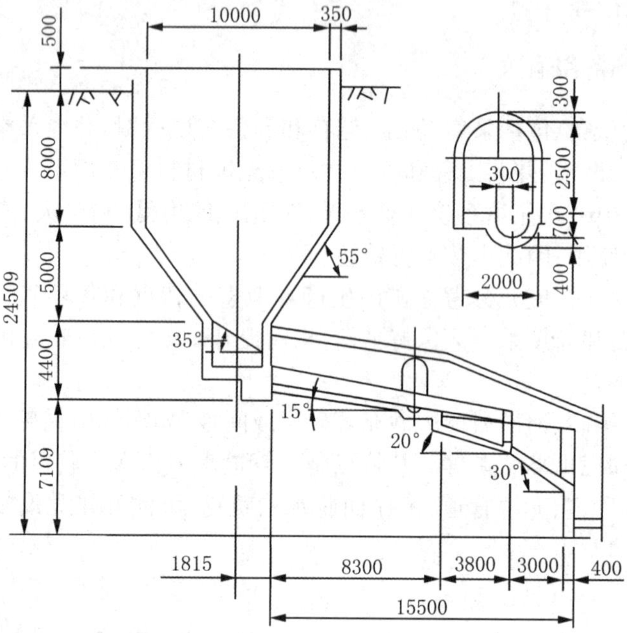

图9-310 圆形砂仓和混合沟式注砂室

C 充填管道和管件

充填管道通常是由充填钻孔、刚性管道和软管构成，从地表充填站到井下主管道之间使用充填钻孔连接，钻孔通常使用刚性耐磨管道护壁。由于两相流的输送量大、速度快，造成冲击磨损和腐蚀，因此管道属于耗材。又因充填工作面不断变动，充填管路中的大部分需要不停地拆除、搬运、更换和安装，因此充填管道较之其他工业管道有以下特点：

(1) 长度短，便于搬运。竖井、斜井和主巷内的充填管长度不大于6m，支巷内的长度不大于4m，壁厚小于8~10mm。天井和充填工作面内可使用PVC软管，便于铺设和拆卸。

(2) 质量轻，便于架设。充填管路可按阶梯式布置，在正常充填过程中，由于沿程阻力损失，而使井下充填管所受静水压头不高。但深矿井静动砂浆水头高，应考虑采用减压措施。

目前矿山使用效果较好的是高锰耐磨钢管，带有陶瓷内衬的管道因重量大、价格高，使用效果并不理想。而钻孔内的护壁管不宜使用带内衬的管道，因为这种管道在料浆冲击磨损的状态下内衬易脱落造成堵管事故。

(3) 连接简单，便于装拆。应采用快速接头，内径100mm以下的充填管在充填工作面内和充填工作面上方的中段巷道内宜采用PVC软管，其单根长度可达20~50m。为改变料浆的流向，在三通管处不用常规的闸阀，水砂充填采用闸板；尾砂充填采用高压软管，也不用三通管，在充填前，用软管与应通向的充填管相连。

选择充填管材质应根据充填材料的磨蚀性、充填料浆的腐蚀性、年充填量等因素，使每立方米充填体积的管道费用最低。充填材料的母岩、矿床中的围岩和矿石中所含的石英是引起管道磨蚀的主要矿物，花岗岩、石英砂岩就比白云岩、泥灰岩的磨蚀性大。尾砂充填料浆由于含有选矿药剂，都会腐蚀钢管，特别是磨蚀过程中不断露出的新鲜表面，更会加快钢管的腐蚀。此外，当充填倍线小、工作流速大时，充填管道的磨损就快。具有一定腐蚀性和大的磨蚀性的充填料浆，充填能力又大，应采用耐磨的充填管，如高锰钢管。金川集团试验成功的耐磨钢管与16Mn低合金厚壁钢管相比，寿命提高了10倍以上，见表9-229。国外采用烧结的 Al_2O_3 陶粒，用环氧树脂作结合剂，制成环氧陶粒耐磨材料，敷于普通钢管内壁，其抗磨蚀、抗腐蚀、抗冲击性能相当好，较之低碳钢管的寿命，可提高2.67～11倍。

表9-229 耐磨管与普通管的比较

管型		使用时间/d	充填量/t	单价/(元/t)
16Mn厚壁钢管	直管	10～15	12000～15000	5000
	弯管	25	16000	5000
耐磨钢管	直管	355	114676	9500
	钢管	293	114000	9500

充填管的使用寿命还与法兰盘（或快速接头）的焊接质量有关。如果法兰盘未对准管道、或法兰盘平面不垂直于管道轴线，将加速管道进口端的磨损。铸铁管磨损后在充填管内压力作用下将发生爆管。爆管是突然发生，没有先兆，会导致管道堵塞并使充填作业停顿。低碳钢钢管（直缝或旋缝焊接管）磨损后将首先穿一小孔，漏水和漏砂，此时还可用橡胶板盖住小孔，用铁丝扎紧，使充填继续进行。充填结束后拆下破损的管道，进行焊补，或截去破损的那一段，焊上法兰，继续使用。

D 水砂充填料的水力输送

a 充填倍线

利用重力进行自流水力输送的充填系统，常提到充填倍线 N 的概念，它是指管道总长度 L 与管道入口与出口间高差 H 之比。由于充填管道随充填采场位置的改变而延伸或转移，故矿山的充填倍线并非定值，但用充填倍线的概念可以估计一套充填系统的服务范围。根据我国水砂充填的经验，对于－60mm的山砂，$N=8$ 是可能的，$N<5$ 是可靠的；对于－5mm的河砂或人造砂，$N=12$ 是可能的，$N<8$ 是可靠的。

b 浆料的流动速度

两相流出现滑动床流态有一小的流速范围，其中最大的流速称临界流速 U_c，除通过实验观察外，可近似地用下式计算：

$$U_c = 0.55K\sqrt{d_{max}(\gamma - 1)} \tag{9-210}$$

式中 K——系数，1.2～2，一般取1.8；

d_{max}——固体颗粒的最大尺寸，cm；

γ——固体的表观密度，t/m^3。

c 水力坡度

浆体在管道中流动必须克服与管壁产生的阻力和产生湍流时的层间阻力，综合起来称为摩擦阻力损失即水力坡度，所以，水力坡度表示单位长度所产生的阻力损失。影响水力坡度的因素很多，主要有固体颗粒的粒径、粒级不均匀系数、物料密度、浆体流速、浆体浓度、黏度、温度、管道直径、管壁粗糙度以及管路的铺设情况等。输送固体粒状物料水力坡度的计算公式很多，因为都是在各种具体条件下获得的经验公式，计算值往往有很大差别，这里推荐计算误差相对较小的非均匀料浆和似均质高浓度料浆水力坡度计算的金川公式。

金川非均质料浆的水力坡度计算公式：

$$i_c = i_0\left\{1 + 108C_v^{3.95}\left[\frac{gD(\gamma_s - 1)}{\nu^2\sqrt{C_x}}\right]^{1.12}\right\} \tag{9-211}$$

金川似均质高浓度料浆的水力坡度计算公式：

$$i_c = i_0\left\{1 + 106.9C_v^{4.42}\left[\frac{gD(\gamma_s - 1)}{v^2\sqrt{C_x}}\right]^{1.78}\right\} \tag{9-212}$$

式中 i_c——水平直管单位长度料浆水力坡度，kPa/m；

i_0——水平直管单位长度清水水力坡度，kPa/m；

C_v——料浆体积浓度，%；

g——重力加速度，m/s^2；

D——管径，m；

v——流速，m/s；

C_x——颗粒沉降阻力系数；

γ_s——固体物料密度，t/m^3。

9.8.2.2 分级尾砂胶结充填系统

分级尾砂胶结充填是金属矿山使用最为成功和广泛的充填工艺。为保证管道水力输送至采场的充填料浆能及时在采场内脱水，一般由选厂供给的全尾砂浆通过水力旋流器脱去 -0.074mm 或 -0.038mm 细粒级部分。分级后的粗尾砂具有符合充填工艺要求的脱水性能，其渗透系数应达到 7~10cm/h。分级尾砂充填的材料特性与工艺参数为：

（1）充填骨料为分级粗尾砂或 -3mm 的细粒充填材料。

（2）胶凝材料可用水泥、磨细的矿渣、粉煤灰、高水材料、全水胶固材料。

（3）料浆流态为固液两相流，料浆流速范围为 2.5~3.8m/s，质量浓度小于 68%。

（4）由于增加水泥仓和水泥计量设备对充填系统的投资增加不大，故新建的尾砂充填设施均建有水泥仓，既可进行尾砂非胶充填，又可进行尾砂胶结充填。

分级尾砂充填工艺和设施也适用于 -3mm 的细粒固体物料的两相流管道输送。

A 尾砂的分级

可用于尾砂脱泥的设备有脱泥斗、倾斜浓密箱、耙式分级机、螺旋分级机等，但设施最简单，配置最方便的仍属水力旋流器，如图 9-311 所示。

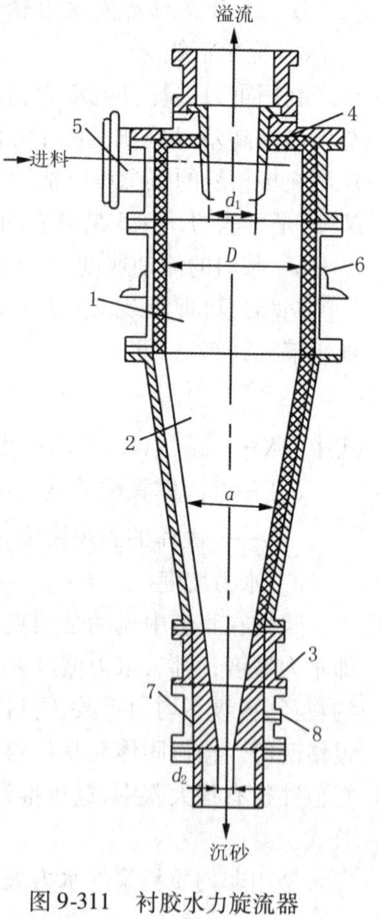

图 9-311 衬胶水力旋流器

1—圆柱体；2—圆锥体；3—排砂口；4—溢流管；5—进料管；6—耐磨橡胶内衬；7—金属加强环；8—压气入口

尾砂分级的旋流器一般直径为 200~500mm，多内衬橡胶或辉绿岩铸石构件。分级压力一般为 0.07~0.15MPa。水力旋流器工作性能取决于其结构参数、进料口压力和进料浓度。处理能力随圆柱体直径 D 的增大而急剧增加，而直径小时，则有利于降低分级粒度；进料管直径 d_i 增大则处理量加大，溢流粒度变粗，一般 $d_i = (0.08 \sim 0.25)D$；在进料口压力不变的条件下，溢流管直径 d_1 的增加能使分级粒度和处理量近似正比地增加，一般 $d_1 = (0.2 \sim 0.4)D$；加大排砂管直径 d_2 则沉砂量增大并混入细粒级，而溢流量减少，d_2 较小时排砂困难，溢流中有较多的粗粒级；锥角 α 增大可降低旋流器的高度，处理量略有减少，但溢流的粒度增大，锥角小则分级效果好，一般为 20°；进料口压力稳定时分级效果好，最好能做到 0.1~0.2MPa 的静压给料；进料浓度低可获得较好的分级效果，浓度高则溢流粒度增大。

尾砂用旋流器分级的沉砂料浆体积 V_2 与溢流料浆体积 V_1 之间有以下近似关系：

$$V_2/V_1 = 1.1(d_2/d_1)^3$$

由于旋流器的内衬磨损较快，已安装好的旋流器应为 100% 的备用量。

B 卧式砂仓和立式砂仓

充填料制备站内设置砂仓储料，用以调节外部均匀给料和充填工作间断进行之间的不平衡。砂仓的有效容积，最好能达到日平均充填量的1.5倍。根据松散惰性充填材料在砂仓内的堆存情况，可分为堆存"干"料的卧式砂仓或储存砂浆（"湿"料）的立式砂仓。

a 卧式砂仓

松散惰性充填材料一般由车辆运送并卸入卧式砂仓，也有用水力输送尾砂而在砂仓内脱水而成为"干"料的。含水量是在自然堆积状态下，从大气中吸附的水或其他来源的水量与其烘干质量的比值。在正常生产条件下，卧式砂仓的固体颗粒不会出现烘干（或绝干）、气干状态。所谓正常生产条件，即砂仓内的"干"料，未经洒水或淋雨而使其含水量增加，也未长期堆存不用而使颗粒孔隙内的吸附水和毛细水部分蒸发而出现气干状态。固体颗粒的表面自由水量应该计入水力输送的充填料的总水量中。

尾砂用旋流器脱泥分为一段分级和两段分级，如图9-312所示。一段分级多用于尾砂粒级较粗，且分级后粗尾砂量大于充填需要量的情况。两段分级用于尾砂较细，又要尽量充填以满足需要量的情况。两段分级除使用设备较多外，还要增加用水量。一段沉砂的质量浓度为60%～80%。在给入第二级砂泵前要加水稀释到合理的给料浓度。尾砂分级效果见表9-230。

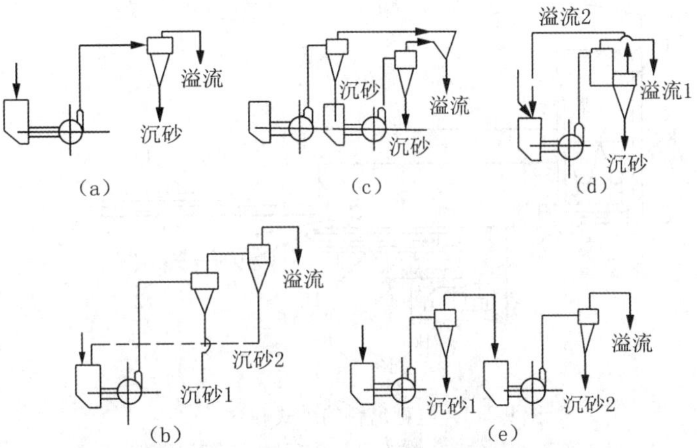

图9-312 水力旋流器配置形式

表9-230 典型矿山的尾砂分级效果

矿山名称	尾砂类型	产出率/%			分级段数
		+0.074mm	+0.037 mm	-0.037mm	
铜绿山	全尾砂	24.70	59.30	40.70	一段
	粗尾砂	40.90	91.06	8.94	
凤凰山	全尾砂	44.29	59.62	43.38	二段
	粗尾砂	73.72	95.69	4.31	
锡矿山	全尾砂	53.88	63.88	36.12	一段
	粗尾砂	69.60	81.45	18.35	

卧式砂仓依其出料方式可分为以下3种，即：

(1) 电耙出料的卧式砂仓（图9-313）。用55kW电耙将尾砂扒入螺旋输送机，再进入ϕ1.8～2.0m搅拌筒。尾砂的计量依靠调节螺旋输送机的转速，水从螺旋输送机和搅拌筒两处加入。料浆流量和密度的检测依靠搅拌筒下的流量计和密度计，制浆能力60～100m^3/h。

(2) 抓斗出料的卧式砂仓（图9-314）。5t抓斗将尾砂运入供砂漏斗，由2m圆盘式给料机（或振动给料机）计量后由带式输送机送入ϕ2m搅拌筒，水在搅拌筒处经计量后加入。料浆流量和密度的调节由搅拌筒下的LD-100型流量计和FB-2500型密度计将信息传输给控制系统而反馈控制圆盘给料机和水流量计。水泥的计量采用LFD-125型冲击式流量计。料浆制备能力80～100m^3/h。

(3) 水枪出料的卧式砂仓（图9-315）。用水枪将尾砂冲入搅拌筒，尾砂和水均无法计量，料浆流量和密度的检测依靠搅拌筒下的流量计和密度计。

通常矿山使用电耙和抓斗出料方式较多，前者投资少，较适合中小矿山；后者则更适合充填量较大的矿山。

b 立式砂仓

立式砂仓用以储存砂泵送来的低浓度砂浆（质量浓度为12%～20%），尾砂经沉淀而浓缩成"湿砂"，溢流水则从砂仓顶部溢流槽排出。立式砂仓以往多由圆柱形筒体和半球体所组成，底部放砂则采用四点等阻放砂。新建的立式砂仓采用圆柱形筒体加锥形体（半锥角为20°～25°），采用中心点放砂。后者效果更好，放砂浓度高，流量大。粗尾砂从顶部送入，也可将水力旋流器装于仓顶，分级后的沉砂进入砂仓，溢流排往尾砂库。半球体内装2～3排松动喷嘴，通入压缩空气或高压水，可使已沉淀的尾砂松动。排砂口四周装有造浆喷嘴，通入高压水可使已松动的尾砂流态化。流态化的尾砂经底部的排砂管放出，或经虹吸管吸出。只要立式砂仓结构形式合理，喷嘴完好，操作程序正确，就可连续放出质量浓度大于68%或体积浓度大于45%的尾砂浆。立式砂仓充填系统如图9-316所示。

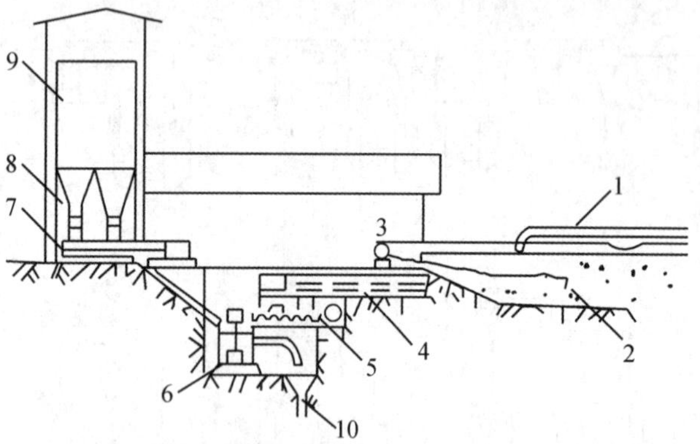

图9-313 电耙出料的卧式砂仓

1—尾砂管道；2—电耙；3—绞车；4—输送螺旋；5—计量螺旋；6—搅拌筒；7—制浆螺旋；8—给料机；9—水泥仓；10—钻孔

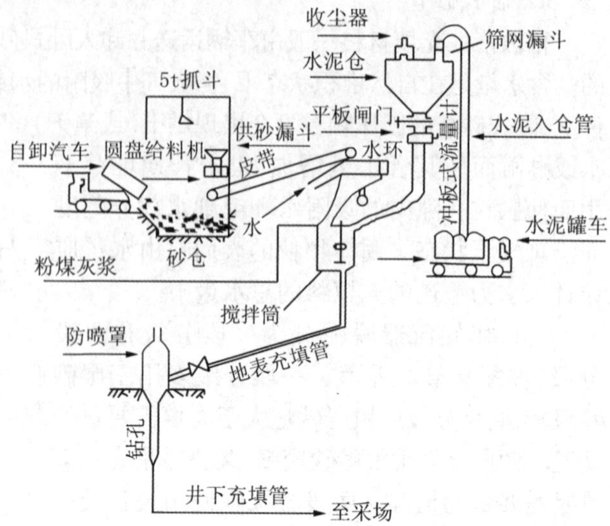

图9-314 金川有色金属公司二矿卧式砂仓（500~800m^3）制备站

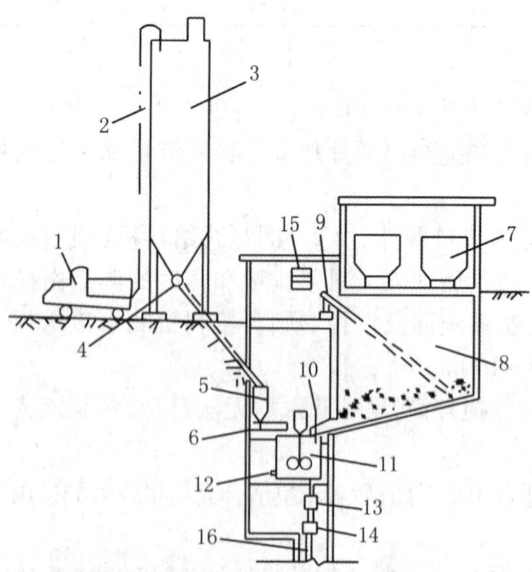

图9-315 加拿大某矿尾砂胶结充填制备设施

1—散装水泥运输车（气卸式）；2—水泥风力输送管；3—200t水泥仓；4—叶轮式给料机；5—5t储料桶；6—水泥计量机；7—80t准轨运砂车；8—3000t砂仓；9—制浆水枪；10—砂浆阀门；11—搅拌筒；12—液面高度指示器；13—γ射线浓度计；14—电磁流量计；15—控制盘；16—充填管

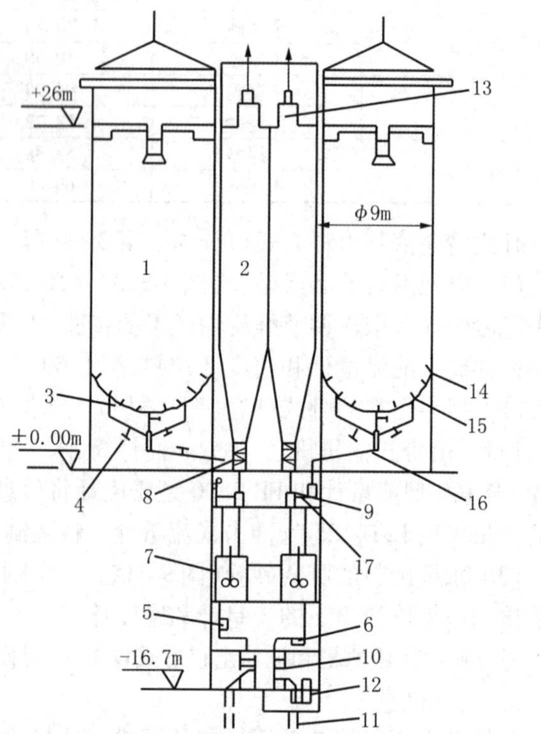

图9-316 凡口铅锌矿半球形底部结构立式砂仓系统

1—1000m^3砂仓；2—450t水泥仓；3—放砂口；4—电动管夹阀；5—γ射线密度计；6—电磁流量计；7—ϕ2m搅拌筒；8—双管螺旋给料机；9—冲击式流量计；10—漏斗；11—充填钻孔；12—排污泵；13—袋式收尘器；14—松动喷嘴；15—造浆喷嘴；16—主砂管；17—盘管

合理的立式砂仓结构应包括以下内容：

(1) 砂泵送来的尾砂料浆应从砂仓顶部中央进入砂仓，使砂仓顶部四周均匀溢流排水。当进料和排水同时发生时，砂仓顶部类似一台浓密机，若砂仓直径太小或溢流速度太大，则溢流含固率太高，效果不好。砂仓的直径一般在9m以上，顶部的溢流槽上沿必须在同一水平面上，以使上沿周边的溢流水流速相等并最小。

(2) 砂仓的圆柱高度应大于或等于直径的两倍。因为只有半球形底以上、圆柱体内一个直径的高度以下那部分尾砂才能连续地以高浓度放出。

(3) 放砂口的数量、松动喷嘴的数量和位置，应保证在放砂过程中仓内砂浆面的均匀下降。

(4) 造浆喷嘴的位置和数量(一般每个放砂口4个，分布在以放砂口为圆心、0.5m为半径的圆周上)，应保证放砂口周围尾砂的充分流态化，进而在保持高浓度稳定放砂的前提下提高砂仓的有效容积。

(5) 由于放砂浓度相当高，底部主砂管的坡度一般为11°~12°。

(6) 在仓底的计量装置前，应采用盘管或上升管(虹吸管放砂除外)以保证料浆满管和匀速流动，使计量准确。

立式砂仓一般设2个以上，每个仓底均设有计量和搅拌装置，使之形成一个独立的充填系统，达到互为备用的目的。某立式砂仓所作放砂试验测得的放砂浓度见表9-231。

表9-231 立式砂仓放砂浓度

骨料名称		粗尾砂	人造砂	粉煤灰
相对密度 $\gamma/(t/m^3)$		3.457	2.621	1.70
平均粒径 d_p/mm		0.113	0.351	0.316
烘干砂	孔隙率 ρ/%	43.45	45.44	57.53
	堆积密度 $\gamma_D/(t/m^3)$	1.955	1.430	0.722
砂仓内湿砂	孔隙率 ρ_s/%	40.7	41.2	51.8
	体重 $\gamma_{sw}/(t/m^3)$	2.05	1.540	0.820
饱和浓度 C_B	质量浓度 C_{Bg}/%	83.4	78.9	61.3
	体积浓度 C_{Bv}/%	59.3	58.8	48.2
放砂浓度 C_f	料浆密度 $\gamma_m/(t/m^3)$	2.457	1.952	1.338
	质量浓度 C_{fg}/%	76.5	68.3	59.0
	体积浓度 C_{fv}/%	49.0	45.1	46.0

C 尾砂胶结充填料制备站的主要设备

a 干尾砂的放料和计量

“干”的粗尾砂、-5mm河砂或-8mm棒磨砂的计量采用由变速电机驱动的圆盘给料机或电振给料机，质量信号的采集可用带式输送机上电子秤或核子秤。圆盘给料机由于结构简单、维修调节方便而广泛使用。变速电机多采用变频器调速交流电机。充填设施采用的圆盘给料机直径为1.25~2.0m，根据物料粒径可选用轻型(Q)或重型(Z)，见表9-232。

表9-232 常用座式圆盘给料机

型号	圆盘直径/mm	转速/(r/min)	给料能力/(m^3/h)	物料最大粒径/mm	电动机功率/kW
PQ1250	1250	2~10	8~42	80	4
PZ1250	1250	1.6~8	7~34	80	4
PQ2000	2000	2~10	34~170	125	10
PZ2000	2000	1.6~8	21~150	125	11

b 水泥的放料和计量

水泥是充填材料中最昂贵的，又直接影响充填体的强度。水泥的放料必须顺畅、计量必须准确、调节必须及时。水泥的放料和计量常用变速电机驱动的叶轮(星形)给料机或双管螺旋给料机。质量信号的采集常用冲击(板)式流量计。叶轮给料机结构简单、重量轻，可以吊挂在水泥仓的出料口下，因而在剖面上配置简单紧凑，但在平面上可能要用螺旋输送机将计量后的水泥送到搅拌筒。叶轮给料机的进口和出口断面均较小，放出新鲜水泥没有问题，若是使用长距离运输的袋装水泥或仓储过久的水泥，其放料的顺畅程度不如双管螺旋给料机。双管螺旋给料机结构较复杂，质量较大，必须固定在建于地面或楼板的基础上，因而在剖面上配置较为复杂，但平面上可能较为简单。因螺旋长度可达2.5m，可将计量后的水泥粉通过冲击式流量计再经溜筒或溜槽直接落入搅拌筒。双管螺旋给料机的进料口尺寸可达0.9m×0.9m，结块的水泥经过螺旋压碎也能顺利地放出。尾砂胶结充填制备站内短距离平面输送水泥常用GX型螺旋输送机，其主要型号见表9-233。

表9-233 常用GX型螺旋输送机

螺旋直径/mm	转速/(r/min)	水泥输送能力/(t/h)	机长/m	外形尺寸/mm	
				宽	高
150	90	4.1	3~45	622	432
200	75	7.9	3~45	622	432
250	60	12.4	3~45	622	432
300	60	21.2	3~45	833	540
400	45	38.2	3~45	984	650
500	45	63.8	3~45	984	650

长沙有色冶金设计研究院为满足水泥计量的三个要求（放料顺畅、计量准确和调节及时）而研制的胶结充填专用双管螺旋给料机的使用效果十分良好。其型号为ϕ300/ϕ200mm×4650mm，给料量2~21t/h，变频调速的电机转速为125~1250r/min，电机功率为7.5kW，外形尺寸为7953mm×1166mm×950mm，质量（包括平板闸门）为3500kg。

c 水的放出和计量

采用手动或电动阀门，流量信号的采集使用电磁流量计或涡街流量计。

d 尾砂浆或尾砂水泥料浆的放料和计量

流量信号的采集使用电磁流量计，密度信号的采集使用γ射线（核子）密度计。在立式砂仓底的放砂口一般先装一个球阀，其下装管夹阀。球阀为常开，仅在检修或更换管夹阀时关闭。上海阀门五厂生产的管夹阀为铝合金外壳，通过夹紧装置夹扁耐磨橡胶软管来切断或调节料浆的流量，其公称压力0.6MPa，执行机构有手动（GJ41X-6L）、气动（GJ641X-6L）和电动（GJ941X-6L）三种，常用手动管夹阀参数见表9-234。

表9-234 常用手动管夹阀（GJ41X-6L）参数

公称通径/mm	50	80	100	125	150	200
阀门长/mm	210	300	350	430	500	650
法兰盘外径/mm	160	195	215	245	280	335
阀体中心至手轮高/mm	205	241	302	360	405	545
法兰螺栓孔中心连线圆周直径/mm	125	160	180	210	240	295
螺栓数量	4	4	8	8	8	8
螺栓孔直径/mm	18	18	18	18	23	23
质量/kg	8	18	22	38	50	85

e 料浆搅拌筒

尾砂水力充填和尾砂胶结充填的料浆自流输送时的质量浓度通常介于68%~72%，属固液两相流，也称牛顿非均质流。根据国家搅拌器形式及基本参数标准（HG/T 3796.1—2005），被混合料浆的主液体（水）为牛顿流体的低黏度（小于3Pa·s）的固体悬浮液，应选用推进式叶轮搅拌筒。叶轮直径$D_j=(0.15\sim0.5)D$，搅拌器离地距离$h=(1\sim1.5)D_j$，叶片数$Z\geqslant3$，叶片外缘线速度$V_{tip}=3\sim15$m/s。此种搅拌筒的操作区域为湍流区，容积循环大、剪切作用小。

胶结充填料中的水泥在叶片高速转动时，使水泥颗粒尽可能彻底地水化吸收了部分水量，同时所生成的凝胶体使料浆的黏度增加；料浆中含有选矿药剂，具有一定腐蚀性，而且料浆中有时还混入大块物料。可见，充填作业所用的搅拌筒不单是一个浓度高的问题。一般在常规高浓度搅拌筒的基础上，对其进行研制和改进，包括：密封筒身，抽风或排气，增加进料口和清洗孔，改用高强度和耐腐蚀的材料；改进传动机构和增加电机功率；将单个叶轮改为两个反向叶轮，甚至三个叶轮；研制大型搅拌槽等。尾砂胶结充填专用搅拌筒见表9-235。

表9-235 尾砂胶结充填专用搅拌筒

搅拌筒			搅拌叶轮			电动机		质量 /kg	外形尺寸 宽×高 /m×m	备注
直径 /mm	深 /mm	有效容积 /m^3	直径 /mm	转速 /(r/min)	个数	型号	功率 /kW			
2000	2100	5.8	650	240	2	Y200L2-6	22	3422	2400×3268	宜兴高塍环保机械厂
1400	1400	1.9	600	323	1	JO2-61-6	10	620①		长沙有色冶金设计研究院图号：通用 CJ920

① 为整套搅拌机构质量，筒身可用耐磨混凝土或其他材料制作。

9.8.2.3 全尾砂胶结充填技术

分级尾砂充填工艺具有分级尾砂在立式砂仓内沉降浓缩速度快、仓底不板结、放砂浓度高等优点，但分级脱泥不仅降低尾砂利用率（约50%），而且细粒级尾砂不能堆坝，缩短了尾砂库的服务年限，增加了筑坝费用。因此全尾砂充填技术的研究已经成为充填技术领域前沿课题，对深井充填开采更具有特殊意义。

全尾砂脱水浓缩是全尾砂充填技术关键。主要采用机械脱水工艺，即浓密、过滤两级脱水，但系统投资大、能耗高、过滤机滤布更换频繁、工艺复杂、处理能力有限。也有矿山使用非机械快速浓缩全尾砂胶结充填新工艺，作者所在课题组早在1998年即在水口山矿务局康家湾矿开发应用了此工艺，即利用絮凝药剂使低浓度全尾砂浆在立式砂仓内快速沉降浓缩，并最终实现动态沉降，连续制浆，使全尾砂胶结充填工艺有了新的突破。

A 全尾砂的浓密和过滤

a 全尾砂的浓密

选厂出来的全尾砂的质量浓度一般为20%～25%，经过一段浓密机处理，可使尾砂的浓度达到40%～55%，这不但可提高过滤的效率，还可及时回收回水供选厂使用。由于充填料制备站均靠近矿体以减少输送距离，为减少浓密机占地，使制备站的配置简单，广泛采用高效浓密机。高效浓密机在国内外有许多品种，其不同之处是传动机构和耙架形式，共同之处是使用絮凝剂以加速细粒级的沉淀。高效浓密机与ϕ100m 普通浓密机的对比见表9-236。从表中可以看出，高效浓密机较之普通浓密机，其单位面积处理能力提高了42～54倍。ϕ9m 高效浓密机的结构示意如图9-317所示。

表9-236 高效浓密机与ϕ100m 普通浓密机的对比

矿山	设备规格	给矿浓度 /%	排矿浓度 /%	细度 -200目 /%	絮凝剂用量 /(g/t)	处理量 /(t/d)	单位面积处理能力 /(t/(m^2/d))
山达克	高效 ϕ27m	26	45～50	60	12	12000	21
金川	普通 ϕ100m	20	40～50	70	0	4000	0.5
凡口	高效 ϕ9m	25	45～55	62～83	30	1717	27

根据尾砂料浆的特性，选择合适的絮凝剂以及配剂制度是高效浓密机使用成功的关键因素之一。一般情况下，至少要用实验室量杯进行下述6项沉降试验，包括不同絮凝剂对比试验、絮凝剂配制浓度试验、絮凝剂用量试验、絮凝剂与尾砂料浆作用时间试验、尾砂料浆的pH值对沉降影响、尾砂料浆的浓度对沉降的影响等。

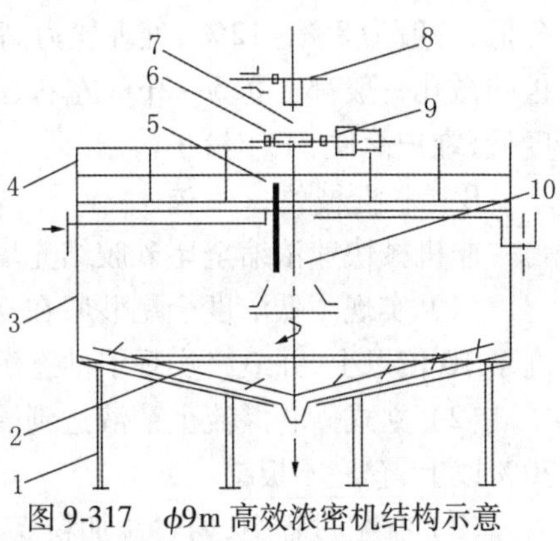

图9-317 ϕ9m 高效浓密机结构示意

1—支承架；2—耙架；3—筒体；4—桥架；5—给药管；6—过载指示器；7—驱动轴；8—提升装置；9—主传动装置；10—给料井

b 全尾砂的过滤

尾砂脱水常用的设备为真空过滤机。其特点是借助真空泵所产生的真空度在滤布（或滤带）两侧形成压力差，固体颗粒在真空度的作用下被吸附在滤布上形成具有一定厚度的滤饼，而水分在真空度的作用下透过滤布作为滤液而被排出。在卸料端，通过鼓风机所产生的压力差或刮刀，将滤饼从滤布上压出或刮下。常用的真空过滤机有以下几种：

（1）盘式真空过滤机。盘式真空过滤机由于其占地面积小、处理能力大而成为金属矿山选矿厂精矿脱水使用最广泛的设备。洛阳矿山机械厂生产的GPY系列最大规格单台过滤面积达300m²。凡口矿自行制造的68m²盘式真空过滤机用于处理全尾砂，当给料浓度为45%～55%时，滤饼水分为20%，单位面积生产能力为0.29t·m²/d。

（2）外滤式圆筒真空过滤机。普通的圆筒真空过滤机又称鼓式过滤机。在相同占地面积下，其处理能力不及盘式过滤机，但操作维护简单，在物料很细的条件下，其卸料情况要比盘式过滤机好，在中小型矿山仍得到广泛使用。较之鼓式过滤机，其更换滤布更方便，卸料不用吹风，故无反水现象，可降低滤饼水分1%～2%，且卸料率高，有逐渐取代鼓式过滤机的趋势。北京有色冶金设计研究总院吸收德国技术，与有关部门合作推出了40m²圆筒带式过滤机的新一代产品。

（3）水平带式真空过滤机。移动室式水平带式真空过滤机又称托盘式带式过滤机，各个过程均自动进行。往复动作的托盘完成吸滤，随滤布前进的过程中进行过滤，到达卸料端托盘快速返回，开始下一个吸滤、过滤和卸料循环。因此其是间断过滤、连续排料的。

胶带式水平带式真空过滤机利用胶带边输送边过滤，克服了托盘间断过滤和往复运动的缺点，其工作效率较托盘式带式过滤机高，但过滤胶带制造较为复杂。

水平带式真空过滤机较之盘式真空过滤机占地面积更小，在厂房的净高、净宽和通道等方面的要求都简单得多，因而能使充填料制备站的配置更为紧凑。

（4）陶瓷过滤机。陶瓷过滤机是新一代高效节能的固液分离机械，其基本原理与普通圆盘真空过滤机近似，关键区别是它采用多孔陶瓷过滤板作为过滤介质，相当于借助了毛细管力的作用。

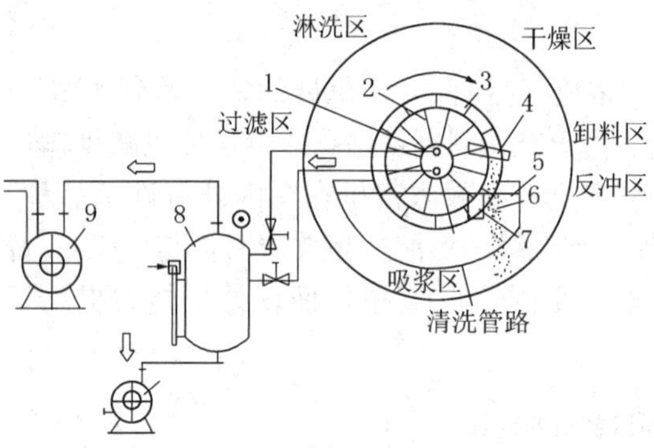

图9-318 陶瓷过滤机工作原理

1—转子；2—滤室；3—陶瓷过滤板；4—刮板；5—料浆槽；6—滤饼；7—超声波装置；8—真空筒；9—真空机

过滤机运转时，过滤板由于抽真空的作用，当转动浸没在槽内的浆料液面下，过滤板表面会形成一层固体颗粒堆积层，液体通过过滤板由分配头切换进入真空筒。当吸有堆积层的过滤板离开浆料液面，形成滤饼，由于真空的作用继续脱水，使滤饼进一步干燥。转子继续转动至装有刮刀的部位，使滤饼卸下，由皮带传输机送至所需的地方。卸下滤饼后过滤板运转位置到达自耦切换成与抽真空流向相反的冲洗位置，形成从过滤板内部向外的冲洗作用，清除堵塞在陶瓷微孔内的颗粒。然后重新浸入料浆。当过滤机运行较长时间后，可进行对过滤板的全面冲洗，所使用的反向冲洗液可加入化学剂，并协同超声波振荡，以保持过滤机的高效运行，如图9-318所示。

其特点主要有：真空度在-0.095～-0.098MPa，滤饼水分低，一般为8%～12%，处理能力高，可达1000～1700kg/(m²·h)；真空损失少，节能80%以上；陶瓷过滤板的微孔一般都在0.5～2μm左右，滤液清澈，无环境污染，水资源循环利用；设备的自动化程度高，劳动强度低，维护简便，工作量小。

B 非机械快速浓缩

非机械快速浓缩全尾砂胶结充填工艺的主要技术特点是：

（1）实现了低浓度全尾砂浆在立式砂仓中快速沉降、快速浓缩。沉降界面速度比自然沉降界面速度提高了10倍以上，并最终实现了动态沉降、连续制浆。

（2）立式砂仓溢流上清液达到国家工业废水排放标准，含固率低，仓内浓缩后的尾砂浆质量浓度达到70%以上，仓底不板结。

（3）制浆过程中，通过添加粉煤灰或细磨冶炼炉渣改善全尾砂的级配，利用人工火山灰质材料在水化反应中大量吸水的特性，大大减少了尾胶料的泌水率，降低了水泥单耗，提高了胶结体质量。

水口山有色金属集团康家湾矿在国内首次选用NPA高分子药剂（高效絮凝剂）直接使低浓度全尾砂浆

在立式砂仓中快速沉降浓缩,沉降界面速度达150mm/min(自然状态下全尾砂沉降界面速度仅为3.89～11.42mm/min),浓缩后的沉砂不板结,质量浓度达65%,且实现了动态沉降,溢流上清液达工业废水排放标准。经过全尾胶结充填试生产,单班最大充填量达352.8m^3。

C 全尾砂胶结料浆管道自流输送

(1) 输送管道内径 D。对于不同的管径,其流速 U 为:

$$U = \frac{4Q_m}{3600\pi D^2} \tag{9-213}$$

(2)单位长度阻力损失 i。当 $C_g = 0.74U \leqslant 1.8$m/s 时属层流范围,故可用式(9-214)进行计算:

$$i = \frac{16}{3D}\tau_0 + \eta \frac{32U}{D^2} \tag{9-214}$$

(3)充填倍线 N。充填倍线 N 可根据式(9-215)计算:

$$N = \frac{K_1\gamma_m}{K_2 i} \tag{9-215}$$

式中 K_1——满管系数,取0.9;

γ_m——浆料密度,t/m^3;

K_2——局部阻力系数,取1.25;

i——水力坡度,10^4 Pa/m。

9.8.2.4 膏体充填

将一种或多种充填材料与水进行优化组合,配制成具有良好稳定性、流动性和可塑性的牙膏状胶结体,在重力或外加力(泵压)作用下以柱塞流的形态输送到采空区完成充填作业的过程称为膏体充填。

膏体充填料为非牛顿流体,其流变模型近似于宾汉姆体,其流动状态为结构柱塞流,其流变参数的获得只能靠实测或经验公式计算,不存在临界流速。

膏体充填采场不需排水,在相同水泥用量下充填体强度高,未加水泥的膏体,管道停运72h,仍可继续启动,原则上不存在"堵管";长壁式工作面进行分条进路充填时,可能不加水泥,而用地方活性材料;用泵输送可以适应不利的矿体条件。但使用泵送,基建投资较高,操作管理较复杂。

A 膏体充填系统

膏体充填系统由于采用泵压输送,在制备站除要安装泵外,在制备和计量方面应更为严格,国内已有多家柱塞泵生产厂家。图9-319为南非仓克矿的膏体制备站示意。

膏体充填料的配比为95%的全尾砂、4.5%的磨细矿渣和0.5%的活化剂。地表取样的立方体试件各龄期的强度分别为:R_7 = 0.49MPa,R_{14} = 0.81MPa,R_{28} = 0.93MPa,R_{56} = 1.26MPa。井下钻孔取样的试件其圆柱体强度比地面试件约高一倍。除了立方体试件与圆柱体试件所引起的差别外,井下养护环境也有利于强度的增长。

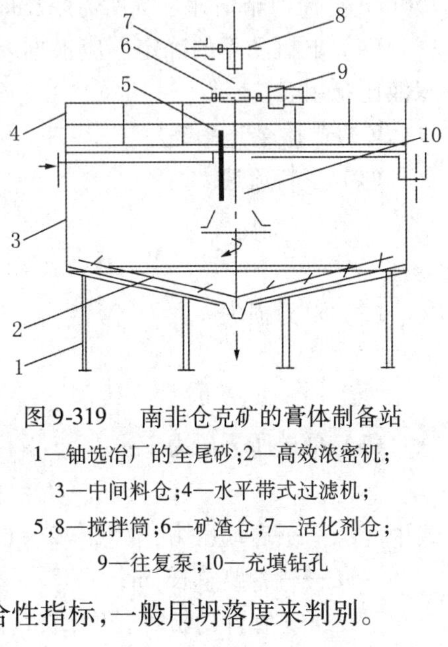

图9-319 南非仓克矿的膏体制备站
1—铀选冶厂的全尾砂;2—高效浓密机;3—中间料仓;4—水平带式过滤机;5,8—搅拌筒;6—矿渣仓;7—活化剂仓;9—往复泵;10—充填钻孔

B 膏体充填料的可泵性

膏体充填料的可泵性,就是膏体充填料在管道泵送过程中的工作性,即流动性、可塑性和稳定性。流动性决定于膏体充填料的浓度及粒度级配,反映其固液的相互关系和比率;可塑性是膏体充填料在外力作用下克服屈服应力后,产生非可逆变形的一种性质;稳定性是膏体充填料抗离析、抗沉淀的能力。可泵性是膏体充填料泵送的一个综合性指标,一般用坍落度来判别。

a 粒级组成

矿用膏体充填料可添加粗骨料,这主要取决于采矿工艺和充填料来源。配制膏体可选择的粒径范围从0～40mm皆可,但-20m的粒级不得少于15%。加入膏体中的全尾砂与细石的质量比不宜大于50∶50。

b 料浆质量浓度

对于在膏体中加入粗骨料而组成的充填用细石混凝土，一般最大质量浓度为85%，此种细石混凝土若质量浓度小于75%，在低流速下可能发生离析而堵管。对于全尾砂膏体，最大质量浓度约为78%，若全尾砂膏体的质量浓度低于72%～75%，则采场需要脱水，属于高浓度全尾砂胶结充填的范畴。尽管膏体或细石混凝土的制备站可以制作和实际采用高浓度全尾砂胶结充填料，甚至制作尾砂水力胶结充填料，若利用现有管道，为满足湍流输送，必须增加物料，特别是水的耗量。这可以认为是一种临时措施或处理事故的应急措施，也体现了膏体制备系统的灵活性。

C 坍落度

由于各种膏体或充填用细石混凝土的粒级组成差别很大，用坍落度来表征混凝土的稠度或流动性，既直观又便于对比。

坍落度高低直接反映了膏体的流动状态和摩擦阻力大小。无论是泵送混凝土或泵送膏体都不会采用小于50mm的低坍落度物料，因为在这种条件下，管道输送阻力过大，要求用很高的泵送压力，必然使分配阀、液压系统磨损增大。但是坍落度过大，膏体在管道中滞留时间稍长就会产生泌水、离析以致堵塞管道。

为保证生产的顺畅和可靠，一般认为，应根据膏体的粒级组成和输送范围确定坍落度，坍落度为100～200mm是合理的，坍落度为150mm左右是理想的。

D 矿用膏体充填泵的选择

矿山膏体充填泵压高，泵送充填量大，一个系统年充填量一般为$1\times10^5 \sim 2\times10^5 m^3$，且由于充填作业的不均衡，多用于随采随充，连续作业时间长，要求泵的易损部件耐磨性好，容易维修更换。选择膏体充填泵的主要原则为：

（1）永久性膏体工业生产系统不宜采用移动式混凝土泵。因为移动式混凝土泵缸体短、直径小，在扬程、扬量相同的条件下，冲程频率高，振动大，设备磨损快。

（2）选择泵的扬量时，应以其铭牌理论扬量乘以0.85～0.9系数，且其对应的工作压力既不是最高工作压力，也不应是最低工作压力下的扬量。

（3）选择泵的压力时应留有一定的余地，各种不同物料组合的膏体有不同的流变特性，在泵压下其沿程摩擦阻力损失差别较大，应通过试验或计算确定每米管道的压力损失值。在没有试验数据的情况下，按150mm管径粗略估计系统所需泵压时，以水平直管为基准，其余管件折算成当量长度。

（4）电机功率的确定。应根据以上选定的流量、泵压、管径和输送距离确定，大功率泵应选用双电机和双液压泵组合。

E 膏体泵送输送

（1）浆料流速U：

$$U = \frac{4Q_m}{3600\pi D^2} \tag{9-216}$$

（2）阻力损失i：

$$i = \frac{16}{3D}\tau_0 + \eta\frac{32U}{D^2} \tag{9-217}$$

（3）泵送所需压力P：

$$P = P_0 + (L + L_1)\Delta P + 10000\gamma_m(H_1 - H_2) \tag{9-218}$$

式中 P_0——启动压力，取$P_0 = 2\times10^6$Pa；

L——管路总长，m；

L_1——管件的折算长度，取$L_1 = k_2L$，m；

k_2——局部阻力系数，$k_2 = 0.1 \sim 0.3$；

ΔP——水平直管的阻力损失，$\Delta P = i$，Pa/m；

γ_m——膏体的密度，t/m^3；

H_1——向上输送的高程,m;

H_2——向下输送的高程,m。

(4) 泵的最大排量。在实际输送中,由于膏体的浓度或黏性的变化,在输送缸壁和活塞端部会粘上一些膏体,吸收的充盈程度和排料时端部残留的膏体均会使泵的实际排量比理论排量低。因此泵的最大理论排量比泵的充填能力大。

9.9 采场支护

9.9.1 概述

采场支护是指在回采过程中对采场(矿块)顶板、围岩进行加固的作业,以保障回采顺利进行。

根据支护材料和支架种类,采场支护分为锚杆支护、长锚索支护、喷射混凝土支护、支架支护、特殊支护和联合支护等六大类。

在设计采场支护时,应对支护的岩体进行研究,如岩体的物理力学性质(如岩体的抗压及抗拉强度、弹性模量、泊松比等),岩体的风化程度及透水性,岩体的变形、破坏及移动规律,岩体的结构面如层理、节理、裂隙等发育的状况,有无较大的断层,采场围岩应力分布的状态以及采场地压大小等,以便正确地选择支护形式。

9.9.2 锚杆支护

9.9.2.1 锚杆支护原理

锚杆支护是国内外矿山应用最广泛的支护。其作用原理主要有三种。

(1) 吊挂作用。锚杆将矿岩表面的不稳固岩层或岩块,通过杆体吊挂在深处基岩上,使其不脱落。该理论适用于采场顶板整体性较好的岩层。

(2) 组合梁作用。采场顶板如果是层状岩层,锚杆将若干较薄岩层锚紧,使层间摩擦阻力和顶板抗弯强度增大,增加了顶板的稳定性。该理论适用于层状岩层。

(3) 挤压加固作用。在节理比较发育的岩层中,在锚杆预应力作用下,每根锚杆周围形成一个两头呈锥状的筒形压缩区,各锚杆所形成的压缩区彼此边结成一体,此区域内破碎岩块互相挤压,形成具有一定厚度的连续均匀压缩带。此压缩带不仅能维持自身稳定,而且具有承载能力。如果采场顶板呈拱形,均匀压缩带也呈拱形——自承拱,此时承载能力更大。锚杆挤压加固作用适用于节理裂隙比较发育的岩体,对锚杆支护作用具有普遍意义。

9.9.2.2 锚杆支护参数的确定

锚杆支护参数理论计算方法很多,但由于岩体力学性质复杂,这些理论计算不够准确,目前国内外锚杆支护参数基本上采用工程类比法和经验公式验算法来确定。

A 锚杆长度

国内外矿山使用的锚杆长度一般为1.2~3m,个别可达4~5m(如遂昌金矿用的胀壳式接杆锚杆长为5m),常用1.5~2m。可用下列公式验算:

$$l = N(1.1 + \frac{B}{10}) \tag{9-219}$$

式中 l——锚杆长度($l>$两倍岩石节理间距),m;

N——岩层稳定性影响系数:围岩稳定性较好 $N=0.9$,围岩中等稳定 $N=1.0$,围岩稳定性较差 $N=1.1$,围岩不稳定 $N=1.2$;

B——采场跨度,m,本公式适用于 $B\leqslant12$m。

B 锚杆间距

国内外矿山使用的锚杆间距一般为0.5~2m,常用0.7~1.5m。可用下列公式验算:

$$a = (0.5 \sim 0.7)l \tag{9-220}$$

式中 a——锚杆间距,a < 三倍岩石节理间距,m;

l——锚杆长度,m。

C 锚杆直径

国内外矿山使用的锚杆直径为 12 ~ 42mm,锚杆直径与锚杆种类有关:楔缝式锚杆直径一般为 20 ~ 32mm,常用 24 ~ 26mm;胀壳式锚杆直径一般为 12 ~ 20mm,常用 14 ~ 16mm;管缝式锚杆直径一般为 32 ~ 42mm,常用 38 ~ 42mm;钢筋砂浆锚杆直径为 12 ~ 20mm,常用 14 ~ 16mm。可用下列公式进行验算:

$$d = \frac{l}{110} \tag{9-221}$$

式中 d——锚杆直径,mm;

l——锚杆长度,mm。

D 锚杆排列

锚杆排列,视具体条件而定,通常有方形、矩形及梅花形等。

9.9.2.3 锚杆分类、适用条件及实例

锚杆的种类很多,总体上可分为三大类:一类为端部锚固型,二类为全长锚固型,三类为混合锚固型。

A 端部锚固型

该类型锚杆依靠设置在锚杆头部的机械装置或黏结剂、固化剂等,将锚杆头部固定在深处的岩石上,如楔缝式锚杆、金属胀壳式锚杆、金属倒楔式锚杆、树脂锚杆等均属此类。该类锚杆的锚固力可达 50 ~ 120kN。一般适用于中硬以上的矿岩中,下面介绍国内常用的几种。

a 金属胀壳式锚杆

该种锚杆如图 9-320 所示。其锚固力可达 60 ~ 120kN,直径一般为 16mm,长为 1.8 ~ 3.0m,多用于中硬以上的矿岩,有时也在软岩及破碎岩层中使用。

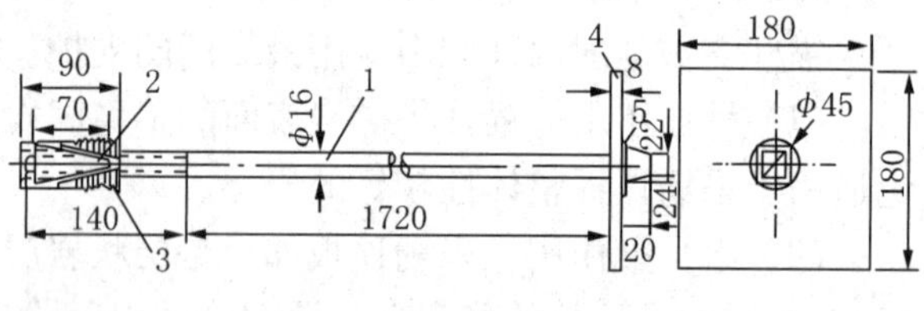

图 9-320 金属胀壳式锚杆

1—杆体;2—楔子;3—胀壳;4—垫板;5—与杆体为一体方形头

如遂昌金矿,矿床属石英脉型,直接围岩为片麻岩。沿矿体顶板有一组平行于矿体的岩脉。该岩脉厚约 1.5 ~ 3.5m,节理裂隙发育,易冒落。该矿主要采用浅孔留矿法,由于矿体顶板存在上述的脉岩,开采时,不仅影响到人身安全,也造成严重的矿石损失和贫化。针对这种情况,该矿采用可接杆的胀壳式锚杆进行支护。当节理厚度达 3.5m 以上时,采用 MS-16 或 MS-20 型接杆锚杆,锚杆长度为 4 ~ 5m,网度为 1m × 1m;当节理厚度在 1.5m 以下时,采用 ϕ20mm,长 2.0m 的短锚杆,网度为 1m × 1m。经拉拔试验,ϕ16mm 锚杆拉力达 60kN,ϕ20mm 锚杆拉力达 80kN,收到了很好的效果。

b 金属楔缝式锚杆

该种锚杆如图 9-321 所示,锚固力可达 50 ~ 100kN,直径一般为 24mm,长为 1.8 ~ 2.0m,多用于中硬以上的矿岩,在软岩中不适用。这种锚杆早期应用广泛,现已被胀壳式、管缝式和树脂锚杆所取代,使用的矿山较少。

c 树脂锚杆

该种锚杆如图 9-322 所示。现在使用的树脂锚杆多为端头锚固型,即用树脂为黏结剂,在固化剂和加速剂的作用下,将锚杆的头部黏结在锚杆孔内。它凝结硬化快,黏结强度高,在很短时间内便能达到很大的锚固力。锚固力一般可达 60 ~ 120kN。

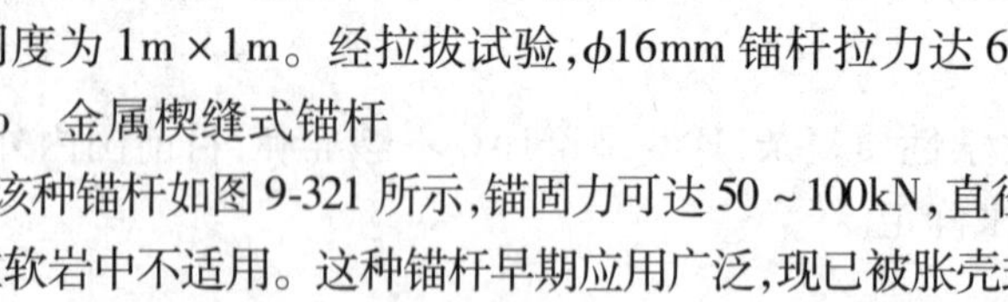

图 9-321 金属楔缝式锚杆

1—杆体;2—楔子;3—垫板;4—螺母

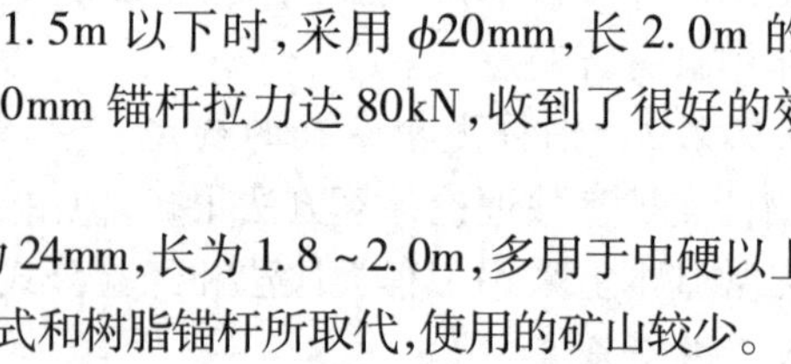

图 9-322 树脂锚杆

1—杆体;2—挡圈;3—左旋麻花部分;4—垫板;5—螺母;6—树脂药包

该种锚杆是由杆体和树脂药包组成，杆体以金属杆体（在金属矿山）和木杆体为主。树脂药包内外袋装有树脂、加速剂和填料，内管装有固化剂及填料。安装时，药包用锚杆体送入孔底后，转动杆体将药包捣破，使化学药剂混合进行化学反应，将锚头与孔壁岩石黏结在一起。15min 后即可套上垫板，紧固螺帽，至此，安装完毕。

锚杆杆体的直径多为 16 ~ 18mm、长为 1.6 ~ 2.0m。该种锚杆适用于任何岩层，对软岩及碎岩尤为有效，国外广泛使用，国内煤矿使用较多，金属矿山也有使用。山东莱新铁矿用杆径为 18mm、长为 1.8 ~ 2.5m 的树脂锚杆来支护采空区，取得了良好效果。

d 快硬水泥锚杆（端部锚固型）

快硬水泥锚杆的杆体和杆的头部结构与树脂锚杆相同，只是用水泥卷来代替药包。

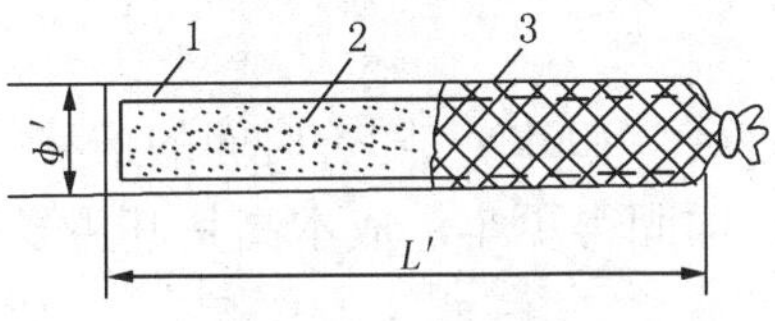

图 9-323 快硬水泥卷结构
1—滤纸内套；2—快硬水泥；3—玻璃纤维纱网外套

水泥卷内装有胶结材料。常用的胶结材料由国产早强水泥和双快水泥按一定比例混合而成。端头锚固长度为 400mm 时，水泥卷直径为 37mm，长为 270mm，水泥装量约为 421g；端头锚固长度为 300mm 时，水泥卷直径为 37mm，长为 205mm，水泥装量约为 320g，如图 9-323 所示。

水泥卷使用前需浸水 2 ~ 3min，在钻孔中经杆头搅拌，12min 以后锚固力开始增长，1h 后锚固力可达 60kN 左右。

快硬水泥卷锚杆成本低，材料来源广，煤矿和金属矿均有使用。如辽宁五龙金矿、陕西东桐峪金矿、广西金牙金矿以及国内的一些锰矿，采用快硬水泥支护均取得了很好的效果。

B 全长锚固型

该类型的特点是锚杆的全部长度都是与岩层锚固在一起的，如钢筋、钢丝绳砂浆锚杆、快硬水泥（全长锚固型）锚杆、管缝式锚杆、水压膨胀锚杆、压缩木锚杆等均属此类。该类锚杆的锚固力：注浆锚杆可达 50 ~ 150kN；摩擦锚杆可达 80 ~ 100kN。这类锚杆适用于各种岩石，下面介绍国内常用的几种。

a 钢筋砂浆锚杆

该种锚杆如图 9-324（a）所示。先是在锚杆孔内注满水泥砂浆，然后插入钢筋而成，利用砂浆与钢筋、砂浆与孔壁的黏结力锚固岩层。钢筋的直径一般为 10 ~ 16mm，长为 1.5 ~ 2m，锚固力可达 30 ~ 100kN。砂浆用 32.5 或 42.5 号普通硅酸盐水泥和粒径小于 3mm 的中细砂加水搅拌而成，常用的配合比为水泥∶砂子 = 1∶(2 ~ 3)，水灰比为 0.38 ~ 0.45。

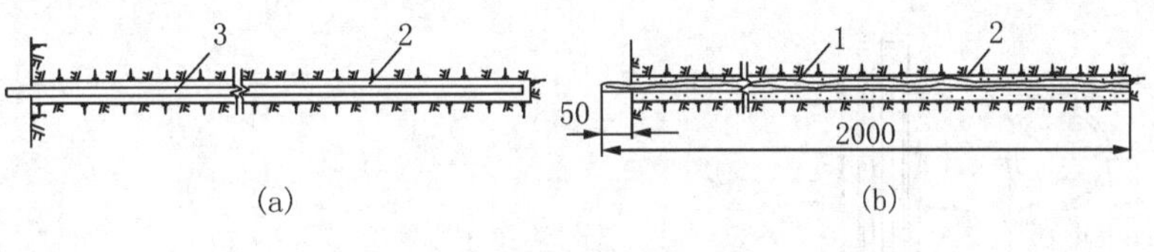

图 9-324 砂浆锚杆
（a）钢筋砂浆锚杆；（b）钢丝绳砂浆锚杆
1—钢丝绳；2—砂浆；3—钢筋

该种锚杆结构简单，加工方便，成本较低，适用于各种岩石。但不能立即承载，采场顶板允许暴露时间在 2 天以上者，方可采用。

广东高要河台金矿，矿岩属中等稳固，用浅孔留矿法开采。由于矿床主要控矿构造为韧性前切带，并加上多条横穿矿体的后期断裂构造，导致个别采场矿岩稳固性降低，再加上节理裂隙发育，在采场作业不但不安全，而且矿石损失贫化加大。

该矿采用螺纹钢砂浆锚杆支护，取得了良好的效果。

锚杆直径为 16mm，425 号普通硅酸盐水泥，河沙粒度控制在 5mm 以下，水泥和砂子配比为 1∶1 或 1∶(1.2 ~ 2.0)，水灰比为 0.4 ~ 0.45。锚杆眼使用 YT-27 型凿岩机凿岩，孔径为 42 ~ 45mm，锚杆长为 2 ~ 3m，网度为(1 ~ 1.2)m × (0.8 ~ 1.0)m。采用自制立式砂浆注浆器注浆，动力为 0.5 ~ 0.6MPa 凿岩用高压风。

b 钢丝绳砂浆锚杆

钢丝绳砂浆锚杆是利用直径为 10 ~ 14mm 的废旧钢丝绳代替钢筋插入锚杆孔内注入砂浆而成（图 9-324

(b))。对砂浆中的水泥、砂子的要求及配比等同上。废旧钢丝绳在使用前要经过火烧、除锈、平直等处理后,方可使用。锚固力略低于钢筋砂浆锚杆,成本更低。

c 快硬水泥锚杆(全长锚固型)

该种锚杆与快硬水泥(端头锚固型)锚杆的不同之处在于本锚杆是在锚杆孔的全长上都装上水泥卷,是全长锚固。这种锚杆的锚固力比端头锚固型快硬水泥锚杆的要大,适用范围更广。如辽宁五龙金矿、陕西东桐峪金矿、黑龙江老柞山金矿等矿山都使用这种锚杆支护。

d 管缝式锚杆

管缝式锚杆是采用高强度钢板卷压成的带纵缝的管状杆体。杆体外径一定要比锚杆孔径小。当外径为38.1mm时,用凿岩机强行压入比杆径小的钻孔,管子外径缩为34.9mm。由管壁弹性恢复力挤压孔壁而产生锚固力,如图9-325所示。

管壁越厚,钢材屈服应力越高;孔径越小,锚固力越大。锚固力一般可达60~100kN。随着时间的推移,锚固力有增大趋势,尤其对地层横向错动,有良好的适应能力。钻孔弯曲,锚固得更牢。成本高是其主要缺点。

一般锚杆长度为1.2~1.5m,最长可达1.8~2.0m。

这种锚杆适用于各种岩层,对软岩及破碎岩层更有效。安装后,立即承载,最适用于顶板不允许暴露时间长的采场。这种锚杆,在许多国家都普遍应用,在我国应用也较广。

如新城金矿矿床赋存于焦家断裂带中,断裂带的断裂面发育有10~20cm厚的断层泥,暴露后易冒落,若不及时支护,会引发上盘破碎岩石大量冒落。该矿在用机械化盘区上向水平分层充填采矿法开采时,为了避免采场顶板和上盘断层面岩石冒落的危害,采用管缝式锚杆进行支护,取得了良好效果。选用的锚杆长度为1.8m,合理的支护网度为0.9m×0.9m。支护时,凿岩、退钎、送锚杆均由机械完成,需时3~4min/根,安装时间较快。

e 水压膨胀锚杆

这种锚杆又称司威莱克斯锚杆,由瑞典人发明,是一种新型锚杆。其原理是用高压水使锚杆膨胀紧固在孔内,依靠摩擦产生锚固力,锚固力达80~100kN。这种锚杆由专业厂制造,即把壁厚为2mm的钢管冷轧成内呈圆舌形,外呈圆形双层壁钢管,如图9-326所示。

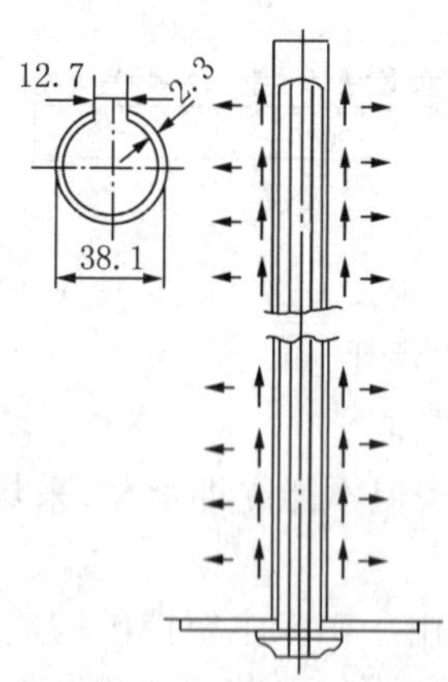

图9-325 管缝式锚杆

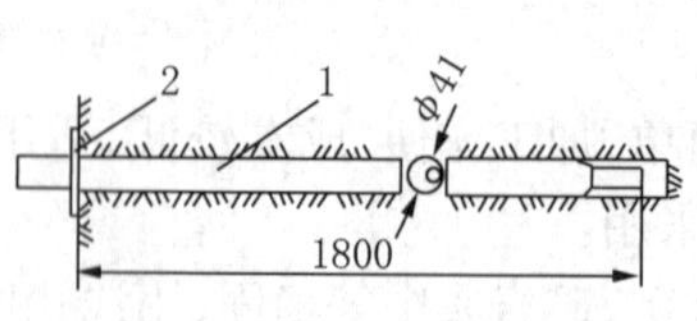

图9-326 水压膨胀锚杆

1—杆体;2—垫板

该种锚杆,安装速度快,支护效果好,适用于各种岩层,对软岩及破碎岩层更有效,但成本高于管缝式锚杆。金川二矿使用这种锚杆,取得了较好效果。

C 混合锚固型

混合型锚杆很多,如楔缝砂浆锚杆、胀壳砂浆锚杆、楔管锚杆、胀管锚杆等。锚杆桁架,也是一种混合锚杆。

9.9.3 长锚索支护

9.9.3.1 概述

长锚索支护是在岩石中钻凿深孔或中深孔，然后放入一根或多根钢丝绳并向孔中注水泥砂浆，凝固后即可加固和支撑采场岩石。

长锚索支护已成为采场支护的主要方法之一，尤其是它和锚杆、钢丝网以及喷射混凝土等所组成的各种联合支护更获得广泛应用。国外如加拿大、澳大利亚等国家，长锚索产品已经商品化和系列化，锚索施工已实现机械化，用锚索台车可一次完成钻孔、送绳、注浆等作业。我国安庆铜矿、白银深部铜矿、铜录山铜矿、锡铁山铅锌矿等一些矿山，采用长锚索支护，均取得了较好的技术经济效益。但在安装长锚索支护时，基本上采用手工操作，有待实现机械化。

长锚索支护主要用于充填法和空场法采场。在分层充填法采场，应用长锚预先加固顶板和上、下盘围岩，可使在顶板下直接作业的工人安全得到保障，从而使回采工作顺利进行。在空场法采场，用长锚索加固矿体上下盘围岩，不仅使采矿和放矿工作顺利进行，减少矿石损失和贫化，同时也扩大了空场法的应用范围。

图 9-327 为我国凤凰山铜矿用长锚索加固水平分层充填法采场顶板示意图，采用加固措施后，顺利采出了因顶板失稳而难以回采的三个采场中的矿石，取得了明显的经济效益。

图 9-328 为芬兰科塔拉提(Kotalahti)矿用 20～30m 长锚索加固采场上下盘围岩示意图，松软的蛇纹岩和角闪岩上下盘经加固后很稳定，使分段空场分场法矿石回收率接近 100%(包括部分贫化)，贫化率为 18%。

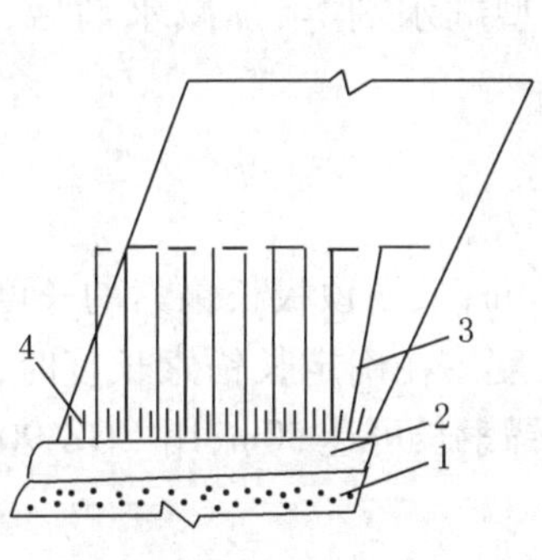

图 9-327 凤凰山铜矿长锚索支护采场顶板

1—尾砂充填体；2—充填法采场；3—长锚索；4—短锚杆

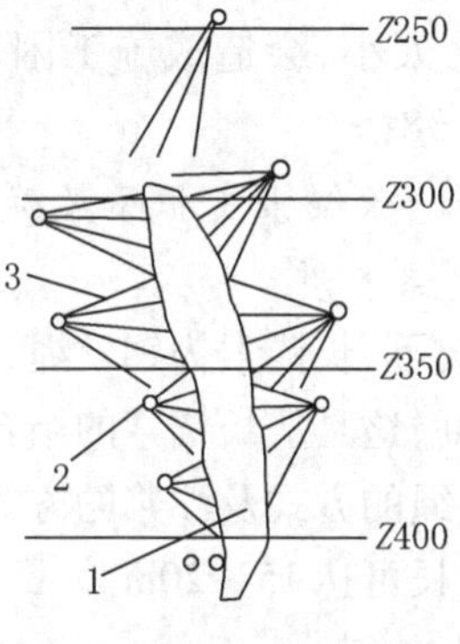

图 9-328 科塔拉提(Kotalahti)矿长锚索加固上下盘

1—空场法采场；2—长锚索施工巷道；3—长锚索

9.9.3.2 长锚索结构和支护原理

A 长锚索结构

长锚索分为普通长锚索和预应力长锚索两种，其结构如图 9-329 和图 9-330 所示。图 9-329 是普通长锚索结构示意。图 9-330 是预应力长锚索结构示意。

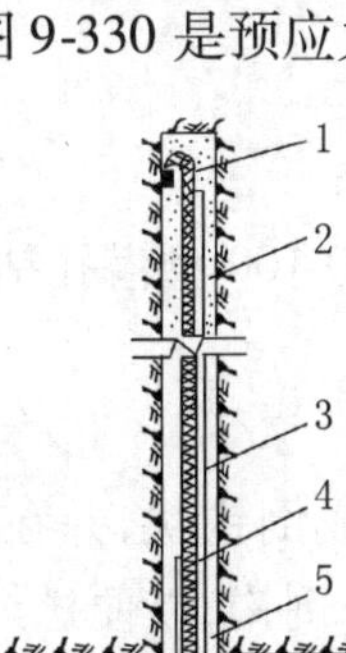

图 9-329 会泽铅锌矿封孔木塞结构

1—排气孔；2—注浆孔；3—钢丝绳孔；4—注浆管；5—孔塞

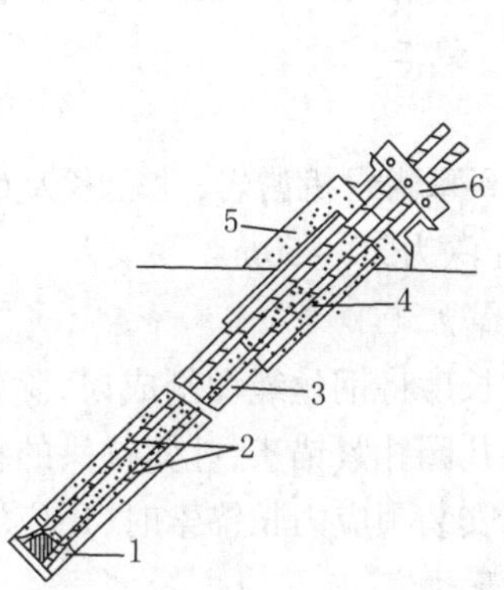

图 9-330 预应力长锚索结构

1—钢绳卡；2—钢丝绳；3—砂浆；4—孔塞；5—混凝土墩台；6—拉紧装置框架

钻孔中钢丝绳有单根、双根或多根，一般常用单根，其直径为15~30mm。新旧钢丝绳均可，采用旧钢丝绳时，必须清洗干净。

注浆多采用硬聚氯乙烯管，直径为15~20mm。排气用塑料管，直径为10~15mm。

B 长锚索支护原理及锚固力

长锚索结构与砂浆锚杆结构相同，由于长锚索比砂浆锚杆长，钻孔直径大，锚固范围大，因此，锚杆的三种作用——悬吊作用、组合梁作用和挤压加固作用都能充分发挥，锚固力大，被锚固岩体整体性和稳定性都比用砂浆锚杆好得多。采场顶板长锚索预锚支护是在矿块未回采之前进行的，顶板围岩已预先给予了锚固，使原岩应力基本上保持在原来的状态，因此，在开采过程中，长锚索一直起着限制岩块位移，调整岩层内部应力场，以及使顶板围岩及时形成完整岩体的作用，从而有效地提高了采场顶板围岩的稳固性。而砂浆锚杆等其他支护，是在顶板围岩被揭露后的支护，此时原岩应力的分布已发生了变化，支护前就已产生单个岩块的移动、松弛和节理裂隙的膨胀等，其结果是降低了节理岩块之间的结合强度，使支护后采场顶板围岩的整体稳固性远不如在原岩应力状态下长锚索预先锚固的整体稳固性好。这也是长锚索支护优于锚杆支护的原因。

影响长锚索锚固力的因素很多，如钢丝绳的破断力、水泥的标号、砂子的粒径及含泥量多少、水灰比、灰砂比、外加剂掺加量、养护龄期等对锚固力都有影响。钢丝绳破断力取决于钢丝绳直径和质量；水泥以大于400号的为好，一般选用普通硅酸盐水泥；砂子宜用中粒砂，平均粒径为0.3~0.4mm，最大粒径不超过3mm，含泥量不超过5%；灰砂比为1∶1.25；水灰比一般为0.4~0.45，水灰比太大，会降低砂浆强度，水灰比太小，会造成施工困难，此时应加减水剂，如VNF-5型减水剂等，加减水剂后，水灰比可降到0.35~0.38。

9.9.3.3 长锚索支护参数确定

A 长锚索长度

一般情况下，长锚索为钢丝绳，其长度可达50m，一般为3.5~20m，采场顶板长锚索的长度应大于顶板冒落最大高度，这是从长锚索的组合梁作用和悬吊作用来确定的长度。在确定长锚索长度时，还应考虑穿孔的设备、送绳的方式及注浆的方式等。如采用YQ-100型钻机时，锚索长可达50m；用YGZ-90型中深孔凿岩机时，锚索长可达15~20m。

B 钻孔直径

钻孔直径不仅与锚索的直径有关，还应考虑排气管、注浆管的直径，以满足三者的要求。根据经验，钻孔的直径一般为钢丝绳直径的2~3倍。常用的钻孔直径为60~100mm。

C 网度

长锚索安设网度一般采用类比法确定，也有根据悬吊理论来确定，一般情况下网度为(3~4)m×(3~5)m。对于节理裂隙发育的岩体，网度一般为1.5m×1.5m。

9.9.3.4 施工

A 钻孔

用YGZ-90型凿岩机凿岩，孔径多为60~70mm，孔深为12~20m；使用YQ-100型潜孔钻机凿岩，孔径为90~100mm，孔深为20~50m。

B 钢丝绳加工

按设计的长度将钢丝绳切割成段，除锈去油，然后将钢丝绳的锚头加工成倒钩状，并在距顶端4~5cm处用粗铁丝绕几圈扎紧锚头，扎紧锚头的粗铁丝一端紧固排气管，另一端弯一倒钩，以便送绳时使用接杆顶送钢丝绳。当安装预应力长锚索时，还应增加锚头制作及孔口施加预应力装置。

C 送绳及堵塞

凿岩完毕后，用高压水将孔内岩粉冲洗干净。对于下向扇形孔，将加工好的钢丝绳送入孔底后即可注浆。对于上向扇形孔，需用接杆将钢丝绳连同排气管一起顶入孔底，然后再用接杆将封孔塞送入堵塞位置。封孔塞有木制的，也有模制的水泥塞。当用水泥塞时，要用牛皮纸、棉纱、破布等物包裹，以防漏浆。封孔塞呈截锥形，塞上要留有钢丝绳孔、注浆孔和排气孔，如图9-331所示。

D 注浆

注浆可分为前进式注浆和后退式注浆。前进式注浆如图9-332所示，它是用注浆泵将浆液自孔口向孔底连续压入，孔内被压缩的气体自专用的排气管排至孔外。后退式注浆是将注浆管一直插到孔底，边注浆边退注浆管，如此陆续地注满全孔，孔内空气与孔外大气连通可自由排出。对于下向扇形孔一般采用后退式注浆，对于上向扇形孔都采用前进式注浆。普通长锚索安装工艺如图9-333所示。

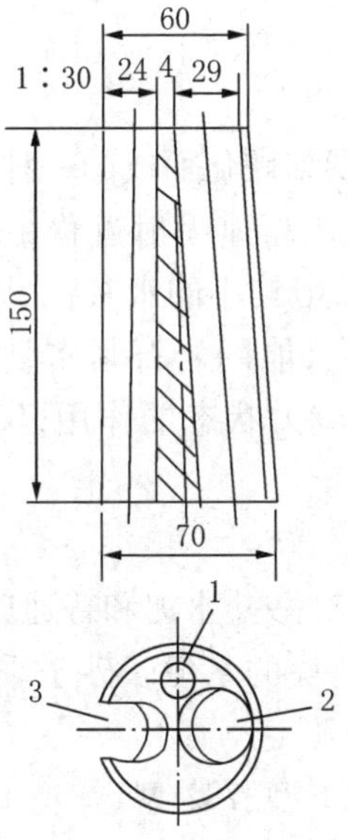

图9-331 会泽铅锌矿封孔木塞结构

1—排气孔；2—注浆孔；3—钢丝绳孔

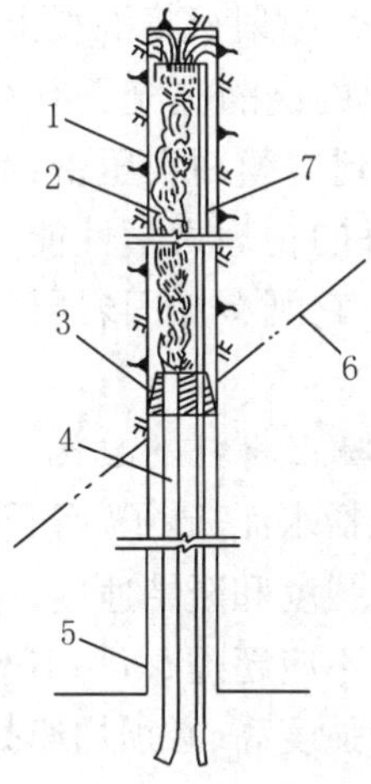

图9-332 上向扇形孔的前进式注浆

1—锚索孔；2—锚索；3—水泥封孔塞；4—注浆管；5—炮孔；6—矿岩界线；7—排气管

锚孔注浆后，一般需养护7天方可进行采矿作业。

9.9.3.5 长锚索支护实例

A 锡铁山铅锌矿

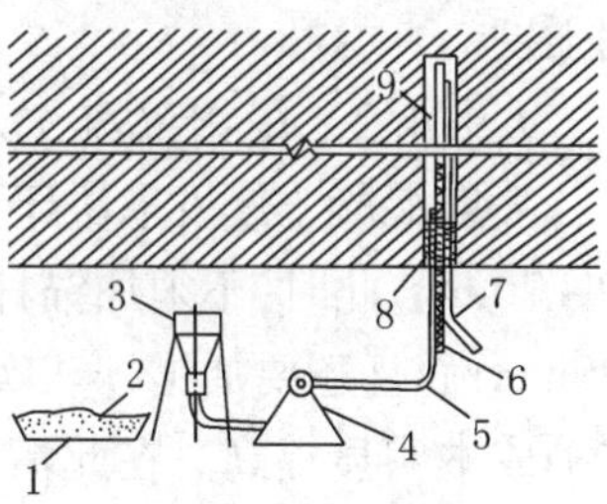

图9-333 普通长锚索安装工艺

1—搅拌槽；2—水泥砂浆；3—上料装置；4—灰浆泵；5—注浆管；6—钢丝绳；7—排气管；8—孔塞；9—钻孔

锡铁山铅锌矿 $Ⅰ_{33}$ 号矿体属于急倾斜厚矿体，矿体底板围岩为大理岩和绿泥石片岩，顶板围岩为绿泥石片岩及碳质片岩。大理岩和硫化矿 $f=6\sim8$，均属稳固。绿泥石片岩和碳质片岩 $f=5$，中等稳固，遇水时稳固性变差，会成片剥落，采用分段空场法开采 $Ⅰ_{33}$ 号矿体时，采场顶板管理困难。为此，矿山采用长锚索预锚固采场顶板。

长锚索长为3～23m，网度为3m×(4～5)m，采用上向扇形和下向扇形两种布置方式，平均每根锚索的支护面积为10～15m^2。钢丝绳直径为24.5mm，破断力为355kN。砂浆中的水、水泥、砂之比为0.4∶1∶(1.15～1.2)，经拉拔试验，每米锚索锚固力可达340～380kN。生产中，不仅加大了阶段高度，还可以不留间柱实现连续退采，取得了较好的技术和经济效益。

B 莱芜马庄铁矿

莱芜马庄铁矿，随着开采深度增加，矿岩的物理力学性质发生了较大的变化。大部分矿体节理裂隙非常发育，纵横交错相互切割，致使矿体的整体稳固性很不确定。该矿用上向水平分层充填法开采，由于采场拉开的面积较大，曾多次发生较大的冒顶事故，给生产和安全造成了很大威胁。为此，矿山采用长锚索支护来控制采场顶板。

每次施工长锚索垂直深度为14m(回采分层高度3～4m)，当回采至长锚索孔内还有3～4m时，开始下一轮次长锚索安装。采用 YGZ-90 型凿岩机打眼,UB3C 型灰浆泵注浆,注浆管和排气管分别采用 ϕ20mm、ϕ10mm 的塑料管,锚索直径为 ϕ15.24mm,抗拉强度为 18t。

灰浆配比(水∶水泥∶砂子)为 1∶4∶4,严格控制水灰比。砂子的最大料径为 3mm,粒径小于 1mm 的比例不小于 60%,要求质地坚硬,成分纯,不得含泥。砂浆采用 JW180 型灰浆搅拌机现场搅拌。

封孔塞为圆台形柳木塞,两端头直径分别为 60mm 和 80mm,长为 15 ~ 20cm。上面均匀布置注浆孔、钢丝绳孔和排气孔,孔径分别为 25mm、20mm、15mm。

该支护方法在矿山取得了良好技术经济效益。

9.9.4 喷射混凝土支护

喷射混凝土支护是用喷射机将混凝土混合物喷射在岩面上凝结硬化而成的一种支护。

喷射混凝土和普通的浇灌混凝土有很大差别,喷射混凝土在高速喷射过程中,水泥颗粒受到重复碰撞冲击,混凝土喷层受到连续冲实压密,而且喷射工艺又允许采用较小的水灰比,因此喷射混凝土层具有致密的组织结构和良好的物理力学性能。特别是它的黏结力大,能同岩石紧密黏结,是形成喷射混凝土支护作用的重要原因。它既有加固岩层、防止风化和改善岩石应力状态的作用,又有柔性施压(喷层薄)的作用。

9.9.4.1 喷射混凝土材料及配比

喷射混凝土材料包括水泥、砂子、石子、速凝剂等。一般选用硅酸盐水泥和普通硅酸盐水泥,标号 400 号以上。为了保证混凝土强度和凝结速度,不得使用受潮或过期结块的水泥。砂子采用中砂和粗粒砂,不宜使用细砂、泥,杂质含量不应超过 5% ~10%,含水率以 5% 为宜。

采场支护要求早期强度高,必须加速凝剂。常用速凝剂有 711 型、782 型、红星 1 型、水玻璃等。速凝剂掺加量应通过试验确定,喷射混凝土初凝不应大于 5min,终凝不应大于 10min。

水泥、砂子、石子的配合比一般为 1∶2∶2,水灰比一般为 0.4 ~0.45,按此配比,每立方米混凝土需用水泥 380kg、砂子 760kg、石子 760kg、水 160kg。混凝土标号可达 200 号。

水灰比对喷射混凝土强度特别是早期强度影响很大,应掺入减水剂,降低水灰比,提高喷射混凝土的早期强度。

9.9.4.2 喷射混凝土厚度

喷射混凝土厚度取决于顶板稳定程度和采场跨度。当采场顶板较稳定,跨度在 3m 以内时,喷射厚度为 30 ~70mm,此时,不须加锚杆;若采场顶板稳定性较差,跨度在 4 ~5m 以上时,不仅喷射厚度加大到 70 ~120mm,而且还要加锚杆。实践证明,当喷射混凝土厚度超过 150mm 时,不但支护能力不能提高,而且会使支护成本明显提高。在此情况下应选用锚喷联合支护。

9.9.5 支架支护

支架支护有木棚、木柱、木垛支护,金属支架、金属支柱支护,石材支护及钢筋混凝土支护。

木棚、木柱、木垛支护是中小型矿山在单层崩落法、分层崩落法、全面法、浅孔留矿法采场支护中使用最广的方法。该法快捷实用,顶板完整性较好时,用木柱支护;顶板岩石破碎时,用木棚子支护;顶板很破碎时,可在棚子上架背板。木柱直径一般为 180 ~200mm,排距为 0.8 ~1.6m,木立柱支护时,间距一般为0.8 ~1.2m。

金属支柱可利用摩擦力或液压装置来获得一定的可缩量,支承能力比木支护大,并能多次重复作用,但其重量大,使用不便。在矿层顶底板形态稳定和厚度变化不大时,可以用液压掩护支架来支护。

石材支护在房柱法、全面法和全面留矿法的采场支护中得到使用,一般是把采场采下的废石挑出来,用块石加砂浆或块石加混凝土,砌筑成直径约 3m 以上的人工矿柱,作为临时支护或永久支护,效果较好。如河南秦岭金矿、陕西潼关金矿、浙江遂昌金矿等矿山均采用过此法进行支护。

也有一些矿山采用钢筋混凝土支架支护,但由于抗压能力不好,使用得较少。

9.9.6 特殊支护

采场特殊支护法有水泥注浆法、化学注浆法、沥青注浆法、黏土注浆法、冻结法、电化学法、热力加固法等。这些支护方法都是在特定的条件下采用的，繁琐复杂，成本高，使用得也很少。

9.9.7 联合支护

采用两种以上的支护形式，称为联合支护。

采场常用的联合支护形式有锚杆与金属网，锚杆与喷射混凝土，长锚索与锚杆，锚杆、锚网与喷射混凝土等。

9.9.7.1 锚网联合支护

锚网联合支护主要是在采场顶板十分破碎的情况下采用。锚杆或锚索可以增加顶板的整体性和稳定性，金属网可有效地防止顶板碎石的冒落。同时，金属网还把许多锚杆或锚索联结在一起，在更大的范围内增加了顶板的稳定性。

锚网支护比锚喷支护简单，尤其是配以管缝式锚杆为更好，因为管缝式锚杆安装后能立即承载，因此管缝式锚杆加金属网联合支护法也是采场支护的主要形式之一。

山东新城金矿、三山岛等金矿，当采场揭露上盘断面层时，除采用锚杆或锚索支护外，往往运用锚杆与金属网联合支护技术，以防止上盘破碎岩层脱落。金属网的网度为0.1m×0.1m，用直径2.8mm的铁丝编制，每张规格为1.2m×1.2m或1.2m×2.2m。

9.9.7.2 锚网喷联合支护

这种支护法主要使用在矿岩十分破碎及地压很大的地方。

阿舍勒铜矿矿区地质构造复杂，矿体的顶、底板围岩大部分破碎，稳固性较差。650m阶段采用垂直走向布置的分段空场嗣后胶结充填法。在开采过程中，由于顶板矿岩接触带构造发育，经常出现垮塌、冒顶事故，影响正常生产。矿山在650m阶段17号采场做了锚网喷联合支护法试验，取得了良好效果。

17号采场长23m、宽15m、高50m，分3个分段，分段高17m。

根据软弱岩体的赋存特点和工程地质条件及其变形特征，确定采用锚注、锚索、高压注浆和锚网喷联合支护方案来支护采场顶板。具体方案为：首先将不稳固的围岩用空心注浆锚杆锚注，然后安装长锚索，再进行挂网和喷射混凝土。

空心注浆锚杆采用直径为42mm的无缝钢管，长2m，注浆1.3m，锚固段0.63m，注浆段钻有若干个交叉射浆孔。注浆锚杆锚固段与钻孔岩壁的密封程度，直接关系到锚固力的大小，因此，用快硬水泥卷进行密封，以使砂浆不外泄，确保支护质量；锚索的直径为ϕ26~32mm的去油钢丝绳或钢绞索；网筋直径为ϕ6~8mm，网度为200mm×200mm；钢筋支架主筋直径为ϕ22mm，间距为0.8~1m；喷射混凝土厚度为60mm。喷射混凝土水泥、砂子、碎石的配比为1:2:2，水灰比为0.4~0.45，其中水泥采用普通硅酸盐水泥，标号为325号或425号。砂子采用硬质耐磨的中砂、细砂或硬质的河砂。碎石采用硬质耐磨的碎石或河卵石，粒径不大于15mm。注浆液采用纯水泥或掺加少许质硬的细沙（粒度不大于1mm），水灰比0.4~0.45。

17号采场支护后，回采时顶板基本稳定，未发生大量的塌落，保证了回采工作顺利进行，取得了良好的效果。

山东河西金矿采用上向水平分层尾砂充填采矿法，采场顶板时有大冒落、小坍塌事故发生。矿山将采场稳固程度分成五类，针对不同类别的采场，采取不同的支护手段。现仅对第Ⅴ类，即稳固性极差的一类的支护方法进行简介。

这类采场矿岩属松散岩体，矿岩极其破碎，强度很低，蚀变的矿岩绿泥石化，高岭土化非常严重，并有明显的断层泥存在，就是采用控制爆破落矿，如不及时采取有效的临时支护措施进行护顶，也会发生冒顶事故。在这种条件下施工，关键是要缩短各工序的时间，同时锚杆的长度和密度都应加大，并成一定网度布置，以形成承载拱。该类采场顶板采用控制爆破技术落矿时，应取保守参数，宁可有一定的大块，也要保护好围岩原有的整体性。爆破后应立即安设锚杆作为临时支护，长锚索就是在这些短锚杆的保护下施工的，也可以在采场中部施以2.4m×2.7m的拉底巷道，在此巷内进行长锚索施工，或采用前进式边打边注边安设长锚索，以保证人员安全。在锚索和锚杆间布设有在地面已经做好的金属网，局部也可采用喷混凝土护顶。

采用这些手段支护顶板后，有效地控制了采场顶板的冒落和塌方，保证了作业安全，提高了采矿强度和各项技术经济指标。

9.9.7.3 长锚索与锚杆联合支护

长锚索与锚杆联合支护是一种很好的支护方式。长锚索锚固范围大，但布置网度稀，施工复杂，且时间长，起不到速效的效果，而锚杆虽锚固范围小，但施工容易。尤其是采用管缝式锚杆，起作用快，且便于网度加密，因此两者联合使用，锚固效果较好。一般的作法是：采场顶板暴露后，立即采用短锚杆进行支护，为长锚索创造安全施工的条件，然后再施工长锚索。

如凤凰山铜矿采用水平分层尾砂充填法开采，采场用长锚索加短锚杆支护。长锚索直径为ϕ15～25mm，孔径为60～70mm，孔深为8～10m，网度约为4m×4m；锚杆为管缝式或胀管式，长约1.8m、孔径为35mm，孔深为2m，锚杆网度为1.5m×1.5m。送绳，采用自制的辊式摩擦轮钢丝绳推送机推送。注浆，采用HB_6-3型灰浆泵前进式注浆。采用这种支护手段后，采场的安全状况得到了改善。

9.10 深井开采

9.10.1 概述

随着我国采矿工业的发展，部分20世纪60～70年代建设的矿山相继进入深部开采，一些新建地下开采的深井矿山数量逐渐增多。国内开采深度达到或接近600m的矿山有金川二矿区、会泽铅锌矿、张家洼铁矿、程潮铁矿、湘东钨矿、石嘴子铜矿、龙桥铁矿、大红山铁矿等；开采深度接近1000m的矿山有红透山铜矿、大红山铜矿、凡口铅锌矿等；开采深度超过1000m的有冬瓜山铜矿等矿山。由于矿山开采深度不断加大，地层压力也随之增大，由此引发的岩爆（矿震）必然逐渐增多，由采矿诱发的地震，在我国许多矿山都出现过。如红透山铜矿开采已达到900～1100m深度，在1999年发生的一次岩爆，导致近100m长的斜坡道一次性崩塌报废和部分采场停产；大同煤矿自1956年以来出现顶板塌落而引起的较大地震41次，最高震级3.4级，震中裂度达Ⅶ度；湖南恩斗桥煤矿1973～1981年间发生有感地震20次，震级3级，震中烈度Ⅴ度；四川自贡盐矿，1974～1980年间发生0.8～3.8级地震288次，平均每年约44次。

据不完全统计，世界上开采深度超过1000m的矿山已超过100座。随着矿山开采深度的不断增大，地压、岩爆与岩层控制、通风降温、排水疏干、采矿方法及采空区处理等均是有待解决的技术难题。

在岩爆发生机理研究与防止技术方面，国内外着重对岩石的岩爆特性和产生岩爆的应力条件进行了较多的研究，并取得了一系列成果。通过实验室试验，从微观结构上和声发射特征等方面可以判定岩石是否具有岩爆性质，并划定岩爆可能性等级。结合岩石所处的应力状态，判定岩石是否会发生岩爆。在岩爆防治工程应用方面，主要对采矿引起的应力集中和能量聚积原因，以及如何防止应力在局部高度集中和阻止岩爆发生，开展了初步的探索和实践。如优化采矿顺序和采场结构参数防止围岩岩体和待采矿体中出现大的应力集中，采用充填方法充填采空区缓和应力集中程度和防止岩爆造成人员伤害。

在国外，如美国、印度、南非、前苏联、加拿大和澳大利亚等国家深部矿床开采达到3000m以上，最深超过4000m，原岩应力超过100MPa，原岩温度在50℃以上，最高可达70℃左右。这些矿山解决高地应力及岩爆问题的主要途径是：研究合理的开采顺序及回采单元结构；预留区域性支撑矿柱以实现分区开采；采用应力释放技术使回采工作面处于低应力带。美国爱德华州利纳银铅矿目前开采深度已超过2800m，采用充填法回采，在采深达到650m时出现岩爆。该矿研究了岩石的力学性质并应用有限元法计算了采场顶柱及其周围岩体中应力分布，确定了矿柱高度与矿柱内应力值、岩爆发生的关系图，并通过调整矿柱规格等措施预防岩爆、削弱岩爆强度；印度科拉尔金矿开采深度超过3260m，该矿自开采以来发生岩爆59次，从1953年开始，通过对历史岩爆记录的分析，在岩石力学和弹性性能测试、现场岩石力学监测等方面进行研究，弄清产生岩爆的规律，重新调整采矿方法的布置形式，使岩爆发生频度由4.6次/年降低到0.42次/年。

冬瓜山铜矿、金川二矿区、会泽铅锌矿、张家洼铁矿、程潮铁矿、凡口铅锌矿等深井开采矿山的地压研究，以井下监测数据、遥感信息、矿山提供的原始数据及数值模拟结果为基本信息源，应用系统分析、综合分析的方法对矿区地理空间、地质、采矿等信息进行存储、处理、综合分析评价、实现有关信息的动态反馈和调整，以达到预防采空区突发事故的目的。

在地压监测研究方面，除采用现场观测、岩性测试、位移和应力测量以及类比分析等手段外，建立黏-弹-塑性力学模型，采用有限元、FLAC-3D等分析软件，对在采矿活动的影响下岩体、地表和井筒的位移和应力的变化情况进行动态和定量分析，并对其发展趋势、稳定性和安全性进行预测和评价。

通过室内和现场试验，研究岩体声传播和衰减特性、微震震源定位方法和微震声波传播频谱特征与岩爆发展和发生的关系，开发定位分析软件，提高定位精度，实现定位的计算机自动处理。在微震监测定位、微震声波频谱特征研究的基础上，用传统方法和现代非线性理论相结合的方法，建立岩爆发生与程度预测模型，开发相应的分析软件，实现预报的自动化和智能化。采用数值模拟方法寻找应力集中程度小的开采方式和回采顺序，避免导致岩爆的次生应力场形成。采用弱化局部岩体强度、降低局部岩体刚度的办法消除发生岩爆的条件，从而达到防止岩爆的目的。采用室内和现场试验的方法研究巷道围岩变形破坏规律，结合巷道变形观测，选取合理的支护结构和支护参数。建立采场顶板破坏模式识别专家系统知识库，用专家系统方法预测采场顶板破坏模式，并据此选择最佳支护和支护参数。

矿山尾矿和废石的处理正制约着矿山的发展。在深井开采中，将尾矿和废石全部充填到井下采空区，既可以解决深井开采的地压和岩爆问题，同时还可以不占或少占土地，减少建设投资，解决环境污染的问题，实现无废开采。

在深井开采的地下水害治理与研究方面，国内外开展了一系列的研究工作，并取得了一些成果和经验。地下采矿引起的地下水灾害，包括地下突水和地下水位下降两个方面，以及由此造成的淹井和井下泥石流事故、地表沉降塌陷和地表生态破坏等。

国内外在地下水灾害领域的研究工作主要有：采矿过程中地下水的运移规律研究、突水机理研究、工作面及矿井涌水量预测、老窿与岩溶水探测设备与技术、裂隙或构造带涌水通道堵截技术及材料等。

在深井通风和降温技术方面，我国深井开采的矿山中，铜陵冬瓜山铜矿、红透山铜矿、湖南省湘西金矿、新汶矿业集团孙村煤矿、青岛金星矿业及招金股份夏甸金矿等矿山均不同程度出现井下高温问题，并进行过有关技术研究。

湘西金矿开展“深井通风系统优化及降温技术研究”课题，针对湘西金矿多中段、多采场、多风路的深井高温复杂通风系统解决了通风网路优化、除尘、降温等技术问题。在子专题研究过程中，先后开展了原有通风系统的优化、深井多级机站设计、深部通风网络优化设计、深部循环净化技术研究、深井降温技术研究等多项试验研究工作，取得了一定的研究成果。

铜陵冬瓜山铜矿深井高温矿床的通风降温技术研究进行了深井高温矿床管理系统软件、掘进工作面排热通风规律以及个体防护开发计划和人工微气候技术开发计划等研究工作。

青岛金星矿业公司针对复杂深井高温小规模半机械化开采金矿床，通过加大系统通风量（$30m^3/s$）和利用上部采空区冷风预冷措施，实现了通风降温的目的。采用多级机站通风技术并对其进行合理改进，即系统Ⅰ级机站控制系统进风量并克服进风段通风阻力，Ⅱ级机站对各中段分风，Ⅲ、Ⅳ级机站采用风机串联形式控制系统总风量并克服采区及回风段通风阻力，降低通风系统装机容量27%（由75kW降低到55kW），主要作业采区温度降低5～8℃，解决了深井高温金矿床通风降温以及进风段和需风段存在大量漏风和污风循环的问题，该技术达到国内先进水平。

我国在深井降温研究方面所作工作仅限于地温的规律性研究，工业应用的实例不多且降温投资与成本较大,矿山难以接受,研究经济有效的降温措施虽然难度高,但是意义重大。

对深井高温产生机理进行研究,结合矿山实际,采用钻孔法测定井下温度,分析其变化规律,对井下环境进行预测,通过现场监测方法与热交换数值分析方法相结合,来解读巷道温度变化规律,从而采用必要的降温措施。常用措施有:空气预冷通风降温法、人工微气候开发(局部制冷技术)、个体防护技术等。通风降温法是采空区恒温带空气送入采场降低工作面温度,通过热平衡及换热计算及网络优化,寻求井下地温风流与高温风流混合,采用空气预冷降温机理的新方法。局部制冷包括冷水逆流喷淋降温、人工降温制冷,对矿井入口风量部分或全部采用冷水或制冷机进行降温。个体防护技术是采用冷却服(冰背心)改善个体舒适度。

深井矿床开采时,在巷道掘进过程中发生了局部高温的现象,开展"深部开采的地热变化规律与防治技术研究",从而提出预测和控制上述工程中热害的关键方法和技术,为矿山深部开采提供设计依据,为我国深部矿山环境控制建立一个技术上先进可行且经济有效的新模式,以确保深部开采的安全生产,改善井下工作环境,提高工人劳动生产率,对制定深井矿山环境质量标准有着重要意义。

9.10.2 深井开采技术条件

9.10.2.1 *深井开采特征*

深井(部)开采特征:(1)深井(部)开采是指深度大于600m的地下开采作业;开采深度大于2000m时,为超深开采;(2)具有高应力、高温等特定的开采环境;(3)工程地质和水文地质条件复杂。

9.10.2.2 *深井开采的特殊条件*

深井开采,伴随着工程的延深,地应力不断增大。深部矿床开采过程中,矿岩在高地应力作用下,岩石致密坚硬,具有碎脆特性。这种性质的岩石能积聚较高的弹性能,易于发生冲击地压。同时地温不断升高,会对井下工作环境带来不利影响。

深井开采的高应力、高温等特定的开采环境和由此诱发的岩爆、热害、开采方法、开采顺序等,使其有别于普通的矿山开采方法。

9.10.3 深井开采的采矿方法

9.10.3.1 *影响深井采矿方法的主要因素*

针对深井开采的特殊环境,影响深井开采的原因主要有三大因素:高应力、高地温、高井深。如高井深会使采矿方法的采场结构参数、回采顺序、底部结构等有特殊的要求;高应力会导致岩爆、冒顶、支护方式、地压管理等地质灾害;高地温将会产生热害、使深井开采环境更加恶劣;地下水对开采环境有影响,会导致水害等安全事故。

(1) 地压与岩爆。深井矿床,采场地压、区域地压等变化强烈,经常发生局部或区域性的地压灾害,致使岩层控制及采空区处理困难,甚至某些矿山因大规模的地压活动影响地表建(构)筑物的安全;由于采深加大,地层压力随之增大,由此引发的岩爆(矿震)必然逐渐增多。

岩爆是深井开采地压活动的重要特征。深井开采地下工程一般处于高应力状态,当地应力超过岩石强度时,岩体平衡受到破坏,围岩中的应力集中使岩体产生脆性破坏,并伴随大量能量释放而产生岩爆。

(2) 开采顺序及采场结构参数。由于深井开采矿体工程地质环境复杂,在采场布置方式、采场参数选择上较为困难,致使矿石开采效果指标较差,并可能因此而造成矿山地质灾害事故的发生。如深井二步回采矿柱安全问题、底部结构形式与开挖、采场或盘区间开采顺序、井巷维护等。

(3) 地温。工作环境热害严重,冬瓜山深部矿体温度接近30℃,严重影响人员作业。

(4) 矿床地质条件。地质条件对采矿方法选择有直接影响,起控制性作用,主要体现在以下几个方面:矿石和围岩的物理力学性质、矿体产状、矿石的品位和价值、矿石和围岩的自燃性与结块性等。

9.10.3.2 *深井开采采矿方法*

据不完全统计,国外开采超千米深的矿山有80多座,其中南非最多。南非绝大多数为含金、铀变质砾岩矿床,埋藏深度大都大于1000m。

深井采矿方法是深井开采的关键问题之一,直接关系到深井采矿的成功与否。从国外深井矿山开采的现状看,深部开采常用的采矿方法主要以充填法或嗣后充填法为主,空场法和崩落法应用较少。采用空场法和崩落法的主要有俄罗斯克里沃罗格矿区和美国的圣曼纽尔(San Nanuel)铜矿。随着技术的进步,采用充填法或嗣后充填法则越来越多,虽然充填法直接成本有所增加,但综合效益明显,可减少采空区变形和岩爆发生,减低原岩散热,同时可以减少尾砂占地和排放对环境的污染。对于厚大矿体,大规模开采时,大多采用VCR法嗣后充填处理采空区。如在加拿大的南铜崖(Copper Cliff South Mine),开采深度达1390m,采用VCR法,开采规模可达7500t/d。实际上许多矿山一般都采用过两三种方法,并在生产过程中逐步改建、发展和完善。如巴西米纳格兰德(Mina Grande)金矿是巴西最深的地下矿山,矿体厚度为2.4~10m,倾角为46°左右,采矿方法曾采用留矿柱的空场法,而在地压严重作用下,发生大面积冒落,使矿山生产受到极大影响,不得不改变采矿方法,采用分层充填法采矿。同时房柱法是该矿传统的采矿方法,但随着开采深度的增加,此方法逐渐减少,仅在局部条件合适的地段使用。

国外深井矿山大多数使用充填法。南非金矿因矿体赋存条件不同,深部开采所用的采矿方法方案多种多样。典型的例子是West Dricfoven金矿,开采三层矿脉,中间为主矿脉,顶板是火山沉积岩,底板为白云岩,含水量大,矿体埋藏于地下600m,并以倾角27°延伸至4000m;生产规模310kt/月,其中矿石240kt/月;每月开采面积为5000m^2,掘进2000m,产金2.688t;矿脉厚6m,采用南非典型的壁式充填法。采场长30m,工作面呈阶梯状,分层高1.2m;采场顶板用4.6m长的锚索支护,间距为2m×2m;采空区用尾砂胶结充填,浓度达70%~80%,不需脱水,接顶用高压充填,胶结充填后再采相邻矿壁。

国外深部开采矿山普遍遵循下列原则:

(1) 开采顺序。一般矿床是自上而下;根据深部开采特点,沿走向一般是采用从中央向两翼或由一翼向另一翼连续推进的回采方式。

(2) 连续回采。南非深部矿体,一般采用连续回采方法,但延长超过数千米时,需每隔一定距离留下40~50m宽的连续矿柱,并在回采完毕后及时充填,以防止因地压增大导致采场闭合。

(3) 强化开采。深部开采非常强调强化开采,采用连续作业方式,或提高作业面推进速度。

湘西金矿、冬瓜山铜矿、红透山铜矿、凡口铅锌矿、弓长岭铁矿、夹皮沟金矿等已进入深部开采,全部采用充填法。

充填采矿法是深井矿山采用的主要方法。如采用胶结充填采矿技术,其中包括盘区分层充填采矿技术、分段充填采矿技术、高阶段大直径深孔嗣后充填技术,还有高浓度全尾砂胶结充填技术。

高浓度全尾砂胶结充填技术是在20世纪90年代后期发展起来的,随着全尾砂脱水工艺、活化制备技术、高浓度泵压输送和自流输送技术等方面取得重大进展,加速了高浓度全尾砂胶结充填技术推广应用。同时,成功地发展应用了全尾砂膏体泵送充填技术和结构流自流充填工艺,开发了高浓度充填料井下增压输送工艺及装备。后者的挤压输送装置取消了易发生故障的分配阀,采用全新的无阀结构,借助料浆的自然压头实现挤压输送,从输送原理和输送泵结构上进行了创新,解决了矿山高浓度充填系统故障率高和投资大的难题。该技术可以对我国现有分级尾砂充填系统进行低成本技术升级,可将全尾砂充填技术大量推广应用于我国矿山企业。

9.10.4 深井开采地压及控制技术

根据开采深度的不同,矿山地压显现出不同的特征,主要表现为:

(1) 开采深度小于300m的矿床时,一般地压显现不严重,即使发生地压活动也属静压问题,易于处理。

(2) 开采深度介于300~600m的矿床时,根据矿体赋存条件,矿岩的物理力学性质,在掘进采准巷道或开拓巷道的过程中,可能发生轻度岩爆,如岩石弹射等。南非威特沃特斯兰德金矿发生岩爆的深度为600m。我国盘古山钨矿、杨家杖子钼矿,也不同程度地出现了岩石弹射。张家洼小官庄铁矿在开凿地下破碎机硐室(距地表500m以下)时,也发生过岩石从硐室顶板弹射下来的现象。

(3) 开采深度在600～2000m的深部矿床时,可能会发生频繁的岩爆。而且某些采矿方法在深度超过700m时,将会遇到难以克服的困难,因而难于或甚至无法在采场中进行正常回采工作。如吉林石嘴子铜矿应用留矿法,当开采深度大于300m时,矿房间矿柱不等矿房回采完毕,即遭强烈地压作用压碎,使人安全受到威胁,上下盘围岩收敛使采场中矿石难于放出。

9.10.4.1 深井开采巷道地压及控制

A 深井开采巷道地压显现

巷道开挖前岩体处于受地应力场的初始应力作用,即三向应力应变状态,岩体处于原始平衡状态,巷道开挖后原岩应力重新分布,围岩处于二次应力状态,一是切向应力增加,并产生应力集中,二是径向应力降低,在巷道周边处应力达到零。应力的变化引起岩体的变形和向自由面的位移,围岩的过量位移和应力集中将导致围岩局部或整体的失稳和破坏而向新的平衡状态发展,这就是地压发生的过程和机理。地压与岩体的受力状态、岩体的物理力学性质、工程地质条件以及时间等因素有关。“地压显现”可以表现为各种不同的形式,如岩体变形、微观和宏观破裂、岩层移动、巷道片帮、冒落、断面形状改变、支护破坏、采场垮落等。

a 无支护巷道地压

以圆形巷道为例说明开挖引起的巷道围岩地压分布规律。

地下岩体和金属材料不同,它不是线弹性体,而是复杂的非线性体,多数可简化为弹塑性体。若以弹塑性体来考虑,并假设原岩应力为均匀应力场,其值等于P_0,那么巷道开挖后一般将在围岩中形成三个区,即塑性区($A+B$)、弹性区(C)和原岩应力区(D),其中塑性区通常又分为两个区,即松动区(A)和塑性应力升高区(B),如图9-334所示。

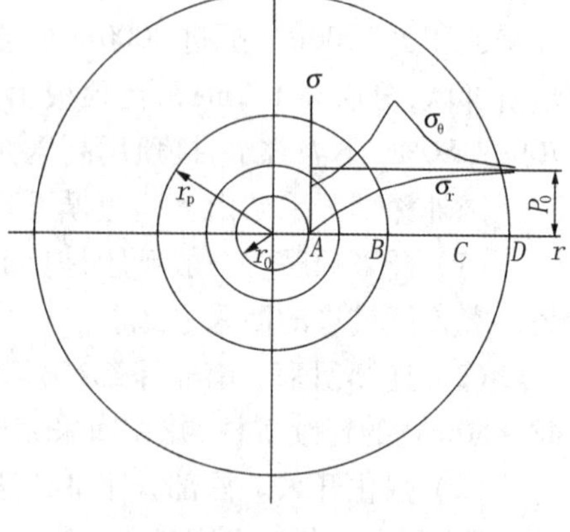

图9-334 巷道周边围岩应力分布

地下巷道开挖前,岩体处于原始平衡状态。巷道开挖后出现围岩应力重新分布,围岩的一部分弹性变形产生的压力为弹性变形地压。当二次应力场使弹性围岩局部地区,也就是在靠近巷道周边地区的应力状态达到屈服条件时,这部分围岩就进入塑性状态,产生塑性区。应力再次重新分布,塑性区的应力一部分向弹性区转移,另一部分因塑性变形而释放,同时产生塑性变形地压。塑性变形的进一步发展就会引起岩体的破坏,同时巷道周围区域可能出现的拉应力也会导致岩体的破裂,从而在最靠近巷道周边的区域形成松动区。这就是上述A、B、C三个区的形成过程。各区的应力、位移状态分析如下。

(1) 塑性区。假定岩体满足莫尔-库仑屈服准则,根据屈服条件和平衡方程,由式(9-222)、式(9-223)即可求出塑性区内的应力大小。

周向应力:

$$\sigma_\theta^p = c\cot\phi\left[\left(\frac{1+\sin\phi}{1-\sin\phi}\right)\left(\frac{r}{r_0}\right)\right] \tag{9-222}$$

径向应力:

$$\sigma_r^p = c\cot\phi\left[\left(\frac{r}{r_0}\right)^{\frac{2\sin\phi}{1-\sin\phi}-1}\right] \tag{9-223}$$

在巷道周边,即$r=r_0$处:

$$\sigma_\theta^p = \frac{2c\cot\phi}{1-\sin\phi} = \sigma_c(\text{岩体单轴抗压强度}) \tag{9-224}$$

$$\sigma_r^p = 0$$

由式(9-222)～式(9-224)可以看出,塑性区内的应力状态与原岩应力P_0无关,而只与岩体的强度指标

(c,ϕ 值)有关,这就是所谓的极限平衡问题。塑性区通常也被称为极限平衡区。在极限平衡区中,处处恰好满足屈服条件或强度条件,各点的物理状态都相同,即都处于极限平衡状态。

(2) 弹性区。弹性区内的应力大小可由弹性力学的厚壁筒公式,式(9-225)、式(9-226)求得:

周向应力 $$\sigma_\theta^e = P_0 + (c\cot\phi + P_0\sin\phi)\left[\frac{(P_0 + c\cot\phi)(1 - \sin\phi)}{c\cot\phi}\right]^{\frac{1-\sin\phi}{\sin\phi}}\left(\frac{r}{r_0}\right)^2 \tag{9-225}$$

径向应力 $$\sigma_r^e = P_0 - (c\cot\phi + P_0\sin\phi)\left[\frac{(P_0 + c\cot\phi)(1 - \sin\phi)}{c\cot\phi}\right]^{\frac{1-\sin\phi}{\sin\phi}}\left(\frac{r}{r_0}\right)^2 \tag{9-226}$$

由式(9-225)、式(9-226)可以看出,弹性区内的应力大小不仅与岩体强度指标(c,ϕ 值)有关,而且与原岩应力有关。

当 $r\to\infty$ 时,$\sigma_\theta^e = \sigma_r^e = P_0$,即在距巷道开挖无穷远处,为原岩应力状态,即不受开挖的影响。实际上在离开巷道中心 5 倍巷道直径处,其周向和径向应力与原岩应力之差已在百分之一之内。这就意味着巷道开挖应力释放引起的岩体扰动的范围大约在距巷道中心 5 倍巷道跨度的范围之内。

塑性区的半径 r_p 可根据弹、塑性交界面上应力、位移连续的条件求得:

$$r_p = r_0\left[\frac{(P_0 + c\cot\phi)(1 - \sin\phi)}{c\cot\phi}\right]^{\frac{1-\sin\phi}{\sin\phi}}$$

根据广义胡克定律和伊留申弹塑性小变形理论,可求得巷道围岩中的径向位移 u:

$$u = \frac{\sin\phi}{2Gr}(P_0 + c\cot\phi)r_p^2 \tag{9-227}$$

因为该问题满足轴对称条件,故周向位移为零。

巷道周边位移:

$$u_0 = \frac{\sin\phi}{2Gr_0}(P_0 + c\cot\phi)r_p^2 \tag{9-228}$$

上面是在极限平衡状态之下,即巷道围岩恰好同时满足平衡条件和屈服条件时的巷道围岩应力、位移状态。实际上,这种极限平衡状态是很难存在的。塑性区在经过一段时间后就会分成两个区,其外圈是应力高于原岩应力的区域(B 区),它与围岩弹性区应力升高部分(C 区)结合在一起称为围岩的承载区;其内圈是应力低于初始应力的区域(A 区),称为松动区。松动区内应力和强度都明显下降,裂隙扩张、增多,容积增大,出现明显的塑性滑移,这时若没有足够的支护抗力,就不能使围岩维持平衡状态。

塑性区内应力逐渐解除显然不同于未破坏岩体的应力卸载,前者是伴随塑性变形被迫产生的,它是强度降低的体现,而后者则是应力的消失,并不影响岩体的强度。当岩体应力达到岩体极限强度后,将会引起岩体的破坏,但强度并未完全消失,而是随着变形增大,强度逐渐降低,直至降低到残余强度为止,这就称为强度弱化或恶化。试验表明,强度恶化时,c 值明显下降,而 ϕ 值下降不多。靠近弹、塑性交界面处,c,ϕ 值高(接近弹性时),而靠近巷道壁处,c,ϕ 值较低。因此在采用各种方法,如数值分析方法进行巷道围岩稳定性分析和应力、位移计算时,对 c,ϕ 值的降低必须予以考虑,而不能从计算一开始到计算结束都将 c,ϕ 值固定为一个不变的常数。

在形成 A,B,C,D 四个分区时,围岩中的周向应力和径向应力值随径向距离变化的曲线如图 9-334 所示。

b 有支护巷道地压

在有支护的情况下,若支护和围岩紧密接触,则可认为支护为围岩提供了一个均匀抗力 P_1。此时,将应力边界条件,即 $r = r_0$ 时,$\sigma_r = P_1$,代入相关方程,即可解得围岩中应力状态如下。

弹性区应力:

$$\sigma_\theta^e = P_0 + (c\cos\phi + P_0\sin\phi)\left[\frac{(P_0 + c\cot\phi)(1 - \sin\phi)}{P_1 + c\cot\phi}\right]^{\frac{1-\sin\phi}{\sin\phi}}\left(\frac{r}{r_0}\right)^2 \tag{9-229}$$

$$\sigma_r^e = P_0 - (c\cos\phi + P_0\sin\phi)\left[\frac{(P_0 + c\cot\phi)(1 - \sin\phi)}{P_1 + c\cot\phi}\right]^{\frac{1-\sin\phi}{\sin\phi}}\left(\frac{r}{r_0}\right)^2 \tag{9-230}$$

塑性区应力：

$$\sigma_\theta^p = (P_1 + c\cot\phi)\left[\frac{1 + \sin\phi}{1 - \sin\phi}\left(\frac{r}{r_0}\right)^{\frac{2\sin\phi}{1-\sin\phi}} - 1\right] + P_1 \tag{9-231}$$

$$\sigma_r^p = (P_1 + c\cos\phi)\left[\left(\frac{r}{r_0}\right)^{\frac{2\sin\phi}{1-\sin\phi}} - 1\right] + P_1 \tag{9-232}$$

塑性区半径 r_p 和支护抗力 P_1 的关系如下：

$$r_p = r_0\left[\frac{(P_0 + c\cot\phi)(1 - \sin\phi)}{P_1 + c\cot\phi}\right]^{\frac{1-\sin\phi}{\sin\phi}} \tag{9-233}$$

$$P_1 = (P_0 + c\cot\phi)(1 - \sin\phi)\left(\frac{r_0}{r_p}\right)^{\frac{2\sin\phi}{1-\sin\phi}} - c\cot\phi \tag{9-234}$$

式(9-233)和式(9-234)就是著名的卡斯特奈(H. Kastner)方程。由方程可见：

(1) r_p 和 r_0、P_0 成正比，与 c、ϕ、P_1 成反比。也就是说，巷道半径越大，原岩应力越大，则塑性区半径越大；岩石强度越高，支护抗力越大，则塑性区半径越大。

(2) 塑性区应力仍然与原岩应力无关，因为这还是极限平衡问题。

c 巷道地压分布规律

从上面所述的圆形巷道开挖所引起的围岩地压分布规律可以看出：

(1) 围岩应力和位移均与原岩应力和岩体强度有关。虽然处于极限平衡状态的塑性区的应力状态与原岩应力无关，只与岩体强度有关，但塑性区的半径大小仍与原岩应力关系极大，而且极限平衡状态也只是一种理想化的状态。

(2) 在维护围岩稳定性方面，支护和围岩确实存在相互影响、共同作用问题。如果围岩本身具有足够的强度，其塑性区内圈不发展成松动圈，则围岩本身就能维持稳定，而不需要支护。在可能出现松动圈的情况下，及时进行支护是必要的。支护提供的抗力，抑制了围岩的变形和塑性滑移，改善了应力分布状态，阻止了围岩的破坏，这样就能保持围岩的强度，并充分利用其自身的强度来维持巷道的稳定性。

(3) 支护只有和围岩紧密接触才能提供上述的均匀支护抗力，传统的点支撑方法不能起到这样的作用。由此进一步可知，支护的根本作用就是保持和提高围岩的强度，充分利用围岩自身的强度，保持巷道的稳定。上述的均匀支护抗力只能起到保持围岩强度的作用，而只有喷锚支护、注浆等积极支护方法才能起到提高围岩强度的作用。

(4) 地压活动，包括巷道的变形和破坏，是由于巷道开挖引起的原岩应力释放所造成的，这样才能解释围岩最大位移发生在巷道周边，松动圈和变形破坏也出现在巷道周边的事实。地应力是内荷载，是在开挖之前就存在的，因而是先有载后挖洞；而地面结构物是先有结构后加载，二者有本质不同。若把结构力学方法照搬到岩石力学问题中来，对地下开挖工程也是先挖洞后加载，就是先把洞挖好，然后在其围岩外部加上原岩应力，则计算出的结果将可能与事实完全相反。

均匀原岩应力场中的圆形巷道开挖是一个最简单、理想化的例子，它也是解析法能解决的极少几个问题之一。对于具有比这更复杂的开挖形状和原岩应力条件的问题，解析法将无能为力，必须采用现代的数值分析方法和电子计算机等手段才能解决。

d 深井巷道地压表现形式

(1) 通常情况下，坚硬岩体中巷道丧失稳定的基本形式为：1)沿裂隙塌落；2)岩体在应力集中的极限区遭到破坏。

(2) 在高应力作用下,岩体或支承压力区内出现瞬时的脆性破坏,破坏时发出响声并抛出岩块和岩片。

(3) 在高应力作用下,岩体或支承压力区内出现渐渐的脆性破坏。破坏的形式主要是巷道围岩脱皮剥落,也可能同时发生少量的岩射,随着破坏时间的增长,巷道断面慢慢增大,可达原设计断面的1.5~2倍。爆震的动力影响将加快破坏的进程。

(4) 在静力和爆震的动应力作用下,巷道围岩内渐渐形成破坏区并得以发展。破坏的形式是裂隙渐渐扩展,并发生沿裂隙的剥离和掉块。

(5) 在巷道围岩的风化区裂隙发达,岩体强度减弱区出现坍塌。

(6) 最大的构造应力将出现在弹性体和整体性很强的岩体中。当巷道围岩坚硬性脆时,在构造应力作用下,这种整体性很强的弹性体最容易集中很高的构造应力,因此坚硬顶板可聚集很高的弹性能,性脆矿岩可造成顶板弹性能的突然释放,从而使巷道发生冲击地压。巷道破坏的典型形式将是岩体带岩射或剥落的脆性破坏。随后在巷道中出现较大的片落,使巷道断面扩大。

所有上述出现巷道压力的形式都与脆性破坏及岩体塌落相联系,结果是使断面扩大。

e 影响深井巷道地压显现的因素

影响深井巷道地压显现的因素较多,但通常可将其分为两类,一类是自然因素,另一类是工程因素。原岩应力状态和岩体的物理力学性质等属自然因素;巷道的形状和布置方式、开挖方法、支护时间和支架结构性能及回采动压属工程因素。

B 深井开采巷道地压控制

根据影响深井巷道地压显现的因素,可知深井巷道地压控制的方法有以下几种。

a 采准巷道的布置

深井开采时,在设计之前必须了解开采阶段的原岩应力场的特点,即应力的大小及作用方向。根据原岩应力的大小,垂直应力与水平应力分量比,最大主应力作用方向等,合理选择巷道断面形状及其布置方位。设计巷道断面时,尽量使巷道断面水平轴尺寸与垂直轴尺寸之比等于原岩应力水平分量与垂直分量之比,并且将其长轴布置于最大来压方向,以使巷道周围岩体中形成一均匀的环向压应力圈,使巷道的稳定性从二次应力场的特征上得到保证。

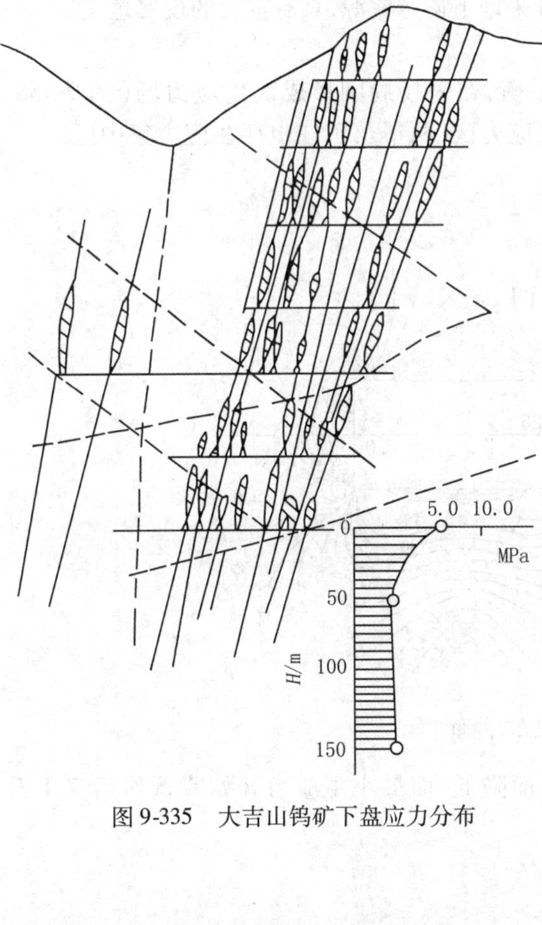

图9-335 大吉山钨矿下盘应力分布

为此,在深部地压大的地段,主要巷道均应拥有曲线形断面(圆形、椭圆形)。

随开采深度增大,原岩应力增大,巷道开凿后失稳的可能性增大,尤其采准巷道在采动影响下更易失稳。如据江西大吉山钨矿(开采深度450m)测量原岩应力得知,矿体下盘分布着一个应力升高区(图9-335)。在苏联克里沃罗格矿区开采深度大于400m时,也得出同样结论。因此,在考虑开拓、采准巷道布置时,必须顾及此点。尤其在采用崩落法开采厚矿体时,在矿体下盘分布的应力升高区范围较大,导致位于矿体下盘的阶段巷道受地压作用而破坏,巷道维护费用增加。为保证深部开采时,阶段采准巷道免遭采动影响而破坏,阶段采准巷道的位置应避开下盘的应力升高区。一般设于距矿体30~60m处。

b 巷道支护

开采深度超过600m时,不是任何矿山都会发生具有动压特征的地压活动,因此可根据岩性及岩体结构特点、地压大小选择支护方法。

目前广泛应用于深部开采矿山的支护类型有:加固岩石(自强)的喷锚,喷锚网支护;辅以强类型的可缩性钢支架,刚性的混凝土支护等。根据对南非探矿井巷道周围岩石破坏观察和巷道支护经验,可根据原岩应力垂直应力分量(σ_{zz})与岩石单向抗压强度(σ_c)之比确定是否需要支护及支护类型。

(1) $\sigma_{zz}/\sigma_c=0.1$,巷道稳定,不需要支护;

(2) $\sigma_{zz}/\sigma_c=0.2$,巷道帮发生轻微片帮,可用锚喷支护;

(3) $\sigma_{zz}/\sigma_c=0.3$,巷道帮发生严重片帮,需支护,可用锚喷支护;

(4) $\sigma_{zz}/\sigma_c=0.4$,需加强支护,可用金属拱形支架支护;

(5) $\sigma_{zz}/\sigma_c=0.5$,有发生岩爆可能,可采用锚喷网支护。

南非开采深度大的金矿多采用混凝土支护作为二次支护的永久支护,一般用500号混凝土,墙厚1m。采用锚喷或锚喷网时,锚杆长度为巷道宽度的0.5倍,金属网规格为6cm×6cm~10cm×10cm,钢丝直径为4.6mm。

9.10.4.2 深井开采采场地压及控制

A 深井开采采场地压

深井开采采场地压是作用在深部采场回采工作面矿体、围岩和矿柱的应力及其与采场内支护系统相互作用的应力场总称。采矿过程中,在地下形成的巷道和采空区,破坏了原岩体的应力平衡,采场和围岩和矿体内应力重新分布,形成次生应力场,使矿柱、工作面顶板和圈岩发生位移和变形,甚至破坏,如顶板冒落、矿柱压裂或倒塌、围岩开裂和片帮等现象,称为采场地压显现。地压显现的发展全过程,称为采场地压活动。为保证正常回采,利用地压和采取减少或避免地压危害的技术措施,称为采场地压控制。

由于开采范围较大,开采空间的形态极其复杂,随开采工作的开展,其规模和形态又不断变化,岩体受到多次重复的扰动,呈现极其复杂的受力状态。因此,采场地压区别于矿山井巷、水电、铁路、国防等地下工程的地压,具有地压显现剧烈、波及范围大、次生应力场复杂、活动规律短时间内难于认识等突出特点。

矿体的赋存条件和矿岩的物理力学性质差别很大,所采用的采矿方法也各种各样,研究和应用采场地压显现规律,从而利用和控制地压,对于安全、经济效益好地开采地下矿产资源,具有重大的现实意义。

a 次生应力场

在矿体中采矿,破坏了岩体中初始应力(原岩应力)的平衡,在采场周围形成次生应力场(图9-336、图9-337),在顶板出现应力降低区及由最小主应力引起的拉应力区,两帮及矿柱中存在应力集中区。

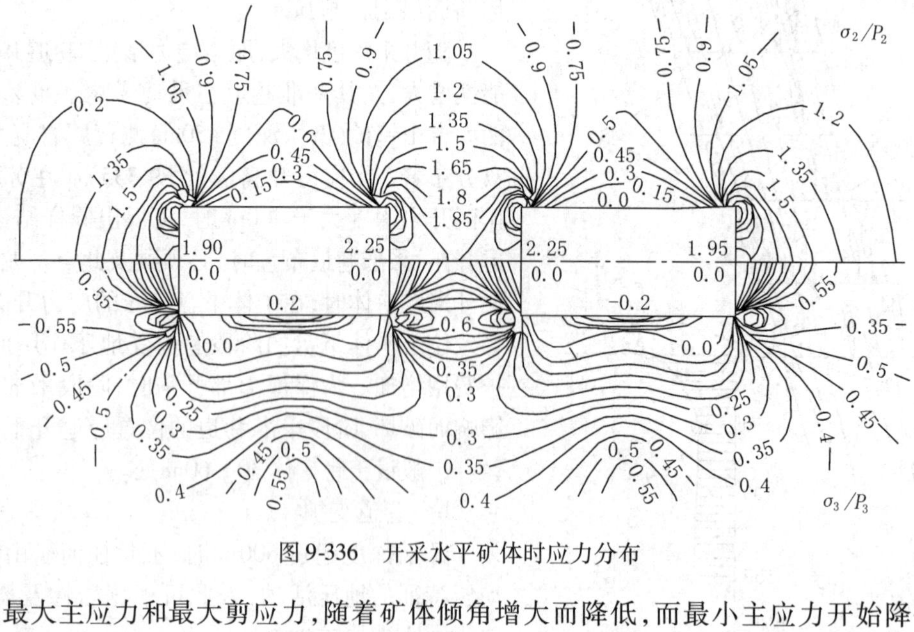

图9-336 开采水平矿体时应力分布

间柱中的最大主应力和最大剪应力,随着矿体倾角增大而降低,而最小主应力开始降低然后又上升(图9-338)。

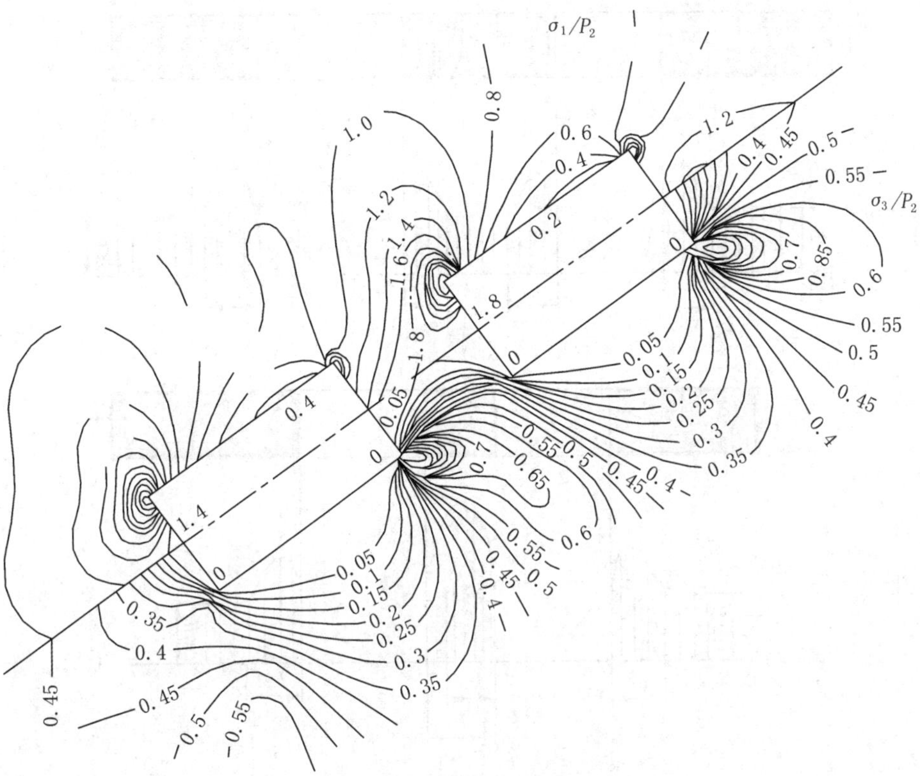

图 9-337 开采倾斜矿体时应力分布

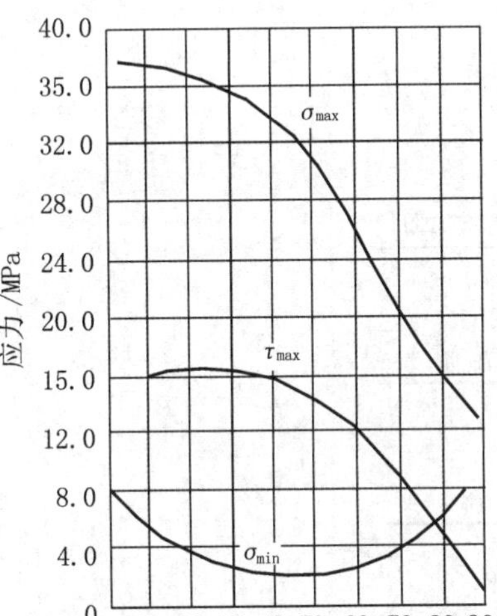

图 9-338 矿柱中应力与矿体倾角的关系

(1) 水平和缓倾斜矿体开采时应力集中。矿体开采后,采场两帮及矿柱中的应力升高现象,称为应力集中。应力升高的范围,称为应力集中区。应力集中程度常用应力集中系数 K 表示,即次生应力与原岩应力的比值,$K>1$ 为应力升高,$K<1$ 为应力降低。

应力集中系数和应力集中区的宽度与开采深度、矿岩性质、岩体构造、采场跨度及其相互关系等因素有关,一般通过实验室试验和现场测定求得。当矿柱宽度大于相邻两矿房的应力集中区 l_1+l_2 时,应力分布与单一矿房开采的相同(图 9-339(a));当矿柱宽度小于 l_1+l_2 时,则矿柱应力发生应力集中的叠加(图 9-339(b)),这是地下开采经常出现的问题。

(2) 急倾斜矿体开采时应力集中。急倾斜脉状矿体开采的应力集中部位在阶段间矿柱(顶、底柱)。根据江西盘古山钨矿的情况数值计算表明,在没有结构面条件下,顶底柱是最大应力集中部位,应力集中系数达 4;其次是采场上盘底角和下盘顶角部位,应力集中系数为 1~3。当有结构面时,在其附近引起很大的应力集中,其应力集中系数大于 5~6,开采扰动范围,据光应力计测试为 25m,数值计算结果为 50m。

根据大吉山钨矿现场应力解除试验资料,在采空区底部及其下盘围岩产生应力集中,其应力集中程度随远离空区底部而减少,并趋于原岩应力(图 9-340)。现场观察发现 517m 阶段的 21、21′矿脉沿脉巷道破坏严重。

b 采场地压活动分类

按地压显现特征、活动规模以及破坏程度,采场地压活动分类可分为局部性地压和大面积地压两种类型。前者波及面小(一至数个采场),对生产、安全影响较小,发展缓慢(数月至十几年),而后者波及面广(几个阶段),破坏性大,发展急剧(几小时至几天),严重影响生产和威胁安全,甚至全矿停产,并造成重大资源损失。

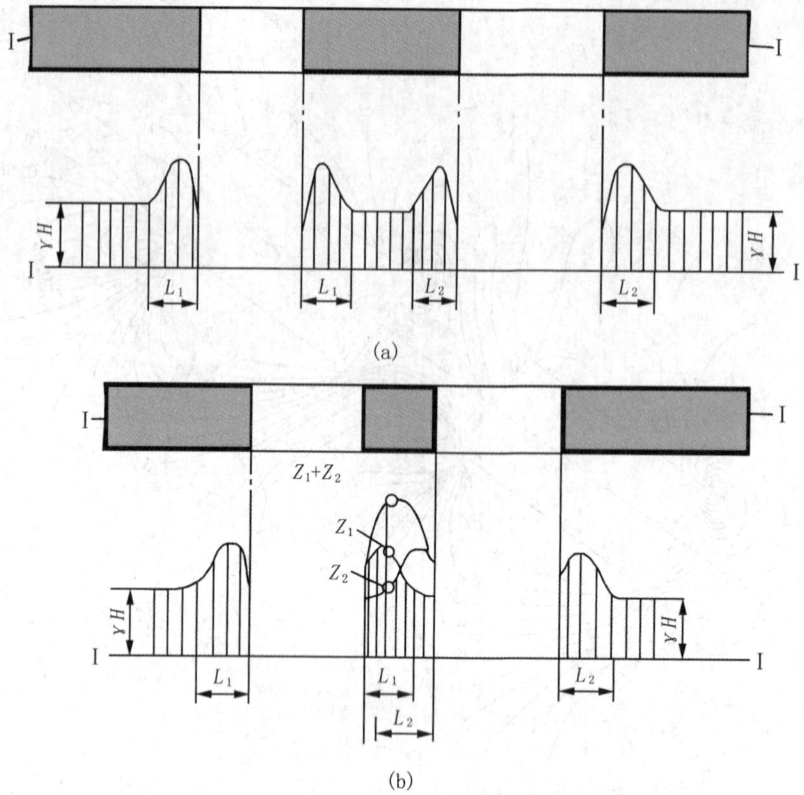

图 9-339　两矿房不同间距时矿柱中应力分布

(a)矿柱宽度大于 L_1+L_2；(b)矿柱宽度小于 L_1+L_2

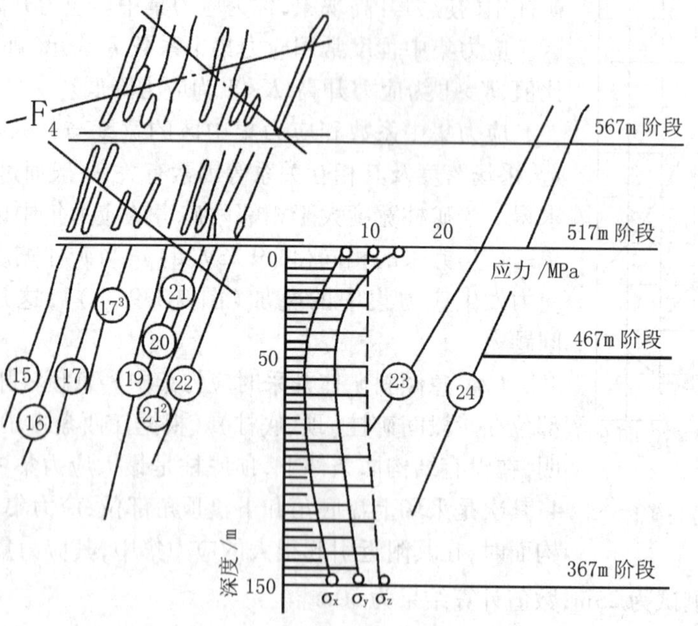

图 9-340　大吉山钨矿 517m 阶段南组空区底部下盘围岩应力分布

⑮～㉔—矿脉号；F_4—断层号；σ_x，σ_y，σ_z—应力分量

该矿现场测试资料还表明，在采空区顶部上盘围岩也出现应力集中现象。567m 阶段围岩的光应力计的条纹级数从 8′号测孔的 4 逐渐降到 14′号测孔的 1（图 9-341）。

局部性地压由于规模小，发展慢，如果及时采取有效的控制措施，完全可以避免大面积地压发生。相反，当局部性地压失控时，则地压迅速增加，结果就可能导致大面积地压的来临。

c 采场大面积地压发展阶段及其特征

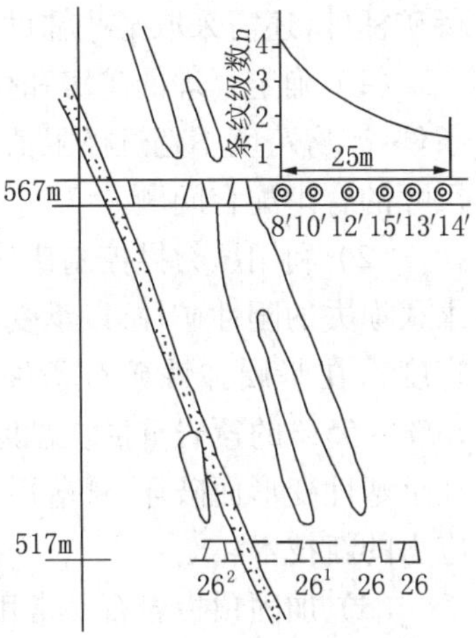

图 9-341 大吉山钨矿 517m 阶段空区顶部上盘围岩应力分布

根据我国30多年来辽宁、湖南、江西、云南等地某些金属矿山所发生的大面积地压活动,可将其发生、发展全过程总结为规律性的认识,分为三个阶段:

第一为发生和缓慢发展阶段。这个阶段发展很缓慢,短者数月,长者十几年。如弓长岭铁矿为2~3个月,锡矿山矿为5~12个月,而江西钨矿一般经历一至十几年。地压显现主要特征为:围岩发生岩音、采场顶板局部冒落、矿柱压坏、近矿巷道变形和破坏。

第二为加速发展、剧烈岩移和崩塌阶段。巷道和围岩变形明显,岩音剧烈,巷道、矿柱或夹墙压坏、倒塌,大面积地压活动时,岩层移动,采场巷道倒塌,地表下沉开裂,形成台阶。大面积岩移活动时间,在几小时至几天,长者3个月内完成。

第三为衰减稳定阶段。大面积地压活动后,采场和巷道变形及破坏趋于缓和,而地表开裂和下沉一般还要持续一段时间,但其速度逐渐减缓,围岩应力趋于新的平衡状态,处于相对稳定阶段。

随回采工作的进行,采动范围继续扩大,岩体暂时平衡状态又受到破坏,地压活动再次发生,重复上述的发展过程。如弓长岭铁矿通硐区8年内发生三次大面积地压活动,周期间隔时间为2~6年。

江西钨矿对大面积地压活动划分为初始阶段、缓慢发展阶段、加速发展阶段和剧烈岩移、崩塌四个阶段。

d 影响采场地压的因素

(1) 采空区。采空区的体积是随回采规模和回采时间而变化的,为不利于岩体稳定的因素。它和矿体的几何形状和空间展布有关,一般说来,采空区体积越大,岩体的稳定性越差,尤以连续空区体积越大,诱发地压活动的条件就越充分。锡矿山南矿地压活动发生前,井下存在815000m^3的采空区,盘古山钨矿为1789000m^3,弓长龄铁矿为920000m^3。从我国一些老矿山地压活动发生的原因来看,采空区是地压活动的根源。

(2) 时间效应。在有地压活动的矿山所获得的大量观测资料表明,在其他条件具备下,时间是个重要的可变因素。因为岩体大面积活动,要有一个发展过程。从一些深井矿山测得的岩移与时间关系曲线可以看出,地压活动有一个缓慢移动、加速移动和崩塌的发展过程。局部地压活动,有的发生局部崩塌,也有的未发生崩塌,这要根据其他条件(如岩性、岩体构造等)决定。

(3) 结构弱面。观测证明,对于大面积地压活动,大型连续结构弱面(如断层、破碎带等),一方面起控制发生大范围破坏的作用,即成为岩体移动边界的切割面或滑动面;另一方面对其发生和发展起促进加速作用。从弓长岭铁矿地表观察到,井下地压活动所引起的地表开裂,一般沿断层发生,并由此形成下沉台阶。其他一些矿山发生规模较大的岩层移动,均受地质构造弱面所控制。

(4) 开采深度。上覆岩层的重力与地压成正比,一般开采深度越大,地压也明显增加。如有构造影响,水平应力往往大于垂直应力。

(5) 地下水。地下水一方面对岩体结构面起溶蚀、软化和泥化作用,降低了弱面的强度;另一方面,在裂隙水压作用下,减少作用于裂隙表面的摩擦阻力,从而降低了岩体的抗剪强度。一些矿山大面积地压活动,一般均发生在春季解冻或雨季时期。

(6) 开采技术。在矿床地质条件一定时,矿块的回采顺序、矿块结构参数、回采工艺等对采场地压都产生重要影响。

B 深井开采采场地压控制

深井开采采场地压控制一般考虑采矿方法的选择及对各种采矿方法开采产生地压的控制。

a 空场采矿法地压控制

根据矿岩的强度,采取合适的矿房和矿柱尺寸,以维护采场的稳定。有时为了提高矿岩的承载能力,除留矿柱外，还需采取某些辅助性的措施，以保证回采工作的安全。空场采矿法地压控制的原则为：

(1) 确定合理的矿房和矿柱的尺寸。应用空场采矿法时，要使采场处于良好的稳定状态，必须满足两个条件：矿房跨度不超过极限值，矿柱应大于其极限强度所要求的规格；同时还要很好地解决矿房跨度和矿柱尺寸的合理配合问题。

(2) 利用压力拱控制矿房顶板应力。用房柱法开采埋深较大的倾斜矿体时，要留较大的盘区矿柱，作为永久损失的刚性矿柱，以承受盘区范围内的大部分覆岩重量。当 $H/L=1.5\sim2$ 时(H 为开采深度，L 为开采宽度)，在坚硬弹性矿石条件下，盘区矿柱承受20%～40%的覆岩重量；在软弱塑性矿石条件下，则承受55%～65%的覆岩重量。盘区内的支撑矿柱，作为柔性矿柱承受其余覆岩重量。随回采工作的推进，支撑矿柱呈塑性变形而破坏，冒落后充填采空区。这种应力转移方法，是利用压力拱原理，为近年出现的控制顶板应力的新技术。

(3) 加固顶板岩石。常用的加固方法有：锚杆、素喷、喷锚、锚网、锚喷网、锚索、锚杆桁架以及注浆等。

(4) 采空区处理。矿房回采后形成的采空区，随回采工作的推进将不断扩大，顶板压力也会逐渐增加，残留的矿柱发生变形、破坏甚至倒塌，采场局部冒落可能导致大面积地压。因此，采取适当方法及时处理采空区，是控制地压的有效措施。

b 充填采矿法地压控制

充填采矿法在回采矿石的同时，用充填材料充填回采空间，实现采场地压控制。大量生产实践证明，充填控制地压的力学作用为：

(1) 充填体不能改变开挖矿体和围岩的应力分布状态。矿体开挖后就破坏了原岩体的应力平衡，产生应力升高区和应力降低区。充填工作总是落后于回采一段时间，充填时在开挖矿体周围已经发生位移和变形。充填后由于充填体的刚度小，对围岩不能产生主动压力，不仅不能恢复原岩应力场，而且还允许围岩继续有一定的位移和变形。

(2) 充填体限制围岩的位移和变形，减缓围岩移动的危害和降低地表下沉的程度。

(3) 充填体对矿柱施以侧向压力，使矿柱由单向或双向受力状态，变为三向受力状态，从而提高了矿柱的强度。

(4) 回采空间充填后，使积蓄于围岩中的弹性应变能释放速度降低，从而提高了地下结构抵抗动荷载的能力。

c 崩落采矿法地压控制

(1) 单层崩落采矿法地压控制。该方法管理顶板的特点是随回采工作面向前推进，周期地切断直接顶板，由崩落的顶板岩石充填采空区，以保证回采工作面附近矿岩的稳定。放顶后，作用在工作面上方顶板岩层上的压力，以及崩落岩石上方的压力呈波状分布。具体在实践生产过程中，一方面确定合理的最大悬顶距；另一方面，必须随回采工作的进行，工作面向前推进一定距离(悬顶距)，在控顶距处架设密集切顶立柱，进行放顶。顶板岩层沿切顶立柱折断崩落，充填采空区。放顶后，顶板岩层悬臂长度缩短，工作面上方压力下降，使回采工作处于安全状态。

(2) 无底柱崩落采矿法地压控制。无底柱崩落采矿法的整个回采过程都是在回采进路中完成的。因此，回采进路保持良好的稳定状态，对安全生产、提高回采经济效益具有重要意义。为此，为保证进路的良好状态，采取地压控制技术为：

1) 采用进路工作面呈斜线或阶梯状退采的布置方案，该方案可改善巷道的受力状态，减少应力集中程度。

2) 采用从应力大的矿体中央部位向地压小的两翼回采顺序。

3) 实行集中作业，强化回采。

4) 采用合适的支护形式，提高支护效果。

5) 不遗留矿石实体，当地压大、进路无法正常回采时，应设法进行松动爆破，以消除残留实体对下分段的不利影响。

（3）有底柱崩落采矿法地压控制。由底柱崩落采矿法采下的矿石是通过设于底柱中的放矿巷道放出，因此，该采矿方法地压控制主要是维护出矿巷道的稳定性。为了保证底柱出矿巷道的稳定性，除根据底柱岩体的力学性质选用合适的支护类型外，还需合理确定矿块尺寸。此外，可用提高放矿强度的方法来降低作用于底柱上的压力。同时，确定合理的阶段开采顺序，对确保采矿工作安全和控制地压活动具有重要作用。

9.10.4.3 深部开采冲击地压特征及控制

冲击地压是一种岩石动力学现象，它是围岩内聚集的大量弹性变形能在一定诱因下突然释放而表现出的一种形式。在金属矿山，冲击地压称为岩爆。岩爆发生时，伴随巨响，岩石以镜片状或叶片状迸发而出，以极大速度冲向巷道或采场。

A 岩爆特点及影响岩爆发生因素

深部开采所面临的最大问题是随开采深度加大，地压活动及强烈程度增大，并表现出具有瞬间释放大量能量的特点。地下开挖空硐遭到破坏，并伴有震动与响声，不仅在井下感到震动，而且在地表也能感到。所释放能量相当于里氏地震 5 级以上，小者可使巷道顶板岩石以很高速度弹出——弹射。发生岩爆是有条件的，从目前发生岩爆的矿山资料分析认为，岩爆是自然地质条件与采矿技术条件，按一定方式组合的结果下发生的。引起岩爆等级的大小及特征与回采空间形状、规模、矿岩的物理力学性质有关。可以能量释放速度作为度量岩爆程度的指标。如采矿所引起的能量释放速度大于岩体破坏所消耗能量的速度，则将发生岩爆或其他猛烈破坏。岩爆发生次数随开采深度增加及支撑面积的减少而增加。

根据发生岩爆矿山资料分析及理论研究认为，发生岩爆的原因主要是应力及开采过程引起的能量变化。影响岩爆发生的因素有：

（1）矿岩物理力学性质，凡所开采矿石及围岩具有二类岩石变形特征者，便有可能发生岩爆。

（2）原岩应力高或者说开采深度大，因为原岩应力随深度增大而增大。因此在深度大的地方受采动影响的矿岩将承受高的应力作用。根据弹性理论，物体在力场作用下发生体积变形与形状变形，在变形过程中所蓄积的弹性应变能超过该岩石破坏时所消耗的能量，则多余能量瞬时释放。

（3）地质构造影响。根据原岩应力测量资料已知：在地质构造附近原岩应力会发生突变，引起应力集中导致岩爆发生。从国内外矿山发生岩爆的事例可证明，我国天池煤矿岩爆发生于地质构造带共 28 次，其中有 20 次发生于背斜构造带，占 71%。南非、加拿大、日本、前苏联等国家也有类似情况。

（4）采用不当的采矿技术，如在已采区中留有矿柱，在阶段中采用从两翼向中央推进的开采顺序。

（5）爆破对岩爆的激发作用。由于爆破后台引起应力重新分布，受到附加脉冲荷级叠加导致岩爆。

B 岩爆类型

根据深部原岩应力状态，可将岩爆分成以下三种类型：

（1）重力型岩爆，主要受重力作用影响，没有或仅有小的构造应力影响而引起的岩爆。

（2）构造应力型岩爆，存在较大构造应力，岩爆发生与开采深度无关。

（3）中间型（重力-构造型）岩爆，受重力与构造应力共同作用引起。

根据岩爆发生时释放能量的大小，还可把岩爆划分成其他类型。

C 岩爆预测

为了避免岩爆对回采工作产生威胁，必须在设计及生产中采取有效措施，力争将其危害降到最小。为此，在深部开采时，必须深入进行有关开采矿床或阶段的岩石力学性质方面的研究工作。对研究成果按矿岩发生岩爆频度判断研究区域有否发生岩爆的可能性。

目前国外如南非、前苏联、波兰等国家采用下列判据作为判断能否发生岩爆的指标。

a 能量法

根据一定体积中蓄积的弹性应变能作为评定发生岩爆危险程度指标。

$$U = (\sigma_c^2/2E)/V \tag{9-235}$$

式中 σ_c^2——岩石单轴抗压强度,MPa;

E——岩石弹性模量,MPa;

V——岩石体积,m^3。

b 克狄宾斯克(Kidybinski)法

岩石在荷载作用下直到破坏前蓄积的应变能部分消耗于塑性变形(图 9-342)。因此,可用蓄积的弹性应变能 U_e 与消耗于塑性变形和破坏上的能量 U_s 之比,表征岩爆发生倾向 K。

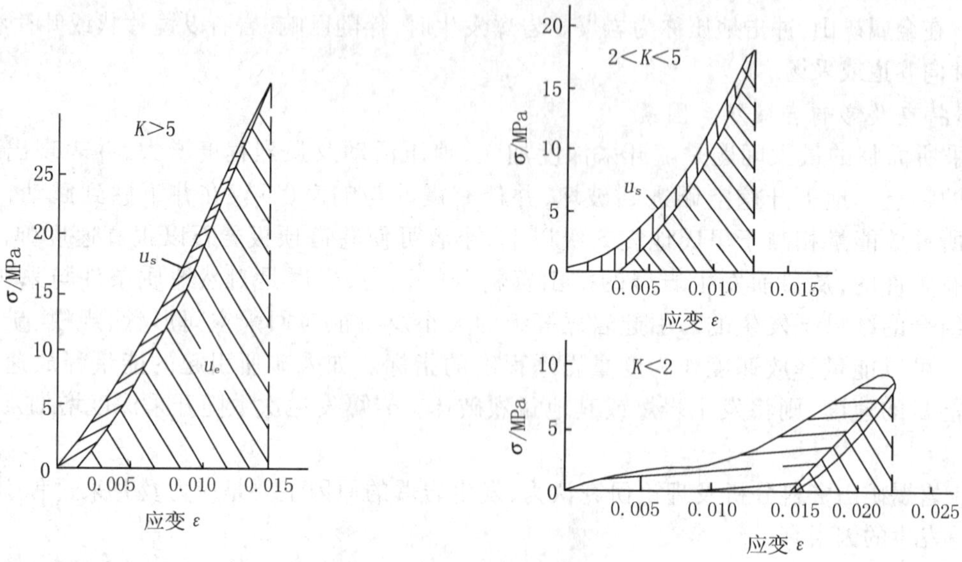

图 9-342 岩石变形能量

$$K = U_e/U_s \tag{9-236}$$

当 $K>5$,发生岩爆可能性大;

当 $5>K>2$,发生岩爆可能性小;

当 $K<2$,不可能发生岩爆。

c 弹性变形法

根据作用于试件上荷载不小于极限强度 80% 条件下,经多次加卸载循环得到的弹性变形应变量 ε_e 与总应变量 ε_g 之比,来表征发生岩爆倾度 K。

$$K = \varepsilon_e/\varepsilon_g \geqslant 0.7 \tag{9-237}$$

满足上列条件有可能发生岩爆。

除根据岩石力学性质研究判断外,尚可根据生产中所出现的一些现象判断是否可能发生岩爆。如根据钻探过程中有无饼状岩芯出现,或根据掘进时巷道工作面情况,也可判断是否发生岩爆,也可根据凿岩时钻孔的难易,工作面岩石外观(如具有玻璃光泽感将发生岩爆)来进行判断。

D 岩爆预防措施

目前在国外金属矿山及煤矿中采取的预防岩爆措施有:

(1) 降低回采过程中弹性应变能的释放速度。这可借助部分回采,或应用废石、尾砂、河沙,胶结材料充填采空区来实现。

(2) 两帮岩石在回采过程中可发生收敛闭合时,应减小矿块宽度(如石嘴子铜矿)。

(3) 采用振动爆破释放应力。

(4) 改变矿岩层的物理力学性质,在煤矿采用高压注水人为地在煤层内部造成一系列的弱面,并起软化作用,以降低煤的强度和增加塑性变形量。注水后,可使煤单向压缩的塑性变形量增加 13.3% ~14.5%。

孔槽卸压是用大直径炮孔或切割沟槽使煤体松动,达到卸压效果。

9.10.5 深井通风与降温技术

9.10.5.1 深井通风

对深井通风除考虑排放粉尘和炮烟外，还要考虑深井高温。通风方式一般采用多级机站通风。通风系统设置既要考虑通风要求，又要考虑降温。

A 风速(风量)选择

(1) 盘区出矿采场需风量。参照国内外类似矿山的经验，按一般体力劳动热条件，确定出矿巷道的平均风速为1.5m/s。

(2) 盘区凿岩采场需风量。凿岩设备的放热量少于出矿设备的放热量，确定凿岩巷道的平均风速为1.2m/s。

(3) 盘区装药采场需风量。装药巷道的平均风速为1.1m/s。

B 矿井需风量校验

(1) 用排出井下热负荷校验矿井风量。深井矿床属高温矿床，矿井需风量除满足向井下供给足够新鲜风流、有效排出炮烟和粉尘外，还要排出井下各种热源放出的热量，从而保证井下作业面的温度满足安全规程的要求。考虑围岩散热量、空气自压缩生热、矿石的氧化放热、热水散热量、机电设备散热量、其他热源散热量，计算方法见12.5节。

(2) 热平衡计算。井下放热量需由进入井下新鲜空气的温升和水蒸气的含量升高而平衡。新鲜空气的状态为干球温度24.5℃，相对湿度80%，含湿量为15g/kg，经过工作面以后空气的状态为湿球温度27.5℃，相对湿度90%，含湿量为20.7g/kg。风流通过井巷内各种热源加热后的热力平衡方程式为：

$$1.005(t_2 - t_1) + 2500(D_2 - D_1) + 1.842(t_2 - t_1)(D_2 - D_1) = \Sigma Q_t / G \quad (9\text{-}238)$$

式中 t_1, t_2——井巷始末端的空气温度，℃；

D_1, D_2——井巷始末端的空气含湿量，kg/kg；

G——井巷空气流量，kg/h；

ΣQ_t——空气带走的热量，kJ/h；

1.005——空气等压比热，kJ/(kg·℃)；

2500——水的汽化热，kJ/kg；

1.842——水蒸气等压比热，kJ/(kg·℃)。

通过以上计算$\Sigma Q_t > \Sigma Q_{放}$，可使全矿总进风量在全年的大部分时间里满足通风降温的要求，对独头掘进工作面及个别通风不良的工作面采取局部制冷即可满足工作面湿球温度不高于27.5℃的要求。

C 通风系统优化

在多级机站通风系统中，我们经常使用优化数学模型描述通风系统的结构和机制，尽可能使优化数学模型反映实际，然后使用优化方法求解数学模型，优选风机。但对大型矿山而言，由于机站数量、巷道数目较大，优化数学模型中的变量大大增多，计算量加大，有必要对优化数学模型进行处理，使其适用于大型矿井通风系统。包括：

(1) 在数学模型中尽量不含或少含离散变量，因为优化方法最适用于处理连续型问题，包含离散变量或离散变量较多会妨碍一些有效方法的使用。

(2) 在计算方法上尽量采用计算量少而收敛速度快的方法。在多级机站通风系统设计中，对初选风机的几种方案进行通风网络解算，按自然分风的原则求出各巷道的风量、风压、各项指标最优方案，而通风网络解算方法主要有：斯考德-亨斯雷法、牛顿法、节点压力法、应用图论的点势分析法等，这几种方法目前都有应用，下面对这几种方法进行分析，并举例说明，为多级机站通风系统设计者提供参考。

D 通风系统优化的方法

a 斯考德-亨斯雷法(Scott-Hensley)

这一方法是网络解算最常用的方法，以网络 G 包含的 b 个基本回路的风量 $Q_y = (Q_1, Q_2, \cdots, Q_b)$ 为变元，依据风压平衡定律给出以下方程式：

$$\sum_{\substack{i=1\\j\neq i}}^{b} R_{ij}(Q_i - Q_j)2 + R_{ii}Q_i2 = P_i \qquad i = 1,2,3,\cdots,b \tag{9-239}$$

式中 R_{ij}——为第 i 回路与第 j 回路的公共边的风阻；

R_{ii}——第 i 回路中非公共边的风阻和；

P_i——第 i 回路中所包含的风机工作压力、自然风压的代数和。

因此，通风网络计算问题转化为求解方程式(9-239)数学解问题，记为：

$$f_i(Q_y) = \sum_{\substack{i=1\\j\neq i}}^{b} R_{ij}(Q_i - Q_j)^2 + R_{ii}Q_i^2 - P_i \qquad i = 1,2,3,\cdots,b \tag{9-240}$$

由于非线形方程组(9-240)的求解涉及解大型非线形方程组，因此，在计算中遇到困难，斯考德-亨斯雷法对问题进行简化，设方程(9-240)的第 k 项近似解为 $Q_yK = (Q_1K, Q_2K, \cdots, Q_BK)$ 按照泰勒级数展开，并将二次以上的高阶微分忽略不计，近似化简式，并考虑风量方向的变化：

$$f_i(Q_y^{k+1}) = f_i(Q_y^k) + \left.\frac{\partial f_i}{\partial Q_1}\right|_{Q_y = Q_y^k} \cdot \Delta Q_i^k + \left.\frac{\partial f_i}{\partial Q_2}\right|_{Q_y = Q_y^k} \cdot \Delta Q_2^k + \cdots + \left.\frac{\partial f_i}{\partial Q_{by}^{\ k}}\right|_{Q_y = Q_y^k} \cdot \Delta Q_b^k = 0 \quad i = 1,2,\cdots,b \tag{9-241}$$

在给定以下限制后，即

$$\frac{\partial f_i}{\partial Q_i} \cdot \Delta Q_i^k >> \sum_{\substack{i=1\\j\neq i}}^{b} \frac{\partial f_i}{\partial Q_j} \cdot \Delta Q_j^k \qquad i = 1,2,\cdots,b \tag{9-242}$$

将方程组(9-242)简化为：

$$\frac{\partial f_i}{\partial Q_i} \cdot \Delta Q_i^k = -f_i(Q_y^k) \qquad i = 1,2,\cdots,b \tag{9-243}$$

将式(9-240)代入式(9-242)，并考虑到风流方向的变化，得到：

$$\Delta Q_i^k = \frac{\sum\limits_{\substack{i=1\\j\neq i}}^{b} R_{ij}(Q_i^k - Q_j^k)\,|Q_i^k - Q_j^k| + R_{ij}Q_j^k\,|Q_i^k| - P_i}{2\left(\sum\limits_{\substack{i=1\\j\neq i}}^{b} R_{ij}\,|Q_i^k - Q_j^k| + R_{ij}\,|Q_i^k|\right) - \left.\dfrac{\mathrm{d}P_i}{\mathrm{d}Q_i}\right|_{Q_i = Q_i^k}} \qquad i = 1,2,\cdots,b \tag{9-244}$$

由此得到第 $k+1$ 次的回路风量近似解：

$$Q_i^k = Q_i^k + \Delta Q_i^k \qquad i = 1,2,\cdots,b$$

按式(9-244)反复计算风量校正量，直到达到收敛精度为止，然后再将回路风量按风量平衡定性计算出所有巷边风量。

当以网络 G 中所有的分支风巷作为变量时，有：

$$f_i = \sum_{j=1}^{n} b_{ij}R_jQ_j\,|Q_j| - P_i = 0 \qquad i = 1,2,\cdots,b \tag{9-245}$$

$$\Delta Q_i^1 = \frac{\sum\limits_{j=1}^{n} b_{ij}R_jQ_j\,|Q_j| - P_i}{2\sum\limits_{j=1}^{n} |b_{ij}R_jQ_j|_{Q_i = Q_i^k}} \tag{9-246}$$

$$\Delta Q_j^{k+1} = \Delta Q_j^k + b_j^iQ_i^k \tag{9-247}$$

由式(9-246)反复计算风量修正量，由式(9-247)来修正分支巷道的风量，直到达到收敛精度，所以各分支风量的值即为最终解，达到了解算网络的目的。

b　牛顿算法

以 $Q_y = (Q_1, Q_2, \cdots, Q_0)$ 作为变量，由牛顿法求解式(9-245)的非线性方程组。逐次线性化解：

$$
\begin{bmatrix} \frac{af_i}{\alpha Q_1} & \frac{af_i}{\alpha Q_2} & \cdots & \frac{af_1}{\alpha Q_b} \\ \frac{af_2}{\alpha Q_1} & \frac{af_2}{\alpha Q_2} & \cdots & \frac{af_2}{\alpha Q_b} \\ \vdots & \vdots & & \vdots \\ \frac{af_b}{\alpha Q_1} & \frac{af_b}{\alpha Q_2} & & \frac{af_b}{\alpha Q_b} \end{bmatrix} \begin{bmatrix} \Delta Q_1^k \\ \Delta Q_2^k \\ \vdots \\ \Delta Q_b^k \end{bmatrix} = - \begin{bmatrix} f_1 \\ f_2 \\ \vdots \\ f_b \end{bmatrix} \tag{9-248}
$$

上式中系数矩阵称为Jacobi矩阵。

设式(9-245)的第K项近似解为$Q_y^k=(Q_1^k,Q_2^k,\cdots,Q_b^k)$。

$Q^{kt}=Q_y^kBf$为相应的网络各边风量,方程组(9-248)有关各量按如下计算。设第j台风机的特性由线高$A_0+A_1Q_j+A_2Q_j$。

当$i\neq j$时:

$$
\left.\frac{\partial f_i}{\partial Q_j}\right|_{Q_n} = 2\sum_{j=1}^{n} b_{js}\cdot b_{is}\cdot R_s\,|Q_s^k|
$$

当$i=j$时:

$$
\left.\frac{\partial f_i}{\partial Q_j}\right|_{Q_k} = 2\sum_{s=1}^{n} |b_{is}\cdot R_s|\cdot|Q_s^k| - \sum_{s=1}^{n} b_{is}(2A_{2s}Q_s + A_{1s}) \qquad i=1,2,\cdots,b
$$

解方程(9-248)可以求出第K次修正量$\Delta Q_y^k=\Delta Q_1^k,\Delta Q_2^k,\cdots,\Delta Q_b^k$,进而得到第$K+1$次近似值:

$$
Q_i^{k+1} = Q_i^k + \Delta Q_i^k \qquad i=1,2,\cdots,b
$$

重复这一过程直到达到收敛精度,从而达到解算的目的。

上面介绍的两个方法都是以巷边的分支风量作出变量来处理,因此,独立的变量只有6个,其余的风量可由这6个独立的风量线性表示出来。下面介绍的两个方法则是以节点的压力作为未知数来处理的,因此独立变量为$m-1$个。

c 节点压力方法

推导通风网络节点压力方法的三个基本公式:

$$
H_j = R_j\,|Q_j|\,Q_j \tag{9-249}
$$

$$
AQ = q \tag{9-250}
$$

$$
A^{\mathrm{T}}P = H \tag{9-251}
$$

这里P是节点压力降矩阵,q是节点收量矩阵,均为$(m-1)$阶段($Q(0)$)是指在给定的初始压力下算出的分支初始风量,ΔQ是在节点压力修正后为该分枝中风量增量,由式(9-250):

$$
A(Q(0)+\Delta Q) = q \tag{9-252}
$$

令$AQ(0)=q(0)$,则有:

$$
A\Delta Q = q - q(0) \tag{9-253}
$$

式(9-251)可写成如下增量形式:

$$
\Delta H_j = \sum_{i=1}^{m-1} a_j i \Delta P_i \qquad j=1,2,\cdots,n \tag{9-254}
$$

将式(9-249)写成增量形式:

$$
\Delta H_j = 2R_j\,|Q_j^{(0)}|\,\Delta Q_j \Delta Q_j = \Delta H_j / 2R_j\,|Q_j^{(0)}| \tag{9-255}
$$

将式(9-253)代入式(9-254)

$$
\Delta Q_j = \frac{1}{2R_j\,|Q_j^{(0)}|}\sum_{i=1}^{m-1} a_j i \Delta P_i \tag{9-256}
$$

将式(9-255)代入式(9-252),有:

$$\sum_{i=1}^{m-1}\sum_{j=1}^{n} a_k j \frac{1}{2R_j\left|Q_j^{(0)}\right| \cdot a_j i \cdot \Delta P_i = q - q^{(0)}} \qquad k = 1,2,\cdots,m-1 \tag{9-257}$$

式(9-256)就是推导出的节点压力法数学模型。在通风网络解算中,由 ΔP 可以校正 P 值,由式(9-245)、式(9-246)求出网络中的各分支风量、风压、直到达到收敛精度。这就是节点压力法的迭代过程。

d 应用图论的点势分析法

这一分析法是由日本矶部俊郎等人提出的,本质与节点压力法一致,但由于矶部俊郎在这一方法中应用了图的理论,求解过程有其独特之处。

应用图论表示通风网络理论如下。

图 G 中任意点 V_1 与其关联弧 ek 的风阻为 Rk,ek 的另一端点为 V_2,设 V_1、V_2 的负压分别为 H_{v_1}、H_{v_2}。则

$$H_{v_1} - H_{v_2} = d_{(v_1)v_2} Q_k^2 R_k \tag{9-258}$$

这里,当 $H_{v_1} > H_{v_2}$ 时,$d_{v_1v_2} = 1$,反之有 $d_{(v_1)v_2} = -1$。

通风中的风量平衡计算式表示成:

$$\sum_{i=1}^{d(v_1)} d_{v_1v_2} Q_{k_i} = 0 \tag{9-259}$$

式中 $d(v_1)$——节点 v_1 的度;

k_i——与点 v_1 关联枝中第 i 枝;

v_{2i}——弧 k_i 的端点。

回路风压平衡定律在负压作为未知数来求时自然满足。

该方法中,入风口及出风口的负压作为已知点的负压,用作边界条件,由此确定图 G 中所有点的未知负压。首先,除入、排风井口以外的点的负压全置为零,入、排风井口的负压作为已知值输入。图 G 中连接任意点 V_1 的弧 eki 其另一端点为 v_{2i},v_{2i} 负压中取最大者置为 v_{21},式(9-258)有:

$$H_{v_1} = H_{v_{21}} + d_{v_1v_{21}} R_{v_1v_2} Q_{v_1v_{21}}^2 \tag{9-260}$$

$$\vdots$$

$$H_{v_1} = H_{v_{2i}} + d_{v_1v_{21}} R_{v_1v_2} Q_{v_1v_{21}}^2 \tag{9-261}$$

$$H_{v_1} = H_{v_2} d(v_1) + d_{v_1v_2} d(v_1) R_{v_1v_2} Q_{v_1v_{21}}^2 d(v_1) \tag{9-262}$$

式(9-260)和式(9-261)两式相减($2 \leqslant i \leqslant d(v_1)$),则有:

$$H_{v_{21}} - H_{v_{2i}} + d_{v_1v_{21}} Q_{v_1v_{21}}^2 R_{v_1v_{21}} - d_{v_1v_{2i}} R_{v_1v_{2i}} Q_{v_1v_{2i}}^2 = 0 \tag{9-263}$$

$$Q_{v_1v_{2i}} = \left[(H_{v_{21}} - H_{v_{2i}} + d_{v_1v_2} R_{v_1v_{21}} Q_{v_1v_{21}}^2)/(d_{v_1v_{2i}} R_{v_1v_{2i}})\right]^{\frac{1}{2}} \tag{9-264}$$

将式(9-260)、式(9-261)和式(9-262)代入式(9-264)中,得到:

$$d_{v_1v_{21}} Q_{v_1v_{2i}} + \sum_{l=2}^{d(v_1)} d_{v_1v_{2i}} \left[\frac{Hv_{21} - Hv_{2i} + d_{v_1v_{21}} R_{v_1v_2} Q_{v_1v_{21}}^2}{d_{v_1v_{2i}} R_{v_1v_{2i}}}\right] = 0 \tag{9-265}$$

由式(9-264)求出 $Q_{v_1v_{21}}$ 后代入式(9-260)可求出压力 H_{v_1},所求出负压 H_{v_1} 与计算前的 H_{v_1} 不同时,后面的计算就采用新的 H_{v_1} 值。进行这一工作遍及所有入、排风井口以外的点后,再重复这一计算。新求出的 H_{v_1} 值与计算前的 H_{v_1} 差达到预期精度就停止计算,否则反复进行迭代。

在上面所列出的四个方法中,前面两种方法的实质是一样的,都是以基准巷风量作为变化出发,比较式(9-243)和式(9-248)容易看出,式(9-243)是式(9-248)的简化。这就是斯考范-亨斯雷算法与牛顿算法的区别所在。式(9-243)是将式(9-248)Jacobi 系数矩阵中主对角线以外的各项元素的略去不计,只留下主对角线上的元素,在应用电子计算机解算通风网络以前,这一简化工作是必需的,因此式(9-248)不利于计算。这一简化的前提条件是式(9-236)的成立。所以,为了加速算法的收敛,斯考范-亨斯雷法在圈划网孔时要求大阻力巷作为基准巷,而牛顿法就不存在这一问题。虽然如此,由于手算时,最普遍采用的是斯考范-亨斯雷方法,所以在应用电子计算机以后,大多数沿用此法。后面的节点压力法和点势法,其实质也是一样的。都是将变元取为节点的压力,节点压力法着眼于将整个网络一起研究,较直观地看到这一方法的迭代过程,而点

势法是由局部的解算(即逐点解算)推及到全网络。总的来说,后两种方法尚未普遍应用。

进一步将上面四种方法归纳起来,不外乎是解非线性方程组的近似方法。斯考范·亨斯雷法与牛顿法是解独立回路的风压平衡方程:

$$B_f(H - H_f - H_n) = 0 \tag{9-266}$$

而节点压力法和点势法就是解非线性方程组:

$$ATP = H \tag{9-267}$$

按式(9-266)解算时,式(9-267)是自然满足的。

E 冬瓜山铜矿通风优化实例

a 矿山概况

冬瓜山铜矿床是我国有色金属矿山首例埋藏深度超过千米且矿体均赋存于热害区的特大型高硫铜矿床。矿区年平均气温16.2℃,夏季年平均气温27.4℃,极端气温高达40.2℃。冬瓜山铜矿特殊的开采条件(深井、高温、高硫矿床)决定了设计的井下通风系统除了要满足向井下供给足够的新鲜风流、有效地排出炮烟和粉尘外,还要排出井下各种热源放出的热量,从而保证井下采矿生产达到安全规程的要求。为此设计采用了侧翼对角式多级机站通风系统,共三级机站,即进风段、采区(需风段)和回风段各设一级,均为有风墙机站。新鲜风流主要由冬瓜山副井和进风井进入,回风井回风,同时冬瓜山主井和辅助井也承担部分回风。矿井总风量596m³/s,其中进风为进风井464m³/s,冬瓜山副井132m³/s;出风为回风井528m³/s,冬瓜山主井38m³/s,冬瓜山辅助井30m³/s。由于夏季气温较高,考虑利用上部的东、西狮子山旧巷道对部分进风风流进行预冷。通风系统采用斯考范-亨斯雷法进行网路优化计算,优选风机和风量的合理分配。

b 优化方法

根据通风系统优化原则,应用斯考范-亨斯雷法对冬瓜山千米深井通风系统进行结算。对冬瓜山井下系统各种类型井巷及作业中段布置、作业点分布、典型巷道的通风阻力等进行了调查、测试和数据处理,建立了多级机站通风网络数据库,在给定初选风机、巷道风量、确定基准巷等条件下,利用计算机编网解算圈定网孔,优选风机。

通风解算网络包括95个节点、146条分支和11个主要机站,根据提出的通风系统方案,计算主扇工况、井巷通风阻力、风量分配等。对提出的通风系统方案进行技术经济比较,重点考虑多级机站风机对风流的控制能力、对排除污风和热量的调节措施,以及采用零压平衡技术控制主要作业中段的风量分配、减少内部漏风、完善风量与风压的合理匹配。研究了机站设置和风机选型问题,以满足冬瓜山各作业中段的回采需要,并达到节能目的。

冬瓜山多级机站通风系统优化方案网络解算结果见表9-237。

表9-237 冬瓜山多级机站通风系统优化方案网络解算结果

名称	机站位置	风机型号	并联台数	额定功率/(kW/台)	叶片角度/(°)	风量/(m³/s)	风压/Pa	实耗功率/kW
进风机站	-670m	K40-6No17	2	75	26	67	337	40
	-730m	K40-6No16	2	45	26	70	468	49
	-790m	K40-6No18	2	75	26	107	569	84
	-850m	K40-6No18	2	75	26	113	437	76
	-875m	K40-6No18	2	75	26	104	560	82
回风机站	-790M	K45-6No19	2	200	45	221	887	338
		K45-6No19	2	200	45	221	887	338
	-850M1号巷	K45-6No19	2	200	45	193	1375	356
		K45-6No19	2	200	45	193	1375	356
	-850M2号巷	K45-6No19	2	200	45	190	1307	353
		K45-6No19	2	200	45	190	1307	353
各井筒风量/(m³/s)	冬瓜山回风井(出风)		604					
	冬瓜山进风井(进风)		473					
	冬瓜山副井(进风)		31					
	冬瓜山主井(进风)		32					
	冬瓜山辅助井(进风)		47					
	大团山副井(进风)		21					
系统装机容量/kW			3110					
系统有效风量率/%			82					
风机平均效率/%			91					

c 应用效果

在复杂难采千米深井高温大型(开采规模3000kt/a)铜矿床,通过加大系统通风量(600m^3/s),采用多级机站通风优化技术并对其进行合理改进,即系统Ⅰ级机站控制系统进风量并克服进风段通风阻力,Ⅱ、Ⅲ级机站采用风机两两串并联形式控制系统总风量并克服采区及回风段通风阻力,主要巷道的风量基本达到设计要求,主要作业采区温度降低5~8℃,解决了深井高温矿床通风降温与节能、多级机站通风技术推广应用中存在各级机站风机压力的不合理分配以及进风段和需风段存在大量漏风和污风循环的问题。实践证明该方法适用于大型矿山的通风系统优化方法。

9.10.5.2 深井降温技术

A 现状及存在问题

我国深井开采的矿山均不同程度出现井下高温问题,也进行过有关技术研究,但总的来说,对深井高温治理仍没有很好的解决方法。

湖南省湘西金矿开展“深井通风系统优化及降温技术研究”课题,湘西金矿是一座已有120多年开采历史的老矿山。矿体展布在长5000m,宽3500m,倾斜延伸1000m的范围内。井下共有32个中段,同时工作的中段数达到了24个,同时工作的作业点有120多个。各种井巷纵横交错,形成了一个十分庞大而复杂的通风系统。该专题的研究,就是要针对湘西金矿这样一个多中段、多采场、多风路的深井高温复杂通风系统,解决通风网路优化、除尘、降温等技术问题,取得了一定的研究成果。

铜陵冬瓜山铜矿通风降温技术研究进行了深井高温矿床管理系统软件、掘进工作面排热通风规律以及个体防护研究和人工微气候技术研究工作。深井高温矿床管理系统软件应用Visaul Basic 5.0开发深井环境管理系统,本系统充分利用了Windows优秀的人机界面,最大限度为用户提供方便,运用本系统能较好地对矿山环境进行管理;掘进工作面排热通风规律,通过井下环境调查,掌握出冬瓜山铜矿井下气候参数随深度增加和季节变化规律,为井下气候预测提供有利的数据参数,解决排热问题;当掘进工作面供风风温高于25℃时,应采用局部降温措施,使供风温度低于或等于25℃;个体防护研究个体冷却服,即在冷却服内用冰作为冷却介质,工人穿冷却服与不穿冷却服比较,其体温可降低5℃左右,工作感觉良好;人工微气候技术开发,研究矿井空气冷却器、热嶂和井下人工微气候的热平衡计算分析。

青岛金星矿业公司针对复杂深井高温开采金矿床,通过加大系统通风量和利用上部采空区冷风预冷措施实现通风降温的目的。采用多级机站通风技术并对其进行合理改进,即系统Ⅰ级机站控制系统进风量温度,Ⅱ级机站对各中段分风,Ⅲ、Ⅳ级机站采用风机串联形式控制系统总风量并克服采区及回风段通风阻力,降低通风系统装机容量27%(由75kW降低到55kW),主要作业采区温度降低5~8℃,解决了深井高温金矿床通风降温以及进风段和需风段存在大量漏风和污风循环的问题。

我国在深井降温研究方面所作工作中,工业应用的实例不多且降温投资与成本较大,矿山难以接受,研究经济有效的降温措施虽然难度高,但是意义重大。

B 深井温度产生的机理及预测

a 深井空气温度产生机理

(1) 矿井通风的热交换。井巷各种热源散热量与流过该巷道空气参数变化关系可用风流通过井巷的热力平衡方程式表示:

$$\Sigma Z_{总} = G(i_2 - i_1) \tag{9-268}$$

式中 $\Sigma Z_{总}$——井巷各热源散热量之和;

G——通过井巷的风量,m^3/s;

i_2——井巷始端空气的焓,J/kg;

i_1——井巷终端空气的焓,J/kg。

井下热源种类很多,与井巷内空气热交换类型多种多样,有岩层与空气热交换、热水与空气热交换、机电热与空气热交换、化学热与空气热交换、人体散热等。

（2）岩层与矿井空气的热交换。

1）傅里叶热传导定律。高温岩层通过井巷壁与矿井空气的热交换符合傅里叶热传导定律，该定律用式(9-269)表示（图9-343）。

$$Z = \lambda F \frac{T_1 - T_2}{\delta} \tag{9-269}$$

式中 Z——单位时间从壁的一个表面传到另一表面的热量，J/h；

T_1——壁的内表面温度，℃；

T_2——壁的外表面温度，℃；

δ——壁的厚度，m；

F——壁的面积，m^2；

λ——壁的热导率，W/(m·℃)。

若在岩壁干燥的高温岩层中开凿的巷道还没有通风时，巷道中的静止空气与围岩的温度是相同的（事实上，当巷道贯通之前，巷道中气温就比岩温低，这是因为局部通风、使用压缩空气以及岩壁表面水分蒸发所致）。当巷道贯通后，以比岩温低的冷空气进行通风时，原始岩温受到扰动，地热由岩壁传给空气，气温升高。原岩温度场和通风影响的叠加，在井巷周围形成一圈温度不同于岩层原始温度的范围称调热圈。调热圈内的岩层温度受通风影响扰动，随着与井巷壁面距离的增加扰动逐渐减小，最终扰动消失达到岩层原始温度（图9-344）。这样的距离称为调热圈厚度，该厚度大致为15～40m。

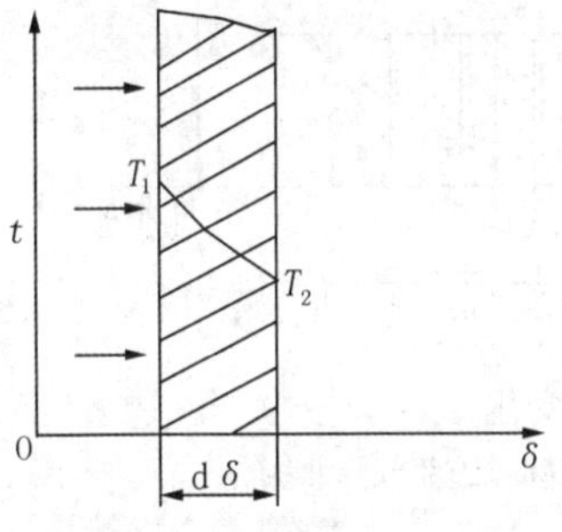

图9-343 傅里叶热传导定律

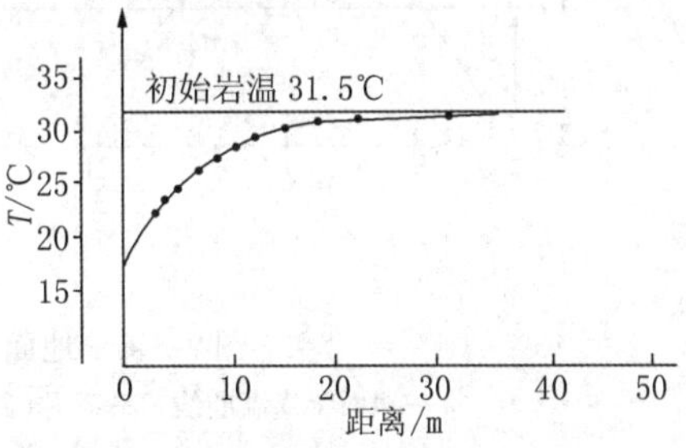

图9-344 辽源矿务局太信西井 -440m，垂深710m巷道水平钻孔地温变化

调热圈的厚度及该范围内的岩温变化情况，可在通风巷道周围用钻孔及测温仪表测定。

矿井空气与井巷岩壁的热交换和通风距离有关，矿井进风段井巷岩壁和空气温差较大，随着空气向前流动，温差逐渐减小，空气温升也越来越小，当达到一定距离后，气温与岩温基本接近，两者之间不再发生热交换。与此相应，从矿井进风段至回风段井巷调热圈厚度逐渐变薄，甚至消失。空气由回风井向地面的排出过程中，由于膨胀吸热，温度略有降低。

矿井通风时间也影响着空气与岩壁的热交换。若风量不变，随着时间的推移，岩壁传给矿井空气的热量逐渐降低，最后稳定下来形成稳态热交换。同样，调热圈厚度在通风开始时增加很快，以后趋于稳定，最终基本稳定在某一厚度。所有高温岩层散热量的计算公式都有一定的通风时间的限制，只有通风1～2年以上的井巷才能进行这样的计算。

矿井空气与岩壁的热交换与岩层原始温度，岩壁热物理性质，岩壁表面干燥程度，岩壁的层理、裂隙发育程度及方向等因素有关。如果岩层原始温度高或热流密度（单位面积上的地热流量）大，则调热圈就薄，消失的距离就短。若岩壁导热性能好，岩壁的层理裂隙在井巷四周放射状发育，再加上岩壁表面潮湿，由于水分蒸发急剧改变了岩壁导热性质，那么岩壁与矿井空气的热交换就强烈得多，调热圈也要薄一些。

矿井风量及进入矿井的空气温度和湿度也影响矿井空气与井巷岩壁的热交换。当风量大、矿井空气与岩壁温差大并且干燥时，矿井空气与岩壁的热交换就强烈，调热圈增厚，消失距离增长。根据上述热交换的特点可利用靠近地面浅部井巷的岩壁夏季从风流中吸热，冬季向风流放热的特点，降低夏季矿井进风温度或提高冬季井风温度。巷道四周岩壁等温线图如图 9-345 所示。

2）地面气象条件对矿井气象条件的影响。进入矿区的地面空气其气象参数是有地区性、季节性和昼夜性的。地面空气的年（日）温度随季节和昼夜的周期性变化而变化，这种变化近似为正弦曲线（图 9-346）。

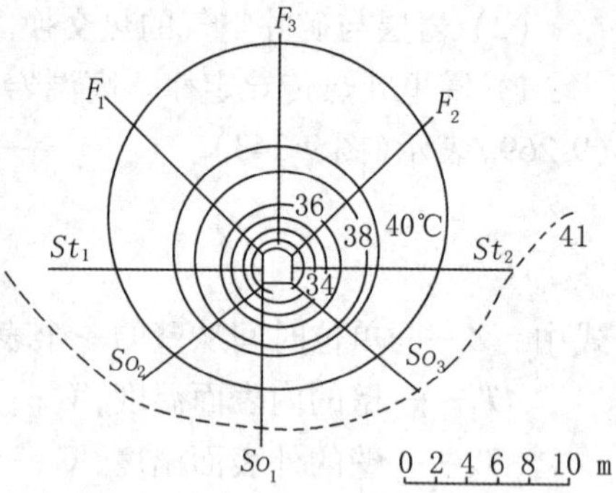

图 9-345　巷道四周岩壁等温线（通风 3.5 年）

矿井年（日）气温曲线的波幅随着与进风井口距离的增加不断衰减，这种变化可由图 9-347 和图 9-349 看出。

测点（1）和测点（2）距离 300m，测点（2）和测点（3）距离 383m；巷道当量半径 $r_0 = 2S/P = 1.28\text{m}$，风量 $Q = 1980\text{m/s}$。

矿井日气温波幅随着与进风井口距离的增加急剧衰减，所以气温波幅衰减要小得多。图 9-347 是国外根据一些矿井的实测资料总结出的矿井气温波幅度衰减曲线。该曲线与距进风井口距离 L 及巷道当量半径 r_0 有关。由该图可以看出年、日气温波幅衰减曲线两者之间的差异。

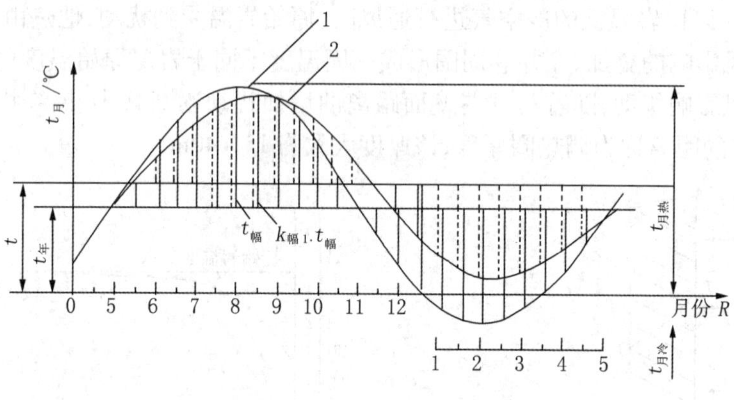

图 9-346　地面空气温度变化

1—地面年气温曲线；2—矿井（距井风井口 Lm 处）年气温曲线

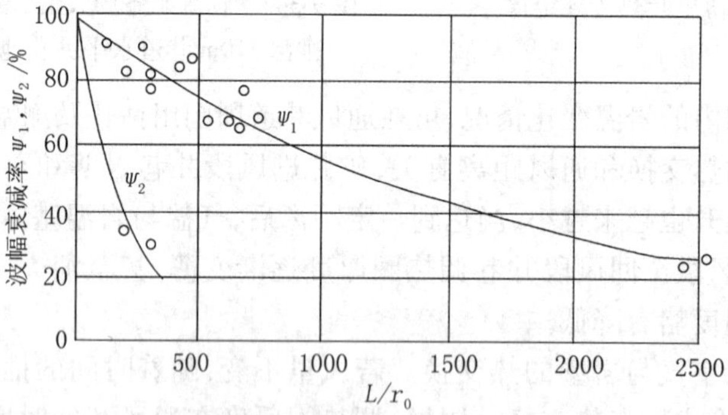

图 9-347　矿井年、日气温波幅衰减曲线

ψ_1—矿井年气温波幅衰减曲线；ψ_2—矿井日气温波幅衰减曲线

矿井年（日）气温曲线比地面年（日）气温曲线滞后一定相位，相位滞后的大小与距进风井口的距离有关。

地面气温对矿井空气温度的井深有关，浅井显著，深井影响较小（图 9-349、图 9-350）。

地面气温对矿井气温影响可由图 9-348 大致算出矿井某处随季节变化的最高和最低气温。

巷道通风气流温度周期变化波幅 $t_{幅井}$：

$$t_{幅井} = \frac{t_{幅井1} + t_{幅井2}}{t_2 - t_1} \tag{9-270}$$

式中 $t_{幅井1}$，$t_{幅井2}$——井巷始、终端年气温变化波幅，℃。

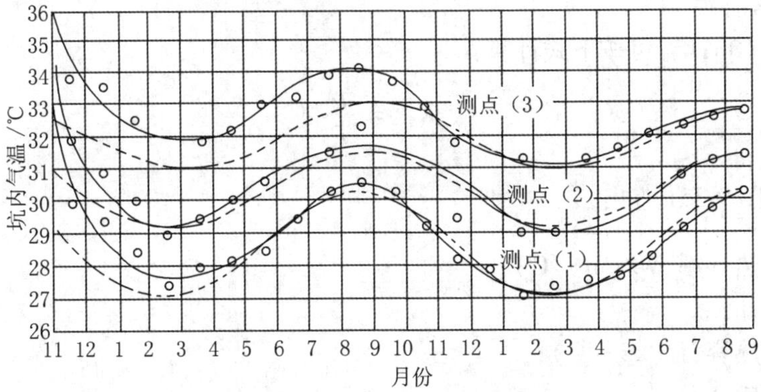

图 9-348 矿井年气温实测曲线

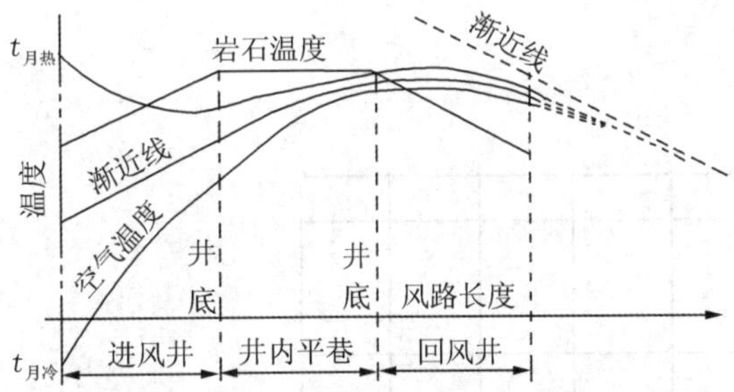

图 9-349 小型浅井空气温度曲线

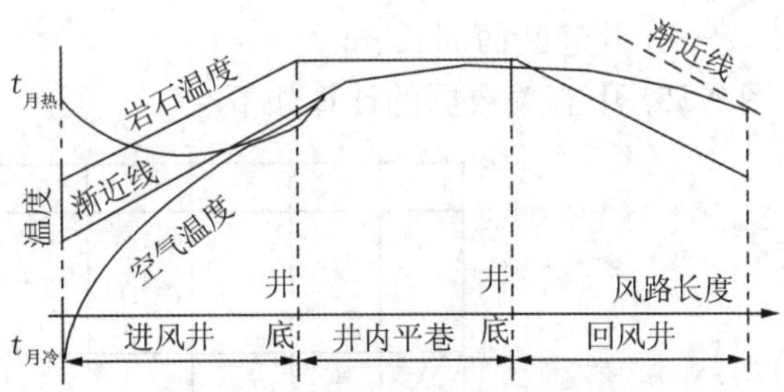

图 9-350 大型深井空气温度曲线

若井巷始端为进风井口，则 $t_{幅井1}$ 为：

$$t_{幅井1} = \frac{t_{旬热} - t_{旬冷}}{2} \tag{9-271}$$

式中 $t_{旬热}$，$t_{旬冷}$——矿区进风井口标高历年最热和最冷旬平均气温（也可用 $t_{月热}$、$t_{月冷}$ 代替），℃。

$t_{幅井2}$ 由图 9-348 按式（9-272）计算：

$$t_{幅井2} = t_{幅井1}\psi_1 \tag{9-272}$$

式中 ψ_1——年平均气温周期变化波幅衰减率。

ψ_1 根据井巷始、终端距离 L，巷道当量半径 r_0，由 L/r_0 值从图 9-348 查出。

如果井巷全长 L 范围内断面不同，各段井巷长为 L_1、L_2、L_3…，各段井巷的当量半径分别为 r'_0、r''_0、r'''_0…，由 $\frac{L_1}{r'_0}$、$\frac{L_2}{r''_0}$、$\frac{L_3}{r'''_0}$…，从图 9-348 查出 ψ'_1、ψ''_1、ψ'''_1…，则 ψ_1 按式（9-273）计算：

$$\psi_1 = \psi'_1\psi''_1\psi'''_1\cdots \tag{9-273}$$

这里必须指出：井巷不能任意分段，每段井巷长度 L_1、L_2、L_3、…都应在 300m 左右为好，若分段过短势必影响 ψ_1 的精度。假如在 300m 以内井巷断面还有变化，只能按比例计算该段井巷的平均当量半径 r_0，不能进一步按断面变化任意分段。

3）岩层与空气热交换计算。高温岩层散热量可用式（9-274）计算：

$$Z_{岩} = K_{岩}F_{岩}(T - t) \tag{9-274}$$

式中 $K_{岩}$——岩壁传热系数，W/（m^2·℃）；

$F_{岩}$——岩壁散热面积，m^2；

T——井巷所在标高岩层原始温度，即井巷调热圈以外的岩温，℃；

t——计算井巷内风流平均温度，℃：

$$t = \frac{t_1 + t_2}{2} \tag{9-275}$$

式中 t_1，t_2——井巷始、终端矿井空气温度，℃。

岩壁与风流的热交换是一个复杂过程，传热系统 $K_{岩}$ 与岩壁的热物理性质、含水性、矿井空气气象参数及通风时间等多种因素有关。

井巷通风时间 $\tau > 10h$，$K_{岩}$ 可按下式计算：

$$K_{岩} = \frac{\eta\lambda}{P} \tag{9-276}$$

式中 $\eta = \frac{\lambda\tau}{c_{岩} r_{岩} r_0^2}$，由图 9-351 查出；

λ——井巷岩壁热导率，W/(m · ℃)；

τ——通风时间，h；

$c_{岩}$——岩层的比热容，J/(kg · ℃)；

$r_{岩}$——岩层的容重，kg/m³；

r_0——井巷当量半径，计算见式(9-277)、式(9-278)；

P——井巷断面周长，m。

图 9-351 中有关数据的计算如下。

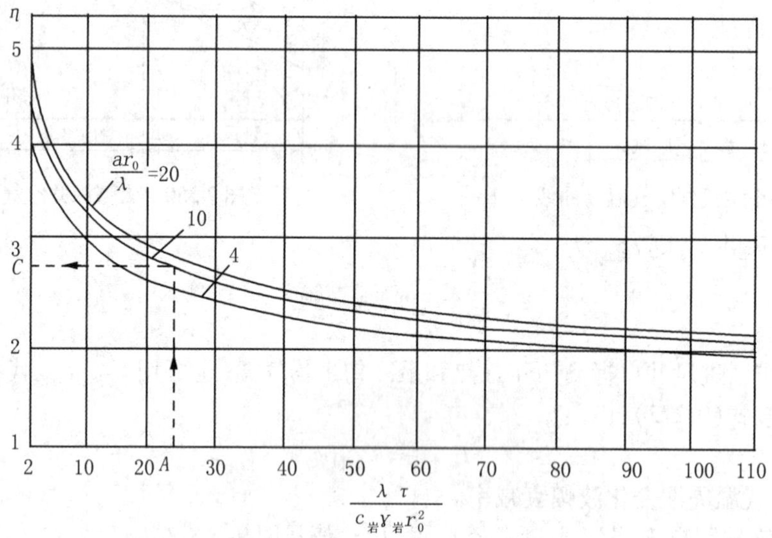

图 9-351 η 值

井巷当量半径 r_0：

$$r_0 = \frac{2S}{P} \tag{9-277}$$

式中 S——井巷横断面积，m²；

P——井巷横断面周长，m。

若井巷岩壁很粗糙时：

$$r_0 = \frac{1.4S}{P} \tag{9-278}$$

井巷岩壁对空气的放热系数 a：

$$a = 4.18(5.3 + 3.6v) \tag{9-279}$$

式中 v——风速，m/s。

将式(9-276)代入式(9-274)则得到高温岩层散热量计算式：

$$Z_{岩} = \eta\lambda L(T - t) \tag{9-280}$$

式中 L——井巷长度，m。

按式(9-280)计算的 $Z_{岩}$ 为显热与潜热量之和。若计算由于岩层的散热而使矿井空气的温升值，必须计算包括在 $Z_{岩}$ 中的显热量 $Z_{岩显}$：

$$Z_{岩显} = 2\pi r_0 La(T_{壁} - t) \tag{9-281}$$

式中 $T_{壁}$——井巷岩壁表面温度,℃。

生产矿井可通过实测计算 $K_{岩}$:

$$K_{岩} = \frac{G(i_2 - i_1) - \Sigma Z}{PL\Delta t_m} \tag{9-282}$$

式中 G——通过井巷的风量,kg/h;

ΣZ——除岩层散热外,其他热源散热量之和,J/h;

Δt_m——岩层与空气的对数平均温差,℃。

$$\Delta t_m = \frac{t_2 - t_1}{\ln \dfrac{T - t_1}{T - t_2}} \tag{9-283}$$

可利用已有坑道调节进风温度,夏季这些坑道可降低井进风温度,可谓"调热巷道"。冬季这些坑道可提高矿井进风温度,可谓"预热巷道"。求算调热巷道的长度,可按下列步骤计算:

① 确定调热巷道壁面温度 $T_{壁}$。位于地层恒温带附近调热巷道的 $T_{壁}$ 等于恒层温度 $T_{恒}$。超过地层恒温带调热巷道的 $T_{壁}$,参照式(9-268)的 T 值计算,或者利用实测值。

② 调热巷道岩壁放热系数 a。参照式(9-279)计算。

③ 空气冷却终温 t_2。设调热巷道冷却效率 $\eta = 85\% \sim 95\%$,按此选用,则:

$$t_2 = (1 - \eta)t_1 + \eta T_{壁} \tag{9-284}$$

式中 t_1——地面空气温度,℃。

④ 调热巷道岩壁面与空气温差 Δt。

$$\Delta t = \frac{1}{2}(t_1 + t_2) - T_{壁} \tag{9-285}$$

式中 t_2——调热巷道终点空气温度,℃。

⑤ 调热巷道长度 L。

$$L = \frac{G(i_1 - i_2)}{aS\Delta t} \tag{9-286}$$

式中 i_1——地面空气对应于 t_1 的焓,J/kg;

i_2——调热巷道终点对应于 t_2 的焓,J/kg;

G——通过调热巷道空气量,kg/h;

S——每米长调热巷道面积,m^2/m。

求算"预热坑道"使进入矿井空气上升的方法如下。

地表空气年周期变化波幅:

$$t_{幅} = \frac{t_{旬热} - t_{旬冷}}{2} \tag{9-287}$$

地表年平均气温:

$$t_{年} = \frac{t_{旬热} + t_{旬冷}}{2} \tag{9-288}$$

有关参数:

$$r_0 = \sqrt{\frac{S}{\pi}} \tag{9-289}$$

$$A = r_0 \sqrt{\frac{\omega}{\alpha}} \tag{9-290}$$

$$D = \frac{L\lambda}{c_p G} \tag{9-291}$$

$$B = \frac{r_0 d}{\lambda} \tag{9-292}$$

$$\omega = \frac{2\pi}{8760} = 0.0007 \tag{9-293}$$

空气通过预热巷道后的温度波幅：

$$t_{幅井} = t_{幅} \mathrm{e}^{Df(A,B)} \tag{9-294}$$

冬季冷风流经地温预热后的温度：

$$t_2 = t_{年} - t_{幅井} \tag{9-295}$$

式中 $t_{旬热}$——当地夏季最热旬平均干球温度，℃；

$t_{旬冷}$——当地冬季最冷旬平均干球温度，℃；

ω——温度的年周期波动变化频率，弧度/h；

α——岩体导温系数，m^2/h；

λ——岩体热导率，W/(m·℃)；

L——预热巷道长度，m；

c_p——空气比热容，为 0.24 J/(kg·℃)；

G——通过预热巷道的冷空气质量，$G = Q\gamma$，kg/h；

Q——通过预热巷道的风量，m^3/h；

γ——通过预热巷道的空气重率，kg/m^3；

d——预热巷道表面的热交换系数，$d = 1.11 \sim 1.39$ mW/(m·℃)；

S——巷道断面积，m^2；

$f(A,B)$——查函数曲线计算图 9-352 和图 9-353。

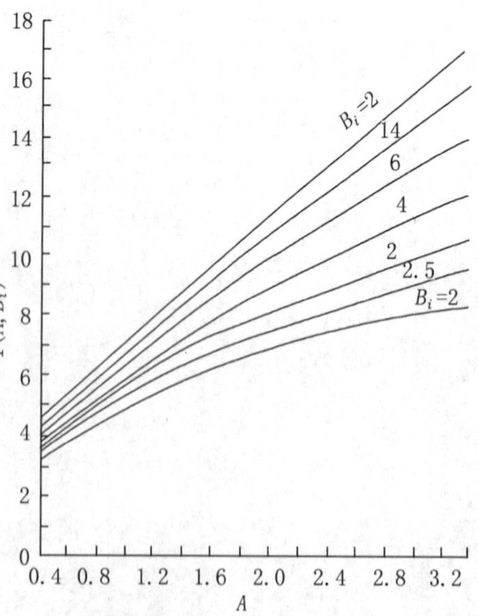

图 9-352 气流通过地下风道时之 $f(A,B_i)$ 计算(一)

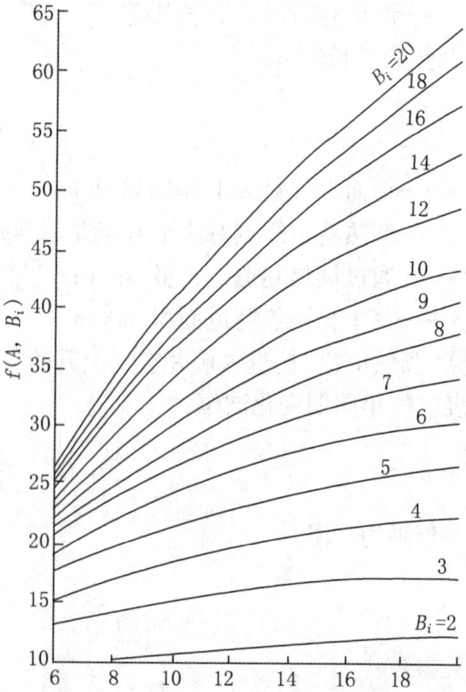

图 9-353 气流通过地下风道时之 $f(A,B_i)$ 计算(二)

(3) 热水与空气的热交换。

矿井空气与矿井热水的热交换不仅有对流散热，而且存在蒸发与凝出过程中的传湿过程。传湿过程本身也在散热。对流散热与热水表面空气流速、热水与空气的温差以及热水的散热面积有关。

热水对空气的散热量（对流散热）按式(9-296)计算：

$$Z_{水} = \alpha_{水} F(t_{水} - t) \tag{9-296}$$

由于矿井排水采用明沟或暗沟，所以应按不同情况分别计算。

$$Z_{明水} = \alpha_{明水} F(t_{水} - t) = (4.9 + 3.5v)F(t_{水} - t) \tag{9-297}$$

式中 $\alpha_{明水}$——明沟排水，水面向空气的（对流）放热系数，$\alpha_{明水} = 4.18 \times (4.9 + 3.5v)$，W/(m·℃)；

v——水面上的风速，m/s；

$t_{水}$——热水平均温度，℃；

F——热水散热面积，m^2；

t——水沟附近空气平均温度，℃。

$$Z_{暗水} = \alpha_{暗水} F(t_{水} - t) = \left(\frac{1}{\frac{1}{\alpha_1} + \frac{\delta}{\lambda_{盖}} + \frac{1}{\alpha_2}}\right) F(t_{水} - t) \tag{9-298}$$

式中 $\alpha_{暗水}$——暗沟排水，水面通过盖板向空气的放热系数，$\alpha_{暗水} = \frac{1}{\frac{1}{\alpha_1} + \frac{\delta}{\lambda_{盖}} + \frac{1}{\alpha_2}}$，W/(m·℃)；

α_1——水面对盖板的放热系数，W/(m·℃)；

δ——水沟盖板厚度，m；

$\lambda_{盖}$——盖板热导率，对水泥盖板 $\lambda_{盖} = 1.54$mW/(m·℃)；

α_2——盖板表面对空气的放热系数，W/(m·℃)；

F——热水散热面积，m^2；

$t_{水}$——热水平均温度，℃；

t——水沟附近空气平均温度，℃。

α_1 近似按式(9-299)计算：

$$\alpha_1 = 4.18\beta_{盖} \frac{(\gamma_{水} v_{水})^{0.8}}{d_0^{0.2}} \tag{9-299}$$

式中 $\gamma_{水}$——水的容重，kg/m^3；

$v_{水}$——水沟内水的流速，m/s；

d_0——水沟当量直径，为简化计算，可取水沟宽度，m；

$\beta_{盖}$——空气热物理性质系数，见表 9-238。

表 9-238 空气热物理性质系数

水温($t_{水}$)/℃	0	20	40	60
$\beta_{盖}$	4.91	6.46	7.98	9.3

α_2 按式(9-300)计算：

$$\alpha_2 = 4.18(6.31v^{0.656} + 3.25e^{-1.91v}) \tag{9-300}$$

式中 v——水沟盖板上的风速，m/s；

e——自然对数的底，e = 1.718。

(4) 机电热与空气的热交换。矿井空气与机电设备的热交换仅与机电设备的容量和运转方式有关，而与矿井空气的气象条件无关。

各种用电设备的散热量计算。

1) 电动机散热量。

$$Z_{电动机} = 3595\eta_{总} N \tag{9-301}$$

式中 N——电动机的安装功率，kW；

$\eta_{总}$——电动机总利用系数。

$$\eta_{总} = \eta_1\eta_2\eta_3 \frac{1}{\eta} \tag{9-302}$$

式中 η_1——安装系数(电动机最大实耗功率/安装功率),一般 $\eta_1=0.7$;

η_2——同时使用系数(电动机同时使用安装功率/总安装功率);

η_3——系数,一般 $\eta_3=0.4\sim0.5$;

η——电动机效率,见产品样本,也可以参照表9-239选取。

表9-239 电动机效率

功率/kW	1.1~3.0	3.1~5.0	5.1~10.0	11~15	16~20	21~30	31~50	51~80
电动机效率 η 值	0.80	0.82	0.84	0.86	0.87	0.88	0.89	0.90

2)卷扬机、绞车散热量。

$$Z_{卷} = (1-\eta_{机})3595\eta_{总} N \tag{9-303}$$

式中 $\eta_{机}$——卷扬机、绞车的机械效率。

3)皮带运输机散热量。

$$Z_{皮带} = 3595(N \pm 0.00273A_{皮带}L\sin\alpha) \tag{9-304}$$

式中 N——皮带运输机传动装置功率,kW;

$A_{皮带}$——皮带运输机能力,t/h;

L——皮带运输机长度,m;

α——皮带运输倾角,(°)。

皮带运输机向下运转取(-)号,反之取(+)号。

4)电机车运输散热量。

$$Z_{电机车} = 3595\frac{aAL}{t_{运}} \tag{9-305}$$

式中 a——电机车单位耗电指标(运输1t物料运行1km的单位电力消耗),kW·h/(t·kg);

A——电机车昼夜运输量,t/d;

L——电机车运行距离,kg;

$t_{运}$——电机车昼夜运行时间,h。

5)变压器散热量。

$$Z_{变} = 3595\eta_{损} N_{功} \tag{9-306}$$

式中 $\eta_{损}$——变压器的热损失,矿用变压器平均为0.05左右;

$N_{功}$——变压器的有功功率,kW。

6)电缆散热量。

$$Z = 3595N_{损} L \tag{9-307}$$

式中 $N_{损}$——每米电缆电力损耗,kW/m;

L——电缆长度,m。

7)焊接设备散热量。每个焊接工作点散热量可近似按下列数据选取:

$$Z_{电焊} = 16720$$

$$Z_{气焊} = 41800$$

8)照明散热量。

$$Z_{白灯} = 3595N \tag{9-308}$$

式中 N——白炽灯功率,kW。

$$Z_{荧光灯} = 3595(N_1 + N_2) \tag{9-309}$$

式中 N_1——荧光灯功率,kW;

N_2——镇流器消耗功率,一般取荧光灯功率的20%,kW。

9）柴油设备散热量。

$$Z_{柴} = 4.18BC\eta N \tag{9-310}$$

式中 B——柴油机燃料平均消耗量，kg/(kW·h)，见表9-240；

N——柴油机有效功率，kW；

C——柴油的热值，43472J/kg；

η——柴油机散热量百分比，见表9-240。

表9-240 不同 B 值下的 η 值

柴油机功率 N/kW	<44.1	44.1~73.5	73.5~147	147~294	>294
B	0.235~0.225	0.22	0.19	0.17	0.17
η	0.06	0.05~0.055	0.045	0.04	0.04

10）某段巷道内机电设备总散热量计算。根据计算范围内风路中各种机电设备的分布情况及其散热与风流的关系，将电连在风路中的机电设备散热量相加，即得该巷道内机电设备散热量：

$$Z_{机} = Z_{电机} + Z_{卷} + Z_{电机车} + Z_{变} + \cdots \tag{9-311}$$

(5)化学热与空气热交换。

矿井化学反应散热过程很复杂，它和参与这些化学反应的物质成分、结构、含水率以及与空气的接触面积等因素有关，而与空气的热交换还与通风时间、风量、矿井空气的气象参数等多种因素有关。常采用统计和类比的方法进行估算。

1）井巷、采掘工作面的矿壁、矿尘、支架等氧化散热量。

$$Z_{氧} = 4.18z_{氧}PL \tag{9-312}$$

式中 $z_{氧}$——每平方米巷道壁每小时氧化散热量，J/(m^2·h)，对于非煤的内因自热发火矿每平方米巷道壁面每小时的散热量尚无资料，有待科研和测定。现将国外煤矿测定数据见表9-241，仅供参考。

表9-241 国外爆矿测定数据

地　点	$Z_{氧}$/(J/(m^2·h))
井底车场及其附近巷道	12.5~18.8
采准煤巷	27.2
采煤工作面	54.3~62.7

$$Z_{炸} = 0.5225z_{炸}W_{炸} \tag{9-313}$$

式中 $W_{炸}$——每班平均炸药消耗量，kg/班；

$z_{炸}$——炸药爆热，J/kg，一些炸药的爆热见表9-242和表9-243。

表9-242 炸药的爆热(一)

炸药名称	硝化甘油	萘安	黑索今	梯恩梯
装药密度/(g/cm^3)	1.6	1.54	—	—
爆热/(J/kg)	6207	5862	5810	4180

表9-243 爆药的爆热(二)

炸药名称	硝酸铵	铵萘炸药	铵克炸药	2号岩石炸药	铵油炸药94∶6
爆热/(J/kg)	1438	3950	4138	4222	3632

2）混凝土水化作用散热量。

$$Z_{土} = 4.18z_{土}PL \tag{9-314}$$

式中 $z_{土}$——每平方米浇灌的混凝土巷道壁每小时散热量，J/(m^2·h)，计算采用 $Z_{土}$ = 4.18×(50~100)J/(m^2·h)；

其他符号同上。

(6)矿井空气被压缩后，压缩能量转化为热能使空气温度升高。压缩散热按式(9-315)计算：

$$Z_{压} = 4.18c_pG\Delta t \tag{9-315}$$

式中 c_p——空气定压比热容，一般情况下 $c_p = 1.00\text{J}/(\text{kg}\cdot℃)$；

G——井巷通过的风量，kg/h；

Δt——空气压缩引起的空气温升，℃。

由于矿井深度增大，矿井气压增加，空气受到压缩，其热能引起空气的温升为：

$$\Delta t = \frac{A}{c_p}(h_1 - h_2) = \frac{h_1 - h_2}{427 \times 0.24} = \frac{h_1 - h_2}{100} \tag{9-316}$$

式中 h_1, h_2——进风井巷始、终端的高程，m；

A——热的功当量，$A = 5965\text{J}/(\text{kg}\cdot\text{m})$。

式(9-316)说明当 $h_1 - h_2 = 100\text{m}$ 时，$\Delta t \approx 1℃$，即通风井巷深度每增加100m，气温升高1℃。当井巷高差较大，其始、终端空气重率为 γ_1 和 γ_2，则：

$$\gamma = \frac{\gamma_1 + \gamma_2}{2} \tag{9-317}$$

（7）管道散热量。矿井内一些输送热介质（热水、压缩空气）的管道都向周围空气散热，散热量按式(9-318)计算：

$$Z_{管} = K_{管} F(t_{热介} - t) = K_{管} \pi d L(t_{热介} - t) \tag{9-318}$$

式中 $K_{管}$——管道传热系数，W/(m·℃)。若为不保温管道，$K_{管}$ 值可按表9-244选取。

表9-244 管道传递系数

放热介质	吸热介质	$K_{管}$/(mW/(m·℃))
液体	空气	9.17~17.50
空气	空气	4.72~9.17

注：管道外径(d)大于150mm，$K_{管}$ 取下限；小于32mm取上限；D—管道外径，m；L—管道长度，m；$t_{热介}$—管道内热介质的温度，℃。

（8）人体散热量。人体散热量可用图9-354计算。

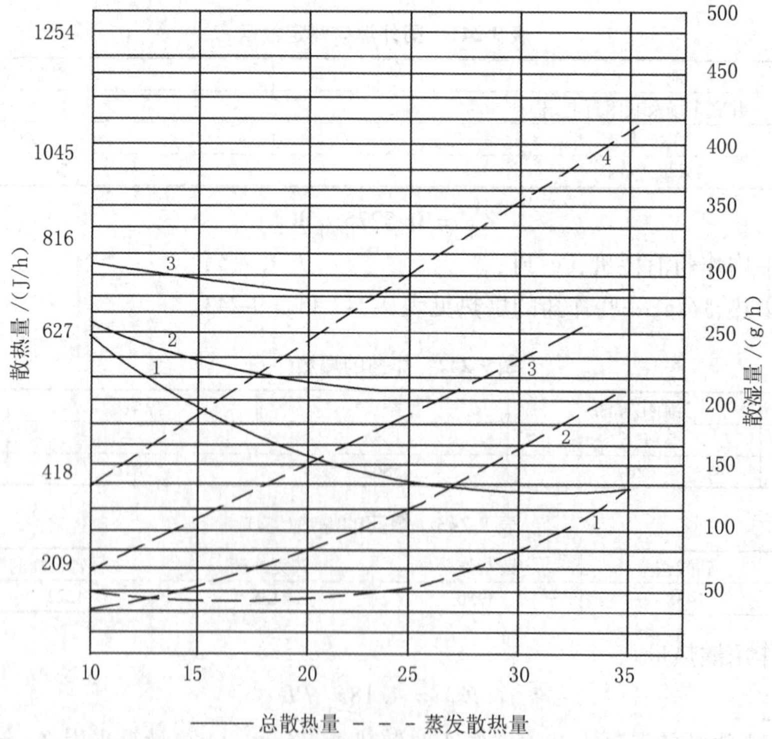

图9-354 不同体力劳动强度的人体散热量和散湿量

1—静止时；2—轻体力劳动；3—中等体力劳动；4—强体力劳动

不同的矿井，各种热源的散热量比例不同，由表9-245可见，矿井诸多热源中，有的以地热（高温岩层）为主，它是连续作用的热源，散热量占50%以上，其次是矿岩氧化、热水、机电设备的散热等。有的以空气压缩为主，各矿山各异。

表 9-245 矿井热源散热比例统计

矿井	围岩	矿石氧化	热水	机电设备	空气压缩	人体	其他	合计
广西合山矿务局	54		28	6.5	8.5	3	—	100
冬瓜山	24.5	4	5.5	19	43.5	—	3.5	100
国外某矿山	50	30	12	3.3	—	4	0.7	100

b 深井空气温度的预测计算

由风流通过井巷的热力平衡方程（式 9-268）可知，欲计算矿井热力状态，必须知道风路中有关位置的气温（t），由气温（t）、含湿量（d）、相对湿度（ψ）进而求出相应的焓，只有这样才能进行式（9-269）的计算，同时，某些热源（高温岩层、热水、管道等）散热量的计算也与气温（t）有关，而气温（t）又是检验矿井气象条件和进行矿井自然风压计算的重要依据。

生产矿井各处的气温可以通过实测。新设计的矿井或者生产矿井准备延深扩建部分的气温可用“矿井空气温度近似计算法”计算。该法的实质是：以通风井巷始端的气象条件为起始条件，沿风流前进方向，通过迭代计算，算出井巷终端的空气气象条件（气温和含湿量）。

若为新设计的矿井，应以进风口标高地面的气象条件为初始条件。

此法计算工作量较大，应尽量采用电子计算机运算。电子计算机程序可采用 Visual Basic 语言或 Matlab 语言。

（1）矿井空气的近似计算法。该法计算程序如图 9-355 所示：选择风路内风量和散热量最大的一条风路，分段依次进行计算。前一条分段的终端气温和含湿量即为下一个分段的起始端的气温和含湿量。

图 9-355 及电子计算机程序中符号说明如下（括号中的符号应用于电子计算机程序中，下同）：

$t_1(TJ)$——进风口的空气温度，℃；

$d_1(DJ)$——进风口的空气含湿量，kg/kg；

$T_m(TO)$——巷道所对应的地层恒温带的温度，℃；

$H_{恒}(HO)$——恒温带的高程，m；

$g(GT)$——地温率，m/℃；

H_A——巷道起点的高程，m；

H_B——巷道终点的高程，m；

G——巷道内的通风量，kg/s；

S——巷道断面积，m^2；

PL——巷道周长，m；

$r_0(R)$——巷道当量半径；

KO——每平方米巷道壁每小时散热量，J/h；

$Z_{岩}(ZC)$，$Z_{空压}(ZB)$，$Z_{压扇}(ZA)$，$Z_{机}(ZE)$，$Z_{氧化}(ZD)$，$Z_{其他}(ZF)$——矿井各种热源的散热量，J/h；

$\lambda(LAMDA)$——岩石热导率，W/(m·℃)；

$\gamma_{岩}(RG)$——岩石的重率，kg/m^3；

$\alpha(ALFA)$——岩壁对空气的放热系数，W/(m·℃)；

η——图 9-351 所求的系数；

$\psi(FO)$——岩层湿润的巷道表面积在巷道全部表面积中所占的比例；

P——大气压力，kg/m^2；

$D_{湿壁}(DSB)$——对应于湿润壁面温度 $T_{湿壁}$ 的饱和含湿量，kg/kg；

$T_{湿壁}(TSB)$——湿壁的表面温度，℃；

$P_{饱·湿壁}(PBSB)$——对应于 $T_{湿壁}$ 的饱和水蒸气分压力，kg/m^2；

$Z_{湿壁}(ZSB)$——湿润壁面给予空气的显热量，J/h；

$T_{干壁}(TGB)$——干燥岩壁面温度，℃；

$P_{蒸}(PS)$——巷道内的水蒸气分压，$P_{蒸}=\dfrac{P\left(\dfrac{DA+DB}{2}\right)}{0.622+\left(\dfrac{DA+DB}{2}\right)}$，Pa；

$Z_{干壁}(ZGB)$——干燥岩壁给予空气的显热量,J/h;

TAA——巷道起点的空气温度,℃;

TBB——巷道终点的空气温度,℃;

PF——压入式风机的风压,Pa;

RA——空气的容重,kg/m^3;

RT——岩壁与风流的热交换系数,W/(m·℃);

$\Sigma Z(EZ)$——巷道内各种热源散热量总和,J/h;

V——巷道内的风流速度,m/s;

$t_2^{(1)}(TAB)$——终点风温的逆算值,℃。

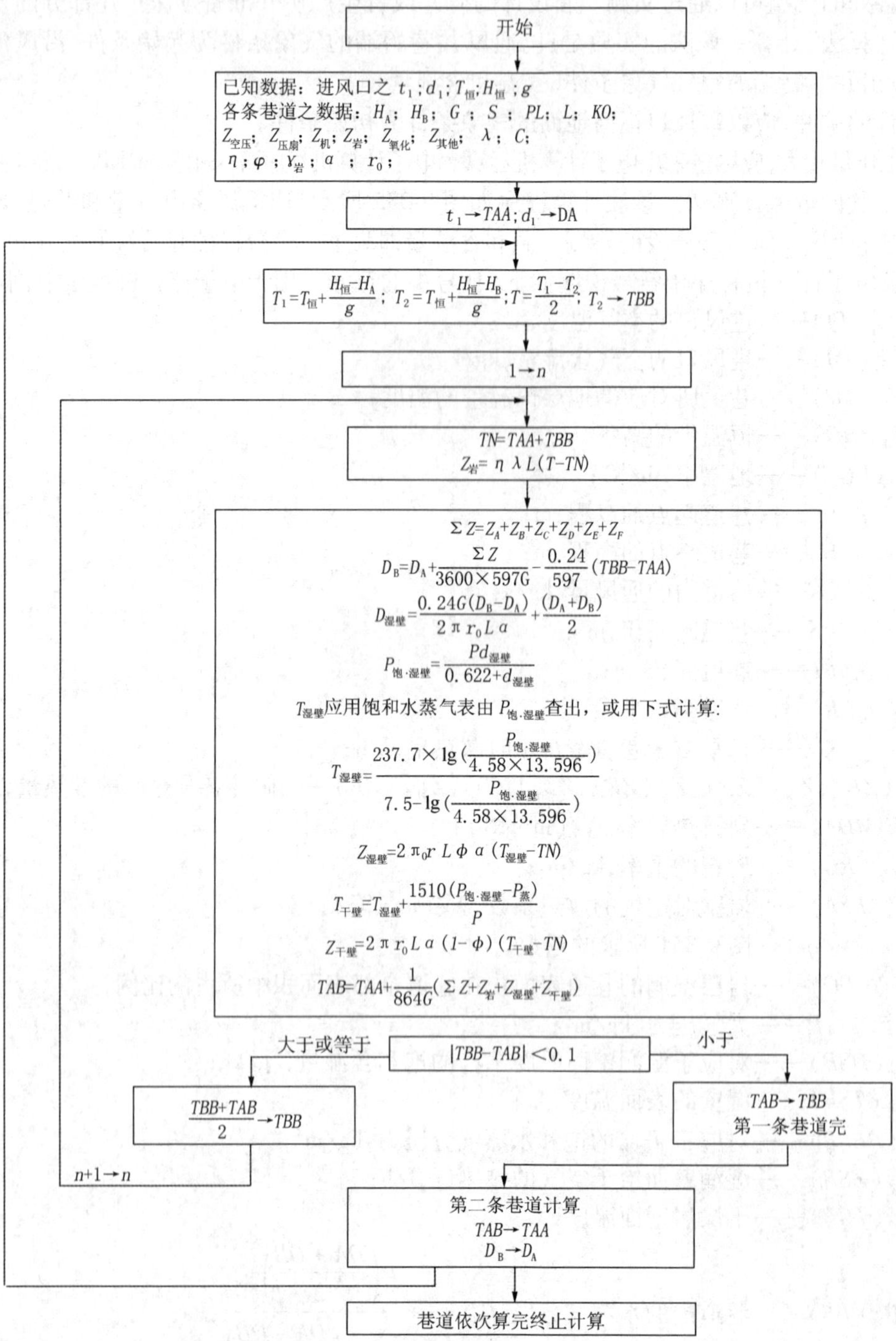

图9-355 井巷空气温度近似计算框图

(2) 矿井空气温度近似计算法的计算程序有关说明。

1) 井巷分段。每段的井巷类型(竖井、平巷等),断面和风量等原始条件应基本一致。若允许较大误差,也可增加分段长度而取分段内的内权平均值。

2)巷道始端空气温度 t_1 和含湿量 d_1。巷道始端空气温度 t_1 和含湿量 d_1 应为已知。巷道终端的空气温度 t_2 值通过假设确定,然后反复迭代运算,算出 t_2、d_2 值。该 t_2、d_2 值不仅是这段巷道终端的气温和含湿量,而且也是下一段巷道的始端气温和含湿量,即 t_1 和 d_1 值。

3) t_2 值的假设和收敛。通常 t_2 值的第 1 次运算拟设值 $t_2^{(1)}$ ($t_2^{(1)}$ 右上方括号数为运算次数的记号),根据简单比例可取 $t_2^{(1)} = T_2$。

第 2 次运算 $t_2^{(2)} = \dfrac{t_2^{(1)} + t_2^{(1)'}}{2}$,$t_2^{(1)'}$ 为 $t_2^{(1)}$ 的逆算值。

第 3 次以后的运算 $t_2^{(n)}$ 值的选取,应注意尽快收敛,按式(9-319)或式(9-320)计算,使用此两次应限制 $n=4$。

$$K = \frac{t_2^{(n)'} - t_2^{(n-1)'}}{t_2^{n} - t_2^{(n-1)}} \tag{9-319}$$

$$t_2^{(n+1)} = \frac{Kt_2^{(n)} - t_2^{(n)'}}{K - 1} \tag{9-320}$$

t_2^{n} 值的收敛条件是:$t_2^{(n)} = t_2^{(n)'}$ 或 $|t_2^{(n)} = t_2^{(n)'}| < 0.1$。

4) ψ 值的选取。生产矿山可通过实测确定 ψ 值。新建矿山可引用类似矿山的资料。一般巷道的底板均为潮湿壁面。

5) 除地热外,热水、管道的散热量与巷道的空气温度有关,可参照式(9-320)进行迭代计算。

C 深井高温矿床降温技术措施

矿井降温方法很多,主要有两大类,一类为无空气冷却装置降温,另一类为人工制冷降温。为提高降温效果,矿井降温常采用多种综合降温措施。

a 无空气冷装置的矿井空气降温

(1) 矿井通风降温。矿井通风降温是无冷却装置降温,其主要方法见表 9-246。

表 9-246 矿井降温方法分类

矿井降温方法			图例	特点及适用范围
通风降温			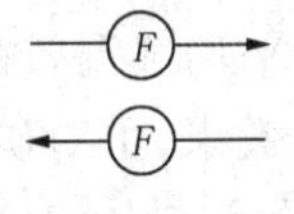	通过加大风量,提高风速等通风措施,实现矿井降温。该法切实可行,较经济,应用广泛,是矿井降温的主要手段,适用于大部分矿井。但进入矿井或采掘工作面、硐室的空气温度应低于安全规程规定的最高气温,当风温高于安全规程规定的最高气温或采用该法后仍不能完全降温时,必须与人工制冷方法配合使用
人工制冷降温	天然冷水降温	直通式	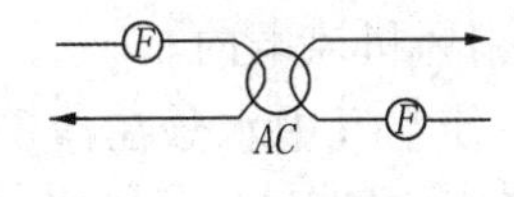	当矿井或地面有丰富、水质良好的低温水源,将冷水直接送到采掘工作面,通过空气冷却器,进行降温。由于受隔热技术及水压限制,适用于开采深度及开采范围不大的矿井
		循环式	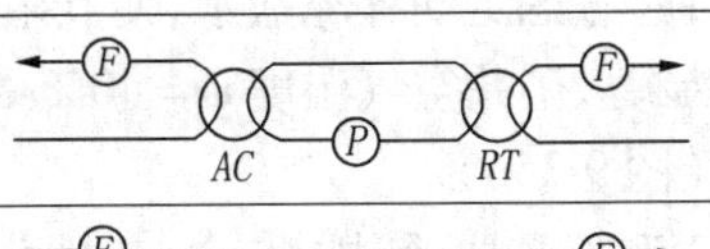	矿井或地面无丰富、水质良好的低温水,但矿井地面气温低,循环水冷却效果较好,可用该法。由于受隔热技术及水压限制,适用于开采深度及开采范围不大的矿井
	压缩制冷降温	直通式	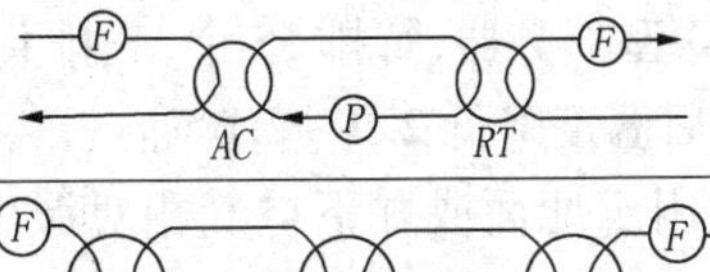	矿井或地面有丰富、水质良好、温度较低的水源。适用于开采深度及开采范围不大的矿井
		循环式	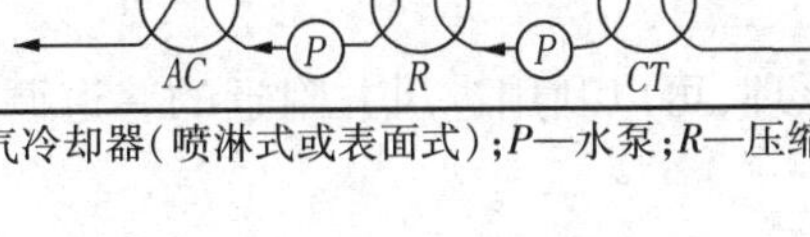	当矿井或地面水温较高,水质不好,水源有限时以及矿井过深无法利用地面水时,采用该方法。适用于任何类型矿井,是压缩制冷的主要类型

注:表中的图例说明:AC—空气冷却器(喷淋式或表面式);P—水泵;R—压缩式制冷机(活塞式或透平式);CT—水冷却装置(冷却塔或冷却池);F—扇风机。

1）建立合理的通风系统。尽可能地采用分区通风系统，因为分区通风缩短了新鲜空气流程，进入矿井的空气与诸热源的热交换限制在较低范围内，从而减少空气因吸热而温升；加之通风网路简化，减少了风压和漏风损失，提高了有效风量。

风井布置形式对降温效果有显著影响。通风降温效果以混合式最好，对角式次之，中央式最差，见表9-247。

表9-247 运输大巷末端空气温度

风速/(m/s)	中央式			对角式			混合式		
	一月			四月			七月		
2	23.0	26.0	30.0	16.8	20.7	26.3	13.4	18.9	25.0
3	18.6	22.7	27.8	13.6	18.58	24.8	11.5	17.6	24.2
4	16.1	21.0	26.4	12.0	17.4	24.0	10.7	16.9	23.7
5	14.5	19.7	25.6	10.9	16.9	23.0	10.1	16.5	23.3

深矿井应减少阶段数量和避免多中段作业，取消迂回曲折的风路，以降低通风阻力和减少矿井空气的吸热量，按最短线路向工作面供风。

若干中段同时工作时，为防止污风与温度较低的新鲜风流混合，应设计专用回风巷道及集中回风天井。

2）矿井降温风量计算。无空气冷却装置的矿井，其某一井巷的降温风量按式(9-321)计算：

$$Q_{热} = \frac{\Sigma Z}{3600 c_p \gamma (i_2 - i_1)} \tag{9-321}$$

式中 ΣZ——井巷内诸热源总散热量，J/h；

c_p——井巷空气平均定压比热，J/(kg·℃)，一般取 $c_p = 0.24$；

γ——井巷空气平均重率，kg/m^3；

i_2, i_1——井巷始、终端空气的焓，J/kg。

高温矿区可适当加大高温工作面的通风量。随着风量的加大，单位风量的温升下降，风速提高可改善工人舒适感。但是增大风量应有限度，因为增大通风量必将增加井巷工作量和通风费，增加风量方案应与降低进风温度的方案相比较，以寻求最经济合理的降温效果。

3）局部通风以压入式为优。局部通风降温效果压入式优于抽出式。因为抽出式通风，进入工作面的空气，在到达工作面前容易受到热源的预热；压入式通风，通过隔热性能较好的风筒，可将低温风流送入工作面。

4）矿井总井风流的降温。我国某些地区夏季或全年平均气温较高，送入井下气温高达30℃以上，为了减少地面气象条件对矿井气象条件的影响，增加通风降温效果，可对矿井总进风流作如下降温处理：

① 冷水逆流喷淋降温。用冷水（天然冷水或制冷机的冷冻水）对矿井总进风流进行降温去湿处理，其效果取决于风温（湿球温度）与冷水温差，温差越大越好，最好冷水温度低于进风露点温度。

喷淋地点可在进风井筒内，井口房或压入式通风扇风机风硐内。

为了取得更好的去湿效果，用低温盐水逆流喷淋，使空气中水分在盐水液滴上凝结，低温盐水经制冷机或其他冷源循环使用，由于水分在盐水滴上凝结，应考虑定期补充盐水，使其浓度基本稳定。

某矿山由于开采深度较浅，受地面气温影响显著，矿井空气湿度 $\psi = 40\% \sim 50\%$ 左右。该矿为降低夏季总进风流温度，在进风斜井中设置喷淋降温设施（图9-356）。

该装置利用井下21～23℃低温水，采用武安-3型喷雾器，每排55个，三排共计165个，耗水量为 $40m^3/h$，风量为 $12m^2/s$，温度为26℃的总进风流，经喷淋后温度降低2.2～2.6℃。

应当说明，矿井总进风流喷淋降温装置，适用于地面或井下空气相对湿度较低，以及开采不太深的矿井，否则效果不明显。

② 利用调热巷道降温。根据岩石调热圈原理，可以利用进风井附近的巷道调节进风的温、湿度，这样的巷道称为调热巷道。

调热巷道的降温过程如下:冬季地面空气进入调热巷道,吸收了岩壁附近岩体的热、湿量使调热巷道壁冷却、干燥,在调热巷道周围形成一个低温的岩石调热圈——冷却圈。春季将调热巷道封闭,夏季将调热巷道打开,地面高温空气通过调热巷道进入矿井,在调热巷道内空气与岩壁冷却圈进行热、湿交换。调热巷道降温的热工过程如图 9-357 所示。

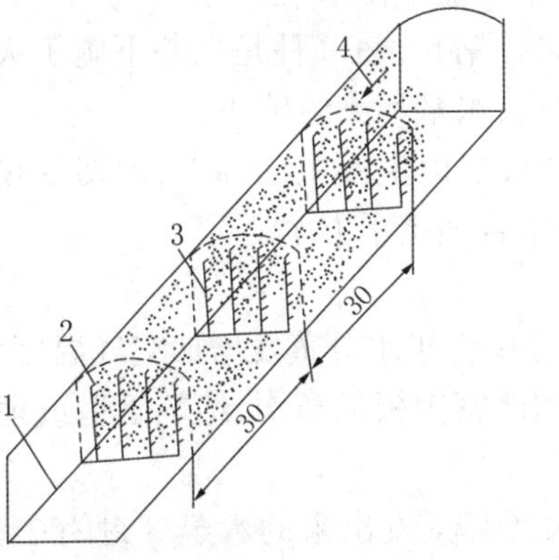

图 9-356 矿井总进风流喷淋降温装置

1—总水管;2—武安 3 型喷雾器;3—支水管;4—风流方向

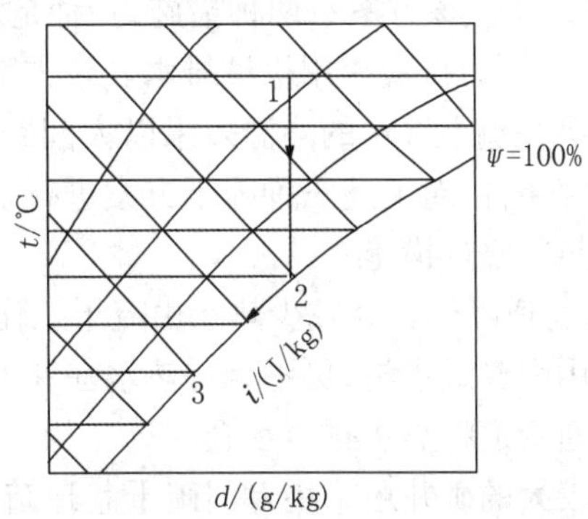

图 9-357 调热巷道降温在焓湿图上的过程

1 ~ 2 为地面空气进入调热巷道后首段冷却过程,一般为一个等湿过程。2 ~ 3 过程为凝结冷却过程,空气状态沿 ψ 饱和线变化。

调热巷道应在进风井附近,其深度最好在地层恒温带。山东某矿利用进风井附近防空洞冷却夏季高温进风,效果较好,而防空洞一般距地面 15 ~ 20m,基本位于地层恒温带附近。

由于井巷工程费用较高,一般不可能专门掘进大量调热巷道,但可以利用矿井开拓工程或原有井巷作为调热巷道,如果这些巷道稍深一些也是可行的。

冬瓜山铜矿利用上部中段巷道冷却夏季进风温度取得了一定效果。

③ 井口建筑降温。利用进风井的井口建筑物降低进风空气温度,也是矿井总进风流降温的综合措施之一。

在设计井口建筑时应根据建筑保温原理,选择具有低导热系数和良好热惰值的建筑材料及建筑的构造类型。井口建筑自然通风条件要好,可设计为敞开式。当建筑有外墙时,外窗争取在北向,尽量避免布置在顶层或东、西向,朝阳门窗应有遮阳设施,围护结构外墙最好刷白,井口附近绿化种树。至于在井口建筑附近搭席凉棚固然可起降温作用,但由于维修量大,特别是安全性极差,应限制使用。

(2) 矿井热源散热量的控制方法。高温矿井的降温除了采用增加通风量、人工制冷等措施外,要尽可能控制热源散热量,减少热源对矿井风流的加热、加湿作用。有关热源散热量控制方法如下。

1) 高温岩层散热量控制。高温岩层直接传递地热,可采用改变高温岩层导热性质的方法。通常是在井巷岩壁表面喷涂一些隔热材料,例如某些高分子材料、高炉炉渣、泡沫混凝土等。有的矿井采用套巷隔热方法。所谓套巷就是在高温岩层开凿的井巷中再砌筑或架设一条密闭的隔热支护(图 9-358),高温岩层与套巷之间利用空气或冷水达到隔热作用,另外也可充填些廉价的隔热材料(如高炉炉渣)起到隔热作用。

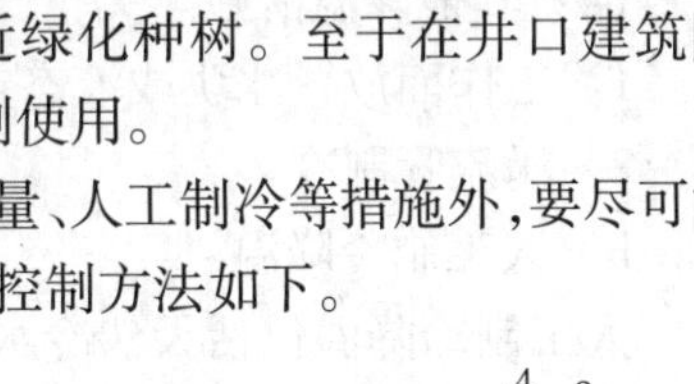

图 9-358 套巷隔热

1—混凝土砌碹套巷;2—梯形支架套巷;3—纵向拉杆;4—隔热板(木板、塑料板等)

由于地热是一个稳定持续的热源,同时在矿井高温、高湿度的环境和通风的影响下,隔热材料的结构和化学性质逐渐改变,随着时间推移,隔热效果逐渐降低,其作为长期隔热方法是不合适的。但是,在井巷基建时期,井巷未贯通之间作为短期隔热措施是可行的。

2)热水散热量控制方法。以热水为矿井主要热源的矿井,称为“热水型高温矿井”,如东风萤石矿、岫岩铅矿、镇江韦岗铁矿以及平顶山、合山、胡家湾等煤矿,这些矿井的普通特点是:开采深度不大,主要由热水将深部地热的热量带入矿井,对矿井空气起到加热、加湿作用。

热水疏干方案:

① 大间距(大降深)超前疏干——该方案特点在于超前生产中段1~2个中段进行疏干排水,从而获得地下水位较大幅度的下降。

② 小间距(小降深)分中段疏干——该方案即是直接生产中段疏干排水。

③ 深井疏干。该方案有两种措施,一种是从地面施工大口径钻孔,另一种是在井下施工大口径钻孔或盲井,利用热水压力自喷或用机械排水。该方案适用于开采较浅,水量不大的矿井。

热水型矿井疏干排水的降温效果以大间距疏干效果为最好,矿山生产主动性大,但初期投资高。根据矿井热水储存条件,对上述三种疏干方案进行技术经济比较确定合理疏干方案。

热水散热的隔热措施:

① 排水巷道隔热。为减少热水由疏干工作面流向水仓过程中由于水分蒸发增加空气温度和湿度,排水巷道不应采用敞露式水沟,更不允许热水在巷道中漫流,可用加严密盖板的暗沟、绝热管道或埋设在巷道底板下面的普通管道将热水排至水仓。

热水量较大的矿井还采用专门疏干巷道疏干热水,使热水及其蒸发出来的水蒸气封闭在疏干巷道内。当疏干巷道和运输巷道平行布置时,疏干巷道标高应低于运输巷道。两者间距应大于15~20m,即大于巷道调热圈厚度,以减少疏干巷道的热水对运输巷道岩壁的加热。

② 排水设施散热的控制。为减少对进风流的预热、水泵房、水仓应尽可能设置在回风井附近。总排水管应敷设在回风井内。水仓主要储水部分距运输巷道、有关硐室的距离要大于15~20m,水仓与运输巷道连接处应设置密闭门。泵房内排水管采用隔热措施,包扎各种隔热材料。

③ 堵水和热水散热的隔热。在条件允许的情况下,可以对热水源进行注浆堵水,减少热水涌出量。

对于在井巷岩壁上的少量热水涌出或渗水,滴水处可以采用注浆喷涂防水材料的办法来减少散热量。

3) 机电设备散热量的控制方法。随着矿井机械化程度的提高,矿井机电设备容量日趋增大,散热量随之增大。矿井机电设备散热量的控制一般采取将机电设备尽可能设置在回风井附近,或是将大型机电硐室的回风流直接引入矿井回风井巷内,即建立机电硐室独立回风线路。

(3) 提高开采强度和改进采矿方法。高温矿井实行集中强化开采,提高采掘速度,这样,在单位时间里,空气从高温岩层、热水和自热矿岩等热源吸收热量就少。另外,采区集中也有利于实现各种降温措施。

(4) 其他降温措施。无空气冷却装置的矿井空气降温措施除上述之外,还有下列措施:

1) 工作面放置冰块或液态空气降温。

2) 涡流管制冷。

b 人工制冷降温

人工制冷降温包括天然冷水降温和压缩制冷降温两种。天然冷水降温成本较低、简单,但受冷水资源限制,降温的范围也是有限的。压缩制冷降温稳定、可靠,适应于各种类型的高温矿井,但成本较高。据煤炭部门估计,压缩制冷设备的吨煤投资费用在一元以上,其运转费用占吨煤成本的5%~10%,运转费用中90%为电耗。

压缩制冷与其他降温方法的经济比较见表9-248。

表9-248 压缩制冷与其他降温方法的经济比较

矿井降温制冷方法	相对费用指标
压缩制冷	1.0
空气膨胀制冷	3.8~23.0
冰	6.7
液态空气	13.2

(1) 矿井压缩制冷装置。矿井压缩制冷装置由制冷机、空气冷却器和循环水冷却装置三大部分组成。

1）压缩制冷机。压缩制冷机通常由气体压缩机、冷凝器、蒸发器、动力机械、安全装置、管道系统组成。压缩制冷机原理及压力-焓图如图9-359所示。制冷工质（简称工质）的压力-焓变化简述如下。

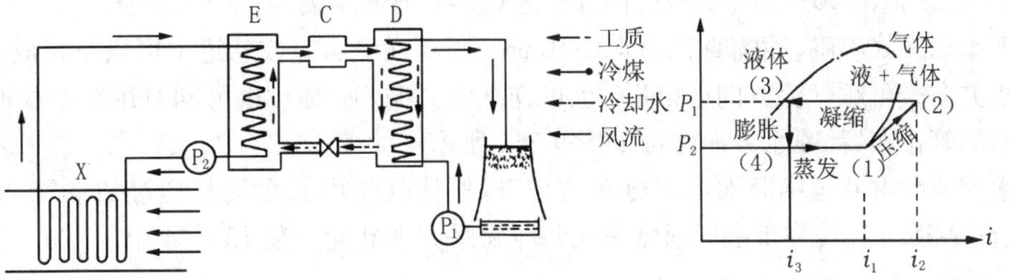

图9-359 压缩制冷原理及压力-焓图

通过压缩机C汽化状态的工质由(1)变化到(2)，从C出来的高压工质通过冷凝器D时被冷水冷却液化，工质状态由(2)变化到(3)，成了液体的高压工质经膨胀阀V进入蒸发器E进行绝热膨胀，成为液体和气体的混合物（状态(4)）再从作为冷媒的冷水（或冷盐水）循环着的盘管状导管中夺取热量完全汽化（状态(1)）。由此便降低了冷媒温度，冷媒由泵P_2和管道导入置于工作面附近的空气冷却器X，冷却送入工作面的空气，汽化了的工质再由压缩机C压缩，再次成为状态(2)。至此，压缩制冷的一个循环周期完成。

矿井制冷机根据其压缩机不同，分为活塞式和透平式（涡轮式），中小型矿井制冷机常用活塞式，容量大于$(1.2\sim1.6)\times10^6$J/h的矿井常采用透平式。

矿井制冷机根据安装情况不同，分移动式和固定式两种。移动式大都用于对掘进工作面通风的冷却降温，容量一般不大；固定式制冷机容量较大，冷却范围较广，可以对全矿井或矿井某一部分（几个采掘工作面、硐室）实行冷却降温，固定式制冷机可安装在地面或井下专门的硐室内，通过隔热管向分布在不同地点的空气冷却器输送冷媒。

制冷机除气体压缩机外，还有蒸发器及冷凝器。在制冷过程中起传递热量和排出热量的作用。

2）空气冷却器。空气冷却器是将制冷机蒸发器的冷量传递到矿井空气中，并将矿井空气的热量吸收转移到制冷机的装置。

空气冷却器主要分湿式（喷淋式）和干式（表面式）两种。

① 喷淋式空气冷却器。喷淋式空气冷却器是由喷嘴喷出被制冷机蒸发器内低温工质冷却了的冷媒（冷冻水、冷盐水）通过冷媒的雾滴吸收矿井的热量和水分。湿式空气冷却器还有净化空气效果，但冷媒与空气直接接触易污染，可在冷媒循环系统上加过滤器并要经常补充冷媒。在矿井条件下将4%～6%的循环冷媒通过过滤器即可。

喷淋式空气冷却器可以设置在进风巷道内，或与局扇配套成喷水室（图9-360）。

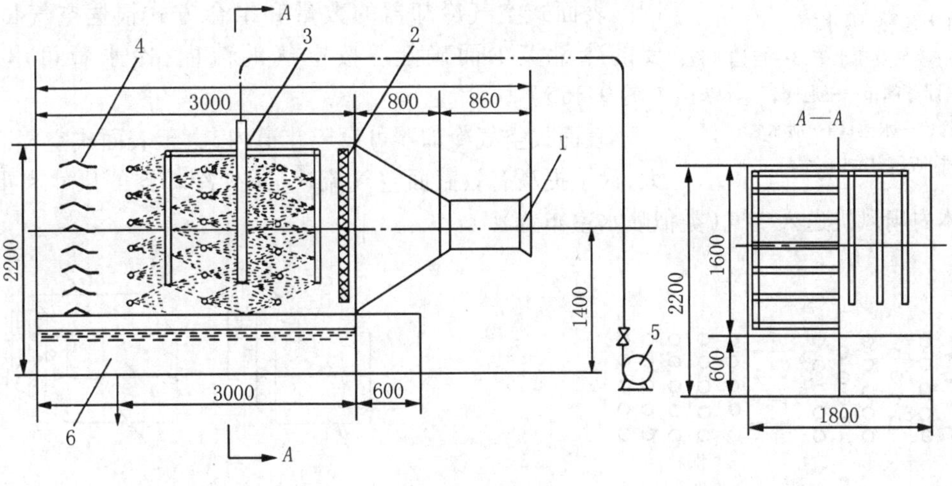

图9-360 喷淋室

1—局扇；2—整流网；3—喷淋水管及喷嘴；4—挡水板；5—水泵；6—水池

向山硫铁矿曾采用类似装置降温，当采用矿井低温水（24℃）喷淋，气温下降3.5℃。为了进一步提高降温效果又采用冰块与27℃左右水混合使水温保持在10℃左右，用这样的冷水进行喷淋，可使气温由39℃平均下降5.5～6.5℃，ψ 值由40%增至50%，耗水量为0.24L/min，耗冰量为75kg/班。

喷嘴为Y-1型切线式喷嘴，喷嘴直径 $\phi=3\sim4$mm。喷嘴在喷水室或巷道中可以布置成一排、两排、三排或多排。其喷水方向既可顺气流方向（顺喷），也可逆气流方向（逆喷），也可同时用顺喷或逆喷（对喷）。喷淋式空气冷却器的管排布置、喷水方向参数如图9-361所示。

喷嘴在喷水室或喷淋巷道横断面上要分布均匀，以便使其喷出的水滴与通过的空气全面接触，一般采用梅花式布置（图9-362）。其分布密度通常采用每排每平方米断面上装13～24个。

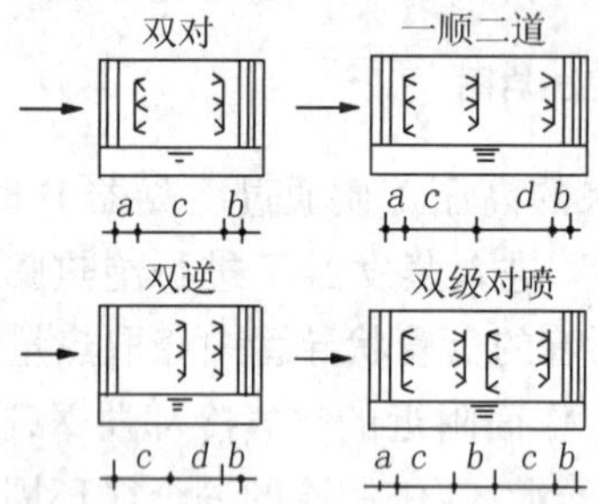

图9-361 喷水室管排布置喷水方向

$a=150$mm；$b=250$mm；$c=600\sim1500$mm；$d=300\sim600$mm

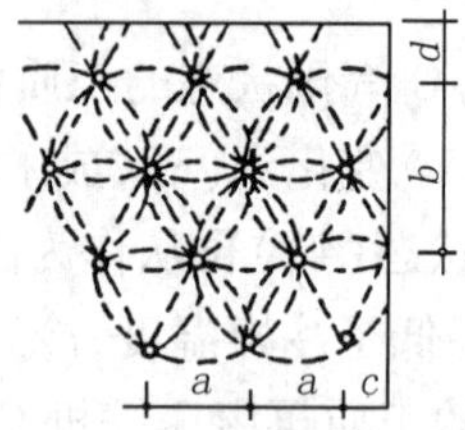

9-362 喷嘴在喷水室或喷淋巷道断面上的布置方式

$a=240\sim350$mm；$b=400\sim615$mm；$c=90$mm；$d=175$mm

喷水室外壳用2～3mm厚的钢板焊成，或为厚80～100mm钢盘混凝土。四壁要保温，混凝土内壁应涂防水层，钢板内壁应防腐。喷水室侧壁设检查门以便检修。

喷水室底部水池容积按3～5min水量考虑，或取深度为0.4～0.7m。装有溢流管和泄水管。

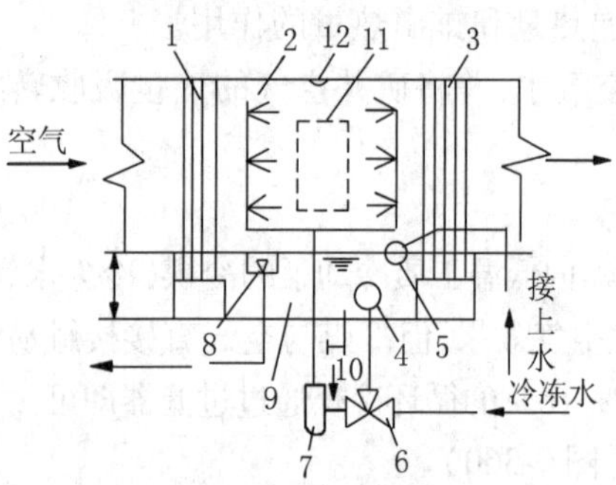

图9-363 喷水室

1—前挡水板；2—喷嘴及喷水管；3—后挡水板；4—滤水器；5—浮球阀；6—三通阀；7—水泵；8—溢水管；9—水池；10—泄水管；11—检查门；12—防水灯

喷水室给水系统通常有以下两种方式：一是给水泵直接抽冷冻水送入喷水室，可调节水量、水温。二是给水泵抽冷冻水和水池回水，混合后送入喷水室，用三通阀控制回水量以调节水温（图9-363）。

② 表面式空气冷却器。表面式冷却器是以冷媒通过冷却器的管壁和肋片进行冷交换，可用来对空气进行湿式冷却（空气冷却时析出冷凝水）或干式冷却（空气冷却时含湿量不变）。

表面式空气冷却器有光管式、肋片式等，肋管排列方式有顺排、叉排两种，一般采用叉排（图9-364）。

表面式空气冷却器的数量和组合方式根据空气量的多少和需要的冷量多少而确定。按空气的流向，冷水管可串联也可并联（图9-365）。

表面式空气冷却器可设于巷道内，由于表面式空气冷却器阻力较大，为了提高有效截面空气流速，减少冷却器的尺寸和重量也可将冷却器置于箱体内扇风机送入空气（类似喷水室布置）。

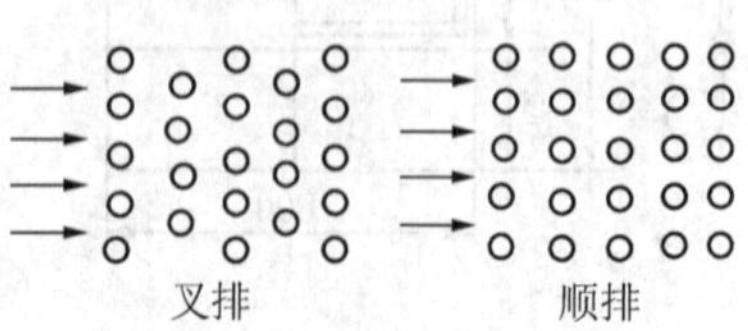

图9-364 肋管排列方式

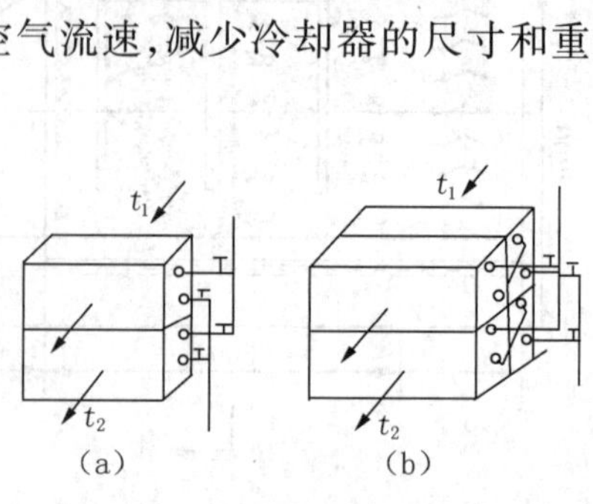

图9-365 表面冷却器布置

(a)单个并联水冷式表面冷却器接管；(b)串联水冷式表面冷却顺接管

表面式空气冷却器的肋片通常用0.4~0.8mm薄钢板，管径为$\phi14\sim16$mm。

3）水冷却装置。矿井压缩制冷机的冷凝器的热量需要转移到远离冷却机的地点。制冷机的冷凝器排热量比制冷量大30%~40%，因为除蒸发器内的制冷吸热外，还需加上压缩机的压缩热。

作为冷凝器的冷源有：冷水（矿井水或地面水）、大气、矿井回风流。

4）制冷工质和冷媒。制冷工质（又称制冷剂）是制冷机中用来吸取被冷却物的热量，并将热量传递给周围介质（一般为水或空气）的工作物质。为了提高制冷循环效率，活塞式制冷机一般都是利用制冷工质物态变化来传递热量：工质蒸发时吸热，冷凝时放热。

冷媒是制冷系统中用来传递冷效应的中间工质。矿井制冷机常用的冷媒为水或盐水，通常称冷冻水。若欲获得0℃以下冷冻水可用盐水（NaCl）和$CaCl_2$作为冷媒。

5）矿井压缩机制冷装置布置形式。矿井压缩制冷装置的布置根据矿井具体条件可有很多形式，概括起来有以下几种。

① 冷却装置全部设在地面，对矿井总进风流进行冷却，如图9-366所示。这种方法冷却效率高，基建、维修、管理方便。但开采较深、范围较大时，由于冷空气输送距离较长，被井下各种热源预热，不能因地制宜地调节工作面气象条件，井筒和井底车场温度低，不利工人健康。

这种布置形式适用于风量大、巷道短、深度不大的矿井。

② 制冷机设在地面，将冷媒通过管道送至井下空气冷却器，如图9-367所示。这种布置形式的优点同上，但深井或开采范围较大时，若管道绝热不好则冷损很大。

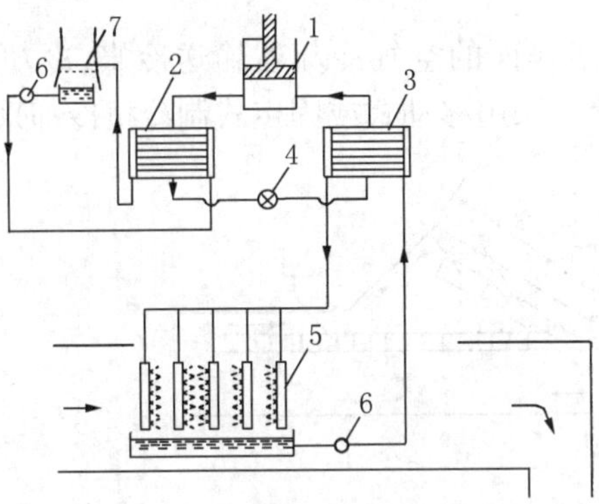

图9-366 冷却装置全部设在地面

1—压缩机；2—冷凝器；3—蒸发器；4—减压阀；5—空气冷却器；6—水泵；7—冷却塔（地面或井下）

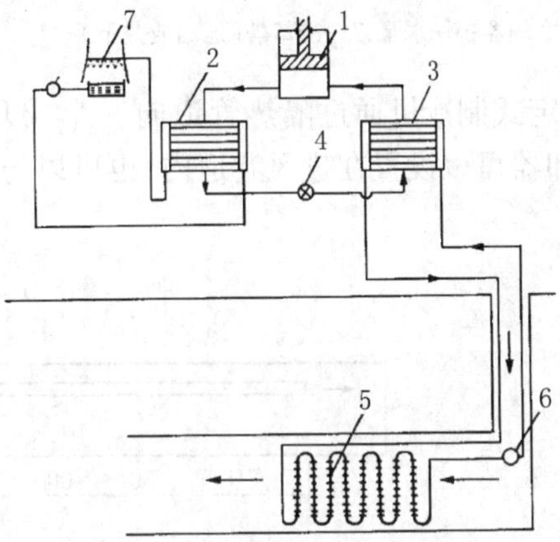

图9-367 制冷机设在地面

1—压缩机；2—冷凝器；3—蒸发器；4—减压阀；5—空气冷却器；6—水泵；7—冷却塔（地面或井下）

③ 制冷装置全部设在井下，如图9-368所示。这种装置形式的优点是在工作面附近冷却空气，冷媒管道不长，冷却效果良好。当深井及开采范围较大时，输送冷却水的电耗大。

当井下冷却水量有限时，利用回风井的回风气流冷却冷凝器。

④ 制冷装置联合系统布置，如图9-369所示。

这种布置形式特点是地面与井下都设有制冷机，空气冷却器全部设于井下，井下制冷机对地面制冷机的冷媒进行二次冷却。这种布置形式设备分散，操作复杂，水循环系统复杂，功耗较大。

6）工作面空气冷却装置的布置形式。

① 掘进工作面。根据掘进工作面不断移动的特点，通常采用小型移动式制冷机与局扇配套向工作面送冷风。单轨巷道应在巷道一侧设制冷机硐室。制冷机距工作面的距离，除考虑放炮、出渣等工序的影响，还应考虑不使冷损过大，如果风筒有隔热措施，为了减少硐室工程量和移动频繁，可以适当加大距离。掘进工作面空气冷却装置布置如图9-370所示。

② 采矿工作面。根据采矿工作面特点和散热量，可以采用小型移动式制冷机直接向工作面送冷风，也

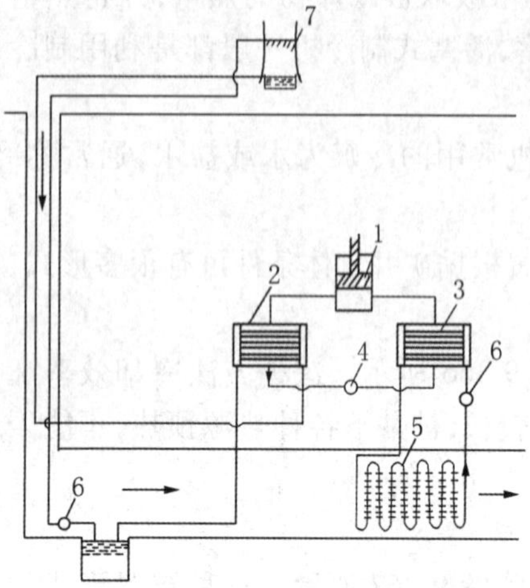

图 9-368 冷却装置全部设在井下

1—压缩机;2—冷凝器;3—蒸发器;4—减压阀;5—空气冷却器;6—水泵;7—冷却塔(地面或井下)

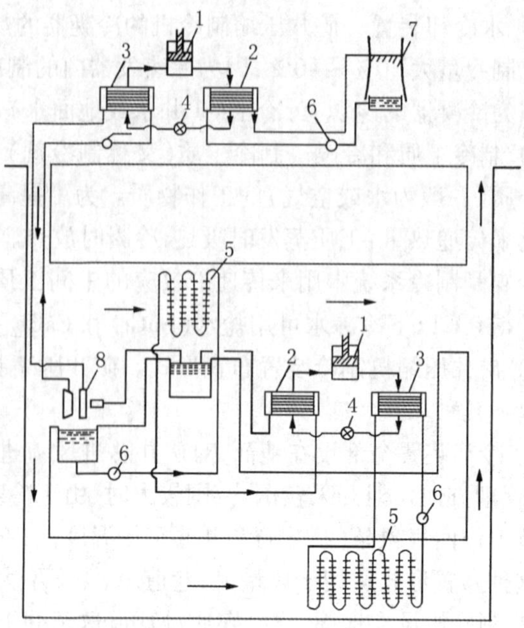

图 9-369 制冷装置联合系统布置

1—压缩机;2—冷凝器;3—蒸发器;4—减压阀;5—空气冷却器;6—水泵;7—冷却塔(地面或井下);8—水力透平-电动机联运水泵

可以采用固定式制冷机通过隔热管道向一个或几个采矿工作面的空气冷却器输送冷媒,冷却进风空气温度,空气冷却器可以设置在进风巷道内,也可以与局扇配套。采用移动式或固定式制冷机冷却采矿工作面。

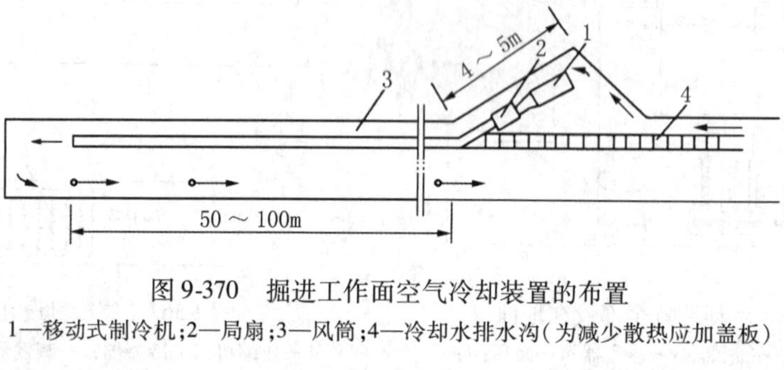

图 9-370 掘进工作面空气冷却装置的布置

1—移动式制冷机;2—局扇;3—风筒;4—冷却水排水沟(为减少散热应加盖板)

对于较深或较长的的采矿工作面,实行人工制冷降温时,进、回风温差较大,如深度大于 1000m 的工作面,进风温度要求低到 0～5℃,这时工作面回风温度才能在 26℃以下,这样大温差从卫生观点来讲是不允许的。在此情况下,可沿工作敷设冷媒管,并分散连接按几个独立的小型空气冷却器,如图 9-371 所示,但要研究解决冷却装置受爆破冲击损坏等问题。

c 矿井降温设计的隔热技术

(1) 矿井降温设计中的隔热技术重要性。高温矿井的降温设计,除采用改善通风系统,加强通风,人工制冷等措施,隔热技术的运用也是矿井降温设计中不可缺少的重要手段。高温矿井的隔热水技术就是对各种源散热和冷媒、冷风输送过程中的隔热技术。实践表明若采用适当的隔热技术,就能使各种降温措施收到更大效果,节约昂贵的降温费用。

(2) 管道隔热。高温矿井的管道,就其温度和传热方式而言,可分热管道和冷管道两大类。热管道即为管道中输送介质温度高于管道附近空气温度,管道中介质通过管壁向空气传递热量;冷管道即为管道中输送介质温度低于管道附近空气温度,管道中介质通过管壁吸收空气热量。热管道输送的介质通常是热水、压气等;冷管道输送的介质通常是冷媒、制冷工质、冷风等。高温矿井的管道隔热一般是在普通外壁包扎各种隔热材料或采用多层管道,在满足压力的前提下选用隔热性能良好的塑料管道。

我国化工、煤炭部门矿井采用的塑料管道具有隔热好、耐腐蚀、密度小、机械加工性能好等特点，尤其是塑料导热系数低，使塑料管道的隔热性能、技术经济指标优于普通钢管。其缺点是耐压与抗冲击强度较低。

我国目前产量很多、广泛使用的是聚氯乙烯和聚乙烯塑料管道。为了提高耐压抗冲击强度，还可对塑料管道进行增强处理。

硬聚氯乙烯导热系数：0.55。

聚氯乙烯导热系数：1.0～1.5。

(3) 风筒隔热。风筒隔热措施主要有两种。

1) 在风筒外包扎、喷涂隔热材料。某硫铁矿曾用聚苯乙烯泡沫塑料隔热风筒（图9-372），在40m距离内，风温升高值比胶皮风筒降低3℃左右。

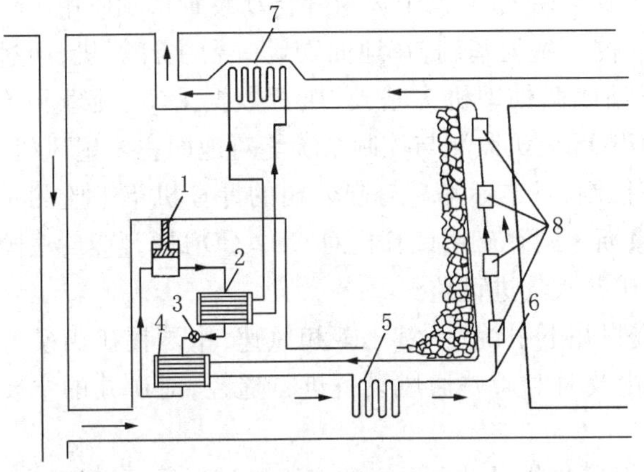

图9-371 工作面敷设冷媒管的空气冷却

1—压缩机；2—冷凝器；3—减压阀；4—蒸发器；5，7—空气冷却器（7为用以降低冷却循环水温）；6—冷媒水管；8—小型空气冷却器

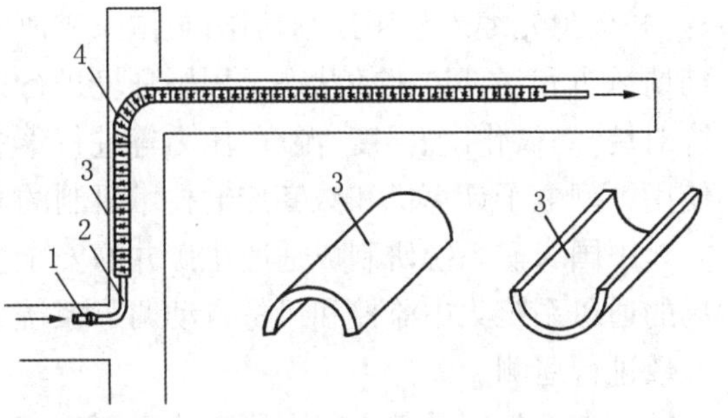

图9-372 聚氯乙烯泡沫兼隔热风筒

1—局扇；2—普通风筒；3—聚氯乙烯泡沫塑料；4—铁丝

2) 采用多层隔热风筒。为进一步提高风筒隔热效果，最近开发了一些多层柔性隔热风筒（图9-373），这种风筒结构并不复杂，但隔热效果很好。如南非的三层柔性隔热风筒（外层防水防腐粗帆布，内层聚乙烯塑料管，内外层间填玻璃纤维）等。

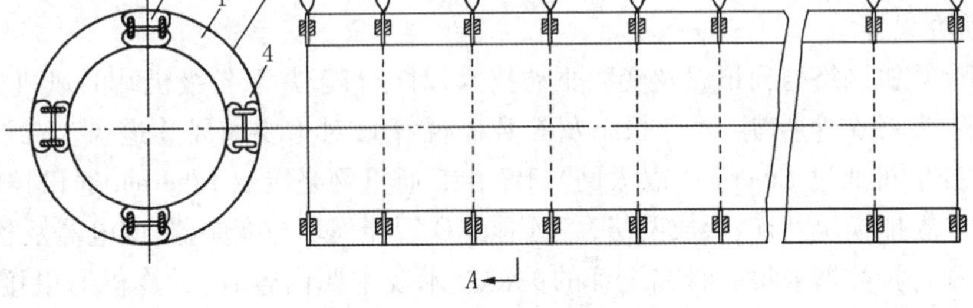

图9-373 双层空气隔热风筒

1—内风筒；2—外风筒；3—金属卡子；4—尼龙绳；5—吊环

D 千米深大型高温金属矿床多级机站通风计算机远程监控节能技术

a 概况

近年来，采用多台辅扇通过并串联压抽结合进行井下通风的多级机站通风系统较好地解决了大主扇通风系统所存在的一些通风问题。与大主扇通风系统相比，多级机站通风系统能使通风压力分布均匀，漏风量减少，有效风量率高，能耗低，风流易于控制，风量调节灵活，能根据生产对通风的需要开启或停止某些风机或某些机站，从而在满足生产需风的同时最大限度地节约通风能耗，降低通风费用。

由于多级机站通风系统的风机数量多，而且分布在井下的广大区域内，因而风机的控制与管理非常不便,管理人员不能随时了解全矿风机的运行状况,也不能根据生产需要随时对某些风机进行开停及调速控制,以最大限度地节约通风能耗,降低通风费用,这就使得多级机站通风系统的优点不能得以充分发挥。

近年来变频驱动技术日益成熟,如果把变频调速技术用于井下多级机站通风系统,不仅使多级机站通风系统成为名副其实的可控式通风系统,而且具有显著的节能效果。

为了充分发挥多级机站通风系统的优越性,使多级机站通风系统更加完善,创造更多的环境效益和经济效益,有必要研究和解决多级机站风机的变频驱动和远程集中监控问题。

b 井下通风控制技术的国内外现状

对矿山通风系统自动控制与监测的研究工作,无论是国内还是国外,都进行了大量的工作。在矿山通风系统自动控制及监测方面,国外已采用了许多自动控制装置。如主扇调速控制装置,可对风机转速直接遥控,同时还可监测转速、温度、功率因数、电流、电压等。还有自动风门、调节风窗等自动装置得到应用。

西班牙的 SISCOMII 型通用监测控制系统以设在井下遥控分站为基础,在地面安设一台主计算机,通过通信电缆将井下分站与地面计算机连接起来,井下遥控分站以微处理机为基础,执行数据采集、处理和传送,并按预先编入程序控制动作;英国采矿研究院研制的 MINOS 风机监测与控制系统能对地面主要扇风机、辅扇风机和局部风机的状态及周围环境进行连续的监测和控制;日本赤平矿有限公司的计算机集中监测系统对烷、一氧化碳、温度、湿度、压力等进行集中监测;德国豪斯·阿登矿用计算机对 CH_4、CO 进行监测;法国使用微型电子计算机和数字传输技术研制的 CGA 系统,对矿井大气进行监测。

中国煤矿系统研制成适应小矿井的安全监测系统可监测井下甲烷、一氧化碳和风速;中国锡矿山矿务局的通风系统集中监控和风量自动调节系统,根据生产变化及时对矿井通风设备进行遥控,对矿井的主要参数进行遥测。

由中钢集团马鞍山矿山研究院于 2001 年完成,并在梅山矿业公司投入运行的多级机站通风计算机远程集中监控系统,采用计算机网络与通讯技术,对井下 9 个机站共 30 台风机进行远程集中监控,经过 5 年多的运行证明该系统技术先进,性能稳定可靠,布线及操作维护简单,适合在井下恶劣环境条件下长期工作。该系统也已经在北洺河铁矿和南京锌阳矿业公司推广应用。

总之,对矿井通风系统的监测与控制方面,国内外都有采用计算机技术的监控系统。而在国内,由中钢集团马鞍山矿山研究院研究开发的采用多级机站通风计算机远程集中监控系统,无论是控制规模还是技术先进性以及可靠性方面都是领先的。随着我国企业改革的深入进行和计算机技术突飞猛进的发展,高科技的应用已成为企业提高劳动生产率的重要途径,实现矿山通风系统,尤其是多级机站通风系统及井下大气环境的计算机网络化监测与控制,是今后矿山自动化的一个发展趋势。

c 监控系统研究设计

监控系统采用计算机网络与通讯以及变频驱动技术,对分布于井下各级机站的风机进行远程集中监控(包括风机开关控制、变频调速控制、运行状态及参数监视等),对主要通风巷道风流参数进行连续自动监测。系统由一台监控主机通过 Ethernet(以太网)、RS-485 通讯网络以及 Ethernet 通讯控制器、RS-485 中继器等与若干远程 I/O 智能模块互连,形成网络,各远程 I/O 智能模块与变频器、继电器及各种传感器相连,从而控制风机的运行和各种数据采集。研究设计的关键技术及主要内容有:计算机通讯接口技术、网络通讯技术、网络拓扑结构、网络传输介质、变频驱动技术、传感器技术及计算机网络通信软件和监控系统软件的编制。

(1)研究设计目标。该计算机远程集中监控系统通过通讯网络将位于地表调度室的主控计算机与置于井下的 Ethernet 通讯控制柜、远程 I/O 控制柜以及变频器相连,形成计算机通讯网络,从而通过主控计算机对每一台风机进行远程集中启停及调速控制,对风机运行状态和风机电流、主要巷道风量等参数进行监测。具体控制和监测功能如下。

1)风机的远程启停控制和反转控制。在调度室主控计算机上可以随时操作,控制任意一台风机的启停。在应急状态下还可以使风机反转,实现井下风流反向。

2)风机的远程调速控制。在调度室主控计算机上可以随时操作,通过变频器调节控制任意一台风机的转速,从而达到对风机运行工况的调整。

3）风机的本地控制。在实现上述远程启停控制的同时,仍可通过变频器键盘在原机站控制硐室手动控制风机启停和调速,以便在维修、应急情况下,仍能人工现场启停风机。

4）风机开停状态的监测显示。对每一台风机的开停状态进行监测,并将监测结果以动画方式直观地显示在主控机的屏幕上。

5）风机运行电流的监测显示。对风机的运行电流进行连续监测,电流值以动画表头及数字两种方式显示在主控计算机屏幕上。

6）主要进回风巷道风量监测显示。对各进回风机站的主要进回风巷道风量进行连续监测,监测结果显示在主控计算机的屏幕上。

7）风机过载自动保护。当计算机检测到风机过载一定时间后,自动关闭过载风机,以保护过载风机不被烧毁。

8）风机启动前发出启动警告信号。在调度室主控机远程控制某机站风机启动前,系统能手动或自动发出风机启动警告信号,通知机站处人员注意安全。

9）机站允许/禁止远程控制。在每一个机站控制柜设置两地控制开关,当机站进行维修作业或暂时不允许远程控制时,可关闭两地控制开关,这样调度室主控机对该机站风机的启停控制功能将被禁止,但其他监视功能不受影响。

10）监测数据记录保存、统计及报表打印输出。计算机对操作员操作纪录、风机运行记录、报警记录、风机运行实时电流、主要巷道风量、风机运行累计时间等数据进行保存、统计及报表打印输出。

11）通风系统状态参数的网络发布。主控计算机可以把通风系统运行状态参数发布到企业内部局域网,从而相关人员可以通过企业内部局域网浏览这些状态参数。

（2）工程实例。冬瓜山铜矿井下通风系统分新区和老区两部分,通风监控系统也相应的对新区和老区各机站的风机和风流参数进行监控。

1）新区通风系统风机分布。冬瓜山铜矿新区井下多级机站通风系统设有三级机站,新风从冬瓜山进风井进入,分别经－670m、－730m、－790m、－850m、－875m进风机站（Ⅰ级机站）送入相应的中段和盘区,由盘区出来的污风汇集于－790m、－850m、－875m回风巷,经－790m回风机站、－850m左回风机站及－850m右回风机站（Ⅱ、Ⅲ级机站）送入回风井并排至地表。另外在－875m水平设有一个溜破回风机站,用于溜破系统通风。

在新区,涉及到控制的机站有9个,共有风机23台,采用变频器进行启停和调速控制。这些机站详细分布如下：

① －670m进风机站,设有2台K40-6 No. 17型75kW风机及变频器；

② －730m进风机站,设有2台K40-6 No. 16型45kW风机及变频器；

③ －790m进风机站,设有2台K40-6 No. 18型75kW风机及变频器；

④ －850m进风机站,设有2台K40-6 No. 18型75kW风机及变频器；

⑤ －875m进风机站,设有2台K40-6 No. 18型75kW风机及变频器；

⑥ －790m回风机站,设有4台K45-6 No. 19型200kW风机及变频器；

⑦ －850m左回风机站,设有4台K45-6 No. 19型200kW风机及变频器；

⑧ －850m右回风机站,设有4台K45-6 No. 19型200kW风机及变频器；

⑨ －875m溜破回风机站,设有1台K40-6 No. 15型37kW风机及变频器。

2）老区通风系统风机分布。冬瓜山铜矿老区井下多级机站通风系统在改造后,将设有三个机站,分别为－280m老鸦岭机站、－390m团山机站和－460m团山机站。在老区,涉及控制的3个机站共有风机3台,除－390m团山机站因为风机功率较小而采用接触器直接启动外,其他机站均采用变频器进行启停和调速控制。这些机站详细分布如下：

① －280m老鸦岭机站,设有1台K45-6 No. 19型200kW风机及变频器；

② －390m 团山机站，设有 1 台 K40-6 No13 型 18.5kW 风机；

③ －460m 团山机站，设有 1 台 K45-6 No19 型 200kW 及变频器。

3）风量监测点。由于各进回风机站风机采用了变频器调速控制，所以对主要进回风巷道风量的监测将具有实际意义。它不仅能随时了解各主要进回风机站的风量，而且可以根据监测的风量值，通过变频器调节风机运行频率，在满足生产需要的前提下，降低通风能耗。

涉及风量监测的地点共有 11 个，它们分别是：－670m、－730m、－790m、－850m、－875m 进风机站的进风巷道；－790m 回风机站、－850m 左回风机站、－850m 右回风机站的回风巷道；－875m 溜破回风机站回风巷道；老区 －280m 老鸦岭机站和 －460m 团山机站的回风巷道。

4）监控系统设计范围。根据上述的风机及监测点分布情况，监控系统研究设计涉及监控的机站有 12 个，共有风机 26 台（其中有 11 个机站 25 台风机采用变频器进行启停和调速控制，1 个机站的 1 台风机因为功率很小采用接触器直接启动）。涉及到风量监测的地点共有 11 处。

（3）监控系统研究设计。随着计算机技术和网络通讯技术突飞猛进的发展，应用于工业现场的计算机监控系统也日益普遍和完善。根据冬瓜山铜矿多级机站通风系统的实际情况，经过对各种控制方式的分析比较，监控系统采用以工控计算机、Ethernet 通讯控制器、远程 I/O 智能模块、RS-485 中继器、风速传感器、变频器以及 Ethernet（以太网）和 RS-485 通讯网络为核心的远程集中监控技术，对全矿的 12 个机站共 26 台风机进行远程集中监控，并对 11 个主要进回风巷道的风量进行监测。监控软件以基于 Windows XP 操作系统的工控组态软件为平台设计开发，其具有形象美观的图形界面，可准确地描述工业控制现场的运行情况，使机站风机工作状态和各种监测数据以动画方式、图形方式或文字方式动态显示。另外，监控主机可以把通风系统运行状态参数发布到企业局域网络，相关人员可以通过局域网浏览通风系统运行状态参数。

1）系统硬件设计。

① 系统硬件组成及原理。监控系统布置示意如图 9-374 所示。

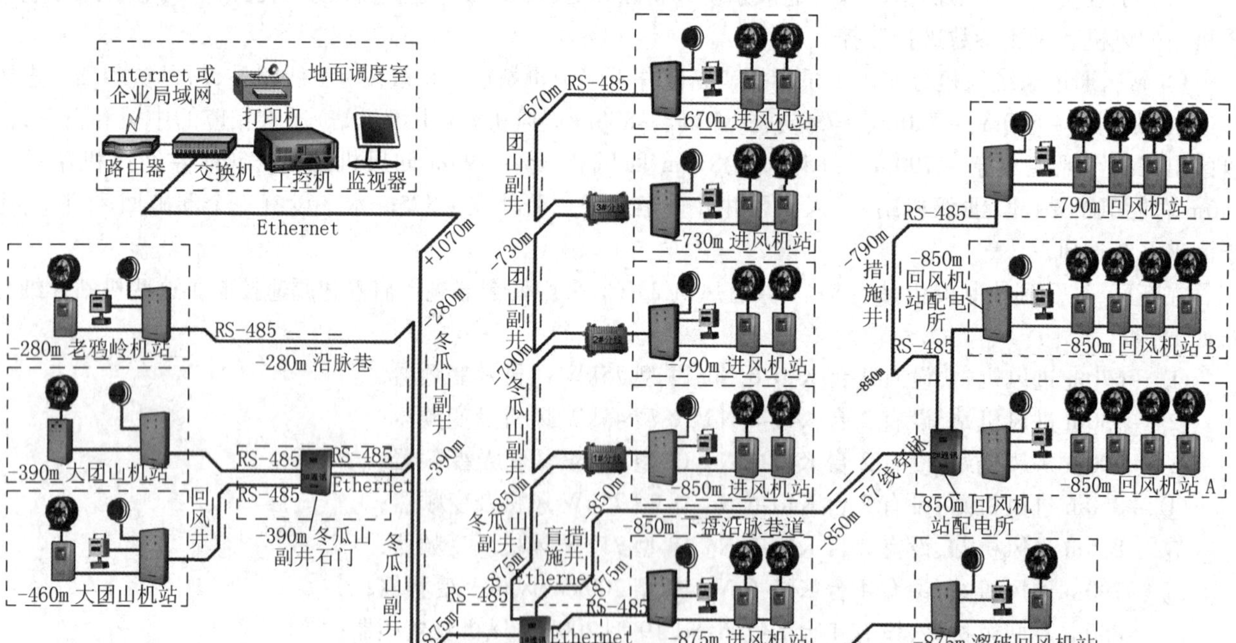

图 9-374　监控系统布置

图例：—— 铠装单模光缆　警铃　变频器
—— RS-485 铠装通讯电缆　风速传感器　风机　Ethernet 通讯控制柜
—— 信号 / 控制电缆　分线箱　降压启动柜　远程 I/O 控制柜

整个系统由主控计算机、交换机（均设在地表调度室）、Ethernet 通讯控制柜、远程 I/O 控制柜、分线箱、中继器、风速传感器、变频器和 Ethernet(以太网)、RS-485 通讯网络等组成。主控计算机通过交换机及 Ethernet 网络采用 TCP/IP 协议与设在井下的 Ethernet 通讯控制柜进行通讯，Ethernet 通讯控制柜将通讯数据转换为符合 DCON 协议的数据，通过 RS-485 网络与设在井下机站控制硐室的远程 I/O 控制柜进行通讯，I/O 控制柜根据主控机的指令对变频器进行控制，完成风机的启停及调速控制，并对风机运行电流、运行频率进行监测，同时通过风速传感器对主要进回风巷道的风量进行监测，并将结果传回主控计算机。

主控计算机对收到的数据进行分析处理，将风机的运行状态和各种监测数据以图形(动画)或文字方式显示在主控机屏幕上。同时主控机根据风机电流大小及持续时间判断风机是否过载，当检测到某台风机过载时，及时发出关闭过载风机指令，机站 I/O 控制柜内的智能模块根据主控机的指令关闭过载风机。另外，主控机还将对历史数据进行保存、统计和报表打印输出。

② 通讯网络及布线。根据井下机站位置、巷道分布情况、巷道服务年限等条件，确定监控系统通讯网络布线，如图 9-374 所示。

由于地面调度室离井下回风机站最远布线距离约为 5km，通讯距离较远，为提高系统的抗干扰性及可靠性，并考虑到工程的投资及系统扩展的灵活性，通讯网络采用 Ethernet(以太网)加 RS-485 网络方案，相应的网络通讯介质分别采用铠装单模光缆和 RS-485 通讯电缆，即地面调度室到井下进、回风机站的主干通讯网络采用铠装单模光缆，而各中段进风机站及回风机站区域的通讯网络采用 RS-485 通讯电缆。

通讯网络布线路线为：

通讯光缆。铠装单模通讯光缆由地表调度室经冬瓜山副井 +107m 井口，由副井垂直下到 -875m，沿 -875m副井石门，到 -875m 井下调度指挥中心，连到设在 -875m 井下调度指挥中心的用于新区进风机站和 -875m溜破回风机站监控的 1 号 Ethernet 通讯控制柜，经该控制柜内的光纤收发器及交换机后，分为两路：一路沿 -875m 下盘沿脉到 47 线盲措施井，由盲措施井上到 -850m 水平，沿 -850m 水平下盘沿脉巷道、57 线穿脉连到设在 -850m 回风机站配电所的用于新区回风机站监控的 2 号 Ethernet 通讯控制柜；另一路由冬瓜山副井垂直上到 -390m，连接到设在 -390m 冬瓜山副井石门处的用于老区各机站监控的 3 号 Ethernet 通讯控制柜。

③ RS-485 通讯电缆。为了提高通讯网络的可靠性，减少相互影响，RS-485 通讯网络分为 3 个区域，9 个独立的 RS-485 网段。即老区各机站、新区进风机站和新区回风机站各分为 3 个独立的 RS-485 网段，分别连接老区 -280m 老鸦岭机站、-390m 团山机站、-460m 团山机站远程 I/O 控制柜；新区 -670m、-730m、-790m、-850m、-875m 进风机站、-875m 溜破回风机站远程 I/O 控制柜以及新区 -790m 回风机站、-850m左回风机站、-850m 右回风机站远程 I/O 控制柜。

对于老区各机站 RS-485 网络，RS-485 通讯电缆由设在 -390m 冬瓜山副井石门处的 3 号 Ethernet 通讯控制柜分为 3 路，一路由冬瓜山副井上到 -280m 水平，接连到 -280m 老鸦岭机站远程 I/O 控制柜，第二路连接到设在 -390m 团山机站远程 I/O 控制柜，第三路由 -390m ~ -430m 回风井及 -430m ~ -460m 回风井，下到 -460m 水平，连接到 -460m 团山机站远程 I/O 控制柜。

对于新区进风机站 RS-485 网络，RS-485 通讯电缆由 -875m 井下调度指挥中心的 1 号 Ethernet 通讯控制柜分为 3 路，一路直接连到 -875m 进风机站远程 I/O 控制柜，另一路直接连到 -875m 溜破回风机站远程 I/O 控制柜，第三路由冬瓜山副井上到 -850m，连接到设在副井石门的 1 号分线箱后又分为两路，其一路直接连到 -850m 进风机站远程 I/O 控制柜，另一路再由冬瓜山副井上到 -790m，连接到设在副井石门的 2 号分线箱后又分为两路，其一路直接连到 -790m 进风机站远程 I/O 控制柜，另一路再由团山副井上到 -730m，连接到设在团山副井石门的 3 号分线箱后又分为两路，其一路直接连到 -730m 进风机站远程 I/O 控制柜，另一路再由团山副井上到 -670m，连接到 -670m 进风机站远程 I/O 控制柜。

对于新区回风机站 RS-485 网络，RS-485 通讯电缆由 -850m 回风机站配电所处的 2 号 Ethernet 通讯控制柜分为 3 路，一路直接连到 -850m 左回风机站远程 I/O 控制柜，另一路直接连到 -850m 右回风机站远程 I/O 控制柜，第三路经联络巷道及 -850m 右回风机站附近的措施井上到 -790m，再沿 -790m 回风巷道连接到 -790m 回风机站的远程 I/O 控制柜。

2）系统软件设计。系统监控软件以基于 Windows XP 操作系统的工控组态软件为平台设计开发。其具有形象美观的图形界面，具有丰富的画面显示组态功能，使用图形化的控制按钮及动画显示，可清晰、准确、直观地进行控制操作和描述机站风机工作状态及工作参数。

① 监控软件运行的硬件和软件环境。系统监控软件运行的硬件和软件环境包括：IBM 586 以上的微型机及其兼容机；支持 1024×768 分辨率，16 位色彩的图形卡；主频 500MHz 以上 CPU，内存不少于 64M；Microsoft Windows XP 操作系统。

② 监控软件主要界面及功能。监控软件界面主要由软件封面画面、全矿监视画面、各机站监控画面（共 12 个，包括 －670m 进风机站监控画面、－730m 进风机站监控画面、－790m 进风机站监控画面、－850m 进风机站监控画面、－875m 进风机站监控画面、－790m 回风机站监控画面、－850m 左回风机站监控画面、－850m右回风机站监控画面、－875m 溜破回风机站监控画面、－280m 老鸦岭机站监控画面、－390m 大团山机站监控画面、－460m 大团山机站监控画面）、报表显示打印画面、关于作者画面等主画面和若干子画面组成。

监控软件运行后，首先显示软件封面，如图 9-375 所示。

软件封面显示若干秒或单击画面后，即进入全矿监视画面，如图 9-376 所示。全矿监视画面主要用于监视全矿 12 个机站 26 台风机的运行状态参数（即风机开停状态、正反转状态、故障状态和风机运行频率）、监控系统控制模式（即手动或自动定时控制模式）、机站状态信号（包括启动警告警铃状态、远程控制开关状态、通讯测试按钮状态）、各主要进回风巷道（11 个）的风量、全矿总进风和总回风风量。同时也可完成主要画面的切换、用户的登录注销及当前用户信息显示、用户口令修改、取消全矿自动控制、退出监控系统等功能。

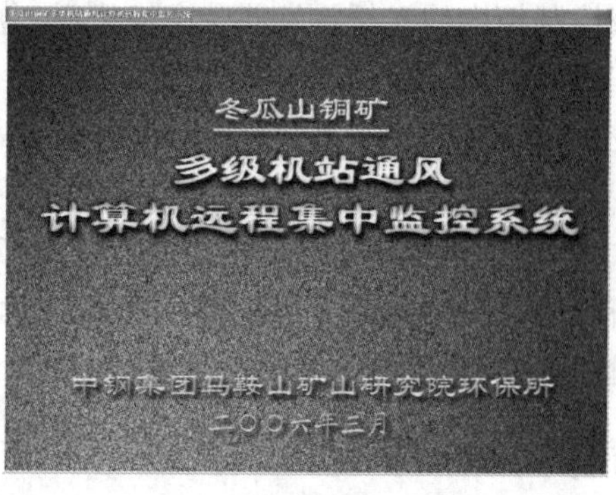

图 9-375　软件封面

图 9-376　全矿监视画面

全矿监视画面中，与 12 个机站对应的矩形区域，分别设有反映该机站风机启动警告警铃、远程控制开关、通讯测试按钮状态信息的动画图形指示灯和反映机站风机运行状态的动画叶轮。同时，在该矩形区域内有文字显示该机站进（回）风巷道的风量，在动画叶轮的下方有文字显示对应风机的实际运行频率。另外，如果某机站处于自动定时控制状态，与该机站对应的矩形区域将闪烁显示“自动”字样，以指示该机站处于自动定时控制模式。如果某机站有变频器出现故障或风机因为过电流而自动保护停机，与该机站对应的矩形区域内将闪烁显示“故障”字样，以指示该机站有异常情况发生。

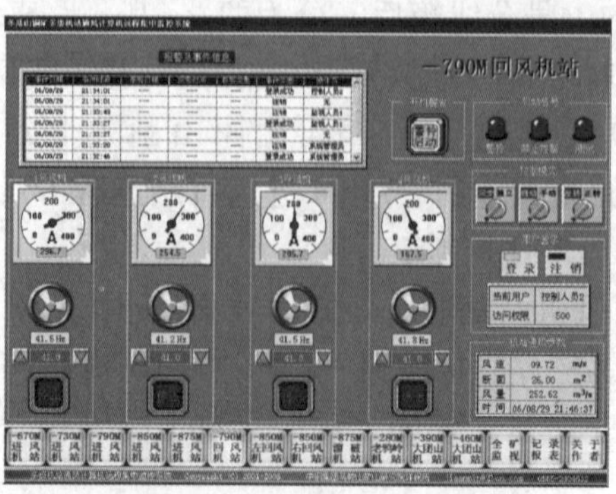

图 9-377　－790m 回风机站监控画面

全矿监视画面中，单击与某一个机站对应的矩形区域，可将显示画面切换到该机站的监控画面。以 －790m 回风机站为例，机站监控画面如图 9-377 所示，其他机站的监控画面与其类似。

各机站监控画面主要完成对风机的控制操作（包括风机的开停及正反转控制、风机转速调节、控制模式的切换等）、对风机运行状态及参数（即风机开停状态、正反转状态、故障状态、风机运行电流和风机运行频率）的显示、对机站的风机启动警告警铃进行开关操作、对机站状态信号（即启动警告警铃状态、远程控制开关状态、通讯测试按钮状态)的显示、对机站进(回)风巷道通风参数(风速、断面积、风量)的显示。同时,在机站监控画面里也可完成用户的登录注销及当前用户信息的显示以及报警及事件信息显示。

在各机站监控画面中,包含报警及事件信息显示、风机控制及运行状态、控制模式选择、开机警告、机站信号状态显示、用户登录注销及信息显示、机站通风参数显示等七个区域。

在报警及事件信息窗口,显示全矿所有被控风机的电流异常信息以及主要事件信息;在开机警告区,有一个“警铃启动”或“警铃停止”按钮(单按钮交替转换)用于启停设在机站的风机启动警告警铃;在机站信号区域,有三个用于显示该机站警铃、通讯测试按钮状态、远程控制开关状态信息的动画图形指示灯;在用户登录区域,设有用户登录与注销按钮及当前用户名称和操作权限显示框,用于操作人员进行操作前的登录、操作完成后的注销及操作员名称和操作权限的显示;在风机运行状态及控制区域,有与该机站所有风机对应的动画图形叶轮(显示风机运行状态)、动画图形电流表(显示风机运行电流),在表示风机的动画叶轮的下方有文字显示对应风机(变频器)的实际运行频率,还有用于调节风机转速的变频器频率给定按钮,通过该按钮操作人员可以设定并显示变频器的运行输出频率。该区域的控制风机启停的“启动”(“反转启动”)或“停止”按钮(单按钮交替转换),可以完成风机的启动(反转启动)或停止。如果该机站某一台变频器出现故障或风机因过电流而自动保护停机,将在与该风机对应的区域闪烁显示“变频器故障”字样;在控制模式选择区域,有“独立/同步”、“手动/自动”、“正转/反转”三个转换开关,分别用于该机站风机的频率独立/同步给定切换、手动/自动(定时)控制切换和正转/反转实时切换。

d 监控系统运行情况

经过中钢集团马鞍山矿山研究院和铜陵冬瓜山铜矿的共同努力,冬瓜山铜矿多级机站通风计算机远程集中监控系统已于2006年正式投入使用,系统经过近期一段时间的运行和使用表明,该系统技术先进,运行稳定可靠,操作维护简单,其监控功能完全达到了其设计目标要求。

e 总结

(1) 在国内首次研究并应用计算机网络通讯及变频调速技术对井下多级机站通风系统进行远程集中监控,解决了井下多级机站通风系统风机控制和管理难的问题。

(2) 通过该监控系统,管理人员在地表能随时了解全矿风机的运行情况和主要通风参数,并根据生产需要及时灵活地对某些风机进行开停及调速控制,从而更好地进行风流控制和风量调节,改善井下大气环境条件,使多级机站通风系统成为名副其实的可控式通风系统。同时也可最大限度地节约通风能耗,降低通风费用,使矿山通风管理工作提高了一个档次。

(3) 该监控系统技术先进、布线简单,其通讯控制系统模块化,通讯网络分区化,故其具有投资少、故障率低、运行稳定可靠、系统维护简单、可扩展性强等优点,适合在井下恶劣环境条件下长期工作。

(4) 该监控系统软件界面形象美观,可准确地描述工业控制现场的运行情况,机站风机工作状态和各种监测数据以动画方式、图形方式或文字方式动态显示,使操作人员的察看和操作十分简便。

(5) 该监控系统的建立并投入运行,不仅可以取消风机操作工岗位,节约了劳动力,而且具有显著的节能效果。经过理论计算,冬瓜山铜矿在目前未达产的情况下,所有风机(总装机容量为3527kW)只需运行在40Hz就可以满足生产需要,仅此一项年(按运行300天计)节电可达12180000kW·h,节约电费约930万元(按0.6元/(kW·h)计算)。

9.10.6 深井开采防治水技术

9.10.6.1 井下防治水

矿山深部防治水与矿山基本防治水是相似的。在查明矿山的水文地质条件的基础上,结合井下开拓工作的具体情况,采用的防治水措施,可以概括为查、探、堵、放(排)四个方面。

A 水文地质调查

主要针对深部地层的分布、产状、透水性能,各层地下水的水力联系,地下水的主要来源和来水途径(通道),地下水的水量等等,为地下水的防治提供水文地质依据。

B 超前探水

多年来井下防水实践经验证明:"有疑必探,先探后掘"是防止井下水灾的正确原则。一般在以下情况下需要开展超前探水工作:

(1) 掘进工作面接近溶洞、含水断层、流沙层、冲积层或大量积水区时。

(2) 接近可能沟通河流、湖泊、储水池和含水层等断层时。

(3) 接近被淹井巷或积水小窑、老窑时。

(4) 打开隔离矿井柱放水时。

(5) 在采掘工作面发现出水征兆时。

超前探水工作要根据探水地点的水文特点,制定具体措施,并且有专人负责管理。打超前钻孔前,依据探水起点、探水深度和超积水量、岩层或矿体厚度等情况来确定。在井下打探水钻孔遇有被淹积水区、旧巷老窑积水或者有严重渗水危险的破碎带时,由于水压大,没有一定厚度的隔离矿柱是不能阻挡积水涌出的,故其超前钻孔时,可以浅一些,但最浅也不得小于5m。探水钻孔的直径大小根据钻机规格确定,一般采用75mm。孔数通常不小于3个。钻孔布置呈扇形,其方向应能在工作面前方的中心和上下左右都能起到探水作用。探水钻孔至少有一个中心眼,两个与中心成一定角度的帮眼。

为防止孔口被水孔冲坏,须用水泥和套管加固孔口,其长度不应小于1.5~2.0m。当水压较大(1~2MPa)时,应加设调节阀门,如水压较小(0.3~0.4MPa)时,可用木楔封闭钻孔。

探水前必须做好以下安全措施:

(1) 加强钻孔附近巷道的支护,清理水沟和其他水路,保证水流畅通,同时应备有相当容量的水仓和排水设备。

(2) 探水地点和相邻地区工作地点要保持信号联系,一旦出水要迅速通知受水害威胁地区的工作人员撤离危险地点。对此应提前准备,以防万一。

(3) 要清理巷道,保证撤退线路安全、畅通无阻。

(4) 打钻时,要注意观察钻孔情况。如发现岩壁松动或沿钻杆向外流水等,要立即停止钻进,进行检查,监视水情,严禁移动或拔出钻杆,应立即通知危险区人员全部撤离。

(5) 钻孔时,如发现有有害和易燃气体逸出,必须立即切断电源,停止钻进,撤出人员,及时采取措施处理。

(6) 在水压较大的地点探水时要设套管,钻杆通过套管打探水孔,套管上应安装水压表和阀门,探到水源后应立即利用套管放水。

C 堵水

堵水就是利用工程措施来起到堵隔水源的目的,一般工程堵水措施有以下几类:

(1) 设置防水闸门。防水闸门是为防止可能发生的透水事故而设置的,它由混凝土墙垛、门框和能开闭的门板构成的。防水闸门应当砌筑在通往水害威胁地区巷道的总汇处,井底车场和井下泵房也应设置防水闸门。防水闸门必须安装在岩石坚固和不透水的巷道内,墙的四周要楔入岩石,使它不致漏水并能承受较大的水压。门板应用铁板或钢板制成,门板一定要内侧(来水侧)向外侧关闭。防水闸门的内侧应构成沉淀池,附近的铁轨和架空线都应做成活节,能随时拆卸。防水闸门平时敞开,一旦发生水灾能迅速关闭。

(2) 建筑防水墙。防水墙是用不透水材料构筑的封闭的挡水设施,可用于隔绝积水老窟或有透水危险的区域,属永久性构筑物。

防水墙应满足:1)构筑外的岩石应坚固和没有裂缝;2)具有足够的强度并能承受涌水的压力;3)不透水,不变形,不位移;4)应装有测量水压的小管和放水管。

深井防水墙所用的材料有混凝土和钢筋混凝土等。依水压大小、防水墙的形状有:平面形、圆柱形、球形。防水墙的厚度,可按最大水压、围岩和构筑材料的允许强度来进行计算。平面形防水墙构造简单,应用较广,圆柱形、球形防水墙其应力分布虽较有利,但修建施工复杂,只有在水压较大的情况下才能筑圆柱形或球形的混凝土防水墙。

(3) 留防水矿柱。对于地面和井下的各种水源,一般来说应尽可能将其疏干或堵塞其向矿井充水的通路,以彻底解除水的威胁。但当上述方法无法实施或者不合理时,则需要留一定的矿柱来阻截水源。

按照有关规定,通常在下列情况时应留防水柱:

1) 当矿层直接位于地表水体和含水层之下,而水源又无法疏干时。

2) 当地表水体和强含水层通过断层和裂缝与矿层有水力联系时;在被淹没的井巷之上(或下)的矿层进行采掘,而被淹没井巷中的积水又不能排出时。

3) 相邻矿井开采同一矿层时,必须在矿井分界处留防水矿柱。

防水矿柱的尺寸就根据矿层赋存条件、地质构造、围岩性质、开采方法、岩石移动角、被隔离水源的压力和水量情况,参照现场实际资料加以选取,使之既能经受较大的压力又能尽可能地减少矿石的损失。

(4) 注浆堵水。注浆堵水是将预先制成的浆液通过管道压入地层的裂缝。经过凝结、硬化后达到堵隔水源的目的。注浆堵水的工艺过程和使用的设备都比较简单,效果也好,目前已成为采掘业防治水害的有效方法之一。

在下列情况下可采用注浆堵水的方法:1)当老空洞水或被淹井巷的水与强大的水源在密切联系,单纯采用排积水的方法成为不可能或不经济时;2)当井筒或井巷必须穿过一个或几个含水丰富的含水层或充水断层,若不堵住水源就无法进行掘进时;3)某些涌水量特大的矿井,为了减少矿井涌水量时。

国内外使用的注浆材料多种多样,一般分为硅酸盐类和化学类两大类型。根据水文地质条件正确地选择注浆材料,是关系着注浆堵水效果的关键问题。

D 预先排水疏干

最安全最彻底的方法是处理水源或降低矿区地下水位,也就是有计划地将水源的水全部疏放出来,使矿井或个别地段的地下水被疏干,从而彻底消除在采掘过程中发生涌水的可能性。疏干的方法有地面疏干、钻孔疏干和巷道疏干等,以下按不同类型的矿井水来说明其疏干方法与措施:

(1) 疏放老空洞水。疏放老空洞水必须根据安全、经济、合理的原则,进行全面分析对比,针对积水区的具体情况采取下列方法:

1) 直接放水。老空洞没有水的补给,而矿井排水能力可负担这部分积水时采用。

2) 先堵后放。当老空洞和巨大水源有联系,不堵住水源就无法排空积水时采用。

3) 先放后堵。当被淹井巷有某种直接补给水源,当涌水量不大,或者在一定季节没有补给,排放这种老空洞水时采用。

4) 先隔后放。当老空洞位于不易泄水的河滩、洼地,雨季渗水流入老空洞时采用。

(2) 疏放含水层水。为了解除上下含水层水对采掘工作的威胁应尽可能地将积水预先放干,并采取下列方法:

1) 利用疏水巷道疏放含水层水。如果巷道顶板是含水层,可把采区巷道提前掘成,使含水层的水通过其空隙和裂缝放出。

2) 利用钻孔疏放含水层水。若含水层距矿层较远或含水层较厚,可在巷道中每隔一定距离打放水钻孔疏干。为使放水安全,必须注意:

① 放水前应估计积水量、水位标高、矿井的排水能力和水仓容量等,并研究放水顺序和控制放水孔的流量。

② 探到水源后,水量不大时可利用探水钻孔放水,水量很大时则需要另打放水钻孔。

③ 正式放水前,要进行水量、水压和矿层透水性试验,如发现管壁漏水或放水效果不好等情况,应及时处理。

④ 放水过程中要随时注意水量的变化、出水的清浊和杂质情况、有无有害气体和有无特殊声响等。如发现异常情况应及时采取措施,防止意外事故的发生。

⑤ 应事先规定人员撤退路线,撤退路线要保证畅通,沿途应有良好的照明。

9.10.6.2 井下透水征兆处理措施

A 井下水灾事故的特点

(1) 井下水灾事故一般都是重大、特大事故,会给采掘业生产带来严重威胁,甚至还会使矿毁人亡,造成极其惨痛的后果。

(2) 井下水灾事故,除了造成人员伤亡、设备毁损、巷道塌垮以外,还可诱发其他中毒事故。在发生老窟透水事故时,由于老窟积水中的坑木腐朽、硫化铁氧化水解,常积存大量的二氧化硫、二氧化碳、硫化氢等有毒有害气体,一旦透水事故发生,这些有毒有害气体就会随涌出水流到处蔓延,造成中毒事故。

(3) 由于涌出的水流能通过裂隙通道,所以一处或一个矿发生透水事故,也会波及到其他巷道或矿井。

B 井下透水征兆

井下工作人员必须熟知突然发生透水事故前的征兆,以便及时采取各种防范措施,迅速撤离。在长期和水害的斗争实践中,井下透水一般有以下的征兆:

(1) 巷道壁"挂汗",即由于积水透过微孔裂隙而凝聚于岩石表面。顶板"挂汗"多呈尖形水珠,有"承压欲滴"之势这可以区别自然征兆中的"挂汗",后者常是平型水珠,为蒸汽凝结于顶板所形成。

(2) 顶板淋水加大,犹如落雨状。

(3) 有时透水前底板突然涌水。

(4) 工作面温度下降,空气变冷,发生雾气。

(5) 岩层里有"吱吱"的水叫声。这是因为被水淹井巷的积水具有较大的压力,能够把水从岩层的裂缝中挤出来,水与裂缝两壁摩擦而发出"吱吱"的水叫声,表示有涌水的危险。

(6) 出现压力水流,这是离水源很近的征兆。若出现的水清洁说明距水源还较远,若水混浊,则表明已迫近水源。

(7) 工作面有害气体增加。一般从积水区散发出来的气体是沼气、二氧化碳和硫化氢。

(8) 采场和巷道"挂红",水的酸度很大,味发涩,有臭鸡蛋味。

矿井水的类型不同,征兆也不同,比如:

(1) 老空洞水。一般年代很久,水量补给较差,通常属于"死水",所以"挂红",酸性大、水味发涩。

(2) 断层水。由于断层附近岩层破碎,一般工作面来压,淋水增大。此外,断层水通常补给比较充分,多属于"活水"。因此,很少出现"挂红",水无涩味。若在巷道中遇到断层水,有时能在岩缝中见到淤泥。

(3) 溶洞水。大多数在石灰岩层中遇到。有时出现顶板来压、柱窝渗水、裂缝浸水等现象。这种水通常呈黄色或灰色,带有臭味。

(4) 冲击层水。在浅部掘进井筒时常遇到这种水,一般开始水小、发黄,以后水量变大。当发现工作面有涌水征兆时,应停止作业,迅速报告有关部门,及时采取有效措施。

9.10.7 冬瓜山铜矿开采实例

9.10.7.1 概况

冬瓜山铜矿床是狮子山矿田七个矿段之一,位于矿田深部,属于深埋特大型铜硫矿床。矿床具有埋深大(1000m)、分布广、倾角缓、地温高、地应力高(38MPa)、有岩爆倾向性及自燃发火倾向性、矿石品位低(1.02%)等特点,开采技术条件复杂。矿区分布面积4.5km^2,矿体赋存于 -682 ~ -1000m,在此范围内铜、硫矿体共有126个,其中Ⅰ号矿体为主矿体,铜储量占该矿床总储量的98%。Ⅰ号主矿体赋存于石炭系黄龙-船山组地层中,矿体受层位控制,其形状呈鞍状与背斜形态吻合,矿体与围岩产状一致,走向35°,走向长1810m,水平投影宽204 ~ 882m,矿体最大厚度106.7m,最小厚度1.13m,平均厚度32m。两翼分别向北西及南东方向倾斜,最大倾角30° ~ 35°。矿体沿走向呈波状起伏,总趋势向北东向倾伏,倾伏角6° ~ 20°。矿体延深方向未完全控制,尚有远景储量。

矿体直接顶板主要为大理岩,矿体的底板主要为粉砂岩和石英闪长岩,矿体由含铜磁黄铁矿和含铜矽卡岩等构成,在矿体的底部为难选的含铜蛇纹岩化。

9.10.7.2 阶段空场嗣后充填采矿方法

(1) 根据冬瓜山铜矿床的开采技术条件,优化了采矿方案系统布置,盘区沿矿体走向布置,长度为矿体水平厚度,宽度为100m,盘区间暂留隔离矿柱;优化采准系统,将12个小盘区调整为4个大盘区;简化采准工程,将大孔采场的顶部凿岩巷道和充填联络道,底部结构中的拉底和出矿水平合二为一,整个系统仅分为凿岩充填层与出矿层两层。同时,为提高充填率和改善接顶效果,在中深孔采场顶部巷道设计充填回风联络道。

(2) 盘区隔离矿柱宽度及采场结构参数。根据数值模拟计算,确定了盘区之间暂留宽18m隔离矿柱;将采场结构参数调整为78m×18m×矿体厚度(尾砂采场)和82m×18m×矿体厚度(尾胶采场)。

(3) 回采顺序优化研究。在开采厚大矿体时,采用隔3采3;在中厚矿体开采时,采用隔1采1或隔1采1的回采顺序。先采矿房,回采结束后对采场进行全尾胶结充填;后采矿柱,回采结束用全尾砂充填。简化回采顺序,使作业采场少,设备利用率高,生产组织和管理相对简单。

(4) 底部结构形式选择与参数优化。采用长进路双采场堑沟式底部结构,即一条出矿巷道和进路负担一个回采单元(矿房、矿柱)两个采场的出矿任务;研究了拉底与切割堑沟一次形成技术,决定大孔采场拉底和切割一次形成,采用中深孔爆破,拉底高度为13.5m。

(5) 采场凿岩类型选择。为适应冬瓜山缓倾斜矿体厚度变化大的特点,采用两种落矿方案,即大直径深孔落矿和扇形中深孔落矿。矿体厚度小于30m,采用中深孔(ϕ76mm)回采;大于35m时采用大孔(ϕ165mm)回采;矿体可采厚度介于30~35m时,视左右两边采场情况灵活变化。

(6) 深井巷道变形破坏形式与支护。根据工程地质调查,结合地压监测成果,针对不同岩体、工程部位以及预测破坏模式,提出了分级分区的不同的支护形式及其参数。并对底部结构出矿进路与堑沟巷道出矿口每眉线处,采用超前锚杆支护的方法。对于深井高应力有岩爆倾向性的地段,试验了国际先进的让压支护技术,成效显著。

光面爆破结合分级分区的支护措施,保证了作业采场巷道的稳定,在首采地段11个正在出矿或出矿接近尾声的采场中,底部结构和顶部凿岩硐室基本保持完整。

9.10.7.3 大直径束状深孔当量球形药包爆破技术

通过研究深井高应力条件下大直径深孔球状药包爆破新工艺,降低爆破大块率,提高爆破效率,为深井大规模开采提供可靠的技术支撑。

大直径束状深孔采场布孔及爆破方案设计采用一个凿岩硐室布置两条凿岩巷道,束状孔在束状硐室中布置,减少了硐室的暴露面积,有利于硐室的稳定。根据试验结果,确定爆破参数,制定了试验采场爆破采准与落矿方案,确定了爆破顺序,设计了相应的装药结构和爆破网路。

通过爆破试验观测,爆破效果好。设计的爆破参数与起爆网络合理、可靠。爆破大块率较少,爆破后顶板平整,孔口保护较好。通过束状当量球形药包采场爆破试验,该项技术取得了突破性进展。

9.10.7.4 深井高浓度全尾矿充填技术

冬瓜山铜矿在地表选厂附近建一座充填搅拌站,共设有六套充填系统,单套充填料浆制备系统生产能力为80~100m^3/h。充填时从立式砂仓放出浓度为70%的全尾砂,按设计比例加入水泥,通过ϕ2.0m×2.1m的高浓度搅拌槽充分搅拌后成为浓度为72%~74%的充填料浆从充填钻孔自流输送到井下充填采场。废石从掘进工作面用坑内卡车运到采场顶部,从充填井与尾砂胶结料浆同时卸入充填作业采场。

井下采场沿矿体走向布置,采用隔一采一的回采顺序。矿房采场长82m,宽18m,采用嗣后全尾砂胶结充填;矿柱采场长78m,宽18m,采用嗣后全尾砂充填。根据对采场不同部位充填体强度的不同要求,分别采用不同配比的充填料。对于需要在充填体里开凿出矿巷道的一、二期采场,其底部6m~8m采用灰砂比1:4的全尾砂胶结充填。一、二期采场的其余部分、矿体两翼和首采地段端部对深部开采有影响的采场,采用灰砂比1:10的全尾砂胶结充填。

9.10.7.5 微震监测系统及地震活动与安全预警

(1) 冬瓜山典型矿岩声学特性。声波测定试验得到了典型矿岩中声波传播的速度,并由此估算出首采区声波传播速度,作为冬瓜山微震监测系统事件定位的基础数据。声发射试验揭示了首采区典型矿岩在变形破坏过程中声发射事件率及能率随时间的变化特征、岩石结构和岩石强度与声发射活性的对应关系、不同矿岩存在的不同的声发射发展模式。研究结果可用于建立不同岩层破坏的微震预警模型,对提高安全预警的可靠性具有重要意义。

（2）冬瓜山微震监测系统。根据冬瓜山矿山设计和井下采掘状况、ISS微震监测系统技术性能进行了冬瓜山矿区首采区微震监测的地震传感器空间布置网络优化设计，为冬瓜山铜矿微震监测系统监测数据的可靠性和有效性提供了保证；微震监测系统矿山数字建模增强了监测数据的可视化效果，有利于开展空间聚类分析，地质构造数字化可用于开展震源机理的研究；针对冬瓜山微震监测系统制定了切实可行的监测工作和安全管理制度，为微震监测能够长期持续不断地进行提供了保障。

（3）波形识别与首波到时拾取技术。针对冬瓜山实际监测数据，研究了微震监测系统检测到的井下各种振动的波形特征，提出了冬瓜山井下振动波形识别和首波到时拾取技术，为构建岩体破坏及安全预警模型和研究采掘爆破影响提供了较真实可靠的数据、提高了首波到时拾取的准确性和地震学参数的计算精度，同时也大大提高了日常地震数据的处理和分析速度。

（4）深井开采地震活动与安全预警技术。通过对微震监测数据的研究，实现了随开采的进行及时划分地震活动区，得到了初步的地震活动区和采场围岩内的地震活动的空间变化和时间变化规律。研究表明，目前采区内的地震活动总体上比较平稳，岩层稳定，并主要集中在正在开采的采场和正在凿岩的凿岩水平区域，地震活动区相互孤立，地震活动对爆破活动比较敏感。研究结果对冬瓜山深井开采生产安全起到重要指导作用，为随着开采规模的扩大，继续深入开展基于微震监测的矿山安全预警研究打下了较好基础。

（5）微震监测工作制度和安全管理制度的制定可确保监测系统的正常工作、发挥微震监测系统的有效作用，是微震监测可持续不断进行下去的关键因素。

地震活动与安全预警研究的目的是最终建立基于微震监测的安全预警模型和预警级别阈值。通过考察调研，引进南非ISSI公司ISS数字化微震监测系统，经过网络设计优化，于2005年8月28日安装运行至今，期间的连续监测表明，该系统运行正常。研究表明，网络优化设计是合理的、监测系统的精度和灵敏度高，通过地震波形识别、首波到时拾取方法、岩石声学特性试验和采区地震活动与安全预警研究得到的结果与矿山实际相符，为确定冬瓜山安全预警模型和预警级别阈值打下很好基础。随着开采规模扩大、监测数据的积累和分析水平的提高，最终可以实现建立适合冬瓜山深井开采实际的安全预警模型和预警级别阈值。

9.10.7.6　应力变形监测系统与安全预警

（1）建立并完善了首采区应力-变形监测系统及仪器安装。2004年6月完成了常规地压监测系统的施工设计，随工程进行在首采区安装了KSE-II振弦式钻孔应力计、GK4300EX振弦式钻孔应力计及机械式多点位移计和顶板沉降观测位移计。

（2）进行了日常监测和数据分析，结合采矿活动和微震监测数据，进行地压活动预测预报。

（3）应力变形监测系统用于关键点近程监测，与微震监测系统大范围微震监测系统互相补充，构成了深井矿山安全预警系统，为深井矿山安全生产提供了有力的保障。

9.10.7.7　盘区复杂角联风网调控技术

（1）盘区复杂角联通风网络数字化技术。利用现场实测和预测技术相结合的方法和改进的通风网络数字化方法，建立了冬瓜山盘区复杂角联通风网络数字模型，以实现冬瓜山盘区复杂角联通风网络的数字化，为盘区复杂角联风网的风量调控技术方案提供保障。

（2）复杂角联盘区通风网络优化技术。系统研究了复杂难采深部铜矿床通风系统的优化方法、模型和技术，并将上述理论与技术与冬瓜山铜矿深部开采的实际情况紧密结合，利用改进的通风网络分析软件和已建立的盘区通风网络数字模型，合理优化了盘区通风网络，通过优化，使冬瓜山铜矿在进风总量有限的情况下，能合理引导风流进入需风作业面，减少了漏风和污风串联，提高有效风量率，同时降低了通风能耗。同时根据大系统在－790m中段和－850m中段装设主回风机站的特点，通过合理调控，使凿岩层和出矿层的回风流有序分流，减少了相互干扰，并使各台主扇的工作负荷达到平衡。通过上述措施，显著地改善了盘区内的作业环境，降低了通风能耗。

（3）移动式无风墙辅扇为主的盘区风流调控技术。系统优化了盘区风流调控技术，提出了以增压调节为主的深井盘区风量调节方案，并提出了以移动式轻型无风墙节能辅扇为主的深部矿床盘区风流调控方法，并研究了具体实施方案，该方案的应用除了能改善盘区调风效果，降低矿井总阻力，增大矿井总风量外，还能解决多中段多盘区同时作业时污风串联的难题，并具有调控灵活，适应性强，通风管理简单，对生产干扰小等优点，非常适合采用大型无轨设备开采的深井金属矿山应用。

(4) 无风墙辅扇自动控制技术。为了更好地发挥移动式无风墙辅扇为主的盘区风流调控技术的效果，在国内首次提出了采用微电脑定时控制技术作为盘区调风辅扇的控制方法，开发了一套小型无风墙辅扇个体自动控制器，该套系统以目前十分成熟的时控开关为基础进行开发，根据辅扇移动性的特点，设计为小型独立控制器，该控制器具有自动控制、定时控制、启动预警和故障报警等功能，能满足调风辅扇自动控制的需要。

该项研究成果形成了一套深井开采的盘区风流控制方法和控制系统，从冬瓜山的应用情况来看，效果显著，使盘区风流路线得到优化，系统有效风量率、风速合格率、风质合格率等主要通风技术指标均达到了国家金属矿山安全规程的要求。同时可使井下通风管理人员减少一半，通风能耗降低10%以上。

9.10.7.8 深井通风系统优化与节能控制技术

(1) 完成了多级机站通风系统优化设计方案并实施。根据采准和采场布置的变化情况，相应地调整和优化了通风系统，优化的多级机站通风系统为：一级进风段和三级回风段采用有风墙机站，二级采区采用无风墙辅扇通风技术，对风流进行分风导向，不克服系统阻力。

(2) 开展了多级机站通风系统主要机站局部阻力特点的研究。计算出系统及各级机站的总阻力，以便合理选择风机。

(3) 开展了系统通风能力和节能风机优选的研究。优化方案和风机订货参数，设计风机位置和安装图；按照优化方案，确定一级和三级机站风机参数，三级机站风机均采用同一种型号；同时，研究了系统机站风机的位置布置。

(4) 通风系统节能与控制技术。将计算机网络与通讯技术以及风机变频调速技术结合在一起，对分布于深热条件下的大型冬瓜山铜矿井下多级机站通风系统各级机站的风机进行远程集中监控，对主要进回风巷道风流参数进行自动监测。

研究了大风量($600m^3/s$)多级机站通风技术在深井高温、复杂、难采矿床的优化和应用技术，并成功地建立起满足冬瓜山铜矿深井开采通风降温要求的多级机站通风系统。

9.10.7.9 空气预冷技术

(1) 在冬瓜山铜矿首次采用了废旧巷道空气预冷技术。深热矿井利用上部具有丰富天然冷资源的废旧巷道对夏季进入井下的热空气进行预冷，改善了井下通风质量和矿井作业环境，该项研究成果为国内解决深热矿井通风降温问题奠定了基础。

经过现场调研与风流热参数测定，对冬瓜山夏季7、8月份进入井下通风系统的进风风流的温降和最大预冷风量进行了计算，通过经济技术比较，确定了利用+50m废旧巷道进行空气预冷的技术方案(预冷风量$100m^3/s$，风温降低1.6℃)，现场实施了部分方案措施。

(2) 进行了利用-460m裂隙水对进风实施局部水冷降温效果的理论分析以及冷水量的计算与分析研究。

矿井总进风量按$600m^3/s$进行计算，进风温度每降低1℃，所需的冷水量为$684m^3/h$。由于现场条件所限和施工进度问题，空气预冷技术还有待从理论上和现场实际工作中做更深一步的研究工作。

9.10.7.10 高温作业面通风降温技术

对国内外深热矿井掘进工作面通风与降温技术进行了理论分析与研究，结合冬瓜山铜矿的具体开采条件和特点，确定了掘进工作面强化通风与降温实施方案。

经过不同的局扇配置方式，不同的风筒材质和风筒直径，不同的风筒连接方式等的详细设计计算与结果比较，确定了局部通风设备的安装位置与工作方式，风机与配套风筒的布置方式，风筒的直径和材质，风筒接头处连接方式和风筒的吊挂方式，局扇的台数、型号及主要技术性能参数等，现场进行了试验研究，并将逐步推广应用。

9.11 地压监测技术

9.11.1 矿山地压及监测

9.11.1.1 矿山地压

按表现形式,矿山地压可分为四类:散体地压、变形地压、冲击地压和膨胀地压。

(1) 散体地压。它也称松动地压,是局部范围内破坏或塌落的岩体以重力的形式作用在支架上的压力,这是“狭义地压”概念所能适用的唯一对象。地质条件、开挖方法、支护形式、爆破影响等因素都可能引起散体地压的产生。

(2) 变形地压。它指的是大范围发生的围岩位移所引起的压力,是地压最基本的形式。变形压力的特点表现为围岩与支架相互作用。变形地压的大小受到岩石的应力状态、支护时间和支架的刚度等因素的影响。

变形地压根据岩体变形的种类,又可分为弹性变形压力、塑性变形压力和流变压力。

采用紧跟掘进工作面支护的施工方法时,围岩中的原岩应力没有得到全部释放,使支架受到围岩部分弹性变形的作用,由此形成的围岩变形压力称为弹性变形压力。支架受到围岩塑性变形(有时还包括一部分弹性变形)的作用而产生的地压称为塑性变形压力。围岩产生流动变形,不仅变形量大而且有显著的时间效应,支架受到这种流动变形作用而产生的地压称为流变地压。

(3) 冲击地压。当围岩应力超过其弹性极限时,岩体内聚集的弹性变形能就可能突然猛烈的释放而产生冲击地压。岩爆也称为冲击地压,岩爆是深井矿床开采时易发生的地压现象。冲击地压多发生在深井坚硬完整的岩体中。产生冲击地压主要与围岩是否有贮存高应变能的内在条件和产生高应变能的外部条件有关。

(4) 膨胀地压。岩体膨胀而产生的压力称为膨胀地压。它主要与岩体物化性质和地下水的活动特征有关。

矿山地压是矿山生产活动中一种常见的自然现象,主要研究的是巷道地压和采场地压。

巷道地压又分为无支护巷道地压和有支护巷道地压。采场地压分为空场采矿法、崩落采矿法和充填采矿法三类采矿方法下的采场地压。采场地压产生的原因和巷道地压产生的原因是一样的,但是二者又有很大的不同。由于采场的空间规模大,形状更复杂,因而地压显现波及范围广、强度大、规律性差、难监测。采场地压控制已成为采矿法开采工艺的重要环节。

不同的采矿方法,其采场地压的显现特征、活动规律和控制方法均不相同。

9.11.1.2 地压监测

A 矿山地质监测的必要性

地压监测是揭示地压活动规律的科学手段。目前研究矿山压力通常采用下列三种方法:数学力学分析方法、模拟实验方法和现场实际监测方法。现场监测获得的数据反映了多种因素综合作用下的实际情况,利用这些资料分析论证,可以解决具体的矿压问题。到目前为止,仅通过计算和实验的方法很难得到与工程实际完全相符合的稳定性测量结果,所以矿山地压问题必须通过现场监测进行预测、预报。金属矿山发生灾害性地压活动的条件如下。

(1) 主导因素:矿山连续的、大量的采空区存在。

(2) 引起大面积地压活动的最敏感因素:矿柱破坏。

(3) 直接的激发因素:爆破冲击载荷,某些矿柱垮塌,多中段反复采动影响,采动大断层等。

(4) 灾害性地压发生的时间效应。

要避免矿山的地压灾害就要做好地压监测。地压监测的内容主要包括矿山支护体、充填体和围岩的受力状态、变形移动和破裂、支架载荷等。在工程实际中通常结合实际情况对位移、变形、应力、压力、声发射、声波等监测内容中的几个进行监测。控制好地压,对于确保安全、经济高效地开采地下矿产资源、预防地质灾害,具有重要意义。

B 地压监测的方法

地压监测方法有简易仪器法、声测法、电测法、光弹法及红外法。

(1) 简易仪器法。这些仪器有滑尺、顶板沉降仪、机械式多点位移计、杠杆等。简易直观地观察围岩的相对移动,但是精度较低,不能遥测。

(2) 声测法。它是一种利用声学原理来判断岩石的物理力学特征和破坏程度的方法,又分为声撞击法和声发射法。

1) 声撞击法。即“敲帮问顶”法,工人利用手锤或撬棍敲击岩石,以判断岩体的完整性。原理是岩石受到外来撞击时振动发声。脱离岩体的松石,其振动频率较低,发出的声音比较沙哑、低沉;整体岩石则发出清脆响亮的声音。

2) 声发射法。它是一种利用岩体中传播的声波波速的变化和振幅的衰减来确定岩体的力学特征的方法。岩体内部发生破坏时,同时会发出声响,通常称为“地音”。监听岩体所发出的声响,可以了解地压情况。监听有人工监听和地音仪监听。

① 人工监听:响声由疏到密,频率逐渐增加并夹杂零星掉渣,这是大规模地压显现的前奏期;响声频度剧增,且由清脆炮声到闷雷声,掉渣频繁,这是剧烈的大规模地压显现即将发生的高潮期;响声由密到疏,逐渐减小,这是地压活动逐渐稳定的尾声。

② 地音仪监听:由主放大器、探头和耳机组成。采用精密仪器代替人耳,它的精确度和灵敏度更高,能更加精确的判定岩层破坏的发展趋势和波及范围,预报岩体崩落的可能性和时间,以便及时采取预防措施。

(3) 电测法。电测法指的是将监测到的数据通过转换器转换为电信号,然后再对电信号进行分析。电阻应变测试在地压监测中得到广泛的应用。

(4) 用光弹性应力计和应变计进行检测。光应力计具有监测方法简单,价格便宜的优点。

(5) 红外线探测法。

C 矿山自动监测

随着现代计算机和通信技术、传感技术的发展,矿山地压监测技术有了进一步的发展,由此产生了矿山岩土工程自动监测系统,实现了数据监测和处理的自动化。矿山岩石工程自动检测系统由硬件系统和软件系统两大部分组成。硬件系统包括实施应力、应变、位移、微振、渗压与温度等信号检测的各种传感器,信号传输网络和集成系统、工控计算机和分析计算机。自动监测软件系统主要由系统配置、自动监测和数据分析三部分组成,包括数据采集和集成控制功能程序、实时数据库管理功能程序、分析和预警功能程序、可视化功能程序等。

进行信号检测的各类传感器主要任务就是采集各种必需的数据,并把采集的数据转换为光、电、磁等信号,信号经信号传输系统,由工控计算机接受,经 A/D 转换器转换为数字信号和计数器的频率信号,分析计算机将数字信号集成、处理和分析,用数据、图表等形式来反映被测对象的应力、位移、变形、破坏和稳定性状态,实现各种检测参数的处理分析和结果显示。

工程自动监测系统结合各种地质信息,综合集成和处理系统的监测数据、可依据的理论分析和专家库的经验信息,实现自动和人工报警(图 9-378)。

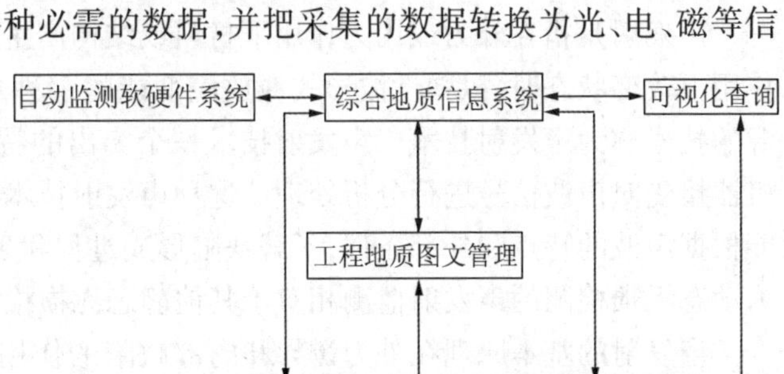

图 9-378 工程自动监测系统构成

9.11.2 地压监测方法

9.11.2.1 光弹性应力计

光弹性应力计(简称光应力计)是光测法中监测岩体应力变化的一种监测手段。通过光测弹性力学的应力分析手段,监测矿体应力变化。光弹性应力计作为围岩应力的一种转换器,能显示出明显的应力条纹(等差线图),采用手持光弹仪人工记录条纹级数等参数。光应力计价格便宜、观测方便,且不受井下恶劣条件的影响。光弹性方法分为两类:(1)室内光弹性模拟,解决已知载荷条件下工程结构的应力分布问题;(2)现场观测所用的光应力计和光应变计,通过观测到的应力条纹求岩体的受力状态。

光弹应力计与数码相机配合可得到各测试点的应力照片,通过对比条纹级别的增加与减少,来判断应力的分布情况,从而达到监测地压的目的。新型可拍摄光弹仪和光应力计配合使用可进一步提高条纹识读的准确性。

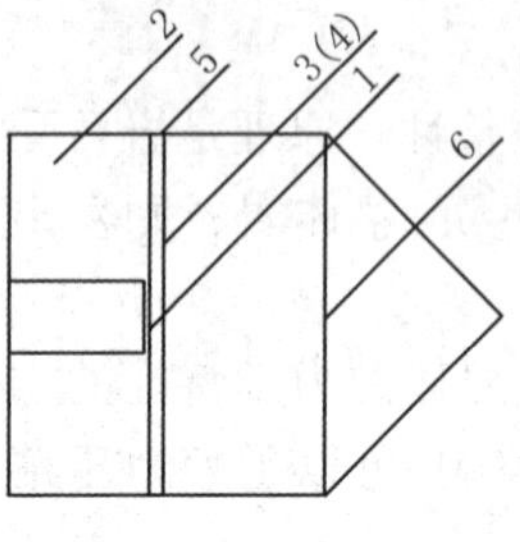

图 9-379 光应力计组装结构
1—石蜡;2—测片;3—反射镀层;4—冷凝剂;5—护片;6—木锥陀

光弹性应力计有单轴应力计与双轴应力计两种类型。其外形可以是实心短圆柱体或厚壁空心短圆柱体。其背面有反光镀层者为反射式,无镀层者为透射式。应用最广泛的是反射式双轴应力计,其尺寸及材料视研究对象的需要而异。R-50 型光应力计是目前国内普遍推广使用的一种应力计,玻璃测片是主要传感元件,测片是一个带轴向中心圆孔的扁圆柱体,其外径 D 为 50mm,内径(中心圆孔)d 为 10mm,厚度为 20mm。在测片的一面镀上反射层,其后粘一厚 2mm 的玻璃片,用于保护反射层,为了便于安装,在玻璃片后粘接一木锥陀,其结构如图 9-379 所示。

当光应力计材料的弹模值比被测对象的弹模值高若干倍时,光弹性应力计可视为一刚性包体,当粘接层很薄时,其影响可忽略不计。本方法以光测弹性力学基本理论和弹性介质中的刚性包体理论为基础,当光应力计周围岩体的应力变化时,光应力计在圆偏振光场中的光学效应相应变化,根据应力光学定律即可得出岩体该点的主应力和方向。

光应力计的使用方法是先在布置好的测点打好钻孔,再将光应力计嵌入岩体钻孔内,并用水泥砂浆使之与岩体黏结在一起。埋设光应力计的钻孔深度取决于观测仪器。采用反射式偏振镜时,孔深宜取 1.2~1.5m,孔壁间隙应尽量小,以减小黏结剂引起的观测误差。埋设时,应力计中心孔应与钻孔轴线保持一致。反光镀层应有良好的防潮性能。观测时,偏振镜对准应力计,通过白光源照射,光应力计中将显现彩色应力光图。根据应力光图的对称轴,确定主应力方向;读取中心孔附近四个灵敏区内的干涉条纹级数,按事先测定的拟条纹值计算应力值,或读取光应力计上预先刻划的各观测点的条纹级数,用相应各点率定的拟定纹值计算应力值。

通过实际工程中的应力监测实践经验证明,岩体稳定性不仅与应力变化大小有关,还与应力变化率有关。对于光测法中的光弹性应力计则显示为:在一定时间内条纹级数比其他点明显增高,当其级数值明显高于平均值时,稳定性较差,地压活动的可能性较大。

9.11.2.2 *声发射监测*

声发射是指在外力或内力作用下材料或结构产生变形或断裂,或材料内部缺陷及潜在缺陷在外部条件作用下改变状态时,以弹性波形式释放应变能的一种现象。利用仪器监测、分析声发射信号并确定声发射源的技术称为声发射技术。声发射技术一个突出的特点是被检对象是主体,本身能动的发射声波,然后由机器接受对声波信号进行分析处理。这种声发射技术是一项评价材料或构件损伤的动态无损监测技术,它能根据声波的特点和外部条件,了解缺陷形成过程和现在的状态,还可以预测将来的发展变化趋势,这是作为动态无损检测的声发射监测相对于其他静态无损检测如超声波、射线等探伤方法所具有的突出优点。

声发射的基本原理在外力诱导和内部缺陷的作用下,物体内部的缺陷会导致应力集中,从而使局部应力分布不均匀。当应力分布不均匀使所储蓄的应变能达到一定程度时,会导致应力的重新分布。应变能的释放表现为位错运动、裂纹、微观龟裂、热胀冷缩等现象。在应变能释放时缺陷会发出一种应力脉冲波即声发射信号,最终传播到传感器,传感器将接受到的信号转换为电信号,然后再被放大和处理,最后数据记录在计算机显示系统中。声发射的出现要具备两个条件:外力作用和内部结构、缺陷的变化。声发射现象往往会在材料严重破坏出现之前产生,及时地捕捉这些声发射信号,能够及早地掌握发射源的状态及发展趋势,做出相应的防护措施,减少损失。声发射监测技术能够确定声发射源的位置,将声发射源传来的声波信号进行处理分析得出发射源的位置和声发射的时间和强度,以此来确定物体内部的破坏程度。

声发射监测的优点主要表现为以下几个方面:

(1) 声发射探测到的能量来自被测试物体本身而不是检测仪器。

(2) 声发射检测方法依据的是外力诱导下的缺陷变化而发射的应力脉冲波,尤其对线形缺陷较为敏感,稳定的缺陷不产生声发射信号。

(3) 声发射检验可提供活性缺陷的形成过程以及在实际条件下可能的发展变化和趋势。

(4) 声发射检测对被检件的几何形状和所处的环境要求不高。在易燃、易爆和高低温的环境下均可以监测。

(5) 能够整体探测和评价整个结构活动中活性缺陷的状态。

声发射监测仪器由信号接收器(传感器)、信号处理器(包括前段放大器、主放大器、滤波器及与各种处理方法相适应的仪器)和信号显示器(各种参数显示装置)三大部分组成。声发射监测原理如图 9-380 所示。

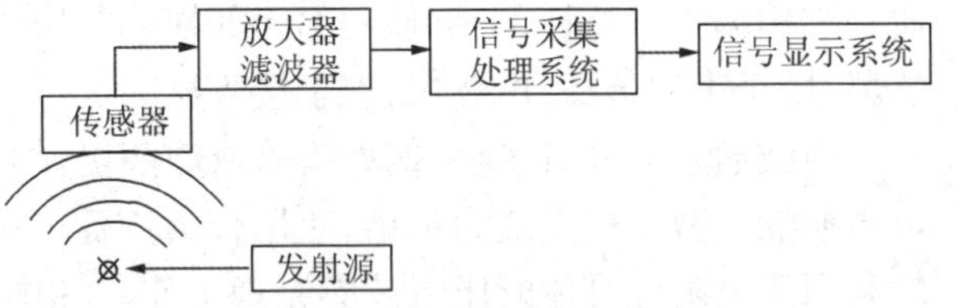

图 9-380 声发射监测原理

声发射传感器接受声发射信号并将其转换成电信号。声发射检测系统按硬件获取并输出存储的数据区分,可分为参数和波形两大类声发射仪。参数声发射仪硬件获取并输出的是波形信号的特征参数,数据量小,数据通信存储比较容易。波形声发射仪硬件获取并输出的是波形数据,数据信息丰富,数据通信存储较为困难。处理声发射信号的方法有很多种,有振铃法、事件法、能量分析法、振幅分布分析法和频谱分析法,实际工程中根据实际情况选择其中的一种或几种方法联合使用。目前比较常用的采集和处理声发射信号的方法可分为两大类:一种为以多个简化的波形特征参数来表示声发射信号的特征,然后对这些波形特征参数进行分析和处理;另一种为存储和记录声发射信号的波形,对波形进行频谱分析,实质就是通过测量各种频率成分来对声发射信号进行分析处理。

下面介绍一种应用声发射技术的仪器——智能地音仪。

矿山采空区经常出现地压活动,智能地音仪的出现减少了地压活动带来的损失。智能地音仪通过测定回采过程中矿柱的穿透声速及其变化来判定矿柱的稳定状态及其变化,从而为安全地回采矿柱和科学地处理采空区提供依据。

地音仪的传感器将感受到的微弱声能转化为电能,经放大器放大和程控带通滤波器滤波后供 A/D 转换,并将转换得到的数据存入高速缓冲区内,同时进行数字滤波,快速傅里叶变换、波形识别,并能立刻判断出此信号是否为有用的声发射信号,记录下此次事件,并将波形存入 RAM 盘,最后送至计算机,对数据进行分析和处理。

采场和巷道是地压活动的多发区,需要使用地音仪进行重点监测,地音仪通过仪器自身记录的能量值、事件率、波形图来分析地压稳定的情况,为矿山地压灾害预测、地压的防护措施、生产的组织和调整提供了大量的数据资料。深入地研究岩石声发射特征及其规律有可能进一步弄清岩石的破坏机制、提出新的强度和断裂判据。国外许多矿山及科研院所都在进行这方面的研究工作,我国的研究院和矿山也对此监测设备进行了升级和改进,使整个监测精度有了很大的提高,预报准确率大大提高。网络技术的发展使得仪器与电脑联机解决了全天候监测的问题,克服了过去捕捉不到临界状态的问题,建立起岩体稳定性的声发射参数及岩体冒顶临界值的确定方法。网络信息技术的进步和经验的积累使得我们最终建立起智能预测模型及矿山地压监测网络系统,实现了对矿山井下的整个地压活动预警预报的作用。

9.11.2.3 *超声探测*

声波可视作一种弹性波,在声波探测时,人为发射的声波对岩体的作用很小,持续时间也很短,所以为了简化计算过程,岩体可以作为弹性体来研究。声波的传播实际上是由机械振动产生的弹性形变在介质中的传播。这种由振动产生的弹性形变有两种形式:(1)形状不变,体积变化;(2)体积不变,形状变化。

第一种振动形式产生的形变使各质点间发生膨胀或压缩,并且这些随时间变化的膨胀带和压缩带相互交替,由此产生的波称为纵波。第二种形变产生的切变和剪切应力的相互作用,使得质点间的位置发生相对错动,由此产生的波称为横波。

实践和研究证明,弹性波在岩体中的传播速度与岩体的种类、物理力学参数、结构面、弹性参数、应力状态、含水量和风化程度有关,具有如下规律:(1)裂隙、夹层和破碎带的存在使波速降低,裂隙数目增多,夹层加厚,波速变小;(2)岩石越致密,岩体声速越高;(3)由于裂隙面和应力场,声波传播具有各向异性;(4)岩体风化速度大则声速低;(5)压应力方向上声波速度高;(6)空洞区不同的充填物,在其中传播的波速不同,但不论哪种情况,空洞区都表现为低波幅区。

超声探测技术的基本原理是人工控制定向连续向岩土介质和结构中激发一定频率的弹性波,这种弹性波以各种波形在材料和结构内部传播并由接受仪器接受,通过分析研究记录下来的波动信号来确定岩土介质和结构的力学特性,了解他们的内部缺陷。岩体声波探测常用仪器有发射换能器,用于声波发射;接受换能器,用于声波传播;声波仪,用于接收显示。

声波激发方式有多种,例如雷管或炸药爆炸激发、锤击激发、电火花激发和各种电声换能器激发。其中电声换能器激发优点最为突出,使用较为广泛。声波换能器是声电能量的转换器件,俗称探头。换能器一般利用压电陶瓷晶体的压电效应原理工作。其中发射换能器是将声波仪发射机输出的具有一定功率的电信号转换成声信号发射到岩体中,它的工作原理是利用晶体的逆压电效应。而接受换能器是将岩体中的传播的声信号转换成电信号,输入到声波仪接收机的输入系统中,其工作原理是利用晶体的压电效应。

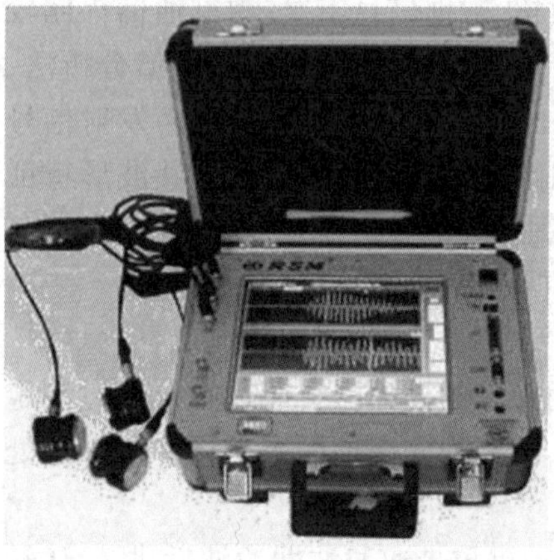

图 9-381 声波仪

声波仪是声波测试的主要仪器设备,它有发射机和接收机两个主要组成部分,发射机的作用是根据工程的实际情况需求向声波测试探头输出一定频率的声脉冲,接收机的功能是接收探收到的微量信号并将其放大,并在示波器上显示或以数字的形式显示。图 9-381 是某种类型的声波仪。探测仪器的布置方法:

(1) 穿透法(双孔法)。钻两个平行钻孔,将声波发射换能器和接受换能器放置在介质相对的这两个钻孔中,并使换能器与钻孔岩壁有较好的吻合。根据声波穿透介质后波速和能量的变化来判断介质的能量。

(2) 单孔法。单孔法在每次测试时只需钻一个孔,也可直接利用锚杆孔。此种方法操作简单,准备工作量小。

(3) 剖面法(岩面法)。这种方法是发射换能器发射纵波通过一定角度入射到介质中,同时接受各个岩面的反射波,即可通过示波器直接显示波形和到达时间,从而对反射面的位置进行分析,了解岩体的变化情况,判断介质的缺陷和材料的性能。

(4) 环形法。在岩体表面或在钻孔中,沿一定半径的周围上布置八个以上发射器和接收器,测量不同方向的声波传播速度等声波参数。

9.11.2.4 岩体原位应力测试

国内外大多数专家依据测量基本原理的不同,将测量方法分为直接法和间接法两大类(表 9-249)。直接测量法是由测量仪器直接测量和记录各种应力量,如补偿应力、恢复应力、平衡应力,并根据这些应力量与原岩应力的相互关系,通过计算获得原岩应力值。在计算过程中不涉及不同物理量的相互计算,不需要知道岩石的物理力学性质和应力应变关系。间接测量法是借助某些传感组件或某些媒介,测量和记录岩体中某些与应力有关的间接物理量的变化,如岩体中的变形或应变,岩体的密度、渗透性、吸水性、电磁、电阻、电容的变化,然后由测得的间接物理量的变化,通过已知的公式计算出岩体中的应力值。

表 9-249 主要地应力测试方法

直接法				间接法			
应力恢复法	水压致裂法	刚性包体应力计法	声发射法	套孔应力解除法	局部应力解除法	松弛应变测量法	地球物理探测法

A 直接测量法

a 应力恢复法(又称扁千斤顶法)

应力恢复法一般在平硐壁面或岩体表面进行,在壁面或岩面上切槽,解除岩体应力,恢复应变;然后在槽中埋入液压枕，对岩体施加压力，使岩体的应变恢复至应力解除前的状态；此时，液压枕施加的压力即为应力解除前岩体受到的应力，这一应力值实际上是平硐开挖后壁面处的环向应力。通过测量应力恢复后的应力和应变值，利用弹性力学公式即可求解出测点岩体中的应力状态。

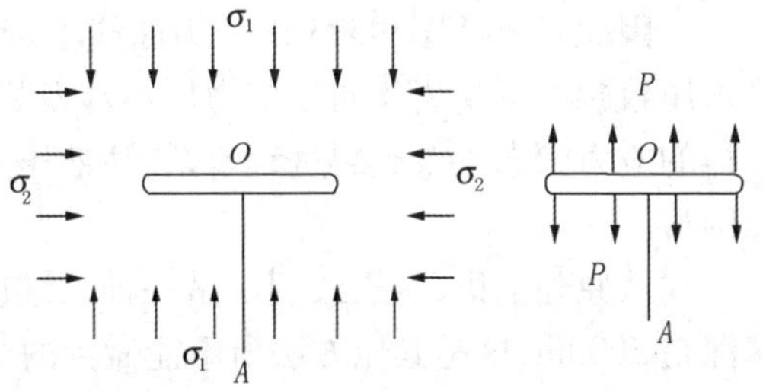

图 9-382 应力恢复法原理

应力恢复法测量元件除了液压枕之外，还可以采用钢弦应变计、电阻片应变计和光弹应变计。

应力恢复法的原理如图 9-382 所示：当硐室某侧墙上的表层围岩应力的主应力 σ_1、σ_2 方向各为垂直于水平方向时，当岩石中的压力枕施加的压力为 p 时就可用应力恢复法测得 σ_1的大小。

应力恢复法的测量方法：在准备测量应力的岩体表面或平硐壁面安装二个测量柱，并测量二柱之间的距离；在与二测量柱对称的中间位置处开挖一个垂直于测量柱连线的扁槽，槽的大小、形状和厚度与扁千斤顶相符合；将扁千斤顶完全塞入槽内，必要时需注浆将扁千斤顶和岩石胶结在一起，以便得到准确的测量结果。用电动或手动液压泵向千斤顶加压，随着加注压力的增加，二测量柱之间的距离也不断增加。根据前面测得的二柱之间的距离，当二测量柱之间的距离恢复到扁槽开挖前的大小时，停止加压，记录下此时扁千斤顶中的压力，该压力称为“平衡压力”或“补偿压力”，这个压力就等于扁槽开挖前岩体表面中垂直于扁千斤顶方向，即平行于二测量柱连线方向的应力。

从原理上讲，扁千斤顶法只是一种一维应力测量法，只能测量平行于二测量柱连线方向的应力。而且扁千斤顶法只能在巷道、硐室或其他开挖体表面附近的岩体中进行，因而其测量的是一种受开挖扰动的次生应力场，而非原岩应力场。

b 水压致裂法

水压致裂法在岩体工程、石油钻探以及地震研究等领域得到了广泛应用，尤其是石油钻探领域，以竖直钻孔确定水平应力最为常用。水压致裂法具有自身独特的优点，是测量岩体深部应力的新方法，不需要精密的电子仪器，测试方法简单。

测试方法是：在竖直钻孔内待加压段用两个封隔器密封起来封隔一段，向其中注入高压水；连续注射高压水并不断加大水压直至孔壁开裂；压力达到最大值 P_b 后岩壁破裂压力下降，最终保持恒定以维持裂隙张开；关闭注液泵，压力因液体流失而迅速下降，裂隙逐渐闭合，压力降低变缓，当裂隙处于临界闭合状态时的临界压力值称为瞬时关闭压力 P_s；完全卸压后再重新注液，得到裂隙的重张压力 P_r 以及瞬时关闭压力 P_s：这种卸压-加压的过程重复 2 ~ 3 次，以提高测试数据的准确性；最后通过印模纪录裂缝的方向。图 9-383 是测试示意图和相应的压力曲线。

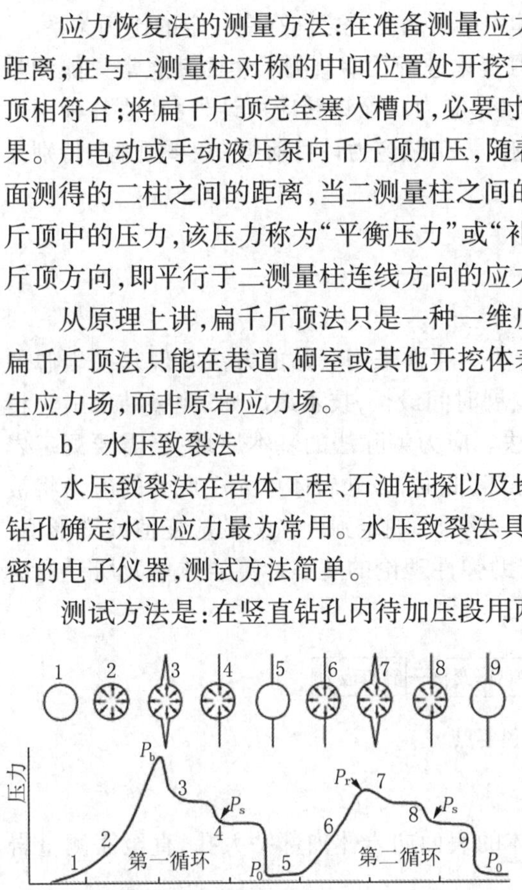

图 9-383 水压致裂法测试示意图和相应的压力曲线

假设原岩应力有一个主应力 σ_v 沿竖直方向，另两个主应力 $\sigma_1 \geqslant \sigma_2$ 是水平方向，依据弹性理论，孔内作用径向压力为 P 时的孔壁应力 σ_θ（压应力为正）：

$$\sigma_\theta = (\sigma_1 + \sigma_2) - 2(\sigma_1 - \sigma_2)\cos 2\theta - P \tag{9-322}$$

$$\sigma_r = P \tag{9-323}$$

在式(9-322)的最小值达到岩石的抗拉强度 $-T$ 时，即液体达到破裂压力 P_b，

$$P_b = 3\sigma_2 - \sigma_1 + T \tag{9-324}$$

孔壁发生破坏，产生张开裂隙，为较大主应力 σ_1 的方向。停止注液后裂隙的瞬时关闭压力 P_s，

$$P_s = \sigma_2 \tag{9-325}$$

而再次向钻孔注液时裂隙重新张开的压力 P_r 为：

$$P_r = 3\sigma_2 - \sigma_1 \tag{9-326}$$

因此只要从图 9-383 的压力曲线上读出 P_b,P_r,P_s 就可以确定水平应力和岩体的抗拉强度。由此可见水压致裂法测量岩体初始应力可不涉及岩体的物理力学性质，而是由测量和记录的压力值决定。不过，岩体的应力状态以及破裂过程复杂，注液压力曲线尤其是瞬时关闭压力 P_s 的判读有时非常困难，给测量带来困难。

从原理上讲，水压致裂法是一种二维应力测量法。它的突出优点是能测量深部应力，已报道的最大测深是 5000m，这是其他方法所不能做到的。因此这种方法可用来测量深部地壳的构造应力场。还有就是不需要预先知道岩石的弹性模量，而且测试也不困难。其他直接测定法还有刚性包体应力计法和声发射法。

刚性包体应力计的主要组成部分是一个由钢、铜合金或其他硬质金属材料制成的空心圆柱，在其中心部位有一个压力传感器元件。测量时首先在测点打一处钻孔，然后将该圆柱挤压进钻孔中，以使圆柱和钻孔壁保持紧密接触。理论分析表明，位于一个无限体中的刚性包体，当周围岩体中的应力发生变化时，在刚性包体中会产生一个均匀分布的应力场，该应力场的大小和岩体中的应力变化之间存在一定的比例关系。

刚性包体应力计具有很高的稳定性，因而可用于对现场应力变化进行长期监测。然而其通常只能测量垂直于钻孔平面的单向或双向应力变化情况，而不能用于测量原岩应力。除钢弦应力计外，其他各种刚性包体应力计的灵敏度均较低，故 20 世纪 80 年代之前已被逐步淘汰。钢弦应力计目前仍在一些国家，特别是美国得到较为广泛的应用。

声发射法前面已做过介绍，这里不再多说。

B 间接测量法

a 全应力解除法（套孔应力解除法）

全应力解除法是一种使测点岩体完全脱离地应力作用的方法。通常采用套钻的方法实现套孔岩芯的完全应力解除，因而也称套孔应力解除法。套孔应力解除法是发展时间最长，技术最成熟、测量结果最为精确的一种地应力测量方法，也是一种成本最高的地应力测量方法。应力解除法的基本原理：当需要测定岩体中某点的应力状态时，人为地将该处岩体单元和周围的岩体分离，此时，该处岩体单元上所受的应力将被解除。同时，该单元体的几何尺寸也将产生弹性恢复。应用一定的仪器，测定弹性恢复的应变值或变形值，并且认为岩体是连续、均质和各向同性的弹性体，于是就可以借助弹性理论的解答计算岩体单元所受的应力。图 9-384 所示为全应力解除法的流程要点。

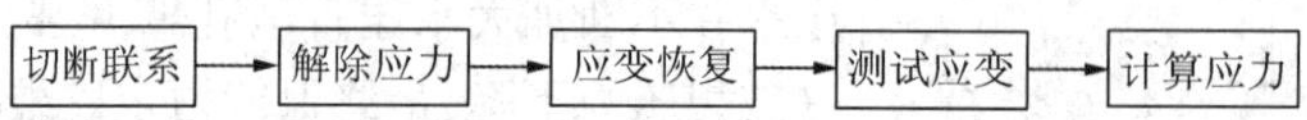

图 9-384 全应力解除法的流程要点

目前应力解除法已形成一套标准的测量程序，具体步骤如下：

第一步：从岩体表面，一般是从地下巷道、硐室或其他开挖体的表面向岩体内部钻大孔，直至需测量岩体应力的部位。

第二步：从大孔底打同心小孔，小孔供安装探头用，小孔的直径由所选用的探头直径决定，一般为 36 ~ 38mm。

第三步：用一套专用装置将测量探头安装到小孔中央部位。

第四步：用第一步打大孔用的薄壁钻头继续延深大孔，使小孔周围岩芯实现应力解除。

由于应力解除引起的小孔变形或应变由包括测试探头在内的测量系统测定并通过记录仪器记录下来。根据测得的小孔变形或应变通过有关公式即可求出小孔周围的原岩应力状态。

套孔应力解除法可分为孔径变形法、孔底应变法、孔壁应变法、空心包体应变法和实心包体变形法五种。目前常用的变形测量元件有：门塞式应变计、光弹性应变计、钢环式钻孔变形计、压磁式钻孔应力计和空心包体式单孔全应力计等。

b 局部应力解除法

和套孔应力解除法的全应力不同，局部应力解除法只能实现测点的部分应力解除。局部应力解除法有切槽解除法、钻孔全息干涉测量法、平行钻孔法、中心钻孔法、钻孔延深法五大类，其中切槽解除法、平行钻孔法、中心钻孔法是实际应用中使用较多的三种局部应力解除法。

c 地球物理探测法

声波测量法依据声波，特别是纵波的传播速度和振幅随岩体中的应力状态而定量的变化。

(1) 声波探测法。

第一步：选择岩性、结构较为简单的地段，取某一点作为声波发射点。

第二步：以发射点为中心，在其周围不同方向布置接收点，组成监测网。

第三步：使用微爆破、机械振动或其他专用仪器向岩体发出声波，并在各接受点使用仪器接受声波。

第四步：测量发射点至各接受点的声波传播速度，绘制如图 9-385 所示的速度椭圆，椭圆长、短轴的方向即代表了岩体中最大和最小应力的方向。

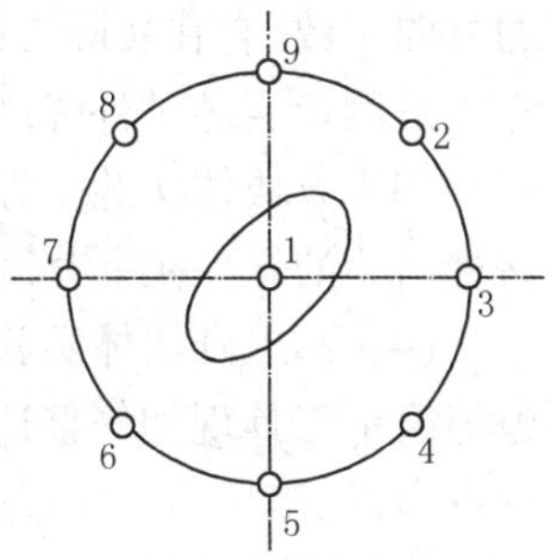

图 9-385 声波传播速度椭圆

1—发射点；2～9—接受点

第五步：使用合理的方法，对声波传播速度和地应力大小之间的关系进行标定实验，根据标定结果由测得的速度椭圆确定岩体中的应力状态。

(2) 超声波谱法。该方法依据的是当岩石受到超声剪切波的作用时将成为双折射性的，其双折射率是应力的函数。测量方法：

第一步：向岩体内打一钻孔。

第二步：使用专用仪器向钻孔内发射偏振剪切波并接受该波在钻孔中的传播信号。

第三步：当偏振波在钻孔中传播一段距离后，将出现快波和慢波之间的相消干涉，这种相消干涉由接受的传播信号的最小值来认定。

第四步：由于不同类型的岩石在超声剪切波作用下的双折射性是各不相同的，为了根据测量数据定量确定应力的大小，必须在试验中进行相应的标定实验。

第五步：为了确定一点的二维或三维应力状态，必须在同一地点的多个互不平行的钻孔中进行上述实验。

9.11.2.5 点荷载试验

点荷载试验是利用一对端部直径极小的加荷锥，将岩石试样夹在这两个加荷锥之间施加集中荷载，使岩石破裂，通过计算求得试样点荷载强度，再依据经验关系，间接估算岩石单轴抗压强度和抗拉强度，或者直接用于岩石分类、划分风化带以及评价岩石各向异性程度等。

点加载与常规实验采用承压板施加均布荷载的加荷方式不同，给试验工作带来两大优点：一是加荷锥与岩石接触面积很小，使试件破坏所需的总荷载比常规抗压试验所需要的小得多，可采用小型轻便的试验机，手泵给压，用压力表或传感器数显压力，故在野外或室内均可进行试验。二是可以利用不规则岩块进行试验，常规实验中难以按照规程要求加工为标准试件的岩块都可以采用此种方法进行试验，这对难以取样或无法进行岩样加工的软岩和严重风化岩石的性能测试来说都是很有利的。

根据国际岩石力学协会的建议，点荷载实验根据试件几何形状和加荷方向分为以下四类，如图 9-386 所示。

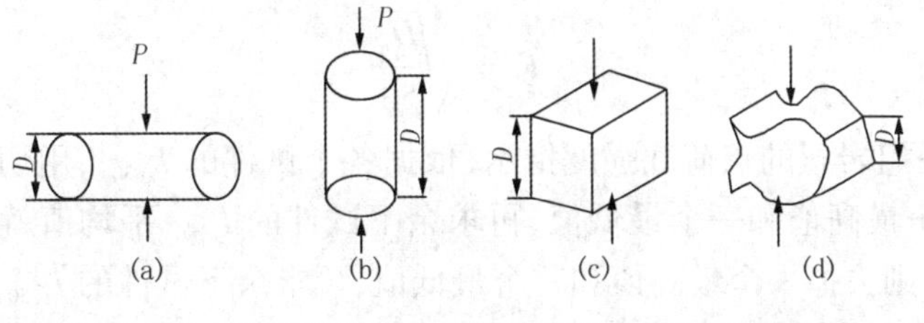

图 9-386 岩石点荷载试验分类及对试件形状的要求

(a) 径向实验；(b) 轴向实验；(c) 方块体实验；(d) 不规则块体实验

(1) 径向实验。径向实验的特点是加荷方向与钻取岩芯的方向垂直。但是在工程中需要了解的往往是荷载方向上的岩石强度，而径向实验的加荷方向往往与荷载方向垂直，所以径向实验在实际的工程中应用十分有限。

(2) 轴向实验。轴向实验的特点是加荷方向与钻取岩芯方向一致。轴向实验的受力方向与工程建筑物的方向一致，它在实际工程中广泛应用，既适用于各向同性的均质岩芯，也适用于各向异性的非均质岩芯。它也是测定岩芯试件强度各向异性指数时不可缺少的手段。

（3）方块体实验。方块体实验属于轴向加荷范畴，其原始强度指数可按轴向实验的修正方法进行修正。这种实验的试件主要是工程材料中的水泥砂浆试块。

（4）不规则块体实验。不规则块体指的是从天然掉落或人工敲取下来的，具有一定体积的岩块，用地质锤等简单工具现加修整达到基本成形（大致能测出三维尺寸）即用于试验的试件，它最能体现点荷载试验的特点和优点。

ISRM 法是国际岩石力学学会试验方法委员会推荐的"测定点荷载强度建议方法"（1985 年修订）的简称。ISRM 方法是利用两加荷点之间的距离 D 和通过压头接触点平面的最小横截面积 A 来求等价直径 D_e，通过 D_e 确定未修正的点荷载强度指标 I_D：

$$I_D = \frac{P}{D_e^2} \tag{9-327}$$

并通过尺寸修正得 $I_{s(50)}$，$I_{s(50)}$ 乘以相应的经验系数即得到点荷载抗压强度 R_c、抗拉强度 R_t。

ISRM 法确定岩石点荷载强度指数的步骤如下。

1）计算各试件未修正的点荷载强度指数 I_{ch}（MP）：

$$I_{ch} = \frac{P}{D_e^2} \tag{9-328}$$

式中 P——破坏荷载，N；

D_e——等价直径，mm。

对于岩芯径轴向、规则块体和不规则块体实验，有：

$$D_e^2 = \frac{4A}{\pi} \qquad A = WD \tag{9-329}$$

式中 A——通过加荷器解除点的最小横截面积；

W——横截面的平均宽度。

2）尺寸修正。实验证实 I_{ch} 不但与试件形状有关，而且是试件尺寸 D_e 的函数。为了便于比较，获得一致性的点荷载强度系数，必须进行尺寸修正。以岩芯直径 $D = 50$mm 为标准，修正后的点荷载强度系数用 $I_{s(50)}$ 表示，则

$$I_{s(50)} = FI_{ch}$$

式中 F——尺寸系数，由修正曲线或下式确定：

$$F = \left(\frac{D_e}{50}\right)^{0.45} \tag{9-330}$$

也可近似的表示为：

$$F = \sqrt{\frac{D_e}{50}} \tag{9-331}$$

3）平均值的计算。一组岩石的点荷载强度指示，依据各个试件的 $I_{s(50)}$，用切尾平均法确定。当一组岩石试件 $n > 10$ 时，去掉两个最高值和一个最低值，再求余下试件的 $I_{s(50)}$ 平均值就是该种岩石的点荷载强度指标。如果试件数 $n < 10$，则去掉一个最高值和一个最低值，再求余下试件的 $I_{s(50)}$ 平均值即可。

9.11.2.6 电磁辐射技术

至今为止，在采矿工程中，岩爆的预测是矿山深部开采工程中遇到的最棘手问题之一。岩爆往往是以岩石弹出、大量岩石坍塌或矿震的形式表现出来的动力现象，会给矿山带来巨大的经济损失和人员伤亡。目前各国研究学者一直在进行岩爆预测预报技术的探索。近年来，各国学者研究并发现了煤岩体变形破坏过程中会产生电磁辐射现象，这种煤岩的电磁辐射现象与煤岩体的变形破裂过程密切相关。由此，他们提出了一种新的预测岩爆等矿井动力灾害现象的方法——电磁辐射法。

电磁辐射法预测岩爆的原理:煤岩体本身具有非均质性,当煤岩体发生变形破裂时,煤岩体就会向外辐射电磁能量,这种变形破裂引起的电磁能量的辐射与煤岩体的变形破裂过程密切相关。电磁辐射信息综合反映了岩爆等煤岩灾害动力现象的主要影响因素,电磁辐射强度主要反映了煤岩体的受载程度及变形破裂强度,脉冲数主要反映了煤岩体变形及微破裂的频次。

电磁辐射强度与载荷的增减具有一致性。载荷增加,电磁辐射强度增加,载荷强度越大,电磁辐射强度也越大。发生岩爆以前,电磁辐射强度一般较小,而在冲击破坏时,载荷强度突然增加,电磁辐射强度也会随之突然增加。我们预测岩爆就是要在其准备及发动阶段,根据前兆信息判断岩爆的危险程度,及时地避免岩爆的发生。根据现场统计实验证实:电磁辐射和煤岩体的应力状态相关,应力越大,电磁辐射信号就越强,电磁辐射脉冲就越大,发生岩爆的危险性也越大。

大量的研究测试结果表明,煤岩体变形破坏产生的电磁辐射具有一定的规律性。

(1) 电磁辐射与煤岩体所受应力存在耦合关系,二者相互影响,密切配合。煤岩体所受的应力越高,电磁辐射的强度就越大。

(2) 电磁辐射可以反映煤岩体的破坏程度。煤岩体破坏程度越高,发出电磁辐射的脉冲数越高,而且变化速率越大。

(3) 电磁辐射可以预测岩爆、检验卸压爆破的效果。

大量的观测试验表明:岩爆发生前的一段时间,电磁辐射连续增长,然后下降,之后又呈增长趋势。岩爆突然发生时,电磁辐射强度突然增加。卸压爆破前,如果所测的电磁辐射值高,说明煤岩体所受的应力较高,积聚有大量的弹性能。如果卸压爆破后,电磁辐射值有了明显的下降,说明应力有了降低,能量得到了释放;如果卸压爆破后电磁辐射值没有明显的变化,甚至有所上升,则说明煤岩体中的弹性能没有得到释放,而且应力更加集中,更容易发生岩爆。这就是电磁辐射可以预测岩爆、检验卸压爆破的效果的依据。

电磁辐射法预测岩爆危险节省了大量的钻探工程,提高了巷道掘进速度,降低了成本,大大节约了人力、物力和财力,为矿山带来了十分可观的经济效益。电磁辐射法非接触预测岩爆不需打钻,实施时间短,准确率高,是一种很有前景的预测岩爆的方法。电磁辐射仪就是利用电磁辐射技术的原理来预测岩爆的。

电磁辐射仪所受到的干扰因素对其使用影响是比较大的,其主要干扰因素是电机车、电动铲车等,其他的设备在工作中由于电流的变化而产生的电磁辐射也存在干扰。利用电磁辐射仪预测岩爆,观测者重点观察的应该是电磁辐射值突然增大的时候,这时候岩体变形程度剧烈,产生了应力的重新分布,是可能发生地压显现的时期,应当引起观测者的重点关注。观测者在监测中可暂定一个能量的预警强度值,暂定为100,大量监测表明绝大部分测点的监测值均在预警值以下。观测者需要经过长期的监测,同时考虑不同的地质条件、不同的监测点、不同的外界诱因等多方面的因素,进行综合论证,得到更可靠的临界值作为预警预报值。

9.11.2.7 爆破振动测试

爆破炸药能量的释放,可以使周围介质破碎,使远处介质产生裂隙。剩余的部分能量以地震波的形式传播到地面,引起地面质点的振动,形成爆破地震。爆破地震波造成的破坏作用是爆破公害中最重要的问题之一。爆破地震波引起的振动,会引起附近地表的振动,当振动强度达到一定值时,会产生边坡滑移、塌落等地质破坏现象。

描述爆破地震波的特征,一般用振幅 A、频率 f 和持续时间 t 三个基本参数表示。其中振幅是振动强度的标志,是表征地震波强度的重要参数,为了确保围岩、边坡和建(构)筑物的安全,需将振动强度控制在临界值范围内。若超过此临界值,就可能发生灾害。所以,控制爆破振动强度是控制爆破危害的关键。

爆破地震波的振幅不仅受爆源的影响,而且与爆破地震波在传播过程中的衰减特性有关。分析爆破地震波在层状岩体中传播的能量衰减特性,有利于预测层状岩体爆破地震效应,控制爆破地震作用和防止爆破地震危害的产生。爆破地震波的能量可由质点振动强度衡量,振动强度可以用振动的位移、速度或加速度来表示。目前国内外对爆破振动强度的测量仍以测量振动速度为主,爆破地震破坏程度与质点振动速度的关系比较密切,所以在工程爆破中,常用振动速度值来衡量爆破地震的安全程度。

计算爆破地震的质点振动速度常用萨道夫斯基公式：

$$v = K\left(\frac{Q^{\frac{1}{3}}}{R}\right)^{\alpha} \tag{9-332}$$

式中 v——爆破产生的质点振动速度，cm/s；

Q——装药量，kg；

R——爆源与测点的距离，m；

K,α——与爆源和测点间的地形、地质、爆破条件等有关的介质系数和衰减系数。

萨道夫斯基公式表明了一个基本规律：爆破地震波强度随传播距离的增加而呈幂函数衰减。在爆破较近距离区，由于波阵面上的压力、密度很大，地震波强度衰减很快。随着传播距离的增加，能量衰减速度逐渐减慢。

但是，当爆源（包括药量、爆破参数、装药结构、起爆方法、自由面条件等）和爆心距相同，而岩体地质地形条件发生变化时，振动速度值将随之变化，从而使爆破地震波能量的衰减具有不同的特征。

爆破地震波参数和波形特征主要依赖于爆破参数和地形地质特征，设置合理的爆破参数和掌握地形地质特征对消除地震波的影响具有不可忽视的作用。

（1）炸药方面的影响：主要是炸药类型、炸药量的影响。我们要选择炸药波阻抗与岩石的波阻抗差别较大、低爆速和低猛度的炸药。实验表明，炸药波阻抗与岩石的波阻抗差别较大时，岩石中引起的应变值较小，这时引起的爆破振动也较小。

（2）爆破方面的影响：主要是装药方式、炮孔直径和最小抵抗线的影响。装药不耦合系数对振动频率有很大的影响。不同炮孔孔径爆破时，即使爆破的药量相同，但由于场地系数和衰减系数的不同，大孔径的爆破振动强度仍然是比较大的。减小最小抵抗线（装药重心到自由面的最短距离）能使爆炸瞬间释放，使转化为爆破地震波的能量减少，地震强度随之减弱。

（3）传播介质的影响：爆破地震波的衰减要受到介质系统的影响。传播介质中含有裂隙、节理等，这些都阻碍了波的自由传播，最终地震波的波速都会趋于0。这就是爆破振动作用中的阻力作用，这种阻力通常称为阻尼。

9.11.2.8 位移、应变、压力等其他监测

位移监测仪器有单点位移计、多点位移计和收敛计。

单点位移计实际上是端部固定于钻孔底部的一根锚杆和孔口的测读位置。单点位移计结构简单、制作成本低，钻孔直径小，受外界影响小，测试精度高，所以目前应用较多。

多点位移计种类很多，钻孔内只安装一个测点的称为单点位移计，安装两个测点的双点位移计和安装三个以上测点的位移计都统称为多点位移计。根据埋设情况，多点位移计可分为埋设式和移动式两种；根据测试仪表的不同，可分为机械式和电测试。几种常见的、具有代表性的多点位移计是 BM-1 型多点位移计、电感频率式多点位移计、传液式多点位移计、无线电遥测位移计和滑动测微计。多点位移计通常与单点位移计配合使用。

应变测量常用的仪器有以下几种：

（1）XB-160 型振弦式应变计。XB-160 型振弦式表面应变计为振弦式弹性梁结构，适用于焊接到各种钢结构的场合，如钢管、坑道的支撑、桩以及桥梁等，也可用螺丝安装固定在各种结构表面，长期监测其表面应力与应变，并可同步测量埋设点的温度。

（2）钢弦式应变计。钢弦式应变计是利用钢弦的频率特性制成的应变传感器。它是把构件表面或内部的应变转化为钢弦的工作频率变化而进行测量的。有两个支点固定钢弦，在电流通过电磁线圈时，产生短脉冲作用，钢弦沿磁场方向发生振动。当支点间的距离发生改变时，钢弦的张力与振动频率也随之变化。

（3）EBJ 系列混凝土应变计。EBJ 系列混凝土应变计为弹性结构，适用于长期埋设在混凝土结构的梁、桩基、支撑、挡土墙、水工建筑物等中，监测其应力与应变。具有抗高压、抗径向力、二次密封、复位彻底等特点。

矿山有关力的测量包括围岩、支撑结构、锚杆、钢筋等受力情况的测量，常用设备为应力计或压力盒。

下面介绍液压枕和应力计。

(1) 液压枕。液压枕又称油枕应力计,主要由枕壳、注油三通、紫铜管和压力表组成。液压枕可埋设在混凝土结构体内、岩体内或结构与围岩的接触处,长期测试结构、围岩或接触面的应力。图 9-387 是某种类型的液压枕。

液压枕需要在室内组装,经高压密封性试验合格后才能埋设使用。

在埋设前用液压泵往枕壳内充油,排尽系统中的空气,然后把液压枕埋入测试点,加注砂浆固定液压枕,待砂浆达到凝固强度后,即可向枕壳内充油施加初始压力,24h 后压力表的稳定读数为该测试液压枕的初承力。此后,压力表值将随地层应力的变化而变化,我们可以根据这个过程中压力表上的数值得到围岩压力或混凝土中应力变化的规律。液压枕有测试直观可靠、结构简单、防潮防震、不受干扰、稳定性好、读数方便、成本低、不要电源,能在有瓦斯的隧洞工程中使用等优点,是现场测试的常用设备。

(2) FG-300A(F)应力计如图 9-388 所示。下面以 VBS-2 型应力计为例。

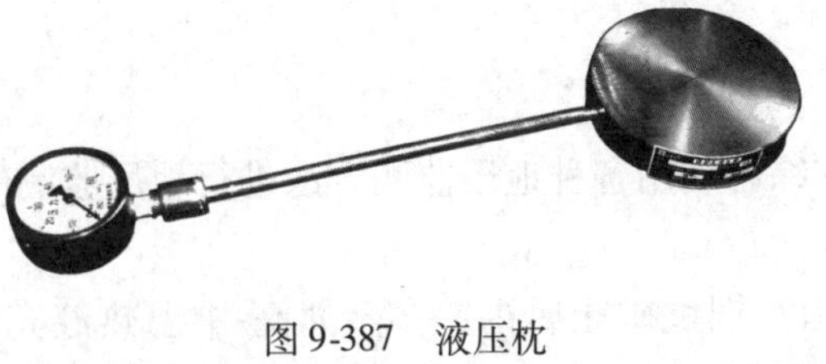

图 9-387 液压枕

图 9-388 FG-300A(F)应力计

VBS-2 型应力计包括楔子和圆柱形压盘两部分,在应力计的圆筒表面构造一个平面,安装过程中就能相对于孔壁而给应力计施加预应力。被监测介质中的应力发生变化将使应力计变形,应力计中振弦的拉张状态随之发生变化,从而其振动频率也发生变化。VBS-2 型应力计是单向的,为了解决双向应力场的监测,可以在选定位置安装一组单个应力计,至少需要三个测点。在钻孔及岩石条件良好的情况下,监测完成后,用过的应力计可以回收。

9.11.3 地压测试问题及解决方法

9.11.3.1 地压测试中出现的误差

矿山地压测试时,存在着外部因素干扰和内部因素影响的双重作用。地压测试仪器布置时,不可避免地会受到施工、地质水文条件的影响。由于技术和现有经济水平的限制,设备本身智能型和稳定性还有一定的差距,测量的数据也有一定的误差。目前我国的设备制造水平和世界上发达国家还有一定的差距。

利用设备进行数据测量不可避免地会出现误差。误差的大小标志着测量精确度的高低。按其产生的原因,误差可以分为系统误差、偶然误差和疏忽误差。

(1) 系统误差。它是指在一定的测量条件下,对同一个被测量进行多次重复测量时,误差值的大小和符号(正值或负值)保持不变,或者在条件变化时,按一定规律变化的误差。

由于设备本身的原因,系统误差不能消除,只能降低。我们只要找到系统误差的来源,就可以降低系统误差。我们可以指定比较完善的实验步骤,严格按照实验步骤来进行数据测量。实验者自身也要提高实验技能,严格按实验步骤实验,降低人为误差。

(2) 偶然误差。在实际相同条件下多次测量同一值时,误差的绝对值及符号毫无规律的变化,这类误差称为偶然误差。

产生偶然误差的原因很多,例如观测时读数不准确,周围环境的偶然变化等,难以确定某个因素产生的具体影响的大小。偶然误差的存在使每次测量值不确定地偏大或偏小,但它并非毫无规律,它的规律性是在大量观测数据中才能表现出来的统计规律。我们在试验中要多多测量数据,以判断哪些数据是偶然误差造成的。

(3) 疏忽误差。疏忽误差是指由于人为原因产生的,与测量结果明显不符的个别测量数据的误差。此类误差是人为造成的,具有偶然性的特点,甚至出现特殊的现象。出现疏忽误差时要及时识别与剔除。

9.11.3.2 解决办法

矿山地压测试中出现的问题及解决办法:

(1) 对矿山现场的水文地质条件进行详细的调查。

(2) 深入研究矿山岩体构造的空间分布规律及构造特征,掌握矿山地应力的分布规律。

(3) 从国外引进先进的技术或设备,提高测量的精确度,减少误差。

(4) 数学力学分析方法、模拟实验方法和现场实际监测方法三者相互结合使用。

(5) 根据"监测和处理相结合,监测指导施工"的方针,制定监测手段和分析方法。

对矿山地压进行监测时,各种监测方法均有不足之处。因此,在进行地压监测时,应综合应用各种分析方法,对矿山地压进行监测,测点布置充分考虑该矿各种岩石的性质,能够及时全面地反映出地压活动规律。利用已有的工程经验进行定量和定性分析,只有将科学方法与工程经验相结合,才能更好地改进、完善上述方法,使之更好地应用于工程实践中,对今后矿山地压灾害起到预防作用,防治结合,才能确保安全、经济、高效地开采地下矿产资源。

9.11.4 地压监测实例

以柳州华锡集团铜坑矿生产基地为实例介绍其综合利用各种地压监测方法进行地压监测的情况。

9.11.4.1 概况

柳州华锡集团铜坑矿是一个大型地下开采矿山。铜坑矿床属锡锌多金属高-中温热液充填交代矿床。细脉带矿体、91 号矿体、92 号矿体是矿山的三大主要开采矿体,在空间上自上而下重叠分布。上部为急倾斜的细脉带矿体,先后采取崩落采矿法、分段空场法,嗣后崩落矿柱及顶板,以实现采空区处理;中部为缓倾斜的 91 号矿体,其顶部与细脉带矿体的底部相接,采用分段空场法胶结充填采空区;底部为缓倾斜的 92 号矿体,其顶板与 91 号矿体底部局部接触(水平投影重叠),与 91 号矿体重叠部分采用组合式崩落法,其余部分采用诱导顶板崩落连续后退采矿法。至 2006 年末,91 号矿体即将开采完毕,细脉带矿体正在采出矿,92 号矿体为当前的主要开采对象。三大矿体同时开采,采空区结构复杂,部分地段上下交错布置,矿山地压监测工作难度极大。

9.11.4.2 矿山地压活动特征

三大矿体的赋存条件特殊、开采方式复杂,导致铜坑矿开采过程中的地压活动表现出十分独特的特征,给矿山开采带来很大困难。

(1) 细脉带矿体前期利用崩落法开采,后期采用分段空场法开采矿体。矿体开采主要受下部两大矿体的开采影响,由于上下盘水平压力作用及垂直方向的应力集中带来的主要地压危害是:采空区顶板暴露面积逐渐增大导致顶板垮塌、浅部空区与上部崩落区连通导致地表塌陷坑的出现。采空区未完全处理前,崩落老采空区岩层逐次至地表,不断释放地压能量,地表塌陷坑渐渐扩大并连成一片,形成塌陷区。

(2) 91 号矿体位于细脉带矿体下部,是缓倾斜似层状矿体。采矿方法为嗣后充填分段空场法或大直径深孔崩矿空场法(嗣后充填空区),开采过程中部分采场曾发生冒顶和盘区矿区局部地压问题。

(3) 92 号矿体在细脉带矿体和 91 号矿体的下部,在 92 号矿体采矿过程中,受上部两大矿体的影响和矿体自身的特征,当采空区达到一定规模后,就会发生顶板垮落和部分矿柱破坏的现象,部分地段空区崩落连通上部 91 号矿体和细脉带矿体采空区,近年来地压活动较为频繁。

9.11.4.3 地压监控监测手段与预期分析

铜坑矿属脆性硬岩矿山,岩体破坏时会产生较明显的声发射现象,所以声发射监测比较适合进行该矿的地压监测。在实际矿山开采过程中，我们综合应用了岩体声发射、岩层移动观测、应力变化观测等手段监测地压活动，但在实际网络布设和监测结果分析时也有所侧重。

(1) 对92号矿体主要在空区中腰及顶角按网格形布设声发射监测点，重点监控采空区中腰部位，采用多通道声发射监测系统实时监测地压。

(2) 对91号矿体采空区以岩体沉降观测为主，辅以现场声发射巡测，沉降观测网覆盖整个空区顶板，监测结果分析侧重于岩体沉降的加速趋势。

(3) 对细脉带崩落区底板以现场声发射巡测为主，辅以裂缝观测，主要分析底部91号和92号采空区破坏的发展趋势，确定地压活动影响范围。

矿山地表监测室与井下联网组建覆盖各采区的地压监测网，采用研发的多通道声发射/微震监测系统及地压监测预报分析软件等，对地压进行地压实时监测，结合空区稳定性计算和每天现场巡查情况综合分析，进行地压监测和预测预报。按照区域地压活动特征研究→地压发展过程破坏方式分析→技术手段选择→监测网络布设→多种方式综合监控的技术路线来实施，对防止地压活动起到了较好的效果。

9.11.4.4 地压活动的预报及防范措施

A 地压活动的发展过程

2004年初，92号矿体R3-T307采场回采完毕，采空区的中腰部位437m水平在压力逐步集中过程中出现岩体声发射活跃现象，91号矿体Ⅳ盘区空区顶板出现缓慢且持续的沉降现象，并一直延续至2006年初，但此期间内无明显的加速趋势。2006年5月，R3采空区南侧中腰455m水平声发射活跃程度逐步升高，日均事件率由0.5次/min上升至1.5次/min；同期，91号矿体Ⅳ盘区空区顶板沉降量出现轻微增大，此期间沉降区段的岩体声发射频度未出现明显异常，与预期分析一致。

B 地压活动的预测预警

自2006年9月以来，R3～T503区域和92号矿体201号线T110～T111段、91号矿体下盘22号～26号区段地压显现明显，铜坑矿在实行矿区全面地压监测的基础上，对出现明显地压显现区域的地压加强了监测，综合分析监测数据，在大范围地压活动前对危险区域的地压活动加强了预测预报。

2006年12月11日，91号矿体Ⅳ盘区顶部岩层出现非常明显的加速沉降趋势，由2005年10月11日～2006年1月29日的2～2.4mm/d急速升至8mm/d；R3采场空区顶角的声发射事件率由11月初的0.5次/min升至12月11日的5次/min，声发射能量由小转大，音色由尖脆转为沉闷，由上述现象表明区域内各项地压活动指标均出现明显的异常，已达初期确定的垮塌临界值，据此发出了书面预警通知。

2006年12月13～14日，现场巡测发现560m水平及531m水平3号溜井段出现沉闷岩音、冒块频繁，事件率达到4.2次/min，地表一爆区陷坑覆盖工程施工硐室出现新裂缝，分析认为自上而下已呈现大范围垮塌的临界特征。因此，12月14日下午15时，矿山安全生产管理部门果断作出决策，紧急停止了井下一切作业，及时有序地撤离了井下及地表施工的人员。

2006年9月14日下午18时57分，T412采场及其北面运巷在高度集中的应力作用下发生冒落和错动。14日22时至15日凌晨，在地面联网实行地压远程监测的"系统一"11号通道(传感器布设于505水平R3采场南侧顶角)不断监测到危险信号，声发射事件率最多达18.5次/min，仪器系统自动频繁地发出报警。

2006年9月15日2时47分，地面产生较强烈震动(定位监测系统监测到位置是202号线T110～T111段)，9月15日2时49分，地面再次产生较强烈震动(监测系统监测到的位置是T111～T110采场，由多通道接收到声源定位声发射波形(图9-389))；9月15日6时55分，地表再次产生强烈震感，"一爆区"陷坑坑口出现新的陷落，塌陷坑面积进一步扩大，冒落的瞬间从塌陷坑口喷射出细脉带矿体原自燃发火区的高温高压气体、火烧灰和碎石等，塌陷坑口周边出现多条较长的新裂隙。

自2006年以来，根据监测系统的监测数据和现场检查情况的综合分析，及时预测了各次地压活动，地压活动影响范围与预计的基本相符。由于事前做好了预报预警工作，对地压活动区域采取了强有力的安全管理措施，处理方法得当，人员设备及时撤离，使2006年的"12·15"地压活动发生期间未造成大的经济损失。

2006年"12·15"的地压活动水平投影范围主要在92号矿体Ⅰ、Ⅱ、R盘区中部，垂直影响范围为标高

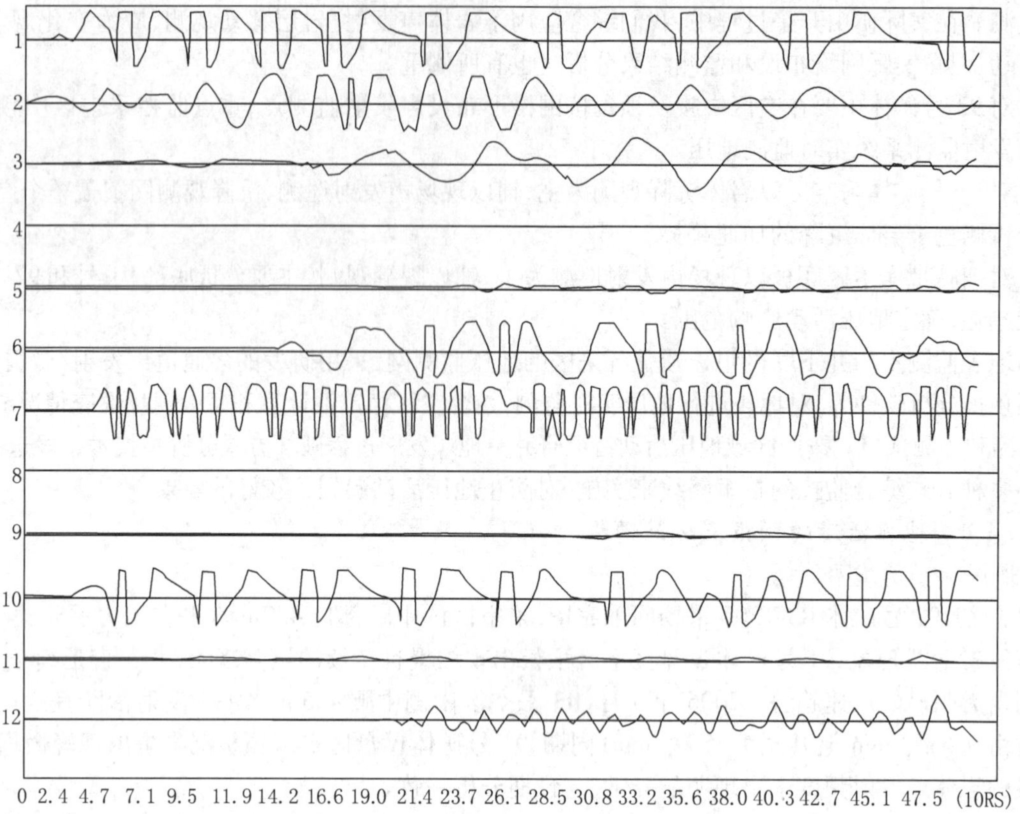

图 9-389 震动时监测系统实测的声发射波形

405 m 水平中段至地表。主要在 R3 采场、T412 采场、T110 ~ T111 采场、455 水平 T209 采场北运巷、T209 ~ T211 采场及 202 号线盘柱 T110 ~ T111 等区域发生垮塌，剖面投影如图 9-390 所示。由地压活动造成矿柱垮塌和顶板冒落总体积约为 40 万立方米。从现场情况看，472m 及 531m 水平以上各冒落点周边均无矿粉冲出及粉尘蒙盖现象；455m 水平 R3 采场东端 14 号线进口无矿粉冲出，西端入口的碎石冲出约 15m，且周边有少量粉

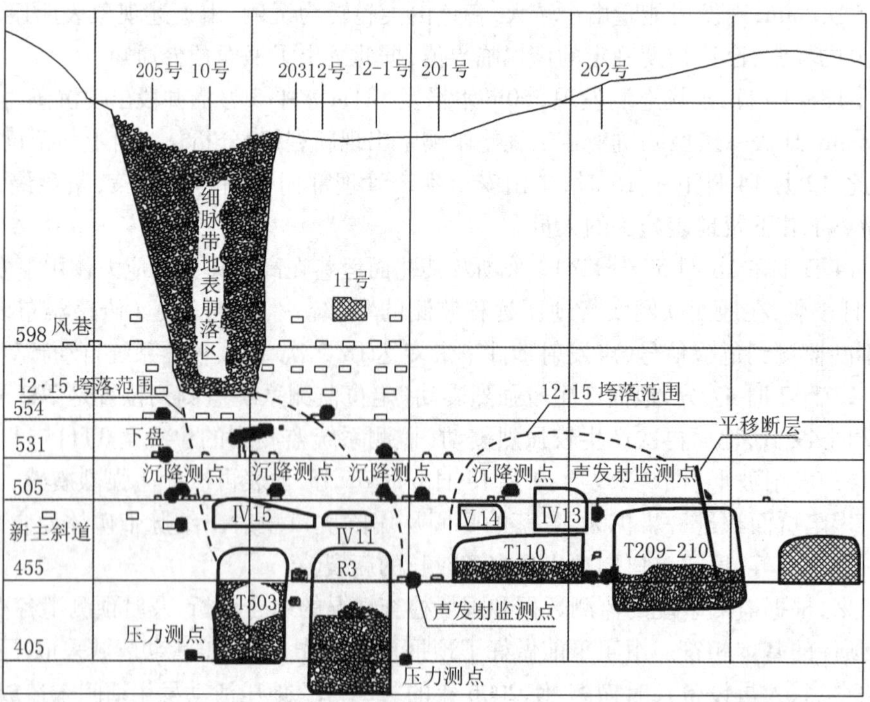

图 9-390 “12 · 15”地压活动影响范围纵剖面投影

尘蒙盖，203 号线 T504 采场口的砂包墙上半部分被冲击波冲垮，砂包飞出约 10 m；505m 水平的 12－1 号线 R3 采场南面有飞石冲出的迹象，494m 水平 T211～T210 东侧 204 号线巷道有较厚粉尘蒙盖，但飞石冲出迹象不明显。

“12·15”地压活动前期，矿山采取了合理的采矿方法，对本区域的水文地质条件进行了勘查，实施了有效的地压监测和预警，对采空区和相关区域采取了防范措施，特别是采取了充填空区和在采场底部进路口进行封堵和密闭等措施，大大降低了大垮落时空气冲击波对周边的危害，所以对本次地压活动进行了准确的预警，及时疏散人群，基本未造成任何损失和危害。

9.11.4.5 体会

铜坑矿地处环境复杂，矿体赋存条件复杂，地质勘测困难。针对这种情况，铜坑矿山采取合理的采矿工艺，与其他相关研究院所联合研究地压监测方法，不断提高了安全生产管理水平。经过不懈的努力，在地压监测预警方面取得了良好的效果。

针对矿山复杂的地压问题，铜坑矿灵活运用声发射监测、岩体变形观测、应力监测等一系列监测手段，对矿区地压发展趋势进行预期分析，实现了复杂采空区的多方式监控和多次地压活动的预测预报，并提前采取了切实有效的采空区安全隐患综合治理和防范措施，避免了人员伤亡和财产损失，直接或间接地为矿山带来了极大的经济效益。

9.12 地下金属矿非传统采矿技术

9.12.1 概述

9.12.1.1 非传统采矿技术含义

在地下煤矿“综合机械化采矿法”和金属露天矿的“间断-连续开采工艺”问世之后，以及针对目前传统采矿技术存在的缺点和局限性，一些采矿学者开始研究地下金属矿的连续开采问题，即推出非传统采矿技术。

非传统采矿技术的出发点之一是在采矿过程中，与其优化爆破技术，不如不用炸药，采用类似采煤（联合）机的连续切割机械破岩的采矿机，实现采用机械切割（破岩）的连续采矿。

目前，地下金属矿山的连续采矿可分为以下两类：

（1）第一类：单一采矿机的连续采矿。这是基于非爆破破岩的狭义的连续采矿理念，即借助机械切割破岩的连续采矿。采矿机的作业是将采掘方式、破岩（落矿无需凿岩爆破）、装载（出矿）、运矿工艺在同一空间平行连续进行，形成高度机械化的连续采矿、装运矿岩流水作业，如煤矿和采掘钾盐矿的多转轮采矿机采矿，它类似于隧道掘进机的作业方式。

在目前不能直接用机械切割方法来实现金属矿连续采矿的情况下，人们还在金属矿山努力寻找其他机械式的连续采矿方式。例如南非在深部开采中探索高应力环境下采用切割与劈裂相结合的高效连续采矿法。其方法和步骤是：在长壁采矿工作面上，前面布置一台切割（成槽）设备，在工作面的顶、底帮分别切割条形槽，与此同时，隔一定距离切割竖向条形槽；工作面的矿体经一定时间的卸压并产生一定程度的疏裂后，后面一台设备利用切割条形进行劈裂作业；被劈裂的矿石落到刮板运输机上，再运出采场。据报道，该方法经过十多年的实验和改进，已经取得较理想的技术经济指标，技术成熟度已接近工业应用。

（2）第二类：采装运机组与一步骤回采方法配套的连续采矿。它是一步骤回采的采矿方法和高效率的采、装、运设备组成的采矿系统。在大矿段中采用阶段连续推进（不留间柱）的回采顺序，回采过程中，采、装、运工艺在不同空间平行连续进行。

实施采装运机组与一步骤回采方法配套的连续采矿，要从两个方面着手：一是要在矿床开采技术条件可能的情况下，采用高效率的采矿方法，并在开采过程中实现一步骤回采，不留间柱，在阶段开采顺序上连续推进；二是要匹配高效的采、装、运设备，科学地协调设备运行或组成出矿运连续作业线。它不追求严格意义上的连续并行作业，而是以规模化采矿为目标，通过创新采矿方法、工艺和设备，将各采矿工序和设备有机组合起来，成为广义的连续采矿系统。

目前,第二类连续采矿方式的理念已在地下金属矿山中逐步推广应用。

连续开采技术不仅改善井下工作条件和作业环境,缩短采场回采周期,实现高效高强度大规模的集中强化开采,有时也是解决复杂难采矿体开采有效的途径之一。

非传统采矿技术含义很广,本节仅叙述地下金属矿几种连续开采技术、大规模开采技术、二次开采技术、联合开采技术和环境再造开采技术。

9.12.1.2 地下金属矿连续开采概念

地下金属矿连续开采的基本含义是在一个矿块或阶段的回采过程中,强化与协调落矿、出矿、运矿三大工序,使其各自具有相对独立的作业条件,各工序可在不同空间平行连续进行,组成有机的机械化采矿作业系统。

地下金属矿山连续工艺仅仅指矿块(矿房)回采工艺的连续性,只是连续开采的一个层次。连续开采主要包括4个层次的内容:

(1) 矿房的连续回采。它是指在采场的回采过程中落矿、出矿、矿石运搬工艺的连续作业,主要研究适合于连续回采的采矿方法及采场结构,高效率、低大块率的凿岩、落矿技术,高效耐用和经济的采场连续出矿设备。

(2) 矿体(床)的连续开采。它是指在矿体(床)的开采过程中,不留或少留矿柱,尽可能采用一步骤回采的开采模式,主要研究开采方式(上行或下行),采场回采推进顺序(前进式或后退式),以及有利于采场安全的地压管理和控制技术。

(3) 矿石的连续运送。它是指井下矿石的转载、运输、提升等环节,主要研究连续运送矿石的方式、运送设备及配套设备的研制等。该层次为地下开采矿石的后处理工艺,近几年国外很多矿山用特殊的胶带输送机实现了地下开采矿石的连续运送。

(4) 全工艺过程的连续化。它是指掘进、落矿、出矿、搬运、运输等过程的连续化作业,是最高层次的连续开采。目前,这个层次在软岩矿中的研究和应用发展迅猛,已实现大规模工业开采全工艺过程的连续化。在硬岩开采中的研究难度较大,但如连续采矿机、冲击式采矿机、钻孔射流采矿等已开始投入试验阶段。

9.12.2 连续开采技术

9.12.2.1 无间柱连续开采技术

无间柱连续开采技术是将阶段划分为矿段,以矿段为回采单元,不留间柱,采用下向平行深孔侧向崩矿、无二次破碎水平的组合式振动机出矿的底部结构,用分节式振动运输列车搬运矿石,形成采场出矿、运矿连续作业线。采切、回采和充填作业在三个相邻块段间平行进行,相互衔接,分别转移,采矿工作面在阶段上连续推进。由于这里的连续采矿是以矿段为回采单元、矿段间不留矿柱为其主要特征,故又称为"无间柱连续大量采矿"。

凤凰山铜矿 -360m 阶段的2号矿体倾角为75°~85°,平均厚度20~25m。矿石坚硬稳固,水平节理发育,局部矿段比较破碎。矿体上盘为花岗闪长岩,属中等稳固;下盘为灰岩,较稳固。试验矿段沿走向长45m,高48m,宽为矿体厚度,平均为14m(图9-391)。设计采矿量115kt,铜矿石品位0.93%。

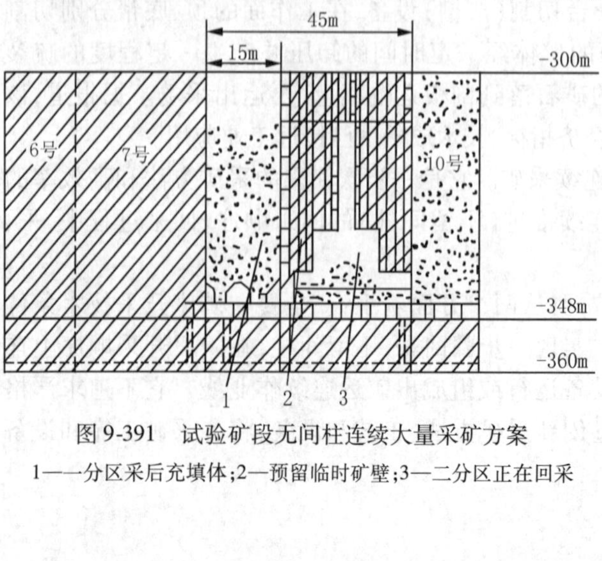

图9-391 试验矿段无间柱连续大量采矿方案

1—一分区采后充填体;2—预留临时矿壁;3—二分区正在回采

试验矿段分为两个宽度不等的作业区,先采15m宽的一分区,一分区崩矿、出矿完成后,跟随采用高水尾砂胶结料进行快速充填,分区间预留5.5m宽的临时矿壁。该矿壁待二分区崩矿、出矿结束时,一次崩落,并组织快速放出。

采场出矿振动机组连续作业系统由3台FSZ-Ⅱ型振动出矿机、7节HZY型分节振动运输列车、原矿振动条筛和溜井下部装载及阶段运输等设备组成。其出矿运矿作业程序是:采场崩落矿石→大出矿口的振动出矿机放出→振动运输列车→溜井口的振动条筛→合格块度到溜井(不合格矿石进行二次破碎)→7t 架线式电机车→主井矿仓。由此实现采场出矿、运矿、筛分和处理大块的连续作业。

技术经济指标:采场综合生产能力 845t/d,采场连续出矿能力 554t/h,实际平均出矿能力 185t/h,采场振动连续出矿成本 1.05 元/t;回采作业成本 4.55 元/t,大块产出率 5%,采矿损失率9.15%,矿石的贫化率 8.17%,试验研究取得了十分明显的经济效益。

9.12.2.2 缓倾斜矿体连续开采技术

湘西金矿成功的实现了连续推进帷幕隔离跟随充填开采。该工艺特点是:不留矿柱,沿走向一步骤连续开采,减少了贫化和损失;使用具有主动支护能力的可压缩金属支柱为临时支护设备,保证了工作面的安全,为落矿、运搬和充填提供了良好的作业环境;应用采空区帷幕隔墙跟随充填的快速处理方式,从而达到了快速处理采空区及整体支护采场顶板的目的。

该采矿方法以水压支柱临时支护顶板,帷幕隔离快速充填为基本条件。矿体倾角一般要求小于 30°~35°;采幅 0.75~3.00m,特别适合 0.80~2.00m 采幅(图 9-392)。采准切割工作十分简单,主要工程有阶段沿脉平巷、脉外运输平巷、切割平巷、沿脉天井、放矿斗口和人行天井。采场崩矿后,进行顶板安全检查,视情况在矿石搬运前或搬运后架设水压支柱;当工作面推进一定距离,水压支柱架设到 3~4 排,形成支柱网;工作面继续推进,支柱网后面空场跨度达到 4~6m,再一起拆走最后的一排支柱,进行帷幕安装,快速充填尾砂处理采空区。

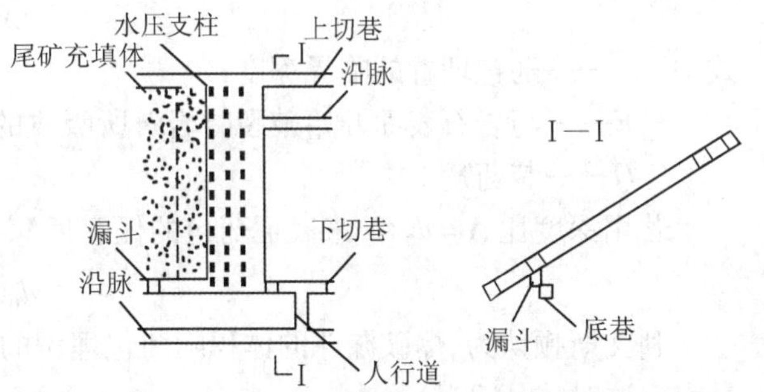

图 9-392 湘西金矿深井倾斜薄矿脉采矿方法

水压支柱是利用矿山井下作业用的压风为动力,以凿岩用水为介质的新型支柱。支柱额定工作阻力为 20t,可重复使用,适合于缓倾斜矿床采矿时临时支护。水压支柱一般安设在距崩矿自由面 1.5m 以外,在采场的支护网度一般为 1.5m×1.5m,又可根据不同的岩层条件调整密度。水压支柱支撑力大,布设简便、灵活,在缓倾斜矿块开采中作临时支护能使矿房跨度显著增大。沃溪 2645 采场的工业试验表明,在沃溪深部岩层条件下,采场一次推进跨度达 10~12m,最大达 14m,顶板允许暴露面积由原来的 200m^2 增大到 1000m^2 左右,比削壁充填采矿法大 3~6 倍。

该采矿方法的优点是:采场生产能力较大,贫化、损失较低,工人劳动强度较低,适应于破碎多变的采场顶板;主要缺点是开采条件必须满足水压支柱系统的安装要求。

主要技术经济指标:采场生产能力为 850t/月;贫化率小于 7%;损失率小于 5%。工业试验成功开采了沃溪矿区 V_3 西部复式褶皱轴部的 2645 矿块,共采出原矿量 4457t,开采推进面积 1217m^2。与传统的削壁充填采矿法比较,采场生产能力提高 1.2 倍;矿石损失率降低 37%;矿石贫化率降低 50%。

9.12.2.3 评价

我国地下矿连续开采技术经过十多年的努力,实现无间柱连续采矿,取得了丰硕成果。

(1) 研制成功采场出矿、运矿、原矿筛分与二次破碎连续作业机组和原矿车带式输运机,为大量落矿采矿法提供了除无轨设备以外又一类可以自行制造的高效出矿设备。

(2) 解决大量落矿采矿法长期存在的落矿高效率与出矿低效率的矛盾,发挥大量落矿采矿法的整体功能,使其成为真正高效率的采矿法,提供了新的工艺技术。

(3) 采场连续工艺的实现,为矿山增大矿块尺寸、推行集中作业、实现强化开采、提高企业的经济效益开创了新路。

(4) 阶段连续回采将推动地下金属矿山作业机械化、工艺连续化、生产集中化和管理科学化的进程,促进矿山现代化。

9.12.3 大规模开采技术

在大规模开采技术中,一条主要环节是发展大量崩落技术,最大程度地提高崩矿强度,再配套大型出矿设备,形成较强的出矿能力。在大直径深孔落矿技术中,由于VCR法有缺点,大直径侧向崩矿技术、束状深孔崩矿技术应运而生。本节仅叙述大直径深孔爆破理论基础、大直径侧向崩落技术与束状深孔崩矿技术。

9.12.3.1 大直径深孔爆破理论基础

利文斯顿(C. W. Livingston)在各种岩石、不同炸药量、不同埋深的爆破漏斗试验的基础上,提出了以能量平衡为准则的岩石爆破破碎的爆破漏斗理论。他认为炸药在岩体内爆破时,传给岩石能量的多少和速度的快慢,取决于岩石的性质、炸药性能、药包重量、炸药的埋置深度、位置和起爆方法等因素。在岩石性质一定的条件下,爆破能量的多少取决于药量、炸药能量释放的速度与炸药起爆的速度。

假设有一定数量的炸药埋于地下某一深处爆炸,它所释放的绝大部分能量被岩石所吸收。当岩石所吸收的能量达到饱和状态时,岩体表面开始产生位移、隆起、破坏以至被抛掷出去。如果没有达到饱和状态时,岩石只呈弹性变形,不被破坏。因此炸药量与炸药埋置深度有如下关系:

$$N = E\sqrt[3]{Q} \tag{9-333}$$

式中 N——药包埋置的临界深度;

E——与岩石表面开始破裂时岩石所吸收的爆破能量有关的常数;

Q——装药量。

若用深度比$\Delta = d_0/N$来表征药包的任意埋深d_0与临界埋深N之间的关系,则式(9-333)可写为:

$$d_0 = \Delta E\sqrt[3]{Q} \tag{9-334}$$

利文斯顿认为,爆破漏斗的体积随药包埋深的变化而变化,其中有一最佳埋深d_0,这时的爆破漏斗体积最大。这时式(9-334)写为:

$$d_0 = \Delta_j E\sqrt[3]{Q} \tag{9-335}$$

式中 Δ_j——最佳深度比,$\Delta_j = d_0/N_0$。

利文斯顿爆破漏斗理论反映了爆破漏斗的基本规律,在工程爆破中得到了广泛的应用。利氏理论是以漏斗试验为基础的,人们在使用利氏理论的时候,必须进行大量的爆破漏斗试验,测出爆破漏斗有关参数,包括临界埋深N、应变能系数E、最佳埋深d_0及漏斗体积V等。在这当中临界埋深难以测定,且难以测准,所以给试验带来许多困难。

9.12.3.2 大直径深孔侧向崩矿技术

阶段深孔崩矿采矿方法的实质是在采场上部开挖凿岩硐室,钻凿下向大直径深孔,在采场的局部面积上先形成竖向切割槽,然后以切割槽为自由面和补偿空间,采用连续柱状或分层柱状装药,进行采场的全段高或台阶状侧向崩矿技术。

该种采矿方法采用高效的大直径深孔凿岩设备,加之采用大量爆破的落矿方式,从而造成了采场生产的大量供矿条件,配合使用高效的铲运机出矿设备,可达到较高的采场生产能力。与VCR法比较,由于使用了成本较低的炸药以及炮孔利用率的提高,采矿成本相应降低。

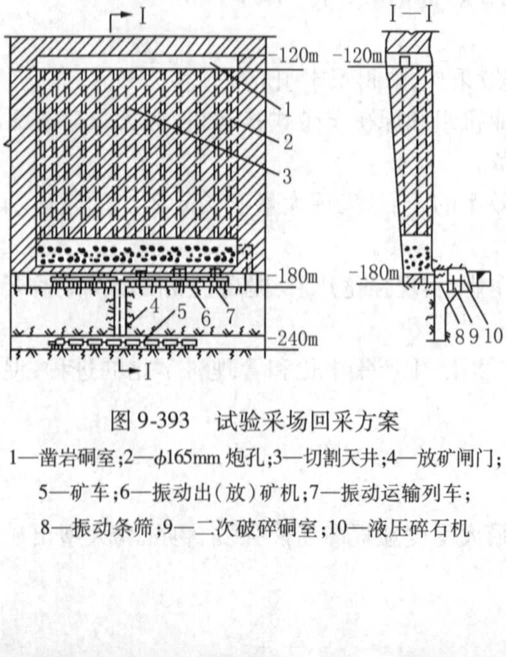

图9-393 试验采场回采方案

1—凿岩硐室;2—ϕ165mm炮孔;3—切割天井;4—放矿闸门;5—矿车;6—振动出(放)矿机;7—振动运输列车;8—振动条筛;9—二次破碎硐室;10—液压碎石机

在凤凰山铜矿成功使用了大直径深孔侧向崩矿技术。试验采场为1号矿体31线-180~-120m矿段11号采场。矿体走向北西,倾向南西,倾角80°以上。矿石主要以浸染状含铜磁铁矿、赤铁矿为主,$f = 16 \sim 20$。矿体上盘为花岗闪长岩,下盘为三叠系中下统灰岩,采场局部X形节理发育,靠南端底板溶洞穿插,矿体与下盘接触处有一条宽约3m的含铜破碎带,对深孔凿岩爆破不利。

采场沿走向布置,矿房长54m,高60m,宽为矿体厚度6~15m。试验采场回采方案如图9-393所示。试验采场采用无二次破碎水平的平底式底部结构,垂直深孔凿岩,侧向挤压崩矿方式。为了减小大孔崩矿的损失贫化,拉底高度定为20m,深孔崩矿高度40m。出矿水平设在 -180m,采用轻型组合式振动出矿机出矿,移动式分节振动运输列车运矿。原矿振动条筛聚集采场放出的中间大块(0.65~1.1m)集中于专用破碎硐室,用新研制的YS-50A型液压碎石机处理。矿房采完后进行尾砂胶结充填,形成5~10m的隔离层后,再用尾砂一次充填。

深孔崩矿方案除暂留15m顶柱外,一次崩矿高度为25m,以中央切割天井为自由面,切割槽宽4m,然后以切割槽为自由面,由一侧或两侧同时相对分次爆破,单孔采用间隔装药结构,河砂充填,双导爆索起爆,孔内同段孔间微差爆破,最后崩落15m顶柱。试验采场爆破选用孔内同段孔间微差侧向挤压崩矿方案。同段药量控制在500kg左右,一次崩矿量可达到设计要求。

采用高效的深孔凿岩设备和大量落矿方式,从而创造了采场生产的大量供矿条件,配合使用高效的振动机组连续出矿,采场综合生产能力成倍提高。

9.12.3.3 *束状深孔崩矿技术*

束状深孔爆破是一种新颖的崩矿技术。束状孔是指一组相互平行的密集炮孔,其特点是炮孔在空间位置是相互平行的;束内各炮孔的孔间距较小,一般为4~6倍孔径;炮孔的平面布置有多种形式,通常是圆形、半圆形、平行直线形及其各种组合,每束孔数2~10个;将每束孔作为一个等效单孔考虑,束内炮孔不进行分段等。

狮子山铜矿进行了大直径束状深孔盘区崩落采矿法的试验研究和应用试验。实践证明,大直径束状深孔爆破技术具有作业效率高、改善作业环境、采场结构简单、便于地压控制等显著优点,是开采稳固性较差的地下厚大矿体的有效的落矿技术,在挤压爆破条件下,可以获得更好的爆破效果。

试验采场选择在狮子山铜矿东山Ⅶ号矿体 -80m阶段的9~11线。矿体走向长110m、厚40m、倾角60°~75°,地质构造简单,矿岩稳定,节理裂隙发育。矿体顶盘为大理岩,底盘为花岗闪长岩,$f=12\sim14$,稳固性较好。矿石为含铜矽卡岩,$f=12\sim16$,容重 $\gamma=3.3\mathrm{t/m^3}$,波阻抗 $Z=17.2\times10^6\mathrm{kg/(m^2/s)}$,可爆性指数 $F=84.604$,属极难爆型,爆破漏斗试验测得岩石应变能系数 $E=1.713$。

试验采场垂直矿体走向布置,长35m、宽14m、高40m,凿岩硐室规格为3.5m×3m。9线一侧是VCR和大直径平行深孔爆破采场,采场内是经放矿松散了的矿堆,形成挤压爆破条件。11线一侧是留矿法采场,采场内留有近3000t矿石作为挤压介质。采用漏斗式振动出矿底部结构,矿石经原矿振动条筛、振动给矿机、转载斗、原矿带式运输机到阶段溜矿井。在振动条筛水平留有二次破碎巷道,不合格大块经振动条筛分离后进行二次破碎。

采用KY-170A地下牙轮钻机钻凿下向炮孔,孔径170mm,孔深26m,沿采场长度共布置5束炮孔,每束4孔,沿宽度方向布置3排炮孔,第1排为4个孔的束孔,呈正方形布置;第2排为双孔束孔,直线形布置;第3排为斜孔,控制矿体边界(图9-394)。按照炸药与岩石性能尽可能匹配的要求,选用CLH-3型和EL-102型乳化炸药,柱状连续装药,每束孔同段起爆,束孔组之间微差间隔起爆,间隔延时25~75ms。

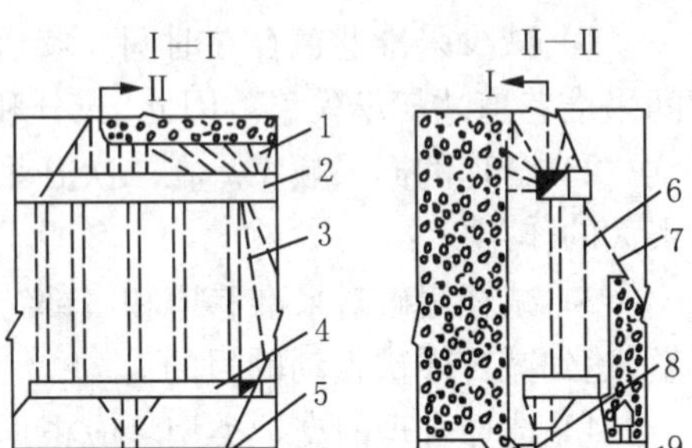

图9-394 束状深孔爆破的回采方案

1—上向落顶深孔;2—凿岩硐室;3—束状深孔;4—拉底层;5—振动出矿口;6—直孔;7—斜孔;8—二次破碎巷道;9—皮带运输巷

现场爆破地震波观测,在最大同段药量为4400kg的情况下,距爆破中心26m的皮带运输巷质点振动速度 $v=28.8\mathrm{cm/s}$,距爆破中心29m的3号硐室质点振动速度 $v=23.8\mathrm{cm/s}$,均小于30cm/s的安全标准,现场观察也未发现明显破坏。

由于束状孔向相邻采场挤压爆破,采场内不需拉切割槽;凿岩硐室布置成巷道式,采准工程量比其他两方案低得多;采用束状孔布置,抵抗线较大,比相同孔数的单孔担负的体积大,每米孔产出矿量多;由于束状孔能有效地利用爆破能量,在挤压爆破时可以改善破碎质量,在不提高炸药消耗的条件下,可以实现较好的破碎效果(大块率低)和较高的崩矿效率。

9.12.3.4 *发展趋势*

(1) 设备的液压化、大型化、自动化研究。大孔径高压潜孔钻机、装药车、高精度控制爆破器材、移动式液压破碎机、遥控铲运机、皮带运输机及大型地下矿运输汽车的合理配套应用研究。

(2) 大规模采矿所造成的岩石力学研究，包括正确开采顺序的运用、拉底工程造成的岩体破坏程度的控制以及有效可靠的支护、诱发崩落、破碎块度、放矿口间距、二次爆破研究以及地震可能性研究。

(3) 大直径深孔采矿法基础研究，包括矿块结构参数优化、充填体力学性能、充填体损伤理论分析、深孔爆破参数优化、大直径深孔爆破效应研究，以及采场地压与充填体稳定性监测与分析。

(4) 提高大直径深孔采矿采场回采阶段高度和平面尺寸，实现采矿作业高度集中，有利于矿山大规模、高效率、低成本、安全开采，高阶段强化开采技术将会进一步发展。

9.12.4 二次开采技术

9.12.4.1 二次开采对象

二次开采的矿量主要有原圈定不当而损失的矿量；开采技术复杂当时未能开采的矿体(量)；由于采选冶技术进步今天看来可以开采的新圈定的矿量；建(构)筑物及保护地表的保安矿柱以及其他原因所引起未开采而残留的矿量。

二次开采是解决资源危机的生产矿山的措施之一，应引起重视。

随着采选冶技术的不断发展，进行二次开采的矿山将会增多。

9.12.4.2 二次开采特点

矿体经过一次开采后，二次开采对象复杂，开采环境恶化，安全条件差。为此，二次开采要认真分析开采对象、开采环境与安全情况，选择合理的方法，安全回收资源。

(1) 充分调查二次开采对象。首先，根据一次开采资料，分析二次开采可能遇到的地质条件，弄清二次开采矿体分布规律。收集二次开采矿体与周围已采和未采矿体空间相对关系的资料，了解各种巷道的位置及完好程度，并尽可能搞清附近地区岩移发展趋势。

为了获得准确的原始资料和设计依据，必要时需进行补充勘探。根据钻探资料，可进行二次开采矿石储量的计算。当然，如果钻探因质量问题不能满足设计需要时，可适当布置少量小断面的坑探工程，并进行编录、取样、化验，以弥补钻探之不足。

(2) 采取措施治理二次开采环境。二次开采要充分利用原有的开拓和采准系统，必须采取有效的综合措施，维持采准巷道的稳定，保证二次开采顺利进行。

1) 减少采准巷道存在时间。巷道开挖后往往不是马上失稳的，而是有一个相对稳定时间，过了这段时间采准巷道才相继失稳。因此，充分利用巷道的相对稳定期，结束回采和出矿工作。

2) 合理的回采顺序。在二次开采中，合理的回采顺序对控制地压、维护采准巷道和底部结构的稳定起很大的作用。

3) 减轻爆破对采准巷道和底部结构的影响。采用毫秒雷管间隔起爆，增加爆破段数，减少同段爆破药量，达到减少爆破振动的目的。

4) 选择合理的支护类型。应根据地压的大小、地压的特征和巷道的功用选取不同的支护类型。

5) 为了保证二次的开采安全，必须加强岩石移动观测，掌握岩石移动规律，预报大规模地压的来临，减少地压危害。

(3) 选用合适的采矿方法和结构参数。云锡老厂锡矿、马拉格锡矿二次开采时，大都采用自然崩落法，用底盘补充漏斗放矿，很少有崩矿作业，因此采矿费用较低。在放矿过程中，要严格控制放矿，采取措施隔除废石。

有的矿山需要采用充填法或采后一次充填。由于二次开采地段多受到一次开采的破坏和影响，有的甚至是在已崩落压实的矿石或充填料中进行的。在这样差的地质条件下开采，都存在着较大的安全隐患。研究这些不安全的因素，选取合适的采矿方法和结构参数是十分重要的。

(4) 二次开采要遵守矿山各种安全规程。

9.12.4.3 二次开采实例

云南锡业公司的马拉格锡矿矿区的4号矿体，倾角35°~40°，为土状褐铁矿型氧化矿，矿石密度2~2.5t/m^3，松散系数1.4,$f=1\sim3$,极不稳固。顶底板岩石中等稳固,矿体与下盘围岩界线呈波浪式起伏不平。在1953~1963年用方框支柱充填法开采。因多种原因,采场倒塌,事故较多,丢下了一定数量的矿石,矿石量88912t,金属811t。

根据整理的图纸资料及有关数据,设计了有底柱分段崩落法。二次回采工作首采矿块为2160中段至2030中段,在两翼布置人行材料斜井和回风斜井,在矿体下盘沿走向自上而下布置8条间距约15m的电耙道。漏斗布置一般为单侧式,在残矿较为富集的地方为双侧式布置,漏斗间距6~7m,采场一翼布置出矿溜井,在6~8号电耙道水平安装格筛隔除废石,下段分设溜井。

由于二次回采的采准切割全部在老采区下部及附近施工,务必做好安全工作,尤其是漏斗的施工更为重要。采取由内到外,逐个施工,当漏斗施工距老采区2~2.5m时,停止掘进工作,用3m长钎杆探孔证实是否到达老采区,再凿扩漏炮孔,待整条电耙道的扩漏工作完成后,开始出矿。

二次回采时的回采顺序沿倾向是自上而下,沿走向是由远而近后退式回采。采区内的残存矿石及废石借其自重下溜到电耙道内。放矿顺序由远而近,每组放3~14个漏斗,放完矿石后关闭漏斗,再放下一组。在出矿平巷内采用耙斗容积为0.3m^3、功率为28kW的电耙出矿。

404采场的二次回采成功推进了2030中段到1790中段的504采场,2160中段到2200中段的304采场的二次回采工作。504采场经二次回采已采出残存矿石31490t,锡金属738t,304采场已复采出残存矿石42215t,锡金属611t。二次回采在4号矿体的进行,充分回收了矿产资源,并产生了良好的经济效益(表9-250)。

表9-250 二次回采技术经济指标

指标名称	数值	指标名称	数值
出矿能力/(t/d)	61	钢钎/(kg/kt)	1
采矿工效/(t/(工·班))	5.3	钻头/(个/kt)	4
木材单耗/(m^3/kt)	1.5	采切比/(m/kt)	30.3
炸药单耗/(kg/kt)	2.266	直接成本/(元/t)	9.31
雷管单耗/(个/kt)	2.441	废石隔除率/%	50
引线/(m/kt)	4.407	出矿品位/%	0.64

实践证明,对老矿山以前的各类损失矿量进行二次回采,不但能有效地回收矿石,延长老矿山的生产年限,而且是提高矿山整体经济效益的措施之一。

9.12.5 联合开采技术

随着国内地下金属矿山采矿技术的发展和进步,通过改进和不断完善,形成了各种各样的适合我国金属矿床开采的联(组)合采矿工艺技术。

9.12.5.1 空场与充填联合采矿技术

A 概述

空场与充填采矿是利用深孔或中深孔的空场法开采,矿石出空后立即进行胶结充填或非胶结充填的一种采矿方法,又称为嗣后一次充填。

空场法的优点是采矿生产能力较高,生产成本较低。目前空场法的阶段高度越来越高,采场结构参数越来越大,常用的空场法主要有浅孔留矿法、VCR法、大孔径落矿的空场法等。充填法能够改善地压分布,避免出现区域性地压灾难。嗣后一次充填是充填效率高、充填成本低的技术,如块石胶结充填、混凝土充填、废石充填、全尾砂充填技术。

B 工程实例

铜山铜矿前山南新区4号矿体产于蚀变闪长岩与大理岩接触带中,位于15~21线的17~25号钻孔,呈透镜状产出,走向近于东西,长度150~200m,厚度5~40m,倾角变化较大,上陡下缓,介于10°~75°。顶盘为大理岩,$f=8\sim10$,坚硬稳固;底盘大部分为闪长岩和矽卡岩,遇水易膨胀,稳固性差,不宜大量布

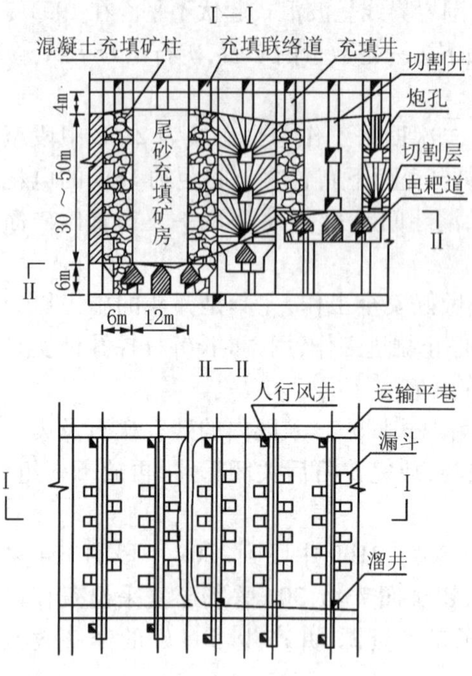

图9-395 阶段空场嗣后充填采矿法

置工程。矿石主要为含铜黄铁矿、含铜磁铁矿和含铜矽卡岩，较稳固。

前山南新区地表有良田、居民区，且矿石具有黏结性、自燃性，顶板为大理岩稳固，矿石亦稳固，故选用上向中深孔分段凿岩阶段出矿的阶段矿房法。先采矿柱，嗣后混凝土充填；后采矿房，嗣后尾砂充填。

前山南新区开拓中段高度为43.5m，开拓方式为侧翼对角式。矿体水平厚度10～80m，上厚下薄。矿块垂直走向布置，宽为18m，长为矿体水平厚度。一个矿块划分为矿房和矿柱，其中矿房宽12m，矿柱宽6m。分段高度8～10m，底柱高度6～8m，电耙道间距12m，漏斗双侧交错布置。阶段空场嗣后充填采矿布置如图9-395所示。

矿体底板为缓倾斜，斜长100～150m。为缩短耙运距离，在矿体中部和南部布置了两条装矿运输平巷，各采场均垂直走向布置，沿矿体底板与底盘交界处下降5～6m开凿电耙道、漏斗，在靠近矿房顶盘和底盘分别掘进人行回风井、切割井各1个，溜井1个，自切割水平向上，每隔8～10m掘进分段凿岩巷道，使其与切割井和人行回风井贯通，并在每个分段水平的凿岩巷道与切割井连接处，向采场两侧拉切割巷道至采场边界。在切割巷道内，以切割天井（2m×2m）为自由面，用YG-90凿岩机打上向平行中深孔，最小抵抗线为1.0～1.2m，爆破后，形成垂直切割槽，一般采用小补偿空间同次分段爆破。

在分段凿岩巷道中打上向扇形中深孔，其最小抵抗线为1.2～1.5m，孔底距1.5～1.8m，采场全部中深孔施工完毕，先进行切割槽和少量扇形排线孔爆破，根据采场补偿空间大小，分次进行采场大爆破，一般上分段超前下分段1～2排孔距，以保证上分段爆破作业安全。随着采场回采工作的推进，相应超前1～2个漏斗间距进行扩斗拉底。爆破后，用电耙出矿，经采场溜井振动放矿机或电耙装车平台装入矿车运至中段溜井。

采场出矿结束后，矿柱用3～5MPa混凝土充填采空区并密实接顶；矿房用脱泥尾砂（+37μm以上）通过充填管道向采场水力输送充填。充填前，需牢固封闭电耙道与采场其他通道，并在封闭挡墙上预先留出滤水孔。采矿主要技术经济指标：总损失率为9.5%，总贫化率为10.7%，万吨掘采比为280～300m，采矿工效为40～48t/（工·班），矿块生产能力为250～300t/d。

C 评价

该方法在矿柱回采后进行混凝土或尾砂胶结充填，能够有效地回采间柱矿量；矿房回采后，嗣后分级粗尾砂水力充填，不仅提高了人工矿柱的稳固性，延长了尾矿库的服务年限，而且为今后顶底柱回收创造了有利条件。因此该采矿方法大大降低了贫化、损失指标，取得了良好的经济效益和社会效益。但该采矿方法存在采切工程量大，掘采比较高，采场底部结构支护工作量大等缺点。可通过加大采场结构参数，适当降低掘采比，并在生产实践中不断探索总结经验加以解决。

9.12.5.2 空场与崩落联合采矿技术

A 概述

在地下采矿法中，分段空场法和分段崩落法各有其优缺点和使用条件，而两者联合运用，可发挥各自的优点而弃其缺点，并能扩大其使用范围。在国内特别是国外，得到了广泛的应用。法国洛林铁矿、赞比亚巴鲁巴铜矿、赞比亚穆富利拉铜矿、杨家杖子钼矿、桃林铅锌矿等都采用该方法进行开采。

该方法的主要特点是：把阶段划分为分段来回采，分段留有临时顶柱，形成在倾斜方向上长条形的矿房和矿柱，矿房是在顶柱的保护下用空场法回采；矿柱随着矿房的回采而及时用崩落法回采，在覆盖岩石下放矿。按落矿方式分为侧向崩矿分段空场-崩落联合法、爆力运矿分段空场-崩落联合法两种。各方案优缺点见表9-251。

表9-251 空场与崩落联合采矿各方案优缺点对比

方案名称	优 点	缺 点
高分段侧向崩矿	矿石损失贫化小;上下分段超前同时回采,作业集中,回采强度高;分段回采速度快,周期短,对地压管理有利	采切工程量大,因有分段出矿系统,增加了分段底部结构
低分段侧向崩矿	在一个阶段上有几个低分段同时回采,生产能力较大;分段低,回采速度快,对地压管理有利,且一般不留间柱,连续回采	采切比较大,且大部分在废石中掘进;分段低,每个分段都留顶柱,回采时损失贫化较大
高分段爆力运矿	分段高度较高,千吨采切比降低,损失贫化降低,生产效率高,成本低	每次崩矿最少,架设爆破工作平台工作量甚大,安全性差;大量矿石损失在底板上;凿岩天井施工难度较大、效率低
低分段爆力运矿	解决了矿石不能自溜的中等倾斜矿体采场内部运矿问题,减少了底盘积矿的矿石损失	用于稳固性差、倾角偏小的矿体

(1) 侧向崩矿分段空场-崩落联合法。矿房回采是在矿块走向一端开辟切割槽,自分段凿岩平巷打垂直或前倾扇形中深孔或深孔,侧向挤压或空场崩矿,用有底部结构在顶柱的保护下放出纯矿石(空场法)。分段的顶柱或间柱和顶柱紧跟矿房的回采,一次大量崩矿,在覆盖岩石下放矿(崩落法)。

(2) 爆力运矿分段空场-崩落联合法。分段矿房的下部有堑沟漏斗或普通漏斗,自凿岩天井打垂直于矿体倾斜的扇形中深孔崩矿,借助爆力抛掷到下部漏斗,用下盘电耙道出矿。每个步距崩矿要把矿石出完,再进行下一个步距崩矿。步距大小根据堑沟容积确定。除最后一个步距崩下的矿石是在复岩下放矿外(崩落法),其他各个步距崩下的矿石都在空场状态下放出纯矿石(空场法)。最后一个步距即相当于分段顶柱。

就矿体倾角而言,分段空场-崩落联合采矿法主要用于倾斜矿体。当倾角在45°~55°,可采用高分段侧向崩矿联合法;倾角30°~35°,采用低分段侧向崩矿联合法;倾角在35°~45°,采用爆力运矿联合法,在此范围内,倾角偏高的用高分段,偏低的用低分段。就矿体厚度而言,各方案都要求是中厚矿体。

就矿岩稳固性而言,一般要求矿石和围岩要中稳以上。稳固性好,用高分段侧向崩矿联合法;稳固性差,用低分段侧向崩矿联合法。爆力运矿联合法,除要求顶板稳固以外,还要求底板平整、光滑为好;低分段爆力运矿联合法,对顶板稳固性的要求可以适当降低,个别顶板不稳固而矿石稳固者,可暂留护顶矿层。

B 工程实例

桃林铅锌矿体属大而贫的倾斜厚矿体,采矿方法以有底柱水平扇形中深孔阶段强制崩落法为主。由于深部地质品位较低,开采条件恶化,出矿品位逐年下降,企业经济效益下滑。该矿进行空场法回采矿房、阶段崩落法回采矿柱的联合采矿试验,有效地控制了贫化、损失率,取得了较好的技术经济效果。

空场-崩落联合采矿法采用电耙道漏斗底部结构的采准方式、浅孔拉底的切割方式及中深孔落矿的回采方式。在回采过程中,改原崩落采矿法"一炮崩"为矿房、矿柱两次崩矿,矿房、矿柱矿量各占50%左右。待矿房矿量基本出完后崩落间柱、顶柱,既回收矿柱矿石,又崩落顶板千枚岩充填了采空区(图9-396)。

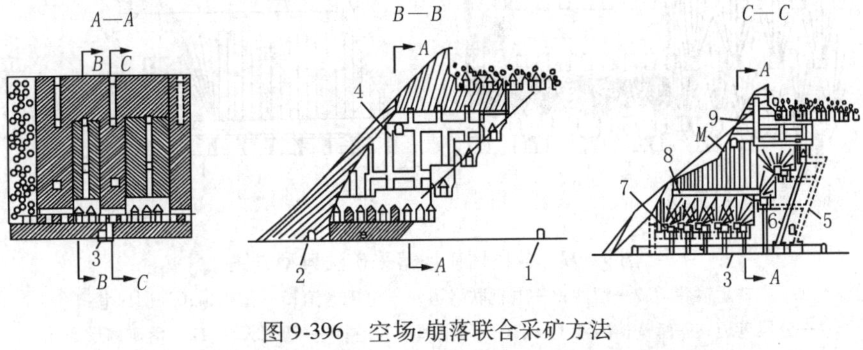

图9-396 空场-崩落联合采矿方法

1—脉外运输大巷;2—沿脉运输大巷;3—穿脉巷道;4—专用回风道;5—进风人行井;6—主溜井;7—凿岩天井;8—凿岩平巷;9—放顶凿岩天井

空场-崩落联合采矿法的试验和推广应用,取得了良好的技术经济效果(表9-252)。与矿山原采用的阶段崩落采矿法比较,在生产能力保持基本不变的情况下,空场-联合崩落采矿法的贫化率、损失率分别下降了6%～10%和7%～10%。在出矿总量保持800kt/a的情况下,新方案由于提高出矿品位10%～18%,降低二次破碎的炸药消耗量和提高选矿回收率,每年可为矿山增加经济效益数百万元。

表9-252 桃林铅锌矿联合采矿法经济技术指标

名 称	指 标	名 称	指 标
矿石贫化率/%	24～26	矿块生产能力/(t/d)	541～633
矿石损失率/%	17～20	二次破碎炸药消耗量/(kg/t)	0.2～0.28
采切比/(m/kt)	5.1	采场出矿吨金属成本/(元/t)	230～253

C 评价

(1)空场-崩落联合法保留了阶段强制崩落法采矿强度大、效率高、成本低、安全性好的优点,又有效地降低了贫化率、损失率,提高了企业的效益。

(2)空场-崩落联合采矿法在施工工艺和设备使用上与崩落法基本相同,不需要重新购置其他设备。

(3)空场-崩落联合采矿法大爆破规模仅为崩落采矿法的一半,有力保证了大爆破的质量和安全。

(4)空场-崩落联合采矿法在矿房出矿时,出矿条件好,无需进行放矿管理,提高了矿块的生产能力。

9.12.5.3 分段留矿与崩落联合采矿技术

A 概述

20世纪50年代初期,瑞典基鲁纳铁矿首先开始应用无底柱分段崩落采矿法。随着开采工作向深部发展,为解决因岩体应力增大而出现的一些问题,基鲁纳矿试验成功新的采矿法——分段留矿崩落采矿法。

分段留矿崩落采矿法是我国"七五"期间地下采矿技术攻关项目之一,在鞍钢弓长岭井下铁矿完成了工业试验,取得了矿石回收率87.91%、矿石贫化率12.39%、采准系数3.48m/kt的良好指标。

B 工程实例

分段留矿崩落采矿法需要把矿体划分成矿块来开采。矿块上部的采准切割巷道布置类似于无底柱分段崩落法,矿块下部的采准切割巷道布置类似于有底柱阶段崩落采矿法,见图9-397。

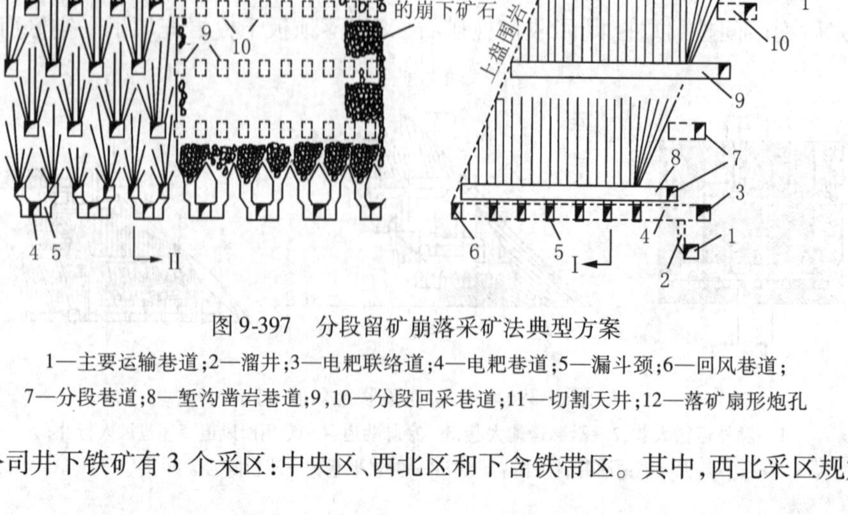

图9-397 分段留矿崩落采矿法典型方案

1—主要运输巷道;2—溜井;3—电耙联络道;4—电耙巷道;5—漏斗颈;6—回风巷道;7—分段巷道;8—堑沟凿岩巷道;9,10—分段回采巷道;11—切割天井;12—落矿扇形炮孔

弓长岭矿业公司井下铁矿有3个采区:中央区、西北区和下含铁带区。其中,西北采区规定开采范围0～9

勘探线，按开采范围和深度计算，采区开采范围内的矿石地质储量约16Mt。根据采区矿体赋存条件，结合井下矿现有采矿装备水平，西北采区应以无底柱分段崩落法为主，浅孔留矿法为辅。

无底柱分段崩落法每隔100m布置一个矿块，分段高12m，进路间距12m。矿体厚小于8m，进路沿矿体走向偏下盘布置；矿体厚在8~15m，进路沿矿体走向布置在矿体中部；矿体厚大于15m时，进路按垂直矿体走向间隔12m布置。进路规格3.6m×3.0m，每隔100m布置人行通风天井和溜矿井。

优化开采研究圈定地质矿量16Mt，实现上、下含铁带统一开采，采区生产能力由每年的300kt提高到700kt，新增开拓工程量约4100m^3，新增工程投资4100万元。按新增矿石量400kt/a计算，单位矿石投资102.5元/t，该指标与新建同规模地下矿相比，技术经济指标合理。

C 评价

分段留矿-崩落法集中了无底柱和有底柱阶段崩落法的优点，并在相当大的程度上克服了它们的缺点，见表9-253。因此，用分段留矿-崩落法取代适用条件与之相近的分段崩落法，是有可能解决现存的和将要遇到的一些问题，进而取得较好的技术经济效果。因此，分段留矿-崩落法是一种具有发展前景的采矿法。

表9-253 分段留矿-崩落法的优缺点

项 目	优 点	缺 点
与无底柱分段崩落法相比	回采进路使用时间短，维护难度较小；留矿崩落法的单位体积崩下矿石所分摊矿岩接触面积小，其损失、贫化小；出矿强度可相当于无底柱分段崩落法的2倍；大部分崩下矿石是从底柱中的漏斗放出的，放矿巷道中有贯通风流流过，通风条件比较好	为了容纳崩矿时整体矿石碎胀出来的体积，位于脉内部分的回采进路断面较大；采准切割工作量大；由于留矿而积压资金
与有底柱阶段崩落法相比	掘进巷道、崩矿炮孔和装药的机械化程度高，因而劳动生产率高、开采强度大；一次爆破的规模小，崩下矿石块度较易控制；当下盘矿岩接触线弯曲时，回采进路布置不因接触线弯曲而受影响	机械设备方面要求较高

如结合振动放矿的应用，将使分段留矿-崩落法显现出更大的优越性。把振动放矿机安装在漏斗井下部，可大大提高漏斗的放矿强度，显著提高矿块的出矿强度。

9.12.6 环境再造开采技术

我国有色金属矿松软破碎矿体比例大，开采难度越来越高。为了实现复杂条件下软破矿体的安全高效回采，我国科技人员提出了“采矿环境再造”这一科学命题。根据矿体的赋存条件，进行了许多环境再造开采新方案，这里仅叙述深孔诱导崩矿充填采矿法、分段空场嗣后充填采矿法等方案。

9.12.6.1 采矿环境再造的基本概念

采矿工程所处的环境包括水环境、应力环境、热环境、围岩环境等。狭义的“采矿环境再造”的含义是通过一定的技术手段，改造矿体赋存的地质环境，改善矿床开采的技术条件，以满足安全高效采矿的需要。广义的“采矿环境再造”，还包括了矿山环境修复和地下空间的利用。

采矿工程是一个典型的环境再造过程，这项工程不仅要保证矿山开采安全，也要保证环境不遭到破坏。过去由于对采矿引起的环境恶化问题认识和重视不够，只重视采矿效率的提高，没有考虑采矿带来的“副作用”，不顾及对地质环境的破坏，诱发各种各样的环境负效应。科学合理地开发利用矿产资源，不能单纯为了经济增长而牺牲环境。采矿工业作为一个重要的而又污染严重的基础产业，及早接受工业生态经济学说，认真研究，实施向工业生态经济过渡，是一个十分紧迫的问题。

9.12.6.2 开采环境再造深孔诱导崩矿充填采矿技术

A 构成要素

阶段高度60m，采场长36m，宽为矿体宽度，矿柱宽6m，长为矿体厚度，顶柱高6m，在采场下部构筑人工底部结构。采准切割工程系统很简单（图9-398），采准工程主要布置在上下两层，一层是在采场底部，另一层是在采场顶部。在矿体的上下盘沿矿体走向分别掘进一条3.2m×3.0m的出矿平巷。在采场下盘开凿一条2.5m×1.5m的采矿溜矿井，将上下段连通。

在采场顶部凿岩水平，自矿体下盘溜井分别沿矿体走向掘进两条联络平巷；自联络平巷往矿体开挖三条凿岩联络道达矿体下盘边界，之后继续向矿体上盘开挖凿岩巷道至矿体上盘边界，在采场宽度方向形成

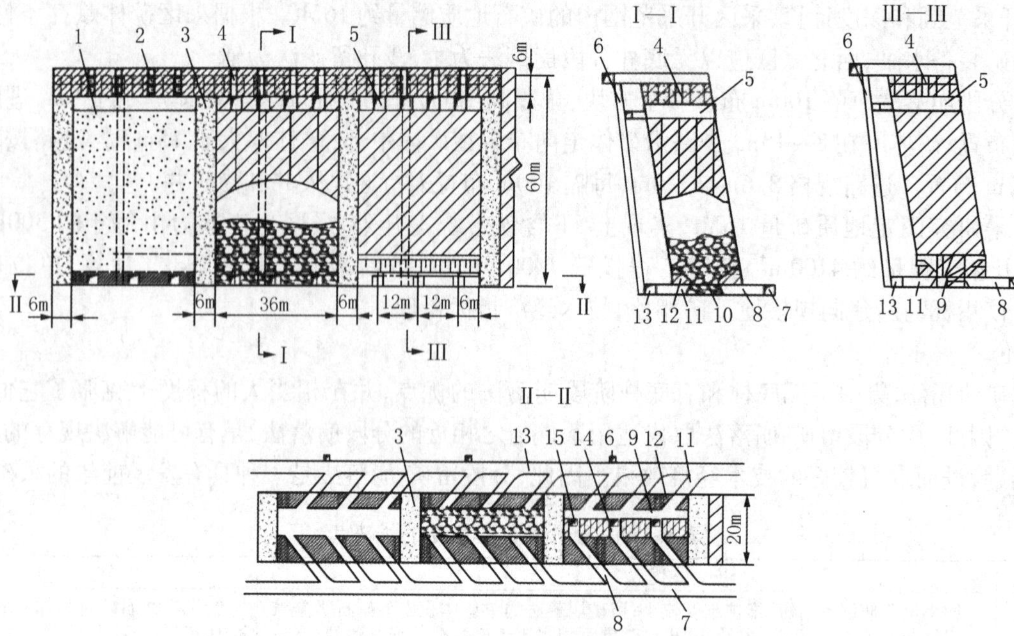

图9-398 开采环境再造深孔诱导崩矿充填采矿法

1—充填体;2—加筋胶结充填顶板;3—胶结充填间柱;4—充填通风天井;5—深孔凿岩巷道;6—通风溜矿天井;7—上盘出矿平巷;8—上盘出矿巷道;9—中深孔凿岩巷道;10—集矿堑沟;11—下盘出矿巷道;12—加筋混凝土底部结构;13—下盘运输平巷;14—切割平巷;15—切割天井

四条凿岩巷道;在顶柱隔壁充填假顶中构筑三条充填回风井,分别直达凿岩巷道。凿岩巷道规格3.5m×4.0m,联络道平巷2.0m×2.0m,凿岩联络道2.0m×2.0m,充填回风井2.0m×1.5m。

盘区溜矿井布置在阶段运输平巷内,与下中段运输水平巷道相连通,作为本阶段采区矿石溜矿之用。溜井规格2.0m×2.0m,间距依据出矿设备、矿量分布和出矿巷道布置确定,一般2~3个矿块共用一个盘区溜矿井,间距80~120m。

采场的采准切割工程量为3113.9m^3,浇灌混凝土量2296.1m^3,采切比25.8m^3/kt(折合6.5m/kt)。

B 回采工作

先用下向分层进路回采胶结充填采矿方法,回采采场两侧宽6m的垂直分条,用1:4的灰砂比的戈壁料胶结充填料,构筑人工矿柱;其后回采矿段中的顶柱和底柱,分别充填后形成戈壁料钢筋混凝土充填假顶和假底;然后用大直径深孔诱导崩落回采宽36m的矿段,矿段回采结束后,用戈壁料对采空场进行一次性充填。

在上部深孔凿岩巷道内用Smiba261型或T-150型潜孔钻机钻凿下向大直径平行深孔,孔径ϕ165mm,网孔参数为(4~8)m×(4~8)m,凿岩台班效率45m/(台·班)。由于矿体的稳固性差,当矿体暴露面积达到一定量时,矿石会自然崩落;局部矿体可崩性差,辅以下向大直径深孔爆破。

矿石采用铲运机出矿,铲运机型号为JCCY-2型。在装矿巷道内装矿,经出矿运输平巷运至盘区矿石溜井。

待矿房崩落矿石全部出完后,构筑滤水隔墙,密闭所有装矿进路,从矿块顶柱中的充填回风井下放戈壁料,采用不同的灰砂比对采空区进行一次性戈壁料充填。灰砂比分别为:采场底部1:4,采场中部1:10,采场顶部1:6 。

试验采矿方法设计的主要技术经济指标见表9-254。

表9-254 试验采矿方法主要技术经济指标

序号	指标名称	数值
1	采场生产能力/(t/d)	600
2	采切比/(m^3/kt)	25.8
3	矿石贫化率/%	7
4	矿石损失率/%	6

C 评价

该方案既具有下向充填采矿法的灵活性，又具有高效率采矿方法的特点，完全突破了传统的软破矿体分层采矿的技术框架，对下向分层进路回采充填采矿法是一次重大变革。

(1) 资源利用率大大提高。该方案实施顶、底柱超前回采，形成人工顶柱和底柱，避免了回收顶底柱的困难，可大幅度提高矿石回采率，充分利用矿产资源。

(2) 机械化程度高，作业安全条件好。采用深孔全阶段强制与诱导耦合的高效落矿技术，实施铲运机出矿，劳动强度明显减轻；采场作业人员和设备在人工顶柱下工作，安全性大大提高。

(3) 劳动生产率较高，作业成本低。在不稳固的矿岩条件下，通过采矿环境再造，实现高效率的深孔大量落矿。与传统的浅孔落矿分层充填采矿法相比，落矿效率大幅度提高，从而在不稳固矿岩条件下也能采用大量落矿采矿法。

采矿试验方案的缺点是：构筑出矿系统的人工底柱的工艺复杂，采矿新环境的构建对充填质量的要求较高。但在目前生产条件下，采取一定的技术措施，如配备井下混凝土罐车，这些缺点也可以得到解决。

9.12.6.3 开采环境再造分段空场嗣后充填采矿技术

新桥硫铁矿是露天与地下联合开采的铜硫矿床，按600kt/a规模的地下一期开采设计，确定点柱式上向水平分层非胶充填采矿法，在生产应用过程中存在下述问题：

(1) 该方法因留有点柱与连续间柱，永久损失矿量约占坑下一期工程工业储量的30% ，即2580kt左右，损失过大。

(2) 设计采用铲运机出矿，自行式凿岩台车钻孔，须依赖进口，鉴于当时配件供应周期长，资金紧缺，难以实现。

(3) 由于矿体直接顶板存在有1～7m的破碎带，部分采场矿体节理裂隙发育，并有多个走向断层切割，采场暴露面积达3000m^2，作业安全性差。

针对上述问题，新桥硫铁矿提出了采矿环境再造分段空场嗣后充填采矿法。其技术思路是依据缓倾斜厚矿体特点，不留永久矿柱，矿块采用一步回采分步实施的方案，即首先回采矿块四周分条，用胶结充填料构筑人工矿壁，然后在四周胶结矿壁的保护下进行矿块中部的大量落矿，采后进行非胶充填（图9-399）。

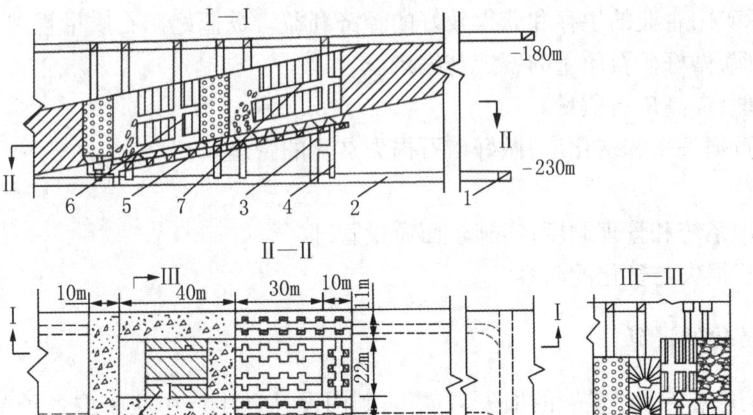

图9-399 采矿环境再造分段空场嗣后充填采矿法

1—阶段运输平巷；2—穿脉；3—溜矿井；4—人行井；5—电耙道；6—充填人行井；7—分段凿岩巷道；8—人工胶结矿壁；9—矿块中部矿量

A 构成要素

阶段高度50m，分段高度8～10m，矿壁的宽度10～11m，矿块中部大量落矿的宽度为22m。矿块采用分段实施的一步骤回采。首先用中深孔分段空场法在矿块四周进行回采，矿块四周四个分条的回采顺序如图9-400所示，每分条采后进行胶结充填，最终四个胶结充填的矿壁，构筑一个具有一定强度的框架，再造了采矿环境，确保框架中的矿石实现安全、高效开采，采后空区用非胶充填。

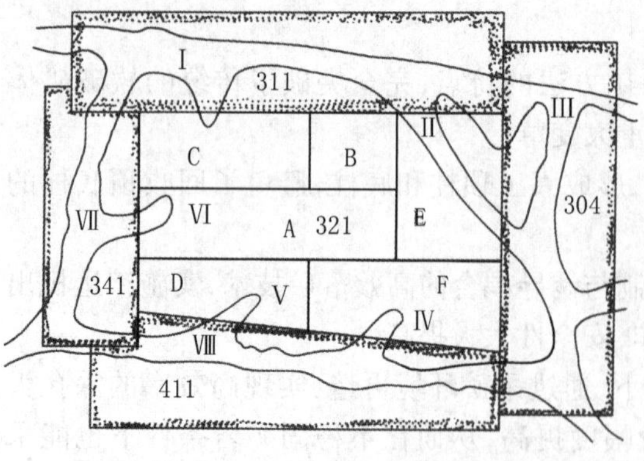

图 9-400 矿块大量落块分区

采用 YGZ-90 凿岩机打上向扇形中深孔，炮孔直径 ϕ55mm，最小抵抗线 $W=1.0\sim1.2$m，孔底距 $a=1.6\sim2.0$m，全部炮孔一次打完后，分区分次爆破。爆破采用散装 BMH 型防自爆乳胶炸药，BQF-50 型装药器装药，多排微差爆破，导爆管毫秒雷管与导爆索起爆。

出矿是在 2 条电耙道内各布置 1 台 30kW 电耙，矿石耙入溜矿井后经振动出矿机向 4m^3 矿车装矿，由 6t 双机电车牵引至主井矿仓，经箕斗提升至地表。

回采结束后，四周充填体完全暴露，为防止充填体与直接顶板因暴露时间过长而坍塌与冒落，矿石出完后应及时用块石充填系统进行非胶结充填，而铺底及接顶则用江沙或选矿尾砂充填。

B *矿石主要技术经济指标*

矿石贫化率为 13.0%，采切比为 11.56m/kt，矿石损失率为 10.12%，矿房生产能力达 534.7t/d。截至 2005 年，−230m 中段 8600kt 矿量已按新方法全部回采完毕，与原方案相比，多回收矿量 3000kt，延长矿山服务年限 6 年，新增产值约 8 亿元。缓倾斜厚大矿体一步骤回采的回收率高，贫化率低，是一成功范例。

“采矿环境再造”这一科学命题的提出，深刻揭示了采矿科学的本质属性，从根本上打破了传统采矿方法之间的界限，有利于促进采矿技术的进步和发展。“采矿环境再造”则是在强调“经济、高效、安全”3 条原则的基础上，对社会效益与生态环境效益给予了足够的重视。

9.13 矿石质量管理

9.13.1 概述

矿石质量管理涉及的方面很多，它从地质勘探起，到采矿、选矿以及冶炼等都与矿石质量有关。矿石质量管理不仅关系到国家矿产资源能否得到充分合理的利用，也关系到矿山企业的矿产品能否满足用户的要求和占领市场，以保障矿山企业的生存和获得较好的经济利益。欲搞好矿石质量管理，须做好以下工作：

(1) 加强生产勘探，做好矿石质量的鉴定与编录。

(2) 加强采场管理，提高矿石质量。

(3) 合理确定矿石损失率和贫化率，做好矿石损失贫化的管理。

(4) 配矿。

(5) 建立质量管理系统和管理制度，实施全面质量管理。

本节主要论述矿石损失与贫化的内容。

9.13.2 矿石损失与贫化的计算

矿山开采，都不可避免会产生矿石的损失与贫化，矿山设计和生产中应采取各种措施及方法，提高采出矿石的质量与数量，充分利用矿产资源及提高矿山开采的技术经济效果。

9.13.2.1 *矿石损失与损失率*

矿石开采损失，是指在开采过程中由于各种因素（如地质构造、开采技术条件、采矿方法及生产管理等）的综合影响导致部分工业矿石的丢失。

矿石的损失率是指工业矿石（或金属含量）丢失的程度，并用百分比表示。

矿石损失可分为：(1) 采下损失，即指已采下存于采场中而不能放出的矿石；(2) 未采下损失，即指在开采范围内无法开采或开采不经济的边角矿体及采矿场中的各种永久性矿柱的矿石损失；(3) 非开采损失，即指与开采无关的一些矿石损失，如水文地质条件、开采技术条件、地质构造、安全因素以及为保护地表等原因而设的永久性保安矿柱的矿石损失。

9.13.2.2 矿石贫化率与废石混入率

矿石贫化是指在开采过程中由于矿体上下盘围岩或夹石的混入等综合因素的影响,使采出矿石的品位较未采前工业矿石品位降低的情况。

矿石贫化率是指工业矿石品位降低的程度,用百分数表示,即工业矿石品位与采出矿石品位之差对工业矿石品位之比。

废石混入率是指混于采出矿石中的废石量对采出矿石量之比。因此,贫化率与废石混入率在概念上是不同的,但当围岩不含品位时,矿石的贫化率与废石混入率在数值上是等同的。

根据贫化的形式不同,一般可分为不可避免的贫化、可避免的贫化、回采贫化、出矿贫化。

(1) 不可避免的贫化是指开采设计允许范围内的贫化。

(2) 可避免的贫化是指采矿设计及测量验收规定不允许采下的围岩和夹石的混入,以及因管理不善引起不应有的富矿损失而造成的人为贫化。

(3) 回采贫化是指在回采过程中造成的上述贫化的总和,又称一次贫化。

(4) 出矿贫化是指在出矿过程中,采场上下盘或溜井壁片落的围岩(因矿石的放出而引起)再次混入及运输过程中倒运而导致的贫化,又称二次贫化。

9.13.2.3 矿石损失与贫化计算

A 计算原则

地下采矿方法损失贫化计算应按下列原则进行:

(1) 地下开采设计矿石损失与贫化计算以采场(或矿块)为单位,其内容应包括矿房、矿柱的回采及出矿,最后算出全采场(或矿块)的综合损失率与贫化率。

(2) 对用浅孔回采的极薄或薄矿脉,采场要按可避免的贫化率和不可避免的贫化率分别计算。

(3) 对多金属矿山的开采,以主金属指标进行计算其损失率与贫化率。

(4) 对铝土矿、石灰石矿、硅石矿、黏土矿、菱镁矿及某些非金属矿,则按矿石加工的质量指标计算其贫化率及损失率。

B 损失、贫化计算方法

目前设计中损失与贫化率的确定,主要还是根据设计矿山与实际指标进行类比法确定,从而计算出设计矿山的采出矿量和出矿品位。

有色金属生产矿山则按〈80〉冶色字第966号《有色金属矿山地质和测量工作条例》的规定。根据矿床的赋存条件、采用的采矿方法及工艺,其损失、贫化的计算方法一般可分为两大类,即直接法与间接法。

(1) 直接法。直接法一般适于在矿山地测人员可直接进入采场进行采样、地质编录及测量开采矿石损失量及采空区现状等工作时用之,如各种空场法、充填法、浅孔凿岩的采矿方法等。

(2) 间接法。地测人员无法进入采场及空区进行地质与测量工作时用间接法,如深孔崩矿的空场法、留矿法、分段及阶段崩落等方法。

按矿床的赋存特征及矿石的工业要求等因素,矿石开采的损失率、贫化率、出矿品位计算公式分别见表9-255、表9-256。

表9-255 一般金属矿床矿石损失率、贫化率及出矿品位计算

计算内容	计算公式		代表符号
	直接法	间接法	
矿石贫化率	$\gamma=\dfrac{R}{Q_1+R}\times100\%$	围岩含品位 $\gamma=(1-\dfrac{\alpha'-\alpha''}{\alpha-\alpha''})\times100\%$ 围岩不含品位 $\gamma=(1-\dfrac{\alpha'}{\alpha})\times100\%$	T为采出矿石总量(包括废石混入量),t;Q为采场工业矿石量,t;Q_1为采场采出工业矿石量,t;γ为矿石贫化率,%;γ_0为废石混入率,%;R为废石混入量,t;α为采场工业矿石品位,%;α'为采场采出矿石品位,%;α''为围岩含矿品位,%;ρ为矿石损失率,%;K为矿石回收率,%
矿石损失率	$\rho=\dfrac{Q-Q_1}{Q}\times100\%$	围岩含品位 $\rho=(1-\dfrac{T}{Q}\;\dfrac{\alpha'-\alpha''}{\alpha-\alpha''})\times100\%$ 围岩不含品位 $\rho=(1-\dfrac{T\alpha'}{Q\alpha})\times100\%$	

续表 9-255

计算内容	计算公式 直接法	计算公式 间接法	代表符号
矿石回收率	$K=1-\rho=\frac{(1-\gamma)T}{Q}\times100\%$		T为采出矿石总量(包括废石混入量),t;Q为采场工业矿石量,t;Q_1为采场采出工业矿石量,t;γ为矿石贫化率,%;γ_0为废石混入率,%;R为废石混入量,t;α为采场工业矿石品位,%;α'为采场采出矿石品位,%;α''为围岩含矿品位,%;ρ为矿石损失率,%;K为矿石回收率,%
废石混入率	$\gamma_0=\frac{R}{T}=\frac{\alpha-\alpha'}{\alpha-\alpha''}=(1-\frac{\alpha'-\alpha''}{\alpha-\alpha''})\times100\%$		
采出矿石总量	$T=\frac{(1-\rho)Q}{1-\gamma}$		
废石混入量	$R=\gamma_0 T$		
采出工业矿石量	$Q_1=T-R$		
采出矿石品位	围岩不含品位 $\alpha'=(1-\gamma)\alpha$ 围岩含品位 $\alpha'=(1-\gamma)\alpha+\gamma\alpha''$		

表 9-256 脉状矿床开采损失、贫化计算

计算内容	计算公式	代表符号
采场回采贫化率(一次贫化)	$\gamma=\frac{R}{Q_1+R}\times100\%$ $\gamma=\frac{B-B_0}{B}\times100\%$ $\gamma=\frac{(B'-B_0)d'}{(B'-B_0)d'+B_0 d}\times100\%$	T为采出矿石总量,t;R、R'为混入围岩量(一次、二次),t;γ为一次贫化率,%;Q_1为采场采下矿石量,t;γ_A为最终综合贫化率,%;γ''为可避免贫化率,%;B为实际平均采幅宽度,m;B_0为采场矿脉平均宽度,m;B'为设计平均采幅宽度,m;γ'为二次贫化率,%;d为矿石密度,t/m³;d'为围岩密度,t/m³
放出矿石时二次贫化率	$\gamma'=\frac{R'}{T}\times100\%$	
采场结束,综合贫化率	$\gamma_A=\frac{R+R'}{T}\times100\%$	
可避免贫化率计算	$\gamma''=\frac{B-B'}{B}\times100\%$	
其他各项计算	见表 9-255	

9.13.3 降低矿石损失贫化的措施

地下矿产资源是不能再生的,开采地下矿产时,应尽可能地降低损失与贫化,必须从地质、设计、管理等方面采取综合措施才能取得良好效果。

(1) 加强地质勘探工作,弄清矿床赋存规律及开采技术条件,提供可靠的地质资料,以便正确确定开采范围,减少废石混入量和矿石损失量。

(2) 选择合理的开拓方法,尽可能不留或少留各种保安矿柱。

(3) 选择合理的开采顺序,及时回采矿柱和处理采空区。

(4) 选择合理的采矿方法,合理确定矿块结构参数及回采工艺。这就要求对矿山的岩体、力学方面和采场地压方面加强研究和测定,使设计的矿块尺寸、矿柱尺寸和地压管理方法建立在科学的基础上,以减少回采的损失与贫化。

(5) 加强矿山的生产管理和矿石质量管理,建立有关的规章制度,成立专门管理机构,对矿石开采损失贫化进行经常性的监测、管理和分析研究。

(6) 把矿石损失贫化指标作为考核矿山企业的重要指标。

9.13.4 配矿

矿山生产的原矿石,由于开采地区的不同和开采过程中常有岩石的混入,使得有用成分的含量和有害杂质的含量常常变化很大,引起矿石质量的波动,因此,保证入选品位均衡通常需要配矿。

配矿就是规划与管理矿石质量,旨在提高矿石质量和矿石产品质量的均匀性和稳定性,以期充分利用矿产资源和获取好的经济效益。

9.13.4.1 *配矿方法*

为保证矿石质量相对稳定和均匀,实行配矿计算工作所必须的前提是搞清矿石的种类、矿石品位、有害成分含量以及其他有关的质量和性质指标。

目前,关于获得这些数据和信息除根据地质勘探资料外,主要是以爆破钻孔超前取样分析结果为依据。

在取得了上述地质数据的基础上,必须同回采顺序、采准工作、工作平台宽度以及铲装线长度等开采工艺条件相适应,并考虑技术可能性,选择配矿方法和系统。通常,为了实行配矿,必须备有足够多的出矿点和储矿量,尤其对于地下矿山,各出矿点的产量是由采矿方法决定的,有的采矿方法(如留矿法)产量可以改变,而有的采矿方法产量是不能改变的。

我国大、中型矿山一般是在年、月计划指导下按周或日配矿计划实行矿石质量管理的。

在国外,先进大型采选企业多实行日或班甚至小时的矿石质量管理规划。

实行周、日(或班)配矿计划是在技术可能条件下通过调节各出矿点产量和相应地组织运输工作实现。各采矿作业地点的挖掘机(或出矿点)产量分配应满足矿石产量和质量指标,其条件是:

$$\sum_i^n Q_i = Q_n \geqslant \overline{Q}_n \tag{9-336}$$

$$\frac{\sum_i^n C_i Q_i}{\sum_i^n Q_i} = C_n \geqslant \overline{C}_n \tag{9-337}$$

式中 Q_i——第 i 出矿点矿石产量;

Q_n——全部出矿点矿石产量;

$\overline{Q}_n$——计划矿石产量;

C_i——第 i 出矿点矿石品位;

C_n——全部出矿点产量矿石平均品位;

$\overline{C}_n$——计划矿石平均品位。

当矿石按可选性质和工艺特性划分为不同品级时,应考虑各种品级矿石合理搭配。

采用控制出矿点产量来调配矿石质量时,确定合理的爆破顺序和铲装地点,对于保证矿石质量均匀和稳定起关键作用。尤其是铁路运输时,电铲工作位置移动受到限制,应按具体条件确定爆破顺序,既要保证矿石质量满足计划要求,又尽量减少挖掘机移动造成损失,同时还不使运输设备调车复杂化。

为了使各出矿点采出的矿石总量达到平均计划质量指标,各出矿点产量分配应满足下列条件:

$$T_i \leqslant Q_i \leqslant A_i \tag{9-338}$$

$$\frac{Q_i}{\sum_i^n Q_i} Q_i = g_i \tag{9-339}$$

$$\sum_i^n Q_i C_i g_i = C_n \tag{9-340}$$

$$\sum_i^n Q_i g_i = 1 \tag{9-341}$$

式中 T_i——第 i 出矿点矿石生产任务;

A_i——第 i 出矿点矿石生产能力;

g_i——第 i 出矿点矿石产量所占比例。

在某个具体时间,矿石品位最高或最低(C_g 或 C_d)的出矿点可作为"配矿出矿点"。

设计划矿石质量指标为 C_j,可有下面几种情况:

(1) $C_n = C_j$ 时,表示各出矿点矿石产量分配满足矿石质量要求。若 $\sum_i^n C_i/n = C_j$ 时,说明各出矿点矿石产量比例 g_i 相同,均为总产量的 $1/n$。

(2) $C_n > C_j$ 时,为保证 n 个出矿点矿石满足计划质量指标,必须减少高品位配矿点产量比重,增加低品位配矿点产量比重。增减量应为:

$$\Delta g = \frac{C_n - C_j}{C_g - C_d} \tag{9-342}$$

这时应为:

$$\begin{cases} g'_g = g_g - \Delta g \\ g'_d = g_d + \Delta g \end{cases} \tag{9-343}$$

式中 C_g, C_d——分别为高、低品位配矿出矿点的矿石品位,%;

g_g, g_d——分别为高、低品位配矿出矿点矿石产量所占比重,%。

(3) $C_n < C_j$ 时,这时必须减少低品位配矿点矿石产量比重,增加高品位配矿点矿石产量比重:

$$\Delta g = \frac{C_j - C_n}{C_g - C_d} \tag{9-344}$$

$$\begin{cases} g'_g = g_g + \Delta g \\ g'_d = g_d - \Delta g \end{cases} \tag{9-345}$$

上述第二种和第三种情况,除配矿出矿点之外,其他出矿点的产量都是不变的。通过改变配矿出矿点产量来调整矿石质量平均值。

必须指出,用调整出矿点产量的办法可实现配矿,但有时会损失某些采矿设备生产能力。通过合理组织矿山运输,可减少这种不利影响。

当矿山采用铁路运输时,有 n 个矿石产量相同的出矿点,在矿山地表处有两个配矿堆,其中一个处于形成阶段,另一个已经配好处于回收阶段。当由这 n 个出矿点采出的矿石平均品位 C_n 同计划品位 C_j 不平衡时,就由配矿出矿点向正在形成中的矿石堆卸矿。

列车向正在形成中的矿石堆卸矿后,该列车由在配矿堆处作业的挖掘机从已经配好的矿石堆上补装相应的矿量,并运往用户。

由于是按计划把高、低品位矿石卸到正在形成中的矿石堆上去的,所以矿石堆上的矿石总量平均质量基本上接近或等于计划质量指标。利用配矿堆调节矿石质量的作用,不需要采取其他限制设备生产能力的措施,就能使矿石质量基本上稳定在计划水平。

汽车运输时,也可使用上述方法配矿。这样的配矿堆也是两个,其中一个正在形成,另一个已经配好。这些矿堆可以和台阶坡面直接毗连。从上台阶底板向矿堆卸矿,由下台阶底板装矿。汽车卸矿工作线方向要垂直矿堆长度方向,由矿堆回收矿石时应使电铲铲装方向垂直汽车卸矿时形成的矿石层方向。

9.13.4.2 优化配矿的数学方法

正确制定配矿计划的关键环节是获得矿石质量信息的及时性和精确程度,以及这些信息的传递和处理方法。20 世纪 70 年代我国矿山生产实践中基本上是用钻孔超前取样分析法获取矿石质量数据。用这种方法需要几小时,甚至 1 ~2 天,而且劳动量大,远不能满足日、班矿石质量管理的要求。

20 世纪 70 年代,开始使用 X 射线荧光技术快速地获得这些数据,满足作业计划管理的要求。

在矿石产量猛增,强化生产过程,对商品矿石质量要求日益提高的条件下,要求生产调度部门在很短时间内根据大量信息对生产过程进展和各种方案作出分析。必须利用计算机才能完成这些任务。

应用计算机和线性规划方法求解这方面的课题十分有效,可以准确地计算出矿石产量分配和矿石质量特性指标。

线性规划数学模型是按给定的目标函数,并满足一组约束条件,求得决策变量的最优解。

下面介绍配矿问题线性规划数学模型。

(1) 目标函数。

$$\sum_{j=1}^{n}\sum_{i=1}^{m} d_j x_{ij} \longrightarrow \text{Max} \quad 或 \quad \text{Min}$$

(2) 约束条件。

1) 采区工作面必须完成计划矿石产量并为生产能力所允许:

$$\sum_{i=1}^{m} x_{ij} = x_j \quad (j = 1,2,\cdots,n) \tag{9-346}$$

$$T_j \leqslant x_j \leqslant A_j \quad (j = 1,2,\cdots,n) \tag{9-347}$$

$$T \leqslant \sum_{i=1}^{m} x_j \leqslant A$$

2) 必须满足有用成分含量指标条件:

$$C_{j\min} \leqslant \frac{\sum_{i=1}^{m} C_{ij}x_{ij}}{\sum_{i=1}^{m} x_{ij}} \leqslant C_{j\max}(j = 1,2,\cdots,n) \tag{9-348}$$

3) 有害成分限量条件:

$$\frac{\sum_{i=1}^{m}\beta_{ij}^{k}x_{ij}}{\sum_{i=1}^{m} x_{ij} \leqslant \beta_j^k} \quad \begin{pmatrix} j = 1,2,\cdots,n \\ k = 1,2,\cdots,e \end{pmatrix} \tag{9-349}$$

4) 设计变量为非负的:

$$x_{ij} \geqslant 0 \quad \begin{pmatrix} i = 1,2,\cdots,m \\ j = 1,2,\cdots,n \end{pmatrix} \tag{9-350}$$

式中 x_{ij}——第 j 采区第 i 出矿点矿石产量;

x_j——第 j 采区矿石产量;

d_j——第 j 采区第 i 出矿点矿石品位;

C_{ij}——第 j 采区第 i 出矿点矿石品位;

$C_{j\min}$, $C_{j\max}$——第 j 采区矿石最低和最高计划品位;

β_{ij}^k——第 j 采区第 i 出矿点矿石中第 k 种有害成分含量;

β_j^k——第 j 采区第 k 种有害成分限量;

A_j——第 j 采区生产能力;

T_j——第 j 采区生产任务;

A——全矿生产能力;

T——全矿生产任务;

i——出矿点序号;

j——采区序号;

k——有害物质序号;

m——出矿点数;

n——采区数;

e——有害物质种类数。

除上述约束条件外,根据矿山生产具体条件和对配矿要求,还可有它种约束条件。

目标函数中 d_j 是经济效益系数，它取决于求解的目标。求解目标对于不同矿山企业可确定为产量或产值最高、利润最大、综合成本最低、各出矿点（铲区）矿石质量波动均方差最小、选矿金属回收率最高、选矿尾矿品位低等。

9.13.4.3 配矿效果和效益评价

A 配矿效果指标

数值评价矿山生产原矿石和选矿厂产品质量波动，多采用概率、数理统计及随机函数理论。

一般采用下列指标评价矿石质量波动过程的特性：

（1）波动极值。表示质量指标的最大值和最小值之差，它指出偏离计划均值正、负方向的范围。例如，某种矿石班产量品位最大值为5.2%，最小值为0.5%，波动极值为4.7%。若这种矿石计划品位为2.2%，则波动范围为 $2.2\begin{pmatrix}+3.0\\-1.7\end{pmatrix}\%$，偏差为 -1.7% 和 $+3.0\%$。

（2）矿石质量波动均方差。在分配规律已知情况下，均方差 σ 是评价矿石质量波动最方便的指标。

$$\sigma = \frac{\sqrt{\Sigma(C_i - C)^2}}{n} \tag{9-351}$$

式中 C_i——第 i 出矿点矿石品位实际值；

$\overline{C}$——矿石品位平均值；

n——统计总体中样品数。

（3）为了确定配矿过程效益，在国外采选企业多采用配矿效率和配矿系数。

1）配矿效率。配矿效率是未配矿石和已配矿石质量波动的均方差之比。

$$p = \frac{\sigma_q}{\sigma_h} \tag{9-352}$$

2）配矿系数。

$$\eta = 1 - \frac{\sigma_h}{\sigma_q} \tag{9-353}$$

B 配矿经济评价

配矿经济效果是根据配矿消耗同配矿获得的效益比较决定的。

评价配矿经济效果同评价矿山其他投资项目相类似，是按企业设计中技术经济部分规定的计算内容和程序进行的。

用于配矿的费用是由建立配矿系统基建投资和配矿经营费所组成。由于采取配矿措施改善了入选原矿石质量均匀性，因而提高选矿厂精矿回收率和生产能力，增加产品产量，降低选矿成本，并且由于产品质量改善而提高了产品售价。

配矿的年经济效益 A 可按式(9-354)估算。

$$A = R - (EK + C + S) \tag{9-354}$$

式中 R——由于配矿增加的年产值；

K——建立配矿系统的基建投资；

C——用于配矿的年经营费；

S——增加的税金部分；

E——额定的基建投资效果系数。

当配矿系统投资较大，建设周期较长，适合于采用动态方法计算，这时可采用净现值或内部收益率做评价指标。

9.13.5 矿石质量管理实例

A 桃冲铁矿

桃冲铁矿设计产量为500kt/a。没有矿石均化措施，再加上采用大间距无底柱分段崩落法开采后，出矿工作面减少，配矿空间小。因此要使采出矿石的质量保持相对稳定，有很大的难度，个别班次的品位波动在12%～15%。

矿样化验滞后，如果采出矿石品位波动大，选矿无法作出对破碎磁滑轮及时调整的反应，造成成品矿（粉矿和铁精矿）质量和技术经济指标的波动大，影响全矿的经济效益。

a 产品质量管理的必要性

如果采出矿石品位能保持相对稳定，即波动范围在±2%以内，该公司的两种产品——粉矿和铁精矿就能保持相对稳定。

（1）当井下采出矿石可选性稳定，品位在目前公司计划（TFe36%±1%）时，选矿车间根据计划技术经济指标的要求可将破碎场磁滑轮调整为相对稳定的位置，使块矿品位（50%）、中矿品位（32%）、块尾矿品位（16.5%）处于可控状态。

（2）如果矿石品位过高时（大于40%），会导致块矿、中矿、块尾矿品位均高，造成资源流失及能耗增加。

（3）如果矿石品位过低时（小于32%），会导致块矿、中矿、块尾矿品位均低，造成产品不合格及无功能耗增加。

b 提高采出矿石质量的管理措施

通过生产工艺流程分析，提高采出矿石质量主要是加强出矿、放矿的管理。主要采取如下的措施，使采出矿石质量基本稳定在36%±1%：

（1）确定符合技术经济要求的截止品位。

（2）统计正常出矿条件下的放出矿石量与矿石品位以及矿石损失贫化数值，绘出曲线图，以便从矿石数量和矿石品位两个方面实施控制放矿，正确判定放矿的进展情况。

（3）放出矿石的品位，特别是每次放矿后期的矿石品位，要实施快速分析。目前矿石试样需2～3个班后才能做出分析结果，分析时间太长，不利于控制放矿。建议购买能在井下进行快速测定品位的X射线荧光分析仪。

（4）加强生产过程中的配矿措施：一是在出矿时实行贫富兼采，合理搭配；二是在溜井放矿时的东、西区搭配和感官品位的高低搭配；三是抓好掘进副产矿的调剂作用。

桃冲铁矿通过加强出矿放矿的管理、加强采场管理、放出矿石品位分析等措施并取得了较好的效果，使采出矿石质量基本稳定在36%±1%。

B 草楼铁矿

草楼铁矿设计产量为2000kt/a，2008年已达产。采用阶段矿房法尾砂嗣后充填。由于矿体含硫、磷有害物质很低，分别为0.045%和0.053%，矿石经过磁选后，铁精粉品位可达66%以上。

a 影响矿石质量的因素

影响矿石质量主要有两个方面：

（1）地质方面。地质因素表现为勘探程度不够而造成的矿石损失。

1）草楼铁矿在－230m阶段有一个规模较大的侵入岩体，假厚度最大为60m，延深100余米。在详查时未能勘探到，因此采矿时就不能把该岩脉同时与矿块一起爆破，而是采用在岩脉的下部和上部分别爆破，岩脉作为矿柱，保证了采出矿石的质量。

2）加大地质探矿。草楼铁矿位于第四系以下，而第四系中有4～5层含水沙层，开采时，不能破坏第四系岩层。因此在矿体顶部开采时既要多采矿石又要保留有足够高的顶板，起到顶柱作用，通过地质钻探先确定风化带的高度再决定开采矿石的高度，从而保证了开采安全。

3）矿床南部矿脉中夹有较多的岩脉，大都宽3～5m，在开采中不易剔除，一方面要根据地质资料提前判断，尽量将矿、岩分开爆破；另一方面改用人工分拣出矿，把损失降到最低。

（2）采矿方面。根据矿体赋存条件，采用合适的采矿方法和参数。草楼铁矿矿体倾角为25°～40°，采用阶段矿房法（首采地段），经过一年多的试采效果较好；另外每隔一段距离布置矿石溜井和废石溜井，防止矿石、废石混装；在布置上盘回风巷工程时要求该工程布置在紧贴上盘矿岩界限，既回收上盘矿石又减少贫化。

b 加强矿石质量管理措施

在采矿生产过程中，建立完善的矿产品资源管理体系，有效地整合了矿产资源管理信息，加强监督和管理。

(1) 建立健全矿石质量管理体系。建立事前预测，事中指导，事后检查制度。

1) 事前预测：根据地质资料及相邻块段已揭露的地质资料推断矿岩界限，及时向施工单位提供信息，使施工人员提前做好准备，对矿体中大的夹层提前处理。

2) 事中指导：当出现预想不到的情况时及时采取有效措施。

3) 事后检查：施工人员对矿石质量的处理有无过错，有无人为贫化现象。

(2) 建立台账，完善储量报销制度，每个矿房的地质储量和采下的矿量登记造册，矿房采完后两者进行对比，计算贫化率和损失率，从而控制矿石质量。同时，在开采过程中逐月登记该矿房开采出的矿石量，开采矿量逐月报销。

(3) 废石过磅制度。对井下运出的矿石、废石都要经过地磅逐月统计。用本月掘进总量减去副产矿量，即为掘进产生的废石量，再与地表废石过磅量比较，计算贫化和损失情况，监督考核施工单位。

(4) 加大地质探矿的投入。生产勘探要超前进行，每月安排500m 的地质探矿工作量，通过钻探，对矿体产状、夹层分布及岩脉的延深等都有了更深的了解，较好地指导生产。

(5) 加大对副产矿等的计量管理。在矿山开采过程中，根据不同工程而产生了副产矿、拉底矿、大孔落矿等，几种矿的价格相差较大。因此，计量要精确，防止混淆。

C 云浮硫铁矿

矿山为露天开采，采矿能力为3000kt/a，选矿能力为1500kt/a。初步设计矿产品有 -3mm 富原矿和硫精矿两种。云硫矿以储量大、品位高、有害杂质少以及开采条件优而闻名于世。该矿为巨大型沉积变质热液富集矿床，硫铁矿储量达2亿吨，平均品位含硫为31.4%。矿山分南北两个采场，采场长度为2km，宽度为0.8km。矿山开采的主矿体北段以块矿、粉矿为主，埋藏较深的南段以块矿为主，平均品位为38%，有的高达50%以上；南采场上部为条带状贫矿，平均品位21.8%，低的仅12%，并且矿层薄，产状平缓，矿体分支多，形态不稳定，10m台阶内矿岩互层嵌布。南北采场高差大、品位矿山悬殊。对矿石生产提出了配矿的要求。

矿山主要生产 -40mm 块矿、-3mm 富矿、-4mm 富矿、国内销售的硫精矿和供出口的高硫低硅硫精矿等产品。经市场分析和技术论证，用贫、富矿搭配生产（配矿）的方式，将 -40mm 块矿和 -3mm 富矿等矿产品的品位等质量指标控制并稳定在用户能接受的范围，并将入选原矿品位控制在20% ~25%，既能满足市场需要和用户要求，又能满足矿山地质及采矿技术要求，保持矿山的持续生产并获得一定的经济效益。云硫投产以来一直应用配矿技术来组织生产，经过十余年实践和探索，配矿技术日趋成熟。

a 矿石质量计划

云硫的矿石杂质含量很低，矿石质量计划重点是确定品位范围。根据市场需求和矿山地质、采矿技术条件来规划 -40mm 块矿、-3mm 富矿和硫精矿等矿产品的质量。采场配矿主要控制进入富矿仓的原矿和入选原矿的品位。采矿技术部门在编制矿山作业计划的同时，编制矿石质量计划，包括采矿作业的矿段、作业顺序、分采分爆技术方案和提出采装作业要求等。

b 绘制矿块图

矿山配矿首先要掌握备采矿块的质量指标。矿山地质部门对备采矿块爆破的钻孔矿粉逐孔取样分析，并根据各孔品位与其地质构造，形态、厚度等地质资料绘制成矿块图。图中按钻孔品位变化大小和采装作业所需的最小工作面、矿石品级、班或日产量等因素细分单元小矿块，并标注各钻孔品位、矿块平均品位等资料，便于配矿的现场工作和采装作业，爆破后由测量人员再实测放桩，桩上标注钻孔编号和品位，在爆堆上用明显标识（如红绳等）圈出各单元矿块的界限。

c 配比计算

配比计算是实施矿石质量计划的重要工作。采矿或配矿人员通过矿块图资料对采矿点的矿石品位等质量指标波动范围和波动趋势进行估算，并根据产品要求的质量指标来确定配矿方案，计算当时的配矿比例（简称配比），一般用下式计算配矿后矿石的平均品位。

$$C = \sum D_i C_i / \sum D_i \tag{9-355}$$

式中 C——配矿后矿石品位，%；

D_i——矿点 i 矿石产量，车；

C_i——矿点 i 矿石品位，%。

两点配矿情况下可用式(9-356)计算配比：

$$X = (C - C_{\mathrm{II}})/(C_{\mathrm{I}} - C) \tag{9-356}$$

式中 X——矿点Ⅰ与矿点Ⅱ采出矿量比例，或称配比；

C——产品平均品位，%；

C_{I}——矿点Ⅰ的平均品位，%；

C_{II}——矿点Ⅱ的平均品位，%。

式(9-355)、式(9-356)仅适用于单元素配矿。实际工作中 C_{I}、C_{II} 可根据矿块资料和现场经验判断相结合取值，C 可取产品所要求的平均值，然后计算配比。在人工控制时为便于操作，可将配比换算成接近的车数比。

云硫于1995年开发了计算机辅助配矿系统。该系统可根据各采矿点的矿石品位、运距和产品品位等数据，计算配比并发出运输指令。生产时配矿人员或计算机操作人员及时输入矿石入仓信息（矿石来源、品位、重量等数据），可随时看到配矿结果（主要是当班的加权平均品位）。在采矿点矿石品位发生变化的情况下，操作人员只要修改相关数据，计算机便计算出新的配比并修正运输指令。计算机辅助配矿系统的使用，提高了配矿指挥的准确性、灵活性和及时性。

d 配矿的运输组织

运输组织是落实配矿方案和实现配比的过程，也是达到矿石质量均匀、稳定的关键。运输组织的实质是参与运矿的车辆调度。云硫开展配矿以来，卡车调度有三种方式：第一种是固定铲调车法，即根据拟定的配比，分别向各装矿点的工作挖掘机固定派车。第二种是固定配比调车法，即每台车均按固定的配比到各装车点装车运矿。第三种是综合调车法，即建立一个类似于交通管理的由计算机控制或人工操作的指挥系统，参与运输的每台车从开始到结束都受这个系统控制，并按指示信号到各采场挖掘机装车运矿。前两种比较简单，配比符合性差，矿石入仓混合的均匀度低；后一种既可人工操作，也可使用计算机管理，可控性强，调整配比灵活，较容易控制矿石入仓或进堆的均匀度。

采矿各工序要相互协调，保证质量也是配矿管理的重要内容。主要措施有：

(1) 提高穿孔爆破质量，减少因采挖高度变化引起的供矿点品位误差；

(2) 确保采装质量，采装过程中如目估矿石品位与预期品位有较大的差异应及时交流沟通；

(3) 运矿司机要严格执行指令；

(4) 质监部门要密切配合，及时反馈相关信息等。

配矿的目的是控制矿石质量的均匀和稳定。配矿效果一般用波动极值、波动均方差以及配矿效率等指标来评价。云硫是考核生产班样合格率，即考核班样品位与控制范围的符合程度来评价配矿效果。控制范围一般用 $C \pm q$ 来表示，其中 C 为产品品位平均值，q 为单向极差最大值。如云硫的 -40mm 矿的品位控制范围是 37% ±3%。

9.14 井巷工程

9.14.1 概述

井巷工程是地下矿山施工建设的重要组成部分，一个中型生产矿山，每年的井巷工程量都在万米以上。无论是新建矿山还是生产矿山，确保井巷工程施工质量和不断提高掘进速度，对保证矿山顺利建成投产和投产后三级矿量平衡，实现持续稳产高产都具有十分重要意义。

井巷工程施工建设主要特点是：点多面广，作业场地狭窄，交叉作业，各作业工序相互干扰；地质条件、施工条件和对象多变；施工技术复杂，方法又多种多样；有的技术水平要求很高；劳动强度大；施工环境差，如粉尘多、通风差、阴暗潮湿等。因此，掘进施工困难多。

多年来，随着采矿技术及掘进设备的不断发展，井巷工程施工工艺、技术水平均有很大提升，特别是在复杂地质及水文地质条件下而采用的特殊技术及方法掘进井巷工程有了很大突破。目前我国金属矿山井巷工程施工仍以凿岩爆破法为主，井巷支护普遍采用锚喷支护和混凝土拱形支护，凿岩、支护密切配合，随着工作面的推进，使凿岩、装药、爆破、通风、装运岩石、巷道支护各工序循环作业，进行有节奏的连续施工，实行一次成巷。

井巷工程掘进施工主要工艺技术的发展趋势如下：

(1) 以凿岩爆破为主要手段的井巷普通掘进法在今后相当一段时间内仍将是主要掘进方法。

(2) 在施工技术方面，光面爆破和预裂爆破技术日益得到重视，而凿岩爆破工艺主要围绕加大炮孔深度，合理选择凿岩爆破参数、凿岩设备机具、性能优良的炸药等方面的研制工作。

(3) 锚喷支护和注浆堵水技术已经得到广泛的应用，还有待进一步发展。

(4) 深孔分段爆破法及天井钻进法已经得到应用，国外应用非常普遍，国内已有很多矿山开始推广应用。

(5) 在竖井普通法掘进中，深竖井开凿已经成为21世纪采矿的发展方向，南非单条竖井的开凿深度已经达到2000～3000m，竖井断面直径已经达8m以上，而国内单条竖井一次开凿深度在1300m左右，与国外相比相差较远。未来我国深井开凿主要朝着大断面、大卷扬机、大功率悬吊设备、多层吊盘以及多机凿岩等方面发展，逐步实现辅助作业机械化。

(6) 吊罐法掘进天井的比例正在逐渐增加，随着天井钻进生产技术的成熟，天井掘进方法除全断面钻进法将得到发展外，爬罐掘进法将在掘进高、盲天井中得到更多地采用。

(7) 在提高单体设备生产率的同时，完善掘进设备的配套，组成高水平的掘进机械化作业线，已显示出明显的优越性和发展方向，而且竖井提升速度将逐步得到提高。

(8) 随着矿井开采技术和装备的发展，以及开采地质条件的复杂化，施工难度日益增大，如何用有效、经济、安全的方法，来破碎和开挖井巷断面内的岩石，并维护井巷工程断面外的围岩稳定性，是井巷工程研究的重要课题。

井巷工程中，开拓工程量占的比重最大，又具有代表性，故本节主要介绍开拓的井巷工程。

9.14.2 竖井工程

9.14.2.1 竖井工程分类

竖井工程是矿山生产的咽喉，竖井工程分类方式很多，按井筒的用途及设备配置进行分类见表9-257。

表9-257 井筒的用途及设备配置

井筒类型	用途	井内装备配置
主井(箕斗或罐笼井)	提升矿石	箕斗或罐笼，有时设管路间、梯子间
副井(罐笼井)	提升废石，上下人员、材料、设备	罐笼、梯子间、管路间
混合井	提升矿石、废石，上下人员、材料、设备	箕斗和罐笼、梯子间、管路间
风井	通风，兼作安全出口	按规定配置
盲井	无直接通达地表的出口，一般作提升井用	根据生产需要装设
措施井	为加快基建进度而设置的基建工程，一般在生产期利用	根据基建及生产需要来配置设备

竖井断面形状，一般依据提升设备、岩层条件、支护形式、服务年限及通风等因素确定。目前，竖井断面多采用圆形，受力性能好，但断面利用率不高；方形断面受力性能较差，但断面利用率较高；小型、浅井的矿山采用矩形断面的也不少。竖井断面和井颈分别见9.2.4.7节、9.2.4.8节的内容。

9.14.2.2 竖井井筒装备

A 井筒装备

竖井井筒装备就是指井筒内安装的罐道、罐道梁、梯子间、管路、电缆等。罐道、罐道梁、井底支承结构、过卷装置、托罐梁等都是为了罐笼或箕斗的稳定、安全、高速运行而设,梯子间则是为井内设备的安装和维修或辅助安全行人通道而设。由于竖井是整个矿山的主要通道,所以风、水、电等管缆也都通过竖井。

提升竖井底部一般都应设置楔形罐道、挡梁和井底排水设施等。提升容器有平衡尾绳时,应在楔形罐道以下设置尾绳隔离装置。当采用钢丝绳罐道时,一般都在井底设置罐道绳重锤拉紧装置。

对于箕斗井和混合井,在井筒底部设有箕斗装矿硐室和井底粉矿回收等,其井底排水设施应与粉矿回收系统统筹考虑;当为盲竖井时,在最上部一个运输水平以上设有箕斗卸矿设施、上部楔形罐道、挡罐梁、天轮梁等。

根据竖井提升容器分为箕斗井、罐笼井及混合井。

井筒装备按罐道形式不同分为刚性和柔性两种装备,柔性装备是利用钢丝绳作提升容器运行的罐道,又称钢丝绳罐道。

a 钢丝绳罐道优点

(1) 结构简单、安装方便、节省钢材,安装工作量小、速度快。

(2) 井内不设罐道梁,减少了井壁负荷,也有利于提高井壁的整体性和防水性能。

(3) 提升容器运行平稳,没有冲击碰撞和噪声,可允许较高的提升速度。

(4) 使用寿命长,便于维护,钢丝绳更换简单,对生产影响较小。

b 钢丝绳罐道缺点

(1)要求提升容器之间、容器和井壁之间的安全间隙较大,因而井筒断面一般要加大。

(2)由于罐道绳需拉紧,因此使井架(塔)负荷加大,井底也要求加深。

(3)当容器为罐笼时,需在中间水平设置停罐、稳罐装置。

c 布置要求

(1) 断面布置时,提升容器之间、容器和井壁之间的安全间隙须符合《金属非金属矿山安全规程》的规定。竖井提升钢丝绳罐道安全间隙的计算公式见表9-258。

表9-258 钢丝绳罐道安全间隙计算公式

升降形式	间隙名称	计算公式	符号说明
单绳提升	一套提升设备提升容器之间间隙	$\Delta_1=250+Q\sqrt{H}$	Δ_1 为提升容器之间的间隙,mm; Δ_2 为容器与井壁之间的间隙,mm; H 为提升高度,m; Q,Q_1,Q_2 为最大终端荷重,t; v,v_1,v_2 为最大提升速度,m/s
	两套提升设备相邻容器之间间隙	$\Delta_1=250+\frac{Q_1+Q_2}{2}\sqrt{H}$	
	提升容器与井壁之间间隙	$\Delta_2=0.8\Delta_1$	
多绳提升	一套提升设备提升容器之间间隙	$\Delta_1=200+Qv$	
	两套提升设备相邻容器之间间隙	$\Delta_1=200+\frac{Q_1v_1+Q_2v_2}{2}$	
	提升容器与井壁之间间隙	$\Delta_2=0.8\Delta_1$	

(2) 应便于罐道绳的固定及拉紧的布置和安装。

(3) 罐道绳应尽可能远离提升容器的回转中心并对称于容器布置,使各绳受力均匀。

d 刚性罐道优点

(1) 断面布置安全间隙要求要小一些,井筒断面和深度也相应减小一些。

(2) 中间水平可不设摇台,有利于多水平提升。

(3) 提升容器运行平稳,有利于提高运行速度。

e 刚性罐道缺点

(1) 钢材消耗量较大,结构复杂,安装工作量大。

(2) 安装工作进度较慢,影响建井工期。

B 钢丝绳罐道

a 罐道绳的选择

钢丝绳罐道是利用钢丝绳作为提升容器运行的罐道,罐道绳的两端需设专用装置固定和拉紧,井筒内不需设置罐道梁。整个系统包括绳罐道，一端设有固定装置，另一端设有拉紧装置，提升容器上设导向器，井上井下进出车各水平设有刚性罐道及摇台等。

罐道绳可选用普通的 6×7 或 7×19 钢丝绳，或密封、半密封的钢丝绳，后者表面平滑，经久耐磨，抗弯抗扭性能好，它适用于提升荷重大、井筒深的大中型矿井。

罐道绳直径可根据提升终端荷重、井深和提升速度等因素参考表 9-259 初选后，再用式(9-357)进行验证。

表 9-259 经验数据

井深/m	终端荷重/t	提升速度/(m/s)	罐道绳直径/mm	罐道绳类型
<150	<3	2~3	ϕ20.5~28	6×7+1 普通钢丝绳
150~200	3~5	3~5	ϕ28~32	6×7+1 普通钢丝绳、密封或半密封钢丝绳
200~300	5~8	5~6	ϕ30.5~35.5	密封或半密封钢丝绳
300~400	6~12	6~8	ϕ35.5~40.5	密封或半密封钢丝绳
>400	8~12 或更大	>8	ϕ40.5~50	密封或半密封钢丝绳

$$m = \frac{Q_L}{Q_0 + qL} \geqslant 6 \tag{9-357}$$

式中 m——安全系数；

Q_L——罐道绳全部钢丝拉断力的总和，N；

Q_0——罐道绳下端的拉紧力，N；

q——罐道绳的单位长度质量，N/m；

L——罐道绳的悬垂长度，m，L = 井深 +(20~50)。

b 罐道绳的拉紧力、拉紧及固定装置

罐道绳必须经常拉紧，以保证提升容器正常运行。作用在每根罐道绳上的拉紧力 Q_0，可按式(9-358)计算：

$$Q_0 = \frac{qL}{e^{\frac{4q}{K_{min}}} - 1} \tag{9-358}$$

式中 K_{min}——罐道绳最小刚度系数，$K_{min}=45\sim65$，一般取 $K_{min}=50$；对终端荷载和提升速度较大的大型井或深井，K_{min}应选取较大些，反之，K_{min}可适当选取小些。

罐道绳拉紧力也可按经验确定，即井深每增加 100m，拉紧力约加大 10kN。罐道绳的拉紧方式有螺杆拉紧、重锤拉紧、液压螺杆拉紧等(表 9-260)。

表 9-260 罐道绳拉紧方式

拉紧方式	罐道绳上端	罐道绳下端	方式特点	适用条件
螺杆拉紧	在井架上设置螺杆拉紧装置，上端用此拉紧螺杆固定	用绳夹板固定在井底钢梁上	拧紧螺杆，罐道绳产生张力	拉紧力有限，一般用于浅井
重锤拉紧	固定在井架上	在井底用重锤拉紧，拉紧力不变，无须调绳检修	因有重锤及井底固定装置，要求井筒底部较深以及设排水清扫设施	拉力大，适用于中、深井
液压螺杆拉紧	在井架上设置液压螺杆拉紧装置将罐道绳拉紧	用倒置的固定装置固定在井底专设的钢梁上	利用液压油缸调整罐道绳拉紧力，调绳方便省力，但安装和调绳较复杂	使用范围较广

C 刚性罐道

刚性装备主要由刚性罐道和罐道梁组成。

a 刚性罐道

刚性罐道分为型钢组合罐道、整体轧制罐道、木罐道等，刚性罐道类型及性能见表 9-261。

b 罐道的布置形式

按提升容器与罐道位置的关系，将罐道分为双侧布置、单侧布置、端面布置和对角布置四种。各种布置形式的比较见表 9-262。

表 9-261 刚性罐道类型及性能

罐道类型	规格	材料特点	适用条件	适用罐道梁层距/m
木罐道	矩形断面，160mm×180mm，每根长 6m	易腐朽、使用年限不长，宜先进行防腐处理	井筒有侵蚀性水，或中小型金属矿山	2
型钢组合罐道	由槽钢或角钢焊接而成	抵抗侧向弯曲和扭转阻力大，罐道刚性增加	配合弹性胶轮滚动罐耳，运行平稳磨损小	
整体轧制罐道	方形钢管罐道	具有型钢组合罐道的优点，并胜过其性能，自重轻，寿命长	用于提升终端荷载和提升速度大的井中	
钢-玻璃钢复合罐道	矩形断面，180mm×180mm，200mm×200mm，内衬钢芯厚度不宜小于 6mm，外包玻璃钢厚度不宜小于 4mm	成形误差小、耐腐蚀、使用年限长，并且可根据强度要求选择内衬钢芯的厚度	井筒有侵蚀性水、井筒服务年限长、深井提升	
整体热轧异型钢罐道	国外广泛采用，国内尚在试制阶段	质量小，安装质量高		

注：《金属非金属矿山安全规程》(GB 16423—2006)解释条文，所有新建设的竖井均不允许采用钢轨罐道。

表 9-262 罐道布置形式的比较

布置形式	优缺点比较	适用条件
双侧布置	罐梁数量较多，钢材消耗量较大	平面尺寸长宽比不大的箕斗提升，或采用木罐道的竖井；此形式使用较普遍
单侧布置	比双侧布置用的罐梁少，可节省钢材 30%～50%，安装也比较简单方便；罐道远离提升容器旋转中心，限制提升容器摆动，因而运行平稳，提升速度快，可达到 15～20m/s；井筒通风有效断面大，通风阻力小；可下放大件设备，不受两罐笼间距限制	提升容器罐耳需抱住罐道，以免提升容器掉道，故仅适用钢轨罐道，平面尺寸长度较大的罐笼使用较为适宜；此方式在开滦、淮北等矿区用得较多
端面布置	布置简单，节省材料，提升容器运行平稳；井口和井下进出车处，需取消端面罐道，改为四角(或双侧)罐道，使该处钢结构复杂化	通过进出车水平四角罐道时提升速度要降低，因而不适宜于多水平提升的井筒；此方法抚顺矿区使用较久
对角布置	层格结构最稳定，罐道位置理想；通风阻力小，节省钢材	适用于重荷载，高速度提升的大深井，前苏联矿山使用

c 罐道梁

罐道梁(简称罐梁)用来固定井筒内的罐道。各层罐梁的层间距按罐道标准长度确定，常用的材料为金属罐梁，也有用钢筋混凝土罐梁的，但其断面较大，使用上受到限制。中小型金属矿山方井中，个别也有采用木罐道。

d 罐道梁的布置形式

罐道梁的布置形式可采用简支梁或悬臂梁(图 9-401)。简支梁具有结构简单、安装方便、受力条件好等优点，但材料消耗及通风阻力大。在条件允许时宜采用悬臂罐道梁，悬臂罐道梁具有构件小、节省钢材、井筒通风阻力小等优点，但结构受力性能差，所用悬臂长度一般不宜超过 700mm，而且这种结构对井壁质量要求高，安装要求精确，维修较困难。

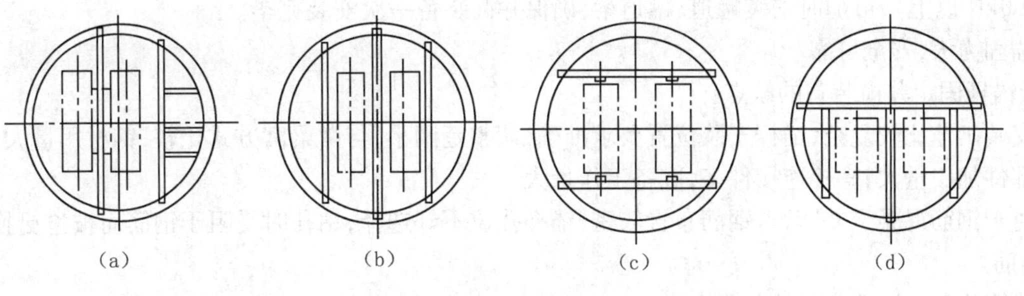

(a) (b) (c) (d)

图 9-401 常见的罐道梁布置形式

(a)～(c)通梁式；(d)“Ⅲ”型式

e 罐道梁的固定方式

井筒中各种梁与井壁固定方式,宜采用梁端埋入井壁、井壁内预埋钢板、锚杆固定罐道梁三种固定方式。一般情况下,应优先采用树脂锚杆固定方式。当井筒处于不稳定含水层内时,为保证井壁强度和整体性,防止井壁漏水,该段井筒内不应采用梁窝固定罐道。

(1) 梁端埋入井壁的固定方式。这种固定方式是将罐道梁两端均插入预留或现凿的梁窝内,待罐道梁找正定位后,再用混凝土将梁窝充填密实。罐道梁插入井壁的深度不应超过单层井壁厚度的3/5,双层井壁不应超过内层井壁的4/5或罐道梁高度,一般为300~500mm。这种固定方式的主要缺点是:

1) 梁窝数量多、费工、劳动强度大,且不宜按设计要求准确预留。

2) 不利于井壁的完整性、影响井壁强度、不宜保证梁窝的充填质量而引起井壁漏水。

3) 不利于滑模施工、影响建井工期。

(2) 井壁内预埋钢板。预埋钢板一般在井筒表土冻结法施工的预制井壁中,用于固定罐道梁(或罐道),它是在砌壁同时,将钢板(在钢板一面焊有生根钢筋)按设计要求位置设在井壁内,在进行井筒装备时,再将罐道梁托架焊接在预埋钢板上。根据托架与罐道的相对位置,有平行和斜交两种形式。

优点:

1) 不留梁窝、不打锚杆、不切断钢筋、不影响井壁强度,有利于保证井壁的完整性和封水性能。

2) 安装罐道梁托架时调整位置比较方便。

缺点:

1) 冻结井筒预埋钢板施工比较麻烦,不利于滑模施工,预埋时难于达到设计要求的准确位置。

2) 钻井井筒由于漂浮下沉井壁后易引起预埋钢板位置偏移,给罐道安装带来困难。

3) 钢材消耗量大、构件节点复杂、安装时焊接工程量大,在淋水大的井筒,焊接尤为困难,并影响施工质量。

4) 焊接时温度较高,产生内应力,钢板容易变形而不宜矫正。

(3) 锚杆固定罐道梁,可分为砂浆锚杆固定、树脂锚杆固定两种方式。

1) 砂浆锚杆固定罐道梁。这种固定方式是将罐道梁的端头用螺栓和U形卡连接在三块角钢连接板上(两块垂直、一块水平角钢),角钢连接板用4根ϕ22或25mm,长400mm的倒楔砂浆锚杆固定在井壁上。实践证明普通砂浆锚杆固定罐道梁是可行的。

2) 树脂锚杆固定罐道梁。树脂锚杆固定井筒装备是用凝固快、锚固力大的树脂锚杆把托架(俗称牛腿)固定在井壁上,然后再在托架上固定罐道梁(或罐道),托架与井壁之间的空隙用树脂胶泥充填,保证结合严实。树脂锚杆固定罐道梁托架如图9-402所示,树脂锚杆固定罐道托架如图9-403所示。

树脂锚杆固定井筒装备的优点:

① 不打梁窝、不破坏井壁、不影响井壁强度,保证了井壁的完整性,消除了凿梁窝可能引起井壁漏水的隐患,特别是穿过第四系表土层、含水砂层井筒的井壁,更具有重要意义。

② 安装操作简单、减轻劳动强度,改善作业条件,提高工效,加快井筒施工安装速度,缩短建井工期,有利于滑模施工,保证井壁质量。

③ 采用树脂锚杆固定方式,能在短时间内即可承受很大的荷载(一般安装后5~10min固化,经1h后锚固力达100kN以上),可随时安装罐道、罐道梁,确保井筒装备一次安装完毕。

④ 锚固力大,安全可靠。

树脂锚杆固定井筒装备的缺点:

① 安装工艺比较复杂,锚杆安装位置要求准确,调整范围小,与凿梁窝方式比较,钢材用量大。

② 部件加工量大,螺栓连接件多,准备工作量大。

③ 对于钢筋混凝土井壁,若钢筋布置较密,锚杆孔位不好选择,钻孔时受阻于钢筋而被迫更换锚杆孔位或切断钢筋。

f 井筒装备的构件防腐处理要求

井筒装备的构件必须进行防腐处理。

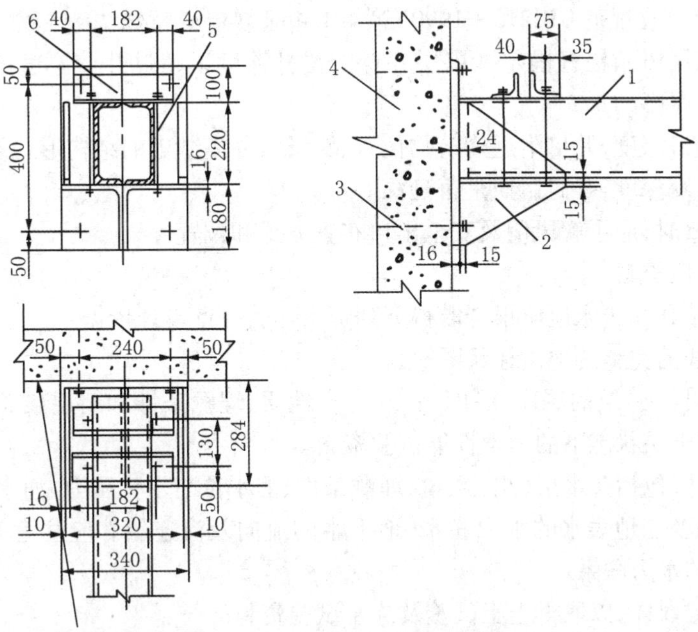

图 9-402 树脂锚杆固定罐道梁托架

1—槽钢组合罐道梁;2—托架;3—树脂锚杆;4—混凝土井壁;

5—罐道梁与托架连接螺栓;6—连接角钢

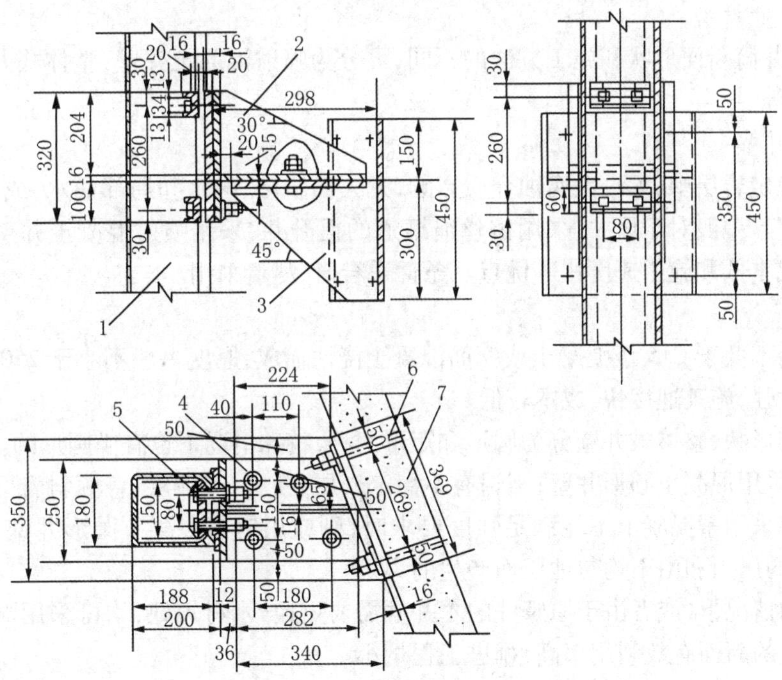

图 9-403 树脂锚杆固定罐道托架

1—球扁钢组合罐道;2—上托架;3—下托架;4—上下托架连接螺栓;

5—上托架与罐道连接螺栓;6—树脂锚杆;7—混凝土井壁

9.14.2.3 竖井井筒支护

井筒施工,必须及时支护。按支护作用可分为临时支护和永久支护两种,以实现不同的目的。按支护位置可分为井颈支护和永久支护。

A 井壁支护设计依据及要求

a 井筒特征及装备情况

(1)井筒特征,包括井筒断面特征、井口标高、装备形式、罐道梁固定方式等。井筒装备应执行国家标准

《矿山井巷工程施工及验收规范 GBJ213—1990》第 4.1.4 条规定:"特殊法施工的井筒,不得预留梁窝或后凿梁窝,井梁的安装应采用树脂锚杆固定。单层井壁的锚杆深度不超过井壁厚度的 3/5,双层井壁的锚杆深度,不应超过内层井壁厚度的 4/5"。

(2) 锁口标高、锁口深度,井口附近构筑物位置及特征,井塔基础的结构形式及其与井筒的关系。

(3) 水窝标高,水窝深度,井筒后期是否延深。

(4) 设计风井井壁时,应了解风硐及安全出口布置方式和位置。

b 地质及水文地质资料

通常由井筒检查钻孔和矿床地质报告取得下列资料作为井壁设计依据:

(1) 沿井筒中心线的完整的地质柱状图。

(2) 井筒通过的岩(土)层的层序、厚度、物理力学性质、埋藏条件和断层破碎带、老空区、溶洞、裂隙的特征,以及松散层典型土层状态下的力学性能试验资料。

(3) 水文地质条件,包括含水层(组)数量、埋藏条件、静水位与水头压力、涌水量、渗透系数、水质(含浸蚀性)、水温、含水层间及与地表水的水力联系、地下水的流向及流速等。应注意是否存在底部含水层及该含水层与其他含水层的水力联系。

(4) 松散层应分层取样,以取得土工试验及冻土试验资料。

(5) 明确基岩风化带的起止标高及导水情况、裂隙发育程度等;掌握风化带以下壁座(或整体浇灌段)位置及井筒与井底车场交接处(马头门)位置的岩石抗压、抗拉、抗剪强度等物理力学指标。

(6) 井筒附近地区的地震资料。

B 竖井井筒井壁类型

根据井壁材料、井筒断面形状和施工方法的不同,可分为喷射混凝土井壁、整体式井壁、砌筑式井壁、复合井壁、装配式井壁等。

a 喷射混凝土井壁

在稳定和中等稳定岩层中,无较大腐蚀介质影响,无大面积渗、淋水和局部涌水,或经过处理有效时,可采用喷射混凝土井壁。一般对于风井,采用钢丝绳罐道的提升井,采用喷射混凝土井壁尤其显示出材料消耗少、掘进工程少、成本低和施工速度快等优点。条件适合时,尽量采用。

b 整体式井壁

整体式井壁是用不低于 C15 级混凝土或钢筋混凝土浇注而成,厚度一般不小于 250mm。其特点是强度高,耐火性好,防水性强,施工速度快,成本较低。

根据井筒断面的形状,整体式井壁分为圆形和矩形两种,特殊情况下也有椭圆形的。

在一般情况下,采用混凝土圆形井壁;当遇有不稳定岩层、断层、流沙层、急倾斜岩层以及采用冻结法施工的井筒段或经计算采用素混凝土不能满足强度要求时,则应用钢筋混凝土圆形井壁。其特点是强度高、柔性大、能抵抗较大的压力和由不均匀地压而产生的力矩。

在侧压力不大的情况下,或者由于原竖井的木井框需要更换,木材短缺,均可采用混凝土或钢筋混凝土矩形井壁。矩形井壁的断面有效利用率高,掘进工程量小。

c 砌筑式井壁

砌筑式井壁是用块材加胶结材料砌筑而成,胶结材料通常采用 M7.5 ~ M10 水泥砂浆。砌筑式井壁又可按块材的种类和大小分为料石井壁、混凝土块井壁、砖井壁和大型砌块井壁。

(1) 料石井壁。料石井壁一般取坚硬砂岩、花岗岩或石灰岩,强度等级不低于 MU40,加工成长×宽×高为 300mm×250mm×150mm 或 350mm×250mm×150mm 的五面光的扇形,每块约 40 ~ 50kg。使用这种井壁的优点是便于就地取材,施工简单、节省模板。

(2) 混凝土砌块井壁。混凝土砌块井壁,砌体用 C15 ~ C20 级混凝土预制。当起重设备允许时,可制成大型混凝土砌块,否则,可制成与料石规格相同的混凝土预制块,采用 M100 水泥砂浆做胶结材料。混凝土砌块井壁的强度比料石井壁的低,目前采用较少。

(3) 砖井壁。砖井壁是用红砖加水泥砂浆砌筑而成。由于块小,搬运和砌筑作业劳动强度低,材料来源广,成本低。其缺点是井壁强度低,耐久性差,施工效率低。只适用于服务年限较短的小型矿山。

(4) 大型砌块井壁。大型砌块井壁一般采用不低于 C20 级的混凝土预制而成。根据起重能力,每块质量可达 600 ~ 1800kg。大型砌块井壁便于机械化施工,比其他类型的砌筑式井壁施工效率高,劳动强度低,成本低。总的来说,对于砌筑式井壁,存在着施工速度慢、劳动强度大、成本高和井壁防渗漏性差等缺点。目前应用得越来越少。

d 复合井壁

复合井壁是由两层以上的井壁组合而成,多用于冻结法凿井的永久性支护,也可用于具有膨胀性质的岩层中和较大地应力的岩层中,可以解决由冻结压力、膨胀压力和温度应力等所引起的井壁破坏,以达到防水、高强、可滑动的三方面要求。由于所用材料及其组合形式的不同,复合井壁的类型较多。

e 装配式井壁

(1) 木井壁。木井壁分密集式和间隔式两种井框。密集式多用于穿过比较松散和侧压力较大的地层中的竖井,侧压较小时可用间隔式木井框。间隔式木井框因安设的方式和方向的不同,又分为悬吊式和架立式间隔木井框两种。

木井框结构简单,施工方便,但强度低,防火、防水性能差,仅用于木材来源丰富,服务年限较短的小型矿山。

(2) 弧板井壁。这种井壁是在地面先预制成大块弧板,在井下装配后,进行壁后注浆而成。

大块弧板井壁的优点是由于充填了防水填料,所以防水性能较好,井壁质量得到了保证;若采用机械化安装时,其施工速度快、效率高。缺点是施工技术复杂,制造和安装机械化水平要求高。1953 年我国开始使用,至今采用的仍然很少。

C 井壁支护厚度确定

圆形井壁支护厚度的确定有两种方法:

(1) 通过已确定的井筒地压值进行理论上的计算而求得井壁厚度,但各种地压的计算方法都有其局限性和不完善之处,故根据地压理论计算得到的地压来设计井壁厚度,其结果与实际有较大的出入,只能起参考作用。

(2) 按工程类比法的经验数据来确定井壁厚度,此法应用较多。

整体混凝土井壁厚度的确定方法如下:

(1) 当井筒地压小于 0.1MPa 时,可采用最小构造厚度 $h = 0.2 \sim 0.3\text{m}$。

(2) 当井筒地压为 0.1 ~ 0.15MPa 时,最小构造厚度 h 可用经验式估算:

$$h = 0.07\sqrt{RH} + 14 \tag{9-359}$$

式中 h——最小构造厚度,cm;

R——井筒净半径,cm;

H——井筒全深,cm。

(3) 当井筒地压大于 0.15MPa 时,用厚壁筒理论计算:

$$d = R\sqrt{\frac{[\sigma]}{[\sigma] - 2p_{\max}}} - 1 \tag{9-360}$$

式中 d——井壁厚度,m;

$[\sigma]$——井壁材料的抗压强度设计值,kPa;

$p_{\max}$——作用在井壁上的最大地压值,kPa。

在稳固岩层中,井壁厚度可参考表 9-263 的经验数据选取。初定井壁厚度后,还要对井壁圆环的横向稳定性进行验算,如不能满足稳定性要求,就要调整井壁厚度,以保证井壁的横向稳定性。

D 基岩竖井支护

a 一般基岩井壁厚度的确定

竖井基岩井壁(不包括含水岩层、破碎岩层)的厚度,一般按类比法确定或采用表 9-263 推荐的经验数

表 9-263 基岩井壁厚度经验数值

<table>
<tr><th rowspan="2">井筒直径/m</th><th colspan="4">井壁厚度/mm</th><th rowspan="2">壁后充填厚度/mm</th></tr>
<tr><th>混凝土</th><th>料石</th><th>混凝土砖</th><th>红砖</th></tr>
<tr><td>3.0~4.5</td><td>300</td><td>300~350</td><td>400</td><td>425</td><td rowspan="5">混凝土砖、料石及红砖井壁的壁后充填为100,现浇混凝土为零</td></tr>
<tr><td>4.5~5.0</td><td>300~350</td><td>350~400</td><td>400</td><td>475</td></tr>
<tr><td>5.0~6.0</td><td>350~400</td><td>400~450</td><td>500</td><td>515</td></tr>
<tr><td>6.0~7.0</td><td>400~450</td><td>450~500</td><td>500</td><td>550</td></tr>
<tr><td>7.0~8.0</td><td>450~500</td><td>500</td><td>600</td><td>600</td></tr>
</table>

注:1. 本表厚度不包括壁后充填;

2. 混凝土强度等级不低于 C15;

3. 本表适用 $f=4$ 的岩层。

值。有条件时,也可按有关设计手册推荐的地压公式计算地压,然后设计井壁厚度。

b 深井井筒支护

深井包括千米竖井井筒支护,建议按下述方法估算井壁压力,并结合工程类比进行井壁结构设计。深井基岩中井筒开挖后,在其周围形成塑性破裂区,该区域内岩体易失稳滑动,假定滑动岩体呈圆柱状,滑动岩体的下沉力所产生的侧压力即为井壁侧压力。

若井筒穿过 n 层岩体(第一层为表土及风化带),第 $i(i=2,3,4,\cdots,n)$ 层基岩对井壁的侧压力为:

第 i 层顶压为
$$q_{1i}=Q_{i-1}M_i \tag{9-361a}$$

第 i 层底压为
$$q_{2i}=Q_iM_i \tag{9-361b}$$

式中 M_i——第 i 层岩柱体的侧压力系数,$M_i=\dfrac{1}{1+2\tan^2\phi_i}$;

ϕ_i——第 i 层岩体的内摩擦角;

Q_i——第 i 层岩柱体传递到第 $i+1$ 层岩柱体的垂直压力,MPa;

Q_{i-1}——第 $i-1$ 层岩柱体传递到第 i 层岩柱体的垂直压力,MPa。

E 井筒锚喷支护

锚喷临时支护,必须与光面爆破结合进行,爆破时尽量减少炸药用量。在支护设计中一般应以锚为主进行设计,辅以喷射混凝土或钢筋网喷射混凝土。在井筒围岩变形趋于稳定后,再浇灌混凝土井壁。表 9-264 为竖井锚喷支护参数。

表 9-264 竖井锚喷支护参数 (mm)

<table>
<tr><th colspan="2" rowspan="2">围岩分类</th><th colspan="6">净直径大于 4.5m</th><th colspan="6">净直径小于 4.5m</th></tr>
<tr><th colspan="3">岩层倾角小于 30°</th><th colspan="3">岩层倾角大于 30°</th><th colspan="3">岩层倾角小于 30°</th><th colspan="3">岩层倾角大于 30°</th></tr>
<tr><th rowspan="2">类别</th><th rowspan="2">名称</th><th rowspan="2">喷射混凝土厚度</th><th colspan="2">锚杆</th><th rowspan="2">喷射混凝土厚度</th><th colspan="2">锚杆</th><th rowspan="2">喷射混凝土厚度</th><th colspan="2">锚杆</th><th rowspan="2">喷射混凝土厚度</th><th colspan="2">锚杆</th></tr>
<tr><th>锚深</th><th>间距</th><th>锚深</th><th>间距</th><th>锚深</th><th>间距</th><th>锚深</th><th>间距</th></tr>
<tr><td>Ⅰ</td><td>稳定岩层</td><td>50~100</td><td></td><td></td><td>50~100</td><td></td><td></td><td>50</td><td></td><td></td><td>50</td><td></td><td></td></tr>
<tr><td>Ⅱ</td><td>稳定性较好岩层</td><td>100~150</td><td></td><td></td><td>100~150</td><td>1400~1600</td><td>800~1000</td><td>100</td><td></td><td></td><td>100</td><td>1400</td><td>800~1000</td></tr>
<tr><td>Ⅲ</td><td>中等稳定岩层</td><td>100~150</td><td>1400~1600</td><td>800~1000</td><td>100~150</td><td>1600~1800</td><td>600~800</td><td>100~150</td><td></td><td></td><td>100~150</td><td>1500</td><td>800~1000</td></tr>
<tr><td rowspan="2">Ⅳ</td><td rowspan="2">稳定性较差岩层</td><td rowspan="2">150~200</td><td rowspan="2">1600~1800</td><td rowspan="2">600~800</td><td>150~200</td><td>1600~1800</td><td rowspan="2">600~800</td><td rowspan="2">150~200</td><td rowspan="2">1400~1600</td><td rowspan="2">800~1000</td><td rowspan="2">150~200</td><td rowspan="2">1600~1800</td><td rowspan="2">600~800</td></tr>
<tr><td colspan="2">加金属网</td></tr>
<tr><td rowspan="2">Ⅴ</td><td rowspan="2">不稳定岩层</td><td>150~200</td><td>1600~1800</td><td rowspan="2">600~800</td><td>200</td><td>1600~1800</td><td rowspan="2">600</td><td>150~200</td><td>1600~1800</td><td rowspan="2">600~800</td><td>150~200</td><td>1600~1800</td><td rowspan="2">600~800</td></tr>
<tr><td colspan="2">加金属网</td><td colspan="2">加金属网</td><td colspan="2">加金属网</td><td colspan="2">加金属网</td></tr>
</table>

F 壁座

a 壁座的位置

(1) 井筒通过表土层进入完整基岩后,需设生根壁座。生根壁座主要起承托井筒重量的作用。

(2) 马头门开凿,使其上部井壁呈部分悬空状态,故需在马头门上方 5~10m 处设壁座。有的学者认为井壁支护与围岩形成一个紧密的整体，支护与围岩的抗剪强度，大大超过了井壁自重，足以支承井壁自重，故马头门上方壁座视需要而定。

(3) 预计要延深井筒的井底水窝下部，设壁座。

b 壁座的形式

壁座的形式比较多，图 9-404 所示为常见的几种壁座结构形式。德国多采用多边形或近似矩形壁座，加拿大和波兰有的采用复双锥形，我国多采用单锥形。

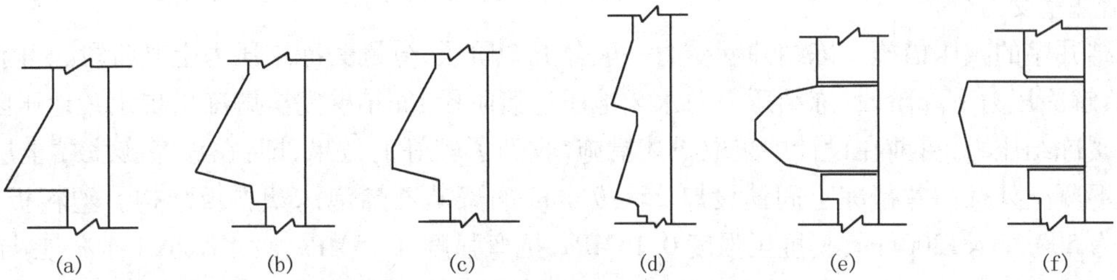

图 9-404 壁座结构形式

(a)单锥形；(b)，(c)双锥形；(d)复双锥形；(e)对称多边形；(f)矩形

c 壁座尺寸的确定

设计壁座尺寸时，其原则是假定井壁与围岩完全没有黏结力，井壁重量全部由壁座底面传给围岩。由此可根据壁座底面传给围岩单位面积上的荷载等于岩石的允许承压力而得出壁座宽度 b(图 9-405)。将壁座视为受均布荷载围岩反力的悬臂梁，从而得出壁座高度 h。

双锥形壁座作用于围岩的压力比单锥形壁座为小，而承载能力较大。因此，双锥形壁座以用在较软弱围岩中为宜。

壁座尺寸也可根据实践经验确定。一般壁座高度不小于壁厚的 2.5 倍，宽度不小于壁厚的 1.5 倍，通常壁座高度 $h=1\sim1.5\text{m}$，宽度 $b=0.4\sim1.2\text{m}$，圆锥角 α 为 40°左右。双锥形壁座的 β 角必须小于壁座与围岩间的静摩擦角 ϕ($\phi=20°\sim30°$)，以保证壁座不致向井内滑动。

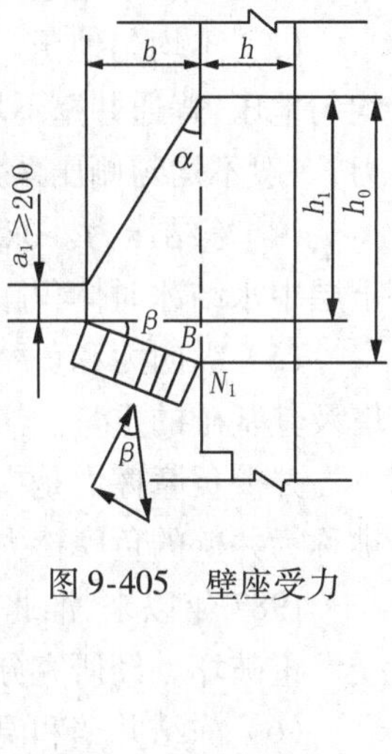

图 9-405 壁座受力

G 梁窝

竖井井筒的井梁固定方式虽然大都已由梁窝埋入式固定改为锚杆固定式，但是部分受力大的井梁(如井下过卷防撞梁、支管梁等)仍采用梁窝固定。

H 冻结法施工的井筒支护

冻结法凿井是将含水土体利用人工设置的冻结管，带走土体中热量从而形成强度高密封性好的冻土，起到承受荷载和密封防水的作用。

冻结法凿井是目前国内外穿过深厚含水层所采用的主要特殊施工方法之一，我国自 1955 年首次采用冻结法建成开滦林西风井以来，目前冻结法在全国的井建工程中已经得到普遍的应用。

a 冻结深度及壁座位置的选择

(1) 冻结深度的确定。

1) 冻结深度必须穿过风化基岩，深入不透水的稳定岩层 10m 以上；

2) 若基岩风化带裂隙发育，且风化带以下基岩破碎，富水性强或有断层及断层破碎带时，冻结深度应穿过破碎基岩；

3) 距离风化带 30m 左右及 30m 以内的含水基岩岩层，应与松散层一起冻结，并宜采用差异冻结法施工；

4) 应兼顾冻结段支护设计深度，冻结深度必须大于表土段井壁支护深度。

(2) 壁座(或内外壁整体浇筑段)位置的选择。近年来，为了减少冻结孔圈径和冻结厚度，不再采用传统的冻结壁座形式，而在壁座位置将内、外层井壁间的夹层取消，改为整体浇筑。整体浇筑段位置或设置壁座位置应按下列原则确定：

1）壁座（或整体浇筑段）必须设在坚硬稳定岩层中，避免设置在破碎带和断层附近；

2）壁座（或整体浇筑段）底部应比井筒的冻结深度浅5～8m；

3）壁座（或整体浇筑段）尽可能设在基岩浅部，使壁座真正承托井筒重量，同时减少冻结段的井壁深度，节省材料，加快施工进度，减少建井费用。

b 冻结井壁受力分析

(1) 冻结井壁的减压措施。冻结井壁受力一般分五个阶段，分别为冻结压力上升阶段、套内壁时压力变化阶段、自然解冻压力下降阶段、冻结压力向永久地压过渡阶段、冻结壁完全解冻出现永久地压阶段。

为了减缓冻结压力，目前在设计中采取下述措施，收到了较好的效果，即：在深厚膨胀黏土层里，广泛采用现浇钢筋混凝土外壁与井帮冻土间铺设厚25～75mm的聚苯乙烯泡沫塑料板结构。塑料板单层厚度为25mm，尺寸为500mm×1200mm，其抗压强度0.15MPa，抗弯强度0.15MPa，吸水率小于1%，热导率0.035～0.046W/(m·K)。

(2) 地压。冻结井壁和其他井壁一样，永久荷载主要是地压。普通井壁地压计算模型同样适合冻结井壁。对流砂层常用重液公式（$P = 1.3\gamma_0 H$）计算，对黏土层固结、黏土层居多的井筒常用秦氏公式。

(3) 不均匀地压。岩层特性、井筒围岩的破碎，以及冻结法施工，均可出现不均匀地压。对于前两种不均匀地压，普通井壁不均匀地压计算模型同样适合冻结井壁。由于冻结法施工有可能造成较大的不均匀压力，一般不均匀侧压系数β取0.2～0.3进行井壁的强度验算。

(4)冻结压力。冻结施工期间，冻结壁作用于井壁上的侧压力称为冻结压力，它是由土层的原始应力、土层中水结冰时体积膨胀、黏土吸湿后体积膨胀以及冻土的蠕变等因素构成。其值一般采用经验公式计算。

(5) 纵向力和负摩擦力。井壁纵向作用力包括：井壁自重、井筒装备的重量以及直接支承在井筒上的井塔及其基础的重量。

井壁负摩擦力是指由于地层疏水、土体压实，致使地层对于井壁作相对运动而产生的摩擦力，该摩擦力被称为井壁的负摩擦力。

1987年以来，淮北、大屯、兖州等矿区先后20多个采用冻结法施工的井筒，在表土与基岩交界面上下遭受严重破坏。经研究分析，认为破坏的主要原因为井壁负摩擦力。

(6) 冻结井壁和温度应力。钢筋混凝土井壁在施工期间，温度变化较大，内外壁面温差10～20℃，而水化热升温至降温的温差更大，有时达到30～40℃；井壁解冻后，井壁温度升高，按回升至地层温度计，井壁的平均温度变化也在20～30℃；在井筒生产期间，随着季节的变化，进风井风流温度的变化也在20～30℃；这些温度差异必然产生井壁结构自身的温度应力和外界对井壁的约束温度应力。实测资料说明内层井壁竖向钢筋受拉，井壁有时出现环向裂缝，而不冻结的井壁裂缝极少见，这是温度应力作用引起的结果。温度应力是导致混凝土井壁破裂的主要原因之一。

(7) 基岩交界面剪力及纵向弯矩。井筒受到的均匀外荷载沿环向轴对称，沿纵向随着深度增加而增大，至松散层与基岩交界处达到最大值。井筒进入基岩，围岩压力突然减小并趋于零。井壁受到外力作用则产生径向位移，且位移与外力大小有关，基岩中的位移近似为零。在松散层与基岩交界处，为满足变形连续条件，基岩段井壁对表土段井壁形成了一种约束，从而产生应力集中现象，在该部位出现剪力及纵向弯矩。

冻结井井筒一般为厚壁筒，按弹性地基梁理论，可得出基岩交界面处纵向弯矩和剪力。

c 冻结法施工的钢筋混凝土井壁

冻结法凿井井壁，除复合井壁、临时井壁和近年试验采用的素混凝土井壁外，一般都采用钢筋混凝土井壁。它可分为单层和双层两大类型。

双层井壁的施工，外层井壁自上而下短段掘砌，内层井壁自下而上一次浇筑；单层井壁的施工自上而下分段浇筑，其强度必须承受永久地压，同时还必须承受冻结压力，单层井壁一般在松散层较浅的井筒中使用。单层井壁的设计计算与双层井壁整体共同承担永久地压的计算方法相同。

d 复合井壁

复合井壁是指由不同材料、不同性能、不同功用的两层以上构筑物组成的复合体,起到联合支护围岩的作用,其主要使用材料有:塑料防水板、钢板、铸铁与铸钢丘宾块、沥青等,复合井壁是满足防水、高强、可滑动等要求的井壁结构形式,20 世纪 80 年代以来,根据国情和借鉴国外技术,国内研制成功的塑料夹层复合井壁,已在井筒防裂防漏水方面取得了进展,得到了推广应用。复合井壁的组合类型如图 9-406 所示。

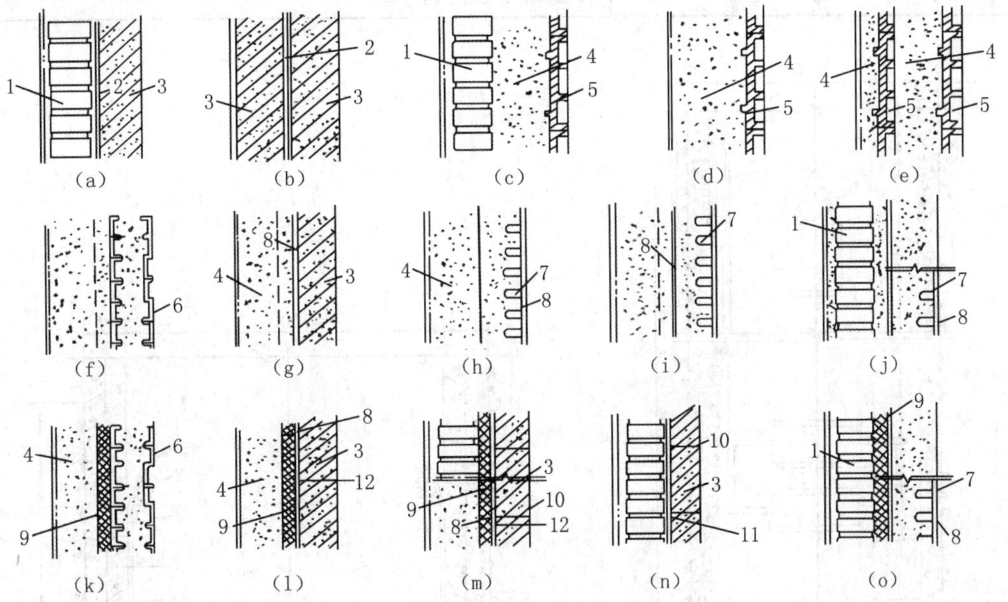

图 9-406 复合井壁的组合类型

1—预制砌块;2—塑料混凝土;3—钢筋混凝土;4—混凝土;5—铸钢丘宾块;6—组合型钢;7—锚拉环;8—钢板;9—沥青;10—柔性环垫层;11—柔性密封环;12—涂层沥青

9.14.2.4 竖井普通法施工

竖井施工方法有普通法和特殊凿井法。

A 表土施工

表土层的工程地质和水文地质一般都比较复杂,稳定性很差,同时,井口又直接承受上部建(构)筑的荷载,压力大,要求高,难度大。

a 施工方法

对于稳定性好的表土层,如黏土层、无水的多孔性土层、含水不大的卵石和砾石层等,其施工方法见表 9-265。三种方法施工示意图如图 9-407 ~ 图 9-409 所示。

表 9-265 表土普通施工方法种类

种类	井圈背板施工法	吊挂井壁法	吊挂井壁与斜板桩综合法
图示	图 9-407	图 9-408	图 9-409
施工特点	(1)每下掘 0.5 ~ 1.0m 后,用井圈背板作临时支护,空帮距不大于 0.8 ~ 1.5m; (2)大段高(20 ~ 40m)掘砌交替作业,在同一段高内,先上后下掘进,后自下而上砌永久井壁,土层稳定性稍差可缩短到 0.5 ~ 6m; (3)为避免井帮受水浸泡丧失稳定性,在工作面中央挖掘超前小井进行排水; (4)可一次竖立凿井井架	(1)自上而下短掘短砌,不用临时支护; (2)段高小,一般为 1m 左右; (3)各段井壁内,均设有吊挂钢筋,用以承担下段井壁的重量;可按轴心受拉构件计算; (4)常与工作面降低水位法配合施工; (5)通过表土层后,为提高井壁整体性,常需自下而上复壁;但也有吊挂井壁作永久井壁的	(1)吊挂井壁法是基本的施工方法; (2)局部遇支流砂或淤泥层时,采用斜板桩法强行通过; (3)必须采用工作面超前小井降低水位法配合施工
主要优缺点	(1)提升能力大,可用凿井设备施工; (2)掘进速度快,工期短; (3)施工准备期长; (4)井口荷重大	(1)工作条件好,施工较安全可靠; (2)工序简单、便于操作,速度较快; (3)井口布置简单; (4)井壁接茬多,整体性差;钢材消耗量大,掘砌工序交换频繁	(1)较其他特殊凿井法工作简单、准备期短且施工成本低; (2)板桩接茬不易严密,易产生漏砂、漏泥; (3)板桩回收率低,钢材、木材消耗量大

续表 9-265

种类	井圈背板施工法	吊挂井壁法	吊挂井壁与斜板桩综合法
图示	图 9-407	图 9-408	图 9-409
适用条件	主要为黏土的砂质黏土层，土层结构均匀，压缩性低，抗压强度大于 0.25MPa，孔隙率小，塑性大，且涌水量小于 $10m^3/h$ 的稳定表土层	稳定性稍差的松软表土层，渗透系数不小于 5m/d，流动性小，水压小于 0.2MPa，厚度不大的砂层，涌水量不大于 $30m^3/h$ 卵石层，以及风化层基岩带	在稳定表土层中，在表土层浅部（小于 20m）有局部厚度不大，水压较小的流砂或淤泥夹层时

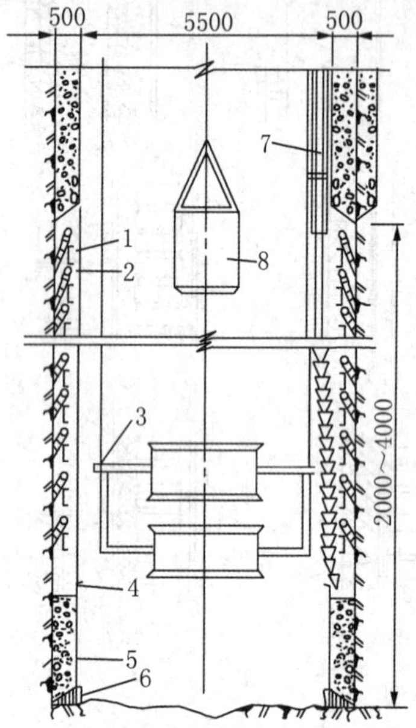

图 9-407 井圈背板施工

—井圈；2—反鱼鳞背板；3—砌壁井圈；4—钢筋棒；5—模板；6—垫木；7—溜灰管；8—吊桶

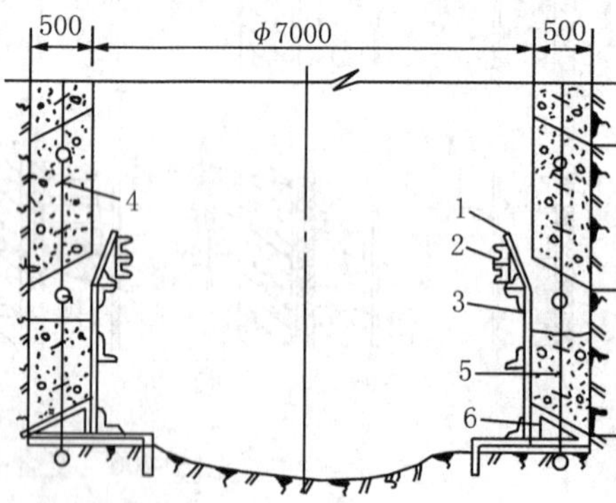

图 9-408 吊挂井壁施工

1—接茬板；2—井圈；3—金属模板；4—钢筋棒；5—吊挂钢筋；6—托盘

对于不稳定表土层，如含水较多的卵石、砾石层及砂土层、淤泥层，含饱和水的黏土层，浸水的多孔性土及膨胀土、流沙层等，宜采用特殊施工法。

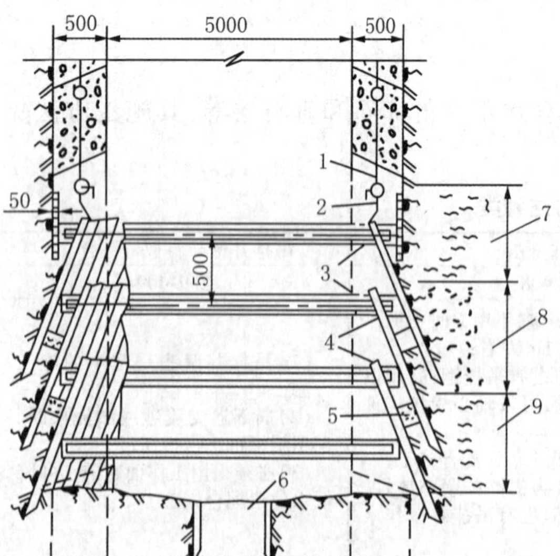

图 9-409 吊挂井壁与斜板桩综合施工

1—预留钢筋钩子；2—挂钩；3—导向圈；4—斜板桩；5—垫木；6—超前小井；7，9—稳定表土；8—流砂

b 井颈锁口

表土施工前，需砌筑锁口，锁口的作用是固定井筒位置，吊挂临时井圈或钢筋，封闭井口，安装井盖，防止地面水流入井筒。

锁口分锁口圈和锁口框两部分。锁口圈即井颈上部的井壁，深度达到当地冻结线以下，一般为 2～4m。它起维护井帮、固定井位作用。锁口圈有永久和临时两种。锁口框作吊挂临时井圈、封闭井筒之用，目前多用钢梁和井圈构成的钢结构锁口框。

c 提升方式

表土施工的提升方式见表 9-266。

d 施工程序

（1）测定井筒中心、埋设“十字标志”。

（2）下挖 2～4m，砌锁口圈，架锁口框，安设井盖。

（3）掘砌井颈与表土段，按图纸留出通道孔口，厚表土则分段掘砌，直至基岩内 3～4m。

表 9-266 表土施工的提升方式

提升方式和机具	主要优缺点	适用条件
直接利用凿井井架和提升设备	提升能力大,应尽量采用	表土稳定、抗压强度大于 0.25MPa
汽车起重机和 0.5 ~ 1.0m^3 的吊桶	不立井架、井口布置简单,使用灵活;但提升能力小,钢绳摆动大	不超过 25m 深的浅表土,井筒掘进直径 4 ~ 6m,涌水量小于 6m^3/h
三脚架和 1.0m^3 吊桶、慢速绞车	三脚架结构简单,操作容易;但稳定性差,提升能力小	同上,但三脚架可适用表土深不大于 100m,涌水量不大于 30m^3/h
龙门架和 1.5 ~ 2.0m^3 吊桶绞车(有单龙门架和双龙门架)	结构较简单,可复用;提升能力较大,并可安设稳绳和天轮;稳定性较差、过卷高度不足	井筒掘进直径 4 ~ 7m,表土深度不大于 100m,涌水量不大于 30m^3/h
双梁直轨式简易井架,大抓斗提升	提升能力较大;上下人员需另设提升系统,安全性差	井筒掘进直径 4 ~ 7m,表土深度不大于 60m,涌水量不大于 30m^3/h

(4) 下掘 30 ~ 40m 后,可安设吊盘,进行提升、悬吊等辅助设施安装,然后转入井筒掘砌施工。

B 竖井施工作业方式

竖井施工时,通常将井筒全深划分为若干个井段,自上而下逐段施工。段高主要取决于井筒的围岩稳定程度、涌水量、施工设备等条件,一般分为 2 ~ 6m(短段)或 30 ~ 60m(长段)进行施工。常用的施工作业方式见表 9-267。

表 9-267 竖井施工作业方式

作业方式		主要特点	优缺点	使用条件
单行作业	长段平行	(1) 掘砌同段、交替反向作业,段高 30 ~ 60m,可达 100m; (2) 用井圈背板或锚喷支护作临时支护; (3) 在吊盘上砌永久井壁	(1) 工作简单; (2) 需用设备少,布置简单; (3) 使用条件不受井深、井颈限制; (4) 掘砌互相干扰少,但砌壁占施工工期	在净径不大于 5m、井深不大于 400m 时效果好
	短段单行或混合作业	(1) 掘砌同段,在同一循环内顺序作业或混合作业; (2) 段高 2 ~ 6m,可达 10m,应与模板高度一致; (3) 不用临时支护; (4) 一般在岩堆上砌筑永久井壁; (5) 可一掘一砌(喷)或二掘一砌(喷),或三掘一砌(喷)	(1) 工作简单; (2) 需用设备少,布置简单; (3) 使用条件不受井深、井颈限制; (4) 掘砌互相干扰少,但砌壁占施工工期; (5) 围岩暴露时间短,施工安全; (6) 无需临时支护; (7) 井壁接茬多,封水性差; (8) 节省了掘砌转换时的集中排水和清底时间及吊盘、管路的反复起落时间,但掘砌交替频繁	(1) 井深和井径不限,中等及不稳定的软岩层; (2) 广东凡口铅锌矿新副井采用短掘短砌单行作业,月成井 120.1m
平行作业	长段平行	(1) 掘砌异段,同时反向或同向作业; (2) 段高 50 ~ 60m,掘砌工作面间最大距离 100 ~ 120m; (3) 下段在稳绳盘保护下掘进,用井圈背板或锚喷作临时支护; (4) 上段在吊盘上自上而下砌壁,也可自下而上砌壁	(1) 砌壁不单独占用施工期,加快成井速度; (2) 比单行作业提高 15% ~ 35%; (3) 井壁接茬少,整体性和封水好; (4) 设备布置较复杂; (5) 吊桶通过吊盘、稳绳盘要两次减速,不利于绞车司机操作	(1) 基岩段井深 400m 以上,井筒净径大于 5.5m; (2) 岩层稳定,井筒涌水量小
	短段平行	(1) 掘砌异段,同时同向作业; (2) 砌壁在多层吊盘上自上而下进行; (3) 砌壁段距离与掘进循环进尺相适应,一般为 3 ~ 6m; (4) 用柔性掩护网、刚性掩护筒或锚喷支护作临时支护	(1) 掘砌机械化程度高,砌壁不占工期,速度快; (2) 掘砌工作易协调,临时支护简化; (3) 井筒接茬多,整体性和封水性差; (4) 设备布置较复杂,爆破时易将掩护网或掩护筒子卡住	(1) 基岩段井深 400m 以上,井筒净径大于 5.5m; (2) 岩层稳定,无断层破碎带; (3) 井筒涌水量小; (4) 在深井掘进中很有发展前途
顺序作业	掘砌安装顺序作业	(1) 在同一段高内,掘砌安装顺序作业; (2) 段高 30 ~ 40m,可达 40m; (3) 先自上而下掘进,自下而上砌壁,再自上而下安装罐梁,最后在罐梁上自上而下安装罐道和管路	(1) 可利用罐梁卡固定掘进用的管路和设备,将地面悬吊方式改为井内悬吊,从而简化凿井设备,减小井架荷载; (2) 安装不单独占工期,有利于及早转入井底车场和巷道施工; (3) 井筒内管线卡挂后,有效断面增加,有利于提升安全	(1) 井筒深度较大; (2) 岩层稳定,涌水量小,凿井设备不足

续表 9-267

作业方式		主要特点	优缺点	使用条件
一次成井	掘、安、装平行作业	(1)在两个段高内,下段掘进和上段砌壁、安装平行作业,而砌、安则为顺序作业,段高 30~60m; (2)安装自上而下进行	工序转换频繁,施工组织复杂	
	掘、砌、安三平行作业	在深井施工中,掘砌短段平行作业,安装则在吊盘上同时进行		
	掘、砌、安混合作业	(1)在采用短段掘砌混合作业的同时,利用吊盘的上盘进行井筒安装 (2)段高 2~6m		
反井刷大分段多头作业		(1)先将巷道掘到未来井筒的下面,自下而上打小反井,而后自上而下刷大井筒; (2)井筒分成若干段,进行多头平行作业,但各段工序可错开,掘进方式也可不同	(1)可充分利用矿山工人打反井的经验,井筒刷大时,不需抓岩和排水设备,爆破和通风容易,因此所需凿井设备少、速度快、成本低; (2)多头平行,可缩短建井工期	在深井中,几个中段水平上有巷道,可提前通至井筒位置的条件下

C 基岩掘进工艺

基岩掘进的工序主要包括:凿岩、装药爆破、通风、清扫吊盘和临时井圈、排水、装岩清底、提升、支护等。

a 凿岩

炮孔深度小于 1.5~2m 时,采用手持式凿岩机凿岩;孔深在 2m 以上时,可采用 FJH 型环形钻架或 FJD 型伞形钻架和手持式凿岩机凿岩。

钎杆可使用 55 硅锰钼合金成套钎杆。推广整体钎杆。钎头可使用一字形或柱齿形硬质合金活钎头。钎头直径一般为 36~42mm。

工作面使用凿岩机台数,主要根据计划的掘进速度所要求的炮孔深度和凿岩时间来决定。在掘进速度要求不高的小井内,常用 6~8 台。

b 爆破

(1) 爆破器材。爆破器材的选择见表 9-268。

表 9-268 竖井掘进爆破器材的选择

爆破器材名称	品种或规格
炸药	硝化甘油炸药(高寒地区选用耐冻硝化甘油炸药) 乳化炸药 水胶炸药
雷管	国产 8 号毫秒延期电雷管 半秒延期或毫秒延期非电雷管
起爆源	电雷管用 220V 或 380V 交流电源 非电雷管用 220V 交流电源或用起爆器起爆电雷管,电雷管引爆导爆管雷管
爆破电缆	放炮母线,10~18 号铁丝; 吊盘以下的爆破干线,断面 4~6mm² 的电缆; 爆破工作面,断面 10~16mm² 电线

(2) 爆破参数。

1) 炸药消耗量的确定。按规定的炸药消耗量定额(表 9-269)或实际统计数值(表 9-270)确定;有条件时应结合实际岩石条件通过试验确定。

2) 光面爆破的装药量,一般以单位长度装药量计。如陶二矿主井用二号岩石硝铵炸药时,在中硬以上岩石中,孔深 2.5~3.5m,每米炮孔装药量为 150~200g;铜山新大井掘进时,孔深 3~4m,每米炮孔装药量为 300~400g。

3) 炮孔深度。

① 井筒炮孔深度的影响因素是掘进断面尺寸、岩层性质、涌水量大小、凿岩设备、掏槽方式、抓岩设备、

炸药性能等。使用手持式凿岩机时,孔深一般为1.5~3m;使用钻架时,孔深以2.5~5m为宜。使用大抓岩机时,一次爆破岩石量应为抓岩机小时生产能力的3~5倍,以缩短清底时间。使用炸药的性能和可能达到的爆破效率。

表9-269 竖井掘进(原岩)炸药消耗定额 (kg/m^3)

岩石坚固系数f	井筒直径/m								
	4	4.5	5	5.5	6	6.5	7	7.5	8
<3	0.752	0.71	0.68	0.64	0.62	0.61	0.60	0.58	0.57
4~6	1.25	1.17	1.11	1.07	1.05	0.99	0.95	0.92	0.91
6~8	1.63	1.53	1.46	1.41	1.39	1.32	1.28	1.24	1.23
8~10	2.01	1.89	1.8	1.74	1.72	1.65	1.61	1.56	1.55
10~12	2.31	2.2	2.13	2.04	2.0	1.92	1.88	1.81	1.78
12~14	2.6	2.5	2.46	2.34	2.27	2.18	2.14	2.05	2.0
15~20	2.8	2.76	2.78	2.67	2.61	2.83	2.5	2.38	2.3

注:1. 表中数据系指62%硝化甘油炸药消耗量。若用4号岩石抗水硝铵炸药需乘以1.03,3号岩石抗水硝铵炸药需乘以1.13,2号岩石抗水硝铵炸药需乘以1.29。

2. 涌水量调整系数:涌水量不大于$5m^3/h$为1,$5\sim10m^3/h$为1.05,$10\sim20m^3/h$为1.12,$20\sim30m^3/h$为1.15,$30\sim50m^3/h$为1.18,大于$50m^3/h$为1.21。

② 炮孔深度确定。一种是按计划的月掘进速度确定:

$$l = \frac{L}{Nnm\eta} \tag{9-362}$$

式中 l——炮孔平均深度,m;

L——计划月掘进速度,m;

N——月掘进天数,d,锚喷永久支护单行作业取25~27,浇灌混凝土永久支护单行作业取18~20;

n——每日完成循环数;

m——正规循环率,可取0.85~0.90;

η——爆破效率,取0.8~0.85。

另一种是按金属模板高度确定。最好使循环爆破进尺等于金属活动模板高度,或者可为其1/2或1/3。部分井筒使用的炮孔深度见表9-270。

表9-270 部分井筒的爆破参数

井筒名称	掘进断面/m^2	岩石性质	炮孔深度/m	炮孔数目/个	掏槽方式	药包直径/mm	雷管种类	爆破进尺/m	炮孔利用率/%	炸药消耗量/(kg/m^3)
凡口新副井	27.34	石灰岩 f=8~10	2.8	20	锥形	32	毫秒	2.18	81	1.96
铜山新大井	29.22	花岗闪长岩、大理岩 f=4~6、8~10	3~3.8	62	直孔	32	毫秒	平均2.51	75.3	1.67
安庆铜矿副井	29.22	页岩、角页岩、细砂岩	2~2.3	70~95	锥形	32	毫秒、秒差	1.5~1.7	77	3.14
凤凰山新副井	26.4	大理岩f=8~10	4.3~4.5	104	复锥	32	秒差	2.7~3.31	75	2.15
桥头河二号井	26.4	石灰岩f=6~8	1.83	65	锥形	45	毫秒	1.6	87.5	1.97
万年二号井	29.22	细砂岩、砂质泥岩f=4~6	4.2~4.4	56	直孔	32	毫秒	3.86	89	2.28
金山店主井	24.6	f=10~14	1.3	60	锥形	32	毫秒	0.85	70	1.79
金山店西风井	24.6	f=10~14	1.5	64	锥形	32	毫秒	1.11	85	1.75
凡口矿主井	26.4	石灰岩f=8~10	1.3	63	锥形	32	秒差	1.1	85	1.70
程潮西副井	15.48	f=12	2.0	36	锥形	35	秒差	1.74	93	1.22

4）炮孔数目确定。

① 工程类比法。根据岩层性质，井筒断面大小，炸药威力和药包直径分别计算辅助孔和周边孔的数目。一般辅助孔的抵抗线取0.7～0.9m、孔距0.8～1.0m，装药系数0.5～0.7；周边孔的抵抗线（光面层厚度）0.5～0.75m、孔距0.4～0.6m，掏槽孔的数目由掏槽方式确定。其装药系数取0.6～0.8。

②估算法。采用光面爆破时，炮孔数目按下式计算：

$$N = \frac{S_t q}{r} + \frac{\pi(D-2a)}{b} \tag{9-363}$$

式中 N——炮孔个数，个；

S_t——掏槽孔和辅助孔负担的井筒面积，m^2；

r——每米炮孔的装药量，kg；

q——单位体积原岩的炸药消耗量，kg/m^3；

D——井筒掘进直径，m；

a——周边孔到井壁距离，取 $a=0.2m$；

b——周边孔间距，m。

（3）炮孔布置。炮孔布置见表9-271。

表9-271 炮孔布置及其适用条件

掏槽方式	浅孔掏槽		深孔掏槽			
	锥形掏槽	直线掏槽	直线分段	直线龟裂	锥形分段	锥形角柱
炮孔布置图	图9-410	图9-411	图9-412	图9-413	图9-414	图9-415
特点及适用条件	掏槽孔与水平面夹角一般为70°～80°。特点是岩石抛掷高度大，易崩坏设备，多用于坚硬及韧性大的岩层中，炮孔规格较难掌握	掏槽孔圈径与井筒（D）之比：D=3～4.5 m时，为0.35～0.45；D=4.5～6m时，为0.3～0.4；D=6～8m时，为0.2～0.3。特点是岩石抛掷高度小，炮孔规格易掌握，并可以减轻工人抱钻的笨重体力劳动	直孔两段掏槽。深度分别为1.5m和3.2m，圈径为1.2m和1.4m。两圈炮孔数目相同（6个），交错布置。岩石抛掷高度小，炮孔规格易掌握	直孔三段掏槽。深度分别为1.5m、3.2m和4.4m，圈径为1.2m、1.7m和2.2m，孔数分别为3、6、9。炮孔直径为55mm，药包直径45mm的防水炸药	深孔锥形两段掏槽，掏槽孔深5.14m和2.9m。倾角76°和75°，圈径3m和2m。药包直径32mm，10%高威力炸药。岩石抛掷高度大	掏槽孔深3m，圈径1.8m，孔数16个，间隔分两段起爆。倾角分别为75°和85°。岩石抛掷高度大

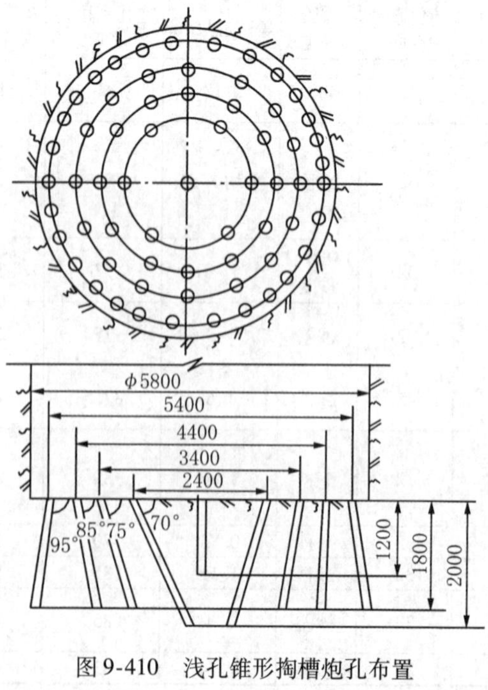

图9-410 浅孔锥形掏槽炮孔布置

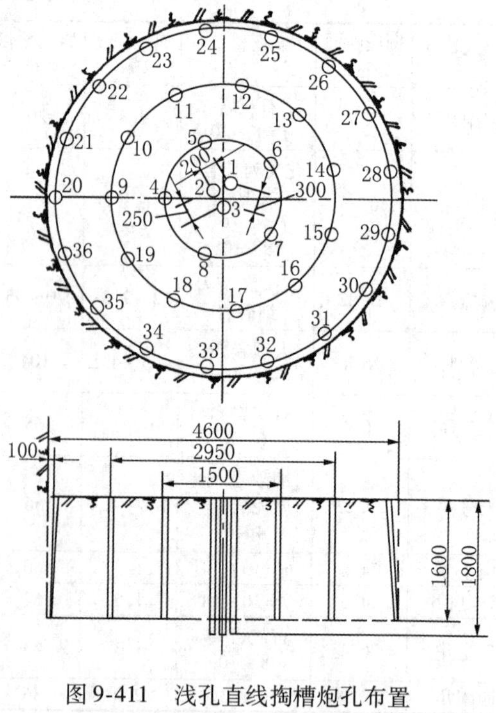

图9-411 浅孔直线掏槽炮孔布置

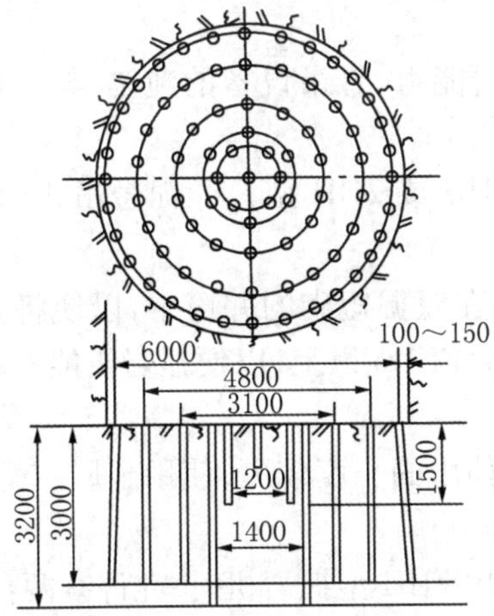

图 9-412 深孔直线分段掏槽炮孔布置

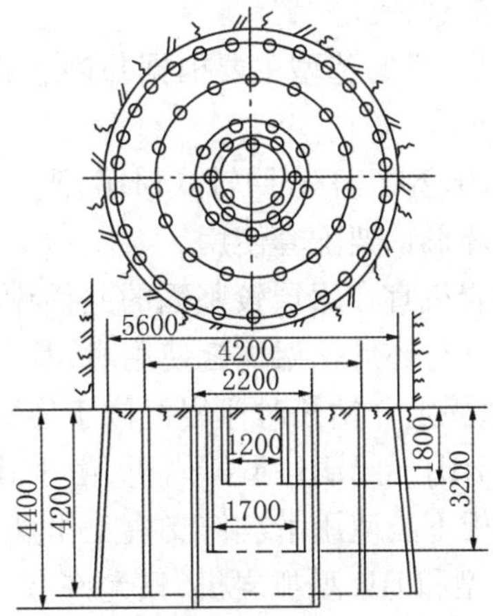

图 9-413 深孔直线龟裂掏槽炮孔布置

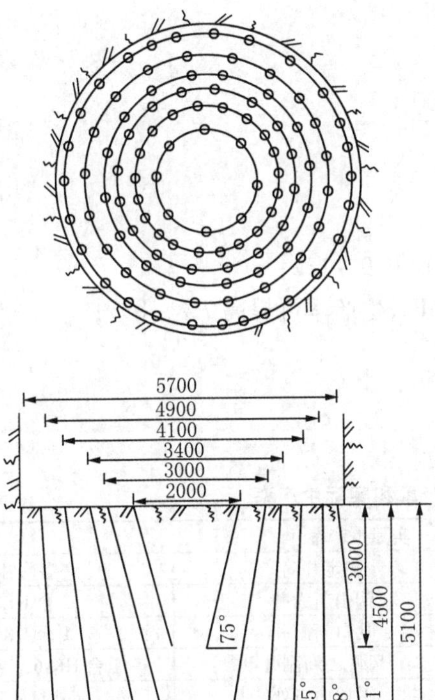

图 9-414 深孔锥形分段掏槽炮孔布置

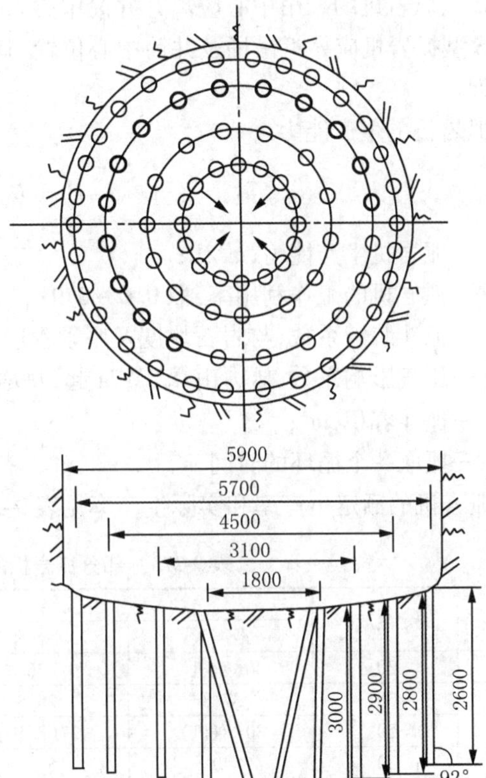

图 9-415 深孔锥形角柱掏槽炮孔布置

(4) 爆破网络。爆破网络的选择见表 9-272。

表 9-272 爆破网络的选择

类 型	并 联 网 络			串并联网络	串联网络
	闭合反向	闭合正向	反向并联		
技术特点	由于闭合反向并联网路电流分布均匀，起爆可靠，竖井爆破多采用	闭合正向并联网路电流分布较均匀，竖井爆破常采用	反向并联网路电流分布较差，但布线简单，竖井爆破也有采用	串并联网络现场采用较少。采用时应注意选择合理的分组数，使每个串联组的线路电阻尽量相近	串联网络在竖井中极少使用。主要是由于竖井炮孔数目多，易发生拒爆事故

c 装岩

在大直径井筒掘进中，应采用机械化程度高的抓岩机。

(1) 抓岩机的选择及配置。

配置要点:抓岩机的选型主要根据井筒直径、要求的抓岩能力、悬吊设备的吨位、与其他配套设备的要求等确定。

1) 靠壁式(HK 型)、中心回转式(HZ 型)、环行轨道式(HH 或 2HH 型)、长绳悬吊式(KS 型)抓岩机均可与伞形钻架或环形钻架配套使用。

2) HK 型抓岩机宜在岩层较坚固的井筒中使用,最好用在短掘短砌的井筒中,以便将其悬挂锚杆预埋在混凝土井壁内。与环形钻架配套使用时,其悬挂点应离开井壁 1m 以上,以便抓岩机能在环形钻架的内面升降,然后再靠壁固定。钻孔时抓岩机位于环形钻架的上面。

3) HZ 型和 HH(或 2HH)型抓岩机,由于其在吊盘下面伸出的长度较大,使用金属装配式模板砌壁时,靠井底的四圈模板不能使用吊盘作支模工作盘。

4) 使用 HZ 型和 HH 型抓岩机,只允许有一台吊泵。使用 2HH 型抓岩机时,允许有两台吊泵。

5) HK 型抓岩机应靠近吊泵布置,其悬吊位置应避开马头门方向,以便开掘马头门。

6) HZ 型抓岩机的悬吊中心应离开井筒中心 650 ~ 700mm,其司机室距工作面以 13 ~ 18m 为宜。

7) HS 型抓岩机应靠近吊桶及井筒中心位置,其悬吊高度以 80 ~ 100m 为宜,超过 100m 时,可在井壁上安设导向架。

(2) 抓岩机的生产能力。

$$P = K_1 K_2 K_3 \frac{3600}{t} V \tag{9-364}$$

式中 P——抓岩机生产能力,m^3/h;

K_1——抓岩机的工作利用率,取 0.6 ~ 0.9;

K_2——抓斗装满系数,与岩石块度及坚硬程度有关,可取 0.9 ~ 1.2;

K_3——压气影响系数,压力由 0.5MPa 起,每增加 0.1MPa,生产率可提高 7% ~ 8%;

V——抓斗容积,m^3;

t——抓取一个循环的时间,s。

部分抓岩机的额定生产率和实际生产率见表 9-273。

表 9-273 部分抓岩机的额定生产率和实际生产率 (m^3/h)

抓岩机型号	额定生产率	实际生产率			
		最 大	平 均	测定井筒	备 注
HK-4	30	46(双机)	36	铜山新大井	2 台 HK-4
HK-4	30	37.8	25.5	凡口新副井	1 台 HK-4
HK-6	50	80(双机)	27(双机)	凤凰山新副井	1 台 HK-6,1 台 HK-4
HZ-4	30	40	16 ~ 20	平顶山二处	工业试验指标
HH-6	50	30 ~ 33	17.8	大屯孔庄副井	1.5m^3 吊桶,一次爆破量 92m^3
HH-6	60	80	48	大厂铜坑矿副井	1 台 HH-6
HS	50	48	35	杏花主井	清底,包括回弹物清理
HS	50	38.03	21.57	万年二号风井(双机)	

d 清底

为减少或消除松动的岩层,使用风枪或高压水吹扫、冲洗工作面,或将岩渣集中在一起再由大抓岩机装入吊桶。

e 提升容器

提升容器包括吊桶、吊桶附属装置(钩头和连接装置、滑架、缓冲器)、临时罐笼等。

(1) 按抓岩机能力计算吊桶容积。吊桶升降一次的循环时间 T_1 应小于或等于一个吊桶的装岩时间,吊桶容积为:

$$V_T = \frac{K A_{zh} T_1}{0.9 \times 3600} \tag{9-365}$$

式中 V_T——吊桶容积,m^3;

K——提升均匀系数,取1.15~1.25;

A_{zh}——抓岩机最大生产能力,多台抓岩机时为总生产能力(松散体积),m^3/h;

0.9——吊桶装满系数;

T_1——吊桶提升一次的循环时间,s。

还要根据提升钢绳允许的最大静张力差进行检验,并满足井筒断面布置要求。

(2)按抓斗容积匹配。为了提高装岩和提升能力,吊桶容积为抓斗容积的4~5倍为最佳。表9-274所列数值为国外吊桶直径与抓斗直径、容积的一般配合尺寸。我国抓岩机的斗容和吊桶的容积建议按表9-275给出的配套选用。

表9-274 吊桶直径与抓斗直径的配合尺寸

吊桶容积/m^3	3.0	3.0	5.5	6.5
吊桶直径/m	1.43	1.6	2.05	2.05
抓斗容积/m^3	0.4	0.65	1.0	1.0
抓斗张开直径/m	1.42	1.6	2.02	2.02

表9-275 抓斗斗容与吊桶容积配套选用建议值

吊桶容积/m^3	1.0	1.5	2.0	3.0
抓斗容积/m^3	0.4	0.4或0.6	0.6	0.6~1.0

f 井筒掘进时的排水和注浆及截水

(1)吊桶排水。当井筒涌水量小于8~10m^3/h,采用气动潜水泵或气动隔膜泵将水排入吊桶,提到地面。

(2)吊泵排水。当井筒涌水量超过吊桶的排水能力时,须设吊泵排水。当井筒排水深度超过吊泵的扬程时,须采用接力排水方式。

(3)预注浆。当井筒涌水量超过400m^3/h,须采用预注浆堵水措施。

(4)截水。井筒掘进时,沿岩帮流下的淋水,可采用吊盘折页挡水,或挡水板截水,将水导至井底排出。沿永久井壁的淋水,可将截住的水集中在水箱或桶中,然后排至地表。

g 通风

爆破后必须及时通风,一般要在10~25min内排除炮烟。通风方式的优缺点及其选择如下:

(1)压入式通风。出风速度大,射程远,冲洗及排出工作面炮烟的能力与降温效果好,使用较多。

(2)抽出式通风。井筒经常处于新风状态,当井壁有淋水时水雾较小;需采用硬质风筒,悬挂重量大;将出现炮烟停滞区,延长炮烟排出时间;不适合用于有瓦斯的掘进工作面。

(3)混合式通风。通风效果好,兼有压入式和抽出式通风的优点;要增加一套通风设备和悬吊设备;适用于大直径的深井掘进。

D 竖井施工机械化作业线

a 机械化作业线的主要形式

(1)以环形钻架、靠壁式抓岩机、锚喷支护为中心的机械化作业线。其优点是凿岩设备简单,成本低;抓岩设备由地面的凿井绞车单独悬挂,靠井壁布置,不依附掘进吊盘,机器吊运、下放、维修方便;工作时抓岩机离工作面较近,司机视野清晰,抓岩机容易对准吊桶。其缺点是围岩松散破碎时,不易固定;凿岩机械化程度低,环形钻架上下不方便。宜于在短段掘砌中使用。

该作业线的主要设备有:环形钻架,12~20台气腿式凿岩机、1~2台靠壁式抓岩机、2~3m^3吊桶、自动翻渣装置、大容积渣仓、锚喷支护设备、激光指向仪、凿井绞车联动同步系统。

在涌水量小于10m^3的情况下,月成井速度可达40~60m。

该作业线在有色冶金系统应用较多。凡口铅锌矿新副井施工,采用这种作业线,曾连续89天成井300.4m,最高月成井达120.1m。

(2) 以环形钻架、环形轨道式抓岩机、金属模板(装配式或整体活动模板)整体浇灌混凝土支护的机械化作业线。

它与第一种的不同在于抓岩机及支护设备。对于井筒要求质量较高的主、副井,岩石松软、破碎、涌水量较大的井筒更为合适。其优点是抓岩机安装在吊盘下层盘上,不需另外的绞车悬吊可简化悬吊设备;支护采用金属模板整体浇灌,井壁光滑,质量较好,其缺点是凿岩机械化程度低,吊盘起落频繁。这种作业线在涌水量不大的情况下,月成井达 30~50m。

在广西大厂铜坑矿副井施工中,采用这种作业线,其井筒直径为 6.5m,最高月成井达 50.5m。

(3) 以伞形钻架、中心回转式抓岩机、锚喷支护或金属活动模板整体浇灌混凝土为中心的机械化作业线。

它的优点是凿岩机械化程度高,钻凿孔不需换钎杆,效率高,操作工人少;抓岩设备固定在吊盘中心,用臂杆的伸缩实现径向移动,以适应能力不同井筒直径,适用范围较广。缺点是吊盘起落频繁,费工费时。这种配套方式的主要设备是:一台 FJD6、FJD9、FJD9A 型伞形钻架、6~9 台 YGZ-70 型独立回转凿岩机、一台 HZ 型中心回转抓岩机、高扬程吊泵、自动翻渣装置、激光测量仪以及其他相应设备。在涌水不大的情况下,月成井速度 40~60m。

这种作业线,煤炭系统应用较多,如淮南潘集 3 号井,采用该作业线施工,最高月成井达 53m。

(4) 以伞形钻架、环形轨道式抓岩机、整体浇灌混凝土(也可锚喷支护)相配套的机械化作业线。这种作业线与第三种的不同在于抓岩机,其优点是抓岩机的受力状况较好,动力单一,安全可靠。缺点是横梁和环形轨道按井筒直径制成,一套设备不能在不同直径的井筒中使用。

该方案首先在东滩副井应用,井深 279m,井筒净径 8m,采用 FJD9 型伞架,配 9 台 YGZ-70 型凿岩机;2HH-6 型轨道式抓岩机、斗容 0.6m^3。主提升用凿井专用提升机,双钩,提 4m^3 吊桶,用喷射混凝土作临时支护。

(5) 以伞形钻架、长绳悬吊大抓斗、锚喷支护或整体浇灌混凝土相配套的机械化作业线。

这种方式主要抓岩设备简单,容易配套,操作维护简便,价格便宜。其缺点是抓岩机的移动靠人工推拉,劳动强度大,装岩效率低。一般不宜与机械化较高的凿井设备配套。

国内部分机械化配套作业线见表 9-276。

表 9-276 国内部分机械化配套情况

矿井名称	作业方式,段高/m	井筒净直径/m	支护材料厚度/mm	井深/m	成井速度/(m/月)	炮孔深度/m	循环时间/h	凿岩设备类型数量	装岩设备类型数量	提升方式,吊桶容积/m^3	模板类型高度/m	吊盘层次	下料方法	翻渣方法	排渣方法
铜山新大井	短喷,一掘一喷	5.5	喷锚 150	313	88.4	4	19.09	环架,YT-24(YT-30)20 台	HK-4 型 2 台	两单钩,2		双	φ76×4 两趟管路	链球式	CA-40 自翻车 2 台
凤凰山新副井	短喷	5.5		612	115.25	4.3~4.5		环架,YT-24、YT-30 20 台	HK-4、HK-6 型各 1 台	两单钩,2		双	φ76×4 两趟管路	链球式	3.5m^3 侧卸式、机车牵引
凡口新副井	短喷,一掘一喷	5.5	喷混 150	509.7	120.1	2.8	12.3	环架,YT-30 20 台	HK-4 型 2 台	双(实际),单钩,1.86		双	一趟管路	链球式	0.75m^3 V 形矿车
南洺河副井	短喷	6.0	喷混	481.22				环架,YT-24 15 台	HK-4 型 2 台	单钩,3.0 单钩,1.5		双	φ150×6 两趟管路	座钩	0.75m^3 翻斗车,1.5t 架线车
大厂东副井	单行,18~21m	6.5	混凝土 350	592	50.5	2.4~3.0		环架,YT-30 18~24 台	HK-6 型,0.11m^3 清底	双钩,单钩,1.5		吊盘,双稳绳	溜灰管	链球	0.75m^3 V 形矿车
万年矿东部风井	短喷 3.6m	5.5	喷混 150	231.2	92	4.2~4.4	26.05	FJD-6 伞架 YGZ-70 钻机	长绳悬吊 0.565 抓斗 2 台	单钩,3.0 单钩,2.0		双	φ159 三趟管路	座钩	8t 自翻汽车

续表 9-276

矿井名称	作业方式,段高/m	井筒净直径/m	支护材料厚度/mm	井深/m	成井速度/(m/月)	炮孔深度/m	循环时间/h	凿岩设备类型数量	装岩设备类型数量	提升方式,吊桶容积/m^3	模板类型高度/m	吊盘层次	下料方法	翻渣方法	排渣方法
九龙口主井	短砌 6m	5.5	混凝土 500	782				FJD-6 伞架	HZ-6 型	双,3.0 单,3.2	液压滑模 1.2	三	吊桶	座钩	8t 自翻汽车
九龙口副井	平行	7.5	混凝土 500	747				TYSJ-6 伞架(日)	HZ-6 型	双 3 单	金属活动模板	四	吊桶	座钩	8t 自翻汽车
东滩主井	顺序			798		4		日本古河伞架	HZ-6 型	双 3 单	液压滑模		吊桶		8t 自翻汽车
东滩副井	平行	8.0		798		3.5		9 机伞架	2HH-6 型	双,3 单,2	液压滑模	五	吊桶		8t 自翻汽车
757 矿	短喷一掘或两掘一喷	5.0	喷混	321	85.3			环架 YT-30 12 台	HK-4 型	2.3				座钩	WH-340 翻斗汽车

E 机械化作业线配套方案选择

选择不同的机械化作业线,所获得的施工速度、工程成本和劳动效率各不相同。

(1) 当井筒净直径 5 ~ 6m,井深 300 ~ 500m 时,如井筒岩层稳定,无较大破碎带时,宜采用靠壁式抓岩机;如井筒岩层破碎,则采用中心回转式或环形轨道式抓岩机比较合适,抓岩机的斗容应根据井筒直径大小决定。凿岩设备的选择:要求机械化程度较高时,采用伞形钻架;反之则以环形钻架为宜。为使配套能力均衡,提升需要两套单钩($2m^3$ 吊桶),方能满足装岩能力,主提升机提升伞架,副提升机仍可正常运行。

(2) 当井筒净直径为 6.5 ~ 7.5m,井筒深度在 500 ~ 700m 时,装岩宜用斗容 $0.6m^3$ 大型抓岩机,也可同时布置 2 台 $0.4m^3$ 靠壁式抓岩机,或采用一台双斗环形轨道抓岩机。必须提高炮孔的深度,并选用 FJD9A 型伞钻。提升采用 $3m^3$ 吊桶双钩一套。井深超过 500m,可用 750m 扬程吊泵排水。

(3) 井筒净直径大于 7.5m,井深超过 700m 时,现有配套设备能力尚显不足。因此,掘进工作分两步进行。第一步,井筒深度 700m 以内,采用两台 $0.6m^3$ 抓岩机,提升仍用 $3m^3$ 吊桶双钩一套。凿井设备仍用 FJD9A 型伞钻,井架采用 V 型井架。在井筒深度大于 700m 时,由于钢丝绳增长,提升能力不足,因此,可适当减小吊桶容积,以满足提升的要求,维持正常生产。

F 井筒支护施工

竖井延深见 9.2.4 节内容。

9.14.2.5 特殊凿井法

在不稳定的含水岩层或含水量大(如大于 $30m^3/h$)的裂隙岩层或破碎带中,预先采用某种特殊的技术措施或科学方法,加固围岩,隔绝地下水源或泥沙,改善施工条件,而后进行施工,或用机械破岩方法钻进井筒,这些施工方法统称特殊凿井法。

特殊凿井施工方法包括:沉井法、冻结法、钻井法、注浆法和帷幕法。

A 沉井法

沉井法是先预制好一段井壁,然后边掘边下沉井壁,在地面相应地接长井壁的一种特殊凿井方法。为了减小沉井阻力,避免井壁偏斜与开裂,除普通沉井法外,还有壁后泥浆淹水沉井与壁后压气沉井法等。

沉井由套井、井壁和刃脚组成。套井即锁口,其净直径大于沉井外径约 1.5m,其作用是保护井口、安设导向装置并储存泥浆等,它在沉井前预先施工。井壁一般即为将来的永久支护,为钢筋混凝土结构,厚 1.0m 左右,它根据下沉能力和强度计算确定。强度设计时,除按永久荷载计算外,还要考虑施工荷载。刃脚的作用是切入土层克服沉井正面阻力;封闭和阻止壁后流砂、泥浆或压气涌入井内。其结构应具有足够的强度,能承受住土层反力、侧压力,遇到大卵石的剪力和局部压力以及突沉时的冲击力等,通常用钢刃脚或钢靴刃脚。

B 冻结法

冻结法是利用制冷剂(常用液氨)气化时吸热的原理来完成的。制冷过程包括以下三大循环:

(1) 氨循环系统。液氨在蒸发器内变成饱和蒸气,同时吸收周围盐水的热量,饱和蒸气氨又被氨压机压缩为过热蒸气,经冷凝器冷却为高压饱和液氨,再通过节流阀减压为低压液氨重新流入蒸发器气化。

(2)盐水循环系统。盐水作冷媒剂。它从蒸发器外部的盐水箱内取得冷量后,用盐水泵排经盐水干管、配液圈和供液管进入各冻结管底部,再沿冻结管和供液管间的环形空间自下而上流动,并吸收管周岩层的热量而使岩层降温冻结,上升的盐水经回液管、集液圈、盐水干管返回冷冻站的盐水箱。

(3)冷却水循环系统。冷凝器中的冷却水需不停地流动,构成循环,把过热氨蒸气的热量带走。冻结壁厚度及冻结孔布置圈直径,是根据在冻结段开挖期保证施工与人身安全计算得到,冻结孔间距取1.2~1.4m。用冻结法施工的永久井壁,由于承受的地压及水压较大,施工条件恶劣,接茬多,因而井壁结构已由浅井时的单层井壁发展成双层井壁、夹层井壁和各种材料组成的复合井壁等。

C 钻井法

(1)钻机。目前应用最广的仍是地面动力转盘型钻机。它由下列部分组成:钻具系统(钻头和钻杆),旋转系统(方钻杆和转盘、转台车),提升系统(钻塔、绞车、复滑轮组和大钩),洗井系统(水龙头、压气排液器、排浆管等)以及辅助设备、工具等。

(2)钻进。根据岩石性质选用合适的破岩刀具,是提高钻进速度、降低成本的关键。表土层应采用刮刀和长齿滚刀钻头,软岩用楔齿滚刀钻头,硬岩用盘形滚刀或球形滚刀钻头。影响钻掘速度的因素除岩性、钻头构造和刀具类型外,还有钻压、转速、洗井程度等因素。

(3)洗井。洗井介质主要有:1)泥浆,任何地质条件下均可采用,它还起临时护壁作用;2)清水,适用于基岩;3)空气泡沫,即将膨润土、洗涤剂的混合液送入压气管内形成泡沫流送至工作面,以增强其携带和冲洗能力。钻井通常采用反循环洗井方式,它由压气排液器驱使洗井液循环流动,从而把岩渣带出工作面。

(4)支护。通常井筒钻进到设计深度和最终直径后进行永久支护,它是在井内充满洗井液的条件下在地面进行的,常用预制管状钢筋混凝土井壁漂浮下沉施工,管状井壁下设封闭的底座,漂浮于洗井液面上,下沉时井壁内适量灌水以控制下沉速度,壁外用压气排浆器不断排浆。随着井壁的下沉,在井口接长井壁。各井壁间用特制法兰盘和螺栓联结。法兰盘外侧焊接并涂防水材料。沉到井底后,进行壁后充填、注浆,以置换泥浆、充填空隙、固定井壁、封闭和隔绝含水层。

D 注浆法

在裂隙含水层或松散的含水砂土层中,注入可凝结的浆液,充塞裂隙堵水或固结沙土,减少涌水,改善作业条件,以便井筒施工。

E 帷幕法

预先在设计井筒周围造成帷幕(多数用混凝土帷幕)的一个圆筒状封闭圈,在其保护下进行井筒施工。

9.14.3 斜井及斜坡道工程

9.14.3.1 斜井工程分类

斜井工程按用途可分为:主斜井、副斜井、混合斜井、通风斜井、管道斜井和充填斜井等。按其提升容器可分为:矿车组(串车)斜井、箕斗斜井、带式输送机斜井、台车斜井、人车斜井及其他斜井。

斜井上口按地面工业广场(盲斜井除外),下连各开拓水平车场巷道。斜井工程可分为井口结构、井筒(身)和井底结构三部分。

斜井工程施工是介于竖井和平巷之间的开挖方式。当斜井倾角小于10°时,可视为水平巷道施工;当倾角大于45°时,可视为竖井施工。

9.14.3.2 斜井施工

(1)斜井铺轨与阶段运输平巷基本相同。台车斜井轨距加大。斜井提升轨道中间应设导轮,导轮可分为固定天轮和游动天轮两种,固定天轮工作可靠维护量小,但由于钢丝绳偏角的要求,使提升机至天轮的距离较远。游动天轮的优点是在允许的钢丝绳偏角下,可减小提升机至天轮的距离,从而减少地面广场所占面积,用到井下,可减少开拓量,一般在井下或小型斜井采用游动天轮。导轮直径的大小应根据钢丝绳的直径以及其在天轮上围包角的大小来确定。

为了避免钢绳与地面和枕木发生摩擦,减少运行阻力,卷扬道上应布设托辊,托辊间距一般取 8 ~ 10m。托辊应当惯量小,耐磨、耐冲击。铸铁托辊惯量大,又不能承受较大的冲击载荷,且耐磨性能差。因此,在提升钢丝绳既粗、绳速又快的卷扬道上,不宜采用铸铁托辊,而以选用胶衬(或废胶带圈)的滚动轴承托辊为好。托辊的布置在无错车道的卷扬道上,为防止提升钢绳的摆动和弹跳,在不妨碍提升容器通行的条件下,尽可能安装高些;而在具有错车道的线路中,托辊的安装高度则应当低些。立辊主要布置于甩车道和错车等处,使钢丝绳沿预定的线路通过道岔和弯道。

(2) 采用箕斗提升时,当箕斗容积为 2.5 ~ 4m^3 时,一般采用设有计量漏斗的闸门装矿,当箕斗容积在 5m^3 以上,或者斜井倾角小,箕斗较长,需移动箕斗才能装满时,可不设计量漏斗,采用闸门直接装矿。采用振动放矿机向箕斗给矿能较好地控制矿流速度,装载均匀,装满系数大,大块通过能力大,特别是矿石含泥多、黏性大时,振动放矿机能较好地解决漏斗堵矿问题。箕斗卸载站由储矿仓及架设在矿仓顶上的箕斗卸载曲轨和储矿仓下部的出矿设备组成。提升钢绳的天轮支架可与卸载矿仓连为一体,也可分开单独布置。当一套斜井箕斗提升设备负担两种矿石提升时,卸载曲轨下面可装设翻板、分配小车等设施来分矿。

(3) 轨道防滑设施及人行道,根据斜井倾角大小不同按相关规定设置。

(4) 管路和电缆等线路,通常敷设在副斜井内,便于检修。管路和电缆铺设要求与巷道相同。斜井其他设施见 9.2.6.3 节。

9.14.3.3 斜井井筒浅部支护

A 斜井井筒浅部地压估算

斜井井颈结构如图 9-416 所示。

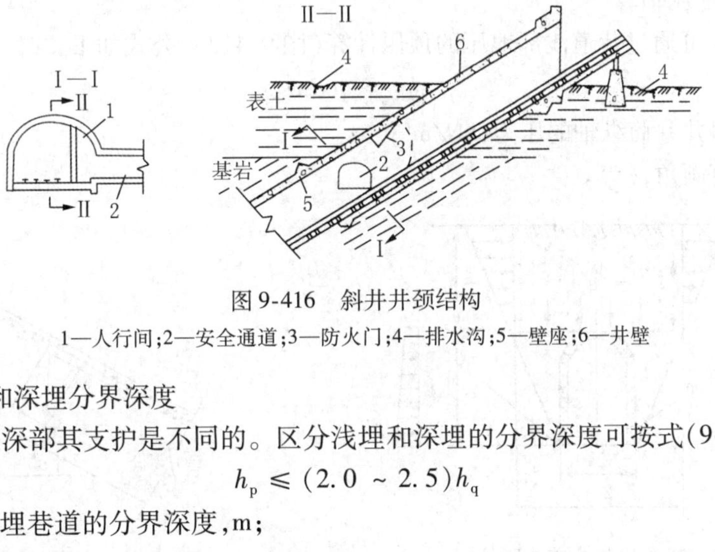

图 9-416 斜井井颈结构

1—人行间;2—安全通道;3—防火门;4—排水沟;5—壁座;6—井壁

a 斜井井筒浅埋和深埋分界深度

斜井井筒的浅部和深部其支护是不同的。区分浅埋和深埋的分界深度可按式(9-366)计算:

$$h_p \leqslant (2.0 \sim 2.5)h_q \tag{9-366}$$

式中 h_p——浅埋与深埋巷道的分界深度,m;

h_q——深埋巷道垂直荷载计算高度(压力拱高),m。

$$h_q = \frac{a}{f} = \frac{a_1}{\tan\varphi} \quad 或 \quad h_q = \frac{a + h_1\tan\left(45° - \dfrac{\varphi}{2}\right)}{\tan\varphi} \tag{9-367}$$

式中 a——巷道掘进宽度之半,m;

a_1——压力拱跨度之半,m;

f——普氏系数;

h_1——巷道掘进高度,m;

φ——围岩内摩擦角,(°)。

h_p 满足式(9-366)为浅埋,否则为深埋(图 9-417)。对于软岩,式(9-366)中系数取 2.5;对于硬岩,取 2.0。巷道浅埋时,不能形成压力拱。

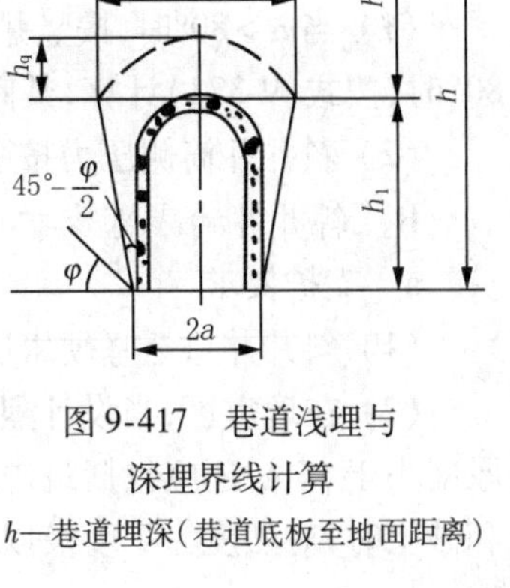

图 9-417 巷道浅埋与深埋界线计算

h—巷道埋深(巷道底板至地面距离)

b 浅部巷道地压估算

浅部巷道顶压估算公式有两个，一个是考虑了滑面阻力；另一个是忽略了滑面阻力，计算结果偏于安全。

考虑滑面阻力顶压估算公式：

$$q = \gamma h\left[1 - \frac{h}{2a_1}\tan^2\left(45° - \frac{\varphi}{2}\right)\tan\varphi\right] \tag{9-368}$$

不考虑滑面阻力顶压估算公式：

$$q = \gamma h \tag{9-369}$$

浅部巷道侧压呈梯形分布，巷道最高处最小(e_1)，底板处最大(e_2)，计算公式如下：

$$e_1 = \gamma h\tan^2\left(45° - \frac{\varphi}{2}\right) \tag{9-370}$$

$$e_2 = \gamma(h + h_1)\tan^2\left(45° - \frac{\varphi}{2}\right) \tag{9-371}$$

$$e = \gamma\left(h + \frac{h_1}{2}\right)\tan^2\left(45° - \frac{\varphi}{2}\right) \tag{9-372}$$

式中 e——侧压平均值，N/m；

其他符号意义同前。

由于侧压与顶压相比，其值很小，一般可忽略不计。只有当围岩很软时才计算。为了简化计算可用平均侧压 e 作为支护设计的依据(图9-418)。

c 斜井巷道浅部地压估算

斜井巷道浅部地压可通过巷道浅部地压的顶压计算(图9-419)，公式如下：

$$q_N = q\cos\alpha \tag{9-373}$$

式中 q_N——垂直于斜井井筒纵轴的压力，kN/m²；

α——斜井井筒倾角，(°)。

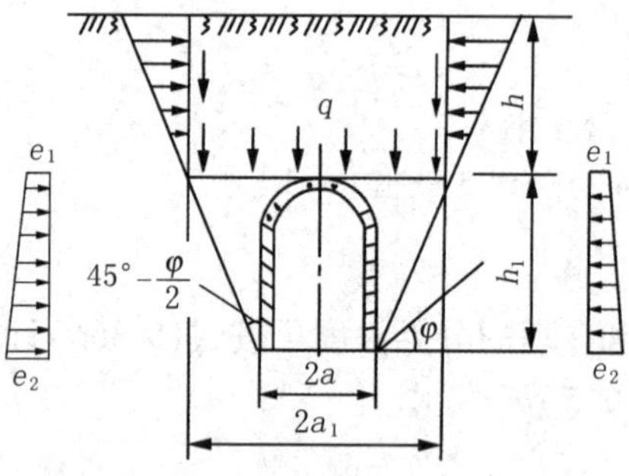

图9-418 浅部巷道地压计算

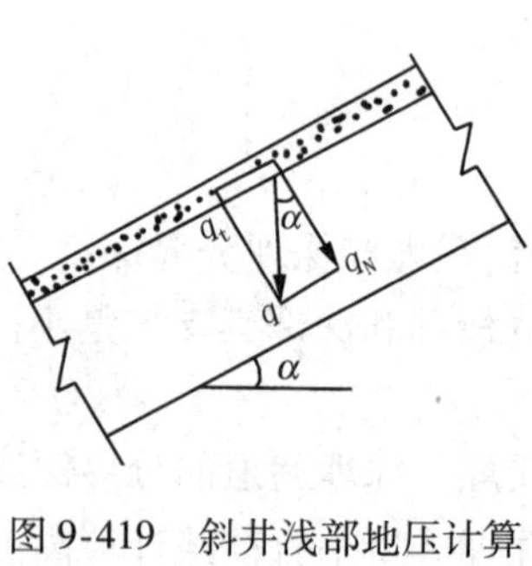

图9-419 斜井浅部地压计算

斜井浅部地压计算时应注意：

(1) 当 $\alpha > 80°$ 时，按竖井计算地压；当 $\alpha < 60°$ 时，按上述公式计算，其倾角按实际角度计算；当 $\alpha = 60° \sim 80°$ 时，按式(9-373)计算，其倾角按60°计算。

(2) 斜井井筒侧压力按平巷侧压力计算。

B 斜井井筒浅部支护

a 支护要求

(1) 斜井井口至坚硬岩层之间，必须采用砌碹支护，且碹体进入坚硬岩层内的垂深不得小于5m。

(2) 在地震区，当设计烈度为8、9度时处于土段的新建斜井井筒，在地表以下垂深20m以内(当表土段厚度小于15m，还应包括筑进基岩5m一段)，必须采用钢筋混凝土结构；当表土段在地表以下20m内夹有饱和砂土时，对烈度为7度及以上的斜井井筒，在地表以下30m以内(当表土段厚度小于25m，还应包括筑进基岩 5m 一段),必须采用配双层钢筋的钢筋混凝土结构。

(3) 新建的斜井井筒浅部支护一般不设伸缩缝,需要留伸缩缝时,伸缩缝最大间距应符合《混凝土结构设计规范》(GB 50010—2002)的要求;软硬岩层分界地段及软岩层内巷道变大处,应设置沉降缝。

(4) 井筒支护应结合具体围岩条件优先考虑锚喷支护。按《锚杆喷射混凝土支护技术规范》(GB 50086—2001)的规定,当井筒在Ⅰ、Ⅱ类围岩中,宜采用喷射混凝土支护;在Ⅲ、Ⅳ类围岩中,宜采用锚杆加喷射混凝土支护;在Ⅴ类围岩中,宜采用锚杆加钢筋网喷射混凝土支护。

采用喷射混凝土支护,应设墙脚,其深度不得小于 100mm。

(5) 对于不宜采用锚喷支护,但服务年限长,且不受动压影响的井筒,宜采用砌碹支护。

(6) 梯形断面的井筒,应采用金属或钢筋混凝土梯形支架支护。但井筒为串车或箕斗提升的主井时,不宜采用这种支护形式。

(7) 穿过软岩或断层带的井筒,宜采用锚喷(或挂网锚喷)和混凝土(或钢筋混凝土)砌碹联合支护。

(8) 底板松软、破碎或底鼓的井筒,宜采用锚杆、底梁、注浆或底拱等形式进行底板支护。

(9) 支护背后的空隙必须回填密实。

(10) 支护材料应符合强度、耐久性等要求,同时必须重视其抗冻、抗渗和抗腐蚀性。支护材料的强度等级不应低于表 9-277 中的数值。

表 9-277 支护材料强度等级

材料种类	水泥砂浆		混凝土					料石
支护方法	喷射	砌筑	喷射	混凝土		钢筋混凝土		砌筑
				现浇	预制砌块	现浇	装配	
拱圈及边墙	M15	M7.5 ~ M15	C15 ~ C20	C20	MU20	C20	C25	MU30

b 支护厚度的确定

(1) 锚喷支护。锚喷支护参数,应根据围岩的稳定性、井筒断面跨度、服务年限等因素,采用工程类比法和锚喷支护规范确定。

(2) 型钢支护。型钢支护类型与参数应根据井筒断面跨度、围岩类别、顶底板及两帮移近量、支护强度、服务年限等因素确定。

(3) 砌碹支护类型与参数应根据围岩坚固性分类、支护材料的具体要求、井筒断面尺寸、围岩破碎程度、地压大小、涌水量大小等因素确定。

9.14.3.4 斜井施工

A 井口段及表土施工

斜井井口段(又称井颈)多处在表土及风化岩石中。井口段的长度视表土层的厚度和斜井的倾角而定,通常井口段应延伸到基岩内 3 ~ 5m。

a 井口段施工方法

由于表土层的性质不同,地表的地形各异,斜井倾角有大有小,井口段的形式、结构与开挖方案也不一样。

井口位于山岳或丘陵地带,一般可利用天然的山岗和崖头,施工较简单,井口前的露天工程量小,此时只需稍作工业场地的平整,便可进行井口段的掘进。

为防止山洪涌入井筒,影响施工,危及安全,要求斜井的门脸必须用混凝土或石材砌筑,并在井口和门脸顶部修筑排水沟。井口位于平坦地带,为保证施工安全和掘砌质量,在井口段施工时,须先开挖井口坑再进行井口段开挖。待井口段完成永久支护砌筑后,再将表土回填夯实。

b 井口表土施工方法

井口表土施工方法主要取决于井筒的倾角和表土层的稳定情况。稳定性表土常用短掘短砌,根据具体情况又可分为全断面掘进和超前导硐两种施工方法。

不稳定表土(指含水的砾石、砂、粉砂组成的松散表土、流砂或淤泥层),一般必须采用特殊方法施工。

当井口段的下部即将由表土进入风化带时,在这一过渡区内采用土、岩分别短掘短砌的施工方法。掘完土层后即可通过风化岩石在基岩中刷出壁座,先砌好拱和部分墙,然后再掘下部风化岩石,并补砌剩下的侧墙。

B　斜井穿过松软土层和流砂层的施工方法

a　简易施工方法

(1) 井口大揭盖。该挖掘方法与明槽相似,能确保施工安全,并能提高砌筑质量。但挖掘范围较大,其边坡常为45°,在流砂层位置,可用打木桩插板维护。

井口大揭盖施工方法适用于流砂层较薄,且距地表深度小于10m的斜井井筒的上部表土层开挖。该方法曾在盘江矿务局火铺矿井用过。

(2) 撞楔超前支护。在临时支架上方打入长为2~4m木板桩或钢轨,以超前支架形式来维护顶板,确保施工安全、顺利。

撞楔超前支护法主要适用于一般无涌水松软土层。

(3) 逐次刷大施工法。工作面以背板全封闭,掘进时先由拱的中部挖宽约0.4m,深0.8m拱全高的小导硐,随即以纵梁、立柱、背板支撑之,然后分次向两边刷大,边以纵梁支撑,首先完成拱部掘进,并设横梁用顶柱顶紧,然后由拱基线往下分3~4层依次下掘,每掘完一层立即架横梁、顶柱、背板支撑之,掘进同时配合超前小井降水。

逐次刷大施工法适用于涌水不大,流砂层不厚的斜井井筒表土层施工。

(4) 竹桩法。在工作面迎头、顶板及两侧都打入竹桩,竹桩用ϕ50~100mm,长400~800mm的南竹破成两半,打掉内隔层,一头刃角长150~200mm,工作面向前推进时,先用小铁钩将竹桩周围砂石挖掉,竹桩露出全长一半后,将其继续打入,从一侧至另一侧,由上而下一排排进行,掘砌段距1.5~2.0m,短段掘砌同时配合超前小井降水。

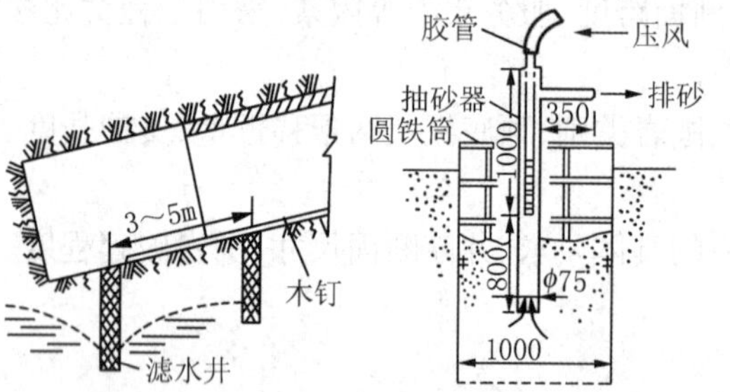

图9-420　工作面滤水井降水施工方法

竹桩法适用于涌水量较大的砾石层,曾在广西南宁沙井煤矿斜井中采用。

(5) 工作面滤水井降水措施(图9-420)。

滤水小井紧跟工作面布置,每前进3~5m掘1个,用压气潜水泵排水,井筒底板用草束将水导到工作面。

滤水井施工是将铁筒用千斤顶逐节压入底板,筒中砂子用抽砂器抽出,抽砂后把过滤网下到筒内,随后用起重机吊出铁筒,吊出同时在过滤网与铁筒间放入部分卵石。

铁筒每节高0.8m,用3mm厚钢板制成,两节间用螺栓在筒内侧连接,内壁用钢筋、角铁加固。过滤网为钢筋焊成之筒形骨架,外包2360μm(8目)的砂网。

滤水井降水适用于井筒穿过含水砂层,工作面涌水量不大于30m^3/h,用滤水井排水,降低工作面水位,有助于逐次刷大法、竹桩法等掘进(曾在吉林辽源红旗二井斜井中采用)。

b　特殊施工方法

(1) 冻结法。斜井冻结有两种钻孔方法:一是从地面沿斜井轴向冻结范围内垂直向下钻进一定排数的平行钻孔,使斜井四周顶板底板和两侧形成封闭和半封闭连续的冻结体(图9-421);二是在斜井井筒工作面上,沿斜井掘进方向钻进一定数量的倾斜钻孔,使斜井四周形成一定长度和厚度的冻结壁。

冻结法适用于不稳定表土层;表土层含水量大,涌水量大于50m^3/h;垂直钻孔法钻孔速度快,工艺简单;但斜井冻结范围大,冻结孔数量多需制冷量大。第二种方法对冻结范围长的斜井施工时,需几次反复钻孔、冻结和掘砌,建井速度慢、工期长。

(2) 局部简易沉井法(图9-422)。用沉井井壁隔离流砂层,井筒掘进时穿过井壁上帮。沉井断面一般为矩形,中间须设隔墙,沉井刃脚为混凝土浇筑,必要时用钢板包裹刃脚,上部为料石或混凝土砌筑。

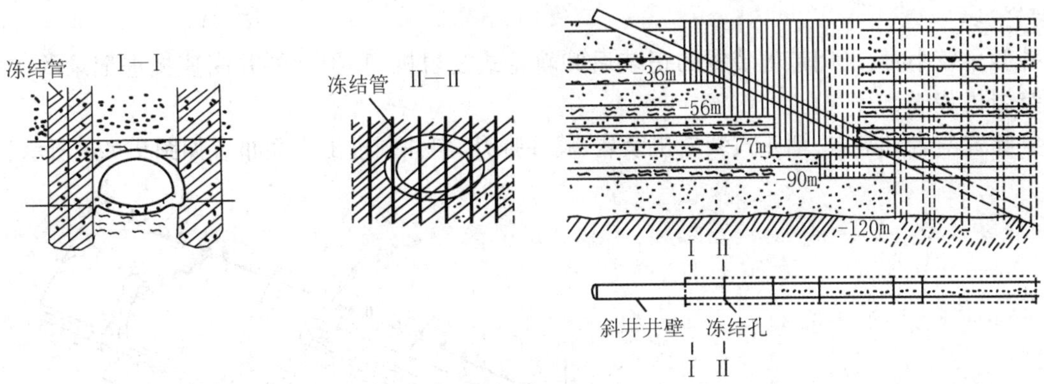

图 9-421 冻结法施工方法

局部简易沉井适用于流砂深度一般不大于 20m(曾在山东井亭煤矿斜井中采用)。

(3) 帷幕法(图 9-423)。在井筒通过流砂部分的两侧和两头,用钻机或抓斗造孔形成 6 ~ 10m 长的槽孔,然后下导管浇灌混凝土,一段接一段地造孔、浇注,使沿井筒形成矩形封闭的混凝土侧墙和端墙,能可靠、安全地掘进。帷幕法适用于涌水量大、流沙厚、地质条件复杂(有卵石、粉砂、淤泥等),流砂深度小于 30m(曾在吉林辽源梅河五井斜井中采用)。

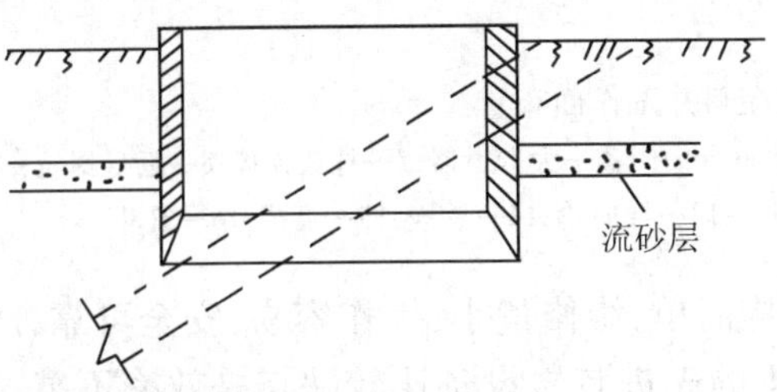

图 9-422 局部简易沉井施工方法

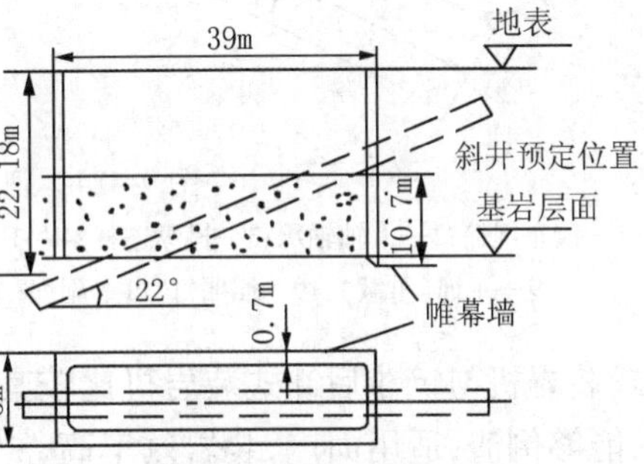

图 9-423 帷幕法施工方法

(4) 地面井点抽水。地面井点抽水实质是一种降水措施,可分为喷射井点和深井泵井点两种降水方法。喷射井点,用钻机或小探水钻,在井筒穿过含水层四周钻小直径钻孔,用 2.5 型喷射泵(外管 ϕ63mm、喷嘴 ϕ6mm)抽水,井点布置为封闭式。

地面井点抽水适用条件:含水层涌水大于 50m^3/h,含水层透水性差(曾在常州上黄煤矿三号斜井中采用类似方法)。

深井泵井点,采用深井泵,抽水能力大,钻少数大直径钻孔(孔径 ϕ0.5 ~ 0.7m、滤管 ϕ0.3 ~ 0.4m)抽水。

深井泵井点适用条件:含水层涌水大于 50m^3/h,含水层透水性强(曾在古交矿区屯兰煤矿采用)。

C 基岩施工方法

斜井的倾角一般小于 30°,斜井的施工在很多方面类似于平巷的施工方法。

a 凿岩爆破

(1) 斜井掘进时的凿岩爆破工作,多同于平巷施工。但斜井所需的孔数和药量较平巷多,特别是靠底板边的炮孔所需药量更多。

(2) 为了提高掘进效率,有增大孔深的趋势。对于深孔爆破,一般采用垂直孔掏槽,多用空孔作为人工自由面或补偿空间。空孔直径有增大的趋势,其形状有圆形过渡到其他形状(例如 8 字形等)的趋势,以期提高爆破效果。

(3) 底孔一般为水所淹没,必须采用抗水炸药或进行防水处理。

(4) 为防止井筒底板抬高,应将底孔的倾角较井筒坡度大 2° ~ 5°,且底孔深度较其他孔深大 100 ~ 200mm,一般底孔间距不大于 30 ~ 40cm。

b 装岩

当斜井倾角较小时，采用带耙装置的正装后卸轨轮式装岩机，我国创斜井高速掘进记录的矿山都是采用耙斗式装岩机装渣。

采用气腿式凿岩机凿岩，耙斗式装岩机装岩，箕斗提升，斜井掘进工作面布置如图9-424所示。

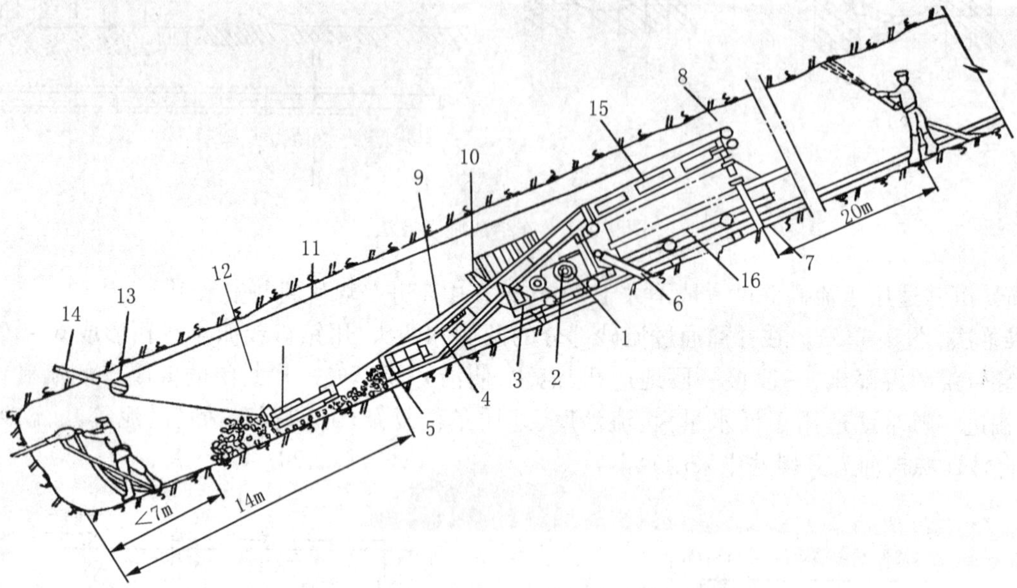

图9-424 耙斗式装岩机在斜井工作面布置

1—绞车绳筒；2—大轴轴承；3—操纵连杆；4—升降丝杆；5—进矸导向门；6—大卡道器；7—托梁支撑；8—后导绳轮；9—主绳（重载）；10—照明灯；11—副绳（轻载）；12—耙斗；13—导向轮；14—铁楔；15—溜槽；16—箕斗

耙斗式装岩机与铲斗后卸式装岩机比较其优点是结构简单，维修量小，操作容易，安全可靠，产尘量小，铺轨简单，能够倒渣，适用面广，装岩效率高。与国外应用的先进装岩设备比较缺点是效率不高，操作不太灵活，底板清理不易干净，耙装范围仍受一定限制，手工辅助作业还较多等。

斜井倾角小于10°时，国外使用蟹爪式装岩机，产尘量少，能连续装渣，装载高度低。我国生产的ZB-1型装岩机，其生产能力可达150～180m^3/h。

德国较多地使用侧卸式装岩机，S型侧卸式装岩机，可装配不同容积的铲斗（0.6～1.25m^3），最大装岩生产率为120m^3/h，铲斗臂能伸能缩能回转，适用于20°的斜井，2S型装有两个铲斗，生产效率达200m^3/h，它适用于14m^2以上大断面的斜井施工。日本生产的ME612型和ME632H型侧卸式装岩机，可用于倾角30°以内的斜井，前者还可以进行遥控。我国生产的ZC-1型和K-146型，分别适用于14°和18°的斜井施工。

将铲运机用于斜井掘进装渣有发展前景。

c 提升及安全措施

(1) 斜井掘进提升钢绳在不断延长，提升机的负荷在变化，提升设备较简陋。

(2) 提升容器。井筒浅时，可采用矿车；一般多采用箕斗。

箕斗与矿车提升比较优点是：容量大，每次可提升较多的渣石，提高了出渣效率，缩短了装岩时间；免去了摘挂钩、调车时间，减少了提升一个循环需要的时间；箕斗装载高度低，提升连接装置安全可靠，卸载方便，而矿车提升易发生跑车事故，安全性差。

推广采用无卸载轮前卸式箕斗。

无卸载轮前卸式箕斗是一种新型箕斗，使用量逐渐增多。主要优点是：由于去掉了两侧的卸载轮，改用翻转架。既可以避免发生刮坏管线、设备和误伤人等事故，又可扩大箕斗的有效装卸宽度，增大箕斗容量；由于斗容增大，提升一个掘进循环渣石的时间可以大大缩短，使卸载时间（一个提升循环）缩短7～11s；结构简单，易于制造，也便于检修。缺点是：提升过卷距离短，仅有500mm左右；卸载时的冲击力大，常带来一些新的问题。

(3) 箕斗提升和卸、运系统的布置如图9-425所示。

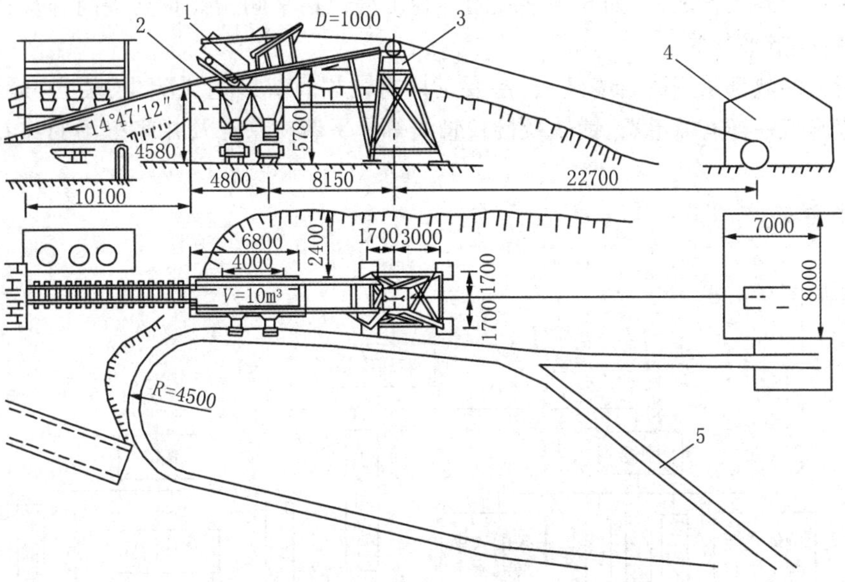

图9-425 某矿斜井掘进提升及排渣系统布置

—$4m^3$ 无卸载轮前卸式箕斗;2—$10m^3$ 双卸载口储渣仓;3—简易木结构天轮架;4—提升机;5—环形排渣道

安全提升措施。采用井口平车场阻车器,型钢挡车门,常闭式型钢阻车器等安全装置和设置跑车信号,防止跑车事故。为防止轨道下滑,在井筒底板每隔30~50m设一混凝土防滑底架,将钢轨固定其上。

d 通风

斜井施工通风与平巷施工时的通风相似,井筒较短时,可采用压入式通风,局扇设在距井口10m以外的地方;施工井筒的长度大于200m时,在井口外改为抽出式风机,在井内距工作面40~80m处,增设一台压入式局扇,形成混合式通风。

e 排水

工作面的积水,来源是多方面的,因此,在解决斜井施工中的排水问题时,首先应弄清水的来源,然后再采取相应的办法。

当斜井的涌水量在$5m^3/h$以内,可采用压气或电动潜水泵排水,但由于潜水泵的排水量小(约为$15m^3/h$)、扬程低(仅为20m),故只能将积水排至提升容器内。由于潜水泵扬程低,我国研制了铜1-18-130旋涡型高扬程气动潜水泵,其排水量为$18m^3/h$,扬程为130m,最小气压0.5MPa,耗气量为$10m^3/min$,总重30kg,其外形尺寸为310mm×214mm×445mm,它的整体性强,中轴短,密封性好。

当涌水量超过潜水泵的排水量,必须采用普通水泵进行排水时,为了减少水泵的移动次数,可以用喷射泵将水排至距工作面一定距离的中间转水站,再用水泵排至地表。

9.14.3.5 斜坡道工程

无轨自行设备在地下矿山已广泛使用,斜坡道工程是其必备的条件。

斜坡道施工与斜井相似。按其掘进施工方向可分为3个方案:由上向下施工、由下向上施工和上下并用同时施工方案。

与地表相同的主斜坡道,采用自上而下的施工方案,其优点是通风条件好,可用铲运机或装岩机装(出)渣,直斜坡道采用耙斗装岩机配箕斗提升效率更高。也可采用带自耙装置的正装后卸式或正装侧卸式装岩机配矿车、箕斗提升。不足之处是排水较困难,炸药消耗量大。

与地表不相通的斜坡道,如辅助斜坡道、采区斜坡道,一般采用折返式线路,多采用自下而上的施工方案,出渣、排水方便,缺点是通风困难。

9.14.4 平巷工程

平巷是矿山主要井巷工程之一，如开拓系统的平巷工程包括平硐、石门、马头门、阶段运输大巷、车场及联络道、各种硐室的联络平巷等。

平巷掘进施工大多数都采用凿岩爆破法，主要工序有凿岩、爆破、通风除尘、装岩、运输和支护，辅助工序同其他井巷工程施工一样有撬毛石、铺轨及接长管线等。平巷交岔点及井底车场的井巷工程掘进与平巷工程基本相似。

9.14.4.1 平巷支护

A 概述

平巷支护分类见图9-426。

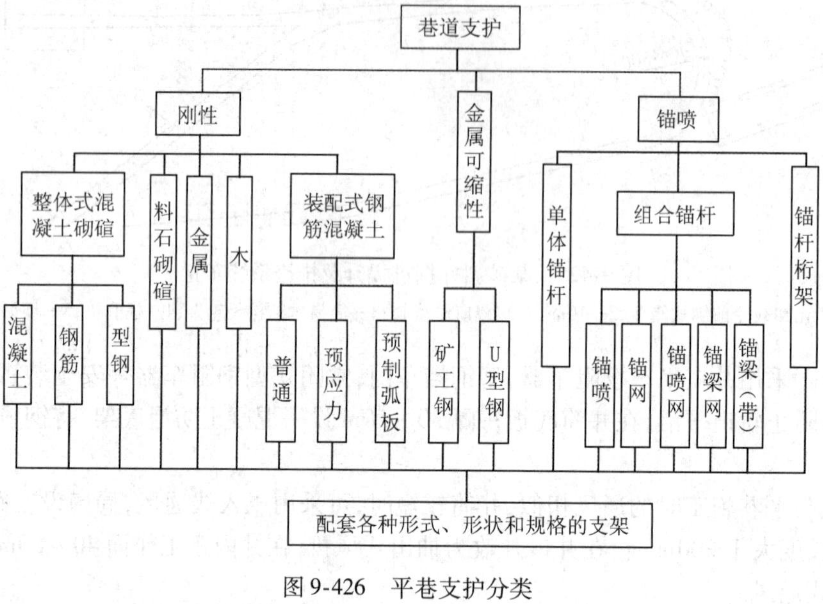

图9-426 平巷支护分类

平巷主要支护形式适用条件及优缺点见表9-278。

表9-278 平巷主要支护形式适用条件及优缺点

支架形式	适用条件及优缺点
金属支架	适用条件：矿井下的各种巷道，以及交岔点、马头门、井底车场和硐室支护。煤矿使用较多。 优点： （1）适应性强，承载能力大； （2）可加工性好，用矿工钢与U型钢可加工成各种形式的支架； （3）支架构件在达到屈服强度以后塑性工作范围大，安全性好； （4）易修复，可多次复用，经济效果好。 缺点：初期一次投资大，用钢量多
钢筋混凝土支架	适用条件：压力大、不受回采影响的开拓巷道和采准巷道。 优点： （1）承载能力大； （2）结构简单。有两种形式，即梯形钢筋混凝土支架和拱形钢筋混凝土支架，其结构都由一个顶梁、两根柱腿组成； （3）预应力钢筋混凝土支架，承载能力高，构件质量小。 缺点：与其他支架相比质量较大
锚杆及组合锚杆支护	适用条件：不受采动影响和某些受采动影响的巷道，以及同其他支护形式相结合支护的各种巷道。 优点： （1）它能提高巷道围岩自身稳定性和承载能力，并与围岩构成共同承载结构，及时有效地支护巷道围岩； （2）质量轻，省材料，易安装，成本低； （3）锚杆支护本身所占的巷道断面比其他形式支护少很多。棚式支架支护的掘进超挖量约占设计断面的15%～20%，而锚杆支护掘进超挖量只在3%以下； （4）与相应的机械配套，锚杆支护可提高掘进速度； （5）易解决紧跟掘进面支护问题。 缺点：支护参数不易准确确定

续表 9-278

支架形式	适用条件及优缺点
联合支护	联合支护形式： (1)锚杆 + 喷射混凝土； (2)锚杆 + 金属网 + 喷射混凝土； (3)锚杆 + 钢带(梁)； (4)锚杆 + 金属网 + 钢带； (5)锚杆 + 喷射混凝土 + 金属支架 + 喷射混凝土。 特点：根据具体条件确定合适的支护技术，可以取得较好的技术经济效果
砌碹支护	适用条件：井下的不受回采影响、服务期长的巷道及交岔点。 优点： (1)本身是连续的整体，对围岩能起封闭并防止风化的作用； (2)较坚固、耐久、防水、阻水、通风阻力小。 缺点：主要承受顶压，对顶压不均匀或不对称，以及侧压较大的情况，受力较差，易出现裂缝

有些巷道需要临时支护，在适当的时机改为永久支护。一般临时支护的特点是，服务年限短，并常常是紧跟掘进工作面，以保护施工人员的安全。除锚喷支护外，临时支架均可回收复用。锚喷作为临时支护，可作为永久支护的一部分。

永久支护是根据设计图纸的规定进行施工的，服务年限长，一般不可能回收复用。根据永久支护结构的特点，可分为锚喷支护、装配式支护和整体式支护。

B 锚喷支护

锚杆类型、技术特征及使用范围见表 9-279。

表 9-279 锚杆类型、技术特征和使用范围

类型		主要技术特征	使用范围
木锚杆	普通	锚固力 10kN 左右，锚杆孔底充填砂浆锚固力可达 20kN	不防腐可使用 1 年左右，防腐处理后，配合喷浆可用于服务 5 ~ 10 年的采区巷道
	压缩	锚固力 10kN，使杆体遇水充分膨胀后即可达到全长锚固的效果	不喷浆可用于服务 2 ~ 5 年的巷道，配合喷浆可用于服务 5 ~ 10 年的巷道
竹锚杆	片竹	锚固力不够稳定，锚固力稍低于普通木锚杆	(1)不防腐可使用 1 年左右，防腐处理后，配合喷浆可用于服务 5 ~ 10 年的采区巷道； (2)在竹材产地应用于次要巷道，成本可大大降低
	百夹竹	锚固力可达 20kN	不喷浆可用于服务 2 ~ 5 年的巷道，配合喷浆可用于服务 5 ~ 10 年的巷道
金属锚杆	楔缝式	设计锚固力 40kN；在中硬岩层中使用时，锚固力在 40kN 以上，加大锚头可达 60 ~ 80kN；不能回收，对钻孔深度要求严格	用于井下永久性工程或采区主要巷道、硐室，适用于 $f>4$ 的岩层
	倒楔式	锚固力 30 ~ 50kN；固定楔与活动楔装严后，沿锚头横向的最大尺寸应比钻孔大 5 ~ 8mm。可回收	用于井下永久性工程或采区主要巷道、硐室。回收后，还可作为临时支护或用于服务年限较短的工程
	带钩倒楔式	设计锚固力 50 ~ 60kN，最大锚固力 90 ~ 120kN。对钻孔深度要求不严，可回收利用	用于井下永久性工程或采区主要巷道、硐室。在回采巷道中使用更为适宜
缝管式锚杆		锚固力 50 ~ 70kN。全长锚固，安装后立即提供预应力	在软弱破碎岩体及含水岩层中均能使用
水泥砂浆锚杆		属全长锚固锚杆。钢筋、钢丝绳锚杆的锚固力为 50kN	钢筋、钢丝绳锚杆用于井下永久工程或采区主要硐室。竹筋式砂浆锚杆的使用范围同普通木锚杆
树脂锚杆	杆体	可分为金属杆体、木杆体和玻璃钢杆体，其锚固力可达 60kN 以上，锚固方式分为端锚和全锚两种	树脂木锚杆同普通木锚杆，树脂金属锚杆同金属锚杆
	树脂锚固剂	应储存在 25℃以下通风、阴暗、干燥的防火仓库或有通风的井下硐室中	参见《锚杆喷射混凝土支护技术规范》
快硬水泥锚杆		分端锚和全锚两种。锚固力不如树脂锚杆	可用于容许 1h 以内承载的各类岩体加固工程、固定罐梁，电机车架线及地面土建安装工程
可伸缩锚杆		分为结构可伸缩和杆体可伸缩两种。初锚力 20kN 左右	可用于软岩，膨胀变形较大的岩层
锚杆桁架	单式	支架除有锚杆的作用外，还有支撑顶板的作用	适用于复杂地质条件、软弱破碎顶板、围岩变形量大的软岩巷道。巷道跨度 4m 以上。服务年限 2 ~ 5 年的采区巷道
	复式	分双交叉式和双内外式	使用于跨度 4m 以上的巷道

续表 9-279

类型		主要技术特征	使用范围
锚杆桁架	双拉杆式	主要有普通锚杆桁架、连续锚杆桁架、三路和四路锚杆桁架、切割顶板的锚杆桁架	多用于顶板中水平拉力大、裂隙发育的大巷道和采准巷道;巷道丁字交岔口和十字交岔点可分别用三路、四路交岔点锚杆桁架
预应力锚索(杆)		目前有胀壳式钢绞线预应力锚索、砂浆黏结式预应力锚索等几种。预应力一般为60kN以上	适用于复杂地质条件、各种岩体,也可用于地表永久性工程加固

锚杆支护设计。锚喷支护设计应按《锚杆喷射混凝土支护技术规范》(GB50086—2001)进行。

锚喷支护设计主要用工程类比法。只有在复杂地质条件下,对于重点工程或大跨度巷道、硐室以及缺乏恰当类比对象,才进行监控法设计和解析法验证。

9.14.4.2 平巷普通法施工

普通法用于掘进一般工程和水文地质岩层条件下的巷道施工。

A 凿岩工作

a 凿岩设备

(1) 凿岩钻(台)车和凿岩机。我国矿山平巷掘进所用凿岩设备及适用条件见表9-280。

表 9-280 平巷掘进凿岩设备及适用条件

凿岩设备	孔径/mm	孔深/m	特点及适用条件
气腿式凿岩机	36~43	<2.5	应用普遍。设备较轻、灵活、移动方便。作业条件差,劳动强度较大
掘进钻车与导轨式凿岩机配套	36~50	<3.0	适用大中型矿山。机械化程度高,施工巷道的断面要满足钻车技术要求
掘进钻车与液压凿岩机配套	40~50	<5.0	机械化程度高,作业条件好,效率高,作业面噪声低。施工巷道的断面要满足钻车技术要求

(2) 凿装联合机组。为提高掘进机械化水平,一机多用,减少或消除凿、装设备在工作面的调换时间,采用多种凿装联合机组,主要有如下几种:

1) 耙斗式凿装联合机组。在耙斗链板装载机上加设液压凿岩机支臂。

2) 蟹爪式凿装联合机组。在蟹爪式装载机上加设液压凿岩机支臂。

3) 带凿岩支臂的凿岩机组与装载机配合使用。即将凿岩机组沿悬挂式轨道送入工作面,并装在装载机上进行凿岩作业。凿岩完毕后,再将凿岩机组拆离装载机,仍沿悬挂式轨道送出工作面。

b 凿岩工具

凿岩工具主要指钎头和钎杆。钎头形状、特点及其适用条件参见表9-281。

表 9-281 钎头形状、特点及适用条件

钎头形状	特点	适用条件
一字刃马蹄形钎头	对老式一字形钎头结构进行改进,使其耐磨程度、凿岩速度、固定质量及排粉性等均有较大提高	一般钻小直径炮孔。适用于坚硬以下、裂隙不发育的岩石中钻孔
十字形钎头	与一字形钎头比较,钻头耐磨性较好,钻孔较圆。钎头径向磨蚀较小,可承受较大冲击荷载。消耗硬质合金多及钎头价格较高,钎刃不易修磨	用于中深孔凿岩较多,国外则大量用于浅孔凿岩。 用于破碎、裂隙发育或软硬不均岩石中钻孔,可减少卡钎
X形钎头	合金片不易松动,钻孔比十字形钎头的钻孔还要圆些	用于中深孔凿岩较多,国外则大量用于浅孔凿岩。 用于破碎、裂隙发育或软硬不均岩石中钻孔,可减少卡钎
柱齿钎头	在硬岩中钻孔速度快,耐磨,硬质合金损耗少,钻孔质量好,钻孔时可承受很大的冲击载荷	钻孔直径范围大,由小孔到大孔均可。钻孔时卡钎少,适用于中硬以上岩石钻孔,可取代十字形、X形钎头
超前刃三翼状钎头	钻孔速度较快,炮孔定向质量较好	主要用于低压潜孔钻机,将为柱齿钎头代替

c 提高凿岩效率的措施

(1) 采用高效率的凿岩机。当采用钻车时,应配中型、高频、外回转式或液压凿岩机。

(2) 实现多机同时作业。应用钻车时要配置2台以上凿岩机;当用气腿式凿岩时,采用多机同时作业,一般以1~1.5m^2安排1台凿岩机为宜。

(3) 保证压气供应,工作面压力不低于0.55~0.60MPa。

(4) 合理选择炮孔直径、个数和深度。

(5) 培养一支技术熟练的凿岩技术队伍。

B 爆破工作

a 爆破的特点

平巷爆破的特点是在单自由面条件下,炮孔深度受断面限制,一般只为1.5~3.0m。为形成平巷的一定断面形状,在工作面布置掏槽孔、辅助孔和周边孔。

b 爆破措施

爆破效果的优劣对掘进速度、巷道质量、支护效果和掘进工效、成本等都有很大影响。其效果及措施见表9-282。

表9-282 良好的爆破效果及措施

良好的爆破效果	应采取的主要措施
炮孔利用率高,一般要求90%以上;巷道规格和方向符合设计要求,超欠挖量均小于5%。周帮平整,对围岩破坏小;材料消耗少;岩块大小和岩堆高度适中	了解岩石的物理力学性质和岩层条件。正确选定炮孔排列方法和凿岩爆破参数。选用适合于岩石要求的高威力炸药和高质量的爆破器材。根据岩石岩层条件,不断改进和提高爆破技术

c 炮孔排列方法

(1) 爆破掏槽形式及其选择。掏槽形式是决定爆破效果的关键。一般是根据巷道断面、岩石性质和岩层构造等因素选择掏槽形式。其形式及适用条件见表9-283。

表9-283 掏槽形式及适用条件

掏槽形式		适用条件
倾斜掏槽	单向掏槽	用于工作面有软夹层或弱面部位,按巷道断面大小和夹层厚度不同,布置1~2排孔,倾角取50°~70°
	锥形掏槽	炮孔深度受到限制,仅限于浅孔爆破,一般在2m以内。在工作面中部形成锥形。不宜多机作业条件下应用。锥形掏槽孔的参数,可按表9-284选取
	楔形掏槽	有垂直楔形和水平楔形两种形式。水平楔形只有在极为有利的岩层地质条件可供利用的情况下才采用。垂直楔形适用面广。由两排相对的炮孔组成,爆破形成楔形,用于中硬以上的均质岩石,一般断面在4m^2以上时采用槽孔参数按表9-285选取
垂直掏槽	桶形掏槽	用于中硬岩石,大、中、小断面均可使用。掏槽孔深度受巷道断面限制小。掏槽孔由4~9个炮孔组成,其中1~4个空孔。采用较深炮孔爆破时,多用这种形式。此外在硬岩中用深孔(8m以上)爆破时,也可采用大深孔超前的桶形掏槽方法(图9-427)
	龟裂掏槽	用于中硬以上岩石,孔数为3~7个,孔距取8~15cm,空孔直径可与装药孔相同,也可取50~100mm直径。它最适合于工作面有较软的夹层或接触带相交的情况,将掏槽孔布置在较软的夹层或接触带附近的部位
	螺旋掏槽	掏槽孔呈螺旋形状,各装药炮孔的距离依次递增,呈螺旋线布置,并按由近及远的起爆顺序起爆,形成非对称桶形。空孔可以是小直径,也可以是大直径,适合于较均质的岩层(图9-428、图9-429)
混合掏槽	桶形与锥形混合掏槽	先用桶形掏槽形成自由面,再用锥形扩大自由面。用于岩石极坚硬的大断面巷道掘进(图9-430)
	双楔形(复合式楔形)掏槽	先用4个炮孔作第一组楔形掏槽孔形成自由面,再用第二组4~6个楔形掏槽孔扩大自由面。用于岩石极坚硬的大、中断面巷道掘进(图9-431)
	多重掏槽	用多重楔形掏槽孔,依次起爆不断扩大自由面(图9-431)

表9-284 锥形掏槽参数

岩石坚固性系数f	炮孔倾角/(°)	相邻炮孔之间距/m	
		孔口距离	孔底距离
2~6	75~70	1.00~0.90	0.4
6~8	70~68	0.90~0.85	0.3
8~10	68~65	0.85~0.80	0.2
10~13	65~63	0.80~0.70	0.2
13~16	63~60	0.70~0.60	0.15
16~18	60~58	0.60~0.50	0.10
18~20	58~55	0.50~0.40	0.10

表 9-285 楔形掏槽参数

岩石坚固性系数 f	炮孔倾角/(°)	两排炮孔距离/m	炮孔数目/个
2~6	75~70	0.60~0.50	4
6~8	70~65	0.50~0.40	4~6
8~10	65~63	0.40~0.35	6
10~12	63~60	0.35~0.30	6
12~16	60~58	0.30~0.20	6
16~20	58~55	0.20	6~8

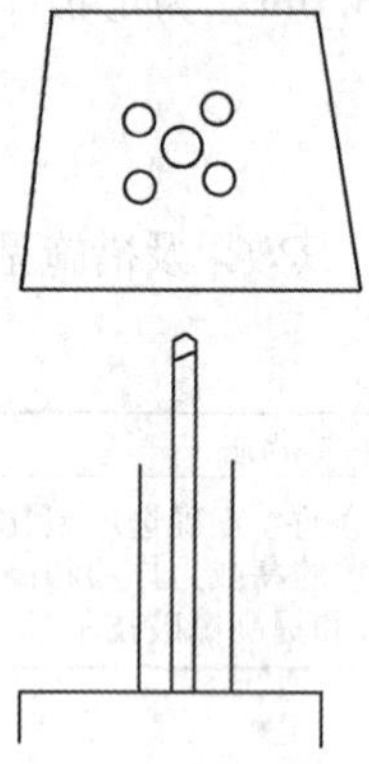

图 9-427 带有大深孔桶形掏槽

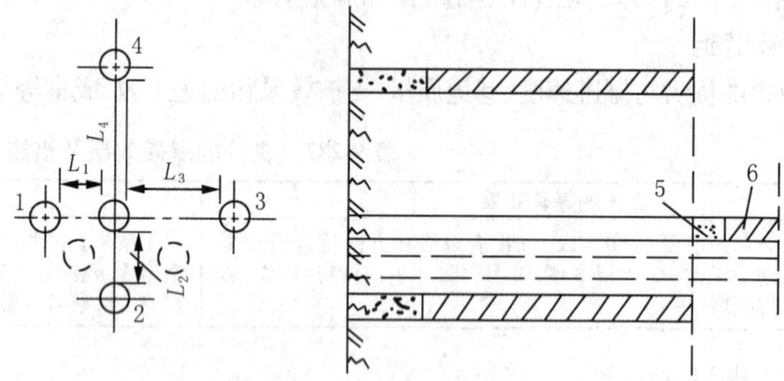

图 9-428 小直径空孔螺旋掏槽

1~4—炮孔起爆顺序；5—填塞；6—药包；

L_1，L_2，L_3，L_4—各装药孔到空孔的净距，mm，其值计算如下：$L_1=(1\sim1.8)d$；$L_2=(2.0\sim3.5)d$；$L_3=(3.0\sim4.5)d$；$L_4=(4.0\sim5.5)d$；

d—空孔和装药孔直径

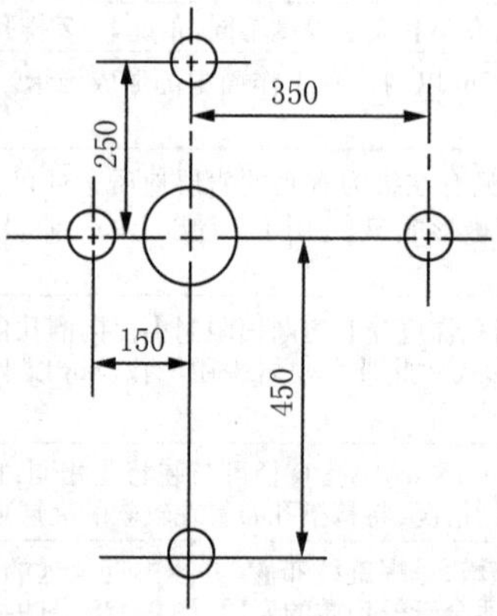

图 9-429 大直径空孔螺旋掏槽

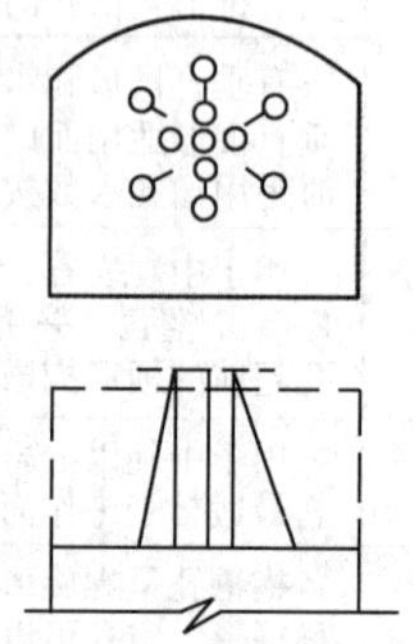

图 9-430 桶形与锥形混合掏槽

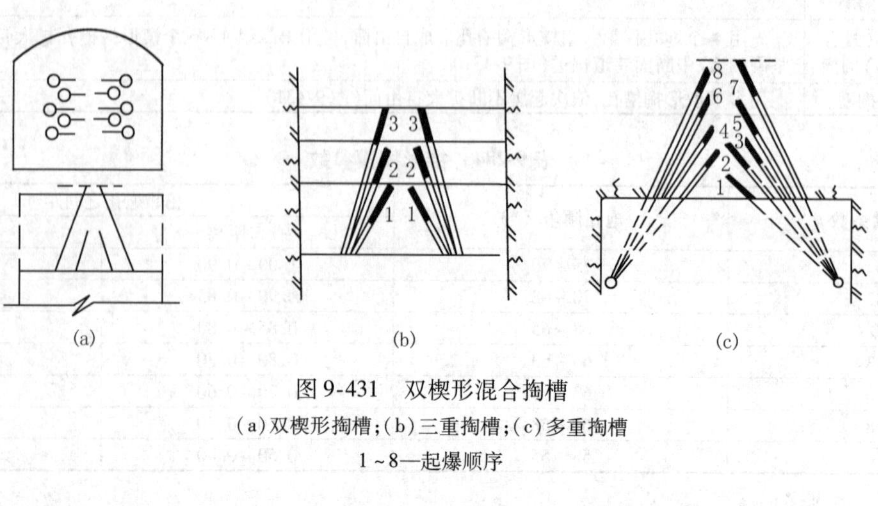

图 9-431 双楔形混合掏槽

(a)双楔形掏槽；(b)三重掏槽；(c)多重掏槽

1~8—起爆顺序

(2) 辅助孔和周边孔的布置。平巷掘进中辅助孔和周边孔布置应满足以下要求：

1) 岩石按设计的轮廓线崩落。

2) 崩落的岩石不崩坏支架、设备。

3) 一个炮孔的起爆，不会引起相邻炮孔的殉爆或带出。

4) 岩石块度适中，有利装岩工作。

要求这两类炮孔的布置要均匀，充分利用炸药的能量，保证达到上述要求。其间距根据岩石的爆破性而定。辅助孔一般取0.4～0.8m，周边孔距巷道轮廓线0.1～0.2m。

采用光面爆破时，对周边孔有特殊要求。

d 爆破参数

(1) 炮孔直径。炮孔直径选择，主要考虑凿岩工具与爆破材料，以及爆破工作总的要求。一般条件下，气腿式凿岩机，炮孔直径以38～43mm为宜；采用钻车配液压凿岩机或导轨式非回转凿岩机时，炮孔直径为45～50mm。炮孔直径一般比药卷直径大5mm。

(2) 炮孔深度。在条件允许并能保证爆破效率的情况下，应尽可能地增大孔深，以提高循环进尺。一般小断面巷道采用气腿式凿岩机时孔深为1.5～2.5m，而断面在$8m^2$以上的巷道采用钻车掘进时，可增至3～4m。当要求严格按照循环图表作业时，孔深可以根据总循环图表和凿岩工序时间等，采用公式计算或试验确定。

(3) 炸药消耗量的确定。炸药消耗量按国家颁发的《冶金矿山井巷工程预算定额》选取，但对某一工程而言，合理的爆破材料消耗定额，最好通过实际测定，以获得好的综合爆破效果。

e 炸药

我国矿山平巷掘进多采用铵油类炸药、乳化炸药，而铵梯炸药、火雷管和导火索为淘汰产品。

C 装运工作

平巷掘进过程中，岩渣装运是最繁重、最费工时的工序，约占掘进循环时间的35%～50%。因此，不断研究和改进装载与转运工作，对提高劳动生产率，加快掘进速度，改善劳动条件以及获得好的经济效益，都有重要的意义。

a 装载设备及其选择

平巷掘进使用的装载设备的类型和型号很多，其特点和适用条件见表9-286。

表9-286 平巷掘进装载设备分类及适用条件

装载设备类型	主要型号	基本特点	适用条件	备注
铲斗正装后卸式	ZQ-26型 ZCQ-1型 FZH-5型 ZCQ-4型	气动轨道式，铲斗直接向后卸载，容积为0.13～$0.5m^3$；生产能力为15～$90m^3/h$；行走速度为0.75～1.57m/s	适用巷道断面1.8m×1.8m～3.5m×3.2m；气压最低为0.35～0.45MPa；装岩块度为300～700mm；有轨的中、小断面巷道均可应用	目前国内矿山中、小断面巷道中应用最广
	Z-17型 Z-20C型 Z-15型 Z-30型 YJ-30型	电动轨道式，铲斗直接向后卸载，容积为0.17～$0.30m^3$；生产能力为20～$50m^3/h$；行走速度为0.8～1.16m/s	适用巷道断面1.8m×2.0m～2.5m×2.3m；装岩块度为500mm；有轨的中、小断面巷道均可应用	
铲斗正装侧卸式	ZC-1型 ME632H型(日本) HL180K型 (德国)	铲斗正面铲装，在设备前方侧转卸载，铲斗仅有一侧挡板，或双侧均无挡板；铲斗插入力大，斗容大($0.6m^3$)，生产能力高；铲取面宽，不移动机器可铲4m宽	适用于断面$12m^2$以上的巷道，铲装大块硬岩最为有利	目前国内有ZC-1型使用
耙斗式	P-30B型 P-60B型 PY-90B型	由耙斗、装车台、卸料槽和绞车、车架，以及主、尾绳和滑轮等部件组成的组合机械，具有结构简单，操作容易，安全可靠，生产效率高，适用面广等特点	除适用于一般巷道外，还可用于弯道和斜巷	主要在煤矿巷道、斜井及金属矿的斜井中应用
铲插式	CCZ-150型	以行走前进铲斗插入和铲取相配合进行装岩。具有结构简单，安全可靠，事故点少，生产率高等特点	适用于宽2.4～3.2m，高2m以上的巷道，在岩石块大的硬岩中工作很有利	目前CCZ-150型在矿山应用效果好
立爪式	LZ-100型 LZ-200型 9HR型、8HR型 (瑞典)	具有耙渣机构简单可靠、动作灵活，对巷道断面和岩石块度适应性强，能挖水沟和清理底板，生产率较高等特点；但爪齿易磨损，操作亦较复杂。 动力有气动和电动两种，行走有轨道和履带两种	能在$5m^2$以上任何断面中使用，在岩石块度大时，亦能保证高的生产率	该类装岩机只有几个矿山使用

续表 9-286

装载设备类型	主要型号	基本特点	适用条件	备注
蟹爪式	LB-80 型 ZXZ-60 型 18HR 型 19HR 型	结构和动作的主要特点是前端有一个可升降的倾斜平台，安装皮带，刮板或链板运输机，并有一对由曲轴带动的两个耙爪，随机体前移，两个耙爪连续交错耙取岩石，形成连续装岩	能用在 $8m^2$ 断面以上的各种断面巷道	国内煤矿使用较多
蟹、立爪组合式	新-1 型 LBZ-150 型	其突出特点是将立爪与蟹爪两种耙岩机构组合在一起，不仅克服了立爪式的间断耙岩和蟹爪式装岩宽度小、耙高而密集的岩堆时铲取力不够等问题，而且集中了两者的优点，因而生产能力提高	能用于 $6m^2$ 以上任何断面巷道，但块度在 500mm 以下为宜	LBZ-150 型已在多处推广
铲运机	柴油或电动	一机完成铲、装、运、卸工序	断面略大，适用大块岩渣	推广应用

选用装岩机时，首先考虑巷道规格及对掘进速度及机械化程度的要求，一般采用铲斗正装后卸式装岩机和铲插式装岩机；如要求机械化程度高，掘进速度快，且巷道断面允许，则应尽可能采用蟹、立爪式或蟹爪式装载机。条件允许时，应大力推广地下铲运机的应用。

b　调车方式及转运设备

调车转载方法及设备的特点和适用条件见表 9-287。

表 9-287　调车转载方法及设备情况

调车转载方法		基本特点及评价	适用条件
错车道调车	固定错车道法	方法简单，可用机车调车，人力辅助；错车道不能紧跟工作面，装岩机的工时利用率只有 20% ~30%	适用于工程不大，掘进速度要求不高的巷道
	活动式调车法	将固定道岔改为简单的平移调车器、气动调车器、浮放道岔等专用调车设备（图 9-432）。这些设备移动灵活，可紧跟工作面前移，装岩机工时利用率可达 30% ~40%	适用于单双轨巷道，在没有转载设备的矿山，要求掘进速度快时，都应采用这种调车方法及选用相应设备
胶带转载机调车	悬臂式胶带机法	结构简单，长度较短，行走方便；但容纳的矿车数量过少，装岩仍需停机待车，连续装载能力小	适用掘进速度要求不高的巷道，弯道也能应用
	支撑式胶带机法	设有辅助轨道，专供支撑架行走；连续装载能力较大	适用于长直巷道掘进
	悬挂式胶带机法	转载机悬挂在巷道顶部单轨架空轨道上；容纳矿车多，移动灵活，可使装岩机基本连续作业；要挂设架空轨道，辅助工作量大	适用于长直巷道掘进
转载运输机械调车	转载斗作业线法（图 9-433）	由转载斗车和一列专用矿车及一台架线或蓄电池机车组成，有的用双斗转载车，转载效率更高，操作较复杂，要求铺轨质量高	适用于中、小断面巷道
	新-1 型胶带转载车法（图 9-434）	由一台新-1 型胶带转载机和一列新-1 型胶带转载车、一列大容积专用矿车及架线机车组成；每辆 $1.8m^3$ 矿车都有一台胶带转载车，可在矿车上移动。装岩机基本上连续工作，效率高，设备繁多	适用要求高速掘进的长巷道
	梭车矿车法（图 9-435）	梭车既是转载设备又是运输设备。其特点是加大矿车容积（$4 \sim 8m^3$），减少调车次数，实现装岩机基本连续作业	因车身较长，井下拐弯困难，一般适用于长的平直巷道掘进

c　提高铲斗式装岩机生产率问题

目前，我国矿山平巷掘进中装岩仍主要采用铲斗后卸式装岩机。归纳起来，提高其生产率的措施有二：一是提高装载机效率，缩短装车时间；二是提高调车或转载效率，缩短调车、转载时间。

D　通风防尘

a　平巷独头巷道通风

巷道掘进中均采用局部机械通风方法。其通风方式有压入式、抽出式和混合式三种，通风效果以混合式最好。

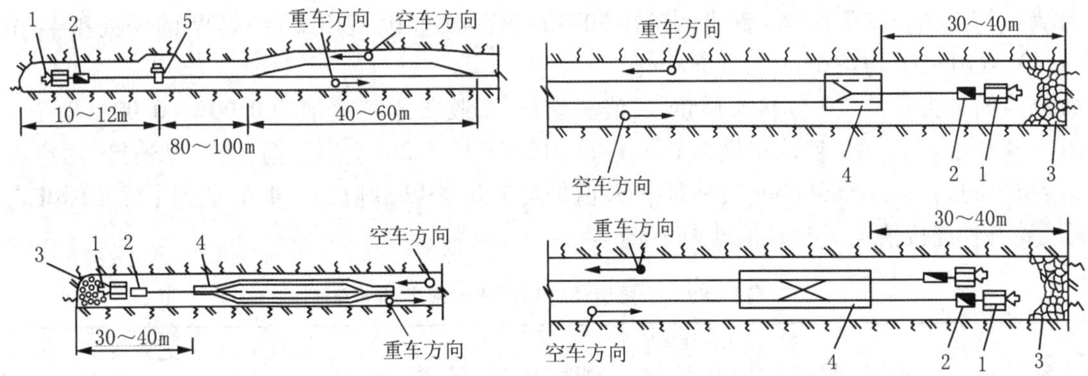

图 9-432 几种浮放式调车错车场

1—装岩机;2—矿车;3—渣堆;4—浮放道岔;5—平移调车器

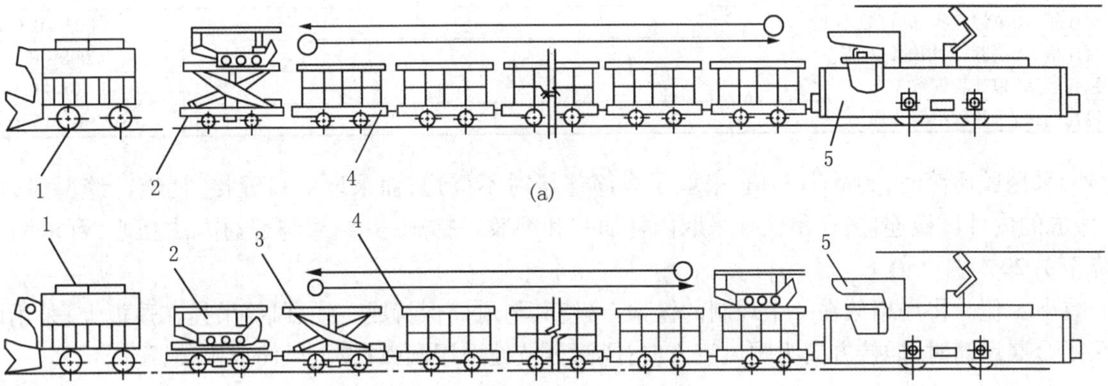

图 9-433 斗式转载列车转载作业

(a)单斗转载法;(b)双斗转载法

1—铲斗式装岩机;2—转载斗车(或短途斗车);3—长斗车;4—曲轨侧卸式矿车;5—电机车

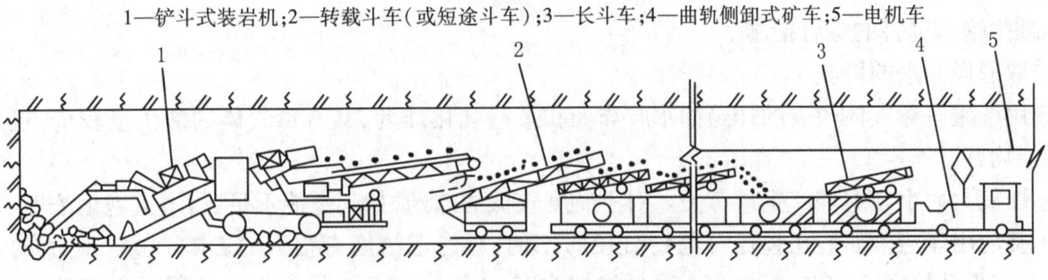

图 9-434 新-1 型胶带转载车转载作业

1—蟹、立爪型装载机;2—过桥皮带转载机车;3—胶带转载矿车;4—电机车;5—电机车架线

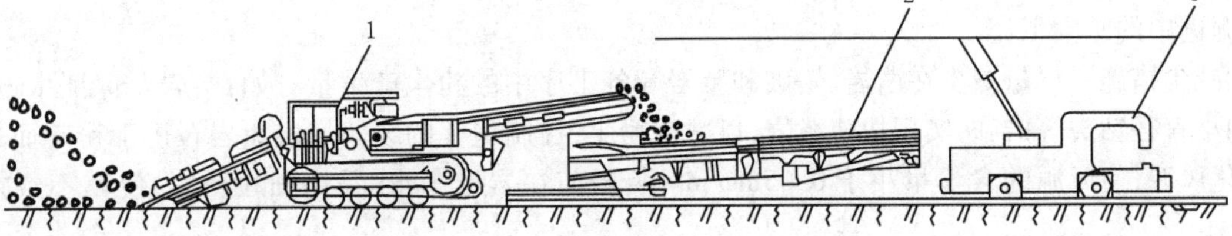

图 9-435 梭式矿车机械化作业线

1—蟹爪型装载机;2—梭式矿车;3—架线式电机车

b 长巷道独头掘进通风经验

(1) 提高通风效率。提高通风效率的关键是尽可能地降低风筒的漏风系数 K(风筒直径 1m 为标准的每个接头的漏风系数)和通风阻力系数 α,以获得最优的全系统的漏风系数 ρ(风筒始端风量与末端风量之比)值。具体措施为:

1）增大风筒直径和每节长度。跃进八矿在3033m巷道掘进中，只用1台11kW的风机和44节胶质风筒，每节长40～110m，平均长69m，直径600mm。

2）提高风筒接头质量。不同接头质量，K值波动很大，胶质风筒K值为0.003～0.004，而金属风筒K值为0.001～0.01。马万水工程队掘进某矿平巷时，用每节长5.2m金属风筒，法兰盘连接，用废石棉绳垫实，螺钉全部严密拧紧，在全长903m的风筒中，K值平均为0.0013，ρ值为1.426，达到了优质标准。

金属风筒各种连接情况下的K值见表9-288。

表9-288 金属风筒各种连接情况下的K值

风筒连接情况	K
法兰盘连接，用胶皮、毛毡或石棉绳作为垫圈材料，有足够的螺钉数，螺钉全部拧紧	0.001～0.0015
法兰盘连接，用胶皮、毛毡或石棉绳作为垫圈材料，螺钉数不足，螺钉拧得很紧	0.002～0.003
法兰盘连接，用胶皮、毛毡或石棉绳作为垫圈材料，螺钉数不足，螺钉拧得不紧或松紧不均	0.004～0.005
法兰盘连接，用草绳垫实，螺钉数足，且全面拧紧	0.006～0.007
法兰盘连接，用草绳垫实，螺钉数不足	0.007～0.008
法兰盘连接，无垫圈，采用螺钉拧紧	0.008～0.01
对口包扎连接，包扎较细致	0.008～0.01
对口包扎连接，包扎较粗糙或损坏	0.01～0.015或更大

此外，采用胶质筒时，为减小K值，采取了风筒连接时不搭边，而采取对口缝接，杜绝针缝漏风；风筒用薄铁片做成的内外压板连接；在吊钩处采取内外加弦和灌胶等措施，其结果与普通方法相比，百米漏风率由4.3%降至1.29%。

3）减小α值。将局扇放在一个焊制的铁架上，使其与风筒保持成一线，风筒吊挂在顶板上；采用同直径风筒；采用金属风筒时，插接方向为顺风流方向；风筒分枝处采用圆弧；设置风筒放水装置。

（2）通风设备方面。

1）应用局扇冲击波启动器，保证了爆破后及时启动风机，提高了通风效果。

2）局扇消声器。矿山使用的局扇噪声为95～110dB(A)。

（3）减少炮烟危害的综合措施。

1）采取通风洒水的措施。

2）选用产生有毒气体较少的炸药如水胶炸药和某些乳化炸药，其有毒气体的产生量较少，且爆炸威力和防水性能均好。

3）起爆能力大小与炮烟产生量有关。对于感度较低的炸药，如起爆能不足，将增大炮烟浓度。

4）正确使用炸药。如炮孔直径对药卷直径的比例，对炮烟浓度有很大的影响。这个比值的最大值是1，即散装药把炮孔填实不留空隙，可大大降低炮烟浓度。此外，雷管在炮孔中的位置与炮泥的种类，以及填塞质量，都足以影响炮烟的产生。水封爆破被认为是一种可以减少炮烟中有毒气体的有效措施。

5）采用炮烟过滤或吸收装置。这在国外已是一种较成功的方法。

c 掘进中的防尘工作

（1）减尘措施。尽量减少在凿岩、爆破和装岩等各工序中的粉尘产生量。如：凿岩要保证水量，并采用高气压和小直径钻头等措施，实现快速凿岩，以减少粉尘；控制炮孔的装药量避免岩石过于粉碎而造成粉尘增多；净化风源，使风源的含尘量小于0.05mg/m^3；装岩前在岩堆洒水，黏结细粒粉尘，使其不致在铲装时扬起。

（2）降尘措施。凿岩操作规定先开水后开风和先关风后关水的操作顺序，或采用风水联动机构，以防止瞬间的干式凿岩产生粉尘飞扬；净化水源，并在水中加湿润剂；采用旁侧式给水凿岩法；在凿岩机上配置除油器，防止从凿岩机排气口排出油雾并引起粉尘飞扬；采用吹孔除尘器，防止压气吹炮孔时使粉尘飞扬；爆后采用爆破冲击波启动水幕；对巷道壁要经常清洗，做到岩壁和设备无积尘。

（3）排尘措施。排尘措施主要是通风。首先应根据具体条件分别建立主扇通风系统和分区通风系统，形成主风流。其次，各作业区要实行局部通风，避免循环风流。

（4）防护措施。做好个体防护和隔离。

E 平巷掘进机械化作业线

a 我国矿山平巷掘进机械化作业配套方式

矿山平巷掘进机械化作业线的配套方式主要有5种，见表9-289。

表9-289 国内平巷掘进机械化作业线配套方式

配套方式	使用设备					适用条件
	凿岩机	掘进钻车	装岩设备	转载设备	运输设备	
方式Ⅰ	气腿式： 7655 YT24	双机液压式 PYT-2C CGJ-2	铲斗后卸式 华-1H-600 CZC-26 Z-30	斗式列车	架线式电机车	中、小断面 有轨巷道
方式Ⅱ	气腿式： 7655 YT24	双机液压式 PYT-2C CGJ-2	铲插式 CZC-150	梭式矿车	架线式电机车 梭式矿车	中、小断面 有轨巷道
方式Ⅲ	气腿式：7655 YT24	多台气腿式	连续装岩： 铲插式 CZC-150 蟹爪式 ZXZ-60	过桥皮带机 （皮带矿车）	架线式电机车 梭式矿车 或皮带矿车	适用于快速 掘进，$10m^2$ 以上 的有轨巷道
方式Ⅳ	外回转 YGZ70	三机轮胎式 CTJ700.3	铲运机	铲运机	铲运机	无轨巷道、采 场进路巷道
方式Ⅴ	外回转 YGZ70	三机轮胎式 CTJ700.3	连续装岩： 铲插式 CZC-150 蟹爪式 ZXZ-60	梭式矿车	架线式电机车 梭式矿车	适用于 $10m^2$ 以 上的有轨巷道

b 国外矿山平巷掘进机械化作业配套方式

国外在采用凿岩爆破法掘进巷道时，除重视凿岩爆破技术的改进提高外，还十分重视采用凿、装、运配套设备，发展支护机械化，使各工序协调工作，形成凿、装、运、支的机械化配套作业线，进而使之逐步自动化。

有发展前景的几种配套方式为：

（1）自行式或轨轮式回转支臂（2～3个）掘进钻车，配以高频高效重型凿岩机凿岩、蟹爪或立爪式装载机装岩，有轨巷道配梭式矿车，无轨巷道配低车体自卸卡车或推出车厢卡车运输。

（2）柴油轮胎式回转支臂掘进台车，配以2～3台外回转重型凿岩机或液压凿岩机凿岩，铲运机装运。在运距较大时，采用多台铲运机或一台铲运机加自卸卡车运输。这是采用较多的设备数量少、效率高的方案。断面为10～15m^3 的巷道，每班两人，两个工作面，可完成三个循环，循环进尺为3m，工班效率较高。

（3）自卸式（轨轮、轮胎或履带）多旋臂掘进钻车，配以3～4台高频高效凿岩机，正装侧卸式装载机，悬挂式皮带转载机或可弯曲皮带转载机，电机车牵引矿车运输。

9.14.4.3 地质条件复杂的平巷施工

A 软弱膨胀流变岩层中巷道的施工——新奥法

a 新奥法的实质

新奥法的实质是从岩石力学的新观点出发而概括出来的一种隧（巷）道工程设计、施工、监控结合并根据量测信息反馈不断调整完善掘进、支护设计及工艺参数的施工方法。它的基本内涵是在巷道施工过程中，充分利用支护构件、巷道形态等参数动态监测的基础上，配合正确的掘进、支护工艺，以充分发挥构件与围岩之间的共同作用，达到安全、快速、优质、经济施工的目的。

b 新奥法施工要点

（1）视围岩为巷道支承构件的组成部分，应尽量减少巷道周边围岩应力的扰动和应力集中。因此，施工时尽可能采取全断面掘进和微差起爆的光面爆破等措施，以减弱围岩的震动，并使巷道表面平整，避免局部应力集中。

（2）建立薄壁柔性支护系统，提高其抗剪切能力和减少产生弯矩及出现受弯断裂的机会。当采用锚喷支护和可塑性支架的适当组合构成较薄的衬砌时,可使围岩与支架(护)间的密贴程度好而无空隙,使之达到早期控制压力的目的,并可提高抗剪切能力。当地质条件需要加强巷道衬砌时,也不是增大衬砌厚度,而是采取加铺钢筋或加密锚杆、网的措施,以保证其薄壁结构。

(3) 为适应巷道围岩变形发展的特点,要建立初期和后期两次支护的观念,进行分期支护。对软弱膨胀流变岩层,不能过早进行刚性支护,应在掘进后及时进行第一次柔性支护,随着围岩变形发展,积能释放,变形速率下降趋于稳定时,再进行第二次支护,方可获得良好效果。

(4) 采用曲线全断面封闭式支护,使围岩和两次支护构件形成近似圆筒的厚壁支承环,最大限度地发挥其力学支撑作用。超前掘进的上部弧形导坑,使悬着的半边壳体(拱部衬砌)在纵轴上承受很大的挠曲,而使拱趾下的岩体受到很高载荷。因此,应及时上仰拱,缩短衬砌闭合时间,改善受力条件。

(5) 强调对巷道围岩变形与地压的系统量测来指导施工,及时调整支护参数和施工工艺。传统的衬砌厚度是根据经验公式推算地压和变形而设计的,而新奥法则是根据系统量测地压、支护应力、围岩及支护变形参数体系,大致定量地设计锚杆长度及间距、喷射混凝土厚度,然后在施工中经常进行系统的动态量测,了解时间对岩体及衬砌系统性能的影响,及时分析判定围岩及衬砌构件变形发展速率及稳定趋势,并根据量测的信息反馈来校正设计,及时调整设计参数和施工工艺。

(6) 采取对巷道的防治水措施,防止围岩水化膨胀而降低其支承能力。因此,在含水岩体中,要采取有效措施,进行引水,排水或注浆止水,防止地下水浸溶岩石,使岩石水化分解,恶化其物理力学特性。特别是有些岩层遇水膨胀后,往往会引起大的侧压、底鼓,而使巷道及其支架遭受破坏,更应重视治水。

c 适用范围

新奥法施工,广泛应用于一般不稳固的岩层中的巷道施工,特别适宜于软弱膨胀流变岩层中的巷道施工。

B 松散破碎层中的巷道施工

a 松散破碎岩层的掘进

松散破碎岩层的掘进的关键工序是支护以及掘进与支护工作的正确配合。根据地质岩层条件选用不同的掘进支护方法。

(1) 超前锚杆法。本法适用于岩石中硬,层理、节理发育,中等破碎,采用锚喷支护。实施本法的操作要点:锚杆孔顶帮向外张角5°~7°;杆长相当于循环进尺1.5~1.8倍,光爆配合;超前锚杆作永久支护一部分。

(2) 撞楔法。本法适用于松散岩层,干砂砾层,围岩不稳固,掘进后不允许空顶,涌水 $<10t/h$。实施本法的操作要点:撞楔一般用 $\phi10\sim12cm$,长3~3.5m的圆木,套上铁帽;撞杆仰角与外张角15°~20°;撞锤可吊在棚梁上打,效率可提高3~4倍;工作面3~4m内,棚距0.7~0.8m,其后部背成密集棚。

(3) 钢轨送梁法。本法适用于冒落3m以上,岩石硬,并夹有大块,撞楔打不进去的岩层。实施本法的操作要点:用24kg/m钢轨及特制U形卡送梁;钢轨根数视地压大小而定,一般为2~3根;两帮掏窝立腿后清渣。

(4) 穿梁护顶法。本法适用于断层附近、节理交错、挤压破碎、容易掉块,但岩石硬,撞楔打不进去,冒落高1.5m以下。实施本法的操作要点:爆破后先支悬壁托梁护顶,然后出渣支棚;托梁上不得悬有木块。

b 松散破碎岩层的支护

在严重风化和断层破碎带,或岩脉反复穿插,节理交错发育的软质砂岩接触带,围岩碎裂成小块且胶结很差,无法利用围岩的自支承能力。这时通常采用简易的木支架作临时支护,而后用钢筋混凝土作永久支护。

该法的优缺点是:与拆棚放顶支护法比较,作业安全;拱顶上留有密实的缓冲层,不会在碹拱上造成二次冒顶冲击;坑木不能回收,成本较高;施工工序复杂,进度较慢。

C 含水层与流砂层中的巷道施工

a 钻孔放水施工法

在含水层巷道淋水涌水不仅恶化作业条件,主要影响爆破等作业。这时,必须先治水,弄清水文地质情况,采取各种引、排水措施,并采用防水炸药和非电起爆系统,方可保证安全施工。当含水层稳固性较好,岩性中硬,含水量较大(大于15t/h)时,必须打钻孔放水,或在巷道附近较低位置开凿放水小巷疏干,待水量降至5～10t/h以下时，便可正常掘进。

b 工作面预注浆施工法

当含水层岩体破碎松散或砂砾层，含水量大于10t/h时，则会形成半流动体或流砂，这时用普通法无法施工，而采用工作面预注浆止水，极其有效。

D 塌陷区的处理

a 塌陷区固结注浆施工法

在塌陷区或含水砂层及细颗粒破碎带不稳定岩体，用常规法难以通过，采用化学注浆法、化学水泥混合注浆是有效的特殊掘进法之一。

b 封闭式撞楔施工法

当塌陷区内松散岩体疏干后，其安息角约30°能保证其相对稳定时，可采用小断面封闭式撞楔法施工。特点是：在巷道顶帮周边打撞楔，为了防止工作面流渣涌出，同时用长短不一的圆杆及插板直接打入工作面的塌落岩体上，进行封闭，然后用掏窝法支上梁柱。清渣石时，可以边清渣边用锯将打入渣石中的圆杆截断，同时在孔隙处打入新的圆杆和插板。推进一小段（0.8～1.0m）后，再将工作面封闭，开始下一轮操作。小断面掘进后的永久支护，可采用套棚支护法施工。

9.14.4.4 掘进新方法——联合掘进机掘进

我国在1983年和1984年JE-30型和SJ-58A型掘进机相继进行了技术鉴定。在抗压强度80MPa以下岩层中，JE-30型掘进机的最高班进尺9.34m，月进尺213.4m，平均月进尺98.85m。SJ-58A型掘进机已达到月钻掘煤矿平硐150m的速度。设备的机械作业率：SJ-58A为17.24%～18.7%，工时利用率为53.7%～57.9%，JE-30则为18.7%和60.7%。

A 联合掘进机掘进法的实质与评价

a 实质

联合掘进机掘进法的实质是采用联合掘进机连续进行机械破碎岩石和出渣等各项工序，实现连续掘进的方法。

b 优缺点

(1) 优点：掘进工序简化，连续作业，掘进速度快；机械化程度高，节省人力，劳动强度低；不用爆破，对围岩破坏少，安全性高；周壁光滑，不会超欠挖，巷道质量好，支护简单；切落的岩屑块小而均匀，排渣容易。

(2) 缺点：售价高，机体庞大笨重，质量大，成本高，构造复杂，制造工期和辅助时间长；动力容量大，动力费用高；刀具寿命不长；适应性差，要求的掘进巷道曲率半径大，也不适用于多变岩层。

c 适用条件

(1) 要求巷道掘进长度，一般不少于400m。

(2) 岩层比较稳定，不易坍落的巷道施工。

(3) 中硬岩层，过硬的岩层因刀具费用过大而难于应用。

(4) 曲率半径大的直巷道。

(5) 掘进断面的直径不宜过大，国外虽有10m以上的机型，但国内合理的直径为3～5m。

B 联合掘进机掘进新方法的发展动向

在刀具方面有了很大的突破，平巷联合掘进机已能掘进硬岩，且在它的适应性和导向性能，以及掘进非圆形断面巷道等方面的研究工作，也取得了很大的进展。但是，从国内外的实际情况看，全断面联合掘进机主要仍应用于隧道工程、水电工程及城市地下工程中。究其原因，除了它存在质量大，机体装、运、卸麻烦，以及成本高，制造周期长，动力容量大，转弯半径大等缺点外，矿山地质条件比较复杂，在掘进中经常会遇到断层破碎带，岩石又比较硬，刀具寿命低，掘进机的适应范围的局限性等方面存在的问题，也是一个重要的原因，有待进一步改进和提高。

(1) 联合掘进机的发展方向。平巷联合掘进机的突出问题，是如何适应矿山平巷掘进的具体条件，如向质量轻，转弯半径小，矿山巷道所要求的非圆形断面和能适应多变岩层的方向发展。如果在圆满解决导向技术、后部配套、刀具等问题后，伴随着金属材料和液压技术的发展以及新的破岩方法的出现和配合应用，联合掘进机必将更多地应用于矿山主要巷道和其他工程中。

平巷联合掘进机有一定的适用范围，不能完全取代传统凿岩爆破掘进法。作为一种有发展前途的掘进新技术，是肯定无疑的。

（2）平巷掘进的新方法。除上述联合掘进机掘进法已取得迅速发展外，随着破岩新技术的发展，国外正在研究各种平巷掘进的新方案和新方法。目前进展较大的有遥控连续爆破掘进法、高压水射流掘进法和炮击掘进法等。

9.14.5 硐室工程

地下矿山硐室工程很多，用途不同，大小不一。总的可将其分为生产性硐室（如地下破碎系统硐室、无轨设备维修硐室、提升机硐室、水泵硐室、水仓、井下爆破器材库及炸药发放硐室等）和服务性硐室两大类。

各种硐室设计的原则和方法基本上是相同的。首先根据硐室的用途，合理选择硐室内安设的机械和电气设备；然后根据已选定的机械和电气设备的类型和数量，确定硐室的形状及其布置；然后再根据这些设备安装、检修和安全运行的间隙要求以及硐室所处围岩稳定情况，确定出硐室的规格尺寸和支护结构。有些硐室还需要考虑防潮、防渗、防火、防爆等特殊要求。

本节介绍的是具有代表性的主要开拓硐室工程，其中地下破碎（系统）硐室和无轨设备维修硐室见9.2.10.2的内容。

9.14.5.1 提升机硐室

井下提升机硐室按提升系统可分为单绳提升机硐室和多绳提升机硐室，按井筒形式可分为盲竖井提升机硐室和盲斜井提升机硐室。

A 提升机硐室的一般规定

（1）提升机硐室应选择在稳定岩层内的车场运输巷一侧。硐室与运输巷道或井筒之间的岩柱不小于6～8m。

（2）提升机硐室地坪应高出该处巷道轨面0.2m。地坪一般应采用C10级混凝土地面，厚度0.1m。通道应向运输巷道做0.3%的下坡。

（3）通道应设置向外开启的铁栅门，并布置在机房的一侧。提升机硐室必须设大件道。通道兼做大件道时，其通道断面应满足最大件设备运输的要求。

（4）提升机硐室一般应砌碹或锚喷支护，硐室内不准有淋、渗、透水现象。

（5）硐室内应通风良好，温度不得超过30℃。

（6）配电硐室的位置应符合供电线路最短的原则，布置在卷扬机硐室的一端，当其长度超过10m时，应有两安全出口，每个出口应安装向外开启的铁栅栏门。配电硐室地坪比机房硐室地坪高0.1～0.2m。

（7）绳道底板倾角应与卷筒下部仰角相等。绳道内应设有人行道、台阶和扶手。台阶宽度不小于900mm。绳道断面除满足提升钢绳要求外，尚应满足天轮搬运的要求。

（8）提升机硐室应设置起吊设施，一般都设有起吊梁或吊车。

B 提升机硐室尺寸

a 提升机硐室尺寸的确定

提升机硐室尺寸计算见表9-290和图9-436。

表9-290 提升机硐室尺寸

计算项目	硐室尺寸		
	宽度 b	长度 a	高度 H
计算公式	$b=b_1+b_2+b_3$	$a=d+g+e$	$H=h+h_1$
符号注释及取值	b_1 为提升机基础外缘至墙壁间距离，一般取值为1.0～1.5m；b_2 为电动机基础外缘至墙壁间距离，一般取 $b_2 \geq 1.5$m；b_3 为设备基础最大宽度，m	d 为卷筒中心至前墙壁间距离，由设备型号确定；g 为卷筒中心至设备基础外缘间的距离；e 为基础外缘至后墙间的距离，应考虑检修场地面积60～80m²	h 为起重梁底面至地面的高度，一般按设备起吊高度确定，或估算 $h \geq D+1.5$m；D 为卷筒直径；h_1 为起重梁底面至拱顶高度，一般由拱形确定

b 绳道尺寸的确定

(1) 钢绳中心位置(图9-437)计算式如下:

$$x_1 = \lambda_1 + f \tag{9-374}$$

$$x_2 = \lambda_2 + f \tag{9-375}$$

$$\lambda_1 = D_1/2\cos\varphi_1 + d\tan\varphi_1 \tag{9-376}$$

$$\lambda_2 = [d - D_1/(2\cos\varphi_2)]\tan\varphi_2 \tag{9-377}$$

式中 x_1——提升机上面钢绳与前墙中心线交点至硐室底板的高度,m;

x_2——提升机下面钢绳与前墙中心线交点至硐室底板的高度,m;

f——卷筒中心至硐室底板的高度,m;

D_1——卷筒直径,m;

d——卷筒中心至前墙中心线的距离,m;

φ_1——提升机上提升绳仰角;

φ_2——提升机下提升绳仰角。

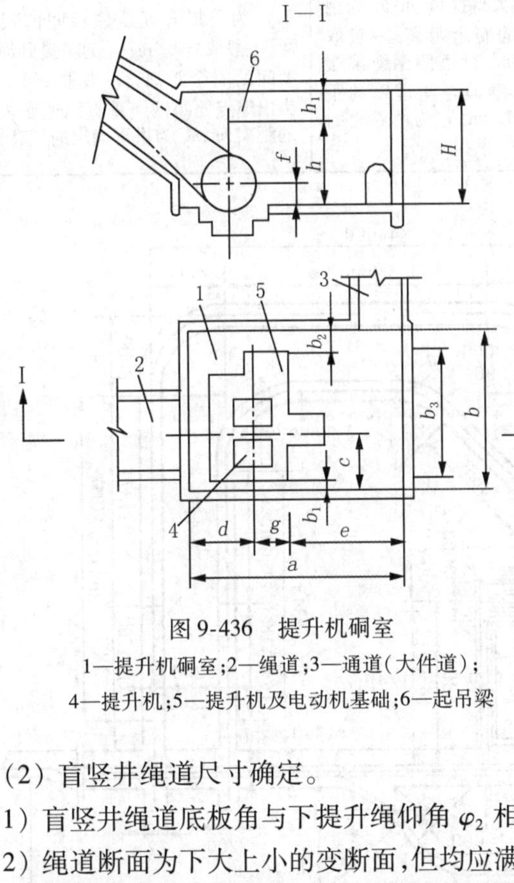

图9-436 提升机硐室

1—提升机硐室;2—绳道;3—通道(大件道);4—提升机;5—提升机及电动机基础;6—起吊梁

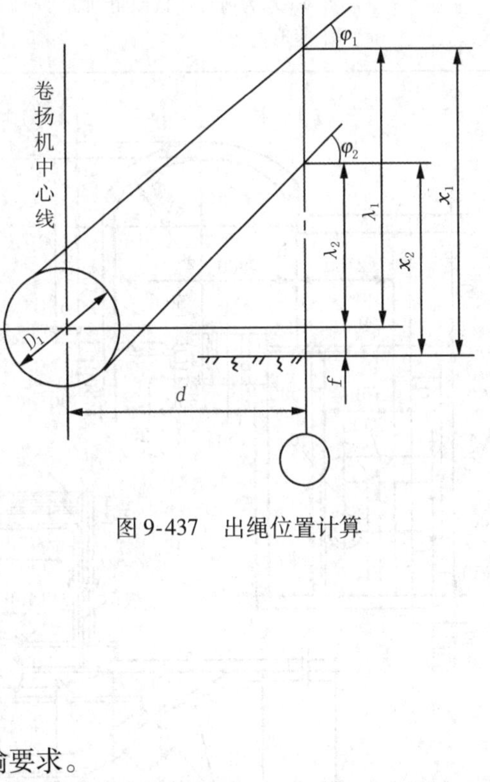

图9-437 出绳位置计算

(2) 盲竖井绳道尺寸确定。

1) 盲竖井绳道底板角与下提升绳仰角 φ_2 相同。

2) 绳道断面为下大上小的变断面,但均应满足天轮运输要求。

3) 绳道断面尺寸确定见图9-438、图9-439和表9-291。

(3) 斜井绳道。斜井绳道分为水平绳道和斜绳道两种。

1) 斜井斜绳道的尺寸确定与盲竖井绳道相同。

2) 斜井水平绳道与一般巷道相同,长度由提升系统的配置确定。

3) 靠近卷筒的天轮应设游动天轮一组或多组,游动天轮的布置分落地式和架起式两种。这样游动天轮硐室和绳道的结构应根据游动天轮的布置不同而异。

9.14.5.2 水泵硐室

井下排水系统平面布置如图9-440所示。

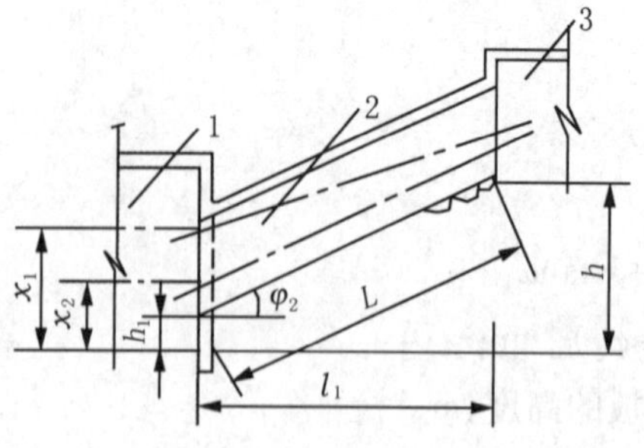

图 9-438　绳道长度计算

1—提升机硐室;2—绳道;3—天轮硐室

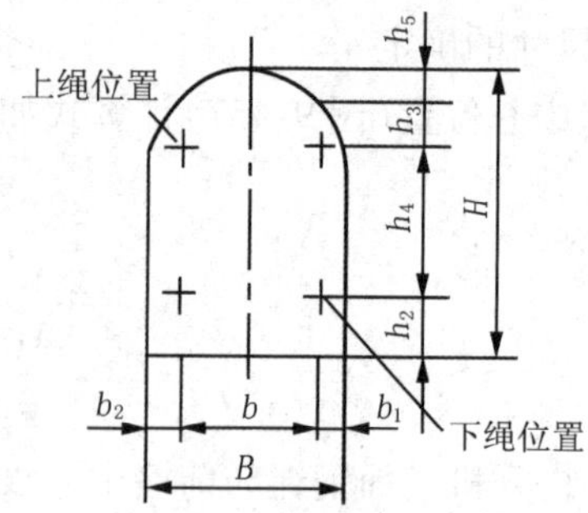

图 9-439　绳道断面

表 9-291　斜绳道尺寸计算表

计算项目		硐室尺寸		
		长　度	宽　度	高　度
计算公式	单卷筒	$L = (h - h_1)/\sin\varphi_2$	$B = b + b_1 + b_2$	$H = h_2 + h_3 + h_4 + h_5$ $h_4 = (x_1 - x_2)\cos\varphi_2$
	双卷筒	$L = (h - h_1)/\sin\varphi_2$	$B = b + b_1 + b_2 + b_s$	
符号注释及取值		h 为天轮硐室与卷扬机硐室的地坪高差,m;h_1 为出绳前墙处绳道底板至卷扬机硐室底板的高差,m;φ_2 为绳道底板倾角,取下绳仰角值	b 为钢绳最大偏摆量,m;b_1 为钢绳与绳道壁的安全距离,一般取≥0.3m;b_2 为人行道侧钢绳偏摆最大位置时,钢绳与绳道壁的距离,一般取≥1.0m;b_s 为两卷筒的中心距离,m	h_2 为下提升绳至底板间的安全距离,一般取≥0.5m;h_3 为上提升绳至拱壁间的安全距离,一般取≥0.3m;h_4 为出绳点处两钢绳垂直绳道底板方向的距离,m;h_5 为拱形确定的超高量,m

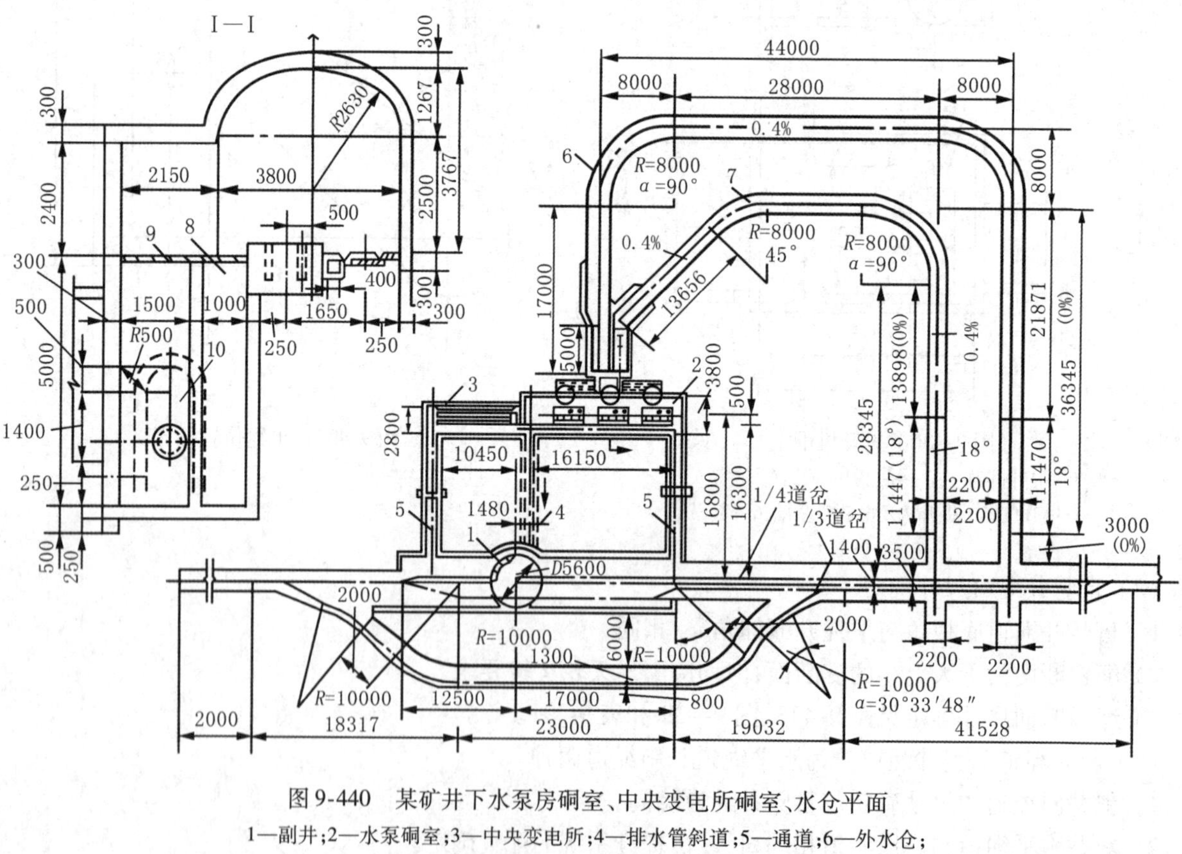

图 9-440　某矿井下水泵房硐室、中央变电所硐室、水仓平面

1—副井;2—水泵硐室;3—中央变电所;4—排水管斜道;5—通道;6—外水仓;7—内水仓;8—吸水井;9—分水井;10—分水巷道

A　水泵硐室的一般规定

(1) 水泵硐室应靠近井筒敷设排水管道的一侧,并与井下中央变电硐室毗邻。

(2) 水泵硐室应有两个出口,一个出口通往井底车场,并应设置防水门;另一个出口通往井筒的管子斜道。

(3) 水泵硐室地面应比入口处的井底车场巷道轨面高出0.5m,并应低于变电硐室地面0.3m;斜井井底车场水泵硐室通道与设有高低道的储车线相连接时,水泵硐室应设于高道一侧,其地面应高于高道轨面0.5m;当为潜设式水泵硐室时,其硐室地面应低于井底车场巷道轨面4~5m。

(4) 水泵硐室的吸水井、配水井应采用混凝土砌碹。硐室地面应铺设厚度为0.1m的混凝土,并应考虑排水坡度。电缆沟应用混凝土砌筑,沟底纵向坡度为0.3%,坡向集水坑或吸水井。

(5) 水泵硐室应敷设轨道,并在硐室内设置转盘。硐室内的轨道轨面应与水泵硐室混凝土地面标高一致。硐室应设与井底车场连通的通道,通道的断面应满足设备最大件的运输要求。

(6) 水泵硐室应设置起重设施。

(7) 管子道宜布置在水泵硐室端部,管子道倾角不应大于30°;潜没式水泵硐室管子道倾角应小于45°。管子道出口应高于马头门地面7m以上。管子道断面宽度,应根据排水管数量、规格、布置形式、安装要求及人行踏步的宽度确定。管子道断面高度不应低于2m。

(8) 管子道设施应符合下列要求:

1) 管子道应设托管梁或管墩,有电缆通过时,应设电缆架;

2) 管子道与竖井连接处的平台长度应大于2m,并应使人员能从平台进入梯子间;

3) 在管子道与竖井连接处的平台顶板,应设起重梁或吊环;

4) 人行台阶宽度应大于600mm,高度不应大于300mm。

(9) 水泵硐室配置成有配水井及配水巷时,吸水井底板应低于配水井(巷)底板1m左右。

(10) 水仓与配水井或配水井与吸水井之间应设置不小于300mm厚的混凝土挡土墙,配水井底板应低于水仓底板。

(11) 潜没式水泵硐室的分水巷,应设置分水闸阀硐室,并应安装操作平台,其高度不宜低于4.5m。进水巷应设置钢筋混凝土挡水墙并应采取防渗漏措施。

B 硐室形式

水泵硐室分为普通式和潜没式两种,其优缺点及适用条件见表9-292。

表9-292 普通式和潜没式硐室比较表

形式	特征	优点	缺点	适用条件
普通式	(1)水泵房与变电硐室、井底车场巷道高差较小; (2)水泵采用吸水井吸水	(1)与井底车场连接方便,施工较简单; (2)通风条件较好; (3)硐室工程量小; (4)可以采用简易防水闸门防水	(1)不能自动灌水,易产生气蚀现象,对水泵及管道磨损较严重; (2)吸水高度较高,水泵效率低; (3)一般需设真空泵; (4)经营费较高	可用于任何条件下的井下排水
潜没式	(1)硐室底板比变电硐室、井底车场巷道底板低4~5m; (2)水仓、吸水巷道与水泵硐室之间需设置防水挡墙; (3)水泵硐室与井底车场、变电硐室采用斜道连接; (4)水泵吸水由吸水巷道直接压力灌水	(1)压力进水,可采用吸水高度低、高效率的水泵; (2)水泵吸水管无底阀,阻力小; (3)水泵启动自动灌水,不产生气蚀现象,水泵及管道磨损小; (4)经营费较低	(1)硐室与车场连接复杂,需设置斜坡道、绞车硐室和分水巷道,工程量大、施工较复杂; (2)进水巷防水挡水墙易渗水,需采取防渗、漏措施; (3)通风条件差; (4)必须设置可靠的密闭防水闸门及防水闸门硐室	涌水量较大的大、中型矿井井下排水

水泵硐室的布置采用水泵沿硐室纵向布置方式,按水泵在硐室内的排列方式又分为单排和双排两种,一般常用单排布置形式。

C 吸水井、配水巷

a 普通水泵硐室

当配置成无配水井、配水巷时,吸水井直接与内、外仓相连接。吸水井一般为矩形,可几台水泵共用一口吸水井,采用分水闸阀控制水量。当配置成有配水井、配水巷时,见图9-441。

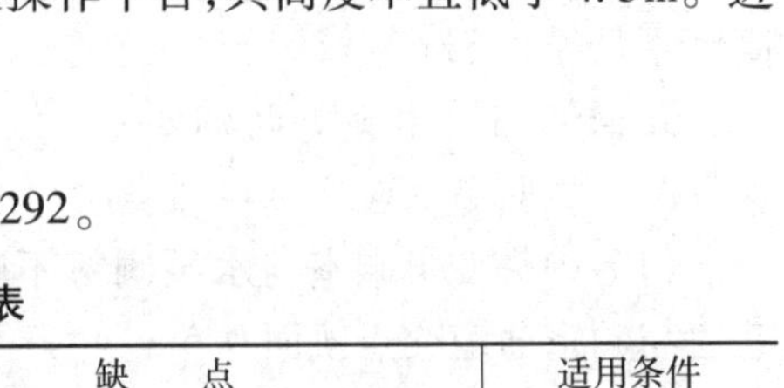

图9-441 有配水井、配水巷的吸水井布置
1,2—内、外水仓;3—配水井;4—配水巷;5—吸水井;6—水泵基础;7—水泵硐室;8—配水闸阀

水仓与吸水井或配水井之间应设置不小于300mm厚的钢筋混凝土挡水墙,配水井上部为拱形壁龛,其净高应大于1.8m。配水巷

宽度不小于1.5m,高度不小于1.8m。

b 潜没式水泵硐室

潜没式水泵硐室采用分水巷、进水巷直接向水泵供给压力水(图9-442)。分水巷设置分水闸阀硐室,安装操作平台,高度一般不低于4.5m。进水巷应设置钢筋混凝土挡水墙,并采取防渗漏措施。

进水巷、分水巷与水仓连接如图9-443所示。

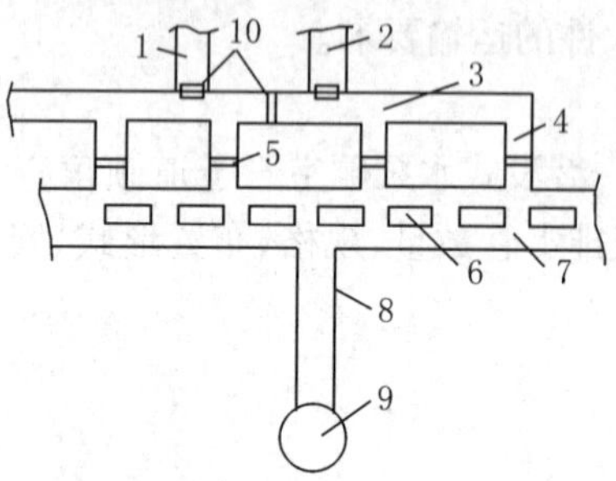

图9-442 潜没式水泵硐室进水巷

1—外水仓;2—内水仓;3—分水巷;4—进水巷;5—挡水墙;6—水泵基础;7—水泵硐室;8—管子道;9—井筒;10—分水闸阀

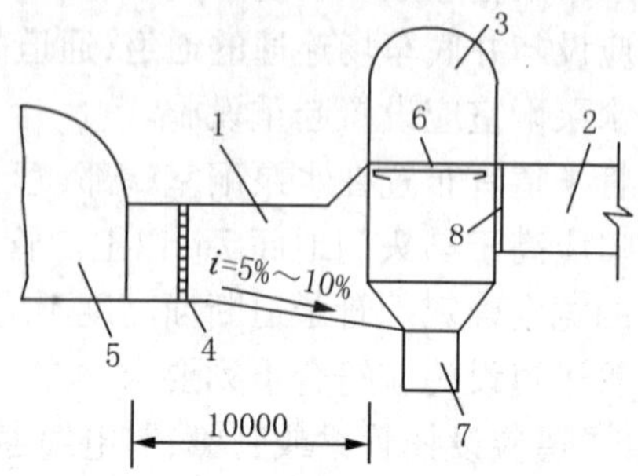

图9-443 进水巷、分水巷与水仓的连接结构

1—进水巷;2—水仓;3—分水巷闸阀硐室;4—挡水墙;5—水泵硐室;6—操作平台;7—排泥设施;8—分水闸阀

c 真空泵硐室

普通水泵硐室的水泵为解决水泵启动灌水和防止气蚀现象应配置真空泵,设真空泵硐室(图9-444)。一般采用平顶式壁龛结构,其宽度为2.5m,高度不低于1.8m。

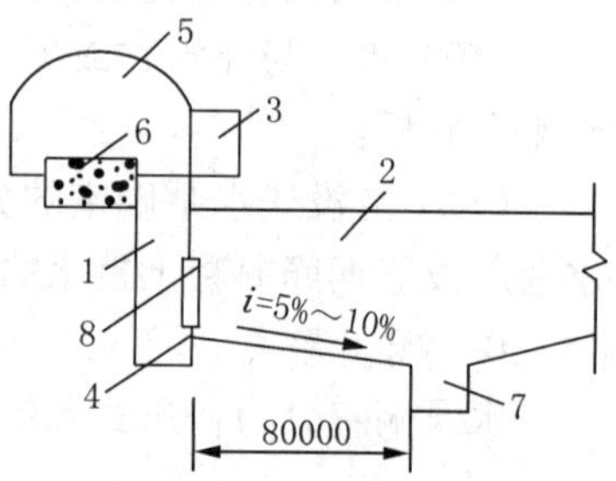

图9-444 真空泵硐室、吸水井与水仓的连接

1—吸水井;2—水仓;3—真空泵硐室;4—挡泥墙;5—水泵硐室;6—水泵基础;7—排泥设施;8—分水闸阀

9.14.5.3 中央变电硐室

A 中央变电硐室的一般规定

(1) 中央变电硐室与水泵硐室不毗邻时,其地面应高出井底车场运输巷道与硐室通道交点轨面0.5m。

(2) 中央变电硐室长度超过6m时,应在两端各设一个出口并装有外开的铁栅栏门。当与中央水泵硐室联合布置时,则一个出口通井底车场,另一个出口可通中央水泵硐室。

(3) 中央变电硐室与中央水泵硐室之间,应设置防火门或栅栏门。

(4) 硐室电缆沟应用混凝土砌筑,沟底纵向坡度应为0.3%左右,坡向集水坑或吸水井。

(5) 中央电硐室在通往井底车场的通道中,应设密闭防水门和不妨碍防水门关闭的铁栅栏门。防水门外5m范围内巷道应用混凝土砌碹或用其他非燃烧材料支护。通道断面应能通过变电硐室内最大设备。通道底板坡度宜采用0.3%,坡向出口。

B 中央变电硐室尺寸

中央变电硐室由变压器硐室、配电硐室(高压配电、低压配电)和安全通道组成。

a 硐室尺寸确定

一般采用单排布置。硐室尺寸确定见图9-445、表9-293。

b 通道

通道规格应能满足最大设备和最大件的运输要求,其宽度一般为2~2.5m,高度为2.5m。通道入口处需安装铁栅栏门一道。底板坡向出口,以便排水。

9.14.5.4 水仓

A 水仓的类型及适用条件

水仓的类型及适用条件见表9-294。矿山井下排水工程中常用的为普通型和混合型两种。对于缺水地区,为综合利用地下水力资源,清水仓将发挥重要作用。

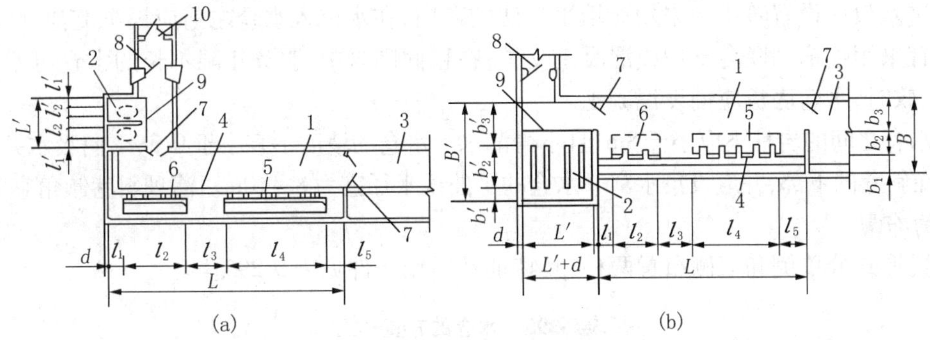

图 9-445 中央变电硐室平面布置

(a)L形布置;(b)一字形布置

1—配电硐室;2—变电硐室;3—水泵硐室;4—电缆沟;5—高压开关柜;6—低压配电箱;7—防火门;8—防水密闭门;9—安全隔栏;10—栅栏门

表 9-293 中央变电硐室尺寸计算

项目	变电硐室尺寸			配电硐室尺寸		
	长度	宽度	高度	宽度	长度	高度
公式	$L'=2l'_1+nl'_2+(n-1)l_2$	$B'=b'_1+b'_2+b'_3$	H	$B=b_1+b_2+b_3$	$L=l_1+l_2+l_3+l_4+l_5$	H
符号与注释	L'为变电硐室长度,mm;l'_1 为变压器到端墙的距离,一般取 $l'_1\geqslant 500$mm;l'_2 为变压器的宽度,由变压器型号确定;l_2 为两变压器之间的距离,一般取 $l_2\geqslant 800$mm;B'为变电硐室宽度,mm;b'_1 为变压器至后墙的距离,一般取 $b'_1\geqslant 500$mm;b'_2 为变压器的长度,由变压器型号确定;b'_3 为人行道侧通道的宽度,一般取 $b'_3\geqslant 1500$mm			L 为配电硐室长度,mm;l_1 为低压配电箱至端墙的距离,一般取 $l_1\geqslant 500$mm;l_2 为低压配电箱的长度,mm;l_3 为低、高配电箱设备间距,取 $l_3\geqslant 800$mm;l_4 为高压开关柜布置的长度,mm;l_5 为高压配电柜至端墙的距离,mm;B 为配电室宽度,mm;b_1 为设备至后墙的间距,取 $b_1\geqslant 500$mm;b_2 为设备宽度,mm;b_3 为人行道宽度,取 1500 ~ 2000mm;H 为硐室高度,一般 $H\geqslant 5000$mm		

表 9-294 水仓的类型及适用条件

类型	特 征	优 点	缺 点	适用条件
普通型	(1)人工清泥; (2)采用机械清泥(清泥机、铲运机、电耙等)	(1)布置简单; (2)工程量小、施工方便	(1)清泥作业条件差; (2)污染严重; (3)水质难以达到排放标准	含泥砂量小的矿山
清水仓	(1)先经沉淀池沉淀泥砂; (2)残留泥砂用压气罐打入沉淀池泥砂库	(1)清泥砂效果好,操作简单; (2)无污染,水质可达到排放或使用标准	(1)工程量大,施工复杂; (2)基础资料要求准确、严格	含泥砂量较大、涌水量较大的矿山
混合仓	仓内安装压气排泥罐、潜污泵或水抽子将泥浆打入沉淀池或集泥池	(1)效率高、劳动强度低; (2)无污染,水质可达到排放标准	(1)工程量大,施工复杂; (2)管路易磨损; (3)基础资料要求严格	含泥量较大、涌水量较大的矿山
浑水仓	(1)泥浆直接排至地表; (2)设置仓底高压风、水管或起浪泵,不使泥浆沉淀	(1)工程量小、施工简单; (2)工艺简单,劳动强度低	(1)泥浆泵及管路易磨损; (2)需要建设地表清水工程	(1)泥砂含量较大,以小于 0.1mm 粒径为主; (2)设备容易解决

B 水仓的一般规定

(1) 水仓的布置形式应根据井底车场型式、泵站位置及围岩稳定条件确定。水仓入口应靠近井底车场或运输巷道的最低点。

(2) 水仓应由两组独立的巷道组成,水仓长度及断面大小应根据水仓容量、围岩条件和清仓设备外形尺寸确定。水仓顶板标高应低于水泵硐室底板 1m 以上,并应低于水仓入口水沟底板标高,其平面和立面布置尺寸应进行闭合计算。当清仓采用矿车运输时,水仓通道内应能存放一定数量的矿车。

(3) 每条水仓的容积应能容纳 2 ~ 4h 的矿井正常涌水量。两条水仓总容积应能容纳 6 ~ 8h 的矿井正常涌水量。

(4) 水仓进水口应设置箅子。采用充填采矿法的矿山，在水进入水仓之前应设沉淀池。

(5) 水仓宜采用喷锚网联合支护或混凝土支护；在稳固围岩中，服务年限不长的水仓可不支护。水仓清泥量大，底板松软时，水仓底板应铺设混凝土。

(6) 两条水仓之间的岩柱不应小于8m，且不得漏水。水仓的坡度不宜小于0.3%，向吸水井方向上坡。水仓最低点应设在斜巷的下部，并应设集水窝。水仓的平曲线半径宜为8～10m。清理斜巷倾角宜为10°～20°。

C 水仓的布置

水仓的布置形式分单侧和双侧布置两种，其特征及适用条件见表9-295。

表9-295 水仓的布置形式

形 式	图 示	特 征	适用条件
单侧布置	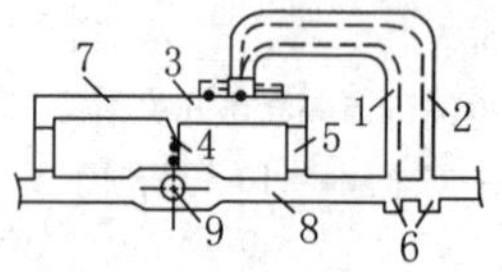 1,2—内、外水仓；3—水泵硐室；4—管子斜道；5—通道；6—绞车硐室；7—中央变电硐室；8—井底车场巷道；9—副井	(1)水仓入口在井底车场的同一侧；(2)水仓进水和清泥容易控制；(3)清泥时影响大巷运输	(1)中央竖井开拓的环形车场；(2)侧翼竖井开拓
双侧布置	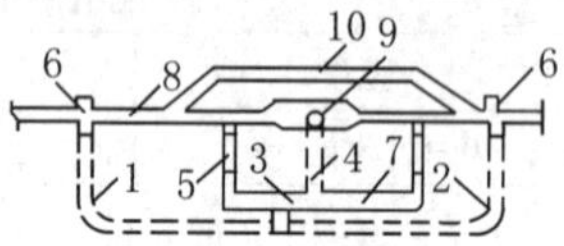 1,2—左、右水仓；3—水泵硐室；4—管子斜道；5—通道；6—绞车硐室；7—中央变电硐室；8—井底车场巷道；9—副井；10—绕道	(1)水仓入口分别设在井底车场的两侧；(2)两水仓入口和清泥控制较复杂；(3)清泥时影响大巷运输	中央竖井开拓的车场

水仓与井底车场一般采用平巷连接，然后接入清理斜巷(图9-446、图9-447)。

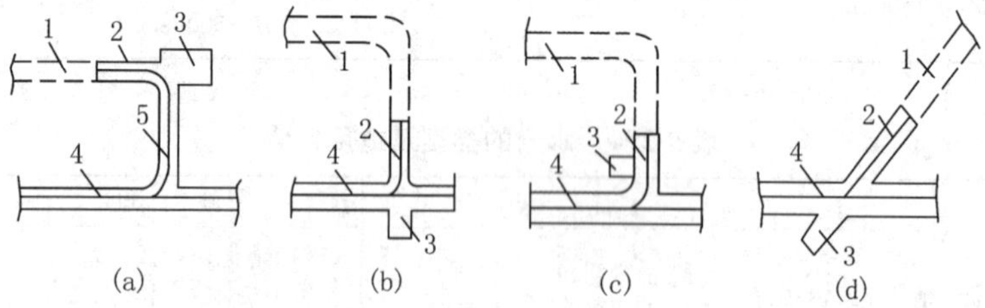

图9-446 水仓与井底车场的连接

(a)正交(绞车硐室在联络巷内)；(b)正交(绞车硐室在运输巷道内)；(c)正交(绞车硐室在入口通道内)；(d)斜交(绞车硐室在运输巷道内)

1—水仓；2—水仓入口平通道；3—绞车硐室；4—车场巷道；5—联络平巷

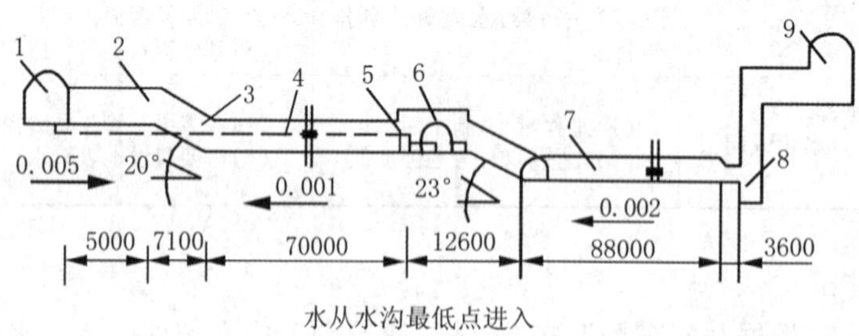

水从水沟最低点进入

图9-447 设沉淀池的水仓与车场巷道的连接

1—车场进水平巷；2—水仓入口平通道；3—清理斜巷；4—沉淀池；5—挡水墙；6—联络平巷；7—水仓；8—吸水井；9—水泵硐室

D 水仓尺寸及支护

a 水仓长度

水仓平面应根据车场最低点和水泵硐室的平面关系确定。首先进行闭合计算，由于仓底坡度很小，可用平面长度为水仓长度的近似计算方法：

$$L = (6 \sim 8)Q/(nbh_1) \tag{9-378}$$

式中 L——每条水仓的长度，m；

Q——矿井正常涌水量，m^3/h；

n——水仓条数，一般取 $n=2$；

b——水仓的净宽度，一般取 2～3m；

h_1——有效深度，一般取 1.5～2m。

b 水仓断面

水仓容积分为有效容积 V_1、无效容积 V_2（图 9-448）。取水仓长度的中心断面计算，则水仓有效断面为 S_1，无效断面为 S_2，总断面为 S。

$$S = S_1 + S_2 \tag{9-379}$$

$$S_1 = (6 \sim 8)Q/L \tag{9-380}$$

$$S_2 = (0.5h_4 + h_3)b \tag{9-381}$$

$$h_4 = iL \tag{9-382}$$

$$h = h_1 + h_2 \tag{9-383}$$

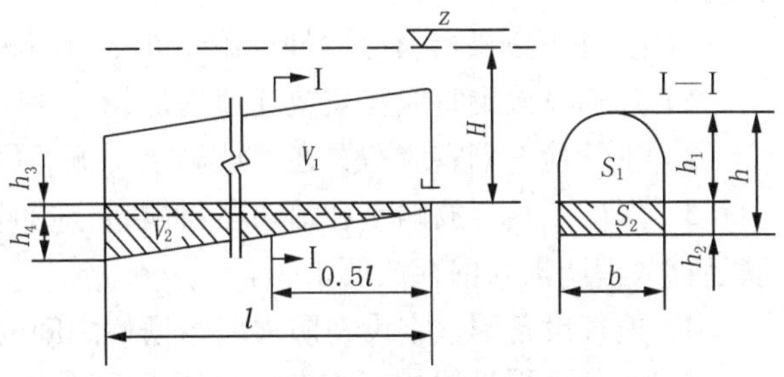

图 9-448 水仓断面计算

式中 h_1——水仓有效高度，m；

h_2——水仓无效高度，m；

h_3——水仓与吸水井连接处分水闸阀底面与水仓底板的距离，m；

h_4——水仓两端的坡度高差值，m；

i——水仓的坡度，一般取 2%～3%；

h——水仓的净高度，m；

其余符号意义同前。

c 水仓支护

水仓一般不支护。当围岩破碎、渗漏水严重时，可采用喷射混凝土或整体混凝土支护。为方便水仓清理均采用不小于 0.1m 厚的混凝土地面。

水仓与水泵硐室连接处需用整体混凝土砌筑，其长度为 3～5m。

9.14.5.5 井下爆破器材库及炸药发放硐室

A 井下爆破器材库及炸药发放硐室的一般规定

（1）井下爆破器材库应包括炸药及起爆器材存放库、辅助硐室和通向库房的一组巷道等。辅助硐室中应有雷管检选、发放炸药、放炮工具存放、管理人员室等专用硐室。

（2）井下爆破器材库的位置，应选择在岩层稳固地段，不得设在含水层及破碎带内。井下爆破器材库的布置型式应根据矿山规模确定。炸药消耗量较大的一、二类矿山，宜采用硐室式库房；炸药消耗量较小的三类矿山，可采用壁槽式库房。

（3）井下爆破器材库的布置，应符合下列要求：

1）库房距井筒、井底车场和主要运输巷道的距离：硐室式库房不小于 100m，壁槽式库房不小于 60m；

2）库房距经常行人巷道的距离：硐室式库房不小于 25m；壁槽式库房不小于 20m；

3）库房的联络巷道必须拐三个直角弯，连通巷道在拐弯处应延长 2m，断面不小于 $4m^2$；

4）井下爆破器材库应设两个出口；

5）储存雷管及硝化甘油类炸药的硐室或壁槽应设金属网门；

6）储存爆破器材的硐室、壁槽之间应留有足够的殉爆安全距离。

（4）井下爆破器材库必须有单独的通风风流，回风风流应直接进入矿山的回风巷道内。

（5）发放硐室及 15m 以内的连接巷道，应采用混凝土或非燃烧材料支护，库房内应采取防潮措施。库房地板应铺0.1m厚的混凝土,并应在其上铺设木地板或胶板。

（6）库房内必须备有足够数量的消防器材和高压水管。出入口处必须设置向外开的防火铁门。

（7）井下爆破器材库的储存量:单个硐室储存炸药量不得超过2t;单个壁槽储存的炸药量不得越过400kg。其库容量不得超过该矿井3昼夜的炸药需要量和10昼夜的起爆器材需用量。

（8）有矿尘爆炸危险的矿井井下爆破器材库附近,必须设置岩粉棚并定期更换岩粉。

（9）储存爆破器材的硐室或壁槽内不得安装灯具;电源开关箱应设在辅助硐室里;有可燃性气体和粉尘爆炸危险的井下库房必须使用防爆型电灯和安全电筒;其他井下库房可使用蓄电池灯、安全手电筒等作为移动式照明。

（10）井下爆破器材库的辅助硐室布置,应符合下列要求:

1）炸药发放硐室应在发放通道内加设一道带发放窗口的栅栏门;

2）雷管检选硐室应布置在发放硐室一侧的尽头巷道内;

3）爆破工具存放硐室和消防器材硐室,应布置在发放硐空前面的通道一侧或利用尽头巷道,其规格应满足存放消防器材的存放要求;

4）电气设备硐室宜设在防火门与栅栏之间的通道一侧。

（11）每个爆破器材库应有两个便于运送炸药和行人的出口。其中一个出口,可铺设轨道至炸药库第一个直角弯处。卸炸药地点应设置平台。

（12）多阶段开采的矿山,井下爆破器材库距采区工作面超过2.5km或井下不设爆破器材库时,可在各阶段设置井下爆破器材发放硐室。

（13）发放硐室设计应满足下列要求:

1）发放硐室应有专用通风巷道;

2）发放硐室存药室距经常行人的巷道不应小于25m,至少拐一个直角弯与行人巷道相连;

3）发放硐室放的炸药不得超过500kg,雷管不得超过一箱;炸药与雷管必须分开存放,并用砖或混凝土隔墙隔开,墙厚度不小于250mm;

4）发放硐室通道入口处应设置防火门和栅栏门,回风道处应设置调节风门,硐室内应配备必要的消防器材;

5）发放硐室支护,应符合(5)条规定。

B 井下爆破器材库设计

a 爆破器材的存放规定

（1）装硝化甘油、各种雷管箱(袋)必须放在货架上,装其他爆破器材的箱(袋)应堆放在垫木上,架、堆相互之间的通道宽度不小于1.3m。

（2）在架上堆放硝化甘油和雷管时,禁止叠放。

（3）爆破器材箱(袋)上架板间距不得小于4cm,架宽不得超过两箱(袋)的宽度。

（4）货架(堆)与墙壁的距离不小于200mm,堆放导爆索和硝铵类炸药等的货架(堆)高度不超过1.6m。

b 库房布置

（1）硐室式库房炸药、雷管分别储存在不同的硐室内,储存硐室的尺寸应按炸药、雷管的包装箱规格和每个硐室的允许储存量进行设计。储存硐室的数量按总库容量确定。

（2）壁槽式库房炸药和雷管分别储存在库房巷道的同侧或对侧的壁槽内。壁槽的规格尺寸按炸药、雷管包装箱外形尺寸和每个壁槽允许存量设计。壁槽的数量应按总库容量确定。

（3）各种辅助硐室按如下布置原则:

1）发放硐室一般在发放通道内设一道带有发放窗口的栅栏门,在门内发放炸药、雷管。发放硐室一般设在第二个直角弯处的延长巷道内。管理人员办公(兼休息)硐室一般布置在发放硐室一侧。

2）雷管检选硐室一般布置在发放硐室一侧的尽头巷道内。

3）放炮工具存放硐室一般布置在发放硐室前面通道一侧的尽头巷道内。

4）消防器材硐室一般设在发放硐室前面通道一侧或利用尽头巷道，其规格应满足存放消防器材的堆放要求。

5）电器设备硐室一般设在防火门与栅栏门之间的通道一侧，按电力专业配置要求设计。

（4）辅助硐室平面尺寸见表9-296。

表9-296 辅助硐室平面尺寸

序号	辅助硐室名称	平面尺寸/m		
		宽 度	长 度	高 度
1	发放硐室	2	2～2.5	2.5～2.8
2	办公(兼休息)硐室	1.8～2	2～2.2	2.5～2.8
3	雷管检选硐室	1.8～2.2	2～2.5	2.5～2.8
4	爆破工具存放硐室	1.8～2.2	2～3	2.5
5	消防器材硐室	1.8～2	2～3	2.5
6	电器设备硐室	1.5～1.8	2	2.5
7	通 道	1.8～2		2.5～2.8

c 殉爆安全距离

（1）炸药库壁槽或硐室之间的殉爆安全距离，当储存同种炸药时：

$$s = k\sqrt{q} \tag{9-384}$$

当一个库房储存有几种炸药时：

$$s = \sqrt{q_1k_1^2 + q_2k_2^2 + \cdots + q_nk_n^2} \tag{9-385}$$

式中 s——殉爆安全距离，m；

q——壁槽或硐室的炸药最大储存量，kg；

$q_1, q_2, \cdots, q_n$——壁槽或硐室内的不同炸药最大储存量，kg；

$k_1, k_2, \cdots, k_n$——安全系数，见表9-297。

表9-297 炸药库之间殉爆安全距离 k 值

主爆库炸药		殉爆库炸药					
		Ⅰ		Ⅱ		Ⅲ	
		无土堤	有土堤	无土堤	有土堤	无土堤	有土堤
Ⅰ	无土堤	0.25	0.15	0.35	0.25	0.40	0.30
	有土堤	0.15	0.10	0.25	0.15	0.30	0.20
Ⅱ	无土堤	0.50	0.30	0.70	0.50	0.80	0.60
	有土堤	0.30	0.10	0.50	0.30	0.60	0.40
Ⅲ	无土堤	0.80	0.60	1.00	0.80	1.20	0.90
	有土堤	0.60	0.40	0.80	0.50	0.90	0.50

注：1. 表中Ⅰ为硝铵炸药、含有少量硝化甘油的胶质炸药，Ⅱ为含硝化甘油40%以上的胶质炸药，Ⅲ为梯恩梯。

2. 当壁槽或硐室采用对侧布置时，k 值按无土堤条件选用；采用侧向布置时，k 值按双方有土堤条件选用，也有按一方有土堤条件选用的。

（2）雷管库与炸药库（以雷管库为主爆）及雷管库与雷管库之间的殉爆安全距离：

$$S = k_0\sqrt{n} \tag{9-386}$$

式中 S——殉爆安全距离，m；

k_0——安全系数，见表9-298；

n——壁槽或硐室雷管个数，个。

表9-298 雷管库之间、雷管库与炸药库之间殉爆安全距离系数 k_0 值

库房种类	殉爆库炸药		
	双方无土堤	一方有土堤	双方有土堤
雷管库与炸药库	0.06	0.04	0.03
雷管库与雷管库	0.10	0.067	0.05

注：1. 当壁槽或硐室采用对侧布置时，k_0 值按双方无土堤条件选取。

2. 当壁槽或硐室采用同侧布置时，k_0 值按双方有土堤条件选用，也有按一方有土堤条件选用的。

d 通风与防潮

（1）通风。井下爆破器材库应设有独立的回风巷道，并与总回风巷道相通。库房所需风量为：

$$Q = 4V \tag{9-387}$$

式中 Q——库房所需风量，m^3/h；

V——爆破器材库总容量（包括辅助硐室），m^3。

（2）防潮。库内必须整洁，防潮和通风良好，硐室支护应无滴、渗、漏现象；硐室应设置带盖板的排水沟，及时排除积水。

9.14.5.6 其他硐室

A 通风机硐室

（1）选择通风机硐室的位置，应使供风距离最短。

（2）通风机硐室应包括通风机室、变电室、入风道和出风道等。

（3）硐室内应设置起重设施。

（4）在寒冷地区入风温度低于2℃时，应采取预热空气措施。

（5）硐室宜采用整体砌筑；当采用砌块砌筑时，应抹20mm厚水泥砂浆面层。必要时应采取消声措施。

（6）通风机硐室入风巷道和出风巷道断面，应根据总风量、风速确定。当入风巷道兼作大件道时，入风巷道的尺寸尚应满足设备最大件运输的要求。

（7）机电硐室与通风硐室相互贯通时，应安装密闭门。

B 电机车修理硐室及充电硐室

（1）电机车修理硐室的位置应设在井底车场或主要巷道进出车方便、岩层稳固的地点。

（2）电机车修理硐室的尺寸，应根据电机车规格、行人及检修宽度、电机车起吊高度和电机车数量确定。

（3）工作机车台数在10台以下，电机车修理硐室可设一个机车出口，并应有兼作人行道的通风道作为第二个出口，其宽度应在1m以上，高度不小于1.8m。

（4）工作机车台数在10台以下时，可设置一个修理坑；超过10台时，应设两个修理坑，并根据修理坑的位置、数量，设置相应的入车线。

（5）电机车修理硐室内应设起重设施、钳工工作台、工具保管箱、工具架及手摇钻台等。

（6）电机车修理硐室布置型式，应符合下列要求：

1）架线式电机车。当巷道围岩稳定性为中等时，宜采用硐室型车库；当岩石稳固，电机车数量不多，使用年限不长时，车库可设在运输巷道加宽部分，其间以隔墙或栅栏分隔开。

2）蓄电池电机车。主要运输巷道采用蓄电池电机车运输时，应设交流室、充电室和修理间，并应采用联合布置。当不能联合布置时，充电室与交流室间的距离不宜大于100m。

（7）对有淋水的围岩，修理间、变流室和充电硐室的支护应有防水措施，各硐室的进出口应设栅栏门。当变流室设备为整流变压器时，交流室的进出口应增设向外开的防火门。各硐室内应备有灭火器材。

（8）充电硐室尺寸应根据充电台的布置型式（单排式或双排式）、蓄电池机车规格、数量、电池箱规格、充电台数量、人行道宽度以及起重设放高度等确定。

（9）当充电硐室设置1～6个充电台时，可设置1个电机车出口；6个以上充电台时，应设置两个电机车出口。

（10）充电硐室应选在井底车场附近的新鲜风流处，且必须有单独风流通风。充电硐室与变流室串连通风时，充电硐室应布置在下风侧位置。

（11）三类矿山蓄电池机车的充电硐室，可设在地面井口附近，条件适合且运距较远时，也可设在井下。当井下不设充电硐室和交流室时，在修理间内，应布置更换电池箱的存放台。

C 防水闸门硐室

（1）防水闸门硐室位置的选择，应符合下列要求：

1）防水闸门硐室应设置在坚硬、稳固、完整、致密的岩层中；

2）防水闸门硐室宜设在隔断有突然涌水可能的地段或井底车场附近主要运输巷道内；

3）防水闸门硐室应设在小断面和直线巷道中。

（2）防水闸门硐室所承受的最大水压值，应按下列情况考虑：

1）按最高静止水位与开采水平间的高差作为最大水压；

2）矿井延深水平的防水闸门和硐室所承受的最大水压，当保留原有水平的排水能力时，可取原有水平与延深水平间的高差作为最大水压，并应留有余地。

（3）防水闸门硐室前后5m范围内，必须用混凝土或钢筋混凝土砌筑，壁后应注浆填实。

（4）在来水方向的巷道底板，应铺设不小于5m长的混凝土地面，地面不得高于附近巷道底板；当巷道设有轨道时，应铺设便于拆除的短节轨道。

（5）防水闸门硐室通道内的水沟，应与设有阀门的水管相通，并应在进水管口设置铁箅子。

（6）防水闸门应向来水方向打开，闸门前应设置两根起重梁。硐室墙壁应埋设观测孔、放水孔所用的钢管和阀门。

（7）通过防水闸门硐室墙的电缆孔，应在里侧封堵密实，以防漏水。

（8）防水闸门硐室密闭厚度应按现行的《混凝土结构设计规范》计算确定。

（9）防水闸门硐室宜采用厚混凝土浇筑，当水压较高时，应在门框周边及背后按构造配置钢筋或工字钢框架。

9.14.5.7 硐室开挖技术

A 硐室开挖方法的影响因素

大断面硐室的开挖方法有多种，施工条件各异，为达到施工安全可靠，速度快，效率高以及保证工程质量要求，必须综合考地质条件、硐室断面大小、支护形式、运输要求以及施工设备与施工队伍等有关因素，以便合理选择施工方法。

a 地质条件

首先根据围岩的地质构造、岩石坚固性、地下水等条件，分析判断硐室围岩的整体稳定情况，进而判断围岩的暴露面积和暴露时间，以便选择与其相适应的开挖方法。

硐室位置除考虑生产系统需要外，还应尽量避开断层、破碎带和软弱夹层较多的不稳固岩层，若难以辟开时也应使硐室轴线与岩体软弱结构面的走向尽量接近垂直相交，以保证硐室围岩的相对稳定。

b 硐室断面的大小

地下矿山硐室特点是断面大、长度短，进出口巷道狭窄。硐室用途不同，断面大小也各自有别。如井下水泵房、变电所、卷扬机硐至和粗碎硐室的断面一般为30～150m^2，长度10～40m。应根据断面大小确定相应的开挖方法。

当围岩条件允许采用锚喷支护、硐室跨度和高度均达10m以上时，应采用上下导硐、天井溜渣、先拱后墙的施工方法；当硐室跨度大于10m，而高度只有6～7m时，则可采用两侧下导硐开挖法；硐室跨度和高度均为6～7m时，多采用中央导硐法进行开挖。

在岩石坚固稳定开挖后无需临时支护条件下，若硐室的跨度和高度均小于5～6m，应采用全断面开挖法施工；若硐室跨度和高度均达10m以上时，利用矿山现有设备无法进行全断面开挖时，则采用留矿法施工能获得较高的效率和速度。

c 硐室的支护形式

常用的永久支护有混凝土整体式浇筑和锚喷支护两大类。由于不同的支护类型，有其不同的工艺特点，即使同一类型也因具体条件的差异其施工方法和顺序亦不一样，这就要求开挖方法与之相适应。

整体式混凝土支护时，一般采用先墙后拱的施工顺序较多；而锚喷支护的硐室一般采用先拱后墙的施工顺序。这是由于前者使用先墙后拱的施工方法能获得良好的整体性，而后者使用先拱后墙的施工顺序是由于锚喷支护工艺的需要。在某些破碎松软岩层中，不允许有较大的暴露面积的情况下，采用整体式混凝土支护硐室时，为了施工安全也有采用先拱后墙施工顺序进行施工的。

d 运输条件

井下破碎硐室、水泵房、变电所和卷扬机硐室一般处在井筒附近。施工期间材料、设备的运输、出渣以及人员上下都要通过井筒提升。常常由于运输条件差、工程量集中、施工项目繁多、相互干扰大而造成工期长。因此在硐室施工前确定开挖方法时,应对整个施工进行整体规划,特别是对硐室施工中的运输通道和运输方式必须进行仔细考虑和合理选择。

e 施工队伍与设备条件

确定硐室开挖方法时,必须考虑充分发挥施工队伍的技术特长和设备条件。

B 硐室开挖方法

大断面硐室开挖方法有全断面法、导硐法和留矿法三种。

a 全断面开挖法

当岩石坚固性中等,节理裂隙不甚发育,围岩整体性较好,硐室高度不大于5m时,采用全断面开挖法。该法可根据工作面的布置方式分为直壁式工作面和阶梯式工作面两种。

(1) 直壁式工作面开挖。在掘进工作面上只有一个垂直作业面,凿岩、爆破依次进行,与普通巷道相同。目前地下矿山硐室施工多使用小型凿岩和装岩机械,钻凿上部炮孔常采用蹬渣作业,装药连线借助于梯子进行。

应用本法掘进硐室的优点是开挖断面大,能发挥深孔爆破的优点;作业集中,便于施工管理;工作面空间大,易于通风。缺点是硐室长度一般较短,掘砌只能流水作业;由于采用小型设备和上部炮孔装药借助梯子等,使所开挖硐室的高度受到限制。

一般情况下,本法用于开挖高度小于5m的硐室较为适宜。

(2) 阶梯式工作面开挖。开挖时将工作面分成上下两部分,若上部分超前时形成正台阶,称正台阶工作面;若下部分超前时形成倒台阶,称反台阶工作面。

1) 正台阶工作面开挖。采用此法时将硐室断面分成上下两部分,先掘上部断面使上部超前而出现台阶(图9-449)。爆破后先将拱部用喷射混凝土进行支护,出渣后在上下断面同时进行凿岩。此外,根据硐室大小也可将断面分成几个部分,一般多采用两个台阶。上部工作面要超前3~5m。

在整个硐室完成开挖后,自下而上先墙后拱进行浇灌,也可视具体情况分段完成。

2) 反台阶工作面开挖。本开挖方式如图9-450所示。先开挖下部断面Ⅰ,下部开挖一段距离后再开挖上部断面Ⅱ。在开挖上部断面时,由于有良好的爆破自由面,可适当减少炮孔量。

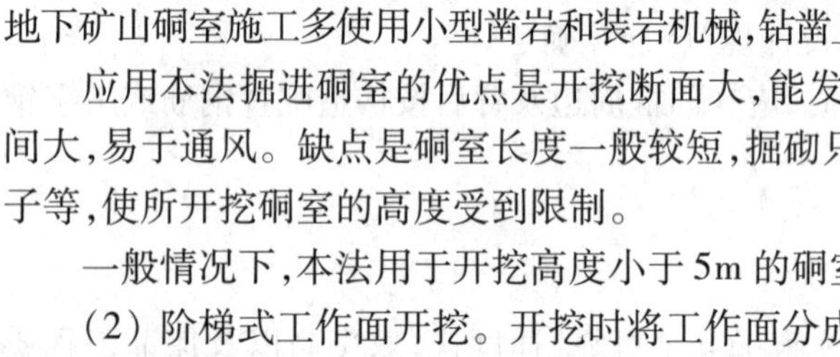

图9-449 正台阶工作面开挖

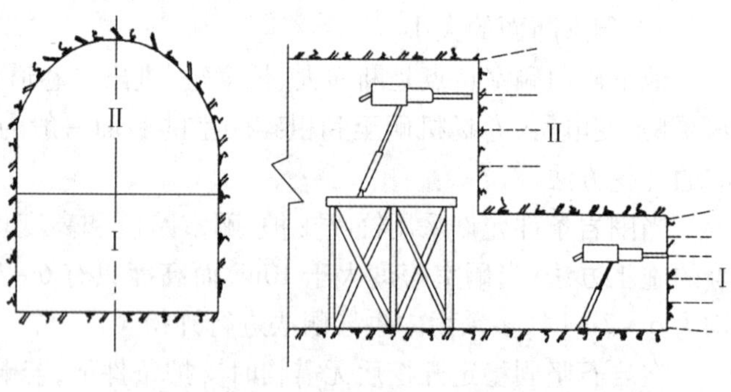

图9-450 反台阶工作面开挖

整个硐室开挖后,自下而上先墙后拱浇灌混凝土。若采用锚喷支护,拱顶支护和下部开挖可平行作业,随后完成墙部支护。本法的主要优点是:上部断面爆破时岩渣直接落在底板上,工效高且管理方便。

为减小搭设凿岩台架的工作,也可将下部工作面Ⅰ一直掘至硐室的端墙,然后再开挖上部断面Ⅱ,此时凿岩和支护均可利用渣堆做工作台,这样便将全断面反台阶工作面法改为先拉底后挑顶的两部开挖法。实践证明,该法也是一种行之有效的方法。

b 导硐开挖法

借助辅助巷道(导硐)开挖大断面硐室的方法称为导硐法。导硐可用于硐室施工的通风、行人和运输,并有助于进一步查明硐室范围内的地质情况。这种导硐具有临时性,一般断面4~8m^2,在中等稳固岩层中不需临时支护。采用本法施工时不需要特殊设备和机具,并能根据不同地质条件、硐室断面和支护形式变换开挖方法,灵活性大,适用性强,矿山应用较多。

(1) 上导硐开挖法。在松软破碎的岩层中,利用上导硐开挖拱部,先浇灌混凝土拱顶,然后在拱顶的掩护下进行下部施工。其施工程序如图9-451所示,为保证在松软层中施工安全,可采用短掘短砌法,掘一米支一米,临时支护紧跟工作面。

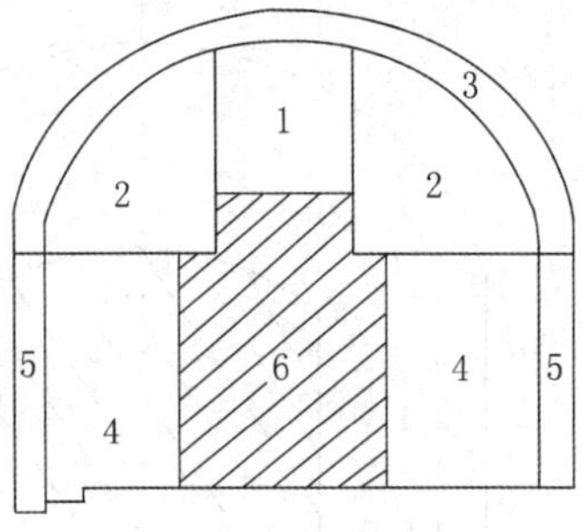

图9-451 上导硐先拱后墙开挖法施工顺序

1—上导硐;2—拱部扩大;3—浇灌混凝土拱顶;4—开挖边墙;5—浇灌混凝土边墙;6—挖取中心岩柱

由于岩石松软直接用风镐开挖或局部钻浅孔放小炮,这样对围岩破坏较小。在岩石条件较差的情况下,上导硐不宜一次掘至尽头,每掘5~6m便进行拱部扩大,每扩大一段随即进行该段浇灌混凝土。上部全部开挖与浇灌混凝土后,在混凝土拱顶的保护下进行下部施工。下部施工时先开挖并浇灌混凝土边墙,最后挖取中心岩柱。

边墙施工采用短段掘砌的方式进行。两侧边墙先从一侧开始,掘一段浇一段,然后再从另一侧掘一段浇一段,这样左右交替作业,暴露面积小,施工安全。

施工中利用中心岩柱作为临时支撑和架立模板的基础,可节省木材。拱顶和边墙混凝土全部浇灌并养护后,拆除模板,挖取中心岩柱。由于中心岩柱的自由面多,可多开工作面加快挖取速度。

本法工序多,相互干扰大,施工速度慢;且极易造成混凝土拱顶的下沉而影响净空;拱脚与墙壁连接处的整体性较差,往往会出现裂缝和渗水现象,但在松软破碎的岩层中采用该法能保证施工安全。如易门铜矿翻笼硐室(规格6.3m×7.6m×6.5m),在炭质板岩($f=1\sim2$)中施工,岩石松软破碎,侧压大,用风镐掘进,采用上导硐先拱后墙快掘快砌连续施工,实现了安全施工。

(2) 下导硐开挖法。在中等稳固的($f=6\sim8$)岩层中,开挖5~7m高的水泵房、变电所和卷扬机硐室时,最常用的方法是利用下导硐进行扩帮挑顶,将断面刷大至设计规格。其施工程序如下:

1) 开挖下导硐。从进入硐室的联络道末端开始,平行于硐室轴线方向,贴底板掘进下导硐,使下导硐与硐室另一端的联络道掘通,以利于通风与运输。

下导硐的位置,在硐室跨度较小时在硐室的中央,跨度较大时在两侧。

2) 扩帮、挑顶。为了取得平整的开挖轮廓面,扩帮、挑顶刷大断面时,均需沿硐室周边预留光面层。

采用下导硐先挑顶后扩帮的开挖程序如图9-452所示。

爆破时挑顶爆落的岩渣靠自重集中溜到下导硐内,这就能充分发挥机械装岩的作用。但拱脚处的岩石受到的夹制作用大,进行该处光面爆破时应适当注意。

采用下导硐,先扩帮后压顶。这一开挖顺序,能使墙部和拱部的光面层在爆破时均具有良好的自由面,光面爆破效果好。采用下导硐先墙后拱的开挖顺序如图9-453所示。

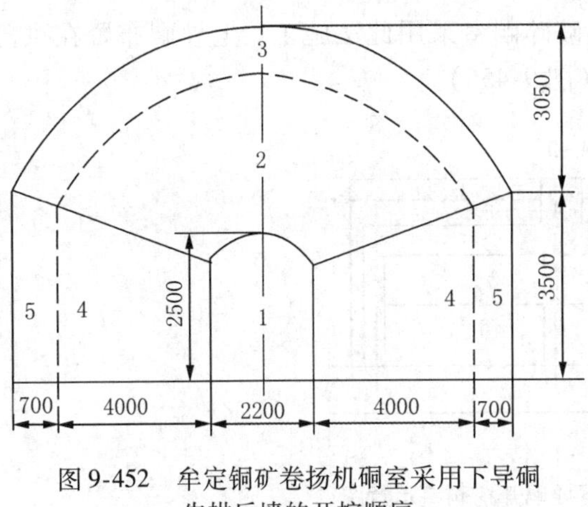

图9-452 牟定铜矿卷扬机硐室采用下导硐先拱后墙的开挖顺序

1—下导硐;2—挑顶;3—拱部光面层;4—扩帮;5—墙部光面层

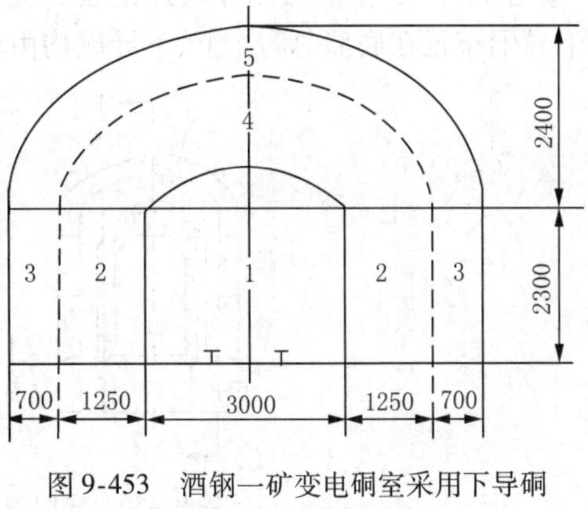

图9-453 酒钢一矿变电硐室采用下导硐先墙后拱的开挖顺序

1—下导硐;2—扩帮;3—墙部光面层;4—挑顶;5—拱部光面层

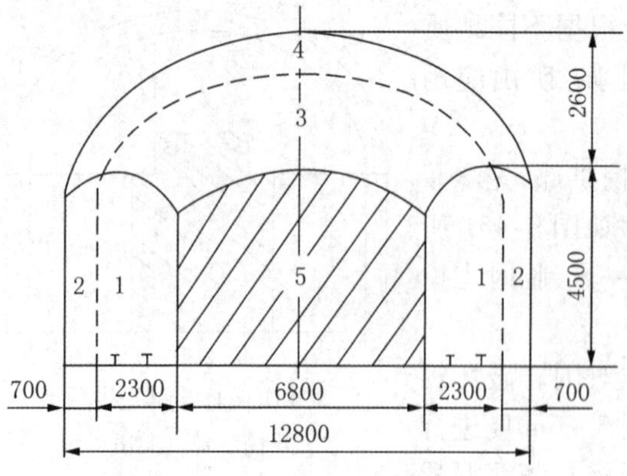

图 9-454 酒钢一矿卷扬机硐室采用两侧下导硐的开挖顺序

1—两侧下导硐;2—墙部光面层;3—挑顶;4—拱部光面层;5—中心岩柱

当硐室跨度大采用两侧下导硐开挖时,其施工顺序如图 9-454所示。掘进两侧下导硐时,导硐的外帮采用光面爆破,以使硐室的两侧边墙获得平整的轮廓面。

挑顶时的爆破顺序是由两侧向中央发展,这样可避免岩石的夹制作用,能获得良好的爆破效果。同时拱部爆破时可将大部分岩渣直接崩落到两侧下导硐中,利于采用机械装岩。

3)支护。应紧跟掘进工作面及时进行锚喷支护,使工作面暴露面积小、时间短,提高施工的安全性。不论下导硐掘进时挑顶与扩帮的先后顺序如何,支护顺序一般都是先拱后墙。

拱部锚杆的安设可随拱部开挖及时进行。而喷射混凝土作业,当岩石条件较差时可分段与拱部开挖交替进行;当岩石条件较好时,可待拱部全部开挖后一次完成。

由于下导硐开挖法施工简单,且灵活性大,故应用较广。

(3)上、下导硐开挖法。

1)实质与适用条件。本法的实质是利用上下导硐,天井溜渣,先拱后墙,自上而下分部开挖的施工方法。它原是一种开挖大断面隧道的施工方法,随着控制爆破和锚喷支护的应用,使这种方法日趋完善,扩大了使用范围。目前该法在矿山大断面硐室施工中被广泛采用,它适用中等稳固和稳固性较差的岩层。在岩层不允许暴露面积过大和暴露时间过长的情况下,开挖断面超过 $100m^2$ 硐室时更为适用。

2)上、下导硐开挖法的几种形式。由于上下导硐的布置和选取的个数不同,有以下 4 种形式:

① 中央上、下导硐开挖法。梅山和小官庄铁矿的粗破碎硐室均采用此法。上导硐布置在拱部中央,下导硐布置在硐室底部中央,上、下导硐由施工天井连通(图 9-455)。

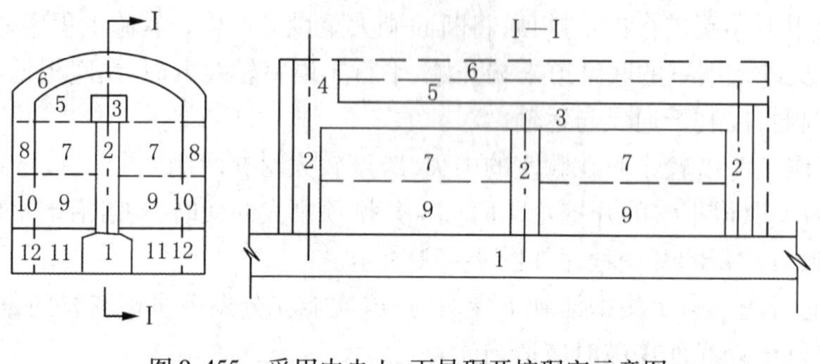

图 9-455 采用中央上、下导硐开挖硐室示意图

1—下导硐;2—施工天井;3—上导硐;4—切割槽;5—拱部扩大;6—拱部光面层;7,9,11—下部开挖分层;8,10,12—墙部光面层

② 上部中央、下部两侧导硐开挖法。金山店铁矿的粗破碎硐室采用此法施工。上导硐布置在拱部中央,下导硐布置在底部两侧。上、下导硐均由施工天井连通(图 9-456)。

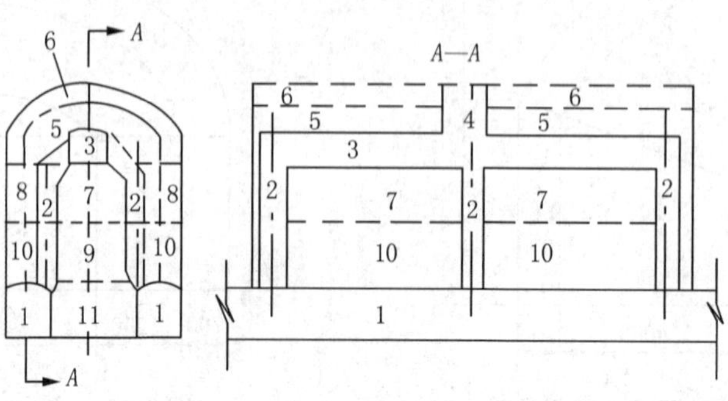

图 9-456 采用中央上导硐、两侧下导硐开挖硐室示意图

1—下导硐;2—施工天井;3—上导硐;4—切割槽;5—拱部扩大;6—拱部光面层;7,9,11—下部开挖分层;8,10—墙部光面层

③ 两侧上导硐、中央下导硐开挖法。西石门铁矿粗破碎硐室采用此法施工。上导硐布置在拱部的两侧，下导硐布置上底部中央，上、下导硐均由施工天井连通(图9-457)。

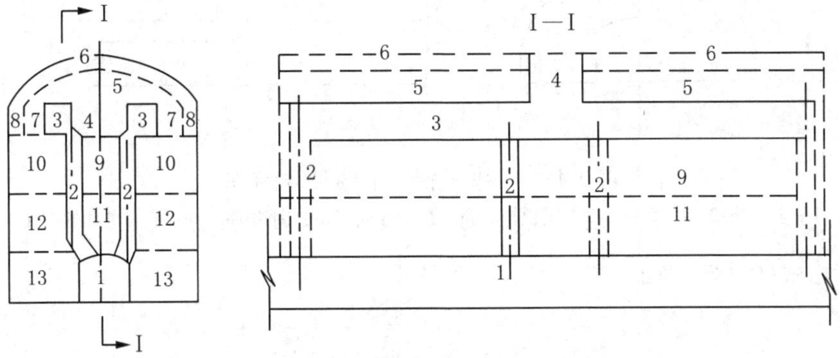

图9-457 西石门铁矿采用两侧上导硐、中央下导硐开挖硐室示意图

1—下导硐；2—施工天井；3—两侧上导硐；4—切割槽；5—拱部扩大；6—拱部光面层；7—拱基扩帮；8～13—下部开挖分层

④ 两侧上、下导硐开挖法。程潮铁矿粗破碎硐室采用此法施工。在硐室底部两侧先布置两个下导硐，然后开凿施工天井，再在拱基两侧布置两个上导硐。上部开挖时岩渣沿两侧施工天井溜到下导硐运走(图9-458)。

为获得良好的硐室开挖轮廓面，拱部和边墙的开挖可分别采用光面爆破或预裂爆破法。

c 留矿开挖法

矿山的围岩中等稳固性以上，整体性较好，无较大裂隙、断层，无片帮、冒顶的危险，采用浅孔留矿法开挖大断面硐室能取得良好效果。凡口铅锌矿和红透山铜矿粗碎硐室及黄沙坪卷扬机硐室均采用此法施工(图9-459)。

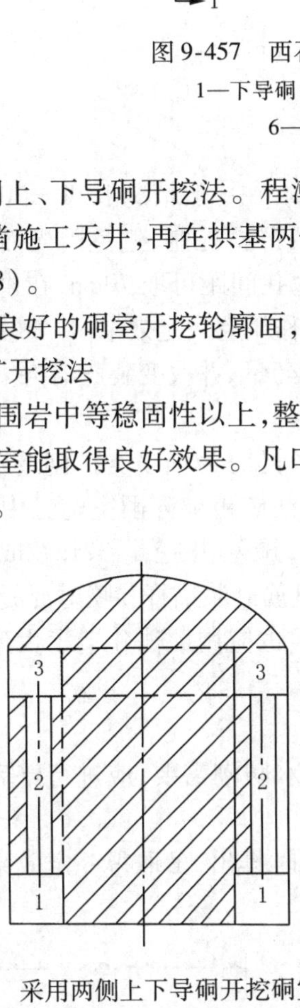

图9-458 采用两侧上下导硐开挖硐室示意图

1—两侧下导硐；2—施工天井；3—两侧上导硐

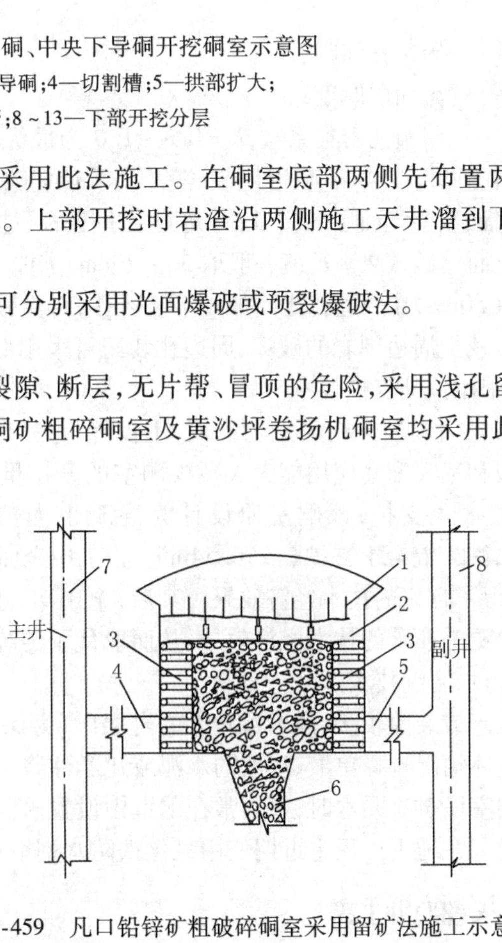

图9-459 凡口铅锌矿粗破碎硐室采用留矿法施工示意图

1—上向炮孔；2—作业空间；3—顺路天井；4—主井联络巷；5—副井联络巷；6—下部矿仓；7—主井；8—副井

本法开挖硐室工艺简单，辅助工作量小，作业面宽，可布置多台凿岩机作业。但它的适用范围受地质条件限制较大，同时要求底部最好有漏斗装渣的条件，如粗碎硐室的下部储矿仓。

C 硐室开挖工艺技术

由于控制爆破与锚喷支护的应用，使硐室工程施工工艺简化，机械化程度提高，岩石开挖量减少，节约原材料，缩短工期，取得了显著的效果。

a 应用控制爆破技术

一般情况下，拱部轮廓面采用光面爆破技术，边墙轮廓面可采用光面爆破或预裂爆破来实现。图9-460所示为采用预留光面层开挖硐室拱部示意图。

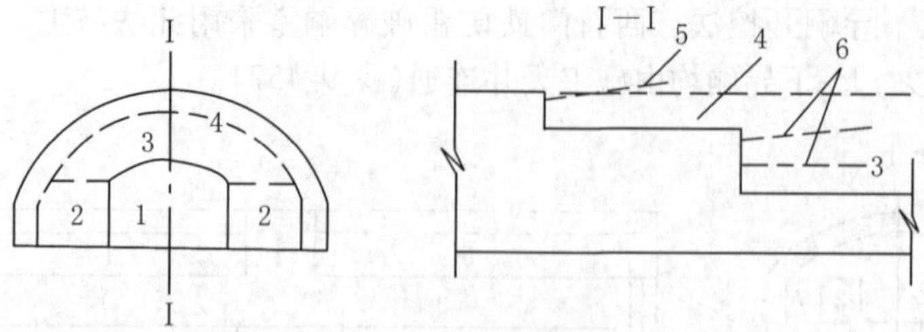

图 9-460 预留光面层开挖拱部轮廓面

1—上导硐；2—拱基扩大；3—拱顶扩大；4—预留光面层；5—周边炮孔；6—扩大拱部的炮孔

光面层的厚度由式(9-388)确定：

$$K = \frac{E}{W} \tag{9-388}$$

式中 E——周边孔间距；

W——光面层厚度；

K——周边孔密集系数，$K = 0.8 \sim 1.0$ 为最优值。

光面层厚度受岩石坚固性、破碎程度、节理裂隙发育程度等因素影响，在一般情况下，$W = 70 \sim 80\text{cm}$。

为保证预留光面层的质量，对光面层里圈的一排炮孔的爆破质量要严格控制，避免因光面层厚薄不均而影响光面爆破效果。E 值一般取 50 ~ 70cm，大曲率的拱部或边墙周边孔间距可取 70cm，在拱脚小曲率半径处可取 50cm，在周边孔之间加一不装药孔，对克服小曲率处岩石夹制作用有一定效果。

为了减少周边围岩的破坏，周边孔装药可采用低猛度炸药或减少装药量，并改变装药结构。

b 采用锚喷支护技术

采用光面爆破开挖硐室轮廓面，不仅能保证开挖面符合设计要求，同时为锚喷支护创造了有利条件。光面爆破和锚喷配套应用能大大减少硐室的开挖量和缩短工期。梅山铁矿粗破碎硐室施工中首先应用锚喷支护做永久支护，该硐室原设计为混凝土支护，改为锚喷支护后，减小开挖量 321.72m^3，节省木材 38.14m^3，减少混凝土支护量 296.54m^3。施工中全面应用了光面爆破、钢筋砂浆锚杆和喷射混凝土等各项目技术，获得了良好的技术经济效果。其后，金山店、小官庄和西石门铁矿也应用此法建造了大型地下硐室，并取得了更为显著的技术经济效果，从而取代了传统的开挖与支护方法。

c 防水防潮技术

在破碎或裂隙较多、涌水量较大的岩层中，为保证硐室的稳定和防水防潮需要，应进行壁后注浆堵水，可根据具体情况选择单液、双液的水泥或化学注浆。

当硐室墙拱有漏水时，过去常在硐室中设置永久性导水管将积水及时排出，虽取得一定效果，但仍存在一些问题。在地下工程中近期使用氯化铁防水剂取得了显著效果。

9.14.6 天(溜)井工程

9.14.6.1 天(溜)井掘进

天(溜)井掘进分为井内施工法和井外施工法两大类。井内施工法又有普通法、吊罐法和爬罐法三种，井外施工法有深孔爆破法和钻进法两种。

A 普通法

普通法掘进天井，作业条件差，劳动强度大，掘进速度慢，效率低，特别是掘进高天井时更为严重。当采用脉内掘进时，有利于探矿。

B 吊罐法

吊罐法掘进天井(图 9-461)是以吊罐代替普通法的

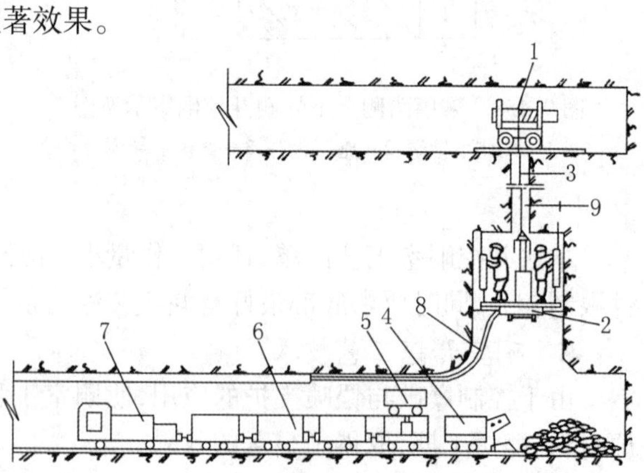

图 9-461 吊罐法掘进天井

1—游动绞车；2—吊罐；3—提升钢丝绳；4—装岩机；5—斗式转载机；6—矿车；7—电机车；8—风水管、电缆；9—中心孔

凿岩工作台,同时又作为升降人员、运送设备和材料工具的提升容器。它不仅减轻了工人劳动强度,而且掘进速度快、工效高。

(1) 吊罐法掘进天井的设备包括:吊罐、提升绞车及信号联络装置。

(2) 吊罐型号技术参数优缺点及适用范围见表 9-299。

表 9-299 吊罐型号技术参数优缺点及适用范围

<table>
<tr><th colspan="3">吊罐型号</th><th>华-1 型垂直吊罐</th><th>华-2 型斜吊罐</th><th>DT-2 型气动吊罐</th></tr>
<tr><td rowspan="8">主要技术参数</td><td colspan="2">自重/kg</td><td>400</td><td>500</td><td>1200</td></tr>
<tr><td colspan="2">最大载重/kg</td><td>600</td><td>600</td><td></td></tr>
<tr><td rowspan="2">外形尺寸</td><td>折叠时的最小尺寸(长×宽×高)/mm×mm×mm</td><td>900×900×1250</td><td>1200×1330×930</td><td rowspan="2">1656×1656×3210</td></tr>
<tr><td>工作时的最大尺寸(长×宽×高)/mm×mm×mm</td><td>1700×1400×2100</td><td>2200×2000×1410</td></tr>
<tr><td rowspan="2">气动横撑</td><td>撑开距离/(mm/件)</td><td>1764</td><td>1764</td><td></td></tr>
<tr><td>气压/MPa</td><td>0.441~0.539</td><td>0.441~0.539</td><td></td></tr>
<tr><td colspan="2">行走车轮轨距/mm</td><td>600</td><td>600</td><td>600</td></tr>
<tr><td colspan="2">适用天井倾角/(°)</td><td>60~90</td><td>60~90</td><td>90</td></tr>
<tr><td colspan="3">优缺点</td><td>优点:体积小、轻便灵活,搬运方便,结构简单,容易制作,辅助工程量小。
缺点:乘罐人员不能在吊罐上操纵吊罐的升降和停止。安全性差</td><td>优点:轻便灵活,搬运方便,罐体底部设有 4 个气动横撑,作业时较稳定。
缺点:运行时不够稳定</td><td>优点:乘罐人员可在吊罐上操纵吊罐的升降和停止。安全性较好。
缺点:罐体大,笨重,使用不灵活,运搬不方便,避炮和绞车硐室等辅助工程量大</td></tr>
<tr><td colspan="3">适用范围</td><td>掘进断面为 1.8m×(1.5~2)m 的倾角为 60°~90°的天井垂直天井</td><td>掘进断面为 2m×2m,倾角为 60°~90°的天井</td><td>掘进断面为 2m×2m 的垂直高天井</td></tr>
</table>

(3) 施工的准备工作包括:开凿上下硐室、钻凿中心孔和安装施工设备。

(4) 吊罐法的应用范围。除掘进天(溜)井外,国外矿山还成功地应用吊罐掘进联络道、采矿凿岩硐室以及竖井延深,扩大了吊罐法的使用范围。

C 爬罐法

爬罐法(图 9-462)是一个自带驱动装置的工作台,沿固定在井壁上的导轨上下爬行,运送人员、材料和设备,并进行凿岩、装药、连线等掘进作业,它适合于掘进高、盲、倾角大于 60°的天井。

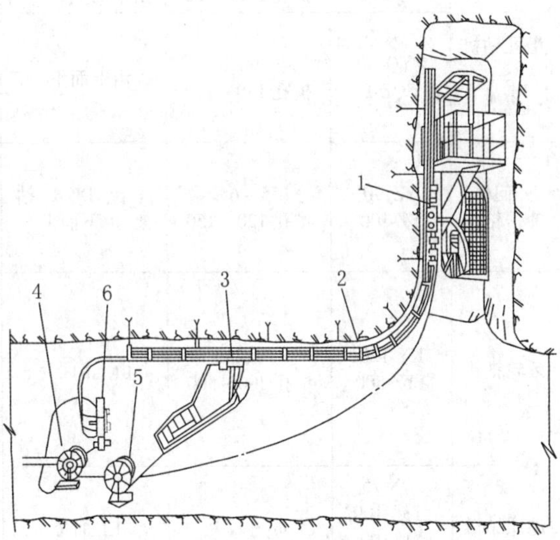

图 9-462 爬罐法掘进天井

1—主爬罐;2—导轨;3—副爬罐;4—主爬罐软管绞车;5—副爬罐软管绞车;6—压气、水分配器

爬罐法掘进天井的设备包括爬罐(主爬罐和辅助爬罐)、导轨、信号装置及辅助设备(控制阀、风水软管绞车和起重设备等)。

a 爬罐

爬罐按其驱动力的不同有气动爬罐、电动爬罐和柴油机爬罐等三种。气动爬罐由于供气软管过长,气压损耗大,严重影响气动马达的驱动能力,不适于掘进高天井。电动爬罐上升速度较快,驱动能力受电缆长度的影响较小,因此适宜于掘进高天井。内燃机爬罐具有爬行速度快,不需要压气管和电缆,爬行高度不受限制,安装工作量也少,但对井内空气有污染。

b 导轨

导轨由四根直径 32mm 的钢管、齿条和厚钢板焊接而成,分直导轨和曲导轨两种类型。直导轨长度有 0.5m、1m、2m 三种规格。2m 直导轨有普通导轨、加重型导轨和多托板导轨三种。曲导轨长 1m。后弯曲轨

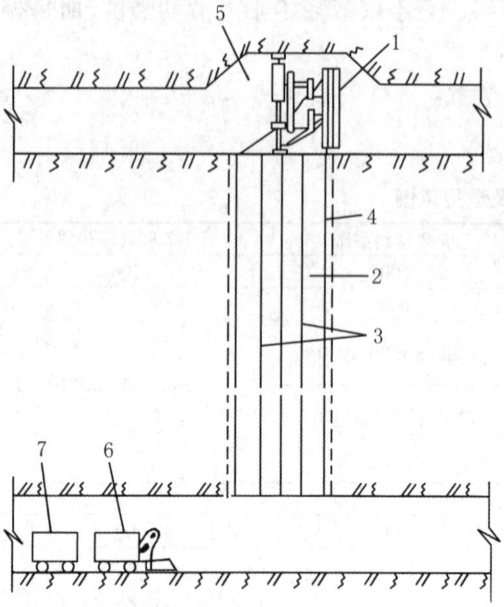

图 9-463　深孔分段爆破掘天井

1—深孔钻机；2—天井；3—掏槽眼；4—周边眼；5—钻机硐室；6—装岩机；7—矿车

分 3°、7°、8°、25°四种规格，前弯曲轨有 3°和 7°两种规格。每节普通导轨用两根涨壳式锚杆固定在井壁的炮孔内。

采用爬罐掘进天井，机械化程度高，技术性强，准备工作多。

镜铁山铁矿采用双爬罐在大断面天井井筒内并列安装或采取加大爬罐工作台，用 7.5kW 电动机和 6.3kW 气动马达联合驱动的方法，成功地掘进了几条 18.2m^2 的电梯井，并取得了月进尺 116.1m 的好成绩。

D　深孔爆破法

深孔爆破法掘进天井（图 9-463），是采用深孔钻机在天井断面范围内，沿天井全高自上而下或自下而上一次钻完全部平行钻孔，然后分段或一次爆破成井，达到设计要求的天井。掘进过程中，工人不进入天井内作业，因此，它具有工作安全，作业条件好，劳动强度低等优点，是我国近期掘进天井行之有效的方法之一。

a　钻机

深孔爆破法掘进天（溜）井时，采用的钻机优缺点及其适用条件见表 9-300。

表 9-300　天（溜）井深孔爆破法采用的钻机优缺点及适用条件

钻机种类	型号	炮孔直径/mm	钻进方向	优 缺 点	适用条件
潜孔钻机	YQ-80 YQ-100	90、110 扩孔 120～150	由上而下或由下而上	优点：钻进速度快，安装容易，搬运方便 缺点：钻机稳定性差，移动对位困难，钻孔偏斜大	高度小于 60m，倾角 65°～90°的天井
	TYQ-80 SQZ-1	90 扩孔 130～150	由上而下	优点：钻进速度快，钻孔台班效率 7～15m，钻机对位准确迅速；能实现一次定位，钻完全部平行钻孔，偏斜小；钻车体积小，运输方便 缺点：其中 TYQ-80 型安装、搬运困难	高度小于 50m，倾角 60°～90°的天井
外回转冲击钻机	YZ-90 YZ-100	55～65 扩孔 120～150	配 DG-1 钻架，由下而上	优点：钻机故障少，钻进效率高，平均台班效率达 25～33m 缺点：钻进深度受到限制，钻凿 20m 以上深孔凿岩效率显著降低	高度小于 20m 的垂直盲天井和切割天井
牙轮钻机	KY-120 TYZ-500	120、230 扩孔 300～500	由上而下	优点：钻进速度快，台班效率达 10～31m；定位准确，工作稳定，钻孔偏斜小；能钻凿大直径空孔，爆破效果好；操作方便，作业安全 缺点：掘进不同倾角的天井时，要加工不同倾角垫块，较麻烦；要求硐室条件高，准备工作量较大	高度小于 50m，倾角 60°～90°的天井
地质钻机	JDX-75 红旗-100 XU-100 KA-2M-300	80～120	由上而下	优点：钻进深度大，钻孔偏斜小 缺点：钻进速度慢，安装辅助工作量大，不易搬运，钻机硐室大	只适合于无其他钻机设备条件下，或高度大于 60m 的高天井

b　钻机防偏措施

炮孔偏斜大小是直接关系到盲天井一次爆破成井的成败、也是明天井分段爆破效果好坏的关键，因此，深孔分段爆破法对炮孔的相对偏斜一定要控制在 1% 以内。

产生偏斜的主要原因有：钻车的稳定性，立钻的精确度，开孔的孔位差，钻杆的挠度，岩层的变化，以及工人的操作技术等。

c　凿岩爆破参数

深孔爆破法掘进天井的掏槽方法有两种：垂直平行空孔掏槽法和漏斗掏槽法（图 9-464）。

（1）平行空孔掏槽法。深孔爆破天井，绝大多数采用平行空孔掏槽。其特点是以中心空孔为自由面，连

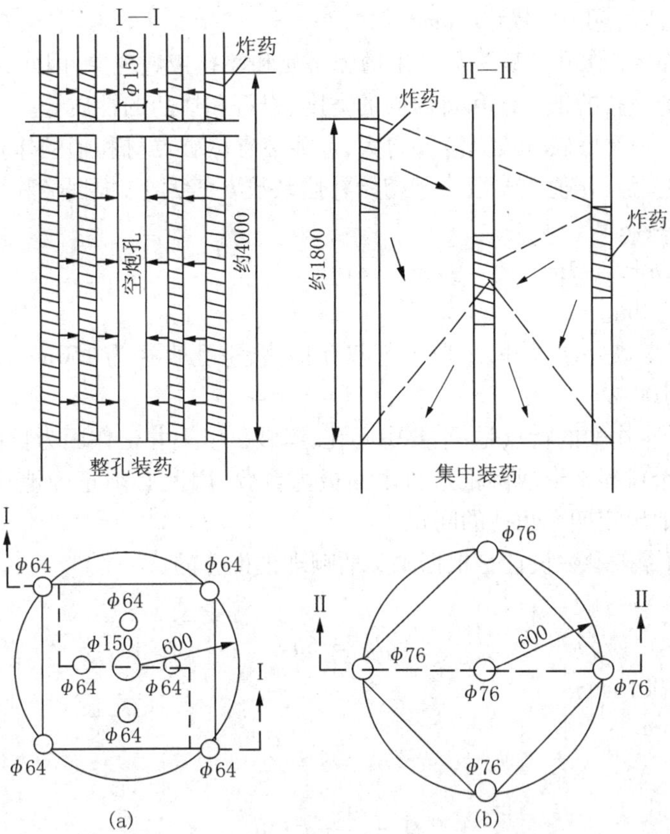

图 9-464 平行空孔掏槽及漏斗掏槽爆破形式比较

(a)对不装药的空孔爆破的掏槽;(b)对底部自由面爆破的漏斗掏槽

续柱状装药,爆破范围小而深,自由面条件差,爆破夹制性大,因此,在设计时必须合理确定凿岩爆破参数,以确保掏槽爆破可靠。

1)初始补偿系数n。空孔面积S_0与首爆药孔所爆落岩渣的实体面积S_1之比,称为初始补偿系数n。设计中要求补偿空间能完全容纳爆落的松散岩渣而不发生挤死。从理论上分析,矿岩松散系数为1.4~1.8,n为0.4~0.6,但实际中n值还受到以下两方面因素的影响:

① 由于偏孔存在,装药孔与空孔距离在不同孔深处是变化的,从而影响装药孔爆落岩渣的实体面积和补偿系数的大小。

② 首爆装药孔爆破的岩渣抛至空孔的速度极大,槽腔容纳岩渣完全处于动态状况,这就要求n值的设计要留有一定余量。故对分段爆破天井,要求$n \geqslant 0.7$,对盲天井一次爆破成井,除上述因素外,还要考虑一次爆破高度大小及孔底偏斜难以探测等因素,则要求大于1.2。

2)首爆装药孔与空孔中心的距离L'_1。合理的首爆装药孔与空孔中心的距离L_1,应避免两孔在天井内钻通,同时又应满足初始补偿系数n的要求,根据桃林和黄沙坪铅锌矿的经验,可按式(9-389)计算:

$$L'_1 = \frac{\pi}{4} \times \frac{2(D_1^2 + D_2^2) + n(D_1^2 + D_2^2 + d^2)}{n(D_1 + D_2 + d)} \tag{9-389}$$

$$L_1 = L'_1 / \cos\frac{\alpha}{2} \tag{9-390}$$

式中 D_1——大空孔直径,mm;

D_2——并联小孔直径,mm,如不用并联导向扩孔时,$D_2 = 0$;

d——装药孔直径,mm;

α——装药孔中心与两个并联空孔中心的连线夹角,当一个空孔时,则$L_1 = L'_1$;

n——初始补偿系数,取$n \geqslant 0.7$,但对盲天井一次爆破成井,则取$n \geqslant 1.2$;

L_1——首爆装药孔与空孔中心距离，mm。

3）掏槽孔每米装药量 q。深孔爆破法易产生槽腔挤死和邻孔带炮现象，因此，掏槽孔的每米装药量 q 不能过大，q 值大小要取决于该孔的抵抗线和自由面的宽度、岩石和炸药的性质等。

4）爆破分段高度 h。一次爆破分段高度 h 愈大，愈能节省爆破器材和辅助作业时间，但 h 过大，会引起炮孔堵塞，反而影响成井速度。h 值主要取决于初始补偿系数 n 值大小，根据经验：

① $n \leqslant 0.55$ 时，$h = 3 \sim 4$m；

② $n = 0.55 \sim 0.7$ 时，$h = 5 \sim 7$m；

③ $n > 0.7$ 时，$h = 8 \sim 10$m。

某铅锌矿盲天井深孔爆破一次成井，采取平行双孔掏槽，空孔直径为 150mm，$n > 0.7$，一次爆破的成井高度达 12m，成井合格率 100%。

（2）漏斗掏槽法。漏斗掏槽的特点是：不要中心孔，爆破是以天井工作面为自由面的漏斗爆破。在掏槽过程中，中心炮孔爆破能否可靠地形成圆锥形自由面极为重要，因此必须正确地求出中心炮孔的装药量和最佳装药深度，以及合理地确定四个角孔的间距。

集中装药的漏斗掏槽爆破参数设计是根据莱文斯顿理论推算的。

1）集中装药长度：

$$L_0 = 6d \tag{9-391}$$

式中　L_0——集中装药长度，mm；

d——炮孔直径，mm。

2）中心炮孔装药量：

$$Q = \frac{1}{4}\pi d^2 L_0 \rho \tag{9-392}$$

式中　Q——中心孔装药量，kg；

ρ——装药密度，使用气力填装机装药时，$\rho = 1.3\text{kg/dm}^3$。

3）中心孔药包的最佳装药深度：

$$L = 13.7d \tag{9-393}$$

式中　L——中心孔药包的最佳装药深度，即中心孔药包中心至自由面的距离，mm。

4）中心炮孔与四角掏槽孔的间距：

$$a = (0.58 \sim 0.7)L \tag{9-394}$$

瑞典布利登公司采用集中装药漏斗掏槽深孔爆破法掘进天井时，所推荐的凿岩爆破参数见表 9-301。

表 9-301　集中装药漏斗掏槽法推荐的凿岩爆破参数

炮孔直径/mm	理论计算			实践应用值		
	孔距/m	最佳装药深度/m	炸药/(kg/孔)	孔距/m	最佳装药深度/m	炸药/(kg/孔)
64	0.5	0.86	1.35	0.46～0.50	0.7	1.50
76	0.6	1.02	2.58	0.6	0.85	2.50
中心孔 102，四角孔 64	0.8	1.37	6.12			

d　施工经验

（1）为了不更换钻机来实现增大空孔面积和破碎角，以提高槽腔的爆破效果，黄沙坪铅锌矿采用并联导向器，将直径 120mm 的炮孔扩大至 130mm 和 150mm 的两个并联空孔，明显地改善了爆破条件，使一次爆破分段高度由原来的 3～4m 提高到 5～7m。

（2）为了减少掏槽孔装药量，采用了空气间隔装药，间距为 200～230mm，炮孔内全长敷设导爆索，双雷管起爆。

（3）装药高度应尽可能落在同一水平上，切不要跨过软岩或断层破碎带，以免爆破产生“楼板”现象，给施工处理带来极大的困难。

（4）盲天井采用深孔一次爆破成井时，为了保证一次爆破达到设计高度，一般槽孔应超深 1.5～2m，辅助孔超深1～1.5m。

(5) 爆破时不能随意加大分段高度，以免造成炮孔挤死或堵塞。

E 钻进法

钻进(井)法掘进天井是利用天井钻机(配扩孔刀头刀具)来钻进天井，实现机械化连续作业。国外天井钻机的钻井深度已近1000m，扩孔直径超过6.2m。国内钻井深度583m，扩孔直径达5.5m。

天井钻进法主要优点是作业安全，劳动强度低，掘进速度快，劳动生产率高，并可实现微机遥控，缺点是设备投资大，要求技术水平高。

a 钻机类型

钻机分天井钻机和盲天井钻机两类。天井钻机，又分普通型和低矮型两种，两者之间的主要区别在于推进油缸。低矮型采用三缸并列的串联油缸，可缩小钻机的外形尺寸和工作高度，有利于设备搬运，减少钻机硐室的开挖量，适合我国中型矿山使用。

b 钻进方式

天井钻机的钻进方式：

(1) 上扩法。用牙轮钻头向下钻一个导孔，换上扩孔刀头，再自下而上扩孔。

(2) 下扩法。用牙轮钻头向下钻一个导孔，换上扩孔刀头，再自上而下扩孔。

(3) 全断面上向钻进法。用盲天井钻机全断面上向钻掘天井。

除盲井钻进外，一般均采用上扩法，岩渣可借自重坠落，无重复破碎，不但劳动条件好，而且有利于设备的保养和维修。不需增设溜放岩渣的附加装置，开孔容易，出渣方便，易于防止偏斜，保证钻进质量。下扩法所扩下的岩渣，由导孔排出，势必经受重复研磨，影响刀具寿命。同时，下扩法人员在下阶段操作，岩渣向下坠落，劳动条件差。

全断面上向钻进法除用于盲天井钻进外，现潜入式盲井钻机亦可钻进一般天井，其优点是钻进中可改变钻进方向。

9.14.6.2 溜井加固

A 溜井井壁磨损的一般规律

a 垂直溜井的磨损

(1) 非储矿段。如果这一段溜井没有穿过松软破碎岩层，则其磨损主要来自矿石的冲击、碰撞。

根据国内溜井考查资料，卸矿点以下冲击磨损严重地段约在5～35m范围内，越往下则冲击点部位的磨损程度逐步减轻。

(2) 储矿段。经常储存有矿石的溜井井段的磨损主要来自矿石块对井壁的摩擦，一般磨损轻微而且均匀，相对而言，处于溜井放矿口正上方一侧的井壁磨损要稍严重些。

(3) 溜井下部放矿口。该部磨损最严重的是放矿口顶板，次之是两侧壁。而被“死矿堆积”所掩盖的部位(侧壁下部和底板)则很少磨损。此外，由于常用爆破方法处理放矿口的堵塞，因此加剧了放矿口或放矿硐室与溜井之间隔墙的磨损，有时隔墙被磨蚀得很薄甚至被击穿，不得不停产检修(图9-465)。

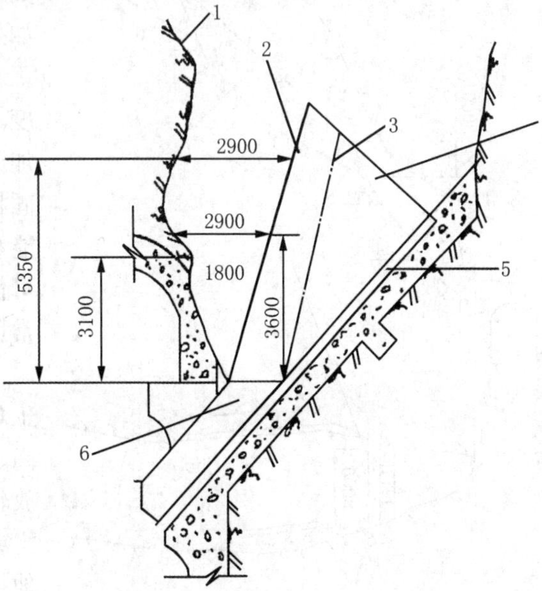

图9-465 放矿口钢板挡墙的磨损情况(南芬铁矿)
1—磨损后的顶板(钢板已脱落)；2—顶板原加固轮廓线；3—粉矿堆积线；4—侧壁加固轮廓线；5—底板钢轨加固完好；6—放矿口部位

b 斜溜井的磨损

(1) 非储矿段。斜溜井非储矿段底板磨损严重，往往被矿流磨蚀、冲击成沟槽或凹坑，而两侧壁次之，顶板很小磨损。

(2) 储矿段。顶板井壁磨损较严重,两侧次之,底板最轻。

(3) 过渡段。磨损程度介于上述两者之间。

(4) 放矿口部位。与垂直溜井放矿口的磨损特征类似。

c 其他磨损规律

(1) 如溜井为多水平卸矿,则在各卸矿点之下的非储矿段,均可有较严重的冲击磨损。

(2) 溜井井身有折曲、变坡、转向等部位,井壁磨损严重。

(3) 如溜井穿过局部松软岩层或破碎裂隙带,则该部位井壁易发生片帮或坍塌,这种情况称为“原发性磨损”。这些部位,在溜井开凿过程中应及时进行加固。

B 溜井加固方法及结构的选择

a 加固方法分类及适用条件

加固方法分类及其适用条件见表9-302。

表9-302 加固方法的分类及结构特点

分类原则	方法名称	加固的作用及特点	适用条件	优缺点
按加固位置	井壁外加固	增强井壁抗冲耐磨性能,如敷设锰钢板、钢轨、钢纤维混凝土等	溜放矿石坚硬、块大、量多,井壁岩层弱或放矿部位	使用可靠、寿命长、适用范围广,但成本高
	井壁岩层加固	增强溜井围岩整体性,如锚杆、注浆等	井壁岩层较坚硬、但整体性差	施工快、成本较低
按加固材料特性	柔性维护	在冲击部位储集粉矿、避免井壁磨损	井壁冲击点,井壁岩层软弱	施工快、成本低
	刚性加固	在井壁外施作抗冲击耐磨层	溜放矿石硬、块度大,量多等	可靠、寿命长、适用范围广,但成本高
按组成加固结构形式	整体式	加固金属构件焊接,形成整体	溜放矿石块度大、量多,井壁岩层差	可靠、寿命长,施工难
	装配式	构件间用螺栓连接,或用特殊方式悬挂	溜放矿石小、量少且溜井深	施工快,但可靠性差
按加固材料布置方式	均匀布置	井壁周围用同种材料、相同结构加固	储矿段,井壁岩体不良	施工较简便
	非均匀布置	依井壁磨损情况不同,用不同材料或结构加固	非储矿段或放矿口	施工复杂,省材料

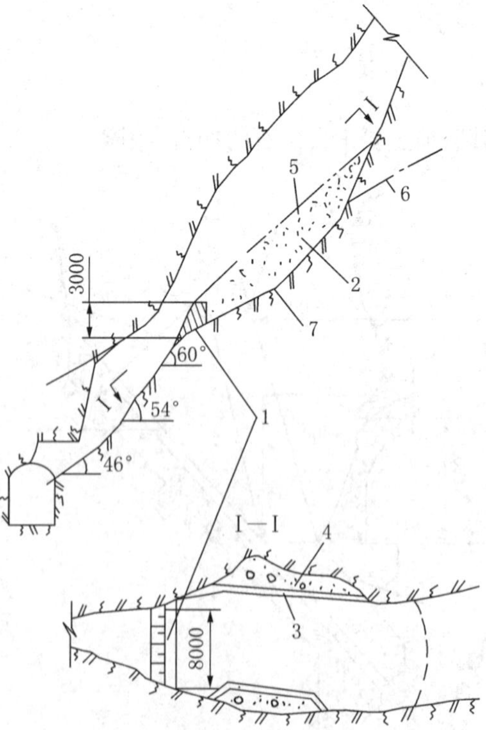

图9-466 南芬铁矿3号暗溜井用“挡矿坝”储集粉矿示意图

1—挡矿坝;2—粉矿堆;3—侧壁钢板加固;4—混凝土;5—粉矿堆积线;6—岩层分界线;7—被保护的井壁

b 选择加固方法及结构时应考虑的主要因素

(1) 需加固部位井壁围岩的状况及其受力特点。如围岩软弱,整体性不好,则需先行增强其整体性,然后再作耐磨层加固;如果是冲击点部位,最好采用储集粉矿的柔性维护法(图9-466);如采用高强度抗冲击材料加固,则宜选用整体式结构。

(2) 溜井用途、服务年限、通过的矿石总量、矿石性质及块度。对大型矿山的主溜井,应选用高强抗冲耐磨材料的整体式加固结构,材料的规格以较大的为宜,施工工艺应能充分保证加固材料固定的可靠性;如果是地下矿山的采区溜井,加固材料性能和规格可适当降低和减小;对溜井进行临时紧急的维修加固,可优先采用以钢纤维喷射混凝土为主的加固方案等。我国溜井常用的几种加固材料磨损寿命见表9-303。

(3) 加固材料、加固结构的性能和特点以及费用、工期和施工难易程度。高强抗冲耐磨材料组成的整体式加固结构,费用高、施工难,常用于主溜井加固;为了降低费用,就地取材,对于放较软的矿石、且通过能力不大的溜井,其储矿段可考虑用混凝土或料石加固。但对于放矿口部分,一般采用预埋固定件与其他抗冲耐磨材料组成的整体式或装配式结构来加固。

C 减轻溜井磨损的措施

(1) 在避免发生溜井井身部位堵塞的情况下,尽可能提高溜井中的储矿高度。

表 9-303 几种加固材料的磨损寿命

加固材料	溜放矿石条件		加固情况		磨损寿命		溜井实例
	矿石种类	最大块度/mm	材料规格	加固厚度/mm	每溜放10kt矿石的磨损值/mm	加固后工程使用年限/a	
混凝土	铁矿石 $f=8\sim12$	400	300号	500~600	非储矿段 5~15	3~4	庞家堡铁矿一区1号垂直井，通过矿石总量100kt
钢筋混凝土	铁矿石 $f=8\sim12$	400	170号	650	非储矿段 8.9~13.3	6	庞家堡铁矿西二斜溜井，通过矿石总量650kt
	铁矿石 $f=10\sim15$	300	200号	350~400	非储矿段 6.9~21.4	3	溜井深度84m，垂直溜井，通过矿石总量173kt
钢轨	铜矿石 $f=4\sim6$	350			0.017~0.55	3	易门铜矿一期垂直溜井，通过矿石量746kt
	铁矿石 $f=12\sim16$	350			储矿段 0.05~0.062	8	南芬铁矿北部暗溜井，坡度51°~65°，通过矿石量1590kt
	铁矿石 $f=10\sim15$	300			非储矿段 0.82~2.19	3	垂直溜井，通过矿石量94kt
锰钢板	铁矿石 $f=12\sim16$	1000	Mn13锰钢板，200号混凝土	钢板厚500mm	给矿口（放矿口）0.0015~0.02	6	南芬铁矿北部溜井粗碎矿口，通过矿石量10~13Mt

(2) 控制进入溜井的矿岩块度。

(3) 尽可能地将溜井布置在坚硬、稳定、整体性好的岩层中，避免“原发性磨损”。

(4) 控制卸矿方向，最好形成中心落矿，可以考虑设置挡板、链条帷幕、中心漏斗、振动出矿机转载，或采用底卸式矿车等措施。

(5) 选择合理的溜井结构形式。有分枝溜道的溜井、斜溜道不能过陡、过长；溜井中部不要有变坡或折曲；放矿口尺寸选择要合理，防止频繁堵塞而导致炸药爆破损坏放矿口挡墙等。

(6) 放矿口的放矿，采用振动出矿机取代板式给矿机和各种闸门。

D 溜井加固实例

溜井加固实例见表9-304。

表 9-304 矿山溜井加固实例

国别	矿山及溜井名称	加固部位	加固材料及方法
中国	南芬铁矿北部溜井	放矿口、井壁	钢轨、锰钢板、堆积粉；ϕ200碳素圆钢、锰钢板、钢纤维喷射混凝土、锚杆、钢筋混凝土、钢轨、扁钢圈、钢板料石
	兰尖铁矿主溜井	放矿口、矿仓	
	齐大山铁矿北溜井	放矿口额墙、溜口	
	梅山铁矿采区溜井	溜井井壁	
	程潮铁矿主溜井	溜井井壁	
	篦子沟铜矿集矿溜井	放矿口、井壁	
	北京水泥厂综合矿溜井	溜井井壁	
墨西哥	卡纳尼亚铜矿主溜井	下部放矿石	曲面型锰钢衬板
瑞典	布利登公司转运溜井	溜井井壁	钢纤维喷射混凝土

9.15 基建工程量与基建及采掘进度计划

9.15.1 基建工程量

9.15.1.1 基建工程量的确定及井巷工程内容

A 基建工程量的确定

为了保证矿山按策划有步骤地进行施工建设和顺利投入生产，投产后能持续均衡地进行生产，必须完成一定的基建工程量。基建工程项目及其工程量的确定是个重要而又复杂的问题，必须认真分析研究，合理确定。

确定的矿山基建工程量应满足下面要求：投产时必须形成完善的开拓系统及生产系统，完成设计的基建井巷工程量，包括矿床开拓、运输、通风、排水、提升、压气、充填系统和相应的安全、防火、环保卫生、机修等辅助系统及设施;矿山投产时,生产准(储)备矿量达到三级矿量保有期标准;使矿山投产后正常生产期间各个工序之间保持合理的超前关系;深部开拓延深、新阶段准备工作能在技术经济合理的条件下进行;在保证矿山正常生产,获得较好经济效益的前提下,综合平衡确定之一。

当矿山从投产到达产时间较长,应通过技术经济方案比较,考虑是否分期建设。

B 基建井巷工程内容

(1) 开拓工程。按设计安排需要施工的全部开拓工程,形成矿山生产的开拓系统,并满足按设计确定的开拓矿量。

根据我国建设的38个地下开采矿山统计,在基建井巷工程量中,仅开拓工程占井巷总工程量的37%~73%,一般占60%~70%,占的比例最大。因此,在选择开拓方案时,要注意比较开拓工程量。

(2) 基建探矿工程。在下列情况之一者,应进行基建探矿,并安排基建探矿工程量:1)勘探阶段探获的高级储量不符合要求,或未分布在先期开采地段;2)位于主矿体上部、且对先期开采有重要影响的小矿体,在勘探阶段未探获工业储量;3)矿床地质条件复杂、地质勘探阶段虽然采用了较密的工程间距,但仍不能获取高级储量;4)先期开采地段不同类型、品级矿石的空间分布和数量,在勘探阶段未能查明。

基建探矿可采用坑探或坑探配以钻探,如采用探矿平巷、探矿穿脉、探矿天井、钻窝(用于钻孔)等井巷工程。工程间距和布置的选择应与采矿工程设计相结合,使探矿工程可用于采矿工程。同时,基建探矿工程的布置和探获的高级储量应能满足投产的生产准备矿量的要求。

(3) 采准切割工程。根据推荐的采矿方法及其确定的基建采准和切割工程量。

(4) 大型临时井巷工程。为了加快矿山建设,增加掘进作业面、通风系统要求或其他原因而施工的大型临时井巷工程(大零工程),如开掘措施井(巷)等。

(5) 放水疏干方案专项掘进的井巷工程。

(6) 充填系统所开掘的井巷工程等。

确定时,应对可能发生影响基建工程量的地质因素进行分析,适当加大开拓、探矿工程的超前时间,使采准切割工作能在可靠的地质资料基础上进行。据一些矿山经验,探矿工作超前1年或更长的时间为宜。

设计一般是按照正常条件下确定基建工程量,施工中往往因地质等因素发生变化,需对原设计进行局部调整、修改。因此,设计部门要重视施工服务工作。

近些年,新建部分地下矿基建开拓采切工程量见表9-305。早期建设的金属矿基建开拓采切工程量见表9-306。

表9-305 新建部分地下矿基建开拓采切工程量

矿山名称	矿山规模/(Mt/a)		开拓方式	主要采矿方法	设计基建工程量/(m/m³)			实际基建工程量/(m/m³)		
	设计	实际			开拓	采切	合计	开拓	采切	合计
安徽金安矿业有限公司草楼铁矿	2	3	竖井开拓:主井、副井、南、北风井和措施井	大直径深孔阶段矿房嗣后充填采矿法、分段矿房嗣后充填采矿法	13664/168716	6330/68364	19994/237080			
安徽富凯矿业有限责任公司付老庄铁矿	2		竖井开拓:主井、副井、风井和措施井	大直径深孔阶段矿房嗣后充填采矿法、分段矿房嗣后充填采矿法、房柱采矿嗣后充填法	20667/271535	4850/51100	25517/322635			
中钢集团安徽刘塘坊矿业有限公司刘塘坊铁矿	1.5		竖井开拓:主井、1号副井、2号副井和风井	分段空场嗣后充填法、房柱采矿嗣后充填采矿法	14242/210512	5048/49988	19290/260500			
许继集团有限公司许昌铁矿	2(一期) 5(二期)		竖井开拓:一期有主井、副井、北区进风井、北区回风井、措施井	分段空场嗣后充填采矿法和房柱采矿嗣后充填采矿法		6458/64580	32200/389022			

续表 9-305

矿山名称	矿山规模/(Mt/a)		开拓方式	主要采矿方法	设计基建工程量/(m/m³)			实际基建工程量/(m/m³)		
	设计	实际			开拓	采切	合计	开拓	采切	合计
山东黄金集团昌邑矿业有限公司昌邑矿	2		竖井分区开拓	阶段矿房嗣后充填法 分段空场嗣后充填法			/439300			
中钢集团山东矿业有限公司苍山铁矿	2	2	竖井+胶带斜井开拓	分段空场法 阶段空场法 房柱法 嗣后充填采空区	13019 /161218	5000 /60000	18019 /221218			
内蒙古大中矿业有限责任公司五分子铁矿	1.5		竖井开拓	无底柱分段崩落法 浅孔留矿法	21562 /243885	11442 /92224	33004 /336109			
重庆钢铁集团公司接龙铁矿	0.4		平硐开拓	浅孔留矿法	10376 /58500	2000 /8000	12376 /66500			
攀钢集团矿业有限公司尖山采场露天转地下开采工程	2		平硐、胶带斜井、辅助竖井联合开拓	无底柱分段崩落法	/318400	/270100	604400			
昆钢大红山铁矿	4		胶带斜井一辅助斜坡道一盲竖井联合开拓	高分段(大结构参数)无底柱分段崩落法	420123	/406674 另有探矿: /32538	859335			
马钢白象山铁矿	2		竖井开拓:1主、2辅、1风井	盘区式机械化上向水平分层充填法(点柱式) 上向充填法	/220000		/340000			
马钢罗河铁矿	3(一期) 5(二期)		竖井开拓 一期:主、副、废石、进风井各1条,回风井3条	高分段(大结构参数)无底柱分段崩落法 低分段无底柱崩落法			/580000 (一期规划)			
马钢张庄铁矿	5		竖井开拓				71000 /1020000			
通化塔东铁矿地下开采部分	2		竖井开拓	无底柱分段崩落法			14248 /202708			
徐楼铁矿	1		竖井开拓	胶结充填法、空场嗣后充填法			15543 /151214			

表 9-306 早期建设的金属矿基建开拓采切工程量

矿山名称	矿山规模/(Mt/a)		开拓方式	主要采矿方法	设计基建工程量/m³			实际基建工程量/m³		
	设计	实际			开拓	采切	合计	开拓	采切	合计
镜铁山铁矿	3.2(一期)	3	主平硐、辅助竖井、溜矿井	无底柱分段崩落法			509044			490035
梅山铁矿	2.5(一期)	2.5	竖井开拓	无底柱分段崩落法						535662
金山店铁矿	2	扩建后:2.8	竖井开拓	无底柱分段崩落法	240000	105000	345000	260000	118000	378000
程潮铁矿	1.5(一期)	1	混合竖井开拓	无底柱分段崩落法	116722	46596	163318	99777	62320	162097
大庙铁矿	0.8	0.6	平硐、溜井开拓	无底柱分段崩落法	45959	20000	65959	57856	20080	77930
余华寺铁矿	0.4	0.5	竖井开拓	无底柱分段崩落法	76457	59080	135537			
庞家堡铁矿	2.5	1.2	平硐、斜井	长壁崩落法	214300	119700	334000	300000	188000	488000
湘潭锰矿一期	0.42	0.22	串车斜井	短壁进路崩落采矿法	61890	28248	90144			
大罗坝铁矿	0.30	0.15	平硐、斜井	全面法	25979	17289	43268			39185
白石潭铁矿	0.15	0.15	平硐、斜井	全面法	19135	9000	28135	15152	9237	24389
漓渚铁矿	1	1	平硐、竖井	无底柱分段崩落法	138600	80000	281600	155000	80000	235000
西石门铁矿	2.2	2.2	竖井开拓	有底柱、无底柱分段崩落法、房柱法	381596	183948	565544	409102	273875	682977
马甲瑙铁矿	0.3	0.2	斜井开拓	有底柱分段崩落法	26092	27602	53694	28492	33072	61564
焦家金矿	0.165	0.174	竖井开拓	充填法			53999			53453

续表 9-306

矿山名称	矿山规模/(Mt/a)		开拓方式	主要采矿方法	设计基建工程量/m^3			实际基建工程量/m^3		
	设计	实际			开拓	采切	合计	开拓	采切	合计
竹山银金矿	0.132		平硐、溜井	浅孔留矿法	36317	13290	59607			
新城金矿	0.165	0.138	斜井开拓	充填法			37094			43705
新桥硫铁矿	0.6	0.6	竖井开拓	上向水砂分层充填法	105760	56240	156000			
胡家峪铜矿	1	1	平硐、竖井开拓	有底柱分段崩落法			202117			214329
篦子沟铜矿	1	1	竖井开拓	有底柱分段崩落法			193214			205903
水口山铅锌矿	0.352	0.352	竖井开拓	浅孔留矿法			28350			38979
小寺沟铜钼矿	0.99	0.99	主平硐、斜坡道	分段空场法			169779			168669
东川落雪铜矿	2.145	1.749	竖井、平硐、溜井	分段空场法、分段崩落法	611187	126400	737587	596700	145000	741700
牟定铜矿	0.495	0.284 ~ 0.330	箕斗斜井及辅助斜井开拓	底盘漏斗分段法嗣后尾砂充填	122502	24051	146553	130937	73690	204627
大姚铜矿	0.1485	0.462 ~ 0.594			147800	79093	226893	197435	152162	349597
其中:氧化矿	0.495	0.198 ~ 0.264	平硐、溜井、盲斜井开拓	底盘漏斗分段崩落法	48174	23230	71404	67480	47644	115124
硫化矿	0.99	0.264 ~ 0.33	箕斗竖井、溜井、盲斜井开拓	底盘漏斗分段法、嗣后尾砂充填	99626	55863	15589	129955	104518	234473
易门狮子山铜矿	0.594	0.594	平硐、溜井、盲斜井开拓	浅孔留矿法、有底柱分段崩落法	94207	67088	161295	112313	80008	192321
黄沙坪铅锌矿	0.33	0.33	平硐、盲竖井开拓	上向、下向分层充填法	51956	43516	99616	56744	35712	137796
柴河铅锌矿	0.165	0.165 ~ 0.264	竖井开拓	阶段矿房法	11948	4600	16548	13139	3761	16900
梧桐花铅锌矿	0.165	0.165	竖井开拓	浅孔留矿法	35680	15050	50730			65787
新疆哈图金矿	0.031	0.031	竖井开拓	浅孔留矿法	23532	6040	29572	20487	5630	26117
王村铝土矿	0.30	0.25	斜井(串车)开拓	长壁法	55086	17928	73014	57903	15010	72913
桃林铅锌矿	1	1	竖井开拓	阶段强制崩落法			301345			251640

9.15.1.2 分期建设问题

有的矿床控制程度低,有的矿床规模很大,有的业主投资矿山的资金量所限,可考虑分期勘探、分期建设。矿体形态上下相差很大或者矿山建设规模较大需要分期建设的。采用有多少钱办多少事的办法。

分期建设,一般是从小到大,初期投资少,工程量相对也少,可以早日建成,早见经济效益,待有一定盈利及经济实力时,再扩大生产规模;也有因技术条件或经济因素须分期建设的。无论何种原因,建设前期均应作好矿山总体开发规划。

分期建设的办法及方式有多种,常用的有沿矿体走向或倾向(深度)两种分期方式,其分期范围、规模及前后期的间隔时间,需通过综合技术经济比较确定。

分期建设应考虑的主要技术因素:

(1) 矿床沿走向、沿倾向的控制程度,矿体赋存条件及特点;

(2) 分期建设不同规模的投资额、投产及达产时间、技术经济主要指标,特别要注意经济效益情况;

(3) 用户的需求量及矿产品种;

(4) 前期工程及设施在后期的利用程度;

(5) 矿床开拓、运输、通风、排水等系统的合理衔接程度;

(6) 分期建设投产后最好有段相对稳定的生产期。

9.15.2 三级矿量与生产准备矿量保有期、投产标准

9.15.2.1 三级矿量

为了保证矿山正常生产,根据开拓、采准及切割工程要求,必须保有一定的生产准(储)备矿量,按准备程度分为开拓矿量、采准矿量及备采矿量,统称三级矿量。

A 开拓矿量

开拓矿量是设计可采储量(工业储量)的一部分。凡按设计所规定开拓系统工程中的井巷工程(如主竖

井、主斜坡道、主斜井、主平硐、主溜井、主要通风井、主充填井和排水井，石门、井底车场、阶段主运输巷道、专用通风平巷、排水平巷和充填平巷，井下中央变电所、主要水泵房、水仓、破碎机硐室、地下炸药库、电机车库、铲运机修理硐室、凿岩机修理室、等候室、医务室、主要信号硐室、防水门、采区变电所、主要风门硐室、防火仓库及与硐室有关的附属工程等）已开凿完毕，形成了完整的开拓、提升、运输、通风、防排水系统和采准工作以前需进行的生产探矿工程，在此范围内所控制的矿量称为开拓矿量。

凡为保护地面河床、建（构）筑物、运输线路及地下重要工程如竖井、斜井、平巷等所划定的在保护期限内不能回收的各种保安矿柱矿量不能算作开拓矿量。只在废除上述保护物或允许进行回采时，方可列入开拓矿量。

B 采准矿量

采准矿量是开拓矿量的一部分。在开拓矿量的基础上全部完成了采矿方法所需要开掘的采准井巷工程即为获得采准矿量。采准工程的划分详见9.4节。

采准矿量的边界应以采矿场设计划分的形式和回采的顺序而定。在同一采场内的顶柱、底柱和矿壁不能与矿房同时回采时，则矿房的边界即为采准矿量的边界；如同时回采时，则划分采矿场的边界（包括矿壁在内）为采准矿量的边界。

顶柱、底柱和房间矿柱内的矿量，只有在完成了矿柱回采设计所规定的全部采准巷道工程后，方可算作采准矿量。

C 备采矿量

备采矿量是采准矿量的一部分。在采准矿量的基础上，完成了采矿方法所规定的全部采场切割工程量即为获得备采矿量。切割工程的划分详见9.4节。

顶柱、底柱和房柱矿柱内的矿量，应完成矿柱回采方法所规定的全部切割工程和各种管线与放矿设施均安装完毕，并在开采顺序上已达到立即可进行回采时，才列为备采矿量。

在开采中如有个别矿体或采场发生地质、水文地质和安全情况而暂时停止开采，需要进行补充勘探或采取措施时，在勘探工程和措施方案未完成之前，均不能称为备采矿量。

9.15.2.2 生产准备矿量保有期、投产标准

A 生产准备矿量保有期

生产准备矿量要有一定的保有期，它是矿山多年生产的经验总结，是客观规律的反映，违背这个规律就会造成掘进欠账，采掘失调。

(1) 设计矿山的生产准备矿量保有期应能保证矿山投产达产后正常、均衡地进行生产，应当根据矿床地质和开采条件，开拓和采矿方法，企业技术和管理水平，结合采掘或回采进度计划安排分析确定。在实施中，还要结合矿岩稳固条件，不同开拓方式和采矿方法有所增减。

生产准备矿量保有期一般标准见表9-307确定。

表9-307 生产准备矿量保有期一般标准 (a)

准备矿量级别	保有期	
	黑色金属矿山	有色金属矿山
开拓矿量	3~5	>3
采准矿量	0.5~1	1
备采矿量	0.25~0.5	0.5左右

(2)《有色金属采矿设计规范》规定：有色金属矿山生产储备矿量保有期见表9-308。

表9-308 有色金属矿山生产储备矿量保有期 (a)

储备矿量级别		铜钼镍矿山		铅锌矿山		脉锡矿山		地下钨矿山	露天铝矿山
		地下	露天	地下	露天	地下	露天		
开拓矿量	竖(斜)井	3	>1	>5	>1	>4	>1	>5	≥1
	平硐			>3		>3		>3	
采准矿量		>1	—	>1	—	>1	—	>1	—
备采矿量		>0.5	>0.5	>0.3	>0.3	>0.5	>0.3	>0.5	0.25~0.5

（3）采用斜坡道开拓和高效无轨自行设备的矿山，在生产过程中，掘进与采矿可以平行作业，基建过程中只需要准备出一定的备采矿量即可，其备采矿量可以适当减少。采用斜坡道开拓可以减少基建工程量，缩短基建期，也是斜坡道开拓的优点之一。

B 投产标准

投产标准要根据建设项目的具体情况，综合分析研究确定。矿山投产时应满足下列条件：

（1）一般情况下，矿山正式投产时生产能力应满足表9-309的规定。

表9-309 矿山正式投产时生产能力

矿山规模	应达到设计规模的比例/%
特大、大型	30～40
中 型	40～50
小 型	50～60

《有色金属采矿设计规范》规定：矿山投产时的年产量与设计年产量的比例见表9-310。

表9-310 投产时年产量与设计年产量的比例

（%）

矿山类型	一类（大型）	二类（中型）	三类（小型）
铜铝镍矿山	>30	>50	>80
铅锌矿山	>30	30～50	50～100
脉锡矿山	>40	>60	>80
钨矿山	>35	>50	>80

注：二、三类矿山生产能力小的取大值，反之取小值。

（2）矿山投产时所必需形成的各种系统和设施（包括主要采矿设备）。投产时必须完成设计所需的基建工程量，包括基建井巷工程量，形成供电、提升、通风、压气、排水、供水、机修、采矿工业场地设施、选矿（破碎）厂、内外部运输等完整的生产系统，并能进行正常的安全生产；环境和资源保护、劳动安全、水土保持、土地复垦、工业卫生等设施已按设计要求建成；必要的生活福利设施亦基本建成。

（3）投产时的生产储备矿量应符合设计中确定投产时应有的数量。《有色金属采矿设计规范》规定：三级矿量应符合矿山生产储备矿量的保有期，应保证矿山按规定时间达产，并持续稳定生产。备采矿块数应为回采矿块的10%～20%，但不得少于一个。

（4）投产后应有一定的盈利，生产和成本趋于稳定。

（5）从投产起至达产的时间，大中型矿山不应大于3年，小型矿山不应大于1年。

（6）矿山正式投产前，应进行竣工验收，编制投产报告，由主管部门批准方可投产。竣工验收工作，遵循“谁审批，谁负责”的原则。

化工矿山、非金属矿工业手册都对一般矿山建设项目的投产标准作了规定，具体标准要求与冶金矿山相近。

9.15.3 基建进度计划

为了保证矿山有计划有步骤地进行施工建设和投入生产，投产后能持续均衡地进行生产，必须编制基建进度计划及采掘进度计划。

编制基建进度计划，是搞好矿山在基建期间内的施工组织、施工方法及施工顺序，反映三级矿量所需要的工程量，是保证对所设计矿山投产时间的要求下，充分发挥技术可能，采取各种措施缩短基建期限，使矿山能早日建成投产。

基建进度计划一般是从矿山基建井巷工程破土之日开始，一直编制到投产或达到设计规模（含投产到达产间需要掘进部分井巷工程）时为止。

采掘（回采）进度计划一般从矿山投产之日开始，一直编制达到设计规模以后3～5年。

基建进度计划和采掘（回采）进度计划一般分开编制。如果合同要求，或特殊条件下，可将两表合编在一起。矿山规模小,基建工程量少,系统简单,两表也可合二为一。

9.15.3.1 基建进度计划的编制原则

基建进度计划的编制原则如下:

(1) 按确定的基建工程量进行编制。矿山投入生产时必须形成完善的开拓、运输、提升、通风、排水等系统和地上地下安全、防火、机修等辅助生产系统及设施;矿山投产和达产后满足保有的三级矿量要求,并使开拓、生产探矿、采准、切割与回采各个工序之间保持合理的超前关系。

(2) 缩短基建时间。编制基建进度计划时,应充分发挥技术可能,采取切实可行的措施,缩短基建时间,如采取招投标方式;采用先进施工工艺及设备,采用快速掘进的工作组织;必要时采取增加措施井(巷)工程(大零工程),以增加同时井巷掘进工作面数,加快掘进速度,确保矿山早日建成投产。当业主规定了矿山投产、达产日期时,应按要求建成。

(3) 保持基建期工作量基本均衡。在保证控制性关键的井巷工程,如竖井、斜坡道、斜井、主平硐、主要运输巷道、通风井等按计划完成的前提下,采取措施,调整工作面的数目,使矿山在整个基建期内,逐年、逐季、逐月所完成的工程量以及同时进行的基建井巷作业面所开动的凿岩台车台班数量、铲装设备数量,基本保持均衡。

(4) 选用切实可行的技术定额和井巷成井速度。编制基建进度计划之前,必须掌握国内外类似矿山的技术定额及指标资料,结合设计矿山的条件,施工方法,进行分析对比,选用在现阶段可以达到的技术定额指标。

井巷成井速度直接决定矿山基建工程的进度。近些年由于建筑法规的不断完善,建设施工单位的技术装备不断提高,加快了建设速度。但是,由于装备水平不同,激励机制不同,各施工单位之间的差异较大。编制进度计划时,若有施工单位意向的可由其提供定额指标。

9.15.3.2 基建进度计划的编制

A 编制基建进度计划所需要的资料

(1) 业主对矿山投产、达产时间要求;

(2) 给出的基建工程范围及基建井巷工程量,井巷工程的断面图、长度、开凿体积、支护形式及材料耗量;

(3) 设计的开拓、通风、运输系统,主要工程的施工顺序,矿山开采顺序;

(4) 矿山生产能力,分期建设时的分期范围;

(5) 阶段、采区(矿块)可采储量(工业储量);

(6) 设计的阶段平面图,采矿方法;

(7) 主要井筒地质剖面图;

(8) 设计采用的井巷成井成巷定额,成井成巷速度和施工准备时间、设备安装时间;

(9) 涌水量大的矿山疏干方案;

(10) 基建时期所采取的劳动组织及工作制度;

(11) 对于改(扩)建矿山,还需要现有井巷工程图纸(开拓、通风系统图、阶段平面图)等。

B 基建进度计划的编制方法及内容

基建进度计划以图表形式编制,并有必要的文字说明。我国已有专业应用软件,但有待完善。目前仍以人工编制为主。

a 基建进度计划表

基建进度计划表的内容和形式,应根据设计矿山的具体条件和需要来确定,力求简单明了,通俗易懂,利于操作。

基建进度计划表中应对所有属于基建时期的井巷工程,均安排其进度计划;对于在达到设计规模时必须完成的开拓工程应按较详细的分(单)项工程安排其施工进度计划;对基建期间的基建探矿、采准、切割工程量则按不同阶段列出其施工进度计划。

基建进度计划表，一般是按月或季度进行编制。

b 文字说明

文字说明的内容如下：(1)编制基建进度计划的依据文件；(2)矿山基建范围及基建井巷工程量；(3)主要井巷工程项目的工程地质和水文地质条件，施工方法和施工顺序，支护方法及数量，井巷施工成井成巷指标及依据。当采用特殊施工方法时，应说明各种作业的方法、施工顺序和设备、循环组织和要求等；(4)同时进行采准切割、回采工作的阶段数和顺序；(5)矿山基建期间，同时进行作业的井巷工作面数，同时作业的凿岩机和铲运机台数/班数；(6)逐年完成的基建井巷工程量；(7)矿山投产标准，投产、达产时生产准备矿量，基建副产矿石量；(8)加快基建进度的措施等。

C 注意事项

(1) 编制基建进度计划时，要考虑施工准备、场地平整、地表临时设施的修建与安装等。

(2) 首先安排关键性、控制性的井巷工程的施工，如主井、主平硐、主斜坡道、主要运输巷道、贯道工程、通风水平的天井和通风井等；可根据具体条件和要求开凿措施井巷工程，适当增加掘进工作面数；为使工作面保持基本平衡，可以将次要井巷工程作为备用工作面。

(3) 工程采用外包时，可按外包双方签订的合同施工定额；自营施工时，缺乏经验，井巷工程施工进度定额可降低20%左右。

(4) 采矿试验时间。采用常规或成熟的采矿方法一般不需要试验，不安排试采时间。只有对开采条件复杂(如“三下”开采、高温、深井、大水、矿岩特别松软破碎)及采用特殊工艺技术的采矿方法，或者已生产的矿山为采用新工艺、新技术、新方法要改变原有方法时，可视情况安排一定的试采时间。

(5) 大水矿山，应考虑疏干时间。

(6) 对于订购设备需要较长时间，或需要研制施工新设备，或需采用特殊施工方法时，安排进度计划时应考虑制造时间、到货时间及特殊施工方法的准备时间。

D 图表形式

基建进度计划图表形式，各行业之间乃至各设计研究院内部也不一样，更谈不上标准格式。无论何种图表形式，都应满足进度计划的内容深度和使用者的要求。地下矿山基建进度计划表实例见表9-311。

基建时期的开拓、采准切割工程及主要材料消耗表实例见表9-312。

9.15.4 成井成巷速度及建设工期

9.15.4.1 竖井

近年来，国内矿山凿井技术进展很快，凿井工艺水平、装备技术水平和掘进速度都有了大幅提高，不断涌现出竖井快速施工新纪录，缩短了矿山建设工期。据不完全统计，我国煤矿的建井最高月成井纪录是216.5m(表土层冻结段)；鸡西矿业集团建设工程公司2003年在曲阜星村煤矿深度957.6m的主井施工中，连续4个月基岩段月成井超过140m，最高月成井165.9m，创造了全井平均月成井136.8m的纪录。

2006年，由中冶集团华冶资源开发有限责任公司承建的程潮铁矿主井深度1135m，施工实现连续3个月成井突破百米，并创造了国内金属矿山竖井施工最高月成井为170.6m(基岩段)的新纪录。施工中采用了V形凿井井架、新型ϕ3.5m提升机、大型伞钻、中心回转式抓岩机、液压整体式移动模板、新型自动化空压机、自动化混凝土搅拌站的超千米竖井机械化配套作业线，并采用竖井下掘电视监控系统对施工现场进行调度。

大红山铜矿的竖井，掘进断面为64.3m^3，净直径8.75m，采用混凝土、喷射混凝土支护，于2008年3月施工完毕，竖井正常成井速度为70m/月。

A 我国的快速凿井技术主要特点

(1) 使用大型凿井井架(新Ⅳ型和Ⅴ型)，配置主要提升和辅助提升两套提升系统。两套提升系统保证有足够的废石提升能力，满足快速施工的要求。大型凿井井架可以满足伞钻进出、座钩式翻矸台装置和废石溜槽的布置要求及使用大型吊桶。

表 9-311 某矿基建进度计划

井巷工程名称	掘进断面 /m²	工程量 长度 /m	工程量 体积 /m³	支护种类及支护率 /%	每月进尺 /m	完成该项工作所需时间 /月
主井	18.1	335	6350	喷混凝土 /100	35	10.2
风井	8.04	112	920	喷混凝土 /10	45	2.5
-40m 车场及石门		132	1405	喷混凝土 /10	80	1.7
通风平巷及石门	4.95; 4.65	696	3298	喷混凝土 /10	80	5.1
-90m 车场及石门		110	1027	喷混凝土 /10	80	1.4
运输及穿脉平巷	5.01; 4.72	695	3300	喷混凝土 /10	80	8.6
通风石门	4.65; 4.95	130	608		80	1.7
探矿平巷	4.72	500	2369		160 /80	3.1
采区变电所		21	210		350	0.6
采准及切割工程		1712	6664		70	11.4
-130m 车场及石门		150	1301	喷混凝土 /10	80	1.9
运输及穿脉平巷	5.01; 4.72	772	3668	喷混凝土 10	80	5.1
坑内炸药库		118	572	喷混凝土 100	350	1.7
电机车及凿岩机修理硐室		40	382	喷混凝土 /100	350	1.1
采准、切割工程		359	1382		70	3.6
-170m 车场及石门		160	1360	喷混凝土 /100	80	2
水泵房 / 水仓等	4.8 ~ 11.7	390	2436	喷混凝土	300 /70	7.2
		6432	37240			

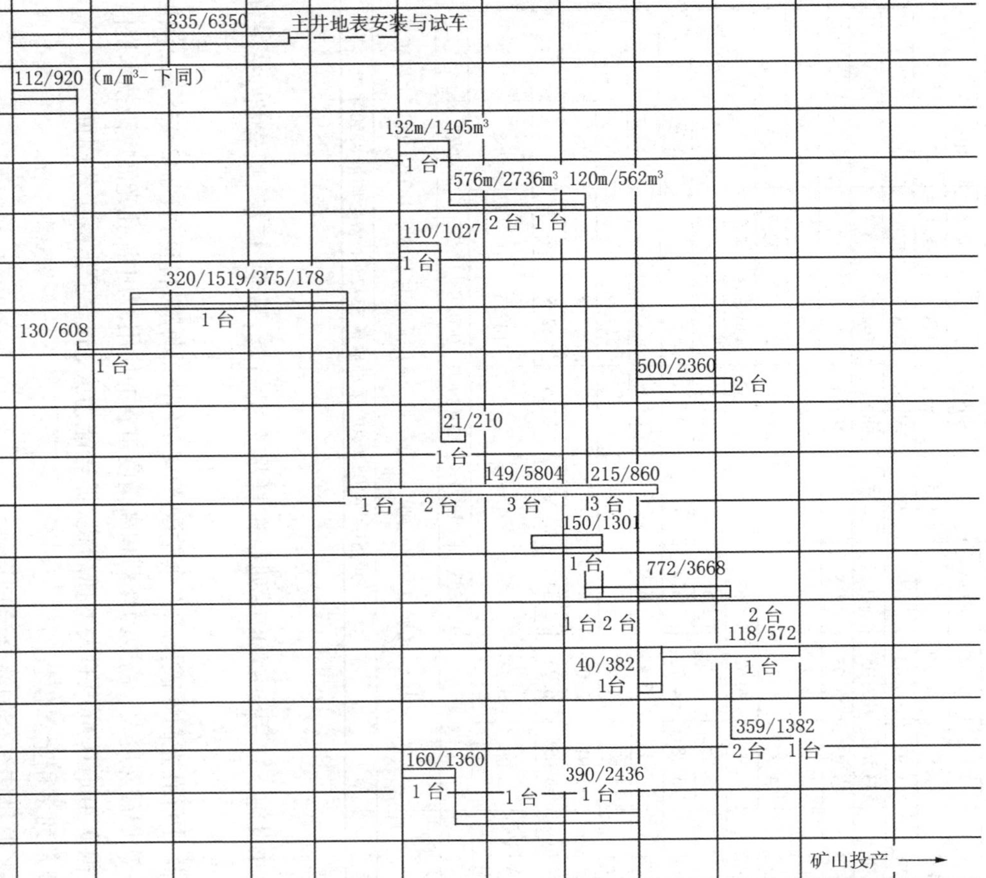

项目		第1年	第2年	第3年
年开拓工程量 /m³		9397	12468	1707
年基建采准工程量 /m³		1517	6068	2691
年基建切割工程量 /m³			860	172
年基建探矿工程量 /m³				2360
同时工作凿岩机数 /台		5 ~ 8	2 ~ 5	3 ~ 4
同时工作铲运机数 /台				
年末保有三级矿量	开拓矿量(t)/采准矿量(t)/备采矿量(t)			133580/174165/437392
年三材消耗量	木材（m³）/ 混凝土（m³）/ 钢材（kg）			127/2584/139367

表 9-312 某矿基建时期的开拓、采准切割工程及材料消耗量

序号		工程名称	净断面/m^2	掘进断面/m^2	长度/m		掘进量/m^3		支护材料消耗			备注
					岩石	矿石	岩石	矿石	混凝土/m^3	木材/m^3	钢材/t	
一、1070m阶段	1	脉外巷道	4.92	6.62	394		2608.3		31.6	108		70% 木支护、20% 无支护、10% 预制支架支护
	2	脉内巷道	4.92	6.62		155		1026.1	5.4	43.6		
	3	穿脉巷道	4.92	6.62	53	95	350.86	628.9	5.02	41.6		
	4	探矿巷道	3.95	3.95	401	405	1583.95	1599.75				
	5	回风平巷	3.95	3.95	218		861.1					
	6	回风斜井	3.28	4.75	52		247			41.6		
二、1020m阶段	1	脉外巷道	4.92	6.62	428		2833.4		32.7	1.7		70% 木支护、20% 无支护、10% 预制支架支护
	2	穿脉巷道	4.92	6.62	51	65	337.62	430.3	4.5			
	3	回风平巷	3.95	3.95	56		221.2					
	4	回风斜井	3.28	4.75	52		247			41.6		
三、采准	1	脉外天井	4.1	5.4	104		561.6			83		
	2	脉内天井	3.67	4.95		104		514.8		83		
	3	溜矿井 ϕ1.6m	2.01	2.01		225		452.3		36		
	4	分段联络道	5.05	6.25	54	90	337.5	562.5				
四、切割:分段回采平巷(二十分层)			5.05	6.25		670		4187.5		268		
五、开拓、采准、切割总计					1863	1809	10189	9402	79	780		
六、开拓、采准、切割、生产探矿副产矿石量			副产开拓矿量 8456t、副产采准矿量 5987t、副产切割矿量 18939t、副产生探矿量 7395t									
七、三级矿量			开拓矿量 1032040t、采准矿量 334234t、备采矿量 85500t									

注:支护形式为木支护。

(2) 稳车悬吊凿井设施。使用 5 ~ 40t 系列稳车悬吊多层吊盘、吊泵、模板、抓岩机、安全梯及管线等。稳车实行集中控制。

(3) 大型伞钻凿岩、中深孔光面爆破技术。伞钻配 YGZ-70 型气动凿岩机可打 ϕ42 ~ 55mm、深度 3.2 ~ 4.2m 的炮孔,凿岩效率高,一次爆破深度大。高威力炸药和高精度雷管的使用,为中深孔光面爆破技术提供了保证。

(4) 使用抓斗容积 0.4m^3、0.6m^3 的大型抓岩机,抓岩能力大,节省了出渣工作时间。

(5) 使用 MJY 型系列多用金属模板。

(6) 对井下涌水采取排堵结合的综合治理措施。

(7) 辅助设施配套,缩短辅助作业时间。

(8) 装备提升系统为可视监控系统,保障提升安全和工效。

B 特殊凿井方法

对于复杂的岩层需采用特殊的凿井方法,如:松散不稳定的含水层、岩层;或稳定的但含水量很大的裂隙岩层或破碎带中,预先采用某种特殊的技术措施或其他方法,改善施工条件,而后进行施工;或用机械破岩方法钻进井筒。这些施工方法统称特殊凿井法。

特殊凿井施工方法主要有:冻结法、注浆法、混凝土帷幕法、钻井法和沉井法。目前,这些施工方法已广泛用于矿山建井中,成井速度不断提高。

a 冻结法

在井筒开凿之前,用人工制冷的方法,将井筒周围的岩层冻结成封闭的圆筒,形成一个冻结柱体,以抵抗地压,隔绝地下水和井筒的联系,然后在冻结壁的保护下进行井筒掘砌工作。

施工工序包括:首先在井筒周围打一定数量的冻结孔、安装冻结管、制冷、冻结地层形成冻结壁,然后进行井筒掘砌。竖井采用冻结法施工方案有一次冻结全深、层部冻结和分期(段)冻结。

目前,在德国、英国、波兰、加拿大、比利时等国家采用冻结法施工的井深均超过了 600m,其中波兰某煤矿井筒冻结深度达到 725m。国内巨野煤田龙固矿副井穿过的冲积层厚度 568m,冻结深度达 650m。

b 注浆法

在裂隙含水层或松散的含水砂土层中,注入可凝结的浆液,充塞裂隙或固结砂、土,减少涌水,从而改善工程条件,利于井筒施工。一般在井筒开凿之前,于井筒周围,钻进一定数量的注浆孔至含水层,将配制好的浆液用注浆泵通过输浆管和注浆管,注入到含水层,经检验达到封水目的后,进行井筒掘砌工作。

施工工序包括:打钻孔、安装注浆管、注浆、封水、井筒掘砌。

c 混凝土帷幕法

在设计的井筒周围预先造成一封闭圆筒状混凝土帷幕,深度应穿过含水不稳定地层并进入稳定的基岩层,在其保护下进行井筒掘砌工作。

施工工序包括:井筒周围分段用造孔机械钻孔,连通成槽,灌注混凝土并形成帷幕,之后进行井筒掘砌。

d 钻井法

用钻头破碎岩石,用洗井液进行洗井排渣和护壁,当井筒钻进至设计直径和深度以后,在洗井液中进行支护的机械化施工方法。

施工工序包括:钻井,将工作面岩层破碎为岩屑;泥浆洗井护壁,提升岩屑和维护井帮;地面预制井壁、漂浮下沉井壁、排出泥浆、充填固井。

钻井法施工,用德国钻机在荷兰煤矿施工了钻井直径7.65m,深度512m。美国钻机在澳大利亚西部完成了风井直径4.267m,深度663m的施工。国内龙固矿主井直径5.5m,钻井深度达到583m。

e 沉井法

在不稳定含水地层中开凿井筒时,在设计的井筒位置上,预先制作好沉井的刃脚和一段井筒,在其保护下,边掘进边下沉,井壁随井筒下沉而相应接高。

沉井法通常分不淹水沉井和淹水沉井两大类。不淹水沉井包括:普通沉井、壁后泥浆沉井和壁后河卵石沉井。淹水沉井包括:振动沉井、壁后泥浆淹水沉井和壁后压气淹水沉井。

特殊凿井施工方法适用条件及优缺点,见表9-313。

表9-313 特殊凿井施工方法适用条件及优缺点

施工方法	冻结法	注浆法	混凝土帷幕法	钻井法	沉井法
适用条件	松散不稳定的冲积层、裂隙含水岩层、松软泥岩、含水量和水压特大的岩层	地面预注浆:含水层距地表较浅、较厚,或含水层虽薄,但分层距离较近,注浆深度一般不超过500m左右; 工作面预注浆:含水层埋藏较深,或分层间距大、有良好的隔水性; 壁后注浆:壁后有空洞,围岩有裂隙冒水; 壁内注浆:加固质量不良的井壁	适于下列地层:粗砂、粉砂等各种流砂层;卵石含水松散地层;黏土含水地层;各种互层、特殊复杂地层。下列地层不宜采用:岩溶地层、严重漏浆地层、含承压水水头较高的砂砾地层	以表土为主的井筒施工; 地质条件复杂,如表土层中的含水流砂层膨胀性黏土较厚,岩石层涌水量较大的井筒施工	深度不大的不稳定含水冲积层; 不淹水沉井:适于井筒涌水量小于30m³/h,且无承压水;穿过的流砂层厚度小于1m,且无细粉砂层;沉降深度一般小于50m; 淹水沉井:井筒穿过流砂层厚度不受限制;有砾卵石层或砂浆层等硬土层时不适于振动沉井
优缺点	(1)冻结理论和施工条件均比较成熟;(2)应用广泛;(3)施工准备时间长;(4)施工设备多;(5)建井成本高	(1)设备少、工艺简单,应用广泛;(2)能形成永久性封水帷幕,可改善支护条件;(3)地面预注浆需大型钻孔设备;(4)工作面注浆占用建井工期	(1)施工较简单;(2)适应性强,封底可靠;(3)工艺技术较为成熟;(4)钢材、木材用量大;(5)改善了井筒开挖作业环境	(1)在地面施工,高度机械化;(2)配备人员少、劳动条件好、作业安全;(3)成井质量高;(4)建井成本高;(5)坚硬基岩中钻进速度低、刀具费用较高	(1)工艺简单,需用设备少,易操作;(2)成本较低,作业条件好;(3)施工深度较浅,沉井结束后需用其他方法掘进基岩段井筒;(4)易发生涌砂冒泥和井筒偏斜

国内部分矿山早期竖井成井速度实例,见表9-314。

表9-314 国内部分矿山早期竖井成井速度实例

矿山及井筒名称	井筒净直径/m	支护形式		井深/m	岩石坚固性系数f	作业方式	主要施工设备	掘进速度/(m/月)		施工单位	备注
		材料	厚度/mm					平均	最高		
邯邢万年矿中部风井	5.5	喷射混凝土	150	231.2	<6	单行	0.565m³抓岩机两台,2及3m³吊桶各一个,伞形钻架、6台YGZ-70型风钻	82.91	92		涌水量18~57m³/h

续表 9-314

矿山及井筒名称	井筒净直径/m	支护形式		井深/m	岩石坚固性系数 f	作业方式	主要施工设备	掘进速度/(m/月)		施工单位	备注
		材料	厚度/mm					平均	最高		
辽宁红阳煤矿二井主井	6.0	混凝土	400	653.4	4~6	平行	0.11m^3 抓岩机 3 台,01-30 凿岩机 10 台,2m^3 吊桶 8 个	47.1		辽宁第三工程处	涌水量 8~10 m^3/h
桃林铅锌矿副井	5.5	混凝土	300	210	3~4	单行		30			
胡家峪矿南和沟大井	5.5	整体混凝土	350	244.5	8		0.11m^3 抓岩机 2 台,1.5m^3 吊桶,液压金属滑模套壁	30~40			
淮北朱仙庄煤矿主井	5.5	混凝土	冻结段 900~1000 基岩 350	541.6	表土流砂 256m	短段砌砌段高 12~20m		41.3		淮北七十一处	
大屯煤矿孔村副井	6.0	混凝土	表土 850,基岩 500	437.0	4~6	短段掘砌	0.5m^3 中心回转式抓岩机一台,1.5m^3 吊桶 2 个,01-30 凿岩机 15 台,金属活动模板	40.46	70.5	大屯第27工程处	涌水量 15~20 m^3/h
金川镍矿二矿区东主井	4.5	整体混凝土	400~500		4~8			32			
玉石洼铁矿副井	4.5	整体混凝土	350~600	213		流水作业		35			
河北铜矿竖井	6.0	整体混凝土	300		10~12	流水作业	01-30 凿岩机 5 台,人工装岩,0.4m^3 吊桶	21.9			
白银折腰山深部开采副井	6.0	混凝土	400	513	8~10	单行作业	62-1 抓岩机	33		白银矿山工程公司	
易门铜矿狮子山竖井	4.5	混凝土	300	260	6~8	平行反掘	用吊罐法分段反掘小井,留矿法扩井	34.85		易门铜矿井巷工程队	
安庆铜矿副井	5.5	混凝土	300	469.5				27.4	36.5		
红透山铜矿主井	5.5	混凝土	300	235	8~10	单行	01-30 凿岩机,Бу-1 抓岩机	25	30		
红透山铜矿主井延深	5.5	喷锚支护	100~150	220、180	12~14	分段反掘		23		红透山矿	
寿王坟铜矿盲主井	5.8	喷浆	150	250		单行		20~25		寿王坟铜矿	
天宝山矿东风坑主井	1.9×2.3	木材	210	297	8~12	反掘		38		天宝山矿	
杨家杖子松北矿副井	5.0	混凝土	300	270	10~12	单行		19.32		十九冶二井巷	
瑶坑钨矿一号井延深	1.09×1.77	混凝土		延深 50m	6~10			10			利用梯子间作延深间下掘

续表 9-314

矿山及井筒名称	井筒净直径/m	支护形式		井深/m	岩石坚固性系数f	作业方式	主要施工设备	掘进速度/(m/月)		施工单位	备注
		材料	厚度/mm					平均	最高		
邯邢东庞主井	6.0	钢筋混凝土		479	表土冻结	短段掘砌			161.7	第31处	
开滦钱家营风井	6.5	钢筋混凝土		321	表土冻结	短段掘砌			166.5	开滦工程处	
湖南五亩冲风井	4.0	混凝土	300	211	8~10	单行	0.11m^3 抓岩机 2 台，凿岩机 12 台，1.5m^3 吊桶 1 个		130.07	第四工程处	
凡口铅锌矿副井	5.5	锚喷		591	8~10	掘-喷	0.4m^3 靠壁式抓岩机 2 台，1.86m^3 吊桶 1 个，链球翻矸环形，吊架，YT-30 凿岩机 20 台		120.1	十六冶第十七井巷公司	涌水量 1~2m^3/h
铜陵铜山铜矿新大井	5.5	锚喷	150	313	4~10	一掘一喷	0.4m^3 靠壁式抓岩机 2 台，2m^3 三点链式吊桶 2 套，链球翻矸，环形吊架，YT-24 凿岩机 20 台，喷射机 2 台			井巷公司	
金山店铁矿西风井	5.0	混凝土	300		12~14	单行	01 - 03 凿岩机，0.11m^3 抓岩机，1.5m^3 吊桶，双层吊盘		93.6	第十六冶十七井巷公司	

资料来源：《采矿设计手册》。

9.15.4.2 斜井、平巷及硐室

近些年来，斜井、斜坡道、平巷及硐室的掘进及支护技术发生了很大变化，广泛采用先进的施工工艺和设备，掘进速度大幅提高，不断涌现快速掘进新纪录，显著加快了矿山建设速度。一般采用一次成巷(井)施工方法，矿岩破碎采用凿岩爆破或机械破碎方法。

目前，以凿岩爆破方法为主，并已形成完整的机械化施工作业线。以基岩平巷为例，国内矿山常用的平巷掘进机械化施工设备配套方案，见表 9-315。

表 9-315 国内矿山平巷掘进机械设备配套方案

<table>
<tr><th>凿岩设备</th><th>装岩设备</th><th>转载及调车方式</th><th>运输设备</th><th>特 点</th></tr>
<tr><td>钻车</td><td>铲斗式装岩机</td><td>固定车场</td><td>小型蓄电池电机车调车</td><td>设备简易，工效较高，用于多头掘进可提高速度</td></tr>
<tr><td>凿岩台车</td><td>铲斗式装岩机</td><td>斗式转载列车</td><td>侧卸式矿车，电机车牵引</td><td>适合于中、小型矿山，要有直接卸载条件</td></tr>
<tr><td>凿岩台车</td><td colspan="2">铲运机</td><td>坑内卡车</td><td>全无轨化施工，机械化程度高</td></tr>
<tr><td>凿岩台车</td><td>铲斗式装岩机</td><td colspan="2">梭式矿车，电机车牵引</td><td>用于有直接卸载条件的矿山</td></tr>
<tr><td colspan="2">钻装机</td><td>胶带转载机</td><td>普通矿车，电机车调车</td><td>一机多能，简化工作面布置</td></tr>
<tr><td>气腿式凿岩机</td><td>铲斗式或耙斗式装岩机</td><td>固定车场、浮放道岔或简易调车器具</td><td>普通矿车，人工推车或电机车调车</td><td>简单易行，但机械化程度较低</td></tr>
<tr><td>气腿式凿岩机</td><td>耙斗式、铲斗式、侧卸式或蟹爪式装岩机</td><td>胶带转载机</td><td>普通矿车，电机车调车</td><td>设备简单，收效快，使用较为普遍</td></tr>
<tr><td>气腿式凿岩机</td><td>蟹爪立爪式装岩机</td><td>胶带转载列车</td><td>底卸式矿车，电机车调车</td><td rowspan="2">用于快速掘进，仍采用轨道运输，但必须有直接卸载条件，设备较复杂</td></tr>
<tr><td>气腿式凿岩机</td><td>蟹爪式装岩机或耙斗式装岩机</td><td colspan="2">梭式矿车，电机车牵引</td></tr>
</table>

国内矿山早期斜井成井速度实例，见表 9-316。

国外斜井掘进速度实例，见表 9-317。

表 9-316 国内矿山斜井成井速度实例

矿山及井筒名称	掘进断面/m^2	支护形式		岩石坚固性系数f	作业方式	主要施工设备	掘进速度/(m/月)		施工单位	备注
		材料	厚度/mm				平均	最高		
陈家山二采区行人斜井	7.5	喷锚	50~70	3~6		MZ-1.2 电钻 4 台，2JP-17 型电耙 1 台，3.5m^3 前卸箕斗，WG-25 喷射机 2 台		605.2	铜川第四工程处	坡度 12.5°
陈家山二采区主斜井	7.3	喷锚	70	4~6		MZ-1.2 电钻 4 台，2DP-17 型电耙 1 台，2.5m^3 前卸箕斗，WG250 喷射机 2 台		452.1	铜川第四工程处	
宁夏碳井汝箕沟斜井	9.83			4~6	平行	YT-30 凿岩机 10 台，2DP-17 型电耙，0.3m^3 前卸箕斗		361.1	宁夏建井处	坡度 13°
鸡西平岗矿主斜井	7.64	喷锚	70~100	5~7	平行	7655 型凿岩机 6 台，0.4m^3 耙斗 1 台，0.3m^3 前卸箕斗，H92-41 喷射机 2 台		357.2	鸡西工程处	坡度 16°，涌水量 3~5m^3/h
水口山矿务局 3003 上山	5.72			6~7		YT-25 凿岩机 2 台，2DP-30 电耙		102.2		
峰峰矿务局立新矿	12~13	料石	300				60~80			
复州湾黏土矿	7					普通法人工装岩	50.0			
牟定铜矿 3 号材料井	8.67	喷浆	100	6~8			45	92		
王村铝土矿斜井	2.5×2.2						50~60	70		
新城金矿副井	5.82	混凝土	500	8~10			40	50		
湘潭锰矿	10.4					人工装岩，普通法	59.05			

表 9-317 国外斜井掘进速度实例

矿山及井筒名称	掘进断面/m^2	支护形式		岩石情况	井筒长度/m	主要施工设备	掘进速度/(m/月)		备注
		材料	厚度/mm				平均	最高	
日本深泽铜铅锌矿(双斜井)	11.7	拱形钢架喷浆	50	凝灰岩占 62%	2200	气腿凿岩机 2 台，912-B 铲运机装岩，10t 汽车运输，铲运机，卡车，凿岩台车	315.9	373.7 (26d)	倾角 9°45′
日本铒钧矿(双斜井)	3.15×4.4	拱形钢支架支护率 90.7%		岩石不稳断层多	1772			350	倾角 10°
前苏联米尔卡里姆萨依铅锌矿	20			f:10~14	1604.7	БCy-2M 凿岩设备，Г-CT-5A 型铲运机	145.8	177.5	斜井坡度 12°
英国奎斯塔矿	5.8×4.6	摩擦锚杆，9 号钢丝网喷射混凝土		高度破碎和松软的安山岩	1980	G-D 风动三机台车装 PR55 型凿岩机，装岩用 Wagner2.7m^3 铲运机，运输用 MT414 汽车	150		速度按已完成的 1527m 计算的

矿山早期平巷掘进速度实例，见表 9-318。

表 9-318 平巷掘进速度实例

矿山及巷道名称	掘进断面/m^2	岩石坚固性系数f	巷道长度/m	主要施工设备	掘进速度/(m/月)		施工单位	备注
					平均	最高		
新晃汞矿平巷	6.6	8~14		7655 型凿岩机，HG-120 型装岩机，GQ-1 型胶带转载机，DK-2 型胶带转载车，平巷人车		1056.8		
冶金井巷公司平巷	4.62~10.10	6~8		YT-25 型凿岩机，华 1、H-600 型装岩机，电耙，2.5t 电机车		1032.7	湖南冶金井巷公司	
浦市磷矿平巷	5.76	6~10		YT-25 型凿岩机，H-600 型装岩机，0.75m^3 矿车，2.5t 蓄电池机车		903.9	湖南冶金矿山井巷公司二队	

续表 9-318

矿山及巷道名称	掘进断面/m^2	岩石坚固性系数f	巷道长度/m	主要施工设备	掘进速度/(m/月)		施工单位	备注
					平均	最高		
大吉山钨矿放水平硐	7.0~7.84	10~12	3162.5	YT-30 凿岩机 3~5 台,ZCZ-26 型装岩机一台,S-6、C-63 型梭车	140.9	545.1	本矿	
柴河铅锌矿主运输道	5.76	6~8	1400	气腿凿岩机,胶带运输机,电机车	150	180	本矿	
柴河铅锌矿东山主探矿巷道	5.28	6~8	1000	凿岩台车,装岩机,大矿车,电机车	160	200	本矿	
小寺沟铜矿主平硐	5×4	8~12	1028		95	149	本矿	
红透山铜矿下水平巷道	2.4×2.4	12~14			80	160	本矿	
通化铜矿 1250 坑口运输干线	2.3×2.2	8~12	2000		100	153	本矿	

资料来源:《采矿设计手册》。

矿山早期大断面硐室掘进速度实例,见表 9-319。

表 9-319 大断面硐室掘进速度实例

矿山及硐室名称	掘进断面/m^2	支护形式		岩石坚固性系数f	施工方法	掘进速度/(m^3/月)
		材 料	厚度/mm			平均
华铜坑内水泵房及压风机硐室	8×6.5	不支护		10~12	全断面留矿法	1000
柴河铅锌矿跃进坑口 115m 调车场				6~8	扩帮法	550
小寺沟铜矿空压机硐室	22.8	不支护				994.7
程潮铁矿东区-硐室						500
金山店铁矿余华寺矿区-硐室	27.53~43.86	喷混凝土	300	3~12	扩帮法	400~500
牟定铜矿 1845 绞车硐室	10.68~13.29	喷锚网联合支护	150~200	1~7	普遍分段	340
梅山铁矿破碎机硐室						313.4
梧桐花铅锌矿炸药库						315
梧桐花铅锌矿水仓水泵房						254
通化铜矿-210m 阶段水仓				8~12		270
红透山矿破碎机硐室	90~100	喷混凝土				1570(半月)

资料来源:《采矿设计手册》。

9.15.4.3 天井

天井(本节是指矿块或阶段间的溜井、风井、人行天井、充填井及采用天井钻机掘进的短竖井)的主要施工方法,目前有吊罐法、钻井(进)法(采用天井钻机)、深孔分段爆破法、爬罐法及普通法。吊罐法施工技术成熟,已广泛应用。天井钻机掘进是发展方向。钻井(进)法使用天井钻机及其扩孔刀头钻进天井,实现天井施工全部机械化。

天井钻机与竖井钻机基本相同,有的学者将用于掘进竖井的称为深天井钻机,本节是指施工天井的钻机。

近些年来,随着钻进技术不断发展及国外先进钻井设备的引进,国产天井钻机的设备性能不断提升,产品质量大有改进。目前,已有 25 个型号约 300 多台天井钻机在冶金、有色、煤炭、化工及建材等矿山使用。

国产天井钻机主要有标准天井钻机和盲天井钻机,如 ATM1200 型 1993 年就已通过了部级鉴定。

国产天井钻机的钻进直径有:0.5m、0.8m、1.0m、1.2m、1.5m、2.0m 及 2.4m,近年来研制了 3.0m 和 3.5m 的天井钻机。天井钻机钻井钻凿的最深天井达 185m(松树脚锡矿,采用 TZ-1200 型天井钻机);钻斜天井最缓的倾角为 45°(焦家金矿,采用 AT1200 型斜天井钻机);钻斜最快月进尺为 100m(广东南山钨矿,采用 AT500 型电动天井钻机)。天井钻机综合成井速度,在坚硬矿岩中 0.3~0.5m/h,在中硬以下矿岩中 1.0m/h 以上。钻进偏斜率均能控制在 1% 之内。天井钻进成本比普通法约低 30%。

国外天井钻机有 4 种,即标准天井钻机、反循环天井钻机、盲天井钻机和多用途的迈步式天井钻机。最常用标准天井钻机,世界上近20家公司生产这类钻机。反循环天井钻孔扩孔时排渣比较困难,故很少使用。有些标准天井钻机只需增加些附件就可作反循环钻机使用。盲天井钻机通常安装在下水平,直接向上全断面钻进,一次成井。因此能在松软破碎的岩层中钻进。但设备比较复杂,造价较高。多用途迈步式天井钻机是由阿特拉斯·科普柯(Arlas Copco)公司首先推出的MBM型钻机,它采用了先进的无线电遥控、微电脑自动控制系统和激光导向系统。可向上垂直或倾斜钻进,也可水平钻进。罗宾斯(Robbins)公司研制出类似于MBM的钻机,称作Borpak。2005年阿特拉斯·科普柯公司推出16个型号的竖井钻机。

从动力来说,国外天井钻机主要有交流电定速驱动、交流电变速驱动(通过变频等手段来达到变速目的)、直流电变速驱动和液压驱动。

就品种来说,据不完全统计,国外使用的700多台天井钻机型号就有70多种。钻进直径小至0.5m,大至4.6m以上,最大钻井直径为6.2m(在美国的Monterey煤矿用RBM211钻机完成的)。一次钻成的最深井(实际为竖井钻机)已达900多米(1978年在美国的Western矿用Robbins121R竖井钻机完成的)。

国外天井钻机的平均月进尺100~150m,最高达到500m。通常,钻井法比普通法的成井时间缩短大约50%,其钻进成本也比普通法和爬罐法低得多。

目前,全世界拥有20多家(不包括中国)天井钻机制造公司,生产各种规格型号的天(竖)井钻机约1000多台。

江西银山矿采用YTZ-1000型天井钻机,超前孔钻进效率平均为2.5m/h,扩孔钻进效率平均为0.7m/h,一条天井成井时间为14.5天,而吊罐法为26天。

国内矿山天井溜井掘进速度实例见表9-320。

表9-320 天井溜井掘进速度实例

矿山名称	开凿断面/m²	岩石坚固性系数f	施工方法	掘进月进度/m	
				平均	最高
寿王坟铜矿	4	8	吊罐法		52m/11班
银山铅锌矿	4	6~8	吊罐法		48m/6d
桓仁铅锌矿	3.6	8~12	吊罐法		300
红透山铜矿	4	12~14	吊罐法	100	215
大庙铁矿	4.9	9~13	吊罐法	60	
小寺沟铜矿	4	8~12	吊罐法	80	
镜铁山铁矿	6	10~14	爬罐法	81	103
龙烟铁矿			爬罐法	178	
大吉山钨矿	2.5×1.8	8~10	爬罐法	54	
柴河铅锌矿	4	6~8	普通法	30	
黄沙坪铅锌矿		7~8	深孔分段爆破法	52	
凡口铅锌矿	直径2m	14	钻进法		40m/20d
红透山铜矿	4	10~12	吊罐法	250	
金州石棉矿	直径1.0m	8~10	钻进法①	4.66m/班	
金川有色金属公司龙首矿	直径1.5m	5~8~10	钻进法①	83	125

① 钻机型号:TYZ-1000型。

9.15.4.4 成井成巷速度的选取

掘进速度直接决定矿山建设工期,编制进度计划时要认真分析,对比选取速度指标。近些年来,由于技术水平和施工装备不断提升和改进,加上经济体制改革下的激励机制,井巷掘进速度加快了许多。

按设计规范,应按平均先进指标选取。

近些年,我国有色金属地下矿山掘进效率见表9-321。

表9-321 有色金属地下矿山掘进效率 (m/(工·班))

年 份	1995	1996	1997	1998	1999	2000	2001	2002	2003	2004	2005
铜矿山	0.37	0.30	0.28	0.30	0.30	0.30	0.31	0.30	0.30	0.32	0.36
铅锌矿山	0.31	0.35	0.35	0.31	0.34	0.34	0.64	0.38	0.37	0.44	0.44
镍矿山	0.16	0.18	0.17	0.18	0.19	0.29	0.35	0.34	0.43	0.31	0.41
锡矿山	0.29	0.31	0.32	0.34	0.34	0.50	0.37	0.38	0.36	0.35	0.32

续表 9-321

年　份	1995	1996	1997	1998	1999	2000	2001	2002	2003	2004	2005
锑矿山	0.24	0.35	0.35	0.35	0.35	0.34	0.30	0.29	0.31	0.35	0.33
汞矿山					0.29	0.28	0.30	0.29			
钨矿山	0.36	0.37	0.37	0.37	0.40	0.38	0.40	0.44	0.44	0.43	0.45
钼矿山	0.17	0.40	1.21	0.52	0.40		0.34	7.53	1.91	1.58	1.76

除铜矿外，其他矿种矿山的掘进工班效率均有所提高，其中以钼矿提高最大。就整体而言，掘进工班效率仍处于0.3～0.4m/(工·班)的水平，多年来在这一水平上下变动，仅钨矿呈平稳、缓慢上升趋势。

选取掘进速度指标时，要根据具体条件分析对比确定。由于施工单位装备、技术、管理水平不同，矿岩软硬等条件相差较大，不同矿井的掘进速度往往相差不小，但计划安排的速度也不能太低。按《有色金属采矿设计规范》(试行)规定：设计的井巷成巷速度，不应小于表9-322的规定。

表 9-322　最低成巷速度

井巷类别	规　格	支护形式	施工设备及方法	成巷速度/m/月(m^3/月)
竖　井		混凝土	普通法下掘	25
竖　井		混凝土	吊罐法反掘	50
斜　井	单　轨	混凝土	耙斗装岩机，平行作业	50
斜　井	双　轨	混凝土	耙斗装岩机，平行作业	30
斜　井	单　轨	木支护	耙斗装岩机，平行作业	50
斜　井	双　轨	木支护	耙斗装岩机，平行作业	40
平　巷	单　轨	无	装岩机	80
平　巷	单　轨	混凝土	装岩机	60
平　巷	双　轨	混凝土	装岩机	50
平　巷	双　轨	无	装岩机	70
天　井		无	吊罐法反掘	60
天　井		无	普通法上掘	30
天　井		无	深孔分段爆破	40
天　井		无	爬罐法掘进	50
斜坡道				60
大断面硐室				(250)

9.15.4.5　矿山建设工期

各类矿山的建设工期，有色金属不宜超过表9-323的规定。

表 9-323　有色金属矿山建设工期　(月)

矿 山 类 别	一类矿山(大型)	二类矿山(中型)	三类矿山(小型)
铜铅镍矿山	36～60	24～36	18～24
铅锌矿山	42～60	36～54	18～36
脉锡矿山	42～60	30～48	18～30
地下钨矿山	36～48	36～48	24～36
露天铝矿山	36	30	24

注：矿山建设规模小，控制性工程量较小和技术条件较简单者，应采用低值控制；反之，采用高值控制。上述工期按每日一班，每班8h计，若采用多班作业，工期应适当缩短。

9.15.5　采掘进度计划

采掘或回采进度计划是确定各矿体、各阶段、各矿块的开采顺序，生产过程中正常的超前关系，各种采矿方法的出矿比，矿山投产至达产及达产后逐年出矿产量和出矿品位，并计算其生产准备矿量和三级矿量保有期，以及逐年需完成的掘进工作量。

编制采掘或回采进度计划可以验证/确认矿山回采和掘进工作逐年发展的情况；按开采技术条件进一步核实矿山能否在预定期限内达到设计规模；达产后能否持续均衡地进行生产；通过具体安排回采的先后

顺序,逐年的矿石产量和品位,确定矿山具体投产和达产的日期,并根据确定的矿山疏干排水、开拓、生产探矿、采准、切割、回采等工序的超前关系,进一步验证/确认基建与生产的衔接和基建进度计划中所确定的工程量,保证矿山持续、均衡地生产。

9.15.5.1 编制采掘进度计划应遵循的原则

编制采掘进度计划应遵循的原则如下:

(1) 编制的采掘进度计划,要在技术可行、经济合理前提下,采取积极有效地措施使矿山早投产和早达产;

(2) 遵循合理地开采顺序,矿体、阶段、矿房与矿柱间按一定的顺序进行开采;

(3) 在不违反合理开采顺序的条件下,应优先选择较富地段进行开采,早见效益,并实行富贫兼采,还要保证出矿品位波动在选矿要求范围内;

(4) 初期生产地段采掘计划应按阶段、矿块和采矿方法、矿房、矿柱等分项排产,一般排产到矿山达产3~5年,并计算其生产准备矿量及保有期,业主合同另有要求除外;

(5) 在编制采掘进度计划过程中,应在遵守合理开采顺序的前提下,对各个矿体或矿块的矿石产量进行必要的调节分配,使矿山逐年的矿石产量和品位在相当长时期内保持稳定。如果由于地质或其他原因引起矿石产品产量和品位不可避免地波动,其波动范围要设法控制在满足选矿要求的范围内;对于某些地质条件复杂,矿石品种较多,产品和品级也较多的矿山,应适当增加开拓、生产探矿、采准的超前时间和备用矿块数量,以满足生产需要;

(6) 当由于调节产品品位及其他原因需要优先回采某些矿体而与合理开采顺序相矛盾时,应采取可靠的安全技术措施,保证不给开拓、运输、通风和今后回采顺序造成不良后果;

(7) 保持矿山通风条件良好,运输畅通,各大系统及安全、环保、卫生、防灾等设施完好;

(8) 使每年所需的采掘设备、人员和材料消耗尽量保持平衡或者基本平衡。

9.15.5.2 采掘进度计划的编制

A 计划编制的依据

编制采掘或回采进度计划所需的基础资料一般包括:

(1) 设计合同(包括设计委托书)和有关规程规范标准要求;

(2) 设计矿山的年产量,产品方案,业主要求的投产、达产时间;

(3) 矿床开拓、运输、通风系统图及回采顺序;

(4) 基建进度计划;

(5) 阶段平面图、矿体纵投影图、各种井巷断面图;

(6) 各阶段、各矿体或矿块矿石储量及品位;

(7) 设计的各种采矿方法比重,各种采矿方法(包括矿柱回采)设计图纸及主要技术经济指标,各种采矿方法损失率及贫化率等;

(8) 矿山开拓、生产勘探、采准、切割井巷工程量和采准、切割、回采计算有关资料。

(9) 扩建或改建矿山,近期开采现状图和生产进度计划。

B 进度计划内容与编制方法

设计中编制的采掘进度计划,通常由表格和文字两部分组成。在文字部分说明编制计划的原始资料、编制原则和采掘顺序等。在表格中列出开采范围内各阶段的可采储量(工业矿量)、品位和金属量。根据设计推荐的采矿方法和矿床赋存条件所确定的矿石损失率、贫化率,计算出各阶段(或矿体、矿块)的采出矿石量,出矿品位和金属量,同时根据可能的采矿强度计算出逐年的出矿量,出矿品位和金属量,并确定同时作业的阶段数目。

采矿强度可按类似矿山的开采年下降速度选取,或按各阶段的矿体走向大致划分矿块,然后根据设计所确定的矿块昼夜生产能力计算各阶段、各矿体的出矿能力。

新建矿山的矿块生产能力,应逐步达到设计规定的指标。一般可按设计矿山具体条件,中小型矿山考虑1~2年,大型矿山2~3年达到设计规定的指标。

为力求矿山逐年的产量、品种和品位均衡,在编制计划的过程中应采取具体措施,如局部改变回采顺序,为减少采出矿石的质量的波动而增加备用采区的数量等。

当矿山同时开采多个矿体或矿带时,可分矿体或矿带单独编制回采进度计划,为表明各矿体或矿带间的衔接关系,还应将其合理叠加成矿山的逐年产量发展图表。

采掘进度计划的编制受多种因素影响,往往需要经过多次修改、调整才能完成。

矿山投产后,经过生产探矿和掘进采准工程必将会补充一定数量新的地质资料,故需在这种计划的基础上,根据新的资料再具体地编制新的逐年的采掘计划、采掘季度计划和月计划,用以指导矿山生产。

一般勘探程度较好,高级储量比例较大的矿山可编制较详细的回采进度计划图表。按生产初期回采高级储量地段的采场划分,所用的采矿方法、采准系统布置,计算出矿任务(副产矿石、回采出矿、大量放矿等),计算各阶段,块段(或矿块)的矿石储量及其质量,并依此编制回采进度计划。

一些赋存条件复杂的矿床,如某些第三勘探类型和四勘探类型的脉状矿床,地质资料提供的高级储量很少,甚至没有,经生产探矿后,各个矿体的矿石数量和质量,开采技术条件都可能发生较大变化,这些矿山矿体数量多,规模少,因此分矿体、矿块编制详细的回采进度计划不太可能,而且意义不大,可按矿山可能的采矿强度计算出各阶段逐年出矿量,编制回采进度计划。

C　掘进进度计划图表

掘进进度计划图表是矿山投产后逐年井巷掘进进度计划。一般是按设计确定的正常生产时期的开拓工程、生产探矿工程、按标准采矿方法计算的采准和切割工程,分阶段分作业项目列出逐年作业量的进度计划,保证掘进工作与回采协调。掘进进度计划图表反映了采准与回采的关系和适应程度,用来确认采掘合理关系。

将掘进进度计划与回采进度计划编制在一起,即形成采掘进度计划表。

工程量少的小型矿山可将基建进度计划与生产掘进进度计划编制在一个表上,但应另编回采进度计划。

对于矿体规整、品位波动小的矿山,可用新水平的开拓、采准速度和矿山开采下降速度等指标来验证回采与采准的适应程度,并找出合理的衔接关系,也可不编制掘进进度计划,只编制回采进度计划表,或两者都不编制。业主委托合同有要求时除外。

我国部分设计研究单位已编制出专业应用软件,但有待进一步完善。目前,仍以人工编制为主。

D　采掘、回采进度计划图表形式

目前,国内设计采用的采掘、回采进度计划图表形式较多,即使同一设计单位其图表形式也不相同,更谈不上统一。无论哪种形式,都应满足其内容和使用的要求。

回采进度计划实例,见表9-324~表9-326。

表9-324　开阳磷矿回采进度计划

阶段名称	勘探线之范围	采场数目及储量				地质储量/kt	工业储量/kt	计入贫损后的储量/kt	基建末							第一年末		
		可布置采场数/个	采场平均储量/kt	实际布置采场数/个	可采平均储量/kt				采场数目/个		采出矿量/kt			保有三级储量/kt		采场数目/个		采出矿量/kt
									采准	采切	开拓	采准	合计	开拓	采准备采	采准	回采	采准
992 m	$E_{17}-E_{19}$	8.5	43.129	8	35.253	417.9	366.6	366.6	8		7.202	56	63.202	303.398	282.009		4	
	小计					417.9	366.6	366.6	8		7.202	56	63.202	303.393	282.009		4	
980 m	$E_{11}-E_{13}$					54.7	54.7	54.7										
	$E_{20}-E_{22}$					85.1	57.7	57.7										
	小计					139.8	112.4	112.4										
940 m	$E_{11}-E_{13}$	5.7	56.7	5	48.8	445.8	323.2	323.2	3		7.202	21	28.202	294.998	146.466	20	20	14
	$E_{13}-E_{15}$	5.7	10.9	5	9.022	134.4	96.4	96.4			7.202		7.202	89.198		50		35
	$E_{15}-E_{17}$	5.1	50	3	42.122	309.1	255	255			6.852		6.852	248.148		30		21
	$E_{17}-E_{19}$	8	117.15	8	109.272	964.9	937.2	937.2			7.027		7.027	930.173		50		35
	$E_{19}-E_{22}$	8	29.437	6	21.559	335.5	235.5	235.5	6		10.014	42	52.014	183.486	129.354		20	
	$E_{22}-E_{23}$					95.5	95.5	95.5										
	小计					2285.0	1942.8	1942.8	9			63			275.82	150	40	105

续表 9-324

阶段名称	勘探线之范围	采场数目及储量 可布置采场数/个	采场平均储量/kt	实际布置采场数/个	可采平均储量/kt	地质储量/kt	工业储量/kt	计入贫损后的储量/kt	基建末 采场数目/个		采出矿量/kt			保有三级储量/kt		第一年末 采场数目/个		采出矿量/kt
									采准	采切	开拓	采准	合计	开拓	采准备采	采准	回采	采准
900m	$E_{10}-E_{11}$	4	92.15	4	84.272	408.6	368.6	368.6			3.514		3.514	365.086				
	$E_{11}-E_{13}$	8	71.04	8	63.162	594.5	568.3	568.3			7.202		7.202	561.093				
	$E_{13}-E_{15}$	8	33.65	8	25.772	292.4	269.2	269.2			7.202		7.202	261.998				
	$E_{15}-E_{17}$	8	37.58	8	29.702	318.6	300.7	300.7			6.852		6.852	293.848				
	$E_{17}-E_{19}$	14.5	84.41	8	76.532	675.3	675.3	675.3			7.027		7.027	668.273				
	$E_{19}-E_{22}$	9.8	65.5	12	57.622	1000.4	950.2	950.2			14.06		14.06	936.14				
	$E_{22}-E_{23}$	9.8	55.8	5	47.922	547.1	547.1	547.1			13.879		13.879	533.221				
	小计					383.69	367.94	367.94										
860m	小计					4358.0	4276.9	4276.9										
	总计					11037.6	10378.1	10378.1	170		59	119	158		557.829	150	80	105

注:1. 采矿方法为分层崩落法;

2. 各工序年产量:回采 39.6kt,采准 7kt;

3. 贫化率等于损失率;

4. 原设计中,本表编制到第六年末;

5. 设计规模为 700kt/a;

6. 投产生产能力 390kt/a。

表 9-325 某矿一采区回采进度计划

阶段标高/m	工业矿量 矿石量/t	品位/% Ni	品位/% Cu	金属量/t Ni	金属量/t Cu	作业名称	损失率/%	贫化率/%	采出矿石量 矿石量/t	品位/% Ni	品位/% Cu	金属量/t Ni	金属量/t Cu	第一年 矿石量/t	品位/% Ni	品位/% Cu
200	217120	0.887	0.164	1926.92	355.29	回采	25	25	179.428	0.665	0.123	1193.20	220.70	54542	0.665	0.123
						切割	0	0	37.692	0.887	0.164	334.33	61.82	11458	0.887	0.164
150	707985	0.771	0.139	5458.56	984.09	回采	25	25	585.079	0.578	0.104	3381.70	608.48			
						切割	0	0	122.906	0.771	0.139	947.61	170.84			
100	797707	0.691	0.131	5508.98	1048.69	回采	25	25	659.225	0.518	0.098	3414.79	646.04			
						切割	0	0	138.482	0.691	0.131	956.91	181.41			
100以下	1099221	0.706	0.135	7760.50	1483.96	回采	25	25	908.393	0.473	0.09	4296.71	817.56			
						切割	0	0	190.825	0.706	0.135	1347.22	257.62			
生产能力									年产量/(t/a)					66000	0.704	0.130
									日出矿量/(t/d)					200		

阶段标高/m	作业名称	第一年 金属量/t Ni	金属量/t Cu	第二年 矿石量/t	品位/% Ni	品位/% Cu	金属量/t Ni	金属量/t Cu	第三年 矿石量/t	品位/% Ni	品位/% Cu	金属量/t Ni	金属量/t Cu	第四年 矿石量/t	品位/% Ni	品位/% Cu	金属量/t Ni	金属量/t Cu
200	回采	362.70	67.09	81814	0.665	0.123	544.06	100.63	43072	0.665	0.123	286.43	52.98					
	切割	101.63	18.79	17186	0.837	0.164	152.44	28.19	9048	0.887	0.164	80.26	14.84					
150	回采								93284	0.578	0.104	539.18	97.01	135336	0.578	0.104	788.14	141.81
	切割								19596	0.771	0.139	151.08	27.23	28644	0.771	0.139	220.85	39.82
100	回采																	
	切割																	
100以下	回采																	
	切割																	
年产量/(t/a)		464.33	55.88	99000	0.704	0.130	696.50	128.82	165000	0.641	0.116	1056.95	192.06	165000	0.612	0.110	1008.99	181.63
日出矿量/(t/d)				300					500					500				

续表 9-325

阶段标高/m	作业名称	第五年					第六年					第七年				
		矿石量/t	品位/%		金属量/t		矿石量/t	品位/%		金属量/t		矿石量/t	品位/%		金属量/t	
			Ni	Cu	Ni	Cu		Ni	Cu	Ni	Cu		Ni	Cu	Ni	Cu
200	回采															
	切割															
150	回采	136356	0.578	0.104	788.10	141.81	136356	0.578	0.104	788.14	141.81	82727	0.578	0.104	478.16	86.04
	切割	28644	0.771	0.139	220.85	39.82	28644	0.771	0.139	220.85	39.82	17378	0.771	0.139	133.98	24.15
100	回采											53629	0.518	0.098	277.80	52.56
	切割											11266	0.691	0.131	77.85	14.76
100以下	回采															
	切割															
年产量/(t/a)		165000	0.612	0.110	1008.99	181.63	165000	0.612	0.110	1008.99	181.63	165000	0.587	0.108	967.79	177.51
日出矿量/(t/d)		500					500					500				

阶段标高/m	作业名称	第八年					第九年					第十年				
		矿石量/t	品位/%		金属量/t		矿石量/t	品位/%		金属量/t		矿石量/t	品位/%		金属量/t	
			Ni	Cu	Ni	Cu		Ni	Cu	Ni	Cu		Ni	Cu	Ni	Cu
200	回采															
	切割															
150	回采															
	切割															
100	回采	136356	0.513	0.098	706.32	133.63	136356	0.518	0.093	706.32	133.63	136356	0.513	0.098	706.32	133.63
	切割	28644	0.691	0.131	197.93	37.52	28644	0.691	0.131	197.93	37.52	28644	0.691	0.131	197.93	37.52
100以下	回采															
	切割															
年产量/(t/a)		165000	0.548	0.104	904.25	171.15	165000	0.548	0.104	904.25	171.15	165000	0.548	0.104	904.25	171.15
日出矿量/(t/d)		500					500					500				

表 9-326 镜铁山铁矿 Ⅰ－Ⅳ矿带 3000m 水平回采进度计划

矿块编号	回采性质	采矿方法	回采出矿量/kt	第一年下半年	第二年	第三年	第四年···
Ⅳ-1	回采矿房	深孔矿房法	85	8.5			
Ⅳ-1′	回采矿房	深孔矿房法	102	2.1	8.1		
Ⅳ-2	回采矿房	深孔矿房法	101		10.1		
Ⅳ-2′	回采矿房	深孔矿房法	148		4.8	10	
Ⅳ-2	回采顶柱	硐室爆破	16			1.6	
Ⅳ-2′	回采顶柱	硐室爆破	16			1.6	
Ⅳ-3	回采矿房	深孔矿房法	174			17.4	
Ⅳ-3′	回采矿房	深孔矿房法	208			5.0	
Ⅳ-1	回采间柱	阶段崩落法	32			3.2	
Ⅳ-1′	回采间柱	阶段崩落法	34			3.4	
Ⅳ-2	回采间柱	阶段崩落法	31			3.1	
Ⅳ-4	回采矿房	深孔矿房法	238			5.0	
Ⅳ-5	回采矿房	深孔矿房法	161			3.7	
逐年矿石产量/kt				1060	2300	5400	

设计者可根据矿山的实际情况对图表格式进行适当修改，使之适合设计矿山的需要。

9.15.6 地下矿山工程项目组成

地下矿山工程项目一般包括以下内容（单个矿山不一定全有）；

(1) 井巷工程及附属设施。平硐、罐笼井、箕斗井、混合井、石门、斜坡道、通风竖井、充填竖井、设备井、电梯井、盲竖井、竖井井架或井塔、主斜井、副斜井、箕斗斜井、串车斜井、胶带输送机斜井、通风斜井、充填斜井、设备斜井、盲斜井、井底水窝泵站、地下矿(废)石仓、基建探矿工程、采准及切割工程、回采工程、防火降温工程、提升机室、溜井工程、地下破碎工程、主斜井提升设施、副斜井提升设施、斜井箕斗提升设施、斜井串车提升设施、斜井胶带输送机设施、通风机房、空气压缩机站、井底车场、井口机械化设施、阶段开拓及运输工程、地下通风工程、地下排水与排泥工程、矿床疏干工程、地下动力和通讯及照明、电机车运输牵引网路及设施、粉矿回收设施、压缩空气及供水管网、地下通风与降尘设施、保安矿柱、矿柱回采、采空区处理等。

(2) 硐室工程。提升机硐室、绞车硐室、天轮硐室、计量硐室、装载硐室、卸载硐室、翻车机硐室、破碎机硐室、变电硐室(含整流设施)、机车修理硐室、凿岩机修理硐室、爆破器材硐室、通风硐室、消防器材硐室、调度硐室、信号硐室、医务硐室、等候硐室、水泵硐室(含水仓)、防水闸门硐室、空气压缩机硐室、值班硐室、储油硐室、餐饮硐室、铲运机修理硐室、坑内厕所(卫生间)等。

(3) 地下开采矿山充填工程。充填料采石场、充填砂石破碎场、磨砂及分级厂房、充填料仓、水泥库(仓)、充填料搅拌站、充填井巷或钻孔、坑内充填管网、充填系统(包括充填料制备、输送、检测与控制系统和通信系统)等。

(4) 矿山辅助工程及设施。地面原矿运输工程、空气压缩机站、铲运机修理中心、机车修理间、汽车修理间、矿车修理间、坑口锻钎机室、坑木加工间、爆破器材加工间、通风防尘化验室、试料加工间、堆场、排土场、矿山总降压、变配电工程、输电线路工程、通讯工程、水源及管线、泵站、水池、污水处理工程、清洁生产设施、内(外)部运输、计算站、仓库、油库、车库、消防车库、材料库、地面站、矿山救护站、土地复垦绿化、坑口食堂、坑口综合楼(办公、调度)、浴室、医务室、小卖部、卫生间、锅炉房、其他行政服务设施等。

9.16 地下铲运机

9.16.1 地下铲运机的优点

地下铲运机是用于地下作业的一种矮车身,中央铰接前端装载的装、运、卸联合作业设备。

它与其他的地下装载设备比较具有下列优点:

(1) 生产能力大,效率高。根据资料介绍,$2m^3$ 的地下铲运机的生产率比同等条件下的电耙或 T_4G 高出 1~4 倍。出矿成本也有所下降。

(2) 机动灵活,活动范围很广。以柴油为动力的地下铲运机,摆脱了轨道、风管或电缆的束缚。由于采用铰接车架,转弯半径小,它适合于狭小的矿山巷道和场地的作业条件。又由于牵引力大,可爬很陡的坡,因此很适合在井下作业。

(3) 改善了司机的作业条件。司机室都是按照人机工程学原理设计的。使司机操作更舒适更安全。特别是大量的电子技术、计算机技术在地下铲运机中得到广泛使用,自动化程度愈来愈高,大大减轻了司机的疲劳,改善了作业环境,提高了生产率。但地下铲运机的缺点是:轮胎磨损比较严重,废气净化问题需进一步解决,维修费用比较高,对工人与管理人员的素质要求高。

9.16.2 地下铲运机的分类与基本结构

9.16.2.1 地下铲运机的分类

地下铲运机分类如下:

(1) 按额定斗容 V_H 大小分类。$V_H \leqslant 0.4m^3$ 为微型地下铲运机,$V_H = 0.75 \sim 1.5m^3$ 为小型地下铲运机,$V_H = 2 \sim 5m^3$ 为中型地下铲运机,$V_H \geqslant 6m^3$ 为大型地下铲运机。

(2) 按额定载重量 Q_H 分类。$Q_H < 1t$ 为微型地下铲运机,$Q_H = 1 \sim 3t$ 为小型地下铲运机,$Q_H = 4 \sim 10t$ 为中型地下铲运机,$Q_H > 10t$ 为大型地下铲运机。

(3) 按动力源分类。按动力源分为地下电动铲运机、地下柴油铲运机、地下蓄电池铲运机、地下燃料电池铲运机、地下混合动力铲运机、架线式电动地下铲运机。

(4) 按传动形式分类。按传动形式分为液力-机械传动、全液压传动、电传动、液压-机械传动等四种地下铲运机。

(5) 按铲斗卸载方式分类。按铲斗卸载方式分为前卸式、侧卸式、推板式、底卸式等四种地下铲运机。

(6) 按整机高度分类。按整机高度分为标准型地下铲运机、低矮型地下铲运机、超低矮型地下铲运机。

(7) 按控制方式分类。按控制方式分为人工控制地下铲运机、遥控地下铲运机、远程控制地下铲运机、半自主地下铲运机、自主地下铲运机。

9.16.2.2 地下铲运机的基本结构

柴油或电动地下铲运机的基本结构如图9-467所示,其组成及作用见表9-327。

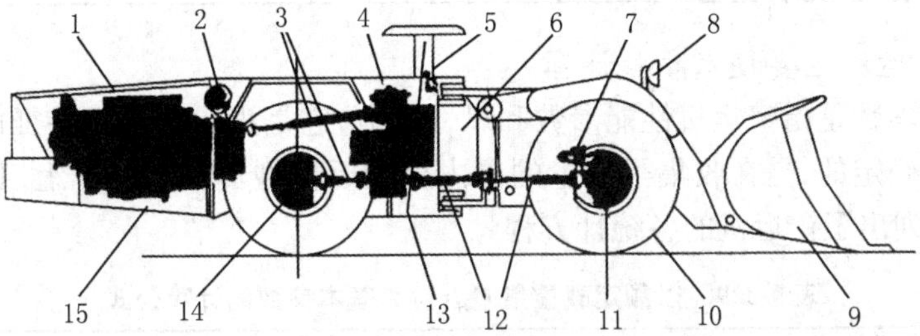

图9-467 地下铲运机的基本结构

1—柴油机(或电动机);2—变矩器;3—传动轴;4—变速箱;5—液压系统;6—前车架;7—停车制动器;8—电气系统;9—工作机构;10—行走系统;11—前驱动桥;12—传动轴;13—驾驶室;14—后驱动桥;15—后车架

表9-327 柴油或电动地下铲运机组成及作用

序号	名 称	组 成	作 用
1	动力系统	柴油机或电动机及相应的辅助设备	为地下铲运机提供动力
2	传动系统	变矩器、变速箱、前后驱动桥、传动轴或油泵、液压马达、分动箱	把动力系统的动力传递给车轮,推动地下铲运机铲运机向前、向后、转向运动
3	制动系统	停车制动器、工作制动器、紧急制动器	使地下铲运机减速或停车
4	工作机构	铲斗、大臂、摇臂、连杆及相关销轴	使地下铲运机铲、装、卸物料
5	液压系统	工作液压系统、转向液压系统、制动液压系统、变速液压系统、冷却系统、润滑系统、卷排缆液压系统(用于电动铲运机)	控制工作机构铲、装、卸物料;车辆转向;车辆换挡和换向;制动器冷却;摩擦面的润滑;控制电缆的收放
6	转向系统	上下铰接体、转向油缸及相应操纵机构	使前后车架绕中心铰接销轴折腰转向
7	行走系统	前车架、后车架、摆动车架、轮胎、轮辋	承受整个地下铲运机的重量和地面对地下铲运机的反力、冲击力;保证在不平的地面上四轮接触地面
8	控制系统	地下铲运机各系统操作装置和仪表	控制地下铲运机各系统的操作
9	电气系统	所有电气控制与照明	供给车辆电源指示、监控其运行状态以及交通信号、照明
10	安全装置	人的保护装置、铰接车架锁紧装置、防大臂落下销、灭火系统、安全皮带、ROPS/FOPS、三角垫木、停车制动器手动松开装置等	保护人与设备安全

9.16.3 地下铲运机的特点及主要技术参数计算

9.16.3.1 地下铲运机的特点

地下铲运机的特点见表9-328。

表9-328 地下铲运机特点

名 称	地下铲运机特点
使用环境	十分恶劣,地下作业
空间限制	严格限制
废气排放	除满足非公路排放标准外,还必须满足地下矿排放要求
可靠性	要求很高
车 速	车速较低
驾驶室布置	横向布置
在运输位置负荷铲斗支承方式	由前机架

续表 9-328

名　称	地下铲运机特点
结构牢固性	更牢固的结构
选择轮胎依据	载荷、耐磨、防刺伤、划破。胎面加厚矿用光面轮胎
价　格	贵
维修条件	差
机动灵活性	好
总　长	长
总　宽	窄
总　高	矮

9.16.3.2 地下铲运机主要技术参数计算

铲运机的主要技术参数是指铲运机性能参数和尺寸参数，它是表示铲运机特征的指标。铲运机的主要参数是用数学统计方法确定的，是在收集了大量的国内外相近机型资料的基础上，找出各变量为基础的方程。表 9-329、表 9-330 列出了铲运机的各统计方程。

表 9-329　以额定载重量 Q_H(t)为基本参数的计算公式

名　称	地下铲运机
功率/kW	$N_e = 28.135e^{0.21Q_H}$
自重/t	$G_M = 1.349 + 2.424Q_H$
最大卸载高度/m	$H_p = 0.989\ Q_H\ 0.29$
最小转弯半径/m	$R = 3.06\ Q_H\ 0.337$
总长/m	$L = 4.567\ Q_H\ 0.324$
宽度/m	$B = 1.042\ Q_H\ 0.373$
高度/m	$H = 1.74\ Q_H\ 0.132$

表 9-330　铲运机的自重、功率、斗容之间的参数关系

名　称	地下铲运机参数值
功率/机重/(kW/t)	0.064 ~ 0.087
功率/斗容/(kW/m^3)	25.14 ~ 42.19
机重/斗容/(t/m^3)	411.6 ~ 891.8

9.16.3.3 地下铲运机主要技术参数分析

为了更直观的说明问题，现把斗容大致相同（斗容为 $3m^3$）的 CY-3 型地下铲运机（额定载重量 6t）与 ZL50 型露天前装机（额定载重量为 5t）为例来分析前述问题。

（1）外形尺寸与运行通道。CY-3 型地下铲运机外形长、窄、矮，结构紧凑，适用于巷道作业。外形尺寸见厂家产品介绍。

（2）通风与空气污染。地下柴油铲运机是以柴油为燃料的。柴油本身是碳氢化合物。当柴油与空气混合燃烧时，会产生大量有害气体，如 NO_x、CO、SO_2、游离的碳烟，这些有害气体对人体有着不同程度的危害。为此，各国对井下柴油机的废气排放有严格的规定。例如，美国 MSHA 规定井下大气卫生标准，我国 GB 20651.1—2006《往复式内燃机安全第 1 部分：压燃式发机》，GB/T1147.1—2007《中小功率内燃机第 1 部分：通用技术条件》与 JB8518—1997《地下铲运机安全要求》等标准中都严格规定了地下铲运机柴油机排放标准。根据这些标准，严格地说露天前装机发动机废气排放没有采取严格的净化措施是不允许在井下使用的。

地下铲运机为了达到上述标准采取以下两项措施：一是采用生成有害废气浓度最低的柴油机，精确控制燃油喷油量和喷油时间，使燃油能充分燃烧，从而改善柴油机的废气排放；二是采用机外净化措施。机外净化措施有氧化催化法、水洗法，或同时采用氧化催化法与水洗法复合净化法。

（3）双向操作性。地下铲运机的司机座位是横向布置，不管是前进还是后退，司机都有相同的视野和舒适。由于座位位置较低，在不平的地面上行驶时减少了司机位置的振动。地下铲运机相对长些，重心低些，司机操作时会感到更安全。

（4）地下铲运机应具有更坚固的结构与更高的可靠性，机动灵活性。由于井下路面很差，水、泥、凹坑，使得地下铲运机运行时受到振动较大，由于地下铲运机铲装的是矿岩，因此受的冲击载荷也大，这就要求地下铲运机各零件有更高的强度、刚度。再加上井下的维修条件比地面差得多，因此还要求地下铲运机有更高的可靠性，更低的故障率。为此，地下铲运机制造厂家要么特殊设计其关键零部件，要么从国外进口关键零部件（如柴油机、变矩器、变速箱、桥、部分液压件）。由于井下巷道窄，弯道多，因此要求地下铲运机有很好的机动灵活性，转向角度大，转弯半径小。例如 CY-3 型铲运机柴油机采用德国道依茨公司柴油机，美国克拉克公司的变矩器、变速箱、桥。CY-3 型地下铲运机轴距为 2896mm，转向角为 42.5°，最小转弯半径为 5.53m。

（5）轮胎。地下铲运机采用的轮面加厚的有花纹的或光面的矿用轮胎，有链条的或无链条的。大多数矿山使用无链条的光面轮胎，因为在某些环境中，链条对轮胎有切割损害。轮胎的平均寿命为 750～1000h，可翻新。轮胎费用一般为作业总成本的 10%～20%。轮胎的磨损主要是由于很差的路面，潮湿的环境，轮胎打滑，不当的操作压力，有时可能由于侧壁间隙不足造成的刮坏。

在铲运机上，轮胎起着承载、传递牵引力、行走和缓冲等作用，是个非常重要的部件。它的选择主要考虑铲取工况，推压工况下轮胎的静负荷。在铲取工况，有时会有后轮离地，此时前胎负荷等于所选轮胎的静负荷。在推压工况下，前轮胎离地，后胎负荷等于机器的操作重量减去推压力。前胎与后胎就是根据这两种工况来选择。地下铲运机一般采用的是 L3S～L5S 光滑型轮胎。光滑型轮胎增大了花纹块面积，可降低接地比压，提高耐磨性和耐切割扎刺性。它还可以碾碎岩石，使岩石不致刺进胎面凸块，起保护作用，减少轮胎被矿岩刺穿危险，延长轮胎的使用寿命，故特别适用地下铲运机的使用，可以说这是井下专用矿用轮胎。

（6）卸载高度。地下铲运机卸载高度小，这也是因为井下的作业条件所决定。例如 CY-3 型铲运机的卸载高度为 1.55m。

（7）距离、坡度和速度。地下铲运机一般运行距离受经济运行距离限制，柴油铲运机不超过 1000m。

坡度指的是操作铲运机运行的最大坡度。大多数矿山地下铲运机操作在 10%～20% 坡度，但较平坦的坡度，可延长铲运机使用寿命，减少操作成本。对于 0.8m^3 容量的地下铲运机来说，经济距离为 75m，在开拓巷道为 150m（一些制造商的建议）。该距离随着铲斗规格的增加而增加，例如，对于 1.0m^3 地下铲运机来说，在采区的经济距离可达到 1.2km，在开拓巷道为 2km。3m^3 及更大铲斗的地下铲运机速度范围为 8～16km/h，在地平面上的平均速度为 13km/h。

地下铲运机在井下运行速度受四个方面的限制：一是作业条件，它包括道路状态、安全间距、急转弯、错车次数等；二是车辆本身的传动比；三是坡度的大小；四是驾驶员的驾驶水平。因此，一般地下铲运机设计最高车速在 30km/h 以下，实际上在工作面上平均运行速度很难达到 16km/h。如要达到，则需要非常好的路面状况以及其他作业条件。

（8）单位插入力。单位插入力是单位长度斗刃上所产生插入料堆的能力。它反映了铲运机插入料堆的能力，单位插入力越大，铲斗插入料堆的能力越强。CY-3 型铲运机发动机的功率为 102kW，一档处最大牵引力为 186kN，铲斗宽为 1.956m，机重为 160kN，假设附着系数为 0.71，最大的附着牵引力为 114kN，最大牵引力时每米铲斗斗刃插入力为 94.6kN/m，最大附着牵引力时每米铲斗斗刃插入力为 58kN/m。

（9）单位掘起力（铲取力）。掘起力是铲运机的重要性能参数。CY-3 型铲运机为 91.1kN。

（10）经济性。经济性包括整机价格、燃油消耗、备件消耗三个方面的内容。CY-3 型地下铲运机由于进口件很多，每台价达 180 万元以上。燃油消耗主要取决于发动机设计、发动机的功率、发动机的负荷与操作。一般二级燃烧室发动机同直喷发动机比较，如果缸数、汽缸容积和输出功率相同，在相同的操作条件下，燃油消耗与发动机的功率成正比。地下铲运机在备件的消耗中主要是轮胎，它的消耗占整个采矿成本的 20% 左右。这是因为井下路面条件很差，轮胎的使用寿命很低，一般为 300～500h，高的也只有 1000h，再加上轮胎的价格很贵。因此单从价格与消耗来说，地下铲运机高。

9.16.4 国内地下铲运机发展概述

9.16.4.1 地下铲运机的现状

我国地下铲运机经历了引进、合作制造、自主开发、创新和发展 4 个发展阶段，特别是近些年，得到了突飞猛进的发展。

A 引进阶段

从1975年开始,原冶金部分批从波兰引进LK-1型、斗容$2m^3$内燃铲运机105台,分别在寿王坟、小寺沟、丰山、红透山、中条山等铜矿及梅山、符山、尖林山、弓长岭等铁矿使用;1976年,冶金部又从芬兰引进TORO100DH型、斗容$1.3m^3$内燃铲运机12台,用于有色金属矿山,分别在凡口铅锌矿、寿王坟和红透山铜矿使用。这是我国最早引进的两种地下铲运机。这些铲运机在我国10个重点金属矿山使用,取得了良好的效果。随后,我国矿山掀起了无轨化采矿的热潮,原冶金部又于1979年从德国引进LF-4.1型、斗容$2m^3$内燃铲运机61台;从法国引进CT1500型、斗容$0.83m^3$内燃铲运机23台和CT6000型、斗容$3.8m^3$内燃铲运机20台,用于有色金属矿山,分别在凡口铅锌矿、大厂铜坑锡矿、金川龙首矿和二矿、红透矿铜矿、杨家杖子钼矿、云锡老厂锡矿、白银小铁山铜矿、锡铁山铜矿等9个矿山使用;原黄金局于1980年从美国引进斗容$0.76m^3$的HST-1A型内燃铲运机7台,EHST-1A型电动铲运机5台,用于黄金矿山,分别在焦家、新城和金厂峪金矿使用。此外,还有1台法国TLF-4型内燃铲运机在程潮铁矿试用。至此,从20世纪70年代中期到80年代初期,我国已从5个国家引进了8种型号地下铲运机234台。目前,该时期引进的铲运机由于使用年久,设备破损,技术陈旧,都已到退役期,绝大部分已经报废。

20世纪80年代中期以来,随着我国矿山无轨化开采技术的发展及一批采用无轨化开采的新型矿山上马,对大中型铲运机的需求增长,我国陆续引进了不同厂家、技术先进的新型铲运机近300台以上,其中以中型铲运机为主,也有黄金矿山所需的微型铲运机。主要机型为:Sandvik公司的TORO250BD型、TORO300D型、TORO301D型、LH307型内燃铲运机; TORO 151E型、TORO 400E型、TORO 1400E型电动铲运机。

Atlas Copco公司的HST-1A型、ST2D型、ST3.5型、ST5C型、ST6C(N)型、ST710型、ST1000型、ST1010型、ST1030型内燃铲运机;EHST0.5型、EHST1A型、EST2D型、EST3.5型、EST5C型电动铲运机;E.M公司的CTX4B型、CTX5N型、CTX6B型内燃铲运机;CT500HE型、CTX1HE型微型电动铲运机;艾姆科公司的922D型、928D型内燃铲运机,922E型、925E型电动铲运机;GHH公司的LF-12.3型内燃铲运机;LF-4.1E型、LF-7.1E型电动铲运机。

B 合作制造阶段

从1985年开始,衡阳有色冶金机械总厂、长沙矿山研究总院、北京矿冶研究总院合作,引进美国EIMCO公司922D型、922E型、928D型地下铲运机全套技术资料和部分硬件,并同美国EIMCO公司合作生产数十台上述三种型号地下铲运机,而且都分别通过中国有色总公司组织专家鉴定,荣获部级科学技术进步二等奖。1990年前后又与美国Wagner公司合作,生产两台ST-5C型、6台ST-3.5型柴油地下铲运机。后来金川有色公司又同德国GHH公司合作,生产LF-12.3型、LF-4.5型、LF-9型地下铲运机。通过引进和同国外合作生产,为发展我国地下铲运机创造了一定条件。

C 自主开发阶段

我国于20世纪70年代中期,由长沙矿山研究院分别与厦门工程机械厂和柳州工程机械厂(天津工程机械研究所)合作,在ZL40型和ZL50型基础上,改型研制成功了DZL40型和DZL50型地下内燃铲运机,分别于1979年和1980年通过部级鉴定,各自生产了33台和14台后,但均于20世纪80年代后期停止生产。

随后,长沙矿山研究院、北京矿冶研究总院、中钢集团马鞍山矿山研究院、衡阳有色冶金机械总厂(后加入中钢集团,改名为中钢集团衡阳重机有限公司)、南昌矿山机械研究所等院所与南昌通用机械厂(后改名为江西凯马有限公司)、沈阳有色冶金机械厂、嘉兴冶金机械厂、吉林省冶金机械厂、太原矿山机械厂、锦州矿山机械厂、江西拖拉机厂等制造厂合作,先后研制出斗容$0.4 \sim 6.1m^3$的地下铲运机约30余种型号。

20世纪90年代中期以来,中钢集团衡阳重机有限公司、江西凯马有限公司、金川金格公司、北京安期生技术有限公司、安徽铜冠机械股份有限公司成了我国生产地下铲运机主力军,同时也带动了许多小的地下铲运机制造厂的发展。他们分别研制生产了一批具有国外20世纪90年代铲运机水平,斗容从$0.4 \sim 6.1m^3$共8种规格柴油地下铲运机,$0.4 \sim 4m^3$共7种电动地下铲运机。其中中钢集团衡阳重机有限公司生产品种最全,几乎涵盖了地下铲运机所有品种。它们的共同特点是:采用地下采矿用道依茨风冷、水冷低污染柴油、康明斯水冷直喷发动机，低功率少量采用国产水冷直喷柴油机；微型地下铲运机采用静液压传动，微型以上地下铲运机采用 DANA 公司液力机械传动装置（其中 $2m^3$ 以下地下铲运机驱动桥全部采用国产），全封闭湿式多盘制动器、NO-SPIN 防滑差速器、工作装置液压系统采用双泵合流、先导控制等技术。设计中广泛采用 CAD 技术、动态仿真、有限元分析、优化设计。

D 发展和创新阶段

经过 30 多年的不断努力，我国地下铲运机技术已趋于成熟，日渐与世界水平同步，主要表现为：

（1）地下铲运机的生产逐步形成标准化、系列化、专业化及通用化。

1）我国已制定和颁布了电动和内燃铲运机行业标准，国家标准也在审批之中；

2）地下铲运机由引进到试制发展到今天基本形成了斗容 0.4 ~ $6.1m^3$ 铲运机系列，产量由几台发展到今天的几百台，质量也有很大提高，由全部进口发展到部分出口；

3）由初期的从零部件到整台机器都进入专业化生产，即主要配套件在国内择优选用最先进可靠的产品，部分国内尚不成熟的关键配套件（如柴油机、液力变矩器、变速箱、湿式多盘制动器及制动阀、充液阀、防滑差速器等）面向世界择优选购，以确保整机性能优良、可靠耐用；

4）同一厂家、同一斗容的内燃和电动铲运机，其工作装置、前车架、变速箱、驱动桥、转向、制动及液压系统通用，只改装动力装置、变矩器、相关后车架部分及电气部分，增加卷缆装置及液压系统即可。此处，还采用工程机械或载重汽车的部分通用零部件（如传动轴、轮辋、液压、电气元件）。由于推行专业化和通用化，使整机性能和零部件的可靠性、耐久性大为提高，与国外铲运机的差距逐步缩小。我国已有 100 多个冶金、有色、黄金和化工矿山使用地下铲运机，拥有 60 多种型号的铲运机约 3000 台左右，并以每年 10% 以上的速度增加，其中以柴油机为动力源的约占 60%，居主导地位。在约 3000 台铲运机中，国产铲运机约占 50% 以上。

（2）在柴油机尾气净化方面进行了大量实验研究工作，取得了显著成效。我国早期引进的铲运机都是以柴油机为动力的，大多数采用道依茨涡流燃烧室低污染柴油机，排出的废气经催化和水洗两级处理，其排污指标尚可达到我国规定的标准。个别采用直喷式普通柴油机的铲运机（如 LK-1 型），机外净化又不完善，其排污指标达不到规定的标准。为此，长沙矿山研究院于 20 世纪 70 年代末 ~ 80 年代初对柴油机废气监测及净化问题进行了大量研究工作，对不同类型柴油机在各种工况下以及采用不同类型净化器的排污指标进行了大量的台架试验和研究，在此基础上，先后对符山、大冶、丰山、红透山、弓长岭等矿的 60 余台 LK-1 型内燃铲运机进行技术改造，用低污染柴油机取代原有的直喷式普通柴油机，并采用先进的蜂窝状催化器和水洗箱进行两级净化，使其排放指标达到了当时规定的标准。

（3）成功地进行了电动铲运机的研制，形成了系列产品。为摆脱内燃铲运机尾气污染的困扰，我国自 20 世纪 70 年代末期开始自行研制拖曳电缆供电式电动铲运机，80 年代以来，先后研制斗容 0.4 ~ $4m^3$ 的国产电动铲运机系列产品。

（4）铲运机自动化的研制和使用。为了解决采空区残矿回收和危险作业地点的出矿问题，长沙矿山研究院从 1983 年开始研制遥控铲运机，先后研制成功 YK-1 型、YK-2 型、YKCY-1.5 型、WJD-1.5Y 型等遥控铲运机并在矿山试验和使用。目前，北京科技大学也研制出 $2m^3$ 遥控地下铲运机，北京矿冶研究总院正在承担国家科研项目——无人驾驶地下铲运机的研发。

（5）矿用耐切割轮胎的研制和全面推广使用。轮胎是地下铲运机必不可少的重要配件。用国产普通轮胎代用，承载能力、耐切割、抗刺扎性能都不能满足要求，使用寿命很低，因此，铲运机轮胎费用占出矿成本的 20% ~ 30%，比国外一般水平（约占出矿成本的 10% ~ 15%）高出 1 倍以上，成为铲运机在我国推广的一大障碍。从 20 世纪 80 年代初开始，长沙矿山研究院与河南轮胎厂合作研制耐切割光面轮胎，先后研制成功 10.00-20-14PR、12.00-24-16PR、14.00-24-24PR 等 3 种光面耐切割工程轮胎，及 18.00-25-32PR 无内胎耐切割工程轮胎，均已通过部级鉴定，已在全国所有使用铲运机的矿山全面推广。这 4 种耐切割轮胎，可满足斗容 0.75 ~ $4m^3$ 地下铲运机的需要，使用寿命比普通工程轮胎或载重汽车轮胎提高 2.34 ~ 9 倍，基本解决了铲运机在我国推广所遇到的轮胎使用寿命低、消耗费用偏高的问题。随后，河南轮胎厂又研制成功 7.50-15-

14PR耐切割工程轮胎,解决了斗容0.38m^3微型铲运机轮胎配套问题。目前,天津、贵阳、山东不仅能生产18.00以下的矿用轮胎,而且还能生产18.00以上各种矿用轮胎,已完全能满足了国内各种地下铲运机的需要,而且已出口到国外。

(6) 研制和检测手段日臻完善,接近世界当代水平。

1) 普遍采用计算机辅助设计(CAD)技术,除用于设计绘图之外还应用在:动力机与液力传动装置特性的最佳匹配;工作机构的优化设计,工作机构及车架的有限元分析计算;整机结构强度分析;湿式制动器设计计算;整机性能模拟等;

2) 检测手段日臻完善。具有电脑记录、分析、整理、打印的液力(变矩器、变速箱)和液压(轴向柱塞油泵、液压马达)传动装置试验台检测;柴油机特性及不同工况下尾气排放试验台和尾气有害成分的比色分析检测;铲运机液压元件(油泵、阀、油缸、高压软管)试验台检测;具有五轮仪及应变仪自动记录的整机性能试验装置等;

3) 在铲运机制造方面也逐步更新设备,采用计算机辅助加工(CAM)技术。板件下料采用计算机控制的氧弧或等离子切割设备;液压阀板或集成块加工采用计算机控制的加工中心;形状复杂或精度要求高的零件加工采用组合机床或数控机床;注重焊接结构件的人工时效、表面处理及油漆喷涂,采用相应的回火炉、振动器、喷丸处理设备及密闭式喷漆或烘烤设备等。

我国地下铲运机的发展从无到有、从小到大、从引进到创新,有自主知识产权,基本完成地下铲运机系列化,产品质量和自动化水平不断提升,而且开始出口越南、朝鲜、蒙古、巴基斯坦、秘鲁、智利、俄罗斯等国。

9.16.4.2 地下铲运机发展趋势

我国已经加入世界贸易组织(WTO),进入21世纪以来,我国地下铲运机发展趋势除与国外基本同步外,还应结合我国的特点,进行技术创新:

(1) 吸取国外先进技术,进一步提升国产铲运机的质量。铲运机是地下矿山中结构很复杂的先进设备之一,它集机、电、液压等技术为一身,如何针对国内已有品种,规格在使用中暴露出的薄弱环节,进一步提升国产地下铲运机整机性能及主要零部件的可靠性、耐久性,达到国外同类产品水平。

(2) 在国产铲运机上普遍采用国外铲运机行之有效的先进技术,如:

1) 全面采用全封闭湿式多盘制动器,推广弹簧(失压)制动方式;

2) 采用电/液换挡或电子自动换挡的变速箱;

3) 采用具有电子控制系统的新型柴油机;

4) 普遍采用先导式液压控制、液压元件和回路的集成化;

5) 采用更为牢固耐用的新型柴油机尾气净化装置(如金属载体净化器)。

(3) 广泛应用计算机辅助设计(CAD)和辅助制造(CAM)技术,应用计算机多媒体技术,进行铲运机整体参数及结构的动态优化设计。

(4) 完善拖曳电缆式电动铲运机,发展550~1000V电压级电动铲运机,研制安全可靠的漏电监测保护装置,采用新型高性能耐磨电缆。

(5) 更加注重安全、环保和节能。在地下铲运机整机、操作和监测显式系统、驾驶室等方面普通按人机工程学和安全标准的要求进行设计,使操作人员更加舒适和安全。

(6) 视距、视频内操纵的遥控铲运机将得到应用和发展。

(7) 全自动式铲运机开始研制,由地面远程控制的地下铲运机作业全盘自动化在不久将来将成为现实。

9.16.4.3 国内主要生产厂家产品的技术性能参数

A 中钢集团衡阳重机有限公司地下铲运机事业部

中钢集团衡阳重机有限公司(原衡阳有色冶金机械总厂)是国家大型机器制造企业。地下铲运机事业部(原衡阳力达铲运机制造有限责任公司)是其下属的一个子公司,集设计、制造、销售服务为一体。1984年,在国家有色总公司统一领导下,与长沙矿山研究院、北京矿冶研究院一起合作开发制造了当时世界上最先进的地下铲运机Eimco公司的1.5m^3 922D柴油铲运机与922E电动铲运机。以后又陆续引进了该公司的

6m^3 928 型地下柴油铲运机以及美国 Wagner 公司3.8m^3 的 ST-5C 型、3.1m^3 的 ST-3.5 型地下柴油铲运机。1984～1992 年为该厂技术引进与合作制造阶段。1993～1994 年是整改阶段。从 1995 年至今进入独立设计和再发展阶段。经过 20 多年的发展，目前中钢集团衡阳重机有限公司铲运机事业部通过吸收国外先进技术已成功研发出具有自主知识产权、国内品种最全、技术先进的地下铲运机系列，地下铲运机系列产品有 CY-0.75 型、CY-1 型、CY-1.5 型、CY-2 型、CY-3 型、CY-4 型、CY-6 型共 7 种地下柴油铲运机，CYE-0.4 型、CYE-0.75 型、CYE-1 型、CYE-1.5 型、CYE-2 型、CYE-3 型、CYE-4 型共 7 种地下电动铲运机。其技术参数见表 9-331。

表 9-331 中钢集团衡阳重机有限公司铲运机事业部铲运机技术性能参数

型号		CY-0.75/CYE-0.75	CY-1.5/CYE-1.5	CY-2	CY-2A，CYE-2	CY-3/CYE-3	CY-4/CYE-4	CY-6
额定载重量/t		1.5	3.6	3.8	4	6	9.5	13.6
额定斗容/m^3		0.75	1.53	1.9	2	3.1	4	6
铲取力（机械）/kN		36	50	65	65	77	110	
铲取力（液压）/kN			70	80	90	105	200	239
发动机或电机参数	额定功率/kW	42/37	60/55	63	88/75	136/75	170/132	204
	额定转速/（r/min）	2300/1480	2300/1480	2500	2300/1480	2300/1485	2300/1485	2300
	型号	F4L912W/Y255S-4	F6L912W/Y250M-4	F6L912W	BF4M2012C/Y280S-4	F8L413FW	F10L413FW/国产或进口 447T	F12L413FW
变速箱型号[1]		R20000	R20000	R32000	R32000	R32000	5000	
变矩器型号[1]		C270	C270	C270	C270	C5000	C8000	
桥型号		PCL5A	LDQ-1.5	LDQ-2	LDQ-2	16D	19D	21D
转弯半径/mm	内侧	2100	2591	2650	3224	3175	3175	3280
	外侧	3990	4580	4580	5750	5360	6045	6650
外形尺寸/mm	长	5945	6375	6935	7588	8128	9682	10080
	宽	1300	1524	1624	1750	1956	2235	2600
	高	2000	2032	2032	2250	2250	2470	2540
操作质量/t		7.0	10.3/10.7	11.1	13	17	23/22.5	33.5

① 静液压传动。

B 南昌凯马有限公司

从 1984 年开始生产国内第一台 WJD-0.75 型地下铲运机到现在已拥有从 0.4～4m^3 地下铲运机技术，主要生产 2m^3 以下的铲运机。南昌凯马有限公司位于南昌国家昌北经济技术开发区，由华源凯马对南昌市国有工业资产经营管理有限公司管辖的：江东机床厂、江西第四机床厂、江西第五机床厂、南昌通用机械厂、江西采矿机械厂五家企业重组而成，以后南昌通用机械有限责任公司采用南昌凯马有限公司名称，其产品技术性能参数见表 9-332。

C 甘肃金川金格矿业车辆制造有限公司

该公司是于 2004 年成立的一家专业设计、制造矿山无轨设备的中德合资公司。由金川集团机械制造有限公司、德国 GHH 特种车辆有限公司和青岛中鸿矿业技术公司共同出资组建并由金川集团机械制造有限公司控股。金川公司是我国使用大型地下铲运机最早的企业之一。从 1995 年生产第一台铲运机以来，已形成了一定的生产能力。该公司生产的地下铲运机的技术性能参数见表 9-333。

表 9-332 南昌凯马有限公司铲运机技术性能参数

型号		WJD/WJ-0.4	WJD/WJ-0.75	WJD/WJ-1	WJD/WJ-1.5	WJD/WJ-2	WJD/WJ-3	WJD/WJ-4
铲斗容积（堆装）/m^3		0.4	0.75	1	1.5	2	3	4
额定载重量/t		0.8	1.5	2	3	4	6	8
铲取力/kN	WJD 型（电动）	16	39	45	52	65	77	110
	WJ 型（内燃）	16	36	45	50	65	77	110
牵引力/kN	WJD 型（电动）	18	41	50	62	90	115	140
	WJ 型（内燃）	18	40	50	70	90	120	140

续表 9-332

型　号		WJD/WJ-0.4	WJD/WJ-0.75	WJD/WJ-1	WJD/WJ-1.5	WJD/WJ-2	WJD/WJ-3	WJD/WJ-4
卸载高度/mm		870	1080	1100	1460	1780	1670	1600
铲斗举升高度/mm		2060	3650	3120	3630	4000	4000	4270
爬坡能力(低速额定载荷)/(°)		≥12	≥12	≥12	≥12	≥12	≥12	≥12
离地间隙/mm		≥150	≥165	≥190	≥220	≥250	≥280	≥300
转弯半径 R(外侧)/m		≤3.5	≤4.5	≤4.5	≤5	≤6.5	≤6.5	≤7
功率/kW	WJD 型(电动)	22	37	45	55	75	90	132
	WJ 型(内燃)		42	49	63.2	86	102	
机重/t	WJD 型(电动)	3.5	6.7	7	10.5	14.5	17.5	24
	WJ 型(内燃)		6.3	6.5	9.5	14	17	
外形尺寸/mm	长	4350	5900	5900	7000	7740	8720	9620
	宽	900	1260	1270	1600	1850	2090	2230
	高	2000	1900	1950	2100	2000	2240	2440

表 9-333　金川金格公司铲运机技术性能参数

型　号		JCCY-2	JCCY-4	DCY-4	JCCY-6
额定载荷/kg		4000	8000	8000	12000
标准斗容(SAE 堆装)/m³		2	4	4	6
最大铲取力/kN		110	178	180	350
最大牵引力/kN		104	199	170	330
铲斗举升时间/s		4.5	6~7	7	6
倾翻时间/s		4	6~7	4.5	5.1
铲斗下降时间/s		2.8	4.5	3.5	3.2
行驶速度/(km/h)	Ⅰ挡:进/退	0~3.6	0~5.1	0~3.2	0~5
	Ⅱ挡:进/退	0~7.6	0~11.7	0~7.4	0~9
	Ⅲ挡:进/退	0~12.5	0~18.4	0~12.6	0~16
	Ⅳ挡:进/退	0~20	0~25		0~26
爬坡能力/(km/h)		14%挡 3.5,34%挡 2.2	14%挡 4.0	14%挡 3.85	14%挡 4.0
整机长度(铲斗平放)/mm		7060	9070	9250	11067
车体宽度/mm		1768	2360	2360	2602
铲斗宽度/mm		1880	2400	2400	2714
整机高度(带顶棚)/mm		1880	2200	2120	2498
最大卸载高度/mm		1830	2100	1900	1885
卸载距离/mm		900	900	900	1060
卸载角/(°)		42.2	42	42	42
轴距/mm		2540	3300	3300	3860
最大转向/(°)		40	42	42	42
角转向半径/mm	内侧	2800	3578	3148	3770
	外侧	5100	6125	6181	7250
整体操作质量/kg		12500	23000	24000	31875
整机质量/kg		16500	31000	32000	43875

D　北京安期生技术有限公司

该公司成立相对晚一些,但发展很快,其产品见表 9-334。另外还生产 ADCY-15 型、ADCY-2 型、ADCY-3 型、ADCY-4 型地下电动铲运机。

表 9-334　安期生技术有限公司铲运机主要技术性能参数

型　号		ACY-2	ACY-3	ACY-4	ACY-6
额定载重量/t		4.5	6.5	8.0	14.0
额定斗容/m³		2.0	3.0	4.0	6.0
铲取力(机械)/kN		66.9	132	175	298
发动机或电动机参数	额定功率/kW	63	102	136	204
	额定转速/(r/min)	2300	2300	2300	2300

续表 9-334

型　　号		F6L912W	F6L413FW	F8L413FW	F12L413FW
变速箱型号		R28000	R28000	R36000	R5000
变矩器型号		C270	C270	C270	C8000
桥型号		QY150	16D	D91PL408	21D
转弯半径/mm	内侧	2460	3620	3383	3960
	外侧	4772	5511	6354	7220
外形尺寸/mm	长	6816	8225	9160	10455
	宽	1634	1990	2345	2600
	高		1970		2400
操作质量/t		12.5	16.93	23.0	34.45

E　安徽铜冠机械股份有限公司

安徽铜冠机械股份有限公司是由原铜都特种环保设备股份有限公司和原铜陵金湘重型发展有限公司组建成,是铜陵有色控股单位。主要产品见表 9-335。

表 9-335　安徽铜冠机械股份有限公司地下铲运机主要技术性能参数

型　　号		TCY-2	TCY-3	TCY-4
堆装斗容/m^3		2	3	4
额定载重量/kg		4000	6200	10000
机质量/t		12.5	16.6	26.5
柴油机	型号	DEUTZ-F6L912W	DEUTZ-BF4M1013C	康明斯 QSL9 C250
	额定功率/kW	63	112	186
	额定转速/(r/min)	2500	2300	2000
变矩器		DANA-C272-300	DANA-C273	DANA-C5502
变速箱		DANA-R28421-69	DANA-R23420	DANA-R36420
最大转角/(°)		±42	±40	±42
最小转弯半径	铲斗外侧/mm	4800±250	6060	6650
	后轮内侧/mm	2500±150	3270	3370
外形尺寸/mm	铲斗宽	1770	2200	2550
	机长(运输位置)	6820	9000	9690
	机高(司机顶棚)	2100	2275	2395
轴距/mm		2525	3150	3500

9.16.5　国外地下铲运机的现状与发展趋势

从 1958 年美国 Wagner 公司开发世界第一台地下铲运机以来,地下铲运机在全世界得到迅速发展,特别是近些年来,随着采矿行业的快速发展,采矿设备也在大步向前发展。同时采矿设备的制造商之间的竞争也日益激烈,其中一个重要表现就是为了争取用户,赢得市场,不断推出新产品,改进老产品,采用新技术,从而促进了采矿设备行业(包括地下铲运机)出现了许多新变化、新的发展。下面介绍国外主要地下铲运机生产厂家,如:Atlas Copco 、Sandvik Tamrock 、Caterpillar Eiphinstone、MTI 、GHH 、Puas、Schopf 、Rham 、DBT、ZANAM-LEGMET 等公司这方面的情况和发展动态。

9.16.5.1　国外地下铲运机的现状

A　Atlas Copco 公司

Atlas Copco 公司是世界上地下铲运机主要生产厂家之一。现在生产的地下铲运机系列中主要型号有:ST2D、ST2G、ST3.5、ST600LP、ST710、ST7LP、ST1030、ST1030LP、ST14、ST1520、ST1520LP、EST2D、EST3.5、EST1030、CT10 和 CT13 共 16 种,其中 CT10 和 CT13 为煤矿地下铲运机,前面 14 种地下铲运机主要技术参数与配置见表 9-336。

表 9-336　Atlas Copco 地下铲运机系列主要型号、主要技术参数与配置

类　别	柴油地下铲运机						
型　号	ST2D	ST2G	ST3.5	ST600LP	ST7LP	ST710	ST1030
载重量/t	3.6	3.6	6	6	7	6.5	10
操作质量/t	11.54	13		18.04	19.1	18.2	26.3

续表 9-336

类 别	柴油地下铲运机						
型 号	ST2D	ST2G	ST3.5	ST600LP	ST7LP	ST710	ST1030
斗容/m^3	1.9	1.9	3.1	3.1	2.7	3.2	4.0
发动机型号	Deutz F6912W Tier 1/Stage Ⅰ	Deutz BF4M1013EC, Tier 2/Stage Ⅱ	Deutz F8L-413FW Tier 1/Stage Ⅰ	Deutz BF6M1013E, Tier 2/Stage Ⅱ	Cummins QSB6.7 EPA Tier3/EU Stage ⅢA	Deutz BF6M1013FC MVS, Tier 1/Stage Ⅰ; Detroit Diesel S. 40 DDEC, Tier 1/Stage Ⅰ	Cummins QSL9, Tier 3/Stage ⅢA
发动机功率/kW	63	87	136	136	144	149	186
变矩器型号	Dana C272	Dana C272	Dana C272	Dana C272	Intelligent Funk DF150	Funk 150 变矩器与变速箱集成为一体	Funk 250 变矩器与变速箱集成为一体
变速箱型号	Dana R20000	Dana R32000	Dana R32000	Dana R32000			
桥型号	Dana 14D	Dana 14D	Rock Tough 406	Rock Tough 406	Rock Tough 406	Rock Tough 406	Dana 19D
长度/mm	6712	7109	8458	8710	8470	8830	9745
机宽/mm	1651	1735	1830	1896(整机宽 2658)	2660(整机宽)	1924	2260
高(司机室)/mm	2086	2162	2247	1630	1390	2105	2355
推荐巷道宽/m	2366	2.4	3.2	3.6	3.7	3.0	4.0
类 别	柴油地下铲运机				电动地下铲运机		
型 号	ST1030LP	ST14	ST1520	ST1520LP	EST2D	EST3.5	EST1030
载重量/t	10	14	15	15	3.629	3.1	10
操作质量/t	26.3	38	41.3	41.3	13	17.9	
斗容/m^3	5.0	6.4	7.5	7.5	1.9	6.0	5
发动机型号	Cummins QSL9, Tier 3/Stage ⅢA	Cummins QSM11, Tier 3/Stage Ⅲ	Detroit Diesel S-60 DDEC, Tier 2/Stage Ⅱ	Detroit Diesel S-60 DDEC, Tier 2/Stage Ⅱ	3-phase, 50 or 60 Hz	3-phase, 50 or 60 hz	ABB 3-phase, 50 or 60 hz
发动机功率/kW	186	250	298	298	56	74.6	132
变矩器型号	Funk 250 变矩器与变速箱集成为一体	Dana T40000 型与变矩器集成,自动换挡	Dana 40000 型变矩器与变速箱集成为一体自动换挡		Dana32000 系列变矩器与变速箱集成为一体	Dana32000 系列变矩器与变速箱集成为一体	Funk 250 变矩器与变速箱集成为一体
变速箱型号							
桥型号	Dana 19D	Dana 53R	Dana 53R	Dana 14D	Rock Tough406	Dana 19D	
长度/mm	9890	10825	11320	11320	6880	1905	10690
机宽/mm	2260	2640	2640	2640	1515	2118	2490
高(司机室)/mm	1840	2550	2650	2650	2086	8849	2355
推荐巷道宽/m	4.5	4.3	4.4	4.8	2.4	3.5	4330
备 注		负荷传感液压系统,遥控					

与前几年比较,多了五项新产品 ST14、ST7LP、EST1030、CT10 和 CT13,改进了两项老产品即 ST1020 升级为 ST1030、ST1520 改进为 ST1520LP,老产品 HST1A、ST2D、ST3.5S、EST6C 并没有列入新的产品目录。ST8B、ST8C 在 2007 年 12 月已停产。下面简略介绍 ST14、ST1030、ST1520LP、ST7LP 几种新产品的特点和采用的新技术及自动化方面的发展。

a 新产品

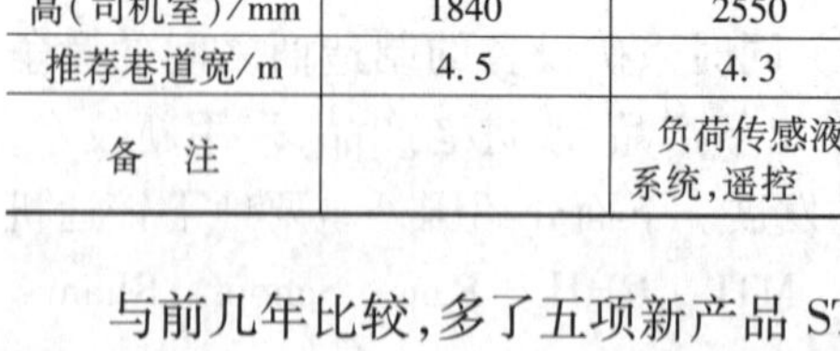

图 9-468 ST14 型地下铲运机

(1) ST14 型地下铲运机。ST14 型地下铲运机是 Atlas Copco 公司在瑞典最新设计和生产的第一台最新大型地下铲运机(图 9-468),2006 年投放市场。ST14 是 Atlas Copco 公司第三代 LHD,也是现在最新的一代地下铲运机。第一代是机械控制;第二代是先导液压控制器和阀、电子 PLC、无线电遥控电磁阀;第三代是钻机控制系统 RCS(rig control system)。它是建立在标准 PC 技术基础上的控制系统,它也是

Atlas Copco 设备自动化平台。RCS 是一种体系结构，CAN-总线基于分布式控制系统，电子控制阀代替了先导液控阀。

1）特点：安全、舒适、可靠、顶级性能、技术先进、便于维修。

2）基本配置和主要技术参数见表 9-337。

表 9-337 新型 ST14 型地下铲运机基本配置的主要技术参数

发动机		变速箱	桥	运输能力/t	液压铲取力/N	机械铲取力/N	标准斗容/m^3	操作质量/t	总长/mm	铲斗宽/mm	驾驶室顶高/mm
型号	功率 kW/转速/(r/min)										
Detroit S60 DDEC	243/2100	DANA T40000 与变矩器集成，自动换挡	Dana 53R	14	218540	178752	6.4	37.24	10825	2800	2550

图 9-469 ST1030 型地下铲运机

（2）ST1030 型地下铲运机。ST1030 型地下铲运机是一种中型地下铲运机（图 9-469）。承载能力为 10t。它是在 ST1020 地下铲运机基础上改进而成的。其中最大的变化是采用 Cummins QSL9 C250 型柴油机替代 Detroit S50 系列柴油机。在地下铲运机动力系统中采用 Cummins 发动机还是第一次见到。尽管 Cummins 公司开发地下采矿用发动机多年。Cummins QSL9 C250 型发动机采用了高压共轨喷射技术，使排放达到 EPA Tier 3 标准。高压共轨喷射系统是一项降低排放的重要新技术，它主要由高压供油系统、共轨油道、每缸一个喷油器，高压油泵和电控喷射单元（EUI）组成。高压油泵安装在发动机一侧。高压油从油泵进入一个储油管，这个储油管叫共轨油道。在共轨油道和每个装在汽缸盖上喷油器之间有油管连接。这样喷油器的开闭由电子控制单元 EUC（electronically unit controlled）驱动电磁阀进行控制。能始终保持高压是共轨式系统与泵喷嘴的主要区别。由于共轨式喷油压力始终保持一定高压。现代高压燃油喷射系统以高压迫使燃油通过直径很小的孔，使油成微小的液滴进入燃烧室，改进了空气与燃油的混合，而达到燃油能充分燃烧。致使排放的颗粒物及有害气体大大减少，燃油经济性得到提高。这是 ST1030 型地下铲运机的最大特点之一。还有一个变化，就是重新设计了电子系统和仪表。新的电子系统使该机因为电子故障引起的停车事故为最少。新的仪表盘集成了所有的报警灯。发动机的故障编码显示，过滤器更换指示等。

（3）ST1030LP 低矮型地下铲运机。Atlas Copco 公司最新投放市场的是 ST1030LP 低矮型铲运机（图 9-470）。

（4）ST1520LP 低矮型地下铲运机。为了适应薄矿层采矿，Atlas Copco 公司开发出大型低矮型 ST1520LP 型地下铲运机 。此机是在 ST1520 型基础上改进而成的，机高为 1600mm ，可在顶板高度为 2700mm 的巷道作业，而 ST1520 型地下铲运机高度为 2650mm，要在巷道顶板高度为 3700mm 的巷道作业。据了解，ST1520LP 型地下铲运机是世界上目前载重量最大和高度最低的地下铲运机。

（5）ST7LP 新一代低矮型地下铲运机（图 9-471）。ST7LP 型地下铲运机是 Atlas Copco 公司 2009 年初才投放市场的全新一代低矮型地下铲运机（图 9-471），它与该公司 2001 年开发的同级别的 ST600LP 低矮型地下铲运机比较见表 9-338，在先进性、经济性、环保、节能、安全性、适用性、操作舒适和整机性能方面具有很大优势，它代表当前低矮型地下铲运机最高水平和发展方向。

图 9-470 ST1030LP 低矮型地下铲运机

图 9-471 ST7LP 新一代低矮型地下铲运机

表9-338　ST600LP和ST7LP低矮型地下铲运机比较

型　号		ST-7LP	ST-600LP
总体参数	开发时间	2000～2001年	2008～2009年
	斗容/m^3	3.1	3.7
	有效重量/t	6	6.8
	机械铲取力/kN	85.14	100.94
	液压铲取力/kN	91.14	117.6
	操作质量/kN	176.8	187.2
	车辆长/mm	8710	8470
	车辆宽/mm	2558	2660
	到司机室顶高/mm	1630	1390
	在地平面最大车速/(km/h)	18.4	24
	在4%的坡度上车速/(km/h)	14.8	19.6
	在25%的坡度上车速/(km/h)	2.7	5.1
	铲斗举升最大高度/mm	3780	3920
动力系统	标准柴油发动机	Deutz BF6M1013E, Tier 1/Stage Ⅰ	Cummins QSB6.7 EPA Tier 3/EU Stage ⅢA
	在2300r/min发动机功率/kW	136	144
	MSHA通风量/(m^3/min)	495	241
	MSHA颗粒指数/(m^3/min)	156	269
	燃油箱容量/L	220	190
	净化系统	净化器	Finnkat净化器
传动系统	变矩器制造厂/型号	DANA/C270	与Funk/DF150集成
	变速箱制造厂/型号	DANA/R32000机械换挡	智能Funk/DF150自动换挡,离合器分离(Declutch)
	桥型号制造厂/型号	Atlas Copco/Rock Tough 406	Atlas Copco/Rock Tough 406
液压系统	大臂提升时间/s	4.7	3.7
	大臂下降时间/s	5	2.8
	斗倾翻时间/s	3.6	3.7
	举升/倾翻系统压力/MPa	13.8	24
	液压系统	齿轮泵	变量柱塞泵,负荷传感液压系统
	油压、油温、油位自动监视系统	无	有
	12μm回油过滤器		有
	液压油箱容量/L	77	111
安全系统	座椅	普通座椅	T型靠背坐椅
	故障诊断、显示、记录系统	无	有。RCS控制系统
	前照灯		Hella 70W卤素灯,可选LED灯
	摄像机	两个黑白摄像机	两个夜视广角镜头彩色摄像机
	负载称重系统	无	有
	灭火系统		Ansul自动灭火器
	司机室		ROPS/FOPS经过CE重新认证
可维修性	集中润滑系统	手动集中润滑系统	Lincoln自动润滑系
	容易维修的L&M Vcore散热器		是
	可达性		是
轮胎型号尺寸		17.5×25 20ply L5S	17.5×25 20ply L5S
适用范围		应用在顶板高1800mm以下薄矿层	应用在顶板高1600mm以下薄矿层,可在52℃环境下工作

(6) CT10型和CT13型煤矿地下铲运机。CT10和CT13是Atlas Copco公司最新开发的煤矿地下铲运机,在2007年11月曾参加过在北京的中国国际煤矿采矿技术交流及设备展览会上展出。载重量分别为10t和13t,斗容分别为$3m^3$和$4m^3$,功率分别为168kW和187kW、DANA公司MHR32000变速箱、自己生产的Rock Tough 406和458驱动桥。这两台车的优点是采用卡特彼勒Tier Ⅲ排放C7 ACERT涡轮增压柴油发动机以及MSHA-ISO ROPS/FOPS司机室,设计操作环境温度可达45℃、人机工程学设计和性能方面的最新成果。该车于2009年交付澳大利亚和中国。

b　Atlas Copco公司地下铲运机自动化系统

(1) RRC(radio remote control)无线电遥控系统。视距控制(图9-472)是操作员位于作业区内的危险范围外,直接观察和控制采矿设备。视距范围在60m范围内。操作员可以看到车辆,并可以通过无线电装置(RRC)遥控车辆。无线电装置包括两个硬件:一个无线电装置为发射机,操作员背在身上,用它来向车辆发出各种控制指令;另一个无线电装置为接收机,它装在车辆上,用来接收发射机传来各项指令,并按各项指令要求控制车辆各项功能。视距遥控用得比较广泛,许多视距遥控装置制造厂都有标准化RRC方案。电力由经常充电AA电池提供,LHD RRC可以操作一个整班。

(2) Atlas Copco地下铲运机自动化系统。地下铲运机自动化是地下采矿安全和高效的关键。Atlas Copco最新地下铲运机自动化系统是一个半自主(semi-autonomous)的控制系统。所谓半自主控制系统是指在整个作业循环中,铲装工序是在操作人员的遥控操作下进行的,运输和卸矿工序是在计算机的自动控制下完成的。图9-473就是Atlas Copco地下铲运机自动化系统应用简图。该系统包括地面上操作站、通信系统、地下铲运机、安全系统、远程遥控几大部分。

图9-472 Atlas Copco地下铲运机RRC

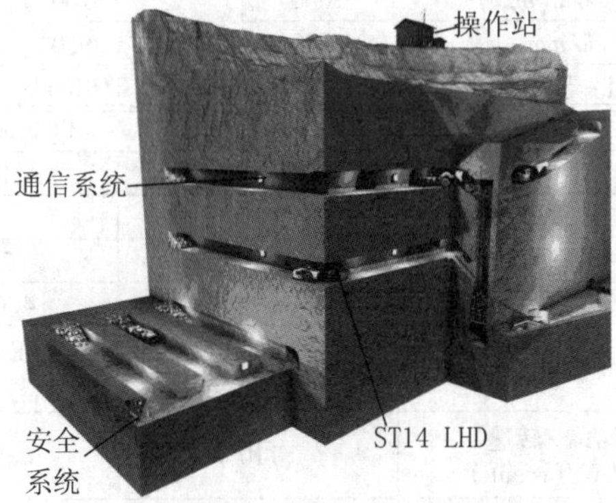

9-473 Atlas Copco地下铲运机自动化系统应用

B Sandvik Tamrok公司

Sandvik公司也是世界上地下铲运机主要生产厂家之一。生产的地下铲运机系列中主要型号有:LH201、LH202、LH203、LH307、LH410、LH514、LH514、LH517、LH621;电动地下铲运机型号有:LH201E、LH202E、LH203E、LH306E、LH409E、TORO1250E、TORO1400E、LH625E;低矮型地下铲运机型号有:Sandvik115L、LH 209L(原来TORO400LP)。它们的技术参数与配置见表9-339。

从表9-339可知,地下铲运机大部分型号已由TORO、EJC型号统一变成LH型号。

表9-339 Sandvik公司地下铲运机型号、参数和主要配置

类 别	柴油地下铲运机					
型 号	LH201	LH202	LH203	LH307	LH410	LH514
载重量/t	1.0	2.94	3.5	6.7	10.0	14.0
操作质量/t	3.650	6.759	8.7	18.02~19.6	26.2	38.1
斗容/m^3	0.54	1.1~1.5	1.35~1.75			
发动机型号	Deutz F3L912w	Deutz F5L912w	Deutz BF6L914	Mercedes Benz OM 906LA	Mercedes Benz OM 926LA	Detroit S 60 DDEC Ⅳ
功率/转速/kW/(r/min)	33/2500	51/2300	71.5/2300	150/2200	220/2200	243/2100
变矩器型号	静液压传动	Rexroth AA4V56	DANA C270			
变速箱型号			R20324	R32421	R33425	5422
桥型号	Tamrock	DANA 12D0840	14D1441 LCB	37RM116	43R175	53R300
长度/mm	4650	5486	6970	8631	9680	10870
机宽/mm(max)	1055	1448	1480	2230	2550	2920
高/mm	2045	2134	1840/1740	2200	2395	2540
备注(老型号)	Microscoop 100	EJC65D	TORO151	TORO6	TORO7	TORO9

类 别	柴油地下铲运机		电动地下铲运机			
型 号	LH517	LH621	LH201E	LH202E	LH203E	LH306E
载重量/t	17.2	21.0	1.0	2.94	3.5	6.6
操作质量/t	44.0	56.8	3.85	7.13	9.4	17.237
斗容/m^3		8.0~10.7	0.54	1.0~1.5	1.3~1.75	2.7~3.1

续表 9-339

类 别	柴油地下铲运机		电动地下铲运机			
型 号	LH517	LH621	LH201E	LH202E	LH203E	LH306E
发动机型号	Detroit S 60 DDEC IV		AC 三相异步鼠笼型电动机	AC 三相异步鼠笼型电动机	AC VEM	AC induction type TEAO,3 phase
功率/转速 /kW/(r/min)	298/2100	354/2100	30	37	55	94
变矩器型号						
变速箱型号	6422	8421H	静液压传动	Rexroth AA4V56	DANA13.6HR 24421-1	DANA R32421
桥型号	58R300	58R397	Tamrock	DANA 12D0840	DANA,14D 1441 LCB	16D2149
长度/mm	11120	11993	4850	5842	6995	8407
机宽/mm(max)	3000	3100	1055	1448	1480	2159
高/mm	2750	2950	2045	2134	1840	2235
备注(老型号)	TORO0010	TORO11	Microscoop 100E	EJC65E	Toro151E	EJC145E

类 别	电动地下铲运机			低矮型地下铲运机	
型 号	LH409E	Sandvik1400E	LH625E	Sandvik115	LH209L
载重量/t	9.6	14	25	5.5	9.6
操作质量/t	24.5	33.85	77.5	15.658	24.3
斗容/m^3	3.8～4.6	4.6～7.0	10	2.0～2.3	4.2～4.6
发动机型号	VEM KPER 315 S4	VEM K11R 315 MX4	Siemens 1 LA8 317 1000V/50Hz	Deutz BF4M-2012C Tier I	MERCEDES OM906LA
功率/转速 /kW/(r/min)	110	160	315	89.5/2500	170/2200
变矩器型号				DANA C270	
变速箱型号	DANA 15.5 HR36425	DANA 4000	DANA C16852	DANA R32421	DANA R32421
桥型号	DANA 19D2748	53R300	Dana,25D 8860,fixed	Dana Hercules 37RM116	Dana,19 D 2748 LCB
长度/mm	9736	10116	14011	7817	9240
机宽/mm(max)	2700	2525	2700	2273	3260
高/mm	2320	2540	3161	1600	1690
备注(老型号)	Toro400E	Toro1400E	Toro2500E	EJC115	Toro400E

从表 9-339 可知,这次 Sandvik 公司铲运机型号变动有两个特点:除了前面提到的把 TORO 与 EJC 两种型号统一成为 LH 型号铲运机外;第二个特点是,新型号最后二位数字代表铲运机的载重量,而不是斗容。新型号地下铲运机结构的最大特点是改进了电气系统和液压系统以及按人机工程学设计的司机室。重新设计的电气系统使用了带有 Deutsch 厂商生产的 DT 型连接器的铠装电线,以提高可靠性和便于维护。CAN bus 总线技术和机载故障诊断技术提醒操作者和机器电气不正常并能立即识别电气故障的来源。重新设计的 LH 新系列铲运机液压系统采用变量柱塞泵负荷传感液压系统(原系列铲运机液压系统采用的是定量齿轮泵)从而节约了能源消耗。重新设计的 LH 新系列铲运机司机室采用最大的门和宽的窗户,在仪表盘上安装了液晶屏幕,它给操作者提供有关电气故障准确信息,新的司机室不仅提高了操作者的视野和舒适性,而且也提高了机器的可维修性(图 9-474)。

图 9-474 LH 系列地下铲运机司机室

a 新产品

(1) LH307 型柴油地下铲运机。LH307 是 Sandvik 公司新开发的 2006 年 9 月才投入市场,载重量为6.7t 的柴油地下铲运机(图 9-475),该机把大型地下铲运机的生产能力和适应性同小型地下铲运机的性能、操作、燃油经济性、高的生产率结合起来,把 21 世纪的先进技术同作业条件十分恶劣的采矿工业结合起来。它代表着当今的先进技术水平。为了便于分析现把 LH307 与过去老的不同时期同一级别的地下铲运机 TORO6M

型(图 9-476),TORO006 型,TORO301D 型主要配置和技术参数见表 9-340。

图 9-475 LH307 地下铲运机

图 9-476 TORO6M 地下铲运机

表 9-340 TORO 新老型号地下铲运机比较

型号		LH307	TORO6M	TORO006	TORO301D
发动机	型号	Mercedes Benz OM906LA	Deutz F8L 413FW	Detroit40E	Deutz F6L413FW
	功率/kW	150	136	142	102
	转速/(r/min)	220	2300	2200	2300
变矩器类型				DANA C273	DANA C273
变速箱类型		DANA R32421	DANA R32421	DANA R3200	DANA R3200
桥型号		DANA 37R	DANA 37R	DANA 16D2149	DANA 16D2149
斗容/m^3		2.7~3.7	2.7~3.7	2.7~3.3	2.7~3.3
操作质量/kg		177~192	168.5	168.5	168.5
运输能力/kg		6700	6700	6700	6200
总长/mm		8631	8631	8608	8508
宽/mm		2230	2230	2100	2100
高/mm		2200	2200	2200	2200
铲取力(举升)/kN		134	134	134	130
铲取力(倾翻)/kN		112	112	112	106

(2) LH209L 低矮型地下铲运机。LH209L 低矮型地下铲运机与 TORO400 型地下铲运机的配置基本相同。只是高度由 TORO400 的 2320mm 下降为 1690mm,适合于薄矿层的开采。

(3) LH514 型地下铲运机。LH514 型地下铲运机是 Sandvik 公司最新设计的一种新型地下铲运机。

(4) LH517 型地下铲运机。LH517 型地下铲运机也是一种新型号地下铲运机,该机的运输重量为 17.2t,操作重量 44t,斗容 6.5~8.6m^3,总长 11120mm,司机室的最大宽度 2750mm,总高 2750mm,柴油机 Detroit S60 DDEC Ⅳ,发动机输出 298kW/2100r/min 变速箱 Dana 6422,桥 Dana 53R300。其特点类似于 LH514。

Sandvik 公司还生产一种快速可拆卸系统(quick detachable system,QDS)。该系统是一个通用模块。它可以快速、安全和容易与任意兼容的车辆相连并能快速彼此互换,从而扩大车辆功能,做到一机多能。即除了作铲运机外,拆下工作装置装上 QDS 就可以做工作平台、叉车、轮胎搬运机、螺旋钻机、电缆卷取机。

b 地下铲运机自动化系统

(1) 视距遥控系统。TORO1400/0010/150D/151/350/400/500CD/500DL/501/650DL 机型上采用 RCT 视距遥控系统,还采用了 EPEC-OY 公司及 Nautillus 公司的遥控技术。

(2) 自动化矿山 。Sandvik Tamrock 公司是世界上最早开发自动化采矿的公司。该公司正在实施一个革命性的自动化矿山(AutoMine)计划。在一些矿山已试验多年,现在已推向了市场。AutoMine 是一个半自主和自主(autonomous)控制系统。

C Caterpillar Eiphinstone 公司

a 地下铲运机型号与参数

CAT 公司已全部完成了地下铲运机更新换代。更新的型号全部用"G"标志。"G"本来在露天铲运机更新换代的标志。现用在地下铲运机,说明露天铲运机许多新的技术已用在地下铲运机上(特别是安全与便于维修方面)。现把地下铲运机新旧型号发动机与主要参数作一比较,见表9-341。

表9-341 CAT新旧地下铲运机主要参数与发动机对照

型号		斗容/m^3		运输能力/t		操作质量/t		发动机型号		功率/kW/转速/(r/min)	
新	旧	新	旧	新	旧	新	旧	新	旧	新	旧
R1300G	R1300	3.1	2.98	6.8	6.5	20.9	19.0	C6.6 ACERT	3306 DTA	136/2200	123/2100
R1600G	R1600	4.8	4.8	10.2	10.2	29.8	29.8	3176C EUI ATAAC	3176C EUI	201/2200	201/2200
R1700G	R1700G	5.7	5.7	12.5	12.5	38.5	50.5	C11 ACERT	3176 EUI ATAAC	264/1800	231/2100
R2900G	R2900	7.2	7.2	17.2	17.2	50.0	63.5	C! 5 ACERT	3406E EUI	322/1900	269/2100
R2900G XTRA	R2900 SUPA	8.9	8.8	20.0	20.0	56.0	69.5	3406E EUI ATAAC	3406E EUI	283/2000	269/2100

注:E—电子控制;EUI—electronic unit injection(电子喷射单元);ACERT—advanced combustion emission reduction technology(先进燃烧排放减少技术);ATAAC—带蜗轮增压、空对空后冷。

从表9-341可以看到,除了R1600G型和R2900G XTRA型地下铲运机采用了经过MSHA批准的地下采矿柴油机外,其他型号地下铲运机全部采用所谓新型“C”系列柴油机,而且都是采用CAT公司最新的最低排放技术即ACERT技术。该技术是CAT公司2003年开发的。实质上它是一个降低燃烧排放新系统,它包括核心的四个系统:空气管理系统、燃油系统、电子系统和后处理系统。

ACERT技术更加能够满足今天的严格排放规则。它是一个长久的方案。该方案给用户提供一个最佳选择,在不改变发动机的性能就可以满足EPA排放法规。带ACERT技术发动机不需要另外的后处理就可以达到Tier 3 或 Stage IIIA 排放标准。

CAT公司与其他17个组织以R1300型柴油地下铲运机为基础改成燃料电池地下铲运机,该研究项目正在进行当中。按修改的计划应在今年完成新的燃料电池车辆设计与制造。

2006年CAT公司又把新型地下铲运机R1300GⅡ改装成燃料电池地下铲运机的项目列入了研究计划。

b 地下铲运机自动化系统

Caterpillar公司在地下铲运机自动化系统方面也有突出成就:

(1)遥控系统。Caterpillar公司在采用RCT(remote control technologies)公司视距遥控系统、远距离操纵系统也十分成功,现在Caterpillar公司所有地下铲运机都配有RCT公司遥控系统。Caterpillar公司R1300G型地下铲运机在南非De Beers Cullinan Diamond矿配置的RCT公司远距离控制系统视频接收机屏幕。

(2)MINEGEM自动化系统。CAT公司在地下自动采矿方面已经走在世界前列。在MINExpo2004矿业博览会上展出了该公司最新的自动控制技术-MINEGEMTM系统。

D MTI公司

MTI公司现在的地下铲运机产品系列是LT-210、LT-270、LT-350、LT-650、LT-1050、LT1150,其主要技术参数见表9-342。但在新技术应用开发上,例如氢装置(HY-Drive)、柴油-电动混合动力(Diesel-electric hybrid)、燃料电池(FUEL CELL)地下铲运机及多功能地下铲运机方面却独具一格。

表9-342 MTI公司地下铲运机型号与主要技术参数

型号	LT-210	LT-270	LT-350	LT-650	LT-1050	LT-1150
载重量/t	2.041	2.722	3.636	6.59	9.979	10.909
操作质量/t	6.7	8.2	12.22	18.5	27.878	33.182
斗容/m^3	0.76~0.96	1.2	1.9	3.1	4.6	5.4
发动机型号	Deutz BF4L912 Deutz BF4L91	Deutz BF4M2012C Cummins QSB4.5T				
发动机功率/kW						
变矩器型号	Dana C270	Dana C270	Dana C270	Dana C320	Dana C8000	Dana C8000
变速箱型号	T20000	T20000	Dana T32000	Dana T32000	Dana 36000	Dana 4000
桥型号	Dana 12D	Dana 12D	Dana 14D	Dana 16D	Dana 19D	Rockwell PRC 5225

续表 9-342

型　号	LT-210	LT-270	LT-350	LT-650	LT1050	LT-1150
长/mm	5723	8182	7498	8644	9827	
斗宽/mm	1372	1421	1525	842	2362	2642
高/mm	1847	1836	2065	2252	2362	
备注	负荷传感液压系统，遥控，自动集中润滑	负荷传感液压系统，遥控，自动集中润滑	负荷传感液压系统，遥控，自动集中润滑	负荷传感液压系统，遥控，自动集中润滑	负荷传感液压系统，遥控，自动集中润滑	负荷传感液压系统，遥控，自动集中润滑

E　GHH 公司

a　地下铲运机型号和主要技术参数及配置

GHH 公司现在生产的地下铲运机包括柴油与电动柴油铲运机。型号有：SLP12、LF-4.5、LF-6.3、LF-9.3、LF-12.3、LF-17/21、LF10/11，与前几年的产品比较，只是 LF-17.2 由 LF-17/21 替代外，又增加两种新产品 SLP12 和 LF10/11。LF-17/21 是目前 GHH 公司最大的机型，载重为 18.0t～20.0t；发动机功率为 320 kW；操作重量为 58.5t，总长为 12929mm ，总宽为 4000mm，总高为 2500～3000mm。电动地下铲运机有 LF-4.5E、LF-6.3E、LF-9.3E、LF-12.3E、LF-17/21E。与几年前的产品比较，其中 LF-17/21E 是 GHH 最大的电动地下铲运机，而且是新公布的，载重量为 18t，电动机功率为 250kW，操作质量为 54.5t，总长 12908mm，总宽 4000mm，总高 2497mm。这些机型的性能和主要配置见表 9-343。

表 9-343　GHH 公司地下铲运机型号和主要技术参数及配置

类　别	柴油地下铲运机						
型　号	SLP12	LF-4.5	LF-6.3	LF-9.3	LF-12.3	LF-17/21	LF-10/11
载重量/t	12	4.5	6.0	9.5	14	17～21	10～11
操作质量/t	38	14	19.5	24.5		58.5	30～31
斗容/m³	8.5	1.9～2.4	2.1～3.5	3.3～6.0	4.8～7.0	9.5～12.9	4.5～5.5
发动机型号	Deutz TCD2015V6 COM II	Deutz F6L413FW	Deutz F8L413 FW	Deutz F10L413 FW	Deutz F12L413 FW	Deutz BF8M1015C	Cummins QSL9 EPA Tier 3 /Com III
发动机功率/kW	240	102/2300 86－107	136/2300	170/2300	204/2300	320	209
变矩器型号		Dana C270	Dana C270	Dana C8000	Dana C8000	Dana C8000	静液压传动
变速箱型号	Stiebel 4382 helicalgear box	DANA R32000	Dana series 32.000	Dana series 32.000	Dana series 5.000	Dana 8000	
桥型号	Kessler D106	Kessler D81	Dana series 16D	Kessler D102	Kessler D106	Kessler D112	
长/mm	11039	7462	8765	9448	10600	12491	9715
斗宽/mm	3700	1870～2200	2040	2625	2185	3700	2450
高/mm	1650	2200	2200	2350	2795	2875	2449
备注(老型号)							

类　别	电动地下铲运机				
型　号	LF-4.5E	LF-6.3E	LF-9.3E	LF-12.3E	LF-17/21E
载重量/t	4.5	6	9	12	18
操作质量/t	14	18	24.5	34.7	54.5
斗容/m³	1.9～2.4	2.1～3.5	3.3～6.0	4.8～7.0	9.5～12.9
发动机型号	AC 电机	AC 电机	AC 电机	AC 电机	AC 电机
发动机功率/kW	75	100	160	200	250
变矩器型号					
变速箱型号	Dana R32000	Dana 32.000	Dana 32.000	Dana series 5.000	Dana 8000
桥型号	Kessler D81	Dana series 16D	Kessler D102	Kessler D106	Kessler D112
长/mm	7837	8765	9973	11244	12.491
斗宽/mm	1870	1970	2600	4000	4000
高/mm	2200	2100	1961	1937	2497

b　新产品

（1）LF-4.4 低矮型地下铲运机。GHH 公司在南非 Boart Longyer Ltd 公司设备部门 Boart Longyer SP. ZO. O

图 9-477 GHH LF-4.4 型地下铲运机

参入股份，组成新的公司生产 GHH 系列地下铲运机和卡车。其中有两种低矮型地下铲运机，即 LF-4.2、LF-4.4(图 9-477)引人注目。

LF-4.2 与 LF-4.4 两种机型的技术参数见表 9-344。

(2) LF-7.4 型和 SLP12 型地下铲运机。除了上述两种低矮型地下铲运机外，GHH 公司还开发了两种低矮型地下铲运机，即 LF-7.4 和 SLP12。特别是 SLP12 型地下铲运机，它是一种极低的地下铲运机(super low profiles LHD)，只有 1400mm 高，载重量却有 12t，是一种大型的超低矮型地下铲运机。这两种机型的具体参数见表 9-345。

表 9-344 LF-4.2 与 LF-4.4 两种机型的技术参数与配置

型号	载重量/t	斗容/m^3	发动机		变矩器	变速箱	桥	长/mm	宽/mm	高/mm	转弯半径/mm		
			型号	/kW/(r/min)							$R_{外}$	$R_{内左}$	$R_{内右}$
LF-4.2	3.5	1.8	F6L912W	63/2300	DANA C270	DANA TR20000	Kessler D71PL478	7175	2400	1430	5280	2800	2540
LF-4.4	4.5	2.2	F6L914 com 2	79/2300	DANA C270	DANA TR20000	Kessler D81PL489	7265	2300	1385	5490	2950	2860

表 9-345 LF-7.4 型和 SLP12 型地下铲运机主要参数

机 型	载重量/t	长/mm	宽(铲斗)/mm	宽(传动装置)/mm	高/mm
LF-7.4	8	9525	3100	3100	1550
SLP12	12	11040	4600	3700	1400 ~ 1590

GHH 公司 SLP12 型地下铲运机是一种尺寸、形状和技术全新的低矮型地下铲运机。该机是 2007 年才投放市场。采用的是 DEUTZ TCD 2015 水冷发动机和液压机械传动。该传动是把静液压传动系统的优点和动液压传动的优点合并在该新的系统里。它包括油泵分配齿轮箱、工作、转向、制动油泵和驱动马达。工作、转向、制动油泵和驱动马达全部是用法兰安装在齿轮箱上，这又是一种全新的设计思路。

图 9-478 GHH LF10/11 新型地下铲运机

(3) LF10/11 地下铲运机(图 9-478)。GHH 公司 2009 年才开发的 LF10/11 型最新一代地下铲运机，这是一个在大小、形状、技术和生产力方面完全新的设计。总重量达 41t，堆装斗容为 4.5 ~ 5.5m^3，载重量 11t。该机几大特点：

1) 从过去一直采用 Deutz 公司柴油机到第一次采用 Cummins 公司发动机，这是一个很大变化。该发动机的型号是 QSL9，额定功率为 209kW，这与其他同级别 LHD 比较，功率增加 10% 以上。排放通过 EPA Tier3/Com Ⅲ排放认证，并提供高效率和高可靠性，低油耗，低废气排放和低噪声。

2) 传动系统采用 GHH 公司新开发的所谓“高效驱动系统”(efficient drive system, EDS)。该系统已被 SLP12 型地下铲运机使用证明是成功的。传动效率高达 98%，节能 20%。

3) 该机传动系统没有采用变矩器和变速箱，而是采用油泵与液压马达传动，因此，该机易于操作，低维护，低运行成本和高生产率。

4) 新设计的司机室 ROPS/FOPS 试验符合人机工程学的最新 ISO 国际标准，也满足地下车辆噪音和振动水平有关的所有要求。

5) LF-10/11 配备 CAN 总线和数据记录仪系统，该系统把机器和运行数据通过无线连接发送到单独的计算机站上，以便 GHH 服务人员远程对故障进行快速分析和故障诊断，把停工时间降到最小，使机器一直运行在最佳状态，以提高驾驶效率和生产率。

6) 与其他同级别地下铲运机比较，铲取力高达 192kN。

c 自动化系统

GHH 公司早期采用加拿大 AMS 的自动控制系统。该技术的特点是采用频闪灯光(strobe lights)和在坑道顶的跟踪线导航。现在又开始采用第二代更先进的自动化技术，即德国 Goetting 公司的电子装置。该装置的最大特点是超声波与激光控制的结合,以及"模糊逻辑",接近了我们大脑工作方式。由于地下采矿环境的约束限制,模糊逻辑是一个能记忆从运动机器上来的信息,装载与卸料是通过位于矿山外面的操作员来操作。运输是完全自主控制的,它与 CAT、Sandvik 公司一样,一个操作员可以控制三台 LHD。

F PUAS 与 SCHOPF 公司

PUAS 和 SCHOPF 公司产品型号和主要技术参数见表 9-346。

表 9-346 PUAS 和 SCHOPF 公司地下铲运机型号及主要技术参数

制造厂	型号	载重量/t	操作质量/t	斗容/m^3	发动机型号	发动机功率/kW	长/mm	斗宽/mm	高/mm	转弯半径 $R_{内}$/mm	备注(老型号)
PUAS	PFL8	1.5	5.0	0.8	BF3L2011	40	5168	1200	1720	1825	
	PFL12	2.0	7.2	1.2	F5L912W BF4M2011	50,60	7010	1350	1850	2700	
	PFL18	3.5	9.5	1.8	F6L912W	69	7210	1660	1850	2900	
	PFL30	6.0	14.5	2.5	BF6M1013C F6L413FW	115,102	7630	1850	2015	2750	
SCHOPF	SFL6.5	6.5	18.5	3.5	F8L413FW BF6M1013 FCMV	136,149	7960	2150	2150	2416	L6A
	SFL10	10	27.0	4.7	F10L413FW BFM1013FC	170,205	9182	2500	2545	3184	L232
	SFL13	13	36.0	7.0	F12L413FW	204	11325	2900	2800	3979	L272
	SFL15	15	41.0	8.0	Detroit S60 BF6M1015C	261,261	11470	3180	2700	3770	L15A
	SFL18	18	48.0	9.0	BF6M1015C	261	12080	3750	2724	5001	L312

G 南非 Rham 公司

Rham 公司在 2005 年推出一种新型低矮型 20HD Mk7 地下铲运机,该机采用的是 John Deere 4045HF475 型发动机,功率为 129kW,额定转速为 2400r/min,能提供电子控制系统、性能与故障诊断分析系统、废气排放可达 Tier 2 标准,载重量为 6~7t,机器高度 1.4m。

该机最大的特点是传动系统不采用变矩器、变速箱、驱动桥,而采用闭式液压传动,装在发动机飞轮壳上 Rexrot 压力补偿变量柱塞泵,供给装在每个车轮上的 Poclain MS 50 型液压马达液压油。该机还有一个最大特点是采用了极安全的制动系统。此安全系统采用了三个独特的制动系统。

H DBT 公司

DBT 公司原是德国一家专门生产地下采煤机械的公司,在 2007 年被美国比塞洛斯(BUCYRUS)国际公司收购成为 BUCYRUS 国际公司下属公司继续设计和制造范围很广的蓄电池和柴油为动力的 LHD 和多功能车,供煤炭、石膏、盐、碳酸钾和其他采矿工业的各种用途使用。其生产的紧凑型 LHD 和多功能车 FBL-10、FBL-15、FBL-55。紧凑型 LHD 的地下铲运机,提供的独特的特征是在其他的地下煤炭市场上的产品中找不到的。特别是在驾驶室、控制器等方面,并且达到了很高的标准。并且为运载能力小于 8t 的柴油车设定了标准。该紧凑型地下铲运机适合用于薄煤层开采,事实证明如使用当前现有的设备是很难开采的。

I ZANAM-LEGMET 公司

下西里西亚机械厂(ZANAM-LEGMET 公司)是波兰一家采矿工业机械与设备的主要制造厂,该公司成立于 2003 年 6 月。主要的产品有地下铲运机和地下运输车,其参数见表 9-347。

表 9-347 ZANAM-LEGMET 公司地下铲运机主要技术参数

型号		斗容/m^3	载荷能力/kg	功率/kN	总长/mm	最大宽度/mm	总高/mm	机重/kg
300 系列	TUR 301	1.6	3250	32	7540	1760	2100	10800
	TUR301A	1.6	3250	32	7540	1760	1750	10800
400 系列	TUR401A	2.0	4050	40	8510	2400	2200	11950
	TUR403	2.0	4050	40	8800	2500	1750	13700

续表 9-347

型	号	斗容/m³	载荷能力/kg	功率/kN	总长/mm	最大宽度/mm	总高/mm	机重/kg
800 系列	TUR803	3.5	8100	80	9600	2880	2350	21000
	TUR805	3.5/3.2	8100	80	9550	3140	1800/1750	22300
	TUR805AK	3.5/3.2	8100	80	9550	3140	2050	22300
900 系列	TUR900	withbaffle 3.8 without 4.2	9100	90	9640	3150	1400	24000
	TUR901	withbaffle 4.6 without 5.5	9700 ~ 11200	96 ~ 110	9600	3050	2050(1750)	26000
	TUR902	withbaffle 3.2 without 4.6	9700	96	9540	2750	2330	23700
1600 系列	TUR1601	8.5	16200	160	11500	3150	2570	42300

9.16.5.2 国外地下铲运机发展趋势

国外地下铲运机正向着安全、舒适、节能、环保、可靠、高效的方向发展。

A 安全、舒适

现代地下铲运机发展的一个重要趋势就是更加重视安全和操作舒适性。它包括三个方面:安全法规和标准、人机工程学、自动化。

a 安全法规和标准

采矿设备安全性问题愈来愈受到世界各国政府和行业的重视。纷纷制定了大量的详细的严格的相关法规、标准。例如,美国 MSHA(美国矿山安全健康局),OSHA(美国职业安全与健康局),EPA(美国环境保护局),NIOSH(美国职业安全与健康协会)、EN(欧盟标准)等制定了地下无轨采矿设备大量的安全、健康与环保方面的法规与标准。只有经过相关权威部门的安全认证的地下铲运机才能允许生产、销售、使用。例如:美国的 MSHA 30CFR、欧洲的 EN 474-1:2006 Earth-moving machinery-Safety-General requirements、EN1889-1:2003 Machines for underground mines-Mobile machines working underground-Safety-Rubber tyred vehicles-Part:Rubber tyredn vehicles、ISO/FDIS 20474.1:2008 Earth-moving machinery-Safety-Part 1:General requirements 等。它包括的内容很广泛,如 ROPS/FOPS、噪声、振动、制动、发动机废气排放、空气质量、遥控、电气、人机工程学等方面的安全法规和标准。地下无轨采矿设备使用者和厂商都必须遵守和满足这些法规与标准。同时还要经过相关的权威机构认证,才能生产、销售与使用。正因为如此,地下铲运机和操作人员的安全就有了法律保证,有了有章可循。我们国家机械、采矿、卫生部门也制定了大量相关安全法规与标准。在 1997 年,由南昌矿山机械研究所起草的 JB8517—1997“地下铲运机安全要求”正式执行。2010 年 4 月,全国矿山机械标准化技术委员会在安徽合肥市召开会议,决定在 2008 年制订“地下铲运机 安全要求”国家标准,目前该标准已编制完成,正在审批过程中。

b 人机工程学

由于地下采矿的条件十分恶劣,意外事故经常发生,对司机的安全、健康和设备的影响很大。根据国外统计表明,人机工程学因素是造成地下无轨采矿车辆(包括地下铲运机)意外事故发生的重要原因,它不仅严重影响了地下铲运机的生产效率,更重要的是危害了车辆和司机的健康和安全,严重导致车毁人亡。正因为如此,人机工程学已愈来愈受到人们的重视。专门用于地下无轨采矿车辆的“地下无轨采矿车辆人机工程学”因此而产生。许多国家还专门制订了这方面的标准。所有新型号地下铲运机都采用地下无轨采矿车辆人机工程学原理设计的。部分老型号的地下铲运机,也按无轨采矿车辆人机工程学原理进行改造。无轨采矿设备车辆人机工程学已在地下铲运机设计、制造和使用中起到愈来愈大的作用。所谓无轨采矿车辆人机工程学是指“人(驾驶员)-车(地下无轨采矿车辆)-环境(作业区)系统为对象,以改善驾驶员的劳动条件和舒适、高效、安全为目标的一门科学”。

目前采用人机工程学已成为地下无轨车辆安全法规和标准一个重要内容,也成为地下铲运机发展的一种趋势。按人机工程学原理设计,也使得地下铲运机变得愈来愈安全,司机工作愈来愈舒适。

c 自动化

由于地下采矿条件远比露天恶劣,随着采矿深度增加,地热、岩石压力也随之增加,对人与设备的危害也愈来愈大,为了保证人员与设备的安全,地下铲运机自动化程度也在不断提高。地下铲运机自动化已发展到第四代。最初第一代地下铲运机是人工操作,为了减轻操作员劳动强度后又开发了液压先导阀控制,但由于人在机器上操作,在采场上存在着能见度与安全问题。为了克服这些问题,出现了第二代所谓视距操作,即人离开机器,站在作业危险区之外,视距范围以内,通过无线遥控装置,操作地下铲运机装载、运输与卸料。它包括无线电遥控和视频遥控两种,前者可以在5~250m距离内操作,后者可在5~500m距离内操作,特别可用在机器转弯时。第二代地下铲运机也由于地下灰尘和光线问题,操作者能见度也很差,铲斗很难装满,同样存在着安全、效率问题。于是出现第三代地下铲运机。此时地下铲运机可在地下或露天0~2000m距离操作,即操作者可远离危险作业区的空调控制室内,控制地下铲运机的装载、运输与卸料循环。这时操作者的作业条件大大改善,也由于机器的利用率的提高,生产率也会提高,但如果操作者不专心,稍一疏忽,同样也会发生意外事故。为了防止事故的发生,地下铲运机最新已发展到了第四代,即自主或半自主操作,整个过程全部实现自动化或部分实现自动化。例如前面介绍的CAT公司MINEGEM系统、TAMROCK公司AutoMine系统、Atlas Copco公司自动化系统和其他公司采用的遥控系统就是一例。

当前自动化的内容包括:通信;定位;导航;设备改造;机载计算机硬件、软件;电子技术;采矿技术;组织管理;传感技术;系统集成。

从上面介绍可知,目前,地下铲运机自动化技术正向着可视化、集成化、智能化、网络化、计算机化方向发展。地下铲运机下一步的发展就是智能机器。所谓智能机器,就是具有智能系统的机器。智能系统也就是可以模仿、延伸和扩大人类智能系统,可实现某些机器思维。

B 节能与环保

传统能源给环境造成污染,特别对地下矿山封闭空间空气质量造成的污染,对人类的健康和生命造成危害,更引起人们的重视。因此节能与环保一直是地下铲运机发展的方向。人们也一直在为发动机努力开发新能源,寻找传统能源的代用品。采取各种措施减少发动机排放对环境的污染,研究新的能源办法,为了减少发动机排放对环境污染和对人类健康和生命造成的危险,对发动机排放要求愈来愈严格,目前美国和欧洲已强制采用EPA Tire3/ Stage ⅢA,而且已为即将实施第4阶段排放标准作准备。如上所述,最新开发的ST-1030和LH 307地下铲运机等发动机的排放已达到EPA Tire3/ Stage ⅢA和EURU4排放标准,而且采用EPA Tire3/Stage ⅢA排放的发动机愈来愈多。其他公司的新产品最重要的特征也是采用节能型、低排放发动机。

(1) 燃料电池地下铲运机。燃料电池是一种新的能源,它被美国时代杂志列为21世纪高科技之首。

燃料电池的开发已有100多年历史,但真正用在地下铲运机上却是20世纪90年代末才开始。最早是美国WAGNER公司在ST-8地下铲运机上试验。21世纪初美国CAT等公司在R1300型地下铲运机上试验。目前加拿大MTI公司在自己生产的地下铲运机上试验用燃料电池。这种试验有逐渐扩大趋势。

燃料电池是一种将储存在燃料和氧化剂的化学能转化为电能的发电装置。当不断向燃料电池供给燃料和氧化剂时,它可以连续发电。燃料电池无污染。噪声低,效率高,尽管燃料电池地下铲运机正在试验中,但它具有强大的生命力和发展前景。

(2) 混合柴油-电动地下铲运机和HY-Drive地下铲运机。如前所述,混合柴油-电动地下铲运机和HY-Drive地下铲运机是当今世界上最先进最节能最环保的地下铲运机之一。尽管它们还处在试验之中,从初步试验来看,节能与环保的效果相当明显,已引起了世界同行的重视和密切关注。

(3) 绿色柴油机技术。目前的地下铲运机广泛采用的动力仍是柴油机。为了达到愈来愈严格的排放标准和节能,广泛采用绿色柴油机技术。有的称为清洁柴油机技术。所谓绿色柴油机技术是柴油理化成分能达到要求、排放物低于国家标准、废发动机易解体、便于循环利用。该技术是柴油机技术的突破。一般它包括三部分:燃油品质,柴油机机内处理技术,后处理技术。

综上所述,地下铲运机发动机排放对环境的影响及节约能源基本方法主要从两方面入手。一是源头,二是后处理。具体见表9-348。除了上述发动机的节能与环保技术外,地下铲运机还发展了其他节能技术如液压系统中采用负荷传感技术,液压合流技术等。

表 9-348 地下铲运机发动机排放控制和节能的基本方法

源头控制	改 进	绿色柴油机技术
	改 良	混合动力车,HY-DRIVE
	替 代	燃料电池,生物柴油
	合理使用	使车辆保持良好的技术状况,合理驾驶
	其 他	采用低硫和超低硫柴油
机后处理	DOC 法、DPF 法、DOC 和 DPF 复合法	

C 多功能化

多功能化是当今地下铲运机发展的另一个重要特点。由于地下铲运机利用率很低,一般低于 60%,为了充分发挥地下铲运机的潜力,提高其经济效益,从上面介绍可知,地下铲运机制造厂商纷纷推出一机多用的地下铲运机,即把地下铲运机的工作机构通过快换机构临时换成其他用途的工作机构。扩大地下铲运机的功能。例如,为了修路,可换成液压破碎机,就地取材,破碎废石,修理路面;为了平整路面可换成压滚,作压路机和平地机用;为了搬运物料,又换成铲叉成叉车;换上起重臂就作起重机用;为了在爆破后清除岩石表面松动的石头(浮石),以防其后的工序中崩落,伤害人身与设备,把地下铲运机工作机构换成支臂机构和液压破碎锤就成了撬毛车等。

D 可靠

可靠是相对故障而言的。地下铲运机可靠说明地下铲运机故障少。

地下铲运机可靠与否与很多因素有关,如设计、制造试验、使用。其中采用世界上顶级的零部件是保证地下铲运机可靠的重要措施之一。如发动机采用道依茨 、卡特、底特律、康明斯公司的;传动件采用德纳公司、卡特公司的;轮胎采用普林司通公司、米其林公司的;液压元件采用力士乐公司的。由于零部件可靠,从而保证了整机的可靠性。

E 高效

随着科学技术的发展和人们对环保的重视,地下铲运机愈来愈安全,愈来愈可靠,自动化程度愈来愈高,操作舒适性也愈来愈好。

9.16.6 地下铲运机未来新技术

随着科学技术发展和市场的需求,在未来的地下铲运机将会采用许多新技术,例如:地下 GPS、线控技术、燃料电池、混合动力、防碰撞系统、排放控制技术、氢-传动技术、安全技术等。这些技术的采用将会促进地下铲运机的进一步发展。

9.16.6.1 地下 GPS 定位

采用卫星全球定位系统(GPS)已彻底改变了露天矿的操作 。MDA 公司最近开发的一个地下全球定位系统(underground global positioning system,UGPS),该系统提供地下移动设备精度小于 1m 和连续大约 1 次/s 的定位 。该技术提供的实时车辆定位,不需要安装与全球定位系统有关的遍布整个矿山的基础设施,只需在车辆内安装一些传感器就可以工作。与整个矿山通信系统连起来使用,地下机械设备操作人员及位于中央的监视人员可以利用 UGPS 随时监测所有运行移动设备的位置和运动。UGPS 的好处很多,包括通过很广的无线电广播精确而又连续不断地修正所有有关地下移动设备位置的信息,既可为人工驾驶,又可为自主车辆系统服务,既安全,又高效。

除了 MDA 地下 GPS 外,英国剑桥大学两个发明者现在正在申请地下 GPS 专利。虽然地下 GPS 试验成功,要推广还要一段时间。但可以预见到,在不久的将来,地下 GPS 将会如露天 GPS 一样得到广泛应用,这将对地下采矿自动化带来深远的影响。

9.16.6.2 线控技术

最早线控技术是在航空上采用,后来在汽车上也开始应用,近几年也有在地下铲运机上使用的报道。例如,Caterpillar 公司地下铲运机自动化设备(MINEGEM)系统就采用了线控技术,Paus 公司前几年开发的新型 TIGER300D 型地下铲运机也采用了线控技术。DANA 公司近几年最新开发的 TE 系列变速箱电子控制装置也采用 X-by-wire 技术。

所谓线控技术(control by-wire)就是将原先操控车辆的机械、液压手段改由线传电子控制。一切的命令,如转向、加速、制动等都通过电子信号进行传递,最终转变为机械动作。另一方面,车辆的反馈信息也通过电子信号反映给驾驶者,使得其可以对车辆状况了如指掌。这种操控技术将全部操控都集中在手上,它摒弃了原有的方向盘,变成了一个有两个"手柄"的立柱方向盘。在驾驶者需要对车辆进行操控时,只要将力施加到方向盘上的指定部位上,电子信号就可以操控机械装置完成动作。采用线传操控技术,不仅取消了方向盘转向柱和脚踏板,为车辆设计提供了更大的空间,而且省掉机械和液压连接装置,减轻了车身重量并简化了维护工作。同时,由于通过软件确定地下铲运机的驾驶特性,如刹车、拐弯和加速,驾驶调整就如同启动新程序一样简单便捷。线控技术目前在地下铲运机上应用仅仅是开始。

线控制系统或线驱动系统将迅速发展,如线控制动(brake by-wire)、线控转向(steer by-wire)、线控油门(throttle by-wire)等。当线控这一目标实现时,地下铲运机将是一种完全的高新技术产品。线控技术的优点:

(1) 省力,人们可以不用直接操作机械力。

(2) 由于操纵控制通过驾驶员的手完成,不需要转向盘、转向柱和脚踏板,这样就减少了正面碰撞时的潜在危险,改善了地下铲运机的安全性和舒适性,并为地下铲运机设计提供了更大的设计空间。

(3) 便于实现个性化设计,由于驾驶特性如制动、转向、加速等过程都是程序设定的,设计师可设计不同的程序供用户选择。

(4) 线控系统取消了许多机械连接装置、液压装置和气压装置,简化了结构和生产工艺,减轻了地下铲运机重量。

(5) 减少维护费用。取消机械和液压连接可减少车身质量并简化维护工作,可能磨损的部件更少了,如使用线控制动无需制动液,使地下铲运机更环保,维护工作量也大为减少。

(6) 安装测试简单快捷,更稳固的电子接口(模块结构),简单布置就能增加电子控制功能。

9.16.6.3 燃料电池

目前地下铲运机根据使用能源的种类不同,分为柴油地下铲运机、电动地下铲运机、架线式电动地下铲运机、蓄电池地下铲运机、架线式与蓄电池组合使用的电动地下铲运机。对柴油地下铲运机来说,虽然机动灵活,但由于能源紧张,加上柴油机的排气污染环境,影响人们身心健康,特别为了稀释有害气体的浓度,必须加强地下巷道的通风,再加上随时要检查发动机排放和维护、调整。从而大大提高了采矿成本。电动地下铲运机与架线式地下铲运机虽然没有排放问题,维护成本也低,但因电缆与架线的问题,机动灵活性差,又限制了它的使用范围。蓄电池地下铲运机虽然也没有污染问题,又没有电缆与架线的问题,但蓄电池的容量、使用寿命、低能量能力,低的动力性能和爬坡能力限制,同样也限制了它的使用。于是人们在开始思考一个无排放,无污染,灵活性好,寿命长的新能源。随着燃料电池的出现,人们的这种想法才有可能变成现实。

燃料电池是一种将蓄藏在燃料和氧化剂中的化学能直接转化为电能的发电装置。燃料电池是由含催化剂的阳极、阴极和导电的电解质组成。燃料在阳极氧化,氧化剂在阳极还原。电子从阳极通过外部负载流向阴极,构成电路,产生电能而驱动负载工作。燃料电池与普通电池的不同在于,它工作时需要不断地向电池内输入燃料和氧化剂通过化学反应而生成水,并释放出能。只要保持燃料供应,燃料电池就会不断工作,不断向负载供电。而普通电池仅是一个蓄能装置,随着电能的消耗,普通电池蓄存的能量就会逐渐减少,要继续工作,必须要重新充电。

9.16.6.4 柴油-电动混合动力 LHD

MTI 与加拿大联邦政府合作在 2006 年中期装配完成世界上第一台 HLT270 型柴油-电动混合动力 LHD (diesel- electric hybrid LHD)之后,送 CANMET-MMSL 实验矿山进行试验与优化。

柴油地下铲运机与柴油-电动混合地下铲运机工作原理如图 9-479 所示。

柴油电动混合 LHD 包括两个动力源,发动机与直流电动机,还包括发电机。在传统的 LHD 中包括变矩

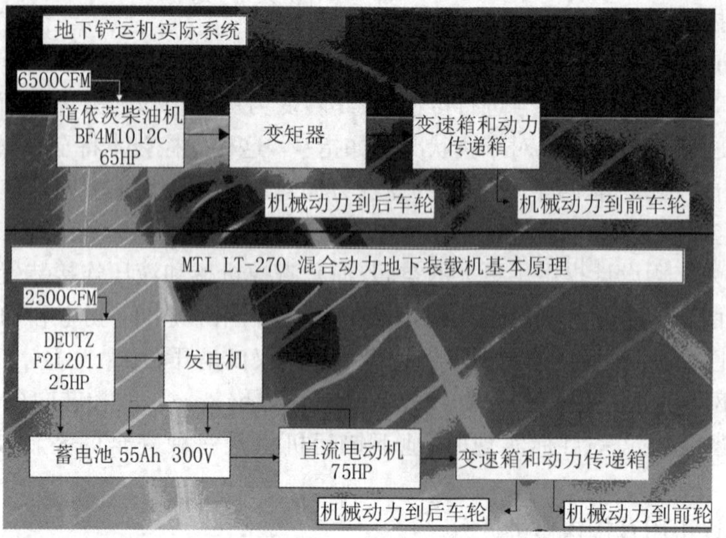

图 9-479 柴油地下铲运机与柴油-电动混合地下铲运机工作原理

器，根据负荷和速度不同，效率在0% ~83%，在柴油-电动混合 LHD 取消了变矩器，效率比传统 LHD 高。在传统的 LHD 中采用65HP 马力发动机，而在柴油-电动混合 LHD 中采用25HP 发动机，因而节能和降低排放，特别是通风要求从6500CFM 降低到2500CFM，从而降低了通风成本。在柴油-电动混合 LHD 中，发动机带动发电机向蓄电组充电，蓄电组可供给直流电机驱动变速箱足够动力，在尖峰负荷时，还可以帮助柴油发动机工作。

在目前混合动力汽车已到实用阶段，但混合动力 LHD 仍在试验之中，柴油-电动混合车最大优点是由于排放低，改善了矿井内空气质量，降低了矿井通风要求。下一步就是如何采用更清洁更灵活的动力源，是新一代蓄电池、压缩空气，还是燃料电池。目前混合动力汽车已到实用阶段，但混合动力 LHD 仍在试验之中。据加拿大 CANMET 排放测试结果空气质量提高了 36%（不带净化器），以及 60%（带净化器），发热量降低 50%。

9.16.6.5 防碰撞技术

地下矿作业条件恶劣，能见度低，碰车、撞墙、伤人事故时有发生。如果能够在事故发生前提醒驾驶员并采取一定的安全措施，对减少安全事故的发生则是非常有用的，地下铲运机防撞预警系统正是基于提高车辆的主动安全性来实现在行车过程中，给驾驶员提供必要的技术设施。车辆防撞技术作为智能运输系统的一个子课题，将不断成熟和完善，防碰撞系统的应用对预防碰车、撞墙、伤人事故起着很重要作用。因此，防撞系统是地下铲运机一项重要的安全措施，同时也是地下铲运机自动化一项重要内容。

9.16.6.6 发动机排放控制技术

由于排放要求愈来愈严，这就迫使柴油机制造厂放弃了老的技术，逐渐采用新技术，不仅改善了排放，也改善了柴油机的性能，延长了发动机的寿命。为了满足非公路排放标准及地下矿山对排放的要求，柴油机应采用许多先进的技术。许多公司都有自己的降低发动机排放专利技术，分别介绍如下。

A CAT 公司 ACERT 技术

CAT 公司 2003 年才采用 ACERT（先进的低排放技术），它是近来世界发动机市场中热门技术话题之一，它是 CAT 公司降低发动机排放的最新专利技术，目前已广泛用于所谓最新“C” 系列发动机，其中包括地下铲运机。该技术包括四个部分如图 9-480 所示。

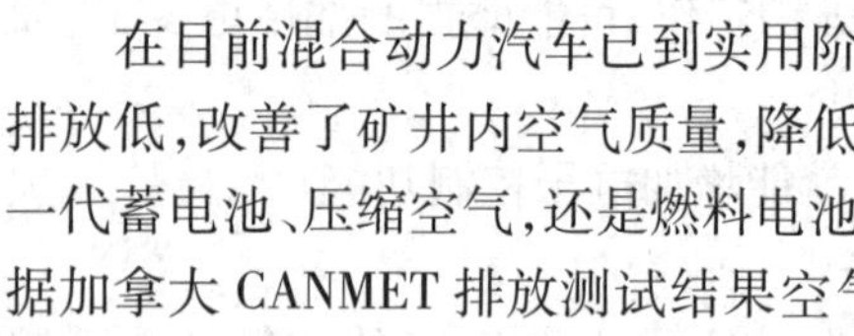

图 9-480 ACERT 系统组成

为了在不降低发动机性能的情况下，降低柴油机的排放，CAT 公司采用了自己独创的 ACERT（advanced combustion emission reduction technology）技术即先进的燃烧低排放技术。实质上该技术是一种新的降低排放的系统。它包括 CAT 发动机四个核心的系统：空气系统、燃油系统、电子控制系统、后处理系统。

(1) 空气系统。利用涡轮增加器去控制冷却干净的空气进入燃烧器。根据发动机负荷与速度的大小利用电子控制器控制进入燃烧室的风量,以达到完全燃烧的目的,从而达到提高发动机性能,减少排放的目的。

(2) 燃油系统。在燃油喷射时采用了两个系统:HEUI(hydraulic actuated electronically controlled unit injection)液压作用电子控制喷射装置;MEUI(mechanically actuated electronically controlled unit injection)机械作用电子控制喷射装置。使用它把小量的多路燃油均匀喷射到燃油室,以达到更好的燃烧,降低排放的目的。

(3) 先进的电子控制系统。发动机传感器、机器本身及驾驶员得到的相关信息传递到 ECM(electronic control module)电子控制模块,ECM 在很短时间分析这些信息之后,再输送到燃油喷射泵,控制喷油泵什么时间喷油,喷多少油,从而也使燃烧更充分,排出的废气更干净。

(4) 后处理技术。为了进一步降低空气排放物,特别是颗粒物,就要采用后处理技术。对于 Tier3 标准,ACERT 柴油机不需要后处理。近年来 CAT 公司在 ACERT 发动机中采用最新 ADEM4(advanced diesel engine management)芯片。从而使发动机有比以前更强的处理数据能力。它的特点是具有 20kB 内存的 8 位处理器,28 个输入/输出插针,32 位体系结构,56MHz 速度,2MB 存储器和 190 个输入/输出插针,从而大大提高了发动机的性能。

B DETROIT 公司的 DDEC Ⅵ和 BlueTec 技术

DETROIT 公司 1997 年开发了 DDEC Ⅳ(第四代电子控制),2004 年开发了 DDEC Ⅴ(第五代电子控制),2007 年开发了 DDEC Ⅵ(第 6 代电子控制)(图 9-481)。DDEC 是一个监视和管理发动机操作所要求的所有参数的系统。DDEC Ⅵ可收到从后处理装置(ATD)(图 9-482)温度和压力传感器输入信号,控制进气节流阀以按要求提高排气温度,控制剂量器定期向排气系统添加少量燃油,通过提供主动再生以提高排气温度,很好地清除柴油发动机排出的有害颗粒,并能有效地减少发动机排放的氮氢化合物。

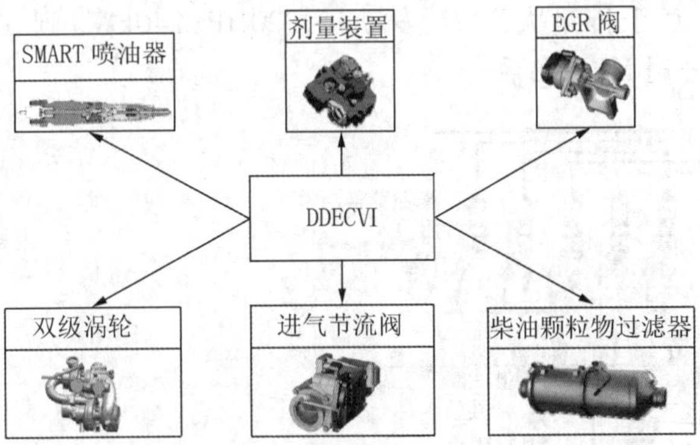

图 9-481 DETROIT 公司的 DDEC Ⅵ

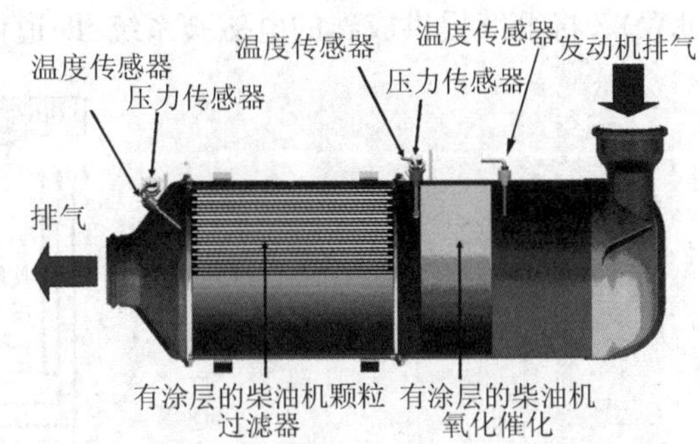

图 9-482 DPF 和 DOC 组合后处理装置

BuleTec 技术是戴姆勒克莱斯勒公司最新开发用于柴油汽车发动机最出名两个氮氧化物(NO_x)减少系统的名称。一个脲基还原剂(urea-based reduction)称为 AdBlue,另一个称为 $DeNO_x$。后者把满足 EPA,07 排放标准的部件(DPF 和 DOC)与能有效满足 2010 年排放要求的 SCR 结合起来,通过向排气流喷射少量柴油排出液(diesel exhaust fluid,DEF)在 SCR 催化剂中与 NO_x 起反应生成 N_2 和 H_2O,而排放到大气中(图 9-483)。

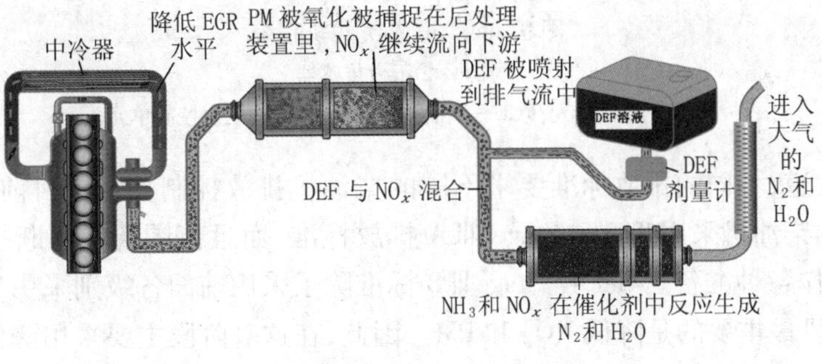

图 9-483 BuleTec 降低排放技术

C CUMMIS 公司采用的排放控制技术

CUMMIS 公司采用了表 9-349 的先进技术。

表 9-349 美国柴油机排放标准和康明斯发动机采用的相应技术

EPA 排放标准	相应控制技术
Tier 1 & 2	电子燃油喷射、高压喷油、可变喷油正时、燃烧室优化设计、涡轮增压、空对空增压中冷等
Tier 3	冷却式废气再循环、先进的燃油喷射(高压共轨)等
Tier 4	催化氧化、选择性催化净化、颗粒过滤器、氮氧化物催化净化、可变截面涡轮增压器、低硫柴油等

D Deutz 公司的 EMR、DCR 等技术

Deutz 公司柴油机是采矿设备的主要动力源。为了使柴油机更经济、更可靠、更环保、性能更好，Deutz 公司开发了三种柴油机电子产品和 DCR 共轨系统：

(1) EMS 发动机电子监视系统。EMS 发动机电子监视系统用于测量和储存需要说明发动机工作状况的所有主要参数。这些数据在同预定极限值进行比较后显示出来，并进行评估。其结果允许进行相关或提前维护。以使操作成本为最少。

(2) EMR 发动机电子调速器。EMR 发动机电子调速系统应用于 1012/1013(1015)系列，能替代机械式调速的所有功能(变速控制、扭矩限制、LDA 补偿)并有广泛的功能。目前已发展到第三代。

(3) MVS 电磁阀系统是将来的燃油喷射系统。

(4) DCR 共轨系统(图 9-484)。道依茨(Deutz)公司也开发了用于最新一代发动机的共轨喷油系统，该系统采用双油泵供油的结构，但并未改变发动机的基本型式。这种结构简称 DCR(道依茨共轨)，它将在一定时期内应用在道依茨公司全系列柴油发动机上，这种设计采用由发动机凸轮轴驱动两个高压供给泵向共轨提供燃油。如所有共轨系统一样，电控喷油器把燃油喷射到燃烧室。利用这一概念使我们能够维持发动机基本尺寸和保持所有辅助动力输出供客户使用。对于排量大于 7L 发动机，320HP(240kW) 到 670HP (500kW)，将继续提供成熟的电磁阀系统：即道依茨公司 MVS ®系统 。

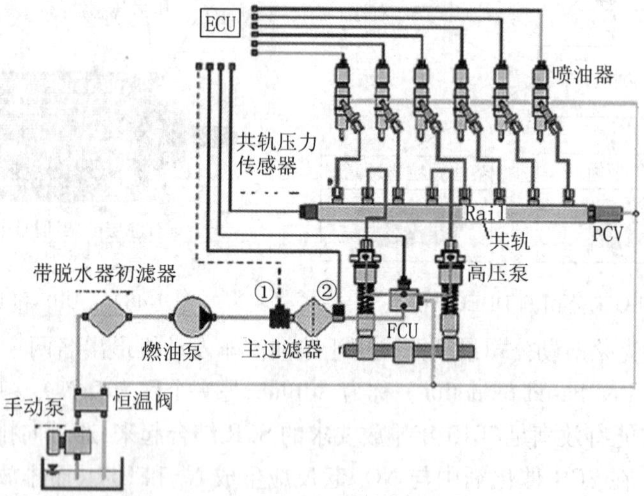

图 9-484 道依茨共轨系统

①加热；②压力传感器

ECU—控制单元；FCU—燃油控制单元；PCV—压力控制单元

从上面介绍可以知道，不同的排放标准要求不同的柴油机排放控制技术。目前，美国和欧洲许多国家多种型号地下铲运机的柴油机采用 Tier 3/Stage ⅢA 排放标准，而且范围还在不断扩大。下一步将为采用 Tier 4/ Stage ⅢB 标准作各种准备。Tier 4/ Stage ⅢB 标准除了采用前面各级别采用先进的发动机废气排放控制技术外，在这一阶段最重要的是降低 NO_x 和 PM。因此，在这一阶段主要采用降低 NO_x 和 PM 各种后处理技术(表 9-350)。

表 9-350 地下采矿柴油机后处理技术

排放要求	后处理技术		
	DOC	PDF	SCR
Euro Ⅲ	需要 DOC(有些机型不采用)	需要(有些机型不采用)	不需要
Euro Ⅳ	需要(发动机和后处理系统集成)		需要(发动机和后处理系统集成)
Euro V	需要(发动机和后处理系统集成)		需要(发动机和后处理系统集成)
	发动机和后处理系统集成		
后处理技术效果	降低:CO<90%、P<30%,HC<90%	降低:PM 50%~80%	降低:CO<50%;HC<70%,NO_x<80%,PM<30%
价格比较	相对便宜	较贵	最贵

注:DOC—柴油氧化催化净化器(diesel oxidation catalyst);PDF—柴油颗粒物过滤器(diesel particulate matter);SCR—选择性催化还原净化器(selective catalytic reduction)。

(1) 采用颗粒过滤及再生技术。颗粒过滤由颗粒过滤器和再生装置组成。颗粒过滤器通过其中有极小孔隙的过滤介质(滤芯)捕集柴油机排气中的固定碳粒和吸附可溶性有机成分的碳烟。颗粒过滤器对碳的过滤效率较高,可达到60%~90%。如采用低硫燃料时滤清器可滤掉90%的微粒。在过滤过程中,颗粒过滤在过滤器内会导致柴油机排气背压升高,当排气背压达到16~20kPa时,柴油机性能开始恶化,因此必须定期除去颗粒,使过滤器恢复到原来的工作状态,即过滤器再生。

(2) 采用 NO_x 催化转化器。NO_x 催化转化器对柴油机尾气中的 NO_x 在温度为350~550℃的范围内进行良好的催化转化,可使 NO_x 排放降低20%~30%。NO_x 催化转化技术可分为催化热分解和选择性催化还原反应两种。催化热分解是利用由金属离子沸石、钒和钼构成催化剂来降低 NO_x 热分解反应的活化,能使 NO_x 分解成无毒的 N_2,该方法简单且反应生成物无毒;选择性的还原反应是在排气中喷入饱和的HC和 NO_x,反应生成物为N、CO和H。

(3) 净化器集成。未来后处理系统一个重要的特点为了综合发挥各种净化器的作用和效率就是把各种净化器连在一起,并由发动机电控系统控制其排放。对Euro Ⅲ排放标准已有DPF和DOC集成,未来Euro Ⅳ以上排放很可能DPF、DOC和SCR三者集成。前者在不多的地下铲运机上看到,后者在不久将来也可能看到。

(4) 燃油质量。为了进一步降低发动机排放,对燃油质量也有要求。采用后处理技术,硫是关键,因此,美国规定从2007年开始,燃油含硫量不超过 500×10^{-6},2010年后降至 15×10^{-6},即采用超低硫含量柴油。这是为了柴油在燃烧过程中,柴油中的硫约有98%转化为 SO_2,其余的2%成为硫酸盐颗粒,部分 SO_2 被进一步氧化与燃烧过程中生成的 H_2O 结合,形成 H_2SO_4 和硫酸盐($CaSO_4$ 等),增加了微粒的排放量。当燃料中的硫从0.12%下降到0.05%时,微粒排放量将减少8%~10%。

(5) 生物柴油。生物柴油是传统柴油的代用品,是可再生的清洁新能源。在国外已用于地下铲运机并取得了很好效果。生物柴油以大豆和油菜籽等油料作物、油棕和黄连木等油料林木果实,工程微藻等油料水生植物以及动物油脂、废餐饮油为原料制成的液体燃料,是优质石油柴油的代用品。生物柴油是典型"绿色能源",大力发展生物柴油对经济的可持续发展、推进能源替代、减轻环境压力、控制大气污染具有重要的战略意义。

9.16.6.7 HY-Drive 技术

在当前能源紧张、发动机排放要求愈来愈严格、企业的竞争愈来愈激烈的情况下,各地下铲运机制造厂纷纷采用新的技术。有的采用所谓清洁柴油机、有的采用柴油机的后处理技术,而MTI公司同HY-Drive与能量技术公司合作,在LT-650型地下铲运机的基础上,研制出HY-Drive地下铲运机。HY-Drive技术公司(Hy-Drive Technologies Ltd.)是一家能源科技公司,他们开发了专利的产生氢系统 Hydrogen Generating Systems(简称HGS系统)。HY-Drive系统氢发生装置产生的氢定期喷射到内燃机,增强了燃烧过程,使得燃料燃烧得更完全充分。试验证明,能提高发动机的性能,包括降低排放(发动机的颗粒排放物可降低80%,CO可降低98%),增加发动机功率6%,节油30%,而且还可以降低车辆的维修成本,车辆行驶安全可靠。尽管HY-Drive地下铲运机还在试验中,但它仍是地下铲运机发展的方向之一。在2006年6月5日至9

日美国一年一次内华达州 EIKO 采矿展览会上展出了 HY-Drive MTI 公司 LT-650 型地下铲运机。该机在矿山试验表明，CO 可降到 0，NO_x 可下降 20%，HC 和有害气体从 40.9×10^{-6} 下降到 2×10^{-6}，下降了 78%，燃油消耗下降 27%。目前该机第三代样机正在美国进行试验。

9.16.6.8 机械安全技术

随着社会的进步和科学技术的发展，也随着人们对生命和健康、对环境越来越重视，安全已经逐渐形成了一门独立的学科，并得到了人们的认同。机械安全技术主要包括机械诊断技术、机械安全设计、安全标准和安全认证。

A 机械故障诊断技术

故障诊断技术是一种了解和掌握设备在使用过程中的状态，确定某整体或局部是正常运转还是发生了异常现象，早期发现故障及其原因，并预报故障发展趋势的技术。其目的是避免故障的发生，最大限度地提高工程机械的使用效率，计算机技术、通信技术和传感器技术的发展使得在线、远程监测技术、故障诊断技术日益完善。因此，故障诊断技术是机械安全技术重要内容之一。

B 安全设计

20 世纪 80 年代，由于市场竞争激烈，加上机械事故的日益增多，世界各国通过对传统安全工程设计方法的反思，在常规的机械设计基础上提出了机械安全设计的概念。

机械安全设计的思想是在设计时尽量采用当代最先进的机械安全技术，事先对机械系统内部可能发生的安全隐患及危险进行识别、分析和评价，然后再根据其评价结果来进行具体结构的设计。这种设计是力图保证所设计的机械能安全地度过整个生命周期。

经过 30 多年的发展，机械安全设计在国外已形成一套比较成熟的方法。从 20 世纪 90 年代开始，欧盟和美国把机械安全设计正式列入国家先进制造技术的体系之中，并将其作为重点扶植的研究领域。他们将安全系统工程方法、安全人机工程学、可靠性工程学等学科结合起来，从机械结构设计、安全防护、使用信息三方面来考虑机械的安全性。美国在 90 年代已建立起一套机械安全设计-风险评价模式和设计程序，其目的是将机械的隐患与危险消除在设计过程的每一环节上，从而保证机械安全。

机械安全设计的主要内容由危险识别、风险评价与安全设计组成。危险识别包括机械危险与非机械危险两方面的内容。风险评价即安全评价，它建立在危险识别分析的基础上，根据现有的工艺水平对机械在每一种危险状态下可能产生的伤害的概率与严重程度进行全面评估和评定。作为机械安全设计的最后一个环节，安全设计必须一方面将风险评估的结果作为设计依据，另一方面则必须从具体结构、安全防护措施与安全使用信息三方面来进行。

C 安全法规与标准

机械安全技术法规与标准也是机械安全技术的一个重要组成部分。标准化工作历来是推广应用先进的科学技术的重要保障。

为了保障劳动者的生命安全和健康，满足生产设备安全生产的需要，提高我国工业产品在国际市场上的竞争能力，顺应国际上安全卫生标准化工作的发展形势，本着"基础标准、安全、卫生、环保标准优先采用国际标准"的原则，根据"国际标准中有关人身安全、卫生和环境保护等标准，要采取措施尽可能予以等效采用"的精神，全国机械安全标准化技术委员会初步制定出我国机械安全标准体系。

我国对地下汽车制订了严格的安全标准 GB 21500—2008《地下矿用无轨轮胎式运矿车安全要求》，被列为国家强制性标准，从 2008 年 10 月 1 日开始执行。机械行业强制性标准 JB8518—1997《地下铲运机安全要求》已作废，新的 GB 25518—2010《地下铲运机安全要求》国家强制性标准于 2010 年 12 月 1 日发布，2011 年 10 月 1 日实施。

这些新标准出台，给地下铲运机设计、生产、使用提出了一个新的挑战，这些新标准的执行，不仅保证人与设备的安全，而且也会催生出许多先进的安全技术，从而促进了地下铲运机的健康发展。虽然，现在有许多机械都已形成了自己的安全设计技术，但地下铲运机还未看到作为一门学科形成自己系统的、科学的安全设计技术，但随着新的标准的贯彻执行，也随着地下装载机大量引进，生产和使用，在不远的将来，新的系统的、科学的地下铲运机安全设计技术将会出现在我们面前。

D 安全认证

随着社会的不断发展和对人的健康安全、环境保护以及保护消费者利益的日益重视,关于工业产品的安全性问题,世界上多数国家早已在国家的相关立法中摆到重要的位置上。我国标准化法规定:“强制性标准必须执行”。

对于欧盟成员国生产或出口到欧盟成员国的产品必须有 CE 认证和 CE 安全标志。

根据国家安全生产监督管理总局“安监总规划字[2005]83 号文件”精神,地下铲运机和地下汽车已列入产品安全认证范围。因此,地下铲运机和地下汽车的生产、销售必须要有安全认证标志。

随着新的地下铲运机国家安全标准的颁布,将对促进我国地下铲运机同国外先进水平接轨起着很重要的作用,同时也会把我国地下铲运机安全认证工作提高到新的水平。

地下铲运机正朝着安全、环保、节能、高效、舒适、自动化、智能化方向发展。

9.17 地下矿运输设备

在冶金、化工、建材等矿山企业,凡配合生产运送矿石、半成品、成品和废石的统称为生产运输(有的煤矿不包括矸石运输)。除上述运输任务以外,为矿山企业的生产、辅助生产、行政管理和职工生活服务的运输,均属服务运输。服务运输又分为生产服务运输和生活服务运输。

生产服务运输的车辆系指矿山所需的原材料、燃料、设备及零部件、炸药及爆破器材、钎具、生产和基建等生产物质所用的运输车辆。由于矿山规模、产品产量、矿岩特性、生产工艺、装备水平及设施等不同,故所选用的车辆类型和型号规格、数量也不同。

生活服务运输的车辆系指矿山所需的生活物质及用品、生活设施的基建及维修、人员接送、工作关系需要及其他非生产服务工作所用的运输车辆。生活服务用的车辆根据矿山规模、交通条件等配备,有多种类型的货车、载重汽车、大客车、小客车、轿车、救护车等。多数矿山远离城镇,实现服务运输社会化,对扩大就业和促进生产、改善民生条件和生产条件意义重大,应大力提倡和发展。

生产运输和辅助运输的范围包括很广,其车辆种类也很多,各种车辆的结构、用途及使用范围各异,本节主要介绍采矿常用的运输车辆矿车、电机车及矿用汽车。

在矿山设计和建设中,生产和辅助车辆设备及车辆是根据设计和生产需求,在已有系列产品中择优选用。

今后应重视矿山运输。从以人为本、矿山安全生产的角度来看,运输环节的薄弱往往是造成矿山伤亡事故的重要原因之一。

据我国原煤(统配煤矿)伤亡事故统计,运输系统占 20% ~30%。同时,运输环节的落后,已成为提升矿山全员效率和加快现代化矿山的最大障碍之一。发展运输机械化自动化,不仅可以节省大量人员,而且可以提升工时利用,增加工作面矿石产量,大量减少设备搬家行停运时间而提升设备的利用率,而且还能改善作业条件。

9.17.1 矿车

9.17.1.1 地下矿车型谱

A 生产运输矿车种类

地下矿用生产运输窄轨车辆按构造不同分为固定式、翻斗式、单侧曲轨侧卸式、底卸式、底侧卸式、梭式和自行式矿车等。

(1) 固定式矿车如图 9-485 所示,矿车由车厢、车架(包括缓冲器)、轮对和连接器等构成,卸载时须将矿车推入翻车机才能卸出矿石。

(2) 翻斗式矿车如图 9-486 所示,须用人力或专设的卸载架向任意一侧翻转卸载。

(3) 单侧曲轨侧卸式矿车如图 9-487 所示,需在专用曲轨上向轨道上设定的一侧卸载,车辆的一侧用铰轴与车架相连,另一侧装有卸载辊轮。列车需低速通过卸载地点。

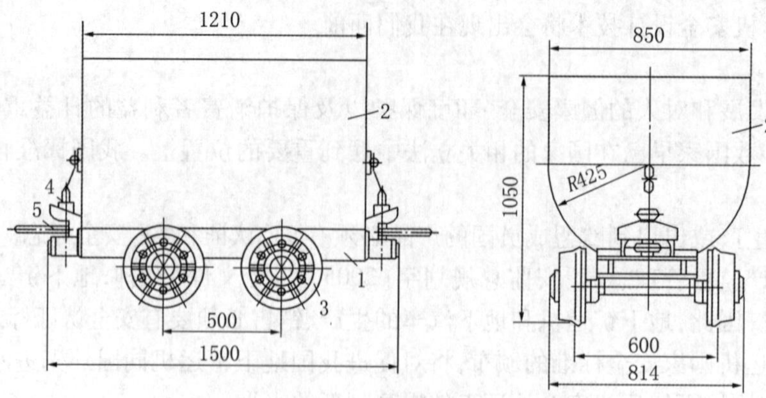

图 9-485 YGC 0.7-6 型固定车厢式矿车外形

1—车架;2—车厢;3—轮对;4—插销;5—连接器

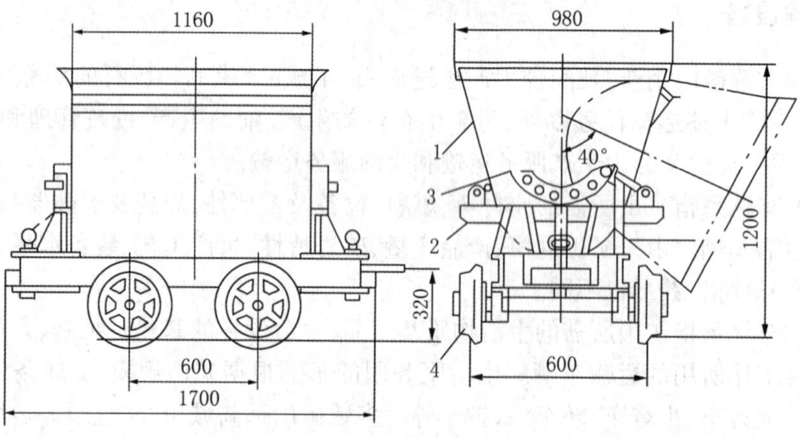

图 9-486 YFC 0.7-6 型翻斗式矿车

1—车厢;2—车架;3—钢环;4—轮对

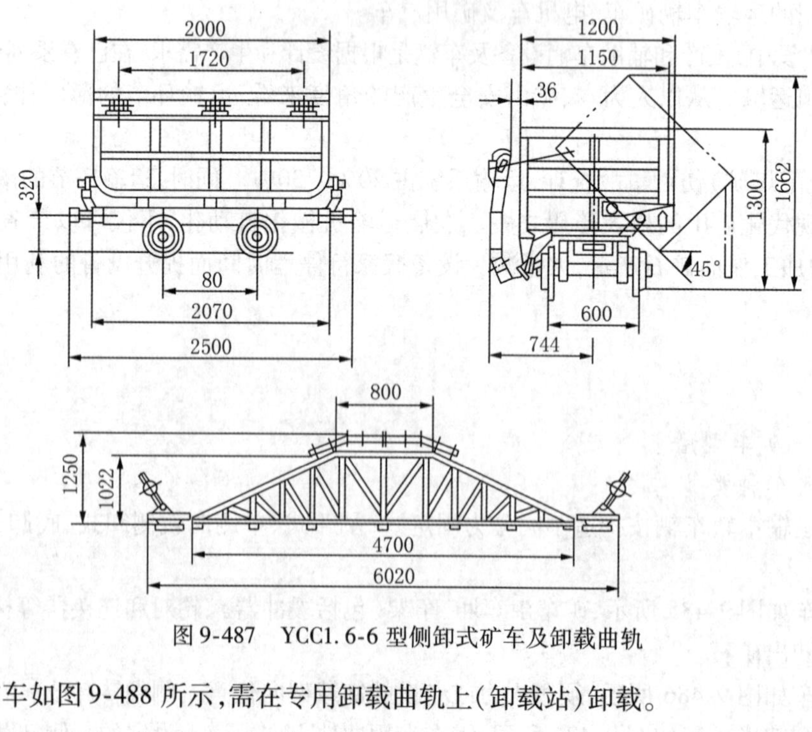

图 9-487 YCC1.6-6 型侧卸式矿车及卸载曲轨

(4) 底卸式矿车如图 9-488 所示,需在专用卸载曲轨上(卸载站)卸载。

B 矿车型谱

由全国冶金系统设计院采矿业务建设网组织 31 个设计研究单位联合编制的地下矿车技术参数和服务

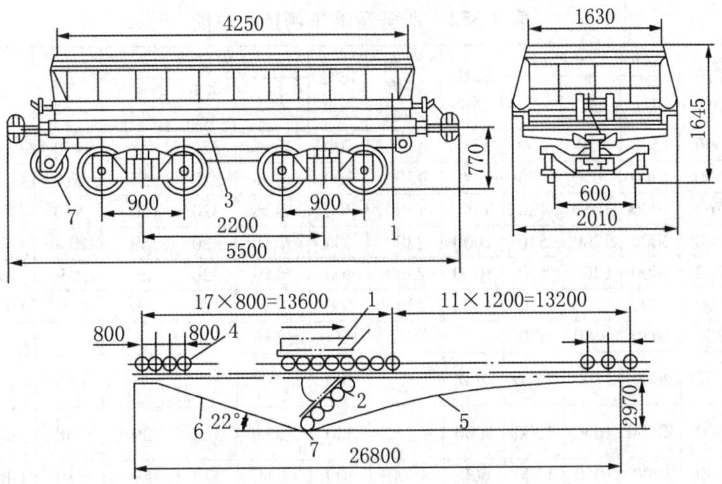

图9-488 $6m^3$ 底卸式矿车及卸载曲轨

1—车厢;2—翼板;3—车底;4—拖轮;5—曲轨复位段;6—曲轨卸载段;7—卸载轮

运输车辆技术性能参数(表9-351、表9-352),已作为矿山设计院采矿设计的矿车型谱。

表9-351 地下矿车技术性能参数

类型	矿车型号	容积 /m^3	最大载重量 /t	轨距 /mm	外形尺寸/mm 长	宽	高	轴距 /mm	车厢长 /mm	卸载角度 /(°)	质量 /t	标准或设计制造单位
固定式	YGC0.5(6)	0.5	1.25	600	1200	850	1000	400	900		0.45	GB2885.1-81
	YGC0.7(6)	0.7	1.75	600	1500	850	1050	500	1200		0.50	GB2885.1-81
	YGC1.2(6)	1.2	3	600	1900	1050	1200	600	1500		0.72	GB2885.1-81
	YGC1.2(7)	1.2	3	762	1900	1050	1200	600	1500		0.72	GB2885.1-81
	YGC2(6)	2	5	600	3000	1200	1200	1000	2650		1.33	GB2885.1-81
	YGC2(7)	2	5	762	3000	1200	1200	1000	2650		1.35	GB2885.1-81
	YGC4(7)	4	10	762	3700	1330	1550	1300	3300		2.62	GB2885.1-81
	YGC4(9)	4	10	900	3700	1330	1550	1300	3300		2.90	GB2885.1-81
	YGC10(7)	10	25	762	7200	1500	1550	4500(850)	6780		7.00	GB2885.1-81
	YGC10(9)	10	25	900	7200	1500	1550	4500(850)	6780		7.00	GB2885.1-81
翻斗式	YFC0.5(6)	0.5	1.25	600	1500	850	1050	500	1110	40	0.59	GB2882-81
	YFC0.7(6)	0.7	1.75	600	1650	980	1200	600	1160	40	0.71	GB2885.2-81
	YFC0.7(7)	0.7	1.75	762	1650	980	1200	600	1160	40	0.72	GB2885.2-81
侧卸式	YCC0.7(6)	0.7	1.75	600	1650	980	1050	600	1300	40	0.75	GB2885.3-81
	YCC1.2(6)	1.2	3	600	1400	1050	1200	600	1600	40	1.00	GB2885.3-81
	YCC2(6)	2	5	600	3000	1250	1300	1000	2500	42	1.83	GB2885.3-81
	YCC2(7)	2	5	762	3000	1250	1300	1000	2500	42	1.88	GB2885.3-81
	YCC4(7)	4	10	762	3900	1400	1650	1300	3200	42	3.30	GB2885.3-81
	YCC4(9)	4	10	900	3900	1400	1650	1300	3200	42	3.30	GB2885.3-81
底卸式	YDC4(7)	4	10	762	3900	1600	1600	1300	31150	50	4.32	GB2885.4-81
	YDC6(7)	6	15	762	5400	1750	1650	2500(800)	4540	50	6.32	GB2885.4-81
	YDC6(9)	6	15	900	5400	1750	1650	2500(800)	4540	50	6.38	GB2885.4-81
底侧卸式	DC-2-6	2		600	3240	1200	1310	1000			2.32	①
	$4m^3$	4		762	3500	1450	1700	1300			3.54	①
	$6m^3$	6	15	900	3833	1900	1800	1300			5.75	②
其他非标准矿车	$0.9m^3$ 电动自行	0.9	2	600	1615	1050	1225	620			0.60	③
	$1.4m^3$ 矿车	1.4	3.5	600	1900	1140	1350	600				③
	YDC0.9(6)-1	0.9	1.3	600	1600	1000	1200		3742		0.73	④
梭式矿车	S_4	4	10	600	6250	1280	1620	3000(800)	搭接		6.00	⑤
	S_6	6	15	600	7014	1450	1640	3600(800)	搭接		8.00	⑤
	S_8	8	20	600	9540	1570	1640	5400(800)	搭接		10.00	⑤
	JS_6	6		600	7040	1450	1650	3800(550)	单车		6.8	⑥
	SD_4	4	6.4	600	5470	1212	1622	2530(700)	搭接		6.4	⑦

①北京有色冶金设计研究总院;②长沙有色冶金设计总院;③某铁矿;④麻阳铜矿;⑤吉林市利达矿山机械有限公司;⑥北京矿冶研究总院;吉林市利达矿山机械有限公司;⑦沈阳有色冶金设备总厂。

表 9-352 服务运输车辆技术性能

类型	型号	装载量/kg	轨距/mm	外形尺寸/mm			轴距/mm	车厢长度/mm	轮径/mm	连接器			质量/kg	标准或图号	设计单位或制造厂
				长	宽	高				形式	高度/mm	牵引力/kN			
平板车	YPC1(6)	10000	600	1500	850	400	500	1100	500	单环	320	59	430	GB2885.5-81	鞍山黑色冶金矿山设计研究总院
	YPC3(6)	3000	600	1900	1050	426	600	1500	300	单环	320	59	510	GB2885.5-81	
	YPC3(7)	3000	762	1900	1050	426	600	1500	300	单环	320	59	540	GB2885.5-81	
	YPC5(6)	5000	600	3000	1200	510	1000	2300	400	单环	320	59	1000	GB2885.5-81	
	YPC5(7)	5000	762	3000	1200	510	1000	2300	400	单环	320	59	1050	GB2885.5-81	
	YPC5(9)	5000	900	3000	1200	510	1000	2300	400	单环	320	59	1080	GB2885.5-81	
	10t	10000	750	3020	1180	570			1100	链环	500			4备35	
材料车	2m长木材车	3000	762	2000	1100	1176	700		300				610	131064	北京有色冶金设计研究总院
	3m长木材车	2000	600	32400	1050	1200	1000		300	三环销	320	29	758	GB-011690	北京有色冶金设计研究总院
	YLC1(6)	1000	600	1900	1050	1200	600	1500	300	单环	320	59	580	GB2885.5-81	
	YLC1(7)		762	1900	1050	1200	600		300	单环	320	59	590	GB2885.8-81	
	2t	2000	600	2000	880	1151				三环	320		470		江油矿山机械厂
			762	2000	880	1151				三链环	320		470		
			900	2000	880	1151				三环	320		470		
	$YLC_3(6)$	3000	600	3000	1200	1200	1000	2300	400	单环	320	59	990	GB2885.5-81	
	$YLC_3(7)$	3000	762	3000	1200	1200	1000	2300	400	单环	320	59	1040	GB2885.6-81	
	$YLC_3(9)$	3000	900	3000	1200	1200	1000	2300	400	单环	320	59	1060	GB2885.5-81	
炸药车	0.5t		500	600	2358	1050	1365					326	720	4备66	鞍山黑色冶金矿山设计研究总院
水车	11t	1000	600	2390	1010	1277					320		892	4备70	鞍山黑色冶金矿山设计研究总院
	3t	3000	900	3020	1410	1987					500		1798	4备78	鞍山黑色冶金矿山设计研究总院
卫生车	$0.6m^3$①		900	2092	1155	1000					320		670	4备107	鞍山黑色冶金矿山设计研究院
平巷人车	PRC-12	12人	600	4280	1020	1525			450		320	29	1361		吉林市利达矿山机械有限公司
	PRC-18	18人	762	4280	1300	1525			450		320	29	1344		吉林市利达矿山机械有限公司
	PRC-18	18人	900	4280	1300	1525			450		320	29	1656		吉林市利达矿山机械有限公司

①容积为 $0.6m^3$。

采用电机车运输的矿山，由井底车场或平硐口到作业地点的经平巷长度超过1500mm时，按《金属非金属矿山安全规程》规定，应设专用人车运送人员。平巷人车技术性能参数见表9-352。

煤炭系统矿山矿车系列技术性能参数见表9-353。

表 9-353 煤炭系统矿车系列技术性能参数

设备名称	型号	图号	容积/m^3	轨距/mm	轴距/mm	车轮直径/mm	连接器型式	连接器至轨面高/mm	外形尺寸/(长×宽×高)/mm×mm×mm	质量/kg	编制单位
1t固定车厢式矿车	MG1.1-6A	B74-364.1	1.1	600	550	300	单环、三环或万能	320	2000×880×1150	592	沈阳院①
1t固定车厢式矿车	MG1.1-6B	B74-364.2	1.1	600	550	300	单环、三环或万能	320	2000×880×1150		
1.5t固定车厢式矿车	MG1.7-6A	B74-364.3	1.7	600	750	300	单环、三环或万能	320	2400×1050×1200	718	沈阳院
1.5t固定车厢式矿车	MG1.7-9B	B74-364.4	1.7	900	750	350	单环、三环或万能	320	2400×1150×1150	974	沈阳院
3t固定车厢式矿车	MG3.3-9B	B74-364.5	3.3	900	1100	350	单环、三环或万能	320	3450×1320×1300	1315	沈阳院
0.5t翻斗式矿车	MF0.6-6	B74-364.21	0.6	600	500	250	单环	320	1700×900×1050	374	沈阳院
1t手动底卸式矿车	MD1.1-9	B74-364.11		900	800	300	单环	360	2000×1100×1100	628	沈阳院
3t底卸式矿车	MD3.3-6	T76-364.12	3.3	600	1100	350	单环	320	3450×1200×1400		北京院

续表 9-353

设备名称	型　号	图　号	容积 /m³	轨距 /mm	轴距 /mm	车轮直径 /mm	连接器型式	连接器至轨面高 /mm	外形尺寸 /(长×宽×高) /mm×mm×mm	质量 /kg	编制单位
5t 底卸式矿车	MD5.5 - 9	T78 - 364.13	5.5	900					4400×1520×1550	2845	平顶山设计处
3t 底卸式矿车卸载站	(第一套设计)	T76-364.12X		适用 MD3.3 - 6 型底卸式矿车，黏性大的煤						10400	北京院②
3t 底卸式矿车卸载站	(第二套设计)	T79 - 364.12X		适用 MD3.3 - 6 型底卸式矿车，黏性大的煤						10536	北京院
5t 底卸式矿车卸载站		T76 - 364.13X		适用 MD5.5 - 9 型底卸式矿车						14400	平顶山设计处
1t 材料车	MCI - 6A	B74 - 365.1		600	550	300	单　环	320	2000×880×1150	494	沈阳院
1t 材料车	MCI - 6B	B74 - 365.2		600	550	300	单　环	320	2000×880×1150		
1.5t 材料车	MC1.5 - 6A	B74 - 365.3		600	750	300	单　环	320	2400×1050×1200	564	沈阳院
1.5t 材料车	MC1.5 - 9B	B74 - 365.4		900	750	350	单　环	320	2400×1150×1150	793	沈阳院
3t 材料车	MC3 - 9B	B74 - 365.5		900	1100	350	单　环	320	3450×1320×1300	931	沈阳院
1t 平板车	MP1 - 6A	B74 - 366.1		600	550	300	单　环	320	2000×880×410	464	沈阳院
1t 平板车	MP1 - 6B	B74 - 366.2		600	550	300	单　环	320	2000×880×410		
1.5t 平板车	MP1.5 - 6A	B74 - 366.3		600	750	300	单　环	320	2400×1050×415	527	沈阳院
1.5t 平板车	MP1.5 - 9B	B74 - 366.4		900	750	350	单　环	320	2400×1150×480	788	沈阳院
3t 平板车	MP3 - 9B	B74 - 366.5		900	1100	350	单　环	320	3450×1320×480	909	沈阳院

① 沈阳院为沈阳煤矿设计研究院；②北京院为北京煤矿设计研究院(集团)。

9.17.1.2 矿车选型

矿车选型主要根据运输矿物种类、矿石性质(块度、粉矿和泥水含量、黏结性等)、运输量和运距、装卸矿方式、料流的落差、使用地点、装备水平等条件来确定。

矿车选型要点如下：

(1) 对运输系统比较复杂的矿山，矿车选型通过技术经济比较后确定。

(2) 为减少列车编组、调度和维修方面的复杂性，全矿力求车型和规格最少，选用一种或两种为宜(辅助及杂用车辆除外)。

(3) 根据设计需要和可能，尽量选用较大容积的矿车，以减少矿车数和增大矿石合格块度尺寸。

(4) 由于曲轨侧卸式矿车在卸矿时产生很大的冲击，故一般不选用 4～6m³ 以上的大型矿车。

(5) 固定点气动侧卸式矿车的卸矿效率较低，因而不推荐使用。

(6) 底侧卸式矿车比底卸式矿车优点多，应优先选用。

(7) 废石运输宜选用翻斗式矿车。阶段的矿石最大运输量小于 300t/d 的矿山，可与废石运输采用同一车型；300～1500t/d 宜采用侧卸式或固定式矿车；超过 1500t/d 时，应优先采用侧底卸式或固定式矿车。

(8) 矿石中含粉矿、泥、水量大的矿山和贵重金属矿山，不宜采用侧卸式矿车。对黏结性大的矿石，当采用固定式矿车时，应考虑矿车清底措施。

各种矿车特点及适用条件见表 9-354。

表 9-354　各种矿车特点及适用条件

矿车型式	用　途	卸车方式及设备	优　点	缺　点	适用条件
侧卸式	用于运输矿石和废石	曲轨卸载	连续卸载速度快、卸车效率高，卸车设备简单	结构较复杂、维修量大、成本和经营费较高；侧门漏粉矿和泥水，损失矿物，污积巷道，过曲轨卸车时冲击大	对矿石中含粉矿、含泥、含水量大的矿山不适用，特别是对于贵重金属矿山，不宜采用
翻斗式	主要用于运输废石及井下充填料、巷道衬砌用料。对于小型矿山可同时用于运输矿石和废石	常用人工翻卸，当卸载点固定或不须经常移动时，可用无动力翻车架(固定式及移动式)卸车	结构简单、卸载方式灵活、卸车设备简单	用人工翻卸时，卸车效率不高；车皮系数较大，维修量大	一般矿山都可用

续表 9-354

矿车型式	用 途	卸车方式及设备	优 点	缺 点	适用条件
底卸式矿车	用于运输矿石和废石	曲轨卸载	连续卸载速度快、卸车效率高、矿石不易结底	结构较复杂、成本高,车宽较固定式和侧卸式矿车大,增加巷道工程量;卸矿站结构较侧卸式复杂;卸载时冲击力大,需控制速度,对曲轨冲撞严重	适用于大中型矿山
固定式矿车	主要用于运输矿石;当废石卸载点固定或不经常移动时,也可用于运输废石	列车不摘钩用电动翻车机卸载,小型单车可用无动力翻车架或无动力翻车机卸载	结构简单、车皮系数小。坚固耐用、成本及经营费用低、不漏矿、不污积巷道	卸车设备较复杂、地下卸矿站硐室或地面卸矿站工程量大;矿石易结底	对黏结性大的矿石不大适用
底侧卸	用于运输矿石和废石	曲轨卸载	具有底卸式矿车全部优点,卸矿站能双向进出车,可不设回车线,车场简单;卸矿站地坑短、深度小;矿石不砸曲轨;卸载速度平稳,前冲击力很小	结构较复杂、成本较高;车体宽度大,增加巷道工程量	适用于大中型矿山
棱式矿车	转载运输废石	连续自卸式	能自卸、转载运输能力大、效率高、使用灵便	结构复杂,设备外形尺寸大,车皮系数大	用于平巷掘进或大中型矿山转载运输废石
自行式矿车	用于采场、巷道运输矿石或地面排废	曲轨自卸式	能自卸、设备较简单	单车转载,运输能力低,车皮系数大	短距离转运物料用

阶段巷道运输量与机车质量、矿车容积、轨距和轨型的一般关系见表 9-151。

冶金矿山的矿车型号与单绳罐笼提升可参考表 9-355 选配,冶金矿山的矿车型号与多绳罐笼提升可参考表 9-356 选配。

表 9-355 冶金矿山矿车型号与单绳罐笼选配关系

序 号	矿车型号	罐笼层数	罐笼断面尺寸/mm×mm
1	YGC0.5、YFC0.5	1 层或 2 层	1300×980
2	YGC0.5、YGC0.7、YFC0.5	1 层或 2 层	1800×1150
3	YGC1.2、YCC1.2、YFC0.5、YFC0.7	1 层或 2 层	2200×1350
4	YGC2、YCC2、YFC0.5×2、YFC0.5×4	1 层或 2 层	3300×1450
5	YFC0.72	1 层或 2 层	4000×1450
6	YFC0.7×2	1 层或 2 层	4000×1800

表 9-356 冶金矿山矿车型号与多绳罐笼选配关系

序 号	矿车型号	罐笼层数	罐笼断面尺寸/mm×mm
1	YGC0.5、YFC0.5	1 层或 2 层	1300×980
2	YGC0.5、YGC0.7、YFC0.5	1 层或 2 层	1800×1150
3	YGC1.2、YCC1.2、YFC0.5、YFC0.7	1 层或 2 层	2200×1350
4	YGC2、YCC2、YFC0.5×2、YFC0.5×4	1 层或 2 层	3300×1450
5	YFC0.7×2、YGC1.2×2	1 层或 2 层	4000×1450
6	YFC0.7×2、YGC2、YCC2	1 层或 2 层	4000×1800

采用罐笼提升矿石,多采用固定车厢式矿车;采用箕斗提升可平硐溜井开拓,多采用曲轨侧卸式或底卸式矿车。运输废石多采用翻转车厢式矿车。

底卸式矿车装载量大,卸载方便和干净,但卸载站结构复杂,适用于运输量大、矿石有黏结性的矿山。曲轨侧卸式矿车卸载方便,但车厢变形易漏细碎矿石,不宜用于含粉矿多、含水量大或矿石贵重的矿山。

9.17.1.3 矿车数量

A 矿车数的计算常用定点分布法

当确定工作机车台数后,在需要同时工作的各区段平面图上,按生产需要注明矿车分布情况,包括运行中的矿车数、装载点、卸载点、井底车场、地面车场等处的矿车数，将其相加再乘以检修和备用系数，即得矿井所需的矿车数。

$$W = \sum_{i=1}^{n} W_i K_1 K_2 \tag{9-395}$$

式中 W_i——某地点使用的矿车数；

n——矿井使用矿车的地点数；

K_1, K_2——分别为矿车的检修和备用系数，通常 $K_1 = 1.1$，$K_2 = 1.20 \sim 1.30$。

在人力装车和推车地点，应在编组处考虑一列矿车。列车摘钩才能卸载的卸载地点，应增加一列矿车。

废石车与矿石车形式不同时，应分别计算各自的车数。

计算时须注意：

(1) 在用人力调车的编组点，应存放一列矿车数；

(2) 当用推车机或专用机车卸矿时，每个卸矿点要增加一列矿车；

(3) 应计入为调节运输环节上的平衡而增加的车辆。

《有色金属采矿设计规范》规定：

(1) 机车备用台数，按工作机车台数的20%～25%选取，但不应少于1台，双机车牵引时不少于2台。

(2) 矿车备用辆数为使用矿车数的20%～30%，双机牵引底侧卸式矿车时，不少于一列车；材料车、平板车的数是可分别取矿车总数的10%和3%，平板车数量不应超过10辆。材料车如计算的数量太少，可根据实际需要确定。

(3) 从井底车场到工作地点的距离超过1500m时，人员上下班宜采用人车运输。人车的备用数量按工作人车数的10%计算，但不得少于1辆。

B 煤炭系统设计院多采用计算法确定矿车数量

根据推广使用底卸车矿车经验，各种矿车数量均应根据运输能力经计算确定。对于不升井不进采区的大容量(大于1.5t)矿车或底卸式矿车，可按式(9-396)近似计算使用矿车数量：

$$W = \frac{5PN}{G} \tag{9-396}$$

式中 W——矿车数，辆；

P——机车质量，t；

N——工作电机车台数，列；

G——矿车装载质量，t。

备用和修理矿车数量仍为矿车使用量的20%。如为双机牵引，备用数量必须大于1列车。

辅助运输使用的小容量(1.5t以下)矿车和材料车应单独按周转率计算。因为周转率不仅需要考虑总的运输量，其中也包括有时间因素在内。目前矸石和材料车的周转每天约1～2次。需要运送的坑木、支架等材料，可按每采1000t煤消耗3.3～10m³考虑。矸石和半煤岩掘进总体积(总质量)，可按掘进出矸量和出煤量计算。

对于地面或其他生产水平以及各个采区内部仍需要使用矿车运输煤炭时，应分区计算矿车数量。

平板车数量仍按排列法规定选择，若运送重型液压支架，应特制加重平板车。

9.17.1.4 部分生产厂家产品技术性能

A 窄轨侧卸式矿车

矿车型号标识方法(按JB/T1604的规定)：KC[1]-[2][3]。

符号含义：K——运矿车辆；C——单侧曲轨侧卸式；[1]——容积，m³；[2]——轨距代号：6为600mm，7为762mm，9为900mm；[3]——改进顺序号。例如，容积为2m³，轨距为762mm，经第一次改进后的侧卸式矿车：KC2-7A矿车。

窄轨侧卸式矿车的部分生产厂家的技术参数见表9-357。

表 9-357 窄轨侧卸自翻矿车主要技术性能参数

型号		KC3. 5-7	KF-20-1（QF20）	YCC0. 7-6	YFC0. 7(6)	YCC1. 2-6	JC1. 2-6	JC1. 6-6	JC1. 6-7	JC1. 6-6	YCC2-6/7	KC2. 0-6
车厢容积/m³		3. 5	11	0. 7	0. 7	1. 2	1. 2	1. 6	1. 6	1. 6	2. 0	2. 0
载重量/t		6	20	1. 75	1. 75	3. 0	3. 0	4. 0	4. 0	4. 0	5. 0	5. 0
自质量/t		3. 1(3. 0)	14	0. 75	0. 71	1. 0	1. 03	1. 45	1. 5	1. 37	1. 83, 1. 88	1. 9
轨距/mm		762(750)	762, 900	600	600	600	600	600	762	600	600, 762	600
轴数/根		2	4									
轴距/mm		1300	1300									
轮径/mm		500	650	300	300	300	300	350	350	350	300, 400	400
最小通过曲线半径/m			45	6		6	6			8	10	10
最大行车速度/(km/h)			35									
车钩高度/mm		600	600									
连接器高度/mm				320		320	320	320	320	320	320	320
外形尺寸/mm	长	4280	9720	1650	1650	1900	2100	2500	2500	2500	3000	3000
	宽	1769	2430	980	980	1050	1050	1200	1200	1200	1250	1250
	高	1817	2000（1990）	1050	1200	1200	1200	1300	1300	1300	1300	1300
卸载气压/MPa			0. 5									
卸载耗气量/(m³/a)			1. 3									
连接器形式		单环链	自动挂钩	单环链	单环链	单环链	单环链	单环链	单环链	单环链	单环链	单环链
制动方式			气动									
每轴闸瓦数/个			2									
车厢起翻后离轨面间隙/mm			~100									
车厢起翻后最大高度/mm			~3000									
车厢起翻后车帮边缘距/mm			~1470									
倾翻角/(°)		40	45									
倾翻特点		三支点式侧卸	气翻									
倾翻时间/s			45(35)									
连接器最大拉力/N				60000	60000	60000	60000	60000	60000	60000	60000	30000
卸载角度/(°)				40	40	40	45	45	45	45	40, 42	45
生产厂家		本溪重型汽车制造厂	大连重型机器厂，吉林市利达矿山机械有限公司	金马制造总厂	张家港市机械厂	金马制造总厂，张家港市机械厂		本溪重型汽车制造厂		金马制造总厂		

型号		JC2. 5-7	JC3. 5-7	JC4. 0-7	JCI4. 0-7	JC4. 0-9	KC4-7	YCC4-7(9)	KG-6
车厢容积/m³		2. 5	3. 5	4. 0	4. 0	4. 0	4. 0	4. 0	6. 0
载重量/t		6. 0	6. 0	10. 0	10. 0	10. 0	10. 0	10. 0	15. 0
自质量/t		2. 1	3. 32, 3. 22	3. 13	3. 27	3. 27	3. 2	3. 2, 3. 3	6. 5
轨距/mm		762	762, 750	762	762	900	762	762, 900	762
轴距/mm		1100	1300	1300	1100	1300	1300	1300	
轮径/mm		400	500	400	500	400	450	450	
连接器高度/mm		320	600	430	430	430	430	320	
外形尺寸/mm	长	3500	3440	4200	3600	4200	3900	3900	5000
	宽	1250	1760	1400	1800	1500	1400	1400	1800
	高	1300	1565	1600	1600	1600	1650	1600	1700
最小通过曲线半径/m		11					13	13	
连接器最大拉力/N		60000	60000	60000	60000	60000	60000	60000	
卸载角度/(°)		45	40	45	45	45	48	42	
连接器形式		单环链	单环链	单环链	单环链	单环链	单环链	单环链	
生产厂家		金马制造总厂	本溪重型汽车制造厂				金马制造总厂	金马制造总厂	武汉第二通用机械厂

型号	YCC1. 2-6	YCC1. 6-7	YCC2. 5-7	YCC4. 0-9	YCC6. 0-9	YCC0. 7-6	YCC1. 2-6	YCC2-6(7)	YCC4-7(9)
容积/m³	1. 2	1. 6	2. 5	4. 0	6. 0	0. 7	1. 2	2. 0	4. 0
载重量/t	3	4	625	10	15	1. 68	2. 88	4. 8	9. 6

续表 9-357

型　号		YCC1.2-6	YCC1.6-7	YCC2.5-7	YCC4.0-9	YCC6.0-9	YCC0.7-6	YCC1.2-6	YCC2-6(7)	YCC4-7(9)
轨距/mm		600	762	762	900	900	600	600	600(762)	762(900)
轴距/mm		620	800	1200	2000	2000	600	600	1000	1300
车轮直径/mm		300	350	400	350	350	300	300	400	150
牵引高/mm		335	320	320	430	500	320	320	320	430
卸载角度/(°)		45	45	45	42	42	40	40	42	42
外形尺寸/mm	长	2150	3650	3650	5000	1650	1650	1900	3000	3900
	宽	1450	1250	1500	1800	980	980	1050	1250	1400
	高	1270	1300	1586	1675	1050	1050	1200	1300	1650
自质量/t		1000	2505	3850	4900	750	750	1000	1830	3300
生产厂家		林州市南牛金属结构厂					山东金岭铁矿机械厂			

B　翻斗式矿车

按车厢形状分 V 形和 U 形。V 形车一般以运输松散密度 1.8t/m³ 以下的物料为主，多用于地表作用；U 形车一般以运输松散密度 2.5t/m³ 以下的物料为主，多用于井下作业。按 JB/T9026－1999 标准，其结构及基本参数符合图 9-489 和表 9-358 的要求。有的可用于露天矿。

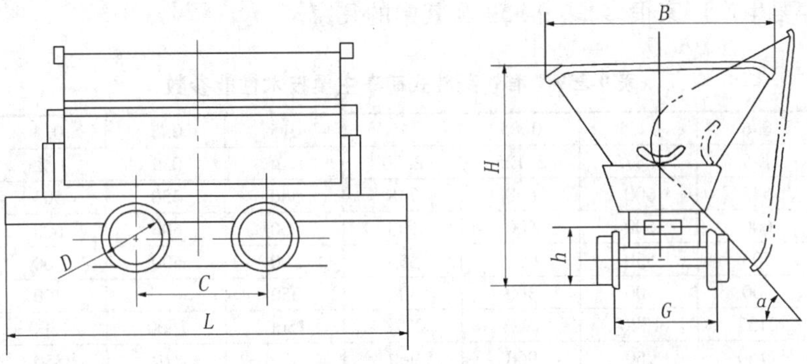

(a)

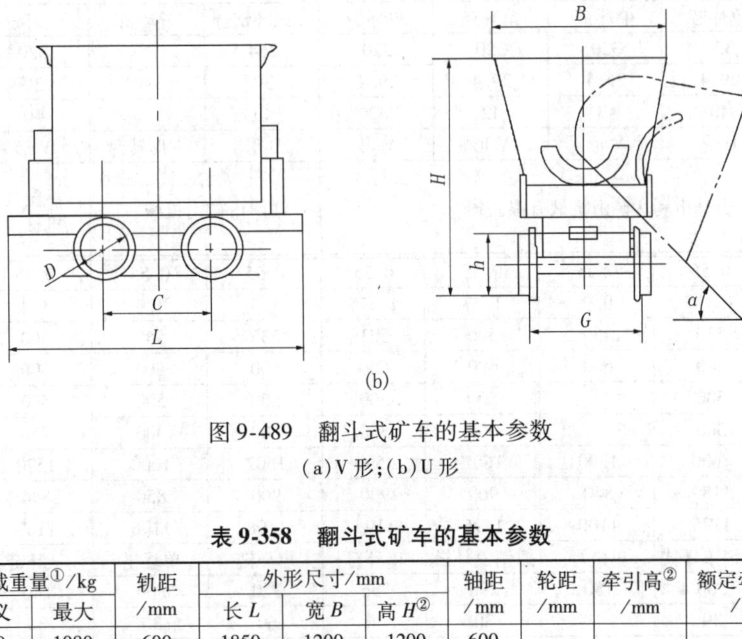

(b)

图 9-489　翻斗式矿车的基本参数

(a) V 形；(b) U 形

表 9-358　翻斗式矿车的基本参数

型　号	容积 /m³	装载重量①/kg		轨距 /mm	外形尺寸/mm			轴距 /mm	轮距 /mm	牵引高② /mm	额定牵引力 /kN	卸载角 α /(°)	车体质量 /kg
		名义	最大		长 L	宽 B	高 H②						
KFV0.80-6	0.80	500	1080	600	1850	1200	1200	600	300	320	60	≥40	≤560
KFV1.10-6	1.10	1000	1980	600	2400	1400	1300	800					≤680
KFV1.10-7				762									≤690
KFV1.50-7	1.50	1250	2700	762	3360	1750	1450	1000					≤1120
KFV1.50-9				900									≤1140

续表 9-358

型号	容积/m^3	装载重量[①]/kg 名义	最大	轨距/mm	外形尺寸/mm 长 L	宽 B	高 H[②]	轴距/mm	轮距/mm	牵引高[②]/mm	额定牵引力/kN	卸载角 α/(°)	车体质量/kg
KFU0.50-6	0.50	1250		600	1500	850	1050	500	300	320	60	≥40	≤550
KFU0.55-6	0.55	1380			1600		1150						≤570
KFU0.60-6	0.60	1630				920	1200	550					≤610
KFU0.70-6	0.70	1750		600	1650	980		600					≤710
KFU0.70-7				762									≤720
KFU0.75-6	0.75	1880		600	1700		1250						≤740
KFU0.75-7				762									≤750

① V 形矿车名义装载量按物料松散密度 900kg/m^3 计算，最大装载量按物料松散密度 1800kg/m^3 计算；U 形矿车装载量按物料松散密度 2500kg/m^3 计算。

② 高度 H 和牵引高 h 自轨面算起。

型号标注方法：KF[1][2]-[3][4]。

符号含义：K——运矿车辆；F——翻斗式矿车；[1]——车厢形状：V 形或 U 形；[2]——容积，m^3；[3]——轨距代号：6 为 600mm，7 为 762mm，9 为 900mm；[4]——改进序号。

翻斗式矿车的主要生产厂家很多，表 9-359 为其中的几家。

表 9-359 窄轨翻斗式矿车主要技术性能参数

容积/m^3		0.55	0.6	0.75	0.85	1	0.5	0.5	0.5	0.55	0.75
载重量/t		1.375	1.5	1.875	2.125	2.50	1.25	0.9	1.25	1.1	1.8
自质量/kg		533	548	600	658	748	380	450	503	533	500
轨距/mm		600	600	600	600	600	600	600	600	600	600
轴距/mm		500	500	550	600	650	500	500	500	500	550
轮径/mm		300	300	300	300	300	250		300	300	
外形尺寸/mm	长	1600	2137	1820	1925	2278	1500	1600	1500	1730	1820
	宽	960	1160	960	960	960	850	810	850	850	960
	高	1245	1225	1245	1248	1248	1000	1060	1050	1200	1145
连接器	型式	单环链	单环链	单环链	单环链	单环链	三环链	三环链	三环链	单环式	—
	高度/mm	320	320	320	320	320	264		320	300	320
	拉力/kN	29.4	29.4	29.4	29.4	29.4	30		30	30	30
卸载角/(°)		42	40	43	42	42	40		40		40
形式		V 形	U 形	V 形	V 形	V 形	U 形	方形转盘	V 形	U 形	U 形
生产厂家		吉林市利达矿山机械有限公司					江门市矿山机械厂		昌图县机械厂	云南金马制造总厂	林州市南牛金属结构厂

容积/m^3		0.55	0.55	0.55	0.55	0.55	0.55	0.55	0.55	0.55	0.6
载重量/t		1.37	1.375	0.9	1.37	1.375	1.3	1.3	1.4	1.375	1.4
自质量/kg		520	530	450	500	521	535	550	500	555	506
轨距/mm		600	600	600	600	600	600	600	600	600	600
轴距/mm		500	500		500	500	500	500	500	500	550
轮径/mm		300	300		300	300	300	300	250	300	
外形尺寸/mm	长	1600	1600	1300	1601	1590	1602	1600	1570	1600	1600
	宽	854	1189	840	900	900	900	850	846	850	850
	高	1200	1175	1100	1196	1196	1198	1196	1107	1196	1198
连接器	型式	插销单环式	插销单环式	单链环	插销三环链	单环链	单环链	单环链	三环链	单环链	插销三环链
	高度/mm	300	300	180	296	296	320	300	240	320(290)	295
	拉力/kN	30	30		30	30	60	30	30	30	30
卸载角/(°)		40	40			42	42	40	40		
形式		U 形	V 形	U 形	U 形	U 形	U 形	U 形	U 形	V 形	U 形
生产厂家		萍乡市机械厂			江门市矿山机械厂	温州矿山机械厂	镇江矿山机械厂		山西寿阳矿山机械厂	本溪重型汽车制造厂	江门市矿山机械厂

续表 9-359

容积/m³		0.6	0.6	0.6	0.75	0.75	0.75	0.75	0.75	0.75	1.0
载重量/t		1.5	1.5	1	1.87	1.3	1.3	1.8	1.875	1.875	2
自质量/kg		522	544	471	634	453	593/600	600		628/630	623
轨距/mm		600	600	600	600	600	600/762	600	600	600/762	600
轴距/mm		600	600		650	600	650	650	600	650	800
轮径/mm		300	300		300	300	300	300	300	300	300
外形尺寸/mm	长	1700	1820	1800	1832	1857	1820	1820	1830	1820	2040
	宽	900	1189	900	960	1040	960/992	960	872	960	1396
	高	1190	1200	1100	1274	1262	1245	1245	1304	1245	1315
连接器	型式	插销单环式	插销单环式	插销三环式	插销链环	单环链	插销	三环链	单环式	单环链	单环式
	高度/mm	300	300	320	300	320	296	300		290	300
	拉力/kN	30	30		30	60	30	30	30	30	60
卸载角/(°)		40	40		38	35	40/35	40	40		
形式		U 形	V 形	U 形	U 形	V 形	U 形	U 形	V 形	U 形	V 形
生产厂家		萍乡市机械厂			温州矿山机械厂	武汉第三通用机器厂	镇江矿山机械厂	山西寿阳矿山机械厂	兰州第二通用机器厂	本溪重型汽车制造厂	云南金马制造总厂

容积/m³		1.0	1.0	1.1	1.1	1.1	1.1	1.1	1.1	1.1	1.5	0.5	0.6
载重量/t		1.6	1.0	1.0	1.8	2	1.8	1.8	2	1.8	3	0.5	0.5
自质量/kg		606	970	550	730	553	610.5	652	1080	630	1140	0.455	0.444
轨距/mm		600	600	600	600	600	600	762	600	600	762	600	600
轴距/mm		800	800	600	700	800	800	900	550	950	500	550	
轮径/mm		300	300	300	300	300	300	300	300	300	300	250	300
外形尺寸/mm	长	2040	2320	2120	2584	2106	2070	2070	2448	2140	3360	1663	1850
	宽	1410	1320	1520	1400	1422	1410	1410	1420	1570	1750	850	880
	高	1315	1425	1110	1300	1248	1315	1315	1390	1120	1470	1175	1150
连接器	型式	插销链环式	三环链	单环链	插销链环	单环链	插销	插销	单环链	三环链	单环式	插销	
	高度/mm	350	280	320	350	320	350	345	315/320	240	300	300	320
	拉力/kN	60	30	30	60	60	60/30	60	30	30	60	58.8	58.8
卸载角/(°)		38	45		38	38	38	41		42		35	40
形式		V 形	V 形	V 形	V 形		U 形	U 形	U 形	V 形	V 形	V 形	V 形
生产厂家		鹤岗市起重运输机械厂	昌图县机械厂	江门市矿山机械厂	温州矿山机械厂	武汉第三通用机械厂	镇江矿山机械厂		本溪重型汽车制造厂	山西寿阳矿山机械厂	云南制造总厂	黄石长乐宝成煤矿机械厂 湖北黄石州矿机械厂	

C 底卸式矿车

按照 JB/T5498-1991 标准，其基本参数见表 9-360，其卸载如图 9-490 所示。

表 9-360 底卸式矿车的基本参数

型号	容积/m³	装载量①/t	最大装载量/t	轨距/mm	外形尺寸/mm 长	宽	高②	轴距/mm	轮径/mm	牵引高度②/mm	允许牵引力/kN	卸载角/(°)	车体质量/kg
MDC-3.3/6	3.3	3	5.3	600	3450 (3680)③	1200	1400	1100	350	320	60	50	1700
MDCC-3.3/6												55	
MDC-5.5/9	5.5	5	8.8	900	4200	1520	1550	1350	400	430	60	50	3000
MDCC-5.5/6			—	600	(5050)③	1360	1600	1600	400	430	60	55	3000
YDC-2/7	2.0	5	—	762	3070	1420	1280	1000	400	450	60	50	2400
YDC-4/7	4.0	10	-762		3900	1600	1600	1320	450	600	60	50	4320
YDCC-4/7													

续表 9-360

型号	容积/m³	装载量①/t	最大装载量/t	轨距/mm	外形尺寸/mm 长	宽	高②	轴距/mm	轮径/mm	牵引高度②/mm	允许牵引力/kN	卸载角/(°)	车体质量/kg
YDC-6/7 YDCC-6/7	6.0	15	—	762	5402	1750	1650	2500 800④	400	730	60	50	6320
YDC-6/9 YDCC-6/9	9.0	15	—	900	5400	1750	1650	2500 800④	400	730	60	50	6380

① 装载量按物料松散体密度：煤矿 $\rho=0.9t/m^3$，金属矿 $\rho=2.5t/m^3$；②高度和牵引高自轨面算起；③括号内尺寸为搭接式矿车；④800 为转向架自身轴距。

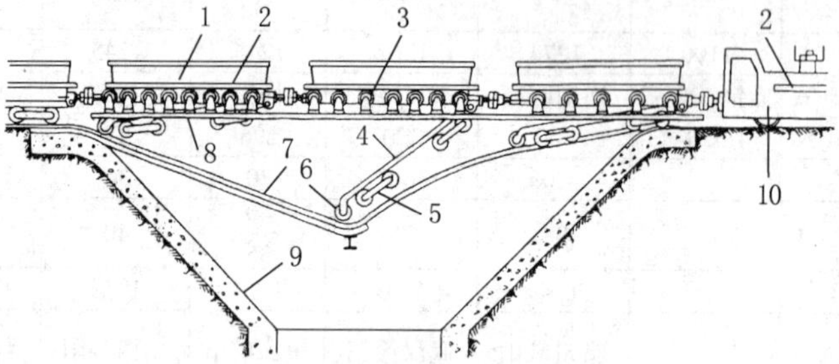

图 9-490 底卸式矿车卸载

1—车厢；2—翼板；3—托轮；4—车架；5—转向架；6—卸载轮；7—卸载曲轨；8—托轮座；9—卸载漏斗；10—电机车

矿车型号标识：1D2C-3/4。

符号含义：1——矿用代号：M 为煤矿用车，Y 为冶金矿用车；D——底卸式；2——底侧卸式 C；C——车辆代号；3——容积，m³；4——轨距：6 为 600mm，7 为 762mm，9 为 900mm。

底卸式矿车的基本参数见表 9-360，其生产厂家也很多，表 9-361 列出了其中的几家。

表 9-361 底卸式矿车主要技术性能参数

型号		06160	YDC4-7	DS364	4 备 110-1	YDC6-$\frac{7}{9}$
容积/m³		4	4	6	6	6
载重量/t		8	10	10	15	15
自质量/t		3.78	4.32	3.37	7.08	6.32，6.38
轨距/mm		762	762	900	900	762，900
轴距/mm		1500	1300	1700	2200	2500
轮径/mm		450	450	400	450	400
车厢/mm	长	3900	3415	4910	4392	4630
	宽	1600	1600	1520	1772	1750
	高	1010	1085	1120	955	1000
外形尺寸/mm	全长	4045	3900	5520	5500	5400
	全宽	1600	1600	1520	2010	1750
	全高	1550	1600	1600	1670	1650
由轨面至连接器中心线高度/mm		620	600	600	770	730
卸载角度/(°)		45	50	50	45	50
连接器形式		单环链	单环链	单环链		单环链
生产厂家		本溪重型汽车制造厂	金马制造总厂	本溪重型汽车制造厂		金马制造总厂

D 窄轨材料车、敞车和平板车

窄轨材料车、敞车主要技术性能参数见表 9-362，平板车的主要参数见表 9-363。

表 9-362 窄轨材料车和敞车主要技术性能参数

型号		材料车			敞车			
		C3	C3-$\frac{6}{7}$-00C	C3	SC15	ZC15	CZ2	ZC20
载重量/t		3.0	3.0	3.0	15.0	15	15	20
自质量/kg		510	$\frac{700}{750}$	1040	7600	9000		10000
轨距/mm		600	$\frac{600}{762}$	762	762		762	
轴距/mm		1000	1000	1000	1100		1100	
轮径/mm		300	300	400	550	560		560
外形尺寸	长/mm	3000	3000	3000	10000	9766	9400	9766
	宽/mm	1200	1200	1200	1800	2100	2110	2100
	高/mm	1100	1140	1200	1000	1920	1835	2120
连接器	型式	三环链	单环链	单环链				
	高度/mm	320	320	320	620	620±10	620	620±10
	拉力/kN	60	30	60				
通过最小曲线半径/m					60	40	40	40
生产厂家		云南金马制造总厂	本溪重型汽车制造厂	武汉第三通用机械厂	牡丹江林业机械厂	石家庄动力机械厂	黑龙江省矿山机械厂	石家庄动力机械厂

表 9-363 窄轨平板车主要技术性能参数

型号		MP3-9	P3-$\frac{6}{7}$-00	3P6	3P6	P5-$\frac{6}{7}$-00	P5-$\frac{6}{7}$-00	P5-$\frac{6}{7}$-00	NZ2	SN15	SN15
载重量/t		3.0	3.0	3.0	3.0	5.0	5.0	5.0	10.0	15.0	15.0
自质量/kg		909	$\frac{410}{420}$	541	359	760	$\frac{690}{754}$	1050	6000	6700	$\frac{7.25}{7.21}$
轨距/mm		900	$\frac{600}{762}$	600	600	$\frac{600}{762}$	$\frac{600}{762}$	762	762	762	762
轴距/mm		1100	650	700	600	1000	900	1000	1000		$\frac{1250}{1100}$
轮径/mm		350	300	300	300	350	350	400	500	550	550
外形尺寸/mm	长	3450	1930	2062	1714	2837	2800	3000	9050	9926	11480
	宽	1320	$\frac{1200}{1340}$	1300	880	1200	$\frac{1320}{1520}$	1200	2160	2400	$\frac{2000}{1800}$
	高	480	$\frac{368}{348}$	421	388	425	428	510	1740	851	2205
台面(长×宽)/mm×mm			$\frac{1600\times1060}{1600\times1200}$		$\frac{2400\times1100}{2400\times1300}$			900×2000			
连接器	型式	三环链	单环链	插销链环	单环式	单环式	单环链	单环链			
	高度/mm	320	320	325	320	320	320	320	空车 336、620 重车 326、607	空车 620	620
	拉力/kN	60	30	60	60	60	30	60			
生产厂家		云南金马制造总厂	本溪重型汽车制造厂	温州矿山机械厂	云南金马矿山机械厂	云南金马制造总厂	本溪重型汽车制造厂	武汉第三通用机械厂	福建省林业机械厂	黑龙江省矿山机械厂	牡丹江林业机械厂

鹤壁众一矿山设备有限公司生产的冶金系列矿车主要技术性能参数见表 9-364，气翻式矿车主要技术性能参数见表 9-365，用于非金属矿山或小比重矿石的矿车主要技术性能参数见表 9-366。

表 9-364 冶金系列矿车主要技术性能参数

名称	型号	容积/m^3	装载量/t	轨距/mm	外形尺寸/mm 长	宽	高	轴距/mm	轮径/mm	牵引高度/mm	牵引力/kgf	卸载角/(°)	质量/kg
底卸式矿车	YDC4-7	4	10	762	3900	1600	1600	1300	450	600	6000	≥50	4320
	YDC6-7	6	15	762	5400	1750	1650	2500	400	730	6000	≥50	6320
	YDC6-9	6	15	900	5400	1750	1650	800	400	730	6000	≥50	6380
底侧卸式矿车	YDCC2-7	2	5	762	3070	1420	1280	1000	400	450	6000	≥50	2450
	YDCC4-7	4	10	762	3560	1450	1700	1300	450	450	6000	≥50	3850
	YDCC6-9	6	15	900	3833	1900	1800	1300	450	450	6000	≥50	5750

续表 9-364

名 称	型 号	容积/m^3	装载量/t	轨距/mm	外形尺寸/mm			轴距/mm	轮径/mm	牵引高度/mm	牵引力/kgf	卸载角/(°)	质量/kg
					长	宽	高						
单侧曲轨侧卸式矿车	YCC0.7-6	0.7	1.75	600	1650	980	1050	600	300	320	6000	≥40	750
	YCC1.2-6	1.2	3	600	1900	1050	1200	600	300	320	6000	≥40	1000
	YCC2-6	2	5	600	3000	1250	1300	1000	400	320	6000	≥42	1830
	YCC2-7	2	5	762	3000	1250	1300	1000	400	320	6000	≥42	3230
	YCC4-7	4	10	762	3900	1400	1650	1300	450	430	6000	≥42	3300
	YCC4-9	4	10	900	3900	1400	1650	1300	450	430	6000	≥42	6400
	YCC6-7	6	15	762	5000	1600	1800	2500 (1000)	450	500	6000	≥42	450
固定车厢式矿车	YGC0.5-6	0.5	1.25	600	1200	850	1000	400	300	320	6000		500
	YGC0.7-6	0.7	1.75	600	1500	850	1050	500	300	320	6000		720
	YGC1.2-6	1.2	3	600	1900	1050	1200	600	300	320	6000		
	YGC1.2-7	1.2	3	762	1900	1050	1200	600	300	320	6000		1330
	YGC2-6	2	5	600	3000	1200	1200	1000	400	320	6000		1350
	YGC2-7	2	5	762	3000	1200	1200	1000	400	320	6000		2620
	YGC4-7	4	10	762	3700	1330	1550	1300	450	320	6000		2900
	YGC4-9	4	10	900	3700	1330	1550	1300	450	320	6000		7000
	YGC10-7	10	25	762	7200	1500	1550	4500	450	430	8000		7080
	YGC10-9	10	25	900	7200	1500	1550	4500 (850)	450	430	8000	≥40	590
翻转车厢式矿车	YFC0.5-6	0.5	1.25	600	1500	850	1050	500	300	320	6000	≥40	710
	YFC0.7-6	0.7	1.75	600	1650	980	1200	600	300	320	6000	≥40	720
	YFC0.7-7	0.7	1.75	762	1650	980	1200	600	300	320	6000		430
平板车	YPC1-6		1	600	1500	850	400	500	300	320	6000		530
	YPC3-6		3	600	1900	1050	425	600	300	320	6000		540
	YPC3-7		3	762	1900	1050	425	600	300	320	6000		1000
	YPC5-6		5	600	3000	1200	510	1000	400	320	6000		1050
	YPC5-7		5	762	3000	1200	510	1000	400	320	6000		1080
	YPC5-9		5	900	3000	1200	510	1000	400	320	6000		580
	YLC1-6		1	600	1900	1050	1200	600	300	320	6000		590
材料车	YLC1-7		1	762	1900	1050	1200	600	300	320	6000		990
	YLC3-6		3	600	3000	1200	1200	1000	400	320	6000		1040
	YLC3-7		3	762	3000	1200	1200	1000	400	320	6000		1060
	YLC3-9		3	900	3000	1200	1200	1000	400	320	6000		

注：本矿车适用于地下冶金矿山或其他矿山。沿地下巷道及地表工业场地运输矿(岩)石和其他物料。

表 9-365 气翻式矿车主要技术性能参数

名 称	型 号	容积/m^3	载重/t	轨距/mm	长/mm	宽/mm	高/mm	轴距/mm	轮径/mm	牵引高度/mm	牵引力/kgf	卸载角/(°)	质量/kg
双侧气翻式矿车	SQF11-9(7)	11	20	900(762)	9960	2430	2070	5700	650	600	6000	45	14500
	SQF10-9(7)	10	15	900(762)	8774	2000	1910	6000	550	600	6000	45	9500
	SQF8-9(7)	8	15	900(762)	8010	2000	1850	5310	550	600	6000	45	9200
	SQF6-9(7)	6	12	900(762)	7030	2000	1750	4300	550	600	6000	45	8500
单侧气翻式矿车	DQF6-9(7)	6	9	900(762)	4863	2166	1670	1600	500	485	6000	45	6045

注：双侧气翻式矿车适用于运送各种矿物或其他散装物料。用挖掘机或其他方式装载，机车牵引。由机车供气，可于线路两侧的任意地点卸载。双侧气翻式矿车，适用于运送各种矿物或其他散装物料。用挖掘机或其他方式装载，机车牵引。由机车供气，可于线路两侧的任意地点卸载。该车具有提前开门机构，卸载时稳定性好，坚固耐用，运载效率高，并设有气制动装置。

表 9-366 非金属矿山用矿车主要技术性能参数

名 称	型 号	容积/m^3	轨距/mm	长/mm	宽/mm	高/mm	轴距/mm	轮径/mm	牵引力/kN	卸载角/(°)	质量/kg
翻转车厢式矿车	0.55UF-6	0.55	600	1607	900	900	500	300	60	40	463
	0.6FK-6	0.6	600	1854	1240	1240	600	300	60	37	445
	0.75UF-6(7)	0.75	600	1820	962	1246	650	300	60	34	582

续表 9-366

名 称	型 号	容积/m³	轨距/mm	长/mm	宽/mm	高/mm	轴距/mm	轮径/mm	牵引力/kN	卸载角/(°)	质量/kg
翻转车厢式矿车	1FK-6	1	600	2040	1410	1311	800	300	60	40	550
	JFJ0.5-6	0.5	600	1500	850	1000	500	250	30	40	370
	JFJ0.7-7	0.7	762	1650	980	1200	600	300	30	40	600
单侧曲轨侧卸式矿车	JC0.7-6	0.7	600	1650	970	1050	650	300	30	43	625
	JC1.0-6	1.0	600	1950	1028	1200	800	300	30	45	986
	JC1.6-6	1.6	600	2500	1200	1300	800	350	60	45	1363
	JC2.5-6	2.5	600	3650	1250	1300	1200	400	60	45	2006
平板车	PC12-7(9)		762	7000	2000	880	4300(1100)	550	60		5110
	PC15-7(9)		762	8774	2000	880	6000(1100)	550	60		5550
	PC20-7(9)		762	9720	2300	970	5700(1300)	650	60		8700
	1P6		600	1650	850	415	550	300	60		454
	2P6		600	1830	850	410	600	300	60		485
	3P6		600	1900	950	396	650	300	60		520
	3P9		900	1900	1200	405	600	350	60		736
	5P7(9)		762	2040	1200	408	700	350	60		725
炸药车			600	1650	960	1330	600	300	60		512
卫生车			600				600	300	60		870

注：本系列矿车适用于非金属矿山矿岩及比重小的矿山。

锦州大可矿山机械制造有限公司生产的固定车厢式和底卸式矿车、翻斗式矿车、平板车和材料车主要技术性能参数分别见表 9-367 ~ 表 9-370。

表 9-367 MGC 型固定车厢式 MDC 型底卸式矿车主要技术性能参数

型 号	容积/m³	装载量/t	最大装载量/t	轨距/mm	外形尺寸/mm			轴距/mm	轮径/mm	牵引高度/mm	允许牵引力/kN	卸载角/(°)	质量/kg
					长	宽	高						
MGC1.1-6	1.1	1	1.8	600	2000	880	1150	550	300	320	60		≤610
MGC1.7-6	1.7	1.5	2.7	600	2400	1050	1200	750	300	320	60		≤720
MGC1.7-9	1.7	1.5	2.7	900	2100	1150	1300	600	350	320	60		≤970
MGC3.3-9	3.3	3	5.3	900	3450	1320	1300	1100	350	320	60		≤1320
MDC3.3-6	3.3	3	5.3	600	3450	1200	1400	1100	350	320	60	≥50	≤1700
MDC5.5-9	5.5	5		900	4200	1520	1350	1350	400	430	60	≥50	≤3000

表 9-368 KFV、KFU 型翻斗式矿车主要技术性能参数

型 号	容积/m³	装载重量/kg		轨距/mm	外形尺寸/mm			轴距/mm	轮径/mm	牵引高度/mm	额定牵引力/kN	卸载角/(°)	质量/kg
		名义	最大		长	宽	高						
KFV0.80-6	0.80	500	1080	600	1800	1200	1200	600	300	320	60	≥40	560
KFV1.10-6	1.10	1000	1980	600	2400	1400	1300	800					680
KFV1.10-7				762									690
KFV1.50-7	1.50	1250	2700	762	3360	1750	1450	1000					1120
KFV1.50-9				900									1140
KFU0.50-6	0.50	1250		600	1500	850	1050	500					550
KFU0.55-6	0.55	1380			1600		1150						570
KFU0.60-6	0.60	1630				920	1200	550					610
KFU0.70-6	0.70	1750		600	1650	980		600					710
KFU0.70-7				762									720
KFU0.75-6	0.75	1880		600	1700		1250						740
KFU0.75-7				762									750

表 9-369 MPC 系列平板车主要技术性能参数

型 号	装载量/t	轨距/mm	外形尺寸/mm			轴距/mm	轮径/mm	牵引高度/mm	允许牵引力/kN	质量/kg	配用矿车型号
			长	宽	高						
MPC2-6	2	600	2000	880	410	550	300	320	60	不大于 490	MGC11.1-6
MPC3-6	3	600	2400	1050	415	750	300	320	60	不大于 530	MGC1.7-6
MPC5-6	5	600	3450	1200	480	1100	350	320	60	不大于 900	MDC3.3-6

续表 9-369

型　号	装载量/t	轨距/mm	外形尺寸/mm			轴距/mm	轮径/mm	牵引高度/mm	允许牵引力/kN	质量/kg	配用矿车型号
			长	宽	高						
MPC5(3)-9	5	900	3450	1320	480	1100	350	320	60	不大于910	MGC3.3-9
MPC5-9	5	900	2100	1150	480	600	350	320	60	不大于780	MGC1.7-9

表 9-370　MLC 系列材料车主要技术性能参数

型　号	装载量/t	轨距/mm	外形尺寸/mm			轴距/mm	轮径/mm	牵引高度/mm	允许牵引力/kN	质量/kg	配用矿车型号
			长	宽	高						
MLC2-6	2	600	2000	880	1150	550	300	320	60	520	MGC1.1-6
MLC3-6	3	600	2400	1050	1200	750	300	320	60	570	MGC1.7-6
MLC5-6	5	600	3450	1200	1200	1100	350	320	60	920	MDC3.3-6
MLC5(3)-9	5	900	3450	1320	1300	1100	350	320	60	940	MGC3.3-9
MLC5-6	5	900	2100	1150	1300	600	350	320	60	790	MGC1.7-9

9.17.2　地下电机车

9.17.2.1　概述

非煤地下矿山阶段运输水平一般采用轨道运输，电机车牵引矿车。

A　轨道运输的优点

运输能力大，运距不受限制，运营成本低，调度灵活，能分别运输多种矿（岩）石及其他物料。其缺点是间断性运输，适用的线路坡度一般为0.3%～0.5%，线路坡度大时难以保障运输安全。由于轨道运输优点突出，今后仍是地下矿水平运输的主要方式。

B　现状

自1882年德国西门子公司制造出世界第一台4.5kW矿用架线式电机车以来，工矿电机车在国内外矿山得到广泛应用，迄今已有120多年的历史。20世纪50年代，我国就开始了窄轨工矿电机车的生产，经过50多年的发展，已能生产1.5～45t黏着重量，具有电阻调速、斩波调速、变频调速功能的各种类型电机车，产品的品种、规格齐备，可满足国内矿山的需要，并有少量出口。

据2004年行业统计，现有工矿电机车企业几十家，窄轨工矿电机车的年生产能力达3000台，而市场近几年的需求量为每年1500台左右，供大于求。受国家政策和市场影响，国内窄轨电机车企业对产品技术开发投入少，大部分产品基本上仍停留在20世纪70～80年代的水平。我国加入WTO后，国外公司也瞄准我国市场，使得市场竞争更趋激烈。

C　发展趋势

随着计算机技术和电力电子技术的发展，各国对窄轨工矿电机车作了不少改进和升级换代，增大电机车功率，推出了新型电气传动方式，在满足机车安全可靠运行的前提下，改善技术经济指标，实现重型化、高速化和无维护化。

(1) 品种规格的多样化和机车结构的模块化。产品系列化可解决用户多样化的需求问题，而产品模块化则可缩短生产周期，降低制造成本，在短时期内装配出大量不同品种规格的车型。例如，德国鲁尔煤矿公司就有采用模块化结构组成不同形式的电机车，可以组装成两端带司机室的15t机车；可以组装成两套动力装置，每端有一个司机室的2×15t机车；还有通过连接器组装的车型。

(2) 电气传动设备的交流化。目前，窄轨电机车的电气传动设备也朝着微机控制的交流传动方向发展，国内外厂家均已研制出交流传动的窄轨电机车。如德国西门子等公司为鲁尔煤矿公司生产了交流传动防爆矿用蓄电池机车，兰州机车厂研制的JXK-18型交流传动窄轨蓄电池机车等。

(3) 关键部件的免维护化。电机车的牵引蓄电池、牵引电动机及其传动装置，是决定机车是否正常运行的关键部件。由于窄轨电机车工作条件相当恶劣，在矿井内就地进行维护是相当困难的，提高关键部件的可靠性，采用免维护或少维护技术，增加产品寿命，是窄轨工矿电机车的发展趋势。

9.17.2.2 地下电机车的分类和优缺点及适用范围

地下电机车按使用的动力类型分为电机车和内燃机车,常用的轨距是600mm、762mm、900mm的窄轨电机车。

地下矿用电机车分为直流和交流两种。直流电机车又分为架线式和蓄电池式两大类。架线式电机车使用的电压一般是250V和550V,蓄电池电机车使用的电压一般为48V、90V、110V、132V、140V。

蓄电池电机车分为一般型、安全型和防爆特殊型三种:

(1)一般型适用于无瓦斯煤尘爆炸危险的矿山巷道运输。

(2)安全型(A)适用于有瓦斯、煤尘,但有良好的通风条件,瓦斯、煤尘不能聚集的矿山巷道运输。

(3)防爆特殊型(KBT)矿用电机车因配备了防爆特殊型电源装置和隔爆型电机电器,使整车具有防爆性能。适用于有瓦斯煤尘等爆炸性危险的矿山巷道运输。

除上述电机车外,还有架线蓄电池式和架线电缆式双能源电机车。前者既能从架线上取得电能工作,也可在不便架设架线的地区或有瓦斯危险的巷道使用防爆蓄电池组供电工作。后者装有电缆滚筒,电缆一端可与架线连接,电机车在不便架设架线地区行驶时,可用电缆供电,但运输距离不能太长。

内燃机车不须架线,调度灵活。它的最大缺点是污染空气,井下很少使用。

架线式电机车结构简单、维护容易,用电效率高,运输费用低,是目前应用最广的一种机车。其缺点是:须有整流和架线设施,不够灵活;架线对巷道尺寸及人员通行有一定影响;受电弓与架线之间容易产生火花,有瓦斯爆炸危险的矿山,不能使用。

对于长距离,大运量的大、中型矿山,实行双机牵引或双机重联牵引,能增加牵引力近一倍,可以提升矿山运输能力。

蓄电池式电机车具有可靠的防爆性能,可用于有瓦斯、煤尘积存较多的巷道运输。由于蓄电池要定期充电,需要配置充电设备,其初期投资和运转费较高。因此,这种电机车适用于巷道掘进运输,以及产量较小或巷道不太规则的矿山。

矿用电机车型号标识方法:[1][2][3] - [4]/[5] - [6]。

符号含义:[1]——供电方式(Z表示直流架线式,X表示蓄电池式);[2]——使用场所(K表示井下矿用,L表示露天);[3]——黏重,t;[4]——轨距(6表示600mm,7表示762mm,9表示900mm);[5]——直流额定电压,V;[6]——附加表示(A表示安全型,TH表示湿热型(一般型),KBT表示防爆特殊型,C表示带翅板配底卸式侧式矿车用)。

9.17.2.3 结构特征

窄轨电机车主要由机械和电气两大部分组成。架线式电机车和蓄电池式电机车的机械、电气结构,除供电部分器件不同外,其他部分的结构基本相同。

机械部分主要由车架、走行装置、司机室、缓冲器、撒砂装置、手轮基础制动、空气制动系统(小吨位机车除外)、减振器等组成。

电气部分主要由司机控制器、自动开关、牵引电动机、空压机电机(有的机车未装)、照明灯、电气箱、供电装置(受电弓或蓄电池箱)等组成。

A 机械部分

a 总体布置

车架内装有牵引电动机、走行装置、撒砂装置、基础制动装置、电源装置(蓄电池箱或受电弓装于车架上方)。司机室内装有仪表、司机控制器、手轮等。

架线式电机车的司机室,多布置在一端(图9-491)。有的在车体的另一端装有一简易顶棚,供副司机(或助手)摘挂车钩用。

蓄电池式电机车的司机室的布置:小吨位的一般布置在一端(图9-492),大吨位的一般布置在两端(图9-493)或中间。

b 车架

车架是电机车的主体构件,起传递牵引力、安装电气设备和机械部件用。整个车架由两块隔板分成3个

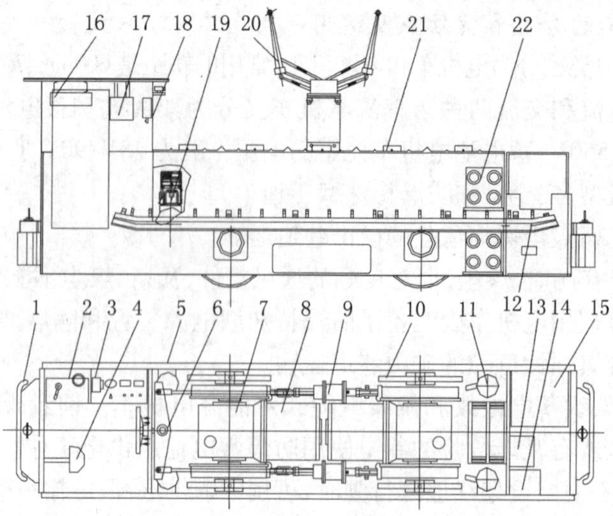

图 9-491　ZK14-6/550 架线式电机车的总体布置

1—缓冲器装置；2—司机控制器；3—仪表台；4—座椅装置；5—车架；6—基础制动装置；7—走行装置；8—牵引电动机；9—制动缸；10—板弹簧装置；11—撒砂装置；12—弹性翅板装置；13—蓄电池箱；14—电抗器；15—斩波箱；16—直变器；17—显示器；18—自动开关；19—空压机；20—受电器；21—盖板；22—启、制动电阻

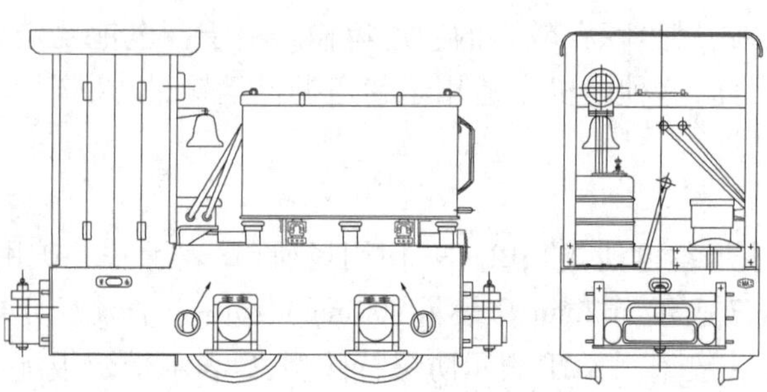

图 9-492　XK2.5-6/48 蓄电池电机车外形（单司机室）

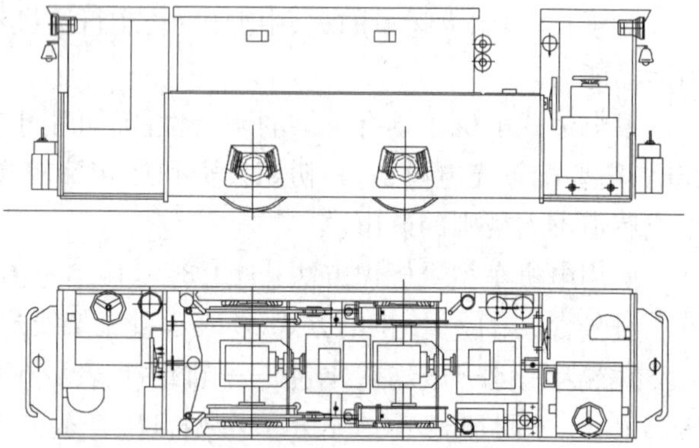

图 9-493　XK12-9/192 蓄电池电机车外形（双司机室）

室，前室与顶棚一起构成司机室；中间为机械室，安装有走行装置、制动装置、撒砂装置、牵引电动机、空压机等；启、制动电阻等安装在后室内。

c　走行装置

走行装置的结构由轮对、齿轮箱、联轴器、牵引电动机等部件组成。它的作用是把牵引电动机的转矩、转速，传递到车轮转变为机车的牵引力。

d　缓冲器

装于机车前后端，内有弹力弹簧，用以缓冲矿车对机车的冲击。其上装有供联结矿车用的牵引销。

e　撒砂装置

司机的脚踏力使砂箱摆动，砂粒从砂管座中逸出。砂子均事先经过干炒过，以免因潮湿堵塞。当机车有压缩空气时，则可采用机械撒砂。

f　手轮基础制动

手轮装在司机室内，制动时顺时针旋转手轮，经过杠杆传递，使闸瓦贴紧轮缘踏面产生制动力，一般为防止抱死车轮产生滑行，所有闸瓦对车轮正压力约为机车黏重的 70% ~80%（制动率），设计杠杆比应使手轮的操作力不大于 160N。

其中闸瓦多采用标准的工矿电机车闸瓦，材料多为铸铁，也有用合成材料的。

g　空气制动系统

只有 10t 以上的机车才装有空气制动系统。操作时通过对制动阀控制，使压缩空气进入制动缸，实施闸瓦制动。当实施气制动时,气路系统内装有的气电转换元件触点切断主电源,避免牵引误操作。

h 减振器

小型机车多用板弹簧作减振器。板弹簧的两端固定在车架上,而中间的支承点则落在轴承箱上。它的作用是缓冲来自轨道的冲击,也可改善车轮与钢轨的黏着性能。

板式弹簧使用已有几十年,现在已有性能更好的橡胶弹簧代替。

B 电气部分

a 受电弓

受电弓是架线式电机车用以从架空线获取电能的装置,其结构一般为沿架空导线滑动。受电弓有一个轻便的支架,支架上部装有弓子面,为减少对架空导线的磨损,弓面用铝或紫铜做成,并且在它中间部分开出纵向槽,槽内充填固体润滑脂。

受电弓对架空线的压力一般为40~60N,受电弓采用弹簧升弓,绳索收弓。

b 电源装置

蓄电池式电机车都配有电源装置,一般每台机车配备2台电源装置,电源装置由蓄电池箱体、蓄电池、插销联结器和连接导线及定位件组成。

对于防爆蓄电池式电机车,必须配装防爆特殊型电源装置。

c 司机控制器

一般由壳体、底座、主轴部件、反向轴部件组成。

d 牵引电动机

目前,电机车的牵引电动机多采用串励直流电动机。它的结构为典型电动机结构,主要部件与一般直流电动机一样,只是作为隔爆型电动机时,它的结构是根据防爆标准对隔爆面进行局部调整。

9.17.2.4 国内部分厂家产品的技术性能参数

A 湘潭电机集团有限公司

公司生产的矿用产品主要有大吨位工矿电机车。

公司生产的XJK型系列交流变频电机车的性能参数见表9-371,蓄电池式工矿电机车的主要技术性能参数见表9-372,地下矿用架线式工矿电机车的主要技术性能参数见表9-373。

表9-371 XJK型系列交流变频电机车性能参数

型　号	XJK18-$\frac{7}{9}$/208	XJK25-$\frac{7}{9}$/380	XJK35-$\frac{7}{9}$/528	XJK45-$\frac{7}{9}$/528
黏着质量/t	18	25	35	45
交流电动机功率/kW	40×2	75×2	100×2	133×2
变频器容量/(kV·A)	100	180	228	270
输入电压/V	208	380	528	528
输出电压/V	150	220	380	380
工作频率/Hz	0~120	0~120	0~120	0~120
常时制动速度/(km/h)	8	10.5	10.5	8
最大速度/(km/h)	25	25	25	25
启动牵引力/kN	46	64	91	120
常时制动牵引力/kN	34.5	50	72	96
机车制动力/kN	40	55	80	100
单体蓄电池容量	D-560或D-620	D-620	D-620	D-620
电池数量	104	190	264	264
轴距/mm	2200	2200	2600	2600
轨距/mm	762/900	900	900	900
最小转弯半径/m	15	15	25	25

表 9-372 蓄电池式电机车主要技术性能参数

型号	黏重/t	轨距/mm	牵引力/kN	牵引速度/(km/h)	直流电压/V	容量/(A·h)	牵引电动机功率(kW)×数量	机车外形及主要尺寸							最小曲线半径/m	调速方式
								总长/mm	总宽/mm	轨面至顶棚高/mm	牵引高度/mm	轴距/mm	轮径/mm	受电器工作高度/m		
4 XK2. 5-$\frac{6}{7}$/48-1 9	2.5	457 600 762 900	2.55	4.54	48	308	3.5×1	2330	914 914 1076 1214	1550	320	650	460	1.8~2.2	5	电阻
4 XK2. 5-$\frac{6}{7}$/48-1KBT 9	2.5	457 600 762 900	2.55	4.54	48	330	3.5×1	2330	914 914 1076 1214	1550	320	650	460	1.8~2.2	5	电阻
6 XK5-7/90-KBT 9	5	600 762 900	7.06	7	90	330 385	7.5×2	2850	1000 1105 1243	1550	210 320	850	520	1.8~2.2	6	斩波
6 XK5-7/90 9	5	600 762 900	7.06	7	91	330	7.5×2	2960	1000 1105 1243	1550	210 320	850	520	1.8~2.2	6	电阻
6 XK5-7/88-KBT 9	5	600 762 900	7.06	7	88	385	7.5×2	2970	1000 1105 1243	1550	210 320	850	520	1.8~2.2	6	蓄电池并联
XK5-4/88-KBT	5	457	7.06	7	88	385	7.5×2	3050	900	1550	210 320	900	520	1.8~2.2	6	斩波
XK8-6/110-1A	8	600	11.18	6.2	110	370	11×2	4430	1054	1550	210 320	1100	680	1.8~2.2	7	电阻
XK8-$\frac{7}{9}$/132-1A	8	762 900	11.18	7.5	132	370	11×2	4430	1354	1550	210 320	1100	680	1.8~2.2	7	电阻
XK8-$\frac{7}{9}$/132-KBT	8	762 900	11.18	7.5	132	440	11×2	4416	1356	1600	320 430	1100	680	1.8~2.2	7	电阻
XK8-6/110-1KBT	8	600	11.18	6.2	110	440	11×2	4460	1056	1600	210 320	1100	680	1.8~2.2	7	电阻
XK8-$\frac{7}{9}$/132-1KBT	8	662 900	11.18	7.5	132	440	11×2	4460	1356	1600	320 430	1100	680	1.8~2.2	7	电阻
6 XK8-7/140-KBT 9	8	600 762 900	12.83	7.8	140	440	15×2	4490	1044 1192 1330	1600	320 430	1150	680	1.8~2.2	7	斩波
6 XK8-7/144-KBT 9	8	600 762 900	12.83	7.8	144	440	15×2	4470	1050 1212 1350	1600	320 430	1150	600	1.8~2.2	7	蓄电池并联
XK8-6/140-2KBT XK8-6/140-2KBT. C	8	600 762 900	12.83	7.8	140	440	15×2	4850	1060	1580	320 430	1150	680	1.8~2.2	7	
6 XK8-7/144A 9	8	600 762 900	12.83	7.8	144	440	15×2	4470	1212 1350	1600	320 430	1150	680	1.8~2.2	7	蓄电池并联
XK12-$\frac{7}{9}$/192-KBT. 1	12	762 900	16.48	8.7	192	560	22×2	4885	1212 1350	1600	320 430	1220	680	2.0~2.4	10	电阻
XK12-$\frac{7}{9}$/256	12	762 900	18.93	9.6	256	520	30×2	5250	1450	1900	320 430	1750	680	2.0~2.4	15	蓄电池并联
XK12-6/192	12	762 900	16.48	8.7	192	560	22×2	4755	1141	1900	320 430	1220	680	2.0~2.4	10	电阻
XK12-$\frac{7}{9}$/192-2KBT	12	762 900	16.48	8.7	192	560	22×2	4885	1212 1350	1600	320 430	1220	680	2.0~2.4	10	电阻
XK15-$\frac{7}{9}$/256	15	762	18.93	9.6	256	620	30×2	5200	1500	2070	430 570	1400	680	2.0~2.4	15	电阻

表 9-373 ZK 架线式电机车主要技术性能参数

型　号	黏重/t	轨距/mm	牵引力/kN	牵引速度/(km/h)	直流电压/V	牵引电动机功率(kW)×数量	电机车外形及主要尺寸							最小曲线半径/m	调速方式
							总长/mm	总宽/mm	轨面至顶棚高/mm	牵引高度/mm	轴距/mm	轮径/mm	受电器工作高度/m		
6 ZK1.5-7/250 9	1.5	600 762 900	3.24	6.6	250	6.5×1	2370	944 1070 1214	1550	320 210 320	650	460	1.8~2.2	5	电阻
6 ZK3-7/250-1 9	3	600 762 900	5.74	7.5	250	6.5×2	2750	944 1106 1244	1550	210 320	850	520	1.8~2.2	6	电阻
6 ZK3-7/250-2 9	3	600 762 900	5.74	7.5	250	6.5×2	2750	944 1106 1244	1550	320 130	850	520	1.8~2.2	6	电阻
6 ZK6-7/250 9	6	600 762 900	11.97	10	250	18×2	4430	1050 1212 1350	1600	320 430	1150	680	2.0~2.4	7	电阻
6 ZK6-7/550 9	6	600 762 900	11.97	10	550	18×2	4430	1050 1212 1350	1600	320 430	1150	680	2.0~2.4	7	电阻
ZK6-7/250-C	6	600 762 900	11.97	10	250	18×2	4430	1600	1600	320 430	1150	680	2.0~2.4	7	电阻
6 ZK7-7/250 9	7	600 762 900	13.05	11	250	20.6×2	4470 4530	1054 1354 1354	1500	320 430	1100	680	1.8~2.2	7	电阻
6 ZK7-7/550 9 6 ZK10-7/550 9	7 10	600 762 900	15.09	11	550	24×2	4456	1052 1214 1352	1500	320 430	1100	680	1.8~2.2	7	电阻
6 ZK10-7/550 9	10	600 762 900	18.93	10.5	250	30×2	4660	1050 1212 1350	160	320 430	1220	680	2.0~2.4	10	电阻
6 ZK10-7/250-6C 9	10	600 762 900	18.93	10.5	550	30×2	4800 4750	1200 1382 1520	1600	320 430	1220	680	1.6~2.4 2.0~2.4	10	电阻
6 ZK14-7/550-5C 9	14	600 762 900	29.09	12.87	550	52×2	4800 4900	1210 1360 1360	1700	320 430	1700	760	2.0~3.2	12	电阻
ZK20-$^{7}_{9}$/550	20	600 762 900	39.23	15	550	85×2	7900	2050	1900	780	2500	1000	2.2~3.2	30	电阻

B　湘潭市牵引电机厂

该厂生产的 ZK 系列架线式电机车的技术性能参数见表 9-374，XK 系列蓄电池式电机车的技术性能参数见表 9-375。

表 9-374 架线式 ZK 系列电机车主要技术性能参数

型　号	黏重/t	轨距/mm	牵引力/kN	牵引速度/(km/h)	直流电压/V	牵引电动机功率(kW)×数量	电机车外形及主要尺寸							最小曲线半径/m	调速方式
							总长/mm	总宽/mm	轨面至顶棚高/mm	牵引高度/mm	轴距/mm	轮径/mm	受电器工作高度/m		
6 ZK1.5-7/100 9	1.5	600 762 900	2.55	4.54	100	3.5×1	2340	590 950 1100	1550	320	650	460	1.6~2.0	5	电阻

续表 9-374

型号	黏重/t	轨距/mm	牵引力/kN	牵引速度/(km/h)	直流电压/V	牵引电动机功率(kW)×数量	电机车外形及主要尺寸						受电器工作高度/m	最小曲线半径/m	调速方式
							总长/mm	总宽/mm	轨面至顶棚高/mm	牵引高度/mm	轴距/mm	轮径/mm			
6 ZK1.5-7/250 9	1.5	600 762 900	3.24	6.6	250	6.5×1	2370	944 1070 1214	1550	320 210 320	650	460	1.8~2.2	5	电阻
6 ZK3-7/250-1 9	3	600 762 900	5.74	7.5	250	6.5×2	2750	944 1106 1244	1550	210 320	850	520	1.8~2.2	6	斩波
6 ZK3-7/250-2 9	3	600 762 900	5.74	7.5	250	6.5×2	2750	944 1106 1244	1550	320 430	850	520	1.8~2.2	6	电阻
6 ZK6-7/250 9	6	600 762 900	11.97	10	250	18×2	4430	1050 1212 1350	1600	320 430	1150	680	2.0~2.4	7	电阻
6 ZK6-7/550 9	6	600 762 900	11.97	10	550	18×2	4430	1050 1212 1350	1600	320 430	1150	680	2.0~2.4	7	电阻
ZK6-7/250-C	6	600 762 900	11.97	10	250	18×2	4430	1600	1600	320 430	1150	680	2.0~2.4	7	电阻
6 ZK-7/250 9	7	600						1054							
6 ZK10-7/250-0(1) 9	10	762	13.05	11	250	20.6×2	4470 4530	1354	1500	320 430	1100	680	1.8~2.2	7	电阻
6 ZK10-7/250 9	10	900						1354							
6 ZK7-7/550 9 6 ZK10-7/550 9	7 10	600 762 900	15.09	11	550	24×2	4456	1052 1214 1352	1500	320 430	1100	680	1.8~2.2	7	电阻
6 ZK10-7/550-3 9 6 ZK10-7/550-4 9	10	600 762 900	18.93	10.5	250	30×2	4660	1050 1212 1350	1600	320 430	1220	680	2.0~2.4	10	电阻
ZK10-6/550-6C 6 ZK10-7/550-6c 9	10	600 762 900	18.93	10.5	550	30×2	4800 4750	1200 1382 1520	1600 1600	320 430	1220	680	1.6~2.4 2.0~2.4	10	电阻
6 ZK14-7/550-5c 9	14	600 762 900	29.09	12.87	550	52×2	4880 4900	1210 1360 1360	1700	320 430	1700	760	2.0~3.2	12	电阻

表 9-375 XK 系列电机车主要技术性能参数

型 号	整备质量/t	轨距/mm	牵引力/kN	牵引速度/(km/h)	蓄电池组		牵引电动机功率(kW)×数量	机车外形及主要尺寸/mm						最小曲线半径/m	调速方式
					电压/V	容量/(A·h)		总长	总宽	轨面至顶棚高	牵引高度	轴距	轮径		
XK2. 5-$\begin{smallmatrix}4\\6\\7\\9\end{smallmatrix}$/48-1	2. 5	457 600 762 900	2. 55	4. 54	48	308	3. 5×1	2330	914 914 1076 1214	1550	320	650	460	5	电阻
XK2. 5-$\begin{smallmatrix}4\\6\\7\\9\end{smallmatrix}$/48-2A	2. 5	457 600 762 900	2. 55	4. 54	48	308	3. 5×1	2330	914 914 1076 1214	1550	320	650	460	5	电阻
XK2. 5-$\begin{smallmatrix}4\\6\\7\\9\end{smallmatrix}$/48-1KBT	2. 5	457 600 762 900	2. 55	4. 54	48	330	3. 5×1	2330	914 914 1076 1214	1550	320	650	460	5	电阻
XF2. 5-9/48	2. 5	900	2. 55	5. 26	48	400	3. 5×1	6400	1800	1700		2500	460	5	电阻
XK5-$\begin{smallmatrix}6\\7\\9\end{smallmatrix}$/90-KBT	5	600 762 900	7. 06	7	90	330 385	7. 5×2	2850	1000 1105 1243	1550	210 320	850	520	6	斩波
XK5-$\begin{smallmatrix}6\\7\\9\end{smallmatrix}$/90	5	600 762 900	7. 06	7	90	330	7. 5×2	2960	1000 1105 1243	1550	210 320	850	520	6	电阻
XK5-$\begin{smallmatrix}6\\7\\9\end{smallmatrix}$/88-KBT	5	600 762 900	7. 06	7	88	385	7. 5×2	2970	1000 1105 1243	1550	210 320	850	520	6	蓄电池串并联
XK5-4/88-KBT	5	457	7. 06	7	88	385	7. 5×2	3050	900	1550	320	900	520	6	斩波
XK8-6/110-1A	8	600	11. 18	6. 2	110	370	11×2	4430	1054	1550	210 320	1100	680	7	电阻
XKB-$\begin{smallmatrix}7\\9\end{smallmatrix}$/132-1A	8	762 900	11. 18	7. 5	132	370	11×2	4430	1354	1550	210 320	1100	680	7	电阻
XK8-6/110-KBT	8	600	11. 18	6. 2	110	440	11×2	4416	1056	1600	210 320	1100	680	7	电阻
XK8-$\begin{smallmatrix}7\\9\end{smallmatrix}$/132-1KBT	8	600	11. 18	7. 5	132	440	11×2	4416	1356	1600	320 430	1100	680	7	电阻
XK8-6/110-1KBT	8	762 900	11. 18	6. 2	110	440	11×2	4460	1056	1600	210 320	1100	680	7	电阻
XK8-$\begin{smallmatrix}7\\9\end{smallmatrix}$/132-1KBT	8	662 100	11. 18	7. 5	132	440	11×2	4460	1356	1600	320 430	1100	680	7	电阻
XK8-$\begin{smallmatrix}6\\\\9\end{smallmatrix}$/140-KBT	8	600 762 900	12. 83	7. 8	140	440	15×2	4490	1044 1192 1330	1600	320 430	1150	680	7	斩波
XK8-$\begin{smallmatrix}6\\7\\9\end{smallmatrix}$/144-KBT	8	600 762 900	12. 83	7. 8	144	440	15×2	4470	1050 1212 1350	1600	320 430	1150	680	7	蓄电池串并联
XK8-6/140-2KBT XK8-6/140-2KBT. C	8	600	12. 83	7. 8	1400	440	15×2	4850	1060	1580	320 430	1150	680	7	斩波
XK8-$\begin{smallmatrix}6\\7\\9\end{smallmatrix}$/144A	8	600 762 900	12. 83	7. 8	144	440	15×2	4470	1212 1350	1600	320 430	1150	600	7	蓄电池串并联
XK12-$\begin{smallmatrix}7\\9\end{smallmatrix}$/192-/KBT. 1	12	762 900	16. 48	8. 7	192	560	22×2	4885	1212 1350	1600	320 430	1220	680	10	电阻
XK12-$\begin{smallmatrix}7\\9\end{smallmatrix}$/256	12	762 900	18. 93	9. 6	256	520	30×2	5250	1450	1900	320 430	1750	680	15	蓄电池串并联
XK12-6/192	12	600	16. 48	8. 7	192	560	22×2	4755	1141	1900	320 430	1220	680	10	电阻

C　湘潭南方机电制造有限公司

公司始建于1980年，前身是湘潭市工矿电机厂，2000年改制为股份公司，主要产品有架线式电机车，技术性能参数见表9-376，蓄电池式电机车，技术性能参数见表9-377。公司还生产充电机、整流柜、直线牵引电机、司控器、启动电阻等。

表9-376　CJY系列架线式电机车的主要技术性能参数

型　号	整备质量/t	轨距/mm	牵引力/kN	牵引速度/(km/h)	最大牵引力/kN	直流电压/V	牵引电动机功率(kW)×数量	机车外形及主要尺寸 总长/mm	总宽/mm	轨面至顶棚高/mm	牵引高度/mm	轴距/mm	轮径/mm	受电器工作高/m	最小曲线半径/m	调速方式
CJY1.5/$\begin{smallmatrix}6\\7\\9\end{smallmatrix}$G 100V	1.5	600 762 900	2.55	4.54	3.68	100	3.5×1	2340	950 1100	1550	320	650	460	1.6~2.0	5	电阻
CJY1.5/$\begin{smallmatrix}6\\7\\9\end{smallmatrix}$G 250V			3.24	6.6	3.68	250	6.5×2	2370	914 1176 1214	1550	210 320	650	460	1.8~2.2	5	电阻调速
CJY3/$\begin{smallmatrix}6\\7\\9\end{smallmatrix}$G	3	600 762 900	5.74	7.5	7.36	250	6.5×2	2750	944 1106 1244	1550	210 320	850	520	1.8~2.2	6	斩波
CJY3/$\begin{smallmatrix}6\\7\\9\end{smallmatrix}$G(B)														1.8~2.2	6	电阻
CJY6/$\begin{smallmatrix}6\\7\\9\end{smallmatrix}$G 250V	6	600 762 900	11.94	10	14.7	250	1.8×2	4430	1050 1212 1350	1600	320 430	1150	680	2.0~2.4	7	电阻
CJY6/$\begin{smallmatrix}6\\7\\9\end{smallmatrix}$GY																
CJY/$\begin{smallmatrix}6\\7\\9\end{smallmatrix}$G 550V						550										
CJY7/$\begin{smallmatrix}6\\7\\9\end{smallmatrix}$G 250V	7	600 762 900	13.05	11	17.2	250	2.1×2	4470	1054 1354	1550	320 430	1100	680	1.8~2.2	7	电阻
CJY7/$\begin{smallmatrix}6\\7\\9\end{smallmatrix}$G 550V			15.09			550	2.4×2	4456		1550	320 430	1100	680	1.8~2.2	7	电阻
CJY10/$\begin{smallmatrix}6\\7\\9\end{smallmatrix}$G 250V	10	600 762 900	13.05	11	24.5	250	2.1×2	4470		1550	320 430	1100	680	1.8~2.2	7	电阻
CJY10/$\begin{smallmatrix}6\\7\\9\end{smallmatrix}$G(B) 250V								4470		1550		1100		1.8~2.2	7	
CJY10/$\begin{smallmatrix}6\\7\\9\end{smallmatrix}$G(C) 250V			18.93	10.5			3.0×2	4660	1050 1212 1350	1660		1220		2.0~2.4	10	
CJY10/$\begin{smallmatrix}6\\7\\9\end{smallmatrix}$G 550V	10	600 762 900	15.09	11	24.5	550	2.4×2	4456	1054 1354	1500	320 430	1100	680	1.8~2.2	7	电阻
CJY10/$\begin{smallmatrix}6\\7\\9\end{smallmatrix}$G(B) 550V								4530	1054 1254	1550		1100		1.8~2.2		电阻
CJY10/$\begin{smallmatrix}6\\7\\9\end{smallmatrix}$G(C) 550V			18.93	10.5			3.0×2	4660	1050 1212 1350	1600		1220		2.0~2.4	10	电阻
CJY10/$\begin{smallmatrix}6\\7\\9\end{smallmatrix}$G 550V	10	600 762 900	18.93	10.5	24.5	550	3.0×2	4800	1050 1212 1350	1600	320 430	1220	680	1.8~2.4	10	电阻
CJY14/$\begin{smallmatrix}6\\7\\9\end{smallmatrix}$GY	14	600 762 900	26.68	12.87	34.3	550	5.3×2	4900	1060 1350	1700	320 430	1700	760	2.0~3.2	12	电阻
CJY20/$\begin{smallmatrix}7\\9\end{smallmatrix}$G	20	762 900	39.23	15	49	550	8.5×2	7400	1750	1900	320 430	2500	820	2.0~3.2	30	电阻
CJY20/$\begin{smallmatrix}7\\9\end{smallmatrix}$GY	20	762 900	39.23	15	49	550	8.5×2	7900	1750	1900	320 430	2500	820	2.0~3.2	30	电阻
CJY30/$\begin{smallmatrix}7\\9\end{smallmatrix}$G	30	762 900	43	13.2	52	550	8.5×2	7100	1410	1700	334	2200	820	1.9~2.4	22	电阻

表 9-377 蓄电池式电机车主要技术性能参数

<table>
<tr><th rowspan="2">型号</th><th rowspan="2">黏重/t</th><th rowspan="2">轨距/mm</th><th rowspan="2">牵引力/kN</th><th rowspan="2">牵引速度/(km/h)</th><th rowspan="2">最大牵引力/kN</th><th colspan="2">蓄电池组</th><th rowspan="2">牵引电动机功率(kW)×数量</th><th colspan="6">机车外形及主要尺寸/mm</th><th rowspan="2">最小曲线半径/m</th><th rowspan="2">调速方式</th></tr>
<tr><th>电压/V</th><th>容量(5h 制)/A·h</th><th>总长</th><th>总宽</th><th>轨面至顶棚高</th><th>牵引高度</th><th>轴距</th><th>轮径</th></tr>
<tr><td>CAY2.5/(4/6/7/9)G</td><td rowspan="3">2.5</td><td rowspan="3">457
600
762
900</td><td rowspan="3">2.55</td><td rowspan="3">4.54</td><td rowspan="3">6.13</td><td rowspan="3">48</td><td>308</td><td>3.5×1</td><td>2300</td><td>914</td><td rowspan="3">1550</td><td rowspan="3">320</td><td rowspan="3">650</td><td rowspan="3">460</td><td>5</td><td>电阻</td></tr>
<tr><td>CAY2.5/(4/6/7/9)G(B)</td><td>308</td><td>3.5×1</td><td>2300</td><td>1076</td><td>5</td><td>电阻</td></tr>
<tr><td>CTY2.5/(4/6/7/9)G</td><td>330</td><td>3.5×1</td><td>2330</td><td>1212</td><td>5</td><td>电阻</td></tr>
<tr><td>CTY5/4G</td><td rowspan="4">5</td><td>457</td><td rowspan="4">7.06</td><td rowspan="4">7</td><td rowspan="4">12.26</td><td rowspan="2">88</td><td rowspan="2">385</td><td rowspan="4">7.5×2</td><td>3050</td><td>900</td><td>1550</td><td>320</td><td>900</td><td rowspan="4">520</td><td rowspan="4">6</td><td>斩波</td></tr>
<tr><td>CTY5/(6/7/9)G 880V</td><td rowspan="3">600
762
900</td><td>2970</td><td>996</td><td rowspan="3">1550</td><td rowspan="3">210
320</td><td rowspan="3">850</td><td>电阻</td></tr>
<tr><td>CAY5/(6/7/9)G</td><td rowspan="2">90</td><td>330</td><td>2960</td><td>1105</td><td>电阻</td></tr>
<tr><td>CTY5/(6/7/9)G 90V</td><td>385</td><td>2850</td><td>1243</td><td>斩波</td></tr>
<tr><td>CAY8/6G 110V</td><td rowspan="3">8</td><td rowspan="3">600</td><td rowspan="6">11.18</td><td rowspan="3">6.2</td><td rowspan="6">19.62</td><td rowspan="3">110</td><td>370</td><td rowspan="6">11×2</td><td>4430</td><td>1054</td><td>1550</td><td rowspan="6">320
430</td><td rowspan="6">1100</td><td rowspan="6">680</td><td>7</td><td>电阻</td></tr>
<tr><td>CTY8/6G 110V</td><td>440</td><td>4416</td><td>1056</td><td>1600</td><td>7</td><td>电阻</td></tr>
<tr><td>CTL8/6G 110V</td><td>440</td><td>4416</td><td>1056</td><td>1600</td><td>7</td><td>电阻</td></tr>
<tr><td>CAY8/(7/9)G 132V</td><td rowspan="3">8</td><td rowspan="3">762
900</td><td rowspan="3">7.5</td><td rowspan="3">132</td><td>370</td><td>4430</td><td>1354</td><td>1550</td><td>7</td><td>电阻</td></tr>
<tr><td>CTY8/(7/9)G 132V</td><td>440</td><td>4416</td><td>1336</td><td>1600</td><td>7</td><td>电阻</td></tr>
<tr><td>CTL8/(7/9)G 132V</td><td>440</td><td>4460</td><td>1356</td><td>1600</td><td>7</td><td>电阻</td></tr>
<tr><td>CTY8/(6/7/9)G 144V</td><td rowspan="2">8</td><td rowspan="2">600
762
900</td><td rowspan="4">12.83</td><td rowspan="4">7.8</td><td rowspan="4">19.62</td><td rowspan="2">144</td><td>矮 440</td><td>15×2</td><td>4470</td><td>1050</td><td>1600</td><td rowspan="2">320
430</td><td>1150</td><td>600</td><td>7</td><td>电阻</td></tr>
<tr><td>CAY8/(6/7/9)G 144V</td><td>440</td><td>15×2</td><td>4470</td><td>1350</td><td>1600</td><td>1150</td><td>600</td><td>7</td><td>电阻</td></tr>
<tr><td>CTA8/(6/7/9)G 140V</td><td>8</td><td rowspan="2">600
762
900</td><td>140</td><td>440</td><td>15×2</td><td>4490</td><td>1040</td><td>1600</td><td rowspan="2">320
430</td><td>1150</td><td>680</td><td>7</td><td>斩波</td></tr>
<tr><td>CTL8/(6/7/9)G 140V</td><td>8</td><td>140</td><td>440</td><td>15×2</td><td>4850</td><td rowspan="2">1050
1212
1350</td><td>1600</td><td>1150</td><td>680</td><td>7</td><td>斩波或电阻任选</td></tr>
<tr><td>CAY12/(6/7/9)G</td><td rowspan="5">12</td><td rowspan="5">600
762
900</td><td rowspan="4">16.48</td><td rowspan="4">8.7</td><td rowspan="5">29.43</td><td rowspan="4">192</td><td rowspan="5">560</td><td rowspan="4">22×2</td><td>4740</td><td>1600</td><td rowspan="5">320
430</td><td>1220</td><td>680</td><td>10</td><td>电阻</td></tr>
<tr><td>CTY12/(6/7/9)G</td><td>5100</td><td>1212
1350</td><td>1600</td><td>1220</td><td>680</td><td>10</td><td>电阻</td></tr>
<tr><td>CTL12/(6/7/9)G</td><td>5100</td><td>1212
1350</td><td>1600</td><td>1220</td><td>680</td><td>10</td><td>电阻</td></tr>
<tr><td>CTL12/(6/7/9)G(B)</td><td>5300</td><td>1212
1350</td><td>1600</td><td>1220</td><td>680</td><td>10</td><td>电阻</td></tr>
<tr><td>CAZ12/(6/7/9)G</td><td>18.93</td><td>9.6</td><td>256</td><td>30×2</td><td>5250</td><td>1450</td><td>1900</td><td>1750</td><td>680</td><td>15</td><td>电阻</td></tr>
<tr><td>CAY15/(6/7/9)G</td><td>15</td><td>600
762
900</td><td>18.93</td><td>9.6</td><td>36.18</td><td>256</td><td>620</td><td>30×2</td><td>5200</td><td>1500</td><td>1920</td><td>320
430</td><td>1400</td><td>680</td><td>15</td><td>电阻</td></tr>
<tr><td>CAY18/(6/7/9)G</td><td>18</td><td>700
900</td><td>29.4</td><td>9.8</td><td>44.145</td><td>208</td><td>730</td><td>40×2</td><td>5100</td><td>1500</td><td>1900</td><td>320
430</td><td>2100</td><td>600</td><td>20</td><td>IGBT 斩波</td></tr>
</table>

型号标识方法:C1234/45。

符号含义:C——煤矿用机车;1——型式(T表示蓄电池式防爆特殊型,A表示蓄电池式增安型,J表示架线式一般型);2——司机室(Y表示一端司机室,Z表示中间司机室,L表示两端司机室);3——黏重,t;4——轨距(6表示600mm,7表示762mm,9表示900mm);5——卸矿方式(G表示钢轮,Y表示带翼板)。

D 常州长江客车集团工矿车辆有限公司

原名为常州内燃机车厂,1998年改制为常州长江客车集团工矿车辆有限公司,主要产品有内燃机车,工矿电机车,各类矿车,蓄电池叉车,有轨、无轨蓄电池车等。井下用的ZK系列直流架线式电机车主要性能参数见表9-378。

表9-378 ZK系列电机车的主要技术性能指标

型 号	ZK3-$\begin{smallmatrix}6\\7\end{smallmatrix}$/250	ZK3-$\begin{smallmatrix}6\\7\\9\end{smallmatrix}$/250-3	ZK3-$\begin{smallmatrix}6\\7\\9\end{smallmatrix}$/250-5	ZK710-$\begin{smallmatrix}6\\7\\9\end{smallmatrix}$/250-1	ZK710-$\begin{smallmatrix}6\\7\\9\end{smallmatrix}$/550-1	ZK10-$\begin{smallmatrix}6\\7\\9\end{smallmatrix}$/250-41	ZK10-$\begin{smallmatrix}6\\7\\9\end{smallmatrix}$/550-51
黏重/t	3			7,10		10	
轨距/mm	600,750,762	600,762,900		600,750,762,900		600,762,900	
电压/V	250				550	250	550
牵引力/kN	5.1	5.73		13.3	25.4	18.9	
牵引速度/(km/h)	8.5	7.5		11		10.5	
构造速度/(km/h)	24	15		25		20	
电动机功率/kW	1×12.2	2×6.5		2×21	2×24	2×30	
控制方式	有触点直接控制	无触点脉冲调速		有触点直接控制			
制动方式	机械、电阻			空气、机械、电阻			
通过最小曲线半径/m	5.7	6		7			
轴距/mm	816	850		1100			
挂钩中心线高度/mm	230	210,320		320,430			
受电弓工作高度/mm	1650~2050	1800~2200					
外形尺寸(长×宽×高)/mm×mm×mm	270×950(1112)×1500	2750×950(1112,1250)×1550		4500×1050(1356)×1600		4730×1056(1218,1356)×1600	

黏重/t	10				14			
轨距/mm	600,762,900				600		762,900	
电压/V	250	550	250	550	250	550	250	550
牵引力/kN	18.9				26.66			
牵引速度/(km/h)	10.5				12.9			
构造速度/(km/h)	20				27			
电动机功率/kW	2×30				2×52			
控制方式	有触点直接控制							
制动方式	空气、机械、电阻							
通过最小曲线半径/m	7				10			
轴距/mm	1100				1700			
挂钩中心线高度/mm	320,430							
受电弓工作高度/mm	1800~2200				2000~3200			
外形尺寸(长×宽×高)/mm×mm×mm	4730×1056(1218,1356)×1600				4900×1058×1550		5640×1359×1570	4900×1359×1600

E 大连现代轨道交通有限公司电车工厂

该厂是我国最早的矿用电机车生产厂家,是原国家机械部定点生产企业,主要为煤炭、冶金、矿山提供直交流牵引电机车、牵引电动机、牵引电器及其电机车配件。该厂生产的JKB系列电机车为直-交系列,其主要技术性能指标见表9-379。

表 9-379 JKB 系列矿用交流变频架线式电机车

型 号	JKB10-6/250	JKB14-7/250	JKB20-7/550	型 号	JKB10-6/250	JKB14-7/250	JKB20-7/550
黏重/t	10	14	20	制动方式	电阻,液压	电阻,液压	电阻,液压
轨距/mm	600/762/900	762/900	750/762/900	总传动比	10.8	6.08	13.85
电压/V	DC250/DC550	DC250/DC550	DC550	轴距/mm	1100	1600	2000
牵引力/kN	13	26	41	最小转弯半径/m	7	10	20
牵引速度/(km/h)	11	13	13	轮径/mm	680	760	760
电动机功率/kW	25×2	50×2	75×2	受电弓高度/mm	2200~1800	2200~1800	3100~2000
传动方式	伞-正两级齿轮传动	一级齿轮传动	一级齿轮传动	车辆尺寸(长×宽×高)/mm×mm×mm	4500×1400×1650 4500×1252×1650 4500×1390×1650	4900×1400×1700	6500×1550×1650
控制方式	变频调速	变频调速	变频调速				

F 六盘水煤矿机械厂

该厂生产的直流架线式电机车的主要技术性能参数见表 9-380,防爆特殊型蓄电池式电机车的主要技术性能参数见表 9-381。

表 9-380 直流架线式电机车主要技术性能参数

型 号	CDZJ-7/250	CDZJ-7/550	CDZJ-10/250	CDZJ-10/550	CDZJ$_2$-10/250	CDZJ$_2$-10/550
黏重/t	7	7	10	10	10	10
轨距/mm	600,762,900	600,762,900	600,762,900	600,762,900	600,762,900	600,762,900
牵引力/kN	13.3	15.4	18.93	18.93	18.93	18.93
速度/(km/h)	11	11	10.5	10.5	10.5	10.5
电压/V	250	550	250	550	250	550
牵引电动机功率/kW	21×2	24×2	30×2	30×2	30×2	30×2
总长/mm	4450	4450	4800	4800	4800	4800
总宽/mm	1060,1222,1360					
轨面至顶棚高度/mm	1500	1500	1600	1600	1600	1600
牵引高度/mm	320,430	320,430	320,430	320,430	320,430	320,430
轴距/mm	1100	1100	1100	1100	1100	1100
受电弓工作高度/mm	1800~2200	1800~2200	1800~2200	1800~2200	1800~2200	1800~2200
最小曲率半径/m	7	7	7	7	7	7
调速方式	电阻	电阻	电阻	电阻	电阻	电阻
型 号	CDZJ$_2$-10/250	CDZJ-14/250	CDZJ-14/550	CDZJ$_2$-14/250	CDZJ$_2$-14/550	CDZJ$_2$-14/250
黏重/t	10	14	14	14	14	14
轨距/mm	600	762	900			
牵引力/kN	18.93	26.6	26.6	26.6	26.6	26.6
速度/(km/h)	10.5	12.9	12.9	12.9	12.9	12.9
电压/V	250	250	550	250	550	250
牵引电动机功率/kW	30×2	52×2	52×2	52×2	52×2	52×2
总长/mm	4800	4900	4900	5100	5100	5100
总宽/mm	1060,1222,1360		1060,1222,1330			
轨面至顶棚高度/mm	1600	1600	1600	1600	1600	1600
牵引高度/mm	320,430	320,430	320,430	320,430	320,430	320,430
轴距/mm	1100	1700	1700	1700	1700	1700
受电弓工作高度/mm	1800~2200	1800~2200	1800~2200	1800~2200	1800~2200	1800~2200
最小曲率半径/m	7	10	10	10	10	10
调速方式	脉冲	电阻	电阻	电阻	电阻	脉冲

表 9-381 防爆特殊型蓄电池式电机车的主要技术性能参数

型号		CDXT-2.5	CDXT-5	CDXT-8	$CDXT_2$-8	CDXT-12	$CDXT_2$-12	$CDXT_2$-18	CDXG-18	$CDXG_2$-18
黏重/t		2.5	5	8	8	12	12	18	18	18
轨距/mm		457,500 600,762 900	600 762 900	600 762 900	600 762 900	600 762 900	600 762 900	600 762 900	600 762 900	600 762 900
牵引力/kN		2.75	7.24	13	11.6	16.8	16.8	30	30	30
牵引速度/(km/h)		4.5	7	7.8	7.8	8.5	8.5	11	11	11
蓄电池组	电压/V	48	96	140	120	192	192	252	252	252
	容量/A·h	330	330	440	440	560	560	730	730	730
调速方式		电阻/磁场	综合/脉冲	综合/脉冲	综合/脉冲	综合/脉冲	综合/脉冲	脉冲	脉冲	脉冲
制动方式		机械	机械	机械	机械	机械,空气,电气	机械,空气	电阻,机械,空气	电阻,机械,空气	电阻,机械,空气
最小曲率半径/m		5	6.5	7	7	8	12	12	15	12
轴距/mm		650	900	1150	1100	1220	1800	1800	1900	1800
外形尺寸/mm	长	2290	3225	4400	4500	4900	5615,5300,5400	6000	5630	6000
	宽	916	994	1050	1050	1060	1060	1250	1250	1250
		1078	1156	1210	1210	1222	1222	1412	1390	1412
		1050	1294	1350	1350	1360	1360	1550	1470	1550
	高	1550	1550	1600	1600	1800	1650	1800	2000	1800
牵引高度/mm		225,305	225,320	320,430	320,430	320,430	320,430	430,520	430,520	430,520
电动机功率/kW		4.5×1	7.5×2	15×2	12.5×2	21×2	21×2	52×2	52×2	52×2
驾驶方式		单	单	单	双	单	双	双	单	双

9.17.2.5 选型原则和计算及矿车选择

A 电机车选型原则

地下电机车的选择，主要是根据运输量、运距、使用地点、装卸矿方式、车辆形式等条件来确定。

(1) 机车质量与阶段运输量的关系，见表 9-151。

(2) 地下运输采用井下型架线式电机车。地下矿山地面运输一般也选用井下型架线式电机车，当运量很大，经技术经济指标比较后确认选用露天型电机车合理时，也可选用露天型电机车。

(3) 对于平硐运输系统应考虑选用相同种类型号的电机车。

(4) 阶段运量不大，运距较短，或装矿点分散和溜井储矿量较小时，应选用较小质量的机车。

(5) 若集中装矿，溜井储矿量大、运距长时，则选用质量较大的机车。

(6) 专门作为开拓运输时，选用小型机车(包括蓄电池式机车)。

(7) 如运量和出矿条件不同，必要时也可选用两种不同型号的机车。

(8) 对于废石运输(采用小型翻斗式矿车时)，人员、材料等辅助运输，一般配备小质量机车。

(9) 按矿车型式和卸载方式选择机车型式。底卸式矿车和侧卸式矿车通过曲轨卸矿站卸矿时，一般采用双机首尾牵引方式，应选用机身两侧带有翼板的专用型电机车。

(10) 当采用双轨牵引时应为两台同型号机车。

(11) 3t 直流架线式井下矿井电机车为淘汰产品，设计时禁止选用。

架线式电机车一般用于阶段运输，蓄电池电机车多用于掘进平巷运输，或作为某些运输环节上的短距离运输，以及受条件限制不能使用架线式电机车的地方。《金属非金属矿山安全规程》规定：在有爆炸性气体的回风巷道中，禁止使用架线式电机车；在高硫和有自然发火的矿井，应使用防爆型蓄电池电机车。

内燃机车由于排气污染问题，至今仍未得到满意解决，目前主要用于地面运输。但对于低污染内燃机车有废气净化装置，当排放废气中的有害成分符合国家规定的标准时，方可允许用于地下。

直流架线式电机车的额定电压一般采用 250V，运量较大、运距较长时，采用 550V。

B 计算

a 需要的基础资料

需要的基础资料包括：设计班运输量、运输距离、线路平面图和纵断面图装载站位置、线路平均坡度和最大坡度，拟采用的电机车及矿车技术性能，每班运送人员、材料、设备等列车数。

（1）班运输量 A'_s。A'_s（t/班）是按平均班产量 A_b 乘以运输不均衡系数 C 来确定的，即：

$$A'_s = CA_b \tag{9-397}$$

运输不均衡系数 C 主要决定于矿井产量的不均衡或出矿量的不均衡，同时还与装车方式、供矿条件、采矿方法等有很大关系。对于厚矿体，有大量储矿的溜井和矿仓，不均衡系数可取 1.2～1.25；有些采矿方法（如长壁法）班产量不大，溜井中没有储矿量，班前、班中、班末的出矿量有很大差别，这种情况下的不均衡系数应取 1.3。

电机车的运输能力应大于或等于设计班产量，以保证按时完成运输任务。

（2）平均运输距离。运输距离按加权平均运输距离计算。加权平均运输距离 L 由式（9-398）求得：

$$L = \frac{A_1L_1 + A_2L_2 + \cdots + A_nL_n}{A_1 + A_2 + \cdots + A_n} \tag{9-398}$$

式中 L——运输距离，m；

$L_1, L_2, \cdots, L_n$——各出矿点至卸矿点的相应距离，m；

$A_1, A_2, \cdots, A_n$——各出矿点相应的出矿量，t/班。

（3）线路坡度。电机车运输线路往往是变化的，为计算方便，常根据纵断面图算出线路的平均坡度。线路平均坡度 i_p 由式（9-399）确定：

$$i_p = \frac{i_1L_1 + i_2L_2 + \cdots + i_nL_n}{L_1 + L_2 + L_n} \tag{9-399}$$

式中 $i_1, i_2, \cdots, i_n$——各段线路相应坡度，%，设计时一般取线路平均坡度为 0.3%～0.5%；

$L_1, L_2, \cdots, L_n$——各段线路的相应长度，m。

b 电机车牵引的矿车数计算

电机车牵引的矿车数即确定列车组由多少辆矿车组成。列车组成计算按 3 个条件进行：电机车的启动条件、列车制动条件、牵引电动机允许温升条件。按这 3 个条件计算的结果取其最小值。

（1）按列车的启动条件计算牵引质量。考虑到井下运输中最困难的情况，按电机车牵引重车组沿弯道上坡启动；同时为了保证电机车启动时车轮不滑动，电机车的牵引力（F）不应超过最大黏着力，即：$F < G_{jn}\psi$。这样求得电机车的牵引质量 Q_{zh}。其计算公式为：

$$Q_{zh} = \frac{G_{jn}\psi}{\omega_{zh} + i_p + \omega_w + 0.11a} - G_j \tag{9-400}$$

式中 G_{jn}——电机车的全部主动轮轴压在钢轨上的总质量，$G_{jn} = \Sigma G_{jo}$，称为电机车的黏着重量，kg；

G_{jo}——一个主动轮轴加在轨道上的质量，kg；

ψ——电机车启动时的黏着系数，见表 9-382；

G_j——电机车的质量，kg；

Q_{zh}——重车组的质量，即机车牵引质量，kg；

ω_{zh}——重车启动时的阻力系数，可按重车基本阻力系数选取，见表 9-383；

i_p——线路的平均坡度，一般可取 0.3%；

ω_w——弯道阻力系数，当重列车不在弯道上启动时，则 $\omega_w = 0$，用经验公式计算：

$$\omega_w = \frac{35K}{1000R} \tag{9-401}$$

K——考虑外轨超高的系数，当外轨超高时，$K = 1$，当外轨没有超高时，$K = 1.5$；

R——曲线半径，m；

a——列车的加速度，对于地下运输可取 $a = 0.03 \sim 0.05\text{m/s}^2$。

表 9-382 黏着系数的取值

工作状况	启动时	撒砂启动时	运行时	制动时
ψ 值	0.20	0.25	0.15	0.13～0.17

表 9-383 矿车基本阻力系数

矿车容积/m³	单个矿车①		列车	
	重车	空车	重车	空车
0.5	0.007	0.009	0.009	0.011
0.7～1.0	0.006	0.008	0.008	0.010
1.2～1.5	0.005	0.007	0.007	0.009
2	0.0045	0.006	0.006	0.007
4	0.004	0.005	0.005	0.006
10	0.0035	0.004	0.004	0.005

① 矿车启动阻力系数为基本阻力系数的 1.5 倍。

（2）按列车制动条件计算牵引重量。按《金属非金属矿山安全规程》规定，地下运输列车制动距离：运送人员时，不得超过 20m，运送物料时，不得超过 40m；14t 以上大型机车（或双机）牵引运输时，应根据运输条件予以确定，但不得超过 80m。按制动条件确定电机车的牵引重量时，必须根据这个规定并按最不利情况来计算。同时为了使电机车车轮不被闸瓦抱死，电机车的最大制动力 B 应小于或等于它的黏着力，即 $B<G_{jz}\psi$，按这一条件求得电机车的牵引重车 Q_{zh}，其计算公式为：

$$Q_{zh}\leqslant\frac{G_{jz}\psi}{0.11a_z+i_p-\omega'_{zh}}-G_j \tag{9-402}$$

式中 Q_{zh}——电机车的牵引重量，kg；

G_{jz}——机车的制动重量，kg，如果各轮轴都是制动闸瓦时，则机车的制动重量等于机车全部重量；

ω'_{zh}——重列车的运行阻力系数，可按重车基本阻力系数选取，见表 9-29；

a_z——制动时的减速度，m/s²，可按式（9-403）计算：

$$a_z=\frac{U_{ch}^2}{2L_z} \tag{9-403}$$

U_{ch}——电机车的长时速度，m/s，由电机车性能参数查得；

L_z——制动距离，$L_z\leqslant 40$m；

G_j——电机车的重量，kg。

按上述两个条件分别计算牵引重量以后，应取两者中的小值来计算车组中的矿车数 Z_1：

$$Z_1=\frac{Q_{zh}}{G+G_0} \tag{9-404}$$

式中 Z_1——矿车数，辆；

Q_{zh}——牵引重量中的较小值，kg；

G——矿车的有效装载重量，kg；

G_0——矿车的重量，kg。

（3）按牵引电动机的温升条件对上述结果进行校验。校验的实质是：牵引电动机的等值电流 I_d 不应超过它的长时电流 I_{ch}，即 $I_d<I_{ch}$。如果能够保持这个条件，牵引电动机的温升就不会超过允许温升。

牵引电动机的长时电流可由电机车性能参数查得。

电机车每往返一次牵引电动机的等值电流用均方根法计算。

首先计算电机车牵引重车组和空车组运行的牵引力 F_{zh}（N）、F_k（N）：

$$F_{zh}=[G_i+Z_1(G+G_0)](\omega'_{zh}-i_p) \tag{9-405}$$

$$F_k=(G_j+Z_1G_0)(\omega'_k+i_p) \tag{9-406}$$

每台牵引电动机的牵引力 F'_{zh}(N)、F'_{k}(N)：

$$F'_{zh} = F_{zh}/n \tag{9-407}$$

$$F'_{k} = F_{k}/n \tag{9-408}$$

式中 ω'_{k}——空列车的运行阻力系数，可由空车基本阻力系数选取，见表 9-377；

n——电机车上的牵引电动机台数，台。

然后在牵引电动机的特性曲线(图 9-494)上，根据所计算的 F'_{zh}、F'_{k} 查出重列车和空列车运行时牵引电动机的电流 I_{zh}、I_{h} 及速度 v_{zh}、v_{k}，查出速度为 km/h，应化为 m/s。

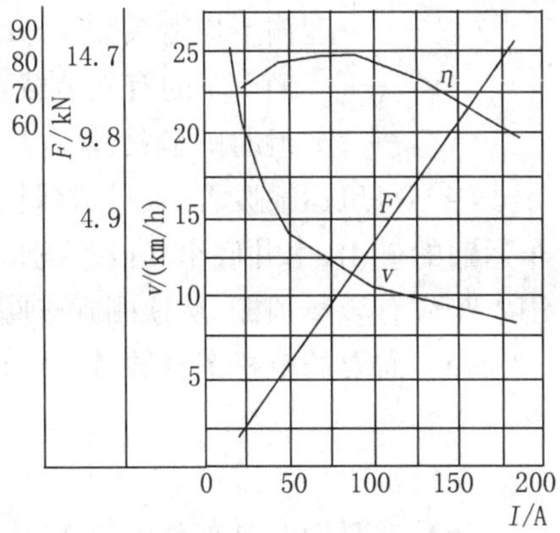

图 9-494 ZQ-21 型电动机特性曲线

电机车往返一次牵引电动机的等值电流为：

$$I_{d} = a\sqrt{\frac{I_{zh}^{2}t_{zh} + I_{k}^{2}t_{k}}{T_{1} + t}} \tag{9-409}$$

式中 I_{d}——电机车往返一次牵引电动机的等值电流，A；

a——调车系数，即考虑调车时牵引电动机工作的参数，其大小与运距有关，运距小于 1000m 时取 1.4，运距为 1000 ~ 2000m 时取 1.25，运距大于 2000m 时取 1.15；

t——在井底车场和采区车场调车的时间，包括调车、装卸作业、让车和意外耽误的时间等。一般取 t = 20 ~ 25min，在计算时也可按各次耽误时间之和来考虑；

T_{1}——总的运行时间，即重列车和空列车运行时间之和：

$$T_{1} = t_{zh} + t_{k}$$

$$t_{zh} = \frac{L_{m}}{60 \times 0.75v_{zh}}$$

$$t_{k} = \frac{L_{m}}{60 \times 0.75v_{k}}$$

L_{m}——电机车到最远的一个装车站的距离，m；

$0.75v_{zh}$——重列车的平均速度，m/s；

$0.75v_{k}$——空列车的平均速度，m/s。

若 $I_{d} < I_{ch}$，则表明牵引电动机不会超过允许温升，也即电机车牵引的矿车数是恰当的。若 $I_{d} > I_{ch}$，则必须减少车组中的矿车数。

c 电机车台数的计算

(1) 电机车往返一次的时间 T(min)：

$$T = T_{1} + t \tag{9-410}$$

式中 T_{1}——总运行时间，min。

$$T_{1} = \frac{2L}{60 \times 0.75v_{zh}}$$

L——加权平均运输距离，m。

(2) 一台电机车每班可完成的往返次数 n_{1}(次)：

$$n_{1} = \frac{60t_{b}}{T} \tag{9-411}$$

式中 t_{b}——电机车每班工作小时数，取 6 ~ 6.5h。

(3) 完成每班出矿量需要的往返次数 m(次)：

$$m = \frac{cA_{b}}{Z_{1}G} \tag{9-412}$$

式中 A_{b}——某阶段的班平均出矿量，t；

c——运输不均衡系数，$c=1.2\sim1.3$；

G——一辆矿车的有效装载重量，t；

Z_1——车组的矿车数，辆。

（4）每班运输废石、人员、材料、设备等所需的往返次数 m_1 值可按各个矿山具体情况决定。采用电机车运输的矿山，由井底车场或平硐口到作业地点所经平巷长度超过1500m时，应设专用人车运送人员。专用人车应有金属顶棚，从顶棚到车厢和车架应作好电气连接，确保通过钢轨可靠接地。

（5）需要的电机车台数 N_1（台）：

$$N_1=\frac{m+m_1}{n_1} \tag{9-413}$$

（6）需要的电机车总台数 N（台）：

$$N=N_1+N_2 \tag{9-414}$$

式中 N_2——备用电机车台数，工作电机车在4台以内时，备用1台，5台以上时，备用2台，如电机车通过竖井极不方便时，最好各主要生产阶段分别考虑备用机车。

d 机车牵引方式

地下机车运输一般采用单机牵引。对于大中型矿山，运输任务特别繁忙或有特殊要求时，通过技术经济比较，如双机或多机牵引方式效益明显时，应予采用。当车组为底侧卸式、底卸式时，也需采用双机牵引。

双机（多机）牵引可分为首部、首中、首尾牵引等3种方式，其特点、适用条件见表9-384。

表9-384 机车牵引方式、特点、适用条件

项目	机车在列车中的位置及控制	适用条件	优缺点	备注
单机牵引	机车置于列车首部	适用于除底卸式、底侧卸式矿车以外的各种车辆	列车组成简单，解体组列方便灵活，受电和控制系统简单，联接器受力大	
双机首部牵引	两台机车串联置于列车首部。统一受电，集中控制，同步运行和制动		列车组成简单，解体组列方便灵活，控制系统复杂，联接器受力大	德兴铜矿125m阶段主运输道为14t双机牵引 $9m^3$ 固定式矿车，落雪矿为14t双机牵引 $10m^3$ 固定式矿车
双机首中牵引	两台机车分别置于列车首部和中部，分别受电，集中控制，同步运行和制动	适用于底卸式和底侧卸式矿车，但不适用于固定式矿车	列车组成复杂，解体组列不方便，受电和控制系统复杂，联接器受力大	
双机首尾牵引	两台机车分别置于列车首部和尾部，分别受电，集中控制，同步运行和制动		列车组成较复杂，解体组列更不方便，受电和控制系统复杂，电缆易损坏，可双向行驶，调车作业简便	凤凰山铜矿7t双机牵引 $7m^3$ 底卸式矿车，大厂锡矿10t双机牵引 $6m^3$ 底卸式矿车。

注：双机牵引效率可按0.85～0.95考虑。

e 蓄电池容量的确定

蓄电池电机车大多数用在地下矿，如独头巷道工作面矿岩运输，为减少运输消耗的电能，一般情况下线路都设计成重车下坡、空车上坡运行。

蓄电池的容量应满足电机车一个班工作的需要，其计算方法如下：

（1）电机车一个班往返消耗的电能 E：

$$E=\frac{a\varepsilon L}{0.367\eta'}[\omega''_{0z}+(\omega''_{0z}+\omega''_{0k})\lambda-i]ZG_2 \tag{9-415}$$

式中 ε——列车重量系数，它是电机车重量 P 与车辆总重量 Q 之和对车辆总重量 Q 之比，即 $\varepsilon=\frac{P+Q}{Q}$，一般为1.1～1.25；

L——电机车运行区间距离，km；

η'——电机车的效率，一般为0.60～0.65；

ω''_{0z}——重载车辆的单位基本运行阻力，N/kN；

ω''_{0k}——空载车辆的单位基本运行阻力，N/kN；

λ——车辆系数,$\lambda = G_1/G_2$ = 车辆自重/车辆载重;

i——电机车运行区间的平均坡度,%;

Z——牵引的矿车数;

a——调车系数,按表 9-385 取值。

表 9-385 调车系数

运行距离/km	<1	1~1.5	1.5~2	>2
a	1.4	1.25	1.15	1.1

(2) 一个往返的运行总时间 T:

$$T = \frac{1000 \times 2L}{60 \times 0.75 v_1} + T_0 \tag{9-416}$$

式中 v_1——电机车小时制速度,m/s;

T_0——车站及采区等处的总调车时间,一般为 15~25min。

(3) 由此可求得一个班的能耗电量 E_1:

$$E_1 = \frac{8 \times 60\beta}{T} E \tag{9-417}$$

式中 β——时间利用系数,一般为 0.75~0.80。

根据上述公式,结合蓄电池组的额定电压和安全裕度(一般为 1.6 ~1.9),即可计算出蓄电池组的容量(安时数)。

C 矿车的选择

矿山运输矿石、废石的矿车主要有固定式、翻斗式、曲轨侧卸式、底卸式、底侧卸式及梭式矿车等。

设计和生产中选择矿车型式主要是根据运输量、运距、装卸矿岩的方式、矿石和岩石性质(块度、粉矿含量和水分、黏结性等)、使用地点等条件确定。

矿车选择主要考虑以下几个情况:

(1) 对运输系统比较复杂的矿山,矿车选型须通过技术经济比较后确定。

(2) 为减少列车编组、调度和维修方面的复杂性,全矿力求车型和规格最少,选用一种或两种为宜(辅助及杂用车辆除外)。

(3) 根据设计需要和可能,尽量选用较大容积的矿车。

(4) 由于曲轨侧卸式矿车在卸矿时产生很大的冲击,故一般不选用 $4m^3$ 以上的大型矿车。

(5) 固定点气动侧卸式矿车的卸矿效率较低,因而不推荐使用。

9.17.3 地下矿用汽车

9.17.3.1 国内外现状与发展趋势

A 国外地下矿用汽车现状

德国 GHH 公司从 1964 年开始生产地下矿用汽车,现在已发展到生产 12t、15t、20t、25t、30t、35t、40t、44t、50t、60t 等 10 个系列产品。GHH 公司地下矿用汽车系列产品,柴油机大部分采用德国道依茨低污染柴油机,前、后车架采用带中间回转支承的中央铰接联结,前、后车架可绕车辆纵轴相对摆动,左、右各摆动 10°,当地面不平时,可使四轮始终着地,增加附着重力,增大牵引力,提高了车辆在低洼不平路面上的通过性能。变矩器、变速箱采用美国 Dana 公司或 Renk 公司的产品,驱动桥采用美国 Dana 公司或德国 Kessler 公司的产品。行车制动采用全封闭多盘湿式制动器,驻车制动采用弹簧制动,液压松闸制动器。GHH 公司地下矿用汽车,驾驶室均前置,正向行驶时视野好,但倒车时视野差。

Sandvik Tamrock 公司控股的法国 EM 公司、加拿大 EJC 公司和芬兰 Toro 公司三家子公司均是世界著名的地下无轨设备生产公司。现在在加拿大生产 30t 以下的地下矿用汽车,以 EJC 命名地下矿用汽车,有 11.8t、13.6t、15.4t、22t、27t、30t 等 6 个系列产品。30t 以上的地下矿用汽车在芬兰生产,以 Toro 命名地下矿用汽车品牌,有35t、40t、50t、60t、80t 5个系列产品。EJC系列地下矿用汽车,发动机采用(Detroit)水冷柴油机,变矩器、变速箱采用Dana公司产品,驱动桥采用Dana或Kessler公司的产品,前、后车架采用中央铰接折腰转向,前车架相对后车架左右摆动8°。Toro系列地下矿用汽车发动机采用Detroit或Cummins公司的产品,带电控系统。变矩器、变速箱采用Dana公司或Allison公司的产品,驱动桥采用Dana公司产品,35t、40t、50t地下矿用汽车前、后车架中央铰接折腰转向,前后车架相对摆动,60t、80t地下矿用汽车采用整体式车架,多驱动桥结构形式,增加行驶和装卸料工况整车的稳定性。

加拿大DUX公司从20世纪80年代开始制造地下无轨采矿设备,生产出了11t、15t、16t、18t、20t、25t、30t、32t、41t、45t、55t等11个品种的地下矿用汽车系列。这些地下矿用汽车,发动机采用德国Deutz或Detroit生产的柴油机,动力性能好,具有较大的爬坡能力,适合地下矿山长距离重载上坡。传动系统采用美国Dana公司生产的变矩器、变速箱和驱动桥。制动器采用全封闭弹簧制动,液压松闸多盘湿式制动器,强制循环冷却方式冷却。车架采用新型的中央铰接结构,改善了前、后车体中间铰接部分的受力,前、后车架可绕车辆纵轴相对摆动,以使四轮在不平路面上始终着地,增加了车辆的附着重力,提高了车辆的牵引附着性能。驾驶室前部侧座布置,正向行驶时视野好,同时也采取了隔热、隔振措施,改善了司机的操作环境。

加拿大MTI公司的子公司JCI公司于1980年开始生产地下矿用汽车,有6t、14.5t、16t、23.5t、27t等5个系列。发动机采用德国道依茨风冷或Caterpillar水冷或Detroit水冷柴油机,其中Detroit柴油机采用电控系统进行控制,高效,节能,排放性能好。传动系统变矩器、变速箱、驱动桥采用Caterpillar和美国Dana公司产品,制动器采用全封闭多盘湿式制动器。车架采用前、后车架中央铰接折腰转向方式。驾驶室前部侧座布置。

德国PAUS公司从20世纪80年代开始生产地下无轨设备,已经生产了10t、15t、20t、25t等4个系列的地下矿用汽车。发动机均采用德国道依茨低污染风冷或水冷柴油机,机外净化系统采用水洗或催化净化方法,极大地降低了污染,适合地下矿运输。变矩器、变速箱采用美国Dana公司产品,驱动桥采用Ford公司的产品。前、后车架采用中央铰接连接,折腰转向,摆动采用前桥摆动方式。驾驶室前置、驾驶座可回转180°进行双向操纵,双方均具有较好的操作性能和视野。

瑞典基鲁纳(Kiruna)采矿运输公司从20世纪80年代开始研制柴油机驱动和电驱动的地下矿用汽车,电动汽车以零污染、生产效率高、运营成本低、噪声低、可靠性好等优点被矿山用户关注。20世纪80年代末第一台50t的K1050E电动汽车在加拿大使用以来,又生产了35t和50t柴油机驱动和电驱动的地下矿用汽车。35t和50t地下电动汽车的特点是:动力由两台大功率交流电机驱动,既可由架线供电,也可由蓄电池供电,适应性强,牵引性能好。满载爬坡能力达20%的坡度、速度可达20km/h。前、后车架采用中央铰接连接,折腰转向,四轮驱动方式,机动性好,提高了牵引附着性能。该车连续运行时间长,运行可靠性高,真正实现了零排放。另外,噪声低,发热量少,改善了司机的操纵条件和环境。35t和50t柴油地下矿用汽车,发动机采用Detroit和Caterpillar公司生产的柴油发动机,变矩器和变速箱采用美国Dana公司或Allison公司的产品,驱动桥采用美国Dana公司或Kessler公司的产品,制动器采用全封闭多盘湿式制动器。

由于地下矿用汽车技术含量高,市场空间大,应用前景好等原因,除了以上这些专业地下矿用汽车厂商外,生产露天汽车或生产铰接汽车(ADT)的制造商们也纷纷投向地下矿用汽车开发领域,或改装产品,或修改设计,使之能适用于地下矿山运输。这也促进了地下矿用汽车技术的发展。

如美国Caterpillar公司收购了生产地下矿用汽车的澳大利亚的Elphinstone公司,把生产的地下矿用汽车以Elphinstone品牌命名,现已生产了38t、40t、45t、52.2t、55t等5个吨位的地下矿用汽车。这些地下矿用汽车,发动机采用Caterpillar公司自己生产的电控柴油机,动力性能好,可靠性高,噪声低,污染小;动力传动系统中的变速器、变速箱和驱动桥也都采用Caterpillar公司自己的成熟产品,变矩器带闭锁离合器;变速箱带动力换挡功能;制动器采用全封闭多盘湿式制动器,采用强制循环冷却系统冷却,安全可靠。由于发动机主要传动件均是Caterpillar公司自己的产品,进行了非常合理的匹配,并采用多项控制技术,传动系统具有故障诊断功能,提高了生产率和运行效率。前、后车架中央铰接连接,折腰转向,前车体采用独立悬挂系统,减少了振动和噪声,司机室具有较好的隔热、隔音功能,舒适的司机座椅,大大地改善了司机的操纵条件。

南非 Bell 公司于 1985 年生产出首台 ADT,型号为 B25 铰接汽车,随后,公司不断拓展 ADT 产品系列,于 1989 年推出 ADT 主导型号产品 B40。之后经过不断开发和完善,生产出 C 系列,即从 B17C ~ B40C 载重量从 17 ~ 36.5t,现在已发展到 D 系列汽车。这些铰接汽车,发动机采用德国 Deutz 风冷柴油机和 ADE 水冷柴油机,并采用机外净化装置。传动系统进行了较大改进,采用 ZF 的限速滑差装置替代原来的差速器,提高了牵引附着性能,变速箱改用 Allison 行星变速箱,提高了传动系统的可靠性。更换了前后桥,提高了整车承载能力,延长了使用寿命,降低了司机室高度,提高了整车的通过性,所有这些改进都是为了适应地下矿山的运输要求。

美国 Terex 公司生产 ADT 也有多年历史,生产承载量从 23t 到 36.5t 共 4 种车型。Terex 公司为了适应地下矿山运输要求,对 ADT 车辆进行了系统地改造,如:TA25 采用 Cummins 柴油发动机,传动系统采用 ZF 公司生产的自动换挡变速箱;TU40 采用 Detroit 柴油机,三根桥全轮驱动,传动系统也采用 ZF 公司生产的自动换挡变速箱。3 个前进挡,3 个倒退挡。换挡更加平稳可靠。同时对车体进行了许多改进,降低了驾驶室高度,改善了司机的操纵条件,降低了振动和噪声。

瑞典 Volvo 公司是世界上最大的 ADT 生产商,约占全世界 ADT 市场 50% 的份额。1970 年开始进入地下矿用汽车领域,为了适应地下矿山运输,Volvo 公司首先选择采用了低污染的柴油机,同时配置了机外净化装置,降低了排放。采用四轮驱动,提高了牵引性能和爬坡能力。降低和减小了外形尺寸,以提高地下矿山的通过性。目前已开发了 22.5t、32t、36t 等 3 种型号的地下矿用汽车。这 3 种地下矿用汽车传动系统采用 Volvo 公司生产的动力换挡变速箱,采用了可完全闭锁的桥间差速器,提高了整车的牵引附着性能。制动器采用多盘湿式制动器,安全可靠。

挪威 MOXY 公司从 1974 年就开始生产 ADT(articulated dump trucks)铰接式自卸汽车,现已生产数十种型号 ADT。该 ADT 的发动机采用瑞典的斯坎尼亚(Scania)水冷柴油机,传动系统的变速箱采用 Komatsu 公司生产的电子控制的自动换挡变速箱。Scania 发动机污染小,排放性能好,适合井下运输。采用重心较低的车架,具有良好的稳定性和通过性;独立的前悬架系统,自由摆动的后桥悬挂,始终保持四轮同时着地,具有较好的牵引附着性能,能满足地下矿山运输要求。

国外这些地下矿用汽车制造公司在新产品开发、研制及系列化生产时均采用了当代最新的汽车技术、控制技术、计算机技术等最新成果,全部采用计算机辅助设计、计算机仿真、有限元分析和计算、可靠性分析及试验等新技术、新方法,使新设计的产品更加实用、先进。不论是动力性能、经济性能还是运输生产率和效率都有较大的提高,能很好地满足地下矿山的运输要求,这些厂家的地下矿用汽车系列产品在世界各国地下矿山或地下工程领域应用得越来越多。

B 国内地下矿用汽车现状

我国随着地下矿山无轨采矿技术的发展,对地下矿用汽车的需求量也越来越多。先后从美国 Atlas Copco Wagner 公司、德国 GHH 公司、芬兰 Sandvik Tamrock 公司等地下矿用汽车生产商引进了多台地下自卸汽车。国内研制地下矿用汽车始于 20 世纪 70 年代中期,但由于当时基础水平所限,研制工作没有达到预期效果。

进入 20 世纪 80 年代以来,随着国内基础条件研制水平的提高,中国汽车工业的发展以及国外先进技术的引进,我国地下矿用汽车的研制水平有了提高。但目前我国地下矿用汽车的研制还处于初期阶段,无论是品种还是数量、规模,远远满足不了国内地下矿山发展的需要,因此,我国必须要加大投入力度,研制较可靠的、较实用的地下矿用汽车。

北京矿冶研究总院、长沙矿山研究院、北京科技大学、太原矿山机器厂、金川有色金属公司等单位先后研制出符合我国地下矿山实际情况的 JZC-8 型、JZC-10 型、DKC-12 型、UK-12 型、DQ-18 型及 JKQ-25 型等多种型号地下矿用汽车,并在我国一些地下矿山得到了应用,发挥了重要作用。

JZC-8 型、JZC-10 型、DKC-12 型三种机型是北京矿冶研究总院自主开发的地下矿用汽车,由北京矿冶研究总院机械制造厂和石家庄新华矿冶机械厂制造。发动机采用德国道依茨公司生产的 F6L912W 型和

F6L413FW 型低污染风冷柴油机，采用机械液力传动，该传动具有较好的牵引性能和爬坡能力，最大爬坡能力达 30% 的坡度，由于采用前、后各四挡的动力换挡变速箱，减少了传动系统的冲击，使传动平稳、可靠。传动系统采用美国 Dana 公司生产的变矩器、动力换挡变速箱和驱动桥。制动器采用北京矿冶研究总院开发的国际先进的弹簧制动、液压松闸全封闭多盘湿式制动器。该制动器制动力矩大，制动系统简单、安全、可靠，集工作制动、停车制动和紧急制动于一身，不需要另加停车制动器和第二制动系统，这为总体布置带来很大方便。另一个显著特点是该制动器是一种失效保安型，无论制动系统在任何部位失效，车辆都会立即制动，安全可靠。前车架和后车架采用中央铰接，折腰双缸转向，这种转向方式转向半径小，机动性好，适合地下矿山运输，摆动机构采用中间回转摆动机构，最大允许摆动角左右各 10°，使车辆四轮始终着地，提高了车辆的牵引附着性能和低洼不平路面的通过性。由于该种车架重心低，运行、装料、卸料时整车稳定性得到了改善。卸载采用双卸后倾翻式卸载方式，工作料斗采用等强度理论设计，采用高耐磨材料，提高了使用寿命。净化系统采用机外水洗净化，使废气在水中沿隔板形成折反气流，以达到清洗和净化废气的功效，进一步降低了空气污染；司机室布置在中央侧座，符合地下工作要求，有利于双向行驶，双向均具有较好的视野，改善了司机的操作条件。这 3 种车型设计时进行了整机动力性能匹配和计算机仿真等分析计算，整机匹配合理，结构紧凑、操纵简单、灵活，使用性能好，具有较大的爬坡能力和牵引能力，能够满足地下矿山的运输要求。

DQ-18 型地下矿用汽车原来是长沙矿山研究院设计、南宁重型机器厂制造的，现由湖南有色重型机器有限责任公司制造。发动机采用德国道依茨公司的 F8L413FW 型低污染风冷柴油机，机械液力传动，四轮驱动，动力匹配合理，具有较大的爬坡能力。制动系统采用双管路蹄式制动器，当制动系统管路漏气或损坏时，气压下降到调定值时自动制动，提高了行车的安全性。转向系统采用双转向油缸结构，转向液压系统与工作液压系统有机地结合在一起，当举升油缸动作时，转向泵自动地补充至工作液压系统中去，简化了液压系统，共享了资源。卸料采用双缸举升后倾翻卸载。司机室前置侧座，前进行驶时视野好。机外净化系统采用含铂蜂窝状催化剂的水洗箱，有效地控制了有毒有害气体的排放。

JKQ-25 型地下矿用汽车是金川机械制造有限公司和北京科技大学共同研制的车型，发动机选用德国道依茨公司的 F10L413W 型低污染风冷柴油机。传动系统采用 Sicer 公司生产的变矩器，变速箱和驱动桥，前后桥采用普通差速器，制动器采用多盘式制动器，外加循环冷却系统。停车制动采用弹簧制动液压松闸结构，保证驻车的安全可靠性。制动操纵系统采用全液压蓄能制动系统；前后车体采用中间铰接式结构，在铰接处的前车架上设计的特殊摆动结构，可使前后车架相对摆动，提高车辆的牵引附着性能。前后车架采用刚性悬挂结构，以有效地降低整机高度。料斗进行了特殊设计，除保证料斗容积外，还保证物料倾卸干净。举升油缸采用双缸后倾翻卸载方式；净化系统采用机外净化，配备了加拿大 ECS 废气净化系统，以保证排放达标。该车型整体性能达到了设计要求，质量可靠，故障率低，在金川有色金属公司承担了替代进口设备的地下矿运输任务。

国内还有一些制造厂研制地下矿用汽车，如太原矿山机器集团有限公司、衡阳力达铲运机制造有限公司、南昌矿山机械研究所和济南重型机器厂等。

C 发展趋势

（1）大型化与微型化。随着地下矿山生产能力的增加和深部开采的需要，地下矿用汽车的承载量不断增大。Sandvik Tamrock 公司地下矿用汽车承载量从 20t 逐步地发展到 40t、50t、80t，并且大型地下矿用汽车专门在芬兰制造厂生产，几家生产露天 ADT 的汽车制造商生产的地下矿用汽车也在向大型化发展，同时也把大型的露天矿用车辆改造成地下矿用汽车。实践表明，应用大型地下矿用汽车生产效率高，燃油消耗少，运营成本低等特点，可以大幅度提高地下矿山劳动生产率和经济效益。今后地下矿用汽车大型化是地下矿用汽车发展趋势之一。同时一些厂家的产品也向着微型化的方向发展，以适应小型矿山、黄金矿山以及一些特殊条件的矿山（如核工业原料矿山），逐步发展成无人驾驶的、遥控的地下矿用汽车。

（2）自动化与机电液仪一体化。国外新型的地下矿用汽车或铲运机都应用了现代汽车技术的最新成果。电控柴油机在地下矿用汽车上得到了广泛的应用。通过传感器把车辆的各种信号传给计算机，通过计算机控制喷油角度、喷油时间和喷油量，以调节发动机使之处于最佳工况状态。由于采用了电控技术，从而使柴油机燃油充分燃烧，使得整机具有动力性能好、排放低、油耗少、寿命长等优点。采用具有监控、自动检测及故障诊断功能的发动机，动态监测地下矿用汽车的运行工况，能按照汽车运行工况的变化进行识别，自动选择最佳参数，实现智能控制。

(3) 安全可靠的制动技术。地下矿用汽车的制动器由全封闭多盘湿式制动器逐步地发展到具有国际先进水平的弹簧制动，液压松闸全封闭多盘湿式制动器新技术。该种制动形式克服了以往制动器的不足之处，是一种失效保安型，无论制动系统在任何部位失效，车辆都会立即制动，安全可靠。当制动液压系统的压力小于松闸压力时实现有效的制动，当液压力大于制动器松闸压力额定值的90%时就松闸。液压制动系统已大大简化，不需要第二制动管路和系统，集行车制动、驻车制动和紧急制动于一身，无需另加停车制动器，简单、安全、可靠，非常适合地下矿山运输要求。

(4) 前后车架摆动形式。在低洼不平的路面上，为了使车辆四轮尽可能着地，前后车架需要相对摆动，以提高整车的牵引附着性能，提高通过性。以前的地下矿用汽车以前桥摆动居多，现在逐渐向着前后车架中央铰接，靠中间回转支承使前后车架绕车辆纵轴相对摆动形式发展。这种摆动形式的车架质心低，车厢容易布置，车辆在行驶、装料、卸料等工况的稳定性都有极大地改善，且这种摆动方式四轮始终着地，车辆所有质量均是附着重力，极大地改善了牵引附着性能。同时，转向半径小，机动性好。

(5) 卸料方式多样化。地下矿用汽车大部分采用后倾翻式卸料，这种卸料方式可边行驶边卸料，卸净率高，卸载方便、效率高。当卸载空间受到限制时，有采用伸缩式车厢卸料。当需要侧卸时，采用侧卸式车厢。装卸不同密度的物料时也可设计成多种容积的车厢供选用，以满足不同运输条件的要求。

(6) 逐步实现零污染。地下矿用汽车最理想的动力源是电力或天然气发动机等零排放动力，以改善地下矿山运输环境。这也是今后地下矿用汽车的发展趋势，也可设计成混合动力汽车，在井下运输时采用零排放动力，如蓄电池、燃料电池、机械电池、天然气发动机等，露天运行时切换成柴油机，这样就极大地改善了井下环境。现在应用的地下矿用汽车除了地下电动汽车外，大部分采用低污染柴油机，通过采用预燃烧、涡轮增压及电子控制等手段，使燃油充分燃烧，大大降低了有害气体的排放。另外，通过机外净化装置进行进一步的净化，大大地改善了尾气排放质量。

(7) 以人为本，高度重视人性化操作环境。地下矿山运输条件和作业条件恶劣、巷道窄，活动空间有限，地下矿用汽车总体设计时要特别注重采用人机工程学原理和技术进行计算机仿真研究和设计，驾驶室采用隔热、隔音全封闭结构，座椅采用可调节的油气悬架系统，安全、舒适，操纵简单省力，快捷高效。引入电子监控仪表盘，声光信号报警等人性化的设计理念，为操纵人员创造安全舒适的作业环境。

(8) 地下矿用汽车信息管理系统和无人驾驶技术。近年来，国外大型矿用汽车借助于全球定位系统GPS、GIS和GPE等信息技术和高性能的数据通讯网络技术，开发了大型计算机管理软件，对车辆的各种参数进行了智能化实时监控和管理，使资源实现了极大的共享，极大地提高了管理效率，降低了管理成本。随着具有人工智能的机器人和无人驾驶车辆进入实用化阶段，不仅大幅度降低汽车运营成本，而且也不用担心司机井下作业的安全，世界上一些采矿发达国家正在致力于该领域的研发和实用化，这也是地下矿用汽车21世纪的发展趋势。

9.17.3.2 分类、优缺点与适用条件

A 分类

(1) 按卸载方式不同，地下矿用汽(卡)车可分为倾卸式和推卸式两类。

倾卸式汽车是用液压油缸将车厢前端顶起，使矿岩从车厢后端靠自溜而卸载。倾卸式汽车的主要缺点是卸载空间较大，在井下卸载时，需在卸载处开凿卸载硐室。与推卸式汽车相比，倾卸式汽车成本低，自重较轻，速度较快，运量较大，维修保养费用也较低。

推卸式汽车车厢内的矿岩是被液压油缸驱动的卸载推板推出车厢后端而卸载，其卸载高度较低。例如美国瓦格纳(Wagner)公司生产的MTT-420型20t推卸式汽车，其卸载高度只有2200mm，而埃姆科(Eimco)公司生产的Eimco980-20型20t倾卸式汽车其卸载高度达4700mm。

图9-495、图9-496所示分别为美国瓦格纳公司生产的MT-425-30型倾卸式汽车与MTT-420型推卸式汽车。

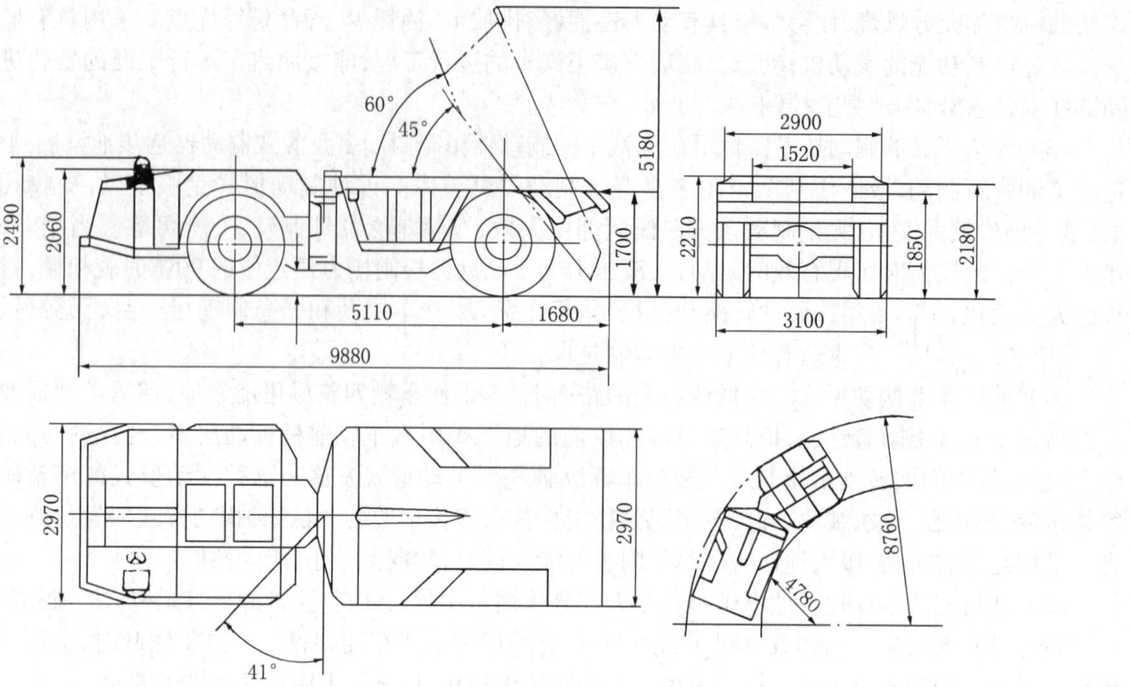

图 9-495 MT-425-30 型倾卸式汽车

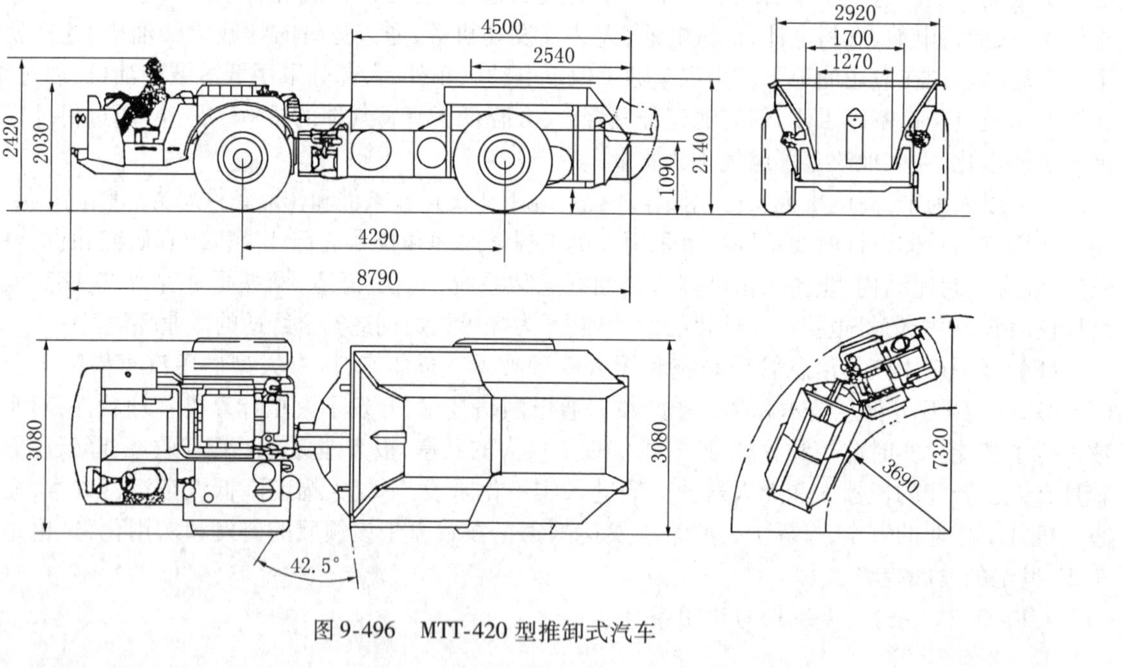

图 9-496 MTT-420 型推卸式汽车

(2) 按轮轴配置数分为双轮轴式和三轮轴式。在 20 世纪 80 年代初,国外地下矿用汽车有 94% 是双轮轴式,其余为三轮轴式。

(3) 按传动方式地下矿用汽车分为液力-机械式、液压-机械式、全液压式和电动轮式四类。在 20 世纪 80 年代初,96% 的地下矿用汽车有动力变速装置,其余为电动轮传动装置。大约有一半使用自动变速选择器,一半为手动变速。

B 优缺点

a 优点

(1) 地下矿用汽车运输:机动灵活、应用范围广、生产能力大。可将采掘工作面的矿岩直接运送到各个卸载场地。能在大坡度,小弯道等不利条件下运输矿岩、材料、设备等。

(2) 在合理运距条件下,生产运输环节少,显著提高劳动生产率。

(3) 在矿山全套设施建成前,可用于提前出矿。

b 缺点

(1) 地下矿用汽车虽然有废气净化装置,但柴油发动机排出的废气仍污染井下空气,目前仍不能彻底解决,因此,必须加强通风,增加了通风费用。

(2) 由于地下矿山路面不好,轮胎消耗量大,备件费用增加。

(3) 维修工作量大,需要技术熟练的维修工人和装备良好的维修设施。

(4) 要求巷道断面尺寸较大,增加了井巷开凿费用。

C 适用条件

(1) 地下矿用汽车适用于有斜坡道的矿山,它可将矿岩从工作面运往溜井口或运送到地面。

(2) 在无轨开采地下矿山,可作为阶段运输主要运输设备,构成无轨采矿运输系统,以提高采矿强度。

(3) 地下矿用汽车经济合理运距为500~4000m,载重量大时取大值。

(4) 适用的运输线路坡度不大于10%~20%。

9.17.3.3 结构特征

地下矿用自卸汽车是井下运输设备,不同于地面汽车,下面介绍其结构特征。

A 传动系统

地下矿用自卸汽车的传动系统有液力机械传动、液压机械传动、全液压传动和电动轮传动4种传动方式。据不完全统计,96%的地下矿用自卸汽车有动力变速装置,其余为电动轮传动装置,大致有一半使用自动变速选择器,另一半为手动变速。国外地下矿用自卸汽车94%为双桥结构,6%为三桥结构,国产UK-12型、DQ-18型地下矿用自卸汽车均为双桥结构。从表9-386可以得知:绝大多数国内外井下矿用自卸汽车传动系统都采用液力机械传动、四轮驱动方式。传动系统一般是在世界范围内选择质量最可靠的部件,如柴油机多为德国生产的Deutz风冷低污染产品,该柴油机采用两级燃烧方式,能有效地控制其尾气中有害物质的含量;变矩器、变速箱、驱动桥可采用在铲运机上已广泛使用的美国Clark系列产品。其传动路线为柴油机-变矩器-变速箱-驱动桥(对于双桥结构为前后桥,三桥结构则为前中桥)。

表9-386 国内外常见井下矿用自卸汽车整机与传动系统结构

型 号	载重/t	自重/t	容积/m^3	功率/kW	最高车速/(km/h)	柴油机	传动方式	外形尺寸(长×宽×高)/mm×mm×mm	驱动方式
TD-20	18	20	11.1	172	25	F10L413FW	液力机械	8840×2240×2340	二轴4×4
Schopf-T193	20	16.5	8.5	135	18	F8L413FW	液力机械	8660×2300×2200	二轴4×4
ME985T20	20	16	11.9	170	28.3	F10L413FW	液力机械	8665×2490×2950	三轴6×4
Kirunak250	35	21.5	16	180	45	TD10C	液力机械	8870×2930×2625	二轴4×4
ST-1604	16	14.5	9.4	102	24.6	F6L413FW	液力机械	7048×2300×2400	二轴4×4
Eimco980-T27	24	22	12.5	206	28	F12L413FW	液力机械	8738×2742×2540	三轴6×4
MK-A25.5	25	24	12.5	165	30.4	F8L413FW	液力机械	1000×3100×2350	二轴4×4
MK-20.1	20	16.6	10	136	27.2	F8L413FW	液力机械	8885×2200×2305	二轴4×4
MT-420	18	12	12	167	38.7	F10L413FW	液力机械	8687×2845×2184	二轴4×4
UK-12	12	20	6.6	102	23	F6L413FW	液力机械	8400×1800×1900	二轴4×4
DQ-18	18	17.5	9	208	32	F8L413FW	液力机械	8992×2440×2602	二轴4×4

B 制动系统

矿用自卸汽车制动系统有3种形式:干盘式制动、多(单)盘湿式制动和蹄式制动。前两种制动形式的应用最为普遍,如德国GHH公司生产的MK-A型井下矿用自卸汽车就采用干盘式制动型式;美国Wagner公司生产的MT系列、加拿大DUX公司生产的TD系列、中国UK-12型井下矿用自卸汽车都采用比较先进的全密封多盘湿式制动方式,这种制动方式其制动盘不外露,而是浸在油内,可以连续冷却,并可以自动调节,因而使其维修周期和使用寿命显著延长,是广泛采用的一种新的制动方式;国产DQ-189型井下矿用自卸汽车采用双管路蹄式制动系统,工作制动、紧急制动、停车制动有机地组合在一起,使制动安全、迅速、可靠。

C 净化系统

国内外都对柴油机的尾气净化给予了高度重视,除发动机绝大部分采用德国 Deutz 系列低污染柴油机以外,均采用了机外催化净化装置。低污染柴油机排出的尾气经催化箱中的催化剂氧化后,将一氧化碳(CO)、碳氢化合物(CH)等有害尾气变成无害尾气,排入大气中。

D 卸载方式

矿用自卸汽车的卸载方式有两种,即倾翻卸载和推板-半倾翻卸载。倾翻卸载方式是用液压油缸推举货箱倾翻卸载。该方式结构简单,易于实现。为了使物料倾卸干净,卸载角一般为 60°~70°。由于其卸载高度高,因而要求卸载硐室的高度较大。国内外井下矿用自卸汽车普遍采用这种卸载方式。推板-半倾翻卸载方式的货箱由两节组成,卸载分为两个过程,首先推卸油缸将每第一节货箱及物料向后推移,在此过程中,第二节货箱中的物料一部分被推出货箱外,另一部分与第一节货箱中的物料重合,然后举升油缸工作,将货箱举起,货箱中的物料被卸尽。这种卸载方式要求的卸载硐室高度不高,可在一般主运输巷道内卸载,但货箱结构较复杂,井下矿用自卸汽车很少采用这种卸载方式。

E 车架与悬挂

由于巷道断面较小,转弯半径小,井下矿用自卸汽车都采用前后铰接式车体结构,水平折腰转向角为 ±40°~±45°,保证了较小的转弯半径,如美国 Wagner MT-433 30t 井下矿用自卸汽车转弯半径仅为 8992mm;德国 GHHMK-A60 60t 井下矿用自卸汽车转弯半径也只有 10430mm。由于井下运输道路高低不平,为了提高其通过性能,自卸汽车都具有垂直摆动机构,以便使驱动的四轮在任何情况下都能全轮着地,在路面泥泞和高低不平的路面上行驶,更能显示出其优越的通过性能。垂直摆动有两种方式,即:前桥摆动;前后车架相对摆动。

F 司机室

司机室一般都前置,司机视野开阔,驾驶室远离柴油机尾气净化箱,有利于司机的健康。德国 GHH 公司生产的 MK-A12.1-60 型井下矿用自卸汽车采用双方向盘双向驾驶的布置方案,只需转动司机座椅便可实现双向驾驶;美国 Wagner 公司生产的 MT 系列和国产 DQ-18 型井下矿用自卸汽车均采用了司机侧座单方向盘的驾驶室布置方案。

9.17.3.4 汽车的选择

地下矿用汽车运输设备的选型,应根据矿体的赋存条件、要求的运输任务及运输线路布置以及装卸条件来选定,使运输每吨矿岩的总成本最低。设备的技术性能必须适应矿山的具体使用条件。考虑的主要方面有:车型、装载能力、发动机性能、传动系统、废气净化装置、轮胎、传动系统、车厢尺寸以及司机工作条件和安全性等。

地下专用的矿用汽车,各国制造商都是根据订货要求小批量制造,价格比较昂贵。因此,有的矿山倾向于选用标准型的载重汽车即一般地面用车,配用低污染发动机,其性能也能满足地下使用条件,但价格要便宜得多,这是值得考虑的因素。标准型载重汽车外形及转弯半径大,只适用于主阶段或主斜坡道运输。

一般要求在同一企业所选用的地下矿用汽车型号尽可能少,最好选择同一型号的汽车,便于操作、维修、备件供应和调度管理。

地下矿用汽车采用柴油机驱动,废气排放应符合国家规定的标准。目前,多数国家均采用污染物排放浓度来评定柴油机废气的排放值。国外一般规定为:一氧化碳(CO)1200~2000mg/m^3,氮氧化物(NO_x)700~1000mg/m^3,碳烟 80~150mg/m^3;国内暂定标准为:CO<1500mg/m^3,NO_x<1000mg/m^3。

因此在选择地下矿用汽车时,还应考虑其废气污染情况。

地下矿用汽车是在井下巷道内运输矿(岩)石,其外形尺寸受到运输巷道的限制,其宽度和高度必须满足规范要求。

9.17.3.5 生产厂家

A 国外部分生产厂家

随着无轨采矿技术的发展,对地下自卸汽车的需求量也愈来愈大,厂家也愈来愈多。除了专门生产地下自卸汽车的厂家(如 Wagner、Tamrock、GHH、ElPhinstone 等公司)之外,生产露天自卸汽车的厂家(如 Bell、

Volvo、Terex 等公司)也纷纷将露天自卸汽车改造后用于地下。各企业为了适应市场的变化,提高市场的竞争力,不断推出新技术、新品种、新结构和新材料,促进了无轨采矿技术与设备的发展。

a Atlas Copco Wagner 公司

Wagner 公司地下汽车性能见表 9-387。

表 9-387 Wagner 公司地下汽车性能

型 号	MT2000	MT-431B	MT-436B	MT-444	MT5010
载重/t	20.000	28.100	32.650	39.916	50.000
容积/m^3	5.7~11.7	16.8	8.7~17.8	25.5	14.7~28.8
发动机型号	Detroits 50DDEC Ⅲ	Detroits 60DDEC Ⅲ	Detroits 50DDEC Ⅲ	Detroits 60DDEC Ⅲ	Cummins QSK19-C650
功率/kW	224	278	280	354	485
转速/(r/min)	2100	2100	2100	2100	2100
操作质量/t	19.274	29.270	30.570	35.516	40.000~42.000
功率/载重/(kW/t)	11.20	9.50	8.58	8.87	9.70
机重/载重/(t/t)	0.964	1.040	0.936	0.889	0.800~0.840

我国许多矿山引进 MT-433 型地下汽车,例如山东新城金矿和三山岛金矿。

b Sandvik Tamrock 公司

Sandvik Tamrock 公司地下汽车产品包括 Toro 和 EJC 两大系列。

Toro 系列地下汽车品种主要有 5 种,其主要参数见表 9-388。

表 9-388 Toro 系列地下汽车参数

型 号	载重/t	容积/m^3	发动机型号	发动机功率/kW	发动机转速/(r/min)	操作重量/t	功率/载重/(kW/t)	机重/载重
Toro40	40	18~22	Detroit S 60 EURO stage Ⅱ/M SHA	354	2100	30.7	8.80	0.767
Toro50	50	19~28	Detroit S 60 EURO stage Ⅱ/M SHA	392	2100	32.5	7.80	0.650
Toro50 plus	50	19~28	Detroit S 60 EURO stage Ⅱ/M SHA	429	2100	35.2	8.58	0.704
Toro60	60	19~28	Cummins QSK19-C EURO stage Ⅱ/M SHA	567	2100	48.5	9.45	0.808
Toro 0012H	80	48	Detroit S 60 EURO stage Ⅱ/M SHA	317	2100	58.0	3.96(适用平地运输)	0.725

EJG 系列地下汽车品种和主要参数见表 9-389。

表 9-389 EJC 系列地下汽车品种和主要参数

型 号		EJC417	EJC20	EJC430	EJC522	EJC525	EJC530	EJC530SX	EJC533
载重/t		15.400	20.000	27.300	20.000	22.600	28.000	30.000	30.000
容积/m^3		8.40	10.7	15.3	10.2	13.0	15.3	14.0	15.3
发动机	型 号	Detroit S 40E	Detroit S 50	Detroit S 60	Detroit S 60	Detroit S 50	Detroit S 60		
	功率/kW	114	207	224	235	298	298	235	298
	转速/(r/min)	2300	2100	2100	2100	2100	2100	2100	2100
操作质量/t		15.014	19.051	24.091	22.997	24.040	25.265	26.300	26.218
功率/载重/(kW/t)		7.40	10.35	8.20	11.75	12.39	11.80	7.83	9.93
机重/载重/		0.970	0.953	0.882	1.150	1.060	0.902	0.877	0.874

c Caterpillar Elphinstone 公司

澳大利亚 Elphinstone 公司 2001 年已生产 6 种型号的地下汽车见表 9-390。

表 9-390 Caterpillar Elphinstone 公司地下汽车系列

型 号		AD40ser Ⅱ	AD40ser Ⅱ	60D	73D	AD45	AD55
载重量/t		40	40	38	52.2	45	55
箱体容积/m^3		18.4	18.4	18.3	31.9	21.3	26.9
发动机	型 号	Car3408E HEU1	Car3408E HEU1	Car3408E HEU1	Car3412E HEU1	Car3408E HEU1	Cat3356E UTATAAC
	功率/kW	365	365	380	509	380	485
	转速/(r/min)	1800	1800	1800		1800	
操作质量/t		41.8	38.1	30.1	40.3	40.5	47

d GHH 公司

德国 GHH 公司生产的地下汽车见表 9-391。

表 9-391 GHH 公司地下汽车参数

型号		MK-A15.1	MK-A20.1	MK-A30.1	SK-A30.1
载重/t		15.000	20.000	30.000	30.000
容积/m^3		7.5	10.0	20.0	21.5
发动机	型号	F6L413FW	F8L413FW	F12L413FW	Detroit 水冷
	功率/kW	102	136	204	261
	转速/(r/min)	2300	2300	2300	2300
操作质量/t		13.500	15.000	27.000	
功率/载重/(kW/t)		6.8	6.8	6.8	6.7
机重/载重/(t/t)		0.9	0.75	0.9	

e DUX 公司

DUX 公司生产的地下汽车有两种：一种是后卸式汽车，即 DT×× 系列；另一种是伸缩后卸式地下汽车，即 TD×× 系列地下汽车。主要参数见表 9-392、表 9-393。

表 9-392 DUX DT 系列地下汽车主要参数

型号		DT-12	DT-16/16C	DT-17	DT-18	DT-20
载重/t		10.9	15.0～14.5	17.0	16.3	18.2
容积/m^3		6	9.2～7.7	9.6	9.3	10.9
发动机	型号	Deutz BF4M-1013C	Deutz BF6M-1013ECP	CAT3216	BF6M 1013ECP	CAT3306DITA
	功率/kW	115	176		176	164
	转速/(r/min)	2300	2300		2300	2200
操作质量/t		9.4	14.9～14.2	14.6	15.4	15.4
功率/载重/(kW/t)		10.55	11.73～12.14		10.80	9.00
机重/载重/(t/t)		0.860	1.010～1.020	0.859	0.945	0.846
型号		DT-22	DT-26	DT-30	DT-36	DT-45
载重/t		20.0	25.4	30.0	35.0	40.9
容积/m^3		11.5	14.0	16.7	21.8	23.7
发动机	型号	DetroitS50 DDEC	DetroitS60 DDEC	DetroitS60 DDEC	DetroitS60 DDEC	DetroitS60 DDEC
	功率/kW	224	298	298	298	354
	转速/(r/min)	2100	2100	2100	2100	2100
操作质量/t		15.4	22.7	26.4	28.5	30.9
功率/载重/(kW/t)		11.20	11.70	9.93	8.50	8.66
机重/载重/(t/t)		0.770	0.893	0.88	0.814	0.755

表 9-393 DUX TD 系列伸缩后卸式地下汽车的主要参数

型号		TD-16	TD-20	TD-26	TD-30	TD-45
载重/t		15.0	18.2	24.5	27.2	41.0
容积/m^3		7.5	10.8	13.6	15.1	20.6
发动机	型号	Deutz BF6M 1013ECP	DetroitS50 DDEC	DetroitS60 DDEC	DetroitS60 DDEC	DetroitS60 DDEC
	功率/kW	149	224	298	298	429
	转速/(r/min)	2300	2100	2100	2100	2100
操作质量/t		15.300	18.200	24.100	25.400	39.463
功率/载重/(kW/t)		9.93	12.30	12.16	10.96	10.46
机重/载重/(t/t)		1.020	1.000	0.980	0.934	0.960

TD-20 型、TD-26 型地下汽车功率/载重分别达到 12.30kW/t 与 12.16kW/t，这说明这两种型号的地下汽车特别适用于高海拔地区或爬长坡、陡坡。

由表 9-394 可以看出，DUX 公司最新推出两种新型推板式地下汽车（ejector truck），这种汽车的特点是汽车卸料不是靠料箱后倾卸料，而是料箱不动，靠推板把料箱的料推出。这种地下汽车特别适合卸料高度有限制的地方。ET24 型地下汽车载重量为 18t。ET33 型地下汽车载重量为 30t。装有全隔音驾驶室，宽

2.74m,高2.7m,配有Detroit 60系列12.7L排量的柴油机。功率/载重之比很高。传动系选用Dana公司产品,自锁变矩器作为标准配置,用于下急坡的Jake制动器,其他选择包括闭路电视CCTV(closed circuit television)、Loadm an称重系统、Lincoln自动润滑和自动齿轮换挡,ET24与ET33是一种性能很好的新型地下汽车。

表9-394 DUX ET系列推板式地下汽车

型号		ET-24	ET-33
载质量/t		21.8	30
容积/m³		11.8	
发动机	型号	DetroitS50 DDEC	DetroitS60 DDEC
	功率/kW	235	298
	转速/(r/min)	2100	2100
操作质量/t		24.0	27.2
功率/载重/(kW/t)		10.78	10.96
机重/载重/(t/t)		1.10	0.91

DUX公司还生产50t和55t的地下汽车,从而与Wagner、CAT、Tamrock公司同等级的地下汽车竞争。这种大吨位的地下汽车配置Detroit 8V2000型柴油机(额定功率为484kW),它的传动采用Allison M6610变速箱,Dana行星驱动桥。

f MTI公司

MTI采矿技术股份有限公司,由几个加拿大采矿工业公司组成,其中JCI公司(John Clark Inc)成立于1980年,制造全套地下装载机与地下汽车。过去地下汽车为JCI系列,现改为DT系列,型号与主要参数见表9-395。

表9-395 MTI公司地下汽车主要参数

型号		DT-704	DG-604	DT-1604	DT-1804	DT-2604	DT-3004
载重/t		6.363	14.545	14.545	16.364	23.636	27.273
容积/m³		3.6	6.8	8.2	8.2~10.1	14.2	15.9
发动机	型号	F6L912W	Detroit 4-71TDDEC	BF6M 1013EL DetroitS 40E	BF6M 1013或S 40E DDEC	BF6M 1015C或S 50	BF6M 1015C或DetroitS 60
	功率/kW	63	141				
	转速/(r/min)	2300	2100				
操作质量/t		7.272	12.727	15.455	13.363	23.818	25.000
功率/载重/(kW/t)		9.90	9.69				
机重/载重/(t/t)		1.14	1.875	1.06	0.82	1.01	0.92

g PAUS公司

PAUS公司是德国一家地下无轨采矿设备制造厂,有20多年的历史,生产的地下汽车型号参数见表9-396。

表9-396 PAUS地下汽车系列型号参数

型号		Universa50	PMKT8.000	PMKT10.00	PMKT12.00
载重量/t		10	15	20	25
箱体容积/m³		5	7.5	10.5	16
发动机	型号	Deutz F6L912W	Deutz BF4M1013C	Deutz BF6M1013C	Deutz BF6M1013C
	功率/kW	63	115	178	178
	转速/(r/min)	2300	2300	2300	2300
操作质量/t		8.5	13.5	18	23

h Kiruna公司

Kiruna公司是瑞典一家汽车制造厂,1998年被GIA公司收购,已有37年的历史。1959年该公司制造了第一台15t的铰接式汽车,1960年Kiruna公司的汽车已遍布全世界30多个国家,主要是西欧各国市场。20世纪80年代发展了地下电动汽车(此时美国Wagner公司发展了EMT-426型、EMT-439型地下电动汽车;芬兰 Tamrock 公司发展了 Toro40E 型载重量为 40t，电动机功率为 370kW 的地下电动汽车，但现在在两家的产品目录中未见到这几种车型），同柴油机地下汽车比较，电动汽车能以较高的速度上斜坡，因而生产率高，运行与维修成本低，发热少，噪声低，无废气排出，从而改善了采矿的环境。因而 Kiruna 公司一直致力于发展地下电动汽车。电动汽车是由 Kiruna 公司与瑞典 ABB 公司合作共同开发的，Kiruna 公司负责汽车的设计与装配，ABB 公司负责电气系统。1989 年第一台 50t 的 K1050E 电动汽车在加拿大使用，1995 年第一台 35t 的 K635E 电动汽车在瑞典进行了试验，到 1999 年共生产 18 台地下电动汽车，其中 15 台是 K1050E，3 台是 K635E，分布在加拿大、澳大利亚、西班牙和瑞典使用，我国山东新城金矿与三山岛金矿也进口了 3 台 K635E 地下电动汽车。该车的特点是：(1)满负荷以 20km/h 车速可爬行 20% 的斜坡；(2)外形矮，四轮驱动，铰接转向；(3)两台大功率交流电动机；(4)适应性强，既可由架空线供电，又允许汽车脱离架空线不远的地方，由蓄电池供电运行；(5)可靠性高；(6)噪声低，无排放，工作环境好；(7)汽车的操作重量比汽车载重量轻。

Kiruna 公司在 1983 年开发出 70t 的 K501 型柴油地下汽车，该车是侧卸式，后被新型 50t 的 K503 型汽车所代替。该型汽车前部结构与 K501 相同，而后部结构不同。K503 是后卸式，而且其动力由 Detroit 电子控制 60 系列（354kW、2100r/min）新型柴油机替代 Detroit 12V71-TV（386kW）柴油机。该公司还生产 K250 型柴油地下汽车，载重量为 35t，见表 9-397。Kiruna 公司柴油汽车的特点是：(1)低矮形，中心铰接，适用于地下运输；(2)采用 Detroit 与 Caterpillar 公司柴油机；(3)传动系统采用 ZF 或 Clark、Allison 变速箱；(4)采用湿式多盘制动器；(5)前桥附有吸收冲击悬挂和橡胶元件。

表 9-397　Kiruna 地下汽车系列型号参数

型号		柴油汽车		电动汽车	
		K250	K503	K635E	K1050E
载重量/t		35	50	35	50
箱体容积/m^3		12～24	21～23		
发动机或电动机	型号	Detroit 或 Kat	Detroit 60 系列	交流电动机	
	功率/kW		354	两台 200kW	
	转速/(r/min)		2100		
操作质量/t		27.6	30		

i　Bell 公司

Bell 公司是南非一家主要生产露天 ADT 的厂家。1985 年研制出首台 ADT B25 型汽车，发展到从 B16B-B40BC（载重量 18～36.5t）ADTB 系列，之后发展成为更先进的 C 系列，即从 B17C～B40C（载重量从 17～36.5t），现在已发展到最新 D 系列汽车，即 B25D、B30D、B35D、B40D。从 1986 年开始，开发了低矮型用于地下矿山的 4×4B25L 和 B30L 地下汽车（前者采用 Deutz（153kW）或 ADE（184kW）柴油机，载重量为 23t，操作重量为 18t，后者采用 194kW 柴油机，载重量为 27t，操作重量为 20.38t）。又对 B40 型汽车（载重量为 36t，箱体容积为 22.5m^3）进行了改造，以用于地下运输。B40 型汽车采用了 26.5R25 型轮胎，降低了驾驶室的高度，使整车的高度降低到 3.4m，排气系统增加了两个净化器。增加防火装置，改进了计算机监视系统，采用了 Deutz 风冷柴油机和 ADE 型水冷柴油机，正面或侧面安装座位，弹簧制动，液压松开湿式制动器，全悬挂。该车已在澳大利亚、南非市场使用。另外，Bell 公司在研制低矮型 B40C 型发展到 B45 型汽车（载重量为 41t），由于负荷很大，采用封闭多盘湿式制动器，已投入生产。

B　国内生产厂家

我国地下矿用汽车起步比较晚，20 世纪 80 年代初开始研制，至今已能生产多种地下矿用汽车。主要生产厂家有北京安期生技术有限公司、北京矿冶研究总院、金川集团机械有限公司、湖南有色重型机器有限责任公司（长沙矿山研究院的技术）、太原矿山机器集团有限公司、衡阳力达铲运机有限公司等。

a　北京安期生技术有限公司

该公司生产的 AJK 系列地下矿用汽车的主要技术参数见表 9-398。

b　北京矿冶研究总院

JZC-10 型、DKC-12 型是北京矿冶研究总院自主开发的地下矿用汽车，其主要性能参数见表 9-399。

表 9-398 AJK 系列地下矿用汽车技术参数

型号			AJK-10	AJK-12	AJK-20	AJK-25
空载重量/kg			11000	11600	19000	23000
满载重量/kg			22000	23600	39000	48000
容积	堆装/m^3		5.5	6.0	11	15
	平装/m^3		4.5	5.7	9.5	12
工作时间	车厢举升时间/s		16~18	18	19	19
	车厢降下时间/s		11	11	12	12
	转向时间(高怠速)/s		6.0	6.0	5.5	6.0
发动机	结构特点		新型水冷 Deutz 柴油机,增压中冷型		风冷 Deutz 两级燃烧柴油机,增压中冷型	风冷 Deutz 两级燃烧柴油机带有高海拔功率补偿装置和废气净化装置
	型号		BF4M1013C		F8L413FWB	F10L413FWB
	功率(kW)/转速(r/min)		104/2300		130/2300	170/2300
	输出扭矩(N·m)/转速(r/min)		419/1500		650/1500	840/1500
传动	变矩器		Dana C270 单级工业型,带有转向工作泵驱动口	Dana C270 单级工业型,带有转向工作液压系统泵驱动口	Dana C5000 单级工业型、带有转向工作液压系统泵驱动口	
	动力变速箱		Dana R28000 动力换挡前进、后退各四挡	Dana R28000 动力换挡前进、后退各四挡	Dana R36000 动力换挡前进、后退各四挡	
	驱动桥		SOMA C103 带有中央差速器和轮边行星减速的刚性驱动桥		Dana 19D2748 带有中央差速器和轮边行星减速的刚性驱动桥	
制动	工作制动		全液压动力湿式多盘全封闭制动器,作用在4个车轮上全液压动力双管路系统		全液压动力湿式多盘全封闭油冷制动器,作用在4个车轮上全液压动力双管路系统	
	23km/h 时的制动距离/m	空载	5.6		5.65	6.75
		重载	7.3		8.02	9.12
	停车制动		WABCO 手动阀和蓄能缸组成弹簧制动,液压释放的制动系统,通过变速箱输出轴作用到4个驱动轮		弹簧制动,液压释放制动系统,通过前桥,作用到4个驱动轮	
	驻坡能力/%	空载	50		50	50
		重载	30		30	25
轮胎	型号,前后桥		14.00-24, L-3STL		18.00-25, L-3STL	
转向	形式		全动力液压转向系统,铰接式双转向缸结构		全动力液压转向系统,铰接式双转向缸结构	
	转弯半径/mm	内	4820	4772	5466	5247
		外	7290	7290	8944	9209
	转向角/(°)		40	42	42 两侧	
运行速度/(km/h)	挡位	Ⅰ挡	3.5		5.3	
		Ⅱ挡	7		11.4	
		Ⅲ挡	13		19.5	
		Ⅳ挡	23		26	
最大爬坡能力/%			25		28	22

表 9-399 JZC-10 型、DKC-12 型地下矿用汽车主要性能参数

型号	JZC-10	DKC-12
有效载重/t	10.0	12.0
工作料斗容积(平装)/m^3	4.0	5.0
自重/t	9.5	10.3
最高车速/(km/h)	21	25
转向角度/(°)	左右各10	左右各40
横向摆动角/(°)	±10	±10
制动方式	湿式多盘弹簧制动	弹簧制动液压松闸多盘湿式制动
柴油机	Deutz F6L912	Deutz F6L413FW
发动机功率(kW)/转速(r/min)	63/2300	102/2300
变矩器	Yj305	Clark 273.1
变速器	Clark r28421,前后各四挡	Clark r28421,前后各四挡
最大爬坡能力/%	22	25
最大卸载高度/mm	3850	3820

续表 9-399

型　号	JZC-10	DKC-12
最大卸载角度/(°)	65	65
最小转向半径(外侧)/mm	7800	7800
最小离地间隙/mm	230	230
外形尺寸(长×宽×高)/mm×mm×mm	7480×1750×2200	7500×1800×2200
轮胎	14.00-24	14.00-24
工作电压/V	24	24

c　金川机械制造有限公司

金川集团机械制造有限公司是金川集团有限公司所属的专业化子公司，其前身是金川公司机修厂。主要产品为井下无轨设备、选矿设备、冶金非标设备。矿用汽车的技术参数见表 9-400。

表 9-400　4～25t 矿用汽车技术参数

型　号		JCCY-2	JCCY-4	DCY-4	JCCY-6	JKQ-25	JKQ-10
额定容积/m^3		2	4	4	6	15	5.5
变速箱		R28421	R34440	R34440	5420	R36420	R28000
变矩器		C272	C5402	C5472	C8502	C5472	C273
驱动桥			19D	19D	21D	19D2748	SOMA-C103
发动机		F6L912FW	F8L413FW	Y315M4P	F12L413FW	F10L413FWB	BF4M1013C
额定载荷/kg		4000	8000	8000	12000	25000	10000
额定功率/kW		63	136	110	204	170	104
最大牵引力/kN		104	199	170	330	231	197
车速/(km/h)	Ⅰ挡	0～3.6	0～5.1	0～3.2	0～5	0～5.0	0～3.5
	Ⅱ挡	0～7.6	0～11.7	0～17.4	0～9	0～11.0	0～7
	Ⅲ挡	0～12.5	0～18.4	0～12.6	0～16	0～19.0	0～13
	Ⅳ挡	0～20	0～25		0～26	20～26	0～23
最大转向角/(°)		40	42	42	42	42	40
转向半径/mm	内	2800	3578	3148	3770	5234	4820
	外	5100	6125	6181	7250	9200	7290
卸载距离/mm		900	900	900	1060		
外形尺寸/mm	长	7060	9070	9250	11067	9200	7760
	宽	1768	2400	2350	2602	2950	1780
	高	1880	2200	2120	2498	2300	2284
整机质量/kg		12500	23000	24000	31875	25500	11000

d　湖南有色重型机器有限责任公司

公司生产的 DQ-18 型地下汽车技术参数见表 9-401。DQ-18 型地下汽车的系列化产品，有效载重 20t、26t 和 30t 的 DQ-20 型、DQ-25 型和 DQ-30 型正在研制中。

表 9-401　DQ-18 型地下汽车技术参数

外形尺寸(长×宽×高)/mm×mm×mm		8992×2440×2602	柴油机	型　号	Deutz F8L413FW
整车质量/t		17		功率(kW)/转速(r/min)	155/2300
有效载重/t		18	最小转弯半径/m		9.2
车速/(km/h)	Ⅰ挡	0	重载举升时间/s		15
	Ⅱ挡	0～12	箱斗空载下落时间/s		8
	Ⅲ挡	0～20	最大牵引力/kN		169
	Ⅳ挡	0～32	爬坡能力/%		20

e　太原矿山机器集团有限公司

公司生产的 UK 系列的地下矿用汽车技术参数见表 9-402。

f　衡阳力达铲运机制造有限责任公司

地下矿用汽车 CA 系列产品的技术参数见表 9-403。

表 9-402 UK 系列地下矿用汽车技术参数(太矿集团)

型　号		UK-12	UK-12A	UK-25
额定载重量/t		12	12	25
车厢额定容积/m^3		6.0(平装),6.6(堆装)	6.0(平装),6.6(堆装)	12.5(平装),14(堆装)
爬坡能力/%		25	25	25
行驶速度/(km/h)	Ⅰ挡	3.5	4.5	5.0
	Ⅱ挡	7.0	10.9	11.0
	Ⅲ挡	13.0	17.0	19.0
	Ⅳ挡	23.0	23.0	26.0
转弯半径/m	内侧	5.3	5.26	5.2
	外侧	7.9	7.90	9.2
操作重量/t		14.6	14	25
发动机	型　号	Deutz F6L413FW	Deutz F6L413FW	Deutz F12L413FW
	额定功率(2300r/min)/kW	102	102	204
变速箱	形　式	电液换挡	电液换挡	电液换挡
	型　号	Clark R28421	Clark R28000	Clark R34420
	传动比(1~4挡)	4.83,2.29,1.32,0.73	4.83,2.29,1.32,0.73	4.83,2.29,1.32,0.73
变矩器	形　式	单级,三元件	单级,三元件	单级,三元件
	型　号	Clark C273	Clark C273	Clark C5472
	变矩系数	2.73	2.73	2.73
前后桥	形　式	行星式刚性桥	行星式刚性桥	行星式刚性桥
	型　号	Clark 15D1841	Tykj K2300	Clark 19D2748
	总传动比	25.434	25.434	25.866
轮胎规格		14.00-24	14.00-24	18.00-25
转向泵	形　式	叶片泵	叶片泵	叶片泵
	排量/(mL/r)	34	34	30
制动泵	型　式	齿轮泵	齿轮泵	齿轮泵
	排量/(mL/r)	6	6	9
工作制动	形　式	全封闭液压式湿式多盘制动器	全封闭液压式湿式多盘制动器	全封闭液压式湿式多盘制动器
	位　置	桥两端	桥两端	桥两端
停车制动	型　式	全封闭湿式多盘制动器	液压制动器	钳盘式弹簧施压液压松闸制动器
	位　置	变速箱	变速箱	后桥
电压/V		24	24	24

表 9-403 CA 系列地下矿用汽车技术参数

型　号		CA-8	CA-10	CA-12	CA-15	CA-18	CA-20
额定容积/m^3		4	5	6	7.5	9	10
额定载重量/t		8	10	12	15	18	20
发动机	型号	BF4M1012EC	BF4M2012C	F6L413FW	F8L413FW	10L413FW	Detroit50
	功率/kW	75	88	102	136	172	205
排气净化方式		氧化催化+消声式	氧化催化+消声式	氧化催化+消声式	氧化催化+消声式	氧化催化+消声式	氧化催化+消声式
传动形式		液力机械	液力机械	液力机械	液力机械	液力机械	液力机械
车速/(km/h)		0~24.8	0~24.8	0~24.8	0~20	0~17	0~28
外形尺寸/mm	长	7116	7400	7400	7400	8990	9000
	宽	1820	1820	1850	2100	2300	2300
	高	2300	2300	2300	2500	2500	2500
转弯半径/m	外侧	6950	6950	7000	7570	9500	9500
	内侧	4500	4500	4450	4550	6500	6500
离地间隙/mm		250	250	250	280	300	300
轴距/mm		3965	3965	3965	4570	5200	5200
轮胎规格		14.00-24	14.00-24	14.00-24	14.00-24	16.00-25	16.00-25
爬坡能力/%		14	14	14	14	14	14
整机质量(空车)/t		10.3	10.5	11.5	15.5	17.0	19.5

9.18 矿井提升机

9.18.1 矿井提升机的分类、组成及发展趋势

9.18.1.1 *矿井提升机的分类*

矿井提升可分为竖井提升系统和斜井提升系统两大类。提升系统在矿山生产中占有极其重要的地位，必须认真选择，一般应经过方案比较后确定。

矿井提升机的分类方式很多，大致分类如下：

- 按钢丝绳在卷筒上连接形式
  - 缠绕式
    - 单绳缠绕式
    - 多绳缠绕式
  - 摩擦式
    - 单轮
      - 落地式
      - 塔式
    - 多轮
- 按提升的绳数多少
  - 单绳
  - 多绳
- 按卷筒的结构形式
  - 圆柱形
    - 一般圆柱卷筒形
    - 可分离圆柱卷筒形
  - 圆锥形
  - 圆柱圆锥形
  - 绞轮
- 按电气的拖动形式
  - 交流
  - 直流
    - 高速直流
    - 低速直流
- 按井上或井下使用
  - 地面式
  - 井下式
    - 电气防爆式
    - 液压传动式
    - 其他传动（如泵控调速、机械差动、双机差动等）
- 按卷筒数
  - 单筒
  - 双筒

目前我国生产的主要结构形式有：单绳缠绕式的有单筒和双筒矿井提升机，摩擦式的有多绳落地式和塔式多绳摩擦式提升机，另外用于井下的有液压传动矿井提升机等。

9.18.1.2 *矿井提升机的主要组成部件*

矿井提升机由下列机械和电气部分组成：

- 矿井提升机
  - 机械部分
    - 工作机构（主轴装置）
    - 传动系统（减速器、联轴器）
    - 制动系统
      - 制动器（主制动器、辅助制动器）
      - 制动器控制装置（液压站或空气系统）
    - 观测操纵系统
      - 深度指示器（或监控）
      - 深度指示器传动装置
    - 保护系统（测速发电机装置、护板、护栅、护罩）
  - 辅助机械部分
    - 司机椅子
    - 导向轮和天轮（仅多绳摩擦式提升机）
    - 车槽装置（仅多绳摩擦式提升机）
  - 电气部分
    - 主电机及微拖动电机
    - 电气控制装置
    - 电气保护系统

A 工作机构

工作机构主要是指主轴装置和主轴承等，它的作用是：缠绕或搭挂提升钢丝绳；承受各种正常载荷（包括固定载荷和工作载荷），并将此载荷经过轴承传给基础；承受各种紧急事故情况下所造成的非常载荷；调节钢丝绳长度（仅单绳缠绕式提升机）。

B 传动系统

在用一般交流感应电动机或高速直流电动机（提升机用电动机一般采用350～960r/min的转速）拖动时，其传动系统主要包括减速器和联轴器，在用直流低速（一般用40～80r/min）电动机拖动时，其传动系统不需要减速器和联轴器（如采用直流低速直联悬挂式电动机）或仅需要一个联轴器（如采用一般通用低速直流电动机）。

减速器的作用是减速和传递动力。

为满足上述功能，减速器应有足够的强度和刚度，并应有适应各种电动机转速的速比，有时为满足布置上的需要，要求有一定的传动形式，如一般平行轴式、中心驱动式、带锥齿轮直角式等。

联轴器的作用是连接两个旋转运动的部分，并通过其传递动力，因此应具有足够的强度和刚度，同时还应具备连接方便，允许被连接件之间有一定相对安装和运动误差，并有一定的弹性及缓冲性。

C 制动系统

制动系统包括制动器和制动器控制装置两部分，制动器控制装置对各种形式制动器是不同的。制动器的作用是：(1)在提升机停车时能可靠地闸住机器；(2)在减速阶段及重物下放时，能参与提升机速度控制；(3)在安全保护起作用或紧急事故情况下使提升机迅速停车，以避免事故发生；(4)对单绳缠绕式双筒提升机，在调节钢丝绳长度或更换水平时，应能闸住游动卷筒，松开固定卷筒。

制动器控制装置，对各种结构形式的提升机是不同的，KJ型提升机是油压制动系统（不大于3m以下）和空气制动系统(3m以上)。JK-A型提升机为液压系统。

JK-A型、XKT型、XKTB型、JK型、JK/A型、JK/E型提升机制动系统控制装置是液压站。

控制装置的作用是：调节制动力矩，在任何事故状态下进行紧急制动（即安全制动），为单绳双筒提升机调绳装置提供调绳离合器油缸所需的压力油（用盘形制动器的提升机）。

D 观测操纵系统

该系统主要由深度指示器、深度指示器传动装置和操纵台组成。

深度指示器有：牌坊式、圆盘式、小丝杠式。深度指示器传动装置有：牌坊式深度指示器传动装置、圆盘式深度指示器传动装置、监控器。

深度指示器及其传动装置或监控器的作用是：向司机指示提升容器在井筒中的位置；当提升容器接近井口卸载位置和井底停车位置时，发出减速信号；当提升容器过卷时，装在牌坊深度指示器，圆盘深度指示器传动装置或监控器上的开关，切断安全保护回路，进行安全制动；在减速阶段当提升机超速时，通过限速装置进行过速保护；当需要解除二级制动时，通过解除二级制动开关予以解除；对于多绳摩擦式提升机，应能自动调零，以消除由于钢丝绳在摩擦轮摩擦衬垫上的滑动、蠕动和伸长及衬垫磨损等所造成的指示误差。

操纵台有：斜面操纵台、组合式操纵台。操纵台的作用是：操纵台上装有各种手把和开关，是操纵提升机完成提升、下放及各种动作的操纵装置；操纵台上装设有各种仪表：向司机反映提升机的运行情况及设备的工作状况。

为满足上述功能，确保提升机安全可靠地运行，对提升机的指示操纵装置必须有保护和后备，另外还需要足够的精度。

E 保护系统

保护系统主要包括测速发电机装置、护板、护栅、护罩等。

测速发电机装置的作用：通过设在操纵台上的电压表向司机指示提升机的实际运行速度，参与等速运行和减速阶段的超速保护。

除了上述的几种结构形式外，其他结构形式尚有：利用控制晶闸管改变交流电动机定子电压的调压调速，主要用在提升绞车上。利用液力耦合器的充油量来调速的液力耦合器调速形式，这种方式目前尚不成熟，仅限于在小绞车上使用。

值得注意的是交流变频调速，该方案不仅电耗低、效率高，而且调速性能好，目前主要问题是价格高、电气系统复杂，是今后主要的发展方向之一。

9.18.1.3 *矿井提升机的发展趋势*

各国为争夺用户市场，开发了各种形式、规格的提升机，以达到高效、低能耗、低成本目的。矿井提升机发展总趋势可归结为：在总体上在向大负载、高速、大型化方向发展。在提高矿井提升机的可靠性上也都非常重视，为此除了十分重视矿井提升机的制造质量外，在部件生产上都力求专业化生产（因为这不仅能降低成本，更重要的是提高质量）。在设计研究新技术上也有很大的投入，如为了提高生产效率，消除操作上的人为因素，在主井提升机一般都配备全自动提升运行装置。在副井提升上，提升机房内也不设提升机操作员，而趋向于在提升容器（罐笼）内由使用人员直接控制提升机运行。再者，为确保提升设备无事故运行，在提升设备有可能出故障的各个重要环节上，设双回路系统，并在系统的各个环节上设有各种检测、控制、自诊断以及记录和保护装置（如负载、速度、加减速、产量、运行时间等记录）。因此在提升系统的检测、控制等各种元器件方面也做了很多工作。在计算机应用上，计算机和数控已成为电控的普遍配置，一些大的矿井提升机生产企业，最近都开发了矿井提升系统专用计算机软件。另外，近年不少国内外知名公司，开发了提升容器运行的负载动态自动检测、记录和控制装置。这样不仅能保证提升不过载，而且能防止提升钢丝绳的松绳事故及自动记录提升量，尤其用在多绳摩擦式矿井提升机上，能随时检测到各根钢丝绳的受力和平衡状态。为保证罐内操作的安全，有一些国家还开发出了罐内设置的无线通讯和遥控装置。为防止发生意想不到的事故，还有一些国家开发了专用的紧急提升装置等。技术在不断发展，机器结构的发展一般是从简单到复杂，但有时在突破某一关键后，机器结构又从复杂到简单。如近年发展的内装式电动机卷筒合一的交-交变频的矿井提升机，这种提升机的电气和电动机是复杂了，但机械的结构形式很简单，机械的可靠性也大为提高，维护工作也是很少。

9.18.2 单绳缠绕式提升机

单绳缠绕式提升机是较早出现的一种提升机。其工作原理是：将两根提升钢丝绳的一端以相反的方向分别缠绕并固定在提升机的两个卷筒上；另一端绕过井架上的天轮分别与两个提升容器连接。这样，通过电动机改变卷筒的转动方向，可将提升钢丝绳分别在两个卷筒上缠绕和松放，以达到提升或下放容器，完成提升任务的目的。目前，单绳缠绕式提升机在我国矿山中使用较为普遍。

单绳缠绕式提升机是一种圆柱形卷筒提升机，根据卷筒的数目不同，可分为双卷筒和单卷筒两种。

双卷筒提升机的两个卷筒在与轴的连接方式上有所不同：其中一个卷筒通过楔键或热装与主轴固接在一起，称为固定卷筒，又称为死卷筒；另一个卷筒滑装在主轴上，通过离合器与主轴连接，故称之为游动卷筒，又称为活卷筒。采用这种结构的目的是考虑到在矿井生产过程中提升钢丝绳在终端载荷作用下产生弹性伸长，或在多水平提升中提升水平的转换，需要两个卷筒之间能够相对转动，以调节绳长，使得两个容器分别对准井口和井底水平。

单卷筒提升机只有一个卷筒，一般仅用作单钩提升。如果单卷筒提升机用作双钩提升，则要在一个卷筒上固定两根缠绕方向相反的提升钢丝绳。提升机运行时，一根钢丝绳向卷筒上缠绕，同时，另一根钢丝绳自卷筒上松放。其优点是；卷筒容绳量得到了提高，从而使得提升机的体积和重力较小。其缺点是：用作双钩提升时，两个容器分别在井口和井底水平的位置，不易调整。为了解决这一问题，把单卷筒制成可以分离的两个部分：一部分与轴固接（这部分相当于双卷筒的死卷筒）；另一部分通过离合器与轴连接（相当于双卷筒的活卷筒），因而称这种提升机为可分离式单卷筒提升机。由于这种提升机只有一个卷筒，容绳量小，适用于提升能力较小的场合（如产量较小的斜井或井下采区上、下山等）。

9.18.2.1 *部分厂家单绳缠绕式提升机*

A XKT 型、XKT-B 型矿井提升机

20 世纪 70 年代开始，仿制的产品在我国陆续使用后，发现一些结构上不完善的地方，就开始进行了一

些新结构的试验和研究(尤其是制动系统),吸收了国外矿井提升机的新技术,结合我国矿井提升机系列参数的贯彻,设计了我国第一台大型单绳矿井提升机。

a XKT 型提升机

XKT 型提升机是 1969 年设计,因为一些重要部件的制造工艺不成熟,此类矿井提升机出厂后出现了不少问题,1972 年开始进行了技术修改。XKT 型提升机的主要问题:(1)不成熟的电子数字式深度指示器(后又用简易牌坊式深度指示器);(2)在没有彻底掌握尼龙性能的情况下就采用了大直径尼龙瓦;(3)采用了间隙调节困难、闸瓦磨损不均的单面盘形闸;(4)减速器齿面承载压力过大,虽然减速器的尺寸、质量变小了,但齿轮的损伤加快;(5)设计的制动摩擦系数取得过高,不仅使闸瓦磨损加快,而且也不安全;(6)把双套的液压系统、双套的润滑油站不合理地改为单套系统;(7)电控上采用金属水冷电阻的电控等。

b XKT-B 型单绳缠绕式矿井提升机

XKT-B 型是 XKT 型的修改产品,主要把电子数字式深度指示器改为圆盘式自整角机指示器;尼龙瓦改为铜套;单面盘形制动器改为双面盘型制动器;单套制动液压泵等改为双套等。此产品从 1973 年开始生产,1976 年结束生产,洛阳矿山机器厂共生产 530 余台,其他生产单位尚有:广州重机厂、陕西重机厂、上海重机厂、镇江矿机厂、内蒙古新生机械厂等。XKT-B 型双筒单绳缠绕式矿井提升机如图 9-497 所示。

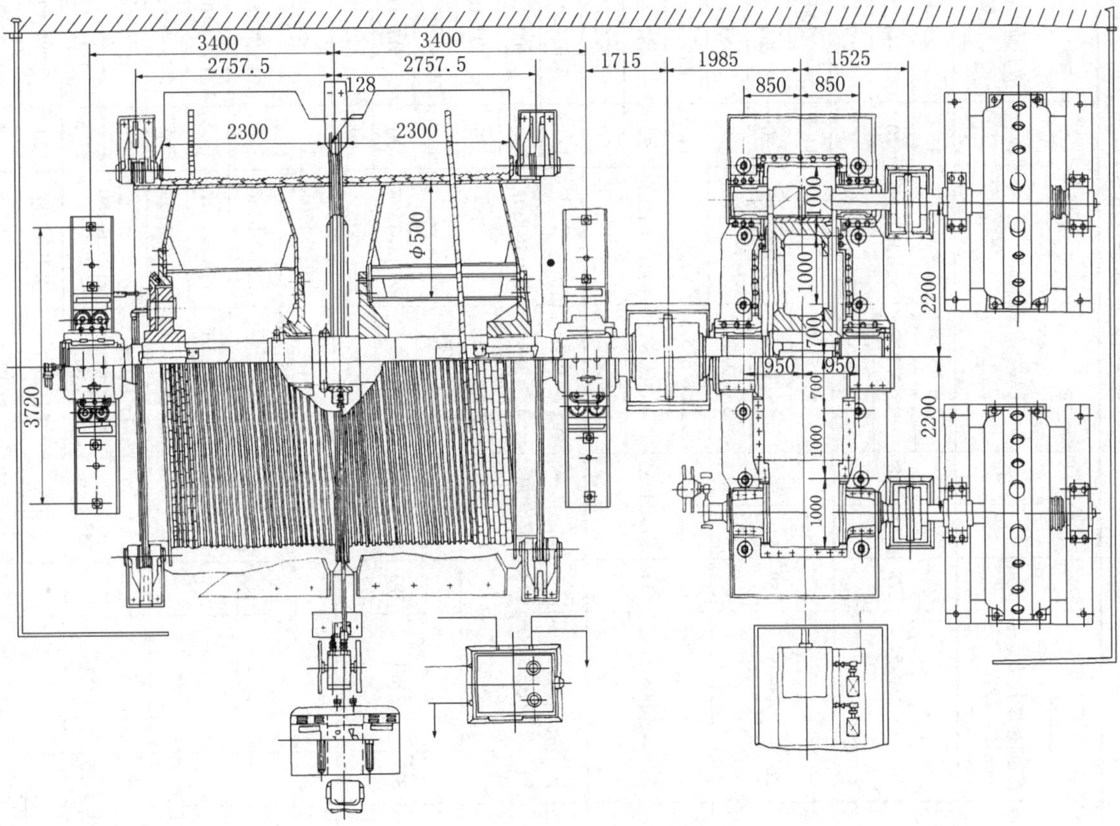

图 9-497 XKT-B 型双筒单绳缠绕式矿井提升机

B JK 型提升机

JK 型矿井提升机是针对 XKT、XKT-B 型提升机不足,由国家经贸委与一机部、煤炭部、冶金部共同审定修改为国家的定型产品,JK 型是在 1976 年以后批量生产的。生产这种型号提升机的厂家很多,主要有中信重型机械有限公司、四川矿山机器集团有限责任公司、山西机器制造公司、锦州矿山机器有限公司、贵阳高原矿山机械厂、太原市富增提升机制造有限公司、锦州大可矿山机械制造有限公司、锦州凯信矿山机械有限公司等。部分厂家产品技术参数规格见表 9-404 ~ 表 9-410,JK2 ~ 5m 矿井提升机的总体结构如图 9-498 所示。

表 9-404 JK 型单绳缠绕式提升机技术参数（中信重型机械公司）

提升机型号	卷筒宽度/m	钢丝绳最大值 静张力/kN	静张力差/kN	直径/mm	破断拉力总和/kN	最大提升高度/m 一层	二层	三层	最大提升速度/(m/s)	减速器 型号	速比 i	电动机 最大功率计算值/kW	转速/(r/min)	旋转部分变位质量（除电动机和天轮）/t	外形尺寸（长×宽×高）/m×m×m	机器质量（不含电气）/t
JK-2/11.5	1.5	60	60	26	439.5	278	579	898	6.55	ZHLR-115K	11.5	453	720	5.57	9×9×3.5	23.1
JK-2/20									5,3.7		20	348,256	960,720	5.87		
JK-2/30									3.3,2.5		30	207,174	960,720	6.76		
2JK-2/11.5	1	60	40	26	439.5	159	346	565	6.55	ZHLR-115	11.5	300	720	7.42	9.5×9×3.5	27.3
2JK-2/20			40						5,3.7		20	230,170	960,720	7.91		
2JK-2/30									3.3,2.5		30	153,115	960,720	8.69		
JK-2.5/11.5	2	90	90	31	608.5	411	890	1335	8.23,6.6,5.5	KZHLR-150K	11.5	850,487,575	720,580,480	12.53	10×9.5×3.5	37.1
JK-2.5/20									4.7,3.8		20	487,394	720,580	13.71		
JK-2.5/30									3.14,2.5		30	326,260	720,580	14.21		
2JK-2.5/11.5	1.2	90	55	31	608.5	213	456	739	8.2,6.6,5.5	ZHLR-130K	11.5	520,420,350	720,580,480	11.25	10×9.5×3.5	37
2JK-2.5/20			55						4.7,3.8		20	300,240	720,580	12.34		
2JK-2.5/30									3.14,2.5		30	197,160	720,580	13.61		
2JK-3/11.5	1.5	130	80	37	8760	283	598	970	10.8,6.6	ZHLR-150K	11.5	924,740,610	720,580,480	18.58	11×10×3.5	53.1
2JK-3/20									5.6,4.5		20	517,415	720,580	19.18		
2JK-3/30									3.7,3		30	342,277	720,580	19.82		
2JK-3.5/11.5	1.7	170	115	43	1185	330	670	—	11.4,9.25,7.65	ZHLR-170K	11.5	<1000	720,580,480	23.49	13.5×11×3.55	74
										ZHD2R-180		1015,1225,1510		28.55		98
2JK-3.5/15.5									8.5,6.85,5.67	ZHLR-170K	15.5	1125,910,755	720,580,480	24.15		74
2JK-3.5/20									6.6,5.3,4.4	ZHLR-170K	20	875,705,585	720,580,480	24.93		
2JK-4/10.5	1.8	180	125	47.5	1430	351	753	—	11.6,9.6	ZHD2R-180	10.5	1675,1385	580,480	30.09	13.5×13×3.55	102
2JK-4/11.5									10.5,8.7		11.5	1515,1255	580,480	30.80		
2JK-4/20									6.1,5.1	ZHLR-200	20	880,735	580,480	31.80	14.5×13×3.55	95
2JK-5/10.5	2.3	230	160	52	1705	565	—	—	11.95	ZD-22X220	10.5	2200	480	49.0	16×12×3.55	175
2JK-5/11.5									10.95		11.5	2000	480	50.05		

表 9-405 JK 型单绳缠绕式提升机技术参数(四川矿山机器集团有限责任公司)

型号	两卷筒中心距/mm	钢丝绳(最大值) 静张力/kN	钢丝绳(最大值) 静张力差/kN	钢丝绳(最大值) 直径/mm	最大提升高度/m 一层	最大提升高度/m 二层	最大提升高度/m 三层	最大提升速度/(m/s)	机器净质量参考值(不含电动机减速器)/t	配套减速器 型号	配套减速器 速比 i	钢丝绳速度/(m/s)	电动机 型号	电动机 功率/kW	电动机 转速/(r/min)
JK2.0×1.5 $\frac{20}{30}$	—	62		24	305	650	1025	5.2	17.68	JSZ-2×550/MT-160	20	5.1	JR148-6	310	982
												3.8	JR148-8	240	734
JK2.0×1.8 $\frac{20}{30}$	—				375	797	1246		18.65		30	3.4	JR128-6	215	979
												2.55	JR128-8	155	730
JK2.5×2 $\frac{20}{30}$	—	83		28	448	945	1475	5.0	28.62	JSZ-2×650/MT-200	20	4.8	JR1510-8	737	
												3.8	JR1510-10	588	
JK2.5×2.3 $\frac{20}{30}$	—				525	1100	1712		29.88		30	3.2	JR157-8	736	
												2.55	JR157-8	585	
JK3×2.2 $\frac{20}{30}$	—	135		36	458	996		6.0	46.40	MT-400	20	3.8	YR560-8	450	487
JK3.5×2.5 $\frac{20}{30}$	—	170		40	458	996			76.00	MT-710/ZZL1250	20	5.3		904	580
											30	4.45		758	730
2JTP1.2×0.8 $\frac{24}{30}$	—	30	20	20	92	221	363	2.6	7.30	JSZ-2×350	24	1.94		37	740
												2.55		55	980
2JTP1.2×1.2 $\frac{20}{30}$	—				125	287	464		7.90		30	1.55		30	740
												2.0		45	980
2JTP1.6×0.9 $\frac{20}{24}$	974	44	30	24.5	120	281	458	7.0	12.94	JSZ-2×450	20	4.09	JR125-6	130	976
												3.04	JR125-8	95	725
												2.4	JR125-10	80	574
2JTP1.6×1.2 $\frac{20}{24}$	1274				175	392	627		13.91		24	3.41	JR117-6	115	976
												2.52	JR117-8	80	723
												2.02	JR117-10	65	280
2JK2×1 $\frac{11.5}{\frac{20}{30}}$	1090	62	40	24	182	406	652	7.0	20.51	JSZ-2×500	11.5	6.7		245	
													JR138-8		730
												5.4	JR1410-10	200	580
											20	5.1	JR128-6	215	980
													JR450-6	220	980
2JK2×1.25 $\frac{11.5}{\frac{20}{30}}$	1340				242	528	838		22.05			3.8	JR128-8	155	730
											30	3.4	JR126-6	155	980
												2.5	JR126-8	110	730
2JK2.5×1.2 $\frac{11.5}{\frac{20}{30}}$	1290	90	55	31	242	528	843	8.8	29.50	JSZ-2×550/MT_160	11.5	8.3		540	730
												6.6		430	580
												5.5		360	480
											20	4.8		310	730
												3.8	JR157-10	260	585
2JK2.5×1.5 $\frac{11.5}{\frac{20}{30}}$	1590				319	685	1080		33.40		30	3.2	JR147-8	200	733
												2.55	JR137-10	155	583
												2.53	YPT400-10	185	580
2JK3×1.5 $\frac{11.5}{\frac{20}{30}}$	1590	135	90	36	289	624		10.5	5380	MT_300	11.5	6.62		590	480
												7.9		713	580
											20	5.73		516	730
2JK3×1.8 $\frac{11.5}{\frac{20}{30}}$	1890				362	770			56.11			7.7		692	980
											30	3.82	YR500-8	400	730
2JK3.5×1.7 $\frac{11.5}{20}$	1790	170	115	40	349	746		12.3	66.00	MT_400	11.5	7.65		879	480
											20	6.69	Z500-2A	651	730
2JK3.5×2.1 $\frac{11.5}{20}$	2190				450	950			88.00			5.40	YR5601-10	630	589
											30				
2JK4×2.1 $\frac{11.5}{20}$	2190	160	245	48	421	891		12.6	103.00	MT_710	11.5	8.9		1427	490
											20	5.1	YR1000-12	1000	490
2JK5×2.3 $\frac{10}{11.5}$	2390	180	280	52	533	1151			175.00	MT_1000	10				
											11.5				

注：表中重量和尺寸不包括微拖动装置。

表 9-406 JK 型单绳缠绕式提升机技术参数(山西机器制造公司)

型号	最大载荷/kN		卷筒/m				容绳量/m			钢丝绳		电动机				减速比	旋转部分总变位质量(除电动机和天轮)/kg	外形尺寸(长×宽×高)/m×m×m	主机质量/kg
	静张力	静张力差	个数	直径	宽度	两卷筒中心距	一层	二层	三层	直径/mm	速度/(m/s)	型号	最大功率计算值/kW	转速/(r/min)	电压/V				
2JK-3/11.2											9.96		924	730		11.2			
											7.9		740	580	380				
2JK-3/20	135	90	2	3	1.5	1.59	290	650	1000	36	5.73	YR 系列	489	730	3000	20	18600	12×9.5×3	55000
					1.8	1.89	362	770	1217		4.56	JR 系列	388	530	6000			13×9.5×3	55800
2JK-3/31.5											3.82		326	730	10000	31.5			
											3.02		259	580					
JK-2.5/20											4.78		458	730	380	20			
	83		1	2.5	2		448	948	1475	28	3.00	YR 系列	364	580	3000		12329	11.5×9.3×3	38200
JK-2.5/31.5					2.3		525	1100	1712		3.19	JR 系列	306	730	6000	31.5	14025	11.8×9.3×3	39780
											2.53		243	580	10000				
2JK-2.5/11.2											6.31		487	730		11.2	13640		
											6.6		387	580	380				
											6.52		324	435			16060		
2JK-2.5/20	90	65	2	2.5	1.2	1.29	215	460	745	28	4.78	YR 系列	280	730	3000	20	14527	10×9.5×3	44490
					1.5	1.59	270	630	1000		3.82	JR 系列	223	580	6000		17100	12×9.5×3	47800
2JK-2.5/31.5											3.4		187	730	10000	31.5	15623		
											2.55		148	580			18390		
JK-2/20											5.11		326	975	380	20	7670		
	62		1	2	1.5		305	650	1025	24	3.8	YR 系列	244	730	3000			6.8×6.5×3	23100
JK-2/31.5					1.8		375	797	1246		3.4	JR 系列	218	975	6000	30	8077	7.41×6.5×3	25100
											2.55		163	730	10000				
2JK-2/11.2											6.65		283	730		11.2	7420		
															380		10910		
2JK-2/20	62	40	2	2	1	1.09	182	406	652	24	5.11	YR 系列	218	975	3000	20	7890	10×9.5×3	30186
					1.25	1.34	242	528	838		3.82	JR 系列	163	730	6000		12060	10.5×9.5×3	31450
2JK-2/31.5					1.5	1.59	299	654	1017		3.4		145	975	10000	31.5	8700	11×9.5×3	33040
											2.55		109	730			13950		
JKB-2.5/20①											4.78		458	730		20	13640		
	83		1	2.5	2		448	945	1475	28	3.80		364	580	380			11.5×9.3×3	38200
JKB-2.5/31.5					2.3		525	1100	1712		3.19		306	730	660	31.5	16060	11.8×9.3×3	39780
											2.53		243	580					
JKB-2/20											4.78		326	730		20	7670		
	62		1	2	1.5		305	650	1025	24	3.88		244	580	380			7.15×6.5×3	23600
JKB-2/31.5X					1.8		375	797	1246		3.46		218	730	660	31.5	8077	7.41×6.5×3	25600
											2.55		163	580					

①JKB 为防爆提升机。

表 9-407 JK 型单绳缠绕式提升机技术参数(锦州矿山机器有限责任公司)

型 号	卷 筒			钢 丝 绳					电动机功率 /kW	外形尺寸 (长×宽×高) /m×m×m	主机质量 /kg
	数量	直径 /m	宽度 /m	拉力 /kN	拉力差 /kN	直径 /mm	容绳量 /m	速度 /(m/s)			
JK-2-20A	1	2	1.5	60	60	24.5	950	5.0/3.7	348/256	7.00×6.90×2.73	20415
JK-2/30A	1	2	1.5	60	60	24.5	950	3.3/2.5	207/174	7.00×6.90×2.73	20415
JK-2×1.8/20A	1	2	1.8	60	60	24.5	1125	5.0/3.7	348/256	7.30×6.90×2.73	20915
JK-2×1.8/30A	1	2	1.8	60	60	24.5	1125	3.3/2.5	207/174	7.30×6.90×2.73	20915
2JK-2/20A	2	2	1	60	40	24.5	600	5.12/3.81	215/155	8.10×6.26×2.73	24110
2JK-2/30A	2	2	1	60	40	24.5	600	3.41/2.54	155/110	8.10×6.26×2.73	24110
2JK-2/11.5A	2	2	1	60	40	24.5	600	6.64/5.32	300/240	8.10×6.26×2.73	24110
2JK-2×1.25/20A	2	2	1.25	60	40	24.5	810	5.12/3.81	215/155	9.50×6.95×2.73	25255
2JK-2×1.25/30A	2	2	1.25	60	40	24.5	810	3.41/2.54	155/110	9.50×6.95×2.73	25255
2JK-2×1.25/11.5A	2	2	1.25	60	40	24.5	810	670	315	9.50×6.95×2.73	25255
JK-2.5/20A	1	2.5	2.0	90	90	31	1290	4.7/3.8	570/394	10.3×9.08×2.83	30118
JK-2.5/30A	1	2.5	2.0	90	90	31	1290	3.2×2.5	332×260	10.3×9.08×2.83	30118
JK-2.5×2.2/20A	1	2.5	2.2	90	90	31	1454	4.7/3.8	570/394	10.3×9.08×2.83	32060
JK-2.5×2.2/30A	1	2.5	2.2	90	90	31	1454	3.2/2.5	332/260	10.5×9.84×2.83	32060
2JK-2.5/11.5A	2	2.5	1.2	90	55	31	790	6.6/8.2	400/570	10.5×9.74×2.83	35750
2JK-2.5/20A	2	2.5	1.2	90	55	31	790	3.8×4.7	260/300	11.2×9.74×2.83	35750
2JK-2.5/30A	2	2.5	1.2	90	55	31	790	2.5/3.2	160/200	11.2×9.74×2.83	35750
2JK-2.5×1.5/11.5A	2	2.5	1.5	90	55	31	1000	6.6/8.2	400/570	11.8×9.74×2.83	40142
2JK-2.5×1.5/20A	2	2.5	1.5	90	55	31	1000	3.8/4.7	260/300	11.8×9.74×2.83	40142
2JK-2.5×1.5/30A	2	2.5	1.5	90	55	31	1000	2.5/3.2	160/200	11.8×9.74×2.83	40142
2JK-2.5×1.35/11.5A	2	2.5	1.35	90	55	31	900	6.6/8.8	400/570	11.5×9.74×2.83	36700
2JK-2.5×1.35/20A	2	2.5	1.35	90	55	31	900	3.8/4.7	260/300	11.5×9.74×2.83	36700
2JK-2.5×1.35/30A	2	2.5	1.35	90	55	31	900	2.5/3.2	160/200	11.5×9.74×2.83	36700
JK-3×2.2/20A	1	3	2.2	135	135	36	1513	5.73/4.56/3.81	794/631/528	12.3×10.3×2.83	53700
2JK-3/11.5A	2	3	1.5	130	80	37	955	6.62/7.92/9.97	565/675/850	13.7×10.3×2.83	59500
2JK-3/20A	2	3	1.5	130	80	37	955	4.56/5.73	388/489	13.7×10.3×2.83	57480
2JK-3/30A	2	3	1.5	130	80	37	955	3.04/3.82	259/326	13.7×10.3×2.83	57480
2JK-3.5/20A	2	3.5	1.7	170	115	40	746	4.44/5.31/6.69	545/651/820	14.2×10.7×3.63	78200
2JK-3.5/20A	2	3.5	1.7	170	115	40	746	4.44/5.31/6.69	545/651/820	14.2×10.7×3.63	78200
2JK-3.5/30A	2	3.5	1.7	170	115	40	746	4	230		78200
2JK-4×2.1/30A	2	4	2.1	245	160	50	891	3.45	560		110765

表 9-408 JK 型单绳缠绕式提升机技术参数(贵阳高原矿山机械厂)

型号	最大拉力/kN	最大拉力差/kN	容绳量/m	滚筒直径/mm	滚筒宽度/mm	钢丝绳直径/mm	钢丝绳速度/(m/s)	电动机功率/kW	外形尺寸(长×宽×高)/mm×mm×mm	主机质量/kg
JK2×1.5/20	60		930	2000	1500	24.5	3.75/5	256/384	7300×6900×2730	20500
JK2×1.5/30							2.5/3.3	174/215		
JK2×1.8/20	60		1125	2000	1800	24.5	5.0/3.7	348/256	7000×6910×2730	20915
JK2×1.8/30	60		1125	2000	1800	24.5	3.3/2.5	348/256	7000×6910×2730	20915
JK2.5×2/20	90		1290	2500	2000	31	3.8/4.7	400/570	10300×9080×2830	29263
JK2.5×2/30							2.55/3.2	260/320		
JK2.5×2.2/20	90		1454	2500	2200	31	4.7/3.8	570/394	10500×9840×2830	32060
JK2.5×2.2/30	90		1454	2500	2200	31	3.2/2.5	332/260	10500×9840×2830	32060
JK2.5/20	90		1290	2500	2000	31	4.7/3.8	570/394	10300×9080×2830	30118
JK2.5/30	90		1290	2500	2000	31	3.2/2.5	332/260	10300×9080×2830	30118
JK3×2.2/20	135		1513	3000	2200	36	5.74/4.56/3.81	794/631/528	12300×10300×28300	52191
2JK2×1/20	60	40	630	2000	1000	24.5	3.81/5.12	155/215	8100×6260×2730	24500
2JK2×1/30							2.5/3.4	110/155		
2JK2×1.25/11.5	60	40	810	2000	1250	24.5	6.7	315	9500×6950×2730	25255
2JK2×1.25/20	60	40	810	2000	1250	24.5	5.12/3.81/3.8	215/155/95	9500×6950×2730	25255
2JK2×1.25/30	60	40	810	2000	1250	24.5	3.41/2.54	155/110	9500×6950×2730	25255
2JK2.5×1.2/30	90	55	790	2500	1200	31	3.8/4.8	260/300	11200×9740×2830	35660
2JK2.5×1.2/30							2.55/3.2	155/200		
2JK2.5×1.35/11.5	90	55	900	2500	1350	31	6.6/8.2	400/570	11500×9740×2830	36700
2JK2.5×1.35/20	90	55	900	2500	1350	31	3.8/4.7	260/300	11500×9740×2830	36700
2JK2.5×1.35/30	90	55	900	2500	1350	31	2.5/3.2	160/200	11500×9740×2830	36700
2JK2.5×1.5/11.5	90	55	1000	2500	1500	31	2.5/3.2	160/200	11800×9740×2830	37570
2JK2.5×1.5/20	90	55	1000	2500	1500	31	6.6/8.2	400/570	11800×9740×2830	37570
2JK2.5×1.5/30	90	55	1000	2500	1500	31	3.8/4.7	260/300	11800×9740×2830	37570
2JK2.5/11.5	90	55	790	2500	1200	24.5	6.6/8.2	400/570	11200×9740×2830	35750
2JK2.5/20	90	55	790	2500	1200	31	3.8/4.7	260/300	11200×9740×2830	35750
2JK2.5/30	90	55	790	2500	1200	31	2.5/3.2	160/200	11200×9740×2830	35750
2JK3/11.5	130	80	955	3000	1500	37	7.92/9.97	565/675/850	13700×10300×2830	56100
2JK3/20	130	80	955	3000	1500	37	4.56/5.73	388/489	13700×10300×2830	56100
2JK3/30	130	80	955	3000	1500	37	3.04/3.82	259/326	13700×10300×2830	56100
2JK3.5/20	170	115	746	3500	1700	40	5.31/6.69	545/651/820	14200×10700×3630	74100

表 9-409 JK 型单绳缠绕式提升机技术参数(锦州大可矿山机械制造有限公司)

型号	卷筒直径/m	卷筒宽度/m	两卷筒中心距/mm	钢丝绳最大静张力/kN 载人	钢丝绳最大静张力/kN 载物	钢丝绳最大静张力差/kN 载人	钢丝绳最大静张力差/kN 载物	钢丝绳最大直径/mm	最小破断拉力总和/kN	最大提升高度或运输长度/m 一层缠绕	二层缠绕	三层缠绕	最大提升速度/(m/s)	速比	电动机最大转速/(r/min)
JK-2×1.5	2.0	1.5	—	55	62	55	62	24	500	305	650	1025	5.0	20	1000
													3.3	30	
JK-2×1.8		1.8								375	797	1246	5.0	20	
													3.3	30	
JK-2.5×2	2.5	2.0		83		83		30	783	413	877	1378	4.7	20	750
													3.2	30	
JK-2.5×2.3		2.3								460	972	1523	4.7	20	
													3.2	30	
JK-3×2.2	3.0	2.2		125	135	125	135	36	1127	458	966	1513	5.73	20	

续表 9-409

型号	卷筒			钢丝绳最大静张力/kN		钢丝绳最大静张力差/kN		钢丝绳最大直径/mm	最小破断拉力总和/kN	最大提升高度或运输长度/m			最大提升速度/(m/s)	速比	电动机最大转速/(r/min)
	直径/m	宽度/m	两卷筒中心距/mm	载人	载物	载人	载物			一层缠绕	二层缠绕	三层缠绕			
2JK-2×1	2.0	1.00	1090	55	62	40	24	500		182	406	652	6.64	11.5	750
													5.12	20	
													3.41	30	
2JK-2×1.25		1.25	1340							242	528	838	6.64	11.5	
													5.12	20	
													3.41	30	
2JK-2.5×1.2	2.5	1.20	1290	83		65		30	783	222	490	790	8.2	11.5	
													4.7	20	
													3.2	30	
2JK-2.5×1.5										294	636	1011	8.2	11.5	
													4.7	20	
													3.2	30	
2JK-3×1.5	3.0	1.50	1590	125	135	90		36	1127	289	624	994	9.97	11.5	
													5.73	20	
													3.82	30	
2JK-3.5×1.7	3.5	1.7	1790	155	170	115		40	1402	349	746	—	6.69	20	

表 9-410 JK 型单绳缠绕式提升机技术参数(锦州凯信矿山机械有限公司)

型号	卷筒		钢丝绳					电动机功率 kW	外形尺寸(长×宽×高)/m×m×m	主机质量(不含电动机电控)/kg
	直径/m	宽度/m	拉力/kN	拉力差/kN	直径/mm	容绳量/m	速度/(m/s)			
JK-2/20A	2	1.5	60	60	24.5	950	5.0/3.7	348/256	7.00×6.90×2.73	20415
JK-2/30A	2	1.5	60	60	24.5	950	3.3/2.5	2.7/174	7.00×6.90×2.73	20415
JK-2×1.8/20A	2	1.8	60	60	24.5	1125	5.0/3.7	348/256	7.30×6.91×2.73	20915
JK-2×1.8/30A	2	1.8	60	60	24.5	1125	3.3/2.5	207/174	7.30×6.91×2.73	20915
2JK-2/20A	2	1	60	40	24.5	600	5.12/3.81	215/155	8.10×6.26×2.73	24110
2JK-2/30A	2	1	60	40	24.5	600	3.41/2.54	155/110	8.10×6.26×2.73	24110
2JK-2/11.5A	2	1	60	40	24.5	600	6.64/5.32	300/240	8.10×6.26×2.73	24110
2JK-2×1.25/20A	2	1.25	60	40	24.5	810	5.12/3.81/3.8	215/155/95	9.50×6.95×2.73	25255
2JK-2×1.25/30A	2	1.25	60	40	24.5	810	3.41/2.54	155/110	9.50×6.95×2.73	25255
2JK-2×1.25/11.5A	2	1.25	60	40	24.5	810	6.70	315	9.50×6.95×2.73	25255
JK-2.5/20A	2.5	2.0	90	90	31	1290	4.7/3.8	570/394	10.3×9.08×2.83	30118
JK-2.5/30A	2.5	2.0	90	90	31	1290	3.2/2.5	332/260	10.3×9.08×2.83	30118
JK-2.5×2.2/20A	2.5	2.2	90	90	31	1454	4.7/3.8	570/394	10.5×9.84×2.83	32060
JK-2.5×2.2/30A	2.5	2.2	90	90	31	1454	3.2/2.5	332/260	10.5×9.84×2.83	32060
2JK-2.5/11.5A	2.5	1.2	90	55	31	790	6.6/8.2	400/570	11.2×9.74×2.83	35750
2JK-2.5/20A	2.5	1.2	90	55	31	790	3.8/4.7	260/300	11.2×9.74×2.83	35750
2JK-2.5/30A	2.5	1.2	90	55	31	790	2.5/3.2	160/200	11.2×9.74×2.83	35750
2JK-2.5×1.5/11.5A	2.5	1.5	90	55	31	1000	6.6/8.2	400/570	11.8×9.74×2.83	37570
2JK-2.5×1.5/20A	2.5	1.5	90	55	31	1000	3.8/4.7	260/300	11.8×9.74×2.83	37570
2JK-2.5×1.5/30A	2.5	1.5	90	55	31	1000	2.5/6.2	160/200	11.8×9.74×2.83	37570
2JK-2.5×1.35/11.5	2.5	1.35	90	55	31	900	6.6/8.2	400/570	11.5×9.74×2.83	36700
2JK-2.5×1.35/20A	2.5	1.35	90	55	31	900	3.8/4.7	260/300	11.5×9.74×2.83	36700
2JK-2.5×1.35/30A	2.5	1.35	90	55	31	900	2.5/3.2	160/200	11.5×9.74×2.83	36700
JK-3×2.2/20A	3	2.2	135	135	36	1513	5.73/4.56/3.81	794/631/528	12.3×10.3×2.83	53318
2JK-3/11.5A	3	1.5	130	80	37	955	6.62/7.92/9.97	565/675/850	13.7×10.3×2.83	59500
2JK-3/20A	3	1.5	130	80	37	955	4.56/5.73	388/489	13.7×10.3×2.83	56100
2JK-3/30A	3	1.5	130	80	37	955	3.04/3.82	259/326	13.7×10.3×2.83	56100
2JK-3.5/20A	3.5	1.7	170	115	40	746	4.44/5.31/6.69	545/651/820	14.2×10.7×3.63	74100

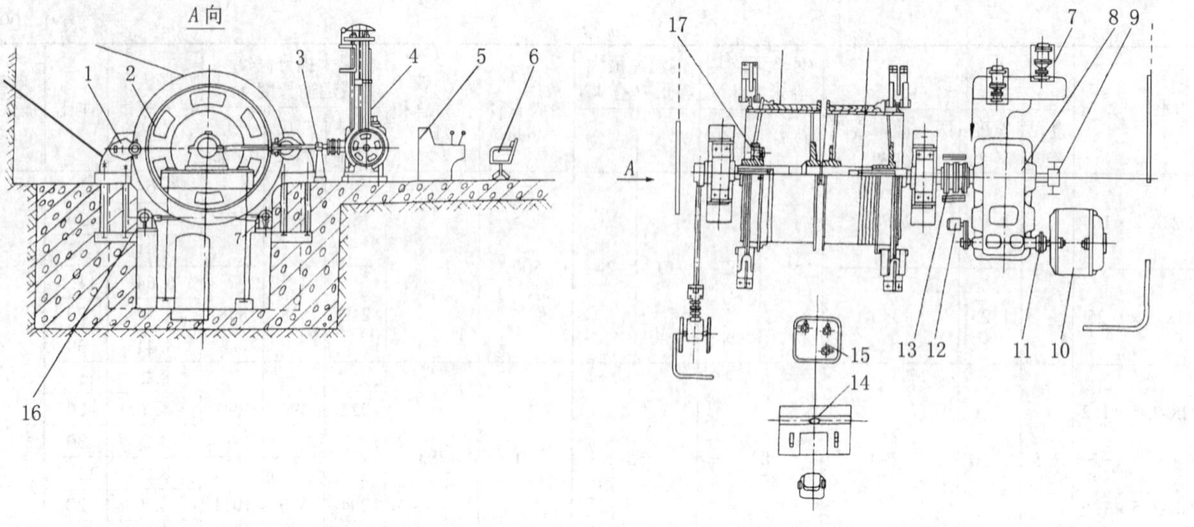

图9-498 JK型2~5m矿井提升机总体结构(双筒)

1—盘形制动器;2—主轴装置;3—牌坊式深度指示器传动装置;4—牌坊式深度指示器;5—斜面操纵台;6—司机椅子;7—润滑油站;8—减速器;9—圆盘式深度指示器传动装置;10—电动机;11—弹簧联轴器;12—测速发电机装置;13—齿轮联轴器;14—圆盘式深度指示器;15—液压站;16—锁紧器;17—齿轮离合器

型号标识方法:2JK-2/20。符号含义:2——卷筒数量;J——卷扬机;K——矿井提升机;2——卷筒直径,m;20——名义速比。

相对XKT-B型,JK型提升机作了以下完善:

(1)把有些减速器的尺寸规格作了适当的放大,尤其是一些使用应力过高的减速器(如ZHLR-100改为ZHLR-115),速比的挡次也有所增多。

(2)盘形制动器不仅由单面改为双面,而且把选用过高的设计摩擦系数减小,有些规格的提升机的制动盘由一个改为两个,卷筒结构和制动器的结构也进行了完善,制动器更换和装拆更加方便。

(3)制动系统的液压站不仅由单路改为双路,而且加强了油的过滤,尤其是电液调压部分的过滤,提高了液压系统的稳定性。

(4)恢复一些重要部件的双套配置(如液压站的双套液压泵等),其中一套备用,以方便维护及应付紧急情况。

(5)深度指示器除圆盘式外,恢复供应牌坊式指示器。

(6)卷筒除保留原有的两半结构外,又增加了四半结构。

(7)电控调速方面,取消金属水冷电阻,改为金属电阻等。

C JK-A型矿井提升机

仿制的KJ型ϕ3m以下的提升机在我国使用后,发现一些结构缺陷,针对发现的问题,对缺陷部分进行了改进(其中也引入了当时研制成的电液压装置等),改进的机型就是JK-A型提升机,因此该机是KJ型修改型的产品。这种型号的产品由原洛阳矿山机械研究所、洛阳矿山机器厂设计并生产的,1968年开始至1971年,共生产190余台,结构如图9-499所示。技术参数见表9-411。JK-A型矿井提升机的规格参数与KJ型相同,主要是结构上的修改,JK-A型对KJ型主要结构上改进如下:(1)卷筒的筒壳厚度加厚;(2)角移式制动器改为带关节瓦块的综合式;(3)制动器由单回路,改为独立传动的双回路(即制动器由一套改为两套,每一套制动器作用一个制动轮),在布置上,由中间改为卷筒两侧,一侧一套;(4)制动液压缸也由单套改为双套,另外每一套制动液压缸除工作制动液压缸外,增加了安全制动液压缸;(5)制动器的机械式行程压力调节器改为压力调节的电液调压阀;(6)KJ型制动器的制动力的调节是位移式,而JK-A型是用电液调压阀调压式,因此重锤式蓄力器改为空气液压蓄压器;(7)卷筒蜗轮蜗杆式调绳联合器的离合由手动改为电动;(8)减速器齿形由渐开线齿形改为圆弧齿形;(9)电动机输入的联轴器由齿轮联轴器改为蛇形弹簧联轴器。

表 9-411 JK-A 型单绳缠绕式矿井提升机(中信重型机械公司)

型 号	卷筒宽度/m	钢丝绳 最大静张力/kN	钢丝绳 最大静张力差/kN	钢丝绳 直径/mm	钢丝绳 破断拉力总和/kN	提升高度或运输长度/m(绳槽/木衬) 一层	二层	三层	最大提升速度/(m/s)	减速器 型号	减速器 速比	电动机 最大功率计算值/kW	电动机 转速/(r/min)	旋转部分变位质量(除电动机和天轮)/t	外形尺寸(长×宽×高)/m×m×m	机器质量(不含电气)/t
JK-2/20A	1.5	60	60	24.5	389	275/306	613/669	976/1044	5.1,3.82	PTH800(2)	20	326,244	975,730	10.14	10.4×18.7×2.9	35
JK-2/30A									3.40,2.55		30	218,163	975,730	11.09		
JK-2.5/20A	2	90	90	31	608.5	386/403	803/843	1293/1324	4.18,3.80	PTH1000(2)	20	458,364	730,580	21.39	13×9.7×2.9	54.8
JK-2.5/30A									3.19,2.53		30	306,243	730,580	20.67		
2JK-2/11.5A	1	60	40	24.5	389	164/177	357/387	513/628	6.65	PTH710(2)	11.5	283	730	10.01	12.7×9.5×2.9	37.7
2JK-2/20A									5.11,3.82		20	218,163	975,730	11.40		
2JK-2/30A									3.40,2.55		30	145,109	975,730	11.94		
2JK-2.5/11.5A	1.2	90	55	31	608.5	202/215	405/460	700/745		PTH900(2)	11.5	437,387,325	720,580,458	17.66	13.9×9.5×2.9	55
2JK-2.5/20A									4.78,3.80		20	280,223	730,580	20.17		
2JK-2.5/30A									3.19,2.53		30	187,148	730,580	23.64		
JK-3/20A	2.2	130	130	37	876	431/460	890/930	1395/1460	5.73,4.66,3.81	PTH1250	20	794,631,528	730,580,485	28.28	13.5×10.5×2.9	77.06
2JK-3/11.5A	1.5	130	80	37	876	262/282	551/596	875/955	4.97,7.9,6.62	PTH1000(2)	11.5	850,675,565	730,580,485	27.23	14.5×10×2.9	74.1
2JK-3/20A									5.73,4.56		20	489,388	730,580,485	27.94		
2JK-3/30A									3.82,3.04		30	326,259	730,580	27.44		
2JK-3.5/11.5A	1.7	170	115	43	1185	310/329	548/690	—	11.63,9.25,7.71	PTH1250(2)	11.5	1420,1136,947	730,580,485	30.96	15×10.5×2.9	99.44
2JK-3.5/20A									6.89,5.31,4.44		20	820,650,545	730,580,485	34.40		
2JK-4/11.5A	2.1	210	140	47.5	1430	—	—	—	10.36,8.83		11.5	1576,1318	580,485			
2JK-4/20A									6.07,5.08		20	906,758	580,485			
2JK-5/11.5A	2.3	260	180	52	1705				13.20,11.04		11.5	2533,2118	580,485			

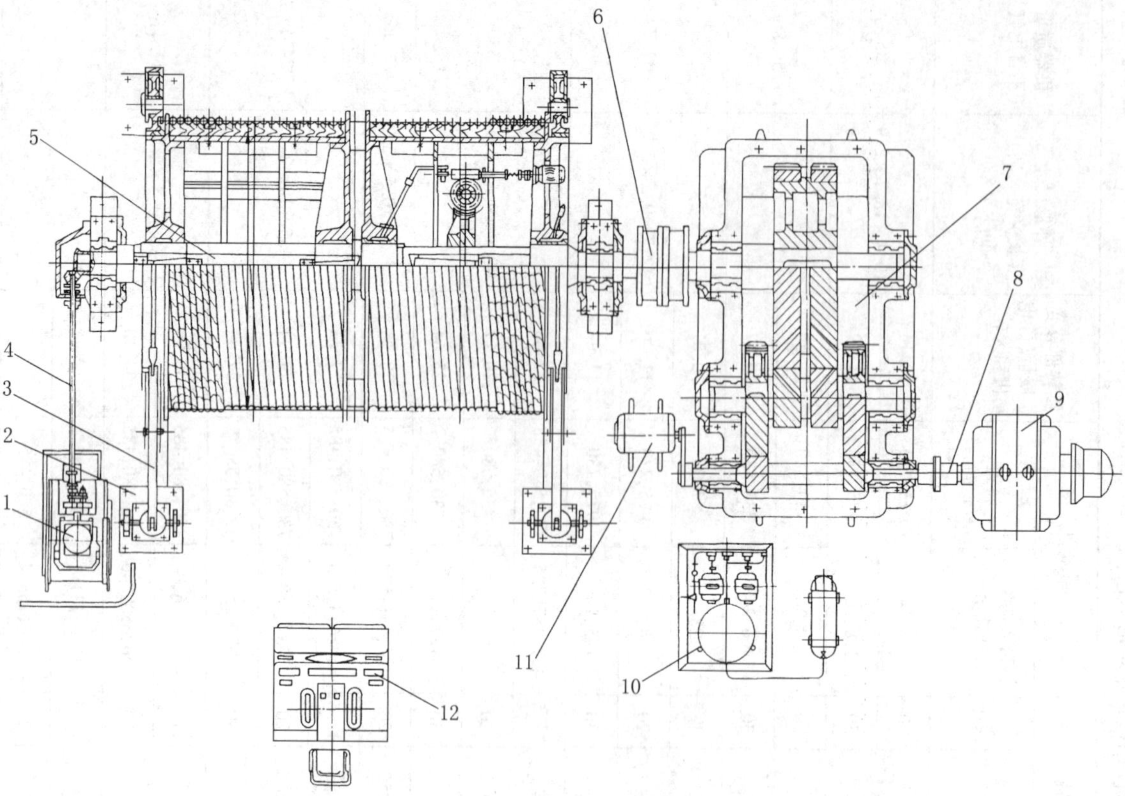

图 9-499 JK-A 型单绳双筒缠绕式矿井提升机

1—深度指示器；2—制动缸装置；3—制动器；4—深度指示器传动装置；5—主轴（单筒或双筒）；6—齿轮联轴器；7—减速器；8—弹簧；9—电动机；10—液压传动装置；11—测速发电机；12—操纵台

这些改进增加了提升机的安全性、可靠性。JK-A 型系列提升机的主要缺点是两套制动器的动作有时不同步，该型号的提升机是一个新老提升机的过渡产品。

D JK-E 型矿井提升机

20 世纪 90 年代初原洛阳矿山机器厂对 JK-A 型矿井提升机进行了一次通用部件统一工作，修改了图纸，对结构进行了部分改进，并定型为 JK-E 型矿井提升机，其改进部分为：

（1）采用了对开装配式木衬滚筒，滚筒分为两半，筒壳上布置有木衬，用户可根据自己的实际需要在木衬上加工出绳槽；采用了对开装配式带槽滚筒，滚筒分为两半，在筒壳上直接加工出螺旋绳槽，为了消除提升过程中的夹绳现象和减轻咬绳程度，在钢丝绳由第一层向第二层和由第二层向第三层过渡的过渡区增设了过渡块。

（2）部分 JK-E 型提升机可采用平行轴减速器，或采用行星轮减速器（但必须配电动制动器）。

（3）为确保制动器装置正常工作，在该装置上设有闸瓦间隙指示器和碟簧疲劳指示器，当闸瓦磨损超过规定值和当碟簧疲劳或断裂时，可分别发出故障信号，输入到电控保护回路。本次提升结束后，只有进行闸瓦间隙调整或更换碟簧，才能恢复工作。

（4）为满足矿山的要求，该系列产品配有监控器或牌坊式深度指示器，用户可根据使用要求任选一种。一般对于多水平提升的矿井，应优先采用监控器，单水平提升的矿井，可任选一种。

（5）JK-E 型矿井提升机技术性能见表 9-412。

型号标识方法：2JK-2/20E。

符号含义：2——卷筒数量（单筒不标注）；J——卷扬机类型；K——矿井提升机；2——卷筒直径/m；20——名义速比；E——更新设计。

（6）工作原理。电动机通过减速器将动力传给缠绕钢丝绳的卷筒，实现容器的提升和下放；通过电气传动实现调速，盘形制动器由液压和电气控制进行制动；通过各种位置指示系统，实现容器的深度指示；通过各种传感器的控制元件组成的机、电、液联合控制系统实现整机的监控与保护；通过计算机和网络技术实现提升机内、外的信息传输。

表 9-412 JK-E 型提升机技术性能(中信重型机械公司)

型号	钢丝绳					提升高度或拖运长度(绳槽/木衬)/m			最大提升速度/(m/s)	旋转部分变位质量(除电动机和天轮)/kg	参考质量(不包括电气设备、微拖动)/kg		外形尺寸(直径×高)/m×m
	卷筒宽度/m	最大静拉力/kN	最大静拉力差/kN	最大直径/m	破断拉力总和/kN	一层	二层	三层			绳槽式 监/牌	木衬式 监/牌	
JK-2/20E	1.5	60	60	24.5	389	275/306	613/669	996/1044	5.11,3.823	6600	24335/24490	23203/23358	2.6×3.2
JK-2/30E									3.40,2.55	7242			
JK-2.5/20E	2	90	90	31	608.5	386/403	803/843	1253/1324	4.78,3.80	13679	38811/38659	37993/37841	2.9×4.3
JK-2.5/30E									3.19,2.53	13317			
JK-3/20E	2.2	130	130	37	876	431/460	890/930	1395/1460	5.73,4.56,3.81	19000		/58340	3.4×4.6
2JK-2/11.5E	1	60	40	24.5	389	164/177	357/387	573/628	6.65		31406/30476	30230/29300	2.4×4.3
2JK-2/20E	1	60	40	24.5	389	164/177	357/387	573/628	5.11,3.82	9740	31406/30476	30230/29300	2.4×4.3
2JK-2/30E									3.40,2.55	10021			
2JK-2.5/11.5E	1.2	90	55	31	608.5	205/215	435/460	700/745	8.31,6.6,5.52	13707	41552/42259	39770/40470	2.9×4.9
2JK-2.5/20E	1.2	90	55	31	608.5	205/215	435/460	700/745	4.78,3.80	13695	41385/42096	39603/40314	2.9×4.9
2JK-2.5/30E									3.19,2.53	13675			
2JK-3/11.5E	1.5	130	80	37	876	262/282	551/596	875/955	9.97,7.92,6.62	21690	60300/59600	57080/56380	3.7×5.5
2JK-3/20E	1.5	130	80	37	876	262/282	551/596	875/955	5.73,4.56	22588	58715/58014	55502/54801	3.7×5.5
2JK-3/30E									3.82,3.04	22336			
2JK-3.5/11.5E	1.7	170	115	43	1190	310/329	648/690		11.63,9.24,7.73	26171	75740/74773	74546/73846	4.25×5.5
2JK-3.5/20E	1.7	170	115	43	1190	310/329	648/690		6.69,5.31,4.44	26526	75435/74738	74511/73814	4.25×6.0
2JK-4	2.1	245	160	48									
2JK-5	2.3	280	180	52									

(7) 技术特点。1)采用整体式、两瓣式、四瓣式多种形式的卷筒;2)卷筒绳槽采用加工螺旋绳槽、折线绳槽或木衬及塑衬压制的螺旋绳槽,层间设置钢绳过渡装置;3)采用油缸后置式盘形制动器,电-液联合控制;液压站分中低压和中高压两种类型。中低压液压站有恒制动力电气延时和液压延时二级制动两种;中高压液压站有恒减速和恒制动力矩二级制动两种形式,液压站可配有压力传感器、压力继电器;4)主轴与卷筒采用平面大扭矩摩擦联接;5)由光电编码器、自整角机及低速直流测速发电机组成的信号监控装置,有超速、过卷、深度指示失效、闸瓦磨损、弹簧疲劳等完善的监测保护功能;6)操纵台有整体式和分体式两种形式,全部采用集成信号灯、性能可靠的电气仪表以及新型整体式操作手柄,并有数字式深度指示器及数字和丝杠式深度指示为一体的深度指示系统,均配备有工业电视或计算机、打印机等专用台面;7)天轮装置采用整体式或两瓣式焊接结构,采用滚动轴承支承和轮缘上装有聚氯乙烯或尼龙的摩擦衬垫;8)可配有矿井提升机网络控制及远程诊断系统。

9.18.2.2 单绳缠绕式提升机主轴装置

A 主轴装置的作用及工作原理

主轴装置是单绳缠绕式矿井提升机的工作部件,它的作用是:(1)缠绕提升钢丝绳;(2)承受各种正常载荷(包括固定载荷和工作载荷);(3)承受各种紧急情况下所造成的非常载荷,在非常载荷作用下,主轴装置各部分不应有残余变形;(4)对于双筒提升机,调节钢丝绳长度。

主轴装置的工作原理比较简单(图 9-500),钢丝绳的一端用钢绳夹持固定在卷筒辐板上,另一端经卷筒的缠绕后,通过井架天轮悬挂提升容器。这样,利用主轴旋转方式的不同,将钢丝绳缠上或放松,以完成提升或下放容器的工作。

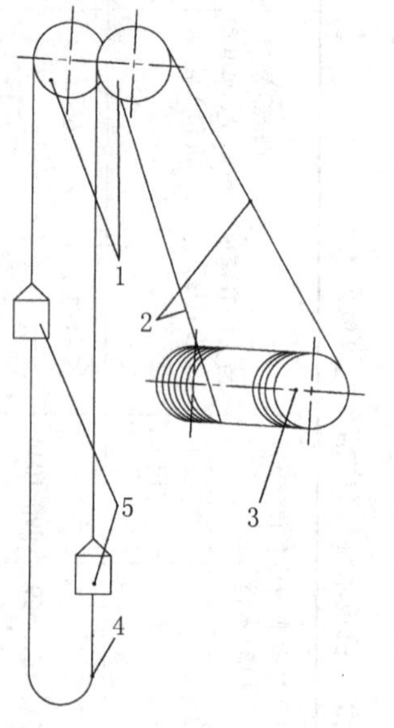

图 9-500 单绳缠绕式提升机主轴装置工作原理

1—天轮;2—钢丝绳;3—主轴装置;4—尾绳;5—容器

出绳方向,单筒提升机采用双钩提升时,左侧钢绳为下出绳,右侧钢绳为上出绳,单钩提升时为上出绳。双筒提升机是左边卷筒上的钢绳为下出绳,右边卷筒上的钢绳为上出绳。与固定卷筒和游动卷筒的相对位置无关。

B KJ 型矿井提升机主轴装置的结构

a 单筒主轴装置的结构

左、右两个与制动轮制成一体的铸铁支轮用键与主轴连接。卷筒架在两端支轮上,并通过螺栓与支轮连接(图 9-501)。

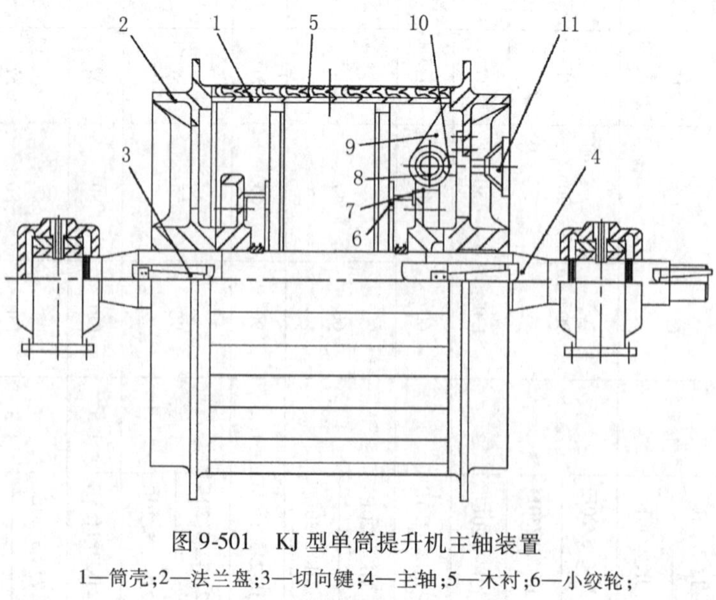

图 9-501 KJ 型单筒提升机主轴装置

1—筒壳;2—法兰盘;3—切向键;4—主轴;5—木衬;6—小绞轮;7—蜗轮;8—蜗杆;9—支架;10—伞齿轮;11—手轮

b 双筒主轴装置的结构

双筒主轴装置的结构如图9-502所示。

筒内有加强支环。筒壳外边一般均设有木衬，木衬上加工有螺旋绳槽，木衬的作用是作为钢绳的软垫，使钢丝绳不发生过多变形。另一个作用是使钢丝绳规则地排列，减少钢丝绳的磨损。木衬的厚度应不小于2倍钢丝绳直径，通常木衬宽度在100mm左右，木衬一般用柞木、水曲柳或榆木等制作，装配木衬时，应保证使其与筒壳接触良好。否则，就会影响筒壳应力的均匀分布。木衬在使用磨损后应及时更换。在2m及2.5m提升机的卷筒内装有两个缠绕备用钢丝绳用的小卷筒，每个小卷筒由下列部分组成：小绞轮6和蜗轮7滑装在主轴上，蜗杆8安装在支架9上，两个伞齿轮10和手轮11（图9-501）。

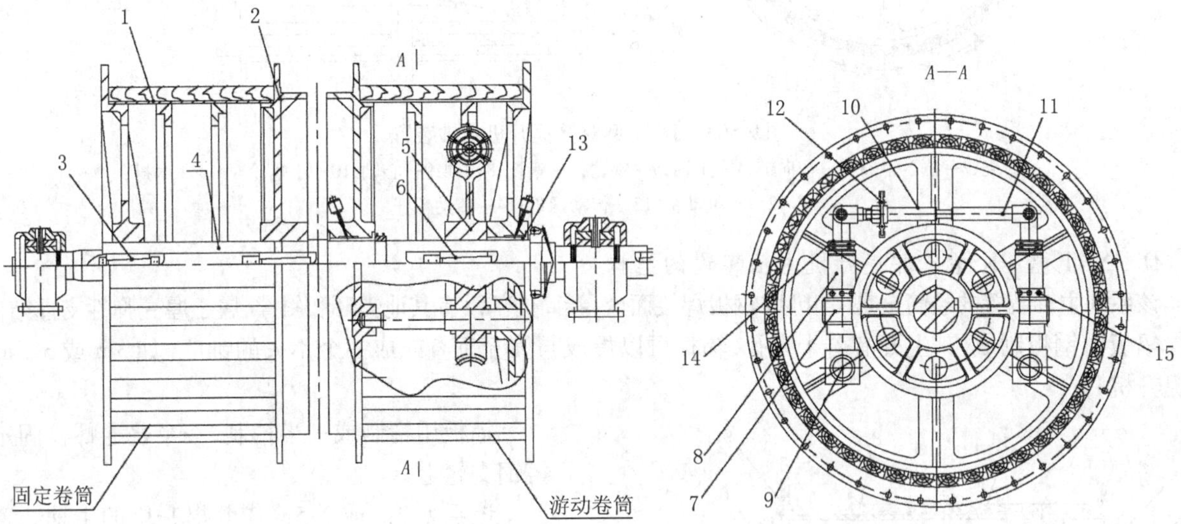

图9-502 KJ型双筒提升机主轴装置

1—筒壳；2—法兰盘；3—切向键；4—主轴；5—蜗轮；6—切向键；7—蜗杆；8—心轴；9—轴；10—螺母；11—螺杆；12—手轮；13—铜轴套；14—压紧螺母；15—孔

（1）固定卷筒。固定卷筒的结构和单筒主轴装置相同，只是其内部没有小卷筒，它只有一个制动轮，且在卷筒内侧。

（2）游动卷筒。卷筒（支轮）滑装在主轴4上，蜗轮5用切向键6固定在两支轮间的主轴上，并与固定在支轮上的蜗杆7相啮合，因此，主轴转动时，通过蜗轮带动蜗杆再带动卷筒转动。

（3）换置机构。使游动卷筒与主轴接合并可脱开的机构，称为换置机构。

利用螺旋机构可使装在导轴上的蜗杆7与轴9相对回转，并与蜗轮脱开，这时游动卷筒就与主轴脱开，并可用锁紧器锁死。于是，当主轴旋转时，游动卷筒不动，这样就可进行换置作业。

蜗杆回转端有一止推螺栓，其作用是当置换作业时，蜗杆可能处于一上一下的位置，这时转动手轮时，由于蜗杆本身的自重，下面的蜗杆将最先脱离啮合落到止推螺栓上，然后上面的蜗杆开始升起直至碰到止推螺栓为止。因此，止推螺栓保证了两侧蜗杆与蜗轮的间隙趋于一致。

为保证卷筒在任何位置都可以停止，蜗轮蜗杆均可啮合，蜗杆可以转动，当蜗杆的齿顶住了蜗轮的齿时，蜗杆稍转动一下即可。这种换置机构的主要缺点是：操作笨重、劳动强度大、费时、费力、影响矿山生产。

C JK-A型矿井提升机主轴装置的结构

a 单筒主轴装置

单筒主轴装置与KJ型完全相同。

b 双筒主轴装置

双筒主轴装置（图9-503）与KJ型的结构形式基本相同，主要有下列两点区别：

（1）对于制动器，KJ型的两制动轮在两个卷筒中间，而JK-A型的两制动轮在两卷筒的外侧。

（2）对于换置机构。KJ型靠人力，而JK-A型装了一套电动蜗轮蜗杆机构，靠电力实现游动卷筒与主轴的脱开与合上。

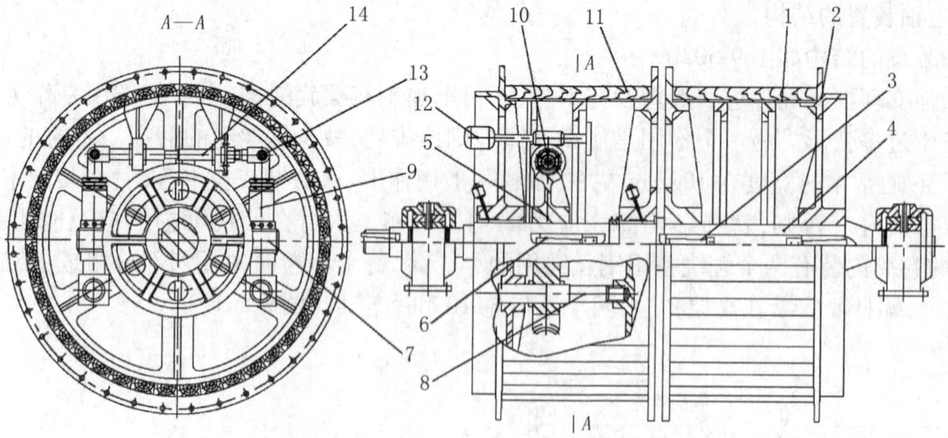

图 9-503 JK-A 型双筒提升机主轴装置

1—筒壳；2—法兰盘；3，6—切向键；4—主轴；5—蜗轮；7—蜗杆；8—轴；9—心轴；10—小蜗轮对；11—木衬；12—小电动机；13—传动螺母；14—传动螺杆

D XKT 型、JK 型矿井提升机主轴装置的结构

该系列主轴装置的卷筒全是由 16Mn 钢板焊接而成，卷筒内部没有其他支环和斜撑，属于厚壳弹性支撑结构。

辐板由钢板制成，其上开有若干人孔，辐板可以焊成与筒壳垂直或成一个不大的锥度（如 3m 或 3.5m 双筒提升机）。

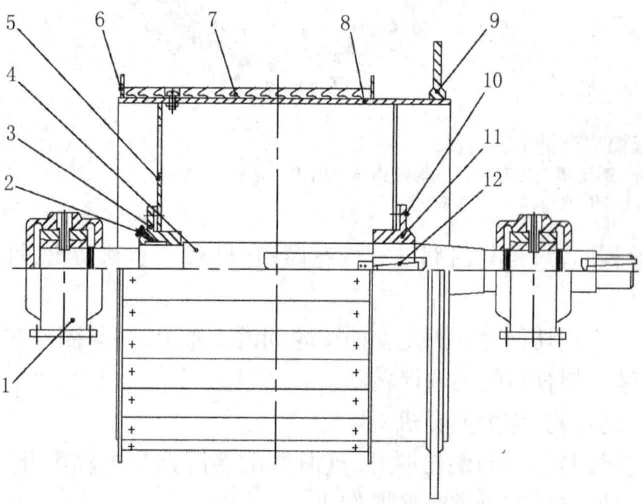

图 9-504 XKT 型单筒提升机主轴装置

1—主轴承；2—润滑油杯；3—左轮毂；4—主轴；5—辐板；6—挡绳板；7—木衬；8—筒壳；9—制动盘；10—精制螺栓；11—右轮毂；12—切向键

辐板用精制或一半精制，一半普通螺栓固定在铸钢支轮上。

该系列 2m 或 2.5m 矿井提升机的主轴装置按卷筒结构形式分两半的和整体的两种。两半结构在现场安装时，由安装单位进行焊接和加工制动盘。整体结构的制动盘在制造厂已加工好，但安装时必须对制动盘的表面粗糙度和端面跳动进行检查，如超过规定值时，应重新进行加工。

a 单筒主轴装置

单筒主轴装置由卷筒、主轴、主轴承，左右轮毂等组成（图 9-504），主轴承是支承主轴、卷筒及其他载荷用的，主轴承内的轴瓦上嵌有巴氏合金层，在低速重载下，耐磨性好，左轮毂与主轴为滑动配合，轮毂上装有油杯，应定期加油，以免轮毂内孔和轴的表面刮伤或磨损。右轮毂压配在主轴上，并用强力切向键与主轴固定，卷筒与右轮毂的连接采用精制配合螺栓，卷筒与左轮毂的连接采用数量各为一半的精制配合螺栓和普通螺栓，除 2m 单卷筒只有一个制动盘外，其余规格均为两个制动盘。

b 双筒主轴装置

双筒提升机主轴装置由主轴、主轴承、两个卷筒、4 个轮毂、调绳离合器等主要零部件组成（图 9-505）。

(1) 固定卷筒。固定卷筒装在主轴的传动侧。固定卷筒与轮毂的连接与单筒主轴装置相同，所有规格的固定卷筒都是只有一个制动盘。

(2) 游动卷筒。游动卷筒在主轴的非传动侧。游动卷筒与游筒右支轮的连接采用其数量各一半的精制配合螺栓和普通螺栓。游筒右支轮为两半结构。通过两半铜瓦滑装在主轴上，用油杯干油润滑。铜瓦的作用是保护主轴和支轮。避免在调绳时支轮和主轴的磨损。左辐板上用精制配合螺栓固定着调绳离合器内齿

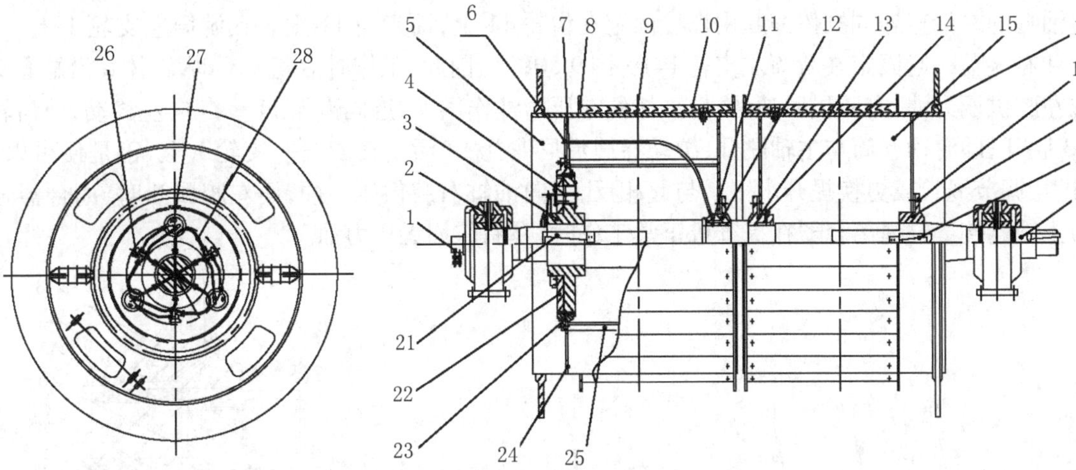

图 9-505 XKT 型双筒提升机主轴装置

1—密封头;2—主轴承;3—游动卷筒左轮毂;4—齿轮式调绳离合器;5—游动卷筒;6—润滑油杯;7—尼龙套;8—挡绳板;9—筒壳;10—木衬;11—尼龙轴套;12—游动卷筒右轮毂;13—固定卷筒左轮毂;14—润滑油杯;15—固定卷筒;16—制动盘;17—精制螺栓;18—固定卷筒右轮毂;19—切向键;20—主轴;21—切向键;22—外齿轮;23—内齿轮;24—辐板;25—角钢;26—联锁阀;27—调绳油缸;28—油管

圈。内齿圈右端装有尼龙瓦,卷筒支承在游筒左支轮上,内齿圈左端面上方有注油孔,要定期向轴瓦与支轮间注润滑油,以便在调绳时,卷筒与主轴相对运动,防止尼龙瓦与游筒左支轮的磨损。游筒左支轮压配在主轴上,并通过强力切向键与主轴连接。

(3) 调绳离合器。调绳离合器的作用是将游动卷筒与主轴连接上或脱开,使游动卷筒与固定卷筒同步转动或做相对运动,以便调节绳长或更换水平。本系列提升机采用轴向齿轮式调绳离合器(图 9-506)。游筒左支轮 3 通过强力切向键 2 与主轴 1 相连。在游筒支轮上沿圆周装有 3 个调绳油缸 4,调绳油缸的另一端插在齿轮 6 的孔中。这样,当齿轮 6 与固定在卷筒 9 的辐板上的内齿轮 8 相啮合时,调绳油缸便相当于 3 个销子将游筒左支轮 3 与齿轮 6 连接在一起,经齿轮辐传递力矩。

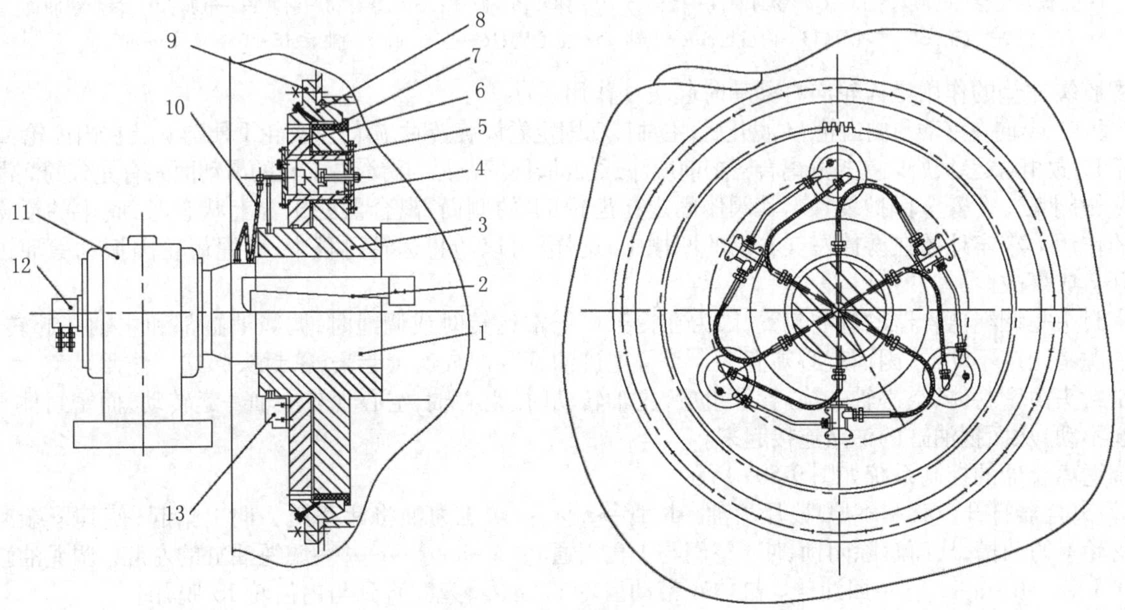

图 9-506 调绳离合器结构

1—主轴;2—强力切向键;3—游筒左支轮;4—调绳油缸;5—橡胶缓冲垫;6—齿轮;7—尼龙瓦;8—内齿轮;9—卷筒;10—油管;11—轴承座;12—密封头;13—联锁阀

调绳油缸的左端盖连同缸体一起用螺栓固定在齿轮 11 上，而齿轮 11 则装在游筒左支轮 1 上。活塞通过活塞杆和右端盖一起固定在游筒左支轮 1 上（图 9-507）。因此，工作时活塞 8 不动，缸体 6 沿缸套 9 移动，如向油缸左腔供压力油，右腔接回油池时，缸体便在压力油作用下，连同齿轮 11 一起向左移动，使齿轮 11 与内齿轮 13 脱开，即游动卷筒与主轴脱开，游动卷筒借尼龙瓦 12 活支在游筒左支轮 1 上，于是便可以转动固定卷筒，进行调节绳长或更换提升水平。与此相反，当向油缸右腔供压力油，而左腔回油时，离合器合上，游动卷筒与主轴连接。调绳离合器在提升机正常工作时，左右腔均无压力油。

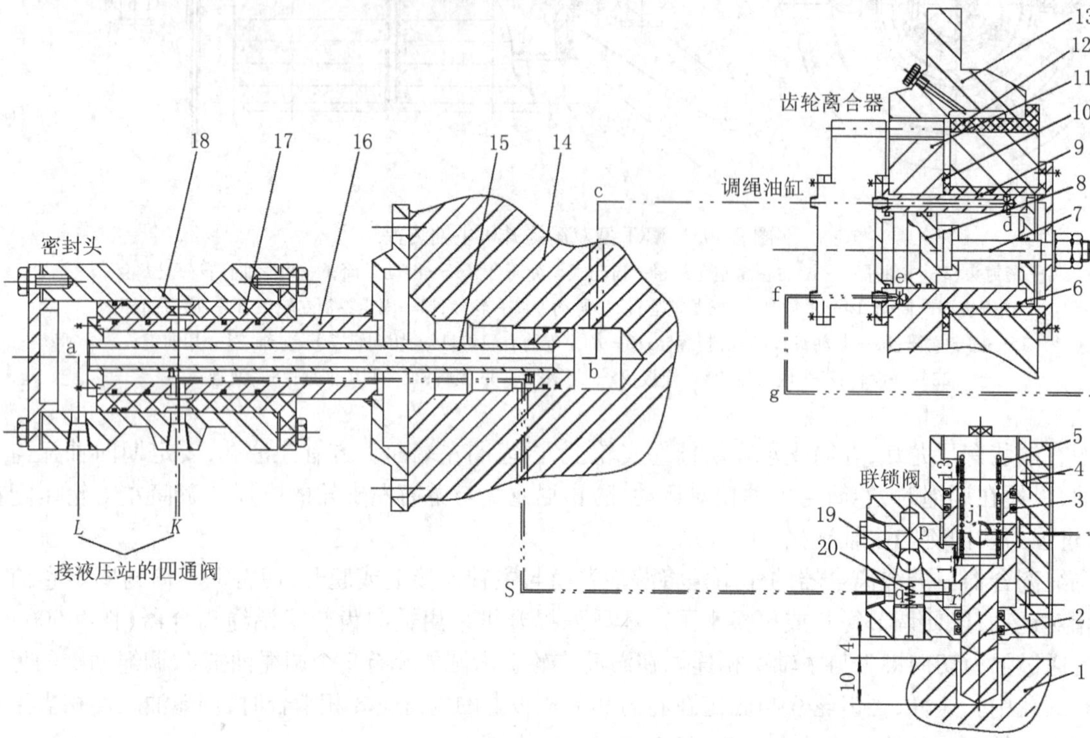

图 9-507　调绳离合器液压控制系统

1—游筒左支轮；2—活塞销；3—O 形密封圈；4—阀体；5，20—弹簧；6—缸体；7—活塞杆；8—活塞；9—缸套；10—橡胶缓冲垫；11—齿轮；12—尼龙瓦；13—内齿轮；14—主轴；15—空心管；16—空心轴；17—轴承；18—密封体；19—钢球

橡胶缓冲垫的作用是齿轮向右移动时起缓冲作用。

当齿轮 11 向左移动与内齿轮 13 脱开后，主轴带动固定卷筒旋转时，游筒左支轮 1 便与安装在内齿轮 13 上的尼龙瓦 12 做相对运动，所以在打开离合器之前应注意加油，使尼龙瓦与游筒左支轮的滑动面间有充分的润滑剂。

联锁阀是一个安全保护装置。其阀体固定在齿轮 11 的侧面，离合器处于合上状态时，阀中的活塞销靠弹簧的作用力牢牢地插在游筒左支轮上的凹槽中，这样，可以防止运转过程中，调绳齿轮因振动等原因而自动脱开造成事故。

密封头是调绳离合器的进油装置，因为在提升机正常运转时或调绳时，调绳油缸都和主轴一起转动，而压力油源是固定不动的，因而就必须有一个装置把进油管和油缸连接起来，密封头起这一作用。

密封头由密封体、空心轴、空心管等组成，主轴转动时，空心轴、空心管与主轴一起转动，而密封体与进油管一起不动，从而把油缸的油路连接起来。

调绳离合器的控制系统如图 9-507 所示。

1）离合器打开。其基本原理：压力油→K 管→n→s→r（压力油将活塞销 2 向上抬起，使其下端离开游动左支轮 1 的凹槽，从而解除闭锁，使 r 空间与 J 孔相通）→i→h→g→f→e→调绳油缸的左腔。调绳油缸右腔的油→d→c→b→a→l 管→回油池。缸体 6 带动齿轮 11 向左移动，直到与内齿轮 13 脱开。

2）离合器合上。压力油→L 管→a→b→c→d→调绳油缸右腔。调绳油缸左腔的油→e→f→g→h→i $\rightarrow\left\langle \begin{matrix} p\text{-}q \\ r \end{matrix} \right\rangle\rightarrow$ s 管→回油池。

缸体 6 带动齿轮 11 向右移动，直至与内齿轮全部合上。

c JK 型和 XKT 型矿井提升机主轴装置的主要区别

（1）XKT 型提升机的制动盘内侧与挡绳板外侧间距是 300mm，挡绳板厚度是 14mm，而 JK 提升机的制动盘内侧与挡绳板外侧间距是 330mm，挡绳板的厚度 18mm。

（2）XKT 型提升机卷筒与支轮的连接全部采用精制配合螺栓，而 JK 型的固定卷筒左支轮与游筒右轮与卷筒的连接采用其数量各半的精制配合螺栓和普通螺栓，固定卷筒右支轮与卷筒的连接全部采用精制配合螺栓。

E JK/A 型矿井提升机主轴装置的结构

a 主轴装置

主轴装置如图 9-508 ~ 图 9-511 所示。

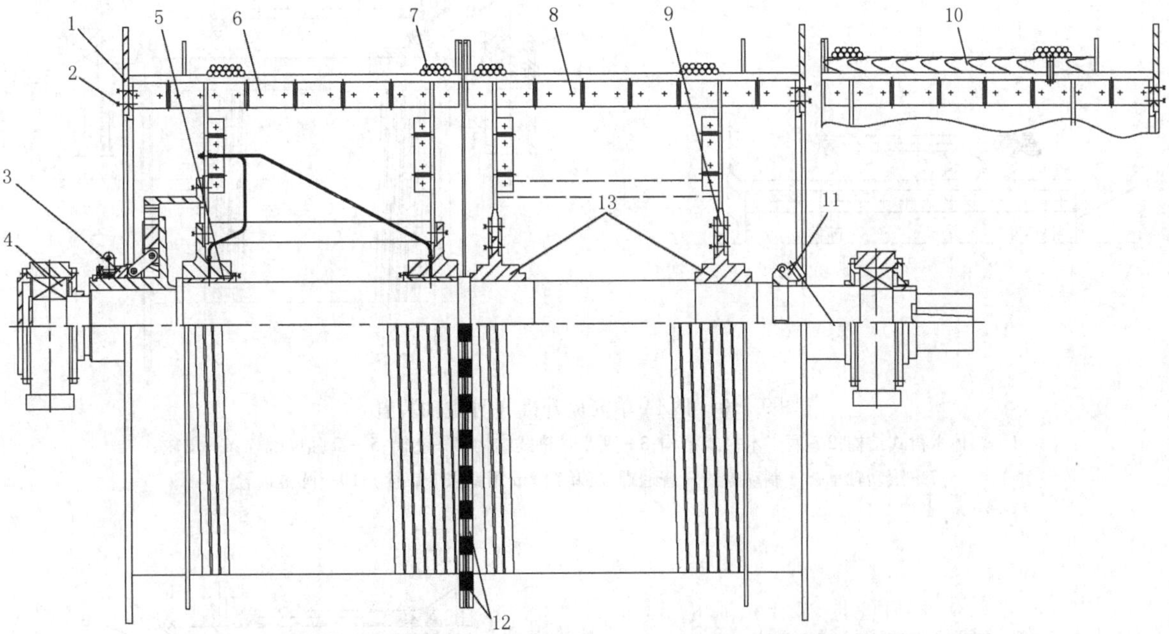

图 9-508 JK/A 型双筒提升机 A 种主轴装置

1—制动盘；2—连接螺栓；3—调绳离合器；4—滚动轴承；5—铜套；6—游动卷筒；7—绳槽结构（筒壳上加工）；8—固定卷筒；9—高强度连接螺栓；10—木衬绳槽结构；11—圆锥齿轮；12—调绳对齿标记；13—固壳支轮

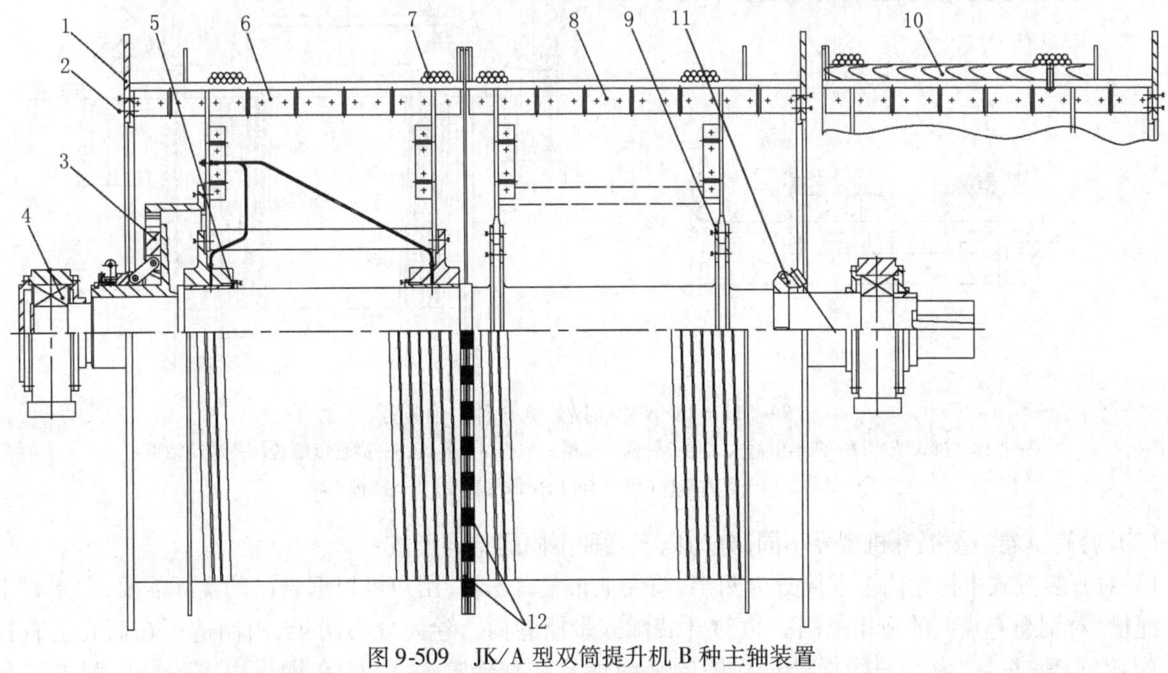

图 9-509 JK/A 型双筒提升机 B 种主轴装置

1—制动盘；2—连接螺栓；3—调绳离合器；4—滚动轴承；5—铜套；6—游动卷筒；7—绳槽结构（筒壳上加工）；8—固定卷筒；9—高强度连接螺栓；10—木衬绳槽结构；11—圆锥齿轮；12—调绳对齿标记；

本系列产品的主轴装置具有单圆柱卷筒和双圆柱卷筒两种基本型式，主要由主轴、卷筒、支轮、轴承座和调绳离合器等零部件组成。

(1) 主轴。主轴有两种不同的结构，A 种为光轴(图 9-510)，B 种为带有两个法兰盘的轴(图 9-511)。

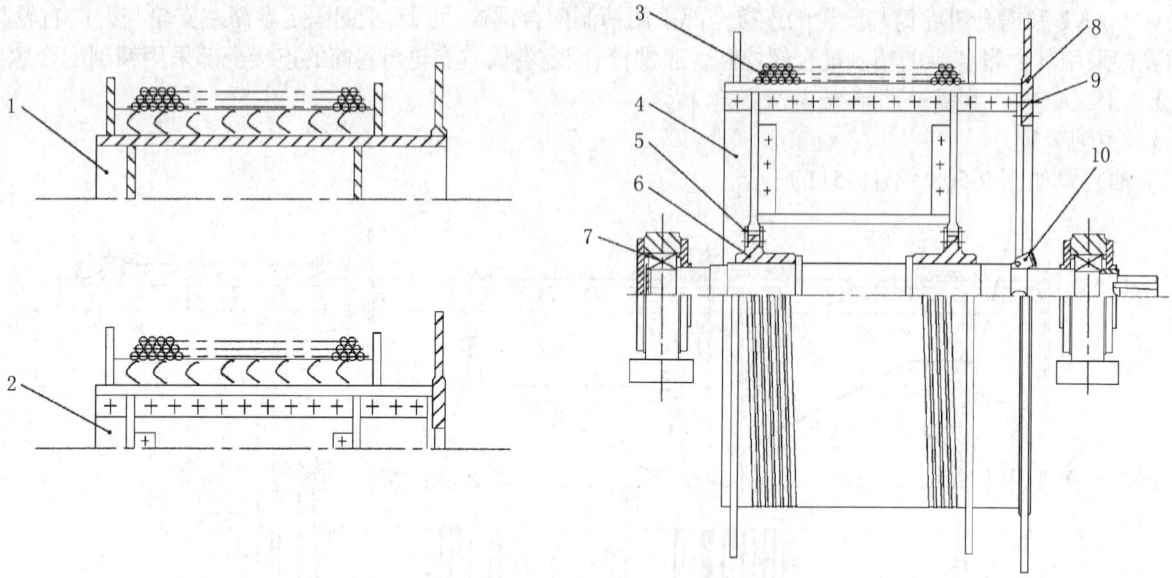

图 9-510 JK/A 单筒提升机 A 种主轴装置

1—整体木衬式结构；2—两半木衬式结构；3—两半带槽式结构；4—卷筒；5—高强度螺栓；6—支轮；7—滚动轴承；8—制动盘；9—普通螺栓(单筒 2m 用高强度螺栓)；10—圆锥齿轮

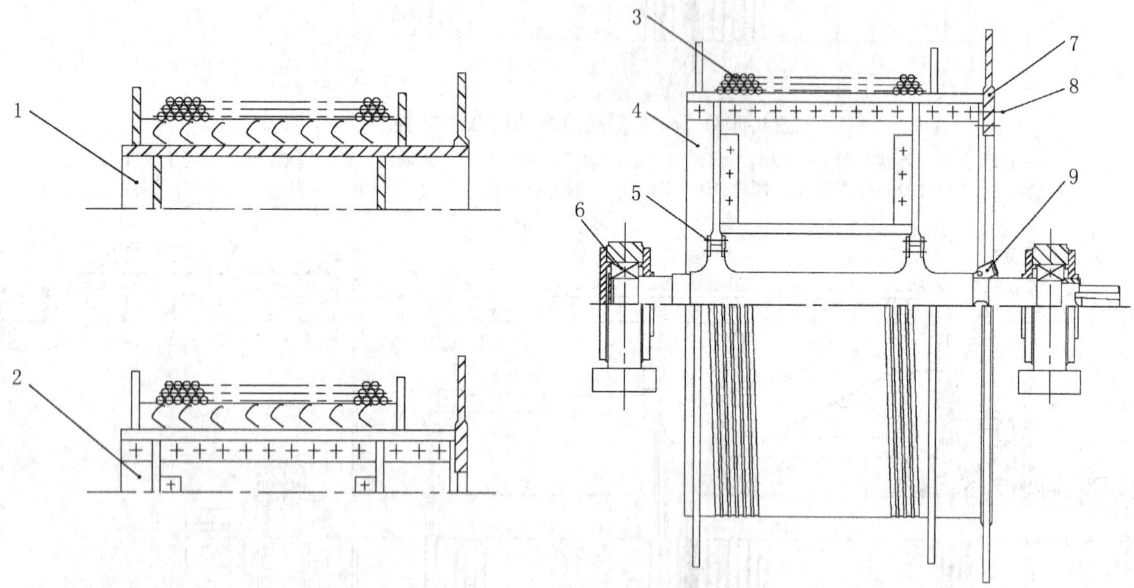

图 9-511 JK/A 单筒提升机 B 种主轴装置

1—整体木衬式结构；2—两半木衬式结构；3—两半带槽式结构；4—卷筒；5—高强度螺栓；6—滚动轴承；7—制动盘；8—普通螺栓(单筒 2m 用高强度螺栓)；9—圆锥齿轮

(2) 卷筒。卷筒按提升机型号不同，分为以下几种不同的结构形式：

1) 对开装置式木衬卷筒。卷筒分为两半，筒壳上布置有木衬，用户可根据自己的实际需要，在木衬上加工出绳槽，对钢绳有较大的适用范围。2) 对开装配式带槽卷筒。卷筒分为两半，由制造厂在筒壳上直接加工出螺旋绳槽，并且，为了消除提升过程中的夹绳现象和减轻咬绳程度，在钢绳由第一层向第二层和由第二层向第三层过渡区，增设了过渡块，其基本形状如图 9-512 所示。3) 整体木衬式卷筒。卷筒为整体式，筒壳上布置有木衬，用户可根据自己的实际需要，在木衬上加工出绳槽，对钢丝绳有较大的适用范围。制动盘由制造厂焊接在卷筒上，并且经过精加工，该结构制动盘不可拆卸，运输安装时应注意保护，以防变形。

对开装配式木衬卷筒和对开装配式绳槽卷筒两半接合面，均已在制造厂加工完毕，安装时用螺栓紧固即可，不必焊接。另外，卷筒与制动盘的连接采用摩擦连接结构，制动盘已在制造厂进行了加工，安装时只需要用扭力扳手，按一定的拧紧力矩（除单筒 2m 为 750N · m，其余产品均为 499N · m），将螺栓（单筒 2m 为高强度螺栓，其余产品为普通螺栓）拧紧即可，减少了加工制动盘的工作量，便于运输和装拆。

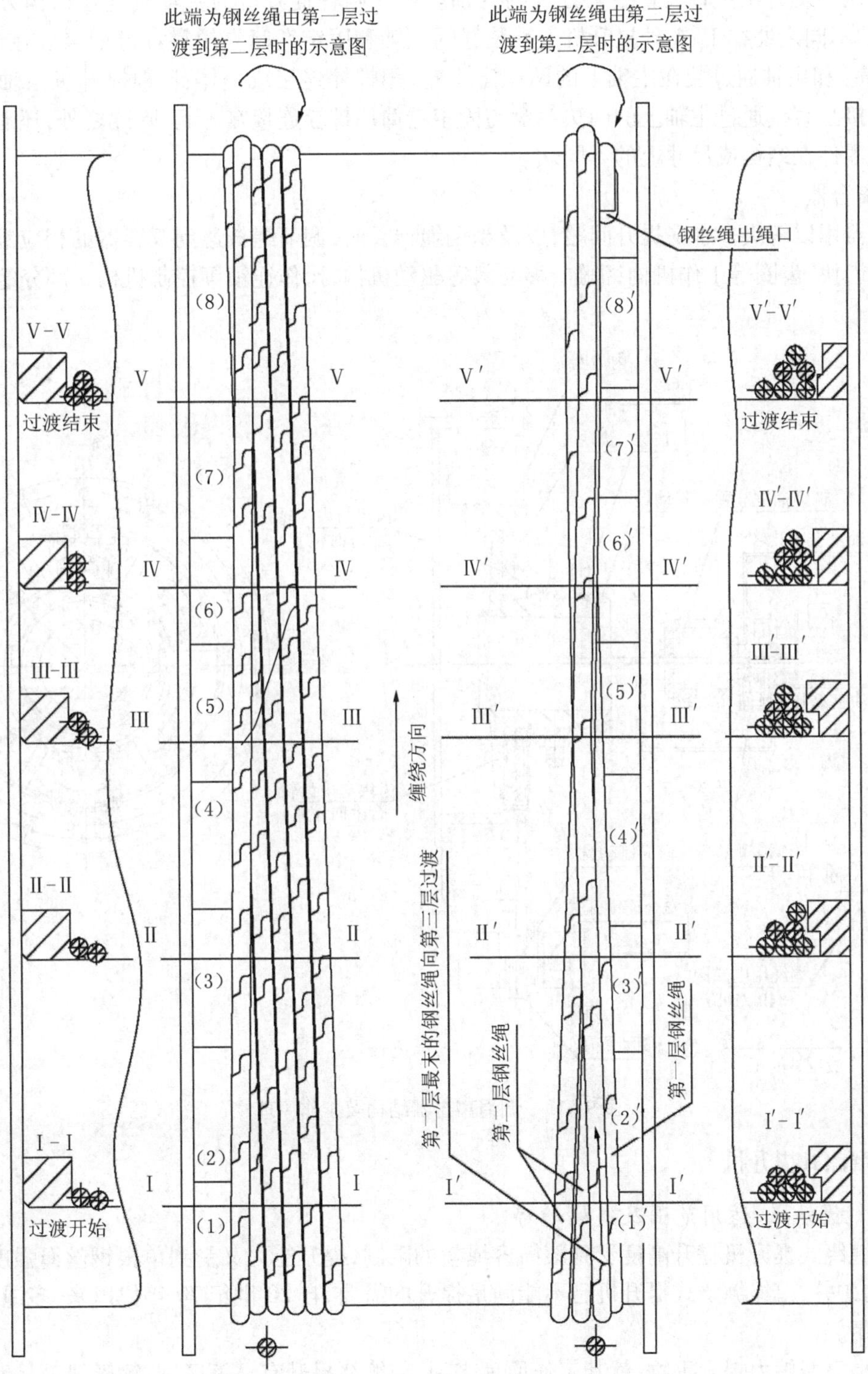

图 9-512　过渡块基本形状及钢丝绳过渡

（3）主轴承。主轴承采用滚动轴承结构，轴承选用双列向心球面滚子轴承，结构简单，安装方便，可提高设备运转效率，降低能耗。

（4）钢绳出绳方法和出绳口。单筒提升机一般均采用钢绳在卷筒上侧出绳的方式。双卷筒提升机一般均采用固定卷筒的钢绳在卷筒上侧出绳，游动卷筒的钢绳在卷筒下侧出绳的方式。固定卷筒有左右两个出绳口，当提升钢丝绳缠绕在$1\frac{1}{4}\sim2\frac{1}{4}$层的范围内时，应使用左边（即靠近游动卷筒一边）的出绳孔，其余情况使用右边的出绳孔，其作用可以避免两钢绳运动中集中到主轴中部，影响主轴强度。

（5）A、B两种提升机主轴装置结构方式的区别。A、B两种提升机的主轴装置在结构方式上有较大的不同，其主要的不同之处在于：A种提升机主轴装置的主轴和固定卷筒支轮靠过盈配合装在一起，固定卷筒（单筒仅此卷筒）和主轴通过装在主轴上的两固定支轮，用螺栓连接成一体；B种提升机主轴装置的主轴与固定卷筒的连接是直接通过主轴上的两法兰盘与固定卷筒用螺栓连接在一起，除此之外，还有因这些不同而引起的卷筒等零件在结构或尺寸上的不同。

b 调绳离合器

调绳离合器用以解决多水平提升问题，以及当钢绳伸长时，调节绳长达到双容器的相应准确停车位置。

该装置由齿块、齿圈等工作机构，油缸、移动毂等驱动机构，操作连锁等控制机构3部分组成，如图9-513所示。

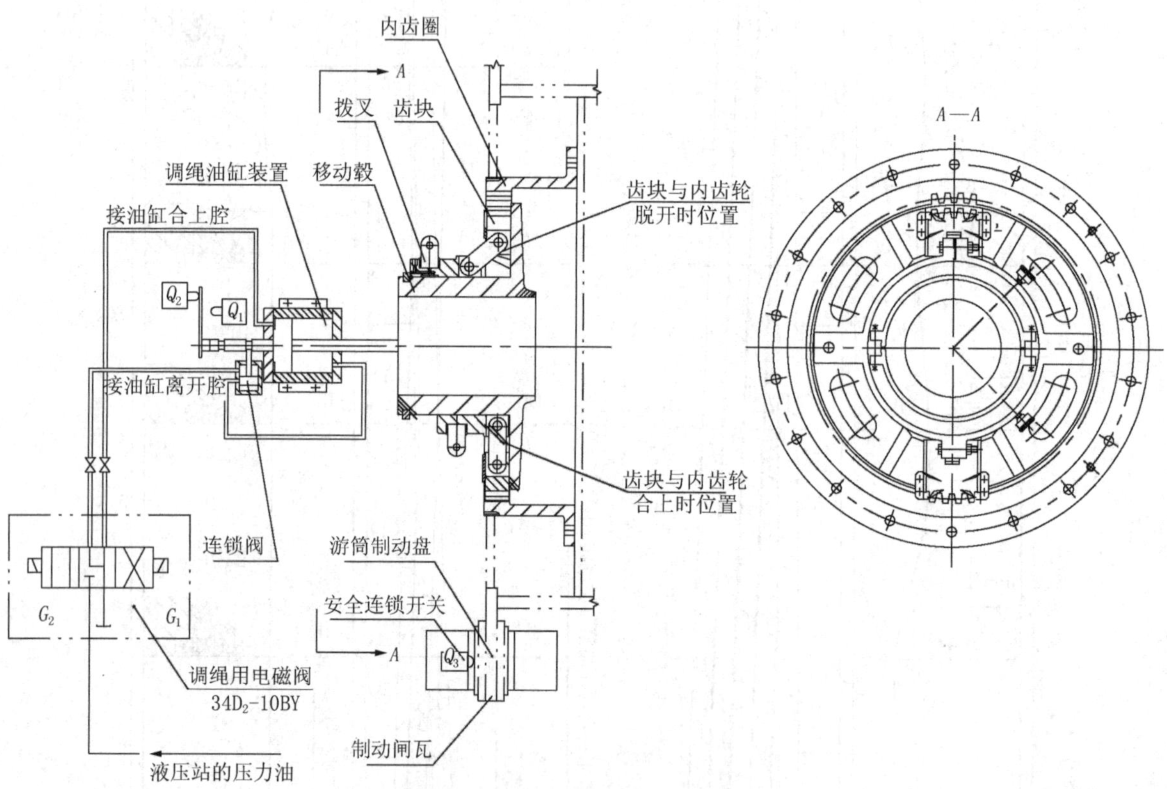

图9-513 调绳离合器结构及工作原理

9.18.3 多绳摩擦式提升机

9.18.3.1 优缺点、适用范围及发展趋势

由于单绳缠绕式提升机提升高度受到滚筒容绳量的限制，提升能力又受到单根钢丝绳强度的限制，对于井深、产量大的矿井，单绳缠绕式提升机已不能满足提升的需要，自20世纪70年代以来，多绳摩擦式提升机得到广泛的应用。

摩擦提升是靠摩擦力提升重物，就其工作原理来说，与缠绕提升有显著区别；钢丝绳不是缠绕在卷筒上，而是搭在摩擦轮上，两端各悬挂一个提升容器，借助于安装在摩擦轮上的衬垫与钢丝绳之间的摩擦力来传动钢丝绳,使提升容器上下移动,从而完成提升或下放重物的任务。

摩擦提升与缠绕提升的发展一样,最初使用的是单绳摩擦式提升机(戈培式提升机),后来随着矿井深度和产量的增加,提升钢丝绳的直径越来越大,不但制造困难和悬挂不便,而且使提升机的有关尺寸亦随之增大,为了解决这个矛盾,在单绳摩擦式提升机的基础上制造出了以几根钢丝绳来代替一根钢丝绳的新型多绳摩擦式提升机。

多绳摩擦式提升机按布置方式可分为塔式与落地式两大类。目前,我国多数矿井采用塔式,其优点是:(1)紧凑省地;(2)省去天轮;(3)全部载荷垂直向下,井架稳定性好;(4)可获得较大包角;(5)钢丝绳不致无保护地裸露在雨雪之中,而影响摩擦系数及使用寿命。但塔式较落地式的设备费要昂贵得多。因为提升塔较普通井架更为庞大且复杂,需要更多的钢材。而落地式提升机,井架高度较低有利于地震区建设,故采用落地式的用户越来越多。

塔式多绳摩擦提升又可分为无导向轮系统和有导向轮系统。前者结构简单,后者的优点是使提升容器在井筒中的中心距不受主导轮直径的限制。减小井筒的断面,同时可以加大钢丝绳在主导轮上的围包角。缺点是使钢丝绳产生了反向弯曲,直接影响钢丝绳的使用寿命。

A 多绳摩擦式提升机的优缺点

多绳摩擦式提升机与单绳缠绕式提升机相比,具有以下优点:

(1) 由于钢丝绳不是缠绕在摩擦轮上,对摩擦轮无容绳量要求,因而摩擦轮的宽度较缠绕式卷筒小,可适应深度和载荷较大矿井的使用要求,这是多绳摩擦提升机比较突出的优点。

(2) 由于提升容器是由数根提升钢丝绳共同悬挂的,故提升钢丝绳直径就比相同载荷下单绳提升的小,摩擦轮直径也小。因而在同样提升载荷下,多绳提升机具有体积小,重量轻,节省材料,制造容易,安装和运输方便等优点。同时当发生事故的情况下多根钢丝绳同时断裂的可能性极小,因而安全可靠性较高,不需要再在提升机容器上装设断绳防坠器,这也将给采用钢丝绳作罐道的矿井提供了有利条件。

(3) 由于多绳提升机的运动质量小,故拖动电动机的容量与耗电量均相应减小。

(4) 在卡罐和过卷的情况下,有打滑的可能性,因而可以避免断绳事故的发生。

(5) 由于多绳提升机采用数根提升钢丝绳,一般都采用偶数,因而可以用相同数量的左捻和右捻钢丝绳。这样,提升钢丝绳在运动中产生的扭力可以相互抵消,从而减轻了提升容器因钢丝绳扭力而产生的对罐道的侧向压力,既降低了运动中的摩擦阻力,又可减轻罐耳与罐道间的单向磨损,延长了罐道与罐耳的使用寿命。

(6) 当多绳摩擦式提升机安装在井塔上时,简化了提升系统及井口地面的布置,减少了占地面积,也改善了井塔建筑的受力情况。因此,无需设置为抵消斜向拉力的支撑腿(对于单绳缠绕式提升机的井架,一般都必须设置支撑腿),节约钢材和建筑材料。

(7) 当多绳摩擦式提升机安装在井塔上时,提升钢丝绳承受的弯曲次数也减少了。对于无导向轮的多绳摩擦式提升机尤其显著。因此,可以延长钢丝绳的使用寿命。同时,由于提升钢丝绳只在井筒中运行,不与室外空气接触,因而几乎不受气候变化(雨、雪、结冰及气温骤然变化)的影响。

多绳摩擦提升机的缺点:

(1) 由于提升容器是由数根提升钢丝绳共同悬挂的,因而悬挂新绳和更换钢丝绳的工作量都比较大。维护(调整,检验绳)较复杂。同时,为了保证每根钢丝绳运行中的受力相等(或趋于相等),除了在提升容器上要设平衡装置外,对提升钢丝绳的质量和结构的要求都比较高;当提升钢丝绳中有一根需要更换时,必须将提升钢丝绳全部同时更换,且要求换用具有同样弹性模量、规格和强度的钢绳,以保证在实际运动中的钢丝绳具有相同的伸长性能。

(2) 由于使用数根直径较细的钢丝提升,因而钢丝绳的外露面积增加了,在井筒中受矿井腐蚀性气体侵蚀的面积相应增大,加上由于钢丝绳直径较小,钢丝绳的绳股中钢丝直径也较小,耐腐蚀性能显著降低,这些因素将对钢丝绳的使用寿命产生不利的影响。尤其是对某些矿井的井筒淋水呈酸性,腐蚀将是影响钢丝绳(提升钢丝绳及平衡尾绳)使用寿命的重要原因之一。

(3) 多绳摩擦式提升机安装在井塔上时,由于设备吊运的工作量较大,给安装和维修都带来不便。为了解决井塔上工作及检修人员的上下问题，还需要设置电梯。

(4) 多绳摩擦式提升机是依靠提升钢丝绳在摩擦轮的衬垫上产生的摩擦力提升的，因而对衬垫的质量要求较高，即需要具有较高的摩擦系数，又要求具有较高的耐磨性和一定的弹性。在车削衬垫上的绳槽时，还要求各绳槽的尺寸尽量一致，绳槽之间尺寸的差值愈小愈好。

为了保证提升钢丝绳与衬垫之间具有足够的摩擦系数，提升钢丝绳不能使用普通的钢丝绳油润滑，使用特殊的润滑油脂(戈培油)增加了成本。

(5) 多绳摩擦式提升机的提升钢丝绳两端是分别固定在两个提升容器(或一个提升容器，另一个是平衡锤)上，钢丝绳的长度是固定的，只能适用一个生产水平，不能使用双容器提升为多水平的生产服务，也不适用凿井提升。

综上所述，多绳摩擦提升的优越性是显著的。虽然它最初是因深井的需要而诞生的，但目前许多国家在浅井提升中也优先采用。多绳摩擦提升已成为现代化提升的发展方向之一。

B 适用范围

多绳摩擦提升机在煤矿、金属矿竖井既可作主井提升又可作为副井提升，多绳摩擦提升机可用于双箕斗双罐笼提升系统，也可用于带平衡锤的单容器提升系统。双容器提升系统，只适用于单水平提升，带平衡锤的单容器提升系统，可用于多水平提升。

多绳摩擦提升采用带平衡锤的单容器比较好，它除了用于多水平提升外，还提高了提升设备的工作可靠性，减少了钢丝绳伸长的影响，提高了防滑安全系数，扩大了多绳摩擦提升机在浅井中的应用范围。

多绳摩擦提升机的工作范围受到几个方面的限制，一是提升钢丝绳的滑动，二是提升钢丝绳的强度，三是摩擦轮摩擦衬垫的抗压强度。

C 发展趋势

目前，国内外多绳摩擦提升机发展的方向是：向大型、全自动化和遥控方向发展，并发展各种新型和专用提升设备。发展落地式和斜井多绳摩擦式提升机，研究其用于浅井、盲井甚至天井的可能性，以扩大使用范围；采用新结构，以减小机器的外形尺寸和质量。

多绳摩擦提升钢丝绳(首绳)的根数，决定于多种因素，根据使用经验，针对我国矿井的具体情况，以四根和六根为宜，并优先采用四根，只有特殊情况下才考虑采用八根。钢丝绳半数左捻，半数右捻，并互相交错排列。

为了保证各绳间负载均匀分配和简化钢丝绳长度的调整，必须保证钢丝绳的初始伸长和弹性伸长最小，并具有高度的耐磨性(在使用过程中外径保持不变)，故首绳最好选用镀锌三角股钢丝绳，也可采用西鲁型钢丝绳或密封钢丝绳等。

尾绳可采用不扭转钢丝绳或扁钢丝绳，圆尾绳根数一般为首绳之半，扁尾绳则用一根或两根，不扭转钢丝绳比扁钢丝容易制造便于大量生产，并且用圆尾绳旋转连接器做悬挂装置完全可以克服圆钢丝绳在使用过程中存在旋转的问题。随着科学技术的飞跃发展，提升机的控制和调节系统也日趋完善。因而，使得多绳提升机能够更多地取代单绳缠绕式。根据一些统计资料表明，国外使用的多绳提升机，直径已到9m，钢绳有十根，井深可达2000多米，载荷可达50t；且已用于斜井。

我国于1958年由洛阳矿山机器厂设计和制造了国产第一台多绳摩擦式提升机，并于1961年开始运转，到目前为止，我国共制造500多台多绳提升机。我国多绳摩擦式提升机系列型谱演变过程是：DJ型→DMT型→JKM型→JKM(A)型→JKM(B)型→JKM(K)型→JKM(C)型→JKM(E)型。到目前生产的JKM(E)型多绳提升机有16种规格。

9.18.3.2 多绳摩擦式提升机的工作原理

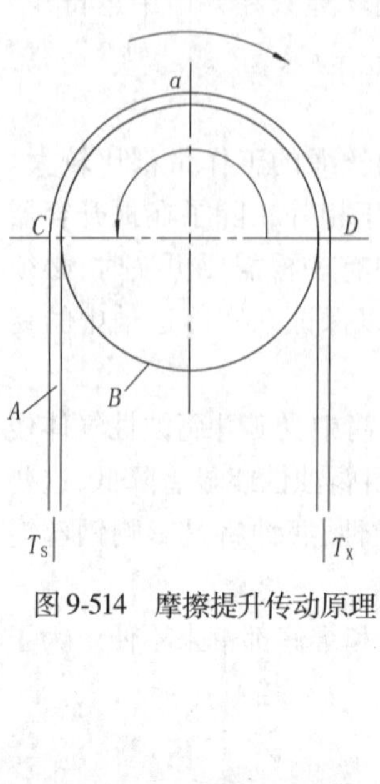

图9-514 摩擦提升传动原理

摩擦式提升机利用提升钢丝绳与摩擦轮摩擦衬垫之间的摩擦力来传递动力。摩擦式提升机在运转时，摩擦轮靠摩擦力来带动提升钢丝绳，使重载侧钢丝绳上升，空载侧钢丝绳下放(图9-514)。钢丝绳 A 搭于摩擦轮 B 上，A 和 B 接触

的一段弧 CD 称为围包弧，该弧所对应的中心角 α 称为围包角。设上升侧钢丝张力为 T_s，下放钢丝绳张力为 T_x，钢丝绳与摩擦轮摩擦衬垫之间的摩擦系数为 μ。根据机械原理尤拉公式，在摩擦轮静止不动情况下，当 $T_s = T_x e^{\mu\alpha}$ 时，钢丝绳将开始在摩擦衬垫上滑动，此时钢丝绳与摩擦轮摩擦衬垫之间产生的摩擦力的极限值为：

$$F_m = T_x(e^{\mu\alpha} - 1) \tag{9-418}$$

式中，e = 2.718。

摩擦轮两侧钢丝绳的张力差为：

$$F = T_s - T_x \tag{9-419}$$

在摩擦传动中，张力差（F）是产生滑动的力。而摩擦力（F_m）则是阻止滑动的力，故在摩擦提升中不打滑的条件是：

$$F < F_m$$

即：

$$T_s - T_x < T_x(e^{\mu\alpha} - 1) \tag{9-420}$$

若写成等式，则

$$T_x(e^{\mu\alpha} - 1) = \delta(T_s - T_x)$$

式中，δ 应是等于和大于 1 的系数，很明显 δ 值越大则在提升过程中越不会发生打滑现象，故称 δ 为防滑安全系数。

$$\delta = T_x(e^{\mu\alpha} - 1)/(T_s - T_x) > 1 \tag{9-421}$$

式(9-421)称为防滑安全系数的分析计算式。在计算时，若 T_s 与 T_x 代表静力，则得静防滑安全系数，以 δ_j 表示；若 T_s 与 T_x 计入惯性力时，则得动防滑安全系数，以 δ_d 表示。防滑安全系数的数值是决定整个提升设备安全性和经济性的指标之一。

9.18.3.3 多绳摩擦式提升机的防滑验算和措施

A 防滑安全系数的验算

由式(9-418)可知，表征多绳摩擦式提升机提升能力的摩擦力，其值决定于钢丝绳的张力，钢丝绳在摩擦轮上的围包角和钢丝绳与摩擦衬垫的摩擦系数。为了保证摩擦提升在工作中不发生打滑现象，必须验算防滑安全系数，包括静防滑验算、动防滑验算和安全制动防滑验算 3 种，在一般选型设计中，当采用加、减速度不大于 $1m/s^2$ 时（一般取 $0.7 \sim 0.85m/s^2$），可以只作静防滑安全系数的验算，而不必验算动防滑安全系数。只有在特殊需要的情况下才验算动防滑系数。为简化起见，分析时可忽略提升容器在井筒中各种运动阻力，并以双容器等重尾绳提升系统为例进行讨论，如图 9-515 所示。

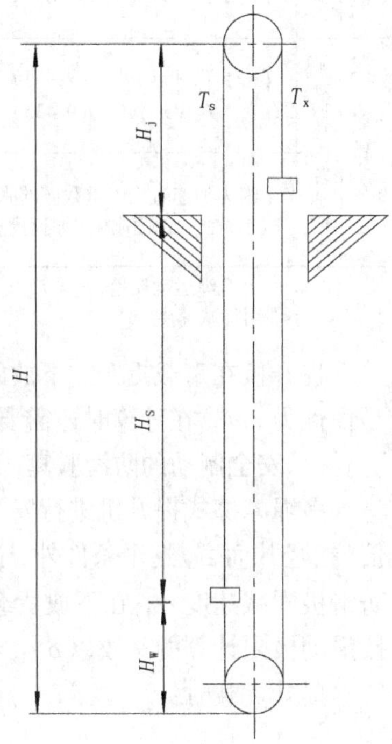

图 9-515 多绳摩擦提升示意图

a 静防滑安全系数的验算

根据式(9-421)和设计规范的规定：

$$\delta = T_{jx}(e^{\mu\alpha} - 1)/(T_{js} - T_{jx}) \geq 1.75 \tag{9-422}$$

设计、使用时也可以不直接验算静防滑安全系数，而校核上升绳与下放绳静张力的比值 K_j，由上式可得：

$$K_j = T_{js}/T_{jx} \leq (e^{\mu\alpha} + 0.75)/1.75$$

当 $\mu = 0.2$，$a = 180° \sim 195°$得：

$$K_j = T_{js}/T_{jx} \leq 1.5 \tag{9-423}$$

式中 T_{js}——上升（重载）绳的静张力。

$$T_{jx} = Q + Q_r + npH \tag{9-424}$$

式中 T_{jx}——下放（轻载）绳的静张力；

Q——载荷重量；

Q_r——容器重。

$$T_{jx} = Q_r + npH \tag{9-425}$$

式中 H——钢丝绳最大悬垂长度，对于罐笼提升：$H = H_j + H_s + H_w$。

b 动防滑安全系数的验算

由于多绳摩擦提升机进行提升或下放工作中，有加速和减速不同阶段，故需分别进行研究。在实际设计和计算中，只考虑3种工况：(1)重载提升时加速阶段；(2)重载提升时减速阶段；(3)重载下放时减速阶段。其他工况就不必验算了。各种工况的钢丝绳张力，防滑安全系数和最大加、减速度的计算公式见表9-413。

表 9-413 各种工况的钢丝绳张力、防滑安全系数和最大加、减速度的计算公式

运行	工况	张力公式	防滑安全系数公式	最大加减速度公式
重载提升	加速阶段	$T_{d1s} = T_{js} + m_s a_1$ (9-426) $T_{d1x} = T_{jx} - m_x a_1$ (9-427)	$\delta_{d1} = \dfrac{(T_{jx} - m_x\alpha_1)(e^{\mu\alpha} - 1)}{(T_{js} - T_{jx}) + (m_s + m_x)\alpha_1}$ (9-428) $\delta_{d1} > [\delta_d]$	$\alpha_{1max} = \dfrac{T_{jx}(e^{\mu\alpha} - 1) - [\delta_d](T_{js} - T_{jx})}{m_x(e^{\mu\alpha} - 1) + [\delta_d](m_x + m_s)}$ (9-429) $\alpha_{1max} < [\alpha_1]$
重载提升	减速阶段	$T_{d2s} = T_{js} - m_s a_3$ (9-430) $T_{d2x} = T_{jx} + m_x a_3$ (9-431)	$\delta_{d2} = \dfrac{(T_{js} - m_s\alpha_3)(e^{\mu\alpha} - 1)}{(T_{jx} - T_{js}) + (m_s + m_x)\alpha_3}$ (9-432) $\delta_{d2} > [\delta_d]$	$\alpha_{3max} = \dfrac{T_{js}(e^{\mu\alpha} - 1) + [\delta_d](T_{js} - T_{jx})}{m_s(e^{\mu\alpha} - 1) + [\delta_d](m_x + m_s)}$ (9-433) $\alpha_{3max} < [\alpha_3]$
重载下放	减速阶段	$T_{d3x} = T_{jx} + m'_x a'_3$ (9-434) $T_{d3s} = T_{js} - m'_s a'_3$ (9-435)	$\delta_{d3} = \dfrac{(T_{js} - m'_s\alpha'_3)(e^{\mu\alpha} - 1)}{(T_{jx} - T_{js}) + (m'_s + m'_x)\alpha'_3}$ (9-436) $\delta_{d3} > [\delta_d]$	$\alpha'_{3max} = \dfrac{T_{js}(e^{\mu\alpha} - 1) + [\delta_d](T'_{js} - T'_{jx})}{m'_s(e^{\mu\alpha} - 1) + [\delta_d](m'_x + m'_s)}$ (9-437) $\alpha'_{3max} < [\alpha'_3]$
重载下放	加速阶段	因为加速过程中重载侧的张力等于静张力减去惯性力，而轻载侧的张力等于静张力加上惯性力，所以摩擦轮两侧的张力差趋于减小，在一定范围内的加速度愈大则张力愈小，滑动的可能性愈小，故不再研究其作用力		

注：m_s—上升绳运动质量，$m_s = T_{js}/g$；m_x—下放绳运动质量，$m_x = T_{jx}/g$；a_1—提升系统加速度；$[\delta_d]$—最小许用动防滑安全系数；$[\alpha]$—最小许用加减速度。

提升机在重载提升或下放的加、减速阶段，摩擦轮两侧钢丝绳的张力由两部分组成：一是静张力 T_j，二是惯性力 ma。在计算时还需要考虑惯性力 ma 的方向，这样才可正确计算出各侧钢丝绳的实际张力。

c 安全制动的防滑验算

多绳摩擦式提升机进行安全制动时，应满足安全规程的有关要求，除制动力矩不得小于最大静力矩的3倍（指竖井而言）这个条件外，还必须保证，安全制动减速度 a_{3z}，在提升货载时既要不大于 $5m/s^2$，又要小于防滑极限减速度 a_{3j}；在下放货载时则必须不小于 $1.5m/s^2$。而小于防滑极限减速度 a'_{3j}；防滑极限减速度是按滑动极限计算的。故以 $\delta_{dmin} = 1$ 代入式(9-423)和式(9-437)即得：

提升货载时：

$$a_{3j} = (T_{js}e^{\mu\alpha} - T_{jx})/(m_s e^{\mu\alpha} + m_x) \tag{9-438}$$

下放货载时：

$$a'_{3j} = (T'_{js}e^{\mu\alpha} - T'_{jx})/(m'_s e^{\mu\alpha} + m'_x) \tag{9-439}$$

为了留有余地，提升机安全制动减速度建议采用：

$$0.8a_{3j} > a_{3z} > 5m/s^2 \tag{9-440}$$

$$0.8a'_{3j} > a'_{3z} > 1.5m/s^2 \tag{9-441}$$

如果 $a'_{3z} < 1.5m/s^2$，为了全面地满足安全规程的要求必须加重提升容器或采取其他措施来解决。

根据防滑的条件，制动力矩应满足：

提升货载时：

$$M_Z \leqslant (\Sigma ma_{3z} - Q)R \tag{9-442}$$

下放货载时：

$$M_Z \leqslant (\Sigma ma'_{3z} - Q)R \tag{9-443}$$

式中 $\sum m$——提升系统的总变位质量；

Q——有效载荷；

R——摩擦轮半径。

B 增加防滑安全系数的措施

(1) 增大围包角α。可用加设导向轮的方法来达到，但由于主导轮的直径按系列生产已为定值，而容器的最小中心距亦为定值。所以α的增大受到一定的限制，而且因加设导向轮使钢丝绳受到反向弯曲而缩短寿命，同时也增加了井塔高度，一般α小于190°。

(2) 增加钢丝绳与摩擦衬垫间的摩擦系数，采用具有高摩擦系数、耐磨的材料作衬垫，此外还可以对钢丝绳加以处理来增大μ值，国外有钢丝绳上涂以摩擦脂的办法，可以同时起到增大μ值和保护钢丝绳的作用。现国内已有此种油脂涂注方法（注油器）。

(3) 采用尾绳。可以增大空载绳的张力，因而摩擦提升全使用尾绳（通常使用等重尾绳）。

(4) 增大容器自重。也可以增大空载绳的张力，对于浅井效果特别显著，此时所需要增加的容器重量ΔQ_r根据式(9-423)为：

$$(T_{js}+\Delta Q_r)/(T_{jx}+\Delta Q_r)\leqslant K_j \tag{9-444}$$

如取$K_j=1.5$，则得：

$$\Delta Q_r\geqslant 2(T_{js}-1.5T_{jx}) \tag{9-445}$$

(5) 采用平衡锤单容器提升。因为平衡锤的重量等于容量自重加有效提升量之半，由于受到最大静张力的限制，故静张力差往往为双容器提升时静张力差之半。静张力差减小，防滑安全系数增大。可扩大提升的应用范围，且此种系统有利于多中段（几个水平）提升，因而获得了广泛的应用。

(6) 控制最大的加减速度值，以减小动载荷。

9.18.3.4 多绳摩擦式提升机的技术性能参数

国产多绳摩擦式提升机已经系列化，主要系列型谱为：洛阳重型机械公司的JKM型和上海冶金机械厂的JKD型。JKM型、JKD型为井塔式，JKMD型为落地式，JKM-E型为井塔式改进型。

型号标识方法：JKM(□)-3.5×4(Ⅲ)。

符号含义：J——卷扬机类；K——矿井提升机；M——摩擦式；□——提升机的安装方式（无标注为井塔式，标注D的为落地式）；3.5——摩擦轮直径，m；4——钢丝绳根数；Ⅲ——主轴直联；Ⅱ——双电机拖动配平行轴减速器；Ⅰ——两行星减速器。

JKD4000×6。符号含义：J——提升机；K——矿井；D——多绳摩擦轮；4000——主滚筒直径，mm；6——首绳根数。

JKM型多绳摩擦式提升机各部件布置如图9-516所示。

部分厂家生产的多绳摩擦式提升机的技术性能参数见表9-414～表9-422。

表9-414 JKM型多绳摩擦式提升机技术规格（中信重型机械公司）

型号	主导轮直径/m	导向轮直径/m	钢丝绳最大静张力/kN	钢丝绳最大静张力差/kN	钢丝绳根数/根	钢丝绳最大直径/mm		钢丝绳间距/mm	最大提升速度/(m/s)	总质量/t
						有导向轮	无导向轮			
JKM-1.85×4(Ⅰ)	1.85		204	60	4		23.0	200	9.7	29.3
JKM-1.85×4(Ⅱ)	1.85		204	60	4		23.0	200	9.7	34.0
JKM-2×4(Ⅰ)	2.00		244	60	4		25.0	200	10.5	29.5
JKM-2×4(Ⅱ)	2.00		244	60	4		25.0	200	10.5	34.0
JKM-2.25×4(Ⅰ)	2.25	2.00	210/244	60	4	22.5	28.0	200	11.8	30.3
JKM-2.25×4(Ⅱ)	2.25	2.00	210/244	60	4	22.5	28.0	200	11.8	35.4

续表 9-414

型号	主导轮直径/m	导向轮直径/m	钢丝绳最大静张力/kN	钢丝绳最大静张力差/kN	钢丝绳根数/根	钢丝绳最大直径/mm		钢丝绳间距/mm	最大提升速度/(m/s)	总质量/t
						有导向轮	无导向轮			
JKM-2.8×4(Ⅰ)	2.80	2.50	300	90	4	28.0		250	11.8	48.9,49.1,49.2
JKM-2.8×4(Ⅱ)	2.80	2.50	300	95	4	28.0		250	11.8	54.9,54.6,54.7
JKM-3.25×4(Ⅰ)	3.25	3.00	450	140	4	32.5		300	12.0	64.4,64.9,65.0
JKM-3.25×4(Ⅱ)	3.25	3.00	450	140	4	32.5		300	12.0	64.4,64.4,64.2
JKM-2.8×6(Ⅰ)	2.80	2.50	529	150	6	28.0		250	14.75	66.7,67.1,67.3
JKM-2.8×6(Ⅱ)	2.80	2.50	529	150	6	28.0		250	14.75	71.7,71.4,71.5
JKM-2.8×6(Ⅲ)	2.80	2.50	529	150	6	28.0		250	14.75	46.3
JKM-4×4(Ⅰ)	4.00	3.00	600	180	4	39.5		300	14.0	82.3,83.5,83.5
JKM-4×4(Ⅱ)	4.00	3.00	600	180	4	39.5		300	14.0	94.7,95.3
JKM-3.5×6(Ⅱ)	3.50	3.00	800	230	6	35.0		250	13.0	
JKM-3.5×6(Ⅲ)	3.50	3.00	800	230	6	35.0		250	14.0	55.6

表 9-415 落地式多绳摩擦式提升机技术参数(中信重型机械公司)

<table>
<tr><th rowspan="2">型号</th><th rowspan="2">天轮直径/m</th><th colspan="4">钢丝绳</th><th rowspan="2">最大提升速度/(m/s)</th><th colspan="2">减速器</th><th rowspan="2">旋转部分变位质量(除电动机与天轮)/t</th><th rowspan="2">天轮变位重量/t</th><th rowspan="2">质量(不含电气设备)/t</th><th rowspan="2">外形尺寸(长×宽×高)/m×m×m</th></tr>
<tr><th>最大静拉力/kN</th><th>最大静拉力差/kN</th><th>最大直径/mm</th><th>间距/mm</th><th>型号</th><th>速比</th></tr>
<tr><td>JKMD-2.25×2(Ⅰ)E</td><td rowspan="2">2.25</td><td>105</td><td>25</td><td rowspan="2">22</td><td rowspan="11">300</td><td rowspan="8">10</td><td>ZZP560(2)</td><td>11.5</td><td>4.83</td><td>1.2×2</td><td>30.55</td><td>7.7×9×2.1</td></tr>
<tr><td>JKMD-2.25×4(Ⅰ)E</td><td>215</td><td>65</td><td>XP800(2)</td><td rowspan="10">7.35
10.5
11.5</td><td>6.5</td><td>2.3×2</td><td>47.24</td><td>6.8×9.5×2.3</td></tr>
<tr><td rowspan="3">JKMD-2.8×2(Ⅱ)E</td><td rowspan="5">2.8</td><td rowspan="3">165</td><td rowspan="3">45</td><td rowspan="5">28</td><td rowspan="3">XP800(2)</td><td>4.911</td><td rowspan="3">1.528×2</td><td rowspan="3">47.29</td><td rowspan="3">7.8×10×2.65</td></tr>
<tr><td>5.165</td></tr>
<tr><td>5.239</td></tr>
<tr><td>JKMD-2.8×4(Ⅰ)E</td><td rowspan="2">335</td><td rowspan="2">95</td><td>XP1000(2)</td><td>9</td><td>3.44×2</td><td>62.41</td><td>8.5×10×2.65</td></tr>
<tr><td>JKMD-2.8×4(Ⅱ)E</td><td>P2H630(2)</td><td>10.2</td><td>3.44×2</td><td>64</td><td>7.5×10×2.65</td></tr>
<tr><td>JKMD-3.5×2(Ⅰ)E</td><td rowspan="4">3.5</td><td>265</td><td>70</td><td rowspan="4">35</td><td>XP1000(2)</td><td>12</td><td>3.1×2</td><td>78</td><td>7×9.5×3.02</td></tr>
<tr><td>JKMD-3.5×4(Ⅰ)E</td><td rowspan="3">525</td><td rowspan="3">140</td><td rowspan="3">13</td><td>XP1120(2)</td><td>20.6</td><td>6.3×2</td><td>101.41</td><td>8.5×9.5×3</td></tr>
<tr><td>JKMD-3.5×4(Ⅱ)E</td><td>P2H800(2)</td><td>22.8</td><td>6.3×2</td><td>103.94</td><td>8×9.5×3.02</td></tr>
<tr><td>JKMD-3.5×4(Ⅲ)E</td><td></td><td>18</td><td>6.3×2</td><td>87</td><td>7.5×9.5×3.0</td></tr>
<tr><td>JKMD-4×2(Ⅰ)E</td><td rowspan="5">4.0</td><td rowspan="2">340</td><td rowspan="2">95</td><td rowspan="5">39.5</td><td rowspan="9">350</td><td rowspan="2">12</td><td>XP1120(2)</td><td rowspan="4">7.35
10.5
11.5</td><td>14</td><td>3.25×2</td><td>87</td><td>8.2×10×3.4</td></tr>
<tr><td>JKMD-4×2(Ⅱ)E</td><td>P2H800(2)</td><td>15.5</td><td>3.25×2</td><td>90</td><td>7.8×10×3.4</td></tr>
<tr><td>JKMD-4×4(Ⅰ)E</td><td rowspan="3">680</td><td rowspan="3">180</td><td rowspan="7">14</td><td>XP1250(2)</td><td>23</td><td>6.5×2</td><td>133.5</td><td>11×10×3.4</td></tr>
<tr><td>JKMD-4×4(Ⅱ)E</td><td>P2H900(2)</td><td>25</td><td>6.5×2</td><td>141</td><td>10.5×10×3.4</td></tr>
<tr><td>JKMD-4×4(Ⅲ)E</td><td></td><td></td><td>20</td><td>6.5×2</td><td>115</td><td>8.1×8.7×3.4</td></tr>
<tr><td>JKMD-4.5×4(Ⅲ)E</td><td>4.5</td><td>900</td><td>220</td><td>45</td><td></td><td></td><td>29</td><td>11.5×2</td><td>165</td><td>9.5×9.5×3.7</td></tr>
<tr><td>JKMD-5×4(Ⅲ)E</td><td>5.0</td><td>1070</td><td>270</td><td>50</td><td></td><td></td><td>38</td><td>13×2</td><td>177</td><td>9.5×10×4</td></tr>
<tr><td>JKMD-5.5×4(Ⅲ)E</td><td>5.5</td><td>1300</td><td>340</td><td>55</td><td></td><td></td><td>50</td><td>17×2</td><td>210</td><td>11×10.5×4.5</td></tr>
<tr><td>JKMD-6×4(Ⅲ)E</td><td>6.0</td><td>1570</td><td>420</td><td>57</td><td></td><td></td><td></td><td></td><td>271</td><td></td></tr>
</table>

注:表中的重量和尺寸不包括微拖动装置。

表 9-416 井塔式多绳摩擦式提升机技术参数(中信重型机械公司)

型号	导向轮直径/m	钢丝绳					最大提升速度/(m/s)	减速器		旋转部分变位质量(除电动机与天轮)/t	导向轮变位质量/t	质量(不含电气设备)/t	外形尺寸(长×宽×高)/m×m×m
		最大静拉力/kN	最大静拉力差/kN	有导向轮时最大值/mm	无导向轮时最大直径/mm	间距/mm		型号	速比				
JKM-1.3×4(Ⅰ)E		100	25		16.5		5	XP550	11.5	2.1		16.5	6.4×6.5×1.6
JKM-1.6×4(Ⅰ)E		150	40		19.5		8	XP560		4		17.5	6.4×7×1.75
JKM-1.85×4(Ⅰ)E		210	60		23	200	10	XP800		5.8		28.144	7×7.5×2.02
JKM-2×4(Ⅰ)E	2	230/180	65/55	20	24		10	XP800		5.7		30.7	7×8×2.2
JKM-2.25×4(Ⅰ)E	2	215	65	22	28		10	XP800		6.5	1.39	33.847	7.4×8×2.3
JKM-2.8×4(Ⅰ)E	2.5	335	100	28			14	XP1000	7.35 10.5 11.5	9.1	2.48	45.3	8.5×10×2.65
JKM-2.8×4(Ⅱ)E								P2H630		10	2.48	45.212	7.5×8.5×2.65
JKM-2.8×6(Ⅰ)E						250		XP1120		15.8	3.69	66.5	8×8.5×2.68
JKM-2.8×6(Ⅱ)E	2.5	500	140	28			14	P2H800		17.8	3.69	69.7	7.5×8.5×2.68
JKM-2.8×6(Ⅲ)E										14	3.7	60	7.5×8×2.7
JKM-3.25×4(Ⅰ)E	3	450	140	32		300	14	XP1120		13.36	2.72	67.3	8.9×8.9×2.98
JKM-3.25×4(Ⅱ)E								P2H800		15.74	2.72	70	8.5×8.7×2.98
JKM-3.5×6(Ⅰ)E								XP1250	7.35 10.5 11.0	22.85	4.06	89.5	11.5×9.2×3.15
JKM-3.5×6(Ⅱ)E	3	790	220	35		300	14	P2H900		25.6	4.06	98.9	10.5×9.2×3.15
JKM-3.5×6(Ⅲ)E										21	4.06	82	8×9×3.2
JKM-4×4(Ⅰ)E								XP1250		18.5	4.1	85.69	9×10×3.63
JKM-4×4(Ⅱ)E	3.2	690	180	39.5		300	14	P2H900	7.35 10.5 11.5	24.7	4.1	97	9×10×3.63
JKM-4×4(Ⅲ)E										16	4.1	58	7.5×9×3.63
JKM-4×6(Ⅲ)E	3.2	1030	270	39.5		300				22	6.5	90	9×9×3.63
JKM-4.5×6(Ⅲ)E	3.6	1330	340	45		300	16			30	10	130	12×9.5×3.9
JKM-5×6(Ⅲ)E	4	1600	420	50		300							

表 9-417 JKM 多绳摩擦式提升机基本参数(四川矿山机器集团有限责任公司)

型号	导向轮		钢丝绳					最大提升速度/(m/s)	净重(不含电动机减速器、导向轮)/t	配套减速器		旋转部分变位质量(除电动机与导向轮)/t	导向轮变位质量/t	外形尺寸(长×宽×高)/m×m×m
	导向轮直径/m	导向轮质量/t	最大静张力/kN	最大静张力差/kN	有导向轮时最大直径/mm	无导向轮时最大直径/mm	间距/mm			型号	速比 i			
JKM-1.3×4	—	—	100	25	1	6		5	17.4	JSZ-2×450	11.5	2.1		7.2×7.8×1.9
JKM-1.6×4	—	—	150	40	2	0		8		JSZ-2×550		4		7.8×8×2.0
JKM-1.85×4	1.85	5.62	210	60	20	22	200	10	18.0	JSZ-2×550		5.3		8×8×2.2
JKM-2×4	2		230	65	20	24		10	20.0	MT-200		5.8	2.0	8×8×2.2
JKM-2.25×4	2.25	8.93	210	65	24	28		10	28.8	MT-200		7.0	2.2	8×8×2.3
JKM-2.25×4(Ⅲ)									28.5			7.1		7×8.3×2.7
JKM-2.8×4		11.82	330	100					34.9(37.9)	MT-400		9.2	3.2	8.3×9×2.8
JKM-2.8×4(Ⅲ)	2.8				30	—	250		38.0			9.3		7.5×9×2.8
JKM-2.8×6		17.42	490	140					46.0	MT-560	7.35 10.5 11.5	15.8	3.7	8×8.5×2.68
JKM-2.8×6(Ⅲ)	3.25								48.0			14		7.5×8×2.7
JKM-3.25×4			520	140	36	—		15		MT-560		13.36	2.72	8.9×8.9×2.98
JKM-3.25×4(Ⅲ)														
JKM-3.5×4	3.5	19.95	570	220						MT-710		15.3	6.2×2	10.8×9.2×3.15
JKM-3.5×4(Ⅲ)					38				59.93			21		8×9×3.2
JKM-3.5×6		820	270				300			MT-1000		22.85	4.06	11.5×9.2×3.15
JKM-3.5×6(Ⅲ)												21	4.06	8.5×9×3.2
JKM-4×4	4		800	270						MT-710		18.5	4.1	11.5×10×3.63
JKM-4×4(Ⅲ)					44	—		16				16	4.1	8×9×3.63
JKM-4×6(Ⅲ)	4.5		1200	340								26	6.5	9×9×3.63
JKM-4.5×6(Ⅲ)			1350	440	50	—						30	110	9×9.5×3.9

注:表中重量和尺寸不包括微拖动装置。

表 9-418 JKD 系列多绳提升机技术规格特性(上海冶金矿山机械厂)

型号	摩擦轮直径/mm	导向轮直径/m	钢丝绳						最大提升速度/(m/s)	主轴装置重力/kN	减速器重力/kN	减速器型号	机器重力(不包括电器)/kN	变位重力/kN	年产量/kt	备注
			最大静张力/kN	最大静张力差/kN	有导向轮时最大直径/mm	无导向轮时最大直径/mm	根数/根	间距/mm								
JKD1850×4	1850		220	65		23	4	200	9.7	57.01	65.8	ZGH70	157	57	600	手动操纵
JKD2100×4	2100		280	90		25.5	4	200	10.5	67	65.8	ZGH70	177		600	
JKD2100×6	2100		420	100		25.5	6	200	11.75	82	120	ZGH80	247		800~1000	
JKD2250×6	2250		495	130		28	6	200	11.75	110	120	ZGH80	275		900~1200	
JKD2800×6	2800	2	495	150	28		6	250	11.75	169	207	ZGH90	489	93.72,21.6(导轮)	1500~1800	半自动操纵
JKD3250×6	3250	2.5	700	170	32.5		6	250	11.75	210	270	ZGH100	591		1800~2100	
JKD4000×6	4000	3	950	200	39.5		6	300	11.75	297.8	392	ZGH120	900	165.1,57.2(导轮)	3000~3500	全自动操纵

注:1. 本系列钢丝绳抗拉强度为 1850N/mm²,但其中 JKD2800×6 钢丝绳抗拉强度为 2000N/mm²。

2. 拖动形式均为单机,超过 800kW 均采用直流拖动。

3. 计算摩擦系数均为 0.2。

表 9-419 JKM、JKMD 多绳摩擦式提升机(山西机器制造公司)

型号	摩擦轮直径/m	钢丝绳							最大提升速度/(m/s)	减速器速比	导向轮、天轮直径/m	导向轮、天轮变位质量/t	旋转部分变位质量(除电动机、天轮、导向轮)/t	机器质量(除电气部分)/t	外形尺寸(长×宽×高)/m×m×m	钢丝绳仰角/(°)
		最大直径/mm	数量/根	最大静张力/kN		最大静张力差/kN		间距/mm								
				钢丝绳公称抗拉强度/MPa		摩擦系数										
				1670	1770	0.2	0.25									
JKMD-1.85×4	1.85	20	4	150	160	45	50	250	10	7.35 10.5 11.2	1.85	1.4×2	5.3	42	6.8×7×1.82	50~90
JKMD-2.25×4	2.25	24		210	230	65	80				2.25	2.3×2	6.5	44.8	6.8×9.5×2.1	
JKMD-2.6×4	2.6	28		330	340	100	140	300	15		2.6	3.4×2	8.3	58	8×8.5×2.3	
JKMD-2.8×4	2.8	30		330	340	100	140				2.8	3.44×2	9	62	8.5×10×2.65	
JKMD-3×4	3	32		450	450	140	180				3	5.4×2	17.5	76	8.5×10×2.65	
JKMD-3.5×4	3.5	38		570	590	180	220				3.5	6.3×2	20.6	100	8.5×10×3	
JKMD-4×4	4	44		770	800	220	270	350			4	6.5×2	23	132	11×10×3.4	
JKM-2.25×4	2.25	24	4	210	230	65	80	200	10	7.35 10.5 11.2	2	1.39	6.5	34	7.4×8×2.3	
JKM-2.6×4	2.6	28		330	340	100	140	250	15		2.5	2.0	7.6	42	8×9×2.5	
JKM-2.8×4	2.8	30		330	340	100	140				2.5	2.48	9.1	45	8.5×10×2.65	
JKM-3×4	3	32		450	450	140	180	300			3	2.6	11	56	8.7×10×2.8	
JKM-3.25×4	3.25	36		520	520	140	180				3	2.72	13.4	66	8.9×10×3	
JKM-3.5×4	3.5	38		570	590	180	220				3	3.2	14.6	74	8.9×10×3.2	
JKM-4×4	4	44		770	800	220	270				3.2	4.1	18.5	86	9×10×3.63	

表 9-420 JKMD 多绳摩擦式矿井提升机基本参数(四川矿山机器集团有限责任公司)

型号	天轮		钢丝绳				最大提升速度/(m/s)	净重参考值(不含电动机减速器天轮)/t	配套减速器		旋转部分变位质量(除电动机与天轮)/t	天轮变位质量/t	外形尺寸(长×宽×高)/m×m×m
	天轮直径/m	天轮重量/t	最大静张力/kN	最大静张力差/kN	最大直径/mm	间距/mm			型号	速比 i			
JKMD-1. 6 ×4	1. 60	5. 62 ×2	105	40	16	250	8	14	JSZ-2 ×550	7. 35, 10. 5, 11. 5	4. 0		7. 8 ×8 ×2. 0
JKMD-1. 85 ×4	1. 85	8. 93 ×2	160	50	20		10	18. 0	JSZ-2 ×650		6. 0	1. 1 ×2	8 ×8 ×2. 2
JKMD-2 ×4	2. 00		105	65	22	300		20. 0	MT-200		5. 7	2. 0 ×2	8 ×8 ×2. 2
JKMD-2. 25 ×2	2. 25		230	25	24				JSZ-2 ×550		4. 83	2. 2 ×2	7. 4 ×8 ×2. 2
JKMD-2. 25 ×4			210	65				28. 8	MT-200		6. 5		8 ×8 ×2. 3
JKMD-2. 25 ×4(Ⅲ)								28. 5			5. 62		7 ×8. 3 ×2. 7
JKMD-2. 8 ×4	2. 80	11. 82 ×2	335	95	30				MT-400		9	3. 2 ×2	8. 3 ×9 ×2. 8
JKMD-2. 8 ×4(Ⅲ)													7. 5 ×9 ×2. 8
JKMD-3. 25 ×4	3. 25		450	140	34		13		MT-560		13. 36	2. 72	8. 9 ×8. 9 ×2. 98
JKMD-3. 25 ×4(Ⅲ)													10. 8 ×9. 2 ×3. 15
JKMD-3. 5 ×4	3. 50	19. 95 ×2	525	140	38				MT-710		20. 6	6. 3 ×2	8 ×9 ×3. 2
JKMD-3. 5 ×4(Ⅲ)											18		11. 5 ×10 ×3. 6
JKMD-4 ×4	4. 00		680	180	39. 5	350	14		MT-710		23		8 ×9 ×3. 6
JKMD-4 ×4(Ⅲ)											20	9. 1 ×2	8 ×9 ×3. 6
JKMD-4. 5 ×4(Ⅲ)	4. 50		900	220	45						29	12. 5 ×2	8. 5 ×9. 5 ×3. 7

注:表中重量和尺寸不包括微拖动装置。

表 9-421 JKMD 系列多绳摩擦提升机技术性能(锦州矿山机器有限责任公司)

型号	钢丝绳					最大提升速度/(m/s)	减速器速比	旋转部分变位质量(除电动机与天轮)/t	天轮变位质量/t	质量(不含电气设备)/t
	天轮直径/m	最大静拉力/kN	最大静拉力差/kN	最大直径/mm	间距/mm					
JKMD-2. 25 ×4(Ⅰ)	2. 25	215	65	22	300	10	7. 35,10. 5,11. 5	6. 5	2. 3 ×2	48. 5
JKMD-2. 8 ×4(Ⅰ)	2. 8	335	95	28	300	10	7. 35,10. 5,11. 5	9	3. 44 ×2	64. 3
JKMD-3. 5 ×4(Ⅰ)	3. 5	525	140	35	300	13	7. 35,10. 5,11. 5	20. 6	6. 3 ×2	104. 5
JKMD-3. 5 ×4(Ⅲ)	3. 5	525	140	35	300	13		18	6. 3 ×2	87
JKMD-4 ×4(Ⅰ)	4	680	180	39. 5	350	14	7. 35,10. 5,11. 5	23	6. 5 ×2	133. 5
JKMD-4 ×4(Ⅲ)	4	680	180	39. 5	350	14		20	6. 5 ×2	115
JKMD-4. 5 ×4(Ⅲ)	4. 5	900	220	45	350	14		29	11. 5 ×2	165

表 9-422 JKM 系列多绳摩擦提升机技术性能(锦州矿山机器有限责任公司)

型号	导向轮直径/m	钢丝绳					最大提升速度/(m/s)	减速器速比	旋转部分变位质量(除电动机与天轮)/t	导向轮变位质量/t	质量(不含电气设备)/t
		最大静拉力/kN	最大静拉力差/kN	有导向轮时最大直径/mm	无导向轮时最大直径/mm	间距/mm					
JKM-1 ×4(Ⅰ)		60	7. 5		13	150	5	10. 5			6. 36
JKM-1. 85 ×4(Ⅰ)		170	50		22	200	10	7. 35,10. 5,11. 5	5. 8		24. 112
JKM-2. 25 ×4(Ⅰ)	2	215	65	24		200	10	7. 35,10. 5,11. 5	6. 5	1. 39	34. 18
JKM-2. 8 ×4(Ⅰ)	2. 5	330	100	30		250	9. 14	7. 35,10. 5,11. 5	9. 1	2. 4	50. 7
JKM-2. 8 ×4(Ⅲ)	2. 5	330	100	30		250	10		6. 5	2. 4	45. 6
JKM-3. 25 ×4(Ⅰ)	3	450	140	32		300	14	7. 35,10. 5,11. 5	13. 36	2. 72	68. 5
JKM-3. 25 ×4(Ⅲ)	3	450	140	32		300	14		9. 55	3. 6	59. 6
JKM-4 ×4(Ⅰ)	3. 2	690	180	39. 5		300	14	7. 35,10. 5,11. 5	18. 5	4. 1	87. 8
JKM-4 ×4(Ⅲ)	3. 2	690	180	39. 5		300	14		16	4. 1	58

9. 18. 3. 5 多绳摩擦式提升机主要部件

JKM 型多绳摩擦式提升机主要由主轴装置、制动器装置、液压站、减速器、电动机、深度指示器系统、操纵台、导向轮装置(落地式为天轮装置)、车槽装置(落地式带有拨绳装置)、弹性联轴器、齿化联轴器等部件组成。其中制动器装置、液压站、斜面操纵台、弹性联轴器、齿轮联轴器等采用与 JK 型单绳提升机相同的通用部件。

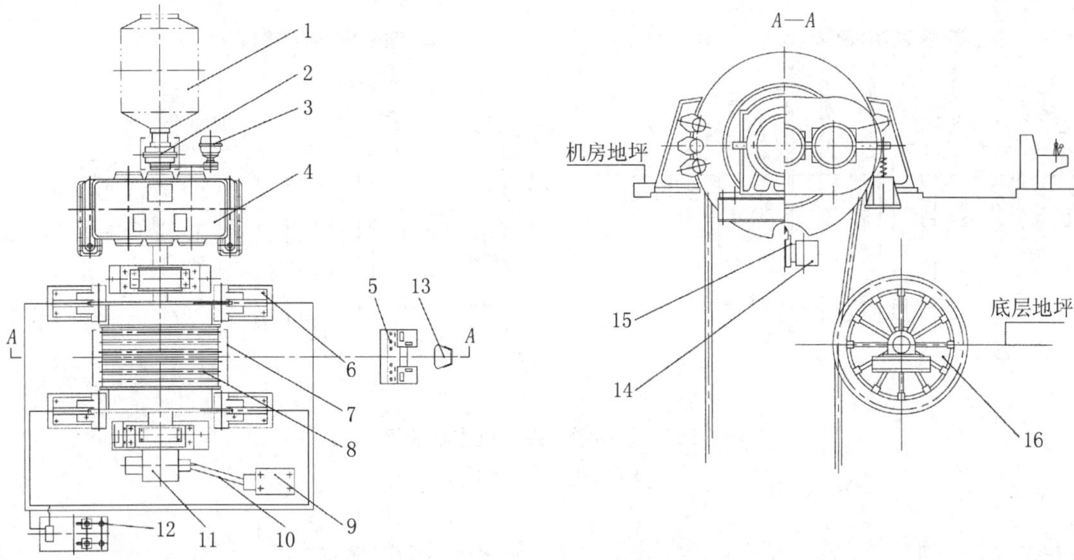

图 9-516 JKM 型多绳摩擦式提升机各部件布置

1—电动机;2—弹簧联轴器;3—测速发电机装置;4—减速器;5—斜面操纵台;6—盘形制动器;7—摩擦轮护板;8—主轴装置;9—深度指示器系统;10—万向联轴节;11—精针发送装置;12—液压站;13—司机椅子;14—车槽架;15—车槽装置;16—导向轮

A 主轴装置

主轴装置是提升的工作机构,也是提升机的主要承载部件。多绳摩擦提升机主轴装置主要由摩擦轮、制动盘、锁紧器、主轴承、主轴、轮毂等组成。井塔式提升机摩擦衬垫为单绳槽,落地式提升机摩擦衬垫为双绳槽,这是其主轴装置结构的不同之处。

多绳摩擦式提升机的主轴装置由于拖动方式、传动方式的不同而有多种结构形式(图 9-517 ~ 图 9-520)。

a 摩擦轮

摩擦轮是工作机构,摩擦轮上有压块、固定块和衬垫。它不但传递扭矩,而且承受着两侧钢丝绳拉力,摩擦轮采用普通低合金结构(16Mn)钢板焊接而成,包括筒壳、闸盘、辐板、支环及挡绳板。对于大型多绳提升机摩擦轮,筒壳内侧焊有支环,可以增加整个筒壳强度(图 9-521、图 9-522)。

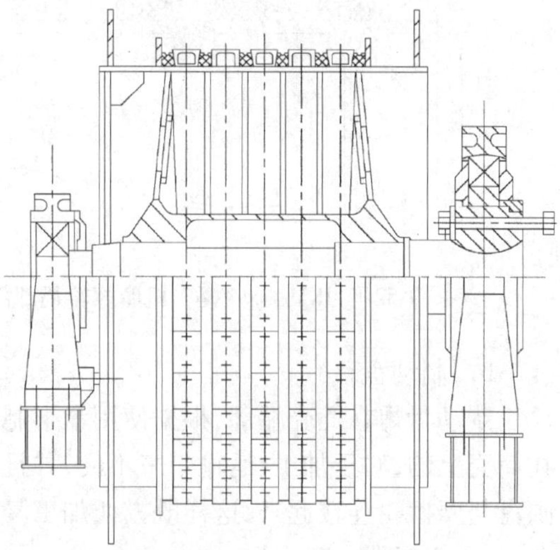

图 9-517 Ⅰ型提升机主轴装置(带动两个制动盘)

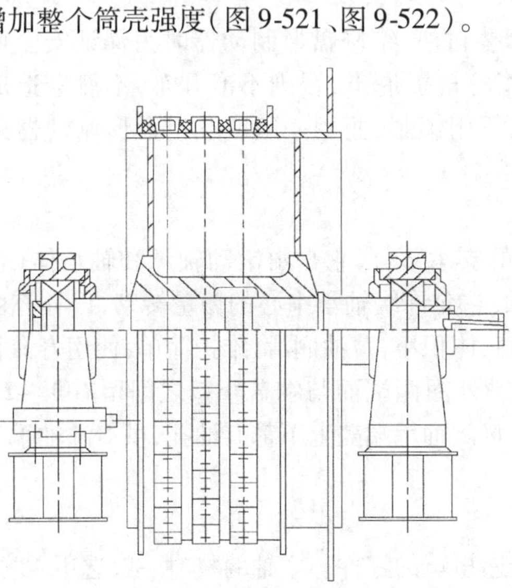

图 9-518 Ⅱ型提升机主轴装置(带一个闸盘)

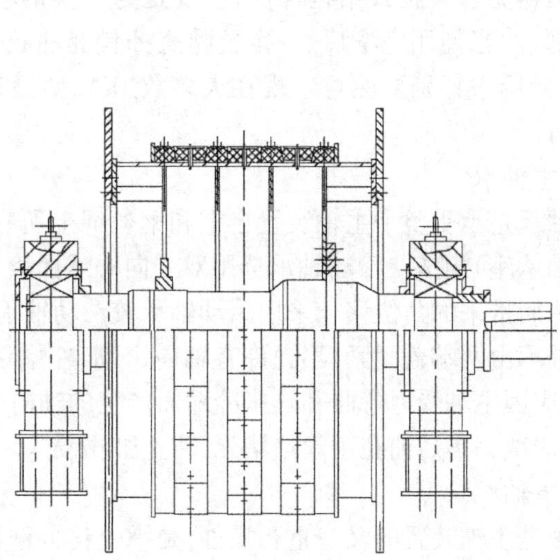

图 9-519 Ⅱ型 E 系列提升机主轴装置(带两个制动盘)

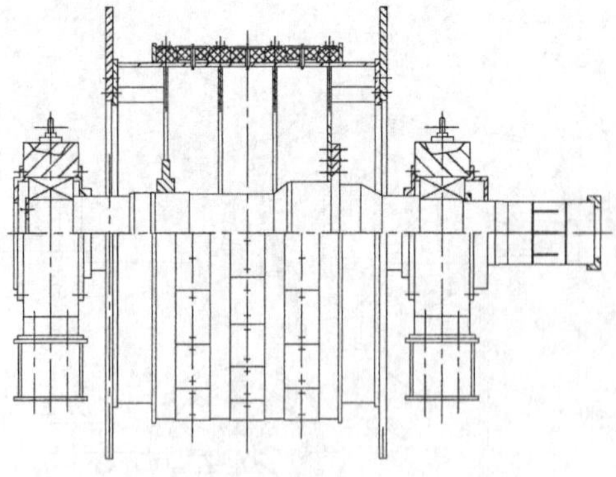

(a) (b)

图 9-520 Ⅲ型系列提升机主轴装置

(a)单法兰;(b)双法兰

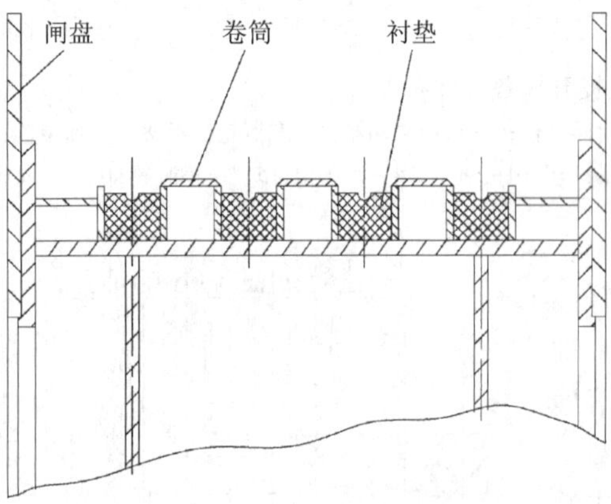

图 9-521 JKM-4×4 提升机摩擦轮局部剖视图

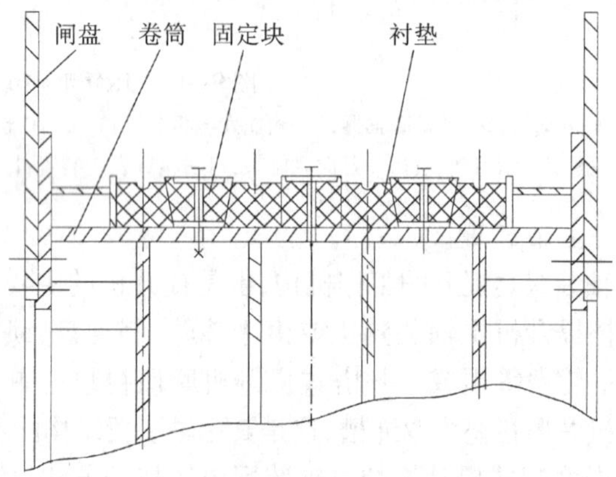

图 9-522 JKM-4×4(E)提升机摩擦轮局部剖视图

b 制动盘

制动盘焊在筒壳端部,根据使用盘形制动器数据的多少,可以焊有一个闸盘或两个闸盘,由于闸盘是焊在筒壳上的,对于加工、运输带来不便,并且不易更换,近几年来的多绳提升机,闸盘采用组合式,即用螺栓把闸盘与摩擦轮连接起来,这样既方便加工又方便运输,并可以更换闸盘。

c 锁紧器

锁紧器为一枪栓式结构部件,主要是为更换钢丝绳、摩擦衬垫、维修盘形制动器时为保证安全而设置的辅助部件,当使用完毕后,一定要检查插销是否已从摩擦轮辐板退出,否则不准开车,不然会造成重大事故,在使用中特别要注意。现在大多数 JKM 型提升机已不用锁紧,而用一组或几组盘形制动器来锁紧主轴装置。

d 主轴承

主轴承是承受整个主轴装置自重和钢丝绳上所有载荷的支承部件,它是由滚动轴承和轴承体(包括轴承盖和轴承座)组成。滚动轴承选用双列向心球面滚子轴承,它允许绕轴承中心的微量转动,以补充由于轴受力弯曲而带来的角位移。采用滚动轴承较滑动轴承效率高、体积小,黄油润滑,维护简单,使用寿命长。右端滚动轴承由两端盖固紧,不允许有轴向窜动,左端滚动轴承外圈两端面与端盖止口之间留有 1~2mm 间隙,以适应因主轴受力弯曲和热胀冷缩而产生的轴向位移。每侧轴承端盖上下都有油孔,供清洗轴承时注放油使用,清洗完毕后油孔用丝堵堵死,防止脏物浸入。

e 主轴

主轴是主轴装置的又一重要零件,是承受整个重量和传递扭矩的零件。主轴的材料一般选用 45 号优质碳素钢锻造后加工而成,并进行热处理。其强度极限 σ_b 为 420~560MPa,硬度 HB 为 160~200,主轴的安全

系数 n 一般为 1.5 ~ 1.8。

f 轮毂

轮毂采用 ZG35(Ⅱ)铸造件,它是连接主轴和摩擦轮的零件,它与主轴通过静配合,采用摩擦传递扭矩,不用键连接。轮毂与摩擦轮辐板采用焊接连接,近十几年采用高强度螺栓连接方法,这样方便运输和摩擦轮的更换。轴承梁是主轴装置与地基基础连接的过渡件,焊接结构。通过轴承梁安装,同时与基础连接牢固。

g 摩擦衬垫

摩擦衬垫是用固定块和压块(由铸铝或塑料制成)通过螺栓固定在筒壳上,不允许在任何方向有活动。为了便于安放提升钢丝绳衬垫,绳槽、衬垫之间的间距(即钢丝绳的间距)JKM-2.25×4 以下取 250mm,JKM-2.8×4 以上的为 300mm。钢丝绳的绳距与提升容器间的悬挂装置的结构尺寸有关。

摩擦衬垫是摩擦提升机重要零件,除钢绳比压、张力差之外,它还承担着两侧提升钢丝绳运行的各种动载荷与冲击载荷,所以它必须有足够的抗压强度。它与钢丝绳之间必须具有足够的摩擦系数,从而满足设计生产能力。并防止提升过程中的滑动。所以摩擦衬垫的好坏直接影响生产顺利进行和人身设备的安全。因此要求摩擦衬垫具有下列性能:(1)与钢丝绳对偶摩擦时有较高的摩擦系数,且摩擦系数受水、油等的影响较小;(2)具有较高的比压和抗疲劳性能;(3)具有较好的耐磨性能,磨损时粉尘对人和设备无害;(4)在正常温度变化范围内,能保持其原有性能;(5)应具有一定的弹性,能起到调整一定的张力偏差的作用,并减少钢丝绳之间蠕动量的差。

衬垫的上述性能中最主要的是摩擦系数,提高摩擦系数将会提高提升设备的经济效果和安全性。摩擦系数 μ 的近似计算公式:

$$\mu = \frac{1}{\alpha}\ln\frac{T_{js}}{T_{jx}} \tag{9-446}$$

摩擦衬垫的比压按式(9-447)确定:

$$P = \frac{(T_{js} + T_{jx})}{(\pi D d)} \tag{9-447}$$

式中 d——钢丝绳直径。

经常作用的几种摩擦衬垫的材料性能见表 9-423。

表 9-423 几种常用摩擦衬垫材料性能

衬垫材料	运输皮带	皮革	PVC	聚氨酯橡胶	新型高分子材料
计算摩擦系数	0.2	0.2	0.2	0.23	0.25
许用比压/MPa	1.5	1.5	2.0	2.0	2.0

我国以前多绳摩擦式提升机主要采用聚氯乙烯(PVC)衬垫。20 世纪 80 年代末开始使用聚氨酯橡胶衬垫,摩擦系数可达 0.23 以上。

h 摩擦轮与主轴的联结方式

摩擦轮与主轴的联结方式有两种:一种是采用单法兰、单面摩擦联结(图 9-517 ~ 图 9-519),即主轴法兰端面与摩擦轮的传动侧轮毂端面间采用高强度螺栓单摩擦机联结,靠两端面间摩擦力传递转矩,两个轮毂内孔与主轴采用过盈配合,左轮毂带有油孔和密封圈,以便组装时用高压油扩张轮毂内孔,一般中、小规格的提升机采用此结构;另一种联结方式是摩擦轮与主轴采用双法兰、双夹板、双面平面摩擦联结(图9-520),它是靠两夹板与摩擦轮主轴间的摩擦力传递转矩,由于装配工艺需要摩擦轮左右轮毂的内孔与主轴法兰的外圆采用间隙配合。摩擦轮直径在 4m 以上的大型多绳提升机多采用此结构,该结构的特点是装拆方便,特别是大型提升机,由于受运输、包装和使用现场的吊装条件限制,摩擦轮与主轴必须在现场组装。

i 电动机转子和主轴的联结方式

目前,提升机这一部位的联结方式有3种:键联结、双夹板联结、圆锥面过盈联结。

(1) 键联结。这是最基本的机械联结方式,制造加工和使用都不会有问题。但装拆比较麻烦,尤其在主轴表面加工键槽而产生的强度削弱和应力集中是它最大的缺点,属一种陈旧的技术,早已被淘汰。

(2) 双夹板联结方式。德国生产的矿井提升机电动机转子与主轴的联结大多采用双夹板联结方式,是一种比较好的联结方式,如图9-520所示,但它的缺点是安装困难,且夹板与电动机相连处采用高强度螺栓,每个螺栓都要求一定的拧紧力矩,比较麻烦。它的另一大缺点是靠近电动机侧的轴承必须相应增大以越过主轴端面法兰的外径,这样就使得主轴、轴承、轴承座等零件的尺寸及重量相应增加很多,设备笨重,成本增加。由于德国生产的提升机都采用滑动轴承,所以上述缺点不会存在,国产提升机由于在滑动轴承方面存在差距,都采用滚动轴承,若采用此联结方式,就会出现上述缺点,因此目前基本上不采用此联结方式。

(3) 圆锥面过盈联结。这是一种比较理想的联结方式,主要优点是装拆比较方便,维护量小,结构紧凑,这种结构在国际是也是先进的,但它对加工制造和测量技术的要求相对较高,生产厂家必须具备相当高的技术能力和加工能力,而且电动机制造厂也必须具有相当能力来生产与之相配的电动机转子的有关部位。

电动机转子与主轴圆锥面过盈联结是指电动机转子支架内孔为锥孔,主轴轴端为锥轴,转子直接装在提升机主轴上,依靠锥机配合的摩擦力传递转矩。此种联结方式的关键是要保证圆锥结合机的接触面积及过盈量,由于圆锥面过盈联结的过盈量是根据所需传递的转矩来计算确定的,通过控制电动机转子与主轴的轴向位移来实施,因此既要保证圆锥面能够安全地传递外载转矩,又要保证装配和拆卸电动机转子顺利进行。

电动机转子在主轴上的装拆方式采用液压扩孔法,其安装原理与圆锥内孔调心滚子轴承的安装原理相同,可以通过控制转子轴向位移量来调整过盈量,从而有效地保证负荷传递。

B 导向轮装置与天轮装置

a 导向轮

当摩擦轮直径大于两个提升容器或提升容器与平衡锤之间的距离时,为了将摩擦轮两侧的钢丝绳相互移近一些,以适应两提升容器中心距离的要求,需要装设导向轮。或者为了得到大于180°的围包角(一般需180°~195°),也需要装设导向轮。

导向轮装置的结构如图9-523所示,导向轮是由一个固定轮和若干个游动轮组成的,两种轮子总数目与主导轮上钢丝绳的根数相同。固定轮用键固定在轴上,与轴一起转动。其余几个轮子的轮毂内压嵌有耐磨的铜套,该套内径与轴为动配合,与轴有相对自由转动。各导向轮之间留有0.5~0.8mm的轴向间隙,以保证各轮子相对转动时互不干扰。

导向轮由轮毂、轮辐和轮缘组成,轮缘绳槽内装有夹布橡胶带(或运输带)的衬垫,磨损后用户可以自行更换,导向轮的衬垫现普遍采用PVC工程塑料和尼龙。游动导向轮轴套与轴间用黄油润滑,每个游动导向轮轮毂上部装有黄油杯,可以方便加油以保证轴承与轴之间的充分润滑。

b 天轮装置

对于落地式多绳摩擦提升机来讲,需要有两组天轮,天轮与塔式多绳提升机的导向轮就其作用和受力状态完全不同,因此其结构形式和使用材料完全不同。天轮结构如图9-524所示。

天轮采用全焊接结构,轮毂、轮缘采用ZG25(Ⅱ)铸钢件,轮辐为槽钢或角钢,焊后进行热处理,以消除焊接应力。钢丝绳槽采用PVC工程塑料和尼龙衬垫,保护了绳槽,减轻了钢丝绳磨损,延长钢丝绳寿命。

C 车槽装置

新安装的多绳提升机在运转之前为了使各衬垫绳槽直径一致,为了增加钢丝绳与摩擦衬垫的接触面积,必须在衬垫上车绳槽。同时提升机在运转过程,由于各种原因使各绳槽磨损不均匀,而使各绳槽直径产生差

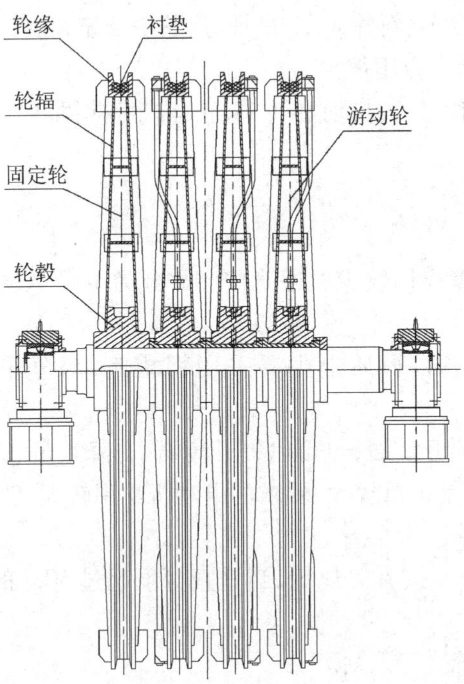

图 9-523 导向轮

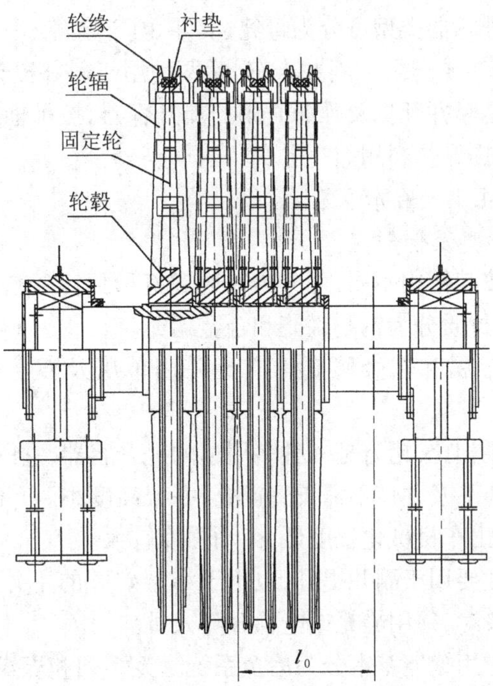

图 9-524 天轮装置

异，使各钢丝绳松紧不一致，张力有差异。为了保证各钢丝绳上载荷较为均匀，也必须经常对绳槽进行调整车削。因此需要一专用车槽装置。

车槽装置结构如图 9-525 所示，摩擦轮上每个摩擦衬垫都有一个单独的车刀装置相对应，可以进行单独车削，在车削绳槽时，先将各车刀与校准尺（或直尺）对齐，并将各车刀装置的刻度盘刻度调整到零位（或同一数值）。然后转动手轮就可使刀杆在刀套中上下移动即可获得进刀或退刀。手轮上镶有刻度环。进（退）刀量可以直接从刻度环上看到。手轮每转动一格等于车刀进（退）0.1mm，转动一周车刀进刀量（或退刀量）就等于 2mm，直到车圆，并使各车刀的进刀量都达同一刻度（即同一进刀量）时，即完成车削绳槽工作。车削绳槽的最大车削深度以最小槽直径为基准。这样可以达到最小切削量，使衬垫达到最长使用寿命。

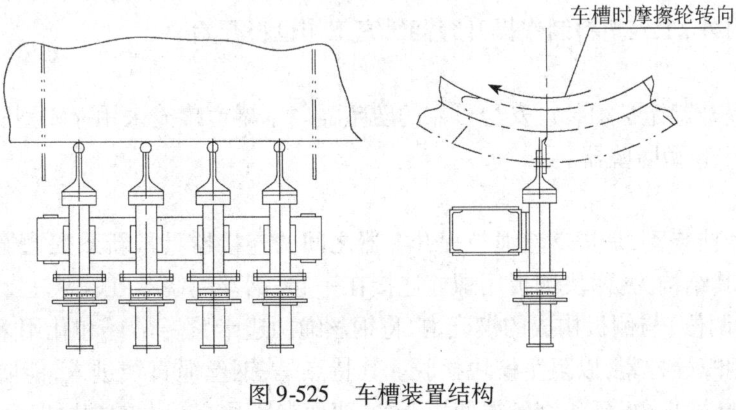

图 9-525 车槽装置结构

9.18.4 提升容器

矿井提升用的容器是直接装运矿石、废石、人员、设备及材料的工具。

按提升方式分为竖井提升容器和斜井提升容器。

按提升容器类型可分为罐笼、箕斗、箕斗罐笼、串车、台车、斜井人车、吊桶等，其中罐笼和箕斗广为应用，其次是串车(矿车组)、斜井人车，后两种用于斜井提升，台车应用很少。

吊桶是竖井开掘及延深时用的提升容器，按吊桶结构可分为自动翻转式、底开式和非翻转式，后者可供升降人员、提升物料用。

9.18.4.1 竖井罐笼

A 分类及优缺点

罐笼按其结构不同，可分为普通罐笼和翻转罐笼，后者应用较少。罐笼按层数分为单层、双层和多层罐笼；按制作材质分为钢制罐笼和合金罐笼。

我国金属和非金属矿山广泛采用单层及双层罐笼，在材质上主要采用钢罐笼，部分采用铝合金罐笼。

与箕斗相比，罐笼是一种多用途的提升容器，它既可提升矿石，也可以提升废石、升降人员、运送材料及设备等。井下及井口不需设置矿仓，井架高度小。其缺点是自重较大，要求的电动机功率较大，能耗较高，效率较低，进出车机械化程度低，劳动强度较大。

罐笼主要用于副井提升，也用于小型矿井的主井提升。按有关规定，当垂直深度超过50m的竖井用作人员出入口时，须用罐笼或电梯升降人员。

我国矿用罐笼基本分为冶金系统罐笼系列和煤炭系统罐笼系列。

B 罐笼组成

罐笼主要由罐体、防坠落装置、导向装置、连接(悬挂)装置等组成，并配有承接装置。

a 罐体

罐体是由槽钢、角钢等构件焊接或铆接的金属框架，其两侧焊有带孔的钢板，上面设有扶手，以供升降人员之用。罐底设坚固的无孔钢板。为避免矿车在罐内移动，在罐底装有阻车器(罐挡)。罐笼顶部设有可打开的顶盖门，以便装入长材料。罐笼两端装设罐门或罐帘。

用于升降人员和物料的罐笼，应遵守下列规定：罐底装有转动阻车器的连杆，底板段设检查孔，检查孔应用钢板封闭；罐笼侧壁与罐道接触部分，禁止使用带孔的钢板。罐内要装设扶手；罐帘横杆的间距，不得大于200mm，罐门不得向外开启；单层罐笼和多层罐笼顶层的净高不得小于1.9m，多层罐笼其他各层的净高不得小于1.8m。

罐笼的设计应使其结构坚固，质量轻，并能运送井下的大型设备，一般采用普通钢材制作。为减轻罐笼自重，国内外也有采用铝合金和高强度钢材制作罐笼的。铝合金提升容器的使用寿命较钢制提升容器增加，其总体经济效益好。另外，工程塑料制作提升容器研究工作也将开始。

b 防坠落装置

升降人员的单绳提升罐笼必须装设安全可靠的防坠器。木罐道罐笼采用YM型防坠器。钢丝绳罐道采用YS型、GS型、BF型、FS型防坠器。

c 连接装置

连接装置又称为悬挂装置，是指钢丝绳与提升容器之间的连接器具。新系列罐笼采用双面夹紧自动调位楔形绳卡连接装置，其结构为：两块侧板用螺栓连接在一起，钢丝绳绕装在楔块上，当钢丝绳拉紧时，楔块挤进由梯形铁(能自动调位)与侧板构成的楔壳内，将钢丝绳两边卡紧。吊环和孔用来调整钢丝绳长度。限位板在拉紧钢丝绳后用螺栓拧紧，以阻止楔块松脱。其特点是：钢丝绳直线进入，能防止在最危险部分产生附加弯曲应力，可减少断丝现象，延长钢丝绳使用寿命；双面夹紧具有较大的楔紧安全系数，可防止钢丝绳因载荷的变化在楔面上产生的滑动及磨损；自动调位结构能使钢丝绳上夹紧压力分布均匀；且其长度较短，可减少容器的总高度。

d 导向装置

罐笼的导向装置一般称为罐耳，有滑动和滚动两种。罐笼借助罐耳沿着装在井筒中的罐道运动。与罐道配合，使提升容器在井筒中稳定运行，防止其发生扭转或摆动。罐道有木质、金属、钢丝绳3

种。钢丝绳罐道具有结构简单、节省钢材、通风阻力小、便于安装、维护简便等优点，已经获得越来越广泛的使用。

罐耳与罐道之间的间隙应符合规定要求。

C 防坠器

防坠器是在提升容器因钢丝绳、连接装置等断裂发生意外事故时，能使提升容器立即卡在罐道上而不坠落的装置。防坠器的形式与罐道类型有关。目前广泛采用的是制动绳防坠器。

为保证生产及人员的安全，《煤矿安全规程》规定："升降人员或升降人员和物料的单绳提升罐笼、带乘人间的箕斗必须装设可靠的防坠器"。当提升钢丝绳或连接装置万一被拉断时，防坠器可使罐笼平稳地支承在井筒中的罐道（或制动绳）上，而不致坠落井底，造成严重事故。

一般防坠器都由开动机构、传动机构、抓捕机构和缓冲机构四部分组成。

开动和传动机构一般是互相连接在一起，由断绳时自动开启的弹簧和杠杆系统组成；抓捕机构和缓冲机构在一般防坠器上是联合的工作机构，有的防坠器还装有单独的缓冲装置。

a 防坠器的类型

根据抓捕机构的工作原理不同，防坠器的类型可分为：

(1)切割式。用于木罐道，靠抓捕机构对罐道的切割插入阻力制动罐笼，木罐道防坠器属此类。

(2)摩擦式。用于钢轨罐道或木罐道，靠抓捕机构和罐道之间的摩擦阻力制动罐笼，凸抓式和楔形的防坠器属于此类。

(3)定点抓捕式。在抓捕器之外有专门的缓冲器。抓捕机构与支承物（制动绳）之间无相对运动，施行定点抓捕。用于钢丝绳罐道和钢轨罐道，制动绳防坠器属于此类。

b 防坠器应满足的基本技术要求

(1)必须保证在任何条件下都能制动断绳下坠的罐笼，动作应迅速而又平稳可靠。

(2)制动罐笼时必须保证人身安全。为此在最小终端载荷下，罐笼的最大允许减速度不应大于$50m/s^2$。减速延续时间不应大于0.5s，在最大终端载荷下，减速度不应小于$10m/s^2$。实践证明，当减速度超过$30m/s^2$时，人就难以承受，因此，设计防坠器时，最大减速度不超过$30m/s^2$。当最大终端载荷与罐笼自重之比大于3:1时，最小减速度可以不小于$5m/s^2$。

(3)结构应简单可靠。

(4)防坠器动作的空行程时间，即从提升钢丝绳断裂使罐笼自由坠落动作后开始产生制动阻力的时间，一般不超过0.25s。

(5)在防坠器的两组抓捕器发生制动作用的时间差中，应使罐笼通过的距离（自抓捕器开始工作瞬间算起）不大于0.5m。

D 罐笼承接装置

在矿井中间水平、井底和井口车场，为了便于矿车进出罐笼，必须设置罐笼的承接装置。承接装置有摇台、罐座（托台）、承接梁和支罐机。中间水平车场规定使用摇台，承接梁只能用于井底车场，摇台和罐座可用于井底和井口车场。

a 摇台

摇台是进出矿车的过渡装置，既适用于缠绕式提升，又适用于摩擦提升式，不会发生墩罐事故，因此被广泛采用。摇台由能绕轴转动的两个摇臂组成。其操作过程是：当罐笼进出台时，汽缸供气使滑台后退，作用在摇臂上的外动力与摇臂脱开，摇臂靠自重搭接在罐笼上进行承接工作。罐笼进出车完毕，汽缸反向供气推动滑台前进，滚轮抬起，带动摆杆转一角度，摇臂抬起相应角度。其特点是动作快，操作时间短，缺点是摇臂搭接在罐笼上，当矿车进出罐笼时矿车会对罐笼产生冲击，使罐笼左右摇晃，造成矿车掉道，为了使罐笼不受过大的冲击力，容积大于$2m^3$的矿车一般不选用摇台；深井提升时需要长臂摇台，安装工程量大，故需配置推车机。摇台适用于井口、井底及各中间水平。

b 罐座

罐座是利用可伸缩的托爪托住罐笼，使矿车能平稳进出。罐笼运行时罐座必须收回。使用罐座，司机操作复杂，易发生墩罐事故。另外，钢丝绳时松时紧易产生疲劳破坏，目前新设计的矿井不再使用。由于存在因操作失误而引起墩罐事故，因此，2005 年版的《煤矿安全规程》第 384 条规定："升降人员时，严禁使用罐座"。

罐座的优点是：罐笼停车位置准确，提升钢丝绳不承受推入矿车的冲击力，而由托爪承担。缺点是：当下放位于托爪上的罐笼时，必须将罐笼提起一定的高度，才能打开罐座，使操纵复杂化，而且容易产生过卷；罐笼落在井底的托爪时，钢丝绳容易松弛，因而提升时钢丝绳内产生冲击负荷；当操作不当时，易发生墩罐事故。因此，缠绕式提升机在提升人员时，不用罐座；摩擦式提升机一般不用罐座，如用时，应防止启动打滑。

c 承罐梁

承罐梁由一些木梁组成，是最原始的承接装置，它是无水窝井底承接方式。

承罐梁的优点是：构造简单，施工方便，投资最小。其缺点是：容易发生墩罐事故，故在用缠绕式提升机提升人员和用摩擦式提升机的矿井中，不采用承接梁。

d 支罐机

支罐机是新型承接装置。支罐机由液压油缸带动支托装置，支托装置承接罐笼的活动底盘使其上升和下降，以补偿提升钢丝绳长度的变化和停罐的误差。支罐机调节距离可达 1000mm。

支罐机的优点是能准确地使用罐笼内轨道与车场固定轨道对接，进出矿车和人员方便，由于活动底盘是托在支罐机上，矿车进出平稳，提升钢丝绳不承担进出矿车时产生的附加载荷；另外，车场布置紧凑。其缺点是罐笼有活动底盘，使其结构复杂，还需增设液压动力装置。

E 提升容器的参数计算

a 小时提升量

$$A_s = \frac{CA}{t_r t_s} \tag{9-448}$$

式中 A_s——小时提升量，t/h；

C——提升不均衡系数，罐笼提升取 1.2，箕斗提升取 1.15；

A——年提升量，t/a；

t_r——年工作日，d；

t_s——日工作小时数，h/d，t_s 的选取：(1)罐笼提升：作主提升时取 18h，兼作主副提升时取 16.5h；(2)箕斗提升：提一种矿石时取19.5h，提两种矿石时取 18h；(3)混合井提升：有保护隔离措施时，按上面数据选取，若无保护隔离措施则箕斗或罐笼提升的时间均按单一竖井提升时减少 1.5h 考虑。

b 提升速度

$$v = (0.3 \sim 0.5)\sqrt{H'} \tag{9-449}$$

式中 v——提升速度，m/s；

H'——加权平均提升高度，m，其系数按 0.3～0.5 选取，提升高度在 200m 以内时取下限，600m 以上时取上限，箕斗提升比罐笼提升的取值可适当增大。

H'值应根据提升井所服务的各阶段矿量，以加权平均的方法求得。求出的 H'值比初期投产时的提升高度相差很大时，应对初期若干生产阶段矿量以加权平均法求提升高度，同时作相关技术经济比较。

$$H' = \frac{H_1Q_1 + H_2Q_2 + \cdots + H_nQ_n}{Q_1 + Q_2 + \cdots + Q_n} \tag{9-450}$$

式中 H_1, Q_1——分别为第一阶段提升高度和矿量（对于箕斗提升则为第一装矿点提升高度和矿量）；

H_2, Q_2——分别为第二阶段提升高度和矿量（对于箕斗提升则为第二装矿点提升高度和矿量）；

H_n, Q_n——分别为第 n 阶段提升高度和矿量（对于箕斗提升则为第 n 装矿点提升高度和矿量）。

提升速度除按上述方法计算外，还必须符合下列要求：

(1) 竖井用罐笼升降人员，其最大速度不应超过式(9-451)的计算值：

$$v_{max} = 0.5\sqrt{H} \tag{9-451}$$

式中 v_{max}——最大速度，m/s；

H——提升高度，m。

但不得大于12m/s。罐笼升降人员时，加、减速度不得超过0.75m/s^2。

(2) 竖井升降物料时，提升容器的最大速度，不得超过式(9-452)计算值：

$$v_{max} = 0.6\sqrt{H} \tag{9-452}$$

根据以上方法计算所得之提升速度，再按所选择提升机的绳速选取。

c 一次提升量

(1) 主井。

双容器提升时：

$$V' = \frac{A_s}{3600\gamma C_m}(K_1\sqrt{H'} + \mu + \theta) \tag{9-453}$$

单容器提升时：

$$V' = \frac{A_s}{1800\gamma C_m}(K_1\sqrt{H'} + \mu + \theta) \tag{9-454}$$

式中 V'——容器的容积，m^3；

μ——箕斗在曲轨上减速与爬行的附加时间，取$\mu = 10 \sim 15$s；

C_m——装满系数，取0.85～0.9；

γ——松散矿石密度，t/m^3；

θ——休止时间，包括罐笼进出车的停歇时间或箕斗装载停歇时间，升降人员、材料车进出罐笼、长材料装入或卸出罐笼、装卸设备和爆破材料等停歇时间；

K_1——系数，按表9-424选取。

表9-424 系数K_1值

系数	提升速度/(m/s)				
	$v=0.3\sqrt{H'}$	$v=0.35\sqrt{H'}$	$v=0.4\sqrt{H'}$	$v=0.45\sqrt{H'}$	$v=0.5\sqrt{H'}$
K_1	3.73	3.327	3.03	2.82	2.665

计算出V'后，再选定提升容器，然后计算一次有效提升量Q：

$$Q = C_m\gamma V \tag{9-455}$$

式中 V——提升容器的容积，m^3。

罐笼提升时以矿车的容积计算。

(2) 副井。所选的罐笼一般应考虑以下因素：

1) 提升废石使用的矿车应与罐笼配套。其计算方法与上述罐笼提升时的情况相同，只是在核算提升能力时，应按最大班提升量考虑；

2) 提升最大设备的外形尺寸和质量与罐笼相适应。尽可能考虑罐笼内能装载最大设备。特殊情况下可考虑在罐笼底部吊装；

3) 最大班提升井下生产人员的时间不得超过45min，特殊情况可取60min。

d 一次循环提升时间

$$T' = \frac{3600Q}{A_s} \tag{9-456}$$

式中 T'——一次循环提升时间，s。

根据计算需要的容积，还要按罐笼系列型号选定。

F 罐笼和防坠器型号参数

a 冶金系统罐笼

竖井单绳罐笼系列型号参数见表9-425。竖井多绳罐笼系列型号参数见表9-426。设计单位进行设计时，有的也采用自己单位的标准，如长沙有色冶金设计院设计的多绳罐笼系列参数见表9-427。

表9-425 竖井单绳罐笼系列型号参数

序号	罐笼类型	罐笼型号	断面尺寸（长×宽）/mm×mm	适用矿车类型	最大装载量/t	罐笼质量/t	钢丝绳终端悬挂质量/t	乘人数	下放大件名称	罐道布置			防坠器形式	平衡锤规格	
										钢丝绳罐道	型钢罐道	木罐道		断面尺寸（长×宽）/mm×mm	质量/t
1	1号单层罐笼	YJGS-1.3-1 YJGG-1.3-1	1300×980	YGC0.5(6)	1.2	1.15	2.3	6		1	11		GS型或YS型和木罐道防坠器	1000×300	1.4
2	2号单层罐笼	YJGS-1.8-1 YJGG-1.8-1	1800×1150	YGC0.7(6) YGC0.5(6) YFC0.5(6)	2.2	2	4.1	10	ZCZ-17型装岩机	2	12	23		1000×300	3.3
3	2A型单层罐笼	YJGS-1.8a-1 YJGG-1.8a-1	1800×1150	YGC0.7(6) YGC0.5(6) YFC0.5(6)	1.7	1.5	3.1	10	ZCZ-17型装岩机	3	13	24		1000×300	2.6
4	3号单层罐笼	YJGS-2.2-1 YJGG-2.2-1	2200×1350	YGC1.2(6、7) YCC1.2(6) YFC0.7(6、7) YFC0.5(6)	4.2	3.8	7.8	15	东风-2型装岩机	4	14	25		1200×400	6.4
5	3A型单层罐笼	YJGS-2.2a-1 YJGG-2.2a-1	2200×1350	YGC1.2(6、7) YCC1.2(6) YFC0.7(6、7) YFC0.5(6)	3.3	3	6.1	15	东风-2型装岩机	5	15	26		1200×400	5.2
6①	4号单层罐笼	YJGS-3.3-1 YJGG-3.3-1	3300×1450		6.7	6	12.4	25						1200×400	5.2
7	4A型单层罐笼	YJGS-3.3a-1 YJGG-3.3a-1	3300×1450	YCC2(6、7) YGC2(6、7) YFC0.5×2(6)	4.8	4.3	8.9	25	3t电机车 ZYQ-12型装运机	6	16			1500×5300	7.7
8	5号单层罐笼	YJGG-4-1	4000×1450	YFC0.7×2(6)	5	4.5	9.3	30	3~6t电机车	待发展	17			1700×600	7.7
9	2号双层罐笼	YJGS-1.8-2 YJGG-1.8-2	1800×1150	YGC0.7×2(6) YFC0.5×2(6) YGC0.5×2(6)	4.4	4	8.2	20	ZCZ-17型装岩机	7	18	27		1000×300	6.6
10	2A型双层罐笼	YJGS-1.8a-2 YJGG-1.8a-2	1800×1150	YGC0.7×2(6) YFC0.5×2(6) YGC0.5×2(6)	3.4	3.1	6.3	20	ZCZ-17型装岩机	8	19	28		1000×300	5.4
11	3A型双层罐笼	YJGS-2.2a-2 YJGG-2.2a-2	2200×1350	YGC1.2×2(6、7) YCC1.2×2(6、7) YFC0.5×2(6) YFC0.7×2(6、7)	6.6	6	12.3	30	东风-2型装岩机	9	20			1200×400	11
12②	4A型双层罐笼	YJGS-3.3a-2 YJGG-3.3a-2	3300×1450	YCC2(6、7) YGC2(6、7) YFC0.5(4、6)	5.4	4.9	10.1	50	3t电机车 ZYQ-12G型装运机	10	21			1500×500	8.4
13	6号双层罐笼	YJGG-4-2	4000×1800	YFC0.7×2(6、7)	5	5	9.8	76	ZYQ-14型装运机	待发展	22			1700×600	10

① 待发展产品。

② 上层不进车。

表 9-426 竖井多绳罐笼系列型号参数

罐笼类型	罐笼图号	罐笼型号	适用矿车类型	断面尺寸（长×宽）/mm×mm	载重/t	自重[①]/t	钢丝绳终端质量/t	乘人数	提升绳		尾绳		平衡锤规格[②]	
									直径/mm	根数	直径/mm	根数	断面尺寸（长×宽）/mm×mm	质量/t
1号单层	YGL_1	YMGS-1.3-1		1300×980	1.2	1.446	3.45～6	6	15.5～22.5	4	20～25	2	1000×300	1.4
	YGL_2	YMGG-1.3-1				1.475								
2号单层	YGL_3	YMGS-1.8-1-Z_3(6)	YGC05(6)	1800×1150	2.2	2.026	5.7～8.2	10	15.5～26.5	4	22～30	2	1000×300	3.7
	YGL_4	YMGS-1.8-1-Z_4(6)	YGC07(6)			2.026								
	YGL_5	YMGG-1.8-1-Z_3(6)	YGC05(6)			2.026								
	YGL_6	YMGG-1.8-1-Z_4(6)	YFC05(6)			2.059								
3号单层	YGL_7	YMGS-2.2-1-Z_5(6、7)	YGC1.2(6、7) YFC0.7(6、7) YCC1.2(6)	2200×1350	4.2	2.563	11～16.5	15	21～26.5	4	32～40	2	1200×400	7.3
	YGL_8	YMGG-2.2-1-Z_5(6、7)				2.9								
4号单层	YGL_9	YMGS-3.3-1-Z_1(6、7)	YGC2(6、7)	3300×1450	6.7	3.882	16.6～25.2	25	23～25.5	4	37～40.5	2	1500×500	11.2
	YGL_{16}	YMGG-3.3-1-Z_1(6、7)	YCC2(6、7)			4.174								
	YGL_{10}	YMGS-3.3-1-Z_6(6)	YFC0.5×2(6)			3.958								
	YGL_{13}	YMGG-3.3-1-Z_6(6)				4.376								
	YGL_{11}	YMGS-3.3-1-Z_7(6)	YGC2(6)			4.364								
	YGL_{14}	YMGG-3.3-1-Z_7(7)	YCC2(6)			4.741								
	YGL_{12}	YMGS-3.3-1-Z_7(7)	YGC2(7)			4.394								
	YGL_{15}	YMGG-3.3-1-Z_7(7)				4.743								
5号单层	YGL_{18}	YMGG-4(1)-Z_6(6、7)	YFC0.7×2(6、7)	4000×1450	10	6.026	25.8～36	30	25.5～30	4～6	40～46.5	2～3	1700×600	13.2
	YGL_{43}	YMGS-4(1)-Z_8(6)	YGC1.2×2(6)			6.304								
	YGL_{45}	YMGG-4(1)-Z_8(6)				6.814								
	YGL_{46}	YMGG-4(1)-Z_8(7)	YGC1.2×2(7)			6.84								
6号单层	YGL_{19}	YMGS-4(2)-1-Z_6	YFC0.7×2(6、7)	4000×1800	10	5.984	24.3～36.5	38	25.5～30	4～6	41～46.5	2～3	1700×600	13.7
	YGL_{21}	YMGG-4(2)1-Z_6				6.31								
	YGL_{20}	YMGS-4(2)1-Z_7 Ⅱ	YGC2(6、7)			6.537								
	YGL_{22}	YMGG-4(2)-1-Z_7 Ⅱ	YCC2(6、7)			6.458								
3号双层	YGL_{23}	YMGS-2.2-2-Z_5(6、7)	YCC1.2×2(6) YCC1.2×2(6、7) YFC0.7×2(6、7)	2200×1350	8.4	4.341	18.6～26.8	30	23～25.5	4	32～40	2	1200×400	13.1
	YGL_{24}	YMGG-2.2-2-Z_5(6、7)				4.87								
4号双层	YGL_{25}	YMGS-3.3-2-Z_1(6、7)	YGC2×2(6、7)	3300×1450	13.4	7.847	28.6～36.3	50	25.5～30	4～6	40.5～46.5	2～3	1500×500	20.7
	YGL_{29}	YMGG-3.3-2-Z_1(6、7)	YGC2×2(6、7)			7.732								
	YGL_{26}	YMGS-3.3-2-Z_6(6)	YFC0.5×4(6)			8.095								
	YGL_{30}	YMGG-3.3-2-Z_6(6)				8.147								
	YGL_{27}	YMGS-3.3-2-Z_7(6)	YGC2×2(6)			8.89								
	YGL_{31}	YMGG-3.3-2-Z_7(6)	YCC2×2(6)			8.947								
	YGL_{28}	YMGS-3.3-2-Z_7(7)	YGC2×2(7)			8.946								
	YGL_{32}	YMGG-3.3-2-Z_7(7)				7.86								
5号双层	YGL_{33}	YMGS-4(1)-2-Z_8(6)	YGC1.2×4(6)	4000×1450	16	9.775	37～52.6	60	25.5～35	4～6	43.5～50	2～3	1700×600	25.7
	YGL_{36}	YMGG-4(1)-2-Z_8(6)				10.222								
	YGL_{34}	YMGS-4(1)-2-Z_6(6、7)	YFC0.7×4(6、7)			9.227								
	YGL_{37}	YMGG-4(1)-2-Z_6(6、7)				9.556								
	YGL_{35}	YMGS-4(1)-2-Z_8(7)	YGC1.2×4(6)			9.885								
6号双层[③]	YGL_{39}	YMGS-4(2)-2-Z_6	YFC0.7×4(6、7)	4000×1800	11	11	26.6～32	76	25.5～30	4～6	41～46.5	2～3	1700×600	18.3
	YGL_{41}	YMGG-4(2)-2-Z_6				8.962								
	YGL_{40}	YMGS-4(2)-2-Z_7 Ⅱ	YGC2×2(6、7)			9.208								
	YGL_{42}	YMGG-4(2)-2-Z_7 Ⅱ	YCC2×2(6、7)			9.575								

① 罐笼自重不包括悬挂装置的质量。
② 本规格只供参考。
③ 本罐笼上层不进车。

表 9-427 多绳罐笼系列参数（长沙有色冶金设计研究院）

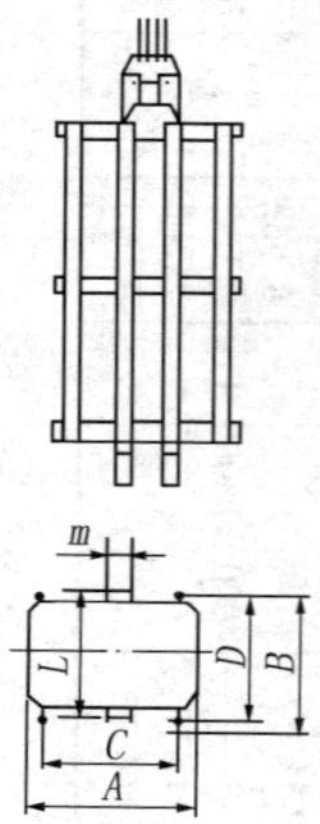

罐笼类型	罐笼型号	最大载荷/t	罐笼质量/t	钢丝绳终端质量/t	首绳			尾绳			乘人数	底板面积/m^2	矿车适用类型	罐笼总高①/mm	外形尺寸刚性罐道				钢丝绳罐道			
					直径/mm	根数	间距/mm	尺寸/mm	根数	间距/mm					A/mm	B/mm	m/mm	L/mm	直径/mm	C/mm	D/mm	根数
1号单层	YMGG1.3-1 YMGS1.3-1	1.2	1.15	3.45~6	15.5	4	200	22	2	340	6	1.3×0.93		5600	1300	1260	160	1060		980	1100	4
2号单层	YMGG1.8-1 YMGS1.8-1	2.2	2.4	5.7~8.7	15.5	4	200	22	2	720	10	1.8×1.15	YGC0.5(6) YGC0.7$\binom{6}{7}$ YFC0.5(6)	6460	1800	1430	160	1230		1460	1270	4
3号单层	YMGG2.2-1 YMGS2.2-1	4.2	4.6	11~16.5	21	4	200	33.5	2	620	15	2.2×1.35	YGC1.2$\binom{6}{7}$ YCC1.2(6) YFC0.7$\binom{6}{7}$ YFC0.5(6)	6600	2200	1640	160	1430	≤50	1800	1470	4
4号单层	YMGG3.3-1 YMGS3.3-1	6.7	7.4	16.6~25.2	23~25.5	4	200	37~40.5	2	280	25	3.3×1.45	YCC2$\binom{6}{7}$ YGC2$\binom{6}{7}$ YFC0.5×2(6)	6770	3300	1740	180	1530		2820	1570	4
5号单层	YMGG4-1 YMGS4-1	10	11	24.5~36.5	25.5~30	4~6		40.5~46.5	2~3		38	4×1.8	YFC0.7×2$\binom{6}{7}$ YGC4$\binom{7}{9}$空 YCC4$\binom{7}{9}$车	7760	4000		180					4
3号双层	YMGG2.2-2 YMGS2.2-2	8.4	8.9	18.6~26.8	23~25.5	4	200	37~40.5	2	620	30	2.2×1.35	YCC1.2×2(6) YGC1.2×2$\binom{6}{7}$ YFC0.7×2$\binom{6}{7}$	9410	2200	1640	160	1430		1800	1470	4
4号双层	YMGG3.3-2 YMGS3.3-2	13.4	14	28.6~36.3	25.5~30	4~6		40.5~46.5	2~3		50	3.3×1.45	YCC2×2$\binom{6}{7}$ YGC2×2$\binom{6}{7}$ YFC0.5×4(6)	10570	3300	1740	180	1530	≤50	2800	1570	4
5号双层	YMGG4-2 YMGS4-2	10	13	26.6~34.3	25.5~30	4~6		40.5~46.5	2~3		76	4×1.8	YFC0.7×2$\binom{6}{7}$		4000		180	1880				4
6号双层	YMGG4_a-2 YMGS4_a-2	16	17.4	37~52.6	25.5~35	4~6		43.5~50	2~3		60	4×1.45	YGC1.2×4$\binom{6}{7}$ YCC1.2×4(6)		4000	1740	180	1530				4

① 罐笼总高包括悬挂装置。

罐笼代号标识：YJGS-1.3-1。符号含义：Y——冶金系统；J——提升机类型（M——多绳，J——单绳）；G——罐笼；S——罐道类型（S——钢丝绳罐道，G——钢轨及型钢组合罐道）；1.3——罐笼长度；1——罐笼层数。

b 防坠器

升降人员的罐笼必须装设安全可靠的防坠器，多绳提升可不设防坠器。制动绳式防坠器型号技术规格见表9-428。

表9-428 防坠器型号技术规格

型号		YFS1，YFG1	YFS2，YFG2	YFS3，YFG3	YFS4，YFG4	YFS5，YFG5	YFS6，YFG6
最大计算制动力/kN		68.5	105	175	187.5	218	288
最大终端质量/kg		2740	4200	7000	7500	8730	11520
提升钢丝绳最大直径/mm		22.5	24.5	30	30	34	37
缓冲钢丝绳直径/mm		43.5	43.5	43.5	43.5	43.5	43.5
制动钢丝绳直径/mm		26	26	28	28	28	32
两制动绳中心距离/mm	YFS及其他	1072	1242	1450	1250	1550	1554
	YFG（长轴×短轴）	1072×680	1242×770	1450×1200	1250×770	1550×1450	1554×1450
拉杆最大行程/mm		130	140	150	147	151	156
悬挂装置高度/mm		1470	1560	1850	1850	2050	2220
质量/kg	拉紧装置			15	15	15	
	防坠装置		208①/268	403①/–	–①/292	448①/318	
	缓冲装置	313	313	313	313	313	
	总计			731①/–	–①/620	776①/646	
罐笼底板尺寸（长×宽）/mm×mm		1300×980	1800×1150	2200×1350	1850×1150	3300×1450	3300×1450

型号		YFS7，YFG7	YFS8	YFS9	FS-1A	FS-1B	FS-3A	GS
最大计算制动力/kN		267.5	215	240	143	244	410	
最大终端质量/kg		10700	8600	9600	4700	8600	19900	7580
提升钢丝绳最大直径/mm		37	34		28	34	52	
缓冲钢丝绳直径/mm		43.5	43.5	43.5	34.5	34.5	43.5	43.5
制动钢丝绳直径/mm		32	28	32	25	34	40.5	28
两制动绳中心距离/mm	YFS及其他	1454		1904	1080①/1150	1080①/1150	1550①/1650	1262
	YFG（长轴×短轴）	1454×1200						
拉杆最大行程/mm		156	151	156	223	259	300	
悬挂装置高度/mm		2220	2050		1684	1984	2478	
质量/kg	拉紧装置				96	105	139	
	防坠装置				805①/811	1297①/1307	2387①/2407	350
	缓冲装置				754.9①/755.2	750.9①/751.2	827.5①/832.1	318.4
	总计				1922①/1928	2419①/2428	3820①/3840	668.4
罐笼底板尺寸（长×宽）/mm×mm		2200×1350	4000×1850	4000×1850	2550×1010	2550×1010	4000×1476	

① 分子数字为防坠器与罐笼横向中心线重叠布置，分母数字为防坠器与罐笼横向中心线斜交布置。

c 煤炭系统罐笼

煤矿用的罐笼按矿车装载量确定罐笼吨位，分为1t、1.5t和3t罐笼。每种罐笼又分单层和多层。

G 相关生产厂家

烟台昆仑黄金设备有限公司生产罐笼、防坠器、首绳和尾绳悬挂装置。其中：单绳单层、双层钢罐笼系列型号参数见表9-429；单绳单层、双层铝合金罐笼型号参数见表9-430；多绳双层钢罐笼系列型号参数见表9-431；木罐道YM型防坠器型号参数见表9-432；钢丝绳罐道YS型防坠器型号参数见表9-433。

表9-429 单绳单层、双层钢罐笼系列型号参数

序号	罐笼型号	底盘尺寸（长×宽）/mm×mm	罐体高度/mm	适用矿车型号	最大载重量/t	罐笼质量/t	终端悬挂质量/t	乘人数	钢丝绳罐道		木罐道	
									罐道间距（长×宽）/mm×mm	制动绳直径/mm	罐道间距/mm	罐道断面（长×宽）/mm×mm
1	YJGS-1. 3-1	1300×980（1300×930）①	2600	YGC0. 5/6 JF0. 35/6	1. 4	1. 1	3. 0	6	1050×1072	2×ϕ28		
	YJGG-1. 3-1										1020	150×140
	YJGS-1. 3-2		4580		2. 8	1. 6	4. 4	12	1050×1072	2×ϕ28		
	YJGG-1. 3-2										1020	150×140
2	YJGS-1. 8-1	1800×1150（1800×1080）①	2700	YGC0. 7/6 YFC0. 7/6 JF0. 75-6	2. 2	1. 2	4. 6	10（9）②	1540×1242	2×ϕ31		
	YJGG-1. 8-1										1190	180×150
	YJGS-1. 8-2		4600		4. 4	2. 7	7. 5	20（18）②	1540×1242	2×ϕ31		
	YJGG-1. 8-2										1190	180×150
3	YJGS-2. 2-1	2200×1350	2910	YGC1. 2/6(7) JF0. 75/6 YFC0. 7/6	3. 2	3. 3	7. 0	14	1940×1442	2×ϕ34		
	YJGG-2. 2-1										1390	180×150
	YJGS-2. 2-2		4840		6. 4	5. 5	12. 6	28	1940×1442	2×ϕ34		
	YJGG-2. 2-2										1390	180×150
4	YJGS-3. 3-1	3300×1450	3050	YGC2/6 YCC2/6 YGC0. 7/6	5. 9	4. 3	12. 2	24	3040×1550	2×ϕ34		
	YJGG-3. 3-1										1490	200×180
	YJGS-3. 3-2		5120		11. 8	6. 25	18. 10	48	3040×1550	2×ϕ34		
	YJGG-3. 3-2										1490	200×180
5	YJGS-4a-1	4000×1450	3150	YCC1. 2/6(7) YGC1. 2/6(7) JF0. 75/6	7. 4	4. 6	12. 0	29	3720×1570	2×ϕ40		
	YJGG4a-1										1490	220×200
	YJGS-4a-2		5390		14. 8	6. 6	21. 5	58	3720×1570	2×ϕ40		
	YJGG-4a-2										1490	220×200
6	YJGS-4-1	4000×1800	3170	YCC4/7(9) YDC4/7 YGC1. 2/6	11. 2	5. 5	16. 7	36	3720×1920	2×ϕ40		
	YJGG-4-1										1840	220×200
	YJGS-4-2		5390		22. 4	8. 0	30. 5	72	3720×1920	2×ϕ40		
	YJGG-4-2										1840	220×200

① 旧标准的底盘尺寸。

② 旧标准的乘载人数规定。

表 9-430 单绳单层、双层铝合金罐笼系列型号参数

序号	罐笼型号	底盘尺寸（长×宽）/mm×mm	罐体高度/mm	适用矿车型号	最大载重量/t	罐笼质量/t	终端悬挂质量/t	乘人数	钢丝绳罐道		木罐道	
									罐道间距（长×宽）/mm×mm	制动绳直径/mm	罐道间距（长×宽）/mm×mm	罐道断面（长×宽）/mm×mm
1	YJGSL-1.3-1	1300×980	2600	YGC0.5/6 JF0.35/6	1.4	0.64	3.0	6	1050×1072	2×ϕ28		
	YJGGL-1.3-1										1020	150×140
	YJGSL-1.3-2		4580		2.8	0.94	3.7	12	1050×1072	2×ϕ28		
	YJGGL-1.3-2										1020	150×140
2	YJGSL-1.8-1	1800×1150	2700	YGC0.7/6 YFC0.7/6 JF0.75/6	2.2	0.7	4.6	10	1540×1242	2×ϕ28		
	YJGGL-1.8-1										1190(1120)	180×150
	YJGSL-1.8-2		4600		4.4	1.6	7.5	20	1540×1242	2×ϕ31		
	YJGGL-1.8-2										1190(1120)	180×150
3	YJGSL-2.2-1	2200×1350	2910	YGC1.2/6 YCC1.2/6 JF0.75/6	4.2	1.6	5.9	14	1940×1442	2×ϕ34		
	YJGGL-2.2-1										1390	180×150
	YJGSL-2.2-2		4840		8.4	2.5	11.0	28	1940×1442	2×ϕ34		
	YJGGL-2.2-2										1390	180×150
4	YJGSL-3.3-1	3300×1450	3050	YGC2/6 YCC2/6 YGC0.7/6	5.83	2.49	8.3	24	3040×1550	2×ϕ34		
	YJGGL-3.3-1										1490	200×180
	YJGSL-3.3-2		5120		11.66	3.50	15.2	48	3040×1550	2×ϕ34		
	YJGGL-3.3-2										1490	200×180
5	YJGSL-4a-1	4000×1450	3150	YGC4/7 YCC4/7 YGC1.2/6	10.63	2.7	13.5	29	3720×1570	2×ϕ40		
	YJGGL4a-1										1490	220×200
	YJGSL-4a-2		5390		21.26	3.9	25.2	58	3720×1570	2×ϕ40		
	YJGGL-4a-2										1490	220×200
6	YJGSL-4-1	4000×1800	3170	YGC4/7 YCC4/7 YGC1.2/6	11.2	3.2	14.5	36	3720×1920	2×ϕ40		
	YJGGL-4-1										1840	220×200
	YJGSL-4-2		5390		21.26	4.65	26.0	72	3720×1920	2×ϕ40		
	YJGGL-4-2										1840	220×200

表 9-431 多绳双层钢罐笼系列型号参数

序号	罐笼型号	底盘尺寸（长×宽）/mm×mm	罐体高度/mm	适用矿车型号	最大载荷/t	罐笼质量/t	终端悬挂质量/t	乘人数	首绳			尾绳			钢丝绳罐道		刚性罐道	
									直径/mm	根数	间距/mm	直径/mm	根数	间距/mm	罐道间距（长×宽）/mm×mm	制动绳直径/mm	罐道间距（长×宽）/mm×mm	罐道断面（长×宽）/mm×mm
1	YMGS-1.8-2 YMGG-1.8-2	1800×1150	4600	YGC0.7/6 YFC0.7/6 JF0.75/6	2.7	3.0	12	20	16.5	4	200	24.5	2	500	1540×1242	2×ϕ31	1190	160×160
2	YMGS-2.2-2 YMGG-2.2-2	2200×1350	4840	YGC1.2/6 YCC1.2-6 JF0.75/6	8.2	5.5	14	28	21	4	200	33.5	2	620	1940×1442	2×ϕ34	1410	160×160
3	YMGS-3.3-2 YMGG-3.3-2	3300×1450	5120	YGC2/6 YCC2/6 YGC0.7/6	13.4	14	31	48	28	4	250	42	2	550	3040×1550	2×ϕ34	1510	180×180
4	YMGS-4a-2 YMGG-4a-2	4000×1450	5390	YGC4/7 YCC4/7 YGC1.2/6	14	15	30	58	30	4～6	250	45	2	550	3720×1570	2×ϕ40	1510	180×180
5	YMGS-4-2 YMGG-4-2	4000×1800	5390	YGC4/7 YCC4/7 YGC1.2/6	16	17.4	33	72	30	4～6	250	45	2	550	3720×1920	2×ϕ40	1860	180×180

表 9-432 木罐道 YM 型防坠器型号参数

型 号	YM460	YM580	YM600	YM620	YM640	YM660
配套罐笼(长×宽)/mm×mm	1300×980	1800×1150	2200×1350	3300×1450	4000×1450	4000×1800
罐道间距/mm	1020	1190	1390	1490	1490	1840
罐道断面(长×宽)/mm×mm	150×140	180×150	180×150	200×180	220×200	220×200
终端负荷/kg	3000	4500~6000	6000~9000	9000~13000	13000~17000	17000~21000

表 9-433 钢丝绳罐道 YS 型防坠器型号参数

型 号	YS150	YS200	YS250	YS300	YS350	YS400
配套罐笼(长×宽)/mm×mm	1300×980	1800×1150	2200×1350	3300×1450	4000×1450	4000×1800
罐道间距(长×宽)/mm×mm	1050×1072	1540×1242	1940×1442	3040×1542	3720×1542	3720×1892
制动绳直径/mm	2×ϕ28	2×ϕ31	2×ϕ34	2×ϕ34	2×ϕ40	2×ϕ40
终端负荷/kg	3000	4500~6000	6000~9000	9000~13000	13000~17000	17000~21000
导向套图号	XS155×64-1	XS155×64-1	XS200×82-1	XS200×82-1	XS250×82-1	XS250×82-1

H 选型

a 提升容器选择

(1) 提升容器一般应根据矿井提升量和井筒深度进行选择。有色金属矿山的设计经验是:产量在700t/d左右,井深在300m上下,一般可考虑罐笼提升;产量大于1000t/d,井深大于300m时,多选用箕斗提升。

(2) 对于不宜粉碎,或含泥水较多的矿石,或提升物料品种多于两种时,宜采用罐笼提升。为减小罐笼质量,增加有效负荷,可采用轻型结构罐笼。寿王坟铜矿的5号轻型铝合金罐笼,已使用多年,效果良好。

为实现提升系统的自动化,提高辅助提升效率,国外普遍使用提升长材料和设备的专用罐笼。

(3) 罐笼提升井作为进风用井,箕斗井不得兼作进风井。

(4) 为节省能源和保证安全,竖井一般不采用单端提升。多水平提升时,最好使用带平衡锤的单端提升。

(5) 罐笼-箕斗组合式容器国外已有使用,一般是罐笼放在箕斗上边。罐笼有单层、双层或三层的;箕斗有翻转式或底卸式的;也有的上部罐笼的底板可以活动,底板打开即可作为箕斗的装矿口用。德国Grimberg钾盐矿采用的罐笼-箕斗组合式容器,箕斗容积19m^3,装载量25t,三层罐笼每层可容纳18人。国内部分改建矿山也有采用罐笼-箕斗的,如辽宁岫岩铅矿;也有采用一端罐笼,一端箕斗的,如通化铜矿东区竖井。

b 副井选用罐笼

副井选用罐笼时,要考虑下面情况:

(1) 根据井下矿车载重量和规格尺寸选用罐笼型号。

(2) 对于副井提升,尚需根据其他提升工作量,如:提升废石、下放材料、运送设备和其他非固定任务等作出罐笼每班提升平衡时间表。若不能满足升降人员的时间要求或辅助工作量大,而且平衡表的总时数超过规定时,可考虑采用双层罐笼以满足提升井下最大班人员时间要求。

(3) 要考虑运送井下设备最大件尺寸和最大件重量。

c 提升容器容量的选择

提升容器容量,要按提升任务的大小来确定。但有几种容器都可满足要求时,则要考虑其经济效果。提升容器容量越大,则所需提升设备也越大,初期投资越大,因此,从降低初期投资着眼,应选择容量较小的,但为了增加产量,势必增多提升次数从而加快提升速度,这样增大了电动机容量和电能消耗,使运转费用增加。从节省运转费用的观点出发,选择容量较大的容器较好。为了解决上述矛盾应通过技术经济比较,考虑矿井将来的发展,选择出合理的方案。一般认为在不加大提升机及井筒直径的前提下,选用较大容积的提升容器,以采用较低的提升速度,节省电耗,比较经济合理。

目前,设计部门在选择提升容器时,一般都采用经济速度法。

I 矿山应用实例

采用竖井多绳提升罐笼实例见表9-434、表9-435。采用竖井单绳提升罐笼实例见表9-436。部分矿山罐笼提升机技术参数见表9-437。采用铝合金罐笼的部分矿山见表9-438。

表9-434 矿山采用竖井多绳提升罐笼实例

项目		丰山铜矿	凤凰山铜矿	西石门铁矿	梅山铁矿	张家洼小官庄铁矿
提升机	直径×绳数/(mm×根)	2250×4	1750×4	2250×4	1750×6	2800×6
	提升速度/(m/s)	7.9	5	5.98	5	11.8
容器	个数/个	1	1	1	1	1
	层数×车数/层×辆	2×2	1×1	2×1	2×1	2×1
	承载矿车容积/m^3	0.7		0.75	2	2
	最大载重/t	6.56	6	6	15	14
	自质量/t	8.0	5	6.5	10	12
平衡锤质量/t		12.51	8	10.305	16	18
设计井深/m		318~518	537	243	530	600
设计产量/(kt/a)		500	990	2200	2500	2500
同时提升水平数/个		3	6	3		2
导向轮	有无导向轮	有	无	有	无	有
	卷筒围包角/(°)	191	180	187.9	180	192.93
	容器中心距/mm	1495	1750	1850	1750	1725
钢丝绳	首绳直径/mm	23	22	24	20	28
	尾绳尺寸/mm	扁94×15(2根)	2×ϕ30	2×ϕ34	3×ϕ31	扁154×25
	罐道绳直径/mm	钢轨	30	38kg钢轨	滚轮罐耳	45
电动机	类型	直流单机	直流单机	交流单机	直流单机	直流单机
	功率/kW	500	230	310	440	1250

表 9-435　矿山采用竖井多绳提升罐笼实例

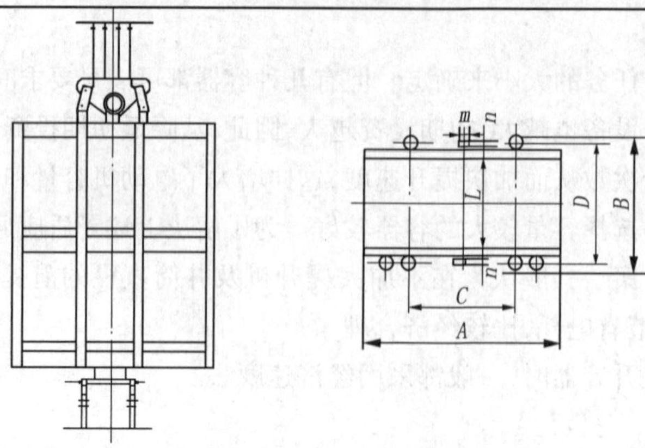

罐笼类型	最大载重量/kg	自重/kg	钢丝绳最大终端重量/kg	首绳规格			尾绳规格			乘人数	底板面积（长×宽）/mm×mm	矿车类型
				直径/mm	根数	间距/mm	尺寸/mm	根数	间距/mm			
2800×1543 单层	7000	6430	13430	21～25.5	4	200	31	2	500	20	2800×1543	1.6m^3 侧卸式矿车 1 辆
3200×1440 双层	4000	7572	11572	22.5	4	200	31.5	2	500	40	3200×1440	1.2m^3 侧卸式矿车 4 辆
3200×1440 双层	5000	5860	10860	21～25.5	4	200	31	2	500	40	3200×1440	1.6m^3 侧卸式矿车 1 辆
2500×1350 双层	5000	4300		17～32	4					36	2500×1350	1.1m^3 固定式矿车 1 辆
1800×1080 双层	8400	5321		22	4	200	33.5	2	250	20	1800×1080	0.7m^3 固定式矿车 2 辆
4500×1600 双层	14000	11278		32.5	4	300	44.5	2	600	70	4500×1600	2m^3 侧翻式矿车 2 辆
4000×1446 双层	5000	7206		22	4	200	31.5	2	800	54	4000×1446	0.63m^3 翻斗式矿车 2 辆
4000×1800 双层	12000	10844		28	6	250	42	3	400	70	4000×1800	J1.2-7G 或 J4.0-7C
4000×1250 三层	18000	12254		28	6	250	42	3	400	72	4000×1250	J1.2-7G
4300×1600 双层	14000	13000		28	6	250	43	3	600	70	4300×1600	2m^3 矿车轨距 900mm

罐笼类型	罐笼总高/mm	外形尺寸/mm		刚性罐道		钢丝绳罐道				图号	资料来源	采用矿山
				罐道尺寸（$m\times n$）/mm×mm	间距 L/mm	直径/mm	根数	间距/mm				
		A	B					C	D			
2800×1543 单层	9580	2800	1820	240×115	1590	34	4	2100	1680	KBK20	昆明有色冶金设计研究院	会理铅锌矿
3200×1440 双层	9825	3200	1795	200×150	1500					TK637	昆明有色冶金设计研究院	云南锡业公司老厂矿
3200×1440 双层	9730	3200	1660	240×115	1570	34	4	2400	1480	TKQ546	昆明有色冶金设计研究院	易门铜矿
2500×1350 双层	7560					24.5～36.5	4	2000	1480	20～236	核工业第四设计院	核工业 019 矿
1800×1080 双层	7616	1800	1295	160×160	1160	35.5	4	1300	1260	CBK53	长沙有色冶金设计研究院	桓仁铜矿
4500×1600 双层	8658	4500	1818			42.5	4	3800	1704	通用 CJ-971	长沙有色冶金设计研究院	大厂矿务局铜坑锡矿
4000×1446 双层	7435	4000	1746				4	3360	1636	通用 CJ-979	长沙有色冶金设计研究院	凡口铅锌矿
4000×1800 双层	11408					42.5	4	2800	1930	13969	北京有色冶金设计研究总院	金川有色金属公司二矿区
4000×1250 三层	13815					42.5	4	2800	1376	13970	北京有色冶金设计研究总院	金川有色金属公司二矿区
4300×1600 双层	10091	4500	1818	240×240	1668	45	4	3800	1704	2 备 260	鞍山冶金设计研究总院	张家洼小官庄铁矿

表 9-436 矿山采用竖井单绳提升罐笼实例

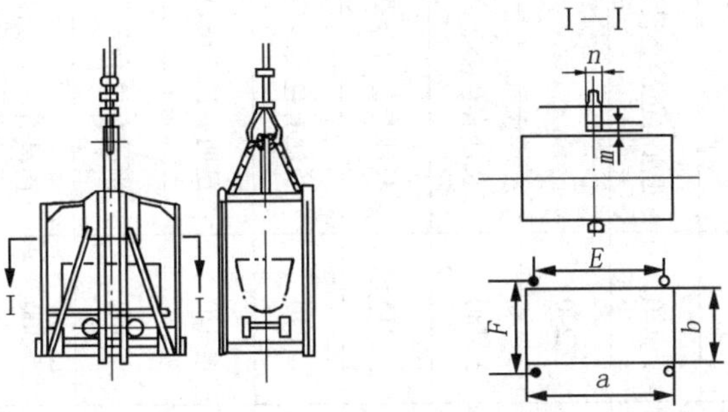

罐笼类型	最大载重 /kg	自重 /kg	钢丝绳最大终端重量 /kg	钢丝绳直径 /mm	乘人数	底板尺寸 /mm		矿车类型	包括绳夹的罐笼全高 /mm
						长 a	宽 b		
1800×1080	3800	2020	5820	22~31	9	1800	1080	YGC-0.7(6)	5845~5790
1800×1130	1893	2107	4000	20	9	1800	1130	0.55m^3 翻斗式矿车	4435
2000×1150	2000	2095	4095	24.5	10	2000	1150	YFC0.5(6)型矿车,YGC0.7(6)型矿车	4260
3300×1450	4800	4360	9390	34	25	3300	1450	YCC2(6)侧卸式矿车	
2550×1010	2600	2247		25	10	2550	1010	1.1m^3 固定式矿车	6208
1900×1103	1800	1320		24	9	1900	1103	0.7m^3 双侧式矿车,0.5m^3 翻斗式矿车	4761
2300×1147	2450	1599		28	12	2300	1147	1.1m^3 固定式矿车	5110
2550×1026	2450	1840		31	12	2550	1026	1.1m^3 固定式矿车	5365
2500×1280	3820	3296	7116	31	15	2500	1280	0.75m^3 翻斗车,1.2m^3 固定式矿车	
3300×1450	6700	4975	11675	43	25	3300	1450	2m^3 固定式矿车	6000
2000×1150 双层	3666	3100	6766	31	20	2000	1150	0.75m^3 翻斗车	8653
3300×1450 双层	5000	6600	11600	43	44	3300	1450	0.75m^3 翻斗车	8655

罐笼类型	罐道规格						图号	资料来源	使用矿山	备 注
	木罐道或钢轨罐道		钢丝绳罐道							
	罐道尺寸 /mm		直径 /mm	根数	间距/mm					
	m	n			E	F				
1800×1080							13800	北京有色冶金设计研究总院	文峪金矿	滚轮罐耳
1800×1130			30.5	4	1240	1262	通用 CJ-944	长沙有色冶金设计研究院	栖霞山锰矿	带 YS 防坠器
2000×1150	160	140					通用 CJ-994	长沙有色冶金设计研究院	鸡笼山铁矿	刚性组合罐道
3300×1450	180	200					YGL71	长沙有色冶金设计研究院	观音山铁矿	YFS 防坠器
2550×1010	180	180					TK966	昆明有色冶金设计研究院	会泽铅锌矿	滚轮罐耳
1900×1103			24~36.5	4	1610	1228	D20-58	核工业第四设计院	核工业 096 矿	
2300×1147			32	4	1940	1272	D20-59	核工业第四设计院	核工业 021 矿	
2550×1026	180	160					D20-1	核工业第四设计院	核工业 012 矿	
2500×1280	180	200					Ko23118	化工部连云港设计研究院	七宝山硫铁矿	改进型
3300×1450	180	200					Ko23174	化工部连云港设计研究院	开阳磷矿	
2000×1150 双层	200	180					75012	长沙冶金设计研究院	红安萤石矿	
3300×1450 双层	180	200					Ko23173	化工部连云港设计研究院	开阳磷矿	

表 9-437 部分矿山罐笼提升机技术参数

矿山名称	提升机型号	提升高度 /m	提升速度 /(m/s)	提升容器规格		提升一次循环时间 /s	每日设计工作数/s	每班提升次数 /次	提升设计能力 /(t/d)	钢丝绳直径 /mm	天轮直径 /mm	电动机容量 /kW	设计单位
				罐笼底板尺寸(长×宽) /mm×mm	矿车规格 /m^3								
韦岗铁矿	2JK2.5×1.2-11.5	233	5.5	4000×1450	0.5	162	15	102		31	2500	250(直流)	马鞍山钢铁设计研究总院
潭山铅锌矿	XKT2×2×1-20		3.7	1800×1080						23.5	2000	115	南昌有色冶金设计研究院
焦家金矿	XKT2×2.5×1.2-11.5	180	6.7	1800×1080 双层	0.7	82	16.5	242	矿石 700,废石 250	28	2500	260	北京有色冶金设计研究总院
白乃庙金矿	XKT2×2.5×1.2-20	211	4.7	1800×1080	0.7	87	18.9	258	700	22	2500	130	北京有色冶金设计研究总院
狮子山铜矿(副井)	KJ2×3×1.5D	400	5.0	3200×1400	0.6	157	20.5			31	2500	240	
鸡笼山金铜矿	2JK-2.5/11.5	203	6.6	2000×1150	0.7	70.2	8.7	108	200	24	2500	180	长沙有色冶金设计研究院
大河铜矿	XKT2×2.5×1.2-20	320	6.4	2000×1180	0.75	88.5	12.8	170	矿石 350,废石 100	25	2500	215	长沙有色冶金设计研究院
大厂长坡 1 号竖井	2BM3000/1520-2	219	5.6	2000×1180 双层	0.7	82.6	15	250	矿石 1000,废石 150	31	2500	310	长沙有色冶金设计研究院
水城观音山铁矿	2JK-3/20	160	5.6	3300×1450	2	128	18	84(矿)	矿石 500	34	3000	320	昆明有色冶金设计研究院
东乡铜矿(主井)	2JK3×1.5D-11.5	505	8.1	2200×1180	1.2	89	14.5	194	2500	28	2500	400	南昌有色冶金设计研究院
东乡铜矿(副井)	2JK3×1.5D-11.5	470	8.1	3200×1280 双层	1.2	88	17	350		34	2500	300	南昌有色冶金设计研究院
黄沙坪铅锌矿(主井)	KJ2×3×1.5D	254	6.7	2500×1280	1.2	61.4	18.2	254	1080	31	3000	350	长沙有色冶金设计研究院
武山铜矿(副井)	2KJ3×1.5D	270	6.6	2500×1280	0.75	89	21	168	矿石 420		3000	280	南昌有色冶金设计研究院
邯郸西石门铁矿	XKT2×3×1.5	387	8	3200×1440	1.5	74	14.4	134	1200	34	3000	310	马鞍山钢铁设计研究总院
金川镍矿新 1 号井	ШЛМ2Ц-4×1.8	241	7.4	3200×1440 双层	2				1500	43.5	4000	800	北京有色冶金设计研究总院
中条山铜矿峪铜矿(1 号副井)	2JK4×1.8D-20	240	6.2	4500×1760	4	60	15	126	废石 1300	43.5	4000	480	南昌有色冶金设计研究院

表 9-438 采用铝合金罐笼的矿山

矿山名称	罐笼类型	数量	自质量/kg	矿山名称	罐笼类型	数量	自质量/kg
烟台市南张家金矿	2 号双层标准型	1	1500	招远市蚕庄金矿	2 号单层刚性罐道	1	633
招远市河东金矿	2 号双层 A 型	1	1283	莱州市金仓矿业有限公司	2 号双层钢丝绳罐道	1	1350
招远市金岭金矿	2 号双层 B 型	1	1776	招远市泰鑫公司(罗山金矿)	2 号单层刚性罐道	1	633
招远市曹家洼金矿	2 号双层 A 型	1	1283	吉林省桦甸市板庙子金矿	2 号双层	1	1283
黑龙江省鑫城金矿	2 号双层	1	1350	内蒙古金厂沟梁金矿	2 号双层	1	1283
黑龙江省东风山金矿	2 号双层	1	1350	内蒙古红花沟金矿	2 号双层	1	1283
招远市阜山金矿	2 号双层 A 型	1	1283	内蒙古白音诺尔铅锌矿	2 号双层	2	1600
龙口市下丁家金矿	2 号双层	1	1400	牟平区金矿	2 号双层	1	1283
乳山市金矿	2 号单层	1	633	招远市大河金矿	2 号单层	2	633
招远市界河金矿	2 号双层 A 型	1	1283	招远市东方华茂实业有限公司	2 号单层	1	633
招远市夏甸金矿	2 号双层 A 型	1	1283	招远市金潮集团	2 号双层钢丝绳罐道	1	1350
莱州市望儿山金矿	2 号单层刚性罐道	1	633	邯郸市北铭河铁矿	2 号单层	1	1100
莱州市望儿山金矿	2 号单层钢丝绳罐道	1	985	招远市纪山金矿	2 号单层	1	633

9.18.4.2 竖井箕斗

A 分类及优缺点

箕斗是提升矿石或废石的单一容器。

箕斗按卸载方式分为底卸式、翻转式和侧卸式箕斗。竖井提升主要采用底卸式和翻转式，其中多绳提升一般采用底卸式，单绳提升可采用底卸式，也可采用翻转式。其中底卸式箕斗可分为斗箱不倾斜式和斗箱倾斜式，斗箱不倾斜式又可分为气动无曲轨和固定曲轨式。斗箱倾斜式又可分为固定曲轨式和活动直轨式。斜井提升主要采用后壁卸载式和翻转式。不论竖井还是斜井提升用的箕斗形式不同，均需借助卸载装置进行卸载。

金属矿用翻转式箕斗如图 9-526 所示，斗箱倾斜底卸式箕斗如图 9-527 所示，斗箱不倾斜底卸式箕斗如图 9-528 所示。

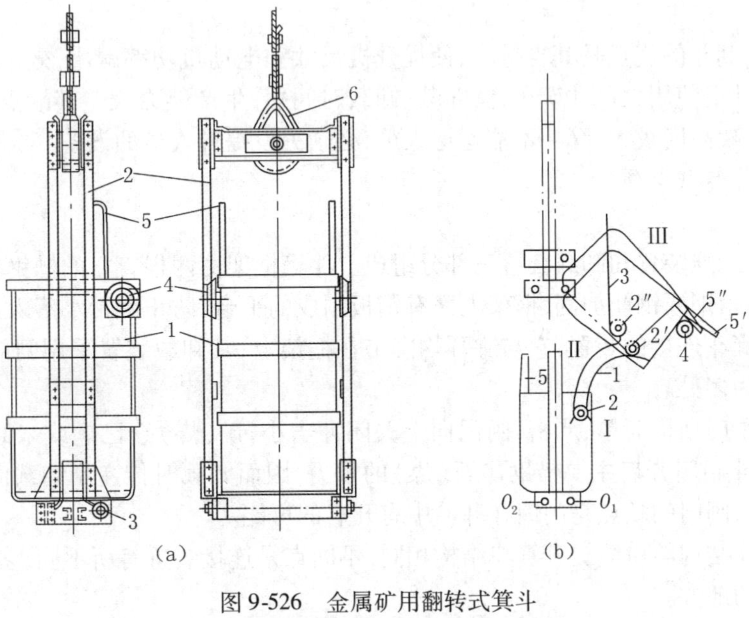

图 9-526 金属矿用翻转式箕斗

(a)翻转式箕斗外形；(b)翻转式箕斗卸载

1—斗箱；2—框架；3—旋转角；4—卸载滚轮；5—角板；6—桃形环

Ⅰ—正常位置；Ⅱ—卸载位置；Ⅲ—过卷位置

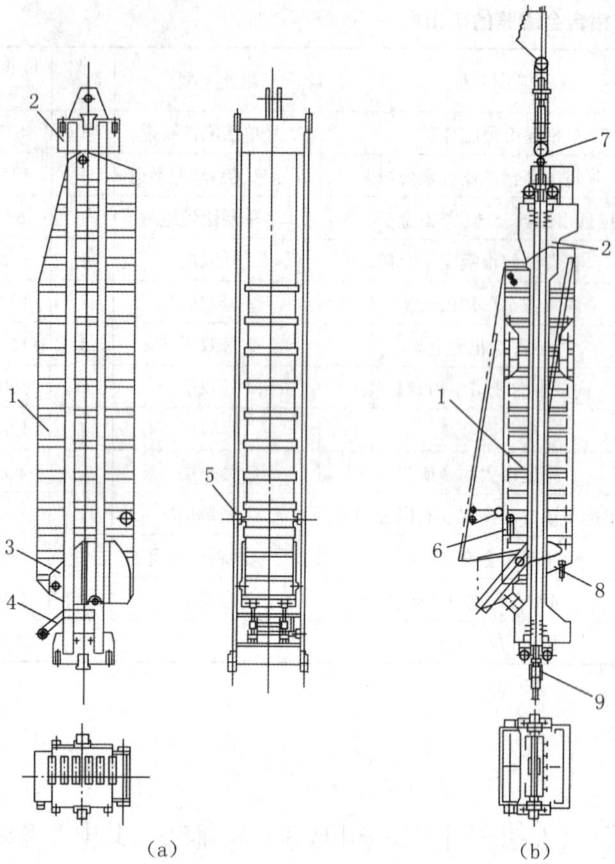

图 9-527　斗箱倾斜底卸式箕斗

(a)A 型箕斗外形；(b)B 型箕斗及附件外形

1—斗箱；2—框架；3—闸门；4—安全锁紧装置；5—滚轮；6—导轮挂钩；7—首绳悬挂装置；8—活动斗底；9—尾绳悬挂装置

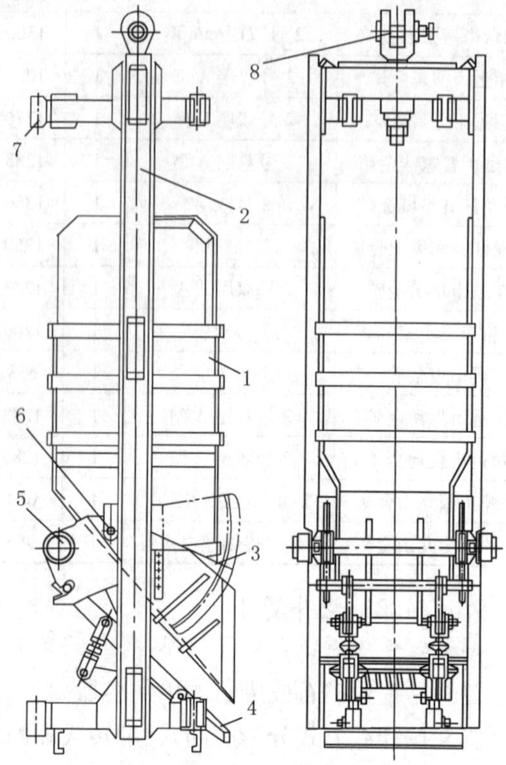

图 9-528　斗箱不倾斜底卸式箕斗

1—斗箱；2—框架；3—扇形闸门；4—活动溜板；5—导轮；6—回转轴；7—罐耳；8—悬吊轴

目前常用的翻转式箕斗主要规格有 1.2m^3(2.5t)、1.6m^3(3.5t)、2m^3(4t)、2.5m^3(5.5t)、3.2m^3(7t)、4m^3(8.5t)、5m^3(11t)、6.3m^3(13.5t)、8m^3(17t)、9m^3(19t)、11m^3(23.5t)、14m^3(30t)、17m^3(36t)、21m^3(44.5t)等。

与罐笼提升相比，箕斗的优点是其自重小，使提升机尺寸和电动机功率减小，效率高，井筒断面小，无需增大井筒断面就能在井下使用大尺寸矿车，箕斗装、卸载时间短，生产能力大。其缺点是必须在井下和井口矿仓设装卸载装置，井架高度较大，箕斗不能运送人员，必须另设提升人员的设备。箕斗井不能作为进风井。

B　箕斗组成和装卸载装置

a　组成

箕斗一般由斗箱、悬挂装置和卸载装置三部分组成。斗箱框架由两根直立的槽钢和横向角钢组成，四侧用钢板焊接，其外面用角钢或钢筋加固，框架上面有钢板制成的平台，防止淋帮水落入斗箱和便于检查井筒；悬挂装置是钢丝绳与箕斗连接的装置，它与罐耳均固定在框架上；其卸载装置采用闸门以扇形、下开折页平板闸门及插板闸门最为多见。

这种箕斗优点是闸门结构简单、严密，闸门向上关闭冲击小，矿(煤)仓已满或未卸完时，卡箕斗产生断绳的可能性很小。箕斗闸门开启主要借助矿石(煤)的重力，因而卸载时传递到卸载曲轨上的力较小，改善了井架的受力状态。该闸门的缺点是闸门在井筒中有开启的可能。

竖井多绳提升箕斗结构与单绳提升箕斗结构相同，不同点是连接装置有所不同，多绳箕斗下部还有尾绳悬挂装置和安装配重的地方。

国外普遍使用大容量箕斗，有效载荷不断加大，使用寿命一般在 10～20 年。闸门形式多为底卸式扇形闸门外动力开启式。斗箱结构大体有两种形式，一种是外层面板和内层衬板组成；另一种是整个斗箱采用耐磨合金钢或不锈钢制作，无衬板，质量可减少 10% ~15%。我国新设计的矿山也在加大箕斗载荷。

箕斗设计主要应考虑其结构坚固、质量小，又要有足够的刚度，装卸载速度快，闸门工作可靠、安全。

b 装卸载装置

箕斗的装卸载装置包括装矿装置和卸矿装置。

箕斗的装矿装置一般都采用计量装矿装置，一种是计容装矿装置，另一种是计重装矿装置。

卸载装置与箕斗卸载方式有关。采用翻转式箕斗时，用固定式曲轨卸载。采用底卸式箕斗时，多用由汽缸或液压缸带动的活动直轨卸载。

翻转式箕斗在卸载时，斗箱旋转 150°，以便卸出矿石，这种卸载过程在井架上产生大的反作用力，且所需行程较长，约为箕斗长的一倍。由于翻转式箕斗存在以上缺点，工业发达国家现在几乎都用底卸式箕斗。在美国，即使最大的箕斗，它所需要的卸载行程均不大于 1.2 ~1.8m。我国单绳提升中，今后应积极研制新型底卸式箕斗系列来取代翻转式箕斗系列。

C 箕斗型号参数

冶金行业的设计单位大部分都有本单位的设计型号参数，如鞍山冶金设计研究总院设计的冶金矿山竖井多绳底卸式箕斗，系列型号参数见表 9-439；北京有色冶金设计研究总院设计的竖井翻转式箕斗，系列型号及附属设备参数见表 9-440。

表 9-439 冶金矿山竖井多绳底卸式箕斗系列型号参数

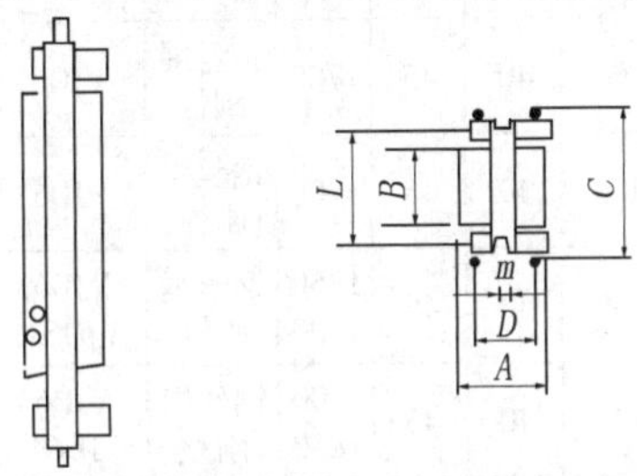

箕斗型号	斗箱容积/m^3	装载量/t	斗箱/mm		包括悬挂装置箕斗总高/mm	质量/t	刚性罐道/mm		钢绳罐道				首绳			尾绳			图号
			A	B			m	L	直径/mm	根数	间距/mm C	间距/mm D	直径/mm	根数	间距/mm	直径/mm	根数	间距/mm	
DJS1/2-3.2	3.2	7	1346	1214	10157	7.8	200	1326	38.5	4	1430	820	20 ~26.5	4	200	26 ~35	2	400	YJD2
DJD1/2-3.2	3.2	7	1346	1214	9507	7.65	200	1326	38.5	4	1490	820	20 ~26.5	4	200	26 ~35	2	400	YJD2A
DJS1/2-4	4	8.5	1346	1214	11140	8.92	200	1326	38.5	4	1430	820	20 ~30	4	200、300	26 ~35	2	400	YJD3
DJD1/2-4	4	8.5	1346	1214	10447	8.68	200	1326	38.5	4	1600	820	20 ~30	4	200、300	26 ~35	2	400	YJD3A
DJS1/2-5	5	11	1646	1204	11587	10.3	200	1350	40.5	4	1430	940	23 ~34	4	300	36 ~50	2	400	YJD4
DJD1/2-5	5	11	1646	1204	10787	9.98	200	1350	40.5	4	1600	940	22 ~34	4	300	36 ~50	2	400	YJD4A
DJS1/2-6.3	6.3	13.5	1646	1204	12417	11.1	200	1350	40.5	4	1430	940	22 ~34	4	300	36 ~50	2	400	YJD5
DJD1/2-6.3	6.3	13.5	1646	1204	11617	10.78	200	1350	40.5	4	1600	940	22 ~34	4	300	36 ~50	2	400	YJD5A
DJS2/2-8	8	17	1800	1388	13480	14.6	200	1504	40.5	4	1600	1090	24 ~43	4	300	46 ~60	2	600	YJD6
DJS2/3-8	8	17	1800	1388	13050	14.38	200	1504	40.5	4	1600	1090	24 ~34	6	250	46 ~60	3	350	YJD6A
DJD2/2-8	8	17	1800	1388	12560	13.91	200	1504	40.5	4	2040	1040	24 ~43	4	300	46 ~60	2	600	YJD6B
DJD2/3-8	8	17	1800	1388	12130	13.85	200	1504	40.5	4	2040	1040	24 ~43	6	250	46 ~60	3	350	YJD6C
DJS2/2-9 Ⅰ	9	19	1800	1388	14020	15.4	200	1504	40.5	4	1600	1090	32 ~43	4	300	46 ~60	2	600	YJD7
DJS2/3-9 Ⅰ	9	19	1800	1388	13590	15.08	200	1504	40.5	4	1600	1090	24 ~34	6	250	46 ~60	3	350	YJD7A
DJD2/2-9 Ⅱ	9	19	1620	1808	12914	16.78	220	1956	45	4	2040	980	32 ~43	4	300	46 ~60	2	700	YJD8
DJD2/3-9 Ⅱ	9	19	1620	1808	12484	16.45	220	1956	45	4	2040	980	24 ~43	6	250	46 ~60	3	400	YJD8A
DJD2/2-11 Ⅱ	11	23.5	1620	1808	13714	18.08	220	1956	45	4	2040	980	32 ~43	4	300	46 ~60	2	700	YJD10
DJD2/3-11 Ⅱ	11	23.5	1620	1808	13284	17.75	220	1956	45	4	2040	980	24 ~43	6	250	46 ~60	3	400	YJD10A
DJD2/2-14	14	30	1620	1808			220	1956	45	4	2140	980							YJD11
DJD2/3-14	14	30	1620	1808			220	1956	45	4	2140	980							YJD11A
DJD2/2-17	17	36	2000	2140			240	2340	50	4	2410	1060							YJD12
DJD2/3-17	17	36	2000	2140			240	2340	50	4	2410	1060							YJD12A

注：设计单位：鞍山冶金设计研究总院。

表 9-440 冶金矿山竖井翻转式箕斗系列型号及附属设备参数

箕斗型号	箕斗容积 /m^3	图号	几何容积 /m^3	最大载重量 /t	斗箱内空尺寸（长×宽）/mm×mm	最大外形尺寸 /mm			箕斗自重 /t	矿石块度 /mm	钢丝绳罐道						
											罐道绳				悬挂拉紧形式	最大工作负荷 /kN	图号
											直径 /mm	数量	间距/mm				
						长	宽	高					左右	前后			
FJD1.2(2.5)	1.2	YJD49	1.2	2.5	1000×900	1134	1338	3462	2.3	0~400	30.5	4	1195	600	液压拉紧 重锤拉紧	120	YSG1 YSG3
FJD1.6(3.5)	1.6	YJD50	1.6	3.5	1000×900	1134	1338	4102	2.717	0~400	32	4	1195	600	液压拉紧 重锤拉紧	120	TSG1 YSG3
FJD2(4)	2	YJD51	2	4	1100×1000	1236	1452	4321	3.675	0~400	34	4	1316	680	液压拉紧 重锤拉紧	120	YSG1 YSG3
FJD2.5(5.5)	2.5	YJD52	2.5	5.5	1100×1000	1236	1452	4831	4.184	0~400	35.5	4	1316	680	液压拉紧 重锤拉紧	120	YSG1 YSG3
FJD3.2(7)	3.2	YJD53	3.2	7	1400×1100	1548	1584	4960	5.076	0~500	38.5	4	1446	740	液压拉紧 重锤拉紧	200	YSG2 YSG4
FJD4(8.5)	4	YJD54	4	8.5	1400×1100	1548	1584	5605	5.955	0~500	40.5	4	1446	740	液压拉紧 重锤拉紧	200	YSG2 YSG4

箕斗型号	刚性罐道罐耳		计量装置（计容）							卸载装置			箕斗配置形式	提升钢丝绳直径 /mm	井筒直径（供参考）/m
	罐耳断面尺寸（长×宽）/mm×mm	间距 /mm	型号	放矿口尺寸（宽×高）/mm×mm	溜槽倾角 /(°)		中心距 /mm	适用罐道形式	图号	型式	自重 /t	图号			
					上部	下部									
FJD1.2(2.5)	170×50	1115	FJLF(1.2)	800×800	40	45	1700	钢丝绳 刚性	YJD61	固定 曲轨	1.823	YJD55	双	18~24.5	4
FJD1.6(3.5)	170×50	1115	FJLF(1.6)	800×800	40	45	1700	钢丝绳 刚性	YJD62	固定 曲轨	2.041	YJD56	双	20~26.5	4
FJD2(4)	200×65	1240	FJLF(2.0)	900×800	40	45	1850 1700	钢丝绳 刚性	YJD63 YJD63A	固定 曲轨	2.689	YJD57	双	22~30	4
FJD2.5(5.5)	200×65	1240	FJLF(2.5)	900×800	40	45	1700 1850	钢丝绳 刚性	YJD64 YJD64A	固定 曲轨	2.902	YJD58	双	24~34	4
FJD3.2(7)	200×68	1370	FJLZ(3.2)	1000×1000	40	45	1930	钢丝绳 刚性	YJD65	固定 曲轨	3.627	YJD59	双	28~37	4.5
FJD4(8.5)	200×68	1370	FJLZ(4)	1000×1000	40	45	1930	钢丝绳 刚性	YJD66	固定 曲轨	3.886	YJD60	双	32~43	4.5

注：1. 箕斗装满系数按 0.85 计算，最大装载量按松散矿石密度 2.5t/m^3 计算。
2. 设计单位：北京有色冶金设计研究总院。

底卸式箕斗标识：DJS(D)1/2-3.2(7)。符号含义：D——底卸式；J——箕斗；S——双箕斗配置；(D)——单箕斗配置；1/2——一个托轮，两条尾绳；3.2——几何容积，m^3；(7)——最大载重量，t。

型号标识：FJD1.2(2.5)。符号含义：F——翻转式；J——箕斗；D——适用于单绳提升；1.2——几何容积，1.2m^3；(2.5)——最大装载量，2.5t。

D 箕斗的选择

单绳提升容器和多绳提升容器的选择原则、方法、步骤及一次合理提升量的计算等基本相同。所不同的是单绳提升多采用翻转式箕斗；而多绳提升多采用底卸式箕斗和钢绳罐道。当然，这个不同并不是绝对的。在满足防滑要求的前提下，多绳提升也可采用翻转式箕斗，如红透山铜矿；若将矿石块度控制在 350mm 以下，单绳提升也可采用底卸式箕斗，如水口山铅锌矿。

a 小时提升量

在选择提升容器型号规格之前，需先计算小时提升量：

$$A_s = \frac{CA_n}{t_r t_s} \tag{9-457}$$

式中 A_s——小时提升量，t/h；

C——不均衡系数，箕斗提升时取 $C=1.15$，罐笼提升时取 $C=1.2$，兼作副提升时取 $C=1.25$；

A_n——矿石年产量，t/a；

t_r——年工作日数，矿山非连续工作制时取 $t_r = 306\text{d/a}$，连续工作制时取 $t_r = 330\text{d/a}$；

t_s——每日工作小时数（按三班作业计），h/d：箕斗提升一种矿石时，取19.5h，提升两种矿石时，取18h；罐笼提升：作主提升时，取18h，兼作主副提升时，取16.5h，只作副提升时，一般取15h；混合提升：有保护隔离措施时，箕斗与罐笼均取18h，无隔离措施时或不完善时，按单一提升时减1.5h考虑。

b 箕斗的选择

双箕斗提升时一次提升量：

$$Q' = \frac{A_s}{3600}(K_1\sqrt{H} + \mu + \theta) \tag{9-458}$$

单箕斗提升时一次提升量：

$$Q' = \frac{A_s}{1800}(K_1\sqrt{H} + \mu + \theta) \tag{9-459}$$

箕斗容积的计算值为：

$$V' = \frac{Q'}{\rho_s C_m} \tag{9-460}$$

式中 H——最大提升高度，m；

μ——箕斗在卸载曲轨处低速爬行的附加时间，取 $\mu = 10 \sim 15\text{s}$；

ρ_s——矿石松散密度（松散容重），t/m^3；

C_m——箕斗装满系数，取 $C_m = 0.85 \sim 0.9$；

K_1——系数，取 $K_1 = 2.7 \sim 3.7$，当 $H < 200\text{m}$ 时取上限，$H > 600\text{m}$ 时取下限；

θ——箕斗装载停歇时间，数据见表9-441；

Q'——箕斗提升时一次提升量，t。

表9-441 箕斗装载停歇时间

箕斗容积/m³	<3.1	<3.1	3.1~6	≤8	>8
漏斗类型	计量	不计量	计量	计量	计量
停歇时间 θ/s	8	18	10	16	20

算出箕斗容积的计算值 V' 后，应选择与 V' 相近的箕斗容积的标准值 V，然后再计算出一次有效提升量 $Q(\text{t})$：

$$Q = \rho_s C_m V \tag{9-461}$$

最后按速度图计算每小时提升量，验算此一次提升量是否满足提升任务要求。

c 箕斗提升能力

不同箕斗容积和提升速度下，双箕斗对应的不同提升高度的提升能力见表9-442。

表9-442 双箕斗提升能力

<table>
<tr><th rowspan="2">箕斗容积/m³</th><th rowspan="2">卷扬机型号</th><th rowspan="2">提升速度①/(m/s)</th><th colspan="8">在各种提升高度下每天的提升能力/(t/d)</th></tr>
<tr><th>150m</th><th>200m</th><th>250m</th><th>300m</th><th>350m</th><th>400m</th><th>500m</th><th>600m</th></tr>
<tr><td rowspan="9">1.2</td><td>2JK-2/11.5</td><td>6.55</td><td></td><td>2400/3105</td><td>1995/2580</td><td>1810/2350</td><td>1600/2055</td><td>1410/1820</td><td></td><td></td></tr>
<tr><td>JK-2/20</td><td rowspan="2">5</td><td rowspan="2">2440/3160</td><td rowspan="2">1920/2490</td><td></td><td></td><td></td><td></td><td></td><td></td></tr>
<tr><td>2JK-2/20</td><td>1590/2060</td><td>1430/1850</td><td>1250/1615</td><td>1110/1440</td><td></td><td></td></tr>
<tr><td>JK-2/20</td><td rowspan="2">3.7</td><td rowspan="2">1900/2460</td><td rowspan="2">1480/1915</td><td></td><td></td><td></td><td></td><td></td><td></td></tr>
<tr><td>2JK-2/20</td><td>1215/1570</td><td>1095/1410</td><td>950/1225</td><td>835/1080</td><td></td><td></td></tr>
<tr><td>JK-2/30</td><td rowspan="2">3.3</td><td rowspan="2">1720/2225</td><td rowspan="2">1330/1725</td><td></td><td></td><td></td><td></td><td></td><td></td></tr>
<tr><td>2JK-2/30</td><td>1090/1415</td><td>990/1270</td><td>850/1110</td><td>748/970</td><td></td><td></td></tr>
<tr><td>JK-2/30</td><td rowspan="2">2.5</td><td rowspan="2">1350/1740</td><td rowspan="2">1040/1350</td><td></td><td></td><td></td><td></td><td></td><td></td></tr>
<tr><td>2JK-2/30</td><td>850/1100</td><td></td><td></td><td></td><td></td><td></td></tr>
</table>

续表 9-442

箕斗容积/m^3	卷扬机型号	提升速度[①]/(m/s)	在各种提升高度下每天的提升能力/(t/d)							
			150m	200m	250m	300m	350m	400m	500m	600m
1.6	2JK-2/11.5	6.55		3200/×	2660/×	2420/×				
	JK-2/20	5	3260/×	2560/×						
	2JK-2/20				2120/×	1910/×				
	JK-2/20	3.7	2540/×	1970/×						
	2JK-2/20				1620/×	1460/×				
	JK-2/30	3.3	2290/×	1780/×						
	2JK-2/30				1460/×	1310/×				
	JK-2/30	2.5	1800/×	1390/×						
	2JK-2/30				1130/×	1010/×				
	2JK-2.5/11.5	8.2				7160/3780	6570/3330	2200/2970	1950/2520	
	2JK-2.5/11.5	6.6		3222/4170	3470/3470	2430/3145	2130/2750	1890/2450	1640/2120	
	2JK-2.5/11.5	5.5	3508/4540	2774/3590	2291/2965	2078/2690	1810/2350	1610/2080	1390/1800	
	JK-2.5/20	4.7	3090/4000	2426/3140	1998/2585	1808/2340				
	2JK-2.5/20						1570/2305	1390/1800	1200/1550	
	JK-2.5/20	3.8	2588/3350	2016/2610	1654/2140	1491/1930				
	2JK-2.5/30						1290/1670	1150/4830	940/1280	
	JK-2.5/30	3.14	2202/2850	1700/2200	1390/1800	1252/1620				
	2JK-2.5/30						1080/1400	950/1240	820/1070	
	JK-2.5/30	2.5	1792/2320	1383/1790	1128/1460	1012/1310				
	2JK-2.5/30						870/1130	770/990		
2	2JK-2.5/11.5	8.2				3660/4730				
	2JK-2.5/11.5	6.6		4030/5220	3350/4340	3040/3930				
	2JK-2.5/11.5	5.5	4380/5670	3470/2546	2864/3706	2600/3360				
	JK-2.5/20	4.7	3860/5000	3030/3930	2500/3230	2260/2930				
	2JK-2.5/20	3.8	3240/4190	2520/3270	2070/2670	1870/2420				
	JK-2.5/30	3.14	2750/3570	2130/2750	1740/2250	1570/2030				
	2JK-2.5/30	2.5	2240/2900	1730/2240	1410/1920	1260/1640				
2.5	2JK-3/11.5	10						4260/5510	3700/4790	3160/×
		8				4480/5790	3930/5080	3500/4530	3048/3950	2590/×
		6.6		5040/6520	4190/5430	3800/4920	3320/4300	2960/2830	2560/3320	2170/×
	2JK-3/20	5.6	5560/7190	4400/5690	3640/4710	3290/4250	2880/3730	2560/3310	2210/2860	1860/×
		4.5	4660/6030	3650/4730	3000/3890	2680/3520	2360/3050	2090/2700	1800/2330	1520/×
	2JK-3/30	3.7	3950/5110	3080/3980	2520/3260	2280/2950	1970/2550	1740/2250	1500/1940	1260/×
		3	3300/4270	2550/3300	2080/2700	1870/2430	1630/2100	1430/1850	1230/1590	1030/×
3.2	2JK-3/11.5	10						5450/×	4740/×	
		8				5730/×	5030/×	4480/×	3900/×	
		6.6		6450/8340	5370/×	4860/×	4250/×	3780/×	3280/×	
	2JK-3/20	5.6	7120/9210	5630/7290	4660/×	4210/×	3690/×	3270/×	2820/×	
		4.5	5960/7720	4680/6050	3840/×	3480/×	3020/×	2670/×	2310/×	

续表 9-442

箕斗容积/m^3	卷扬机型号	提升速度①/(m/s)	在各种提升高度下每天的提升能力/(t/d)							
			150m	200m	250m	300m	350m	400m	500m	600m
3.2	2JK-3/30	3.7	5060/6550	3940/5100	3230/×	2920/×	2530/×	2230/×	1920/×	
		3	4220/5460	3270/4230	2660/×	2400/×	2080/×	1830/×	1570/×	
	2JK-3.5/11.5	11.4								4530/5870
		9.25					5687/7360	5076/6570	4427/5730	3770/4890
		7.65			6058/7840	5517/7140	4837/6260	4311/5580	3747/4850	3180/4120
	2JK-3.5/20	8.5				6027/7800	5293/6850	4729/6120	4110/5320	3500/4530
	2JK-3.5/30	6.85		6645/8600	5540/7170	5022/6500	4405/5700	3910/5060	3392/4390	2870/3720
		5.67	7186/9300	5687/7360	4706/6090	4257/5510	3716/4810	3303/4275	2866/3710	2420/3130
4	2JK-3.5/11.5	11.4								5670/×
		9.25					7110/9200	6350/8210	5530/×	4720/×
		7.65			7580/9800	6900/8930	6050/7830	5390/6970	4680/×	3980/×
	2JK-3.5/20 2JK-3.5/30	8.5				7530/9750	6620/8560	5910/7640	5140/×	4380/×
		6.85		8310/10750	6930/8970	6280/8130	5510/7130	4900/6330	4240/×	3590/×
		5.67		7110/9200	5880/7610	5330/6390	4650/6010	4130/5350	3580/×	3030/×
	2JK-4/10.5	11.6								5756/7450
		9.6							5734/7420	4876/6310
	2JK-1/11.5	10.5							6182/8000	5278/6830
		8.7							5255/6800	4474/5790
	2JK-4/20	6.1							3817/4940	3230/4180
		5.1							3245/4200	2735/3540

注：1. 箕斗型号选择 FJD 型，其装满系数取 0.9；
2. 考虑到矿石提升到地面矿仓（不考虑盲井），滚筒直径等于 80 倍钢绳直径；
3. 钢绳的最小 σ 值为 1520.55MPa。单滚筒仅考虑缠绕一层，双滚筒考虑缠绕两层；
4. 表中所列数据，分子表示松散密度为 1.7t/m^3 的矿石提升量；分母表示松散密度为 2.2t/m^3 的矿石提升量；
5. 每日提升时间取 19.5h；
6. 停歇时间是按照设有计量装置考虑的；
7. 表中分母为"×"的，表示在此提升高度不能提升松散密度为 2.2t/m^3 的矿石。

① 提升速度是按 $v < 0.5H$ 考虑的。

d 注意事项

(1) 对于大型和特大型矿山，采用双箕斗较单箕斗形式具有提升能力大、钢丝绳受力状况好、节能、运营费用少、基建投资省、管理维护难度不增加等优点，所以应优先选用双箕斗。

(2) 对于中小矿山，采用双箕斗和单箕斗在提升能力、运营费用上难分优劣；虽然双箕斗形式钢丝绳受力状况好且节能，但基建投资并不省、管理维护也较复杂。这种情况下，采用哪种形式，不同的使用习惯往往起决定性的作用。

(3) 由于受提升机本身最大静张力和最大静张力差的制约，深井应更多的考虑双箕斗提升，浅井应更多的考虑单箕斗提升。

(4) 为减轻副井的负担，可以考虑增大箕斗井的提升能力，兼提升矿石和废石，并在井口、井底分别设置两种物料的装卸设施。如凤凰山铜矿垂直上下分设矿石仓和废石仓，利用活动曲轨，使之伸出时卸废石，收回时卸矿石；锡矿山锑矿则利用一旋转装置，使箕斗在水平面上旋转 180°，分别卸矿石和废石。

(5) 大型矿山可以考虑建立两套或多套提升系统，分别提升各种物料和人员、设备等。提升方式可以是带平衡锤的单罐、单箕斗或双罐、双箕斗；提升系统的配置可以是一井一套或一井多套，视具体情况而定。南非的克劳夫矿，曾在一个直径 9.6m 的井筒中安装 5 台缠绕式提升机。国内矿山在一个井筒中安装两台以上提升机的也不乏其例。

(6) 对于箕斗提升，当矿石块度为400~500mm时，应选翻转式箕斗；当矿石块度控制在350mm以下时，可以选择底卸式箕斗，如水口山铅锌矿和丰山铜矿等。

箕斗罐笼是把箕斗和罐笼两者合二为一的一种新的提升容器，具有箕斗和罐笼两者的功能，完成提升煤炭和其他辅助提升任务，只需一套提升设备，该设备现主要应用于中小型煤矿，金属矿山还没有使用的先例。

E 应用实例

部分金属矿山多绳提升底卸式箕斗实例见表9-443。部分金属矿山翻转式箕斗实例见表9-444。

表9-443 部分金属矿山多绳提升底卸式箕斗实例

项目		梅山铁矿底卸式箕斗	凤凰山铜矿底卸式箕斗	丰山铜矿底卸式箕斗	小官庄铁矿底卸式箕斗	西石门铁矿底卸式箕斗	铜坑锡矿底卸式箕斗
提升机	直径×绳数/(mm×根)	3000×6	2000×6	2250×4	4000×6	2800×6	4000×4
	提升速度/(m/s)	10	8	7.9	11.75(8)	7.4	7.3
容器	个数/个	1	1	1	1	1	1
	最大载重/t	26	10.5	8	34	24	18
	自质量/t	22	12.5	8.212	28	20.38	18.3
平衡锤质量/t		35	17.75	12.5	45	32	26.3
设计井深/m		512	537(365)	415	708	237	435
设计产量/(kt/a)		2500	650	1000	2500	2200	1320
同时提升水平数/个		1		1	1	1	1
矿石最大块度/mm		250		400	350	300	300
导向轮	有无导向轮	无	无	有	有	有	有
	卷筒围包角/(°)	180	180	190	195	185.2	197.8
	容器中心距/mm	3000	2000	1650	1975	2300	1890
钢丝绳	首绳直径/mm	32(三角股)	20(三角股)	23	39.5	28	32.5
	尾绳尺寸/mm	≤56×3(圆股)	≤31×3(圆股)	扁94×15×2	扁192×31	≤40×3	≤47×2
	罐道直径/mm	45(密封式)	41(密封式)	35.5	50	45	45
电动机	类型	直流单机	直流单机	直流单机	直流单机	直流单机	直流单机
	功率/kW	1800	560	630	3200	1250	1200

表9-444 部分金属矿山翻转式箕斗实例

矿山名称	提升机型号	提升高度/m	提升速度/(m/s)	箕斗规格/m^3	提升一次循环时间/s	每日工作小时数		每班提升次数/次	提升设计能力/(t/d)	钢绳直径/mm	天轮直径/mm	电动机容量/kW	设计单位
						设计	实际						
梧桐花铅锌矿	2JK-2.5/20	282	4.7	2(翻转式)	91.34	12		152	1000	31	2500	240	沈阳有色冶金设计研究院
九华山铜矿	2JK-2.5/20	235	4.7	2(翻转式)	63	15		100	1000	31	2500	210	马鞍山钢铁设计研究总院
韦岗铁矿	2JK-3/20	324	4.6	2(翻转式)	115	15		160	1800	31	3000	400	马鞍山钢铁设计研究总院
狮子山铜矿	KJ2×25×1.20~20	289	4.58	1.5(翻转式)	83	19.5		250	1500	26.5	2500	200	
铜绿山铜铁矿	KJ2×3×1.5~11.5	335	8.1	2.1(翻转式)	75.5	15		240	2000	31	3000	480	
大姚铜矿	ШЛМ2ц-4×1.8	320	5.86	4.5(翻转式)	81.5	17.4		255	4000	37	4000	630	昆明有色冶金设计研究院
桃林铅锌矿	ШЛМ2×4×1.8	200	5.6	3.1(翻转式)	65		20	200	4000	34	3000	550	
河北铜矿	KJ2×4×1.8	200	6.7	4	60	15		300	8800(实际)	40	4000	630	
东川落雪铜矿二期箕斗井	2ц-4-1.8	290	9.6	5	80	18		270	5700	43.5	4000	1370	北京有色冶金设计研究总院，昆明有色冶金设计研究院

9.18.4.3 斜井提升容器

A 分类及适用范围

斜井提升容器有斜井箕斗、串车、台车和人车等。

我国使用的斜井箕斗有前翻式、后卸式和底卸式3种。前翻式箕斗结构简单、坚固、质量小,适用于提升重载,地下矿使用较多。但卸载时动荷载大,有自重不平衡现象,卸载曲轨较长,在斜井倾角较小时,装满系数小。小型矿山斜井倾角较大时,通常采用前翻式箕斗。后卸式比前翻式箕斗使用范围广,卸载比较平稳,动载荷小,倾角较小时装满系数大。但结构较复杂,设备质量大,卷扬道倾角过大卸载困难。后卸式箕斗优点是卸载容易,缺点是结构复杂,自重大,通常在斜井倾角不大时选用后卸式箕斗(图9-529)。底卸式箕斗在斜井中很少使用。

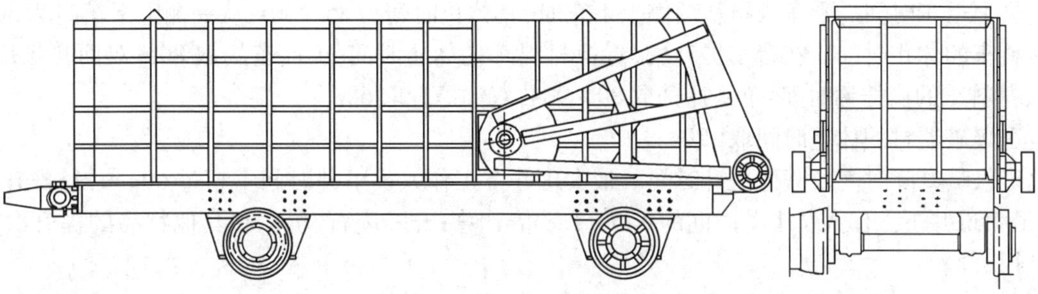

图9-529 后卸式箕斗

斜井箕斗提升优点是提升运行速度快,提升能力大,机械化程度高,稳定性好,安全;缺点是需要设置箕斗的装载和卸载装置,增加运输环节和工程量。

串车提升又称矿车组提升,容器是矿山运输矿车,其优点是系统环节少,基建工程量小,投资少,又可减少粉尘和粉矿的产生;缺点是提升能力小,矿车运行速度慢,易发生跑车或掉道事故,要求串车要用连接装置以保安全。串车提升适用于提升量小,斜井倾角不超过25°的矿山。考虑到空矿车组顺利下放,斜井倾角一般不小于8°为宜,矿车容积一般为0.5~1.2m^3。斜井串车提升分单钩串车和双钩串车提升,单钩串车提升斜井断面小,初期投资省,但提升能力小。要求提升能力大时,宜采用双钩串车提升。

台车提升优点是斜井倾角可以较大,阶段运输水平与斜井台车连接简单;缺点是提升能力小,一般是人工推矿车入台车。台车提升适用于斜井倾角在30°~40°,提升量在200t/d以下的矿井。台车一般作为矿井、采区的设备、材料的辅助提升设备。

斜井倾角大于30°垂直深度超过50m,或倾角虽然小于30°但垂直深度超过100m时,应安设人车升降人员,且斜井人车必须有可靠的保险装置(安全卡)。载人时人车在斜井直线上行驶。

我国斜井提升,小型矿山采用串车提升较多,其次是斜井箕斗,斜井台车在我国应用较少。

B 参数

a 提升工作时间

三班制作业纯工作时间:斜井作为主提升取19.5h;辅助提升取16.5h;箕斗与机车或汽车联合运输时,提升纯作业时间不超过18h。

b 提升不均衡系数

当矿井开拓系统只有一套提升装置时取1.25;当有两套提升装置时:箕斗提升取1.15,串车提升取1.2。

c 提升休止时间

(1)箕斗提升。

1)双箕斗提升。当用计量矿仓向箕斗装矿时,装卸休止时间见表9-445;当用通过式漏斗时,装卸休止时间应根据不同车辆的卸矿时间而定。向箕斗装一车矿石的休止时间即为汽车(或矿车)的卸载时间,一般取40~60s;向箕斗装两车矿石的休止时间即为两辆车分别向箕斗卸矿的时间另加调车时间。调车时间与调车方式有关,对于矿车移位时间可取5~8s。汽车只有一个卸车位置时,调车时间取60s。

2)单箕斗提升。箕斗的装矿和卸矿休止时间应分别计算。装矿时间可按双箕斗的休止时间选取,卸矿时间为10s。

表 9-445 双箕斗提升用计量矿仓向箕斗装矿时的提升休止时间

箕斗容积/m^3	<3.5	4~5	6~8	10~15	>18
闸门装矿/s	8~10	12	15	20	>25

3）串车提升。单钩串车提升的摘挂钩时间取45s；双钩串车提升的摘挂钩时间取30~40s；采用甩车道方式，变换运动方向所需时间另加5s。

4）台车提升。在台车提升中置换矿车的休止时间可按表9-446选取。若选用双层台车，休止时间按表9-446中时间乘2，另加一次对车位时间5s。

（2）其他休止时间。

1）人员上下车时间。乘车人员从两侧上下车时，其休止时间为25~30s；从一侧上下车时为50~60s。

2）材料车的休止时间。在台车提升中，置换材料车的休止时间：单面车场取80s；双面车场取40s。矿车提升中，材料车的摘挂钩时间：单钩提升取80~90s；双钩提升取60s。

3）运送爆破器材的休止时间取120s。

4）每班人员升降时间及其他提升时间。最大班井下工作人员下井时间不超过60min；每班升降人员的时间可按最大班井下工作人员下井时间的1.5~1.8倍计算；升降废石、坑木和其他物品的提升次数和时间与竖井提升相同。

d 提升最大速度

斜井（坡）提升最大速度见表9-447。

e 提升加、减速度

提升容器和人员在斜井运行升降时的加、减速度按表9-448选取。

表 9-446 台车提升休止时间

矿车容积/m^3	休止时间（人力推车）/s	
	单面车场	双面车场
≤0.75	40	25~30
1.2	—	30

表 9-447 斜井（坡）提升最大速度

提升项目	最大提升速度/(m/s)	
	斜长≤300m	斜长>300m
升降人员	3.5	5
矿车组、台车提升	3.5	5
箕斗提升	5	7

表 9-448 斜井（坡）提升加、减速度

提升项目	加、减速度/(m/s^2)
升降人员	≤0.5
矿车组、台车提升	≤0.5
箕斗提升	≤0.75

按上述参数进行斜井提升容器计算。

C 提升容器型号参数

a 箕斗

化工部连云港化工设计研究院设计的矿山斜井（坡）箕斗系列型号参数见表9-449；烟台昆仑黄金设备有限公司生产的斜井后壁卸载式箕斗型号参数见表9-450；徐州煤矿安全设备制造有限公司、锦州大可矿山机械制造有限公司生产的JXH系列斜井提煤箕斗参数见表9-451，结构如图9-530所示。

表 9-449 矿山斜井（坡）箕斗系列型号参数

箕斗型号		几何容积/m^3	最大装载量/kg	一般特征						适用轨型/(kg/m)	配套卸载曲轨型号	配套计量装置型号
				箕斗质量/kg	装载量/kg	皮重系数	外形尺寸/mm					
							长	宽	高			
露天型	HBJ14	14	18000	19185	16000	1.20	6950	2540	2770	43	HBJ14(QG)·15、20、25①	无
	HBJ10	10	14000	15640	12000	1.30	5630	2550	2670	43	HBJ10(QG)·15、20、25	
	HBJ7	7	9010	10075	8190	1.34	5470	2355	2150	38	HBJ7(QG)·15、20、25	
	HBJ5.5	5.5	7080	7805	6435	1.22	4950	2170	2110	38	HBJ5.5(QG)·15、20、25	
	HBJ3.5	3.5	4500	5145	4100	1.26	4270	2130	1720	38	HBJ3.5(QG)·15、20、25	
地下型	HJJ11.5	11.5	20700	15130	16500	0.92	6770	2310	2470	43	HJJ11.5(QG)·20、25、30、35②	HJJ11.5(JL)
	HJJ8.5	8.5	15600	12600	12240	1.03	5870	2285	2305	43	HJJ8.5(QG)·20、25、30、35	HJJ8.5(JL)
	HJJ6	6	10800	9352	8640	1.08	5250	2115	1920	38	HJJ6(QG)·20、25、30、35	HJJ6(JL)
	HJJ4.5	4.5	8100	6928	6480	1.07	4835	1920	1855	38	HJJ4.5(QG)·20、25、30、35	HJJ4.5(JL)
	HJJ3	3	5400	4477	4230	1.06	3730	1800	1665	38	HJJ3(QG)·20、25、30、35	HJJ3(JL)

① HBJ14(QG)·15、20、25，分别表示斜坡道倾角为15°、20°、25°时卸载曲轨型号，余者类同。

② HJJ11.5(QG)·20、25、30、35，分别表示斜井倾角为20°、25°、30°、35°时卸载曲轨型号、余者类同。

表 9-450 斜井后壁卸载式箕斗型号参数(烟台昆仑黄金设备有限公司)

型号	图号	斗箱容积 /m^3	适用斜井斜度 /(°)	名义载重量 /t	运行时轨距 /mm	卸载时轨距 /mm	外形尺寸(长×宽×高) /mm×mm×mm	推荐钢轨规格 /(kg/m)	箕斗自质量 /t	卸载轨质量 /t
HXJ-3	B81-320·1	3.3	20~35	6	1300	1500	5505×1630×1485	30	3.4	0.285
HXJ-4	B81-320·2	4.4		8	1400	1600	6145×1730×1600	30	3.5	0.318
HXJ-6	B81-320·3	6.6		12	1400	1600	7385×1770×1840	38	4.9	0.452
HXJ-8	B81-320·4	8.8		16	1500	1700	8340×1870×1900	38	6.3	0.452

表 9-451 JXH 系列斜井提煤箕斗参数(徐州煤矿安全设备制造有限公司、锦州大可矿山机械制造有限公司)

型号	井筒角 /(°)	名义载重量 /t	斗箱有效容积 /m^3	B_1 /mm	B_2 /mm	L /mm	B_3 /mm	H /mm	钢轨规格 /(kg/m)	质量 /kg	L_1 /mm	L_2 /mm	L_3 /mm	b_1 /mm	b_2 /mm	H_1 /mm	H_2 /mm	h_1 /mm	h_2 /mm	a_1 /mm	a_2 /mm	a_3 /mm	D_1 /mm	D_2 /mm
JXH-3	0~35	3	3.3	1300	1300	5505	1630	1485	24	3354	4233	1650	874	1048	1204	800	700	300	200	1900	1570	1760	400	350
JXH-4		4	4.4	1400	1600	6145	1730	1600		3491	4673	1900	825	1148	1304	885				2400	1620	2100		
JXH-6		6	6.6			7385	1770	1840	38	4858	5925	1940	1230	1112	1268	1000	800	340	200	3000	1820	2975	450	400
JXH-8		8	8.8	1500	1500	8340	1870	1900		6310	6860	2010	1480	1216	1402		820	375	225		1880	3800	500	450

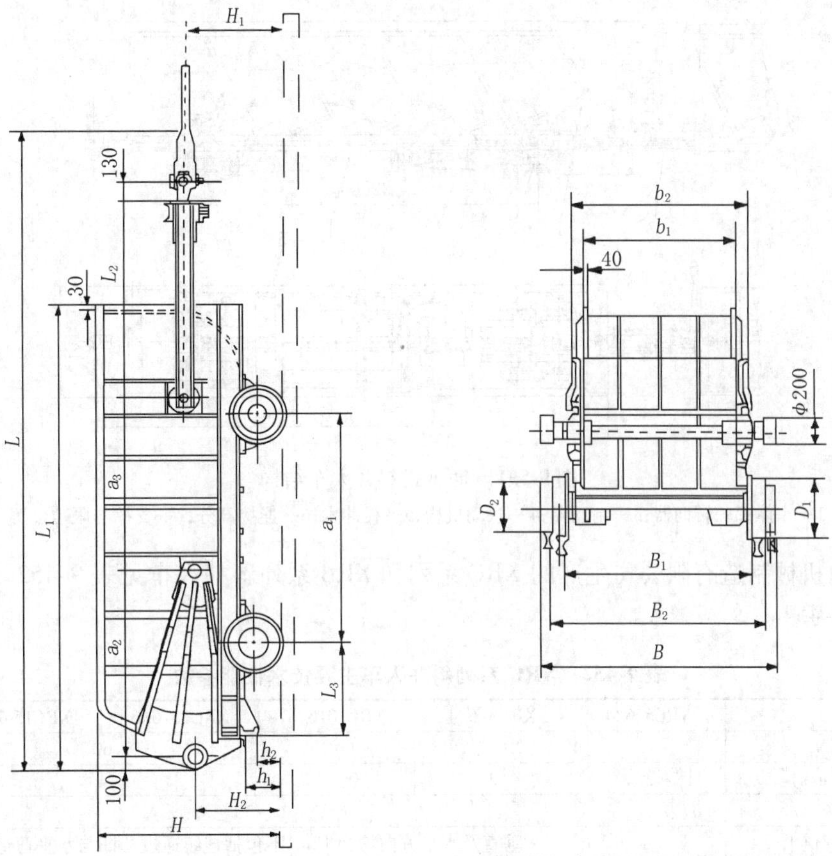

图 9-530 JXH 系列斜井提煤箕斗结构

b 矿车

用于斜井串车提升的矿车容积,一般为 0.5~1.2m^3 固定式和翻转式矿车,露天矿斜坡也有少数矿山采用大容积的矿车。如山东黑旺铁矿露天斜坡提升采用 3.5m^3 三支点侧卸矿车和 5.5m^3 底卸式矿车,分别用于提升矿石和废石。当斜井(坡)倾角较大,采用矿车组提升方式时,应当考虑矿车在运行中的稳定性,此时以选用固定式矿车为宜。为在上、下部车场内调车方便以及运行安全,一组矿车的车数应尽可能与电机车牵引的车数成倍数关系。考虑到车场布置尺寸不宜过大和矿车运行的稳定性,一组矿车的车数不宜过多,一般为 3~5 辆。矿车型号规格见有关部分内容。斜井(坡)提升的车辆,还必须根据矿车连接器和车底架的强度校核矿车组车数。必要时须挂带安全绳。

c 台车

斜坡台车有单层单车式、单层双车式、双层单车式3种形式。其中以单层单车式应用最为广泛。后两种形式的台车应用较少。

d 斜井人车

斜井人车节数一般为三节，即首车一节、挂车一节、尾车一节。用提升机直接牵引，完成斜井中运送人员的任务。

人车上的安全装置（包括开动机构、制动机构和缓冲器等）均安设在首车上。当断绳跑车或遇有紧急情况需手动刹车时，通过开动机构中各部件的动作，打开制动器进行制动。

人车制动时，抱爪抱住钢轨的瞬间，乘坐人员的滑架和挂车仍具有很大的动能，因此，在首车上安装了两台钢丝绳螺旋缓冲器，其作用是使人车制动时，所产生的最大减速度限制在乘人能够承受的安全限度内，以防止发生停车碰伤事故。

斜井人车主要有XRC型、XRCD型和XRB型等系列。上述三类人车总体相同，只是安全制动装置抓捕方式不同。XRC型系列是插爪插入枕木进行安全制动的，XRB型系列是抱爪抓捕钢轨进行安全制动的。插爪式斜井人车结构如图9-531所示。

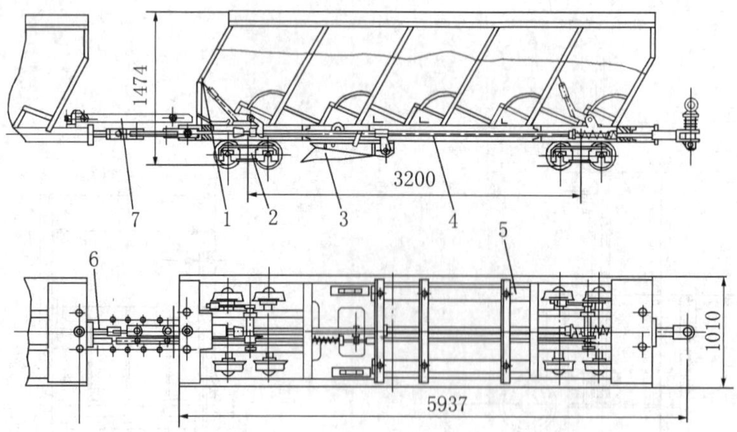

图9-531 插爪式斜井人车结构

1—车体；2—转向器；3—制动器；4—联动机构；5—缓冲木；6—连接部分；7—支撑与限位装置

锦州大可矿山机械制造有限公司生产的XRC系列和XRB系列斜井人车见表9-452、表9-453。PRC系列平巷人车见表9-454。

表9-452 XRC系列斜井人车主要技术性能参数

型号		XRC6-6/4	XRC8-6/4	XRC10-6/6	XRC15-6/6	XRC15-7/6	XRC15-9/6
最大牵引力/kN		40		60			
最大行驶速度/(m/s)		2	2	4			
斜井倾斜角度/(°)		6～30					
组列后能通过最小弯道半径		垂直及水平方向均为12m，不包括连续通过凸凹与水平弯道					
转向架回转角/(°)		垂直及水平方向均为10					
转向架中心距/m		1.4	1.4	3.2			
轨距/mm		600	600	600	600	762	900
载人数/人		6	8	10	15	15	15
自质量/kg	头车	1005	1215	1650	1685	1704	1799
	尾车	1000	1195	1617	1657	1680	1762
外形尺寸/mm	长	3115	3415	4800			
	宽	1050	1050	1066	1226	1226	1356
	高	1420		1470			
允许组列数 n	21°～30°斜井	2	2	3	3	3	3
	10°～20°斜井	2	3	4	4	4	4

表 9-453 XRB 系列斜井人车主要技术性能参数

型号	最大牵引力/kN	适应斜井倾角/(°)	最大速度/(m/s)	载人数/人	最大缓冲距离/m	轨距/mm	横竖弯道允许最小曲率半径/m	外形尺寸(长×宽×高)/mm×mm×mm	质量/kg	
									头车	尾车
XRB8-6/4	40	10~40	4	8	1.4	600	12	3185×1070×1579	1800	950
XRB15-6/6	60	10~40	4	15	1.4	600	12	3960×1200×1538	2200	1000
XRB15-9/6	60	10~40	4	15	1.4	900	12	3960×1370×1538	2450	1230
XRB15-9/6(四轴)	60	6~30	4	15	1.4	900	12	4600×1408×1495	2480	1373
XRB25-1435/6	60	10~40	4	25	1.4	1435	25	4186×2045×1730		

表 9-454 PRC 系列平巷人车主要技术性能参数

型号	最大牵引力/kN	载人数/人	最大速度/(m/s)	轨距/mm	水平转弯半径/m	牵引高/mm	外形尺寸(长×宽×高)/mm×mm×mm	质量/kg
PRC6-6/3	30	6	3	600	7	320、360	2840×1010×1580	920
PRC12-6/3	30	12	3	600	8	320、360	4280×1030×1480	1298
PRC18-9/3	30	18	3	762(900)	8	320、360	4280×1300×1525	1568

XRC 系列插爪式斜井人车,可由提升机牵引,在倾角不大于 30°的斜井中运送工作人员。既可以单独使用头车运行,也可以由头车与尾车组合成列运行。

XRB 系列抱轨式斜井人车是矿山运送人员的设备。如发生断绳或意外事故能自行制动或人工操纵制动。适用于 18~43kg 的钢轨木枕、水泥枕及水泥整体道床,倾角为 10°~40°的斜井。不适用于有甲烷和煤尘爆炸危险的回风斜井。

PRC 系列平巷人车由电机车牵引,在平巷中运送人员,既可以单独运行,也可以多台组合成列运行。

辽宁盖州采矿机械有限公司生产的 SR 系列和 XRB 型斜井人车型号参数见表 9-455。

表 9-455 SR 系列和 XRB 型斜井人车型号参数

型号		SR-16	SR-40	SR-60	XRB15-6/5
轨距/mm		600	600	600,762,900	600
载人数/人		8	8	15	15
外形尺寸(长×宽×高)/mm×mm×mm	头车	3020×1054×1487	3385×1050×1558	3600×1200×1604	3825×1100×1510
	挂车	3020×1054×1477			
适用斜井倾斜角度/(°)		10~40			
适用轨型/(kg/m)		15~18	15~18	15~18	18
平面弯曲通过半径/m		10	11.5	12	11.5
垂直弯曲通过半径/m		8	10	10	10
允许组列台数		2	4(倾角 30°以下)	4(倾角 30°以下)	3
人车质量/kg	头车	1600	2200	2200	2200
	挂车	1000	1000	1000	1000
制动器抓捕方式		抱爪抓捕钢轨			
生产厂家		辽宁盖州采矿机械有限公司			

D 应用实例

斜井(坡)箕斗提升实例见表 9-456。

斜井(坡)串车提升实例见表 9-457。

斜井(坡)台车提升实例见表 9-458。

表 9-456 斜井(坡)箕斗提升实例

项目	提升长度/m	倾角	提升方式	提升物料	年提升量/(t/a)	箕斗容积/m^3	箕斗装载量/t	平衡锤质量/kg	卸载形式	钢丝绳		提升机型号	电动机		装矿方式	备注
										直径/mm	绳速/(m/s)		型号	功率/kW		
湘潭锰矿	456	32°	单箕斗上提	锰矿	600	2.7		5000	后卸	24	5.6	2БМ3000/1520		380	计量漏斗	斜井
湘乡水泥厂	504	17°~18°	双箕斗下放	石灰石	2730	8	16		后卸	37	5.64		AMCO/158-8	260	汽车	斜坡
大宝山铁矿	720	11°30′~15°30′	双箕斗下放	铁矿	6970	18.8	25		后卸	43.5	6.75	XKT2×3.5×1.7-20	JRZ116/34-8	550	等容闸门	斜坡,有尾绳
峨口铁矿	390	33°30′	双箕斗下放	铁矿	14545	30	50		后卸	75	6.7/6.9	2JK6×2.4	YR215/59-24	1250×2	汽车计量漏斗	斜坡
牟定铜矿2号井	706	11°	单箕斗上提	铜矿	1956	8.8	12		后卸	31	4	JK2.5×2A-20	JRQ 157-8	320	1200×900装矿闸门	盲斜井
牟定铜矿1号井	832	14°44′	双箕斗上提	铜矿	1956	8.8	12		后卸	31	4.5	2JK3×1.5A-20	JRQ 1510-10	400	1200×900装矿闸门	斜井,单轨加中间错车道
湘西金矿	1129	27°30′	双箕斗上提	金矿	1190	6	10.2		后卸	34	6	2JK3/20	JR 1512-8	570	气动扇形闸门	斜井,单轨加中间错车道
大厂铜坑锡矿	320	25°	单箕斗上提	锡矿	1000	4.5	7.2		底卸	31	3.4	JK2.5/20	JR 158-8	380	计量漏斗	盲斜井
东风金矿	150	38°	单箕斗上提	金矿	100	0.76	1.2		前翻	15.5	1.2	30HP单筒	JR82-8	28	手动计量	
衡东铅锌矿	210	35°	单箕斗上提	铅锌矿	210	1.4	1.4		前翻	18.5	2	JT1200×1000-28		55	溜槽	盲斜井

表 9-457 斜井(坡)串车提升实例

项目	提升长度/m	倾角	提升方式	每年矿石提升量/kt	每年废石提升量/kt	其他提升	车场形式	矿车形式	一次提升矿车数/辆	钢丝绳		提升机型号	电动机		备注
										直径/mm	绳速/(m/s)		型号	功率/kW	
王村铝土矿	564	18°	上提	200		提人		0.75m^3翻斗车	6			≤2.5m双筒			混合提升
铜官山铜矿松北矿	150	19°30′	上提					0.6m^3固定式	4		2.6	≤1.6m双筒			设有防跑车装置
湘潭锰矿	200	22°	上提	150				0.55m^3翻斗车	4	21.5	2.16	75HP双筒		60	混合提升
湘潭锰矿	150	22°	上提	114				0.55m^3翻斗车	3	18.5	2.16	75HP双筒		56	混合提升
山东黑旺铁矿	177	20°	上提				下部平车场	3.5m^3自卸式	1			≤2.5m双筒			上部曲轨卸矿
山东黑旺铁矿	330	20°30′~25°	上提	700			下部甩车场	5.5m^3底卸式	1	26	3.7	≤2m双筒		240	上部曲轨卸矿
龙烟铁矿	446	30°	下放	200	45			0.75m^3翻斗车	7	31	2.56	2БМ3000/1530		165	盲井
大罗坝铁矿	623	22°~17°25′	上提	255			甩车场	0.7m^3固定式	设计5实际3			≤2.5m单筒		280	
白石滩铁矿	623	24°	上提	90			甩车场	0.7m^3固定式	4	24		БМ2500/2020	JRQ 1410-8	280	
江苏小茅山铜矿	275	28°	上提	50	45t/d		平车场	0.55m^3翻斗车	2	18.5	2.0	JT1200×1000-25		55	

表 9-458 斜井(坡)台车提升实例

<table>
<tr><th rowspan="2">项 目</th><th rowspan="2">提升长度/m</th><th rowspan="2">倾角</th><th colspan="2">台车规格</th><th rowspan="2">矿车形式</th><th rowspan="2">装载矿车数/辆</th><th colspan="2">钢丝绳</th><th rowspan="2">提升机型号</th><th colspan="2">电动机</th></tr>
<tr><th>台面尺寸(长×宽)/mm×mm</th><th>台车轨距/mm</th><th>直径/mm</th><th>绳速/(m/s)</th><th>型号</th><th>功率/kW</th></tr>
<tr><td>广元黏土矿</td><td>336</td><td>34°30′</td><td>2000×1250</td><td>900</td><td>1.2m³ 固定式</td><td>1</td><td>17</td><td></td><td>JT1600×1200-24</td><td></td><td></td></tr>
<tr><td>黄沙坪铅锌矿</td><td>242</td><td>35°30′</td><td>2000×1130(台阶式)</td><td>1100</td><td>0.75m³ 翻斗车</td><td>2</td><td></td><td>3.7</td><td>БМ $\frac{2000}{1520}$-2A</td><td>JR137-8</td><td>210</td></tr>
</table>

9.18.5 提升钢丝绳

9.18.5.1 概述

提升钢丝绳是指煤矿、黑色、有色、化工等矿山用作提升用途的钢丝绳，主要包括多股钢丝绳(包括圆股和异形股钢丝绳)、阻旋转钢丝绳(过去习惯称之为“多层股钢丝绳”或“不旋转钢丝绳”)、密封钢丝绳(包括全密封和半密封钢丝绳)、平衡用扁钢丝绳，同时还包括压实或压实股钢丝绳以及包覆和/或填充钢丝绳等。

提升钢丝绳是作为一种易损部件和消耗性材料，直接关系到生产安全。因此，钢丝绳的选用首先应考虑产品的使用寿命、安全性和可靠性。为了确保上述特性的实现，一是正确选型，根据不同的用途、不同的设备和不同的使用环境条件科学合理地选择品种和结构；二是选择综合力学性能优良和捻制质量优异的产品，确保抗拉强度均匀，韧性值高，柔韧性好，润滑剂性能优，捻制均匀，尺寸稳定等；三是正确装卸和储存，确保装卸过程中不损伤钢丝绳，储存期间不造成润滑剂变质或钢丝绳性能下降；四是正确安装、使用和维护。

A 国内外现状及发展趋势

提升用钢丝绳在20世纪70年代就全面推广应用线接触和面接触钢丝绳，普通点接触低强度钢丝绳已经基本退出市场。近几年密实钢丝绳、压实或压实股钢丝绳以及包覆和/或填充钢丝绳等使用性能优异的新品种的制造装备和技术日趋成熟，已经投入实际应用，极大地提高了生产效率、降低了消耗、增强了生产安全和人身财产安全。英国的布顿和钢绳联合公司、德国的帝森和达高、日本的东京制钢和神户制钢等世界知名的钢丝绳制造企业生产的特殊结构和品种的钢丝绳，在我国一些关键的提升领域都有应用。

改革开放后，特别是近10年来，我国一批钢丝绳制造骨干企业装备和技术水平快速提高、品种结构进一步优化、产品质量稳步改进，众多品种已全部或部分替代进口，基本满足了我国国民经济快速发展的需要。贵州钢绳股份、宁夏恒力钢丝绳股份、鞍钢钢绳、湘钢钢绳等老国有钢丝绳制造企业是国内矿山矿井提升用钢丝绳生产的主力军，湖北福星科技股份、南通钢绳集团、天津市全友钢丝绳等新兴钢丝绳生产厂稳步快速发展，在国内提升用钢丝绳市场的份额不断扩大。存在的主要问题是：高耗低效的点接触低强度钢丝绳产量占到80%左右，而线接触和面接触等优质高效的钢丝绳品种推广应用面临来自各方面的阻力，直接影响着我国钢丝绳的使用寿命、市场竞争力、钢丝绳行业的进一步发展和钢丝绳效能的发挥。

B 钢丝绳分类、特点和用途

钢丝绳按产品单元划分为通用钢丝绳和专用钢丝绳，见表9-459。

表 9-459 钢丝绳产品单元划分

产品单元	产品品种	产品标准
通用钢丝绳	重要用途钢丝绳	GB8918—2006
	一般用途钢丝绳	GB/T20118—2006
	粗直径钢丝绳	GB/T20067—2006
专用钢丝绳	电梯用钢丝绳	GB8903—2005
	输送带用钢丝绳	GB/T12753—2002
	操纵用钢丝绳	GB/T14451—1993
	平衡用扁钢丝绳	GB/T20119—2006
	航空用钢丝绳	YB/T5197—2005

按照国家标准 GB/T8706—2006(ISO17893:2004,IDT)《钢丝绳术语、标记和分类》新的标记和分类方法，钢丝绳分为单层钢丝绳(包括圆股和异形股钢丝绳)、阻旋转钢丝绳(过去称之为多层股或不旋转钢丝绳)、扁钢丝绳、密封钢丝绳、平行捻密实钢丝绳(包括过去称之为面接触钢丝绳的压实股和压实钢丝绳)、缆

式钢丝绳和单股钢丝绳等。为了与现行钢丝绳产品国家标准衔接,钢丝绳分类、特性及用途见表 9-460。

表 9-460 钢丝绳分类、特性及用途

分类		特性	用途
按钢丝绳捻法	同向捻	钢丝在股中的捻向和股在钢丝绳中的捻向相同。若股右捻则称为右同向捻,若股左捻则称为左同向捻。 这种捻法的钢丝绳使用时表面钢丝与外部接触长度较长,即接触面较大,耐磨性能较好;但自转性稍大,容易发生松捻和扭结现象	在两端固定的场合较为适用,在需要克服旋转的场合通常右同向捻和左同向捻成对使用
	交互捻	钢丝在股中的捻向和股在钢丝绳中的捻向相反。若股右捻丝左捻则称为右交互捻,若股左捻丝右捻则称为左交互捻。 这种捻法的钢丝绳使用时结构比较稳定,自转性较小,不易发生松捻和扭结现象,容易操作	在矿井中应用广泛
	混合捻	外层股的捻制为左向捻的股和右向捻的股交替排列,如一半股为左捻另一半股为右捻。 这种捻法的钢丝绳具有同向捻和交互捻的特点,但制造比较困难	目前应用很少
按钢丝绳中钢丝接触状态	点接触	两叠加层钢丝之间捻距不同,钢丝直径和捻向相同,相邻层钢丝相互交叉成点接触状态。 这种钢丝绳中钢丝间易滑移,使用时钢丝受到二次弯曲应力,接触应力很高,容易磨损疲劳,使用寿命低,破断拉力也低。柔韧性较好	提升用途国外早已淘汰点接触结构,GB8918—2006 也已经淘汰了该类结构,推广应用线接触和面接触
	线接触	股中所有钢丝一次捻制,各层钢丝捻距相同,相邻层钢丝成线接触状态。包括西鲁式、瓦林吞式、填充式和组合平行捻。 这种钢丝绳消除了使用时钢丝的二次弯曲应力,耐磨、耐疲劳性能较好,破断拉力和疲劳寿命比点接触分别提高 6% ~8% 和 1 ~2 倍	应用领域广泛,优先选用
	面接触(压实型)	股或绳经锻打、轧制或模拔加工,钢丝形状和尺寸发生改变,同层和相邻层钢丝呈面状接触,钢丝绳呈密封式光滑表面,结构特别紧密。 这种钢丝绳除了没有二次弯曲应力外,使用时三次弯曲应力也较小,抗腐蚀、耐磨性和耐疲劳性能好,破断拉力高,能承受较大的横向力。但柔韧性较差	性能优异,具有推广应用价值的品种
	包覆和/或填充型	固态聚合物包覆在钢丝绳的外部、或填充到钢丝绳的间隙中、或包覆和填充到钢丝绳中、或衬垫在绳芯和股之间,以减少使用中钢丝绳内外部的接触应力,减少钢丝绳与外部以及内部钢丝之间的磨损,增强钢丝绳的抗腐蚀能力,提高钢丝绳的使用寿命	应积极开发并推广应用的品种
按股截面形状	圆形股	各层钢丝绕同心圆捻制的股截面形状近似圆形,可以用相同直径或不同直径的圆钢丝或异形钢丝制成	应用广泛
	异形股	股截面形状不为圆形,常见的股截面形状有三角形、椭圆形,还有近期出现的股截面形状近似矩形的扁带股。 这种钢丝绳比圆形股钢丝绳在卷筒上的支撑点增加 3 ~4 倍,结构密度大,破断拉力高,耐磨性能强,使用寿命长	应用领域非常广泛,可较大范围替代圆股钢丝绳
按绳芯类型	纤维芯	由天然纤维或合成纤维制成,天然纤维一般用黄麻、剑麻、马尼拉麻等。 具有较好的储油和吸震功能,柔韧性好;但耐高温、耐横向挤压较差,结构伸长较大	应用广泛
	钢芯	由钢丝股(WSC)或独立钢丝绳(IWRC)制成。 具有承载能力大、耐高温、耐横向挤压、抗冲击、结构伸长小等优点;但柔韧性、耐疲劳性能较差	适用于受挤压、受冲击载荷和高温环境条件下使用
	固态聚合物芯	由圆形或带有沟槽的圆形固态聚合物(SPC)制成。 具有较高的弹性、抗拉、抗酸碱盐腐蚀和抗横向挤压等性能	应用不广泛

C 钢丝绳捻制类型和捻制方向标记

右捻,Z;左捻,S;右交互捻,sZ(原 GB/T8707—88 为 ZS);左交互捻,zS(原 GB/T8707—88 为 SZ);右同向捻,zZ(原 GB/T8707—88 为 ZZ);左同向捻,Ss(原 GB/T8707—88 为 SS);右混合捻,aZ;左混合捻,aS。

交互捻和同向捻类型中的第一个字母表示钢丝在股中的捻制方向,第二个字母表示股在钢丝绳中的捻制方向;混合捻类型的第二个字母表示股在钢丝绳中的捻制方向。

D 钢丝绳近似重量和最小破断拉力计算公式

钢丝绳近似单位长度质量 M(kg/100m)为钢丝绳单位长度质量系数(W)与钢丝绳公称直径(d)平方的乘积。

$$M = Wd^2 \tag{9-462}$$

钢丝绳最小破断拉力 F_{min}(kN)为钢丝绳公称直径(d)的平方、钢丝绳级别(R_r)及钢丝绳破断拉力系数(K)的乘积。

$$F_{min} = d^2 R_r K/1000 \tag{9-463}$$

9.18.5.2 圆股钢丝绳

A 技术标准

提升用圆股钢丝绳的技术标准为 GB8918—2006《重要用途钢丝绳》,是强制性国家标准(该标准代替了GB8918—1988、GB/T8918—1996)。

B 钢丝绳类型

圆股钢丝绳的类别、分类原则、典型结构和直径范围见表 9-461。

表 9-461 圆股钢丝绳类型

组别	类别		分类原则	典型结构		直径范围/mm
				钢丝绳	股绳	
1	圆股钢丝绳	6×7	6 个圆股,每股外层丝可到 7 根,中心丝(或无)外捻制 1~2 层钢丝,钢丝等捻距	6×7	(1+6)	8~36
				6×9W	(3+3/3)	14~36
2		6×19	6 个圆股,每股外层丝可到 8~12 根,中心丝外捻制 2~3 层钢丝,钢丝等捻距	6×19S	(1+9+9)	12~36
				6×19W	(1+6+6/6)	12~40
				6×25Fi	(1+6+6F+12)	12~44
				6×26WS	(1+5+5/5+10)	20~40
				6×31WS	(1+6+6/6+12)	22~46
3		6×37	6 个圆股,每股外层丝可到 14~18 根,中心丝外捻制 3~4 层钢丝,钢丝等捻距	6×29Fi	(1+7+7F+14)	14~44
				6×36WS	(1+7+7/7+14)	18~60
				6×37S(点线接触)	(1+6+15+15)	20~60
				6×41WS	(1+8+8/8+16)	32~56
				6×49SWS	(1+8+8+8/8+16)	36~60
				6×55SWS	(1+9+9+9/9+18)	36~64
4		8×19	8 个圆股,每股外层丝可到 8~12 根,中心丝外捻制 2~3 层钢丝,钢丝等捻距	8×19S	(1+9+9)	20~44
				8×19W	(1+6+6/6)	18~48
				8×25Fi	(1+6+6F+12)	16~52
				8×26WS	(1+5+5/5+10)	24~48
				8×31WS	(1+6+6/6+12)	26~56
5		8×37	8 个圆股,每股外层丝可到 14~18 根,中心丝外捻制 3~4 层钢丝,钢丝等捻距	8×36WS	(1+7+7/7+14)	22~60
				8×41WS	(1+8+8/8+16)	40~56
				8×49SWS	(1+8+8+8/8+16)	44~64
				8×55SWS	(1+9+9+9/9+18)	44~64
6		18×7	17 或 18 个圆股,每股外层丝 4~7 根,在纤维芯或钢芯外捻制 2 层股	17×7	(1+6)	12~60
				18×7	(1+6)	12~60
7		18×19	17 或 18 个圆股,每股外层丝 8~12 根,钢丝等捻距,在纤维芯或钢芯外捻制 3 层股	18×19W	(1+6+6/6)	24~60
				18×19S	(1+9+9)	28~60
8		34×7	34~36 个圆股,每股外层丝可到 7 根,在纤维芯或钢芯外捻制 3 层股	34×7	(1+6)	16~60
				36×7	(1+6)	20~60
9		35W×7	25~40 个圆股,每股外层丝 4~8 根,在纤维芯或钢芯(钢丝)外捻制 3 层股	35W×7	(1+6)	16~60
				24W×7	(1+6)	16~60

C 质量和破断拉力

圆股钢丝绳的钢丝绳质量系数和最小破断拉力系数见表 9-462。

D 典型品种表

(1) 第 1 组 6×7 类,见表 9-463。

(2) 第 2 组 6×19 类,见表 9-464。

(3) 第 3 组 6×37 类,见表 9-465。

(4) 第 4 组 8×19 类见表 9-466。

(5) 第 5 组 8×37 类,见表 9-467。

(6) 第 6 组 18×7 类,见表 9-468。

(7) 第 8 组 34×7 类,见表 9-469。

(8) 第 9 组 35W×7 类,见表 9-470。

表 9-462 圆股钢丝绳质量系数和最小破断拉力系数

组别	类别	钢丝绳质量系数/(kg/(100m·mm^2))			最小破断拉力系数 K	
		天然纤维芯	合成纤维芯	钢芯	纤维芯 K_1	钢芯 K_2
1	6×7	0.351	0.344	0.387	0.332	0.359
2	6×19	0.380	0.371	0.418	0.330	0.356
3	6×37					
4	8×19	0.357	0.344	0.435	0.293	0.346
5	8×37					
6	18×7	0.390		0.430	0.310	0.328
7	18×19					
8	34×7	0.390		0.430	0.308	0.318
9	35W×7	—		0.460	—	0.370

表 9-463 第 1 组 6×7 类圆股钢丝绳的力学性能

钢丝绳公称直径		钢丝绳参考质量/(kg/100m)			钢丝绳公称抗拉强度/MPa 钢丝绳最小破断拉力/kN									
					1570		1670		1770		1870		1960	
D/mm	允许偏差/%	天然纤维芯	合成纤维芯	钢芯	纤维芯	钢芯	纤维芯	钢芯	纤维芯	钢芯	纤维芯	钢芯	纤维芯	钢芯
8	+5 ~ 0	22.5	22.0	24.8	33.4	36.1	35.5	38.4	37.6	40.7	39.7	43.0	41.6	45.0
9		28.4	27.9	31.3	42.2	45.7	44.9	48.6	47.6	51.5	50.3	54.4	52.7	57.0
10		35.1	34.4	38.7	52.1	56.4	55.4	60.0	58.8	63.5	62.1	67.1	65.1	70.4
11		42.5	41.6	46.8	63.1	68.2	67.1	72.5	71.1	76.9	75.1	81.2	78.7	85.1
12		50.5	49.5	55.7	75.1	81.2	79.8	86.3	84.6	91.5	89.4	96.7	93.7	101
13		59.3	58.1	65.4	88.1	95.3	93.7	101	99.3	107	105	113	110	119
14		68.8	67.4	75.9	102	110	109	118	115	125	122	132	128	138
16		89.9	88.1	99.1	133	144	142	153	150	163	159	172	167	180
18		114	111	125	169	183	180	194	190	206	201	218	211	228
20		140	138	155	208	225	222	240	235	254	248	269	260	281
22		170	166	187	252	273	268	290	284	308	300	325	315	341
24		202	198	223	300	325	319	345	338	366	358	387	375	405
26		237	233	262	352	381	375	405	397	430	420	454	440	476
28		275	270	303	409	442	435	470	461	498	487	526	510	552
30		316	310	348	469	507	499	540	529	572	559	604	586	633
32		359	352	396	534	577	568	614	602	651	636	687	666	721
34		406	398	447	603	652	641	693	679	735	718	776	752	813
36		455	446	502	676	730	719	777	762	824	805	870	843	912

注：钢丝绳结构：6×7+FC，6×7+IWS，6×9W+FC，6×9W+IWR。

表 9-464 第 2 组 6×19 类圆股钢丝绳的力学性能

钢丝绳公称直径		钢丝绳参考质量/(kg/100m)			钢丝绳公称抗拉强度/MPa									
					1570		1670		1770		1870		1960	
					钢丝绳最小破断拉力/kN									
D/mm	允许偏差/%	天然纤维芯	合成纤维芯	钢芯	纤维芯	钢芯	纤维芯	钢芯	纤维芯	钢芯	纤维芯	钢芯	纤维芯	钢芯
12	+5~0	53.1	51.8	58.4	74.6	80.5	79.4	856	84.1	90.7	88.9	95.9	93.1	100
13		62.3	60.8	68.5	87.6	94.5	93.1	100	98.7	106	104	113	109	118
14		72.2	70.5	79.5	102	110	108	117	114	124	121	130	127	137
16		94.4	92.1	104	133	143	141	152	150	161	158	170	166	179
18		119	117	131	168	181	179	193	189	204	200	216	210	226
20		147	144	162	207	224	220	238	234	252	247	266	259	279
22		178	174	196	251	271	267	288	283	304	299	322	313	338
24		212	207	234	298	322	317	342	336	363	355	383	373	402
26		249	243	274	350	378	373	402	395	426	417	450	437	472
28		289	282	318	406	438	432	466	458	494	484	522	507	547
30		332	324	365	466	503	496	535	526	567	555	599	582	628
32		377	369	415	531	572	564	609	598	645	632	682	662	715
34		426	416	469	599	646	637	687	675	728	713	770	748	807
36		478	466	525	671	724	714	770	757	817	800	863	838	904
38		532	520	585	748	807	796	858	843	910	891	961	934	1010
40		590	576	649	829	894	882	951	935	1010	987	1070	1030	1120

注:钢丝绳结构:6×19S+FC,6×19S+IWR,6×19W+FC,6×19W+IWR。

表 9-465 第 3 组 6×37 类圆股钢丝绳的力学性能

钢丝绳公称直径		钢丝绳参考质量/(kg/100m)			钢丝绳公称抗拉强度/MPa									
					1570		1670		1770		1870		1960	
					钢丝绳最小破断拉力/kN									
D/mm	允许偏差/%	天然纤维芯	合成纤维芯	钢芯	纤维芯	钢芯	纤维芯	钢芯	纤维芯	钢芯	纤维芯	钢芯	纤维芯	钢芯
12	+5~0	54.7	53.4	60.2	74.6	80.5	79.4	85.6	84.1	90.7	88.9	95.9	93.1	100
13		64.2	62.7	70.6	87.6	94.5	93.1	100	98.7	106	104	113	109	118
14		74.5	72.7	81.9	102	110	108	117	114	124	121	130	127	137
16		97.3	95.0	107	133	143	141	152	150	161	158	170	166	179
18		123	120	135	168	181	179	193	189	204	200	216	210	226
20		152	148	167	207	224	220	238	234	252	247	266	259	279
22		184	180	202	251	271	267	288	283	305	299	322	313	338
24		219	214	241	298	322	317	342	336	363	355	383	373	402
26		257	251	283	350	378	373	402	395	426	417	450	437	472
28		298	291	328	406	438	432	466	458	494	484	522	507	547
30		342	334	376	466	503	496	535	526	567	555	599	582	628
32		389	380	428	531	572	564	609	598	645	632	682	662	715
34		439	429	483	599	646	637	687	675	728	713	770	748	807
36		492	481	542	671	724	714	770	757	817	800	863	838	904
38		549	536	604	748	807	796	858	843	910	891	961	934	1010
40		608	594	669	829	894	882	951	935	1010	987	1070	1030	1120
42		670	654	737	914	986	972	1050	1030	1110	1090	1170	1140	1230
44		736	718	809	1000	1080	1070	1150	1130	1220	1190	1290	1250	1350
46		804	785	884	1100	1180	1170	1260	1240	1330	1310	1410	1370	1480
48		876	855	963	1190	1290	1270	1370	1350	1450	1420	1530	1490	1610
50		950	928	1040	1300	1400	1380	1490	1460	1580	1540	1660	1620	1740
52		1030	1000	1130	1400	1510	1490	1610	1580	1700	1670	1800	1750	1890
54		1110	1080	1220	1510	1630	1610	1730	1700	1840	1800	1940	1890	2030
56		1190	1160	1310	1620	1750	1730	1860	1830	1980	1940	2090	2030	2190
58		1280	1250	1410	1740	1880	1850	2000	1960	2120	2080	2240	2180	2350
60		1370	1340	1500	1870	2010	1980	2140	2100	2270	2220	2400	2330	2510
62		1460	1430	1610	1990	2150	2120	2290	2250	2420	2370	2560	2490	2680
64		1560	1520	1710	2120	2290	2260	2440	2390	2580	2530	2730	2650	2860

注:钢丝绳结构:6×25Fi+FC,6×25Fi+IWR,6×26WS+FC,6×26WS+IWR,6×29Fi+FC,6×29Fi+IWR,6×31WS+FC,6×31WS+IWR,6×36WS+FC,6×36WS+IWR,6×375+FC,6×375+IWR,6×41WS+FC,6×41WS+IWR,6×49SWS+FC,6×49SWS+IWR,6×55SWS+FC,6×55SWS+IWR。

表 9-466 第 4 组 8 ×19 类圆股钢丝绳的力学性能

钢丝绳公称直径		钢丝绳参考质量/(kg/100m)			钢丝绳公称抗拉强度/MPa									
					1570		1670		1770		1870		1960	
					钢丝绳最小破断拉力/kN									
D/mm	允许偏差/%	天然纤维芯	合成纤维芯	钢芯	纤维芯	钢芯	纤维芯	钢芯	纤维芯	钢芯	纤维芯	钢芯	纤维芯	钢芯
18		112	108	137	149	176	159	187	168	198	178	210	186	220
20		139	133	169	184	217	196	231	207	245	219	259	230	271
22		168	162	204	223	263	237	280	251	296	265	313	278	328
24		199	192	243	265	313	282	333	299	353	316	373	331	391
26		234	226	285	311	367	331	391	351	414	370	437	388	458
28	+5 ~0	271	262	331	361	426	384	453	407	480	430	507	450	532
30		312	300	380	414	489	440	520	467	551	493	582	517	610
32		355	342	432	471	556	501	592	531	627	561	663	588	694
34		400	386	488	532	628	566	668	600	708	633	748	664	784
36		449	432	547	596	704	634	749	672	794	710	839	744	879
38		500	482	609	664	784	707	834	749	884	791	934	829	979
40		554	534	675	736	869	783	925	830	980	877	1040	919	1090
42		611	589	744	811	958	863	1020	915	1080	967	1140	1010	1200
44	+5 ~0	670	646	817	891	1050	947	1120	1000	1190	1060	1250	1110	1310
46		733	706	893	973	1150	1040	1220	1100	1300	1160	1370	1220	1430
48		798	769	972	1060	1250	1130	1330	1190	1410	1260	1490	1320	1560

注:钢丝绳结构:8 ×19S + FC,8 ×19S + IWR,8 ×19W + FC,8 ×19W + IWR。

表 9-467 第 5 组 8 ×37 类圆股钢丝绳的力学性能

钢丝绳公称直径		钢丝绳参考质量/(kg/100m)			钢丝绳公称抗拉强度/MPa									
					1570		1670		1770		1870		1960	
					钢丝绳最小破断拉力/kN									
D/mm	允许偏差/%	天然纤维芯	合成纤维芯	钢芯	纤维芯	钢芯	纤维芯	钢芯	纤维芯	钢芯	纤维芯	钢芯	纤维芯	钢芯
16		91.4	88.1	111	118	139	125	148	133	157	140	166	147	174
18		116	111	141	149	176	159	187	168	198	178	210	186	220
20		143	138	174	184	217	196	231	207	245	219	259	230	271
22		173	166	211	223	263	237	280	251	296	265	313	278	328
24		206	198	251	265	313	282	333	299	353	316	373	331	391
25		241	233	294	311	367	331	391	351	414	370	437	388	458
28		280	270	341	361	426	384	453	407	480	430	507	450	532
30		321	310	392	414	489	440	520	467	551	493	582	517	610
32		366	352	445	471	556	501	592	531	627	561	663	588	694
34		413	398	503	532	628	566	668	600	708	633	748	664	784
36		463	446	564	596	704	634	749	672	794	710	839	744	879
38		516	497	628	664	784	707	834	749	884	791	934	829	979
40	+5 ~0	571	550	696	736	869	783	925	830	980	877	1040	919	1090
42		630	607	767	811	958	863	1020	915	1080	967	1140	1010	1200
44		691	666	842	891	1050	947	1120	1000	1190	1060	1250	1110	1310
46		755	728	920	973	1150	1040	1220	1100	1300	1160	1370	1220	1430
48		823	793	1000	1060	1250	1130	1330	1190	1410	1260	1490	1320	1560
50		892	860	1090	1150	1360	1220	1440	1300	1530	1370	1620	1440	1700
52		965	930	1180	1240	1470	1320	1560	1400	1660	1480	1750	1550	1830
54		1040	1000	1270	1340	1580	1430	1680	1510	1790	1600	1890	1670	1980
56		1120	1080	1360	1440	1700	1530	1810	1630	1920	1720	2030	1800	2130
58		1200	1160	1460	1550	1830	1650	1940	1740	2060	1840	2180	1930	2280
60		1290	1240	1570	1660	1960	1760	2080	1870	2200	1970	2330	2070	2440
62		1370	1320	1670	1770	2090	1880	2220	1990	2350	2110	2490	2210	2610
64		1460	1410	1780	1880	2230	2000	2370	2120	2510	2240	2650	2350	2780

注:钢丝绳结构:8 ×25Fi + FC,8 ×36WS + FC,8 ×25Fi + IWR,8 ×26WS + FC,8 ×26WS + IWR,8 ×31WS + FC,8 ×31WS + IWR,8 ×36WS + IWR,8 ×41WS + FC,8 ×41WS + IWR,8 ×49SWS + FC,S ×49SWS + IWR,8 ×55SWS + FC,8 ×55SWS + IWR。

表 9-468 第 6 组 18×7 类圆股钢丝绳的力学性能

钢丝绳公称直径		钢丝绳参考质量/(kg/100m)		钢丝绳公称抗拉强度/MPa									
				1570		1670		1770		1870		1960	
				钢丝绳最小破断拉力/kN									
D/mm	允许偏差/%	纤维芯	钢芯	纤维芯	钢芯	纤维芯	钢芯	纤维芯	钢芯	纤维芯	钢芯	纤维芯	钢芯
12	+5~0	56.2	61.9	70.1	74.2	74.5	78.9	79.0	83.6	83.5	88.3	87.5	92.6
13		65.9	72.7	82.3	87.0	87.5	92.6	92.7	98.1	98.0	104	103	109
14		76.4	84.3	95.4	101	101	107	108	114	114	120	119	126
16		99.8	110	125	132	133	140	140	149	148	157	156	165
18		126	139	158	167	168	177	178	188	188	199	197	208
20		156	172	195	206	207	219	219	232	232	245	243	257
22		189	208	236	249	251	265	266	281	281	297	294	311
24		225	248	280	297	298	316	316	334	334	353	350	370
26		264	291	329	348	350	370	371	392	392	415	411	435
28		306	337	382	404	406	429	430	455	454	481	476	504
30		351	387	438	463	466	493	494	523	522	552	547	579
32		399	440	498	527	530	561	562	594	594	628	622	658
34		451	497	563	595	598	633	634	671	670	709	702	743
36		505	557	631	667	671	710	711	752	751	795	787	833
38		563	621	703	744	748	791	792	838	837	886	877	928
40		624	688	779	824	828	876	878	929	928	981	972	1030
42		688	759	859	908	913	966	968	1020	1020	1080	1070	1130
44		755	832	942	997	1000	1060	1060	1120	1120	1190	1180	1240
46		825	910	1030	1090	1100	1160	1160	1230	1230	1300	1290	1360
48		899	991	1120	1190	1190	1260	1260	1340	1340	1410	1400	1480
50		975	1080	1220	1290	1290	1370	1370	1450	1450	1530	1520	1610
52		1050	1160	1320	1390	1400	1480	1480	1570	1570	1660	1640	1740
54		1140	1250	1420	1500	1510	1600	1600	1690	1690	1790	1770	1870
56		1220	1350	1530	1610	1620	1720	1720	1820	1820	1920	1910	2020
58		1310	1450	1640	1730	1740	1840	1850	1950	1950	2060	2040	2160
60		1400	1550	1750	1850	1860	1970	1980	2090	2090	2210	2190	2310

注：钢丝绳结构：17×7+FC，17×7+IWS，18×7+FC，18×7+IWS，18×19S+FC，18×19S+IWS，18×19W+FC，18×19W+IWS。

表 9-469 第 8 组 34×7 类圆股钢丝绳的力学性能

钢丝绳公称直径		钢丝绳参考质量/(kg/100m)		钢丝绳公称抗拉强度/MPa									
				1570		1670		1770		1870		1960	
				钢丝绳最小破断拉力/kN									
D/mm	允许偏差/%	纤维芯	钢芯	纤维芯	钢芯	纤维芯	钢芯	纤维芯	钢芯	纤维芯	钢芯	纤维芯	钢芯
16	+5~0	99.8	110	124	128	132	136	140	144	147	152	155	160
18		126	139	157	162	167	172	177	182	187	193	196	202
20		156	172	193	200	206	212	218	225	230	238	241	249
22		189	208	234	242	249	257	264	272	279	288	292	302
24		225	248	279	288	296	306	314	324	332	343	348	359
26		264	291	327	337	348	359	369	380	389	402	408	421
28		306	337	379	391	403	416	427	441	452	466	473	489
30		351	387	435	449	463	478	491	507	518	535	543	561
32		399	440	495	511	527	544	558	576	590	609	618	638
34		451	497	559	577	595	614	630	651	666	687	698	721
36		505	557	627	647	667	688	707	729	746	771	782	808
38		563	621	698	721	743	767	787	813	832	859	872	900
40		624	688	774	799	823	850	872	901	922	951	966	997
42		688	759	853	881	907	937	962	993	1020	1050	1060	1100
44		755	832	936	967	996	1030	1060	1090	1120	1150	1170	1210
46		825	910	1020	1060	1090	1120	1150	1190	1220	1260	1280	1320

续表 9-469

钢丝绳公称直径		钢丝绳参考质量/(kg/100m)		钢丝绳公称抗拉强度/MPa									
				1570		1670		1770		1870		1960	
				钢丝绳最小破断拉力/kN									
D/mm	允许偏差/%	纤维芯	钢芯	纤维芯	钢芯	纤维芯	钢芯	纤维芯	钢芯	纤维芯	钢芯	纤维芯	钢芯
48	+5~0	899	991	1110	1150	1190	1220	1260	1300	1330	1370	1390	1440
50		975	1080	1210	1250	1290	1330	1360	1410	1440	1490	1510	1560
52		1050	1160	1310	1350	1390	1440	1470	1520	1560	1610	1630	1690
54		1140	1250	1410	1460	1500	1550	1590	1640	1680	1730	1760	1820
56		1220	1350	1520	1570	1610	1670	1710	1770	1810	1860	1890	1950
58		1310	1450	1630	1680	1730	1790	1830	1890	1940	2000	2030	2100
60		1400	1550	1740	1800	1850	1910	1960	2030	2070	2140	2170	2240

注:钢丝绳结构:34×7+FC,34×7+IWS,36×7+FC,36×7+IWS。

表 9-470 第 9 组 35W×7 类圆股钢丝绳的力学性能

钢丝绳公称直径		钢丝绳参考质量/(kg/100m)	钢丝绳公称抗拉强度/MPa				
			1570	1670	1770	1870	1960
D/mm	允许偏差/%		钢丝绳最小破断拉力/kN				
16	+5~0	118	145	154	163	172	181
18		149	183	195	206	218	229
20		184	226	240	255	269	282
22		223	274	291	308	326	342
24		265	326	346	367	388	406
26		311	382	406	431	455	477
28		361	443	471	500	528	553
30		414	509	541	573	606	635
32		471	579	616	652	689	723
34		532	653	695	737	778	816
36		596	732	779	826	872	914
38		664	816	868	920	972	1020
40		736	904	962	1020	1080	1130
42		811	997	1060	1120	1190	1240
44		891	1090	1160	1230	1300	1370
46		973	1200	1270	1350	1420	1490
48		1060	1300	1390	1470	1550	1630
50		1150	1410	1500	1590	1680	1760
52		1240	1530	1630	1720	1820	1910
54		1340	1650	1750	1860	1960	2060
56		1440	1770	1890	2000	2110	2210
58		1550	1900	2020	2140	2260	2370
60		1660	2030	2160	2290	2420	2540

注:钢丝绳结构:35W×7,24W×7。

E 主要生产企业

贵州钢绳股份有限公司,宁夏恒力钢丝绳股份有限公司,鞍钢钢绳有限责任公司,湖北福星科技股份有限公司,南通钢绳集团有限公司,湘潭钢铁公司钢丝绳厂,无锡市赛福天钢绳有限责任公司,天津市全友钢丝绳有限公司。

9.18.5.3 异形股钢丝绳

A 技术标准

提升用异形股钢丝绳的技术标准也为 GB8918—2006《重要用途钢丝绳》,是强制性国家标准。

B 钢丝绳类型

异形股钢丝绳的类别、分类原则、典型结构和直径范围见表 9-471。

表 9-471 异形股钢丝绳类型

组别	类 别		分类原则	典型结构		直径范围 /mm
				钢丝绳	股绳	
1	异形股钢丝绳	6V×7	6 个三角形股，每股外层丝可到 7~9 根，三角形股芯外捻制 1 层钢丝	6V×18	(/3×2+3/+9)	20~36
				6V×19	(/1×7+3/+9)	20~36
2		6V×19	6 个三角形股，每股外层丝可到 10~14 根，三角形股芯或纤维芯外捻制 2 层钢丝	6V×21	(FC+9+12)	18~36
				6V×24	(FC+12+12)	18~36
				6V×30	(6+12+12)	20~38
				6V×34	(/1×7+3/+12+12)	28~44
3		6V×37	6 个三角形股，每股外层丝可到 15~18 根，三角形股芯外捻制 2 层钢丝	6V×37	(/1×7+3/+12+15)	32~52
				6V×37S	(/1×7+3/+12+15)	32~52
				6V×43	(/1×7+3/+15+18)	38~58
4		4V×39	6 个扇形股，每股外层丝可到 15~18 根，纤维股芯外捻制 3 层钢丝	4V×39S	(FC+9+15+15)	16~36
				4V×48S	(FC+12+18+18)	20~40
5		6Q×19 +6V×21	12~14 个股，在 6 个三角形股外，捻制 6~8 个椭圆股	6Q×19	外股(5+14)	40~52
				+6V×21	内股(FC+9+12)	
				6Q×33	外股(5+13+15)	40~60
				+6V×21	内股(FC+9+12)	

C 重量和破断拉力

异形股钢丝绳的钢丝绳重量系数和最小破断拉力系数见表 9-472。

表 9-472 异形股钢丝绳重量系数和最小破断拉力系数

组别	类 别	钢丝绳重量系数/(kg/(100m·mm²))			最小破断拉力系数 K	
		天然纤维芯	合成纤维芯	钢芯	纤维芯 K_1	钢芯 K_2
1	6V×7	0.412	0.404	0.437	0.375	0.398
2	6V×19	0.405	0.397	0.429	0.360	0.382
3	6V×37					
4	4V×39	0.410	0.402	–	0.360	–
5	6Q×19+6V×21	0.410	0.402	–	0.360	–

D 典型品种表

(1) 第 1 组 6V×7 类，见表 9-473。

表 9-473 第 1 组 6V×7 类钢丝绳的力学性能

钢丝绳公称直径		钢丝绳参考质量/(kg/100m)			钢丝绳公称抗拉强度/MPa									
					1570		1670		1770		1870		1960	
					钢丝绳最小破断拉力/kN									
D /mm	允许偏差 /%	天然纤维芯	合成纤维芯	钢芯	纤维芯	钢芯	纤维芯	钢芯	纤维芯	钢芯	纤维芯	钢芯	纤维芯	钢芯
20	+6~0	165	162	175	236	250	250	266	266	282	280	298	294	312
22		199	196	212	285	302	303	322	321	341	339	360	356	378
24		237	233	252	339	360	361	383	382	406	404	429	423	449
26		279	273	295	398	422	423	449	449	476	474	503	497	527
28		323	317	343	462	490	491	521	520	552	550	583	576	612
30		371	364	393	530	562	564	598	597	634	631	670	662	702
32		422	414	447	603	640	641	681	680	721	718	762	753	799
34		476	467	505	681	722	724	768	767	814	811	860	850	902
36		534	524	566	763	810	812	861	860	913	909	965	953	1010

注：钢丝绳结构：6V×18+FC，6V×18+IWR，6V×19+FC，6V×19+IWR。

(2) 第 2 组 6V×19(a)类，见表 9-474。

表 9-474 第 2 组 6V×19(a)类钢丝绳的力学性能

钢丝绳公称直径		钢丝绳参考质量/(kg/100m)		钢丝绳公称抗拉强度/MPa				
D/mm	允许偏差/%			1570	1670	1770	1870	1960
		天然纤维芯	合成纤维芯	钢丝绳最小破断拉力/kN				
18	+6~0	121	118	168	179	190	201	210
20		149	146	208	221	234	248	260
22		180	177	252	268	284	300	314
24		215	210	300	319	338	357	374
26		252	247	352	374	396	419	439
28		292	286	408	434	460	486	509
30		335	329	468	498	528	557	584
32		382	374	532	566	600	634	665
34		431	422	601	639	678	716	750
36		483	473	674	717	760	803	841

注:钢丝绳结构:6V×21+7FC,6V×24+7FC。

(3) 第 2 组 6V×19(b)类,见表 9-475。

表 9-475 第 2 组 6V×19(b)类圆股钢丝绳的力学性能

钢丝绳公称直径		钢丝绳参考质量/(kg/100m)			钢丝绳公称抗拉强度/MPa									
					1570		1670		1770		1870		1960	
					钢丝绳最小破断拉力/kN									
D/mm	允许偏差/%	天然纤维芯	合成纤维芯	钢芯	纤维芯	钢芯	纤维芯	钢芯	纤维芯	钢芯	纤维芯	钢芯	纤维芯	钢芯
20	+6~0	162	159	172	203	216	216	230	229	243	242	257	254	270
22		196	192	208	246	261	262	278	278	295	293	311	307	326
24		233	229	247	293	311	312	331	330	351	349	370	365	388
26		274	268	290	344	365	366	388	388	411	410	435	429	456
28		318	311	336	399	423	424	450	450	477	475	504	498	528
30		365	357	386	458	486	487	517	516	548	545	579	572	606
32		415	407	439	521	553	554	588	587	623	620	658	650	690
34		468	459	496	588	624	625	664	663	703	700	743	734	779
36		525	515	556	659	700	701	744	743	789	785	833	823	873
38		585	573	619	735	779	781	829	828	879	875	928	917	973

注:钢丝绳结构:6V×30+FC,6V×30+IWR。

(4) 第 3 组 6V×37(a)类,见表 9-476。

(5) 第 3 组 6V×37(b)类,见表 9-477。

(6) 第 4 组 4V×39 类,见表 9-478。

(7) 第 5 组 6Q×19+6V×21 类,见表 9-479。

表 9-476 第 3 组 6V×37(a) 类钢丝绳的力学性能

钢丝绳公称直径		钢丝绳参考质量/(kg/100m)			钢丝绳公称抗拉强度/MPa									
					1570		1670		1770		1870		1960	
					钢丝绳最小破断拉力/kN									
D/mm	允许偏差/%	天然纤维芯	合成纤维芯	钢芯	纤维芯	钢芯	纤维芯	钢芯	纤维芯	钢芯	纤维芯	钢芯	纤维芯	钢芯
28	+6~0	318	311	336	443	470	471	500	500	530	528	560	553	587
30		364	357	386	509	540	541	574	573	609	606	643	635	674
32		415	407	439	579	614	616	653	652	692	689	731	723	767
34		468	459	496	653	693	695	737	737	782	778	826	816	866
36		525	515	555	732	777	779	827	826	876	872	926	914	970
38		585	573	619	816	866	868	921	920	976	972	1030	1020	1080
40		648	635	686	904	960	962	1020	1020	1080	1080	1140	1130	1200
42		714	700	757	997	1060	1060	1130	1120	1190	1190	1260	1240	1320
44		784	769	831	1090	1160	1160	1240	1230	1310	1300	1380	1370	1450
46		857	840	908	1200	1270	1270	1350	1350	1430	1420	1510	1490	1580
48		933	915	988	1300	1380	1390	1470	1470	1560	1550	1650	1630	1730
50		1010	993	1070	1410	1500	1500	1590	1590	1690	1680	1790	1760	1870
52		1100	1070	1160	1530	1620	1630	1720	1720	1830	1820	1930	1910	2020
54		1180	1160	1250	1650	1750	1760	1860	1860	1970	1960	2080	2060	2180
56		1270	1240	1350	1770	1880	1890	2000	2000	2120	2110	2240	2210	2350
58		1360	1340	1440	1900	2020	2020	2150	2140	2270	2260	2400	2370	2520

注：钢丝绳结构：6V×34+FC，6V×34+IWR，6V×37+FC，6V×37+IWR，6V×43+FC，6V×43+IWR。

表 9-477 第 3 组 6V×37(b) 类钢丝绳的力学性能

钢丝绳公称直径		钢丝绳参考质量/(kg/100m)			钢丝绳公称抗拉强度/MPa									
					1570		1670		1770		1870		1960	
					钢丝绳最小破断拉力/kN									
D/mm	允许偏差/%	天然纤维芯	合成纤维芯	钢芯	纤维芯	钢芯	纤维芯	钢芯	纤维芯	钢芯	纤维芯	钢芯	纤维芯	钢芯
32	+6~0	427	419	452	596	633	634	673	672	713	710	753	744	790
34		482	473	511	673	714	716	760	759	805	802	851	840	891
36		541	530	573	754	801	803	852	851	903	899	954	942	999
38		602	590	638	841	892	894	949	948	1010	1000	1060	1050	1110
40		667	654	707	931	988	991	1050	1050	1110	1110	1180	1160	1230
42		736	721	779	1030	1090	1090	1160	1160	1230	1220	1300	1280	1360
44		808	792	855	1130	1200	1200	1270	1270	1350	1340	1420	1410	1490
46		883	865	935	1230	1310	1310	1390	1390	1470	1470	1560	1540	1630
48		961	942	1020	1340	1420	1430	1510	1510	1600	1600	1700	1670	1780
50		1040	1020	1100	1460	1540	1550	1640	1640	1740	1730	1840	1820	1930
52		1130	1110	1190	1570	1670	1670	1780	1770	1880	1870	1990	1970	2090

注：钢丝绳结构：6V×37S+FC，6V×37S+IWR。

表 9-478 第 4 组 4V×39 类钢丝绳的力学性能

钢丝绳公称直径		钢丝绳参考质量/(kg/100m)		钢丝绳公称抗拉强度/MPa				
D/mm	允许偏差/%			1570	1670	1770	1870	1960
		天然纤维芯	合成纤维芯	钢丝绳最小破断拉力/kN				
16	+6~0	105	103	145	154	163	172	181
18		133	130	183	195	206	218	229
20		164	161	226	240	255	269	282
22		198	195	274	291	308	326	342
24		236	232	326	346	367	388	406
26		277	272	382	406	431	455	477
28		321	315	443	471	500	528	553
30		369	362	509	541	573	606	635
32		420	412	579	616	652	689	723
34		474	465	653	695	737	778	816
36		531	521	732	779	826	872	914
38		592	580	816	868	920	972	1020
40		656	643	904	962	1020	1080	1130

注：钢丝绳结构：4V×39S4+5FC，4V×48S+5FC。

表 9-479 第 5 组 6Q×19+6V×21 类钢丝绳的力学性能

钢丝绳公称直径		钢丝绳参考质量/(kg/100m)		钢丝绳公称抗拉强度/MPa				
D/mm	允许偏差/%			1570	1670	1770	1870	1960
		天然纤维芯	合成纤维芯	钢丝绳最小破断拉力/kN				
40	+6～0	656	643	904	962	1020	1080	1130
42		723	709	997	1060	1120	1190	1240
44		794	778	1090	1160	1230	1300	1370
46		868	851	1200	1270	1350	1420	1490
48		945	926	1300	1390	1470	1550	1630
50		1030	1010	1410	1500	1590	1680	1760
52		1110	1090	1530	1630	1720	1820	1910
54		1200	1170	1650	1750	1860	1960	2060
56		1290	1260	1770	1890	2000	2110	2210
58		1380	1350	1900	2020	2140	2260	2370
60		1480	1450	2030	2160	2290	2420	2540

注:钢丝绳结构:6Q×19+6V×21+7FC,6Q×33+6V×21+7FC。

E 主要生产企业

主要生产企业有鞍钢钢绳有限责任公司、贵州钢绳股份有限公司、宁夏恒力钢丝绳股份有限公司。

9.18.5.4 面接触钢丝绳

直至现在人们一直习惯称为"面接触钢丝绳",实际不太准确的。因为要实现钢丝绳中的丝与丝、特别是股与股之间的面接触,从目前国内外的技术和装备水平来看还是比较困难的。近期发布的国际标准(ISO17893:2004)和欧盟标准(EN12385-2:2002),均称之为"压实股"、"压实钢丝绳"及"压实股钢丝绳"。

A 技术标准

现行的技术标准为 GB/T16269—1996《面接触钢丝绳》,是推荐性国家标准。

B 钢丝绳类型

面接触钢丝绳按结构分类包括 6T×7+FC、6T×19S+FC、6T×19W+FC 和 6T×25Fi+FC 四种。

C 质量和破断拉力

面接触钢丝绳的钢丝绳质量系数和最小破断拉力系数见表 9-480、表 9-481。

表 9-480 6T×7+FC 钢丝绳参考质量和最小破断拉力

钢丝绳公称直径		钢丝绳参考质量/(kg/100m)	钢丝绳公称抗拉强度/MPa				
D/mm	允许偏差/%		1470	1570	1670	1770	1870
			钢丝绳最小破断拉力/kN				
16	+7～0	99.8	141	151	160	170	180
18		126	179	191	203	215	227
20		156	221	236	251	266	281
22		189	267	285	303	321	340
24		225	318	339	361	382	404
26		264	373	398	424	449	474
28		306	432	462	491	521	550
30		351	496	530	564	598	631
32		399	565	603	642	680	718
34		451	638	681	724	768	811
36		505	715	763	812	861	909

表 9-481 6T×19S+FC、6T×19W+FC 和 6T×25Fi+FC 钢丝绳参考质量和最小破断拉力

钢丝绳公称直径		钢丝绳参考质量/(kg/100m)	钢丝绳公称抗拉强度/MPa				
			1470	1570	1670	1770	1870
D/mm	允许偏差/%		钢丝绳最小破断拉力/kN				
16	+7~0	105	140	150	159	169	179
18		133	178	190	202	214	226
20		164	219	234	249	264	279
22		198	265	283	301	319	338
24		236	316	337	359	380	402
26		277	371	396	421	446	471
28		321	430	459	488	517	547
30		369	493	527	560	594	628
32		420	561	600	638	676	714
34		474	634	677	720	763	806
36		531	710	759	807	853	904

D 主要生产企业

主要生产企业有贵州钢绳股份有限公司，宁夏恒力钢丝绳股份有限公司，鞍钢钢绳有限责任公司，咸阳石油钢管钢绳有限责任公司，湘潭钢铁公司钢丝绳厂，天津市全友钢丝绳有限公司。

9.18.5.5 密封钢丝绳

A 技术标准

现行的技术标准为 GB/T352—2002《密封钢丝绳》，是推荐性国家标准。

B 钢丝绳分类

密封钢丝绳按结构分为点接触、点线接触和线接触3种，按钢丝表面状态分为光面和镀锌两种，按最外层钢丝捻向分为左捻(S)和右捻(Z)两种。

C 钢丝绳品种质量和破断拉力

钢丝绳品种、质量和破断拉力见表 9-482 ~ 表 9-487。

表 9-482 半密封钢丝绳品种、质量和破断拉力

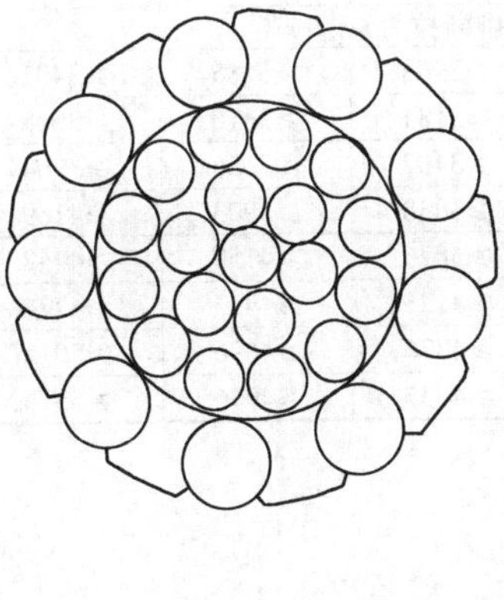

钢丝绳公称直径/mm	参考质量/(kg/100m)	钢丝绳公称抗拉强度/MPa			
		1270	1370	1470	1570
		钢丝实测破断拉力总和/kN			
20	225	≥347	≥376	≥402	≥431
22	271	≥420	≥450	≥486	≥516
24	322	≥499	≥536	≥578	≥614
26	367	≥586	≥612	≥679	≥702
28	426	≥680	≥706	≥787	≥809
30	476	≥781	≥792	≥851	≥908
32	557	≥888	≥949	≥1028	≥1088
34	623	≥1003	≥1020	≥1094	≥1169
36	693	≥1124	≥1131	≥1211	≥1296
38	771	≥1252	≥1272	≥1366	≥1457
40	864	≥1388	≥1437	≥1541	≥1647
42	936	≥1394	≥1502	≥1610	≥1721
44	1030	≥1544	≥1665	≥1787	≥1908
46	1110	≥1664	≥1789	≥1926	≥2050
48	1231	≥1812	≥1944	≥2098	≥2244
50	1324	≥1966	≥2122	≥2276	≥2433

注：半密封钢丝绳最小破断拉力 = 钢丝实测破断拉力总和 ×0.88。

表 9-483 全密封钢丝绳(一层 Z 形钢丝)品种、质量和破断拉力

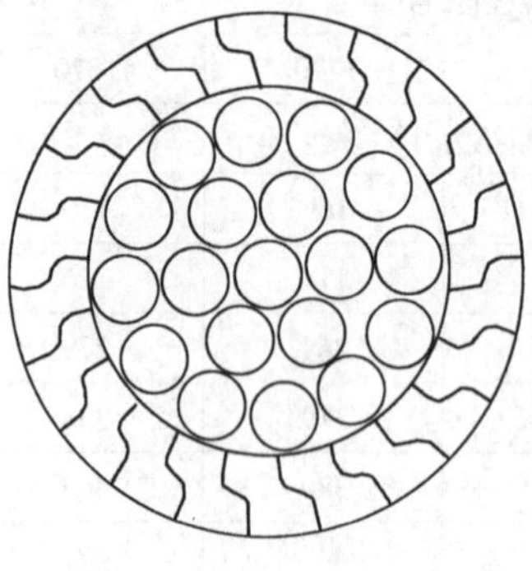

钢丝绳公称直径/mm	参考质量/(kg/100m)	钢丝绳公称抗拉强度/MPa				
		1180	1270	1370	1470	1570
		钢丝实测破断拉力总和/kN				
16	141	≥202	≥217	≥234	≥251	≥268
18	178	≥255	≥274	≥296	≥318	≥339
20	220	≥315	≥339	≥366	≥392	≥419
22	266	≥381	≥410	≥443	≥475	≥507
24	316	≥454	≥488	≥526	≥564	≥603
26	371	≥532	≥573	≥618	≥663	≥708
28	430	≥617	≥664	≥717	≥769	≥821
30	494	≥709	≥763	≥823	≥883	≥944
32	562	≥806	≥867	≥936	≥1004	≥1072
34	634	≥910	≥979	≥1056	≥1133	≥1210
36	712	≥1020	≥1099	≥1185	≥1272	≥1358

表 9-484 全密封钢丝绳(二层 Z 形钢丝)品种、质量和破断拉力

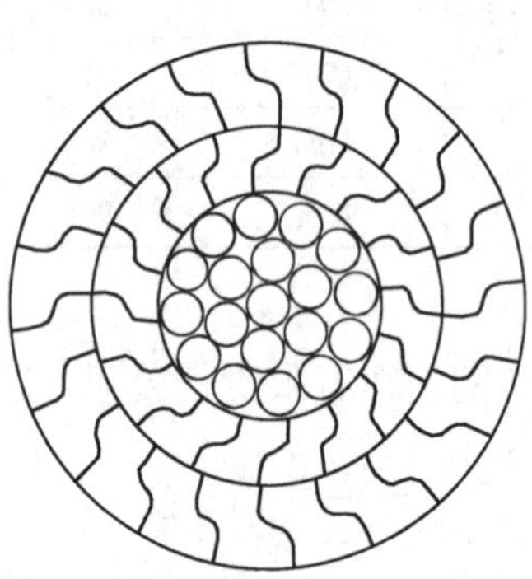

钢丝绳公称直径/mm	参考质量/(kg/100m)	钢丝绳公称抗拉强度/MPa				
		1180	1270	1370	1470	1570
		钢丝实测破断拉力总和/kN				
24	322	≥462	≥496	≥536	≥575	≥614
26	378	≥542	≥583	≥629	≥675	≥721
28	438	≥628	≥676	≥729	≥782	≥835
30	503	≥721	≥776	≥837	≥898	≥959
32	572	≥820	≥883	≥952	≥1022	≥1091
34	646	≥926	≥997	≥1075	≥1154	≥1232
36	724	≥1038	≥1118	≥1206	≥1294	≥1382
38	807	≥1157	≥1246	≥1344	≥1442	≥1540
40	894	≥1282	≥1379	≥1488	≥1596	≥1705
42	985	≥1413	≥1521	≥1641	≥1761	≥1881
45	1131	≥1623	≥1746	≥1884	≥2021	≥2159

表 9-485 全密封钢丝绳(三层 Z 形钢丝)品种、质量和破断拉力

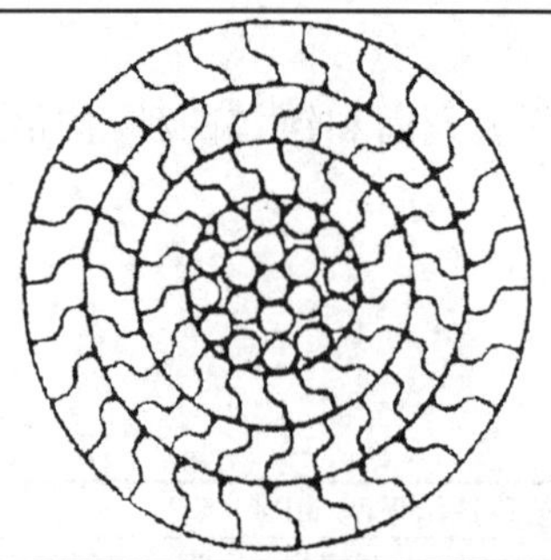

钢丝绳公称直径/mm	参考质量/(kg/100m)	钢丝绳公称抗拉强度/MPa				
		1180	1270	1370	1470	1570
		钢丝实测破断拉力总和/kN				
48	1310	≥1878	≥2022	≥2180	≥2340	≥2499
50	1421	≥2038	≥2193	≥2366	≥2539	≥2711
52	1538	≥2204	≥2372	≥2559	≥2746	≥2933
54	1657	≥2377	≥2558	≥2759	≥2961	≥3162
56	1782	≥2566	≥2751	≥2967	≥3184	≥3401
58	1912	≥1742	≥2951	≥3184	≥3416	≥3649
60	2046	≥2935	≥3158	≥3407	≥3656	≥3905
62	2184	≥3133	≥3372	≥3637	≥3903	≥4168
64	2328	≥3339	≥3594	≥3877	≥4160	≥4443

表 9-486 全密封钢丝绳(四层 Z 形钢丝)品种、质量和破断拉力

钢丝绳公称直径/mm	参考质量/(kg/100m)	钢丝绳公称抗拉强度/MPa				
		1180	1270	1370	1470	1570
		钢丝实测破断拉力总和/kN				
56	1803	≥2574	≥2751	≥2968	≥3185	≥3401
58	1934	≥2761	≥2951	≥3184	≥3416	≥3648
60	2069	≥2954	≥3158	≥3407	≥3656	≥3904
62	2210	≥3155	≥3372	≥3638	≥3903	≥4169
64	2354	≥3361	≥3593	≥3876	≥4159	≥4442
66	2504	≥3575	≥3822	≥4123	≥4423	≥4724
68	2658	≥3795	≥4057	≥4376	≥4696	≥5015
70	2817	≥4021	≥4299	≥4637	≥4976	≥5314

D 主要生产企业

主要生产企业有宁夏恒力钢丝绳股份有限公司。

9.18.5.6 平衡用扁钢丝绳

由被称作“子绳”(每条子绳由 4 股组成)的单元钢丝绳制成。通常为 6 条、8 条或 10 条子绳,左向捻和右向捻交替并排排列,并用缝合线如钢丝、股缝合或铆钉铆接。

表 9-487 全密封钢丝绳（五层 Z 形钢丝）品种、质量和破断拉力

钢丝绳公称直径/mm	参考质量/(kg/100m)	钢丝绳公称抗拉强度/MPa				
		1180	1270	1370	1470	1570
		钢丝实测破断拉力总和/kN				
60	2093	≥2968	≥3194	≥3446	≥3697	≥3949
62	2235	≥3169	≥3411	≥3679	≥3948	≥4216
64	2381	≥3377	≥3634	≥3920	≥4207	≥4493
66	2532	≥3591	≥3865	≥4193	≥4474	≥4778
68	2688	≥3812	≥4103	≥4426	≥4749	≥5072
70	2849	≥4039	≥4348	≥4690	≥5032	≥5375

注：全密封钢丝绳最小破断拉力 = 钢丝实测破断拉力总和 ×0.86。

A 技术标准

现行的技术标准为 GB/T20119—2006《平衡用扁钢丝绳》，为推荐性国家标准。

B 扁钢丝绳类型

GB/T20119—2006 给出了 PD6 ×4 ×7、PD8 ×4 ×7、PD8 ×4 ×9、PD8 ×4 ×14 和 PD8 ×4 ×19 五种双纬绳缝合类型的扁钢丝绳。

C 典型结构、公称尺寸、参考质量和破断拉力

扁钢丝绳典型结构、公称尺寸、质量和破断拉力见表 9-488。

表 9-488 扁钢丝绳典型结构、公称尺寸、参考质量和破断拉力

扁钢丝绳典型结构	公称尺寸宽厚/mm	子绳钢丝公称尺寸①/mm	子绳钢丝横截面积总和/m²	扁钢丝绳参考质量②/(kg/100m)	扁钢丝绳公称抗拉强度/MPa			编制方式
					1370	1470	1570	
					最小破断拉力总和/kN			
6×4×7 子绳股结构 (1+6)	58×13	1.3	223	210	306	328	350	双纬绳两侧各 2 条
	62×14	1.4	258	240	353	379	405	
	67×15	1.5	297	280	407	437	466	
	71×16	1.6	338	320	463	497	531	
	75×17	1.7	381	360	522	560	598	
8×4×7 子绳股结构 (1+6)	88×15	1.5	396	370	543	582	622	
	94×16	1.6	450	420	616	662	706	
	100×17	1.7	508	470	696	747	798	
	107×11	1.8	570	530	781	838	895	
	113×19	1.9	635	580	870	933	997	
	119×20	2.0	703	650	963	1030	1100	
8×4×9 子绳股结构 (FC+9)	132×21	1.7	653	700	895	960	1030	双纬绳两侧各 4 条
	139×23	1.8	732	770	1000	1080	1150	
	143×24	1.85	774	800	1060	1140	1220	
	147×24	1.9	816	840	1120	1200	1280	
	155×26	2.0	904	940	1240	1330	1420	
	163×27	2.1	997	1050	1370	1470	1570	
	170×28	2.2	1090	1160	1490	1600	1710	
8×4×14 子绳股结构 (4+10)	145×24	1.7	1020	960	1400	1500	1600	
	154×25	1.8	1140	1080	1560	1680	1790	
	158×26	1.85	1200	1140	1640	1760	1880	
	162×27	1.9	1270	1190	1740	1870	1990	
	171×28	2.0	1410	1330	1930	2070	2210	
	180×30	2.1	1550	1480	2120	2280	2430	
	188×31	2.2	1700	1610	2330	2500	2670	
8×4×19 子绳股结构 (1+6+12)	148×24	1.5	1070	980	1470	1570	1680	
	157×25	1.6	1220	1120	1670	1790	1920	
	166×26	1.7	1380	1260	1890	2030	2170	
	177×28	1.8	1550	1420	2120	2280	2430	
	187×29	1.9	1720	1560	2360	2530	2700	
	196×31	2.0	1910	1740	2620	2810	3000	
	206×33	2.1	2100	1950	2880	3090	3300	
	216×34	2.2	2310	2120	3160	3400	3630	

注：若纬绳钢丝损坏钢丝绳报废时，纬绳可以用其他构件代替，但应按本标准的规定进行检验与验收。

① 子绳钢丝公称尺寸允许在 ±0.20mm 范围内调整；

② 钢丝绳的参考质量为未涂油的质量，涂油钢丝绳的单位长度质量应双方协议。

D 主要生产企业

主要生产企业有鞍钢钢绳有限责任公司、贵州钢绳股份有限公司、宁夏恒力钢丝绳股份有限公司、山东舒博特钢丝绳有限公司。

9.18.5.7 包覆(涂)和填充钢丝绳

钢丝绳在制造质量优良而且使用和维护得当的情况下,也就是说钢丝绳在制造、使用、维护等方面都完全满足标准或符合规范的条件下,不论是点接触、线接触还是面接触钢丝绳,其失效或报废的根本原因是钢丝绳的腐蚀、磨损和疲劳。为了消除这些原因,欧美各国率先将固态聚合物材料应用于钢丝绳制造业,近几年来,贵州、宁夏、江苏、浙江等地的钢丝绳制造厂进行了应用开发并在个别特殊行业使用。钢丝绳用固态聚合物包覆(涂)和填充,一方面能有效阻隔外界有害介质浸蚀金属,防止尘埃钻入,从而提高钢丝绳的抗腐蚀能力;另一方面,包覆(涂)和填充或衬垫材料能有效改变钢丝绳各组件钢丝的接触和摩擦状态,减小钢丝间的接触应力,减少钢丝间的挤压,提高钢丝绳的抗磨损、抗疲劳性能;另外包覆(涂)和填充或衬垫钢丝绳还可以改善与绳轮的接触状态,提高钢丝绳的抗冲击能力、抗横向挤压性能,增加钢丝绳柔韧性,这些均有利于增加钢丝绳的使用寿命。随着包覆(涂)装备、技术和质量提高,以及人们对填充或衬垫钢丝绳认识加深,包覆(涂)和填充或衬垫钢丝绳将具有比较广阔的应用前景。

目前国内外尚没有统一的国际和国家标准,因此实际应用还只能使用有关企业的技术标准。

(1) 固态聚合物包覆钢丝绳。外部包覆(涂)有固态聚合物的钢丝绳。

(2) 固态聚合物填充钢丝绳。固态聚合物填充到钢丝绳的间隙中,并延伸到或稍微超出钢丝绳外接圆的钢丝绳,如图 9-532(a)所示。

(3) 固态聚合物包覆和填充钢丝绳。包覆(涂)和填充固态聚合物的钢丝绳。

(4) 衬垫芯钢丝绳。绳芯用固态聚合物包覆(涂),或填充和包覆(涂)的钢丝绳,如图 9-532(b)所示。

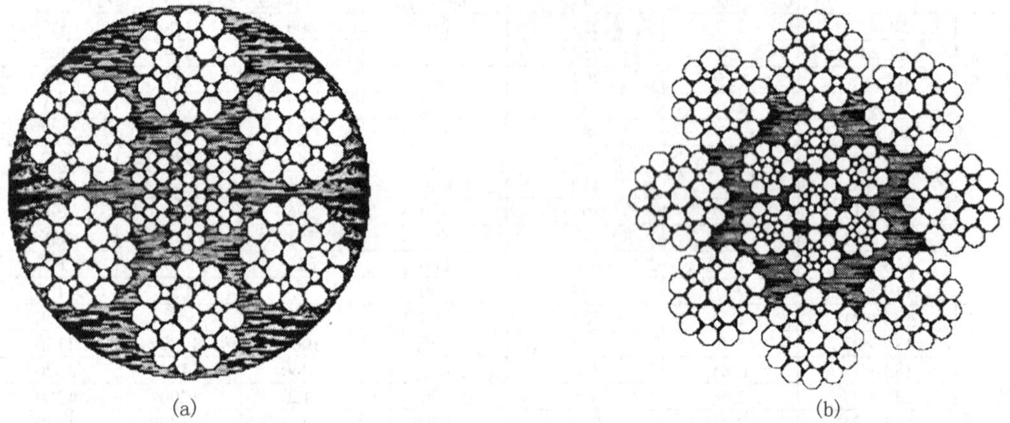

图 9-532 固态聚合物填充钢丝绳与衬垫芯钢丝绳

(a)固态聚合物填充钢丝绳;(b)衬垫芯钢丝绳

(5) 衬垫钢丝绳。在钢丝绳内层、内层股或股芯上包覆聚合物或纤维,从而在相邻股或叠加层之间形成衬垫的钢丝绳。

9.18.5.8 提升钢丝绳的选择与计算

钢丝绳品种繁多、外表相似、性能复杂、应用范围广、使用条件各异,要做到既安全又经济的使用钢丝绳,设计部门和使用单位合理选择钢丝绳是关键环节之一,是正确使用的基础。

A 选择

钢丝绳的选择,首先应符合有关规程和产品标准的规定,同时应考虑影响钢丝绳使用性能和效果的各种特点和特性,其特点和特性主要包括:整绳破断拉力(钢丝破断拉力总和)、耐疲劳性、耐磨性、耐腐蚀性、耐热性、抗挤压性、阻旋转性、柔韧性、结构伸长和弹性模量等。目前的技术水平还很难生产出“全能”的钢丝绳,也就是说某一品种结构一般只具有其中的一种或几种性能。例如,同直径同强度下,破断拉力由高到低顺序为密封绳、压实绳、异形股绳、圆股线接触绳、圆股点接触绳;耐疲劳性压实绳高于线接触绳、线接触绳高于点接触绳、异形股绳高于圆股绳、同向捻高于交互捻、预张拉高于非预张拉；耐磨性密封绳、压实绳、异形股绳较好，圆股绳较差，同向捻比交互捻好、外层钢丝较粗的较好；耐腐蚀性镀锌或镀锌铝合金绳较好、包覆和填充绳较好；抗挤压性压实绳高于线接触绳、线接触绳高于点接触绳、金属芯高于纤维芯、交互捻高于同向捻；阻旋转性多层股和四股钢丝绳较好，左捻和右捻成对并联使用较好；结构伸长预张拉优于非预张拉，金属芯高于纤维芯。矿用钢丝绳见表9-489。

表9-489 钢丝绳主要用途推荐

用途	名称	类型结构	备注
竖(立)井提升	异形股钢丝绳	6V×21,6V×24,6V×30,6V×34,6V×37,6V×37S,6V×43,6Q×19+6V×21,6Q×33+6V×21	酸碱度高、淋水大、涂油困难的矿井应选用镀锌或Zn95Al5锌铝合金的钢丝绳；单绳缠绕式提升推荐选用阻旋转钢丝绳；摩擦轮式提升推荐选用异形股钢丝绳，并且左捻和右捻成对使用
	线接触钢丝绳	6×19S,6×19W,6×25Fi,6×29Fi,6×26WS,6×31WS,6×36WS,6×41WS	
	阻旋转钢丝绳	18×7,17×7,35W×7,24W×7	
施工开凿竖(立)井提升	阻旋转钢丝绳	18×7,17×7,34×7,36×7,35W×7,24W×7,4V×39S,4V×48S	挤压损伤严重时应选用金属芯钢丝绳
	异形股钢丝绳	6Q×19+6V×21,6Q×33+6V×21	
	面接触钢丝绳	6T×7,6T×19S,6T×19W,6T×25Fi	
竖(立)井平衡	线接触钢丝绳	6×37S,6×36WS	仅交互捻适用
	阻旋转钢丝绳	18×7,17×7,34×7,36×7,35W×7,24W×7,4V×39S4V×48S	
	扁钢丝绳	见表9-488	
斜井提升	异形股钢丝绳	6V×18,6V×19	推荐采用同向捻
	线接触钢丝绳	6×7,6×9W,6×19S	
	面接触钢丝绳	6T×7,6T×19S,6K×7	
竖(立)井罐道及索道	异形股钢丝绳	6V×18,6V×19	
	阻旋转钢丝绳	18×7,17×7	
	密封钢丝绳	见表9-482～表9-487	
露天斜坡卷扬	异形股钢丝绳	6V×30,6V×34,6V×37,6V×37S,6V×43	推荐采用同向捻
	线接触钢丝绳	6×37S,6×36WS,6×41WS,6×49SWS,6×55SWS	
	面接触钢丝绳		
钢丝绳牵引胶带运输机、索道及地面缆车	线接触钢丝绳	6×19S,6×19W,6×25Fi,6×29Fi,6×26WS,6×31WS,6×36WS,6×41WS	推荐采用同向捻，6×19W不适用于索道
挖掘机	异形股钢丝绳	6V×37S,6V×37,6V×34,6V×30,6V×43	推荐采用金属芯同向捻
	线接触钢丝绳	6×19S,6×19W,6×25Fi,6×29Fi,6×26WS,6×31WS,6×36WS,6×49SWS,6×55SWS,35W×7,24W×7	

B 计算

a 现行矿井提升规程给出的钢丝绳安全系数计算公式

钢丝绳的安全系数(m)等于实测的合格钢丝绳破断拉力的总和(F_{minc},kN)与其所承受的最大静拉力(Q_i,kg)(包括绳端载荷和钢丝绳自重所引起的静拉力 $Q_i=Q_0+p_L$)之比：

$$m = F_{\mathrm{minc}}/Q_i \tag{9-464}$$

式(9-464)转化为下列静拉力计算公式：

$$M = Q_0/(R_0/gm\rho - L) \tag{9-465}$$

式中 L——钢丝绳悬垂长度，m；

M——单位长度重量，kg/m；

R_0——公称抗拉强度，MPa；

ρ——密度，kg/m^3；

Q_0——绳端荷重，kg；

g——重力加速度，m/s^2。

竖井缠绕式提升钢丝绳悬垂长度 $L=H+h$，则式(9-465)转换为：

$$M = Q_0/[R_0/gm\rho - (H+h)] \tag{9-466}$$

式(9-466)是不带尾绳的计算公式。如果有尾绳,在尾绳单位长度质量小于等于提升绳中单位长度质量时,计算方法与不带尾绳的情况相同。

多绳提升最大静拉力的计算方法与前相同,计算中要按荷重在几根钢丝绳上平均分配,所以要将式(9-465)转换为:

$$M = Q_0/(nR_0/gm\rho - nL) \tag{9-467}$$

斜井提升计算方法与竖井相同,只是要考虑斜井轨道倾角(θ)、提升容器运动的阻力(阻力系数f_1,如果没有实测数据,一般可采用0.01~0.015)以及钢丝绳与底板和托滚间的阻力(摩擦系数f_2,如果没有实测数据,一般可采用0.15~0.20)的影响。天轮切点处的最大静拉力为:

$$Q_i = Q_0(\sin\theta + f_1\cos\theta) + gpL(\sin\theta + f_2\cos\theta) \tag{9-468}$$

钢丝绳倾角长度(L)为容器装载点至卸载点间的距离(S)与卸载点至天轮切点间的距离(S')之和,即$L = S + S'$。则式(9-465)转换为:

$$M = Q_0(\sin\theta + f_1\cos\theta)/[(R_0/gm\rho) - (S + S')(\sin\theta + f_2\cos\theta)] \tag{9-469}$$

b 按现行钢丝绳产品标准给出的参数计算安全系数

与作废的钢丝绳标准相比,国内外现行的提升钢丝绳标准在结构、规格和技术参数等方面均发生了较大变化。例如:以钢丝绳最小破断拉力代替钢丝破断拉力总和,绳径以优化数整数系列给出,增加了性能优良的新的品种结构,钢丝直径和总断面积不再列出,没有给出钢丝绳的密度值等,这些变化给提升钢丝绳设计过程中安全系数的计算带来了一些不便。下面按现行钢丝绳产品标准的技术参数(F_{min}和K')分别给出了式(9-465)、式(9-466)、式(9-467)和式(9-469)安全系数计算的转换公式:

$$M = F_{min}K'/mgL - Q_0/L \tag{9-470}$$

$$M = F_{min}K'/mg(H + h) - Q_0/(H + h) \tag{9-471}$$

$$M = F_{min}K'/nmgL - Q_0/nL \tag{9-472}$$

$$M = F_{min}K'/mg(S + S')(\sin\theta + f_2\cos\theta) - Q_0(\sin\theta + f_1\cos\theta)/(S + S')(\sin\theta + f_2\cos\theta) \tag{9-473}$$

(1) 各种提升设备用的钢丝绳,悬挂时的安全系数必须符合下列规定:1)专作升降人员用的,不低于9;2)升降人员和物料用的,升降人员时不低于9,升降物料时不低于7.5;3)专作升降物料用的,不低于6.5;4)多绳摩擦提升钢丝绳,升降人员或升降人员和物料用的不低于8,升降物料用的不低于7;5)作罐道或防撞绳用的,不低于6。

(2) 使用中的钢丝绳,定期试验时安全系数为下列数值的,必须更换:1)专作升降人员用的,小于7;2)升降人员和物料用的,升降人员时小于7,升降物料时小于6;3)专作升降物料和悬挂吊盘用的,小于5。

9.19 井下安全支护设备

9.19.1 锚杆台车和撬毛车

在矿山生产中,相对于凿岩、装载、运输三大主体生产设备以外的采矿设备,一般称采矿辅助设备。国外十分重视辅助设备的研发和生产。本节主要介绍采矿辅助设备的井下安全支护设备:锚杆台车、撬毛车、混凝土输送车、混凝土喷射车和混凝土喷射机械手。

在矿山井巷、采场、硐室、隧道等地下工程及露天矿边坡维护作业中,支护技术对保障安全生产很重要,尤其是随着掘进机械的发展和提高,更需要一种快速高效的支护技术。采用机械化支护技术和设备,对提升掘进和采矿效率,保证工程质量,改善作业条件,减轻工人的劳动强度,确保安全生产起着很重要的作用。

锚杆台车一般是指钻凿锚杆孔、注浆、安装锚杆的设备机具组合放置在能行走底盘上而组成的车辆。随着采掘机械化水平的提高,巷道断面的不断加大,锚杆支护矿岩硬度的提高(金属矿山),单体式锚杆钻机已不能适应,而效率高、劳动强度低,安全性好的锚杆台车逐渐显现出其独特的优越性。

9.19.1.1 现状与发展趋势

A 国内现状

我国在1976年开始研制锚杆支护设备,首先研制成功了MGJ-1型,随后开发了CGM-40型、CLM-1型、

CTM3-1 型、CTM3-2 型、MAC-1 型和 YM-26 型系列锚杆台车。

MGJ-1 型锚杆台车（广东省煤矿机械厂），该车主要由工作机构、钻臂、液压系统、注浆罐等部件组成。大臂与车体上回转体相连，其仰落由支撑缸来实现，工作机构与钻臂顶部相铰接，钻臂系一旋转油缸，可驱使工作机构完成扇形孔作业。适用于矿岩硬度 $f \leqslant 8$ 的钻孔，它与普通凿岩机钻眼和人工注浆相比，可提高效率 3 ~4 倍，该机可以保证锚杆孔的深度和角度，并使灌注密实，保证了工程质量，液压系统性能好，动作灵活，操作方便，质量轻，体积小。

YM-26 型锚杆台车（浙江温州煤矿机械厂），该车钻具采用风动外，其他全部采用液压操作和驱动，钻臂用极坐标移位迅速。推进器由滑道梁、推进油缸、动滑轮、棘轮、自动返位和浮动顶紧装置等部分组成。稳车采用液压卡轨器。为防止发生意外的振动、泄漏、擦伤等事故，在管路系统采用液压锁。该机在巷道内钻孔，工作状态时力矩平衡。行走时外形尺寸小，下井、转弯和运输方便，拆装容易，坚固耐用。该机早已通过部级鉴定。

CGM-40 型全液压锚杆台车（煤科院北京建井所），该车可完成钻孔、安装锚杆和注浆三道工序。该车为轨道式行走底盘，钻臂起落由支臂缸驱动，俯仰角油缸可变更转架的仰俯角度，它与支臂缸配合，能保证钻锚杆孔时垂直顶板岩层。转架是完成钻孔、安装锚杆和注浆的主要部件。操纵台集中了全部液压操作阀、风阀和电器控制开关，以实现控制台车的全部动作。钻孔速度921.5mm/min，由原一机部组织了技术鉴定。会议认为该台车结构简单、效率高、作业安全可靠。

CLM-1 型锚杆凿岩台车（宣化风动机械厂和北京矿冶研究院联合研制），主要由推进器、钻臂、行走底盘部分组成。钻臂用复合坐标式（直角坐标式钻臂加根部回转），克服了直角坐标式不能打侧帮孔和极坐标不能打顶板及侧帮平行孔的缺点。履带行走底盘分别用两个 5.97kW（8hp）的风马达驱动，司机棚是可拆卸的。该机在符山铁矿水平巷道中进行工业试验，共钻凿 9km，$f = 8 \sim 10$，孔径为 38 ~42mm，孔深1.8m，平均台时效率12.9m。一个月最多凿孔 2900 个。每班可钻孔 43 ~50 个，其工效比气腿式凿岩机提高1.3倍，作业安全，劳动条件大为改善。已通过原冶金部组织的技术鉴定。

MAC-1 型锚杆安装车（由马鞍山矿山研究院与苏州冶金机械厂联合研制），该车可整车自行运行，可伴随一定量的运输，可完成砂浆的机械搅拌、注浆，配备液压升降平台，可协助完成绑扎钢丝网，检查较高顶板状态等作业。该安装车采用 YCK-30D 运料车底盘，柴油驱动，铰接车体，胶轮行走。举升平台以压缩空气为动力，以底盘油箱为油源，靠与液压回路配套的双向液压锁来保证平台稳定，结构简单，操作方便。搅拌机的旋转由风马达传动，搅拌的砂浆经注浆罐、砂浆输送软管由压气注入锚杆孔。该机进行的工业试验，共安装 2469 根砂浆锚杆，实测生产率为 60 根/（台·h）。实践证明该台车工作时稳定性好，生产率高，底盘性能可靠，运行平稳，改善了作业条件，减轻劳动强度。采用机械搅拌的砂浆比较均匀，可提升锚杆的锚固强度。其配套件和备件通用性强，操作方便。该车通过了原冶金部组织的技术鉴定。

CTM3-1 型锚杆台车（马鞍山矿山研究院）。该台车由底盘、转架、钻臂、立柱、液压系统、注浆系统、搅拌机、风水系统等组成。采用柴油驱动胶轮行走底盘，所有工作机具均安在底盘上，工作机构的动力源为压气，由风马达驱动油泵产生压力油，由液压驱动变幅机构运动和进行钻装作业。

目前地下金属矿山主要使用 MGJ-1、CGM40 和 CLM-1 等 3 种全液压锚杆台车，它们适于安装砂浆锚杆。CLM-1 型为履带行走，复合坐标钻臂，配 YGP-28 风动凿岩机。适合巷道宽度大于 2.8m、高度 2.8 ~3.5m 的无轨矿山使用。近年来，我国地下矿山还从国外引进了一些锚杆台车，如 Tamrock 公司的 Robolt H495 -22 型和 Atlas Copco 公司的 H321 型等，在生产实际应用中都发挥了较好的作用。

随着喷锚支护迅速发展和广泛应用，及消化引进国外先进的技术和设备，国内喷锚设备发展很快，已研制生产多种型号、系列的锚杆台车及钻机。

B 国外现状

随着矿山井巷、隧道等地下工程锚杆支护作业的普及与发展，国外一些矿山设备公司相继研制出了功能全、自动化程度高的台车式锚杆钻装车，真正实现了锚杆支护施工的高度机械化、智能化，从而减轻了工人劳动强度，提高了工作效率和施工质量。

20 世纪 50 年代末，法国首先研制出锚杆台车，60 年代法国 Secoma 公司取得了专利权，70 年代形成系列并出现了带锚杆箱的钻装车。以后相继美、德、南非、芬兰等许多国家，十多家公司开发了各种锚杆台车，并进行了系列生产。

a 法国 Secoma 公司

该公司生产的全液压锚杆台车的特点是全部工序机械化和工作机构、行走机构、操纵台、风动液压装置的标准化。使用的 BVAN1500B 型锚杆支臂，由钻臂起落的支臂缸，整体水平回转的摆臂缸，俯仰角度变幅的俯仰缸，钻臂伸缩的伸缩缸等组成。CTH 系列的全液压锚杆台车，履带行走，配有 RPH-200 或 RPR-40 型液压凿岩机。台车重 12t，最大行走速度2.2km/h，可在 10 ~ 14m^2 的巷道中使用。ATH 系列的 ATH12-1B 和 ATH15-1B 型锚杆台车主要用于中小断面，胶轮行走，柴油驱动，配用 BVAN1100B 型支臂，TUT_2 型转架，RHR-40 型液压凿岩机，机重 8t，最大行走速度为6.5km/h。PEC 系列锚杆台车，系铰接静液压传动的台车，四轮驱动，灵活机动，定位准确，坡道行走安全可靠，适用高度 8m 以内，断面大于 14m^2 的巷道。该台车的工作机构和司机室装在钻臂上。工作机构包括凿岩机和锚杆箱旋转架，凿岩机可钻直径 42mm、深度为 2m 的孔。吊筐的附加承载能力为 400kg，最大举升高度为5.65m，回转半径为5.5m。台车运输时：长8.9m、宽2.4m、高2.25m。台车自重为 13t，效率：60 根/班。

b 芬兰 TAmrock 公司

该公司生产的 Robolt 系列锚杆台车，既能安装水泥砂浆锚杆，又能安装树脂锚杆和开缝式锚杆。每人每小时可安装 8 ~ 12 根锚杆。当围岩不很稳固时，可先装少数树脂锚杆，使顶板初步稳定，然后再安装砂浆锚杆，既保证了安全又节省了支护费用。该公司制造的 Robolt 型通用型自行锚杆台车，其特点是利用通用的部件，如一些成批生产的凿岩台车底盘和钻臂等。Robolt 型自行台车的头部是特制的，其上配有凿岩机、锚杆箱、向钻孔供凝固剂的装置、锚杆推进器、旋转器和向孔内自动给进和退回软管的机构，推进长度通常为 1.85 ~ 4.45m。锚杆箱可容 8 根锚杆，它配有夹持器，能自动的把锚杆安装在锚杆孔中。在自行底盘上，装有水泥砂浆的制备装置和沿软管向炮孔输送泥浆用的泵。

c 美国 I-R 公司

该公司生产的 Kpabl-1 锚杆台车使用柴油驱动胶轮行走的底盘，机器的工作机构和锚杆箱安装在钻臂上，锚杆箱可容纳 12 根锚杆，司机选好孔位，在操纵台上操纵，开动凿岩机推进装置，开孔时定向使用扶架，钻孔过程中不换钎。凿岩结束时，使凿岩机推进器翻转，由自动螺母扳手推进器取代它的位置。同时转动锚杆套柄，使锚杆末端与自动螺母扳手套筒的轴线方向一致。把锚杆送入孔中，用自动螺母扳手使垫板压紧岩石，然后开动螺母扳手使驱动装置拉紧锚杆。在锚杆安装机上配备有锚杆方向和应力的监测装置。司机距安装锚杆的地点约3.3 ~ 4.8m，安装一根锚杆需 3min。该台车的优点是提高了效率和工作的安全性。

d 瑞典 Atlas Copco 公司

该公司生产的 Boltec 系列锚杆台车是综合机械化锚杆台车，可用于树脂锚杆、水泥注浆锚杆和摩擦式锚杆等，一个推进器可同时完成钻孔与安装锚杆作业。安装锚杆时，支架在巷道顶板之间撑开。其行走机械可以是胶轮，也可以是履带行走。用 Cop 420R 液压凿岩机钻锚杆孔。借助于伸缩臂，可以在高 4m 的地方安装锚杆，使用压气往锚杆孔推进锚杆。每小时可安装 500 根锚杆。

e 瑞典 Alimak 公司

该公司生产的 Alimak RBA 型锚杆台车为钻装锚杆全套自动化设备。它包括带铰接底盘的钻车、伸缩式支臂和操纵室。支臂上装有凿岩设备，有用聚合树脂装填锚杆孔的机械和安装锚杆的自动化装置。其伴生产品 861 型（有气动或液压的）是用于机械化锚装和装填树脂胶锚杆的台车，回转架可以转180°。871 型锚杆台车已全部实现自动化和液压化，操作者可控制全部动作。Alimak RBA 型的回转架配有贮 5 根锚杆的锚杆箱。树脂盛放在容器里，把套管插入锚杆孔然后加注树脂和凝固剂，其用量用调整泵塞行程长度来控制。在安装带有螺栓的锚杆时，由液压马达驱动，同时搅拌树脂和凝固剂。当锚杆螺栓完全进入炮孔后，操作者将支臂移到新的位置。

f 加拿大 Jarvis Clark 公司

该公司研制的 Jetbolter JB_2-H 型双臂锚杆钻车，可使孔径减至 16mm，节省了树脂用量，钻速达 4.8～5.4m/min。台车由 2 台 37.285kW（50hp）的电动机驱动，工作压力 24.5MPa。由于水压高，每米炮孔用水量仅为 2L。采用带有 2～4m 水射流钻头，喷嘴直径0.4～0.7mm，可钻孔径为 16～37mm 锚杆孔。孔壁虽然不规整，但能提高树脂与岩壁的黏结强度。由于水射流钻孔钻头转数达 500 r/min，推力小，寿命也长。

近些年来，国外锚杆台车发展很快，广泛用于锚杆支护施工。

C 发展趋势

(1) 采用液压凿岩机钻孔，实现钻孔、注浆、插杆安装全部机械化，自动化。

(2) 锚杆台车的机具通用化，产品系列化，小型化，满足各类锚杆安装的要求。

(3) 研制程序控制的多种锚杆台车，实现遥控。

(4) 随着树脂黏结式锚杆的推广应用，宜发展水射流钻孔台车。

(5) 巷道和硐室的支护推广采用锚杆钻装车。

9.19.1.2 分类与优缺点及适用范围

国内外使用的锚杆种类很多，按其锚固部位，可分为端部锚固、全长锚固及混合锚固三类。楔缝式、胀壳式、头部胶结式等均属于端部锚固，其特点是通过眼底端的锚头和另一端的紧固部分，使杆体受拉，从而对围岩施加压力。全长锚固锚杆，如砂浆锚杆、树脂锚杆，则是通过黏结剂将杆体和围岩黏结在一起，因锚杆和围岩弹模不一致，在共同变形的过程中，锚杆对围岩施加压力。摩擦式锚杆是用机械方法使锚杆压入围岩，使杆体和围岩间产生摩擦力，靠摩擦力将杆体与围岩联系起来，并对围岩施加压力。锚杆分类见表 9-490。

表 9-490 锚杆分类

设置方式	锚固原理	锚杆型式	
		基本型	实用型
端部固定方式	机械锚固	楔缝式	楔缝型
			双楔型
			楔缝-胀圈混合型
		胀圈式	胀圈型
			双胀圈型
			异型胀圈型
		爆固式	用火药爆炸固定的锚杆
	胶结剂锚固	头胶结式	用环氧树脂胶结
			用聚合酯树脂胶结
全长固定方式	化学剂或水泥浆锚固	全钻孔充填式	用混凝土胶结
			用水泥浆胶结
			用水泥砂浆胶结
		全面胶结式	用环氧树脂胶结
			用聚合酯树脂胶结
	挤压孔壁产生摩擦力锚固	全钻孔摩擦式	开缝式钢管型

按动力方式可分为气动和液压两种。其中液压锚杆钻机具有运搬方便、操作简单、钻孔速度快、无粉尘、噪声小、工作可靠、适应性强等特点，在煤炭系统矿山得到较多应用。

采用手工安装楔缝式锚杆，一般是先把楔子插入打好的钻孔切口中，将杆体送至孔底，套上垫板和螺帽，将杆体用大锤或凿岩机冲击，直至杆体与围岩夹紧为止，最后将螺帽拧紧。手工安装效率低，成本高，劳动强度大，安全性差，锚固质量差，往往满足不了施工进度和锚固力要求。

采用锚杆台车施工，改变了手持式凿岩机钻孔、人工注浆和插杆的笨重体力劳动，提高了支护机械化程度，显著改善了工作面作业条件，提升了支护速度，效率高，成本低，安全可靠，又提升了锚固强度，而且，锚杆支护用的设备机具简单，加工制作容易，使用方便，支护用的原材料来源广泛。

目前，锚杆台车主要用于矿山采场、巷道、硐室、铁路和公路隧道及露天边坡工程支护和加固施工中。对于大块岩体加固采用长锚索钻装车，孔深可达5～50m，钻孔直径16～130mm。

9.19.1.3 锚杆台车结构特征

A 普通锚杆台车

普通锚杆台车是用来区别长锚索台车，习惯又称锚杆台车或钻装车。锚杆台车的基本结构如图9-533所示，它可完成钻锚杆孔、注浆、由锚杆架上选取锚杆并安装捣实等作业。用同样的锚杆机头可用来灌注树脂和水泥，而无需更换任何部件，行走方式可采用柴油机四轮驱动，铰接车架。

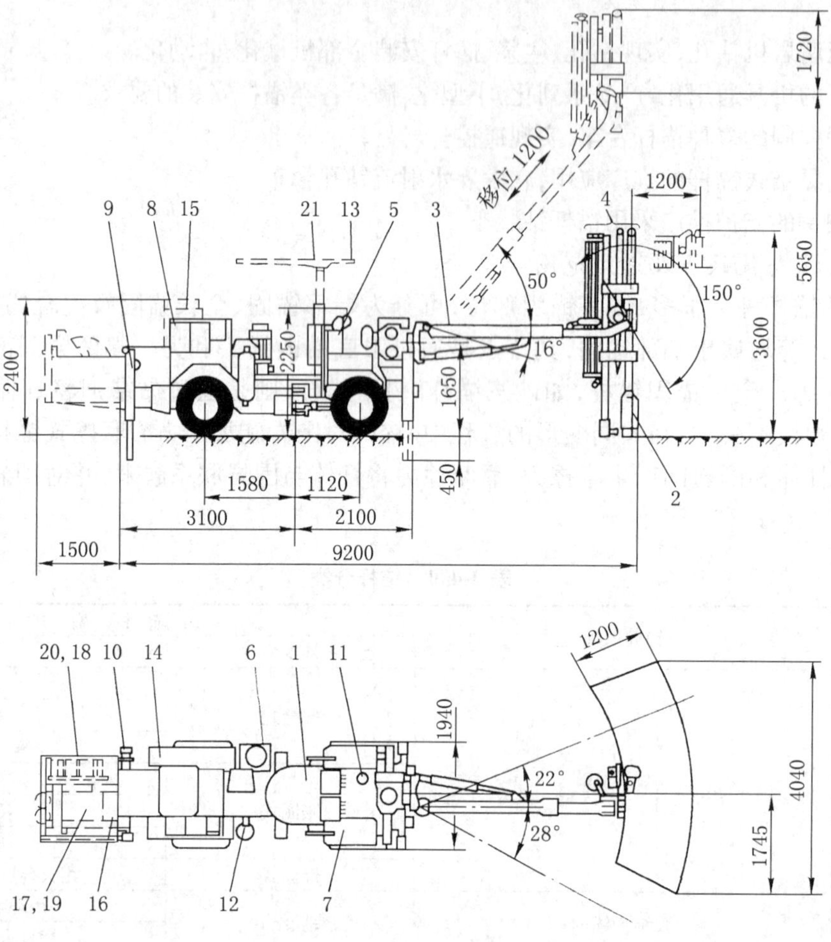

图9-533 锚杆台车的基本结构

1—发动机与底盘；2—凿岩机；3—支臂；4—供灌浆筒和水泥料用的锚杆机头；5—控制盘；6—动力箱；7—油冷却器；8—主开关系统；9—液压支脚（4个）；10—水减压阀；11—钎尾集中注油器；12—空气净化器；13—作业照明和行驶照明；14—水压泵；15—钎尾润滑装置；16—接地保护和过电流保护装置；17—自动电缆卷筒；18—自动水管卷轮；19—手动电缆卷轮；20—手动水管卷轮；21—安全棚（注：其中14～21为选配件）

锚杆机头的具体结构如图9-534所示。

支臂的组件具体结构如图9-535所示。支臂可旋转360°，可伸缩1200mm。

图9-536所示为水泥料灌注系统，它是为使用树脂和水泥料而设计的。

B 长锚索台车

长锚索台车又称锚索钻装车，主要用于加固大块岩体，如采空区、大的采场、硐室、充填法采场顶板的预先支护及露天边坡的加固支护。

长锚索支护构件是在被加固的岩体中钻凿具有一定直径的深孔，用水泥砂浆注满全孔将钢绳或钢绞线固结其中，使其固结后即可对失稳岩体起加固作用。或将带有锚头的钢绳或钢绞线一并放入孔中经张拉锁定，达到加固岩体的目的。

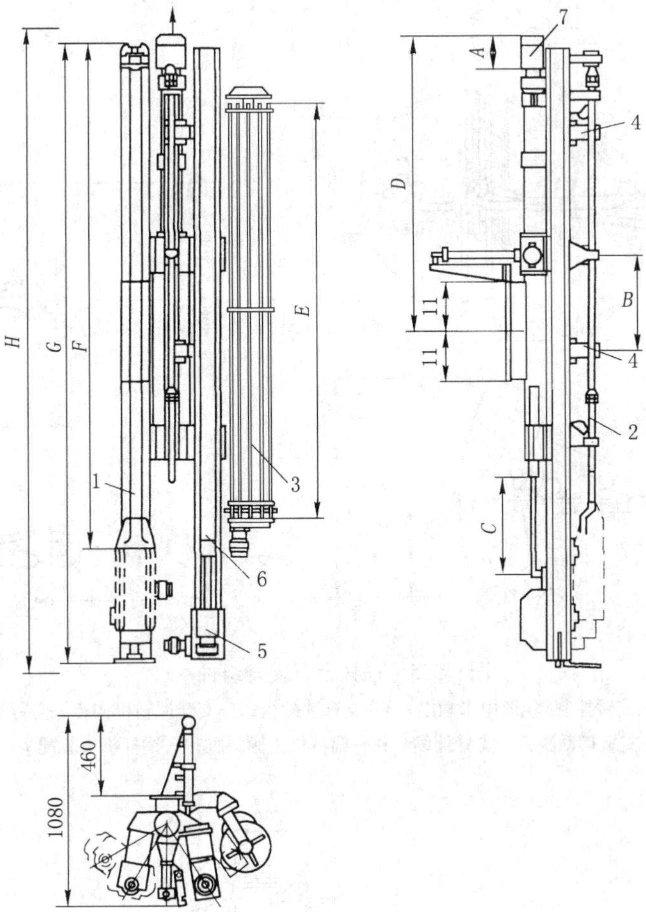

基础台架	A/m	B/m	C/m	D/m	E/m	F/m	G/m	H/m
BH18-8	0.23		0.565	1.42	1.8	2.4	3.35	3.6
BH22	0.23	0.55	0.565	1.42	2.2	2.4	3.35	3.6
BH24	0.38	0.80	0.565	1.72	2.4	2.7	3.60	3.8
BH29	0.38	0.80	0.565	1.87	2.9	3.2	4.10	4.3
BH33	0.38	0.80	0.565	2.10	3.3	4.0	5.10	5.3
BH43	0.38	0.80	0.565	2.75		4.8	6.00	6.2

图 9-534 锚杆机头结构

1—凿岩机推进器;2—筒装树脂注入器;3—锚杆架子;4—锚杆操作臂(两个);5—锚杆回转电动机;6—锚杆推进器;7—直立稳定器;*F*—钎杆长度

长锚索施工主要包括锚孔钻凿、锚索张拉、砂浆灌注等工艺。

a 锚孔钻凿

根据设计所确定的锚孔直径、孔深及孔的倾角和岩层性质以及施工场所是露天还是井下来选取钻孔设备。

铁路隧道、输水涵洞、大断面地下硐室、水工大坝以及露天边坡等处的岩体锚固时,大都采用大直径深孔,其孔径多为 100 ~ 130mm,孔深大多为 15 ~ 60m 或更深者。

表 9-491 中列举了适用于长锚索锚孔用的部分钻机,可供选用。

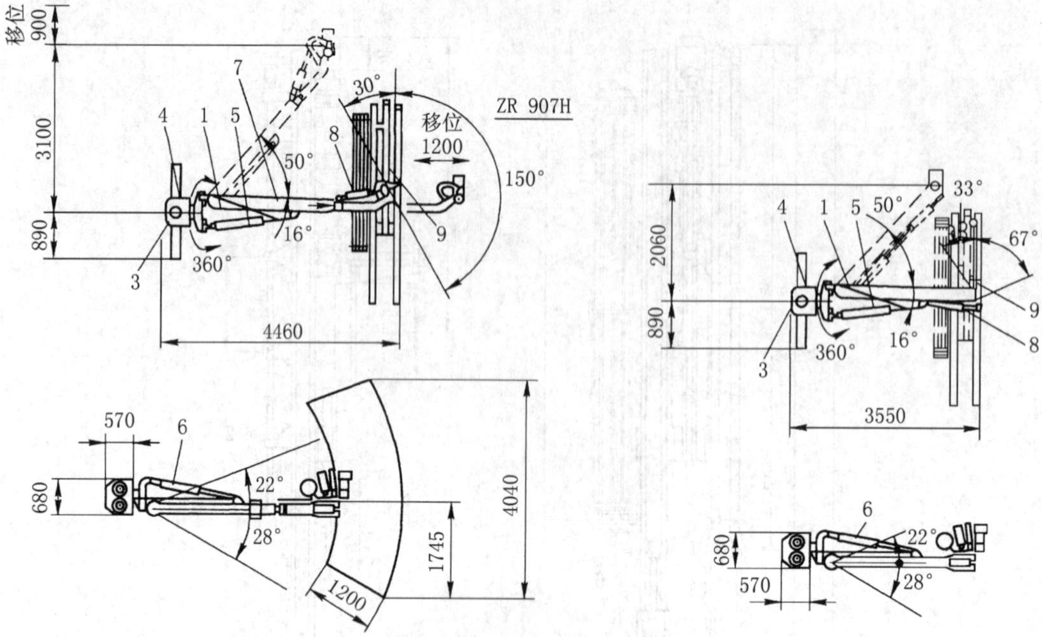

图9-535 锚杆台车支臂组件

1—支臂;2—支臂控制阀(图中未画出);3—支臂装配板;4—支臂回转机构;5—支臂举升缸;6—支臂摆动缸;7—支臂伸缩缸;8—锚杆机头倾斜缸;9—锚杆机头装配板

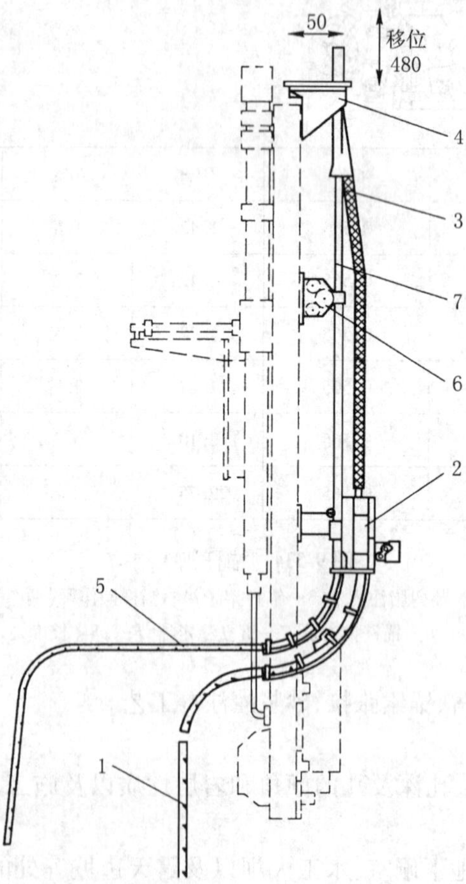

图9-536 浆筒和水泥料联合灌注系统

1—水泥料软管;2—软管给进装置;3—软管引导器;4—软管/管子中心器;5—浆筒软管;6—浆筒管给进装置;7—浆筒管

表 9-491 长锚索锚孔钻机

钻机类型	型 号	基 本 特 点	适用范围			岩性
			方 向	孔径/mm	孔深/m	
导轨式	YGP35，YG80，YGZ90 等	质量一般在 31 ~95kg 左右，安装在供凿岩机往复运动的滑动轨道上，轨道架设在柱架或钻车上。可钻凿水平和各方向的中深孔	水平或倾斜	40 ~80	4 ~20	硬、坚硬
潜孔式	QZJ-80，QZJ-100B，DQ-150J 等	机重 250 ~900kg，用于大直径深孔的钻孔作业，可钻凿任意方向炮孔，以钻凿上向炮孔效率高	任意	80 ~165	20 ~100	硬、坚硬

对于具有临时支护特点的长锚索，如地下采场支护，对钻孔质量的要求将不甚苛刻，但对一些永久性的工程将是十分严格的。锚孔最常见的缺陷是孔偏离设计轴线和孔弯曲。准备工作和钻孔工艺以及合适的量测仪器是确保钻孔质量的关键。实践证明，用潜孔钻机一般均会得到较高质量的钻孔。

在钻好钻孔，确认钻孔质量合格后，即可向钻孔安置钢索。如果孔不太深在人力所及的情况下用人工安放钢索是十分方便的。

当锚孔较深时，应采用专门的送绳设备向锚孔内安放钢索。图 9-537 为摩擦轮式送索器的示意图，其由风动机经二级齿轮减速机减速并带动一对摩擦对轮转动而将钢索送入锚孔，钢索的送入速度是借助于风动机输入风量的多少来实现的。

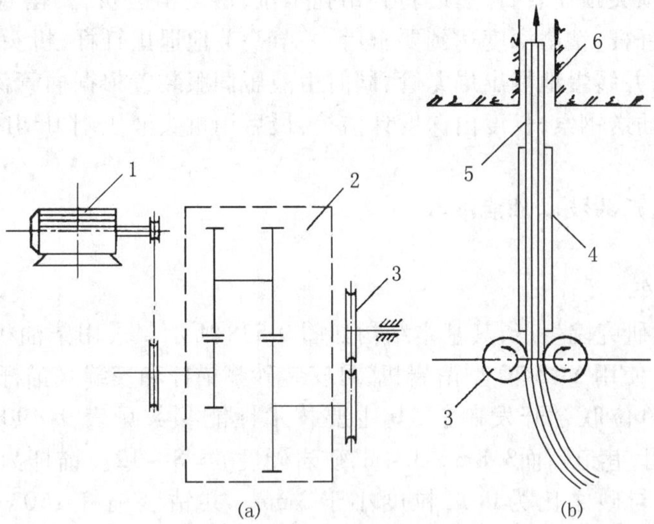

图 9-537 送索器示意图

(a)减速系统；(b)锚索送入

1—风动机；2—减速机；3—对辊送索轮；4—导向管；5—锚索；6—锚索孔

b 砂浆罐注浆

(1) 注浆罐。注浆罐注浆是将搅拌好的水泥砂浆卸入注浆罐内，然后开启气阀借助于压缩空气的压力将水泥砂浆注入锚孔。注浆罐的形式较多，加工比较容易，一般均由施工单位自行焊制。这种注浆罐类似于水仓清理用的压气罐。

砂浆罐注浆工艺是在锚孔钻成后，将钢丝绳或钢绞线送至孔底，如为上向深孔应将钢丝绳或钢绞线中的数支钢丝弯成倒钩形送至孔底，借倒钩使钢丝绳或钢绞线悬挂于孔中，然后将聚乙烯高压注浆管一直插至孔底，开启气阀将一定量的水泥砂浆自注浆罐压入锚孔。此后将注浆管后撤一段距离并重新向注浆罐倒入一定量的砂浆再次将浆压入锚孔，如此间断地自孔底向孔口后退并将整个锚孔注满，所以这种注浆方式又称为后退式注浆。

后退式注浆工艺及所用设备均较简单，易于掌握。缺点是作业条件恶劣，劳动强度大，锚孔的注满系数低。

(2) 注浆泵。当锚孔钻成后，将钢丝绳或钢绞线连同排气塑料管一并送至孔底，用专门的木质封孔塞封堵锚孔，注浆管通过封孔塞上的注浆孔插入至孔口，而排气管通过封孔塞上排气孔通至孔外。水泥砂浆搅拌后均匀倒入专门的受浆容器，注浆泵自该容器吸入砂浆，经泵体、排浆口、注浆管，自孔口向孔底连续不断地泵注砂浆，而孔内封存的空气自排气管排至孔外，在孔外端的排气管被通入一盛有水的透明容器，自该容器水中有气泡逸出即证明气体自封堵的锚孔中排出，当发现自排气管有水泥浆液排出或排气终止即说明该孔已被注满。因为水泥砂浆是自孔口向孔底连续注入的，所以此种注浆方式称为前进式注浆。可采用 HB-63 灰浆泵，用泵送水泥砂浆，其最远输送距离 200m，垂直输送高度 40m。

前进式注浆工艺注浆质量好，注浆密实度高。当采用预应力长锚索时（全长黏结式），应先行张拉再注浆，且只能采用前进式注浆。

预应力长锚索的预应力松弛和锚索本身的防锈是应进一步解决的问题。

国外长锚索台车是芬兰汤姆洛克公司于 1985 年首次推出的，锚索长度可达 12.7 ~ 15.2m。一个孔内插入两根锚索。其基本构造主要由锚索机头、支臂、注浆系统、送索系统、液压系统、气水系统、控制系统和行走底盘组成。锚索机头为二工位转架，转架设有由液压凿岩机、链条推进器和钎杆（共 21 根总长 40m）储存接卸机构组成的钻孔机构，由水泥砂浆管和钢索导入钻孔机构组成的装索机构。机头装在支臂前端，可绕支臂转动。支臂可升降和水平摆动，其上装有由液压马达驱动的收放尼龙水泥砂浆管（长 40m）的卷盘，车体中部装有水泥搅拌器、注浆泵和液压泵站。钢索存放在车体后部的卷盘内，总长 900m，由车前部底盘下液压马达驱动的一对中心距可调的辊轮夹送机构经尼龙管送到机头导入机构。后部平台上设有高压水清洗器和气动润滑装置。行走底盘为柴油机四轮驱动，铰接车架。钻装过程如下：支臂定位后，机头用液压顶尖顶住岩石，然后转到钻孔工位，启动凿岩机，钻凿直径为 51mm，距控钎杆储存接卸机构，用机械接长钎杆，钻凿深度达到要求后，一节一节地退出钎杆，机头转到注浆装索工位，将尼龙管推入孔底，开始注浆，并缓慢地抽出尼龙管，同时由液压伺服装置根据插管深度计量水泥砂浆量。退出水泥砂浆管后，向孔内插送钢索，长度由深度计监控，最后用机头液压割刀切断钢索。水泥砂浆管要经常清洗，以防堵塞。

9.19.1.4 主要厂家产品技术性能参数

A 国内产品

a CTM3-1 型锚杆台车

该台车由马鞍山矿山研究院生产，其基本结构如图 9-538 所示。采用柴油机四轮驱动，铰接车架，旋转伸缩式支臂，三位转架，使用 YGZ-70 型凿岩机，可安装砂浆锚杆和楔缝式锚杆。由张家洼铁矿、中钢集团马鞍山矿山研究院等单位联合开发制造，其主要技术性能参数见表 9-490。该车曾在小官庄铁矿 −350m水平运输巷道使用，巷道断面3.8m × 3.4m，矿岩硬度 $f = 8 \sim 12$。锚杆为直径 18mm 的螺纹钢筋，砂浆水灰比为0.45，水泥与砂之比为1:1，粒度小于 3mm。共钻装锚杆 1503 根。平均台时效率7.69 根/（台·h），最高为14.19根/（台·h），工效 6 ~ 7 根/（工·班），比人工提高 1 ~ 2 倍。试验表明该台车功能齐全，在台车上可完成钻孔、注浆和插杆 3 个工序，生产效率高，工人劳动条件大为改善，而且保证了安全生产。

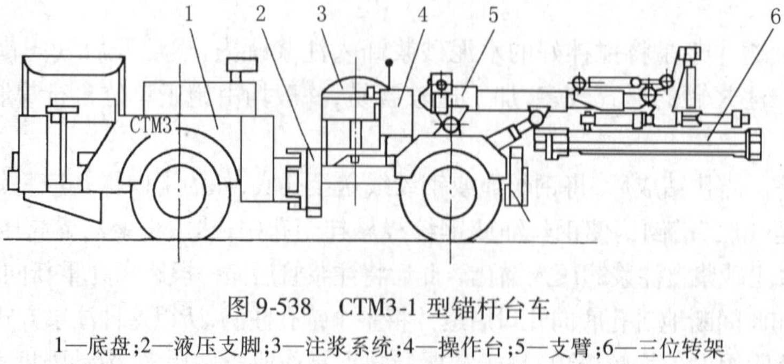

图 9-538 CTM3-1 型锚杆台车

1—底盘；2—液压支脚；3—注浆系统；4—操作台；5—支臂；6—三位转架

b MFC 系列气动锚杆钻机

MFC 系列气动锚杆钻机技术性能参数见表 9-492。

表 9-492 MFC 系列气动锚杆钻机技术性能参数(石家庄煤矿机械有限公司)

型　　号	MFC-1094/2465	MFC-1218/2962	MFC-1392/3657
压缩空气压力/MPa	0.4～0.70	0.4～0.70	0.4～0.70
耗气量/(m^3/min)	<3.1(在 0.56MPa 时)	<3.1(在 0.56MPa 时)	<3.1(在 0.56MPa 时)
静力失速扭矩/(N·m)	≥110(在 0.56MPa 时)	≥110(在 0.56MPa 时)	≥110(在 0.56MPa 时)
空载转速/(r/min)	>580	>580	>580
支腿缩回高度/mm	1094	1218	1392
支腿伸出高度/mm	2465	2962	3657
最大推进力/kN	6.2(在 0.56MPa 时)	6.2(在 0.56MPa 时)	6.2(在 0.56MPa 时)
冲洗水压力/MPa	0.6～1.2	0.6～1.2	0.6～1.2
输气管内径/mm	25.4	25.4	25.4
输水管内径/mm	13	13	13
质量/kg	40	43	49

c　MQT 系列气动锚杆钻机

MQT 系列气动锚杆钻机是以压气为动力的回转式钻孔机具,它适用于岩石坚固性系数 $f<8$ 的巷道和采场等锚杆、锚索等支护作业,也可用作树脂药卷类锚杆(锚索)搅拌与安装的设备。

MQT 系列锚杆钻机是在借鉴国内外成熟技术和使用经验的基础上加以改进的新机型,具有结构简单、钻孔效率高、易损零件小、维修方便等特点。气动锚杆钻机的支腿由玻璃钢材料制作,具有推力大质量轻的特点,可以根据用户要求制造长、短不同的规格,以适应用户不同断面巷道的作业需求。

MQT 系列气动锚杆钻机技术性能参数见表 9-493。

石家庄煤矿机械有限责任公司生产的 MQT 系列气动锚索锚杆钻机技术性能参数见表 9-494。

表 9-493 MQT 系列气动锚杆钻机技术性能参数

型　　号	MQT-90 Ⅰ	MQT-90 Ⅱ	MQT-90 Ⅲ	MQT-70 Ⅰ	MQT-70 Ⅱ	MQT-70 Ⅲ	MQT90-2.0D	MQT110-2.5D
工作压力/MPa	0.5			0.5			0.5	0.5
额定转矩/(N·m)	90			70			90	110
额定转速/(r/min)	≥240			200～300			240	240
额定推进力/kN	≥7.7			≥7.4			7.5	7.5
空载转速/(r/min)	630			850			≥480	≥480
最大负荷转矩/(N·m)	≥155			≥155			90	110
起动转矩/(N·m)	≥160			≥160				
最大输出功率/kW	≥2.1			≥1.9			2.0	2.5
失速扭矩/(N·m)	≥165			≥165				
耗气量/(m^3/min)	≤3.5			≤3.5			≤3.5	≤3.5
冲洗水压力/MPa	1.0～1.5			1.0～1.5			0.6～1.2	0.6～1.2
噪声/dB(A)	≤95			≤95			≤112	≤112
整机最大高度/mm	2530	3010	3725	2530	3010	3725	3660	3680
整机最小高度/mm	1120	1240	1470	1120	1240	1470	1430	1450
质量/kg	47.5	49	51.5	47.5	49	51.5	50	52
生产厂家	煤炭科学研究总院南京研究所						南京工程机械有限责任公司	

表 9-494 MQT 系列气动锚索锚杆钻机技术性能参数(石家庄煤矿机械有限责任公司)

型　　号	70C1	70C2	70C3	85C1	85C2	85C3	110C1	110C2	110C3
工作压力/MPa	0.4～0.63			0.4～0.63			0.4～0.63		
额定压力/MPa	0.5			0.5			0.5		
空载转速/(r/min)	≥720			≥680			≥750		
最大输出功率/kW	1.7			2.0			2.6		
额定转矩/(N·m)	>70			>85			>110		
额定转速/(r/min)	240			240			240		
最大负荷转矩/(N·m)	120			170			180		
静力失速转矩/(N·m)	130			180			190		
耗气量/(L/min)	2600			3000			3200		
额定推进力/kN	6.2			7.9			7.9		
最大推进力/kN	8			10.2			10.2		

续表 9-494

型　号	70C1	70C2	70C3	85C1	85C2	85C3	110C1	110C2	110C3
冲洗水压力/MPa	0.6~1.2			0.6~1.2			0.6~1.2		
噪声/dB(A)	≤95			≤95			≤95		
整机最小高度/mm	1420	1255	1130	1430	1280	1155	1430	1280	1155
整机最大高度/mm	3660	3000	2500	3600	3000	2500	3600	3000	2500
钎套尺寸(内六方)/mm	$S=19, S=22$			$S=19, S=22$			$S=19, S=22$		
质量/kg	50	47	45	50	47	45	51	48	46

天水风动机械有限责任公司生产的 TJ9-15/11 型气动锚杆安装机，工作压力 0.4 ~ 0.63MPa，空载转速 700 ~ 950r/min，耗气量 25 ~ 40L/s，功率 0.7 ~ 1.0kW，质量 11kg。

d　液压锚杆钻机

液压锚杆钻机生产厂家主要技术性能参数见表 9-495。

其他锚杆台车生产厂家主要技术性能参数见表 9-496、表 9-497。

表 9-495　液压锚杆钻机主要技术参数

型　号		MYT-115DⅠ	MYT-115DⅡ	MYT-115DⅢ	MYT-115QⅠ	MYT-115QⅡ	MYT-115QⅢ	MYT-120C	QYM2/63
形式	动力源	液压	液压	液压	液压	液压	液压	液压	液压旋转
	除尘方式	湿式	湿式	湿式	湿式	湿式	湿式		湿式
	推进形式	液压缸推进	液压缸推进	液压缸推进	液压缸推进	液压缸推进	液压缸推进		液压
适用范围	巷道高度/m	1.8~2.5	2.0~2.9	2.5~3.8	1.6~2.5	2.0~2.9	2.9~3.8	1.8	最小高度 1.1
	钻孔直径/mm	28,43	28,43	28,43	28,43	28,43	28,43	27~42	27,40
	岩石 f 值	≤8	≤8	≤8	≤8	≤8	≤8	≤10	≤10,≤7
一次成孔深度/m		1.0	1.2	1.6	1.0	1.2	1.6		1.0
钻机转速/(r/min)		380	380	380	380	380	380	320	500
扭矩/(N·m)		115	115	115	115	115	115	120	100
推进力/kN		8.6	8.6	8.6	8.6	8.6	8.6	1.5~13	22
最大支撑力/kN		12							
系统工作压力/MPa		14	14	14	14	14	14	15	12.5
电动机功率/kW		11	11	11	11	11	11	11	
质量/kg	泵站	220	220	220	220	220	220	320	
	操纵架								
	主机	58	65	72	59	66	73	55	40
钻孔角度/(°)		75~90	75~90	75~90	0~90	0~90			
生产厂家		河北省正定县煤矿机械厂						石家庄煤矿机械有限责任公司	煤炭科学研究总院南京研究所

型　号		MZ-Ⅱ	QYM1/63	SDZ 22	MZ-Ⅲ	MZD-Ⅲ	MZG-Ⅲ	MZT-Ⅲ	MZ-60	FB-Ⅰ
形式	动力源	液压	液压旋转	电动回转水质液压	液压	液压	液压	液压	气压	电动
	除尘方式	湿式	湿式						集尘器	干式捕尘
	推进形式	液压缸钢丝绳	液压						液压	齿条
适用范围	巷道高度/m		最小高度 1.5	1.8~3.2	2.2~2.8	1.8~2.3	2.6~3.2	2.4~3.0	1.3~1.6	1.9~2.3
	钻孔直径/mm	28	27,42	28~43	27,43	27,43	27,43	27,43	110~150	38
	岩石 f 值	≤8	≤7	≤8						≤6
一次成孔深度/m		1.6	1.0		—	—	—	—	50~60	0.6~1.0
钻机转速/(r/min)		400	500	430	—	—	—	—	50~135	143~190
扭矩/(N·m)		120	100	45	120	120	120	120	1268	50~70
推进力/kN		9.5	22		—	—			1850	
最大支撑力/kN		12			—	—				
系统工作压力/MPa		10	12.5	3	10~12	10~12	10~12	10~12	10~12	
电动机功率/kW		7.5		2.2					18.5	1.2
质量/kg	泵站	220								
	操纵架	24								60
	主机	69	35	46						
钻孔角度/(°)		0~90	0~90	0~90					8~90	
生产厂家		苏州煤矿机械厂	煤炭科学研究总院南京研究所		苏州煤矿机械厂				长沙探矿机械厂	无锡煤矿扇风机厂

表 9-496 其他厂家锚杆台车主要技术性能参数(一)

型号		MGJ-1	MGJ-Ⅱ(原 CGM40 型)	YM-26
生产能力/(根/h)		8~9	8~10	
钻臂水平摆角/(°)		±(45~50)	±37	±110
机器回转一侧最大工作宽度(帮孔)/mm		2644	±2229~2793	2100
工作机构前倾、后仰角度/(°)		60	94	120
钻孔机构	形式	旋转式岩石电钻	液压旋转、电动或风动冲击旋转式	风动冲击旋转式
	功率/kW	2	2(电动)	
	主轴转速/(r/min)	203	290~550(液压),230(电动)	
推进装置	形式	油缸-链条式	油缸-钢丝绳式	油缸-钢丝绳式
	一次推进最大行程/mm	1700	1780	1650
	推进速度/(m/min)	1.18	0~1.18	
	退钻速度/(m/min)	4.2	4.2	
	最大推进力/kN	8.5	9	9.9
安装锚杆	装锚杆(注浆管)速度/(m/min)	4.2	4.2	
	退注浆管速度/(m/min)	4.2	4.2	
注浆罐	容积/L	8	8	
	工作风压/MPa	0.4~0.45	0.4~0.5	
行走机构	轨距/mm	600(900)	600	600
	轴距/mm	1100	1100	800
	行走速度/(m/s)	0.74	0.5	0.83
液压系统	油泵型号,数量	YBC-12/80,1 台	CB-F25/11C-FL,2 台	YB12,1 台
	工作压力/MPa	6	10	6~8
	油箱容积/L	63.3	169	
	油缸数量	6	11	7
	液压马达型号,台数		1QJM21-0.63,1 台;BM1-10,1 台	YMC-40,1 台
电动机功率	钻孔电动机型号,台数	EZ_2-2.0,1 台,2kW		
	行走电动机型号,台数	BJO_2-31-4,1 台,3kW		
	油泵电动机型号,台数	BJO_2-32-4,1 台,3kW	BJO_2-52-4,1 台,10kW	BJO_2-32-6,1 台
	总功率/kW	8	10	3
外形尺寸(长×宽×高)/mm×mm×mm		4532×1200×1815	5019×1000×1740	3000×980×1800
质量/kg		3500	3520	1820
适用条件		用于f≤8,巷道断面为 8~14m^2 的巷道钻装锚杆	f≤8 时,配用 ZYG-10 型液压旋转钻和 ZDG-7 型电动旋转钻;f≥8 时,配用 YG40 型凿岩机。适用巷道断面 8~14m^2	配用 YGP28 型风动凿岩机,可在 6~12m^2 的中、小断面巷道中钻凿锚杆孔
生产厂家		广东煤矿机械厂,许昌煤矿机械厂	广东煤矿机械厂	浙江温州煤矿设备厂

表 9-497 其他厂家锚杆台车主要技术性能参数(二)

型号	CGM-40	CTM3-1	MAC-1	CLM-1
适用巷道断面(宽×高)/m×m	8~14	3×4~4.5×6	3×3~4×3	2.8×(2.8~3.5)
外形尺寸(长×宽×高)/mm×mm×mm	5019×1000×1700	9340×2100×2250	7245×2030×2192	4800×1800×1500
转弯半径(外侧)/mm		6650	6200	
行走速度/(km/h)	1.8	0~5	4.1~13.5	5
质量/t	3.52	11.73	8.8	3.7
钻臂左右回转/(°)	±180	40		±40
钻臂仰角/(°)		43		45
钻臂俯角/(°)		13		20
钻臂伸缩长度/mm		1105		2000
转架推进长度/mm	1780	1920		
液压系统压力/MPa	10	10	0~16	5~7
液压泵型号	2CB-F25/11C-FL	2CB1F10/10-L-Y		
凿岩机型号	2YG10 液压	YGZ-70 导轨式		YGP-28 导轨式

续表 9-497

型　　号	CGM-40	CTM3-1	MAC-1	CLM-1
钻孔深度/mm		1920		1800
钻孔直径/mm	38 ~ 85	42		38 ~ 46
工作风压/MPa	0.4 ~ 0.5	0.5	0.5	
耗风量/(m^3/min)		18	7 ~ 8	
最大推进力/kN	9.0			6.0
生产厂家	煤炭科学研究总院建井所	马鞍山矿山研究院	苏州冶金机械厂	宣化采掘机械厂

煤炭系统矿山多采用非自行的单体气动锚杆钻机，如 MFC 型和 MQT 型等。近年来，已广泛推广液压锚杆钻机。

e　预应力锚索机具

(1) 钻孔设备。根据孔深和孔径尺寸要求可用潜孔钻机或 YSP-45 型、YGZ-90 型等中深孔凿岩机(钎头直径 60mm)钻锚索孔。

(2) 注浆设备。可用灰浆泵如 HB6-3 型(井下用需改配 TJH-4 型风动马达)、风动注浆机如 MZ-1 型(长沙矿山研究院研制)。

(3) 张拉及测力设备。如 YC-60 型千斤顶(预应力锚索专用，四平钢筋拉伸机厂生产)；ML 型锚杆拉力机。

(4) 送钢丝绳设备。由长沙矿山研究院研制的摩擦轮式钢丝绳推送机，适用钢丝绳直径 22 ~ 26mm。

煤炭系统矿山多采用非自行的锚索钻机，一般为潜孔钻机，钻孔深度可达 30 ~ 100m。

B　国外产品

a　国外锚杆台车主要结构特点

国外锚杆台车主要结构特点见表 9-498。

表 9-498　国外锚杆台车主要结构特点

公司(国别)	设备型号(用途)	工作机构	凿岩和安装设备	行走装置(驱动类型)	使用范围
阿克来马什皇里(美)	ACME-111(钻孔安装)	有板台伸缩动臂，两个钻臂	两台列罗公司的凿岩机	胶轮自行(电力，液压)	房柱采矿法，高 0.9 ~ 2.5m 回采巷道
Joy 公司(美)	BBD-11 型(钻孔安装) IRBD-30(钻孔安装)	两个动臂形钻臂	两台 RDV-1 液压钻	胶轮自行(电力液压) 胶轮自行 安在装载机上履带行走(电动)	高 1.5 ~ 3m 回采巷道 高 0.7 ~ 1.5m 回采巷道
I-R 公司(美)	安装锚杆的台车 KpaBl-1 型(钻孔安装)	铰接折叠式动臂 动臂形钻臂	液压推进器，凿岩机， 风动凿岩机	胶轮自行(柴油) 履带自行(电动，液压)	高 2.5 ~ 4.7m 巷道 高 1.5 ~ 3m 巷道
捷弗里(美)	RDR-56(钻孔和安装) 381 型(钻孔安装) 锚杆钻装车	动臂形钻臂 三推进器的动臂 径向，铰接折叠式动臂	风动凿岩机 液压凿岩机和安装机构 标准锚杆安装机构	胶轮自行(电动液压)	高 1.5 ~ 3m 巷道 高 3.8 ~ 8m 巷道 高 3.2 ~ 7m 巷道
Secoma 公司(法)	082-P236 型(安装) Ap38-55 型(钻孔安装) 锚杆钻装车 CD-7 推土机上(钻孔安装) 在装载机上(钻孔安装)	动臂形钻臂 动臂形钻臂 铰接折叠式动臂 两个动臂 动臂及铰接折叠式动臂	标准锚杆安装机构 电钻 凿岩机 两台电钻 两台电钻	胶轮自行(电动液压) 胶轮自行，蓄电池驱动 有轨自行电动 履带自行电动液压 胶轮自行电动液压	高 3.2 ~ 6.1m 巷道 高 4 ~ 7m 巷道 高 4 ~ 5m 巷道 厚大、中厚矿体 厚大、中厚矿体
Alimak 公司(瑞典)	PT-121 推土机上(钻孔安装) OkyloMb 锚杆钻装机	动臂及铰接折叠式动臂 两个动臂形钻臂	凿岩机 标准工作机构	胶轮自行(电动) 履带自行(风动)	高 1.5 ~ 4m 巷道 高 2.7 ~ 3.5m 巷道
Tamrock 公司(芬兰)	钻锚杆孔台车	径向钻臂	凿岩机	胶轮(无自行)	高 2.7 ~ 3.5m 巷道
Dehrak 公司(德)	GRD-45 型(钻孔安装)	径向钻臂	液压凿岩机	履带自行(电动液压)	高 2.5 ~ 4m 巷道
三井造船爱无公司(日)	TUR(钻孔安装)	动臂	凿岩机	履带行走	巷道
古河矿业(日)	WH35R(钻孔)	动臂	冲击凿岩机	车轮(手推式)	巷道

b 国外部分锚杆台车

国外部分锚杆台车主要技术性能参数见表9-499。

表9-499 国外部分锚杆台车主要技术性能参数

类别		型号	功率/kW	扭矩/(N·m)	转速/(r/min)	推进方式(单体式)钻孔方式(台车式)	推进力/N	工作高度/m	质量/kg	备注
单体式锚杆钻机	风动冲击式	BBD46WR型(瑞典)				气腿			38.3	耗风量4.4m^3/min
	电动式	维克托型(英)		69.1	475	螺杆或液压缸	4536		101.5	125V交流
		伯伍德型(澳)		331.0	400	压缩空气汽缸	9072		89.3	250V直流
		YBAI型(俄)		—	—	齿条推进			53.6	СРП-2型煤电钻电动机
	液压式	维克托型(英)		105.7	400~700	液压缸或螺杆	9072		97.5	
		蒂坦、施罗德型(美)		82.9	—	油压缸	4990		38.1	
		蒂坦、施罗德型(美)		82.9	—	水压缸	5460		38.1	
		首都型(澳)		102.3	770~1440	液压马达链条	11840		58.9	
		旺加威利型(澳)		124.4	550	液压马达链条	1814		81.7	
台车式锚杆台车	角架台车式	塞科马-363(法)		390.0	550,650	液压旋转	8000	1.7~3.99	1000	
		塞科马-082(法)		390.0	550,650	液压旋转式冲击	8000	2.0~6.0	—	
		弗雷特射蒂坦DA型(美)		—	750	液压旋转式旋转冲击	—	—	2500	
		АБК型(俄)		—		风动旋转冲击	34480	2.6~3.4	2100	轨道式
	悬臂台车式	加利斯-320(美)		—	—	液压旋转式冲击	—	1.12~2.13	—	
		LRB-11(美)		360.0	—	液压旋转	21770	<2.1	4540	同类型有LRB-12,LRB-15
		乔埃RBD-15(美)		334.0	650	液压旋转	24900	1.06~2.46	1900	
		ROBOLTH490-24(芬兰)	63	—	—	液压冲击旋转	—	3.6~7.37	16000	
		ROBOLTH451-24(芬兰)	63	—	—	风动冲击	—	3.6~7.47	16000	

c 主要厂家

(1) Atlas Copco公司。该公司生产的全机械化Boltec钻装车广泛应用在采矿、公路或铁路隧道开挖、地下电厂等工程的锚杆安装。HBU锚杆装置的独特设计使Boltec成为市场上用途最多的锚杆钻装车。HBU的设计基于单个进给系统,底部有一个托架分度器,顶部有一个三位定心器。这种安排允许从一个进给位置钻孔、灌浆和安装锚杆,而无须重新定位。锚杆仓安装在装置下侧,以便在其他系统无法触及的有限区域内连接锚杆。

Boltec钻装车可以安装下面列出的所有常用锚杆:Swellex锚杆、机械锚定锚杆、用树脂或水泥灌浆的锚杆和Split Set锚杆。但近年来已很少生产。

(2) 加拿大MTI国际采矿技术公司。该公司的产品如图9-539所示,其锚杆仓装有8根锚杆,锚杆长度1.5m。

图9-539 加拿大MTI国际采矿技术公司锚杆台车

(3) 芬兰TAMROCK公司。该公司生产的ROBOLT05-126型锚杆钻装车如图9-540所示,ROBOLT为该公司锚杆钻装车的基本代号,05为CB底盘规格,126前面的1为支臂数,26为支臂型号(B26B)。该车采用CB05型底盘,由BF4L 1011F型柴油机(55kW)带动一个轴向柱塞变量泵,该泵驱动轴向柱塞变量马达,再通过分动箱驱动前后桥的车轮;铰接车架,后桥摆动,全液压转向器转向,制动为液压湿式多盘制动器,放在桥壳内。最大爬坡能力为35%,整车重13000kg。凿孔用水星200B型液压凿岩机,锚杆机头为TU-C型(共5种规格),存储与送装锚杆架容量有10根、12根、15根3种,锚杆长1.5~3m,支臂型号为B26B,其伸缩长度为1200mm。45kW电动机驱动一台轴向柱塞变量泵和一台齿轮泵,变量泵供凿岩机冲击和操纵锚杆机头与支臂用油,齿轮泵供凿岩机回转用油。为完成不同锚杆的安装工作,用户可选择不同的配件,其代号如下:R——树脂注浆系统;CC——水泥注浆系统;S——带HH200冲击锤的楔缝式锚杆安装装置;SVV——带水压增压器的膨胀(swellex)锚杆安装装置。该公司还生产ROBOLT06-126型锚杆钻装车,有两种型号,一种是可注水泥砂浆锚杆的,另一种是可挂金属锚网的。

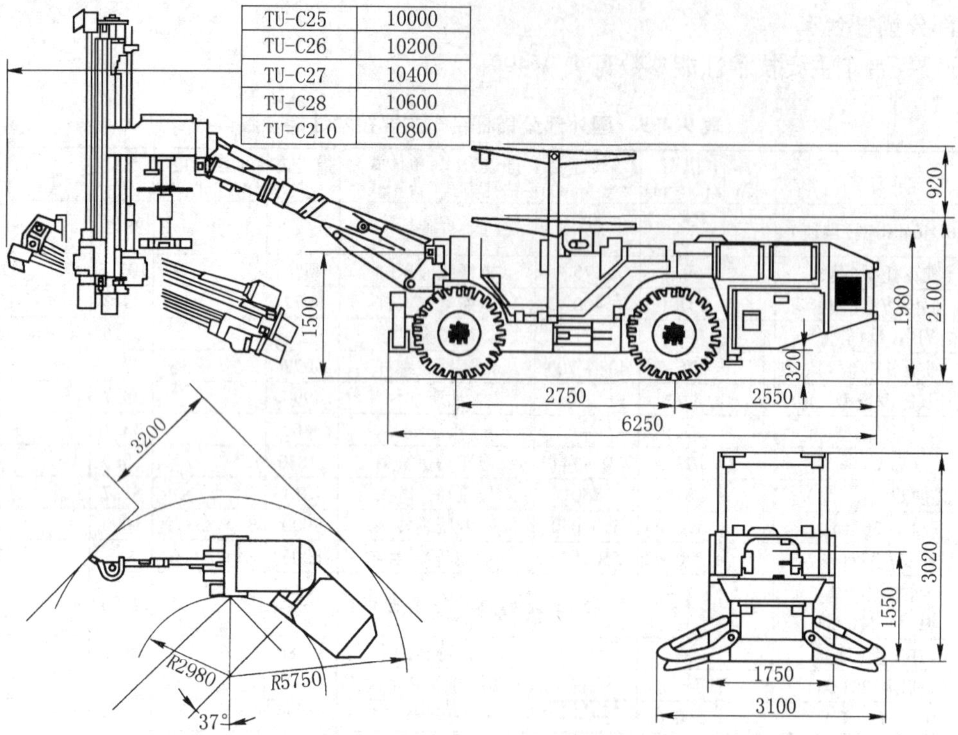

图 9-540 ROBOLT05-126 型锚杆钻装车

ROBOLT06-126XL Cement 锚杆钻装车，如图 9-541 所示。该车采用 CB06 型底盘，柴油机为 BF4M1012C 型(70kW)，传动形式、制动与转向结构形式与 ROBOLT05-126 车相同。它有两个支臂，一支臂的功用与 ROBOLT05-126 车相同，但型号为 B26XLB，伸缩行程为 1700mm，另一支臂(图 9-541(a)中前轮前方下边所示)为支撑水泥混合器用，可举升 12m，混合器可装 280kg 水泥；锚杆机头为 TU-C 型，可存储锚杆 9 根、12 根或 15 根，锚杆长 1.5～3m。液压系统与 ROBOLT05-126 车相同。

ROBOLT06-126XL Screen 锚杆钻装车如图 9-542 所示。其基本结构与 ROBOLT06-126XL Cement 车相同，不同点只是把水泥混合支臂换成了 B26 XL Screen 支臂(图 9-542 中最上边的支臂)，它可放置锚网(可用多孔金属网或钢丝网)，锚网的最大尺寸为 2.4m×2.4m。

(4) 瑞典 GIA 公司。该公司的 MEGCIS 锚索安装车，它是打好锚索孔之后，进行注浆和插钢索的，深度可达 40m。

9.19.1.5 锚杆台车的选型

国产的锚杆台车供选用的定型设备不是很多，设计和生产中可参考类似矿山条件和要求采用类比法选型，也可按单机具或组合机具进行选配。

主要是依据确定的锚杆形式，再根据锚杆尺寸、锚固力、施工要求等选择单机具还是组合机具的台车。如锚杆钻机、锚杆安装机、锚杆钻装车及相应的注浆罐、注浆泵等。

选型时，主要考虑下列因素：

(1) 锚杆形式。如采用普通短锚杆还是长锚索；采用机械锚固还是水泥浆、胶结剂、化学剂、挤压孔壁产生摩擦力锚固等。

(2) 岩体和岩石物理力学性质和要求的锚固力。

(3) 要求的锚杆长度、直径、间距和排列。

(4) 作业机具的动力源。

(5) 支护设备允许通过的巷道断面。

(6) 支护机械化程度。安装锚杆数量多，要求的机械化程度高，选用功能全的锚杆钻装车，安装锚杆数量少可选用组合机具或单机具的锚杆台车。

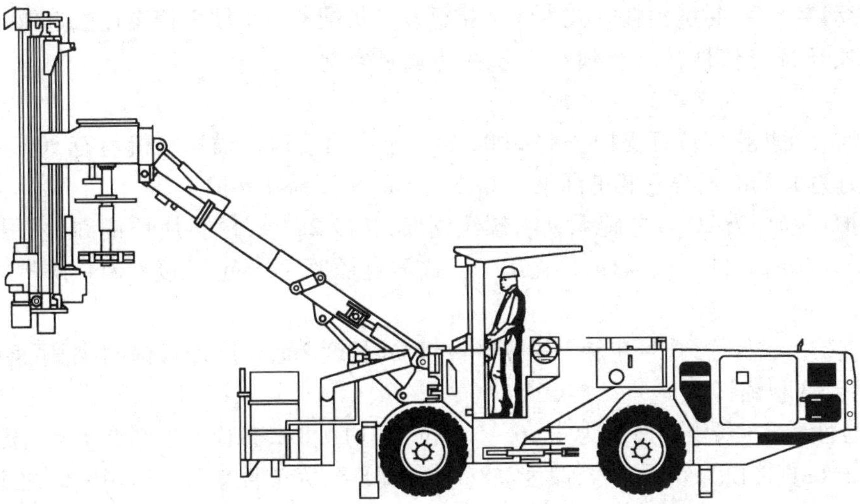

(a)

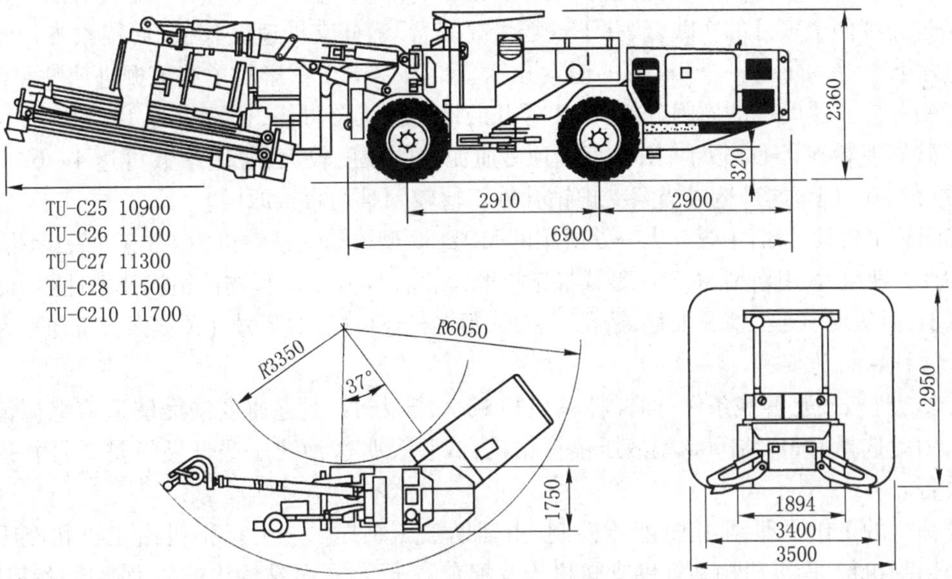

(b)

图 9-541 ROBOLT06-126XL Cement 锚杆钻装车

(a)工作状态;(b)行走状态

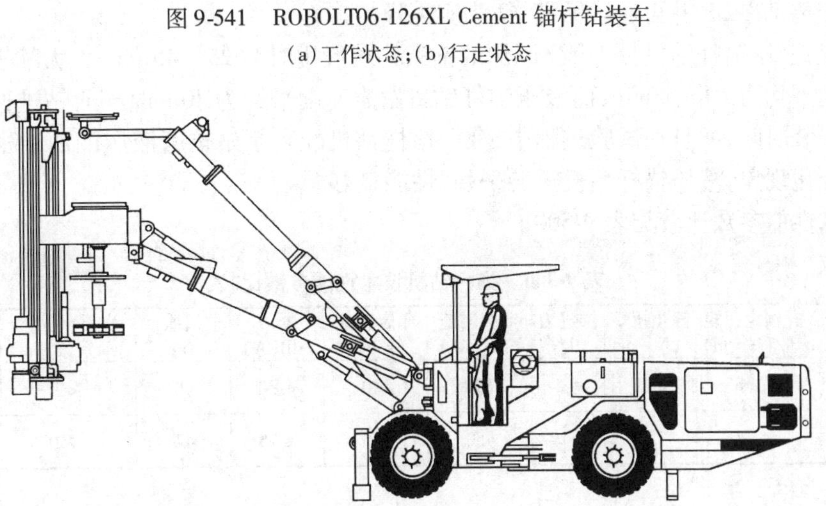

图 9-542 ROBOLT06-126XL Screen 锚杆钻装车

设备效率、劳动生产率、材料消耗等技术经济指标及人员配备可采用工程类比法选取。

9.19.1.6 液压锚杆钻机在王台铺矿2号井的应用实例

A 概况

山西晋城矿区大面积推广锚杆支护技术,2004年底全集团公司仅锚杆钻机就有200多台。王台铺矿2号井设计生产能力为1.2Mt/a,煤巷巷道断面3.2m×3.3m,采用锚杆支护。

(1) 顶板支护。锚杆为20号左旋无纵筋螺纹钢筋,长度2.4m,树脂加长锚固,采用钢筋托梁和塑料网护巷,锚杆排距0.9m,每排4根锚杆,间距0.9m。锚索直径15.24mm,长度8.3m,树脂加长锚固,每2.7m打一根。

(2) 巷道帮支护。锚杆为20号左旋无纵筋螺纹钢筋,长度2m,树脂加长锚固,配用钢筋托梁和塑料网,锚杆排距0.9m,每帮3根锚杆。

(3) 巷道围岩性质。3号煤层厚度为4.56~5.95m,平均4.8m,普氏硬度系数$f<1$,煤层伪顶为0.75m厚的炭质泥岩,$f=1$;直接顶为砂质泥岩,厚度2.8m,钙质胶结,完整性较好,$f=4\sim6$;之上为1.2m厚的泥页岩,$f=4$;再上为2m厚的砂质泥岩或砂岩,$f=4\sim6$;老顶为砂岩或粉砂岩,坚硬,$f=6\sim10$。

B 存在问题及原因分析

2002年8月施工队在首采工作面巷道开口段分别用MQT130型和MQT85J2型风动锚杆钻机进行锚杆锚索施工。经过连续两个多月的实践,从井下现场情况来看,锚杆支护速度较快,而锚索支护却因钻孔施工比较困难,进度缓慢,平均每打一个8m深的锚索孔就需要3~4h,严重影响了巷道掘进速度。

锚索支护钻孔施工速度慢的原因分析:由2号井的地质柱状图可知,锚索直径15.24mm,长8000mm,要求深入到稳定砂岩或粉砂岩1m以上,由于直接顶砂质泥岩的硬度较大,普氏系数可达4~6,老顶砂岩或粉砂岩普氏系数可达6以上,这是造成锚索支护钻孔施工比较困难的直接原因。

从现场锚索施工机具可知:中煤三十一处所用的MQT130型风动锚杆钻机为老式产品,经调研得知这种钻机扭矩小、推力低、噪声大,用新型MQT60型锚杆钻机取代。而MQT85J2型锚杆钻机技术性能虽比MQT130型钻机有较大进步,但从现场施工情况来看,钻孔安装顶、帮锚杆还可以,对2号井顶锚索施工却不太适用。

C 液压锚杆钻机的实践

2号井顶板岩性较硬是客观条件,而锚杆钻机扭矩小、推力小、钻进速度慢无法适应综掘锚网支护快速施工的要求。为此选择了MYT-100S型液压锚杆钻机,试验表明这种液压锚杆钻机是2号井顶板硬岩锚索施工的理想设备。

液压锚杆钻机的工作原理:采用全液压控制,由辅助液压泵提供压力。整机由主机和液压泵两部分组成。主机分为切割机构、操纵机构和辅助支腿机构及配套液压泵站,泵站输出的压力油通过高压软管送到主机的操纵机构,由操纵机构控制推进支腿的升降及切割机构的运转而达到钻孔切削作用。除尘水经水阀直接进入供水机构作传动冷却,并再通过钻杆、钻头实施降尘。

试验应用情况:液压锚杆钻机打1个8m深的锚索孔一般用时为25~45min,大大缩短了钻孔时间,风动锚杆钻机凿岩速度平均为10mm/min,而液压锚杆钻机凿岩速度平均为40mm/min,钻进速度提高了4倍,缩短了锚索支护和安装时间,而且在试验过程中,液压锚杆钻机配套泵站抗磨液压油油温稳定,未发现油温升高和液压油变质乳化现象,液压锚杆钻机运转平稳,性能良好。

锚杆钻机技术性能参数比较见表9-500。

表9-500 锚杆钻机技术性能参数比较

型号	额定压力/MPa	额定扭矩/(N·m)	静止扭矩/(N·m)	推进力/kN	空载转速/(r/min)	额定转速/(r/min)	噪声/dB(A)	整机质量/kg	岩石坚固性系数f	水压/MPa	泵站质量/kg
MQT85J2型风动锚杆钻机	0.5	≥85	200	9.5	300	240	≤90	46	<7	0.8~1.5	
MYT-100S型液压锚杆钻机	12	120	320	>12	450	350	≤75	42	≤10	0.8~2	280

D 应用体会

(1) 锚杆在井巷工程和采场中的用量越来越大,选用的液压锚杆钻机和配套液压泵站重量轻,搬迁方便,施工地点只要有电源,即可使用,因而其适用范围越来越大。

(2) 液压锚杆钻机扭矩大、推力大,适用于顶板围岩普氏系数 $f \leqslant 10$ 的硬岩钻进,与合金钢岩石钻头相配套钻凿硬岩是一种较好的钻具,可提高钻进速度,降低劳动强度。

(3) 液压锚杆钻机施工时无粉尘、噪声低、易操作,作业环境大为改善。

(4) 液压锚杆钻机由于其扭矩大可以提高支护质量,使锚杆、锚索都有一定的预紧力,与扭矩螺母相配套大大改善锚杆支护效果。由于其钻进速度快,使锚索能够紧跟工作面迎头支护,提高锚杆支护巷道的安全可靠性。

(5) 掘进工作面巷道长一般在 1500 ~ 3000m,采用风动锚杆钻机沿途风压损失大,且管路安装工程量大,劳动强度大。采用液压锚杆钻机实现长距离锚杆、锚索能够同时平行作业,提高了巷道掘进速度。

9.19.1.7 撬毛车

目前,冒顶片帮事故一直是地下矿山开采中的一个突出问题。根据国内外统计资料,冒顶片帮事故发生比例居矿山各种伤亡事故之首。国外金属矿山的井下伤亡事故中,以冒顶事故最多,美、英、日等国由于冒顶事故而死亡的人数均占井下事故死亡人数的 1/3 ~ 1/2。在我国,从被调查黄金矿山历年事故统计数据看,冒顶片帮事故占事故总起数的 47% 。

据统计,冒顶片帮事故分类见表 9-501,从表中看出,不敲帮问顶或冒顶排险不彻底或排险站位不当,撬毛落后是冒顶片帮事故的主要原因,占事故总数的 64.7% 。

表 9-501 冒顶片帮事故分类

事故原因	起数/次	比例/%	事故原因	起数/次	比例/%
不敲帮问顶或排险不彻底	27	39.7	生产井巷无定期检查	3	4.40
排险站位不当撬毛落后	17	25.00	无设计、设计不合理或错误	1	1.50
作业无安全措施或安全措施不当	8	11.80	其他	6	8.80
不执行生产指令,冒险作业	6	8.80	合计	68	100.00

冒顶片帮事故多发生在采场内,约占死亡事故的 79.40%,冒顶片帮死亡事故按作业场地分布见表 9-502。

表 9-502 冒顶片帮死亡事故按作业地点分布

作业地点	采场	平巷	天井	硐室	合计
次数/次	54	10	2	2	68
比例/%	79.40	14.70	2.95	2.95	100.00

预防冒顶片帮事故的发生,必须采取综合措施,如合理选用采矿方法,加强工作后支护,及时处理采空区等,还要加强对顶板浮石的检查与处理。浮石是采矿场和掘进工作面爆破后极为常见的、普遍存在的,对浮石的检查与处理是一项经常性的重要工作。

地下矿山爆破后,采场、井巷及硐室残存有浮动的毛石,由于处理浮石不当发生安全事故。这类事故大多数因为处理前缺乏细致全面地检查顶板,没有掌握浮石情况等,在处理时便引起了冒落事故,诸如撬前落顶,撬左落右,撬小落大等。其次,处理浮石时站立的位置不当,撬毛工的操作技术不熟练等。

撬毛作业是在爆破后清除岩石表面松动的石头(即浮石),以防止其在随后的工序中冒落,伤害人身与设备。这是一项非常艰险的工作,如果用人工持钎杆撬毛,即使操作正确,十分小心,也存在很多危险,如冒顶、碎石的飞溅、粉尘飞扬、岩层的突然移动等,工作条件非常恶劣与危险。目前我国地下矿山中的撬毛工序基本上还是靠人工作业,迫切需要实现机械化撬毛。

近些年来,国外已广泛使用撬毛车。撬毛车又称撬顶车、撬渣车、撬毛机。撬毛车撬毛方式有两种:一是刮削式撬毛,即利用铲斗的齿或特殊的尖端去刮削岩石表面以寻找松动的岩石,当尖端碰到松动的岩石时,就把它刮离岩体,刮削式撬毛车比较适合于软岩;二是冲击式撬毛,即使用液压或气动冲击锤,敲击那些可能松动的悬浮岩石,直到把它们击落。冲击式撬毛车适合于硬岩,这是机械化撬毛的主要方式。

(1) 法国 Eimco – Secoma 公司生产的 PEC22P/D 型和 PEC24P/D 型撬毛车,四轮驱动,液压变速铰接底盘。工作臂具有举升、定向、伸缩、旋转、翘起锤头支架及推进运动和冲击工具更换等功能。传动系统采用液力变矩器、双速变速箱和轮边减速,液压鼓形及盘式制动器,工作臂可在地面遥控。

(2) 瑞典 Atlas Copco 公司生产的 PT50 型撬毛车,采用 Deutz F4L912W 型低污染柴油机驱动、液压传动、浸油全封闭湿式多盘制动。工作臂可达范围为垂直距离7m,水平距离4m。撬毛作业的动力由电动机驱动液压泵提供,减小了井下污染。我国矿山已引进了这种设备,从使用情况看,工作效率高、生产安全,可完成任何危险地段的撬毛作业。

(3) 瑞典 Alimak 公司生产的 RSPH-861E 型撬毛车,采用电力液压驱动,装有一个冲击功可调节的 Roxon150 型冲击锤,可在宽12m、高8m的空间工作,支臂能回转360°和伸长1.5m,该车定位后可在前后3m的范围内任意方向撬毛。为了防止粉尘飞扬,冲击锤附近安有喷水装置。

(4) 加拿大 Teledyne 公司生产的 DS-25 型撬毛车,四轮驱动、动力换挡、三速变速箱、最大爬坡能力可达50%,冲击锤冲击功为1020N·m,工作臂比例控制,可遥控作业。

(5) 芬兰 Tamrock 公司生产的 DH490 型撬毛车,适用于较硬类型的岩石。操作者可操纵锤头到达最适应的撬毛位置。带有1.5m换位装置的悬臂具有较大的工作范围,宽12m、高9m。撬毛车前部装有推土刮板,因而还可清理撬下的毛石。目前国外撬毛车的主要生产厂家的主要技术参数见表9-503。

表9-503 国外撬毛车的主要技术参数

生产厂家	型号	冲击器型号	工作臂工作范围(高度/宽度)/m	最大行驶速度/(km/h)	转弯半径(外/内)/m	爬坡能力/%	外形尺寸(长×宽×高)/mm×mm×mm	整机质量/kg
Atlas Copco	PT50	TEX250HS	7/5.6	12.5	4.3/2.5	25	6600×1650×2300	7500
Teledyne	DS-25	Teledyne TB-325	12/10	13.5	7.36/3.98	50	8890×1930×2540	13182
Eimco-Secoma	PEC22-11	PH400	5.95/8.6			25	8400×2200×1800	
Tamrock	DH-490	HS402	9/12	9.3	5/2.6	37	11100×1940×2800	12500
Alimak	RSPH-861E	Roxon150	8/12					

我国撬毛车尚属研制阶段,目前许多矿山的撬毛作业还由人工完成,只有少数矿山从国外引进了撬毛车。今后应加强撬毛车的研发力度,用撬毛车代替人工撬毛。提升液压冲击锤的可靠性,使冲击锤重量达到230~249kg,单位冲击功400J,冲击频率15Hz,工作压力10MPa,最大垂直展高7m,底盘车采用四轮驱动铰接转向。

9.19.2 混凝土输送车

9.19.2.1 现状

混凝土输送车又称混凝土搅拌运输车是混凝土机械化施工用于输送混凝土的设备之一,主要与混凝土喷射车或混凝土喷射机配套使用,国外矿山早已有专用混凝土输送车,并已广泛使用。国内露天矿也已广为使用。

20世纪60~70年代我国地下矿尚未有专用地下混凝土输送车,而是用矿车或材料车将沙子、水泥、速凝剂等原材料运送到作业区,使用胶带或上料机上料。劳动强度大,作业环境差,粉尘大,效率低,速度慢,供料不均匀。直到20世纪90年代初才研制生产出国产地下矿用混凝土输送车。同时,也引进了国外先进的混凝土输送车。

9.19.2.2 用途及特点

混凝土输送车主要是与混凝土喷射车或混凝土支护配套使用的,用于输送按一定水灰比配制的混凝土。也可将砂、水泥及水按一定配比加入输送车搅拌筒内,进行搅拌,然后再运送到喷射支护施工地点。

地下混凝土输送车的搅拌筒采用水平布置的方式,整车高度比地表用的倾斜式搅拌筒的混凝土输送车明显降低,因此可用于地下矿山、铁路隧道、水电工程、地铁和国防等工程中的混凝土输送。混凝土输送车的应用,改善了我国地下喷锚支护中混凝土喷射料运输和供料的半机械化或人工供料的落后状态,提高了混凝土喷射支护作业的机械化程度。

9.19.2.3 基本原理与结构特征

以北京矿冶研究总院研制的HC-1.5型井下混凝土输送车为例说明其基本原理与结构特征。

混凝土输送车主要由行走底盘和工作机构两部分组成。行走底盘包括传动系统、前后铰接车架、全液压转向系统、湿式多盘制动系统和电气系统等。工作机构主要由混凝土搅拌筒又称搅拌罐、搅拌筒旋转及卸料的液压驱动系统组成。本节讲述液压传动系统。

A 行驶传动系统

行驶传动系统见图9-543。该传动系统以德国 Deutz 公司的 F4L912W 型风冷低污染柴油机6驱动轴向柱塞变量泵5,该液压泵与轴向柱塞定量马达4用高压油管相连,液压马达驱动分动箱3,然后通过传动轴驱动前后桥，实现双桥驱动。该系统分静液压传动和机械传动两部分，属于液压高速传动系统。

a 液压传动系统

该系统由 A4V71DA 型轴向柱塞双向变量油泵和 A2F63 型轴向柱塞定量马达用高压油管连接成液压闭式回路。系统可分为主回路、补油回路、控制回路和压力反馈四部分。

该液压无级变速系统与液力传动系统相比有如下特点：(1)由于液压连接方面的柔性，便于整车总体布置，使整车结构更加紧凑；(2)不必换挡，免去了频繁的换挡操作及换挡时的动力冲击，使车辆行驶更加平稳；(3)即使在不使用行车制动和停车制动的情况下，仍然可以利用液压驱动系统的中位来辅助制动，增加了行车的安全性；(4)对于行驶不作为主要工况的车辆，该传动系统综合性能较好。

b 机械传动系统

机械传动系统如图 9-543 所示。由于车辆的行驶速度和方向均由液压传动系统控制，而机械传动部分主要是为了增加减速比，提高输出扭矩。该系统由一级减速分动箱的输出端分别与前后传动轴相连，从而同时驱动前后桥，该传动形式驱动能力强，适合井下坡道及路况较差的情况下运行。

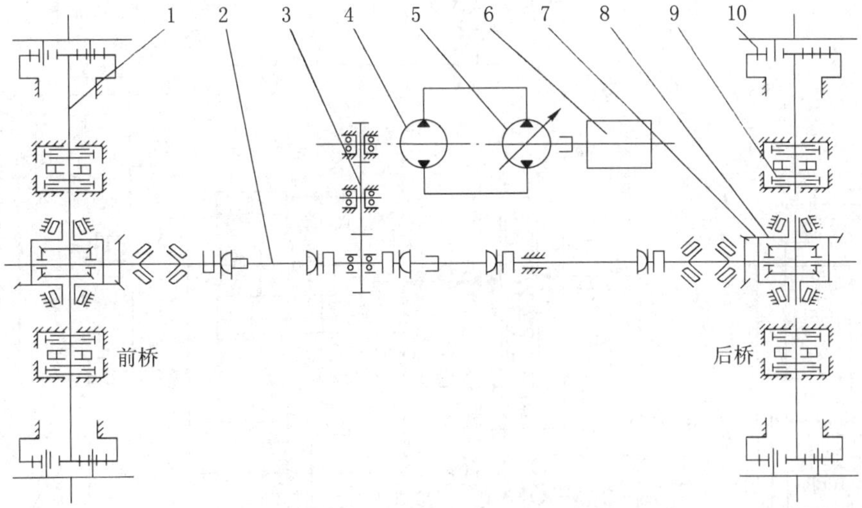

图 9-543 行驶传动系统原理

1—半轴；2—传动轴；3—分动箱；4—定量马达；5—柱塞变量泵；6—柴油机；7—主减速器；8—差速器；9—制动器；10—轮边减速器

B 制动系统

HC-1.5 型的制动系统湿式多盘制动器的安装位置如图 9-544 所示。制动控制系统如图 9-545 中下部所示，行车制动和驻车制动用同一制动器。行车制动时，踏下脚踏制动阀 12，液压油进入制动油缸 16 的行车制动油腔，即可实现工作制动；当液压系统出现故障时，利用蓄能器 14 中的液压油仍可实现制动。驻车制动采用弹簧制动液压松闸，松闸的液压油来自行走变量泵的补油泵（从图 9-545 中 16 的右侧进油）。

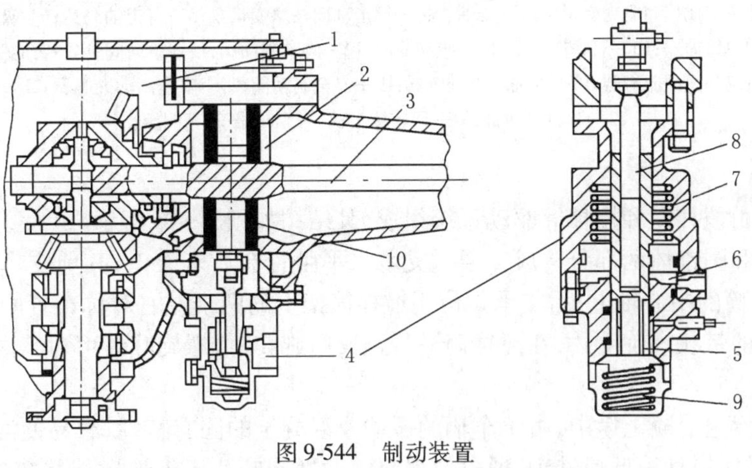

图 9-544 制动装置

1—桥组件；2—制动摩擦片；3—半轴；4—制动油缸；5—工作制动腔；6—驻车（安全）制动腔；7—碟形弹簧；8—拉杆；9—复位弹簧；10—制动器

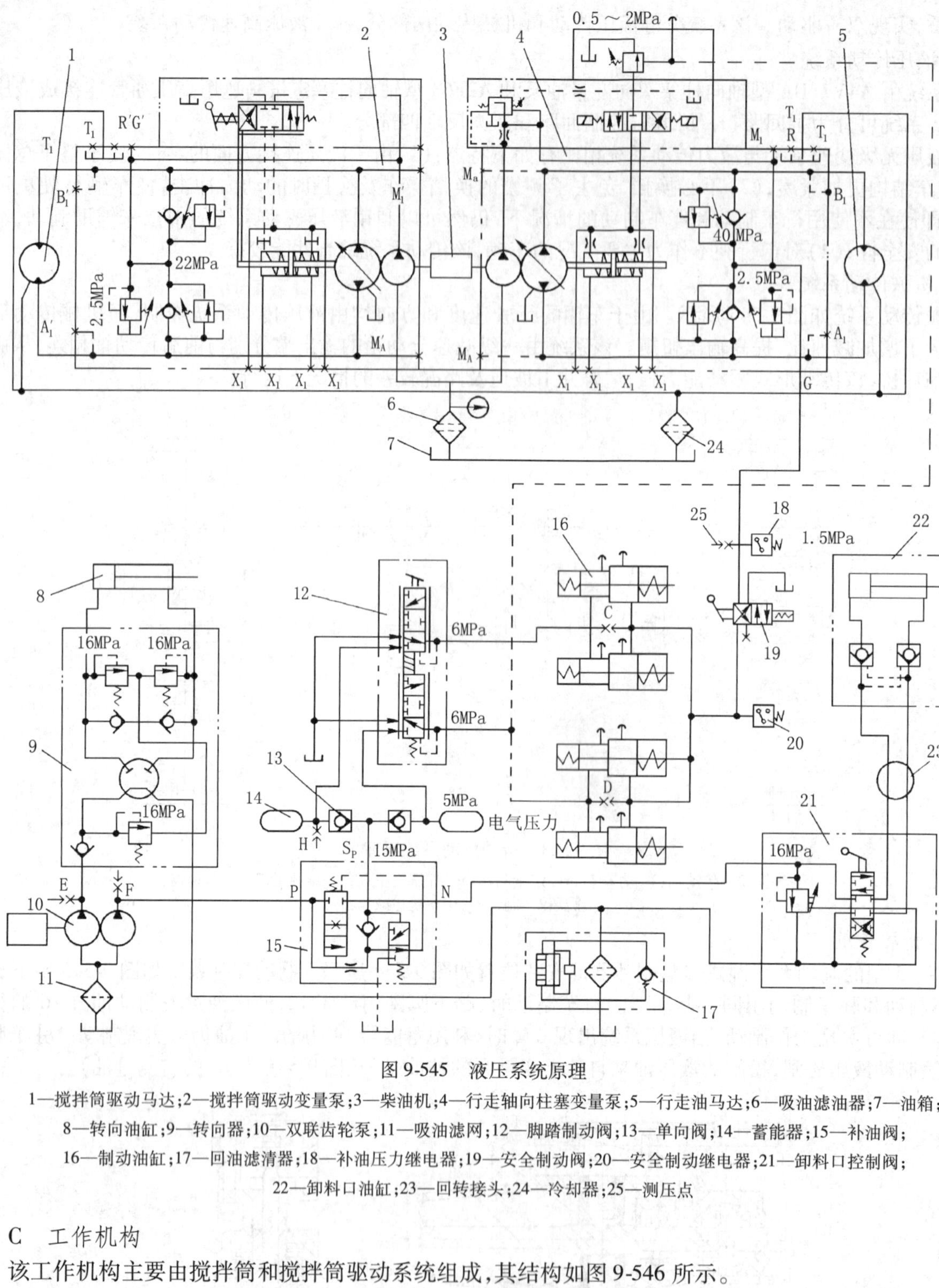

图 9-545 液压系统原理

1—搅拌筒驱动马达；2—搅拌筒驱动变量泵；3—柴油机；4—行走轴向柱塞变量泵；5—行走油马达；6—吸油滤油器；7—油箱；8—转向油缸；9—转向器；10—双联齿轮泵；11—吸油滤网；12—脚踏制动阀；13—单向阀；14—蓄能器；15—补油阀；16—制动油缸；17—回油滤清器；18—补油压力继电器；19—安全制动阀；20—安全制动继电器；21—卸料口控制阀；22—卸料口油缸；23—回转接头；24—冷却器；25—测压点

C 工作机构

该工作机构主要由搅拌筒和搅拌筒驱动系统组成，其结构如图 9-546 所示。

搅拌筒 9 由圆柱和圆锥体两部分构成。通过支承水平卧置在后车架上，其前支承为一双列向心球面滚子轴承 4，支承在搅拌筒的中心轴上；后支承是位于搅拌筒架上的两个左右对称布置的滚动托辊 12。搅拌筒内壁焊接有两条连续的带状螺旋叶片，在搅拌筒进行正反向旋转时，螺旋叶片可对筒内的混凝土料进行搅拌或卸料。

混凝土输送车在运送混凝土途中，由于车辆的振动及混凝土的固有特性，容易使混凝土产生离析。因此在运送混凝土途中，需使搅拌筒低速转动，通过搅拌筒内的螺旋叶片不停地搅拌筒内的混凝土物料，使其保持均匀。

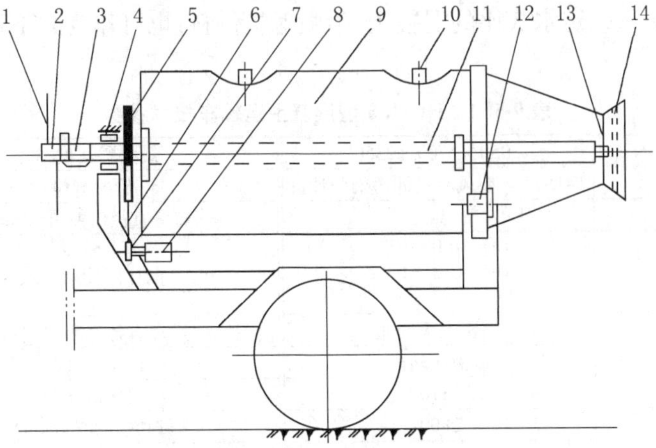

图 9-546 搅拌筒系统

1—液压胶管;2—回转接头;3—液压胶管;4—向心球面滚子轴承;5—大链轮;6—链条;7—小链轮;
8—径向液压柱塞定量马达;9—搅拌筒;10—侧盖;11—油缸;12—托辊;13—推拉杆;14—端盖

HC-1.5 型混凝土输送车搅拌筒的驱动方式为液压-机械式,图 9-547 为其液压系统原理图。

安装在柴油机皮带轮端的 A4V40HW 型轴向柱塞双向变量泵 2 和 JM33-E025 型径向柱塞定量马达 1 组成无级调速闭式液压回路。操纵轴向柱塞双向变量泵的手动液压伺服阀,即可改变泵的斜盘方向与倾角大小,从而改变泵的液压油输出方向及排量,并改变马达的回转方向与转速。图 9-546 中径向液压柱塞马达 8(即图 9-547 中的 1)的输出轴与小链轮 7 相连,小链轮 7 经链条 6 带动大链轮 5,由大链轮带动搅拌筒回转。因为泵与马达组成的液压回路使马达的转速可无级调节,因而,搅拌筒的转速是无级调节的。

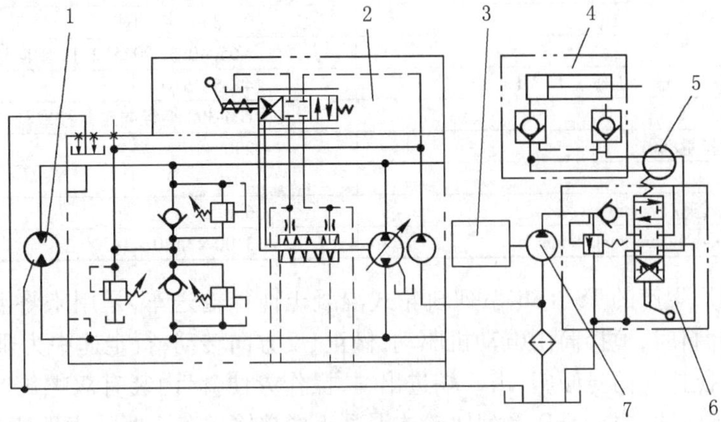

图 9-547 搅拌筒驱动液压系统

1—径向液压柱塞定量马达;2—轴向柱塞变量泵;3—柴油发动机;4—油缸;5—回转接头;6—手动换向阀;7—齿轮泵

按一定比例拌好的混凝土料由搅拌筒的侧口加入,加满料后将侧盖 10 装上旋紧(图 9-546)。这时,控制端盖 14 启闭的内藏式油缸 11 的活塞杆回缩,通过推拉杆 13 使搅拌筒的端盖 14 紧压在搅拌筒的锥形端口处,使筒内的物料在运送途中不致泄漏。

卸料时,操纵图 9-547 的手动换向阀 6(装在搅拌筒架上),从齿轮泵 7 出来的液压油经手动换向阀 6 再经回转接头 5、经液压胶管进入油缸 4 的无杆侧,驱动活塞杆外伸,通过推拉杆(图 9-546)将端盖打开。操纵轴向柱塞双向变量泵的控制手柄,使搅拌筒向卸料方向旋转,由于搅拌筒内螺旋叶片的推动传送作用,搅拌筒内的混凝土物料随搅拌筒的转动而不断排出。调节变量泵的排量,即可调节搅拌筒的转速,从而调节卸料速度。搅拌筒的卸料速度可根据喷射设备的生产能力来确定。HC-1.5 型混凝土输送车的卸料能力为 0.005m^3/min。

9.19.2.4 主要厂家产品技术性能参数

A 国内产品

HC-1.5 型混凝土输送车是 HPC-11 型混凝土喷射车的配套设备,也是无轨设备,由相同的行走机构和混凝土搅拌机组成，用于输送一定水灰比的混凝土，给喷射机供料，也可作为井下运送砂石的独立设备，其性能参数见表9-504。

表9-504 HC-1.5型混凝土运输车技术参数

外形尺寸(长×宽×高)/mm×mm×mm	5950×1700×2350	最大爬坡度/%	25
发动机类型	F4L912W型风冷式低污染柴油机	轮胎规格	8.25-15,14层级
输出功率(2500r/min)/kW	44	转弯直径(内/外)/mm	3000/5000
柴油机排烟经水洗净化低污染指标	$CO \leqslant 100\times10^{-6}$ $HC \leqslant 6.3\times10^{-6}$ $NO_x \leqslant 200\times10^{-6}$	搅拌筒传动方式	变量油泵，径向柱塞马达，链条传动
传动方式	静压无级变速	搅拌筒容积(有效容积/装载容积)/m³	1.5/1.0
传向方式	全液压转向	转向角/(°)	±40
整机质量/kg	4310	摆动角/(°)	±10
轴距/mm	2800	行驶速度/(km/h)	0~10
轮距/mm	1473	最大牵引力/N	30000
离地间隙/mm	250	生产厂家	北京矿冶研究总院

国内在井下混凝土输送车的研究和生产制造方面与国外知名厂商相比有较大差距，20世纪90年代初研制出了国内第一台井下混凝土输送车(如前面所述)，为满足用户的要求，近年又开发研制出了HJT-2型混凝土搅拌输送筒，该混凝土搅拌输送筒具有混凝土载运和搅拌双重功能，最大装载容量为1.72m³，可安装在JY-5型井下多功能服务车通用底盘上，作为井下运送混凝土喷射料之用。该输送筒的主要技术参数见表9-505。

表9-505 HJT-2型混凝土搅拌输送筒主要技术参数

搅拌筒容积(有效容积/装载容积)/m³	2.0/1.72
出料口最小高度/mm	1735
进料高度/mm	2480
搅拌筒转速/(r/min)	0~30无级调速
驱动油泵类型	V65040S3A0025L2212轴向柱塞双向变量泵
驱动油泵最大排量/mL,最大工作压力/MPa	41.5,25.0
驱动液压马达类型	GM-300型径向定量柱塞马达
驱动液压马达最大排量/mL	290
最大工作压力/MPa	30.0
驱动液压马达最大转速/(r/min)	650
外形尺寸(长×宽×高)/mm×mm×mm	3100×1140×1430

江西萍乡矿山机械厂生产的TS、TSB系列轨轮式混凝土搅拌输送车，是用来将混凝土从拌和站运送到施工现场的设备。装、卸料时，搅拌筒由电动机驱动，做正、反方向转动；行走途中为避免混凝土离析，能使搅拌筒做均匀搅拌运动。搅拌筒筒身倾斜，由一端进出料，操作方便，筒内装有双螺旋叶片，拌和均匀，卸料干净，卸料后搅拌筒需用水清洗。TS、TSB系列轨轮式混凝土搅拌输送车主要技术性能参数见表9-506。

表9-506 TS、TSB系列混凝土搅拌输送车主要技术性能参数

型号	TS-4 TSB-4	TS-6 TSB-6	型号	TS-4 TSB-4	TS-6 TSB-6
搅拌筒容量/m³	6	10	牵引连接方式：(用于平巷)牵引杆； (用于斜井)一个主牵引挂钩、两个保险挂钩		
运输容量/m³	4	6			
卸料速度/(m³/min)	0.5~0.86				
残料率/%	≤5		外形尺寸(长×宽×高)/mm×mm×mm	6100×1450×2400	7730×1595×3000
轨距/mm	600、762	762	自质量/t	8	10
最小曲线半径/m	15	20	载质量/t	9	13.5
最小竖曲线半径/m	30		总质量/t	17	23.5
最大运行坡度/(°)	25		牵引杆高度/mm	430	
进卸料时轨道坡度/%	<6		斜井牵引挂钩高度/mm	470	
最大行车速度/(km/h)	10		卸料高度/mm	1360	1500
最大弯道、岔道通过车速/(km/h)		3	进料口高度/mm	2300	2900
轴距/mm	1500	2800	电动机功率/kW	15	22

B 国外产品

国外在发展混凝土喷锚支护技术的同时，相继研制出用于井下运送混凝土料的多种混凝土输送车。

a 芬兰 Norment 公司混凝土输送车

芬兰 Norment 公司是世界上著名的生产地下矿山用各种车辆的厂家，混凝土输送车只是其中的一种，其规格有 PK-1000 型、PK-4000 型、PK-6000 型、PK-8000 型、Variomec1050M 型和 Utimec1500 Transmixer 型混凝土输送车，此外还提供容积为 3.5m^3 和 5.7m^3 两种混凝土搅拌筒。

PK-1000 型和 PK-4000 型混凝土输送车均采用 Deutz 低污染柴油机、静液压传动、双桥驱动、中央铰接、液压转向、安全可靠的湿式多盘制动，搅拌筒容积分别为 1.5m^3 和 3.4m^3，车辆最大行驶速度分别为 20km/h 和 15km/h。

Variomec1050M 型混凝土输送车是在 Norment 公司的 NT100 通用底盘上安装一个容积为 5m^3 的混凝土搅拌筒构成的（图 9-548）。该车采用 Deutz BF4M 1013C 型低污染柴油机，中央铰接车体，Clark 动力换挡变速箱，前/后各三挡，四轮驱动，其外形如图 9-548 所示。主要技术参数见表 9-507。

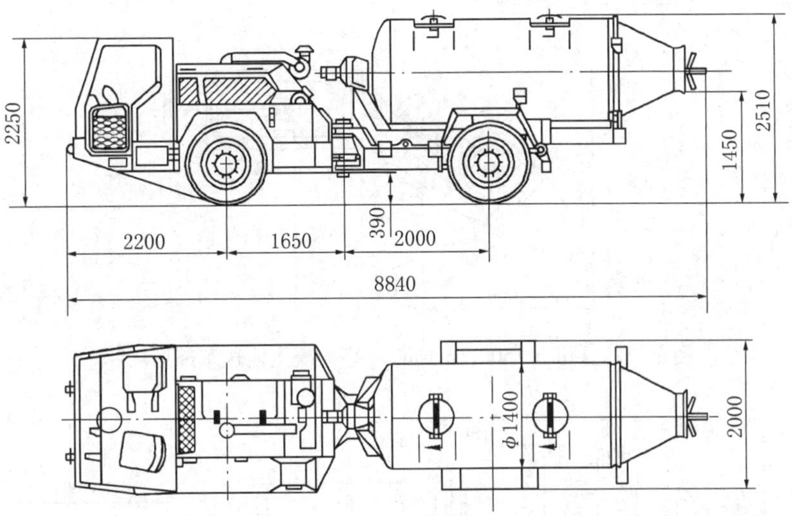

图 9-548 Variomec1050M 型混凝土输送车结构参数

表 9-507 Variomec1050M 型混凝土输送车主要技术参数

项目		参数	项目		参数
发动机型号		Deutz BF4M 1013C（115kW，2300r/min）	电气系统	电压/V	24（负极接地）
				电瓶功率/（A/h）	2×105
				电流/A	45
传动系统		Clark 动力换挡变速箱，前/后各三挡（1 挡 5km/h，2 挡 10km/h，3 挡 25km/h），四轮驱动（最大牵引力 132kN），驱动桥（轮边减速，后桥固定，前桥摆动 ±10°）	转弯半径（内/外）/mm		3950/6350
			搅拌筒容积/m^3		5.5
			液压控制搅拌和卸料，搅拌筒旋转速度可调转速/（r/min）		0~13
转向液压系统		液压转向，中央铰接，转向角 ±40°，转向泵额定压力 17.5MPa，流量 78L/min，2300r/min	最小离地间隙/mm		390
			外形尺寸（长×宽×高）/mm×mm×mm		8840×2000×2510
制动系统	行车制动	采用液压双回路浸油多盘式制动（在两驱动桥内）	轮距/mm		1650
	安全/驻车制动	采用液压松闸，弹簧制动	轴距/mm		3650
	液压泵流量/（L/min）	78	整机质量/kg		9000
	液压泵额定压力/MPa	17.5	轮胎规格		12.00-20PR18

Utimec1500 Transmixer 型混凝土输送车是 Norment 公司专门为地下矿山设计制造的混凝土输送车，该车所采用的发动机、传动方式、轮胎规格、搅拌筒容积和驱动控制方式等完全与 Variomec1050M 型混凝土输送车相同，不同之处在于外形尺寸和个别细节，外形尺寸如图 9-549 所示。

Norment 公司所提供的 3.1m^3 和 5.7m^3 两种混凝土搅拌筒，是可通过标准连接安装在 Norment 公司的 Multimec1000 型多功能通用底盘上，从而构成井下混凝土输送车。3.1m^3 和 5.7m^3 两种混凝土搅拌筒（图 9-550、图 9-551）均为液压驱动搅拌和卸料，旋转速度可调。

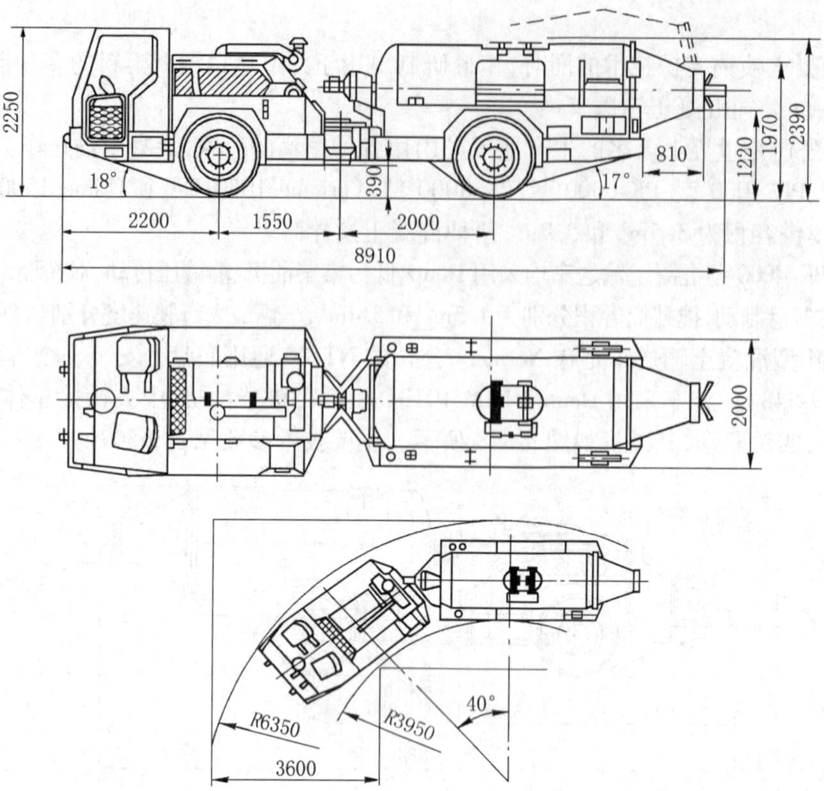

图 9-549 Utimec1500 Transmixer 型混凝土输送车外形尺寸

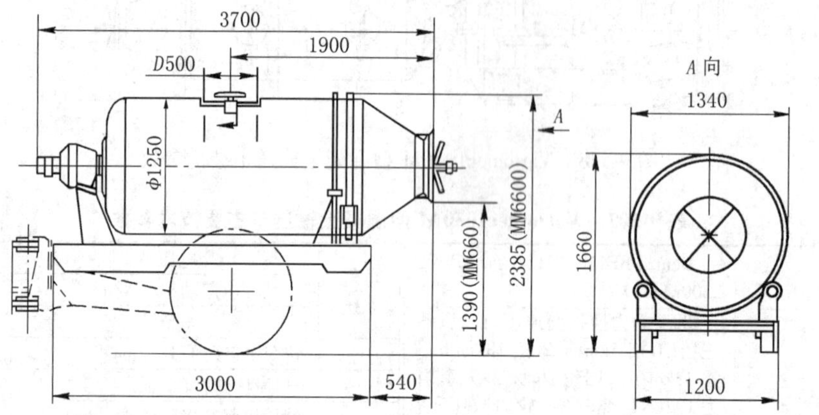

图 9-550 3.1m³ 混凝土罐车结构

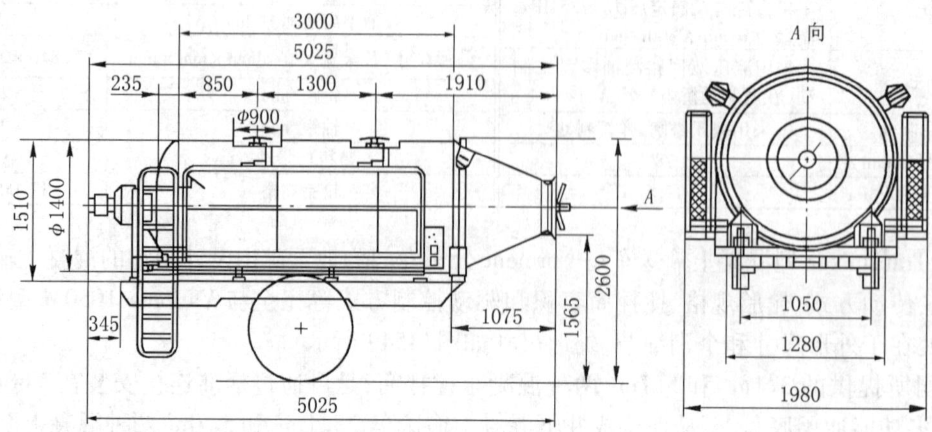

图 9-551 5.7m³ 混凝土罐车结构

b 意大利FIORI公司混凝土输送车

意大利FIORI公司是一家专门从事生产混凝土搅拌输送设备的公司,其产品与上面所述的Norment公司产品不同,它集自装料、计量、加水、搅拌、运送和卸料为一体,是一种移动式现场混凝土搅拌机,为地下矿山喷锚支护提供了一种经济方便实用的设备。其产品主要有DB110、DB150、DB180、DB200S、DB250S、DB350S等型号混凝土搅拌输送车。搅拌筒容积2.0~3.5m^3。

DB110型、DB150型、DB180型这三种混凝土搅拌输送车均采用中央铰接车体,静液压传动、四轮驱动、浸油盘式制动、最大行驶高度都在3.5m以下,特别适合井下矿山应用。

DB110型混凝土搅拌输送车,采用PERKINS403C-15型水冷柴油机,由变量泵和双向变量马达组成的"自动"静液压传动,双向变量马达带有"慢-快-反向"控制。驾驶室中驾驶员座椅和方向盘被安装在带有球轴承的中心板上,从而可根据现场情况进行旋转,更便于操作。该车特别适合于狭窄和小工程量的场合。该车及DB150、DB180型混凝土搅拌输送车的主要技术参数见表9-508,外形及各部尺寸如图9-552~图9-554所示。

表9-508 DB系列混凝土输送车主要技术参数

型　号		DB110	DB150	DB180
柴油机	型号	PERKINS403C-15	YANMAR4TNE88	YANMAR4TNE88
	功率/kW	24.4(2800r/min)	35(2600r/min)	35(2600r/min)
电气系统	起动机/kW	2.2(12V)	2.2(12V)	2.2(12V)
	发电机/A	55(12V)	45(12V)	55(12V)
	电瓶/(A·h)	80(12V)	100(12V)	80(12V)
驱动方式		静液压传动,四轮驱动	静液压传动,四轮驱动	静液压传动,四轮驱动
行驶速度/(km/h)	1挡(前进/后退)	0~11/0~11	0~4.6/0~4.6	0~4/0~4
	2挡(前进/后退)	0~19/0~11	0~7.2/0~4.6	0~7/0~4
	3挡(前进/后退)		0~12.9/0~12.9	0~12/0~12
	4挡(前进/后退)		0~20.5/0~12.9	0~20/0~12
转向方式		中央铰接,全液压转向	中央铰接,全液压转向	中央铰接,全液压转向
转弯半径(内/外)/mm		2350/3950	2590/4380	2350/3950
摆动角/(°)		±10	±10	±10
轴距/mm		1800	2000	1800
轮距/mm		1320	1510	1320
最小离地间隙/mm		250	275	285
轮胎规格		10.0/75-15.3	10.5-188PR	12.0/75-18
搅拌筒容积(有效/装载)/L		1600/1100	2100/1500	2550/1860
搅拌筒转速(双向)/(r/min)		0~20	0~23	0~20
装料铲斗斗容/L		320	400	400
每完成一次装料所需铲斗数		4	5	6
卸料高度/mm	流槽(最大/最小)	1120/1000	1250/1130	1280/1160
	搅拌筒出口	1500	1650	1690
加水系统	水泵最大排量/(L/min)	250	250	250
	水泵最大水压/MPa	0.2	0.2	0.2
	水箱容积/L	185	240	250
外形尺寸(长×宽×高)/mm×mm×mm		3900×1580×3060	4540×1780×3270	4520×1780×3280
整机质量/kg		3100	3450	3600

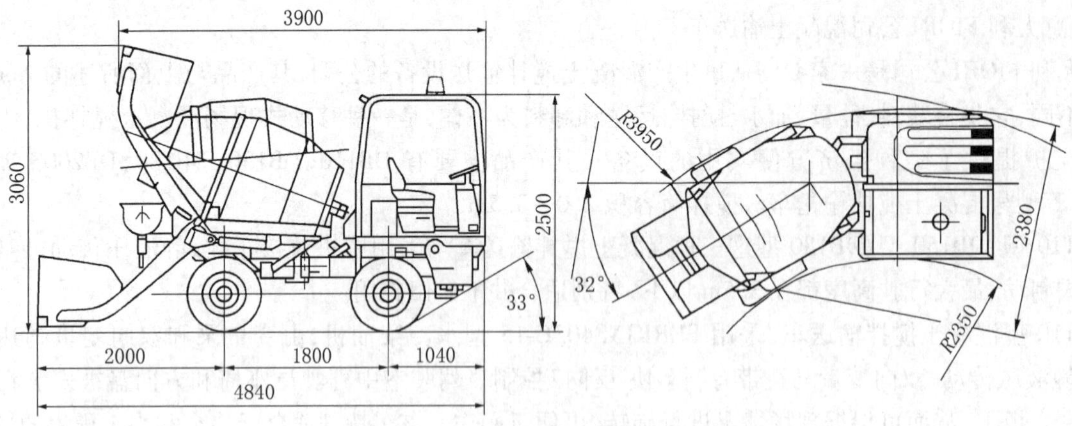

图 9-552 DB110 型混凝土搅拌输送车

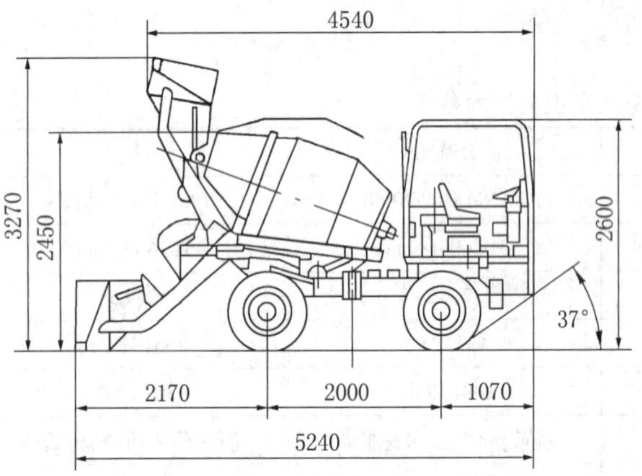

图 9-553 DB150 型混凝土搅拌输送车

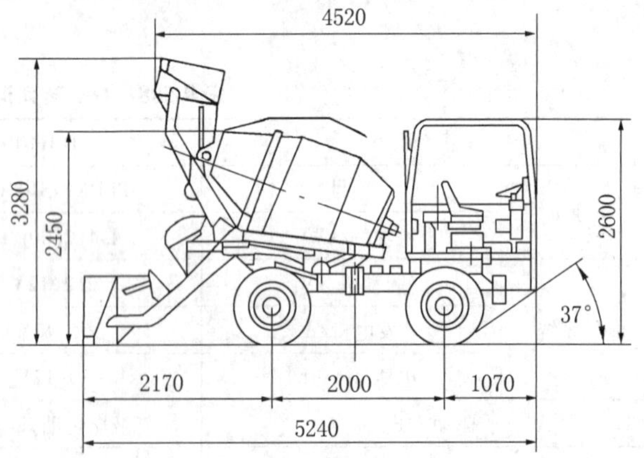

图 9-554 DB180 型混凝土搅拌输送车

DB200S 型、DB250S 型、DB350S 型这 3 种混凝土搅拌输送车主要是适应于巷道断面比较大的场合，该系列产品采用的是整体车架结构形式，独特的全液压转向系统可实现两轮转向、四轮转向和四轮侧斜的 3 种转向方式的选择，从而减小了整车的转弯半径。静液压传动、四轮驱动在选定的挡位内实现无级变速，静液压驱动的搅拌筒卸料口可旋转，以实现在 360°范围内卸料。该系列产品的搅拌筒搅拌容积从 2000 ~ 3500L 不等。其外形尺寸分别如图 9-555、图 9-556 所示。

c 加拿大 DUX 公司混凝土搅拌输送车

加拿大 DUX 公司混凝土搅拌输送车是在该公司 DUX P1-Porter 多用途底盘平板车的基础上安装一个搅拌罐，在车上制备和运输混凝土，为井下喷锚混凝土支护服务。其搅拌罐容积为 3.2 ~ $4m^3$。

d 加拿大 BTI 公司混凝土搅拌输送车

BTI（Breaker Technology Inc.）公司混凝土搅拌输送车是在 BTI 公司 LP15AR 多功能通用底盘上配置 MPV-RX 搅拌罐组成。MPV-RX 搅拌罐的搅拌和卸料速度可变，罐内凹槽提供搅拌、卸料和自清洗功能而不必使罐倾斜，工作高度降低。根据需要可选择不同容量的搅拌罐、卸料溜槽、电动液压泵和气动液压泵。

9.19.3 混凝土喷射车

9.19.3.1 现状与发展趋势

国外从 1909 年开始研制混凝土喷射技术，首先在美洲出现了第一台水泥喷射设备，随后发展到混凝土喷射车，并在不断改进完善。我国是从 20 世纪 70 年代开始研制混凝土喷射设备，通过消化引进吸收，目前已研制生产多种类型的混凝土喷射车（机）。

喷射车是用来喷射混凝土的设备。所谓喷射混凝土是借助喷射机械，利用压气或其他动力将按一定配比的水泥、砂子和速凝剂等拌和物，通过管路压送到喷嘴处，以较高的速度喷射到受喷岩层面上，经凝结硬化

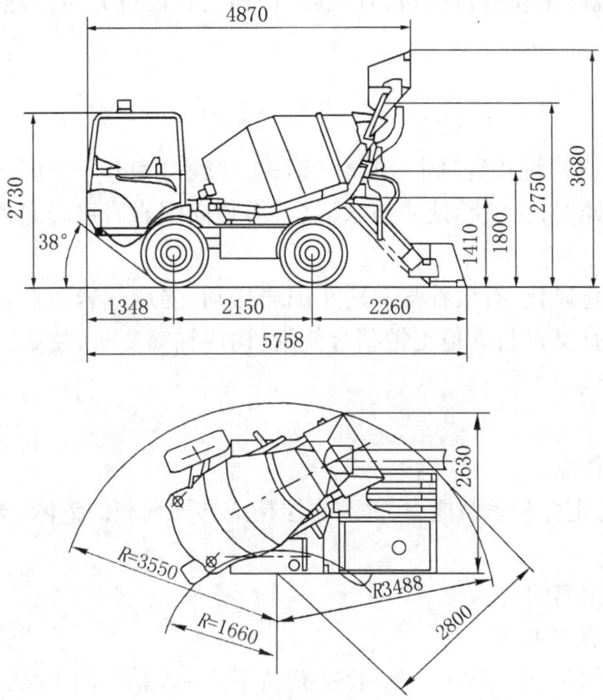

图 9-555 DB200S-250S 型混凝土搅拌输送车

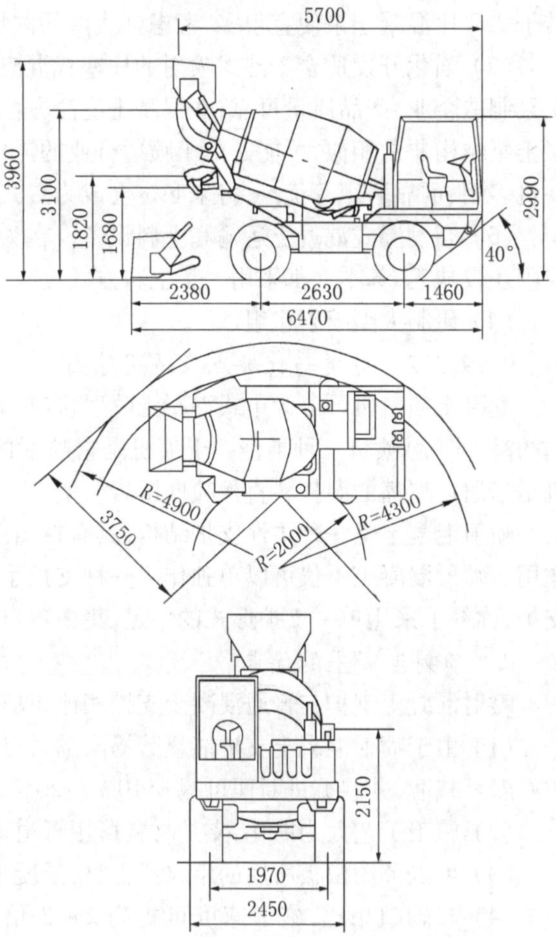

图 9-556 DB350S 型混凝土搅拌输送车

而形成的一种混凝土支护形式。

初期是采用手工操作喷嘴，喷射作业不能适应紧跟工作面的喷射要求，而且人在工作面操作，作业条件差，粉尘高，回弹混凝土量又很大，劳动强度大，特别是向上喷拱时尤为困难。随着大断面大硐室地下工程及围岩稳固性差条件下的需采用喷射混凝土支护工程日益增加，随后又研制生产使用混凝土喷射机械手，实现了远距离控制，明显改善了作业环境。

将混凝土喷射机具设备安装在行走的专用底盘上，组成混凝土喷射车，将搅拌、给送料、喷射工序配套形成一体化，不仅改善了作业条件，减轻劳动强度，而且移动方便，充分发挥设备效率，实现快速喷射混凝土支护作业。

混凝土喷射设备作为喷锚支护的关键设备，总的发展趋势是完成综合配套，优化设备性能，提高设备的可靠性、耐久性和适应性，采用遥控技术、机械手、机器人技术、自动控制技术，以便有效地减轻工人的劳动强度，提高劳动生产率，保持喷头的最佳工况以保证喷射质量。今后还应注意喷浆机械手的研究、全方位转向喷射机器人的研究等。

我国目前仍然以干式喷射机为主，存在着粉尘浓度大、回弹率高等缺点，这主要是缺乏相应的强制性法规、湿式喷射技术及喷射设备还有不足之处造成的。解决喷射混凝土粉尘危害的根本出路，一致认为必须开发湿喷技术，从用户需求来看，湿喷（潮喷）是方向。

为了更好地推广应用湿式混凝土喷射，应该着重解决以下问题：

（1）继续优化转子式湿式混凝土喷射机，提高可靠性和耐用性。我国从 20 世纪 80 年代开始研究开发湿式混凝土喷射设备，除挤压泵式等少数其他类型外，基本上都是转子式。但普遍存在着设备可靠性差、易损件消耗大等缺点，致使工程成本加大，用户不愿使用。转子式在国外已经很少用于湿式，但从价格方面讲，转子式要比混凝土泵便宜很多,考虑到我国的国情,短期内还会以转子式为主。

(2) 强化开发适合于湿式喷射的柱塞式混凝土泵。近几年,随着建筑市场的发展,我国出现了众多混凝土泵制造企业,产品质量可靠,在混凝土浇注方面得到了广泛的应用。其实用于喷射的混凝土泵与普通的混凝土泵结构非常相似,可能是由于喷射行业的需求量太小,还鲜有人开发。从国外的情况看,由于混凝土泵一机多用、可靠耐用等优点,将来必定会成为湿式混凝土喷射的主要设备。

(3) 开发湿式混凝土运输和上料设备。在为湿式混凝土喷射机供料的运输设备和上料设备方面,目前我国还较缺乏,基本上都采用人工上料方式。

(4) 研制大型喷射机组。

9.19.3.2 分类与优缺点及适用范围

混凝土喷射机可分为干式混凝土喷射机(简称干喷机)、湿式混凝土喷射机(简称湿喷机)和介于干湿之间的潮(半湿)喷机三种类型。干喷机是指喷射的是干拌料,在喷嘴处才与水混合,再喷向围岩岩壁。湿喷机是指通过喷嘴的湿拌料直接喷向围岩岩壁。

喷射混凝土是一种柔性支护结构,具有封闭围岩防止风化、有效补强并防止围岩松动、支承危岩活石等作用。喷射混凝土不仅可以单独作为一种支护手段,而且又可与其他支护结合使用,构成锚喷支护、喷锚网支护,弥补了采用单一支护形式的不足,集中各自的优点。

A 喷射混凝土的优点

喷射混凝土支护与普通混凝土支护相比,具有以下特点:

(1) 由于喷射混凝土支护能显著提高围岩自身的稳定性和承载能力,并与岩层构成共同承载的整体,支护厚度可减薄,井巷掘进断面可减少10% ~20%。

(2) 施工工艺大为简化,支护材料可用管道进行长距离输送。

(3) 可以节约模板所用的钢材或木材,混凝土亦可节约40%。

(4) 与砌碹相比,施工速度可提高2~3倍,成本可降低1/3~1/2,工效提高了3~4倍,工时减少75% ~80%。

(5) 凝结快、强度高。混凝土喷出后3~5min内初凝,10min内终凝。混凝土高速喷出,水泥与骨料的反复连续撞击使混凝土得到压密,无需振动捣固就具有较高的抗压强度。喷射混凝土与混凝土、砖石、钢材有很高的黏结强度,可以在结合面上传递拉应力和剪应力。

(6) 密度高、抗渗性和抗冻性好。由于喷射工艺带来的高密实性,使喷射混凝土中孔隙较小,且互不连通,因而具有较好的抗渗性。喷射中会带入少量气体,混凝土含气量约为2.5% ~5%,因而抗冻性也很好。

(7) 效率高。喷射法施工可将混凝土的运输、浇注和捣固结合为一道工序,不要或只要单面模板。可通过输料软管在高空、深坑或狭小的工作区间向任意方位施作薄壁或复杂结构喷射混凝土,工序简单,机动灵活。

B 干喷和湿喷的比较

对于大多数混凝土喷射施工来说,无论是干喷还是湿喷可能都会满足要求,但是对于一个具体的工程来说,由于在喷射混凝土质量、设备成本、设备维护量、操作特点等方面的不同,可以选择干喷或湿喷。

(1) 喷射混凝土质量。无论是干喷还是湿喷,喷射混凝土与受喷面的黏结强度要比传统施工方法高很多。与湿喷相比,从理论上讲干式喷射混凝土与受喷面的黏结强度要高。这是因为对于干式喷射来说,施工环境和受喷面的情况千变万化,操作人员可以根据现场情况的变化,及时调整拌和水的加入量。但在实际上,拌和水在喷嘴处加入,喷射混凝土质量在很大程度上取决于现场操作人员的技术熟练程度和经验,质量不易控制。对于湿式喷射来说,能事先将包括水在内的各种材料正确计量,充分搅拌,喷射混凝土的质量反而容易保证。

(2) 设备成本。干式喷射设备较简单,购置费用低,而湿式喷射设备较复杂,购置费用较高。

(3) 设备维修。干式喷射设备维修容易且成本低,湿式喷射设备维修较复杂且成本较高。

(4) 施工粉尘。同干式喷射相比,湿式喷射能大幅度地降低施工环境的粉尘浓度。

(5) 回弹率。干式喷射的回弹率至少20%,而湿式喷射要低许多,一般在10%左右。

(6) 喷射操作。干式喷射施工时,喷嘴操作容易。而在湿式喷射施工时,由于输送管内物料的脉冲作用,喷嘴操作费劲。

(7) 喷射混凝土养护。干式喷射混凝土保养容易,湿式喷射混凝土保养困难。

喷射混凝土支护及其设备在地下矿山及其他地下工程、铁路公路隧道、水电工程等施工中已得到广泛应用。

C 混凝土喷射车的适用范围

在断面尺寸允许条件下,矿岩稳固至自稳时间很短,在喷射混凝土之前工作面仍能自稳时,均可采用混凝土喷射车进行支护,并以转子式混凝土喷射机为主。

9.19.3.3 原料堆放设备

原料堆放设备主要有:

(1) 料场胶带机,如移动式胶带输送机。

(2) 料场装载机,如ZL型料场装载机,其技术性能见表9-509。

(3) 计量设备,如用于装料矿车直接称量的轨道衡、配料秤。

表9-509 ZL型料场装载机技术性能

型号	额定载重量/t	额定斗容/m^3	柴油机功率/马力	车速/(km/h)	最大卸载高度/mm	最小转弯半径/mm	外形尺寸(长×宽×高)/mm×mm×mm	质量/t	生产厂家
ZL-10	1.0	0.5	55	28	2300	4480	4454×1800×2610	4.5	成都工程机械厂
ZL-15	1.5	0.75	55	26	2600	4480	4500×1900×2610	4.7	烟台工程机械厂
ZL-20	2.0	1.0	80	30	2600	5400	5700×2150×2760	7.0	成都工程机械厂

9.19.3.4 混凝土喷射车工作原理及特征

A 混凝土喷射车组成

混凝土喷射车由混凝土喷射机又称喷浆机(以下简称喷射机)、混凝土喷射机械手(以下简称机械手)、底盘及配套机具组成。

HPC-11型混凝土喷射车是集机、电、液于一体的全机械化混凝土喷射设备,该设备具有湿式喷射混凝土喷射能力大、粉尘少、回弹率低等优点,可广泛应用于地下矿山、铁路和公路隧道等场合混凝土喷射作业。

HPC-11型混凝土喷射车主要由行走底盘、喷射机、喷射机械手三部分组成(图9-557)。

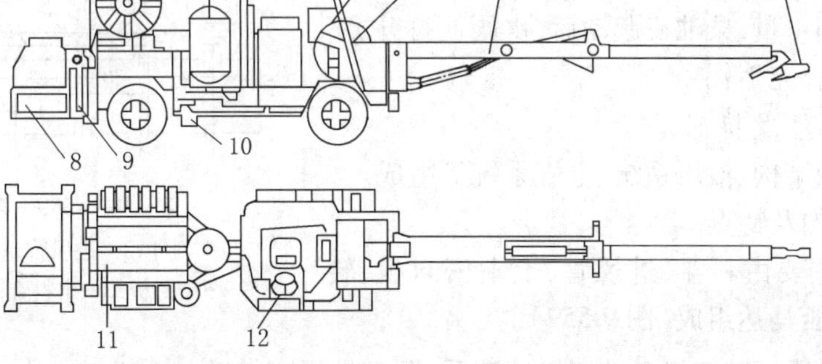

图9-557 HPC-11型混凝土喷射车

1—风管卷筒;2—电缆卷筒;3—速凝剂罐;4—控制器;5—水管卷筒;6—喷射机械手;
7—喷头;8—喷射机;9—起落托架;10—行走底盘;11—柴油机;12—方向盘

该车还有速凝剂回路、气路、水路、起落托架、电缆卷筒、气(风)管卷筒和水管卷筒等部分,由此构成功能齐全、集机电液于一体的混凝土喷射设备。其底盘部分与HC-1.5型井下混凝土输送车基本相同,其液压系统原理如图9-558所示。

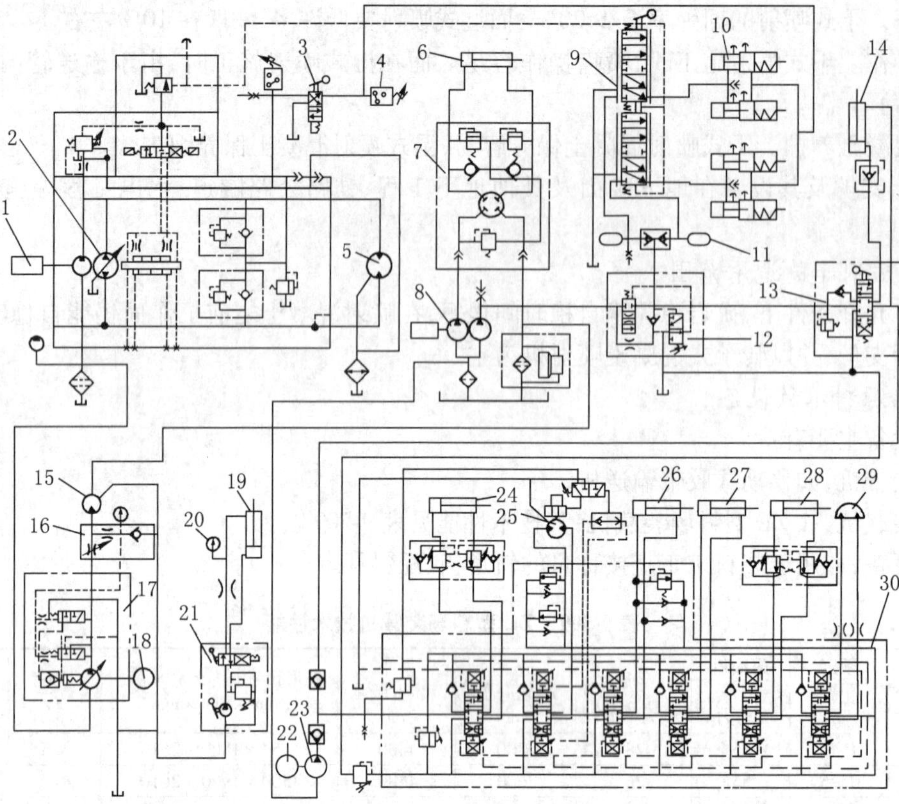

图 9-558　液压系统原理

1—柴油机;2—A4V 变量泵;3—停车制动阀;4—压力继电器;5—A2F 定量马达;6—转向油缸;7—转向器;8—双联齿轮泵;9—液压刹车阀;10—制动油缸;11—蓄能器;12—补油阀;13—起落换向阀;14—起落油缸;15—液压马达;16—插装集成块;17—荷感应油泵;18—喷射机电动机;19—夹紧油缸;20—压力表;21—手动泵;22—机械手电机;23—齿轮泵;24—举升油缸;25—摆线马达;26—伸缩油缸;27—倾动油缸;28—折叠油缸;29—摆动油缸;30—六联电液比例复合阀

尾气净化系统是由净化水箱、蓄水箱、水管和电磁水阀组成。净化水箱是用不锈钢板焊接而成,内部装有隔板,柴油机排气管排出的尾气通入水箱后,使尾气在水中沿隔板形成折返气流,以达到清洗和净化尾气的目的,减少空气污染。水经水管从较大的蓄水箱通入净化水箱,在进入净化水箱以前由一个电磁水阀控制水量,柴油机起动后,水阀便打开,不断向净化水箱补水,以补充消耗。

B　喷射机工作原理及特征

喷射机主要由机械结构、液压系统、电气系统等组成。

a　喷射机机械结构及特点

喷射机机械结构主要由料斗、进风管、上下密封板、转子、出料管、减速机、液压马达组成(图 9-559)。

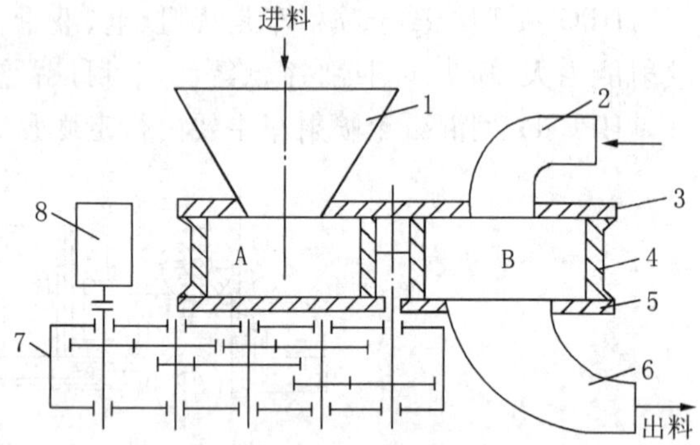

图 9-559　喷射机结构

1—料斗;2—进风管;3—上密封板;4—转子;5—下密封板;6—出料管;7—减速机;8—液压马达

液压马达 8 工作时通过减速机 7 的四级减速后,驱动转子 4 转动。由于转子上有多个均匀分布的料腔,随着转子的转动,每个料腔都不断在 A 的位置落入喷射料,转到 B 的位置又吹出喷射料,这样随着转子的匀速转动,喷射料就被连续不断地吹出,实现连续不断地喷射作业。被吹出的喷射料经过出料管、输料管和喷头后,喷到需要支护的表面,完成支护工作。

喷射机转子在设计时,采用新式的扇形料腔代替传统的圆形料腔,提高了转子截面利用率,同时适当加大转子直径、减小转子高度,以利于湿料在料腔内的流动,由此实现干、湿料均可喷射的目的。该结构与活塞式结构相比,具有结构简单、维修方便、出料均匀的特点。

b 喷射机液压系统

喷射机液压系统由转子驱动回路和转子夹紧回路组成(图9-558)。

(1) 转子驱动回路。喷射机转子驱动回路由负荷感应油泵、插装集成块、喷射机马达等组成。

负荷感应油泵由电动机驱动,可避免柴油机尾气对喷射作业地点的空气污染和噪声污染,有利于操作工人的身体健康。负荷感应油泵上的负荷感应阀的感受口与节流阀的出油口相接可以感知负载的大小。该泵的特点是能够自动改变输出流量,以保持节流阀的进出油口压差不变(约为1MPa)。当节流阀开度不变时,通过节流阀的流量为恒定值,不随喷射机负载的变化而变化,即可使喷射机转子转速不随阻力矩变化而改变,保持转速稳定。改变节流阀开度就可很方便地得到不同的液压马达转速,即得到不同的喷射量,达到无级调节喷射量的目的。

该驱动回路由于具有负荷感应功能,泵的输出能量与负载需要相一致,无溢流损失,节能效果良好。

(2) 转子夹紧回路。转子夹紧回路(图9-558)由手动泵21、夹紧油缸19、截止阀等组成。手动泵用来给夹紧油缸提供压力油。手动泵上集成有安全阀和换向阀,换向阀用于使夹紧油缸夹紧或松开,安全阀防止系统超压。截止阀可防止夹紧油缸压力油从手动泵泄漏,起到保压作用。因此,该回路可实现对转子的密封夹紧作用,具有夹紧迅速、夹紧力大小调节方便、夹紧力分布合理的特点,有利于提高工效和延长密封板的使用寿命。

(3) 喷射机起落操纵液压回路。喷射机起落操纵液压回路(图9-558)由起落换向阀13、液控单向阀、起落油缸14等组成。

起落换向阀13为带过桥功能的弹簧对中手动换向阀,在该阀处于中位时,压力油经该阀通到六联电液比例阀30,为其提供油源。当起落换向阀在两边阀位时,起落油缸可伸缩运动,同时切断向六联电液比例阀供油。液控单向阀可防止油缸腔内的油泄漏,即防止油缸在外力作用下缩回,可使喷射机保持在要求的位置上。

c 喷射机电气系统

该电气系统在设备进入工作现场并停止柴油机后使用,作为喷射机、照明灯和充电器的电源。该电气系统设有漏电保护开关、相序继电器、充电器等电气元件。漏电保护开关用来保护操作者的人身安全,漏电流超过设定值后自动跳闸。相序继电器可使在相序接错时,断开启动回路,确保电动机不会反向运转。充电器可在柴油机不工作时,仍给蓄电池充电,避免因蓄电池亏电而造成柴油机启动困难。

C 喷射机械手工作原理及特征

喷射机械手由机械结构和电液比例有线遥控系统组成。

a 机械手的机械结构

机械手的机械结构如图9-560所示。为了使喷射机械手在喷射过程中能够灵活动作,保持喷头与受喷面适当距离和垂直角度,机械手共设计了六个动作,即机械手的回转、举升、折叠、伸缩、摆动和倾动。通过对这些动作的适当控制,可将喷头对准支护部位,完成喷射作业。

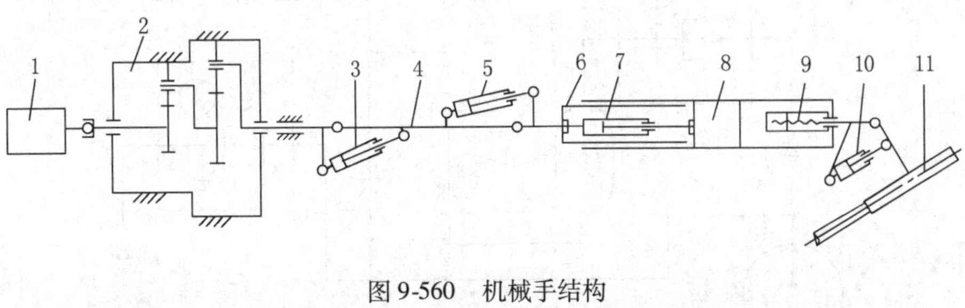

图9-560 机械手结构

1—摆线马达;2—行星减速器;3—举升油缸;4—后臂;5—折叠油缸;6—前臂;
7—伸缩油缸;8—伸缩臂;9—摆动油缸;10—倾动油缸;11—喷头

机械手的回转采用摆线马达1作为回转驱动元件,通过专门设计的两级行星减速后,驱动机械手回转。两级行星减速器2内带有湿式摩擦片制动器,可将机械手锁定在任意位置。为了实现机械手的驱动与锁定作用的协调一致,专门设计了液压回路,让制动器的制动作用受驱动信号的控制,当有驱动作用时,制动器自动松开,机械手可自由转动;当停止驱动作用时,制动器自动锁定机械手,使机械手停在要求的位置上。

喷头11的摆动机构在机械手的前端,专门设计了两级螺旋式摆动油缸,使得该喷头摆动机构具有体积小、质量轻、运动平稳、输出转角大的特点。

b 电液比例有线遥控系统

为了取得喷射机械手的优良操作性能，采用国际先进的电液比例有线遥控技术，并为此专门研制了构成该系统的关键器件——六联电液比例复合阀和六联电液比例阀控制器。

（1）六联电液比例复合阀。该阀的每联电液比例控制阀均由液控换向主阀和主阀两边的电液比例减压阀组成（图9-558）。当给电液比例减压阀通入变化的控制电流时，则在该阀的输出油口产生变化的先导油压，该先导油压再控制液控换向主阀，使其产生变化的流量输出，通入的控制电流越大，则输出的流量也越大，由此达到成比例地控制流量的目的。该六联电液比例复合阀解决了电液接口问题，实现了六路电信号到六路液压能的转换。

（2）六联电液比例阀控制器。该控制器的作用是为六联电液比例复合阀提供六路控制电信号。该控制器主要由比例阀电源、操纵手柄和箱体组成。

比例阀电源在设计上采用集成电路组成开关型电源，这种开关型电源的电压输出波形是矩形波，只要改变矩形波的占空比就可改变输出电压，达到调节电源输出电压的目的。矩形波中包含有大量的交流成分，可使阀芯产生振颤作用，克服摩擦力的影响，提高线性，减少滞环。另外在该电源的输出端设有反馈电路，可使输出电压不受负载大小的影响，保持电压稳定。

控制器上共有两个操纵手柄，每个操纵手柄内共有两对滑线电阻、一对微动开关和4个复位弹簧。通过扳动操纵手柄把手可把矩形波电源的输出电压加到比例电磁铁上，并且随着手柄把手扳动倾角的加大，滑动触头向下运动，并不断改变滑线电阻的阻值，从而改变比例阀输入电流大小，达到控制比例阀电流大小的目的。

每个操纵手柄可输出三组电信号，控制机械手的3个动作，两个操纵手柄即可实现对机械手6个动作的控制，使操作者很方便地遥控机械手的动作。该电液比例有线遥控系统与常规液压控制系统相比有如下特点：机械手的6个动作仅用两个手柄来控制，操作方便，也使机械手的运动更加平稳，保障喷射的均匀性。通过有线遥控可使操作者离机选择适宜的操纵地点，突破驾驶室的束缚，获得较好的观察视角，反弹的喷射料也不易打到操作者身上，有利于提高作业效率和作业安全。

D 液体速凝剂回路和水路

a 液体速凝剂回路

液体速凝剂加入混凝土后，可使喷出的混凝土快凝早强，减少回弹，增加一次喷层厚度，提高喷射效率。液体速凝剂回路如图9-561所示。

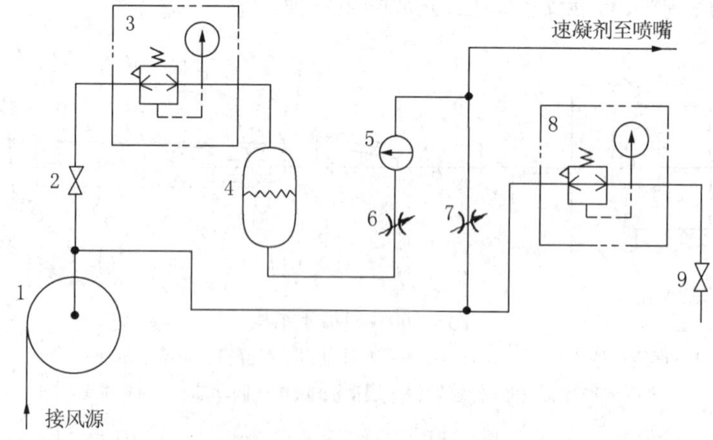

图9-561 液体速凝剂回路

1—压气；2，9—截止阀；3，8—减压阀；4—速凝剂罐；5—流量计；6，7—节流阀

该液体速凝剂回路以压缩空气为动力。压缩空气经风管、截止阀2、减压阀3，进入速凝剂罐4内，作用于液体速凝剂，使液体速凝剂经节流阀6、流量计5，从混凝土喷嘴环状分布的小孔喷出，与混凝土混合后喷

向作业面。节流阀 7 用于调节风量,使速凝剂从环状分布的小孔喷出的速度加快,使其与混凝土的混合更加均匀彻底,同时也可防止混凝土堵塞该小孔。截止阀 9 出口可接其他元件,如油雾器等。

b 水路

水路系统的作用是喷射作业前向料斗内加水,对作业面喷水除尘;喷射作业后向料斗内加水,清洗料斗、转子、喷射管等,还可用于清洗车身。

9.19.3.5 混凝土喷射机

混凝土喷射机实际上是一种气力输送装置,借助压缩空气对混凝土料进行输送,在输出口(喷嘴)处,气流达到 80 ~ 100m/s 速度,因此使混凝土产生较好的喷敷效果。混凝土喷射机分为干式、湿式和介于两者之间的潮(半湿)式 3 种。

A 干式喷射机

干式混凝土喷射机是比较成熟的设备,在矿山井巷和其他地下工程喷射混凝土支护中应用较多。

国外生产干喷机的主要厂商有:美国的 REED 公司和 EIMCO 公司、德国的 TORKEET 公司、VELCO 公司和 BSM 公司、瑞士的 MEYNADIER 公司和 ALIVA 公司、日本的三井三池制作所和技术开发公司等。其中瑞士的 ALIVA 公司和美国的 EIMCO 公司生产的干喷机无论在品种型式还是技术方面,在当今世界都具有一定的代表性。

国外生产的干喷机按机械结构形式不同大致可分为双罐式、螺旋式、转子式 3 种类型。

国内生产的干喷机按结构特点不同分为双罐式、转子式、螺旋式、转盘式、鼓轮式、混合式和负压式多种。下面以双罐式、转子式和螺旋式为代表,简单介绍干喷机的工作原理及特点。

a 双罐式混凝土喷射机

双罐式喷射机以 WG-25 型,冶建 65 型为代表(图 9-562)。

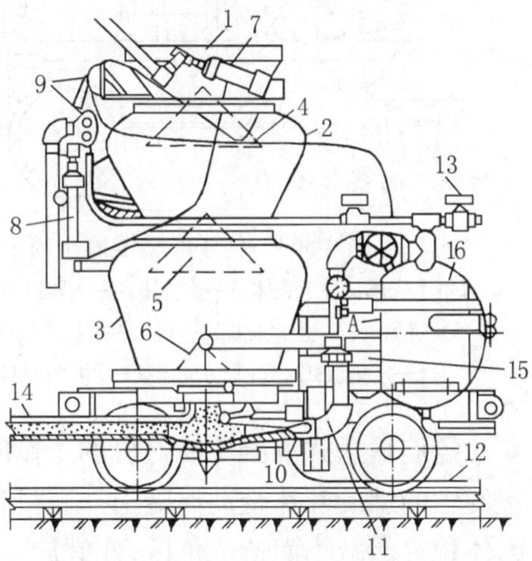

图 9-562 双罐式混凝土喷射机

1—受料斗;2—上罐体;3—下罐体;4—上钟形阀;5—下钟形阀;6—分配盘;7—上钟形阀汽缸;8—下钟形阀汽缸;9—控制阀;10—喉管;11—喷射机进风管;12—速凝剂注入管;13—速凝剂罐风阀门;14—输料管;15—电动机;16—油水分离器

它由受料斗、上下罐体、上下钟形阀等拨料机构、气控装置、油水分离器和车架组成。上罐体 2 的上口与受料斗 1 联结,其上口的开闭由上钟形阀 4 控制,上、下罐联结在一起。其下口开闭由下钟形阀 5 控制,其底面由拨料机构相连,拨料机构由分配盘 6 和蜗轮蜗杆减速器组成。

工作原理:关闭下钟形阀,打开上钟形阀,装料斗的拌和料落入上罐。关闭上钟形阀,上罐充气,待上下罐气压平衡,下钟形阀自动打开,拌和料落入下罐。上下罐交替落料,供喷射机连续喷射,喷射生产能力为 $4m^3/h$,骨料粒径 25mm,工作风压 0.6MPa,电动机功率 3kW。这种喷射机上、下罐交替连续出料,实现连续作业。由于体积大、笨重、操作复杂、有反风、粉尘较大,目前已没有厂家生产。

b 转子式混凝土喷射机

转子式混凝土喷射机是由瑞士 ALIVA 公司最先研制成功的。这种喷射机的原理是在立式转子上,周围开有许多料孔,转子在转动过程,有的孔对上贮料器的卸料口,就向料孔加料;有的孔对上吹风口,则压缩空气就把拌和料压送到输送管路中。

这种喷射机是当前比较先进和应用最为广泛的一种,它水平输送距离可达 250m,垂直输送高度可达 100m。机械开动后,只要向贮料斗加料,即自行吹送,基本上不需人工照料,故操作简单、劳动强度低。这种喷射机的转子主要有直通料孔式和 U 形料孔式两种形式,以 ALIVA246 和 ALIVA252 以及转子Ⅱ、Ⅲ、ZHP-2、ZPG-Ⅱ、HPZ-5 型产品为代表。转子Ⅱ型混凝土喷射机见图 9-563。

它由主机、传动机构、风路系统、电器系统、机架组成。主机是转子喷射机的主体,由旋转体、密封胶板、定量下料机构、料斗、出料弯头、上、下壳体组成。定量下料机构由定量隔板和定量叶片组成,隔板可上下移动,以调整喷射能力。旋转体有 14 个气杯,14 个料杯,料杯倾斜 10°,由浇注在结合板上的扇形密封橡胶板密封。

工作原理：混合料从料斗口落入旋转料腔内，料腔转动 180°，至主风管下口时，压风即将混合料压入出料弯头。在料腔越过主吹风管后，余气即可由座体上的排气孔排出旋转体。立式电动机通过联轴节、减速器带动旋转体，混合料不断落入料腔，连续由出料弯头送到输料管，经软管、喷枪喷到岩面，形成工作循环。

c 螺旋输送式混凝土喷射机

螺旋输送式混凝土喷射机以 LHP-701 型、KHP-30G 型、PS-1 型为代表。螺旋式喷射机由料斗、螺旋轴输送口、锥体管、电动机减速器、车架、输送软管和喷枪组成（图 9-564）。

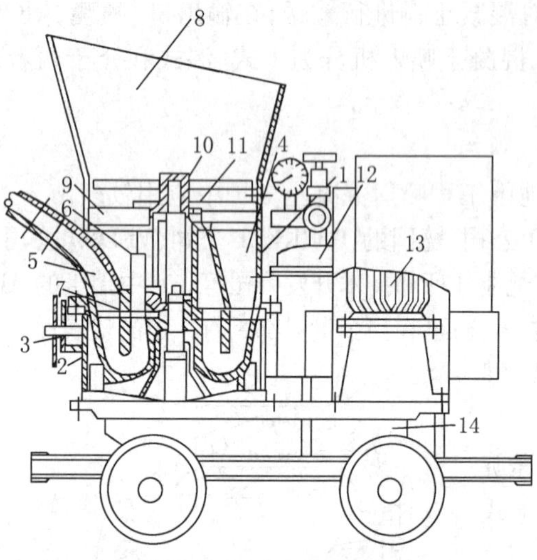

图 9-563 转子Ⅱ型混凝土喷射机

1—上壳体；2—下壳体；3—旋转体；4—入料口；5—出料弯头；6—进风管；7—密封胶板；8—料口；9—拨料板；10—搅拌器；11—定量板；12—油水分离器；13—电动机；14—减速器

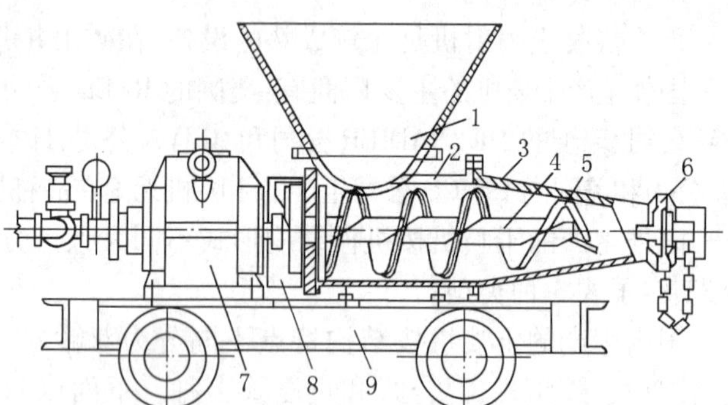

图 9-564 螺旋输送式混凝土喷射机

1—料斗；2—套筒；3—锥体；4—中空螺旋轴；5—螺旋叶片；6—活接头；7—电动机；8—减速机；9—车架

螺旋输送式混凝土喷射机的工作原理：由装入料斗的拌和料，在电机驱动下，经减速器带动螺旋轴旋转，螺旋轴的螺旋叶片带动混凝土拌和料到锥体管，压缩空气经油水分离后，进入螺旋输送轴轴心，在锥体管处因体积突然减小而造成负压，使螺旋叶片带来的拌和料受到两个推动力作用，一是负压吸走，二是螺旋叶片推动输送软管输送，经喷枪加水搅拌而喷射到岩面，该机喷射能力为 3 ~ 5m^3/h。

这种喷射机的特点：机构简单、重量轻、上料高度低、操作方便，但输送距离较短，一般只有十几米，螺旋磨损快，仅适用于小断面巷道工程，目前很少应用。

各类干式混凝土喷射机优缺点见表 9-510。

表 9-510 各类干喷机的优缺点

机型	双 罐 式	转 子 式	螺 旋 式	鼓 轮 式
优点	(1) 主机部分无磨损，工作可靠； (2) 结构简单，易加工制作； (3) 机体结实，耐用； (4) 可远距离送料	(1) 操作简便； (2) 进出料连续性较好； (3) 堵管后能自动停车，堵管事故较少	(1) 上料高度低； (2) 结构简单，轻巧，移动方便，加工制造容易； (3) 进出料连续性好	(1) 结构简单，重量轻，体积小，移动方便； (2) 操作简单，进出料连续性好； (3) 易损件衬板和筋条可采用普通材料
缺点	(1) 操作复杂，工人劳动强度大； (2) 机体笨重，移动不便； (3) 上料高度高，进出料的连续性差	(1) 结构复杂，日常清理及维护麻烦； (2) 易磨损件较多，胶板和衬板磨损较大，更换不便	(1) 要用 76mm 胶管输料； (2) 螺旋套容易磨损，磨损后回风较大； (3) 输送料的距离短，仅 10m 远	(1) 两半壳体和鼓轮之间的间隙调节复杂； (2) 衬板和鼓轮筋容易磨损

B 湿式喷射机

湿式混凝土喷射机是在无法解决干喷机存在的缺点情况下出现的新机种。几十年的使用表明，干喷作业混凝土回弹量大，粉尘浓度严重超标，极大危害作业人员的身体健康，为了改变干喷作业的危害，改用湿喷作业。湿喷机主要有泵式和转子式两种类型。下面简述几种湿喷机的工作原理及特点。

a 活(柱)塞泵式湿喷机

这类湿喷机是泵式湿喷机中的一种,采用液压传动,通过活塞泵中活塞的交替运动,将湿的混凝土料吸入后再靠活塞推动轮送到输料管出口,属于稠密输送的泵式湿喷(图9-565)。

目前国外这类机型性能和技术水平较高的要属美国的产品。如美国的MQ公司生产的MAYCO型系列湿喷泵,该泵采用柴油机驱动,最大排量可达$54m^3/h$,最大输出压力6.2MPa,最大水平泵送距离336m,最大垂直泵送高度91m。

国内的这类机型有中国地质科学院勘探技术研究所开发的HBT型系列的混凝土湿喷泵和南京煤炭研究所研制的PSHB-5型活塞泵式湿式混凝土喷射机。HBT系列湿喷泵由于采用闭式油路液压系统、结构先进的S形管路分配阀等,其主要技术参数达到了国外知名公司同类产品的性能参数水平。如HBT20A型混凝土湿喷泵,其电机功率为30kW,排量为$20m^3/h$,最大料斗容积$0.4m^3$,最大输出压力为6.8MPa,最大水平泵送距离不小于300m,最大垂直泵送高度不小于80m。该机型的主要特点:料流均匀,输送距离远,保证喷射质量;粉尘浓度低(一般为$10mg/m^3$);回弹小(一般为12%)。这类湿喷机适宜输送水灰比较大,坍落度大的混凝土。同时,输料中易产生脉冲,人抱喷头作业危险性大,国内外采用该机型进行湿喷作业时一般都配有机械手。另外,还存在机型大,活塞泵磨损快,较难清洗的问题。

PSHB-5型活塞泵式湿式混凝土喷射机具有输送混凝土和喷射混凝土的功能,应用领域广泛,也可以用来输送最大骨料直径不超过20mm的混凝土。其主要技术特点是:该机属于泵送型(活塞泵)湿喷机,输送压力高、输送距离长、性能稳定,工作可靠;采用一种利用压力平衡法直接向压风管中添加粉状速凝剂的装置,速凝剂添加均匀,添加量可调节,而且粉状速凝剂货源广、运输方便、成本低;液压系统可靠,实现推进机构,两个活塞能同步协调反向运动及分配阀与活塞协调工作;适用于狭窄巷道湿式喷射混凝土施工。这类湿喷机适于输送水灰比较大(0.55~0.65)的混凝土,喷射混凝土的坍落度大(8~22cm),同时输料中易产生脉冲,人抱喷头作业危险性大,国内外采用该机型进行混凝土湿喷作业时一般都配有机械手。另外,也存在机型大、活塞泵磨损快、难以清洗的问题。

b 软管挤压泵式湿喷机

这种机型是泵类湿喷机中的又一种,利用挤压辊滚动将与其贴合的胶管挤压,并在自身弹性恢复力的作用下产生负压,将料斗中湿料吸入管内,同时前面被压缩胶管体积不断缩小,产生挤压力,使混凝土沿输料管运动,达到泵送的目的,机器反向回转时可清洗管道(图9-566)。

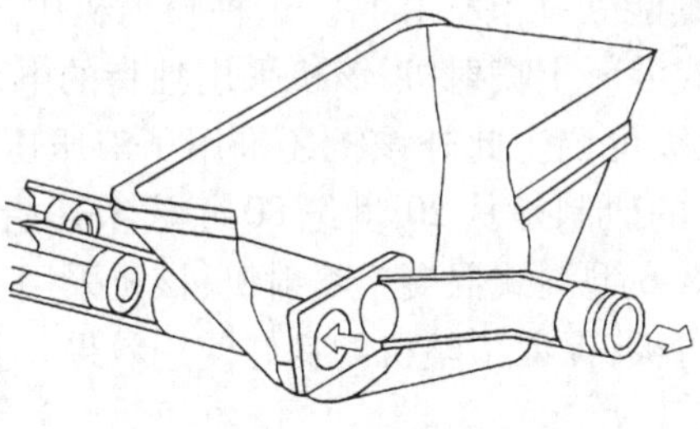

图9-565 柱塞泵式湿喷机

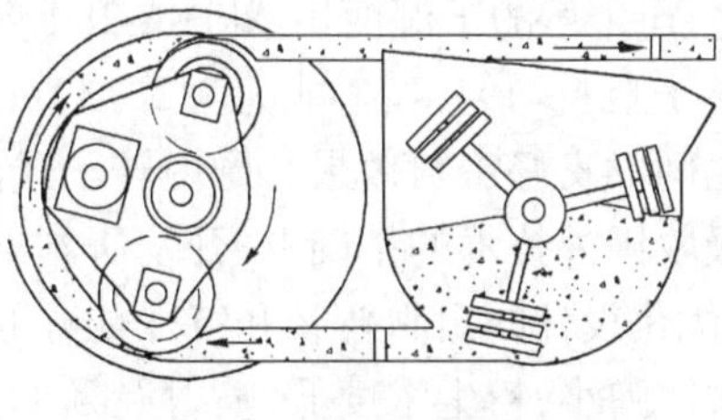

图9-566 软管挤压泵式湿喷机

这种机型也属于稠密流输送的泵式湿喷。国内外现有的机型如美国查林杰公司和日本极东公司生产的PC08-60M型混凝土喷射机、南京煤研所开发的JSP-5/10型湿喷机和北京军区工程兵部工程人防处开发的QPJ-5型湿喷机等。这种类型设备生产能力大、效率高、结构简单、操作方便、工作平稳,但存在着输料中易产生脉冲、输送距离较短、软管容易磨损和速凝剂添加装置复杂等问题。这种设备适于输送水灰比较大(0.55~0.65)的混凝土,喷射混凝土的坍落度大(10~22cm),不适于煤矿井下进行湿喷混凝土作业。

c 螺杆泵式湿喷机

螺杆泵式湿喷机的核心部件是螺杆泵,它由转子、定子及可调的壳体组成,依靠螺杆与定子套相互啮合时接触空间容积的变化来输送混合料。所输送的混凝土搅拌均匀,出料连续。见图9-567。如德国UELMET SB-3型螺杆式湿喷泵、日本三井三池制作所生产的TMS型螺杆式喷射机和中钢集团马鞍山矿山研究院开发的 WSP 型系列湿喷机均属于这种类型。其中，马鞍山矿山研究院的 WSP-3 型湿喷机集上料、搅拌、速凝剂添加及喷射等功能为一体，设有风力助推机构，改善了供水系统，简化了速凝剂添加机构。喷射混凝土时粉尘浓度小于 $7.5mg/m^3$，回弹率 12% ~14%。该机在安庆铜矿、开阳磷矿使用，取得了良好效果。但这类湿喷机的生产效率不高，输送距离短（水平 40m，垂直 20m），宜输送水灰比较大（0.5 ~0.6）的混凝土，且存在体积大，螺杆和定子套易磨损等问题。

d 转子活塞式湿喷机

成都岩锋科技发展有限公司（铁道科学研究院西南分院）研制的 TK-961 型混凝土湿喷机为转子活塞式湿喷机（图 9-568）。

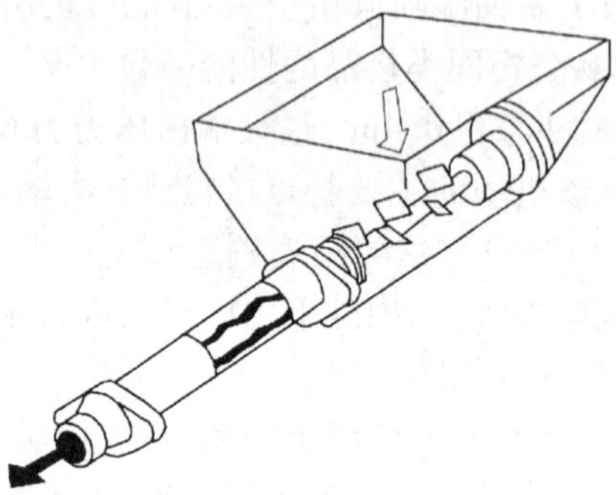

图 9-567 螺杆泵式湿喷机

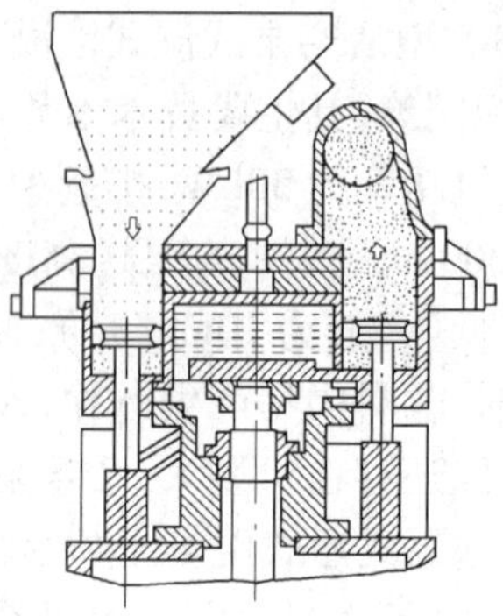

图 9-568 转子活塞式湿喷机

该机的工作原理是：在转子的每个料腔内有一个活塞，转子活塞与凸轮组成联动机构，在转子的转动过程中，通过凸轮、活塞杆，转子联动机构迫使活塞在料腔内上下移动，完成下料和喂料。全湿混凝土料由活塞强制推送喂入气料混合仓，与压缩空气混合后形成稀薄状态，通过管道输送到喷嘴喷出。这种机内泵送和管道稀薄流输送相结合的混凝土输送方式，在一定程度上综合了泵送型和风送型湿喷机的优点，是一种全新的喷射机结构。该机已在成都和深圳市政工程、西康和朔黄铁路隧道工程中得到了应用。但该机宜输送水灰比较大的混凝土，喷射混凝土的坍落度大（6 ~20cm），输送距离短（水平 30m、垂直 20m），需用风压高（0.5MPa）。同时该机所需配套设备多，且体积大（如需 350L 以上的搅拌机 1 台、$6m^3$ 混凝土运输罐车 1 辆、$0.75m^3$ 容量料槽 1 个等），不适于小断面巷道进行湿喷混凝土作业。

e 转子式湿喷机

转子式湿喷机是在干喷机的基础上进行改进的，使其能处理湿拌和料。这种喷射机中最有代表性的就是瑞士 ALIVA 公司生产的干湿两用 ALIVA-280 型转子式混凝土喷射机，该机采用独特的电动、液压-机械传动，传动平稳，转子喂料均匀，喷射能力为 $3 \sim 11m^3/h$，无级可调。此外该机还采用了液压压紧装置，保证了转子与密封板之间的良好密封效果。国内转子式湿喷机的研制是从 20 世纪 80 年代末开始的，北京矿冶研究总院在消化吸收国外技术的基础上，开发研制出了 SPZ-6 型湿式混凝土喷射机，该机采用了夹紧力可调的液压夹紧装置，优化设计的出料弯管和特殊配方的橡胶衬板，保证了整机的良好使用效果。其特点是水灰比可达 0.45 左右，回弹小，粉尘浓度低，喷射混凝土强度高。

北京矿冶研究总院华诺维公司开发研制出的第二代产品 SPZ-Ⅱ型湿式混凝土喷射机。该喷射机是一种转子式新型高效湿法混凝土喷射施工设备。具有效率高、喷射混凝土作业回弹小、粉尘浓度低、性能稳定、操作维护方便等特点。广泛适用于隧道、地下矿山、建筑基坑、地铁、水电等工程的喷射混凝土施工作业。

其主要结构特点是：特殊结构的振动给料和气料混合装置，使料流输送更加均匀、顺畅；优化设计的橡胶密封板，结构新颖，耐磨实用；新型的橡胶料腔式转子可有效防止物料黏结和堵塞；速凝剂添加系统采用计量泵，计量准确，运行可靠；完善的自控系统，自动完成故障自保和超压停机，提高了设备工作的安全性和可靠性；整机结构紧凑、轻便、灵活、操作使用简单，铰接侧翻式料斗座，维护保养更为方便。

C 潮式喷射机

a HPC-6 型潮喷机

HPC-6 型潮式混凝土喷射机是煤炭科学研究总院南京研究所研制的国内第二代潮式混凝土喷射

机。该机采用整体式弹性料杯、弹性不黏料弯头、整体式清扫板。转子料杯与出料弯头具有自清洗作用,不黏结,不堵塞,不需要清理,粉尘浓度不大于20mg/m^3,平均回弹率不大于15%,具有结构简单可靠、效率高、易装拆、喷嘴出料均匀及易损件寿命长等特点,是国内同类产品中技术领先的潮式混凝土喷射机。

b CP-5 型潮喷机

该机适用于隧道、矿山、水利、地下工程和岩土边坡喷射混凝土及喷射砂浆支护施工,既可以用于干喷,也可以用于潮喷,它具有喷射粉尘小、回弹少、喷层质量高和适用范围广等显著特点,耗风量7~8m^3/min。本机由电动机或风马达驱动,电动机功率5.5kW,风马达功率5.9kW。防黏料转子容量9L,转速11r/min,生产能力为5~5.5m^3/h。每个转子孔中安装一个高分子材料制成的料腔,它既耐磨,又不黏料。转子钢衬板用高级耐磨合金制成,使用寿命长,橡胶密封板采用特殊的耐磨橡胶制成,使用寿命可达400m^3/块。压缩空气管路系统有3个球阀:一个主阀用于控制风路,另外两个分别控制上下两个支风路,上风路装有一个压力表。输料管直径50/70mm,喷头由耐压聚氨酯橡胶制成喷射管,水环和控制阀安装在喷头座上,整机质量约为700kg。焦作科龙达锚配支护设备厂、萍乡蓝翔机电实业有限公司等均生产。

c PC 系列潮式喷射机

南京石诚井巷装备有限责任公司生产的PC系列PC5B型、PC6B型和PCZ-5型潮式喷射机,采用防黏料转子、复合防黏料弯头等,解决了喷射机黏堵问题。

9.19.3.6 混凝土喷射机械手

随着喷射混凝土支护技术的发展,大断面地下工程及软弱围岩条件下的喷射混凝土工程日益增加。在这种条件下,采用人工操作喷嘴不能适应及时地紧跟工作面施作喷射混凝土的要求,而且因粉尘较多和回弹物散落,作业条件差,劳动强度大,喷拱时尤其困难。混凝土喷射机械手由此应运而生,混凝土喷射机械手与喷射机配套使用,将喷嘴安装在喷射混凝土机械手上,操作者可远距离对喷嘴进行控制喷射,明显地改善了作业条件。

继瑞典20世纪50年代研制出罗博特喷射机械手之后,美国的艾姆科公司、德国的康伯纳公司、日本的制钢所和古河公司也先后研制生产了各种类型的机械手。我国生产的机械手有昆明冶金机械厂的JKM-Ⅱ型机械手、铁道部西南研究所TD-865型机械手、中钢集团马鞍山矿山研究院CPG型机械手、江苏如皋建设机械厂PS10型机械手、张家口探矿机械厂PJI型机械手等。下面以中钢集团马鞍山矿山研究院研制生产的CPG-1型混凝土喷射机械手为例,介绍其结构组成及工作原理。

CPG-1型液压混凝土喷射机械手,由喷头、伸缩柄、大臂、行走机构及相应的液压装置组成(图9-569)。

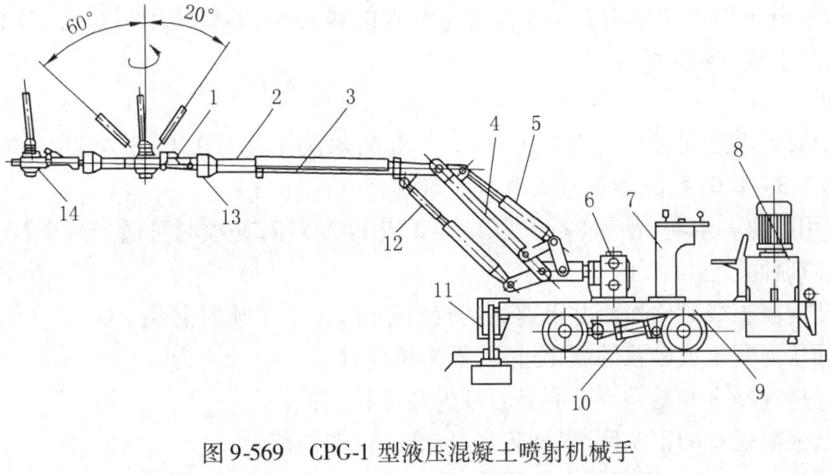

图9-569 CPG-1型液压混凝土喷射机械手

1—摆角油缸;2—伸缩柄;3—伸缩油缸;4—大臂;5—起落油缸;6—转臂油缸;7—操纵台;8—泵站;9—机架;10—行走油泵;11—卡轨器;12—俯仰油缸;13—回转油缸;14—喷头

喷头14用轴向柱塞液压马达经蜗杆蜗轮减速后，作圆周运动，喷头轴线扫过的轨迹是与中心轴夹角为4°的锥面，从而使喷射物在岩面上形成直径为200～250mm的圆面积。为了使喷头能垂直于局部返倾的岩面，装有一个行程很小的摆角油缸1，可控制喷头前倾60°和后仰20°。为了防止摆角油缸被反弹物污染，油缸用倒装方式，并在油缸支架上装有半圆形套筒防护罩，使活塞杆不直接暴露。喷头的侧向翻转，使用内回转油缸13，可使喷头左右回转90°。回转油缸与摆角油缸的半圆形套筒直接连接，能加大伸缩柄2的长度。用伸缩油缸3可使伸缩柄2伸缩，伸缩油缸为密闭的套筒油缸，其套筒铰接在大臂4上，成为油缸的防护罩，又是伸缩柄滑动的导轨；其活塞杆装在后部，伸缩时，缸体运动，活塞不动，始终保持密闭状态。大臂4与俯仰油缸12等构件组成四连杆机构，当俯仰油缸使伸缩柄成水平状态时，形成平行四连杆，大臂起落，伸缩柄做平行移动。在正常喷射高度内，此机构可使伸缩柄始终平行于巷道轴线，让喷嘴与岩壁等距，在喷头一边画圆，一边前后移动时，形成一条水平的喷射带，并使上下喷射带相互连接，保证喷层均匀和避免漏喷。

大臂4的起落，用起落油缸5控制，大臂变幅角度为0°～135°，行走时可后折45°，以减小机体长度。为了使起落油缸能随大臂翻转，并避免与其他构件干扰，起落油缸采用悬吊结构。这种结构虽加大了油缸负荷，但克服了随大臂翻转的困难，从总体布局来看是合理的。为了使伸缩柄能够仰起，四连杆机构上装有俯仰油缸12，可使伸缩柄上仰45°，将喷射范围增大2～2.5倍。喷射带的正常高度为4m，伸缩柄上仰45°时，喷头抬高到6.5m，最大喷射高度可达7m。

大臂的翻转用转臂油缸6，此油缸为齿条传动组合油缸，能平稳地使大臂左右各翻转90°，最大喷射宽度可达12m。

极坐标翻转大臂与平行四连杆平移伸缩柄配合，使喷射带始终能和巷道周边轮廓平行，保证了喷层的质量，这一优点对喷射宽度大的硐室更为突出。

行走机构用两个并联的摇臂式行走油缸10驱动，行走速度0～2.5km/h，可根据需要调速。在长距离移动时，可脱开离合器用电机车拖运。

9.19.3.7　喷射混凝土施工工艺

A　喷射混凝土原料、配合比及外加剂

a　原料

（1）水泥。喷射混凝土常用的是普通硅酸盐水泥，也可采用矿渣硅酸盐水泥或火山灰质硅酸盐水泥，必要时采用特种水泥，水泥标号不低于32.5MPa。

（2）骨料。宜用中或粗沙，细度模数宜大于2.5。干法喷射时，沙子的含水率宜控制在5%～7%；当采用防黏料喷射机时，沙子的含水率可为7%～10%。石子可采用卵石或碎石，以卵石较好，粒径不宜大于15mm；当使用碱性速凝剂时，不得使用含有活性二氧化硅的石材。

（3）水。喷射混凝土用水应使用与普通混凝土要求的非污水，不得使用污水及pH值小于4的酸性水和含硫酸量计算超过水重1%的水。

b　混合料的配合比

干法喷射水泥与砂、石之质量比为1.0∶4.0～1.0∶4.5；水灰比宜为0.4～0.45；湿法喷射水泥与沙子、石之质量比宜为1.0∶3.5～1.0∶4.0；沙率宜为50%～60%。

喷射混凝土常用配比。水泥∶沙子∶石子为1∶2∶2或1∶2.5∶2，初喷时可适当减少石子掺量。

c　混凝土外加剂种类

（1）速凝剂：使混凝土或砂浆快凝并迅速达到较高强度，多用于喷射混凝土。

（2）早强剂：加快混凝土或砂浆的硬化过程，提高早期强度。

（3）减水剂：保持混凝土和易性不变而显著减少其拌和水量。

（4）防水剂：增强混凝土的密实度，提高防水、抗裂及抗渗性能。

（5）缓凝剂、缓凝减水剂：延缓混凝土的凝结时间，而不显著影响后期强度。

（6）引气剂：在混凝土混合物中产生一定量的微小独立空气泡，以提高混凝土抗渗、抗冻等耐久性能。

速凝剂掺量应根据产品性能通过试验确定，一般常用外加剂见表9-511。

表9-511 常用喷射混凝土外加剂（速凝剂）

项目	掺量（占水泥重量的%）	初凝/min	终凝/min	pH值	与不掺速凝剂的混凝土比抗压强度/%		一次喷层厚度/mm	回弹量	粉尘降低/%	减水率/%	对钢材腐蚀性	生产厂家
					R_1 保存率	R_{28}						
8604-2速凝剂	3~5	2~4	4~10	7~8		94~115	拱130 帮200	少	37		无	河南巩义特种建材厂
Fa-92速凝剂	3~6	≤3	≤8	10~11	>100	>90	150~200					葫芦岛南票水泥速凝剂厂
XPM外加剂	Ⅰ型11 Ⅱ型5.7				Ⅰ型>5MPa Ⅱ型>5MPa	≥30MPa	拱≥200 帮≥300	<15%	40~50	28~33	无	太原混凝土新型材料厂
N93无碱速凝剂	4~6	3~5	5~10			100			10~20	10~20	无	煤科总院南京研究所
FP增强剂	0.25~0.75				R7 27~44			降7%~11%	10	19~22		兖州矿务局济东指挥部土建科
红星一号	2.5~4	<3	<10		230~240	66~74						
711型	2.5~3.5	<3	<10		120	86~100						
782型	6~7	<3	<10		170	>90						
8808型	4~8	<3	<7		110~120	<90						
SD-1型	3(A) 1(B)	3~5	<10			>90						
MJ-2000型（无碱可溶性）	4~6	<3	<10			>90						

B 喷射混凝土支护强度等级和规定

有色金属矿山井巷工程设计规范规定：

（1）喷射混凝土设计强度等级不应低于C15，要求1天后的抗压强度不低于5MPa。喷射混凝土设计强度，应符合表9-512规定。

表9-512 喷射混凝土设计强度

强度种类	喷射混凝土强度等级			
	C15	C20	C25	C30
轴心抗压强度/MPa	7.5	10	12.5	15
弯曲抗压强度/MPa	8.5	11	13.5	16.5
抗拉强度/MPa	0.9	1.1	1.3	1.5
弹性模量/kPa	22	25.5	28	30.0

（2）速凝剂使用前，应按标准做相容性试验和水泥净浆凝固效果试验，掺入量应为水泥质量的2.5%~5%。

（3）喷射混凝土厚度，应大于50mm，最大厚度不宜超过150mm。钢筋网喷射混凝土最小厚度应为100mm，最小不宜超过200mm。

（4）钢纤维喷射混凝土，应使用ϕ0.3~0.5mm，长度20~25mm的普通碳素钢纤维，渗入量宜占混合物料质量的3%~5%。

（5）设计选用钢纤维混凝土的强度等级不应低于C25，抗拉强度不应低于2MPa。

（6）钢筋网喷射混凝土的钢筋宜采用直径为6~16mm的Ⅰ、Ⅱ级钢筋，钢筋间距宜为150~300mm，钢筋保护层厚度应大于20mm，水工隧硐的保护层应大于50mm。钢筋搭接长度应符合现行有关规程要求。

（7）在大变形的不良岩层中，宜采用U型钢、钢管、型钢等可缩性钢支架与喷射混凝土组合支护，钢架背后使用喷射混凝土密实充填。

C 喷射作业

工作前，先用高压风吹净喷射机中残留物，以防止堵管；喷头操作人员应先开水，后开风，及时调整水灰比，使之满足需要。

喷射开始前，先用高压风和水冲洗工作面，以保证喷层与岩壁牢固黏结。开始喷射时，喷头可向受喷面上、下或左右移动喷一薄层砂浆，然后在此层以上以螺旋状一圈压半圈地沿横向做缓慢的划圈动作喷射混凝土。一般划圈直径以100~150mm为宜（图9-570）。喷射工作完成后，需用风冲洗喷射机和管路以备下次再用。

D 主要工艺参数

（1）工作风压。风压对喷射混凝土强度和回弹率有重要影响，最佳风压在110~130kPa。

（2）喷嘴与岩壁间距。喷嘴与岩壁的间距也对喷射混凝土的强度和回弹率有重要影响，最佳间距在0.8~1.2m。喷嘴垂直于岩壁时，喷层质量较好，回弹率较低。

（3）水灰比。水灰比与喷层强度、回弹率有关，据实验数据得出最佳水灰比为1∶(0.4~0.45)。

水灰比是由工人操作喷嘴进水阀控制的，其大小可由经验确定。合理的水灰比能使喷层表面平整、无干斑和滑移流沿现象，喷层表面有一层暗弱光泽。水灰比小时，喷层表面出现干斑、粉尘飞扬；水灰比大时，喷层下坠流沿。

（4）水压。水压应比风压大0.1MPa左右。

（5）一次喷射厚度。一次喷射厚度与喷层所处的几何位置有关，即与喷嘴夹角有关（图9-571）。

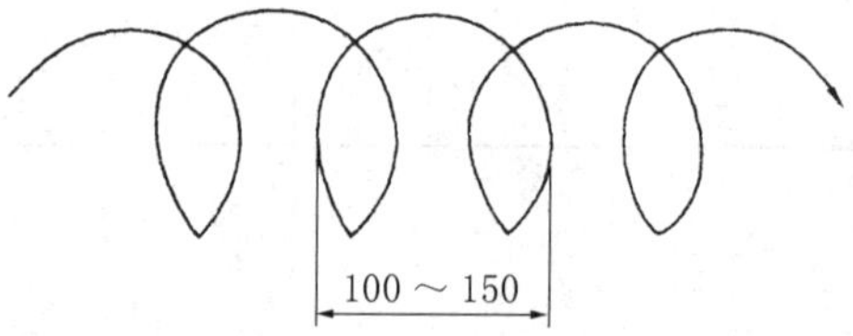

图9-570 喷射运动轨迹

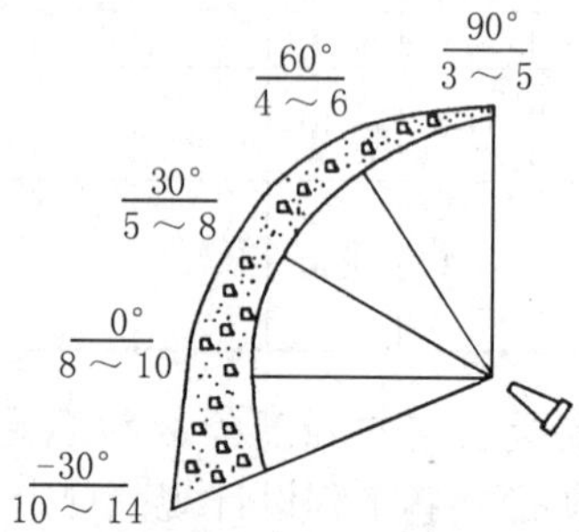

图9-571 一次喷射厚度与喷嘴夹角间的关系

注：分子为喷嘴倾角；分母为一次喷射厚度（cm）

（6）两次喷层之间的间歇时间。如果一次喷射达不到设计厚度，需要复喷时，其间隔时间与水泥品种、工作温度、速凝剂掺量有关。一般情况下，有速凝剂时间隔15~20min，无速凝剂时间隔4h以上。

E 施工中的问题

（1）降低回弹率及回弹物的利用。在喷射混凝土施工中，混凝土的回弹损失是不能完全避免的，但只要按以上工艺严格操作，就能将回弹率控制在一个较小的范围内，即侧墙回弹率不超过10%，拱顶回弹率在15%左右。回弹率高意味着材料消耗量大、工效低、经济效益差。

喷射混凝土的回弹物硬结后，是一种缺少水泥、多孔隙的疏松物质，其中水泥、沙、石子的比例大体为1∶3∶6。一般可回收作为普通混凝土的骨料用于施工非重点工程。

（2）降低粉尘。目前，国内采用干式喷射工艺，拌和水由喷头处加入，由于拌和时间短，料束以很高速度喷射到工作面上，会产生较大粉尘，使工作条件恶化。降低粉尘的主要措施有：

1）加强水泥与水混合，抑制粉尘产生。主要的措施是加大粗、细骨料的含水率，使其含水率增加到5%左右。

2）有的矿山采用了双水环和异径葫芦管预加水（图9-572）的措施，使其回弹率和粉尘浓度降低一半。其作用过程是：喷射混凝土所需的拌和水从两个水环分别先后加入，干拌料先经预加水环获得1/3的水量。

3）加强通风，降低粉尘浓度。采取抽出与压入相结合的混合式通风方式可以显著降低工作面粉尘浓度。

F 围岩渗水处理

在井巷支护施工时，常遇到岩壁涌水或淋水。这时喷射的混凝土不易与岩帮紧密黏结，难以喷够设计厚度。而且淋水会冲掉灰浆，影响质量，甚至会发生大面积混凝土脱落。因此，在喷射混凝土施工前，应对淋水

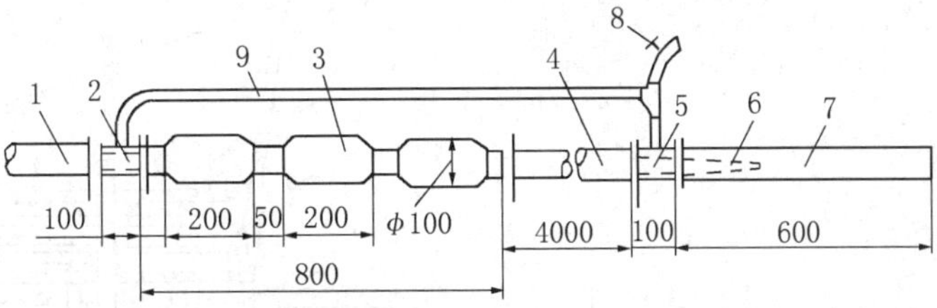

图 9-572 预加水环及异径葫芦管喷嘴

1—输料管;2—预加水环;3—异径管;4—胶管;5—输料管;6—水阀;7—水管;8—喷头;9—加水管

进行处理。当淋水很大时,不宜采用喷射混凝土支护。岩帮的局部渗水、裂隙水、涌水可采用以下措施处理:

(1) 选择凝固时间短的速凝剂及合理的用量。

(2) 用铁皮挡水板将喷射上方的淋水挡住,或者在已喷的渗水段上设截水槽,将水引开。

(3) 对成股的集中出水点,可先钻一孔,用管插入,将水导出。

(4) 当水压不高时,可用黄泥、水泥拌水玻璃或其他速凝材料将水堵住后,再喷混凝土。

(5) 先喷无水处或水小处,把水赶到几个集中的地方,再用导水管导出;或者在喷射的上方,用压风将淋水赶走,在下方进行喷射作业。

湿喷机组施工工艺如图 9-573 所示。

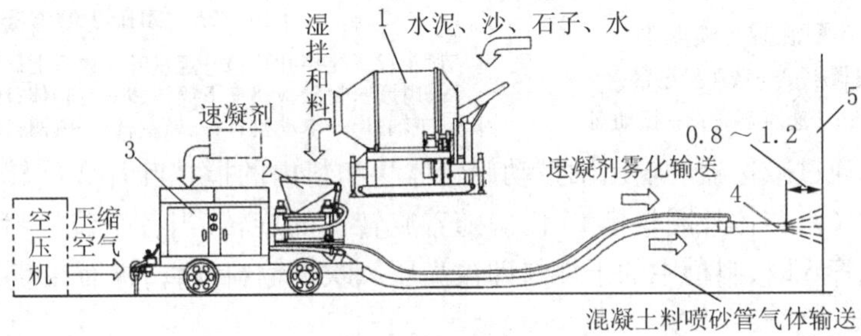

图 9-573 湿喷机组施工工艺

1—搅拌机;2—料斗;3—转子式湿式混凝土喷射机;4—喷头;5—岩层面

9.19.3.8 主要厂家产品技术性能参数

A 国内产品

由于市场需求量大,目前国内生产混凝土喷射机的厂家和喷射机的种类很多,型号多种多样,标准和标识不一,给用户选型和使用、维护带来麻烦。建议有关部门加强标准化管理工作。

a 混凝土喷射车

(1) PCH-6 型混凝土喷射车,又称为喷射机组,它是将 SP30 型上料机、HPH-6 型喷射机和 JP-4 型喷射机械手装在一台牵引车上组成的喷射车,其结构组成如图 9-574 所示,主要技术参数见表 9-513。

表 9-513 PCH-6 型混凝土喷射车主要技术参数

生产率 /(m³/h)	速凝剂仓容积 /m³	耗风量 /(m³/min)	适用巷道规格(宽×高) /m×m	机械手工作回转角度/(°)	机械手仰俯工作角度/(°)	机械手极限工作角度/(°)	牵引车型号	外形尺寸(长×宽×高) /mm×mm×mm	质量 /t	车速 /(km/h)	生产厂家
5	0.06	10	2×2～7×5.5	≥±120	-2～30	-2～45	QCZ-90	7000×2600×2500	10	23	扬州机械厂

(2) ZHP-2 型混凝土喷射车。该喷射车安设的是 ZHP-2 型转体(子)式混凝土喷射机,该车由喂料机构、传动系统、输送管路、带车轮的行走机构和电控系统组成(图 9-575)。

喂料机构的主要部件有料斗、拨料器、定量机构、上下筒体、旋转体、衬板、扇形密闭板、进风弯头、出料弯头和堵管发讯器等。沿旋转体的圆周方向均匀地布置 13 个 U 形槽,U 形槽的外侧是料槽,靠近中心轴一侧是风室。

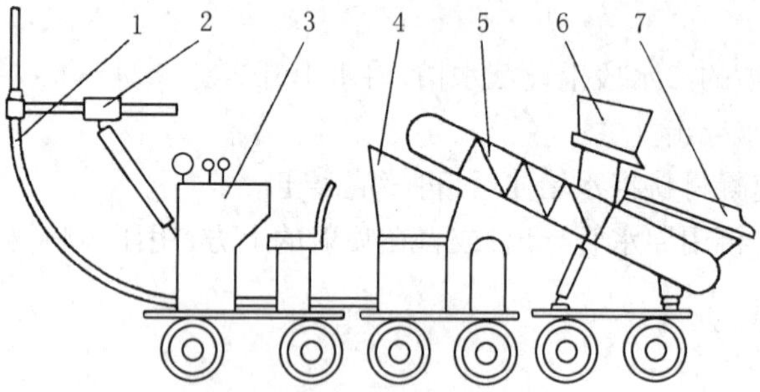

图 9-574 PCH-6 型混凝土喷射车

1—输料软管;2—机械手;3—液压操纵台;
4—喷射机;5—上料机;6—速凝剂斗;7—振动筛

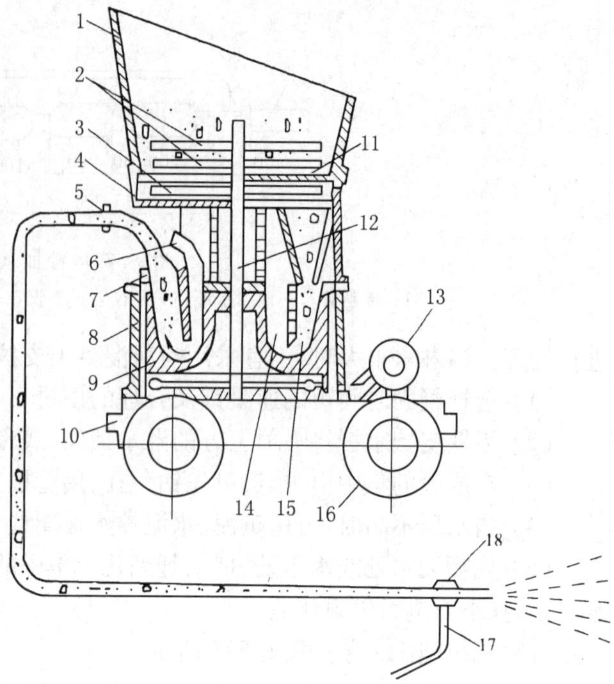

图 9-575 ZHP-2 型混凝土喷射车

1—料斗;2—搅拌叶片;3—定量叶片;4—上筒体;5—出料弯头;6—进风管;
7—扇形密封胶板;8—下筒体;9—旋转体;10—减速箱;11—定量隔板;
12—主轴;13—电动机;14—风室;15—料槽;16—车轮;17—水管;18—喷嘴

电动机 13 启动后,通过减速器的输出轴带动旋转体 9 和料内的搅拌叶片 2 旋转,搅拌叶片均匀地将料斗 1 中的混凝土拌和料拨入转体外圈料槽 15 内。随着旋转体的旋转,当各个装好料的料槽和风室 14 分别对准出料弯头 5 和进风管 6 时,料槽中的干拌料即被高压风吹进输料软管,进而在喷头处与水管喷出的压力水混合后,高速喷向岩壁。

ZHP-2 型喷射车结构简单可靠,轻便灵活,装料方便,能输送含水率为 4% ~7% 的干拌料,从而有效地降低了粉尘浓度。它还可喷浆或输送混凝土,已得到了广泛的应用。

喷射机的喷嘴结构如图 9-576 所示,其水量由进水阀控制,水环上有 12 ~ 25 个径向小孔,孔径 1.0 ~ 1.5mm,水呈雾状与混合料混合。为了使混合料与水有较多的混合时间,喷嘴可适当加长,一般以 500mm 为宜,从而达到水与混合料充分混合,降低粉尘的目的。

(3) WSP-Ⅲ型混凝土喷射车。WSP-Ⅲ型混凝土喷射车安设的是 WSP-Ⅲ型螺杆泵湿式混凝土喷射机,该车由振动筛、螺旋输送与加水搅拌装置、料仓、螺杆泵、速凝剂添加装置、输料管、喷头、电气控制及行走机构底盘等组成(图 9-577)。

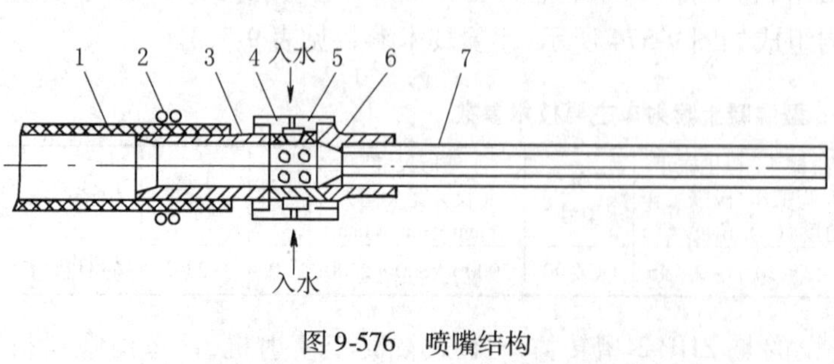

图 9-576 喷嘴结构

1—输料软管;2—铁丝;3—胶管接头;4—喷嘴座;
5—水环;6—拢料管接头;7—拢料管

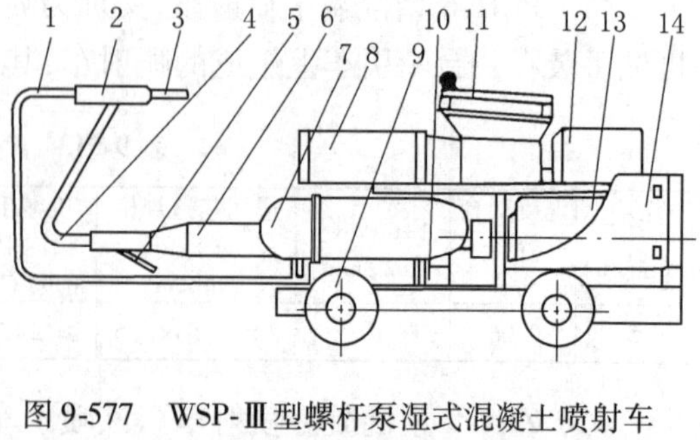

图 9-577 WSP-Ⅲ型螺杆泵湿式混凝土喷射车

1—输水玻璃管;2—喷头体;3—喷嘴;4—输混凝土管;
5—进风管;6—螺杆泵;7—水玻璃罐;8—搅拌筒;9—底盘;
10—减速机;11—振动筛;12—减速机;13—电动机;14—机罩

该混凝土喷射车具有上料、搅拌、速凝剂添加、喷射和车轮底盘能行走等功能为一体的特点,简化了系统。该车在安庆铜矿、开阳磷矿使用效果很好。

（4）HPC-11 型混凝土喷射车。HPC-11 型混凝土喷射车主要技术参数见表 9-514。

（5）JP 型、HPH6 型、SP-3 型混凝土喷射车。JP 型、HPH6 型、SP-3 型混凝土喷射车主要技术参数见表 9-515。

表 9-514 HPC-11 型混凝土喷射车主要技术参数

喷射量/(m^3/h)	喷射回弹率/%	耗风量/(m^3/min)	风压/MPa	喷射断面(高×宽)/m×m		喷射机械手/(°)					轮胎
				最大	最小	升降	回转	折叠	喷嘴摆动	喷嘴倾动	
0~11	<15	10~18	0.4~0.7	6×6	3×3	-15~65	±100	-45~170	170	105	8.25-15,14 层级

外形尺寸(长×宽×高)/mm×mm×mm	整车质量/kg	行驶速度/(km/h)	爬坡能力/%	转弯半径/m		柴油机型号	底盘电器系统		喷射机械手电动机功率/kW	转子驱动电动机/kW
				内侧	外侧		电压/V	蓄电池型号		
7840×178×2360	7500	0~10	25	≤3	≤5	F4L912W (42kW 2300r/min)	DC12	6-Q(A)-105,DC12V	17(AC380V)	15(AC380V)

表 9-515 JP 型、HPH6 型、SP-3 型混凝土喷射车主要技术参数

型 号	生产能力/(m^3/h)	最大集料粒径/mm	集料含水率/%		机旁粉尘浓度/(mg/m^3)	水平运输距离/m		空 压 机	
			沙	石		最大	垂直	型号	电压/V
JP 型;HPH6 型;SP-3 组合式	2~6	30	7	7	4.7	240	52	$10m^3$,压力 0.7~0.8MPa	380

型 号	喷射机电动机				喷射机型号	机械手型号	设备质量/kg	外形尺寸(长×宽×高)/mm×mm×mm	生产厂家
	型号	功率/kW	转速/(r/min)	电压/V					
JP 型;HPH6 型;SP-3 组合式	JO_2-51-4T_2	7.5	1440	380	HPH6	JP-4	4500	1000×1030×1800	扬州机械厂

（6）竖井混凝土喷射车。如 WG-ZL-2 型竖井喷射车，该喷射车主要由 WG-25-1 型喷射机、配料混料车、自行箕斗上料机、速凝剂注入器及电气控制箱等组成，该车也可用于平硐口及斜井井口喷射混凝土施工。由焦作矿业学院机械厂生产制造，其主要技术参数见表 9-516。

表 9-516 WG-ZL-2 型竖井喷射车主要技术参数

配料混料车(轨距 900mm)											
配料能力/(t/h)	料仓容积/m^3			混料胶带			电振机/(t/h)			水泥给料螺旋	
	水泥	沙	石子	宽度/mm	速度/(m/s)	功率/kW	水泥(DZ_1 型)	沙(DZ_2 型)	石子(DZ_2 型)	给料量/(t/h)	功率/kW
0~25	1.1	1.25	1.65	500	0.8	1.5	0~5	0~10	0~10	1.3~2.0	1.5

速凝剂注入器			喷射机 WG-25-1 型		自行式箕斗上料机				
注入量(水泥的含量)/%	风压/MPa	容积/L	生产能力/(m^3/h)	工作风压/MPa	箕斗容积/L	提升速度/(m/min)	行走速度/(m/min)	功率/kW	
								提升	行走
2.5~5	0~0.3	80	5~7	0.15~0.6	150	16	12	1.5	0.4

b 干式混凝土喷射机

国内混凝土喷射机型号及主要技术性能参数见表 9-517、表 9-518。

c 湿式混凝土喷射机

TK 系列湿式混凝土喷射机主要技术参数见表 9-519。SPZ-Ⅱ型湿式混凝土喷射机主要技术参数见表 9-520。还可选用的部分湿式混凝土喷射机型号及主要技术参数见表 9-521。

d 潮式混凝土喷射机

潮式(半湿)混凝土喷射机主要技术性能参数见表 9-522。

表 9-517 国内转子式混凝土喷射机主要型号及技术参数

型 号	HPC6	ZP-Ⅶ	HPH6	ZPC-Ⅱ	PZ-5	ZP-Ⅳ	HPC-Ⅴ
生产能力/(m^3/h)	6	5~6	5~6	5~7	5~5.3	4~5	4~5
适合水灰比	≤0.35	潮料	干料	干料	≤0.4	干料	≤0.35
骨料最大粒径/mm	20	20	15	25	20	25	25
输送管内径/mm	50	50	50	50	50	50	50
工作风压/MPa	0.2~0.4	0.12~0.4	0.1~0.4	0.15~0.4	0.2~0.4	0.12~0.4	0.2~0.4
耗风量/(m^3/min)	6~8	5~8	5~8	5~8	5~8	5~8	5~8
最大输送距离/m	120	120	200	200	200	200	200

续表 9-517

型　号	HPC6	ZP-Ⅶ	HPH6	ZPC-Ⅱ	PZ-5	ZP-Ⅳ	HPC-Ⅴ
电动机功率/kW	5.5	5.5	4	5.5	5.5	3	5.5
结构特征	整体式防黏U形料腔;带防护防罩黏料出料弯头;整体式清扫板;翻转及快速楔销连接结构	直通式防黏转子;四点压紧	转子错位布置,高度低;可配防黏料腔,用于潮喷;简称转6型	U形料腔,可配防黏料腔,用于潮喷;简称Ⅱ型	直通式防黏料转子,单点或四点压紧;有风动振动器	转子直径小,U形料腔,可配防黏料腔,用于潮喷;简称转Ⅳ型	单个或整体式防黏U形料杯;有风动振动器;有速凝剂添加器;简称转Ⅴ型
出料	上出料	下出料	上出料	上出料	下出料	上出料	上出料
质量/kg	700	820	660	950	700	530	≤750
外形尺寸(长×宽×高)/mm×mm×mm	1400×740×1150	1225×750×1170	1315×734×1096	1420×770×1100	1520×820×1280	1026×754×1265	1400×740×1300
生产厂家	煤科总院南京所	江西煤机厂	长沙矿山研究院 济源矿山机械厂 烟台煤机厂	武进通用厂 江西煤机厂 泰安煤机厂	郑州康达公司 河南科明公司 河南方庄机械厂	江西煤机厂	煤科总院南京所 江西煤机厂 武进通用厂

表 9-518　干式混凝土喷射机型号及主要技术性能参数

型　号		生产能力/(m³/h)	骨料最大直径/mm	输料管内径/mm	压气耗量/(m³/min)	工作风压/MPa	最大输送距离/m		电动机/kW	外形尺寸(长×宽×高)/mm×mm×mm	质量/kg	生产厂家
							水平	垂直				
转子式	ZHP-2	4~5	25	50	5~10	0.3~0.5	200	60	4.0	1250×750×1435	650	江苏海门电机厂,长沙矿山研究院
	HPZ-30B	3~5	30	50	7~10	0.15~0.36	200	80	4.0	1436×868×1375	700	常德机械厂,建筑机械研究所
	SP-3	2~5	25	50	6~10	0.10~0.45	160	60	4.0	1390×890×950	700	湘潭煤机厂
	HPJ-5	4	25	50	8~10	0.08~0.42	200	70	4	1420×880×1000	650	长沙矿山研究院,镇江纺织机械厂
	HPZ5	5~5.5	20	50	7~8	0.2~0.4	200	40	5.5	1520×820×1280	700	山东德州生建机械厂
	HPZ5B(K)防爆型	5~5.5	20	50	7~8	0.2~0.4	200	40	5.5	1520×820×1280	850	山东德州生建机械厂
鼓轮式	GHP-250	3.5~4	25	50	5~12	0.11~0.33	200	40	5.5	2032×890×1220	700	陕西建工局机具研究所,湘东矿务局机械厂,焦作矿业学院
混合式	HPS-5	4~5	30	50	8~10	0.15	180(干料) 80(湿料)	60(干料) 30(湿料)	3	2060×785×1470	1000	焦作建工机械厂,长沙建筑机械研究所
	SP-77	3~3.6	15	50		0.1~0.5	125		7.5	1640×820×1500	1200	泰安机械厂,新汶矿务局
负压式	HPX	2~3	25	76	8~10	0.35~0.50		10		620×430×800		南京钟山煤矿
气动上料	HSP-2	4.5~5.5	25	50	6		150			3725×1050×1655	2400	昆明冶金机修厂
	ZPC-ⅤⅡ①	5	20	50	7~8	0.2~0.4	100		5.5	1300×800×1200	700	中煤第三建设公司总机厂

① ZPC-ⅤⅡ为干喷、潮喷、湿喷设备。

表 9-519　TK 系列湿式混凝土喷射机主要技术参数

型　号	TK-500 型	TK-961 型
生产率/(m³/h)	4~5	5
最大骨料粒径/mm	15	15
细集料细度模数	2.5(中粗砂)	
速凝剂计量泵排量/(L/h)		0~125
液体速凝剂掺量/%	0~7	
输料胶管内径/mm	51(2″,耐压 1MPa)	51(2″,耐压 1MPa)
适用混凝土	塑性混凝土,塌落度 6~18cm	塑性混凝土,塌落度 10~14cm
工作风压/MPa	0.2~0.5(系统风压不小于 0.5)	0.2~0.45
耗风量/(m³/min)	<10	<10
输送距离/m	水平 60,垂直 20	水平 40,垂直 20
机旁粉尘/(mg/m³)	<10	<10
回弹率/%	平均小于 20(标准工艺条件下)	边墙小于 10,拱部小于 20(标准工艺条件下)
主电机功率/kW	7.5	7.5
轨行式轨距/mm	600、762、900	
质量/kg	1400	1950
外形尺寸(长×宽×高)/mm×mm×mm	轮行式 2000×1010×1230	轨行式 2200× ×930×1420 轮胎式 2200×1300×1500
生产厂家	成都岩锋科技有限公司	

表 9-520 SPZ-Ⅱ型湿式混凝土喷射机主要技术参数

参数	数值	参数	数值
喷射能力/(m^3/h)	5	骨料最大直径/mm	15
适用混凝土坍落度/cm	5～20	最大工作风压/MPa	0.6
最大耗气量/(m^3/min)	10	最大输送距离/m	30
回弹率/%	≤10	机旁粉尘/(mg/m^3)	10
液态速凝剂添加能力/(L/h)	0～100	电动机功率/kW	5.5(380V)
上料高度/m	1.3	外形尺寸(长×宽×高)/mm×mm×mm	1980×950×1300
质量/kg	900	生产厂家	北京华诺维科技发展有限责任公司

表 9-521 湿式混凝土喷射机主要技术参数

型号	生产能力/(m^3/h)	骨料最大直径/mm	耗气量/(m^3/min)	最大输送距离(水平/垂直)/m	最大工作风压/MPa	电机功率/kW	外形尺寸(长×宽×高)/mm×mm×mm	质量/kg	生产厂家
SPZ-6(转子式)	6	25	9	20	0.6	7.5	1790×900×1200	850	北京矿冶研究总院
HSP-5(转子式)	5	15	15	30	0.7	5.5	2160×1050×1170	1080	鹤壁煤业机械公司
PC5T(转子式)①	5	20	8	80/30	0.6	5.5	1530×818×1188	700	郑州知信机电科技开发有限公司③
PS5T(转子式)②	5	20	10	40/20	0.6	5.5	2410×1031×1100	980	

① 有隔防爆和非防爆不同机型,行走方式有胶轮、轮胎和轨轮(轨距有 600、762、900mm 三种)等多种。
② 用于煤矿等隔爆环境的湿喷工艺设备。
③ 公司还生产 JZC150K 型矿山用混凝土搅拌机和 ZBYS 型矿用液压注浆泵。

表 9-522 潮式混凝土喷射机(车)主要技术性能参数

型号		SPJ	JP①	PZ-5B	HPC6	PC6B	PC5B
生产能力/(m^3/h)		4～6	5～6	5～5.5	6	5～6	4～5
骨料最大粒径/mm		20	25	15	≤19	20	20
耗风量/(m^3/min)		5～8	8～10	7～8	6～8	5～8	5～8
工作风压/MPa		0.1～0.4	0.15～0.45	0.2～0.4	0.2～0.4	0.1～0.4	0.1～0.4
最大输送距离/m	水平		潮喷 100	200	120	200	200
	向上	40	干喷 200		40	50	50
电动机	型号		BJO_2-51-4	YB132M2-6		YB132M2-6	
	功率/kW		7.5	5.5	5.5	5.5	4
	转数/(r/min)		1450	960			
外形尺寸(长×宽×高)/mm×mm×mm		2700×960×1650	1380×890×1310	1250×780×1075	1400×740×1150	1250×740×1120	1195×740×1110
质量/kg		<1500	700	700	700	750	560
生产厂家		江苏武进通用机械厂	阜新矿业学院机械厂	许昌煤矿机械总厂	煤炭科学总院南京研究所	南京石城井巷装备公司	南京石城井巷装备公司

型号		PCZ-5	PC6 小型	PZ-5 型	HPZ5U 转 V	CP-5, PZ-5B
生产能力/(m^3/h)		5～6	5～6	5	4～5	5
骨料最大粒径/mm		20	20	19	15	
耗风量/(m^3/min)		5～8	5～8	7～8	5～8	7～8
工作风压/MPa		0.1～0.4	0.15～0.4	0.2～0.4	0.12～0.14	0.2～0.4
最大输送距离/m	水平	200	100	潮喷 200	200	潮喷 200
	向上	50	30	湿喷 50	50	湿喷 40
电动机	型号	YB132M-6	YB112M-4		YB132M1-6	
	功率/kW	5.5	4.0	5.0	4.0	5.5
	转数/(r/min)					
外形尺寸(长×宽×高)/mm×mm×mm		1200×640×1080	1330×720×1130	1400×780×1200	1255×754×1276	1500×700×1200
质量/kg		780	570	700	543	680
生产厂家		南京石城井巷装备公司	南京煤研所淄博矿务局	鹤壁矿务局科明公司总机厂	山东泰安煤矿机械厂	焦作科龙达锚配支护设备厂,萍乡蓝翔机电公司

① JP 型为转体式,干湿两用。

e 混凝土喷射机械手

国产混凝土喷射机械手型号及主要技术参数见表 9-523。

表 9-523 国产混凝土喷射机械手型号及主要技术参数

型 号	BPS-1,QPS-1	PHS-3	JP-4	CPG-1	KM-1	PJ1	FS-1①
喷头动作	划圆	划圆	划圆	划圆	划圆	划圆	
喷头左右摆角/(°)	220	±105	±135	220	180	0~360	
喷头仰俯角/(°)	45/30	42/42	32/22	60/20	32/38		
一次伸缩范围/mm	2500	1000	1200	1000	1000	2000	2510
大臂仰俯角/(°)	20/27	45/22	32/3	0/135	25/45	20/60	
大臂旋转角/(°)	±15	±40	±120	±90	±35	±135	
喷头前伸最大长度/mm	5500	3350	4500	5450	3350		5500
喷头最大扬高/mm	5000,7500	3300	3500	6450	3200	7000	3725
轨距/mm	600	600,762	600	600,900		柴油带动	
自行速度/(km/h)	拖动	5.65	2.5	2.5	拖动	0~4.16	3.0
动力	电,液	电,液	电,液	电,液	电,液	柴油,电	电,液
工作压力/MPa	5.0	5.0	7.0	10.0	5.0		7.0
电动机功率/kW	7.5	3.0	10	7.5	3.0	柴油机 18	3
运输外形尺寸(长×宽×高)/mm×mm×mm	5750×2025×2410	4000×1016×1360	4550×1030×1790	4420×1100×1850		5180×1500×2440	3420×1000×1230
质量/kg	4000	1400	2500	2600	700	3700	1090
生产厂家	上海水工机械厂	昆明冶金机械厂	扬州机械厂	中钢集团马鞍山矿山研究院		张家口探矿机械厂	广东煤矿机械厂

① FS-1 型为液压机械手,适应于 4~14m² 巷道断面,可以配合各种喷射机进行机械化喷射混凝土作业。型号含义:F—产品代号,S—机械手,1—设计序号。

f 锚杆拉力计

锚杆拉力计是用于测定锚杆锚固力的一种检测工具,见表 9-524。

表 9-524 锚杆拉力计技术特征

型号	空心千斤顶							手动油泵						生产厂家
	最大拉力/kN	公称压力/MPa	活塞行程/mm	油量/L	中心孔径/mm	外形尺寸(直径×高)/mm×mm	质量/kg	低压压力/MPa	额定压力/MPa	柱塞行程/mm	排油量/(L/次)	手摇力/N	质量/kg	
ML-10①	10	70	80	0.4	32	115×167	9	1	70	20.5	0.0125	500	9	广东省煤矿机械厂
ML-20①	20	70	100	0.4	42	115×204	12	1	70	20.5	0.0125	500	9	

① M—锚杆,L—拉力计,10、20 为最大拉力。

g 拌料设备

混凝土搅拌设备,搅拌输送设备很多,在施工和生产时可视具体条件选用。

B 国外产品

国外混凝土喷射车的主要生产厂家是芬兰 Normet 公司生产的 Spraymec6050W、Spraymec6050WPC 和 NT 系列混凝土喷射车、瑞士 Sika 公司生产的 Sika-PM400、Sika-PM500 型混凝土喷射车、Aliva-503 型混凝土喷射车和 MBT/MEYCO 公司生产的 MEYCO Cobra 型、MEYCO POTENZA 型混凝土喷射车等。

a Sika-PM 型混凝土喷射车

瑞士 Sika 公司与德国 Putzmeister 公司的强强联合,推出了 Sika-PM400 型、Sika-PM500 型混凝土喷射车。Sika-PM400 型主要适用于地下矿山、基坑、边坡等小规模混凝土喷射。Sika-PM400 型主要由 Aliva-263 湿喷机、Aliva-302 混凝土喷射机械手、Aliva-403.5 液体速凝剂添加计量输送装置、一个容积 200L 的液体速凝剂箱、50m 长的手动电缆卷筒和一台柴油机驱动的轮式底盘构成。混凝土喷射作业可通过电气遥控装置遥控。Sika-PM500 型混凝土喷射车主要适用于隧道、基坑、边坡等大规模混凝土喷射。Sika-PM500 型分 Sika-PM500R 和 Sika-PM500P 型两种。

Sika-PM500R 型采用 Aliva-285 型转子式混凝土喷射机,而 Sika-PM500P 型采用 BSA1005 型液压驱动活塞式混凝土泵喷射机。该车采用了全液压伸缩和回转喷射臂 SA13.9,有线遥控操纵;PLC 对混凝土和速凝剂流量同步程序控制,实现人机对话、施喷数据设置、记录储存、即时显示喷射工况、故障警告;刚性底盘,柴油机-静液压传动，四轮驱动、四轮转向，双向驾驶，斜撑式液压支腿。其主要技术参数见表9-525。

表9-525 Sika-PM400、Sika-PM500型混凝土喷射车主要技术参数

型　号	Sika-PM400	Sika-PM500R	Sika-PM500P
最大喷射范围(高×宽)/m×m	9×6	16.7×29.6	16.7×29.6
最小喷射范围(高×宽)/m×m	6×3.5	4×4	4×4
喷嘴轴向回转/(°)	360	360	360
喷嘴(偏转角×刷动)/(°)×(°)	8×360	8×360	8×360
臂座回转/(°)	360	360	360
添加剂输送能力/(L/h)	30~70	30~700	30~700
喷射机	AL-263	AL-285	BSA1005
喷射能力/(m^3/h)	4~15	8~21	4~30
最大喷射风压/MPa	0.5	0.6	0.7
最大骨料直径/mm	20	22	20
转弯半径(内/外)/m	2.0/4.5	2.69/6.42	2.69/6.42
爬坡能力/%	40	40	40
最大行驶速度/(km/h)	20	18	18
最小离地间隙/mm	500		
外形尺寸(长×宽×高)/mm×mm×mm	4920×2000×2650	7572×2400×3512	7572×2400×3512
整机质量/kg	10000	13700	15000

b　Aliva-503型混凝土喷射车

Aliva-503型混凝土喷射车是专门为地下矿山、小规模基坑和边坡喷射混凝土作业设计的。该设备是将Aliva-302型喷射机械手安装在履带式驱动底盘上，喷射机械手的工作范围为2~8m(图9-578)，柴油机驱动，最大行驶速度为7.4km/h，行驶高度为2.4m，行驶长度2.3m，行驶宽度1.2m，转弯半径1.9m。

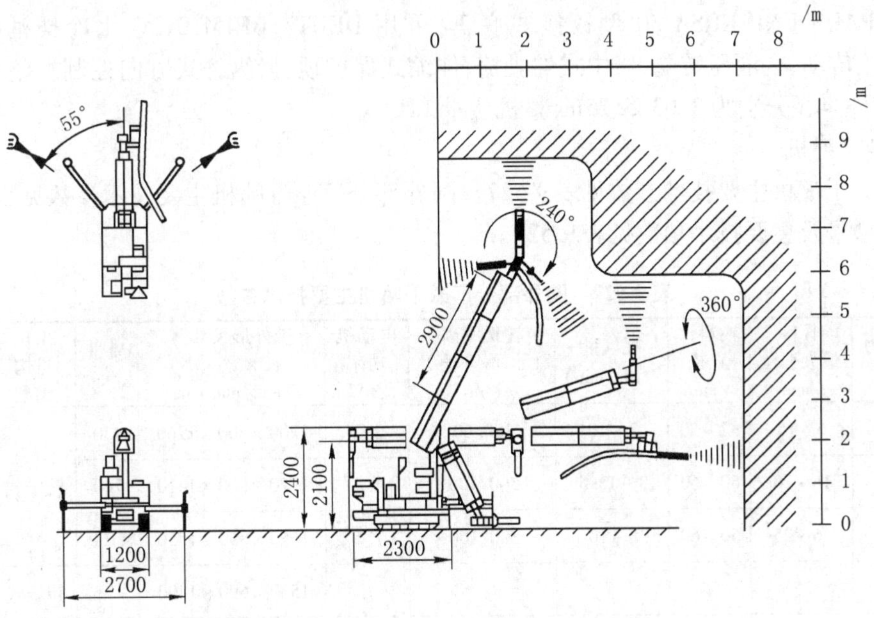

图9-578　Aliva-503型混凝土喷射车工作范围

c Spraymec6050W 型、Spraymec6050WPC 型混凝土喷射车

Spraymec6050W 型、Spraymec6050WPC 型混凝土喷射车主要用于地下矿山和小断面巷道。这两种混凝土喷射车的区别在于 6050W 型的混凝土泵是由柴油机驱动，而 6050WPC 型的混凝土泵是由电动机驱动，该车采用 Deutz F6L912W 型风冷柴油机，Clark 动力换挡变速箱，中央铰接车体，四轮驱动。其主要技术参数见表 9-526。

表 9-526 Spraymec6050W 型、Spraymec6050WPC 型混凝土喷射车主要技术参数

发动机		行驶速度/(km/h)(前进/后退各三挡)			转向系统			转弯半径(内/外)/mm	外形尺寸(长×宽×高)/mm×mm×mm	轮距/mm	轴距/mm
型号	功率/kW	1挡	2挡	3挡	方式	转向角/(°)	摆动角/(°)				
Deutz F6L912W 型风冷	65(2500r/min)	5	10	25	全液压转向	±40	±10	3600/5800	9990×1990×2330	1480	3400

喷射臂				喷嘴/(°)		喷射能力/(m^3/h)	添加剂输送能力/(L/min)	电气系统		轮胎规格	整机质量/kg
旋转角/(°)	举升角/(°)	折叠角/(°)	伸缩/mm	旋转	倾斜			电压/V	电瓶/A·h		
270	-20~+75	-60~+165	2200	360	105	4~19	20	24	2×105	10.00-20PR16	10000

d MEYCO Cobra 型混凝土湿喷车

MEYCO Cobra 型混凝土湿喷车是 MBT/MEYCO 公司的产品，该车主要由喷射机械手、混凝土泵、驱动和控制单元、附属装置和底盘等五部分组成。

(1) 喷射机械手。可在 3m×3m 的巷道断面施工，最大喷射范围为高 9m，宽 7m，向前 8m，滑臂平移范围4.7m×4.7m，有线遥控操作。喷射臂可伸缩 1.5m，喷头可进行 360°横向旋转、120°轴向旋转，自动摆动。主臂和旋转盘可做 270°旋转。

(2) 混凝土泵。采用 MEYCO Suprema 型液压驱动双活塞泵，可实现无间断混凝土喷射，喷射能力为 3~20m^3/h，最大泵送压力 7.5MPa。混凝土泵的输出量可由位于主控制盘上带输入键盘的显示器，输入各种数据来控制，工作状态和安全状态可随时显示、调整和打印。速凝剂添加通过 MEYCO Dosa TDC 型计量泵完成，剂量设置可由键盘输入。

(3) 驱动和控制单元。电力-液压驱动，总功率 37kW。喷射机械手各项功能动作、混凝土泵送和外加剂配料均为有线遥控操作。

(4) 附属装置。液体速凝剂罐容积 400L，电缆盘配 60m 长电缆，液压驱动卷放缆，水管绞盘带 60m 长水管，空压机排量 11.5m^3/min，压力 0.7MPa。

(5) 底盘。PAUS UNIVERSA 50 型铰接式底盘，采用 DEUTZ BF4M1012C 水冷柴油机，功率 62kW/2300r/min，静液压传动，全液压转向，居中式驾驶椅，伸缩式保护顶，操纵杆式方向控制。整车宽 2m，最大高度2.2m，转弯内/外半径分别为 3.03/5.25m，整机质量 11t。

e 其他型号喷射机

国外部分厂家干喷机主要技术参数见表 9-527。国外部分厂家湿喷机主要技术参数见表 9-528。国外其他混凝土喷射机型号及主要技术参数见表 9-529。

表 9-527 国外部分厂家干喷机主要技术参数

型号	喷射能力/(m^3/h)	骨料最大直径/mm	输料管直径/mm	耗气量/(m^3/min)	输送距离(水平/垂直)/m	电动机功率/kW	外形尺寸(长×宽×高)/mm×mm×mm	质量/kg	工作机构类型	生产厂家
Aliva-246	0.4~4	6~16	32~50	3~10	150/60	2.2	1200×700×1260	450		
Aliva-252	5.0~8	16~20	50~60	8~13.5	300/100	4.4	1720×800×1410	760	转子式	瑞士 Aliva 公司
Aliva-260	4~6	16~25	50~60	8~10	300/100	7.5	1650×850×1550	1100		
LASC-1	7.7	25	50				1530×690×1400		转子式	美国 REED 公司
EIMCO-61	8	19	50	17			875×680×1250		转子式	美国 EIMCO 公司

表 9-528 国外部分厂家湿喷机主要技术参数

型 号	生产能力/(m³/h)	骨料最大直径/mm	耗气量/(m³/min)	最大输送距离(水平/垂直)/m	电动机功率/kW	外形尺寸(长×宽×高)/mm×mm×mm	质量/kg	生产厂家
Aliva-263(转子式)	10~15	20	15	40/30	7.5	2035×1100×1390	1450	瑞士 Sika 公司
Aliva-285(转子式)	8~19	25	24	40/30	11	2460×1100×1410	1550	
Aliva-280(转子式)	3~11	25	7~18	40/40	15	2250×850×1400	1500	
C-30HD(泵式)	0~19	12		152/46	22.371kW (30hp)柴油机	3660×1370×1370	1284	美国 MQ 公司
ST-45(泵式)	0~34	25		305/76	44.742kW (60hp)柴油机	3560×1700×1400	1907	
ST-55(泵式)	0~42	25		336/91	59.656kW (80hp)柴油机	3780×1700×1400	2132	

表 9-529 国外其他混凝土喷射机型号及主要技术参数

型 号		干 式							
		双罐式			转子式			螺旋输送式	
		BSM603	SⅢ	БМ-60	Alivə-300	Alivə-600	SSB-02v	ТЛ-2	BS-12
生产能力/(m³/h)		4	4.5~6	4	4~6	4~5	5	2	3~7
最大骨料粒径/mm		25	15~25	25	30	25	25	15	25
输料管内径/mm		50	40~50	50	50	50	50	50	50
压气消耗/(m³/min)		10	8~12	8~10	8~16	8~14	9	4~5	6~8
工作压力/MPa		0.15~0.35	0.15~0.35	0.15~0.50	0.4~0.6	0.5~0.6	0.4~0.5	0.3~0.5	0.5~0.6
输送距离/m	水平	300	200	200	250	300	300	100	120
	垂直	100	100	100	100	100	100	40	40
功率	电动机/kW			4.5	6.6/3.7	4.4		7	21
	气动/kW	2.2	2.2	2.2	3.3	4.4			12.5
质量/kg		1200	640	1000	780~820	600	1100	470	790~840
外形尺寸/mm	长	1650	1830	1740	1500	1400	1190	1000	1400
	宽	1000	870	700	800	800	720	540	820
	高	1630	1650	1600	1300	1100	1190	1160	1000
国 名		德国	德国	前苏联	瑞士	瑞士	捷克	前苏联	瑞士

型 号		湿 式										
		单罐式				双罐式			转盘式		双罐转子式	
		GH-22	S-1000	兰西 P-60	F-2	BCM903	TB208	S-2000	Lasc-1	Lova-2	德克曼	改良-1 型
生产能力/(m³/h)		4.6~6.1	8~12	1.5	3.1~3.8	3~4	3~6	18~25	7.7	9.2	9	4~6
最大骨料粒径/mm		19			19	16	25		25	10	25	12~20
输料管内径/mm		50	50	60	50		50	50	50	50	65	
压气消耗/(m³/min)		10.2	8~10		7.4~8.4	12	10~12	8~10	25	17	10~12	
工作压力/MPa			0.7	0.8		0.5~0.6	0.5~0.6	0.7			0.6	
输送距离/m	水平			15		50	100				140	80
	垂直		20	10		30	25	20			60	
功率	电动机/kW											
	气动马达/kW	2.83~5.07			4.18							
质量/kg		2500	2000	1120	1660		1600	3760	220	220	2700	1120
外形尺寸/mm	长	3200	4180		3120		3250	4180			3200	
	宽	2180	1620		1450		1500	2300	690	690	1500	750
	高	1800	1740		1650		1700	1940	910/1400	910/1400	2660	1350
国名/公司		美国/Eimco	日本	法国	美国/Eimco	德国	日本	日本	美国/Reed	美国/Reed	日本	日本

9.19.3.9 应用实例

喷射混凝土设备选型,主要是根据矿岩物理机械性质、支护工程设计和施工工艺要求,依据各种设备适用条件等因素选用。其设备效率、材料消耗、劳动生产率、人员配置等技术经济指标可采用工程类此法选取。

A TK-500型湿式喷射机在铜矿峪铜矿的应用

a 湿式喷射机简介

铜矿峪铜矿于20世纪70年代使用干式喷射机，对控制围岩稳定，保障矿山安全生产发挥了很大作用。为了获得更好的喷射混凝土施工质量，降低粉尘浓度和回弹量，改善作业环境，在2003年从成都购买了TK-500型转子活塞式湿喷机。

(1) 湿喷机由喂料系统、输料系统、空气管路系统、速凝剂计量添加系统、电气控制系统、传动系统、行走与车架系统等七部分组成。本机有两套输送系统，一套是混凝土输送系统，经过混凝土搅拌机搅拌好的塑性湿式混凝土从喷射机料斗进入，通过喂料系统均匀送至气料混合仓，与高压风混合呈稀薄状态至喷嘴；另一套是液体速凝剂添加系统，据速凝剂配比掺量调整计量泵的流量，泵出的液体速凝剂经雾化与高压风混合，雾化后至喷嘴混合环与呈稀薄流状态的混凝土混合，从喷嘴喷射至岩面(图9-579)。

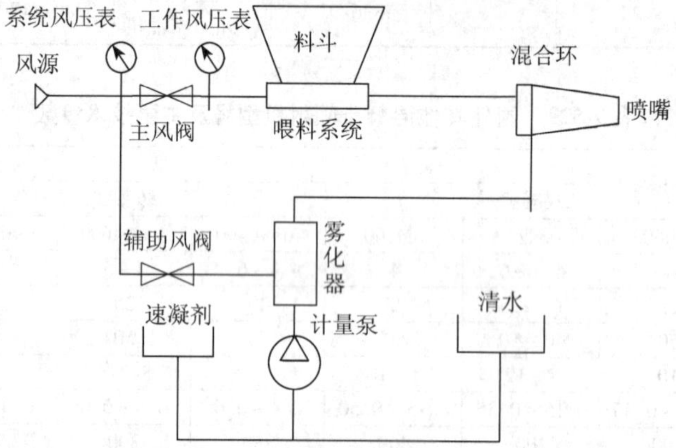

图9-579 湿喷机系统原理图

(2) 湿喷机主要技术性能。生产率4～4.5m^3/h，要求细骨料细度模数2.5，粗骨料最大粒径15mm，系统风压不小于0.5MPa，最大水平输送距离60m，最大垂直输送高度20m，液体速凝剂掺量为0%～7%，拌和混凝土坍落度为8～15cm，在标准工艺条件下回弹量不大于20%。

b 湿喷工艺的试验和应用

(1) 混凝土原材料。水泥为中条山有色金属集团公司水泥厂自产的矿渣硅酸盐水泥；沙为河洗沙，细度模数为2.6～3；石子为铜矿峪矿自产的碎石，粒径为5～15mm；UNF-Ⅱ高效能减水剂；山西混凝土新型材料厂生产的液体速凝剂。

(2) 混凝土配合比的确定。试验遵循三项要求：混凝土28d后抗压强度不低于20MPa；配制的混凝土应为适用于湿喷机的塑性混凝土且喷射时坍落度在6～18cm；混凝土回弹率低。经铜矿峪矿混凝土实验室反复试验，最终确定了配合比，见表9-530。

表9-530 湿式喷射混凝土配合比

(kg)

名称	水泥	沙子	石子	水	减水剂	速凝剂
用量	400	1000	800	160	1.2	16

(3) 应用效果。湿式混凝土按确定的施工配合比，经地表混凝土搅拌站搅拌，通过竖井混凝土输送管道输送井下二次搅拌站后，装入固定式矿车内，采用电机车牵引运输到受喷地点，人工上料到湿喷机，完成喷射作业。经过随机抽取样品试验应用结果较好。

B SPZ-Ⅱ型湿式喷射机在板石沟铁矿的应用

SPZ-Ⅱ型湿喷机主要由机械动力系统、给料喂入系统、风动输送系统、速凝剂计量添加系统、电气控制系统等五部分组成。

该机为转子式结构。当电动机启动后，经减速器通过输出轴带动转子旋转，混凝土拌和料经料斗落入旋转的转子料孔内，转子转过180°后，其料孔与压缩空气进气口相通，形成了完整的吹料通道。压缩空气迫使混凝土料进入输料管，同时在出料管处的二次进气孔加入压缩空气足以使混凝土料以悬浮状流体沿输送管输送，混凝土料在喷头处的混合室与液体速凝剂混合后，经喷嘴高速喷射到欲支护的工作面。由于转子连续不断地旋转，转子上有10个均布的料孔不断地与出料孔和压缩空气进气孔相通，如此不断循环，完成连续喷射（图9-580）。

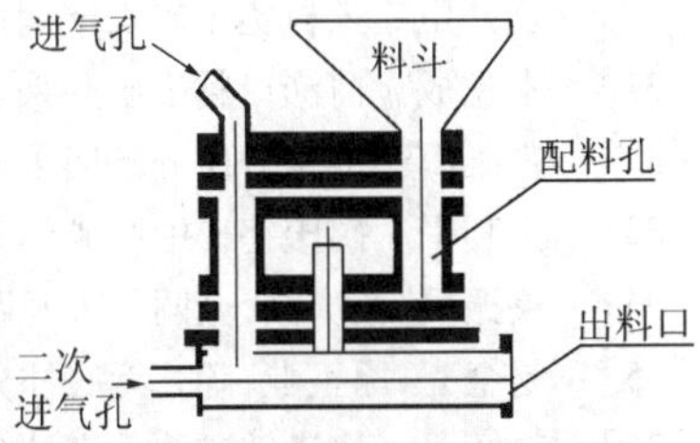

图9-580 工作原理示意图

通钢板石沟矿业有限公司先后购置3台SPZ-Ⅱ型湿式混凝土喷射机在井下使用。该矿巷道断面为3m×3m，岩石比较破碎，处于不稳定状态，需要及时进行喷射混凝土支护，喷射混凝土强度为C20，配比为ω（水泥）∶ω（沙子）∶ω（石子）=1∶3∶4，水灰比为0.45～0.5，工作风压0.6MPa左右，每个班喷射时间5h，其余时间为拌料和准备工作。每次喷射厚度为：巷道墙为20mm，拱为10～15mm，如遇巷道有水，使用早强剂。喷射混凝土时，粉尘浓度、回弹率均明显小于干式混凝土喷射机，具体检测数值见表9-531。

表9-531 SPZ-Ⅱ型混凝土喷射机作业检测结果

喷射机	喷射部位	回弹率/%	粉尘浓度/(mg/m^3)	喷射机	喷射部位	回弹率/%	粉尘浓度/(mg/m^3)
湿式	拱部	15～20	10左右	干式	拱部	30～40	40～120
	边墙	6～10			边墙	15～26	

参 考 文 献

[1] 采矿设计手册编委会．采矿设计手册矿床开采卷（下册）[M]．北京：中国建筑工业出版社，1988.

[2] 采矿设计手册编委会．采矿设计手册井巷工程卷[M]．北京：中国建筑工业出版社，1988.

[3] 采矿手册编委会．采矿手册第4卷[M]．北京：冶金工业出版社，1990.

[4] 于润沧．采矿工程师手册[M]．北京：冶金工业出版社，2009.

[5] 2010年中国矿业科技大会论文集[C]．金属矿山杂志社，苏州：2010.

[6] 第八届全国采矿学术会议论文集[C]．金属矿山杂志社，海口：2009.

[7] 王运敏．中国采矿设备手册[M]．北京：科学技术出版社，2007.

[8] 古德生，李夕兵，等．现代金属矿床开采科学技术[M]．北京：冶金工业出版社，2006.

[9] 解世俊．金属矿床地下开采[M]．北京：冶金工业出版社，1990.

[10] 周爱民．有色金属进展（1996～2005）[M]．长沙：中南大学出版社，2007.

[11] 中国矿业年鉴编辑部．中国矿业年鉴2009．北京：地震出版社，2010.5.

[12] 李开孟，徐成彬．企业投资项目可行性研究与核准申请[M]．北京：冶金工业出版社，2008.

[13] 注册采矿/矿物工程师考核认定人员测试用规程规范（采矿篇）[M]．北京：中国煤炭建设协会，2006.

[14] 采矿设计手册编委会．采矿设计手册．矿山机械卷[M]．北京：中国建筑工业出版社，1989.

[15] 采矿设计手册编委会．采矿设计手册．矿山地质卷[M]．北京：中国建筑工业出版社，1989.

[16] 张化远．西石门铁矿采矿设计[J]．钢铁设计，1990(9).

[17] 张化远．错动角和保护带宽度的确定[J]．矿山技术，1981(5)：1～13.

[18] 陈国山，翁春林，等．金属矿地下开采[M]．北京：冶金工业出版社，2008.

[19] 沈伯康，赵永安，等．采矿设计手册．矿床开采卷（下）空场采矿法[M]．北京：中国建筑工业出版社，1987.

[20] 刘建兴，赵渊新．分层全面法在开采缓倾斜富矿体中的应用[J]．黄金科学技术，2004(9).

[21] 宁革，马汉涛，等．金岭铁矿缓倾斜中厚矿体安全回采实践[J]．有色金属，2002(5).

[22] 张家达．中深孔房柱法研究[J]．四川冶金，1994(3).

[23] 黄胜生．国内外缓倾斜中厚矿体采矿方法现状[J]．矿业研究与开发，2001(8).

[24] 张忠辉，等．下盘电耙道留矿法在焦家金矿的优化[J]．中国矿山工程，2010(4).

[25] 闫献忠，等．平底结构浅孔留矿法采矿法在上宫金矿的实践[J]．采矿技术，2010(1).

[26] 邓秀晸．浅孔留矿法采矿的生产实践[J]．现代矿业，2009(8).

[27] 刘党权．分段凿岩阶段矿房法在陕西太白金矿的应用[J]．黄金，2005(2).

[28] 李明，等．分段凿岩阶段矿房法在金岭铁矿的应用[J]．金属矿山，2008(11).

[29] 王青，史维祥．采矿学[M]．北京：冶金工业出版社，2006.

[30] 宫开臣．王村铝土矿长壁崩落采矿法[R]．济南:山东省冶金设计院．
[31] 李志成．白渔口粘土矿开采方式研究[J]．云南冶金,2008(10).
[32] 张维滨．进路分层分条回采分层崩落法在云南滇沅金矿的试验应用[J]．云南冶金,2010(2).
[33] 张利平．鹤庆钨矿中厚矿体开采的实践[J]．中国锰业,2010(5).
[34] 董振民,范庆霞,金闯．大间距集中化无底柱采矿新工艺研究[J]．金属矿山,2004(3).
[35] 赵金先,原丕业,等．无底柱分段崩落法大间距结构参数研究[J]．金属矿山,2004(6).
[36] 赵怀遥．漓渚铁矿的无底柱分段崩落法[J]．金属矿山,1984(6).
[37] 赵怀遥．高分段无底柱分段崩落法在酒钢镜铁山矿的实践[J]．金属矿山,1993(12).
[38] 连民杰,李占科．北洺河铁矿无底柱分段崩落法大结构参数确定[J]．金属矿山,2004(2).
[39] 张成舜,等．无底柱分段崩落法在矿岩软破矿体中的应用[J]．金属矿山,1993(10).
[40] 李宗正．无切巷无切井一次爆破拉槽法[J]．金属矿山,1993(10).
[41] 张成舜,等．应用无底柱分段崩落法有关问题的探讨[J]．化工矿山技术,1979(4).
[42] 张运山,田文东．有底柱分段崩落法在胡家峪矿的应用[J]．有色金属,2003(12).
[43] 张西京．宝鸡黑木林铁矿有底柱分段崩落采矿法[R]．成都:四川有色冶金设计研究院．
[44] 王有根．会理镍矿水平深孔阶段强制崩落法[R]．成都:四川冶金设计院．
[45] 江国芝,李希学,何学元．杨家杖子岭前矿阶段崩落采矿法[R]．沈阳:沈阳有色冶金设计研究院．
[46] 向阳,倪立增．金山店铁矿矿块自然崩落采矿法[R]．长沙:长沙冶金设计研究院．
[47] 王昌汉．放矿学[M]．北京:冶金工业出版社,1982.
[48] 张志贵,刘兴国,等．无底柱分段崩落法低贫化放矿的工业试验[J]．金属矿山,1997(10).
[49] 刘兴国,张志贵．无底柱分段崩落法不贫化放矿理论基础(一)、(续一)[J]．金属矿山,1995:10 ~ 11.
[50] 胡杏宝,王兴炯,等．桃冲铁矿低贫化放矿工艺的应用[J]．金属矿山,1998(4).
[51] 张化远,等．采矿设计手册．矿床开采卷崩落采矿法[J]．北京:中国建筑工业出版社,1987.
[52] 张化远．无底柱分段崩落法的覆盖岩层[J]．矿山技术,1976(8).
[53] 吴爱祥,韩斌,阳雨平,等．侧向挤压连续推进振动出矿崩落法的研究[J]．金属矿山, 2002(02)．
[54] 吴爱祥,胡华．地下金属矿山无间柱连续采矿工艺技术研究[J]．金属矿山, 2001(10).
[55] 黄天福．大直径深孔采矿法在凡口铅锌矿的应用[J]．有色金属, 1998(S1)．
[56] 肖有鼎，廖世金，王善元．凤凰山铜矿大直径深孔采矿法[J]．矿业研究与开发, 1991(03).
[57] 廖世金，肖有鼎．侧向崩矿大直径深孔采矿法的应用[J]．金属矿山, 1992(04).
[58] 郭金峰．分段空场嗣后充填采矿方法的试验研究[J]．江西有色金属, 2000(03)．
[59] 吴法春，邓水源．分段空场嗣后一次充填采矿法在新桥硫铁矿的应用[J]．矿业快报, 2002(01).
[60] 王家齐．论顺路隔墙留矿充填联合采矿法在急倾斜极薄金矿脉的应用[J]．中国矿业, 1992(02).
[61] 董群柱．联合采矿法在残矿回采中的应用与实践[J]．黄金, 2004(02).
[62] 卢伟国，徐克刚，王洋，等．削壁充填留矿采矿法试验研究与应用[J]．黄金, 2003(11).
[63] 王树平，陈森，武万林，等．浅孔留矿与中深孔崩落联合采矿法在后沟金矿的应用[J]．黄金, 1997(06).
[64] 周科平,陈庆发,胡建华．地下铝土矿采矿环境再造连续采矿理念[J]．广西大学学报:自然科学版, 2008(02).
[65] 赵奎,袁海平．矿山地压监测[M]．北京:化学工业出版社,2009.
[66] 东北工学院采矿系．地压技术讲座(一)——地压的基本知识[J]．有色金属:矿山部分,1977(1):51 ~ 56.
[67] 黄家胜,刘祖文,温广军．我国矿山地压监测方法[J]．矿业快报,2008(3):52 ~ 53,60.
[68] 朱群峰,朱群鹏,张凌,等．声发射监测技术及其在工程中的应用[C]//第24届全国土工测试学术研讨会论文集, 2005:355 ~ 358.
[69] 周楚良．矿山压力实测技术[M]．徐州:中国矿业大学出版社,1988.
[70] 蔡美峰．地应力测量原理和技术[M]．北京:科学出版社,2000.
[71] 杨洪海．点荷载试验探讨与应用[J]．露天采矿技术,2006(2):17 ~ 18,20.
[72] 刘建辉,李华敏．电磁辐射法在岩爆监测中的应用[J]．矿业研究与开发,2006, 26(1):69 ~ 70,73.
[73] 郭学彬,肖正学,张继春,等．论爆破地震波在传播过程中的衰减特性[J]．中国矿业,2006,15(3): 51 ~ 53,57.
[74] 曾伦生．铜坑矿地压活动的预测预报[J]．采矿技术,2008, 8(2): 21 ~ 23,76.
[75] 李翕然,韩志型．加拿大硬岩矿山深井开采[J]．世界采矿快报,1996(7).
[76] 徐必根．我国黄金矿山深井开采技术研究[C]//第六届全国采矿学术会议论文集．

[77] 李云武．国外深井矿山采矿方法的应用及发展[J]．有色矿山．1998(04).
[78] 叶振华．冬瓜山岩爆研究中的神经网络应用[D]．马鞍山:中钢集团马鞍山矿山研究院有限公司,2004.
[79] 郭金峰,刁心宏,张传信．冬瓜山深埋铜矿床开采技术的研究[J]．金属矿山,2002(1).
[80] 牛有奎．浅析桃冲矿业公司井下矿石质量管理[J]．矿业快报．2003(12).
[81] 徐德石．草楼铁矿矿石质量管理分析．现代矿业[J]．2009(9).
[82] 赖阳,等．运用配矿技术控制矿石质量[J]．采矿技术,2002,2(1).
[83] 高梦熊．地下无轨采矿设备的现状与发展[R]．衡阳:中钢集团衡阳重机有限公司,2009:1 ~ 40 ,75 ~ 110.
[84] 高梦熊,孙振华．三谈国外地下采矿汽车的现状与发展[J]．现代矿业,2009(S):63 ~ 73.
[85] Kyran Casteel. Low Profile Scooptram: Higher Capacity, Quicker, Safer and Cleaner[J]. E&MJ,2009 (1).
[86] John E Deep mining in CANADA – the challenges and the opportunities[J]. Division Report CANMET – mmsL 05 – 032 (TR), 2006 (6):5 ~ 23.
[87] Sandvik Mining and Construction. LH410 (TORO 7). From the underground experts[EB/OL]//http://www. sandvik. com.
[88] GHH FAHRZEUGE GMBH. LF – 10/11 Efficient drive system[EB/OL]//http://www. ghh – fahrzeuge. de/content iew/95/1/lang,english/.
[89] GHH FAHRZEUGE GMBH//Super – Low – Profile – LHD with 12t payload develops[EB/OL]//http://www. ghh – fahrzeuge. de/content/view/74/1/lang,english/.
[90] Kyan Casteel. Atlas Copco Unveils the Scooptram ST7 [J]. E&MJ,2010(3):14 ~ 17.
[91] Atlas Copco. New Minetruck MT42 delivers[J]. Mining & Construction,/2010(7).
[92] 高梦熊．略谈低矮型地下铲运机的现状与发展[C]//2009 全国采矿技术前沿论坛论文集,马鞍山:《现代矿业》杂志社,2009.
[93] 靳明芳．康明斯电子控制技术[M]．北京:美国康明斯北京办事处,2010.
[94] 中国汽车工程学会．2008 世界汽车技术发展跟踪研究[M]．北京:北京理工大学出版社,2008(11):17 ~ 19.
[95] Steve Fiscor. Mining Grows in Importance for Bauma 2010[J]. E&MJ,2010(02).
[96] 高梦熊．地下铲运机的未来发展趋势[J]．矿业研究与开发,2009(S).
[97] Deutz. DEVERT Deutz Variable Emission Reduction Technology[EB/OL]//http://www. deutz. com. sg.
[98] 高梦熊．地下铲运机——结构、设计与使用[M]．北京:冶金工业出版社,2002:188.
[99] 高梦熊．地下装载机[M]．北京:冶金工业出版社,2011.

冶金工业出版社部分图书推荐

书　名	定价(元)
采矿手册(第1卷~第7卷)	927.00
现代采矿手册(上册)	290.00
选矿手册(第1卷至第8卷共14分册)	637.50
现代金属矿床开采技术	260.00
采矿工程师手册(上、下)	395.00
爆破手册	180.00
矿用药剂	249.00
中国冶金百科全书·采矿	180.00
中国冶金百科全书·安全环保	120.00
中国冶金百科全书·选矿	140.00
现代矿山企业安全控制创新理论与支撑体系	75.00
矿山废料胶结充填(第2版)	48.00
矿井风流流动与控制	30.00
露天矿山台阶中深孔爆破开采技术	25.00
采矿概论	28.00
采矿学(第2版)	58.00
中国爆破新技术Ⅱ	200.00
工程爆破实用手册(第2版)	60.00
中国典型爆破工程与技术	260.00
选矿设计手册	140.00
金属矿山尾矿综合利用与资源化	16.00
常用有色金属资源开发与加工	88.00
非金属矿加工技术与应用	119.00
矿山工程设备技术	79.00
地下装载机	99.00
炸药化学与制造	59.00
选矿知识600问	38.00
采矿知识500问	49.00
金属矿山安全生产400问	46.00
煤矿安全生产400问	43.00
矿山尘害问答	35.00
矿山地质技术	48.00
现代矿业管理经济学	36.00
井巷工程	38.00
倾斜中厚矿体损失贫化控制理论与实践	23.00